CÁLCULO

DE UNA VARIABLE
TRASCENDENTES TEMPRANAS

OCTAVA EDICIÓN

JAMES STEWART

McMASTER UNIVERSITY Y UNIVERSITY OF TORONTO

CÁLCULO

DE UNA VARIABLE
TRASCENDENTES TEMPRANAS

OCTAVA EDICIÓN

JAMES STEWART

McMASTER UNIVERSITY Y UNIVERSITY OF TORONTO

Traducción

Ana Elizabeth García Hernández

Enrique C. Mercado González

Revisión técnica

Ileana Borja Tecuatl

Departamento de Matemática Educativa, CINVESTAV-IPN

Hiram Cárdenas Gordillo

Facultad de Ingeniería, Universidad La Salle, México

Pedro Vásquez Urbano

Universidad de Puerto Rico - Mayaguez

Gilgamesh Luis Raya

Universidad Politécnica de Pachuca, México

Antonieta Martínez Velasco

Universidad Panamericana, campus Ciudad de México

Luz Citlaly Estrada López

Centro Universitario de Ciencias Exactas e Ingeniería, Universidad de Guadalajara, México

José Ignacio Cuevas González

Universidad Peruana de Ciencias Aplicadas

Armando Silva Castillo

Universidad Politécnica de Pachuca, México

CENGAGE

Australia • Brasil • Corea • España • Estados Unidos • Japón • México • Reino Unido • Singapur

CENGAGE

***Cálculo de una variable. Trascendentes tempranas,* octava edición.**
James Stewart

Director Higher Education Latinoamérica:
Renzo Casapía Valencia

Gerente editorial Latinoamérica:
Jesús Mares Chacón

Editor Senior Hardside:
Pablo Miguel Guerrero Rosas

Editora de desarrollo:
Abril Vega Orozco

Coordinador de manufactura:
Rafael Pérez González

Diseño de portada:
Karla Paola Benítez García

Imagen de portada:
© David Carrick | Dreamstime.com

Composición tipográfica:
Humberto Núñez Ramos
Angélica Toledo Tirado
Alejandro Hernández Hernández

Traducido del libro *Single Variable Calculus: Early Transcendentals*, Eighth Edition, International Metric Version. James Stewart.
Publicado en inglés por Cengage Learning ©2016.
ISBN: 978-1-305-27238-5

Datos para catalogación bibliográfica:
Stewart, James. *Cálculo de una variable. Trascendentes tempranas*, octava edición.
ISBN: 978-607-526-550-6

Visite nuestro sitio en:
http://latinoamerica.cengage.com

Este libro se terminó de imprimir en el mes de Junio del 2017 en Impresos Vacha, S.A. de C.V.
Juan Hernández y Dávalos Núm. 47, Col. Algarín,
Ciudad de México, CP 06880, Del. Cuauhtémoc.

Impreso en México
1 2 3 4 5 6 7 20 19 18 17

Contenido

3 Reglas de derivación 171

© Mechanik / Shutterstock.com

4 Aplicaciones de la derivada 275

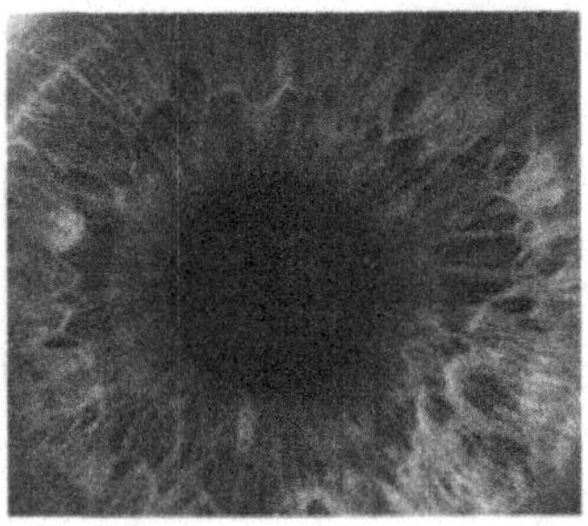

© Tatiana Makotra / Shutterstock.com

8 Aplicaciones adicionales de la integración 543

© planet50 LLC / Shutterstock.com

9 Ecuaciones diferenciales 585

Shutterstock.com

10 Ecuaciones paramétricas y coordenadas polares 639

© Stocktrek / Stockbyte / Getty Images

11 Sucesiones y series infinitas 693

© STScI / NASA / ESA / Galaxy / Galaxy Picture Library / Alamy

Apéndices A1

Índice analítico I1

Referencias R1

Prefacio

Esta versión de la obra difiere de la versión regular de *Cálculo de una variable. Trascendentes tempranas*, octava edición, de varias maneras:

Las unidades usadas en casi todos los ejemplos y ejercicios han sido cambiadas del sistema tradicional de Estados Unidos a unidades métricas. Hay un número reducido de excepciones: en algunas aplicaciones de ingeniería (principalmente en la sección 8.3) puede ser útil para algunos ingenieros estar familiarizados con las unidades usadas en Estados Unidos. Y yo quise conservar algunos ejercicios (por ejemplo, los relacionados con el beisbol) donde sería inapropiado usar unidades métricas.

He cambiado los ejemplos y ejercicios relacionados con datos del mundo real para que sean de naturaleza más internacional, de manera que la inmensa mayoría de ellos procede ahora de países distintos a Estados Unidos. Por ejemplo, ahora hay ejercicios y ejemplos concernientes a las tarifas postales en Hong Kong; la deuda pública canadiense; las tasas de desempleo en Australia; las horas de luz del sol en Ankara, Turquía; las isotermas en China; el porcentaje de la población en la Argentina rural; poblaciones de Malasia, Indonesia, México e India, y consumo de energía eléctrica en Ontario, entre muchos otros.

Además de cambiar ejercicios para que las unidades sean métricas y los datos tengan un sabor más internacional, otros ejercicios han sido cambiados también, el resultado de lo cual es que alrededor de 10% de los ejercicios son diferentes de los de la versión regular.

Filosofía del libro

El arte de enseñar, dijo Mark Van Doren, es el arte de ayudar al descubrimiento. Yo he tratado de escribir un libro que ayude a los estudiantes a descubrir el cálculo, tanto por su eficacia práctica como por su sorprendente belleza. En esta edición, como en las siete primeras, intento transmitir al estudiante una noción de la utilidad del cálculo y desarrollar competencia técnica, pero también me empeño en dar cierta apreciación de la belleza intrínseca del tema. Newton experimentó indudablemente una sensación de triunfo cuando hizo sus grandes descubrimientos. Yo deseo que los estudiantes compartan parte de esa emoción.

El énfasis está en la comprensión de conceptos. Pienso que casi todos están de acuerdo en que esta debería ser la meta primaria de la enseñanza de cálculo. De hecho, el ímpetu del actual movimiento de reforma del cálculo procedió de la Conferencia de Tulane de 1986, la cual formuló como su primera recomendación:

Concentrarse en la comprensión conceptual.

He tratado de implementar esta meta mediante *la regla de tres*: "Los temas deben presentarse geométrica, numérica y algebraicamente". La visualización, la experimentación numérica y gráfica y otros enfoques han cambiado la forma en que se enseña el razonamiento conceptual de maneras fundamentales. Más recientemente, la regla de tres se ha ampliado para convertirse en la *regla de cuatro* enfatizando también el punto de vista verbal o descriptivo.

Al escribir esta octava edición, mi premisa fue que sea posible alcanzar comprensión conceptual y retener todavía las mejores tradiciones del cálculo tradicional. El libro contiene elementos de reforma, pero en el contexto de un plan de estudios tradicional.

Versiones alternas

He escrito otros libros de texto de cálculo que podrían ser preferibles para algunos profesores. La mayoría de ellos también se presenta en versiones de una y varias variables.

- *Calculus*, octava edición, versión métrica internacional, es similar al presente libro de texto excepto que las funciones exponenciales, logarítmicas y trigonométricas inversas se cubren en el segundo semestre.
- *Essential Calculus*, segunda edición, edición internacional, es un libro mucho más breve (840 páginas), que, sin embargo, contiene casi todos los temas de *Calculus*, octava edición, versión métrica internacional. La relativa brevedad se logra mediante una exposición más breve de algunos temas al trasladar algunas características al sitio web.
- *Essential Calculus: Early Transcendentals*, segunda edición, edición internacional, se asemeja a *Essential Calculus*, edición internacional, pero las funciones exponenciales, logarítmicas y trigonométricas inversas se cubren en el capítulo 3.
- *Calculus: Concepts and Contexts*, cuarta edición, edición métrica internacional, enfatiza la comprensión conceptual con más fuerza todavía que este libro. La cobertura de temas no es enciclopédica y el material sobre funciones trascendentes y sobre ecuaciones paramétricas se entreteje a lo largo del libro en lugar de ser tratado en capítulos separados.
- *Calculus: Early Vectors* presenta los vectores y funciones vectoriales en el primer semestre y los integra a todo lo largo del libro. Este es conveniente para estudiantes que toman cursos de ingeniería y física al mismo tiempo que el de cálculo.
- *Brief Applied Calculus*, edición internacional, está dirigido a estudiantes de negocios, ciencias sociales y ciencias de la vida.
- *Biocalculus: Calculus for the Life Sciences* intenta mostrar a los estudiantes de las ciencias de la vida cómo se relaciona el cálculo con la biología.
- *Biocalculus: Calculus, Probability, and Statistics for the Life Sciences* abarca todo el contenido de *Biocalculus: Calculus for the Life Sciences*, así como tres capítulos adicionales que cubren probabilidad y estadística.

¿Qué hay de nuevo en la octava edición?

Los cambios resultaron de conversar con mis colegas y estudiantes en la Universidad de Toronto y de leer revistas, así como de sugerencias de usuarios y revisores. He aquí algunas de las muchas mejoras que he incorporado en esta edición:

- Los datos en los ejemplos y ejercicios han sido actualizados para ser más oportunos.
- Se han añadido nuevos ejemplos (véanse los ejemplos 6.1.5 y 11.2.5, entre otros), y las soluciones de algunos de los ejemplos existentes se ampliaron.
- Se agregaron dos nuevos proyectos: el proyecto *Controlar la pérdida de glóbulos rojos durante una cirugía* (página 244) describe el procedimiento ANH, en el que se extrae sangre del paciente antes de una operación y se le reemplaza por una solución salina. Esto diluye la sangre del paciente para que se pierdan menos glóbulos rojos durante hemorragias y la sangre extraída es devuelta al paciente después de la cirugía. El proyecto *Aviones y pájaros: minimización de la energía* (página 344) pregunta cómo pueden las aves minimizar fuerza y energía al comparar entre batir sus alas y planear.

- Más de 20% de los ejercicios en cada capítulo son nuevos. He aquí algunos de mis favoritos: 2.7.61, 2.8.36-38, 3.1.79-80, 3.11.54, 4.1.69, 4.3.34, 4.3.66, 4.4.80, 4.7.39, 4.7.67, 5.1.19-20, 5.2.67-68, 5.4.70, 6.1.51, y 8.1.39. Además, hay nuevos y buenos Problemas adicionales. (Véanse los problemas 12-14 de la página 272, el problema 13 de la página 363 y los problemas 16-17 de la página 426.)

Características

Ejercicios conceptuales

El modo más importante de fomentar la comprensión conceptual es mediante los problemas que se asignan. Con ese fin he ideado varios tipos de problemas. Algunos conjuntos de ejercicios comienzan con peticiones de explicar los significados de conceptos básicos de la sección. (Véanse, por ejemplo, los primeros ejercicios de las secciones 2.2, 2.5, y 11.2.) De igual forma, todas las secciones de repaso comienzan con una Verificación de conceptos y un Examen verdadero-falso. Otros ejercicios ponen a prueba la comprensión conceptual por medio de gráficas o tablas (véanse los ejercicios 2.7.17, 2.8.35-38, 2.8.47-52, 9.1.11-13, 10.1.24-27, y 11.10.2).

Otro tipo de ejercicios usa la descripción verbal para probar la comprensión conceptual (véanse los ejercicios 2.5.10, 2.8.66, 4.3.69-70 y 7.8.67). Valoro particularmente los problemas que combinan y comparan los enfoques gráfico, numérico y algebraico (véanse los ejercicios 2.6.45-46, 3.7.27 y 9.4.4).

Conjuntos de ejercicios graduados

Cada conjunto de ejercicios está cuidadosamente graduado, progresando de ejercicios conceptuales básicos y problemas de desarrollo de habilidades a problemas más desafiantes que implican aplicaciones y comprobaciones.

Datos del mundo real

Mis asistentes y yo dedicamos mucho tiempo a buscar en bibliotecas, hacer contacto con compañías y organismos gubernamentales y realizar búsquedas en internet en pos de datos interesantes del mundo real para presentar, motivar e ilustrar los conceptos del cálculo. En consecuencia, muchos de los ejemplos y ejercicios tienen que ver con funciones definidas por esos datos numéricos o gráficas. Véanse, por ejemplo, la figura 1 de la sección 1.1 (sismogramas del terremoto de Northridge), ejercicio 2.8.35 (tasas de desempleo), ejercicio 5.1.16 (velocidad del transbordador espacial *Endeavour*) y figura 4 de la sección 5.4 (consumo de energía eléctrica en San Francisco).

Proyectos

Una forma de motivar a los estudiantes y convertirlos en aprendices activos es ponerlos a trabajar (quizás en grupos) en amplios proyectos que les den una sensación de logro sustancial al completarlos. He incluido cuatro tipos de proyectos: los *Proyectos de aplicación* que contienen aplicaciones diseñadas para estimular la imaginación de los alumnos. El proyecto que está después de la sección 9.3 pregunta si una pelota lanzada hacia arriba tarda más en llegar a su altura máxima o en caer a su altura original. (La respuesta podría sorprenderlo.) Los *Proyectos de laboratorio* implican tecnología; el que sigue a la sección 10.2 muestra cómo utilizar las curvas de Bézier para diseñar formas que representan letras para una impresora láser. Los *Proyectos de redacción* piden a los estudiantes comparar métodos actuales con los de los fundadores del cálculo, el método de Fermat para determinar tangentes por ejemplo. Se proporcionan referencias sugeridas. Los *Proyectos de descubrimiento* anticipan resultados que se analizarán posteriormente o que alientan el descubrimiento mediante el reconocimiento de patrones (véase el que sigue a la sección 7.6). Proyectos adicionales pueden hallarse en la *Instructor's Guide** (véase, por ejemplo, Group Exercise 5.1: posición con base en muestras).

*Este material se encuentra solo disponible en inglés.

Resolución de problemas

Los estudiantes suelen tener dificultades con problemas para los que no hay un procedimiento claramente definido para la obtención de la respuesta. Pienso que nadie ha mejorado mucho la estrategia de resolución de problemas en cuatro etapas de George Polya, así que he incluido una versión de sus principios de resolución de problemas después del capítulo 1. Estos se aplican, explícita e implícitamente, a lo largo de todo el libro. Después de los demás capítulos he colocado secciones llamadas *Problemas adicionales*, que contienen ejemplos de cómo atacar problemas de cálculo desafiantes. Al seleccionar los variados problemas para esas secciones tuve en mente el consejo siguiente de David Hilbert: "Un problema matemático debe ser difícil a fin de atraernos, pero no inaccesible como para hacer mofa de nuestros esfuerzos". Cuando pongo estos problemas desafiantes en tareas y exámenes, los califico de manera diferente. Aquí recompenso a los estudiantes significativamente por ideas hacia una solución y por reconocer cuáles principios de resolución de problemas son relevantes.

Tecnología

La disponibilidad de tecnología vuelve no menos sino más importante comprender con claridad los conceptos que subyacen en las imágenes en la pantalla. Calculadoras graficadoras y computadoras son herramientas eficaces para descubrir y comprender esos conceptos cuando se les emplea en forma apropiada. Este libro de texto puede usarse con o sin tecnología, y yo uso dos símbolos especiales para indicar claramente cuándo se requiere un tipo particular de aparato. El icono ⊞ indica un ejercicio que definitivamente requiere el uso de esa tecnología, aunque eso no quiere decir que no pueda usarse en los demás ejercicios también. El símbolo SAC se reserva a problemas en los que se requieren los servicios completos de un sistema algebraico computacional (como Maple, Mathematica o el TI-89). Pero la tecnología no vuelve obsoletos el lápiz y el papel. El cálculo y los diagramas a mano suelen ser preferibles a la tecnología para ilustrar y reforzar algunos conceptos. Tanto profesores como alumnos deben desarrollar la aptitud de decidir cuándo es apropiada la mano o la máquina.

Herramientas para enriquecer el cálculo*

TEC es un suplemento del texto y busca enriquecer y complementar su contenido. (Ahora está disponible en el eBook vía *CourseMate** y *Enhanced WebAssign.** *Visuals* y *Modules* selectos están disponibles en *www.stewartcalculus.com.**) Desarrollado por Harvey Keynes, Dan Clegg, Hubert Hohn y yo, TEC usa un enfoque de descubrimiento y exploración. En secciones del libro donde la tecnología es particularmente apropiada, iconos al margen dirigen a los estudiantes a TEC Modules que brindan un entorno de laboratorio en el que pueden explorar el tema de maneras diversas y en niveles diferentes. **Los *Visuals* son animaciones de figuras en el texto; los *Modules* son actividades más elaboradas e incluyen ejercicios**. Los profesores pueden optar por involucrarse en diversos niveles, desde simplemente alentar a los alumnos a usar los *Visuals* y *Modules* para su exploración independiente hasta asignar ejercicios específicos de los incluidos en cada *Module* o crear ejercicios, prácticas y proyectos adicionales que hagan uso de los *Visuals* y *Modules*.

TEC incluye asimismo *Homework Hints* para ejercicios representativos (usualmente con número impar) en cada sección del texto, indicados mediante la impresión del número del ejercicio en gris. Estas sugerencias suelen presentarse en forma de preguntas e intentan imitar a un asistente de aprendizaje eficaz funcionando como un tutor mudo. Están hechas para no revelar de la solución real más que lo mínimamente necesario para hacer progresos adicionales.

*Este material se encuentra solo disponible en inglés.

Enhanced WebAssign*

La tecnología ya tiene impacto en la manera en que se asignan tareas a los estudiantes, particularmente en grupos grandes. El uso de tareas en línea es creciente y su atractivo depende de la facilidad de empleo, la precisión de las calificaciones y la confiabilidad. Con la octava edición se ha trabajado con la comunidad del cálculo y *WebAssign* para desarrollar un sistema de tareas en línea. Hasta 70% de los ejercicios en cada sección se puede asignar como tareas en línea, incluidos formatos de respuesta libre, opción múltiple y partes múltiples.

Este sistema también contiene *Active Examples**, en los que los estudiantes son guiados en pequeños tutoriales paso a paso a través de ejemplos del texto, con vínculos con el libro de texto y soluciones en video.

Sitio web

Visite CengageBrain.com* o stewartcalculus.com* para estos materiales adicionales:

- *Homework Hints*
- *Algebra Review*
- *Lies My Calculator and Computer Told Me*
- *History of Mathematics* con vínculos a los mejores sitios históricos
- *Additional Topics* (con conjuntos de ejercicios): series de Fourier, fórmulas para el término residuo en las series de Taylor, rotación de ejes
- *Archived Problems* (ejercicios desafiantes que aparecieron en ediciones anteriores, junto con sus soluciones)
- *Challenge Problems* (algunas de las secciones de Problemas adicionales de ediciones anteriores)
- Vínculos de temas especiales con recursos externos de la web
- *Selected Visuals* y *Modules de Tools for Enriching Calculus* (TEC)

Contenido

Pruebas de diagnóstico El libro comienza con cuatro pruebas de diagnóstico, en álgebra básica, geometría analítica, funciones y trigonometría.

Un adelanto del cálculo Esta es una panorámica del tema e incluye una lista de preguntas para motivar el estudio del cálculo.

1 Funciones y modelos Desde el principio se enfatizan representaciones múltiples de funciones: verbal, numérica, visual y algebraica. Un análisis de modelos matemáticos conduce a una revisión de las funciones estándar, entre ellas funciones exponenciales o logarítmicas, desde esos cuatro puntos de vista.

2 Límites y derivadas El material sobre límites es motivado por un estudio previo de la tangente y problemas de velocidad. Los límites se tratan desde los puntos de vista descriptivo, gráfico, numérico y algebraico. La sección 2.4, sobre la definición precisa de un límite, es una sección opcional. Las secciones 2.7 y 2.8 tratan con derivadas (especialmente con funciones definidas gráfica y numéricamente) antes de que las reglas de derivación sean cubiertas en el capítulo 3. Aquí los ejemplos y ejercicios exploran los significados de las derivadas en varios contextos. Las derivadas de orden superior se presentan en la sección 2.8.

3 Reglas de derivación Todas las funciones básicas, incluidas las funciones exponenciales, logarítmicas y trigonométricas inversas, se derivan aquí. Cuando se calculan derivadas en situaciones de aplicación, se pide a los estudiantes explicar sus significados. El crecimiento y decaimiento exponenciales se cubren ahora en este capítulo.

*Este material se encuentra solo disponible en inglés.

4 Aplicaciones de la derivada Los hechos básicos concernientes a valores extremos y formas de curvas se deducen del teorema del valor medio. La graficación con tecnología enfatiza la interacción entre cálculo y calculadoras y el análisis de familias de curvas. Algunos problemas de optimización sustanciales son provistos como una explicación de por qué uno debe elevar la cabeza 42° para ver la punta de un arcoíris.

5 Integrales El problema del área y el problema de la distancia sirven para motivar la integral definida, con la presentación de la notación sigma cuando es necesario. (Una cobertura completa de la notación sigma se proporciona en el apéndice E.) Se hace énfasis en explicar los significados de las integrales en varios contextos y en estimar sus valores a partir de gráficas y tablas.

6 Aplicaciones de la integral Aquí presento las aplicaciones de la integral —área, volumen, trabajo, valor promedio— que pueden hacerse razonablemente sin técnicas especializadas de integración. Se enfatizan métodos generales. La meta es que los estudiantes sean capaces de dividir una cantidad en piezas reducidas, estimar con sumas de Riemann y reconocer el límite como una integral.

7 Técnicas de integración Se cubren todos los métodos estándar, aunque, desde luego, el verdadero reto es poder reconocer qué técnica es la que más conviene usar en una situación dada. En consecuencia, en la sección 7.5 presento una estrategia de integración. El uso de sistemas algebraicos computacionales se analiza en la sección 7.6.

8 Aplicaciones adicionales de la integración Aquí están las aplicaciones de la integral —longitud de arco y área de superficies— para las que es útil disponer de todas las técnicas de integración, así como aplicaciones a la biología, economía y física (energía hidrostática y centros de masa). También he incluido una sección sobre probabilidad. Hay muchas aplicaciones aquí que pueden ser cubiertas en términos realistas en un curso dado. Los profesores deben seleccionar aplicaciones convenientes para sus alumnos y para las que ellos mismos tengan entusiasmo.

9 Ecuaciones diferenciales El modelado es el tema que unifica este tratamiento introductorio de las ecuaciones diferenciales. Campos direccionales y método de Euler se estudian antes de que las ecuaciones separables y lineales se resuelvan explícitamente, de modo que a los métodos cualitativo, numérico y analítico se les da igual consideración. Estos métodos se aplican a los modelos exponencial, logístico y otros para el crecimiento de una población. Las cuatro o cinco primeras secciones de este capítulo sirven como una buena introducción a las ecuaciones diferenciales de primer orden. Una sección final opcional usa modelos de presa-depredador para ilustrar sistemas de ecuaciones diferenciales.

10 Ecuaciones paramétricas y coordenadas polares Este capítulo presenta curvas paramétricas y polares y aplica los métodos del cálculo en ellas. Las curvas paramétricas son adecuadas para proyectos de laboratorio; las dos que se presentan aquí implican a familias de curvas y curvas de Bézier. Un breve tratamiento de las secciones cónicas en coordenadas polares prepara el camino para las leyes de Kepler en el capítulo 13.

11 Sucesiones y series infinitas Las pruebas de convergencia tienen justificaciones intuitivas (véase la página 719), así como comprobaciones formales. Estimaciones numéricas de sumas de series se basan en la prueba que se haya usado para comprobar la convergencia. Se hace énfasis en la serie y polinomios de Taylor y sus aplicaciones a la física. Las estimaciones de error incluyen las de dispositivos de graficación.

Complementos

Cálculo de una variable. Trascendentes tempranas, octava edición, se apoya en un conjunto completo de complementos desarrollados bajo mi dirección. Cada pieza ha sido diseñada para favorecer la comprensión del estudiante y facilitar la enseñanza creativa. Las tablas de las páginas xix-xx describen cada uno de estos complementos.

Agradecimientos

La preparación de esta y las ediciones previas ha implicado mucho tiempo dedicado a leer los consejos razonados (aunque a veces contradictorios) de un gran número de perspicaces revisores. Agradezco enormemente el tiempo que ellos destinaron a comprender mi motivación para el enfoque adoptado. He aprendido algo de cada uno de ellos.

Revisores de la octava edición

Jay Abramson, *Arizona State University*
Adam Bowers, *University of California San Diego*
Neena Chopra, *The Pennsylvania State University*
Edward Dobson, *Mississippi State University*
Isaac Goldbring, *University of Illinois en Chicago*
Lea Jenkins, *Clemson University*
Rebecca Wahl, *Butler University*

Revisores de tecnología

Maria Andersen, *Muskegon Community College*
Eric Aurand, *Eastfield College*
Joy Becker, *University of Wisconsin–Stout*
Przemyslaw Bogacki, *Old Dominion University*
Amy Elizabeth Bowman, *University of Alabama en Huntsville*
Monica Brown, *University of Missouri–St. Louis*
Roxanne Byrne, *University of Colorado en Denver y Health Sciences Center*
Teri Christiansen, *University of Missouri–Columbia*
Bobby Dale Daniel, *Lamar University*
Jennifer Daniel, *Lamar University*
Andras Domokos, *California State University, Sacramento*
Timothy Flaherty, *Carnegie Mellon University*
Lee Gibson, *University of Louisville*
Jane Golden, *Hillsborough Community College*
Semion Gutman, *University of Oklahoma*
Diane Hoffoss, *University of San Diego*
Lorraine Hughes, *Mississippi State University*
Jay Jahangiri, *Kent State University*
John Jernigan, *Community College of Philadelphia*
Brian Karasek, *South Mountain Community College*
Jason Kozinski, *University of Florida*
Carole Krueger, *The University of Texas en Arlington*
Ken Kubota, *University of Kentucky*
John Mitchell, *Clark College*
Donald Paul, *Tulsa Community College*
Chad Pierson, *University of Minnesota, Duluth*
Lanita Presson, *University of Alabama en Huntsville*
Karin Reinhold, *State University of New York en Albany*
Thomas Riedel, *University of Louisville*
Christopher Schroeder, *Morehead State University*
Angela Sharp, *University of Minnesota, Duluth*
Patricia Shaw, *Mississippi State University*
Carl Spitznagel, *John Carroll University*
Mohammad Tabanjeh, *Virginia State University*
CPT. Koichi Takagi, *United States Naval Academy*
Lorna TenEyck, *Chemeketa Community College*
Roger Werbylo, *Pima Community College*
David Williams, *Clayton State University*
Zhuan Ye, *Northern Illinois University*

Revisores de ediciones anteriores

B. D. Aggarwala, *University of Calgary*
John Alberghini, *Manchester Community College*
Michael Albert, *Carnegie Mellon University*
Daniel Anderson, *University of Iowa*
Amy Austin, *Texas A&M University*
Donna J. Bailey, *Northeast Missouri State University*
Wayne Barber, *Chemeketa Community College*
Marilyn Belkin, *Villanova University*
Neil Berger, *University of Illinois, Chicago*
David Berman, *University of New Orleans*
Anthony J. Bevelacqua, *University of North Dakota*
Richard Biggs, *University of Western Ontario*
Robert Blumenthal, *Oglethorpe University*
Martina Bode, *Northwestern University*
Barbara Bohannon, *Hofstra University*
Jay Bourland, *Colorado State University*
Philip L. Bowers, *Florida State University*
Amy Elizabeth Bowman, *University of Alabama en Huntsville*
Stephen W. Brady, *Wichita State University*
Michael Breen, *Tennessee Technological University*
Robert N. Bryan, *University of Western Ontario*
David Buchthal, *University of Akron*
Jenna Carpenter, *Louisiana Tech University*
Jorge Cassio, *Miami-Dade Community College*

Jack Ceder, *University of California, Santa Barbara*
Scott Chapman, *Trinity University*
Zhen-Qing Chen, *University of Washington—Seattle*
James Choike, *Oklahoma State University*
Barbara Cortzen, *DePaul University*
Carl Cowen, *Purdue University*
Philip S. Crooke, *Vanderbilt University*
Charles N. Curtis, *Missouri Southern State College*
Daniel Cyphert, *Armstrong State College*
Robert Dahlin
M. Hilary Davies, *University of Alaska Anchorage*
Gregory J. Davis, *University of Wisconsin–Green Bay*
Elias Deeba, *University of Houston–Downtown*
Daniel DiMaria, *Suffolk Community College*
Seymour Ditor, *University of Western Ontario*
Greg Dresden, *Washington and Lee University*
Daniel Drucker, *Wayne State University*
Kenn Dunn, *Dalhousie University*
Dennis Dunninger, *Michigan State University*
Bruce Edwards, *University of Florida*
David Ellis, *San Francisco State University*
John Ellison, *Grove City College*
Martin Erickson, *Truman State University*
Garret Etgen, *University of Houston*
Theodore G. Faticoni, *Fordham University*
Laurene V. Fausett, *Georgia Southern University*
Norman Feldman, *Sonoma State University*
Le Baron O. Ferguson, *University of California—Riverside*
Newman Fisher, *San Francisco State University*
José D. Flores, *The University of South Dakota*
William Francis, *Michigan Technological University*
James T. Franklin, *Valencia Community College, East*
Stanley Friedlander, *Bronx Community College*
Patrick Gallagher, *Columbia University–New York*
Paul Garrett, *University of Minnesota–Minneapolis*
Frederick Gass, *Miami University of Ohio*
Bruce Gilligan, *University of Regina*
Matthias K. Gobbert, *University of Maryland, Baltimore County*
Gerald Goff, *Oklahoma State University*
Stuart Goldenberg, *California Polytechnic State University*
John A. Graham, *Buckingham Browne & Nichols School*
Richard Grassl, *University of New Mexico*
Michael Gregory, *University of North Dakota*
Charles Groetsch, *University of Cincinnati*
Paul Triantafilos Hadavas, *Armstrong Atlantic State University*
Salim M. Haïdar, *Grand Valley State University*
D. W. Hall, *Michigan State University*
Robert L. Hall, *University of Wisconsin–Milwaukee*
Howard B. Hamilton, *California State University, Sacramento*
Darel Hardy, *Colorado State University*
Shari Harris, *John Wood Community College*
Gary W. Harrison, *College of Charleston*
Melvin Hausner, *New York University/Courant Institute*
Curtis Herink, *Mercer University*
Russell Herman, *University of North Carolina en Wilmington*
Allen Hesse, *Rochester Community College*
Randall R. Holmes, *Auburn University*
James F. Hurley, *University of Connecticut*
Amer Iqbal, *University of Washington—Seattle*
Matthew A. Isom, *Arizona State University*
Gerald Janusz, *University of Illinois en Urbana-Champaign*
John H. Jenkins, *Embry-Riddle Aeronautical University, Prescott Campus*
Clement Jeske, *University of Wisconsin, Platteville*
Carl Jockusch, *University of Illinois en Urbana-Champaign*
Jan E. H. Johansson, *University of Vermont*
Jerry Johnson, *Oklahoma State University*
Zsuzsanna M. Kadas, *St. Michael's College*
Nets Katz, *Indiana University Bloomington*
Matt Kaufman
Matthias Kawski, *Arizona State University*
Frederick W. Keene, *Pasadena City College*
Robert L. Kelley, *University of Miami*
Akhtar Khan, *Rochester Institute of Technology*
Marianne Korten, *Kansas State University*
Virgil Kowalik, *Texas A&I University*
Kevin Kreider, *University of Akron*
Leonard Krop, *DePaul University*
Mark Krusemeyer, *Carleton College*
John C. Lawlor, *University of Vermont*
Christopher C. Leary, *State University of New York en Geneseo*
David Leeming, *University of Victoria*
Sam Lesseig, *Northeast Missouri State University*
Phil Locke, *University of Maine*
Joyce Longman, *Villanova University*
Joan McCarter, *Arizona State University*
Phil McCartney, *Northern Kentucky University*
Igor Malyshev, *San Jose State University*
Larry Mansfield, *Queens College*
Mary Martin, *Colgate University*
Nathaniel F. G. Martin, *University of Virginia*
Gerald Y. Matsumoto, *American River College*
James McKinney, *California State Polytechnic University, Pomona*
Tom Metzger, *University of Pittsburgh*
Richard Millspaugh, *University of North Dakota*
Lon H. Mitchell, *Virginia Commonwealth University*
Michael Montaño, *Riverside Community College*
Teri Jo Murphy, *University of Oklahoma*
Martin Nakashima, *California State Polytechnic University, Pomona*
Ho Kuen Ng, *San Jose State University*
Richard Nowakowski, *Dalhousie University*
Hussain S. Nur, *California State University, Fresno*
Norma Ortiz-Robinson, *Virginia Commonwealth University*
Wayne N. Palmer, *Utica College*
Vincent Panico, *University of the Pacific*
F. J. Papp, *University of Michigan–Dearborn*
Mike Penna, *Indiana University–Purdue University Indianapolis*
Mark Pinsky, *Northwestern University*
Lothar Redlin, *The Pennsylvania State University*
Joel W. Robbin, *University of Wisconsin–Madison*
Lila Roberts, *Georgia College and State University*

E. Arthur Robinson, Jr., *The George Washington University*
Richard Rockwell, *Pacific Union College*
Rob Root, *Lafayette College*
Richard Ruedemann, *Arizona State University*
David Ryeburn, *Simon Fraser University*
Richard St. Andre, *Central Michigan University*
Ricardo Salinas, *San Antonio College*
Robert Schmidt, *South Dakota State University*
Eric Schreiner, *Western Michigan University*
Mihr J. Shah, *Kent State University–Trumbull*
Qin Sheng, *Baylor University*
Theodore Shifrin, *University of Georgia*
Wayne Skrapek, *University of Saskatchewan*
Larry Small, *Los Angeles Pierce College*
Teresa Morgan Smith, *Blinn College*
William Smith, *University of North Carolina*
Donald W. Solomon, *University of Wisconsin–Milwaukee*
Edward Spitznagel, *Washington University*
Joseph Stampfli, *Indiana University*
Kristin Stoley, *Blinn College*
M. B. Tavakoli, *Chaffey College*
Magdalena Toda, *Texas Tech University*
Ruth Trygstad, *Salt Lake Community College*
Paul Xavier Uhlig, *St. Mary's University, San Antonio*
Stan Ver Nooy, *University of Oregon*
Andrei Verona, *California State University–Los Angeles*
Klaus Volpert, *Villanova University*
Russell C. Walker, *Carnegie Mellon University*
William L. Walton, *McCallie School*
Peiyong Wang, *Wayne State University*
Jack Weiner, *University of Guelph*
Alan Weinstein, *University of California, Berkeley*
Theodore W. Wilcox, *Rochester Institute of Technology*
Steven Willard, *University of Alberta*
Robert Wilson, *University of Wisconsin–Madison*
Jerome Wolbert, *University of Michigan–Ann Arbor*
Dennis H. Wortman, *University of Massachusetts, Boston*
Mary Wright, *Southern Illinois University–Carbondale*
Paul M. Wright, *Austin Community College*
Xian Wu, *University of South Carolina*

Me gustaría agradecer además a R. B. Burckel, Bruce Colletti, David Behrman, John Dersch, Gove Effinger, Bill Emerson, Dan Kalman, Quyan Khan, Alfonso Gracia-Saz, Allan MacIsaac, Tami Martin, Monica Nitsche, Lamia Raffo, Norton Starr y Jim Trefzger por sus sugerencias; a Al Shenk y Dennis Zill por la autorización para usar ejercicios de sus textos de cálculo; a COMAP por su autorización para usar material para proyectos; a George Bergman, David Bleecker, Dan Clegg, Victor Kaftal, Anthony Lam, Jamie Lawson, Ira Rosenholtz, Paul Sally, Lowell Smylie y Larry Wallen por sus ideas para ejercicios; a Dan Drucker por el proyecto de carrera sobre ruedas; a Thomas Banchoff, Tom Farmer, Fred Gass, John Ramsay, Larry Riddle, Philip Straffin y Klaus Volpert por sus ideas para proyectos; a Dan Anderson, Dan Clegg, Jeff Cole, Dan Drucker y Barbara Frank por resolver los ejercicios nuevos y sugerir maneras de mejorarlos; a Marv Riedesel y Mary Johnson por su precisión en la lectura de pruebas; a Andy Bulman-Fleming, Lothar Redlin, Gina Sanders y Saleem Watson por la lectura de pruebas adicional, y a Jeff Cole y Dan Clegg por su cuidadosa preparación y lectura de pruebas del manuscrito de respuestas.

Agradezco además a quienes contribuyeron en ediciones anteriores: Ed Barbeau, George Bergman, Fred Brauer, Andy Bulman-Fleming, Bob Burton, David Cusick, Tom DiCiccio, Garret Etgen, Chris Fisher, Leon Gerber, Stuart Goldenberg, Arnold Good, Gene Hecht, Harvey Keynes, E. L. Koh, Zdislav Kovarik, Kevin Kreider, Emile LeBlanc, David Leep, Gerald Leibowitz, Larry Peterson, Mary Pugh, Lothar Redlin, Carl Riehm, John Ringland, Peter Rosenthal, Dusty Sabo, Doug Shaw, Dan Silver, Simon Smith, Saleem Watson, Alan Weinstein y Gail Wolkowicz.

Gracias también a Kathi Townes, Stephanie Kuhns, Kristina Elliott y Kira Abdallah de TECHarts por sus servicios de producción y a los empleados siguientes de Cengage Learning: Cheryll Linthicum, gerente de proyectos de contenido; Stacy Green, desarrolladora de contenido titular; Samantha Lugtu, desarrolladora de contenido asociada; Stephanie Kreuz, asistente de producto; Lynh Pham, desarrolladora de medios; Ryan Ahern, gerente de mercadotecnia, y Vernon Boes, director de arte. Todos ellos hicieron un trabajo sobresaliente.

He tenido la enorme suerte de trabajar con algunos de los mejores editores de matemáticas en el ramo en las últimas tres décadas: Ron Munro, Harry Campbell, Craig Barth, Jeremy Hayhurst, Gary Ostedt, Bob Pirtle, Richard Stratton, Liz Covello y ahora Neha Taleja. Todos ellos han contribuido ampliamente en el éxito de este libro.

JAMES STEWART

Complementos para profesores

Manual del instructor (Instructor's Guide)*
Por Douglas Shaw
ISBN 978-1-305-39371-4

Cada sección de este texto es analizada desde varios puntos de vista. **Instructor's Guide** *contiene tiempo sugerido por asignar, puntos por enfatizar, temas de análisis del texto, materiales básicos para exponer en clase, sugerencias de talleres/debates, ejercicios de trabajo grupal en forma conveniente para su distribución y sugerencias de tareas.*

Manual de soluciones completas (Complete Solutions Manual)*

Single Variable Early Transcendentals*
ISBN 978-1-305-27262-0

Incluye soluciones desarrolladas de todos los ejercicios en el texto.

Printed Test Bank*
Por William Steven Harmon
ISBN 978-1-305-38722-5

Contiene elementos de exámenes de opción múltiple y respuesta libre específicos del texto.

Cengage Learning Testing Powered by Cognero*
(login.cengage.com)

Este sistema en línea flexible le permite crear, editar y gestionar contenido del banco de exámenes con base en múltiples soluciones de Cengage Learning; crear múltiples versiones de exámenes en un instante y aplicar exámenes desde su LMS, salón de clases o donde usted quiera.

Complementos para profesores y estudiantes

Stewart Website*
www.stewartcalculus.com

Contenido: *Homework Hints* ■ *Algebra Review* ■ *Additional Topics* ■ *Drill Exercises* ■ *Challenge Problems* ■ *Web Links* ■ *History of Mathematics* ■ *Tools for Enriching Calculus* (TEC)

TEC TOOLS FOR ENRICHING™ CALCULUS*
Por James Stewart, Harvey Keynes, Dan Clegg y el desarrollador Hubert Hohn

Tools for Enriching Calculus (TEC) funciona como una herramienta eficaz para profesores lo mismo que como un entorno tutorial en que los estudiantes pueden explorar y repasar temas selectos. Los módulos de simulación Flash en TEC incluyen instrucciones, explicaciones por escrito y en audio de los conceptos y ejercicios. TEC está disponible en el eBook vía CourseMate y Enhanced WebAssign. Visuals y Modules especiales pueden conseguirse en www.stewartcalculus.com.

Enhanced WebAssign*
www.webassign.net
Código de acceso impreso: ISBN 978-1-285-85826-5
Código de acceso instantáneo: ISBN 978-1-285-85825-8

Exclusivamente de Cengage Learning, Enhanced WebAssign ofrece un amplio programa en línea para el Cálculo de *Stewart a fin de alentar la práctica decisiva para el dominio de conceptos. La pedagogía meticulosamente elaborada y los ejercicios de nuestros textos probados se vuelven aún más efectivos en Enhanced WebAssign, complementados por apoyo tutorial en multimedia y retroalimentación inmediata a medida que los estudiantes completan sus tareas. Las características clave incluyen:*

- *Miles de problemas de tarea que coinciden con los ejercicios de fin de sección del libro de texto*
- *Oportunidades para que los alumnos repasen habilidades y contenido de prerrequisito tanto al principio del curso como al principio de cada sección*
- *Páginas del* eBook Read It, *videos Watch It, tutoriales Master It y vínculos Chat About It*
- *Un* YouBook *de Cengage personalizable con características para resaltar, tomar apuntes y buscar, así como con vínculos a recursos multimedia*
- Personal Study Plans *(basados en exámenes de diagnóstico) que identifican temas de capítulos que los estudiantes deberán dominar*
- *Un* Answer Evaluator *de WebAssign que reconoce y acepta respuestas matemáticas equivalentes en la misma forma en que un profesor califica*
- *Una característica de* Show My Work *que da a los profesores la opción de ver soluciones detalladas de los alumnos*
- Visualizing Calculus Animations, Lecture Videos *y más*

*Este material se encuentra disponible en inglés. Visite www.cengage.com para acceder a estos recursos.

■ Elementos electrónicos ■ Elementos impresos

(La tabla continúa en la página xxi)

Cengage Customizable YouBook*

YouBook *es un eBook tanto interactivo como personalizable. Con todo el contenido del* Cálculo *de Stewart,* YouBook *ofrece una herramienta de edición de texto que permite a los profesores modificar la narración del libro de texto conforme sea necesario. Con* YouBook, *los profesores pueden reordenar rápidamente secciones y capítulos enteros o esconder contenido que no imparten para crear un eBook que se ajuste a la perfección a su curso. Los profesores pueden personalizar adicionalmente el texto añadiendo vínculos de video creados por ellos mismos o de YouTube. Elementos adicionales de medios incluyen figuras animadas, videoclips, características para resaltar y tomar apuntes y más.* YouBook *está disponible en Enhanced WebAssign.*

CourseMate*

CourseMate es una perfecta herramienta de estudio personal para los alumnos y no requiere preparación alguna de los profesores. CourseMate da vida a conceptos del curso con herramientas interactivas de aprendizaje, estudio y preparación para exámenes que prestan apoyo al libro de texto impreso. CourseMate para el Cálculo *de Stewart incluye un eBook interactivo, Tools for Enriching Calculus, videos, exámenes, tarjetas de conceptos y más. Para los profesores, CourseMate incluye Engagement Tracker, una herramienta única en su tipo que monitorea la participación de los estudiantes.*

CengageBrain.com*

Para tener acceso a materiales adicionales de cursos, visite por favor www.cengagebrain.com. *En la página principal de CengageBrain.com, busque el ISBN de su título (en el reverso de su libro) usando el cuadro de búsqueda en la parte superior de la página. Esto lo llevará a la página del producto donde pueden encontrarse estos recursos.*

Complementos para estudiantes

Manual de soluciones para el estudiante (Student Solutions Manual)*

Single Variable Early Transcendentals
ISBN 978-1-305-27263-7

Proporciona soluciones completamente elaboradas de todos los ejercicios de número impar del texto, dando a los estudiantes la oportunidad de verificar sus respuestas y cerciorarse de haber dado los pasos correctos para llegar a la respuesta. El Student Solutions Manual se puede ordenar o acceder a él *en línea como un eBook en* www.cengagebrain.com *buscando el ISBN.*

Study Guide*

Single Variable Early Transcendentals
Por Richard St. Andre
ISBN 978-1-305-27914-8

Para cada sección del texto, la Study Guide *ofrece a los estudiantes una breve introducción, una lista corta de conceptos por dominar y preguntas de resumen y concentración con respuestas explicadas. La* Study Guide *también contiene pruebas de autoaplicación con preguntas tipo examen. La* Study Guide *se puede ordenar o acceder a ella en línea como un eBook en* www.cengagebrain.com *buscando el ISBN.*

A Companion to Calculus*

Por Dennis Ebersole, Doris Schattschneider, Alicia Sevilla y Kay Somers
ISBN 978-0-495-01124-8

Escrito para mejorar habilidades de álgebra y resolución de problemas de los estudiantes que toman un curso de álgebra, cada capítulo de este complemento está dirigido a un tema de cálculo, ofreciendo fundamentos conceptuales y técnicas específicas de álgebra necesarios para entender y resolver problemas de cálculo relacionados con ese tema. Está diseñado para cursos de cálculo que integran el repaso de conceptos de precálculo o para uso individual. Pida un ejemplar del texto o acceda al eBook en línea en www.cengagebrain.com *buscando el ISBN.*

Linear Algebra for Calculus*

Por Konrad J. Heuvers, William P. Francis, John H. Kuisti, Deborah F. Lockhart, Daniel S. Moak y Gene M. Ortner
ISBN 978-0-534-25248-9

Este libro es muy completo, diseñado para complementar el curso de cálculo, ofrece una introducción y repaso de las ideas básicas del álgebra lineal. Pida un ejemplar del texto o acceda al eBook en línea en www.cengagebrain.com *buscando el ISBN.*

*Este material se encuentra disponible en inglés. Visite www.cengage.com para acceder a estos recursos.

■ Elementos electrónicos ■ Elementos impresos

Al estudiante

Leer un libro de texto de cálculo es diferente a leer un periódico o una novela, o incluso un libro de física. No se desanime si tiene que leer un pasaje más de una vez para comprenderlo. Debería tener lápiz y papel y una calculadora a la mano para trazar un diagrama o hacer un cálculo.

Algunos estudiantes comienzan probando sus problemas de tarea y leen el texto solo si se atoran en un ejercicio. Yo sugiero que un plan mucho mejor es leer y comprender una sección del texto antes de intentar hacer los ejercicios. En particular, usted debería examinar las definiciones para ver los significados exactos de los términos. Y antes de leer cada ejemplo, sugiero que cubra la solución e intente resolver el problema usted mismo. Obtendrá mucho más al estudiar la solución si lo hace así.

Parte de la finalidad de este curso es estimular su pensamiento lógico. Aprenda a escribir las soluciones de los ejercicios en forma coherente paso a paso, con oraciones explicatorias, no solo como una cadena de ecuaciones o fórmulas inconexas.

Las respuestas a los ejercicios con número impar aparecen al final del libro, en el apéndice I. Algunos ejercicios piden una explicación, interpretación o descripción verbal. En esos casos, no existe una manera correcta y única de expresar la respuesta, así que no se preocupe si no ha encontrado la respuesta definitiva. Además, hay varias formas en las cuales expresar una respuesta numérica o algebraica, así que si su respuesta difiere de la mía, no suponga de inmediato que está equivocado. Por ejemplo, si la respuesta dada al final del libro es $\sqrt{2} - 1$ y usted obtiene $1/(1 + \sqrt{2})$, entonces usted está en lo correcto y racionalizar el denominador mostrará que las respuestas son equivalentes.

El icono indica un ejercicio que definitivamente requiere el uso de una calculadora graficadora o una computadora con software de graficación. Pero eso no significa que dispositivos de graficación no puedan usarse también para verificar su trabajo en los demás ejercicios. El símbolo SAC se reserva a problemas en los que son requeridos los recursos completos de un sistema algebraico computacional (como Maple, Mathematica o el TI-89).

Usted también encontrará el símbolo ⊘, el cual lo previene de cometer un error. He puesto este símbolo al margen en situaciones en que he observado que una gran proporción de mis estudiantes tiende a cometer el mismo error.

Tools for Enriching Calculus, que es un complemento de este texto, se refiere por medio del símbolo TEC y puede ser consultado en el eBook vía Enhanced WebAssign y CourseMate (Visuals y Modules selectos están disponibles en www.stewartcalculus.com). Esto lo dirige a usted a módulos en los que puede explorar aspectos del cálculo para los cuales la computadora es particularmente útil.

Notará que algunos números de ejercicios están impresos en gris: 5. Esto indica que *Homework Hints* están disponibles para el ejercicio. Estas sugerencias pueden hallarse en stewartcalculus.com así como en Enhanced WebAssign y CourseMate. Las sugerencias de tareas hacen preguntas que le permiten realizar progresos hacia una solución sin realmente darle la respuesta. Usted debe seguir cada sugerencia en forma activa con lápiz y papel para resolver los detalles. Si una sugerencia particular no le permite resolver el problema, puede hacer clic para revelar la sugerencia siguiente.

Le recomiendo conservar este libro para efectos de consulta después de terminar el curso. Dado que es probable que olvide algunos de los detalles específicos del cálculo, el libro servirá como un recordatorio útil cuando deba usar el cálculo en cursos subsecuentes. Y como este libro contiene más material del que puede cubrirse en un curso, también puede servir como un valioso recurso para un científico o ingeniero en ejercicio profesional.

El cálculo es un tema muy interesante, con justicia considerado uno de los grandes logros del intelecto humano. Espero que usted descubra que es no solo útil, sino también intrínsecamente bello.

JAMES STEWART

Calculadoras, computadoras y otros dispositivos de graficación

© Dan Clegg

Los adelantos en tecnología siguen ofreciendo una variedad de herramientas cada vez más amplia para hacer matemáticas. Las calculadoras de bolsillo se han vuelto más potentes, lo mismo que los programas de software y los recursos en internet. Además, muchas aplicaciones matemáticas han sido lanzadas para teléfonos inteligentes y tabletas como la iPad.

Algunos ejercicios de este texto están marcados con un icono de graficación, que indica que el uso de alguna tecnología es requerido. A menudo esto significa que se desea que un dispositivo de graficación se use para dibujar la gráfica de una función o ecuación. Usted podría necesitar también tecnología para determinar los ceros de una gráfica o los puntos de intersección de dos gráficas. En algunos casos se usará un dispositivo de cálculo para resolver una ecuación o evaluar numéricamente una integral definida. Muchas calculadoras científicas y graficadoras llevan integradas estas características, como la Texas Instruments TI-84 o TI-Nspire CX. Calculadoras similares son fabricadas por Hewlett Packard, Casio y Sharp.

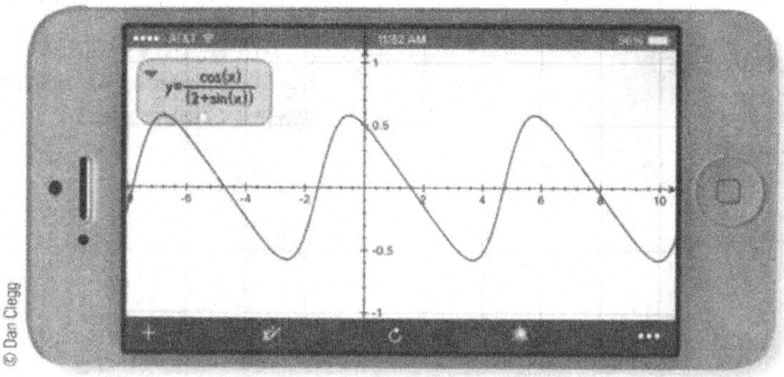

© Dan Clegg

Usted también puede emplear software de computación como *Graphing Calculator* de Pacific Tech (www.pacifict.com) para ejecutar muchas de esas funciones, lo mismo que aplicaciones para teléfonos y tabletas como Quick Graph (Colombiamug) o Math-Studio (Pomegranate Apps). Funcionalidad similar está disponible usando una interfaz web en WolframAlpha.com.

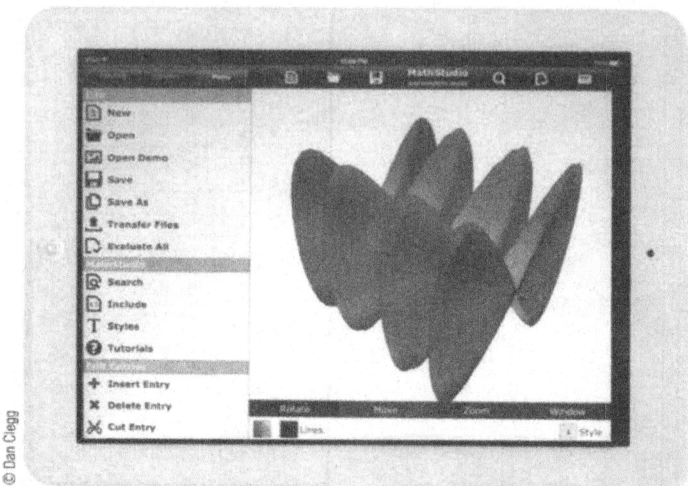

© Dan Clegg

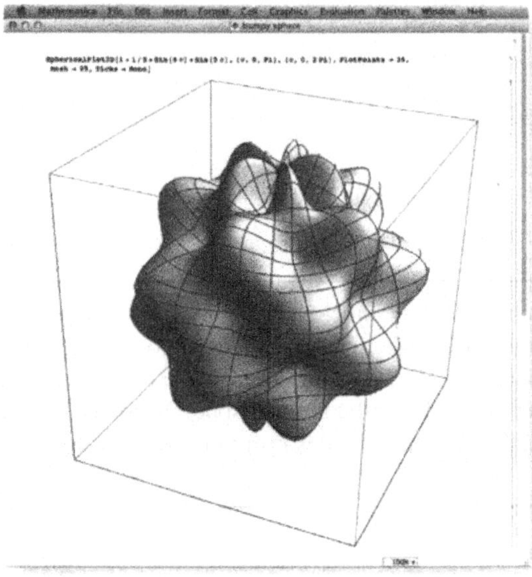

© Dan Clegg

En general, cuando se usa el término "calculadora" en este libro, se refiere al uso de cualquiera de los recursos que se han mencionado.

El icono SAC se reserva a problemas en los que son requeridos los recursos completos de un *sistema algebraico computacional* (SAC). Un SAC es capaz de hacer matemáticas (como resolver ecuaciones, calcular derivadas o integrales) *simbólicamente* más que solo numéricamente.

Ejemplos de sistemas algebraicos computacionales firmemente establecidos son los paquetes de software de computación Maple y Mathematica. El sitio web de WolframAlpha usa el motor de Mathematica para proporcionar funcionalidad SAC vía la web.

Muchas calculadoras graficadoras de bolsillo tienen capacidades del SAC, como la TI-89 y TI-Nspire CX CAS de Texas Instruments. Algunas aplicaciones para tabletas y teléfonos inteligentes brindan estas capacidades, como el ya mencionado MathStudio.

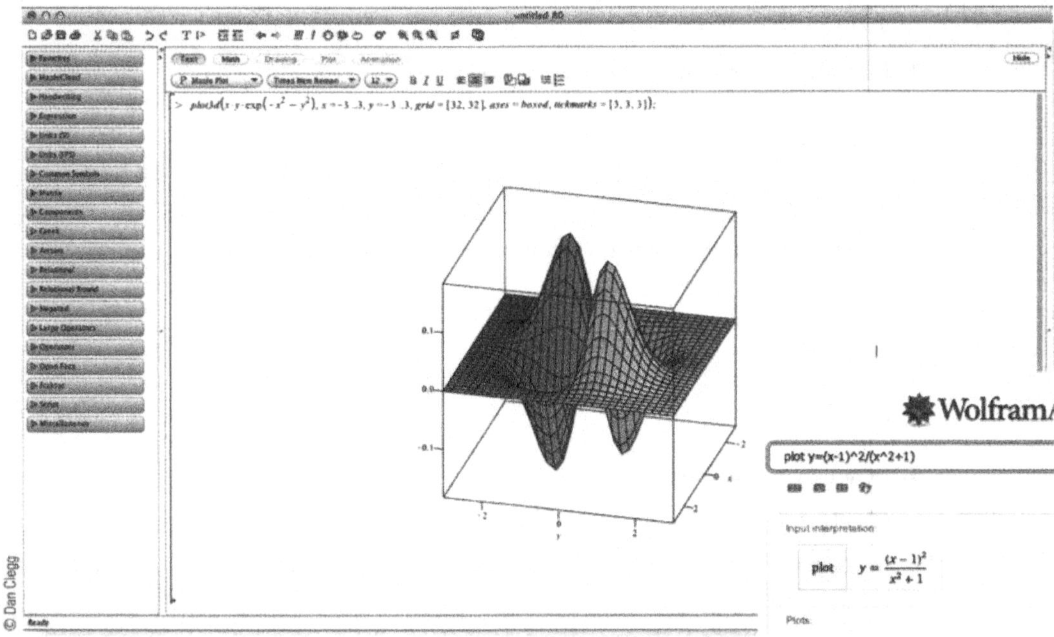

© Dan Clegg

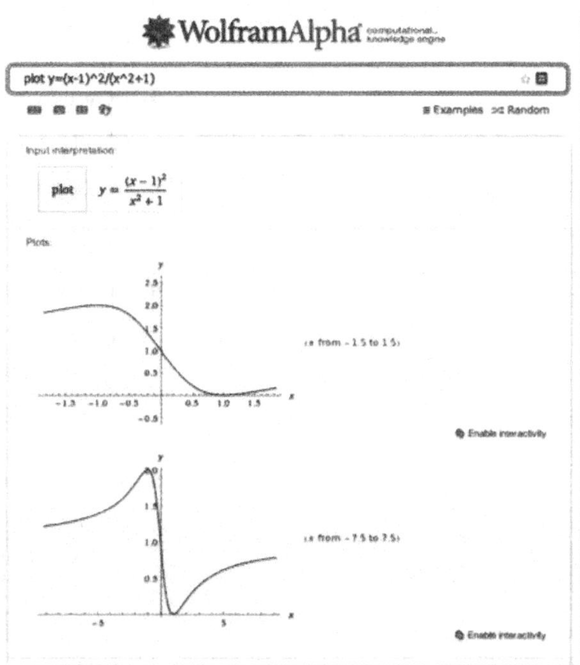

© Dan Clegg

Pruebas de diagnóstico

El éxito en cálculo depende en gran medida del conocimiento de las matemáticas que preceden al cálculo: álgebra, geometría analítica, funciones y trigonometría. Las pruebas siguientes buscan diagnosticar debilidades que usted podría tener en esas áreas. Después de realizar cada prueba, puede verificar sus respuestas contra las respuestas dadas y, si es necesario, reactivar sus habilidades remitiéndose a los materiales de repaso provistos.

A Prueba de diagnóstico: álgebra

1. Evalúe cada expresión sin usar una calculadora.

(a) $(-3)^4$ (b) -3^4 (c) 3^{-4}

(d) $\dfrac{5^{23}}{5^{21}}$ (e) $\left(\dfrac{2}{3}\right)^{-2}$ (f) $16^{-3/4}$

2. Simplifique cada expresión. Escriba su respuesta sin exponentes negativos.

(a) $\sqrt{200} - \sqrt{32}$

(b) $(3a^3b^3)(4ab^2)^2$

(c) $\left(\dfrac{3x^{3/2}y^3}{x^2y^{-1/2}}\right)^{-2}$

3. Desarrolle y simplifique.

(a) $3(x + 6) + 4(2x - 5)$ (b) $(x + 3)(4x - 5)$

(c) $(\sqrt{a} + \sqrt{b})(\sqrt{a} - \sqrt{b})$ (d) $(2x + 3)^2$

(e) $(x + 2)^3$

4. Factorice cada expresión.

(a) $4x^2 - 25$ (b) $2x^2 + 5x - 12$

(c) $x^3 - 3x^2 - 4x + 12$ (d) $x^4 + 27x$

(e) $3x^{3/2} - 9x^{1/2} + 6x^{-1/2}$ (f) $x^3y - 4xy$

5. Simplifique la expresión racional.

(a) $\dfrac{x^2 + 3x + 2}{x^2 - x - 2}$ (b) $\dfrac{2x^2 - x - 1}{x^2 - 9} \cdot \dfrac{x + 3}{2x + 1}$

(c) $\dfrac{x^2}{x^2 - 4} - \dfrac{x + 1}{x + 2}$ (d) $\dfrac{\dfrac{y}{x} - \dfrac{x}{y}}{\dfrac{1}{y} - \dfrac{1}{x}}$

6. Racionalice la expresión y simplifique.

(a) $\dfrac{\sqrt{10}}{\sqrt{5}-2}$ (b) $\dfrac{\sqrt{4+h}-2}{h}$

7. Reescriba completando el cuadrado.

(a) $x^2 + x + 1$ (b) $2x^2 - 12x + 11$

8. Resuelva la ecuación. (Halle solo las soluciones reales.)

(a) $x + 5 = 14 - \frac{1}{2}x$ (b) $\dfrac{2x}{x+1} = \dfrac{2x-1}{x}$

(c) $x^2 - x - 12 = 0$ (d) $2x^2 + 4x + 1 = 0$

(e) $x^4 - 3x^2 + 2 = 0$ (f) $3|x - 4| = 10$

(g) $2x(4 - x)^{-1/2} - 3\sqrt{4 - x} = 0$

9. Resuelva cada desigualdad. Escriba su respuesta usando notación de intervalos.

(a) $-4 < 5 - 3x \leqslant 17$ (b) $x^2 < 2x + 8$

(c) $x(x - 1)(x + 2) > 0$ (d) $|x - 4| < 3$

(e) $\dfrac{2x-3}{x+1} \leqslant 1$

10. Diga si cada ecuación es verdadera o falsa.

(a) $(p + q)^2 = p^2 + q^2$ (b) $\sqrt{ab} = \sqrt{a}\,\sqrt{b}$

(c) $\sqrt{a^2 + b^2} = a + b$ (d) $\dfrac{1 + TC}{C} = 1 + T$

(e) $\dfrac{1}{x-y} = \dfrac{1}{x} - \dfrac{1}{y}$ (f) $\dfrac{1/x}{a/x - b/x} = \dfrac{1}{a-b}$

RESPUESTAS DE LA PRUEBA DE DIAGNÓSTICO A: ÁLGEBRA

1. (a) 81 (b) -81 (c) $\frac{1}{81}$
(d) 25 (e) $\frac{9}{4}$ (f) $\frac{1}{8}$

2. (a) $6\sqrt{2}$ (b) $48a^5b^7$ (c) $\dfrac{x}{9y^7}$

3. (a) $11x - 2$ (b) $4x^2 + 7x - 15$
(c) $a - b$ (d) $4x^2 + 12x + 9$
(e) $x^3 + 6x^2 + 12x + 8$

4. (a) $(2x - 5)(2x + 5)$ (b) $(2x - 3)(x + 4)$
(c) $(x - 3)(x - 2)(x + 2)$ (d) $x(x + 3)(x^2 - 3x + 9)$
(e) $3x^{-1/2}(x - 1)(x - 2)$ (f) $xy(x - 2)(x + 2)$

5. (a) $\dfrac{x+2}{x-2}$ (b) $\dfrac{x-1}{x-3}$
(c) $\dfrac{1}{x-2}$ (d) $-(x + y)$

6. (a) $5\sqrt{2} + 2\sqrt{10}$ (b) $\dfrac{1}{\sqrt{4+h}+2}$

7. (a) $\left(x + \frac{1}{2}\right)^2 + \frac{3}{4}$ (b) $2(x - 3)^2 - 7$

8. (a) 6 (b) 1 (c) $-3, 4$
(d) $-1 \pm \frac{1}{2}\sqrt{2}$ (e) $\pm 1, \pm\sqrt{2}$ (f) $\frac{2}{3}, \frac{22}{3}$
(g) $\frac{12}{5}$

9. (a) $[-4, 3)$ (b) $(-2, 4)$
(c) $(-2, 0) \cup (1, \infty)$ (d) $(1, 7)$
(e) $(-1, 4]$

10. (a) Falso (b) Verdadero (c) Falso
(d) Falso (e) Falso (f) Verdadero

Si tuvo dificultad con estos problemas, consulte el repaso de álgebra en el sitio web **www.stewartcalculus.com.**

B Prueba de diagnóstico: geometría analítica

1. Determine una ecuación para la recta que pasa por el punto $(2, -5)$ y
   (a) tiene pendiente -3
   (b) es paralela al eje x
   (c) es paralela al eje y
   (d) es paralela a la recta $2x - 4y = 3$

2. Determine una ecuación para la circunferencia que tiene centro $(-1, 4)$ y pasa por el punto $(3, -2)$.

3. Determine el centro y radio de la circunferencia con ecuación $x^2 + y^2 - 6x + 10y + 9 = 0$.

4. Sean $A(-7, 4)$ y $B(5, -12)$ puntos en el plano.
   (a) Halle la pendiente de la recta que contiene a A y B.
   (b) Encuentre una ecuación de la recta que pasa por A y B. ¿Cuáles son las intersecciones?
   (c) Halle el punto medio del segmento AB.
   (d) Halle la longitud del segmento AB.
   (e) Encuentre una ecuación de la bisectriz perpendicular a AB.
   (f) Encuentre una ecuación de la circunferencia para el que AB es un diámetro.

5. Trace la región en el plano xy definida por la ecuación o desigualdades.

   (a) $-1 \leqslant y \leqslant 3$ (b) $|x| < 4$ y $|y| < 2$
   (c) $y < 1 - \frac{1}{2}x$ (d) $y \geqslant x^2 - 1$
   (e) $x^2 + y^2 < 4$ (f) $9x^2 + 16y^2 = 144$

RESPUESTAS DE LA PRUEBA DE DIAGNÓSTICO B: GEOMETRÍA ANALÍTICA

1. (a) $y = -3x + 1$ (b) $y = -5$
   (c) $x = 2$ (d) $y = \frac{1}{2}x - 6$

2. $(x + 1)^2 + (y - 4)^2 = 52$

3. Centro $(3, -5)$, radio 5

4. (a) $-\frac{4}{3}$
   (b) $4x + 3y + 16 = 0$; intersección en $x = -4$, intersección en $y = -\frac{16}{3}$
   (c) $(-1, -4)$
   (d) 20
   (e) $3x - 4y = 13$
   (f) $(x + 1)^2 + (y + 4)^2 = 100$

5.

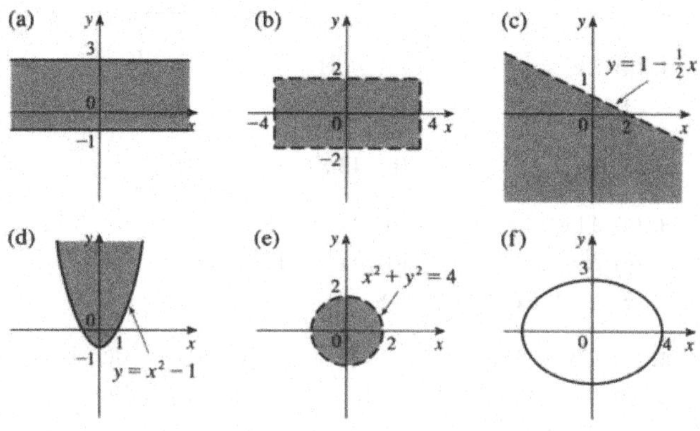

Si tuvo dificultad con estos problemas, consulte el repaso de geometría analítica en los apéndices B y C.

C Prueba de diagnóstico: funciones

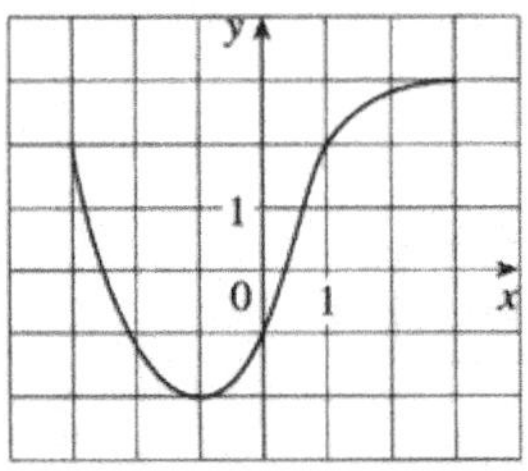

FIGURA PARA EL PROBLEMA 1

1. La gráfica de una función f se da a la izquierda.
(a) Enuncie el valor de $f(-1)$.
(b) Estime el valor de $f(2)$.
(c) ¿Para cuáles valores de x es $f(x) = 2$?
(d) Estime los valores de x tales que $f(x) = 0$.
(e) Enuncie el dominio y rango de f.

2. Si $f(x) = x^3$, evalúe el cociente de diferencia $\dfrac{f(2 + h) - f(2)}{h}$ y simplifique su respuesta.

3. Determine el dominio de cada función.

(a) $f(x) = \dfrac{2x + 1}{x^2 + x - 2}$ (b) $g(x) = \dfrac{\sqrt[3]{x}}{x^2 + 1}$ (c) $h(x) = \sqrt{4 - x} + \sqrt{x^2 - 1}$

4. ¿Cómo se obtienen las gráficas de las siguientes funciones a partir de la gráfica de f?

(a) $y = -f(x)$ (b) $y = 2f(x) - 1$ (c) $y = f(x - 3) + 2$

5. Sin usar una calculadora, haga un diagrama preliminar de la gráfica.

(a) $y = x^3$ (b) $y = (x + 1)^3$ (c) $y = (x - 2)^3 + 3$
(d) $y = 4 - x^2$ (e) $y = \sqrt{x}$ (f) $y = 2\sqrt{x}$
(g) $y = -2^x$ (h) $y = 1 + x^{-1}$

6. Sea $f(x) = \begin{cases} 1 - x^2 & \text{si } x \leq 0 \\ 2x + 1 & \text{si } x > 0 \end{cases}$

(a) Evalúe $f(-2)$ y $f(1)$. (b) Trace la gráfica de f.

7. Si $f(x) = x^2 + 2x - 1$ y $g(x) = 2x - 3$, determine cada una de las funciones siguientes.
(a) $f \circ g$ (b) $g \circ f$ (c) $g \circ g \circ g$

RESPUESTAS DE LA PRUEBA DE DIAGNÓSTICO C: FUNCIONES

1. (a) -2 (b) 2.8
(c) $-3, 1$ (d) $-2.5, 0.3$
(e) $[-3, 3], [-2, 3]$

2. $12 + 6h + h^2$

3. (a) $(-\infty, -2) \cup (-2, 1) \cup (1, \infty)$
(b) $(-\infty, \infty)$
(c) $(-\infty, -1] \cup [1, 4]$

4. (a) Refleje a través del eje x
(b) Prolongue verticalmente por un factor de 2 y luego desplace 1 unidad hacia abajo
(c) Desplace 3 unidades a la derecha y 2 unidades hacia arriba

5.

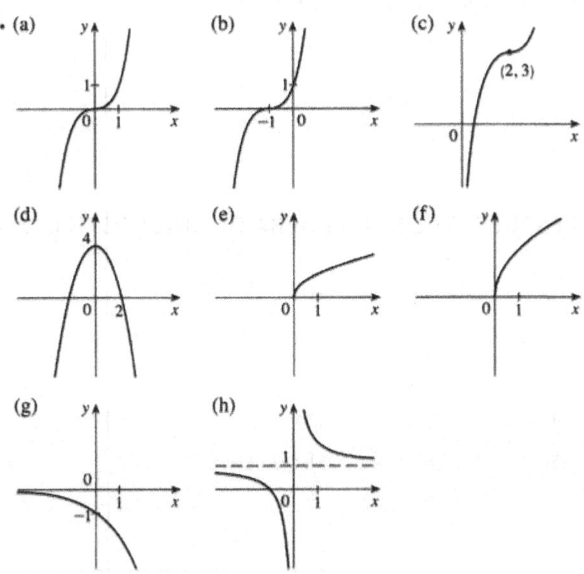

6. (a) $-3, 3$ (b)

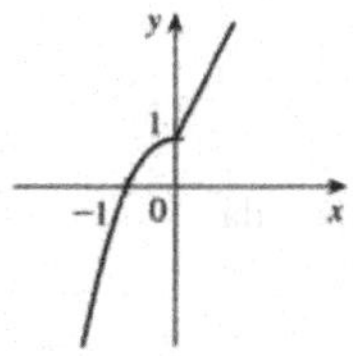

7. (a) $(f \circ g)(x) = 4x^2 - 8x + 2$
(b) $(g \circ f)(x) = 2x^2 + 4x - 5$
(c) $(g \circ g \circ g)(x) = 8x - 21$

Si tuvo dificultad con estos problemas, examine las secciones 1.1-1.3 de este libro.

D Prueba de diagnóstico: trigonometría

1. Convierta de grados a radianes.
(a) $300°$ (b) $-18°$

2. Convierta de radianes a grados.
(a) $5\pi/6$ (b) 2

3. Determine la longitud de un arco de un círculo con radio 12 cm si el arco subtiende un ángulo central de 30°.

4. Determine los valores exactos.
(a) $\tan(\pi/3)$ (b) $\text{sen}(7\pi/6)$ (c) $\sec(5\pi/3)$

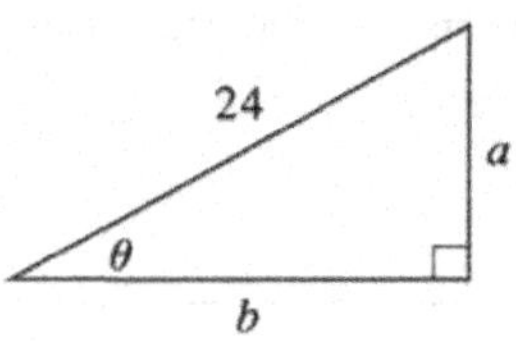

FIGURA PARA EL PROBLEMA 5

5. Exprese las longitudes de a y b en la figura en términos de θ.

6. Si $\text{sen}\, x = \frac{1}{3}$ y $\sec y = \frac{5}{4}$, donde x y y se sitúan entre 0 y $\pi/2$, evalúe $\text{sen}(x + y)$.

7. Compruebe las identidades.
(a) $\tan\theta\, \text{sen}\,\theta + \cos\theta = \sec\theta$ (b) $\dfrac{2\tan x}{1 + \tan^2 x} = \text{sen}\, 2x$

8. Determine todos los valores de x tales que $\text{sen}\, 2x = \text{sen}\, x$ y $0 \leqslant x \leqslant 2\pi$.

9. Trace la gráfica de la función $y = 1 + \text{sen}\, 2x$ sin usar una calculadora.

RESPUESTAS DE LA PRUEBA DE DIAGNÓSTICO D: TRIGONOMETRÍA

1. (a) $5\pi/3$ (b) $-\pi/10$

2. (a) $150°$ (b) $360°/\pi \approx 114.6°$

3. 2π cm

4. (a) $\sqrt{3}$ (b) $-\frac{1}{2}$ (c) 2

5. (a) $24\, \text{sen}\,\theta$ (b) $24\cos\theta$

6. $\frac{1}{15}(4 + 6\sqrt{2})$

8. $0, \pi/3, \pi, 5\pi/3, 2\pi$

9.

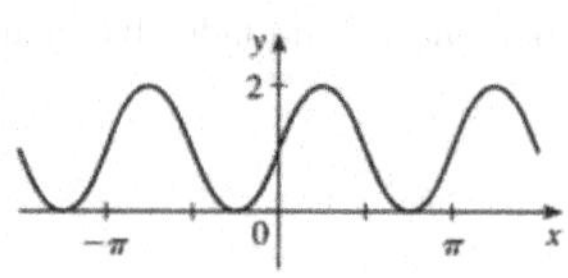

Si tuvo dificultad con estos problemas, examine el apéndice D de este libro.

Un adelanto del cálculo

Cuando termine este curso, será capaz de calcular la longitud de la curva utilizada para diseñar el Gateway Arch en St. Louis, determinar dónde un piloto debe iniciar el descenso para un aterrizaje suave, calcular la fuerza sobre un bate de béisbol cuando golpea la pelota y medir la cantidad de luz captada por el ojo humano conforme cambia el tamaño de la pupila.

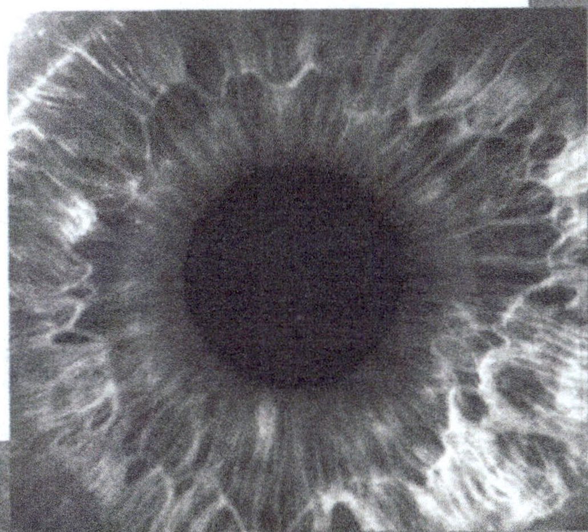

EL CÁLCULO ES FUNDAMENTALMENTE DIFERENTE DE las matemáticas que ha estudiado anteriormente: el cálculo es menos estático y más dinámico. Se ocupa de los cambios y del movimiento; estudia cantidades que se aproximan a otras cantidades. Por eso puede ser útil tener una visión general del tema antes de comenzar su estudio intensivo. Aquí se da un vistazo de algunas de las ideas principales del cálculo, se muestran cómo surge el concepto de límite cuando se intentan resolver diferentes problemas.

El problema del área

Los orígenes del cálculo se remontan a unos 2500 años a los antiguos griegos, quienes calcularon áreas usando el "método de agotamiento". Los griegos sabían cómo encontrar el área de cualquier polígono al dividirlo en triángulos como se ve en la figura 1 y sumar las áreas de estos triángulos.

Un problema mucho más difícil es encontrar el área encerrada por una figura curvada. El método griego de agotamiento consistía en inscribir y circunscribir polígonos en la figura y luego aumentar el número de lados de los polígonos. La figura 2 ilustra este proceso para el caso especial de un círculo con polígonos regulares inscritos.

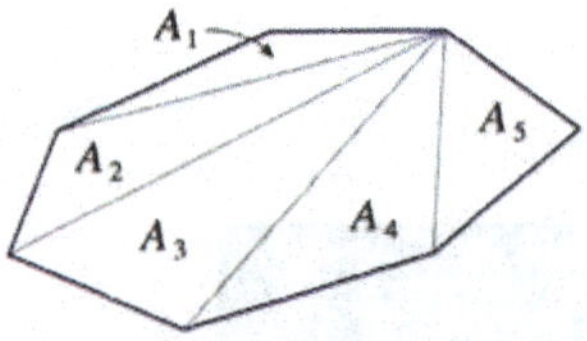

$A = A_1 + A_2 + A_3 + A_4 + A_5$

FIGURA 1

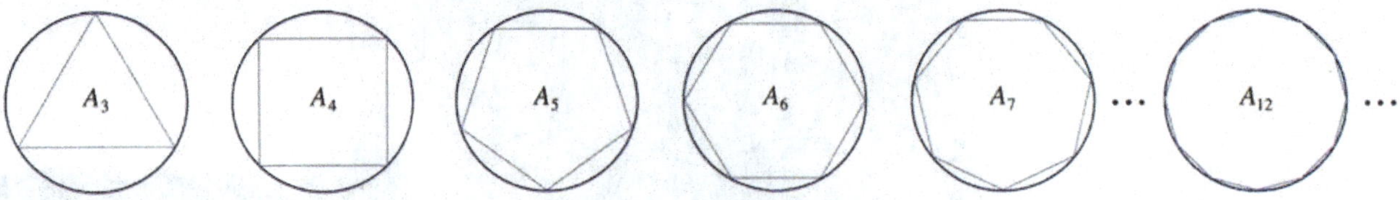

FIGURA 2

Sea A_n el área del polígono inscrito con n lados. A medida que aumenta n, el área se parece cada vez más y más al área del círculo. Se dice que el área del círculo es el *límite* de las áreas de los polígonos inscritos, y se escribe

TEC En Preview Visual, puede ver cómo las áreas de los polígonos inscritos y circunscritos se aproximan al área del círculo.

$$A = \lim_{n \to \infty} A_n$$

Los griegos no utilizaron de manera explícita el concepto de límite. Sin embargo, por razonamiento indirecto, Eudoxo (siglo V a. C.) utilizó la técnica de agotamiento para demostrar la conocida fórmula para el área de un círculo: $A = \pi r^2$.

En el capítulo 5 se utilizará una idea similar para encontrar las áreas de regiones del tipo que se muestra en la figura 3. Se aproximará al área deseada por medio de áreas de rectángulos (como en la figura 4), disminuyendo el ancho de los rectángulos y luego calculando el área A como el límite de estas sumas de áreas de rectángulos.

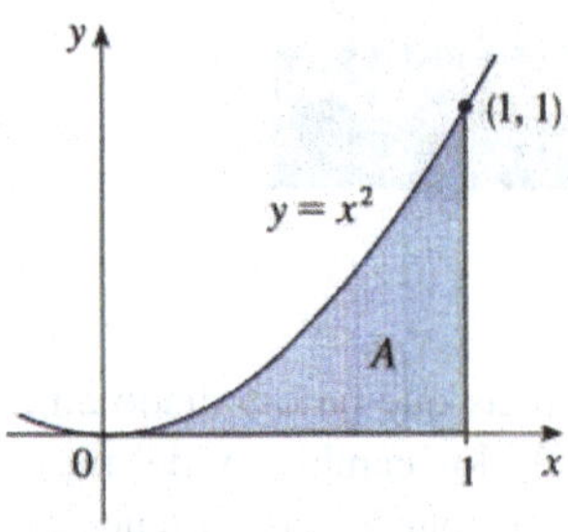

FIGURA 3

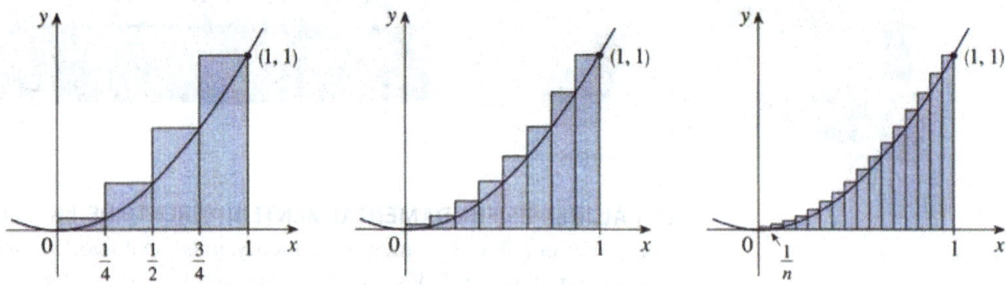

FIGURA 4

El problema del área es el problema central en la rama del cálculo llamado *cálculo integral*. Las técnicas que se desarrollarán en el capítulo 5 para encontrar áreas también permitirán calcular el volumen de un sólido, la longitud de una curva, la fuerza de las aguas contra una presa, la masa y el centro de gravedad de una varilla y el trabajo realizado al bombear agua hacia afuera de un tanque.

El problema de la tangente

Considere el problema de encontrar la ecuación de la recta tangente t a una curva con ecuación $y = f(x)$ en un punto dado P. (En el capítulo 2 se dará una definición precisa de una recta tangente. Por ahora la puede considerar como una recta que toca la curva en P

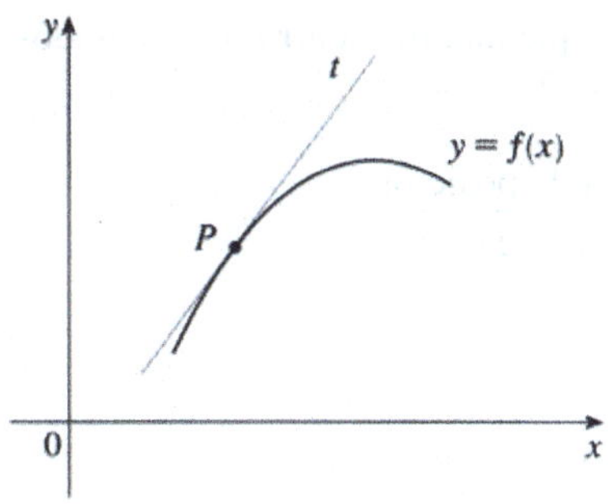

FIGURA 5
La recta tangente en P

como en la figura 5.) Como se sabe que el punto P se encuentra en la recta tangente, se puede encontrar la ecuación de t si se sabe su pendiente m. El problema es que se necesitan dos puntos para calcular la pendiente y se tiene solo un punto P de t. Como una solución alternativa al problema se encuentra en primer lugar una aproximación a m tomando un punto cercano Q de la curva y se calcula la pendiente m_{PQ} de la recta secante PQ. De la figura 6 se ve que

1
$$m_{PQ} = \frac{f(x) - f(a)}{x - a}$$

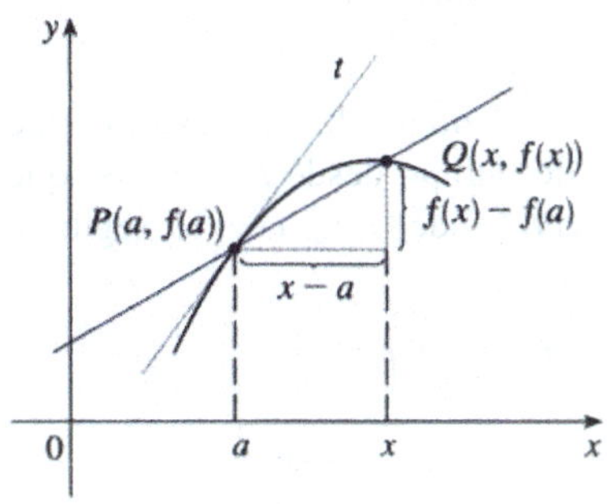

FIGURA 6
La recta secante PQ

Ahora imagine que Q se mueve a lo largo de la curva hacia P como en la figura 7. Puede verse que la recta secante gira y se acerca a la recta tangente como su posición límite. Esto significa que la pendiente de la recta secante se acerca más y más a la pendiente m_{PQ} de la recta tangente. Escriba

$$m = \lim_{Q \to P} m_{PQ}$$

y diga que m es el límite de m_{PQ} cuando Q se aproxima a P a lo largo de la curva. Puesto que x se aproxima a a cuando Q se aproxima a P, también se puede utilizar la ecuación 1 para escribir

2
$$m = \lim_{x \to a} \frac{f(x) - f(a)}{x - a}$$

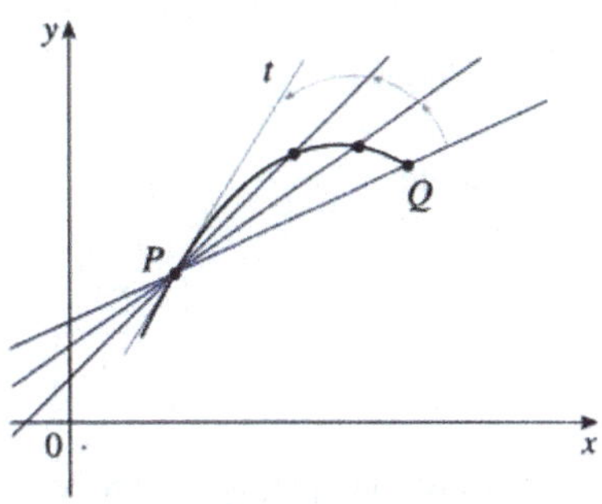

FIGURA 7
Recta secante aproximándose a la recta tangente

En el capítulo 2 se verán ejemplos específicos de este procedimiento.

El problema de la tangente ha dado lugar a la rama del cálculo llamada *cálculo diferencial*, inventada más de 2000 años después que el cálculo integral. Las principales ideas detrás del cálculo diferencial se deben al matemático francés Pierre de Fermat (1601-1665) y fueron desarrolladas por los matemáticos ingleses John Wallis (1616-1703), Isaac Barrow (1630-1677) e Isaac Newton (1642-1727); y el matemático alemán Gottfried Leibniz (1646-1716).

Las dos ramas de cálculo y sus principales problemas, el problema del área y el problema de la tangente, parecen ser muy diferentes, pero resulta que hay una conexión muy estrecha entre ellas. El problema de la tangente y el área son problemas inversos en un sentido que se describe en el capítulo 5.

■ Velocidad

Cuando se ve el velocímetro de un automóvil y se lee que se está desplazando a 48 km/h, ¿qué información se obtiene? Si la velocidad se mantiene constante, después de una hora se habrá desplazado 48 km. Pero, si la velocidad del auto varía, ¿qué significa decir que la velocidad en un instante dado es 48 km/h?

Para analizar esta situación, examine el caso de un automóvil que viaja a lo largo de una carretera recta en el que se supone que es posible medir la distancia recorrida por el vehículo (en metros) a intervalos de un segundo como se registra en la tabla siguiente:

t = tiempo transcurrido (s)	0	1	2	3	4	5
d = distancia (m)	0	2	9	24	42	71

Un primer paso para determinar la velocidad una vez que han transcurrido 2 segundos, es encontrar la velocidad promedio durante el intervalo $2 \leqslant t \leqslant 4$:

$$\text{velocidad promedio} = \frac{\text{cambio en la posición}}{\text{tiempo transcurrido}}$$

$$= \frac{42 - 9}{4 - 2}$$

$$= 16.5 \text{ m/s}$$

Del mismo modo, la velocidad promedio en el intervalo $2 \leqslant t \leqslant 3$ es

$$\text{velocidad promedio} = \frac{24 - 9}{3 - 2} = 15 \text{ m/s}$$

Se tiene la sensación de que la velocidad en el instante $t = 2$ no puede ser muy diferente de la velocidad promedio durante un corto intervalo de tiempo desde $t = 2$. Así que imagine que se ha medido la distancia recorrida en intervalos de tiempo de 0.1 segundo como se ve en la tabla siguiente:

t	2.0	2.1	2.2	2.3	2.4	2.5
d	9.00	10.02	11.16	12.45	13.96	15.80

Entonces se puede calcular, por ejemplo, la velocidad promedio en el intervalo de tiempo [2, 2.5]:

$$\text{velocidad promedio} = \frac{15.80 - 9.00}{2.5 - 2} = 13.6 \text{ m/s}$$

Los resultados de estos cálculos se muestran en la tabla siguiente:

Intervalo de tiempo	[2, 3]	[2, 2.5]	[2, 2.4]	[2, 2.3]	[2, 2.2]	[2, 2.1]
Velocidad promedio (m/s)	15.0	13.6	12.4	11.5	10.8	10.2

Las velocidades promedio durante intervalos sucesivamente más pequeños parecen estar aproximándose cada vez más a un número cercano a 10 y, por tanto, se esperaría que la velocidad exactamente en $t = 2$ fuera de 10 m/s. En el capítulo 2 se definirá la velocidad instantánea de un objeto en movimiento, como el valor límite de las velocidades promedio durante intervalos de tiempo cada vez más pequeños.

En la figura 8 se muestra una representación gráfica del movimiento del automóvil al trazar la distancia recorrida como función del tiempo. Si se escribe $d = f(t)$, entonces $f(t)$ es el número de metros recorridos después de t segundos. La velocidad promedio en el intervalo de tiempo $[2, t]$ es

$$\text{velocidad promedio} = \frac{\text{cambio en la posición}}{\text{tiempo transcurrido}} = \frac{f(t) - f(2)}{t - 2}$$

que es lo mismo que la pendiente de la recta secante PQ en la figura 8. La velocidad v cuando $t = 2$ es el valor límite de esta velocidad promedio cuando t se aproxima a 2; es decir,

$$v = \lim_{t \to 2} \frac{f(t) - f(2)}{t - 2}$$

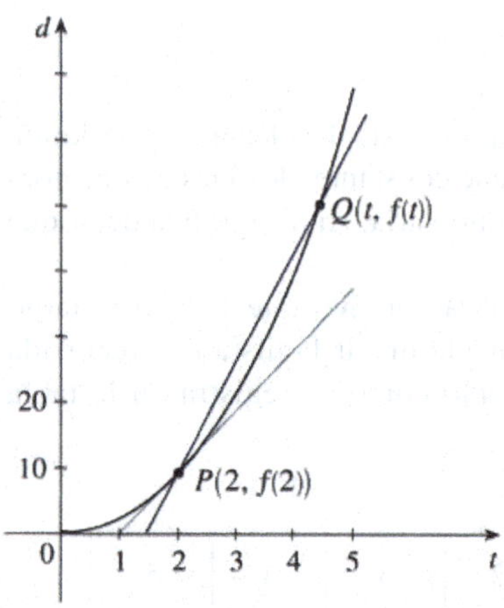

FIGURA 8

y de la ecuación 2 se reconoce que esta es igual a la pendiente de la recta tangente a la curva en P.

Así, cuando se resuelve el problema de la tangente en el cálculo diferencial, también se da solución a problemas relativos a velocidades. Las mismas técnicas permiten resolver problemas relacionados con tasas de cambio en las ciencias naturales y sociales.

El límite de una sucesión

En el siglo v a. C., el filósofo griego Zenón de Elea planteó cuatro problemas, ahora conocidos como *Paradojas de Zenón,* que estaban diseñados para cuestionar algunas de las ideas sobre el espacio y el tiempo que se sostenían en esos días. La segunda paradoja de Zenón se refiere a una carrera entre Aquiles, el héroe griego, y una tortuga a la que se ha dado cierta ventaja al inicio. Zenón argumentaba que Aquiles nunca podría rebasar a la tortuga. Suponga que Aquiles empieza en la posición a_1 y la tortuga comienza en posición t_1 (véase la figura 9). Cuando Aquiles alcanza el punto $a_2 = t_1$, la tortuga está más adelante en la posición t_2. Cuando Aquiles llega a $a_3 = t_2$, la tortuga está en t_3. Este proceso continúa indefinidamente y así parece que ¡la tortuga siempre estará por delante! Pero esto desafía el sentido común.

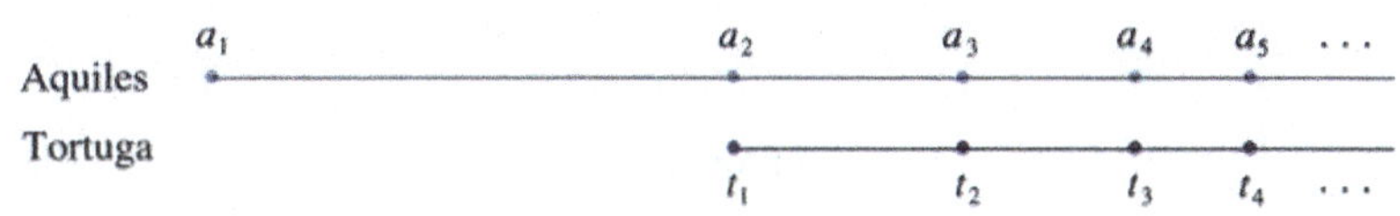

FIGURA 9

Una manera de explicar esta paradoja es con el concepto de *sucesión*. Las posiciones sucesivas de Aquiles (a_1, a_2, a_3,....) o las posiciones sucesivas de la tortuga (t_1, t_2, t_3,....) forman lo que se conoce como una sucesión.

En general, una sucesión $\{a_n\}$ es un conjunto de números escritos en un orden definido. Por ejemplo, la sucesión

$$\left\{1, \tfrac{1}{2}, \tfrac{1}{3}, \tfrac{1}{4}, \tfrac{1}{5}, \ldots\right\}$$

puede describirse dando la siguiente fórmula para el enésimo término:

$$a_n = \frac{1}{n}$$

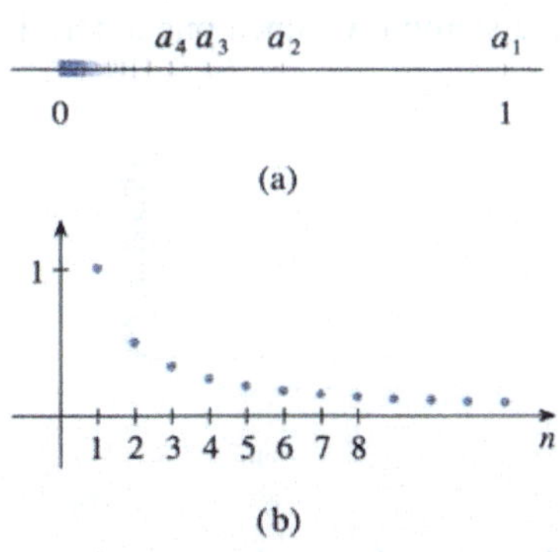

FIGURA 10

Puede visualizar esta sucesión ubicando sus términos en una recta numérica como en la figura 10(a) o dibujando su gráfica como en la figura 10(b). En cualesquiera de las dos representaciones se observa que los términos de la sucesión $a^n = 1/n$ se aproximan cada vez más y más a 0 conforme n aumenta. De hecho, se pueden encontrar términos tan pequeños como se quiera haciendo n suficientemente grande. En estas condiciones, se dice que el límite de la sucesión es 0, y se indica escribiendo

$$\lim_{n \to \infty} \frac{1}{n} = 0$$

En general, la notación

$$\lim_{n \to \infty} a_n = L$$

se utiliza si los términos a_n se aproximan al número L cuando n es suficientemente grande. Esto significa que los números a_n pueden acercarse al número L tanto como se quiera si se toma una n suficientemente grande.

El concepto de límite de una sucesión aparece cada vez que se utiliza la representación decimal de un número real. Por ejemplo, si

$$a_1 = 3.1$$

$$a_2 = 3.14$$

$$a_3 = 3.141$$

$$a_4 = 3.1415$$

$$a_5 = 3.14159$$

$$a_6 = 3.141592$$

$$a_7 = 3.1415926$$

$$\vdots$$

entonces $$\lim_{n\to\infty} a_n = \pi$$

Los términos de esta sucesión son aproximaciones racionales de π.

Regrese a la paradoja de Zenón. Las posiciones sucesivas de Aquiles y la tortuga forman sucesiones $\{a_n\}$ y $\{t_n\}$, donde $a_n < t_n$ para toda n. Puede demostrarse que ambas sucesiones tienen el mismo límite:

$$\lim_{n\to\infty} a_n = p = \lim_{n\to\infty} t_n$$

Es precisamente en este punto p que Aquiles alcanza a la tortuga.

La suma de una serie

Otra de las paradojas de Zenón, según Aristóteles, es la siguiente: "un hombre parado en una sala no puede caminar hasta la pared. Para ello, primero tendría que recorrer la mitad de la distancia, después recorrer la mitad de la distancia restante y, luego, recorrer la mitad de lo que falta. Este proceso puede mantenerse siempre y nunca puede terminarse" (véase la figura 11).

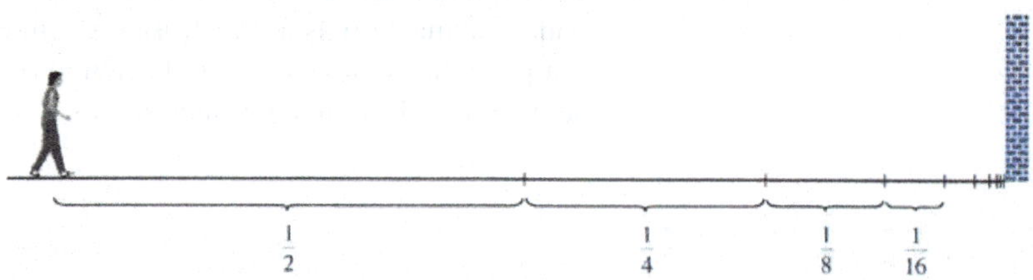

FIGURA 11

Por supuesto, se sabe que el hombre realmente puede llegar a la pared, lo que sugiere que tal vez la distancia total puede expresarse como la suma de una infinidad de distancias cada vez más pequeñas como sigue:

3 $$1 = \frac{1}{2} + \frac{1}{4} + \frac{1}{8} + \frac{1}{16} + \cdots + \frac{1}{2^n} + \cdots$$

Zenón argumentaba que no tiene sentido sumar una infinidad de números. Pero hay otras situaciones en que se utilizan implícitamente sumas infinitas. Por ejemplo, en notación decimal, el símbolo $0.\overline{3} = 0.3333\ldots$ significa

$$\frac{3}{10} + \frac{3}{100} + \frac{3}{1000} + \frac{3}{10\,000} + \cdots$$

y así, en cierto sentido, debe ser cierto que

$$\frac{3}{10} + \frac{3}{100} + \frac{3}{1000} + \frac{3}{10\,000} + \cdots = \frac{1}{3}$$

Más generalmente, si d_n denota el enésimo dígito en la representación decimal de un número, entonces

$$0.d_1d_2d_3d_4\ldots = \frac{d_1}{10} + \frac{d_2}{10^2} + \frac{d_3}{10^3} + \cdots + \frac{d_n}{10^n} + \cdots$$

Por tanto, algunas sumas infinitas o series infinitas, como se les llama, tienen un significado. Pero se debe definir con cuidado lo que es la suma de una serie infinita.

Regresando a la serie en la ecuación 3, se denota por s_n la suma de los n primeros términos de la serie. Por tanto,

$$s_1 = \tfrac{1}{2} = 0.5$$

$$s_2 = \tfrac{1}{2} + \tfrac{1}{4} = 0.75$$

$$s_3 = \tfrac{1}{2} + \tfrac{1}{4} + \tfrac{1}{8} = 0.875$$

$$s_4 = \tfrac{1}{2} + \tfrac{1}{4} + \tfrac{1}{8} + \tfrac{1}{16} = 0.9375$$

$$s_5 = \tfrac{1}{2} + \tfrac{1}{4} + \tfrac{1}{8} + \tfrac{1}{16} + \tfrac{1}{32} = 0.96875$$

$$s_6 = \tfrac{1}{2} + \tfrac{1}{4} + \tfrac{1}{8} + \tfrac{1}{16} + \tfrac{1}{32} + \tfrac{1}{64} = 0.984375$$

$$s_7 = \tfrac{1}{2} + \tfrac{1}{4} + \tfrac{1}{8} + \tfrac{1}{16} + \tfrac{1}{32} + \tfrac{1}{64} + \tfrac{1}{128} = 0.9921875$$

$$\vdots$$

$$s_{10} = \tfrac{1}{2} + \tfrac{1}{4} + \cdots + \tfrac{1}{1024} \approx 0.99902344$$

$$\vdots$$

$$s_{16} = \frac{1}{2} + \frac{1}{4} + \cdots + \frac{1}{2^{16}} \approx 0.99998474$$

Observe que como le se añadieron cada vez más términos, las sumas parciales parecen estar más cercanas a 1. De hecho, puede demostrarse que si n es suficientemente grande (es decir, si se suman suficientes términos de la serie), se puede aproximar la suma parcial tanto como se quiera al número 1. Por tanto, parece razonable decir que la suma de la serie infinita es 1 y escribir

$$\frac{1}{2} + \frac{1}{4} + \frac{1}{8} + \cdots + \frac{1}{2^n} + \cdots = 1$$

En otras palabras, la razón de que la suma de la serie sea 1 es que

$$\lim_{n \to \infty} s_n = 1$$

En el capítulo 11 se analizarán con más detalle estas ideas y se utilizará la propuesta de Newton de combinar las series infinitas con el cálculo diferencial e integral.

Resumen

Se vio que el concepto de límite surge al intentar encontrar el área de una región, la pendiente de la recta tangente a una curva, la velocidad de un auto o la suma de una serie infinita. En cada caso el problema común es el cálculo de una cantidad como el límite de otras cantidades fáciles de calcular. Esta idea básica de límite separa al cálculo de otras áreas de las matemáticas. De hecho, podría definirse el cálculo como la parte de las matemáticas que estudia límites.

Después de que Sir Isaac Newton inventó su versión del cálculo, lo usó para explicar el movimiento de los planetas alrededor del Sol. Hoy el cálculo se utiliza para determinar las órbitas de los satélites y naves espaciales, en la predicción de tamaños de población, en la estimación de la rapidez con la que los precios del petróleo suben o bajan, en el pronóstico del clima, en medir el gasto cardiaco, en el cálculo de las primas de seguros de vida y en una gran variedad de otras áreas. En este libro se explorarán algunos de estos usos del cálculo.

Con el fin de dar una idea del poder del cálculo, se termina este panorama preliminar con una lista de algunas de las preguntas que usted podrá responder al usar el cálculo:

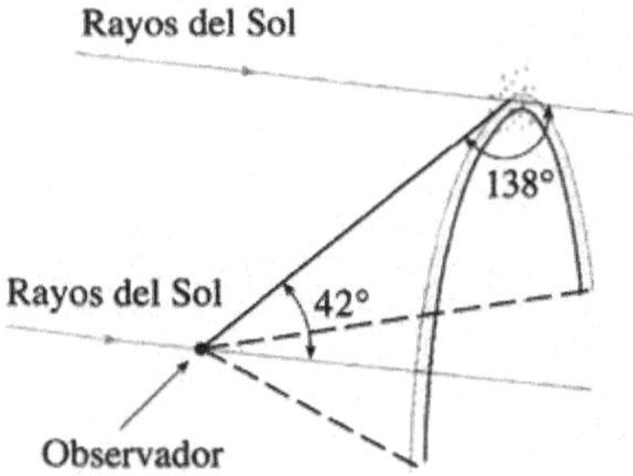

FIGURA 12

1. ¿Cómo podría explicar el hecho, ilustrado en la figura 12, de que el ángulo de elevación desde un observador hasta el punto más alto en un arcoíris es 42°? (Véase la página 285).
2. ¿Cómo podría explicar las formas de las latas en los estantes del supermercado? (Véase la página 343).
3. ¿Dónde está el mejor lugar para sentarse en una sala de cine? (Véase la página 465).
4. ¿Cómo diseñaría una montaña rusa para un viaje suave? (Véase la página 182).
5. ¿A qué distancia de la pista de un aeropuerto debe un piloto iniciar el descenso? (Véase la página 208).
6. ¿Cómo podría ajustar distintas curvas para que al unirlas sirvan para diseñar letras que puedan ser impresas en una impresora láser? (Véase la página 657).
7. ¿Cómo estimaría el número de trabajadores que fueron necesarios para construir la gran pirámide de Keops en Egipto? (Véase la página 460).
8. ¿Dónde debe colocarse un parador en corto para atrapar una pelota de béisbol lanzada por un jardinero y arrojarla al plato (*home*)? (Véase la página 465).
9. Una bola lanzada verticalmente hacia arriba, ¿tarda más tiempo en llegar a su altura máxima o en volver a su posición original de lanzamiento? (Véase la página 609).

1 Funciones y modelos

© Pictura Collectus/Alamy

A menudo una gráfica es la mejor manera de representar una función porque transmite mucha información en un vistazo. Se muestra la gráfica de la aceleración vertical del suelo, creada por el terremoto de 2011 cerca de Tohoku en Japón. El terremoto tuvo una magnitud de 9.0 en la escala de Ritcher y fue tan fuerte que movió el norte de Japón 2.4 metros más cerca de América del Norte.

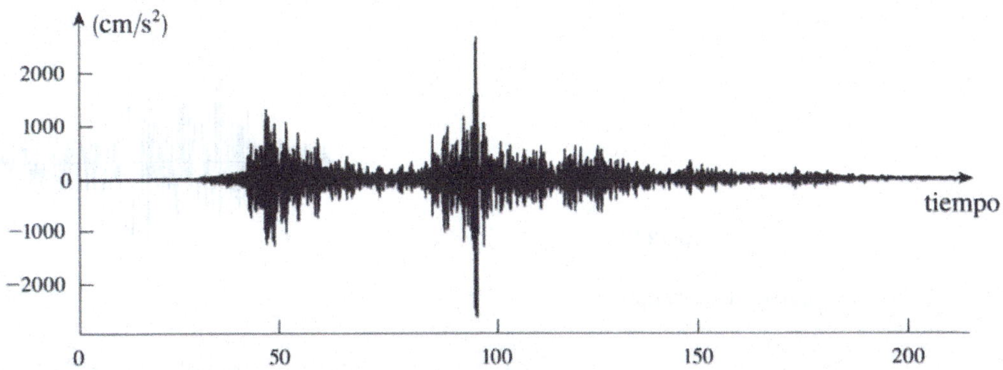

© Seismological Society of America

LOS OBJETOS FUNDAMENTALES CON LOS que trata el cálculo son las funciones. Este capítulo prepara el camino para el cálculo discutiendo las ideas básicas sobre las gráficas de funciones y la manera de transformarlas y combinarlas. Se destaca que una función puede representarse de diferentes maneras: mediante una ecuación, una tabla, una gráfica o con palabras. Se verán los principales tipos de funciones que se presentan en el cálculo y se describirán cómo se utilizan estas funciones para modelar matemáticamente fenómenos del mundo real.

1.1 Cuatro maneras de representar una función

Las funciones surgen siempre que una cantidad depende de otra. Considere las cuatro situaciones siguientes:

A. El área A de un círculo depende de su radio r. La regla que relaciona A con r está dada por la ecuación $A = \pi r^2$. Con cada número positivo r hay asociado un valor de A, por lo que se dice que A es una *función* de r.

B. La población humana del mundo P depende del tiempo t. La tabla muestra las estimaciones de la población mundial $P(t)$ en el tiempo t, para algunos años. Por ejemplo,

$$P(1950) \approx 2\,560\,000\,000$$

Pero para cada valor del tiempo t hay un valor correspondiente de P, por lo que se dice que P es una función de t.

Año	Población (millones)
1900	1650
1910	1750
1920	1860
1930	2070
1940	2300
1950	2560
1960	3040
1970	3710
1980	4450
1990	5280
2000	6080
2010	6870

C. El costo C de envío de un paquete por correo depende de su peso w. Aunque no hay alguna fórmula simple que relacione a w con C, la oficina de correos tiene una regla para determinar C cuando se conoce w.

D. La aceleración vertical a del suelo, medida por un sismógrafo durante un terremoto, es una función del tiempo transcurrido t. La figura 1 muestra una gráfica generada por la actividad sísmica durante el terremoto de Northridge que sacudió Los Ángeles en 1994. Para un determinado valor de t, la gráfica proporciona un valor correspondiente de a.

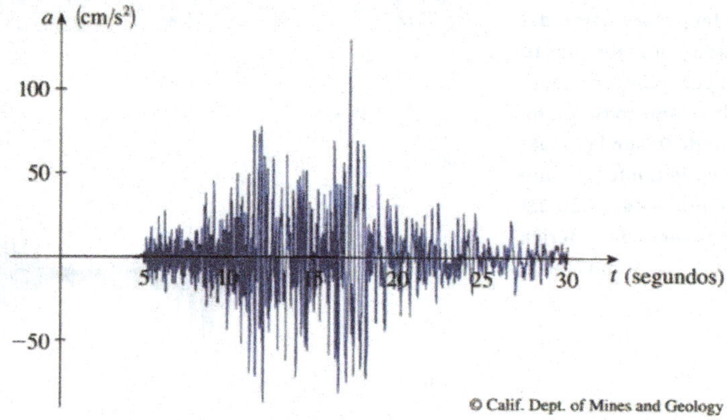

FIGURA 1
Aceleración vertical de suelo durante el terremoto de Northridge

Cada uno de estos ejemplos describe una regla de acuerdo con la cual, a un número dado (r, t, w o t), se le asigna otro número (A, P, C o a). En cada caso se dice que el segundo número es una función del primero.

> Una **función** f es una regla que asigna a cada elemento x de un conjunto D exactamente un elemento, llamado $f(x)$, de un conjunto E.

Usualmente se consideran funciones para las cuales los conjuntos D y E son conjuntos de números reales. Al conjunto D se le denomina **dominio** de la función. El número $f(x)$ es el **valor de f en x** y se lee "*f de x*". El **rango** de f es el conjunto de todos los valores posibles de $f(x)$ conforme x varía a través de todo el dominio. Un símbolo que representa un número arbitrario en el *dominio* de una función f se llama **variable independiente**. Un símbolo que representa un número en el *rango* de f se conoce como **variable dependiente**. En el ejemplo A, r es la variable independiente, y A es la variable dependiente.

FIGURA 2
Diagrama de una función f como una máquina

Es útil pensar en una función como una **máquina** (véase la figura 2). Si x está en el dominio de la función f, cuando x entra en la máquina, esta la acepta como una entrada apropiada y produce una salida $f(x)$ de acuerdo con la regla de la función. Así, puede pensar el dominio como el conjunto de todas las posibles entradas, y en el rango como el conjunto de todas las posibles salidas.

Las funciones preprogramadas en una calculadora son ejemplos de una función como una máquina. Por ejemplo, la tecla raíz cuadrada en la calculadora calcula esa función. Oprima la tecla etiquetada $\sqrt{\ }$ (o $\sqrt{x}$) e introduzca la entrada x; si $x < 0$, entonces x no está en el dominio de esta función; es decir, x no es una entrada aceptable, y la calculadora indicará un error. Si $x \geqslant 0$, entonces se presentará una aproximación a $\sqrt{x}$ en la pantalla. Así, la tecla $\sqrt{x}$ en la calculadora no es exactamente lo mismo que la función matemática f definida por $f(x) = \sqrt{x}$.

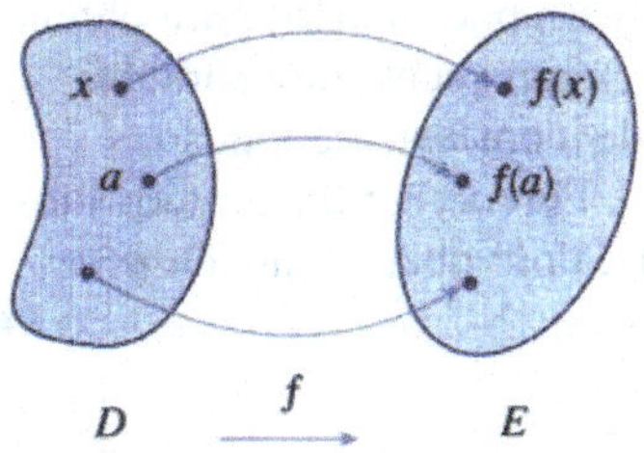

FIGURA 3
Diagrama de flechas para f

Otra forma de imaginar una función es con un **diagrama de flechas** como en la figura 3. Cada flecha conecta un elemento de D con un elemento de E. La flecha indica que $f(x)$ está asociada con x, $f(a)$ está asociada con a, y así sucesivamente.

El método más común para visualizar una función es su gráfica. Si f es una función con dominio D, entonces su **gráfica** es el conjunto de pares ordenados

$$\{(x, f(x)) \mid x \in D\}$$

(Observe que estos son pares de entrada-salida). En otras palabras, la gráfica de f consta de todos los puntos (x, y) en el plano coordenado tales que $y = f(x)$ y x está en el dominio de f.

La gráfica de una función f presenta una imagen útil del comportamiento o "historia de vida" de una función. Dado que la coordenada y de cualquier punto (x, y) en la gráfica es $y = f(x)$, se puede leer el valor de $f(x)$ de la gráfica como la altura de la gráfica arriba del punto x (véase la figura 4). La gráfica de f permite también tener una imagen visual del dominio de f en el eje x y su rango en el eje y como en la figura 5.

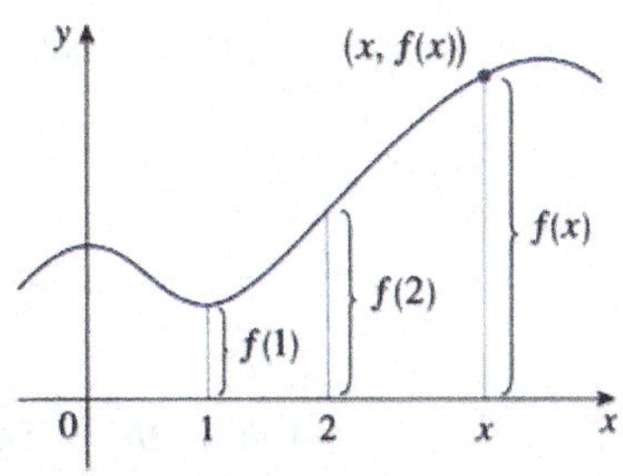

FIGURA 4

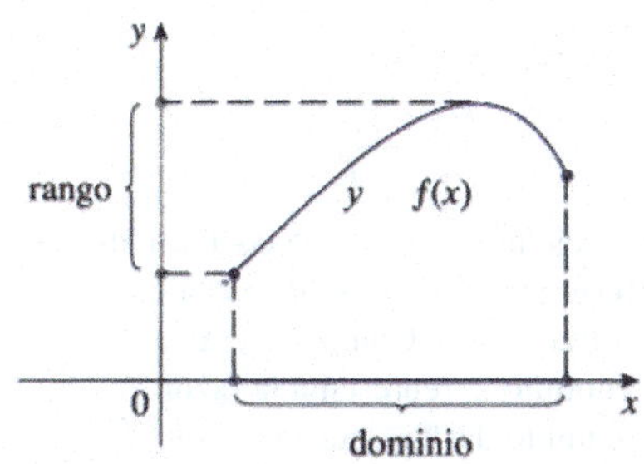

FIGURA 5

EJEMPLO 1 La gráfica de una función f se muestra en la figura 6.
(a) Encuentre los valores de $f(1)$ y $f(5)$.
(b) ¿Cuál es el dominio y el rango de f?

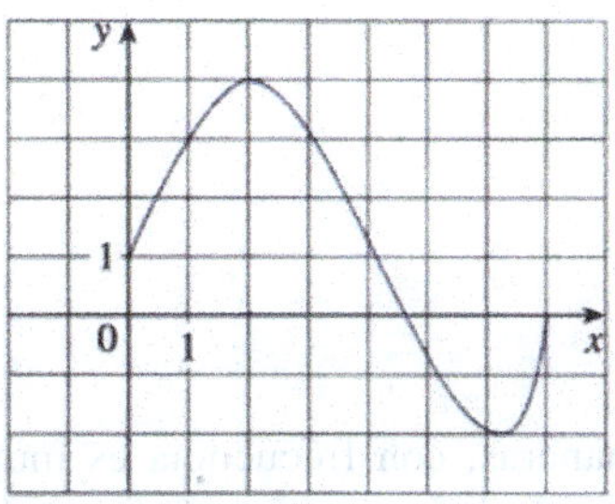

FIGURA 6

SOLUCIÓN
(a) De la figura 6 se ve que el punto $(1, 3)$ está en la gráfica de f, por lo que el valor de f en 1 es $f(1) = 3$. (En otras palabras, el punto en la gráfica que se encuentra arriba de $x = 1$ está 3 unidades arriba del eje x.)

Cuando $x = 5$, la gráfica se encuentra aproximadamente a 0.7 unidades por debajo del eje x, así que se estima que $f(5) \approx -0.7$.

La notación por intervalos está dada en el apéndice A.

(b) Vea que $f(x)$ está definida cuando $0 \leqslant x \leqslant 7$, por lo que el dominio de f es el intervalo cerrado $[0, 7]$. Observe que f toma todos los valores de -2 a 4, por lo que el rango de f es

$$\{y \mid -2 \leqslant y \leqslant 4\} = [-2, 4]$$

■

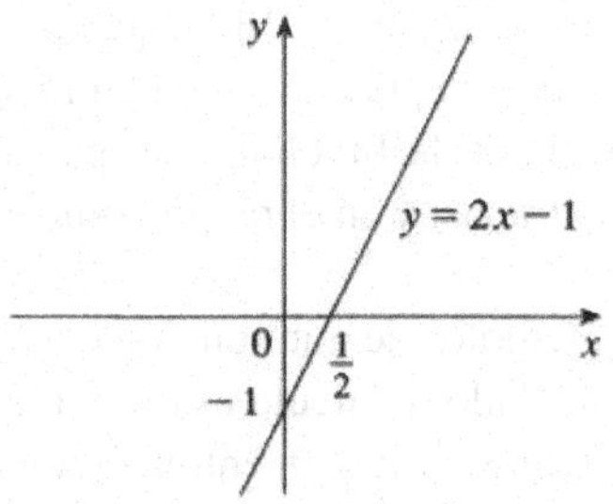

FIGURA 7

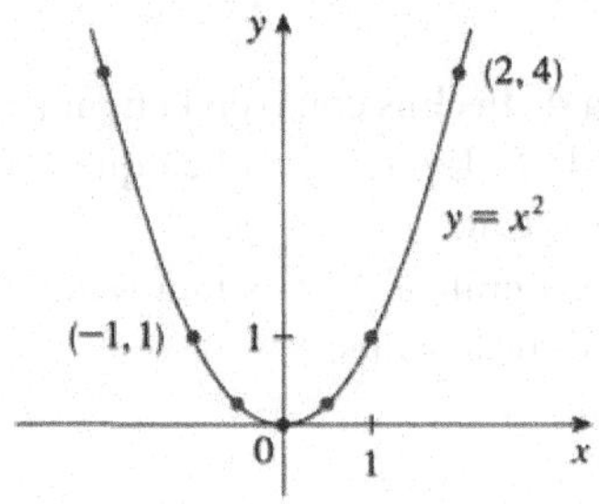

FIGURA 8

EJEMPLO 2 Trace la gráfica y encuentre el dominio y rango de cada una de las funciones siguientes:

(a) $f(x) = 2x - 1$ (b) $g(x) = x^2$

SOLUCIÓN

(a) La ecuación de la gráfica es $y = 2x - 1$, y representa la ecuación de una recta con pendiente 2 e intersección con el eje y en -1. (Recuerde que la forma pendiente-intersección de la ecuación de la recta es $y = mx + b$. Véase el apéndice B). Esto permite dibujar una parte de la gráfica de f en la figura 7. La expresión $2x - 1$ está definida para todos los números reales, por lo que el dominio de f es el conjunto de todos los números reales, que se denota por $\mathbb{R}$. La gráfica muestra que el rango también es $\mathbb{R}$.

(b) Dado que $g(2) = 2^2 = 4$ y $g(-1) = (-1)^2 = 1$, se pueden colocar los puntos (2, 4) y (−1, 1) junto con algunos otros puntos de la gráfica, y después unirlos para obtener la gráfica (figura 8). La ecuación de la gráfica es $y = x^2$ y representa una parábola (véase el apéndice C). El dominio de g es $\mathbb{R}$. El rango de g consiste de todos los valores de $g(x)$, esto es, todos los números de la forma x^2. Pero $x^2 \geqslant 0$ para todos los números x, y cualquier número positivo y es un cuadrado. Por lo que el rango de g es $\{y \mid y \geqslant 0\} = [0, \infty)$. Esto se puede ver en la figura 8. ■

EJEMPLO 3 Si $f(x) = 2x^2 - 5x + 1$ y $h \neq 0$, evalúe $\dfrac{f(a + h) - f(a)}{h}$.

SOLUCIÓN Primero evalúe $f(a + h)$ reemplazando x por $a + h$ en la expresión para $f(x)$:

$$\begin{aligned} f(a + h) &= 2(a + h)^2 - 5(a + h) + 1 \\ &= 2(a^2 + 2ah + h^2) - 5(a + h) + 1 \\ &= 2a^2 + 4ah + 2h^2 - 5a - 5h + 1 \end{aligned}$$

Después se sustituye en la expresión dada y se simplifica:

$$\begin{aligned} \frac{f(a + h) - f(a)}{h} &= \frac{(2a^2 + 4ah + 2h^2 - 5a - 5h + 1) - (2a^2 - 5a + 1)}{h} \\ &= \frac{2a^2 + 4ah + 2h^2 - 5a - 5h + 1 - 2a^2 + 5a - 1}{h} \\ &= \frac{4ah + 2h^2 - 5h}{h} = 4a + 2h - 5 \end{aligned}$$

■

La expresión

$$\frac{f(a + h) - f(a)}{h}$$

en el ejemplo 3 se llama **cociente de diferencias** y se presenta en cálculo con frecuencia. Como se verá en el capítulo 2, representa la razón de cambio de $f(x)$ entre $x = a$ y $x = a + h$.

■ Representaciones de funciones

Hay cuatro posibles maneras de representar una función:

- verbalmente (con una descripción en palabras)
- numéricamente (con una tabla de valores)
- visualmente (con una gráfica)
- algebraicamente (con una fórmula explícita)

Si una función puede representarse de las cuatro maneras, con frecuencia es muy útil pasar de una representación a otra a fin de disponer de información adicional de la función. (En el ejemplo 2, se empezó con formas algebraicas y luego se obtuvieron gráficas.) Pero ciertas funciones se describen más naturalmente por una forma que por otra. Con esto en mente, se reexaminarán las cuatro situaciones que se consideraron al inicio de esta sección.

A. La representación quizá más útil del área de un círculo como una función de su radio es la fórmula algebraica $A(r) = \pi r^2$, aunque es posible compilar una tabla de valores para trazar una gráfica (la mitad de una parábola). Debido a que un círculo tiene un radio positivo, el dominio es $\{r \mid r > 0\} = (0, \infty)$ y el rango $(0, \infty)$.

t (años desde 1900)	Población (millones)
0	1650
10	1750
20	1860
30	2070
40	2300
50	2560
60	3040
70	3710
80	4450
90	5280
100	6080
110	6870

B. Se da una descripción de la función en palabras: $P(t)$ es la población humana del mundo en el tiempo t. Ahora medirá t, así que $t = 0$ corresponde al año 1900. La tabla de valores de la población mundial proporciona una representación adecuada de esta función. Si se grafican estos valores, se obtiene la gráfica (llamada *gráfica de dispersión*) en la figura 9. También es una representación útil porque la gráfica permite disponer de todos los datos a la vez. ¿Qué pasa con una fórmula? Por supuesto, es imposible concebir una fórmula explícita que proporcione la población humana exacta $P(t)$ en cualquier tiempo t. Pero es posible encontrar una expresión para una función que se *aproxime* a $P(t)$. De hecho, utilizando los métodos que se explican en la sección 1.2, se obtiene la aproximación

$$P(t) \approx f(t) = (1.43653 \times 10^9) \cdot (1.01395)^t$$

La figura 10 muestra que es un "ajuste" razonablemente bueno. La función f se llama *modelo matemático* para el crecimiento de la población. En otras palabras, es una función con una fórmula explícita que aproxima el comportamiento de la función dada. Sin embargo, se verá que las ideas del cálculo también pueden aplicarse a una tabla de valores; una fórmula explícita no es necesaria.

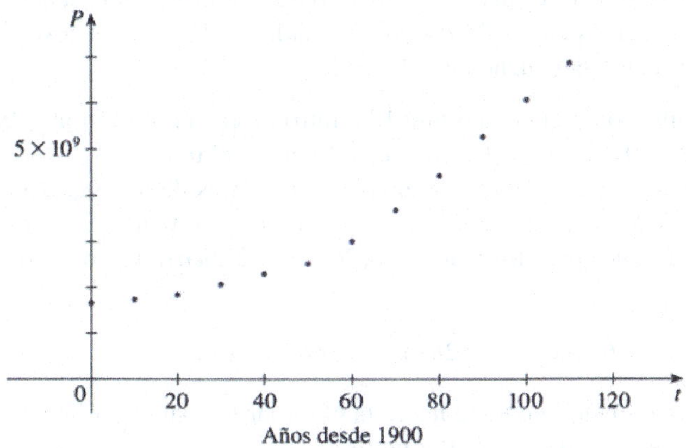

FIGURA 9

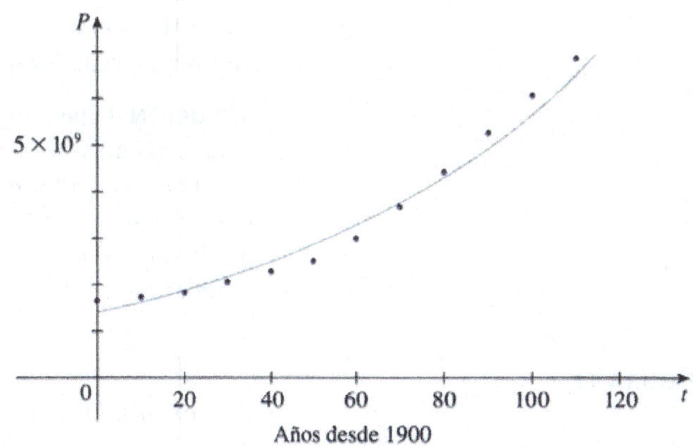

FIGURA 10

La función P es típica de aquellas que surgen cuando se intenta aplicar el cálculo en el mundo real. Comienza con una descripción verbal de una función. Quizá sea capaz de elaborar una tabla de valores de la función, tal vez de lecturas del instrumento en un experimento científico. A pesar de que no tenga un conocimiento completo de los valores de la función, se verá durante el desarrollo de este libro que todavía es posible realizar las operaciones del cálculo con dicha función.

Una función definida por una tabla de valores se llama función *tabular*.

C. Nuevamente la función se describe con palabras: sea $C(w)$ el costo de envío por correo de un paquete con peso w. La regla que el Servicio Postal de Hong Kong utiliza desde 2015 para el correo a Taiwán es la siguiente: el costo es \$2.90 para 20 g o menos, \$5.50 por 30 g o menos, y \$1.50 por cada 10 g más o parte de estos. La tabla de valores que se muestra al margen es la representación más conveniente para esta función, aunque es posible trazar una gráfica (véase el ejemplo 10).

w (gramos)	$C(w)$ (dólares)
$0 < w \leq 20$	2.90
$20 < w \leq 30$	5.50
$30 < w \leq 40$	7.00
$40 < w \leq 50$	8.50
⋮	⋮

D. La gráfica que se muestra en la figura 1 es la representación más natural de la función aceleración vertical $a(t)$. Es cierto que podría construirse una tabla de valores, y que incluso es posible idear una fórmula aproximada. Pero todo lo que necesita saber un geólogo, las amplitudes y los patrones, puede verse fácilmente en la gráfica. (Lo mismo es cierto para los patrones que se observan en los electrocardiogramas de pacientes que sufren del corazón y en polígrafos para la detección de mentiras).

En el ejemplo siguiente, se traza la gráfica de una función definida verbalmente.

EJEMPLO 4 Al abrir un grifo de agua caliente, la temperatura T del agua depende de cuánto tiempo ha estado saliendo el agua. Dibuje una gráfica de T como una función del tiempo t que ha transcurrido desde que fue abierto el grifo.

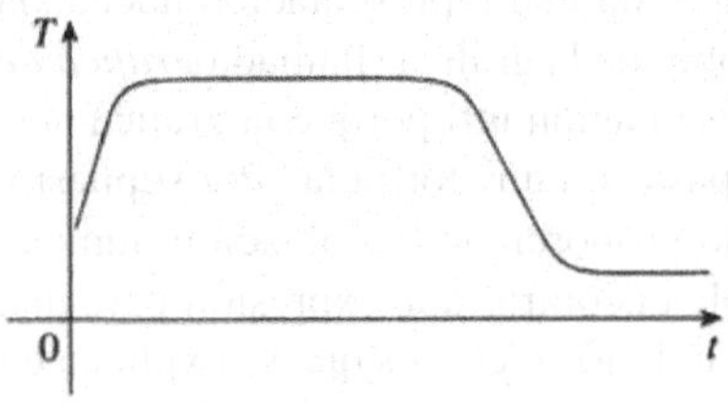

FIGURA 11

SOLUCIÓN La temperatura inicial del agua corriente es cercana a la temperatura ambiente porque el agua ha permanecido en las tuberías. Cuando empieza a salir el agua desde el tanque de agua caliente, T aumenta rápidamente. En la siguiente fase, T es constante a la temperatura del agua caliente en el tanque. Cuando el tanque se drena, T disminuye hasta la temperatura de la fuente de agua. Esto permite hacer la gráfica de T en función de t en la figura 11. ■

El ejemplo siguiente inicia con una descripción verbal de una función en una situación física, y hay que obtener una fórmula algebraica explícita. La capacidad para hacer esto es una habilidad útil para resolver problemas de cálculo en los que se piden los valores máximo o mínimo de cantidades.

EJEMPLO 5 Un contenedor rectangular sin tapa tiene un volumen de 10 m³. La longitud de su base es dos veces su ancho. El material para la base cuesta \$10 por metro cuadrado, y el material para los lados cuesta \$6 por metro cuadrado. Exprese el costo de los materiales como una función del ancho de la base.

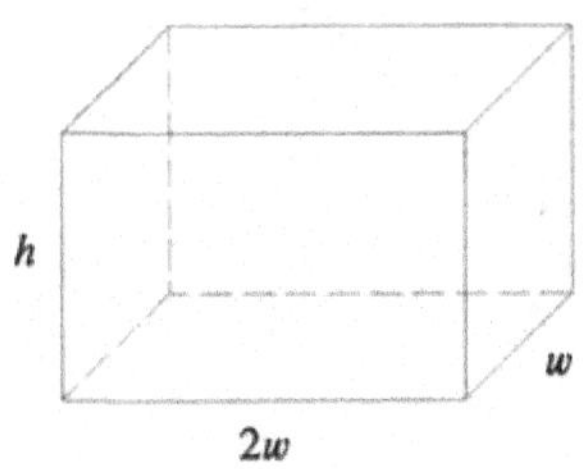

FIGURA 12

SOLUCIÓN Dibuje un diagrama como el de la figura 12 e introduzca la notación w y $2w$ para el ancho y la longitud de la base, respectivamente, y h para la altura.

El área de la base es $(2w)w = 2w^2$, por lo que el costo en dólares de los materiales para la base es $10(2w^2)$. Dos de los lados tienen área wh, y los otros dos tienen área $2wh$, por lo que el costo de los materiales para los lados es $6[2(wh) + 2(2wh)]$. El costo total es, por tanto,

$$C = 10(2w^2) + 6[2(wh) + 2(2wh)] = 20w^2 + 36wh$$

Para expresar C solo como una función de w, se necesita eliminar h y para hacerlo se utiliza el hecho de que el volumen es de 10 m³. Por tanto,

$$w(2w)h = 10$$

esto da
$$h = \frac{10}{2w^2} = \frac{5}{w^2}$$

Sustituyendo en la expresión para C, se tiene

$$C = 20w^2 + 36w\left(\frac{5}{w^2}\right) = 20w^2 + \frac{180}{w}$$

Por tanto, la ecuación

$$C(w) = 20w^2 + \frac{180}{w} \qquad w > 0$$

expresa C como una función de w. ■

SP Para establecer funciones aplicadas como en el ejemplo 5, puede ser útil revisar los principios de la resolución de problemas como se explica en la página 71, particularmente el *Paso 1: Comprenda el problema.*

EJEMPLO 6 Encuentre el dominio de cada una de las funciones siguientes:

(a) $f(x) = \sqrt{x+2}$ (b) $g(x) = \dfrac{1}{x^2 - x}$

Convención para el dominio
Si una función está dada por una fórmula y el dominio no se expresa explícitamente, la convención es que el dominio es el conjunto de todos los números para los que la fórmula tiene sentido y define un número real.

SOLUCIÓN

(a) Debido a que la raíz cuadrada de un número negativo no está definida (como un número real), el dominio de f consta de todos los valores de x tales que $x + 2 \geqslant 0$. Esto es equivalente a $x \geqslant -2$, por lo que el dominio es el intervalo $[-2, \infty)$.

(b) Como

$$g(x) = \frac{1}{x^2 - x} = \frac{1}{x(x-1)}$$

y no se permite la división entre 0, vea que $g(x)$ no está definida cuando $x = 0$ o $x = 1$. Por tanto, el dominio de g es

$$\{x \mid x \neq 0, x \neq 1\}$$

que también puede escribirse en notación de intervalos como

$$(-\infty, 0) \cup (0, 1) \cup (1, \infty)$$ ■

La gráfica de una función es una curva en el plano xy. Pero surge la pregunta: ¿qué curvas en el plano xy son gráficas de funciones? Esta pregunta se contesta con la siguiente prueba.

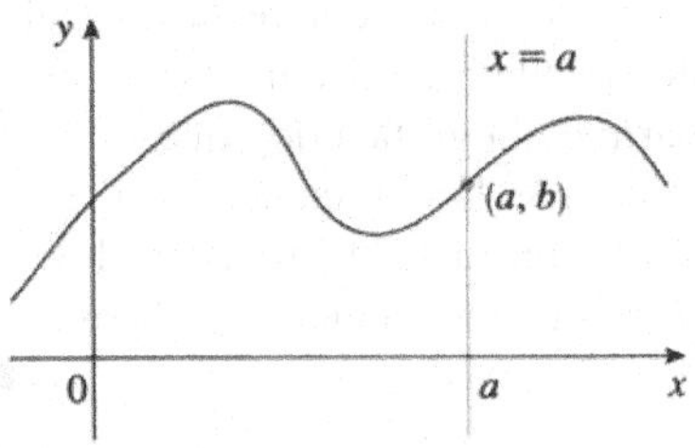

(a) Esta curva representa una función.

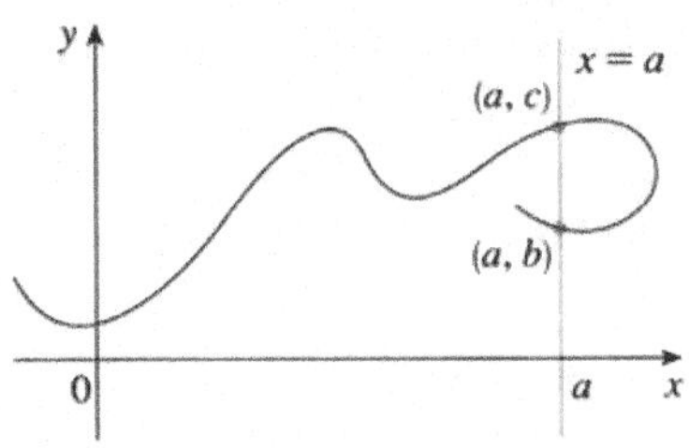

(b) Esta curva no representa una función.

FIGURA 13

> **La prueba de la recta vertical** Una curva en el plano xy es la gráfica de una función de x si y solo si no hay recta vertical que se interseque con la curva más de una vez.

La razón de la validez de la prueba de la vertical puede verse en la figura 13. Si cada recta vertical $x = a$ se interseca con una curva solo una vez, en (a, b), entonces se define exactamente un valor funcional para $f(a) = b$. Pero si una recta $x = a$ se interseca con la curva dos veces, en (a, b) y en (a, c), entonces la curva no puede representar una función debido a que una función no puede asignar dos valores diferentes a a.

Por ejemplo, la parábola $x = y^2 - 2$ que se muestra en la figura 14(a) no es la gráfica de una función de x porque, como puede ver, hay rectas verticales que se intersecan con la parábola dos veces. La parábola, sin embargo, contiene las gráficas de *dos* funciones de x. Observe que la ecuación $x = y^2 - 2$ implica que $y^2 = x + 2$, por lo que $y = \pm\sqrt{x+2}$. Por tanto, las mitades superior e inferior de la parábola son las gráficas de las funciones $f(x) = \sqrt{x+2}$ del ejemplo 6(a) y $g(x) = -\sqrt{x+2}$. Véanse las figuras 14(b) y (c).

Observe que si invierte los roles de x y y, entonces la ecuación $x = h(y) = y^2 - 2$ *define* a x como una función de y (con y como la variable independiente y x como la variable dependiente), y la parábola aparece ahora como la gráfica de la función h.

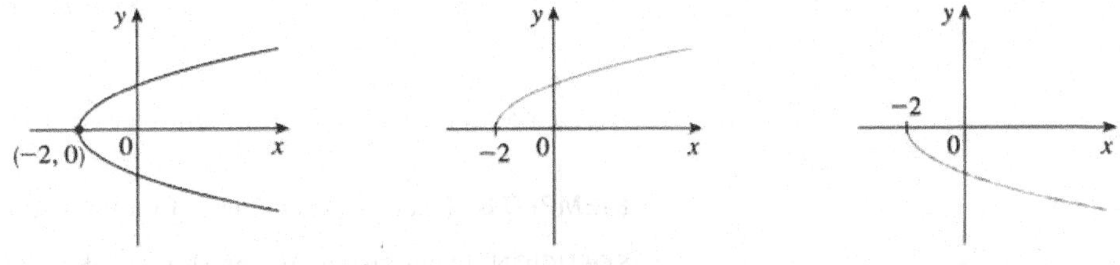

FIGURA 14 (a) $x = y^2 - 2$ (b) $y = \sqrt{x+2}$ (c) $y = -\sqrt{x+2}$

■ Funciones definidas por partes

Las funciones en los siguientes cuatro ejemplos se definen mediante diferentes fórmulas en distintas partes de sus dominios. Estas funciones se llaman **funciones definidas por partes**.

EJEMPLO 7 Una función f está definida por

$$f(x) = \begin{cases} 1 - x & \text{si } x \leqslant -1 \\ x^2 & \text{si } x > -1 \end{cases}$$

Evalúe $f(-2)$, $f(-1)$ y $f(0)$ y trace la gráfica de la función.

SOLUCIÓN Recuerde que una función es una regla. Para esta función en particular la regla es la siguiente: primero vea el valor de la entrada x. Si sucede que $x \leqslant -1$, entonces el valor de $f(x)$ es $1 - x$. Por otro lado, si $x > -1$, entonces el valor de $f(x)$ es x^2.

$$\text{Puesto que } -2 \leqslant -1, \text{ se tiene } f(-2) = 1 -(-2) = 3.$$

$$\text{Puesto que } -1 \leqslant -1, \text{ se tiene } f(-1) = 1 -(-1) = 2.$$

$$\text{Puesto que } 0 > -1, \text{ se tiene } f(0) = 0^2 = 0.$$

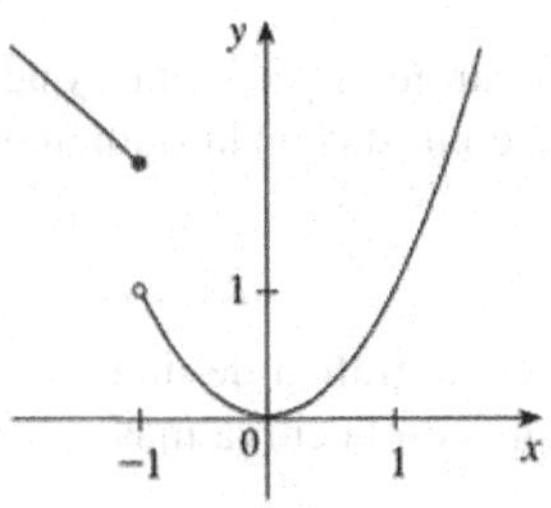

FIGURA 15

¿Cómo obtiene la gráfica de f? Observe que si $x \leqslant -1$, entonces $f(x) = 1 - x$, por lo que la parte de la gráfica de f que se encuentra a la izquierda de la recta vertical $x = -1$ debe coincidir con la recta $y = 1 - x$, que tiene pendiente -1 e intersección $y = 1$. Si $x > -1$, entonces $f(x) = x^2$, por lo que la parte de la gráfica de f que se encuentra a la derecha de la recta $x = -1$ debe coincidir con la gráfica de $y = x^2$, que es una parábola. Esto permite trazar la gráfica en la figura 15. El punto relleno indica que $(-1, 2)$ está incluido en la gráfica; el punto hueco indica que $(-1, 1)$ está excluido de la gráfica. ■

El ejemplo siguiente de una función definida por partes es la función valor absoluto. Recuerde que el **valor absoluto** de un número a, se denota por $|a|$, es la distancia desde a hasta 0 en la recta de números reales. Las distancias son siempre positivas o cero, así se tiene que

Para un repaso más amplio de valores absolutos, véase el apéndice A.

$$|a| \geqslant 0 \qquad \text{para todo número } a$$

Por ejemplo,

$$|3| = 3 \qquad |-3| = 3 \qquad |0| = 0 \qquad |\sqrt{2} - 1| = \sqrt{2} - 1 \qquad |3 - \pi| = \pi - 3$$

En general, se tiene

$$\begin{aligned} |a| &= a & \text{si } a \geqslant 0 \\ |a| &= -a & \text{si } a < 0 \end{aligned}$$

(Recuerde que, si a es negativa, entonces $-a$ es positiva.)

EJEMPLO 8 Trace la gráfica de la función valor absoluto $f(x) = |x|$.

SOLUCIÓN De la discusión anterior se sabe que

$$|x| = \begin{cases} x & \text{si } x \geqslant 0 \\ -x & \text{si } x < 0 \end{cases}$$

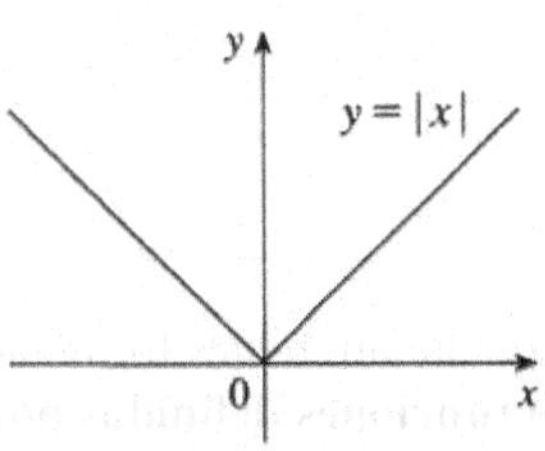

FIGURA 16

Utilizando el mismo método que en el ejemplo 7, vea que la gráfica de f coincide con la recta $y = x$ a la derecha del eje y, y coincide con la recta $y = -x$ a la izquierda del eje y (véase la figura 16). ■

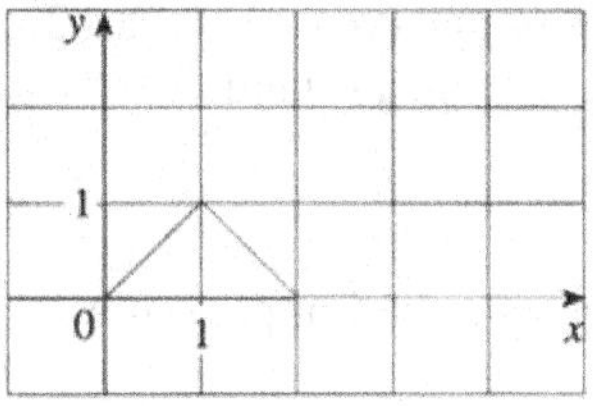

FIGURA 17

Forma punto-pendiente de la ecuación de la recta:

$$y - y_1 = m(x - x_1)$$

Véase el apéndice B.

EJEMPLO 9 Encuentre una fórmula para la función f graficada en la figura 17.

SOLUCIÓN La recta que pasa por (0, 0) y (1, 1) tiene pendiente $m = 1$ e intersección con el eje y en $b = 0$, por lo que su ecuación es $y = x$. Así, para la parte de la gráfica de f que une a (0, 0) con (1, 1), se tiene

$$f(x) = x \qquad \text{si } 0 \leqslant x \leqslant 1$$

La recta que une a (1, 1) y (2, 0) tiene pendiente $m = -1$, por lo que su forma punto-pendiente es

$$y - 0 = (-1)(x - 2) \qquad \text{o} \qquad y = 2 - x$$

Así se tiene $$f(x) = 2 - x \qquad \text{si } 1 \leqslant x \leqslant 2$$

También se ve que la gráfica de f coincide con el eje x para $x > 2$. Reuniendo esta información, se tiene la fórmula siguiente en tres partes para f:

$$f(x) = \begin{cases} x & \text{si } 0 \leqslant x \leqslant 1 \\ 2 - x & \text{si } 1 < x \leqslant 2 \\ 0 & \text{si } x > 2 \end{cases}$$

■

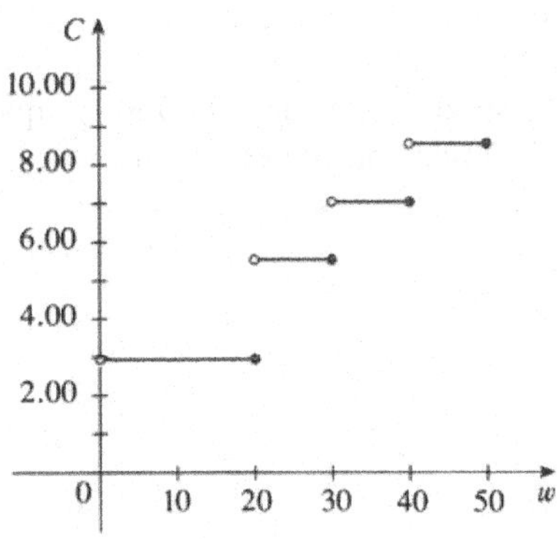

FIGURA 18

EJEMPLO 10 En el ejemplo C al principio de esta sección se consideró el costo $C(w)$ de enviar por correo paquetes con peso w. En efecto, esto define una función por partes porque, de la tabla de valores en la página 13, se tiene

$$C(w) = \begin{cases} 2.90 & \text{si } 0 < w \leqslant 20 \\ 5.50 & \text{si } 20 < w \leqslant 30 \\ 7.00 & \text{si } 30 < w \leqslant 40 \\ 8.50 & \text{si } 40 < w \leqslant 50 \\ \ \vdots & \end{cases}$$

La gráfica se muestra en la figura 18. Puede ver por qué funciones similares a esta se llaman **funciones escalón**: saltan de un valor al siguiente. Estas funciones se estudiarán en el capítulo 2. ■

■ Simetría

Si una función f satisface $f(-x) = f(x)$ para todo x en su dominio, entonces f es una **función par**. Por ejemplo, la función $f(x) = x^2$ es par porque

$$f(x) = (-x)^2 = x^2 = f(x)$$

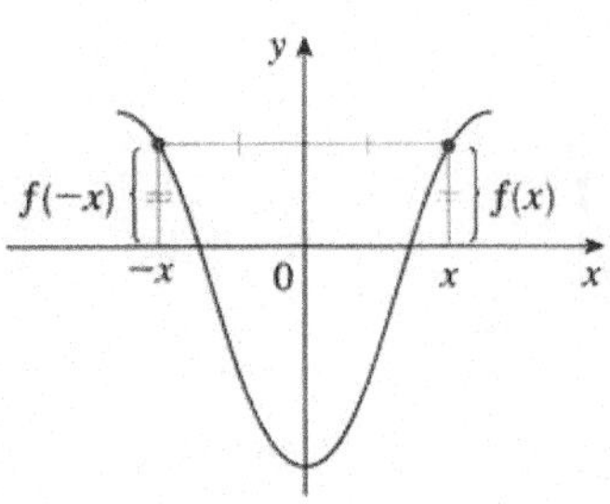

FIGURA 19
Una función par

El significado geométrico de una función par es que su gráfica es simétrica con respecto al eje y (véase la figura 19). Esto significa que, si ha dibujado la gráfica para $x \geqslant 0$, se obtiene toda la gráfica simplemente reflejándola con respecto al eje y.

Si f satisface $f(-x) = -f(x)$ para cada x en su dominio, entonces f es una **función impar**. Por ejemplo, la función $f(x) = x^3$ es impar porque

$$f(-x) = (-x)^3 = -x^3 = -f(x)$$

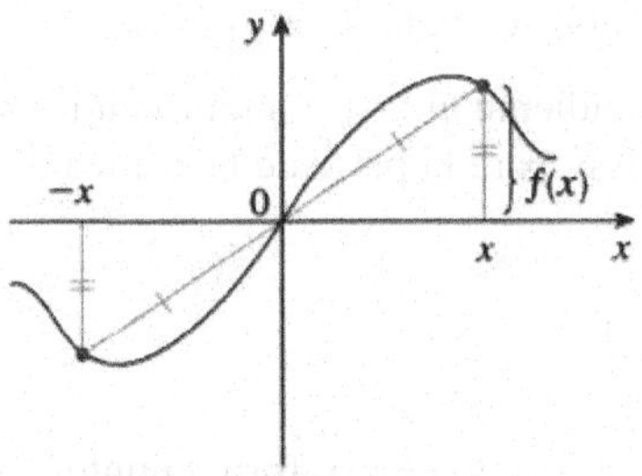

FIGURA 20
Una función impar

La gráfica de una función impar es simétrica en relación con el origen (véase la figura 20). Si ya tiene la gráfica de f para $x \geqslant 0$, se puede obtener toda la gráfica rotando 180° esta parte con respecto al origen.

EJEMPLO 11 Determine si cada una de las funciones siguientes es par, impar o ninguna de las dos.

(a) $f(x) = x^5 + x$ (b) $g(x) = 1 - x^4$ (c) $h(x) = 2x - x^2$

SOLUCIÓN

(a)
$$f(-x) = (-x)^5 + (-x) = (-1)^5x^5 + (-x)$$
$$= -x^5 - x = -(x^5 + x)$$
$$= -f(x)$$

Por tanto, f es una función impar.

(b)
$$g(-x) = 1 - (-x)^4 = 1 - x^4 = g(x)$$

Por lo que g es par.

(c)
$$h(-x) = 2(-x) - (-x)^2 = -2x - x^2$$

Como $h(-x) \neq h(x)$ y $h(-x) \neq -h(x)$, se concluye que h no es par ni impar. ■

Las gráficas de las funciones del ejemplo 11 se muestran en la figura 21. Observe que la gráfica de h no es simétrica con respecto al eje y ni en relación con el origen.

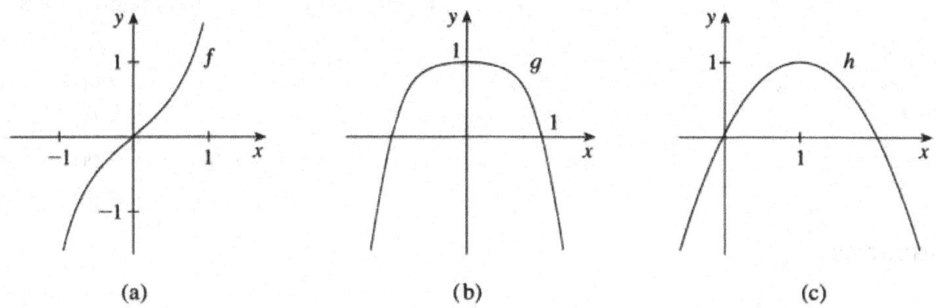

FIGURA 21

■ Funciones crecientes y decrecientes

La gráfica que se muestra en la figura 22 sube de A a B, desciende de B a C y sube otra vez de C a D. Se dice que la función f es creciente sobre el intervalo $[a, b]$, decreciente de $[b, c]$ y creciente nuevamente de $[c, d]$. Observe que si x_1 y x_2 son dos números entre a y b con $x_1 < x_2$, entonces $f(x_1) < f(x_2)$. Se utiliza esta propiedad para definir una función creciente.

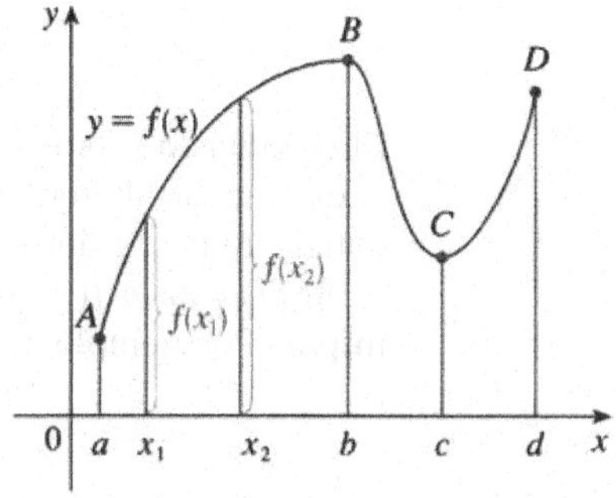

FIGURA 22

Una función f se llama **creciente** sobre un intervalo I si

$$f(x_1) < f(x_2) \qquad \text{siempre que } x_1 < x_2 \text{ en } I$$

Se llama **decreciente** sobre I si

$$f(x_1) > f(x_2) \qquad \text{siempre que } x_1 < x_2 \text{ en } I$$

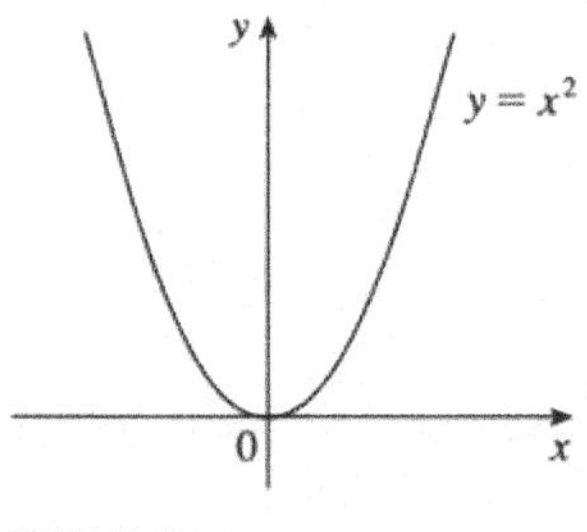

FIGURA 23

En la definición de una función creciente, es importante darse cuenta de que la desigualdad $f(x_1) < f(x_2)$ debe cumplirse para *todo* par de números x_1 y x_2 en I con $x_1 < x_2$.

Puede observarse en la figura 23 que la función $f(x) = x^2$ es decreciente sobre el intervalo $(-\infty, 0]$ y creciente sobre el intervalo $[0, \infty)$.

1.1 EJERCICIOS

1. Si $f(x) = x + \sqrt{2 - x}$ y $g(u) = u + \sqrt{2 - u}$, ¿es verdad que $f = g$?

2. Si

$$f(x) = \frac{x^2 - x}{x - 1} \qquad \text{y} \qquad g(x) = x$$

¿es verdad que $f = g$?

3. La gráfica de una función f está dada.

(a) Indique el valor de $f(1)$.
(b) Calcule el valor de $f(-1)$.
(c) ¿Para qué valores de x es $f(x) = 1$?
(d) Calcule el valor de x tal que $f(x) = 0$.
(e) Indique el dominio y el rango de f.
(f) ¿En qué intervalo f es creciente?

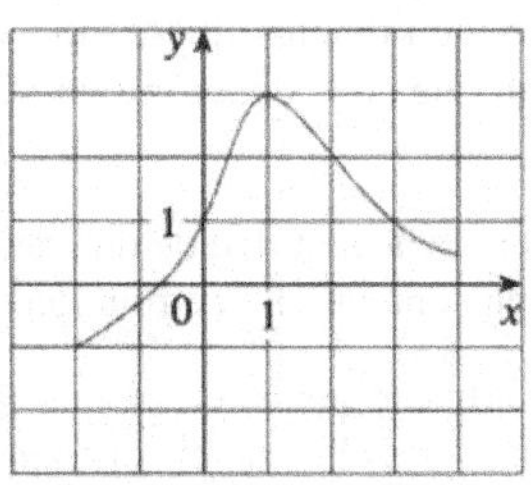

4. Las gráficas de f y g están dadas.

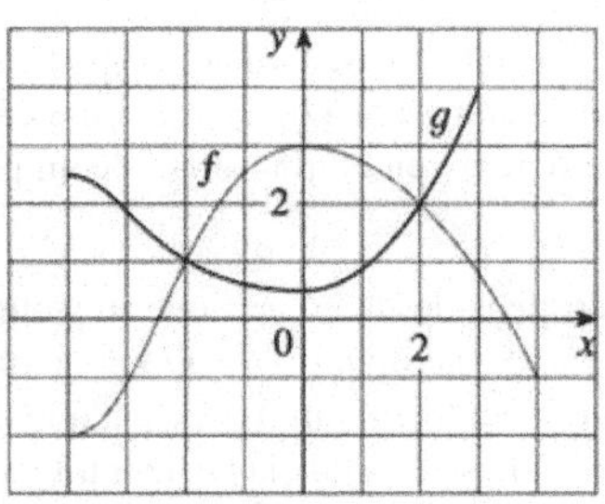

(a) Indique los valores de $f(-4)$ y $g(3)$.
(b) ¿Para qué valores de x es $f(x) = g(x)$?
(c) Estime la solución de la ecuación $f(x) = -1$.
(d) ¿Sobre qué intervalo f es decreciente?
(e) Establezca el dominio y el rango de f.
(f) Establezca el dominio y el rango de g.

5. La gráfica de la figura 1 fue registrada por un instrumento operado por el Departamento de Minas y Geología de California en el Hospital Universitario de la Universidad de California del Sur en Los Ángeles. Utilice esta gráfica para estimar el rango de la función aceleración vertical de suelo, en la Universidad de California del Sur, durante el terremoto de Northridge.

6. En esta sección se discuten ejemplos de funciones cotidianas: la población es una función del tiempo, el costo de envío postal es una función del peso, la temperatura del agua es una función del tiempo. Dé otros tres ejemplos de funciones de la vida cotidiana que se describen verbalmente. ¿Qué puede decir sobre el dominio y el rango de cada una de sus funciones? Si es posible, trace una gráfica de cada función.

7–10 Determine si la curva es la gráfica de una función de x. Si lo es, establezca el dominio y el rango de la función.

7.

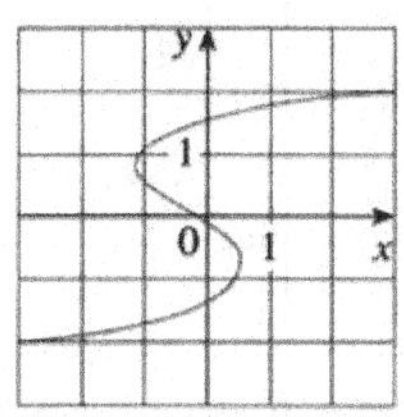

8.

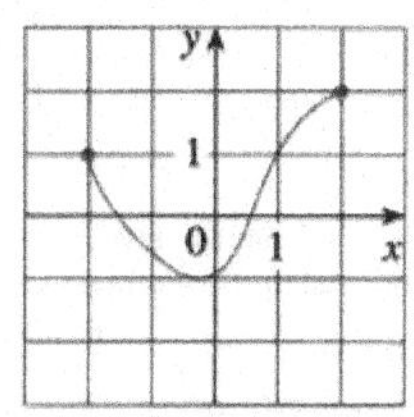

9.

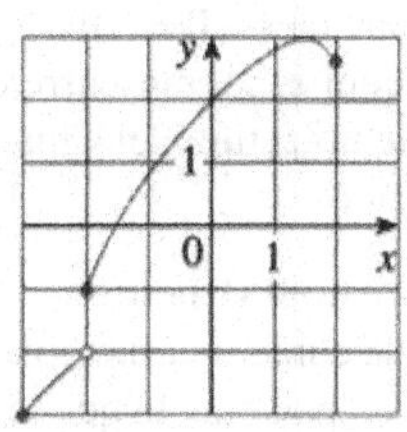

10.

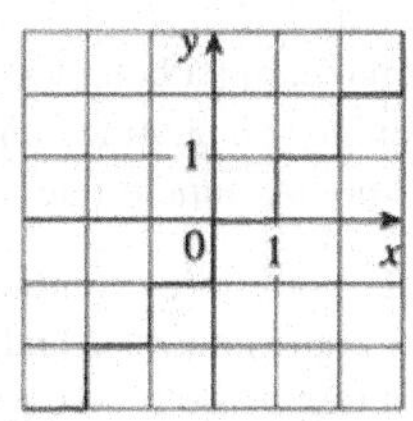

11. En la figura se muestra una gráfica de la temperatura media global T durante el siglo XX. Estime lo siguiente.
(a) La temperatura media mundial en 1950.
(b) El año en que la temperatura promedio fue de 14.2 °C.
(c) ¿En qué año la temperatura fue más baja? ¿Más alta?
(d) El rango de T.

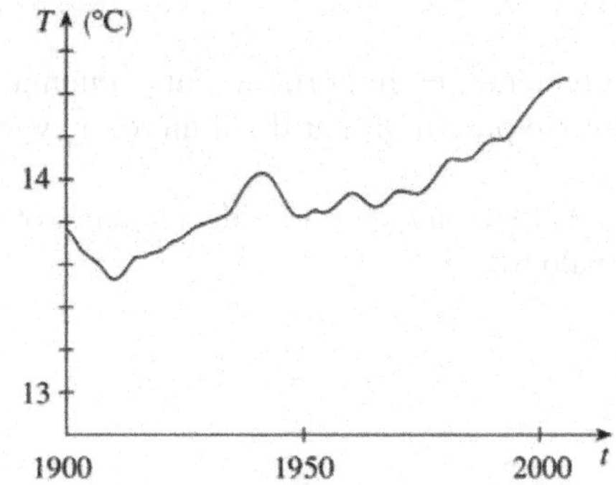

Fuente: adaptado de *Globe and Mail* [Toronto], 5 de diciembre de 2009. Impreso.

12. Los árboles crecen más rápido y forman anillos más amplios en los años cálidos y crecen más lentamente y forman anillos más angostos en los años más fríos. La figura muestra anillos anchos del pino siberiano de 1500 a 2000.
(a) ¿Cuál es el rango de la función de ancho de anillo?
(b) ¿Qué dice la gráfica acerca de la temperatura de la tierra? ¿La gráfica refleja las erupciones volcánicas de la mitad del siglo XIX?

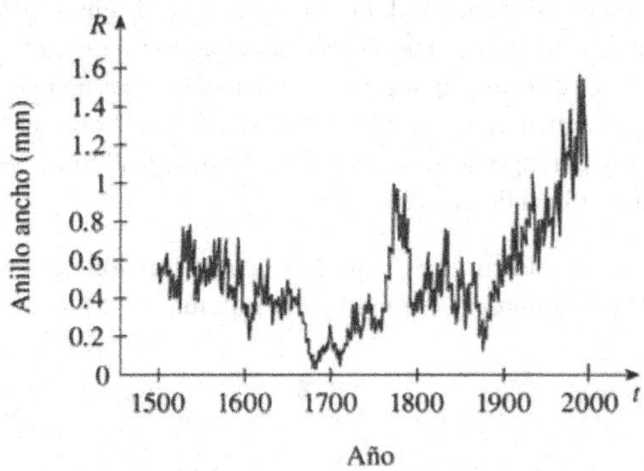

Fuente: adaptado de G. Jacoby *et al.*, "Mongolian Tree Rings and 20th-Century Warming," *Science* 273(1996): 771–773.

13. Se ponen unos cubitos de hielo en un vaso, se llena el vaso con agua fría y luego se coloca sobre una mesa. Describa cómo cambia la temperatura del agua conforme transcurre el tiempo. Luego trace una gráfica de la temperatura del agua como una función del tiempo transcurrido.

14. Tres corredores compiten en una carrera de 100 metros. La gráfica muestra la distancia recorrida como una función del tiempo de cada corredor. Describa en palabras lo que la gráfica indica acerca de esta carrera. ¿Quién ganó la carrera? ¿Cada corredor terminó la carrera?

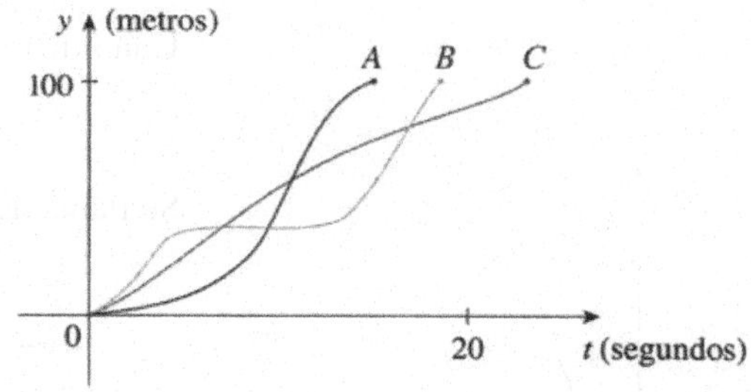

15. La gráfica muestra el consumo de energía para un día de septiembre en San Francisco. (P se mide en megawatts; t se registra en horas a partir de la medianoche).
(a) ¿Cuál fue el consumo de potencia a las 6:00? ¿A las 18:00?
(b) ¿Cuándo fue el consumo de energía más bajo? ¿Cuándo fue el más alto? ¿Estos tiempos parecen razonables?

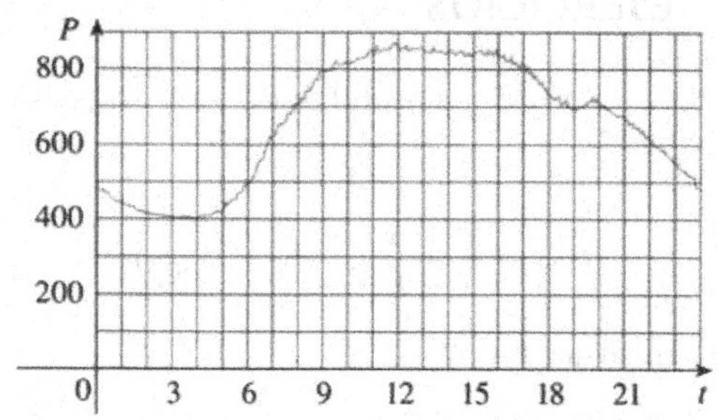

Pacific Gas & Electric

16. Trace una gráfica aproximada del número de horas de luz en función de la época del año.

17. Trace una gráfica de la temperatura exterior en función del tiempo, durante un día típico de primavera.

18. Trace una gráfica aproximada del valor de mercado de un nuevo automóvil en función del tiempo, durante un período de 20 años. Suponga que el automóvil se mantiene en buen estado.

19. Trace la gráfica de la cantidad de una determinada marca de café vendido por una tienda, en función del precio del café.

20. Coloque una tarta congelada en un horno y caliéntela durante una hora. Luego sáquela y déjela enfriar antes de comerla. Describa cómo cambia la temperatura de la tarta conforme pasa el tiempo. Luego trace una gráfica de la temperatura de la tarta en función del tiempo.

21. El propietario de una casa poda el césped cada miércoles por la tarde. Trace una gráfica de la altura del césped como una función del tiempo, en el transcurso de un período de cuatro semanas.

22. Un avión despega desde un aeropuerto y aterriza una hora más tarde en otro aeropuerto a 400 km de distancia. Si t representa el tiempo en minutos desde que el avión ha dejado la terminal, $x(t)$ es la distancia horizontal recorrida y $y(t)$ la altitud del avión, trace
(a) Una posible gráfica de $x(t)$.
(b) Una posible gráfica de $y(t)$.

(c) Una posible gráfica de la rapidez respecto al suelo.
(d) Una posible gráfica de la velocidad vertical.

23. Las siguientes lecturas de temperatura T (en °C) se registraron cada tres horas desde la medianoche a las 15:00 en Montreal, el 13 de junio de 2004. El tiempo t se midió en horas a partir de la medianoche

t	0	3	6	9	12	15
T	21.5	19.8	20.0	22.2	24.8	25.8

(a) Utilice las lecturas para trazar una gráfica de T como una función de t.
(b) Utilice la gráfica para estimar la temperatura a las 11:00.

24. Los investigadores midieron la concentración de alcohol en la sangre (BAC, por su sigla en inglés) de ocho sujetos masculinos adultos después de consumir en forma rápida 30 mL de etanol (correspondiente a dos bebidas alcohólicas estándar). La tabla muestra los datos que se obtuvieron promediando la BAC (en mg/mL) de los ocho hombres.
(a) Utilice las lecturas para trazar la gráfica de la BAC en función de t.
(b) Utilice la gráfica para describir cómo el efecto del alcohol varía con el tiempo.

t (horas)	BAC	t (horas)	BAC
0	0	1.75	0.22
0.2	0.25	2.0	0.18
0.5	0.41	2.25	0.15
0.75	0.40	2.5	0.12
1.0	0.33	3.0	0.07
1.25	0.29	3.5	0.03
1.5	0.24	4.0	0.01

Fuente: adaptado de P. Wilkinson *et al.*, "Pharmacokinetics of Ethanol after Oral Administration in the Fasting State," *Journal of Pharmacokinetics and Biopharmaceutics* 5(1977): 207–224.

25. Si $f(x) = 3x^2 - x + 2$, determine $f(2)$, $f(-2)$, $f(a)$, $f(-a)$, $f(a+1)$, $2f(a)$, $f(2a)$, $f(a^2)$, $[f(a)]^2$, y $f(a+h)$.

26. Un globo esférico con radio de r centímetros tiene volumen $V(r) = \frac{4}{3}\pi r^3$. Encuentre una función que represente la cantidad de aire necesaria para inflar el globo de un radio de r centímetros a un radio $r + 1$ centímetros.

27–30 Evalúe el cociente de diferencias de cada una de las funciones siguientes. Simplifique su respuesta.

27. $f(x) = 4 + 3x - x^2$, $\quad \dfrac{f(3+h) - f(3)}{h}$

28. $f(x) = x^3$, $\quad \dfrac{f(a+h) - f(a)}{h}$

29. $f(x) = \dfrac{1}{x}$, $\quad \dfrac{f(x) - f(a)}{x - a}$

30. $f(x) = \dfrac{x+3}{x+1}$, $\quad \dfrac{f(x) - f(1)}{x - 1}$

31–37 Encuentre el dominio de cada una de las funciones siguientes.

31. $f(x) = \dfrac{x+4}{x^2 - 9}$

32. $f(x) = \dfrac{2x^3 - 5}{x^2 + x - 6}$

33. $f(t) = \sqrt[3]{2t - 1}$

34. $g(t) = \sqrt{3 - t} - \sqrt{2 + t}$

35. $h(x) = \dfrac{1}{\sqrt[4]{x^2 - 5x}}$

36. $f(u) = \dfrac{u + 1}{1 + \dfrac{1}{u + 1}}$

37. $F(p) = \sqrt{2 - \sqrt{p}}$

38. Encuentre el dominio y el rango, y dibuje la gráfica de la función $h(x) = \sqrt{4 - x^2}$.

39–40 Encuentre el dominio y grafique cada una de las funciones siguientes:

39. $f(x) = 1.6x - 2.4$

40. $g(t) = \dfrac{t^2 - 1}{t + 1}$

41–44 Evalúe $f(-3)$, $f(0)$, y $f(2)$ para la función definida por partes. Luego trace la gráfica de la función.

41. $f(x) = \begin{cases} x + 2 & \text{si } x < 0 \\ 1 - x & \text{si } x \geqslant 0 \end{cases}$

42. $f(x) = \begin{cases} 3 - \frac{1}{2}x & \text{si } x < 2 \\ 2x - 5 & \text{si } x \geqslant 2 \end{cases}$

43. $f(x) = \begin{cases} x + 1 & \text{si } x \leqslant -1 \\ x^2 & \text{si } x > -1 \end{cases}$

44. $f(x) = \begin{cases} -1 & \text{si } x \leqslant 1 \\ 7 - 2x & \text{si } x > 1 \end{cases}$

45–50 Trace la gráfica de la función.

45. $f(x) = x + |x|$

46. $f(x) = |x + 2|$

47. $g(t) = |1 - 3t|$

48. $h(t) = |t| + |t + 1|$

49. $f(x) = \begin{cases} |x| & \text{si } |x| \leqslant 1 \\ 1 & \text{si } |x| > 1 \end{cases}$

50. $g(x) = ||x| - 1|$

51–56 Encuentre una expresión para la función cuya gráfica es la curva dada.

51. El segmento de recta que une los puntos $(1, -3)$ y $(5, 7)$.

52. El segmento de recta que une los puntos $(-5, 10)$ y $(7, -10)$.

53. La mitad inferior de la parábola $x + (y - 1)^2 = 0$.

54. La mitad superior de la circunferencia $x^2 + (y - 2)^2 = 4$.

55.

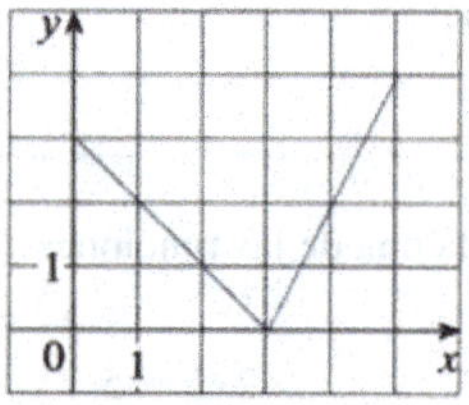

56.

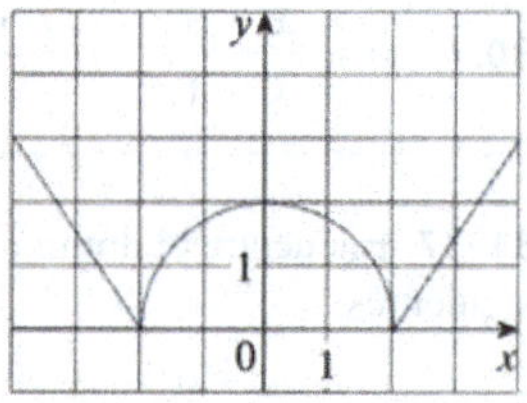

57–61 Encuentre una fórmula y el dominio para cada una de las funciones siguientes.

57. Un rectángulo tiene 20 m de perímetro. Exprese el área del rectángulo en función de la longitud de uno de sus lados.

58. Un rectángulo tiene 16 m^2 de área. Exprese el perímetro del rectángulo en función de la longitud de uno de sus lados.

59. Exprese el área de un triángulo equilátero, como función de la longitud de un lado.

60. Una caja rectangular cerrada con volumen 6 m^3 tiene un largo de dos veces el ancho. Exprese la altura de la caja como una función del ancho.

61. Una caja rectangular abierta con 2 m^3 de volumen tiene una base cuadrada. Exprese el área superficial de la caja en función de la longitud de uno de los lados de la base.

62. Una ventana normanda tiene la forma de un rectángulo coronado por un semicírculo. Si el perímetro de la ventana es de 10 m, exprese el área A de la ventana en función del ancho x de la ventana.

63. Se va a construir una caja sin tapa, a partir de una hoja rectangular de cartón que tiene dimensiones de 12 por 20 centímetros, recortando cuadrados iguales de lado x en cada una de las esquinas y doblando los lados como se ilustra en la figura. Exprese el volumen V de la caja en función de x.

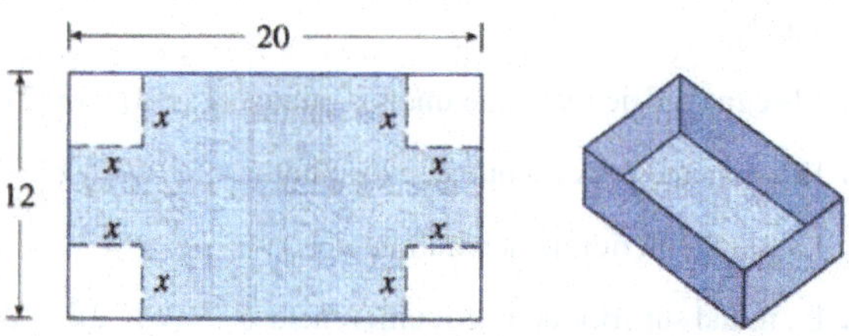

64. Un plan de telefonía celular tiene una carga básica de 35 dólares al mes. El plan incluye 400 minutos gratis y cargos de 10 centavos de dólar por cada minuto adicional de uso. Escriba el costo mensual C como una función del número x de minutos utilizados, y trace la gráfica de C como una función de x para $0 \leq x \leq 600$.

65. En cierto estado del país, la velocidad máxima permitida en autopistas es 100 km/h y la velocidad mínima es de 50 km/h. La multa para los conductores que violan estos límites es \$10 por cada kilómetro por hora arriba de la velocidad máxima o debajo de la velocidad mínima. Exprese el monto de la multa F como una función de la velocidad x a la que se conduce y trace la gráfica de $F(x)$ para $0 \leq x \leq 180$.

66. Una compañía de electricidad cobra a sus clientes una tasa base de 10 dólares al mes, más 6 centavos de dólar por kilowatt-hora (kWh) por los primeros 1200 kWh y 7 centavos de dólar por kWh para todo uso arriba de 1200 kWh. Exprese el costo mensual E como una función de la cantidad x de electricidad utilizada. Luego trace la gráfica de la función E para $0 \leq x \leq 2000$.

67. En un determinado país, el impuesto sobre la renta se calcula como sigue. No hay impuesto sobre la renta para ingresos de hasta \$10 000. Los ingresos de más de \$10 000 se gravan con una tasa de 10%, hasta un ingreso de \$20 000. Los ingresos superiores a \$20 000 se gravan en 15%.

(a) Trace la gráfica de la tasa de impuestos R en función del ingreso I.

(b) ¿Qué impuesto corresponde a un ingreso de \$14 000? ¿Y de \$26 000?

(c) Trace la gráfica del impuesto total T en función del ingreso I.

68. Las funciones del ejemplo 10 y el ejercicio 67 se llaman funciones escalón porque sus gráficas parecen escaleras. Sugiera dos ejemplos de funciones escalón que surgen en la vida cotidiana.

69–70 Se muestran las gráficas de f y g. Determine si cada función es par, impar o ninguna de las dos. Explique su razonamiento.

69.

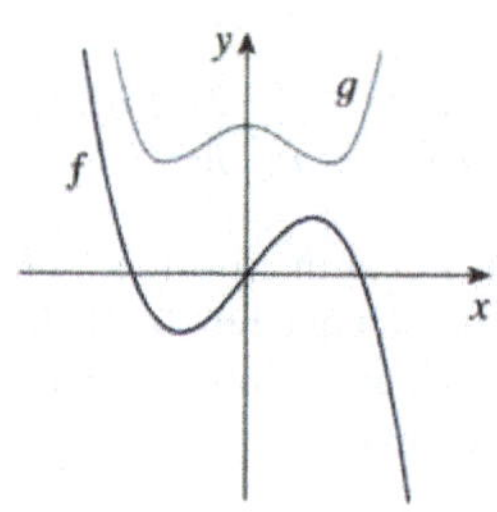

70.

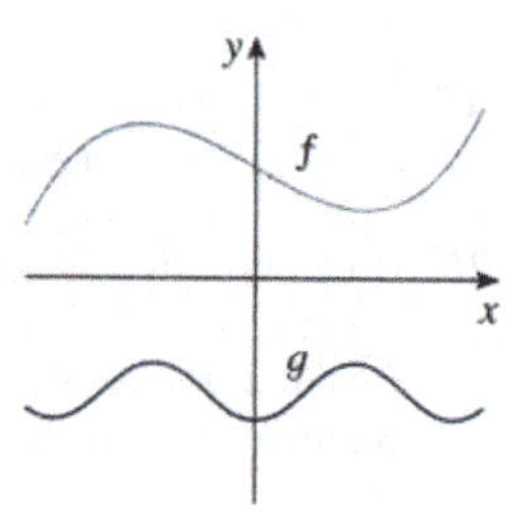

71. (a) Si el punto (5, 3) está en la gráfica de una función par, ¿cuál otro punto también debe estar en la gráfica?

(b) Si el punto (5, 3) está en la gráfica de una función impar, ¿cuál otro punto también debe estar en la gráfica?

72. Una función f tiene dominio $[-5, 5]$ y se muestra una porción de su gráfica.

(a) Complete la gráfica de f si se sabe que f es par.

(b) Complete la gráfica de f si se conoce que f es impar.

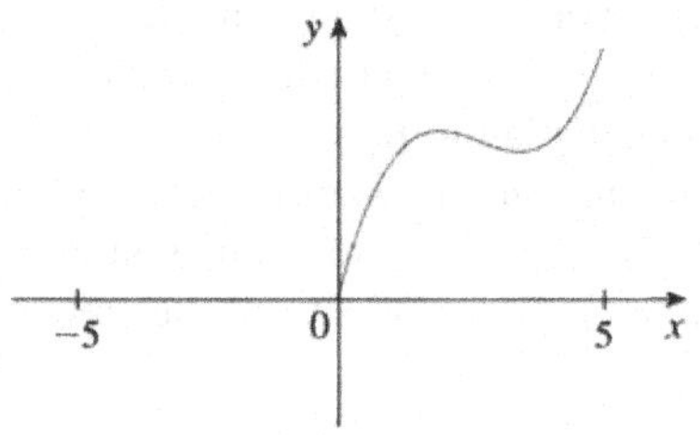

73–78 Determine si f es par, impar o ninguna de las dos. Si tiene una calculadora graficadora, utilícela para verificar visualmente su respuesta.

73. $f(x) = \dfrac{x}{x^2 + 1}$

74. $f(x) = \dfrac{x^2}{x^4 + 1}$

75. $f(x) = \dfrac{x}{x + 1}$

76. $f(x) = x|x|$

77. $f(x) = 1 + 3x^2 - x^4$

78. $f(x) = 1 + 3x^3 - x^5$

---

79. Si f y g son funciones pares, ¿es $f + g$ par? Si f y g son funciones impares, ¿es $f + g$ impar? ¿Qué sucede si f es par y g es impar? Justifique sus respuestas.

80. Si f y g son dos funciones pares, ¿es el producto fg par? Si f y g son dos funciones impares, ¿es fg impar? ¿Qué sucede si f es par y g es impar? Justifique sus respuestas.

1.2 Modelos matemáticos: un catálogo de funciones esenciales

Un **modelo matemático** es una descripción matemática (a menudo por medio de una función o una ecuación) de un fenómeno real, como el tamaño de una población, la demanda de un producto, la rapidez de un objeto que cae, la concentración de un producto en una reacción química, la esperanza de vida de una persona al nacer, o el costo de la reducción de las emisiones. El propósito del modelo es comprender el fenómeno y tal vez hacer predicciones sobre su comportamiento futuro.

La figura 1 ilustra el proceso de modelado matemático. Dado un problema del mundo real, la primera tarea es formular un modelo matemático mediante la identificación y etiquetado de las variables dependientes e independientes, y hacer suposiciones que simplifiquen lo suficiente el fenómeno para que sea matemáticamente manejable. Utilice su conocimiento de la situación física y sus habilidades matemáticas para obtener ecuaciones que relacionen las variables. En situaciones donde no hay ninguna ley física que lo guíe, recopile los datos (ya sea en una biblioteca, en internet o mediante la realización de sus propios experimentos) y organícelos en una tabla para identificar patrones. A partir de esa representación numérica de una función, puede obtener una representación gráfica. La gráfica podría sugerir incluso una fórmula algebraica apropiada en algunos casos.

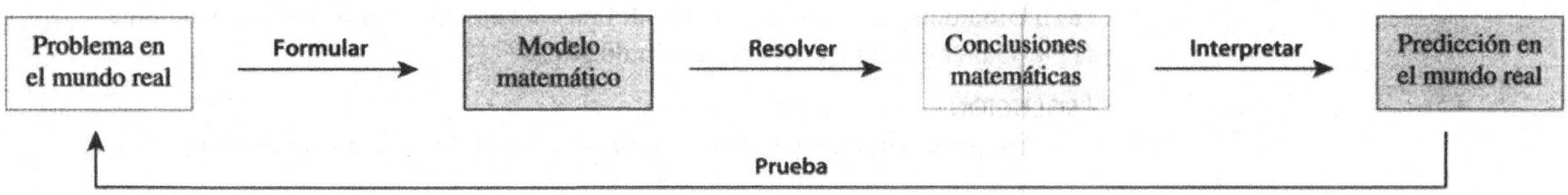

FIGURA 1
El proceso de modelado

La segunda etapa consiste en aplicar las matemáticas que conoce (como el cálculo que se desarrollará en este libro) al modelo matemático que se ha formulado para obtener conclusiones matemáticas. Luego, en la tercera etapa, se toman esas conclusiones matemáticas y se interpretan como información sobre el fenómeno original del mundo real con el propósito de dar explicaciones o hacer predicciones. El último paso es probar sus predicciones y compararlas contra nuevos datos reales. Si las predicciones no coinciden con una buena aproximación de la realidad, se necesita afinar el modelo o formular uno nuevo y empezar otra vez el ciclo.

Un modelo matemático nunca es una representación completamente precisa de una situación física: es una *idealización*. Un buen modelo simplifica la realidad lo suficiente para permitir hacer cálculos matemáticos, pero es razonablemente preciso para proporcionar valiosas conclusiones. Es importante darse cuenta de las limitaciones del modelo porque, finalmente, la Madre Naturaleza tiene la última palabra.

Hay muchos tipos diferentes de funciones que pueden utilizarse para modelar relaciones observadas en el mundo real. En lo que sigue, se analizarán el comportamiento y la gráfica de estas funciones y se darán ejemplos de situaciones modeladas por ellas adecuadamente.

■ Modelos lineales

En el apéndice B se repasa la geometría analítica de las rectas.

Cuando se dice que y es una **función lineal** de x, quiere decir que la gráfica de la función es una recta, de manera que puede utilizar la forma pendiente-intersección de la ecuación de la recta para escribir una fórmula para la función como

$$y = f(x) = mx + b$$

donde m es la pendiente de la recta y b es la intersección de la recta con el eje y.

Una característica de las funciones lineales es que crecen a una razón constante. Por ejemplo, la figura 2 muestra una gráfica de la función lineal $f(x) = 3x - 2$ y una tabla con algunos de sus valores. Observe que cuando x aumenta por 0.1, el valor de $f(x)$ aumenta por 0.3. Por lo que $f(x)$ aumenta tres veces más rápido que x. De este modo, la pendiente de la gráfica $y = 3x - 2$, es decir 3, puede interpretarse como la razón de cambio de y con respecto a x.

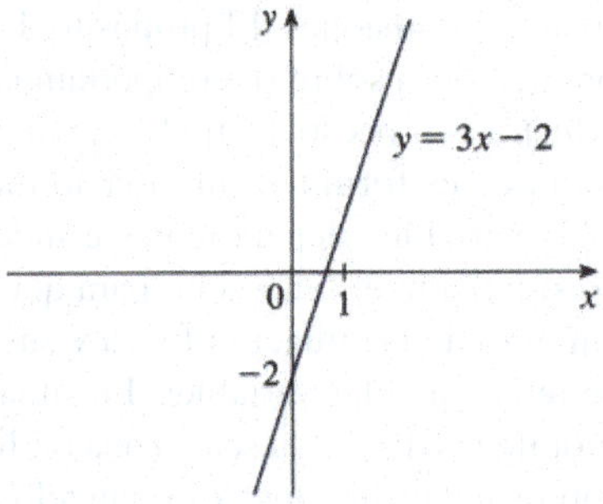

x	$f(x) = 3x - 2$
1.0	1.0
1.1	1.3
1.2	1.6
1.3	1.9
1.4	2.2
1.5	2.5

FIGURA 2

EJEMPLO 1

(a) Cuando el aire seco se mueve hacia arriba, se expande y se enfría. Si la temperatura del suelo es 20 °C, y la temperatura a 1 km de altura es de 10 °C, exprese la temperatura T (en °C) en función de la altura h (en kilómetros), suponiendo que un modelo lineal es adecuado.

(b) Dibuje la gráfica de la función del inciso (a). ¿Qué representa la pendiente?

(c) ¿Cuál es la temperatura a 2.5 km de altura?

SOLUCIÓN

(a) Ya que se supone que T es una función lineal de h, se puede escribir

$$T = mh + b$$

Se tiene que $T = 20$ cuando $h = 0$, por lo que

$$20 = m \cdot 0 + b = b$$

En otras palabras, la intersección con el eje y es $b = 20$.

También se tiene que $T = 10$ cuando $h = 1$, por lo que

$$10 = m \cdot 1 + 20$$

La pendiente de la recta es, por tanto, $m = 10 - 20 = -10$, y la función lineal requerida es

$$T = -10h + 20$$

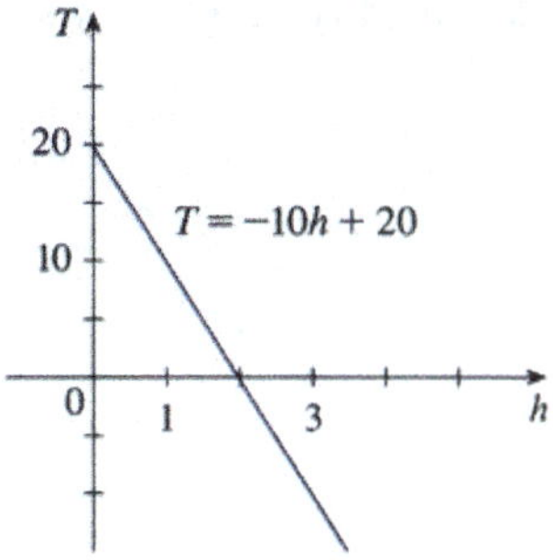

FIGURA 3

(b) En la figura 3 se muestra la gráfica. La pendiente es $m = -10$ °C/km y representa la razón de cambio de la temperatura respecto a la altura.

(c) A una altura de $h = 2.5$ km, la temperatura es

$$T = -10(2.5) + 20 = -5°C$$ ■

Si no hay ley o principio físicos que ayude a formular un modelo, se construye un **modelo empírico** que se base exclusivamente en los datos recopilados. Se busca una curva que "ajuste" en los datos, en el sentido que sugiera la tendencia básica de los puntos que representan los datos.

EJEMPLO 2 La tabla 1 muestra el nivel promedio de dióxido de carbono en la atmósfera, medido en partes por millón en el Observatorio Mauna Loa, desde 1980 a 2012. Utilice los datos de la tabla 1 para encontrar un modelo para el nivel de dióxido de carbono.

SOLUCIÓN Se utilizan los datos de la tabla 1 para hacer la gráfica de dispersión en la figura 4, donde t representa el tiempo (en años) y C, el nivel de CO_2 (en partes por millón, ppm).

Tabla 1

Año	Nivel de CO_2 (en ppm)	Año	Nivel de CO_2 (en ppm)
1980	338.7	1998	366.5
1982	341.2	2000	369.4
1984	344.4	2002	373.2
1986	347.2	2004	377.5
1988	351.5	2006	381.9
1990	354.2	2008	385.6
1992	356.3	2010	389.9
1994	358.6	2012	393.8
1996	362.4		

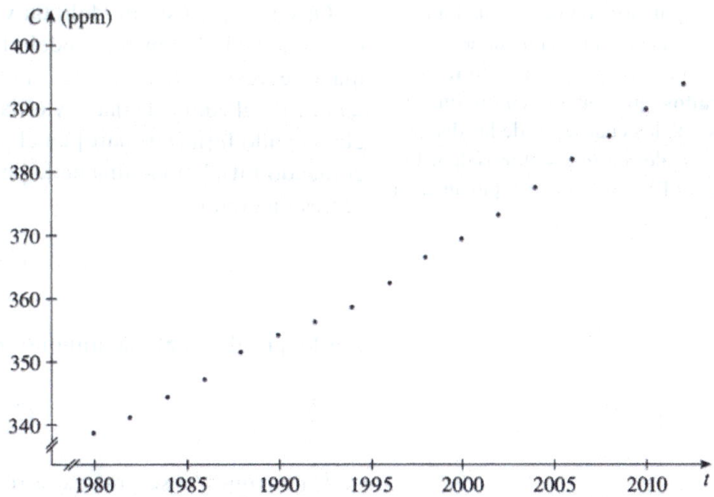

FIGURA 4 La gráfica de dispersión para el nivel promedio de CO_2

Observe que los puntos de datos parecen estar cercanos a una recta, por lo que es natural que se elija un modelo lineal en este caso. Pero hay muchas rectas posibles que se aproximan a estos puntos de datos, así que, ¿cuál se debe usar? Una posibilidad es la recta que pasa por el primero y el último punto de datos. La pendiente de esta recta es

$$\frac{393.8 - 338.7}{2012 - 1980} = \frac{55.1}{32} = 1.721875 \approx 1.722$$

Su ecuación se escribe como

$$C - 338.7 = 1.722(t - 1980)$$

o

$$\boxed{1} \qquad C = 1.722t - 3070.86$$

La ecuación 1 da un posible modelo lineal para el nivel de dióxido de carbono y se representa gráficamente en la figura 5.

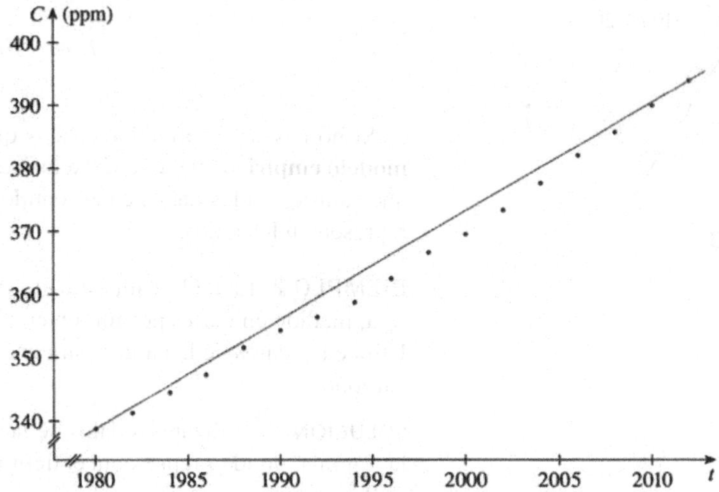

FIGURA 5
Modelo lineal a través del primero y el último punto de datos

Una computadora o una calculadora graficadora encuentra la recta de regresión por el método de **mínimos cuadrados**, que consiste en minimizar la suma de los cuadrados de las distancias verticales entre los puntos de datos y la recta. Los detalles se explican en la sección 14.7.

Observe que este modelo da valores por encima de la mayoría de los niveles reales de CO_2. Un mejor modelo lineal se obtiene por un procedimiento estadístico llamado regresión lineal. Si utiliza una calculadora graficadora, introduzca los datos de la tabla 1 en el editor de datos y elija el comando de regresión lineal (en Maple se utiliza el comando fit[leastsquare] en el paquete de estadística; con Mathematica se utiliza el comando Fit), la máquina da la pendiente y la intersección con el eje y de la recta de regresión como

$$m = 1.71262 \qquad b = -3054.14$$

Por lo que el modelo de mínimos cuadrados para el nivel de CO_2 es

$$\boxed{2} \qquad C = 1.71262t - 3054.14$$

En la figura 6 se grafica la recta de regresión, así como los puntos de datos. Comparado con la figura 5, se ve que da un mejor ajuste que el modelo lineal anterior.

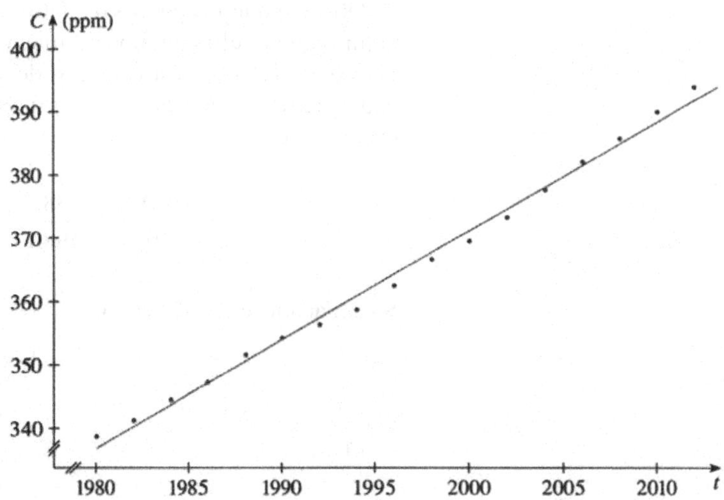

FIGURA 6
Recta de regresión

■

EJEMPLO 3 Utilice el modelo lineal dado por la ecuación 2 para estimar el nivel promedio de CO_2 para 1987 y predecir el nivel para el año 2020. De acuerdo con este modelo, ¿cuándo superará el nivel de CO_2 las 420 partes por millón?

SOLUCIÓN Mediante la ecuación 2 con $t = 1987$, se estima que el nivel promedio de CO_2 en 1987 fue

$$C(1987) = (1.71262)(1987) - 3054.14 \approx 348.84$$

Este es un ejemplo de *interpolación* porque se ha estimado un valor entre los valores observados. (De hecho, el Observatorio Mauna Loa informó que el nivel promedio de CO_2 en 1987 fue de 348.93 ppm, por lo que la estimación es bastante precisa.)

Con $t = 2020$, se obtiene

$$C(2020) = (1.71262)(2020) - 3054.14 \approx 405.35$$

Por lo que se pronostica que el nivel promedio de CO_2 en el año 2020 será 405.4 ppm. Este es un ejemplo de *extrapolación* porque se predijo un valor *fuera* de la región de observaciones. En consecuencia, se está menos seguro acerca de la precisión de la predicción.

Utilizando la ecuación 2, se ve que el nivel de CO_2 excede las 420 ppm cuando

$$1.71262t - 3054.14 > 420$$

Resolviendo esta desigualdad, se obtiene

$$t > \frac{3474.14}{1.71262} \approx 2028.55$$

Por tanto, se predice que el nivel de CO_2 superará 420 ppm para el año 2029. Esta predicción es riesgosa porque se trata de un tiempo bastante alejado de las observaciones. De hecho, se puede ver en la figura 6 que la tendencia ha sido de un rápido aumento para los niveles de CO_2 en los últimos años, por lo que el nivel podría superar los 420 ppm antes de 2029. ■

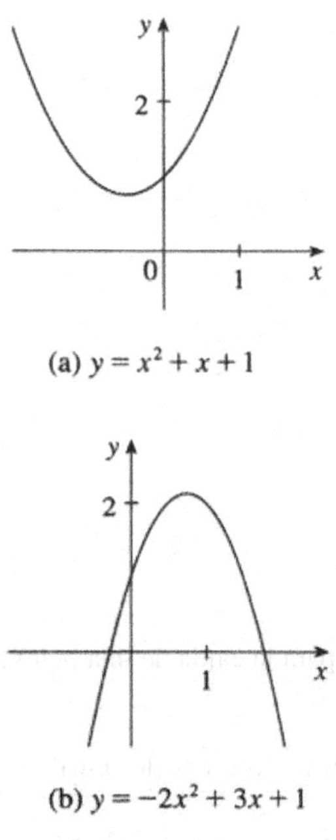

FIGURA 7
Las gráficas de funciones cuadráticas son parábolas

■ Polinomios

Una función P es un **polinomio** si

$$P(x) = a_n x^n + a_{n-1}x^{n-1} + \cdots + a_2x^2 + a_1x + a_0$$

donde n es un número entero no negativo y $a_0, a_1, a_2, \ldots, a_n$ son constantes llamadas los **coeficientes** de la función polinomial. El dominio de cualquier polinomio es $\mathbb{R} = (-\infty, \infty)$. Si el coeficiente principal $a_n \neq 0$, entonces el **grado** del polinomio es n. Por ejemplo, la función

$$P(x) = 2x^6 - x^4 + \tfrac{2}{5}x^3 + \sqrt{2}$$

es un polinomio de grado 6.

Una función polinomial de grado 1 es de la forma $P(x) = mx + b$, por lo que es una función lineal. Un polinomio de grado 2 es de la forma $P(x) = ax^2 + bx + c$ y se llama **función cuadrática**. Su gráfica es siempre una parábola obtenida por desplazamientos de la parábola $y = ax^2$, como se verá en la siguiente sección. La parábola abre hacia arriba si $a > 0$ y hacia abajo si $a < 0$ (véase la figura 7).

Una polinomial de grado 3 es de la forma

$$P(x) = ax^3 + bx^2 + cx + d \qquad a \neq 0$$

y se llama **función cúbica**. La figura 8 muestra la gráfica de una función cúbica en el inciso (a) y las gráficas de polinomios de grados 4 y 5 en los incisos (b) y (c). Se verá más adelante por qué las gráficas tienen esas formas.

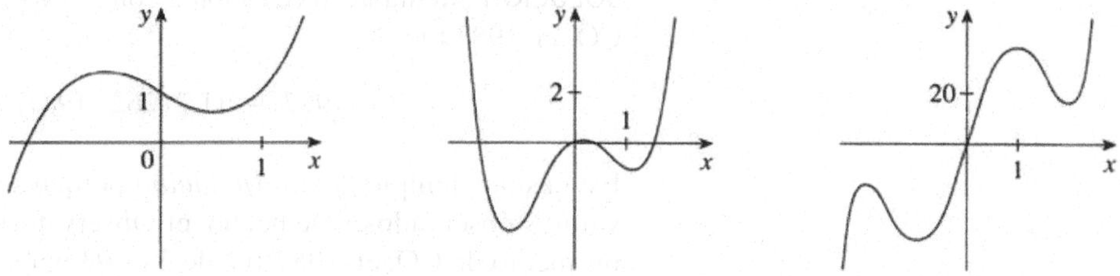

FIGURA 8

(a) $y = x^3 - x + 1$ (b) $y = x^4 - 3x^2 + x$ (c) $y = 3x^5 - 25x^3 + 60x$

Los polinomios se utilizan por lo común para modelar diversas cantidades que se presentan en las ciencias naturales y sociales. Por ejemplo, en la sección 3.7 se explica por qué los economistas usan a menudo un polinomio $P(x)$ para representar el costo de producir x unidades de una mercancía. En el ejemplo siguiente, se utiliza una función cuadrática para modelar la caída de una pelota.

Tabla 2

Tiempo (segundos)	Altura (metros)
0	450
1	445
2	431
3	408
4	375
5	332
6	279
7	216
8	143
9	61

EJEMPLO 4 Se deja caer una pelota desde la plataforma de observación de la Torre CN, a 450 m por encima del suelo. Las sucesivas alturas h de la pelota por encima del suelo están registradas a intervalos de 1 segundo, en la tabla 2. Encuentre un modelo para ajustar los datos y utilícelo para predecir el momento en que la pelota golpeará el suelo.

SOLUCIÓN En la figura 9 se traza una gráfica de dispersión con la información disponible y se observa que un modelo ideal no es adecuado. Pero parece ser que los puntos de datos podrían acomodarse a una parábola, por lo que se intenta un modelo cuadrático. Utilizando una calculadora graficadora o computadora (que utiliza el método de los mínimos cuadrados), se obtiene el siguiente modelo cuadrático:

$$h = 449.36 + 0.96t - 4.90t^2 \qquad \boxed{3}$$

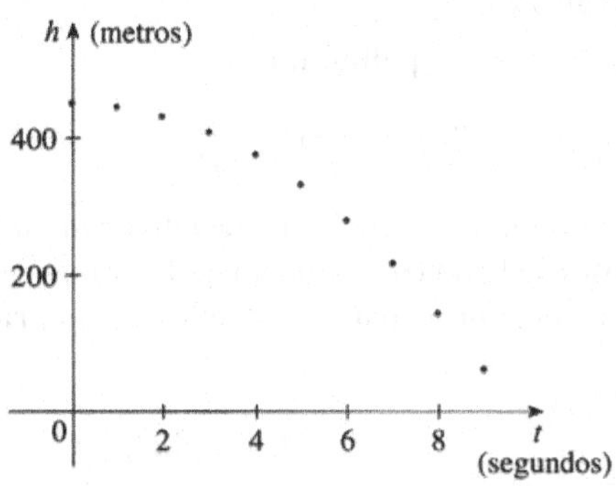

FIGURA 9
Gráfica de dispersión para la caída de una pelota

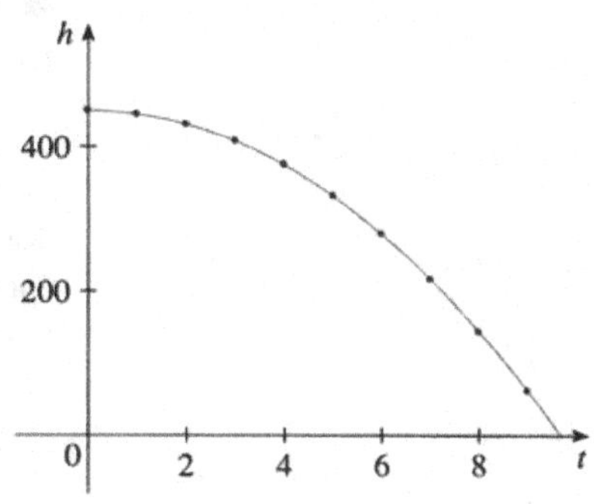

FIGURA 10
Modelo cuadrático para la caída de una pelota

En la figura 10 se dibuja la gráfica de la ecuación 3 junto con los puntos de datos y se ve que el modelo cuadrático da un muy buen ajuste.

La pelota golpea el suelo cuando $h = 0$, por lo que resuelve la ecuación cuadrática

$$-4.90t^2 + 0.96t + 449.36 = 0$$

La ecuación cuadrática da

$$t = \frac{-0.96 \pm \sqrt{(0.96)^2 - 4(-4.90)(449.36)}}{2(-4.90)}$$

La raíz positiva es $t \approx 9.67$, por lo que se pronostica que la pelota golpeará el suelo después de aproximadamente 9.7 segundos. ■

Funciones potencia

Una función de la forma $f(x) = x^a$, donde a es una constante, se llama **función potencia**. Se consideran varios casos.

(i) $a = n$, donde n es un número entero positivo

Las gráficas de $f(x) = x^n$ para $n = 1, 2, 3, 4$ y 5 se muestran en la figura 11. (Estas son funciones polinomiales con un solo término.) Ya se sabe la forma de la gráfica de $y = x$ (una recta que pasa por el origen con pendiente 1) y $y = x^2$ [una parábola, véase el ejemplo 1.1.2(b)].

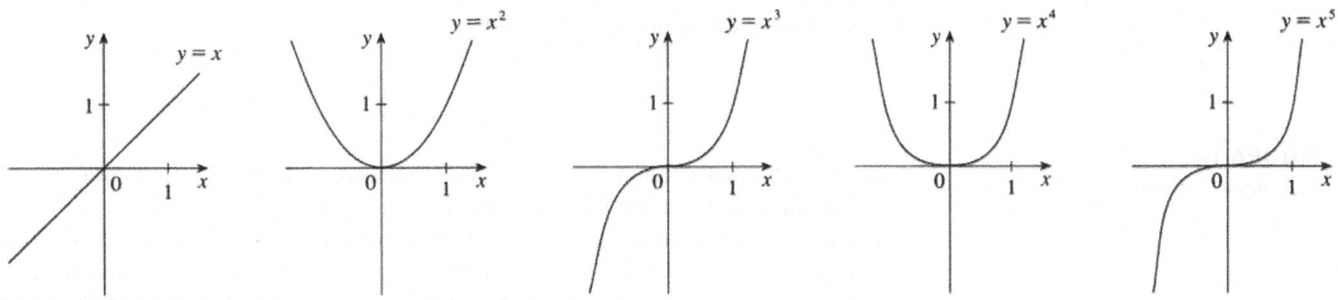

FIGURA 11 Gráficas de $f(x)= x^n$ para $n = 1, 2, 3, 4, 5$

La forma general de la gráfica de $f(x) = x^n$ depende de si n es par o impar. Si n es par, entonces $f(x) = x^n$ es una función par, y su gráfica es similar a la parábola $y = x^2$. Si n es impar, entonces $f(x) = x^n$ es una función impar, y su gráfica es similar a la de $y = x^3$. Observe en la figura 12, sin embargo, que cuando n aumenta, la gráfica de $y = x^n$ se aplana más cerca de 0 y es más pronunciada cuando $|x| \geq 1$. (Si x es pequeña, entonces x^2 es más pequeña, x^3 es aún más pequeña, x^4 es todavía más pequeña aún, y así sucesivamente.)

Una **familia de funciones** es un conjunto de funciones cuyas ecuaciones se relacionan. La figura 12 muestra dos familias de funciones potencia, una con potencias pares y otra con potencias impares.

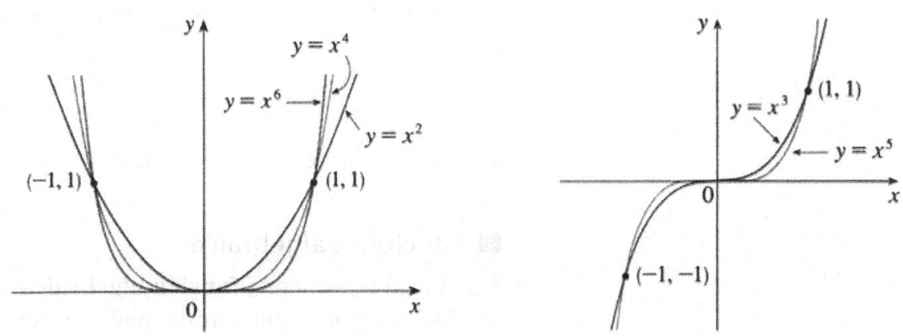

FIGURA 12

(ii) $a = 1/n$, donde n es un número entero positivo

La función $f(x) = x^{1/n} = \sqrt[n]{x}$ es una **función raíz**. Para $n = 2$ es la función raíz cuadrada $f(x) = \sqrt{x}$, con dominio en $[0, \infty)$ y cuya gráfica es la mitad superior de la parábola

$x = y^2$. [Véase la figura 13(a)]. Para otros valores pares de n, la gráfica de $y = \sqrt[n]{x}$ es similar a la de $y = \sqrt{x}$. Para $n = 3$ se tiene la función raíz cúbica $f(x) = \sqrt[3]{x}$ cuyo dominio es $\mathbb{R}$ (recuerde que todo número real tiene raíz cúbica) y cuya gráfica se muestra en la figura 13(b). La gráfica de $y = \sqrt[n]{x}$ para n impar ($n > 3$) es similar a la de $y = \sqrt[3]{x}$.

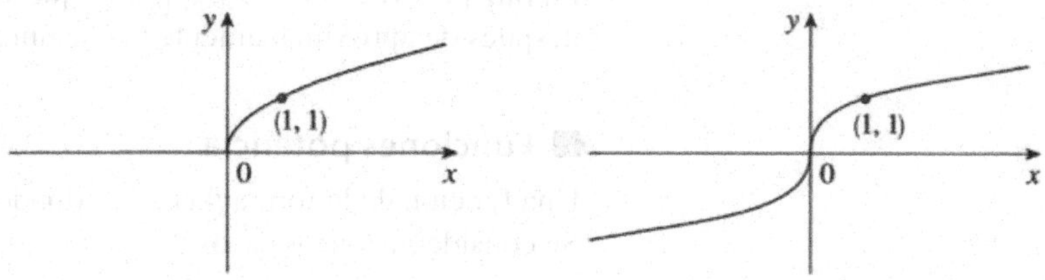

(a) $f(x) = \sqrt{x}$ (b) $f(x) = \sqrt[3]{x}$

FIGURA 13
Gráficas de funciones raíz

(iii) $a = -1$

La gráfica de la **función recíproca** $f(x) = x^{-1} = 1/x$ se muestra en la figura 14. Su gráfica tiene la ecuación $y = 1/x$ o $xy = 1$, y es una hipérbola con los ejes de coordenadas como sus asíntotas. Esta función surge en física y química en relación con la ley de Boyle, que dice que, cuando la temperatura es constante, el volumen V de un gas es inversamente proporcional a la presión P:

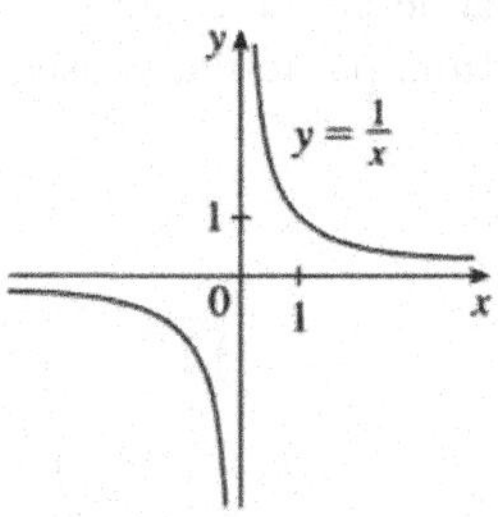

FIGURA 14
La función recíproca

$$V = \frac{C}{P}$$

donde C es una constante. Así, la gráfica de V en función de P (véase la figura 15) tiene la misma forma general que la mitad derecha de la figura 14.

Las funciones potencia también se utilizan para modelar relaciones especie-área (ejercicios 30-31), la iluminación como una función de la distancia a una fuente de luz (ejercicio 29) y el período de revolución de un planeta en función de su distancia al Sol (ejercicio 32).

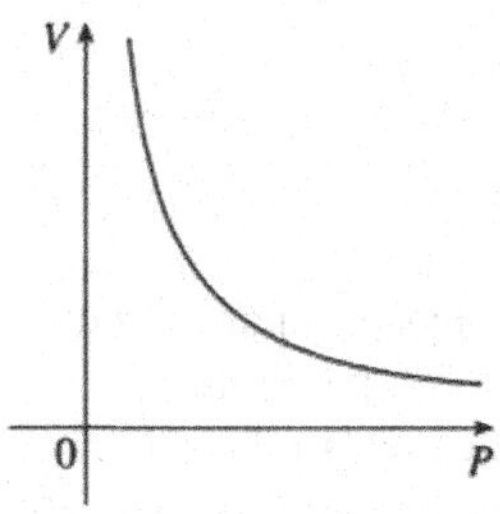

FIGURA 15
El volumen como una función de la presión a temperatura constante.

Funciones racionales

Una **función racional** f es un cociente de dos funciones polinomiales:

$$f(x) = \frac{P(x)}{Q(x)}$$

donde P y Q son polinomios. El dominio consiste en todos los valores de x tales que $Q(x) \neq 0$. Un ejemplo simple de una función racional es $f(x) = 1/x$, cuyo dominio es $\{x | x \neq 0\}$; esta es la función recíproca graficada en la figura 14. La función

$$f(x) = \frac{2x^4 - x^2 + 1}{x^2 - 4}$$

es una función racional con dominio $\{x \mid x \neq \pm 2\}$. La gráfica se muestra en la figura 16.

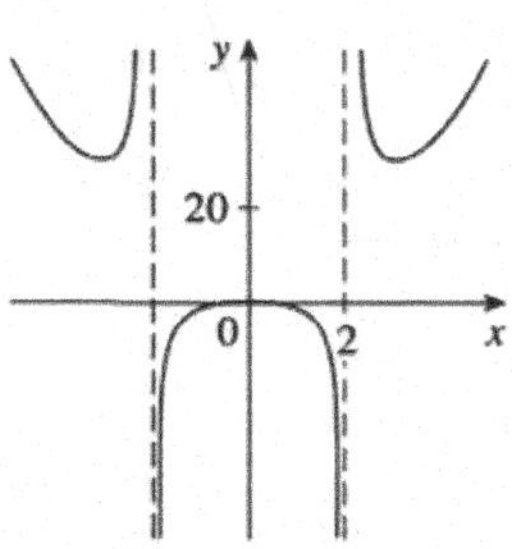

FIGURA 16
$f(x) = \dfrac{2x^4 - x^2 + 1}{x^2 - 4}$

Funciones algebraicas

Una función f se llama **función algebraica** si puede construirse utilizando operaciones algebraicas (como suma, resta, multiplicación, división y tomando raíces) comenzando con los polinomios. Cualquier función racional es automáticamente una función algebraica. Aquí hay dos ejemplos más:

$$f(x) = \sqrt{x^2 + 1} \qquad g(x) = \frac{x^4 - 16x^2}{x + \sqrt{x}} + (x - 2)\sqrt[3]{x + 1}$$

Cuando trace funciones algebraicas en el capítulo 4, verá que sus gráficas pueden tener una variedad de formas. La figura 17 ilustra algunas de las posibilidades.

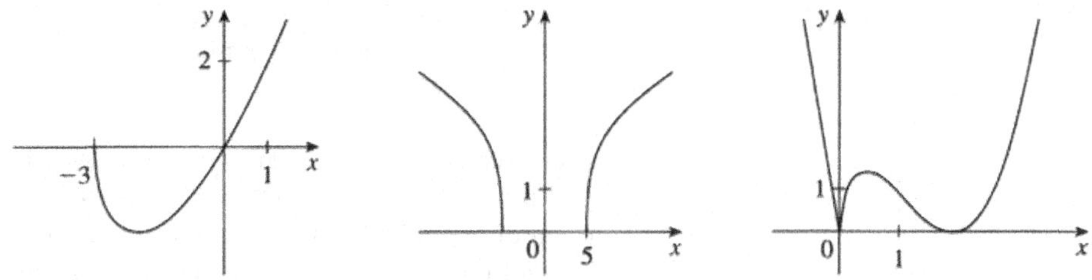

FIGURA 17

(a) $f(x) = x\sqrt{x+3}$ (b) $g(x) = \sqrt[4]{x^2 - 25}$ (c) $h(x) = x^{2/3}(x-2)^2$

Un ejemplo de una función algebraica se produce en la teoría de la relatividad. La masa de una partícula con velocidad v es

$$m = f(v) = \frac{m_0}{\sqrt{1 - v^2/c^2}}$$

donde m_0 es la masa en reposo de la partícula y $c = 3.0 \times 10^5$ km/s es la velocidad de la luz en el vacío.

Funciones trigonométricas

Las páginas de referencia se encuentran en la parte final del libro.

La trigonometría y las funciones trigonométricas se repasan en la página de referencia 2 y también en el apéndice D. En cálculo, por convención, siempre se utilizan medidas en radianes (excepto cuando se indique lo contrario). Por ejemplo, cuando se utiliza la función $f(x) = \operatorname{sen} x$, se sobreentiende que sen x significa el seno de un ángulo cuya medida en radianes es x. Así, las gráficas de las funciones seno y coseno son como se muestra en la figura 18.

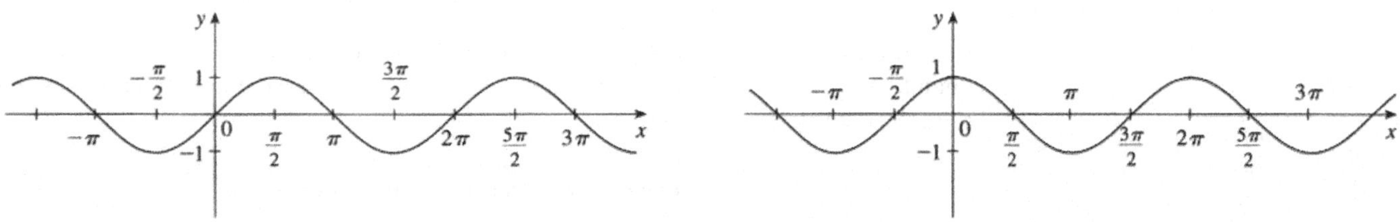

(a) $f(x) = \operatorname{sen} x$ (b) $g(x) = \cos x$

FIGURA 18

Observe que para las funciones seno y coseno el dominio es $(-\infty, \infty)$, y el rango es el intervalo cerrado $[-1, 1]$. Por tanto, para todos los valores de x, se tiene

$$-1 \leqslant \operatorname{sen} x \leqslant 1 \qquad -1 \leqslant \cos x \leqslant 1$$

o, en términos de valor absoluto,

$$|\operatorname{sen} x| \leqslant 1 \qquad |\cos x| \leqslant 1$$

También, los ceros de la función seno se producen en los múltiplos enteros de p; es decir,

$$\operatorname{sen} x = 0 \qquad \text{cuando} \qquad x = n\pi \qquad n \text{ es un entero}$$

Una propiedad importante de las funciones seno y coseno es que son funciones periódicas con período 2π. Esto significa que, para todos los valores de x,

$$\text{sen}(x + 2\pi) = \text{sen}\, x \qquad \cos(x + 2\pi) = \cos x$$

El carácter periódico de estas funciones las hace adecuadas para modelar fenómenos repetitivos, como las olas del mar, resortes en vibración y las ondas de sonido. Por ejemplo, en el ejemplo 1.3.4 vea que un modelo razonable para el número de horas de luz solar en Filadelfia t días de después del 1 de enero viene dado por la función

$$L(t) = 12 + 2.8\,\text{sen}\left[\frac{2\pi}{365}(t - 80)\right]$$

EJEMPLO 5 ¿Cuál es el dominio de la función $f(x) = \dfrac{1}{1 - 2\cos x}$?

SOLUCIÓN Esta función se define para todos los valores de x excepto los que hacen el denominador 0. Pero

$$1 - 2\cos x = 0 \iff \cos x = \frac{1}{2} \iff x = \frac{\pi}{3} + 2n\pi \quad \text{o} \quad x = \frac{5\pi}{3} + 2n\pi$$

donde n es cualquier número entero (ya que la función coseno tiene período 2π). Por tanto, el dominio de f es el conjunto de todos los números reales excepto los mencionados. ■

La función tangente está relacionada con las funciones seno y coseno por la ecuación

$$\tan x = \frac{\text{sen}\, x}{\cos x}$$

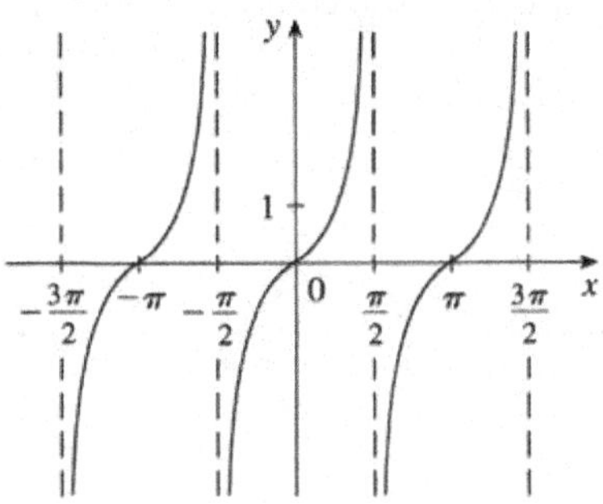

FIGURA 19
$y = \tan x$

y su gráfica se muestra en la figura 19. Está definida siempre que $\cos x = 0$, que es, cuando $x = \pm\pi/2, \pm 3\pi/2, \ldots$ Su rango es $(-\infty, \infty)$. Observe que la función tangente tiene período π:

$$\tan(x + \pi) = \tan x \qquad \text{para toda } x$$

Las tres funciones trigonométricas restantes (cosecante, secante y cotangente) son las recíprocas de las funciones seno, coseno y tangente. Sus gráficas se muestran en el apéndice D.

■ Funciones exponenciales

Las **funciones exponenciales** son funciones de la forma $f(x) = b^x$, donde la base b es una constante positiva. Las gráficas de $y = 2^x$ y $y = (0.5)^x$ se muestran en la figura 20. En ambos casos el dominio es $(-\infty, \infty)$, y el rango es $(0, \infty)$.

Las funciones exponenciales serán estudiadas en detalle en la sección 1.4, y se verá que son útiles para modelar muchos fenómenos naturales, como el crecimiento de una población (si $b > 1$) y la desintegración radiactiva (si $b < 1$).

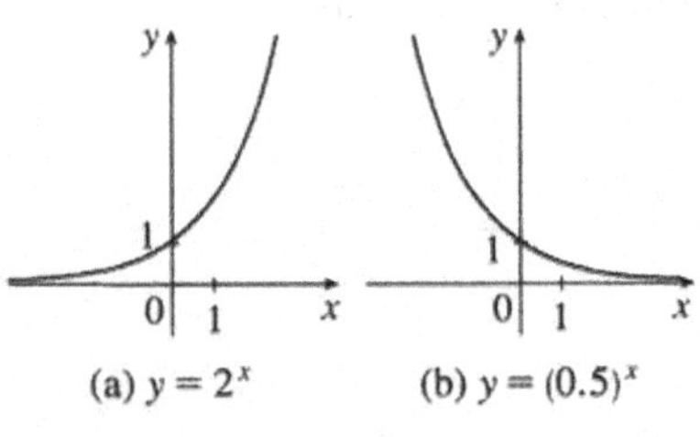

FIGURA 20

■ Funciones logarítmicas

Las **funciones logarítmicas** $f(x) = \log_b x$, donde la base b es una constante positiva, son las funciones inversas de las funciones exponenciales; se estudiarán en la sección 1.5.

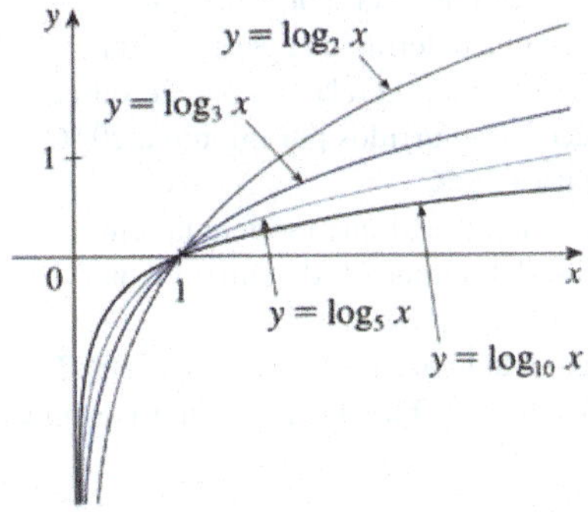

FIGURA 21

La figura 21 muestra las gráficas de cuatro funciones logarítmicas con diferentes bases. En cada caso el dominio es $(0, \infty)$, el rango es $(-\infty, \infty)$, y la función crece lentamente cuando $x > 1$.

EJEMPLO 6 Clasifique las funciones siguientes como uno de los tipos de funciones que se han discutido.

(a) $f(x) = 5^x$ (b) $g(x) = x^5$

(c) $h(x) = \dfrac{1 + x}{1 - \sqrt{x}}$ (d) $u(t) = 1 - t + 5t^4$

SOLUCIÓN

(a) $f(x) = 5^x$ es una función exponencial. (La x es el exponente.)

(b) $g(x) = x^5$ es una función potencia. (La x es la base.) Se podría considerar como una función polinomial de grado 5.

(c) $h(x) = \dfrac{1 + x}{1 - \sqrt{x}}$ es una función algebraica.

(d) $u(t) = 1 - t + 5t^4$ es una función polinomial de grado 4. ■

1.2 EJERCICIOS

1–2 Clasifique cada función como una función potencia, función raíz, polinomial (establezca su grado), función racional, función algebraica, función trigonométrica, función exponencial o función logarítmica.

1. (a) $f(x) = \log_2 x$ (b) $g(x) = \sqrt[4]{x}$

(c) $h(x) = \dfrac{2x^3}{1 - x^2}$ (d) $u(t) = 1 - 1.1t + 2.54t^2$

(e) $v(t) = 5^t$ (f) $w(\theta) = \operatorname{sen}\theta \cos^2\theta$

2. (a) $y = \pi^x$ (b) $y = x^\pi$

(c) $y = x^2(2 - x^3)$ (d) $y = \tan t - \cos t$

(e) $y = \dfrac{s}{1 + s}$ (f) $y = \dfrac{\sqrt{x^3 - 1}}{1 + \sqrt[3]{x}}$

3–4 Relacione cada una de las siguientes ecuaciones con su gráfica. Explique el porqué de su elección. (No utilice computadora o calculadora graficadora.)

3. (a) $y = x^2$ (b) $y = x^5$ (c) $y = x^8$

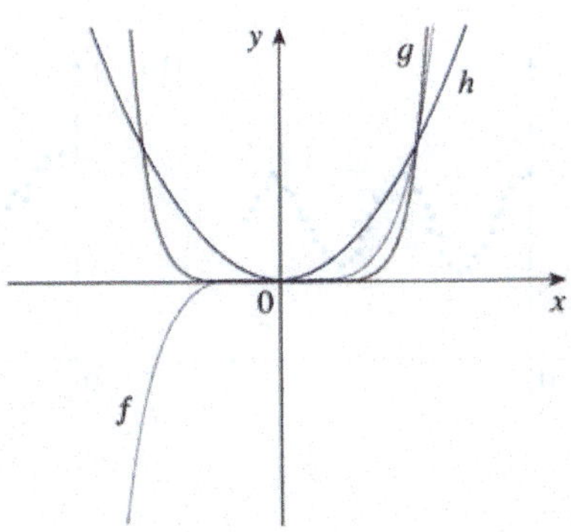

4. (a) $y = 3x$ (b) $y = 3^x$ (c) $y = x^3$ (d) $y = \sqrt[3]{x}$

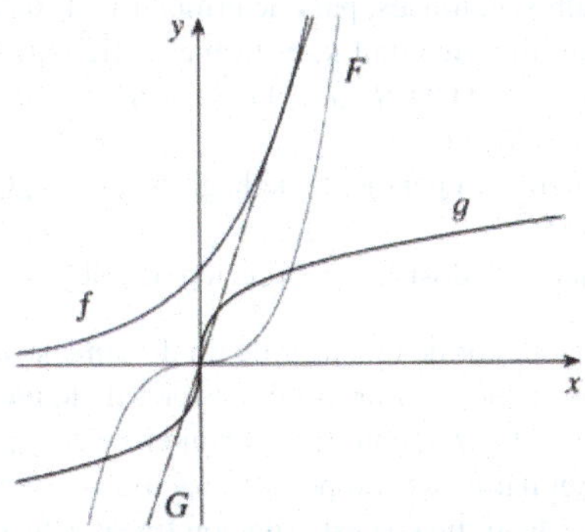

5–6 Encuentre el dominio de la función.

5. $f(x) = \dfrac{\cos x}{1 - \operatorname{sen} x}$ **6.** $g(x) = \dfrac{1}{1 - \tan x}$

7. (a) Determine una ecuación para la familia de funciones lineales con pendiente 2 y trace la gráfica de varios miembros de la familia.

(b) Encuentre una ecuación para la familia de funciones lineales tal que $f(2) = 1$ y trace varios miembros de la familia.

(c) ¿Qué función pertenece a ambas familias?

8. ¿Qué tienen en común todos los miembros de la familia de funciones lineales $f(x) = 1 + m(x + 3)$? Trace varios miembros de la familia.

9. ¿Qué todos los miembros de la familia de funciones lineales $f(x) = c - x$ tienen en común? Trace varios miembros de la familia.

10. Encuentre expresiones para las funciones cuadráticas cuyas gráficas se muestran.

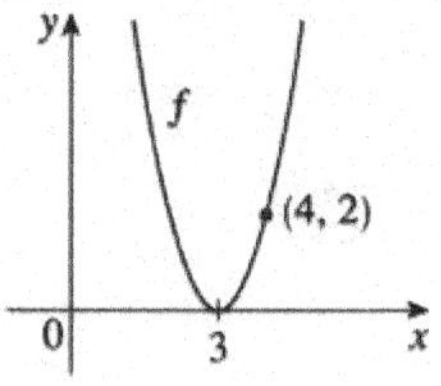

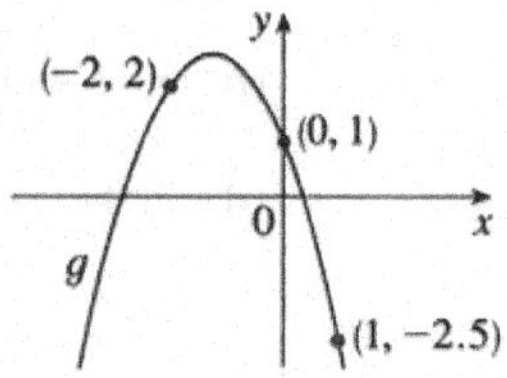

11. Encuentre una expresión para una función cúbica f si $f(1) = 6$ y $f(-1) = f(0) = f(2) = 0$.

12. Estudios recientes indican que la temperatura promedio de la superficie de la Tierra ha estado aumentando. Algunos científicos han modelado la temperatura con la función lineal $T = 0.02t + 8.50$, donde T es la temperatura en °C y t representa años desde 1900.
(a) ¿Qué representan la pendiente y la intersección con el eje T?
(b) Utilice la ecuación para predecir la temperatura promedio de la superficie global en 2100.

13. Si D (en mg) es la dosis de un medicamento recomendada para adultos, entonces, para determinar la dosis apropiada c para un niño de edad a, el farmacéutico utiliza la ecuación $c = 0.0417D(a + 1)$. Suponga que la dosis para un adulto es de 200 mg.
(a) Encuentre la pendiente de la gráfica de c. ¿Qué representa?
(b) ¿Cuál es la dosis para un recién nacido?

14. El administrador de un bazar de fin de semana sabe por experiencia que, si cobra x dólares por el alquiler de un espacio en el bazar, entonces el número y de espacios que puede alquilar está dado por la ecuación $y = 200 - 4x$.
(a) Trace la gráfica de esta función lineal. (Recuerde que la renta por el espacio y el número de espacios alquilados no pueden ser cantidades negativas.)
(b) ¿Qué representan la pendiente, la intersección con el eje y y la intersección con el eje x de la gráfica?

15. La relación entre las escalas de temperatura Fahrenheit (F) y Celsius (C) está dada por la función lineal $F = \frac{9}{5}C + 32$.
(a) Trace la gráfica de esta función.
(b) ¿Cuál es la pendiente de la gráfica y qué representa? ¿Cuál es la intersección con el eje F y qué representa?

16. Kelly sale de Winnipeg a las 14:00 y conduce a rapidez constante hacia el oeste a lo largo de la carretera Trans-Canadá. Pasa por Brandon, a 210 km de Winnipeg, a las 16:00.
(a) Exprese la distancia recorrida en términos del tiempo transcurrido.
(b) Dibuje la gráfica de la ecuación del inciso (a).
(c) ¿Cuál es la pendiente de esta recta? ¿Qué representa?

17. Los biólogos han observado que la tasa de chirridos que emiten los grillos de una determinada especie está relacionada con la temperatura, y la relación parece ser casi lineal. Un grillo produce 112 chirridos por minuto a 20 °C y 180 chirridos por minuto a 29 °C.
(a) Encuentre una ecuación lineal que modele la temperatura T, en función del número N de chirridos por minuto.
(b) ¿Cuál es la pendiente de la gráfica? ¿Qué representa?
(c) Si los grillos producen 150 chirridos por minuto, estime la temperatura.

18. El gerente de una fábrica de muebles encontró que cuesta \$2200 fabricar 100 sillas en un día y \$4800 producir 300 sillas en un solo día.
(a) Exprese el costo en función del número de sillas producidas, suponiendo que es lineal. Luego trace la gráfica.
(b) ¿Cuál es la pendiente de la gráfica y qué representa?
(c) ¿Cuál es la intersección en y de la gráfica y qué representa?

19. En la superficie del océano, la presión del agua es la misma que la presión del aire por encima del agua, 1.05 kg/cm^2. Debajo de la superficie, la presión del agua aumenta en 0.10 kg/cm^2 por cada metro de descenso.
(a) Exprese la presión del agua en función de la profundidad bajo la superficie del océano.
(b) ¿A qué profundidad la presión es de 7 kg/cm^2?

20. El costo mensual de conducir un auto depende del número de kilómetros recorridos. Lynn encontró que en mayo le costó \$380 conducir 768 km y en junio le costó \$460 conducir 1280 km.
(a) Exprese el costo mensual C como una función de la distancia recorrida d, suponiendo que una relación lineal da un modelo adecuado.
(b) Utilice el inciso (a) para predecir el costo de conducir 2400 km por mes.
(c) Dibuje la gráfica de la función lineal. ¿Qué representa la pendiente?
(d) ¿Qué representa la intersección en y?
(e) ¿Por qué una función lineal es un modelo adecuado en esta situación?

21–22 Para cada una de las gráficas de dispersión siguientes, ¿qué tipo de función elegiría como un modelo para los datos? Explique sus elecciones.

21.

(a)

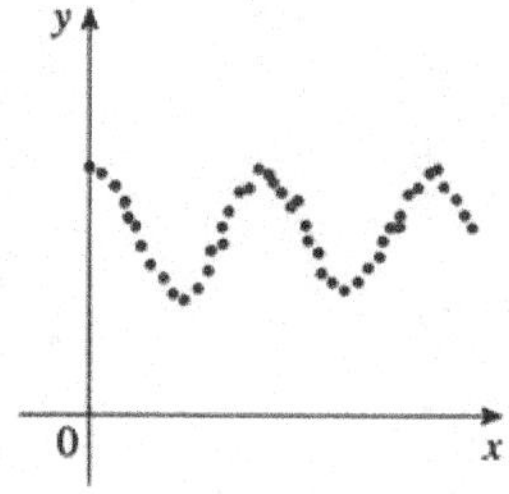

(b)

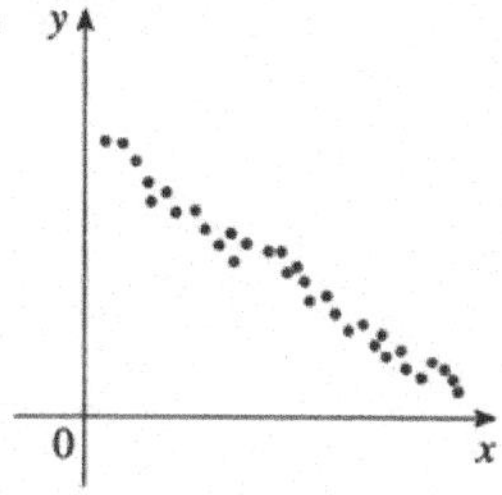

22.

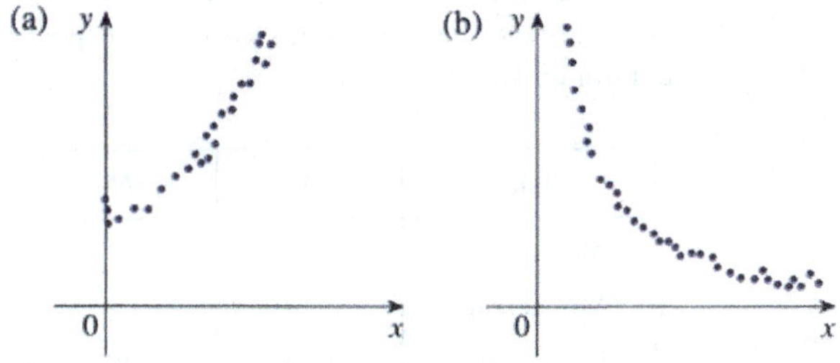

23. La tabla muestra la tasa de úlcera péptica (de por vida) (por cada 100 habitantes) en relación con el ingreso familiar como lo informa la Encuesta Nacional de Entrevista de Salud.

Ingreso	Tasa de úlcera (por cada 100 habitantes)
\$4,000	14.1
\$6,000	13.0
\$8,000	13.4
\$12,000	12.5
\$16,000	12.0
\$20,000	12.4
\$30,000	10.5
\$45,000	9.4
\$60,000	8.2

(a) Trace una gráfica de dispersión con estos datos y decida si es apropiado un modelo lineal.
(b) Encuentre y grafique un modelo lineal utilizando el primero y el último punto de datos.
(c) Encuentre y grafique la recta de regresión por mínimos cuadrados.
(d) Utilice el modelo lineal del inciso (c) para estimar la tasa de úlcera para un ingreso de \$25 000.
(e) De acuerdo con el modelo, ¿qué tan probable es que alguien que tiene un ingreso de \$80 000 sufra de úlcera péptica?
(f) ¿Cree que sería razonable aplicar el modelo a alguien con un ingreso de \$200 000?

24. Los biólogos han observado que la tasa de chirridos de grillos de una determinada especie, parece estar relacionada con la temperatura. La tabla muestra la cantidad de chirridos para distintas temperaturas.

Temperatura (°C)	Tasa de chirridos (chirridos/min)	Temperatura (°C)	Tasa de chirridos (chirridos/min)
20	113	30	188
22	128	32	203
24	143	34	218
26	158	36	233
28	173		

(a) Haga una gráfica de dispersión de los datos.
(b) Encuentre y grafique la recta de regresión.
(c) Utilice el modelo lineal del inciso (b) para estimar la tasa chirridos a 40 °C.

25. Los antropólogos usan un modelo lineal que relaciona la longitud del fémur humano a la altura. El modelo permite que un antropólogo determine la altura de una persona cuando se encuentra solamente una parte de esqueleto (incluido el fémur). Aquí tiene el modelo mediante el análisis de los datos sobre la longitud del fémur y altura para los ocho humanos masculinos dados en la tabla siguiente.
(a) Haga un diagrama de dispersión de los datos.
(b) Determine y trace la recta de regresión que modela los datos.
(c) Un antropólogo encuentra un fémur humano de 53 cm de largo. ¿Cuál era la altura de la persona?

Fémur longitud (cm)	Altura (cm)	Fémur longitud (cm)	Altura (cm)
50.1	178.5	44.5	168.3
48.3	173.6	42.7	165.0
45.2	164.8	39.5	155.4
44.7	163.7	38.0	155.8

26. Cuando las ratas de laboratorio están expuestas a fibras de asbesto, algunas de ellas desarrollan tumores de pulmón. La tabla muestra los resultados de varios experimentos realizados por científicos diferentes.
(a) Determine la recta de regresión para los datos.
(b) Haga una gráfica de dispersión y la gráfica de la recta de regresión. ¿La línea de regresión parece ser un modelo adecuado para los datos?
(c) ¿Qué representa la intersección con el eje y de la recta de regresión?

Exposición al asbesto (fibras/mL)	Porcentaje de ratones que desarrollan tumores de pulmón	Exposición al asbesto (fibras/mL)	Porcentaje de ratones que desarrollan tumores de pulmón
50	2	1600	42
400	6	1800	37
500	5	2000	38
900	10	3000	50
1100	26		

27. La tabla muestra el consumo mundial diario promedio de aceite entre 1985 y 2010 medido en miles de barriles por día.
(a) Realice una gráfica de dispersión y decida si es adecuado un modelo lineal.
(b) Determine y trace la gráfica de la recta de regresión.
(c) Use el modelo lineal para estimar el consumo de petróleo entre 2002 y 2012.

Años desde 1985	Miles de barriles de aceite por día
0	60,083
5	66,533
10	70,099
15	76,784
20	84,077
25	87,302

Fuente: US Energy Information Administration

28. La tabla muestra el porcentaje de la población de Argentina que ha vivido en las zonas rurales de 1955 al 2000. Encuentre un modelo para los datos y utilícelo para estimar el porcentaje rural en 1988 y 2002.

Año	Porcentaje rural	Año	Porcentaje rural
1955	30.4	1980	17.1
1960	26.4	1985	15.0
1965	23.6	1990	13.0
1970	21.1	1995	11.7
1975	19.0	2000	10.5

29. Muchas de las cantidades físicas están relacionadas mediante *leyes de los cuadrados inversos*, es decir, por las funciones potencia de la forma $f(x) = kx^{-2}$. En particular, la iluminación de un objeto por una fuente de luz es inversamente proporcional al cuadrado de la distancia a la fuente. Suponga que al anochecer está en una habitación con una lámpara y que está intentando leer un libro. La luz es demasiado tenue, por lo que mueve la lámpara a la mitad de la distancia. ¿Cuánto más ilumina la luz al libro?

30. Tiene sentido afirmar que cuanto mayor sea el área de una región, es mayor el número de especies que habitan en la región. Muchos ecólogos han modelado la relación de especies de la zona con una función potencia y, en particular, el número de especies S de murciélagos que habitan en cuevas en México ha estado relacionado con el área superficial A de las cuevas por la ecuación $S = 0.7A^{0.3}$.

(a) La cueva llamada *Misión imposible*, situada cerca de Puebla, México, tiene una superficie de $A = 60\ \text{m}^2$. ¿Cuántas especies de murciélagos esperaría encontrar en esa cueva?

(b) Si descubre que cuatro especies de murciélagos viven en una cueva, estime el área de la cueva.

31. La tabla muestra el número N de especies de reptiles y anfibios que habitan en las islas del Caribe y el área A de la isla en millas cuadradas.

(a) Utilice una función potencia para modelar N como una función de A.

(b) La isla caribeña de Dominica tiene un área 291 mi². ¿Cuántas especies de reptiles y anfibios esperaría encontrar en Dominica?

Isla	A	N
Saba	4	5
Monserrat	40	9
Puerto Rico	3,459	40
Jamaica	4,411	39
Española	29,418	84
Cuba	44,218	76

32. La tabla muestra las distancias d (promedio) del Sol (tomando la unidad de medida como la distancia entre la Tierra y el Sol) y sus períodos T (tiempo de revolución en años).

(a) Ajuste un modelo potencia para los datos.

(b) La tercera ley de movimiento planetario de Kepler afirma que "el cuadrado del período de revolución de un planeta es proporcional al cubo de su distancia media al Sol". ¿El modelo del inciso (a) corrobora la tercera ley de Kepler?

Planeta	d	T
Mercurio	0.387	0.241
Venus	0.723	0.615
Tierra	1.000	1.000
Marte	1.523	1.881
Júpiter	5.203	11.861
Saturno	9.541	29.457
Urano	19.190	84.008
Neptuno	30.086	164.784

1.3 Funciones nuevas a partir de funciones previas

Esta sección empieza con las funciones básicas discutidas en la sección 1.2 para obtener funciones nuevas por medio del desplazamiento, estiramiento y reflexión de las gráficas. También se muestra cómo combinar pares de funciones utilizando operaciones aritméticas estándar y composición.

Transformaciones de funciones

Mediante la aplicación de ciertas transformaciones de la gráfica de una función dada, se pueden obtener las gráficas de algunas funciones relacionadas. Esto dará la posibilidad de esbozar las gráficas de muchas funciones rápidamente a mano. También permitirá expresar ecuaciones para las gráficas dadas.

Considere primero las **traslaciones**. Si c es un número positivo, entonces la gráfica de $y = f(x) + c$ es la gráfica de $y = f(x)$ desplazada verticalmente hacia arriba una distancia de c unidades (ya que cada coordenada y se incrementa por el mismo número c). Por otro lado, si $g(x) = f(x - c)$, donde $c > 0$, entonces el valor de g en x es el mismo que el valor de f en $x - c$ (c unidades a la izquierda de x). Por tanto, la gráfica de $y = f(x - c)$ es la gráfica de $y = f(x)$, desplazada c unidades a la derecha (véase la figura 1).

Desplazamientos vertical y horizontal Suponga que $c > 0$. Para obtener la gráfica de

$y = f(x) + c$, desplace verticalmente c unidades hacia arriba la gráfica de $y = f(x)$

$y = f(x) - c$, desplace verticalmente c unidades hacia abajo la gráfica de $y = f(x)$

$y = f(x - c)$, desplace horizontalmente c unidades a la derecha la gráfica de $y = f(x)$

$y = f(x + c)$, desplace horizontalmente c unidades a la izquierda la gráfica de $y = f(x)$

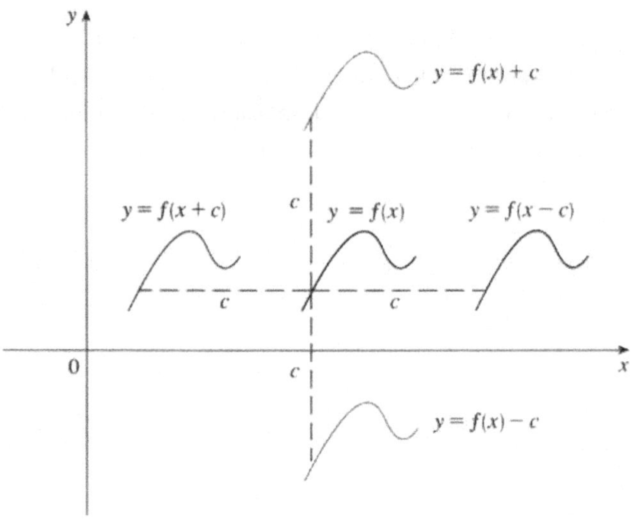

FIGURA 1 Traslación de la gráfica de f

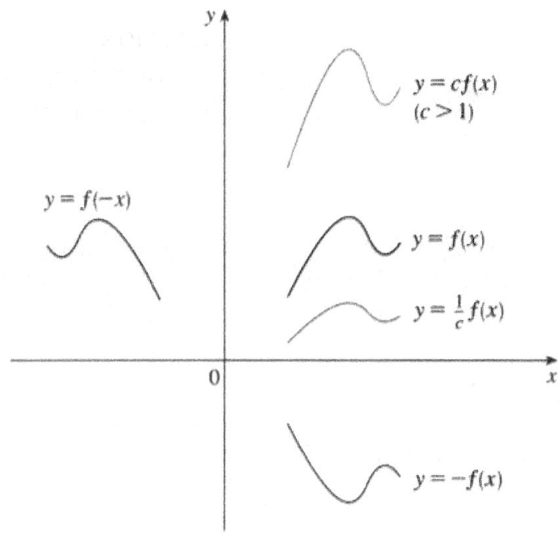

FIGURA 2 Estiramiento y reflexión de la gráfica de f

Ahora considere las transformaciones por **estiramiento** y **reflexión**. Si $c > 1$, entonces la gráfica de $y = cf(x)$ es la gráfica de $y = f(x)$ alargada verticalmente por un factor de c (porque cada coordenada y se multiplica por el número c). La gráfica de $y = -f(x)$ es la gráfica de $y = f(x)$ reflejada en relación con el eje x porque el punto (x, y) se reemplaza por el punto $(x, -y)$. (Véanse la figura 2 y el siguiente cuadro, donde también se dan los resultados de otras transformaciones de alargamiento, compresión y reflexión.)

Alargamientos y reflexiones vertical y horizontal Suponga que $c > 1$. Para obtener la gráfica de

$y = cf(x)$, alargue verticalmente la gráfica de $y = f(x)$ por un factor de c

$y = (1/c)f(x)$, comprima verticalmente la gráfica de $y = f(x)$ por un factor de c

$y = f(cx)$, comprima horizontalmente la gráfica de $y = f(x)$ por un factor de c

$y = -f(x/c)$, alargue horizontalmente la gráfica de $y = f(x)$ por un factor de c

$y = -f(x)$, refleje la gráfica de $y = f(x)$ a través del eje x

$y = f(-x)$, refleje la gráfica de $y = f(x)$ a través del eje y

La figura 3 ilustra estas transformaciones de alargamiento cuando se aplican a la función coseno con $c = 2$. Por ejemplo, para obtener la gráfica de $y = 2 \cos x$ multiplique la coordenada y de cada punto en la gráfica de $y = \cos x$ por 2. Esto significa que la gráfica de $y = \cos x$ se alarga verticalmente por un factor de 2.

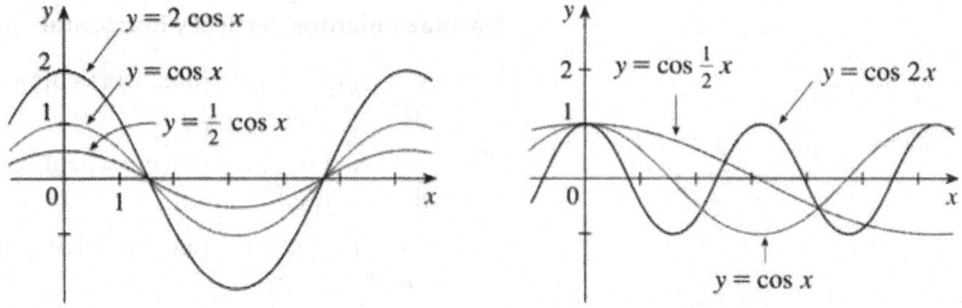

FIGURA 3

EJEMPLO 1 Dada la gráfica de $y = \sqrt{x}$, use transformaciones para trazar la gráfica de $y = \sqrt{x} - 2$, $y = \sqrt{x - 2}$, $y = -\sqrt{x}$, $y = 2\sqrt{x}$, y $y = \sqrt{-x}$.

SOLUCIÓN La gráfica de la función raíz cuadrada $y = \sqrt{x}$, obtenida de la figura 1.2.13(a) se muestra en la figura 4(a). En otras partes de la figura se ha trazado $y = \sqrt{x} - 2$ desplazándola 2 unidades hacia abajo, $y = \sqrt{x - 2}$ por desplazamiento de 2 unidades a la derecha, $y = -\sqrt{x}$ reflejando a través del eje x, $y = 2\sqrt{x}$ estirando verticalmente por un factor de 2, y $y = \sqrt{-x}$ reflejando a través del eje y.

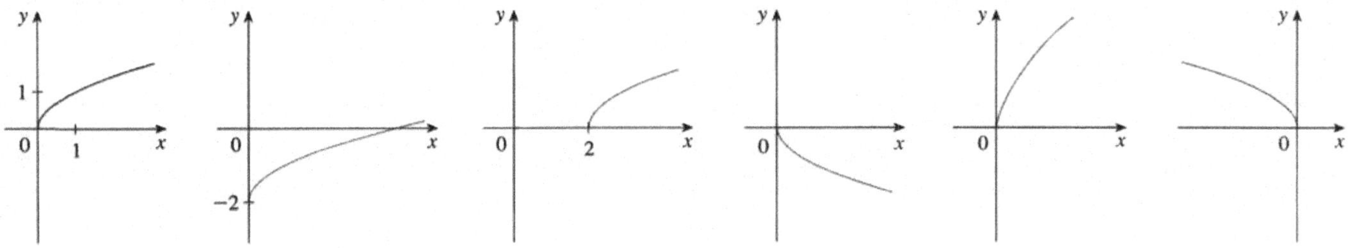

(a) $y = \sqrt{x}$ (b) $y = \sqrt{x} - 2$ (c) $y = \sqrt{x - 2}$ (d) $y = -\sqrt{x}$ (e) $y = 2\sqrt{x}$ (f) $y = \sqrt{-x}$

FIGURA 4 ■

EJEMPLO 2 Trace la gráfica de la función $f(x) = x^2 + 6x + 10$.

SOLUCIÓN Completando el cuadrado, se escribe la ecuación de la gráfica como

$$y = x^2 + 6x + 10 = (x + 3)^2 + 1$$

Esto significa que se obtiene la gráfica deseada iniciando con la parábola $y = x^2$ y desplazándola 3 unidades a la izquierda y, luego 1 unidad hacia arriba (véase la figura 5).

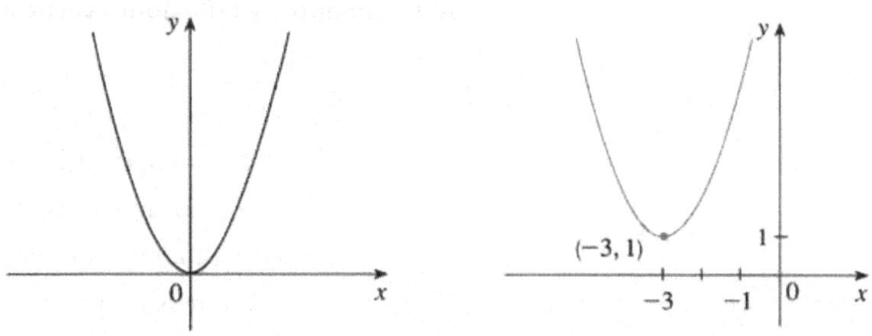

FIGURA 5 (a) $y = x^2$ (b) $y = (x + 3)^2 + 1$ ■

EJEMPLO 3 Trace las gráficas de las funciones siguientes.

(a) $y = \text{sen } 2x$ (b) $y = 1 - \text{sen } x$

SOLUCIÓN

(a) Se obtiene la gráfica de $y = \text{sen } 2x$ comprimiendo horizontalmente a $y = \text{sen } x$ por un factor de 2 (véanse las figuras 6 y 7). Por tanto, considerando que el período de $y = \text{sen } x$ es 2π, el período de $y = \text{sen } 2x$ es $2\pi/2 = \pi$.

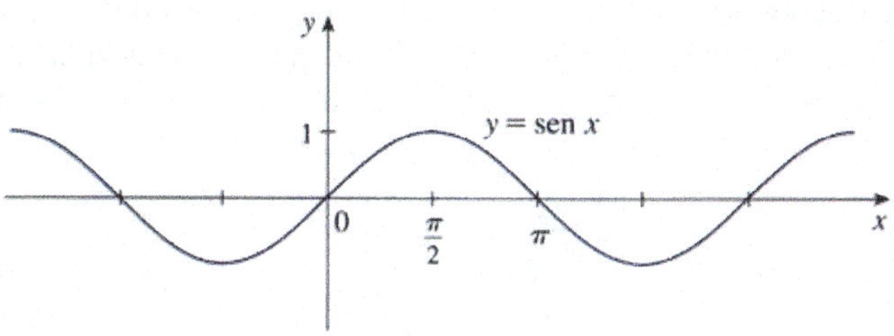

FIGURA 6

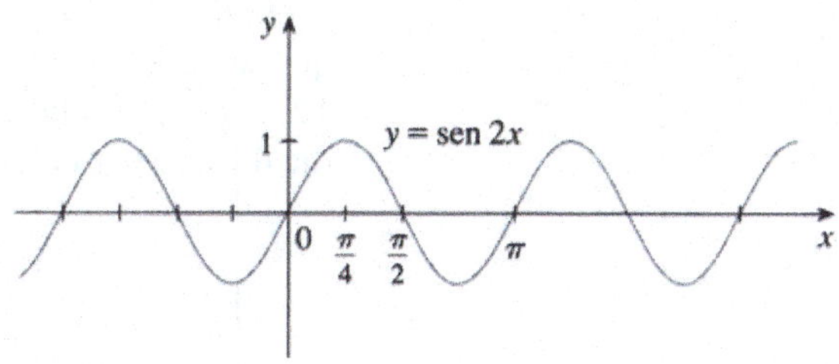

FIGURA 7

(b) Para obtener la gráfica de $y = 1 - \text{sen } x$, se empieza de nuevo con $y = \text{sen } x$. Se refleja a través del eje x para obtener la gráfica de $y = -\text{sen } x$, luego se desplaza 1 unidad hacia arriba para obtener $y = 1 - \text{sen } x$ (véase la figura 8).

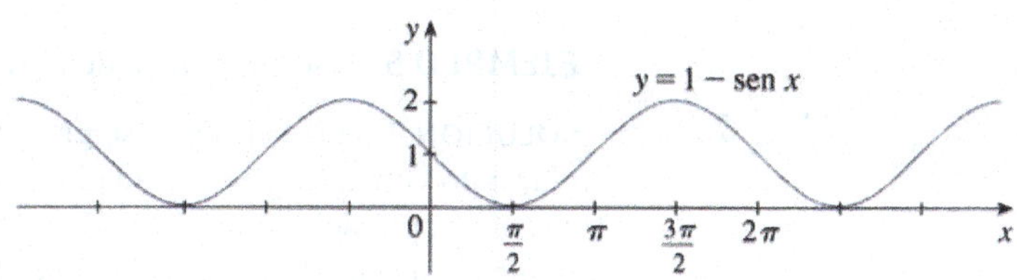

FIGURA 8

■

EJEMPLO 4 La figura 9 muestra gráficas del número de horas de luz natural como funciones de la época del año en varias latitudes. Dado que Ankara, Turquía, se encuentra a una latitud de aproximadamente 40 °N, determine una función que modele la longitud del día en Ankara.

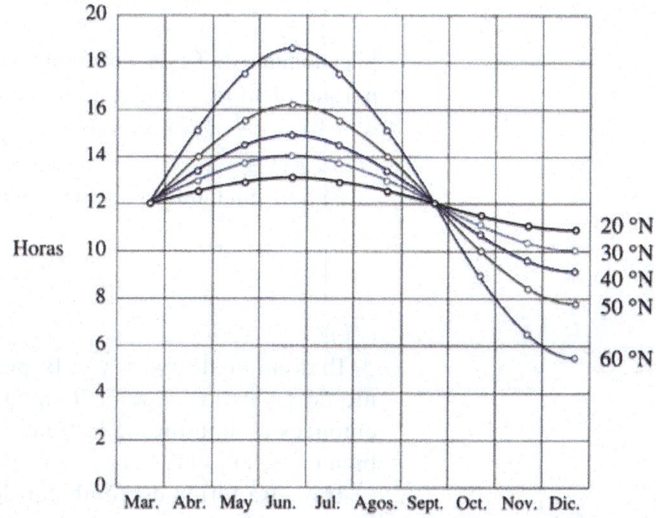

FIGURA 9
Gráfica de la duración de la luz del día del 21 de marzo al 21 de diciembre en diferentes latitudes

Fuente: adaptado de L. Harrison, *Daylight, Twilight, Darkness and Time* (New York: Silver, Burdett, 1935), 40.

SOLUCIÓN Observe que cada curva se parece a una función seno desplazada y alargada. Al ver la curva respectiva se tiene que, en la latitud de Ankara, la luz de día dura unas 14.8 horas el 21 de junio y 9.2 horas el 21 de diciembre, por lo que la amplitud de la curva (el factor por el cual se tiene que alargar verticalmente la curva seno) es $\frac{1}{2}(14.8 - 9.2) = 2.8$.

¿Por cuál factor se necesita alargar horizontalmente la curva seno si se mide el tiempo t en días? Como hay aproximadamente 365 días en un año, el período del modelo debe ser 365. Pero el período de $y = \operatorname{sen} t$ es 2π, por lo que el factor de alargamiento horizontal es $2\pi/365$.

También se ve que la curva comienza su ciclo el 21 de marzo, el día 80 del año, así que se tiene que desplazar la curva 80 unidades a la derecha. Además, debe desplazarla 12 unidades hacia arriba. Por tanto, se modela la duración del día en Ankara el t-ésimo día del año por la función

$$L(t) = 12 + 2.8 \operatorname{sen}\left[\frac{2\pi}{365}(t - 80)\right]$$ ■

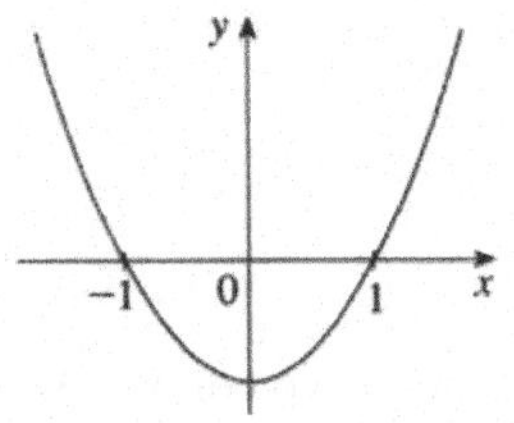

(a) $y = x^2 - 1$

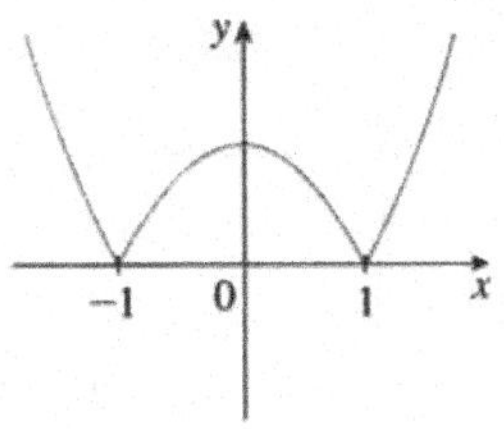

(b) $y = |x^2 - 1|$

FIGURA 10

Otra transformación de cierto interés se obtiene tomando el *valor absoluto* de una función. Si $y = |f(x)|$ entonces, de acuerdo con la definición de valor absoluto, $y = f(x)$ cuando $f(x) \geq 0$ y $y = -f(x)$ cuando $f(x) < 0$. Esto dice cómo obtener la gráfica de $y = |f(x)|$ a partir de la gráfica de $y = f(x)$: la parte de la gráfica que se encuentra arriba del eje x sigue siendo la misma; la parte que se encuentra debajo del eje x se refleja a través de este eje.

EJEMPLO 5 Trace la gráfica de la función $y = |x^2 - 1|$.

SOLUCIÓN En primer lugar, se grafica la parábola $y = x^2 - 1$ en la figura 10(a), desplazando verticalmente 1 unidad hacia abajo la parábola $y = x^2$. Se ve que la gráfica se encuentra por debajo del eje x cuando: $-1 < x < 1$, por lo que se refleja esa parte de la gráfica respecto al eje x para obtener la gráfica de $y = |x^2 - 1|$ en la figura 10(b). ■

■ Combinación de funciones

Dos funciones f y g pueden combinarse para formar funciones nuevas $f + g$, $f - g$, fg y f/g en forma similar a la suma, resta, multiplicación y división de números reales. La suma y diferencia de funciones se definen mediante:

$$(f + g)(x) = f(x) + g(x) \qquad (f - g)(x) = f(x) - g(x)$$

Si el dominio de f es A y el dominio de g es B, el dominio de $f + g$ es la intersección $A \cap B$ porque $f(x)$ y $g(x)$ tienen que estar definidas. Por ejemplo, el dominio de $f(x) = \sqrt{x}$ es $A = [0, \infty)$, y el dominio de $g(x) = \sqrt{2 - x}$ es $B = (-\infty, 2]$, por lo que el dominio de $(f + g)(x) = \sqrt{x} + \sqrt{2 - x}$ es $A \cap B = [0, 2]$.

Del mismo modo, se definen el producto y cociente de funciones por

$$(fg)(x) = f(x)g(x) \qquad \left(\frac{f}{g}\right)(x) = \frac{f(x)}{g(x)}$$

El dominio de fg es A ∩ B, pero no se puede dividir entre 0, por lo que el dominio de f/g es $\{x \in A \cap B \mid g(x) \neq 0\}$. Por ejemplo, si $f(x) = x^2$ y $g(x) = x - 1$, entonces el dominio de la función racional $(f/g)(x) = x^2/(x - 1)$ es $\{x \mid x \neq 1\}$, o bien $(-\infty, 1) \cup (1, \infty)$.

Hay otra forma de combinar dos funciones para obtener una función nueva. Por ejemplo, suponga que $y = f(u) = \sqrt{u}$ y $u = g(x) = x^2 + 1$. Como y es una función de u y u es, a su vez, una función de x, se concluye que, finalmente, y es una función de x.

Se puede calcular esto por sustitución:

$$y = f(u) = f(g(x)) = f(x^2 + 1) = \sqrt{x^2 + 1}$$

Este procedimiento se denomina *composición* porque la función nueva se compone de las dos funciones dadas f y g.

En general, dadas dos funciones cualesquiera f y g, se empieza con un número x en el dominio de g y se calcula su imagen $g(x)$. Si este número $g(x)$ está en el dominio de f, entonces se puede calcular el valor de $f(g(x))$. Observe que la salida de una función se usa como entrada para la próxima función. El resultado es una función nueva $h(x) = f(g(x))$ obtenida mediante la sustitución de g en f y se llama la composición (o compuesta) de f y g, y se denota por $f \circ g$ ("f círculo g").

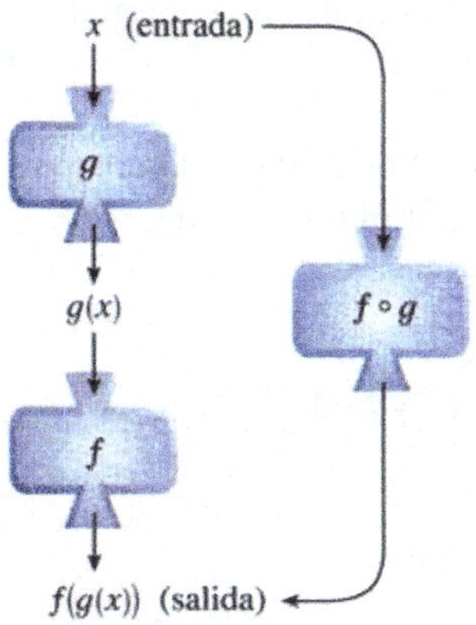

FIGURA 11
La máquina $f \circ g$ se compone de la máquina g (primero) y luego de la máquina f.

Definición Dadas dos funciones f y g, la **función compuesta** $f \circ g$ (también llamada la composición de f y g) se define como

$$(f \circ g)(x) = f(g(x))$$

El dominio de $f \circ g$ es el conjunto de todas las x en el dominio de g tales que $g(x)$ está en el dominio de f. En otras palabras, $(f \circ g)(x)$ está definida siempre que $g(x)$ y $f(g(x))$ estén definidas. La figura 11 muestra $f \circ g$ en términos de máquinas.

EJEMPLO 6 Si $f(x) = x^2$ y $g(x) = x - 3$, encuentre la composición de las funciones $f \circ g$ y $g \circ f$.

SOLUCIÓN Se tiene

$$(f \circ g)(x) = f(g(x)) = f(x - 3) = (x - 3)^2$$

$$(g \circ f)(x) = g(f(x)) = g(x^2) = x^2 - 3$$

■

NOTA En el ejemplo 6 puede verse que, en general, $f \circ g \neq g \circ f$. Recuerde, la notación $f \circ g$ significa que la función g se aplica primero y, luego se aplica f. En el ejemplo 6, $f \circ g$ es la función que *primero* resta 3 y, *luego* eleva al cuadrado; $g \circ f$ es la función que *primero* se eleva al cuadrado y, *luego* resta 3.

EJEMPLO 7 Si $f(x) = \sqrt{x}$ y $g(x) = \sqrt{2 - x}$, encuentre cada una de las funciones siguientes y su dominio.

(a) $f \circ g$ (b) $g \circ f$ (c) $f \circ f$ (d) $g \circ g$

SOLUCIÓN

(a) $$(f \circ g)(x) = f(g(x)) = f\left(\sqrt{2 - x}\right) = \sqrt{\sqrt{2 - x}} = \sqrt[4]{2 - x}$$

El dominio de $f \circ g$ es $\{x \mid 2 - x \geq 0\} = \{x \mid x \leq 2\} = (-\infty, 2]$.

(b) $$(g \circ f)(x) = g(f(x)) = g\left(\sqrt{x}\right) = \sqrt{2 - \sqrt{x}}$$

Si $0 \leq a \leq b$, entonces $a^2 \leq b^2$.

Para que $\sqrt{x}$ esté definida debe cumplirse con que $x \geq 0$. Para que $\sqrt{2 - \sqrt{x}}$ esté definida debe cumplirse con que $2 - \sqrt{x} \geq 0$, esto es, $\sqrt{x} \leq 2$ o $x \leq 4$. Así que $0 \leq x \leq 4$, por lo que el dominio de $g \circ f$ es el intervalo cerrado $[0, 4]$.

(c) $$(f \circ f)(x) = f(f(x)) = f\left(\sqrt{x}\right) = \sqrt{\sqrt{x}} = \sqrt[4]{x}$$

El dominio de $f \circ f$ es $[0, \infty)$.

(d) $$(g \circ g)(x) = g(g(x)) = g\left(\sqrt{2-x}\right) = \sqrt{2-\sqrt{2-x}}$$

Esta expresión está definida cuando $2 - x \geqslant 0$ y $2 - \sqrt{2-x} \geqslant 0$. La primera desigualdad significa $x \leqslant 2$, y la segunda es equivalente a $\sqrt{2-x} \leqslant 2$, o $2 - x \leqslant 4$ o $x \geqslant -2$. Así, $-2 \leqslant x \leqslant 2$, por lo que el dominio de $g \circ g$ es el intervalo cerrado $[-2, 2]$. ■

Es posible tomar la composición de tres o más funciones. Por ejemplo, la composición $f \circ g \circ h$ se encuentra aplicando primero h, después g y, por último, f como sigue:

$$(f \circ g \circ h)(x) = f(g(h(x)))$$

EJEMPLO 8 Encuentre $f \circ g \circ h$ si $f(x) = x/(x+1)$, $g(x) = x^{10}$ y $h(x) = x + 3$.

SOLUCIÓN

$$\begin{aligned}(f \circ g \circ h)(x) &= f(g(h(x))) = f(g(x+3)) \\ &= f((x+3)^{10}) = \frac{(x+3)^{10}}{(x+3)^{10}+1}\end{aligned}$$ ■

Hasta ahora ha utilizado la composición para construir funciones complicadas a partir de otras más sencillas. Pero en cálculo es útil a menudo ser capaz de descomponer una función compleja en otras más simples, como en el ejemplo siguiente.

EJEMPLO 9 Dada $F(x) = \cos^2(x+9)$, encuentre las funciones f, g y h tales que $F = f \circ g \circ h$.

SOLUCIÓN Como $F(x) = [\cos(x+9)]^2$, la fórmula para F dice: primero sume 9, después tome el coseno del resultado y, finalmente, eleve al cuadrado. Así, se tiene

$$h(x) = x + 9 \qquad g(x) = \cos x \qquad f(x) = x^2$$

Entonces $$\begin{aligned}(f \circ g \circ h)(x) &= f(g(h(x))) = f(g(x+9)) = f(\cos(x+9)) \\ &= [\cos(x+9)]^2 = F(x)\end{aligned}$$ ■

1.3 EJERCICIOS

1. Suponga que la gráfica de f está dada. Escriba las ecuaciones para las gráficas que se obtienen a partir de la gráfica f como sigue:
   (a) Desplazar 3 unidades hacia arriba.
   (b) Desplazar 3 unidades hacia abajo.
   (c) Desplazar 3 unidades hacia la derecha.
   (d) Desplazar 3 unidades hacia la izquierda.
   (e) Reflejar respecto al eje x.
   (f) Reflejar respecto al eje y.
   (g) Alargada verticalmente por un factor de 3.
   (h) Contraída verticalmente por un factor de 3.

2. Explique cómo se obtiene cada gráfica a partir de la gráfica de $y = f(x)$.
   (a) $y = f(x) + 8$ (b) $y = f(x+8)$
   (c) $y = 8f(x)$ (d) $y = f(8x)$
   (e) $y = -f(x) - 1$ (f) $y = 8f\left(\frac{1}{8}x\right)$

3. Se da la gráfica de $y = f(x)$. Relacione cada ecuación con su gráfica y argumente sus elecciones.
   (a) $y = f(x-4)$ (b) $y = f(x) + 3$
   (c) $y = \frac{1}{3}f(x)$ (d) $y = -f(x+4)$
   (e) $y = 2f(x+6)$

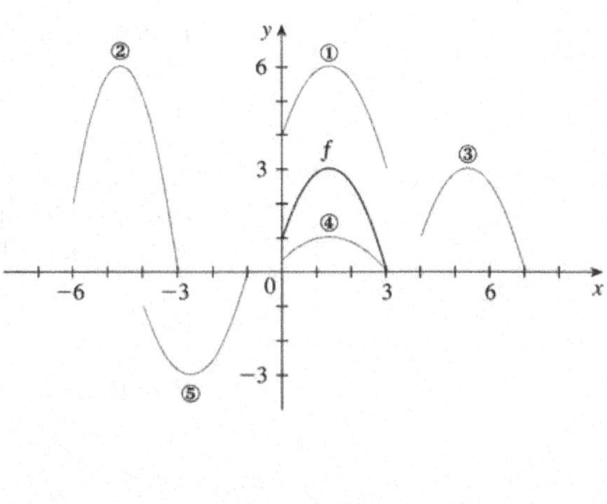

4. Se da la gráfica de f. Trace las gráficas de las funciones siguientes.

(a) $y = f(x) - 3$ (b) $y = f(x + 1)$

(c) $y = \frac{1}{2}f(x)$ (d) $y = -f(x)$

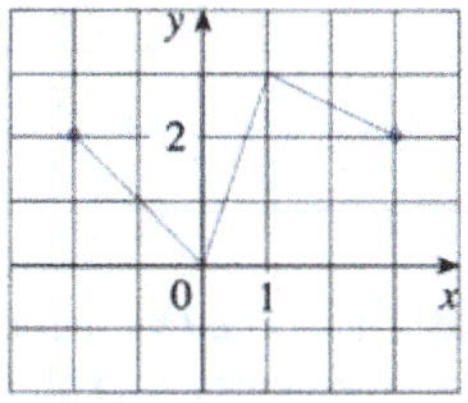

5. Se da la gráfica de f. Utilícela para trazar las gráficas de las funciones siguientes.

(a) $y = f(2x)$ (b) $y = f\left(\frac{1}{2}x\right)$

(c) $y = f(-x)$ (d) $y = -f(-x)$

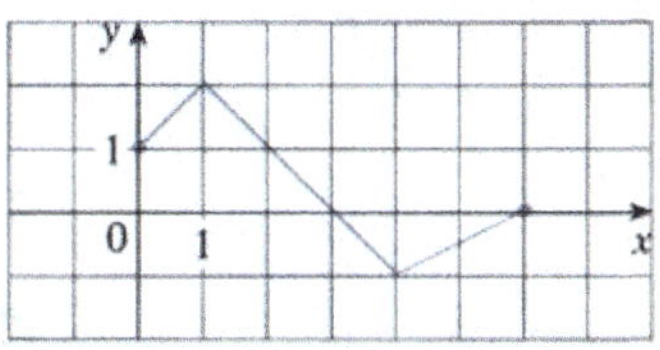

6–7 La gráfica de $y = \sqrt{3x - x^2}$ está dada. Utilice transformaciones para crear una función cuya gráfica es como se muestra.

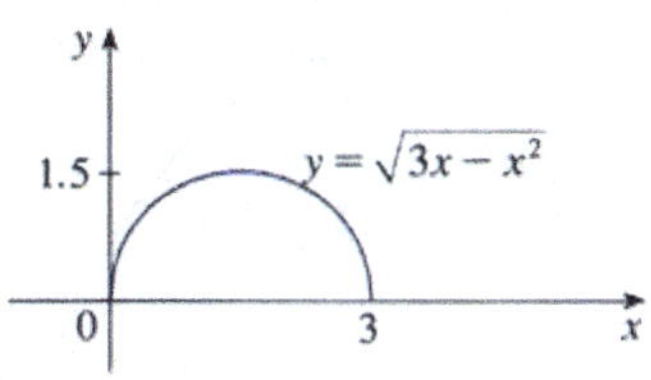

6.

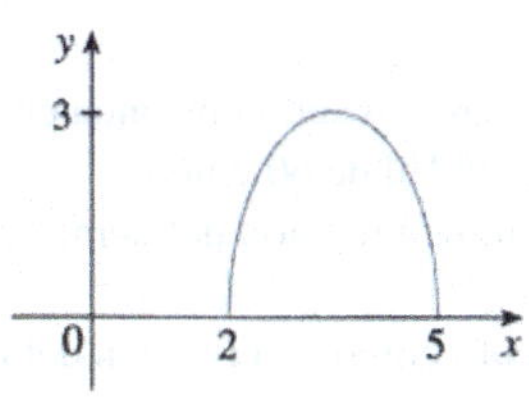

7.

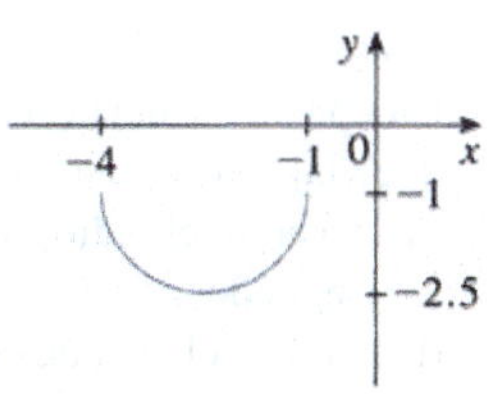

8. (a) ¿Cómo es la gráfica de $y = 2 \operatorname{sen} x$ en relación con la gráfica de $y = \operatorname{sen} x$? Utilice su respuesta y la figura 6 para trazar la gráfica de $y = 2 \operatorname{sen} x$.

(b) ¿Cómo es la gráfica de $y = 1 + \sqrt{x}$ en relación con la gráfica de $y = \sqrt{x}$? Utilice su respuesta y la figura 4(a) para trazar la gráfica de $y = 1 + \sqrt{x}$.

9–24 Grafique la función a mano, sin trazar puntos, sino empezando con la gráfica de una de las funciones esenciales de la sección 1.2 y después aplique las transformaciones apropiadas.

9. $y = -x^2$

10. $y = (x - 3)^2$

11. $y = x^3 + 1$

12. $y = 1 - \dfrac{1}{x}$

13. $y = 2 \cos 3x$

14. $y = 2\sqrt{x + 1}$

15. $y = x^2 - 4x + 5$

16. $y = 1 + \operatorname{sen} \pi x$

17. $y = 2 - \sqrt{x}$

18. $y = 3 - 2 \cos x$

19. $y = \operatorname{sen}\left(\frac{1}{2}x\right)$

20. $y = \dfrac{2}{x} - 2$

21. $y = \frac{1}{2}(1 - \cos x)$

22. $y = 1 - 2\sqrt{x + 3}$

23. $y = |\sqrt{x} - 1|$

24. $y = |\cos \pi x|$

25. La ciudad de Nueva Delhi, India, se encuentra en la latitud 30 °N. Utilice la figura 9 para encontrar una función que modele el número de horas de luz diurna en Nueva Delhi como una función de la época del año. Para comprobar la exactitud de su modelo, utilice el hecho de que el 31 de marzo el Sol sale a las 6:13 y se pone a las 18:39 en esta ciudad.

26. Una estrella variable es aquella cuyo brillo aumenta y disminuye alternándose. Para la estrella variable más visible, Delta Cephei, el tiempo transcurrido entre períodos de brillo máximo es de 5.4 días, el brillo promedio (o magnitud) de la estrella es 4.0, y su brillo varía en una magnitud de ± 0.35. Encuentre una función que modele el brillo de Delta Cephei, como una función del tiempo.

27. Algunas de las mareas más altas en el mundo ocurren en la bahía de Fundy en la costa atlántica de Canadá. En Hopewell Cape la profundidad del agua durante la marea baja es de 2.0 m y con la marea alta es de aproximadamente 12.0 m. El período natural de oscilación es de alrededor de 12 horas y el 30 de junio de 2009 la marea alta se produjo a las 6:45. Determine una función que implique la función de coseno que modele la profundidad $D(t)$ (en metros) en función del tiempo t (en horas después de la medianoche) en ese día.

28. En un ciclo respiratorio normal, el volumen de aire que se mueve dentro y fuera de los pulmones es de unos 500 mL. Los volúmenes de reserva y de residuo de aire que permanecen en los pulmones ocupan aproximadamente 2000 mL y un solo ciclo respiratorio para un humano promedio toma alrededor de 4 segundos. Determine un modelo para el volumen total de aire $V(t)$ en los pulmones como una función del tiempo.

29. (a) ¿Cómo es la gráfica de $y = f(|x|)$ en relación con la gráfica de f?

(b) Trace la gráfica de $y = \operatorname{sen} |x|$.

(c) Trace la gráfica de $y = \sqrt{|x|}$.

30. Utilice la gráfica de f para trazar la de $y = 1/f(x)$. ¿Qué características de f son las más importantes en el trazado de $y = 1/f(x)$? Explique cómo se utilizan.

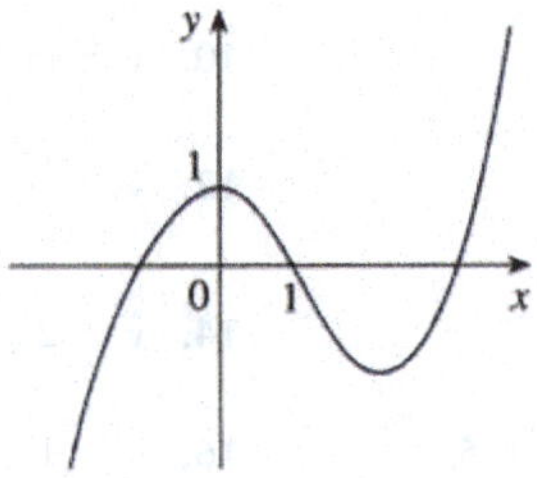

31–32 Encuentre (a) $f + g$, (b) $f - g$, (c) fg y (d) f/g y establezca sus dominios.

31. $f(x) = x^3 + 2x^2, \quad g(x) = 3x^2 - 1$

32. $f(x) = \sqrt{3 - x}, \quad g(x) = \sqrt{x^2 - 1}$

33–38 Encuentre las funciones (a) $f \circ g$, (b) $g \circ f$, (c) $f \circ f$, y (d) $g \circ g$ y sus dominios.

33. $f(x) = 3x + 5, \quad g(x) = x^2 + x$

34. $f(x) = x^3 - 2, \quad g(x) = 1 - 4x$

35. $f(x) = \sqrt{x + 1}, \quad g(x) = 4x - 3$

36. $f(x) = \operatorname{sen} x, \quad g(x) = x^2 + 1$

37. $f(x) = x + \dfrac{1}{x}, \quad g(x) = \dfrac{x + 1}{x + 2}$

38. $f(x) = \sqrt{x}, \quad g(x) = \sqrt[3]{1 - x}$

39–42 Encuentre $f \circ g \circ h$.

39. $f(x) = 3x - 2, \quad g(x) = \operatorname{sen} x, \quad h(x) = x^2$

40. $f(x) = |x - 4|, \quad g(x) = 2^x, \quad h(x) = \sqrt{x}$

41. $f(x) = \sqrt{x - 3}, \quad g(x) = x^2, \quad h(x) = x^3 + 2$

42. $f(x) = \tan x, \quad g(x) = \dfrac{x}{x - 1}, \quad h(x) = \sqrt[3]{x}$

43–48 Exprese la función en la forma $f \circ g$.

43. $F(x) = (2x + x^2)^4$

44. $F(x) = \cos^2 x$

45. $F(x) = \dfrac{\sqrt[3]{x}}{1 + \sqrt[3]{x}}$

46. $G(x) = \sqrt[3]{\dfrac{x}{1 + x}}$

47. $v(t) = \sec(t^2)\tan(t^2)$

48. $u(t) = \dfrac{\tan t}{1 + \tan t}$

49–51 Exprese la función en la forma $f \circ g \circ h$.

49. $R(x) = \sqrt{\sqrt{x} - 1}$

50. $H(x) = \sqrt[8]{2 + |x|}$

51. $S(t) = \operatorname{sen}^2(\cos t)$

52. Utilice la tabla para evaluar cada una de las expresiones siguientes:

(a) $f(g(1))$ (b) $g(f(1))$ (c) $f(f(1))$
(d) $g(g(1))$ (e) $(g \circ f)(3)$ (f) $(f \circ g)(6)$

x	1	2	3	4	5	6
$f(x)$	3	1	4	2	2	5
$g(x)$	6	3	2	1	2	3

53. Utilice las gráficas dadas de f y g para evaluar cada una de las expresiones siguientes, o explique por qué no están definidas:

(a) $f(g(2))$ (b) $g(f(0))$ (c) $(f \circ g)(0)$
(d) $(g \circ f)(6)$ (e) $(g \circ g)(-2)$ (f) $(f \circ f)(4)$

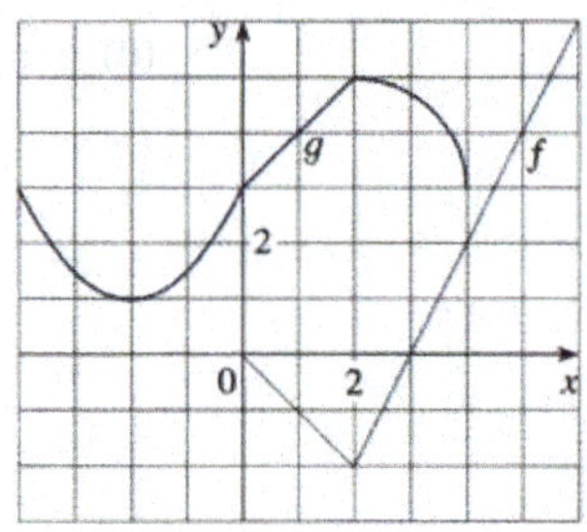

54. Utilice las gráficas dadas de f y g para estimar el valor de $f(g(x))$ para $x = -5, -4, -3, \ldots, 5$. Utilice estas estimaciones para trazar la gráfica $f \circ g$.

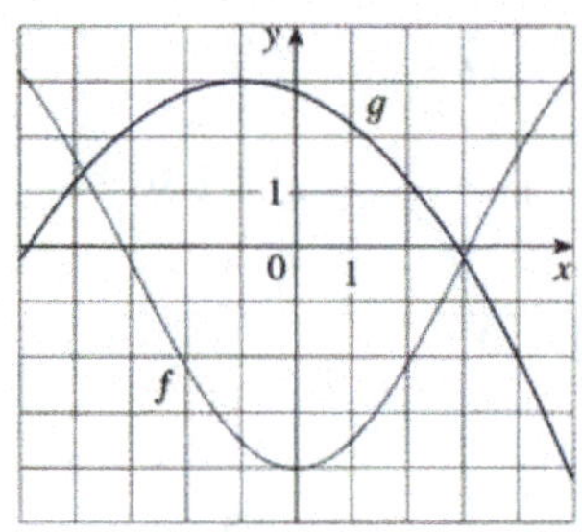

55. Una piedra se deja caer en un lago, creando una onda circular que viaja hacia fuera a una velocidad de 60 cm/s.
(a) Exprese el radio r del círculo en función del tiempo t (en segundos).
(b) Si A es el área de este círculo como una función del radio, encuentre $A \circ r$ e interprétela.

56. Un globo esférico está siendo inflado de manera que su radio aumenta a razón de 2 cm/s.
(a) Exprese el radio r del globo en función del tiempo t (en segundos).
(b) Si V es el volumen del globo en función del radio, encuentre $V \circ r$ e interprétela.

57. Un barco se está moviendo con una velocidad de 30 km/h paralelamente a una costa recta. El barco está a 6 km de la costa y pasa por un faro al mediodía.

(a) Exprese la distancia s entre el faro y el barco en función de la distancia d, que el barco ha recorrido desde el mediodía; es decir, encuentre f de modo que $s = f(d)$.
(b) Exprese d como una función de t, el tiempo transcurrido desde el mediodía; es decir, encuentre g de modo que $d = g(t)$.
(c) Encuentre $f \circ g$. ¿Qué representa esta función?

58. Un avión está volando con una velocidad de 350 km/h, a una altitud de una milla y pasa directamente sobre una estación de radar en el tiempo $t = 0$.
(a) Exprese la distancia horizontal d (en kilómetros) que el avión ha volado, en función de t.
(b) Exprese la distancia s entre el avión y la estación de radar en función de d.
(c) Utilice la composición para expresar s como una función de t.

59. La **función de Heaviside** H está definida por

$$H(t) = \begin{cases} 0 & \text{si } t < 0 \\ 1 & \text{si } t \geqslant 0 \end{cases}$$

Se utiliza en el estudio de circuitos eléctricos para representar aumentos repentinos de la corriente eléctrica, o de voltaje, cuando el interruptor se activa de manera instantánea.
(a) Trace la gráfica de la función de Heaviside.
(b) Dibuje la gráfica del voltaje $V(t)$ en un circuito cuando el interruptor se enciende en el tiempo $t = 0$ y se aplican instantáneamente 120 volts al circuito. Escriba una fórmula para $V(t)$ en términos de $H(t)$.
(c) Trace la gráfica del voltaje $V(t)$ en un circuito cuando el interruptor se enciende en el tiempo $t = 5$ segundos y se aplican instantáneamente 240 volts al circuito. Escriba una fórmula para $V(t)$ en términos de $H(t)$. (Observe que a partir de $t = 5$ corresponde a una traslación.)

60. La función de Heaviside que se define en el ejercicio 59 también puede utilizarse para definir la **función rampa** $y = ctH(t)$, que representa un aumento gradual del voltaje o de corriente en un circuito.
(a) Trace la gráfica de la función rampa $y = tH(t)$.
(b) Dibuje la gráfica del voltaje $V(t)$ en un circuito cuando el interruptor se enciende en el tiempo $t = 0$, y el voltaje se aumenta gradualmente a 120 volts durante un intervalo de tiempo de 60 segundos. Escriba una fórmula para $V(t)$ en términos de $H(t)$ para $t \leqslant 60$.
(c) Trace la gráfica del voltaje $V(t)$ en un circuito cuando el interruptor se enciende en el tiempo $t = 7$ segundos y el voltaje se incrementa gradualmente a 100 volts durante un período de 25 segundos. Escriba una fórmula para $V(t)$ en términos de $H(t)$ para $t \leqslant 32$.

61. Sean f y g funciones lineales con ecuaciones $f(x) = m_1x + b_1$ y $g(x) = m_2x + b_2$. ¿Es $f \circ g$ también una función lineal? Si es así, ¿cuál es la pendiente de su gráfica?

62. Si usted invierte x dólares al 4% de interés compuesto anualmente, entonces la cantidad $A(x)$ de la inversión después de un año es $A(x) = 1.04x$. Encuentre $A \circ A$, $A \circ A \circ A$, y $A \circ A \circ A \circ A$. ¿Qué representan estas composiciones? Encuentre una fórmula para la composición de n copias de A.

63. (a) Si $g(x) = 2x + 1$ y $h(x) = 4x^2 + 4x + 7$, encuentre una función f tal que $f \circ g = h$. (Piense qué operaciones tendrá que realizar en la fórmula para g para determinar la fórmula para h.)
(b) Si $f(x) = 3x + 5$ y $h(x) = 3x^2 + 3x + 2$, encuentre una función g tal que $f \circ g = h$.

64. Si $f(x) = x + 4$ y $h(x) = 4x - 1$, encuentre una función g tal que $g \circ f = h$.

65. Suponga que g es una función par y sea $h = f \circ g$. ¿Es h siempre una función par?

66. Suponga que g es una función impar y sea $h = f \circ g$. ¿Es h siempre una función impar? ¿Qué pasa si f es impar? ¿Qué pasa si f es par?

1.4 Funciones exponenciales

La función $f(x) = 2^x$ se llama una *función exponencial* porque la variable, x, es el exponente. No se debe confundir con la función potencia $g(x) = x^2$, en la que la variable es la base.

En general, una **función exponencial** es una función de la forma

$$f(x) = b^x$$

En el apéndice G se presenta un enfoque alternativo a las funciones exponenciales y logarítmicas utilizando cálculo integral.

donde b es una constante positiva. Recuerde el significado de esto.

Si $x = n$, un entero positivo, entonces

$$b^n = \underbrace{b \cdot b \cdot \cdots \cdot b}_{n \text{ factores}}$$

Si $x = 0$, entonces $b^0 = 1$, y si $x = -n$, donde n es un entero positivo, entonces

$$b^{-n} = \frac{1}{b^n}$$

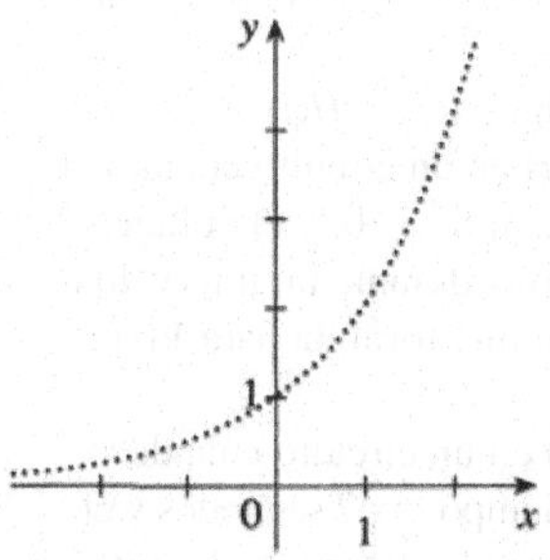

FIGURA 1
Representación de $y = 2^x$, x racional

Si x es un número racional, $x = p/q$, donde p y q son números enteros y $q > 0$, entonces

$$b^x = b^{p/q} = \sqrt[q]{b^p} = \left(\sqrt[q]{b}\right)^p$$

Pero ¿cuál es el significado de b^x si x es un número irracional? Por ejemplo, ¿qué significa $2^{\sqrt{3}}$ o 5^π?

Para ayudar a responder esta pregunta, se examina la gráfica de la función $y = 2^x$, donde x es racional. Una representación de esta gráfica se muestra en la figura 1. Se quiere ampliar el dominio de $y = 2^x$ para incluir tanto los números racionales como los irracionales.

Hay huecos en la gráfica de la figura 1 correspondientes a valores irracionales de x. Se quiere llenarlos mediante la definición de $f(x) = 2^x$, donde $x \in \mathbb{R}$, por lo que f es una función creciente. En particular, puesto que el número irracional $\sqrt{3}$ satisface

$$1.7 < \sqrt{3} < 1.8$$

se debe tener $$2^{1.7} < 2^{\sqrt{3}} < 2^{1.8}$$

y se sabe lo que $2^{1.7}$ y $2^{1.8}$ significan ya que 1.7 y 1.8 son números racionales. Del mismo modo, si usa mejores aproximaciones para $\sqrt{3}$, se obtienen mejores aproximaciones para $2^{\sqrt{3}}$:

$$\begin{array}{rcl}
1.73 < \sqrt{3} < 1.74 & \Rightarrow & 2^{1.73} < 2^{\sqrt{3}} < 2^{1.74} \\
1.732 < \sqrt{3} < 1.733 & \Rightarrow & 2^{1.732} < 2^{\sqrt{3}} < 2^{1.733} \\
1.7320 < \sqrt{3} < 1.7321 & \Rightarrow & 2^{1.7320} < 2^{\sqrt{3}} < 2^{1.7321} \\
1.73205 < \sqrt{3} < 1.73206 & \Rightarrow & 2^{1.73205} < 2^{\sqrt{3}} < 2^{1.73206} \\
\vdots & & \vdots
\end{array}$$

Una demostración de este hecho se presenta en J. Marsden y A. Weinstein, *Calculus Unlimited* (Menlo Park, CA: Benjamin/Cummings, 1981).

Puede demostrarse que hay exactamente un número que es mayor que todos los números

$$2^{1.7}, \quad 2^{1.73}, \quad 2^{1.732}, \quad 2^{1.7320}, \quad 2^{1.73205}, \quad \ldots$$

y menor que todos los números

$$2^{1.8}, \quad 2^{1.74}, \quad 2^{1.733}, \quad 2^{1.7321}, \quad 2^{1.73206}, \quad \ldots$$

Este número se define como $2^{\sqrt{3}}$ y, utilizando este procedimiento de aproximación, se puede calcular con una aproximación de seis decimales:

$$2^{\sqrt{3}} \approx 3.321997$$

De la misma manera, se puede definir 2^x (o b^x, si $b > 0$) donde x es cualquier número irracional. En la figura 2 se muestra cómo todos los huecos en la figura 1 han sido llenados para completar la gráfica de la función $f(x) = 2^x$, $x \in \mathbb{R}$.

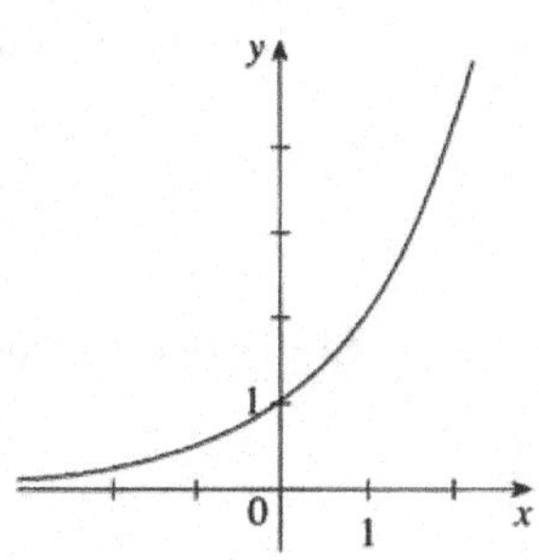

FIGURA 2
$y = 2^x$, para x real

Las gráficas de los miembros de la familia de funciones $y = b^x$ se muestran en la figura 3 para varios valores de la base b. Observe que todas estas gráficas pasan por el mismo punto (0, 1) porque $b^0 = 1$ para $b \neq 0$. Observe también que cuando la base b se hace más grande, la función exponencial crece más rápidamente (para $x > 0$).

Si $0 < b < 1$, entonces b^x se aproxima a 0 cuando x es muy grande. Si $b > 1$, entonces b^x se aproxima a 0 cuando x disminuye al tomar valores negativos. En ambos casos el eje x es una asíntota horizontal. Estas cuestiones se tratan en la sección 2.6.

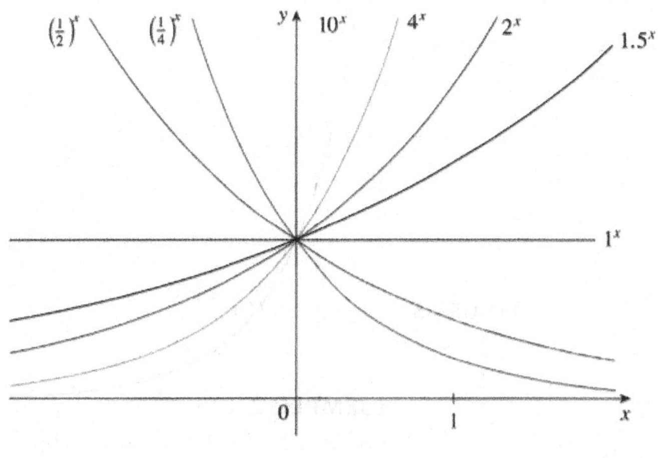

FIGURA 3

En la figura 3 puede verse que existen básicamente tres tipos de funciones exponenciales $y = b^x$. Si $0 < b < 1$, la función exponencial decrece; si $b = 1$, es una constante, y si $b > 1$, crece. Estos tres casos se ilustran en la figura 4. Observe que si $b \neq 1$, entonces la función exponencial $y = b^x$ tiene dominio $\mathbb{R}$ y rango $(0, \infty)$. Observe también que, dado que $(1/b)^x = 1/b^x = b^{-x}$, entonces la gráfica de $y = (1/b)^x$ es justamente la reflexión de la gráfica de $y = b^x$ a través del eje y.

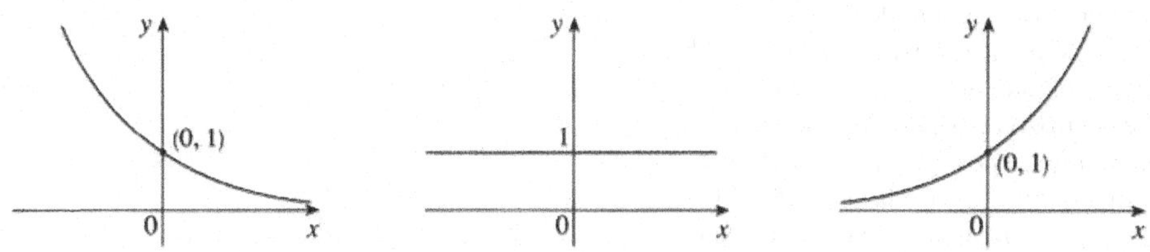

FIGURA 4 (a) $y = b^x$, $0 < b < 1$ (b) $y = 1^x$ (c) $y = b^x$, $b > 1$

Una de las razones de la importancia de la función exponencial se encuentra en las siguientes propiedades. Si x y y son números racionales, entonces estas leyes son bien conocidas del álgebra elemental. Puede demostrarse que seguirán siendo válidas para números reales x y y arbitrarios.

www.stewartcalculus.com
Para un repaso de las leyes de exponentes, haga clic en *Review of Algebra*.

Leyes de los exponentes Si a y b son números positivos, y los números x y y son reales cualesquiera, entonces

1. $b^{x+y} = b^x b^y$ **2.** $b^{x-y} = \dfrac{b^x}{b^y}$ **3.** $(b^x)^y = b^{xy}$ **4.** $(ab)^x = a^x b^x$

EJEMPLO 1 Trace la gráfica de la función $y = 3 - 2^x$, determine su dominio y rango.

Para un repaso de la reflexión y desplazamiento de gráficas, consulte la sección 1.3.

SOLUCIÓN Primero refleje la gráfica de $y = 2^x$ [se muestran en las figuras 2 y 5(a)] a través del eje x para obtener la gráfica de $y = -2^x$ en la figura 5(b). Después se desplaza

3 unidades hacia arriba la gráfica de $y = -2^x$ para obtener la gráfica de $y = 3 - 2^x$ en la figura 5(c). El dominio es $\mathbb{R}$, y el rango es $(-\infty, 3)$.

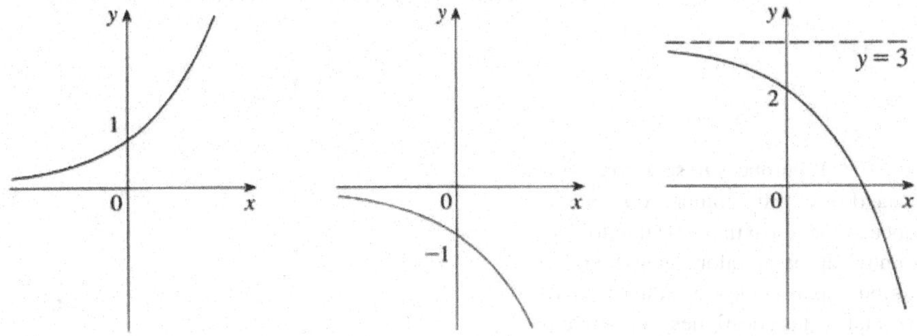

FIGURA 5 (a) $y = 2^x$ (b) $y = -2^x$ (c) $y = 3 - 2^x$ ■

EJEMPLO 2 Utilice un dispositivo de graficación para comparar la función exponencial $f(x) = 2^x$ con la de la función potencia $g(x) = x^2$. ¿Cuál función crece más rápidamente cuando x es muy grande?

SOLUCIÓN La figura 6 muestra ambas funciones representadas gráficamente en el rectángulo de vista $[-2, 6]$ por $[0, 40]$. Vea que las gráficas se intersecan tres veces, pero para $x > 4$ la gráfica de $f(x) = 2^x$ permanece por encima de la gráfica de $g(x) = x^2$. La figura 7 da una visión más global y muestra que para valores grandes de x, la función exponencial $y = 2^x$ crece mucho más rápidamente que la función potencia $y = x^2$.

En el ejemplo 2 se muestra que $y = 2^x$ aumenta más rápidamente que $y = x^2$. Para demostrar lo rápido que $f(x) = 2^x$ aumenta, realice el experimento mental siguiente. Suponga que se empieza con un trozo de papel de un décimo de milímetro de espesor y lo dobla por la mitad 50 veces. Cada vez que dobla el papel por la mitad, el grosor del papel se duplica, por lo que el grosor del papel resultante sería $2^{50}/10\,000$ m. ¿De qué grosor cree usted que es? ¡Más de cien millones de kilómetros!

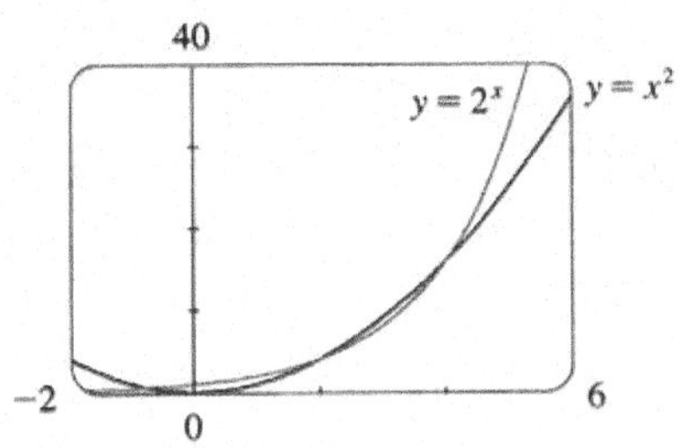

FIGURA 6

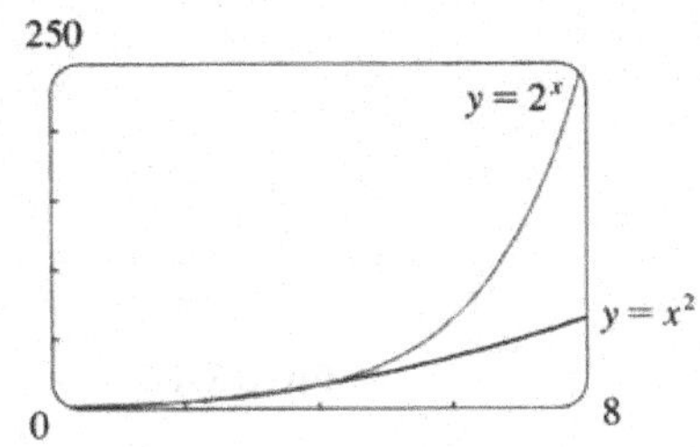

FIGURA 7 ■

■ Aplicaciones de las funciones exponenciales

La función exponencial ocurre con mucha frecuencia en los modelos matemáticos de las ciencias naturales y sociales. Aquí se indica brevemente cómo surge en la descripción del crecimiento de una población y decaimiento radioactivo. En capítulos posteriores se seguirán estas y otras aplicaciones en mayor detalle.

En primer lugar, considere una población de bacterias en un medio nutritivo homogéneo. Suponga que por muestreo de la población a ciertos intervalos se determina que la población se duplica cada hora. Si el número de bacterias en el tiempo t es $p(t)$, donde t se mide en horas, y la población inicial es $p(0) = 1000$, entonces se tiene

$$p(1) = 2p(0) = 2 \times 1000$$

$$p(2) = 2p(1) = 2^2 \times 1000$$

$$p(3) = 2p(2) = 2^3 \times 1000$$

De este patrón, parece ser que, en general:

$$p(t) = 2^t \times 1000 = (1000)2^t$$

Esta función de la población es un múltiplo constante de la función exponencial $y = 2^t$, por lo que muestra el rápido crecimiento observado en las figuras 2 y 7. En condiciones ideales (nutrientes, espacio ilimitado y la ausencia de enfermedad), este crecimiento exponencial es típico de lo que ocurre de hecho en la naturaleza.

¿Qué pasa con la población humana? La tabla 1 muestra los datos de la población del mundo en el siglo XX, y en la figura 8 se muestra la gráfica de dispersión correspondiente.

Tabla 1

t (años desde 1900)	Población (millones)
0	1650
10	1750
20	1860
30	2070
40	2300
50	2560
60	3040
70	3710
80	4450
90	5280
100	6080
110	6870

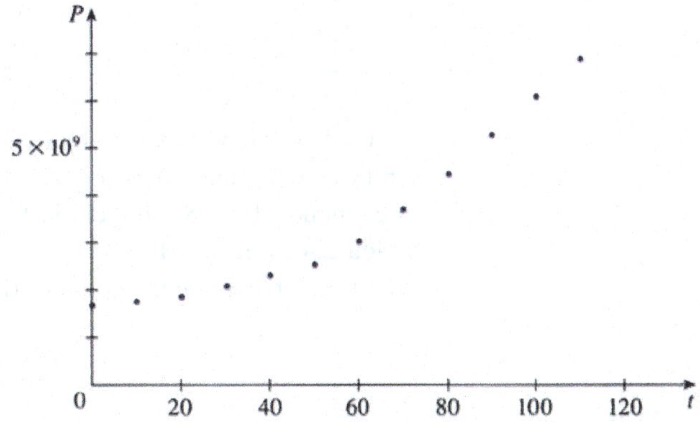

FIGURA 8
Gráfica de dispersión para el crecimiento de la población mundial

El patrón de los puntos de datos en la figura 8 sugiere un crecimiento exponencial, por eso se usa una calculadora graficadora con capacidad de regresión exponencial para aplicar el método de mínimos cuadrados y obtener el modelo exponencial

$$P = (1436.53) \cdot (1.01395)^t$$

donde $t = 0$ corresponde a 1900. La figura 9 muestra la gráfica de esta función exponencial junto con los puntos de datos originales. Se ve que la curva exponencial ajusta razonablemente bien en el conjunto de datos. El período de crecimiento relativamente lento de la población se explica por las dos Guerras Mundiales y la Gran Depresión de la década de 1930.

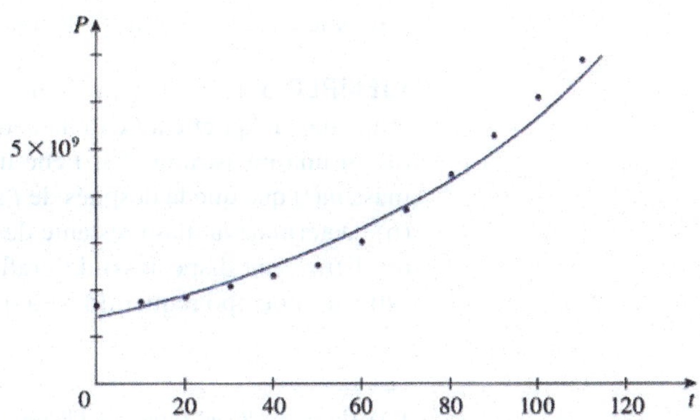

FIGURA 9
Modelo exponencial para el crecimiento de población

En 1995 apareció un documento detallando el efecto del inhibidor de proteasa ABT-538 en el virus de inmunodeficiencia humana VIH-1.[1] La tabla 2 muestra valores de plasma viral cargado $V(t)$ del paciente 303, medidos en copias/mL de ARN, t días después de que inició el tratamiento con ABT-538. En la figura 10 se muestra la correspondiente gráfica de dispersión.

Tabla 2

t (días)	$V(t)$
1	76.0
4	53.0
8	18.0
11	9.4
15	5.2
22	3.6

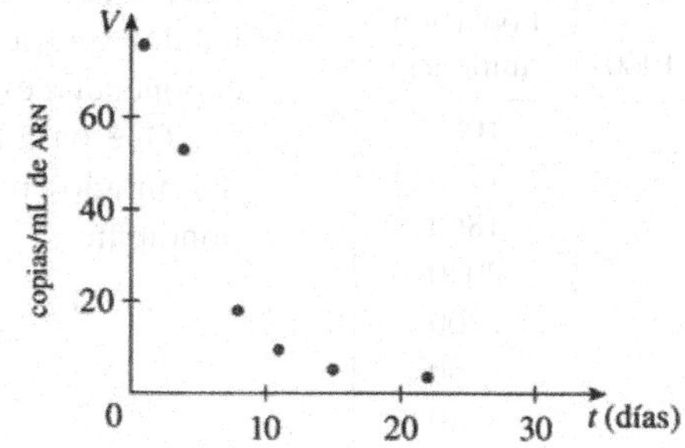

FIGURA 10 Plasma viral cargado de paciente 303

La disminución más dramática de la carga viral que se ve en la figura 10 recuerda las gráficas de la función exponencial $y = b^x$ en las figuras 3 y 4 para el caso donde la base b es menor de 1. Se modela la función $V(t)$ con una función exponencial. Usando una calculadora graficadora o una computadora para ajustar los datos en la tabla 2 con una función exponencial de la forma $y = a \cdot b^t$, se obtiene el modelo

$$V = 96.39785 \cdot (0.818656)^t$$

En la figura 11 se traza la gráfica de esta función exponencial con los puntos de datos y se ve que el modelo representa la carga viral razonablemente bien durante el primer mes de tratamiento.

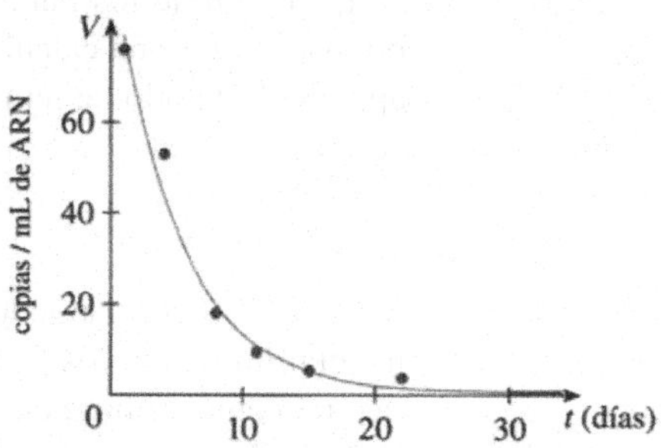

FIGURA 11
Modelo viral para la carga viral

Podría utilizar la gráfica de la figura 11 para estimar la **vida media** de V, es decir, el tiempo requerido para que la carga viral se reduzca a la mitad de su valor inicial (véase el ejercicio 33). En el ejemplo siguiente se da la vida media de un elemento radioactivo y se pide encontrar la masa de una muestra en cualquier momento.

EJEMPLO 3 La vida media del estroncio 90, ^{90}Sr, es 25 años. Esto significa que la mitad de cualquier cantidad dada de ^{90}Sr se desintegrará en 25 años.

(a) Si una muestra de ^{90}Sr tiene una masa de 24 mg, determine una expresión para la masa $m(t)$ que queda después de t años.

(b) Determine la masa restante después de 40 años, correcto al miligramo más cercano.

(c) Utilice un dispositivo de graficación para trazar la gráfica de $m(t)$ y utilícela para estimar el tiempo requerido para que la masa se reduzca a 5 mg.

1. D. Ho *et al.*, "Rapid Turnover of Plasma Virions and CD4 Lymphocytes in HIV-1 Infection," *Nature* 373(1995): 123–126.

SOLUCIÓN

(a) La masa es inicialmente 24 mg y se reduce a la mitad durante cada período de 25 años, así

$$m(0) = 24$$

$$m(25) = \frac{1}{2}(24)$$

$$m(50) = \frac{1}{2} \cdot \frac{1}{2}(24) = \frac{1}{2^2}(24)$$

$$m(75) = \frac{1}{2} \cdot \frac{1}{2^2}(24) = \frac{1}{2^3}(24)$$

$$m(100) = \frac{1}{2} \cdot \frac{1}{2^3}(24) = \frac{1}{2^4}(24)$$

De este patrón, se obtiene que la masa restante después de t años

$$m(t) = \frac{1}{2^{t/25}}(24) = 24 \cdot 2^{-t/25} = 24 \cdot (2^{-1/25})^t$$

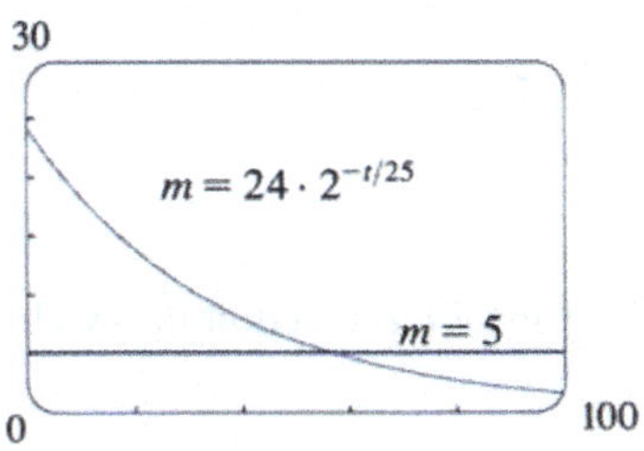

FIGURA 12

Esta es una función exponencial con base $b = 2^{-1/25} = 1/2^{1/25}$.

(b) La masa que queda después de 40 años es

$$m(40) = 24 \cdot 2^{-40/25} \approx 7.9 \text{ mg}$$

(c) Utilice una calculadora graficadora o una computadora para ver la función $m(t) = 24 \cdot 2^{-t/25}$ en la figura 12. Observe también la gráfica de la recta $m = 5$ y utilice el cursor para estimar que $m(t) = 5$ cuando $t \approx 57$. Así, la masa de la muestra se reducirá a 5 mg después de 57 años. ■

■ El número *e*

De todas las posibles bases para una función exponencial, hay una que es más conveniente para los fines del cálculo. La elección de una base b está influida por la forma en que la gráfica de $y = b^x$ cruza el eje y. Las figuras 13 y 14 muestran las rectas tangentes a las gráficas de $y = 2^x$ y $y = 3^x$ en el punto (0, 1). (Se definirán las rectas tangentes de manera precisa en la sección 2.7. Para los fines presentes, puede considerarse que la recta tangente a una gráfica exponencial en un punto es la recta que toca la gráfica solo en ese punto.) Si se miden las pendientes de estas rectas tangentes en (0, 1), se encuentra que $m \approx 0.7$ para $y = 2^x$ y $m \approx 1.1$ para $y = 3^x$.

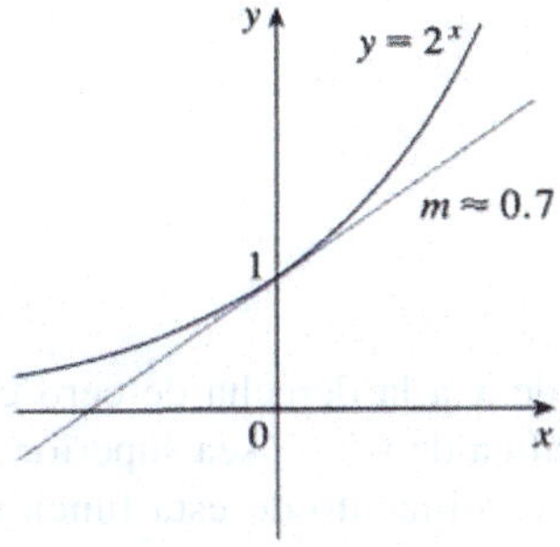

FIGURA 13

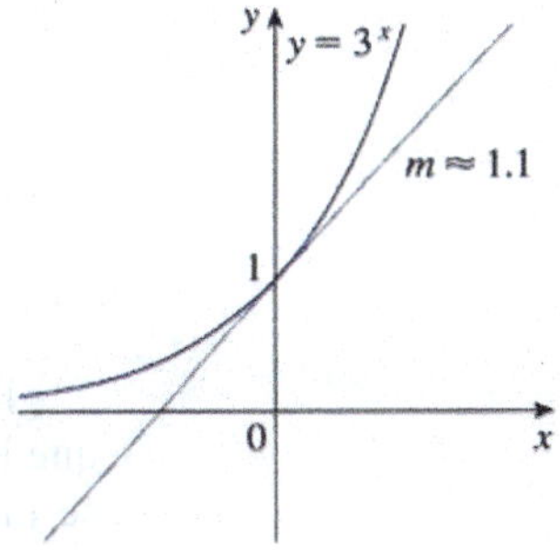

FIGURA 14

Resulta que, como se verá en el capítulo 3, algunas de las fórmulas del cálculo quedarán muy simplificadas si elige la base b para la que la pendiente de la recta tangente

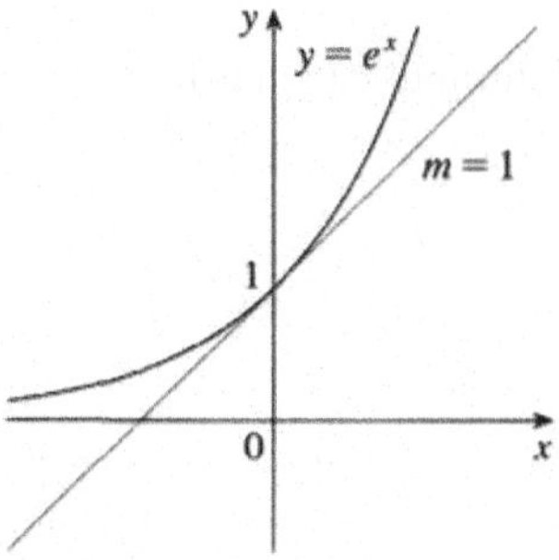

FIGURA 15
La función exponencial natural corta el eje y con una pendiente de 1.

TEC Module 1.4 le permite graficar funciones exponenciales con diversas bases y sus rectas tangentes para calcular más de cerca el valor de b para la cual la recta tangente tiene pendiente 1.

a $y = b^x$ en (0, 1) es *exactamente* 1. (Véase la figura 15.) De hecho, existe tal número y se denota con la letra e. (Esta notación fue elegida por el matemático suizo Leonhard Euler en 1727, probablemente porque es la primera letra de la palabra *exponencial*.) En vista de las figuras 13 y 14, no causa ninguna sorpresa que el número e se encuentre entre 2 y 3 y que la gráfica de $y = e^x$ se encuentre entre las gráficas de $y = 2^x$ y $y = 3^x$. (Véase la figura 16.) En el capítulo 3 se verá que el valor de e, con una aproximación de cinco decimales, es

$$e \approx 2.71828$$

A la función $f(x) = e^x$ se le llama **función exponencial natural.**

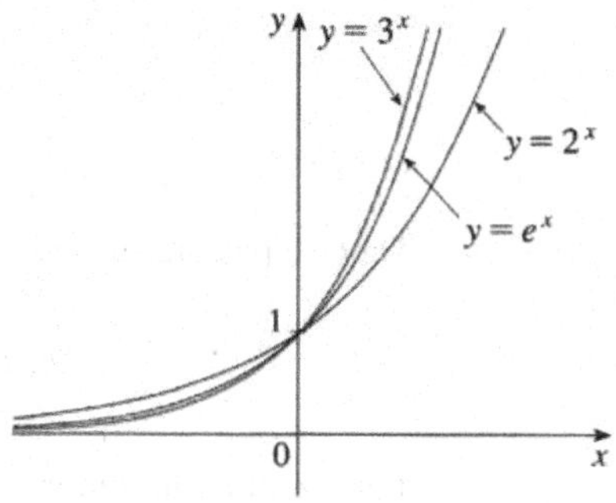

FIGURA 16

EJEMPLO 4 Trace la gráfica de la función $y = \frac{1}{2}e^{-x} - 1$ y establezca el dominio y el rango.

SOLUCIÓN Empiece con la gráfica de $y = e^x$ de las figuras 15 y 17(a) y refléjela a través del eje y para obtener la gráfica de $y = e^{-x}$ en la figura 17(b). (Observe que la gráfica interseca el eje y con una pendiente de -1.) Entonces se comprime la gráfica verticalmente por un factor de dos para obtener la gráfica de $y = \frac{1}{2}e^{-x}$ en la figura 17(c). Por último, se desplazará la gráfica hacia abajo una unidad para obtener la gráfica deseada en la figura 17(d). El dominio es $\mathbb{R}$, y el rango es $(-1, \infty)$.

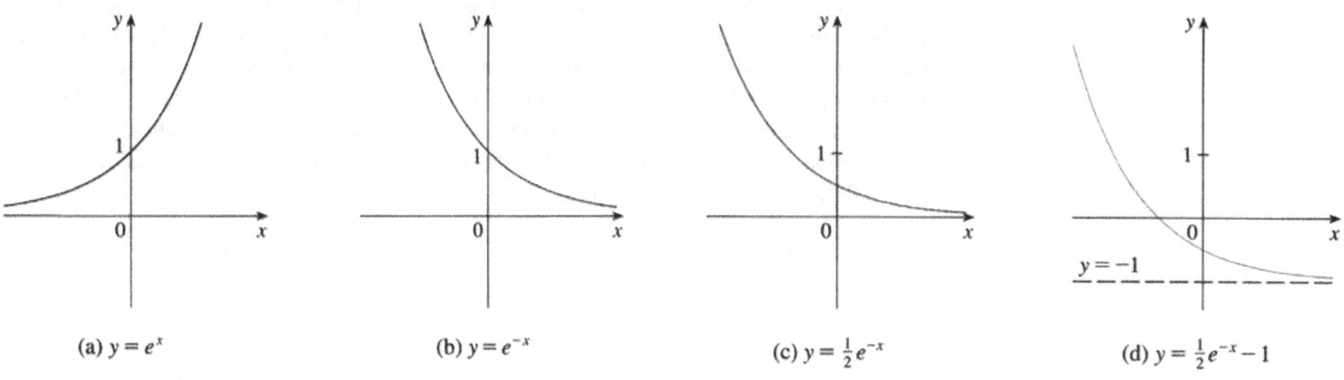

FIGURA 17

■

¿Hasta qué valor de x a la derecha de cero cree usted que se tendría que ir para que la altura de la gráfica de $y = e^x$ sea superior a un millón? En el ejemplo siguiente se muestra el rápido crecimiento de esta función proporcionando una respuesta que podría sorprenderle.

EJEMPLO 5 Utilice un dispositivo de graficación para encontrar los valores de x para los cuales $e^x > 1\,000\,000$.

SOLUCIÓN En la figura 18 se ve la gráfica de la función $y = e^x$ y la recta horizontal $y = 1\,000\,000$. Se ve que estas curvas se intersecan cuando $x = 13.8$. Por tanto, $e^x > 10^6$ cuando $x > 13.8$. Tal vez le sorprenda que los valores de la función exponencial ya han superado un millón cuando x es solo 14.

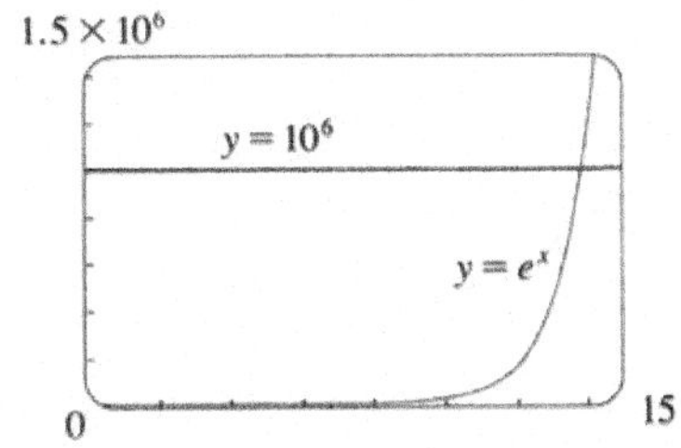

FIGURA 18

■

1.4 EJERCICIOS

1–4 Utilice las leyes de los exponentes para simplificar cada una de las expresiones siguientes:

1. (a) $\dfrac{4^{-3}}{2^{-8}}$ (b) $\dfrac{1}{\sqrt[3]{x^4}}$

2. (a) $8^{4/3}$ (b) $x(3x^2)^3$

3. (a) $b^8(2b)^4$ (b) $\dfrac{(6y^3)^4}{2y^5}$

4. (a) $\dfrac{x^{2n}\cdot x^{3n-1}}{x^{n+2}}$ (b) $\dfrac{\sqrt{a\sqrt{b}}}{\sqrt[3]{ab}}$

5. (a) Escriba una ecuación que defina la función exponencial con base $b > 0$.
(b) ¿Cuál es el dominio de esta función?
(c) Si $b \neq 1$, ¿cuál es el rango de esta función?
(d) Dibuje la forma general de la gráfica de la función exponencial para cada uno de los siguientes casos.
(i) $b > 1$
(ii) $b = 1$
(iii) $0 < b < 1$

6. (a) ¿Cómo se define el número e?
(b) ¿Cuál es un valor aproximado de e?
(c) ¿Cuál es la función exponencial natural?

7–10 Trace la gráfica de cada una de las funciones siguientes en una pantalla común. ¿Cómo se relacionan estas gráficas?

7. $y = 2^x,\quad y = e^x,\quad y = 5^x,\quad y = 20^x$

8. $y = e^x,\quad y = e^{-x},\quad y = 8^x,\quad y = 8^{-x}$

9. $y = 3^x,\quad y = 10^x,\quad y = \left(\frac{1}{3}\right)^x,\quad y = \left(\frac{1}{10}\right)^x$

10. $y = 0.9^x,\quad y = 0.6^x,\quad y = 0.3^x,\quad y = 0.1^x$

11–16 Haga un trazo de la gráfica de la función. No utilice calculadora. Solo utilice las gráficas que se presentan en las figuras 3 y 13 y si es necesario, las transformaciones de la sección 1.3.

11. $y = 4^x - 1$

12. $y = (0.5)^{x-1}$

13. $y = 10^{x+2}$

14. $y = (0.5)^x - 2$

15. $y = 1 - \frac{1}{2}e^{-x}$

16. $y = 2(1 - e^x)$

17. Comenzando con la gráfica de $y = e^x$, encuentre la ecuación de la gráfica que resulta de:
(a) desplazarla 2 unidades hacia abajo.
(b) desplazarla 2 unidades a la derecha.
(c) reflejarla con respecto al eje x.
(d) reflejarla con respecto al eje y.
(e) reflejarla con respecto al eje x y luego reflejarla con respecto al eje y.

18. Comenzando con la gráfica de $y = e^x$, encuentre la ecuación de la gráfica que resulta de:
(a) reflejarla con respecto a la recta $y = 4$.
(b) reflejarla con respecto a la recta $x = 2$.

19–20 Encuentre el dominio de cada una de las funciones siguientes.

19. (a) $f(x) = \dfrac{1 - e^{x^2}}{1 - e^{1-x^2}}$ (b) $f(x) = \dfrac{1 + x}{e^{\cos x}}$

20. (a) $g(t) = \sqrt{10^t - 100}$ (b) $g(t) = \operatorname{sen}(e^t - 1)$

21–22 Encuentre la función exponencial $f(x) = Cb^x$ cuya gráfica está dada.

21.

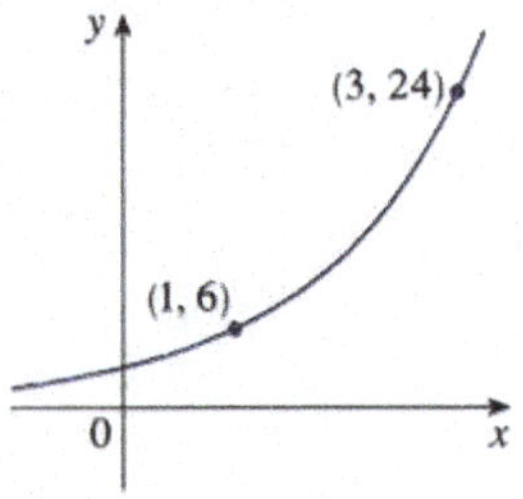

22.

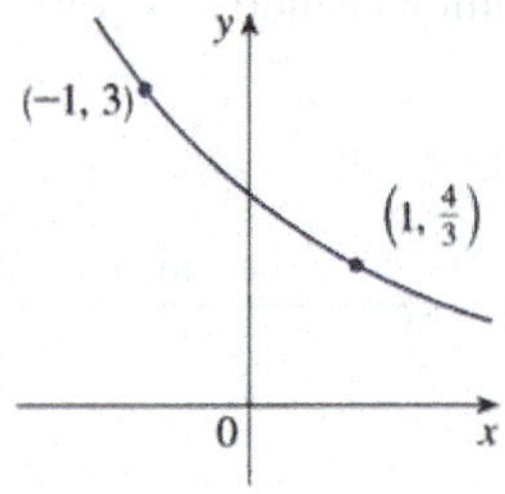

23. Si $f(x) = 5^x$, demuestre que

$$\frac{f(x+h) - f(x)}{h} = 5^x\left(\frac{5^h - 1}{h}\right)$$

24. Suponga que se le ofrece trabajo por un mes. ¿Cuál de los siguientes métodos de pago prefiere?

I. Un millón de dólares al final del mes.

II. Un centavo en el primer día del mes, dos centavos en el segundo día, cuatro centavos en el tercer día y, en general, 2^{n-1} centavos el enésimo día.

25. Suponga que las gráficas de $f(x) = x^2$ y $g(x) = 2^x$ se dibujan en una cuadrícula de coordenadas con 1 cm como unidad de medida. Demuestre que, a una distancia de 1 m a la derecha del origen, la altura de la gráfica de f es de 100 m, pero la altura de la gráfica de g es aproximadamente 10^{25} km.

26. Compare las funciones $f(x) = x^5$ y $g(x) = 5^x$ graficando ambas funciones en varios rectángulos de vista. Encuentre todos los puntos de intersección de las gráficas con aproximación a un decimal. ¿Cuál función crece más rápidamente cuando x es muy grande?

27. Compare las funciones $f(x) = x^{10}$ y $g(x) = e^x$ al graficar a f y g en varios rectángulos de visión. ¿Cuándo la gráfica de g finalmente supera a la gráfica de f?

28. Utilice una gráfica para estimar los valores de x tales que $e^x > 1\,000\,000\,000$.

29. Un investigador está tratando de determinar el tiempo de duplicación para una población de la bacteria *Giardia lamblia*. Comienza un cultivo en una solución nutritiva y estima los conteos de bacterias cada cuatro horas. Sus datos se muestran en la tabla

Tiempo (horas)	0	4	8	12	16	20	24
Conteo de bacterias (CFU/mL)	37	47	63	78	105	130	173

(a) Realice una gráfica de dispersión de los datos.

(b) Utilice una calculadora graficadora para encontrar una curva exponencial $f(t) = a \cdot b^t$ que modele la población de bacterias después de t horas.

(c) Trace la gráfica del modelo del inciso (b) junto con el diagrama de dispersión del inciso (a). Utilice la función TRACE para determinar cuánto tarda el conteo de bacterias en duplicarse.

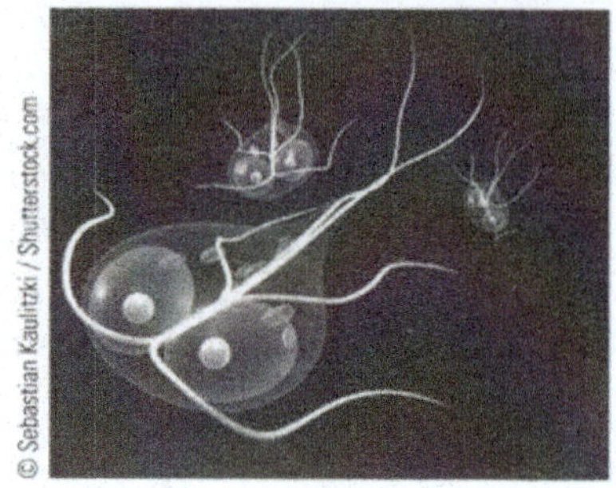

G. lamblia

30. Un cultivo de bacterias comienza con 500 bacterias y duplica su tamaño cada media hora.

(a) ¿Cuántas bacterias hay después de 3 horas?

(b) ¿Cuántas bacterias hay después de t horas?

(c) ¿Cuántas bacterias hay después de 40 minutos?

(d) Trace la gráfica de la función de la población y calcule el tiempo en que la población llega a 100 000.

31. La vida media del bismuto-210, ^{210}Bi, es 5 días.

(a) Si una muestra tiene una masa de 200 mg, determine la cantidad restante después de 15 días.

(b) Determine la cantidad restante después de t días.

(c) Calcule la cantidad restante después de 3 semanas.

(d) Utilice una gráfica para estimar el tiempo necesario para que la masa se reduzca a 1 mg.

32. Un isótopo de sodio, ^{24}Na, tiene una vida media de 15 horas. Una muestra de este isótopo tiene masa 2 g.

(a) Determine la cantidad restante después de 60 horas.

(b) Encuentre la cantidad restante después de t horas.

(c) Calcule la cantidad restante después de 4 días.

(d) Utilice una gráfica para estimar el tiempo requerido para que la masa se reduzca a 0.01 g.

33. Utilice la gráfica de V en la figura 11 para estimar la vida media de la carga viral del paciente 303 durante el primer mes de tratamiento.

34. Después de que el alcohol es absorbido por completo en el cuerpo, se metaboliza con una vida media aproximada de 1.5 horas. Suponga que usted ha bebido tres bebidas alcohólicas y una hora más tarde, a medianoche, su concentración de alcohol en la sangre (BAC) es 0.6 mg/mL.

(a) Determine un modelo de decaimiento exponencial para su BAC t horas después de la medianoche.

(b) Trace la gráfica de su BAC y utilice la gráfica para determinar cuándo su BAC es de 0.08 mg/mL.

Fuente: adaptado de P. Wilkinson *et al.*, "Pharmacokinetics of Ethanol after Oral Administration in the Fasting State," *Journal of Pharmacokinetics and Biopharmaceutics* 5(1977): 207–224.

35. Utilice una calculadora gráfica con capacidad para calcular una regresión exponencial para modelar la población del mundo con los datos de 1950 a 2010 de la tabla 1 en la página 49. Utilice el modelo para estimar la población en 1993 y para predecir la población en el año 2020.

36. La tabla muestra la población de Malasia, en millones, para los años 1950-2000. Utilice una calculadora graficadora con la capacidad de calcular una regresión exponencial para modelar la población de Malasia desde 1950. Utilice el modelo para estimar la población en 1975 y 2010, y para predecir la población en 2020.

Año	Población	Año	Población
1950	6.1	1980	13.8
1955	7.0	1985	15.7
1960	8.1	1990	17.8
1965	9.5	1995	20.4
1970	10.9	2000	23.0
1975	12.3		

37. Si usted traza la gráfica de la función

$$f(x) = \frac{1 - e^{1/x}}{1 + e^{1/x}}$$

verá que f parece ser una función impar. Demuéstrelo.

38. Trace la gráfica de varios miembros de la familia de funciones

$$f(x) = \frac{1}{1 + ae^{bx}}$$

donde $a > 0$. ¿Cómo cambia la gráfica cuando b cambia? ¿Cómo cambia la gráfica cuando a cambia?

1.5 Funciones inversas y logarítmicas

La tabla 1 muestra los datos de un experimento en el que un cultivo de bacterias inició con 100 de ellas en un medio limitado de nutrientes; el tamaño de la población de bacterias se registró a intervalos de una hora. El número N de bacterias es una función del tiempo t: $N = f(t)$.

Suponga, sin embargo, que la bióloga cambia su punto de vista y se interesa en el tiempo requerido para que la población alcance distintos niveles. En otras palabras, piensa en t como una función de N. Esta función se llama *función inversa* de f, denotada por f^{-1} y se lee "f inversa". Así, $t = f^{-1}(N)$ es el tiempo requerido para que el nivel de la población llegue a N. Los valores de f^{-1} pueden encontrarse mediante la lectura de la tabla 1 de derecha a izquierda o consultando la tabla 2. Por ejemplo, $f^{-1}(550) = 6$ ya que $f(6) = 550$.

Tabla 1 N como función de t

t (horas)	$N = f(t)$ = población al tiempo t
0	100
1	168
2	259
3	358
4	445
5	509
6	550
7	573
8	586

Tabla 2 t como función de N

N	$t = f^{-1}(N)$ = tiempo en alcanzar las N bacterias
100	0
168	1
259	2
358	3
445	4
509	5
550	6
573	7
586	8

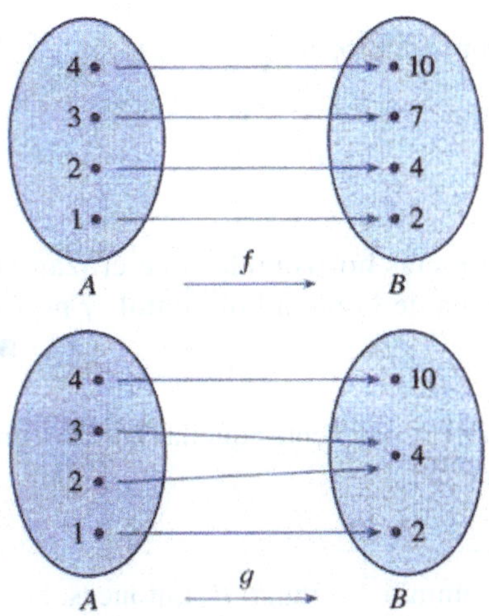

FIGURA 1
f es inyectiva; g no lo es.

No todas las funciones poseen inversa. Se compararán las funciones f y g cuyos diagramas de flechas se muestran en la figura 1. Observe que f nunca tiene el mismo valor dos veces (cualquier par de entradas en A tienen diferentes salidas), mientras que g toma el mismo valor dos veces (2 y 3 tienen la misma salida, 4). En símbolos,

$$g(2) = g(3)$$

pero $\qquad f(x_1) \neq f(x_2) \qquad$ siempre que $x_1 \neq x_2$

Las funciones que comparten esta propiedad con f se llaman *funciones inyectivas*.

En el lenguaje de entradas y salidas, esta definición indica que f es inyectiva si cada salida corresponde a una sola entrada.

1 Definición Una función f se llama ***función inyectiva*** si nunca toma el mismo valor dos veces; esto es,

$$f(x_1) \neq f(x_2) \qquad \text{siempre que } x_1 \neq x_2$$

Si una recta horizontal interseca la gráfica de f en más de un punto, entonces se ve en la figura 2 que hay números x_1 y x_2 tales que $f(x_1) = f(x_2)$. Esto significa que f no es inyectiva,

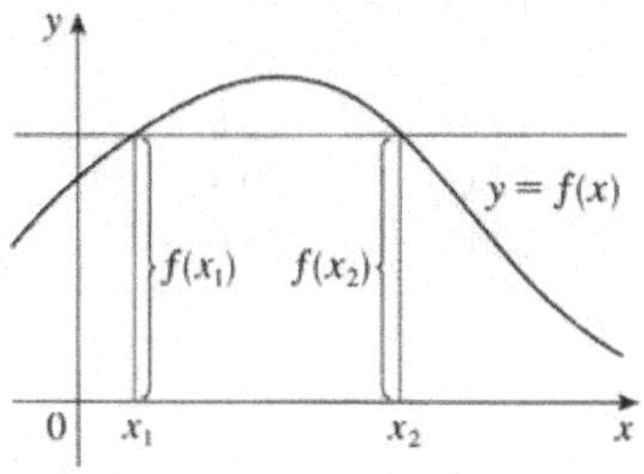

FIGURA 2
Esta función no es inyectiva ya que $f(x_1) = f(x_2)$.

Por tanto, con el siguiente método geométrico se puede determinar si una función es inyectiva.

Prueba de la recta horizontal Una función es inyectiva si y solo si no existe una recta horizontal que interseque su gráfica más de una vez.

EJEMPLO 1 ¿Es la función $f(x) = x^3$ inyectiva?

SOLUCIÓN 1 Si $x_1 \neq x_2$, entonces $x_1^3 \neq x_2^3$ (dos números diferentes no pueden tener el mismo cubo). Por tanto, por la definición 1, $f(x) = x^3$ es inyectiva.

SOLUCIÓN 2 De la figura 3 se observa que no existe recta horizontal que interseque a la gráfica de $f(x) = x^3$ más de una vez. Por tanto, por la prueba de la recta horizontal, f es inyectiva. ■

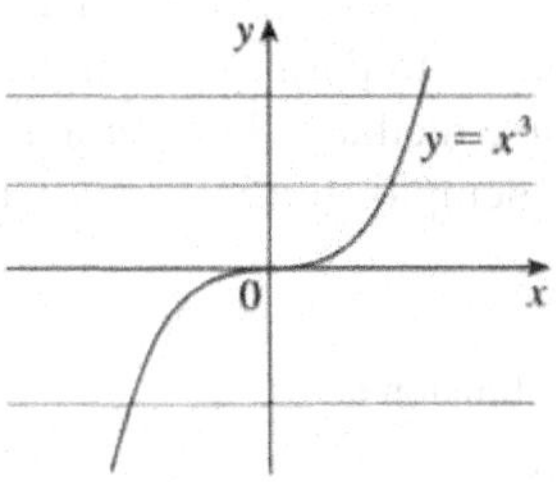

FIGURA 3
$f(x) = x^3$ es inyectiva.

EJEMPLO 2 ¿Es inyectiva la función $g(x) = x^2$?

SOLUCIÓN 1 Esta función no es inyectiva, ya que, por ejemplo,

$$g(1) = 1 = g(-1)$$

por lo que 1 y -1 tienen la misma salida.

SOLUCIÓN 2 De la figura 4 se observa que existen rectas horizontales que cruzan la gráfica de g más de una vez. Por tanto, por la prueba de la recta horizontal, g no es inyectiva. ■

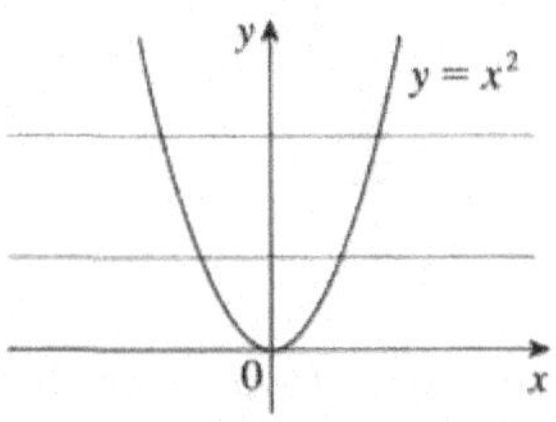

FIGURA 4
$g(x) = x^2$ no es inyectiva.

Las funciones inyectivas son importantes porque son precisamente aquellas que poseen funciones inversas de acuerdo con la definición siguiente.

2 Definición Sea f una función inyectiva con dominio A y rango B. Entonces, la **función inversa** f^{-1} tiene dominio B y rango A y está definida por

$$f^{-1}(y) = x \iff f(x) = y$$

para cualquier y en B.

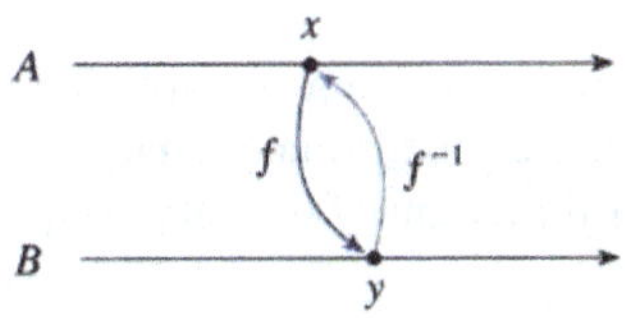

FIGURA 5

La definición dice que si f mapea x con y, entonces f^{-1} mapea de regreso y con x. (Si f no fuera inyectiva, entonces f^{-1} no estaría definida de manera única). El diagrama de flechas en la figura 5 indica que f^{-1} invierte el efecto de f. Observe que

$$\text{dominio de } f^{-1} = \text{rango de } f$$
$$\text{rango de } f^{-1} = \text{dominio de } f$$

Por ejemplo, la función inversa de $f(x) = x^3$ es $f^{-1}(x) = x^{1/3}$ ya que si $y = x^3$, entonces

$$f^{-1}(y) = f^{-1}(x^3) = (x^3)^{1/3} = x$$

CUIDADO No cometa el error de pensar en -1 en f^{-1} como un exponente. Es decir,

$$f^{-1}(x) \quad \textit{no} \text{ significa} \quad \frac{1}{f(x)}$$

Sin embargo, la función recíproca, $1/f(x)$, podría escribirse como $[f(x)]^{-1}$.

EJEMPLO 3 Si $f(1) = 5$, $f(3) = 7$ y $f(8) = -10$, encuentre $f^{-1}(7)$, $f^{-1}(5)$ y $f^{-1}(-10)$.

SOLUCIÓN De la definición de f^{-1}, se tiene

$$f^{-1}(7) = 3 \quad \text{ya que} \quad f(3) = 7$$

$$f^{-1}(5) = 1 \quad \text{ya que} \quad f(1) = 5$$

$$f^{-1}(-10) = 8 \quad \text{ya que} \quad f(8) = -10$$

El diagrama en la figura 6 aclara cómo f^{-1} invierte el efecto de f en este caso. ■

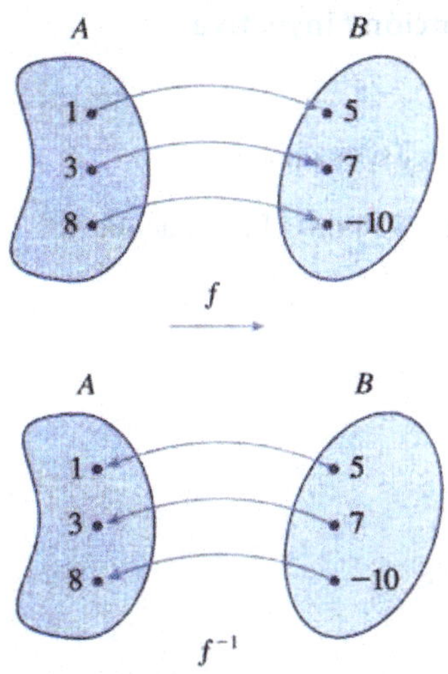

FIGURA 6
La función inversa invierte las salidas y las entradas.

La letra x es tradicionalmente utilizada como la variable independiente, así que cuando se concentre en f^{-1} en vez de f, usualmente se cambian los roles de x y y en la definición 2, y se escribe

3
$$f^{-1}(x) = y \iff f(y) = x$$

Al sustituir por y en la definición 2 y sustituyendo por x en (3), se obtienen las **ecuaciones de cancelación**:

4
$$f^{-1}(f(x)) = x \quad \text{para todo } x \text{ en } A$$
$$f(f^{-1}(x)) = x \quad \text{para todo } x \text{ en } B$$

La primera ecuación de cancelación indica que si se comienza con x, se aplica f y luego f^{-1}, se llega de regreso a x, donde se empezó (consulte el diagrama de máquinas en la figura 7). Así, f^{-1} deshace a f. La segunda ecuación indica que f deshace lo que hace f^{-1}.

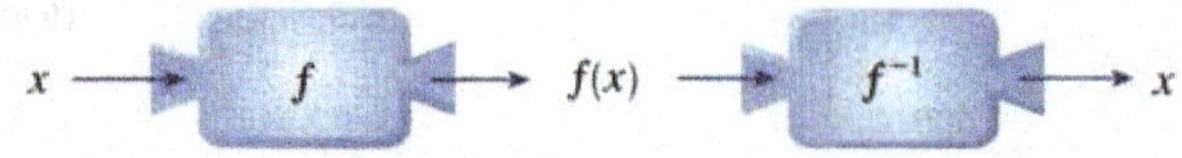

FIGURA 7

Por ejemplo, si $f(x) = x^3$, entonces $f^{-1}(x) = x^{1/3}$ y, por tanto, las ecuaciones de cancelación son

$$f^{-1}(f(x)) = (x^3)^{1/3} = x$$

$$f(f^{-1}(x)) = (x^{1/3})^3 = x$$

Estas ecuaciones dicen simplemente que la función elevar al cubo y la función raíz cúbica se anulan mutuamente cuando se aplican una después de la otra.

Ahora vea cómo calcular funciones inversas. Si se tiene una función $y = f(x)$ y es capaz de resolver esta ecuación para x en términos de y, entonces, de acuerdo con la definición 2, debe obtener $x = f^{-1}(y)$. Si quiere llamar a la variable independiente x, intercambie x por y y llegará a la ecuación $y = f^{-1}(x)$.

5 Cómo encontrar la función inversa de una función *f* inyectiva

PASO 1 Escribir $y = f(x)$.

PASO 2 Resolver esta ecuación para x en términos de y (si es posible).

PASO 3 Para expresar f^{-1} en función de x, intercambiar x por y. La ecuación resultante es $y = f^{-1}(x)$.

EJEMPLO 4 Encuentre la función inversa de $f(x) = x^3 + 2$.

SOLUCIÓN De acuerdo con (5) empiece escribiendo

$$y = x^3 + 2$$

Después, despeje x:

$$x^3 = y - 2$$

$$x = \sqrt[3]{y - 2}$$

Por último, intercambie x y y:

$$y = \sqrt[3]{x - 2}$$

Por tanto, la función inversa es $f^{-1}(x) = \sqrt[3]{x - 2}$. ■

En el ejemplo 4, observe cómo f^{-1} invierte el efecto de f. La función f es la regla "elevar al cubo, luego sumar 2"; f^{-1} es la regla "Restar 2, luego sacar la raíz cúbica."

El principio de intercambio de x e y para encontrar la función inversa también da el método para obtener la gráfica de f^{-1} a partir de la gráfica de f. Ya que $f(a) = b$ si y solo si $f^{-1}(b) = a$, el punto (a, b) está en la gráfica de f si y solo si el punto (b, a) está en la gráfica de f^{-1}. Pero se obtiene el punto (b, a) a partir del punto (a, b) reflejando el segundo a través de la recta $y = x$. (Véase la figura 8.)

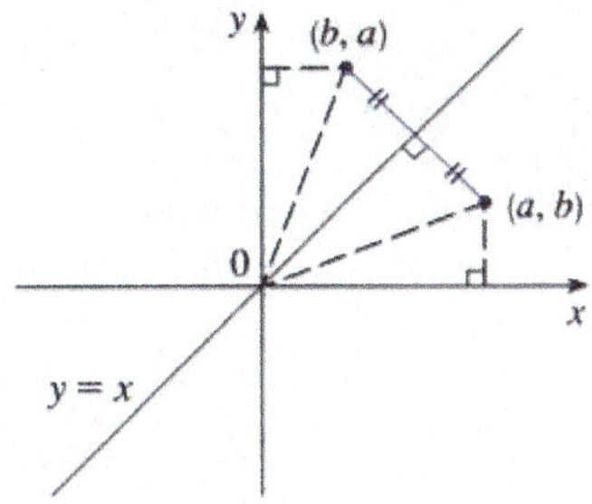

FIGURA 8

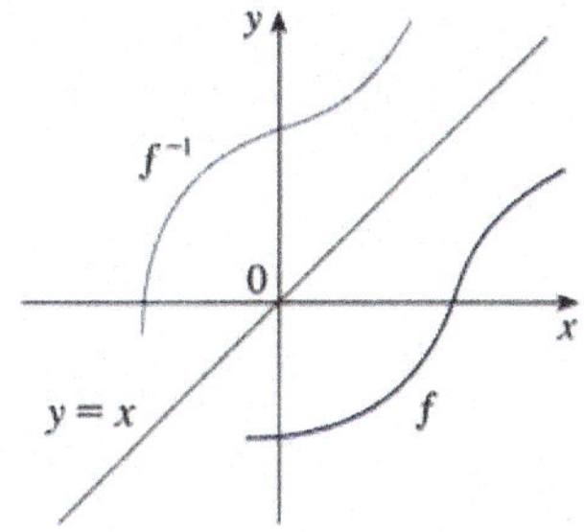

FIGURA 9

Por tanto, como se ejemplifica en la figura 9:

> La gráfica de f^{-1} se obtiene reflejando la gráfica de f a través de la recta $y = x$.

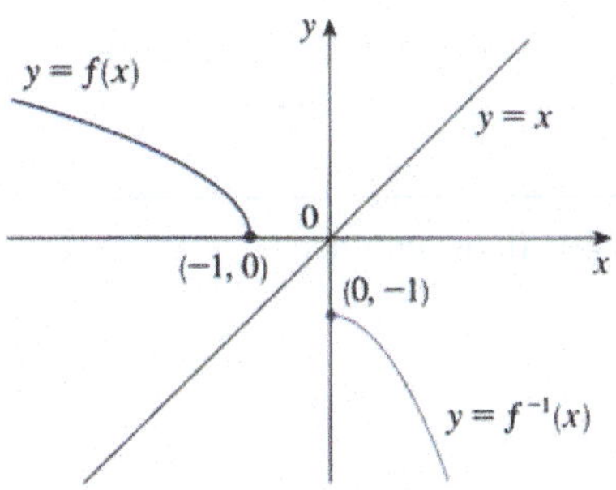

FIGURA 10

EJEMPLO 5 Trace las gráficas de $f(x) = \sqrt{-1 - x}$ y su función inversa utilizando el mismo eje de coordenadas.

SOLUCIÓN Primero trace la curva $y = \sqrt{-1 - x}$ (la mitad superior de la parábola $y^2 = -1 - x$ o $x = -y^2 - 1$), luego refleje respecto a la recta $y = x$ para obtener la gráfica de f^{-1}. (Véase la figura 10.) Para comprobar nuestra gráfica, observe que la expresión para f^{-1} es $f^{-1}(x) = -x^2 - 1$, $x \geqslant 0$. Por lo que la gráfica de f^{-1} es la mitad derecha de la parábola $y = -x^2 - 1$, y esto parece razonable a partir de la figura 10. ■

Funciones logarítmicas

Si $b > 0$ y $b \neq 1$, la función exponencial $f(x) = b^x$ siempre es creciente o decreciente, así que es inyectiva por la prueba de la recta horizontal. Por tanto, tiene una función inversa f^1 que se llama la **función logarítmica con base *b*** y se denota por $\log_b$. Si se utiliza la formulación de una función inversa dada por (3)

$$f^{-1}(x) = y \iff f(y) = x$$

entonces se tiene

6
$$\log_b x = y \iff b^y = x$$

Así, si $x > 0$, entonces $\log_b x$ es el exponente al que hay que elevar la base b para obtener x. Por ejemplo, el $\log_{10} 0.001 = -3$, ya que $10^{-3} = 0.001$.

Las ecuaciones de cancelación (4), cuando se aplican a las funciones $f(x) = b^x$ y $f^{-1}(x) = \log_b x$, se convierten en

7
$$\log_b(b^x) = x \quad \text{para todo } x \in \mathbb{R}$$
$$b^{\log_b x} = x \quad \text{para todo } x > 0$$

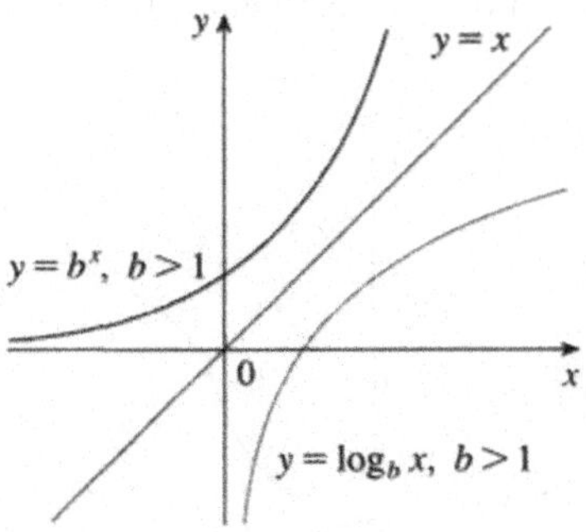

FIGURA 11

La función logarítmica $\log_b$ tiene dominio $(0, \infty)$ y rango $\mathbb{R}$. Su gráfica es la reflexión de la gráfica de $y = b^x$ a través de la recta $y = x$.

La figura 11 muestra el caso en que $b > 1$. (Las funciones logarítmicas más importantes tienen una base $b > 1$.) El hecho de que $y = b^x$ sea una función de rápido crecimiento para $x > 0$ se refleja en el hecho de que $y = \log_b x$ es una función de lento crecimiento para $x > 1$.

La figura 12 muestra las gráficas de $y = \log_b x$ con varios valores de la base $b > 1$. Puesto que $\log_b 1 = 0$, las gráficas de todas las funciones logarítmicas pasan por el punto $(1, 0)$.

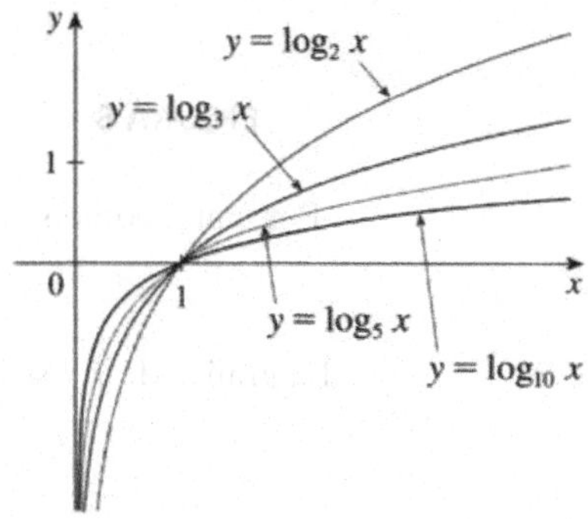

FIGURA 12

Las siguientes propiedades de las funciones logarítmicas se derivan de las correspondientes propiedades de las funciones exponenciales dadas en la sección 1.4.

Leyes de los logaritmos Si x e y son números positivos, entonces

1. $\log_b(xy) = \log_b x + \log_b y$

2. $\log_b\left(\dfrac{x}{y}\right) = \log_b x - \log_b y$

3. $\log_b(x^r) = r\log_b x$ (donde r es cualquier número real)

EJEMPLO 6 Use las leyes de los logaritmos para evaluar $\log_2 80 - \log_2 5$.

SOLUCIÓN Con la ley 2, se tiene

$$\log_2 80 - \log_2 5 = \log_2\left(\frac{80}{5}\right) = \log_2 16 = 4$$

porque $2^4 = 16$. ■

Notación de los logaritmos
En la mayoría de los libros de texto de cálculo y ciencias, así como en las calculadoras, se usa la notación $\ln x$ para el logaritmo natural de x, y $\log x$ para el "logaritmo común", $\log_{10} x$. Sin embargo, en la literatura matemática y científica más avanzada, así como en los lenguajes de programación de computadoras, la notación $\log x$ denota por lo general el logaritmo natural.

■ Logaritmos naturales

De todas las posibles bases b de los logaritmos, se verá en el capítulo 3 que la más conveniente es el número e, que se definió en la sección 1.4. Al logaritmo con base e se le llama **logaritmo natural** y tiene una notación especial:

$$\log_e x = \ln x$$

Si se hace $b = e$ y se sustituye $\log_e$ con "ln" en (6) y (7), entonces las propiedades que definen a la función logaritmo natural se convierten en

8
$$\ln x = y \iff e^y = x$$

9
$$\ln(e^x) = x \qquad x \in \mathbb{R}$$
$$e^{\ln x} = x \qquad x > 0$$

En particular, si se hace $x = 1$, se obtiene

$$\ln e = 1$$

EJEMPLO 7 Encuentre x si $\ln x = 5$.

SOLUCIÓN 1 De (8) se ve que

$$\ln x = 5 \qquad \text{significa} \qquad e^5 = x$$

Por tanto, $x = e^5$.

(Si tiene problemas para trabajar con la notación "ln", simplemente reemplácela por $\log_e$. Entonces la ecuación se convierte en $\log_e x = 5$; así que, por la definición de logaritmo, $e^5 = x$.)

SOLUCIÓN 2 Comience con la ecuación

$$\ln x = 5$$

y aplique la función exponencial a ambos lados de la ecuación:

$$e^{\ln x} = e^5$$

Pero la segunda ecuación de cancelación en (9) indica que $e^{\ln x} = x$. Por tanto, $x = e^5$. ■

EJEMPLO 8 Resuelva la ecuación $e^{5-3x} = 10$.

SOLUCIÓN Se toman logaritmos naturales de ambos lados de la ecuación y se usa (9):

$$\ln(e^{5-3x}) = \ln 10$$
$$5 - 3x = \ln 10$$
$$3x = 5 - \ln 10$$
$$x = \tfrac{1}{3}(5 - \ln 10)$$

Ya que el logaritmo natural se encuentra en las calculadoras científicas, se puede aproximar la solución; para cuatro decimales se tiene: $x \approx 0.8991$. ■

EJEMPLO 9 Exprese $\ln a + \frac{1}{2}\ln b$ con un solo logaritmo.

SOLUCIÓN Con las leyes 3 y 1 de los logaritmos, se tiene

$$\ln a + \tfrac{1}{2}\ln b = \ln a + \ln b^{1/2}$$
$$= \ln a + \ln\sqrt{b}$$
$$= \ln\left(a\sqrt{b}\right)$$ ■

La fórmula siguiente muestra que los logaritmos de cualquier base pueden expresarse en términos del logaritmo natural.

10 **Fórmula para el cambio de base** Para cualquier número positivo b ($b \neq 1$), se tiene

$$\log_b x = \frac{\ln x}{\ln b}$$

DEMOSTRACIÓN Sea $y = \log_b x$. Entonces, a partir de (6), se tiene $b^y = x$. Tomando logaritmos naturales de ambos lados de esta ecuación, se obtiene $y \ln b = \ln x$. Por tanto,

$$y = \frac{\ln x}{\ln b}$$ ■

Las calculadoras científicas tienen un comando para los logaritmos naturales, por lo que la fórmula 10 permite utilizar una calculadora para calcular un logaritmo de cualquier base (como se muestra en el siguiente ejemplo). Del mismo modo, la fórmula 10 permite graficar cualquier función logarítmica en una calculadora graficadora o computadora (véanse los ejercicios 43 y 44).

EJEMPLO 10 Evalúe $\log_8 5$ con una precisión de seis decimales.

SOLUCIÓN La fórmula 10 da

$$\log_8 5 = \frac{\ln 5}{\ln 8} \approx 0.773976$$ ■

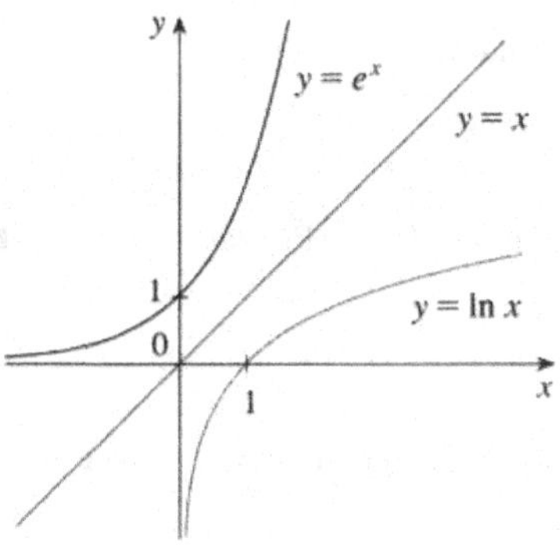

FIGURA 13
La gráfica de $y = \ln x$ es la reflexión de la gráfica $y = e^x$ sobre la recta $y = x$.

Gráfica y crecimiento del logaritmo natural

Las gráficas de la función exponencial $y = e^x$ y su función inversa, la función logaritmo natural, se muestran en la figura 13. Debido a que la curva $y = e^x$ cruza el eje y con una pendiente de 1, se deduce que la curva reflejada $y = \ln x$ cruza el eje x con una pendiente de 1.

Al igual que todas las demás funciones logarítmicas con base mayor que 1, el logaritmo natural es una función creciente definida en $(0, \infty)$, y el eje y es una asíntota vertical. (Esto significa que los valores de $\ln x$ son números negativos cada vez más grandes cuando x se aproxima a 0.)

EJEMPLO 11 Trace la gráfica de la función $y = \ln(x - 2) - 1$.

SOLUCIÓN Empiece con la gráfica de $y = \ln x$ como se indica en la figura 13. Usando las transformaciones de la sección 1.3, desplácela 2 unidades a la derecha para obtener la gráfica de $y = \ln(x - 2)$ y luego desplácela una unidad hacia abajo para obtener la gráfica de $y = \ln(x - 2) - 1$. (Véase la figura 14.)

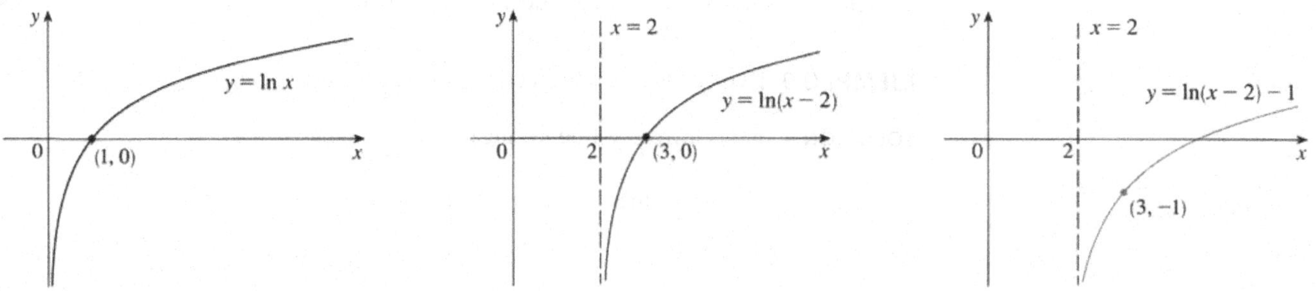

FIGURA 14 ■

A pesar de que ln x es una función creciente, su crecimiento es muy lento cuando $x > 1$. De hecho, ln x crece más lentamente que cualquier potencia positiva de x. Para ilustrar este hecho, se comparan los valores aproximados de las funciones $y = \ln x$ y $y = x^{1/2} = \sqrt{x}$ en la tabla siguiente y se muestran sus gráficas en las figuras 15 y 16. Usted puede ver que en un principio las gráficas de $y = \sqrt{x}$ y $y = \ln x$ crecen a un ritmo comparable, pero al final la función raíz supera con creces al logaritmo.

x	1	2	5	10	50	100	500	1000	10 000	100 000
$\ln x$	0	0.69	1.61	2.30	3.91	4.6	6.2	6.9	9.2	11.5
$\sqrt{x}$	1	1.41	2.24	3.16	7.07	10.0	22.4	31.6	100	316
$\frac{\ln x}{\sqrt{x}}$	0	0.49	0.72	0.73	0.55	0.46	0.28	0.22	0.09	0.04

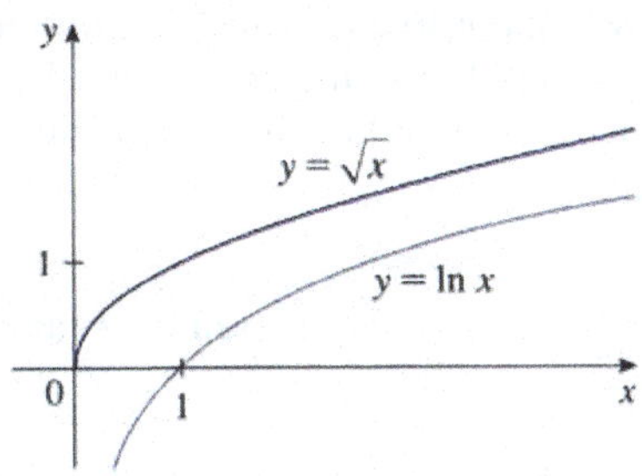

FIGURA 15

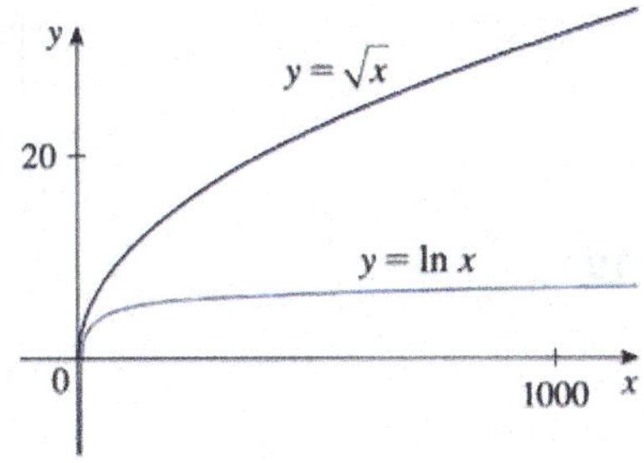

FIGURA 16

Funciones trigonométricas inversas

Cuando se trata de encontrar las funciones trigonométricas inversas, hay una pequeña dificultad: debido a que las funciones trigonométricas no son inyectivas, no tienen funciones inversas. La dificultad se supera restringiendo los dominios de estas funciones para que sean inyectivas.

Puede verse en la figura 17 que la función seno, $y = \operatorname{sen} x$, no es inyectiva (utilice la prueba de la recta horizontal). Pero la función $f(x) = \operatorname{sen} x$, $-\pi/2 \leq x \leq \pi/2$, es inyectiva (véase la figura 18). La función inversa de la función seno restringida f existe y se denota por sen^{-1} o arcsen. Se llama **función seno inverso** o **función arco seno.**

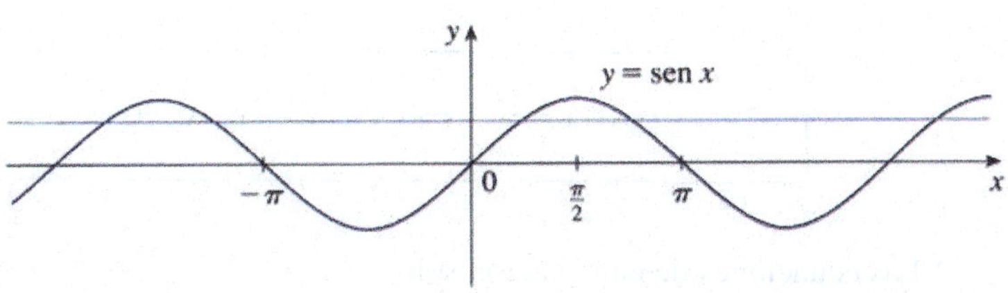

FIGURA 17

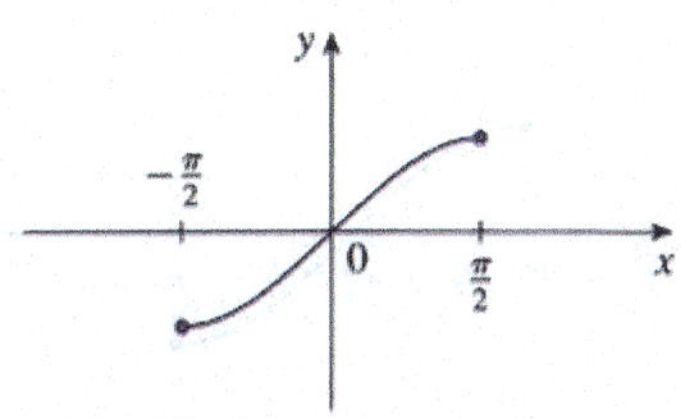

FIGURA 18
$y = \operatorname{sen} x,\ -\frac{\pi}{2} \leq x \leq \frac{\pi}{2}$

Dado que la definición de una función inversa indica que

$$f^{-1}(x) = y \iff f(y) = x$$

se tiene

$$\boxed{\operatorname{sen}^{-1}x = y \iff \operatorname{sen} y = x \quad \text{y} \quad -\frac{\pi}{2} \leqslant y \leqslant \frac{\pi}{2}}$$

⊘ $\operatorname{sen}^{-1}x \neq \dfrac{1}{\operatorname{sen} x}$

Por tanto, $-1 \leqslant x \leqslant 1$ es el número entre $-\pi/2$ y $\pi/2$ cuyo seno es x.

EJEMPLO 12 Evalúe (a) $\operatorname{sen}^{-1}\left(\frac{1}{2}\right)$ y (b) $\tan\left(\operatorname{arcsen}\frac{1}{3}\right)$.

SOLUCIÓN

(a) Se tiene que

$$\operatorname{sen}^{-1}\left(\tfrac{1}{2}\right) = \frac{\pi}{6}$$

porque $\operatorname{sen}(\pi/6) = \frac{1}{2}$ y $\pi/6$ se encuentra entre $-\pi/2$ y $\pi/2$.

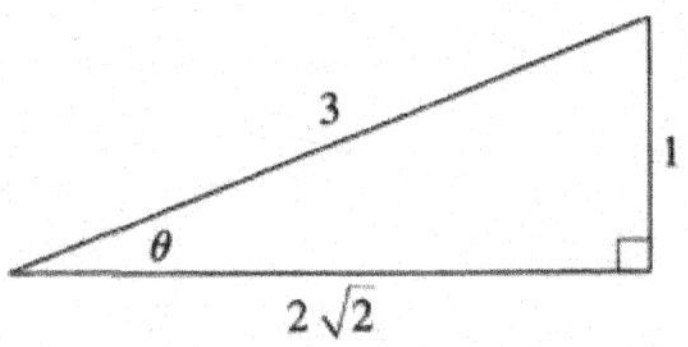

FIGURA 19

(b) Sea $\theta = \operatorname{arcsen}\frac{1}{3}$, por lo que el sen $\theta = \frac{1}{3}$. Entonces, se puede dibujar un triángulo rectángulo con un ángulo θ como en la figura 19 y deducir por el teorema de Pitágoras que el tercer lado del triángulo tiene una longitud de $\sqrt{9-1} = 2\sqrt{2}$. Esto permite leer del triángulo que

$$\tan\left(\operatorname{arcsen}\tfrac{1}{3}\right) = \tan\theta = \frac{1}{2\sqrt{2}}$$

■

Las ecuaciones de cancelación para las funciones inversas resultan ser, en este caso,

$$\boxed{\begin{aligned} &\operatorname{sen}^{-1}(\operatorname{sen} x) = x \quad \text{para } -\frac{\pi}{2} \leqslant x \leqslant \frac{\pi}{2} \\ &\operatorname{sen}(\operatorname{sen}^{-1}x) = x \quad \text{para } -1 \leqslant x \leqslant 1 \end{aligned}}$$

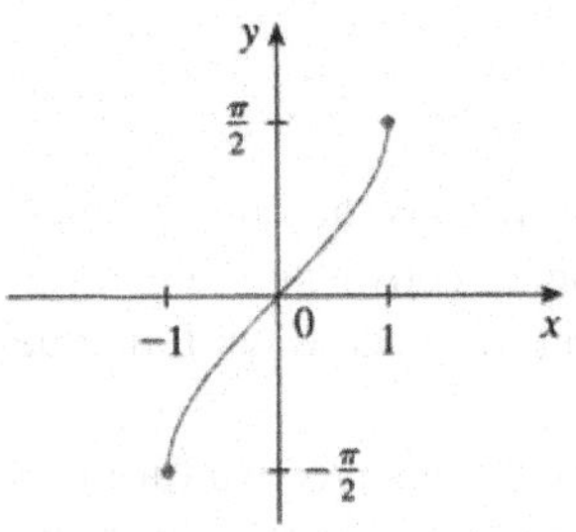

FIGURA 20
$y = \operatorname{sen}^{-1} x = \operatorname{arcsen} x$

La función inversa del seno, sen^{-1}, tiene dominio $[-1, 1]$ y rango $[-\pi/2, \pi/2]$, y su gráfica, que se muestra en la figura 20, se obtiene a partir de la función seno restringido (figura 18), mediante la reflexión a través de la recta $y = x$.

La **función coseno inverso** se maneja en forma similar. La función coseno restringida $f(x) = \cos x$, para $0 \leqslant x \leqslant \pi$, es inyectiva (figura 21) y, por tanto, tiene una función inversa denotada por $\cos^{-1}$ o arccos.

$$\boxed{\cos^{-1}x = y \iff \cos y = x \quad \text{y} \quad 0 \leqslant y \leqslant \pi}$$

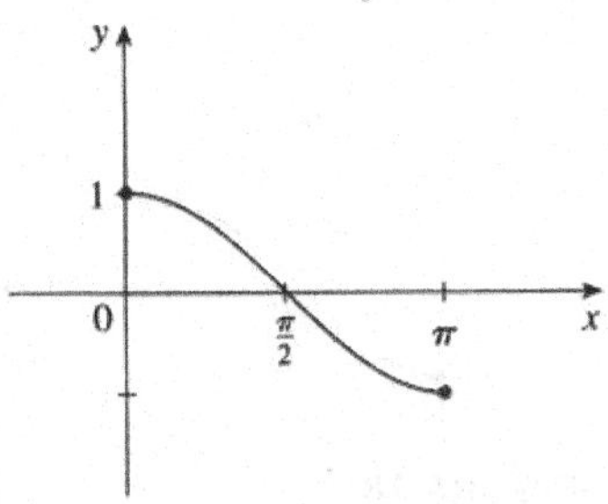

FIGURA 21
$y = \cos x,\ 0 \leqslant x \leqslant \pi$

Las ecuaciones de cancelación son

$$\boxed{\begin{aligned} &\cos^{-1}(\cos x) = x \quad \text{para } 0 \leqslant x \leqslant \pi \\ &\cos(\cos^{-1}x) = x \quad \text{para } -1 \leqslant x \leqslant 1 \end{aligned}}$$

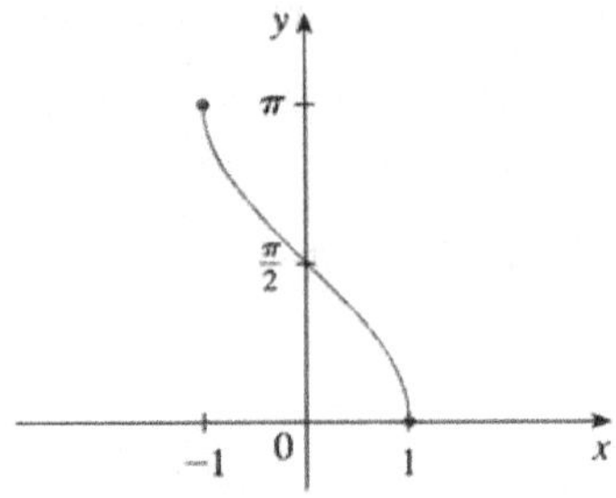

FIGURA 22
$y = \cos^{-1}x = \arccos x$

La función coseno inverso, $\cos^{-1}$, tiene dominio $[-1, 1]$ y rango $[0, \pi]$. Su gráfica se muestra en la figura 22.

La función tangente puede hacerse inyectiva mediante la restricción de que el intervalo sea $(-\pi/2, \pi/2)$. Así, la **función tangente inversa** se define como la inversa de la función $f(x) = \tan x$, $-\pi/2 < x < \pi/2$. (Véase la figura 23), y se denota por $\tan^{-1}$ o arctan.

$$\tan^{-1}x = y \iff \tan y = x \quad \text{y} \quad -\frac{\pi}{2} < y < \frac{\pi}{2}$$

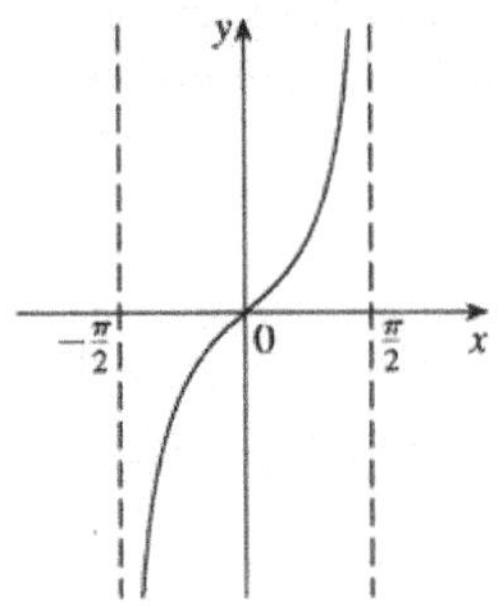

FIGURA 23
$y = \tan x,\ -\frac{\pi}{2} < x < \frac{\pi}{2}$

EJEMPLO 13 Simplifique la expresión $\cos(\tan^{-1}x)$.

SOLUCIÓN 1 Sea $y = \tan^{-1}x$. Entonces $\tan y = x$ y $-\pi/2 < y < \pi/2$. Se quiere encontrar $\cos y$, pero, ya que $\tan y$ es conocida, es más fácil encontrar primero $\sec y$:

$$\sec^2 y = 1 + \tan^2 y = 1 + x^2$$

$$\sec y = \sqrt{1 + x^2} \qquad (\text{ya que } \sec y > 0 \text{ para } -\pi/2 < y < \pi/2)$$

Así
$$\cos(\tan^{-1}x) = \cos y = \frac{1}{\sec y} = \frac{1}{\sqrt{1 + x^2}}$$

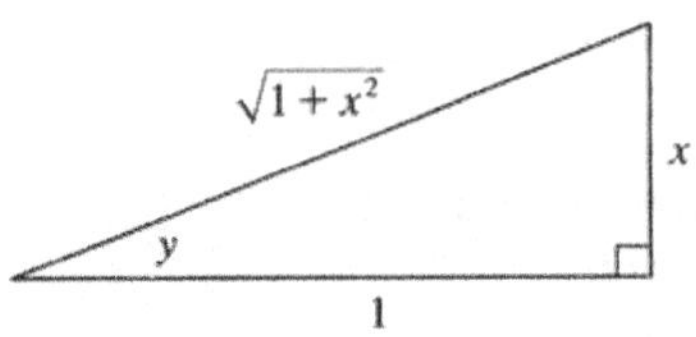

FIGURA 24

SOLUCIÓN 2 En lugar de utilizar las identidades trigonométricas como en la solución 1, es quizá más fácil usar un diagrama. Si $y = \tan^{-1}x$, entonces $\tan y = x$, y se puede leer de la figura 24 (que ilustra el caso $y > 0$) que

$$\cos(\tan^{-1}x) = \cos y = \frac{1}{\sqrt{1 + x^2}}$$ ■

La función tangente inversa, $\tan^{-1} = \arctan$, tiene dominio $\mathbb{R}$ y rango $(-\pi/2, \pi/2)$. Su gráfica se muestra en la figura 25.

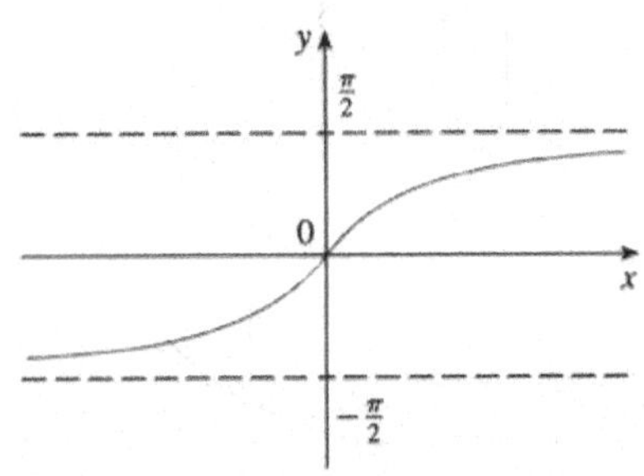

FIGURA 25
$y = \tan^{-1}x = \arctan x$

Se sabe que las rectas $x = \pm\pi/2$ son asíntotas verticales de la gráfica de tan. Dado que la gráfica de $\tan^{-1}$ se obtiene reflejando la gráfica de la función tangente restringida, respecto a la recta $y = x$, se deduce que las rectas $y = \pi/2$ y $y = -\pi/2$ son asíntotas horizontales de la gráfica de $\tan^{-1}$.

El resto de las funciones trigonométricas inversas no se utilizan con tanta frecuencia y se resumen aquí.

11
$$y = \csc^{-1}x \ (|x| \geqslant 1) \iff \csc y = x \ \text{ y } \ y \in (0, \pi/2] \cup (\pi, 3\pi/2]$$
$$y = \sec^{-1}x \ (|x| \geqslant 1) \iff \sec y = x \ \text{ y } \ y \in [0, \pi/2) \cup [\pi, 3\pi/2)$$
$$y = \cot^{-1}x \ (x \in \mathbb{R}) \iff \cot y = x \ \text{ y } \ y \in (0, \pi)$$

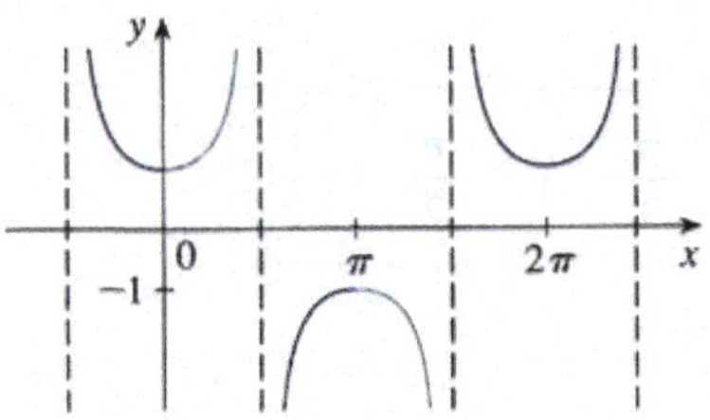

FIGURA 26
$y = \sec x$

La elección de los intervalos para y en las definiciones de $\csc^{-1}$ y $\sec^{-1}$ no es aceptada universalmente. Por ejemplo, algunos autores utilizan $y \in [0, \pi/2) \cup (\pi/2, \pi]$ en la definición de $\sec^{-1}$. [Se puede ver en la gráfica de la función secante en la figura 26 que tanto esta opción como la que se encuentra en (11) funcionan.]

1.5 EJERCICIOS

1. (a) ¿Qué es una función inyectiva?
(b) ¿Cómo puede decirse, a partir de la gráfica de una función, que es inyectiva?

2. (a) Suponga que f es una función inyectiva con dominio A y rango B. ¿Cómo se define la función inversa f^{-1}? ¿Cuál es el dominio de f^{-1}? ¿Cuál es el rango de f^{-1}?
(b) Si se le da una fórmula para f, ¿cómo encuentra una fórmula para f^{-1}?
(c) Si se le da la gráfica para f, ¿cómo encuentra la gráfica de f^{-1}?

3–14 Una función está dada por una tabla de valores, una gráfica, una fórmula o una descripción verbal. Determine si es inyectiva.

3.

x	1	2	3	4	5	6
$f(x)$	1.5	2.0	3.6	5.3	2.8	2.0

4.

x	1	2	3	4	5	6
$f(x)$	1.0	1.9	2.8	3.5	3.1	2.9

5.

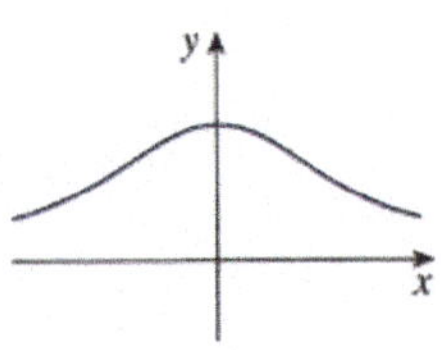

6.

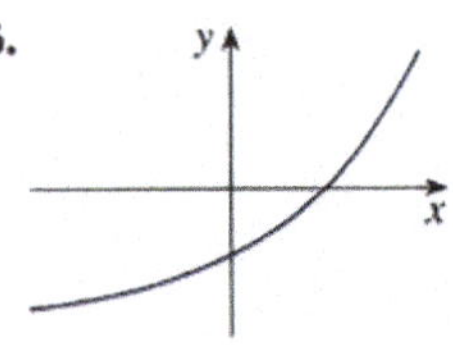

7.

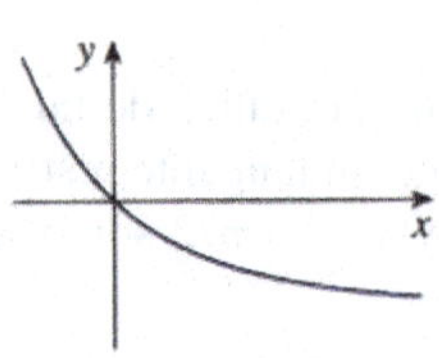

8.

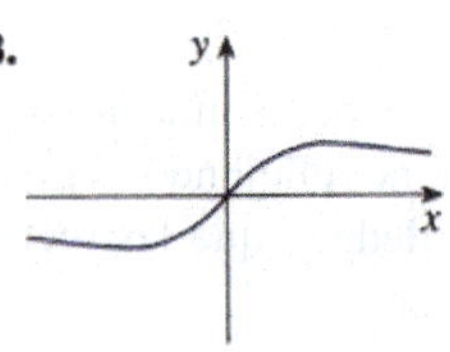

9. $f(x) = 2x - 3$

10. $f(x) = x^4 - 16$

11. $g(x) = 1 - \operatorname{sen} x$

12. $g(x) = \sqrt[3]{x}$

13. $f(t)$ es la altura de una flecha t segundos después de que se lanza hacia arriba.

14. $f(t)$ es el tamaño de su zapato a la edad t.

---

15. Suponga que f es una función inyectiva.
(a) Si $f(4)= 7$, ¿qué es $f^{-1}(7)$?
(b) Si $f^{-1}(8)= 2$, ¿qué es $f(2)$?

16. Si $f(x) = x^5 + x^3 + x$, determine $f^{-1}(3)$ y $f(f^{-1}(2))$.

17. Si $g(x) = 3 + x + e^x$, determine $g^{-1}(4)$.

18. La gráfica de f está dada.
(a) ¿Por qué f es inyectiva?
(b) ¿Cuáles son el dominio y el rango de f^{-1}?
(c) ¿Cuál es el valor de $f^{-1}(2)$?
(d) Calcule el valor de $f^{-1}(0)$.

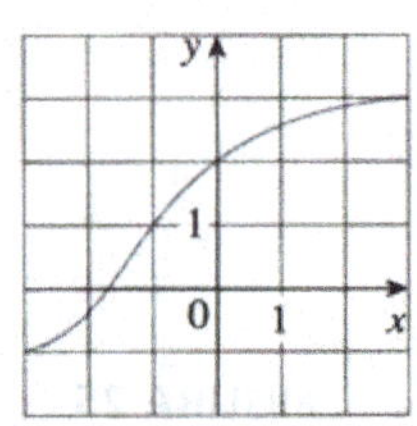

19. La fórmula $C = \frac{5}{9}(F - 32)$, donde $F \geqslant -459.67$, expresa la temperatura Celsius C, en función de la temperatura Fahrenheit F. Encuentre una fórmula para la función inversa e interprétela. ¿Cuál es el dominio de la función inversa?

20. En la teoría de la relatividad, la masa de una partícula con rapidez v es

$$m = f(v) = \frac{m_0}{\sqrt{1 - v^2/c^2}}$$

donde m_0 es la masa en reposo de la partícula y c es la velocidad de la luz en el vacío. Encuentre la función inversa de f y explique su significado.

21–26 Determine una fórmula para la inversa de la función.

21. $f(x) = 1 + \sqrt{2 + 3x}$ **22.** $f(x) = \dfrac{4x - 1}{2x + 3}$

23. $f(x) = e^{2x-1}$ **24.** $y = \dfrac{e^x}{1 + 2e^x}$

25. $y = \ln(x + 3)$ **26.** $y = \dfrac{1 - e^{-x}}{1 + e^{-x}}$

27–28 Encuentre una fórmula explícita para f^{-1} y utilícela para graficar f^{-1}, f y la recta $y = x$ en la misma pantalla. Para comprobar su trabajo, vea si las gráficas de f y f^{-1} son reflexiones a través de la recta.

27. $f(x) = \sqrt{4x + 3}$ **28.** $f(x) = 1 + e^{-x}$

29–30 Use la gráfica dada de f, para trazar la gráfica de f^{-1}.

29.

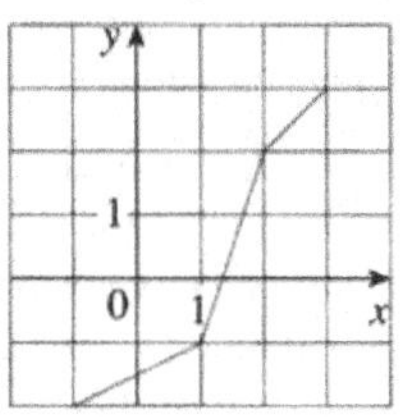

30.

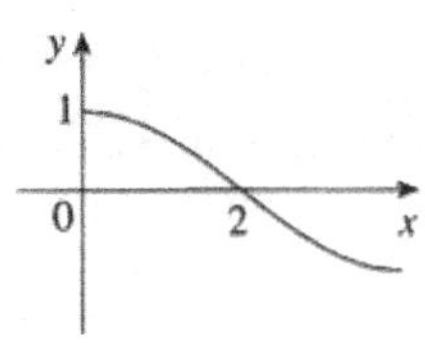

31. Sea $f(x) = \sqrt{1 - x^2}$, $0 \leq x \leq 1$.
(a) Encuentre f^{-1}. ¿Cómo se relaciona con f?
(b) Identifique la gráfica de f y explique su respuesta al inciso (a).

32. Sea $g(x) = \sqrt[3]{1 - x^3}$.
(a) Encuentre g^{-1}. ¿Cómo se relaciona con la g?
(b) Grafique g. ¿Cómo explica usted su respuesta al inciso (a)?

33. (a) ¿Cómo se define la función logarítmica $y = \log_b x$?
(b) ¿Cuál es el dominio de esta función?
(c) ¿Cuál es el rango de esta función?
(d) Dibuje la forma general de la gráfica de la función $y = \log_b x$ si $b > 1$.

34. (a) ¿Qué es el logaritmo natural?
(b) ¿Qué es el logaritmo común?
(c) Trace las gráficas de la función logaritmo natural y la función exponencial natural en un mismo conjunto de ejes.

35–38 Encuentre el valor exacto de cada una de las expresiones siguientes.

35. (a) $\log_2 32$ (b) $\log_8 2$

36. (a) $\log_5 \frac{1}{125}$ (b) $\ln(1/e^2)$

37. (a) $\log_{10} 40 + \log_{10} 2.5$
(b) $\log_8 60 - \log_8 3 - \log_8 5$

38. (a) $e^{-\ln 2}$ (b) $e^{\ln(\ln e^3)}$

39–41 Exprese cada una de las siguientes cantidades dadas como un solo logaritmo.

39. $\ln 20 - 2 \ln 2$ **40.** $\ln b + 2 \ln c - 3 \ln d$

41. $\frac{1}{3}\ln(x + 2)^3 + \frac{1}{2}[\ln x - \ln(x^2 + 3x + 2)^2]$

42. Use la fórmula 10 para evaluar cada logaritmo con precisión de seis decimales.
(a) $\log_5 10$ (b) $\log_3 57$

43–44 Use la fórmula 10 para graficar cada una de las funciones siguientes en una pantalla común. ¿Cómo se relacionan estas gráficas?

43. $y = \log_{1.5} x$, $y = \ln x$, $y = \log_{10} x$, $y = \log_{50} x$

44. $y = \ln x$, $y = \log_{10} x$, $y = e^x$, $y = 10^x$

45. Suponga que la gráfica de $y = \log_2 x$ se dibuja sobre una cuadrícula de coordenadas, donde la unidad de medida es de un centímetro. ¿Cuántos kilómetros a la derecha del origen se tiene que mover antes de que la altura de la curva alcance 1 m?

46. Compare las funciones $f(x) = x^{0.1}$ y $g(x) = \ln x$ graficando ambas, f y g, en varios rectángulos de visualización. ¿Cuándo la gráfica de f supera finalmente a la gráfica de g?

47–48 Haga un trazo de la gráfica de cada una de las funciones siguientes. No utilice calculadora. Solo tiene que usar las gráficas de las figuras 12 y 13 y, si es necesario, las transformaciones de la sección 1.3.

47. (a) $y = \log_{10}(x + 5)$ (b) $y = -\ln x$

48. (a) $y = \ln(-x)$ (b) $y = \ln|x|$

49–50 *a*) ¿Cuáles son el dominio y el rango de f?
(b) ¿Cuál es la intersección en x de la gráfica?
(c) Trace la gráfica de f.

49. $f(x) = \ln x + 2$ **50.** $f(x) = \ln(x - 1) - 1$

51–54 Resuelva cada ecuación para x.

51. (a) $e^{7-4x} = 6$ (b) $\ln(3x - 10) = 2$

52. (a) $\ln(x^2 - 1) = 3$ (b) $e^{2x} - 3e^x + 2 = 0$

53. (a) $2^{x-5} = 3$ (b) $\ln x + \ln(x - 1) = 1$

54. (a) $\ln(\ln x) = 1$ (b) $e^{ax} = Ce^{bx}$, donde $a \neq b$

55–56 Resuelva cada desigualdad para x.

55. (a) $\ln x < 1$ (b) $e^x \geqslant 3$

56. (a) $1 < e^{3x-1} < 2$ (b) $1 - 2\ln x < 3$

57. (a) Encuentre el dominio de $f(x) = \ln(e^x - 3)$.
(b) Determine f^{-1} y su dominio.

58. (a) ¿Cuáles son los valores de $e^{\ln 300}$ y $\ln(e^{300})$?
(b) Use su calculadora para evaluar $e^{\ln 300}$ y $\ln(e^{300})$. ¿Qué observa? ¿Puede explicar por qué la calculadora tiene problemas?

SAC **59.** Grafique la función $f(x) = \sqrt{x^3 + x^2 + x + 1}$ y explique por qué es inyectiva. Luego utilice un sistema de algebraico computacional para encontrar una expresión explícita para $f^{-1}(x)$. (El SAC produce tres posibles expresiones. Explique por qué dos de ellas son irrelevantes en este contexto.)

SAC **60.** (a) Si $g(x) = x^6 + x^4$, $x \geqslant 0$, utilice un sistema de algebraico computacional para encontrar una expresión para $g^{-1}(x)$.
(b) Utilice la expresión del inciso (a) para graficar $y = g(x)$, $y = x$ y $y = g^{-1}(x)$, en la misma pantalla.

61. Si una población de bacterias comienza con 100 bacterias y se duplica cada tres horas, entonces el número de bacterias después de t horas es $n = f(t) = 100 \cdot 2^{t/3}$.
(a) Determine la inversa de esta función y explique su significado.
(b) ¿Cuándo la población alcanzará 50 000 bacterias?

62. Cuando el flash de una cámara se apaga, las baterías comienzan a recargar de inmediato el condensador del flash, que almacena una carga eléctrica dada por

$$Q(t) = Q_0(1 - e^{-t/a})$$

(La capacidad de carga máxima es Q_0, y t se mide en segundos.)
(a) Encuentre la inversa de esta función y explique su significado.
(b) ¿Cuánto tiempo se tarda en recargar el condensador a 90% de la capacidad si $a = 2$?

63–68 Encuentre el valor exacto de cada una de las expresiones siguientes.

63. (a) $\cos^{-1}(-1)$ (b) $\operatorname{sen}^{-1}(0.5)$

64. (a) $\tan^{-1}\sqrt{3}$ (b) $\arctan(-1)$

65. (a) $\csc^{-1}\sqrt{2}$ (b) arcsen 1

66. (a) $\operatorname{sen}^{-1}(-1/\sqrt{2})$ (b) $\cos^{-1}(\sqrt{3}/2)$

67. (a) $\cot^{-1}(-\sqrt{3})$ (b) $\sec^{-1} 2$

68. (a) $\operatorname{arcsen}(\operatorname{sen}(5\pi/4))$ (b) $\cos(2\operatorname{sen}^{-1}(\frac{5}{13}))$

---

69. Pruebe que $\cos(\operatorname{sen}^{-1} x) = \sqrt{1 - x^2}$.

70–72 Simplifique cada una de las expresiones siguientes:

70. $\tan(\operatorname{sen}^{-1}x)$ **71.** $\operatorname{sen}(\tan^{-1}x)$ **72.** $\operatorname{sen}(2 \arccos x)$

73-74 Trace la gráfica de las funciones dadas, en la misma pantalla. ¿Cómo se relacionan estas gráficas?

73. $y = \operatorname{sen} x$, $-\pi/2 \leqslant x \leqslant \pi/2$; $y = \operatorname{sen}^{-1}x$; $y = x$

74. $y = \tan x$, $-\pi/2 < x < \pi/2$; $y = \tan^{-1}x$; $y = x$

---

75. Encuentre el dominio y el rango de la función

$$g(x) = \operatorname{sen}^{-1}(3x + 1)$$

76. (a) Trace la gráfica de la función $f(x) = \operatorname{sen}(\operatorname{sen}^{-1}x)$ y explique la apariencia de la gráfica.
(b) Trace la gráfica de la función $g(x) = \operatorname{sen}^{-1}(\operatorname{sen} x)$. ¿Cómo se explica la apariencia de esta gráfica?

77. (a) Si desplaza la curva a la izquierda, ¿qué sucede con su reflexión a través de la recta $y = x$? En vista de este principio geométrico, encuentre una expresión para la inversa de $g(x) = f(x + c)$, donde f es una función inyectiva.
(b) Encuentre una expresión para la inversa de $h(x) = f(cx)$, donde $c \neq 0$.

1 REPASO

VERIFICACIÓN DE CONCEPTOS

Las respuestas a la verificación de conceptos se encuentran en las páginas finales del libro.

1. (a) ¿Qué es una función? ¿Cuáles son su dominio y su rango?
(b) ¿Qué es la gráfica de una función?
(c) ¿Cómo se puede saber si una curva dada es la gráfica de una función?

2. Analice cuatro maneras de representar una función. Ilustre la discusión con ejemplos.

3. (a) ¿Qué es una función par? ¿Cómo puede saber si una función es par observando su gráfica? Dé tres ejemplos de una función par.
(b) ¿Qué es una función impar? ¿Cómo puede saber si una función es impar observando su gráfica? Dé tres ejemplos de una función impar.

4. ¿Qué es una función creciente?

5. ¿Qué es un modelo matemático?

6. Dé un ejemplo de cada tipo de función
(a) lineal (b) potencia
(c) exponencial (d) cuadrática
(e) polinomial de grado 5 (f) racional

7. Trace a mano, en los mismos ejes, las gráficas de las funciones siguientes.

(a) $f(x) = x$ (b) $g(x) = x^2$
(c) $h(x) = x^3$ (d) $j(x) = x^4$

8. Trace a mano un bosquejo de la gráfica de cada una de las funciones siguientes.

(a) $y = \operatorname{sen} x$ (b) $y = \tan x$ (c) $y = e^x$
(d) $y = \ln x$ (e) $y = 1/x$ (f) $y = |x|$
(g) $y = \sqrt{x}$ (h) $y = \tan^{-1} x$

9. Suponga que f tiene dominio A y g tiene dominio B.
(a) ¿Cuál es el dominio de $f + g$?
(b) ¿Cuál es el dominio de fg?
(c) ¿Cuál es el dominio de f/g?

10. ¿Cómo se define la función compuesta $f \circ g$? ¿Cuál es su dominio?

11. Suponga que la gráfica de f está dada. Escriba una ecuación para cada una de las gráficas que se obtienen de f de la siguiente manera.
(a) Desplazar 2 unidades hacia arriba.
(b) Desplazar 2 unidades hacia abajo.
(c) Desplazar 2 unidades a la derecha.
(d) Desplazar 2 unidades a la izquierda.
(e) Reflejar a través del eje x.
(f) Reflejar a través del eje y.
(g) Alargar verticalmente por un factor de 2.
(h) Contraer verticalmente por un factor de 2.
(i) Alargar horizontalmente por un factor de 2.
(j) Contraer horizontalmente por un factor de 2.

12. (a) ¿Qué es una función inyectiva? ¿Cómo puede saber si una función es inyectiva observando su gráfica?
(b) Si f es una función inyectiva, ¿cómo se define su función inversa f^{-1}? ¿Cómo se obtiene la gráfica de f^{-1} a partir de la gráfica de f?

13. (a) ¿Cómo se define la función seno inverso $f(x) = \operatorname{sen}^{-1} x$? ¿Cuáles son su dominio y su rango?
(b) ¿Cómo se define la función coseno inverso $f(x) = \cos^{-1} x$? ¿Cuáles son su dominio y rango?
(c) ¿Cómo se define la función tangente inversa $f(x) = \tan^{-1} x$? ¿Cuáles son su dominio y rango?

EXAMEN VERDADERO-FALSO

Determine si el enunciado es verdadero o falso. Si es verdadero, explique por qué. Si es falso, explique por qué o dé un ejemplo que refute el enunciado.

1. Si f es una función, entonces $f(s + t) = f(s) + f(t)$.

2. Si $f(s) = f(t)$, entonces $s = t$.

3. Si f es una función, entonces $f(3x) = 3f(x)$.

4. Si $x_1 < x_2$ y f es una función decreciente, entonces $f(x_1) > f(x_2)$.

5. Una recta vertical interseca la gráfica de una función a lo más una vez.

6. Si f y g son funciones, entonces $f \circ g = g \circ f$.

7. Si f es inyectiva, entonces $f^{-1}(x) = \dfrac{1}{f(x)}$.

8. Siempre puede dividirse entre e^x.

9. Si $0 < a < b$, entonces $\ln a < \ln b$.

10. Si $x > 0$, entonces $(\ln x)^6 = 6 \ln x$.

11. Si $x > 0$ y $a > 1$, entonces $\dfrac{\ln x}{\ln a} = \ln \dfrac{x}{a}$.

12. $\tan^{-1}(-1) = 3\pi/4$.

13. $\tan^{-1} x = \dfrac{\operatorname{sen}^{-1} x}{\cos^{-1} x}$

14. Si x es cualquier número real, entonces $\sqrt{x^2} = x$.

EJERCICIOS

1. Sea f la función cuya gráfica está dada.

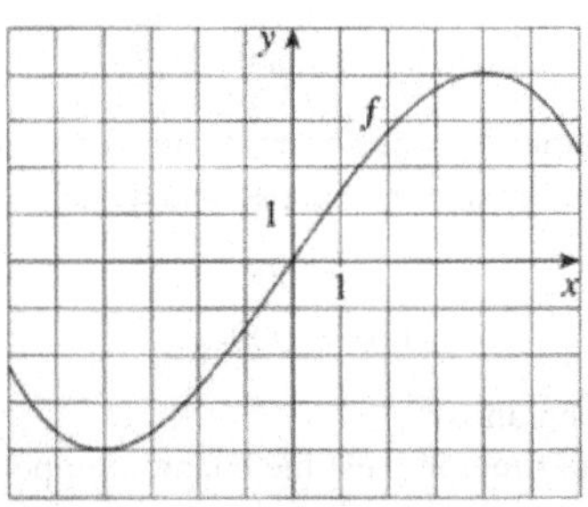

(a) Calcule el valor de $f(2)$.
(b) Calcule los valores de x tales que $f(x) = 3$.
(c) Indique el dominio de f.
(d) Establezca el rango de f.
(e) ¿Sobre qué intervalo es creciente f?
(f) ¿Es f inyectiva? Explique.
(g) ¿Es f par, impar, o ninguno de los dos? Explique.

2. La gráfica de g está dada

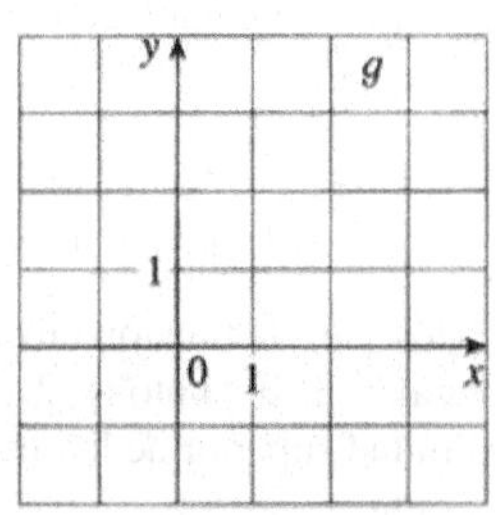

(a) Obtenga el valor de $g(2)$.
(b) ¿Por qué g es inyectiva?
(c) Calcule el valor de $g^{-1}(2)$.
(d) Calcule el dominio de g^{-1}.
(e) Trace la gráfica de g^{-1}.

3. Si $f(x) = x^2 - 2x + 3$, evalúe el cociente de diferencias

$$\frac{f(a + h) - f(a)}{h}$$

4. Dibuje una gráfica aproximada de la producción de un cultivo en función de la cantidad de fertilizante utilizado.

5-8 Encuentre el dominio y rango de cada una de las funciones siguientes. Escriba su respuesta en notación de intervalos.

5. $f(x) = 2/(3x - 1)$ **6.** $g(x) = \sqrt{16 - x^4}$

7. $h(x) = \ln(x + 6)$ **8.** $F(t) = 1 + \operatorname{sen} 2t$

---

9. Suponga que la gráfica de f está dada. Describa cómo se pueden obtener las gráficas de las funciones siguientes a partir de la gráfica de f.

(a) $y = f(x) + 8$ (b) $y = f(x + 8)$

(c) $y = 1 + 2f(x)$ (d) $y = f(x - 2) - 2$

(e) $y = -f(x)$ (f) $y = f^{-1}(x)$

10. La gráfica de f está dada. Dibuje las gráficas de las funciones siguientes.

(a) $y = f(x - 8)$ (b) $y = -f(x)$

(c) $y = 2 - f(x)$ (d) $y = \frac{1}{2}f(x) - 1$

(e) $y = f^{-1}(x)$ (f) $y = f^{-1}(x + 3)$

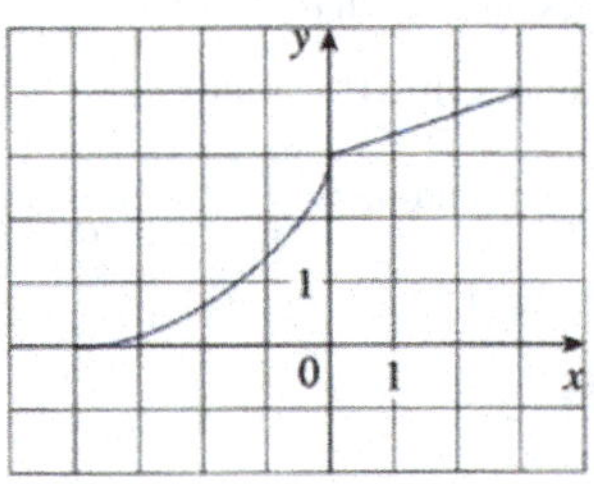

11-16 Utilice transformaciones para trazar la gráfica de la función.

11. $y = (x - 2)^3$ **12.** $y = 2\sqrt{x}$

13. $y = x^2 - 2x + 2$ **14.** $y = \ln(x + 1)$

15. $f(x) = -\cos 2x$ **16.** $f(x) = \begin{cases} -x & \text{si } x < 0 \\ e^x - 1 & \text{si } x \geqslant 0 \end{cases}$

---

17. Determine si f es par, impar o ninguna de las dos.

(a) $f(x) = 2x^5 - 3x^2 + 2$

(b) $f(x) = x^3 - x^7$

(c) $f(x) = e^{-x^2}$ (d) $f(x) = 1 + \operatorname{sen} x$

18. Encuentre una expresión para la función cuya gráfica consiste en el segmento de recta desde el punto $(-2, 2)$ hasta el punto $(-1, 0)$, junto con la mitad superior de la circunferencia con centro en el origen y radio 1.

19. Si $f(x) = \ln x$ y $g(x) = x^2 - 9$, encuentre las funciones (a) $f \circ g$, (b) $g \circ f$, (c) $f \circ f$, (d) $g \circ g$, y sus dominios.

20. Exprese la función $F(x) = 1/\sqrt{x + \sqrt{x}}$ como una composición de tres funciones.

21. La tabla muestra la población de Indonesia (en millones) durante los años 1950-2000. Decida qué tipo de modelo es apropiado y utilice el modelo para estimar la población de Indonesia en 2010.

Año	Población	Año	Población
1950	80	1980	150
1955	86	1985	166
1960	96	1990	182
1965	107	1995	197
1970	120	2000	212
1975	134		

22. Un pequeño fabricante de electrodomésticos encuentra que cuesta \$9000 producir 1000 hornos tostadores a la semana y \$12 000 producir 1500 hornos tostadores a la semana.

(a) Exprese el costo en función del número de hornos tostadores producidos, suponiendo que es lineal. Luego trace la gráfica.

(b) ¿Cuál es la pendiente de la gráfica y qué representa?

(c) ¿Cuál es la intersección de la gráfica con el eje y y qué representa?

23. Si $f(x) = 2x + \ln x$, determine $f^{-1}(2)$.

24. Encuentre la función inversa de $f(x) = \dfrac{x + 1}{2x + 1}$.

25. Encuentre el valor exacto de cada una de las expresiones siguientes.

(a) $e^{2 \ln 3}$ (b) $\log_{10} 25 + \log_{10} 4$

(c) $\tan\left(\operatorname{arcsen} \frac{1}{2}\right)$ (d) $\operatorname{sen}\left(\cos^{-1}\left(\frac{4}{5}\right)\right)$

26. Resuelva cada una de las ecuaciones siguientes para x.

(a) $e^x = 5$ (b) $\ln x = 2$

(c) $e^{e^x} = 2$ (d) $\tan^{-1} x = 1$

27. La vida media del paladio-100, ^{100}Pd, es de cuatro días. (Así que la mitad de cualquier cantidad dada de ^{100}Pd se desintegrará en cuatro días.) La masa inicial de una muestra es un gramo.

(a) Encuentre la masa que queda después de 16 días.

(b) Determine la masa $m(t)$ que queda después de t días.

(c) Encuentre la inversa de esta función y explique su significado.

(d) ¿Cuándo se reducirá la masa a 0.01 g?

28. La población de ciertas especies en un ambiente limitado con una población inicial de 100 y capacidad de carga de 1000 es

$$P(t) = \frac{100\,000}{100 + 900e^{-t}}$$

donde t se mide en años.

(a) Grafique esta función y estime cuánto tiempo le toma a la población llegar a 900.

(b) Encuentre la inversa de esta función y explique su significado.

(c) Utilice la función inversa para encontrar el tiempo necesario para que la población llegue a 900. Compare con el resultado del inciso (a).

Principios para la resolución de problemas

No hay reglas sólidas ni inmediatas que aseguren el éxito en la resolución de problemas. Sin embargo, es posible delinear algunos pasos generales en el proceso de resolución de problemas y dar algunos principios que pueden ser útiles en la resolución de algunos de ellos. Estos pasos y principios no hacen otra cosa que explicitar el sentido común y se han adaptado del libro de George Polya, *How To Solve It*.

1 COMPRENDA EL PROBLEMA

El primer paso es leer el problema y asegurarse de que lo comprende con claridad. Plantéese las siguientes preguntas:

¿Cuál es la incógnita?

¿Cuáles son las cantidades que se conocen?

¿Cuáles son las condiciones dadas?

Para muchos problemas es útil

dibujar un diagrama

e identificar en el diagrama las cantidades dadas y las requeridas.

Por lo general, es necesario

introducir una notación adecuada

En la elección de símbolos para las incógnitas, a menudo se usan letras como a, b, c, m, n, x o y, aunque en algunos casos es mejor usar las iniciales de las cantidades involucradas como símbolos sugerentes; por ejemplo, V para el volumen o t para tiempo.

2 PIENSE EN UN PLAN

Es importante encontrar una conexión entre la información dada y la desconocida, lo que le permitirá calcular las incógnitas. Con frecuencia es útil preguntarse a sí mismo de manera explícita: "¿Cómo relaciono lo conocido con lo desconocido?" Si usted no ve una conexión inmediata, las siguientes ideas pueden serle útiles en la concepción de un plan.

Intente reconocer algo conocido Relacione la situación dada con los conocimientos previos. Observe lo desconocido y trate de recordar un problema más conocido que cuente con una incógnita similar.

Intente reconocer patrones Algunos problemas se resuelven mediante el reconocimiento de algún tipo de patrón que está ocurriendo. El patrón puede ser geométrico, numérico o algebraico. Si usted puede ver la regularidad o repetición en un problema, podría ser capaz de inferir el patrón y luego probarlo.

Utilice analogías Trate de pensar en un problema análogo, es decir, un problema similar, un problema relacionado, pero que sea más fácil de resolver que el problema original. Si usted puede resolver el problema similar, pero más sencillo, entonces podría dar con las claves que necesita para resolver el problema original, que es más difícil. Por ejemplo, si un problema implica cantidades muy grandes, podría intentar primero resolver un problema similar con cifras más pequeñas. O si el problema implica geometría en tres dimensiones, puede buscarse un problema geométrico similar en dos dimensiones. O si el problema inicial es de carácter general, puede empezar con un caso particular.

Introduzca algo extra A veces puede ser necesario introducir algo nuevo, un apoyo auxiliar para ayudar a hacer la conexión entre lo dado y lo desconocido. Por ejemplo, en un problema donde un diagrama es útil, lo auxiliar podría ser una nueva línea trazada en el diagrama. En un problema más algebraico, podría ser una nueva incógnita relacionada con la original.

Establezca casos A veces puede tener que dividir un problema en varios casos y dar un argumento diferente para cada uno de los casos. Por ejemplo, a menudo se tiene que utilizar esta estrategia al tratar con valores absolutos.

Trabaje hacia atrás A veces es útil imaginar que el problema está resuelto y trabajar hacia atrás, paso a paso, hasta llegar a los datos proporcionados. Entonces usted puede revertir sus pasos y construir una solución al problema original. Este procedimiento es utilizado, por lo común, en la resolución de ecuaciones. Por ejemplo, en la resolución de la ecuación $3x - 5 = 7$, suponga que x es un número que satisface $3x - 5 = 7$ y trabaje hacia atrás. Sume 5 a cada lado de la ecuación y luego divida ambos lados entre 3 para obtener $x = 4$. Como cada uno de estos pasos puede revertirse, ha resuelto el problema.

Establezca metas parciales En un problema complejo a menudo es útil establecer objetivos parciales (en los que la situación deseada se cumple solo parcialmente). Si primero puede llegar a estos objetivos parciales, entonces puede construir conclusiones sobre ellos para llegar a la meta final.

Razonamiento indirecto Con frecuencia es apropiado atacar en forma indirecta un problema. En el uso de la demostración por contradicción para demostrar que P implica Q, suponga que P es cierta y Q es falsa y trate de ver por qué esto no puede suceder. De alguna manera, tiene que utilizar esta información y llegar a una contradicción de lo que sabe que es verdadero.

Inducción matemática En la demostración de proposiciones que implican un entero positivo n, frecuentemente es útil usar el siguiente principio.

> **Principio de inducción matemática** Sea S_n ser un enunciado sobre el número entero positivo n. Suponga que
>
> **1.** S_1 es verdadero.
>
> **2.** S_{k+1} es verdadero siempre que S_k es verdadero.
>
> Entonces S_n es cierto para todos los enteros positivos n.

Esto es razonable porque, dado que S_1 es verdadera, se deduce de la condición 2 (con $k = 1$) que la S_2 es verdadera. Luego, utilizando la condición 2 con $k = 2$, se ve que S_3 es verdadera. Una vez más, con la condición 2, esta vez con $k = 3$, se tiene que S_4 es verdadera. Este procedimiento puede seguirse indefinidamente.

3 EJECUTE EL PLAN

En el paso 2 se ideó un plan. Para llevar a cabo ese plan hay que verificar cada etapa de este y escribir los detalles que demuestran que cada etapa es correcta.

4 REVISE

Después de haber completado la solución, es conveniente revisarla, en parte para ver si no se han cometido errores en la solución y en parte para ver si puede pensar una manera más fácil de resolver el problema. Otra razón para revisar es familiarizarse con el método de solución, lo que puede ser útil para resolver un problema en el futuro. Descartes dijo: "Cada problema que resolví se convirtió en una regla que sirvió después para resolver otros problemas."

Estos principios de la resolución de problemas se ilustran en los ejemplos siguientes. Intente resolverlos antes de mirar las soluciones. Consulte estos principios de resolución de problemas si se queda atascado. Usted puede encontrar útil referirse a esta sección de vez en cuando al resolver los ejercicios en los restantes capítulos de este libro.

EJEMPLO 1 Exprese la hipotenusa h de un triángulo rectángulo con un área de 25 m^2 en función de su perímetro P.

SP Entienda el problema

SOLUCIÓN Primero clasifique la información mediante la identificación de la incógnita y los datos:

Incógnita: hipotenusa h

Datos: perímetro P, área 25 m^2

SP Dibuje un diagrama

Dibujar un diagrama como el de la figura 1 puede ser de gran ayuda.

FIGURA 1

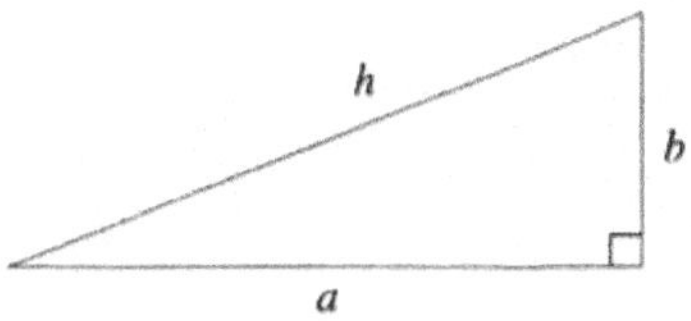

SP Relacione los datos con las incógnitas
SP Introduzca algo extra

Para establecer la relación entre las incógnitas y los datos, introduzca dos variables adicionales a y b, que representen las longitudes de los otros dos lados del triángulo. Esto permite expresar la condición dada, que es un triángulo rectángulo, por el teorema de Pitágoras:

$$h^2 = a^2 + b^2$$

Las otras relaciones entre las variables se obtienen al escribir las expresiones para el área y el perímetro:

$$25 = \tfrac{1}{2}ab \qquad P = a + b + h$$

Ya que P está dado, ahora tiene tres ecuaciones con tres incógnitas a, b y h:

[1] $$h^2 = a^2 + b^2$$

[2] $$25 = \tfrac{1}{2}ab$$

[3] $$P = a + b + h$$

SP Relacione con algo conocido

Aunque tiene el número correcto de ecuaciones, no son fáciles de resolver en una forma sencilla. Pero si usa la estrategia de resolución de problemas tratando de reconocer algo conocido, entonces puede resolver estas ecuaciones por un método más fácil. Observe el lado derecho de las ecuaciones 1, 2 y 3. ¿Estas expresiones le recuerdan algo familiar? Observe que contienen los ingredientes de una fórmula conocida:

$$(a + b)^2 = a^2 + 2ab + b^2$$

Con esta idea, se expresa $(a + b)^2$ de dos maneras. De las ecuaciones 1 y 2 se tiene

$$(a + b)^2 = (a^2 + b^2) + 2ab = h^2 + 4(25)$$

De la ecuación 3 se tiene

$$(a + b)^2 = (P - h)^2 = P^2 - 2Ph + h^2$$

Así

$$h^2 + 100 = P^2 - 2Ph + h^2$$

$$2Ph = P^2 - 100$$

$$h = \frac{P^2 - 100}{2P}$$

Esta es la expresión requerida para h en función de P. ■

Como se ilustra en el ejemplo siguiente, con frecuencia es necesario utilizar el principio de *considerar casos* en la resolución de problemas, cuando se trata con valores absolutos.

EJEMPLO 2 Resuelva la desigualdad $|x - 3| + |x + 2| < 11$.

SOLUCIÓN Recuerde la definición de valor absoluto:

$$|x| = \begin{cases} x & \text{si } x \geq 0 \\ -x & \text{si } x < 0 \end{cases}$$

Se tiene que

$$|x-3| = \begin{cases} x-3 & \text{si } x-3 \geqslant 0 \\ -(x-3) & \text{si } x-3 < 0 \end{cases}$$

$$= \begin{cases} x-3 & \text{si } x \geqslant 3 \\ -x+3 & \text{si } x < 3 \end{cases}$$

Del mismo modo

$$|x+2| = \begin{cases} x+2 & \text{si } x+2 \geqslant 0 \\ -(x+2) & \text{si } x+2 < 0 \end{cases}$$

$$= \begin{cases} x+2 & \text{si } x \geqslant -2 \\ -x-2 & \text{si } x < -2 \end{cases}$$

SP Considere casos

Estas expresiones muestran que es necesario considerar tres casos:

$$x < -2 \qquad -2 \leqslant x < 3 \qquad x \geqslant 3$$

CASO I Si $x < -2$, se tiene

$$|x-3| + |x+2| < 11$$

$$-x+3-x-2 < 11$$

$$-2x < 10$$

$$x > -5$$

CASO II Si $-2 \leqslant x < 3$, la desigualdad dada se convierte en

$$-x+3+x+2 < 11$$

$$5 < 11 \qquad \text{(siempre verdadera)}$$

CASO III Si $x \geqslant 3$, la desigualdad se convierte en

$$x-3+x+2 < 11$$

$$2x < 12$$

$$x < 6$$

De la combinación de los casos I, II y III, se ve que se cumple con la desigualdad cuando $-5 < x < 6$. Por lo que la solución es el intervalo $(-5, 6)$. ■

En el ejemplo siguiente, primero se estima una respuesta revisando los casos particulares y buscando un patrón. Luego se demuestra la conjetura por inducción matemática.

Usando el principio de inducción matemática, se siguen tres pasos:

Paso 1 Demuestre que S_n es verdadera cuando $n = 1$.

Paso 2 Suponga que S_n es verdadera cuando $n = k$ y deduzca que S_n es verdadera cuando $n = k + 1$.

Paso 3 Concluya que S_n es verdadera para toda n por el principio de inducción matemática.

EJEMPLO 3 Si $f_0(x) = x/(x+1)$ y $f_{n+1} = f_0 \circ f_n$ para $n = 0, 1, 2, \ldots$, encuentre una fórmula para $f_n(x)$.

SP Analogía: intente un problema similar más simple

SOLUCIÓN Empiece por encontrar fórmulas para $f_n(x)$ para los casos particulares más sencillos $n = 1, 2,$ y 3.

$$f_1(x) = (f_0 \circ f_0)(x) = f_0(f_0(x)) = f_0\left(\frac{x}{x+1}\right)$$

$$= \frac{\dfrac{x}{x+1}}{\dfrac{x}{x+1} + 1} = \frac{\dfrac{x}{x+1}}{\dfrac{2x+1}{x+1}} = \frac{x}{2x+1}$$

$$f_2(x) = (f_0 \circ f_1)(x) = f_0(f_1(x)) = f_0\left(\frac{x}{2x+1}\right)$$

$$= \frac{\dfrac{x}{2x+1}}{\dfrac{x}{2x+1} + 1} = \frac{\dfrac{x}{2x+1}}{\dfrac{3x+1}{2x+1}} = \frac{x}{3x+1}$$

$$f_3(x) = (f_0 \circ f_2)(x) = f_0(f_2(x)) = f_0\left(\frac{x}{3x+1}\right)$$

SP Busque un patrón

$$= \frac{\dfrac{x}{3x+1}}{\dfrac{x}{3x+1} + 1} = \frac{\dfrac{x}{3x+1}}{\dfrac{4x+1}{3x+1}} = \frac{x}{4x+1}$$

Se ve un patrón: el coeficiente de x en el denominador de $f_n(x)$ es $n + 1$ en los tres casos calculados. Así que se hace la suposición de que, en general,

4
$$f_n(x) = \frac{x}{(n+1)x + 1}$$

Para demostrar esto, se utiliza el principio de inducción matemática. Ya se ha comprobado que (4) es verdadera para $n = 1$. Suponga que es verdadera para $n = k$, es decir,

$$f_k(x) = \frac{x}{(k+1)x + 1}$$

Entonces $$f_{k+1}(x) = (f_0 \circ f_k)(x) = f_0(f_k(x)) = f_0\left(\frac{x}{(k+1)x+1}\right)$$

$$= \frac{\dfrac{x}{(k+1)x+1}}{\dfrac{x}{(k+1)x+1} + 1} = \frac{\dfrac{x}{(k+1)x+1}}{\dfrac{(k+2)x+1}{(k+1)x+1}} = \frac{x}{(k+2)x+1}$$

Esta expresión demuestra que (4) es verdadera para $n = k + 1$. Por tanto, por inducción matemática, es verdadera para todo entero positivo n. ■

Problemas

1. Uno de los catetos de un triángulo rectángulo tiene una longitud de 4 cm. Exprese la longitud de la altura perpendicular a la hipotenusa en función de la longitud de esta última.

2. La altura perpendicular a la hipotenusa de un triángulo rectángulo es 12 cm. Exprese la longitud de la hipotenusa en función del perímetro.

3. Resuelva la ecuación $|2x - 1| - |x + 5| = 3$.

4. Resuelva la desigualdad $|x - 1| - |x - 3| \geqslant 5$.

5. Trace la gráfica de la función $f(x) = |x^2 - 4|x| + 3|$.

6. Trace la gráfica de la función $g(x) = |x^2 - 1| - |x^2 - 4|$.

7. Dibuje la gráfica de la ecuación $x + |x| = y + |y|$.

8. Dibuje la región en el plano formado por todos los puntos (x, y) tales que

$$|x - y| + |x| - |y| \leqslant 2$$

9. La notación $\text{máx}\{a, b, \ldots\}$ significa el mayor de los números $a, b, \ldots$. Dibuje la gráfica de cada función.

(a) $f(x) = \text{máx}\{x, 1/x\}$

(b) $f(x) = \text{máx}\{\text{sen } x, \cos x\}$

(c) $f(x) = \text{máx}\{x^2, 2 + x, 2 - x\}$

10. Trace la región en el plano definido por cada una de las ecuaciones o desigualdades siguientes.

(a) $\text{máx}\{x, 2y\} = 1$

(b) $-1 \leqslant \text{máx}\{x, 2y\} \leqslant 1$

(c) $\text{máx}\{x, y^2\} = 1$

11. Evalúe $(\log_2 3)(\log_3 4)(\log_4 5)\cdots(\log_{31} 32)$.

12. (a) Demuestre que la función $f(x) = \ln\left(x + \sqrt{x^2 + 1}\right)$ es una función impar.

(b) Encuentre la función inversa de f.

13. Resuelva la desigualdad $\ln(x^2 - 2x - 2) \leqslant 0$.

14. Use un razonamiento indirecto para probar que $\log_2 5$ es un número irracional.

15. Una conductora emprende un viaje. Durante la primera mitad del trayecto conduce a un ritmo lento de 60 km/h; en la segunda mitad conduce a 120 km/h. ¿Cuál es su rapidez promedio durante este viaje?

16. ¿Es verdad que $f \circ (g + h) = f \circ g + f \circ h$?

17. Demuestre que si n es un entero positivo, entonces $7^n - 1$ es divisible entre 6.

18. Demuestre que $1 + 3 + 5 + \cdots + (2n - 1) = n^2$.

19. Si $f_0(x) = x^2$ y $f_{n+1}(x) = f_0(f_n(x))$ para $n = 0, 1, 2, \ldots,$ encuentre una fórmula para $f_n(x)$.

20. (a) Si $f_0(x) = \dfrac{1}{2 - x}$ y $f_{n+1} = f_0 \circ f_n$ para $n = 0, 1, 2, \ldots,$ encuentre una expresión para $f_n(x)$ y utilice inducción matemática para demostrarla.

(b) Trace la gráfica de f_0, f_1, f_2, f_3, en la misma pantalla y describa los efectos de la composición repetida.

2 Límites y derivadas

© Jody Ann / Shutterstock.com

La velocidad máxima sostenible *S* del salmón depende de la temperatura *T* del agua. En el ejercicio 58 de la sección 2.7 se le pide que analice cómo varía *S* cuando cambia *T*, calculando la derivada de *S* respecto de *T*.

EN *UN ADELANTO DEL CÁLCULO* (página 1) se vio cómo la idea de límite sustenta las distintas ramas del cálculo. Por tanto, es apropiado comenzar nuestro estudio investigando sus límites y sus propiedades. El tipo especial de límite que se usa para encontrar rectas tangentes y velocidades da lugar a la idea central del cálculo diferencial, la derivada.

2.1 Problemas de la tangente y la velocidad

En esta sección se verá cómo surgen los límites cuando se trata de encontrar la recta tangente a una curva o la velocidad de un objeto.

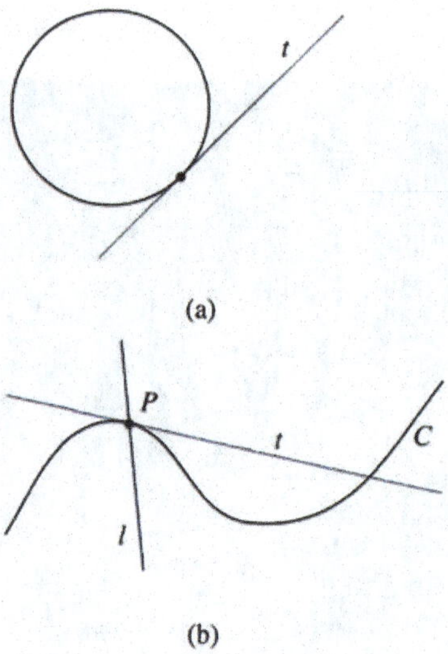

FIGURA 1

El problema de la tangente

La palabra *tangente* se deriva de la voz latina *tangens*, que significa "tocar". Así, una tangente a una curva es una recta que toca la curva. En otras palabras, una recta tangente debe tener la misma dirección que la curva en el punto de contacto, pero, ¿cómo puede hacer precisa esta idea?

Para una circunferencia se puede simplemente seguir la idea de Euclides y decir que la tangente es una recta que interseca la circunferencia una y solo una vez, como se muestra en la figura 1(a). Para curvas más complicadas esta definición es inadecuada. La figura 1(b) muestra dos rectas l y t que pasan por un punto P en una curva C. La recta l cruza C solo una vez, pero ciertamente no es la idea que se tiene de lo que es una tangente. La recta t, por otro lado, se parece más a una tangente, pero interseca a C dos veces.

Para ser más específicos, intente resolver el problema de encontrar una recta tangente t a la parábola $y = x^2$ en el ejemplo siguiente.

EJEMPLO 1 Encuentre la ecuación de la recta tangente a la parábola $y = x^2$ en el punto $P(1, 1)$.

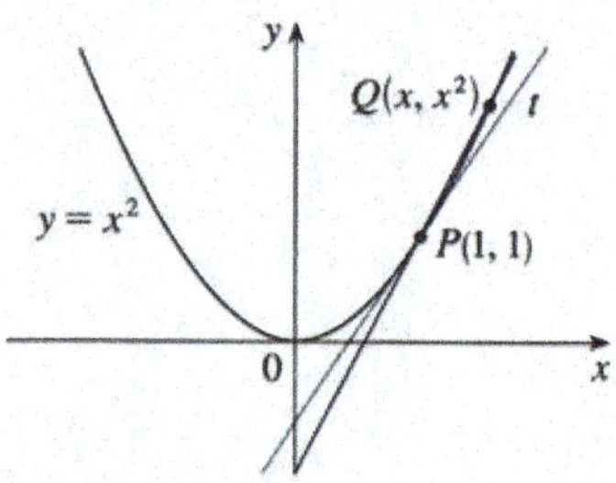

FIGURA 2

SOLUCIÓN Puede encontrar la ecuación de la recta tangente t tan pronto conozca su pendiente m. La dificultad es que solo se conoce un punto P sobre t, y para calcular la pendiente se necesitan dos puntos. Sin embargo, se observa que puede calcular una aproximación a m eligiendo un punto cercano $Q(x, x^2)$ sobre la parábola (como en la figura 2) y calculando la pendiente m_{PQ} de la recta secante PQ. [Una **recta secante**, de la palabra latina *secans*, que significa cortar, es una recta que interseca (corta) una curva más de una vez.]

Elija $x \neq 1$ de manera que $Q \neq P$. Entonces

$$m_{PQ} = \frac{x^2 - 1}{x - 1}$$

Por ejemplo, para el punto $Q(1.5, 2.25)$, se tiene

$$m_{PQ} = \frac{2.25 - 1}{1.5 - 1} = \frac{1.25}{0.5} = 2.5$$

x	m_{PQ}
2	3
1.5	2.5
1.1	2.1
1.01	2.01
1.001	2.001

x	m_{PQ}
0	1
0.5	1.5
0.9	1.9
0.99	1.99
0.999	1.999

Las tablas en el margen muestran los valores de m_{PQ} para varios valores de x cercanos a 1. Cuanto más cerca está Q de P, la x es más cercana a 1 y, de las tablas, m_{PQ} está más cerca de 2. Esto sugiere que la pendiente de la recta tangente t debe ser $m = 2$.

Se dice que la pendiente de la recta tangente es el *límite* de las pendientes de las rectas secantes, y esto se expresa simbólicamente escribiendo

$$\lim_{Q \to P} m_{PQ} = m \qquad \text{y} \qquad \lim_{x \to 1} \frac{x^2 - 1}{x - 1} = 2$$

Suponiendo que la pendiente de la recta tangente finalmente es 2, se utiliza la ecuación de la recta en la forma punto-pendiente [$y - y_1 = m(x - x_1)$, véase el apéndice B) para escribir la ecuación de la recta tangente en (1, 1) como

$$y - 1 = 2(x - 1) \qquad \text{o} \qquad y = 2x - 1$$

La figura 3 muestra el proceso de límite que se presenta en este ejemplo. Cuando Q se aproxima a P a lo largo de la parábola, las rectas secantes correspondientes giran alrededor de P y se aproximan a la recta tangente t.

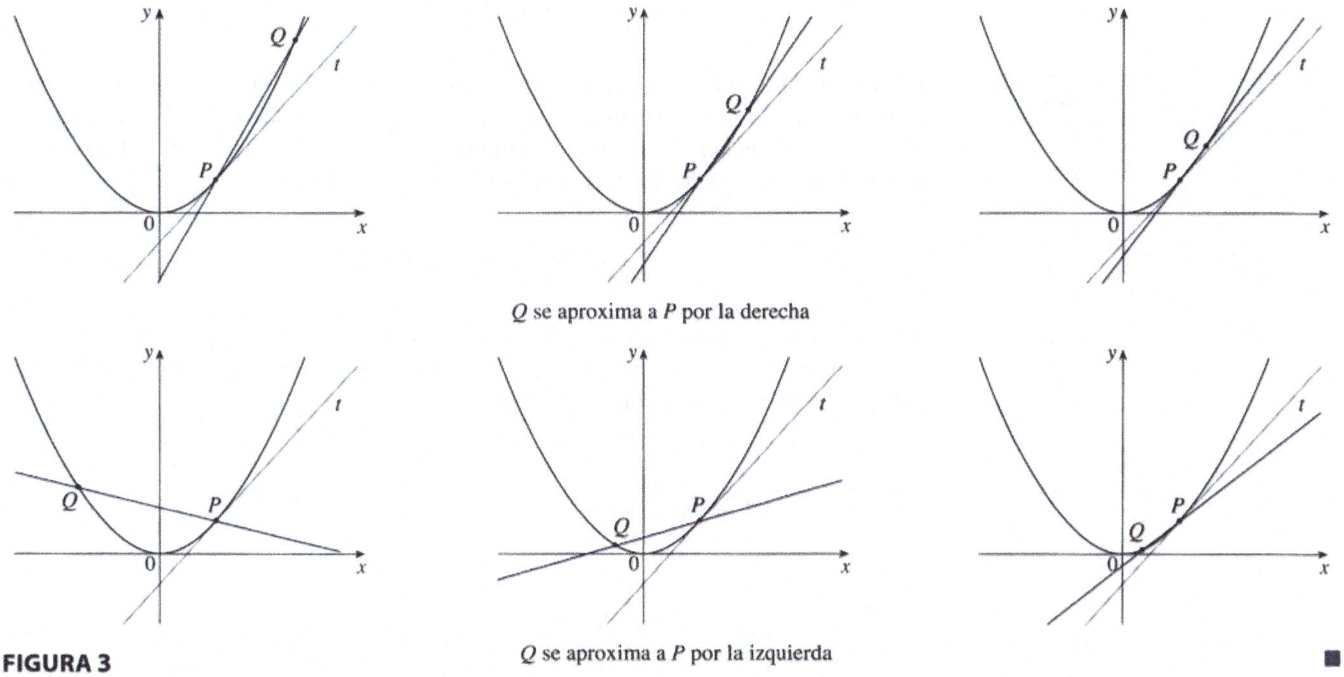

FIGURA 3

■

Muchas de las funciones que se producen en la ciencia no están descritas por ecuaciones explícitas, sino que están definidas por datos experimentales. El ejemplo siguiente muestra cómo calcular la pendiente de la recta tangente a la gráfica de este tipo de funciones.

TEC En Visual 2.1 puede ver cómo funciona el proceso en la figura 3 para otras funciones.

EJEMPLO 2 La unidad de destello (flash) de una cámara funciona mediante el almacenamiento de carga en un condensador y su liberación repentina cuando el flash se activa. Los datos de la tabla describen la carga Q restante en el condensador (medida en microcoulombs) en el tiempo t (medido en segundos después de que el flash se dispara). Utilice los datos para dibujar la gráfica de esta función y calcule la pendiente de la recta tangente en el punto donde $t = 0.04$. [*Nota*: la pendiente de la recta tangente representa la corriente eléctrica (medida en microamperes) que fluye desde el condensador a la lámpara del flash.]

t	Q
0.00	100.00
0.02	81.87
0.04	67.03
0.06	54.88
0.08	44.93
0.10	36.76

SOLUCIÓN En la figura 4 se grafican los datos dados y se usan para trazar una curva que se aproxima a la gráfica de la función.

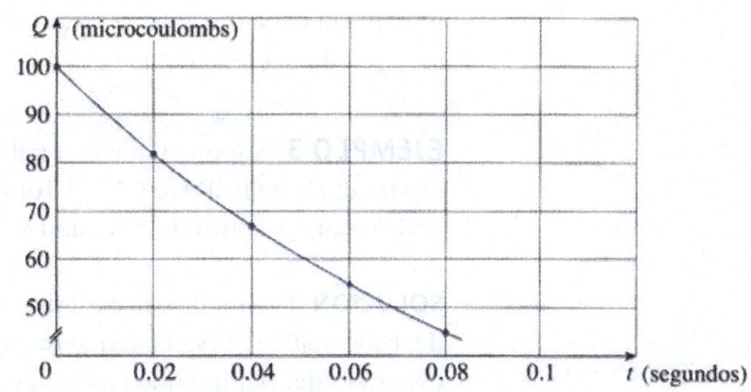

FIGURA 4

Dados los puntos $P(0.04, 67.03)$ y $R(0.00, 100.00)$ en la gráfica, se encuentra con que la pendiente de la recta secante PR es

$$m_{PR} = \frac{100.00 - 67.03}{0.00 - 0.04} = -824.25$$

R	m_{PR}
(0.00, 100.00)	−824.25
(0.02, 81.87)	−742.00
(0.06, 54.88)	−607.50
(0.08, 44.93)	−552.50
(0.10, 36.76)	−504.50

La tabla de la izquierda muestra los resultados de cálculos similares para las pendientes de otras rectas secantes. De esta tabla se esperaría que la pendiente de la recta tangente en $t = 0.04$ se encuentre en algún valor entre -742 y -607.5. De hecho, el promedio de las pendientes de las dos rectas secantes más próximas es

$$\tfrac{1}{2}(-742 - 607.5) = -674.75$$

Así, por este método, se estima la pendiente de la recta tangente como -675.

Otro método consiste en elaborar una aproximación a la tangente en P y medir los lados del triángulo ABC, como en la figura 5.

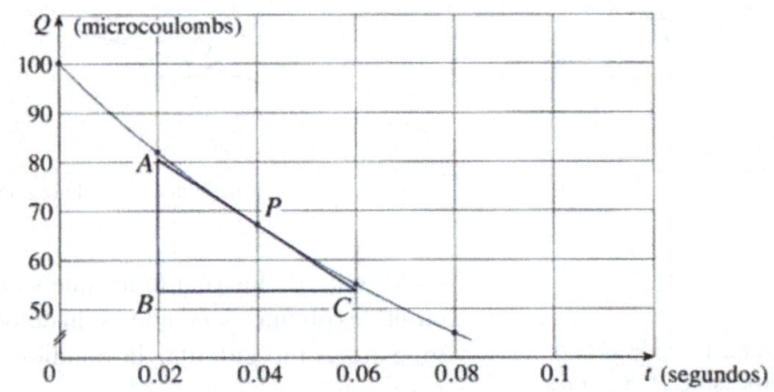

FIGURA 5

Esto da una estimación de la pendiente de la recta tangente como

$$-\frac{|AB|}{|BC|} \approx -\frac{80.4 - 53.6}{0.06 - 0.02} = -670$$

■

El significado físico de la respuesta en el ejemplo 2 es que la corriente eléctrica que circula desde el condensador a la bombilla de flash después de 0.04 segundos es de aproximadamente -670 microamperes.

■ El problema de la velocidad

Si usted mira el velocímetro de un automóvil mientras viaja en el tráfico de la ciudad, se ve que la aguja no se queda quieta por mucho tiempo; es decir, la velocidad del automóvil no es constante. Suponga al ver el velocímetro, que el auto tiene una velocidad determinada en cada instante, pero ¿cómo se define la velocidad "instantánea"? Investigue el ejemplo de la caída de una pelota.

EJEMPLO 3 Suponga que una pelota se deja caer desde la plataforma superior de observación de la Torre CN en Toronto, a 450 m sobre el suelo. Encuentre la velocidad de la pelota después de 5 segundos.

SOLUCIÓN Por medio de experimentos llevados a cabo hace cuatro siglos, Galileo descubrió que la distancia que recorre cualquier cuerpo en caída libre es proporcional al cuadrado del tiempo que ha estado cayendo. (Este modelo de caída libre no considera la resistencia del aire.) Si la distancia de caída después de t segundos se denota por $s(t)$ y se mide en metros, entonces la ley de Galileo se expresa por la ecuación

$$s(t) = 4.9t^2$$

La dificultad para encontrar la velocidad después de 5 s es que se trata de un solo instante de tiempo ($t = 5$), por lo que no se cuenta con un intervalo de tiempo. Sin embargo, se puede aproximar la cantidad deseada mediante el cálculo de la velocidad promedio en el breve intervalo de tiempo de una décima de segundo, desde $t = 5$ hasta $t = 5.1$:

La Torre CN en Toronto fue el edificio autoestable más alto en el mundo durante 32 años.

$$\text{velocidad promedio} = \frac{\text{cambio en la posición}}{\text{tiempo transcurrido}}$$

$$= \frac{s(5.1) - s(5)}{0.1}$$

$$= \frac{4.9(5.1)^2 - 4.9(5)^2}{0.1} = 49.49 \text{ m/s}$$

La tabla siguiente muestra los resultados de cálculos similares de la velocidad promedio durante períodos cada vez más pequeños.

Intervalo de tiempo	Velocidad promedio (m/s)
$5 \leq t \leq 6$	53.9
$5 \leq t \leq 5.1$	49.49
$5 \leq t \leq 5.05$	49.245
$5 \leq t \leq 5.01$	49.049
$5 \leq t \leq 5.001$	49.0049

Parece que, a medida que se acorta el período, la velocidad promedio es cada vez más cercana a 49 m/s. La **velocidad instantánea** cuando $t = 5$ se define como el valor límite de estas velocidades promedio, durante períodos cada vez más cortos que comienzan en $t = 5$. Así, la velocidad (instantánea) después de 5 segundos es

$$v = 49 \text{ m/s}$$

■

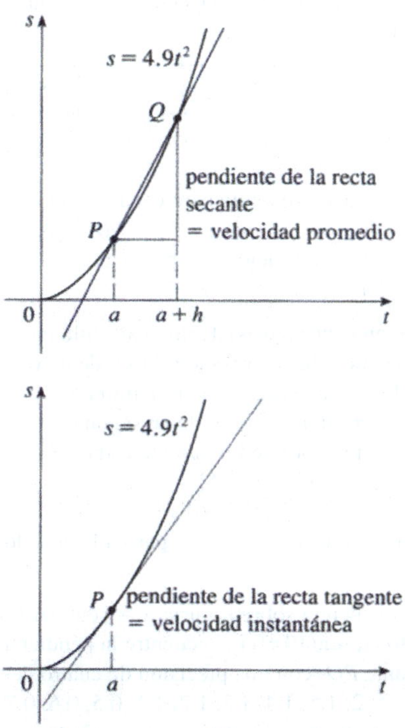

FIGURA 6

Usted puede sentir que los cálculos utilizados en la solución de este problema son muy similares a los utilizados anteriormente en esta sección para encontrar tangentes. De hecho, hay una estrecha conexión entre el problema de obtener la tangente y aquel de encontrar la velocidad. Si se dibuja la gráfica de la función de la distancia recorrida por la pelota (como en la figura 6) y se consideran los puntos $P(a, 4.9a^2)$ y $Q(a + h, 4.9(a + h)^2)$ sobre la gráfica, entonces la pendiente de la recta secante PQ es

$$m_{PQ} = \frac{4.9(a + h)^2 - 4.9a^2}{(a + h) - a}$$

que es la misma que la velocidad promedio en el intervalo de tiempo $[a, a + h]$. Por tanto, la velocidad en el instante $t = a$ (el límite de las velocidades promedio cuando h tiende a 0) debe ser igual a la pendiente de la recta tangente en P (el límite de las pendientes de las rectas secantes).

Los ejemplos 1 y 3 muestran que, para resolver los problemas de la tangente y la velocidad, debe ser capaz de calcular límites. Después de estudiar los métodos para calcular límites en las cinco secciones siguientes, se regresará a estos problemas de encontrar tangentes y velocidades en la sección 2.7.

2.1 EJERCICIOS

1. Un tanque contiene 1000 litros de agua que se drenan por la parte inferior del tanque en media hora. Los valores de la tabla muestran el volumen V de agua que queda en el tanque (en litros) después de t minutos.

t (min)	5	10	15	20	25	30
V (L)	694	444	250	111	28	0

(a) Si P es el punto (15, 250) sobre la gráfica de V, encuentre las pendientes de las rectas secantes PQ cuando Q es el punto sobre la gráfica con $t = 5, 10, 20, 25$ y 30.
(b) Calcule la pendiente de la recta tangente en P por medio del promedio de las pendientes de dos rectas secantes.
(c) Utilice una gráfica de la función para calcular la pendiente de la recta tangente en P. (Esta pendiente representa la rapidez a la que fluye el agua del tanque después de 15 minutos.)

2. Un monitor se utiliza para medir la frecuencia cardiaca de un paciente después de una cirugía. El aparato compila el número de latidos del corazón después de t minutos y se registran en una tabla. Cuando los datos de la tabla se representan gráficamente, la pendiente de la recta tangente representa la frecuencia cardiaca en latidos por minuto.

t (min)	36	38	40	42	44
Latidos	2530	2661	2806	2948	3080

El monitor estima este valor calculando la pendiente de una recta secante. Utilice los datos para calcular el ritmo cardíaco del paciente después de 42 minutos, utilizando la recta secante entre los puntos con los valores dados de t.
(a) $t = 36$ y $t = 42$ (b) $t = 38$ y $t = 42$
(c) $t = 40$ y $t = 42$ (d) $t = 42$ y $t = 44$
¿Cuáles son sus conclusiones?

3. El punto $P(2, -1)$ se encuentra en la curva $y = 1/(1 - x)$.
(a) Si Q es el punto $(x, 1/(1 - x))$, utilice la calculadora para determinar la pendiente de la recta secante PQ (con una precisión de seis decimales) para los valores de x siguientes:
(i) 1.5 (ii) 1.9 (iii) 1.99 (iv) 1.999
(v) 2.5 (vi) 2.1 (vii) 2.01 (viii) 2.001
(b) Utilice los resultados del inciso (a), para intuir el valor de la pendiente de la recta tangente a la curva en $P(2, -1)$.
(c) Utilizando la pendiente del inciso (b), obtenga la ecuación de la recta tangente a la curva en $P(2, -1)$.

4. El punto $P(0.5, 0)$ se encuentra sobre la curva $y = \cos \pi x$.
(a) Si Q es el punto $(x, \cos \pi x)$, utilice la calculadora para encontrar la pendiente de la secante PQ (redondeada a seis decimales) para los valores de x siguientes:
(i) 0 (ii) 0.4 (iii) 0.49
(iv) 0.499 (v) 1 (vi) 0.6
(vii) 0.51 (viii) 0.501
(b) Utilice los resultados del inciso (a), para intuir el valor de la pendiente de la recta tangente a la curva en $P(0.5, 0)$.
(c) Utilice la pendiente del inciso (b), para determinar la ecuación de la recta tangente a la curva en $P(0.5, 0)$.
(d) Trace la curva, dos de las rectas secantes y la recta tangente.

5. Si se lanza una pelota al aire con una velocidad de 10 m/s, su altura en metros después de t segundos está dada por $y = 10t - 4.9t^2$.
(a) Encuentre la velocidad promedio para el período que comienza cuando $t = 1.5$ y permanece
(i) 0.5 segundos (ii) 0.1 segundos
(iii) 0.05 segundos (iv) 0.01 segundos
(b) Calcule la velocidad instantánea cuando $t = 1.5$.

6. Si una piedra se lanza hacia arriba en el planeta Marte a una velocidad de 10 m/s, su altura en metros t segundos después está dada por $y = 10t - 1.86t^2$
(a) Encuentre la velocidad promedio en los intervalos de tiempo dados:
(i) [1, 2] (ii) [1, 1.5]
(iii) [1, 1.1] (iv) [1, 1.01]
(v) [1, 1.001]
(b) Calcule la velocidad instantánea cuando $t = 1$.

7. La tabla muestra la posición de un ciclista después de que acelera a partir del reposo.

t (segundos)	0	1	2	3	4	5
s (metros)	0	1.4	5.1	10.7	17.7	25.8

(a) Encuentre la velocidad promedio para cada período:
(i) [1, 3] (ii) [2, 3] (iii) [3, 5] (iv) [3, 4]
(b) Utilice la gráfica de s en función de t para calcular la velocidad instantánea cuando $t = 3$.

8. El desplazamiento (en centímetros) de una partícula que se mueve hacia adelante y hacia atrás a lo largo de una línea recta está dado por la ecuación de movimiento $s = 2 \operatorname{sen} \pi t + 3 \cos \pi t$, donde t se mide en segundos.
(a) Encuentre la velocidad promedio durante cada período:
(i) [1, 2] (ii) [1, 1.1]
(iii) [1, 1.01] (iv) [1, 1.001]
(b) Calcule la velocidad instantánea de la partícula cuando $t = 1$.

9. El punto $P(1, 0)$ se encuentra sobre la curva $y = \operatorname{sen}(10\pi/x)$.
(a) Si Q es el punto $(x, \operatorname{sen}(10\pi/x))$, encuentre la pendiente de la recta secante PQ (con una precisión de cuatro decimales) para $x = 2, 1.5, 1.4, 1.3, 1.2, 1.1, 0.5, 0.6, 0.7, 0.8$ y 0.9. ¿Las pendientes parecen estar acercándose a un límite?
(b) Utilice la gráfica de la curva para explicar por qué las pendientes de las rectas secantes en el inciso (a) no están cercanas a la pendiente de la recta tangente en P.
(c) Eligiendo rectas secantes apropiadas, calcule la pendiente de la recta tangente en P.

2.2 El límite de una función

En la sección anterior se vio cómo surgen los límites cuando se quiere encontrar la recta tangente a una curva o la velocidad de un objeto; ahora dirija la atención a los límites en general y los métodos numéricos y gráficos para calcularlos.

Investigue el comportamiento de la función f definida por $f(x) = x^2 - x + 2$ para valores de x cercanos a 2. La tabla siguiente muestra los valores de $f(x)$ para valores de x cercanos a 2, pero no iguales a 2.

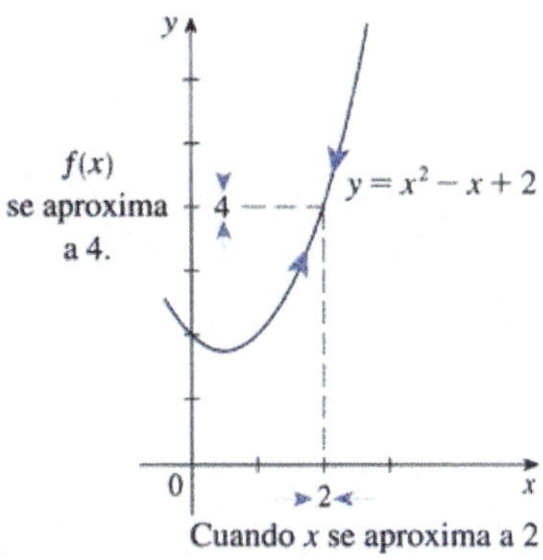

FIGURA 1

x	$f(x)$	x	$f(x)$
1.0	2.000000	3.0	8.000000
1.5	2.750000	2.5	5.750000
1.8	3.440000	2.2	4.640000
1.9	3.710000	2.1	4.310000
1.95	3.852500	2.05	4.152500
1.99	3.970100	2.01	4.030100
1.995	3.985025	2.005	4.015025
1.999	3.997001	2.001	4.003001

De la tabla y la gráfica de f (una parábola) que se muestra en la figura 1, se ve que cuando x se aproxima a 2 (por ambos lados de 2), $f(x)$ se aproxima a 4. De hecho, parece que se puede hacer que los valores de $f(x)$ estén tan cerca de 4 como se quiera, tomando x suficientemente cerca de 2. Esto se expresa al decir que "el límite de la función $f(x) = x^2 - x - 2$ cuando x tiende a 2 es igual a 4". La notación para esto es

$$\lim_{x \to 2} (x^2 - x + 2) = 4$$

En general, se usa la siguiente notación.

1 Definición intuitiva de un límite Suponga que $f(x)$ está definida cuando x está cerca del número a. (Esto significa que f está definida en algún intervalo abierto que contiene a a, excepto posiblemente en a misma.) Entonces se escribe

$$\lim_{x \to a} f(x) = L$$

y se dice que "el límite de $f(x)$, cuando x tiende a a, es igual a L"

si se puede hacer que los valores de $f(x)$ estén arbitrariamente cercanos a L (tan cercanos a L como se quiera), tomando valores de x suficientemente cerca de a (por ambos lados de a), pero no iguales a a.

En términos generales, esto quiere decir que los valores de $f(x)$ se aproximan a L cuando x tiende a a. En otras palabras, los valores de $f(x)$ tienden a estar más y más cerca del número L cuando x se acerca cada vez más al número a (de ambos lados de a), pero $x \neq a$. (En la sección 2.4 se dará una definición más precisa.)

Una notación alternativa para

$$\lim_{x \to a} f(x) = L$$

es

$$f(x) \to L \qquad \text{cuando} \qquad x \to a$$

que suele leerse "$f(x)$ tiende a L cuando x tiende a a".

Observe la frase "pero $x \neq a$" en la definición de límite. Esto significa que, al encontrar el límite de $f(x)$ cuando x se aproxima a a, no se considera $x = a$. De hecho, $f(x)$ podría no estar definida cuando $x = a$. Lo único que importa es cómo se define f *cerca de a.*

La figura 2 muestra las gráficas de tres funciones. Observe que en el inciso (c), $f(a)$ no está definida y, en el inciso (b), $f(a) \neq L$. Sin embargo, en cada caso, independientemente de lo que sucede en a, es cierto que $\lim_{x \to a} f(x) = L$.

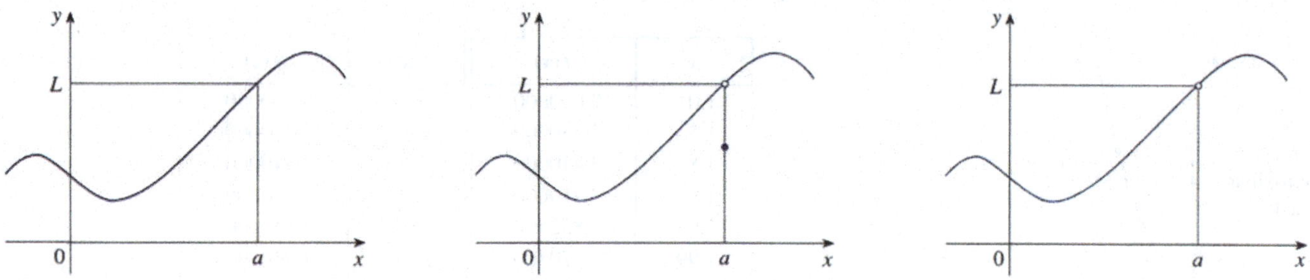

FIGURA 2 $\lim_{x \to a} f(x) = L$ en los tres casos

EJEMPLO 1 Infiera el valor de $\lim_{x \to 1} \dfrac{x - 1}{x^2 - 1}$.

$x < 1$	$f(x)$
0.5	0.666667
0.9	0.526316
0.99	0.502513
0.999	0.500250
0.9999	0.500025

$x > 1$	$f(x)$
1.5	0.400000
1.1	0.476190
1.01	0.497512
1.001	0.499750
1.0001	0.499975

SOLUCIÓN Observe que la función $f(x) = (x - 1)/(x^2 - 1)$ no está definida cuando $x = 1$, pero eso no importa, porque la definición de $\lim_{x \to a} f(x)$ dice que se consideran los valores de x que están cerca de a, pero que no son iguales a a.

Las tablas de la izquierda dan valores de $f(x)$ (con una precisión de seis decimales) para valores de x que tienden a 1 (pero no iguales a 1). Con base en los valores en las tablas, haga la suposición de que

$$\lim_{x \to 1} \frac{x - 1}{x^2 - 1} = 0.5$$ ■

El ejemplo 1 se ilustra en la gráfica de f, en la figura 3. Ahora se va a cambiar un poco f, dándole el valor de 2 cuando $x = 1$ y llamando g a la función obtenida:

$$g(x) = \begin{cases} \dfrac{x - 1}{x^2 - 1} & \text{si } x \neq 1 \\ 2 & \text{si } x = 1 \end{cases}$$

Esta nueva función g conserva el mismo límite cuando x tiende a 1 (véase la figura 4).

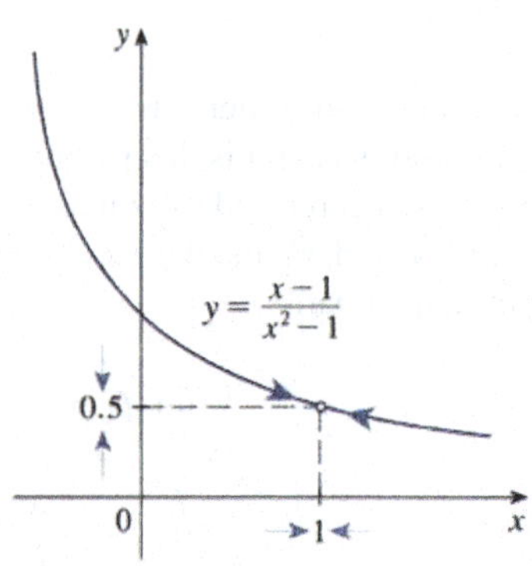

FIGURA 3

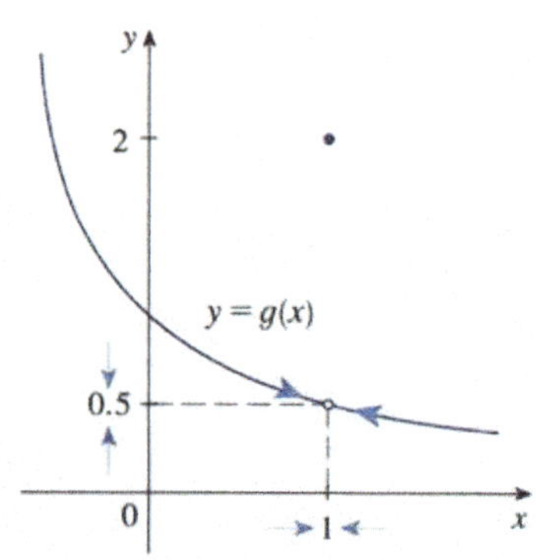

FIGURA 4

EJEMPLO 2 Calcule el valor de $\lim_{t\to 0} \dfrac{\sqrt{t^2+9}-3}{t^2}$.

SOLUCIÓN La tabla presenta los valores de la función para varios valores de t cercanos a 0.

t	$\dfrac{\sqrt{t^2+9}-3}{t^2}$
± 1.0	0.162277 . . .
± 0.5	0.165525 . . .
± 0.1	0.166620 . . .
± 0.05	0.166655 . . .
± 0.01	0.166666 . . .

A medida que t se acerca a 0, los valores de la función parecen acercarse a 0.1666666..., por lo que suponga que

$$\lim_{t\to 0} \frac{\sqrt{t^2+9}-3}{t^2} = \frac{1}{6}$$ ■

t	$\dfrac{\sqrt{t^2+9}-3}{t^2}$
± 0.001	0.166667
± 0.0001	0.166670
± 0.00001	0.167000
± 0.000001	0.000000

En el ejemplo 2, ¿qué habría sucedido si se hubiera tomado valores aún más pequeños de t? La tabla en el margen muestra los resultados de una calculadora; sin duda, ¡algo extraño parece estar sucediendo!

Si trata de obtener estos cálculos en su propia calculadora podría obtener valores diferentes, pero al final obtendrá el valor 0 si hace t suficientemente pequeña. ¿Significa esto que la respuesta es realmente 0, en lugar de $\frac{1}{6}$? No, el valor del límite es $\frac{1}{6}$, como se demuestra en la siguiente sección. El problema es que la calculadora dio valores falsos porque $\sqrt{t^2+9}$ está muy cerca de 3 cuando t es pequeña. (De hecho, cuando t es suficientemente pequeña, una calculadora da el valor de 3.000... para tantos dígitos como la calculadora sea capaz de aceptar.)

www.stewartcalculus.com
Para una mayor explicación de por qué las calculadoras, a veces, dan valores falsos, haga clic en *Lies My Calculator and Computer Told Me*. En particular, véase la sección llamada *The Perils of Subtraction*.

Algo similar sucede cuando se trata de graficar la función

$$f(t) = \frac{\sqrt{t^2+9}-3}{t^2}$$

del ejemplo 2, en una calculadora graficadora o computadora. Los incisos (a) y (b) de la figura 5 muestran gráficas bastante precisas de f, y cuando se utiliza el modo *trace* (si está disponible) se puede calcular fácilmente que el límite es cercano a $\frac{1}{6}$. Pero si se acerca demasiado, como en los incisos (c) y (d), entonces obtiene gráficas incorrectas, de nuevo debido a problemas con la sustracción.

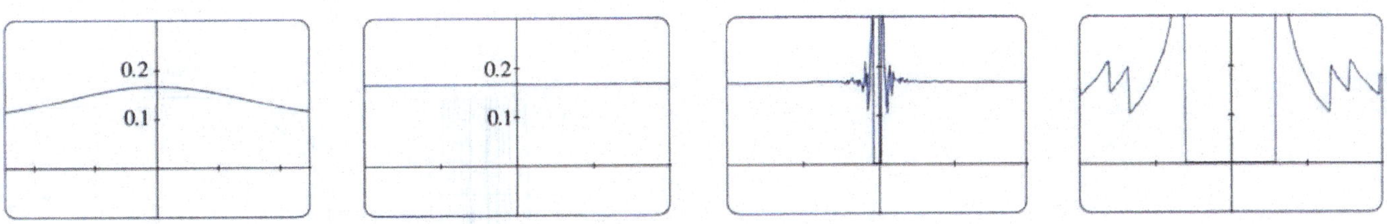

(a) $-5 \leq t \leq 5$ (b) $-0.1 \leq t \leq 0.1$ (c) $-10^{-6} \leq t \leq 10^{-6}$ (d) $-10^{-7} \leq t \leq 10^{-7}$

FIGURA 5

EJEMPLO 3 Obtenga el valor de $\lim_{x \to 0} \dfrac{\operatorname{sen} x}{x}$.

x	$\dfrac{\operatorname{sen} x}{x}$
± 1.0	0.84147098
± 0.5	0.95885108
± 0.4	0.97354586
± 0.3	0.98506736
± 0.2	0.99334665
± 0.1	0.99833417
± 0.05	0.99958339
± 0.01	0.99998333
± 0.005	0.99999583
± 0.001	0.99999983

SOLUCIÓN La función $f(x) = (\operatorname{sen} x)/x$ no está definida cuando $x = 0$. Usando una calculadora (y recordando que, si $x \in \mathbb{R}$, sen x significa el seno del ángulo x medido en *radianes*) puede elaborar una tabla de valores con una precisión de hasta ocho decimales. De la tabla a la izquierda y la gráfica en la figura 6 suponga que

$$\lim_{x \to 0} \frac{\operatorname{sen} x}{x} = 1$$

De hecho, esta conjetura es correcta como se demostrará en el capítulo 3, utilizando un argumento geométrico.

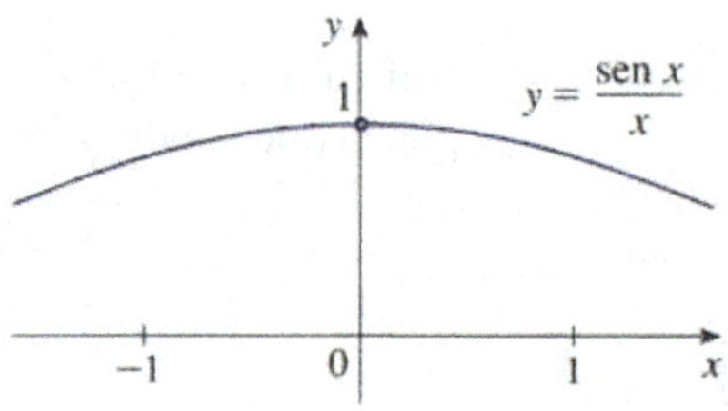

FIGURA 6

Sistemas algebraicos computacionales
Los sistemas algebraicos computacionales (SAC) tienen instrucciones que calculan límites. Para evitar los tipos de trampas como las de los ejemplos 2, 4 y 5, no calculan límites a partir de la experimentación numérica. En su lugar, utilizan técnicas más sofisticadas, como el cálculo de series infinitas. Si usted tiene acceso a un SAC, utilice las instrucciones de límites para calcular los límites de los ejemplos de esta sección y para revisar sus respuestas en los ejercicios de este capítulo.

EJEMPLO 4 Investigue $\lim_{x \to 0} \operatorname{sen} \dfrac{\pi}{x}$.

SOLUCIÓN Una vez más la función $f(x) = \operatorname{sen}(\pi/x)$ no está definida en 0. Evaluando la función para algunos valores pequeños de x, obtenga

$$f(1) = \operatorname{sen} \pi = 0 \qquad f\left(\tfrac{1}{2}\right) = \operatorname{sen} 2\pi = 0$$

$$f\left(\tfrac{1}{3}\right) = \operatorname{sen} 3\pi = 0 \qquad f\left(\tfrac{1}{4}\right) = \operatorname{sen} 4\pi = 0$$

$$f(0.1) = \operatorname{sen} 10\pi = 0 \qquad f(0.01) = \operatorname{sen} 100\pi = 0$$

Del mismo modo, $f(0.001) = f(0.0001) = 0$. Con base en esta información se puede estar tentado a suponer

$$\lim_{x \to 0} \operatorname{sen} \frac{\pi}{x} = 0$$

pero esta vez *la suposición es errónea*. Observe que, aunque $f(1/n) = \operatorname{sen} n\pi = 0$ para cualquier entero n, también es cierto que $f(x) = 1$ para muchos valores de x (tal como 2/5 o 2/101). Esto se puede ver en la gráfica de f que se muestra en la figura 7.

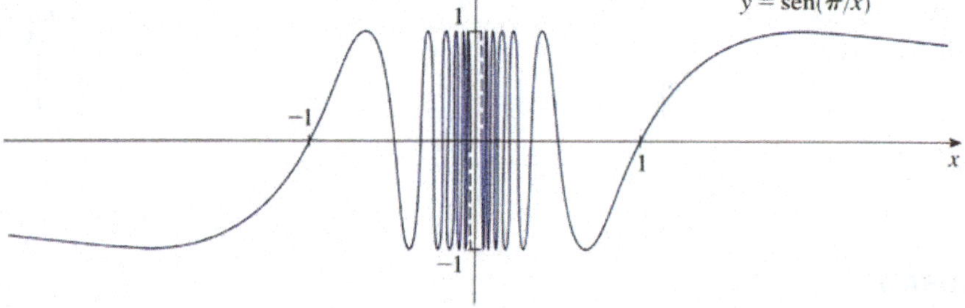

FIGURA 7

Las líneas punteadas, cerca del eje y indican que los valores del $\operatorname{sen}(\pi/x)$ oscilan infinitamente entre 1 y -1 cuando x tiende a 0. (Véase el ejercicio 51.)

Ya que los valores de $f(x)$ no se acercan a un número fijo cuando x tiende a 0,

$$\lim_{x \to 0} \operatorname{sen} \frac{\pi}{x} \quad \text{no existe}$$

■

x	$x^3 + \dfrac{\cos 5x}{10\,000}$
1	1.000028
0.5	0.124920
0.1	0.001088
0.05	0.000222
0.01	0.000101

x	$x^3 + \dfrac{\cos 5x}{10\,000}$
0.005	0.00010009
0.001	0.00010000

EJEMPLO 5 Encuentre el $\displaystyle\lim_{x \to 0} \left(x^3 + \frac{\cos 5x}{10\,000} \right)$.

SOLUCIÓN Como antes, se elabora una tabla de valores. De la primera tabla en el margen parece que

$$\lim_{x \to 0} \left(x^3 + \frac{\cos 5x}{10\,000} \right) = 0$$

Pero si se persevera con valores más pequeños de x, la segunda tabla sugiere que

$$\lim_{x \to 0} \left(x^3 + \frac{\cos 5x}{10\,000} \right) = 0.000100 = \frac{1}{10\,000}$$

Más adelante verá que $\lim_{x \to 0} \cos 5x = 1$; entonces se deducirá que el límite es 0.0001. ■

Los ejemplos 4 y 5 ilustran algunos de los riesgos al intentar conjeturar el valor de un límite. Es fácil caer en el valor incorrecto si se utilizan valores inadecuados de x, pero es difícil saber cuándo dejar de calcular valores. Y, como muestra la discusión después del ejemplo 2, a veces las calculadoras y las computadoras dan valores incorrectos. En la sección siguiente, sin embargo, se van a desarrollar métodos infalibles para el cálculo de límites.

Límites laterales

EJEMPLO 6 La función de Heaviside H se define por

$$H(t) = \begin{cases} 0 & \text{si} \quad t < 0 \\ 1 & \text{si} \quad t \geq 0 \end{cases}$$

[Esta función lleva el nombre del ingeniero eléctrico Oliver Heaviside (1850-1925) y se utiliza para describir una corriente eléctrica en un circuito en el tiempo $t = 0$.] Su gráfica se muestra en la figura 8.

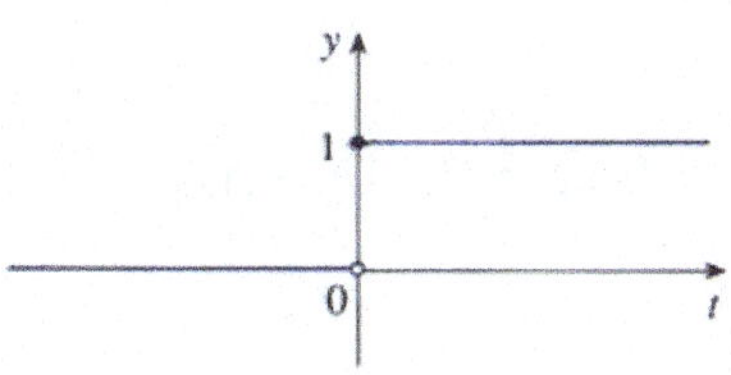

FIGURA 8
La función de Heaviside

Cuando t se aproxima a 0 por la izquierda, $H(t)$ se aproxima a 0. Conforme t se aproxima a 0 por la derecha, $H(t)$ se aproxima a 1. No hay un único número al que se aproxime $H(t)$ cuando t se aproxima a 0. Por tanto, $\lim_{t \to 0} H(t)$ no existe. ■

Ha observado en el ejemplo 6 que $H(t)$ tiende a 0 cuando t se aproxima a 0 por la izquierda y $H(t)$ tiende a 1 a medida que t se aproxima a 0 por la derecha. Esta situación se indica simbólicamente al escribir

$$\lim_{t \to 0^-} H(t) = 0 \qquad \text{y} \qquad \lim_{t \to 0^+} H(t) = 1$$

El símbolo $t \to 0^-$ indica que se consideran solo los valores de t que son menores de 0. De igual modo, $t \to 0^+$ indica que se consideran solo los valores de t que son mayores de 0.

[2] Definición de límites unilaterales Cuando se escribe

$$\lim_{x \to a^-} f(x) = L$$

se expresa que el **límite por la izquierda de $f(x)$ cuando x se aproxima a a** [o el **límite de $f(x)$ cuando x tiende a a por la izquierda**] es igual a L si se puede hacer que los valores de $f(x)$ se acerquen arbitrariamente a L, tanto como se quiera, tomando x suficientemente cercanos a a, pero *menores que a*.

Observe que la definición 2 difiere de la definición 1 solo en el hecho de que se pide que x sea necesariamente menor que a. Del mismo modo, si se requiere que x sea mayor que a, se obtiene que "el **límite por la derecha de $f(x)$ cuando x tiende a a** es igual a L" y se escribe

$$\lim_{x \to a^+} f(x) = L$$

Así, la notación $x \to a^+$ significa que se consideran solo x *mayores que a*. Estas definiciones se ilustran en la figura 9.

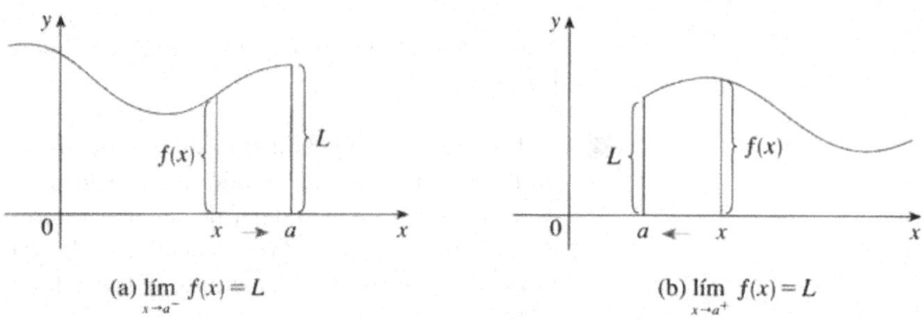

FIGURA 9

(a) $\lim_{x \to a^-} f(x) = L$ (b) $\lim_{x \to a^+} f(x) = L$

Al comparar la definición 1 con las de los límites laterales, vea que se satisface lo siguiente.

[3] $\lim_{x \to a} f(x) = L$ si y solo si $\lim_{x \to a^-} f(x) = L$ y $\lim_{x \to a^+} f(x) = L$

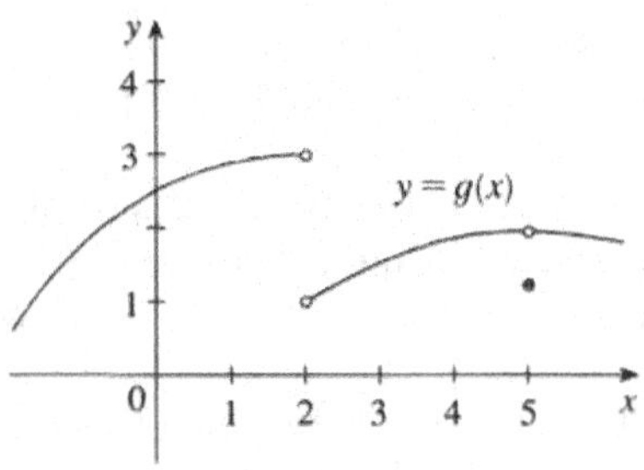

FIGURA 10

EJEMPLO 7 La gráfica de una función g se muestra en la figura 10. Utilícela para establecer los valores (si existen) de los siguientes:

(a) $\lim_{x \to 2^-} g(x)$ (b) $\lim_{x \to 2^+} g(x)$ (c) $\lim_{x \to 2} g(x)$

(d) $\lim_{x \to 5^-} g(x)$ (e) $\lim_{x \to 5^+} g(x)$ (f) $\lim_{x \to 5} g(x)$

SOLUCIÓN En la gráfica vea que los valores de $g(x)$ tienden a 3 conforme x tiende a 2 por la izquierda, pero se acercan a 1 a medida que x tiende a 2 por la derecha. Por tanto,

$$\text{(a)} \lim_{x \to 2^-} g(x) = 3 \quad \text{y} \quad \text{(b)} \lim_{x \to 2^+} g(x) = 1$$

(c) Dado que los límites por la izquierda y por la derecha son diferentes, se llega a la conclusión de que $\lim_{x \to 2} g(x)$ no existe.

La gráfica también muestra que

$$\text{(d)} \lim_{x \to 5^-} g(x) = 2 \quad \text{y} \quad \text{(e)} \lim_{x \to 5^+} g(x) = 2$$

(f) Esta vez los límites por la izquierda y por la derecha son los mismos, así que, por (3), se tiene

$$\lim_{x \to 5} g(x) = 2$$

A pesar de esto, observe que $g(5) \neq 2$. ■

■ Límites infinitos

EJEMPLO 8 Encuentre $\lim_{x \to 0} \dfrac{1}{x^2}$ si existe.

x	$\dfrac{1}{x^2}$
± 1	1
± 0.5	4
± 0.2	25
± 0.1	100
± 0.05	400
± 0.01	10,000
± 0.001	1,000,000

SOLUCIÓN Conforme x se acerca a 0, x^2 también se acerca a 0, y $1/x^2$ se hace muy grande. (Véase la tabla en el margen.) De hecho, se desprende de la gráfica de la función $f(x) = 1/x^2$ en la figura 11, que los valores de $f(x)$ pueden ser arbitrariamente grandes, tomando x suficientemente cerca de 0. Así, los valores de $f(x)$ no se aproximan a un número, por lo que $\lim_{x \to 0}(1/x^2)$ no existe. ■

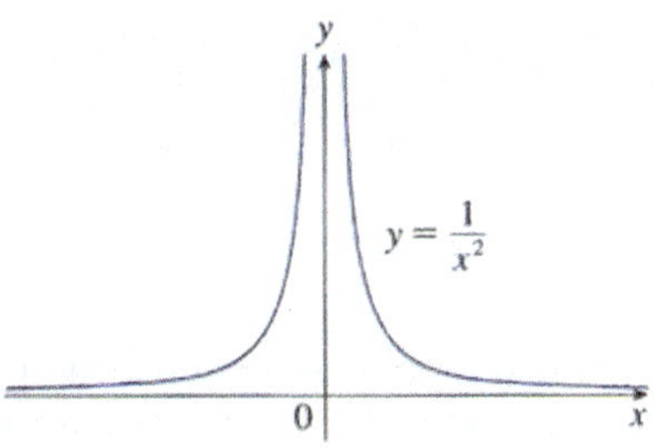

FIGURA 11

Para indicar el tipo de comportamiento exhibido en el ejemplo 8, se usa la notación

$$\lim_{x \to 0} \frac{1}{x^2} = \infty$$

Esto no quiere decir que se esté considerando a ∞ como un número. Tampoco significa que el límite existe. Simplemente expresa la forma particular en que el límite no existe: $1/x^2$ puede hacerse tan grande como se quiera, tomando a x suficientemente cerca de 0.

En general, puede escribir simbólicamente

$$\lim_{x \to a} f(x) = \infty$$

para indicar que los valores de $f(x)$ tienden a ser más y más grandes (o "crecen sin límite") a medida que x se acerca más y más a a.

> **4 Definición intuitiva de un límite infinito** Sea f una función definida por ambos lados de a, excepto posiblemente en la misma a. Entonces
>
> $$\lim_{x \to a} f(x) = \infty$$
>
> significa que los valores de $f(x)$ pueden hacerse arbitrariamente grandes (tan grandes como se quiera), tomando x suficientemente cerca de a, pero no igual a a.

Otra notación para $\lim_{x \to a} f(x) = \infty$ es

$$f(x) \to \infty \qquad \text{es} \qquad x \to a$$

De nuevo, el símbolo ∞ no es un número, pero la expresión $\lim_{x \to a} f(x) = \infty$ se lee a menudo como

"el límite de $f(x)$, cuando x tiende a a, es infinito"

o "$f(x)$ tiende al infinito cuando x se aproxima a a"

o "$f(x)$ crece sin límite cuando x se aproxima a a".

Esta definición se ilustra gráficamente en la figura 12.

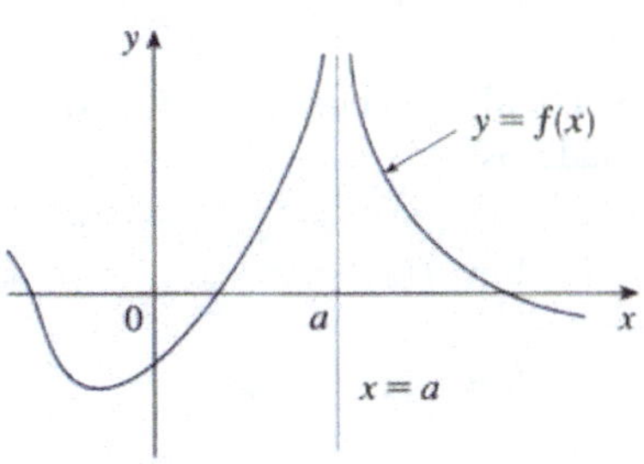

FIGURA 12
$\lim_{x \to a} f(x) = \infty$

Cuando se dice que un número es "negativo muy grande", se quiere decir que es negativo, pero su magnitud (valor absoluto) es grande.

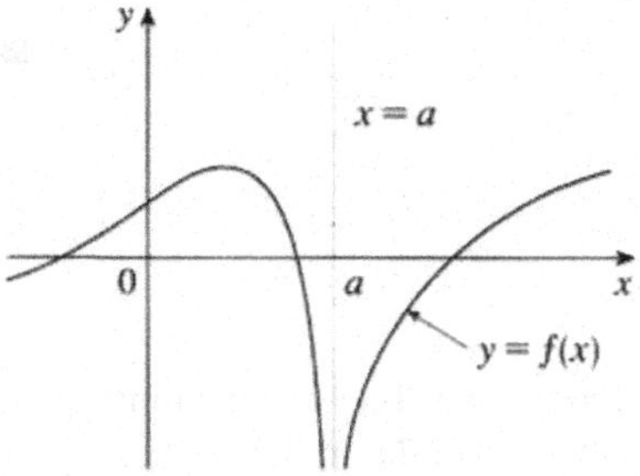

FIGURA 13
$\lim_{x \to a} f(x) = -\infty$

Un tipo similar de límite, para las funciones que se convierten en negativos muy grandes conforme x se aproxima a a, se precisa en la definición 5 y se ilustra en la figura 13.

5 Definición Sea f definida por ambos lados de a, excepto posiblemente en a misma. Entonces

$$\lim_{x \to a} f(x) = -\infty$$

significa que los valores de $f(x)$ pueden ser negativos arbitrariamente grandes, tomando x suficientemente cerca de a, pero no igual a a.

El símbolo $\lim_{x \to a} f(x) = -\infty$ puede leerse como "el límite de $f(x)$, cuando x se aproxima a a, es infinito negativo" o "$f(x)$ decrece sin límite conforme x tiende a a". Como ejemplo se tiene

$$\lim_{x \to 0} \left(-\frac{1}{x^2}\right) = -\infty$$

Definiciones similares pueden darse a los límites laterales infinitos

$$\lim_{x \to a^-} f(x) = \infty \qquad \lim_{x \to a^+} f(x) = \infty$$

$$\lim_{x \to a^-} f(x) = -\infty \qquad \lim_{x \to a^+} f(x) = -\infty$$

recordando que $x \to a^-$ significa que se consideran solo los valores de x que son menores que a, y del mismo modo $x \to a^+$ significa que se consideran solo $x > a$. En la figura 14, se ilustran estos cuatro casos.

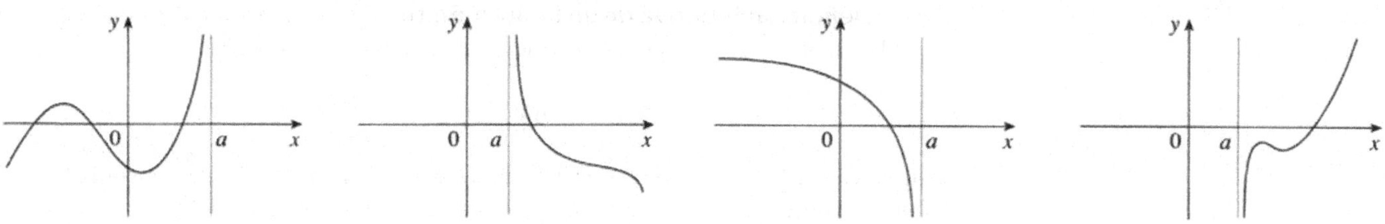

(a) $\lim_{x \to a^-} f(x) = \infty$ (b) $\lim_{x \to a^+} f(x) = \infty$ (c) $\lim_{x \to a^-} f(x) = -\infty$ (d) $\lim_{x \to a^+} f(x) = -\infty$

FIGURA 14

6 Definición La recta $x = a$ se llama **asíntota vertical** de la curva $y = f(x)$ si al menos uno de los enunciados siguientes son verdaderos:

$$\lim_{x \to a} f(x) = \infty \qquad \lim_{x \to a^-} f(x) = \infty \qquad \lim_{x \to a^+} f(x) = \infty$$

$$\lim_{x \to a} f(x) = -\infty \qquad \lim_{x \to a^-} f(x) = -\infty \qquad \lim_{x \to a^+} f(x) = -\infty$$

Por ejemplo, el eje y es una asíntota vertical de la curva $y = 1/x^2$ debido a que $\lim_{x \to 0} (= 1/x^2) = \infty$. En la figura 14 la recta $x = a$ es una asíntota vertical en cada uno de los cuatro casos que se muestran. En general, el conocimiento de asíntotas verticales es muy útil para dibujar gráficas.

EJEMPLO 9 Encuentre $\lim_{x\to 3^+} \dfrac{2x}{x-3}$ y $\lim_{x\to 3^-} \dfrac{2x}{x-3}$.

SOLUCIÓN Si x tiende a 3 con valores mayores que 3, entonces el denominador $x - 3$ es un número positivo muy pequeño y $2x$ está muy cerca de 6, por lo que el cociente $2x/(x - 3)$ es un número positivo muy grande. Por tanto, intuitivamente, se puede ver que

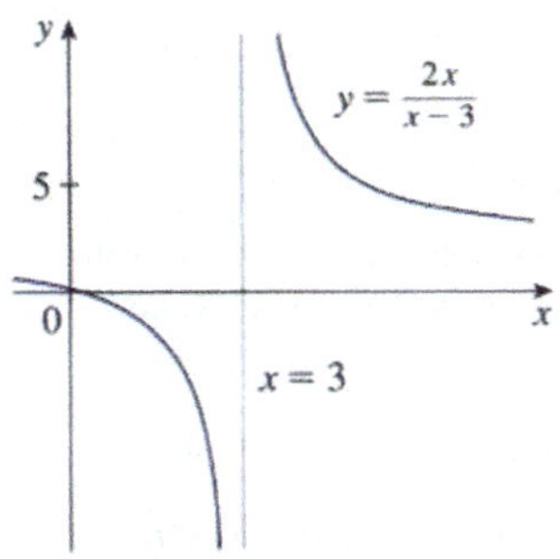

FIGURA 15

$$\lim_{x\to 3^+} \frac{2x}{x-3} = \infty$$

Asimismo, si x es cercano a 3, pero con valores menores que 3, entonces $x - 3$ es un número negativo pequeño, pero $2x$ es aún un número positivo (cercano a 6). Así, $2x/(x - 3)$ es un número *negativo* muy grande. Por tanto,

$$\lim_{x\to 3^-} \frac{2x}{x-3} = -\infty$$

La gráfica de la curva $y = 2x/(x - 3)$ se ilustra en la figura 15. La recta $x = 3$ es una asíntota vertical. ■

EJEMPLO 10 Encuentre las asíntotas verticales de $f(x) = \tan x$.

SOLUCIÓN Ya que

$$\tan x = \frac{\operatorname{sen} x}{\cos x}$$

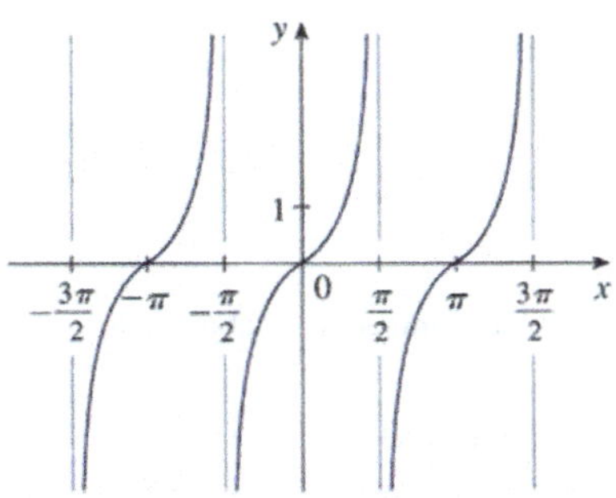

FIGURA 16
$y = \tan x$

hay posibles asíntotas verticales donde $\cos x = 0$. De hecho, puesto que $\cos x \to 0^+$ cuando $x \to (\pi/2)^-$ y $\cos x \to 0^-$ cuando $x \to (\pi/2)^+$, mientras que $\operatorname{sen} x$ es positivo (cerca de 1) cuando x está cerca de $\pi/2$, se tiene

$$\lim_{x\to(\pi/2)^-} \tan x = \infty \qquad \text{y} \qquad \lim_{x\to(\pi/2)^+} \tan x = -\infty$$

Esto muestra que la recta $x = \pi/2$ es una asíntota vertical. Un razonamiento similar muestra que las rectas $x = \pi/2 + n\pi$, donde n es un número entero, son todas asíntotas verticales de $f(x) = \tan x$. La gráfica en la figura 16 confirma esto. ■

Otro ejemplo de una función cuya gráfica tiene una asíntota vertical es la función logaritmo natural $y = \ln x$. En la figura 17 se ve que

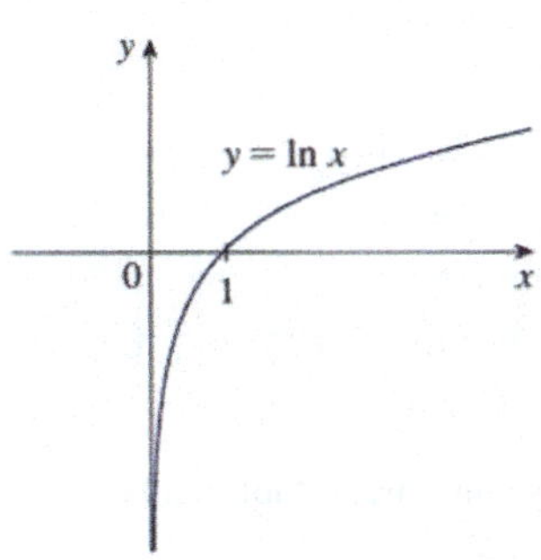

FIGURA 17
El eje y es una asíntota vertical de la función logaritmo natural.

$$\boxed{\lim_{x\to 0^+} \ln x = -\infty}$$

y así, la recta $x = 0$ (el eje y) es una asíntota vertical. De hecho, lo mismo es cierto para $y = \log_b x$ siempre que $b > 1$. (Véase las figuras 1.5.11 y 1.5.12.)

2.2 EJERCICIOS

1. Explique el significado de la ecuación

$$\lim_{x \to 2} f(x) = 5$$

¿Es posible que se cumpla con este enunciado aunque $f(2) = 3$? Explique.

2. Explique qué significa decir que

$$\lim_{x \to 2^-} f(x) = 1 \qquad \text{y} \qquad \lim_{x \to 2^+} f(x) = 5$$

En esta situación, ¿es posible que exista $\lim_{x \to 1} f(x)$? Explique.

3. Explique el significado de cada una de las expresiones siguientes.

(a) $\lim_{x \to -5} f(x) = \infty$ (b) $\lim_{x \to 3^+} f(x) = -\infty$

4. Utilice la gráfica de f para establecer el valor de cada cantidad si esta existe. Si no existe, explique por qué.

(a) $\lim_{x \to 2^-} f(x)$ (b) $\lim_{x \to 2^+} f(x)$ (c) $\lim_{x \to 2} f(x)$

(d) $f(2)$ (e) $\lim_{x \to 4} f(x)$ (f) $f(4)$

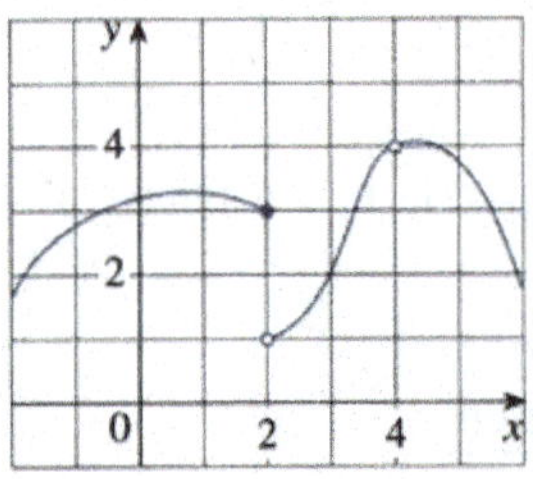

5. Para la función f cuya gráfica está dada, establezca el valor de cada una de las cantidades siguientes. Si no existe, explique por qué.

(a) $\lim_{x \to 1} f(x)$ (b) $\lim_{x \to 3^-} f(x)$ (c) $\lim_{x \to 3^+} f(x)$

(d) $\lim_{x \to 3} f(x)$ (e) $f(3)$

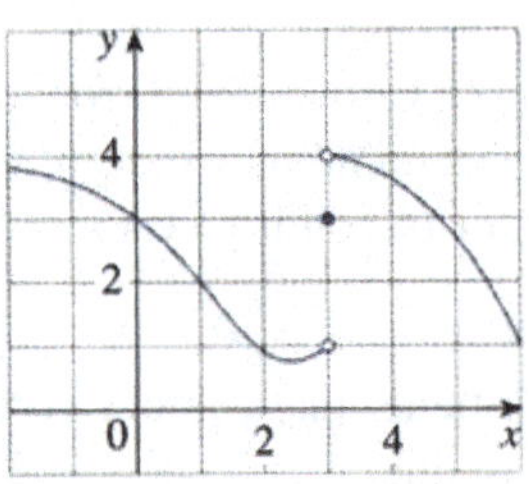

6. Para la función h cuya gráfica está dada, establezca el valor de cada una de las cantidades siguientes. Si no existe, explique por qué.

(a) $\lim_{x \to -3^-} h(x)$ (b) $\lim_{x \to -3^+} h(x)$ (c) $\lim_{x \to -3} h(x)$

(d) $h(-3)$ (e) $\lim_{x \to 0^-} h(x)$ (f) $\lim_{x \to 0^+} h(x)$

(g) $\lim_{x \to 0} h(x)$ (h) $h(0)$ (i) $\lim_{x \to 2} h(x)$

(j) $h(2)$ (k) $\lim_{x \to 5^+} h(x)$ (l) $\lim_{x \to 5^-} h(x)$

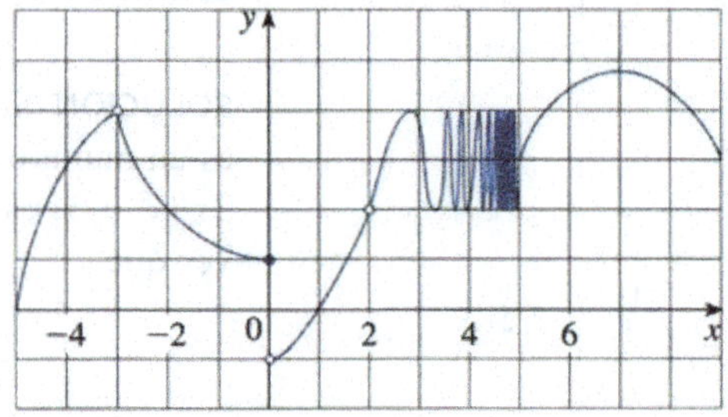

7. Para la función g cuya gráfica está dada, establezca el valor de cada una de las cantidades siguientes si existe. Si no, explique por qué.

(a) $\lim_{t \to 0^-} g(t)$ (b) $\lim_{t \to 0^+} g(t)$ (c) $\lim_{t \to 0} g(t)$

(d) $\lim_{t \to 2^-} g(t)$ (e) $\lim_{t \to 2^+} g(t)$ (f) $\lim_{t \to 2} g(t)$

(g) $g(2)$ (h) $\lim_{t \to 4} g(t)$

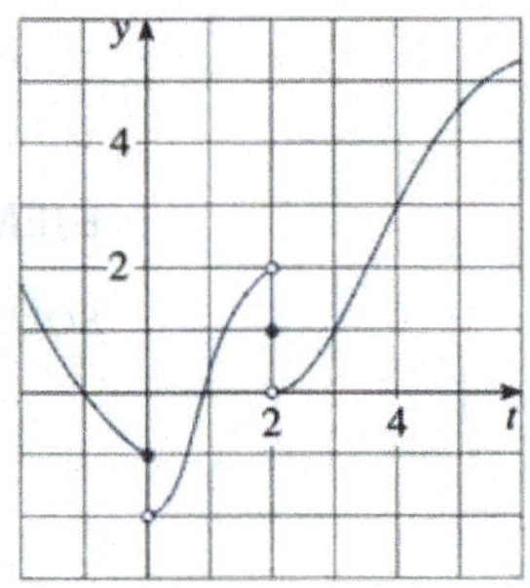

8. Para la función A cuya gráfica se muestra, establezca lo siguiente.

(a) $\lim_{x \to -3} A(x)$ (b) $\lim_{x \to 2^-} A(x)$

(c) $\lim_{x \to 2^+} A(x)$ (d) $\lim_{x \to -1} A(x)$

(e) Las ecuaciones de las asíntotas verticales.

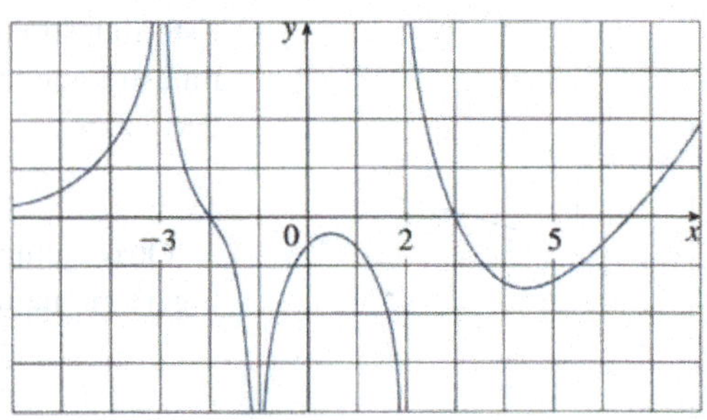

9. Para la función f cuya gráfica se muestra, establezca lo siguiente.

(a) $\lim_{x \to -7} f(x)$ (b) $\lim_{x \to -3} f(x)$ (c) $\lim_{x \to 0} f(x)$

(d) $\lim_{x \to 6^-} f(x)$ (e) $\lim_{x \to 6^+} f(x)$

(f) Las ecuaciones de las asíntotas verticales.

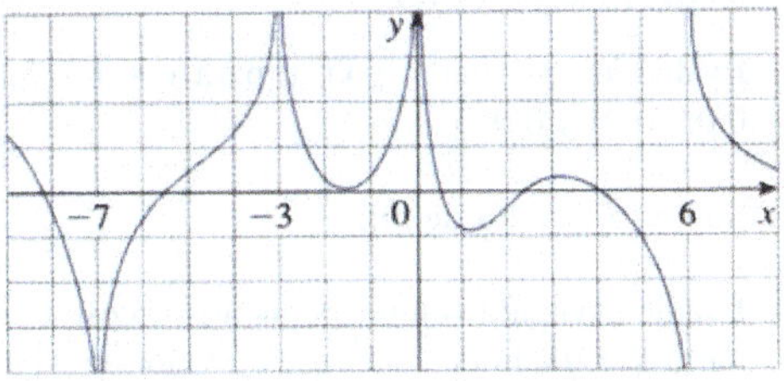

10. Un paciente recibe una inyección de 150 mg de un medicamento cada 4 horas. La gráfica muestra la cantidad $f(t)$ del medicamento en el torrente sanguíneo después de t horas. Encuentre

$$\lim_{t \to 12^-} f(t) \qquad \text{y} \qquad \lim_{t \to 12^+} f(t)$$

y explique el significado de estos límites laterales.

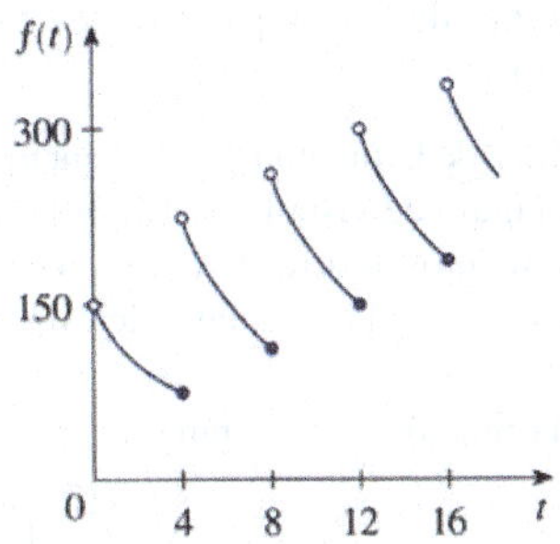

11–12 Trace la gráfica de cada una de las funciones siguientes y utilícela para determinar los valores de a para los cuales $\lim_{x \to a} f(x)$ existe.

11. $f(x) = \begin{cases} 1 + x & \text{si } x < -1 \\ x^2 & \text{si } -1 \leqslant x < 1 \\ 2 - x & \text{si } x \geqslant 1 \end{cases}$

12. $f(x) = \begin{cases} 1 + \operatorname{sen} x & \text{si } x < 0 \\ \cos x & \text{si } 0 \leqslant x \leqslant \pi \\ \operatorname{sen} x & \text{si } x > \pi \end{cases}$

13–14 Utilice la gráfica de la función f para establecer el valor de cada uno de los límites siguientes, si es que existen. Si no, explique por qué.

(a) $\lim_{x \to 0^-} f(x)$ (b) $\lim_{x \to 0^+} f(x)$ (c) $\lim_{x \to 0} f(x)$

13. $f(x) = \dfrac{1}{1 + e^{1/x}}$ **14.** $f(x) = \dfrac{x^2 + x}{\sqrt{x^3 + x^2}}$

15–18 Trace la gráfica de un ejemplo de una función f que satisfaga todas las condiciones dadas.

15. $\lim_{x \to 1^-} f(x) = 2, \quad \lim_{x \to 1^+} f(x) = -2, \quad f(1) = 2$

16. $\lim_{x \to 0^-} f(x) = 1, \quad \lim_{x \to 0^+} f(x) = -1, \quad \lim_{x \to 2^-} f(x) = 0,$

$\lim_{x \to 2^+} f(x) = 1, \quad f(2) = 1, \quad f(0)$ es indefinido

17. $\lim_{x \to 3^+} f(x) = 4, \quad \lim_{x \to 3^-} f(x) = 2, \quad \lim_{x \to -2} f(x) = 2,$

$f(3) = 3, \quad f(-2) = 1$

18. $\lim_{x \to 0^-} f(x) = 2, \quad \lim_{x \to 0^+} f(x) = 0, \quad \lim_{x \to 4^-} f(x) = 3,$

$\lim_{x \to 4^+} f(x) = 0, \quad f(0) = 2, \quad f(4) = 1$

19–22 Conjeture el valor de cada uno de los límites siguientes (si existen) evaluando la función dada en los números propuestos (con una precisión de seis decimales).

19. $\lim_{x \to 3} \dfrac{x^2 - 3x}{x^2 - 9},$

$x = 3.1, 3.05, 3.01, 3.001, 3.0001,$
$2.9, 2.95, 2.99, 2.999, 2.9999$

20. $\lim_{x \to -3} \dfrac{x^2 - 3x}{x^2 - 9},$

$x = -2.5, -2.9, -2.95, -2.99, -2.999, -2.9999,$
$-3.5, -3.1, -3.05, -3.01, -3.001, -3.0001$

21. $\lim_{t \to 0} \dfrac{e^{5t} - 1}{t}, \quad t = \pm 0.5, \pm 0.1, \pm 0.01, \pm 0.001, \pm 0.0001$

22. $\lim_{h \to 0} \dfrac{(4 + h)^3 - 64}{h},$

$h = \pm 0.5, \pm 0.1, \pm 0.01, \pm 0.001, \pm 0.0001$

23–28 Utilice una tabla de valores para calcular el valor de cada uno de los límites siguientes. Si dispone usted de una calculadora o computadora, utilícela para confirmar gráficamente su resultado.

23. $\lim_{x \to 4} \dfrac{\ln x - \ln 4}{x - 4}$ **24.** $\lim_{p \to -1} \dfrac{1 + p^9}{1 + p^{15}}$

25. $\lim_{\theta \to 0} \dfrac{\operatorname{sen} 3\theta}{\tan 2\theta}$ **26.** $\lim_{t \to 0} \dfrac{5^t - 1}{t}$

27. $\lim_{x \to 0^+} x^x$ **28.** $\lim_{x \to 0^+} x^2 \ln x$

29. (a) Por medio de la gráfica de la función $f(x) = (\cos 2x - \cos x)/x^2$ y un acercamiento al punto donde la gráfica interseca el eje y, calcule el valor de $\lim_{x \to 0} f(x)$.
(b) Verifique su respuesta del inciso (a) mediante la evaluación de $f(x)$ para valores de x que tiendan a 0.

30. (a) Calcule el valor de

$$\lim_{x \to 0} \frac{\operatorname{sen} x}{\operatorname{sen} \pi x}$$

al trazar la gráfica de la función $f(x) = (\operatorname{sen} x)/(\operatorname{sen} \pi x)$. Exprese su respuesta con una precisión de dos decimales.
(b) Verifique su respuesta del inciso (a) evaluando $f(x)$ para valores de x que tiendan a 0.

31–43 Determine cada uno de los límites infinitos siguientes.

31. $\lim\limits_{x\to5^+}\dfrac{x+1}{x-5}$

32. $\lim\limits_{x\to5^-}\dfrac{x+1}{x-5}$

33. $\lim\limits_{x\to1}\dfrac{2-x}{(x-1)^2}$

34. $\lim\limits_{x\to3^-}\dfrac{\sqrt{x}}{(x-3)^5}$

35. $\lim\limits_{x\to5^+}\ln(x^2-25)$

36. $\lim\limits_{x\to0^+}\ln(\operatorname{sen} x)$

37. $\lim\limits_{x\to(\pi/2)^+}\dfrac{1}{x}\sec x$

38. $\lim\limits_{x\to\pi^-}\cot x$

39. $\lim\limits_{x\to2\pi^-}x\csc x$

40. $\lim\limits_{x\to2^-}\dfrac{x^2-2x}{x^2-4x+4}$

41. $\lim\limits_{x\to2^+}\dfrac{x^2-2x-8}{x^2-5x+6}$

42. $\lim\limits_{x\to0^+}\left(\dfrac{1}{x}-\ln x\right)$

43. $\lim\limits_{x\to0}(\ln x^2-x^{-2})$

---

44. (a) Encuentre las asíntotas verticales de la función

$$y=\frac{x^2+1}{3x-2x^2}$$

(b) Verifique su respuesta al inciso (a) al trazar la gráfica de la función.

45. Determine $\lim\limits_{x\to1^-}\dfrac{1}{x^3-1}$ y $\lim\limits_{x\to1^+}\dfrac{1}{x^3-1}$

(a) evaluando $f(x)=1/(x^3-1)$ para valores de x que tiendan a 1, por el lado izquierdo y por el lado derecho.

(b) razonando como en el ejemplo 9, y

(c) a partir de la gráfica de f.

46. (a) Por medio de la gráfica de la función $f(x)=(\tan 4x)/x$ y un acercamiento al punto donde la gráfica interseca el eje y, calcule el valor de $\lim_{x\to0}f(x)$.

(b) Verifique su respuesta del inciso (a) para evaluar $f(x)$ para valores de x que tiendan a 0.

47. (a) Calcule el valor de $\lim_{x\to0}(1+x)^{1/x}$ con una precisión de cinco decimales. ¿Le parece conocido este número?

(b) Ilustre el inciso (a) al trazar la gráfica de la función $y=(1+x)^{1/x}$.

48. (a) Trace la gráfica de $f(x)=e^x+\ln|x-4|$ para $0\leqslant x\leqslant5$. ¿Piensa que la gráfica es una representación precisa de f?

(b) ¿Cómo conseguiría una gráfica que represente mejor a f?

49. (a) Evalúe la función $f(x)=x^2-(2^x/1000)$ para $x=1, 0.8, 0.6, 0.4, 0.2, 0.1$ y 0.05 e infiera el valor de

$$\lim_{x\to0}\left(x^2-\frac{2^x}{1000}\right)$$

(b) Evalúe $f(x)$ para $x=0.04, 0.02, 0.01, 0.005, 0.003$ y 0.001. Infiera otra vez.

50. (a) Evalúe $h(x)=(\tan x-x)/x^3$ para $x=1, 0.5, 0.1, 0.05, 0.01$ y 0.005.

(b) Suponga el valor de $\lim\limits_{x\to0}\dfrac{\tan x-x}{x^3}$.

(c) Evalúe $h(x)$ para valores pequeños sucesivos de x hasta que finalmente alcance un valor de 0 para $h(x)$. ¿Aún confía en que su conjetura en el inciso (b) es correcta? Explique por qué finalmente obtuvo valores 0. (En la sección 4.4 se explicará un método para evaluar el límite.)

(d) Trace la gráfica de la función h en un rectángulo de vista [1, 1] por [0, 1]. Después haga un acercamiento hacia el punto donde la gráfica interseca el eje y, para calcular el límite de $h(x)$ cuando x tienda a 0. Continúe el acercamiento hasta que observe distorsiones en la gráfica de h. Compare con los resultados del inciso (c).

51. Trace la gráfica de la función $f(x)=\operatorname{sen}(\pi/x)$ del ejemplo 4 en el rectángulo de vista $[-1, 1]$ por $[-1, 1]$. Después haga acercamientos al origen varias veces. Haga comentarios acerca del comportamiento de esta función.

52. Considere la función $f(x)=\tan\dfrac{1}{x}$.

(a) Demuestre que $f(x)=0$ para $x=\dfrac{1}{\pi}, \dfrac{1}{2\pi}, \dfrac{1}{3\pi}, \dots$

(b) Demuestre que $f(x)=1$ para $x=\dfrac{4}{\pi}, \dfrac{4}{5\pi}, \dfrac{4}{9\pi}, \dots$

(c) ¿Qué puede concluir acerca de $\lim\limits_{x\to0^+}\tan\dfrac{1}{x}$?

53. Utilice una gráfica para calcular las ecuaciones de todas las asíntotas de la curva

$$y=\tan(2\operatorname{sen} x)\qquad -\pi\leqslant x\leqslant\pi$$

Luego determine las ecuaciones exactas de estas asíntotas.

54. En la teoría de la relatividad, la masa de una partícula con velocidad v es

$$m=\frac{m_0}{\sqrt{1-v^2/c^2}}$$

donde $m_0=0$ es la masa de la partícula en reposo y c es la rapidez de la luz. ¿Qué pasa cuando $v\to c^-$?

55. (a) Utilice una evidencia numérica y gráfica para intuir el valor del límite

$$\lim_{x\to1}\frac{x^3-1}{\sqrt{x}-1}$$

(b) ¿Qué tan cerca de 1 tiene que estar x para garantizar que la función en el inciso (a) esté dentro de una distancia de 0.5 de este límite?

2.3 Cálculo de límites usando las leyes de los límites

En la sección 2.2 se utilizan calculadoras y gráficas para inferir los valores de un límite, pero se observa que estos métodos no siempre conducen a la respuesta correcta. En esta sección se utilizan las propiedades de los límites siguientes, llamadas *leyes de los límites*, para calcularlos.

Leyes de los límites Suponga que c es una constante y que los límites

$$\lim_{x \to a} f(x) \qquad \text{y} \qquad \lim_{x \to a} g(x)$$

existen. Entonces

1. $\lim_{x \to a} [f(x) + g(x)] = \lim_{x \to a} f(x) + \lim_{x \to a} g(x)$

2. $\lim_{x \to a} [f(x) - g(x)] = \lim_{x \to a} f(x) - \lim_{x \to a} g(x)$

3. $\lim_{x \to a} [cf(x)] = c \lim_{x \to a} f(x)$

4. $\lim_{x \to a} [f(x)g(x)] = \lim_{x \to a} f(x) \cdot \lim_{x \to a} g(x)$

5. $\lim_{x \to a} \dfrac{f(x)}{g(x)} = \dfrac{\lim_{x \to a} f(x)}{\lim_{x \to a} g(x)}$ si $\lim_{x \to a} g(x) \neq 0$

Estas cinco leyes se pueden expresar verbalmente como sigue:

Ley de la suma **1.** El límite de una suma es la suma de los límites.

Ley de la diferencia **2.** El límite de una diferencia es la diferencia de los límites.

Ley del múltiplo constante **3.** El límite de una constante por una función es la constante por el límite de la función.

Ley del producto **4.** El límite de un producto es el producto de los límites.

Ley del cociente **5.** El límite de un cociente es el cociente de los límites (siempre que el límite del denominador no sea cero).

Es fácil creer que estas propiedades son verdaderas. Por ejemplo, si $f(x)$ está cerca de L y $g(x)$ está cerca de M, es razonable concluir que $f(x) + g(x)$ está muy cerca de $L + M$. Esto da una base intuitiva para creer que la ley 1 es verdadera. En la sección 2.4 se dará una definición precisa de la idea de límite y se utilizará para demostrar esta ley. Las demostraciones del resto de las leyes se presentan en el apéndice F.

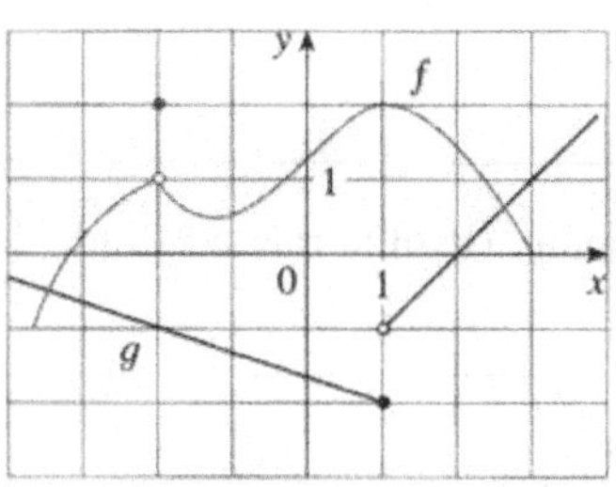

FIGURA 1

EJEMPLO 1 Utilice las leyes de los límites y las gráficas de f y g en la figura 1 para evaluar los límites siguientes, si es que existen.

(a) $\lim_{x \to -2} [f(x) + 5g(x)]$ (b) $\lim_{x \to 1} [f(x)g(x)]$ (c) $\lim_{x \to 2} \dfrac{f(x)}{g(x)}$

SOLUCIÓN

(a) De las gráficas de f y g se observa que

$$\lim_{x \to -2} f(x) = 1 \qquad \text{y} \qquad \lim_{x \to -2} g(x) = -1$$

Por tanto, se tiene

$$\begin{aligned} \lim_{x\to -2} [f(x) + 5g(x)] &= \lim_{x\to -2} f(x) + \lim_{x\to -2} [5g(x)] &&\text{(por la ley 1)} \\ &= \lim_{x\to -2} f(x) + 5 \lim_{x\to -2} g(x) &&\text{(por la ley 3)} \\ &= 1 + 5(-1) = -4 \end{aligned}$$

(b) Observe que $\lim_{x\to 1} f(x) = 2$. Pero $\lim_{x\to 1} g(x)$ no existe porque los límites por la izquierda y por la derecha son diferentes:

$$\lim_{x\to 1^-} g(x) = -2 \qquad \lim_{x\to 1^+} g(x) = -1$$

Por lo que no se puede utilizar la ley 4 para el límite deseado, pero *se puede* utilizar para los límites laterales:

$$\lim_{x\to 1^-} [f(x)g(x)] = \lim_{x\to 1^-} f(x) \cdot \lim_{x\to 1^-} g(x) = 2 \cdot (-2) = -4$$

$$\lim_{x\to 1^+} [f(x)g(x)] = \lim_{x\to 1^+} f(x) \cdot \lim_{x\to 1^+} g(x) = 2 \cdot (-1) = -2$$

Los límites por la izquierda y por la derecha no son iguales, por lo que $\lim_{x\to 1} [f(x)g(x)]$ no existe.

(c) La gráfica muestra que

$$\lim_{x\to 2} f(x) \approx 1.4 \qquad \text{y} \qquad \lim_{x\to 2} g(x) = 0$$

Ya que el límite del denominador es 0, no se puede utilizar la ley 5. El límite dado no existe porque el denominador tiende a 0, mientras que el numerador se acerca a un número diferente de cero. ■

Si se utiliza repetidamente la ley del producto con $g(x) = f(x)$, se obtiene la siguiente ley.

Ley de la potencia

6. $\lim_{x\to a} [f(x)]^n = \left[\lim_{x\to a} f(x)\right]^n$ donde n es un número entero positivo

En la aplicación de estas seis leyes, se necesitan utilizar dos límites especiales:

7. $\lim_{x\to a} c = c$ **8.** $\lim_{x\to a} x = a$

Estos límites son obvios desde un punto de vista intuitivo (expréselos con palabras o dibuje las gráficas de $y = c$ y $y = x$), pero en los ejercicios de la sección 2.4 se requieren las demostraciones con base en la definición precisa.

Si se hace $f(x) = x$ en la ley 6 y se utiliza la ley 8, se obtiene otra forma especial de límite.

9. $\lim_{x\to a} x^n = a^n$ donde n es un entero positivo

Un límite similar que es válido para raíces es el siguiente. (Para la raíz cuadrada, la demostración se resume en el ejercicio 2.4.37.)

10. $\lim_{x\to a} \sqrt[n]{x} = \sqrt[n]{a}$ donde n es un entero positivo
(Si n es par, se supone que $a > 0$.)

Más generalmente, se tiene la ley siguiente que se demuestra en la sección 2.5 como una consecuencia de la ley 10.

Ley de la raíz

11. $\lim_{x \to a} \sqrt[n]{f(x)} = \sqrt[n]{\lim_{x \to a} f(x)}$ donde n es un entero positivo

[Si n es par, se supone que $\lim_{x \to a} f(x) > 0$.]

Newton y los límites

Isaac Newton nació el día de Navidad en 1642, año en que murió Galileo. Cuando entró en la Universidad de Cambridge en 1661, Newton no sabía muchas matemáticas, pero aprendió rápidamente leyendo a Euclides y Descartes, y asistiendo a las conferencias de Isaac Barrow. Cambridge fue cerrada a causa de la peste en 1665 y 1666, y Newton regresó a su casa a reflexionar sobre lo que había aprendido. Esos dos años fueron extraordinariamente productivos porque hizo cuatro de sus descubrimientos más importantes: 1) su representación de funciones como sumas de series infinitas, incluyendo el teorema del binomio; 2) su trabajo sobre el cálculo diferencial e integral; 3) sus leyes del movimiento y la ley de la gravitación universal y 4) sus experimentos con el prisma relacionados con la naturaleza de la luz y el color. Debido a un temor a la controversia y la crítica, se mostró reacio a publicar sus descubrimientos y no fue sino hasta 1687, a instancias del astrónomo Halley, que Newton publicó *Principia Mathematica*. En este trabajo, el tratado científico más grande jamás escrito, Newton expone su versión del cálculo y su utilización en la investigación de la mecánica, la dinámica de fluidos y el movimiento ondulatorio, así como en la explicación del movimiento de los planetas y los cometas.

Los inicios del cálculo se encuentran en los procedimientos para obtener áreas y volúmenes ideados por los antiguos sabios griegos Eudoxo y Arquímedes. A pesar de que los aspectos de la idea de límite están implícitos en su "método de agotamiento", Eudoxo y Arquímedes nunca formularon explícitamente el concepto de límite. Tampoco matemáticos como Cavalieri, Fermat ni Barrow, antecesores inmediatos de Newton en el desarrollo del cálculo, utilizaron los límites. Isaac Newton fue el primero en hablar explícitamente de límites. Explicó que la idea principal detrás de los límites es que las cantidades "se acercan más que cualquier diferencia dada". Newton dijo que el límite era el concepto básico en el cálculo, pero fue el posterior trabajo de matemáticos como Cauchy y otros más el que finalmente clarificó las ideas relacionadas con los límites.

EJEMPLO 2 Evalúe los límites siguientes y justifique cada paso

(a) $\lim_{x \to 5} (2x^2 - 3x + 4)$ (b) $\lim_{x \to -2} \dfrac{x^3 + 2x^2 - 1}{5 - 3x}$

SOLUCIÓN

(a)
$$\begin{aligned} \lim_{x \to 5} (2x^2 - 3x + 4) &= \lim_{x \to 5} (2x^2) - \lim_{x \to 5} (3x) + \lim_{x \to 5} 4 && \text{(por las leyes 1 y 2)} \\ &= 2 \lim_{x \to 5} x^2 - 3 \lim_{x \to 5} x + \lim_{x \to 5} 4 && \text{(por la ley 3)} \\ &= 2(5^2) - 3(5) + 4 && \text{(por las leyes 9, 8 y 7)} \\ &= 39 \end{aligned}$$

(b) Empiece utilizando la ley 5, pero su uso está completamente justificado solo en la etapa final cuando observe que los límites del numerador y el denominador existen y el límite del denominador no es cero.

$$\begin{aligned} \lim_{x \to -2} \frac{x^3 + 2x^2 - 1}{5 - 3x} &= \frac{\lim_{x \to -2} (x^3 + 2x^2 - 1)}{\lim_{x \to -2} (5 - 3x)} && \text{(por la ley 5)} \\ &= \frac{\lim_{x \to -2} x^3 + 2 \lim_{x \to -2} x^2 - \lim_{x \to -2} 1}{\lim_{x \to -2} 5 - 3 \lim_{x \to -2} x} && \text{(por las leyes 1, 2 y 3)} \\ &= \frac{(-2)^3 + 2(-2)^2 - 1}{5 - 3(-2)} && \text{(por las leyes 9, 8 y 7)} \\ &= -\frac{1}{11} \end{aligned}$$

■

NOTA Si se hace $f(x) = 2x^2 - 3x + 4$, entonces $f(5) = 39$. En otras palabras, habría obtenido la respuesta correcta del ejemplo 2(a) sustituyendo 5 por x. Del mismo modo, la sustitución directa aporta la respuesta correcta en el inciso (b). Las funciones en el ejemplo 2 son una función polinomial y una función racional, respectivamente, y el mismo uso de las leyes de los límites demuestra que la sustitución directa siempre sirve para este tipo de funciones (Véase los ejercicios 57 y 58). Este hecho se expresa de la manera siguiente:

Propiedad de sustitución directa Si f es una función polinomial o una función racional y a está en el dominio de f, entonces

$$\lim_{x \to a} f(x) = f(a)$$

Las funciones con la propiedad de sustitución directa se llaman *continuas en a* y se estudiaran en la sección 2.5. Sin embargo, no todos los límites se pueden evaluar por sustitución directa, como se muestra en los ejemplos siguientes.

EJEMPLO 3 Encuentre $\lim\limits_{x\to 1} \dfrac{x^2 - 1}{x - 1}$.

SOLUCIÓN Sea $f(x) = (x^2 - 1)/(x - 1)$. No se puede encontrar el límite por sustitución directa de $x = 1$ porque $f(1)$ no está definida. Tampoco se puede aplicar la ley del cociente porque el límite del denominador es 0. Así, se necesita de un proceso algebraico preliminar. Factorizando el numerador como una diferencia de cuadrados:

$$\frac{x^2 - 1}{x - 1} = \frac{(x - 1)(x + 1)}{x - 1}$$

Observe que en el ejemplo 3 no se tiene un límite infinito a pesar de que el denominador tiende a 0 cuando $x \to 1$. Cuando tanto el numerador como el denominador tienden a 0, el límite puede ser infinito o puede tener algún valor finito.

El numerador y el denominador tienen un factor común de $x - 1$. Cuando se toma el límite cuando tiende a 1, se tiene que $x \neq 1$ y, por tanto, $x - 1 \neq 0$. Así, se puede eliminar el factor común y calcular el límite por sustitución directa como sigue:

$$\lim_{x\to 1} \frac{x^2 - 1}{x - 1} = \lim_{x\to 1} \frac{(x - 1)(x + 1)}{x - 1}$$

$$= \lim_{x\to 1} (x + 1)$$

$$= 1 + 1 = 2$$

El límite en este ejemplo surgió en la sección 2.1.1 cuando se intenta encontrar la recta tangente a la parábola $y = x^2$ en el punto (1, 1). ■

NOTA En el ejemplo 3 se pudo calcular el límite sustituyendo la función dada, $f(x) = (x^2 - 1)/(x - 1)$, por la función más sencilla, $g(x) = x + 1$, con el mismo límite. Esto es válido ya que $f(x) = g(x)$, excepto cuando $x = 1$, y al calcular el límite cuando x tiende a 1, no se considera qué sucede cuando x es en realidad *igual* a 1. En general, se tiene el hecho útil siguiente.

> Si $f(x) = g(x)$ cuando $x \neq a$, entonces $\lim\limits_{x\to a} f(x) = \lim\limits_{x\to a} g(x)$, siempre que el límite exista.

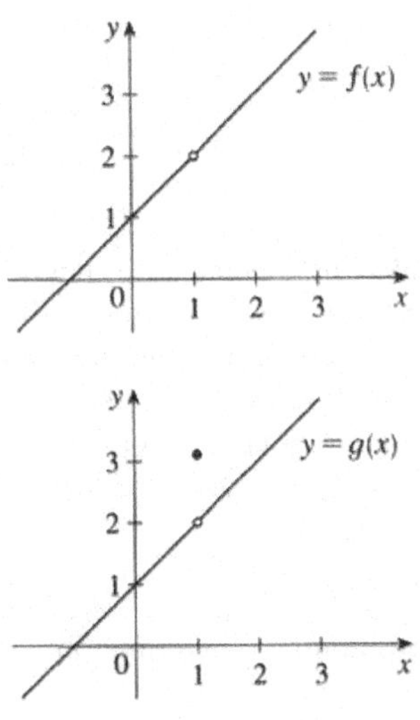

FIGURA 2
Las gráficas de las funciones f (del ejemplo 3) y g (del ejemplo 4)

EJEMPLO 4 Encuentre $\lim\limits_{x\to 1} g(x)$ donde

$$g(x) = \begin{cases} x + 1 & \text{Si } x \neq 1 \\ \pi & \text{Si } x = 1 \end{cases}$$

SOLUCIÓN Aquí g está definida en $x = 1$ y $g(1) = \pi$, pero el valor del límite cuando x *tiende a* 1, no depende del valor de la función *en* 1. Ya que $g(x) = x + 1$ para $x \neq 1$, se tiene

$$\lim_{x\to 1} g(x) = \lim_{x\to 1} (x + 1) = 2$$ ■

Observe que los valores de las funciones en los ejemplos 3 y 4 son idénticos, excepto cuando $x = 1$ (véase la figura 2) y tienen el mismo límite cuando x tiende a 1.

EJEMPLO 5 Evalúe $\lim_{h\to 0} \dfrac{(3+h)^2-9}{h}$.

SOLUCIÓN Si se define

$$F(h) = \frac{(3+h)^2-9}{h}$$

entonces, como en el ejemplo 3, no se puede calcular $\lim_{h\to 0} F(h)$ haciendo que $h = 0$, ya que $F(0)$ es indefinida. Pero si se simplifica algebraicamente $F(h)$, se encuentra que

$$F(h) = \frac{(9+6h+h^2)-9}{h} = \frac{6h+h^2}{h} = \frac{h(6+h)}{h} = 6+h$$

(Recuerde que se considera solo $h \neq 0$ cuando se hace que h tienda a 0.) Así

$$\lim_{h\to 0} \frac{(3+h)^2-9}{h} = \lim_{h\to 0} (6+h) = 6$$ ■

EJEMPLO 6 Encuentre $\lim_{t\to 0} \dfrac{\sqrt{t^2+9}-3}{t^2}$.

SOLUCIÓN No se puede aplicar inmediatamente la ley del cociente, ya que el límite del denominador es 0. Aquí, el álgebra preliminar consiste en la racionalización del numerador:

$$\begin{aligned}
\lim_{t\to 0} \frac{\sqrt{t^2+9}-3}{t^2} &= \lim_{t\to 0} \frac{\sqrt{t^2+9}-3}{t^2} \cdot \frac{\sqrt{t^2+9}+3}{\sqrt{t^2+9}+3} \\
&= \lim_{t\to 0} \frac{(t^2+9)-9}{t^2\left(\sqrt{t^2+9}+3\right)} \\
&= \lim_{t\to 0} \frac{t^2}{t^2\left(\sqrt{t^2+9}+3\right)} \\
&= \lim_{t\to 0} \frac{1}{\sqrt{t^2+9}+3} \\
&= \frac{1}{\sqrt{\lim_{t\to 0}(t^2+9)}+3} \\
&= \frac{1}{3+3} = \frac{1}{6}
\end{aligned}$$

Aquí se utilizan varias propiedades de los límites de (5, 1, 10, 7, 9).

Este cálculo confirma la conjetura que se hizo en el ejemplo 2.2.2. ■

Algunos límites se calculan mejor encontrando primero los límites por la izquierda y por la derecha. El siguiente teorema es un recordatorio de lo que se descubrió en la sección 2.2. Se dice que los límites por los dos lados existen si y solo si ambos límites existen y son iguales.

1 Teorema $\lim_{x\to a} f(x) = L$ si y solo si $\lim_{x\to a^-} f(x) = L = \lim_{x\to a^+} f(x)$

Cuando se calculan los límites laterales, se utiliza el hecho de que las leyes de los límites también son válidas para los límites laterales.

EJEMPLO 7 Demuestre que $\lim_{x\to 0} |x| = 0$.

SOLUCIÓN Recuerde que

$$|x| = \begin{cases} x & \text{si } x \geqslant 0 \\ -x & \text{si } x < 0 \end{cases}$$

Al ver la figura 3, el resultado del ejemplo 7 parece razonable.

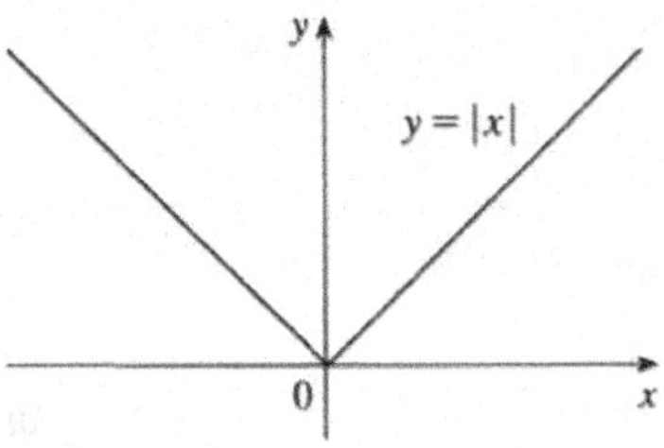

FIGURA 3

Dado que $|x| = x$ para $x > 0$, se tiene

$$\lim_{x\to 0^+} |x| = \lim_{x\to 0^+} x = 0$$

Para $x < 0$ se tiene $|x| = -x$ así que

$$\lim_{x\to 0^-} |x| = \lim_{x\to 0^-} (-x) = 0$$

Por tanto, por el teorema 1,

$$\lim_{x\to 0} |x| = 0$$

■

EJEMPLO 8 Demuestre que $\lim_{x\to 0} \frac{|x|}{x}$ no existe.

SOLUCIÓN Usando que $|x| = x$ cuando $x > 0$ y $|x| = -x$ cuando $x < 0$, se tiene

$$\lim_{x\to 0^+} \frac{|x|}{x} = \lim_{x\to 0^+} \frac{x}{x} = \lim_{x\to 0^+} 1 = 1$$

$$\lim_{x\to 0^-} \frac{|x|}{x} = \lim_{x\to 0^-} \frac{-x}{x} = \lim_{x\to 0^-} (-1) = -1$$

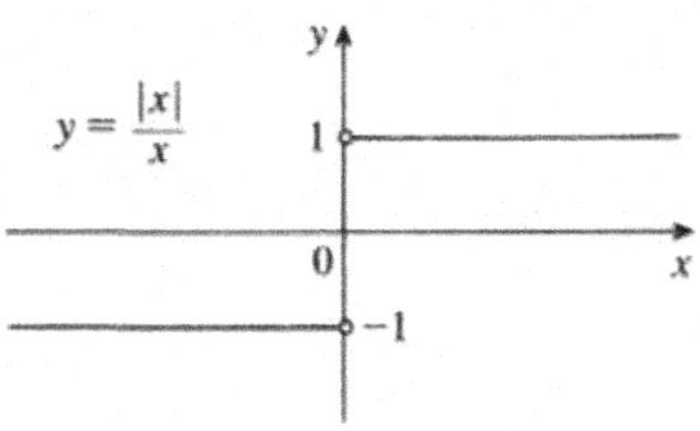

FIGURA 4

Puesto que los límites por la izquierda y por la derecha son diferentes, se sigue, del teorema 1, que $\lim_{x\to 0} |x|/x$ no existe. La gráfica de la función $f(x) = |x|/x$ se presenta en la figura 4 y exhibe la coincidencia con los límites laterales que se encuentran. ■

EJEMPLO 9 Si

$$f(x) = \begin{cases} \sqrt{x-4} & \text{si } x > 4 \\ 8 - 2x & \text{si } x < 4 \end{cases}$$

determine si $\lim_{x\to 4} f(x)$ existe.

En el ejemplo 2.4.3 se muestra que $\lim_{x\to 0^+} \sqrt{x} = 0$.

SOLUCIÓN Ya que $f(x) = \sqrt{x-4}$ para $x > 4$, se tiene

$$\lim_{x\to 4^+} f(x) = \lim_{x\to 4^+} \sqrt{x-4} = \sqrt{4-4} = 0$$

Dado que $f(x) = 8 - 2x$ para $x < 4$, se tiene

$$\lim_{x\to 4^-} f(x) = \lim_{x\to 4^-} (8 - 2x) = 8 - 2 \cdot 4 = 0$$

Los límites por la izquierda y por la derecha son iguales. Por lo que el límite existe y

$$\lim_{x\to 4} f(x) = 0$$

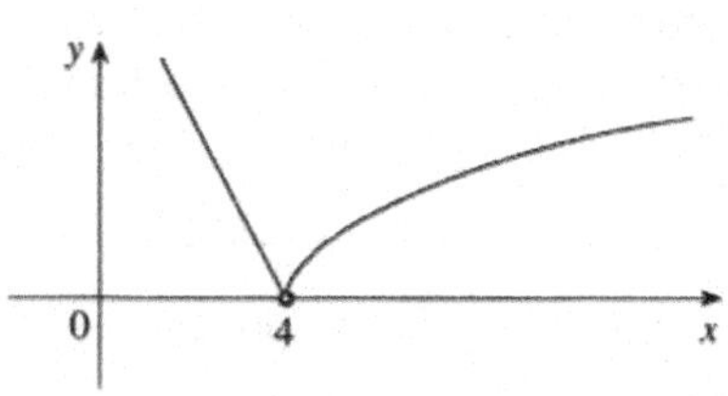

FIGURA 5

La gráfica de f se muestra en la figura 5. ■

Otras notaciones para $[\![x]\!]$ son $[x]$ y $\lfloor x \rfloor$. A veces, la función parte entera se llama *función piso*.

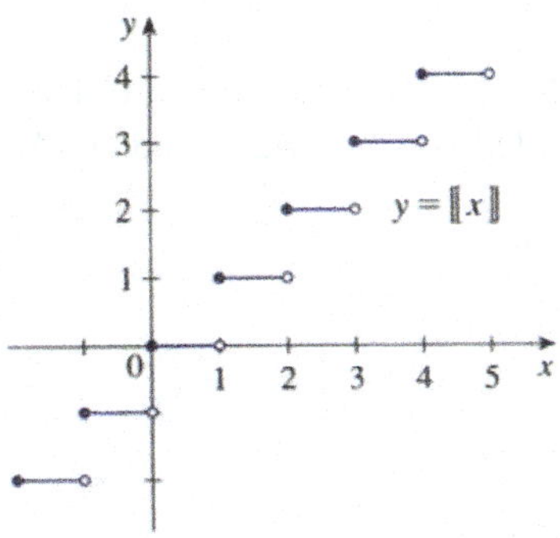

FIGURA 6
Función parte entera

EJEMPLO 10 La **función parte entera** está definida por $[\![x]\!]$ = el mayor entero que es menor que o igual a x. (Por ejemplo, $[\![4]\!] = 4$, $[\![4.8]\!] = 4$, $[\![\pi]\!] = 3$, $[\![\sqrt{2}]\!] = 1$, $[\![-\frac{1}{2}]\!] = -1$.) Demuestre que $\lim_{x\to 3}[\![x]\!]$ no existe.

SOLUCIÓN La gráfica de la función parte entera se muestra en la figura 6. Ya que $[\![x]\!] = 3$ para $3 \leq x < 4$, se tiene

$$\lim_{x\to 3^+} [\![x]\!] = \lim_{x\to 3^+} 3 = 3$$

Ya que $[\![x]\!] = 2$ para $2 \leq x < 3$, se tiene

$$\lim_{x\to 3^-} [\![x]\!] = \lim_{x\to 3^-} 2 = 2$$

Ya que estos límites laterales no son iguales, $\lim_{x\to 3}[\![x]\!]$ no existe por el teorema 1. ■

Los dos teoremas siguientes dan dos propiedades adicionales para los límites. Sus demostraciones se encuentran en el apéndice F.

2 Teorema Si $f(x) \leq g(x)$ cuando x tiende a a (excepto posiblemente en a) y los límites de f y g existen cuando x tiende a a, entonces

$$\lim_{x\to a} f(x) \leq \lim_{x\to a} g(x)$$

3 El teorema de la compresión Si $f(x) \leq g(x) \leq h(x)$ cuando x tiende a a (excepto posiblemente en a) y

$$\lim_{x\to a} f(x) = \lim_{x\to a} h(x) = L$$

entonces $$\lim_{x\to a} g(x) = L$$

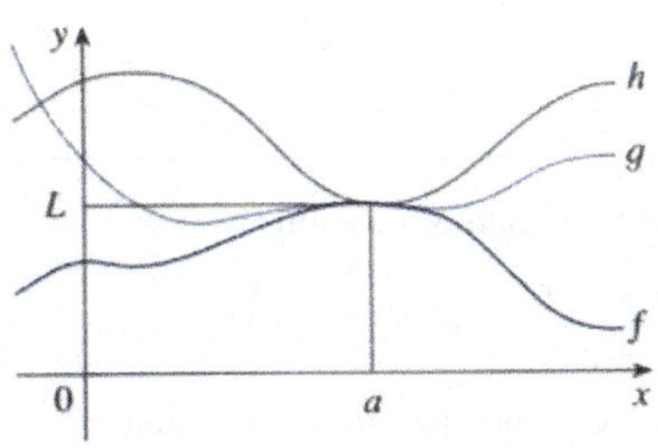

FIGURA 7

El teorema de la compresión, llamado a veces teorema del sándwich o del apretón, se ilustra en la figura 7. Se dice que si $g(x)$ se comprime entre $f(x)$ y $h(x)$ cerca de a, y si f y h tienen el mismo límite L en a, entonces g es forzada a tener el mismo límite L en a.

EJEMPLO 11 Demuestre que $\lim_{x\to 0} x^2 \operatorname{sen}\frac{1}{x} = 0$.

SOLUCIÓN Primero observe que **no puede** utilizar

$$\lim_{x\to 0} x^2 \operatorname{sen}\frac{1}{x} = \lim_{x\to 0} x^2 \cdot \lim_{x\to 0} \operatorname{sen}\frac{1}{x}$$

ya que $\lim_{x\to 0} \operatorname{sen}(1/x)$ no existe (véase el ejemplo 2.2.4).

En su lugar se aplica el teorema de la compresión, por lo que se tiene que encontrar una función f menor que $g(x) = x^2 \operatorname{sen}(1/x)$ y una función h mayor que g tal que tanto $f(x)$

como $h(x)$ tiendan a 0. Para hacer esto, se utiliza lo que se sabe de la función seno. Ya que el seno de cualquier número está entre -1 y 1, se puede escribir

$$\boxed{4} \qquad -1 \leqslant \operatorname{sen}\frac{1}{x} \leqslant 1$$

Cualquier desigualdad permanece válida cuando se multiplica por un número positivo. Se sabe que $x^2 \geqslant 0$ para toda x, así multiplicando cada lado de la desigualdad en (4) por x^2, se obtiene

$$-x^2 \leqslant x^2 \operatorname{sen}\frac{1}{x} \leqslant x^2$$

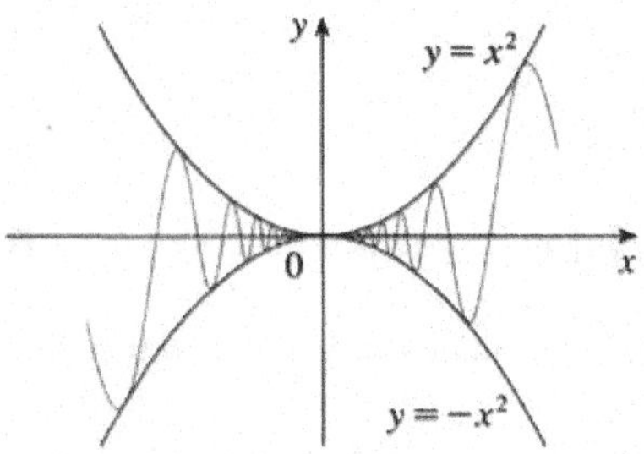

FIGURA 8
$y = x^2 \operatorname{sen}(1/x)$

como se ilustra en la figura 8. Se sabe que

$$\lim_{x \to 0} x^2 = 0 \qquad \text{y} \qquad \lim_{x \to 0} (-x^2) = 0$$

Tomando $f(x) = -x^2$, $g(x) = x^2 \operatorname{sen}(1/x)$ y $h(x) = x^2$ del teorema de la compresión, se obtiene

$$\lim_{x \to 0} x^2 \operatorname{sen}\frac{1}{x} = 0$$ ■

2.3 EJERCICIOS

1. Dado que

$$\lim_{x \to 2} f(x) = 4 \qquad \lim_{x \to 2} g(x) = -2 \qquad \lim_{x \to 2} h(x) = 0$$

encuentre los límites que existen. Si el límite no existe, explique por qué.

(a) $\lim_{x \to 2} [f(x) + 5g(x)]$ (b) $\lim_{x \to 2} [g(x)]^3$

(c) $\lim_{x \to 2} \sqrt{f(x)}$ (d) $\lim_{x \to 2} \dfrac{3f(x)}{g(x)}$

(e) $\lim_{x \to 2} \dfrac{g(x)}{h(x)}$ (f) $\lim_{x \to 2} \dfrac{g(x)h(x)}{f(x)}$

2. Las gráficas de f y g están dadas. Utilícelas para evaluar cada límite si es que existe. Si el límite no existe, explique por qué.

(a) $\lim_{x \to 2} [f(x) + g(x)]$ (b) $\lim_{x \to 0} [f(x) - g(x)]$

(c) $\lim_{x \to -1} [f(x)g(x)]$ (d) $\lim_{x \to 3} \dfrac{f(x)}{g(x)}$

(e) $\lim_{x \to 2} [x^2 f(x)]$ (f) $f(-1) + \lim_{x \to -1} g(x)$

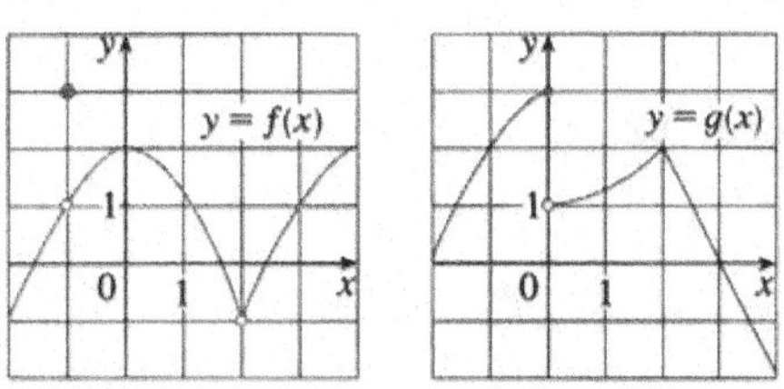

3–9 Evalúe el límite y justifique cada paso indicando las leyes de los límites apropiadas.

3. $\lim_{x \to -2} (3x^4 + 2x^2 - x + 1)$

4. $\lim_{x \to -1} (x^2 + x)(3x^2 + 6)$

5. $\lim_{t \to -2} \dfrac{t^4 - 2}{2t^2 - 3t + 2}$

6. $\lim_{u \to -2} \sqrt{u^4 + 3u + 6}$

7. $\lim_{x \to 8} \left(1 + \sqrt[3]{x}\right)(2 - 6x^2 + x^3)$

8. $\lim_{t \to 2} \left(\dfrac{t^2 - 2}{t^3 - 3t + 5}\right)^2$

9. $\lim_{x \to 2} \sqrt{\dfrac{2x^2 + 1}{3x - 2}}$

---

10. (a) ¿Cuál es el error en la siguiente ecuación?

$$\frac{x^2 + x - 6}{x - 2} = x + 3$$

(b) Usando el inciso (a), explique por qué la ecuación

$$\lim_{x \to 2} \frac{x^2 + x - 6}{x - 2} = \lim_{x \to 2} (x + 3)$$

es correcta.

11–32 Evalúe cada uno de los límites siguientes si existen.

11. $\lim_{x \to 2} \dfrac{x^2 + x - 6}{x - 2}$

12. $\lim_{x \to -3} \dfrac{x^2 + 3x}{x^2 - x - 12}$

13. $\lim_{x \to 2} \dfrac{x^2 - x + 6}{x - 2}$

14. $\lim_{x \to 4} \dfrac{x^2 + 3x}{x^2 - x - 12}$

15. $\lim_{t \to -3} \dfrac{t^2 - 9}{2t^2 + 7t + 3}$

16. $\lim_{x \to -1} \dfrac{2x^2 + 3x + 1}{x^2 - 2x - 3}$

17. $\lim_{h \to 0} \dfrac{(-5 + h)^2 - 25}{h}$

18. $\lim_{h \to 0} \dfrac{(2 + h)^3 - 8}{h}$

19. $\lim_{x \to 3} \dfrac{x - 3}{x^3 - 27}$

20. $\lim_{t \to 1} \dfrac{t^4 - 1}{t^3 - 1}$

21. $\lim_{h \to 0} \dfrac{\sqrt{9 + h} - 3}{h}$

22. $\lim_{u \to 2} \dfrac{\sqrt{4u + 1} - 3}{u - 2}$

23. $\lim_{x \to 3} \dfrac{\dfrac{1}{x} - \dfrac{1}{3}}{x - 3}$

24. $\lim_{h \to 0} \dfrac{(3 + h)^{-1} - 3^{-1}}{h}$

25. $\lim_{t \to 0} \dfrac{\sqrt{1 + t} - \sqrt{1 - t}}{t}$

26. $\lim_{t \to -1} \dfrac{x^2 + 2x + 1}{x^4 - 1}$

27. $\lim_{x \to 16} \dfrac{4 - \sqrt{x}}{16x - x^2}$

28. $\lim_{x \to 2} \dfrac{x^2 - 4x + 4}{x^4 - 3x^2 - 4}$

29. $\lim_{t \to 0} \left(\dfrac{1}{t\sqrt{1 + t}} - \dfrac{1}{t} \right)$

30. $\lim_{x \to -4} \dfrac{\sqrt{x^2 + 9} - 5}{x + 4}$

31. $\lim_{h \to 0} \dfrac{(x + h)^3 - x^3}{h}$

32. $\lim_{h \to 0} \dfrac{\dfrac{1}{(x + h)^2} - \dfrac{1}{x^2}}{h}$

---

33. (a) Calcule el valor de

$$\lim_{x \to 0} \frac{x}{\sqrt{1 + 3x} - 1}$$

al trazar la gráfica de la función $f(x) = x/(\sqrt{1 + 3x} - 1)$.

(b) Haga una tabla de valores de $f(x)$ para x cercana a 0 e infiera el valor del límite.

(c) Utilice las leyes de los límites para demostrar que su conjetura es correcta.

34. (a) Utilice la gráfica de

$$f(x) = \frac{\sqrt{3 + x} - \sqrt{3}}{x}$$

para calcular el valor de $\lim_{x \to 0} f(x)$ con dos decimales.

(b) Utilice una tabla de valores de $f(x)$ para calcular el límite con cuatro decimales.

(c) Utilice las leyes de los límites para encontrar el valor exacto del límite.

35. Utilice el teorema de la compresión para demostrar que $\lim_{x \to 0} (x^2 \cos 20\pi x) = 0$. Ilustre trazando las gráficas de las funciones $f(x) = -x^2$, $g(x) = x^2 \cos 20\pi x$ y $h(x) = x^2$ al trazar la gráfica en la misma pantalla.

36. Utilice el teorema de la compresión para demostrar que

$$\lim_{x \to 0} \sqrt{x^3 + x^2}\, \operatorname{sen} \frac{\pi}{x} = 0$$

Ilústrelo con las gráficas de las funciones f, g y h (en la notación del teorema de la compresión), en la misma pantalla.

37. Si $4x - 9 \leqslant f(x) \leqslant x^2 - 4x + 7$ para $x \geqslant 0$, encuentre $\lim_{x \to 4} f(x)$.

38. Si $2x \leqslant g(x) \leqslant x^4 - x^2 + 2$ para toda x, evalúe $\lim_{x \to 1} g(x)$.

39. Demuestre que $\lim_{x \to 0} x^4 \cos \dfrac{2}{x} = 0$.

40. Demuestre que $\lim_{x \to 0^+} \sqrt{x}\, e^{\operatorname{sen}(\pi/x)} = 0$.

41–46 Encuentre cada uno de los límites siguientes si estos existen. Si el límite no existe, explique por qué.

41. $\lim_{x \to 3} (2x + |x - 3|)$

42. $\lim_{x \to -6} \dfrac{2x + 12}{|x + 6|}$

43. $\lim_{x \to 0.5^-} \dfrac{2x - 1}{|2x^3 - x^2|}$

44. $\lim_{x \to -2} \dfrac{2 - |x|}{2 + x}$

45. $\lim_{x \to 0^-} \left(\dfrac{1}{x} - \dfrac{1}{|x|} \right)$

46. $\lim_{x \to 0^+} \left(\dfrac{1}{x} - \dfrac{1}{|x|} \right)$

---

47. La función *signum* (o signo), que se denota por sgn, está definida por

$$\operatorname{sgn} x = \begin{cases} -1 & \text{si } x < 0 \\ 0 & \text{si } x = 0 \\ 1 & \text{si } x > 0 \end{cases}$$

(a) Trace la gráfica de esta función.

(b) Encuentre cada uno de los límites siguientes o explique por qué no existen.

(i) $\lim_{x \to 0^+} \operatorname{sgn} x$ (ii) $\lim_{x \to 0^-} \operatorname{sgn} x$

(iii) $\lim_{x \to 0} \operatorname{sgn} x$ (iv) $\lim_{x \to 0} |\operatorname{sgn} x|$

48. Sea $g(x) = \operatorname{sgn}(\operatorname{sen} x)$.

(a) Encuentre cada uno de los límites siguientes o explique por qué no existen.

(i) $\lim_{x \to 0^+} g(x)$ (ii) $\lim_{x \to 0^-} g(x)$ (iii) $\lim_{x \to 0} g(x)$

(iv) $\lim_{x \to \pi^+} g(x)$ (v) $\lim_{x \to \pi^-} g(x)$ (vi) $\lim_{x \to \pi} g(x)$

(b) Para qué valores de a ¿no existe $\lim_{x \to a} g(x)$?

(c) Trace la gráfica de g.

49. Sea $g(x) = \dfrac{x^2 + x - 6}{|x - 2|}$.

(a) Encuentre

(i) $\lim_{x \to 2^+} g(x)$ (ii) $\lim_{x \to 2^-} g(x)$

(b) ¿Existe $\lim_{x \to 2} g(x)$?

(c) Trace la gráfica de g.

50. Sea

$$f(x) = \begin{cases} x^2 + 1 & \text{si } x < 1 \\ (x - 2)^2 & \text{si } x \geqslant 1 \end{cases}$$

(a) Encuentre $\lim_{x \to 1^-} f(x)$ y $\lim_{x \to 1^+} f(x)$.

(b) ¿Existe $\lim_{x \to 1} f(x)$?

(c) Trace la gráfica de f.

51. Sea

$$B(t) = \begin{cases} 4 - \frac{1}{2}t & \text{si } t < 2 \\ \sqrt{t + c} & \text{si } t \geqslant 2 \end{cases}$$

Determine el valor de c tal que $\lim_{t \to 2} B(t)$ exista.

52. Sea

$$g(x) = \begin{cases} x & \text{si } x < 1 \\ 3 & \text{si } x = 1 \\ 2 - x^2 & \text{si } 1 < x \leqslant 2 \\ x - 3 & \text{si } x > 2 \end{cases}$$

(a) Evalúe cada una de los límites siguientes si es que existen.
(i) $\lim_{x \to 1^-} g(x)$ (ii) $\lim_{x \to 1} g(x)$ (iii) $g(1)$
(iv) $\lim_{x \to 2^-} g(x)$ (v) $\lim_{x \to 2^+} g(x)$ (vi) $\lim_{x \to 2} g(x)$
(b) Trace la gráfica de g.

53. (a) Si el símbolo $[\![\ ]\!]$ denota la función parte entera definida en el ejemplo 10, evalúe:
(i) $\lim_{x \to -2^+} [\![x]\!]$ (ii) $\lim_{x \to -2} [\![x]\!]$ (iii) $\lim_{x \to -2.4} [\![x]\!]$
(b) Si n es un entero, evalúe
(i) $\lim_{x \to n^-} [\![x]\!]$ (ii) $\lim_{x \to n^+} [\![x]\!]$
(c) ¿Para qué valores de a existe el $\lim_{x \to a} [\![x]\!]$?

54. Sea $f(x) = [\![\cos x]\!]$, $-\pi \leqslant x \leqslant \pi$.
(a) Trace la gráfica de f.
(b) Evalúe cada uno de los límites siguientes si existen.
(i) $\lim_{x \to 0} f(x)$ (ii) $\lim_{x \to (\pi/2)^-} f(x)$
(iii) $\lim_{x \to (\pi/2)^+} f(x)$ (iv) $\lim_{x \to \pi/2} f(x)$
(c) ¿Para qué valores de a existe el $\lim_{x \to a} f(x)$?

55. Si $f(x) = [\![x]\!] + [\![-x]\!]$, muestre que $\lim_{x \to 2} f(x)$ existe, pero no es igual a $f(2)$.

56. En la teoría de la relatividad, la fórmula de contracción de Lorentz

$$L = L_0\sqrt{1 - v^2/c^2}$$

expresa la longitud L de un objeto como función de su velocidad v con respecto a un observador, donde L_0 es la longitud del objeto en reposo y c es la rapidez de la luz. Encuentre $\lim_{v \to c^-} L$ e interprete el resultado. ¿Por qué es necesario el límite lateral por la izquierda?

57. Si p es una función polinomial, demuestre que $\lim_{x \to a} p(x) = p(a)$.

58. Si r es una función racional, utilice el ejercicio 57 para demostrar que $\lim_{x \to a} r(x) = r(a)$ para todo número a en el dominio de r.

59. Si $\lim_{x \to 1} \dfrac{f(x) - 8}{x - 1} = 10$ encuentre $\lim_{x \to 1} f(x)$.

60. Si $\lim_{x \to 0} \dfrac{f(x)}{x^2} = 5$ encuentre cada uno de los límites siguientes.
(a) $\lim_{x \to 0} f(x)$ (b) $\lim_{x \to 0} \dfrac{f(x)}{x}$

61. Si

$$f(x) = \begin{cases} x^2 & \text{si } x \text{ es racional} \\ 0 & \text{si } x \text{ es irracional} \end{cases}$$

demuestre que $\lim_{x \to 0} f(x) = 0$

62. Demuestre por medio de un ejemplo que puede existir el $\lim_{x \to a} [f(x) + g(x)]$, aunque no exista el $\lim_{x \to a} f(x)$ ni el $\lim_{x \to a} g(x)$.

63. Demuestre por medio de un ejemplo que puede existir el $\lim_{x \to a} [f(x)g(x)]$, aunque no exista el $\lim_{x \to a} f(x)$ ni el $\lim_{x \to a} g(x)$.

64. Evalúe $\lim_{x \to 2} \dfrac{\sqrt{6 - x} - 2}{\sqrt{3 - x} - 1}$.

65. ¿Existe un número a tal que exista el

$$\lim_{x \to -2} \frac{3x^2 + ax + a + 3}{x^2 + x - 2}?$$

Si es así, encuentre el valor de a y el valor del límite.

66. La figura muestra una circunferencia C_1 con ecuación $(x - 1)^2 + y^2 = 1$ y una circunferencia C_2 con radio r y centro en el origen que se contrae. P es el punto $(0, r)$, Q es el punto superior de intersección de las dos circunferencias y R es el punto de intersección de la recta PQ y el eje de las x. ¿Qué pasa con R cuando C_2 se contrae, esto es, cuando $r \to 0^+$?

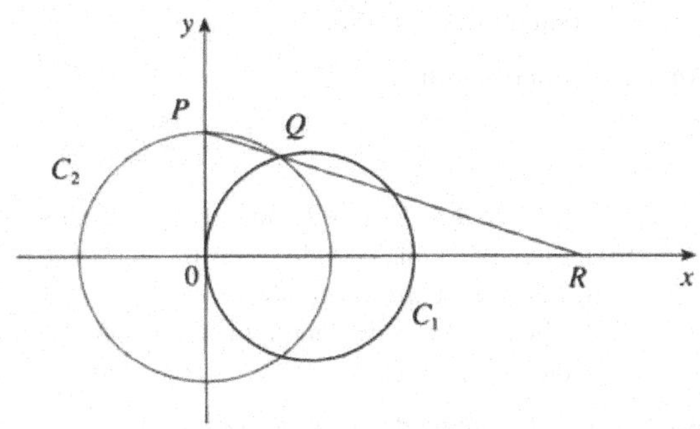

2.4 Definición precisa de límite

La definición intuitiva de límite dada en la sección 2.2 es inadecuada para algunos propósitos porque frases como "x es muy cercano a 2" y "$f(x)$ se acerca más y más a L" son muy vagas. Para demostrar convincentemente que

$$\lim_{x \to 0} \left(x^3 + \frac{\cos 5x}{10\,000} \right) = 0.0001 \qquad \text{o} \qquad \lim_{x \to 0} \frac{\operatorname{sen} x}{x} = 1$$

se debe precisar la definición de límite.

Para motivar la definición precisa de límite, considere la siguiente función

$$f(x) = \begin{cases} 2x - 1 & \text{si } x \neq 3 \\ 6 & \text{si } x = 3 \end{cases}$$

Intuitivamente, es claro que cuando x está cerca de 3, pero $x \neq 3$, entonces $f(x)$ está cerca de 5, y así $\lim_{x \to 3} f(x) = 5$.

Para obtener una información más detallada de cómo varía $f(x)$ cuando x está cerca de 3, habrá que preguntar:

¿Qué tan cerca tiene que estar x de 3 para que $f(x)$ difiera de 5 en menos de 0.1?

Es tradición usar la letra griega δ (delta) en este caso.

La distancia de x a 3 es $|x - 3|$, y la distancia de $f(x)$ a 5 es $|f(x) - 5|$, por lo que el problema es encontrar un número δ tal que

$$|f(x) - 5| < 0.1 \quad \text{si} \quad |x - 3| < \delta \quad \text{pero } x \neq 3$$

Si $|x - 3| > 0$, entonces $x \neq 3$, por lo que una formulación equivalente del problema es encontrar un número δ tal que

$$|f(x) - 5| < 0.1 \quad \text{si} \quad 0 < |x - 3| < \delta$$

Observe que si $0 < |x - 3| < 0.1/2 = 0.05$, entonces

$$|f(x) - 5| = |(2x - 1) - 5| = |2x - 6| = 2|x - 3| < 2(0.05) = 0.1$$

esto es, $$|f(x) - 5| < 0.1 \quad \text{si} \quad 0 < |x - 3| < 0.05$$

Así, una respuesta al problema está dada por $\delta = 0.05$; esto es, si x está dentro de una distancia de 0.05 de 3, entonces $f(x)$ deberá estar dentro de una distancia de 0.1 de 5.

Si se cambia el número 0.1 en el problema por el número menor 0.01, entonces, utilizando el mismo método, se encuentra que $f(x)$ diferirá de 5 por menos de 0.01 siempre que x difiera de 3 por menos de $(0.01)/2 = 0.005$:

$$|f(x) - 5| < 0.01 \quad \text{si} \quad 0 < |x - 3| < 0.005$$

Del mismo modo,

$$|f(x) - 5| < 0.001 \quad \text{si} \quad 0 < |x - 3| < 0.0005$$

Los números 0.1, 0.01 y 0.001 que ha considerado son las *tolerancias de error* que puede permitir. Para que 5 sea el límite exacto de $f(x)$ cuando x tiende a 3, se debe no solo poder hacer la diferencia entre $f(x)$ y 5 por debajo de cada uno de estos tres números; también se debe ser capaz de estar por debajo de *cualquier* número positivo. Y, por el mismo razonamiento, ¡claro que es posible! Si se escribe ε (la letra griega épsilon) para un número positivo arbitrario, entonces se encuentra al igual que antes

1 $$|f(x) - 5| < \varepsilon \quad \text{si} \quad 0 < |x - 3| < \delta = \frac{\varepsilon}{2}$$

Esta es una forma precisa de decir que $f(x)$ está cerca de 5 cuando x se acerca a 3 porque (1) dice que puede hacer que los valores de $f(x)$ queden dentro de una distancia arbitraria ε a partir de 5, tomando los valores de x dentro de una distancia $\varepsilon/2$ de 3 (pero $x \neq 3$).

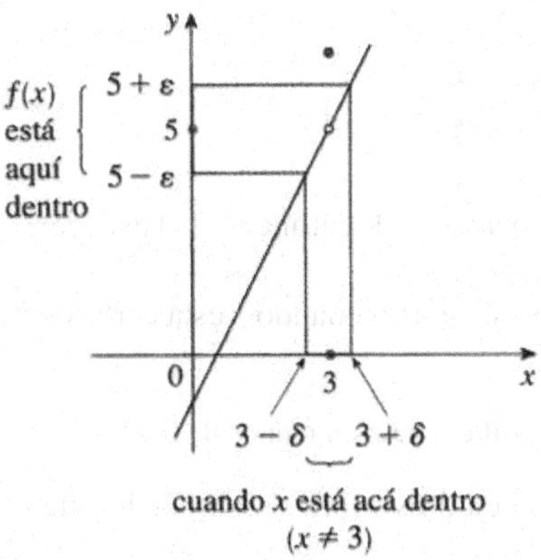

FIGURA 1

Note que (1) se puede reescribir como sigue:

$$\text{Si} \quad 3 - \delta < x < 3 + \delta \quad (x \neq 3) \qquad \text{entonces} \qquad 5 - \varepsilon < f(x) < 5 + \varepsilon$$

y se ilustra en la figura 1. Tomando los valores de x ($\neq 3$) en el intervalo $(3 - \delta, 3 + \delta)$, se puede lograr que los valores de $f(x)$ estén en el intervalo $(5 - \varepsilon, 5 + \varepsilon)$.

Utilizando (1) como un modelo, se da una definición precisa de límite.

2 Definición precisa de un límite Sea f la función definida sobre algún intervalo abierto que contiene el número a, excepto posiblemente en a misma. Entonces, se dice que el **límite de $f(x)$ cuando x tiende a a es L**, y se expresa como

$$\lim_{x \to a} f(x) = L$$

si para cada número $\varepsilon > 0$ existe un número $\delta > 0$ tal que

$$\text{si} \quad 0 < |x - a| < \delta \qquad \text{entonces} \qquad |f(x) - L| < \varepsilon$$

Puesto que $|x - a|$ es la distancia de x a a y $|f(x) - L|$ es la distancia de $f(x)$ a L, y como ε puede ser arbitrariamente pequeña, la definición de límite se puede expresar en palabras como sigue:

$\lim_{x \to a} f(x) = L$ significa que la distancia entre $f(x)$ y L puede hacerse arbitrariamente pequeña, tomando la distancia de x a a suficientemente pequeña (pero no 0).

Alternamente,

$\lim_{x \to a} f(x) = L$ significa que los valores de $f(x)$ pueden hacerse tan cercanos a L como se quiera, tomando x suficientemente cerca de a (pero no igual a a).

También se puede reformular la definición 2 en términos de intervalos, observando que la desigualdad $|x - a| < \delta$ es equivalente a $-\delta < |x - a| < \delta$, que puede escribirse como $a - \delta < x < a + \delta$. Además, $0 < |x - a|$ es verdadera si y solo si $x - a \neq 0$; esto es, $x \neq$ a. Del mismo modo, la desigualdad $|f(x) - L| < \varepsilon$ es equivalente al par de desigualdades $L - \varepsilon < f(x) < L + \varepsilon$. Por tanto, en términos de intervalos, la definición 2 se puede establecer como sigue:

$\lim_{x \to a} f(x) = L$ significa que para toda $\varepsilon > 0$ (sin importar qué tan pequeña sea ε), se puede encontrar una $\delta > 0$ tal que si x está dentro del intervalo abierto $(a - \delta, a + \delta)$ y $x \neq a$, entonces $f(x)$ está dentro del intervalo abierto $(L - \varepsilon, L + \varepsilon)$.

Geométricamente, este enunciado se interpreta representando una función por un diagrama de flechas, como en la figura 2, donde f hace corresponder un subconjunto de $\mathbb{R}$ con otro subconjunto de $\mathbb{R}$.

FIGURA 2

La definición de límite dice que si cualquier intervalo pequeño $(L - \varepsilon, L + \varepsilon)$ está dado alrededor de L, entonces se puede encontrar un intervalo $(a - \delta, a + \delta)$ alrededor de a tal que f mapea todos los puntos de $(a - \delta, a + \delta)$ (excepto posiblemente a a) en el intervalo $(L - \varepsilon, L + \varepsilon)$. (Véase la figura 3.)

FIGURA 3

Geométricamente, puede darse otra interpretación de límite en términos de la gráfica de una función. Si $\varepsilon > 0$ está dada, entonces se dibujan las rectas horizontales $y = L + \varepsilon$, y $y = L - \varepsilon$ y la gráfica de f (véase la figura 4). Si $\lim_{x\to a} f(x) = L$, entonces se puede encontrar un número $\delta > 0$ tal que si se restringe a x en el intervalo $(a - \delta, a + \delta)$ y se toma $x \neq$ a, entonces la curva $y = f(x)$ está entre las rectas $y = L - \varepsilon$ y $y = L + \varepsilon$. (Véase la figura 5.) Puede usted ver que si se encuentra tal δ, entonces cualquier δ más pequeña también funcionará.

Es importante darse cuenta de que el proceso ilustrado en las figuras 4 y 5 debe funcionar para *todo* número positivo ε, sin importar qué tan pequeño se elija. En la figura 6 se muestra que si se elige un ε más pequeño, entonces se podría requerir una δ más pequeña.

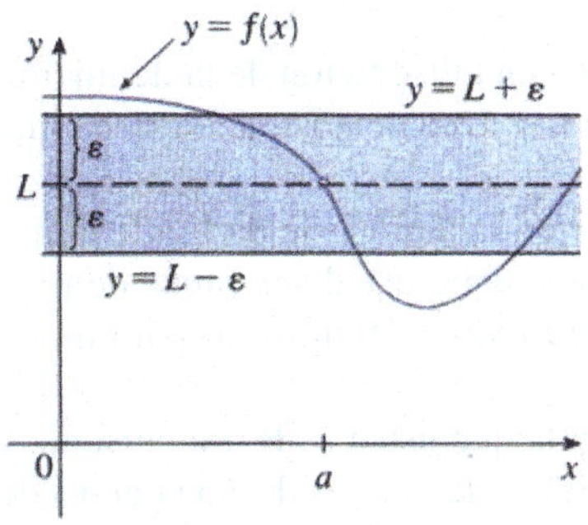

FIGURA 4

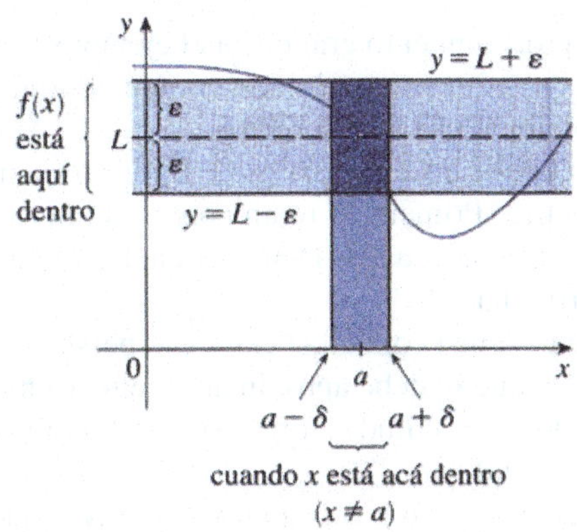

FIGURA 5

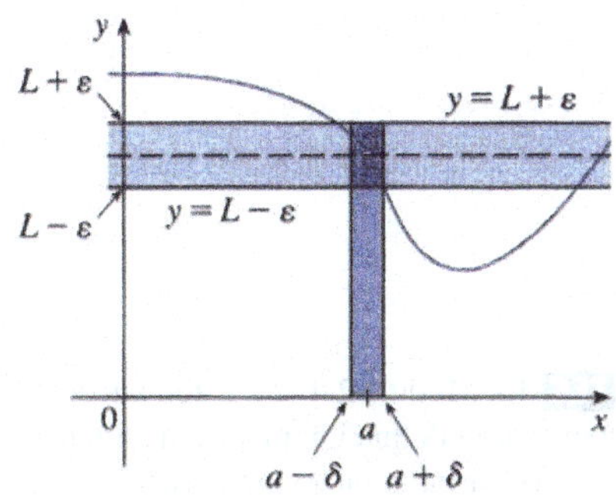

FIGURA 6

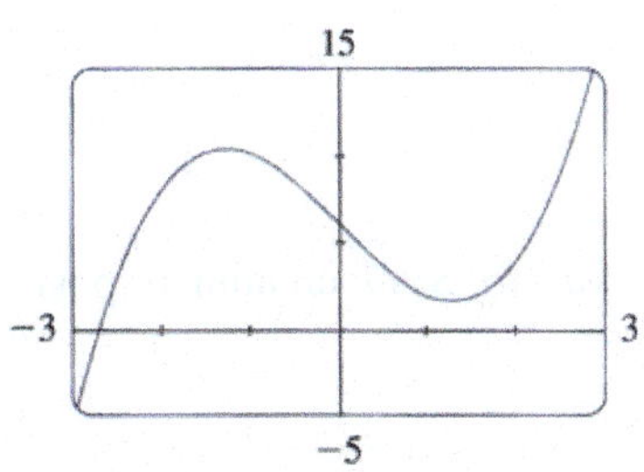

FIGURA 7

EJEMPLO 1 Ya que $f(x) = x^3 - 5x + 6$ es un polinomio, se sabe por la propiedad de la sustitución directa que $\lim_{x\to 1} f(x) = f(1) = 1^3 - 5(1) + 6 = 2$. Utilice una gráfica para encontrar un número δ tal que si x está a menos de δ desde 1, entonces y está a menos de 0.2 desde 2, esto es,

$$\text{si} \qquad |x - 1| < \delta \qquad \text{entonces} \qquad |(x^3 - 5x + 6) - 2| < 0.2$$

En otras palabras, encuentre un número δ que corresponda a $\varepsilon = 0.2$ en la definición de un límite para la función $f(x) = x^3 - 5x + 6 = 1$ con $a = 1$ y $L = 2$.

SOLUCIÓN En la figura 7 se muestra una gráfica de f; se está interesado en la región cerca del punto (1, 2). Observe que puede reescribir la desigualdad

$$|(x^3 - 5x + 6) - 2| < 0.2$$

como
$$-0.2 < (x^3 - 5x + 6) - 2 < 0.2$$

o en forma equivalente
$$1.8 < x^3 - 5x + 6 < 2.2$$

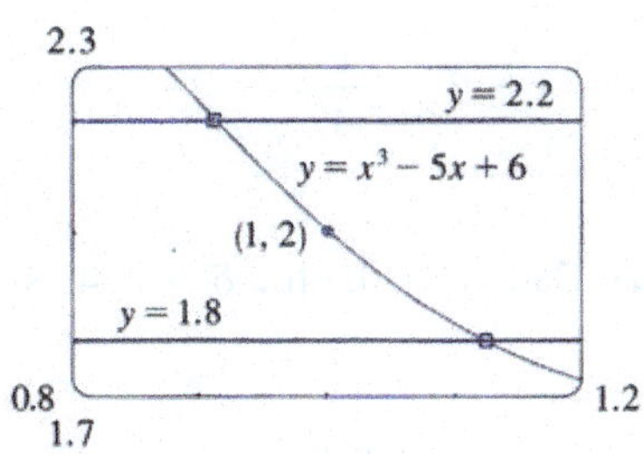

FIGURA 8

Por lo que necesita determinar los valores de x para los cuales la curva $y = x^3 - 5x + 6$ está entre las rectas horizontales $y = 1.8$ y $y = 2.2$. Por eso, grafique las curvas $y = x^3 - 5x + 6$, $y = 1.8$ y $y = 2.2$ cerca del punto (1, 2) en la figura 8. Después utilice el cursor para calcular que la coordenada x del punto de intersección de la recta $y = 2.2$ y la curva $y = x^3 - 5x + 6$ está cerca de 0.911. Del mismo modo, $y = x^3 - 5x + 6$ interseca la recta $y = 1.8$ cuando $x \approx 1.124$. Así, al redondear hacia 1 para estar seguro, se puede decir que

$$\text{si} \quad 0.92 < x < 1.12 \quad \text{entonces} \quad 1.8 < x^3 - 5x + 6 < 2.2$$

Este intervalo (0.92, 1.12) no es simétrico con respecto a $x = 1$. La distancia de $x = 1$ al punto extremo izquierdo es $1 - 0.92 = 0.08$, y la distancia al punto final derecho es 0.12. Es posible elegir a δ como el menor de estos números, esto es, $\delta = 0.08$. Entonces, se puede reescribir las desigualdades en términos de distancias como sigue:

$$\text{si} \quad |x - 1| < 0.08 \quad \text{entonces} \quad |(x^3 - 5x + 6) - 2| < 0.2$$

Esto dice justamente que manteniendo a x dentro del 0.08 de 1, se mantiene $f(x)$ dentro del 0.2 de 2.

Aunque seleccione $\delta = 0.08$, cualquier valor positivo más pequeño también habría funcionado. ■

El procedimiento gráfico en el ejemplo 1 proporciona una ilustración de la definición para $\varepsilon = 0.2$, pero no *demuestra* que el límite es igual a 2. Una demostración tiene que proporcionar una δ para *toda* ε.

Para pulir los enunciados de límite sería útil pensar en la definición de límite como un desafío. Primero lo retan con un número ε. Después, debe usted ser capaz de producir una δ adecuada. Debe ser capaz de hacerlo para *toda* $\varepsilon > 0$, no solo para una ε en particular.

TEC En Module 2.4/2.6 usted puede explorar la definición precisa de límite de una forma gráfica y numérica.

Imagine una contienda entre dos personas A y B, en la que usted es B. La persona A le indica que se debe aproximar al número fijo L por medio de valores de $f(x)$ dentro de un grado de exactitud ε, (digamos 0.01). Por tanto, la persona B responde determinando un número δ tal que si $0 < |x - a| < \delta$, entonces $|f(x) - L| < \varepsilon$. Luego, A podría exigir aún más y desafío a B con un valor más pequeño de δ, (digamos 0.0001). Una vez más, B tiene que responder encontrando una δ apropiada. Usualmente, a medida que el valor de ε es más pequeño, el correspondiente valor de δ se reduce. Si B siempre gana, sin importar qué tan pequeño haga A a ε, entonces $\lim_{x \to a} f(x) = L$.

EJEMPLO 2 Pruebe que $\lim_{x \to 3} (4x - 5) = 7$.

SOLUCIÓN

1. *Análisis preliminar del problema (intuir un valor para δ).* Sea ε un número positivo dado. Encuentre un número δ tal que

$$\text{si} \quad 0 < |x - 3| < \delta \quad \text{entonces} \quad |(4x - 5) - 7| < \varepsilon$$

Pero $|(4x - 5) - 7| = |4x - 12| = |4(x - 3)| = 4|x - 3|$. Por tanto, se quiere una δ tal que

$$\text{si} \quad 0 < |x - 3| < \delta \quad \text{entonces} \quad 4|x - 3| < \varepsilon$$

esto es, $$\text{si} \quad 0 < |x - 3| < \delta \quad \text{entonces} \quad |x - 3| < \frac{\varepsilon}{4}$$

Esto sugiere que debe elegir $\delta = \varepsilon/4$.

2. *Demostración (demostrar que esta δ funciona).* Dado $\varepsilon > 0$, elija $\delta = \varepsilon/4$. Si $0 < |x - 3| < \delta$, entonces

$$|(4x - 5) - 7| = |4x - 12| = 4|x - 3| < 4\delta = 4\left(\frac{\varepsilon}{4}\right) = \varepsilon$$

Así

$$\text{si} \quad 0 < |x - 3| < \delta \quad \text{entonces} \quad |(4x - 5) - 7| < \varepsilon$$

Por tanto, por la definición de límite,

$$\lim_{x \to 3} (4x - 5) = 7$$

Este ejemplo se ilustra en la figura 9.

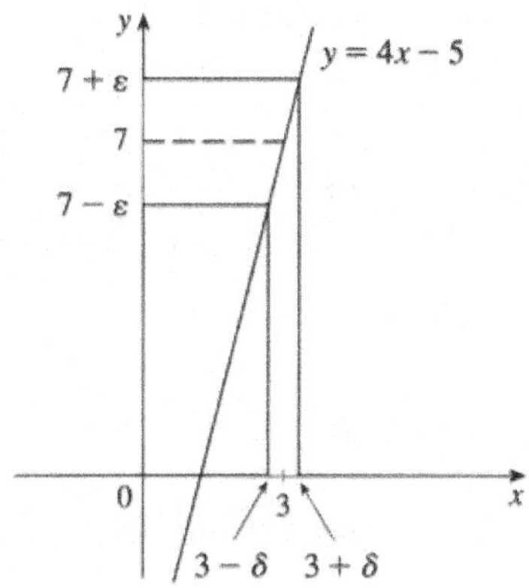

FIGURA 9

■

Cauchy y los límites

Después de la invención del cálculo en el siglo XVII, siguió un periodo de fecundo desarrollo de la materia en el siglo XVIII. Matemáticos como Euler y los hermanos Bernoulli estaban ansiosos por aprovechar el potencial del cálculo, por lo que exploraron audazmente las consecuencias de esta nueva y maravillosa teoría matemática, sin preocuparse demasiado por si sus demostraciones eran completamente correctas.

El siglo XIX, por el contrario, fue la Edad del Rigor en matemáticas. Hubo un movimiento para volver a los fundamentos del tema, para proporcionar cuidadosas definiciones y rigurosas demostraciones. A la vanguardia de este movimiento estaba el matemático francés Augustin Louis Cauchy (1789-1857), que comenzó como ingeniero militar antes de convertirse en profesor de matemáticas en París. Cauchy tomó la idea de Newton de límite, que mantuvo viva el matemático francés Jean d'Alembert, en el siglo XVIII, haciéndola más precisa. Su definición de un límite se lee así: "Cuando los valores sucesivos atribuidos a una variable se aproximan indefinidamente a un valor fijo para terminar difiriendo por tan poco como uno quiera, esto se llama el *límite* de los otros". Pero cuando Cauchy aplicaba esta definición en ejemplos y demostraciones, utilizaba a menudo desigualdades delta-épsilon similares a las de esta sección. Una demostración típica de Cauchy comienza con: "designar por δ y ε dos números muy pequeños; ...". Utilizaba ε debido a la correspondencia entre épsilon y la palabra francesa *erreur* y δ ya que la delta corresponde a la palabra francesa *différence*. Después, el matemático alemán Karl Weierstrass (1815-1897) estableció la definición de límite exactamente como en nuestra definición 2.

Observe que en la solución del ejemplo 2 hay dos etapas: intuir y verificar. Se efectuó un análisis preliminar que posibilitó suponer un valor de δ. Pero luego, en la segunda etapa, se tuvo que regresar y verificar en forma cuidadosa y lógica que dio una opinión correcta. Este procedimiento es característico de gran parte de las matemáticas. Algunas veces se necesita hacer primero una conjetura inteligente con respecto a la respuesta de un problema y luego demostrar que la suposición es correcta.

Las definiciones intuitivas de límites laterales que se presentan en la sección 2.2 se pueden reformular de la forma siguiente.

[3] Definición de límite por la izquierda

$$\lim_{x \to a^-} f(x) = L$$

Si para todo número $\varepsilon > 0$ existe un número $\delta > 0$ tal que

$$\text{si} \quad a - \delta < x < a \quad \text{entonces} \quad |f(x) - L| < \varepsilon$$

[4] Definición de límite por la derecha

$$\lim_{x \to a^+} f(x) = L$$

Si para todo número $\varepsilon > 0$ existe un número $\delta > 0$ tal que

$$\text{si} \quad a < x < a + \delta \quad \text{entonces} \quad |f(x) - L| < \varepsilon$$

Observe que la definición 3 es la misma que la definición 2, excepto que x está restringida a encontrarse en la mitad *izquierda* $(a - \delta, a)$ del intervalo $(a - \delta, a + \delta)$. En la definición 4, x está restringida a encontrarse en la mitad *derecha* $(a, a + \delta)$ del intervalo $(a - \delta, a + \delta)$.

EJEMPLO 3 Utilice la definición 4 para demostrar que $\lim_{x \to 0^+} \sqrt{x} = 0$.

SOLUCIÓN

1. *Infiera un valor para* δ. Sea ε un número positivo dado. Aquí $a = 0$ y $L = 0$, por lo que se quiere encontrar un número δ tal que

$$\text{si} \quad 0 < x < \delta \quad \text{entonces} \quad |\sqrt{x} - 0| < \varepsilon$$

esto es,

$$\text{si} \quad 0 < x < \delta \quad \text{entonces} \quad \sqrt{x} < \varepsilon$$

o, elevando al cuadrado ambos lados de la desigualdad $\sqrt{x} < \varepsilon$, se obtiene

$$\text{si} \quad 0 < x < \delta \quad \text{entonces} \quad x < \varepsilon^2$$

Esto sugiere que se debe elegir $\delta = \varepsilon^2$.

2. *Demuestre que esta* δ *funciona.* Dado $\varepsilon > 0$, sea $\delta = \varepsilon^2$. Si $0 < x < \delta$, entonces

$$\sqrt{x} < \sqrt{\delta} = \sqrt{\varepsilon^2} = \varepsilon$$

así,

$$|\sqrt{x} - 0| < \varepsilon$$

De acuerdo con la definición 4, esto demuestra que $\lim_{x \to 0^+} \sqrt{x} = 0$. ■

EJEMPLO 4 Demuestre que $\lim_{x \to 3} x^2 = 9$.

SOLUCIÓN

1. *Infiera un valor para* δ. Sea $\varepsilon > 0$ un valor dado. Se tiene que encontrar un número $\delta > 0$ tal que

$$\text{si} \quad 0 < |x - 3| < \delta \quad \text{entonces} \quad |x^2 - 9| < \varepsilon$$

Para relacionar $|x^2 - 9|$ con $|x - 3|$ se escribe $|x^2 - 9| = |(x + 3)(x - 3)|$. Entonces queremos que

$$\text{si} \quad 0 < |x - 3| < \delta \quad \text{entonces} \quad |x + 3||x - 3| < \varepsilon$$

Observe que si se puede encontrar un número constante positivo C tal que $|x + 3| < C$, entonces

$$|x + 3||x - 3| < C|x - 3|$$

y se puede hacer $C|x - 3| < \varepsilon$ tomando $|x - 3| < \varepsilon/C$, así podría elegir $\delta = \varepsilon/C$.

Puede encontrar tal número C si restringe x a algún intervalo centrado en 3. De hecho, esté interesado solo en valores de x que se encuentren en un intervalo centrado en 3. Ya que en efecto solo le interesan los valores de x que sean cercanos a 3, por lo que es razonable suponer que x está dentro de una distancia de 1 de 3, esto es, $|x - 3| < 1$. Entonces $2 < x < 4$, por lo que $5 < x + 3 < 7$. Así, se tiene que $|x + 3| < 7$, y, por tanto, $C = 7$ es una elección adecuada para la constante.

Pero ahora hay dos restricciones sobre $|x + 3|$, a saber

$$|x - 3| < 1 \quad \text{y} \quad |x - 3| < \frac{\varepsilon}{C} = \frac{\varepsilon}{7}$$

Para asegurar que ambas desigualdades se satisfacen, tome δ como el menor de los dos números 1 y $\varepsilon/7$. La notación para esto es $\delta = \text{mín}\{1, \varepsilon/7\}$.

2. *Demuestre que esta δ funciona.* Dado $\varepsilon > 0$, sea $\delta = \text{mín}\{1, \varepsilon/7\}$. Si $0 < |x-3| < \delta$, entonces $|x-3| < 1 \Rightarrow 2 < x < 4 \Rightarrow |x+3| < 7$ (como en el inciso 1). También se tiene $|x-3| < \varepsilon/7$, así que

$$|x^2 - 9| = |x+3||x-3| < 7 \cdot \frac{\varepsilon}{7} = \varepsilon$$

Esto demuestra que $\text{lím}_{x\to 3} x^2 = 9$. ■

Como se ilustra en el ejemplo 4, no siempre es fácil demostrar que los enunciados de límite son verdaderos utilizando la definición ε, δ. De hecho, si se tiene una función más complicada como $f(x) = (6x^2 - 8x + 9)/(2x^2 - 1)$, una demostración requeriría una gran cantidad de ingenio. Afortunadamente, esto es innecesario porque las leyes de los límites establecidas en la sección 2.3 se pueden demostrar utilizando la definición 2, y luego los límites de funciones complicadas pueden determinarse en forma rigurosa a partir de estas leyes, sin recurrir directamente a la definición.

Por ejemplo, a continuación se demuestra la ley de la suma: si $\text{lím}_{x\to a} g(x) = L$ y $\text{lím}_{x\to a} f(x) = M$ ambos existen, entonces

$$\lim_{x\to a} [f(x) + g(x)] = L + M$$

Las leyes restantes se demuestran en los ejercicios y en el apéndice F.

DEMOSTRACIÓN DE LA LEY DE LA SUMA Sea $\varepsilon > 0$. Se debe encontrar $\delta > 0$ tal que

$$\text{si} \quad 0 < |x - a| < \delta \quad \text{entonces} \quad |f(x) + g(x) - (L + M)| < \varepsilon$$

Desigualdad del triángulo:

$$|a + b| \leqslant |a| + |b|$$

(Véase el apéndice A).

Utilizando la desigualdad del triángulo se puede escribir

5
$$\begin{aligned} |f(x) + g(x) - (L + M)| &= |(f(x) - L) + (g(x) - M)| \\ &\leqslant |f(x) - L| + |g(x) - M| \end{aligned}$$

Haga $|f(x) + g(x) - (L + M)|$ menor que ε haciendo cada uno de los términos $|f(x) - L|$ y $|g(x) - M|$ menores que $\varepsilon/2$.

Dado que $\varepsilon/2 > 0$ y $\text{lím}_{x\to a} f(x) = L$, existe un número $\delta_1 > 0$ tal que

$$\text{si} \quad 0 < |x - a| < \delta_1 \quad \text{entonces} \quad |f(x) - L| < \frac{\varepsilon}{2}$$

Del mismo modo, puesto que $\text{lím}_{x\to a} g(x) = M$, existe un número $\delta_2 > 0$ tal que

$$\text{si} \quad 0 < |x - a| < \delta_2 \quad \text{entonces} \quad |g(x) - M| < \frac{\varepsilon}{2}$$

Sea $\delta = \text{mín}\{\delta_1, \delta_2\}$, el menor de los números δ_1 y δ_2. Observe que

$$\text{si} \quad 0 < |x - a| < \delta \quad \text{entonces} \quad 0 < |x - a| < \delta_1 \quad \text{y} \quad 0 < |x - a| < \delta_2$$

y así $\qquad |f(x) - L| < \dfrac{\varepsilon}{2} \quad$ y $\quad |g(x) - M| < \dfrac{\varepsilon}{2}$

Por tanto, por 5,

$$\begin{aligned} |f(x) + g(x) - (L + M)| &\leqslant |f(x) - L| + |g(x) - M| \\ &< \frac{\varepsilon}{2} + \frac{\varepsilon}{2} = \varepsilon \end{aligned}$$

Para resumir,

$$\text{si} \quad 0 < |x - a| < \delta \quad \text{entonces} \quad |f(x) + g(x) - (L + M)| < \varepsilon$$

Así, por la definición de límite,

$$\lim_{x \to a} [f(x) + g(x)] = L + M$$

■

■ Límites infinitos

Los límites infinitos también se pueden definir de manera precisa. La siguiente es una versión exacta de la definición 2.2.4.

> **6 Definición precisa de un límite infinito** Sea f una función definida sobre algún intervalo abierto que contiene al número a, excepto posiblemente en a misma. Entonces
>
> $$\lim_{x \to a} f(x) = \infty$$
>
> significa que para todo número positivo M existe un número positivo tal que
>
> $$\text{si} \quad 0 < |x - a| < \delta \quad \text{entonces} \quad f(x) > M$$

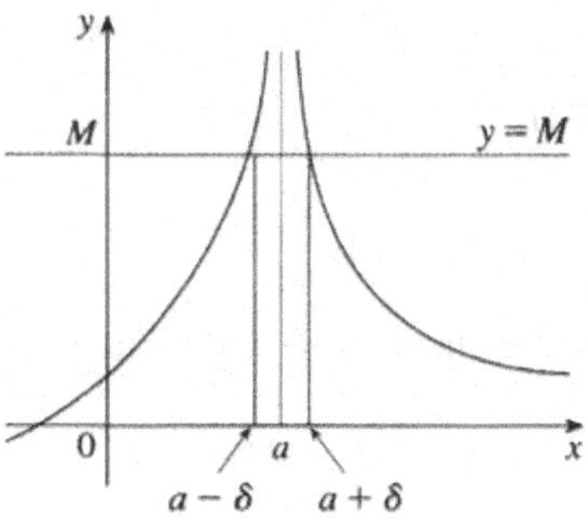

FIGURA 10

Esto dice que los valores de $f(x)$ se pueden hacer arbitrariamente grandes (más grandes que cualquier número M dado), tomando x suficientemente cercana a a (dentro de una distancia δ, donde δ depende de M, pero con $x \neq a$). Una ilustración geométrica se muestra en la figura 10.

Dada cualquier recta horizontal $y = M$, puede encontrar un número $\delta > 0$ tal que si se restringe x al intervalo $(a - \delta, a + \delta)$, pero $x \neq a$, entonces la curva $y = f(x)$ está por encima de la recta $y = M$. Usted puede ver que si se elige un valor muy grande de M, entonces se requiere un δ muy pequeño.

EJEMPLO 5 Utilice la definición 6, para demostrar que $\lim\limits_{x \to 0} \dfrac{1}{x^2} = \infty$.

SOLUCIÓN Sea M un número positivo dado. Se quiere encontrar un número δ tal que

$$\text{si} \quad 0 < |x| < \delta \quad \text{entonces} \quad 1/x^2 > M$$

Pero $$\frac{1}{x^2} > M \quad \Leftrightarrow \quad x^2 < \frac{1}{M} \quad \Leftrightarrow \quad \sqrt{x^2} < \sqrt{\frac{1}{M}} \quad \Leftrightarrow \quad |x| < \frac{1}{\sqrt{M}}$$

Por lo que si se elige $\delta = 1/\sqrt{M}$ y $0 < |x| < \delta = 1/\sqrt{M}$, entonces $1/x^2 > M$. Esto muestra que $1/x^2 \to \infty$ conforme $x \to 0$. ■

Del mismo modo, la siguiente es una versión precisa de la definición 2.2.5. Esto se ilustra en la figura 11.

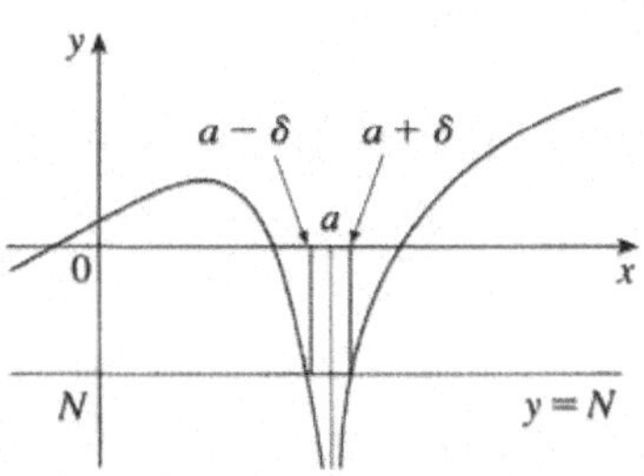

FIGURA 11

> **7 Definición** Sea f una función definida sobre algún intervalo abierto que contiene el número a, excepto posiblemente en a misma. Entonces
>
> $$\lim_{x \to a} f(x) = -\infty$$
>
> significa que para todo número negativo N existe un número positivo δ tal que
>
> $$\text{si} \quad 0 < |x - a| < \delta \quad \text{entonces} \quad f(x) < N$$

2.4 EJERCICIOS

1. Utilice la gráfica de f para encontrar un número δ tal que

si $\quad |x - 1| < \delta \quad$ entonces $\quad |f(x) - 1| < 0.2$

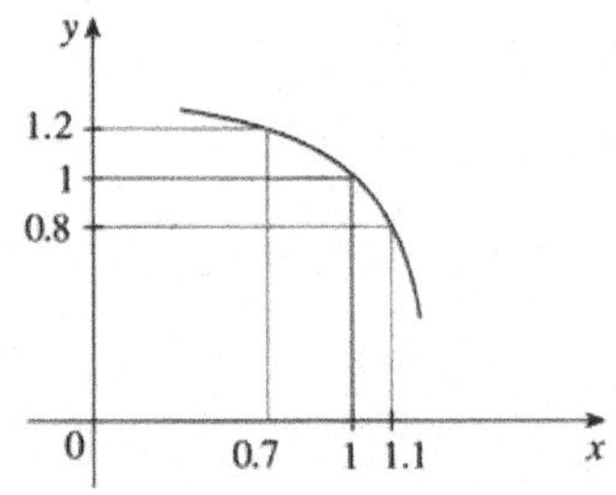

2. Utilice la gráfica de f para encontrar un número δ tal que

si $\quad 0 < |x - 3| < \delta \quad$ entonces $\quad |f(x) - 2| < 0.5$

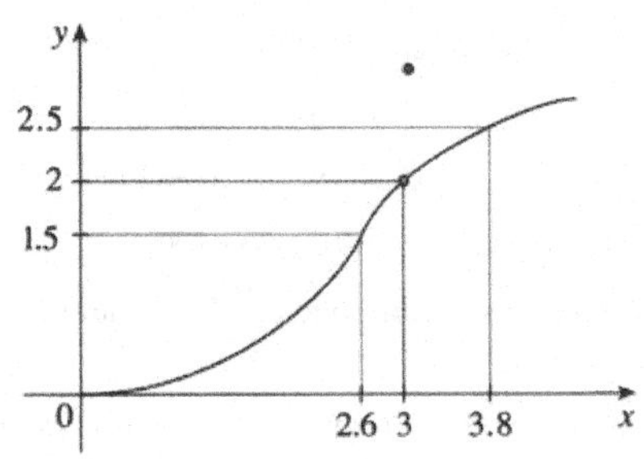

3. Utilice la gráfica dada de $f(x) = \sqrt{x}$ para encontrar un número δ que

si $\quad |x - 4| < \delta \quad$ entonces $\quad |\sqrt{x} - 2| < 0.4$

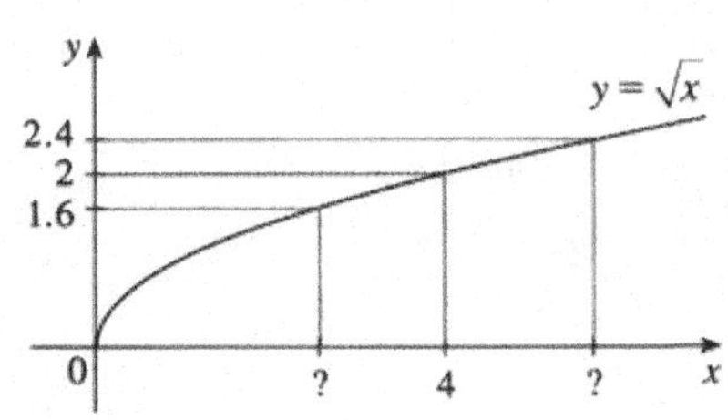

4. Utilice la gráfica dada de $f(x) = x^2$ para encontrar un número δ tal que

si $\quad |x - 1| < \delta \quad$ entonces $\quad |x^2 - 1| < \frac{1}{2}$

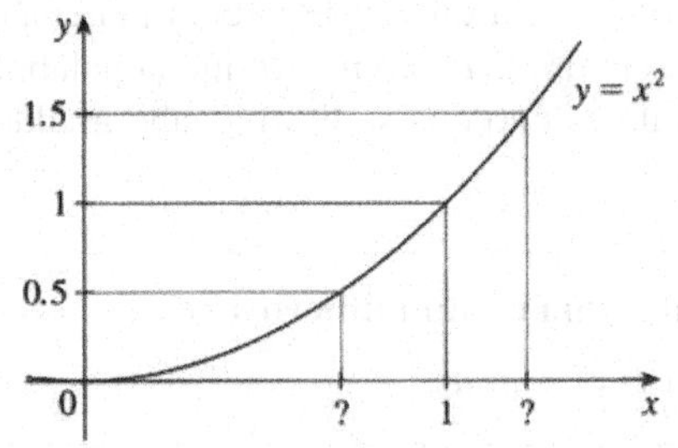

5. Utilice una gráfica para encontrar un número δ tal que

si $\quad \left| x - \frac{\pi}{4} \right| < \delta \quad$ entonces $\quad |\tan x - 1| < 0.2$

6. Utilice una gráfica para encontrar un número δ tal que

si $\quad |x - 1| < \delta \quad$ entonces $\quad \left| \frac{2x}{x^2 + 4} - 0.4 \right| < 0.1$

7. Para el límite

$$\lim_{x \to 2} (x^3 - 3x + 4) = 6$$

ilustre la definición 2 para encontrar valores de δ que correspondan a $\varepsilon = 0$ y $\varepsilon = 0.1$.

8. Para el límite

$$\lim_{x \to 0} \frac{e^{2x} - 1}{x} = 2$$

ilustre la definición 2 para encontrar valores de δ que correspondan a $\varepsilon = 0.5$ y $\varepsilon = 0.1$.

9. (a) Utilice una gráfica para encontrar un número δ tal que

si $\quad 2 < x < 2 + \delta \quad$ entonces $\quad \frac{1}{\ln(x - 1)} > 100$

(b) ¿Qué límite sugiere el inciso (a) que es verdadero?

10. Dado que $\lim_{x \to \pi} \csc^2 x = \infty$, ilustre la definición 6, encontrando valores de δ que corresponden a (a) $M = 500$ y (b) $M = 1000$.

11. Se requiere un tornero para fabricar un disco metálico circular con 1000 cm^2 de área.

(a) ¿Qué radio produce tal disco?

(b) Si al tornero se le permite una tolerancia de error de ± 5 cm^2 en el área del disco, ¿qué tan cercano al radio ideal del inciso (a) debe el tornero mantener el radio?

(c) En términos de la definición ε, δ de $\lim_{x \to a} f(x) = L$, ¿Qué es x? ¿Qué es $f(x)$? ¿Qué es a? ¿Qué es L? ¿Qué valor de ε se da? ¿Cuál es el valor correspondiente de δ?

12. Un horno de confección de cristales se utiliza en la investigación para determinar la mejor manera de fabricar cristales que se usarán en las partes electrónicas de los transbordadores espaciales. Para que el crecimiento de los cristales sea el idóneo, la temperatura se tiene que controlar exactamente ajustando la potencia de entrada. Suponga que la relación se representa con

$$T(w) = 0.1w^2 + 2.155w + 20$$

donde T es la temperatura en grados Celsius y w es la potencia de entrada en watts.

(a) ¿Cuánta potencia se requiere para mantener la temperatura a 200 °C?

(b) Si se permite una variación de temperatura de 200 °C en ±1 °C, ¿qué intervalo en watts se permite para la potencia de entrada?

(c) De acuerdo con la definición ε, δ de $\lim_{x\to a} f(x) = L$, ¿qué es x? ¿Qué es $f(x)$? ¿Qué es a? ¿Qué es L? ¿Qué valor de ε se da? ¿Cuál es el valor correspondiente de δ?

13. (a) Encuentre un número δ tal que si $|x - 3| < \delta$, entonces $|5x - 15| < \varepsilon$, donde $\varepsilon = 0.1$.

(b) Repita el inciso (a) con $\varepsilon = 0.01$.

14. Dado que $\lim_{x\to 2}(5x - 7) = 3$, ilustre la definición 2 encontrando valores de δ que correspondan a $\varepsilon = 0.1$, $\varepsilon = 0.05$ y $\varepsilon = 0.01$.

15–18 Demuestre cada una de las proposiciones siguientes utilizando la definición ε, δ de límite e ilústrelo con un diagrama como el de la figura 9.

15. $\lim_{x\to 3}\left(1 + \frac{1}{3}x\right) = 2$

16. $\lim_{x\to 4}(2x - 5) = 3$

17. $\lim_{x\to 1}(2x + 3) = 5$

18. $\lim_{x\to -2}\left(\frac{1}{2}x + 3\right) = 2$

19–32 Demuestre cada una de los enunciados siguientes utilizando la definición ε, δ de límite.

19. $\lim_{x\to 1}\dfrac{2 + 4x}{3} = 2$

20. $\lim_{x\to 10}\left(3 - \frac{4}{5}x\right) = -5$

21. $\lim_{x\to 4}\dfrac{x^2 - 2x - 8}{x - 4} = 6$

22. $\lim_{x\to 2}\dfrac{x^2 + x - 6}{x - 2} = 5$

23. $\lim_{x\to a} x = a$

24. $\lim_{x\to a} c = c$

25. $\lim_{x\to 0} x^2 = 0$

26. $\lim_{x\to 0} x^3 = 0$

27. $\lim_{x\to 0} |x| = 0$

28. $\lim_{x\to -6^+}\sqrt[8]{6 + x} = 0$

29. $\lim_{x\to 2}(x^2 - 4x + 5) = 1$

30. $\lim_{x\to 2}(x^2 + 2x - 7) = 1$

31. $\lim_{x\to -2}(x^2 - 1) = 3$

32. $\lim_{x\to 2} x^3 = 8$

---

33. Verifique que otra posible elección para mostrar que $\lim_{x\to 3}x^2 = 9$ en el ejemplo 4 es $\delta = \text{mín}\{2, \varepsilon/8\}$.

34. Verifique con argumentos geométricos que la mayor elección de δ para demostrar que $\lim_{x\to 3}x^2 = 9$ es $\delta = \sqrt{9 + \varepsilon} - 3$.

SAC **35.** (a) Para el límite $\lim_{x\to 1}(x^3 + x + 1) = 3$, utilice una gráfica para encontrar un valor que corresponda a $\varepsilon = 0.4$.

(b) Utilizando un sistema algebraico computacional para resolver la ecuación cúbica $x^3 + x + 1 = 3 + \varepsilon$, encuentre el mayor valor posible de δ que funciona para cualquier $\varepsilon > 0$ dado.

(c) Ponga $\varepsilon = 0.4$ en su repuesta del inciso (b) y compárela con su respuesta del inciso (a).

36. Demuestre que $\lim_{x\to 2}\dfrac{1}{x} = \dfrac{1}{2}$.

37. Demuestre $\lim_{x\to a}\sqrt{x} = \sqrt{a}$ si $a > 0$.

$$\left[\textit{Sugerencia:}\text{ utilice } |\sqrt{x} - \sqrt{a}| = \frac{|x - a|}{\sqrt{x} + \sqrt{a}}.\right]$$

38. Si H es la función de Heaviside definida en el ejemplo 2.2.6, demuestre, utilizando la definición 2, que $\lim_{t\to 0}H(t)$ no existe. [*Sugerencia*: utilice una demostración indirecta como sigue. Suponga que el límite es L. Tome $\varepsilon = \frac{1}{2}$ en la definición de límite y trate de llegar a una contradicción.]

39. Si la función f está definida por

$$f(x) = \begin{cases} 0 & \text{si } x \text{ es racional} \\ 1 & \text{si } x \text{ es irracional} \end{cases}$$

demuestre que el $\lim_{x\to 0} f(x)$ no existe.

40. Comparando las definiciones 2, 3 y 4, demuestre el teorema 2.3.1.

41. ¿Qué tan cerca de -3 tiene que tomar x de manera que

$$\frac{1}{(x + 3)^4} > 10{,}000?$$

42. Demuestre, utilizando la definición 6, que $\lim_{x\to -3}\dfrac{1}{(x + 3)^4} = \infty$.

43. Demuestre que $\lim_{x\to 0^+}\ln x = -\infty$.

44. Suponga que $\lim_{x\to a} f(x) = \infty$ y que $\lim_{x\to a} g(x) = c$, donde c es un número real. Demuestre cada uno de los enunciados siguientes.

(a) $\lim_{x\to a}[f(x) + g(x)] = \infty$

(b) $\lim_{x\to a}[f(x)g(x)] = \infty$ si $c > 0$

(c) $\lim_{x\to a}[f(x)g(x)] = -\infty$ si $c < 0$

2.5 Continuidad

En la sección 2.3, se vio que el límite de una función cuando x tiende a a, con frecuencia se obtiene simplemente calculando el valor de la función en a. Las funciones con esta propiedad son llamadas *continuas en a*. Se verá que la definición matemática de continuidad coincide notoriamente con el sentido de *continuidad* que la palabra tiene en el lenguaje cotidiano. (Un proceso continuo es uno que se lleva a cabo gradualmente, sin interrupción o cambio brusco.)

1 Definición Una función f es **continua en un número a** si

$$\lim_{x\to a} f(x) = f(a)$$

Como se ilustra en la figura 1, si f es continua, entonces los puntos $(x, f(x))$ en la gráfica de f tienden al punto $(a, f(a))$ sobre la gráfica. Por lo que no existe ninguna separación en la curva.

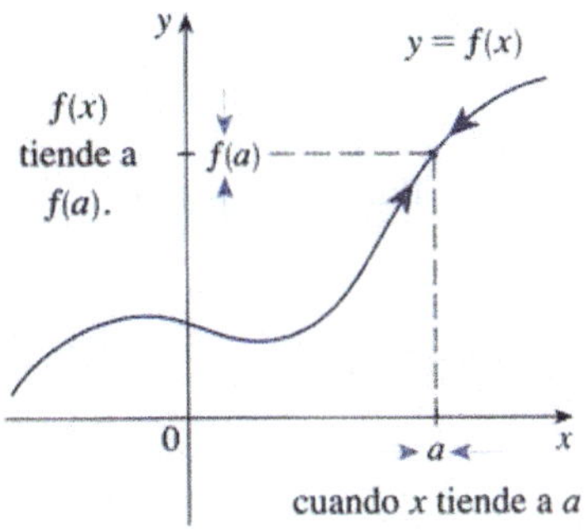

FIGURA 1

Observe que la definición 1 requiere implícitamente tres cosas, si f es continua en a,

1. $f(a)$ está definida (esto es, a está en el dominio de f)
2. $\lim_{x \to a} f(x)$ existe
3. $\lim_{x \to a} f(x) = f(a)$

La definición dice que f es continua en a si $f(x)$ tiende a $f(a)$ cuando x tiende a a. Así, una función continua f tiene la propiedad de que un pequeño cambio en x produce solo un pequeño cambio en $f(x)$. De hecho, el cambio en $f(x)$ se puede mantener tan pequeño como se quiera manteniendo el cambio en x suficientemente pequeño.

Si f está definida cerca de a (en otras palabras, f está definida en un intervalo abierto que contiene a a, excepto quizás en a), se dice que f es **discontinua en a** (o f tiene una **discontinuidad** en a) si f no es continua en a.

Los fenómenos físicos son generalmente continuos. Por ejemplo, el desplazamiento o la velocidad de un vehículo varían continuamente con el tiempo, como lo hace la estatura de una persona. Pero hay otras situaciones, como la corriente eléctrica, donde ocurren discontinuidades. [Véase el ejemplo 2.2.6, donde la función de Heaviside es discontinua en 0 ya que el $\lim_{t \to 0} H(t)$ no existe.]

Geométricamente, una función continua en cada número de un intervalo se puede pensar como una función cuya gráfica no tiene interrupciones. La gráfica se puede dibujar sin levantar la pluma del papel.

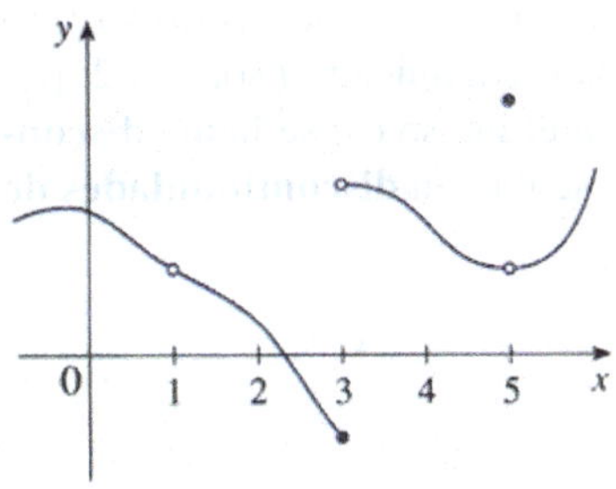

FIGURA 2

EJEMPLO 1 La figura 2 muestra la gráfica de una función f. ¿Para qué valores es f discontinua? ¿Por qué?

SOLUCIÓN Parece como si hubiera una discontinuidad cuando $a = 1$ porque la gráfica tiene una ruptura allí. La razón formal de que f es discontinua en 1 es que $f(1)$ no está definida.

La gráfica también tiene una ruptura cuando $a = 3$, pero la razón para la discontinuidad es diferente. Aquí, $f(3)$ está definida, pero el $\lim_{x \to 3} f(x)$ no existe (porque los límites por la izquierda y por la derecha son diferentes). Por lo que f es discontinua en 3.

¿Qué hay en relación con $a = 5$? Aquí, $f(5)$ está definida y el $\lim_{x \to 5} f(x)$ existe (porque los límites por la izquierda y por la derecha son iguales). Pero

$$\lim_{x \to 5} f(x) \neq f(5)$$

Por lo que f es discontinua en 5. ■

Ahora verá cómo detectar discontinuidades cuando una función está definida por una fórmula.

EJEMPLO 2 ¿Dónde es discontinua cada una de las funciones siguientes?

(a) $f(x) = \dfrac{x^2 - x - 2}{x - 2}$

(b) $f(x) = \begin{cases} \dfrac{1}{x^2} & \text{si } x \neq 0 \\ 1 & \text{si } x = 0 \end{cases}$

(c) $f(x) = \begin{cases} \dfrac{x^2 - x - 2}{x - 2} & \text{si } x \neq 2 \\ 1 & \text{si } x = 2 \end{cases}$

(d) $f(x) = [\![x]\!]$

SOLUCIÓN

(a) Observe que $f(2)$ no está definida, por lo que f es discontinua en 2. Más tarde verá por qué f es continua en todos los otros números.

(b) Aquí $f(0) = 1$ está definida, pero

$$\lim_{x \to 0} f(x) = \lim_{x \to 0} \frac{1}{x^2}$$

no existe. (Véase el ejemplo 2.2.8.) Así f es discontinua 0.

(c) Aquí $f(2) = 1$ está definida y

$$\lim_{x \to 2} f(x) = \lim_{x \to 2} \frac{x^2 - x - 2}{x - 2} = \lim_{x \to 2} \frac{(x - 2)(x + 1)}{x - 2} = \lim_{x \to 2} (x + 1) = 3$$

existe. Pero

$$\lim_{x \to 2} f(x) \neq f(2)$$

por lo que f no es continua en 2.

(d) La función parte entera $f(x) = [\![x]\!]$ tiene discontinuidades en todos los enteros porque el $\lim_{x \to n} [\![x]\!]$ no existe si n es un entero. (Véase el ejemplo 2.3.10 y el ejercicio 2.3.53). ■

La figura 3 muestra las gráficas de las funciones del ejemplo 2. En cada caso la gráfica no se puede dibujar sin levantar el lápiz del papel porque hay un agujero o ruptura o salto en la gráfica. El tipo de discontinuidad que se muestra en los incisos (a) y (c) se llama **removible** porque se puede quitar la discontinuidad redefiniendo f solo en 2. [La función $g(x) = x + 1$ es continua.] La discontinuidad en el inciso (b) se llama **discontinuidad infinita**. Las discontinuidades en el inciso (d) se llaman **discontinuidades de salto** porque la función "salta" de un valor a otro.

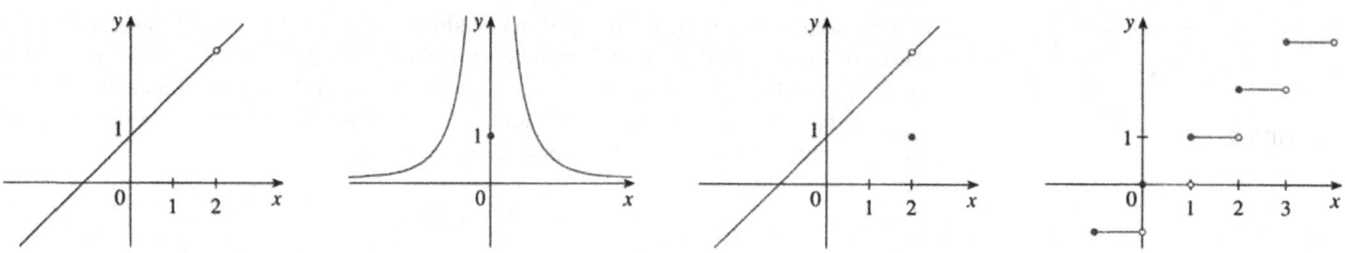

(a) $f(x) = \dfrac{x^2 - x - 2}{x - 2}$

(b) $f(x) = \begin{cases} \dfrac{1}{x^2} & \text{si } x \neq 0 \\ 1 & \text{si } x = 0 \end{cases}$

(c) $f(x) = \begin{cases} \dfrac{x^2 - x - 2}{x - 2} & \text{si } x \neq 2 \\ 1 & \text{si } x = 2 \end{cases}$

(d) $f(x) = [\![x]\!]$

FIGURA 3
Gráficas de las funciones del ejemplo 2

2 Definición Una función f es **continua por la derecha en un número a** si

$$\lim_{x \to a^+} f(x) = f(a)$$

y f es **continua por la izquierda en a** si

$$\lim_{x \to a^-} f(x) = f(a)$$

EJEMPLO 3 En cada entero n, la función $f(x) = [\![x]\!]$ [Véase la figura 3(d)] es continua por la derecha, pero discontinua por la izquierda porque

$$\lim_{x \to n^+} f(x) = \lim_{x \to n^+} [\![x]\!] = n = f(n)$$

pero $$\lim_{x \to n^-} f(x) = \lim_{x \to n^-} [\![x]\!] = n - 1 \neq f(n)$$ ■

3 Definición Una función f es **continua en un intervalo** si es continua en cada número en el intervalo. (Si f está definida solo en un lado de un punto final del intervalo, entienda que *continua* en el punto final significa *continua por la derecha* o *continua por la izquierda.*)

EJEMPLO 4 Demuestre que la función $f(x) = 1 - \sqrt{1 - x^2}$ es continua en el intervalo $[-1, 1]$.

SOLUCIÓN Si $-1 < a < 1$, entonces utilizando las leyes de los límites, se tiene

$$\begin{aligned}
\lim_{x \to a} f(x) &= \lim_{x \to a} \left(1 - \sqrt{1 - x^2}\right) \\
&= 1 - \lim_{x \to a} \sqrt{1 - x^2} && \text{(por las leyes 2 y 7)} \\
&= 1 - \sqrt{\lim_{x \to a} (1 - x^2)} && \text{(por 11)} \\
&= 1 - \sqrt{1 - a^2} && \text{(por 2, 7 y 9)} \\
&= f(a)
\end{aligned}$$

Así, por la definición 1, f es continua en a si $-1 < a < 1$. Cálculos similares muestran que

$$\lim_{x \to -1^+} f(x) = 1 = f(-1) \qquad \text{y} \qquad \lim_{x \to 1^-} f(x) = 1 = f(1)$$

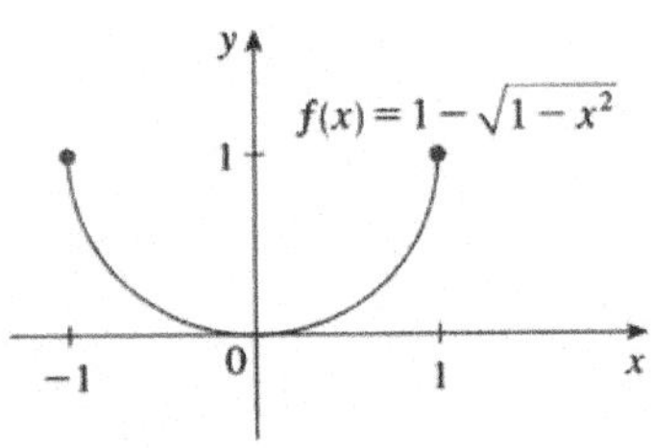

FIGURA 4

de manera que f es continua por la derecha en -1 y continua por la izquierda en 1. Por tanto, de acuerdo con la definición 3, f es continua en $[-1, 1]$.

La gráfica de f está trazada en la figura 4 y es la mitad inferior de la circunferencia

$$x^2 + (y - 1)^2 = 1$$ ■

En lugar de aplicar siempre las definiciones 1, 2 y 3 para verificar la continuidad de una función como se hizo en el ejemplo 4, a menudo es conveniente utilizar el siguiente teorema, que muestra cómo construir funciones continuas complicadas a partir de otras simples.

4 Teorema Si f y g son continuas en a y c es una constante, entonces las funciones siguientes son también continuas en a:

1. $f + g$ **2.** $f - g$ **3.** cf

4. fg **5.** $\dfrac{f}{g}$ si $g(a) \neq 0$

DEMOSTRACIÓN Cada uno de los cinco incisos de este teorema se sigue de las correspondientes leyes de los límites de la sección 2.3. Por ejemplo, se da la demostración del inciso 1. Ya que f y g son continuas en a, se tiene

$$\lim_{x \to a} f(x) = f(a) \qquad \text{y} \qquad \lim_{x \to a} g(x) = g(a)$$

Por tanto,

$$\begin{aligned}\lim_{x\to a}(f+g)(x) &= \lim_{x\to a}[f(x)+g(x)] \\ &= \lim_{x\to a} f(x) + \lim_{x\to a} g(x) \qquad \text{(por la ley 1)} \\ &= f(a)+g(a) \\ &= (f+g)(a)\end{aligned}$$

Esto demuestra que $f + g$ es continua en a. ■

Del teorema 4 y de la definición 3 se deduce que si f y g son continuas en un intervalo, entonces también lo son las funciones $f + g, f - g, cf, fg$ y (si g no es cero) f/g. El siguiente teorema se estableció en la sección 2.3 como la propiedad de sustitución directa.

> **5 Teorema**
> (a) Cualquier función polinomial es continua en todo su dominio; es decir, es continua en $\mathbb{R} = (-\infty, \infty)$.
> (b) Cualquier función racional es continua siempre que esté definida; esto es, es continua en su dominio.

DEMOSTRACIÓN

(a) Una función polinomial es de la forma

$$P(x) = c_n x^n + c_{n-1}x^{n-1} + \cdots + c_1 x + c_0$$

donde $c_0, c_1, \cdots, c_n$ son constantes. Se sabe que

$$\lim_{x\to a} c_0 = c_0 \qquad \text{(por la ley 7)}$$

y que
$$\lim_{x\to a} x^m = a^m \qquad m = 1, 2, \ldots, n \qquad \text{(por 9)}$$

Esta ecuación es precisamente el enunciado de que la función $f(x) = x^m$ es una función continua. Así, por el inciso 3 del teorema 4, la función $g(x) = cx^m$ es continua. Ya que P es una suma de funciones de esta forma y una función constante, se sigue del inciso 1 del teorema 4 que P es continua.

(b) Una función racional es una de la forma

$$f(x) = \frac{P(x)}{Q(x)}$$

donde P y Q son funciones polinomiales. El dominio de f es $D = \{x \in \mathbb{R} \mid Q(x) \neq 0\}$. Se sabe del inciso (a) que P y Q son continuas en todo su dominio. Así, por el inciso 5 del teorema 4, f es continua en todo número en D. ■

Como una ilustración del teorema 5, observe que el volumen de una esfera varía continuamente con su radio porque la fórmula $V(r) = \frac{4}{3}\pi r^3$ muestra que V es una función polinomial de r. Del mismo modo, si una pelota se lanza verticalmente hacia arriba con una velocidad de 20 m/s, entonces la altura de la pelota en metros, t segundos después, está dada por la fórmula $h = 20t - 4.9t^2$. Otra vez, esta es una función polinomial, por lo que la altura es una función continua del tiempo transcurrido.

Saber qué funciones son continuas nos permite evaluar muy rápidamente algunos límites como se ve en el siguiente ejemplo. Compárelo con el ejemplo 2.3.2(b).

EJEMPLO 5 Encuentre $\lim_{x\to -2} \dfrac{x^3 + 2x^2 - 1}{5 - 3x}$.

SOLUCIÓN La función

$$f(x) = \frac{x^3 + 2x^2 - 1}{5 - 3x}$$

es racional, por lo que por el teorema 5 es continua en su dominio, que es $\{x \mid x \neq \frac{5}{3}\}$. Por tanto,

$$\lim_{x\to -2} \frac{x^3 + 2x^2 - 1}{5 - 3x} = \lim_{x\to -2} f(x) = f(-2)$$

$$= \frac{(-2)^3 + 2(-2)^2 - 1}{5 - 3(-2)} = -\frac{1}{11}$$

■

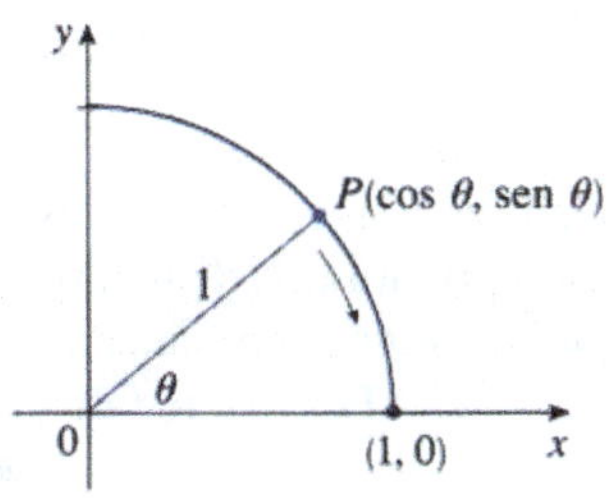

FIGURA 5

Resulta que la mayor parte de las funciones conocidas son continuas en todo número de su dominio. Por ejemplo, la ley 10 (página 96) es exactamente la proposición de que las funciones raíz son continuas.

Del aspecto de las gráficas de las funciones seno y coseno (figura 1.2.18), se podría suponer con toda certeza que son continuas. De acuerdo con la definición de sen θ y cos θ, las coordenadas del punto P de la figura 5 son (cos θ, sen θ). Cuando $\theta \to 0$, vea que P tiende al punto (1, 0), y así cos $\theta \to 1$ y sen $\theta \to 0$. Así,

6 $$\lim_{\theta\to 0} \cos\theta = 1 \qquad \lim_{\theta\to 0} \operatorname{sen}\theta = 0$$

Otra manera de establecer los límites en (6) es utilizar el teorema de la compresión con la desigualdad sen $\theta < \theta$ (para $\theta > 0$), que se demuestra en la sección 3.3.

Ya que cos 0 = 1 y sen 0 = 0, las ecuaciones en 6 afirman que las funciones coseno y seno son continuas en 0. Entonces se pueden utilizar las fórmulas de adición para senos y cosenos para deducir que estas funciones son continuas donde sea (ejercicios 64 y 65).

Del inciso 5 del teorema 4, se deduce que

$$\tan x = \frac{\operatorname{sen} x}{\cos x}$$

es continua, excepto donde cos $x = 0$. Esto sucede cuando x es un número entero impar múltiplo de $\pi/2$, por lo que $y = \tan x$ tiene infinitas discontinuidades cuando $x = \pm\pi/2$, $\pm 3\pi/2$, $\pm 5\pi/2$, y así sucesivamente (figura 6).

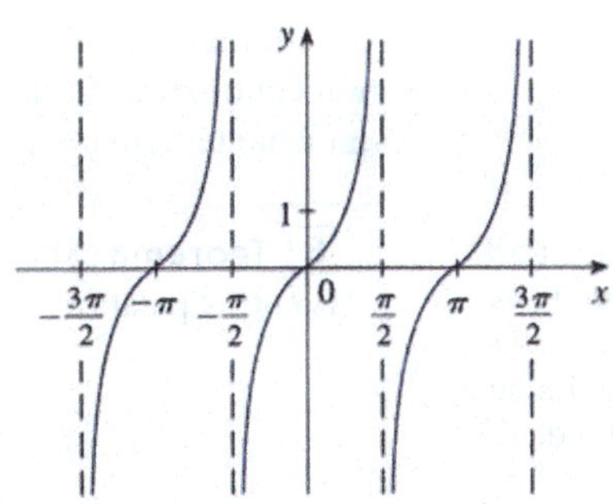

FIGURA 6
$y = \tan x$

La función inversa de cualquier función continua inyectiva también es continua. (Este hecho se demuestra en el apéndice F, pero la intuición geométrica lo hace parecer razonable: la gráfica de f^{-1} se obtiene reflejando la gráfica de f a través de la recta $y = x$. Por lo que si la gráfica de f no tiene ruptura alguna, tampoco la tiene la gráfica de f^{-1}.) De este modo, las funciones trigonométricas inversas son continuas.

En la sección 1.4 se definió la función exponencial $y = b^x$ para rellenar los huecos en la gráfica de la función $y = b^x$ donde x es racional. En otras palabras, la simple definición de $y = b^x$ la hace una función continua en $\mathbb{R}$. Por tanto, su función inversa $y = \log_b x$ es continua sobre $(0, \infty)$.

Las funciones trigonométricas inversas se repasaron en la sección 1.5.

7 Teorema Los tipos de funciones siguientes son continuos en todo número de sus dominios:

- polinomios
- funciones racionales
- funciones raíz
- funciones trigonométricas
- funciones trigonométricas inversas
- funciones exponenciales
- funciones logarítmicas

EJEMPLO 6 ¿En dónde es continua la función $f(x) = \dfrac{\ln x + \tan^{-1}x}{x^2 - 1}$?

SOLUCIÓN Por el teorema 7 se sabe que la función $y = \ln x$ es continua para $x > 0$ y $y = \tan^{-1} x$ es continua en $\mathbb{R}$. Así, por el inciso 1 del teorema 4, $y = \ln x + \tan^{-1} x$ es continua en $(0, \infty)$. El denominador, $y = x^2 - 1$, es una función polinomial, de modo que es continua para toda x. Por tanto, por el inciso 5 del teorema 4, f es continua en todos los números positivos x, excepto donde $x^2 - 1 = 0 \Leftrightarrow x = \pm 1$. Por lo que f es continua en los intervalos $(0, 1)$ y $(1, \infty)$. ■

EJEMPLO 7 Evalúe $\displaystyle\lim_{x \to \pi} \frac{\text{sen}\, x}{2 + \cos x}$.

SOLUCIÓN El teorema 7 dice que $y = \text{sen}\, x$ es continua. La función en el denominador, $y = 2 + \cos x$, es la suma de dos funciones continuas y por tanto es continua. Observe que esta función nunca es 0 porque $\cos x \geqslant -1$ para toda x y, en consecuencia, $2 + \cos x > 0$ para toda x. Por lo que, el cociente

$$f(x) = \frac{\text{sen}\, x}{2 + \cos x}$$

es continuo para toda x. Por tanto, por la definición de función continua,

$$\lim_{x \to \pi} \frac{\text{sen}\, x}{2 + \cos x} = \lim_{x \to \pi} f(x) = f(\pi) = \frac{\text{sen}\, \pi}{2 + \cos \pi} = \frac{0}{2 - 1} = 0$$ ■

Otra manera de combinar las funciones continuas f y g para obtener una nueva función continua es formar la función compuesta $f \circ g$. Este hecho es una consecuencia del siguiente teorema.

Este teorema expresa que un símbolo de límite se puede brincar dentro de un símbolo de función si la función es continua y el límite existe. En otras palabras, puede invertirse el orden de estos dos símbolos.

8 Teorema Si f es continua en b y $\displaystyle\lim_{x \to a} g(x) = b$, entonces $\displaystyle\lim_{x \to a} f(g(x)) = f(b)$. En otras palabras,

$$\lim_{x \to a} f(g(x)) = f\left(\lim_{x \to a} g(x)\right)$$

Intuitivamente, el teorema 8 es razonable porque si x está cerca de a, entonces $g(x)$ está cerca de b, y como f es continua en b, si $g(x)$ está cerca de b, entonces $f(g(x))$ está cerca de $f(b)$. En el apéndice F se presenta una demostración del teorema 8.

EJEMPLO 8 Evalúe $\lim_{x\to 1} \operatorname{arcsen}\left(\dfrac{1-\sqrt{x}}{1-x}\right)$.

SOLUCIÓN Ya que arcsen es una función continua, aplique el teorema 8:

$$\begin{aligned}
\lim_{x\to 1} \operatorname{arcsen}\left(\frac{1-\sqrt{x}}{1-x}\right) &= \operatorname{arcsen}\left(\lim_{x\to 1}\frac{1-\sqrt{x}}{1-x}\right) \\
&= \operatorname{arcsen}\left(\lim_{x\to 1}\frac{1-\sqrt{x}}{(1-\sqrt{x})(1+\sqrt{x})}\right) \\
&= \operatorname{arcsen}\left(\lim_{x\to 1}\frac{1}{1+\sqrt{x}}\right) \\
&= \operatorname{arcsen}\frac{1}{2} = \frac{\pi}{6}
\end{aligned}$$

■

Aplique el teorema 8 en el caso especial donde $f(x) = \sqrt[n]{x}$, donde n es un entero positivo. Entonces

$$f(g(x)) = \sqrt[n]{g(x)}$$

y

$$f\left(\lim_{x\to a} g(x)\right) = \sqrt[n]{\lim_{x\to a} g(x)}$$

Si sustituye estas expresiones en el teorema 8 se obtiene

$$\lim_{x\to a} \sqrt[n]{g(x)} = \sqrt[n]{\lim_{x\to a} g(x)}$$

con lo que queda demostrada la ley 11 de los límites. (Suponiendo que las raíces existen.)

9 Teorema Si g es continua en a y f es continua en $g(a)$, entonces la función compuesta $f \circ g$ dada por $(f \circ g)(x) = f(g(x))$ es continua en a.

A menudo, este teorema se expresa de manera informal diciendo: "una función continua de una función continua es una función continua".

DEMOSTRACIÓN Como g es continua en a, se tiene

$$\lim_{x\to a} g(x) = g(a)$$

Puesto que f es continua en $b = g(a)$, se puede aplicar el teorema 8 para obtener

$$\lim_{x\to a} f(g(x)) = f(g(a))$$

que es precisamente la proposición de que la función $h(x) = f(g(x))$ es continua en a; es decir, $f \circ g$ es continua en a. ■

EJEMPLO 9 ¿En dónde son continuas las funciones siguientes?

(a) $h(x) = \operatorname{sen}(x^2)$ (b) $F(x) = \ln(1 + \cos x)$

SOLUCIÓN

(a) Se tiene $h(x) = f(g(x))$, donde

$$g(x) = x^2 \qquad \text{y} \qquad f(x) = \operatorname{sen} x$$

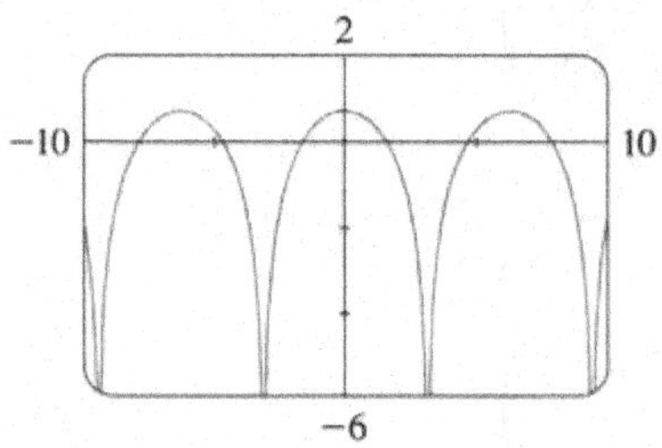

FIGURA 7
$y = \ln(1 + \cos x)$

Ahora g es continua en $\mathbb{R}$ puesto que es una función polinomial, y f también es continua para toda x. Por lo que $h = f \circ g$ es continua en $\mathbb{R}$ por el teorema 9.

(b) Con base en el teorema 7, se sabe que $f(x) = \ln x$ es continua y $g(x) = 1 + \cos x$ es continua (ya que tanto $y = 1$ como $y = \cos x$ son continuas). Por tanto, del teorema 9, $f(x) = f(g(x))$ es continua siempre que esté definida. Ahora $\ln(1 + \cos x)$ está definida cuando $1 + \cos x > 0$. De este modo, no está definido cuando $\cos x = -1$, y esto sucede cuando $x = \pm\pi, \pm 3\pi, \ldots$. Así, F tiene discontinuidades cuando x es un múltiplo impar de π y es continua en los intervalos entre estos valores (véase la figura 7). ■

Una propiedad importante de las funciones continuas se expresa con el teorema siguiente, cuya demostración se encuentra en libros más avanzados de cálculo.

> **10** **Teorema del valor intermedio** Suponga que f es continua en el intervalo cerrado $[a, b]$ y sea N cualquier número entre $f(a)$ y $f(b)$, donde $f(a) \neq f(b)$. Entonces existe un número c en (a, b) tal que $f(c) = N$.

El teorema del valor intermedio establece que una función continua toma todos los valores intermedios entre los valores de la función $f(a)$ y $f(b)$. Este hecho se ilustra en la figura 8. Observe que el valor N se puede tomar una vez [como en el inciso (*a*)] o más de una vez [como en el inciso (*b*)].

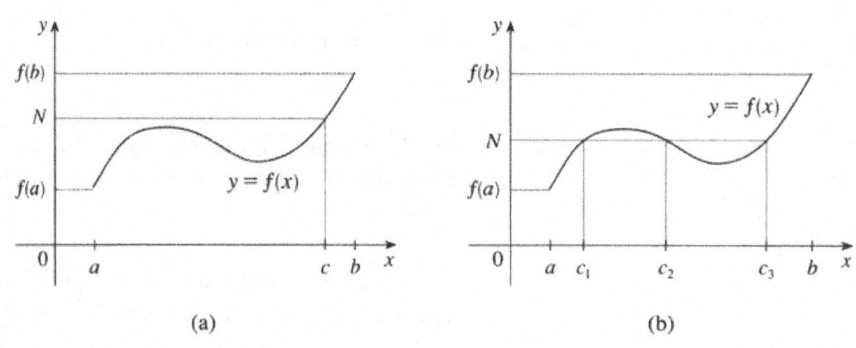

FIGURA 8

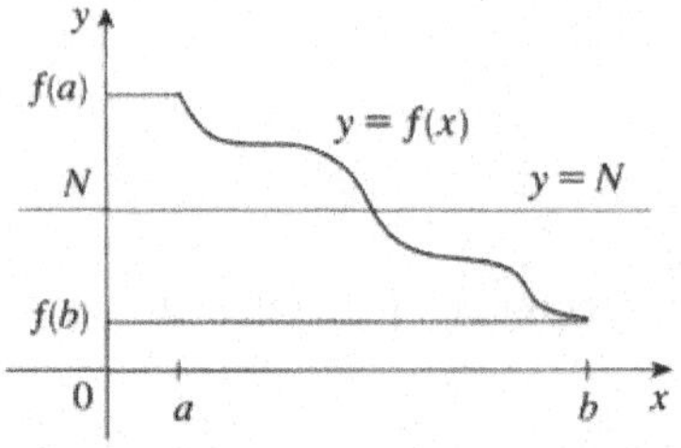

FIGURA 9

Si piensa en una función continua como en una función cuya gráfica no tiene huecos o rupturas, es fácil creer que el teorema del valor intermedio es verdadero. En términos geométricos, dice que si se da cualquier recta horizontal $y = N$ entre $y = f(a)$ y $y = f(b)$, como en la figura 9, entonces la gráfica de f no puede saltar la recta: debe intersecar a $y = N$ en alguna parte.

Es importante que la función f del teorema 10 sea continua. En general, el teorema del valor intermedio no se cumple para funciones discontinuas (véase el ejercicio 50).

Un uso del teorema del valor intermedio es en la búsqueda de las raíces de ecuaciones, como en el ejemplo siguiente.

EJEMPLO 10 Demuestre que existe una raíz de la ecuación

$$4x^3 - 6x^2 + 3x - 2 = 0$$

entre 1 y 2.

SOLUCIÓN Sea $f(x) = 4x^3 - 6x^2 + 3x - 2$. Busque una solución de la ecuación dada; es decir, un número c entre 1 y 2 tal que $f(c) = 0$. Por tanto, tome $a = 1$, $b = 2$ y $N = 0$ en el teorema 10, y obtenga

$$f(1) = 4 - 6 + 3 - 2 = -1 < 0$$

y

$$f(2) = 32 - 24 + 6 - 2 = 12 > 0$$

Así, $f(1) < 0 < f(2)$; es decir, $N = 0$ es un número entre $f(1)$ y $f(2)$. Ahora bien, f es continua porque es un polinomio, de modo que el teorema del valor intermedio dice que existe un número c entre 1 y 2 tal que $f(c) = 0$. En otras palabras, la ecuación $4x^3 - 6x^2 + 3x - 2 = 0$ tiene por lo menos una raíz c en el intervalo $(1, 2)$.

De hecho, se puede localizar con mayor precisión una raíz aplicando de nuevo el teorema del valor intermedio. Ya que,

$$f(1.2) = -0.128 < 0 \qquad \text{y} \qquad f(1.3) = 0.548 > 0$$

una raíz debe estar entre 1.2 y 1.3. Una calculadora da, por ensayo y error,

$$f(1.22) = -0.007008 < 0 \qquad \text{y} \qquad f(1.23) = 0.056068 > 0$$

por lo que la raíz está en el intervalo $(1.22, 1.23)$. ■

Se puede utilizar una calculadora graficadora o computadora para ilustrar el uso del teorema del valor intermedio en el ejemplo 10. La figura 10 muestra la gráfica de f en el rectángulo de vista $[-1, 3]$ por $[-3, 3]$, y puede usted ver que la gráfica cruza el eje x entre 1 y 2. La figura 11 muestra el resultado de un acercamiento en un rectángulo de vista $[1.2, 1.3]$ por $[-0.2, 0.2]$.

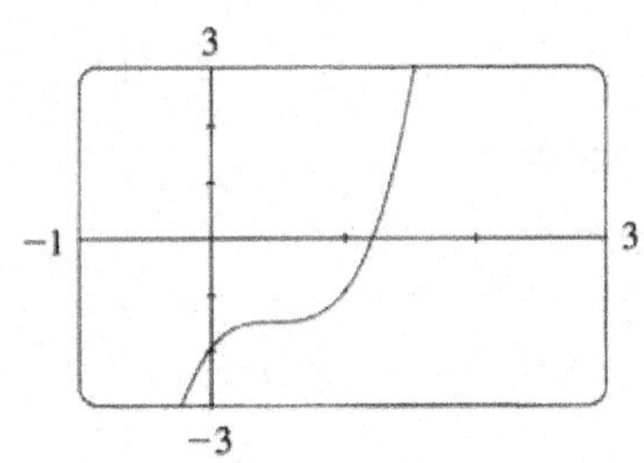

FIGURA 10

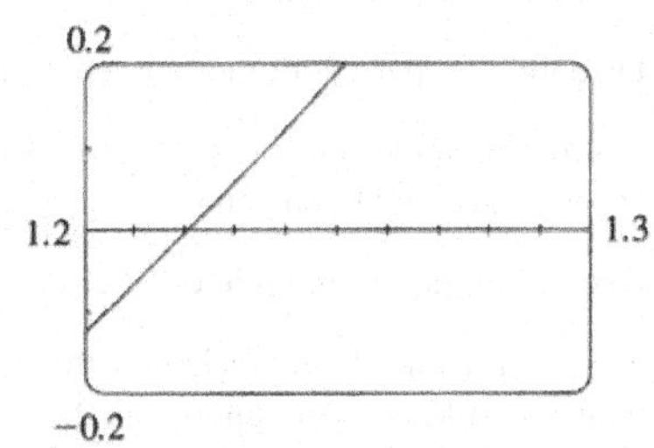

FIGURA 11

De hecho, el teorema del valor intermedio desempeña un papel importante en el modo en que funcionan estos dispositivos de graficación. Una computadora calcula un número finito de puntos de la gráfica y activa los pixeles que contienen estos puntos calculados. Supone que la función es continua y toma todos los valores intermedios entre dos puntos consecutivos. Por lo que la computadora "conecta los puntos" activando los pixeles intermedios.

2.5 EJERCICIOS

1. Escriba una ecuación que exprese el hecho de que una función f es continua en el número 4.

2. Si f es continua en $(-\infty, \infty)$, ¿qué puede decir acerca de su gráfica?

3. (a) A partir de la gráfica de f, establezca el número en el cual f es discontinua y explique por qué.
(b) Para cada uno de los números que se obtuvieron en el inciso (a), determine si f es continua por la derecha, por la izquierda o por ninguno de los dos lados.

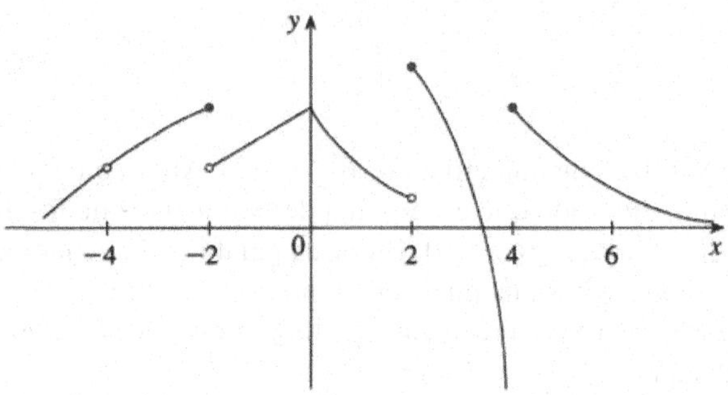

4. A partir de la gráfica de g, establezca los intervalos sobre los que g es continua.

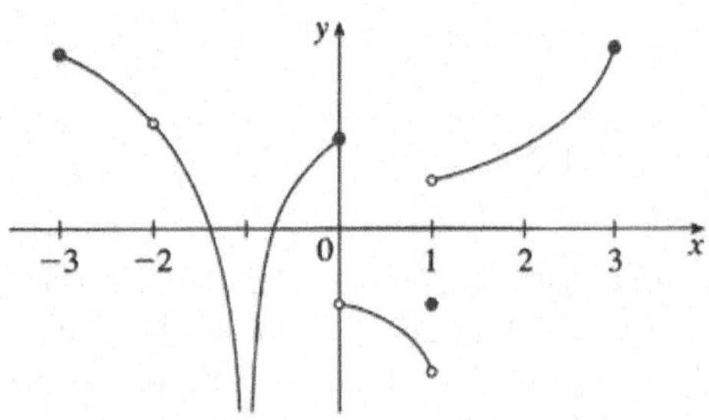

5–8 Trace la gráfica de una función f que es continua, a excepción de la discontinuidad indicada.

5. Discontinua, pero continua por la derecha, en 2.

6. Discontinuidades en -1 y 4, pero continuas por la izquierda en -1 y por la derecha en 4.

7. Discontinuidad removible en 3, discontinuidad de salto en 5.

8. Ni por la izquierda ni por la derecha es continua en -2, continua solo por la izquierda en 2.

---

9. El peaje T que se cobra por conducir en un determinado tramo de una carretera es de \$5, excepto durante las horas pico (entre las 7 y las 10 y entre las 16 y 19 horas) cuando el peaje es de \$7.
(a) Trace una gráfica de T como una función del tiempo t, medido en horas pasada la medianoche.
(b) Analice las discontinuidades de esta función y su significado para alguien que utiliza la carretera.

10. Explique por qué cada una de las funciones siguientes es continua o discontinua.
(a) La temperatura en una localidad específica como una función del tiempo.
(b) La temperatura en un tiempo dado como una función de la distancia al oeste de París.
(c) La altitud sobre el nivel del mar como una función de la distancia al oeste de París.
(d) El costo de transportarse en taxi como una función de la distancia de traslado.
(e) La corriente en un circuito de iluminación en una habitación como una función del tiempo.

11–14 Utilice la definición de continuidad y las propiedades de los límites para demostrar que cada una de las funciones siguientes es continua en el número dado a.

11. $f(x) = x^2 + \sqrt{7 - x}, \quad a = 4$

12. $g(t) = \dfrac{t^2 + 5t}{2t + 1}, \quad a = 2$

13. $p(v) = 2\sqrt{3v^2 + 1}, \quad a = 1$

14. $f(x) = 3x^4 - 5x + \sqrt[3]{x^2 + 4}, \quad a = 2$

15–16 Utilice la definición de continuidad y las propiedades de los límites para demostrar que cada una de las funciones siguientes es continua en el intervalo dado.

15. $f(x) = x + \sqrt{x - 4}, \quad [4, \infty)$

16. $g(x) = \dfrac{x - 1}{3x + 6}, \quad (-\infty, -2)$

17–22 Explique por qué cada una de las funciones siguientes es discontinua en el número dado a. Trace la gráfica de la función.

17. $f(x) = \dfrac{1}{x + 2} \qquad a = -2$

18. $f(x) = \begin{cases} \dfrac{1}{x + 2} & \text{si } x \neq -2 \\ 1 & \text{si } x = -2 \end{cases} \qquad a = -2$

19. $f(x) = \begin{cases} x + 3 & \text{si } x \leqslant -1 \\ 2^x & \text{si } x > -1 \end{cases} \qquad a = -1$

20. $f(x) = \begin{cases} \dfrac{x^2 - x}{x^2 - 1} & \text{si } x \neq 1 \\ 1 & \text{si } x = 1 \end{cases} \qquad a = 1$

21. $f(x) = \begin{cases} \cos x & \text{si } x < 0 \\ 0 & \text{si } x = 0 \\ 1 - x^2 & \text{si } x > 0 \end{cases} \qquad a = 0$

22. $f(x) = \begin{cases} \dfrac{2x^2 - 5x - 3}{x - 3} & \text{si } x \neq 3 \\ 6 & \text{si } x = 3 \end{cases} \qquad a = 3$

23–24 ¿Cómo podría "remover la discontinuidad" en cada una de las funciones siguientes? En otras palabras, ¿cómo redefiniría $f(2)$ para que sean continuas en 2?

23. $f(x) = \dfrac{x^2 - x - 2}{x - 2}$

24. $f(x) = \dfrac{x^2 - 3x + 2}{x^2 + x - 6}$

25–32 Utilizando los teoremas 4, 5, 7 y 9, explique por qué cada una de las funciones siguientes es continua en todo número de su dominio. Determine el dominio.

25. $F(x) = \dfrac{2x^2 - x - 1}{x^2 + 1}$

26. $G(x) = \dfrac{x^2 + 1}{2x^2 - x - 1}$

27. $Q(x) = \dfrac{\sqrt[3]{x - 2}}{x^3 - 2}$

28. $R(t) = \dfrac{e^{\operatorname{sen} t}}{2 + \cos \pi t}$

29. $A(t) = \operatorname{arcsen}(1 + 2t)$

30. $B(x) = \dfrac{\tan x}{\sqrt{4 - x^2}}$

31. $M(x) = \sqrt{1 + \dfrac{1}{x}}$

32. $N(r) = \tan^{-1}(1 + e^{-r^2})$

33–34 Identifique las discontinuidades de cada una de las funciones siguientes e ilústrelas con una gráfica.

33. $y = \dfrac{1}{1 + e^{1/x}}$

34. $y = \ln(\tan^2 x)$

35–38 Utilice la continuidad para evaluar cada uno de los límites siguientes.

35. $\displaystyle\lim_{x \to 2} x\sqrt{20 - x^2}$

36. $\displaystyle\lim_{x \to \pi} \operatorname{sen}(x + \operatorname{sen} x)$

37. $\displaystyle\lim_{x \to 1} \ln\left(\frac{5 - x^2}{1 + x}\right)$

38. $\displaystyle\lim_{x \to 4} 3^{\sqrt{x^2 - 2x - 4}}$

39–40 Demuestre que f es continua en $(-\infty, \infty)$.

39. $f(x) = \begin{cases} 1 - x^2 & \text{si } x \leqslant 1 \\ \ln x & \text{si } x > 1 \end{cases}$

40. $f(x) = \begin{cases} \operatorname{sen} x & \text{si } x < \pi/4 \\ \cos x & \text{si } x \geqslant \pi/4 \end{cases}$

41–43 Encuentre los números en los que f es discontinua. ¿En cuáles de estos números f es continua por la derecha, por la izquierda o por ninguna de las dos? Trace la gráfica de f.

41. $f(x) = \begin{cases} x^2 & \text{si } x < -1 \\ x & \text{si } -1 \leqslant x < 1 \\ 1/x & \text{si } x \geqslant 1 \end{cases}$

42. $f(x) = \begin{cases} 2^x & \text{si } x \leqslant 1 \\ 3 - x & \text{si } 1 < x \leqslant 4 \\ \sqrt{x} & \text{si } x > 4 \end{cases}$

43. $f(x) = \begin{cases} 1 + x^2 & \text{si } x \leqslant 0 \\ 2 - x & \text{si } 0 < x \leqslant 2 \\ (x - 2)^2 & \text{si } x > 2 \end{cases}$

44. La fuerza gravitacional ejercida por la Tierra sobre una masa unitaria a una distancia r del centro del planeta es

$$F(r) = \begin{cases} \dfrac{GMr}{R^3} & \text{si } r < R \\[2ex] \dfrac{GM}{r^2} & \text{si } r \geqslant R \end{cases}$$

donde M es la masa de la Tierra, R su radio y G la constante gravitacional. ¿Es F una función continua de r?

45. ¿Para qué valor de la constante c la función f es continua en $(-\infty, \infty)$?

$$f(x) = \begin{cases} cx^2 + 2x & \text{si } x < 2 \\ x^3 - cx & \text{si } x \geqslant 2 \end{cases}$$

46. Encuentre los valores de a y b que hacen a f continua para todo x.

$$f(x) = \begin{cases} \dfrac{x^2 - 4}{x - 2} & \text{si } x < 2 \\ ax^2 - bx + 3 & \text{si } 2 \leqslant x < 3 \\ 2x - a + b & \text{si } x \geqslant 3 \end{cases}$$

47. Suponga que f y g son funciones continuas tales que $g(2) = 6$ y $\lim_{x \to 2} [3f(x) + f(x)g(x)] = 36$. Encuentre $f(2)$.

48. Sea $f(x) = 1/x$ y $g(x) = 1/x^2$.

(a) Encuentre $(f \circ g)(x)$.

(b) ¿Es $f \circ g$ continua para todo x? Explique.

49. ¿Cuál de las funciones f siguientes tiene discontinuidad removible en a? Si la discontinuidad es removible, determine una función g que concuerde con f para $x \neq a$ y sea continua en a.

(a) $f(x) = \dfrac{x^4 - 1}{x - 1}$, $a = 1$

(b) $f(x) = \dfrac{x^3 - x^2 - 2x}{x - 2}$, $a = 2$

(c) $f(x) = [\![\operatorname{sen} x]\!]$, $a = \pi$

50. Suponga que una función f es continua en $[0, 1]$, excepto en 0.25 y que $f(0) = 1$ y $f(1) = 3$. Sea $N = 2$. Trace dos posibles graficas de f, una en que se muestre que f podría no satisfacer la conclusión del teorema del valor intermedio y la otra que muestre que f todavía podría satisfacer ese teorema (aun cuando no satisfaga la hipótesis).

51. Si $f(x) = x^2 + 10 \operatorname{sen} x$, demuestre que existe un número c tal que $f(c) = 1000$.

52. Suponga que f es continua sobre $[1, 5]$ y las únicas soluciones de la ecuación $f(x) = 6$ son $x = 1$ y $x = 4$. Si $f(2) = 8$, explique por qué $f(3) > 6$.

53-56 Utilice el teorema del valor intermedio para demostrar que existe una raíz en cada una de las ecuaciones dadas en el intervalo especificado.

53. $x^4 + x - 3 = 0$, $(1, 2)$

54. $\ln x = x - \sqrt{x}$, $(2, 3)$

55. $\sqrt[3]{x} = 1 - x$, $(0, 1)$

56. $\operatorname{sen} x = x^2 - x$, $(1, 2)$

57-58 Demuestre que cada una de las ecuaciones siguientes tiene cuando menos una raíz real. (b) Utilice su calculadora para encontrar un intervalo de longitud 0.01 que contenga una raíz.

57. $\cos x = x^3$

58. $\ln x = 3 - 2x$

59-60 (a) Demuestre que cada una de las ecuaciones siguientes tiene cuando menos una raíz real. (b) Utilice un dispositivo de graficación para encontrar la raíz redondeada hasta tres cifras decimales.

59. $100e^{-x/100} = 0.01x^2$

60. $\arctan x = 1 - x$

61-62 Demuestre sin hacer la gráfica que la función tiene al menos dos intersecciones con el eje x en el intervalo dado.

61. $y = \operatorname{sen} x^3$, $(1, 2)$

62. $y = x^2 - 3 + 1/x$, $(0, 2)$

63. Demuestre que f es continua en a si y solo si

$$\lim_{h \to 0} f(a + h) = f(a)$$

64. Para demostrar que la función seno es continua necesita demostrar que $\lim_{x \to a} \operatorname{sen} x = \operatorname{sen} a$ para todo número real a. Por el ejercicio 63, un enunciado equivalente es

$$\lim_{h \to 0} \operatorname{sen}(a + h) = \operatorname{sen} a$$

Utilice 6 para demostrar que esto es verdadero.

65. Demuestre que la función coseno es continua.

66. (a) Demuestre el teorema 4, inciso 3.
(b) Demuestre el teorema 4, inciso 5.

67. ¿Para qué valores de x es f continua?

$$f(x) = \begin{cases} 0 & \text{si } x \text{ es racional} \\ 1 & \text{si } x \text{ es irracional} \end{cases}$$

68. ¿Para qué valores de x es g continua?

$$g(x) = \begin{cases} 0 & \text{si } x \text{ es racional} \\ x & \text{si } x \text{ es irracional} \end{cases}$$

69. ¿Existe un número que es exactamente 1 más que su cubo?

70. Si a y b son números positivos, demuestre que la ecuación

$$\frac{a}{x^3 + 2x^2 - 1} + \frac{b}{x^3 + x - 2} = 0$$

tiene por lo menos una solución en el intervalo $(-1, 1)$.

71. Demuestre que la función

$$f(x) = \begin{cases} x^4 \operatorname{sen}(1/x) & \text{si } x \neq 0 \\ 0 & \text{si } x = 0 \end{cases}$$

es continua en $(-\infty, \infty)$

72. (a) Demuestre que la función valor absoluto $F(x) = |x|$ es continua para toda x.
(b) Demuestre que si f es una función continua en un intervalo, entonces también lo es $|f|$.
(c) ¿Lo inverso del enunciado del inciso (b) también es verdadero? En otras palabras, si $|f|$ es continua, ¿se deduce que f es continua? Si es así, demuéstrelo. Si no, encuentre un contraejemplo.

73. Un monje tibetano sale del monasterio a las 7:00 y emprende su camino habitual hacia la cima de la montaña, adonde llega a las 19:00. La mañana siguiente inicia el regreso desde la cima por la misma ruta a las 7:00 y llega al monasterio a las 19:00. Utilice el teorema del valor intermedio para demostrar que existe un punto a lo largo de la ruta que el monje cruzará exactamente a la misma hora en ambos días.

2.6 Límites al infinito; asíntotas horizontales

En las secciones 2.2 y 2.4 se trataron los límites infinitos y las asíntotas verticales. Ahí se hizo tender x a un número y se vio que los valores de y se volvían arbitrariamente grandes (ya fueran positivos o negativos). En esta sección se hará a x arbitrariamente grande (positivo y negativo) y observe qué ocurre con y.

Inicie por investigar el comportamiento de la función f definida por

$$f(x) = \frac{x^2 - 1}{x^2 + 1}$$

x	$f(x)$
0	−1
±1	0
±2	0.600000
±3	0.800000
±4	0.882353
±5	0.923077
±10	0.980198
±50	0.999200
±100	0.999800
±1000	0.999998

conforme x se hace grande. La tabla al margen da valores de esta función redondeados a seis decimales, y en la figura 1 se ha trazado la gráfica de f con una computadora.

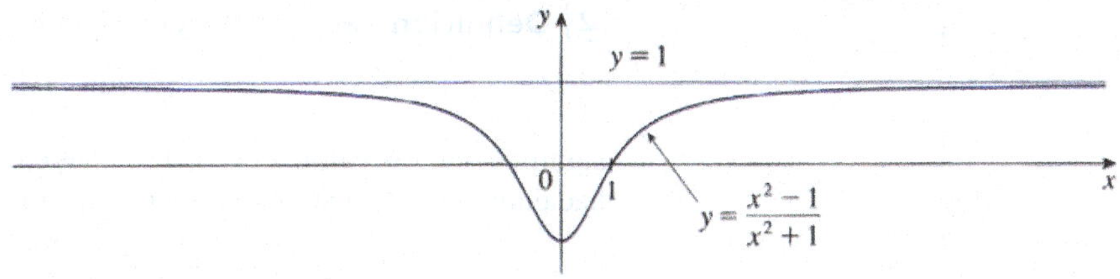

FIGURA 1

Conforme x crece más y más, se puede ver que los valores de $f(x)$ se aproximan cada vez más a 1. (La gráfica de f se acerca a la recta horizontal $y = 1$ cuando se ve hacia la derecha.) De hecho, parece que los valores de $f(x)$ se pueden acercar lo que se quiera a 1 eligiendo una x suficientemente grande. Esta situación se expresa en forma simbólica al escribir

$$\lim_{x \to \infty} \frac{x^2 - 1}{x^2 + 1} = 1$$

En general, utilice la notación

$$\lim_{x \to \infty} f(x) = L$$

para indicar que los valores de $f(x)$ tienden a L conforme x se hace más y más grande.

> **1 Definición intuitiva de un límite al infinito** Sea f una función definida en algún intervalo (a, ∞). Entonces
>
> $$\lim_{x \to \infty} f(x) = L$$
>
> significa que los valores de $f(x)$ se pueden aproximar arbitrariamente a L tanto como se quiera, eligiendo a x suficientemente grande.

Otra notación para $\lim_{x \to \infty} f(x) = L$ es

$$f(x) \to L \quad \text{cuando} \quad x \to \infty$$

El símbolo ∞ no representa un número. No obstante, la expresión $\lim_{x \to \infty} f(x) = L$ con frecuencia se lee como

"el límite de $f(x)$, cuando x tiende al infinito, es L"

o "el límite de $f(x)$, cuando x se va al infinito, es L"

o bien "el límite de $f(x)$, cuando x crece sin cota, es L".

El significado de estas frases está dado por la definición 1. Al final de esta sección, se encuentra una definición más precisa, utilizando la definición ε, δ de la sección 2.4.

En la figura 2 se muestran ilustraciones geométricas de la definición 1. Observe que hay varias maneras de aproximar la gráfica de f a la recta $y = L$ (la cual se llama *asíntota horizontal*) a medida que usted ve hacia el extremo derecho de cada gráfica.

Si regresa a la figura 1, verá que para valores negativos de x grandes en magnitud, los valores de $f(x)$ están cercanos a 1. Al decrecer x sin cota mediante valores negativos, se puede acercar $f(x)$ a 1 tanto como se quiera. Esto se expresa escribiendo

$$\lim_{x \to -\infty} \frac{x^2 - 1}{x^2 + 1} = 1$$

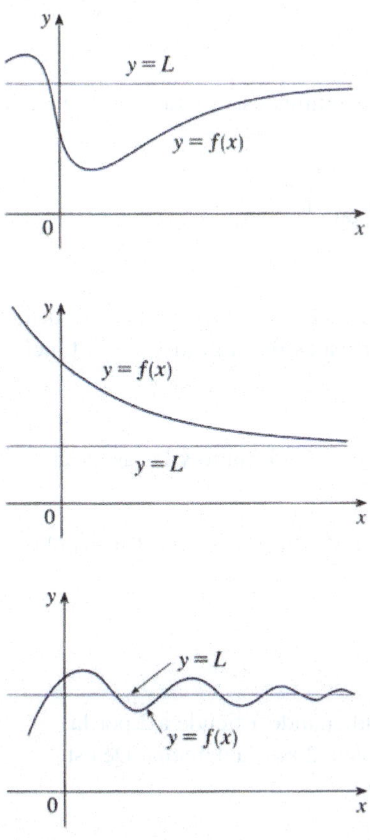

FIGURA 2
Ejemplos que ilustran $\lim_{x \to \infty} f(x) = L$.

La definición general es la siguiente.

2 Definición Sea f una función definida en algún intervalo $(-\infty, a)$. Entonces

$$\lim_{x \to -\infty} f(x) = L$$

significa que los valores de $f(x)$ se pueden hacer arbitrariamente cercanos a L haciendo que x sea suficientemente negativa.

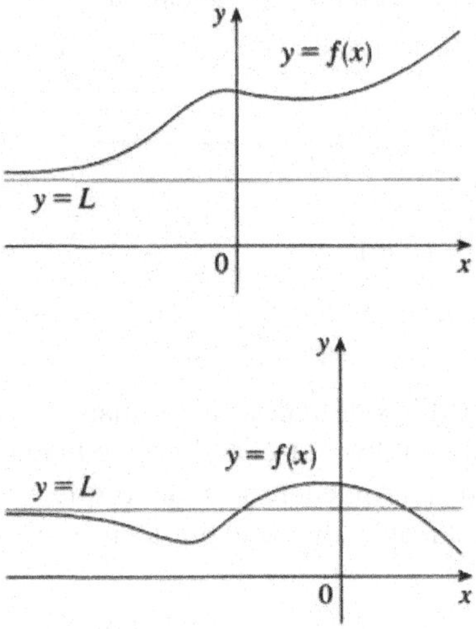

FIGURA 3
Ejemplos que ilustran $\lim_{x \to -\infty} f(x) = L$

Nuevamente el símbolo $-\infty$ no representa un número, pero la expresión $\lim_{x \to -\infty} f(x) = L$ con frecuencia se lee como

"el límite de $f(x)$, cuando x tiende a menos infinito, es L".

La definición 2 se ilustra en la figura 3. Observe que la gráfica tiende a la recta $y = L$ a medida que ve hacia el extremo izquierdo de cada gráfica.

3 Definición La recta $y = L$ se llama **asíntota horizontal** de la curva $y = f(x)$ si

$$\lim_{x \to \infty} f(x) = L \qquad \text{o} \qquad \lim_{x \to -\infty} f(x) = L$$

Por ejemplo, la curva que se ilustra en la figura 1 tiene a la recta $y = 1$ como asíntota horizontal porque

$$\lim_{x \to \infty} \frac{x^2 - 1}{x^2 + 1} = 1$$

Un ejemplo de una curva con dos asíntotas horizontales es $y = \tan^{-1}x$. (Véase la figura 4.)

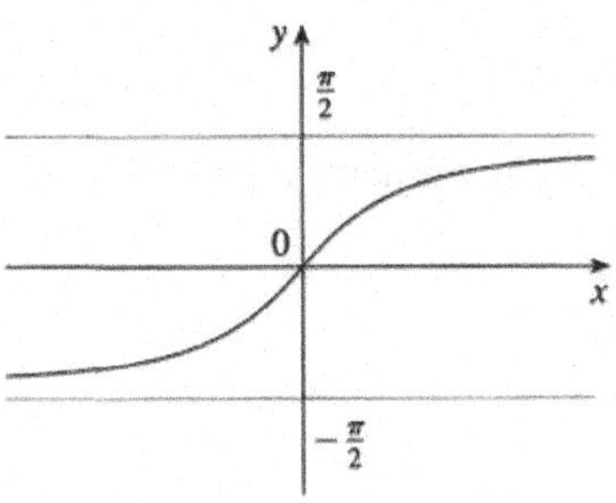

FIGURA 4
$y = \tan^{-1}x$

4
$$\lim_{x \to -\infty} \tan^{-1}x = -\frac{\pi}{2} \qquad \lim_{x \to \infty} \tan^{-1}x = \frac{\pi}{2}$$

de modo que las rectas $y = -\pi/2$ y $y = \pi/2$ son asíntotas horizontales. (Esto se sigue del hecho de que las rectas $x = \pm\pi/2$ son asíntotas verticales de la gráfica de la función tangente.)

EJEMPLO 1 Encuentre los límites infinitos, los límites en el infinito y las asíntotas para la función f cuya gráfica se muestra en la figura 5.

SOLUCIÓN Vea que los valores de $f(x)$ se vuelven grandes cuando $x \to -1$ por ambos lados, así

$$\lim_{x \to -1} f(x) = \infty$$

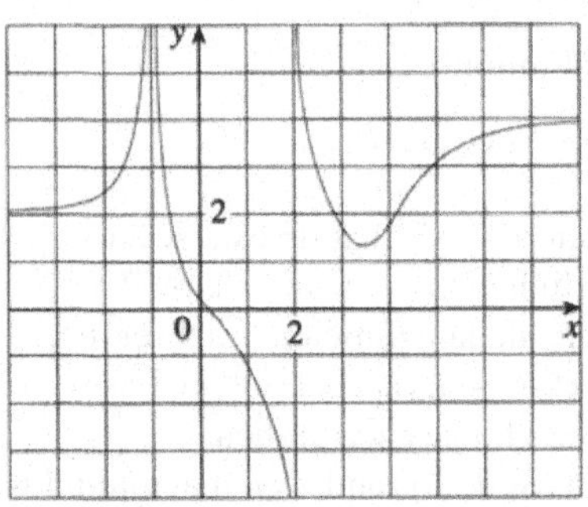

FIGURA 5

Observe que $f(x)$ se hace negativo grande en magnitud cuando x tiende a 2 por la izquierda, pero se hace grande positivo cuando x tiende a 2 por la derecha. De este modo,

$$\lim_{x \to 2^-} f(x) = -\infty \qquad \text{y} \qquad \lim_{x \to 2^+} f(x) = \infty$$

Por lo que ambas rectas $x = -1$ y $x = 2$ son asíntotas verticales.

Cuando x es muy grande, parece que $f(x)$ tiende a 4. Pero, conforme x decrece a través de valores negativos, $f(x)$ tiende a 2. Por tanto,

$$\lim_{x\to\infty} f(x) = 4 \qquad \text{y} \qquad \lim_{x\to-\infty} f(x) = 2$$

Esto significa que tanto $y = 4$ como $y = 2$ son asíntotas horizontales. ■

EJEMPLO 2 Encuentre $\lim_{x\to\infty} \dfrac{1}{x}$ y $\lim_{x\to-\infty} \dfrac{1}{x}$.

SOLUCIÓN Observe que cuando x es grande, $1/x$ es pequeño. Por ejemplo,

$$\frac{1}{100} = 0.01 \qquad \frac{1}{10\,000} = 0.0001 \qquad \frac{1}{1\,000\,000} = 0.000001$$

De hecho, si elige una x suficientemente grande, puede aproximar $1/x$ a 0 cuanto quiera. Por tanto, de acuerdo con la definición 1, se tiene

$$\lim_{x\to\infty} \frac{1}{x} = 0$$

Un razonamiento similar hace ver que cuando x es negativo grande en magnitud, $1/x$ es pequeño negativo; de este modo, también se tiene que

$$\lim_{x\to-\infty} \frac{1}{x} = 0$$

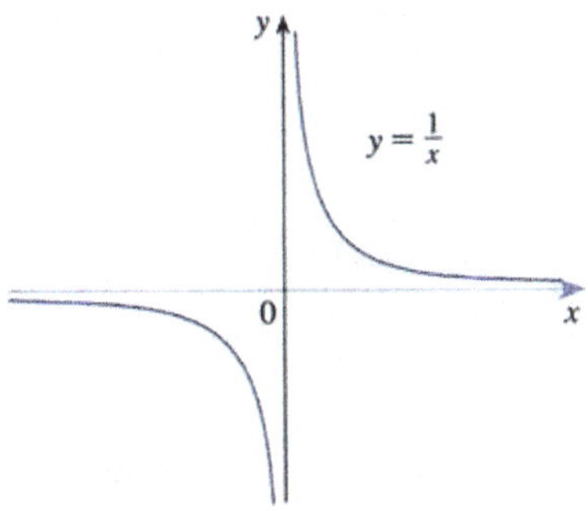

FIGURA 6

$\lim_{x\to\infty} \dfrac{1}{x} = 0, \quad \lim_{x\to-\infty} \dfrac{1}{x} = 0$

Se sigue que la recta $y = 0$ (el eje x) es una asíntota horizontal de la curva $y = 1/x$ (que es una hipérbola equilátera; véase la figura 6). ■

La mayor parte de las leyes de los límites que se dieron en la sección 2.3 también se cumplen para los límites en el infinito. Se puede demostrar que *las leyes de los límites, cuya lista se da en la sección 2.3 (con la excepción de las leyes 9 y 10), también son válidas si "$x \to a$" se reemplaza con "$x \to \infty$" o con "$x \to -\infty$"*. En particular, si combina las leyes 6 y 11 con los resultados del ejemplo 2, se obtiene la siguiente regla importante para el cálculo de límites.

> **5 Teorema** Si $r > 0$ es un número racional, entonces
>
> $$\lim_{x\to\infty} \frac{1}{x^r} = 0$$
>
> Si $r > 0$ es un número racional tal que x^r está definida para toda x, entonces
>
> $$\lim_{x\to-\infty} \frac{1}{x^r} = 0$$

EJEMPLO 3 Evalúe

$$\lim_{x\to\infty} \frac{3x^2 - x - 2}{5x^2 + 4x + 1}$$

e indique cuáles propiedades de los límites se utilizaron en cada paso.

SOLUCIÓN Cuando x es muy grande, tanto numerador como denominador son muy grandes, por lo que no es obvio qué pasa con su cociente. Necesita hacer algo de álgebra preliminar.

Para evaluar el límite en el infinito de cualquier función racional, primero divida el numerador y el denominador entre la potencia mayor de x que hay en el denominador. (Suponga que $x \neq 0$, ya que está interesado solo en valores muy grandes de x). En este caso, la mayor potencia del denominador es x^2, así se tiene

$$\lim_{x\to\infty} \frac{3x^2 - x - 2}{5x^2 + 4x + 1} = \lim_{x\to\infty} \frac{\dfrac{3x^2 - x - 2}{x^2}}{\dfrac{5x^2 + 4x + 1}{x^2}} = \lim_{x\to\infty} \frac{3 - \dfrac{1}{x} - \dfrac{2}{x^2}}{5 + \dfrac{4}{x} + \dfrac{1}{x^2}}$$

$$= \frac{\lim\limits_{x\to\infty}\left(3 - \dfrac{1}{x} - \dfrac{2}{x^2}\right)}{\lim\limits_{x\to\infty}\left(5 + \dfrac{4}{x} + \dfrac{1}{x^2}\right)} \qquad \text{(por la ley de los límites 5)}$$

$$= \frac{\lim\limits_{x\to\infty} 3 - \lim\limits_{x\to\infty} \dfrac{1}{x} - 2\lim\limits_{x\to\infty} \dfrac{1}{x^2}}{\lim\limits_{x\to\infty} 5 + 4\lim\limits_{x\to\infty} \dfrac{1}{x} + \lim\limits_{x\to\infty} \dfrac{1}{x^2}} \qquad \text{(por las leyes 1, 2 y 3)}$$

$$= \frac{3 - 0 - 0}{5 + 0 + 0} \qquad \text{(por la ley 7 y el teorema 5)}$$

$$= \frac{3}{5}$$

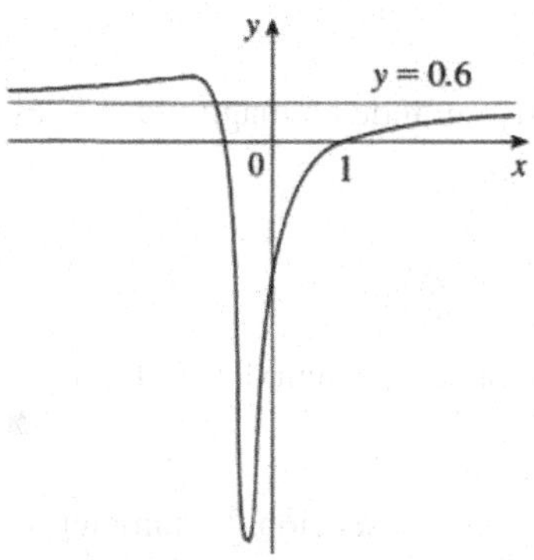

FIGURA 7

$y = \dfrac{3x^2 - x - 2}{5x^2 + 4x + 1}$

Un cálculo semejante muestra que el límite cuando $x \to -\infty$ también es $\frac{3}{5}$. En la figura 7 se ilustran los resultados de estos cálculos mostrando cómo la gráfica de la función racional dada se aproxima a la asíntota horizontal $y = \frac{3}{5} = 0.6$. ∎

EJEMPLO 4 Encuentre las asíntotas horizontales y verticales de la gráfica de la función

$$f(x) = \frac{\sqrt{2x^2 + 1}}{3x - 5}$$

SOLUCIÓN Al dividir entre x tanto el numerador como el denominador y aplicar las propiedades de los límites, se tiene

$$\lim_{x\to\infty} \frac{\sqrt{2x^2 + 1}}{3x - 5} = \lim_{x\to\infty} \frac{\dfrac{\sqrt{2x^2 + 1}}{x}}{\dfrac{3x - 5}{x}} = \lim_{x\to\infty} \frac{\sqrt{\dfrac{2x^2 + 1}{x^2}}}{\dfrac{3x - 5}{x}} \qquad (\text{ya que } \sqrt{x^2} = x \text{ para } x > 0)$$

$$= \frac{\lim\limits_{x\to\infty} \sqrt{2 + \dfrac{1}{x^2}}}{\lim\limits_{x\to\infty}\left(3 - \dfrac{5}{x}\right)} = \frac{\sqrt{\lim\limits_{x\to\infty} 2 + \lim\limits_{x\to\infty} \dfrac{1}{x^2}}}{\lim\limits_{x\to\infty} 3 - 5\lim\limits_{x\to\infty} \dfrac{1}{x}} = \frac{\sqrt{2 + 0}}{3 - 5 \cdot 0} = \frac{\sqrt{2}}{3}$$

Por tanto, la recta $y = \sqrt{2}/3$ es una asíntota horizontal de la gráfica de f.

En el cálculo del límite conforme $x \to -\infty$, se debe recordar que para $x < 0$, se tiene $\sqrt{x^2} = |x| = -x$. Por lo que cuando se divide el numerador entre x, para $x < 0$ se obtiene

$$\frac{\sqrt{2x^2+1}}{x} = \frac{\sqrt{2x^2+1}}{-\sqrt{x^2}} = -\sqrt{\frac{2x^2+1}{x^2}} = -\sqrt{2+\frac{1}{x^2}}$$

Por tanto,

$$\lim_{x\to-\infty} \frac{\sqrt{2x^2+1}}{3x-5} = \lim_{x\to-\infty} \frac{-\sqrt{2+\dfrac{1}{x^2}}}{3-\dfrac{5}{x}} = \frac{-\sqrt{2+\lim\limits_{x\to-\infty}\dfrac{1}{x^2}}}{3-5\lim\limits_{x\to-\infty}\dfrac{1}{x}} = -\frac{\sqrt{2}}{3}$$

Así la recta $y = -\sqrt{2}/3$ también es una asíntota horizontal.

Es probable que haya una asíntota vertical cuando el denominador, $3x - 5$, es 0; esto es, cuando $x = \frac{5}{3}$. Si x está cerca de $\frac{5}{3}$ y $x > \frac{5}{3}$, entonces el denominador está cerca de 0 y $3x - 5$ es positivo. El numerador $\sqrt{2x^2+1}$ es siempre positivo, por lo que $f(x)$ es positivo. Por tanto,

$$\lim_{x\to(5/3)^+} \frac{\sqrt{2x^2+1}}{3x-5} = \infty$$

(Observe que el numerador *no* tiende a 0 cuando $x \to 5/3$).

Si x está cerca de $\frac{5}{3}$, pero $x < \frac{5}{3}$, entonces $3x - 5 < 0$ y así $f(x)$ es negativo grande, por lo que,

$$\lim_{x\to(5/3)^-} \frac{\sqrt{2x^2+1}}{3x-5} = -\infty$$

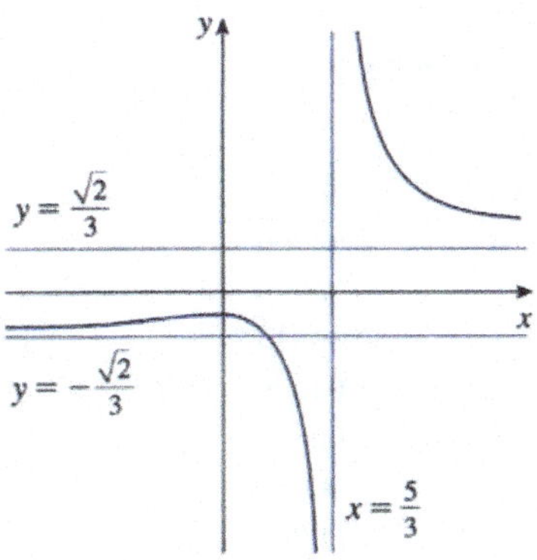

FIGURA 8

$y = \dfrac{\sqrt{2x^2+1}}{3x-5}$

La asíntota vertical es $x = \frac{5}{3}$. Las tres asíntotas se muestran en la figura 8. ■

EJEMPLO 5 Calcule $\lim\limits_{x\to\infty} (\sqrt{x^2+1} - x)$.

SOLUCIÓN Ya que tanto $\sqrt{x^2+1}$ como x son muy grandes cuando x es grande, es difícil ver qué pasa con su diferencia, por lo que utilice el álgebra para reescribir la función. Primero multiplique el numerador y el denominador por el radical conjugado:

Se puede pensar que la función dada tiene un denominador igual a 1.

$$\lim_{x\to\infty}(\sqrt{x^2+1}-x) = \lim_{x\to\infty}(\sqrt{x^2+1}-x)\cdot\frac{\sqrt{x^2+1}+x}{\sqrt{x^2+1}+x}$$

$$= \lim_{x\to\infty}\frac{(x^2+1)-x^2}{\sqrt{x^2+1}+x} = \lim_{x\to\infty}\frac{1}{\sqrt{x^2+1}+x}$$

Observe que el denominador de esta última expresión $(\sqrt{x^2+1}+x)$ resulta muy grande cuando $x \to \infty$ (más grande que x). Así

$$\lim_{x\to\infty}(\sqrt{x^2+1}-x) = \lim_{x\to\infty}\frac{1}{\sqrt{x^2+1}+x} = 0$$

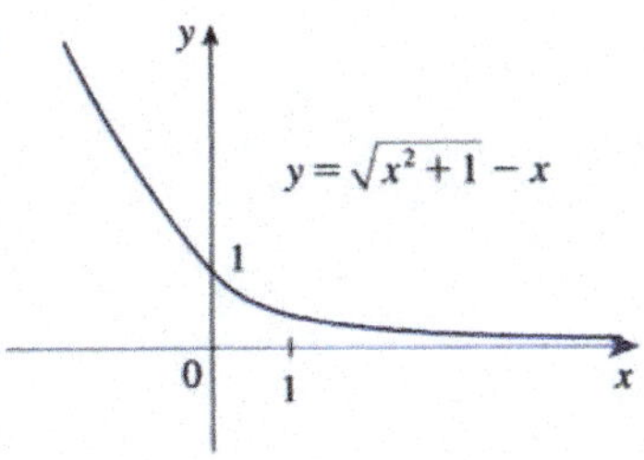

FIGURA 9

La figura 9 ilustra este resultado. ■

EJEMPLO 6 Evalúe el $\lim_{x\to 2^+} \arctan\left(\frac{1}{x-2}\right)$.

SOLUCIÓN Si $t = 1/(x-2)$, se sabe que $t \to \infty$ cuando $x \to 2^+$. Por tanto, por la segunda ecuación en 4, se tiene

$$\lim_{x\to 2^+} \arctan\left(\frac{1}{x-2}\right) = \lim_{t\to\infty} \arctan t = \frac{\pi}{2}$$ ■

La gráfica de la función exponencial natural $y = e^x$ tiene a la recta $y = 0$ (el eje x) como una asíntota horizontal. (Lo mismo es verdadero para cualquier función exponencial con base $b > 1$.) De hecho, de la gráfica en la figura 10 y la correspondiente tabla de valores, vea que

6
$$\lim_{x\to -\infty} e^x = 0$$

Observe que los valores de e^x se aproximan a 0 muy rápidamente.

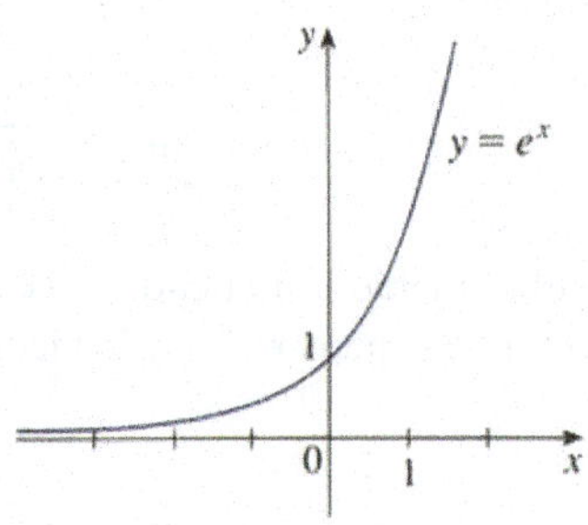

x	e^x
0	1.00000
−1	0.36788
−2	0.13534
−3	0.04979
−5	0.00674
−8	0.00034
−10	0.00005

FIGURA 10

EJEMPLO 7 Evalúe $\lim_{x\to 0^-} e^{1/x}$.

PS La estrategia de resolución de problemas para los ejemplos 6 y 7 *es Introduzca algo extra* (véase la página 71). Aquí, algo extra, la ayuda auxiliar, es la nueva variable t.

SOLUCIÓN Si se hace $t = 1/x$, se sabe que $t \to -\infty$ cuando $x \to 0^-$. Por tanto, por (6),

$$\lim_{x\to 0^-} e^{1/x} = \lim_{t\to -\infty} e^t = 0$$

(Véase el ejercicio 81.) ■

EJEMPLO 8 Evalúe $\lim_{x\to\infty} \operatorname{sen} x$.

SOLUCIÓN Conforme x crece, los valores de sen x oscilan infinitamente entre 1 y −1, por lo que no se aproximan a ningún número definido. En consecuencia, $\lim_{x\to\infty} \operatorname{sen} x$ no existe. ■

■ Límites infinitos en el infinito

La notación

$$\lim_{x\to\infty} f(x) = \infty$$

se utiliza para indicar que los valores de $f(x)$ se hacen más grandes cuando x se hace muy grande.

Un significado similar está asociado con los símbolos siguientes:

$$\lim_{x \to -\infty} f(x) = \infty \qquad \lim_{x \to \infty} f(x) = -\infty \qquad \lim_{x \to -\infty} f(x) = -\infty$$

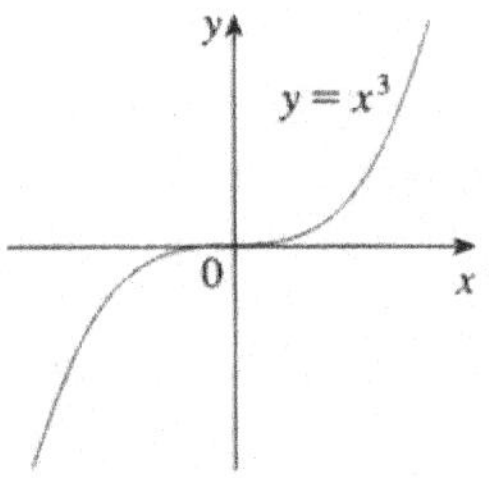

FIGURA 11
$\lim_{x \to \infty} x^3 = \infty$, $\lim_{x \to -\infty} x^3 = -\infty$

EJEMPLO 9 Encuentre $\lim_{x \to \infty} x^3$ y $\lim_{x \to -\infty} x^3$.

SOLUCIÓN Cuando x se hace grande, x^3 también se hace grande. Por ejemplo,

$$10^3 = 1000 \qquad 100^3 = 1\,000\,000 \qquad 1000^3 = 1\,000\,000\,000$$

De hecho, se puede hacer x^3 tan grande como quiera tomando x suficientemente grande. Por esta razón, se puede escribir

$$\lim_{x \to \infty} x^3 = \infty$$

Del mismo modo, cuando x es muy grande negativo, también lo es x^3. Por lo que

$$\lim_{x \to -\infty} x^3 = -\infty$$

Estos límites establecidos también se pueden ver en la gráfica de $y = x^3$ en la figura 11. ■

En la figura 10 vea que

$$\lim_{x \to \infty} e^x = \infty$$

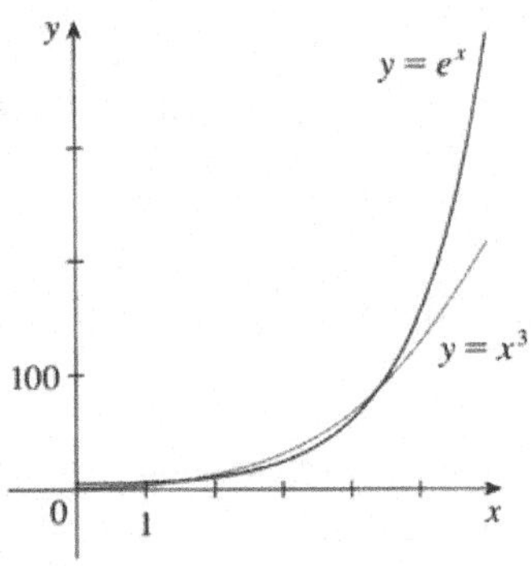

FIGURA 12
e^x es mucho más grande que x^3 cuando x es muy grande.

pero como se observa en la figura 12, $y = e^x$ se hace más grande cuando $x \to \infty$, con mucha mayor rapidez que $y = x^3$.

EJEMPLO 10 Encuentre $\lim_{x \to \infty} (x^2 - x)$.

SOLUCIÓN Sería un **error** escribir

$$\lim_{x \to \infty} (x^2 - x) = \lim_{x \to \infty} x^2 - \lim_{x \to \infty} x = \infty - \infty$$

Las leyes de los límites no pueden aplicarse a límites infinitos porque ∞ no es un número ($\infty - \infty$ no se puede definir). Sin embargo, *se puede* escribir

$$\lim_{x \to \infty} (x^2 - x) = \lim_{x \to \infty} x(x - 1) = \infty$$

debido a que tanto x como $x - 1$ se hacen arbitrariamente grandes y, por tanto, también su producto. ■

EJEMPLO 11 Encuentre $\lim_{x \to \infty} \dfrac{x^2 + x}{3 - x}$.

SOLUCIÓN Como en el ejemplo 3, se dividió el numerador y el denominador entre la mayor potencia de x en el denominador, que es justamente x:

$$\lim_{x \to \infty} \frac{x^2 + x}{3 - x} = \lim_{x \to \infty} \frac{x + 1}{\dfrac{3}{x} - 1} = -\infty$$

ya que $x + 1 \to \infty$ y $3/x - 1 \to 0 - 1 = -1$ conforme $x \to \infty$. ■

El siguiente ejemplo muestra que, utilizando límites infinitos al infinito, además de las intersecciones, se puede tener una idea general de la gráfica de una función polinomial sin tener que disponer de un gran número de puntos.

EJEMPLO 12 Trace la gráfica de $y = (x-2)^4(x+1)^3(x-1)$ utilizando sus intersecciones y sus límites cuando $x \to \infty$ y cuando $x \to -\infty$.

SOLUCIÓN La intersección con el eje y es $f(0) = (-2)^4(1)^3(-1) = -16$ y las intersecciones con el eje x, $x = 2, -1, 1$ se encuentran haciendo $y = 0$. Observe que puesto que $(x-2)^4$ es positivo, la función no cambia de signo en 2; por lo que la gráfica no cruza el eje x en 2. La gráfica interseca el eje x en -1 y 1.

Cuando x es un número positivo muy grande, todos los factores son muy grandes, así que

$$\lim_{x \to \infty} (x-2)^4(x+1)^3(x-1) = \infty$$

Cuando x es un número negativo muy grande, el primero de los factores es un número positivo muy grande y los factores segundo y tercero son negativos muy grandes, por lo que

$$\lim_{x \to -\infty} (x-2)^4(x+1)^3(x-1) = \infty$$

Combinando esta información, se obtiene el trazo de la gráfica de la figura 13. ■

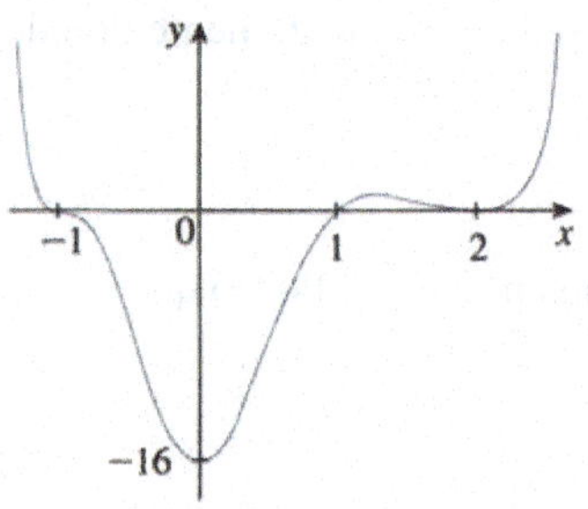

FIGURA 13
$y = (x-2)^4(x+1)^3(x-1)$

Definición precisa

La definición 1 se puede establecer de manera precisa como sigue.

> **7 Definición precisa de un límite al infinito** Sea f una función definida sobre algún intervalo (a, ∞). Entonces
>
> $$\lim_{x \to \infty} f(x) = L$$
>
> significa que para toda $\varepsilon > 0$ existe un correspondiente número N tal que
>
> $$\text{si} \quad x > N \quad \text{entonces} \quad |f(x) - L| < \varepsilon$$

En palabras, esto indica que los valores de $f(x)$ se pueden acercar arbitrariamente a L (dentro de una distancia ε, donde ε es cualquier número positivo) tomando x suficientemente grande (más grande que N, donde N depende de ε). Gráficamente, esto dice que eligiendo x suficientemente grande (más grande que algún número N) se puede hacer que la gráfica de f esté atrapada entre las rectas horizontales dadas $y = L - \varepsilon$ y $y = L + \varepsilon$ como en la figura 14. Esto debe ser verdadero sin importar qué tan pequeño elija ε.

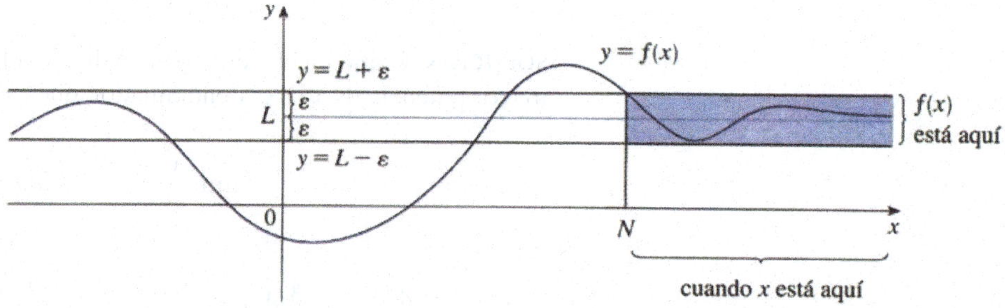

FIGURA 14
$\lim_{x \to \infty} f(x) = L$

La figura 15 muestra que si elige un valor de ε muy pequeño, entonces se puede necesitar un valor de N muy grande.

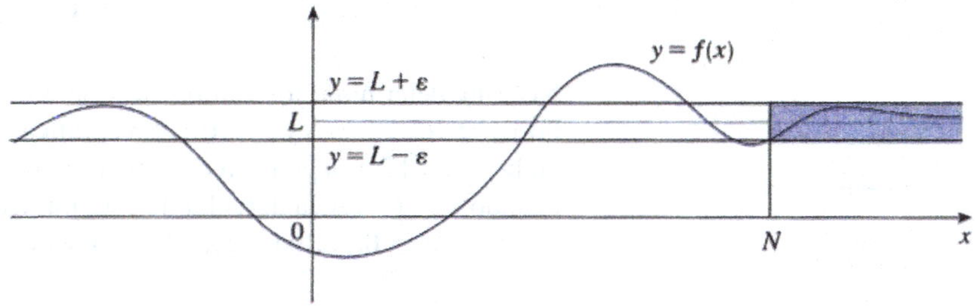

FIGURA 15
$\lim_{x\to\infty} f(x) = L$

Del mismo modo, una versión precisa de la definición 2 está dada por la definición 8, que se ilustra en la figura 16.

8 Definición Sea f una función definida sobre algún intervalo $(-\infty, a)$. Entonces

$$\lim_{x\to-\infty} f(x) = L$$

significa que para todo $\varepsilon > 0$ existe un correspondiente número N tal que

$$\text{si} \quad x < N \quad \text{entonces} \quad |f(x) - L| < \varepsilon$$

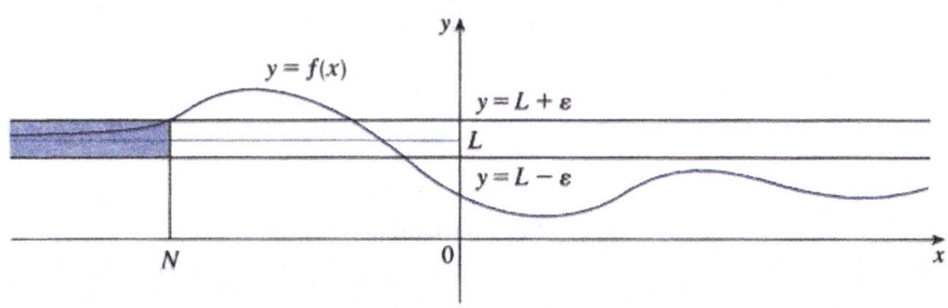

FIGURA 16
$\lim_{x\to-\infty} f(x) = L$

En el ejemplo 3 se calculó que el

$$\lim_{x\to\infty} \frac{3x^2 - x - 2}{5x^2 + 4x + 1} = \frac{3}{5}$$

En el siguiente ejemplo utilice una calculadora o computadora para relacionar este enunciado con la definición 7, con $L = \frac{3}{5} = 0.6$ y $\varepsilon = 0.1$.

TEC En Module 2.4/2.6 puede explorar la definición precisa de límite de manera gráfica o numérica.

EJEMPLO 13 Utilice una gráfica para encontrar un número N tal que

$$\text{si} \quad x > N \quad \text{entonces} \quad \left| \frac{3x^2 - x - 2}{5x^2 + 4x + 1} - 0.6 \right| < 0.1$$

SOLUCIÓN Se reescribe la desigualdad dada como

$$0.5 < \frac{3x^2 - x - 2}{5x^2 + 4x + 1} < 0.7$$

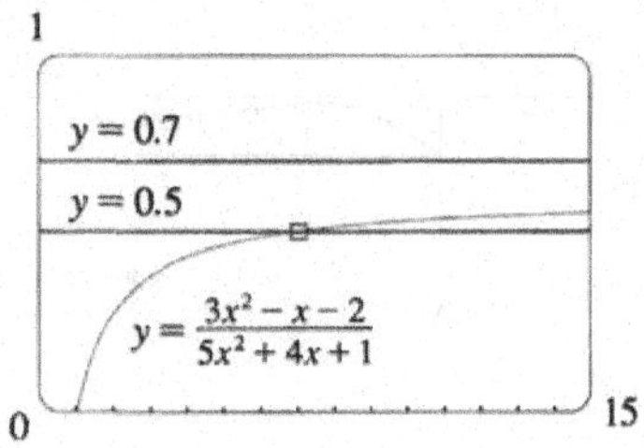

FIGURA 17

Necesita determinar los valores de x para los cuales la curva dada está entre las rectas horizontales $y = 0.5$ y $y = 0.7$. Las gráficas de la curva y de estas rectas se muestran en la figura 17. Luego utilice el cursor para calcular que la curva cruza la recta $y = 0.5$ cuando $x \approx 6.7$. A la derecha de este número parece que la curva está entre las rectas $y = 0.5$ y $y = 0.7$. Redondeando, se puede decir que

$$\text{si} \quad x > 7 \quad \text{entonces} \quad \left| \frac{3x^2 - x - 2}{5x^2 + 4x + 1} - 0.6 \right| < 0.1$$

En otras palabras, para $\varepsilon = 0.1$ se puede elegir $N = 7$ (o cualquier otro número mayor) en la definición 7. ■

EJEMPLO 14 Utilice la definición 7 para demostrar que $\lim_{x \to \infty} \frac{1}{x} = 0$.

SOLUCIÓN Dado $\varepsilon > 0$, se quiere encontrar N tal que

$$\text{si} \quad x > N \quad \text{entonces} \quad \left| \frac{1}{x} - 0 \right| < \varepsilon$$

Al calcular el límite se puede suponer que $x > 0$. Entonces $1/x < \varepsilon \Longleftrightarrow x > 1/\varepsilon$. Sea $N = 1/\varepsilon$. Por lo que

$$\text{si} \quad x > N = \frac{1}{\varepsilon} \quad \text{entonces} \quad \left| \frac{1}{x} - 0 \right| = \frac{1}{x} < \varepsilon$$

Por tanto, de la definición 7

$$\lim_{x \to \infty} \frac{1}{x} = 0$$

La figura 18 ilustra la demostración mostrando algunos valores de ε y los correspondientes valores de N.

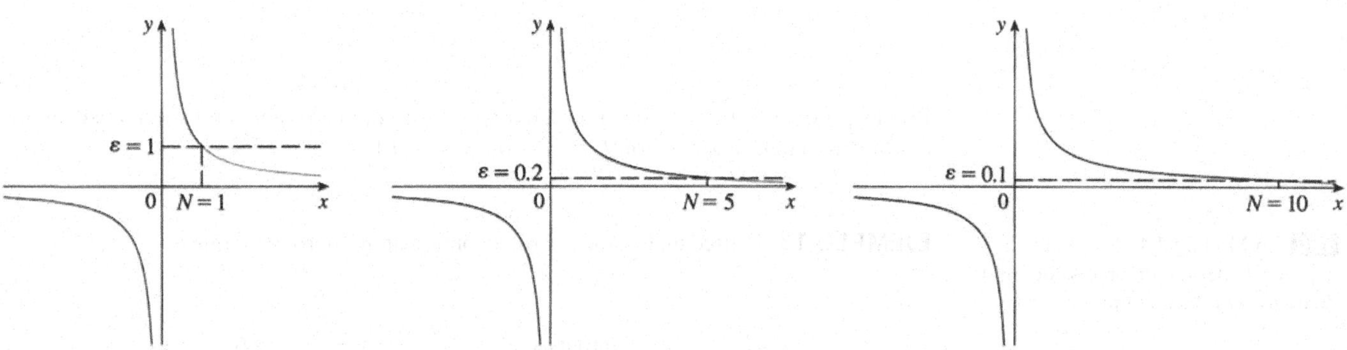

FIGURA 18

■

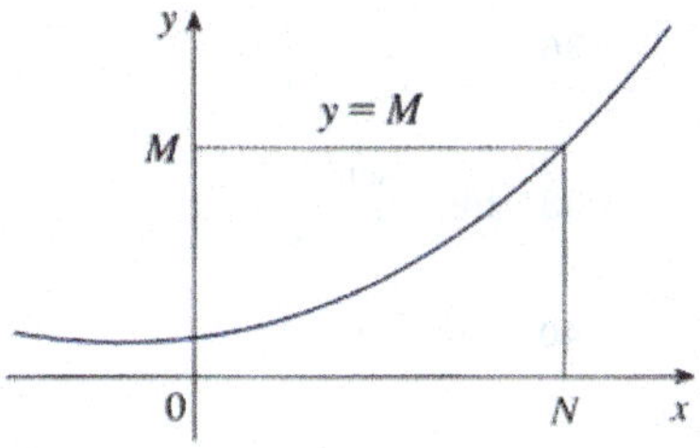

FIGURA 19
$\lim_{x \to \infty} f(x) = \infty$

Por último, observe que un límite infinito al infinito puede definirse como sigue. En la figura 19 se muestra una ilustración geométrica.

9 Definición de un límite infinito al infinito Sea f una función definida sobre algún intervalo (a, ∞). Entonces

$$\lim_{x \to \infty} f(x) = \infty$$

significa que para todo número positivo M existe un correspondiente número positivo N tal que

$$\text{si} \quad x > N \qquad \text{entonces} \qquad f(x) > M$$

Definiciones similares se aplican cuando el símbolo ∞ se reemplaza por $-\infty$. (Véase el ejercicio 80.)

2.6 EJERCICIOS

1. Explique con sus propias palabras el significado de cada uno de los límites siguientes
   (a) $\lim_{x \to \infty} f(x) = 5$ (b) $\lim_{x \to -\infty} f(x) = 3$

2. (a) ¿Puede la gráfica de $y = f(x)$ intersecar una asíntota vertical? ¿Puede intersecar una asíntota horizontal? Ilustre trazando gráficas.
   (b) ¿Cuántas asíntotas horizontales puede tener la gráfica de $y = f(x)$? Trace gráficas que muestren las posibilidades.

3. Para la función f cuya gráfica está dada, determine lo siguiente:
   (a) $\lim_{x \to \infty} f(x)$ (b) $\lim_{x \to -\infty} f(x)$
   (c) $\lim_{x \to 1} f(x)$ (d) $\lim_{x \to 3} f(x)$
   (e) Las ecuaciones de las asíntotas

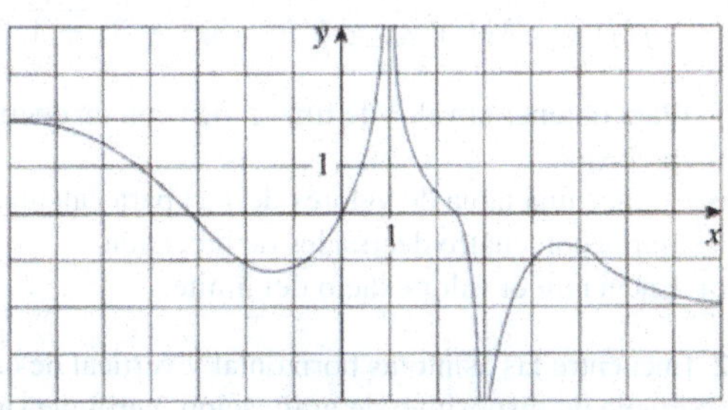

4. Para la función g cuya gráfica está dada, determine lo siguiente.
   (a) $\lim_{x \to \infty} g(x)$ (b) $\lim_{x \to -\infty} g(x)$
   (c) $\lim_{x \to 3} g(x)$ (d) $\lim_{x \to 0} g(x)$
   (e) $\lim_{x \to -2^+} g(x)$ (f) Las ecuaciones de las asíntotas

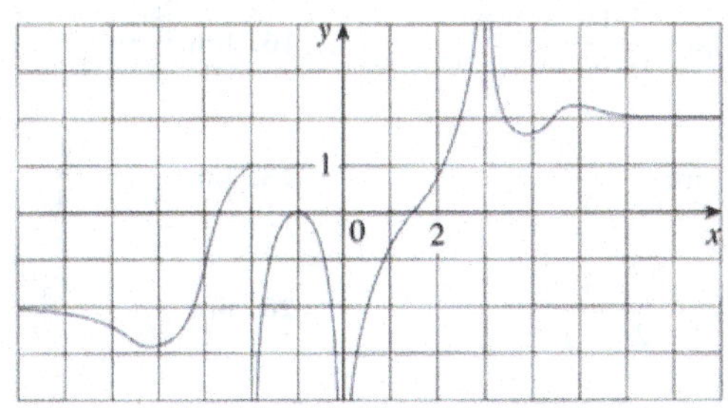

5–10 Trace la gráfica de un ejemplo de una función f que satisfaga todas las condiciones dadas.

5. $\lim_{x \to 0} f(x) = -\infty$, $\lim_{x \to -\infty} f(x) = 5$, $\lim_{x \to \infty} f(x) = -5$

6. $\lim_{x \to 2} f(x) = \infty$, $\lim_{x \to -2^+} f(x) = \infty$, $\lim_{x \to -2^-} f(x) = -\infty$,
   $\lim_{x \to -\infty} f(x) = 0$, $\lim_{x \to \infty} f(x) = 0$, $f(0) = 0$

7. $\lim_{x \to 2} f(x) = -\infty$, $\lim_{x \to \infty} f(x) = \infty$, $\lim_{x \to -\infty} f(x) = 0$,
   $\lim_{x \to 0^+} f(x) = \infty$, $\lim_{x \to 0^-} f(x) = -\infty$

8. $\lim_{x \to \infty} f(x) = 3$, $\lim_{x \to 2^-} f(x) = \infty$, $\lim_{x \to 2^+} f(x) = -\infty$, f es impar

9. $f(0) = 3$, $\lim_{x \to 0^-} f(x) = 4$, $\lim_{x \to 0^+} f(x) = 2$,
   $\lim_{x \to -\infty} f(x) = -\infty$, $\lim_{x \to 4^-} f(x) = -\infty$, $\lim_{x \to 4^+} f(x) = \infty$,
   $\lim_{x \to \infty} f(x) = 3$

10. $\lim_{x \to 3} f(x) = -\infty$, $\lim_{x \to \infty} f(x) = 2$, $f(0) = 0$, f es par

11. Conjeture el valor del límite

$$\lim_{x\to\infty} \frac{x^2}{2^x}$$

evaluando la función $f(x) = x^2/2^x$ para $x = 0, 1, 2, 3, 4, 5, 6, 7, 8, 9, 10, 20, 50$ y 100. Después, utilice una gráfica de f para respaldar su conjetura.

12. (a) Utilice la gráfica de

$$f(x) = \left(1 - \frac{2}{x}\right)^x$$

para calcular el valor de $\lim_{x\to\infty} f(x)$ con una aproximación de dos cifras decimales.

(b) Utilice una tabla de valores de $f(x)$ para calcular el límite con cuatro cifras decimales.

13–14 Evalúe el límite y justifique cada paso indicando las propiedades adecuadas de los límites.

13. $\lim_{x\to\infty} \dfrac{2x^2 - 7}{5x^2 + x - 3}$

14. $\lim_{x\to\infty} \sqrt{\dfrac{9x^3 + 8x - 4}{3 - 5x + x^3}}$

15–42 Encuentre el límite o demuestre que no existe.

15. $\lim_{x\to\infty} \dfrac{1}{2x + 3}$

16. $\lim_{x\to\infty} \dfrac{3x + 5}{x - 4}$

17. $\lim_{x\to-\infty} \dfrac{1 - x - x^2}{2x^2 - 7}$

18. $\lim_{y\to\infty} \dfrac{2 - 3y^2}{5y^2 + 4y}$

19. $\lim_{t\to\infty} \dfrac{\sqrt{t} + t^2}{2t - t^2}$

20. $\lim_{t\to\infty} \dfrac{t - t\sqrt{t}}{2t^{3/2} + 3t - 5}$

21. $\lim_{x\to\infty} \dfrac{\sqrt{9x^6 - x}}{x^3 + 1}$

22. $\lim_{x\to-\infty} \dfrac{\sqrt{9x^6 - x}}{x^3 + 1}$

23. $\lim_{x\to\infty} \dfrac{\sqrt{1 + 4x^6}}{2 - x^3}$

24. $\lim_{x\to-\infty} \dfrac{\sqrt{1 + 4x^6}}{2 - x^3}$

25. $\lim_{x\to\infty} \dfrac{\sqrt{x + 3x^2}}{4x - 1}$

26. $\lim_{x\to\infty} \dfrac{x + 3x^2}{4x - 1}$

27. $\lim_{x\to\infty} \left(\sqrt{9x^2 + x} - 3x\right)$

28. $\lim_{x\to-\infty} \left(\sqrt{4x^2 + 3x} + 2x\right)$

29. $\lim_{x\to\infty} \left(\sqrt{x^2 + ax} - \sqrt{x^2 + bx}\right)$

30. $\lim_{x\to-\infty} \left(x + \sqrt{x^2 + 2x}\right)$

31. $\lim_{x\to\infty} \dfrac{x^4 - 3x^2 + x}{x^3 - x + 2}$

32. $\lim_{x\to\infty} (e^{-x} + 2\cos 3x)$

33. $\lim_{x\to-\infty} (x^2 + 2x^7)$

34. $\lim_{x\to-\infty} \dfrac{1 + x^6}{x^4 + 1}$

35. $\lim_{x\to\infty} \arctan(e^x)$

36. $\lim_{x\to\infty} \dfrac{e^{3x} - e^{-3x}}{e^{3x} + e^{-3x}}$

37. $\lim_{x\to\infty} \dfrac{1 - e^x}{1 + 2e^x}$

38. $\lim_{x\to\infty} \dfrac{\operatorname{sen}^2 x}{x^2 + 1}$

39. $\lim_{x\to\infty} (e^{-2x}\cos x)$

40. $\lim_{x\to 0^+} \tan^{-1}(\ln x)$

41. $\lim_{x\to\infty} [\ln(1 + x^2) - \ln(1 + x)]$

42. $\lim_{x\to\infty} [\ln(2 + x) - \ln(1 + x)]$

43. (a) Para $f(x) = \dfrac{x}{\ln x}$ determine cada uno de los límites siguientes.

(i) $\lim_{x\to 0^+} f(x)$ (ii) $\lim_{x\to 1^-} f(x)$ (iii) $\lim_{x\to 1^+} f(x)$

(b) Utilice una tabla de valores para calcular $\lim_{x\to\infty} f(x)$.

(c) Utilice la información de los incisos (a) y (b) para hacer un trazo de la gráfica de f.

44. Para $f(x) = \dfrac{2}{x} - \dfrac{1}{\ln x}$ determine cada uno de los límites siguientes.

(a) $\lim_{x\to\infty} f(x)$ (b) $\lim_{x\to 0^+} f(x)$

(c) $\lim_{x\to 1^-} f(x)$ (d) $\lim_{x\to 1^+} f(x)$

(e) Utilice la información de los incisos (a)-(d) para hacer un trazo de la gráfica de f.

45. (a) Estime el valor de

$$\lim_{x\to-\infty} \left(\sqrt{x^2 + x + 1} + x\right)$$

al trazar la gráfica de $f(x) = \sqrt{x^2 + x + 1} + x$.

(b) Use una tabla de valores de $f(x)$ para inferir el valor del límite.

(c) Demuestre que su estimación es correcta.

46. (a) Utilice una gráfica de

$$f(x) = \sqrt{3x^2 + 8x + 6} - \sqrt{3x^2 + 3x + 1}$$

Para obtener el valor de $\lim_{x\to\infty} f(x)$ con un decimal de precisión.

(b) Utilice una tabla de valores de $f(x)$ para calcular el límite con cuatro decimales de precisión.

(c) Encuentre el valor exacto del límite.

47–52 Encuentre las asíntotas horizontal y vertical de cada curva. Si tiene un dispositivo de graficación, verifique su trabajo al trazar la gráfica de la curva y determinando las asíntotas.

47. $y = \dfrac{5 + 4x}{x + 3}$

48. $y = \dfrac{2x^2 + 1}{3x^2 + 2x - 1}$

49. $y = \dfrac{2x^2 + x - 1}{x^2 + x - 2}$

50. $y = \dfrac{1 + x^4}{x^2 - x^4}$

51. $y = \dfrac{x^3 - x}{x^2 - 6x + 5}$

52. $y = \dfrac{2e^x}{e^x - 5}$

53. Calcule la asíntota horizontal de la función

$$f(x) = \frac{3x^3 + 500x^2}{x^3 + 500x^2 + 100x + 2000}$$

al hacer gráfica de f para $-10 \leqslant x \leqslant 10$. Después obtenga la ecuación de la asíntota evaluando el límite. ¿Cómo explica la discrepancia?

54. (a) Trace la gráfica de la función

$$f(x) = \frac{\sqrt{2x^2 + 1}}{3x - 5}$$

¿Cuántas asíntotas horizontales y verticales observa? Utilice la gráfica para estimar el valor de los límites

$$\lim_{x \to \infty} \frac{\sqrt{2x^2 + 1}}{3x - 5} \quad \text{y} \quad \lim_{x \to -\infty} \frac{\sqrt{2x^2 + 1}}{3x - 5}$$

(b) Calcule algunos valores de $f(x)$ y proporcione estimaciones numéricas de los límites del inciso (a).

(c) Calcule los valores exactos de los límites en el inciso (a). ¿Obtiene el mismo valor o valores diferentes de esos dos límites? [De acuerdo con su respuesta al inciso (a), tendrá que verificar su cálculo para el segundo límite.]

55. Sea P y Q polinomios. Determine

$$\lim_{x \to \infty} \frac{P(x)}{Q(x)}$$

si el grado de P es (a) menor que el grado de Q y (b) mayor que el grado de Q.

56. Realice un trazo de la curva $y = x^n$ (n un entero) para los cinco casos siguientes:

(i) $n = 0$ (ii) $n > 0$, n impar
(iii) $n > 0$, n par (iv) $n < 0$, n impar
(v) $n < 0$, n par

Luego use estos trazos para encontrar los límites siguientes.

(a) $\lim_{x \to 0^+} x^n$ (b) $\lim_{x \to 0^-} x^n$
(c) $\lim_{x \to \infty} x^n$ (d) $\lim_{x \to -\infty} x^n$

57. Encuentre una fórmula para una función f que satisfaga las condiciones siguientes:

$$\lim_{x \to \pm\infty} f(x) = 0, \quad \lim_{x \to 0} f(x) = -\infty, \quad f(2) = 0,$$
$$\lim_{x \to 3^-} f(x) = \infty, \quad \lim_{x \to 3^+} f(x) = -\infty$$

58. Determine una fórmula para una función que tiene asíntotas verticales $x = 1$ y $x = 3$ y asíntota horizontal $y = 1$.

59. Una función f es un cociente de funciones cuadráticas y tiene una asíntota vertical $x = 4$ y una intersección con el eje x en $x = 1$. Se sabe que f tiene una discontinuidad removible en $x = -1$ y $\lim_{x \to -1} f(x) = 2$. Evalúe

(a) $f(0)$ (b) $\lim_{x \to \infty} f(x)$

60–64 Determine los límites cuando $x \to \infty$ y cuando $x \to -\infty$. Utilice esta información junto con las intersecciones para trazar la gráfica como en el ejemplo 12.

60. $y = 2x^3 - x^4$

61. $y = x^4 - x^6$

62. $y = x^3(x + 2)^2(x - 1)$

63. $y = (3 - x)(1 + x)^2(1 - x)^4$

64. $y = x^2(x^2 - 1)^2(x + 2)$

65. (a) Utilice el teorema de la compresión para evaluar $\lim_{x \to \infty} \dfrac{\operatorname{sen} x}{x}$.

(b) Trace la gráfica de $f(x) = (\operatorname{sen} x)/x$. ¿Cuántas veces cruza la gráfica la asíntota?

66. Por el *comportamiento en los extremos* de una función se entiende una descripción de lo que sucede con sus valores $x \to \infty$ y cuando $x \to -\infty$.

(a) Describa y compare el *comportamiento en los extremos* de las funciones

$$P(x) = 3x^5 - 5x^3 + 2x \qquad Q(x) = 3x^5$$

al trazar la gráfica de las dos funciones en los rectángulos de vista $[-2, 2]$ por $[-2, 2]$ y $[-10, 10]$ por $[-10\,000, 10\,000]$.

(b) Se dice que dos funciones tienen el *mismo comportamiento en los extremos* si su cociente tiende a 1 cuando $x \to \infty$. Demuestre que P y Q tienen el mismo comportamiento final en los extremos.

67. Determine $\lim_{x \to \infty} f(x)$ si, para toda $x > 1$,

$$\frac{10e^x - 21}{2e^x} < f(x) < \frac{5\sqrt{x}}{\sqrt{x - 1}}$$

68. (a) Un depósito contiene 5000 l de agua pura. Se bombea salmuera que contiene 30 g de sal por litro de agua al depósito a una rapidez de 25 l/min. Demuestre que la concentración de sal t minutos después (en gramos por litro) es

$$C(t) = \frac{30t}{200 + t}$$

(b) ¿Qué sucede con la concentración cuando $x \to \infty$?

69. En el capítulo 9 se demostrará que, bajo ciertas hipótesis, la velocidad $v(t)$ de una gota de lluvia que cae, en el instante t, es

$$v(t) = v^*(1 - e^{-gt/v^*})$$

donde g es la aceleración debida a la gravedad y v^* es la *velocidad terminal* de la gota de lluvia.

(a) Encuentre $\lim_{t \to \infty} v(t)$.

(b) Trace la gráfica de $v(t)$ si $v^* = 1$ m/s y $g = 9.8$ m/s². ¿Cuánto tiempo transcurre para que la velocidad de la gota de agua alcance 99% de su velocidad terminal?

70. (a) Al trazar la gráfica de $y = e^{-x/10}$ y $y = 0.1$ en una pantalla común, descubra cuánto tiene que aumentar x de modo que $e^{-x/10} < 0.1$.
(b) ¿Puede resolver el inciso (a) sin un dispositivo de graficación?

71. Utilice una gráfica para determinar un número N tal que

$$\text{si} \quad x > N \quad \text{entonces} \quad \left| \frac{3x^2 + 1}{2x^2 + x + 1} - 1.5 \right| < 0.05$$

72. Para el límite

$$\lim_{x \to \infty} \frac{1 - 3x}{\sqrt{x^2 + 1}} = -3$$

ilustre la definición 7 mediante la determinación de valores de N que correspondan a $\varepsilon = 0.1$ y $\varepsilon = 0.05$.

73. Para el límite

$$\lim_{x \to -\infty} \frac{1 - 3x}{\sqrt{x^2 + 1}} = 3$$

ilustre la definición 8 mediante la determinación de valores de N que correspondan a $\varepsilon = 0.1$ y $\varepsilon = 0.05$.

74. Para el límite

$$\lim_{x \to \infty} \sqrt{x \ln x} = \infty$$

ilustre la definición 9 mediante la determinación de un valor de N que corresponda a $M = 100$.

75. (a) ¿Qué tan grande se tiene que hacer x para que $1/x^2 < 0.0001$?
(b) Tomando $r = 2$ en el teorema 5, se tiene el enunciado

$$\lim_{x \to \infty} \frac{1}{x^2} = 0$$

Demuéstrelo directamente utilizando la definición 7.

76. (a) ¿Qué tan grande se debe tomar x de manera que $1/\sqrt{x} < 0.0001$?
(b) Tomando $r = \frac{1}{2}$ en el teorema 5, se tiene el enunciado

$$\lim_{x \to \infty} \frac{1}{\sqrt{x}} = 0$$

Demuéstrelo directamente utilizando la definición 7.

77. Utilice la definición 8 para demostrar que $\lim_{x \to -\infty} \frac{1}{x} = 0$.

78. Demuestre, utilizando la definición 9, que $\lim_{x \to \infty} x^3 = \infty$.

79. Utilice la definición 9 para demostrar que $\lim_{x \to \infty} e^x = \infty$.

80. Formule una definición precisa de

$$\lim_{x \to -\infty} f(x) = -\infty$$

Luego utilice su definición para demostrar que

$$\lim_{x \to -\infty} (1 + x^3) = -\infty$$

81. (a) Demuestre que

$$\lim_{x \to \infty} f(x) = \lim_{t \to 0^+} f(1/t)$$

y

$$\lim_{x \to -\infty} f(x) = \lim_{t \to 0^-} f(1/t)$$

si estos límites existen.
(b) Utilice el inciso (a) y el ejercicio 65 para encontrar

$$\lim_{x \to 0^+} x \operatorname{sen} \frac{1}{x}$$

2.7 Derivadas y razones de cambio

El problema de encontrar la recta tangente a una curva y el problema de encontrar la velocidad de un objeto implican encontrar el mismo tipo de límite, como se vio en la sección 2.1. Este tipo especial de límite se denomina *derivada* y se puede interpretar como una razón de cambio en las ciencias naturales o sociales y en ingeniería.

Tangentes

Si una curva C tiene la ecuación $y = f(x)$ y uno quiere encontrar la recta tangente a C en el punto $P(a, f(a))$, entonces considere un punto cercano $Q(x, f(x))$, donde $x \neq a$, y calcule la pendiente de la recta secante PQ:

$$m_{PQ} = \frac{f(x) - f(a)}{x - a}$$

Luego, acerque Q a P a lo largo de la curva C, haciendo que x tienda a a. Si m_{PQ} tiende a un número m, entonces se define la *tangente* t como la recta que pasa por P con pendiente m.

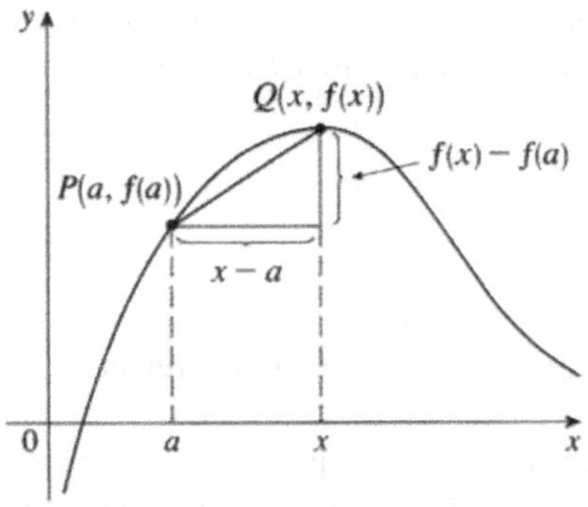

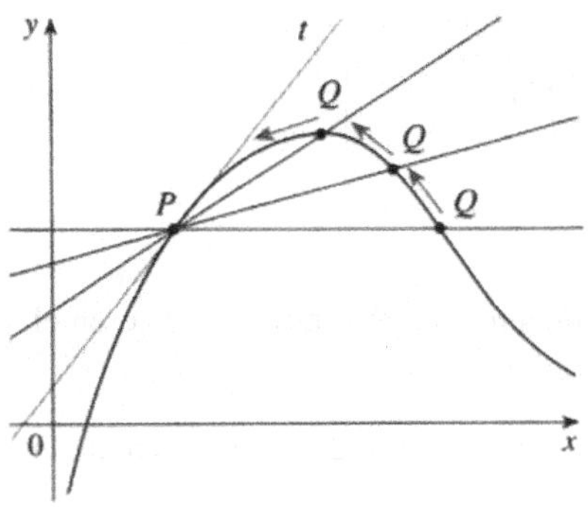

FIGURA 1

(Esto equivale a decir que la recta tangente es la posición límite de la recta secante PQ cuando Q tiende a P. Véase la figura 1.)

1 Definición La **recta tangente** a la curva $y = f(x)$ en el punto $P(a, f(a))$ es la recta que pasa por P con pendiente

$$m = \lim_{x \to a} \frac{f(x) - f(a)}{x - a}$$

siempre que este límite exista.

En nuestro primer ejemplo, se confirma la suposición que se hizo en el ejemplo 2.1.1.

EJEMPLO 1 Encuentre la ecuación de la recta tangente a la parábola $y = x^2$ en el punto $P(1,1)$.

SOLUCIÓN En este caso, $a = 1$ y $f(x) = x^2$, de modo que la pendiente es

$$m = \lim_{x \to 1} \frac{f(x) - f(1)}{x - 1} = \lim_{x \to 1} \frac{x^2 - 1}{x - 1}$$

$$= \lim_{x \to 1} \frac{(x - 1)(x + 1)}{x - 1}$$

$$= \lim_{x \to 1} (x + 1) = 1 + 1 = 2$$

Forma punto-pendiente para una recta que pasa por el punto (x_1, y_1) con pendiente m:

$$y - y_1 = m(x - x_1)$$

Con la forma punto-pendiente de la ecuación de la recta, se encuentra que la ecuación de la recta tangente en $(1, 1)$ es

$$y - 1 = 2(x - 1) \qquad \text{o} \qquad y = 2x - 1$$ ■

TEC Visual 2.7 muestra una animación de la figura 2.

A veces se hace referencia a la pendiente de la recta tangente a una curva en un punto como **la pendiente de la curva** en el punto. La idea es que, si uno se acerca lo suficiente al punto, la curva parece una línea recta. En la figura 2 se ilustra este procedimiento para la curva $y = x^2$ del ejemplo 1. Cuanto más se acerque uno, tanto más la parábola se parece a una recta. En otras palabras, la curva casi se vuelve indistinguible de su recta tangente.

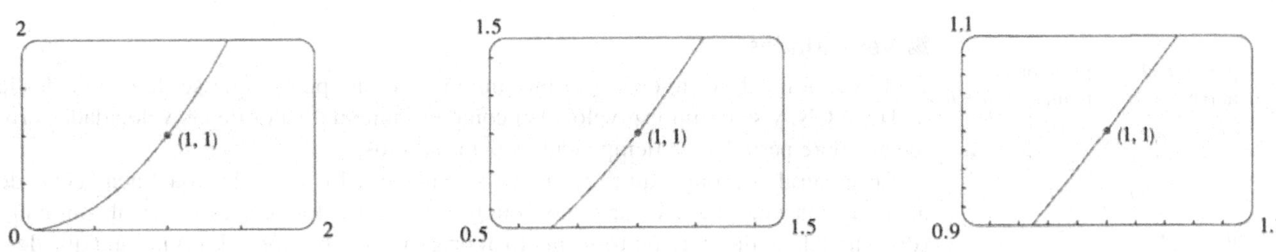

FIGURA 2 Acercamiento hacia el punto (1, 1) de la parábola $y = x^2$

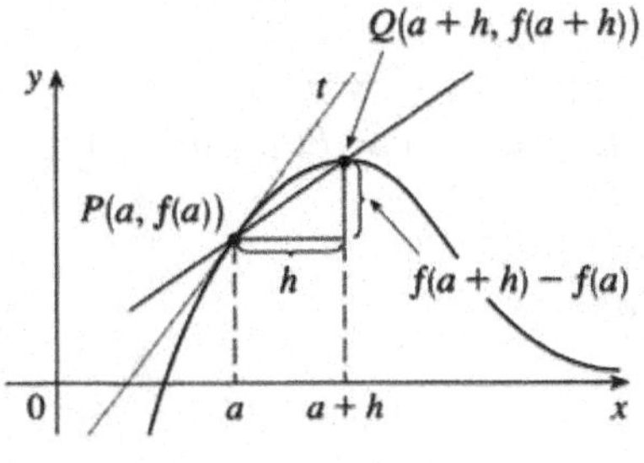

FIGURA 3

Existe otra expresión para la pendiente de la recta tangente que a veces es más fácil de usar. Si $h = x - a$, en este caso $x = a + h$, entonces la pendiente de la recta secante PQ es

$$m_{PQ} = \frac{f(a + h) - f(a)}{h}$$

(Véase la figura 3, donde se ilustra lo que pasa cuando $h > 0$ y Q está a la derecha de P. Sin embargo, si $h < 0$, Q estaría a la izquierda de P.)

Observe que conforme x se aproxima a a, h se acerca a 0 (puesto que $h = x - a$) y por ello la expresión de la pendiente de la recta tangente, en la definición 1, se convierte en

2 $$m = \lim_{h \to 0} \frac{f(a + h) - f(a)}{h}$$

EJEMPLO 2 Encuentre una ecuación de la recta tangente a la hipérbola $y = 3/x$, en el punto (3, 1).

SOLUCIÓN Sea $f(x) = 3/x$. Entonces, de acuerdo con la ecuación 2, la pendiente de la tangente en (3, 1) es

$$m = \lim_{h \to 0} \frac{f(3 + h) - f(3)}{h}$$

$$= \lim_{h \to 0} \frac{\dfrac{3}{3 + h} - 1}{h} = \lim_{h \to 0} \frac{\dfrac{3 - (3 + h)}{3 + h}}{h}$$

$$= \lim_{h \to 0} \frac{-h}{h(3 + h)} = \lim_{h \to 0} -\frac{1}{3 + h} = -\frac{1}{3}$$

Por tanto una ecuación de la tangente en el punto (3, 1) es

$$y - 1 = -\tfrac{1}{3}(x - 3)$$

que se simplifica a $$x + 3y - 6 = 0$$

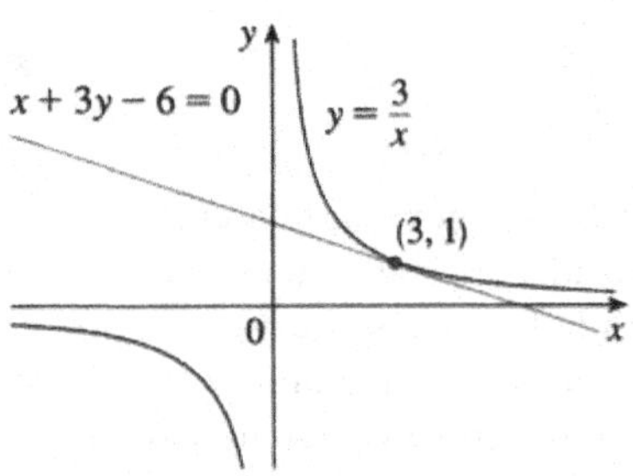

FIGURA 4

En la figura 4 se muestra la hipérbola y su tangente. ■

■ Velocidades

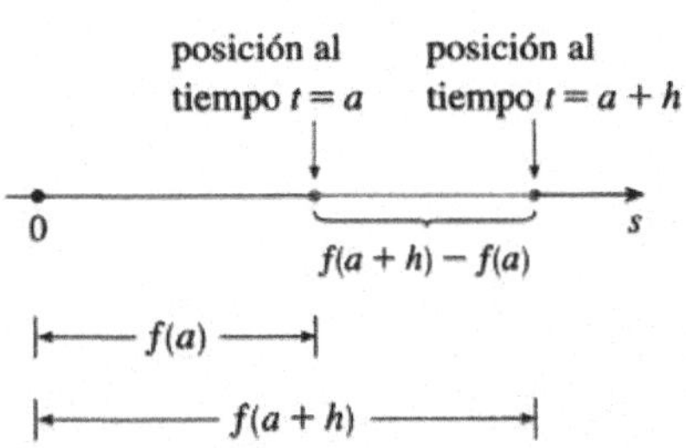

FIGURA 5

En la sección 2.1 se investigó el movimiento de una pelota que se dejó caer desde la Torre CN, y se definió su velocidad como el límite del valor de las velocidades promedio sobre períodos de tiempo cada vez más cortos.

En general, suponga que un objeto se mueve a lo largo de una línea recta, de acuerdo con una ecuación del movimiento $s = f(t)$, donde s es el desplazamiento (distancia dirigida) del objeto respecto al origen, en el tiempo t. La función f que describe el movimiento se conoce como **función de posición** del objeto. En el intervalo de tiempo $t = a$ a $t = a + h$, el cambio en la posición es $f(a + h) - f(a)$. (Véase la figura 5.)

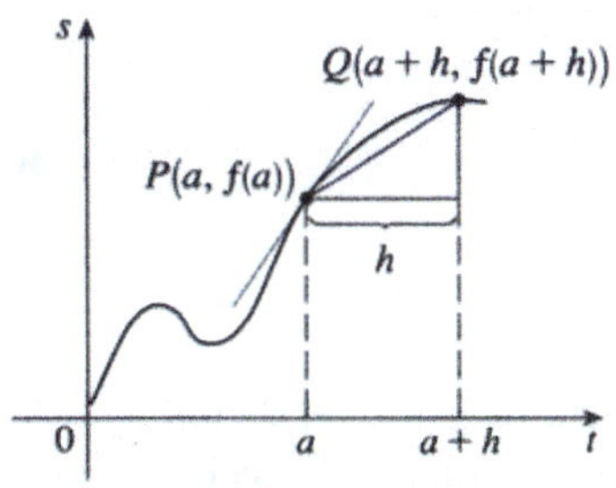

$m_{PQ} = \dfrac{f(a+h) - f(a)}{h}$

velocidad promedio

FIGURA 6

La velocidad promedio en este intervalo de tiempo es

$$\text{velocidad promedio} = \frac{\text{desplazamiento}}{\text{tiempo}} = \frac{f(a - h) - f(a)}{h}$$

que es lo mismo que la pendiente de la recta secante PQ en la figura 6.

Suponga ahora que calcula las velocidades promedio sobre intervalos de tiempo $[a, a + h]$ más y más cortos. En otras palabras, haga que h tienda a 0. Como en el ejemplo de la pelota que cae, se definió la **velocidad** (o **velocidad instantánea**) $v(a)$ en el instante $t = a$ como el límite de estas velocidades promedio:

3

$$v(a) = \lim_{h \to 0} \frac{f(a + h) - f(a)}{h}$$

Esto significa que la velocidad en el instante $t = a$ es igual a la pendiente de la recta tangente en P (compare las ecuaciones 2 y 3).

Ahora que sabe calcular límites, considere nuevamente el problema de la pelota que cae.

EJEMPLO 3 Suponga que se deja caer una pelota desde la plataforma superior de observación de la Torre CN, a 450 m sobre el nivel del suelo.

(a) ¿Cuál es la velocidad de la pelota después de 5 segundos?

(b) ¿Con qué rapidez cae cuando choca contra el suelo?

Recuerde, de la sección 2.1, que la distancia (en metros) que recorre la pelota cayendo después de t segundos es $4.9t^2$.

SOLUCIÓN Se necesita encontrar la velocidad cuando $t = 5$ y cuando la pelota golpea el suelo, de tal manera que es conveniente determinar la velocidad en un tiempo general t. Usando la ecuación de movimiento $s = f(t) = 4.9t^2$, se tiene

$$v(t) = \lim_{h \to 0} \frac{f(t + h) - f(t)}{h} = \lim_{h \to 0} \frac{4.9(t + h)^2 - 4.9t^2}{h}$$

$$= \lim_{h \to 0} \frac{4.9(t^2 + 2th + h^2 - t^2)}{h} = \lim_{h \to 0} \frac{4.9(2th + h^2)}{h}$$

$$= \lim_{h \to 0} \frac{4.9h(2t + h)}{h} = \lim_{h \to 0} 4.9(2t + h) = 9.8t$$

(a) La velocidad después de 5 segundos es $v(5) = (9.8)(5) = 49$ m/s.

(b) Puesto que la plataforma de observación está a 450 m sobre el nivel del suelo, la pelota chocará contra el suelo en el instante t, cuando $s(t) = 450$; es decir,

$$4.9t^2 = 450$$

Esto da

$$t^2 = \frac{450}{4.9} \qquad \text{y} \qquad t = \sqrt{\frac{450}{4.9}} \approx 9.6 \text{ s}$$

Por tanto, la velocidad de la pelota cuando choca contra el suelo es

$$v\left(\sqrt{\frac{450}{4.9}}\right) = 9.8\sqrt{\frac{450}{4.9}} \approx 94 \text{ m/s}$$ ■

■ Derivadas

Se ha visto que para determinar la pendiente de una recta tangente (ecuación 2) o la velocidad de un objeto (ecuación 3) surge la misma clase de límite. De hecho, límites de la forma

$$\lim_{h \to 0} \frac{f(a + h) - f(a)}{h}$$

surgen cuando se calcula una razón de cambio en cualquiera de las ciencias o en ingeniería, tal como la velocidad de reacción en química o un costo marginal en economía. Ya que esta clase de límite se presenta muy a menudo, se le da un nombre y una notación especial.

$f'(a)$ se lee "f prima de a".

4 Definición La **derivada de una función f en un número a,** denotada por $f'(a)$, es

$$f'(a) = \lim_{h \to 0} \frac{f(a + h) - f(a)}{h}$$

si este límite existe.

Si se escribe $x = a + h$, entonces $h = x - a$ y h tiende a 0 si y solo si x tiende a a. Por consiguiente, una manera equivalente de expresar la definición de la derivada, como se vio en la búsqueda de rectas tangentes, es

5 $$f'(a) = \lim_{x \to a} \frac{f(x) - f(a)}{x - a}$$

EJEMPLO 4

Encuentre la derivada de la función $f(x) = x^2 - 8x + 9$ en el número a.

SOLUCIÓN De la definición 4 se tiene

Las definiciones 4 y 5 son equivalentes, así que se puede usar cualquiera de los dos para calcular la derivada. En la práctica, la definición 4 conduce a menudo a cálculos más simples.

$$\begin{aligned} f'(a) &= \lim_{h \to 0} \frac{f(a + h) - f(a)}{h} \\ &= \lim_{h \to 0} \frac{[(a + h)^2 - 8(a + h) + 9] - [a^2 - 8a + 9]}{h} \\ &= \lim_{h \to 0} \frac{a^2 + 2ah + h^2 - 8a - 8h + 9 - a^2 + 8a - 9}{h} \\ &= \lim_{h \to 0} \frac{2ah + h^2 - 8h}{h} = \lim_{h \to 0} (2a + h - 8) \\ &= 2a - 8 \end{aligned}$$ ■

Se define la recta tangente a la curva $y = f(x)$ en el punto $P(a, f(a))$ como la recta que pasa por P y tiene pendiente m, dada por la ecuación 1 o 2. Ya que, por la definición 4, esta es la misma que la derivada $f'(a)$, se puede decir lo siguiente.

> La recta tangente a $y = f(x)$ en $(a, f(a))$ es la recta que pasa por $(a, f(a))$ cuya pendiente es igual a $f'(a)$, la derivada de f en a.

Si utiliza la forma punto-pendiente de la ecuación de la recta, se puede escribir la ecuación de la recta tangente a la curva $y = f(x)$ en el punto $(a, f(a))$:

$$y - f(a) = f'(a)(x - a)$$

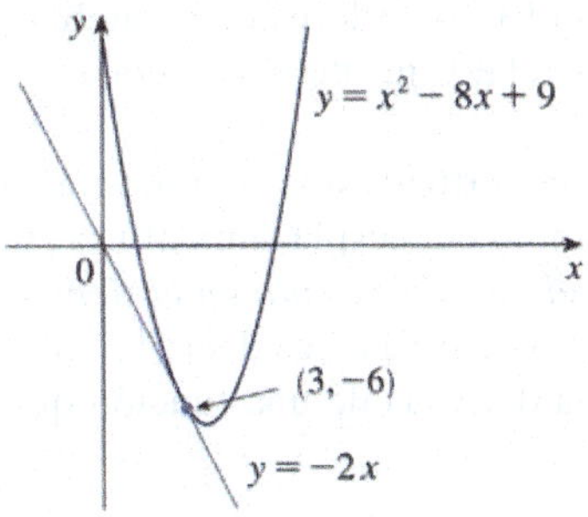

FIGURA 7

EJEMPLO 5 Encuentre la ecuación de la recta tangente a la parábola $y = x^2 - 8x + 9$ en el punto $(3, -6)$.

SOLUCIÓN Del ejemplo 4 se sabe que la derivada de $f(x) = x^2 - 8x + 9$ en el número a es $f'(a) = 2a - 8$. Por tanto, la pendiente de la recta tangente en $(3, -6)$ es $f'(3) = 2(3) - 8 = -2$. Por lo que la ecuación de la recta tangente, que se muestra en la figura 7, es

$$y - (-6) = (-2)(x - 3) \qquad \text{o} \qquad y = -2x$$ ■

■ Razones de cambio

Suponga que y es una cantidad que depende de otra cantidad x. Así, y es una función de x y se expresa como $y = f(x)$. Si x cambia de x_1 a x_2, entonces el cambio en x (también conocido como **incremento** de x) es

$$\Delta x = x_2 - x_1$$

y el cambio correspondiente en y es

$$\Delta y = f(x_2) - f(x_1)$$

El cociente de diferencias

$$\frac{\Delta y}{\Delta x} = \frac{f(x_2) - f(x_1)}{x_2 - x_1}$$

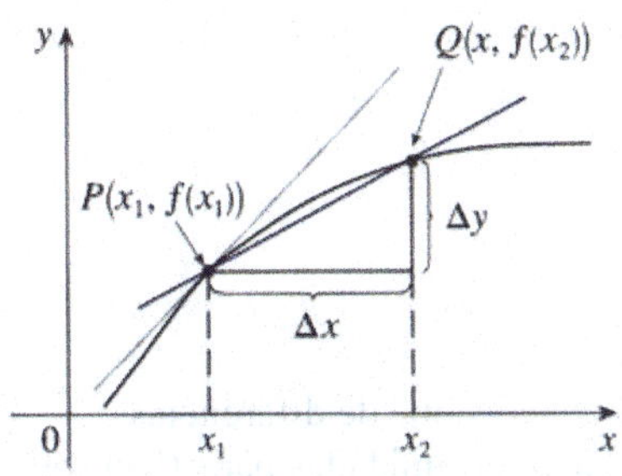

razón de cambio promedio $= m_{PQ}$
razón de cambio instantánea = pendiente de la tangente en P

FIGURA 8

se llama **razón de cambio promedio de y con respecto a x** sobre el intervalo $[x_1, x_2]$, y se puede interpretar como la pendiente de la recta secante PQ en la figura 8.

Por analogía con la velocidad, se considera la razón de cambio promedio en intervalos cada vez más pequeños haciendo que x_2 tienda a x_1 y, por tanto, haciendo que Δx tienda a 0. El límite de estas razones de cambio promedio se llama **razón de cambio (instantánea) de y con respecto a x** en x_1, que se interpreta (al igual que en el caso de la velocidad) como la pendiente de la recta tangente a la curva $y = f(x)$ en $P(x_1, f(x_1))$:

$$\boxed{6} \qquad \text{Razón de cambio instantánea} = \lim_{\Delta x \to 0} \frac{\Delta y}{\Delta x} = \lim_{x_2 \to x_1} \frac{f(x_2) - f(x_1)}{x_2 - x_1}$$

Se reconoce este límite como la derivada $f'(x_1)$.

Se sabe que una interpretación de la derivada $f'(a)$ es como la pendiente de la recta tangente a la curva $y = f(x)$ cuando $x = a$. Ahora se tiene una segunda interpretación:

> La derivada $f'(a)$ es la razón de cambio instantánea de $y = f(x)$ respecto a x cuando $x = a$.

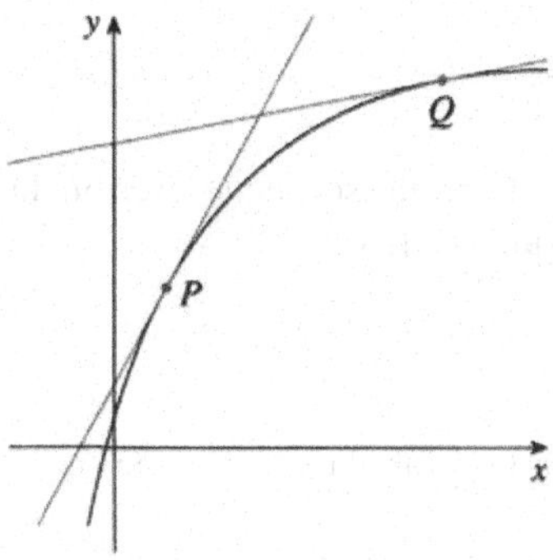

FIGURA 9
Los valores de y cambian rápidamente en P y lentamente en Q.

La conexión con la primera interpretación es que si dibuja la curva $y = f(x)$, entonces la razón de cambio instantánea es la pendiente de la recta tangente a esta curva en el punto donde $x = a$. Esto significa que cuando la derivada es grande (y, en consecuencia, la curva es pronunciada, como en el punto P de la figura 9), los valores de y cambian rápidamente. Cuando la derivada es pequeña, la curva es relativamente plana (como en el punto Q), y el valor de y cambia lentamente.

En particular, si $s = f(t)$ es la función posición de una partícula que se mueve a lo largo de una línea recta, entonces $f'(a)$ es la razón de cambio del desplazamiento s respecto al tiempo t. En otras palabras, *$f'(a)$ es la velocidad de la partícula en el tiempo $t = a$*. La **rapidez** de la partícula es el valor absoluto de la velocidad, es decir, $|f'(a)|$.

En el siguiente ejemplo se analiza el significado de la derivada de una función que está definida verbalmente.

EJEMPLO 6 Un fabricante produce un rollo de un tejido con ancho fijo. El costo de producir x metros de este tejido es de $C = f(x)$ dólares.
(a) ¿Cuál es el significado de la derivada $f'(x)$? ¿Cuáles son sus unidades?
(b) En términos prácticos, ¿qué significa decir que $f'(1000) = 9$?
(c) ¿Cuál piensa que es más grande $f'(50)$ o $f'(500)$? ¿Qué hay respecto a $f'(5000)$?

SOLUCIÓN
(a) La derivada $f'(x)$ es la razón de cambio instantánea de C respecto a x, es decir, $f'(x)$ significa la razón de cambio del costo de producción respecto al número de metros producidos. (Los economistas llaman a esta rapidez de cambio *costo marginal*. Esta idea se analiza con más detalle en las secciones 3.7 y 4.7.)

Ya que

$$f'(x) = \lim_{\Delta x \to 0} \frac{\Delta C}{\Delta x}$$

las unidades de $f'(x)$ son las mismas que las unidades del cociente de diferencias $\Delta C/\Delta x$. Puesto que ΔC se mide en dólares y Δx en metros, las unidades para $f'(x)$ son dólares por cada metro.

(b) La afirmación $f'(1000) = 9$ significa que, después de fabricar 1000 metros de tejido, la cantidad a la cual se incrementa el costo de producción es de \$9/m. (Cuando $x = 1000$, C se incrementa 9 veces más rápido que x.)

Dado que $\Delta x = 1$ es pequeño si se le compara con $x = 1000$, podría usarse la aproximación

Aquí se está suponiendo que la función costo se comporta bien; es decir, que $C(x)$ no oscila muy rápido cerca de $x = 1000$.

$$f'(1000) \approx \frac{\Delta C}{\Delta x} = \frac{\Delta C}{1} = \Delta C$$

y se dice que el costo de fabricación del 1000-ésimo metro (o del 1001) es de casi 9 dólares.

(c) La razón a la cual se incrementa el costo de producción (por metro) probablemente es inferior cuando $x = 500$ que cuando $x = 50$ (el costo de fabricación del 500-ésimo metro es menor que el costo del 50-ésimo) debido a la escala económica. (El fabricante hace más eficiente el uso de los costos de producción fijos.) De manera que

$$f'(50) > f'(500)$$

Pero, conforme se expande la producción, el resultado de la operación a gran escala será ineficiente y posiblemente existan costos por horas extra de trabajo. En estos términos, es posible que la razón de aumento de los costos empezará con el tiempo a subir. De este modo, es posible que suceda que

$$f'(5000) > f'(500)$$ ■

En el ejemplo siguiente se calcula la razón de cambio de la deuda nacional respecto al tiempo. En este caso, la función no se define mediante una fórmula sino con una tabla de valores.

t	$D(t)$
1994	414.0
1996	469.5
1998	467.3
2000	456.4
2002	442.3

EJEMPLO 7 Sea $D(t)$ la deuda nacional canadiense en el tiempo t. La tabla en el margen da valores aproximados de esta función calculados a mitad de año, en miles de millones de dólares, para distintos valores entre 1994 y 2002. Interprete y calcule el valor de $D'(1998)$.

SOLUCIÓN La derivada $D'(1998)$ significa la razón de cambio de D respecto a t cuando $t = 1998$, es decir, la razón de incremento de la deuda nacional en 1998.

De acuerdo con la ecuación 5,

$$D'(1998) = \lim_{t\to 1998} \frac{D(t) - D(1998)}{t - 1998}$$

Por lo que calcule y tabule los valores del cociente de diferencias (la razón de cambio promedio) como sigue.

t	Intervalo de tiempo	Razón de cambio promedio $= \dfrac{D(t) - D(1998)}{t - 1998}$
1994	[1994, 1998]	13.3
1996	[1996, 1998]	−1.1
2000	[1998, 2000]	−5.5
2002	[1998, 2002]	−6.3

Una nota sobre unidades

Las unidades de la razón de cambio promedio $\Delta D/\Delta t$ son las unidades de ΔD divididas entre las unidades de Δt, o sea, miles de millones de dólares por cada año. La razón de cambio instantánea es el límite de la razón de cambio promedio, por lo que se mide en las mismas unidades: miles de millones de dólares por cada año.

A partir de esta tabla se ve que $D'(1998)$ se localiza en alguna parte entre -1.1 y -5.5 miles de millones de dólares por cada año. [En este caso, está haciendo la suposición razonable de que la deuda no fluctuó de manera errática entre 1998 y el 2000.] Se estima que la razón de incremento de la deuda nacional de Canadá en 1998 fue el promedio de estos dos números, específicamente

$$D'(1998) \approx -3.3 \text{ miles de millones de dólares por cada año.}$$

El signo menos significa que la deuda fue *disminuyendo* con el tiempo.

Otro método sería una gráfica de la función deuda y calcular la pendiente de la recta tangente cuando $t = 1998$. ■

En los ejemplos 3, 6 y 7 aparecen tres casos específicos de razones de cambio: la velocidad de un objeto es la razón de cambio del desplazamiento respecto al tiempo; el costo marginal es la razón de cambio del costo de producción respecto al número de artículos producidos; la razón de cambio de la deuda respecto al tiempo es de interés en la economía. Existen otras razones de cambio: en física, la razón de cambio de trabajo respecto al tiempo se llama *potencia*. Los químicos que estudian una reacción química están interesados en la razón de cambio de la concentración de un reactivo con respecto al tiempo (llamada *velocidad de reacción*). Un biólogo se interesa en la razón de cambio de la población de una colonia de bacterias respecto al tiempo. De hecho, el cálculo de razones de cambio es importante en todas las ciencias naturales, en la ingeniería, e incluso, en las ciencias sociales. En la sección 3.7 se darán más ejemplos.

Todas estas razones de cambio son derivadas y por tanto se pueden interpretar como pendientes de rectas tangentes. Esto le da un significado adicional a la solución del problema de la tangente. Siempre que usted resuelve problemas en que intervienen rectas tangentes, no solo resuelve un problema de geometría. También se está resolviendo en forma implícita gran variedad de problemas de ciencias y de ingeniería, que implican razones de cambio.

2.7 EJERCICIOS

1. Una curva tiene la ecuación $y = f(x)$.
(a) Escriba una expresión para la pendiente de la recta secante que pasa por los puntos $P(3, f(3))$ y $Q(x, f(x))$.
(b) Escriba una expresión para la pendiente de la recta tangente en P.

2. Trace la curva $y = e^x$ en los rectángulos de vista $[-1, 1]$ por $[0, 2]$, $[-0.5, 0.5]$ por $[0.5, 1.5]$ y $[-0.1, 0.1]$ por $[0.9, 1.1]$. ¿Qué nota acerca de la curva cuando hace un acercamiento hacia el punto $(0, 1)$?

3. (a) Encuentre la pendiente de la recta tangente a la parábola $y = 4x - x^2$ en el punto $(1, 3)$
(i) usando la definición 1 (ii) usando la ecuación 2
(b) Encuentre la ecuación de la recta tangente del inciso (a).
(c) Trace la gráfica de la parábola y la recta tangente. Como verificación de su trabajo, haga un acercamiento hacia el punto $(1, 3)$ hasta que la parábola y la recta tangente sean indistinguibles.

4. (a) Encuentre la pendiente de la recta tangente a la curva $y = x - x^3$ en el punto $(1, 0)$
(i) usando la definición 1 (ii) usando la ecuación 2
(b) Encuentre la ecuación de la recta tangente del inciso (a).
(c) Trace la curva y la recta tangente en rectángulos de vista cada vez más pequeños centrados en $(1, 0)$ hasta que parezcan coincidir la curva y la recta.

5–8 Encuentre la ecuación de la recta tangente a cada una de las curvas siguientes en el punto dado.

5. $y = 4x - 3x^2$, $(2, -4)$ **6.** $y = x^3 - 3x + 1$, $(2, 3)$

7. $y = \sqrt{x}$, $(1, 1)$ **8.** $y = \dfrac{2x + 1}{x + 2}$, $(1, 1)$

9. (a) Determine la pendiente de la recta tangente a la curva $y = 3 + 4x^2 - 2x + 3$ en el punto donde $x = a$.
(b) Determine las ecuaciones de las rectas tangentes en los puntos $(1, 5)$ y $(2, 3)$.
(c) Trace la gráfica de la curva y ambas rectas tangentes en una misma pantalla.

10. (a) Determine la pendiente de la recta tangente a la curva $y = 1/\sqrt{x}$ en el punto donde $x = a$.
(b) Encuentre las ecuaciones de las rectas tangentes en los puntos $(1, 1)$ y $\left(4, \frac{1}{2}\right)$.
(c) Trace la gráfica de la curva y ambas rectas tangentes en una misma pantalla.

11. (a) Una partícula empieza moviéndose a la derecha a lo largo de una recta horizontal; la gráfica de su función posición se muestra enseguida. ¿Cuándo se mueve la partícula a la derecha? ¿Cuándo a la izquierda? ¿Cuándo permanece inmóvil?
(b) Trace una gráfica de la función velocidad.

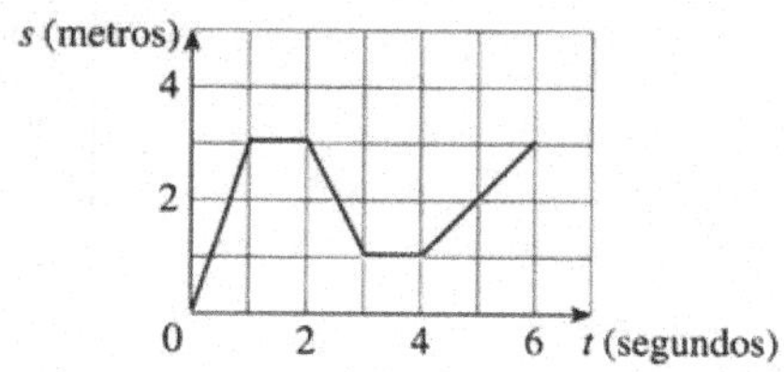

12. Se muestran las gráficas de las funciones posición de dos corredoras, A y B, quienes compiten en los 100 m y terminan en empate.

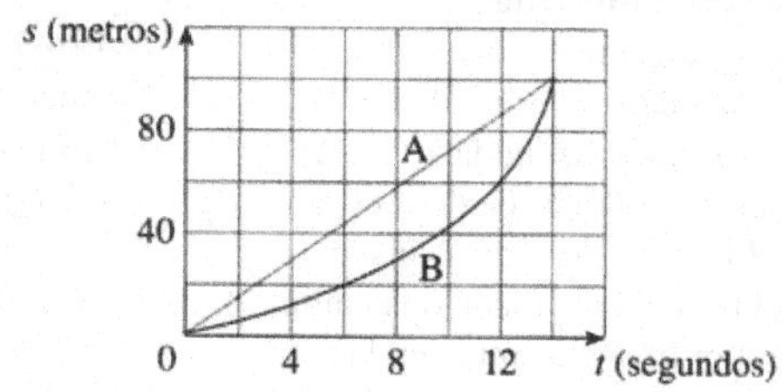

(a) Describa y compare cómo desarrollaron la carrera las competidoras.
(b) ¿En qué momento hay la mayor distancia entre las competidoras?
(c) ¿En qué momento tienen la misma velocidad?

13. Si una pelota se lanza al aire verticalmente hacia arriba, con una velocidad de 10 m/s, su altura (en metros) una vez que transcurren t segundos está dada por $y = 10t - 4.9t^2$. Encuentre la velocidad cuando $t = 2$.

14. Si se lanza una roca verticalmente hacia arriba en el planeta Marte con una velocidad de 10 m/s, su altura (en metros) después de t segundos está dada por $H = 10t - 1.86t^2$.
(a) Encuentre la velocidad de la roca después de un segundo.
(b) Encuentre la velocidad de la roca cuando $t = a$.
(c) ¿Cuándo caerá la roca a la superficie?
(d) ¿Con qué velocidad chocará la roca contra la superficie?

15. El desplazamiento (en metros) de una partícula que se mueve en línea recta está dado por la ecuación de movimiento $s = 1/t^2$, donde t se mide en segundos. Encuentre la velocidad de la partícula en los instantes $t = a$, $t = 1$, $t = 2$ y $t = 3$.

16. El desplazamiento (en metros) de una partícula que se mueve en línea recta está dado por $s = t^2 - 8t + 18$, donde t se mide en segundos.
(a) Encuentre la velocidad promedio en cada intervalo de tiempo:
(i) [3, 4] (ii) [3.5, 4]
(iii) [4, 5] (iv) [4, 4.5]
(b) Encuentre la velocidad instantánea cuando $t = 4$.
(c) Trace la gráfica de s como función de t y trace las rectas secantes cuyas pendientes son las velocidades promedio en el inciso (a). Luego, dibuje la recta tangente cuya pendiente es la velocidad instantánea en el inciso (b).

17. Para la función g cuya gráfica está dada, reordene los números siguientes en orden creciente y explique su razonamiento.

$0 \quad g'(-2) \quad g'(0) \quad g'(2) \quad g'(4)$

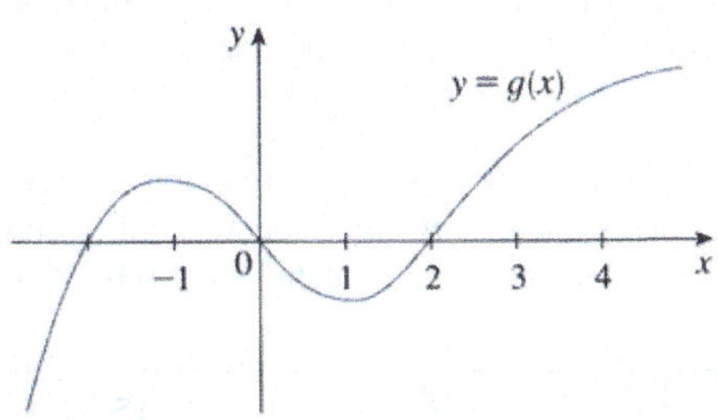

18. Se muestra la gráfica de una función f.
(a) Encuentre la razón de cambio promedio de f en el intervalo [20, 60].
(b) Identifique un intervalo en el que la razón de cambio promedio de f es 0.
(c) ¿Qué intervalo da una mayor razón de cambio, [40, 60] o [40, 70]?
(d) Calcule $\dfrac{f(40) - f(10)}{40 - 10}$ ¿qué representa geométricamente este valor?

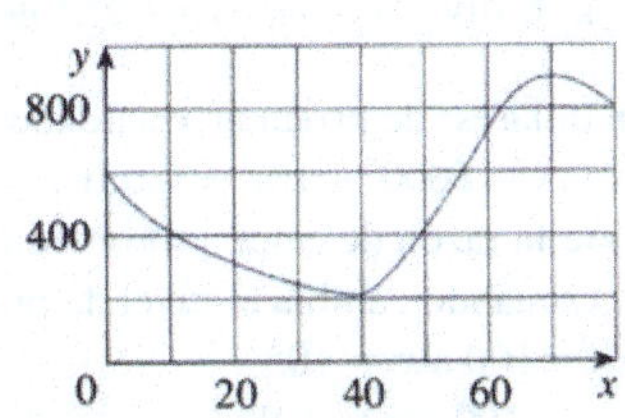

19. Para la gráfica de la función f del ejercicio 18:
(a) Calcule el valor $f'(50)$.
(b) ¿Es $f'(10) > f'(30)$?
(c) ¿Es $f'(60) > \dfrac{f(80) - f(40)}{80 - 40}$? Explique su respuesta.

20. Encuentre una ecuación de la recta tangente a la gráfica de $y = g(x)$ en $x = 5$ si $g(5) = -3$ y $g'(5) = 4$.

21. Si una ecuación de la recta tangente a la curva $y = f(x)$ en el punto donde $a = 2$ es $y = 4x - 5$, encuentre $f(2)$ y $f'(2)$.

22. Si la recta tangente a $y = f(x)$ en (4, 3) pasa a través del punto (0, 2), encuentre $f(4)$ y $f'(4)$.

23. Trace la gráfica de una función f para la cual $f(0) = 0$, $f'(0) = 3$, $f'(1) = 0$ y $f'(2) = -1$.

24. Trace la gráfica de una función g para la cual $g(0) = g(2) = g(4) = 0$, $g'(1) = g'(3) = 0$, $g'(0) = g'(4) = 1$, $g'(2) = -1$, $\lim_{x\to\infty} g(x) = \infty$ y $\lim_{x\to-\infty} g(x) = -\infty$.

25. Trace la gráfica de una función g que es continua en su dominio $(-5, 5)$ y donde $g(0) = 1$, $g'(0) = 1$, $g'(-2) = 0$, $\lim_{x\to-5^+} g(x) = \infty$ y $\lim_{x\to5^-} g(x) = 3$.

26. Trace la gráfica de una función f donde el dominio es $(-2, 2)$, $f'(0) = -2$, $\lim_{x\to2^-} f(x) = \infty$, f es continua en todos los números dentro de su dominio excepto en ±1, y f es impar.

27. Si $f(x) = 3x^2 - x^3$, encuentre $f'(1)$ y utilícela para encontrar la ecuación de la recta tangente a la curva $y = 3x^2 - x^3$ en el punto (1, 2).

28. Si $g(x) = x^4 - 2$ encuentre $g'(1)$ y utilícela para encontrar la ecuación de la recta tangente a la curva $y = x^4 - 2$ en el punto $(1, -1)$.

29. (a) Si $F(x) = 5x/(1 + x^2)$, encuentre $F'(2)$ y utilícela para encontrar la ecuación de la recta tangente a la curva $y = 5x/(1 + x^2)$ en el punto (2, 2).
(b) Ilustre el inciso (a) al trazar la gráfica de la curva y la recta tangente en la misma pantalla.

30. (a) Si $G(x) = 4x^2 - x^3$, encuentre $G'(a)$ y utilícela para encontrar las rectas tangentes a la curva $y = 4x^2 - x^3$ en los puntos (2, 8) y (3, 9).
(b) Ilustre el inciso (a) al trazar la gráfica de la curva y las rectas tangentes en la misma pantalla.

31–36 Encuentre $f'(a)$.

31. $f(x) = 3x^2 - 4x + 1$

32. $f(t) = 2t^3 + t$

33. $f(t) = \dfrac{2t + 1}{t + 3}$

34. $f(x) = x^{-2}$

35. $f(x) = \sqrt{1 - 2x}$

36. $f(x) = \dfrac{4}{\sqrt{1 - x}}$

37–42 Cada uno de los límites siguientes representa la derivada de alguna función f en algún número a. Establezca una f y una a en cada caso.

37. $\lim_{h\to0} \dfrac{\sqrt{9 + h} - 3}{h}$

38. $\lim_{h\to0} \dfrac{e^{-2+h} - e^{-2}}{h}$

39. $\lim_{x\to 2} \dfrac{x^6 - 64}{x - 2}$

40. $\lim_{x\to 1/4} \dfrac{\frac{1}{x} - 4}{x - \frac{1}{4}}$

41. $\lim_{h\to 0} \dfrac{\cos(\pi + h) + 1}{h}$

42. $\lim_{\theta\to \pi/6} \dfrac{\operatorname{sen}\theta - \frac{1}{2}}{\theta - \pi/6}$

43-44 Una partícula se desplaza a lo largo de una línea recta con ecuación de movimiento $s = f(t)$, donde s se mide en metros y t en segundos. Encuentre la velocidad y la rapidez cuando $t = 4$.

43. $f(t) = 80t - 6t^2$

44. $f(t) = 10 + \dfrac{45}{t + 1}$

45. Una lata de gaseosa tibia se pone a enfriar en un refrigerador. Trace la gráfica de la temperatura de la gaseosa como función del tiempo. ¿La razón de cambio inicial de la temperatura es mayor o menor que la razón de cambio después de una hora?

46. Se saca un pavo asado del horno cuando su temperatura ha alcanzado 85 °C y se coloca sobre la mesa de un cuarto donde la temperatura es de 24 °C. En la gráfica se muestra cómo disminuye la temperatura del pavo y, finalmente, tiende a la temperatura del cuarto. Por medio de la medición de la pendiente de la recta tangente, calcule la razón de cambio de la temperatura después de una hora.

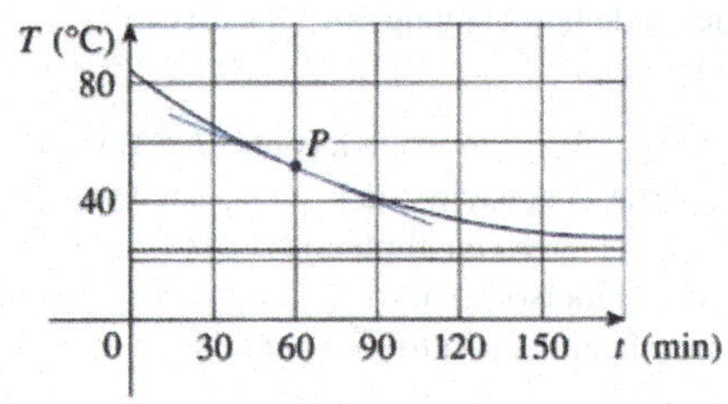

47. Investigadores midieron la concentración promedio de alcohol en la sangre $C(t)$ de ocho hombres comenzando después de una hora del consumo de 30 ml de etanol (correspondiente a dos bebidas alcohólicas).

t (horas)	1.0	1.5	2.0	2.5	3.0
$C(t)$ (mg/mL)	0.33	0.24	0.18	0.12	0.07

(a) Encuentre la razón de cambio promedio de C con respecto a t para cada intervalo de tiempo:
(i) $[1.0, 2.0]$ (ii) $[1.5, 2.0]$
(iii) $[2.0, 2.5]$ (iv) $[2.0, 3.0]$
En cada caso, incluya las unidades.

(b) Calcule la razón de cambio instantánea en $t = 2$ e interprete su resultado. ¿Cuáles son las unidades?

Fuente: Adaptado de P. Wilkinson *et al.*, "Pharmacokinetics of Ethanol after Oral Administration in the Fasting State", *Journal of Pharmacokinetics and Biopharmaceutics* 5 (1977): 207–224.

48. En la tabla se proporciona el número N de establecimientos de una popular cadena de cafeterías. (Se dan los números de establecimientos al 1 de octubre.)

Año	2004	2006	2008	2010	2012
N	8569	12,440	16,680	16,858	18,066

(a) Determine la tasa promedio de crecimiento
(i) de 2006 a 2008
(ii) de 2008 a 2010
En cada caso incluya las unidades. ¿Qué concluye?

(b) Calcule la razón de crecimiento instantánea en 2010 considerando el promedio de dos razones de cambio promedio. ¿Cuáles son sus unidades?

(c) Calcule la razón de crecimiento instantánea en 2010 midiendo la pendiente de una recta tangente.

49. La tabla muestra el número de pasajeros P que llegaron a Irlanda por aire, en millones.

Año	2001	2003	2005	2007	2009
P	8.49	9.65	11.78	14.54	12.84

(a) Encuentre la tasa promedio de incremento de P
(i) de 2001 a 2005 (ii) de 2003 a 2005
(iii) de 2005 a 2007
En cada caso, incluya las unidades.

(b) Calcule la razón de crecimiento instantánea en 2005 tomando el promedio de dos razones de cambio promedio. ¿Cuáles son sus unidades?

50. La tabla muestra valores de la carga viral $V(t)$ en el paciente 303 con VIH, medido en copias de ARN/mL, t días después de que se comenzó con el tratamiento ABT-538.

t	4	8	11	15	22
$V(t)$	53	18	9.4	5.2	3.6

(a) Encuentre la razón de cambio promedio de V con respecto a t en cada intervalo de tiempo:
(i) $[4, 11]$ (ii) $[8, 11]$
(iii) $[11, 15]$ (iv) $[11, 22]$
¿Cuáles son las unidades?

(b) Estime e interprete el valor de la derivada $V'(11)$.

Fuente: Adaptada de D. Ho *et al.*, "Rapid Turnover of Plasma Virions and CD4 Lymphocytes in HIV-1 Infection", *Nature* 373 (1995): 123–126.

51. El costo (en dólares) de producir x unidades de cierto artículo es $C(x) = 5000 + 10x + 0.05x^2$.

(a) Encuentre la razón de cambio promedio de C con respecto a x, cuando cambia el nivel de producción:
(i) de $x = 100$ a $x = 105$
(ii) de $x = 100$ a $x = 101$

(b) Encuentre la razón de cambio instantáneo de C con respecto a x, cuando $x = 100$. (Esto se conoce como *costo marginal*. En la sección 3.7 se explica su significado.)

52. Si un tanque cilíndrico contiene 100 000 litros de agua que se pueden drenar por el fondo del depósito en 1 h, entonces la ley de Torricelli da el volumen V del agua que queda después de t minutos como

$$V(t)\ 5\ 100000\left(1 - \tfrac{1}{60}t\right)^2 \qquad 0 \leq t \leq 60$$

Encuentre la rapidez con que fluye el agua hacia afuera del tanque (la razón de cambio instantáneo de V con respecto a t) como función de t. ¿Cuáles son sus unidades? Para los instantes $t = 0$, 10, 20, 30, 40, 50 y 60 min, encuentre el gasto y la cantidad de agua que queda en el tanque. Resuma sus hallazgos en una frase o dos. ¿En qué instante el gasto es máximo? ¿Cuándo es mínimo?

53. El costo de producir x kilogramos de oro a partir de una reciente mina de oro es $C = f(x)$ dólares.

(a) ¿Cuál es el significado de la derivada $f'(x)$? ¿Cuáles son sus unidades?

(b) ¿Que significa el enunciado $f'(50) = 36$?

(c) ¿Qué piensa usted: los valores de $f'(x)$ se incrementarán o disminuirán en corto plazo? ¿Y a largo plazo? Explique.

54. El número de bacterias después de t horas en un experimento controlado de laboratorio es $n = f(t)$.

(a) ¿Cuál es el significado de la derivada $f'(5)$? ¿Cuáles son sus unidades?

(b) Suponga que existe una cantidad de espacio y nutrientes para las bacterias. ¿Cree que es mayor $f'(5)$ o $f'(10)$? Si se limita el suministro de nutrientes, ¿afectaría su conclusión? Explique.

55. Sea $H(t)$ el costo diario (en dólares) para acondicionar una oficina de un edificio cuando la temperatura exterior es de t grados Celsius.

(a) ¿Qué significa $H'(15)$? ¿Cuáles son sus unidades?

(b) ¿Esperaría que $H'(15)$ fuera positiva o negativa? Explique su respuesta.

56. La cantidad (en kilogramos) de un café en grano gourmet que vende una empresa a un precio de p dólares por kilogramo es $Q = f(p)$.

(a) ¿Cuál es el significado de la derivada $f'(8)$? ¿Cuáles son sus unidades?

(b) ¿Es $f'(8)$ positivo o negativo? Explique su respuesta.

57. La cantidad de oxígeno que se puede disolver en agua depende de la temperatura de esta. (De esa manera la contaminación térmica influye en el contenido de oxígeno en el agua.) La gráfica muestra cómo varía la solubilidad S de oxígeno como una función de la temperatura del agua T.

(a) ¿Cuál es el significado de la derivada $S'(T)$? ¿Cuáles son sus unidades?

(b) Calcule e interprete el valor de $S'(16)$.

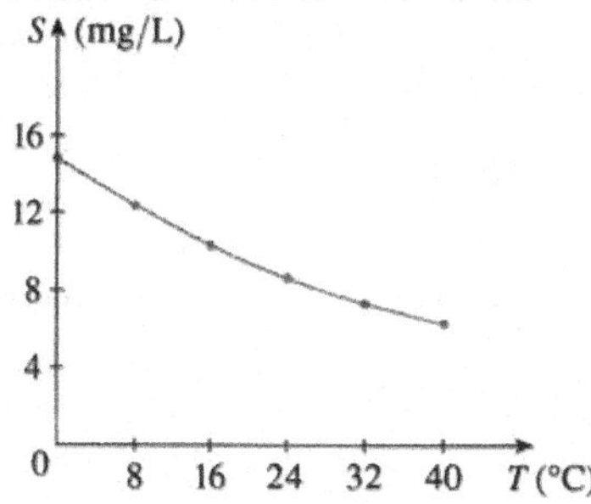

Fuente: C. Kupchella *et al.*, *Environmental Science: Living Within the System of Nature*, 2a. ed. (Boston: Allyn and Bacon, 1989).

58. La gráfica muestra la influencia de la temperatura T en la rapidez máxima sostenible de nado S del salmón Coho.

(a) ¿Cuál es el significado de la derivada $S'(T)$? ¿Cuáles son sus unidades?

(b) Calcule los valores de $S'(15)$ y $S'(25)$ e interprételos.

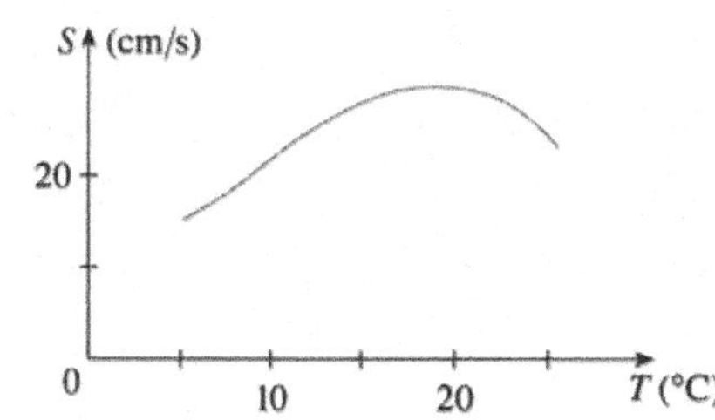

59–60 Determine si $f'(0)$ existe.

59. $f(x) = \begin{cases} x \operatorname{sen} \dfrac{1}{x} & \text{si } x \neq 0 \\ 0 & \text{si } x = 0 \end{cases}$

60. $f(x) = \begin{cases} x^2 \operatorname{sen} \dfrac{1}{x} & \text{si } x \neq 0 \\ 0 & \text{si } x = 0 \end{cases}$

---

61. (a) Trace la gráfica de la función $f(x) = \operatorname{sen} x - \frac{1}{1000}\operatorname{sen}(1000x)$ en el rectángulo de vista $[-2\pi, 2\pi]$ por $[-4, 4]$. ¿Qué pendiente parece que tiene la gráfica en el origen?

(b) Haga un acercamiento para la venta de vista $[-0.4, 0.4]$ por $[-0.25, 0.25]$ y calcule el valor de $f'(0)$. ¿Esto concuerda con la respuesta del inciso (a)?

(c) Ahora haga un acercamiento a la ventana de vista $[-0.008, 0.008]$ por $[-0.005, 0.005]$. ¿Desea revisar su cálculo para $f'(0)$?

PROYECTO DE REDACCIÓN PRIMEROS MÉTODOS PARA ENCONTRAR TANGENTES

La primera persona en formular explícitamente las ideas de límites y derivadas fue Sir Isaac Newton en la década de 1660. Pero Newton reconoció: "Si he visto más lejos que otros hombres, es porque he estado parado sobre los hombros de gigantes". Dos de esos gigantes fueron Pierre Fermat (1601-1665) y el maestro de Newton en Cambridge, Isaac Barrow (1630-1677). Newton estaba familiarizado con los métodos que estos hombres habían aplicado para encontrar rectas tangentes, y los métodos de ambos tuvieron que ver con la formulación final del cálculo a la que llegó Newton.

Las referencias siguientes contienen explicaciones de estos métodos. Lea una o varias de estas referencias y escriba un informe en que compare los métodos de Fermat o de Barrow con los métodos modernos. En particular, utilice el método de la sección 2.7 para encontrar la ecuación de la recta tangente a la curva $y = x^3 + 2x$ en el punto $(1, 3)$ y muestre cómo habrían resuelto Fermat o Barrow el mismo problema. Aunque usted usó derivadas y ellos no, indique las semejanzas entre los dos métodos.

1. Carl Boyer y Uta Merzbach, *A History of Mathematics* (Nueva York: Wiley, 1989), pp. 389, 432.

2. C. H. Edwards, *The Historical Development of the Calculus* (Nueva York: Springer-Verlag, 1979), pp. 124, 132.

3. Howard Eves, *An Introduction to the History of Mathematics*, 6a. ed. (Nueva York: Saunders, 1990), pp. 391, 395.

4. Morris Kline, *Mathematical Thought from Ancient to Modern Times* (Nueva York: Oxford University Press, 1972), pp. 344, 346.

2.8 La derivada como una función

En la sección anterior se consideró la derivada de una función f en un número fijo a:

1
$$f'(a) = \lim_{h \to 0} \frac{f(a + h) - f(a)}{h}$$

Ahora se cambiará el punto de vista y hará que el número a varíe. Si en la ecuación 1 reemplaza a con una variable x, se obtiene

2
$$f'(x) = \lim_{h \to 0} \frac{f(x + h) - f(x)}{h}$$

Dado cualquier número x para el cual este límite existe, asigne a x el número $f'(x)$. De modo que considere a f' como una nueva función, llamada **derivada de f** y definida por medio de la ecuación 2. Se sabe que el valor de f' en x, $f'(x)$, se puede interpretar geométricamente como la pendiente de la recta tangente a la gráfica de f en el punto $(x, f(x))$.

La función f' se conoce como derivada de f porque se ha "derivado" de f por medio de la operación de encontrar el límite en la ecuación 2. El dominio de f' es el conjunto $\{x \mid f'(x) \text{ existe}\}$ y puede ser menor que el dominio de f.

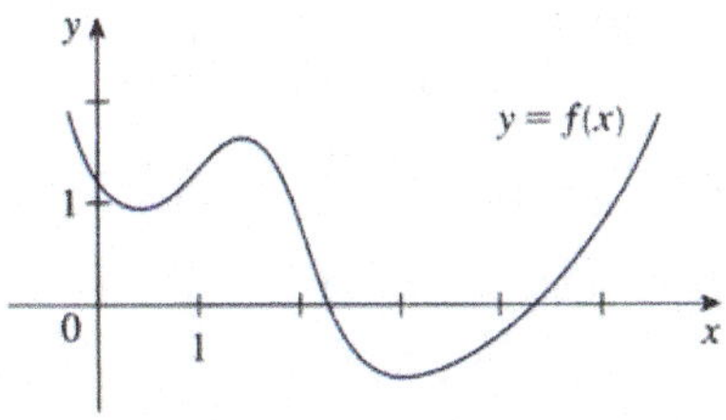

FIGURA 1

EJEMPLO 1 En la figura 1 se muestra la gráfica de una función f. Utilícela para dibujar la gráfica de la derivada f'.

SOLUCIÓN Se puede calcular el valor de la derivada, en cualquier valor de x, trazando la tangente en el punto $(x, f(x))$ y estimando su pendiente. Por ejemplo, para $x = 5$, trace la recta tangente en P de la figura 2(a) y estime su pendiente alrededor de $\frac{3}{2}$, por tanto, $f'(5) \approx 1.5$. Esto nos permite situar el punto $P'(5, 1.5)$ en la gráfica de f' directamente debajo de P. (La pendiente de la gráfica de f se convierte en el valor de y sobre la gráfica de f'.) Si repite este procedimiento en varios puntos, se obtiene la gráfica que se muestra en la figura 2(b). Observe que las tangentes en A, B y C son horizontales, de modo que la derivada es 0 ahí, y la gráfica de f' cruza el eje x (donde $y = 0$) en los puntos A', B' y C', directamente debajo de A, B y C. Entre A y B las tangentes tienen pendiente positiva, por lo que $f'(x)$ es positiva ahí. (La gráfica está arriba del eje x.) Pero entre B y C las tangentes tienen pendiente negativa, de modo que $f'(x)$ ahí es negativa.

TEC Visual 2.8 presenta una animación de la figura 2 para diferentes funciones.

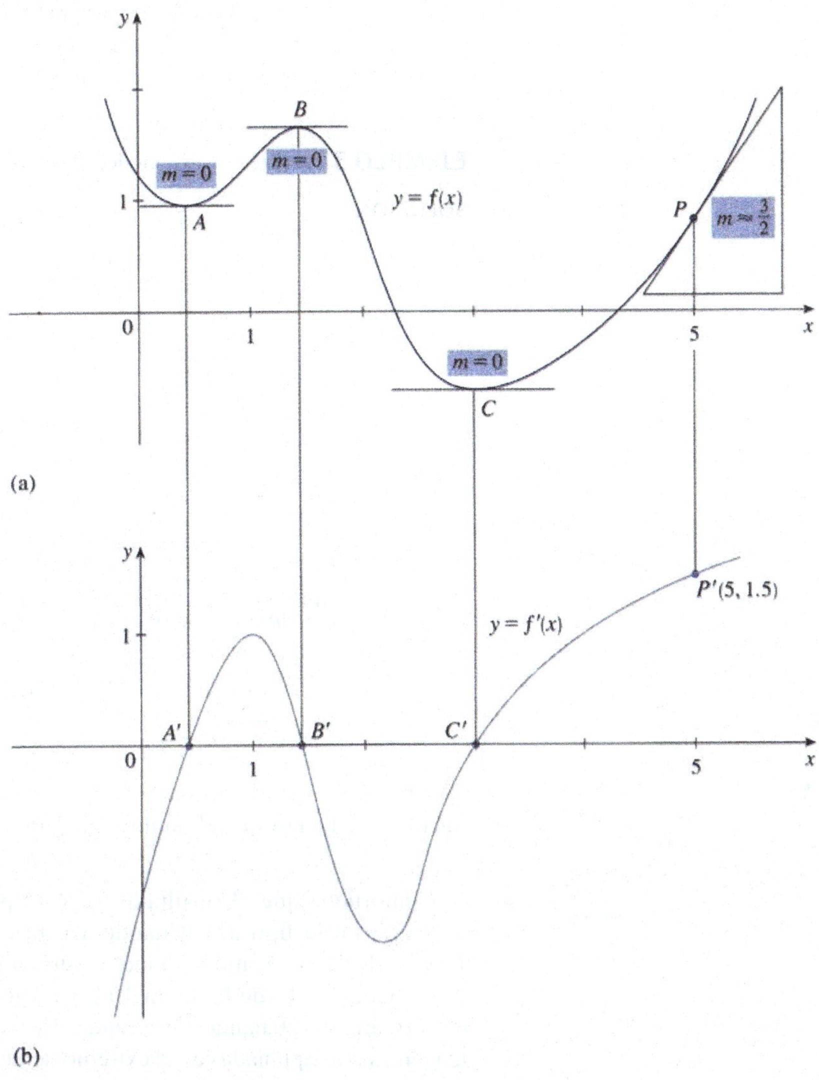

FIGURA 2

■

EJEMPLO 2
(a) Si $f(x) = x^3 - x$, encuentre una fórmula para $f'(x)$.
(b) Ilustre esta fórmula comparando las gráficas de f y f'.

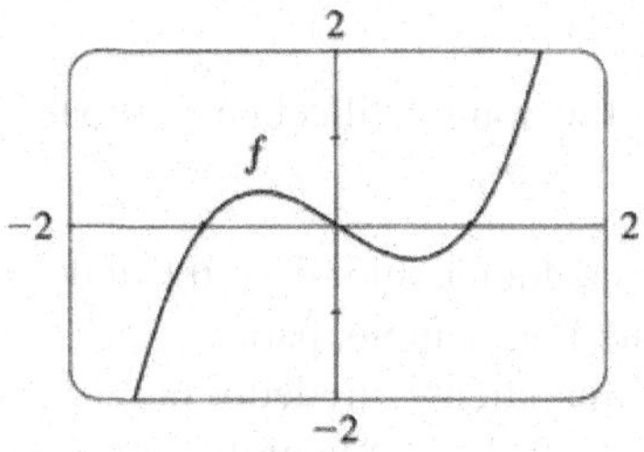

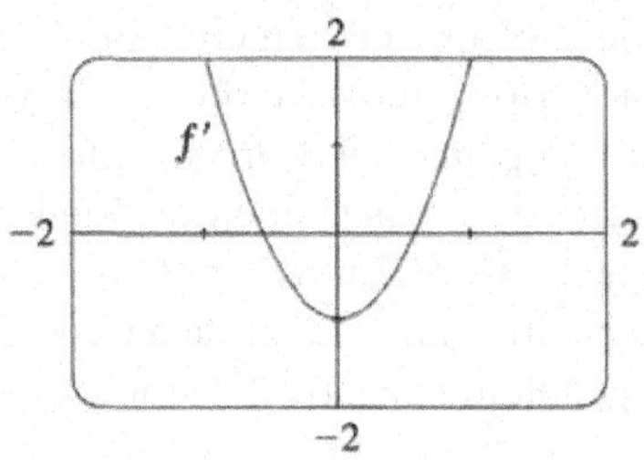

FIGURA 3

SOLUCIÓN

(a) Cuando se usa la ecuación 2 para calcular una derivada, hay que recordar que la variable es h y que x se considera temporalmente como una constante durante el cálculo del límite.

$$\begin{aligned} f'(x) &= \lim_{h \to 0} \frac{f(x+h) - f(x)}{h} = \lim_{h \to 0} \frac{[(x+h)^3 - (x+h)] - [x^3 - x]}{h} \\ &= \lim_{h \to 0} \frac{x^3 + 3x^2h + 3xh^2 + h^3 - x - h - x^3 + x}{h} \\ &= \lim_{h \to 0} \frac{3x^2h + 3xh^2 + h^3 - h}{h} \\ &= \lim_{h \to 0} (3x^2 + 3xh + h^2 - 1) = 3x^2 - 1 \end{aligned}$$

(b) Use un dispositivo de graficación para trazar las gráficas de f y f' de la figura 3. Observe que $f'(x) = 0$ cuando f tiene tangentes horizontales y que $f'(x)$ es positiva cuando las tangentes tienen pendientes positivas. De modo que estas gráficas sirven como comprobación de nuestro trabajo del inciso (a). ■

EJEMPLO 3 Si $f(x) = \sqrt{x}$, encuentre la derivada de f. Indique el dominio de f'.

SOLUCIÓN

$$\begin{aligned} f'(x) &= \lim_{h \to 0} \frac{f(x+h) - f(x)}{h} \\ &= \lim_{h \to 0} \frac{\sqrt{x+h} - \sqrt{x}}{h} \\ &= \lim_{h \to 0} \left(\frac{\sqrt{x+h} - \sqrt{x}}{h} \cdot \frac{\sqrt{x+h} + \sqrt{x}}{\sqrt{x+h} + \sqrt{x}} \right) \qquad \text{(Racionalice el numerador)} \\ &= \lim_{h \to 0} \frac{(x+h) - x}{h\left(\sqrt{x+h} + \sqrt{x}\right)} = \lim_{h \to 0} \frac{h}{h\left(\sqrt{x+h} + \sqrt{x}\right)} \\ &= \lim_{h \to 0} \frac{1}{\sqrt{x+h} + \sqrt{x}} = \frac{1}{\sqrt{x} + \sqrt{x}} = \frac{1}{2\sqrt{x}} \end{aligned}$$

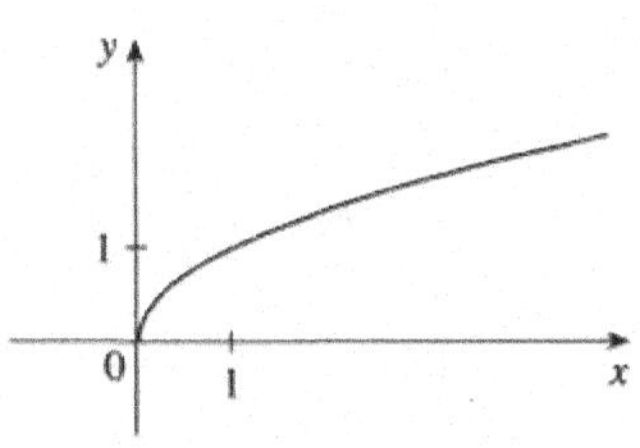

(a) $f(x) = \sqrt{x}$

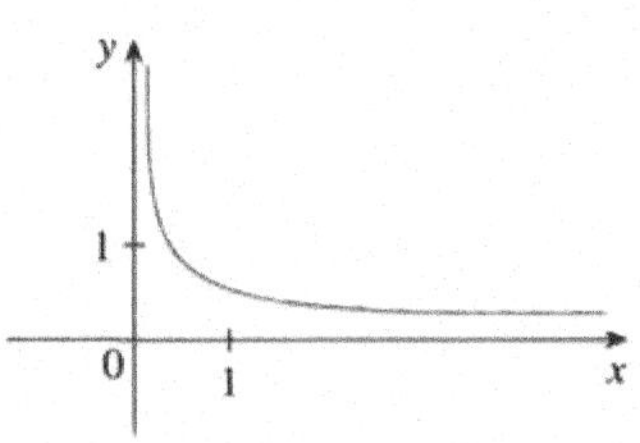

(b) $f'(x) = \dfrac{1}{2\sqrt{x}}$

FIGURA 4

Observe que $f'(x)$ existe si $x > 0$, de modo que el dominio de f' es $(0, \infty)$. Este es, ligeramente menor que el dominio de f, que es $[0, \infty)$. ■

Compruebe que el resultado del ejemplo 3 es razonable observando las gráficas de f y f' en la figura 4. Cuando x está cerca de 0, $\sqrt{x}$ está cerca de 0, por tanto, $f'(x) = 1/(2\sqrt{x})$ es muy grande, y esto corresponde a rectas tangentes muy pronunciadas cerca de (0, 0) de la figura 4(a), y a valores grandes de $f'(x)$ justo a la derecha de 0 en la figura 4(b). Cuando x es grande, $f'(x)$ es muy pequeña, y esto corresponde a rectas tangentes más aplanadas en el extremo derecho de la gráfica de f y a la asíntota horizontal de la gráfica de f'.

EJEMPLO 4 Encuentre f' si $f(x) = \dfrac{1 - x}{2 + x}$.

SOLUCIÓN

$$f'(x) = \lim_{h \to 0} \frac{f(x + h) - f(x)}{h}$$

$$= \lim_{h \to 0} \frac{\dfrac{1 - (x + h)}{2 + (x + h)} - \dfrac{1 - x}{2 + x}}{h}$$

$$\frac{\dfrac{a}{b} - \dfrac{c}{d}}{e} = \frac{ad - bc}{bd} \cdot \frac{1}{e}$$

$$= \lim_{h \to 0} \frac{(1 - x - h)(2 + x) - (1 - x)(2 + x + h)}{h(2 + x + h)(2 + x)}$$

$$= \lim_{h \to 0} \frac{(2 - x - 2h - x^2 - xh) - (2 - x + h - x^2 - xh)}{h(2 + x + h)(2 + x)}$$

$$= \lim_{h \to 0} \frac{-3h}{h(2 + x + h)(2 + x)} = \lim_{h \to 0} \frac{-3}{(2 + x + h)(2 + x)} = -\frac{3}{(2 + x)^2}$$ ■

Leibniz

Gottfried Wilhelm Leibniz nació en Leipzig, en 1646, y estudió leyes, teología, filosofía y matemáticas en la universidad local, donde se graduó de bachiller a los 17 años. Después de lograr su doctorado en leyes a la edad de 20, ingresó al servicio diplomático y pasó la mayor parte de su vida viajando por las capitales de Europa, en misiones políticas. En particular, trabajó para conjurar una amenaza militar francesa contra Alemania e intentó reconciliar a las Iglesias católica y protestante.

Su estudio formal de las matemáticas no se inició sino hasta 1672, cuando se encontraba en una misión diplomática en París. Allí construyó una máquina para realizar cálculos y se encontró con científicos, como Huygens, quienes dirigieron su atención hacia los desarrollos más recientes en matemáticas y en ciencias. Leibniz se empeñó en desarrollar una lógica simbólica y un sistema de notación que simplificara el razonamiento lógico. En particular, su versión del cálculo, que publicó en 1684, estableció la notación y las reglas para encontrar derivadas que aún se usan en la actualidad.

Por desgracia, en la década de 1690 surgió una terrible disputa entre los seguidores de Newton y los de Leibniz acerca de quién había inventado el cálculo. Leibniz incluso fue acusado de plagio por los miembros de la Real Academia de Inglaterra. La verdad es que cada uno lo inventó por separado. Newton llegó primero a su versión del cálculo, pero —debido a su temor a la controversia—, no la publicó de inmediato. Por tanto, el informe de Leibniz del cálculo en 1684 fue el primero en publicarse.

■ Otras notaciones

Si usa la notación tradicional $y = f(x)$ para indicar que la variable independiente es x y la dependiente es y, entonces algunas otras notaciones comunes para la derivada son:

$$f'(x) = y' = \frac{dy}{dx} = \frac{df}{dx} = \frac{d}{dx} f(x) = Df(x) = D_x f(x)$$

Los símbolos D y d/dx se llaman **operadores de derivación** porque indican la operación de derivación, que es el proceso de calcular una derivada.

El símbolo dy/dx, introducido por Leibniz, no se debe considerar como una razón (por ahora); es sencillamente un sinónimo de $f'(x)$. No obstante, es una notación útil y sugerente, en especial cuando se usa en la notación de incrementos. Con la ecuación 2.7.6, se puede reescribir la definición de derivada en la notación de Leibniz en la forma

$$\frac{dy}{dx} = \lim_{\Delta x \to 0} \frac{\Delta y}{\Delta x}$$

Si desea indicar el valor de una derivada dy/dx en la notación de Leibniz en un número específico a, use la notación

$$\left.\frac{dy}{dx}\right|_{x=a} \quad \text{o} \quad \left.\frac{dy}{dx}\right]_{x=a}$$

que es un sinónimo para $f'(a)$. La barra vertical significa "evaluar en".

3 Definición Una función f es **derivable en a** si $f'(a)$ existe. Es **derivable en un intervalo abierto** (a, b) [o (a, ∞) o $(-\infty, a)$ o $(-\infty, \infty)$] si es derivable en todo número del intervalo.

EJEMPLO 5 ¿Dónde es derivable la función $f(x) = |x|$?

SOLUCIÓN Si $x > 0$, entonces $|x| = x$ y se puede elegir h suficientemente pequeño de modo que $x + h > 0$, de aquí que $|x + h| = x + h$. Por tanto, para $x > 0$ se tiene

$$f'(x) = \lim_{h \to 0} \frac{|x + h| - |x|}{h} = \lim_{h \to 0} \frac{(x + h) - x}{h}$$

$$= \lim_{h \to 0} \frac{h}{h} = \lim_{h \to 0} 1 = 1$$

y, por consiguiente, f es derivable para cualquier $x > 0$.

De manera análoga, para $x < 0$ se tiene que $|x| = -x$ y se puede elegir h suficientemente pequeña para que $x + h < 0$ y, así, $|x + h| = -(x + h)$. Por tanto, para $x < 0$,

$$f'(x) = \lim_{h \to 0} \frac{|x + h| - |x|}{h} = \lim_{h \to 0} \frac{-(x + h) - (-x)}{h}$$

$$= \lim_{h \to 0} \frac{-h}{h} = \lim_{h \to 0} (-1) = -1$$

por lo que f es derivable para cualquier $x < 0$.

Para $x = 0$ se debe investigar

$$f'(0) = \lim_{h \to 0} \frac{f(0 + h) - f(0)}{h}$$

$$= \lim_{h \to 0} \frac{|0 + h| - |0|}{h} = \lim_{h \to 0} \frac{|h|}{h} \qquad \text{(si existe)}$$

Calcule por separado los límites por la izquierda y por la derecha:

$$\lim_{h \to 0^+} \frac{|h|}{h} = \lim_{h \to 0^+} \frac{h}{h} = \lim_{h \to 0^+} 1 = 1$$

y

$$\lim_{h \to 0^-} \frac{|h|}{h} = \lim_{h \to 0^-} \frac{-h}{h} = \lim_{h \to 0^-} (-1) = -1$$

Puesto que estos límites son diferentes, $f'(0)$ no existe. Así, f es derivable en toda x, excepto en $x = 0$.

Una fórmula para f' está dada por

$$f'(x) = \begin{cases} 1 & \text{si } x > 0 \\ -1 & \text{si } x < 0 \end{cases}$$

y su gráfica se muestra en la figura 5(b). El hecho de que $f'(0)$ no exista se refleja geométricamente en el hecho de que la curva $y = |x|$ no tiene una recta tangente en (0, 0). [Véase la figura 5(a).] ■

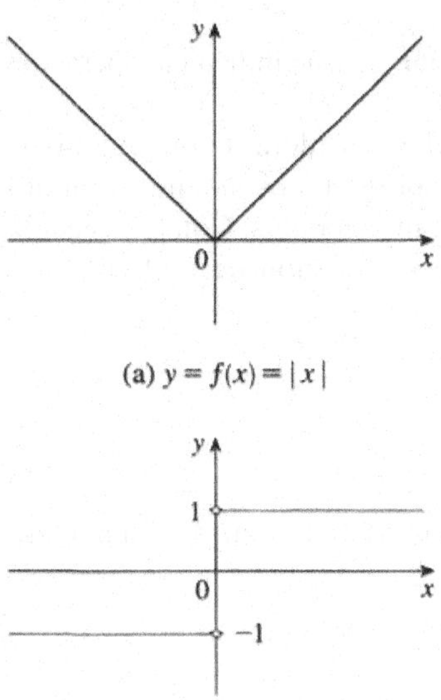

(a) $y = f(x) = |x|$

(b) $y = f'(x)$

FIGURA 5

Tanto la continuidad como la derivabilidad son propiedades deseables para una función. El teorema siguiente muestra cómo se relacionan estas propiedades.

> **4** **Teorema** Si f es derivable en a, entonces f es continua en a.

DEMOSTRACIÓN Para demostrar que f es continua en a, se debe demostrar que $\lim_{x\to a} f(x) = f(a)$. Para esto empiece por probar que la diferencia $f(x) - f(a)$ tiende a 0.

La información dada es que f es derivable en a; es decir,

$$f'(a) = \lim_{x\to a} \frac{f(x) - f(a)}{x - a}$$

SP Un aspecto importante de la solución de problemas es intentar encontrar una conexión entre lo dado y lo desconocido. Consulte el paso 2 (Piense en un plan) en *Principios para la resolución de problemas*, en la página 71.

existe (véase la ecuación 2.7.5). Para relacionar lo dado con lo desconocido, divida y multiplique $f(x) - f(a)$ por $x - a$ (lo cual es posible cuando $x \neq a$):

$$f(x) - f(a) = \frac{f(x) - f(a)}{x - a}(x - a)$$

De este modo, si usa la ley del producto y la ecuación (2.7.5), se puede escribir

$$\begin{aligned}\lim_{x\to a}[f(x) - f(a)] &= \lim_{x\to a} \frac{f(x) - f(a)}{x - a}(x - a)\\ &= \lim_{x\to a} \frac{f(x) - f(a)}{x - a} \cdot \lim_{x\to a}(x - a)\\ &= f'(a) \cdot 0 = 0\end{aligned}$$

Para utilizar lo que se acaba de demostrar, se comienza con $f(x)$ y se suma y se resta $f(a)$:

$$\begin{aligned}\lim_{x\to a} f(x) &= \lim_{x\to a}[f(a) + (f(x) - f(a))]\\ &= \lim_{x\to a} f(a) + \lim_{x\to a}[f(x) - f(a)]\\ &= f(a) + 0 = f(a)\end{aligned}$$

Por tanto, f es continua en a. ■

NOTA El inverso del teorema 4 es falso; es decir, hay funciones que son continuas, pero que no son derivables. Por ejemplo, la función $f(x) = |x|$ es continua en $x = 0$ porque

$$\lim_{x\to 0} f(x) = \lim_{x\to 0}|x| = 0 = f(0)$$

(Véase el ejemplo 2.3.7.) Pero en el ejemplo 5 se demostró que f no es derivable en 0.

■ ¿Cómo deja de ser derivable una función?

En el ejemplo 5 se vio que la función $y = |x|$ no es derivable en 0 y en la figura 5(a) se muestra que su gráfica cambia de dirección repentinamente cuando $x = 0$. En general, si la gráfica de una función f tiene "esquinas" o "picos", la gráfica de f no tiene recta tangente en esos puntos y f no es derivable ahí. [Al intentar calcular $f'(a)$, se encuentra que los límites por la izquierda y por la derecha son diferentes.]

El teorema 4 da otra forma en que una función no tiene derivada. Este dice que si f no es continua en a, entonces f no es derivable en a. Por lo que, en cualquier discontinuidad (por ejemplo, una discontinuidad de salto), f no es derivable.

Una tercera posibilidad es que la curva tenga una **recta tangente vertical** cuando $x = a$; es decir, f es continua en a y

$$\lim_{x \to a} |f'(x)| = \infty$$

Esto significa que las rectas tangentes se vuelven más y más empinadas cuando $x \to a$. En la figura 6 se muestra una forma en que esto puede suceder; la figura 7(c) muestra otra. Las tres posibilidades que se acaban de analizar se ilustran en la figura 7.

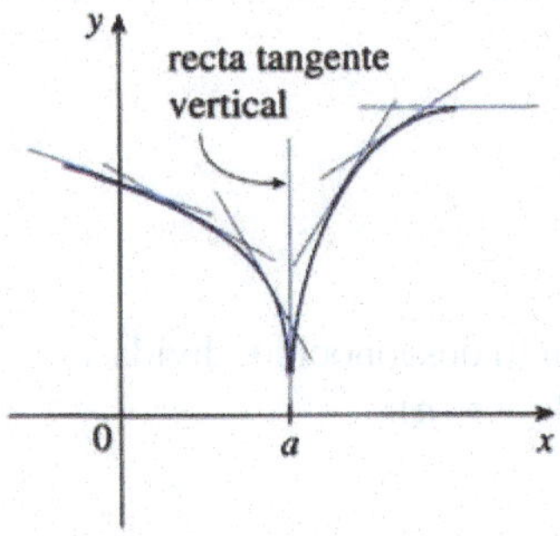

FIGURA 6

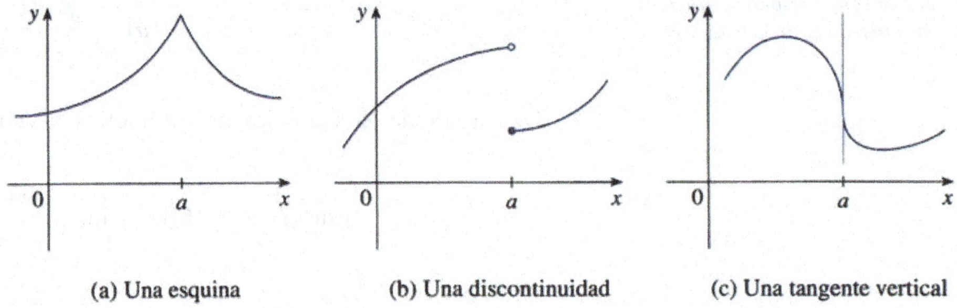

FIGURA 7
Tres maneras para que f no sea derivable en a

Una calculadora graficadora o una computadora ofrecen otra manera de ver la derivabilidad. Si f es derivable en a, entonces, con un acercamiento al punto $(a, f(a))$, la gráfica se alinea y adquiere más y más la apariencia de un recta. (Véase la figura 8. Un ejemplo específico es la figura 2.7.2.) Pero no importa cuánto se acerque a puntos como los de las figuras 6 y 7(a), no puede eliminar el pico o esquina (véase la figura 9).

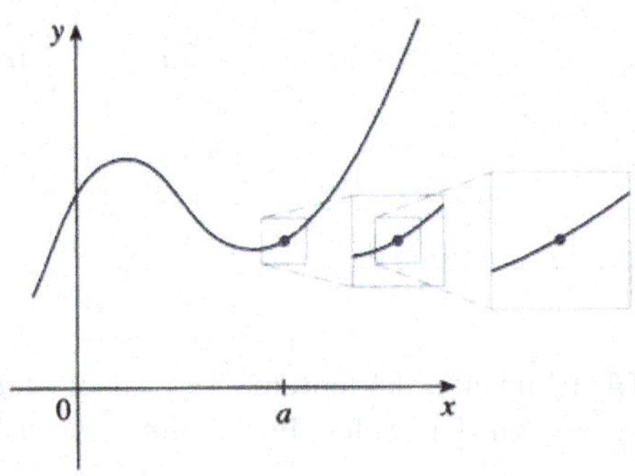

FIGURA 8
f es derivable en a

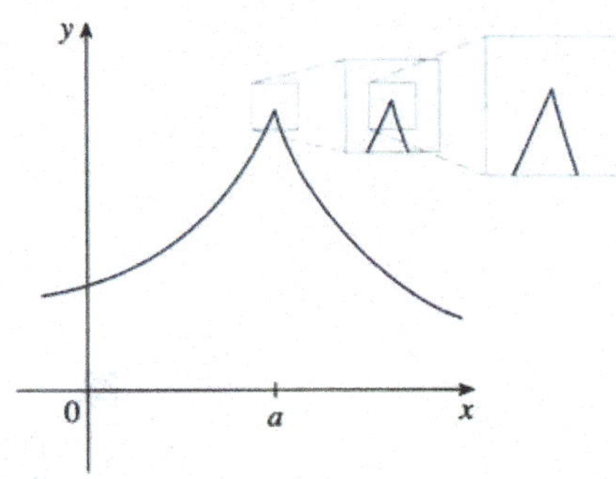

FIGURA 9
f no es derivable en a

Derivadas superiores

Si f es una función derivable, entonces su derivada f también es una función, por lo que f puede tener una derivada de sí misma, denotada por $(f')' = f''$. Esta nueva función f'' se llama **segunda derivada** de f porque es la derivada de la derivada de f. Utilizando la notación de Leibniz, la segunda derivada de $y = f(x)$ se escribe como

$$\underbrace{\frac{d}{dx}}_{\text{derivada de}} \underbrace{\left(\frac{dy}{dx}\right)}_{\text{primera derivada}} = \underbrace{\frac{d^2y}{dx^2}}_{\text{segunda derivada}}$$

EJEMPLO 6 Si $f(x) = x^3 - x$, encuentre e interprete $f''(x)$.

SOLUCIÓN En el ejemplo 2 se encuentra que la primera derivada es $f'(x) = 3x^2 - 1$. Por lo que la segunda derivada es

$$f''(x) = (f')'(x) = \lim_{h \to 0} \frac{f'(x+h) - f'(x)}{h}$$

$$= \lim_{h \to 0} \frac{[3(x+h)^2 - 1] - [3x^2 - 1]}{h}$$

$$= \lim_{h \to 0} \frac{3x^2 + 6xh + 3h^2 - 1 - 3x^2 + 1}{h}$$

$$= \lim_{h \to 0} (6x + 3h) = 6x$$

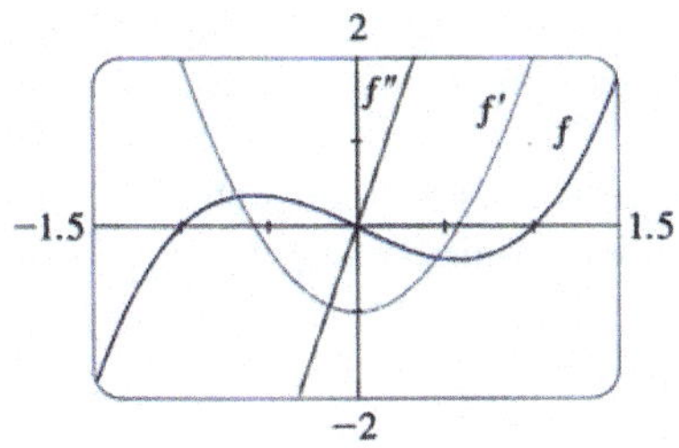

FIGURA 10

Las gráficas de f, f' y f'' se muestran en la figura 10.

Se puede interpretar $f''(x)$ como la pendiente de la curva $y = f'(x)$ en el punto $(x, f'(x))$. En otras palabras, es la razón de cambio de la pendiente de la curva original $y = f(x)$.

Observe de la figura 10 que $f''(x)$ es negativa cuando $y = f'(x)$ tiene pendiente negativa y es positiva cuando $y = f'(x)$ tiene pendiente positiva. De esta manera, las gráficas sirven como una comprobación de sus cálculos. ■

TEC En Module 2.8 usted puede ver cómo cambian los coeficientes de un polinomio f y cómo afectan el aspecto de la gráfica de f, f' y f''.

En general, una segunda derivada se puede interpretar como una razón de cambio de una razón de cambio. El ejemplo más conocido es la *aceleración*, que se define como sigue.

Si $s = s(t)$ es la función posición de un objeto que se desplaza en línea recta, su primera derivada representa la velocidad $v(t)$ del objeto como una función del tiempo:

$$v(t) = s'(t) = \frac{ds}{dt}$$

A la razón de cambio de la velocidad instantánea con respecto al tiempo se le llama **aceleración** $a(t)$ del objeto. En estos términos, la función aceleración es la derivada de la función velocidad y, en consecuencia, es la segunda derivada de la función posición:

$$a(t) = v'(t) = s''(t)$$

o en la notación de Leibniz,

$$a = \frac{dv}{dt} = \frac{d^2s}{dt^2}$$

La aceleración es el cambio de velocidad que se siente cuando se acelera o se desacelera en un auto.

La **tercera derivada** f''' es la derivada de la segunda derivada: $f''' = (f'')'$. Por lo que, $f(x)$ se puede interpretar como la pendiente de la curva $y = f''(x)$ o como la razón de cambio de $f''(x)$. Si $y = f(x)$, entonces, las notaciones alternativas para la tercera derivada son

$$y''' = f'''(x) = \frac{d}{dx}\left(\frac{d^2y}{dx^2}\right) = \frac{d^3y}{dx^3}$$

Se puede interpretar físicamente la tercera derivada en el caso donde la función es la función posición $s = s(t)$ de un objeto que se desplaza a lo largo de una línea recta. Como $s''' = (s'')' = a'$, la tercera derivada de la función posición es la derivada de la función aceleración y se le denomina **jerk** (tirón):

$$j = \frac{da}{dt} = \frac{d^3s}{dt^3}$$

Así, el jerk, j, es la razón de cambio de la aceleración. Es un nombre apropiado porque un gran jerk significa un cambio repentino de aceleración, que ocasiona un movimiento repentino en un vehículo.

El proceso de derivación puede continuar. La cuarta derivada f'''' usualmente se denota mediante $f^{(4)}$. En general, la n-ésima derivada de f se denota mediante $f^{(n)}$ y se obtiene derivando n veces a f. Si $y = f(x)$, se escribe

$$y^{(n)} = f^{(n)}(x) = \frac{d^n y}{dx^n}$$

EJEMPLO 7 Si $f(x) = x^3 - x$, encuentre $f'''(x)$ y $f^{(4)}(x)$.

SOLUCIÓN En el ejemplo 6 se encuentra que $f''(x) = 6x$. La gráfica de la segunda derivada tiene ecuación $y = 6x$ y así, es una línea recta con pendiente 6. Ya que la derivada $f'''(x)$ es la pendiente de $f''(x)$, se tiene

$$f'''(x) = 6$$

para todos los valores de x. Por tanto f''' es una función constante y su gráfica es una recta horizontal. Por tanto, para todos los valores de x,

$$f^{(4)}(x) = 0$$ ■

Se ha visto que una aplicación de la segunda y tercera derivada sucede al analizar el movimiento de objetos empleando aceleración y jerk. Se investigará otra aplicación de la segunda derivada en la sección 4.3, donde se muestra cómo el conocer f'' da información acerca de la forma de la gráfica de f. En el capítulo 11 se verá cómo la segunda derivada y las derivadas superiores nos permiten representar funciones como sumas de series infinitas.

2.8 EJERCICIOS

1–2 Utilice la gráfica que se proporciona para calcular el valor de cada derivada. Luego trace la gráfica de f'.

1. (a) $f'(-3)$ (b) $f'(-2)$ (c) $f'(-1)$ (d) $f'(0)$
(e) $f'(1)$ (f) $f'(2)$ (g) $f'(3)$

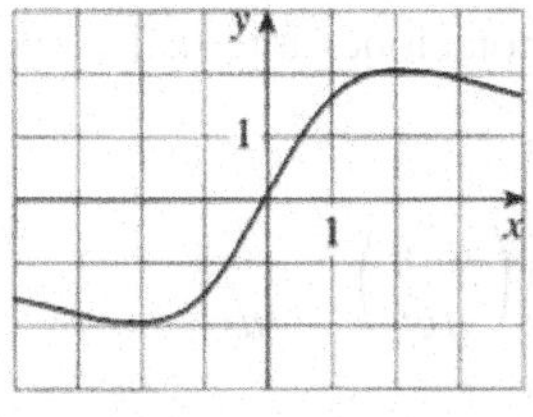

2. (a) $f'(0)$ (b) $f'(1)$ (c) $f'(2)$ (d) $f'(3)$
(e) $f'(4)$ (f) $f'(5)$ (g) $f'(6)$ (h) $f'(7)$

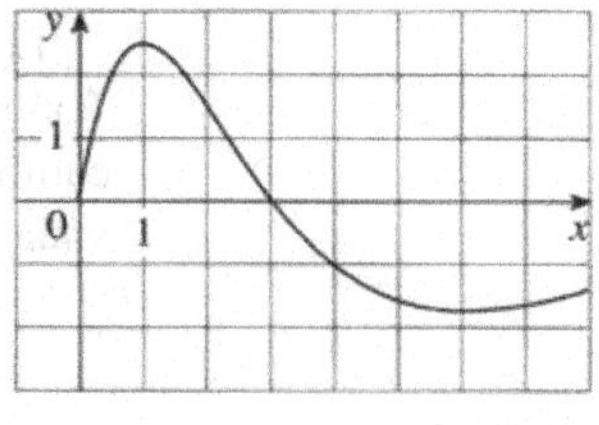

3. Relacione la gráfica de cada función dada en las figuras (a)-(d) con las gráficas de sus derivadas en las figuras I-IV. Dé las razones para sus selecciones.

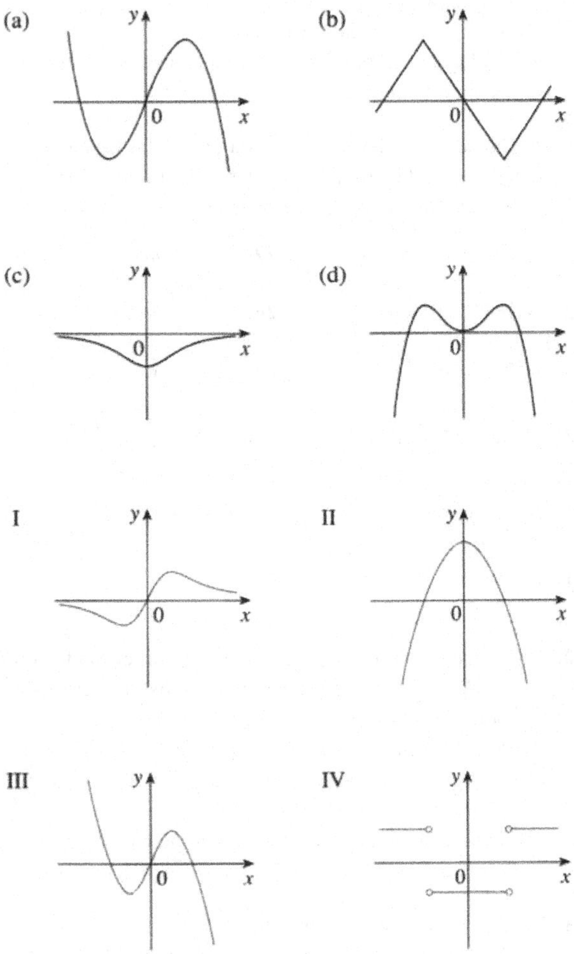

4–11 Trace o copie la gráfica de la función dada f. (Suponga que los ejes tienen escalas iguales.) Luego utilice el método del ejemplo 1 para trazar la gráfica de f' debajo de esta.

4.

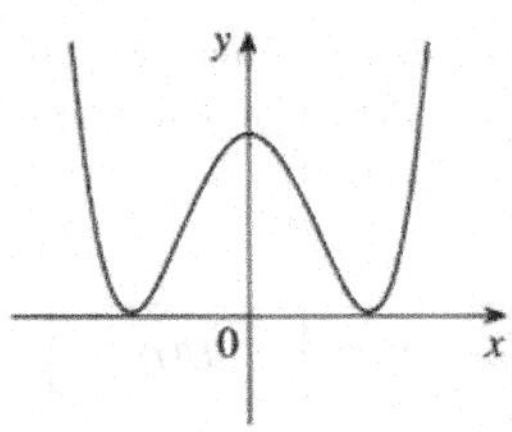

5.

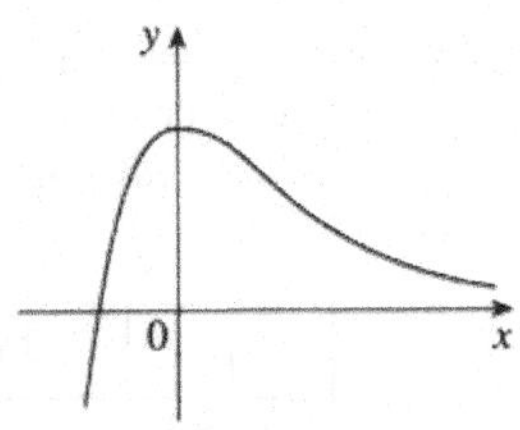

6.

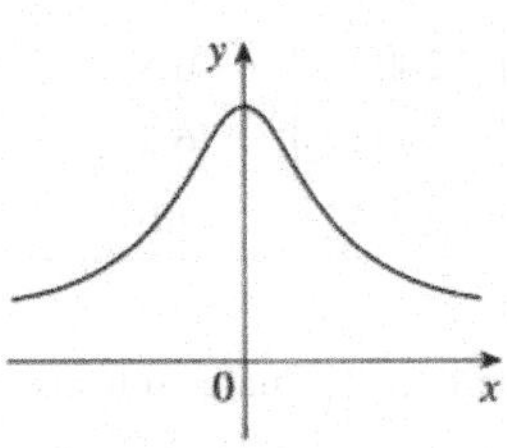

7.

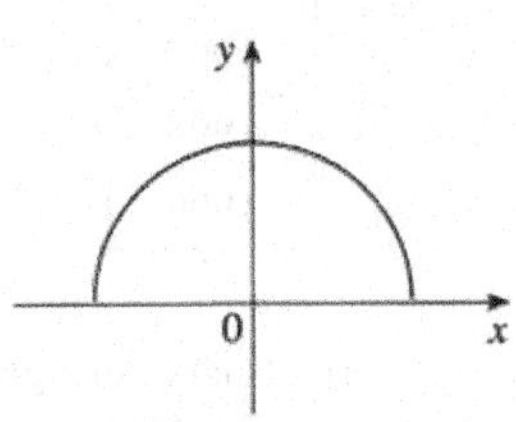

8.

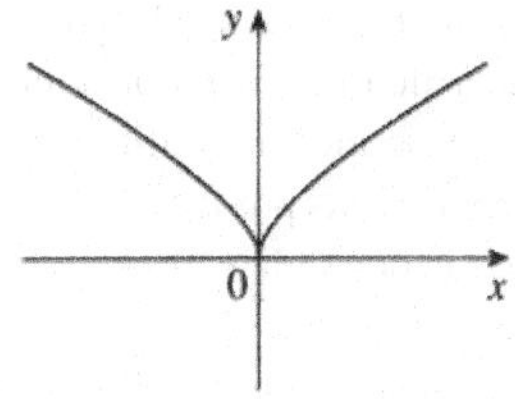

9.

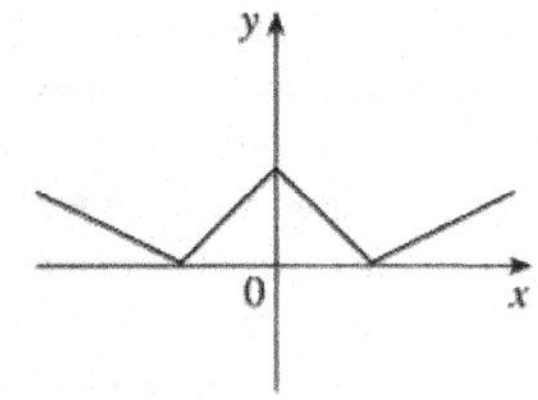

10.

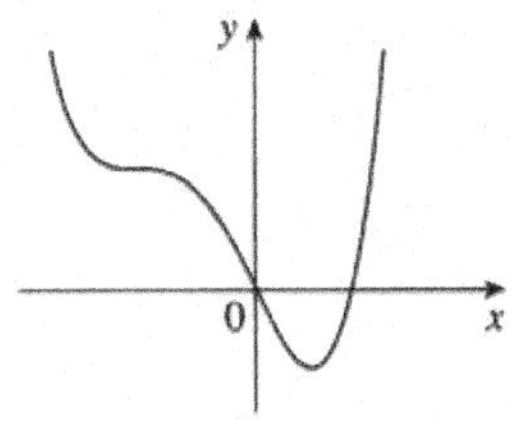

11.

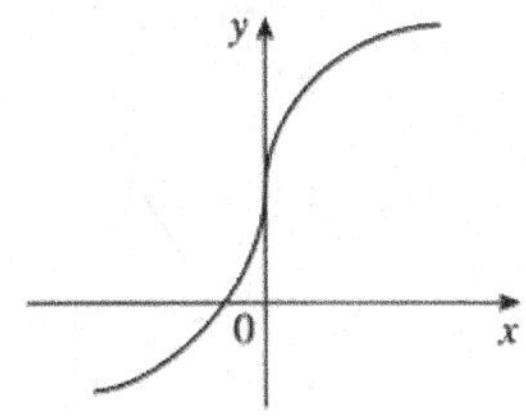

12. Se muestra la gráfica de la función población $P(t)$ para células de levadura en un cultivo de laboratorio. Utilice el método del ejemplo 1 para trazar la gráfica de la derivada $P'(t)$. ¿Qué indica la gráfica de P' acerca de la población de levadura?

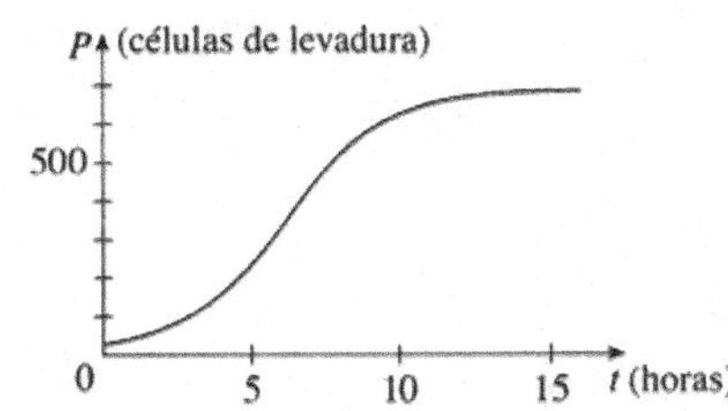

13. Una batería recargable se conecta con un cargador. La gráfica muestra $C(t)$, el porcentaje de capacidad que la batería alcanza como una función del tiempo t transcurrido (en horas).

(a) ¿Cuál es el significado de la derivada $C'(t)$?

(b) Trace la gráfica de $C'(t)$. ¿Qué le indica la gráfica?

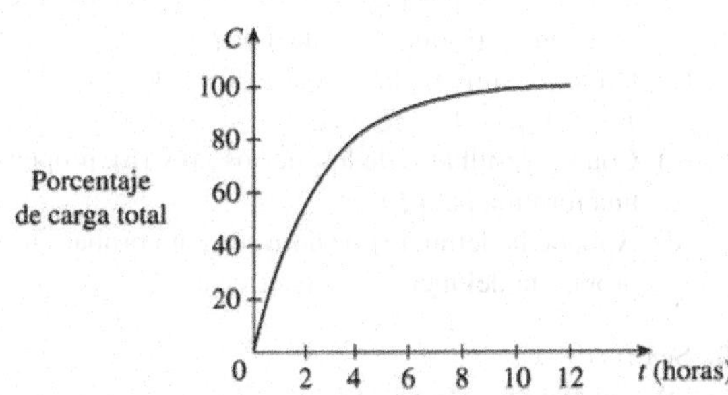

14. La gráfica (del Departamento de Energía de EE. UU.) muestra cómo afecta la rapidez de manejo el consumo de combustible. La economía F se mide en millas por galón, y la rapidez v se mide en millas por hora.
(a) ¿Cuál es el significado de la derivada $F'(v)$?
(b) Trace la gráfica de la derivada de $F'(v)$.
(c) ¿A qué rapidez debería manejar si quiere ahorrar combustible?

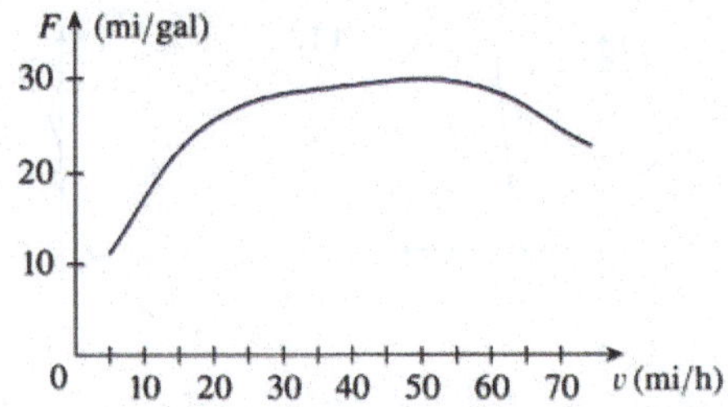

15. La gráfica ilustra cómo ha variado la edad promedio en que contraían matrimonio por primera vez los hombres japoneses en la segunda mitad del siglo XX. Trace la gráfica de la función derivada $M'(t)$. ¿Durante cuáles años fue negativa la derivada?

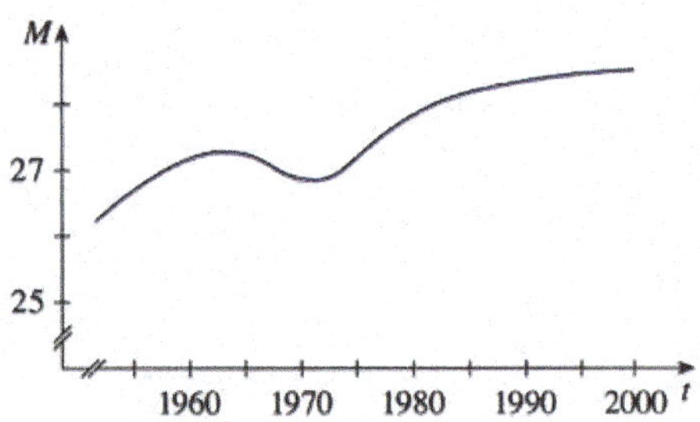

16–18 Trace una gráfica cuidadosa de f y debajo de esta la gráfica de f' de la misma manera que en los ejercicios 4-11. ¿Puede intuir una fórmula para $f(x)$ a partir de su gráfica?

16. $f(x) = \operatorname{sen} x$ **17.** $f(x) = e^x$ **18.** $f(x) = \ln x$

---

19. Sea $f(x) = x^2$.
(a) Estime los valores de $f'(0)$, $f'(\frac{1}{2})$, $f'(1)$ y $f'(2)$ usando un dispositivo de graficación para hacer un acercamiento sobre la gráfica de f.
(b) Utilice la simetría para deducir los valores de $f'(-\frac{1}{2})$, $f'(-1)$ y $f'(-2)$.
(c) Con los resultados de los incisos (a) y (b), proponga una fórmula para $f'(x)$.
(d) Aplique la definición de derivada para probar que su propuesta del inciso (c) es correcta.

20. Sea $f(x) = x^3$.
(a) Calcule los valores de $f'(0)$, $f'(\frac{1}{2})$, $f'(1)$, $f'(2)$ y $f'(3)$ usando un dispositivo de graficación para hacer un acercamiento de la gráfica de f.
(b) Aplique la simetría para deducir los valores de $f'(-\frac{1}{2})$, $f'(-1)$, $f'(-2)$ y $f'(-3)$.
(c) Utilice los valores de los incisos (a) y (b) para trazar la gráfica de f'.
(d) Infiera una fórmula para $f'(x)$.
(e) Aplique la definición de derivada para demostrar que su propuesta del inciso (d) es correcta.

21–31 Encuentre la derivada de cada una de las funciones siguientes usando la definición de derivada. Indique los dominios de la función y de su derivada.

21. $f(x) = 3x - 8$ **22.** $f(x) = mx + b$

23. $f(t) = 2.5t^2 + 6t$ **24.** $f(x) = 4 + 8x - 5x^2$

25. $f(x) = x^3 - 3x + 5$ **26.** $f(x) = x + \sqrt{x}$

27. $g(x) = \sqrt{9 - x}$ **28.** $f(x) = \dfrac{x^2 - 1}{2x - 3}$

29. $G(t) = \dfrac{1 - 2t}{3 + t}$ **30.** $f(x) = x^{3/2}$

31. $f(x) = x^4$

---

32. (a) Trace la gráfica de $f(x) = \sqrt{6 - x}$ comenzando con la gráfica de $y = \sqrt{x}$ aplicando las transformaciones de la sección 1.3.
(b) Use la gráfica del inciso (a) para trazar la gráfica de f'.
(c) Aplique la definición de derivada para encontrar $f'(x)$. ¿Cuáles son los dominios de f y de f'?
(d) Utilice un dispositivo de graficación para trazar la grafica de f' y compárela con su trazo del inciso (b).

33. (a) Si $f(x) = x^4 + 2x$, encuentre $f'(x)$.
(b) Vea si su respuesta al inciso (a) es razonable comparando las gráficas de f y de f'.

34. (a) Si $f(x) = x + 1/x$, encuentre $f'(x)$.
(b) Vea si su respuesta al inciso (a) es razonable comparando las gráficas de f y de f'.

35. La tasa de desempleo $U(t)$ varía con el tiempo. La tabla da el porcentaje de desempleo en la fuerza laboral australiana medida a medio año de 1995 a 2004.

t	$U(t)$	t	$U(t)$
1995	8.1	2000	6.2
1996	8.0	2001	6.9
1997	8.2	2002	6.5
1998	7.9	2003	6.2
1999	6.7	2004	5.6

(a) ¿Cuál es el significado de $U'(t)$? ¿Cuáles son sus unidades?
(b) Construya una tabla de valores estimados para $U'(t)$.

36. Sea $P(t)$ el porcentaje de población de Filipinas arriba de 60 años de edad en el instante t. La tabla da las proyecciones de los valores de esta función de 1995 a 2020.

t	$P(t)$	t	$P(t)$
1995	5.2	2010	6.7
2000	5.5	2015	7.7
2005	6.1	2020	8.9

(a) ¿Cuál es el significado de $P'(t)$? ¿Cuáles son sus unidades?
(b) Construya una tabla de valores para $P'(t)$.
(c) Trace la gráfica de P y P'.

37. La tabla da la altura conforme pasa el tiempo de un árbol de pino típico de madera en un sitio administrado.

Edad tres (años)	14	21	28	35	42	49
Altura (pies)	41	54	64	72	78	83

Fuente: Arkansas Forestry Commission

Si $H(t)$ es la altura del árbol después de t años, construya una tabla de valores calculados para H' y trace su gráfica.

38. La temperatura del agua afecta la tasa de crecimiento de la trucha de arroyo. La tabla muestra la cantidad de peso ganado por la trucha de arroyo después de 24 días con diferentes temperaturas del agua.

Temperatura (°C)	15.5	17.7	20.0	22.4	24.4
Peso ganado (g)	37.2	31.0	19.8	9.7	−9.8

Si $W(x)$ es la ganancia de peso a la temperatura x, construya una tabla de valores estimados de W' y trace su gráfica. ¿Cuáles son las unidades de $W'(x)$?

Fuente: Adaptado de J. Chadwick Jr., "Temperature Effects on Growth and Stress Physiology of Brook Trout: Implications for Climate Change Impacts on an Iconic Cold-Water Fish." *Masters Theses.* Paper 897. 2012. scholarworks.umass.edu/theses/897.

39. Sea P el porcentaje de energía eléctrica de una ciudad que se produce por paneles solares t años después del 1 de enero de 2000.
(a) ¿Qué representa dP/dt en este contexto?
(b) Interprete el enunciado

$$\left.\frac{dP}{dt}\right|_{t=2} = 3.5$$

40. Suponga que N es el número de personas en Canadá que viajan en coche a otra provincia para vacacionar este año cuando el precio promedio de gasolina es de p dólares por litro. ¿Espera dN/dp sea positiva o negativa? Explique su respuesta.

41–44 Observe la gráfica de f. Indique, con razones, los números en los que f *no* es derivable.

41.

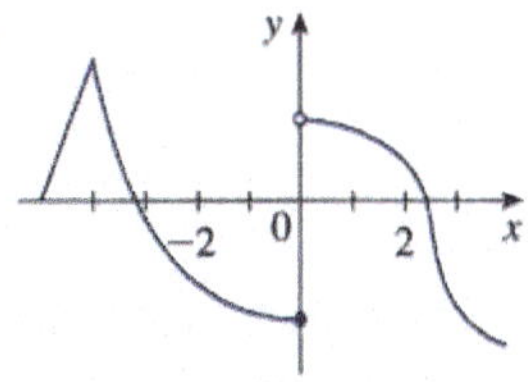

42.

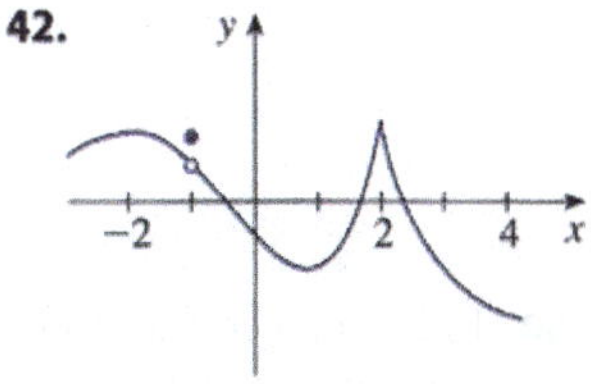

43.

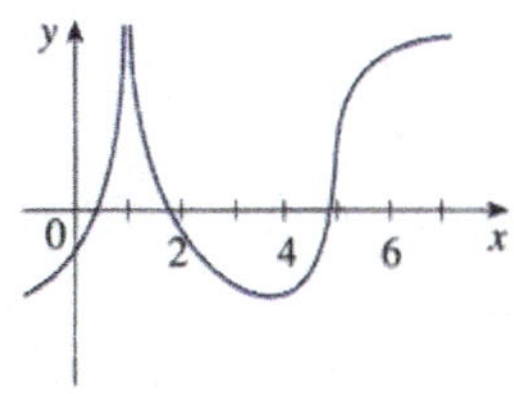

44.

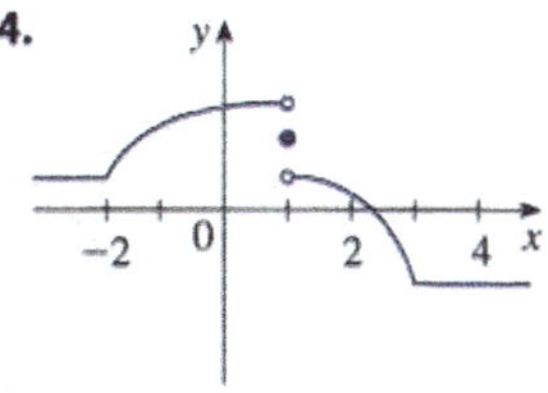

45. Trace la gráfica de la función $f(x) = x + \sqrt{|x|}$. Haga acercamientos sucesivos primero hacia el punto $(-1, 0)$ y luego en dirección al origen. ¿Qué diferencia existe en cuanto al comportamiento de f en las cercanías de estos dos puntos? ¿Qué conclusiones infiere acerca de la derivabilidad de f?

46. Haga un acercamiento hacia los puntos $(1, 0)$, $(0, 1)$ y $(-1, 0)$ en la gráfica de la función $g(x) = (x^2 - 1)^{2/3}$. ¿Qué observa? Registre lo que observa en términos de la derivabilidad de g.

47–48 Se muestran las gráficas de una función f y su derivada f'. ¿Cuál es mayor $f'(-1)$ o $f''(-1)$?

47.

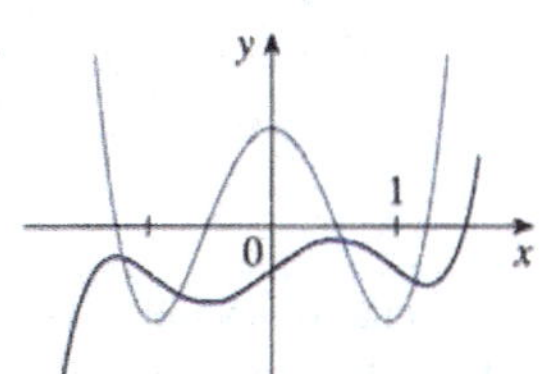

48.

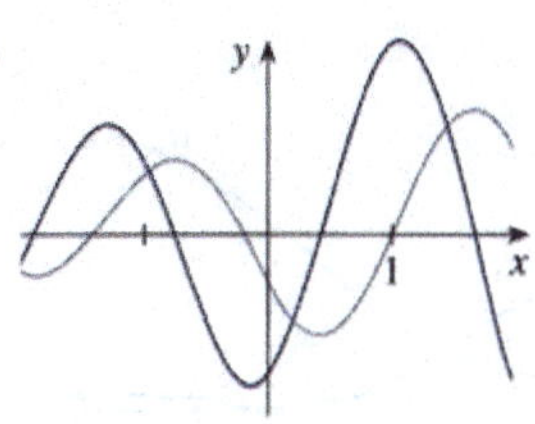

49. La figura muestra las gráficas de f, f' y f''. Indique cada curva y explique el porqué de su elección.

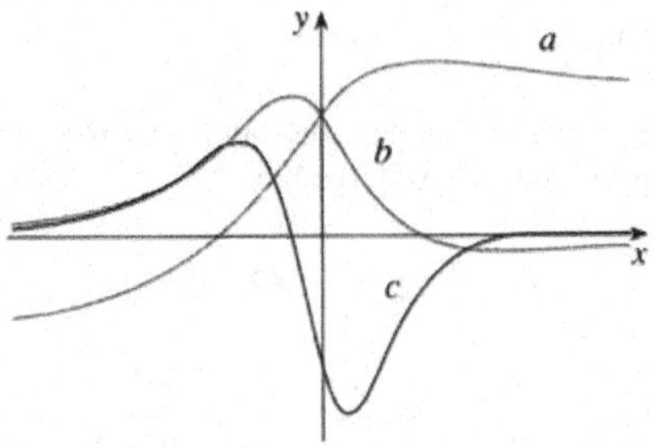

50. La figura muestra gráficas de f, f', f'' y f'''. Identifique cada curva y explique las razones de su elección.

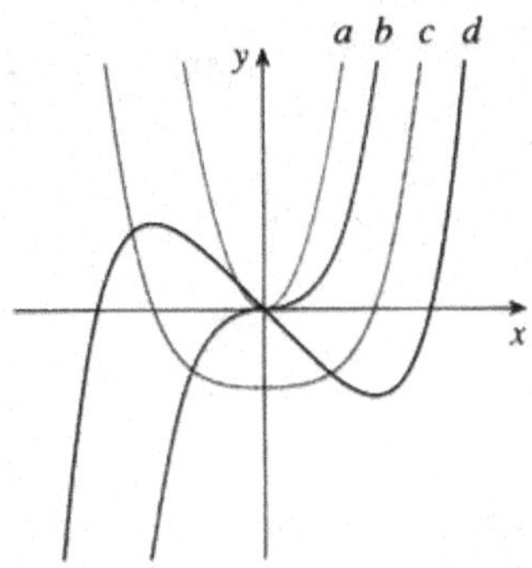

51. La figura muestra las gráficas de tres funciones. Una es la función posición de un automóvil, otra es la velocidad del mismo, y la de su aceleración. Identifique cada curva y explique las razones de su elección.

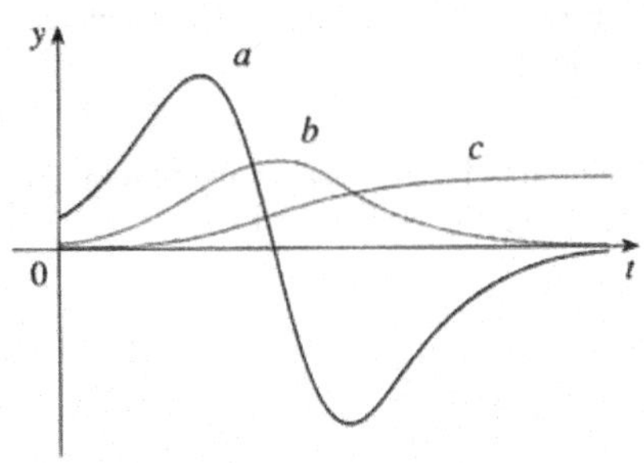

52. La figura muestra las gráficas de cuatro funciones. Una es la función de posición de un auto, la de velocidad, la de aceleración y la de su jerk. Identifique cada curva y explique los motivos de su elección.

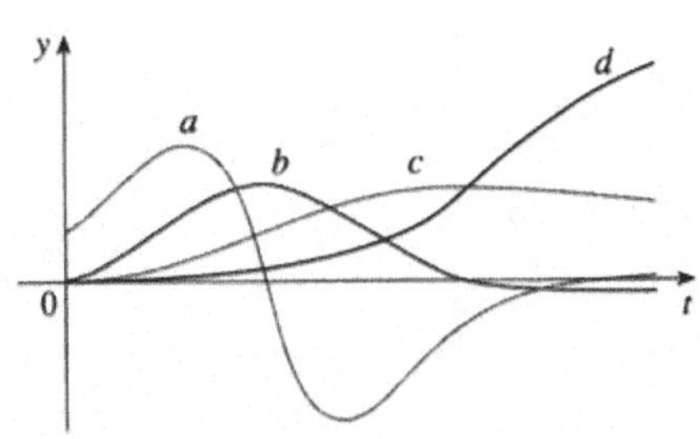

53–54 Utilice la definición de derivada para encontrar $f'(x)$ y $f''(x)$. Luego, trace la gráfica de f, f' y f'' en una misma pantalla y verifique para ver si sus respuestas son razonables.

53. $f(x) = 3x^2 + 2x + 1$ **54.** $f(x) = x^3 - 3x$

---

55. Si $f(x) = 2x^2 - x^3$ encuentre $f'(x)$, $f''(x)$ y $f'''(x)$ y $f^{(4)}(x)$. Trace la gráfica de f, f', f'' y f''' en una misma pantalla. ¿Las gráficas son consistentes con la interpretación geométrica de estas derivadas?

56. (a) Se muestra la gráfica de una función posición de un automóvil, donde s se mide en metros y t en segundos. Utilice la gráfica de la velocidad y la aceleración del automóvil. ¿Cuál es la aceleración en $t = 10$ segundos?

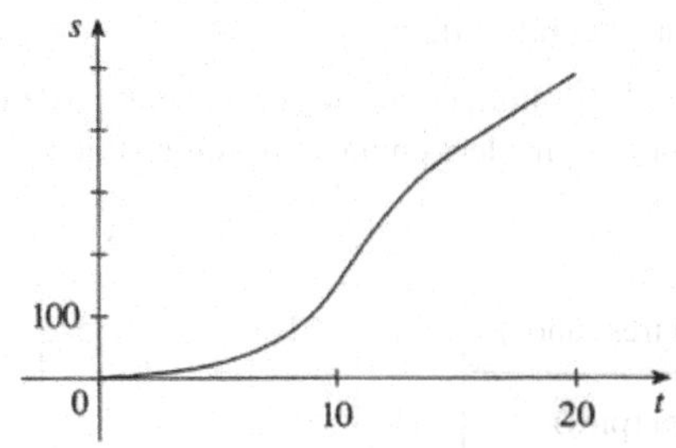

(b) Utilice la curva de aceleración del inciso (a) para calcular el jerk en $t = 10$ segundos. ¿Cuáles son las unidades del jerk?

57. Sea $f(x) = \sqrt[3]{x}$.
(a) Si $a \neq 0$, utilice la ecuación 2.7.5 para encontrar $f'(a)$.
(b) Demuestre que $f'(0)$ no existe.
(c) Demuestre que $y = \sqrt[3]{x}$ tiene una recta tangente vertical en (0, 0). (Recuerde: la forma de la función de f. Véase la figura 1.2.13.)

58. (a) Si $g(x) = x^{2/3}$, demuestre que $g''(0)$ no existe.
(b) Si $a \neq 0$, encuentre $g''(a)$.
(c) Demuestre que $y = x^{2/3}$ tiene una recta tangente vertical en (0, 0).
(d) Ilustre el inciso (c) al trazar la gráfica de $y = x^{2/3}$.

59. Demuestre que la función $f(x) = |x - 6|$ no es derivable en 6. Encuentre una fórmula para f' y trace su gráfica.

60. ¿Dónde no es derivable la función parte entera $f(x) = [\![x]\!]$? Encuentre una fórmula para f' y trace su gráfica.

61. (a) Trace la gráfica de la función $f(x) = x|x|$.
(b) ¿Para qué valores de x es f derivable?
(c) Encuentre una fórmula para f'.

62. (a) Trace la gráfica de la función $g(x) = x + |x|$.
(b) ¿Para qué valores de x es g derivable?
(c) Encuentre una fórmula para g'.

63. Recuerde que a una función f se le denomina *par* si $f(-x) = f(x)$ para toda x en su dominio, e *impar* si $f(-x) = -f(x)$ para toda x. Demuestre cada uno de los enunciados siguientes.
(a) La derivada de una función par es una función impar.
(b) La derivada de una función impar es una función par.

64. Las derivadas **por la izquierda** y **por la derecha** de f en a están definidas por

$$f'_-(a) = \lim_{h \to 0^-} \frac{f(a+h) - f(a)}{h}$$

y
$$f'_+(a) = \lim_{h \to 0^+} \frac{f(a+h) - f(a)}{h}$$

si estos límites existen. Entonces $f'(a)$ existe si y solo si estas derivadas laterales existen y son iguales.

(a) Determine $f'_-(4)$ y $f'_+(4)$ para la función

$$f(x) = \begin{cases} 0 & \text{si } x \leq 0 \\ 5 - x & \text{si } 0 < x < 4 \\ \dfrac{1}{5-x} & \text{si } x \geq 4 \end{cases}$$

(b) Trace la gráfica de f.

(c) ¿Dónde es discontinua f?

(d) ¿Dónde f no es derivable?

65. Nick comienza a correr y corre cada vez más rápido durante 3 minutos, luego camina durante 5 minutos. Se detiene en un cruce por 2 minutos, corre bastante rápido durante 5 minutos y camina durante 4 minutos.

(a) Trace una posible gráfica de la distancia s que Nick ha cubierto después de t minutos.

(b) Trace una gráfica de ds/dt.

66. Cuando abre el grifo del agua caliente, la temperatura T del agua depende del tiempo que el agua ha estado corriendo.

(a) Trace una posible gráfica de T como función del tiempo t transcurrido desde que abrió el grifo.

(b) Describa cómo varía la razón de cambio de T con respecto a t, conforme esta aumenta.

(c) Trace la gráfica de la derivada de T.

67. Sea ℓ la recta tangente a la parábola $y = x^2$ en el punto $(1, 1)$. El *ángulo de inclinación* de ℓ es el ángulo ϕ que ℓ forma con la dirección positiva del eje x. Calcule ϕ redondeado al grado más cercano.

2 REPASO

VERIFICACIÓN DE CONCEPTOS

Las respuestas a la verificación de conceptos se encuentran en las páginas finales del libro.

1. Explique qué significa cada uno de los enunciados siguientes e ilustre con un trazo.

(a) $\lim_{x \to a} f(x) = L$ (b) $\lim_{x \to a^+} f(x) = L$ (c) $\lim_{x \to a^-} f(x) = L$

(d) $\lim_{x \to a} f(x) = \infty$ (e) $\lim_{x \to \infty} f(x) = L$

2. Describa varias formas en que un límite puede no existir. Ilustre con gráficas.

3. Enuncie las leyes de los límites siguientes.

(a) Ley de la suma

(b) Ley de la diferencia

(c) Ley del múltiplo constante

(d) Ley del producto

(e) Ley del cociente

(f) Ley de la potencia

(g) Ley de la raíz

4. ¿Qué establece el teorema de la compresión?

5. (a) ¿Qué quiere darse a entender al decir que la recta $x = a$ es una asíntota vertical de la curva $y = f(x)$? Trace curvas para ilustrar las diversas posibilidades.

(b) ¿Qué significa decir que la recta $y = L$ es una asíntota horizontal de la curva $y = f(x)$? Trace curvas para ilustrar las diversas posibilidades.

6. ¿Cuáles de las curvas siguientes tienen asíntotas verticales? ¿Cuáles tienen asíntotas horizontales?

(a) $y = x^4$ (b) $y = \operatorname{sen} x$ (c) $y = \tan x$

(d) $y = \tan^{-1} x$ (e) $y = e^x$ (f) $y = \ln x$

(g) $y = 1/x$ (h) $y = \sqrt{x}$

7. (a) ¿Qué significa que f sea continua en a?

(b) ¿Qué significa que f sea continua sobre el intervalo $(-\infty, \infty)$? ¿Qué puede decir acerca de la gráfica de esta función?

8. (a) Dé ejemplos de funciones que sean continuas en $[-1, 1]$.

(b) Dé un ejemplo de una función que no sea continua en $[0, 1]$.

9. ¿Qué establece el teorema del valor intermedio?

10. Escriba una expresión para la pendiente de la recta tangente a la curva $y = f(x)$ en el punto $(a, f(a))$.

11. Suponga que un objeto se mueve a lo largo de una línea recta con posición $f(t)$ en el instante t. Escriba una expresión para la velocidad instantánea de un objeto en el instante $t = a$. ¿Cómo se puede interpretar esta velocidad en términos de la gráfica de f?

12. Si $y = f(x)$ y x cambia de x_1 a x_2, escriba expresiones para lo siguiente.

(a) La razón promedio de cambio de y con respecto a x a lo largo del intervalo $[x_1, x_2]$.

(b) La razón de cambio instantáneo de y con respecto a x en $x = x_1$.

13. Defina la derivada $f'(a)$. Analice dos maneras de interpretar este número.

14. Defina la segunda derivada de f. Si $f(t)$ es la función de posición de una partícula, ¿cómo puede interpretar la segunda derivada?

15. (a) ¿Qué significa que f sea derivable en a?
(b) ¿Cuál es la relación entre derivabilidad y continuidad de una función?
(c) Trace la gráfica de una función que sea continua, pero no derivable en $a = 2$.

16. Describa varias maneras en que una función puede no ser derivable. Ilustre con gráficas.

EXAMEN VERDADERO-FALSO

Determine si el enunciado es verdadero o falso. Si es verdadero explique por qué. Si es falso, explique por qué o dé un ejemplo que refute el enunciado.

1. $\displaystyle \lim_{x\to 4}\left(\frac{2x}{x-4}-\frac{8}{x-4}\right)=\lim_{x\to 4}\frac{2x}{x-4}-\lim_{x\to 4}\frac{8}{x-4}$

2. $\displaystyle \lim_{x\to 1}\frac{x^2+6x-7}{x^2+5x-6}=\frac{\lim_{x\to 1}(x^2+6x-7)}{\lim_{x\to 1}(x^2+5x-6)}$

3. $\displaystyle \lim_{x\to 1}\frac{x-3}{x^2+2x-4}=\frac{\lim_{x\to 1}(x-3)}{\lim_{x\to 1}(x^2+2x-4)}$

4. $\displaystyle \frac{x^2-9}{x-3}=x+3$

5. $\displaystyle \lim_{x\to 3}\frac{x^2-9}{x-3}=\lim_{x\to 3}(x+3)$

6. Si $\lim_{x\to 5} f(x) = 2$ y $\lim_{x\to 5} g(x) = 0$, entonces $\lim_{x\to 5} [f(x)/g(x)]$ no existe.

7. Si $\lim_{x\to 5} f(x) = 0$ y $\lim_{x\to 5} g(x) = 0$, entonces $\lim_{x\to 5} [f(x)/g(x)]$ no existe.

8. Si no existe el $\lim_{x\to a} f(x)$ y ni el $\lim_{x\to a} g(x)$, entonces $\lim_{x\to a} [f(x) + g(x)]$ no existe.

9. Si el $\lim_{x\to a} f(x)$ existe pero no existe el $\lim_{x\to a} g(x)$, entonces $\lim_{x\to a} [f(x) + g(x)]$ no existe.

10. Si existe el $\lim_{x\to 6} [f(x)g(x)]$ entonces el límite debe ser igual a $f(6)\,g(6)$.

11. Si p es un polinomio, entonces $\lim_{x\to b} p(x)= p(b)$

12. Si $\lim_{x\to 0} f(x) = \infty$ y $\lim_{x\to 0} g(x) = \infty$, entonces $\lim_{x\to 0} [f(x) - g(x)] = 0$.

13. Una función puede tener dos asíntotas horizontales distintas.

14. Si f tiene dominio $[0, \infty)$ y no tiene asíntota horizontal entonces $\lim_{x\to\infty} f(x) = \infty$ o $\lim_{x\to\infty} f(x) = -\infty$.

15. Si la recta $x = 1$ es una asíntota vertical de $y = f(x)$, entonces f no está definida en 1.

16. Si $f(1) > 0$ y $f(3) < 0$, entonces existe un número c entre 1 y 3 tal que $f(c) = 0$.

17. Si f es continua en 5 y $f(5) = 2$ y $f(4) = 3$, entonces $\lim_{x\to 2} f(4x^2 - 11) = 2$.

18. Si f es continua en $[-1, 1]$ y $f(-1) = 4$ y $f(1)= 3$, entonces existe un número r tal que $|r| < 1$ y $f(r) = \pi$.

19. Sea f una función tal que $\lim_{x\to 0} f(x) = 6$. Entonces existe un número positivo δ tal que si $0 < |x| < \delta$, entonces $|f(x) - 6| < 1$.

20. Si $f(x)> 1$ para toda x y $\lim_{x\to 0} f(x)$ existe, entonces $\lim_{x\to 0} f(x) > 1$.

21. Si f es continua en a, entonces f es derivable en a.

22. Si $f'(r)$ existe, entonces $\lim_{x\to r} f(x)= f(r)$.

23. $\displaystyle \frac{d^2y}{dx^2}=\left(\frac{dy}{dx}\right)^2$

24. La ecuación $x^{10} + 10x^2 + 5 = 0$ tiene una raíz en el intervalo $(0, 2)$.

25. Si f es continua en a, también lo es $|f|$.

26. Si $|f|$ es continua en a, también lo es f.

EJERCICIOS

1. Se da la gráfica de f.

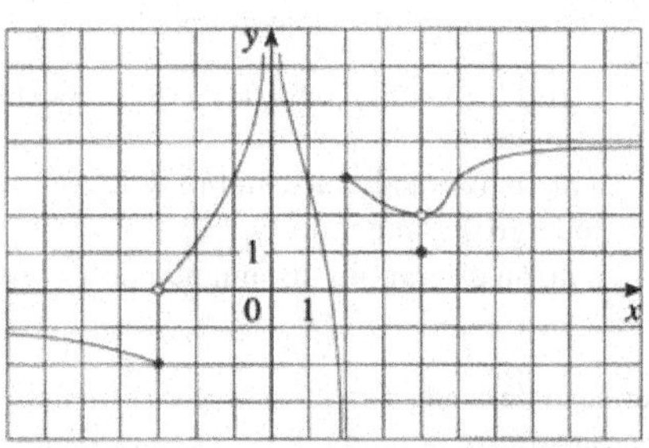

(a) Encuentre cada uno de los límites siguientes o explique por qué no existen.

(i) $\lim_{x\to 2^+} f(x)$ (ii) $\lim_{x\to -3^+} f(x)$ (iii) $\lim_{x\to -3} f(x)$
(iv) $\lim_{x\to 4} f(x)$ (v) $\lim_{x\to 0} f(x)$ (vi) $\lim_{x\to 2^-} f(x)$
(vii) $\lim_{x\to \infty} f(x)$ (viii) $\lim_{x\to -\infty} f(x)$

(b) Exprese las ecuaciones de las asíntotas horizontales.
(c) Exprese las ecuaciones de las asíntotas verticales.
(d) ¿En qué números f es discontinua? Explique.

2. Trace la gráfica de un ejemplo de una función f que satisfaga todas las condiciones siguientes:

$\lim_{x\to -\infty} f(x) = -2,\quad \lim_{x\to \infty} f(x) = 0,\quad \lim_{x\to -3} f(x) = \infty,$
$\lim_{x\to 3^-} f(x) = -\infty,\quad \lim_{x\to 3^+} f(x) = 2,$

f es continua por la derecha en 3

3-20 Encuentre cada uno de los límites siguientes.

3. $\lim_{x\to 1} e^{x^3-x}$

4. $\lim_{x\to 3} \dfrac{x^2-9}{x^2+2x-3}$

5. $\lim_{x\to -3} \dfrac{x^2-9}{x^2+2x-3}$

6. $\lim_{x\to 1^+} \dfrac{x^2-9}{x^2+2x-3}$

7. $\lim_{h\to 0} \dfrac{(h-1)^3+1}{h}$

8. $\lim_{t\to 2} \dfrac{t^2-4}{t^3-8}$

9. $\lim_{r\to 9} \dfrac{\sqrt{r}}{(r-9)^4}$

10. $\lim_{v\to 4^+} \dfrac{4-v}{|4-v|}$

11. $\lim_{u\to 1} \dfrac{u^4-1}{u^3+5u^2-6u}$

12. $\lim_{x\to 3} \dfrac{\sqrt{x+6}-x}{x^3-3x^2}$

13. $\lim_{x\to \infty} \dfrac{\sqrt{x^2-9}}{2x-6}$

14. $\lim_{x\to -\infty} \dfrac{\sqrt{x^2-9}}{2x-6}$

15. $\lim_{x\to \pi^-} \ln(\operatorname{sen} x)$

16. $\lim_{x\to -\infty} \dfrac{1-2x^2-x^4}{5+x-3x^4}$

17. $\lim_{x\to \infty} \left(\sqrt{x^2+4x+1}-x\right)$

18. $\lim_{x\to \infty} e^{x-x^2}$

19. $\lim_{x\to 0^+} \tan^{-1}(1/x)$

20. $\lim_{x\to 1} \left(\dfrac{1}{x-1}+\dfrac{1}{x^2-3x+2}\right)$

21-22 Utilice las gráficas para descubrir las asíntotas de la curva. Después, demuestre lo que ha descubierto.

21. $y = \dfrac{\cos^2 x}{x^2}$

22. $y = \sqrt{x^2+x+1} - \sqrt{x^2-x}$

---

23. Si $2x - 1 \leqslant f(x) \leqslant x^2$ para $0 < x < 3$, encuentre $\lim_{x\to 1} f(x)$.

24. Demuestre que $\lim_{x\to 0} x^2 \cos(1/x^2) = 0$.

25-28 Demuestre cada uno de los enunciados siguientes utilizando la definición precisa de límite.

25. $\lim_{x\to 2} (14-5x) = 4$

26. $\lim_{x\to 0} \sqrt[3]{x} = 0$

27. $\lim_{x\to 2} (x^2-3x) = -2$

28. $\lim_{x\to 4^+} \dfrac{2}{\sqrt{x-4}} = \infty$

---

29. Sea

$$f(x) = \begin{cases} \sqrt{-x} & \text{si } x < 0 \\ 3-x & \text{si } 0 \leqslant x < 3 \\ (x-3)^2 & \text{si } x > 3 \end{cases}$$

(a) Evalúe cada límite si este existe.

(i) $\lim_{x\to 0^+} f(x)$ (ii) $\lim_{x\to 0^-} f(x)$ (iii) $\lim_{x\to 0} f(x)$

(iv) $\lim_{x\to 3^-} f(x)$ (v) $\lim_{x\to 3^+} f(x)$ (vi) $\lim_{x\to 3} f(x)$

(b) ¿Dónde es discontinua f?

(c) Trace la gráfica de f.

30. Sea

$$g(x) = \begin{cases} 2x-x^2 & \text{si } 0 \leqslant x \leqslant 2 \\ 2-x & \text{si } 2 < x \leqslant 3 \\ x-4 & \text{si } 3 < x < 4 \\ \pi & \text{si } x \geqslant 4 \end{cases}$$

(a) Para cada uno de los números 2, 3 y 4, descubra si g es continua por la izquierda, por la derecha o continua en el número.

(b) Trace la gráfica de g.

31-32 Demuestre que cada una de las funciones siguientes es continua en su dominio. Exprese el dominio.

31. $h(x) = xe^{\operatorname{sen} x}$

32. $g(x) = \dfrac{\sqrt{x^2-9}}{x^2-2}$

33-34 Utilice el teorema del valor intermedio para demostrar que existe una raíz de la ecuación en el intervalo dado.

33. $x^5 - x^3 + 3x - 5 = 0$, $(1, 2)$

34. $\cos\sqrt{x} = e^x - 2$, $(0, 1)$

---

35. (a) Encuentre la pendiente de la recta tangente a la curva $y = 9 - 2x^2$ en el punto $(2, 1)$.

(b) Determine la ecuación de esta tangente.

36. Encuentre las ecuaciones de las rectas tangentes a la curva

$$y = \frac{2}{1-3x}$$

y los puntos de abscisas 0 y -1.

37. El desplazamiento (en metros) de un objeto que se mueve en línea recta está dado por $s = 1 + 2t + \frac{1}{4}t^2$, donde t se mide en segundos.

(a) Encuentre la velocidad promedio en los períodos de tiempo siguientes:

(i) $[1, 3]$ (ii) $[1, 2]$ (iii) $[1, 1.5]$ (iv) $[1, 1.1]$

(b) Encuentre la velocidad instantánea cuando $t = 1$.

38. De acuerdo con la ley de Boyle, si la temperatura de un gas confinado se mantiene fija, entonces el producto de la presión P y el volumen V es constante. Suponga que, para cierto gas, $PV = 4000$, donde P se mide en pascales y V en litros.

(a) Encuentre la razón de cambio promedio de P cuando V se incrementa de 3 L a 4 L.

(b) Exprese V como función de P y demuestre que la razón de cambio instantánea de V con respecto a P es inversamente proporcional al cuadrado de P.

39. (a) Utilice la definición de derivada para encontrar $f'(2)$, donde $f(x) = x^3 - 2x$.

(b) Encuentre la ecuación de la recta tangente a la curva $y = x^3 - 2x$ en el punto $(2, 4)$.

(c) Ilustre el inciso (b) dibujando la curva y la recta tangente en la misma pantalla.

40. Encuentre una función f y un número a tales que

$$\lim_{h\to 0} \frac{(2+h)^6 - 64}{h} = f'(a)$$

41. El costo total de pagar un préstamo para estudiante a una tasa de interés de r% por año es $C = f(r)$.

(a) ¿Cuál es el significado de la derivada $f'(r)$? ¿Cuáles son sus unidades?

(b) ¿Qué significa el enunciado $f'(10) = 1200$?
(c) ¿Es $f'(r)$ siempre positiva o cambia de signo?

42–44 Trace o copie la gráfica de la función dada. Luego trace directamente debajo su derivada.

42.

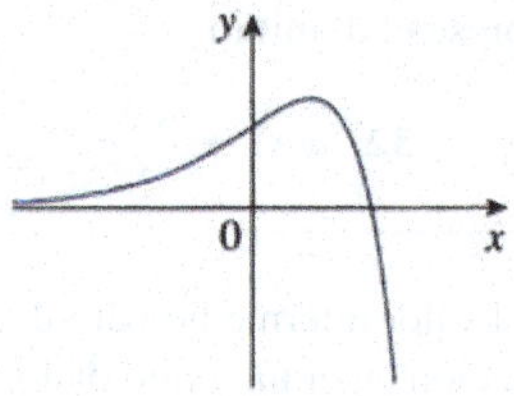

43.

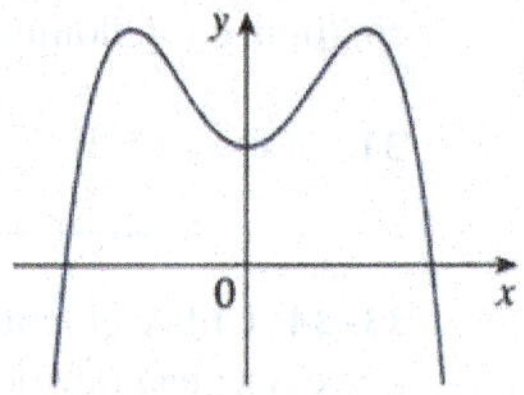

44.

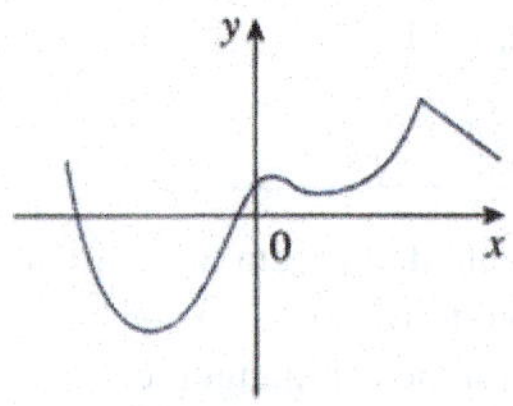

45. (a) Si $f(x) = \sqrt{3 - 5x}$ utilice la definición de derivada para encontrar $f'(x)$.
(b) Encuentre los dominios de f y f'.
(c) Trace la gráfica de f y f' en una pantalla común. Compare las gráficas para ver si su respuesta al inciso (a) es razonable.

46. (a) Encuentre las asíntotas de la gráfica de $f(x) = \dfrac{4 - x}{3 + x}$ y utilícelas para dibujar la gráfica.
(b) Utilice la gráfica del inciso (a) y trace la gráfica de f'.
(c) Utilice la definición de derivada para encontrar $f'(x)$.
(d) Utilice un dispositivo de graficación para trazar la gráfica de f' y compárela con su trazo del inciso (b).

47. Se muestra la gráfica de f. Enuncie, con razones, los números en los que f no es derivable.

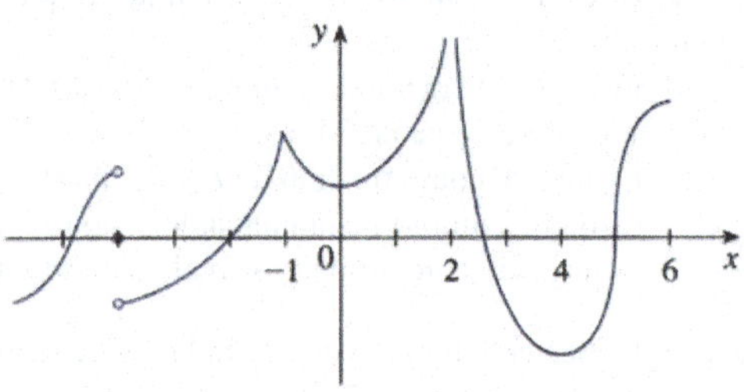

48. La figura muestra la gráfica de f, f' y f''. Identifique cada curva y explique su elección.

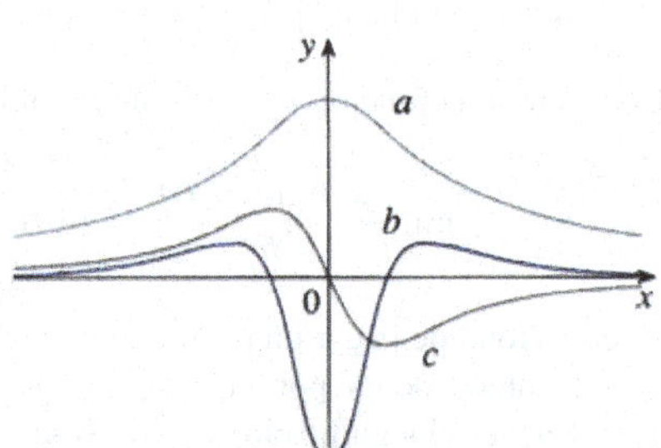

49. Trace la gráfica de una función f que satisfaga todas las condiciones siguientes: el dominio de f es todos los números reales excepto 0, $\lim_{x \to 0^-} f(x) = 1$, $\lim_{x \to 0^+} f(x) = 0$, $f'(x) > 0$ para toda x en el dominio de f, $\lim_{x \to -\infty} f'(x) = 0$, $\lim_{x \to \infty} f'(x) = 1$.

50. Sea $E(t)$ el valor del euro (la moneda europea) en términos del dólar de los Estados Unidos al tiempo t. La tabla da los valores de la función, a partir de mediados de año, de 2000 a 2004. Interprete $E'(2002)$ y calcule su valor.

t	2000	2001	2002	2003	2004
$E(t)$	0.955	0.847	0.986	1.149	1.218

51. Sea $B(t)$ el número de billetes de 20 dólares en circulación al tiempo t. La tabla da los valores de esta función de 1990 a 2010, al 31 de diciembre, en miles de millones. Interprete y calcule el valor de $B'(2000)$.

t	1990	1995	2000	2005	2010
$B(t)$	3.45	4.21	4.93	5.77	6.53

52. La *tasa de fertilidad total*, al tiempo t, denotada con $F(t)$, es una estimación del número promedio de niños nacidos de cada mujer (suponiendo que las tasas de natalidad actuales permanezcan constantes). En la gráfica de la tasa de fertilidad total en EE. UU., se muestran las fluctuaciones desde 1940 hasta 2010.
(a) Calcule los valores de $F'(1950)$, $F'(1965)$ y $F'(1987)$.
(b) ¿Cuáles son los significados de estas derivadas?
(c) ¿Puede sugerir razones para los valores de estas derivadas?

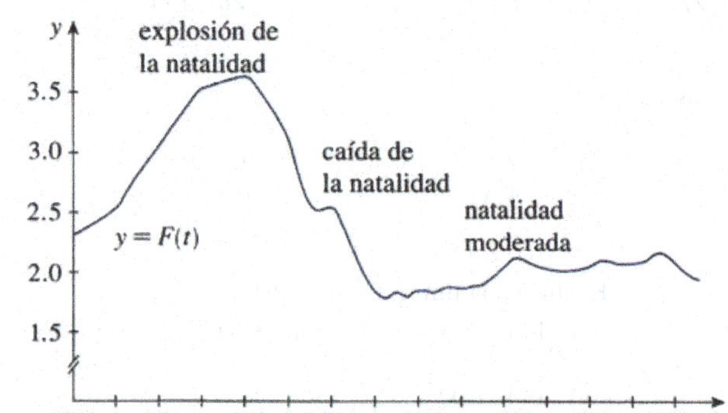

53. Suponga que $|f(x)| \leq g(x)$ para todo x, donde $\lim_{x \to a} g(x) = 0$. Encuentre $\lim_{x \to a} f(x)$.

54. Sea $f(x) = [\![x]\!] + [\![-x]\!]$
(a) ¿Para qué valores de a existe $\lim_{x \to a} f(x)$?
(b) ¿En qué números es discontinua la función f?

Problemas adicionales

En el análisis de los principios para la resolución de problemas, se consideró la estrategia para resolver problemas llamada *Introduzca algo extra* (véase la página 71). En el ejemplo siguiente se muestra cómo este principio resulta útil a veces cuando evalúa límites. La idea es cambiar la variable, introducir una nueva variable relacionada con la original, de tal manera que el problema se haga más sencillo. Más adelante, en la sección 5.5, se utilizará más esta idea general.

EJEMPLO Evalúe $\lim\limits_{x \to 0} \dfrac{\sqrt[3]{1 + cx} - 1}{x}$, donde c es una constante.

SOLUCIÓN Como se ve, este límite parece desafiante. En la sección 2.3 se evaluaron varios límites en los que tanto el numerador como el denominador tendieron a 0. Ahí, la estrategia fue realizar cierto tipo de manipulación algebraica que condujo a una eliminación simplificadora, pero en este caso no está claro qué clase de álgebra se necesita.

Por tanto, se introduce una nueva variable t con la ecuación

$$t = \sqrt[3]{1 + cx}$$

También se necesita expresar x en términos de t, por lo que se resuelve esta ecuación

$$t^3 = 1 + cx \qquad x = \frac{t^3 - 1}{c} \quad (\text{si } c \neq 0)$$

Observe que $x \to 0$ es equivalente a $t \to 1$. Esto permite convertir el límite dado en uno que implique a la variable t:

$$\begin{aligned} \lim_{x \to 0} \frac{\sqrt[3]{1 + cx} - 1}{x} &= \lim_{t \to 1} \frac{t - 1}{(t^3 - 1)/c} \\ &= \lim_{t \to 1} \frac{c(t - 1)}{t^3 - 1} \end{aligned}$$

El cambio de variable permitió reemplazar un límite relativamente complicado con uno más sencillo de un tipo que ya se ha visto. Al factorizar el denominador como una diferencia de cubos, se obtiene

$$\begin{aligned} \lim_{t \to 1} \frac{c(t - 1)}{t^3 - 1} &= \lim_{t \to 1} \frac{c(t - 1)}{(t - 1)(t^2 + t + 1)} \\ &= \lim_{t \to 1} \frac{c}{t^2 + t + 1} = \frac{c}{3} \end{aligned}$$

Al hacer el cambio de variable se tuvo que excluir el caso en que $c = 0$. Pero si $c = 0$, la función es 0 para toda x distinta de cero y así este límite es 0. Por tanto, en todos los casos, el límite es $c/3$. ■

Los problemas siguientes sirven para poner a prueba y desafiar sus habilidades para resolver problemas. Algunos requieren una cantidad considerable de tiempo para pensar, de modo que no se desaliente si no los puede resolver de inmediato. Si tiene alguna dificultad, quizá le sirva consultar en la página 71 el análisis de los principios para la resolución de problemas.

PROBLEMAS

1. Evalúe el $\lim\limits_{x \to 1} \dfrac{\sqrt[3]{x} - 1}{\sqrt{x} - 1}$.

2. Encuentre los números a y b tales que el $\lim\limits_{x \to 0} \dfrac{\sqrt{ax + b} - 2}{x} = 1$.

3. Evalúe $\lim_{x \to 0} \dfrac{|2x - 1| - |2x + 1|}{x}$.

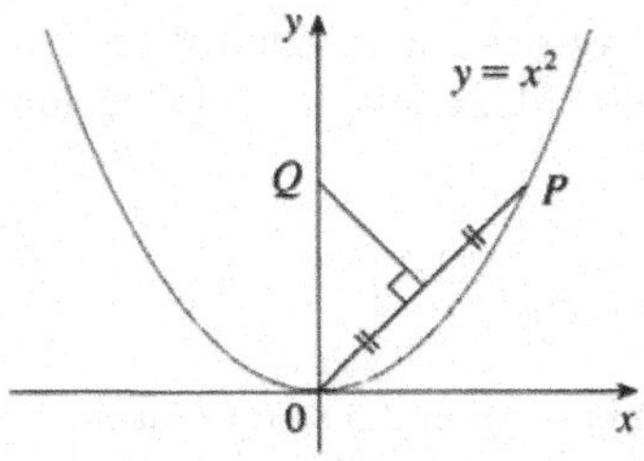

FIGURA PARA EL PROBLEMA 4

4. En la figura se muestra un punto P sobre la parábola $y = x^2$ y el punto Q donde la bisectriz perpendicular de OP interseca al eje y. Conforme P se aproxima al origen, a lo largo de la parábola, ¿qué sucede con Q? ¿Tiene una posición límite? Si es así, encuéntrela.

5. Evalúe los límites siguientes, si estos existen, donde $[\![x]\!]$ denota la función parte entera.

(a) $\lim_{x \to 0} \dfrac{[\![x]\!]}{x}$ (b) $\lim_{x \to 0} x [\![1/x]\!]$

6. Trace la región en el plano definida por cada una de las ecuaciones siguientes:

(a) $[\![x]\!]^2 + [\![y]\!]^2 = 1$ (b) $[\![x]\!]^2 - [\![y]\!]^2 = 3$

(c) $[\![x + y]\!]^2 = 1$ (d) $[\![x]\!] + [\![y]\!] = 1$

7. Encuentre todos los valores de a tales que f sea continua en $\mathbb{R}$.

$$f(x) = \begin{cases} x + 1 & \text{si } x \leq a \\ x^2 & \text{si } x > a \end{cases}$$

8. Un **punto fijo** de una función f es un número c en su dominio tal que $f(c) = c$. (La función no mueve a c; este permanece fijo.)

(a) Trace la gráfica de una función continua con dominio $[0, 1]$ cuyo rango también se encuentre en $[0, 1]$. Localice un punto fijo de f.

(b) Intente graficar una función continua con dominio $[0, 1]$ y rango en $[0, 1]$ que no tenga un punto fijo. ¿Cuál es el obstáculo?

(c) Utilice el teorema de valor intermedio para comprobar que cualquier función continua con dominio $[0, 1]$ y rango en $[0, 1]$ debe tener un punto fijo.

9. Si $\lim_{x \to a}[f(x) + g(x)] = 2$ y $\lim_{x \to a}[f(x) - g(x)] = 1$, encuentre $\lim_{x \to a}[f(x)\, g(x)]$.

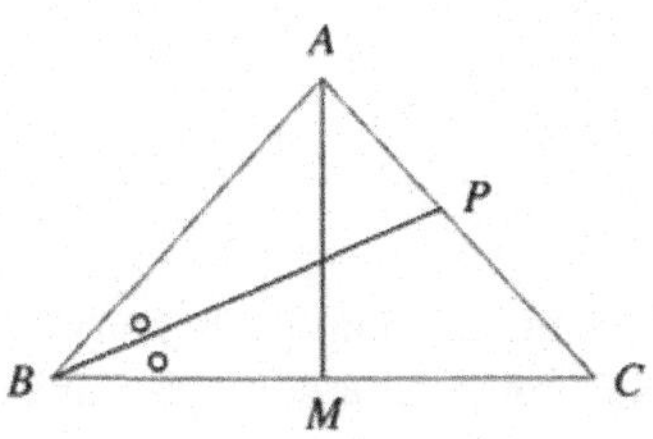

FIGURA PARA EL PROBLEMA 10

10. (a) En la figura se muestra un triángulo isósceles ABC con $\angle B = \angle C$. La bisectriz del ángulo B interseca el lado AC en el punto P. Suponga que la base BC permanece fija, pero que la altura $|AM|$ del triángulo tiende a 0, de modo que A se aproxima al punto medio M de BC. ¿Qué sucede con P durante este proceso? ¿Tiene una posición límite? Si es así, encuéntrela.

(b) Intente trazar la trayectoria recorrida por P durante este proceso. Luego encuentre la ecuación de esta curva y úsela para trazarla.

11. (a) Si parte de 0° de latitud y avanza en dirección oeste, puede denotar con $T(x)$ la temperatura en el punto x en cualquier tiempo dado. Suponga que T es una función continua de x, y demuestre que, en cualquier tiempo fijo, existen por lo menos dos puntos opuestos sobre el ecuador que tienen exactamente la misma temperatura.

(b) ¿El resultado del inciso (a) se cumple para puntos que estén sobre cualquier circunferencia sobre la superficie de la Tierra?

(c) ¿El resultado del inciso (a) se cumple para la presión barométrica y para la altitud arriba del nivel del mar?

12. Si f es una función derivable y $g(x) = xf(x)$, utilice la definición de derivada para demostrar que $g'(x) = xf'(x) + f(x)$.

13. Suponga que f es una función que satisface la ecuación

$$f(x + y) = f(x) + f(y) + x^2y + xy^2$$

para todos los números reales x y y. Suponga también que

$$\lim_{x \to 0} \frac{f(x)}{x} = 1$$

(a) Encuentre $f(0)$. (b) Encuentre $f'(0)$. (c) Encuentre $f'(x)$.

14. Suponga que f es una función con la propiedad de que $|f(x)| \leq x^2$ para toda x. Demuestre que $f(0) = 0$. Luego muestre que $f'(0) = 0$.

3 Reglas de derivación

© Mechanik / Shutterstock.com

En el proyecto de la página 208 se calculará la distancia de una pista del aeropuerto en la que un piloto debe iniciar el descenso para un aterrizaje suave.

HASTA AQUÍ SE HA VISTO CÓMO INTERPRETAR las derivadas en términos de pendientes y razones de cambio. Se han estudiado cómo estimar las derivadas de funciones dadas por medio de tablas de valores. También se ha aprendido la manera de graficar las derivadas de funciones que se definen gráficamente y utilizado la definición de derivada para calcular las derivadas de funciones definidas mediante fórmulas. Pero sería tedioso siempre tener que aplicar la definición, por lo que en este capítulo se desarrollan las reglas para determinar derivadas sin tener que usar directamente la definición. Estas reglas de derivación permiten calcular con relativa facilidad derivadas de funciones polinomiales, racionales, algebraicas, exponenciales, logarítmicas, trigonométricas y trigonométricas inversas. Entonces se usarán estas reglas para resolver problemas en que intervienen razones de cambio y la aproximación de funciones.

3.1 Derivadas de funciones polinomiales y exponenciales

En esta sección aprenderá la manera de derivar funciones constantes, potencia, polinomiales y exponenciales.

Se empieza por la más sencilla de todas las funciones: la función constante $f(x) = c$. La gráfica de esta función es la recta horizontal $y = c$, la cual tiene pendiente 0, por lo que debe tener $f'(x) = 0$. (Véase la figura 1.) Una demostración formal, a partir de la definición de derivada, también es fácil:

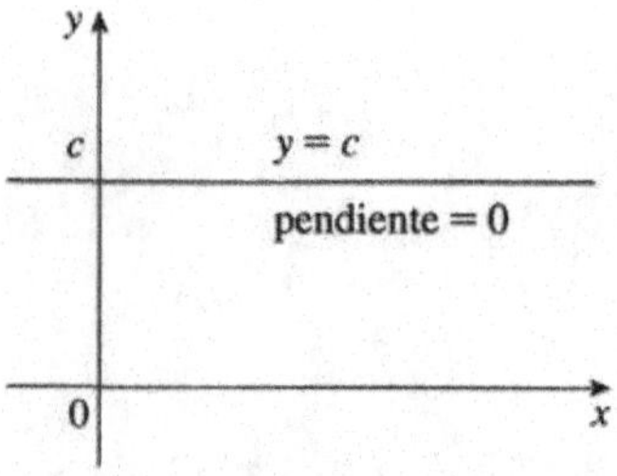

FIGURA 1
La gráfica de $f(x) = c$ es la recta $y = c$, por lo que $f'(x) = 0$.

$$f'(x) = \lim_{h \to 0} \frac{f(x+h) - f(x)}{h} = \lim_{h \to 0} \frac{c - c}{h} = \lim_{h \to 0} 0 = 0$$

En la notación de Leibniz se escribe esta regla de la siguiente manera.

Derivada de una función constante

$$\frac{d}{dx}(c) = 0$$

■ Función potencia

Enseguida, se consideran las funciones $f(x) = x^n$, donde n es un entero positivo. Si $n = 1$, la gráfica de $f(x) = x$ es la recta $y = x$, que tiene pendiente 1 (véase la figura 2). Por lo que

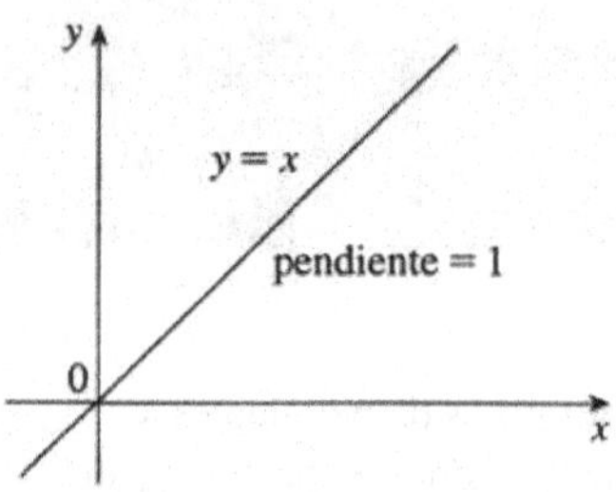

FIGURA 2
La gráfica de $f(x) = x$ es la recta $y = x$, por lo que $f'(x) = 1$.

1 $$\frac{d}{dx}(x) = 1$$

(También puede demostrar la ecuación 1 a partir de la definición de derivada.) Ya se ha investigado los casos $n = 2$ y $n = 3$. En efecto, en la sección 2.8 (ejercicios 19 y 20) se encontró que

2 $$\frac{d}{dx}(x^2) = 2x \qquad \frac{d}{dx}(x^3) = 3x^2$$

Para $n = 4$, se encontró la derivada de $f(x) = x^4$ como sigue:

$$\begin{aligned} f'(x) &= \lim_{h \to 0} \frac{f(x+h) - f(x)}{h} = \lim_{h \to 0} \frac{(x+h)^4 - x^4}{h} \\ &= \lim_{h \to 0} \frac{x^4 + 4x^3h + 6x^2h^2 + 4xh^3 + h^4 - x^4}{h} \\ &= \lim_{h \to 0} \frac{4x^3h + 6x^2h^2 + 4xh^3 + h^4}{h} \\ &= \lim_{h \to 0} (4x^3 + 6x^2h + 4xh^2 + h^3) = 4x^3 \end{aligned}$$

Así

3 $$\frac{d}{dx}(x^4) = 4x^3$$

Si compara las ecuaciones (1), (2) y (3), se observa un patrón emergente. Parece razonable presuponer que, cuando n es un entero positivo, $(d/dx)(x^n) = nx^{n-1}$. Esto resulta cierto.

Regla de la potencia Si n es un entero positivo, entonces

$$\frac{d}{dx}(x^n) = nx^{n-1}$$

PRIMERA DEMOSTRACIÓN La fórmula

$$x^n - a^n = (x - a)(x^{n-1} + x^{n-2}a + \cdots + xa^{n-2} + a^{n-1})$$

se puede verificar simplemente multiplicando el lado derecho (o mediante la suma del segundo factor como una serie geométrica). Si $f(x) = x^n$, se puede utilizar la ecuación 2.7.5 para $f'(a)$ y la ecuación anterior para escribir

$$\begin{aligned} f'(a) &= \lim_{x \to a} \frac{f(x) - f(a)}{x - a} = \lim_{x \to a} \frac{x^n - a^n}{x - a} \\ &= \lim_{x \to a} (x^{n-1} + x^{n-2}a + \cdots + xa^{n-2} + a^{n-1}) \\ &= a^{n-1} + a^{n-2}a + \cdots + aa^{n-2} + a^{n-1} \\ &= na^{n-1} \end{aligned}$$

SEGUNDA DEMOSTRACIÓN

$$f'(x) = \lim_{h \to 0} \frac{f(x + h) - f(x)}{h} = \lim_{h \to 0} \frac{(x + h)^n - x^n}{h}$$

El teorema del binomio se presenta en la página de referencia 1.

Al determinar la derivada de x^4, se tuvo que desarrollar $(x + h)^4$. En este caso, se necesita desarrollar $(x + h)^n$ y, para hacerlo, se utiliza el teorema del binomio:

$$\begin{aligned} f'(x) &= \lim_{h \to 0} \frac{\left[x^n + nx^{n-1}h + \dfrac{n(n-1)}{2}x^{n-2}h^2 + \cdots + nxh^{n-1} + h^n\right] - x^n}{h} \\ &= \lim_{h \to 0} \frac{nx^{n-1}h + \dfrac{n(n-1)}{2}x^{n-2}h^2 + \cdots + nxh^{n-1} + h^n}{h} \\ &= \lim_{h \to 0} \left[nx^{n-1} + \frac{n(n-1)}{2}x^{n-2}h + \cdots + nxh^{n-2} + h^{n-1}\right] \\ &= nx^{n-1} \end{aligned}$$

porque todos los términos, excepto el primero, tienen h como factor, y, por tanto, tienden a 0. ■

En el ejemplo 1 se ilustra la regla de la potencia usando varias notaciones.

EJEMPLO 1

(a) Si $f(x) = x^6$, entonces $f'(x) = 6x^5$.

(b) Si $y = x^{1000}$, entonces $y' = 1000x^{999}$.

(c) Si $y = t^4$, entonces . $\dfrac{dy}{dt} = 4t^3$.

(d) $\dfrac{d}{dr}(r^3) = 3r^2$ ■

¿Qué se puede decir acerca de las funciones potencia con exponentes enteros negativos? En el ejercicio 65 se pide al lector que verifique, a partir de la definición de derivada, que

$$\frac{d}{dx}\left(\frac{1}{x}\right) = -\frac{1}{x^2}$$

Por lo que se puede escribir de nuevo esta ecuación como

$$\frac{d}{dx}(x^{-1}) = (-1)x^{-2}$$

y, por consiguiente, la regla de la potencia se cumple cuando $n = -1$. De hecho, en la sección siguiente [ejercicio 3.2.64(c)] se demuestra que se cumple para todos los enteros negativos.

¿Qué sucede si el exponente es una fracción? En el ejemplo 2.8.3 se encontró que

$$\frac{d}{dx}\sqrt{x} = \frac{1}{2\sqrt{x}}$$

lo cual se puede escribir como

$$\frac{d}{dx}(x^{1/2}) = \tfrac{1}{2}x^{-1/2}$$

Esto hace ver que la regla de la potencia es verdadera incluso cuando $n = \frac{1}{2}$. De hecho, en la sección 3.6 se demuestra que es verdadera para todos los números reales n.

Regla de la potencia (versión general) Si n es cualquier número real, entonces

$$\frac{d}{dx}(x^n) = nx^{n-1}$$

EJEMPLO 2 Derive:

(a) $f(x) = \dfrac{1}{x^2}$

(b) $y = \sqrt[3]{x^2}$

En la figura 3 se muestra la función y del ejemplo 2(b) y su derivada y'. Observe que y no es derivable en 0 (y' no está definida ahí).

SOLUCIÓN En cada caso, reescriba la función como una potencia de x.

(a) Dado que $f(x) = x^{-2}$, se utiliza la regla de la potencia con $n = -2$:

$$f'(x) = \frac{d}{dx}(x^{-2}) = -2x^{-2-1} = -2x^{-3} = -\frac{2}{x^3}$$

(b) $$\frac{dy}{dx} = \frac{d}{dx}\left(\sqrt[3]{x^2}\right) = \frac{d}{dx}(x^{2/3}) = \tfrac{2}{3}x^{(2/3)-1} = \tfrac{2}{3}x^{-1/3}$$ ■

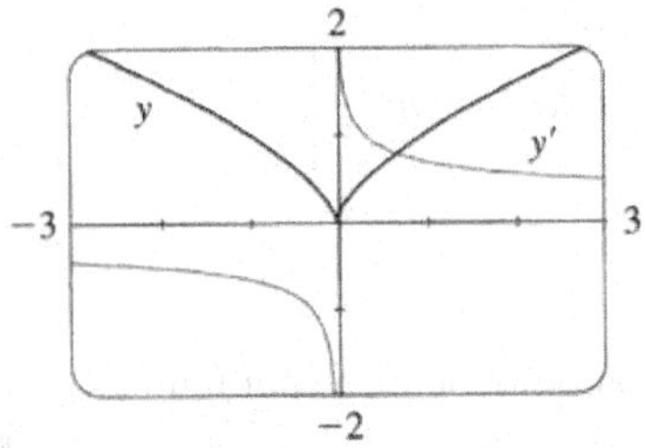

FIGURA 3
$y = \sqrt[3]{x^2}$

Observe de la figura 3 que la función y del ejemplo 2(b) está aumentando cuando y' es positiva y disminuye cuando y' es negativa. En el capítulo 4 se demostrará que, en general, *una función es creciente cuando su derivada es positiva y decreciente cuando su derivada es negativa.*

La regla de la potencia permite determinar rectas tangentes sin hacer uso de la definición de derivada. Además, permite encontrar *rectas normales*. La **recta normal** a una curva C en un punto P es la recta a través de P que es perpendicular a la recta tangente en P. (En el estudio de la óptica, necesita considerar el ángulo entre un rayo de luz y la recta normal a un lente.)

EJEMPLO 3 Determine la ecuación de la recta tangente y de la recta normal a la curva $y = x\sqrt{x}$ en el punto $(1, 1)$. Ilustre trazando la curva y estas rectas.

SOLUCIÓN La derivada de $f(x) = x\sqrt{x} = xx^{1/2} = x^{3/2}$ es

$$f'(x) = \tfrac{3}{2}x^{(3/2)-1} = \tfrac{3}{2}x^{1/2} = \tfrac{3}{2}\sqrt{x}$$

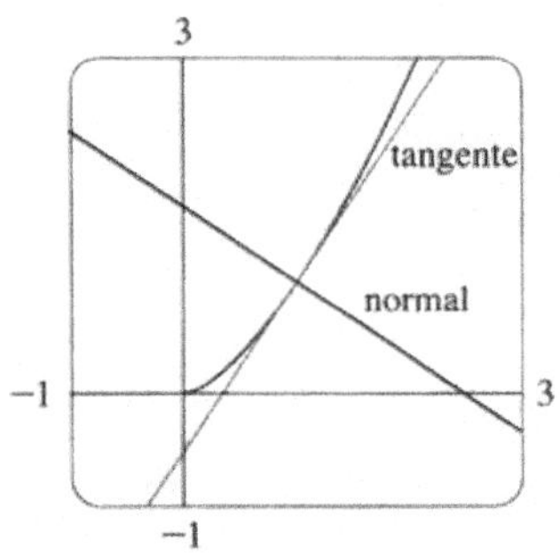

FIGURA 4
$y = x\sqrt{x}$

Por lo que, la pendiente de la recta tangente en $(1, 1)$ es $f'(1) = \tfrac{3}{2}$. Por consiguiente, la ecuación de la recta tangente es

$$y - 1 = \tfrac{3}{2}(x - 1) \qquad \text{o} \qquad y = \tfrac{3}{2}x - \tfrac{1}{2}$$

La recta normal es perpendicular a la recta tangente de tal manera que su pendiente es el recíproco negativo de $\tfrac{3}{2}$, es decir, $-\tfrac{2}{3}$. En estos términos, una ecuación de la recta normal es

$$y - 1 = -\tfrac{2}{3}(x - 1) \qquad \text{o} \qquad y = -\tfrac{2}{3}x + \tfrac{5}{3}$$

En la figura 4 se traza la gráfica de la curva y las rectas tangente y normal. ■

Nuevas derivadas a partir de anteriores

Cuando se forman nuevas funciones a partir de funciones anteriores por adición, sustracción o multiplicación por una constante, sus derivadas se pueden calcular en términos de la derivada de sus funciones anteriores. En particular, en la fórmula siguiente dice que *la derivada de una constante multiplicada por una función es la constante multiplicada por la derivada de la función.*

Interpretación geométrica de la regla del múltiplo constante

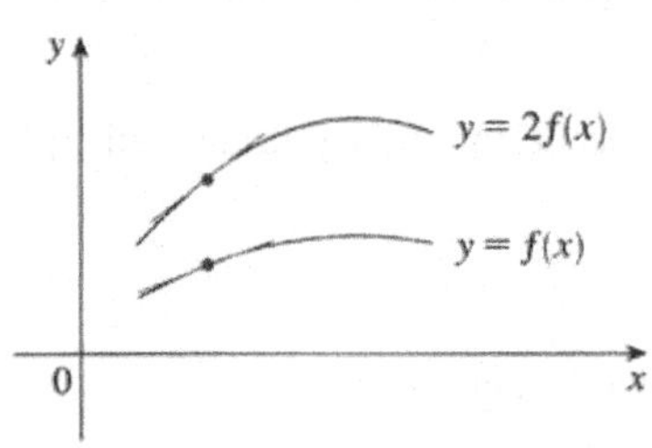

La multiplicación por $c = 2$ estira la gráfica verticalmente en un factor de 2. Todas las elevaciones se han duplicado, pero los desplazamientos permanecen iguales. Las pendientes también se duplican.

> **Regla del múltiplo constante** Si c es una constante y f es una función derivable, entonces
>
> $$\frac{d}{dx}[cf(x)] = c\frac{d}{dx}f(x)$$

DEMOSTRACIÓN Sea $g(x) = cf(x)$. Entonces

$$g'(x) = \lim_{h \to 0} \frac{g(x+h) - g(x)}{h} = \lim_{h \to 0} \frac{cf(x+h) - cf(x)}{h}$$

$$= \lim_{h \to 0} c\left[\frac{f(x+h) - f(x)}{h}\right]$$

$$= c \lim_{h \to 0} \frac{f(x+h) - f(x)}{h} \qquad \text{(por la ley 3 de los límites)}$$

$$= cf'(x)$$ ■

EJEMPLO 4

(a) $\frac{d}{dx}(3x^4) = 3\frac{d}{dx}(x^4) = 3(4x^3) = 12x^3$

(b) $\frac{d}{dx}(-x) = \frac{d}{dx}[(-1)x] = (-1)\frac{d}{dx}(x) = -1(1) = -1$ ■

La regla siguiente dice que *la derivada de una suma de funciones es la suma de las derivadas.*

Si se utiliza la notación con primas, puede escribir la regla de la suma como

$$(f+g)' = f' + g'$$

Regla de la suma Si f y g son derivables, entonces

$$\frac{d}{dx}[f(x) + g(x)] = \frac{d}{dx}f(x) + \frac{d}{dx}g(x)$$

DEMOSTRACIÓN Sea $F(x) = f(x) + g(x)$. Entonces

$$F'(x) = \lim_{h\to 0}\frac{F(x+h) - F(x)}{h}$$

$$= \lim_{h\to 0}\frac{[f(x+h) + g(x+h)] - [f(x) + g(x)]}{h}$$

$$= \lim_{h\to 0}\left[\frac{f(x+h) - f(x)}{h} + \frac{g(x+h) - g(x)}{h}\right]$$

$$= \lim_{h\to 0}\frac{f(x+h) - f(x)}{h} + \lim_{h\to 0}\frac{g(x+h) - g(x)}{h} \quad \text{(por la ley 1 de los límites)}$$

$$= f'(x) + g'(x)$$ ■

La regla de la suma puede extenderse a la suma de cualquier número de funciones. Por ejemplo, si se aplica este teorema dos veces, se obtiene

$$(f + g + h)' = [(f + g) + h]' = (f + g)' + h' = f' + g' + h'$$

Al escribir $f - g$ como $f + (-1)g$ y aplicar la regla de la suma y la del múltiplo constante, se obtiene la fórmula siguiente.

Regla de la diferencia Si tanto f como g son derivables, entonces

$$\frac{d}{dx}[f(x) - g(x)] = \frac{d}{dx}f(x) - \frac{d}{dx}g(x)$$

Las reglas de múltiplo constante, la suma y la diferencia se pueden combinar con la regla de la potencia para derivar cualquier función polinomial, como se muestra en los ejemplos que siguen.

EJEMPLO 5

$$\frac{d}{dx}(x^8 + 12x^5 - 4x^4 + 10x^3 - 6x + 5)$$

$$= \frac{d}{dx}(x^8) + 12\frac{d}{dx}(x^5) - 4\frac{d}{dx}(x^4) + 10\frac{d}{dx}(x^3) - 6\frac{d}{dx}(x) + \frac{d}{dx}(5)$$

$$= 8x^7 + 12(5x^4) - 4(4x^3) + 10(3x^2) - 6(1) + 0$$

$$= 8x^7 + 60x^4 - 16x^3 + 30x^2 - 6$$

■

EJEMPLO 6 Encuentre los puntos sobre la curva $y = x^4 - 6x^2 + 4$ donde la recta tangente es horizontal.

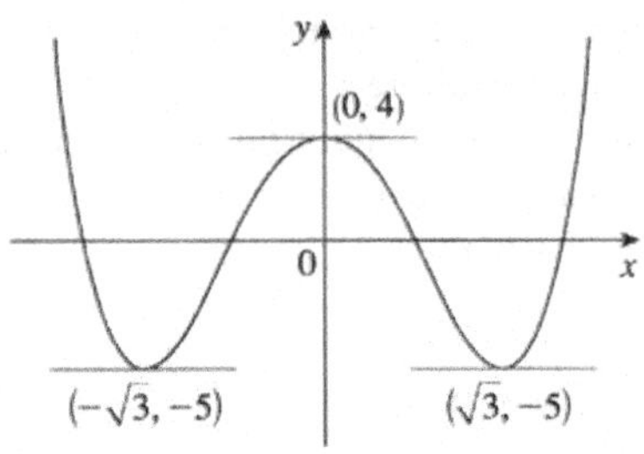

FIGURA 5
La curva $y = x^4 - 6x^2 + 4$ y sus tangentes horizontales

SOLUCIÓN Se tienen tangentes horizontales donde la derivada es cero. Observe que,

$$\frac{dy}{dx} = \frac{d}{dx}(x^4) - 6\frac{d}{dx}(x^2) + \frac{d}{dx}(4)$$

$$= 4x^3 - 12x + 0 = 4x(x^2 - 3)$$

Así, $dy/dx = 0$ si $x = 0$ o $x^2 - 3 = 0$, es decir, $x = \pm\sqrt{3}$. Por tanto, la curva dada tiene rectas tangentes horizontales cuando $x = 0$, $\sqrt{3}$ y $-\sqrt{3}$. Los puntos correspondientes son $(0, 4)$, $(\sqrt{3}, -5)$, y $(-\sqrt{3}, -5)$. (Véase la figura 5.) ■

EJEMPLO 7 La ecuación de movimiento de una partícula es $s = 2t^3 - 5t^2 + 3t + 4$, donde s se mide en centímetros y t en segundos. Determine la aceleración como una función del tiempo. ¿Cuál es la aceleración después de 2 segundos?

SOLUCIÓN La velocidad y la aceleración son

$$v(t) = \frac{ds}{dt} = 6t^2 - 10t + 3$$

$$a(t) = \frac{dv}{dt} = 12t - 10$$

La aceleración después de 2 s es $a(2) = 14 \text{ cm/s}^2$. ■

■ Funciones exponenciales

Intente calcular la derivada de la función exponencial $f(x) = b^x$, aplicando la definición de derivada:

$$f'(x) = \lim_{h \to 0} \frac{f(x+h) - f(x)}{h} = \lim_{h \to 0} \frac{b^{x+h} - b^x}{h}$$

$$= \lim_{h \to 0} \frac{b^x b^h - b^x}{h} = \lim_{h \to 0} \frac{b^x(b^h - 1)}{h}$$

El factor b^x no depende de h, por lo que puede llevarlo delante del límite:

$$f'(x) = b^x \lim_{h \to 0} \frac{b^h - 1}{h}$$

Observe que el límite es el valor de la derivada de f en 0; esto es,

$$\lim_{h \to 0} \frac{b^h - 1}{h} = f'(0)$$

Por tanto, ha demostrado que, si la función exponencial $f(x) = b^x$ es derivable en 0, entonces es derivable para cualquier x; por lo que

4 $$f'(x) = f'(0)b^x$$

Esta ecuación dice que la *razón de cambio de cualquier función exponencial es proporcional a la función misma.* (La pendiente es proporcional a la altura.)

En la tabla que aparece a la izquierda, se presenta una evidencia numérica de la existencia de $f'(0)$ en los casos $b = 2$ y $b = 3$. (Los valores tienen una aproximación redondeada a cuatro decimales.) Parece que los límites existen y

h	$\frac{2^h - 1}{h}$	$\frac{3^h - 1}{h}$
0.1	0.7177	1.1612
0.01	0.6956	1.1047
0.001	0.6934	1.0992
0.0001	0.6932	1.0987

$$\text{para } b = 2, \qquad f'(0) = \lim_{h \to 0} \frac{2^h - 1}{h} \approx 0.69$$

$$\text{para } b = 3, \qquad f'(0) = \lim_{h \to 0} \frac{3^h - 1}{h} \approx 1.10$$

De hecho, se puede demostrar que estos límites existen y se redondean hasta seis decimales, los valores son

$$\frac{d}{dx}(2^x)\bigg|_{x=0} \approx 0.693147 \qquad \frac{d}{dx}(3^x)\bigg|_{x=0} \approx 1.098612$$

Por esto, de la ecuación 4, se tiene

5 $$\frac{d}{dx}(2^x) \approx (0.69)2^x \qquad \frac{d}{dx}(3^x) \approx (1.10)3^x$$

De todas las elecciones posibles para la base b de la ecuación 4, se tiene la fórmula más sencilla de derivación cuando $f'(0) = 1$. En vista de los cálculos de $f'(0)$ para $b = 2$ y $b = 3$, parece razonable que exista un número b entre 2 y 3 para el que $f'(0) = 1$. Es costumbre denotar este valor con la letra e. (De hecho, así se presentó e en la sección 1.4.) Así, se tiene la definición siguiente.

En el ejercicio 1 verá que e se encuentra entre 2.7 y 2.8. Más adelante se podrá demostrar que e con cinco dígitos (o posiciones) decimales es

$$e \approx 2.71828$$

Definición del número e

$$e \text{ es el número tal que } \lim_{h \to 0} \frac{e^h - 1}{h} = 1$$

Geométricamente, esto significa que, de todas las funciones exponenciales posibles $y = b^x$, la función $f(x) = e^x$ es aquella cuya recta tangente en (0, 1) tiene pendiente $f'(0)$ que es exactamente 1. (Véanse las figuras 6 y 7.)

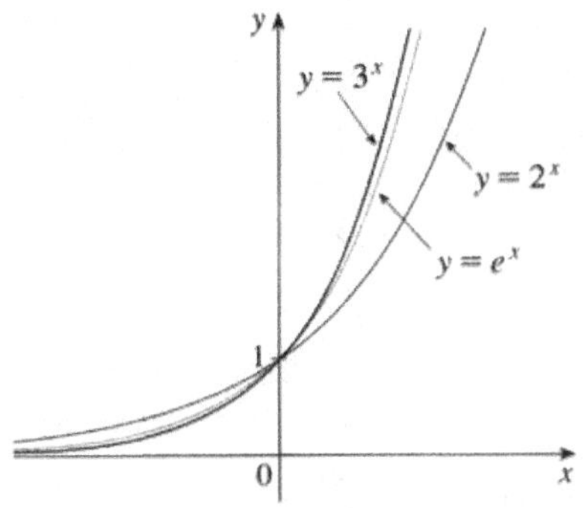

FIGURA 6

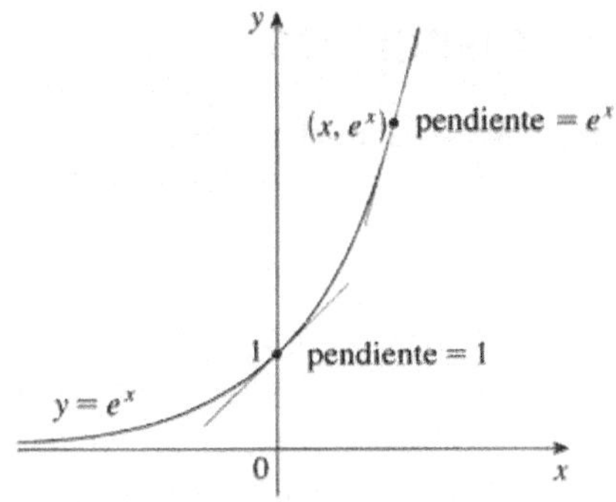

FIGURA 7

Si se hace $b = e$ y, por tanto, $f'(0) = 1$ en la ecuación 4, se convierte en la siguiente importante fórmula de derivación.

TEC Visual 3.1 utiliza el comportamiento de una pendiente para ilustrar esta fórmula.

Derivada de la función exponencial natural

$$\frac{d}{dx}(e^x) = e^x$$

De aquí se ve que la función exponencial $f(x) = e^x$ tiene la propiedad de que es su propia derivada. El significado geométrico de esto es que la pendiente de una recta tangente a la curva $y = e^x$ es igual a la coordenada y del punto (véase la figura 7).

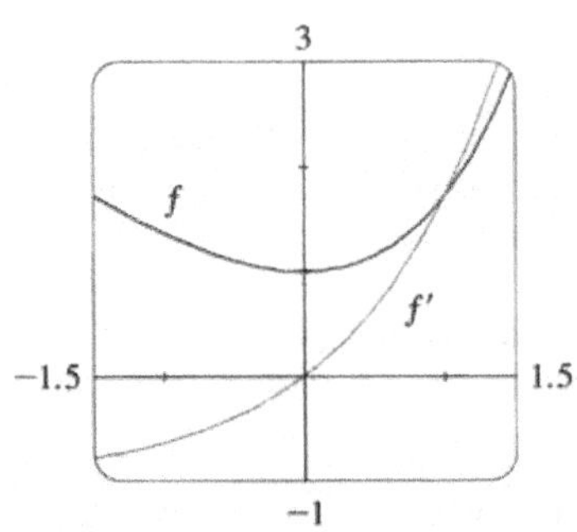

FIGURA 8

EJEMPLO 8 Si $f(x) = e^x - x$, encuentre f' y f''. Compare las gráficas de f y f'.

SOLUCIÓN Si se aplica la regla de la diferencia, se tiene

$$f'(x) = \frac{d}{dx}(e^x - x) = \frac{d}{dx}(e^x) - \frac{d}{dx}(x) = e^x - 1$$

En la sección 2.8 se define la segunda derivada como la derivada de f', por lo que

$$f''(x) = \frac{d}{dx}(e^x - 1) = \frac{d}{dx}(e^x) - \frac{d}{dx}(1) = e^x$$

La función f y su derivada f' se grafican en la figura 8. Observe que f tiene una recta tangente horizontal cuando $x = 0$; esto corresponde al hecho de que $f'(0) = 0$. Observe también que para $x > 0$, $f'(x)$ es positiva y f es creciente. Cuando $x < 0$, $f'(x)$ es negativa y f es decreciente. ■

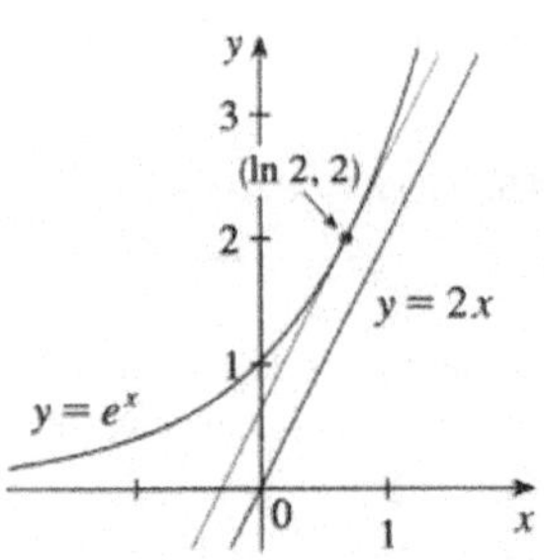

FIGURA 9

EJEMPLO 9 ¿En qué punto de la curva $y = e^x$ la recta tangente es paralela a la recta $y = 2x$?

SOLUCIÓN Puesto que $y = e^x$, se tiene $y' = e^x$. Sea a la coordenada x del punto en cuestión. Entonces, la pendiente de la recta tangente en ese punto es e^a. Esta recta tangente será paralela a la recta $y = 2x$ si tiene la misma pendiente; es decir, 2. Si se igualan las pendientes, se tiene

$$e^a = 2 \qquad a = \ln 2$$

Por tanto, el punto requerido es $(a, e^a) = (\ln 2, 2)$. (Véase la figura 9.) ■

3.1 EJERCICIOS

1. (a) ¿Cómo se define el número e?
(b) Use una calculadora para estimar los valores de los límites

$$\lim_{h\to 0}\frac{2.7^h-1}{h} \quad \text{y} \quad \lim_{h\to 0}\frac{2.8^h-1}{h}$$

redondeelos hasta dos decimales. ¿Qué puede concluir acerca del valor de e?

2. (a) Trace a mano la función $f(x) = e^x$, poniendo particular atención a la forma en como la gráfica cruza el eje y. ¿Qué hecho le permite hacer esto?
(b) ¿Qué tipos de funciones son $f(x) = e^x$ y $g(x) = x^e$? Compare las fórmulas de derivación para f y g.
(c) ¿Cuál de las dos funciones en el inciso (b) crece más rápidamente cuando x es muy grande?

3–32 Derive cada una de las funciones siguientes.

3. $f(x) = 186.5$
4. $f(x) = \sqrt{30}$
5. $f(x) = 5.2x + 2.3$
6. $g(x) = \frac{7}{4}x^2 - 3x + 12$
7. $f(t) = 2t^3 - 3t^2 - 4t$
8. $f(t) = 1.4t^5 - 2.5t^2 + 6.7$
9. $g(x) = x^2(1 - 2x)$
10. $H(u) = (3u - 1)(u + 2)$
11. $y = x^{-2/5}$
12. $B(y) = ay^{-3}$
13. $F(r) = \dfrac{5}{r^3}$
14. $y = x^{5/3} - x^{2/3}$
15. $R(a) = (3a + 1)^2$
16. $h(t) = \sqrt[4]{t} - 4e^t$
17. $S(p) = \sqrt{p} - p$
18. $y = \sqrt[3]{x}(2 + x)$
19. $y = 3e^x + \dfrac{4}{\sqrt[3]{x}}$
20. $V(R) = \frac{4}{3}\pi R^3$
21. $h(u) = Au^3 + Bu^2 + Cu$
22. $y = \dfrac{\sqrt{x} + x}{x^2}$
23. $y = \dfrac{x^2 + 4x + 3}{\sqrt{x}}$
24. $G(t) = \sqrt{5t} + \dfrac{\sqrt{7}}{t}$
25. $j(x) = x^{2.4} + e^{2.4}$
26. $y = ae^v + \dfrac{b}{v} + \dfrac{c}{v^2}$
27. $G(q) = (1 + q^{-1})^2$
28. $F(z) = \dfrac{A + Bz + Cz^2}{z^2}$
29. $f(v) = \dfrac{\sqrt[3]{v} - 2ve^v}{v}$
30. $D(t) = \dfrac{1 + 16t^2}{(4t)^3}$
31. $z = \dfrac{A}{y^{10}} + Be^y$
32. $y = e^{x+1} + 1$

33–36 Encuentre la ecuación de la recta tangente a cada una de las curvas siguientes en el punto dado.

33. $y = 2x^3 - x^2 + 2,\ (1, 3)$
34. $y = 2e^x + x,\ (0, 2)$
35. $y = x + \dfrac{2}{x},\ (2, 3)$
36. $y = \sqrt[4]{x} - x \quad (1, 0)$

37–38 Encuentre las ecuaciones de las rectas tangente y normal a cada una de las curvas siguientes en el punto dado.

37. $y = x^2 - x^4,\ (1, 0)$
38. $y^2 = x^3,\ (1, 1)$

39–40 Encuentre la ecuación de la recta tangente en el punto dado, a cada una de las curvas siguientes. Ilustre trazando la gráfica de la curva y de la recta tangente, en la misma pantalla.

39. $y = 3x^2 - x^3,\ (1, 2)$
40. $y = x - \sqrt{x},\ (1, 0)$

41–42 Encuentre $f'(x)$. Compare las gráficas de f y f' y utilícelas para explicar por qué su respuesta es razonable.

41. $f(x) = x^4 - 2x^3 + x^2$
42. $f(x) = x^5 - 2x^3 + x - 1$

43. (a) Trace la gráfica de la función

$$f(x) = x^4 - 3x^3 - 6x^2 + 7x + 30$$

en el rectángulo de vista $[-3, 5]$ por $[-10, 50]$.
(b) Con la misma gráfica del inciso (a) estime las pendientes y trace a mano la gráfica de f'. (Véase el ejemplo 2.8.1.)
(c) Calcule $f'(x)$ y utilice esta expresión para graficar f' con una calculadora graficadora. Compare con su trazo del inciso (b).

44. (a) Trace la gráfica de la función $g(x) = e^x - 3x^2$ en el rectángulo de vista $[-1, 4]$ por $[-8, 8]$.
(b) Utilizando la gráfica del inciso (a) para calcular pendientes, haga a mano un trazo aproximado de la gráfica de g'. (Véase el ejemplo 2.8.1.)
(c) Calcule $g'(x)$ y utilice esta expresión, con un dispositivo graficador, para trazar la gráfica de g'. Compare con su trazo del inciso (b).

45–46 Encuentre la primera y segunda derivadas de cada una de las funciones siguientes.

45. $f(x) = 0.001x^5 - 0.02x^3$
46. $G(r) = \sqrt{r} + \sqrt[3]{r}$

47–48 Encuentre la primera y segunda derivadas de cada una de las funciones siguientes. Verifique para ver si sus respuestas son razonables, comparando las gráficas de f, f' y f''.

47. $f(x) = 2x - 5x^{3/4}$
48. $f(x) = e^x - x^3$

49. La ecuación de movimiento de una partícula es $s = t^3 - 3t$, donde s está en metros y t en segundos. Encuentre
(a) la velocidad y la aceleración como funciones de t,
(b) la aceleración después de 2 s, y
(c) la aceleración cuando la velocidad es cero.

50. La ecuación de movimiento de una partícula es $s = t^4 - 2t^3 + t^2 - t$, donde s está en metros y t en segundos.
(a) Encuentre la velocidad y la aceleración como funciones de t.
(b) Encuentre la aceleración después de 1 s.
(c) Grafique las funciones posición, velocidad y aceleración, en la misma pantalla.

51. Los biólogos han propuesto un polinomio cúbico para modelar la longitud L del pescado de roca de Alaska de edad A:

$$L = 0.0155A^3 - 0.372A^2 + 3.95A + 1.21$$

donde L se mide en pulgadas y A en años. Calcule

$$\left.\frac{dL}{dA}\right|_{A=12}$$

e interprete su respuesta.

52. El número de especies de árbol S en un área dada A en la reserva forestal de Pasoh en Malasia se ha modelado por la función potencia

$$S(A) = 0.882A^{0.842}$$

donde A se mide en metros cuadrados. Determine $S'(100)$ e interprete su respuesta.

Fuente: Adaptado de K. Kochummen *et al.*, "Floristic Composition of Pasoh Forest Reserve, A Lowland Rain Forest in Peninsular Malaysia," *Journal of Tropical Forest Science* 3 (1991): 1–13.

53. La ley de Boyle establece que cuando una muestra de gas se comprime a temperatura constante, la presión P del gas es inversamente proporcional al volumen del gas.
(a) Suponga que la presión de una muestra de aire que ocupa 0.106 m³ a 25 °C es 50 kPa. Exprese V como una función de P.
(b) Calcule dV/dP cuando $P = 50$ kPa. ¿Cuál es el significado de la derivada? ¿Cuáles son sus unidades?

54. Los neumáticos de automóvil deben ser inflados correctamente porque un alto o bajo inflado puede causar desgaste prematuro. Los datos de la tabla muestran la vida L (en miles de kilómetros) para un determinado tipo de neumático a diversas presiones P (en kPa).

P	179	193	214	242	262	290	311
L	80	106	126	130	119	113	95

(a) Utilice una calculadora graficadora o una computadora para modelar la vida del neumático con una función cuadrática de la presión.
(b) Utilice el modelo para calcular dL/dP cuando $P = 200$ y cuando $P = 300$. ¿Cuál es el significado de la derivada? ¿Cuáles son sus unidades? ¿Cuál es el significado de los signos de las derivadas?

55. Encuentre los puntos sobre la curva $y = 2x^3 + 3x^2 - 12x + 1$ donde la recta tangente es horizontal.

56. ¿Para qué valores de x la gráfica de $f(x) = e^x - 2x$ tiene una recta tangente horizontal?

57. Demuestre que la curva $y = 2e^x + 3x + 5x^3$ no tiene una recta tangente cuya pendiente es 2.

58. Encuentre la ecuación de la recta tangente a la curva $y = x^4 + 1$ que es paralela a la recta $32x - y = 15$.

59. Encuentre las ecuaciones de ambas rectas tangentes a la curva $y = x^3 - 3x^2 + 3x - 3$ y paralela a la recta $3x - y = 15$.

60. ¿En qué punto sobre la curva $y = 1 + 2e^x - 3x$ es la recta tangente paralela a la recta $3x - y = 5$? Ilustre trazando la gráfica de la curva y de ambas rectas.

61. Determine una ecuación de la recta normal a la curva $y = \sqrt{x}$ que es paralela a la recta $2x + y = 1$.

62. ¿Dónde la recta normal a la parábola $y = x^2 - 1$ en el punto $(-1, 0)$ interseca la parábola por segunda vez? Ilustre con un trazo de la gráfica.

63. Dibuje un diagrama que muestre que hay dos rectas tangentes a la parábola $y = x^2$ que pasan por el punto $(0, -4)$. Encuentre las coordenadas de los puntos donde estas rectas tangentes intersectan la parábola.

64. (a) Encuentre las ecuaciones de ambas rectas que pasan por el punto $(2, -3)$ que son tangentes a la parábola $y = x^2 + x$.
(b) Demuestre que no hay una recta que pase por el punto $(2, 7)$ que sea tangente a la parábola. Luego dibuje un diagrama para ver por qué.

65. Utilice la definición de derivada para demostrar que si $f(x) = 1/x$, entonces $f'(x) = -1/x^2$. (Esto demuestra la regla de la potencia para el caso $n = -1$.)

66. Encuentre la n-ésima derivada de cada una de las funciones siguientes calculando algunas derivadas y observando el patrón de recurrencia.
(a) $f(x) = x^n$ (b) $f(x) = 1/x$

67. Encuentre un polinomio P de segundo grado tal que $P(2) = 5$, $P'(2) = 3$, y $P''(2) = 2$.

68. La ecuación $y'' + y' - 2y = x^2$ es una **ecuación diferencial** porque implica una función desconocida y y sus derivadas y' y y''. Encuentre las constantes A, B y C tales que la función $y = Ax^2 + Bx + C$ satisface esta ecuación. (Las ecuaciones diferenciales se estudiarán en detalle en el capítulo 9.)

69. Encuentre una ecuación cúbica $y = ax^3 + bx^2 + cx + d$ cuya gráfica tiene rectas tangentes horizontales en los puntos $(-2, 6)$ y $(2, 0)$.

70. Encuentre una parábola con ecuación $y = ax^2 + bx + c$ que tiene pendiente 4 en $x = 1$, pendiente -8 en $x = -1$ y que pasa por el punto $(2, 15)$.

71. Sea

$$f(x) = \begin{cases} x^2 + 1 & \text{si } x < 1 \\ x + 1 & \text{si } x \geqslant 1 \end{cases}$$

¿Es f derivable en 1? Trace las gráficas de f y f'.

72. ¿En qué números es derivable la función g siguiente?

$$g(x) = \begin{cases} 2x & \text{si } x \leqslant 0 \\ 2x - x^2 & \text{si } 0 < x < 2 \\ 2 - x & \text{si } x \geqslant 2 \end{cases}$$

Proporcione una fórmula para g' y trace las gráficas de g y g'.

73. (a) ¿Para qué valores de x es la función $f(x) = |x^2 - 9|$ es derivable? Encuentre una fórmula para f'.
(b) Trace las gráficas de f y f'.

74. ¿Dónde es derivable la función $h(x) = |x - 1| + |x + 2|$? Dé la función para h' y trace las gráficas de h y h'.

75. Encuentre la parábola con ecuación $y = ax^2 + bx$ cuya recta tangente en (1, 1) tiene por ecuación $y = 3x - 2$.

76. Suponga que la curva $y = x^4 + ax^3 + bx^2 + cx + d$ tiene una recta tangente cuando $x = 0$ con ecuación $y = 2x + 1$ y una recta tangente cuando $x = 1$ con ecuación $y = 2 - 3x$. Encuentre los valores de a, b, c, y d.

77. ¿Para qué valores de a y b la recta $2x + y = b$ es tangente a la parábola $y = ax^2$ cuando $x = 2$?

78. Encuentre el valor de c tal que la recta $y = \frac{3}{2}x + 6$ es tangente a la curva $y = c\sqrt{x}$.

79. ¿Cuál es el valor de c tal que la recta $y = 2x + 3$ es tangente a la parábola $y = cx^2$?

80. La gráfica de cualquier función cuadrática $f(x) = ax^2 + bx + c$ es una parábola. Demuestre que el promedio de las pendientes de las rectas tangentes a la parábola en los puntos finales de cualquier intervalo $[p, q]$ es igual a la pendiente de la tangente en el punto medio del intervalo.

81. Sea

$$f(x) = \begin{cases} x^2 & \text{si } x \leqslant 2 \\ mx + b & \text{si } x > 2 \end{cases}$$

Encuentre los valores de m y b que hacen que f sea derivable para todas.

82. Se dibuja una recta tangente a la hipérbola $xy = c$ en un punto P.
(a) Demuestre que el punto medio del segmento de esta recta tangente comprendido entre los ejes de coordenadas es P.
(b) Demuestre que el triángulo formado por la recta tangente y los ejes de coordenadas siempre tiene la misma área, no importa dónde se encuentre P sobre la hipérbola.

83. Evalúe $\displaystyle\lim_{x \to 1} \frac{x^{1000} - 1}{x - 1}$.

84. Dibuje un diagrama que muestre dos rectas perpendiculares que se intersecan en el eje y y que son ambas tangentes a la parábola $y = x^2$. ¿Dónde se intersecan estas rectas?

85. Si $c > \frac{1}{2}$, ¿cuántas rectas que pasan por el punto $(0, c)$ son rectas normales a la parábola $y = x^2$? ¿Qué pasa si $c \leqslant \frac{1}{2}$?

86. Trace las parábolas $y = x^2$ y $y = x^2 - 2x + 2$. ¿Piensa que existe una recta que es tangente a ambas curvas? Si es así, encuentre su ecuación. Si no es así, ¿por qué no?

PROYECTO DE APLICACIÓN CONSTRUCCIÓN DE UNA MEJOR MONTAÑA RUSA

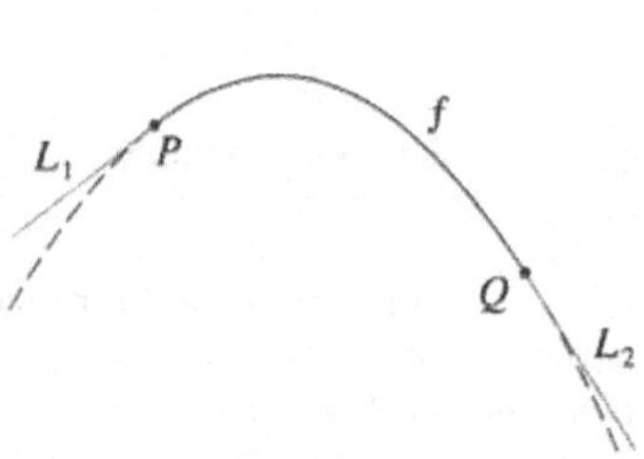

Suponga que le piden que diseñe la primera subida y bajada de una nueva montaña rusa. Luego de estudiar fotografías de sus montañas rusas favoritas, decide hacer la pendiente de la subida de 0.8 y la pendiente de la bajada de -1.6. Usted decide unir estos dos tramos rectos $y = L_1(x)$ y $y = L_2(x)$ con parte de la parábola $y = f(x) = ax^2 + bx + c$, donde x y $f(x)$ se miden en metros. Para que la pista sea suave no pueden existir cambios abruptos de dirección, por lo que se quiere que los segmentos rectos L_1 y L_2 sean tangentes a la parábola en los puntos de transición P y Q. (Véase la figura). Para simplificar las ecuaciones, decide ubicar el origen en P.

1. (a) Suponga que la distancia horizontal entre P y Q es de 30 m. Escriba las ecuaciones en a, b y c que aseguren que la pista sea suave en los puntos de transición.
(b) Resuelva las ecuaciones del inciso (a) para a, b, y c para encontrar una fórmula para $f(x)$.
(c) Trace L_1, f, y L_2 para verificar gráficamente que las transiciones son suaves.
(d) Determine la diferencia de elevación de P y Q.

2. La solución en el problema 1 podría *parecer* suave, pero se puede no *sentir* suave ya que la función está definida en partes [que consiste de $L_1(x)$ para $x < 0$, $f(x)$ para $0 \leqslant x \leqslant 30$, y

$L_2(x)$ para $x > 30$] no tiene una segunda derivada continua. Por lo que decide mejorar el diseño utilizando una función cuadrática $q(x) = ax^2 + bx + c$ solo en el intervalo $3 \leqslant x \leqslant 27$ y unir las funciones lineales con dos funciones cúbicas:

$$g(x) = kx^3 + lx^2 + mx + n \qquad 0 \leqslant x < 3$$

$$h(x) = px^3 + qx^2 + rx + s \qquad 27 < x \leqslant 30$$

(a) Escriba un sistema de ecuaciones con 11 incógnitas que garanticen que las funciones y sus dos primeras derivadas coinciden en los puntos de transición.

SAC (b) Resuelva las ecuaciones del inciso (a) con un sistema algebraico computacional para encontrar las fórmulas para $q(x)$, $g(x)$ y $h(x)$.

(c) Trace la gráfica de L_1, g, q, h, y L_2, y compare con la gráfica del problema 1(c).

3.2 Reglas del producto y el cociente

Las fórmulas de esta sección permiten derivar nuevas funciones formadas a partir de anteriores, por multiplicación o división.

Regla del producto

Por analogía con las reglas de la suma y la diferencia, podría tener la tentación de suponer, como Leibniz lo hizo hace tres siglos, que la derivada de un producto es el producto de las derivadas. Sin embargo, puede ver que esta suposición es errónea al considerar un ejemplo particular. Sea $f(x) = x$ y $g(x) = x^2$. Por tanto, la regla de la potencia da $f'(x) = 1$ y $g'(x) = 2x$. Pero $(fg)(x) = x^3$, por lo que $(fg)'(x) = 3x^2$. Por lo que, $(fg)' \neq f'g'$. La fórmula correcta fue descubierta por Leibniz (poco tiempo después de su falso inicio) y se llama regla del producto.

Antes de enunciar la regla del producto, vea cómo podría descubrirla. Inicie por suponer que $u = f(x)$ y $v = g(x)$ son funciones positivas derivables. Entonces se puede interpretar el producto uv como el área de un rectángulo (véase la figura 1). Si x cambia una cantidad Δx, entonces los cambios correspondientes en u y v son

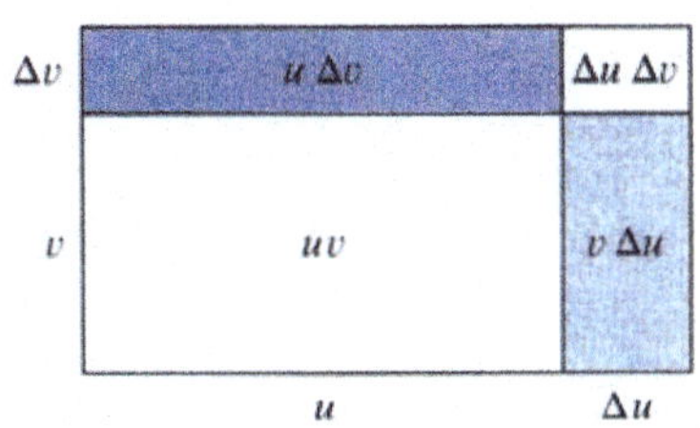

FIGURA 1
Geometría de la regla del producto

$$\Delta u = f(x + \Delta x) - f(x) \qquad \Delta v = g(x + \Delta x) - g(x)$$

y el nuevo valor del producto, $(u + \Delta u)(v + \Delta v)$, se puede interpretar como el área del rectángulo grande en la figura 1 (siempre que Δu y Δv sean positivos).

El cambio en el área del rectángulo es

$$\boxed{1} \qquad \Delta(uv) = (u + \Delta u)(v + \Delta v) - uv = u\,\Delta v + v\,\Delta u + \Delta u\,\Delta v$$

$$= \text{suma de las tres áreas sombreadas}$$

Si se divide entre Δx, se obtiene

$$\frac{\Delta(uv)}{\Delta x} = u\frac{\Delta v}{\Delta x} + v\frac{\Delta u}{\Delta x} + \Delta u\frac{\Delta v}{\Delta x}$$

Recuerde que en la notación de Leibniz la definición de derivada se puede escribir como

$$\frac{dy}{dx} = \lim_{\Delta x \to 0} \frac{\Delta y}{\Delta x}$$

Si ahora se hace que $\Delta x \to 0$, se obtiene la derivada de uv:

$$\frac{d}{dx}(uv) = \lim_{\Delta x \to 0} \frac{\Delta(uv)}{\Delta x} = \lim_{\Delta x \to 0} \left(u\frac{\Delta v}{\Delta x} + v\frac{\Delta u}{\Delta x} + \Delta u \frac{\Delta v}{\Delta x} \right)$$

$$= u \lim_{\Delta x \to 0} \frac{\Delta v}{\Delta x} + v \lim_{\Delta x \to 0} \frac{\Delta u}{\Delta x} + \left(\lim_{\Delta x \to 0} \Delta u \right)\left(\lim_{\Delta x \to 0} \frac{\Delta v}{\Delta x} \right)$$

$$= u\frac{dv}{dx} + v\frac{du}{dx} + 0 \cdot \frac{dv}{dx}$$

2 $$\frac{d}{dx}(uv) = u\frac{dv}{dx} + v\frac{du}{dx}$$

(Observe que $\Delta u \to 0$ cuando $\Delta x \to 0$ ya que f es derivable y, por tanto, continua.)

Aun cuando se partió de la hipótesis (para la interpretación geométrica) que todas las cantidades son positivas, observe que la ecuación 1 siempre es verdadera. (El álgebra es válida si u, v, Δu y Δv son positivas o negativas.) Por lo que se ha demostrado la ecuación 2, conocida como regla del producto, para todas las funciones derivables u y v.

En notación prima:

$$(fg)' = fg' + gf'$$

Regla del producto Si f y g son derivables, entonces

$$\frac{d}{dx}[f(x)g(x)] = f(x)\frac{d}{dx}[g(x)] + g(x)\frac{d}{dx}[f(x)]$$

En palabras, la regla del producto dice que *la derivada de un producto de dos funciones es la primera función multiplicada por la derivada de la segunda función, más la segunda función multiplicada por la derivada de la primera función.*

EJEMPLO 1

(a) Si $f(x) = xe^x$, encuentre $f'(x)$.

(b) Determine la n-ésima derivada, $f^{(n)}(x)$.

SOLUCIÓN

(a) Por la regla del producto se tiene que

$$f'(x) = \frac{d}{dx}(xe^x)$$

$$= x\frac{d}{dx}(e^x) + e^x\frac{d}{dx}(x)$$

$$= xe^x + e^x \cdot 1 = (x+1)e^x$$

En la figura 2 se muestran las gráficas de la función f del ejemplo 1 y su derivada f'. Observe que $f'(x)$ es positiva cuando f es creciente y negativa cuando f es decreciente.

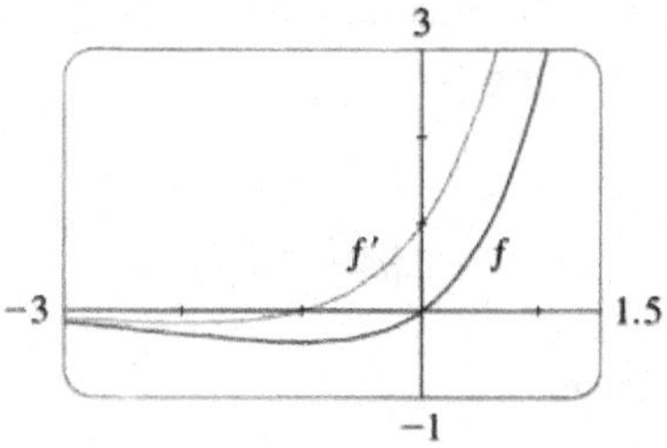

FIGURA 2

(b) Aplicando la regla del producto una segunda vez, se obtiene

$$f''(x) = \frac{d}{dx}[(x+1)e^x]$$

$$= (x+1)\frac{d}{dx}(e^x) + e^x\frac{d}{dx}(x+1)$$

$$= (x+1)e^x + e^x \cdot 1 = (x+2)e^x$$

Las aplicaciones de la regla del producto siguientes dan

$$f'''(x) = (x + 3)e^x \qquad f^{(4)}(x) = (x + 4)e^x$$

De hecho, cada derivada sucesiva agrega otro término e^x, por lo que

$$f^{(n)}(x) = (x + n)e^x$$

■

En el ejemplo 2, a y b son constantes. Es habitual en matemáticas el uso de las primeras letras del alfabeto, para representar constantes y las últimas para representar variables.

EJEMPLO 2 Derive la función $f(t) = \sqrt{t}\,(a + bt)$.

SOLUTION 1 Utilizando la regla del producto, se tiene que

$$\begin{aligned} f'(t) &= \sqrt{t}\,\frac{d}{dt}(a + bt) + (a + bt)\frac{d}{dt}\left(\sqrt{t}\right) \\ &= \sqrt{t}\cdot b + (a + bt)\cdot \tfrac{1}{2}t^{-1/2} \\ &= b\sqrt{t} + \frac{a + bt}{2\sqrt{t}} = \frac{a + 3bt}{2\sqrt{t}} \end{aligned}$$

SOLUCIÓN 2 Si primero se utilizan las leyes de los exponentes para reescribir $f(t)$, entonces se puede proceder directamente sin utilizar la regla del producto.

$$\begin{aligned} f(t) &= a\sqrt{t} + bt\sqrt{t} = at^{1/2} + bt^{3/2} \\ f'(t) &= \tfrac{1}{2}at^{-1/2} + \tfrac{3}{2}bt^{1/2} \end{aligned}$$

que es equivalente a la respuesta dada en la solución 1. ■

El ejemplo 2 muestra que a veces es más fácil simplificar un producto de funciones antes de derivar que utilizar directamente la regla del producto. En el ejemplo 1, sin embargo, la regla del producto es el único método posible.

EJEMPLO 3 Si $f(x) = \sqrt{x}\,g(x)$, donde $g(4) = 2$ y $g'(4) = 3$, encuentre $f'(4)$.

SOLUCIÓN Aplicando la regla del producto, se tiene que

$$\begin{aligned} f'(x) &= \frac{d}{dx}\left[\sqrt{x}\,g(x)\right] = \sqrt{x}\,\frac{d}{dx}[g(x)] + g(x)\,\frac{d}{dx}\left[\sqrt{x}\right] \\ &= \sqrt{x}\,g'(x) + g(x)\cdot\tfrac{1}{2}x^{-1/2} \\ &= \sqrt{x}\,g'(x) + \frac{g(x)}{2\sqrt{x}} \end{aligned}$$

Por lo que $$f'(4) = \sqrt{4}\,g'(4) + \frac{g(4)}{2\sqrt{4}} = 2\cdot 3 + \frac{2}{2\cdot 2} = 6.5$$ ■

■ Regla del cociente

Se encontró una regla para derivar el cociente de dos funciones derivables $u = f(x)$ y $v = g(x)$ en gran parte de la misma manera que se ha encontrado la regla del producto.

Si x, u y v cambian en cantidades Δx, Δu y Δv, entonces el cambio correspondiente en el cociente u/v es

$$\Delta\left(\frac{u}{v}\right) = \frac{u + \Delta u}{v + \Delta v} - \frac{u}{v} = \frac{(u + \Delta u)v - u(v + \Delta v)}{v(v + \Delta v)}$$

$$= \frac{v\Delta u - u\Delta v}{v(v + \Delta v)}$$

por tanto,

$$\frac{d}{dx}\left(\frac{u}{v}\right) = \lim_{\Delta x \to 0} \frac{\Delta(u/v)}{\Delta x} = \lim_{\Delta x \to 0} \frac{v\dfrac{\Delta u}{\Delta x} - u\dfrac{\Delta v}{\Delta x}}{v(v + \Delta v)}$$

Cuando $\Delta x \to 0$, también $\Delta v \to 0$, porque $v = g(x)$ es derivable y, por consiguiente, continua. Así, al aplicar las leyes de los límites, se obtiene

$$\frac{d}{dx}\left(\frac{u}{v}\right) = \frac{v \lim\limits_{\Delta x \to 0} \dfrac{\Delta u}{\Delta x} - u \lim\limits_{\Delta x \to 0} \dfrac{\Delta v}{\Delta x}}{v \lim\limits_{\Delta x \to 0} (v + \Delta v)} = \frac{v\dfrac{du}{dx} - u\dfrac{dv}{dx}}{v^2}$$

En notación prima:

$$\left(\frac{f}{g}\right)' = \frac{gf' - fg'}{g^2}$$

Regla del cociente Si f y g son derivables, entonces

$$\frac{d}{dx}\left[\frac{f(x)}{g(x)}\right] = \frac{g(x)\dfrac{d}{dx}[f(x)] - f(x)\dfrac{d}{dx}[g(x)]}{[g(x)]^2}$$

En palabras: la regla del cociente dice que la *derivada de un cociente es el denominador multiplicado por la derivada del numerador, menos el numerador multiplicado por la derivada del denominador, todo dividido entre el cuadrado del denominador.*

La regla del cociente y las otras fórmulas de derivación permiten calcular la derivada de cualquier función racional, como se ilustra en el ejemplo siguiente.

Se puede utilizar un dispositivo de graficación para verificar que la respuesta al ejemplo 4 es razonable. En la figura 3 se muestran las gráficas de la función del ejemplo 4 y su derivada. Observe que cuando y crece con rapidez (cerca de -2), y' es grande. Y cuando y crece con lentitud, y' está cerca de 0.

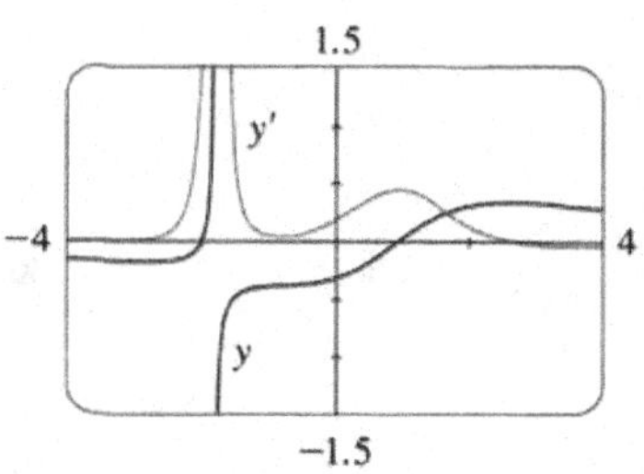

FIGURA 3

EJEMPLO 4 Sea $y = \dfrac{x^2 + x - 2}{x^3 + 6}$. Entonces

$$y' = \frac{(x^3 + 6)\dfrac{d}{dx}(x^2 + x - 2) - (x^2 + x - 2)\dfrac{d}{dx}(x^3 + 6)}{(x^3 + 6)^2}$$

$$= \frac{(x^3 + 6)(2x + 1) - (x^2 + x - 2)(3x^2)}{(x^3 + 6)^2}$$

$$= \frac{(2x^4 + x^3 + 12x + 6) - (3x^4 + 3x^3 - 6x^2)}{(x^3 + 6)^2}$$

$$= \frac{-x^4 - 2x^3 + 6x^2 + 12x + 6}{(x^3 + 6)^2}$$

■

EJEMPLO 5 Encuentre la ecuación de la recta tangente a la curva $y = e^x/(1 + x^2)$ en el punto $\left(1, \frac{1}{2}e\right)$.

SOLUCIÓN De acuerdo con la regla del cociente

$$\frac{dy}{dx} = \frac{(1 + x^2)\dfrac{d}{dx}(e^x) - e^x \dfrac{d}{dx}(1 + x^2)}{(1 + x^2)^2}$$

$$= \frac{(1 + x^2)e^x - e^x(2x)}{(1 + x^2)^2} = \frac{e^x(1 - 2x + x^2)}{(1 + x^2)^2}$$

$$= \frac{e^x(1 - x)^2}{(1 + x^2)^2}$$

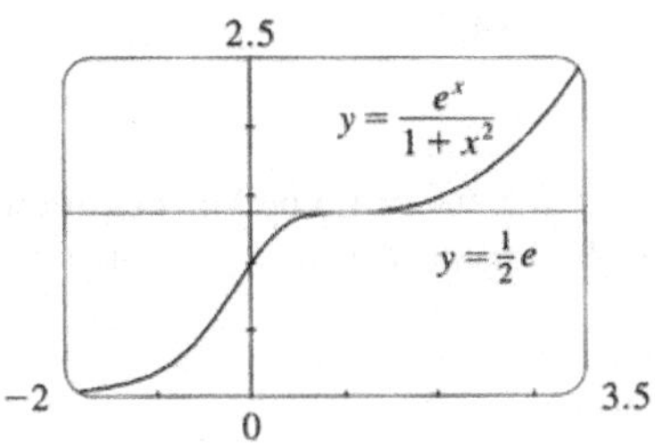

FIGURA 4

Por lo que la pendiente de la recta tangente en $\left(1, \frac{1}{2}e\right)$ es

$$\left.\frac{dy}{dx}\right|_{x=1} = 0$$

Esto significa que la recta tangente en $\left(1, \frac{1}{2}e\right)$ es horizontal, y su ecuación es $y = \frac{1}{2}e$. [Véase la figura 4. Observe que la función es creciente y cruza su recta tangente en $\left(1, \frac{1}{2}e\right)$.] ■

NOTA No use la regla del cociente *cada* vez que vea un cociente. A veces es más fácil reescribir un cociente en una forma que sea más sencilla para los fines de derivación. Por ejemplo, aun cuando es posible derivar la función

$$F(x) = \frac{3x^2 + 2\sqrt{x}}{x}$$

aplicando la regla del cociente, es más fácil dividir primero y escribir la función como

$$F(x) = 3x + 2x^{-1/2}$$

antes de derivar.

A continuación, se resumen las fórmulas de derivación que ha aprendido hasta el momento.

Tabla de fórmulas de derivación

$\dfrac{d}{dx}(c) = 0$	$\dfrac{d}{dx}(x^n) = nx^{n-1}$	$\dfrac{d}{dx}(e^x) = e^x$
$(cf)' = cf'$	$(f + g)' = f' + g'$	$(f - g)' = f' - g'$
$(fg)' = fg' + gf'$	$\left(\dfrac{f}{g}\right)' = \dfrac{gf' - fg'}{g^2}$	

3.2 EJERCICIOS

1. Encuentre la derivada de $f(x) = (1 + 2x^2)(x - x^2)$ de dos maneras: aplicando la regla del producto y efectuando primero la multiplicación. ¿Sus respuestas son equivalentes?

2. Encuentre la derivada de la función

$$F(x) = \frac{x^4 - 5x^3 + \sqrt{x}}{x^2}$$

en dos maneras diferentes: utilizando la regla del cociente y simplificando primero. Demuestre que sus respuestas son equivalentes. ¿Cuál método prefiere?

3–26 Derive.

3. $f(x) = (3x^2 - 5x)e^x$

4. $g(x) = \left(x + 2\sqrt{x}\right)e^x$

5. $y = \dfrac{e^x}{x^2}$

6. $y = \dfrac{e^x}{1 + x}$

7. $g(x) = \dfrac{3x - 1}{2x + 1}$

8. $f(t) = \dfrac{2t}{4 - t^2}$

9. $H(u) = \left(u - \sqrt{u}\right)\left(u + \sqrt{u}\right)$

10. $J(v) = (v^3 - 2v)(v^{-4} + v^{-2})$

11. $F(y) = \left(\dfrac{1}{y^2} - \dfrac{3}{y^4}\right)(y + 5y^3)$

12. $f(z) = (1 - e^z)(z + e^z)$

13. $y = \dfrac{x^2 + 1}{x^3 - 1}$

14. $y = \dfrac{\sqrt{x}}{2 + x}$

15. $y = \dfrac{t^3 + 3t}{t^2 - 4t + 3}$

16. $y = \dfrac{1}{t^3 + 2t^2 - 1}$

17. $y = \dfrac{v^3 - 2v\sqrt{v}}{v}$

18. $h(r) = \dfrac{ae^r}{b + e^r}$

19. $y = \dfrac{s - \sqrt{s}}{s^2}$

20. $y = (z^2 + e^z)\sqrt{z}$

21. $f(t) = \dfrac{\sqrt[3]{t}}{t - 3}$

22. $V(t) = \dfrac{4 + t}{te^t}$

23. $f(x) = \dfrac{x^2e^x}{x^2 + e^x}$

24. $F(t) = \dfrac{At}{Bt^2 + Ct^3}$

25. $f(x) = \dfrac{A}{B + Ce^x}$

26. $f(x) = \dfrac{ax + b}{cx + d}$

27–30 Determine $f'(x)$ y $f''(x)$ de cada una de las funciones siguientes.

27. $f(x) = (x^3 + 1)e^x$

28. $f(x) = \sqrt{x}\,e^x$

29. $f(x) = \dfrac{x^2}{1 + e^x}$

30. $f(x) = \dfrac{x}{x^2 - 1}$

31–32 Encuentre la ecuación de la recta tangente a la curva dada en el punto especificado.

31. $y = \dfrac{x^2 - 1}{x^2 + x + 1}$, $(1, 0)$

32. $y = \dfrac{1 + x}{1 + e^x}$, $\left(0, \frac{1}{2}\right)$

33–34 Determine las ecuaciones de las rectas tangentes y de las rectas normales a cada una de las curvas dadas en el punto que se especifica.

33. $y = 2xe^x$, $(0, 0)$

34. $y = \dfrac{2x}{x^2 + 1}$, $(1, 1)$

35. (a) La curva $y = 1/(1 + x^2)$ se llama **bruja de María Agnesi**. Encuentre la ecuación de la recta tangente a esta curva en el punto $\left(-1, \frac{1}{2}\right)$.
(b) Ilustre el inciso (a) trazando las gráficas de la curva y la recta tangente en la misma pantalla.

36. (a) La curva $y = x/(1 + x^2)$ se llama **serpentina**. Encuentre la ecuación de la recta tangente a esta curva en el punto $(3, 0.3)$.
(b) Ilustre el inciso (a) trazando la gráfica de la curva y la recta tangente, en la misma pantalla.

37. (a) Si $f(x) = (x^3 - x)e^x$, encuentre $f'(x)$.
(b) Compruebe que su respuesta al inciso (a) es razonable comparando las gráficas de f y f'.

38. (a) Si $f(x) = e^x/(2x^2 + x + 1)$, determine $f'(x)$.
(b) Compruebe que su respuesta al inciso (a) es razonable comparando las gráficas de f y f'.

39. (a) Si $f(x) = (x^2 - 1)/(x^2 + 1)$, determine $f'(x)$ y $f''(x)$.
(b) Verifique si sus respuestas en el inciso (a) son razonables al comparar las gráficas de f, f' y f''.

40. (a) Si $f(x) = (x^2 - 1)e^x$, determine $f'(x)$ y $f''(x)$.
(b) Verifique para comprobar que sus respuestas en el inciso (a) son razonables al comparar las gráficas de f, f' y f''.

41. Si $f(x) = x^2/(1 + x)$, determine $f''(1)$.

42. Si $g(x) = x/e^x$, determine $g^{(n)}(x)$.

43. Suponga que $f(5) = 1$, $f'(5) = 6$, $g(5) = -3$ y $g'(5) = 2$. Encuentre los valores siguientes
(a) $(fg)'(5)$ (b) $(f/g)'(5)$ (c) $(g/f)'(5)$

44. Suponga que $f(4) = 2$, $g(4) = 5$, $f'(4) = 6$ y $g'(4) = -3$. Encuentre $h'(4)$.
(a) $h(x) = 3f(x) + 8g(x)$ (b) $h(x) = f(x)g(x)$
(c) $h(x) = \dfrac{f(x)}{g(x)}$ (d) $h(x) = \dfrac{g(x)}{f(x) + g(x)}$

45. Si $f'(x) = e^x g(x)$, donde $g(0) = 2$ y $g'(0) = 5$, determine $f'(0)$.

46. Si $h(2) = 4$ y $h'(2) = -3$, encuentre

$$\left.\frac{d}{dx}\left(\frac{h(x)}{x}\right)\right|_{x=2}$$

47. Si $g(x) = xf(x)$, donde $f(3) = 4$ y $f'(3) = -2$, encuentre la ecuación de la recta tangente a la gráfica de g en el punto donde $x = 3$.

48. Si $f(2) = 10$ y $f'(x) = x^2 f(x)$ para toda x, encuentre $f''(2)$.

49. Si f y g son las funciones cuyas gráficas se ilustran, sean $u(x) = f(x)g(x)$ y $v(x) = f(x)/g(x)$.
(a) Encuentre $u'(1)$. (b) Encuentre $v'(5)$.

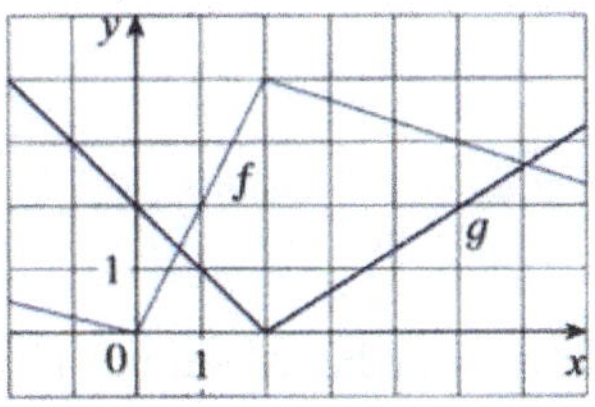

50. Sea $P(x) = F(x)G(x)$ y $Q(x) = F(x)/G(x)$, donde F y G son las funciones cuyas gráficas se muestran
(a) Encuentre $P'(2)$. (b) Encuentre $Q'(7)$.

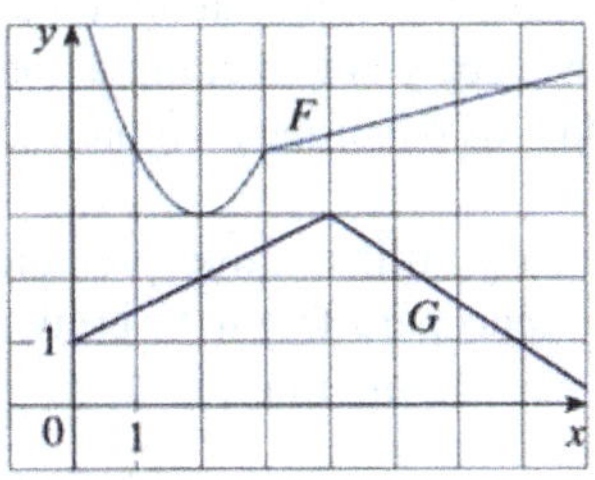

51. Si g es una función derivable, encuentre una expresión para la derivada de cada una de las funciones siguientes.
(a) $y = xg(x)$ (b) $y = \dfrac{x}{g(x)}$
(c) $y = \dfrac{g(x)}{x}$

52. Si f es una función derivable, encuentre una expresión para la derivada de cada una de las funciones siguientes.
(a) $y = x^2 f(x)$ (b) $y = \dfrac{f(x)}{x^2}$
(c) $y = \dfrac{x^2}{f(x)}$ (d) $y = \dfrac{1 + xf(x)}{\sqrt{x}}$

53. ¿Cuántas rectas tangentes a la curva $y = x/(x + 1)$ pasan por el punto $(1, 2)$? ¿En qué puntos toca la curva estas rectas tangentes?

54. Encuentre las ecuaciones de las rectas tangentes a la curva

$$y = \frac{x - 1}{x + 1}$$

que sean paralelas a la recta $x - 2y = 2$.

55. Encuentre $R'(0)$, donde

$$R(x) = \frac{x - 3x^3 + 5x^5}{1 + 3x^3 + 6x^6 + 9x^9}$$

Sugerencia: en vez de encontrar primero $R'(x)$, sea $f(x)$ el numerador y $g(x)$ el denominador de $R(x)$ y calcule $R'(0)$ usando $f(0)$, $f'(0)$, $g(0)$ y $g'(0)$.

56. Utilice el método del ejercicio 55 para calcular $Q'(0)$, donde

$$Q(x) = \frac{1 + x + x^2 + xe^x}{1 - x + x^2 - xe^x}$$

57. En este ejercicio, calcule la proporción a la que está creciendo el ingreso personal total en el área metropolitana de Richmond-Petersburg, Virginia. En 1999, la población de esta área era 961 400 y la población aumentaba en alrededor de 9200 personas al año. El ingreso anual promedio era \$30 593 per cápita, y este promedio se incrementaba en cerca de \$1400 al año (ligeramente por arriba del promedio nacional de alrededor de \$1225 al año). Use la regla del producto y estas cifras para calcular la proporción en la que estaba aumentando el ingreso personal total en el área de Richmond-Petersburg en 1999. Explique el significado de cada término en la regla del producto.

58. Un fabricante produce rollos de una tela con un ancho fijo. La cantidad q de esta tela (medida en metros) que se vende es función del precio de venta p (en dólares por metro), de modo que $q = f(p)$. Entonces, el ingreso total que se percibe con el precio de venta p es $R(p) = pf(p)$.
(a) ¿Qué significa decir que $f(20) = 10\,000$ y $f'(20) = -350$?
(b) Suponiendo los valores del inciso (a), encuentre $R'(20)$ e interprete su respuesta.

59. La ecuación de Michaelis-Menten de la enzima quimotripsina es

$$v = \frac{0.14[S]}{0.015 + [S]}$$

donde v es la velocidad de una reacción enzimática y $[S]$ es la concentración de un sustrato S. Calcule $dv/d[S]$ e interprétela.

60. La *biomasa* $B(t)$ de la población de peces es la masa total de los miembros de la población en el tiempo t. Es el producto del número de especímenes $N(t)$ en la población y la masa promedio $M(t)$ de los peces al tiempo t. En el caso de los guppies, la reproducción ocurre continuamente. Suponga que al tiempo $t = 4$ semanas la población es de 820 guppies y está creciendo a un ritmo de 50 guppies por semana, mientras que la masa promedio es de 1.2 g y está aumentando a una tasa de 0.14 g/semana. ¿Con qué razón está aumentando la biomasa cuando $t = 4$?

61. (a) Utilice la regla del producto dos veces para probar que, si f, g y h son derivables, entonces $(fgh)' = f'gh + fg'h + fgh'$.

(b) Tomando $f = g = h$ en el inciso (a), demuestre que

$$\frac{d}{dx}[f(x)]^3 = 3[f(x)]^2 f'(x)$$

(c) Use el inciso (b) para diferenciar $y - e_{3x}$.

62. (a) Si $F(x) = f(x)\,g(x)$, donde f y g son derivables en todos los órdenes, demuestre que $F'' = f''g + 2f'g' + fg''$.

(b) Determine fórmulas similares para F''' y $F^{(4)}$.

(c) Intente una fórmula para $F^{(n)}$.

63. Determine expresiones para las primeras cinco derivadas de $f(x) = x^2e^x$. ¿Observa algún patrón en estas expresiones? Infiera una fórmula para $f^{(n)}(x)$ y demuéstrela por medio de inducción matemática.

64. (a) Si g es derivable la **regla del recíproco** indica que

$$\frac{d}{dx}\left[\frac{1}{g(x)}\right] = -\frac{g'(x)}{[g(x)]^2}$$

Utilice la regla del cociente para demostrar la regla del recíproco.

(b) Utilice la regla del recíproco para derivar la función del ejercicio 16.

(c) Utilice la regla del recíproco para comprobar que la regla de la potencia es válida para números enteros negativos, es decir,

$$\frac{d}{dx}(x^{-n}) = -nx^{-n-1}$$

para todos los números enteros positivos n.

3.3 Derivadas de funciones trigonométricas

En el apéndice D se presenta un repaso de las funciones trigonométricas.

Antes de iniciar esta sección, quizá necesite repasar las funciones trigonométricas. En particular, es importante que recuerde que cuando habla de la función f definida para todos los números reales x, mediante

$$f(x) = \operatorname{sen} x$$

se entiende que sen x significa el seno del ángulo cuya medida en *radianes* es x. Para las demás funciones trigonométricas: cos, tan, csc, sec y cot se cumple con una convención similar. Recuerde de la sección 2.5 que todas las funciones trigonométricas son continuas en cada número en sus dominios.

Si traza la gráfica de la función $f(x) = \operatorname{sen} x$ y utiliza la interpretación de $f'(x)$ como la pendiente de la recta tangente a la curva seno para trazar la gráfica de f' (véase el ejercicio 2.8.16), parece que la gráfica de f' es la misma que la curva coseno (véase la figura 1).

TEC Visual 3.3 muestra una animación de la figura 1.

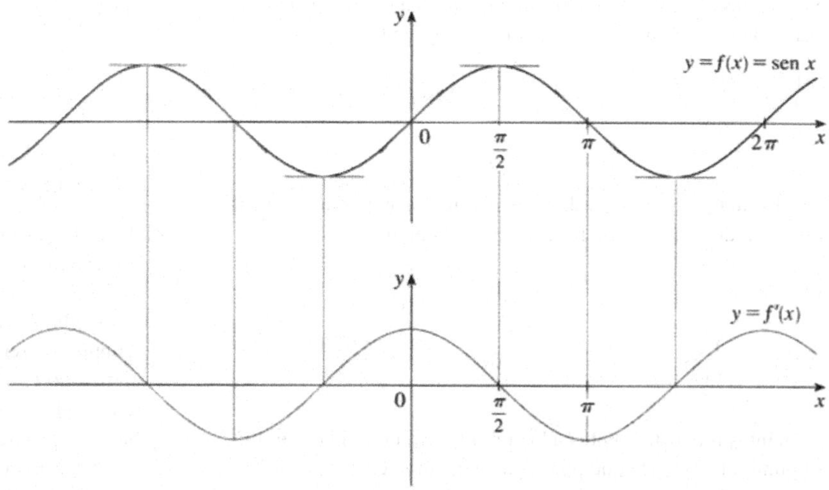

FIGURA 1

Intente confirmar la conjetura de que si $f(x) = \operatorname{sen} x$, entonces $f'(x) = \cos x$. A partir de la definición de derivada, se tiene

Se utilizó la fórmula de adición para el seno. Véase el apéndice D.

$$
\begin{aligned}
f'(x) &= \lim_{h \to 0} \frac{f(x+h) - f(x)}{h} = \lim_{h \to 0} \frac{\operatorname{sen}(x+h) - \operatorname{sen} x}{h} \\
&= \lim_{h \to 0} \frac{\operatorname{sen} x \cos h + \cos x \operatorname{sen} h - \operatorname{sen} x}{h} \\
&= \lim_{h \to 0} \left[\frac{\operatorname{sen} x \cos h - \operatorname{sen} x}{h} + \frac{\cos x \operatorname{sen} h}{h} \right] \\
&= \lim_{h \to 0} \left[\operatorname{sen} x \left(\frac{\cos h - 1}{h} \right) + \cos x \left(\frac{\operatorname{sen} h}{h} \right) \right]
\end{aligned}
$$

1
$$
= \lim_{h \to 0} \operatorname{sen} x \cdot \lim_{h \to 0} \frac{\cos h - 1}{h} + \lim_{h \to 0} \cos x \cdot \lim_{h \to 0} \frac{\operatorname{sen} h}{h}
$$

Dos de estos cuatro límites son fáciles de evaluar. Puesto que se considera a x como constante al calcular un límite cuando $h \to 0$, se tiene

$$
\lim_{h \to 0} \operatorname{sen} x = \operatorname{sen} x \qquad \text{y} \qquad \lim_{h \to 0} \cos x = \cos x
$$

El límite de $(\operatorname{sen} h)/h$ no es tan obvio. Con base en la evidencia numérica y gráfica, en el ejemplo 2.2.3 se infiere que

2
$$
\lim_{\theta \to 0} \frac{\operatorname{sen} \theta}{\theta} = 1
$$

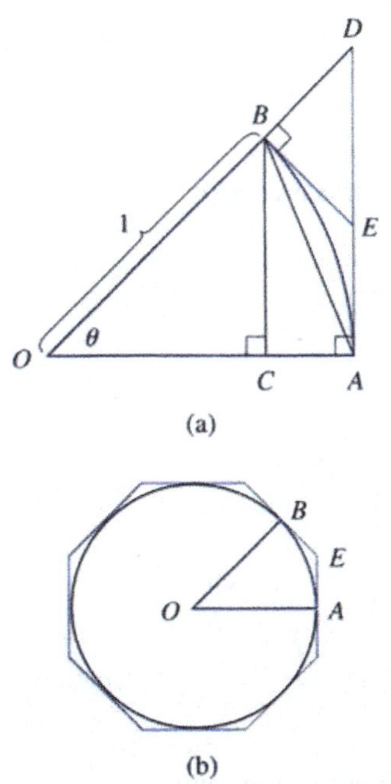

FIGURA 2

Ahora se utilizará un argumento geométrico para demostrar la ecuación 2. Suponga primero que θ se encuentra entre 0 y $\pi/2$. En la figura 2(a) se muestra un sector de circunferencia con centro en O, ángulo central θ, y radio 1. BC se traza perpendicular a OA. Por la definición de radián, se tiene que arco $AB = \theta$. También, $|BC| = |OB| \operatorname{sen} \theta = \operatorname{sen} \theta$. Con base en el diagrama, se observa que

$$
|BC| < |AB| < \text{arc } AB
$$

Por tanto $\qquad \operatorname{sen} \theta < \theta \qquad$ tal que $\qquad \dfrac{\operatorname{sen} \theta}{\theta} < 1$

Suponga que las rectas tangentes en A y B se intersecan en E. Se puede ver de la figura 2(b), que la circunferencia es menor que la longitud del polígono circunscrito, y por lo que arc $AB < |AE| + |EB|$. Así,

$$
\begin{aligned}
\theta = \text{arc } AB &< |AE| + |EB| \\
&< |AE| + |ED| \\
&= |AD| = |OA| \tan \theta \\
&= \tan \theta
\end{aligned}
$$

(En el apéndice F se demuestra directamente la desigualdad $\theta \leqslant \tan \theta$ a partir de la definición de la longitud de arco, sin recurrir a la intuición geométrica, como se hizo aquí.) Por tanto, se tiene que

$$\theta < \frac{\operatorname{sen}\theta}{\cos\theta}$$

por lo que

$$\cos\theta < \frac{\operatorname{sen}\theta}{\theta} < 1$$

Se sabe que $\lim_{\theta\to 0} 1 = 1$ y $\lim_{\theta\to 0} \cos\theta = 1$, por lo que, por el teorema de la compresión

$$\lim_{\theta\to 0^+} \frac{\operatorname{sen}\theta}{\theta} = 1$$

Pero la función $(\operatorname{sen}\theta)/\theta$ es una función par, por lo que sus límites por la derecha y por la izquierda deben ser iguales. Por tanto, se tiene

$$\lim_{\theta\to 0} \frac{\operatorname{sen}\theta}{\theta} = 1$$

por lo que se ha demostrado la ecuación 2.

Se puede deducir el valor del límite restante en (1) como sigue:

Multiplique el numerador y el denominador por $\cos\theta + 1$ para poner la función de manera que pueda usar los límites que conoce.

$$\lim_{\theta\to 0} \frac{\cos\theta - 1}{\theta} = \lim_{\theta\to 0} \left(\frac{\cos\theta - 1}{\theta} \cdot \frac{\cos\theta + 1}{\cos\theta + 1}\right) = \lim_{\theta\to 0} \frac{\cos^2\theta - 1}{\theta(\cos\theta + 1)}$$

$$= \lim_{\theta\to 0} \frac{-\operatorname{sen}^2\theta}{\theta(\cos\theta + 1)} = -\lim_{\theta\to 0} \left(\frac{\operatorname{sen}\theta}{\theta} \cdot \frac{\operatorname{sen}\theta}{\cos\theta + 1}\right)$$

$$= -\lim_{\theta\to 0} \frac{\operatorname{sen}\theta}{\theta} \cdot \lim_{\theta\to 0} \frac{\operatorname{sen}\theta}{\cos\theta + 1}$$

$$= -1 \cdot \left(\frac{0}{1 + 1}\right) = 0 \qquad \text{(por la ecuación 2)}$$

3

$$\lim_{\theta\to 0} \frac{\cos\theta - 1}{\theta} = 0$$

Si ahora se ponen los límites (2) y (3) en (1), se obtienen

$$f'(x) = \lim_{h\to 0} \operatorname{sen} x \cdot \lim_{h\to 0} \frac{\cos h - 1}{h} + \lim_{h\to 0} \cos x \cdot \lim_{h\to 0} \frac{\operatorname{sen} h}{h}$$

$$= (\operatorname{sen} x) \cdot 0 + (\cos x) \cdot 1 = \cos x$$

Por lo que se ha demostrado la fórmula para la derivada de la función seno:

4

$$\frac{d}{dx}(\operatorname{sen} x) = \cos x$$

La figura 3 muestra las gráficas de la función del ejemplo 1 y su derivada. Observe que $y' = 0$ siempre que y tenga una recta tangente horizontal.

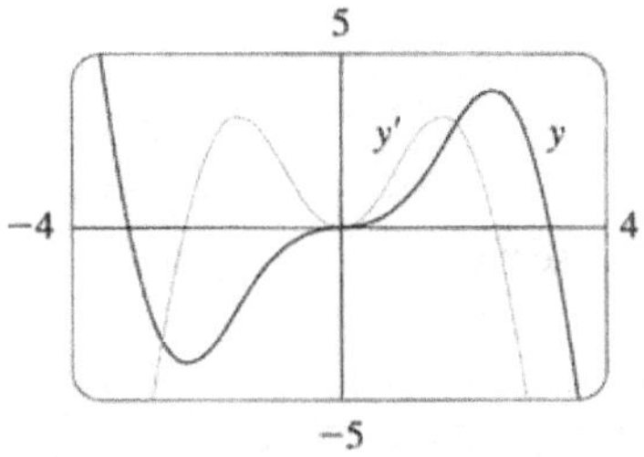

FIGURA 3

EJEMPLO 1 Derive $y = x^2 \operatorname{sen} x$.

SOLUCIÓN Con la regla del producto y la fórmula 4, se tiene

$$\begin{aligned}\frac{dy}{dx} &= x^2 \frac{d}{dx}(\operatorname{sen} x) + \operatorname{sen} x \frac{d}{dx}(x^2)\\ &= x^2 \cos x + 2x \operatorname{sen} x\end{aligned}$$ ■

Si se aplican los mismos métodos que en la demostración de la fórmula 4, puede demostrarse (véase el ejercicio 20) que

5
$$\frac{d}{dx}(\cos x) = -\operatorname{sen} x$$

También puede derivar la función tangente utilizando la definición de derivada, pero es más fácil usar la regla del cociente con las fórmulas 4 y 5:

$$\begin{aligned}\frac{d}{dx}(\tan x) &= \frac{d}{dx}\left(\frac{\operatorname{sen} x}{\cos x}\right)\\ &= \frac{\cos x \frac{d}{dx}(\operatorname{sen} x) - \operatorname{sen} x \frac{d}{dx}(\cos x)}{\cos^2 x}\\ &= \frac{\cos x \cdot \cos x - \operatorname{sen} x(-\operatorname{sen} x)}{\cos^2 x}\\ &= \frac{\cos^2 x + \operatorname{sen}^2 x}{\cos^2 x}\\ &= \frac{1}{\cos^2 x} = \sec^2 x\end{aligned}$$

6
$$\frac{d}{dx}(\tan x) = \sec^2 x$$

También es fácil determinar las derivadas de las funciones trigonométricas restantes, csc, sec y cot, aplicando la regla del cociente (véanse los ejercicios 17-19). En la tabla siguiente aparecen todas las fórmulas de derivación de las funciones trigonométricas. Recuerde que son válidas solo cuando x se mide en radianes.

Cuando memorice esta tabla, resulta útil observar que los signos menos van con las derivadas de las "cofunciones"; es decir, coseno, cosecante y cotangente.

Derivadas de las funciones trigonométricas

$\frac{d}{dx}(\operatorname{sen} x) = \cos x$	$\frac{d}{dx}(\csc x) = -\csc x \cot x$
$\frac{d}{dx}(\cos x) = -\operatorname{sen} x$	$\frac{d}{dx}(\sec x) = \sec x \tan x$
$\frac{d}{dx}(\tan x) = \sec^2 x$	$\frac{d}{dx}(\cot x) = -\csc^2 x$

EJEMPLO 2 Derive $f(x) = \dfrac{\sec x}{1 + \tan x}$. ¿Para cuáles valores de x la gráfica de f tiene una recta tangente horizontal?

SOLUCIÓN Por la regla del cociente se tiene que

$$\begin{aligned} f'(x) &= \frac{(1 + \tan x)\dfrac{d}{dx}(\sec x) - \sec x\dfrac{d}{dx}(1 + \tan x)}{(1 + \tan x)^2} \\ &= \frac{(1 + \tan x)\sec x \tan x - \sec x \cdot \sec^2 x}{(1 + \tan x)^2} \\ &= \frac{\sec x\,(\tan x + \tan^2 x - \sec^2 x)}{(1 + \tan x)^2} \\ &= \frac{\sec x\,(\tan x - 1)}{(1 + \tan x)^2} \end{aligned}$$

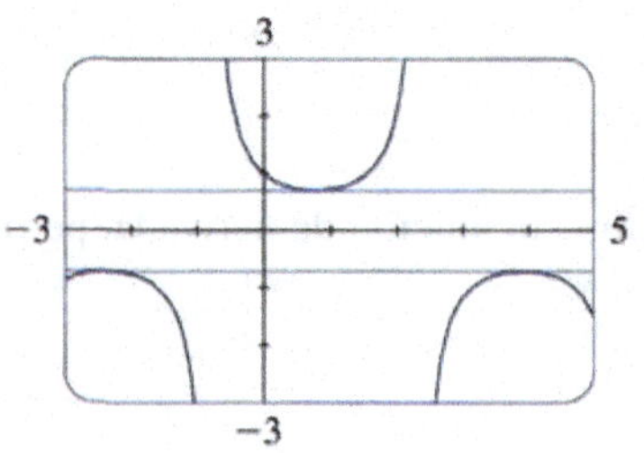

FIGURA 4
Las tangentes horizontales del ejemplo 2.

En la simplificación de la respuesta se ha utilizado la identidad $\tan^2 x + 1 = \sec^2 x$.

Ya que $\sec x$ nunca es 0, vea que $f'(x) = 0$ cuando $\tan x = 1$, y esto sucede cuando $x = n\pi + \pi/4$, donde n es un entero (véase la figura 4). ■

Las funciones trigonométricas se usan con frecuencia en el modelado de fenómenos del mundo real. En particular, las vibraciones, ondas, movimientos elásticos y otras cantidades que varían de manera periódica, se pueden describir usando funciones trigonométricas. En el ejemplo siguiente se analiza un caso de movimiento armónico simple.

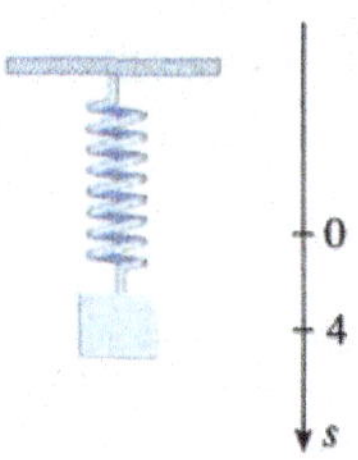

FIGURA 5

EJEMPLO 3 Un objeto que se encuentra en el extremo de un resorte vertical se desplaza hacia abajo 4 cm más allá de su posición en reposo, para estirar el resorte, y se deja en libertad en el instante $t = 0$. (Véase la figura 5 y observe que la dirección hacia abajo es positiva.) Su posición en el instante t es

$$s = f(t) = 4\cos t$$

Encuentre la velocidad y la aceleración en el instante t y úselas para analizar el movimiento del objeto.

SOLUCIÓN La velocidad y la aceleración son

$$v = \frac{ds}{dt} = \frac{d}{dt}(4\cos t) = 4\frac{d}{dt}(\cos t) = -4\,\text{sen}\, t$$

$$a = \frac{dv}{dt} = \frac{d}{dt}(-4\,\text{sen}\, t) = -4\frac{d}{dt}(\text{sen}\, t) = -4\cos t$$

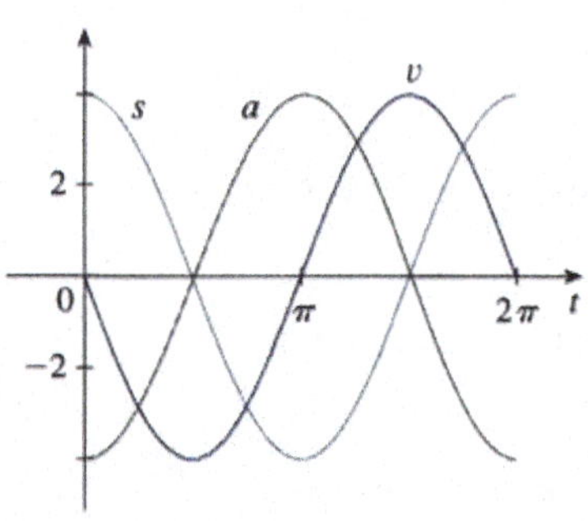

FIGURA 6

El objeto oscila desde el punto más bajo ($s = 4$ cm) hasta el punto más alto ($s = -4$ cm). El período de la oscilación es 2π, el período de $\cos t$.

La rapidez es $|v| = 4|\text{sen}\, t|$, la cual es máxima cuando $|\text{sen}\, t| = 1$; es decir, cuando $\cos t = 0$. Por lo que el objeto se mueve con la mayor rapidez cuando pasa por su posición de equilibrio ($s = 0$). Su rapidez es 0 cuando $\text{sen}\, t = 0$; esto es, en los puntos alto y bajo.

La aceleración $a = -4\cos t = 0$ cuando $s = 0$. Alcanza la magnitud máxima en los puntos alto y bajo. Observe la gráfica en la figura 6. ■

EJEMPLO 4 Determine la vigésima séptima derivada de cos x.

SOLUCIÓN Las primeras derivadas de $f(x) = \cos x$ son como sigue:

SP Busque un patrón.

$$f'(x) = -\text{sen } x$$
$$f''(x) = -\cos x$$
$$f'''(x) = \text{sen } x$$
$$f^{(4)}(x) = \cos x$$
$$f^{(5)}(x) = -\text{sen } x$$

Se observó que las derivadas sucesivas ocurren en un ciclo de longitud 4 y, en particular, $f^{(n)}(x) = \cos x$ cada vez que n es un múltiplo de 4. Por tanto,

$$f^{(24)}(x) = \cos x$$

y, derivando tres veces más, se tiene

$$f^{(27)}(x) = \text{sen } x$$ ■

La principal aplicación del límite en la ecuación 2 ha sido comprobar la fórmula de derivación de la función seno. Pero este límite también se aplica en la búsqueda de otros límites trigonométricos, como en los dos ejemplos siguientes.

EJEMPLO 5 Determine $\displaystyle\lim_{x\to 0} \frac{\text{sen } 7x}{4x}$.

SOLUCIÓN Con objeto de aplicar la ecuación 2, primero vuelva a escribir la función para multiplicarla por 7 y dividirla entre 7:

Observe que sen $7x \neq 7$ sen x.

$$\frac{\text{sen } 7x}{4x} = \frac{7}{4}\left(\frac{\text{sen } 7x}{7x}\right)$$

Si se hace $\theta = 7x$, entonces $\theta \to 0$, conforme $x \to 0$, por lo que, por la ecuación 2 se tiene

$$\lim_{x\to 0} \frac{\text{sen } 7x}{4x} = \frac{7}{4} \lim_{x\to 0}\left(\frac{\text{sen } 7x}{7x}\right)$$
$$= \frac{7}{4} \lim_{\theta\to 0} \frac{\text{sen } \theta}{\theta} = \frac{7}{4}\cdot 1 = \frac{7}{4}$$ ■

EJEMPLO 6 Calcule $\displaystyle\lim_{x\to 0} x \cot x$.

SOLUCIÓN En este caso se divide tanto el numerador como el denominador entre x:

$$\lim_{x\to 0} x \cot x = \lim_{x\to 0} \frac{x \cos x}{\text{sen } x}$$
$$= \lim_{x\to 0} \frac{\cos x}{\dfrac{\text{sen } x}{x}} = \frac{\displaystyle\lim_{x\to 0} \cos x}{\displaystyle\lim_{x\to 0} \frac{\text{sen } x}{x}}$$
$$= \frac{\cos 0}{1} \qquad \text{(por la continuidad del coseno y la ecuación 2)}$$
$$= 1$$ ■

3.3 EJERCICIOS

1–16 Derive cada una de las funciones siguientes:

1. $f(x) = x^2 \operatorname{sen} x$

2. $f(x) = x \cos x + 2 \tan x$

3. $f(x) = e^x \cos x$

4. $y = 2 \sec x - \csc x$

5. $g(t) = t^3 \cos t$

6. $g(t) = 4 \sec t + \tan t$

7. $h(\theta) = \csc \theta + e^\theta \cot \theta$

8. $y = e^u(\cos u + cu)$

9. $y = \dfrac{x}{2 - \tan x}$

10. $y = \operatorname{sen} \theta \cos \theta$

11. $f(\theta) = \dfrac{\operatorname{sen} \theta}{1 + \cos \theta}$

12. $y = \dfrac{\cos x}{1 - \operatorname{sen} x}$

13. $y = \dfrac{t \operatorname{sen} t}{1 + t}$

14. $y = \dfrac{\operatorname{sen} t}{1 + \tan t}$

15. $f(\theta) = \theta \cos \theta \operatorname{sen} \theta$

16. $f(t) = te^t \cot t$

---

17. Demuestre que $\dfrac{d}{dx}(\csc x) = -\csc x \cot x$.

18. Demuestre que $\dfrac{d}{dx}(\sec x) = \sec x \tan x$.

19. Demuestre que $\dfrac{d}{dx}(\cot x) = -\csc^2 x$.

20. Demuestre, usando la definición de derivada que si $f(x) = \cos x$, entonces $f'(x) = -\operatorname{sen} x$.

21–24 Encuentre la ecuación de la recta tangente a cada una de las curvas siguientes, en el punto dado.

21. $y = \operatorname{sen} x + \cos x$, $(0, 1)$

22. $y = e^x \cos x$, $(0, 1)$

23. $y = \cos x - \operatorname{sen} x$, $(\pi, -1)$

24. $y = x + \tan x$, (π, π)

---

25. (a) Determine la ecuación de la recta tangente a la curva $y = 2x \operatorname{sen} x$ en el punto $(\pi/2, \pi)$.
(b) Ilustre el inciso (a) trazando la gráfica de la curva y la recta tangente en la misma pantalla.

26. (a) Encuentre la ecuación de la recta tangente a la curva $y = 3x + 6 \cos x$ en el punto $(\pi/3, \pi + 3)$.
(b) Ilustre el inciso (a) trazando la gráfica de la curva y la recta tangente en la misma pantalla.

27. (a) Si $f(x) = \sec x - x$, encuentre $f'(x)$.
(b) Compruebe para ver que su respuesta al inciso (a) es razonable trazando las gráficas de f y f' para $|x| < \pi/2$.

28. (a) Si $f(x) = e^x \cos x$, obtenga $f'(x)$ y $f''(x)$.
(b) Verifique que su respuesta del inciso (a) sea razonable trazando la gráfica de f, f' y f[.

29. Si $H(\theta) = \theta \operatorname{sen} \theta$, determine $H'(\theta)$y $H''(\theta)$.

30. Si $f(t) = \sec t$, determine $f''(\pi/4)$.

31. (a) Utilice la regla del cociente para derivar la función

$$f(x) = \frac{\tan x - 1}{\sec x}$$

(b) Simplifique la expresión para $f(x)$ expresándola en términos de sen x y cos x, y enseguida determine $f'(x)$.
(c) Demuestre que sus respuestas a los incisos (a) y (b) son equivalentes.

32. Suponga $f(\pi/3) = 4$ y $f'(\pi/3) = -2$, y sea $g(x) = f(x)\operatorname{sen} x$ y $h(x) = (\cos x)/f(x)$. Determine
(a) $g'(\pi/3)$ (b) $h'(\pi/3)$

33–34 ¿Para qué valores de x la gráfica de f tiene una recta tangente horizontal?

33. $f(x) = x + 2 \operatorname{sen} x$

34. $f(x) = e^x \cos x$

---

35. Una masa en un resorte vibra horizontalmente sobre una superficie lisa y nivelada (véase la figura). Su ecuación de movimiento es $x(t) = 8 \operatorname{sen} t$, donde t está en segundos y x en centímetros.
(a) Encuentre la velocidad y la aceleración en el instante t.
(b) Encuentre la posición, la velocidad y la aceleración de la masa en el instante $t = 2\pi/3$. ¿En qué dirección se desplaza en ese instante?

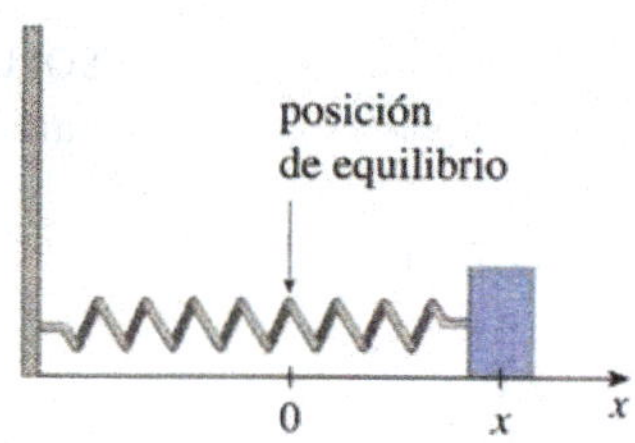

36. Una banda elástica cuelga de un gancho, con una masa sujeta en su extremo inferior. Cuando se tira de la masa hacia abajo y, luego, se deja en libertad, vibra verticalmente. La ecuación de movimiento es $s = 2 \cos t + 3 \operatorname{sen} t$, $t \geq 0$, donde s se mide en centímetros y t en segundos. (Tome la dirección positiva correspondiente hacia abajo.)
(a) Encuentre la velocidad y la aceleración en el instante t.
(b) Dibuje las funciones velocidad y aceleración.
(c) ¿Cuándo pasa la masa por la posición de equilibrio por primera vez?
(d) ¿Cuán lejos de su posición de equilibrio viaja la masa?
(e) ¿Cuándo es máxima la rapidez?

37. Una escalera de 6 m de largo está apoyada sobre una pared vertical. Sea θ el ángulo entre la parte superior de la escalera y la pared, y x la distancia del extremo inferior de aquella hasta la pared. Si el extremo inferior de la escalera se desliza alejándose de la pared, ¿qué tan rápido cambia x respecto a θ cuando $\theta = \pi/3$?

38. Un objeto con masa m es arrastrado a lo largo de un plano horizontal, por una fuerza que actúa a lo largo de una cuerda sujeta al objeto. Si la cuerda forma un ángulo θ con el plano, entonces la magnitud de la fuerza es

$$F = \frac{\mu m g}{\mu \operatorname{sen} \theta + \cos \theta}$$

donde μ es una constante llamada *coeficiente de fricción*.

(a) Encuentre la razón de cambio de F respecto a θ.

(b) ¿Cuándo es igual a 0 esta razón de cambio?

(c) Si $m = 20$ kg y $g = 9.8$ m/s^2, y $\mu = 0.6$, dibuje la gráfica de F como función de θ y úsela para localizar el valor de θ para el cual $dF/d\theta = 0$. ¿Es coherente el valor con su respuesta al inciso (b)?

39–50 Determine cada uno de los límites siguientes.

39. $\displaystyle \lim_{x\to 0} \frac{\operatorname{sen} 5x}{3x}$

40. $\displaystyle \lim_{x\to 0} \frac{\operatorname{sen} x}{\operatorname{sen} \pi x}$

41. $\displaystyle \lim_{t\to 0} \frac{\tan 6t}{\operatorname{sen} 2t}$

42. $\displaystyle \lim_{\theta\to 0} \frac{\cos \theta - 1}{\operatorname{sen} \theta}$

43. $\displaystyle \lim_{x\to 0} \frac{\operatorname{sen} 3x}{5x^3 - 4x}$

44. $\displaystyle \lim_{x\to 0} \frac{\operatorname{sen} 3x \operatorname{sen} 5x}{x^2}$

45. $\displaystyle \lim_{\theta\to 0} \frac{\operatorname{sen} \theta}{\theta + \tan \theta}$

46. $\displaystyle \lim_{x\to 0} \csc x \operatorname{sen}(\operatorname{sen} x)$

47. $\displaystyle \lim_{\theta\to 0} \frac{\cos \theta - 1}{2\theta^2}$

48. $\displaystyle \lim_{x\to 0} \frac{\operatorname{sen}(x^2)}{x}$

49. $\displaystyle \lim_{x\to \pi/4} \frac{1 - \tan x}{\operatorname{sen} x - \cos x}$

50. $\displaystyle \lim_{x\to 1} \frac{\operatorname{sen}(x - 1)}{x^2 + x - 2}$

51–52 Encuentre la derivada que se muestra, mediante la búsqueda de las primeras derivadas y observando el patrón que aparece.

51. $\displaystyle \frac{d^{99}}{dx^{99}}(\operatorname{sen} x)$

52. $\displaystyle \frac{d^{35}}{dx^{35}}(x \operatorname{sen} x)$

---

53. Encuentre constantes A y B tales que la función $y = A \operatorname{sen} x + B \cos x$ satisface la ecuación diferencial $y'' + y' - 2y = \operatorname{sen} x$.

54. (a) Evalúe $\displaystyle \lim_{x\to\infty} x \operatorname{sen} \frac{1}{x}$.

(b) Evalúe $\displaystyle \lim_{x\to 0} x \operatorname{sen} \frac{1}{x}$.

(c) Ilustre los incisos (a) y (b) trazando la gráfica de $y = x \operatorname{sen}(1/x)$.

55. Derive cada una de las identidades trigonométricas siguientes para obtener una identidad nueva (o conocida).

(a) $\displaystyle \tan x = \frac{\operatorname{sen} x}{\cos x}$

(b) $\displaystyle \sec x = \frac{1}{\cos x}$

(c) $\displaystyle \operatorname{sen} x + \cos x = \frac{1 + \cot x}{\csc x}$

56. Un semicírculo con diámetro PQ descansa sobre un triángulo isósceles PQR para formar una región en forma de cono para helados como el que se muestra en la figura. Si $A(\theta)$ es el área del semicírculo y $B(\theta)$ es el área del triángulo, determine

$$\lim_{\theta\to 0^+} \frac{A(\theta)}{B(\theta)}$$

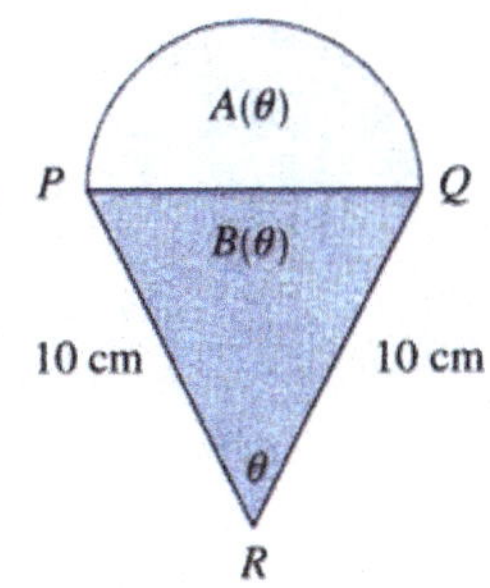

57. En la figura se muestra un arco circular de longitud s y una cuerda de longitud d, los dos están subtendidos por un ángulo central θ. Encuentre

$$\lim_{\theta\to 0^+} \frac{s}{d}$$

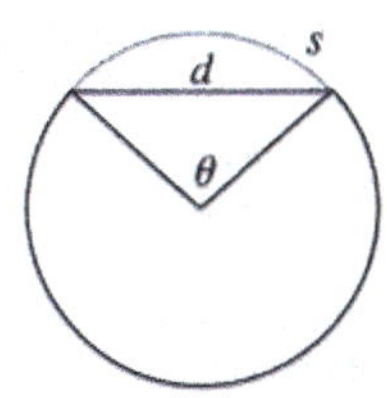

58. Sea $\displaystyle f(x) = \frac{x}{\sqrt{1 - \cos 2x}}$.

(a) Trace la gráfica de f. ¿Qué tipo de discontinuidad parece tener en 0?

(b) Calcule los límites por la izquierda y por la derecha en 0. ¿Confirman estos valores su respuesta al inciso (a)?

3.4 La regla de la cadena

Suponga que se le pide derivar la función

$$F(x) = \sqrt{x^2 + 1}$$

Las fórmulas de derivación que usted aprendió en las secciones anteriores de este capítulo no le permiten calcular $F'(x)$.

Véase la sección 1.3 para un repaso de funciones compuestas.

Observe que F es una función compuesta. De hecho, si $y = f(u) = \sqrt{u}$ y $u = g(x) = x^2 + 1$, entonces se puede escribir $y = F(x) = f(g(x))$; es decir, $F = f \circ g$. Se sabe cómo derivar tanto f como g, por lo que sería útil contar con una regla que indique cómo determinar la derivada de $F = f \circ g$ en términos de las derivadas de f y g.

Resulta que la derivada de la función compuesta $f \circ g$ es el producto de las derivadas de f y g. Este hecho es uno de los más importantes de las reglas de derivación y se llama *regla de la cadena*. Esto parece verosímil si se interpretan las derivadas como razones de cambio. Considere du/dx como la razón de cambio de u respecto a x, dy/du como la razón de cambio de y respecto a u, y dy/dx como la razón de cambio de y respecto a x. Si u cambia dos veces más rápido que x y y varía tres veces más rápido que u, entonces parece razonable que y se modifique seis veces más rápido que x, y, por lo que, se espera que

$$\frac{dy}{dx} = \frac{dy}{du}\frac{du}{dx}$$

Regla de la cadena Si g es derivable en x y f es derivable en $g(x)$, entonces la función compuesta $F = f \circ g$ definida mediante $F(x) = f(g(x))$ es derivable en x, y F' está dada por el producto

$$F'(x) = f'(g(x)) \cdot g'(x)$$

En la notación de Leibniz, si $y = f(u)$ y $u = g(x)$ son funciones derivables, entonces

$$\frac{dy}{dx} = \frac{dy}{du}\frac{du}{dx}$$

James Gregory

El primero en formular la regla de la cadena fue el matemático escocés James Gregory (1638-1675), quien también diseñó el primer telescopio práctico. Gregory descubrió las ideas básicas del cálculo en la misma época que Newton. Se convirtió en el primer profesor de matemáticas en la Universidad de St. Andrews y más tarde realizó la misma actividad en la Universidad de Edimburgo. Pero un año después de aceptar ese cargo, falleció a la edad de 36 años.

COMENTARIOS SOBRE LA DEMOSTRACIÓN DE LA REGLA DE LA CADENA Sea Δu el cambio en u correspondiente a un cambio de Δx en x; es decir,

$$\Delta u = g(x + \Delta x) - g(x)$$

Entonces el cambio correspondiente en y es

$$\Delta y = f(u + \Delta u) - f(u)$$

Resulta tentador escribir

$$\frac{dy}{dx} = \lim_{\Delta x \to 0} \frac{\Delta y}{\Delta x}$$

$$= \lim_{\Delta x \to 0} \frac{\Delta y}{\Delta u} \cdot \frac{\Delta u}{\Delta x} \qquad \boxed{1}$$

$$= \lim_{\Delta x \to 0} \frac{\Delta y}{\Delta u} \cdot \lim_{\Delta x \to 0} \frac{\Delta u}{\Delta x}$$

$$= \lim_{\Delta u \to 0} \frac{\Delta y}{\Delta u} \cdot \lim_{\Delta x \to 0} \frac{\Delta u}{\Delta x}$$

(Observe que $\Delta u \to 0$ conforme $\Delta x \to 0$ porque g es continua.)

$$= \frac{dy}{du}\frac{du}{dx}$$

El único defecto de este razonamiento es que en (1) podría suceder que $\Delta u = 0$ (aun cuando $\Delta x \neq 0$) y, por supuesto, no se puede dividir entre 0. No obstante, este razonamiento *sugiere* por lo menos que la regla de la cadena es verdadera. Al final de esta sección se da una demostración completa de la regla de la cadena. ■

La regla de la cadena se puede escribir en notación prima

2 $$(f \circ g)'(x) = f'(g(x)) \cdot g'(x)$$

o, si $y = f(u)$ y $u = g(x)$, en la notación de Leibniz:

3 $$\frac{dy}{dx} = \frac{dy}{du}\frac{du}{dx}$$

La ecuación 3 es fácil de recordar porque si dy/du y du/dx fueran cocientes, entonces se podría cancelar du. Sin embargo, recuerde que du no se ha definido y du/dx no se debe pensar como un cociente real.

EJEMPLO 1 Encuentre $F'(x)$ si $F(x) = \sqrt{x^2 + 1}$.

SOLUCIÓN 1 (Utilizando la ecuación 2): al principio de esta sección, se expresa a F como $F(x) = (f \circ g)(x) = f(g(x))$ donde $f(u) = \sqrt{u}$ y $g(x) = x^2 + 1$. Dado que

$$f'(u) = \tfrac{1}{2}u^{-1/2} = \frac{1}{2\sqrt{u}} \qquad \text{y} \qquad g'(x) = 2x$$

se tiene
$$F'(x) = f'(g(x)) \cdot g'(x)$$
$$= \frac{1}{2\sqrt{x^2 + 1}} \cdot 2x = \frac{x}{\sqrt{x^2 + 1}}$$

SOLUCIÓN 2 (Utilizando la ecuación 3): Si se hace $u = x^2 + 1$ y $y = \sqrt{u}$, entonces

$$F'(x) = \frac{dy}{du}\frac{du}{dx} = \frac{1}{2\sqrt{u}}(2x) = \frac{1}{2\sqrt{x^2 + 1}}(2x) = \frac{x}{\sqrt{x^2 + 1}}$$ ■

Al utilizar la fórmula 3, se debe tener presente que dy/dx se refiere a la derivada de y cuando esta se considera como función de x (llamada la *derivada de y respecto a x*), mientras que dy/du se refiere a la derivada de y cuando se considera como función de u (la derivada de y respecto a u). Por lo que, en el ejemplo 1, y se puede considerar como función de x ($y = \sqrt{x^2 + 1}$) y también como una función de u ($y = \sqrt{u}$). Observe que

$$\frac{dy}{dx} = F'(x) = \frac{x}{\sqrt{x^2 + 1}} \qquad \text{mientras que} \qquad \frac{dy}{du} = f'(u) = \frac{1}{2\sqrt{u}}$$

NOTA En la aplicación de la regla de la cadena, se trabajó de afuera hacia adentro. La fórmula 2 expresa que *se deriva la función exterior [en la función interior g(x)] y, luego se multiplica por la derivada de la función interior.*

$$\frac{d}{dx}\underbrace{f}_{\substack{\text{función}\\ \text{exterior}}}\underbrace{(g(x))}_{\substack{\text{evaluada}\\ \text{en la}\\ \text{función}\\ \text{interior}}} = \underbrace{f'}_{\substack{\text{derivada}\\ \text{de la}\\ \text{función}\\ \text{exterior}}}\underbrace{(g(x))}_{\substack{\text{evaluada}\\ \text{en la}\\ \text{función}\\ \text{interior}}} \cdot \underbrace{g'(x)}_{\substack{\text{derivada}\\ \text{de la}\\ \text{función}\\ \text{interior}}}$$

EJEMPLO 2 Derive (a) $y = \text{sen}(x^2)$ y (b) $y = \text{sen}^2 x$.

SOLUCIÓN

(a) Si $y = \text{sen}(x^2)$, entonces la función exterior es la función seno, y la interior es la función elevar al cuadrado, por lo que la regla de la cadena da

$$\frac{dy}{dx} = \frac{d}{dx} \underbrace{\text{sen}}_{\substack{\text{función}\\ \text{exterior}}} \underbrace{(x^2)}_{\substack{\text{evaluada}\\ \text{en la}\\ \text{función}\\ \text{interior}}} = \underbrace{\cos}_{\substack{\text{derivada}\\ \text{de la}\\ \text{función}\\ \text{exterior}}} \underbrace{(x^2)}_{\substack{\text{evaluada}\\ \text{en la}\\ \text{función}\\ \text{interior}}} \cdot \underbrace{2x}_{\substack{\text{derivada}\\ \text{de la}\\ \text{función}\\ \text{interior}}}$$

$$= 2x \cos(x^2)$$

(b) Observe que $\text{sen}^2 x = (\text{sen}\, x)^2$. En este caso, la función exterior es la de elevar al cuadrado, y la interior es la función seno. Por tanto,

$$\frac{dy}{dx} = \frac{d}{dx} \underbrace{(\text{sen}\, x)^2}_{\substack{\text{función}\\ \text{interior}}} = \underbrace{2}_{\substack{\text{derivada}\\ \text{de la}\\ \text{función}\\ \text{exterior}}} \cdot \underbrace{(\text{sen}\, x)}_{\substack{\text{evaluada}\\ \text{en la}\\ \text{función}\\ \text{interior}}} \cdot \underbrace{\cos x}_{\substack{\text{derivada}\\ \text{de la}\\ \text{función}\\ \text{interior}}}$$

La respuesta se puede dejar como $2 \,\text{sen}\, x \cos x$, o se escribe como $\text{sen}\, 2x$ (por una identidad trigonométrica conocida como fórmula del ángulo doble). ■

Véase la página de referencia 2 o el apéndice D.

En el ejemplo 2(a), se combinó la regla de la cadena con la regla para derivar la función seno. En general, si $y = \text{sen}\, u$, donde u es una función derivable de x, entonces, por la regla de la cadena,

$$\frac{dy}{dx} = \frac{dy}{du}\frac{du}{dx} = \cos u \frac{du}{dx}$$

Por lo que

$$\frac{d}{dx}(\text{sen}\, u) = \cos u \frac{du}{dx}$$

De modo semejante, todas las fórmulas para derivar funciones trigonométricas se pueden combinar con la regla de la cadena.

Se hace explícito el caso especial de la regla de la cadena donde la función exterior f es una función potencia. Si $y = [g(x)]^n$, entonces se puede escribir $y = f(u) = u^n$ donde $u = g(x)$. Si se aplica la regla de la cadena y luego la regla de la potencia, se obtiene

$$\frac{dy}{dx} = \frac{dy}{du}\frac{du}{dx} = nu^{n-1}\frac{du}{dx} = n[g(x)]^{n-1}g'(x)$$

[4] Regla de la potencia combinada con la regla de la cadena Si n es cualquier número real y $u = g(x)$ es derivable, entonces

$$\frac{d}{dx}(u^n) = nu^{n-1}\frac{du}{dx}$$

De modo alternativo,

$$\frac{d}{dx}[g(x)]^n = n[g(x)]^{n-1} \cdot g'(x)$$

Observe que la derivada en el ejemplo 1 pudo calcularla tomando $n = \frac{1}{2}$ en la regla 4.

EJEMPLO 3 Derive $y = (x^3 - 1)^{100}$.

SOLUCIÓN Haciendo $u = g(x) = x^3 - 1$ y $n = 100$ en (4), se tiene

$$\frac{dy}{dx} = \frac{d}{dx}(x^3 - 1)^{100} = 100(x^3 - 1)^{99}\frac{d}{dx}(x^3 - 1)$$

$$= 100(x^3 - 1)^{99} \cdot 3x^2 = 300x^2(x^3 - 1)^{99}$$ ■

EJEMPLO 4 Encuentre $f'(x)$ si $f(x) = \dfrac{1}{\sqrt[3]{x^2 + x + 1}}$.

SOLUCIÓN En primer lugar, reescriba a f: $f(x) = (x^2 + x + 1)^{-1/3}$

Así

$$f'(x) = -\tfrac{1}{3}(x^2 + x + 1)^{-4/3}\frac{d}{dx}(x^2 + x + 1)$$

$$= -\tfrac{1}{3}(x^2 + x + 1)^{-4/3}(2x + 1)$$ ■

EJEMPLO 5 Encuentre la derivada de la función

$$g(t) = \left(\frac{t - 2}{2t + 1}\right)^9$$

SOLUCIÓN Si se combinan la regla de la potencia, la regla de la cadena y la regla del cociente, se obtiene

$$g'(t) = 9\left(\frac{t - 2}{2t + 1}\right)^8 \frac{d}{dt}\left(\frac{t - 2}{2t + 1}\right)$$

$$= 9\left(\frac{t - 2}{2t + 1}\right)^8 \frac{(2t + 1) \cdot 1 - 2(t - 2)}{(2t + 1)^2} = \frac{45(t - 2)^8}{(2t + 1)^{10}}$$ ■

EJEMPLO 6 Derive $y = (2x + 1)^5(x^3 - x + 1)^4$.

En la figura 1 se muestran las gráficas de las funciones y y y' del ejemplo 6. Observe que y' es grande cuando y crece con rapidez, y $y' = 0$ cuando y tiene una recta tangente horizontal. Por lo que la respuesta parece ser razonable.

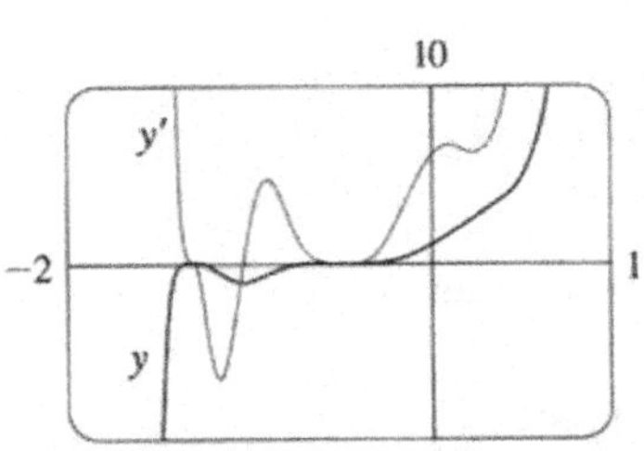

FIGURA 1

SOLUCIÓN En este ejemplo se debe aplicar la regla del producto antes de aplicar la regla de la cadena:

$$\frac{dy}{dx} = (2x + 1)^5\frac{d}{dx}(x^3 - x + 1)^4 + (x^3 - x + 1)^4\frac{d}{dx}(2x + 1)^5$$

$$= (2x + 1)^5 \cdot 4(x^3 - x + 1)^3\frac{d}{dx}(x^3 - x + 1)$$

$$+ (x^3 - x + 1)^4 \cdot 5(2x + 1)^4\frac{d}{dx}(2x + 1)$$

$$= 4(2x + 1)^5(x^3 - x + 1)^3(3x^2 - 1) + 5(x^3 - x + 1)^4(2x + 1)^4 \cdot 2$$

Observe que cada término tiene el factor común $2(2x + 1)^4(x^3 - x + 1)^3$, por lo que se puede factorizar y escribir la respuesta como

$$\frac{dy}{dx} = 2(2x + 1)^4(x^3 - x + 1)^3(17x^3 + 6x^2 - 9x + 3)$$ ■

EJEMPLO 7 Derive $y = e^{\operatorname{sen} x}$.

SOLUCIÓN En este caso la función interior es $g(x) = \operatorname{sen} x$, y la exterior es la función exponencial $f(x) = e^x$. Por tanto, por la regla de la cadena,

$$\frac{dy}{dx} = \frac{d}{dx}(e^{\operatorname{sen} x}) = e^{\operatorname{sen} x}\frac{d}{dx}(\operatorname{sen} x) = e^{\operatorname{sen} x}\cos x$$ ■

Más generalmente, la regla de la cadena da:

$$\frac{d}{dx}(e^u) = e^u\frac{du}{dx}$$

Se puede aplicar la regla de la cadena para derivar una función exponencial con cualquier base $b > 0$. Recuerde, por lo visto en la sección 1.5, que $b = e^{\ln b}$. De este modo,

$$b^x = (e^{\ln b})^x = e^{(\ln b)x}$$

y la regla de la cadena da

$$\frac{d}{dx}(b^x) = \frac{d}{dx}(e^{(\ln b)x}) = e^{(\ln b)x}\frac{d}{dx}(\ln b)x$$

$$= e^{(\ln b)x}\cdot \ln b = b^x \ln b$$

porque $\ln b$ es una constante. Por lo que se tiene la fórmula

No confunda la fórmula 5 (donde x es el *exponente*) con la regla de la potencia (donde x es la *base*):

$$\frac{d}{dx}(x^n) = nx^{n-1}$$

5
$$\frac{d}{dx}(b^x) = b^x \ln b$$

En particular, si $b = 2$, se obtiene

6
$$\frac{d}{dx}(2^x) = 2^x \ln 2$$

En la sección 3.1, se dio la estimación

$$\frac{d}{dx}(2^x) \approx (0.69)2^x$$

Esto resulta coherente con la fórmula exacta (6) porque $\ln 2 \approx 0.693147$.

La razón para el nombre "regla de la cadena" queda clara cuando se ve como analogía de agregar eslabones para alargar una cadena. Suponga que $y = f(u)$, $u = g(x)$, y $x = h(t)$, donde f, g y h son funciones derivables. Entonces, para calcular la derivada de y respecto a t, se utiliza dos veces la regla de la cadena:

$$\frac{dy}{dt} = \frac{dy}{dx}\frac{dx}{dt} = \frac{dy}{du}\frac{du}{dx}\frac{dx}{dt}$$

EJEMPLO 8 Si $f(x) = \operatorname{sen}(\cos(\tan x))$, entonces

$$f'(x) = \cos(\cos(\tan x))\frac{d}{dx}\cos(\tan x)$$

$$= \cos(\cos(\tan x))[-\operatorname{sen}(\tan x)]\frac{d}{dx}(\tan x)$$

$$= -\cos(\cos(\tan x))\operatorname{sen}(\tan x)\sec^2 x$$

Observe que se ha aplicado dos veces la regla de la cadena. ■

EJEMPLO 9 Derive $y = e^{\sec 3\theta}$.

SOLUCIÓN La función exterior es la función exponencial, la función de en medio es la función secante y la función interna es el triple de la función. Por lo que

$$\begin{aligned}\frac{dy}{d\theta} &= e^{\sec 3\theta}\frac{d}{d\theta}(\sec 3\theta)\\ &= e^{\sec 3\theta}\sec 3\theta\tan 3\theta\frac{d}{d\theta}(3\theta)\\ &= 3e^{\sec 3\theta}\sec 3\theta\tan 3\theta\end{aligned}$$

■

Cómo demostrar la regla de la cadena

Recuerde que si $y = f(x)$ y x cambia de a a $a + \Delta x$, se define el incremento de y como

$$\Delta y = f(a + \Delta x) - f(a)$$

De acuerdo con la definición de derivada, se tiene que

$$\lim_{\Delta x \to 0}\frac{\Delta y}{\Delta x} = f'(a)$$

Por lo que, si se denota por ε el cociente de diferencias y la derivada, se obtiene

$$\lim_{\Delta x \to 0}\varepsilon = \lim_{\Delta x \to 0}\left(\frac{\Delta y}{\Delta x} - f'(a)\right) = f'(a) - f'(a) = 0$$

pero

$$\varepsilon = \frac{\Delta y}{\Delta x} - f'(a) \quad \Rightarrow \quad \Delta y = f'(a)\,\Delta x + \varepsilon\,\Delta x$$

Si se define ε como 0 cuando $\Delta x = 0$, entonces ε se convierte en una función continua de Δx. Por lo que, para una función derivable f, se puede escribir

$$\boxed{7} \qquad \Delta y = f'(a)\,\Delta x + \varepsilon\,\Delta x \qquad \text{donde} \quad \varepsilon \to 0 \text{ cuando } \Delta x \to 0$$

y ε es una función continua de Δx. Esta propiedad de las funciones derivables es lo que permite demostrar la regla de la cadena.

DEMOSTRACIÓN DE LA REGLA DE LA CADENA Suponga que $u = g(x)$ es derivable en a y $y = f(u)$ es derivable en $b = g(a)$. Si Δx es un incremento en x, y Δu y Δy son los incrementos correspondientes en u y y, entonces se puede aplicar la ecuación 7 para escribir

$$\boxed{8} \qquad \Delta u = g'(a)\,\Delta x + \varepsilon_1\,\Delta x = [g'(a) + \varepsilon_1]\,\Delta x$$

donde $\varepsilon_1 \to 0$ conforme $\Delta x \to 0$. De manera análoga,

$$\boxed{9} \qquad \Delta y = f'(b)\,\Delta u + \varepsilon_2\,\Delta u = [f'(b) + \varepsilon_2]\,\Delta u$$

donde $\varepsilon_2 \to 0$ conforme $\Delta u \to 0$. Si ahora se sustituye la expresión para Δu de la ecuación 8 en la ecuación 9, se obtiene

$$\Delta y = [f'(b) + \varepsilon_2][g'(a) + \varepsilon_1]\,\Delta x$$

por lo que $$\frac{\Delta y}{\Delta x} = [f'(b) + \varepsilon_2][g'(a) + \varepsilon_1]$$

A medida que $\Delta x \to 0$, la ecuación 8 muestra que $\Delta u \to 0$. Por tanto $\varepsilon_1 \to 0$ como $\varepsilon_2 \to 0$ cuando $\Delta x \to 0$. Por tanto

$$\frac{dy}{dx} = \lim_{\Delta x \to 0} \frac{\Delta y}{\Delta x} = \lim_{\Delta x \to 0} [f'(b) + \varepsilon_2][g'(a) + \varepsilon_1]$$

$$= f'(b)\,g'(a) = f'(g(a))\,g'(a)$$

Esto demuestra la regla de la cadena. ■

3.4 EJERCICIOS

1–6 Escriba la función compuesta en la forma $f(g(x))$. [Identifique la función interior $u = g(x)$ y la exterior $y = f(u)$]. Luego, encuentre la derivada dy/dx de cada una de las funciones siguientes.

1. $y = \text{sen}4x$ **2.** $y = \sqrt{4 + 3x}$

3. $y = (1 - x^2)^{10}$ **4.** $y = \tan(\text{sen}\, x)$

5. $y = e^{\sqrt{x}}$ **6.** $y = \sqrt{2 - e^x}$

7–46 Obtenga la derivada de cada una de las funciones siguientes.

7. $F(x) = (5x^6 + 2x^3)^4$ **8.** $F(x) = (1 + x + x^2)^{99}$

9. $f(x) = \sqrt{5x + 1}$ **10.** $f(x) = \dfrac{1}{\sqrt[3]{x^2 - 1}}$

11. $f(\theta) = \cos(\theta^2)$ **12.** $g(\theta) = \cos^2\theta$

13. $y = x^2 e^{-3x}$ **14.** $f(t) = t\,\text{sen}\,\pi t$

15. $f(t) = e^{at}\,\text{sen}\,bt$ **16.** $g(x) = e^{x^2 - x}$

17. $f(x) = (2x - 3)^4(x^2 + x + 1)^5$

18. $g(x) = (x^2 + 1)^3(x^2 + 2)^6$

19. $h(t) = (t + 1)^{2/3}(2t^2 - 1)^3$

20. $F(t) = (3t - 1)^4(2t + 1)^{-3}$

21. $y = \sqrt{\dfrac{x}{x + 1}}$ **22.** $y = \left(x + \dfrac{1}{x}\right)^5$

23. $y = e^{\tan\theta}$ **24.** $f(t) = 2^{t^3}$

25. $g(u) = \left(\dfrac{u^3 - 1}{u^3 + 1}\right)^8$ **26.** $s(t) = \sqrt{\dfrac{1 + \text{sen}\, t}{1 + \cos t}}$

27. $r(t) = 10^{2\sqrt{t}}$ **28.** $f(z) = e^{z/(z-1)}$

29. $H(r) = \dfrac{(r^2 - 1)^3}{(2r + 1)^5}$ **30.** $J(\theta) = \tan^2(n\theta)$

31. $F(t) = e^{t\,\text{sen}\,2t}$ **32.** $F(t) = \dfrac{t^2}{\sqrt{t^3 + 1}}$

33. $G(x) = 4^{C/x}$ **34.** $U(y) = \left(\dfrac{y^4 + 1}{y^2 + 1}\right)^5$

35. $y = \text{sen}(\tan 2x)$ **36.** $y = \sec^2(m\theta)$

37. $y = \cot^2(\text{sen}\,\theta)$ **38.** $y = \sqrt{1 + xe^{-2x}}$

39. $f(t) = \tan(\sec(\cos t))$ **40.** $y = e^{\text{sen}\,2x} + \text{sen}(e^{2x})$

41. $f(t) = \tan(e^t) + e^{\tan t}$ **42.** $y = \text{sen}(\text{sen}(\text{sen}\, x))$

43. $g(x) = (2ra^{rx} + n)^p$ **44.** $y = 2^{3^{4^x}}$

45. $y = \cos\sqrt{\text{sen}(\tan \pi x)}$ **46.** $y = [x + (x + \text{sen}^2 x)^3]^4$

47–50 Encuentre y' y y''.

47. $y = \cos(\text{sen}\, 3\theta)$ **48.** $y = \dfrac{1}{(1 + \tan x)^2}$

49. $y = \sqrt{1 - \sec t}$ **50.** $y = e^{e^x}$

51–54 Encuentre la ecuación de la recta tangente a la curva en el punto dado.

51. $y = 2^x$, $(0, 1)$ **52.** $y = \sqrt{1 + x^3}$, $(2, 3)$

53. $y = \text{sen}(\text{sen}x)$, $(\pi, 0)$ **54.** $y = xe^{-x^2}$, $(0, 0)$

55. (a) Encuentre la ecuación de la recta tangente a la curva $y = 2/(1 + e^{-x})$ en el punto $(0, 1)$.

(b) Ilustre el inciso (a) trazando la gráfica de la curva y la recta tangente, en la misma pantalla.

56. (a) La curva $y = |x|/\sqrt{2 - x^2}$ se llama *curva nariz de bala*. Encuentre la ecuación de la recta tangente a esta curva en el punto (1, 1).
(b) Ilustre el inciso (a) trazando la gráfica de la curva y la recta tangente, en la misma pantalla.

57. (a) Si $f(x) = x\sqrt{2 - x^2}$, encuentre $f'(x)$.
(b) Verifique que su respuesta al inciso (a) es razonable comparando las gráficas de f y f'.

58. La función $f(x) = \text{sen}(x + \text{sen } 2x)$, $0 \leq x \leq \pi$), surge en aplicaciones a la sintonía de frecuencia modulada (FM).
(a) Utilice una gráfica de f producida por una calculadora graficadora para realizar un trazo aproximado de la gráfica de f'.
(b) Calcule $f'(x)$ y utilice esta expresión, para trazar la gráfica de f' con una calculadora graficadora. Compare con su trazo del inciso (a).

59. Encuentre todos los puntos sobre la gráfica de la función $f(x) = 2 \text{ sen } x + \text{sen}^2 x$ en los cuales la recta tangente es horizontal.

60. ¿En qué puntos de la curva $y = \sqrt{1 + 2x}$, es la recta tangente perpendicular a la recta $6x + 2y = 1$?

61. Si $F(x) = f(g(x))$, donde $f(-2) = 8$, $f'(-2) = 4$, $f'(5) = 3$, $g(5) = -2$, y $g'(5) = 6$, determine $F'(5)$.

62. Si $h(x) = \sqrt{4 + 3f(x)}$, donde $f(1) = 7$ y $f'(1) = 4$, determine $h'(1)$.

63. Se da una tabla de valores de f, g, f' y g'.

x	$f(x)$	$g(x)$	$f'(x)$	$g'(x)$
1	3	2	4	6
2	1	8	5	7
3	7	2	7	9

(a) Si $h(x) = f(g(x))$, encuentre $h'(1)$.
(b) Si $H(x) = g(f(x))$, determine $H'(1)$.

64. Sean f y g las funciones del ejercicio 63.
(a) Si $F(x) = f(f(x))$, encuentre $F'(2)$.
(b) Si $G(x) = g(g(x))$, encuentre $G'(3)$.

65. Sean f y g las funciones cuyas gráficas se muestran; sea $u(x) = f(g(x))$, $v(x) = g(f(x))$ y $w(x) = g(g(x))$. Encuentre, si existe, cada derivada. Si no existe, explique por qué.
(a) $u'(1)$ (b) $v'(1)$ (c) $w'(1)$

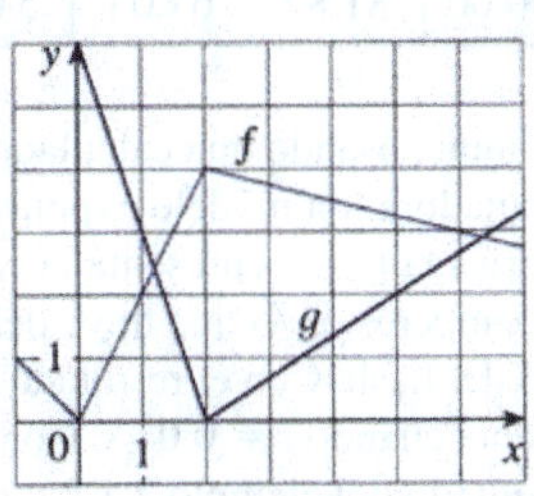

66. Si f es la función cuya gráfica se muestra, sea $h(x) = f(f(x))$ y $g(x) = f(x^2)$. Utilice la gráfica de f para calcular el valor de cada derivada.
(a) $h'(2)$ (b) $g'(2)$

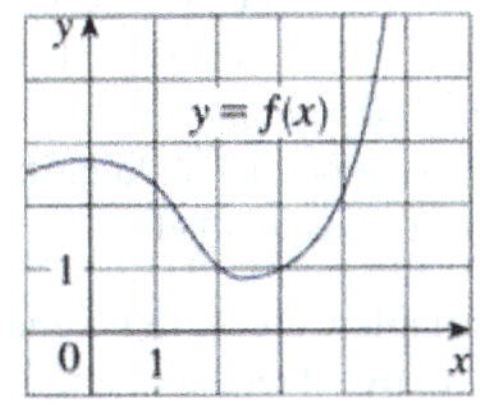

67. Si $g(x) = \sqrt{f(x)}$, donde f es la gráfica que se muestra, evalúe $g'(3)$.

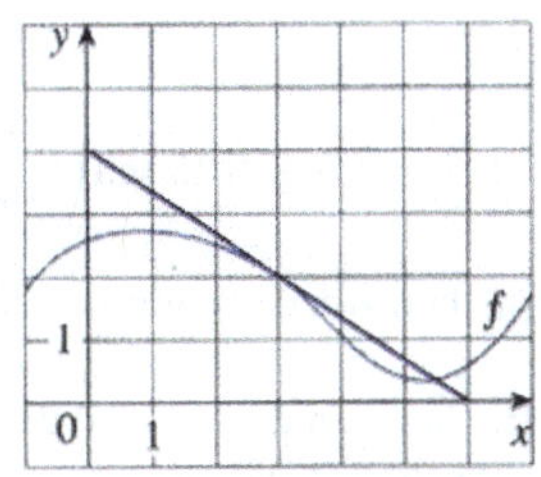

68. Suponga que f es derivable en $\mathbb{R}$ y α es un número real. Sea $F(x) = f(x^\alpha)$ y y $G(x) = [f(x)]^\alpha$. Encuentre expresiones para (a) $F'(x)$ y (b) $G'(x)$.

69. Suponga que f es derivable en $\mathbb{R}$. Sea $F(x) = f(e^x)$ y $G(x) = e^{f(x)}$. Encuentre expresiones para (a) $F'(x)$ y (b) $G'(x)$.

70. Sea $g(x) = e^{cx} + f(x)$ y $h(x) = e^{kx}f(x)$, donde $f(0) = 3$, $f'(0) = 5$, y $f''(0) = -2$.
(a) Encuentre $g'(0)$ y $g''(0)$ en términos de c.
(b) En términos de k, encuentre la ecuación de la recta tangente a la gráfica de h en el punto donde $x = 0$.

71. Si $r(x) = f(g(h(x)))$, donde $h(1) = 2$, $g(2) = 3$, $h'(1) = 4$, $g'(2) = 5$ y $f'(3) = 6$, encuentre $r'(1)$.

72. Si g es una función dos veces derivable y $f(x) = xg(x^2)$, determine f'' en términos de g, g' y g''.

73. Si $F(x) = f(3f(4f(x)))$, donde $f(0) = 0$ y $f'(0) = 2$, encuentre $F'(0)$.

74. Si $F(x) = f(xf(xf(x)))$, donde $f(1) = 2$, $f(2) = 3$, $f'(1) = 4$, $f'(2) = 5$ y $f'(3) = 6$, determine $F'(1)$.

75. Demuestre que la función $y = e^{2x}(A \cos 3x + B \text{ sen } 3x)$ satisface la ecuación diferencial $y'' - 4y' + 13y = 0$.

76. ¿Para qué valores de r la función $y = e^{rx}$ satisface la ecuación diferencial $y'' - 4y' + y = 0$?

77. Encuentre la derivada cincuenta de $y = \cos 2x$.

78. Encuentre la derivada mil de $f(x) = xe^{-x}$.

79. El desplazamiento de una partícula sobre una cuerda vibrante está dada por la ecuación $s(t) = 10 + \frac{1}{4}\,\text{sen}(10\pi t)$ donde s se mide en centímetros y t en segundos. Encuentre la velocidad de la partícula después de t segundos.

80. Si la ecuación del movimiento de una partícula está dada por $s = A\cos(\omega t + \delta)$, se dice que la partícula describe un *movimiento armónico simple*.
(a) Encuentre la velocidad de la partícula en el instante t.
(b) ¿Cuándo es 0 la velocidad?

81. Una estrella variable Cefeida tiene una brillantez que aumenta y disminuye de manera alternada. La estrella de ese tipo más visible es Delta Cefeida, para la cual el intervalo entre los momentos de máxima brillantez es de 5.4 días. La brillantez promedio de esta estrella es de 4.0, y cambia en ± 0.35. En vista de estos datos, la brillantez de Delta Cefeida en el tiempo t, donde t se mide en días, se ha modelado por la función

$$B(t) = 4.0 + 0.35\,\text{sen}\left(\frac{2\pi t}{5.4}\right)$$

(a) Determine la razón de cambio de la brillantez después de t días.
(b) Encuentre, la razón de aumento después de un día, redondeada a dos decimales.

82. En el ejemplo 1.3.4, se obtuvo un modelo para la duración de la luz diurna (en horas) en Ankara, Turquía, en el t-ésimo día del año:

$$L(t) = 12 + 2.8\,\text{sen}\left[\frac{2\pi}{365}(t - 80)\right]$$

Utilice este modelo para comparar cómo aumentan las horas de luz diurna en Ankara el 21 de marzo y el 21 de mayo.

83. El movimiento de un resorte que se somete a una fuerza de fricción o una fuerza de amortiguamiento (como un amortiguador en un automóvil) se modela a menudo mediante el producto de una función exponencial y una función seno o coseno. Suponga que la ecuación del movimiento de un punto sobre tal resorte es

$$s(t) = 2e^{-1.5t}\,\text{sen}\,2\pi t$$

donde s se mide en centímetros y t en segundos. Encuentre la velocidad después que transcurren t segundos y grafique las funciones de posición y de velocidad para $0 \leqslant t \leqslant 2$.

84. En ciertas circunstancias, un rumor se esparce de acuerdo con la ecuación

$$p(t) = \frac{1}{1 + ae^{-kt}}$$

donde $p(t)$ es la proporción de la población que lo conoce en el tiempo t, y a y k son constantes positivas. [En la sección 9.4 se verá que esta es una ecuación razonable para $p(t)$.]
(a) Encuentre $\lim_{t \to \infty} p(t)$.
(b) Determine la rapidez de esparcimiento del rumor.
(c) Grafique p para el caso en que $a = 10$, $k = 0.5$, con t medido en horas. Utilice la gráfica para calcular cuánto tiempo transcurrirá para que 80% de la población escuche el rumor.

85. La concentración de alcohol en sangre (BAC, por su sigla en inglés) de ocho sujetos masculinos se midió después del consumo de 15 mL de etanol (correspondiente a una bebida alcohólica). Los datos resultantes fueron modelados por la función de la concentración

$$C(t) = 0.0225te^{-0.0467t}$$

donde t se mide en minutos después del consumo y C se mide en mg/mL.
(a) ¿Qué tan rápido aumentó la BAC después de 10 minutos?
(b) ¿Qué tan rápido disminuyó una media hora más tarde?

Fuente: Adaptado de P. Wilkinson *et al.*, "Pharmacokinetics of Ethanol after Oral Administration in the Fasting State," *Journal of Pharmacokinetics and Biopharmaceutics* 5 (1977): 207–224.

86. En la sección 1.4 se modeló la población mundial de 1900 a 2010 con la función exponencial

$$P(t) = (1436.53) \cdot (1.01395)^t$$

donde $t = 0$ corresponde al año 1900 y $P(t)$ se mide en millones. De acuerdo con este modelo, ¿cuál fue la razón de incremento de la población mundial en 1920? ¿En 1950? ¿Y en el año 2000?

87. Una partícula se mueve a lo largo de una línea recta con desplazamiento $s(t)$, velocidad $v(t)$ y aceleración $a(t)$. Demuestre que

$$a(t) = v(t)\frac{dv}{ds}$$

Explique la diferencia entre los significados de las derivadas dv/dt y dv/ds.

88. Se bombea aire dentro de un globo esférico para el clima. En cualquier tiempo t, el volumen del globo es $V(t)$, y su radio es $r(t)$.
(a) ¿Qué representan las derivadas dV/dr y dV/dt?
(b) Exprese dV/dt en términos de dr/dt.

89. El flash de una cámara funciona mediante el almacenamiento de carga en un capacitor y su liberación repentina cuando se activa el obturador. Los datos siguientes describen la carga Q que queda en el capacitor (en microcoulombs, μC) en el instante t (en segundos).

t	0.00	0.02	0.04	0.06	0.08	0.10
Q	100.00	81.87	67.03	54.88	44.93	36.76

(a) Determine, usando una calculadora graficadora o una computadora, un modelo exponencial para la carga.
(b) La derivada $Q'(t)$ representa la corriente eléctrica (en microamperes, μA) que fluye del capacitor hacia el bulbo del flash. Con el resultado del inciso (a), estime la corriente cuando $t = 0.04$ s. Compare la respuesta con el resultado del ejemplo 2.1.2.

90. En la tabla se presenta la población de México (millones) en los años censados en el siglo XX.

Año	Población	Año	Población
1900	13.6	1960	34.9
1910	15.2	1970	48.2
1920	14.3	1980	66.8
1930	16.6	1990	81.2
1940	19.7	2000	97.5
1950	25.8		

(a) Use una calculadora graficadora o una computadora para ubicar los datos con una función exponencial. Trace los puntos correspondientes a los datos y el modelo exponencial. ¿Qué tan bien ajustan?
(b) Estime las tasas de crecimiento de la población en 1950 y 1960 promediando las pendientes de las rectas secantes.
(c) Use el modelo exponencial del inciso (a) para estimar las tasas de crecimiento de la población mexicana en el siglo XX.
(d) Utilice el modelo exponencial del inciso (c) para predecir las tasas de crecimiento de la población en 1950 y 1960. Compare con sus estimaciones del inciso (b).

SAC **91.** Los sistemas algebraicos computacionales (SAC) tienen comandos que derivan funciones, pero la forma de la respuesta quizá no convenga; en consecuencia, pueden ser necesarios otros comandos para simplificarla.
(a) Use un SAC para determinar la derivada del ejemplo 5 y compárela con la respuesta en ese ejemplo. Después, use el comando de simplificación y vuelva a comparar.
(b) Utilice un SAC para derivar la función del ejemplo 6. ¿Qué sucede si usa el comando de simplificación? ¿Qué ocurre si emplea el comando de factorización? ¿Cuál forma de la respuesta sería la mejor para localizar las rectas tangentes horizontales?

SAC **92.** (a) Use un SAC para derivar la función

$$f(x) = \sqrt{\frac{x^4 - x + 1}{x^4 + x + 1}}$$

y simplificar el resultado.
(b) ¿En dónde tiene la gráfica de f rectas tangentes horizontales?
(c) Trace las gráficas de f y f' en la misma pantalla. ¿Son coherentes las gráficas con su respuesta al inciso (b)?

93. Mediante la regla de la cadena demuestre lo siguiente.
(a) La derivada de una función par es una función impar.
(b) La derivada de una función impar es una función par.

94. Utilice la regla de la cadena y la regla del producto para obtener una demostración alternativa de la regla del cociente.
[*Sugerencia:* escriba $f(x)/g(x) = f(x)[g(x)]^{-1}$.]

95. (a) Si n es un entero positivo, demuestre que

$$\frac{d}{dx}(\operatorname{sen}^n x \cos nx) = n \operatorname{sen}^{n-1} x \cos(n+1)x$$

(b) Determine una fórmula para la derivada de $y = \cos^n x \cos nx$ que es similar a la del inciso (a).

96. Suponga que $y = f(x)$ es una curva que siempre queda arriba del eje x y nunca tiene una recta tangente horizontal, donde f es derivable para toda x. ¿Para qué valor de y la razón de cambio de y^5 respecto a x es 80 veces la razón de cambio de y respecto a x?

97. Use la regla de la cadena para demostrar que si θ se mide en grados, entonces

$$\frac{d}{d\theta}(\operatorname{sen}\theta) = \frac{\pi}{180}\cos\theta$$

(Esto da un argumento para justificar la convención de que siempre se use el radián cuando se manejen funciones trigonométricas en cálculo: las fórmulas de derivación no serían tan sencillas si usara el grado como medida.)

98. (a) Escriba $|x| = \sqrt{x^2}$ y utilice la regla de la cadena para demostrar que

$$\frac{d}{dx}|x| = \frac{x}{|x|}$$

(b) Si $f(x) = |\operatorname{sen} x|$, encuentre $f'(x)$ y trace las gráficas de f y f'. ¿En dónde f no es derivable?
(c) Si $g(x) = \operatorname{sen}|x|$, determine $g'(x)$ y trace las gráficas de g y g'. ¿En dónde g no es derivable?

99. Si $y = f(u)$ y $u = g(x)$, donde f y g son funciones dos veces derivables, demuestre que

$$\frac{d^2y}{dx^2} = \frac{d^2y}{du^2}\left(\frac{du}{dx}\right)^2 + \frac{dy}{du}\frac{d^2u}{dx^2}$$

100. Si $y = f(u)$ y $u = g(x)$, donde f y g tienen tercera derivada, obtenga una fórmula para d^3y/dx^3 parecida a la que se da en el ejercicio 99.

PROYECTO DE APLICACIÓN ¿DÓNDE DEBERÍA UN PILOTO INICIAR EL DESCENSO?

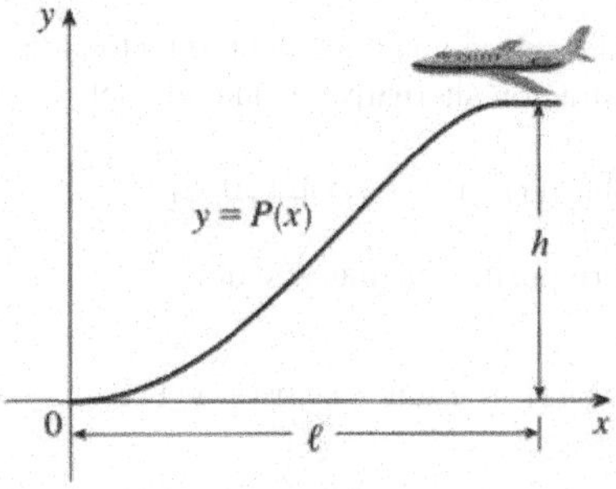

En la figura se muestra una trayectoria de aproximación para el aterrizaje de un avión, que satisface las condiciones siguientes:

(i) La altura de crucero es h cuando se inicia el descenso a una distancia ℓ del punto de contacto con la pista en el origen.

(ii) El piloto debe mantener una rapidez horizontal constante en todo el descenso.

(iii) El valor absoluto de la aceleración vertical no debe sobrepasar una constante k (la cual es mucho menor que la aceleración debida a la gravedad).

1. Encuentre un polinomio cúbico $P(x) = ax^3 + bx^2 + cx + d$ que satisfaga la condición (i), imponiendo condiciones adecuadas sobre $P(x)$ y $P'(x)$ en el inicio del descenso y el contacto con la pista.

2. Use las condiciones (ii) y (iii) para demostrar que

$$\frac{6hv^2}{\ell^2} \leqslant k$$

3. Suponga que una aerolínea comercial decide no permitir que la aceleración vertical de un avión sea mayor que $k = 1385 \text{ km/h}^2$. Si la altitud de crucero de un avión es de 11 000 m y la rapidez es de 480 km/h, ¿a qué distancia del aeropuerto debe el piloto iniciar el descenso?

4. Trace la gráfica de la trayectoria de aproximación si se satisfacen las condiciones que se enuncian en el problema 3.

3.5 Derivación implícita

Las funciones que se han encontrado hasta ahora se pueden describir expresando una variable explícitamente en términos de la otra variable, por ejemplo,

$$y = \sqrt{x^3 + 1} \qquad \text{o} \qquad y = x \operatorname{sen} x$$

o, en general, $y = f(x)$. Sin embargo, algunas funciones se definen implícitamente por medio de una relación entre x y y como

$$\boxed{1} \qquad x^2 + y^2 = 25$$

o

$$\boxed{2} \qquad x^3 + y^3 = 6xy$$

En algunos casos, es posible resolver una ecuación de ese tipo para y como una función explícita (o varias funciones) de x. Por ejemplo, si se resuelve la ecuación 1 para y, se obtiene $y = \pm\sqrt{25 - x^2}$, por lo que dos de las funciones determinadas por la ecuación implícita 1 son $f(x) = \sqrt{25 - x^2}$ y $g(x) = -\sqrt{25 - x^2}$. Las gráficas de f y g son las semicircunferencias superior e inferior de la circunferencia $x^2 + y^2 = 25$. (Véase la figura 1.)

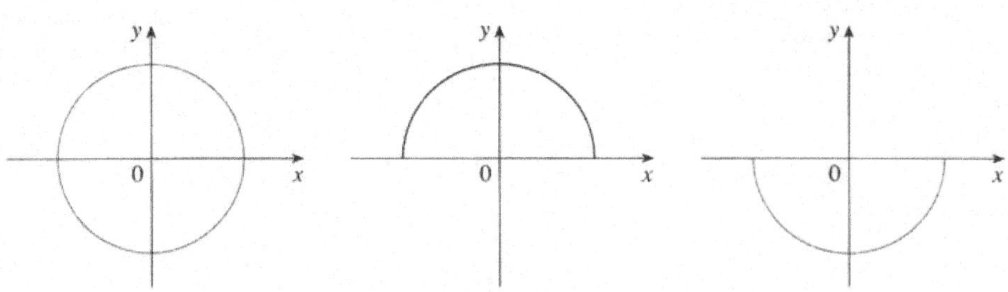

FIGURA 1 (a) $x^2 + y^2 = 25$ (b) $f(x) = \sqrt{25 - x^2}$ (c) $g(x) = -\sqrt{25 - x^2}$

No es fácil resolver explícitamente la ecuación 2 para y como función x. (Con un sistema algebraico computacional no hay dificultad, pero las expresiones que se obtienen son muy complicadas). Sin embargo, (2) es la ecuación de una curva llamada **folium de Descartes**, que se muestra en la figura 2 y, que de manera implícita define a y como varias funciones de x. En la figura 3 se muestran las gráficas de esas tres funciones. Cuando se dice que f es una función definida implícitamente por la ecuación 2, significa que la ecuación

$$x^3 + [f(x)]^3 = 6xf(x)$$

es verdadera para todos los valores de x en el dominio de f.

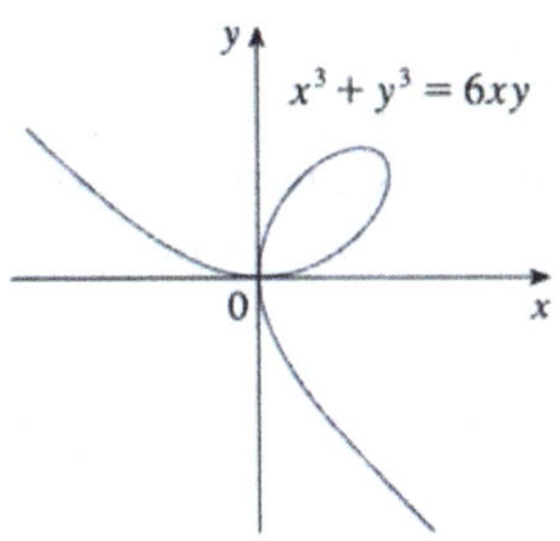

FIGURA 2 Folium de Descartes

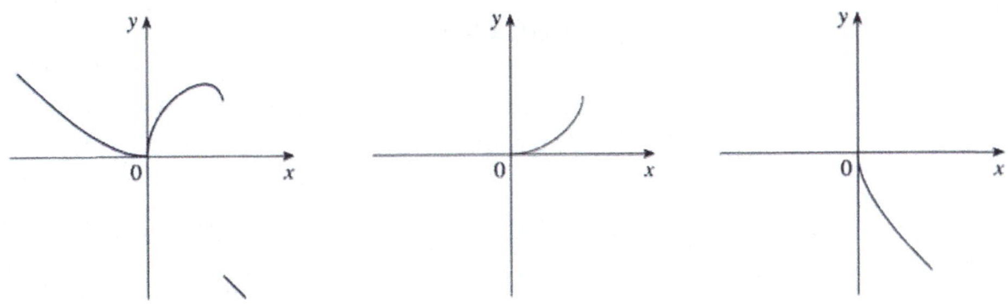

FIGURA 3 Gráficas de tres funciones definidas por el folium de Descartes

Por fortuna, no es necesario resolver una ecuación para y en términos de x para determinar la derivada de y. En lugar de ello, se aplica el **método de derivación implícita**. Este método consiste en derivar ambos miembros de la ecuación respecto a x y después resolver la ecuación resultante para y'. En los ejemplos y ejercicios de esta sección, siempre se supone que la ecuación dada determina a y implícitamente como una función derivable de x, por lo que se puede aplicar el método de derivación implícita.

EJEMPLO 1

(a) Si $x^2 + y^2 = 25$, encuentre $\dfrac{dy}{dx}$.

(b) Encuentre la ecuación de la recta tangente a la circunferencia $x^2 + y^2 = 25$, en el punto (3, 4).

SOLUCIÓN 1

(a) Derive ambos miembros de la ecuación $x^2 + y^2 = 25$:

$$\frac{d}{dx}(x^2 + y^2) = \frac{d}{dx}(25)$$

$$\frac{d}{dx}(x^2) + \frac{d}{dx}(y^2) = 0$$

Recuerde que y es una función de x, por lo que hay que utilizar la regla de la cadena para obtener

$$\frac{d}{dx}(y^2) = \frac{d}{dy}(y^2)\frac{dy}{dx} = 2y\frac{dy}{dx}$$

Por tanto

$$2x + 2y\frac{dy}{dx} = 0$$

Ahora se resuelve esta ecuación para dy/dx:

$$\frac{dy}{dx} = -\frac{x}{y}$$

(b) En el punto (3, 4) se tiene que $x = 3$ y $y = 4$, por lo que

$$\frac{dy}{dx} = -\frac{3}{4}$$

Por tanto, la ecuación de la tangente a la circunferencia, en (3, 4), es

$$y - 4 = -\tfrac{3}{4}(x - 3) \qquad \text{o} \qquad 3x + 4y = 25$$

SOLUCIÓN 2

(b) Al resolver $x^2 + y^2 = 25$, para y, se obtiene $y = \pm\sqrt{25 - x^2}$. El punto (3, 4) se encuentra en la semicircunferencia superior $y = \sqrt{25 - x^2}$ y, por consiguiente, considere la función $f(x) = \sqrt{25 - x^2}$. Al derivar f usando la regla de la cadena, se tiene

$$f'(x) = \tfrac{1}{2}(25 - x^2)^{-1/2}\frac{d}{dx}(25 - x^2)$$
$$= \tfrac{1}{2}(25 - x^2)^{-1/2}(-2x) = -\frac{x}{\sqrt{25 - x^2}}$$

En el ejemplo 1 se ilustra que aun cuando es posible resolver una ecuación explícita para y en términos de x puede ser más fácil aplicar la derivación implícita.

Por lo que

$$f'(3) = -\frac{3}{\sqrt{25 - 3^2}} = -\frac{3}{4}$$

y, como en la solución 1, la ecuación de la recta tangente es $3x + 4y = 25$. ■

NOTA 1 La expresión $dy/dx = -x/y$ en la solución 1 da la derivada en términos tanto de x como de y. Esto es correcto sin importar cuál función y queda determinada por la ecuación dada. Por ejemplo, para $y = f(x) = \sqrt{25 - x^2}$ se tiene

$$\frac{dy}{dx} = -\frac{x}{y} = -\frac{x}{\sqrt{25 - x^2}}$$

en tanto que para $y = g(x) = -\sqrt{25 - x^2}$ se tiene

$$\frac{dy}{dx} = -\frac{x}{y} = -\frac{x}{-\sqrt{25 - x^2}} = \frac{x}{\sqrt{25 - x^2}}$$

EJEMPLO 2

(a) Encuentre y' si $x^3 + y^3 = 6xy$.
(b) Determine la recta tangente al folium de Descartes $x^3 + y^3 = 6xy$, en el punto (3, 3).
(c) ¿En cuál punto en el primer cuadrante es horizontal la recta tangente?

SOLUCIÓN

(a) Si se derivan ambos miembros de $x^3 + y^3 = 6xy$ respecto a x, considerando a y como función de x, y usando la regla de la cadena en el término y^3, y la regla del producto en el término $6xy$, se obtiene

$$3x^2 + 3y^2y' = 6xy' + 6y$$

o

$$x^2 + y^2y' = 2xy' + 2y$$

Ahora se resuelve para y':

$$y^2y' - 2xy' = 2y - x^2$$

$$(y^2 - 2x)y' = 2y - x^2$$

$$y' = \frac{2y - x^2}{y^2 - 2x}$$

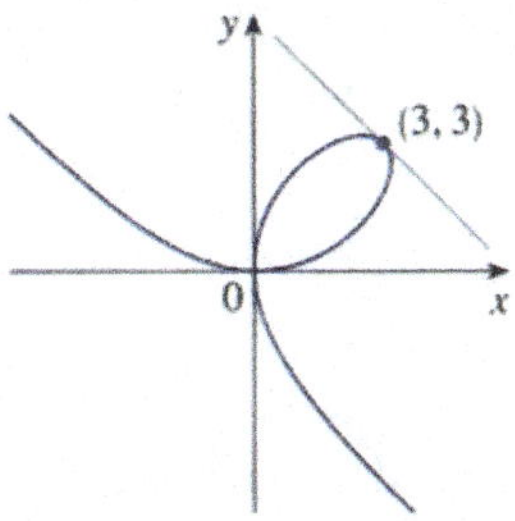

FIGURA 4

(b) Cuando $x = y = 3$,

$$y' = \frac{2 \cdot 3 - 3^2}{3^2 - 2 \cdot 3} = -1$$

un vistazo a la figura 4 confirma que es un valor razonable para la pendiente en (3, 3). Por lo que, la ecuación de la recta tangente al folium en (3, 3) es

$$y - 3 = -1(x - 3) \qquad \text{o} \qquad x + y = 6$$

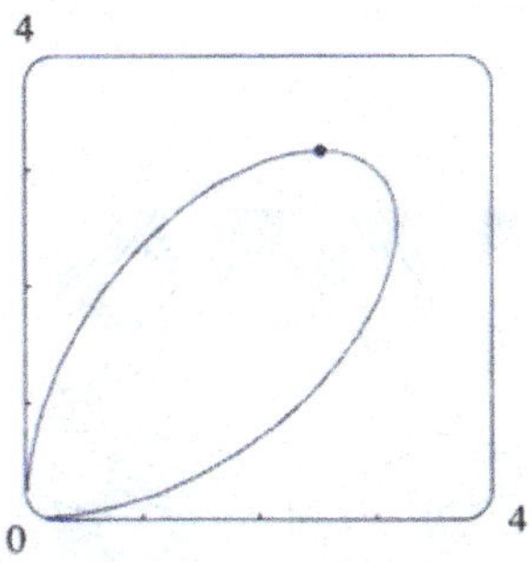

FIGURA 5

(c) La recta tangente es horizontal si $y' = 0$. Si se utiliza la expresión para y' del inciso (a), se observa que $y' = 0$ cuando $2y - x^2 = 0$ (siempre que $y^2 - 2x \neq 0$). Al sustituir $y = \frac{1}{2}x^2$ en la ecuación de la curva, se obtiene

$$x^3 + \left(\tfrac{1}{2}x^2\right)^3 = 6x\left(\tfrac{1}{2}x^2\right)$$

lo cual se simplifica para quedar $x^6 = 16x^3$. Ya que $x \neq 0$ en el primer cuadrante, se tiene $x^3 = 16$. Si $x = 16^{1/3} = 2^{4/3}$, entonces $y = \frac{1}{2}(2^{8/3}) = 2^{5/3}$. Por tanto, la recta tangente es horizontal en $(2^{4/3}, 2^{5/3})$ que es aproximadamente (2.5198, 3.1748). Al estudiar la figura 5, es claro que la respuesta es razonable. ■

NOTA 2 Existe una fórmula para obtener las tres raíces de una ecuación cúbica, que es semejante a la fórmula cuadrática, pero mucho más complicada. Si se utiliza esta fórmula (o un sistema algebraico computacional) para resolver la ecuación $x^3 + y^3 = 6xy$ para y en términos de x, se obtienen tres funciones determinadas por la ecuación:

$$y = f(x) = \sqrt[3]{-\tfrac{1}{2}x^3 + \sqrt{\tfrac{1}{4}x^6 - 8x^3}} + \sqrt[3]{-\tfrac{1}{2}x^3 - \sqrt{\tfrac{1}{4}x^6 - 8x^3}}$$

y

$$y = \tfrac{1}{2}\left[-f(x) \pm \sqrt{-3}\left(\sqrt[3]{-\tfrac{1}{2}x^3 + \sqrt{\tfrac{1}{4}x^6 - 8x^3}} - \sqrt[3]{-\tfrac{1}{2}x^3 - \sqrt{\tfrac{1}{4}x^6 - 8x^3}}\right)\right]$$

(Estas son las tres funciones cuyas gráficas se muestran en la figura 3.) Usted puede ver que el método de la derivación implícita ahorra una cantidad enorme de trabajo en casos como este. Más aún, la derivación implícita funciona con igual facilidad para ecuaciones como

$$y^5 + 3x^2y^2 + 5x^4 = 12$$

en las cuales es *imposible* determinar una expresión similar para y en términos de x.

Abel y Galois

En 1824, el matemático noruego Niels Abel demostró que no puede darse una fórmula general para la obtención de las raíces de una ecuación de quinto grado. Tiempo después, el matemático francés Evariste Galois demostró que es imposible determinar una fórmula general para las raíces de una ecuación de n-ésimo grado (en términos de operaciones algebraicas sobre los coeficientes), si n es cualquier entero mayor que 4.

EJEMPLO 3 Encuentre y' si $\operatorname{sen}(x + y) = y^2 \cos x$.

SOLUCIÓN Si se deriva implícitamente respecto a x y se considera que y es una función de x, se obtiene

$$\cos(x + y) \cdot (1 + y') = y^2(-\operatorname{sen} x) + (\cos x)(2yy')$$

(Note que en el lado izquierdo se ha aplicado la regla de la cadena y, en el derecho, la regla de la cadena y la regla del producto). Si se agrupa los términos que contienen a y', se obtiene

$$\cos(x + y) + y^2 \operatorname{sen} x = (2y \cos x)y' - \cos(x + y) \cdot y'$$

Por tanto
$$y' = \frac{y^2 \operatorname{sen} x + \cos(x + y)}{2y \cos x - \cos(x + y)}$$

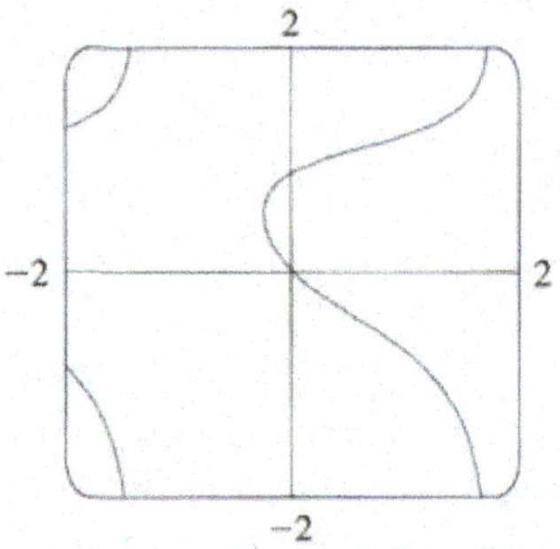

FIGURA 6

En la figura 6, trazada con la instrucción de construcción de gráficas en forma implícita de un sistema algebraico computacional, se muestra parte de la curva $\operatorname{sen}(x + y) = y^2 \cos x$. Como comprobación del cálculo, se observa que $y' = -1$, cuando $x = y = 0$ y, al parecer de la gráfica, la pendiente es aproximadamente -1 en el origen. ■

Las figuras 7, 8 y 9 muestran tres curvas más, producidas por computadora. En los ejercicios 41-42 se tendrá oportunidad de crear y analizar curvas atípicas de esta naturaleza.

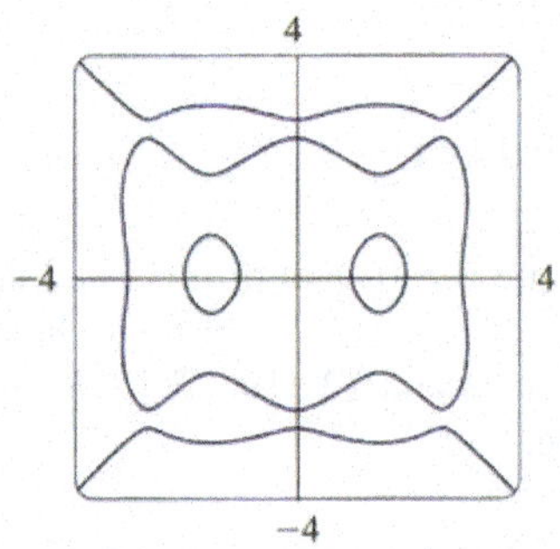

FIGURA 7
$(x^2 - 1)(x^2 - 4)(x^2 - 9)$
$= y^2(y^2 - 4)(y^2 - 9)$

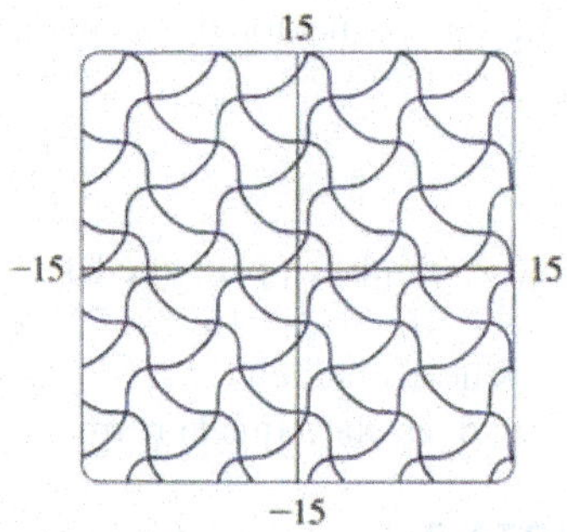

FIGURA 8
$\cos(x - \operatorname{sen} y) = \operatorname{sen}(y - \operatorname{sen} x)$

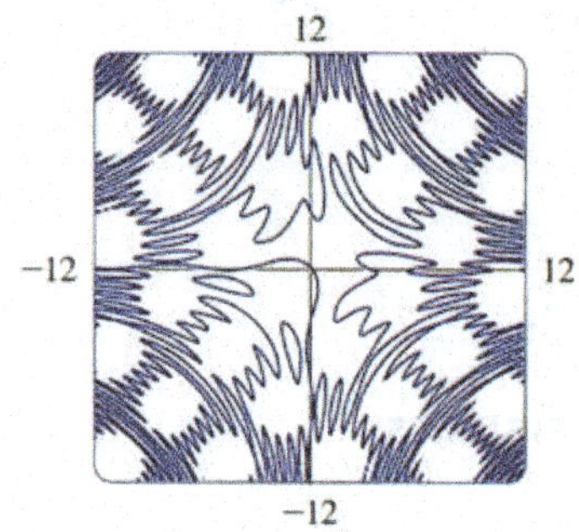

FIGURA 9
$\operatorname{sen}(xy) = \operatorname{sen} x + \operatorname{sen} y$

En el siguiente ejemplo se muestra cómo encontrar la segunda derivada de una función que está definida implícitamente.

EJEMPLO 4 Determinar y'' si $x^4 + y^4 = 16$.

SOLUCIÓN Derivando la ecuación de manera implícita respecto a x, se obtiene

$$4x^3 + 4y^3y' = 0$$

Resolviendo para y' se obtiene

3
$$y' = -\frac{x^3}{y^3}$$

Para determinar y'' se deriva esta expresión para y' aplicando la regla del cociente, considerando que y es una función de x:

$$y'' = \frac{d}{dx}\left(-\frac{x^3}{y^3}\right) = -\frac{y^3\,(d/dx)(x^3) - x^3\,(d/dx)(y^3)}{(y^3)^2}$$

$$= -\frac{y^3 \cdot 3x^2 - x^3(3y^2y')}{y^6}$$

Si se sustituye la ecuación 3 en esta expresión, se obtiene

$$y'' = -\frac{3x^2y^3 - 3x^3y^2\left(-\dfrac{x^3}{y^3}\right)}{y^6}$$

$$= -\frac{3(x^2y^4 + x^6)}{y^7} = -\frac{3x^2(y^4 + x^4)}{y^7}$$

Pero los valores de x y y deben satisfacer la ecuación original $x^4 + y^4 = 16$, por lo que la respuesta se simplifica a

$$y'' = -\frac{3x^2(16)}{y^7} = -48\,\frac{x^2}{y^7}$$ ■

La figura 10 muestra la gráfica de la curva $x^4 + y^4 = 16$ del ejemplo 4. Observe que es una versión extendida y achatada de la circunferencia $x^2 + y^2 = 4$. Por esta razón algunas veces se le llama *circunferencia gorda*. Empieza muy empinada a la izquierda, pero rápidamente se hace muy plana. Esto se puede ver en la expresión

$$y' = -\frac{x^3}{y^3} = -\left(\frac{x}{y}\right)^3$$

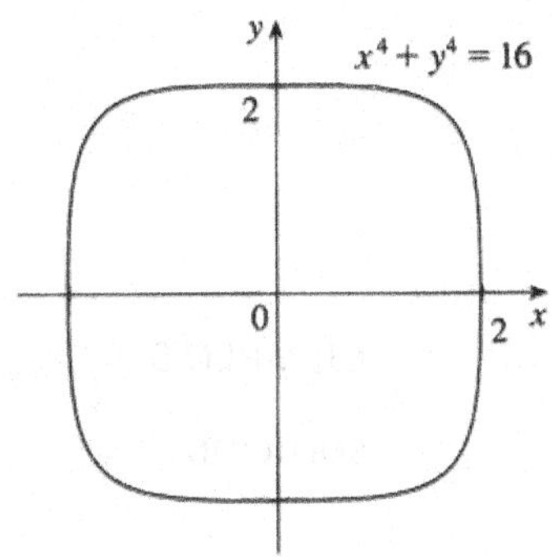

FIGURA 10

■ Derivadas de funciones trigonométricas inversas

Las funciones trigonométricas inversas se repasan en la sección 1.5. En la sección 2.5 se analiza su continuidad, y en la sección 2.6, sus asíntotas. Aquí se usa la derivación implícita para determinar las derivadas de las funciones trigonométricas inversas, suponiendo que estas funciones son derivables. [En efecto, si f es una función inyectiva derivable, se puede demostrar que su función inversa f también es derivable, excepto donde sus rectas tangentes son verticales. Esto es posible porque la gráfica de una función derivable no tiene vértices ni giros y, por esta razón, si se refleja a través de $y = x$, la gráfica de su función inversa tampoco tiene vértices ni giros.]

Recuerde la definición de la función arco seno:

$$y = \text{sen}^{-1}x \qquad \text{significa} \qquad \text{sen}\, y = x \quad \text{y} \quad -\frac{\pi}{2} \leqslant y \leqslant \frac{\pi}{2}$$

Al derivar implícitamente $\text{sen}\, y = x$ respecto a x, se obtiene

$$\cos y\,\frac{dy}{dx} = 1 \qquad \text{o} \qquad \frac{dy}{dx} = \frac{1}{\cos y}$$

Ahora $\cos y \geqslant 0$, debido a que $-\pi/2 \leqslant y \leqslant \pi/2$, por lo que

$$\cos y = \sqrt{1 - \text{sen}^2 y} = \sqrt{1 - x^2}$$

El mismo método se puede utilizar para determinar una fórmula para la derivada de cualquier función inversa. Véase el ejercicio 77.

Por tanto

$$\frac{dy}{dx} = \frac{1}{\cos y} = \frac{1}{\sqrt{1 - x^2}}$$

$$\boxed{\frac{d}{dx}(\operatorname{sen}^{-1}x) = \frac{1}{\sqrt{1 - x^2}}}$$

En la figura 11 se muestra la gráfica de $f(x) = \tan^{-1}x$ y su derivada $f'(x) = 1/(1 + x^2)$. Observe que f es creciente y $f'(x)$ es siempre positiva. El hecho de que $\tan^{-1}x \to \pm\,\pi/2$ cuando $x \to \pm\,\infty$ se refleja en el hecho de que $f'(x) \to 0$ cuando $x \to \pm\,\infty$.

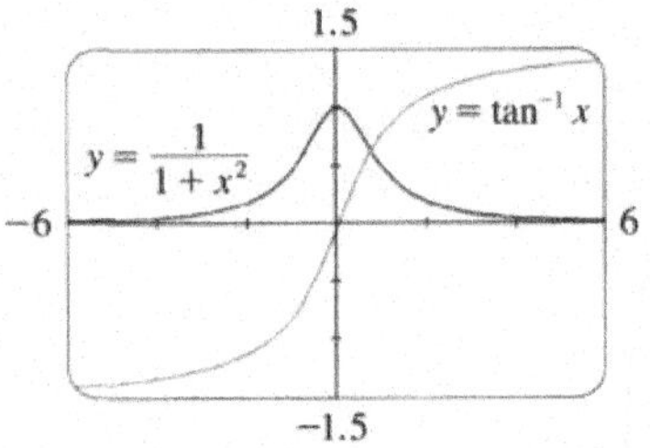

FIGURA 11

La fórmula para la derivada de la función arco tangente se obtiene de manera semejante. Si $y = \tan^{-1}x$, entonces $\tan y = x$. Si se deriva esta última ecuación implícitamente respecto a x, se tiene

$$\sec^2 y \frac{dy}{dx} = 1$$

$$\frac{dy}{dx} = \frac{1}{\sec^2 y} = \frac{1}{1 + \tan^2 y} = \frac{1}{1 + x^2}$$

$$\boxed{\frac{d}{dx}(\tan^{-1}x) = \frac{1}{1 + x^2}}$$

EJEMPLO 5 Derive (a) $y = \dfrac{1}{\sin^{-1}x}$ y (b) $f(x) = x \arctan\sqrt{x}$.

SOLUCIÓN

(a)
$$\frac{dy}{dx} = \frac{d}{dx}(\operatorname{sen}^{-1}x)^{-1} = -(\operatorname{sen}^{-1}x)^{-2}\frac{d}{dx}(\operatorname{sen}^{-1}x)$$

$$= -\frac{1}{(\operatorname{sen}^{-1}x)^2\sqrt{1 - x^2}}$$

Recuerde que arctan x es una notación alternativa para $\tan^{-1} x$.

(b)
$$f'(x) = x\frac{1}{1 + (\sqrt{x})^2}\left(\tfrac{1}{2}x^{-1/2}\right) + \arctan\sqrt{x}$$

$$= \frac{\sqrt{x}}{2(1 + x)} + \arctan\sqrt{x}$$ ■

Las funciones trigonométricas inversas que se presentan con mayor frecuencia son las que se acaban de analizar. Las derivadas de las cuatro restantes se presentan en la tabla siguiente. Las demostraciones de las fórmulas se dejan como ejercicios.

Las fórmulas para las derivadas de $\csc^{-1}x$ y $\sec^{-1}x$ dependen de las definiciones que se apliquen para estas funciones. Véase el ejercicio 64.

Derivadas de las funciones trigonométricas inversas

$$\frac{d}{dx}(\operatorname{sen}^{-1}x) = \frac{1}{\sqrt{1 - x^2}} \qquad \frac{d}{dx}(\csc^{-1}x) = -\frac{1}{x\sqrt{x^2 - 1}}$$

$$\frac{d}{dx}(\cos^{-1}x) = -\frac{1}{\sqrt{1 - x^2}} \qquad \frac{d}{dx}(\sec^{-1}x) = \frac{1}{x\sqrt{x^2 - 1}}$$

$$\frac{d}{dx}(\tan^{-1}x) = \frac{1}{1 + x^2} \qquad \frac{d}{dx}(\cot^{-1}x) = -\frac{1}{1 + x^2}$$

3.5 EJERCICIOS

1–4
(a) Encuentre y' por derivación implícita.
(b) Resuelva la ecuación explícita para y y derive para obtener y' en términos de x.
(c) Compruebe la coherencia de sus soluciones en los incisos (a) y (b) sustituyendo la expresión para y en su solución del inciso (a).

1. $xy + 2x + 3x^2 = 4$

2. $4x^2 + 9y^2 = 36$

3. $\sqrt{x} + \sqrt{y} = 1$

4. $\dfrac{2}{x} - \dfrac{1}{y} = 4$

5–20 Encuentre dy/dx por derivación implícita.

5. $x^2 - 4xy + y^2 = 4$

6. $2x^2 + xy - y^2 = 2$

7. $x^4 + x^2y^2 + y^3 = 5$

8. $x^3 - xy^2 + y^3 = 1$

9. $\dfrac{x^2}{x+y} = y^2 + 1$

10. $x^4(x + y) = y^2(3x - y)$

11. $x^2y^2 + x \operatorname{sen} y = 4$

12. $1 + x = \operatorname{sen}(xy^2)$

13. $\sqrt{x + y} = x^4 + y^4$

14. $e^y \operatorname{sen} x = x + xy$

15. $e^{x/y} = x - y$

16. $xy = \sqrt{x^2 + y^2}$

17. $\tan^{-1}(x^2y) = x + xy^2$

18. $x \operatorname{sen} y + y \operatorname{sen} x = 1$

19. $\operatorname{sen}(xy) = \cos(x + y)$

20. $\tan(x - y) = \dfrac{y}{1 + x^2}$

21. Si $f(x) + x^2[f(x)]^3 = 10$ y $f(1) = 2$, encuentre $f'(1)$.

22. Si $g(x) + x \operatorname{sen} g(x) = x^2$, determine $g'(0)$.

23–24 Considere y como la variable independiente y x como la variable dependiente y utilice la derivación implícita para calcular dx/dy.

23. $x^4y^2 - x^3y + 2xy^3 = 0$

24. $y \sec x = x \tan y$

25–32 Utilice la derivación implícita para encontrar la ecuación de la recta tangente a la curva en el punto dado.

25. $y \operatorname{sen} 2x = x \cos 2y$, $(\pi/2, \pi/4)$

26. $x^2 + xy + y^2 = 3$, $(1, 1)$ (elipse)

27. $x^2 - xy - y^2 = 1$, $(2, 1)$ (hipérbola)

28. $x^2 + 2xy + 4y^2 = 12$, $(2, 1)$ (elipse)

29. $x^2 + y^2 = (2x^2 + 2y^2 - x)^2$, $\left(0, \frac{1}{2}\right)$, (cardioide)

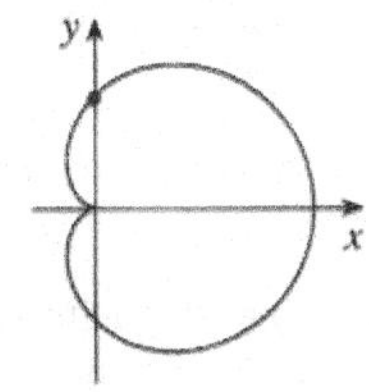

30. $x^{2/3} + y^{2/3} = 4$, $\left(-3\sqrt{3}, 1\right)$, (astroide)

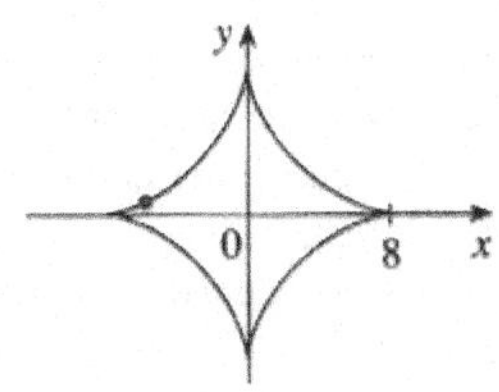

31. $2(x^2 + y^2)^2 = 25(x^2 - y^2)$, $(3, 1)$, (lemniscata)

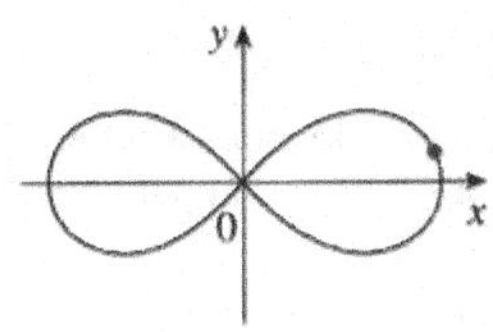

32. $y^2(y^2 - 4) = x^2(x^2 - 5)$, $(0, -2)$, (curva del diablo)

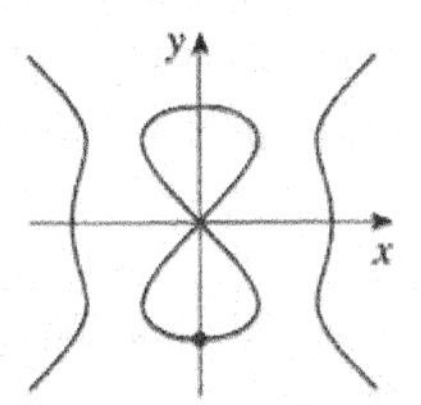

33. (a) La curva con ecuación $y^2 = 5x^4 - x^2$ se llama **campila de Eudoxo**. Encuentre la ecuación de la recta tangente a esta curva en el punto $(1, 2)$.
(b) Ilustre el inciso (a) trazando la gráfica de la curva y la recta tangente, en una pantalla común. (Si su dispositivo graficador puede trazar gráficas de curvas definidas implícitamente, entonces utilice esa capacidad. Si no es así, puede trazar esta curva trazando sus mitades superior e inferior por separado.)

34. (a) La curva con ecuación $y^2 = x^3 + 3x^2$ se llama **cúbica de Tschirnhausen**. Encuentre la ecuación de la recta tangente a esta curva, en el punto $(1, -2)$.
(b) ¿En cuáles puntos esta curva tiene rectas tangentes horizontales?
(c) Ilustre los incisos (a) y (b) trazando la gráfica de la curva y las rectas tangentes en una pantalla común.

35–38 Determine y'' por derivación implícita.

35. $x^2 + 4y^2 = 4$

36. $x^2 + xy + y^2 = 3$

37. $\operatorname{sen} y + \cos x = 1$

38. $x^3 - y^3 = 7$

---

39. Si $xy + e^y = e$, encuentre el valor de y'' en el punto donde $x = 0$.

40. Si $x^2 + xy + y^3 = 1$, encuentre el valor de y''' en el punto donde $x = 1$.

SAC **41.** Es posible crear formas caprichosas con las capacidades de trazado implícito de los sistemas algebraicos computacionales.

(a) Trace la gráfica de la curva con ecuación

$$y(y^2 - 1)(y - 2) = x(x - 1)(x - 2)$$

¿En cuántos puntos esta curva tiene rectas tangentes horizontales? Estime las coordenadas x de estos puntos.

(b) Encuentre las ecuaciones de las rectas tangentes en los puntos (0, 1) y (0, 2).

(c) Determine las coordenadas x exactas de los puntos del inciso (a).

(d) Cree curvas incluso más caprichosas modificando la ecuación del inciso (a).

SAC **42.** (a) La curva con ecuación

$$2y^3 + y^2 - y^5 = x^4 - 2x^3 + x^2$$

se ha relacionado a un carretón que rebota. Utilice un sistema algebraico computacional para la curva y descubra por qué.

(b) ¿En cuántos puntos esta curva tiene rectas tangentes horizontales? Encuentre las coordenadas x de estos puntos.

43. Determine los puntos de la lemniscata del ejercicio 31 donde la recta tangente sea horizontal.

44. Demuestre por derivación implícita que la recta tangente a la elipse

$$\frac{x^2}{a^2} + \frac{y^2}{b^2} = 1$$

en el punto (x_0, y_0) es

$$\frac{x_0 x}{a^2} + \frac{y_0 y}{b^2} = 1$$

45. Determine una ecuación para la recta tangente a la hipérbola

$$\frac{x^2}{a^2} - \frac{y^2}{b^2} = 1$$

en el punto (x_0, y_0).

46. Demuestre que la suma de las intersecciones en x y y de cualquier recta tangente a la curva $\sqrt{x} + \sqrt{y} = \sqrt{c}$ es igual a c.

47. Demuestre, usando derivación implícita que cualquier recta tangente en un punto P a una circunferencia con centro O es perpendicular al radio OP.

48. La regla de la potencia se puede demostrar por medio de la derivación implícita para el caso donde n es un número racional, $n = p/q$, y $y = f(x) = x^n$ es una función derivable. Si $y = x^{p/q}$, entonces $y^q = x^p$. Utilizando la derivación implícita demuestre que

$$y' = \frac{p}{q} x^{(p/q)-1}$$

49–60 Determine la derivada de cada una de las funciones siguientes. Simplifique donde sea posible.

49. $y = \tan^{-1}\sqrt{x}$

50. $y = \sqrt{\tan^{-1} x}$

51. $y = \operatorname{sen}^{-1}(2x + 1)$

52. $g(x) = \arccos\sqrt{x}$

53. $F(x) = x \sec^{-1}(x^3)$

54. $y = \tan^{-1}\left(x - \sqrt{1 + x^2}\right)$

55. $h(t) = \cot^{-1}(t) + \cot^{-1}(1/t)$

56. $R(t) = \operatorname{arcsen}(1/t)$

57. $y = x \operatorname{sen}^{-1} x + \sqrt{1 - x^2}$

58. $y = \cos^{-1}(\operatorname{sen}^{-1} t)$

59. $y = \arccos\left(\dfrac{b + a\cos x}{a + b\cos x}\right), \quad 0 \leq x \leq \pi,\ a > b > 0$

60. $y = \arctan\sqrt{\dfrac{1 - x}{1 + x}}$

61–62 Encuentre $f'(x)$. Compruebe si su respuesta es razonable comparando las gráficas de f y f'.

61. $f(x) = \sqrt{1 - x^2}\operatorname{arcsen} x$

62. $f(x) = \arctan(x^2 - x)$

---

63. Demuestre la fórmula para $(d/dx)(\cos^{-1} x)$ por el mismo método utilizado para demostrar $(d/dx)(\operatorname{sen}^{-1} x)$.

64. (a) Una manera de definir $\sec^{-1} x$ es decir que $y = \sec^{-1} x \iff \sec y = x$ y $0 \leq y < \pi/2$, o $\pi \leq y < 3\pi/2$. Demuestre que, con esta definición

$$\frac{d}{dx}(\sec^{-1} x) = \frac{1}{x\sqrt{x^2 - 1}}$$

(b) Otro modo de definir $\sec^{-1} x$ que se utiliza a veces es decir que $y = \sec^{-1} x \iff \sec y = x$ y $0 \leq y \leq \pi$, $y \neq \pi/2$. Demuestre que, con esta definición

$$\frac{d}{dx}(\sec^{-1} x) = \frac{1}{|x|\sqrt{x^2 - 1}}$$

65–68 Dos curvas son **ortogonales** si sus rectas tangentes son perpendiculares en cada punto de intersección. Demuestre que las familias de curvas dadas son **trayectorias ortogonales** entre sí; es decir, cualquier curva en una familia es ortogonal a cualquier curva en la otra familia. Trace ambas familias de curvas usando los mismos ejes de coordenadas.

65. $x^2 + y^2 = r^2, \quad ax + by = 0$

66. $x^2 + y^2 = ax, \quad x^2 + y^2 = by$

67. $y = cx^2, \quad x^2 + 2y^2 = k$

68. $y = ax^3, \quad x^2 + 3y^2 = b$

69. Demuestre que la elipse $x^2/a^2 + y^2/b^2 = 1$ y la hipérbola $x^2/A^2 - y^2/B^2 = 1$ son trayectorias ortogonales si $A^2 < a^2$ y $a^2 - b^2 = A^2 + B^2$ (la elipse y la hipérbola tienen los mismos focos).

70. Encuentre el valor del número a tal que las familias de curvas $y = (x + c)^{-1}$ y $y = a(x + k)^{1/3}$ son trayectorias ortogonales.

71. (a) La *ecuación de van der Waals* para n moles de un gas es

$$\left(P + \frac{n^2a}{V^2}\right)(V - nb) = nRT$$

donde P es la presión, V es el volumen y T es la temperatura del gas. La constante R es la constante universal de los gases, y a y b son constantes positivas que son características de un gas particular. Si T permanece constante, utilice derivación implícita para obtener dV/dP.

(b) Encuentre la razón de cambio del volumen respecto a la presión de 1 mol de dióxido de carbono a un volumen de $V = 10$ L y una presión de $P = 2.5$ atm. Utilice $a = 3.592\ \text{L}^2\text{-atm/mol}^2$ y $b = 0.04267$ L/mol.

72. (a) Utilice derivación implícita para encontrar y' si

$$x^2 + xy + y^2 + 1 = 0$$

SAC (b) Trace la gráfica de la curva del inciso (a). ¿Qué observa? Demuestre que lo que ve es correcto.

(c) En vista del inciso (b), ¿qué puede decir acerca de la expresión para y' que encontró en el inciso (a)?

73. La ecuación $x^2 - xy + y^2 = 3$ representa una "elipse rotada"; es decir, una elipse cuyos ejes no son paralelos a los ejes de coordenadas. Encuentre los puntos en que esta elipse cruza el eje x y demuestre que las rectas tangentes en estos puntos son paralelas.

74. (a) ¿Dónde interseca por segunda vez la recta normal en el punto $(-1, 1)$ a la elipse $x^2 - xy + y^2 = 3$?

(b) Ilustre el inciso (a) trazando la gráfica de la elipse y la recta normal.

75. Encuentre todos los puntos de la curva $x^2y^2 + xy = 2$ donde la pendiente de la recta tangente es -1.

76. Determine las ecuaciones de las dos rectas tangentes a la elipse $x^2 + 4y^2 = 36$ que pasan por el punto $(12, 3)$.

77. (a) Suponga que f es una función inyectiva derivable y que su función inversa f^{-1} también es derivable. Utilice la derivación implícita para demostrar que

$$(f^{-1})'(x) = \frac{1}{f'(f^{-1}(x))}$$

siempre que el denominador sea diferente de 0.

(b) Si $f(4) = 5$ y $f'(4) = \frac{2}{3}$, encuentre $(f^{-1})'(5)$.

78. (a) Demuestre que $f(x) = x + e^x$ es inyectiva.

(b) ¿Cuál es el valor de $f^{-1}(1)$?

(c) Utilice la fórmula del ejercicio 77(a) para determinar $(f^{-1})'(1)$.

79. La **función de Bessel** de orden 0, $y = J(x)$, satisface la ecuación diferencial $xy'' + y' + xy = 0$ para todos los valores de x, y su valor en 0 es $J(0) = 1$.

(a) Encuentre $J'(0)$.

(b) Utilice la derivación implícita para encontrar $J''(0)$.

80. En la figura se muestra una lámpara colocada tres unidades hacia la derecha del eje y y una sombra creada por la región elíptica $x^2 + 4y^2 \leq 5$. Si el punto $(-5, 0)$ está en el borde de la sombra, ¿qué tan arriba del eje x está colocada la lámpara?

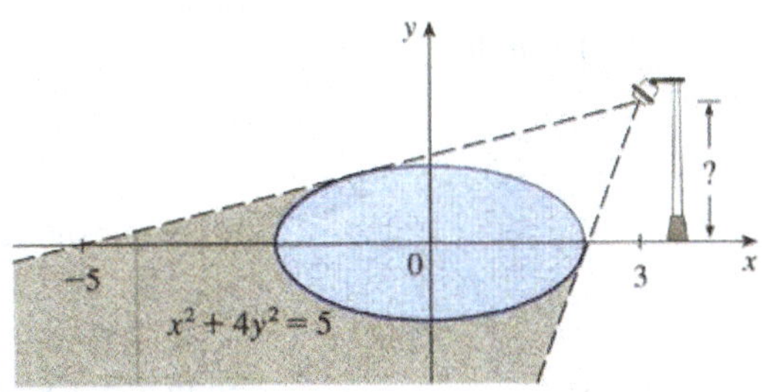

PROYECTO DE LABORATORIO SAC FAMILIA DE CURVAS IMPLÍCITAS

En este proyecto se explorarán las formas cambiantes de curvas implícitamente definidas cuando varían las constantes en una familia y se determinarán las características comunes a todas las funciones de la familia.

1. Si se considera la familia de curvas

$$y^2 - 2x^2(x + 8) = c[(y + 1)^2(y + 9) - x^2]$$

(a) Trazando la gráfica de las curvas con $c = 0$ y $c = 2$, determine cuántos puntos de intersección hay. (Usted puede hacer acercamientos con el zoom para encontrarlos.)

(b) Ahora añada las curvas con $c = 5$ y $c = 10$ a sus gráficas del inciso (a). ¿Qué observa? ¿Qué pasa con otros valores de c?

2. (a) Trace la gráfica de varios miembros de la familia de curvas

$$x^2 + y^2 + cx^2y^2 = 1$$

Describa cómo cambia la gráfica cuando cambia el valor de c.

(b) ¿Qué sucede con la curva cuando $c = -1$? Describa lo que aparece en la pantalla. ¿Puede probarlo algebraicamente?

(c) Encuentre y' por derivación implícita. Para el caso $c = -1$, ¿es coherente la expresión y' con lo que descubrió en el inciso (b)?

3.6 Derivadas de funciones logarítmicas

En esta sección se utilizará la derivación implícita para determinar las derivadas de las funciones logarítmicas $y = \log_b x$ y, en particular, de la función logaritmo natural $y = \ln x$. [A partir de sus gráficas, es posible probar que las funciones logarítmicas son derivables (véase la figura 1.5.12).]

1
$$\frac{d}{dx}(\log_b x) = \frac{1}{x \ln b}$$

DEMOSTRACIÓN Sea $y = \log_b x$. Entonces

$$b^y = x$$

La fórmula 3.4.5 dice que

$$\frac{d}{dx}(b^x) = b^x \ln b$$

Si mediante la fórmula (3.4.5) se deriva esta ecuación de manera implícita respecto a x, se obtiene

$$b^y(\ln b)\frac{dy}{dx} = 1$$

y, por consiguiente,
$$\frac{dy}{dx} = \frac{1}{b^y \ln b} = \frac{1}{x \ln b}$$ ■

Si en la fórmula 1 se hace $b = e$, entonces el factor $\ln b$ en el lado derecho se convierte en $\ln e = 1$ y se obtiene la fórmula para la derivada de la función logarítmica natural $\log_e x = \ln x$:

2
$$\frac{d}{dx}(\ln x) = \frac{1}{x}$$

Si se comparan las fórmulas 1 y 2, se evidencia una de las razones principales por la que se usan los logaritmos naturales (logaritmos con base e) en el cálculo. La fórmula de derivación es más sencilla cuando $b = e$, porque $\ln e = 1$.

EJEMPLO 1 Derive $y = \ln(x^3 + 1)$.

SOLUCIÓN Para utilizar la regla de la cadena, se hace $u = x^3 + 1$. Entonces $y = \ln u$, por lo que

$$\frac{dy}{dx} = \frac{dy}{du}\frac{du}{dx} = \frac{1}{u}\frac{du}{dx}$$

$$= \frac{1}{x^3 + 1}(3x^2) = \frac{3x^2}{x^3 + 1}$$ ■

En general, si se combina la fórmula 2 con la regla de la cadena como en el ejemplo 1, se obtiene

3 $$\frac{d}{dx}(\ln u) = \frac{1}{u}\frac{du}{dx} \qquad \text{o} \qquad \frac{d}{dx}[\ln g(x)] = \frac{g'(x)}{g(x)}$$

EJEMPLO 2 Encuentre $\frac{d}{dx}\ln(\operatorname{sen} x)$.

SOLUCIÓN Utilizando (3) se tiene que

$$\frac{d}{dx}\ln(\operatorname{sen} x) = \frac{1}{\operatorname{sen} x}\frac{d}{dx}(\operatorname{sen} x) = \frac{1}{\operatorname{sen} x}\cos x = \cot x$$ ■

EJEMPLO 3 Derive $f(x) = \sqrt{\ln x}$.

SOLUCIÓN En esta ocasión el logaritmo es la función interior, por lo que la regla de la cadena da

$$f'(x) = \tfrac{1}{2}(\ln x)^{-1/2}\frac{d}{dx}(\ln x) = \frac{1}{2\sqrt{\ln x}}\cdot\frac{1}{x} = \frac{1}{2x\sqrt{\ln x}}$$ ■

EJEMPLO 4 Derive $f(x) = \log_{10}(2 + \operatorname{sen} x)$.

SOLUCIÓN Si se usa la fórmula 1 con $b = 10$, se tiene

$$\begin{aligned} f'(x) &= \frac{d}{dx}\log_{10}(2 + \operatorname{sen} x) \\ &= \frac{1}{(2 + \operatorname{sen} x)\ln 10}\frac{d}{dx}(2 + \operatorname{sen} x) \\ &= \frac{\cos x}{(2 + \operatorname{sen} x)\ln 10} \end{aligned}$$ ■

En la figura 1 se muestra la gráfica de la función f del ejemplo 5, junto con la gráfica de su derivada. Da una comprobación visual de nuestro cálculo. Observe que $f'(x)$ es grande negativa cuando f está decreciendo con rapidez.

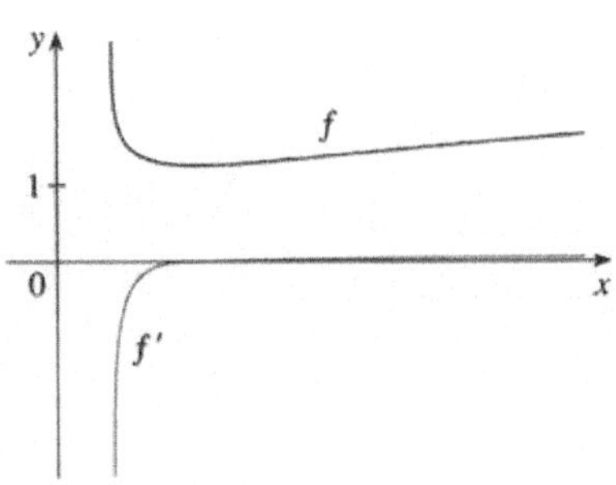

FIGURA 1

EJEMPLO 5 Encuentre $\frac{d}{dx}\ln\frac{x+1}{\sqrt{x-2}}$.

SOLUCIÓN 1

$$\begin{aligned} \frac{d}{dx}\ln\frac{x+1}{\sqrt{x-2}} &= \frac{1}{\dfrac{x+1}{\sqrt{x-2}}}\frac{d}{dx}\frac{x+1}{\sqrt{x-2}} \\ &= \frac{\sqrt{x-2}}{x+1}\,\frac{\sqrt{x-2}\cdot 1 - (x+1)\left(\frac{1}{2}\right)(x-2)^{-1/2}}{x-2} \\ &= \frac{x - 2 - \frac{1}{2}(x+1)}{(x+1)(x-2)} \\ &= \frac{x-5}{2(x+1)(x-2)} \end{aligned}$$

SOLUCIÓN 2 Si primero se simplifica la función dada aplicando las leyes de los logaritmos, entonces la derivación se vuelve más fácil:

$$\frac{d}{dx}\ln\frac{x+1}{\sqrt{x-2}} = \frac{d}{dx}\left[\ln(x+1) - \tfrac{1}{2}\ln(x-2)\right]$$

$$= \frac{1}{x+1} - \frac{1}{2}\left(\frac{1}{x-2}\right)$$

(Esta respuesta se puede dejar como está, pero si se usara un denominador común, se vería que da la misma respuesta en la solución 1). ■

En la figura 2 se muestra la gráfica de la función $f(x) = \ln|x|$ del ejemplo 6 y la de su derivada $f'(x) = 1/x$. Observe que cuando x es pequeña, la gráfica de $y = \ln|x|$ es muy empinada y, así $f'(x)$ es grande (positiva o negativa).

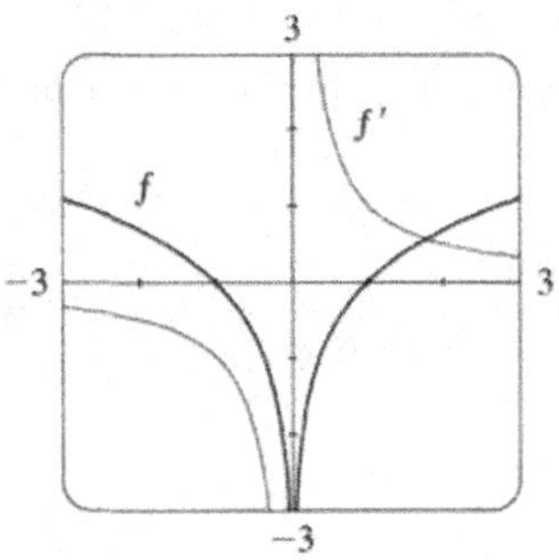

FIGURA 2

EJEMPLO 6 Encuentre $f'(x)$ si $f(x) = \ln|x|$:

SOLUCIÓN Puesto que

$$f(x) = \begin{cases} \ln x & \text{si } x > 0 \\ \ln(-x) & \text{si } x < 0 \end{cases}$$

se sigue que

$$f'(x) = \begin{cases} \dfrac{1}{x} & \text{si } x > 0 \\ \dfrac{1}{-x}(-1) = \dfrac{1}{x} & \text{si } x < 0 \end{cases}$$

Por lo que, $f'(x) = 1/x$ para todo $x \neq 0$. ■

Vale la pena recordar el resultado del ejemplo 6:

4 $$\frac{d}{dx}\ln|x| = \frac{1}{x}$$

Derivación logarítmica

Con frecuencia, el cálculo de derivadas de funciones complicadas que comprenden productos, cocientes o potencias se puede simplificar tomando logaritmos. El método que se aplica en el ejemplo siguiente se llama **derivación logarítmica.**

EJEMPLO 7 Derive $y = \dfrac{x^{3/4}\sqrt{x^2+1}}{(3x+2)^5}$.

SOLUCIÓN Tome logaritmos de ambos miembros de la ecuación y aplique las leyes de los logaritmos, para simplificar:

$$\ln y = \tfrac{3}{4}\ln x + \tfrac{1}{2}\ln(x^2+1) - 5\ln(3x+2)$$

Al derivar implícitamente respecto a x, se obtiene

$$\frac{1}{y}\frac{dy}{dx} = \frac{3}{4}\cdot\frac{1}{x} + \frac{1}{2}\cdot\frac{2x}{x^2+1} - 5\cdot\frac{3}{3x+2}$$

Al resolver para dy/dx, se obtiene

$$\frac{dy}{dx} = y\left(\frac{3}{4x} + \frac{x}{x^2+1} - \frac{15}{3x+2}\right)$$

Si no se hubiera utilizado la derivación logarítmica en el ejemplo 7, se habría tenido que aplicar tanto la regla del cociente como la regla del producto. El proceso de cálculo habría sido horrendo.

Puesto que se tiene una expresión explícita para y, se puede sustituir y escribir

$$\frac{dy}{dx} = \frac{x^{3/4}\sqrt{x^2+1}}{(3x+2)^5}\left(\frac{3}{4x} + \frac{x}{x^2+1} - \frac{15}{3x+2}\right) \qquad \blacksquare$$

Pasos en la derivación logarítmica

1. Tome logaritmos naturales de ambos lados de una ecuación $y = f(x)$ y utilice las leyes de los logaritmos para simplificar.
2. Derive implícitamente respecto a x.
3. Resuelva la ecuación resultante para y'.

Si $f(x) < 0$ para algunos valores de x, entonces $\ln f(x)$ no está definida, pero se puede escribir $|y| = |f(x)|$ y utilizar la ecuación 4. Este procedimiento se ilustra demostrando la versión general de la regla de la potencia, como se prometió en la sección 3.1.

Regla de la potencia Si n es cualquier número real y $f(x) = x^n$, entonces

$$f'(x) = nx^{n-1}$$

DEMOSTRACIÓN Sea $y = x^n$ y utilice derivación logarítmica:

Si $x = 0$, se puede demostrar directamente que $f'(0) = 0$ para $n > 1$ a partir de la definición de derivada.

$$\ln|y| = \ln|x|^n = n\ln|x| \qquad x \neq 0$$

Por tanto,

$$\frac{y'}{y} = \frac{n}{x}$$

Por lo que,

$$y' = n\frac{y}{x} = n\frac{x^n}{x} = nx^{n-1} \qquad \blacksquare$$

⊘ Debe distinguir con cuidado la regla de la potencia $[(x^n)' = nx^{n-1}]$, donde la base es variable y el exponente constante, de la regla para derivar funciones exponenciales $[(b^x)' = b^x \ln b]$, donde la base es constante y el exponente es variable.

En general, se tienen cuatro casos para exponentes y bases:

Base constante, exponente constante

1. $\dfrac{d}{dx}(b^n) = 0 \qquad$ (b y n son constantes)

Base variable, exponente constante

2. $\dfrac{d}{dx}[f(x)]^n = n[f(x)]^{n-1}f'(x)$

Base constante, exponente variable

3. $\dfrac{d}{dx}[b^{g(x)}] = b^{g(x)}(\ln b)g'(x)$

Base variable, exponente variable

4. Para determinar $(d/dx)[f(x)]^{g(x)}$, se puede aplicar la derivación logarítmica, como en el ejemplo que sigue.

EJEMPLO 8 Derive $y = x^{\sqrt{x}}$.

SOLUCIÓN 1 Dado que la base y el exponente son variables, se utiliza la derivación logarítmica:

La figura 3 ilustra el ejemplo 8 mostrando las gráficas de $f(x) = x^{\sqrt{x}}$ y su derivada.

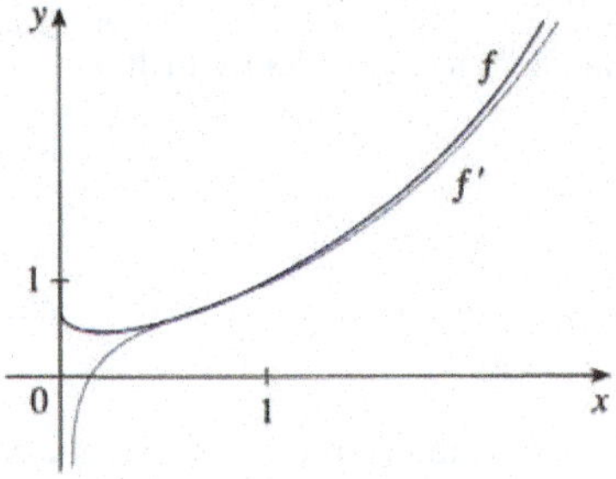

FIGURA 3

$$\ln y = \ln x^{\sqrt{x}} = \sqrt{x}\,\ln x$$

$$\frac{y'}{y} = \sqrt{x}\cdot\frac{1}{x} + (\ln x)\frac{1}{2\sqrt{x}}$$

$$y' = y\left(\frac{1}{\sqrt{x}} + \frac{\ln x}{2\sqrt{x}}\right) = x^{\sqrt{x}}\left(\frac{2 + \ln x}{2\sqrt{x}}\right)$$

SOLUCIÓN 2 Otro método es escribir $x^{\sqrt{x}} = (e^{\ln x})^{\sqrt{x}}$:

$$\frac{d}{dx}\left(x^{\sqrt{x}}\right) = \frac{d}{dx}\left(e^{\sqrt{x}\ln x}\right) = e^{\sqrt{x}\ln x}\frac{d}{dx}\left(\sqrt{x}\ln x\right)$$

$$= x^{\sqrt{x}}\left(\frac{2 + \ln x}{2\sqrt{x}}\right) \qquad \text{(como en la solución 1)}$$ ■

■ El número *e* como un límite

Se ha demostrado que si $f(x) = \ln x$, entonces $f'(x) = 1/x$. Debido a esto, $f'(1) = 1$. Se utilizará este hecho para expresar el número e como un límite.

A partir de la definición de derivada como un límite, se tiene que

$$f'(1) = \lim_{h\to 0}\frac{f(1+h) - f(1)}{h} = \lim_{x\to 0}\frac{f(1+x) - f(1)}{x}$$

$$= \lim_{x\to 0}\frac{\ln(1+x) - \ln 1}{x} = \lim_{x\to 0}\frac{1}{x}\ln(1+x)$$

$$= \lim_{x\to 0}\ln(1+x)^{1/x}$$

Ya que $f'(1) = 1$, se tiene

$$\lim_{x\to 0}\ln(1+x)^{1/x} = 1$$

Luego, por el teorema 2.5.8 y la continuidad de la función exponencial, se tiene que

$$e = e^1 = e^{\lim_{x\to 0}\ln(1+x)^{1/x}} = \lim_{x\to 0} e^{\ln(1+x)^{1/x}} = \lim_{x\to 0}(1+x)^{1/x}$$

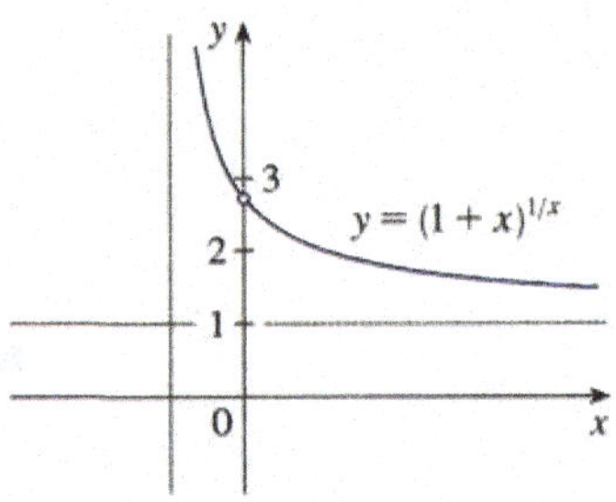

FIGURA 4

x	$(1+x)^{1/x}$
0.1	2.59374246
0.01	2.70481383
0.001	2.71692393
0.0001	2.71814593
0.00001	2.71826824
0.000001	2.71828047
0.0000001	2.71828169
0.00000001	2.71828181

5 $$e = \lim_{x\to 0}(1+x)^{1/x}$$

En la figura 4 se ilustra la fórmula 5 mediante la gráfica de la función $y = (1+x)^{1/x}$ y una tabla para valores pequeños de x. Esto ilustra el hecho que redondeada a siete decimales

$$e \approx 2.7182818$$

Si se hace $n = 1/x$ en la fórmula 5, entonces $n \to \infty$ cuando $x \to 0^+$ y, por lo que, una expresión alternativa para e es

6 $$e = \lim_{n\to\infty}\left(1 + \frac{1}{n}\right)^n$$

3.6 EJERCICIOS

1. Explique por qué en cálculo se usa con mucha más frecuencia la función logarítmica natural $y = \ln x$, que las otras funciones logarítmicas, $y = \log_b x$.

2–22 Derive la función.

2. $f(x) = x \ln x - x$

3. $f(x) = \operatorname{sen}(\ln x)$

4. $f(x) = \ln(\operatorname{sen}^2 x)$

5. $f(x) = \sqrt[5]{\ln x}$

6. $f(x) = \ln \sqrt[5]{x}$

7. $f(x) = \log_{10}(1 + \cos x)$

8. $f(x) = \log_{10}\sqrt{x}$

9. $g(x) = \ln(xe^{-2x})$

10. $g(t) = \sqrt{1 + \ln t}$

11. $F(t) = (\ln t)^2 \operatorname{sen} t$

12. $h(x) = \ln\left(x + \sqrt{x^2 - 1}\right)$

13. $g(x) = \ln\left(x\sqrt{x^2 - 1}\right)$

14. $P(v) = \dfrac{\ln v}{1 - v}$

15. $F(s) = \ln \ln s$

16. $y = \ln|1 + t - t^3|$

17. $T(z) = 2^z \log_2 z$

18. $y = \ln(\csc x - \cot x)$

19. $y = \ln(e^{-x} + xe^{-x})$

20. $H(z) = \ln\sqrt{\dfrac{a^2 - z^2}{a^2 + z^2}}$

21. $y = \tan[\ln(ax + b)]$

22. $y = \log_2(x \log_5 x)$

23–26 Encuentre y' y y'' en cada una de las funciones siguientes.

23. $y = \sqrt{x} \ln x$

24. $y = \dfrac{\ln x}{1 + \ln x}$

25. $y = \ln|\sec x|$

26. $y = \ln(1 + \ln x)$

27–30 Derive f y encuentre el dominio de f.

27. $f(x) = \dfrac{x}{1 - \ln(x - 1)}$

28. $f(x) = \sqrt{2 + \ln x}$

29. $f(x) = \ln(x^2 - 2x)$

30. $f(x) = \ln \ln \ln x$

31. Si $f(x) = \ln(x + \ln x)$, determine $f'(1)$.

32. Si $f(x) = \cos(\ln x^2)$, determine $f'(1)$.

33–34 Determine la ecuación de la recta tangente a la curva en el punto dado.

33. $y = \ln(x^2 - 3x + 1)$, $(3, 0)$

34. $y = x^2 \ln x$, $(1, 0)$

35. Si $f(x) = \operatorname{sen} x + \ln x$, encuentre $f'(x)$. Compruebe si su respuesta es razonable comparando las gráficas de f y f'.

36. Encuentre las ecuaciones de las rectas tangentes a la curva $y = (\ln x)/x$, en los puntos $(1, 0)$ y $(e, 1/e)$. Ilustre lo anterior trazando la curva y sus rectas tangentes.

37. Sea $f(x) = cx + \ln(\cos x)$. ¿Para qué valores de c es $f'(\pi/4) = 6$?

38. Sea $f(x) = \log_b(3x^2 - 2)$. ¿Para qué valor de b es $f'(1) = 3$?

39–50 Utilice la derivación logarítmica para determinar la derivada de la función.

39. $y = (2x + 1)^5(x^4 - 3)^6$

40. $y = \sqrt{x}\, e^{x^2}(x^2 + 1)^{10}$

41. $y = \sqrt{\dfrac{x - 1}{x^4 + 1}}$

42. $y = \sqrt{x}\, e^{x^2 - x}(x + 1)^{2/3}$

43. $y = x^x$

44. $y = x^{\cos x}$

45. $y = x^{\operatorname{sen} x}$

46. $y = \left(\sqrt{x}\right)^x$

47. $y = (\cos x)^x$

48. $y = (\operatorname{sen} x)^{\ln x}$

49. $y = (\tan x)^{1/x}$

50. $y = (\ln x)^{\cos x}$

51. Encuentre y' si $y = \ln(x^2 + y^2)$.

52. Determine y' si $x^y = y^x$.

53. Encuentre una fórmula para $f^{(n)}(x)$ si $f(x) = \ln(x - 1)$.

54. Encuentre $\dfrac{d^9}{dx^9}(x^8 \ln x)$.

55. Use la definición de derivada para demostrar que

$$\lim_{x \to 0} \frac{\ln(1 + x)}{x} = 1$$

56. Demuestre que $\displaystyle\lim_{n \to \infty}\left(1 + \frac{x}{n}\right)^n = e^x$ para cualquier $x > 0$.

3.7 Razones de cambio en las ciencias naturales y sociales

Se sabe que si $y = f(x)$, entonces la derivada dy/dx se puede interpretar como la razón de cambio de y respecto a x. En esta sección se analizan algunas de las aplicaciones de esta idea a la física, la química, la biología, la economía y otras ciencias.

Recuerde de la sección 2.7, la idea básica que se encuentra detrás de las razones de cambio. Si x varía de x_1 a x_2, entonces el cambio en x es

$$\Delta x = x_2 - x_1$$

y el cambio correspondiente en y es

$$\Delta y = f(x_2) - f(x_1)$$

El cociente de diferencias

$$\frac{\Delta y}{\Delta x} = \frac{f(x_2) - f(x_1)}{x_2 - x_1}$$

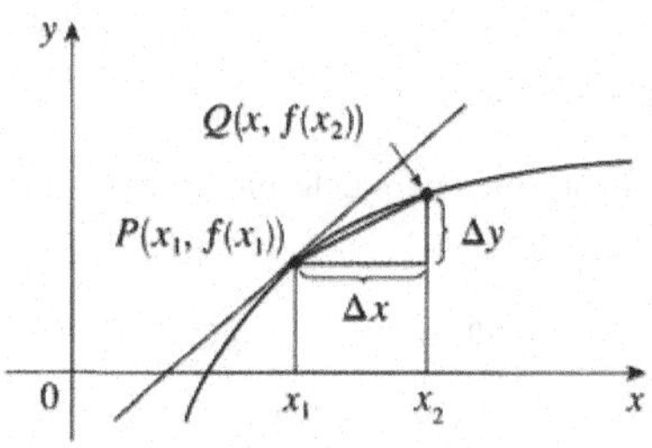

m_{PQ} = razón de cambio promedio
$m = f'(x_1)$ = razón de cambio instantáneo

FIGURA 1

es la **razón de cambio promedio de y respecto a x** en el intervalo $[x_1, x_2]$ y se puede interpretar como la pendiente de la recta secante PQ en la figura 1. Su límite, cuando $\Delta x \to 0$ es la derivada $f'(x_1)$, la cual se puede interpretar como la **razón de cambio instantáneo de y respecto a x**, o la pendiente de la recta tangente en $P(x_1, f(x_1))$. Si se usa la notación de Leibniz, se escribe el proceso en la forma

$$\frac{dy}{dx} = \lim_{\Delta x \to 0} \frac{\Delta y}{\Delta x}$$

Siempre que la función $y = f(x)$ tenga una interpretación específica en una de las ciencias, su derivada tendrá una interpretación específica como razón de cambio. (Como se analizó en la sección 2.7, las unidades de dy/dx son las unidades de y divididas entre las unidades de x.) Vea ahora algunas de estas interpretaciones en las ciencias naturales y sociales.

Física

Si $s = f(t)$ es la función posición de una partícula que se mueve en una línea recta, entonces $\Delta s/\Delta t$ representa el promedio de la velocidad en un período Δt, y $v = ds/dt$ representa la **velocidad** instantánea (la razón de cambio del desplazamiento respecto al tiempo). La razón de cambio instantáneo de la velocidad respecto al tiempo es la **aceleración**: $a(t) = v'(t) = s''(t)$. Esto se discutió en las secciones 2.7 y 2.8, pero ahora que se conocen las fórmulas de derivación, se pueden resolver con más facilidad problemas que implican el movimiento de objetos.

EJEMPLO 1 La posición de una partícula está dada por la función siguiente

$$s = f(t) = t^3 - 6t^2 + 9t$$

donde t se mide en segundos y s en metros.

(a) Encuentre la velocidad en el instante t.
(b) ¿Cuál es la velocidad después de 2 y 4 s?
(c) ¿Cuándo está en reposo la partícula?
(d) ¿Cuándo se mueve la partícula hacia adelante (es decir, en dirección positiva)?
(e) Dibuje un diagrama que represente el movimiento de la partícula.
(f) Encuentre la distancia total recorrida por la partícula durante los primeros cinco segundos.
(g) Determine la aceleración en el tiempo t y después de 4 s.

(h) Grafique las funciones posición, velocidad y aceleración para $0 \leq t \leq 5$.
(i) ¿Cuándo aumenta su rapidez la partícula? ¿Cuándo la disminuye?

SOLUCIÓN

(a) La función velocidad es la derivada de la función posición.

$$s = f(t) = t^3 - 6t^2 + 9t$$

$$v(t) = \frac{ds}{dt} = 3t^2 - 12t + 9$$

(b) La velocidad después de 2 s significa la velocidad instantánea cuando $t = 2$; es decir,

$$v(2) = \left.\frac{ds}{dt}\right|_{t=2} = 3(2)^2 - 12(2) + 9 = -3 \text{ m/s}$$

La velocidad después de 4 s es

$$v(4) = 3(4)^2 - 12(4) + 9 = 9 \text{ m/s}$$

(c) La partícula está en reposo cuando $v(t) = 0$; esto es,

$$3t^2 - 12t + 9 = 3(t^2 - 4t + 3) = 3(t - 1)(t - 3) = 0$$

y esto se cumple cuando $t = 1$ o $t = 3$. Por tanto, la partícula está en reposo después de 1 s y después de 3 s.

(d) La partícula se mueve en dirección positiva cuando $v(t) > 0$; es decir,

$$3t^2 - 12t + 9 = 3(t - 1)(t - 3) > 0$$

Esta desigualdad se cumple cuando ambos factores son positivos ($t > 3$) o cuando los dos son negativos ($t < 1$). Así, la partícula se mueve en dirección positiva en los intervalos de tiempo $t < 1$ y $t > 3$. Se mueve hacia atrás (en la dirección negativa) cuando $1 < t < 3$.

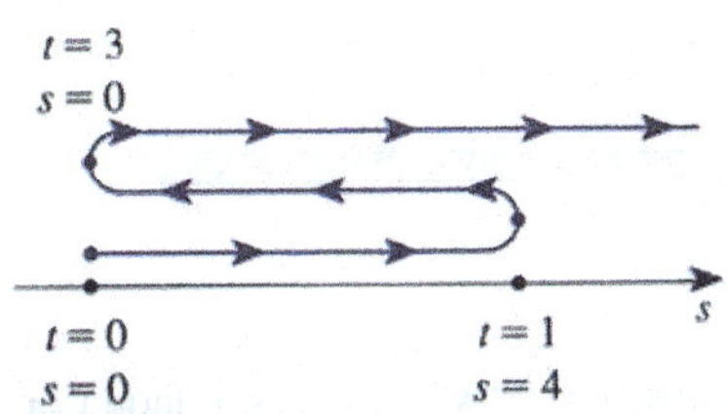

FIGURA 2

(e) Utilizando la información del inciso (d), en la figura 2 se esquematiza el movimiento de la partícula hacia atrás y hacia adelante a lo largo de una recta (el eje s).

(f) A partir de lo aprendido en los incisos (d) y (e), se necesita calcular las distancias recorridas durante los intervalos de tiempo [0, 1], [1, 3] y [3, 5], por separado.

La distancia recorrida en el primer segundo es

$$|f(1) - f(0)| = |4 - 0| = 4 \text{ m}$$

De $t = 1$ a $t = 3$, la distancia recorrida es

$$|f(3) - f(1)| = |0 - 4| = 4 \text{ m}$$

De $t = 3$ a $t = 5$, la distancia recorrida es

$$|f(5) - f(3)| = |20 - 0| = 20 \text{ m}$$

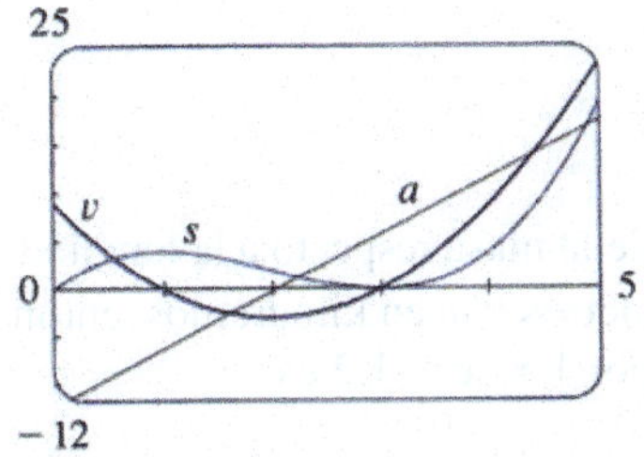

FIGURA 3

La distancia total es $4 + 4 + 20 = 28$ m.

(g) La aceleración es la derivada de la función velocidad:

$$a(t) = \frac{d^2s}{dt^2} = \frac{dv}{dt} = 6t - 12$$

$$a(4) = 6(4) - 12 = 12 \text{ m/s}^2$$

(h) La figura 3 muestra las gráficas de s, v, y a.

(i) La rapidez de la partícula aumenta cuando la velocidad es positiva y creciente (v y a son positivas) y también cuando la velocidad es negativa y decreciente (v y a son negativas). En otras palabras, la rapidez de la partícula aumenta cuando la velocidad y la aceleración tienen el mismo signo. (La partícula se empuja en la misma dirección en que se está moviendo.) En la figura 3 se ve que esto sucede cuando $1 < t < 2$ y cuando $t > 3$. La partícula disminuye su rapidez cuando v y a tienen signos opuestos; es decir, cuando $0 \leq t < 1$ y cuando $2 < t < 3$. La figura 4 resume el movimiento de la partícula.

TEC En Module 3.7 puede ver una animación de la figura 4 con una expresión para s que puede elegir usted mismo.

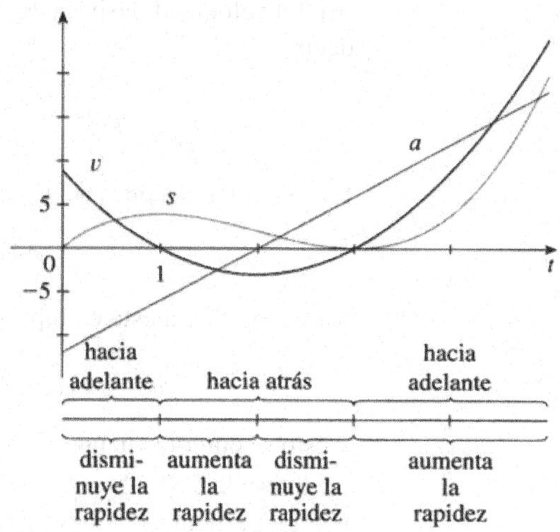

FIGURA 4

■

EJEMPLO 2 Si una varilla o un trozo de alambre son homogéneos, entonces su densidad lineal es uniforme y se define como la masa por unidad de longitud ($\rho = m/l$) y se mide en kilogramos por metro. Pero suponga que la varilla no es homogénea, sino que su masa medida desde su extremo izquierdo hasta un punto x es $m = f(x)$, como se muestra en la figura 5.

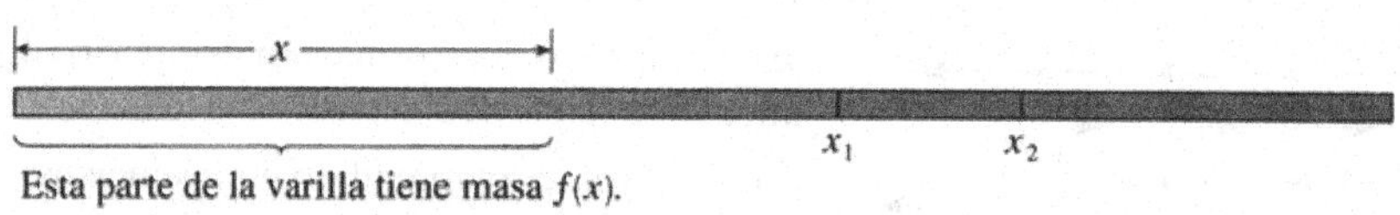

FIGURA 5

La masa de la parte de la varilla que se encuentra entre $x = x_1$ y $x = x_2$ está dada por $\Delta m = f(x_2) - f(x_1)$, por lo que la densidad promedio de esa sección de la varilla es

$$\text{densidad promedio} = \frac{\Delta m}{\Delta x} = \frac{f(x_2) - f(x_1)}{x_2 - x_1}$$

Si ahora se hace que $\Delta x \to 0$ (es decir, $x_2 \to x_1$), se calcula la densidad promedio sobre un intervalo cada vez más pequeño. La **densidad lineal** ρ en x_1 es el límite de estas densidades promedio cuando $\Delta x \to 0$; es decir, la densidad lineal es la razón de cambio de la masa respecto a la longitud. En forma simbólica,

$$\rho = \lim_{\Delta x \to 0} \frac{\Delta m}{\Delta x} = \frac{dm}{dx}$$

Por lo que, la densidad lineal de la varilla es la derivada de la masa respecto a la longitud.

Por ejemplo, si $m = f(x) = \sqrt{x}$, donde x se mide en metros y m en kilogramos, entonces la densidad promedio de la parte de la varilla dada por $1 \leq x \leq 1.2$ es

$$\frac{\Delta m}{\Delta x} = \frac{f(1.2) - f(1)}{1.2 - 1} = \frac{\sqrt{1.2} - 1}{0.2} \approx 0.48 \text{ kg/m}$$

mientras que la densidad en $x = 1$ es

$$\rho = \left.\frac{dm}{dx}\right|_{x=1} = \left.\frac{1}{2\sqrt{x}}\right|_{x=1} = 0.50 \text{ kg/m}$$ ■

FIGURA 6

EJEMPLO 3 Siempre que las cargas eléctricas se mueven, hay corriente. En la figura 6 se muestra parte de un alambre con electrones que se mueven a través de una superficie plana, mostrada en gris oscuro. Si ΔQ es la carga neta que pasa por esta superficie durante un período Δt, entonces la corriente promedio durante este intervalo de tiempo se define como

$$\text{corriente promedio} = \frac{\Delta Q}{\Delta t} = \frac{Q_2 - Q_1}{t_2 - t_1}$$

Si se toma el límite de esta corriente promedio sobre intervalos de tiempo más y más pequeños, se obtiene lo que se llama **corriente *I*** en un tiempo dado t_1:

$$I = \lim_{\Delta t \to 0} \frac{\Delta Q}{\Delta t} = \frac{dQ}{dt}$$

Por lo que, la corriente es la rapidez con que la carga fluye por una superficie; se mide en unidades de carga por unidad de tiempo (con frecuencia coulombs por segundo, llamados amperes). ■

La velocidad, la densidad y la corriente no son las únicas razones de cambio de importancia para la física. Otras incluyen la potencia (la rapidez a la cual se realiza trabajo), la razón de flujo de calor, el gradiente de temperatura (la razón de cambio de la temperatura respecto a la posición) y la razón de decaimiento de una sustancia radiactiva en física nuclear.

Química

EJEMPLO 4 El resultado de una reacción química en la formación de una o más sustancias (llamadas *productos*) a partir de uno o más materiales (*reactivos*). Por ejemplo, la "ecuación"

$$2H_2 + O_2 \rightarrow 2H_2O$$

indica que dos moléculas de hidrógeno y una de oxígeno forman dos moléculas de agua. Considere la reacción

$$A + B \rightarrow C$$

donde A y B son los reactivos y C es el producto. La **concentración** de un reactivo A es el número de moles (1 mol $= 6.022 \times 10^{23}$ moléculas) por litro y se denota con [A]. La concentración varía durante una reacción, por lo que [A], [B] y [C] son todas funciones del tiempo (t). La rapidez promedio de reacción del producto C en un intervalo de tiempo $t_1 \leqslant t \leqslant t_2$ es

$$\frac{\Delta[C]}{\Delta t} = \frac{[C](t_2) - [C](t_1)}{t_2 - t_1}$$

Pero los químicos tienen más interés en la **rapidez de reacción instantánea**, la cual se obtiene tomando el límite de la rapidez promedio de reacción cuando el intervalo Δt tiende a 0:

$$\text{rapidez de reacción} = \lim_{\Delta t \to 0} \frac{\Delta[C]}{\Delta t} = \frac{d[C]}{dt}$$

Dado que la concentración del producto aumenta a medida que la reacción avanza, la derivada $d[C]/dt$ será positiva, y así la rapidez de reacción de C es positiva. Sin embargo, las concentraciones de los reactivos disminuyen durante la reacción, por lo que, para que la rapidez de reacción de A y B sean números positivos, se ponen signos negativos delante de las derivadas $d[A]/dt$ y $d[B]/dt$. Dado que [A] y [B] disminuyen con la misma rapidez que [C] crece, se tiene que

$$\text{rapidez de reacción} = \frac{d[C]}{dt} = -\frac{d[A]}{dt} = -\frac{d[B]}{dt}$$

De modo más general, resulta que para una reacción de la forma

$$aA + bB \rightarrow cC + dD$$

se tiene que

$$-\frac{1}{a}\frac{d[A]}{dt} = -\frac{1}{b}\frac{d[B]}{dt} = \frac{1}{c}\frac{d[C]}{dt} = \frac{1}{d}\frac{d[D]}{dt}$$

La rapidez de reacción se puede determinar a partir de datos y con métodos gráficos. En algunos casos existen fórmulas explícitas para las concentraciones como funciones del tiempo que permiten calcular la rapidez de reacción (véase el ejercicio 24). ■

EJEMPLO 5 Una de las cantidades de interés en termodinámica es la compresibilidad. Si una sustancia dada se mantiene a una temperatura constante, entonces su volumen depende de su presión P. Se puede considerar la razón de cambio del volumen respecto a la presión: a saber, la derivada dV/dP. Conforme P crece, V decrece, por lo que $dV/dP < 0$. La **compresibilidad** se define al introducir un signo menos y dividir esta derivada entre el volumen V:

$$\text{compresibilidad isotérmica} = \beta = -\frac{1}{V}\frac{dV}{dP}$$

Por lo cual β mide qué tan rápido, por unidad de volumen, decrece el volumen de una sustancia a medida que la presión aumenta, a temperatura constante.

Por ejemplo, se encontró que el volumen V (en metros cúbicos) de una muestra de aire a 25 °C está relacionado con la presión P (en kilopascales) mediante la ecuación

$$V = \frac{5.3}{P}$$

La razón de cambio de V respecto a P cuando $P = 50$ kPa, es

$$\left.\frac{dV}{dP}\right|_{P=50} = \left.-\frac{5.3}{P^2}\right|_{P=50}$$

$$= -\frac{5.3}{2500} = -0.00212 \text{ m}^3/\text{kPa}$$

La compresibilidad a esa presión es

$$\beta = \left.-\frac{1}{V}\frac{dV}{dP}\right|_{P=50} = \frac{0.00212}{\frac{5.3}{50}} = 0.02 \text{ (m}^3/\text{kPa)/m}^3$$ ■

Biología

EJEMPLO 6 Sea $n = f(t)$ el número de individuos de una población de animales o plantas al tiempo t. El cambio del tamaño de la población entre los tiempos $t = t_1$ y $t = t_2$ es $\Delta n = f(t_2) - f(t_1)$, por lo que la razón de crecimiento promedio durante el período $t_1 \leqslant t \leqslant t_2$ es

$$\text{razón de crecimiento promedio} = \frac{\Delta n}{\Delta t} = \frac{f(t_2) - f(t_1)}{t_2 - t_1}$$

La **razón de crecimiento instantáneo** se obtiene a partir de esta razón de crecimiento promedio al hacer que el período Δt tienda a 0:

$$\text{razón de crecimiento} = \lim_{\Delta t \to 0} \frac{\Delta n}{\Delta t} = \frac{dn}{dt}$$

En términos estrictos, esto no es muy exacto porque la gráfica real de una función de población $n = f(t)$ sería una función escalón que es discontinua siempre que ocurre un nacimiento o una muerte y, por tanto, no es derivable. Sin embargo, para una población grande de animales o plantas, es posible reemplazar la gráfica con una curva de aproximación uniforme como en la figura 7.

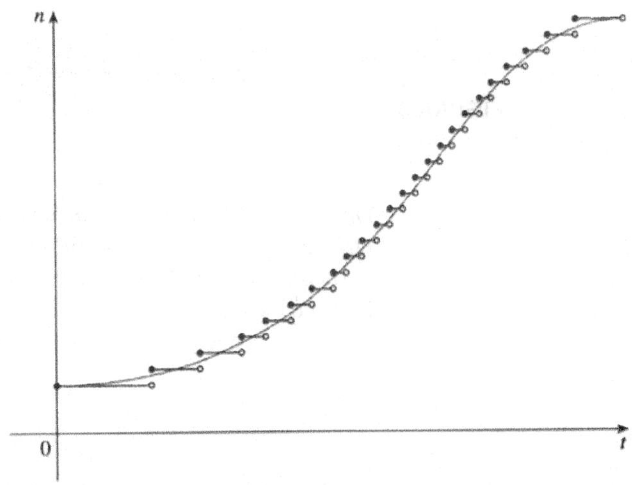

FIGURA 7
Una curva suave que se aproxima a una función de crecimiento

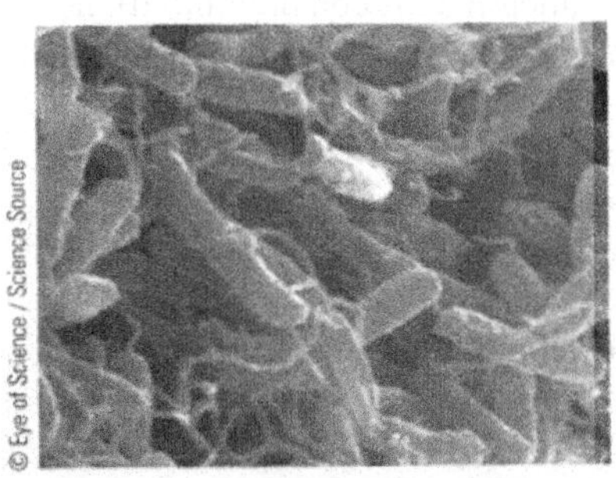

Las bacterias *E.coli* tienen aproximadamente dos micrómetros (μm) de longitud y 0.75 μm de ancho. La imagen se obtuvo con un microscopio electrónico de barrido.

Para ser más específicos, considere una población de bacterias en un medio nutritivo homogéneo. Suponga que, por medio de la toma de muestras de la población a ciertos intervalos, se determina que esa población se duplica cada hora. Si la población inicial es n_0 y el tiempo t se mide en horas, entonces

$$f(1) = 2f(0) = 2n_0$$

$$f(2) = 2f(1) = 2^2 n_0$$

$$f(3) = 2f(2) = 2^3 n_0$$

y, en general,

$$f(t) = 2^t n_0$$

La función de población es $n = n_0 2^t$.

En la sección 3.4 se demostró que

$$\frac{d}{dx}(b^x) = b^x \ln b$$

Por lo que la razón de crecimiento de la población de bacterias en el tiempo t, es

$$\frac{dn}{dt} = \frac{d}{dt}(n_0 2^t) = n_0 2^t \ln 2$$

Por ejemplo, suponga que se tiene una población inicial de $n_0 = 100$ bacterias. Entonces, la razón de crecimiento después de 4 horas es

$$\left.\frac{dn}{dt}\right|_{t=4} = 100 \cdot 2^4 \ln 2 = 1600 \ln 2 \approx 1109$$

Esto significa que, después de 4 horas, la población de bacterias crece en una cantidad de casi 1109 bacterias por hora. ■

EJEMPLO 7 Cuando se considera el flujo de sangre por un vaso sanguíneo, como una vena o una arteria, este vaso puede tomar la forma de un tubo cilíndrico con radio R y longitud l como se muestra en la figura 8.

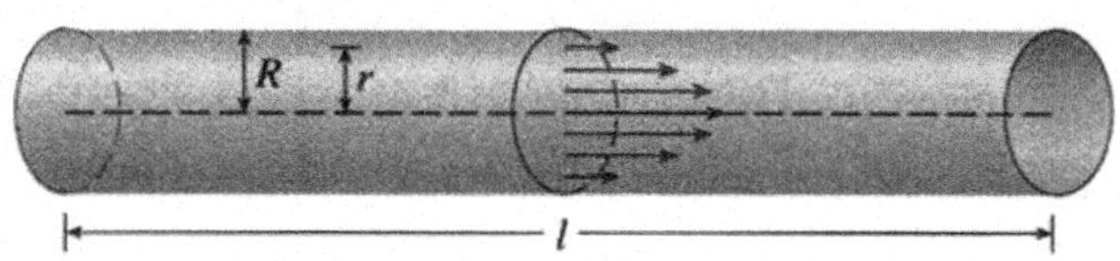

FIGURA 8
Flujo de sangre dentro de una arteria

Debido a la fricción en las paredes del tubo, la velocidad v de la sangre es máxima a lo largo del eje central del propio tubo y decrece conforme aumenta la distancia r al eje, hasta que v es igual a 0 en la pared. La relación entre v y r está dada por la **ley del flujo laminar** descubierta por el físico francés Jean-Louis-Marie Poiseuille en 1840. En esta se establece que

$$\boxed{1} \qquad v = \frac{P}{4\eta l}(R^2 - r^2)$$

Para información más detallada, véase W. Nichols y M. O'Rourke (eds.), *McDonald's Blood Flow in Arteries: Theoretic, Experimental, and Clinical Principles*, 5a. ed. (Nueva York, 2005).

donde η es la viscosidad de la sangre y P es la diferencia en la presión entre los extremos del tubo. Si P y l son constantes, entonces v es función de r, con dominio $[0, R]$.

La razón de cambio promedio de la velocidad, al moverse desde $r = r_1$ hacia afuera hasta $r = r_2$, está dada por

$$\frac{\Delta v}{\Delta r} = \frac{v(r_2) - v(r_1)}{r_2 - r_1}$$

y si se hace que $\Delta r \to 0$, se obtiene el **gradiente de velocidad**, es decir, la razón de cambio instantáneo de la velocidad respecto a r:

$$\text{gradiente de velocidad} = \lim_{\Delta r \to 0} \frac{\Delta v}{\Delta r} = \frac{dv}{dr}$$

Utilizando la ecuación 1, se obtiene

$$\frac{dv}{dr} = \frac{P}{4\eta l}(0 - 2r) = -\frac{Pr}{2\eta l}$$

Para una de las arterias humanas más pequeñas, puede tomar $\eta = 0.027$, $R = 0.008$ cm, $l = 2$ cm y $P = 4\,000$ dinas/cm^2, lo que da

$$v = \frac{4000}{4(0.027)2}(0.000064 - r^2)$$
$$\approx 1.85 \times 10^4(6.4 \times 10^{-5} - r^2)$$

En $r = 0.002$ cm la sangre fluye a una rapidez de

$$v(0.002) \approx 1.85 \times 10^4(64 \times 10^{-6} - 4 \times 10^{-6})$$
$$= 1.11 \text{ cm/s}$$

y el gradiente de velocidad en ese punto es

$$\left.\frac{dv}{dr}\right|_{r=0.002} = -\frac{4000(0.002)}{2(0.027)2} \approx -74 \text{ (cm/s)/cm}$$

Para tener una idea de lo que esto significa, se cambian las unidades de centímetros a micrómetros (1 cm = 10 000 μm). Entonces el radio de la arteria es de 80 μm. La velocidad en el eje central es de 11 850 μm/s, que disminuye hasta 11 110 μm/s a una distancia de $r = 20$ μm. El hecho de que $dv/dr = -74$ (μm/s)/μm significa que cuando $r = 20$ μm, la velocidad disminuye en una cantidad de casi 74 μm/s por cada micrómetro que se aleja del centro. ■

■ Economía

EJEMPLO 8 Suponga que $C(x)$ es el costo total en que una compañía incurre al producir x unidades de cierto artículo. La función C se llama **función de costo**. Si el número de artículos producidos se incrementa desde x_1 hasta x_2, entonces el costo adicional es $\Delta C = C(x_2) - C(x_1)$, y la razón de cambio promedio del costo es

$$\frac{\Delta C}{\Delta x} = \frac{C(x_2) - C(x_1)}{x_2 - x_1} = \frac{C(x_1 + \Delta x) - C(x_1)}{\Delta x}$$

El límite de esta cantidad conforme $\Delta x \to 0$, es decir, a la razón de cambio instantáneo del costo los economistas le llaman **costo marginal**, respecto al número de artículos producidos:

$$\text{costo marginal} = \lim_{\Delta x \to 0} \frac{\Delta C}{\Delta x} = \frac{dC}{dx}$$

[Ya que x suele tomar solo valores enteros, quizá no tenga sentido hacer que Δx tienda a 0, pero siempre podrá reemplazar $C(x)$ con una función suave de aproximación uniforme, como en el ejemplo 6.]

Si se toma $\Delta x = 1$ y n grande (de tal manera que Δx sea pequeño en comparación con n), se tiene que

$$C'(n) \approx C(n + 1) - C(n)$$

Así, el costo marginal de producir n unidades es aproximadamente igual al costo de producir una unidad más [la $(n + 1)$-ésima unidad].

Con frecuencia resulta apropiado representar con un polinomio una función de costo total

$$C(x) = a + bx + cx^2 + dx^3$$

donde a representa el costo de los gastos generales (alquiler, calefacción, mantenimiento) y los demás términos representan el costo de las materias primas, la mano de obra y demás. (El costo de las materias primas puede ser proporcional a x, pero los costos de la mano de obra podrían depender en parte de potencias mayores de x, debido a los costos del tiempo extra y a las faltas de eficiencia relacionadas con las operaciones a gran escala.)

Por ejemplo, suponga que una compañía ha estimado que el costo (en dólares) de producir x artículos es

$$C(x) = 10\,000 + 5x + 0.01x^2$$

Entonces, la función de costo marginal es

$$C'(x) = 5 + 0.02x$$

El costo marginal en el nivel de producción de 500 artículos es

$$C'(500) = 5 + 0.02(500) = \$15/\text{artículo}$$

Esto da la cantidad a la que se incrementan los costos respecto al nivel de producción cuando $x = 500$ y predice el costo del artículo 501.

El costo real de producir el artículo 501 es

$$\begin{aligned} C(501) - C(500) &= [10\,000 + 5(501) + 0.01(501)^2] \\ &\qquad - [10\,000 + 5(500) + 0.01(500)^2] \\ &= \$15.01 \end{aligned}$$

Observe que $C'(500) \approx C(501) - C(500)$. ■

Los economistas también estudian la demanda, el ingreso y la utilidad marginal, que son las derivadas de las funciones de demanda, ingreso y utilidad. Estas se consideran en el capítulo 4, después de desarrollar las técnicas para determinar los valores máximos y mínimos de funciones.

■ Otras ciencias

Las razones de cambio se presentan en todas las ciencias. Un geólogo se interesa en conocer la razón a la cual una masa incrustada de roca fundida se enfría por conducción del calor hacia las rocas que la rodean. Un ingeniero desea conocer la proporción a la cual el agua fluye hacia dentro o hacia fuera de una represa. Un geógrafo urbano se interesa en la razón de cambio de la densidad de población en una ciudad, al aumentar la distancia al centro de la propia ciudad. Un meteorólogo tiene interés por la razón de cambio de la presión atmosférica respecto a la altura (véase el ejercicio 3.8.19).

En psicología, quienes se interesan en la teoría del aprendizaje estudian la curva del aprendizaje, que se presenta en forma de gráfica el rendimiento $P(t)$ de alguien que aprende una habilidad, como función del tiempo de capacitación t. Tiene un interés particular la razón a la cual mejora el rendimiento a medida que pasa el tiempo; es decir, dP/dt.

En sociología, el cálculo diferencial se aplica al análisis de la divulgación de rumores (o de innovaciones, novedades o moda). Si $p(t)$ denota la proporción de una población que conoce un rumor en el momento t, entonces la derivada dp/dt denota la razón de divulgación de ese rumor (véase el ejercicio 3.4.84).

■ Una sola idea, varias interpretaciones

La velocidad, la densidad, la corriente, la potencia y el gradiente de temperatura, en física; la velocidad de reacción y la compresibilidad, en química; la rapidez de crecimiento y el gradiente de velocidad de la sangre, en biología; el costo marginal y la utilidad marginal, en economía; la rapidez de flujo del calor, en geología; la rapidez de mejora del rendimiento, en psicología; y la rapidez de divulgación de un rumor, en sociología; son casos especiales de un concepto matemático: la derivada.

Esta es una ilustración del hecho de que parte del poder de las matemáticas descansa en su abstracción. Un solo concepto matemático abstracto (como la derivada) puede tener interpretaciones diferentes en cada ciencia. Cuando se desarrollen las propiedades del concepto matemático, de una vez y por todas, podrá dar la vuelta y aplicar estos resultados a todas las ciencias. Esto es mucho más eficiente que desarrollar propiedades de conceptos especiales en cada una por separado. El matemático francés Joseph Fourier (1768-1830) lo expresó de manera sucinta: "Las matemáticas comparan los fenómenos más diversos y descubren las analogías secretas que los unen".

3.7 EJERCICIOS

1-4 Una partícula se mueve según una ley del movimiento $s = f(t)$, $t \geq 0$, donde t se mide en segundos y s en metros.

(a) Encuentre la velocidad en el instante t.
(b) ¿Cuál es la velocidad después de 1 s?
(c) ¿Cuándo está en reposo la partícula?
(d) ¿Cuándo se mueve hacia la dirección positiva?
(e) Encuentre la distancia total recorrida durante los primeros 6 segundos.
(f) Dibuje un diagrama, como el de la figura 2, para ilustrar el movimiento de la partícula.
(g) Determine la aceleración en el tiempo t y después de 1 segundo.
(h) Trace la gráfica de las funciones posición, velocidad y aceleración para $0 \leq t \leq 6$.
(i) ¿Cuándo la partícula aumenta su rapidez? ¿Cuándo disminuye?

1. $f(t) = t^3 - 8t^2 + 24t$

2. $f(t) = \dfrac{9t}{t^2 + 9}$

3. $f(t) = \text{sen}(\pi t/2)$

4. $f(t) = t^2 e^{-t}$

5. Se muestran las gráficas de las funciones *velocidad* de dos partículas, donde t se mide en segundos. ¿Cuándo incrementa su rapidez cada partícula? ¿Cuándo la disminuyen? Explique.

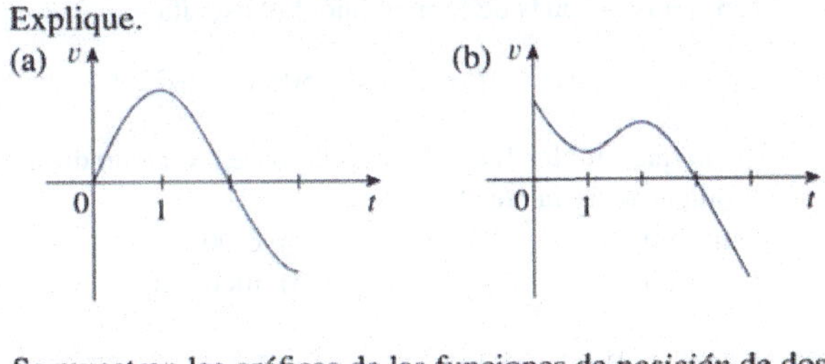

6. Se muestran las gráficas de las funciones de *posición* de dos partículas, donde t se mide en segundos. ¿Cuándo incrementa su rapidez cada una de las partículas? ¿Cuándo la disminuyen? Explique.

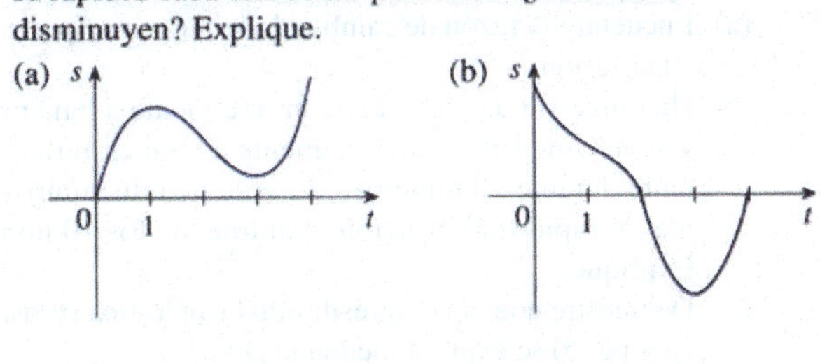

7. La altura (en metros) de un proyectil disparado verticalmente hacia arriba, desde un punto a 2 m por encima del nivel del suelo con una velocidad inicial de 24.5 m/s es $h = 2 + 24.5t - 4.9t^2$ después de t segundos.
(a) Encuentre la velocidad después de 2 s y después de 4 s.
(b) ¿Cuándo alcanza el proyectil su altura máxima?
(c) ¿Cuál es su altura máxima?
(d) ¿En qué momento cae al suelo?
(e) ¿Con qué velocidad cae al suelo?

8. Si un balón es lanzado verticalmente hacia arriba con una velocidad de 24.5 m/s, entonces su altura después de t segundos es $s = 24.5\,t - 4.9t^2$.
(a) ¿Cuál es la altura máxima alcanzada por el balón?
(b) ¿Cuál es la velocidad del balón cuando está a 29.4 m por encima del suelo en su camino ascendente? ¿Y en su camino en descenso?

9. Si se lanza una roca verticalmente hacia arriba desde la superficie de Marte, con una velocidad de 15 m/s, su altura después de t segundos es $h = 15t - 1.86t^2$.
(a) ¿Cuál es la velocidad de la roca después de que transcurren 2 s?
(b) ¿Cuál es la velocidad de la roca una vez que ha alcanzado una altura de 25 m durante el ascenso? ¿Y en su descenso?

10. Una partícula se mueve de acuerdo con la función posición

$$s = t^4 - 4t^3 - 20t^2 + 20t \qquad t \geq 0$$

(a) ¿En qué momento la partícula tiene una velocidad de 20 m/s?
(b) ¿En qué momento su aceleración es 0? ¿Cuál es el significado de este valor de t?

11. (a) Una compañía fabrica chips para computadora a partir de placas cuadradas de silicio. Se desea conservar la longitud del lado de esas placas muy próxima a 15 mm y, asimismo, saber cómo cambia el área $A(x)$ de ellas cuando varía la longitud x del lado. Encuentre $A'(15)$ y explique su significado en esta situación.
(b) Demuestre que la rapidez de cambio del área de uno de los cuadrados respecto a la longitud de su lado es la mitad de su perímetro. Trate de explicar geométricamente por qué esto es cierto, dibujando un cuadrado cuya longitud x del lado se incrementa en una cantidad Δx. ¿Cómo puede obtener una aproximación del cambio resultante en el área, ΔA, si Δx es pequeño?

12. (a) Es fácil hacer crecer cristales de clorato de sodio en forma de cubos dejando que una solución de esta sal en agua se evapore con lentitud. Si V es el volumen de uno de esos cubos, con longitud x por lado, calcule dV/dx cuando $x = 3$ mm y explique su significado.
(b) Demuestre que la razón de cambio del volumen de un cubo respecto a la longitud de su arista es igual a la mitad del área superficial de ese cubo. Explique geométricamente por qué este resultado es cierto y argumente por analogías con el ejercicio 11(b).

13. (a) Encuentre la razón de cambio promedio del área de un círculo respecto a su radio r cuando r cambia de
(i) 2 a 3 (ii) 2 a 2.5 (iii) 2 a 2.1
(b) Encuentre la razón de cambio instantáneo cuando $r = 2$.
(c) Demuestre que la razón de cambio del área de un círculo respecto a su radio (a cualquier r) es igual a la circunferencia del círculo. Intente explicar geométricamente por qué esto es cierto dibujando un círculo cuyo radio se incrementa en una cantidad Δr. ¿Cómo puede obtener una aproximación del cambio resultante en el área ΔA si Δr es pequeño?

14. Se deja caer una piedra en un lago, lo que crea una onda circular que viaja hacia afuera con una rapidez de 60 cm/s. Encuentre la razón a la que aumenta el área dentro del círculo después de (a) 1 s, (b) 3 s, y (c) 5 s. ¿Qué puede concluir?

15. Se está inflando un globo esférico. Encuentre la razón de aumento del área superficial ($S = 4\pi r^2$) respecto al radio r, cuando r es igual a (a) 20 cm, (b) 40 cm, y (c) 60 cm. ¿A qué conclusiones llega?

16. (a) El volumen de una célula esférica en crecimiento es $V = \frac{4}{3}\pi r^3$, donde el radio r se mide en micrómetros ($1\ \mu\text{m} = 10^{-6}$ m). Encuentre la razón de cambio promedio de V respecto a r, cuando cambia de
(i) 5 a 8 μm (ii) 5 a 6 μm (iii) 5 a 5.1 μm
(b) Determine la razón de cambio instantáneo de V respecto a r, cuando $r = 5\ \mu$m.
(c) Demuestre que la razón de cambio del volumen de una esfera respecto a su radio es igual a su área superficial. Explique geométricamente por qué esto es cierto. Argumente por analogía con el ejercicio 13(c).

17. La masa de la parte de una varilla metálica que se encuentra entre su extremo izquierdo y un punto x metros a la derecha es $3x^2$ kg. Encuentre la densidad lineal (véase el ejemplo 2) cuando x es (a) 1 m, (b) 2 m y (c) 3 m. ¿En dónde es más alta la densidad?, ¿dónde es más baja?

18. Si un tanque contiene 5000 litros de agua, la cual se drena desde el fondo del tanque en 40 min, entonces la ley de Torricelli da el volumen V de agua que queda en el tanque después de t minutos como

$$V = 5000\left(1 - \tfrac{1}{40}t\right) \qquad 0 \leqslant t \leqslant 40$$

Encuentre la rapidez de drenado de agua después de (a) 5 min, (b) 10 min, (c) 20 min, y (d) 40 min. ¿En qué momento fluye el agua más rápido hacia afuera? ¿Con mayor lentitud? Resuma sus hallazgos.

19. La cantidad de carga, Q, en coulombs (C) que ha pasado por un punto de un alambre hasta el tiempo t (medido en segundos) se expresa con $Q(t) = t^3 - 2t^2 + 6t + 2$. Encuentre la corriente cuando (a) $t = 0.5$ s y (b) $t = 1$ s. [Véase el ejemplo 3. La unidad de la corriente es el ampere (1 A = 1 C/s).] ¿En qué momento la corriente es la más baja?

20. La ley de Newton de la gravitación dice que la magnitud F de la fuerza ejercida por un cuerpo de masa m sobre otro de masa M es

$$F = \frac{GmM}{r^2}$$

donde G es la constante gravitacional y r es la distancia entre los cuerpos.
(a) Encuentre dF/dr y explique su significado. ¿Qué indica el signo menos?
(b) Suponga que se sabe que la Tierra atrae un objeto con una fuerza que disminuye a razón de 2 N/km, cuando $r = 20\,000$ km. ¿Con qué rapidez cambia esta fuerza cuando $r = 10\,000$ km?

21. La fuerza F que actúa sobre un cuerpo con masa m y velocidad v es igual a la razón de cambio de la cantidad de movimiento: $F = (d/dt)(mv)$. Si m es constante, esto se convierte en $F = ma$, donde $a = dv/dt$ es la aceleración. Pero en la teoría de la relatividad, la masa de una partícula varía con v como sigue: $m = m_0/\sqrt{1 - v^2/c^2}$, donde m_0 es la masa de la partícula en reposo y c es la velocidad de la luz. Demuestre que

$$F = \frac{m_0 a}{(1 - v^2/c^2)^{3/2}}$$

22. Algunas de las mareas más altas en el mundo se producen en la Bahía de Fundy en la costa atlántica de Canadá. En el cabo de Hopewell, la profundidad del agua durante la marea baja es aproximadamente 2.0 m y durante la marea alta es cerca de 12.0 m. El período natural de oscilación es un poco más de 12 horas, y el 30 de junio de 2009, la marea alta se produjo a las 6:45. Esto ayuda a explicar el siguiente modelo para la profundidad del agua D (en metros) en función del tiempo t (en horas después de la medianoche) ese día:

$$D(t) = 7 + 5\cos[0.503(t - 6.75)]$$

¿Con qué rapidez fue subiendo la marea (o cayendo) en los momentos siguientes?
(a) 3:00 (b) 6:00
(c) 9:00 (d) mediodía

23. La ley de Boyle establece que, cuando se comprime una muestra de gas a una temperatura constante, el producto de la presión y el volumen se mantiene constante: $PV = C$.
(a) Encuentre la razón de cambio del volumen respecto a la presión.
(b) Una muestra de gas está en un recipiente a baja presión y se le comprime paulatinamente a temperatura constante durante 10 minutos. ¿El volumen disminuye con mayor rapidez al principio o al final de los 10 minutos? Explique.
(c) Demuestre que la compresibilidad isotérmica (véase el ejemplo 5) se expresa mediante $\beta = 1/P$.

24. Si, en el ejemplo 4, una molécula del producto C está formada por una molécula del reactivo A y una molécula del reactivo B y la concentración inicial de A y B tienen un valor común [A] = [B] = a moles/L, entonces

$$[C] = a^2kt/(akt + 1)$$

donde k es una constante.

(a) Encuentre la rapidez de reacción en el tiempo t.

(b) Demuestre que si x = [C], entonces

$$\frac{dx}{dt} = k(a - x)^2$$

(c) ¿Qué pasa con la concentración conforme $t \to \infty$?

(d) ¿Qué sucede con la velocidad de reacción conforme $t \to \infty$?

(e) ¿Qué significan los resultados de los incisos (c) y (d) en términos prácticos?

25. En el ejemplo 6 se considera una población de bacterias que se duplica cada hora. Suponga que otra población de bacterias se triplica cada hora y comienza con 400 bacterias. Encuentre una expresión para el número n de bacterias después de t horas y utilícela para calcular la tasa de crecimiento de la población de bacterias después de 2.5 horas.

26. El número de células de levadura en un cultivo de laboratorio aumenta rápidamente al principio, pero finalmente se nivela. La población es modelada por la función

$$n = f(t) = \frac{a}{1 + be^{-0.7t}}$$

donde t es medido en horas. En el tiempo $t = 0$ la población es de 20 células y está aumentando a un ritmo de 12 células/hora. Encuentre los valores de a y b. De acuerdo con este modelo, ¿qué sucede con la población de levadura a largo plazo?

27. La tabla siguiente da la población del mundo $P(t)$, en millones, donde t se mide en años y $t = 0$ corresponde al año 1900.

t	Población (millones)	t	Población (millones)
0	1650	60	3040
10	1750	70	3710
20	1860	80	4450
30	2070	90	5280
40	2300	100	6080
50	2560	110	6870

(a) Calcule la tasa de crecimiento poblacional en 1920 y en 1980 mediante el promedio de las pendientes de dos rectas secantes.

(b) Utilice una calculadora graficadora o computadora para encontrar una función cúbica (un polinomio de tercer grado) que modele los datos.

(c) Utilice el modelo del inciso (b) para encontrar un modelo para la tasa de crecimiento de la población.

(d) Utilice el inciso (c) para estimar las tasas de crecimiento en 1920 y 1980. Compare con sus estimaciones del inciso (a).

(e) En la sección 1.1 se modeló $P(t)$ con la función exponencial

$$f(t) = (1.43653 \times 10^9) \cdot (1.01395)^t$$

Use este modelo para encontrar un modelo para la tasa de crecimiento de la población.

(f) Utilice el modelo del inciso (e) para calcular la tasa de crecimiento en 1920 y 1980. Compare con sus cálculos de los incisos (a) y (d).

(g) Calcule la tasa de crecimiento en 1985.

28. La tabla muestra cómo ha variado la edad promedio del primer matrimonio de las mujeres japonesas desde 1950.

t	$A(t)$	t	$A(t)$
1950	23.0	1985	25.5
1955	23.8	1990	25.9
1960	24.4	1995	26.3
1965	24.5	2000	27.0
1970	24.2	2005	28.0
1975	24.7	2010	28.8
1980	25.2		

(a) Utilice una calculadora graficadora o una computadora para modelar estos datos con una función polinomial de cuarto grado.

(b) Utilice el inciso (a) para encontrar un modelo para $A'(t)$.

(c) Calcule la razón de cambio de la edad de matrimonio en 1990.

(d) Trace la gráfica de los puntos de datos y los modelos para A y A'.

29. Refiérase a la ley de flujo laminar del ejemplo 7. Considere también un vaso sanguíneo con radio 0.01 cm, longitud 3 cm, diferencia de presión de 3000 dinas/cm² y una viscosidad de $\eta = 0.027$.

(a) Encuentre la velocidad de la sangre a lo largo de la línea central $r = 0$, en un radio $r = 0.005$ cm y en la pared $r = R = 0.01$ cm.

(b) Encuentre el gradiente de velocidad en $r = 0$, $r = 0.005$ y $r = 0.01$.

(c) ¿Dónde es mayor la velocidad? ¿Dónde está el mayor cambio de velocidad?

30. La frecuencia de vibración de una cuerda de violín está dada por

$$f = \frac{1}{2L}\sqrt{\frac{T}{\rho}}$$

donde L es la longitud de la cuerda, T es su tensión y ρ es su densidad lineal. [Véase el capítulo 11 en D. E. Hall, *Musical Acoustic*, 3a. ed. (Pacific Grove, California, 2002).]

(a) Encuentre la rapidez de cambio de la frecuencia respecto a

(i) la longitud (cuando T y ρ son constantes),

(ii) la tensión (cuando L y ρ son constantes), y

(iii) la densidad lineal (cuando L y T son constantes).

(b) El tono de una nota (qué tan altas o bajas son las notas) está determinado por la frecuencia f. (Cuanto mayor sea la frecuencia, mayor será el tono.) Utilice los signos

de las derivadas en el inciso (a) para determinar lo que sucede con el tono de una nota
(i) cuando se reduce la longitud efectiva colocando un dedo sobre la cuerda, haciendo que vibre solo una porción menor de la cuerda,
(ii) cuando se incrementa la tensión girando la llave de ajuste,
(iii) cuando aumenta la densidad lineal por cambiar a otra cuerda.

31. El costo en dólares de producir x pares de una nueva línea de jeans es

$$C(x) = 2000 + 3x + 0.01x^2 + 0.0002x^3$$

(a) Encuentre la función de costo marginal.
(b) Obtenga $C'(100)$ y explique su significado. ¿Qué predice?
(c) Compare $C'(100)$ con el costo de fabricar el par 101 de jeans.

32. La función de costo de producción de cierto artículo es

$$C(q) = 84 + 0.16q - 0.0006q^2 + 0.000003q^3$$

(a) Obtenga e interprete $C'(100)$.
(b) Compare $C'(100)$ con el costo de producir el artículo 101.

33. Si $p(x)$ es el valor total de la producción cuando hay x trabajadores en una planta, entonces la *productividad promedio* de la fuerza de trabajo en la planta es

$$A(x) = \frac{p(x)}{x}$$

(a) Determine $A'(x)$. ¿Por qué quiere la empresa contratar a más trabajadores si $A'(x) > 0$?
(b) Demuestre que $A'(x) > 0$ si $p'(x)$ es mayor que la productividad promedio.

34. Si R denota la reacción del cuerpo a cierto estímulo de esfuerzo x, la *sensibilidad* S se define como la rapidez de cambio de la reacción respecto a x. Un ejemplo concreto es que cuando el brillo x de una fuente de luz aumenta, el ojo reacciona disminuyendo la zona R de la pupila. La fórmula experimental

$$R = \frac{40 + 24x^{0.4}}{1 + 4x^{0.4}}$$

ha sido utilizada para modelar la dependencia de R sobre x cuando R se mide en milímetros cuadrados y x se mide en unidades apropiadas de brillo.
(a) Encuentre la sensibilidad.
(b) Ilustre el inciso (a) trazando la gráfica tanto de R como de S como funciones de x. Haga comentarios relacionados con los valores de R y S en bajos niveles de brillo. ¿Esto es lo que esperaría?

35. Los pacientes se someten a tratamiento de diálisis para eliminar urea de la sangre cuando sus riñones no están funcionando correctamente. La sangre se desvía del paciente a través de una máquina que filtra la urea. Bajo ciertas condiciones, la duración de la diálisis requerida, dado que la concentración inicial de urea es $c > 1$, está dado por la ecuación

$$t = \ln\left(\frac{3c + \sqrt{9c^2 - 8c}}{2}\right)$$

Calcule la derivada de t con respecto a c e interprétela.

36. Las especies invasoras con frecuencia muestran una onda de avance para colonizar nuevas áreas. Los modelos matemáticos basados en la reproducción y dispersión al azar han demostrado que la velocidad de dichas ondas en movimiento está dada por la función $f(r) = 2\sqrt{Dr}$, donde r es la tasa reproductiva de los individuos y D es un parámetro de cuantificación de la dispersión. Calcule la derivada de la velocidad de la onda con respecto a la tasa de reproducción r y explique su significado.

37. La ley de los gases para un gas ideal a la temperatura absoluta T (en kelvin), la presión P (en atmósfera) y el volumen V (en litros) es $PV = nRT$, donde n es el número de moles del gas y $R = 0.0821$ es la constante del gas. Suponga que, en cierto instante, $P = 8.0$ atm y está aumentando a razón de 0.10 atm/min y $V = 10$ L y está disminuyendo a razón de 0.15 L/min. Encuentre la razón de cambio de T respecto al tiempo en ese instante si $n = 10$ mol.

38. En una granja piscícola se introduce una población de peces en un estanque y se cosechan con regularidad. Un modelo para la razón de cambio de la población se expresa con la ecuación

$$\frac{dP}{dt} = r_0\left(1 - \frac{P(t)}{P_c}\right)P(t) - \beta P(t)$$

donde r_0 es la tasa de nacimientos de peces, P_c es la población máxima que el estanque puede contener (llamada *capacidad de carga*) y β es el porcentaje de la población que se cosecha.
(a) ¿Cuál valor de dP/dt correspondiente a una población estable?
(b) Si el estanque puede sostener 10 000 peces, la tasa de nacimiento es de 5% y la cantidad de cosecha es de 4%, encuentre el nivel estable de la población.
(c) Si β se eleva hasta 5%, ¿qué sucede?

39. En el estudio de los ecosistemas, a menudo se usan los *modelos presa-depredador* para estudiar la interacción entre las especies. Considere una población de lobos de la tundra, dada por $W(t)$, y de caribúes, dada por $C(t)$, en el norte de Canadá. La interacción se ha modelado mediante las ecuaciones

$$\frac{dC}{dt} = aC - bCW \qquad \frac{dW}{dt} = -cW + dCW$$

(a) ¿Cuáles valores de dC/dt y dW/dt corresponden a poblaciones estables?
(b) ¿Cómo se representaría matemáticamente el enunciado "Los caribúes van hacia la extinción"?
(c) Suponga que $a = 0.05$, $b = 0.001$, $c = 0.05$ y $d = 0.0001$. Encuentre todas las parejas de poblaciones (C, W) que conducen a poblaciones estables. De acuerdo con este modelo, ¿es posible que las especies vivan en equilibrio o una de ellas, o ambas, se extinguirán?

3.8 Crecimiento y decaimiento exponenciales

En muchos fenómenos naturales, las cantidades crecen o decrecen en una cantidad proporcional a su tamaño. Por ejemplo, si $y = f(t)$ es el número de individuos en una población de animales o bacterias en el tiempo t, entonces parece razonable esperar que la razón de crecimiento $f'(t)$ sea proporcional a la población $f(t)$; es decir, $f'(t) = kf(t)$ para alguna constante k. A propósito, bajo condiciones ideales (ambientes sin límites, nutrición adecuada, inmunidad a las enfermedades) el modelo matemático dado por la ecuación $f'(t) = kf(t)$ predice, sin duda, con precisión lo que realmente sucede. Otro ejemplo sucede en física nuclear donde la masa de una sustancia radiactiva decae en una cantidad proporcional a su masa. En química la velocidad de una reacción de primer orden unimolecular es proporcional a la concentración de la sustancia. En finanzas, el valor de una cuenta de ahorros con interés compuesto se incrementa de manera continua en una cantidad proporcional a ese valor.

En general, si $y(t)$ es el valor de una cantidad y en el tiempo t y si la razón de cambio de y respecto a t es proporcional a su tamaño $y(t)$ en cualquier tiempo, entonces

$$\boxed{1} \qquad \frac{dy}{dt} = ky$$

donde k es una constante. Algunas veces la ecuación 1 se llama la **ley de crecimiento natural** (si $k > 0$) o **ley de decaimiento natural** (si $k < 0$). También, se le denomina **ecuación diferencial** porque implica una función desconocida y y su derivada dy/dt.

No es difícil intuir una solución de la ecuación 1. Esta ecuación pide determinar una función cuya derivada es un múltiplo constante de sí misma. En este capítulo se encontrarán tales funciones. Cualquier función exponencial en la forma $y(t) = Ce^{kt}$, donde C es una constante, satisface

$$y'(t) = C(ke^{kt}) = k(Ce^{kt}) = ky(t)$$

Se verá en la sección 9.4 que *cualquier* función que satisface $dy/dt = ky$ debe ser en la forma $y = Ce^{kt}$. Para ver el significado de la constante C, observe que

$$y(0) = Ce^{k\cdot 0} = C$$

Por tanto, C es el valor inicial de la función.

> **2 Teorema** Las únicas soluciones de la ecuación diferencial $dy/dt = ky$ son las funciones exponenciales
>
> $$y(t) = y(0)e^{kt}$$

Crecimiento de población

¿Cuál es el significado de la constante de proporcionalidad k? En el panorama del crecimiento de la población, cuando $P(t)$ es el tamaño de una población en el tiempo t, se escribe

$$\boxed{3} \qquad \frac{dP}{dt} = kP \qquad \text{o} \qquad \frac{1}{P}\frac{dP}{dt} = k$$

La cantidad

$$\frac{1}{P}\frac{dP}{dt}$$

es la tasa de crecimiento dividida entre el tamaño de la población, a la que se le denomina **tasa de crecimiento relativo**.

De acuerdo con (3), en lugar de decir "la tasa de crecimiento es proporcional al tamaño de la población" se puede decir "la razón o tasa de crecimiento relativo es constante". Por tanto, (2) indica que una población con crecimiento relativo constante debe crecer en forma exponencial. Observe que la tasa de crecimiento relativo k aparece como el coeficiente de t en la función exponencial Ce^{kt}. Por ejemplo, si

$$\frac{dP}{dt} = 0.02P$$

donde t se mide en años, entonces la rapidez de crecimiento relativo es $k = 0.02$ y el crecimiento de población a una rapidez relativa es de 2% por cada año. Si la población en el tiempo 0 es P_0, entonces la expresión para la población es

$$P(t) = P_0e^{0.02t}$$

EJEMPLO 1 Utilice el hecho de que la población mundial fue 2560 millones en 1950 y 3040 millones en 1960, para modelar la población del mundo en la segunda mitad del siglo XX. (Suponga que la tasa de crecimiento es proporcional al tamaño de la población). ¿Cuál es la rapidez de crecimiento relativo? Utilice el modelo para estimar la población mundial en 1993 y, del mismo modo, predecir la población en el año 2020.

SOLUCIÓN Mida el tiempo t en años y haga $t = 0$ en el año 1950. Mida la población $P(t)$ en millones de personas. Entonces, $P(0) = 2560$ y $P(10) = 3040$. Ya que se supone que $dP/dt = kP$, el teorema 2 da

$$P(t) = P(0)e^{kt} = 2560e^{kt}$$

$$P(10) = 2560e^{10k} = 3040$$

$$k = \frac{1}{10}\ln\frac{3040}{2560} \approx 0.017185$$

La rapidez de crecimiento relativo es casi 1.7% por cada año, y el modelo es

$$P(t) = 2560e^{0.017185t}$$

Se estima que en 1993 la población mundial fue

$$P(43) = 2560e^{0.017185(43)} \approx 5360 \text{ millones}$$

El modelo predice que en 2020 la población será

$$P(70) = 2560e^{0.017185(70)} \approx 8524 \text{ millones}$$

La gráfica en la figura 1 muestra que el modelo ya es bastante exacto para finales del siglo XX (los puntos representan la población actual); de esta manera, la estimación para 1993 es completamente confiable, pero la predicción para el 2020 es aventurada.

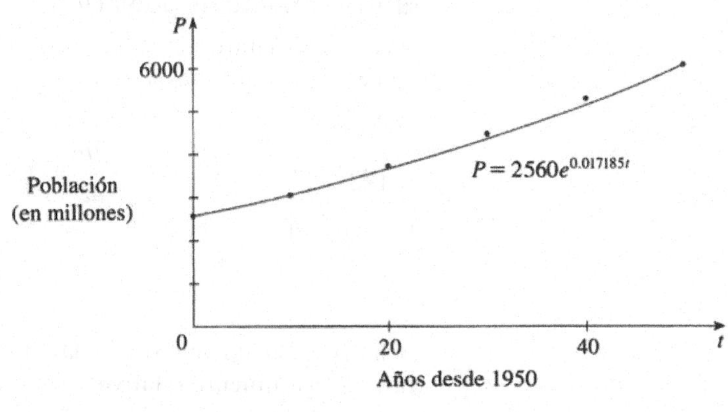

FIGURA 1
Un modelo para el crecimiento de la población mundial en la segunda mitad del siglo XX

■

Decaimiento radiactivo

Una sustancia radiactiva decae emitiendo radiación de manera espontánea. Si $m(t)$ es la masa que queda a partir de una masa inicial m_0 de la sustancia después del tiempo t, entonces la rapidez de decaimiento relativo

$$-\frac{1}{m}\frac{dm}{dt}$$

es constante según se ha verificado experimentalmente. (Ya que dm/dt es negativa, la rapidez de desintegración relativa es positiva.) Se sigue que

$$\frac{dm}{dt} = km$$

donde k es una constante negativa. En otras palabras, las sustancias radiactivas decaen en una cantidad proporcional a la masa restante. Esto significa que se puede utilizar (2) para demostrar que la masa decae de manera exponencial:

$$m(t) = m_0 e^{kt}$$

Los físicos expresan la rapidez de decaimiento en términos del tiempo de **vida media,** el tiempo que se requiere para que la mitad de cualquier cantidad conocida se desintegre.

EJEMPLO 2 El tiempo de vida media del radio-226 es 1590 años.

(a) Una muestra de radio-226 tiene una masa de 100 mg. Determine una fórmula para la masa de la muestra que permanece después de t años.

(b) Determine la masa exacta en miligramos, después de 1000 años.

(c) ¿Cuándo se reducirá la masa a 30 mg?

SOLUCIÓN

(a) Sea $m(t)$ la masa de radio-226 (en miligramos) que permanece después de t años. Entonces $dm/dt = km$ y $m(0) = 100$, por lo que (2) da

$$m(t) = m(0)e^{kt} = 100e^{kt}$$

Para determinar el valor de k, se utiliza el hecho de que $m(1590) = \frac{1}{2}(100)$. Así,

$$100e^{1590k} = 50 \qquad \text{por lo que} \qquad e^{1590k} = \tfrac{1}{2}$$

y

$$1590k = \ln \tfrac{1}{2} = -\ln 2$$

$$k = -\frac{\ln 2}{1590}$$

Por tanto

$$m(t) = 100e^{-(\ln 2)t/1590}$$

Se puede utilizar el hecho de que $e^{\ln 2} = 2$ para escribir la expresión para $m(t)$ en la forma alternativa

$$m(t) = 100 \times 2^{-t/1590}$$

(b) La masa después de 1000 años es

$$m(1000) = 100e^{-(\ln 2)1000/1590} \approx 65 \text{ mg}$$

(c) Se quiere encontrar el valor de t tal que $m(t) = 30$, es decir,

$$100e^{-(\ln 2)t/1590} = 30 \qquad \text{o} \qquad e^{-(\ln 2)t/1590} = 0.3$$

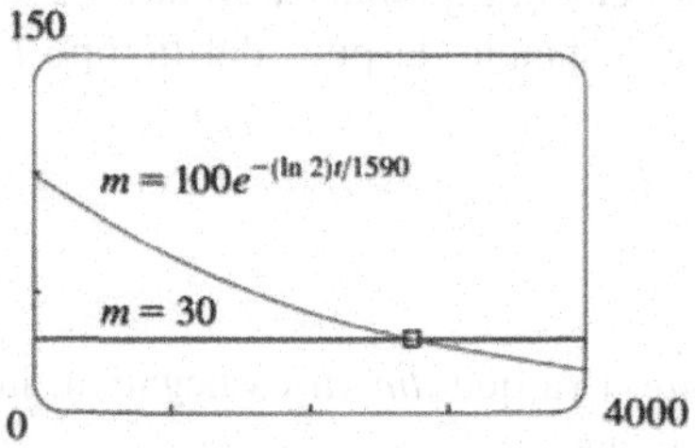

FIGURA 2

Resolviendo esta ecuación para t tomando el logaritmo natural de ambos lados:

$$-\frac{\ln 2}{1590}t = \ln 0.3$$

Por tanto,

$$t = -1590\frac{\ln 0.3}{\ln 2} \approx 2762 \text{ años}$$

■

Para una verificación del ejemplo 2, utilice un dispositivo de graficación para dibujar la gráfica de $m(t)$ de la figura 2 junto con la recta horizontal $m = 30$. Estas curvas se intersecan cuando $t \approx 2800$, y esto concuerda con la respuesta del inciso (c).

■ Ley de enfriamiento de Newton

La ley de enfriamiento de Newton establece que la rapidez de enfriamiento de un objeto es proporcional a la diferencia de temperatura entre el objeto y su ambiente, siempre que esta diferencia no sea muy grande. (Esta ley también se aplica al calentamiento.) Si se hace $T(t)$ la temperatura del objeto en el tiempo t y T_s la temperatura del ambiente, entonces se puede formular la ley de enfriamiento de Newton como una ecuación diferencial:

$$\frac{dT}{dt} = k(T - T_s)$$

donde k es una constante. Esta ecuación no es completamente la misma que la ecuación 1, por lo que se hace el cambio de variable $y(t) = T(t) - T_s$. Ya que T_s es constante, se tiene que $y'(t) = T'(t)$, por lo que la ecuación se convierte en

$$\frac{dy}{dt} = ky$$

Entonces se puede utilizar (2) para determinar una expresión para y en la que se puede encontrar T.

EJEMPLO 3 Una botella con una bebida gasificada a temperatura ambiente (22 °C) se coloca dentro de un refrigerador donde la temperatura es 7 °C. Después de media hora la bebida se ha enfriado hasta 16 °C.
(a) ¿Cuál es la temperatura de la bebida después de otra media hora?
(b) ¿Cuánto tardará la bebida en enfriarse a 10 °C?

SOLUCIÓN
(a) Sea $T(t)$ la temperatura de la bebida después de t minutos. La temperatura ambiente es $T_s = 7$ °C, por lo que, la ley de enfriamiento de Newton se expresa como

$$\frac{dT}{dt} = k(T - 7)$$

Si se hace $y = T - 7$, entonces $y(0) = T(0) - 7 = 22 - 7 = 15$, por lo que y es una solución del problema de valor inicial

$$\frac{dy}{dt} = ky \qquad y(0) = 15$$

y por (2) se tiene que

$$y(t) = y(0)e^{kt} = 15e^{kt}$$

Se tiene que $T(30) = 16$, por lo que $y(30) = 16 - 7 = 9$ y

$$15e^{30k} = 9 \qquad e^{30k} = \tfrac{3}{5}$$

Tomando logaritmos, se tiene que

$$k = \frac{\ln\left(\frac{3}{5}\right)}{30} \approx -0.01703$$

Por lo que

$$y(t) = 15e^{-0.01703t}$$

$$T(t) = 7 + 15e^{-0.01703t}$$

$$T(60) = 7 + 15e^{-0.01703(60)} \approx 12.4$$

Por tanto, después de la otra mitad de la hora, la bebida se ha enfriado a casi 12 °C.

(b) Se tiene T(t) = 10 cuando

$$7 + 15e^{-0.01703t} = 10$$

$$e^{-0.01703t} = \frac{3}{15} = \frac{1}{5}$$

$$t = \frac{\ln\left(\frac{1}{5}\right)}{-0.01703} \approx 94.5$$

La bebida se enfría a 10 °C después de casi 1 hora 35 minutos. ■

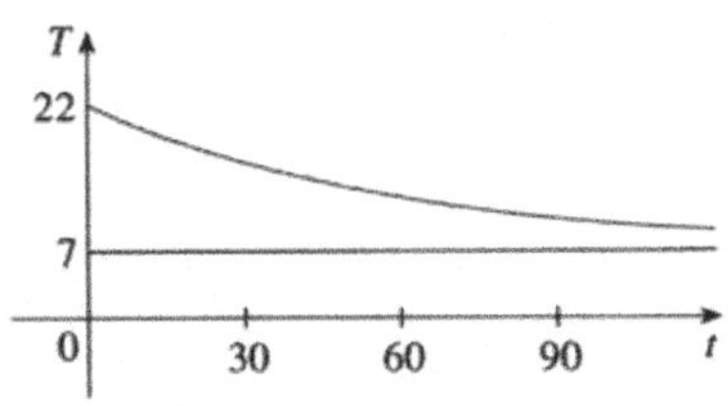

FIGURA 3

Observe que en el ejemplo 3, se tiene que

$$\lim_{t\to\infty} T(t) = \lim_{t\to\infty} (7 + 15e^{-0.01703t}) = 7 + 15 \cdot 0 = 7$$

lo cual se esperaba. La gráfica de la función temperatura se muestra en la figura 3.

■ Interés compuesto continuamente

EJEMPLO 4 Si se invierten \$1000 a 6% de interés compuesto anualmente, entonces, después de 1 año la inversión es valorada en \$1000(1.06) = \$1060, después de 2 años su valor es \$[1000(1.06)]1.06 = \$1123.60 y después de t años su valor es \$1000(1.06)^t. En general, si se invierte una cantidad A_0 a una tasa de interés r ($r = 0.06$, en este ejemplo), entonces, después de t años su valor es de $A_0(1 + r)^t$. No obstante, por lo general el interés es compuesto con más frecuencia, es decir, n veces al año. Por tanto, en cada período de capitalización, la tasa de interés es r/n y hay nt períodos en t años, por lo que el valor de la inversión es

$$A_0\left(1 + \frac{r}{n}\right)^{nt}$$

Por ejemplo, una inversión de 1000 dólares después de 3 años a 6% de interés estarán valorados en

$$\$1000(1.06)^3 = \$1191.02 \quad \text{compuesto anualmente}$$

$$\$1000(1.03)^6 = \$1194.05 \quad \text{compuesto semestralmente}$$

$$\$1000(1.015)^{12} = \$1195.62 \quad \text{compuesto trimestralmente}$$

$$\$1000(1.005)^{36} = \$1196.68 \quad \text{compuesto mensualmente}$$

$$\$1000\left(1 + \frac{0.06}{365}\right)^{365 \cdot 3} = \$1197.20 \quad \text{compuesto diariamente}$$

Se puede ver que el pago del interés se incrementa cuando el número de períodos compuestos (n) se incrementa. Si se hace que $n \to \infty$, entonces estará componiendo el interés **continuamente**, y el valor de la inversión será

$$\begin{aligned} A(t) &= \lim_{n\to\infty} A_0\left(1 + \frac{r}{n}\right)^{nt} \\ &= \lim_{n\to\infty} A_0\left[\left(1 + \frac{r}{n}\right)^{n/r}\right]^{rt} \\ &= A_0\left[\lim_{n\to\infty}\left(1 + \frac{r}{n}\right)^{n/r}\right]^{rt} \\ &= A_0\left[\lim_{m\to\infty}\left(1 + \frac{1}{m}\right)^{m}\right]^{rt} \qquad (\text{donde } m = n/r) \end{aligned}$$

Pero el límite en esta expresión es igual al número e (véase la ecuación 3.6.6). Por lo que, componiendo en forma continua con una tasa de interés r, la cantidad después de t años es

$$A(t) = A_0e^{rt}$$

Si se deriva esta función, se obtiene

$$\frac{dA}{dt} = rA_0e^{rt} = rA(t)$$

la cual dice que, componiendo continuamente el interés, la tasa de incremento de una inversión es proporcional a su tamaño.

Regresando al ejemplo de 1000 dólares invertidos por 3 años a 6% de interés anual, el valor de la inversión será

$$A(3) = \$1000e^{(0.06)3} = \$1197.22$$

Observe cómo se acerca esto a la cantidad calculada por componer diariamente \$1197.20, pero es más fácil calcular la cantidad si se aplica la composición continua. ■

3.8 EJERCICIOS

1. Una población de protozoarios se desarrolla con una tasa de crecimiento relativo constante de 0.6028 por miembro por cada día. En el día cero la población consiste de dos miembros. Encuentre el tamaño de la población después de siete días.

2. Un habitante común del intestino humano es la bacteria *Escherichia coli,* llamada así por el pediatra alemán Theodor Escherich, quien la identificó en 1885. Una célula de esta bacteria en un caldo nutriente se divide en dos células cada 20 minutos. La población inicial de un cultivo es de 50 células.
(a) Determine la tasa de crecimiento relativo.
(b) Encuentre una expresión para el número de células después de t horas.
(c) Calcule el número de células después de 6 horas.
(d) Determine la tasa de crecimiento después de 6 horas.
(e) ¿Cuándo alcanzará la población de un millón de células?

3. Un cultivo de bacterias al inicio contiene 100 células y crece en una cantidad proporcional a su tamaño. Después de 1 hora la población se ha incrementado a 420.
(a) Determine una expresión para el número de bacterias después de t horas.
(b) Calcule el número de bacterias después de 3 horas.
(c) Encuentre la tasa de crecimiento después de 3 horas.
(d) ¿Cuándo alcanza la población el valor 10 000?

4. Un cultivo de bacterias crece con una tasa de crecimiento relativo constante. Después de 2 horas existen 400 bacterias y después de 6 horas la cuenta es de 25 600.
(a) ¿Cuál es la tasa de crecimiento relativo? Exprese su respuesta en porcentaje.
(b) ¿Cuál fue el tamaño inicial del cultivo?
(c) Encuentre una expresión para el número de bacterias después de t horas.
(d) Encuentre el número de células después de 4.5 horas.
(e) Encuentre la tasa de crecimiento después de 4.5 horas.
(f) ¿Cuándo alcanzará la población 50 000?

5. La tabla da estimaciones de la población mundial, en millones, de 1750 al 2000.

Año	Población	Año	Población
1750	790	1900	1650
1800	980	1950	2560
1850	1260	2000	6080

(a) Aplique el modelo exponencial y las cifras de población para 1750 y 1800 para predecir la población mundial en 1900 y en 1950. Compare con las cifras actuales.
(b) Utilice el modelo exponencial y las cifras de población para 1850 y 1900 para predecir la población mundial en 1950. Compare con la población real en ese año.
(c) Emplee el modelo exponencial y las cifras de población en 1900 y 1950 para predecir la población mundial en el 2000. Compare con la población real e intente explicar la discrepancia.

6. La tabla proporciona la población de Indonesia, en millones, para la segunda mitad del siglo XX.

Año	Población
1950	83
1960	100
1970	122
1980	150
1990	182
2000	214

(a) Suponiendo que la población crece a una razón proporcional a su tamaño, utilice las cifras de censo para 1950 y 1960 para predecir la población en 1980. Compare con las cifras reales.
(b) Utilice las cifras del censo para 1960 y 1980 para predecir la población en el 2000. Compare con la población real.
(c) Utilice las cifras del censo para 1980 y 2000 para predecir la población en el 2010. Compare con la población real de 243 millones.
(d) Utilice el modelo del inciso (c) para predecir la población en 2020. ¿Cree qué la predicción será demasiado alta o muy baja? ¿Por qué?

7. Los experimentos muestran que si la reacción química

$$N_2O_5 \rightarrow 2NO_2 + \tfrac{1}{2}O_2$$

se realiza a 45 °C, la velocidad de reacción del pentóxido de dinitrógeno es proporcional a su concentración como sigue:

$$-\frac{d[N_2O_5]}{dt} = 0.0005[N_2O_5]$$

(Véase el ejemplo 3.7.4.)
(a) Determine una expresión para la concentración $[N_2O_5]$ después de t segundos si la concentración inicial es C.
(b) ¿Cuánto tiempo le toma a la reacción reducir la concentración de N_2O_5 a 90% de su valor original?

8. El estroncio-90 tiene un tiempo de vida media de 28 días.
(a) Una muestra tiene originalmente una masa de 50 mg. Determine una fórmula para la masa que queda después de t días.
(b) Calcule la masa restante después de 40 días.
(c) ¿Cuánto tiempo le toma a la muestra reducir su masa a 2 mg?
(d) Trace la gráfica de la función masa.

9. El tiempo de vida media del cesio-137 es de 30 años. Suponga que se tiene una muestra de 100 mg.
(a) Establezca la masa que permanece después de t años.
(b) ¿Cuánto de la muestra permanece después de 100 años?
(c) ¿Después de cuánto tiempo permanece únicamente 1 mg?

10. Una muestra de tritio-3 se desintegró a 94.5% de su cantidad original después de 1 año.
(a) ¿Cuál es el tiempo de vida media del tritio-3?
(b) ¿Cuánto tardaría en decaer a 20% de su cantidad original?

11. Los científicos pueden establecer la edad de objetos antiguos mediante el método de *datación por radiocarbono*. El bombardeo de la atmósfera superior por los rayos cósmicos convierte al nitrógeno en un isótopo radioactivo de carbono, ^{14}C, con un tiempo de vida media aproximado de 5730 años. La vegetación absorbe dióxido de carbono a través de la atmósfera, y la vida animal asimila ^{14}C a través de la cadena alimenticia. Cuando una planta o un animal mueren, se detiene la sustitución de su carbono, y la cantidad de ^{14}C inicia su disminución a través de la desintegración radiactiva. Por tanto el nivel de radiactividad también decae de manera exponencial.

En un fragmento de pergamino se descubrió que había aproximadamente 74% de tanta radioactividad ^{14}C como en el material con el que se hace el pergamino que hay sobre la Tierra hoy en día. Estime la edad del pergamino.

12. Los fósiles de dinosaurios son demasiado viejos para ser datados en forma confiable usando carbono-14. (Véase el ejercicio 11). Suponga que se tuvo un fósil de dinosaurio de 68 millones de años de edad. ¿Qué fracción del ^{14}C que tuvo el dinosaurio permanece hoy? Suponga que la cantidad mínima detectable es de 0.1%. ¿Cuál es la edad máxima de un fósil que podríamos fechar usando el ^{14}C?

13. Los fósiles de dinosaurios se datan con frecuencia mediante el uso de un elemento que no sea carbono, como el potasio-40, que tiene una vida media más larga (en este caso, aproximadamente 1250 millones de años). Suponga que la cantidad mínima detectable es de 0.1% y un dinosaurio se data con ^{40}K en 68 millones de años. ¿Es posible esta datación? En otras palabras, ¿cuál es la edad máxima de un fósil que se podría datar con ^{40}K?

14. Una curva pasa a través del punto (0, 5) y tiene la propiedad de que la pendiente de la curva en cualquier punto P es dos veces la coordenada y de P. ¿Cuál es la ecuación de la curva?

15. De un horno se toma un pavo rostizado cuando su temperatura ha alcanzado 85 °C y se coloca sobre una mesa en un espacio donde la temperatura es 22 °C.
(a) Si la temperatura del pavo es 65 °C después de media hora, ¿cuál es la temperatura 45 minutos después?
(b) ¿Cuándo se enfriará el pavo a 40 °C?

16. En una investigación de asesinato, la temperatura del cadáver fue de 32.5 °C a las 13:30 y de 30.3 °C una hora más tarde. La temperatura corporal normal es de 37.0 °C y la temperatura del ambiente era de 20.0 °C. ¿Cuándo tuvo lugar el asesinato?

17. Cuando se saca una bebida fría del refrigerador, su temperatura es 5 °C. Después de 25 minutos dentro de una habitación a 20 °C su temperatura se incrementa a 10 °C.
(a) ¿Cuál es la temperatura de la bebida 50 minutos después?
(b) ¿Cuándo estará su temperatura a 15 °C?

18. Una taza de café recién preparado tiene 95 °C de temperatura en una habitación a 20 °C. Cuando la temperatura es de 70 °C, se enfría con una rapidez de 1 °C por cada minuto. ¿Cuándo sucede esto?

19. La rapidez de cambio de la presión atmosférica P respecto a la altitud h es proporcional a P, siempre que la temperatura sea constante. A 15 °C la presión es 101.3 kPa al nivel del mar y 87.14 kPa en $h = 1000$ m.
(a) ¿Cuál es la presión a una altitud de 3000 m?
(b) ¿Cuál es la presión en la cima del monte McKinley, a una altitud de 6187 m?

20. (a) Si se prestan 1000 a 8% de interés, calcule la cantidad que se debe al final de 3 años si el interés es compuesto de forma: (i) anual, (ii) trimestral, (iii) mensual, (iv) semanal, (v) diario, (vi) por hora y (vii) de manera continua.
(b) Suponga que se prestan 1000 dólares y el interés es compuesto de manera continua. Si $A(t)$ es la cantidad que se debe después de t años, donde $0 \leq t \leq 3$, trace la gráfica de $A(t)$ en una pantalla común, para cada una de las tasas de interés: 6%, 8% y 10%.

21. (a) Si invierten 3000 dólares a 5% de interés, calcule el valor de la inversión al final de 5 años si el interés es compuesto de forma (i) anual, (ii) semestral, (iii) mensual, (iv) semanal, (v) por día y (vi) de manera continua.
(b) Si $A(t)$ es la cantidad de la inversión al tiempo t para el caso de composición continua, establezca una ecuación diferencial y una condición inicial que satisfaga $A(t)$.

22. (a) ¿Cuánto transcurrirá para que una inversión se duplique en valor si la tasa de interés anual es de 6% compuesto de manera continua?
(b) ¿Cuál es la tasa de interés anual equivalente?

PROYECTO DE APLICACIÓN CONTROLAR LA PÉRDIDA DE GLÓBULOS ROJOS DURANTE UNA CIRUGÍA

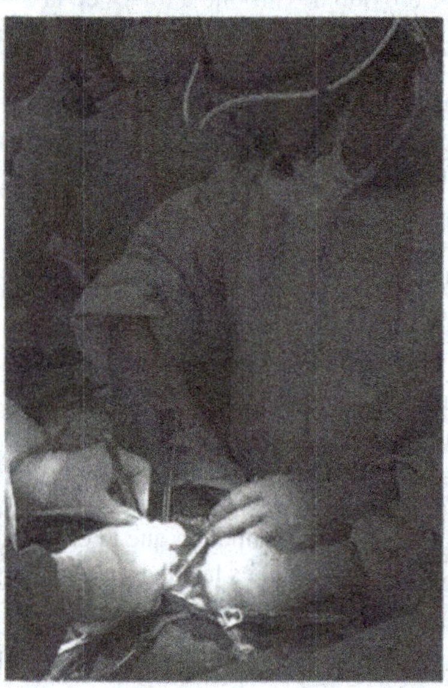

El volumen típico de sangre en el cuerpo humano es aproximadamente de 5 L. Un porcentaje de ese volumen (llamado el *hematocrito*) se compone de glóbulos rojos (GR); el hematocrito es aproximadamente el 45% en varones. Suponga que una cirugía dura cuatro horas y un paciente masculino pierde 2.5 L de sangre. Durante la cirugía, el volumen de sangre del paciente se mantiene en 5 L mediante inyección de solución salina, que rápidamente se mezcla con la sangre pero la diluye por lo que el hematocrito disminuye conforme pasa el tiempo.

1. Suponiendo que la tasa de pérdida de glóbulos rojos es proporcional al volumen de los glóbulos rojos, determine el volumen de GR del paciente al final de la operación.

2. Se ha desarrollado un procedimiento llamado *hemodilución normovolémica aguda* (ANH, por su sigla en inglés) que minimiza la pérdida de GR durante la cirugía. En este procedimiento se extrae sangre del paciente antes de la operación y se reemplaza con solución salina. Esta diluye la sangre del paciente, dando por resultado que se pierdan menos GR durante la hemorragia. Entonces después de la cirugía la sangre extraída se devuelve al paciente. Pero como solo se puede extraer una cantidad de sangre dada, debido a que nunca se puede permitir que la concentración de GR caiga por debajo de 25% durante la cirugía. ¿Cuál es la cantidad máxima de sangre que se puede extraer en el procedimiento de la ANH para la cirugía que se describe en este proyecto?

3. ¿Cuál es la pérdida de GR sin el procedimiento de la ANH? ¿Cuál es la pérdida si el procedimiento se realiza con el volumen calculado en el inciso 2?

3.9 Razones relacionadas

Si está inflando un globo, tanto su volumen como su radio se incrementan, y sus razones de incremento están relacionadas entre sí. Pero es más fácil medir de modo directo la rapidez de aumento de volumen que la rapidez de crecimiento del radio.

En un problema de razones de cambio relacionadas, la idea es calcular la razón de cambio de una cantidad en términos de la razón de cambio de otra cantidad (la que podría medirse con más facilidad). El procedimiento es determinar una ecuación que relacione las dos cantidades y luego se aplica la regla de la cadena para derivar ambos miembros con respecto al tiempo.

EJEMPLO 1 Se infla un globo esférico y su volumen crece a razón de $100\ \text{cm}^3/\text{s}$. ¿Qué tan rápido aumenta el radio del globo cuando el diámetro es de 50 cm?

SP De acuerdo con los principios para la resolución de problemas estudiados en la página 71, el primer paso es entender el problema. Esto incluye leer con cuidado el problema, identificar los datos y las incógnitas y proponer una notación adecuada.

SOLUCIÓN Se empieza por identificar dos cuestiones:

la *información dada* (datos):

la razón de incremento del volumen del globo es $100\ \text{cm}^3/\text{s}$

y lo que *no se conoce* (incógnitas):

la rapidez de incremento del radio cuando el diámetro es 50 cm

Para expresar estas cantidades en forma matemática, introduzca una *notación* sugerente:

sea V el volumen del globo y r su radio.

La clave que se debe tener presente es que las razones de cambio son derivadas. En este problema, tanto el volumen como el radio son funciones del tiempo t. La rapidez de incremento del volumen respecto al tiempo es la derivada dV/dt, y la rapidez del incremento del radio es dr/dt. Por tanto, replantee lo dado y lo que desconoce de la manera siguiente:

SP La segunda etapa de la resolución de problemas es concebir un plan para relacionar los datos con las incógnitas.

Datos: $$\frac{dV}{dt} = 100\ \text{cm}^3/\text{s}$$

Incógnitas: $$\frac{dr}{dt} \quad \text{cuando } r = 25\ \text{cm}$$

Para relacionar dV/dt con dr/dt, primero se relaciona V con r mediante la fórmula del volumen de una esfera:

$$V = \tfrac{4}{3}\pi r^3$$

Para utilizar la información dada, derive respecto a t ambos miembros de la ecuación. Para derivar el lado derecho necesita utilizar la regla de la cadena:

Observe que, aunque dV/dt es constante, dr/dt no es constante

$$\frac{dV}{dt} = \frac{dV}{dr}\frac{dr}{dt} = 4\pi r^2 \frac{dr}{dt}$$

Ahora resuelva para la cantidad desconocida:

$$\frac{dr}{dt} = \frac{1}{4\pi r^2}\frac{dV}{dt}$$

Si se sustituye $r = 25$ y $dV/dt = 100$ en esta ecuación, se obtiene

$$\frac{dr}{dt} = \frac{1}{4\pi(25)^2}100 = \frac{1}{25\pi}$$

El radio del globo se incrementa a razón de $1/(25\pi) \approx 0.0127$ cm/s. ■

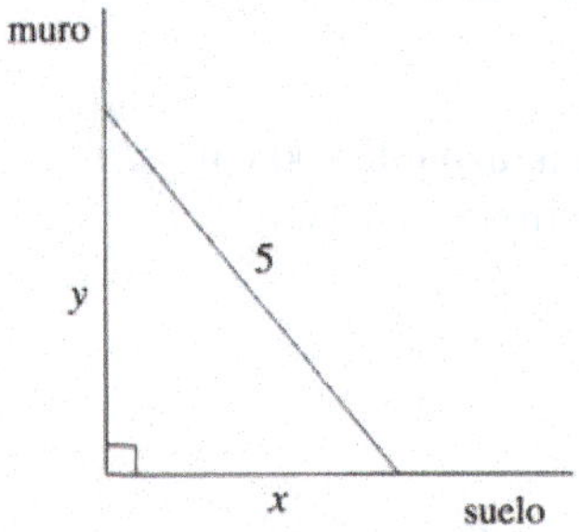

FIGURA 1

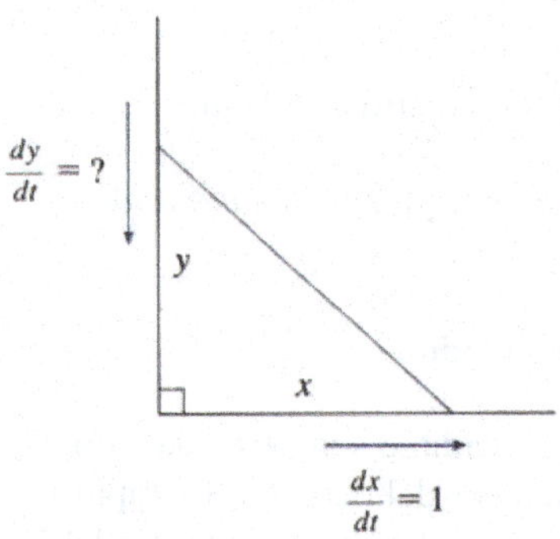

FIGURA 2

EJEMPLO 2 Una escalera de 5 m de largo está apoyada contra un muro vertical. Si la parte inferior de la escalera se desliza alejándose de la pared a razón de 1 m/s, ¿qué tan rápido la parte superior de la escalera resbala hacia abajo por la pared cuando la parte inferior de la escalera está a 3 m del muro?

SOLUCIÓN Primero dibuje un esquema y etiquete los datos como se muestra en la figura 1. Sea x metros la distancia desde la parte inferior de la escalera al muro y y metros la distancia desde la parte superior de la escalera al piso. Observe que x y y son funciones de t (tiempo medido en segundos).

Se sabe que $dx/dt = 1$ m/s, y se pide determinar dy/dt cuando $x = 3$ m (véase la figura 2). En este problema, la relación entre x y y está dada por el teorema de Pitágoras:

$$x^2 + y^2 = 25$$

Al derivar con respecto a t ambos miembros usando la regla de la cadena se tiene

$$2x\frac{dx}{dt} + 2y\frac{dy}{dt} = 0$$

y al resolver esta ecuación para determinar la rapidez deseada, se obtiene

$$\frac{dy}{dt} = -\frac{x}{y}\frac{dx}{dt}$$

Cuando $x = 3$, el teorema de Pitágoras da $y = 4$ y al sustituir estos valores y $dx/dt = 1$, se tiene

$$\frac{dy}{dt} = -\frac{3}{4}(1) = -\frac{3}{4}\text{ m/s}$$

El hecho de que dy/dt sea negativa quiere decir que la distancia desde la parte superior de la escalera al suelo está *decreciendo* a razón de $\frac{3}{4}$ m/s. En otras palabras, la parte superior de la escalera se resbala hacia abajo de la pared a razón de $\frac{3}{4}$ m/s. ■

EJEMPLO 3 Un depósito para agua tiene la forma de un cono circular invertido; el radio de la base es de 2 m, y la altura es de 4 m. Si el agua se bombea hacia el depósito a razón de 2 m³/min, determine la rapidez a la cual el nivel del agua sube cuando el agua tiene 3 m de profundidad.

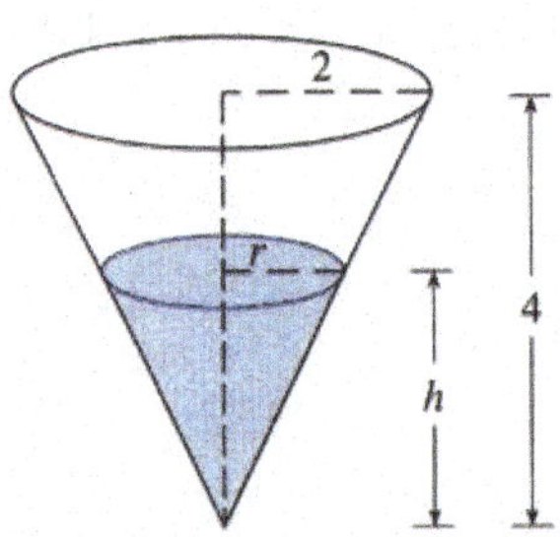

FIGURA 3

SOLUCIÓN Primero trace un diagrama del cono y denote la información como en la figura 3. Sean V, r y h el volumen del agua, el radio de la superficie circular y la altura al tiempo t, respectivamente, donde t se mide en minutos.

Dan $dV/dt = 2$ m³/min, y se nos pide determinar dh/dt cuando h es 3 m. Las cantidades V y h se relacionan con la ecuación

$$V = \frac{1}{3}\pi r^2 h$$

pero es muy útil expresar V en función solo de h. Para eliminar r, utilice los triángulos semejantes en la figura 3 para escribir

$$\frac{r}{h} = \frac{2}{4} \qquad r = \frac{h}{2}$$

y la expresión para V se vuelve

$$V = \frac{1}{3}\pi\left(\frac{h}{2}\right)^2 h = \frac{\pi}{12}h^3$$

Ahora se puede derivar cada miembro respecto a t:

$$\frac{dV}{dt} = \frac{\pi}{4}h^2\frac{dh}{dt}$$

Por lo que

$$\frac{dh}{dt} = \frac{4}{\pi h^2}\frac{dV}{dt}$$

Al sustituir $h = 3$ m y $dV/dt = 2\ \text{m}^3/\text{min}$ se tiene que

$$\frac{dh}{dt} = \frac{4}{\pi(3)^2}\cdot 2 = \frac{8}{9\pi}$$

SP Reflexione: ¿qué ha aprendido de los ejemplos 1 a 3 que lo ayude a resolver problemas futuros?

El nivel del agua está subiendo a razón de $8/(9\pi)) \approx 0.28$ m/min. ■

ADVERTENCIA un error común es sustituir la información numérica conocida (por cantidades que varían con el tiempo) muy pronto. La sustitución se efectúa solo *después* de que se deriva. (El paso 7 sigue al paso 6.) Es decir, en el ejemplo 3 se tratan valores generales de h hasta que al último se sustituye $h = 3$ en la última etapa. (Si hubiera sustituido $h = 3$ desde antes, se habría obtenido $dV/dt = 0$, lo cual es evidentemente erróneo.)

Estrategia de resolución de problemas Es útil recordar algunos de los principios para la resolución de problemas que se encuentran en la página 71 y adaptarlos a las razones de cambio relacionadas, luego de la experiencia en los ejemplos 1-3:

1. Lea con cuidado el problema.
2. Si es posible, dibuje un diagrama.
3. Introduzca la notación. Asigne símbolos a todas las cantidades que están en función del tiempo.
4. Exprese la información dada y la razón requerida en términos de derivadas.
5. Escriba una ecuación que relacione las diferentes cantidades del problema. Si es necesario, utilice las propiedades geométricas de la situación para eliminar una de las variables por sustitución (como en el ejemplo 3).
6. Utilice la regla de la cadena para derivar respecto a t ambos miembros de la ecuación.
7. Sustituya la información dada en la ecuación resultante y resuelva para la razón de cambio desconocida.

Los ejemplos siguientes son ilustraciones adicionales de la estrategia.

EJEMPLO 4 El automóvil A se dirige hacia el oeste a 90 km/h y el automóvil B viaja hacia el norte a 100 km/h. Ambos se dirigen hacia la intersección de las dos carreteras. ¿Con qué rapidez se aproximan los vehículos entre sí cuando el automóvil A está a 60 m y el automóvil B está a 80 m de la intersección?

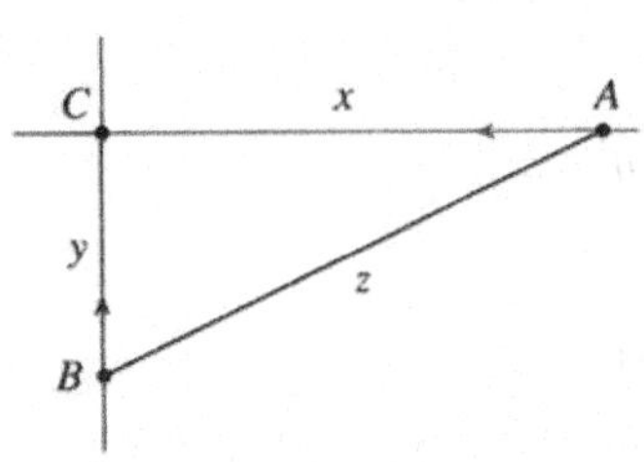

FIGURA 4

SOLUCIÓN Dibuje la figura 4, donde C es la intersección de las carreteras. En un tiempo dado t, sea x la distancia entre el automóvil A a C, sea y la distancia del automóvil B a C y sea z la distancia entre los vehículos, donde x, y y z se miden en kilómetros.

Dan que $dx/dt = -90$ km/h y $dy/dt = -100$ km/h. Las derivadas son negativas porque x y y son decrecientes. Se pide calcular dz/dt. La ecuación que relaciona x, y y z la da el teorema de Pitágoras:

$$z^2 = x^2 + y^2$$

Al derivar ambos lados respecto a t, se tiene

$$2z\frac{dz}{dt} = 2x\frac{dx}{dt} + 2y\frac{dy}{dt}$$

$$\frac{dz}{dt} = \frac{1}{z}\left(x\frac{dx}{dt} + y\frac{dy}{dt}\right)$$

Cuando $x = 0.06$ km y $y = 0.08$ km, el teorema de Pitágoras da $z = 0.1$ km, por lo que

$$\frac{dz}{dt} = \frac{1}{0.1}[0.06(-90) + 0.08(-100)]$$

$$= -134 \text{ km/h}$$

Los autos se aproximan entre sí a razón de 134 km/h. ■

EJEMPLO 5 Un hombre camina a lo largo de una trayectoria recta a una rapidez de 1.5 m/s. Un faro está situado al nivel de la tierra a 6 m de la trayectoria y se mantiene enfocado hacia el hombre. ¿Con qué rapidez el faro gira cuando el hombre está a 8 m del punto sobre la trayectoria más cercana a la fuente de luz?

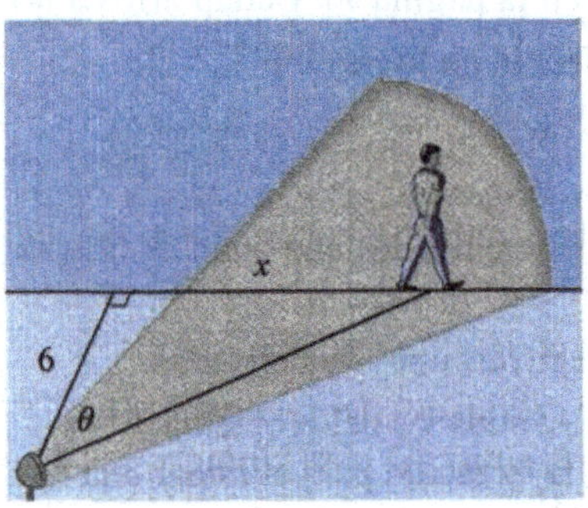

FIGURA 5

SOLUCIÓN Trace la figura 5 y haga que x sea la distancia desde el hombre hasta el punto sobre la trayectoria que esté más cercana al faro. Sea θ el ángulo entre el rayo desde el faro y la perpendicular a la trayectoria.

Se sabe que $dx/dt = 1.5$ m/s, y se pide calcular $d\theta/dt$ cuando $x = 8$. La ecuación que relaciona x con θ se puede escribir a partir de la figura 5:

$$\frac{x}{6} = \tan\theta \qquad x = 6\tan\theta$$

Al derivar respecto a t ambos miembros, se obtiene

$$\frac{dx}{dt} = 6\sec^2\theta\,\frac{d\theta}{dt}$$

por lo que
$$\frac{d\theta}{dt} = \frac{1}{6}\cos^2\theta\,\frac{dx}{dt}$$

$$= \frac{1}{6}\cos^2\theta\,(1.5) = \frac{1}{4}\cos^2\theta$$

Cuando $x = 8$, la longitud del rayo es 10, por lo que $\cos\theta = \frac{3}{5}$ y

$$\frac{d\theta}{dt} = \frac{1}{4}\left(\frac{3}{5}\right)^2 = \frac{9}{100} = 0.09$$

El faro gira con una rapidez de 0.09 rad/s. ■

3.9 EJERCICIOS

1. Si V es el volumen de un cubo con arista x, y el cubo se expande conforme pasa el tiempo, exprese dV/dt en términos de dx/dt.

2. (a) Si A es el área de un círculo cuyo radio es r, y el círculo se expande conforme pasa el tiempo, exprese dA/dt en términos de dr/dt.
(b) Suponga que se derrama aceite de un depósito agrietado y que se extiende siguiendo un patrón circular. Si el radio del derrame de aceite se incrementa con una rapidez constante de 1 m/s, ¿qué tan rápido se incrementa el área del derrame cuando el radio es de 30 m?

3. Cada lado de un cuadrado se incrementa a razón de 6 cm/s. ¿Con qué rapidez se incrementa el área del cuadrado cuando su área es de 16 cm^2?

4. El largo de un rectángulo se incrementa a razón de 8 cm/s y el ancho a razón de 3 cm/s. Cuando el largo es 20 cm y el ancho es 10 cm, ¿qué tan rápido se incrementa el área del rectángulo?

5. Un tanque cilíndrico con 5 m de radio se está llenando con agua a razón de 3 m^3/min. ¿Qué tan rápido se incrementa la altura del agua?

6. El radio de una esfera se incrementa a razón de 4 mm/s. ¿Qué tan rápido se incrementa el volumen cuando el diámetro es de 80 mm?

7. El radio de una pelota esférica está aumentando a razón de 2 cm/min. ¿Con qué velocidad está aumentando la superficie de la pelota cuando el radio es de 8 cm?

8. El área de un triángulo con lados de longitudes a y b y ángulo contenido θ es

$$A = \tfrac{1}{2}ab \operatorname{sen} \theta$$

(a) Si $a = 2$ cm, $b = 3$ cm, y θ aumenta a un ritmo de 0.2 rad/min, ¿qué tan rápido aumenta el área cuando $\theta = \pi/3$?
(b) Si $a = 2$ cm, b aumenta a razón de 1.5 cm/min, θ aumenta a razón de 0.2 rad/min, ¿qué tan rápido aumenta el área cuando $b = 3$ cm y $\theta = \pi/3$?
(c) Si a aumenta a razón de 2.5 cm/min, b aumenta a razón de 1.5 cm/min y θ aumenta a razón de 0.2 rad/min, ¿qué tan rápido está aumentando el área cuando $a = 2$ cm, $b = 3$ cm y $\theta = \pi/3$?

9. Suponga que $y = \sqrt{2x + 1}$, donde x y y son funciones de t.
(a) Si $dx/dt = 3$, encuentre dy/dt cuando $x = 4$.
(b) Si $dy/dt = 5$, encuentre dx/dt cuando $x = 12$.

10. Suponga que $4x^2 + 9y^2 = 36$, donde x y y son funciones de t.
(a) Si $dy/dt = \frac{1}{3}$, encuentre dx/dt cuando $x = 2$ y $y = \frac{2}{3}\sqrt{5}$.
(b) Si $dx/dt = 3$, encuentre dy/dt cuando $x = -2$ y $y = \frac{2}{3}\sqrt{5}$.

11. Si $x^2 + y^2 + z^2 = 9$, $dx/dt = 5$ y $dy/dt = 4$, encuentre dz/dt cuando $(x, y, z) = (2, 2, 1)$.

12. Una partícula se desplaza a lo largo de la hipérbola $xy = 8$. Cuando alcanza el punto $(4, 2)$, la coordenada y disminuye con una rapidez de 3 cm/s. ¿Qué tan rápido cambia la coordenada x del punto en movimiento en ese instante?

13–16
(a) ¿Qué cantidades se conocen en el problema?
(b) ¿Qué cantidades se desconocen?
(c) Trace un diagrama de la situación para cualquier tiempo t.
(d) Plantee una ecuación que relacione las cantidades.
(e) Termine de resolver el problema.

13. Un avión vuela horizontalmente a una altitud de 2 km y a una rapidez de 800 km/h y pasa directamente sobre una estación de radar. Calcule la rapidez con la que aumenta la distancia desde el avión a la estación cuando este se encuentra a 3 km de la estación.

14. Si una bola de nieve se derrite de tal modo que el área superficial disminuye a razón de 1 cm^2/min, calcule la rapidez con la que disminuye el diámetro cuando es 10 cm.

15. Una lámpara está instalada en lo alto de un poste de 6 m de altura. Un hombre de 2 m de estatura se aleja caminando desde el poste con una rapidez de 1.5 m/s a lo largo de una trayectoria rectilínea. ¿Qué tan rápido se desplaza la punta de su sombra cuando el hombre está a 10 m del poste?

16. A mediodía, un barco A está a 150 km al oeste del barco B. El barco A navega hacia el este a 35 km/h y el barco B navega hacia el norte a 25 km/h. ¿Qué tan rápido cambia la distancia entre los barcos a las 16:00?

---

17. Dos automóviles parten desde el mismo punto. Uno se dirige hacia el sur a 30 km/h y el otro hacia el oeste a 72 km/h. ¿Con qué rapidez se incrementa la distancia entre los automóviles dos horas después?

18. Un foco sobre el piso ilumina una pared a 12 m de distancia. Si un hombre de 2 m de estatura camina desde el foco hacia el edificio a una rapidez de 1.6 m/s, ¿qué tan rápido disminuye la longitud de su sombra sobre la pared cuando está a 4 m del edificio?

19. Un hombre empieza a caminar hacia el norte a 1.2 m/s desde un punto P. Cinco minutos más tarde, una mujer empieza a caminar hacia el sur a 1.6 m/s desde un punto a 200 m directo al este de P. ¿Con qué rapidez se están separando las personas 15 min después de que la mujer empezó a caminar?

20. Un diamante de béisbol es un cuadrado de 90 pies por lado. Un bateador golpea la pelota y corre hacia la primera base con una rapidez de 24 pies/s.
(a) ¿Con qué rapidez decrece su distancia desde la segunda base cuando está a medio camino de la primera base?
(b) ¿Con qué rapidez se incrementa su distancia desde la tercera base en el mismo momento?

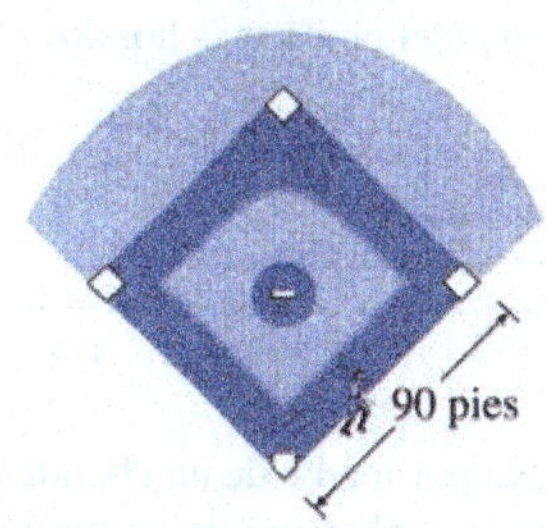

21. La altura de un triángulo se incrementa a razón de 1 cm/min, mientras que el área del triángulo aumenta a razón de 2 cm^2/min. ¿Con qué rapidez cambia la base del triángulo cuando la altura es de 10 cm y el área es de 100 cm^2?

22. Un bote se jala hacia un muelle mediante una soga unida a la proa y que pasa por una polea que se encuentra instalada en el muelle a 1 m más arriba que la proa del bote. Si la soga se jala a una rapidez de 1 m/s, ¿qué tan rápido se aproxima el bote al muelle cuando se encuentra a 8 m?

23. A mediodía, el barco A está a 100 km al oeste del barco B. El barco A se dirige hacia el sur a 35 km/h, y el barco B va hacia el norte a 25 km/h. ¿Qué tan rápido cambia la distancia entre los barcos a las 16:00?

24. Una partícula se desplaza a lo largo de la curva $y = 2\,\text{sen}(\pi x/2)$. Cuando la partícula pasa por el punto $\left(\frac{1}{3}, 1\right)$, su coordenada x se incrementa a razón de $\sqrt{10}$ cm/s. ¿Qué tan rápido cambia la distancia desde la partícula al origen en este instante?

25. El agua sale de un depósito en forma de cono invertido a razón de 10 000 cm^3/min al mismo tiempo que se bombea agua al depósito a razón constante. El depósito mide 6 m de altura, y el diámetro en la parte superior es de 4 m. Si el nivel del agua se eleva a razón de 20 cm/min cuando la altura del agua es de 2 m, calcule la razón a la cual el agua está siendo bombeada hacia el tanque.

26. Se tiene un canal de 6 m de largo con extremos en forma de triángulos isósceles que están a 1 m en la parte superior y tiene una altura de 50 cm. Si el canal se está llenando de agua a razón de 1.2 m^3/min, ¿qué tan rápido está aumentando el nivel del agua cuando se encuentra a 30 cm de profundidad?

27. Un canal de agua tiene 10 m de longitud y una sección transversal en forma de un trapecio isósceles con 30 cm de ancho en la parte inferior, 80 cm de ancho en la parte superior, y una altura de 50 cm. Si el canal se llena con agua a razón de 0.2 m^3/min, ¿qué tan rápido está aumentando el nivel del agua cuando se encuentra a 30 cm de profundidad?

28. Una piscina mide 5 m de ancho, 10 m de largo, 1 m de profundidad en el extremo de poco fondo y 3 m de profundidad en la parte más honda. En la figura se muestra una sección transversal de la piscina. Si esta se está llenando a razón de 0.1 m^3/min, ¿qué tan rápido sube el nivel del agua cuando tiene 1 m en el punto más hondo?

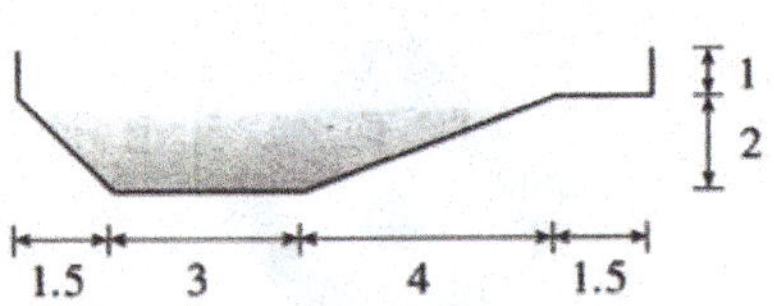

29. Se descarga grava por medio de una banda transportadora a razón de 3 m^3/min, y el grosor de granos es tal que forma una pila en forma de cono cuyo diámetro y altura son siempre iguales. ¿Qué tan rápido se incrementa la altura de la pila cuando esta mide 3 m de alto?

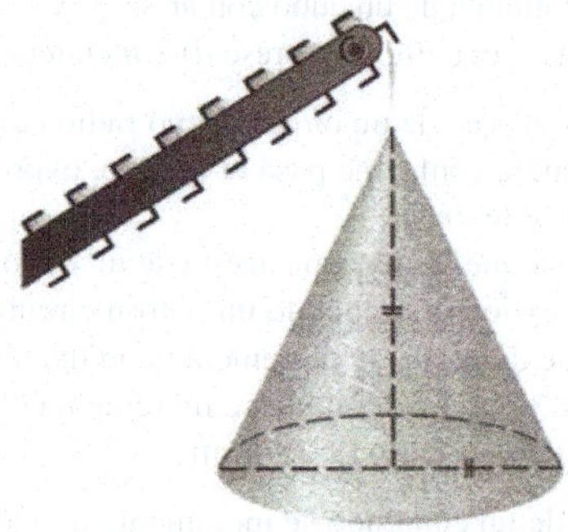

30. Un papalote que está a 50 m arriba de la superficie de la tierra se desplaza en forma horizontal a una rapidez de 2 m/s. ¿Con qué rapidez disminuye el ángulo entre la cuerda y la horizontal cuando se han soltado 100 m de cuerda?

31. Los lados de un triángulo equilátero están aumentando a razón de 10 cm/min. ¿Con qué rapidez aumenta el área del triángulo cuando los lados tienen un largo de 30 cm?

32. ¿Con qué rapidez cambia el ángulo entre el muro y la escalera en el ejemplo 2, cuando la parte inferior de la escalera está a 3 m del muro?

33. La parte superior de una escalera se desliza por una pared con una rapidez vertical de 0.15 m/s. En el momento en que la parte inferior de la escalera está a 3 m de la pared, se desliza alejándose de esta con una rapidez de 0.2 m/s. ¿Cuál es la longitud de la escalera?

34. De acuerdo con el modelo que utilizamos para resolver el ejemplo 2, ¿qué pasa conforme la parte superior de la escalera se acerca al suelo? ¿Es adecuado el modelo para valores pequeños de y?

35. Si el minutero de un reloj tiene longitud r (en centímetros), encuentre la rapidez con la que barre el área en función de r.

36. Un grifo está llenando un recipiente hemisférico de 60 cm de diámetro, a razón de 2 L/min. Encuentre la rapidez a la que está aumentando el agua en el recipiente cuando está medio lleno. [Utilice los hechos: 1 L es 1000 cm^3. El volumen de la parte de una esfera con radio r desde la parte inferior a una altura h es $V = \pi\left(rh^2 - \frac{1}{3}h^3\right)$, como se demostrará en el capítulo 6.]

37. La ley de Boyle establece que, cuando una muestra de gas se comprime a temperatura constante, la presión P y el volumen V satisfacen la ecuación $PV = C$, donde C es una constante. Suponga que en un cierto instante el volumen es de 600 cm^3, la presión es de 150 kPa y que la presión se incrementa a razón de 20 kPa/min ¿Con qué rapidez disminuye el volumen en ese instante?

38. Cuando el aire se expande en forma adiabática (no gana ni pierde calor), su presión P y su volumen V se relacionan mediante la ecuación $PV^{1.4} = C$, donde C es una constante. Suponga que en un cierto instante el volumen es 400 cm^3 y que la presión es 80 kPa y está disminuyendo a razón de 10 kPa/min. ¿Con qué rapidez aumenta el volumen en este instante?

39. Si se conectan dos resistencias R_1 y R_2 en paralelo, como se muestra en la figura, entonces la resistencia total R, medida en ohms (Ω) está dada por

$$\frac{1}{R} = \frac{1}{R_1} + \frac{1}{R_2}$$

Si R_1 y R_2 se incrementan a razón de 0.3 Ω/s y 0.2 Ω/s, respectivamente, ¿qué tan rápido cambia R cuando $R_1 = 80$ Ω y $R_2 = 100$ Ω?

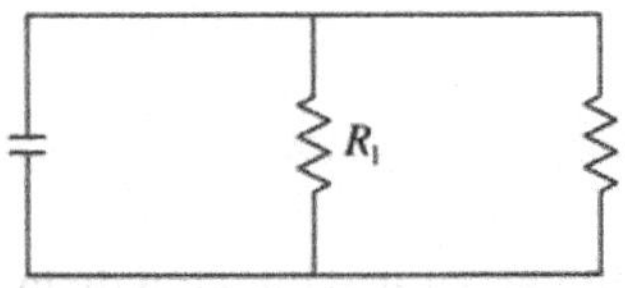

40. El peso B del cerebro en función del peso del cuerpo W en los peces se ha modelado mediante la función potencia $B = 0.007W^{2/3}$, donde B y W se dan en gramos. Un modelo para el peso corporal en función de la longitud del cuerpo L (medido en centímetros), es $W = 0.12L^{2.53}$. Si en 10 millones de años la longitud promedio de ciertas especies de peces evolucionaron de 15 a 20 cm a rapidez constante, ¿qué tan rápido creció el cerebro de estas especies cuando la longitud promedio era de 18 cm?

41. Los lados de un triángulo tienen longitudes de 12 y 15 m. El ángulo entre ellos se incrementa a razón de 2°/min. ¿Qué tan rápido se incrementa la longitud del tercer lado cuando el ángulo entre los lados de longitud fija es de 60°?

42. Dos carros A y B están conectados por medio de una soga de 12 m de longitud que pasa por una polea P (véase la figura). El punto Q está en el suelo a 4 m directamente abajo de P y entre los carros. El carro A es jalado a partir de Q a una rapidez de 0.5 m/s. ¿Qué tan rápido se mueve el carro B hacia Q en el instante en que el carro A está a 3 m de Q?

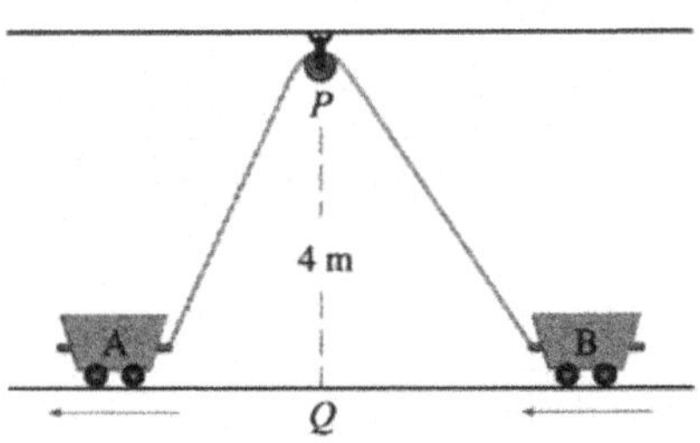

43. Una cámara de televisión se instala a 1200 m de la base de una plataforma de lanzamiento de cohetes. El ángulo de elevación de la cámara tiene que cambiar con la rapidez correcta con el objeto de tener siempre a la vista al cohete. Asimismo, el mecanismo de enfoque de la cámara tiene que tomar en cuenta la distancia creciente de la cámara al cohete que se eleva. Suponga que el cohete se eleva verticalmente y que su rapidez es 200 m/s cuando se ha elevado 900 m.

(a) ¿Qué tan rápido cambia la distancia de la cámara de televisión al cohete en ese momento?

(b) Si la cámara de televisión se mantiene dirigida hacia el cohete, ¿qué tan rápido cambia el ángulo de elevación de la cámara en ese momento?

44. Un faro se localiza en una pequeña isla a 3 km de distancia del punto P más cercano que se encuentra en una playa recta, y su luz da cuatro revoluciones por minuto. ¿Qué tan rápido se mueve el haz de luz a lo largo de la playa cuando está a 1 km de P?

45. Un avión vuela horizontalmente a una altitud de 5 km y pasa directamente sobre un telescopio de seguimiento en la superficie de la Tierra. Cuando el ángulo de elevación es $\pi/3$, este ángulo está disminuyendo a razón de $\pi/6$ rad/min. ¿Con qué rapidez está viajando el avión en ese instante?

46. Una rueda de la fortuna de 10 m de radio está girando a razón de una revolución cada 2 min. ¿Qué tan rápido se está elevando un pasajero cuando su silla está a 16 m del nivel del suelo?

47. Un avión que vuela con rapidez constante de 300 km/h pasa sobre una estación terrestre de radar a una altitud de 1 km y se eleva con un ángulo de 30°. ¿Con qué rapidez se incrementa la distancia del avión a la estación de radar un minuto más tarde?

48. Dos personas parten del mismo punto. Una camina hacia el este a 4 km/h, y la otra camina hacia el noreste a 2 km/h. ¿Qué tan rápido cambia la distancia entre las personas después de 15 minutos?

49. Un individuo corre por una pista circular de 100 m de radio a una rapidez constante de 7 m/s. Un amigo del corredor está parado a una distancia de 200 m del centro de la pista. ¿Qué tan rápido cambia la distancia entre los amigos cuando la distancia entre ellos es de 200 m?

50. La manecilla de los minutos de un reloj mide 8 mm de largo y la manecilla de las horas mide 4 mm de largo. ¿Qué tan rápido cambia la distancia entre las puntas de las manecillas cuando es 13:00?

3.10 Aproximaciones lineales y diferenciales

Se ha visto que una curva se encuentra muy cerca de su recta tangente cerca del punto de tangencia. De hecho, al realizar un acercamiento hacia el punto en la gráfica de una función derivable, se observa que la gráfica se parece cada vez más a su recta tangente. (Véase la figura 2.7.2.) Esta observación es la base de un método para determinar valores aproximados de funciones.

La idea es que puede resultar fácil calcular un valor $f(a)$ de una función, pero difícil (o aun imposible) calcular valores cercanos de f. Por tanto, se recurre a los valores

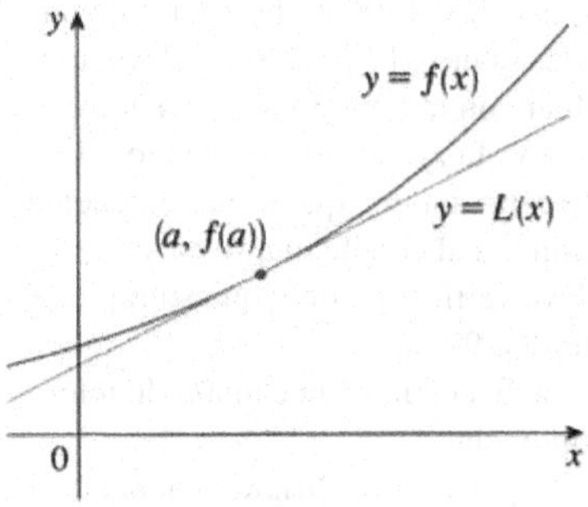

FIGURA 1

calculados fácilmente de la función lineal L cuya gráfica es la recta tangente de f en $(a, f(a))$. (Véase la figura 1.)

En otras palabras, se utiliza la recta tangente en $(a, f(a))$ como una aproximación a la curva $y = f(x)$ cuando x está cerca de a. Una ecuación para la recta tangente es

$$y = f(a) + f'(a)(x - a)$$

y la aproximación

$$\boxed{1} \qquad \boxed{f(x) \approx f(a) + f'(a)(x - a)}$$

se conoce con el nombre de **aproximación lineal** o **aproximación de la recta tangente** de f en a. A la función lineal cuya gráfica es esta recta tangente, es decir,

$$\boxed{2} \qquad \boxed{L(x) = f(a) + f'(a)(x - a)}$$

se le llama **linealización** de f en a.

EJEMPLO 1 Encuentre la linealización de la función $f(x) = \sqrt{x + 3}$ en $a = 1$ y úsela para obtener una aproximación de los números $\sqrt{3.98}$ y $\sqrt{4.05}$. ¿Estas aproximaciones son sobreestimaciones o subestimaciones?

SOLUCIÓN La derivada de $f(x) = (x + 3)^{1/2}$ es

$$f'(x) = \tfrac{1}{2}(x + 3)^{-1/2} = \frac{1}{2\sqrt{x + 3}}$$

y se tiene que $f(1) = 2$ y $f'(1) = \frac{1}{4}$. Si se sustituyen estos valores en la ecuación 2, se observa que la linealización es

$$L(x) = f(1) + f'(1)(x - 1) = 2 + \tfrac{1}{4}(x - 1) = \frac{7}{4} + \frac{x}{4}$$

La aproximación lineal correspondiente (1) es

$$\sqrt{x + 3} \approx \frac{7}{4} + \frac{x}{4} \qquad \text{(cuando } x \text{ está cerca de 1)}$$

En particular, se tiene que

$$\sqrt{3.98} \approx \tfrac{7}{4} + \tfrac{0.98}{4} = 1.995 \qquad \text{y} \qquad \sqrt{4.05} \approx \tfrac{7}{4} + \tfrac{1.05}{4} = 2.0125$$

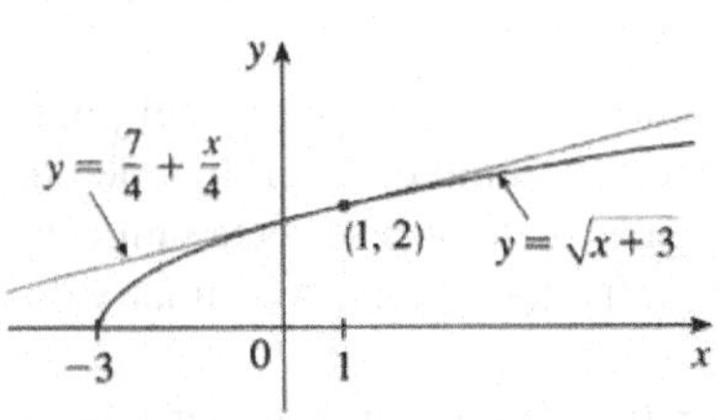

FIGURA 2

En la figura 2 se ilustra la aproximación lineal. En ella se observa que, en efecto, la recta tangente es una buena aproximación a la función dada cuando x está cerca de 1. También se observa que las aproximaciones son sobreestimaciones porque la recta tangente se encuentra por arriba de la curva.

Por supuesto, una calculadora podría dar aproximaciones para $\sqrt{3.98}$ y $\sqrt{4.05}$, pero la aproximación lineal da una aproximación *sobre todo un intervalo*. ■

En la tabla siguiente se comparan las estimaciones de la aproximación lineal del ejemplo 1 con los valores reales. Observe en esta tabla, y también en la figura 2, que la aproximación con la recta tangente da buenas estimaciones cuando x está cerca de 1, pero la precisión de la aproximación disminuye cuando x está más lejos de 1.

	x	De $L(x)$	Valor real
$\sqrt{3.9}$	0.9	1.975	1.97484176. . .
$\sqrt{3.98}$	0.98	1.995	1.99499373. . .
$\sqrt{4}$	1	2	2.00000000. . .
$\sqrt{4.05}$	1.05	2.0125	2.01246117. . .
$\sqrt{4.1}$	1.1	2.025	2.02484567. . .
$\sqrt{5}$	2	2.25	2.23606797. . .
$\sqrt{6}$	3	2.5	2.44948974. . .

¿Qué tan buena es la aproximación obtenida en el ejemplo 1? El ejemplo siguiente muestra que usando una calculadora graficadora o una computadora es posible determinar un intervalo a lo largo del cual una aproximación lineal proporciona una precisión específica.

EJEMPLO 2 ¿Para cuáles valores de x la aproximación lineal

$$\sqrt{x+3} \approx \frac{7}{4} + \frac{x}{4}$$

es exacta con una diferencia menor que 0.5? ¿Qué puede decir de una exactitud con una diferencia menor que 0.1?

SOLUCIÓN Una exactitud con una diferencia menor que 0.5 significa que las funciones deben diferir en menos de 0.5:

$$\left| \sqrt{x+3} - \left(\frac{7}{4} + \frac{x}{4} \right) \right| < 0.5$$

De modo equivalente, se podría escribir

$$\sqrt{x+3} - 0.5 < \frac{7}{4} + \frac{x}{4} < \sqrt{x+3} + 0.5$$

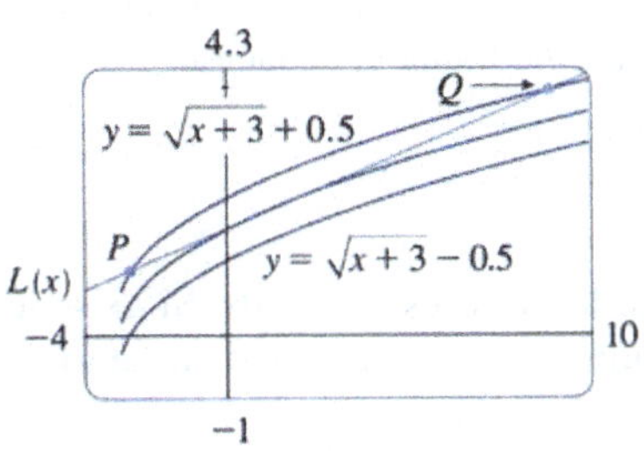

FIGURA 3

Esto expresa que la aproximación lineal debe encontrarse entre las curvas que se obtienen al desplazar la curva $y = \sqrt{x+3}$ hacia arriba y hacia abajo en una cantidad de 0.5. En la figura 3 se muestra la recta tangente $y = (7 + x)/4$ que interseca la curva superior $y = \sqrt{x+3} + 0.5$ en P y Q. Al hacer un acercamiento y usar el cursor, en la computadora se estima que la coordenada x de P se aproxima a -2.66, y la coordenada x de Q es más o menos 8.66. Así, con base en la gráfica, la aproximación

$$\sqrt{x+3} \approx \frac{7}{4} + \frac{x}{4}$$

es exacta con una diferencia menor que 0.5 cuando $-2.6 < x < 8.6$. (Se ha redondeado para quedar dentro del margen de seguridad.)

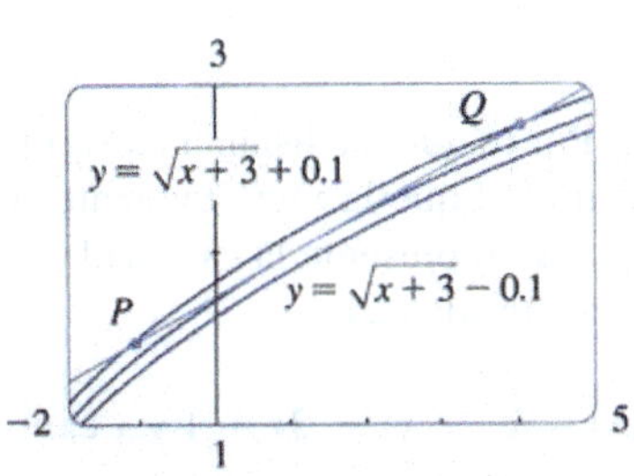

FIGURA 4

De manera análoga, en la figura 4 se observa que la aproximación es exacta con una diferencia menor que 0.1 cuando $-1.1 < x < 3.9$. ■

■ Aplicaciones en física

Las aproximaciones lineales se usan con frecuencia en la física. Al analizar las consecuencias de una ecuación, a veces un físico necesita simplificar una función sustituyéndola con una aproximación lineal. Por ejemplo, al derivar una fórmula para el periodo de un péndulo, los libros de texto de física obtienen la expresión $a_T = -g \operatorname{sen}\theta$ para la aceleración tangencial, y luego sustituyen sen θ por θ haciendo la observación de que sen θ está muy cerca de θ si no es demasiado grande. [Véase, por ejemplo, *Physics: Calculus*, 2a. ed., por Eugene Hecht (Pacific Grove, CA: Brooks/Cole, 2000), p. 431.] Se puede comprobar que la linealización de la función $f(x) = \operatorname{sen} x$ en $a = 0$ es $L(x) = x$, de manera que la aproximación lineal en 0 es

$$\operatorname{sen} x \approx x$$

(véase el ejercicio 42). Por lo que, en efecto, la derivación de la fórmula para el período de un péndulo utiliza la aproximación a la recta tangente para la función seno.

Otro ejemplo se presenta en la teoría de la óptica, donde los rayos de luz que llegan con ángulos bajos en relación con el eje óptico se llaman *rayos paraxiales*. En la óptica paraxial (o gaussiana) tanto sen θ como cos θ se sustituyen con sus linealizaciones. En otras palabras, las aproximaciones lineales

$$\operatorname{sen}\theta \approx \theta \qquad \text{y} \qquad \cos\theta \approx 1$$

se utilizan porque θ está cerca de 0. Los resultados de los cálculos que se efectúan con estas aproximaciones se convierten en la herramienta teórica básica que se utiliza para diseñar lentes. [Véase *Optics*, 4a. ed., por Eugene Hecht (San Francisco: 2002), p. 154.]

En la sección 11.11 aparecen varias aplicaciones de la idea de aproximación lineal a la física e ingeniería.

Diferenciales

Las ideas detrás de las aproximaciones lineales se formulan en ocasiones en la terminología y la notación de diferenciales. Si $y = f(x)$, donde f es una función derivable, entonces la **diferencial** dx es una variable independiente; esto es, dx es cualquier número real. La **diferencial** dy es entonces definida en términos de dx mediante la ecuación

$$\boxed{3} \qquad dy = f'(x)\,dx$$

Si $dx \neq 0$, se puede dividir ambos lados de la ecuación 3 entre dx para obtener

$$\frac{dy}{dx} = f'(x)$$

Antes ha visto ecuaciones similares, pero ahora el lado izquierdo se puede interpretar en forma genuina como un cociente de diferenciales.

Por lo que dy es una variable dependiente: depende de los valores de x y dx. Si dx se le da un valor específico, y x se considera como algún número específico en el dominio de f, entonces se determina el valor numérico de dy.

En la figura 5 se muestra el significado geométrico de los diferenciales. Sean $P(x, f(x))$ y $Q(x + \Delta x, f(x + \Delta x))$ puntos sobre la gráfica de f, y sea $dx = \Delta x$. El cambio correspondiente en y es

$$\Delta y = f(x + \Delta x) - f(x)$$

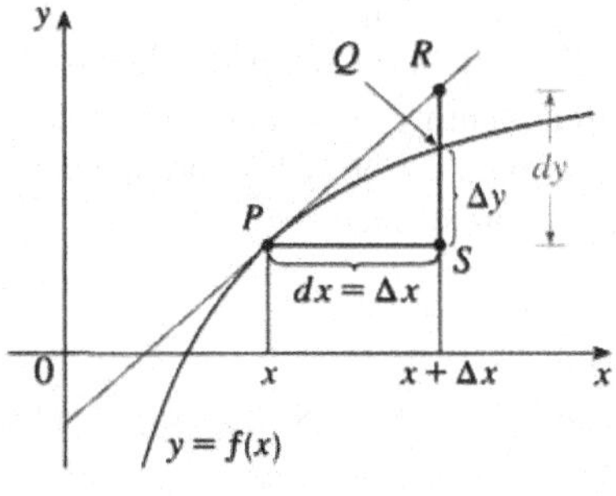

FIGURA 5

La pendiente de la recta tangente PR es la derivada $f'(x)$. Por lo que, la distancia dirigida de S a R es $f'(x)dx = dy$. Por tanto, dy representa la cantidad que la recta tangente se levanta o cae (el cambio en la linealización), mientras que Δy representa la cantidad que la curva $y = f(x)$ se levanta o cae cuando x cambia en una cantidad dx.

EJEMPLO 3 Compare los valores de Δy y dy si $y = f(x) = x^3 + x^2 - 2x + 1$ y x cambia (a) de 2 a 2.05 y (b) de 2 a 2.01.

SOLUCIÓN

(a) Se tiene que

$$f(2) = 2^3 + 2^2 - 2(2) + 1 = 9$$

$$f(2.05) = (2.05)^3 + (2.05)^2 - 2(2.05) + 1 = 9.717625$$

$$\Delta y = f(2.05) - f(2) = 0.717625$$

La figura 6 muestra la función del ejemplo 3 y una comparación de dy y Δy cuando $a = 2$. El rectángulo de vista es [1.8, 2.5] por [6, 18].

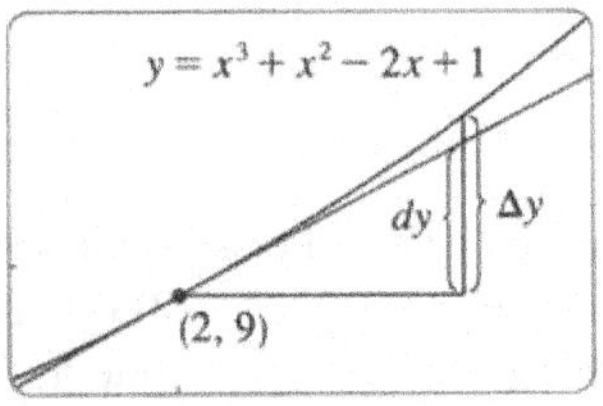

FIGURA 6

En general, $$dy = f'(x)\,dx = (3x^2 + 2x - 2)\,dx$$

Cuando $x = 2$ y $dx = \Delta x = 0.05$, esto se transforma en

$$dy = [3(2)^2 + 2(2) - 2]0.05 = 0.7$$

(b) $$f(2.01) = (2.01)^3 + (2.01)^2 - 2(2.01) + 1 = 9.140701$$

$$\Delta y = f(2.01) - f(2) = 0.140701$$

Cuando $dx = \Delta x = 0.01$,

$$dy = [3(2)^2 + 2(2) - 2]0.01 = 0.14$$ ■

Observe que, en el ejemplo 3, la aproximación $\Delta y \approx dy$ mejora a medida que Δx se hace más pequeña. Observe también que es más fácil calcular dy que Δy. En el caso de funciones más complicadas, sería imposible calcular exactamente Δy. En estos casos, la aproximación mediante diferenciales es especialmente útil.

En la notación de diferenciales, la aproximación lineal (1) se puede escribir como

$$f(a + dx) \approx f(a) + dy$$

Por ejemplo, para la función $f(x) = \sqrt{x + 3}$ del ejemplo 1, se tiene que

$$dy = f'(x)\,dx = \frac{dx}{2\sqrt{x + 3}}$$

Si $a = 1$ y $dx = \Delta x = 0.05$, entonces

$$dy = \frac{0.05}{2\sqrt{1 + 3}} = 0.0125$$

y $$\sqrt{4.05} = f(1.05) \approx f(1) + dy = 2.0125$$

igual a lo que encontró en el ejemplo 1.

Este ejemplo final ilustra el uso de diferenciales para estimar los errores que ocurren debido a mediciones aproximadas.

EJEMPLO 4 Se midió el radio de una esfera y se encontró que es 21 cm con un posible error en la medición de cuando mucho 0.05 cm. ¿Cuál es el error máximo al usar este valor del radio para calcular el volumen de la esfera?

SOLUCIÓN Si el radio de la esfera es r, entonces el volumen es $V = \frac{4}{3}\pi r^3$. Si el error en el valor medido de r se denota por medio de $dr = \Delta r$, entonces el error correspondiente en el valor calculado de V es ΔV, que se puede aproximar mediante el diferencial

$$dV = 4\pi r^2\,dr$$

Cuando $r = 21$ y $dr = 0.05$, esto se convierte en

$$dV = 4\pi(21)^2 0.05 \approx 277$$

El error máximo en el volumen calculado es de alrededor de 277 cm^3. ■

NOTA Si bien el posible error en el ejemplo 4 puede parecer bastante grande, el **error relativo** ofrece un mejor panorama del error; se calcula dividiendo el error entre el volumen total:

$$\frac{\Delta V}{V} \approx \frac{dV}{V} = \frac{4\pi r^2\, dr}{\frac{4}{3}\pi r^3} = 3\,\frac{dr}{r}$$

Por esto, el error relativo en el volumen es aproximadamente tres veces el error relativo en el radio. En el ejemplo 4, el error relativo en el radio es $dr/r = 0.05/21 \approx 0.0024$ y produce un error relativo de alrededor de 0.007 en el volumen. Los errores se pueden expresar asimismo como **errores de porcentaje** de 0.24% en el radio y 0.7% en el volumen.

3.10 EJERCICIOS

1–4 Encuentre la linealización $L(x)$ de la función en a.

1. $f(x) = x^3 - x^2 + 3, \quad a = -2$

2. $f(x) = \operatorname{sen} x, \quad a = \pi/6$

3. $f(x) = \sqrt{x}, \quad a = 4$

4. $f(x) = 2^x, \quad a = 0$

5. Encuentre la aproximación lineal a la función $f(x) = \sqrt{1 - x}$ en $a = 0$ y úsela para hacer una aproximación a los números $\sqrt{0.9}$ y $\sqrt{0.99}$. Ilustre trazando la gráfica de f y la recta tangente.

6. Encuentre la aproximación lineal de la función $g(x) = \sqrt[3]{1 + x}$ en $a = 0$ y utilícela para hacer una aproximación a los números $\sqrt[3]{0.95}$ y $\sqrt[3]{1.1}$. Ilustre trazando la gráfica de g y la recta tangente.

7–10 Compruebe la aproximación lineal dada en $a = 0$. Luego determine los valores de x para los cuales la aproximación lineal es exacta hasta un valor menor que 0.1.

7. $\ln(1 + x) \approx x$

8. $\tan x \approx x$

9. $1/(1 + 2x)^4 \approx 1 - 8x$

10. $e^x \cos x \approx 1 + x$

11–14 Obtenga la derivada de cada una de las funciones siguientes.

11. (a) $y = xe^{-4x}$ (b) $y = \sqrt{1 - t^4}$

12. (a) $y = \dfrac{1 + 2u}{1 + 3u}$ (b) $y = \theta^2 \operatorname{sen} 2\theta$

13. (a) $y = \tan \sqrt{t}$ (b) $y = \dfrac{1 - v^2}{1 + v^2}$

14. (a) $y = \ln(\operatorname{sen} \theta)$ (b) $y = \dfrac{e^x}{1 - e^x}$

15–18 (a) Encuentre la diferencial dy y (b) evalúe dy para los valores dados de x y dx en cada una de las funciones siguientes.

15. $y = e^{x/10}, \quad x = 0, \quad dx = 0.1$

16. $y = \cos \pi x, \quad x = \frac{1}{3}, \quad dx = -0.02$

17. $y = \sqrt{3 + x^2}, \quad x = 1, \quad dx = -0.1$

18. $y = \dfrac{x + 1}{x - 1}, \quad x = 2, \quad dx = 0.05$

19–22 Calcule Δy y dy para los valores dados de x y $dx = \Delta x$. Luego trace un diagrama como el de la figura 5 en el que se muestren los segmentos de recta con longitudes dx, dy y Δy.

19. $y = x^2 - 4x, \quad x = 3, \quad \Delta x = 0.5$

20. $y = x - x^3, \quad x = 0, \quad \Delta x = -0.3$

21. $y = \sqrt{x - 2}, \quad x = 3, \quad \Delta x = 0.8$

22. $y = e^x, \quad x = 0, \quad \Delta x = 0.5$

23–28 Utilice la aproximación lineal (o diferenciales) para estimar cada uno de los números dados.

23. $(1.999)^4$

24. $1/4.002$

25. $\sqrt[3]{1001}$

26. $\sqrt{100.5}$

27. $e^{0.1}$

28. $\cos 29°$

29–31 Explique, en términos de aproximaciones lineales o diferenciales, por qué es razonable la aproximación de cada uno de los números siguientes.

29. $\sec 0.08 \approx 1$

30. $\sqrt{4.02} \approx 2.005$

31. $\dfrac{1}{9.98} \approx 0.1002$

32. Sean $f(x) = (x - 1)^2$ $g(x) = e^{-2x}$

y $h(x) = 1 + \ln(1 - 2x)$

(a) Encuentre la linealización de f, g y h en $a = 0$. ¿Qué observa? ¿Cómo explica lo que sucedió?

(b) Trace la gráfica de f, g y h y su aproximación lineal. ¿Para cuál función es mejor la aproximación lineal? ¿Para cuál es peor? Explique.

33. Se encontró que la arista de un cubo es 30 cm, con un posible error en la medición de 0.1 cm. Utilice diferenciales para estimar el error máximo posible, el error relativo y el porcentaje de error al calcular (a) el volumen del cubo y (b) el área superficial del cubo.

34. Se da el radio de un disco circular como de 24 cm, con un error máximo en la medición de 0.2 cm.

(a) Utilice diferenciales para estimar el error máximo en el área calculada del disco.

(b) ¿Cuál es el error relativo? ¿Cuál es el porcentaje de error?

35. La circunferencia de una esfera se midió como 84 cm, con un posible error de 0.5 cm.

(a) Use diferenciales para calcular el error máximo en el área superficial calculada. ¿Cuál es el error relativo?

(b) Utilice diferenciales para calcular el error máximo en el volumen calculado. ¿Cuál es el error relativo?

36. Utilice diferenciales para estimar la cantidad de pintura necesaria para aplicar una mano de 0.05 cm de espesor a un domo hemisférico que tiene un diámetro de 50 m.

37. (a) Utilice diferenciales para determinar una fórmula para el volumen aproximado de un cascarón cilíndrico de altura h, radio interno r y espesor Δr.

(b) ¿Cuál es el error que hay al utilizar la fórmula del inciso (a)?

38. Se sabe que un lado de un triángulo rectángulo es de 20 cm de longitud, y se mide el ángulo opuesto como 30°, con un posible error de $\pm 1°$.

(a) Utilice diferenciales para estimar el error al calcular la longitud de la hipotenusa.

(b) ¿Cuál es el porcentaje de error?

39. Si una corriente I pasa a través de un resistor con resistencia R, la ley de Ohm establece que la caída de voltaje es $V = RI$. Si V es constante y R se mide con un cierto error, utilice diferenciales para demostrar que el cálculo de I es aproximadamente el mismo (en magnitud) que el error relativo en R.

40. Cuando la sangre fluye por un vaso sanguíneo, el flujo F (el volumen de sangre por unidad de tiempo que corre por un punto dado) es proporcional a la cuarta potencia del radio R del vaso sanguíneo:

$$F = kR^4$$

(Esta se conoce como ley de Poiseuille; en la sección 8.4 se muestra el porqué es verdadera.) Una arteria parcialmente obstruida se puede expandir por medio de una operación llamada angioplastia, en la cual un catéter provisto de un globo en la punta se infla dentro del vaso para ensancharlo y restituir el flujo sanguíneo normal.

Demuestre que el cambio relativo en F es alrededor de cuatro veces el cambio relativo en R. ¿Cómo afectará un aumento de 5% en el radio al flujo de sangre?

41. Establezca las reglas siguientes para trabajar con diferenciales (donde c es una constante y u y v son funciones de x).

(a) $dc = 0$ (b) $d(cu) = c\,du$

(c) $d(u + v) = du + dv$ (d) $d(uv) = u\,dv + v\,du$

(e) $d\left(\frac{u}{v}\right) = \frac{v\,du - u\,dv}{v^2}$ (f) $d(x^n) = nx^{n-1}dx$

42. En la página 431 de *Physics: Calculus*, 2a. ed., por Eugene Hecht (Pacific Grove, CA: Brooks/Cole, 2000), al derivar la fórmula $T = 2\pi\sqrt{L/g}$ para el período de un péndulo de longitud L, el autor obtiene la ecuación $a_T = -g \operatorname{sen} \theta$ para la aceleración tangencial del péndulo. Luego dice "para ángulos pequeños, el valor de θ en radianes está muy cerca del valor de sen θ; difieren menos que 2% hasta alrededor de 20°".

(a) Compruebe la aproximación lineal en 0 para la función seno:

$$\operatorname{sen} x \approx x$$

(b) Utilice un dispositivo graficador para determinar los valores de x para los cuales sen x y x difieren menos de 2%. Luego compruebe la afirmación de Hecht convirtiendo de radianes a grados.

43. Suponga que la única información acerca de una función f es que $f(1) = 5$ y la gráfica de su *derivada* es como se muestra.

(a) Use una aproximación lineal para estimar $f(0.9)$ y $f(1.1)$.

(b) ¿Sus estimaciones para el inciso (a) son demasiado grandes o demasiado pequeñas? Explique.

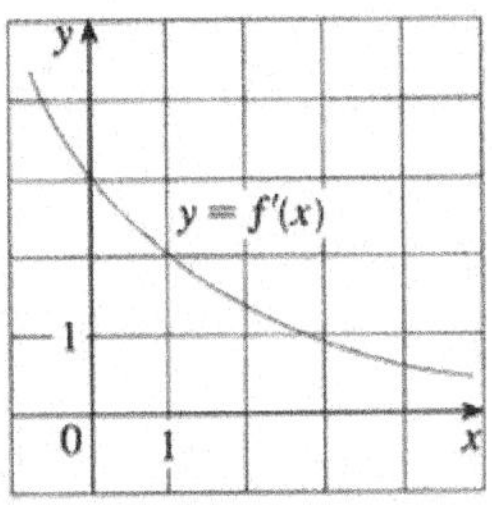

44. Suponga que no tiene una fórmula para $g(x)$, pero sabe que $g(2) = -4$ y $g'(x) = \sqrt{x^2 + 5}$ para toda x.

(a) Use una aproximación lineal para estimar $g(1.95)$ y $g(2.05)$.

(b) ¿Sus estimaciones para el inciso (a) son demasiado grandes o demasiado pequeñas? Explique.

PROYECTO DE LABORATORIO POLINOMIOS DE TAYLOR

La aproximación por medio de una recta tangente $L(x)$ es la mejor aproximación de primer grado (lineal) a $f(x)$ cerca de $x = a$ porque $f(x)$ y $L(x)$ tienen la misma razón de cambio (derivada) en a. Para tener una mejor aproximación que una lineal, intente una aproximación de segundo grado (cuadrática) $P(x)$. En otras palabras, aproxime una curva mediante una parábola, en lugar de utilizar una recta. Para tener la seguridad de que la aproximación es buena, establezca lo siguiente:

(i) $P(a) = f(a)$ (P y f deben tener el mismo valor en a.)

(ii) $P'(a) = f'(a)$ (P y f deben tener la misma razón de cambio en a.)

(iii) $P''(a) = f''(a)$ (Las pendientes de P y f deben tener la misma razón de cambio en a.)

1. Encuentre la aproximación cuadrática $P(x) = A + Bx + Cx^2$ para la función $f(x) = \cos x$, que satisfaga las condiciones (i), (ii) y (iii), con $a = 0$. Grafique P, f y la aproximación lineal $L(x) = 1$ en una pantalla común. Comente qué tan bien las funciones P y L se aproximan a f.

2. Determine los valores de x para los que la aproximación cuadrática $f(x) \approx P(x)$ del problema 1 es exacta con una diferencia menor que 0.1. [*Sugerencia*: trace la gráfica de $y = P(x)$, $y = \cos x - 0.1$ y $y = \cos x + 0.1$ en una pantalla común.]

3. Para aproximar una función f mediante una función cuadrática P cerca de un número a, lo mejor es escribir P en la forma

$$P(x) = A + B(x - a) + C(x - a)^2$$

Demuestre que la función cuadrática que satisface las condiciones (i), (ii) y (iii) es

$$P(x) = f(a) + f'(a)(x - a) + \tfrac{1}{2}f''(a)(x - a)^2$$

4. Encuentre la aproximación para $f(x) = \sqrt{x + 3}$ cerca de $a = 1$. Trace las gráficas de f, la aproximación cuadrática y la aproximación lineal del ejemplo 3.10.2 en una pantalla común. ¿Qué podría concluir?

5. En lugar de quedar conforme con una aproximación lineal o con una cuadrática para $f(x)$, cerca de $x = a$, intente determinar mejores aproximaciones con polinomios de grado más alto. Busque un polinomio de n-ésimo grado

$$T_n(x) = c_0 + c_1(x - a) + c_2(x - a)^2 + c_3(x - a)^3 + \cdots + c_n(x - a)^n$$

tal que T_n y sus n primeras derivadas tengan los mismos valores en $x = a$ como f y sus n primeras derivadas. Derive repetidas veces y haga $x = a$ para demostrar que estas condiciones se satisfacen si $c_0 = f(a)$, $c_1 = f'(a)$, $c_2 = \frac{1}{2}f''(a)$ y, en general,

$$c_k = \frac{f^{(k)}(a)}{k!}$$

donde $k! = 1 \cdot 2 \cdot 3 \cdot 4 \cdot \cdots \cdot k$. El polinomio resultante

$$T_n(x) = f(a) + f'(a)(x - a) + \frac{f''(a)}{2!}(x - a)^2 + \cdots + \frac{f^{(n)}(a)}{n!}(x - a)^n$$

Se llama **polinomio de Taylor de n-ésimo grado de f centrado en a.**

6. Encuentre el polinomio de Taylor de octavo grado, centrado en $a = 0$, para la función $f(x) = \cos x$. Trace la gráfica de f junto con los polinomios de Taylor T_2, T_4, T_6 y T_8, en rectángulos de vista $[-5, 5]$ por $[-1.4, 1.4]$ y comente qué tan bien se aproximan a f.

3.11 Funciones hiperbólicas

Ciertas combinaciones pares e impares de las funciones exponenciales e^x y e^{-x} surgen con tanta frecuencia en matemáticas y sus aplicaciones que merecen recibir un nombre especial. En muchos aspectos son similares a las funciones trigonométricas y tienen la misma relación con la hipérbola que las funciones trigonométricas tienen con la circunferencia. Por esta razón, se les llama en forma colectiva **funciones hiperbólicas**, y de manera individual se les conoce como **seno hiperbólico**, **coseno hiperbólico**, y así sucesivamente.

Definición de las funciones hiperbólicas

$$\operatorname{senh} x = \frac{e^x - e^{-x}}{2} \qquad \operatorname{csch} x = \frac{1}{\operatorname{senh} x}$$

$$\cosh x = \frac{e^x + e^{-x}}{2} \qquad \operatorname{sech} x = \frac{1}{\cosh x}$$

$$\tanh x = \frac{\operatorname{senh} x}{\cosh x} \qquad \coth x = \frac{\cosh x}{\operatorname{senh} x}$$

Las gráficas del seno hiperbólico y del coseno hiperbólico se pueden trazar mediante la suma gráfica como en las figuras 1 y 2.

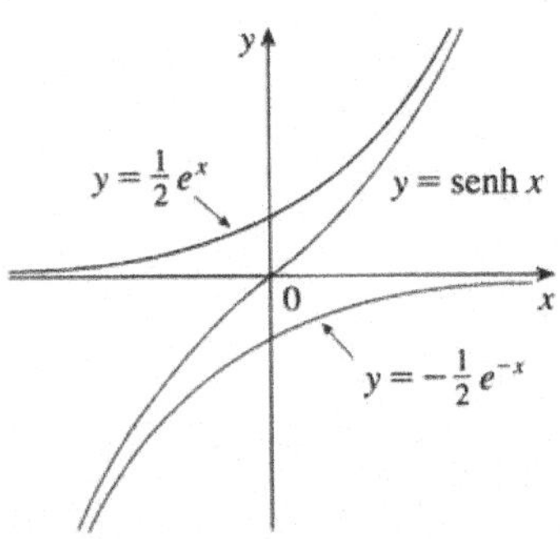

FIGURA 1
$y = \operatorname{senh} x = \frac{1}{2}e^x - \frac{1}{2}e^{-x}$

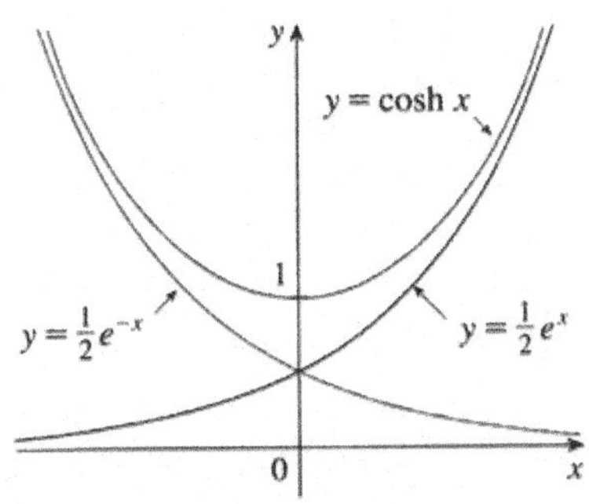

FIGURA 2
$y = \cosh x = \frac{1}{2}e^x + \frac{1}{2}e^{-x}$

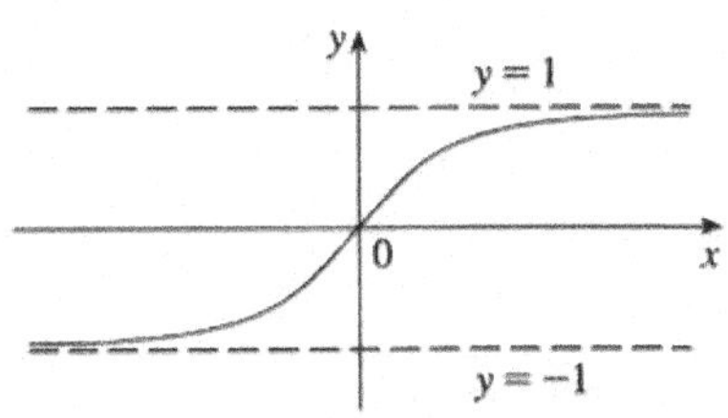

FIGURA 3
$y = \tanh x$

Observe que senh tiene dominio $\mathbb{R}$ y rango $\mathbb{R}$, mientras cosh tiene dominio $\mathbb{R}$ y rango $[1, \infty)$. En la figura 3 se muestra la gráfica de tanh, con sus asíntotas horizontales $y = \pm 1$. (Véase el ejercicio 23.)

Algunos de los usos matemáticos de las funciones hiperbólicas se tratan en el capítulo 7. Las aplicaciones en ciencia e ingeniería se tienen siempre que una entidad física como la luz, velocidad, electricidad o la radiactividad, se absorbe o se extingue en forma gradual, puesto que el decaimiento puede representarse mediante funciones hiperbólicas. La aplicación más famosa es el uso del coseno hiperbólico para describir la forma de un cable colgante. Se puede demostrar que si un cable pesado y flexible (como los que se usan para las líneas telefónicas o eléctricas) se tiende entre dos puntos a la misma altura, entonces el cable toma la forma de una curva con ecuación $y = c + a \cosh(x/a)$ que se denomina *catenaria* (véase la figura 4). (Esta palabra proviene de la palabra latina *catena* que significa "cadena".)

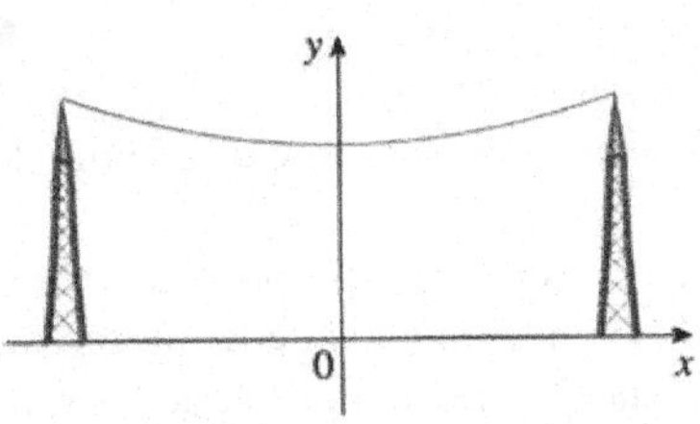

FIGURA 4
Una catenaria $y = c + a \cosh(x/a)$

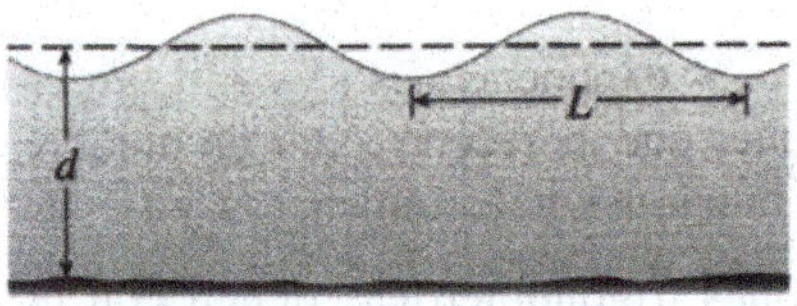

FIGURA 5
Ola de mar idealizada

Otra aplicación de las funciones hiperbólicas aparece en la descripción de las olas del mar: la velocidad de una ola con longitud L que se mueve a través de un cuerpo de agua con profundidad d se modela por la función

$$v = \sqrt{\frac{gL}{2\pi}\tanh\left(\frac{2\pi d}{L}\right)}$$

donde g es la aceleración debida a la gravedad (véanse la figura 5 y el ejercicio 49).

Las funciones hiperbólicas satisfacen un número de identidades que son similares a las muy bien conocidas identidades trigonométricas. A continuación, se presentan algunas de ellas, y la mayoría de las demostraciones se deja para los ejercicios.

El arco Gateway en St. Louis se diseñó utilizando una función coseno hiperbólico (véase el ejercicio 48).

Identidades hiperbólicas

$$\operatorname{senh}(-x) = -\operatorname{senh} x \qquad \cosh(-x) = \cosh x$$

$$\cosh^2 x - \operatorname{senh}^2 x = 1 \qquad 1 - \tanh^2 x = \operatorname{sech}^2 x$$

$$\operatorname{senh}(x + y) = \operatorname{senh} x \cosh y + \cosh x \operatorname{senh} y$$

$$\cosh(x + y) = \cosh x \cosh y + \operatorname{senh} x \operatorname{senh} y$$

EJEMPLO 1 Demuestre que (a) $\cosh^2 x + \operatorname{senh}^2 x = 1$ y (b) $1 - \tanh^2 x = \operatorname{sech}^2 x$.

SOLUCIÓN

(a)
$$\cosh^2 x - \operatorname{senh}^2 x = \left(\frac{e^x + e^{-x}}{2}\right)^2 - \left(\frac{e^x - e^{-x}}{2}\right)^2$$

$$= \frac{e^{2x} + 2 + e^{-2x}}{4} - \frac{e^{2x} - 2 + e^{-2x}}{4}$$

$$= \frac{4}{4} = 1$$

(b) Empiece con la identidad demostrada en el inciso (a):

$$\cosh^2 x - \operatorname{senh}^2 x = 1$$

Si divide los dos lados entre $\cosh^2 x$, obtiene

$$1 - \frac{\operatorname{senh}^2 x}{\cosh^2 x} = \frac{1}{\cosh^2 x}$$

o
$$1 - \tanh^2 x = \operatorname{sech}^2 x$$ ■

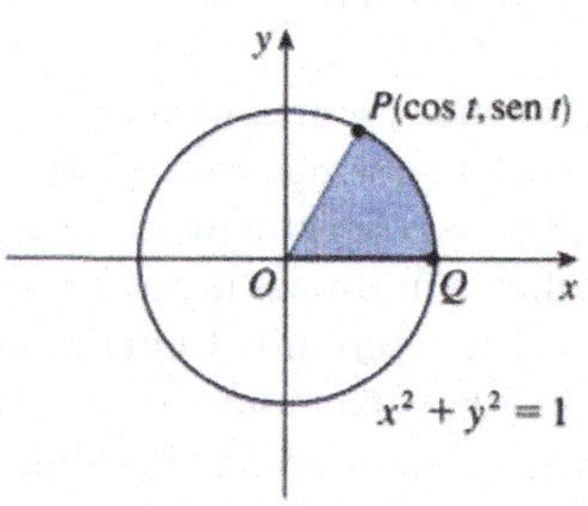

FIGURA 6

La identidad demostrada en el ejemplo 1(a) proporciona una pista sobre el nombre de funciones "hiperbólicas".

Si t es cualquier número real, entonces el punto $P(\cos t, \operatorname{sen} t)$ queda sobre la circunferencia unitaria $x^2 + y^2 = 1$ porque $\cos^2 t + \operatorname{sen}^2 t = 1$. De hecho, t se puede interpretar como la medida en radianes de $\angle POQ$ de la figura 6. Esta es la razón por la que las funciones trigonométricas se denominan algunas veces funciones *circulares*.

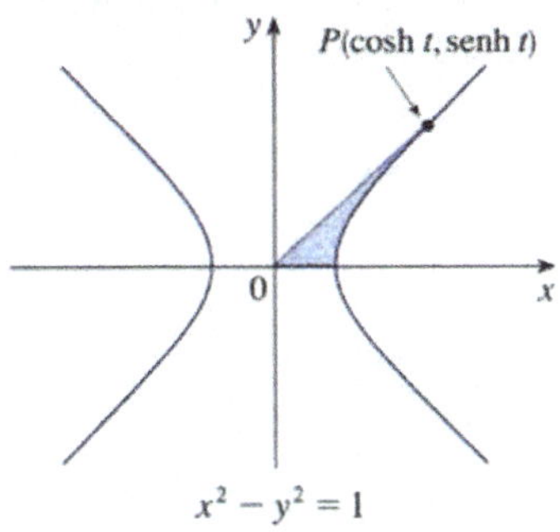

FIGURA 7

De manera similar, si t es cualquier número real, entonces el punto $P(\cosh t, \operatorname{senh} t)$ queda en la rama derecha de la hipérbola $x^2 - y^2 = 1$ porque $\cosh^2 t - \operatorname{senh}^2 t = 1$ y $\cosh t \geqslant 1$. Pero ahora t no representa la medida de un ángulo. Resulta que t representa el doble del área del sector hiperbólico sombreado de la figura 7, de la misma manera que en el caso trigonométrico t representa el doble del área del sector circular sombreado en la figura 6.

Las derivadas de las funciones hiperbólicas son fáciles de calcular. Por ejemplo,

$$\frac{d}{dx}(\operatorname{senh} x) = \frac{d}{dx}\left(\frac{e^x - e^{-x}}{2}\right) = \frac{e^x + e^{-x}}{2} = \cosh x$$

En la tabla 1 se da una lista de las fórmulas de derivación de las funciones hiperbólicas. El resto de las demostraciones se dejan como ejercicios. Observe la similitud con las fórmulas de derivación de las funciones trigonométricas, pero observe que los signos son diferentes en algunos casos.

1 Derivadas de las funciones hiperbólicas

$$\frac{d}{dx}(\operatorname{senh} x) = \cosh x \qquad \frac{d}{dx}(\operatorname{csch} x) = -\operatorname{csch} x \coth x$$

$$\frac{d}{dx}(\cosh x) = \operatorname{senh} x \qquad \frac{d}{dx}(\operatorname{sech} x) = -\operatorname{sech} x \tanh x$$

$$\frac{d}{dx}(\tanh x) = \operatorname{sech}^2 x \qquad \frac{d}{dx}(\coth x) = -\operatorname{csch}^2 x$$

EJEMPLO 2 Cualquiera de estas reglas de derivación se puede combinar con la regla de la cadena. Por ejemplo,

$$\frac{d}{dx}\left(\cosh \sqrt{x}\right) = \operatorname{senh} \sqrt{x} \cdot \frac{d}{dx}\sqrt{x} = \frac{\operatorname{senh}\sqrt{x}}{2\sqrt{x}}$$ ■

■ Funciones hiperbólicas inversas

De acuerdo con las figuras 1 y 3, senh y tanh son funciones inyectivas por lo que tienen funciones inversas denotadas por senh^{-1} y $\tanh^{-1}$. En la figura 2 se observa que cosh no es inyectiva, pero que cuando queda restringida al dominio $[0, \infty)$ se transforma en inyectiva. La función coseno hiperbólico inversa se define como la inversa de esta función restringida.

2

$$y = \operatorname{senh}^{-1} x \iff \operatorname{senh} y = x$$

$$y = \cosh^{-1} x \iff \cosh y = x \quad \text{y} \quad y \geqslant 0$$

$$y = \tanh^{-1} x \iff \tanh y = x$$

Las funciones hiperbólicas inversas que faltan se definen de manera similar (véase el ejercicio 28).

Las funciones senh^{-1}, $\cosh^{-1}$ y $\tanh^{-1}$ se grafican en las figuras 8, 9 y 10 con ayuda de las figuras 1, 2 y 3.

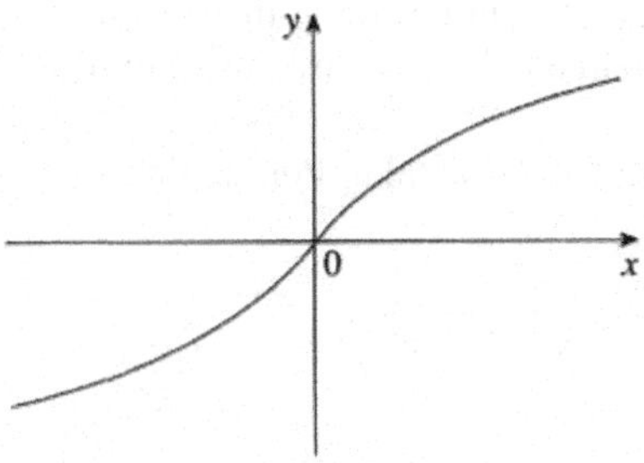

FIGURA 8 $y = \operatorname{senh}^{-1}x$
dominio = $\mathbb{R}$ rango = $\mathbb{R}$

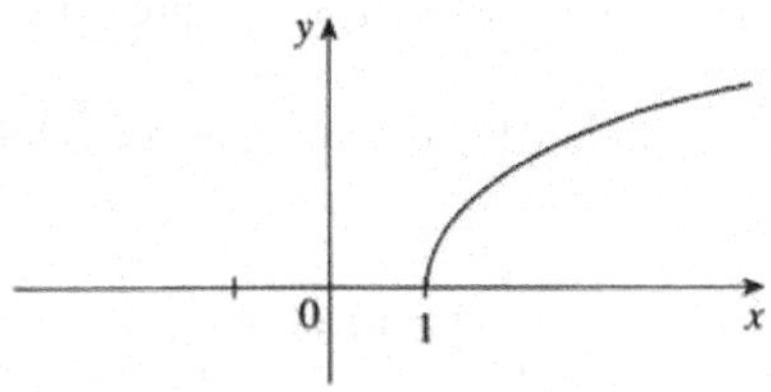

FIGURA 9 $y = \cosh^{-1}x$
dominio = $[1, \infty)$ rango = $[0, \infty)$

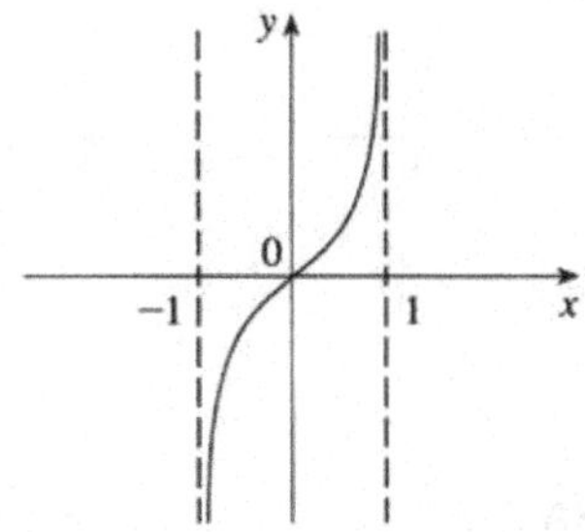

FIGURA 10 $y = \tanh^{-1}x$
dominio = $(-1, 1)$ rango = $\mathbb{R}$

Puesto que las funciones hiperbólicas se definen en términos de las funciones exponenciales, no sorprende que las funciones hiperbólicas inversas pueden expresarse en términos de logaritmos. En particular, se tiene que:

La fórmula 3 se demuestra en el ejemplo 3. En los ejercicios 26 y 27 se piden las demostraciones de las fórmulas 4 y 5.

3 $$\operatorname{senh}^{-1}x = \ln\left(x + \sqrt{x^2 + 1}\right) \qquad x \in \mathbb{R}$$

4 $$\cosh^{-1}x = \ln\left(x + \sqrt{x^2 - 1}\right) \qquad x \geq 1$$

5 $$\tanh^{-1}x = \tfrac{1}{2}\ln\left(\frac{1 + x}{1 - x}\right) \qquad -1 < x < 1$$

EJEMPLO 3 Demuestre que $\operatorname{senh}^{-1}x = \ln\left(x + \sqrt{x^2 + 1}\right)$

SOLUCIÓN Sea $y = \operatorname{senh}^{-1}x$. Entonces

$$x = \operatorname{senh} y = \frac{e^y - e^{-y}}{2}$$

por lo que

$$e^y - 2x - e^{-y} = 0$$

o, si multiplicamos por e^y,

$$e^{2y} - 2xe^y - 1 = 0$$

Esto es ni más ni menos que una ecuación cuadrática en e^y:

$$(e^y)^2 - 2x(e^y) - 1 = 0$$

Al resolver la ecuación cuadrática, se obtiene

$$e^y = \frac{2x \pm \sqrt{4x^2 + 4}}{2} = x \pm \sqrt{x^2 + 1}$$

Observe que $e^y > 0$, pero $x - \sqrt{x^2 + 1} < 0$ (porque $x < \sqrt{x^2 + 1}$). Por lo que el signo menos es inadmisible y se tiene que

$$e^y = x + \sqrt{x^2 + 1}$$

Por tanto, $y = \ln(e^y) = \ln\left(x + \sqrt{x^2 + 1}\right)$

Esto demuestra que $\operatorname{senh}^{-1} x = \ln\left(x + \sqrt{x^2 + 1}\right)$

(Véase el ejercicio 25 para otro método.) ■

Observe que, al parecer, las fórmulas para las derivadas de $\tanh^{-1}x$ y $\coth^{-1}x$ son idénticas, pero los dominios de estas funciones no tienen números comunes: $\tanh^{-1}x$ se define para $|x| < 1$, mientras que $\coth^{-1}x$ se define para $|x| > 1$.

6 Derivadas de las funciones hiperbólicas inversas

$$\frac{d}{dx}(\operatorname{senh}^{-1}x) = \frac{1}{\sqrt{1 + x^2}} \qquad \frac{d}{dx}(\operatorname{csch}^{-1}x) = -\frac{1}{|x|\sqrt{x^2 + 1}}$$

$$\frac{d}{dx}(\cosh^{-1}x) = \frac{1}{\sqrt{x^2 - 1}} \qquad \frac{d}{dx}(\operatorname{sech}^{-1}x) = -\frac{1}{x\sqrt{1 - x^2}}$$

$$\frac{d}{dx}(\tanh^{-1}x) = \frac{1}{1 - x^2} \qquad \frac{d}{dx}(\coth^{-1}x) = \frac{1}{1 - x^2}$$

Las funciones hiperbólicas inversas son derivables porque las funciones hiperbólicas también lo son. Las fórmulas de la tabla 6 se pueden demostrar por el método de las funciones inversas o mediante la derivación de las fórmulas 3, 4 y 5.

EJEMPLO 4 Demuestre que $\dfrac{d}{dx}(\operatorname{senh}^{-1}x) = \dfrac{1}{\sqrt{1 + x^2}}$.

SOLUCIÓN 1 Sea $y = \operatorname{senh}^{-1}x$. Entonces $\operatorname{senh} y = x$. Si se deriva esta ecuación en forma implícita respecto a x, se obtiene

$$\cosh y \frac{dy}{dx} = 1$$

Puesto que $\cosh^2 y - \operatorname{senh}^2 y = 1$ y $\cosh y \geqslant 0$, se tiene $\cosh y = \sqrt{1 + \operatorname{senh}^2 y}$, por lo que

$$\frac{dy}{dx} = \frac{1}{\cosh y} = \frac{1}{\sqrt{1 + \operatorname{senh}^2 y}} = \frac{1}{\sqrt{1 + x^2}}$$

SOLUCIÓN 2 De acuerdo con la ecuación 3 (demostrada en el ejemplo 3) se tiene

$$\begin{aligned}
\frac{d}{dx}(\operatorname{senh}^{-1}x) &= \frac{d}{dx}\ln\left(x + \sqrt{x^2 + 1}\right) \\
&= \frac{1}{x + \sqrt{x^2 + 1}}\frac{d}{dx}\left(x + \sqrt{x^2 + 1}\right) \\
&= \frac{1}{x + \sqrt{x^2 + 1}}\left(1 + \frac{x}{\sqrt{x^2 + 1}}\right) \\
&= \frac{\sqrt{x^2 + 1} + x}{\left(x + \sqrt{x^2 + 1}\right)\sqrt{x^2 + 1}} \\
&= \frac{1}{\sqrt{x^2 + 1}}
\end{aligned}$$

■

EJEMPLO 5 Determine $\dfrac{d}{dx}[\tanh^{-1}(\text{sen } x)]$.

SOLUCIÓN Usando la tabla 6 y la regla de la cadena, se obtiene

$$\frac{d}{dx}[\tanh^{-1}(\text{sen } x)] = \frac{1}{1-(\text{sen } x)^2}\frac{d}{dx}(\text{sen } x)$$

$$= \frac{1}{1-\text{sen}^2 x}\cos x = \frac{\cos x}{\cos^2 x} = \sec x \qquad \blacksquare$$

3.11 EJERCICIOS

1–6 Calcule el valor numérico de las expresiones siguientes.

1. (a) senh 0 (b) cosh 0

2. (a) tanh 0 (b) tanh 1

3. (a) cosh(ln 5) (b) cosh 5

4. (a) senh 4 (b) senh(ln 4)

5. (a) sech 0 (b) $\cosh^{-1} 1$

6. (a) senh 1 (b) $\text{senh}^{-1} 1$

7–19 Demuestre las identidades siguientes.

7. $\text{senh}(-x) = -\text{senh } x$
(Esto demuestra que senh x es una función impar.)

8. $\cosh(-x) = \cosh x$
(Esto demuestra que cosh x es una función par.)

9. $\cosh x + \text{senh } x = e^x$

10. $\cosh x - \text{senh } x = e^{-x}$

11. $\text{senh}(x + y) = \text{senh } x \cosh y + \cosh x \text{ senh } y$

12. $\cosh(x - y) = \cosh x \cosh y + \text{senh } x \text{ senh } y$

13. $\coth^2 x - 1 = \text{csch}^2 x$

14. $\tanh(x + y) = \dfrac{\tanh x + \tanh y}{1 + \tanh x \tanh y}$

15. $\text{senh } 2x = 2 \text{ senh } x \cosh x$

16. $\cosh 2x = \cosh^2 x + \text{senh}^2 x$

17. $\tanh(\ln x) = \dfrac{x^2 - 1}{x^2 + 1}$

18. $\dfrac{1 + \tanh x}{1 - \tanh x} = e^{2x}$

19. $(\cosh x + \text{senh } x)^n = \cosh nx + \text{senh } nx$
(n cualquier número real)

---

20. Si $\tanh x = \frac{12}{13}$, calcule los valores de las otras funciones hiperbólicas en x.

21. Si $\cosh x = \frac{5}{3}$ y $x > 0$, calcule los valores de las otras funciones hiperbólicas en x.

22. (a) Utilice las gráficas de senh, cosh y tanh de las figuras 1 a 3 para dibujar las gráficas de csch, sech y coth.
(b) Verifique las gráficas que trazó en el inciso (a) mediante una calculadora graficadora o una computadora.

23. Utilice las definiciones de las funciones hiperbólicas para determinar cada uno de los límites siguientes.
(a) $\lim_{x\to\infty} \tanh x$ (b) $\lim_{x\to-\infty} \tanh x$
(c) $\lim_{x\to\infty} \text{senh } x$ (d) $\lim_{x\to-\infty} \text{senh } x$
(e) $\lim_{x\to\infty} \text{sech } x$ (f) $\lim_{x\to\infty} \coth x$
(g) $\lim_{x\to0^+} \coth x$ (h) $\lim_{x\to0^-} \coth x$
(i) $\lim_{x\to-\infty} \text{csch } x$ (j) $\lim_{x\to\infty} \dfrac{\text{senh } x}{e^x}$

24. Demuestre las fórmulas dadas en la tabla 1 para las derivadas de las funciones (a) cosh, (b) tanh, (c) csch , (d) sech (e) coth.

25. Encuentre una solución alternativa para el ejemplo 3 haciendo $y = \text{senh}^{-1}x$ y luego usando el ejercicio 9 y el ejemplo 1(a) en donde y reemplaza a x.

26. Demuestre la ecuación 4.

27. Demuestre la ecuación 5 utilizando (a) el método del ejemplo 3 y (b) el ejercicio 18 en donde y reemplaza a x.

28. Para cada una de las funciones siguientes (i) dé una definición como la (2), (ii) trace la gráfica, y (iii) encuentre una fórmula similar a la ecuación 3.
(a) csch^{-1} (b) sech^{-1} (c) $\coth^{-1}$

29. Demuestre las fórmulas dadas en la tabla 6 para las derivadas de las funciones siguientes.
(a) $\cosh^{-1}$ (b) $\tanh^{-1}$ (c) csch^{-1}
(d) sech^{-1} (e) $\coth^{-1}$

30–45 Encuentre la derivada. Simplifique tanto como sea posible.

30. $f(x) = e^x \cosh x$

31. $f(x) = \tanh \sqrt{x}$ **32.** $g(x) = \text{senh}^2 x$

33. $h(x) = \operatorname{senh}(x^2)$

34. $h(x) = \ln(\cosh x)$

35. $g(x) = \cosh(\ln x)$

36. $y = \operatorname{sech} x\,(1 + \ln \operatorname{sech} x)$

37. $y = e^{\cosh 3x}$

38. $f(t) = \dfrac{1 + \operatorname{senh} t}{1 - \operatorname{senh} t}$

39. $g(t) = t \coth \sqrt{t^2 + 1}$

40. $y = \operatorname{senh}(\cosh x)$

41. $G(x) = \dfrac{1 - \cosh x}{1 + \cosh x}$

42. $y = x \tanh^{-1} x + \ln \sqrt{1 - x^2}$

43. $y = x \operatorname{senh}^{-1}(x/3) - \sqrt{9 + x^2}$

44. $y = \operatorname{sech}^{-1}(e^{-x})$

45. $y = \coth^{-1}(\sec x)$

---

46. Demuestre que $\dfrac{d}{dx} \sqrt[4]{\dfrac{1 + \tanh x}{1 - \tanh x}} = \frac{1}{2} e^{x/2}$.

47. Demuestre que $\dfrac{d}{dx} \arctan(\tanh x) = \operatorname{sech} 2x$.

48. El arco Gateway en St. Louis fue diseñado por Eero Saarinen y construido empleando la ecuación

$$y = 211.49 - 20.96 \cosh 0.03291765x$$

para la curva central del arco, donde x y y se miden en metros y $|x| \leq 91.20$.

(a) Trace la gráfica de la curva central.
(b) ¿Cuál es la altura del arco en su centro?
(c) ¿En qué punto la altura es de 100 m?
(d) ¿Cuál es la pendiente del arco en el punto del inciso (c)?

49. Si una ola con longitud L se mueve con velocidad v en un cuerpo de agua con profundidad d, entonces

$$v = \sqrt{\frac{gL}{2\pi} \tanh\left(\frac{2\pi d}{L}\right)}$$

donde g es la aceleración debida a la gravedad (véase la figura 5). Explique por qué la aproximación.

$$v \approx \sqrt{\frac{gL}{2\pi}}$$

es apropiada en aguas profundas.

50. Un cable flexible colgante siempre forma una catenaria $y = c + a \cosh(x/a)$, donde c y a son constantes y $a > 0$ (véanse la figura 4 y el ejercicio 52). Trace la gráfica de varios miembros de la familia de funciones $y = a \cosh(x/a)$. ¿Cómo cambia la gráfica cuando a varía?

51. Un cable de teléfono cuelga entre dos postes que están separados entre sí 14 m y forma la catenaria $y = 20 \cosh(x/20) - 15$, donde x y y se miden en metros.

(a) Encuentre la pendiente de esta curva donde se encuentra con el poste derecho.
(b) Calcule el ángulo θ entre el cable y el poste.

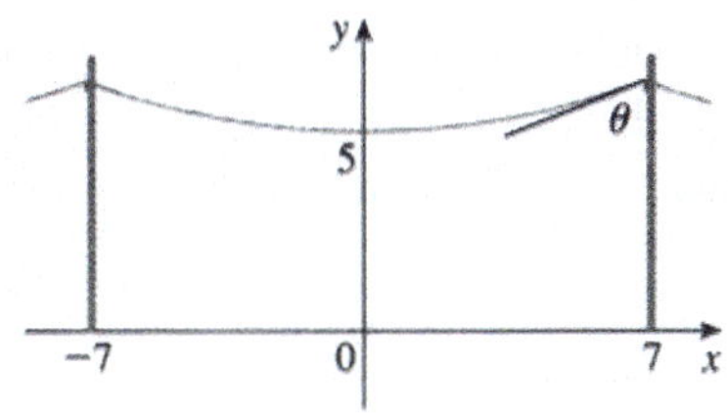

52. Usando principios de la física se puede demostrar que cuando un cable cuelga entre dos postes toma la forma de una curva $y = f(x)$ que satisface la ecuación diferencial

$$\frac{d^2 y}{dx^2} = \frac{\rho g}{T} \sqrt{1 + \left(\frac{dy}{dx}\right)^2}$$

donde ρ es la densidad lineal del cable, g es la aceleración de la gravedad y T es la tensión del cable en su punto más bajo y el sistema coordenado se elige en forma adecuada. Compruebe que la función

$$y = f(x) = \frac{T}{\rho g} \cosh\left(\frac{\rho g x}{T}\right)$$

es una solución de esta ecuación diferencial.

53. Un cable con densidad lineal $\rho = 2$ kg/m se sujeta desde la parte alta de dos postes que están separados 200 m.

(a) Utilice el ejercicio 52 para calcular la tensión T que hay en el cable cuando está en su punto más bajo a 60 m del suelo. ¿Qué tan altos son los postes?
(b) Si se duplica la tensión, ¿cuál es el nuevo punto bajo del cable? ¿Qué tan altos son ahora los postes?

54. Un modelo para la velocidad de un objeto que está cayendo después de un tiempo t es

$$v(t) = \sqrt{\frac{mg}{k}} \tanh\left(t\sqrt{\frac{gk}{m}}\right)$$

donde m es la masa del objeto, $g = 9.8$ m/s^2 es la aceleración debida a la gravedad, k es una constante, t se mide en segundos y v en m/s.

(a) Calcule la velocidad terminal del objeto, es decir, $\lim_{t\to\infty} v(t)$.
(b) Si una persona cae desde un edificio, el valor de la constante k depende de su posición. Para una posición "pecho a tierra", $k = 0.515$ kg/s, pero para una posición de "pies por delante", $k = 0.067$ kg/s. Si una persona de 60 kg cae en posición pecho a tierra, ¿cuál es la velocidad terminal? ¿Y para pies por delante?

Fuente: L. Long *et al.*, "How Terminal Is Terminal Velocity?" *American Mathematical Monthly* 113 (2006): 752–755.

55. (a) Demuestre que cualquier función de la forma

$$y = A \operatorname{senh} mx + B \cosh mx$$

satisface la ecuación diferencial $y'' = m^2 y$.

(b) Determine $y = y(x)$ tal que $y'' = 9y$, $y(0) = -4$ y $y'(0) = 6$.

56. Si $x = \ln(\sec\theta + \tan\theta)$, demuestre que $\sec\theta = \cosh x$.

57. ¿En qué punto de la curva $y = \cosh x$ la tangente tiene pendiente 1?

58. Investigue la familia de funciones

$$f_n(x) = \tanh(n \operatorname{sen} x)$$

donde n es un entero positivo. Describa qué pasa con la gráfica de f_n cuando n es muy grande.

59. Demuestre que si $a \neq 0$ y $b \neq 0$, entonces existen números α y β tales que $ae^x + be^{-x}$ es igual

$$\alpha \operatorname{senh}(x + \beta) \quad \text{o} \quad \alpha \cosh(x + \beta)$$

En otras palabras, casi toda función de la forma $f(x) = ae^x + be^{-x}$ es una función seno hiperbólico o coseno hiperbólico desplazada o estirada.

3 REPASO

VERIFICACIÓN DE CONCEPTOS

Las respuestas a la verificación de conceptos se encuentran en las páginas finales del libro.

1. Exprese cada una de las reglas de derivación siguientes, tanto en símbolos como en palabras.
(a) Regla de la potencia (b) Regla del múltiplo constante
(c) Regla de la suma (d) Regla de la diferencia
(e) Regla del producto (f) Regla del cociente
(g) Regla de la cadena

2. Obtenga las derivadas de cada una de las funciones siguientes.
(a) $y = x^n$ (b) $y = e^x$ (c) $y = b^x$
(d) $y = \ln x$ (e) $y = \log_b x$ (f) $y = \operatorname{sen} x$
(g) $y = \cos x$ (h) $y = \tan x$ (i) $y = \csc x$
(j) $y = \sec x$ (k) $y = \cot x$ (l) $y = \operatorname{sen}^{-1}x$
(m) $y = \cos^{-1}x$ (n) $y = \tan^{-1}x$ (o) $y = \operatorname{senh} x$
(p) $y = \cosh x$ (q) $y = \tanh x$ (r) $y = \operatorname{senh}^{-1}x$
(s) $y = \cosh^{-1}x$ (t) $y = \tanh^{-1}x$

3. (a) ¿Cómo se define el número e?
(b) Exprese e como un límite.
(c) ¿Por qué en cálculo se usa la función exponencial natural, $y = e^x$, con más frecuencia que las demás funciones exponenciales, $y = b^x$?
(d) ¿Por qué en cálculo se usa la función logarítmica natural, $y = \ln x$, más que las demás funciones logarítmicas, $y = \log_b x$?

4. (a) Explique cómo funciona la derivación implícita.
(b) Explique cómo funciona la derivación logarítmica.

5. Dé varios ejemplos de cómo se puede interpretar la derivada como una razón de cambio en física, química, biología, economía y otras ciencias.

6. (a) Escriba una ecuación diferencial que exprese la ley de crecimiento natural.
(b) ¿En qué circunstancias es un modelo adecuado para el crecimiento de la población?
(c) ¿Cuáles son las soluciones de esta ecuación?

7. (a) Escriba una expresión para la linealización de f en a.
(b) Si $y = f(x)$, escriba una expresión para la diferencial dy.
(c) Si $dx = \Delta x$, dibuje un esquema para mostrar el significado geométrico de Δy y dy.

EXAMEN VERDADERO-FALSO

Determine si el enunciado es verdadero o falso. Si es verdadero explique por qué. Si es falso, explique por qué o dé un ejemplo que refute el enunciado.

1. Si f y g son derivables, entonces

$$\frac{d}{dx}[f(x) + g(x)] = f'(x) + g'(x)$$

2. Si f y g son derivables, entonces

$$\frac{d}{dx}[f(x)g(x)] = f'(x)g'(x)$$

3. Si f y g son derivables, entonces

$$\frac{d}{dx}\left[f(g(x))\right] = f'(g(x))g'(x)$$

4. Si f es derivable, entonces $\dfrac{d}{dx}\sqrt{f(x)} = \dfrac{f'(x)}{2\sqrt{f(x)}}$.

5. Si f es derivable, entonces $\dfrac{d}{dx}f(\sqrt{x}) = \dfrac{f'(x)}{2\sqrt{x}}$.

6. Si $y = e^2$, entonces $y' = 2e$.

7. $\dfrac{d}{dx}(10^x) = x10^{x-1}$

8. $\dfrac{d}{dx}(\ln 10) = \dfrac{1}{10}$

9. $\dfrac{d}{dx}(\tan^2 x) = \dfrac{d}{dx}(\sec^2 x)$

10. $\dfrac{d}{dx}|x^2 + x| = |2x + 1|$

11. La derivada de un polinomio es un polinomio.

12. Si $f(x) = (x^6 - x^4)^5$, entonces $f^{(31)}(x) = 0$.

13. La derivada de una función racional es una función racional.

14. La ecuación de la recta tangente a la parábola $y = x^2$ en $(-2, 4)$ es $y - 4 = 2x(x + 2)$.

15. Si $g(x) = x^5$, entonces $\lim_{x\to 2} \dfrac{g(x) - g(2)}{x - 2} = 80$.

EJERCICIOS

1–50 Calcule y' en cada una de las funciones siguientes.

1. $y = (x^4 - 3x^2 + 5)^3$

2. $y = \cos(\tan x)$

3. $y = \sqrt{x} + \dfrac{1}{\sqrt[3]{x^4}}$

4. $y = \dfrac{\tan x}{1 + \cos x}$

5. $y = x^2 \operatorname{sen} \pi x$

6. $y = x \cos^{-1}x$

7. $y = \dfrac{t^4 - 1}{t^4 + 1}$

8. $xe^y = y \operatorname{sen} x$

9. $y = \ln(x \ln x)$

10. $y = e^{mx} \cos nx$

11. $y = \sqrt{x} \cos \sqrt{x}$

12. $y = (\operatorname{arcsen} 2x)^2$

13. $y = \dfrac{e^{1/x}}{x^2}$

14. $y = \ln \sec x$

15. $y + x \cos y = x^2 y$

16. $y = \left(\dfrac{u - 1}{u^2 + u + 1}\right)^4$

17. $y = \sqrt{\arctan x}$

18. $y = \cot(\csc x)$

19. $y = \tan\left(\dfrac{t}{1 + t^2}\right)$

20. $y = e^{x \sec x}$

21. $y = 3^{x \ln x}$

22. $y = \sec(1 + x^2)$

23. $y = (1 - x^{-1})^{-1}$

24. $y = 1/\sqrt[3]{x + \sqrt{x}}$

25. $\operatorname{sen}(xy) = x^2 - y$

26. $y = \sqrt{\operatorname{sen}\sqrt{x}}$

27. $y = \log_5(1 + 2x)$

28. $y = (\cos x)^x$

29. $y = \ln \operatorname{sen} x - \frac{1}{2} \operatorname{sen}^2 x$

30. $y = \dfrac{(x^2 + 1)^4}{(2x + 1)^3(3x - 1)^5}$

31. $y = x \tan^{-1}(4x)$

32. $y = e^{\cos x} + \cos(e^x)$

33. $y = \ln|\sec 5x + \tan 5x|$

34. $y = 10^{\tan \pi\theta}$

35. $y = \cot(3x^2 + 5)$

36. $y = \sqrt{t \ln(t^4)}$

37. $y = \operatorname{sen}\left(\tan \sqrt{1 + x^3}\right)$

38. $y = \arctan\left(\operatorname{arcsen} \sqrt{x}\right)$

39. $y = \tan^2(\operatorname{sen} \theta)$

40. $xe^y = y - 1$

41. $y = \dfrac{\sqrt{x + 1}\,(2 - x)^5}{(x + 3)^7}$

42. $y = \dfrac{(x + \lambda)^4}{x^4 + \lambda^4}$

43. $y = x \operatorname{senh}(x^2)$

44. $y = \dfrac{\operatorname{sen} mx}{x}$

45. $y = \ln(\cosh 3x)$

46. $y = \ln\left|\dfrac{x^2 - 4}{2x + 5}\right|$

47. $y = \cosh^{-1}(\operatorname{senh} x)$

48. $y = x \tanh^{-1}\sqrt{x}$

49. $y = \cos\left(e^{\sqrt{\tan 3x}}\right)$

50. $y = \operatorname{sen}^2\left(\cos\sqrt{\operatorname{sen} \pi x}\right)$

---

51. Si $f(t) = \sqrt{4t + 1}$, encuentre $f''(2)$.

52. Si $g(\theta) = \theta \operatorname{sen} \theta$, determine $g''(\pi/6)$.

53. Encuentre y'' si $x^6 + y^6 = 1$.

54. Determine $f^{(n)}(x)$ si $f(x) = 1/(2 - x)$.

55. Utilice inducción matemática (página 72) para demostrar que si $f(x) = xe^x$, entonces $f^{(n)}(x) = (x + n)e^x$.

56. Evalúe $\lim_{t\to 0} \dfrac{t^3}{\tan^3(2t)}$.

57–59 Encuentre la ecuación de la recta tangente a cada una de las curvas siguientes en el punto dado.

57. $y = 4 \operatorname{sen}^2 x$, $(\pi/6, 1)$

58. $y = \dfrac{x^2 - 1}{x^2 + 1}$, $(0, -1)$

59. $y = \sqrt{1 + 4 \operatorname{sen} x}$, $(0, 1)$

60–61 Encuentre las ecuaciones de las rectas tangente y normal a cada una de las curvas siguientes en el punto que se especifica.

60. $x^2 + 4xy + y^2 = 13$, $(2, 1)$

61. $y = (2 + x)e^{-x}$, $(0, 2)$

---

62. Si $f(x) = xe^{\operatorname{sen} x}$, determine $f'(x)$. Trace la gráfica de f y f' en la misma pantalla y haga comentarios.

63. (a) Si $f(x) = x\sqrt{5 - x}$, determine $f'(x)$.
(b) Encuentre las ecuaciones de las rectas tangentes a la curva $y = x\sqrt{5 - x}$ en los puntos $(1, 2)$ y $(4, 4)$.
(c) Ilustre el inciso (b) trazando la gráfica de la curva y las rectas tangentes, en la misma pantalla.
(d) Verifique si su respuesta al inciso (a) es razonable comparando las gráficas de f y f'.

64. (a) Si $f(x) = 4x - \tan x$, $-\pi/2 < x < \pi/2$, encuentre f' y f''.
(b) Verifique si su respuesta al inciso (a) es razonable comparando las gráficas de f, f' y f''.

65. ¿En qué puntos de la curva $y = \operatorname{sen} x + \cos x$, $0 \leqslant x \leqslant 2\pi$, la tangente es una recta horizontal?

66. Encuentre los puntos sobre la elipse $x^2 + 2y^2 = 1$ donde la recta tangente tiene pendiente 1.

67. Si $f(x) = (x - a)(x - b)(x - c)$, demuestre que

$$\frac{f'(x)}{f(x)} = \frac{1}{x-a} + \frac{1}{x-b} + \frac{1}{x-c}$$

68. (a) Al derivar la fórmula del coseno del doble del ángulo

$$\cos 2x = \cos^2 x - \operatorname{sen}^2 x$$

obtenga la fórmula del doble del ángulo para la función seno.

(b) Al derivar la fórmula de la adición

$$\operatorname{sen}(x + a) = \operatorname{sen} x \cos a + \cos x \operatorname{sen} a$$

obtenga la fórmula de la adición para la función coseno.

69. Suponga que

$$f(1) = 2 \quad f'(1) = 3 \quad f(2) = 1 \quad f'(2) = 2$$
$$g(1) = 3 \quad g'(1) = 1 \quad g(2) = 1 \quad g'(2) = 4$$

(a) Si $S(x) = f(x) + g(x)$, determine $S'(1)$.
(b) Si $P(x) = f(x)g(x)$, determine $P'(2)$.
(c) Si $Q(x) = f(x)/g(x)$, determine $Q'(1)$.
(d) Si $C(x) = f(g(x))$, determine $C'(2)$.

70. Si f y g son las funciones cuyas gráficas se muestran, sea $P(x) = f(x)\,g(x)$, $Q(x) = f(x)/g(x)$ y $C(x) = f(g(x))$. Encuentre (a) $P'(2)$, (b) $Q'(2)$ y (c) $C'(2)$.

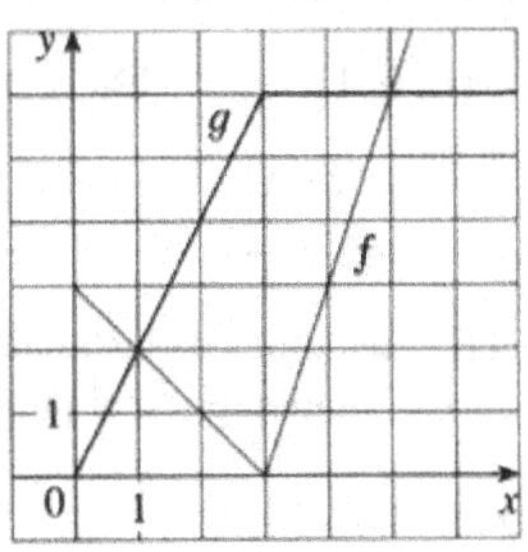

71–78 Encuentre f' en términos de g'.

71. $f(x) = x^2 g(x)$

72. $f(x) = g(x^2)$

73. $f(x) = [g(x)]^2$

74. $f(x) = g(g(x))$

75. $f(x) = g(e^x)$

76. $f(x) = e^{g(x)}$

77. $f(x) = \ln |g(x)|$

78. $f(x) = g(\ln x)$

79–81 Determine h' en términos de f' y g'.

79. $h(x) = \dfrac{f(x)g(x)}{f(x) + g(x)}$

80. $h(x) = \sqrt{\dfrac{f(x)}{g(x)}}$

81. $h(x) = f(g(\operatorname{sen} 4x))$

82. (a) Trace la gráfica de la función $f(x) = x - 2 \operatorname{sen} x$ en el rectángulo de vista $[0, 8]$ por $[-2, 8]$.
(b) ¿Sobre qué intervalo es más grande la razón promedio de cambio: $[1, 2]$ o $[2, 3]$?
(c) ¿En qué valor de x es más grande la razón de cambio instantáneo: $x = 2$ o $x = 5$?
(d) Compruebe sus estimaciones visuales del inciso (c) calculando $f'(x)$ y comparando los valores numéricos de $f'(2)$ y $f'(5)$.

83. ¿En qué punto sobre la curva $y = [\ln(x + 4)]^2$ es horizontal la recta tangente?

84. (a) Encuentre la ecuación de la recta tangente a la curva $y = e^x$, que es paralela a la recta $x - 4y = 1$.
(b) Encuentre la ecuación de la recta tangente a la curva $y = e^x$ que pase por el origen.

85. Determine la parábola $y = ax^2 + bx + c$ que pasa por el punto $(1, 4)$ y cuyas rectas tangentes en $x = -1$ y $x = 5$ tienen pendientes 6 y -2, respectivamente.

86. La función $C(t) = K(e^{-at} - e^{-bt})$, donde a, b y K son constantes positivas y $b > a$, se usa para modelar la concentración en el instante t de un medicamento que se inyecta en el torrente sanguíneo.
(a) Demuestre que $\lim_{t \to \infty} C(t) = 0$.
(b) Encuentre $C'(t)$, la rapidez con la que cambia la concentración del medicamento durante la circulación.
(c) ¿Cuándo esta rapidez es igual a 0?

87. Una ecuación de movimiento en la forma $s = Ae^{-ct}\cos(\omega t + \delta)$ representa la oscilación amortiguada de un objeto. Encuentre la velocidad y la aceleración del objeto.

88. Una partícula se desplaza a lo largo de una recta horizontal por lo que su coordenada en el instante t es $x = \sqrt{b^2 + c^2t^2}$, $t \geqslant 0$, donde b y c son constantes positivas.
(a) Encuentre las funciones velocidad y aceleración.
(b) Demuestre que la partícula siempre se desplaza en dirección positiva.

89. Una partícula se desplaza sobre una recta vertical de manera que su coordenada en el instante t es $y = t^3 - 12t + 3$, $t \geqslant 0$.
(a) Encuentre las funciones velocidad y aceleración.
(b) ¿Cuándo se mueve hacia arriba la partícula y cuándo se mueve hacia abajo?
(c) Determine la distancia recorrida por la partícula en el intervalo de tiempo $0 \leqslant t \leqslant 3$.
(d) Grafique las funciones posición, velocidad y aceleración para $0 \leqslant t \leqslant 3$.
(e) ¿Cuándo la partícula aumenta su rapidez? ¿Cuándo disminuye su rapidez?

90. El volumen de un cono recto circular es $V = \frac{1}{3}\pi r^2 h$, donde r es el radio de la base y h es la altura.
(a) Determine la razón de cambio del volumen respecto a la altura si el radio es constante.

(b) Encuentre la razón de cambio del volumen respecto al radio si la altura es constante.

91. La masa de una parte de un alambre es $x(1 + \sqrt{x})$ kilogramos, donde x se mide en metros desde uno de los extremos del alambre. Encuentre la densidad lineal del alambre cuando $x = 4$ m.

92. El costo, en dólares, de producir x unidades de un cierto artículo es

$$C(x) = 920 + 2x - 0.02x^2 + 0.00007x^3$$

(a) Encuentre la función de costo marginal.
(b) Determine $C'(100)$ y explique su significado.
(c) Compare $C'(100)$ con el costo de producir el artículo 101.

93. Inicialmente, un cultivo de bacterias contiene 200 células y crecen con una razón proporcional a su tamaño. Después de media hora la población se ha incrementado a 360 células.
(a) Encuentre el número de bacterias después de t horas.
(b) Calcule el número de bacterias después de 4 horas.
(c) Encuentre la rapidez de crecimiento después de 4 horas.
(d) ¿Cuándo la población alcanza 10 000?

94. El cobalto-60 tiene una vida media de 5.24 años.
(a) Determine la masa que queda de una muestra de 100 mg después de 20 años.
(b) ¿Cuánto tardaría la masa en decaer a 1 mg?

95. Sea $C(t)$ la concentración de un medicamento en el torrente sanguíneo. Cuando el cuerpo elimina el medicamento, $C(t)$ disminuye con una rapidez que es proporcional a la cantidad de medicamento que está presente en el tiempo t. En estos términos $C'(t) = -kC(t)$, donde k es un número positivo denominado *constante de eliminación* del medicamento.
(a) Si C_0 es la concentración en el tiempo $t = 0$, determine la concentración en el tiempo t.
(b) Si el cuerpo elimina la mitad del medicamento en 30 horas, ¿cuánto tiempo le toma eliminar 90% del medicamento?

96. Una taza con chocolate caliente tiene una temperatura de 80 °C en una habitación que se mantiene en 20 °C. Después de media hora, el chocolate caliente se enfría a 60 °C.
(a) ¿Cuál es la temperatura del chocolate después de otra media hora?
(b) ¿Cuándo se enfriará el chocolate a 40 °C?

97. El volumen de un cubo se incrementa a razón de 10 cm³/min. ¿Qué tan rápido se incrementa el área superficial cuando la longitud de un lado es de 30 cm?

98. Un vaso de papel tiene la forma de un cono de altura igual a 10 cm y radio de 3 cm (en la parte superior). Si el agua se vierte en el vaso a razón de 2 cm³/s, ¿qué tan rápido sube el nivel del agua cuando tiene 5 cm de profundidad?

99. Un globo asciende con rapidez constante de 2 m/s. Un niño va en bicicleta por un camino recto a una rapidez de 5 m/s. Cuando pasa bajo el globo, este se halla a 15 m arriba de él. ¿Qué tan rápido se incrementa la distancia entre el niño y el globo 3 s más tarde?

100. Una esquiadora pasa encima de una rampa, como la que se ilustra en la figura, con una rapidez de 10 m/s. ¿Qué tan rápido se eleva cuando abandona la rampa?

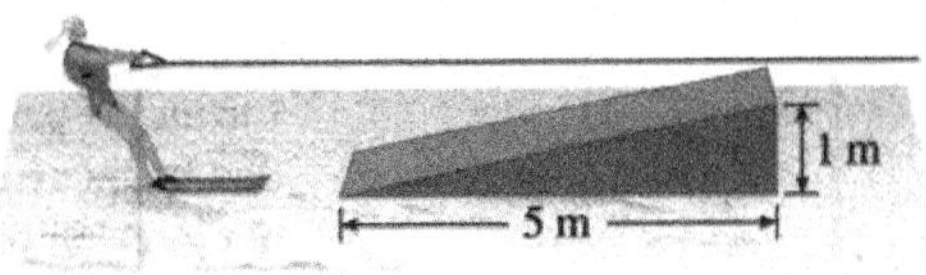

101. El ángulo de elevación del sol decrece a razón de 0.25 rad/h. ¿Qué tan rápido se incrementa la sombra de un edificio de 400 pies de altura cuando el ángulo de elevación del sol es $\pi/6$?

102. (a) Encuentre la aproximación lineal de $f(x) = \sqrt{25 - x^2}$ cerca de 3.
(b) Ilustre el inciso (a) trazando la gráfica de f y la aproximación lineal.
(c) ¿Para qué valores de x es exacta la aproximación lineal dentro de 0.1?

103. (a) Determine la linealización de $f(x) = \sqrt[3]{1 + 3x}$ en $a = 0$. Establezca la aproximación lineal correspondiente y utilícela para proporcionar un valor aproximado para $\sqrt[3]{1.03}$.
(b) Determine los valores de x para los que la aproximación lineal dada en el inciso (a) sea exacta con una diferencia menor que 0.1.

104. Evalúe dy si $y = x^3 - 2x^2 + 1$, $x = 2$ y $dx = 0.2$.

105. Una ventana tiene la forma de un cuadrado coronado por un semicírculo. La base de la ventana se mide como si tuviera un ancho de 60 cm, con un posible error de 0.1 cm. Utilice diferenciales para estimar el máximo error posible al calcular el área de la ventana.

106–108 Exprese el límite como una derivada en cada una de las funciones siguientes y evalúelo.

106. $\displaystyle \lim_{x \to 1} \frac{x^{17} - 1}{x - 1}$

107. $\displaystyle \lim_{h \to 0} \frac{\sqrt[4]{16 + h} - 2}{h}$

108. $\displaystyle \lim_{\theta \to \pi/3} \frac{\cos \theta - 0.5}{\theta - \pi/3}$

---

109. Evalúe $\displaystyle \lim_{x \to 0} \frac{\sqrt{1 + \tan x} - \sqrt{1 + \operatorname{sen} x}}{x^3}$.

110. Suponga que f es una función derivable tal que $f(g(x)) = x$ y $f'(x) = 1 + [f(x)]^2$. Demuestre que $g'(x) = 1/(1 + x^2)$.

111. Encuentre $f'(x)$ si se sabe que

$$\frac{d}{dx}[f(2x)] = x^2$$

112. Demuestre que la longitud de la porción de cualquier recta tangente al astroide $x^{2/3} + y^{2/3} = a^{2/3}$ cortada por los ejes de coordenadas es constante.

Problemas adicionales

Antes de trabajar en el ejemplo, cubra la solución e intente resolverlo usted primero.

EJEMPLO 1 ¿Cuántas rectas son tangentes a las dos parábolas $y = -1 - x^2$ y $y = 1 + x^2$? Calcule las coordenadas de los puntos en los cuales estas rectas tangentes tocan a las parábolas.

SOLUCIÓN Para entender este problema es esencial hacer un esquema. Por lo que se trazan las parábolas $y = 1 + x^2$ (que es la parábola estándar $y = x^2$ desplazada una unidad hacia arriba) y $y = -1 - x^2$ (que se obtiene al reflejar la primera parábola respecto al eje x). Si trata de dibujar una recta tangente para ambas parábolas, pronto descubrirá que solo hay dos posibilidades, que se ilustran en la figura 1.

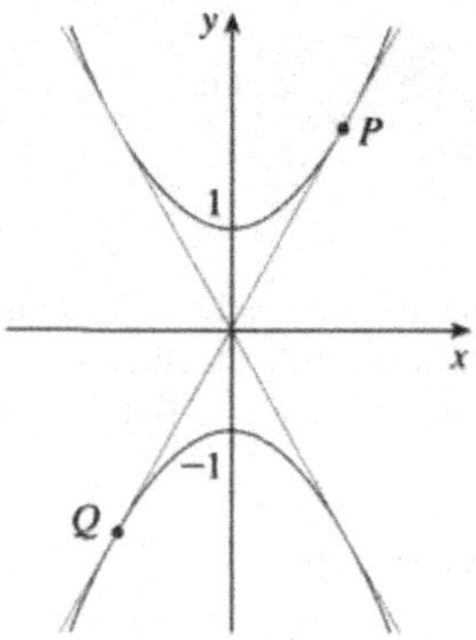

FIGURA 1

Sea P un punto en el cual una de estas rectas tangentes toca la parábola superior y sea a su coordenada x. (Es muy importante elegir la notación para la incógnita. Por supuesto podía haber escogido b o c o x_0 o x_1, en lugar de a. Sin embargo, no se recomienda utilizar x en lugar de a porque se podría confundir con la variable x de la ecuación de la parábola). Entonces, ya que P está en la parábola $y = 1 + x^2$, su coordenada y debe ser $1 + a^2$. Debido a la simetría que se muestra en la figura 1, las coordenadas del punto Q donde la recta tangente toca a la parábola inferior deben ser $(-a, -(1 + a^2))$.

Para usar la información de que la recta es una tangente, iguale la pendiente de la recta PQ con la pendiente de la recta tangente en P. Se tiente

$$m_{PQ} = \frac{1 + a^2 - (-1 - a^2)}{a - (-a)} = \frac{1 + a^2}{a}$$

Si $f(x) = 1 + x^2$, entonces la pendiente de la recta tangente en P es $f'(a) = 2a$. Por tanto, la condición que necesita utilizar es

$$\frac{1 + a^2}{a} = 2a$$

Al resolver esta ecuación, se tiene $1 + a^2 = 2a^2$, por lo que $a^2 = 1$ y $a = \pm 1$. Por tanto, los puntos son $(1, 2)$ y $(-1, -2)$. Por simetría, los dos puntos restantes son $(-1, 2)$ y $(1, -2)$. ■

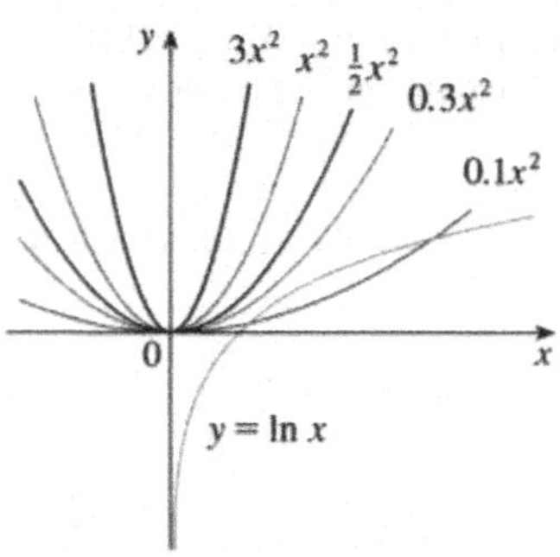

FIGURA 2

EJEMPLO 2 ¿Para cuáles valores de c la ecuación $\ln x = cx^2$ tiene exactamente una solución?

SOLUCIÓN Uno de los principios más importantes de la solución de problemas es dibujar un diagrama, incluso si el problema, según se enuncia, no menciona en forma explícita una situación geométrica. Este problema se puede formular de nuevo en términos geométricos como sigue: ¿para cuáles valores de c la curva $y = \ln x$ intersecta la curva $y = cx^2$ exactamente en un punto?

Empiece por trazar las gráficas de $y = \ln x$ y $y = cx^2$ para diversos valores de c. Se sabe que, para $c \neq 0$, $y = cx^2$ es una parábola que se abre hacia arriba si $c > 0$ y, hacia abajo, si $c < 0$. En la figura 2 se muestran las parábolas $y = cx^2$ para varios valores positivos de c. La mayor parte no se cruzan con $y = \ln x$ y una la corta dos veces. Se tiene la sensación de que debe haber un valor de c (en alguna parte entre 0.1 y 0.3) para el cual las curvas se cruzan exactamente una vez, como en la figura 3.

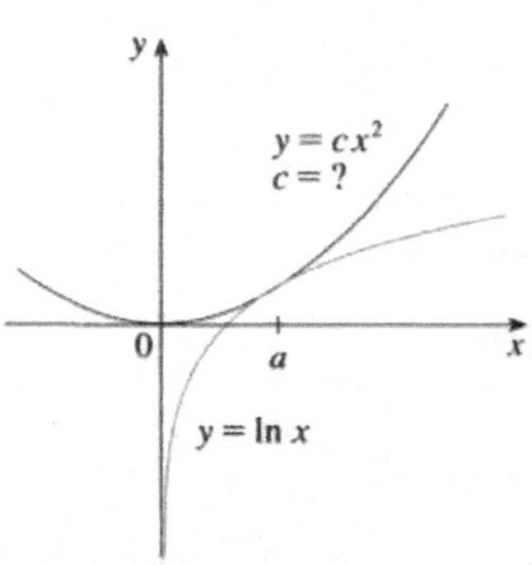

FIGURA 3

Para determinar ese valor de c en particular, sea a la coordenada x del punto único de intersección. En otras palabras, $\ln a = ca^2$, por lo que a es la única solución de la ecuación dada. En la figura 3 las curvas solo se tocan, por lo que tienen una recta tangente común cuando $x = a$. Esto significa que las curvas $y = \ln x$ y $y = cx^2$ tienen la misma pendiente cuando $x = a$. Por tanto,

$$\frac{1}{a} = 2ca$$

Resolviendo las ecuaciones $\ln a = ca^2$ y $1/a = 2ca$, se obtiene

$$\ln a = ca^2 = c \cdot \frac{1}{2c} = \frac{1}{2}$$

Por lo que $a = e^{1/2}$ y

$$c = \frac{\ln a}{a^2} = \frac{\ln e^{1/2}}{e} = \frac{1}{2e}$$

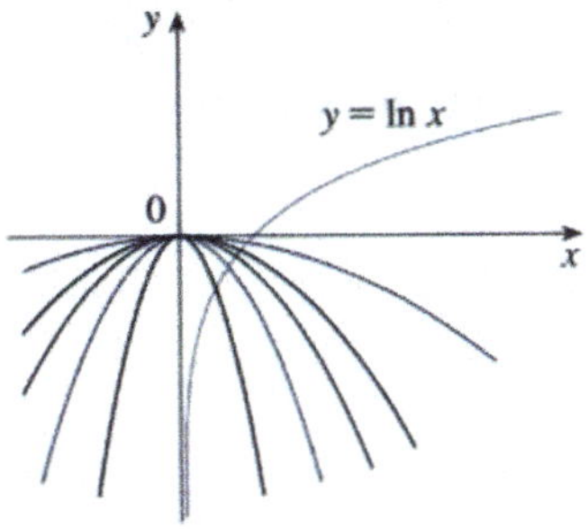

FIGURA 4

Para los valores negativos de c se tiene la situación que se ilustra en la figura 4: todas las parábolas $y = cx^2$ con valores negativos de c cruzan $y = \ln x$ exactamente una vez. Y no olvide lo referente a $c = 0$. La curva $y = 0x^2 = 0$ que es justamente el eje x, que interseca a $y = \ln x$ exactamente una vez.

Para resumir, los valores requeridos de c son $c = 1/(2e)$ y $c \leq 0$. ■

Problemas

1. Determine los puntos P y Q sobre la parábola $y = 1 - x^2$ de tal manera que el triángulo ABC formado por el eje x y las rectas tangentes en P y Q sea un triángulo equilátero. (Véase la figura.)

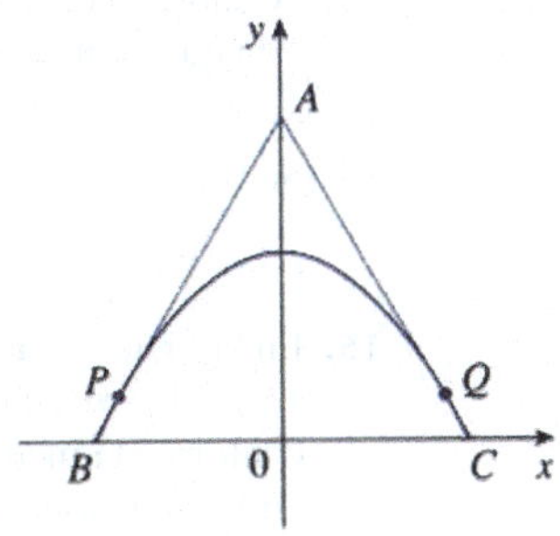

2. Determine el punto donde las curvas $y = x^3 - 3x + 4$ y $y = 3(x^2 - x)$ son tangentes entre sí, es decir, tienen una recta tangente común. Ilustre mediante la representación gráfica de ambas curvas y la recta tangente.

3. Demuestre que las rectas tangentes a la parábola $y = ax^2 + bx + c$ en cualesquiera dos puntos con coordenadas x iguales a p y q se cruzan en un punto cuya coordenada x está a la mitad entre p y q.

4. Demuestre que

$$\frac{d}{dx}\left(\frac{\operatorname{sen}^2 x}{1 + \cot x} + \frac{\cos^2 x}{1 + \tan x}\right) = -\cos 2x$$

5. Si $f(x) = \lim_{t \to x} \dfrac{\sec t - \sec x}{t - x}$, encuentre el valor de $f'(\pi/4)$.

6. Encuentre los valores de las constantes a y b tales que

$$\lim_{x \to 0} \frac{\sqrt[3]{ax + b} - 2}{x} = \frac{5}{12}$$

7. Demuestre que $\operatorname{sen}^{-1}(\tanh x) = \tan^{-1}(\operatorname{senh} x)$.

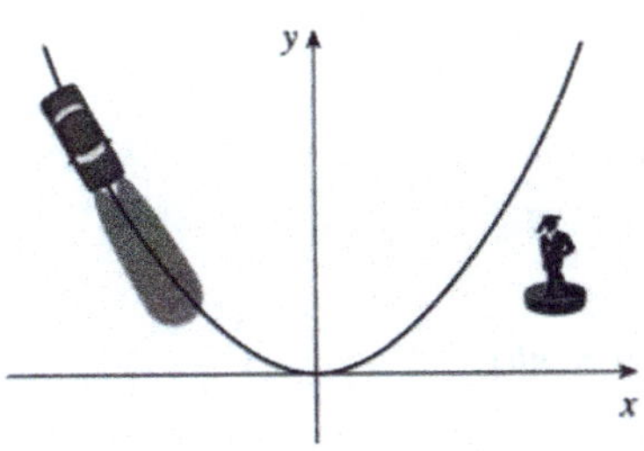

FIGURA PARA EL PROBLEMA 8

8. Un automóvil viaja por la noche por una carretera que tiene forma de parábola con vértice en el origen (véase la figura). El automóvil parte del punto 100 m al oeste y 100 m al norte del origen, y se desplaza en una dirección hacia el este. Hay una estatua localizada 100 m al este y 50 m al norte del origen. ¿En qué punto de la carretera los faros del vehículo iluminarán a la estatua?

9. Demuestre que $\dfrac{d^n}{dx^n}(\operatorname{sen}^4 x + \cos^4 x) = 4^{n-1}\cos(4x + n\pi/2)$.

10. Si f es derivable en a, donde $a > 0$, evalúe el siguiente límite en términos de $f'(a)$.

$$\lim_{x \to a} \frac{f(x) - f(a)}{\sqrt{x} - \sqrt{a}}$$

11. En la figura se muestra una circunferencia con radio 1 inscrita en la parábola $y = x^2$. Encuentre el centro de la circunferencia.

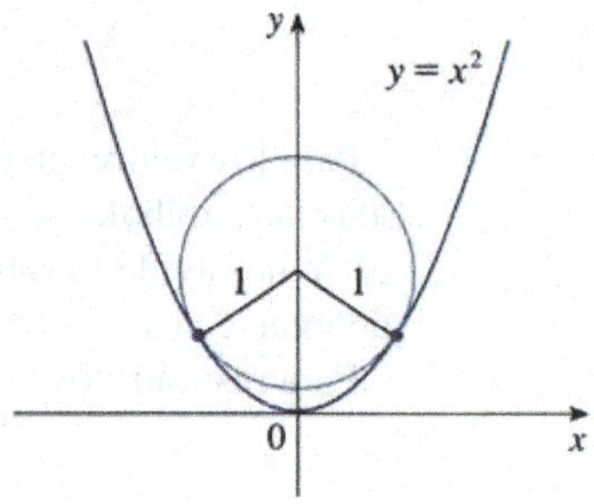

12. Determine todos los valores de c tales que las parábolas $y = 4x^2$ y $x = c + 2y^2$ se intersequen en ángulos rectos.

13. ¿Cuántas rectas son tangentes a ambas circunferencias $x^2 + y^2 = 4$ y $x^2 + (y - 3)^2 = 1$? ¿En qué puntos estas rectas tangentes tocan las circunferencias?

14. Si $f(x) = \dfrac{x^{46} + x^{45} + 2}{1 + x}$, calcule $f^{(46)}(3)$. Exprese su respuesta utilizando notación factorial: $n! = 1 \cdot 2 \cdot 3 \cdot \cdots \cdot (n - 1) \cdot n$.

15. En la figura se muestra una rueda giratoria con radio de 40 cm y una barra AP de longitud 1.2 m. El extremo P de la barra se desliza hacia atrás y hacia adelante, a lo largo del eje x, conforme la rueda gira en sentido contrario a las manecillas del reloj, con una rapidez de 360 revoluciones por minuto.

(a) Encuentre la velocidad angular de la barra, $d\alpha/dt$, en radianes por segundo, cuando $\theta = \pi/3$.

(b) Exprese la distancia $x = |OP|$, en términos de θ.

(c) Determine una expresión para la velocidad del extremo P, en términos de θ.

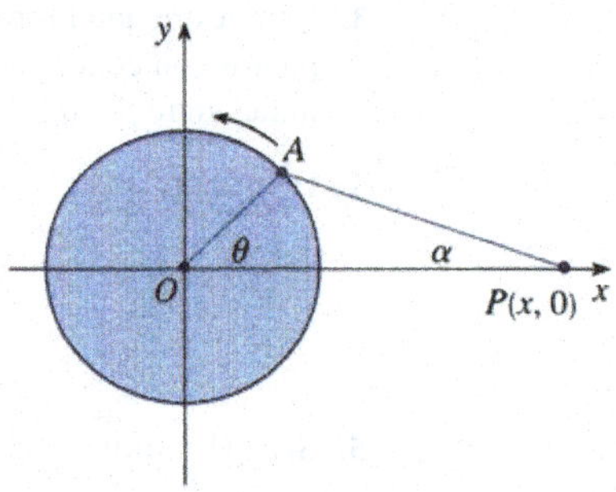

16. Se trazan las rectas tangentes T_1 y T_2 en los dos puntos P_1 y P_2 sobre la parábola $y = x^2$ y se intersecan en un punto P. Se traza otra recta tangente T en un punto entre P_1 y P_2; esta interseca a T_1 en Q_1 y T_2 en Q_2. Demuestre que

$$\frac{|PQ_1|}{|PP_1|} + \frac{|PQ_2|}{|PP_2|} = 1$$

17. Demuestre que

$$\frac{d^n}{dx^n}(e^{ax} \operatorname{sen} bx) = r^n e^{ax} \operatorname{sen}(bx + n\theta)$$

donde a y b son números positivos, $r^2 = a^2 + b^2$, y $\theta = \tan^{-1}(b/a)$.

18. Evalúe $\lim_{x \to \pi} \dfrac{e^{\operatorname{sen} x} - 1}{x - \pi}$.

19. Sean T y N las rectas tangente y normal a la elipse $x^2/9 + y^2/4 = 1$ en cualquier punto P de la elipse en el primer cuadrante. Sean x_T y y_T las intersecciones de T con los ejes x y y, y x_N y y_N las intersecciones respectivas de N. Conforme P se mueve a lo largo de la elipse en el primer cuadrante (pero no sobre los ejes), ¿qué valores pueden adoptar x_T, y_T, x_N y y_N? En primer lugar, intente inferir las respuestas con solo ver la figura. A continuación, utilice el cálculo para resolver el problema y vea qué tan acertada es su intuición.

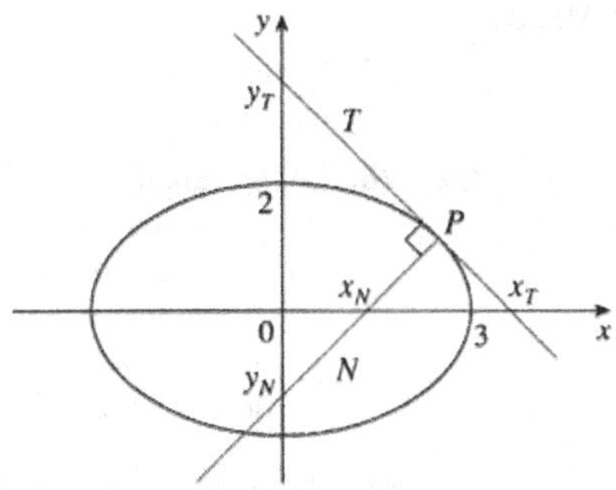

20. Evalúe $\lim_{x \to 0} \dfrac{\operatorname{sen}(3 + x)^2 - \operatorname{sen} 9}{x}$.

21. (a) Use la identidad para $\tan(x - y)$ [véase la ecuación 14b del apéndice D] para demostrar que si dos rectas L_1 y L_2 se intersecan a un ángulo, entonces

$$\tan \alpha = \frac{m_2 - m_1}{1 + m_1 m_2}$$

donde m_1 y m_2 son las pendientes de L_1 y L_2, respectivamente.

(b) El **ángulo entre las curvas** C_1 y C_2 en un punto de intersección se define como el ángulo entre las rectas tangentes a C_1 y C_2 en P (si estas rectas tangentes existen). Use el inciso (a) para determinar, redondeado al grado más cercano, el ángulo entre cada par de curvas en cada punto de intersección.

(i) $y = x^2$ y $y = (x - 2)^2$

(ii) $x^2 - y^2 = 3$ y $x^2 - 4x + y^2 + 3 = 0$

22. Sea $P(x_1, y_1)$ un punto sobre la parábola $y^2 = 4px$ con foco $F(p, 0)$. Sea α el ángulo entre la parábola y el segmento rectilíneo FP, y sea β el ángulo entre la recta horizontal $y = y_1$ y la parábola, como en la figura. Demuestre que $\alpha = \beta$. (Por lo que, por un principio de óptica geométrica, la luz proveniente de una fuente colocada en F se reflejará a lo largo de una recta paralela al eje x. Esto explica por qué los *paraboloides*, las superficies que se obtienen al hacer girar las parábolas sobre sus ejes, se emplean como la forma de algunos faros delanteros de automóviles y espejos para telescopios.)

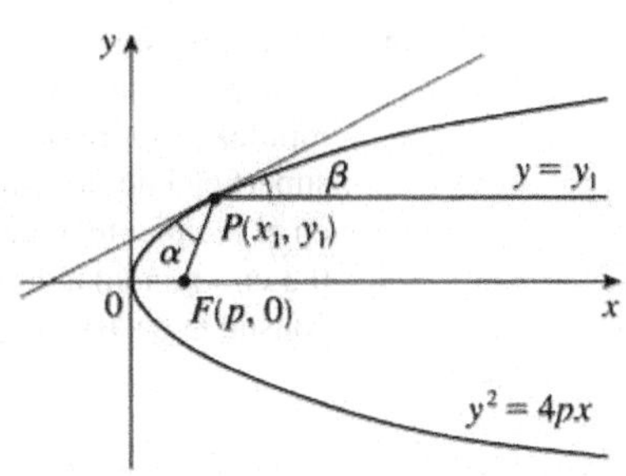

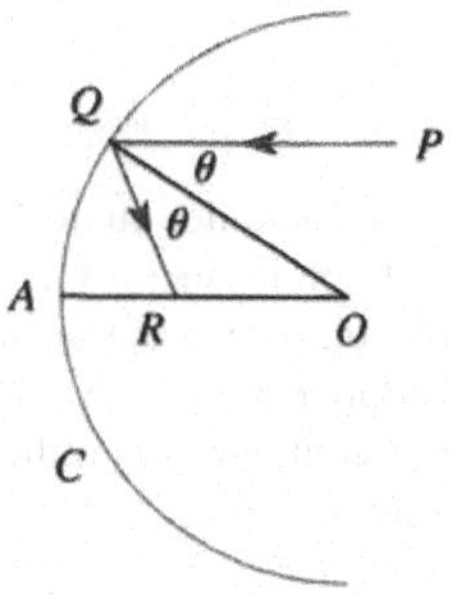

FIGURA PARA EL PROBLEMA 23

23. Suponga que remplaza el espejo parabólico que aparece en el problema 22 con un espejo esférico. Aunque el espejo no tiene foco, puede demostrar la existencia de un foco *aproximado*. En la figura, C es un semicírculo con centro O. Un rayo de luz que llega hacia el espejo paralelo al eje a lo largo de la recta PQ se reflejará hacia el punto R sobre el eje, de modo que $\angle PQO = \angle OQR$ (el ángulo de incidencia es igual al ángulo de reflexión). ¿Qué sucede con el punto R conforme P se acerca cada vez más al eje?

24. Si f y g son funciones derivables con $f(0) = g(0) = 0$ y $g'(0) \neq 0$, demuestre que

$$\lim_{x \to 0} \frac{f(x)}{g(x)} = \frac{f'(0)}{g'(0)}$$

25. Evalúe $\displaystyle\lim_{x \to 0} \frac{\operatorname{sen}(a + 2x) - 2\operatorname{sen}(a + x) + \operatorname{sen} a}{x^2}$.

SAC **26.** (a) La función cúbica $f(x) = x(x - 2)(x - 6)$ tiene tres ceros distintos: 0, 2 y 6. Trace la gráfica de f y sus rectas tangentes en el *promedio* de cada par de ceros. ¿Qué observa?

(b) Suponga que la función cúbica $f(x) = (x - a)(x - b)(x - c)$ tiene tres ceros diferentes: a, b y c. Demuestre, con ayuda de un sistema algebraico computacional, que una recta tangente dibujada en el promedio de los ceros a y b interseca la gráfica de f en el tercer cero.

27. ¿Para qué valor de k la ecuación $e^{2x} = k\sqrt{x}$ tiene exactamente una solución?

28. ¿Para qué números positivos a se cumple que $a^x \geqslant 1 + x$ para toda x?

29. Si

$$y = \frac{x}{\sqrt{a^2 - 1}} - \frac{2}{\sqrt{a^2 - 1}} \arctan \frac{\operatorname{sen} x}{a + \sqrt{a^2 - 1} + \cos x}$$

demuestre que $y' = \dfrac{1}{a + \cos x}$.

30. Dada una elipse $x^2/a^2 + y^2/b^2 = 1$, donde $a \neq b$, encuentre la ecuación de todo el conjunto de puntos a partir de los cuales hay dos rectas tangentes a la curva cuyas pendientes son (a) recíprocos y (b) recíprocos negativos.

31. Encuentre los dos puntos sobre la curva $y = x^4 - 2x^2 - x$ que tienen una recta tangente en común.

32. Suponga que tres puntos sobre la parábola $y = x^2$ tienen la propiedad de que sus rectas normales se cruzan en un punto común. Demuestre que la suma de sus coordenadas x es 0.

33. Un *punto de una red* sobre el plano es un punto con coordenadas enteras. Suponga que se dibujan circunferencias con radio r usando todos los puntos de la red como centros. Encuentre el valor más pequeño de r tal que cualquier recta con pendiente $\frac{2}{5}$ interseque alguna de estas circunferencias.

34. La punta de un cono de radio r centímetros y altura h centímetros se introduce con una rapidez de 1 cm/s en un cilindro alto de radio R centímetros que contiene una parte de agua. ¿Qué tan rápido sube el nivel del agua en el instante en que el cono está totalmente sumergido?

35. Un recipiente en forma de cono invertido tiene una altura de 16 cm y su radio mide 5 cm en la parte superior. Está lleno en parte con un líquido que escurre por los lados con una rapidez proporcional al área del recipiente que está en contacto con el líquido. [El área superficial de un cono es $\pi r l$, donde r es el radio y l es la altura inclinada.] Si vierte líquido en el recipiente a razón de 2 cm^3/min, entonces la altura del líquido disminuye a razón de 0.3 cm/min cuando la altura es de 10 cm. Si el objetivo es mantener el líquido a una altura constante de 10 cm, ¿con qué rapidez debe verter líquido al recipiente?

4 Aplicaciones de la derivada

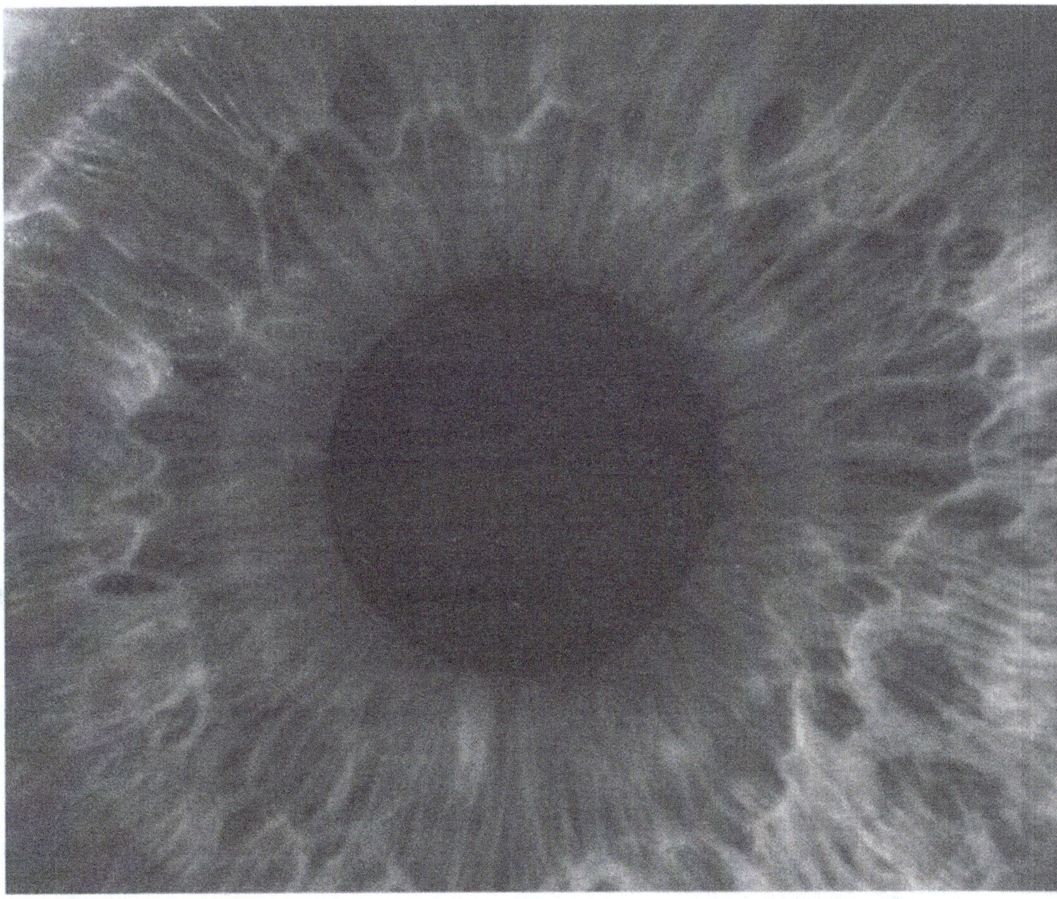

© Tatiana Makotra / Shutterstock.com

Cuando observa el mundo que lo rodea, la luz que entra al ojo cerca del centro de la pupila se percibe más brillante que la luz que entra más cerca de los bordes de la pupila. Este fenómeno, conocido como el *efecto Stiles-Crawford*, se explora conforme el radio de la pupila cambia en el ejercicio 80 de la página 313.

YA SE HAN INVESTIGADO ALGUNAS de las aplicaciones de la derivada, pero ahora que se conocen las reglas de derivación se está en mejor posición para continuar con mayor profundidad con las aplicaciones de la derivada. Aquí se aprenderá cómo las derivadas afectan la forma de una gráfica de una función y, en particular, cómo ayudan a localizar valores máximos y mínimos de funciones. Muchos problemas prácticos requieren minimizar un costo o maximizar un área, o encontrar el mejor resultado posible para una situación. En particular, se podrá investigar la forma óptima de una lata y explicar la ubicación de los arcoíris en el cielo.

4.1 Valores máximos y mínimos

Algunas de las aplicaciones más importantes del cálculo diferencial son los *problemas de optimización*, en los cuales se requiere encontrar la manera óptima (la mejor) para hacer algo. Algunos ejemplos de los problemas que se resolverán en este capítulo son:

- ¿Cuál debe ser la forma de una lata que minimice los costos de fabricación?
- ¿Cuál es la aceleración máxima de un transbordador espacial? (Esta es una pregunta importante para los astronautas que tienen que soportar los efectos de la aceleración.)
- ¿Cuál es el radio de una tráquea contraída que expele aire del modo más rápido al toser?
- ¿Qué ángulo deben formar los vasos sanguíneos al ramificarse, de modo que se minimice la energía consumida por el corazón al bombear la sangre?

Estos problemas pueden reducirse a encontrar los valores máximo o mínimo de una función. Para empezar, primero se explicará exactamente lo que son estos valores.

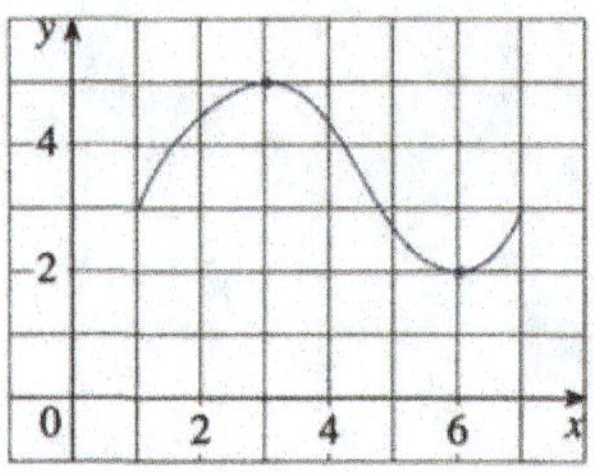

FIGURA 1

En la figura 1 se muestra la gráfica de una función f en la que el punto más alto es $(3, 5)$. En otras palabras, el valor más grande de f es $f(3) = 5$. Por otro lado, el valor más pequeño es $f(6) = 2$. Se dice que $f(3) = 5$ es el *máximo absoluto* de f y $f(6) = 2$ es el *mínimo absoluto*. En general, se usa la definición siguiente:

> **1 Definición** Sea c un número en el dominio D de una función f. Entonces $f(c)$ es el
>
> - valor **máximo absoluto** de f sobre D si $f(c) \geqslant f(x)$ para toda x en D.
> - valor **mínimo absoluto** de f sobre D si $f(c) \leqslant f(x)$ para toda x en D.

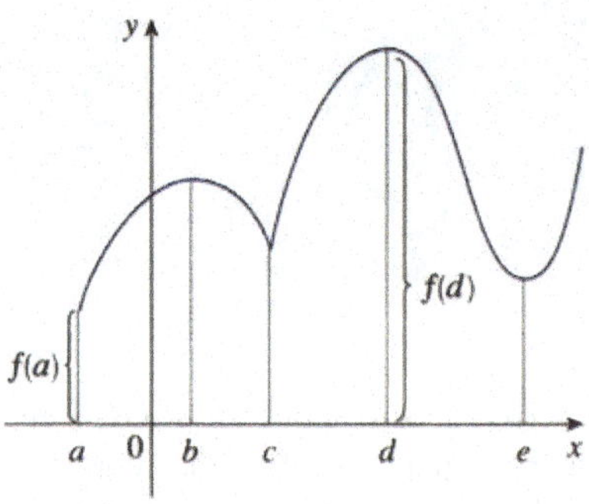

FIGURA 2
Mínimo absoluto $f(a)$, máximo absoluto $f(d)$, mínimos locales $f(c)$, $f(e)$, máximos locales $f(b)$, $f(d)$

Un máximo o mínimo absoluto se le llama a veces máximo o mínimo **global**. Los valores máximo y mínimo de f se llaman **valores extremos** de f.

La figura 2 muestra la gráfica de una función f con máximo absoluto en d y mínimo absoluto en a. Observe que $(d, f(d))$ es el punto más alto sobre la gráfica y $(a, f(a))$ es el punto más bajo. En la figura 2, si se consideran solo valores de x cercanos a b [por ejemplo, si se restringe la atención al intervalo (a, c)], entonces $f(b)$ es el más grande de estos valores de $f(x)$ y se llama *valor máximo local* de f. Por otro lado, $f(c)$ se llama *valor mínimo local* de f porque $f(c) \leqslant f(x)$ para x cercana a c [en el intervalo (b, d), por ejemplo]. La función f también tiene un mínimo local en e. En general, se tiene la definición siguiente.

> **2 Definición** El número $f(c)$ es un
>
> - valor **máximo local** de f si $f(c) \geqslant f(x)$ cuando x está cerca de c.
> - valor **mínimo local** de f si $f(c) \leqslant f(x)$ cuando x está cerca de c.

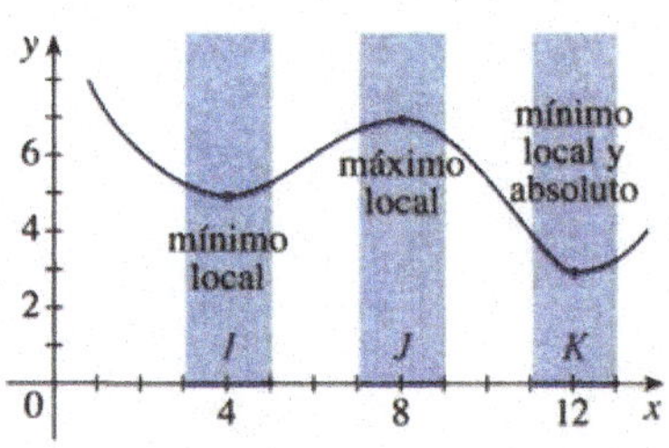

FIGURA 3

En la definición 2 (y en otros lugares), si se dice que algo se cumple **cerca** de c, significa que se cumple en algún intervalo abierto que contiene a c. Por ejemplo, en la figura 3 se ve que $f(4) = 5$ es un mínimo local porque es el menor valor de f en el intervalo I. No es el mínimo absoluto porque $f(x)$ tiene valores menores cuando x está cerca de 12 (en el intervalo K, por ejemplo). De hecho, $f(12) = 3$ es un mínimo local y el mínimo absoluto. De modo similar, $f(8) = 7$ es un máximo local, pero no el máximo absoluto porque f toma valores más grandes cerca de 1.

EJEMPLO 1 La función $f(x) = \cos x$ toma su valor máximo (local y absoluto) igual a 1, infinitas veces, ya que $\cos 2n\pi = 1$ para cualquier entero n y $-1 \leqslant \cos x \leqslant 1$ para toda x. (Véase la figura 4.) Del mismo modo, $\cos(2n + 1)\pi = -1$ es su valor mínimo, donde n es cualquier entero.

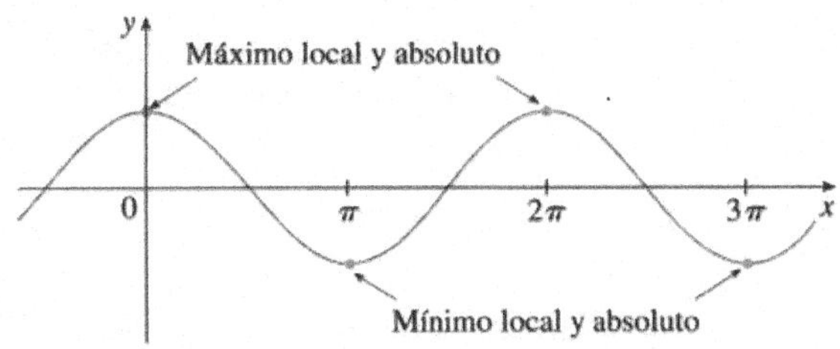

FIGURA 4
$y = \cos x$

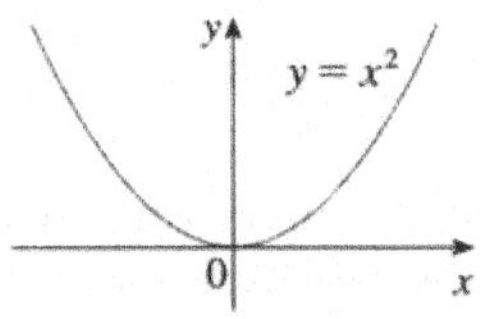

FIGURA 5
Valor mínimo = 0. No hay máximo

EJEMPLO 2 Si $f(x) = x^2$, entonces $f(x) \geqslant f(0)$ porque $x^2 \geqslant 0$ para toda x. Por tanto, $f(0) = 0$ es el valor mínimo absoluto (y local) de f. Esto corresponde al hecho de que el origen es el punto más bajo sobre la parábola $y = x^2$. (Véase la figura 5.) Sin embargo, no existe el punto más alto sobre la parábola, por lo que esta función no tiene valor máximo. ■

EJEMPLO 3 En la gráfica de la función $f(x) = x^3$, que se muestra en la figura 6, se ve que no tiene valor máximo absoluto ni valor mínimo absoluto. De hecho, tampoco tiene valores extremos locales. ■

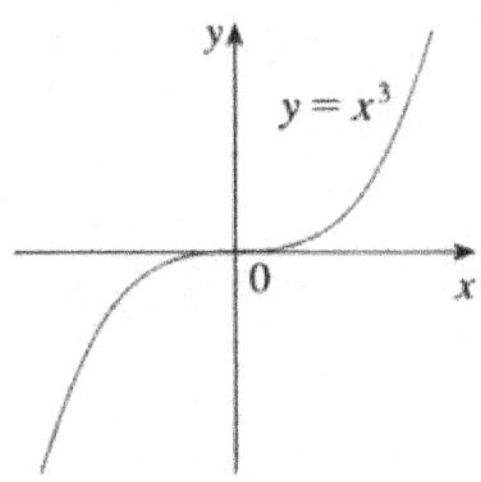

FIGURA 6
No tiene mínimo, ni máximo

EJEMPLO 4 La gráfica de la función

$$f(x) = 3x^4 - 16x^3 + 18x^2 \qquad -1 \leqslant x \leqslant 4$$

se muestra en la figura 7. Se puede observar que $f(1) = 5$ es un máximo local, en tanto que el máximo absoluto es $f(-1) = 37$. (Este máximo absoluto no es un máximo local porque se presenta en un punto final.) También, $f(0) = 0$ es un mínimo local y $f(3) = -27$ es un mínimo tanto local como absoluto. Observe que f no tiene máximo local ni absoluto en $x = 4$.

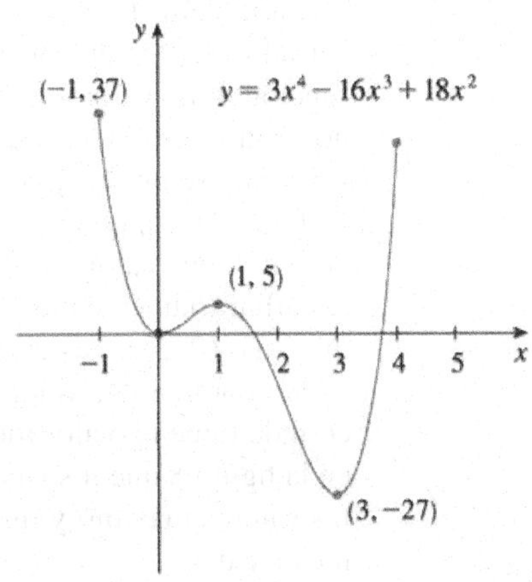

FIGURA 7 ■

Se ha visto que algunas funciones tienen valores extremos, mientras que otras no. En el teorema siguiente se dan las condiciones con que se garantiza que una función tenga valores extremos.

3 Teorema del valor extremo Si f es continua sobre un intervalo cerrado $[a, b]$, entonces f alcanza un valor máximo absoluto $f(c)$ y un valor mínimo absoluto $f(d)$ en algunos números c y d en $[a, b]$.

En la figura 8 se ilustra el teorema del valor extremo. Observe que un valor extremo se puede tomar más de una vez. Aun cuando el teorema del valor extremo es muy fácil de aceptar a nivel intuitivo, su demostración es difícil, por lo que se omite.

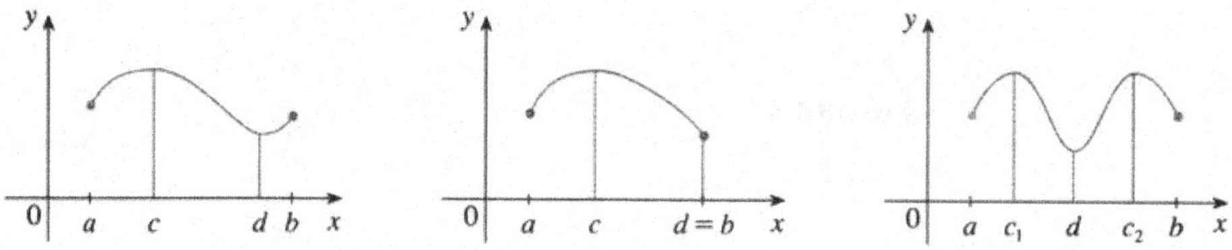

FIGURA 8 Las funciones continuas en un intervalo cerrado siempre alcanzan valores extremos.

En las figuras 9 y 10 se muestra que una función no necesita tener valores extremos si no se satisface cualesquiera de las dos hipótesis (continuidad o intervalo cerrado) del teorema del valor extremo.

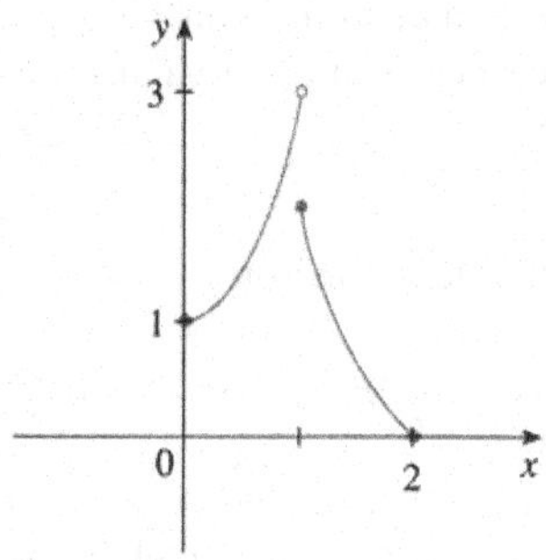

FIGURA 9
Esta función tiene un valor mínimo $f(2) = 0$, pero no tiene valor máximo.

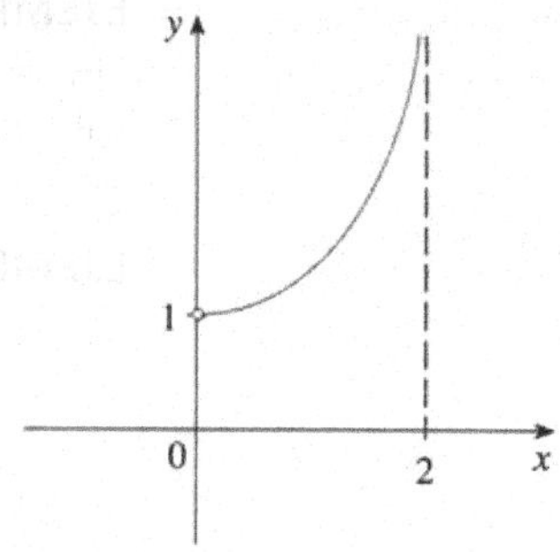

FIGURA 10
Esta función continua g no tiene máximo ni mínimo.

La función f, cuya gráfica se muestra en la figura 9, está definida sobre el intervalo cerrado $[0, 2]$, pero no tiene valor máximo. (Observe que el rango de f es $[0, 3)$. La función toma valores arbitrariamente cercanos a 3, pero nunca alcanza el valor 3.) Esto no contradice el teorema del valor extremo porque f no es continua. [Sin embargo, una función discontinua *pudiera* tener valores máximo y mínimo. Véase el ejercicio 13(b).]

La función g que se muestra en la figura 10 es continua sobre el intervalo abierto $(0, 2)$, pero no tiene valor máximo ni mínimo. [El rango de g es $(1, \infty)$. La función toma valores arbitrariamente grandes.] Esto no contradice el teorema del valor extremo porque el intervalo $(0, 2)$ no es cerrado.

El teorema del valor extremo indica que una función continua sobre un intervalo cerrado tiene un valor máximo y uno mínimo, pero no dice cómo encontrarlos. Observe en la figura 8 que los valores máximo y mínimo absolutos que están *entre* a y b están en los valores máximo y mínimo, por lo que se debe empezar por buscar los valores extremos locales.

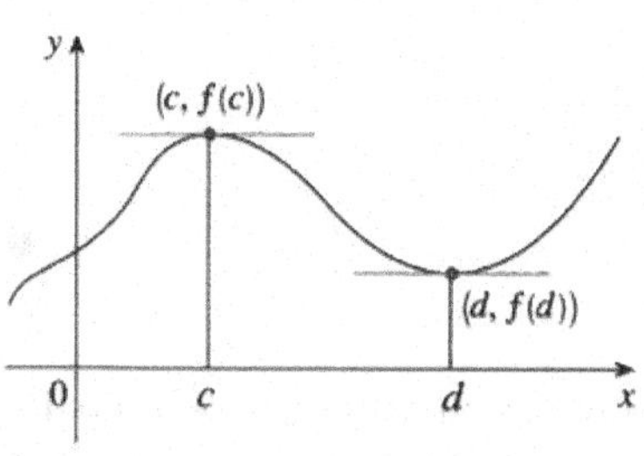

FIGURA 11

La figura 11 muestra la gráfica de una función f con un máximo local en c y un mínimo local en d. Parece que en los puntos máximo y mínimo la recta tangente es horizontal y, por tanto, tiene pendiente 0. Se sabe que la derivada es la pendiente de la recta tangente, de modo que parece que $f'(c) = 0$ y $f'(d) = 0$. En el teorema siguiente se dice que esto siempre se cumple para las funciones derivables.

4 **Teorema de Fermat** Si f tiene un máximo o un mínimo local en c, y si $f'(c)$ existe, entonces $f'(c) = 0$.

Fermat

Se llama teorema de Fermat en honor de Pierre Fermat (1601-1665), un abogado francés que tomó las matemáticas como un pasatiempo. A pesar de su condición de aficionado, Fermat fue uno de los dos inventores de la geometría analítica (Descartes fue el otro). Sus métodos para encontrar rectas tangentes a las curvas y valores máximos y mínimos (antes de la invención del límite y de las derivadas) lo hicieron un precursor de Newton en la creación del cálculo diferencial.

DEMOSTRACIÓN Para tratar un caso concreto, suponga que f tiene un máximo local en c. Entonces, de acuerdo con la definición 2, $f(c) \geqslant f(x)$ si x está suficientemente cerca de c. Esto implica que, si h está lo suficiente cerca de 0, con h positiva o negativa, entonces

$$f(c) \geqslant f(c + h)$$

y, por tanto,

5 $$f(c + h) - f(c) \leqslant 0$$

Se pueden dividir ambos lados de la desigualdad entre un número positivo. Así, si $h > 0$ y h es suficientemente pequeña, se tiene

$$\frac{f(c + h) - f(c)}{h} \leqslant 0$$

Tomando el límite por la derecha de ambos lados de la desigualdad (utilizando el teorema 2.3.2), se obtiene

$$\lim_{h \to 0^+} \frac{f(c + h) - f(c)}{h} \leqslant \lim_{h \to 0^+} 0 = 0$$

Pero, dado que $f'(c)$ existe, se tiene

$$f'(c) = \lim_{h \to 0} \frac{f(c + h) - f(c)}{h} = \lim_{h \to 0^+} \frac{f(c + h) - f(c)}{h}$$

y con esto se demuestra que $f'(c) \leqslant 0$.

Si $h < 0$, entonces la dirección de la desigualdad (5) se invierte cuando se divide entre h:

$$\frac{f(c + h) - f(c)}{h} \geqslant 0 \qquad h < 0$$

Así que tomando el límite por la izquierda, se tiene

$$f'(c) = \lim_{h \to 0} \frac{f(c + h) - f(c)}{h} = \lim_{h \to 0^-} \frac{f(c + h) - f(c)}{h} \geqslant 0$$

Ya se ha mostrado que $f'(c) \geqslant 0$ y también que $f'(c) \leqslant 0$. Puesto que ambas desigualdades deben ser verdaderas, la única posibilidad es que $f'(c) = 0$.

Ya se ha demostrado el teorema de Fermat para el caso de un máximo local. El caso de un mínimo local se puede demostrar de modo similar, o bien, puede usar el ejercicio 78 para deducirlo del caso que ya ha demostrado (véase el ejercicio 79). ■

Los ejemplos siguientes advierten contra la interpretación excesiva del teorema de Fermat: No se puede esperar localizar valores extremos haciendo simplemente $f'(x) = 0$ y resolviendo para x.

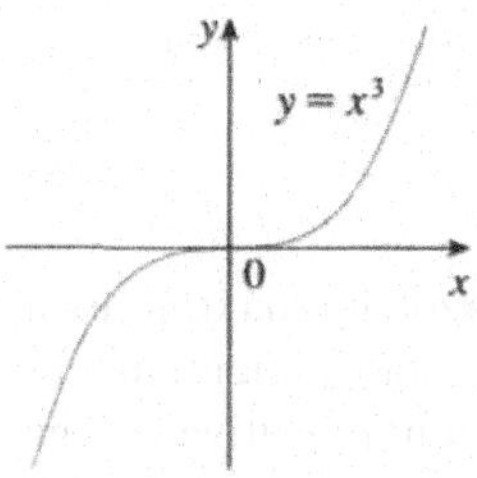

FIGURA 12
Si $f(x) = x^3$, entonces $f'(0) = 0$, pero f no tiene máximo ni mínimo.

EJEMPLO 5 Si $f(x) = x^3$, entonces $f'(x) = 3x^2$, de modo que $f'(0) = 0$. Pero f no tiene máximo o mínimo en 0, como se puede ver en la gráfica de la figura 12. (U observe que $x^3 > 0$ para $x > 0$, pero $x^3 < 0$ para $x < 0$). El hecho de que $f'(0) = 0$ solo significa que la curva $y = x^3$ tiene una recta tangente horizontal en (0, 0). En lugar de tener un máximo o un mínimo en (0, 0), la curva cruza allí con su recta tangente horizontal. ■

EJEMPLO 6 La función $f(x) = |x|$ muestra un valor mínimo (local y absoluto) en $x = 0$, pero ese valor no se puede determinar haciendo $f'(x) = 0$ porque, como ya se demostró en el ejemplo 2.8.5, $f'(0)$ no existe (véase la figura 13). ■

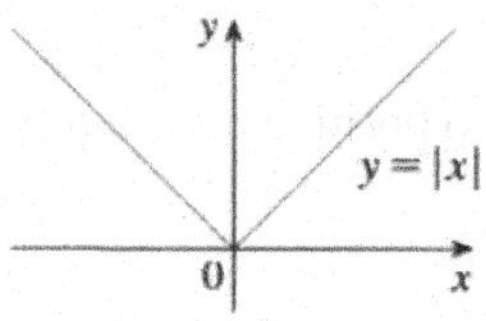

FIGURA 13
Si $f(x) = |x|$, entonces $f(0) = 0$ es un valor mínimo, pero $f'(0)$ no existe.

PRECAUCIÓN Los ejemplos 5 y 6 muestran que debe ser cuidadoso al aplicar el teorema de Fermat. El ejemplo 5 demuestra que aun cuando $f'(c) = 0$, no necesariamente hay un máximo o un mínimo en c. (En otras palabras, el inverso del teorema de Fermat es en general falso.) Además, podría haber un valor extremo aun cuando $f'(c)$ no exista, (como en el ejemplo 6).

El teorema de Fermat sugiere en realidad que, por lo menos, se deben *empezar* a buscar los valores extremos de f en los números c, donde $f'(c) = 0$ o donde $f'(c)$ no existe. Estos números reciben un nombre especial.

> **6 Definición** Un **número crítico** de una función f es un número c en el dominio de f tal que $f'(c) = 0$ o $f'(c)$ no existe.

EJEMPLO 7 Encuentre los números críticos de $f(x) = x^{3/5}(4 - x)$.

SOLUCIÓN La regla del producto da

$$f'(x) = x^{3/5}(-1) + (4 - x)\left(\tfrac{3}{5}x^{-2/5}\right) = -x^{3/5} + \frac{3(4 - x)}{5x^{2/5}}$$

$$= \frac{-5x + 3(4 - x)}{5x^{2/5}} = \frac{12 - 8x}{5x^{2/5}}$$

[Se obtienen los mismos valores escribiendo primero $f(x) = 4x^{3/5} - x^{8/5}$.] Por tanto, $f'(x) = 0$ si $12 - 8x = 0$; es decir $x = \frac{3}{2}$ y $f'(x)$ no existe cuando $x = 0$. Por tanto, los números críticos son $\frac{3}{2}$ y 0. ■

En la figura 14 hay una gráfica de la función f del ejemplo 7, que apoya nuestra respuesta, porque hay una recta tangente horizontal cuando $x = 1.5$ [donde $f'(x) = 0$] y una recta tangente vertical cuando $x = 0$ [donde $f'(x)$ no está definida].

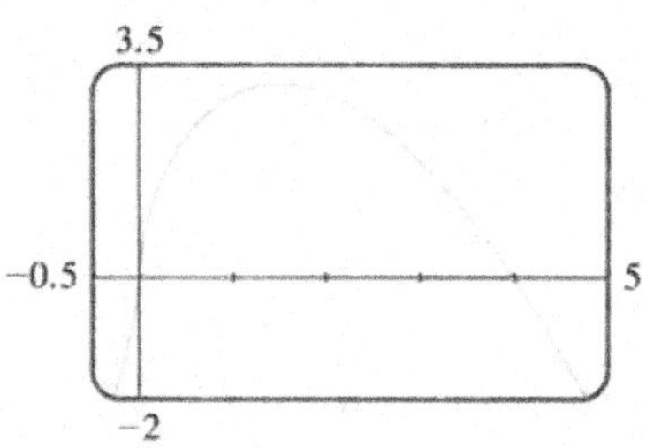

FIGURA 14

En términos de números críticos, el teorema de Fermat se puede replantear como sigue (compare la definición 6 con el teorema 4):

> **7** Si f tiene un máximo o un mínimo local en c, entonces c es un número crítico de f.

Para encontrar un máximo o un mínimo absoluto de una función continua sobre un intervalo cerrado, observe que es un extremo local [en cuyo caso, según (7), se presenta un número crítico] o se presenta en uno de los puntos extremos del intervalo, como se vio en los ejemplos de la figura 8. Por lo que el procedimiento de tres pasos siempre funciona.

Método del intervalo cerrado Para encontrar los valores máximo y mínimo *absolutos* de una función continua f sobre un intervalo cerrado $[a, b]$:

1. Encuentre los valores de f en los números críticos de f en (a, b).
2. Encuentre los valores de f en los puntos extremos del intervalo.
3. El más grande de los valores de los pasos 1 y 2 es el valor máximo absoluto; el más pequeño, el valor mínimo absoluto.

EJEMPLO 8 Encuentre los valores absolutos máximo y mínimo de la función

$$f(x) = x^3 - 3x^2 + 1 \qquad -\tfrac{1}{2} \leqslant x \leqslant 4$$

SOLUCIÓN Dado que f es continua sobre $\left[-\frac{1}{2}, 4\right]$, se puede utilizar el método del intervalo cerrado:

$$f(x) = x^3 - 3x^2 + 1$$

$$f'(x) = 3x^2 - 6x = 3x(x - 2)$$

Puesto que $f'(x)$ existe para toda x, los únicos valores críticos de f ocurren cuando $f'(x) = 0$; esto es, en $x = 0$ o $x = 2$. Observe que cada uno de estos números críticos está en el intervalo $\left(-\frac{1}{2}, 4\right)$. Los valores de f en estos números críticos son

$$f(0) = 1 \qquad f(2) = -3$$

Los valores de f en los puntos extremos del intervalo son

$$f\left(-\tfrac{1}{2}\right) = \tfrac{1}{8} \qquad f(4) = 17$$

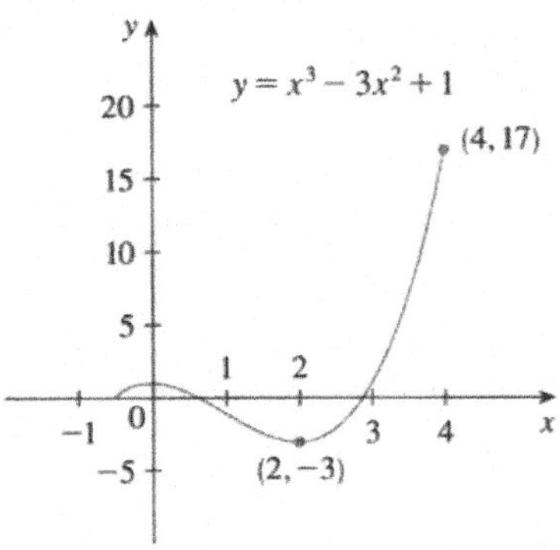

FIGURA 15

Comparando estos cuatro números, se ve que el valor máximo absoluto es $f(4) = 17$ y el valor mínimo absoluto es $f(2) = -3$.

Observe que, en este ejemplo, el máximo absoluto ocurre en un extremo del intervalo, mientras que el mínimo absoluto ocurre en un número crítico. La gráfica de f se traza en la figura 15. ■

Si tiene una calculadora graficadora o una computadora con software de gráficos, es posible estimar los valores máximos y mínimos muy fácilmente. Pero, como se muestra en el ejemplo siguiente, es necesario el cálculo para encontrar los valores *exactos*.

EJEMPLO 9

(a) Utilice un dispositivo graficador para estimar los valores mínimo y máximo absolutos de la función $f(x) = x - 2 \operatorname{sen} x$, para $0 \leqslant x \leqslant 2\pi$.

(b) Utilice el cálculo para encontrar los valores máximo y mínimo exactos.

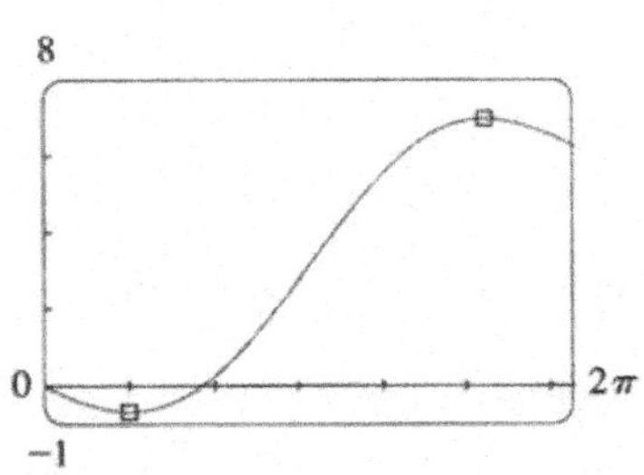

FIGURA 16

SOLUCIÓN

(a) La figura 16 muestra la gráfica de f en el rectángulo de vista de $[0, 2\pi]$ por $[-1, 8]$. Moviendo el cursor cerca del punto máximo, se ve que las coordenadas y no cambian mucho en las proximidades del máximo. El valor máximo absoluto es aproximadamente 6.97 y ocurre cuando $x \approx 5.2$. Del mismo modo, moviendo el cursor cerca al punto mínimo, se ve que el valor mínimo absoluto es alrededor de -0.68 y se presenta cuando $x \approx 1.0$. Es posible obtener estimaciones más precisas al hacer acercamientos hacia los puntos máximos y mínimos (o al utilizar una característica incorporada de máximos y mínimos), pero en vez de esto, se usará el cálculo.

(b) La función $f(x) = x - 2 \text{ sen } x$ es continua en $[0, 2\pi]$. Ya que $f'(x) = 1 - 2 \cos x$, se tiene que $f'(x) = 0$ cuando $\cos x = \frac{1}{2}$ y esto ocurre cuando $x = \pi/3$ o $5\pi/3$. Los valores de f en estos números críticos son

$$f(\pi/3) = \frac{\pi}{3} - 2 \text{ sen } \frac{\pi}{3} = \frac{\pi}{3} - \sqrt{3} \approx -0.684853$$

y

$$f(5\pi/3) = \frac{5\pi}{3} - 2 \text{ sen } \frac{5\pi}{3} = \frac{5\pi}{3} + \sqrt{3} \approx 6.968039$$

Los valores de f en los puntos finales son

$$f(0) = 0 \qquad \text{y} \qquad f(2\pi) = 2\pi \approx 6.28$$

Comparando estos cuatro números y utilizando el método del intervalo cerrado, se ve que el valor mínimo absoluto es $f(\pi/3) = \pi/3 - \sqrt{3}$ y el máximo valor absoluto es $f(5\pi/3) = 5\pi/3 + \sqrt{3}$. Los valores del inciso (a) sirven para verificar el resultado. ■

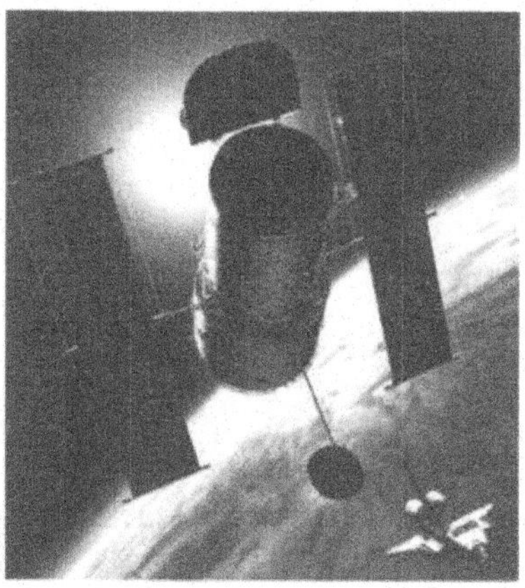

EJEMPLO 10 El telescopio espacial Hubble fue puesto en operación el 24 de abril de 1990, por el transbordador espacial *Discovery*. Un modelo para la velocidad del transbordador durante esta misión, desde el lanzamiento en $t = 0$ hasta que los cohetes auxiliares de combustible sólido se desprenden en $t = 126$ s, está dado por

$$v(t) = 0.0003968t^3 - 0.02752t^2 + 7.196t - 0.9397$$

(en metros por segundo). Con este modelo, estime los valores máximo y mínimo absolutos de la *aceleración* del transbordador entre el despegue y el desprendimiento de los cohetes auxiliares.

SOLUCIÓN Se pide encontrar los valores extremos, no de la función velocidad dada, sino de la función aceleración. Por lo que primero se tiene que derivar para encontrar la aceleración:

$$a(t) = v'(t) = \frac{d}{dt}(0.0003968t^3 - 0.02752t^2 + 7.196t - 0.9397)$$
$$= 0.0011904t^2 - 0.05504t + 7.196$$

Ahora se aplica el método del intervalo cerrado a la función continua a en el intervalo $0 \leq t \leq 126$. Su derivada es

$$a'(t) = 0.0023808t - 0.05504$$

El único número crítico ocurre cuando $a'(t) = 0$:

$$t_1 = \frac{0.05504}{0.0023808} \approx 23.12$$

Evaluando $a(t)$ en el número crítico y en los puntos extremos del intervalo, se tiene

$$a(0) = 7.196 \qquad a(t_1) \approx 6.56 \qquad a(126) \approx 19.16$$

Por lo que la aceleración máxima es aproximadamente 19.16 m/s^2 y la aceleración mínima es aproximadamente 6.56 m/s^2. ■

4.1 EJERCICIOS

1. Explique la diferencia entre un mínimo absoluto y un mínimo local.

2. Suponga que f es una función continua definida sobre un intervalo cerrado $[a, b]$.
(a) ¿Qué teorema garantiza la existencia de un valor máximo absoluto y un valor mínimo absoluto de f?
(b) ¿Qué pasos daría para encontrar los valores máximo y mínimo?

3–4 Para cada uno de los números a, b, c, d, r y s, indique si la función cuya gráfica se muestra, tiene un máximo o mínimo absolutos, un máximo o mínimo locales, o ni un máximo ni un mínimo.

3.

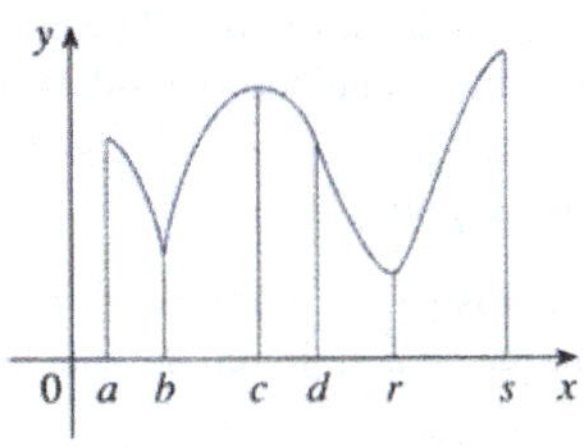

4.

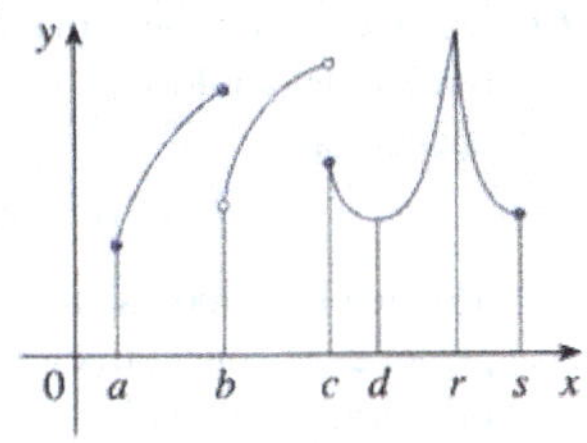

5–6 Utilice la gráfica para establecer los valores máximos y mínimos absolutos y locales de la función.

5.

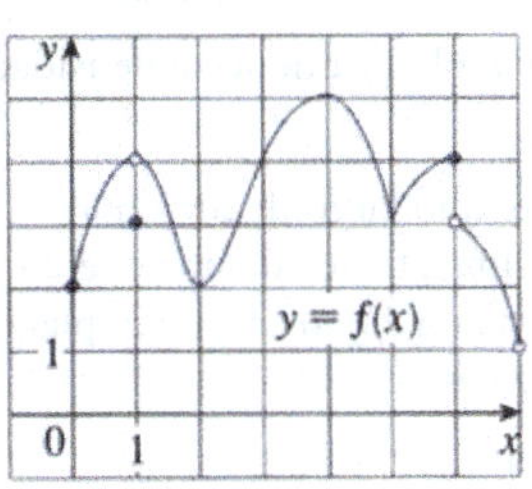

6.

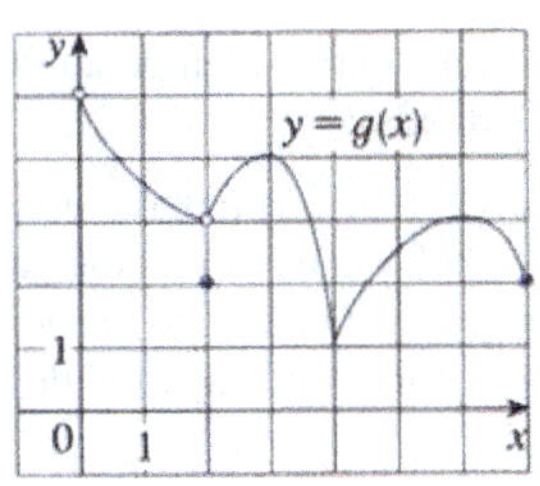

7–10 Trace la gráfica de una función f que es continua sobre $[1, 5]$ y tiene las propiedades dadas.

7. Máximo absoluto en 5, mínimo absoluto en 2, máximo local en 3, mínimos locales en 2 y 4

8. Máximo absoluto en 4, mínimo absoluto en 5, máximo local en 2, mínimo local en 3

9. Mínimo absoluto en 3, máximo absoluto en 4, máximo local en 2

10. Máximo absoluto en 2, mínimo absoluto en 5, 4 es un número crítico pero no hay máximo o mínimo local.

11. (a) Trace la gráfica de una función que tiene un máximo local en 2 y es derivable en 2.
(b) Trace la gráfica de una función que tiene un máximo local en 2 y es continua, pero no derivable, en 2.
(c) Trace la gráfica de una función que tiene un máximo local en 2 y no es continua en 2.

12. (a) Trace la gráfica de una función sobre $[-1, 2]$ que tiene un máximo absoluto, pero no máximo local.
(b) Trace la gráfica de una función sobre $[-1, 2]$ que tiene un máximo local, pero no máximo absoluto.

13. (a) Trace la gráfica de una función sobre $[-1, 2]$ que tiene un máximo absoluto, pero no mínimo absoluto.
(b) Trace la gráfica de una función sobre $[-1, 2]$ que es discontinua, pero que no tiene máximo absoluto ni mínimo absoluto.

14. (a) Trace la gráfica de una función que tiene dos máximos locales, un mínimo local y no tiene mínimo absoluto.
(b) Trace la gráfica de una función que tiene tres mínimos locales, dos máximos locales y siete números críticos.

15–28 Trace a mano la gráfica de f y utilícela para encontrar los valores máximos y mínimos, absolutos y locales de f. (Utilice las gráficas y transformaciones de las secciones 1.2 y 1.3.)

15. $f(x) = \frac{1}{2}(3x - 1), \quad x \leqslant 3$

16. $f(x) = 2 - \frac{1}{3}x, \quad x \geqslant -2$

17. $f(x) = 1/x, \quad x \geqslant 1$

18. $f(x) = 1/x, \quad 1 < x < 3$

19. $f(x) = \operatorname{sen} x, \quad 0 \leqslant x < \pi/2$

20. $f(x) = \operatorname{sen} x, \quad 0 < x \leqslant \pi/2$

21. $f(x) = \operatorname{sen} x, \quad -\pi/2 \leqslant x \leqslant \pi/2$

22. $f(t) = \cos t, \quad -3\pi/2 \leqslant t \leqslant 3\pi/2$

23. $f(x) = \ln x, \quad 0 < x \leqslant 2$

24. $f(x) = |x|$

25. $f(x) = 1 - \sqrt{x}$

26. $f(x) = e^x$

27. $f(x) = \begin{cases} x^2 & \text{si } -1 \leqslant x \leqslant 0 \\ 2 - 3x & \text{si } 0 < x \leqslant 1 \end{cases}$

28. $f(x) = \begin{cases} 2x + 1 & \text{si } 0 \leqslant x < 1 \\ 4 - 2x & \text{si } 1 \leqslant x \leqslant 3 \end{cases}$

29–44 Determine los números críticos de la función.

29. $f(x) = 5x^2 + 4x$

30. $f(x) = x^3 + x^2 - x$

31. $f(x) = 2x^3 - 3x^2 - 36x$

32. $f(x) = 2x^3 + x^2 + 2x$

33. $g(t) = t^4 + t^3 + t^2 + 1$

34. $g(t) = |3t - 4|$

35. $g(y) = \dfrac{y - 1}{y^2 - y + 1}$

36. $h(p) = \dfrac{p - 1}{p^2 + 4}$

37. $h(t) = t^{3/4} - 2t^{1/4}$

38. $g(x) = \sqrt[3]{4 - x^2}$

39. $F(x) = x^{4/5}(x - 4)^2$

40. $g(\theta) = 4\theta - \tan\theta$

41. $f(\theta) = 2\cos\theta + \operatorname{sen}^2\theta$

42. $h(t) = 3t - \operatorname{arcsen} t$

43. $f(x) = x^2e^{-3x}$

44. $f(x) = x^{-2}\ln x$

45–46 Se da una fórmula para la *derivada* de una función f. ¿Cuántos números críticos tiene f?

45. $f'(x) = 5e^{-0.1|x|}\operatorname{sen} x - 1$

46. $f'(x) = \dfrac{100\cos^2 x}{10 + x^2} - 1$

47–62 Determine los valores máximo absoluto y mínimo absoluto de f en el intervalo dado.

47. $f(x) = 3x^2 - 12x + 5, \quad [0, 3]$

48. $f(x) = x^3 - 3x + 1, \quad [0, 3]$

49. $f(x) = 2x^3 - 3x^2 - 12x + 1, \quad [-2, 3]$

50. $f(x) = x^3 - 6x^2 + 5, \quad [-3, 5]$

51. $f(x) = 3x^4 - 4x^3 - 12x^2 + 1, \quad [-2, 3]$

52. $f(t) = (t^2 - 4)^3, \quad [-2, 3]$

53. $f(x) = x + \dfrac{1}{x}, \quad [0.2, 4]$

54. $f(x) = \dfrac{x}{x^2 - x + 1}, \quad [0, 3]$

55. $f(t) = t - \sqrt[3]{t}, \quad [-1, 4]$

56. $f(t) = \dfrac{\sqrt{t}}{1 + t^2}, \quad [0, 2]$

57. $f(t) = 2\cos t + \operatorname{sen} 2t, \quad [0, \pi/2]$

58. $f(t) = t + \cot(t/2), \quad [\pi/4, 7\pi/4]$

59. $f(x) = x^{-2}\ln x, \quad \left[\frac{1}{2}, 4\right]$

60. $f(x) = xe^{x/2}, \quad [-3, 1]$

61. $f(x) = \ln(x^2 + x + 1), \quad [-1, 1]$

62. $f(x) = x - 2\tan^{-1}x, \quad [0, 4]$

63. Si a y b son números positivos, encuentre el valor máximo de $f(x) = x^a(1 - x)^b$, $0 \leqslant x \leqslant 1$.

64. Utilice una gráfica para calcular los números críticos de $f(x) = |1 + 5x - x^3|$ redondeados a un decimal.

65–68

(a) Utilice una gráfica para estimar los valores máximo y mínimo redondeados a dos decimales.

(b) Por medio del cálculo encuentre los valores máximo y mínimo.

65. $f(x) = x^5 - x^3 + 2, \quad -1 \leqslant x \leqslant 1$

66. $f(x) = e^x + e^{-2x}, \quad 0 \leqslant x \leqslant 1$

67. $f(x) = x\sqrt{x - x^2}$

68. $f(x) = x - 2\cos x, \quad -2 \leqslant x \leqslant 0$

69. Después de consumir una bebida alcohólica, la concentración de alcohol en sangre (BAC, por sus siglas en inglés) surge conforme se absorbe el alcohol, seguido por un descenso gradual conforme se metaboliza el alcohol. La función

$$C(t) = 1.35te^{-2.802t}$$

modela la BAC promedio, medido en mg/mL, de un grupo de ocho sujetos masculinos después de t horas del consumo rápido de 15 mL de etanol (correspondiente a una bebida alcohólica). ¿Cuál es la BAC promedio máxima durante las primeras 3 horas? ¿Cuándo ocurre?

Fuente: Adaptado de P. Wilkinson et al., "Pharmacokinetics of Ethanol after Oral Administration in the Fasting State", *Journal of Pharmacokinetics and Biopharmaceutics* 5 (1977): 207–224.

70. Después de que se toma una tableta de antibiótico, la concentración del antibiótico en el torrente sanguíneo se modela por la función

$$C(t) = 8(e^{-0.4t} - e^{-0.6t})$$

donde el tiempo t se mide en horas y C se mide en μg/mL. ¿Cuál es la concentración máxima de antibiótico durante las primeras 12 horas?

71. Entre 0 °C y 30 °C, el volumen V (en centímetros cúbicos) de 1 kg de agua a una temperatura T está dado aproximadamente por la fórmula

$$V = 999.87 - 0.06426T + 0.0085043T^2 - 0.0000679T^3$$

Encuentre la temperatura a la cual el agua tiene su densidad máxima.

72. Un objeto con masa m se arrastra a lo largo de un plano horizontal por una fuerza que actúa a través de una cuerda atada al objeto. Si la cuerda forma un ángulo θ con el plano, entonces la magnitud de la fuerza es

$$F = \frac{\mu mg}{\mu \operatorname{sen}\theta + \cos\theta}$$

donde μ es una constante positiva llamado el *coeficiente de fricción* y donde $0 \leqslant \theta \leqslant \pi/2$. Demuestre que F es minimizada cuando $\tan\theta = \mu$.

73. Un modelo para el precio promedio en Estados Unidos de una libra de azúcar blanca desde 1993 a 2003 está dado por la función

$$S(t) = -0.00003237t^5 + 0.0009037t^4 - 0.008956t^3 + 0.03629t^2 - 0.04458t + 0.4074$$

donde t se mide en años desde agosto de 1993. Estime los años cuando el azúcar era más barata y más cara durante el período 1993-2003.

74. El 7 de mayo de 1992 el transbordador espacial *Endeavour* fue lanzado en la misión STS-49, cuya finalidad fue instalar un nuevo motor de impulso en el perigeo de un satélite Intelsat de comunicaciones. En la tabla siguiente se dan los datos de la velocidad del transbordador entre el despegue y el desprendimiento de los cohetes auxiliares de combustible sólido.

(a) Utilice un dispositivo graficador o una computadora para encontrar el polinomio cúbico que modele de la mejor manera la velocidad del transbordador para el intervalo de tiempo $t \in [0, 125]$. Luego, dibuje esta función polinomial.

(b) Encuentre un modelo para la aceleración del transbordador y utilícelo para estimar los valores máximo y mínimo de la aceleración durante los primeros 125 segundos.

Suceso	Tiempo (s)	Velocidad (m/s)
Lanzamiento	0	0
Inicio de maniobra de giro	10	56.4
Fin de maniobra de giro	15	97.2
Acelerador al 89%	20	136.2
Acelerador al 67%	32	226.2
Acelerador al 104%	59	403.9
Presión dinámica máxima	62	440.4
Separación de los cohetes auxiliares de combustible sólido	125	1265.2

75. Cuando un objeto extraño alojado en la tráquea fuerza a una persona a toser, el diafragma empuja hacia arriba y causa un aumento en la presión de los pulmones. Esto viene acompañado por una contracción de la tráquea, con lo que se produce un canal más angosto por el que debe fluir el aire expelido. Para que escape una cantidad dada de aire en un tiempo fijo, este debe moverse con mayor rapidez por el canal más angosto que por el más ancho. Entre mayor sea la velocidad de la corriente de aire, mayor es la fuerza aplicada sobre el objeto extraño. Los rayos X muestran que el radio del tubo circular de la tráquea se contrae hasta alrededor de dos tercios de su radio normal durante un espasmo de tos. De acuerdo con un modelo matemático de la tos, la velocidad v de la corriente de aire se relaciona con el radio r de la tráquea mediante la ecuación

$$v(r) = k(r_0 - r)r^2 \qquad \tfrac{1}{2}r_0 \leq r \leq r_0$$

donde k es una constante y r_0 es el radio normal de la tráquea. La restricción sobre r se debe al hecho de que la pared de la tráquea se pone rígida bajo la presión y se impide una contracción mayor que $\frac{1}{2}r_0$ (de lo contrario, la persona se sofocaría).

(a) Determine el valor de r en el intervalo $\left[\frac{1}{2}r_0, r_0\right]$ en el cual v tiene un máximo absoluto. ¿Cómo se compara esto con la evidencia experimental?

(b) ¿Cuál es el valor máximo absoluto de v sobre el intervalo?

(c) Trace la gráfica de v sobre el intervalo $[0, r_0]$.

76. Demuestre que 5 es un número crítico de la función

$$g(x) = 2 + (x - 5)^3$$

pero g no tiene un valor extremo local en 5.

77. Demuestre que la función

$$f(x) = x^{101} + x^{51} + x + 1$$

no tiene ni máximo local ni mínimo local.

78. Si f tiene un valor mínimo local en c, demuestre que la función $g(x) = -f(x)$ tiene un valor mínimo local en c.

79. Demuestre el teorema de Fermat para el caso en que f tiene un mínimo local en c.

80. Una función cúbica es una función polinomial de tercer grado; esto es, tiene la forma $f(x) = ax^3 + bx^2 + cx + d$, donde $a \neq 0$.

(a) Demuestre que una función cúbica puede tener dos, uno o no tener números críticos. Proporcione ejemplos y trazos para ilustrar las tres posibilidades.

(b) ¿Cuántos valores extremos locales puede tener una función cúbica?

PROYECTO DE APLICACIÓN EL CÁLCULO DE LOS ARCOÍRIS

Los arcoíris se forman cuando las gotas de lluvia dispersan la luz solar. Han fascinado a la humanidad desde los tiempos más remotos y han inspirado intentos de explicación científica desde la época de Aristóteles. En este proyecto se siguen las ideas de Descartes y de Newton para explicar la forma, la ubicación y los colores de los arcoíris.

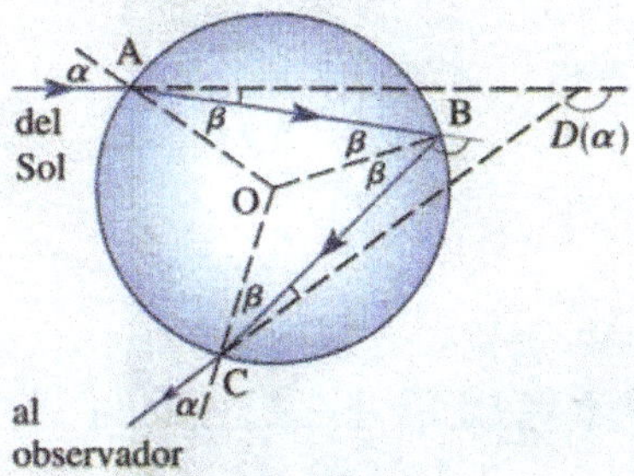

Formación del arcoíris primario

1. En la figura se muestra un rayo de luz solar que atraviesa una gota esférica de lluvia en A. Algo de la luz se refleja, pero la recta AB muestra la trayectoria de la parte que entra a la gota. Observe que la luz se refracta hacia la recta normal AO y, de hecho, la ley de Snell dice que sen $\alpha = k$ sen β, donde α es el ángulo de incidencia, β es el ángulo de refracción y $k \approx \frac{4}{3}$ es el índice de refracción para el agua. En B algo de la luz pasa por la gota y se refracta hacia el aire, pero la recta BC muestra la parte que se refleja. (El ángulo de incidencia es igual al de reflexión.) Cuando el rayo llega a C, parte de él se refleja; pero, por el momento, hay más interés en la parte que sale de la gota de lluvia en C. (Observe que se refracta alejándose de la recta normal.) El *ángulo de desviación* $D(\alpha)$ es la magnitud de la rotación en el sentido del movimiento de las manecillas del reloj que ha descrito el rayo durante este proceso de tres etapas. Por tanto,

$$D(\alpha) = (\alpha - \beta) + (\pi - 2\beta) + (\alpha - \beta) = \pi + 2\alpha - 4\beta$$

Demuestre que el valor mínimo de la desviación es $D(\alpha) \approx 138°$ y ocurre cuando $\alpha \approx 59.4°$.

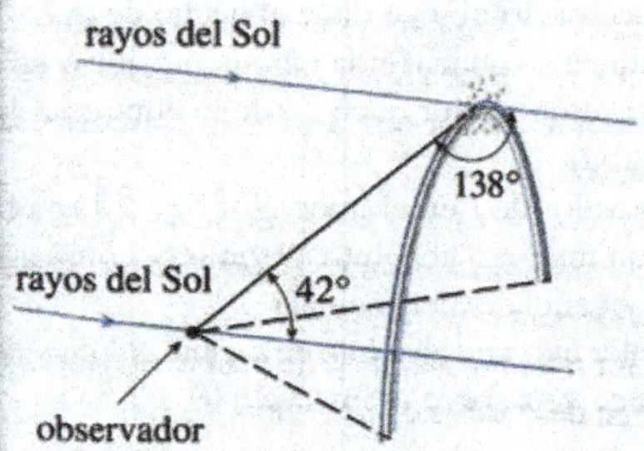

El significado de la desviación mínima es que cuando $\alpha \approx 59.4°$ se tiene $D'(\alpha) \approx 0$, por lo que $\Delta D/\Delta\alpha \approx 0$. Esto significa que muchos rayos con $\alpha \approx 59.4°$ resultan desviados en más o menos la misma cantidad. La *concentración* de los rayos que vienen de las cercanías de la desviación mínima crea el brillo del arcoíris primario. En la figura de la izquierda se muestra que el ángulo de elevación desde el observador hacia arriba hasta el punto más alto del arcoíris es $180° - 138° = 42°$. (A este ángulo se le llama *ángulo de arcoíris*).

2. En el problema 1 se explica la ubicación del arcoíris primario, pero ¿cómo explica los colores? La luz solar comprende una gama de longitudes de onda, desde el rojo hasta el naranja, amarillo, verde, azul, índigo y violeta. Como Newton descubrió en sus experimentos con un prisma en 1666, el índice de refracción es diferente para cada color. (El efecto se llama *dispersión*.) Para la luz roja, el índice de refracción es $k \approx 1.3318$, en tanto que para la luz violeta es $k \approx 1.3435$. Al repetir el cálculo del problema 1 para estos valores de k, se demuestra que el ángulo del arcoíris es alrededor de 42.3° para el arco rojo y de 40.6° para el arco violeta. Por lo que el arcoíris consta en realidad de siete arcos separados que corresponden a los siete colores.

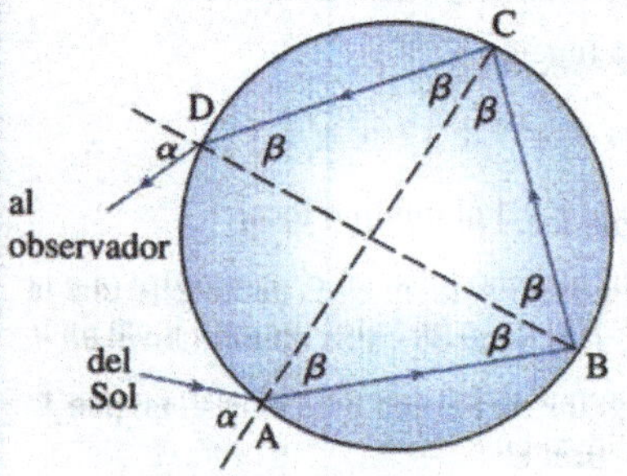

Formación del arcoíris secundario

3. Quizás haya visto un arcoíris secundario más tenue, arriba del arco primario. Se produce por la parte de un rayo que entra en una gota de lluvia y se refracta en A, se refleja dos veces (en B y C) y se refracta al salir de la gota en D (véase la figura que se encuentra a la izquierda). En esta ocasión, el ángulo de desviación $D(\alpha)$ es la magnitud total de rotación en sentido contrario al movimiento de las manecillas del reloj que describe el rayo en este proceso de cuatro etapas. Demuestre que

$$D(\alpha) = 2\alpha - 6\beta + 2\pi$$

y $D(\alpha)$ tiene un valor mínimo cuando

$$\cos\alpha = \sqrt{\frac{k^2 - 1}{8}}$$

Tomando $k = \frac{4}{3}$, demuestre que la desviación mínima es aproximadamente 129° y que el ángulo de arcoíris para el arcoíris secundario es aproximadamente de 51°, como se muestra en la figura a la izquierda.

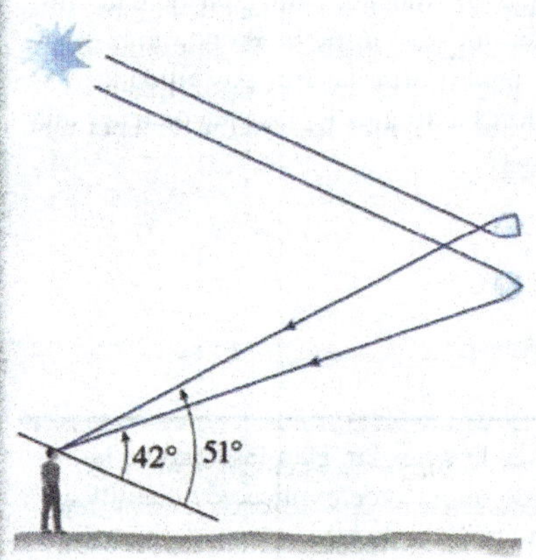

4. Demuestre que los colores del arcoíris secundario aparecen en orden invertido al del primario.

4.2 Teorema del valor medio

Se verá que muchos de los resultados de este capítulo dependen de un hecho central llamado teorema del valor medio. Pero para llegar a este teorema, se verá primero el resultado siguiente.

Rolle

El teorema de Rolle fue publicado en 1691 por el matemático francés Michel Rolle (1652-1719), en un libro titulado *Méthode pour resoudre les Egalitez*. Fue un crítico de los métodos de su tiempo y calificó al cálculo como una "colección de falacias ingeniosas". Más tarde, sin embargo, se convenció de la esencial exactitud de los métodos del cálculo.

Teorema de Rolle Sea f una función que satisface las tres hipótesis siguientes:

1. f es continua sobre el intervalo cerrado $[a, b]$.
2. f es derivable sobre el intervalo abierto (a, b).
3. $f(a) = f(b)$.

Entonces hay un número c en (a, b) tal que $f'(c) = 0$.

Antes de dar la demostración, se verán las gráficas de algunas funciones típicas que satisfacen las tres hipótesis. La figura 1 muestra las gráficas de cuatro de estas funciones. En cada caso parece que hay al menos un punto $(c, f(c))$ en la gráfica donde la recta tangente es horizontal y, por tanto, $f'(c) = 0$. Por lo que, el teorema de Rolle es razonable.

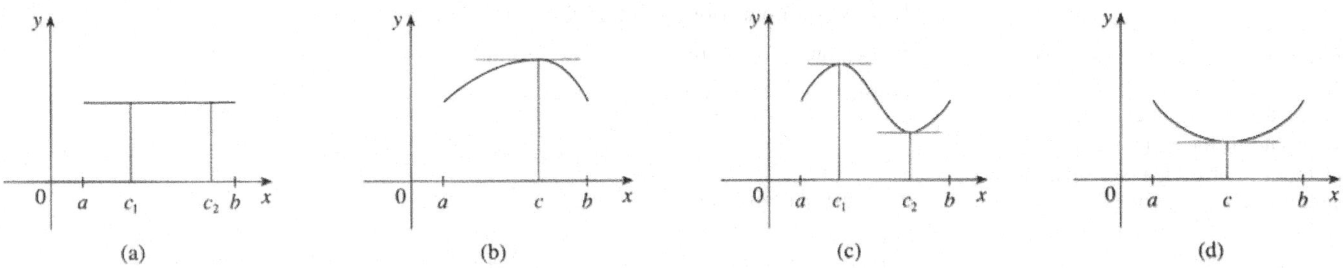

FIGURA 1

SP Considere casos

DEMOSTRACIÓN Hay tres casos:

CASO I $f(x) = k$**, una constante**

Entonces $f'(x) = 0$, por lo que el número c puede tomar *cualquier* número en (a, b).

CASO II $f(x) > f(a)$ **para algún** x **en** (a, b) [como en la figura 1(b) o (c)]

Por el teorema del valor extremo (que se puede aplicar por la hipótesis 1), f tiene un valor máximo en algún lugar de $[a, b]$. Ya que $f(a) = f(b)$, debe alcanzar este valor máximo en un número c en el intervalo abierto (a, b). Entonces f tiene un máximo *local* en c y, por la hipótesis 2, f es derivable en c. Por tanto, $f'(c) = 0$ por el teorema de Fermat.

CASO III $f(x) < f(a)$ **para algún** x **en** (a, b) [como en la figura 1 (c) o (d)]

Por el teorema del valor extremo, f tiene un valor mínimo en $[a, b]$ y, como $f(a) = f(b)$, alcanza este valor mínimo en un número c en (a, b). Otra vez, $f'(c) = 0$ por el teorema de Fermat. ■

EJEMPLO 1 Se aplicará el teorema de Rolle a la función posición $s = f(t)$ de un objeto en movimiento. Si el objeto está en el mismo lugar en dos instantes diferentes $t = a$ y $t = b$, entonces $f(a) = f(b)$. El teorema de Rolle dice que hay algún instante de tiempo $t = c$ entre a y b donde $f'(c) = 0$; es decir, la velocidad es 0. (En particular, se puede ver que esto es cierto cuando se lanza una bola directamente hacia arriba.) ■

EJEMPLO 2 Demuestre que la ecuación $x^3 + x - 1 = 0$ tiene exactamente una raíz real.

SOLUCIÓN Primero se utilizará el teorema del valor intermedio (2.5.10) para demostrar que existe una raíz. Sea $f(x) = x^3 + x - 1$. Entonces $f(0) = -1 < 0$ y $f(1) = 1 > 0$.

La figura 2 muestra la gráfica de la función $f(x) = x^3 + x - 1$ analizada en el ejemplo 2. El teorema de Rolle muestra que no importa cuánto se amplíe el rectángulo de vista, nunca se podrá encontrar una segunda intersección con el eje x.

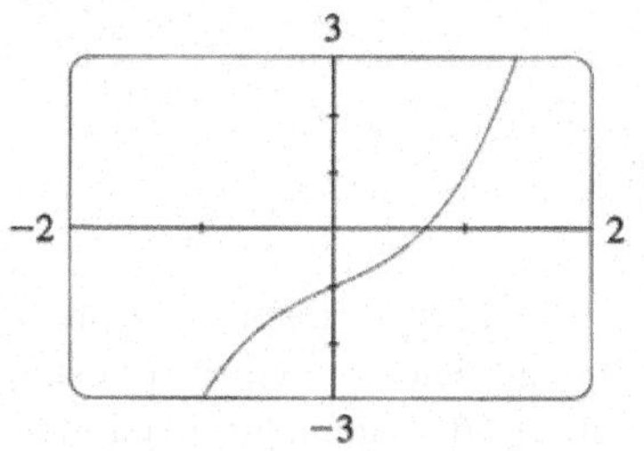

FIGURA 2

Ya que f es una función polinomial es continua, por lo que el teorema del valor intermedio establece que existe un número c entre 0 y 1 tal que $f(c) = 0$. De lo que se deduce que la ecuación dada tiene una raíz.

Para demostrar que la ecuación no tiene otras raíces reales, se utiliza el teorema de Rolle y se argumenta por contradicción. Suponga que se tienen dos raíces a y b. Entonces $f(a) = 0 = f(b)$ y, como f es una función polinomial, es derivable en (a, b) y continua en $[a, b]$. Por tanto, por el teorema de Rolle, existe un número c entre a y b tal que $f'(c) = 0$. Pero

$$f'(x) = 3x^2 + 1 \geqslant 1 \qquad \text{para toda } x$$

(ya que $x^2 \geqslant 0$), por lo que $f'(x)$ nunca puede ser 0. Esto conduce a una contradicción, por tanto, la ecuación no puede tener dos raíces reales. ■

El principal uso del teorema de Rolle es demostrar el siguiente teorema importante, establecido por primera vez por el matemático francés Joseph-Louis Lagrange.

El teorema del valor medio es un ejemplo de lo que se llama un teorema de existencia. Como el teorema del valor intermedio, el teorema del valor extremo y el teorema de Rolle, este garantiza que *existe* un número con cierta propiedad, pero no indica cómo encontrar el número.

Teorema del valor medio Si f es una función que satisface las hipótesis siguientes:

1. f es continua sobre el intervalo cerrado $[a, b]$.
2. f es derivable sobre el intervalo abierto (a, b).

Entonces existe un número c en (a, b) tal que

1 $$f'(c) = \frac{f(b) - f(a)}{b - a}$$

o en forma equivalente

2 $$f(b) - f(a) = f'(c)(b - a)$$

Antes de demostrar este teorema, se puede ver su interpretación geométrica. Las figuras 3 y 4 muestran los puntos $A(a, f(a))$ y $B(b, f(b))$ en las gráficas de dos funciones derivables. La pendiente de la recta secante AB es

3 $$m_{AB} = \frac{f(b) - f(a)}{b - a}$$

que es la misma expresión que en el lado derecho de la ecuación 1. Dado que $f'(c)$ es la pendiente de la recta tangente en el punto $(c, f(c))$, el teorema del valor medio, en la forma dada por la ecuación 1, indica que hay al menos un punto $P(c, f(c))$ en la gráfica donde la pendiente de la recta tangente es la misma que la pendiente de la recta secante AB. En otras palabras, hay un punto P donde la recta tangente es paralela a la recta secante AB. (Imagine una recta paralela a AB, moviéndose desde lejos manteniéndose paralela hasta que toque la gráfica por primera vez.)

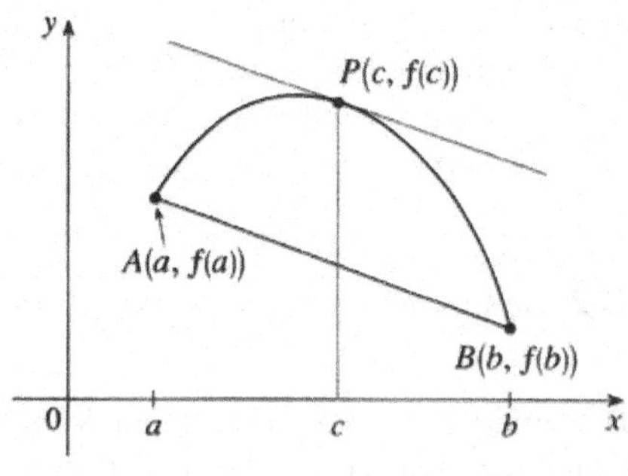

FIGURA 3

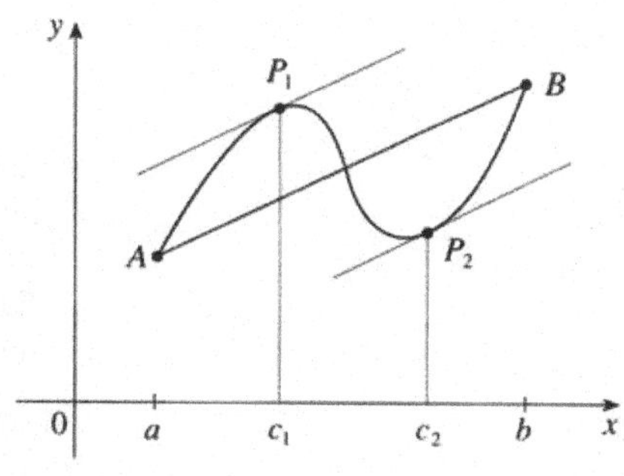

FIGURA 4

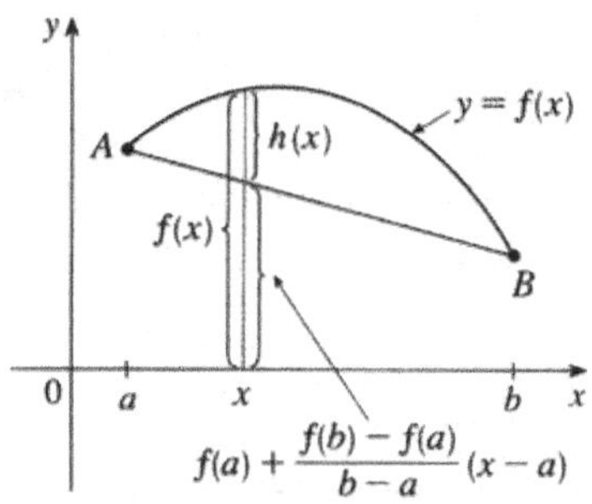

FIGURA 5

Lagrange y el teorema del valor medio

El teorema del valor medio fue formulado primero por Joseph-Louis Lagrange (1736-1813), nacido en Italia, de padre francés y madre italiana. Fue un niño prodigio y se convirtió en profesor en Turín a la tierna edad de 19 años. Lagrange hizo grandes contribuciones a la teoría de números, teoría de las funciones, teoría de las ecuaciones y a la mecánica celeste y analítica. En particular, aplicó el cálculo en el análisis de la estabilidad del sistema solar. Por invitación de Federico, el Grande, sucedió a Euler en la Academia de Berlín y, cuando Federico murió, Lagrange aceptó la invitación a París del rey Luis XVI, donde recibió apartamentos en el Louvre y un cargo de profesor en la Escuela Politécnica. A pesar de todos los lujos y la fama, era un hombre tranquilo, que vivía solo para la ciencia.

DEMOSTRACIÓN Se aplicará el teorema de Rolle a una nueva función h definida como la diferencia entre f y la función cuya gráfica es la recta secante AB. Mediante la ecuación 3, se ve que la ecuación de la recta AB se puede escribir como

$$y - f(a) = \frac{f(b) - f(a)}{b - a}(x - a)$$

o como

$$y = f(a) + \frac{f(b) - f(a)}{b - a}(x - a)$$

Así, como se muestra en la figura 5,

$$\boxed{4} \qquad h(x) = f(x) - f(a) - \frac{f(b) - f(a)}{b - a}(x - a)$$

Primero, se debe verificar que h satisface las tres hipótesis del teorema de Rolle.

1. La función h es continua en $[a, b]$ porque es la suma de f y una función polinomial de primer grado, ambas continuas.
2. La función h es derivable en (a, b) ya que f y la función polinomial de primer grado son derivables. De hecho, se puede calcular h' directamente de la ecuación 4:

$$h'(x) = f'(x) - \frac{f(b) - f(a)}{b - a}$$

(Observe que f(a) y $[f(b)\ 2\ f(a)]/(b — a)$ son constantes.)

3. $$h(a) = f(a) - f(a) - \frac{f(b) - f(a)}{b - a}(a - a) = 0$$

$$h(b) = f(b) - f(a) - \frac{f(b) - f(a)}{b - a}(b - a)$$

$$= f(b) - f(a) - [f(b) - f(a)] = 0$$

Por tanto, $h(a) = h(b)$.

Dado que h satisface las hipótesis del teorema de Rolle, que indica que existe un número c en (a, b) tal que $h'(c) = 0$, entonces se tiene

$$0 = h'(c) = f'(c) - \frac{f(b) - f(a)}{b - a}$$

por lo que

$$f'(c) = \frac{f(b) - f(a)}{b - a}$$ ■

EJEMPLO 3 Para ilustrar el teorema del valor medio con una función específica, se debe considerar $f(x) = x^3 — x$, $a = 0$, $b = 2$. Puesto que f es una función polinomial, es continua y derivable para toda x, por lo que es ciertamente continua sobre $[0, 2]$ y derivable sobre $(0, 2)$. Por tanto, por el teorema del valor medio, existe un número c en $(0, 2)$ tal que

$$f(2) - f(0) = f'(c)(2 - 0)$$

Ahora, $f(2) = 6$, $f(0) = 0$ y $f'(x) = 3x^2 — 1$, por lo que la ecuación resulta

$$6 = (3c^2 - 1)2 = 6c^2 - 2$$

que da $c^2 = \frac{4}{3}$, esto es, $c = \pm 2/\sqrt{3}$. Pero c debe estar en $(0, 2)$, por lo que $c = 2/\sqrt{3}$.

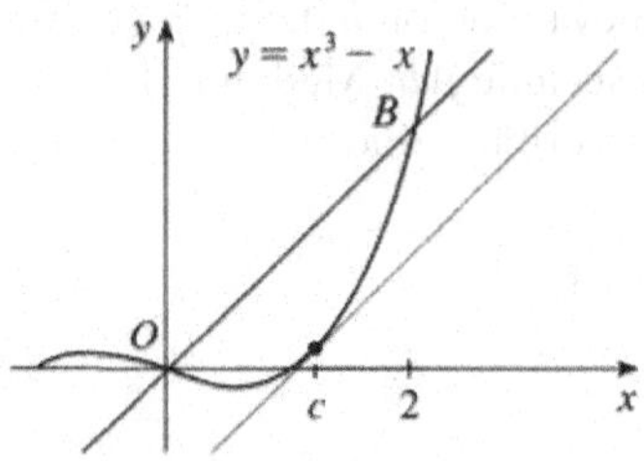

FIGURA 6

La figura 6 ilustra este cálculo: la recta tangente en este valor de c es paralela a la recta secante OB. ■

EJEMPLO 4 Si un objeto se mueve en línea recta de acuerdo con la función posición $s = f(t)$, entonces la velocidad promedio entre $t = a$ y $t = b$ es

$$\frac{f(b) - f(a)}{b - a}$$

y la velocidad en $t = c$ es $f'(c)$. Por lo que, el teorema del valor medio (en la forma de la ecuación 1) indica que en algún momento $t = c$ entre a y b la velocidad instantánea $f'(c)$ es igual a la velocidad promedio. Por ejemplo, si un automóvil viajaba 180 km en 2 horas, entonces el velocímetro debía tener una lectura de 90 km/h por lo menos una vez.

En general, el teorema del valor medio se puede interpretar diciendo que existe un número para el cual la razón de cambio instantáneo es igual a la razón de cambio promedio a lo largo de un intervalo. ■

El principal significado del teorema del valor medio es que permite obtener información acerca de una función a partir de aquella acerca de su derivada. En el caso siguiente se proporciona un ejemplo de este principio.

EJEMPLO 5 Suponga que $f(0) = -3$ y $f'(x) \leqslant 5$ para todos los valores de x. ¿Qué tan grande puede ser $f(2)$?

SOLUCIÓN Se parte del hecho de que f es derivable (y, por tanto, continua) en todo su dominio. En particular, se puede aplicar el teorema del valor medio en el intervalo $[0, 2]$. Existe un número c tal que

$$f(2) - f(0) = f'(c)(2 - 0)$$

por lo que

$$f(2) = f(0) + 2f'(c) = -3 + 2f'(c)$$

Se tiene que $f'(x) \leqslant 5$ para toda x, por lo que, en particular, se sabe que $f'(c) \leqslant 5$. Multiplicando ambos lados de esta desigualdad por 2, se tiene $2f'(c) \leqslant 10$, por lo que

$$f(2) = -3 + 2f'(c) \leqslant -3 + 10 = 7$$

El mayor valor posible para $f(2)$ es 7. ■

El teorema del valor medio se puede utilizar para establecer algunos de los hechos básicos del cálculo diferencial. Uno de estos hechos básicos es el teorema siguiente. Otros se encontrarán en las secciones siguientes.

> **5 Teorema** Si $f'(x) = 0$ para toda x en un intervalo (a, b), entonces f es constante en (a, b).

DEMOSTRACIÓN Sean x_1 y x_2 dos números cualesquiera en (a, b), con $x_1 < x_2$. Dado que f es derivable sobre (a, b), debe ser derivable sobre (x_1, x_2) y continua sobre $[x_1, x_2]$. Aplicando el teorema del valor medio a f sobre el intervalo $[x_1, x_2]$, se obtiene un número c tal que $x_1 < c < x_2$ y

6 $$f(x_2) - f(x_1) = f'(c)(x_2 - x_1)$$

Puesto que $f'(x) = 0$ para toda x, se tiene $f'(c) = 0$, por lo que la ecuación 6 resulta

$$f(x_2) - f(x_1) = 0 \qquad \text{o} \qquad f(x_2) = f(x_1)$$

Por tanto, f tiene el mismo valor que *cualesquiera* dos números x_1 y x_2 en (a, b). Esto significa que f es constante en (a, b). ■

El corolario 7 dice que si dos funciones tienen las mismas derivadas en un intervalo entonces sus gráficas deben ser las traslaciones verticales entre sí. En otras palabras, las gráficas tienen la misma forma, pero podrían estar corridas hacia arriba o hacia abajo.

7 Corolario Si $f'(x) = g'(x)$ para toda x en un intervalo (a, b), entonces $f - g$ es constante sobre (a, b); esto es, $f(x) = g(x) + c$ donde c es una constante.

DEMOSTRACIÓN Sea $F(x) = f(x) - g(x)$. Entonces

$$F'(x) = f'(x) - g'(x) = 0$$

para toda x en (a, b). Así, por el teorema 5, F es constante; esto es, $f - g$ es constante. ■

NOTA Cuidado al utilizar el teorema 5. Sea

$$f(x) = \frac{x}{|x|} = \begin{cases} 1 & \text{si } x > 0 \\ -1 & \text{si } x < 0 \end{cases}$$

El dominio de f es $D = \{x \mid x \neq 0\}$ y $f'(x) = 0$ para toda x en D. Pero f, evidentemente, no es una función constante. Esto no contradice el teorema 5 porque D no es un intervalo. Observe que f es constante sobre el intervalo $(0, \infty)$ y también sobre el intervalo $(-\infty, 0)$.

EJEMPLO 6 Demuestre la identidad $\tan^{-1} x + \cot^{-1} x = \pi/2$.

SOLUCIÓN Aunque no es necesario utilizar el cálculo para demostrar esta identidad, la demostración mediante él es muy sencilla. Si $f(x) = \tan^{-1} x + \cot^{-1} x$, entonces

$$f'(x) = \frac{1}{1 + x^2} - \frac{1}{1 + x^2} = 0$$

para todos los valores de x. Por tanto, $f(x) = C$, una constante. Para determinar el valor de C, se pone $x = 1$ [porque se puede evaluar $f(1)$ exactamente]. Entonces

$$C = f(1) = \tan^{-1} 1 + \cot^{-1} 1 = \frac{\pi}{4} + \frac{\pi}{4} = \frac{\pi}{2}$$

Así, $\tan^{-1} x + \cot^{-1} x = \pi/2$. ■

4.2 EJERCICIOS

1. Se muestra la gráfica de una función f. Verifique que la función satisface las tres hipótesis del teorema de Rolle en el intervalo $[0, 8]$. Después encuentre todos los números c en ese intervalo, que satisfacen la conclusión del teorema de Rolle.

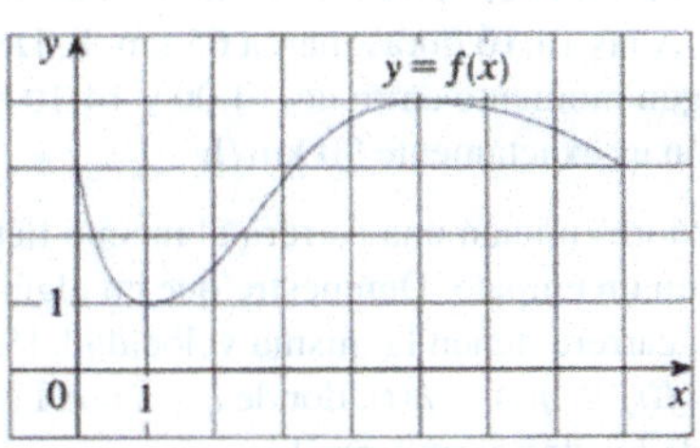

2. Dibuje la gráfica de una función definida en $[0, 8]$ tal que $f(0) = f(8) = 3$ y la función no satisface la conclusión del teorema de Rolle en $[0, 8]$.

3. Se muestra la gráfica de una función g.

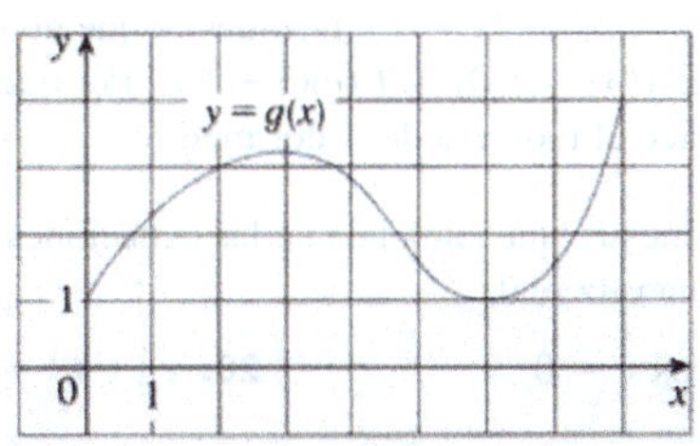

(a) Verifique que g satisface las hipótesis del teorema de valor medio en el intervalo $[0, 8]$.

(b) Calcule el(los) valor(es) de c que satisfacen la conclusión del teorema de valor medio en el intervalo $[0, 8]$.

(c) Calcule el(los) valor(es) de c que satisfacen la conclusión del teorema de valor medio en el intervalo $[2, 6]$.

4. Dibuje la gráfica de una función que es continua en $[0, 8]$ donde $f(0) = 1$ y $f(8) = 4$ y no satisface la conclusión del teorema de valor medio en $[0, 8]$.

5–8 Verifique que la función satisface las tres hipótesis del teorema de Rolle en el intervalo dado. Luego encuentre todos los números c que satisfacen la conclusión del teorema de Rolle.

5. $f(x) = 2x^2 - 4x + 5, \quad [-1, 3]$

6. $f(x) = x^3 - 2x^2 - 4x + 2, \quad [-2, 2]$

7. $f(x) = \operatorname{sen}(x/2), \quad [\pi/2, 3\pi/2]$

8. $f(x) = x + 1/x, \quad \left[\frac{1}{2}, 2\right]$

---

9. Sea $f(x) = 1 - x^{2/3}$. Demuestre que $f(-1) = f(1)$, pero no hay ningún número c en $(-1, 1)$ tal que $f'(c) = 0$. ¿Por qué no contradice esto el teorema de Rolle?

10. Sea $f(x) = \tan x$. Demuestre que $f(0) = f(\pi)$ pero no hay un número c en $(0, \pi)$ tales que $f'(c) = 0$. ¿Por qué esto no contradice el teorema de Rolle?

11–14 Verifique que la función satisface las hipótesis del teorema del valor medio en el intervalo dado. Después encuentre todos los números c que satisfacen la conclusión del teorema del valor medio.

11. $f(x) = 2x^2 - 3x + 1, \quad [0, 2]$

12. $f(x) = x^3 - 3x + 2, \quad [-2, 2]$

13. $f(x) = e^{-2x}, \quad [0, 3]$

14. $f(x) = \dfrac{x}{x + 2}, \quad [1, 4]$

15–16 Encuentre el número c que satisface la conclusión del teorema del valor medio sobre el intervalo dado. Trace la gráfica de la función, la recta secante a través de los puntos finales y la recta tangente en $(c, f(c))$. ¿Son paralelas la recta secante y la tangente?

15. $f(x) = \sqrt{x}, \quad [0, 4]$

16. $f(x) = e^{-x}, \quad [0, 2]$

---

17. Sea $f(x) = (x - 3)^{-2}$. Demuestre que no hay ningún valor de c en $(1, 4)$ tal que $f(4) - f(1) = f'(c)(4 - 1)$. ¿Por qué no contradice esto el teorema del valor medio?

18. Sea $f(x) = 2 - |2x - 1|$. Demuestre que no hay valor c tal que $f(3) - f(0) = f'(c)(3 - 0)$. ¿Por qué esto no contradice el teorema del valor medio?

19–20 Demuestre que cada una de las ecuaciones siguientes tiene solo una raíz real.

19. $2x + \cos x = 0$

20. $x^3 + e^x = 0$

---

21. Demuestre que la ecuación $x^3 - 15x + c = 0$ tiene como máximo una raíz en el intervalo $[-2, 2]$.

22. Demuestre que la ecuación $x^4 + 4x + c = 0$ tiene como máximo dos raíces reales.

23. (a) Demuestre que una polinomial de grado 3 tiene a lo sumo tres raíces reales.

(b) Demuestre que una polinomial de grado n tiene como máximo n raíces reales.

24. (a) Suponga que f es derivable en $\mathbb{R}$ y tiene dos raíces. Demuestre que f' tiene al menos una raíz.

(b) Suponga que f es dos veces derivable en $\mathbb{R}$ y tiene tres raíces. Demuestre que f'' tiene al menos una raíz.

(c) ¿Puede generalizar los incisos (a) y (b)?

25. Si $f(1) = 10$ y $f'(x) \geqslant 2$ para $1 \leqslant x \leqslant 4$, ¿qué tan pequeño puede posiblemente ser $f(4)$?

26. Suponga que $3 \leqslant f'(x) \leqslant 5$ para todos los valores de x. Demuestre que $18 \leqslant f(8) - f(2) \leqslant 30$.

27. ¿Existe una función f tal que $f(0) = -1$, $f(2) = 4$ y $f'(x) \leqslant 2$ para toda x?

28. Suponga que f y g son continuas sobre $[a, b]$ y derivables sobre (a, b). Suponga también que $f(a) = g(a)$ y $f'(x) < g'(x)$ para $a < x < b$. Demuestre que $f(b) < g(b)$. [*Sugerencia:* utilice el teorema del valor medio para la función $h = f - g$.]

29. Demuestre que $\operatorname{sen} x < x$ si $0 < x < 2\pi$.

30. Suponga que f es una función impar y es derivable sobre todo su dominio. Demuestre que para todo número positivo b, existe un número c *en* $(-b, b)$ tal que $f'(c) = f(b)/b$.

31. Utilice el teorema del valor medio para demostrar la desigualdad

$$|\operatorname{sen} a - \operatorname{sen} b| \leqslant |a - b| \qquad \text{para toda } a \text{ y } b$$

32. Si $f'(x) = c$ (c es una constante) para toda x, utilice el corolario 7 para demostrar que $f(x) = cx + d$ para alguna constante d.

33. Sea $f(x) = 1/x$ y

$$g(x) = \begin{cases} \dfrac{1}{x} & \text{si } x > 0 \\[2mm] 1 + \dfrac{1}{x} & \text{si } x < 0 \end{cases}$$

Demuestre que $f'(x) = g'(x)$ para toda x en su dominio. ¿Se puede concluir del corolario 7 que $f - g$ es constante?

34. Utilice el método del ejemplo 6 para demostrar la identidad

$$2\operatorname{sen}^{-1}x = \cos^{-1}(1 - 2x^2) \qquad x \geqslant 0$$

35. Demuestre la identidad $\arcsin \dfrac{x - 1}{x + 1} = 2\arctan\sqrt{x} - \dfrac{\pi}{2}$.

36. A las 14:00 horas el velocímetro de un automóvil marca 50 km/h. A las 14:10 horas marca 65 km/h. Demuestre que en algún momento entre las 14:00 y 14:10 horas la aceleración es exactamente 90 km/h^2.

37. Dos corredores inician una carrera al mismo tiempo y terminan en un empate. Demuestre que en algún momento durante la carrera tienen la misma velocidad. [*Sugerencia*: considere $f(t) = g(t) - h(t)$, donde g y h son las funciones de posición de los dos corredores.]

38. Un número a se llama **punto fijo** de una función f si $f(a) = a$. Demuestre que si $f'(x) \neq 1$ para todos los números reales x, entonces f tiene a lo sumo un punto fijo.

4.3 Cómo las derivadas afectan la forma de una gráfica

Muchas de las aplicaciones del cálculo dependen de nuestra capacidad para deducir hechos acerca de una función f a partir de la información que se obtiene de sus derivadas. Ya que $f'(x)$ representa la pendiente de la curva $y = f(x)$ en el punto $(x, f(x))$, indica la dirección de la curva en cada punto. Así, es razonable esperar que la información relacionada con $f'(x)$ proporcione información asociada con $f(x)$.

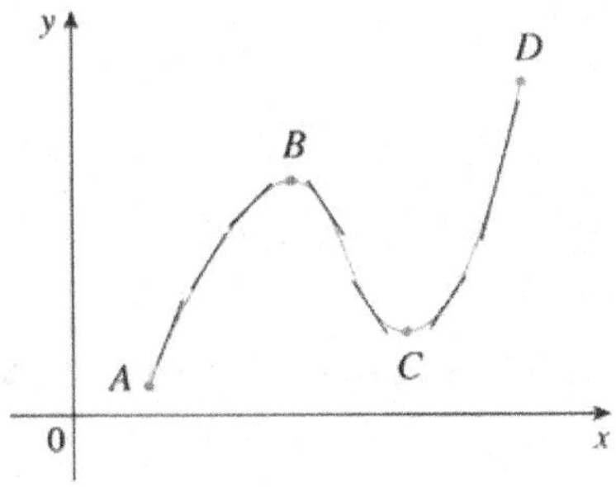

FIGURA 1

¿Qué dice f' respecto a f?

Para ver cómo la derivada de f puede decir dónde una función es creciente o decreciente, véase la figura 1. (Las funciones crecientes y las decrecientes fueron definidas en la sección 1.1.) Entre A y B y entre C y D, las rectas tangentes tienen pendiente positiva, por lo que $f'(x) > 0$. Entre B y C, las rectas tangentes tienen pendiente negativa, por lo que $f'(x) < 0$. Por lo que parece que f crece cuando $f'(x)$ es positiva y decrece cuando $f'(x)$ es negativa. Para demostrar que este siempre es el caso, se usa el teorema del valor medio.

Se abrevia el nombre de esta prueba como Prueba C/D.

Prueba creciente/decreciente

(a) Si $f'(x) > 0$ sobre un intervalo, entonces f es creciente en ese intervalo.

(b) Si $f'(x) < 0$ sobre un intervalo, entonces f es decreciente en ese intervalo.

DEMOSTRACIÓN

(a) Sean x_1 y x_2 dos números cualesquiera en el intervalo con $x_1 < x_2$. De acuerdo con la definición de una función creciente (página 19), se tiene que demostrar que $f(x_1) < f(x_2)$.

Debido a que dan $f'(x) > 0$, se sabe que f es derivable en $[x_1, x_2]$, por lo que, por el teorema del valor medio, existe un número c entre x_1 y x_2 tal que

$$\boxed{1} \qquad f(x_2) - f(x_1) = f'(c)(x_2 - x_1)$$

Ahora $f'(c) > 0$ suponiendo que $x_2 - x_1 > 0$ ya que $x_1 < x_2$. Así, el lado derecho de la ecuación 1 es positivo, por lo que

$$f(x_2) - f(x_1) > 0 \qquad \text{o} \qquad f(x_1) < f(x_2)$$

lo que demuestra que f es creciente.

El inciso (b) se demuestra de manera similar. ■

EJEMPLO 1 Encuentre dónde la función $f(x) = 3x^4 - 4x^3 - 12x^2 + 5$ es creciente y dónde es decreciente.

SOLUCIÓN Se empieza por derivar f:

$$f'(x) = 12x^3 - 12x^2 - 24x = 12x(x - 2)(x + 1)$$

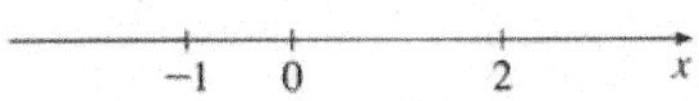

Para utilizar la prueba C/D se tiene que investigar dónde $f'(x) > 0$ y dónde $f'(x) < 0$. Para resolver estas desigualdades se encuentra primero donde $f'(x) = 0$, es decir, en $x = 0$, 2 y -1. Estos son los números críticos de f, y se divide el dominio en cuatro intervalos (véase la recta numérica de la izquierda). Dentro de cada intervalo, $f'(x)$ debe ser siempre positiva o siempre negativa. (Véanse los ejemplos 3 y 4 en el apéndice A.) Se puede determinar cuál es el caso para cada intervalo a partir de los signos de los tres factores de $f'(x)$, es decir, $12x$, $x - 2$ y $x + 1$, como se muestra en la tabla siguiente. Un signo + indica que la expresión dada es positiva, y un signo − indica que es negativo. La última columna de la tabla da la conclusión basada en la prueba C/D. Por ejemplo, $f'(x) < 0$ para $0 < x < 2$, por lo que f es decreciente en o sobre (0, 2). (También sería correcto decir que f es decreciente en o sobre el intervalo cerrado [0, 2].)

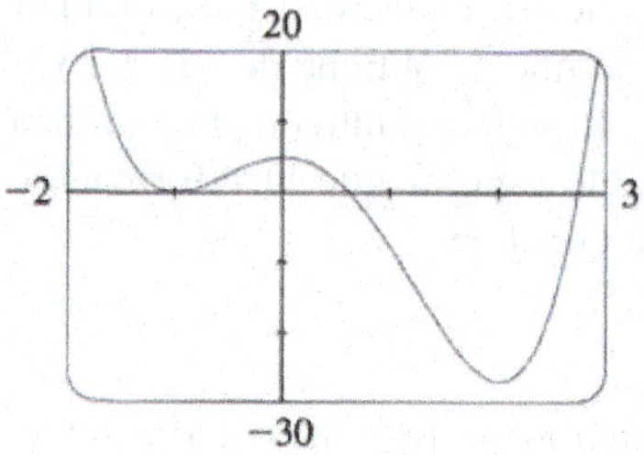

FIGURA 2

Intervalo	$12x$	$x-2$	$x+1$	$f'(x)$	f
$x < -1$	−	−	−	−	Decreciente sobre $(-\infty, -1)$
$-1 < x < 0$	−	−	+	+	Creciente sobre $(-1, 0)$
$0 < x < 2$	+	−	+	−	Decreciente sobre $(0, 2)$
$x > 2$	+	+	+	+	Creciente sobre $(2, \infty)$

La gráfica de f que se muestra en la figura 2 confirma la información de la tabla. ■

Valores extremos locales

Recuerde de la sección 4.1 que si f tiene un máximo o mínimo local en c, entonces c debe ser un número crítico de f (por el teorema de Fermat), pero no todo número crítico da lugar a un máximo o mínimo. Por tanto, se necesita una prueba que diga si f tiene o no máximo o mínimo local en un número crítico.

Puede observarse en la figura 2 que $f(0) = 5$ es un valor máximo local de f porque f crece en $(-1, 0)$ y disminuye en $(0, 2)$. O, en términos de derivadas, $f'(x) > 0$ para $-1 < x < 0$ y $f'(x) < 0$ para $0 < x < 2$. En otras palabras, el signo de $f'(x)$ cambia de positivo a negativo en 0. Esta observación es la base de la prueba siguiente.

Prueba de la primera derivada Suponga que c es un número crítico de una función continua f.

(a) Si f' cambia de positiva a negativa en c, entonces f tiene un máximo local en c.

(b) Si f' cambia de negativa a positiva en c, entonces f tiene un mínimo local en c.

(c) Si f' es positiva por ambos lados de c, o negativa por ambos lados de c, entonces f no tiene ningún máximo o mínimo local en c.

La prueba de la primera derivada es una consecuencia de la prueba C/D. En el inciso (a), por ejemplo, puesto que el signo de $f'(x)$ cambia de positivo a negativo en c, f es creciente por la izquierda de c y decreciente por la derecha de c. Se deduce entonces que f tiene un máximo local en c.

Es fácil recordar la prueba de la primera derivada al ver el comportamiento de gráficas como las de la figura 3.

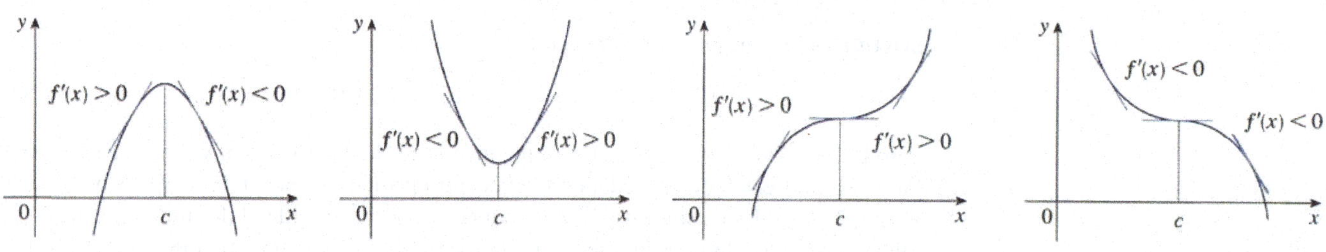

(a) Máximo local (b) Mínimo local (c) Sin máximos ni mínimos (d) Sin máximos ni mínimos

FIGURA 3

EJEMPLO 2 Encuentre los valores mínimos y máximos locales de la función f en el ejemplo 1.

SOLUCIÓN De la tabla en la solución del ejemplo 1 se ve que $f'(x)$ cambia de negativa a positiva en -1, por lo que $f(-1) = 0$ es un valor mínimo local por la prueba de la primera derivada. Del mismo modo, f' cambia de negativa a positiva en 2, por lo que $f(2) = -27$ también es un valor mínimo local. Como se ha indicado anteriormente, $f(0) = 5$ es un valor máximo local porque $f'(x)$ cambia de positiva a negativa en 0. ■

EJEMPLO 3 Encuentre los valores máximo y mínimo locales de la función

$$g(x) = x + 2 \operatorname{sen} x \qquad 0 \leqslant x \leqslant 2\pi$$

SOLUCIÓN Para encontrar los números críticos de g, se deriva:

$$g'(x) = 1 + 2 \cos x$$

Por lo que $g'(x) = 0$ cuando $\cos x = -\frac{1}{2}$. Las soluciones de esta ecuación son $2\pi/3$ y $4\pi/3$. Debido a que g es derivable para toda x, los únicos números críticos son $2\pi/3$ y $4\pi/3$. Se separa el dominio en intervalos de acuerdo con los números críticos. Dentro de cada intervalo, $g'(x)$ es ya sea siempre positiva o siempre negativa, por lo que se puede analizar g en la tabla siguiente.

Los signos + en la tabla vienen del hecho de que $g'(x) > 0$ cuando $\cos x > -\frac{1}{2}$. A partir de la gráfica de $y = \cos x$, esto es cierto en los intervalos indicados.

Intervalo	$g'(x) = 1 + 2\cos x$	g
$0 < x < 2\pi/3$	+	Creciente en $(0, 2\pi/3)$
$2\pi/3 < x < 4\pi/3$	−	Decreciente en $(2\pi/3, 4\pi/3)$
$4\pi/3 < x < 2\pi$	+	Creciente en $(4\pi/3, 2\pi)$

Ya que $g'(x)$ cambia de positiva a negativa en $2\pi/3$, la prueba de la primera derivada nos indica que existe un máximo local en $2\pi/3$ y el máximo valor local es

$$g(2\pi/3) = \frac{2\pi}{3} + 2 \operatorname{sen} \frac{2\pi}{3} = \frac{2\pi}{3} + 2\left(\frac{\sqrt{3}}{2}\right) = \frac{2\pi}{3} + \sqrt{3} \approx 3.83$$

Asimismo, $g'(x)$ cambia de negativa a positiva en $4\pi/3$ y, por tanto,

$$g(4\pi/3) = \frac{4\pi}{3} + 2 \operatorname{sen} \frac{4\pi}{3} = \frac{4\pi}{3} + 2\left(-\frac{\sqrt{3}}{2}\right) = \frac{4\pi}{3} - \sqrt{3} \approx 2.46$$

es un valor mínimo local. La gráfica de g en la figura 4 apoya la conclusión. ■

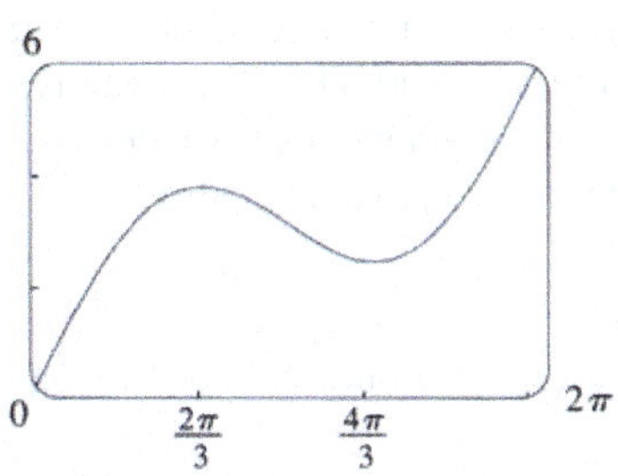

FIGURA 4
$g(x) = x + 2 \operatorname{sen} x$

■ ¿Qué dice f'' respecto a f?

La figura 5 muestra las gráficas de dos funciones crecientes sobre (a, b). Ambas gráficas unen el punto A al punto B, pero parecen diferentes porque se doblan en diferentes direcciones. ¿Cómo se puede distinguir entre estos dos tipos de comportamiento?

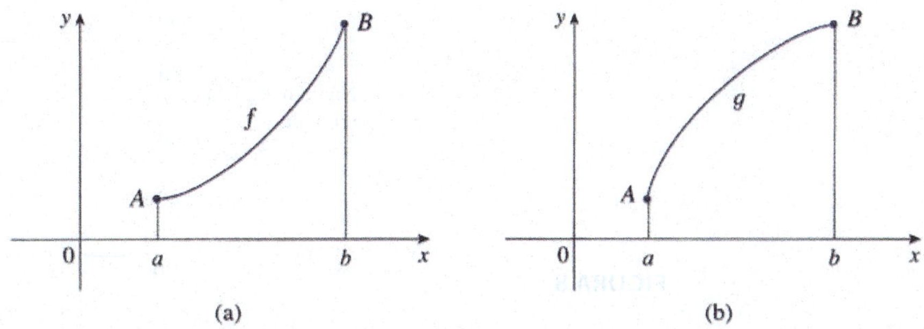

FIGURA 5

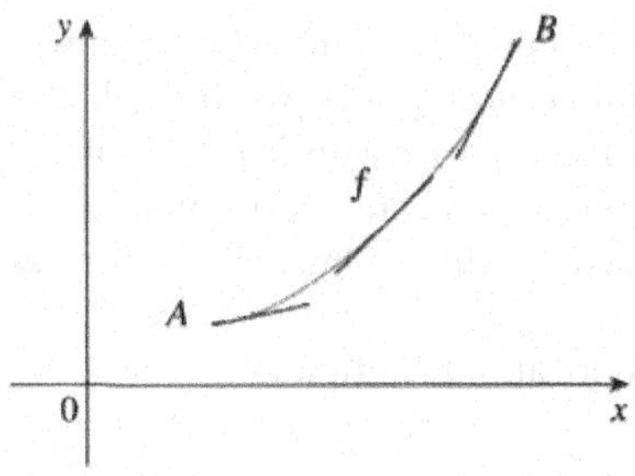

(a) Cóncava hacia arriba

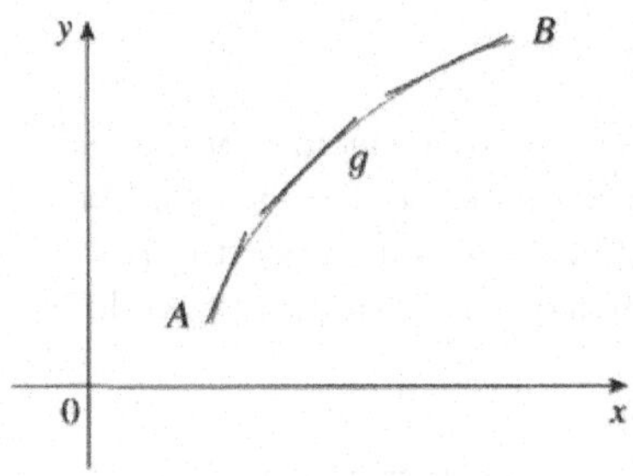

(b) Cóncava hacia abajo

FIGURA 6

En la figura 6, las rectas tangentes a estas curvas se han dibujado en varios puntos. En (a) la curva se encuentra arriba de las rectas tangentes y se dice que f es *cóncava hacia arriba* en (a, b). En (b), la curva se encuentra debajo de las rectas tangentes y g se llama *cóncava hacia abajo* en (a, b).

> **Definición** Si la gráfica de f se encuentra arriba de todas sus rectas tangentes en un intervalo I, entonces se dice que es **cóncava hacia arriba** en I. Si la gráfica de f se encuentra abajo de todas sus rectas tangentes en I, se dice que es **cóncava hacia abajo** en I.

La figura 7 muestra la gráfica de una función que es cóncava hacia arriba (abreviado CA) sobre los intervalos (b, c), (d, e) y (e, p), y cóncava hacia abajo (CB) sobre los intervalos (a, b), (c, d) y (p, q).

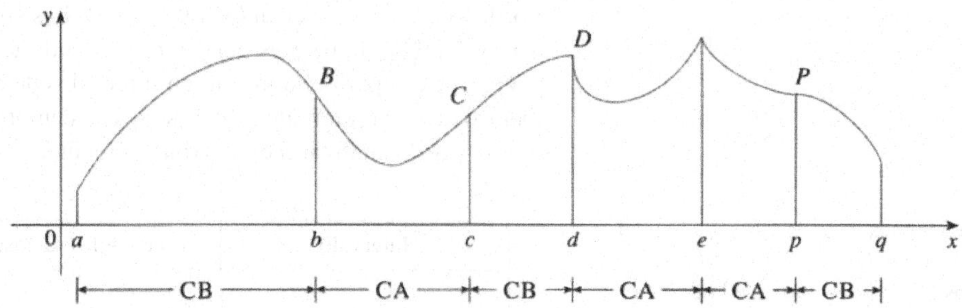

FIGURA 7

Véase cómo la segunda derivada ayuda a determinar los intervalos de concavidad. Al observar la figura 6(a), se puede ver que, de izquierda a derecha, la pendiente de la recta tangente es creciente. Esto significa que la derivada f' es una función creciente y, por tanto, su derivada f'' es positiva. Asimismo, en la figura 6(b) la pendiente de la recta tangente decrece de izquierda a derecha, por lo que f' decrece y, por tanto, f'' es negativa. Este razonamiento se puede invertir y sugiere que el teorema siguiente es verdadero. En el apéndice F se da una demostración con la ayuda del teorema del valor medio.

> **Prueba de concavidad**
>
> (a) Si $f''(x) > 0$ para toda x en I, entonces la gráfica de f es cóncava hacia arriba sobre I.
>
> (b) Si $f''(x) < 0$ para toda x en I, entonces la gráfica de f es cóncava hacia abajo sobre I.

EJEMPLO 4 La figura 8 muestra una gráfica de la población de abejas de Chipre criadas en un colmenar. ¿Cómo cambia la tasa de crecimiento poblacional con el tiempo? ¿Cuándo esta tasa es más alta? ¿Sobre qué intervalos es P cóncava hacia arriba o cóncava hacia abajo?

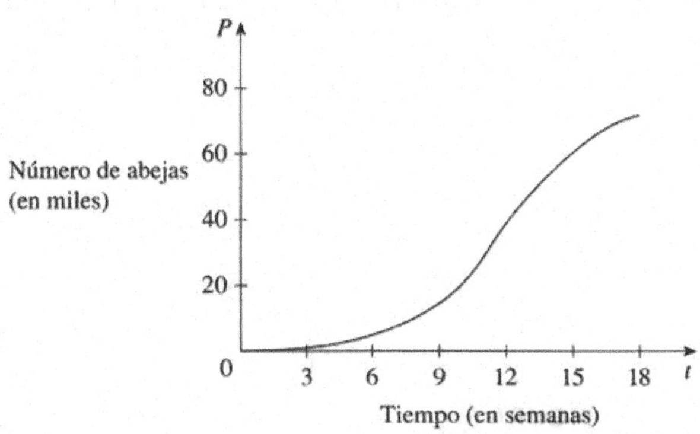

FIGURA 8

SOLUCIÓN Observando la pendiente de la curva cuando t aumenta, se ve que la tasa de crecimiento de la población es inicialmente muy pequeña, después aumenta hasta que llega a un máximo aproximadamente de $t = 12$ semanas y disminuye a medida que la población comienza a nivelarse. A medida que la población se acerca a su valor máximo de aproximadamente 75 000 (llamado la *capacidad de carga*), la tasa de crecimiento, $P'(t)$, se aproxima a 0. La curva parece ser cóncava hacia arriba en (0, 12) y cóncava hacia abajo en (12, 18). ■

En el ejemplo 4, la curva de la población ha cambiado de cóncava hacia arriba a cóncava hacia abajo en aproximadamente el punto (12, 38 000). Este punto se denomina *punto de inflexión* de la curva. La importancia de este punto es que la tasa de crecimiento de la población tiene allí su valor máximo. En general, un punto de inflexión es aquel donde una curva cambia de dirección la concavidad.

Definición Un punto P sobre una curva $y = f(x)$ se llama **punto de inflexión** si f es continua ahí y la curva cambia de cóncava hacia arriba a cóncava hacia abajo o de cóncava hacia abajo a cóncava hacia arriba en P.

Por ejemplo, en la figura 7, B, C, D y P son los puntos de inflexión. Observe que si una curva tiene una recta tangente en un punto de inflexión, entonces la curva corta la recta tangente en ese punto.

De acuerdo con la prueba de concavidad, existe un punto de inflexión en cualquier punto donde la segunda derivada cambia de signo.

EJEMPLO 5 Trace una posible gráfica de una función f que cumpla con las condiciones siguientes:

(i) $f'(x) > 0$ en $(-\infty, 1)$, $f'(x) < 0$ en $(1, \infty)$

(ii) $f''(x) > 0$ en $(-\infty, -2)$ y $(2, \infty)$, $f''(x) < 0$ en $(-2, 2)$

(iii) $\lim_{x \to -\infty} f(x) = -2$, $\lim_{x \to \infty} f(x) = 0$

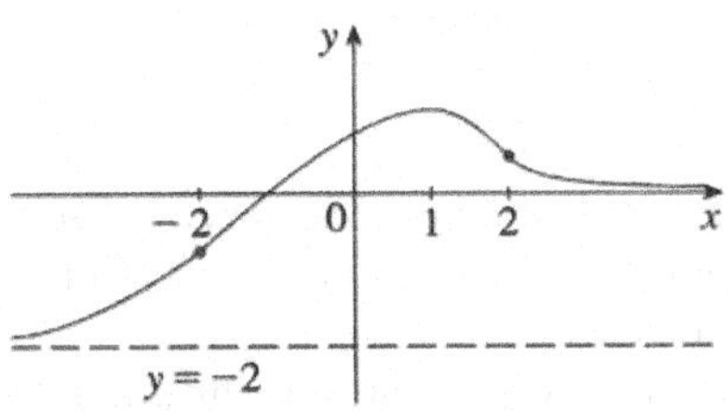

FIGURA 9

SOLUCIÓN La condición (i) indica que f es creciente sobre $(-\infty, 1)$ y decreciente en $(1, \infty)$. La condición (ii) dice que f es cóncava hacia arriba en $(-\infty, -2)$ y $(2, \infty)$ y cóncava hacia abajo sobre $(-2, 2)$. De la condición (iii) se sabe que la gráfica de f tiene dos asíntotas horizontales: $y = -2$ (hacia la izquierda) e $y = 0$ (hacia la derecha).

Primero se dibuja la asíntota horizontal $y = -2$ como una recta discontinua (véase la figura 9). Después se dibuja la gráfica de f aproximándose a esta asíntota hacia el extremo izquierdo, creciendo a su punto máximo en $x = 1$ y decreciendo hacia el eje x hacia el extremo derecho. También se asegura que la gráfica tiene puntos de inflexión cuando $x = -2$ y $x = 2$. Observe que se hizo que la curva se doble hacia arriba para $x < -2$ y $x > 2$, y se doble hacia abajo cuando x está entre -2 y 2. ■

Otra aplicación de la segunda derivada es la prueba siguiente para los valores máximos y mínimos. Esta es una consecuencia de la prueba de concavidad, y sirve como una alternativa a la prueba de la primera derivada.

Prueba de la segunda derivada Suponga que f'' es continua cerca de c.

(a) Si $f'(c) = 0$ y $f''(c) > 0$, entonces f tiene un mínimo local en c.

(b) Si $f'(c) = 0$ y $f''(c) < 0$, entonces f tiene un máximo local en c.

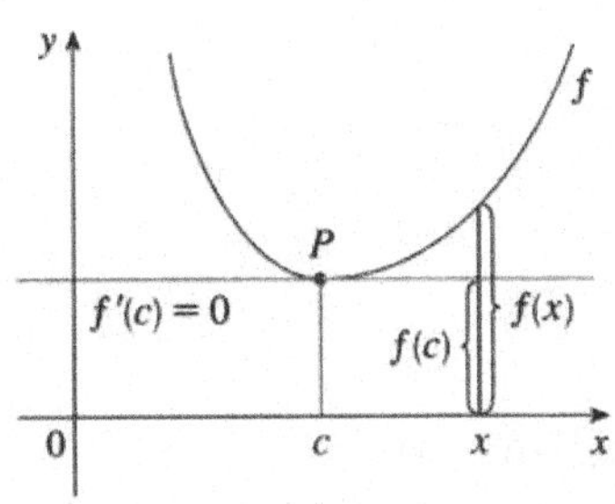

FIGURA 10
$f''(c) > 0$, f es cóncava hacia arriba

Por ejemplo, el inciso (a) es cierto porque $f''(x) > 0$ cerca de c y, por tanto, f es cóncava hacia arriba cerca de c. Esto significa que la gráfica de f se encuentra arriba de su recta tangente horizontal en c y, por tanto, f tiene un mínimo local en c. (Véase la figura 10.)

EJEMPLO 6 Analice la curva $y = x^4 - 4x^3$ respecto a la concavidad, puntos de inflexión y máximo y mínimo local. Utilice esta información para trazar la curva.

SOLUCIÓN Si $f(x) = x^4 - 4x^3$, entonces

$$f'(x) = 4x^3 - 12x^2 = 4x^2(x - 3)$$

$$f''(x) = 12x^2 - 24x = 12x(x - 2)$$

Para encontrar los números críticos se hace $f'(x) = 0$ para obtener $x = 0$ y $x = 3$. (Observe que f' es una polinomial y por tanto está definida donde sea.) Para utilizar la prueba de la segunda derivada se evalúa f'' en estos números críticos:

$$f''(0) = 0 \qquad f''(3) = 36 > 0$$

Ya que $f'(3) = 0$ y $f''(3) > 0$, $f(3) = -27$ es un mínimo local. [De hecho, la expresión para $f'(x)$ demuestra que f decrece a la izquierda de 3 y crece a la derecha de 3.] Como $f''(0) = 0$, la prueba de la segunda derivada no da información sobre el número crítico 0. Pero ya que $f'(x) < 0$ para $x < 0$ y también para $0 < x < 3$, la prueba de la primera derivada dice que f no tiene un máximo o mínimo local en 0.

Puesto que $f''(x) = 0$ cuando $x = 0$ o $x = 2$, se divide la recta real en intervalos con estos números como puntos finales y se completa la tabla siguiente.

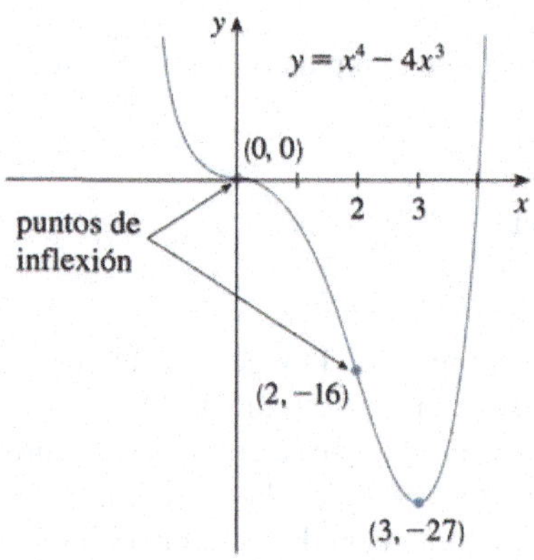

FIGURA 11

Intervalo	$f''(x) = 12x(x - 2)$	Concavidad
$(-\infty, 0)$	+	hacia arriba
$(0, 2)$	−	hacia abajo
$(2, \infty)$	+	hacia arriba

El punto (0, 0) es un punto de inflexión, ya que la curva cambia ahí de cóncava hacia arriba a cóncava hacia abajo. También (2, −16) es un punto de inflexión, ya que allí la curva cambia de cóncava hacia abajo a cóncava hacia arriba.

Utilizando el mínimo local, los intervalos de concavidad y los puntos de inflexión, se traza la curva de la figura 11. ■

NOTA La prueba de la segunda derivada es incierta cuando $f''(c) = 0$. En otras palabras, en tal punto puede haber un máximo, puede haber un mínimo, o podría no haber máximo o mínimo (como en el ejemplo 6). Esta prueba también falla cuando $f''(c)$ no existe. En estos casos, se debe utilizar la prueba de la primera derivada. De hecho, aun cuando se aplican ambas pruebas, la prueba de la primera derivada es a menudo más fácil de utilizar.

EJEMPLO 7 Trace la gráfica de la función $f(x) = x^{2/3}(6 - x)^{1/3}$.

SOLUCIÓN Con las primeras dos derivadas se obtiene

Utilice las reglas de derivación para verificar estos cálculos.

$$f'(x) = \frac{4 - x}{x^{1/3}(6 - x)^{2/3}} \qquad f''(x) = \frac{-8}{x^{4/3}(6 - x)^{5/3}}$$

Ya que $f'(x) = 0$ cuando $x = 4$ y $f'(x)$ no existe cuando $x = 0$ o $x = 6$, los números críticos son 0, 4 y 6.

Intente reproducir la gráfica de la figura 12 con una calculadora graficadora o una computadora. Algunas máquinas producen la gráfica completa, algunas generan únicamente la parte de la derecha del eje y, y algunas otras producen únicamente la parte entre $x = 0$ y $x = 6$. Para una explicación y resolución de esto, véase el ejemplo 7 en "Graphing Calculators and Computers" en www.stewartcalculus.com. Una expresión equivalente que da la gráfica correcta es

$$y = (x^2)^{1/3} \cdot \frac{6 - x}{|6 - x|} |6 - x|^{1/3}$$

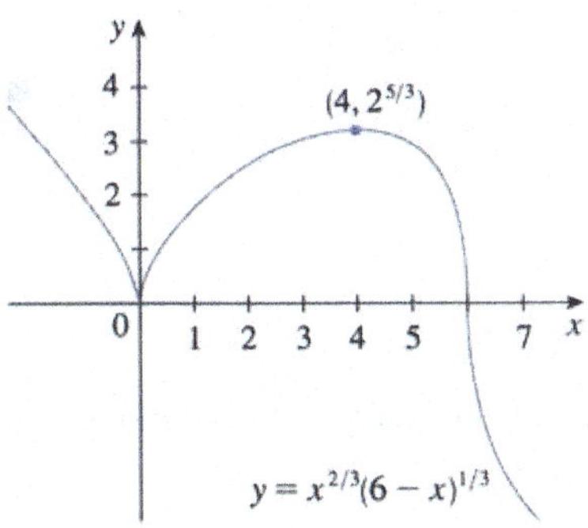

FIGURA 12

TEC En Module 4.3 puede usted practicar usando la información relacionada con f', f'' y las asíntotas para determinar la forma de la gráfica de f.

Intervalo	$4 - x$	$x^{1/3}$	$(6 - x)^{2/3}$	$f'(x)$	f
$x < 0$	+	−	+	−	decreciente en $(-\infty, 0)$
$0 < x < 4$	+	+	+	+	creciente en $(0, 4)$
$4 < x < 6$	−	+	+	−	decreciente en $(4, 6)$
$x > 6$	−	+	+	−	decreciente en $(6, \infty)$

Para encontrar los valores extremos locales se utiliza la prueba de la primera derivada. Puesto que f' cambia de negativa a positiva en $x = 0$, $f(0) = 0$ es un mínimo local. Ya que f' cambia de positiva a negativa en $x = 4$, $f(4) = 2^{5/3}$ es un máximo local. El signo de f' no cambia en $x = 6$, por lo que no hay mínimo o máximo. (La prueba de la segunda derivada se podría utilizar en $x = 4$, pero no en 0 o 6 ya que f'' no existe en ninguno de estos números.)

Observando la expresión para $f''(x)$ y tomando nota de que $x^{4/3} \geq 0$ para toda x, se tiene $f''(x) < 0$ para $x < 0$ y para $0 < x < 6$, y $f''(x) > 0$ para $x > 6$. Por lo que f es cóncava hacia abajo sobre $(-\infty, 0)$ y $(0, 6)$ y cóncava hacia arriba en $(6, \infty)$, y el único punto de inflexión es $(6, 0)$. La gráfica se traza en la figura 12. Observe que la curva tiene una recta tangente vertical en $(0, 0)$ y $(6, 0)$ debido a que $|f'(x)| \to \infty$ cuando $x \to 0$ y cuando $x \to 6$. ■

EJEMPLO 8 Utilice la primera y segunda derivadas de $f(x) = e^{1/x}$, junto con las asíntotas, para trazar su gráfica.

SOLUCIÓN Observe que el dominio de f es $\{x \mid x \neq 0\}$, por lo que se comprueba para asíntotas verticales calculando los límites por la izquierda y por la derecha cuando $x \to 0$. Cuando $x \to 0^+$, se sabe que $t = 1/x \to \infty$, por lo que

$$\lim_{x \to 0^+} e^{1/x} = \lim_{t \to \infty} e^t = \infty$$

y esto demuestra que $x = 0$ es una asíntota vertical. Cuando $x \to 0^-$, se tiene que $t = 1/x \to -\infty$, por lo que

$$\lim_{x \to 0^-} e^{1/x} = \lim_{t \to -\infty} e^t = 0$$

Cuando $x \to \pm\infty$, se tiene $1/x \to 0$ por lo que

$$\lim_{x \to \pm\infty} e^{1/x} = e^0 = 1$$

Esto demuestra que $y = 1$ es una asíntota horizontal (tanto a la izquierda como a la derecha).

Ahora se va a calcular la derivada. La regla de la cadena da

$$f'(x) = -\frac{e^{1/x}}{x^2}$$

Como $e^{1/x} > 0$ y $x^2 > 0$ para toda $x \neq 0$, se tiene $f'(x) < 0$ para toda $x \neq 0$. Por lo que f es decreciente en $(-\infty, 0)$ y en $(0, \infty)$. No hay un número crítico, por lo que la función no tiene máximos ni mínimos locales. La segunda derivada es

$$f''(x) = -\frac{x^2 e^{1/x}(-1/x^2) - e^{1/x}(2x)}{x^4} = \frac{e^{1/x}(2x + 1)}{x^4}$$

Puesto que $e^{1/x} > 0$ y $x^4 > 0$ se tiene $f''(x) > 0$ cuando $x > -\frac{1}{2}$ $(x \neq 0)$ y $f''(x) < 0$ cuando $x < -\frac{1}{2}$. Por lo que f es cóncava hacia abajo en $\left(-\infty, -\frac{1}{2}\right)$ y cóncava hacia arriba en $\left(-\frac{1}{2}, 0\right)$ y en $(0, \infty)$. El punto de inflexión es $\left(-\frac{1}{2}, e^{-2}\right)$.

Para trazar la gráfica de f se dibuja primero la asíntota horizontal $y = 1$ (como una recta discontinua), junto con las partes de la curva cerca de la asíntota en un trazo preliminar [figura 13(a)]. Estas partes reflejan la información relativa a los límites y el hecho de que f es decreciente sobre $(-\infty, 0)$ y $(0, \infty)$. Observe que se ha indicado que $f(x) \to 0$ conforme $x \to 0^-$, a pesar de que $f(0)$ no existe. En la figura 13(b) se termina el trazo incorporando la información relativa a la concavidad y el punto de inflexión. En la figura 13(c) se revisa el trabajo con un dispositivo graficador.

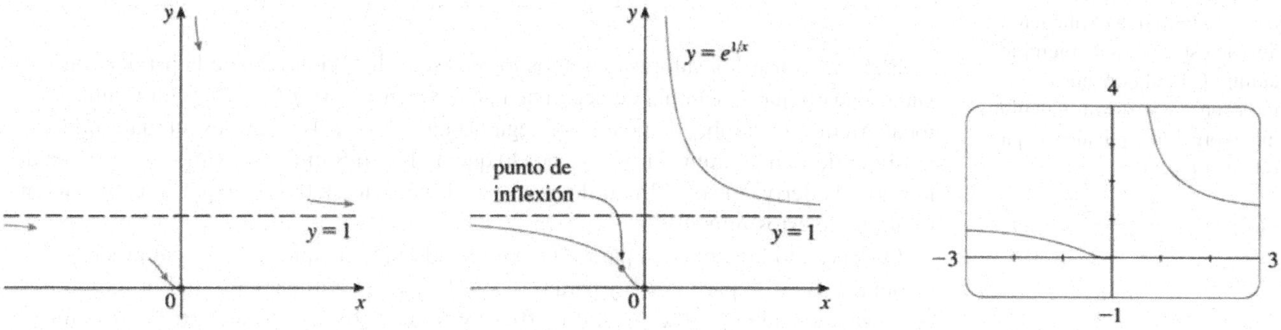

(a) Trazo preliminar (b) Trazo terminado (c) Confirmación de la computadora

FIGURA 13 ■

4.3 EJERCICIOS

1–2 Utilice la gráfica de f para encontrar lo siguiente.
(a) Los intervalos abiertos en los que f es creciente.
(b) Los intervalos abiertos en los que f es decreciente.
(c) Los intervalos abiertos en los que f es cóncava hacia arriba.
(d) Los intervalos abiertos en los que f es cóncava hacia abajo.
(e) Las coordenadas de los puntos de inflexión.

1.

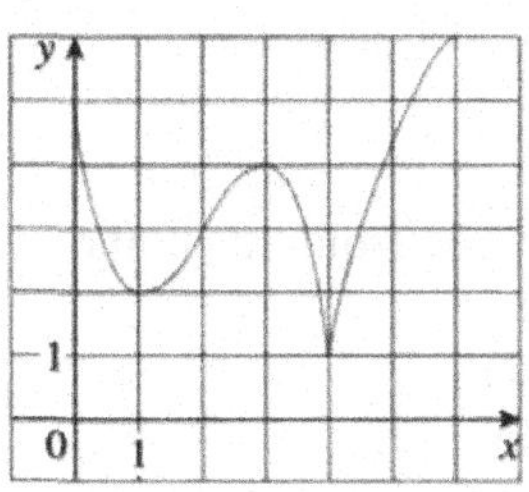

2.

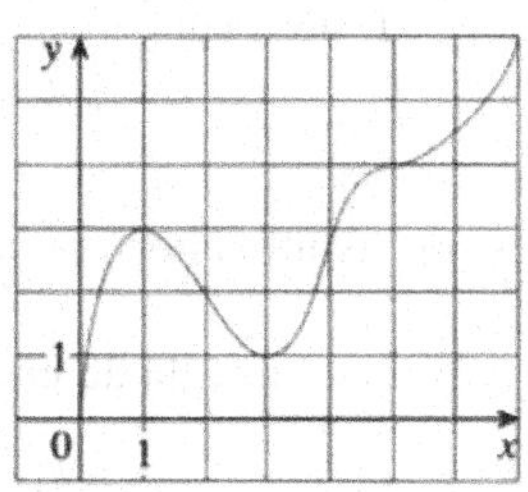

3. Suponga que se le da una fórmula para una función f.
(a) ¿Cómo determinaría dónde f es creciente o decreciente?
(b) ¿Cómo determinaría dónde la gráfica de f es cóncava hacia arriba o cóncava hacia abajo?
(c) ¿Dónde se localizan los puntos de inflexión?

4. (a) Establezca la prueba de la primera derivada.
(b) Establezca la prueba de la segunda derivada. ¿Bajo qué circunstancias no son concluyentes? ¿Qué haría si no es válida?

5–6 En los ejercicios 5 y 6, se muestran las gráficas de la *derivada* f' de una función f.
(a) ¿En qué intervalos f crece o decrece?
(b) ¿Para qué valores de x, f tiene un máximo o mínimo local?

5.

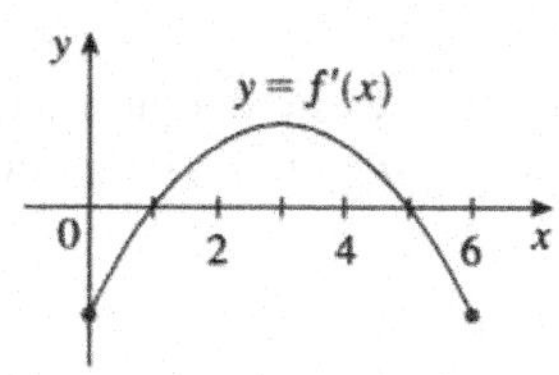

6.

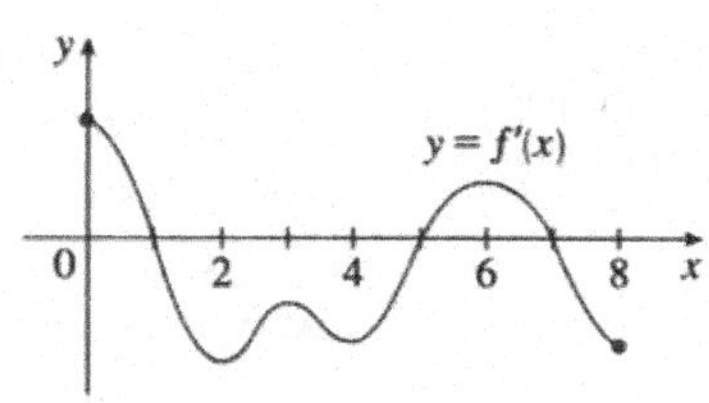

7. En cada inciso establezca las coordenadas x de los puntos de inflexión de f. Dé las razones de sus respuestas.
(a) La curva dada es la gráfica de f.
(b) La curva dada es la gráfica de f'.
(c) La curva dada es la gráfica de f''.

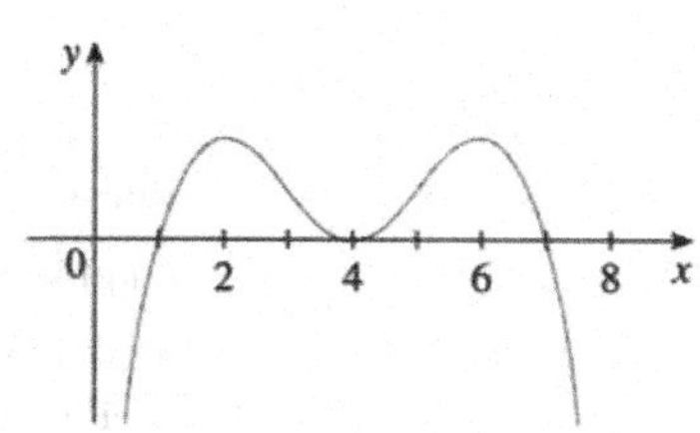

8. Se muestra la gráfica de la primera derivada f' de una función f.

(a) ¿Sobre qué intervalos f es creciente? Explique.

(b) ¿En qué valores de x tiene f un máximo o mínimo local? Explique.

(c) ¿Sobre qué intervalos es f cóncava hacia arriba o cóncava hacia abajo? Explique.

(d) ¿Cuáles son las coordenadas x de los puntos de inflexión de f? ¿Por qué?

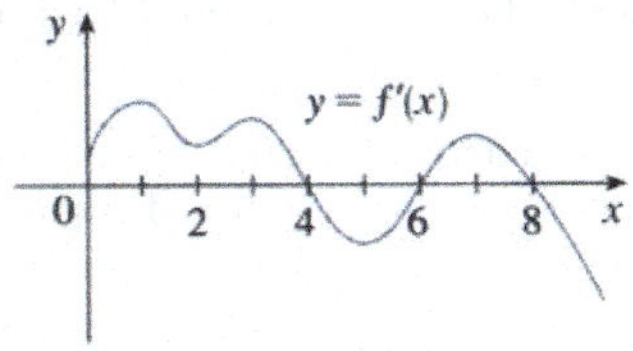

9–18

(a) Encuentre los intervalos sobre los cuales f es creciente o decreciente.

(b) Encuentre los valores máximos y mínimos locales de f.

(c) Encuentre los intervalos de concavidad y los puntos de inflexión.

9. $f(x) = x^3 - 3x^2 - 9x + 4$

10. $f(x) = 2x^3 - 9x^2 + 12x - 3$

11. $f(x) = x^4 - 2x^2 + 3$

12. $f(x) = \dfrac{x^2}{x^2 + 3}$

13. $f(x) = \operatorname{sen} x + \cos x, \quad 0 \leqslant x \leqslant 2\pi$

14. $f(x) = \cos^2 x - 2 \operatorname{sen} x, \quad 0 \leqslant x \leqslant 2\pi$

15. $f(x) = e^{2x} + e^{-x}$

16. $f(x) = x^2 \ln x$

17. $f(x) = x^2 - x - \ln x$

18. $f(x) = \sqrt{x}\, e^{-x}$

19–21 Encuentre los valores máximos y mínimos locales de f utilizando las pruebas de la primera y la segunda derivada. ¿Qué método prefiere?

19. $f(x) = x^5 - 5x + 3$

20. $f(x) = \dfrac{x^2}{x - 1}$

21. $f(x) = \sqrt{x} - \sqrt[4]{x}$

22. (a) Encuentre los números críticos de $f(x) = x^4(x - 1)^3$.

(b) ¿Qué le dice la prueba de la segunda derivada acerca del comportamiento de f en estos números críticos?

(c) ¿Qué le dice la prueba de la primera derivada?

23. Suponga que f'' es continua en $(-\infty, \infty)$.

(a) Si $f'(2) = 0$ y $f''(2) = -5$, ¿qué puede decir acerca de f?

(b) Si $f'(6) = 0$ y $f''(6) = 0$, ¿qué puede decir acerca de f?

24–31 Trace la gráfica de una función que satisfaga todas las condiciones. dadas.

24. (a) $f'(x) < 0$ y $f''(x) < 0$ para toda x

(b) $f'(x) > 0$ y $f''(x) > 0$ para toda x

25. (a) $f'(x) > 0$ y $f''(x) < 0$ para toda x

(b) $f'(x) < 0$ y $f''(x) > 0$ para toda x

26. $f'(1) = f'(-1) = 0, \quad f'(x) < 0$ si $|x| < 1$.
$f'(x) > 0$ si $1 < |x| > 2, \quad f'(x) = -1$ si $|x| > 2$,
$f''(x) < 0$ si $-2 < x < 0$, punto de inflexión $(0, 1)$

27. $f'(0) = f'(2) = f'(4) = 0$,
$f'(x) > 0$ si $x < 0$ o $2 < x < 4$,
$f'(x) < 0$ si $0 < x < 2$ o $x > 4$,
$f''(x) > 0$ si $1 < x < 3, \quad f''(x) < 0$ si $x < 1$ o $x > 3$

28. $f(x) > 0$ para toda $x \neq 1$, asíntota vertical $x = 1$,
$f''(x) > 0$ si $x < 1$ o $x > 3, \quad f''(x) < 0$ si $1 < x < 3$

29. $f'(5) = 0, \quad f'(x) < 0$ cuando $x < 5$,
$f'(x) > 0$ cuando $x > 5, \quad f''(2) = 0, f''(8) = 0$,
$f''(x) < 0$ cuando $x < 2$ o $x > 8$,
$f''(x) > 0$ para $2 < x < 8, \quad \lim_{x\to\infty} f(x) = 3, \quad \lim_{x\to-\infty} f(x) = 3$

30. $f'(0) = f'(4) = 0, \quad f'(x) = 1$ si $x < -1$
$f'(x) > 0$ si $0 < x < 2$,
$f'(x) < 0$ si $-1 < x < 0$ o $2 < x < 4$ o $x > 4$
$\lim_{x\to 2^-} f'(x) = \infty, \quad \lim_{x\to 2^+} f'(x) = -\infty$,
$f''(x) > 0$ si $-1 < x < 2$ o $2 < x < 4$,
$f''(x) < 0$ si $x > 4$

31. $f'(x) > 0$ si $x \neq 2, \quad f''(x) > 0$ si $x < 2$,
$f''(x) < 0$ si $x > 2$, f tiene punto de inflexión en $(2, 5)$
$\lim_{x\to\infty} f(x) = 8, \quad \lim_{x\to-\infty} f(x) = 0$

32. Suponga que $f(3) = 2$, $f'(3) = \frac{1}{2}$ y $f'(x) > 0$ y $f''(x) < 0$ para toda x.

(a) Trace una posible gráfica para f.

(b) ¿Cuántas soluciones tiene la ecuación $f(x) = 0$? ¿Por qué?

(c) ¿Es posible que $f'(2) = \frac{1}{3}$? ¿Por qué?

33. Suponga que f es una función continua donde $f(x) > 0$ para toda x, $f(0) = 4, \quad f'(x) > 0$ si $x < 0$ o $x > 2$, $f'(x) < 0$ si $0 < x < 2, \quad f''(-1) = f''(1) = 0, \quad f''(x) > 0$ si $x < -1$ o $x > 1, \quad f''(x) < 0$ si $-1 < x < 1$.

(a) ¿Puede f tener un máximo absoluto? Si es así, trace una gráfica posible de f. Si no, explique por qué.

(b) ¿Puede f tener un mínimo absoluto? Si es así, trace una gráfica posible de f. Si no, explique por qué.

(c) Trace una gráfica posible para f que *no* alcance un mínimo absoluto.

34. Se muestra la gráfica de una función $y = f(x)$. ¿Cuáles de los enunciados siguientes son verdaderos?

(a) $\dfrac{dy}{dx}$ y $\dfrac{d^2y}{dx^2}$ son ambas positivas.

(b) $\dfrac{dy}{dx}$ y $\dfrac{d^2y}{dx^2}$ son ambas negativas.

(c) $\dfrac{dy}{dx}$ es negativa pero $\dfrac{d^2y}{dx^2}$ es positiva.

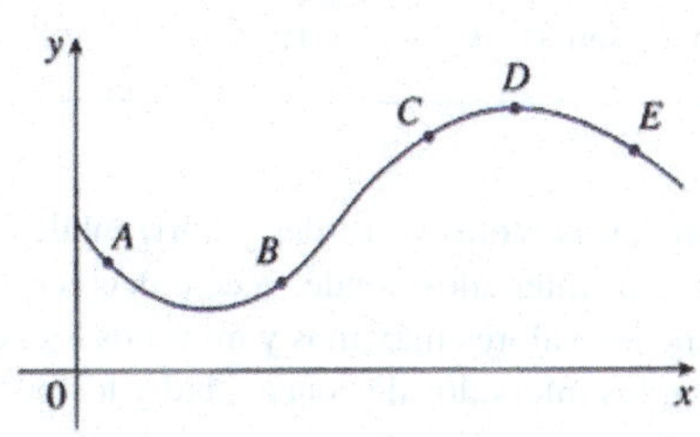

35–36 Se muestra la gráfica de la derivada f' de una función continua f.

(a) ¿En qué intervalos es f creciente? ¿Decreciente?
(b) ¿En qué valores de x tiene f un máximo local? ¿Y un mínimo local?
(c) ¿En qué intervalos es f cóncava hacia arriba? ¿Cóncava hacia abajo?
(d) Establezca las coordenadas x de los puntos de inflexión.
(e) Suponiendo que $f(0) = 0$, trace una gráfica de f.

35.

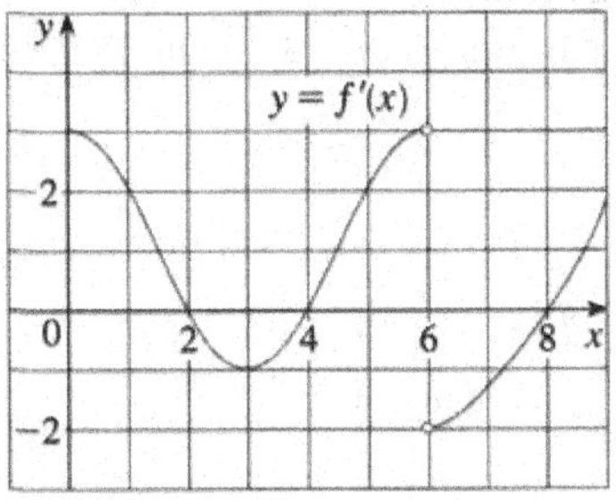

36.

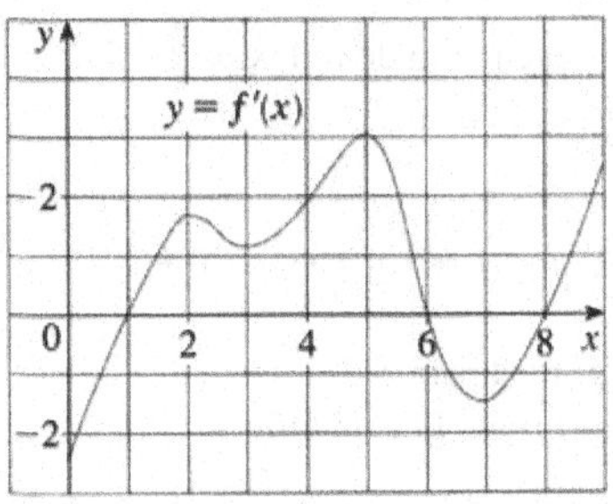

37–48

(a) Encuentre los intervalos donde crece o decrece.
(b) Encuentre los valores máximos y mínimos locales.
(c) Encuentre los intervalos de concavidad y los puntos de inflexión.
(d) Utilice la información de los incisos (a)-(c) para trazar la gráfica. Si tiene un dispositivo graficador, verifique sus respuestas.

37. $f(x) = 2x^3 - 3x^2 - 12x$ **38.** $f(x) = 2 + 3x - x^3$

39. $f(x) = \frac{1}{2}x^4 - 4x^2 + 3$ **40.** $g(x) = 200 + 8x^3 + x^4$

41. $f(x) = 2 + 2x^2 - x^4$ **42.** $h(x) = 5x^3 - 3x^5$

43. $F(x) = x\sqrt{6 - x}$ **44.** $G(x) = 5x^{2/3} - 2x^{5/3}$

45. $C(x) = x^{1/3}(x + 4)$ **46.** $f(x) = \ln(x^2 + 9)$

47. $f(\theta) = 2\cos\theta + \cos^2\theta, \quad 0 \leqslant \theta \leqslant 2\pi$

48. $S(x) = x - \operatorname{sen} x, \quad 0 \leqslant x \leqslant 4\pi$

49–56

(a) Encuentre las asíntotas verticales y horizontales.
(b) Encuentre los intervalos donde crece o decrece.
(c) Determine los valores máximos y mínimos locales.
(d) Encuentre los intervalos de concavidad y los puntos de inflexión.
(e) Utilice la información de los incisos (a)-(d) para trazar la gráfica de f.

49. $f(x) = 1 + \dfrac{1}{x} - \dfrac{1}{x^2}$ **50.** $f(x) = \dfrac{x^2 - 4}{x^2 + 4}$

51. $f(x) = \sqrt{x^2 + 1} - x$ **52.** $f(x) = \dfrac{e^x}{1 - e^x}$

53. $f(x) = e^{-x^2}$ **54.** $f(x) = x - \frac{1}{6}x^2 - \frac{2}{3}\ln x$

55. $f(x) = \ln(1 - \ln x)$ **56.** $f(x) = e^{\arctan x}$

---

57. Suponga que la derivada de una función f es $f'(x) = (x + 1)^2(x - 3)^5(x - 6)^4$. ¿En qué intervalo es f creciente?

58. Utilice los métodos de esta sección para trazar la curva $y = x^3 - 3a^2x + 2a^3$, donde a es una constante positiva. ¿Qué tienen en común los miembros de esta familia de curvas? ¿Cómo difieren entre sí?

59–60

(a) Utilice la gráfica de f para estimar los valores máximos y mínimos. Después, encuentre los valores exactos.
(b) Estime el valor de x en el cual f crece más rápidamente. Luego, encuentre el valor exacto.

59. $f(x) = \dfrac{x + 1}{\sqrt{x^2 + 1}}$ **60.** $f(x) = x^2e^{-x}$

61–62

(a) Utilice la gráfica de f para dar una estimación aproximada de los intervalos de concavidad y de las coordenadas de los puntos de inflexión.
(b) Utilice la gráfica de f'' para dar estimaciones mejores.

61. $f(x) = \operatorname{sen} 2x + \operatorname{sen} 4x, \quad 0 \leqslant x \leqslant \pi$

62. $f(x) = (x - 1)^2(x + 1)^3$

SAC **63–64** Estime los intervalos de concavidad redondeados a un decimal mediante un sistema algebraico computacional y la gráfica de f''.

63. $f(x) = \dfrac{x^4 + x^3 + 1}{\sqrt{x^2 + x + 1}}$ **64.** $f(x) = \dfrac{x^2\tan^{-1}x}{1 + x^3}$

---

65. Se muestra la gráfica de una población de células de levadura en un cultivo de un reciente laboratorio como una función del tiempo.

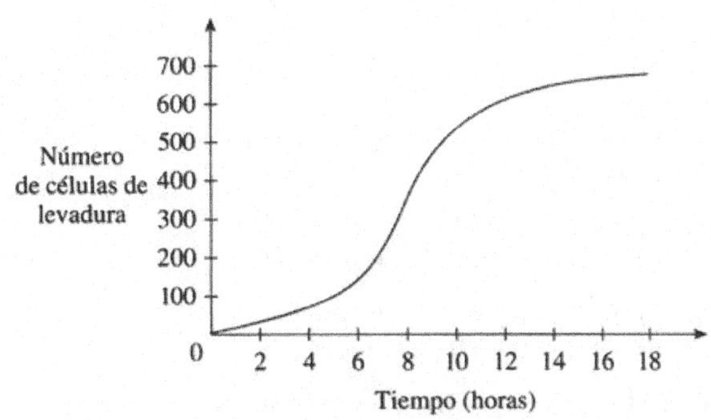

(a) Describa cómo varía la tasa de crecimiento de la población.

(b) ¿Cuándo la tasa es más alta?
(c) ¿En qué intervalos es la función de población cóncava hacia arriba o hacia abajo?
(d) Estime las coordenadas del punto de inflexión.

66. En las noticias nacionales en la televisión, el locutor dijo: "¡Aquí tenemos una buena noticia! Este año se logró que las calificaciones disminuyeran a un ritmo más lento". Interprete los enunciados del locutor en términos de una función y sus primeras y segundas derivadas.

67. El secretario de economía del gobierno anuncia que el déficit nacional va en aumento, pero a un ritmo decreciente. Interprete este enunciado en términos de una función y sus primeras y segundas derivadas.

68. Sea $f(t)$ la temperatura en el tiempo t donde usted vive y suponga que en el tiempo $t = 3$ se siente incómodamente acalorado. ¿Cómo se siente en relación con los datos dados en cada caso?
(a) $f'(3) = 2, \quad f''(3) = 4$
(b) $f'(3) = 2, \quad f''(3) = -4$
(c) $f'(3) = -2, \quad f''(3) = 4$
(d) $f'(3) = -2, \quad f''(3) = -4$

69. Sea $K(t)$ una medida de los conocimientos que obtiene usted estudiando durante t horas para un examen. ¿Cuál cree que es más grande, $K(8) - K(7)$ o $K(3) - K(2)$? ¿Es la gráfica de K cóncava hacia arriba o cóncava hacia abajo? ¿Por qué?

70. Se vierte café en una jarrita como la que se ilustra en la figura, con una rapidez constante (medida en unidades de volumen por unidad de tiempo). Trace una gráfica aproximada de la altura ocupada por el café como función del tiempo. Explique la forma de la gráfica en términos de la concavidad. ¿Cuál es el significado del punto de inflexión?

71. Una *curva de respuesta a un medicamento* describe el nivel de medicación en el torrente sanguíneo después de que un medicamento es administrado. Con frecuencia se aplica una función de onda de impulso $S(t) = At^p e^{-kt}$ para modelar la curva de respuesta, lo que refleja un aumento inicial en el nivel de medicamento y luego un descenso más gradual. Si, para un medicamento particular, $A = 0.01$, $p = 4$, $k = 0.07$ y t se mide en minutos, calcule los tiempos correspondientes a los puntos de inflexión y explique su significado. Si usted dispone de un dispositivo graficador, utilícelo para trazar la gráfica de la curva de respuesta.

72. La familia de curvas de campana

$$y = \frac{1}{\sigma\sqrt{2\pi}} e^{-(x-\mu)^2/(2\sigma^2)}$$

se utiliza en probabilidad y estadística y se le denomina *función de densidad normal*. La constante μ se conoce como *media*, y la constante positiva σ es la *desviación estándar*. Por simplicidad, se cambia la escala de la función de modo que se elimine el factor $(1/\sigma\sqrt{2\pi})$ y se analiza el caso especial donde $\mu = 0$. Por tanto, se estudia la función

$$f(x) = e^{-x^2/(2\sigma^2)}$$

(a) Encuentre la asíntota, el valor máximo y los puntos de inflexión de f.
(b) ¿Qué papel tiene σ en la forma de la curva?
(c) Ilustre al trazar la gráfica de cuatro miembros de esta familia en la misma pantalla del dispositivo graficador.

73. Encuentre una función cúbica $f(x) = ax^3 + bx^2 + cx + d$ que tenga un valor máximo local de 3 en $x = -2$ y un valor mínimo local de 0 en $x = 1$.

74. ¿Para qué valores de los números a y b la función

$$f(x) = axe^{bx^2}$$

tiene el valor máximo $f(2) = 1$?

75. (a) Si la función $f(x) = x^3 + ax^2 + bx$ tiene el valor mínimo local $-\frac{2}{9}\sqrt{3}$ en $x = 1/\sqrt{3}$, ¿cuáles son los valores de a y b?
(b) ¿Cuál de las rectas tangentes a la curva en el inciso (a) tiene la menor pendiente?

76. ¿Para qué valores de a y b es $(2, 2.5)$ y un punto de inflexión de la curva $x^2y + ax + by = 0$? ¿Qué puntos de inflexión adicionales tiene la curva?

77. Demuestre que la curva $y = (1 + x)/(1 + x^2)$ tiene tres puntos de inflexión y todos ellos se encuentran sobre una recta.

78. Demuestre que las curvas $y = e^{-x}$ y $y = -e^{-x}$ tocan la curva $y = e^{-x}$ sen x en sus puntos de inflexión.

79. Demuestre que los puntos de inflexión de la curva $y = x$ sen x están sobre la curva $y^2(x^2 + 4) = 4x^2$.

80–82 Suponga que todas las funciones son dos veces derivables y las segundas derivadas nunca son 0.

80. (a) Si f y g son cóncavas hacia arriba en I, demuestre que $f + g$ es cóncava hacia arriba en I.
(b) Si f es positiva y cóncava hacia arriba en I, demuestre que la función $g(x) = [f(x)]^2$ es cóncava hacia arriba en I.

81. (a) Si f y g son positivas, crecientes y funciones cóncavas hacia arriba en I, demuestre que la función producto fg es cóncava hacia arriba en I.
(b) Demuestre que el inciso (a) es verdadero si f y g son decrecientes.
(c) Suponga que f es creciente y g es decreciente. Muestre, dando tres ejemplos, que fg puede ser cóncava hacia arriba, cóncava hacia abajo o lineal. ¿Por qué no funciona en este caso el argumento de los incisos (a) y (b)?

82. Suponga que f y g son cóncavas hacia arriba en $(-\infty, \infty)$. ¿Bajo qué condiciones sobre f será la función compuesta $h(x) = f(g(x))$ cóncava hacia arriba?

83. Demuestre que $\tan x > x$ para $0 < x < \pi/2$. [*Sugerencia*: demuestre que $f(x) = \tan x - x$ es creciente en $(0, \pi/2)$.]

84. (a) Demuestre que $e^x \geqslant 1 + x$ para $x \geqslant 0$.
(b) Demuestre que $e^x \geqslant 1 + x + \frac{1}{2}x^2$ para $x \geqslant 0$.
(c) Use inducción matemática para demostrar que para $x \geqslant 0$ y cualquier número entero positivo n,

$$e^x \geqslant 1 + x + \frac{x^2}{2!} + \cdots + \frac{x^n}{n!}$$

85. Demuestre que una función cúbica (una polinomial de tercer grado) siempre tiene exactamente un punto de inflexión. Si la gráfica tiene tres intersecciones en x: x_1, x_2 y x_3, demuestre que la coordenada x del punto de inflexión es $(x_1 + x_2 + x_3)/3$.

86. ¿Para qué valores de c el polinomio $P(x) = x^4 + cx^3 + x^2$ tiene dos puntos de inflexión? ¿Un punto de inflexión? ¿Ninguno? Ilustre al trazar la gráfica de P para varios valores de c. ¿Cómo cambia la gráfica cuando c decrece?

87. Demuestre que si $(c, f(c))$ es un punto de inflexión de la gráfica de f y f'' existe en un intervalo abierto que contiene a c, entonces $f''(c) = 0$. [*Sugerencia*: aplique la prueba de la primera derivada y el teorema de Fermat a la función $g = f'$.]

88. Demuestre que si $f(x) = x^4$, entonces $f''(0) = 0$, pero $(0, 0)$ no es un punto de inflexión de la gráfica de f.

89. Demuestre que la función $g(x) = x\,|\,x\,|$ tiene un punto de inflexión en $(0, 0)$, pero $g''(0)$ no existe.

90. Suponga que f''' es continua y $f'(c) = f''(c) = 0$, pero $f'''(c) > 0$. ¿f tiene un máximo o mínimo local en c? ¿f tiene un punto de inflexión en c?

91. Suponga que f es derivable sobre un intervalo I y $f'(x) > 0$ para todos los números x en I, excepto por un único número c. Demuestre que f es creciente sobre todo el intervalo I.

92. Para qué valores de c la función

$$f(x) = cx + \frac{1}{x^2 + 3}$$

es creciente sobre $(-\infty, \infty)$?

93. Los tres casos en la prueba de la primera derivada cubren las situaciones que uno se encuentra con frecuencia, pero no agotan todas las posibilidades. Considere las funciones f, g y h cuyos valores en 0 son todas cero y, para $x \neq 0$,

$$f(x) = x^4 \operatorname{sen} \frac{1}{x} \qquad g(x) = x^4\left(2 + \operatorname{sen} \frac{1}{x}\right)$$

$$h(x) = x^4\left(-2 + \operatorname{sen} \frac{1}{x}\right)$$

(a) Demuestre que 0 es un número crítico de las tres funciones, pero sus derivadas cambian de signo infinitamente por ambos lados de 0.
(b) Demuestre que f no tiene un máximo local ni un mínimo local en 0, g tiene un mínimo local y h tiene un máximo local.

4.4 Formas indeterminadas y regla de L'Hôpital

Suponga que se trata de analizar el comportamiento de la función

$$F(x) = \frac{\ln x}{x - 1}$$

Aunque F no está definida cuando $x = 1$, se necesita saber cómo se comporta *cerca* de 1. En particular, le gustaría saber el valor del límite

$$\boxed{1} \qquad \lim_{x \to 1} \frac{\ln x}{x - 1}$$

Para el cálculo de este límite no se puede aplicar la ley 5 de los límites (el límite de un cociente es el cociente de los límites, consulte la sección 2.3) porque el límite del denominador es 0. De hecho, aunque en la expresión (1) existe el límite, su valor no es obvio porque el numerador y denominador tienden a 0 y $\frac{0}{0}$ no está definido.

En general, si se tiene un límite de la forma

$$\lim_{x \to a} \frac{f(x)}{g(x)}$$

donde tanto $f(x) \to 0$ como $g(x) \to 0$ conforme $x \to a$, entonces este límite puede o no puede existir y se llama **forma indeterminada del tipo $\frac{0}{0}$**. Se encuentran algunos límites de este tipo en el capítulo 2. Para funciones racionales, se pueden eliminar factores comunes:

$$\lim_{x \to 1} \frac{x^2 - x}{x^2 - 1} = \lim_{x \to 1} \frac{x(x - 1)}{(x + 1)(x - 1)} = \lim_{x \to 1} \frac{x}{x + 1} = \frac{1}{2}$$

Se utiliza un argumento geométrico para demostrar que

$$\lim_{x \to 0} \frac{\operatorname{sen} x}{x} = 1$$

Pero estos métodos no funcionan para límites como los de (1), por lo que en esta sección se presenta un método sistemático, conocido como *regla de L'Hôpital*, para la evaluación de formas indeterminadas.

Otra situación en la que no es evidente un límite es cuando se busca una asíntota horizontal de F y se necesita evaluar el límite

2 $$\lim_{x \to \infty} \frac{\ln x}{x - 1}$$

No es obvio cómo evaluar este límite porque tanto el numerador como el denominador son muy grandes conforme $x \to \infty$. Hay una lucha entre numerador y denominador. Si gana el numerador, el límite será ∞ (el numerador crece significativamente más rápido que el denominador); si gana el denominador, la respuesta será 0. O puede haber algún comportamiento intermedio, en cuyo caso la respuesta será algún número finito positivo.

En general, si se tiene un límite de la forma

$$\lim_{x \to a} \frac{f(x)}{g(x)}$$

donde ambos $f(x) \to \infty$ (o $-\infty$) y $g(x) \to \infty$ (o $-\infty$), entonces el límite puede o no puede existir y se llama **forma indeterminada de tipo ∞/∞**. Se vio en la sección 2.6 que este tipo de límite se puede evaluar para ciertas funciones, incluyendo funciones racionales, dividiendo numerador y denominador por la mayor potencia de x en el denominador. Por ejemplo,

$$\lim_{x \to \infty} \frac{x^2 - 1}{2x^2 + 1} = \lim_{x \to \infty} \frac{1 - \dfrac{1}{x^2}}{2 + \dfrac{1}{x^2}} = \frac{1 - 0}{2 + 0} = \frac{1}{2}$$

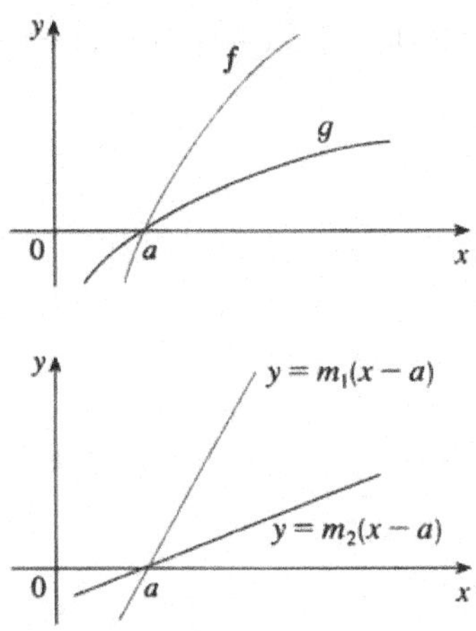

FIGURA 1

La figura 1 sugiere visualmente por qué la regla de L'Hôpital puede ser cierta. La primera gráfica muestra dos funciones derivables f y g, donde ambas se acercan a 0 cuando $x \to a$. Si se pudiera acercar hacia el punto $(a, 0)$, las gráficas empezarían a parecerse a una recta. Pero si realmente las funciones *fueran* lineales, como en la segunda gráfica, entonces su razón sería

$$\frac{m_1(x - a)}{m_2(x - a)} = \frac{m_1}{m_2}$$

que es la razón de sus derivadas. Esto sugiere que

$$\lim_{x \to a} \frac{f(x)}{g(x)} = \lim_{x \to a} \frac{f'(x)}{g'(x)}$$

Este método no funciona para límites como (2), pero la regla de L'Hôpital también se aplica a este tipo de forma indeterminada.

Regla de L'Hôpital Suponga que f y g son derivables y $g'(x) \neq 0$ sobre un intervalo abierto I que contiene a (excepto posiblemente en a). Suponga que

$$\lim_{x \to a} f(x) = 0 \quad \text{y} \quad \lim_{x \to a} g(x) = 0$$

o que

$$\lim_{x \to a} f(x) = \pm\infty \quad \text{y} \quad \lim_{x \to a} g(x) = \pm\infty$$

(En otras palabras, se tiene una forma indeterminada de tipo $\frac{0}{0}$ o ∞/∞.) Entonces

$$\lim_{x \to a} \frac{f(x)}{g(x)} = \lim_{x \to a} \frac{f'(x)}{g'(x)}$$

si existe el límite del lado derecho (o es ∞ o $-\infty$).

NOTA 1 La regla de L'Hôpital indica que el límite de un cociente de funciones es igual al límite del cociente de sus derivadas, siempre que se cumpla con las condiciones dadas. Es especialmente importante verificar las condiciones impuestas a los límites de f y g antes de utilizar la regla de L'Hôpital.

L'Hôpital

La regla de L'Hôpital proviene de un noble francés, el marqués de L'Hôpital (1661-1704), pero fue descubierto por un matemático suizo, John Bernoulli (1667-1748). A veces se puede ver L'Hôpital escrito como l'Hôspital, pero él mismo escribe su nombre así, L'Hôpital, como era común en el siglo XVII. Véase en el ejercicio 83 el ejemplo que el marqués utiliza para ilustrar su regla. Consulte el proyecto en la página 314 para más detalles históricos.

NOTA 2 La regla de L'Hôpital también es válida para límites unilaterales y límites al infinito o al infinito negativo; es decir, "$x \to a$" se puede sustituir por cualesquiera de los símbolos $x \to a^+$, $x \to a^-$, $x \to \infty$ o $x \to -\infty$.

NOTA 3 Para el caso especial en que $f(a) = g(a) = 0$, f' y g' son continuas y $g'(a) \neq 0$, es fácil ver por qué la regla de L'Hôpital es cierta. De hecho, utilizando la forma alternativa de la definición de una derivada, se tiene

$$\lim_{x\to a}\frac{f'(x)}{g'(x)} = \frac{f'(a)}{g'(a)} = \frac{\displaystyle\lim_{x\to a}\frac{f(x)-f(a)}{x-a}}{\displaystyle\lim_{x\to a}\frac{g(x)-g(a)}{x-a}} = \lim_{x\to a}\frac{\dfrac{f(x)-f(a)}{x-a}}{\dfrac{g(x)-g(a)}{x-a}}$$

$$= \lim_{x\to a}\frac{f(x)-f(a)}{g(x)-g(a)} = \lim_{x\to a}\frac{f(x)}{g(x)} \qquad [\text{ya que } f(a) = g(a) = 0]$$

Es más difícil demostrar la versión general de la regla de L'Hôpital. Véase el apéndice F.

EJEMPLO 1 Encuentre $\displaystyle\lim_{x\to 1}\frac{\ln x}{x-1}$.

SOLUCIÓN Dado que

$$\lim_{x\to 1}\ln x = \ln 1 = 0 \qquad \text{y} \qquad \lim_{x\to 1}(x-1) = 0$$

El límite es una forma indeterminada del tipo $\frac{0}{0}$, se puede aplicar la regla de L'Hôpital:

Observe que cuando se utiliza la regla de L'Hôpital se deriva el numerador y el denominador *por separado*. *No* se utiliza la regla del cociente.

$$\lim_{x\to 1}\frac{\ln x}{x-1} = \lim_{x\to 1}\frac{\dfrac{d}{dx}(\ln x)}{\dfrac{d}{dx}(x-1)} = \lim_{x\to 1}\frac{1/x}{1}$$

$$= \lim_{x\to 1}\frac{1}{x} = 1$$

■

EJEMPLO 2 Calcule $\displaystyle\lim_{x\to\infty}\frac{e^x}{x^2}$.

En la figura 2 se muestra la gráfica de la función del ejemplo 2. Se ha analizado previamente que las funciones exponenciales crecen más rápido que las funciones potencia, por lo que el resultado del ejemplo 2 no es inesperado. Véase el ejercicio 73.

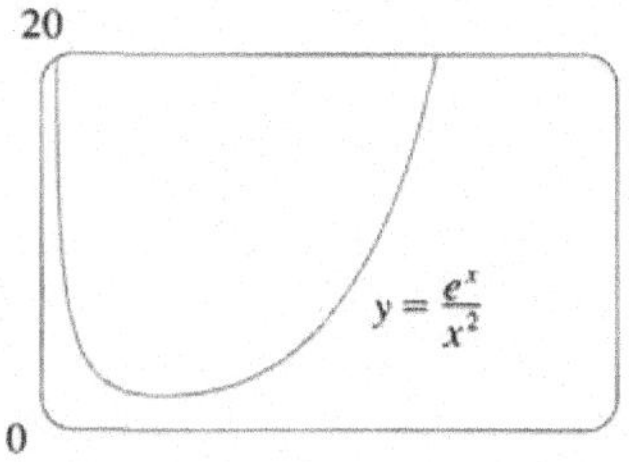

FIGURA 2

SOLUCIÓN Se tiene $\lim_{x\to\infty} e^x = \infty$ y $\lim_{x\to\infty} x^2 = \infty$, por lo que el límite tiene una forma indeterminada del tipo ∞/∞, y la regla de L'Hôpital da

$$\lim_{x\to\infty}\frac{e^x}{x^2} = \lim_{x\to\infty}\frac{\dfrac{d}{dx}(e^x)}{\dfrac{d}{dx}(x^2)} = \lim_{x\to\infty}\frac{e^x}{2x}$$

Ya que $e^x \to \infty$ y $2x \to \infty$ conforme $x \to \infty$ el límite del lado derecho también está indeterminado, pero aplicando de nuevo la regla de L'Hôpital se obtiene

$$\lim_{x\to\infty}\frac{e^x}{x^2} = \lim_{x\to\infty}\frac{e^x}{2x} = \lim_{x\to\infty}\frac{e^x}{2} = \infty$$

■

En la figura 3, se muestra la gráfica de la función del ejemplo 3. Ya se ha discutido previamente que las funciones logarítmicas crecen muy lentamente, por lo que no es sorprendente que la razón se aproxime a 0 cuando $x \to \infty$. Véase también el ejercicio 74.

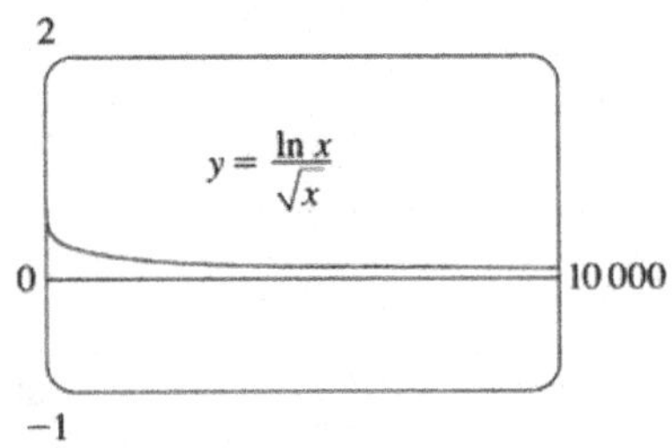

FIGURA 3

EJEMPLO 3 Calcule $\lim\limits_{x \to \infty} \dfrac{\ln x}{\sqrt{x}}$.

SOLUCIÓN Dado que $\ln x \to \infty$ y $\sqrt{x} \to \infty$ conforme $x \to \infty$, se utiliza la regla de L'Hôpital:

$$\lim_{x \to \infty} \frac{\ln x}{\sqrt{x}} = \lim_{x \to \infty} \frac{1/x}{\frac{1}{2}x^{-1/2}} = \lim_{x \to \infty} \frac{1/x}{1/(2\sqrt{x})}$$

Observe que ahora el límite del lado derecho es una indeterminación del tipo $\frac{0}{0}$. Pero en lugar de aplicar la regla de L'Hôpital una segunda vez, como se hizo en el ejemplo 2, primero se simplificó la expresión y se ve que la segunda aplicación no es necesaria:

$$\lim_{x \to \infty} \frac{\ln x}{\sqrt{x}} = \lim_{x \to \infty} \frac{1/x}{1/(2\sqrt{x})} = \lim_{x \to \infty} \frac{2}{\sqrt{x}} = 0$$ ■

En los ejemplos 2 y 3 se evaluaron límites de tipo ∞/∞, pero se tienen dos resultados diferentes. En el ejemplo 2, el límite infinito dice que el numerador e^x aumenta significativamente más rápido que el denominador x^2, dando como resultado cocientes mayores. De hecho, $y = e^x$ crece más rápido que todas las funciones potencia $y = x^n$ (véase el ejercicio 73). En el ejemplo 3 se tiene la situación opuesta; el límite de 0 significa que el denominador supera con creces el numerador y el cociente finalmente tiende a 0.

EJEMPLO 4 Determine $\lim\limits_{x \to 0} \dfrac{\tan x - x}{x^3}$. (Véase el ejercicio 2.2.50.)

SOLUCIÓN Se observa que tanto $\tan x - x \to 0$ como $x^3 \to 0$ cuando $x \to 0$, por lo que se aplica la regla de L'Hôpital:

$$\lim_{x \to 0} \frac{\tan x - x}{x^3} = \lim_{x \to 0} \frac{\sec^2 x - 1}{3x^2}$$

Ya que el límite del lado derecho es aún una indeterminación del tipo $\frac{0}{0}$, se vuelve a aplicar la regla de L'Hôpital:

$$\lim_{x \to 0} \frac{\sec^2 x - 1}{3x^2} = \lim_{x \to 0} \frac{2\sec^2 x \tan x}{6x}$$

Puesto que $\lim_{x \to 0} \sec^2 x = 1$, se simplifica el cálculo escribiendo

$$\lim_{x \to 0} \frac{2\sec^2 x \tan x}{6x} = \frac{1}{3} \lim_{x \to 0} \sec^2 x \cdot \lim_{x \to 0} \frac{\tan x}{x} = \frac{1}{3} \lim_{x \to 0} \frac{\tan x}{x}$$

La gráfica en la figura 4 da una confirmación visual del resultado del ejemplo 4. Sin embargo, si se tuviera que extender demasiado, se obtendría una gráfica muy inexacta porque $\tan x$ está cerca de x cuando esta es pequeña. Véase el ejercicio 2.2.50(d).

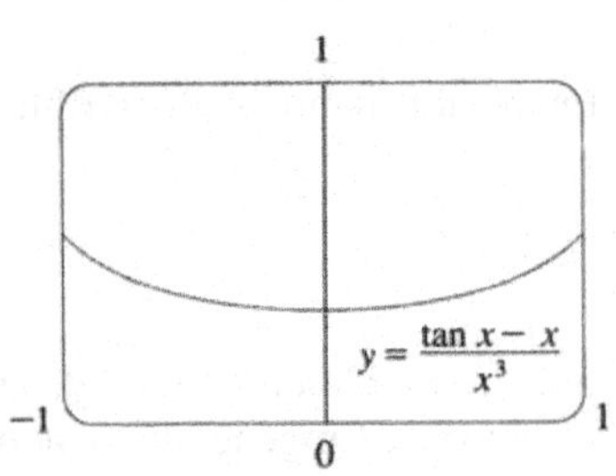

FIGURA 4

Se puede evaluar este último límite utilizando la regla de L'Hôpital por tercera vez o escribiendo la $\tan x$ como $(\operatorname{sen} x)/(\cos x)$ y recurriendo al conocimiento de límites trigonométricos. Haciendo todos estos pasos, se obtiene

$$\lim_{x \to 0} \frac{\tan x - x}{x^3} = \lim_{x \to 0} \frac{\sec^2 x - 1}{3x^2} = \lim_{x \to 0} \frac{2\sec^2 x \tan x}{6x}$$

$$= \frac{1}{3} \lim_{x \to 0} \frac{\tan x}{x} = \frac{1}{3} \lim_{x \to 0} \frac{\sec^2 x}{1} = \frac{1}{3}$$ ■

EJEMPLO 5 Encuentre $\lim\limits_{x \to \pi^-} \dfrac{\operatorname{sen} x}{1 - \cos x}$.

SOLUCIÓN Si se intenta utilizar a ciegas la regla de L'Hôpital, se obtendría

$$\lim_{x \to \pi^-} \frac{\operatorname{sen} x}{1 - \cos x} = \lim_{x \to \pi^-} \frac{\cos x}{\operatorname{sen} x} = -\infty$$

¡Esto es erróneo! Aunque el numerador sen $x \to 0$ conforme $x \to \pi^-$, observe que el denominador $(1 - \cos x)$ no tiende a 0, por lo que aquí no es posible aplicar la regla de L'Hôpital.

El límite requerido es, de hecho, fácil de encontrar porque la función es continua en π y el denominador es distinto de cero:

$$\lim_{x \to \pi^-} \frac{\operatorname{sen} x}{1 - \cos x} = \frac{\operatorname{sen} \pi}{1 - \cos \pi} = \frac{0}{1 - (-1)} = 0$$ ■

El ejemplo 5 muestra lo que puede salir mal si se utiliza la regla de L'Hôpital sin pensar. Hay otros límites que se *pueden* encontrar mediante la regla de L'Hôpital, pero se encuentran más fácilmente por otros métodos (véanse los ejemplos de 2.3.3, 2.3.5 y 2.6.3 y la discusión al principio de esta sección), por lo que al evaluar cualquier límite debe considerar otros métodos antes de utilizar la regla de L'Hôpital.

■ Productos indeterminados

Si $\lim_{x \to a} f(x) = 0$ y $\lim_{x \to a} g(x) = \infty$ (o $-\infty$), entonces no es claro cuál es el valor de $\lim_{x \to a} [f(x)g(x)]$ si existe. Hay una lucha entre f y g. Si gana f, la respuesta será 0; si gana g, la respuesta será ∞ (o $-\infty$). O puede haber un comportamiento intermedio donde la respuesta es un número finito distinto de cero. Este tipo de límite se llama **forma indeterminada de tipo $0 \cdot \infty$**, y se puede abordar expresando el producto fg como un cociente:

$$fg = \frac{f}{1/g} \qquad \text{y} \qquad fg = \frac{g}{1/f}$$

Esto convierte el límite dado en una forma indeterminada de tipo $\frac{0}{0}$ o ∞/∞ por lo que se puede utilizar la regla de L'Hôpital.

EJEMPLO 6 Evalúe $\lim\limits_{x \to 0^+} x \ln x$.

La figura 5 muestra la gráfica de la función del ejemplo 6. Observe que la función está indefinida en $x = 0$; la gráfica se aproxima al origen, pero nunca lo alcanza.

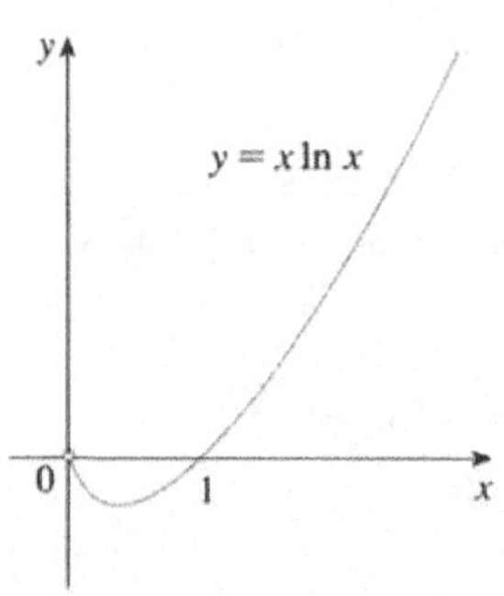

FIGURA 5

SOLUCIÓN El límite dado está indeterminado porque, conforme $x \to 0^+$, el primer factor (x) tiende a 0, mientras que el segundo factor ($\ln x$) tiende a $-\infty$. Escribiendo $x = 1/(1/x)$, se tiene $1/x \to \infty$ a medida que $x \to 0^+$, por lo que la regla de L'Hôpital da

$$\lim_{x \to 0^+} x \ln x = \lim_{x \to 0^+} \frac{\ln x}{1/x} = \lim_{x \to 0^+} \frac{1/x}{-1/x^2} = \lim_{x \to 0^+} (-x) = 0$$ ■

NOTA Observe que al resolver el ejemplo 6 otra opción posible habría sido escribir

$$\lim_{x \to 0^+} x \ln x = \lim_{x \to 0^+} \frac{x}{1/\ln x}$$

Esto da una forma indeterminada del tipo $\frac{0}{0}$, pero si se aplica la regla de L'Hôpital, se obtiene una expresión más complicada que con la que se empezó. En general, cuando se reescribe un producto indeterminado, se intenta elegir la opción que conduce hasta el límite más simple.

Diferencias indeterminadas

Si $\lim_{x\to a} f(x) = \infty$ y $\lim_{x\to a} g(x) = \infty$, entonces el límite

$$\lim_{x\to a} [f(x) - g(x)]$$

se llama **forma indeterminada de tipo $\infty - \infty$**. Una vez más hay una contienda entre f y g. ¿La respuesta será ∞ (gana f) o será $-\infty$ (gana g) o habrá un término intermedio en un número finito? Para encontrarlo, se intenta convertir la diferencia en un cociente (por ejemplo, utilizando un común denominador, racionalizando o factorizando un factor común), de manera que se tiene una forma indeterminada del tipo $\frac{0}{0}$ o ∞/∞.

EJEMPLO 7 Calcule $\lim_{x\to 1^+}\left(\dfrac{1}{\ln x} - \dfrac{1}{x-1}\right)$.

SOLUCIÓN Primero observe que $1/(\ln x) \to \infty$ y $1/(x-1) \to \infty$ conforme $x \to 1^+$, por lo que el límite está indeterminado $\infty - \infty$. Aquí se usa un común denominador:

$$\lim_{x\to 1^+}\left(\frac{1}{\ln x} - \frac{1}{x-1}\right) = \lim_{x\to 1^+}\frac{x - 1 - \ln x}{(x-1)\ln x}$$

Tanto el numerador como el denominador tienen un límite igual a 0, por lo que la regla de L'Hôpital es aplicable, lo que da

$$\lim_{x\to 1^+}\frac{x - 1 - \ln x}{(x-1)\ln x} = \lim_{x\to 1^+}\frac{1 - \dfrac{1}{x}}{(x-1)\cdot\dfrac{1}{x} + \ln x} = \lim_{x\to 1^+}\frac{x-1}{x - 1 + x\ln x}$$

De nuevo se tiene un límite indeterminado del tipo $\frac{0}{0}$, por lo que se aplica de nuevo la regla de L'Hôpital

$$\lim_{x\to 1^+}\frac{x-1}{x-1+x\ln x} = \lim_{x\to 1^+}\frac{1}{1 + x\cdot\dfrac{1}{x} + \ln x}$$

$$= \lim_{x\to 1^+}\frac{1}{2 + \ln x} = \frac{1}{2}$$ ■

EJEMPLO 8 Calcule $\lim_{x\to\infty}(e^x - x)$.

SOLUCIÓN Esta es una diferencia indeterminada porque tanto e^x como x tienden a infinito. Se espera que el límite sea infinito porque $e^x \to \infty$ mucho más rápido que x. Pero se puede verificar esto al factorizar x:

$$e^x - x = x\left(\frac{e^x}{x} - 1\right)$$

El término $e^x/x \to \infty$ cuando $x \to \infty$ por la regla de L'Hôpital y así ahora se tiene un producto en el cual crecen mucho ambos factores:

$$\lim_{x\to\infty}(e^x - x) = \lim_{x\to\infty}\left[x\left(\frac{e^x}{x} - 1\right)\right] = \infty$$ ■

Potencias indeterminadas

Hay varias formas indeterminadas que surgen del límite

$$\lim_{x \to a} = [f(x)]^{g(x)}$$

1. $\lim_{x \to a} f(x) = 0$ y $\lim_{x \to a} g(x) = 0$ tipo 0^0
2. $\lim_{x \to a} f(x) = \infty$ y $\lim_{x \to a} g(x) = 0$ tipo ∞^0
3. $\lim_{x \to a} f(x) = 1$ y $\lim_{x \to a} g(x) = \pm\infty$ tipo 1^∞

Aunque las formas de los tipos 0^0, ∞^0 y 1^∞ están indeterminadas, la forma 0^∞ no está indeterminada. (Véase el ejercicio 86.)

Cada uno de estos tres casos se puede tratar ya sea tomando el logaritmo natural:

$$\text{sea } y = [f(x)]^{g(x)}, \quad \text{entonces} \quad \ln y = g(x) \ln f(x)$$

o expresando la función como una exponencial:

$$[f(x)]^{g(x)} = e^{g(x) \ln f(x)}$$

(Recuerde que ambos métodos fueron utilizados en la derivada de estas funciones.) Cualquiera de los métodos conduce al producto indeterminado $g(x)\ln f(x)$, que es del tipo $0 \cdot \infty$.

EJEMPLO 9 Calcule $\lim_{x \to 0+} (1 + \operatorname{sen} 4x)^{\cot x}$.

SOLUCIÓN Primero observe que cuando $x \to 0^+$, se tiene $1 + \operatorname{sen} 4x \to 1$ y $\cot x \to \infty$, por lo que el límite dado está indeterminado (tipo 1^∞). Sea

$$y = (1 + \operatorname{sen} 4x)^{\cot x}$$

Entonces $\ln y = \ln[(1 + \operatorname{sen} 4x)^{\cot x}] = \cot x \ln(1 + \operatorname{sen} 4x) = \dfrac{\ln(1 + \operatorname{sen} 4x)}{\tan x}$

por lo que la regla de L'Hôpital da

$$\lim_{x \to 0^+} \ln y = \lim_{x \to 0^+} \frac{\ln(1 + \operatorname{sen} 4x)}{\tan x} = \lim_{x \to 0^+} \frac{\dfrac{4 \cos 4x}{1 + \operatorname{sen} 4x}}{\sec^2 x} = 4$$

Hasta ahora se ha calculado el límite de $\ln y$, pero lo que se quiere es el límite de y. Para encontrar este límite, se utiliza el hecho de que $y = e^{\ln y}$:

$$\lim_{x \to 0^+} (1 + \operatorname{sen} 4x)^{\cot x} = \lim_{x \to 0^+} y = \lim_{x \to 0^+} e^{\ln y} = e^4$$ ■

En la figura 6 se muestra la gráfica de la función $y = x^x$, $x > 0$. Observe que, aunque 0^0 no está definido, los valores de la función tienden a 1 cuando $x \to 0^+$. Esto confirma el resultado del ejemplo 10.

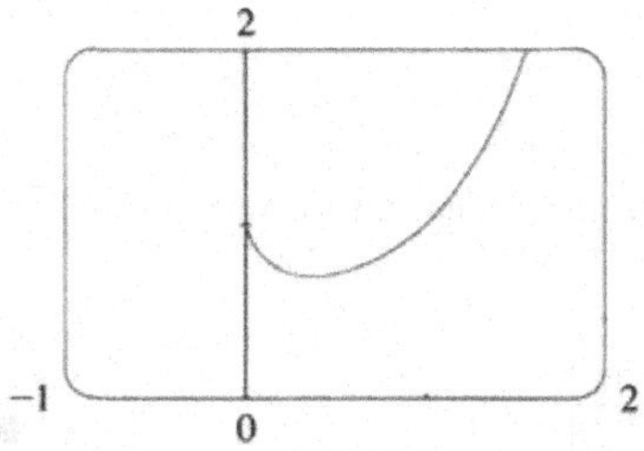

FIGURA 6

EJEMPLO 10 Determine $\lim_{x \to 0+} x^x$.

SOLUCIÓN Observe que este límite está indeterminado ya que $0^x - 0$ para cualquier $x > 0$ pero $x^0 = 1$ para cualquier $x \neq 0$. (Recuerde que 0^0 está indefinido.) Se puede proceder como en el ejemplo 9 o escribir la función como una exponencial:

$$x^x = (e^{\ln x})^x = e^{x \ln x}$$

En el ejemplo 6 se utiliza la regla de L'Hôpital para demostrar que

$$\lim_{x \to 0^+} x \ln x = 0$$

Por tanto

$$\lim_{x\to 0^+} x^x = \lim_{x\to 0^+} e^{x\ln x} = e^0 = 1$$ ■

4.4 EJERCICIOS

1–4 Dado que

$$\lim_{x\to a} f(x) = 0 \qquad \lim_{x\to a} g(x) = 0 \qquad \lim_{x\to a} h(x) = 1$$

$$\lim_{x\to a} p(x) = \infty \qquad \lim_{x\to a} q(x) = \infty$$

¿cuáles de los límites siguientes son formas indeterminadas? Para aquellos que no tienen forma indeterminada, evalúe el límite donde sea posible.

1. (a) $\lim_{x\to a} \dfrac{f(x)}{g(x)}$ (b) $\lim_{x\to a} \dfrac{f(x)}{p(x)}$

(c) $\lim_{x\to a} \dfrac{h(x)}{p(x)}$ (d) $\lim_{x\to a} \dfrac{p(x)}{f(x)}$

(e) $\lim_{x\to a} \dfrac{p(x)}{q(x)}$

2. (a) $\lim_{x\to a} [f(x)p(x)]$ (b) $\lim_{x\to a} [h(x)p(x)]$

(c) $\lim_{x\to a} [p(x)q(x)]$

3. (a) $\lim_{x\to a} [f(x) - p(x)]$ (b) $\lim_{x\to a} [p(x) - q(x)]$

(c) $\lim_{x\to a} [p(x) + q(x)]$

4. (a) $\lim_{x\to a} [f(x)]^{g(x)}$ (b) $\lim_{x\to a} [f(x)]^{p(x)}$

(c) $\lim_{x\to a} [h(x)]^{p(x)}$ (d) $\lim_{x\to a} [p(x)]^{f(x)}$

(e) $\lim_{x\to a} [p(x)]^{q(x)}$ (f) $\lim_{x\to a} \sqrt[q(x)]{p(x)}$

5–6 Utilice las gráficas de f y g y sus rectas tangentes en (2, 0) para encontrar $\lim_{x\to 2} \dfrac{f(x)}{g(x)}$.

5.

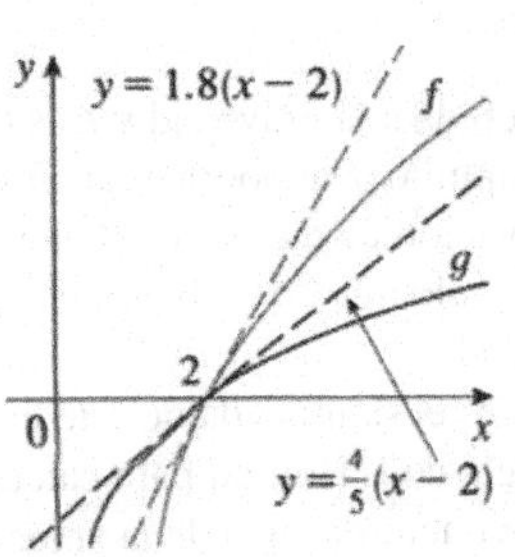

6.

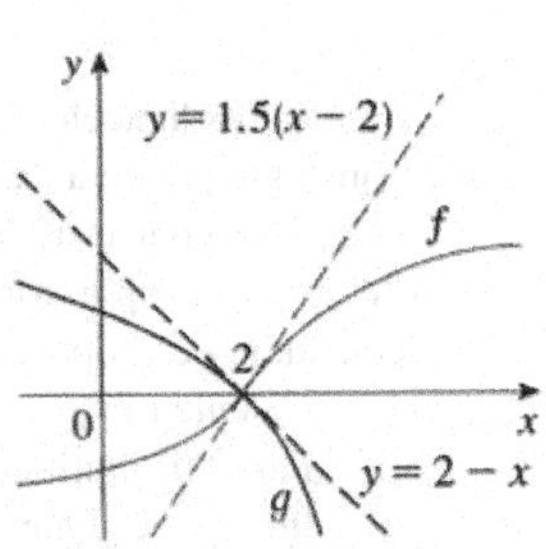

7. Se muestran la gráfica de una función f y su recta tangente en 0. ¿Cuál es el valor de $\lim_{x\to 0} \dfrac{f(x)}{e^x - 1}$?

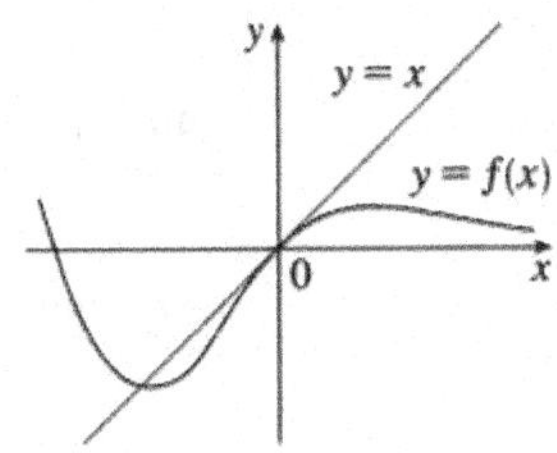

8–68 Encuentre el límite. Utilice la regla de L'Hôpital donde sea apropiado. Si existe un método más elemental, considere la posibilidad de usarlo. Si no aplica la regla de L'Hôpital, explique por qué.

8. $\lim_{x\to 3} \dfrac{x-3}{x^2-9}$

9. $\lim_{x\to 4} \dfrac{x^2-2x-8}{x-4}$

10. $\lim_{x\to -2} \dfrac{x^3+8}{x+2}$

11. $\lim_{x\to 1} \dfrac{x^3-2x^2+1}{x^3-1}$

12. $\lim_{x\to 1/2} \dfrac{6x^2+5x-4}{4x^2+16x-9}$

13. $\lim_{x\to(\pi/2)^+} \dfrac{\cos x}{1-\operatorname{sen} x}$

14. $\lim_{x\to 0} \dfrac{\tan 3x}{\operatorname{sen} 2x}$

15. $\lim_{t\to 0} \dfrac{e^{2t}-1}{\operatorname{sen} t}$

16. $\lim_{\theta\to\pi/2} \dfrac{1-\operatorname{sen}\theta}{\csc\theta}$

17. $\lim_{\theta\to\pi/2} \dfrac{1-\operatorname{sen}\theta}{1+\cos 2\theta}$

18. $\lim_{\theta\to\pi} \dfrac{1+\cos\theta}{1-\cos\theta}$

19. $\lim_{x\to\infty} \dfrac{\ln x}{\sqrt{x}}$

20. $\lim_{x\to 1} \dfrac{\ln x}{\operatorname{sen}\pi x}$

21. $\lim_{x\to 0^+} \dfrac{\ln x}{x}$

22. $\lim_{x\to\infty} \dfrac{\ln\ln x}{x}$

23. $\lim_{t\to 1} \dfrac{t^8-1}{t^5-1}$

24. $\lim_{t\to 0} \dfrac{8^t-5^t}{t}$

25. $\lim_{x\to 0} \dfrac{\sqrt{1+2x}-\sqrt{1-4x}}{x}$

26. $\lim_{u\to\infty} \dfrac{e^{u/10}}{u^3}$

27. $\lim_{x\to 0} \dfrac{e^x-1-x}{x^2}$

28. $\lim_{x\to 0} \dfrac{\operatorname{senh} x - x}{x^3}$

29. $\lim\limits_{x\to 0} \dfrac{\tanh x}{\tan x}$

30. $\lim\limits_{x\to 0} \dfrac{x - \operatorname{sen} x}{x - \tan x}$

31. $\lim\limits_{x\to 0} \dfrac{\operatorname{sen}^{-1}x}{x}$

32. $\lim\limits_{x\to \infty} \dfrac{(\ln x)^2}{x}$

33. $\lim\limits_{x\to 0} \dfrac{x3^x}{3^x - 1}$

34. $\lim\limits_{x\to 0} \dfrac{\cos mx - \cos nx}{x^2}$

35. $\lim\limits_{x\to 0} \dfrac{x + \operatorname{sen} x}{x + \cos x}$

36. $\lim\limits_{x\to 1} \dfrac{x \operatorname{sen}(x - 1)}{2x^2 - x - 1}$

37. $\lim\limits_{x\to 0^+} \dfrac{\arctan(2x)}{\ln x}$

38. $\lim\limits_{x\to 0} \dfrac{x}{\tan^{-1}(4x)}$

39. $\lim\limits_{x\to 1} \dfrac{x^a - 1}{x^b - 1}$, $b \neq 0$

40. $\lim\limits_{x\to 0} \dfrac{e^x - e^{-x} - 2x}{x - \operatorname{sen} x}$

41. $\lim\limits_{x\to 1} \dfrac{x^a - ax + a - 1}{(x - 1)^2}$

42. $\lim\limits_{x\to a^+} \dfrac{\cos x \ln(x - a)}{\ln(e^x - e^a)}$

43. $\lim\limits_{x\to 0} \cot 2x \operatorname{sen} 6x$

44. $\lim\limits_{x\to 0^+} \operatorname{sen} x \ln x$

45. $\lim\limits_{x\to 0} \operatorname{sen} 5x \csc 3x$

46 $\lim\limits_{x\to -\infty} x \ln\left(1 - \dfrac{1}{x}\right)$

47. $\lim\limits_{x\to \infty} x^3 e^{-x^2}$

48. $\lim\limits_{x\to \infty} x^{3/2} \operatorname{sen}(1/x)$

49. $\lim\limits_{x\to 1^+} \ln x \tan(\pi x/2)$

50. $\lim\limits_{x\to (\pi/2)^-} \cos x \sec 5x$

51. $\lim\limits_{x\to 1} \left(\dfrac{x}{x - 1} - \dfrac{1}{\ln x}\right)$

52. $\lim\limits_{x\to 0} (\csc x - \cot x)$

53. $\lim\limits_{x\to 0^+} \left(\dfrac{1}{x} - \dfrac{1}{e^x - 1}\right)$

54. $\lim\limits_{x\to 0^+} \left(\dfrac{1}{x} - \dfrac{1}{\tan^{-1} x}\right)$

55. $\lim\limits_{x\to \infty} (x - \ln x)$

56. $\lim\limits_{x\to 1^+} [\ln(x^7 - 1) - \ln(x^5 - 1)]$

57. $\lim\limits_{x\to 0^+} x^{\sqrt{x}}$

58. $\lim\limits_{x\to 0^+} (\tan 2x)^x$

59. $\lim\limits_{x\to 0} (1 - 2x)^{1/x}$

60. $\lim\limits_{x\to \infty} \left(1 + \dfrac{a}{x}\right)^{bx}$

61. $\lim\limits_{x\to 1^+} x^{1/(1-x)}$

62. $\lim\limits_{x\to \infty} x^{(\ln 2)/(1 + \ln x)}$

63. $\lim\limits_{x\to \infty} x^{1/x}$

64. $\lim\limits_{x\to \infty} x^{e^{-x}}$

65. $\lim\limits_{x\to 0^+} (4x + 1)^{\cot x}$

66. $\lim\limits_{x\to 1} (2 - x)^{\tan(\pi x/2)}$

67. $\lim\limits_{x\to 0^+} (1 + \operatorname{sen} 3x)^{1/x}$

68. $\lim\limits_{x\to \infty} \left(\dfrac{2x - 3}{2x + 5}\right)^{2x+1}$

69–70 Utilice una gráfica para estimar el valor del límite. Después utilice la regla de L'Hôpital para encontrar el valor exacto.

69. $\lim\limits_{x\to \infty} \left(1 + \dfrac{2}{x}\right)^x$

70. $\lim\limits_{x\to 0} \dfrac{5^x - 4^x}{3^x - 2^x}$

71–72 Ilustre la regla de L'Hôpital trazando la gráfica de $f(x)/g(x)$ y $f'(x)/g'(x)$ cerca de $x = 0$ para ver que estas razones tienen el mismo límite cuando $x \to 0$. También, calcule el valor exacto del límite.

71. $f(x) = e^x - 1$, $g(x) = x^3 + 4x$

72. $f(x) = 2x \operatorname{sen} x$, $g(x) = \sec x - 1$

73. Demuestre que

$$\lim_{x\to \infty} \frac{e^x}{x^n} = \infty$$

para cualquier entero positivo n. Esto demuestra que la función exponencial tiende al infinito más rápido que cualquier potencia de x.

74. Demuestre que

$$\lim_{x\to \infty} \frac{\ln x}{x^p} = 0$$

para cualquier número $p > 0$. Esto demuestra que la función logarítmica tiende a infinito más lentamente que cualquier potencia de x.

75–76 ¿Qué sucede si intenta usted utilizar la regla del L'Hôpital para obtener el límite? Evalúe el límite utilizando cualquier otro método.

75. $\lim\limits_{x\to \infty} \dfrac{x}{\sqrt{x^2 + 1}}$

76. $\lim\limits_{x\to (\pi/2)^-} \dfrac{\sec x}{\tan x}$

77. Investigue la familia de curvas $f(x) = e^x - cx$. En particular, encuentre los límites cuando $x \to \pm\infty$ y determine los valores de c para los cuales f tiene un mínimo absoluto. ¿Qué pasa con los puntos mínimos conforme c crece?

78. Si un objeto con masa m se deja caer a partir del reposo, un modelo para su rapidez v después de t segundos, que considera la resistencia del aire es

$$v = \frac{mg}{c}(1 - e^{-ct/m})$$

donde g es la aceleración debida a la gravedad y c es una constante positiva. (En el capítulo 9 se podrá deducir esta ecuación a partir de la suposición de que la resistencia del aire es proporcional a la velocidad del objeto, c es la constante de proporcionalidad.)

(a) Calcule $\lim_{t\to\infty} v$. ¿Cuál es el significado de este límite?

(b) Para t fijo, utilice la regla de L'Hôpital para calcular $\lim_{c\to 0^+} v$. ¿Qué puede concluir acerca de la velocidad de un objeto que cae en el vacío?

79. Si una cantidad inicial A_0 de dinero es invertida a una tasa de interés r compuesto n veces al año, el valor de la inversión después de t años es

$$A = A_0\left(1 + \frac{r}{n}\right)^{nt}$$

Si se define que $n \to \infty$, se refiere a la *composición continua* de interés. Utilice la regla de L'Hôpital para demostrar que si el interés es compuesto continuamente, entonces la cantidad después de t años es

$$A = A_0 e^{rt}$$

80. Entra luz en el ojo a través de la pupila y pega en la retina, donde células fotorreceptoras perciben la luz y el color. W. Stanley Stiles y B. H. Crawford estudiaron el fenómeno en el que la medida de la brillantez disminuye cuando entra luz más alejada del centro de la pupila. (Véase la figura).

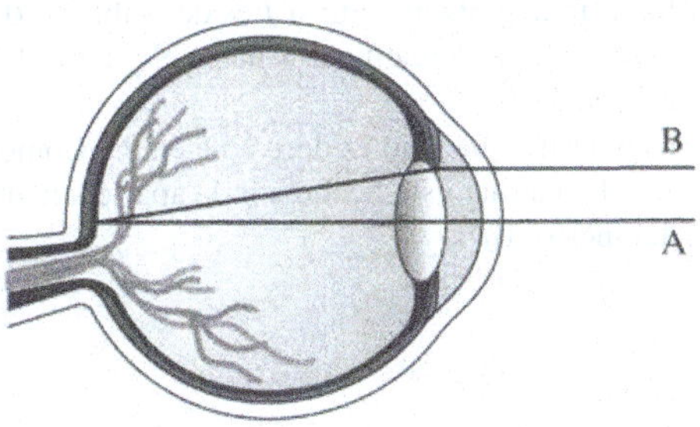

Un haz de luz A que entra por el centro de pupila mide más brillantez que un rayo B que entra cerca del extremo de la pupila.

En un importante artículo publicado en 1933 se detallan los resultados de este fenómeno, conocido como el *efecto Stiles-Crawford de primera clase*. En particular, observaron que la cantidad de luminosidad detectada *no* es proporcional al área de la pupila como esperaban. El porcentaje P de luminosidad total que entra en una pupila de radio r mm que se detecta en la retina se puede describir mediante

$$P = \frac{1 - 10^{-\rho r^2}}{\rho r^2 \ln 10}$$

donde ρ es una constante determinada de forma experimental, normalmente de 0.05.

(a) ¿Cuál es el porcentaje de luminosidad captada por una pupila de radio 3 mm? Utilice $\rho = 0.05$.
(b) Calcule el porcentaje de luminosidad captada por una pupila de radio 2 mm. ¿Tiene sentido que sea mayor que la respuesta del inciso (a)?
(c) Calcule $\lim_{x \to 0^+} P$. ¿Es el resultado que esperaría? ¿Es físicamente posible este resultado?

Fuente: Adaptado de W. Stiles and B. Crawford, "The Luminous Efficiency of Rays Entering the Eye Pupil at Different Points." *Proceedings of the Royal Society of London, Series B: Biological Sciences* 112 (1933): 428–450.

81. Algunas poblaciones al inicio crecen exponencialmente pero al final se nivelan. Ecuaciones de la forma

$$P(t) = \frac{M}{1 + Ae^{-kt}}$$

donde M, A, y k son constantes positivas, se llaman *ecuaciones logísticas* y se utilizan con frecuencia para modelar dichas poblaciones. (En el capítulo 9 se investiga con detalle.) Aquí M se llama la *capacidad de carga* y representa el tamaño de la población máxima que se puede soportar, y $A = \dfrac{M - P_0}{P_0}$, donde P_0 es la población inicial.

(a) Calcule $\lim_{t \to \infty} P(t)$. Explique por qué su respuesta es la esperada.
(b) Calcule $\lim_{M \to \infty} P(t)$. (Observe que A se define en términos de M). ¿Qué tipo de función es su resultado?

82. Un cable metálico tiene radio r y está cubierto por un aislante, por lo que la distancia desde el centro del cable hasta el exterior del aislante es R. La velocidad v de un impulso eléctrico en el cable es

$$v = -c\left(\frac{r}{R}\right)^2 \ln\left(\frac{r}{R}\right)$$

donde c es una constante positiva. Encuentre los límites siguientes e interprete sus respuestas.

(a) $\lim_{R \to r^+} v$ (b) $\lim_{r \to 0^+} v$

83. La primera aparición impresa de la regla de L'Hôpital fue en el libro *Analyse des Infiniment Petits* publicado en 1696 por el Marqués de L'Hôpital. Este texto fue el primer libro de cálculo publicado, y el ejemplo que utiliza el Marqués en ese libro, para ilustrar esta regla, fue encontrar el límite de la función

$$y = \frac{\sqrt{2a^3x - x^4} - a\sqrt[3]{aax}}{a - \sqrt[4]{ax^3}}$$

cuando x tiende a a, donde $a > 0$. (En aquel tiempo era común escribir aa en vez de a^2.) Resuelva este problema.

84. La figura muestra un sector de un círculo con ángulo central θ. Sea $A(\theta)$ el área del segmento entre la cuerda PR y el arco PR. Sea $B(\theta)$ el área del triángulo PQR. Encuentre el $\lim_{\theta \to 0^+} A(\theta)/B(\theta)$

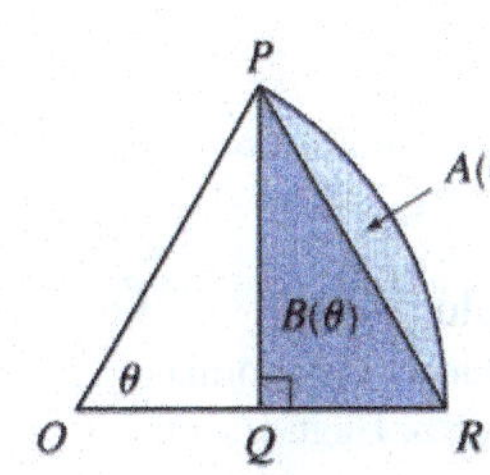

85. Evalúe

$$\lim_{x \to \infty} \left[x - x^2 \ln\left(\frac{1 + x}{x}\right)\right].$$

86. Suponga que f es una función positiva. Si $\lim_{x\to a} f(x) = 0$ y $\lim_{x\to a} g(x) = \infty$, demuestre que

$$\lim_{x\to a} [f(x)]^{g(x)} = 0$$

Esto demuestra que 0^∞ no es una forma indeterminada.

87. Si f' es continua, $f(2) = 0$ y $f'(2) = 7$, evalúe

$$\lim_{x\to 0} \frac{f(2 + 3x) + f(2 + 5x)}{x}$$

88. ¿Para qué valores de a y b es verdadera la ecuación siguiente?

$$\lim_{x\to 0} \left(\frac{\text{sen } 2x}{x^3} + a + \frac{b}{x^2}\right) = 0$$

89. Si f' es continua, utilice la regla de L'Hôpital para demostrar que

$$\lim_{h\to 0} \frac{f(x + h) - f(x - h)}{2h} = f'(x)$$

Explique el significado de esta ecuación con la ayuda de un diagrama.

90. Si f'' es continua, demuestre que

$$\lim_{h\to 0} \frac{f(x + h) - 2f(x) + f(x - h)}{h^2} = f''(x)$$

91. Sea

$$f(x) = \begin{cases} e^{-1/x^2} & \text{si } x \neq 0 \\ 0 & \text{si } x = 0 \end{cases}$$

(a) Utilice la definición de derivada para obtener $f'(0)$.

(b) Demuestre que f tiene derivadas de todos los órdenes que están definidas sobre $\mathbb{R}$. [*Sugerencia:* primero demuestre por inducción que existe una función polinomial $p_n(x)$ y un entero no negativo k_n tal que $f^{(n)}(x) = p_n(x)f(x)/x^{k_n}$ para $x \neq 0$.]

92. Sea

$$f(x) = \begin{cases} |x|^x & \text{si } x \neq 0 \\ 1 & \text{si } x = 0 \end{cases}$$

(a) Demuestre que f es continua en $x = 0$.

(b) Investigue gráficamente si f es derivable en 0 haciendo varias veces acercamientos hacia el punto (0, 1) de la gráfica de f.

(c) Demuestre que f no es derivable en 0. ¿Cómo puede usted conciliar este hecho con la apariencia de la gráfica del inciso (b)?

PROYECTO DE REDACCIÓN LOS ORÍGENES DE LA REGLA DE L'HÔPITAL

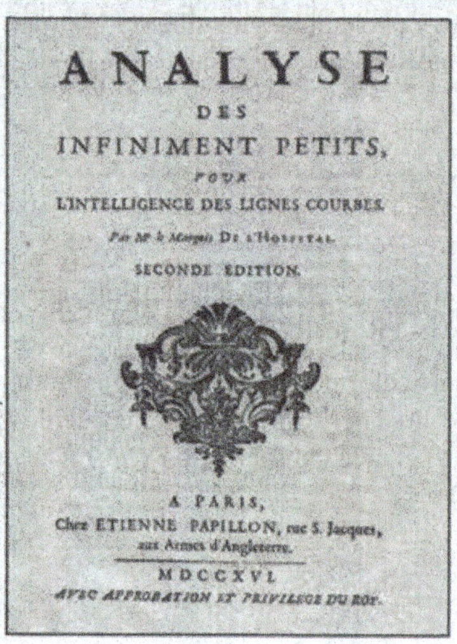

Thomas Fisher Rare Book Library

La regla de L'Hôpital se publicó por primera vez en 1696, en el libro de texto del marqués de L'Hôpital, *Analyse des Infiniment Petits*, pero la regla fue descubierta en 1694 por el matemático suizo John (Johann) Bernoulli. La explicación es que ambos habían entrado en un curioso arreglo de negocios por medio del cual el Marqués de L'Hôpital compró los derechos de los descubrimientos matemáticos de Bernoulli. Los detalles, incluso una traducción de la carta de L'Hôpital a Bernoulli en la que propone el arreglo, se pueden encontrar en el libro escrito por Eves [1].

Escriba un informe sobre los orígenes históricos y matemáticos de la regla de L'Hôpital. Empiece por dar breves detalles biográficos de los dos hombres (el diccionario editado por Gillispie [2] es una buena fuente) y describa el trato negociado entre ellos. Luego mencione el enunciado de la regla de L'Hôpital, que se encuentra en el libro fuente de Struik [4] y, más sintéticamente, en el libro de Katz [3]. Observe que L'Hôpital y Bernoulli formularon la regla geométricamente y dieron la respuesta en términos de diferenciales. Compare el enunciado de ellos con la versión de la regla de L'Hôpital que se dio en la sección 4.4 y demuestre que los dos enunciados son esencialmente los mismos.

1. Howard Eves, *In Mathematical Circles (Volume 2: Quadrants III and IV)* (Boston: Prindle, Weber and Schmidt, 1969), pp. 20-22.
2. C. C. Gillispie, ed., *Dictionary of Scientific Biography* (Nueva York: Scribner's, 1974). Véase el artículo sobre Johann Bernoulli, por E. A. Fellmann y J. O. Fleckenstein, en el volumen II y el artículo sobre el Marqués de L'Hôpital, por Abraham Robinson, en el volumen VIII.
3. Victor Katz, *A History of Mathematics: An Introduction* (Nueva York: HarperCollins, 1993), pp. 484.
4. D. J. Struik, ed., *A Sourcebook in Mathematics, 1200-1800* (Princeton, NJ: Princeton University Press, 1969), pp. 315-316.

www.stewartcalculus.com

El Internet es otra fuente de información para este proyecto. Haga clic en *History of Mathematics* para obtener una lista confiable de sitios web.

4.5 Resumen para el trazo de curvas

Hasta este momento solo se ha centrado el interés en algunos aspectos particulares del trazo de curvas: dominio, rango y simetría en el capítulo 1; límites, continuidad y asíntotas en el capítulo 2; derivadas y rectas tangentes en los capítulos 2 y 3, y valores extremos, intervalos de crecimiento y decrecimiento, concavidad, puntos de inflexión y regla de L'Hôpital en este capítulo. Ahora es tiempo de reunir toda esta información relacionada con el trazo de gráficas, que revela las características importantes de las funciones.

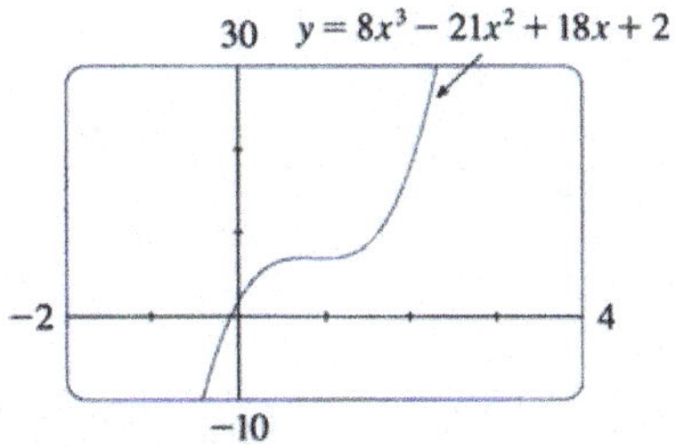

FIGURA 1

Usted podría preguntar: ¿por qué no usar solo una calculadora o computadora para trazar una curva? ¿Por qué es necesario aplicar el cálculo?

Es cierto que los instrumentos modernos son capaces de generar gráficas muy exactas. Pero aun el mejor instrumento para graficar se tiene que utilizar en forma inteligente. Es fácil llegar a una gráfica engañosa o perder detalles importantes de una curva, cuando se depende únicamente de la tecnología. (Véase "Graphing Calculators and Computers" en *www.stewartcalculus.com*, especialmente los ejemplos 1, 3, 4 y 5. Véase también sección 4.6.) La aplicación del cálculo permite descubrir los aspectos más interesantes de las gráficas y, en muchos casos, calcular *exactamente* los puntos máximos y mínimos y los puntos de inflexión, y no solo en forma aproximada.

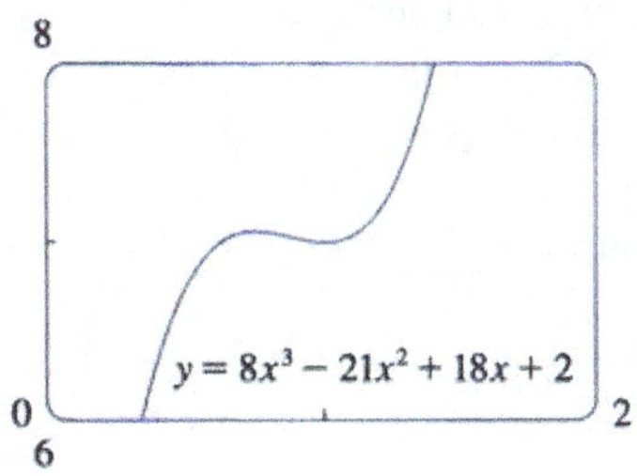

FIGURA 2

Por ejemplo, en la figura 1 se presenta la gráfica de $f(x) = 8x^3 - 21x^2 + 18x + 2$. A primera vista parece razonable esperar que la gráfica tenga la misma forma que las curvas cúbicas como $y = x^3$, y parece no tener máximo ni mínimo. Pero si calcula la derivada, se dará cuenta de que hay un máximo cuando $x = 0.75$ y un mínimo cuando $x = 1$. En efecto, si se hace un acercamiento a esta parte de la gráfica, se ve el comportamiento que se ilustra en la figura 2. Sin la herramienta del cálculo, podría fácilmente pasarlas por alto.

En la sección siguiente se elabora la gráfica de funciones recurriendo a la interacción del cálculo y los instrumentos para graficar. En esta sección dibujará gráficas considerando la información siguiente. Se supone que no tiene instrumentos para graficar, pero si usted cuenta con uno, solo utilícelo para verificar su trabajo.

■ Guía para el trazo de curvas

En la lista siguiente se intenta proponer directrices que sirvan de guía para dibujar una curva $y = f(x)$ a mano. No todos los elementos de la lista son relevantes para cada función. (Por ejemplo, una curva dada puede no tener una asíntota o poseer simetría.) Pero las directrices proporcionan toda la información que usted necesita para hacer un trazo que muestre los aspectos más importantes de la función.

A. Dominio A menudo resulta útil comenzar por determinar el dominio D de f, es decir, el conjunto de valores de x para los cuales $f(x)$ está definida.

B. Intersección La intersección en y es $f(0)$ y esto indica dónde la curva cruza con el eje y. Para encontrar las intersecciones con el eje x, se hace $y = 0$ y se resuelve para x. (Se puede omitir este paso si la ecuación es difícil de resolver.)

C. Simetría

(i) Si $f(-x) = f(x)$ para toda x en D, es decir, la ecuación de la curva no se modifica cuando x se sustituye por $-x$, entonces f es una **función par** y la curva es simétrica respecto al eje y. Esto significa que este trabajo se reduce a la mitad. Si se conoce la parte de la curva donde $x \geqslant 0$, entonces solo se necesita reflejar respecto al eje y para obtener la curva completa [véase la figura 3(a)]. Algunos ejemplos son $y = x^2$, $y = x^4$, $y = |x|$ y $y = \cos x$.

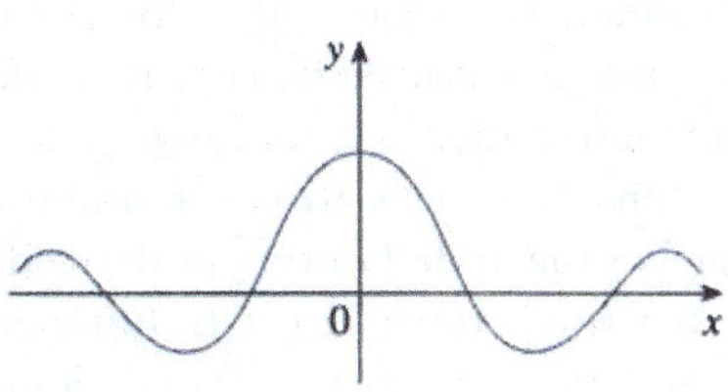

(a) Función par: simetría por reflexión

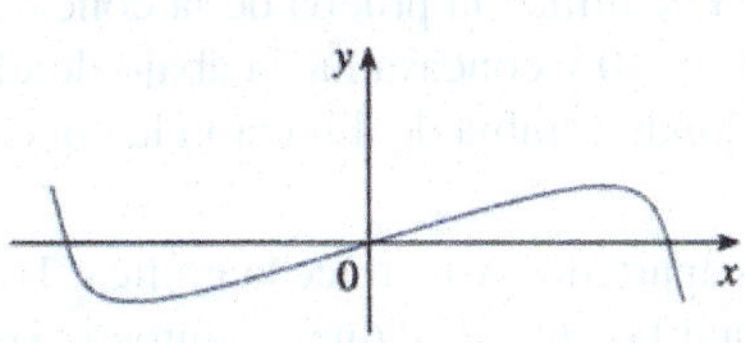

(b) Función impar: simetría por rotación

FIGURA 3

(ii) Si $f(-x) = -f(x)$ para todo x en D, entonces f es una **función impar** y la curva es simétrica respecto al origen. Una vez más, se puede obtener la curva completa si se conoce la parte de la curva donde $x \geqslant 0$. [Gire 180° alrededor del origen; véase la figura 3(b)]. Algunos ejemplos simples de funciones impares son $y = x$, $y = x^3$, $y = x^5$ y $y = \operatorname{sen} x$.

(iii) Si $f(x + p) = f(x)$ para toda x en D, donde p es una constante positiva, entonces f se llama **función periódica** y el número p más pequeño se llama **período**. Por ejemplo, $y =$ sen x tiene período 2π y $y = \tan x$ tiene período π. Si se sabe cómo es la gráfica en un intervalo de longitud p, entonces se puede utilizar una traslación para trazar toda la gráfica (véase la figura 4).

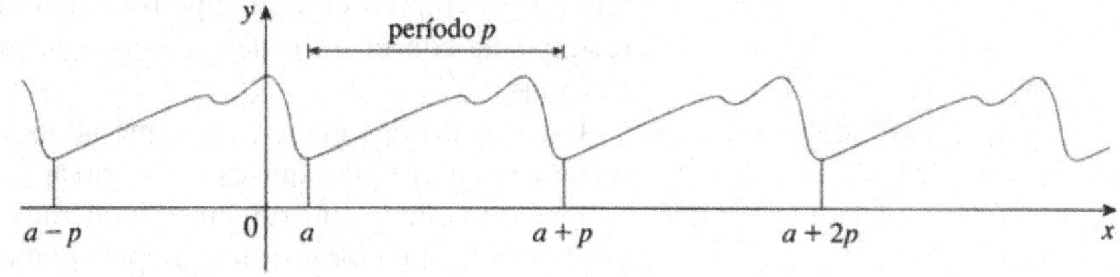

FIGURA 4
Función periódica: simetría traslacional

D. Asíntotas

(i) *Asíntotas horizontales*. Recuerde de la sección 2.6 que si $\lim_{x\to\infty} f(x) = L$ o $\lim_{x\to-\infty} f(x) = L$, entonces la recta $y = L$ es una asíntota horizontal de la curva $y = f(x)$. Si resulta que $\lim_{x\to\infty} f(x) = \infty$ (o $-\infty$), entonces no se tiene una asíntota a la derecha, pero sigue siendo información útil para trazar la curva.

(ii) *Asíntotas verticales*. Recuerde de la sección 2.2 que la recta $x = a$ es una asíntota vertical si al menos uno de los enunciados siguientes es verdadero:

1
$$\lim_{x\to a^+} f(x) = \infty \qquad \lim_{x\to a^-} f(x) = \infty$$
$$\lim_{x\to a^+} f(x) = -\infty \qquad \lim_{x\to a^-} f(x) = -\infty$$

(Para funciones racionales puede usted localizar las asíntotas verticales igualando el denominador a 0 después de eliminar los factores comunes. Pero para otras funciones no se aplica este método.) Además, en el trazo de la curva es muy útil saber exactamente cuál de los enunciados en (1) es verdadero. Si $f(a)$ no está definida, pero a es un punto final del dominio de f, entonces debe calcular $\lim_{x\to a^-} f(x)$ o $\lim_{x\to a^+} f(x)$, sea este límite infinito o no.

(iii) *Asíntotas inclinadas*. Estas se analizan al final de esta sección.

E. **Intervalos de crecimiento o decrecimiento** Utilice la prueba C/D. Calcule $f'(x)$ y encuentre los intervalos en los que $f'(x)$ es positiva (f es creciente) y los intervalos en los que $f'(x)$ es negativa (f es decreciente).

F. **Valores mínimo y máximo locales** Encuentre los números críticos de f [los números c donde $f'(c) = 0$ o $f'(c)$ no existen]. Después utilice la prueba de la primera derivada. Si f' cambia de positiva a negativa en un número crítico c, entonces $f(c)$ es un máximo local. Si f' cambia de negativa a positiva en c, entonces $f(c)$ es un mínimo local. Aunque es generalmente preferible utilizar la prueba de la primera derivada, puede utilizar la prueba de la segunda derivada si $f'(c) = 0$ y $f''(c) \neq 0$. Entonces $f''(c) > 0$ implica que $f(c)$ es un mínimo local, mientras que $f''(c) < 0$ implica que $f(c)$ es un máximo local.

G. **Concavidad y puntos de inflexión** Calcule $f''(x)$ y utilice la prueba de la concavidad. La curva es cóncava hacia arriba donde $f''(x) > 0$ y cóncava hacia abajo donde $f''(x) < 0$. Los puntos de inflexión se localizan donde cambia de dirección la concavidad.

H. **Trace la curva** Utilizando la información de los apartados A-G, trace la gráfica. Trace las asíntotas como rectas discontinuas. Ubique las intersecciones, puntos máximos y mínimos y puntos de inflexión. Después, haga que la curva pase por estos puntos, creciendo y decreciendo de acuerdo con E, con concavidades de acuerdo con G y acercándose a las asíntotas. Si se desea precisión adicional cerca de cualquier punto, puede calcular el valor de la derivada allí. La recta tangente indica la dirección en que avanza la curva.

EJEMPLO 1 Utilice la guía para trazar la gráfica de $y = \dfrac{2x^2}{x^2 - 1}$.

A. El dominio es

$$\{x \mid x^2 - 1 \neq 0\} = \{x \mid x \neq \pm 1\} = (-\infty, -1) \cup (-1, 1) \cup (1, \infty)$$

B. Las intersecciones en x y en y son, ambas, 0.

C. Ya que $f(-x) = f(x)$, la función f es par. La curva es simétrica respecto al eje y.

D.
$$\lim_{x\to\pm\infty} \frac{2x^2}{x^2 - 1} = \lim_{x\to\pm\infty} \frac{2}{1 - 1/x^2} = 2$$

Por tanto, la recta $y = 2$ es una asíntota horizontal.

Puesto que el denominador es 0 cuando $x = \pm 1$, se obtiene los límites siguientes:

$$\lim_{x\to 1^+} \frac{2x^2}{x^2 - 1} = \infty \qquad \lim_{x\to 1^-} \frac{2x^2}{x^2 - 1} = -\infty$$

$$\lim_{x\to -1^+} \frac{2x^2}{x^2 - 1} = -\infty \qquad \lim_{x\to -1^-} \frac{2x^2}{x^2 - 1} = \infty$$

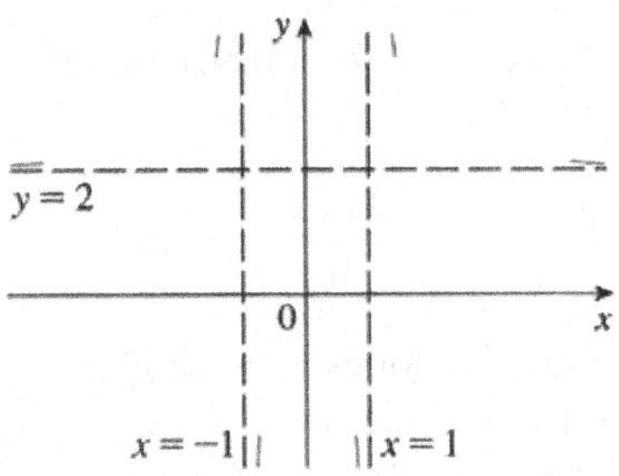

FIGURA 5
Trazo preliminar

Se muestra la curva que se aproxima a su asíntota horizontal desde arriba en la figura 5. Esto se confirma por los intervalos donde crece y decrece.

Por tanto, las rectas $x = 1$ y $x = -1$ son asíntotas verticales. Esta información relacionada con los límites y asíntotas permite dibujar la curva preliminar de la figura 5, que muestra la curva cerca de las asíntotas.

E.
$$f'(x) = \frac{(x^2 - 1)(4x) - 2x^2 \cdot 2x}{(x^2 - 1)^2} = \frac{-4x}{(x^2 - 1)^2}$$

Ya que $f'(x) > 0$ cuando $x < 0$ $(x \neq -1)$ y $f'(x) < 0$ cuando $x > 0$ $(x \neq 1)$, f es creciente en $(-\infty, -1)$ y $(-1, 0)$ y decreciente sobre $(0, 1)$ y $(1, \infty)$.

F. El único número crítico es $x = 0$. Dado que f' cambia de positiva a negativa en 0, $f(0) = 0$ es un máximo local por la prueba de la primera derivada.

G.
$$f''(x) = \frac{(x^2 - 1)^2(-4) + 4x \cdot 2(x^2 - 1)2x}{(x^2 - 1)^4} = \frac{12x^2 + 4}{(x^2 - 1)^3}$$

Puesto que $12x^2 + 4 > 0$ para toda x, se tiene

$$f''(x) > 0 \iff x^2 - 1 > 0 \iff |x| > 1$$

y $f''(x) < 0 \iff |x| < 1$. Así, la curva es cóncava hacia arriba sobre los intervalos $(-\infty, -1)$ y $(1, \infty)$ y cóncava hacia abajo en $(-1, 1)$. No hay puntos de inflexión ya que 1 y -1 no están en el dominio de f.

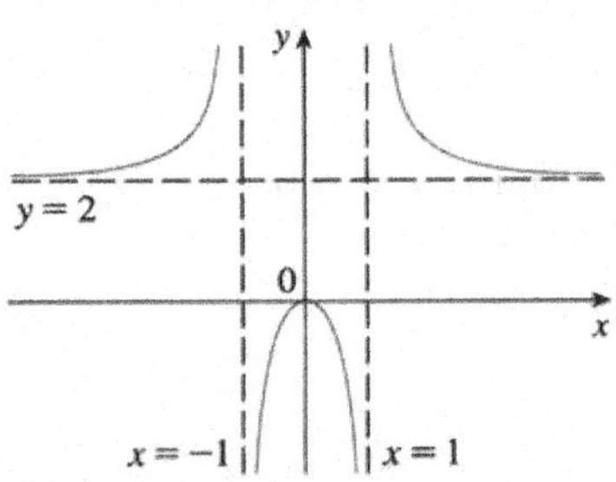

FIGURA 6
Trazo terminado de $y = \dfrac{2x^2}{x^2 - 1}$

H. Utilizando la información de E-G, se termina el trazo de la figura 6. ■

EJEMPLO 2 Trace la gráfica de $f(x) = \dfrac{x^2}{\sqrt{x + 1}}$.

A. Dominio: $\{x \mid x + 1 > 0\} = \{x \mid x > -1\} = (-1, \infty)$

B. Las intersecciones en x y en y son ambas 0.

C. Simetría: ninguna

D. Ya que

$$\lim_{x \to \infty} \frac{x^2}{\sqrt{x+1}} = \infty$$

no hay asíntotas horizontales. Ya que $\sqrt{x+1} \to 0$ cuando $x \to -1^+$ y $f(x)$ es siempre positiva, se tiene

$$\lim_{x \to -1^+} \frac{x^2}{\sqrt{x+1}} = \infty$$

y, por tanto, la recta $x = -1$ es una asíntota vertical.

E. $$f'(x) = \frac{\sqrt{x+1}\,(2x) - x^2 \cdot 1/(2\sqrt{x+1})}{x+1} = \frac{3x^2+4x}{2(x+1)^{3/2}} = \frac{x(3x+4)}{2(x+1)^{3/2}}$$

Se ve que $f'(x) = 0$ cuando $x = 0$ (observe que $-\frac{4}{3}$ no está en el dominio de f), por lo que el único número crítico es $x = 0$. Ya que $f'(x) < 0$ cuando $-1 < x < 0$ y $f'(x) > 0$ cuando $x > 0$, f es decreciente sobre $(-1, 0)$ y decreciente sobre $(0, \infty)$.

F. Puesto que $f'(0) = 0$ y f' cambia de negativa a positiva en 0, $f(0) = 0$ es un mínimo local (y absoluto) por la prueba de la primera derivada.

G. $$f''(x) = \frac{2(x+1)^{3/2}(6x+4) - (3x^2+4x)3(x+1)^{1/2}}{4(x+1)^3} = \frac{3x^2+8x+8}{4(x+1)^{5/2}}$$

Observe que el denominador siempre es positivo. El numerador es la cuadrática $3x^2 + 8x + 8$, que siempre es positiva porque su discriminante es $b^2 - 4ac = -32$, que es negativo, y el coeficiente de x^2 es positivo. Por $f''(x) > 0$ para toda x en el dominio de f, lo que significa que f es cóncava hacia arriba sobre $(-1, \infty)$ y no hay punto de inflexión.

H. El trazo de la curva aparece en la figura 7. ■

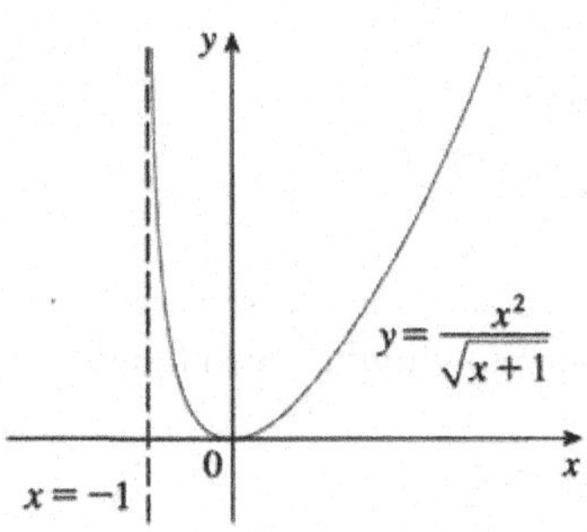

FIGURA 7

EJEMPLO 3 Trace la gráfica de $f(x) = xe^x$.

A. El dominio es $\mathbb{R}$.

B. Las intersecciones en x y en y son ambas 0.

C. Simetría: ninguna.

D. Ya que tanto x como e^x son muy grandes cuando $x \to \infty$, se tiene que $\lim_{x\to\infty} xe^x = \infty$. Sin embargo, a medida que $x \to -\infty$, $e^x \to 0$, por lo que se tiene un producto indeterminado que requiere la regla de L'Hôpital:

$$\lim_{x \to -\infty} xe^x = \lim_{x \to -\infty} \frac{x}{e^{-x}} = \lim_{x \to -\infty} \frac{1}{-e^{-x}} = \lim_{x \to -\infty} (-e^x) = 0$$

Así, el eje x es una asíntota horizontal.

E. $$f'(x) = xe^x + e^x = (x+1)e^x$$

Ya que e^x siempre es positiva, se ve que $f'(x) > 0$ cuando $x + 1 > 0$, y $f'(x) < 0$ cuando $x + 1 < 0$. Por lo que f es creciente sobre $(-1, \infty)$ y decreciente sobre $(-\infty, -1)$.

F. Ya que $f'(-1) = 0$ y f' cambia de negativa a positiva en $x = -1$, $f(-1) = -e^{-1} \approx -0.37$ es un mínimo local (y absoluto).

G. $$f''(x) = (x+1)e^x + e^x = (x+2)e^x$$

Ya que $f''(x) > 0$ si $x > -2$ y $f''(x) < 0$ si $x < -2$, f es cóncava hacia arriba

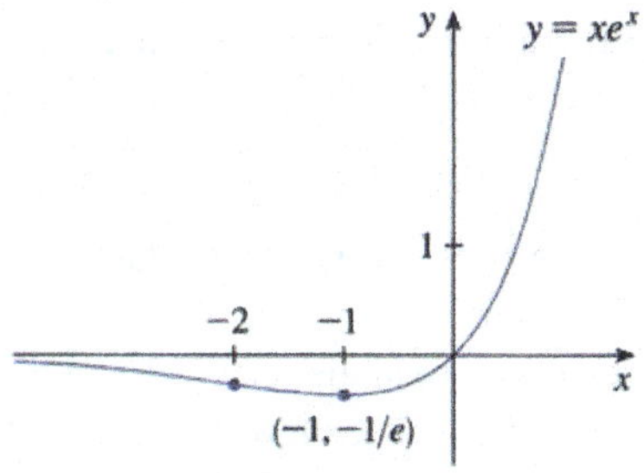

FIGURA 8

en $(-2, \infty)$ y cóncava hacia abajo sobre $(-\infty, -2)$. El punto de inflexión es $(-2, -2e^{-2}) \approx (-2, -0.27)$.

H. Con toda esta información se traza la curva de la figura 8. ■

EJEMPLO 4 Trace la gráfica de $f(x) = \dfrac{\cos x}{2 + \operatorname{sen} x}$.

A. El dominio es $\mathbb{R}$.

B. La intersección en y es $f(0) = \frac{1}{2}$. Las intersecciones en x se localizan donde $\cos x = 0$, esto es, $x = (\pi/2) + n\pi$, donde n es un entero.

C. f no es par ni impar, pero $f(x + 2\pi) = f(x)$ para toda x por lo que f es periódica con período 2π. Así, en lo siguiente, se necesita considerar solo $0 \leqslant x \leqslant 2\pi$ y después extender la curva por traslación en la parte H.

D. Asíntotas: ninguna.

E.
$$f'(x) = \frac{(2 + \operatorname{sen} x)(-\operatorname{sen} x) - \cos x\,(\cos x)}{(2 + \operatorname{sen} x)^2} = -\frac{2 \operatorname{sen} x + 1}{(2 + \operatorname{sen} x)^2}$$

El denominador es siempre positivo, así, $f'(x) > 0$ cuando $2 \operatorname{sen} x + 1 < 0 \iff \operatorname{sen} x < -\frac{1}{2} \iff 7\pi/6 < x < 11\pi/6$. Por tanto, f es creciente en $(7\pi/6, 11\pi/6)$ y decreciente sobre $(0, 7\pi/6)$ y $(11\pi/6, 2\pi)$.

F. Del apartado E y la prueba de la primera derivada, se ve que el valor mínimo local es $f(7\pi/6) = -1/\sqrt{3}$ y el valor máximo local es $f(11\pi/6) = 1/\sqrt{3}$.

G. Si se utiliza la regla del cociente otra vez y se simplifica, se obtiene

$$f''(x) = -\frac{2 \cos x\,(1 - \operatorname{sen} x)}{(2 + \operatorname{sen} x)^3}$$

Debido a que $(2 + \operatorname{sen} x)^3 > 0$ y $1 - \operatorname{sen} x \geqslant 0$ para toda x, se sabe que $f''(x) > 0$ cuando $\cos x < 0$, esto es, $\pi/2 < x < 3\pi/2$. Por lo que f es cóncava hacia arriba en $(\pi/2, 3\,\pi/2)$ y cóncava hacia abajo sobre $(0, \pi/2)$ y $(3\,\pi/2, 2\pi)$. Los puntos de inflexión son $(\pi/2, 0)$ y $(3\pi/2, 0)$.

H. La gráfica de la función restringida a $0 \leqslant x \leqslant 2\pi$ se muestra en la figura 9. Después, se extenderá utilizando la periodicidad, para completar la gráfica de la figura 10.

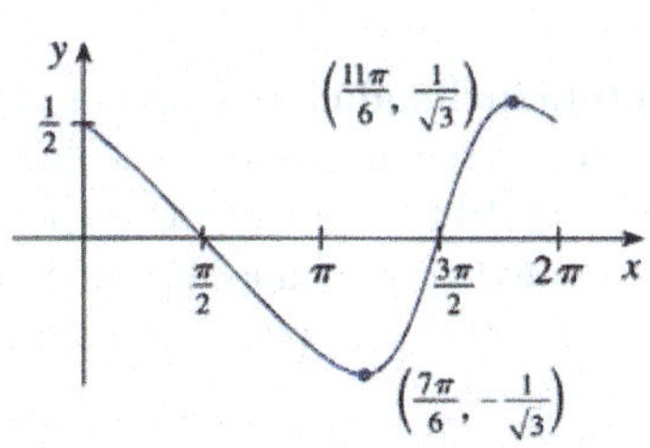

FIGURA 9

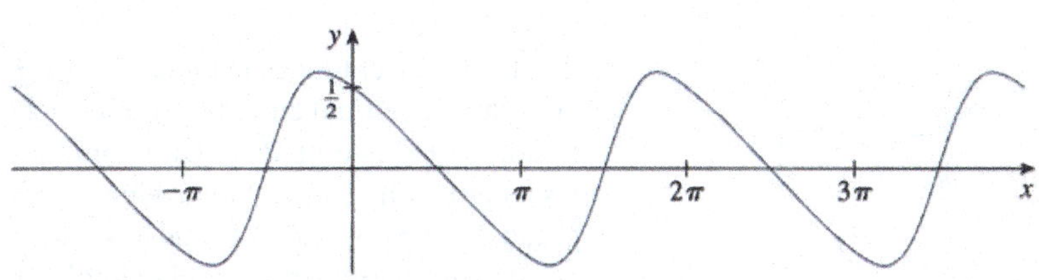

FIGURA 10 ■

EJEMPLO 5 Trace la gráfica de $y = \ln(4 - x^2)$.

A. El dominio es

$$\{x \mid 4 - x^2 > 0\} = \{x \mid x^2 < 4\} = \{x \mid |x| < 2\} = (-2, 2)$$

B. La intersección en y es $f(0) = \ln 4$. Para encontrar la intersección con x, se hace

$$y = \ln(4 - x^2) = 0$$

Se sabe que $\ln 1 = 0$, por lo que se tiene $4 - x^2 = 1 \Rightarrow x^2 = 3$ y, por tanto, las intersecciones en x son $\pm\sqrt{3}$.

C. Ya que $f(-x) = f(x)$, f es par y la curva es simétrica respecto al eje y.

D. Se busca asíntotas verticales en los puntos finales del dominio. Como $4 - x^2 \to 0^+$ cuando $x \to 2^-$ y también a medida que $x \to -2^+$, se tiene

$$\lim_{x\to 2^-} \ln(4 - x^2) = -\infty \qquad \lim_{x\to -2^+} \ln(4 - x^2) = -\infty$$

Por lo que las rectas $x = 2$ y $x = -2$ son asíntotas verticales.

E.
$$f'(x) = \frac{-2x}{4 - x^2}$$

Dado que $f'(x) > 0$ cuando $-2 < x < 0$ y $f'(x) < 0$ cuando $0 < x < 2$, f es creciente en $(-2, 0)$ y decreciente en $(0, 2)$.

F. El único número crítico es $x = 0$. Ya que f' cambia de positiva a negativa en 0, $f(0) = \ln 4$ es un máximo local por la prueba de la primera derivada.

G.
$$f''(x) = \frac{(4 - x^2)(-2) + 2x(-2x)}{(4 - x^2)^2} = \frac{-8 - 2x^2}{(4 - x^2)^2}$$

Ya que $f''(x) < 0$ para toda x, la curva es cóncava hacia abajo sobre $(-2, 2)$ y no tiene punto de inflexión.

H. Con toda esta información, se traza la curva en la figura 11. ■

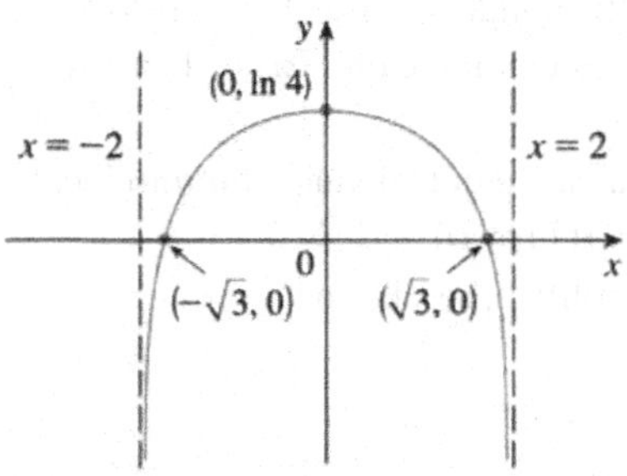

FIGURA 11
$y = \ln(4 - x^2)$

■ Asíntotas inclinadas

Algunas curvas tienen asíntotas que son *oblicuas*, esto es, no son horizontales ni verticales. Si

$$\lim_{x\to\infty} [f(x) - (mx + b)] = 0$$

donde $m \neq 0$, entonces la recta $y = mx + b$ se llama **asíntota inclinada** (oblicua) porque la distancia vertical entre la curva $y = f(x)$ y la recta $y = mx + b$ tiende a cero, como en la figura 12. (Existe una situación similar si se hace $x \to -\infty$.) Para funciones racionales, las asíntotas inclinadas se producen cuando el grado del numerador es uno más que el grado del denominador. En tal caso la ecuación de la asíntota oblicua se puede encontrar por división larga como en el ejemplo siguiente.

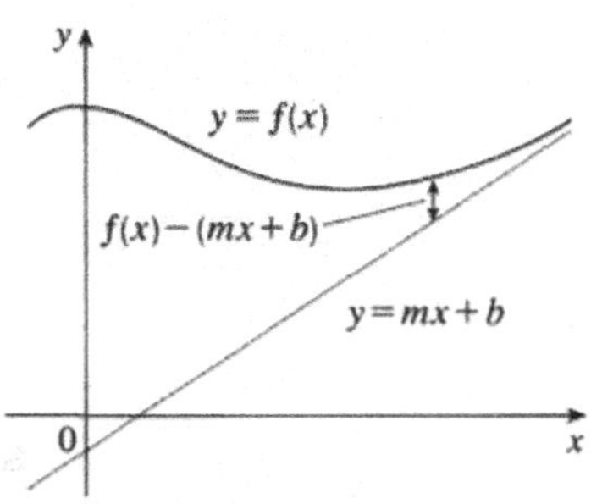

FIGURA 12

EJEMPLO 6 Trace la gráfica de $f(x) = \dfrac{x^3}{x^2 + 1}$.

A. El dominio es $\mathbb{R} = (-\infty, \infty)$.

B. Las intersecciones en x y en y son ambas 0.

C. Puesto que $f(-x) = -f(x)$, f es impar y su gráfica es simétrica respecto al origen.

D. Ya que $x^2 + 1$ nunca es 0, no hay asíntotas verticales. Ya que $f(x) \to \infty$ cuando $x \to \infty$ y $f(x) \to -\infty$ cuando $x \to -\infty$ no hay asíntotas horizontales.

Pero la división larga da

$$f(x) = \frac{x^3}{x^2+1} = x - \frac{x}{x^2+1}$$

Esta ecuación sugiere $y = x$ es una asíntota oblicua. En efecto

$$f(x) - x = -\frac{x}{x^2+1} = -\frac{\frac{1}{x}}{1+\frac{1}{x^2}} \to 0 \quad \text{cuando} \quad x \to \pm\infty$$

Por lo que la recta $y = x$ es una asíntota vertical.

E. $$f'(x) = \frac{(x^2+1)(3x^2) - x^3 \cdot 2x}{(x^2+1)^2} = \frac{x^2(x^2+3)}{(x^2+1)^2}$$

Ya que $f'(x) > 0$ para toda x (excepto 0), f es creciente en $(-\infty, \infty)$.

F. Aunque $f'(0) = 0$, f' no cambia de signo en $x = 0$, por lo que no hay máximo ni mínimo local.

G. $$f''(x) = \frac{(x^2+1)^2(4x^3+6x) - (x^4+3x^2) \cdot 2(x^2+1)2x}{(x^2+1)^4} = \frac{2x(3-x^2)}{(x^2+1)^3}$$

Ya que $f''(x) = 0$ cuando $x = 0$ o $x = \pm\sqrt{3}$, se puede hacer la tabla siguiente:

Intervalo	x	$3 - x^2$	$(x^2+1)^3$	$f''(x)$	f
$x < -\sqrt{3}$	$-$	$-$	$+$	$+$	CA en $(-\infty, -\sqrt{3})$
$-\sqrt{3} < x < 0$	$-$	$+$	$+$	$-$	CB en $(-\sqrt{3}, 0)$
$0 < x < \sqrt{3}$	$+$	$+$	$+$	$+$	CA en $(0, \sqrt{3})$
$x > \sqrt{3}$	$+$	$-$	$+$	$-$	CB en $(\sqrt{3}, \infty)$

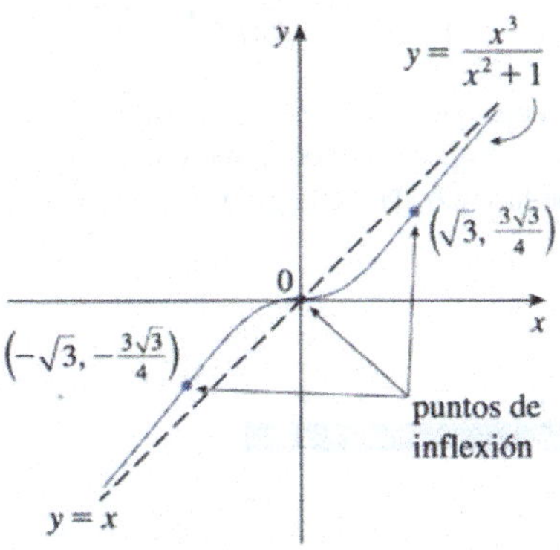

FIGURA 13

Los puntos de inflexión son $(-\sqrt{3}, -\frac{3}{4}\sqrt{3})$, $(0, 0)$ y $(\sqrt{3}, \frac{3}{4}\sqrt{3})$.

H. La gráfica de f se muestra en la figura 13. ■

4.5 EJERCICIOS

1–54 Utilice la guía de esta sección para trazar cada una de las curvas siguientes:

1. $y = x^3 + 3x^2$

2. $y = x^3 + 6x^2 + 9x$

3. $y = 2 - 15x + 9x^2 - x^3$

4. $y = 8x^2 - x^4$

5. $y = x(x-4)^3$

6. $y = x^5 - 5x$

7. $y = \frac{1}{5}x^5 - \frac{8}{3}x^3 + 16x$

8. $y = (4 - x^2)^5$

9. $y = \dfrac{x^2 - 4}{x^2 - 2x}$

10. $y = \dfrac{x^2 + 5x}{25 - x^2}$

11. $y = \dfrac{x - x^2}{2 - 3x + x^2}$

12. $y = 1 + \dfrac{1}{x} + \dfrac{1}{x^2}$

13. $y = \dfrac{x}{x^2 - 4}$

14. $y = \dfrac{1}{x^2 - 4}$

15. $y = \dfrac{x^2}{x^2 + 9}$

16. $y = \dfrac{(x-1)^2}{x^2 + 1}$

17. $y = \dfrac{x - 1}{x^2}$

18. $y = 1 + \dfrac{1}{x} + \dfrac{1}{x^2}$

19. $y = \dfrac{x^3}{x^3 + 1}$

20. $y = \dfrac{x^3}{x - 2}$

21. $y = 2\sqrt{x} - x$

22. $y = (x - 4)\sqrt[3]{x}$

23. $y = \sqrt{x^2 + x - 2}$

24. $y = \sqrt{x^2 + x} - x$

25. $y = \dfrac{x}{\sqrt{x^2 + 1}}$

26. $y = x\sqrt{2 - x^2}$

27. $y = \dfrac{\sqrt{1 - x^2}}{x}$

28. $y = \dfrac{x}{\sqrt{x^2 - 1}}$

29. $y = x - 3x^{1/3}$

30. $y = x^{5/3} - 5x^{2/3}$

31. $y = \sqrt[3]{x^2 - 1}$

32. $y = \sqrt[3]{x^3 + 1}$

33. $y = \operatorname{sen}^3 x$

34. $y = x + \cos x$

35. $y = x \tan x, \quad -\pi/2 < x < \pi/2$

36. $y = 2x - \tan x, \quad -\pi/2 < x < \pi/2$

37. $y = \operatorname{sen} x + \sqrt{3}\cos x, \quad -2\pi \leqslant x \leqslant 2\pi$

38. $y = \csc x - 2\operatorname{sen} x, \quad 0 < x < \pi$

39. $y = \dfrac{\operatorname{sen} x}{1 + \cos x}$

40. $y = \dfrac{\operatorname{sen} x}{2 + \cos x}$

41. $y = \arctan(e^x)$

42. $y = (1 - x)e^x$

43. $y = 1/(1 + e^{-x})$

44. $y = e^{-x} \operatorname{sen} x, \quad 0 \leqslant x \leqslant 2\pi$

45. $y = \dfrac{1}{x} + \ln x$

46. $y = x - \ln x$

47. $y = (1 + e^x)^{-2}$

48. $y = e^x/x^2$

49. $y = \ln(\operatorname{sen} x)$

50. $y = \ln(1 + x^3)$

51. $y = xe^{-1/x}$

52. $y = \dfrac{\ln x}{x^2}$

53. $y = e^{\arctan x}$

54. $y = \tan^{-1}\left(\dfrac{x - 1}{x + 1}\right)$

---

55. En la teoría de la relatividad, la masa de una partícula es

$$m = \frac{m_0}{\sqrt{1 - v^2/c^2}}$$

donde m_0 es la masa en reposo de la partícula, m es la masa cuando la partícula se mueve con rapidez v con respecto al observador y c es la rapidez de la luz. Trace la gráfica de m como una función de v.

56. En la teoría de la relatividad, la energía de una partícula es

$$E = \sqrt{m_0^2 c^4 + h^2 c^2/\lambda^2}$$

donde m_0 es la masa en reposo de la partícula, λ es la longitud de onda y h es la constante de Planck. Trace la gráfica de E como una función de λ. ¿Qué indica la gráfica en relación con la energía?

57. Un modelo para la divulgación de un rumor está dado por la ecuación

$$p(t) = \frac{1}{1 + ae^{-kt}}$$

donde $p(t)$ es la proporción de la población que sabe del rumor en el tiempo t, y a y k son constantes positivas.
(a) ¿Cuándo habrá oído el rumor la mitad de la población?
(b) ¿Cuándo es mayor la rapidez de divulgación del rumor?
(c) Trace la gráfica de p.

58. Un modelo para la concentración en tiempo t de un medicamento inyectado en el torrente sanguíneo es

$$C(t) = K(e^{-at} - e^{-bt})$$

donde a, b y K son constantes positivas y $b > a$. Trace la gráfica de la función de concentración. ¿Qué indica la gráfica en relación con la variación de la concentración al transcurrir el tiempo?

59. La figura muestra una viga de longitud L incrustada en muros de hormigón. Si una carga constante W se distribuye uniformemente a lo largo de su longitud, la viga toma la forma de la curva de deflexión

$$y = -\frac{W}{24EI}x^4 + \frac{WL}{12EI}x^3 - \frac{WL^2}{24EI}x^2$$

donde E e I son constantes positivas. (E es el módulo de Young de elasticidad e I es el momento de inercia de una sección transversal de la viga). Trace la gráfica de la curva de deflexión.

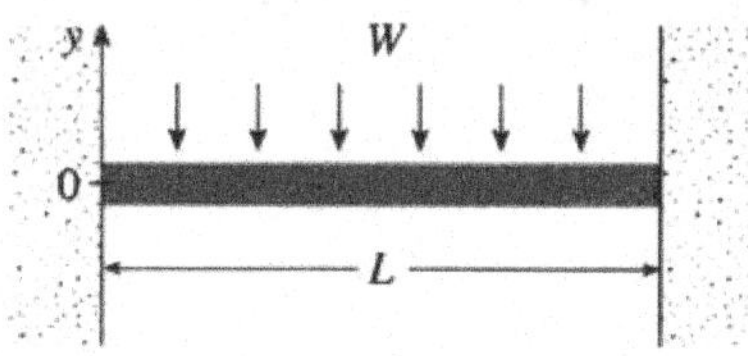

60. La ley de Coulomb establece que la fuerza de atracción entre dos partículas cargadas es directamente proporcional al producto de las cargas e inversamente proporcional al cuadrado de la distancia entre ellas. La figura muestra partículas con carga 1 ubicadas en las posiciones 0 y 2 sobre una recta de coordenadas y una partícula con carga -1 en una posición x entre ellas. De la ley de Coulomb se deduce que la fuerza neta que actúa sobre la partícula ubicada a la mitad es

$$F(x) = -\frac{k}{x^2} + \frac{k}{(x - 2)^2} \qquad 0 < x < 2$$

donde k es una constante positiva. Trace la gráfica de la función fuerza neta. ¿Qué indica la gráfica acerca de la fuerza?

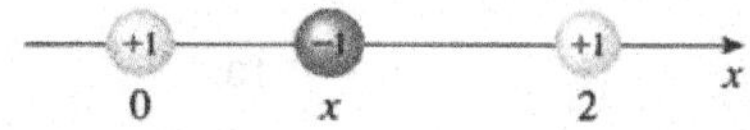

61–64 Encuentre la ecuación de la asíntota inclinada en cada una de las funciones dadas. No trace la gráfica de la curva.

61. $y = \dfrac{x^2 + 1}{x + 1}$

62. $y = \dfrac{4x^3 - 10x^2 - 11x + 1}{x^2 - 3x}$

63. $y = \dfrac{2x^3 - 5x^2 + 3x}{x^2 - x - 2}$

64. $y = \dfrac{-6x^4 + 2x^3 + 3}{2x^3 - x}$

65–70 Utilice la guía de esta sección para trazar cada una de las curvas siguientes. En el apartado D encuentre la ecuación de la asíntota inclinada.

65. $y = \dfrac{x^2}{x - 1}$

66. $y = \dfrac{1 + 5x - 2x^2}{x - 2}$

67. $y = \dfrac{x^3 + 4}{x^2}$

68. $y = \dfrac{x^3}{(x + 1)^2}$

69. $y = 1 + \frac{1}{2}x + e^{-x}$

70. $y = 1 - x + e^{1+x/3}$

71. Demuestre que la curva $y = x - \tan^{-1}x$ tiene dos asíntotas inclinadas: $y = x + \pi/2$ y $y = x - \pi/2$. Utilice este hecho para ayudar a trazar la curva.

72. Demuestre que la curva $y = \sqrt{x^2 + 4x}$ tiene dos asíntotas inclinadas: $y = x + 2$ y $y = -x - 2$. Utilice este hecho para trazar la curva.

73. Demuestre que las rectas $y = (b/a)x$ y $y = -(b/a)x$ son asíntotas inclinadas de la hipérbola $(x^2/a^2) - (y^2/b^2) = 1$.

74. Sea $f(x) = (x^3 + 1)/x$. Demuestre que

$$\lim_{x \to \pm\infty} [f(x) - x^2] = 0$$

Esto demuestra que la gráfica de f se aproxima a la gráfica de $y = x^2$ y se dirá que la curva $y = f(x)$ es *asintótica* a la parábola $y = x^2$. Utilice este hecho para trazar la gráfica de f.

75. Analice el comportamiento asintótico de $f(x) = (x^4 + 1)/x$ de la misma manera que en el ejercicio 74. Después utilice su resultado para ayudarse en el trazo de la gráfica de f.

76. Utilice el comportamiento asintótico de $f(x) = \operatorname{sen} x + e^{-x}$ para trazar su gráfica sin usar el procedimiento para el trazado de curvas de esta sección.

4.6 Trazo de gráficas con cálculo y calculadoras

Se sugiere leer "Graphing Calculators and Computers" en *www.stewartcalculus.com*. En particular, se explica cómo evitar algunos de los inconvenientes de los dispositivos graficadores, eligiendo rectángulos de vista adecuados.

El método que se utilizó para trazar curvas en la sección anterior fue una culminación de gran parte de este estudio del cálculo diferencial. La gráfica fue el objeto final que se ha producido. En esta sección el punto de vista de los autores es completamente diferente. Aquí se *comenzó* con una gráfica producida por una calculadora graficadora o un equipo de cómputo y luego se refinó. Se utilizó el cálculo para asegurar que revelan todos los aspectos importantes de la curva. Y con el uso de dispositivos graficadores se puede abordar curvas que serían demasiado complicadas sin considerar la tecnología. El tema es la *interacción* entre el cálculo y las calculadoras.

EJEMPLO 1 Trace la gráfica de la función polinomial $f(x) = 2x^6 + 3x^5 + 3x^3 - 2x^2$. Utilice las gráficas de f' y f'' para estimar todos los puntos máximos y mínimos e intervalos de concavidad.

SOLUCIÓN Si se especifica un dominio, pero no un rango, muchos dispositivos graficadores utilizan un rango adecuado de los valores calculados. La figura 1 muestra el trazo que hace un dispositivo si se especifica que $-5 \leq x \leq 5$. Aunque este rectángulo de vista es útil para mostrar que el comportamiento asintótico (o comportamiento extremo) es el mismo que para $y = 2x^6$, obviamente está ocultando algún detalle más fino. Por lo que se cambia el rectángulo de vista a $[-3, 2]$ por $[-50, 100]$ que se muestra en la figura 2.

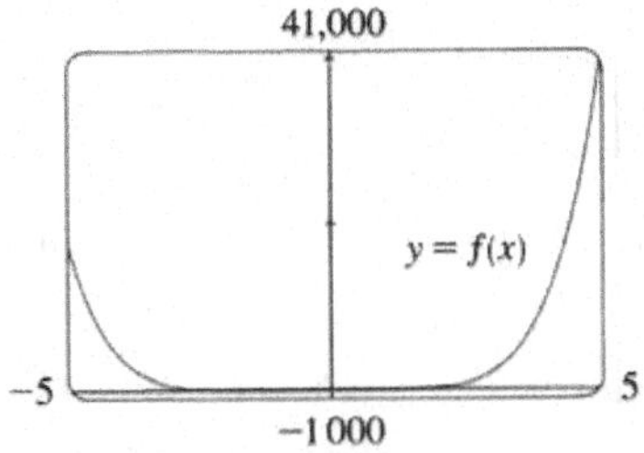

FIGURA 1

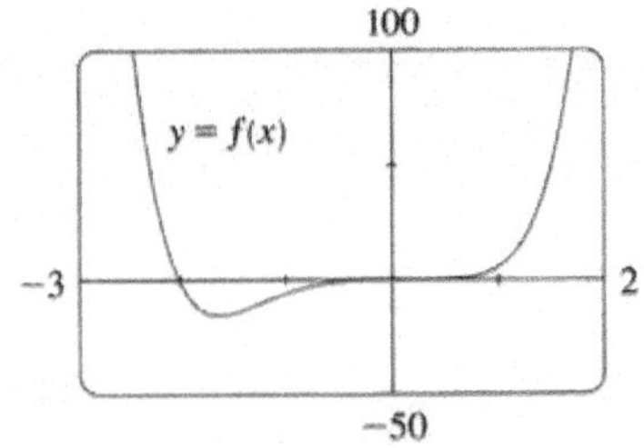

FIGURA 2

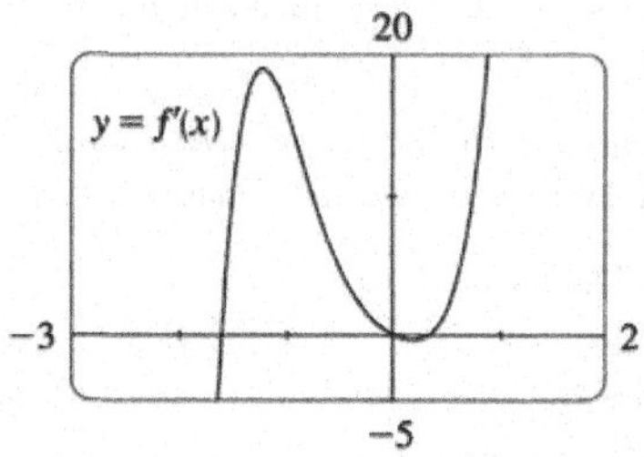

FIGURA 3

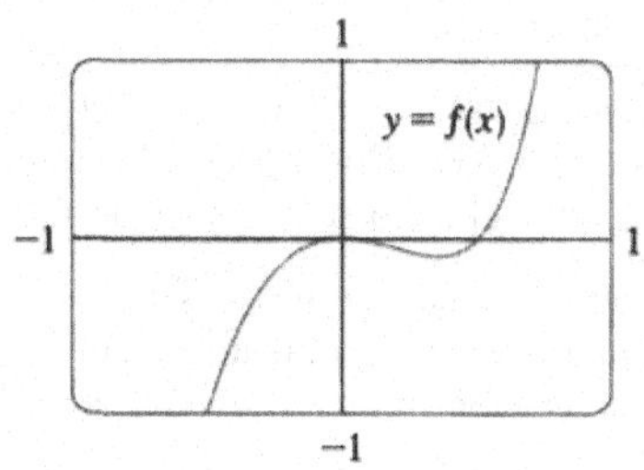

FIGURA 4

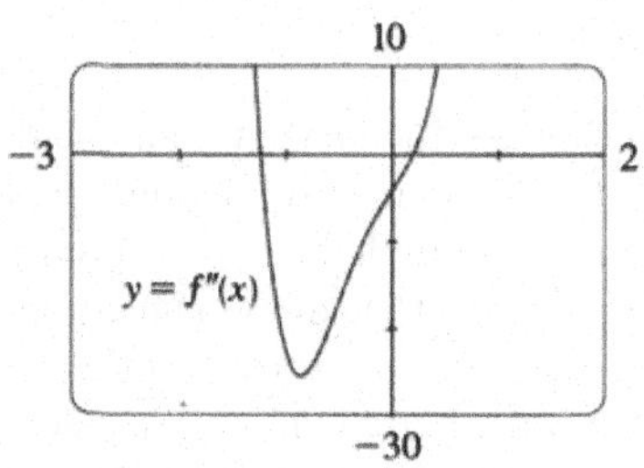

FIGURA 5

De esta gráfica se deduce que hay un valor mínimo absoluto de alrededor -15.33 cuando $x \approx -1.62$ (utilizando el cursor) y f es decreciente en $(-\infty, -1.62)$ y es creciente en $(-1.62, \infty)$. También parece haber una recta tangente horizontal en el origen y puntos de inflexión cuando $x = 0$ y cuando x se encuentra en algún lugar entre –2 y -1.

Ahora va a tratar de confirmar estas impresiones mediante el cálculo. Se deriva y se obtiene

$$f'(x) = 12x^5 + 15x^4 + 9x^2 - 4x$$

$$f''(x) = 60x^4 + 60x^3 + 18x - 4$$

Cuando se grafica f' en la figura 3 se ve que $f'(x)$ cambia de negativa a positiva cuando $x \approx -1.62$; esto confirma (por la prueba de la primera derivada) el valor mínimo que se ha encontrado antes. Pero, quizá para sorpresa, también se nota que $f'(x)$ cambia de positiva a negativa cuando $x = 0$ y de negativa a positiva cuando $x \approx 0.35$. Esto significa que f tiene un máximo local en 0 y un mínimo local cuando $x \approx 0.35$, pero estos estaban escondidos en la figura 2. De hecho, si se hacen ahora acercamientos hacia el origen en la figura 4, se ve lo que faltó antes: un valor máximo local de 0 cuando $x = 0$ y un valor mínimo local de -0.1 cuando $x \approx 0.35$.

¿Qué pasa con la concavidad y los puntos de inflexión? En las figuras 2 y 4 parece haber puntos de inflexión cuando x está un poco a la izquierda de -1 y cuando x está un poco a la derecha del 0. Pero es difícil determinar los puntos de inflexión de la gráfica de f por lo que se grafica la segunda derivada f'' en la figura 5. Se ve que f'' cambia de positiva a negativa cuando $x \approx -1.23$ y de negativa a positiva cuando $x \approx 0.19$. Así, redondeada con dos decimales, f es cóncava hacia arriba en $(-\infty, -1.23)$ y $(0.19, \infty)$ y cóncava hacia abajo en $(-1.23, 0.19)$. Los puntos de inflexión son $(-1.23, -10.18)$ y $(0.19, -0.05)$.

Se ha descubierto que una simple gráfica no revela todas las características importantes de esta función polinomial. Pero las figuras 2 y 4, tomadas en conjunto, proporcionan una imagen más precisa. ■

EJEMPLO 2 Dibuje la gráfica de la función

$$f(x) = \frac{x^2 + 7x + 3}{x^2}$$

en un rectángulo de vista que contenga todas las características importantes de la función. Estime los valores máximos y mínimos y los intervalos de concavidad. Después utilice el cálculo para encontrar exactamente estas cantidades.

SOLUCIÓN La figura 6, producida por un equipo de cómputo con escala automática, es un desastre. Algunas calculadoras graficadoras utilizan $[-10, 10]$ por $[-10, 10]$ como el rectángulo de vista predeterminada, por lo que se probará. Se obtiene la gráfica que se muestra en la figura 7; es una mejora importante.

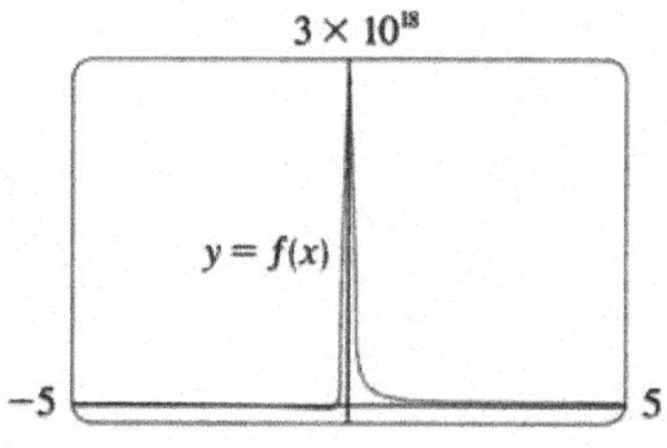

FIGURA 6

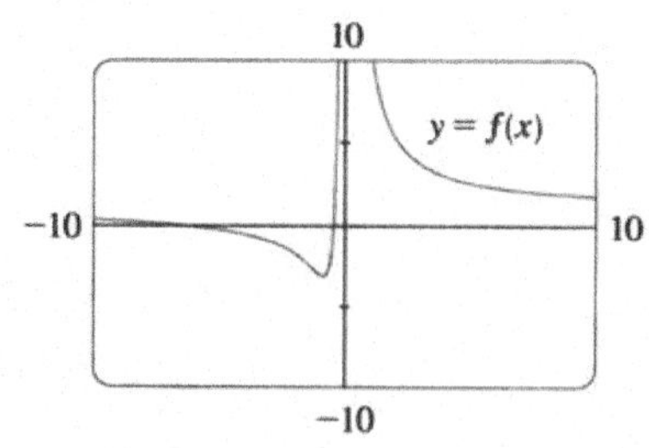

FIGURA 7

El eje y parece ser una asíntota vertical y, de hecho, lo es porque

$$\lim_{x\to 0} \frac{x^2+7x+3}{x^2} = \infty$$

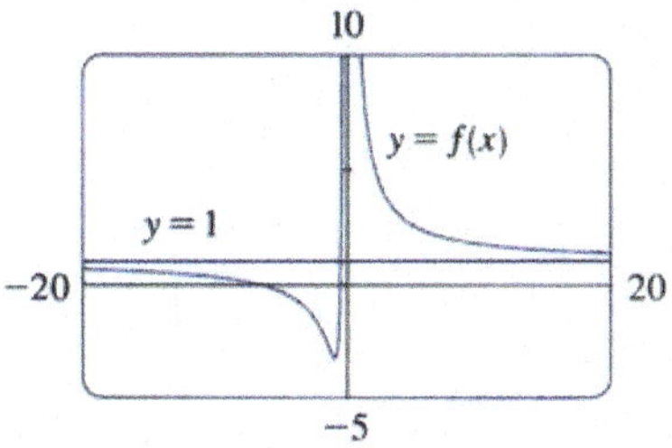

FIGURA 8

La figura 7 también permite estimar las intersecciones con el eje x: cerca de -0.5 y -6.5. Los valores exactos se obtienen mediante la fórmula cuadrática para resolver la ecuación $x^2 + 7x + 3 = 0$; se obtiene $x = (-7 \pm \sqrt{37})/2$.

Para obtener un mejor vistazo de las asíntotas horizontales, se cambia el rectángulo de vista $[-20, 20]$ por $[-5, 10]$ en la figura 8. Parece que $y = 1$ es la asíntota horizontal y esto es fácilmente confirmado:

$$\lim_{x\to \pm\infty} \frac{x^2+7x+3}{x^2} = \lim_{x\to \pm\infty}\left(1 + \frac{7}{x} + \frac{3}{x^2}\right) = 1$$

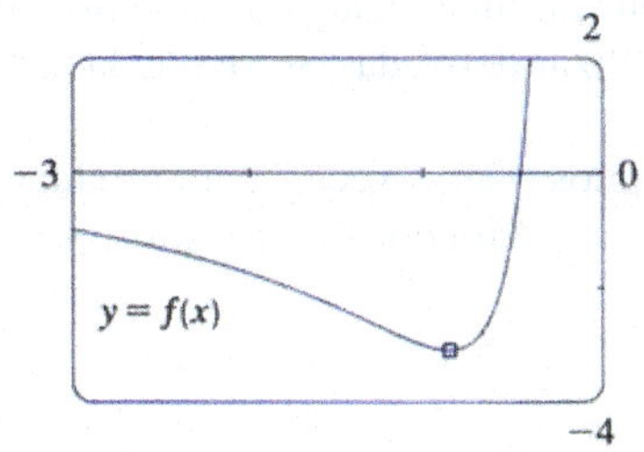

FIGURA 9

Para estimar el valor mínimo se acerca el rectángulo de vista $[-3, 0]$ por $[-4, 2]$ en la figura 9. El cursor indica que el valor mínimo absoluto es aproximadamente -3.1 cuando $x \approx -0.9$, y se ve que la función decrece sobre $(-\infty, -0.9)$ y $(0, \infty)$ y crece en $(-0.9, 0)$. Los valores exactos se obtienen derivando:

$$f'(x) = -\frac{7}{x^2} - \frac{6}{x^3} = -\frac{7x+6}{x^3}$$

Esto demuestra que $f'(x) > 0$ cuando $-\frac{6}{7} < x < 0$ y $f'(x) < 0$ cuando $x < -\frac{6}{7}$ y cuando $x > 0$. El valor mínimo exacto es $f\left(-\frac{6}{7}\right) = -\frac{37}{12} \approx -3.08$.

La figura 9 también muestra que un punto de inflexión se localiza en algún lugar entre $x = -1$ y $x = -2$. Se podría estimar con mucha más exactitud utilizando la gráfica de la segunda derivada, pero en este caso es fácil encontrar valores exactos. Ya que

$$f''(x) = \frac{14}{x^3} + \frac{18}{x^4} = \frac{2(7x+9)}{x^4}$$

se ve que $f''(x) > 0$ cuando $x > -\frac{9}{7}$ $(x \neq 0)$. Así, f es cóncava hacia arriba en $\left(-\frac{9}{7}, 0\right)$ y $(0, \infty)$ y cóncava hacia abajo sobre $\left(-\infty, -\frac{9}{7}\right)$. El punto de inflexión es $\left(-\frac{9}{7}, -\frac{71}{27}\right)$.

El análisis mediante las dos primeras derivadas muestra en la figura 8 todos los aspectos importantes de la curva. ■

EJEMPLO 3 Trace la gráfica de la función $f(x) = \dfrac{x^2(x+1)^3}{(x-2)^2(x-4)^4}$.

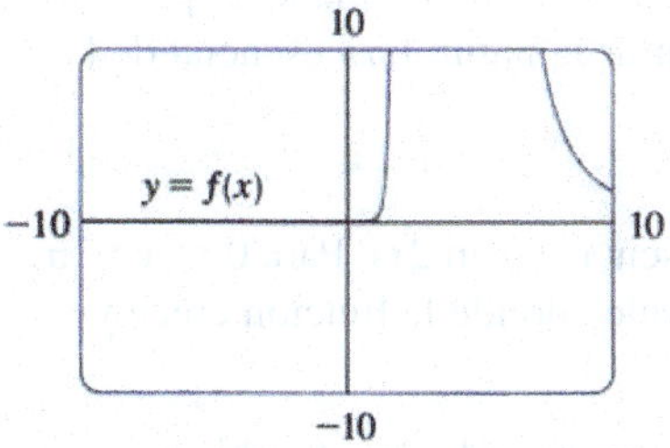

FIGURA 10

SOLUCIÓN De la experiencia con una función racional en el ejemplo 2, se comienza por graficar f en el rectángulo de vista $[-10, 10]$ por $[-10, 10]$. De la figura 10 se tiene la sensación de que se va a tener que acercar para ver algún detalle más fino y también para ver la imagen más grande. Pero, como una guía para hacer un acercamiento inteligente, primero se verá con más cuidado la expresión para $f(x)$. Debido a los factores $(x-2)^2$ y $(x-4)^4$ en el denominador, se espera que $x = 2$ y $x = 4$ sean las asíntotas verticales. De hecho, lo son, ya que

$$\lim_{x\to 2} \frac{x^2(x+1)^3}{(x-2)^2(x-4)^4} = \infty \qquad \text{y} \qquad \lim_{x\to 4} \frac{x^2(x+1)^3}{(x-2)^2(x-4)^4} = \infty$$

Para encontrar las asíntotas horizontales, se divide el numerador y el denominador por x^6.

$$\frac{x^2(x+1)^3}{(x-2)^2(x-4)^4} = \frac{\dfrac{x^2}{x^3}\cdot\dfrac{(x+1)^3}{x^3}}{\dfrac{(x-2)^2}{x^2}\cdot\dfrac{(x-4)^4}{x^4}} = \frac{\dfrac{1}{x}\left(1+\dfrac{1}{x}\right)^3}{\left(1-\dfrac{2}{x}\right)^2\left(1-\dfrac{4}{x}\right)^4}$$

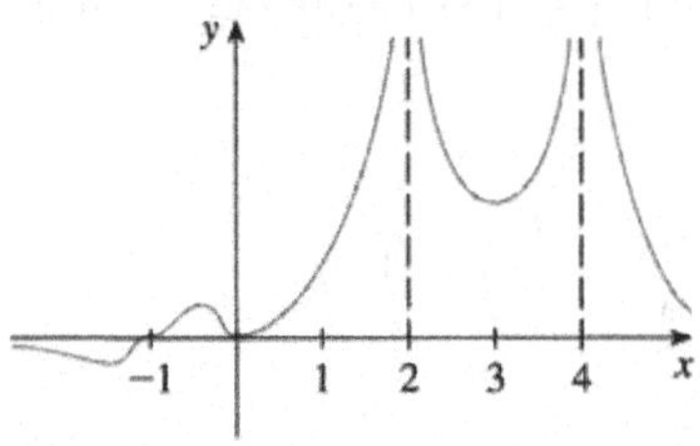

FIGURA 11

Esto demuestra que $f(x) \to 0$ conforme $x \to \pm\infty$, por lo que el eje x es una asíntota horizontal.

También es muy útil examinar el comportamiento de la gráfica cerca de la intersección con el eje x, usando un análisis como en el ejemplo 2.6.12. Ya que x^2 es positiva, $f(x)$ no cambia de signo en 0 y, por tanto, su gráfica no cruza el eje x en 0. Pero, debido al factor $(x+1)^3$, la gráfica cruza el eje x en -1 y tiene allí una recta tangente horizontal. Poniendo toda esta información junta, pero sin utilizar derivadas, se ve que la curva tiene que ser parecida a la de la figura 11.

Ahora que se sabe qué buscar, se hacen acercamientos (varias veces) para producir las gráficas de las figuras 12 y 13 y se aleja (varias veces) para obtener la figura 14.

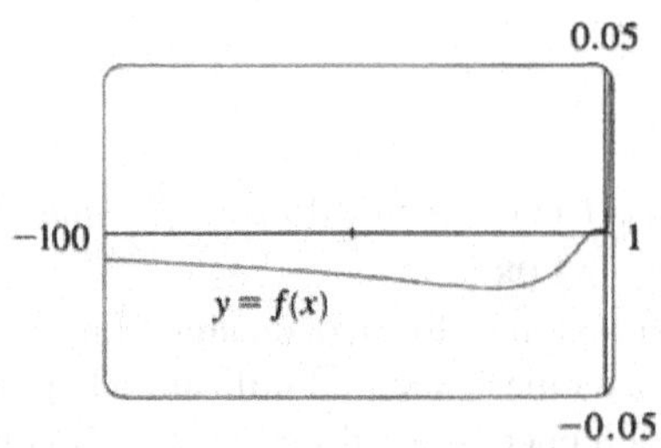

FIGURE 12

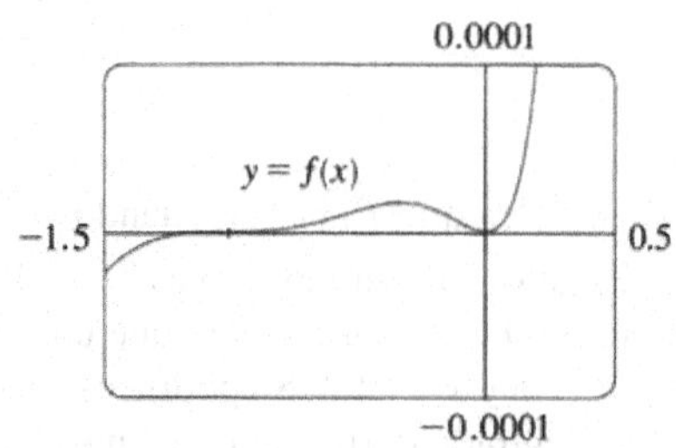

FIGURA 13

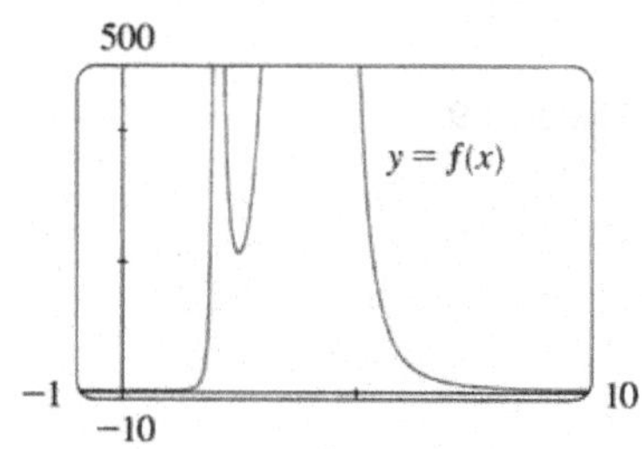

FIGURA 14

De estas gráficas, se puede leer que el mínimo absoluto es aproximadamente -0.02 y se produce cuando $x \approx -20$. También hay un máximo local ≈ 0.00002 cuando $x \approx -0.3$ y un mínimo local ≈ 211 cuando $x \approx 2.5$. Estas gráficas también muestran tres puntos de inflexión cerca de -35, -5 y -1 y dos entre -1 y 0. Para estimar los puntos de inflexión más cercanamente se necesitará la gráfica de f'', pero graficar f'' a mano es una tarea poco razonable. Si tiene un sistema algebraico computacional, es más fácil (véase el ejercicio 15).

Se ha visto que, para esta función en particular, son necesarias *tres* gráficas (figuras 12, 13 y 14) para transmitir toda la información útil. La única manera de mostrar todas estas características de la función en una gráfica única es dibujar a mano. A pesar de las exageraciones y distorsiones, la figura 11 logra resumir la naturaleza esencial de la función. ■

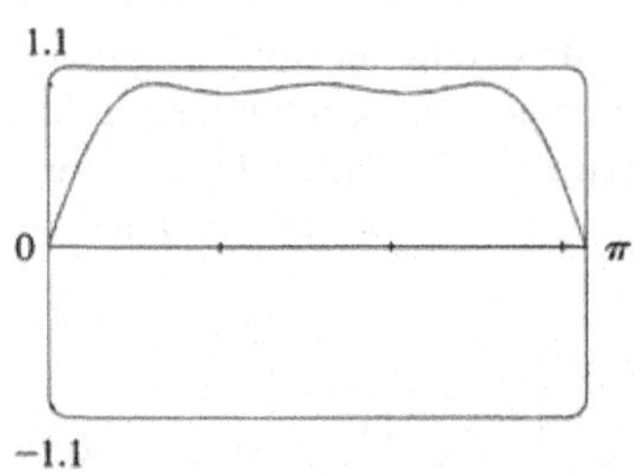

FIGURA 15

EJEMPLO 4 Trace la gráfica de la función $f(x) = \text{sen}(x + \text{sen}\, 2x)$. Para $0 \leq x \leq \pi$, estime todos los valores máximos y mínimos, intervalos donde la función crece y decrece y los puntos de inflexión.

SOLUCIÓN Primero se observa que f es periódica con período 2π. También, f es impar y $|f(x)| \leq 1$ para toda x. Así, la elección de un rectángulo de vista no es un problema para esta función: se empieza con $[0, \pi]$ por $[-1.1, 1.1]$ (Véase la figura 15.) Parece que hay tres valores máximos locales y dos valores mínimos locales en esa

La familia de funciones

$$f(x) = \text{sen}\,(x + \text{sen}\,cx)$$

donde c es una constante, aparece en aplicaciones a la sintonía de frecuencia modulada (FM). Una onda sinusoidal es modulada por una onda con una frecuencia diferente (sen cx). El caso donde $c = 2$ se estudia en el ejemplo 4. El ejercicio 27 explora otro caso especial.

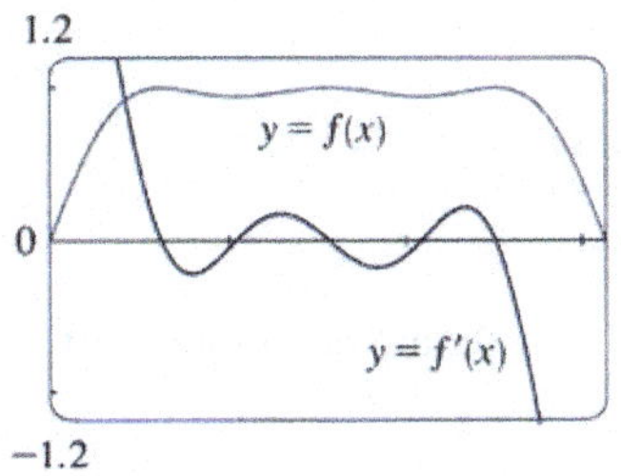

FIGURA 16

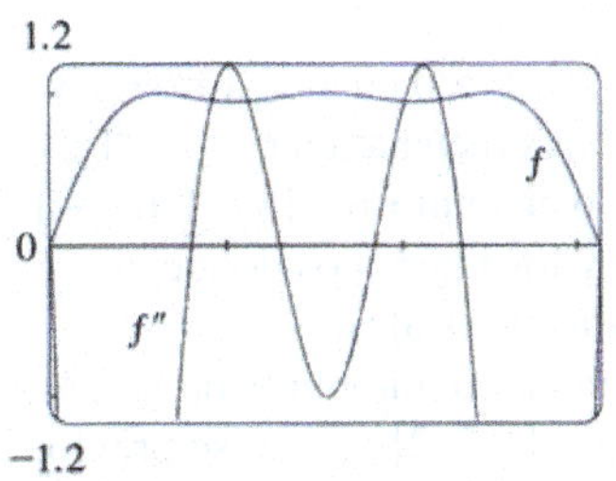

FIGURA 17

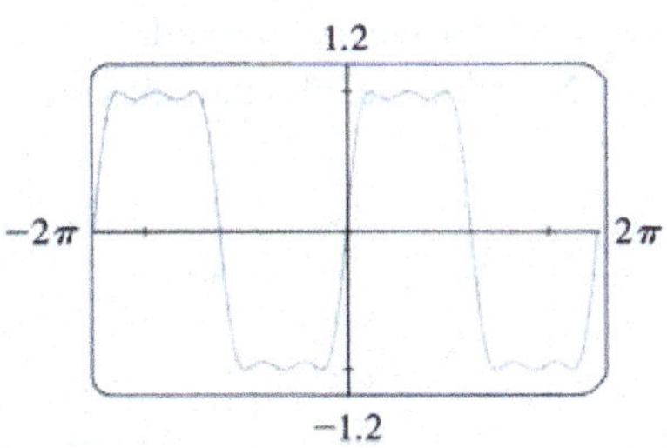

FIGURA 18

ventana. Para confirmar esto y localizarlos con mayor precisión, se obtiene

$$f'(x) = \cos(x + \text{sen}\,2x) \cdot (1 + 2\cos 2x)$$

y se grafica f y f' en la figura 16.

Utilizando el zoom y la prueba de la primera derivada, se encuentran los valores aproximados siguientes:

Intervalos en los que crece:	(0, 0.6), (1.0, 1.6), (2.1, 2.5)
Intervalos en los que decrece:	(0.6, 1.0), (1.6, 2.1), (2.5, π)
Valores máximos locales:	$f(0.6) \approx 1$, $f(1.6) \approx 1$, $f(2.5) \approx 1$
Valores mínimos locales:	$f(1.0) \approx 0.94$, $f(2.1) \approx 0.94$

La segunda derivada es

$$f''(x) = -(1 + 2\cos 2x)^2\,\text{sen}(x + \text{sen}\,2x) - 4\,\text{sen}\,2x\cos(x + \text{sen}\,2x)$$

Graficando f y f'' en la figura 17, se obtienen los valores aproximados siguientes:

Cóncava hacia arriba sobre:	(0.8, 1.3), (1.8, 2.3)
Cóncava hacia abajo sobre:	(0, 0.8), (1.3, 1.8), (2.3, π)
Puntos de inflexión:	(0, 0), (0.8, 0.97), (1.3, 0.97), (1.8, 0.97), (2.3, 0.97)

Se ha comprobado que la figura 15 representa f con precisión para $0 \leq x \leq \pi$, por lo que se puede afirmar que la gráfica ampliada en la figura 18 representa f con precisión para $-2\pi \leq x \leq 2\pi$. ■

El último ejemplo se refiere a las *familias* de funciones. Esto significa que las funciones de la familia están relacionadas con otras mediante una fórmula que contiene una o más constantes arbitrarias. Cada valor de la constante da lugar a un miembro de la familia, y la idea es ver cómo varía la gráfica de la función con los constantes cambios.

EJEMPLO 5 ¿Cómo varía la gráfica de $f(x) = 1/(x^2 + 2x + c)$ cuando c cambia?

SOLUCIÓN Las gráficas de las figuras 19 y 20 (casos especiales para $c = 2$ y $c = -2$) muestran dos maneras muy diferentes de ver las curvas.

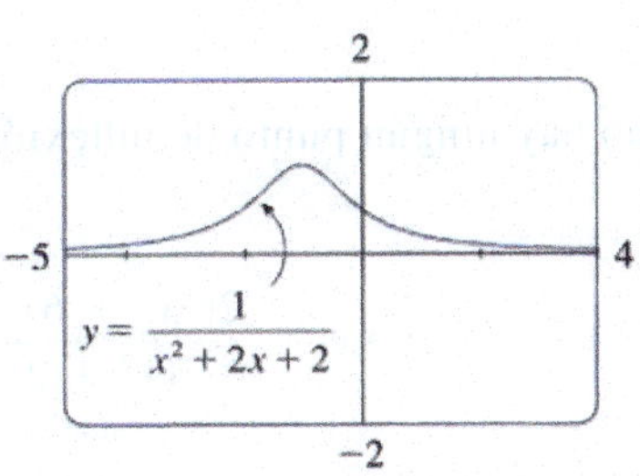

FIGURA 19
$c = 2$

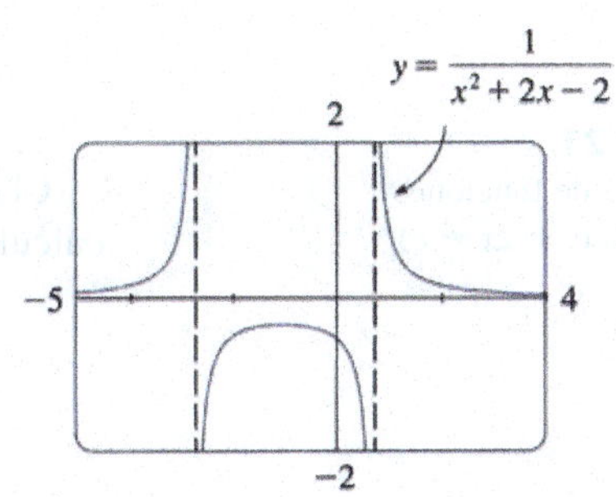

FIGURA 20
$c = -2$

Antes de trazar más gráficas, se verá qué tienen en común los miembros de esta familia. Ya que

$$\lim_{x\to\pm\infty} \frac{1}{x^2 + 2x + c} = 0$$

para cualquier valor de c, todas tienen el eje x como asíntota horizontal. Una asíntota vertical ocurre cuando $x^2 + 2x + c = 0$. Resolviendo esta ecuación cuadrática, se obtiene $x = -1 \pm \sqrt{1 - c}$. Cuando $c > 1$, no hay asíntotas verticales (como en la figura 19). Cuando $c = 1$, la gráfica tiene una sola asíntota vertical $x = -1$ porque

$$\lim_{x\to-1} \frac{1}{x^2 + 2x + 1} = \lim_{x\to-1} \frac{1}{(x + 1)^2} = \infty$$

Cuando $c < 1$, hay dos asíntotas verticales $x = -1 \pm \sqrt{1 - c}$ (como en la figura 20).

Ahora se obtiene la derivada:

$$f'(x) = -\frac{2x + 2}{(x^2 + 2x + c)^2}$$

Esto demuestra que $f'(x) = 0$ cuando $x = -1$ (si $c \neq 1$), $f'(x) > 0$ cuando $x < -1$ y $f'(x) < 0$ cuando $x > -1$. Para $c \geqslant 1$, esto significa que f es creciente en $(-\infty, -1)$ y decreciente en $(-1, \infty)$. Para $c > 1$, hay un valor máximo absoluto $f(-1) = 1/(c - 1)$. Para $c < 1$, $f(-1) = 1/(c - 1)$ es un valor máximo local, y los intervalos donde es creciente y decreciente se interrumpen debido a las asíntotas verticales.

La figura 21 es una "serie de diapositivas" que muestran cinco miembros de la familia, todas representadas en el rectángulo de vista $[-5, 4]$ por $[-2, 2]$. Como se previó, ocurre una transición de dos asíntotas verticales a una en $c = 1$ y luego a ninguna para $c > 1$. Cuando c aumenta desde 1, se ve que el punto máximo resulta menor; esto se explica por el hecho de que $1/(c - 1) \to 0$ cuando $c \to \infty$. Como c disminuye de 1, las asíntotas verticales se separan más ampliamente porque la distancia entre ellas es $2\sqrt{1 - c}$, lo cual resulta muy grande conforme $c \to -\infty$. Nuevamente, el punto máximo se aproxima al eje x porque $1/(c - 1) \to 0$ cuando $c \to -\infty$.

TEC Véase una animación de la figura 21 en Visual 4.6

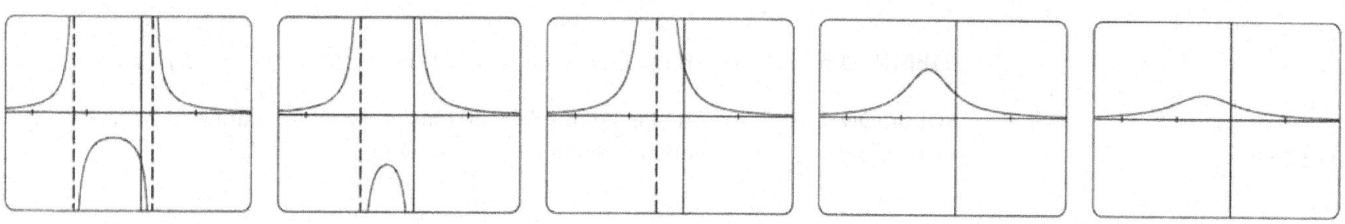

FIGURA 21
La familia de funciones
$f(x) = 1/(x^2 + 2x + c)$

Claramente, no hay ningún punto de inflexión cuando $c \leqslant 1$. Para $c > 1$ se calcula que

$$f''(x) = \frac{2(3x^2 + 6x + 4 - c)}{(x^2 + 2x + c)^3}$$

y se deduce que los puntos de inflexión ocurren cuando $x = -1 \pm \sqrt{3(c - 1)}/3$. Así, los puntos de inflexión se extienden al aumentar c, y esto parece razonable, por lo que se ve en las dos últimas partes de la figura 21. ■

4.6 EJERCICIOS

1–8 Trace gráficas de f que revelen todos los aspectos importantes de cada una de las curvas siguientes. En particular, debe utilizar gráficas de f' y f'' para estimar los intervalos donde f es creciente y decreciente, valores extremos, intervalos de concavidad y puntos de inflexión.

1. $f(x) = x^5 - 5x^4 - x^3 + 28x^2 - 2x$

2. $f(x) = -2x^6 + 5x^5 + 140x^3 - 110x^2$

3. $f(x) = x^6 - 5x^5 + 25x^3 - 6x^2 - 48x$

4. $f(x) = \dfrac{x^4 - x^3 - 8}{x^2 - x - 6}$ **5.** $f(x) = \dfrac{x}{x^3 - x^2 - 4x + 1}$

6. $f(x) = \tan x + 5\cos x$

7. $f(x) = x^2 - 4x + 7\cos x, \quad -4 \leqslant x \leqslant 4$

8. $f(x) = e^x - 0.186x^4$

9–10 Elabore gráficas de f que revelen todos los aspectos importantes de cada una de las curvas siguientes. Determine los intervalos donde f es creciente y decreciente e intervalos de concavidad y utilice el cálculo para encontrar exactamente estos intervalos.

9. $f(x) = 1 + \dfrac{1}{x} + \dfrac{8}{x^2} + \dfrac{1}{x^3}$ **10.** $f(x) = \dfrac{1}{x^8} - \dfrac{2 \times 10^8}{x^4}$

11–12
(a) Trace la gráfica de la función.
(b) Utilice la regla de L'Hôpital para explicar el comportamiento cuando $x \to 0$.
(c) Estime el valor mínimo y los intervalos de concavidad. Después, utilice el cálculo para encontrar los valores exactos.

11. $f(x) = x^2 \ln x$ **12.** $f(x) = xe^{1/x}$

13–14 Trace a mano la gráfica utilizando asíntotas e intersecciones, pero no derivadas. Después utilice su trazo como una guía para elaborar gráficas (con un dispositivo graficador) que muestran las principales características de la curva. Utilice estas gráficas para estimar los valores máximos y mínimos.

13. $f(x) = \dfrac{(x+4)(x-3)^2}{x^4(x-1)}$

14. $f(x) = \dfrac{(2x+3)^2(x-2)^5}{x^3(x-5)^2}$

SAC **15.** Si f es la función considerada en el ejemplo 3, utilice un sistema algebraico computacional para calcular f' y luego trace su gráfica para confirmar que todos los valores máximos y mínimos son como en el ejemplo. Calcule f'' y utilícela para estimar los intervalos de concavidad y los puntos de inflexión.

SAC **16.** Si f es la función del ejercicio 14, encuentre f' y f'' y utilice sus gráficas para estimar los intervalos donde f es creciente, decreciente y la concavidad de f.

SAC **17–22** Utilice un sistema algebraico computacional para trazar la gráfica de f y para encontrar f' y f''. Use las gráficas de estas derivadas para estimar los intervalos donde f es creciente y decreciente, los valores extremos, intervalos de concavidad y sus puntos de inflexión.

17. $f(x) = \dfrac{x^3 + 5x^2 + 1}{x^4 + x^3 - x^2 + 2}$

18. $f(x) = \dfrac{x^{2/3}}{1 + x + x^4}$

19. $f(x) = \sqrt{x + 5\,\mathrm{sen}\,x}, \quad x \leqslant 20$

20. $f(x) = x - \tan^{-1}(x^2)$

21. $f(x) = \dfrac{1 - e^{1/x}}{1 + e^{1/x}}$

22. $f(x) = \dfrac{3}{3 + 2\,\mathrm{sen}\,x}$

SAC **23–24** Trace la gráfica de la función utilizando tantos rectángulos de vista como necesite para representar la verdadera naturaleza de la función.

23. $f(x) = \dfrac{1 - \cos(x^4)}{x^8}$

24. $f(x) = e^x + \ln|x - 4|$

SAC **25–26**
(a) Trace la gráfica de la función.
(b) Explique la forma de la gráfica calculando el límite cuando $x \to 0^+$ o cuando $x \to \infty$.
(c) Estime los valores máximos y mínimos y luego utilice cálculo para determinar los valores exactos.
(d) Utilice una gráfica de f'' para estimar las coordenadas x de los puntos de inflexión.

25. $f(x) = x^{1/x}$ **26.** $f(x) = (\mathrm{sen}\,x)^{\mathrm{sen}\,x}$

27. En el ejemplo 4 se ha considerado un miembro de la familia de funciones $f(x) = \mathrm{sen}(x + \mathrm{sen}\,cx)$ que se presenta en la sintonía FM. Aquí se investiga la función con $c = 3$. Empiece por graficar f en el rectángulo de vista $[0, \pi]$ por $[-1.2, 1.2]$. ¿Cuántos puntos máximos locales ve usted? La gráfica tiene más de lo que se puede notar a simple vista. Para descubrir los puntos máximos y mínimos ocultos tendrá que examinar la gráfica de f' muy cuidadosamente. De hecho, ayuda ver la gráfica de f'' al mismo tiempo. Encuentre todos los valores máximos y mínimos y puntos de inflexión. Luego trace la gráfica de f en el rectángulo de vista $[-2\pi, 2\pi]$ por $[-1.2, 1.2]$ y comente lo relacionado con la simetría.

28–35 Describa cómo varía la gráfica de f conforme c varía. Trace la gráfica de varios miembros de la familia para ilustrar las tendencias que descubre usted. En particular, debe investigar cómo se mueven los puntos máximos y mínimos y los puntos de inflexión cuando c cambia. También debe identificar cualquier valor de transición de c, en el que cambia la forma básica de la curva.

28. $f(x) = x^3 + cx$

29. $f(x) = x^2 + 6x + c/x$ (Tridente de Newton)

30. $f(x) = x\sqrt{c^2 - x^2}$

31. $f(x) = e^x + ce^{-x}$

32. $f(x) = \ln(x^2 + c)$

33. $f(x) = \dfrac{cx}{1 + c^2x^2}$

34. $f(x) = \dfrac{\text{sen } x}{c + \cos x}$

35. $f(x) = cx + \text{sen } x$

---

36. La familia de funciones $f(t) = C(e^{-at} - e^{-bt})$, donde a, b y C son números positivos y $b > a$, ha sido utilizada para modelar la concentración de un fármaco que se inyecta en el torrente sanguíneo al tiempo $t = 0$. Trace la gráfica de varios miembros de esta familia. ¿Qué tienen en común? Para valores fijos de C y a, descubra gráficamente lo que ocurre cuando b aumenta. Después utilice el cálculo para demostrar lo que ha descubierto.

37. Investigue la familia de curvas dada por $f(x) = xe^{-cx}$, donde c es un número real. Empiece por obtener los límites cuando $x \to \pm\infty$. Identifique los valores de transición de c donde cambia la forma básica. ¿Qué sucede con los puntos máximos o mínimos y los puntos de inflexión cuando c cambia? Ilustre graficando varios miembros de la familia.

38. Investigue la familia de curvas dada por la ecuación $f(x) = x^4 + cx^2 + x$. Comience por determinar el valor de transición de c, en el que el número de puntos de inflexión cambia. Luego trace la gráfica de varios miembros de la familia para ver qué formas son posibles. Hay otro valor de transición de c en el que cambia el número de números críticos. Intente descubrirlo gráficamente. Después demuestre lo que usted ha descubierto.

39. (a) Investigue la familia de funciones polinomiales dada por $f(x) = cx^4 - 2x^2 + 1$. ¿Para qué valores de c la curva tiene puntos mínimos?
(b) Demuestre que los puntos máximos y mínimos de cada curva en la familia se encuentran en la parábola $y = 1 - x^2$. Ilustre trazando la gráfica de esta parábola y varios miembros de la familia.

40. (a) Investigue la familia de funciones polinomiales dada por $f(x) = 2x^3 + cx^2 + 2x$. ¿Para qué valores de c la curva tiene puntos máximos y mínimos?
(b) Demuestre que los puntos máximos y mínimos de cada curva en la familia se encuentran sobre la curva $y = x - x^3$. Ilustre trazando la gráfica de esta curva y varios miembros de la familia.

4.7 Problemas de optimización

Los métodos que se han aprendido en este capítulo para encontrar los valores extremos tienen aplicaciones prácticas en muchas áreas de la vida. Un empresario quiere minimizar los costos y maximizar las ganancias. Un viajero quiere minimizar el tiempo de transporte. El principio de Fermat en óptica establece que la luz sigue el camino que toma el menor tiempo. En esta sección se resuelven problemas como la maximización de áreas, volúmenes y beneficios y la minimización de distancias, tiempos y costos.

En la resolución de tales problemas prácticos, el mayor desafío suele ser convertir el problema expresado en palabras en un problema de optimización matemática, estableciendo la función que va a maximizar o minimizar. Para esto, se recordarán los SP principios para resolver problemas que se discutieron en la página 71 y adaptarlos a esta situación:

Pasos para la resolución de problemas de optimización

1. **Comprenda el problema** El primer paso consiste en leer detenidamente el problema hasta que se entienda claramente. Pregúntese: ¿qué es lo desconocido? ¿Cuáles son las cantidades conocidas? ¿Cuáles son las condiciones dadas?
2. **Dibuje un diagrama** En la mayoría de los problemas resulta útil dibujar un diagrama e identificar en este las cantidades dadas y las cantidades requeridas.
3. **Introduzca la notación** Asigne un símbolo a la cantidad que va a ser maximizada o minimizada (se le llamará Q por ahora). También seleccione símbolos $(a, b, c, \ldots, x, y)$ para otras cantidades desconocidas y etiquete el diagrama con estos símbolos. Puede ser provechoso utilizar iniciales como símbolos sugerentes, por ejemplo, A para el área, h para la altura, t para el tiempo.

4. Exprese Q en términos de algunos de los otros símbolos del paso 3.
5. Si Q se ha expresado como una función de más de una variable en el paso 4, utilice la información dada para encontrar relaciones (en forma de ecuaciones) entre estas variables. Utilice estas ecuaciones para eliminar todas, excepto una de las variables en la expresión para Q. Así Q se expresará en función de *una* variable x, es decir, $Q = f(x)$. Escriba el dominio de esta función.
6. Utilice los métodos de las secciones 4.1 y 4.3 para encontrar los valores máximo o mínimo *absolutos* de f. En particular, si el dominio de f es un intervalo cerrado, entonces se puede utilizar el método del intervalo cerrado de la sección 4.1.

EJEMPLO 1 Un agricultor tiene 1200 m de material y quiere construir una malla para cercar un campo rectangular que bordea un río recto, de modo que no necesita malla a lo largo del río. ¿Cuáles son las dimensiones que debe tener el campo para encerrar el área más grande?

SP Comprenda el problema
SP Analogía: intente casos especiales
SP Dibuje diagramas

SOLUCIÓN Para hacerse una idea de lo que está sucediendo en este problema, se va a experimentar con algunos casos especiales. La figura 1 (no a escala) muestra tres formas de posibles arreglos de los 1200 m de material.

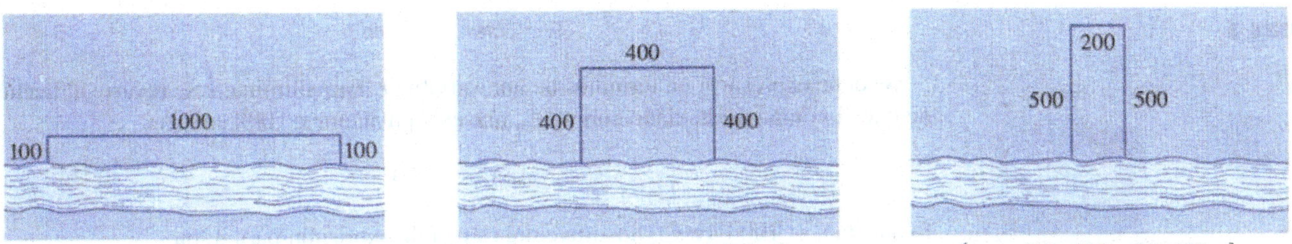

Área = 100 · 1000 = 100 000 m²   Área = 400 · 400 = 160 000 m²   Área = 500 · 200 = 100 000 m²

FIGURA 1

Se ve que cuando se intenta campos muy anchos y poco largos, o campos angostos y muy largos, se obtienen áreas relativamente pequeñas. Parece razonable que exista alguna configuración intermedia que produzca el área más grande.

SP Introduzca notación

La figura 2 ilustra el caso general. Se quiere maximizar el área A del rectángulo. Sea x y y el largo y el ancho, respectivamente, del rectángulo (en metros). Entonces, se quiere expresar A en términos de x y y:

$$A = xy$$

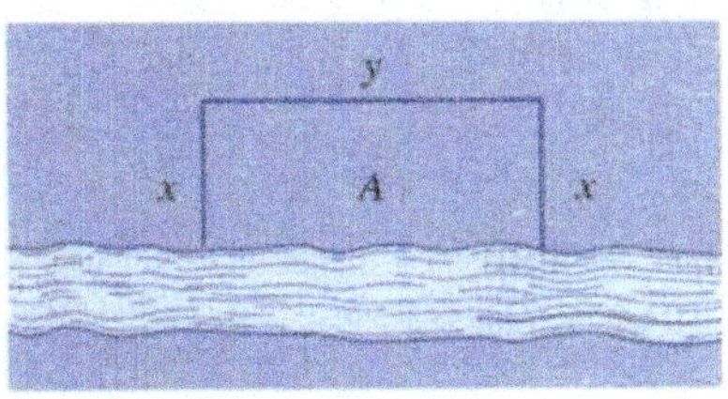

FIGURA 2

Se quiere expresar A en función de una sola variable, por lo que se elimina y expresa en términos de x. Para esto se utiliza la información dada de que la longitud total de la malla es 1200 m. Así

$$2x + y = 1200$$

De esta ecuación se tiene $y = 1200 - 2x$, lo que da

$$A = x(1200 - 2x) = 1200x - 2x^2$$

Observe que $x \geqslant 0$ y $x \leqslant 600$ (de lo contrario $A < 0$), por lo que la función que se desea maximizar es

$$A(x) = 1200x - 2x^2 \qquad 0 \leqslant x \leqslant 600$$

La derivada es $A'(x) = 1200 - 4x$, por lo que para encontrar los números críticos se resuelve

$$1200 - 4x = 0$$

que da $x = 300$. El valor máximo de A se debe producir en este número crítico o en un punto final del intervalo. Ya que $A(0) = 0$, $A(300) = 180\,000$ y $A(600) = 0$, el método del intervalo cerrado da el valor máximo cuando $A(300) = 180\,000$.

[Alternativamente, se podría haber observado que $A''(x) = -4 < 0$ para toda x, por lo que A es siempre cóncava hacia abajo y el máximo local en $x = 300$ debe ser un máximo absoluto.]

Por tanto, el campo rectangular debe tener 300 m de largo y 600 m de ancho. ■

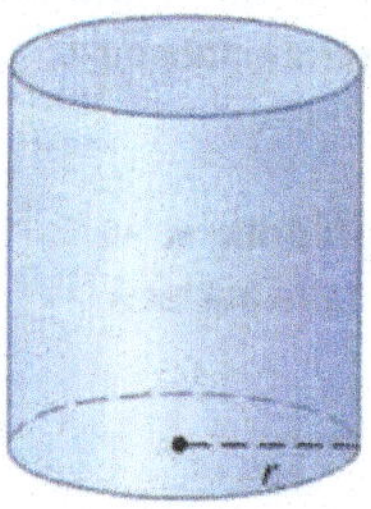

FIGURA 3

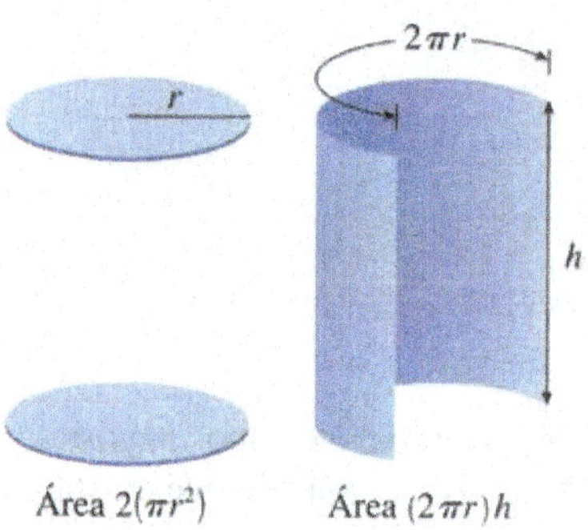

FIGURA 4

EJEMPLO 2 Se va a fabricar una lata que ha de contener 1 L de aceite. Encuentre las dimensiones que debe tener la lata de manera que minimicen el costo del metal para fabricarla.

SOLUCIÓN Dibuje el diagrama como el de la figura 3, donde r es el radio y h la altura (ambos en centímetros). Para minimizar el costo del metal, se minimiza el área superficial total del cilindro (tapa, fondo y lados). A partir de la figura 4, se ve que los lados se fabrican de una lámina rectangular con dimensiones $2\pi r$ y h. De esta manera, el área superficial es

$$A = 2\pi r^2 + 2\pi rh$$

Se debe expresar A en términos de una variable r. Para eliminar h se recurre al hecho de que el volumen está dado como 1 L, que es equivalente a 1000 cm^3. Así

$$\pi r^2 h = 1000$$

lo que da $h = 1000/(\pi r^2)$. Sustituyendo esto en la expresión para A, da

$$A = 2\pi r^2 + 2\pi r\left(\frac{1000}{\pi r^2}\right) = 2\pi r^2 + \frac{2000}{r}$$

Se sabe que r debe ser positivo y no hay limitaciones de qué tan grande puede ser r. Por tanto, la función que se quiere minimizar es

$$A(r) = 2\pi r^2 + \frac{2000}{r} \qquad r > 0$$

Para encontrar los números críticos, se deriva:

$$A'(r) = 4\pi r - \frac{2000}{r^2} = \frac{4(\pi r^3 - 500)}{r^2}$$

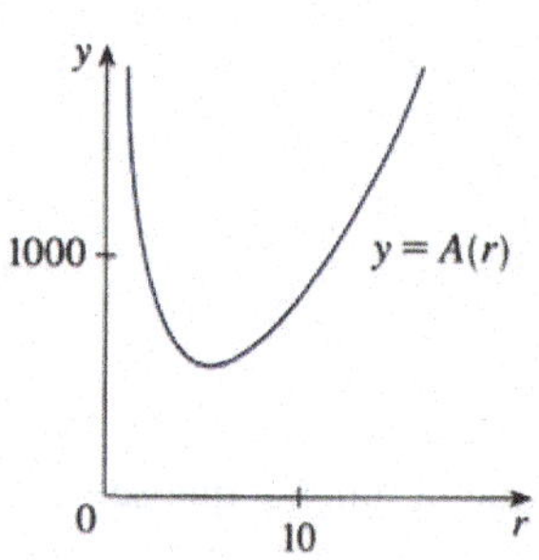

FIGURA 5

Entonces $A'(r) = 0$ cuando $\pi r^3 = 500$, por lo que el único número crítico es $r = \sqrt[3]{500/\pi}$.

Puesto que el dominio de A es $(0, \infty)$, no se puede aplicar el argumento del ejemplo 1 concerniente a los puntos extremos. Pero se puede observar que $A'(r) < 0$ para $r < \sqrt[3]{500/\pi}$ y $A'(r) > 0$ para $r > \sqrt[3]{500/\pi}$, por lo que A es decreciente para *toda* r a la izquierda del número crítico y creciente para *toda* r a la derecha. De este modo, $r = \sqrt[3]{500/\pi}$ debe dar lugar a un mínimo *absoluto*.

[Alternativamente, se podría argumentar que $A(r) \to \infty$ cuando $r \to 0^+$ y $A(r) \to \infty$ cuando $r \to \infty$, por lo que debe haber un valor mínimo de $A(r)$, que tiene que ocurrir en el número crítico. Véase la figura 5.]

En el Proyecto de aplicación en la página 343 se investiga la forma más económica para la fabricación de una lata tomando en cuenta otros costos de producción.

El valor de h correspondiente a $r = \sqrt[3]{500/\pi}$ es

$$h = \frac{1000}{\pi r^2} = \frac{1000}{\pi(500/\pi)^{2/3}} = 2\sqrt[3]{\frac{500}{\pi}} = 2r$$

Por lo que, para minimizar el costo de la lata, el radio debe ser $\sqrt[3]{500/\pi}$ cm y la altura debe ser igual al doble del radio, es decir, al diámetro. ■

NOTA 1 El argumento utilizado en el ejemplo 2 para justificar el mínimo absoluto es una variante de la prueba de la primera derivada (que solo se aplica a valores máximos o mínimos *locales*) y se establece aquí para referencia futura.

Prueba de la primera derivada para valores extremos absolutos Suponga que c es un número crítico de una función continua f definida sobre un intervalo.

(a) Si $f'(x) > 0$ para toda $x < c$ y $f'(x) < 0$ para toda $x > c$, entonces $f(c)$ es el valor máximo absoluto de f.

(b) Si $f'(x) < 0$ para toda $x < c$ y $f'(x) > 0$ para toda $x > c$, entonces $f(c)$ es el valor mínimo absoluto de f.

TEC Module 4.7 lo lleva a través de seis problemas adicionales de optimización, incluyendo animaciones de las situaciones físicas.

NOTA 2 Un método alternativo para resolver problemas de optimización es utilizar derivación implícita. Vea el ejemplo 2 nuevamente para ilustrar el método. Se trabaja con las mismas ecuaciones

$$A = 2\pi r^2 + 2\pi rh \qquad \pi r^2 h = 1000$$

pero en lugar de eliminar h, se deriva ambas ecuaciones implícitamente, respecto a r:

$$A' = 4\pi r + 2\pi rh' + 2\pi h \qquad \pi r^2 h' + 2\pi rh = 0$$

El mínimo se produce en un número crítico, por lo que se establece $A' = 0$; se simplifica para llegar a las ecuaciones

$$2r + rh' + h = 0 \qquad rh' + 2h = 0$$

y la sustracción da $2r - h = 0$, o $h = 2r$.

EJEMPLO 3 Encuentre el punto sobre la parábola $y^2 = 2x$ que está más cerca del punto $(1, 4)$.

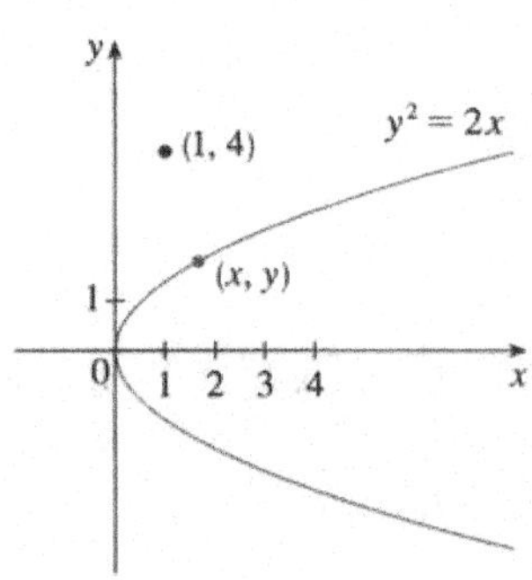

FIGURA 6

SOLUCIÓN La distancia entre el punto $(1, 4)$ y el punto (x, y) es

$$d = \sqrt{(x-1)^2 + (y-4)^2}$$

(Véase la figura 6). Pero si (x, y) se encuentra sobre la parábola, entonces $x = \frac{1}{2}y^2$, por lo que la expresión para d se convierte en

$$d = \sqrt{\left(\tfrac{1}{2}y^2 - 1\right)^2 + (y-4)^2}$$

(Como alternativa, se podría haber sustituido $y = \sqrt{2x}$ para obtener d solamente en términos de x.) En lugar de minimizar d, se minimiza su cuadrado:

$$d^2 = f(y) = \left(\tfrac{1}{2}y^2 - 1\right)^2 + (y-4)^2$$

(Se debe convencer de que el mínimo de d ocurre en el mismo punto donde ocurre el mínimo de d^2, pero es más fácil trabajar con d^2.) Derivando, se obtiene

$$f'(y) = 2\left(\tfrac{1}{2}y^2 - 1\right)y + 2(y - 4) = y^3 - 8$$

de manera que $f'(y) = 0$ cuando $y = 2$. Se observa que $f'(y) < 0$ cuando $y < 2$ y $f'(y) > 0$ cuando $y > 2$, por lo que, por la prueba de la primera derivada para valores extremos absolutos, el mínimo absoluto se obtiene cuando $y = 2$. (O simplemente se podría decir que, debido a la naturaleza geométrica del problema, es evidente que hay un punto más cercano, pero no un punto más lejano). El correspondiente valor de x es $x = \frac{1}{2}y^2 = 2$. Por tanto, el punto sobre $y^2 = 2x$ más cercano a $(1, 4)$ es $(2, 2)$. [La distancia entre los puntos $d = \sqrt{f(2)} = \sqrt{5}$.] ■

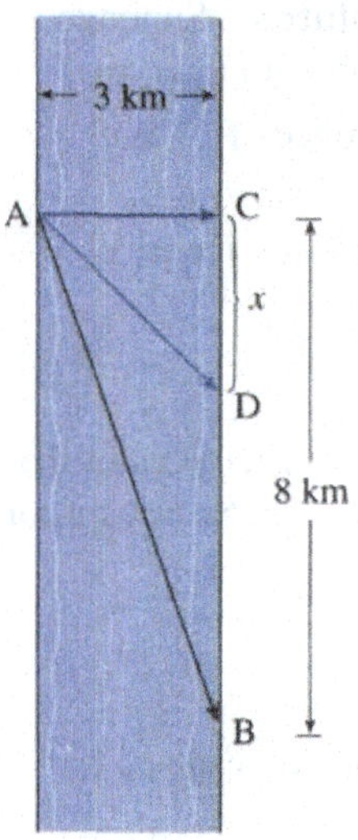

FIGURA 7

EJEMPLO 4 Un hombre lanza su lancha desde un punto A a la orilla de un río recto de 3 km de ancho y quiere alcanzar el punto B, 8 km abajo en la orilla opuesta, en el menor tiempo posible (véase la figura 7). Podría enfilar su lancha directamente a través del río al punto C y después correr a B, podría enfilarse directamente a B, o podría ir a algún punto D entre C y B para después avanzar corriendo hacia B. Si el hombre puede remar a 6 km/h y correr a 8 km/h, ¿dónde debe desembarcar para llegar a B tan pronto como sea posible? (Suponga que la rapidez del agua es insignificante en comparación con la rapidez a la que el hombre rema.)

SOLUCIÓN Sea x la distancia entre C y D, entonces la distancia que ha de correr es $|DB| = 8 - x$ y el teorema de Pitágoras da la distancia que ha de remar $|AD| = \sqrt{x^2 + 9}$. Se utiliza la ecuación

$$\text{tiempo} = \frac{\text{distancia}}{\text{rapidez}}$$

Entonces el tiempo de remo es $\sqrt{x^2 + 9}/6$, y el tiempo de carrera es $(8 - x)/8$, por lo que el tiempo total T como una función de x es

$$T(x) = \frac{\sqrt{x^2 + 9}}{6} + \frac{8 - x}{8}$$

El dominio de esta función T es $[0, 8]$. Se observa que si $x = 0$, él rema hacia C y si $x = 8$, rema directamente a B. La derivada de T es

$$T'(x) = \frac{x}{6\sqrt{x^2 + 9}} - \frac{1}{8}$$

Así, utilizando el hecho de que $x \geqslant 0$, se tiene

$$T'(x) = 0 \iff \frac{x}{6\sqrt{x^2 + 9}} = \frac{1}{8} \iff 4x = 3\sqrt{x^2 + 9}$$

$$\iff 16x^2 = 9(x^2 + 9) \iff 7x^2 = 81$$

$$\iff x = \frac{9}{\sqrt{7}}$$

El único número crítico es $x = 9/\sqrt{7}$. Para ver si el mínimo ocurre en este número crítico o en un punto final del dominio $[0, 8]$, se evalúa T siguiendo el método del intervalo cerrado en los tres puntos:

$$T(0) = 1.5 \qquad T\left(\frac{9}{\sqrt{7}}\right) = 1 + \frac{\sqrt{7}}{8} \approx 1.33 \qquad T(8) = \frac{\sqrt{73}}{6} \approx 1.42$$

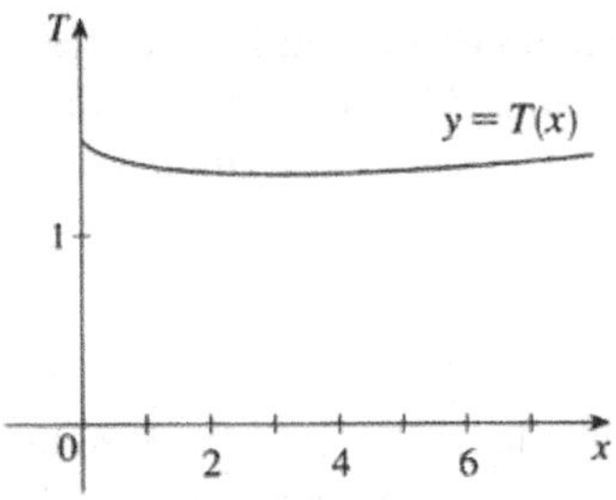

FIGURA 8

Como el más pequeño de estos valores de T se produce cuando $x = 9/\sqrt{7}$, el valor mínimo absoluto de T debe ocurrir allí. La figura 8 ilustra este cálculo mostrando la gráfica de T.

Así, el hombre debe desembarcar en un punto a $9/\sqrt{7}$ km ($\approx$3.4 km) río abajo de su punto de partida. ■

EJEMPLO 5 Encuentre el rectángulo de mayor área que puede ser inscrito en un semicírculo de radio r.

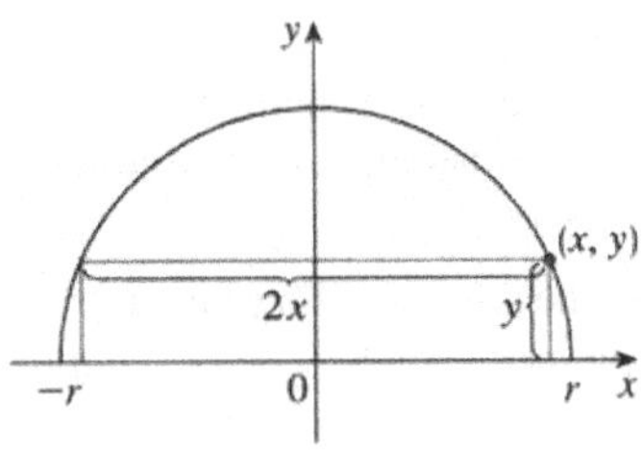

FIGURA 9

SOLUCIÓN 1 Se toma la semicircunferencia como la mitad superior de la circunferencia $x^2 + y^2 = r^2$ con centro en el origen. Entonces la palabra *inscrita* significa que el rectángulo tiene dos vértices sobre la semicircunferencia y dos vértices sobre el eje x, como se muestra en la figura 9.

Sea (x, y) el vértice que se encuentra en el primer cuadrante. Entonces el rectángulo tiene lados de longitud $2x$ y y, por lo que su área es

$$A = 2xy$$

Para eliminar y se recurre al hecho de que (x, y) se encuentra sobre la circunferencia $x^2 + y^2 = r^2$, por lo que $y = \sqrt{r^2 - x^2}$. Por tanto,

$$A = 2x\sqrt{r^2 - x^2}$$

El dominio de esta función es $0 \leqslant x \leqslant r$. Su derivada es

$$A' = 2\sqrt{r^2 - x^2} - \frac{2x^2}{\sqrt{r^2 - x^2}} = \frac{2(r^2 - 2x^2)}{\sqrt{r^2 - x^2}}$$

que es 0 cuando $2x^2 = r^2$, es decir, $x = r/\sqrt{2}$ (ya que $x \geqslant 0$). Este valor de x da un valor máximo de A porque $A(0) = 0$ y $A(r) = 0$. Por tanto, el rectángulo inscrito de mayor área es

$$A\left(\frac{r}{\sqrt{2}}\right) = 2\frac{r}{\sqrt{2}}\sqrt{r^2 - \frac{r^2}{2}} = r^2$$

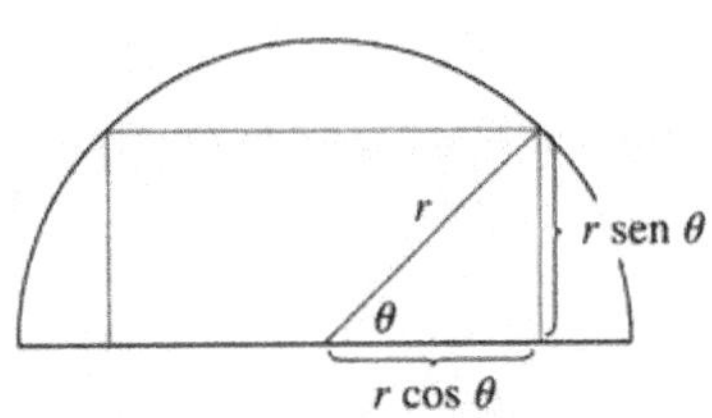

FIGURA 10

SOLUCIÓN 2 Es posible una solución más sencilla si se considera utilizar un ángulo como una variable. Sea θ el ángulo mostrado en la figura 10. Entonces el área del rectángulo es

$$A(\theta) = (2r\cos\theta)(r\,\text{sen}\,\theta) = r^2(2\,\text{sen}\,\theta\cos\theta) = r^2\,\text{sen}\,2\theta$$

Se sabe que sen 2θ tiene un valor máximo de 1 y se produce cuando $2\theta = \pi/2$. Por lo que $A(\theta)$ tiene un valor máximo de r^2 y se produce cuando $\theta = \pi/4$.

Observe que esta solución trigonométrica no implica derivación. De hecho, no se tiene que utilizar cálculo en absoluto. ■

■ Aplicaciones en negocios y economía

En la sección 3.7 se ha introducido la idea de costo marginal. Recuerde que si $C(x)$, la **función de costo** es el costo de producir x unidades de un determinado producto, entonces el **costo marginal** es la tasa de cambio de C respecto a x. En otras palabras, la función de costo marginal es la derivada, $C'(x)$, de la función de costo.

Ahora se considera la comercialización. Sea $p(x)$ el precio por unidad que la empresa puede cobrar si vende x unidades. Entonces p se llama **función de demanda** (o **función de precio**) y se esperaría que sea una función de x decreciente. (Más unidades vendidas corresponden a menor precio.) Si x unidades son vendidas y el precio por unidad es de $p(x)$, entonces el ingreso total es

$$R(x) = \text{cantidad} \times \text{precio} = xp(x)$$

y R se llama **función de ingreso**. La derivada R' de la función de ingreso se llama **función de ingreso marginal** y es la tasa de cambio de ingreso respecto al número de unidades vendidas.

Si se venden x unidades, entonces la utilidad total es

$$P(x) = R(x) - C(x)$$

y P se llama **función de utilidad**. La **función de utilidad marginal** es P', la derivada de la función de utilidad. En los ejercicios 59-63, se le pide que utilice las funciones de costo marginal, ingreso y utilidad para minimizar los costos y maximizar los ingresos y utilidades.

EJEMPLO 6 Una tienda ha estado vendiendo 200 televisiones de pantalla plana por semana a \$350 cada uno. Un estudio de mercado indica que por cada \$10 de descuento ofrecido a los compradores, el número de unidades vendidas se incrementará en 20 a la semana. Encuentre la función de demanda y la función de ingreso. ¿Qué tan grande debe ser el descuento que ofrezca la tienda para maximizar sus ingresos?

SOLUCIÓN Si x es el número de TV vendidas por semana, entonces el aumento semanal de ventas es $x - 200$. Por cada aumento de 20 unidades vendidas, el precio se reduce por \$10. Por tanto, por cada unidad adicional vendida, la disminución del precio será $\frac{1}{20} \times 10$, y la función de demanda es

$$p(x) = 350 - \tfrac{10}{20}(x - 200) = 450 - \tfrac{1}{2}x$$

La función de ingreso es

$$R(x) = xp(x) = 450x - \tfrac{1}{2}x^2$$

Puesto que $R'(x) = 450 - x$, se ve que $R'(x) = 0$ cuando $x = 450$. Este valor de x da un máximo absoluto por la prueba de la primera derivada (o simplemente al observar que la gráfica de R es una parábola que abre hacia abajo). El precio correspondiente es

$$p(450) = 450 - \tfrac{1}{2}(450) = 225$$

y el descuento es $350 - 225 = 125$. Por tanto, para maximizar el ingreso, la tienda debe ofrecer un descuento de \$125. ■

4.7 EJERCICIOS

1. Considere el problema siguiente: encuentre dos números cuya suma es 23 y cuyo producto es un máximo.
   (a) Haga una tabla de valores, como la siguiente, para la que la suma de los números en las dos primeras columnas siempre sea 23. Con base en las evidencias de la tabla, estime la respuesta al problema.
   (b) Utilice el cálculo para resolver el problema y compare con su respuesta al inciso (a).

Primer número	Segundo número	Producto
1	22	22
2	21	42
3	20	60
⋮	⋮	⋮

2. Encuentre dos números cuya diferencia es 100 y cuyo producto es un mínimo.

3. Encuentre dos números positivos cuyo producto es 100 y cuya suma es un mínimo.

4. La suma de dos números positivos es 16. ¿Cuál es el menor valor posible de la suma de sus cuadrados?

5. ¿Cuál es la distancia vertical máxima entre la recta $y = x + 2$ y la parábola $y = x^2$ para $-1 \leqslant x \leqslant 2$?

6. ¿Cuál es la distancia vertical mínima entre las parábolas $y = x^2 + 1$ y $y = x - x^2$?

7. Encuentre las dimensiones de un rectángulo con un perímetro de 100 metros, cuya área sea tan grande como sea posible.

8. Encuentre las dimensiones de un rectángulo con área de 1000 m^2 cuyo perímetro sea tan pequeño como sea posible.

9. Un modelo utilizado para el rendimiento Y de una producción agrícola como una función del nivel de nitrógeno N en el suelo (medido en unidades adecuadas) es

$$Y = \frac{kN}{1 + N^2}$$

donde k es una constante positiva. ¿Qué nivel de nitrógeno ofrece el mejor rendimiento?

10. La rapidez (en mg carbono/m^3/h) en que la fotosíntesis tiene lugar para una especie de fitoplancton está modelada por la función

$$P = \frac{100I}{I^2 + I + 4}$$

donde I es la intensidad de luz (medida en miles de pie-candela) ¿Para qué intensidad de luz P es máxima?

11. Considere el problema siguiente: un agricultor que tiene 300 m de material para cercar quiere dividir un área rectangular en cuatro terrenos poniendo cercas paralelas a un lado del rectángulo. ¿Cuál es el área total más grande posible de los cuatro terrenos cercados?
(a) Dibuje varios diagramas que ilustren la situación, algunos con terrenos cortos, anchos y largos, angostos. Encuentre las áreas totales de estas configuraciones. ¿Parece que hay un área máxima? Si es así, calcúlela.
(b) Dibuje un diagrama que ilustre la situación general. Introduzca la notación y etiquete el diagrama con sus símbolos.
(c) Escriba una expresión para el área total.
(d) Utilice la información proporcionada para plantear una ecuación que relacione las variables.
(e) Utilice el inciso (d) para expresar el área total como una función de una variable.
(f) Termine de resolver el problema y compare la respuesta con su cálculo del inciso (a).

12. Considere el problema siguiente: se desea construir una caja con tapa abierta, utilizando una pieza cuadrada de cartón de 3 m de ancho, recortando un cuadrado en cada una de las cuatro esquinas y doblando los costados. Encuentre el volumen más grande que esa caja puede tener.
(a) Dibuje varios diagramas para ilustrar la situación, algunas cajas de poca altura con bases grandes y algunas cajas de mucha altura con bases pequeñas. Encuentre los volúmenes de varias de esas cajas. ¿Parece que existe un volumen máximo? Si es así, estímelo.
(b) Dibuje un diagrama que ilustre la situación general. Introduzca la notación y etiquete el diagrama con sus símbolos.
(c) Escriba una expresión para el volumen.
(d) Utilice la información dada para escribir una ecuación que relacione las variables.
(e) Utilice el inciso (d) para expresar el volumen como función de una variable.
(f) Termine de resolver el problema y compare la respuesta con su estimación en el inciso (a).

13. Un agricultor quiere cercar un área de 15 000 m^2 cuadrados en un terreno rectangular y luego dividirlo por la mitad, con una cerca paralela a uno de los lados del rectángulo. ¿Cómo puede el agricultor hacer esto para minimizar el costo de la cerca?

14. Una caja con una base cuadrada, abierta en la parte superior, debe tener un volumen de 32 000 cm^3. Encuentre las dimensiones de la caja que minimicen la cantidad de material utilizado.

15. Si se dispone de 1200 cm^2 de material para hacer una caja con una base cuadrada y sin tapa; encuentre el mayor volumen posible de la caja.

16. Un contenedor rectangular de almacenamiento sin tapa ha de tener un volumen de 10 m^3. La longitud de su base es dos veces el ancho. El material para la base cuesta \$10 por metro cuadrado y el material para los costados cuesta \$6 por metro cuadrado. Encuentre el costo de los materiales que hagan más barato el contenedor.

17. Resuelva el ejercicio 16 suponiendo que el contenedor tiene una tapa fabricada con el mismo material que los lados.

18. Un granjero quiere cercar un terreno rectangular junto a la pared norte de su granero. La cerca no es necesaria a lo largo del granero, y la cerca a lo largo del lado oeste de la parcela es compartida con un vecino con quien se dividirá el costo de la parte de la cerca. Si la cerca cuesta \$30 por metro lineal para instalar y el agricultor no está dispuesto a gastar más de \$1 800, encuentre las dimensiones del terreno que tenga la mayor área.

19. Si el granjero en el ejercicio 18 quiere incluir 150 metros cuadrados de terreno, ¿qué dimensiones minimizarán el costo de la cerca?

20. (a) Demuestre que de todos los rectángulos con un área dada, el de perímetro más pequeño es un cuadrado.
(b) Demuestre que de todos los rectángulos con un perímetro dado, el de mayor área es un cuadrado.

21. Encuentre el punto sobre la recta $y = 2x + 3$ que está más cerca del origen.

22. Determine el punto sobre la curva $y = \sqrt{x}$ que está más cerca del punto (3, 0).

23. Determine los puntos sobre la elipse $4x^2 + y^2 = 4$ que están más lejos del punto (1,0).

24. Encuentre, redondeadas a dos decimales, las coordenadas del punto sobre la curva $y = \operatorname{sen} x$ que está más cerca del punto (4, 2).

25. Determine las dimensiones del rectángulo de mayor área que se puede inscribir en un círculo de radio r.

26. Encuentre el rectángulo de mayor área que se puede inscribir en la elipse $x^2/a^2 + y^2/b^2 = 1$.

27. Encuentre las dimensiones del rectángulo de mayor área que se puede inscribir en un triángulo equilátero de lado L si uno de los lados del rectángulo se encuentra sobre la base del triángulo.

28. Determine el área del trapecio más grande que se puede inscribir en un círculo de radio 1 y cuya base es un diámetro del círculo.

29. Encuentre las dimensiones del triángulo isósceles de mayor área que se puede inscribir en un círculo de radio r.

30. Si los dos lados iguales de un triángulo isósceles tienen longitud a, determine la longitud del tercer lado que maximice el área del triángulo.

31. Determine el cilindro de mayor volumen posible que se puede inscribir en una esfera de radio r.

32. Busque el cilindro de mayor volumen posible que se puede inscribir en un cono de altura h y radio de la base r.

33. Encuentre el cilindro circular recto de mayor superficie que se puede inscribir en una esfera de radio r.

34. Una ventana normanda tiene la forma de un rectángulo rematado por un semicírculo. (Así, el diámetro del semicírculo es igual al ancho del rectángulo. Véase el ejercicio 1.1.62.) Si el perímetro de la ventana es de 10 m, encuentre las dimensiones de la ventana para que sea admitida la mayor cantidad posible de luz.

35. Los márgenes superior e inferior de un cartel son de 6 cm y los márgenes de los lados de 4 cm. Si el área de impresión sobre el cartel se fija en 384 cm², encuentre las dimensiones del cartel con la menor área.

36. Un cartel debe tener un área de 900 cm² con márgenes de 3 cm en la parte inferior y laterales, y un margen de 5 cm en la parte superior. ¿Qué dimensiones darán la mayor área de impresión?

37. Un pedazo de alambre de 10 m de largo está cortado en dos piezas. Una pieza está doblada en forma de cuadrado y la otra de un triángulo equilátero. (a) ¿Cómo se debe cortar el alambre para que el área total encerrada sea un máximo?, (b) ¿un mínimo?

38. Conteste el ejercicio 37 si una pieza está doblada en forma de un cuadrado y la otra de un círculo.

39. Si le ofrecen una rebanada de pizza redonda (en otras palabras, un sector de un círculo) y el segmento debe tener un perímetro de 60 cm, ¿qué diámetro debe tener la pizza para recompensarle con la rebanada más grande?

40. Una cerca de 2 m de altura corre paralela a una distancia de 1 m de un edificio alto. ¿Cuál es la escalera de menor longitud que, colocada en el suelo, pasando sobre la cerca, alcanzará la pared del edificio?

41. Un recipiente cónico para beber se hace de una pieza circular de papel de radio R, recortando un sector y uniendo los bordes CA y CB. Encuentre la capacidad máxima de dicho recipiente.

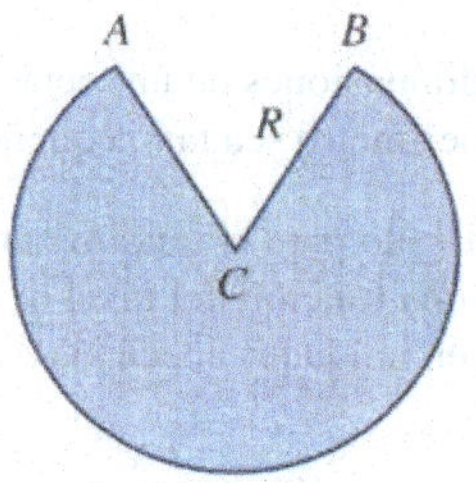

42. Un recipiente para beber, en forma de cono, se diseña para contener 27 cm³ de agua. Encuentre la altura y el radio del cono que utilizará la menor cantidad de papel.

43. Un cono de altura h está inscrito en un cono de mayor tamaño con altura H, de manera que su vértice está en el centro de la base del cono más grande. Demuestre que el cono interior tiene volumen máximo cuando $h = \frac{1}{3}H$.

44. Un objeto con masa m es arrastrado a lo largo de un plano horizontal por una fuerza que actúa a lo largo de una cuerda atada al objeto. Si la cuerda forma un ángulo θ con un plano, entonces la magnitud de la fuerza es

$$F = \frac{\mu m g}{\mu \operatorname{sen} \theta + \cos \theta}$$

donde μ es una constante denominada coeficiente de fricción. ¿Para qué valor de θ es F más pequeña?

45. Si se conecta una resistencia de R ohms a través de una batería de E volts con resistencia interna de r ohms, entonces la potencia (en watts) en la resistencia externa es

$$P = \frac{E^2 R}{(R + r)^2}$$

Si E y r son fijos, pero R varía, ¿cuál es el valor máximo de la potencia?

46. Para un pez nadando a una rapidez v relativa al agua, el gasto de energía por unidad de tiempo es proporcional a v^3. Se cree que durante la migración, los peces intentan minimizar la energía total requerida para nadar una distancia fija. Si los peces están nadando contra una corriente u ($u < v$), entonces el tiempo necesario para nadar una distancia L es $L/(v-u)$, y la energía total E necesaria para nadar la distancia está dada por

$$E(v) = av^3 \cdot \frac{L}{v-u}$$

donde a es la constante de proporcionalidad.

(a) Determine el valor de v que minimiza E.

(b) Trace la gráfica de E.

Nota: este resultado ha sido verificado experimentalmente; en la migración, los peces nadan contra la corriente a una velocidad de 50% mayor que la rapidez de la corriente.

47. En un panal, cada celda es un prisma hexagonal regular, abierto en un extremo en un ángulo triedro en el otro extremo como en la figura. Se cree que las abejas forman sus celdas de modo que se minimice la superficie para una longitud y altura dadas, utilizando así la menor cantidad de cera en la construcción de la celda. El examen de estas celdas ha demostrado que la medida del ángulo θ del vértice es sorprendentemente consistente. Con base en la geometría de la celda, se puede demostrar que la superficie S está dada por

$$S = 6sh - \tfrac{3}{2}s^2 \cot\theta + \left(3s^2\sqrt{3}/2\right)\csc\theta$$

donde s, la longitud de los lados del hexágono y h, la altura, son constantes.

(a) Calcule $dS/d\theta$.

(b) ¿Qué ángulo deberían preferir las abejas?

(c) Determine la superficie mínima de la celda (en términos de s y h).

Nota: se han realizado las mediciones reales del ángulo θ en panales, y las medidas de estos ángulos difieren raramente del valor calculado por más de 2°.

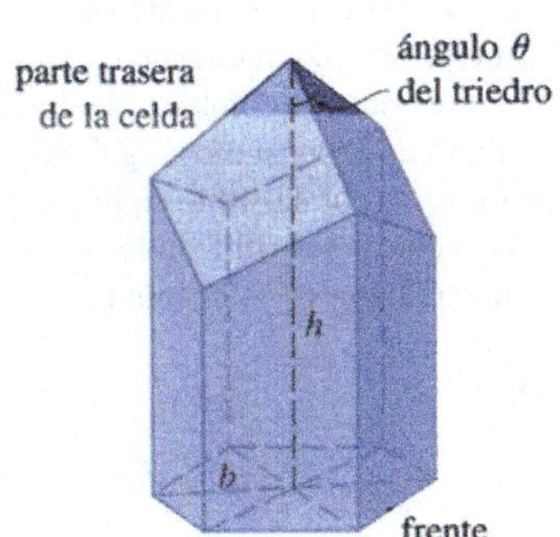

48. Un barco sale de un muelle a las 14:00 horas y viaja hacia el sur a una velocidad de 20 km/h. Otro barco ha estado dirigiéndose hacia el este a 15 km/h y llega al mismo muelle a las 15:00 horas. ¿A qué hora estuvieron los dos barcos más cerca uno del otro?

49. Resuelva el problema en el ejemplo 4 si el río es de 5 km de ancho y el punto B está a solo 5 km río abajo de A.

50. Una mujer, en un punto A en la orilla de un lago circular con radio de 3 km, quiere llegar al punto C diametralmente opuesto a A al otro lado del lago en el menor tiempo posible (véase la figura). Ella puede caminar a una rapidez de 6 km/h y remar a 3 km/h. ¿Cómo debe proceder?

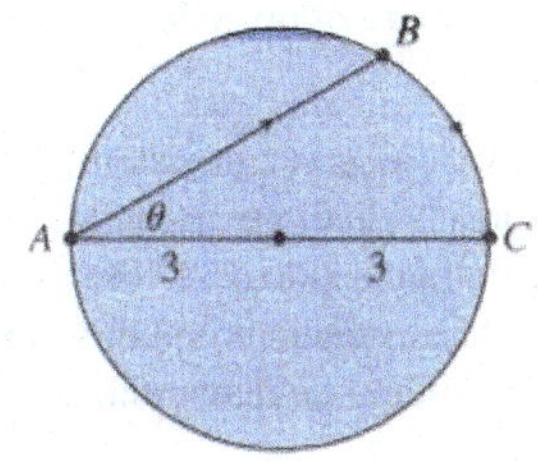

51. Una refinería de petróleo se encuentra en la orilla norte de un río recto que tiene 2 km de ancho. Se debe construir una tubería desde la refinería a tanques de almacenamiento situados en la orilla sur del río, 6 km al este de la refinería. El costo de colocación de tubería es \$400 000/km sobre la tierra a un punto P a la orilla norte y \$800 000/km bajo el río a los tanques. Para minimizar el costo de la tubería, ¿dónde se debe ubicar P?

52. Suponga que la refinería en el ejercicio 51 está situada a 1 km al norte del río. ¿Dónde debe estar ubicado P?

53. La iluminación de un objeto por una fuente de luz es directamente proporcional a la intensidad de la fuente, e inversamente proporcional al cuadrado de la distancia a la fuente. Si dos fuentes luminosas, una tres veces más intensa que la otra, se colocan a 4 m de distancia, ¿dónde se debe colocar un objeto en la recta entre las fuentes para recibir la menor iluminación?

54. Encuentre la ecuación de la recta que pasa por el punto (3, 5) que corta el primer cuadrante con la menor área.

55. Sean a y b números positivos. Encuentre la longitud del menor segmento de recta que corta el primer cuadrante y pasa por el punto (a, b).

56. ¿En qué puntos de la curva $y = 1 + 40x^3 - 3x^5$ tiene la recta tangente con pendiente más grande?

57. ¿Cuál es la longitud más corta posible del segmento de recta que corta el primer cuadrante y es tangente a la curva $y = 3/x$ en algún punto?

58. ¿Cuál es el triángulo de menor área posible que corta el primer cuadrante y cuya hipotenusa es tangente a la parábola $y = 4 - x^2$ en algún punto?

59. (a) Si $C(x)$ es el costo de producir x unidades de un producto, entonces el **costo promedio** por unidad es de $c(x) = C(x)/x$. Demuestre que si el costo promedio es un mínimo, entonces el costo marginal es igual al costo promedio.

(b) Si $C(x) = 16\,000 + 200x + 4x^{3/2}$, en dólares, encuentre (i) el costo, el costo promedio y el costo marginal a un nivel de producción de 1 000 unidades; (ii) el nivel de producción que minimizará el costo promedio, y (iii) el costo promedio mínimo.

60. (a) Demuestre que si la utilidad $P(x)$ es un máximo, entonces el ingreso marginal es igual al costo marginal.
(b) Si $C(x) = 16\,000 + 500x - 1.6x^2 + 0.004x^3$ es la función de costo y $p(x) = 1\,700 - 7x$ es la función de demanda, encuentre el nivel de producción que maximiza la utilidad.

61. Un equipo de béisbol juega en un estadio con capacidad para 55 000 espectadores. Con el precio de las entradas a \$10, la asistencia promedio había sido de 27 000. Cuando los precios se redujeron a \$8, la asistencia promedio subió a 33 000.
(a) Encuentre la función de demanda, suponiendo que es lineal.
(b) ¿Cómo se deben establecer los precios de las entradas para maximizar los ingresos?

62. Durante los meses de verano, Terry hace y vende collares en la playa. El verano pasado vendió los collares a \$10 cada uno y sus ventas promedio fueron de 20 por día. Cuando aumentó el precio por \$1, encontró que el promedio disminuyó dos ventas por día.
(a) Encuentre la función de demanda, suponiendo que es lineal.
(b) Si el material para cada collar le cuesta a Terry \$6, ¿qué precio de venta debe maximizar su utilidad?

63. Un comerciante ha estado vendiendo 1200 tablets a la semana a \$350 cada una. Un estudio de mercado indica que, por cada \$10 de descuento ofrecido al comprador, el número de tablets vendidas se incrementará en 80 por semana.
(a) Encuentre la función de demanda.
(b) ¿Cuál debe ser el precio para maximizar los ingresos?
(c) Si la función de costo semanal del comerciante es

$$C(x) = 35000 + 120x$$

¿qué precio se debería elegir para maximizar sus ganancias?

64. Una empresa opera 16 pozos de petróleo en un área designada. Cada bomba, en promedio, extrae 240 barriles de petróleo diariamente. La compañía puede agregar más pozos, pero cada pozo que agrega reduce la producción diaria promedio de cada uno de los pozos en 8 barriles. ¿Cuántos pozos debe agregar la empresa para empezar a maximizar la producción diaria?

65. Demuestre que, de todos los triángulos isósceles con un perímetro dado, el de mayor área es equilátero.

66. Considere la situación en el ejercicio 51 si el costo de colocación de la tubería bajo del río es considerablemente más alto que el costo de colocación de tuberías sobre la tierra (\$400 000/km). Usted puede inferir que, en algunos casos, se debe utilizar la mínima distancia posible debajo del río, y que P debe estar situado a 6 km de la refinería, justo enfrente de los tanques de almacenamiento. Demuestre que esto *nunca* es el caso, sin importar cuál sea el costo "bajo el río".

67. Considere la recta tangente a la elipse $x^2/a^2 + y^2/b^2 = 1$ en un punto (p, q) en el primer cuadrante.
(a) Demuestre que la tangente tiene intersección en $x = a^2/p$ y la intersección en $y = b^2/q$.
(b) Demuestre que la parte de la tangente que interseca los ejes de coordenadas tiene una longitud mínima de $a + b$.
(c) Demuestre que el triángulo formado por la recta tangente y los ejes de coordenadas tiene a ab como área mínima.

SAC **68.** El marco de una cometa está hecho de seis piezas de madera. Las cuatro piezas exteriores se han recortado con las longitudes indicadas en la figura. Para maximizar el área de la cometa, ¿qué longitud deben tener las piezas diagonales?

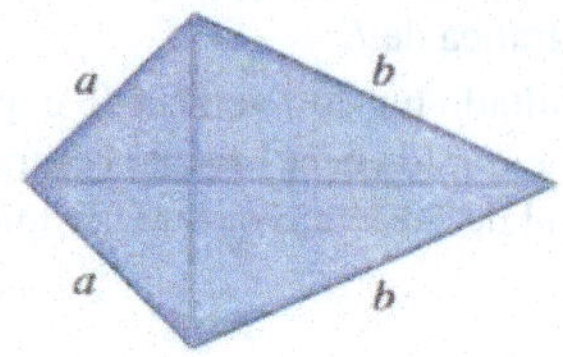

69. Un punto P debe estar ubicado en algún lugar sobre la recta AD, de manera que la longitud total L de cables ligados de P a los puntos A, B y C se minimice (véase la figura). Exprese L como una función de $x = |AP|$ y utilice las gráficas de L y dL/dx para estimar el valor mínimo de L.

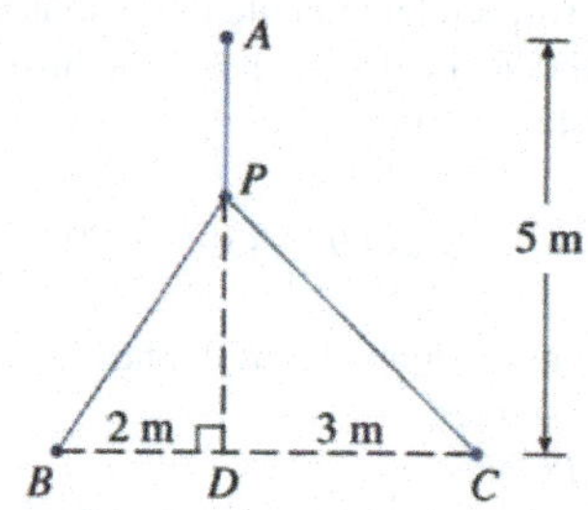

70. La gráfica muestra el consumo de combustible c de un automóvil (medido en litros por hora) en función de la velocidad v del automóvil. A muy bajas velocidades el motor funciona de manera ineficiente, así que inicialmente c disminuye conforme aumenta la velocidad. Pero a alta velocidad el consumo de combustible se incrementa. Se puede ver que $c(v)$ está minimizada para este automóvil cuando $v \approx 48$ km/h. Sin embargo, para la eficiencia de combustible, lo que se debe reducir al mínimo no es el consumo en galones por hora, sino más bien el consumo de combustible en litros *por kilómetro*. Se llamará G a este consumo. Utilizando la gráfica, estime la velocidad en la que G tiene su valor mínimo.

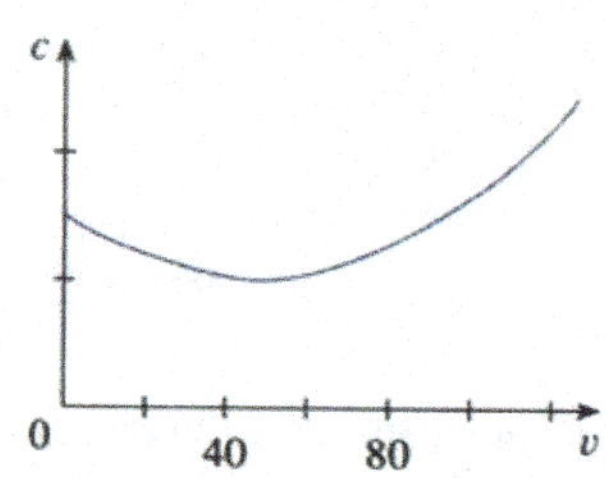

71. Sea v_1 la velocidad de la luz en el aire y v_2 la velocidad de la luz en el agua. De acuerdo con el principio de Fermat, un rayo de luz viajará desde un punto A en el aire a un punto B en el agua por una trayectoria ACB que minimiza el tiempo de recorrido. Demuestre que

$$\frac{\operatorname{sen}\theta_1}{\operatorname{sen}\theta_2} = \frac{v_1}{v_2}$$

donde θ_1 (el ángulo de incidencia) y θ_2 (el ángulo de refracción) son como se muestra. Esta ecuación se conoce como la ley de Snell.

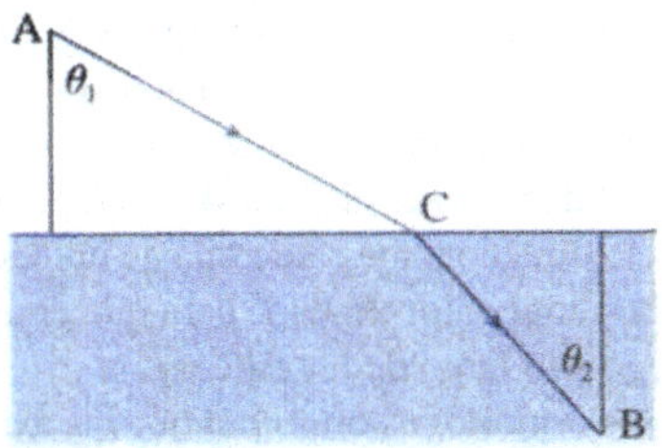

72. Dos postes verticales PQ y ST están asegurados por una cuerda PRS que van desde la parte superior del primer poste a la parte superior del segundo poste como en la figura. Demuestre que la longitud más corta de esa cuerda se produce cuando $\theta_1 = \theta_2$.

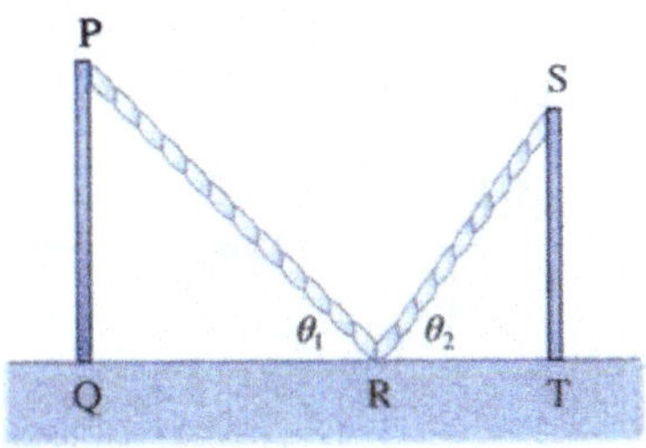

73. Se pliega la esquina superior derecha de un pedazo de papel de 30 cm por 20 cm, como en la figura, sobre la orilla inferior. ¿Cómo debería usted plegarla para minimizar la longitud del pliegue? En otras palabras, ¿cómo se elige x para minimizar y?

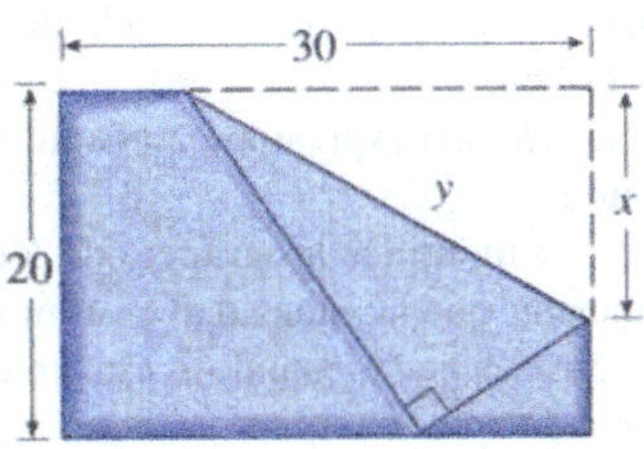

74. Se lleva cargando un tubo de acero por un pasillo de 3 metros de ancho. Al final de la sala hay un giro recto en un estrecho pasillo de 2 m de ancho. ¿Cuál es la longitud del tubo más largo que puede dar la vuelta horizontalmente alrededor de la esquina?

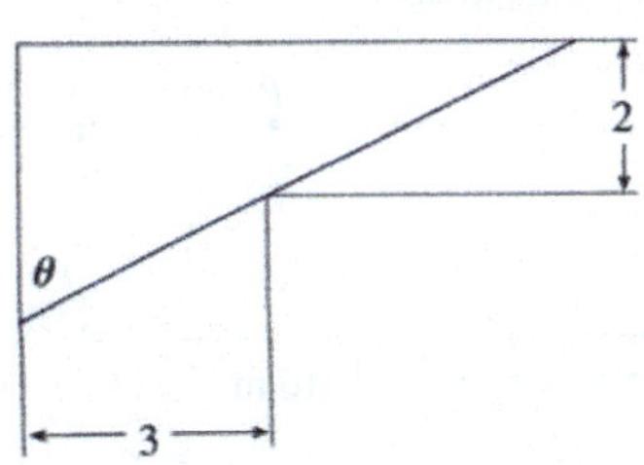

75. Un observador se encuentra en un punto P a una unidad de una pista. Dos corredores comienzan en el punto S en la figura y corren a lo largo de la pista. Un atleta corre tres veces más rápido que el otro. Encuentre el valor máximo del ángulo de vista del observador θ entre los corredores.

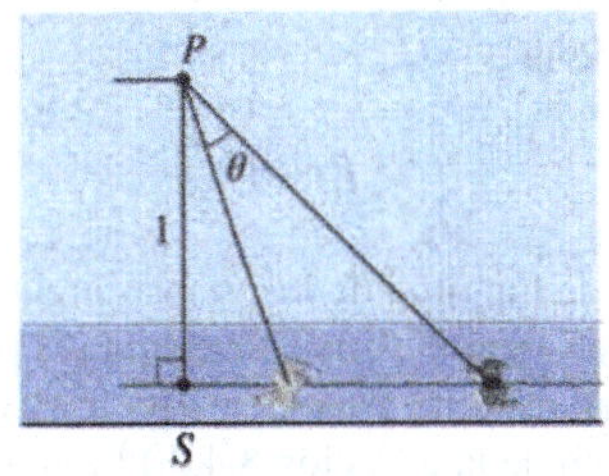

76. Se desea construir una caída de agua de lluvia utilizando una hoja de metal de 30 cm de ancho, plegando hasta un tercio a cada lado de la hoja con un ángulo θ. ¿Cómo se debe elegir θ de manera que el canal conduzca la cantidad máxima de agua?

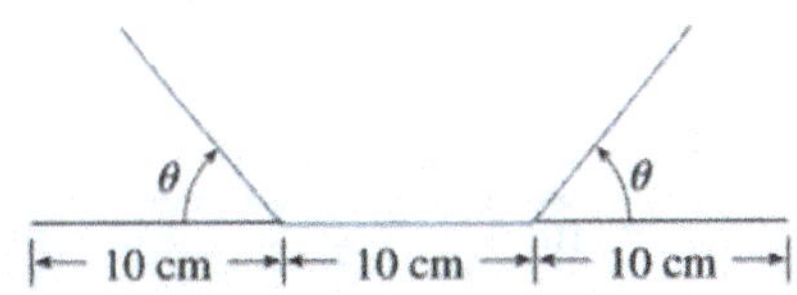

77. ¿Dónde debe elegirse el punto P sobre el segmento de recta AB tal que maximice el ángulo θ?

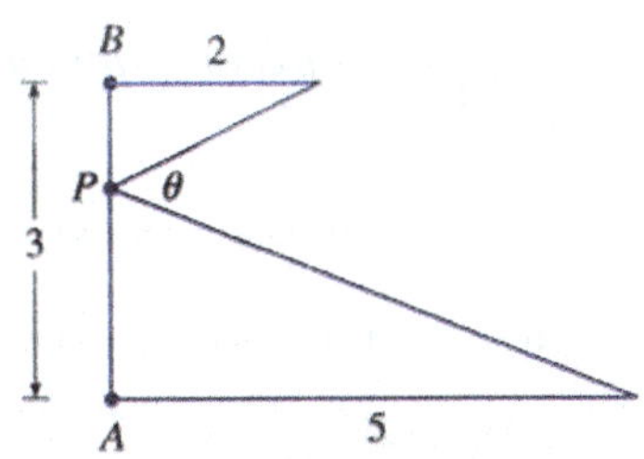

78. Una pintura en una galería de arte tiene altura h y está colgada de manera que su borde inferior esté a una distancia d sobre el ojo de un observador (como se muestra en la figura). ¿Hasta qué punto de la pared debe estar el observador para tener la mejor vista? (En otras palabras, ¿dónde debe pararse el observador para maximizar el ángulo θ subtendido a su ojo por la pintura?)

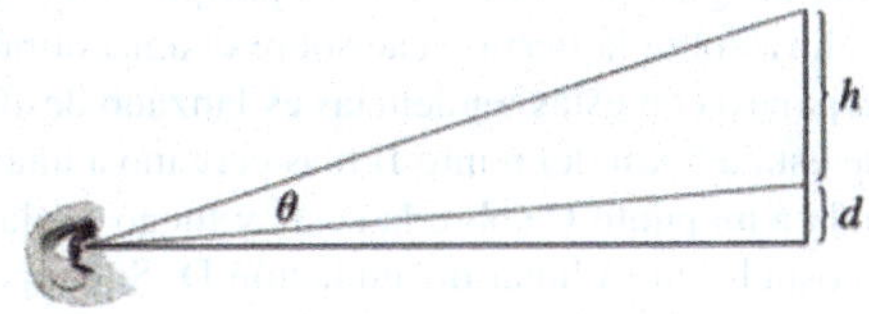

79. Encuentre el rectángulo de área máxima que puede ser circunscrito por un rectángulo dado con longitud L y ancho W. [*Sugerencia*: exprese el área en función de un ángulo θ.]

80. El sistema vascular de sangre consiste en vasos sanguíneos (arterias, arteriolas, capilares y venas) que trasladan la sangre desde el corazón hasta los órganos y de estos al corazón. Este sistema debe trabajar de manera que minimice la energía gastada por el corazón al bombear la sangre. En particular, esta energía se reduce cuando disminuye la resistencia de la sangre. Una de las leyes de Poiseuille da la resistencia R de la sangre como

$$R = C\frac{L}{r^4}$$

donde L es la longitud de los vasos sanguíneos, r es el radio y C es una constante positiva, determinada por la viscosidad de la sangre. (Poiseuille estableció esta ley experimentalmente, pero también de la ecuación 8.4.2.) La figura muestra un vaso principal con radio r_1 bifurcado en un ángulo θ en un vaso más pequeño con radio r_2.

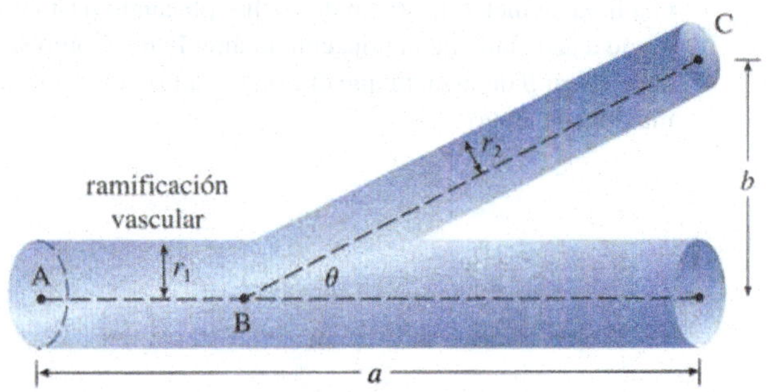

(a) Utilice la ley de Poiseuille para demostrar que la resistencia total de la sangre a lo largo de la ruta ABC es

$$R = C\left(\frac{a - b\cot\theta}{r_1^4} + \frac{b\csc\theta}{r_2^4}\right)$$

donde a y b son las distancias que se muestran en la figura.

(b) Demuestre que esta resistencia se minimiza cuando

$$\cos\theta = \frac{r_2^4}{r_1^4}$$

(c) Encuentre el ángulo de bifurcación óptimo (aproximado al grado más cercano) cuando el radio de los vasos sanguíneos más pequeños es dos tercios el radio del vaso más grande.

81. Los ornitólogos han determinado que algunas especies de aves tienden a evitar vuelos sobre grandes masas de agua durante el día. Se cree que requieren más energía para volar sobre el agua que sobre la tierra porque el aire generalmente se eleva sobre la tierra y cae sobre el agua durante el día. Un pájaro con estas tendencias es lanzado desde una isla que está a 5 km del punto B más cercano a una costa recta, vuela a un punto C sobre la costa y luego vuela a lo largo de la costa hasta su lugar de anidación D. Suponga que el ave elige instintivamente un camino que minimiza su gasto de energía. Los puntos B y D están a 13 km de distancia uno del otro.

(a) En general, si requiere 1.4 veces más energía para volar sobre el agua que sobre la tierra, ¿a qué punto C debe el ave volar tal que minimice la energía total gastada en regresar a su zona de anidación?

(b) Sean W y L la energía (en joules) por kilómetro volado sobre agua y tierra, respectivamente. ¿Qué significaría un valor muy grande de la relación W/L en términos del vuelo de las aves? ¿Qué significaría un valor pequeño? Determine la relación W/L correspondiente al gasto mínimo de energía.

(c) ¿Cuál debería ser el valor de W/L para que el ave vuele directamente a su zona de anidación D? ¿Cuál debe ser el valor de W/L para que el ave vuele a B y luego a lo largo de la orilla a D?

(d) Si los ornitólogos observan que las aves de cierta especie llegan a la orilla en un punto a 4 km de B, ¿cuántas veces más energía necesita un ave para volar sobre el agua que sobre la tierra?

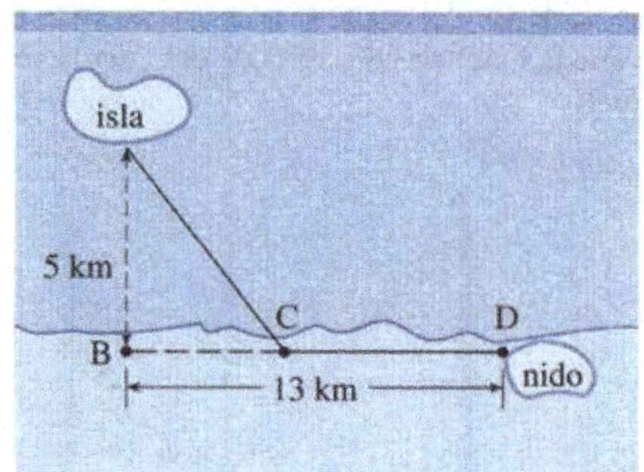

82. Dos fuentes luminosas de idéntica intensidad se colocan separadas 10 m. Un objeto se ha de colocar en un punto P sobre una recta ℓ paralela a la recta que une las fuentes de luz y a una distancia d metros de ella (véase la figura). Se quiere localizar P sobre ℓ de manera que se minimice la intensidad de iluminación. Se tiene que utilizar el hecho de que la intensidad de iluminación de una fuente única es directamente proporcional a la intensidad de la fuente e inversamente proporcional al cuadrado de la distancia desde el origen.

(a) Encuentre una expresión para la intensidad $I(x)$ en el punto P.

(b) Si $d = 5$ m, utilice las gráficas de $I(x)$ y de $I'(x)$ para demostrar que la intensidad es minimizada cuando $x = 5$ m, es decir, cuando P está en el punto medio de ℓ.

(c) Si $d = 10$ m, demuestre que la intensidad (quizá sorprendentemente) *no* se minimiza en el punto medio.

(d) En algún punto entre $d = 5$ m y $d = 10$ m hay un valor de transición de d en el que el punto de mínima iluminación cambia abruptamente. Calcule este valor de d por métodos gráficos. Luego, encuentre el valor exacto de d.

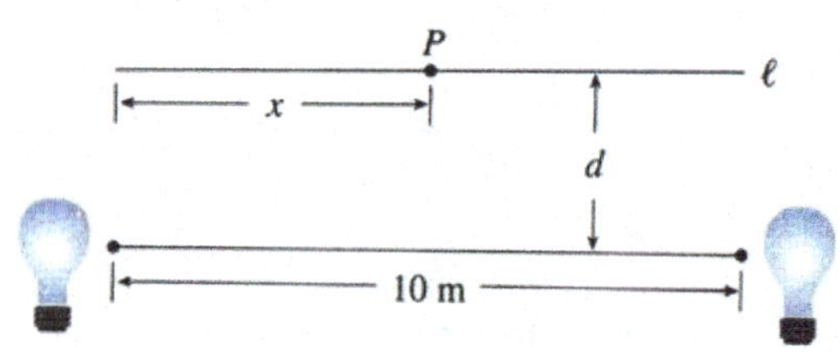

PROYECTO DE APLICACIÓN LA FORMA DE UNA LATA

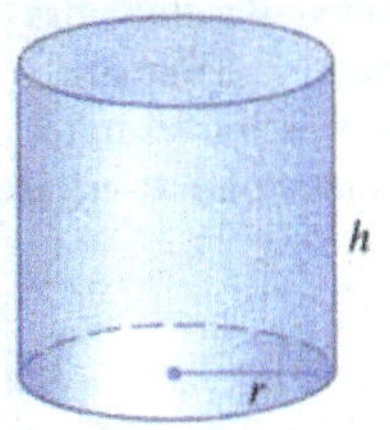

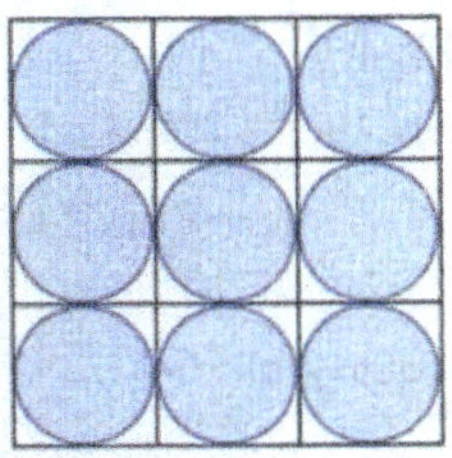

Discos cortados en cuadrados

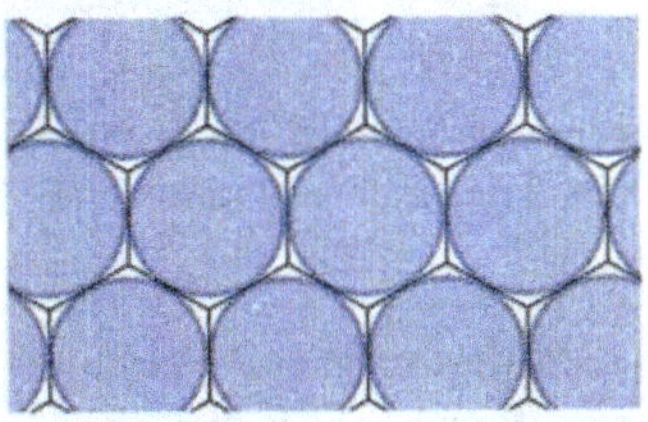

Discos cortados en hexágonos

En este proyecto se investiga la forma más económica para una lata. Primero se interpreta que esto significa que el volumen V de una lata cilíndrica está dado y que se tiene que encontrar la altura h y radio r que minimizan el costo del metal para fabricar la lata (véase la figura). Si se está haciendo caso omiso de cualquier residuo de metal en el proceso de fabricación, el problema es minimizar la superficie del cilindro. Se resolvió este problema en el ejemplo 4.7.2 y se encontró que $h = 2r$; es decir, la altura debe ser la misma que el diámetro. Pero si va a la alacena o a un supermercado con una regla, descubrirá que la altura es generalmente mayor que el diámetro, y la relación h/r varía desde 2 hasta aproximadamente 3.8. Se va a ver si se puede explicar este fenómeno.

1. El material para las latas se corta de hojas de metal. Las partes cilíndricas se forman doblando rectángulos; estos rectángulos son cortados de la hoja buscando poco o ningún desperdicio. Pero si se cortan los discos superior e inferior de cuadrados de lado $2r$ (como en la figura), esto deja un desperdicio considerable de metal, que puede ser reciclado, pero tiene poco o ningún valor para los fabricantes de la lata. Si este es el caso, demuestre que la cantidad de metal utilizada es minimizada cuando

$$\frac{h}{r} = \frac{8}{\pi} \approx 2.55$$

2. Un embalaje más eficiente de los discos se obtiene dividiendo la hoja de metal en hexágonos y cortando las tapas circulares y bases de los hexágonos (véase la figura). Demuestre que si se adopta esta estrategia, entonces

$$\frac{h}{r} = \frac{4\sqrt{3}}{\pi} \approx 2.21$$

3. Los valores de h/r que se encontraron en los problemas 1 y 2 son un poco más parecidos a los que realmente se ven en los estantes de los supermercados, pero todavía no se explica todo. Si se mira más de cerca algunas latas reales, se ve que la base y la tapa están formadas por discos con radio mayor que r y están dobladas sobre los extremos de la lata. Si se toma en cuenta esto se aumentaría h/r. También es importante considerar que, además de los costos del metal, se necesita incorporar la fabricación de la lata en el costo. Se va a suponer que la mayoría de los gastos se incurren al unir los lados de los bordes de las latas. Si se corta los discos de hexágonos como en el problema 2, entonces el costo total es proporcional a

$$4\sqrt{3}\, r^2 + 2\pi r h + k(4\pi r + h)$$

donde k es el recíproco de la longitud que puede unirse para el costo de una unidad de área de metal. Demuestre que esta expresión se minimiza cuando

$$\frac{\sqrt[3]{V}}{k} = \sqrt[3]{\frac{\pi h}{r}} \cdot \frac{2\pi - h/r}{\pi h/r - 4\sqrt{3}}$$

4. Trace la gráfica de $\sqrt[3]{V}/k$ como una función de $x = h/r$ y utilice su gráfica para argumentar que cuando una lata es grande o la unión de las piezas es barata, se debería hacer h/r aproximadamente 2.21 (como en el problema 2). Pero cuando la lata es pequeña o la unión es costosa, h/r debería ser mucho mayor.

5. El análisis muestra que grandes latas deben ser casi cuadradas, pero pequeñas latas deben ser altas y delgadas. Observe las formas relativas de las latas en un supermercado. ¿Esta conclusión suele ser cierta en la práctica? ¿Existen excepciones? ¿Puede sugerir razones de por qué las pequeñas latas no son siempre altas y delgadas?

PROYECTO DE APLICACIÓN AVIONES Y PÁJAROS: MINIMIZACIÓN DE LA ENERGÍA

Las aves pequeñas tales como los pinzones alternan aletear sus alas y mantenerlas dobladas mientras vuelan (véase la figura 1). En este proyecto se analiza este fenómeno y se intenta determinar la frecuencia con la que un pájaro debe aletear. Algunos de los principios son los mismos que los de un avión de alas fijas por lo que se comienza considerando cómo la energía y la potencia requerida dependen de la velocidad de los aviones.[1]

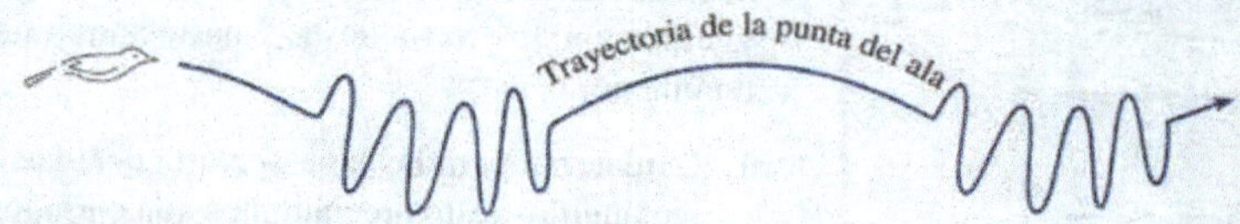

FIGURA 1

1. La potencia necesaria para propulsar un avión hacia adelante con una velocidad v es

$$P = Av^3 + \frac{BL^2}{v}$$

donde A y B son constantes positivas específicas de la aeronave y L es la elevación, la fuerza hacia arriba que soporta el peso del avión. Determine la velocidad que reduce al mínimo la potencia necesaria.

2. La velocidad encontrada en el problema 1 minimiza la potencia pero para una velocidad más rápida podría usar menos combustible. La energía necesaria para propulsar el avión a una unidad de distancia es $E = P/v$. ¿A qué velocidad se minimiza la energía?

3. ¿Qué tanto más rápida es la velocidad para la energía mínima que la velocidad para la potencia mínima?

4. Al aplicar la ecuación del problema 1 al vuelo del pájaro se divide el término Av^3 en dos partes: A_bv^3 para el cuerpo del pájaro y A_wv^3 para sus alas. Sea x la parte del tiempo de vuelo de aleteo. Si m es la masa de las aves y la elevación se produce durante el aleteo, entonces la elevación es mg/x por lo que la potencia necesaria durante el aleteo es

$$P_{\text{aleteo}} = (A_b + A_w)v^3 + \frac{B(mg/x)^2}{v}$$

La potencia mientras dobla las alas es $P_{\text{dobladas}} = A_bv^3$. Demuestre que la potencia promedio sobre todo un ciclo de vuelo es

$$\overline{P} = xP_{\text{aleteo}} + (1 - x)P_{\text{dobladas}} = A_bv^3 + xA_wv^3 + \frac{Bm^2g^2}{xv}$$

5. ¿Para qué valor de x la potencia promedio es mínima? ¿Qué puede concluir si el pájaro vuela lentamente? ¿Qué puede concluir si el pájaro vuela más y más rápido?

6. La energía promedio sobre un ciclo es $\overline{E} = \overline{P}/v$. ¿Qué valor de x minimiza a $\overline{E}$?

---

1. Adaptado de R. McNeill Alexander, *Optima for Animals* (Princeton, NJ: Princeton University Press, 1996.)

4.8 El método de Newton

Suponga que un concesionario de automóviles ofrece venderle un auto al contado en \$18 000 en pagos de \$375 mensuales durante cinco años. A usted le gustaría saber qué tasa de interés mensual le cobrará el vendedor. Para encontrar la respuesta, tiene que resolver la ecuación

$$48x(1 + x)^{60} - (1 + x)^{60} + 1 = 0 \qquad \boxed{1}$$

(Los detalles se explican en el ejercicio 41). ¿Cómo resolvería tal ecuación?

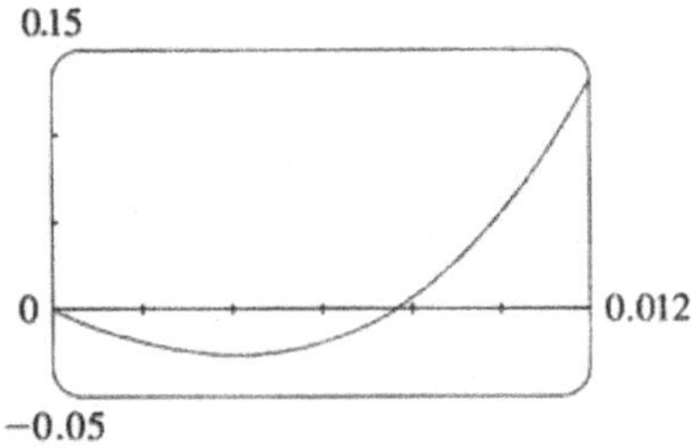

FIGURA 1

Intente resolver la ecuación 1 utilizando su calculadora o su computadora. Algunos equipos no son capaces de solucionarlo. Otros lo logran, pero requieren que especifique un punto de partida para la búsqueda.

Para una ecuación cuadrática $ax^2 + bx + c = 0$ hay una fórmula bien conocida para obtener las raíces. Para las ecuaciones de tercer y cuarto grado también hay fórmulas para obtener las raíces, pero son muy complicadas. Si f es un polinomio de grado 5 o superior, no hay ninguna fórmula de este tipo (véase la nota en la página 211). Asimismo, no hay ninguna fórmula que nos permita encontrar las raíces exactas de una ecuación trascendente como $\cos x = x$.

Se puede encontrar una solución *aproximada* para la ecuación 1 graficando el lado izquierdo de la ecuación. Mediante un dispositivo graficador y después de experimentar con rectángulos de vista, se obtiene la gráfica de la figura 1.

Se ve que, además de la solución $x = 0$ que no interesa, hay una solución entre 0.007 y 0.008. Al hacer acercamientos se ve que la raíz es aproximadamente 0.0076. Si se requiere más precisión se pueden hacer acercamientos repetidas veces, pero esto es algo tedioso. Una alternativa más rápida es utilizar un rastreador numérico de raíces con una calculadora o en un sistema algebraico computacional. Con esto se encuentra la raíz, con una aproximación de nueve decimales: 0.007628603.

¿Cómo funcionan esos buscadores numéricos de raíces? Utilizan una variedad de métodos, pero la mayoría de ellos utiliza algún **método de Newton**, también llamado **método de Newton-Raphson.** Se explicará cómo funciona este método, en parte para mostrar lo que sucede dentro de una calculadora o computadora y en parte como una aplicación de la idea de aproximación lineal.

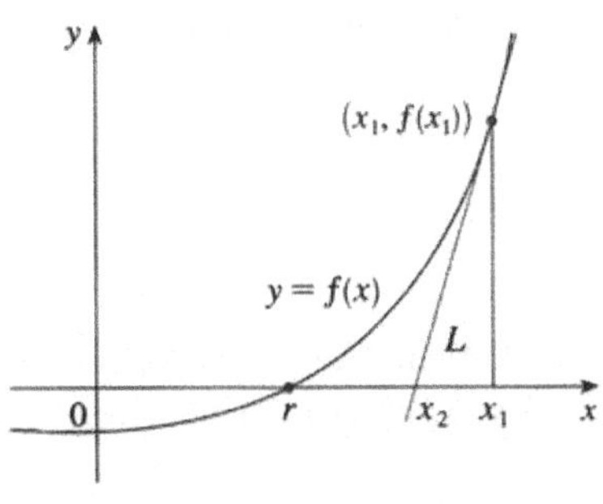

FIGURA 2

La geometría del método de Newton se muestra en la figura 2. Se desea resolver una ecuación de la forma $f(x) = 0$, por lo que las raíces de la ecuación corresponden a las intersecciones x de la gráfica de f. La raíz que se está tratando de encontrar está etiquetada con r en la figura. Se comienza con una primera aproximación x_1, que se obtiene por suposición, o de un trazo de la gráfica de f, o de una gráfica de f generada por computadora. Considere la recta tangente L a la curva $y = f(x)$ en el punto $(x_1, f(x_1))$ y mire la intersección de L con el eje x, etiquetado con x_2. La idea del método de Newton es que la recta tangente es cercana a la curva y su intersección en x, x_2, cercana a la intersección de la curva con x (es decir, la raíz r que se está buscando). Dado que la tangente es una recta, se puede encontrar fácilmente su intersección con el eje x.

Para encontrar una fórmula para x_2 en términos de x_l, se recurre al hecho de que la pendiente de L es $f'(x_1)$; por lo que su ecuación es

$$y - f(x_1) = f'(x_1)(x - x_1)$$

Ya que la intersección de L con el eje x es x_2, se sabe que el punto $(x_2, 0)$ está en la línea, y entonces

$$0 - f(x_1) = f'(x_1)(x_2 - x_1)$$

Si $f'(x_1) \neq 0$, se puede resolver esta ecuación para x_2:

$$x_2 = x_1 - \frac{f(x_1)}{f'(x_1)}$$

Se utiliza x_2 como una segunda aproximación a r.

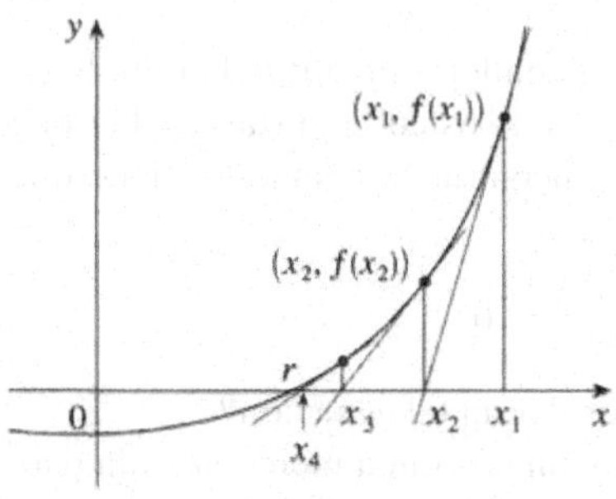

FIGURA 3

Luego se repite este procedimiento con x_1 reemplazándola por la segunda aproximación x_2, utilizando la recta tangente en $(x_2, f(x_2))$. Esto da una tercera aproximación:

$$x_3 = x_2 - \frac{f(x_2)}{f'(x_2)}$$

Si se mantiene este proceso, se obtiene una sucesión de aproximaciones $x_1, x_2, x_3, x_4, \ldots$ como se muestra en la figura 3. En general, si la enésima aproximación es x_n y $f'(x_n) \neq 0$, entonces la aproximación siguiente está dada por

2 $$\boxed{x_{n+1} = x_n - \frac{f(x_n)}{f'(x_n)}}$$

Las sucesiones se presentaron brevemente en *Un adelanto del cálculo* en la página 5. Un análisis con detalle inicia en la sección 11.1.

Si los números x_n están más y más cercanos a r cuando n es muy grande, entonces se dice que la sucesión *converge* a r y se escribe

$$\lim_{n \to \infty} x_n = r$$

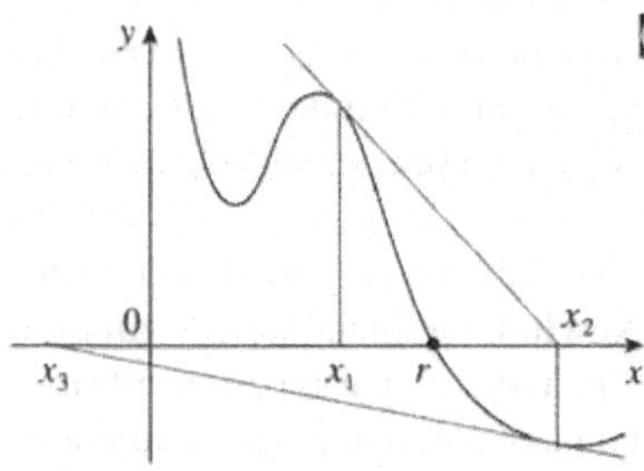

FIGURA 4

Aunque la sucesión de aproximaciones converge a la raíz deseada para funciones del tipo que se muestra en la figura 3, en ciertas circunstancias la sucesión puede no converger. Por ejemplo, considere la situación que se muestra en la figura 4. Puede ver que x_2 es una peor aproximación que x_1. Esto suele ser el caso cuando $f'(x_1)$ está cerca de 0. Incluso puede ocurrir que una aproximación (como x_3 en la figura 4) esté fuera del dominio de f. Entonces, el método de Newton falla y se debe elegir una mejor aproximación inicial x_1. Véanse los ejercicios 31-34 para ejemplos concretos en que el método de Newton funciona muy lentamente o no funciona en absoluto.

TEC En Module 4.8 puede investigar cómo funciona el método de Newton para varias funciones y qué pasa cuando se cambia x_1.

EJEMPLO 1 Empiece con $x_1 = 2$ para encontrar la tercera aproximación x_3 a la raíz de la ecuación $x^3 - 2x - 5 = 0$.

SOLUCIÓN Se aplica el método de Newton con

$$f(x) = x^3 - 2x - 5 \qquad \text{y} \qquad f'(x) = 3x^2 - 2$$

La figura 5 muestra la geometría detrás del primer paso en el método de Newton en el ejemplo 1. Ya que $f'(2) = 10$, la recta tangente $y = x^3 - 2x - 5$ en $(2, -1)$ tiene la ecuación $y = 10x - 21$ por lo que su intersección con el eje x es $x_2 = 2.1$.

Newton mismo utilizó esta ecuación para ilustrar su método y eligió $x_1 = 2$ después de algunas experimentaciones porque $f(1) = -6$, $f(2) = -1$ y $f(3) = 16$. La ecuación 2 resulta

$$x_{n+1} = x_n - \frac{f(x_n)}{f'(x_n)} = x_n - \frac{x_n^3 - 2x_n - 5}{3x_n^2 - 2}$$

Con $n = 1$ se tiene

$$x_2 = x_1 - \frac{f(x_1)}{f'(x_1)} = x_1 - \frac{x_1^3 - 2x_1 - 5}{3x_1^2 - 2}$$

$$= 2 - \frac{2^3 - 2(2) - 5}{3(2)^2 - 2} = 2.1$$

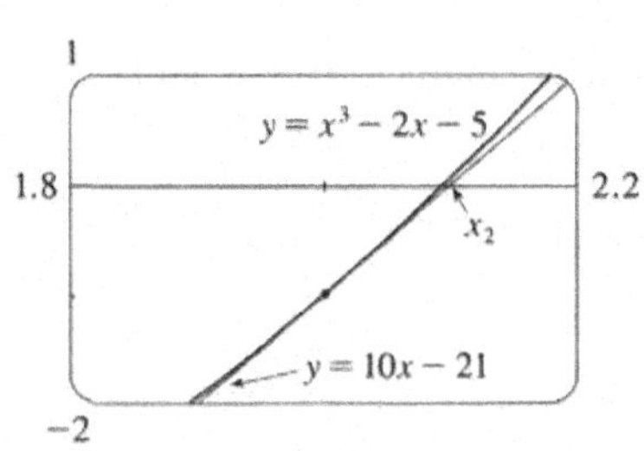

FIGURA 5

Entonces, con $n = 2$ se obtiene

$$x_3 = x_2 - \frac{x_2^3 - 2x_2 - 5}{3x_2^2 - 2} = 2.1 - \frac{(2.1)^3 - 2(2.1) - 5}{3(2.1)^2 - 2} \approx 2.0946$$

Resulta que esta tercera aproximación $x_3 \approx 2.0946$ es precisa a cuatro decimales. ■

Suponga que se quiere lograr una precisión dada, por ejemplo con ocho decimales, usando el método de Newton. ¿Cómo se sabe cuándo parar? La regla que generalmente se utiliza es que se puede detener cuando aproximaciones sucesivas x_n y x_{n+1} concuerdan a ocho decimales. (Se dará un enunciado correcto acerca de la exactitud del método de Newton en el ejercicio 11.11.39.)

Observe que el procedimiento que va de n a $n + 1$ es el mismo para todos los valores de n (se llama proceso *iterativo*.) Esto significa que el método de Newton es especialmente conveniente para el uso con una computadora o calculadora programable.

EJEMPLO 2 Utilice el método de Newton para encontrar $\sqrt[6]{2}$ con una aproximación de ocho decimales.

SOLUCIÓN Primero se observa que encontrar $\sqrt[6]{2}$ es equivalente a encontrar la raíz positiva de la ecuación

$$x^6 - 2 = 0$$

por lo que se toma $f(x) = x^6 - 2$. Entonces $f'(x) = 6x^5$ y la fórmula 2 (método de Newton) se convierte en

$$x_{n+1} = x_n - \frac{f(x_n)}{f'(x_n)} = x_n - \frac{x_n^6 - 2}{6x_n^5}$$

Si se elige $x_1 = 1$ como una aproximación inicial, se obtiene

$$x_2 \approx 1.16666667$$
$$x_3 \approx 1.12644368$$
$$x_4 \approx 1.12249707$$
$$x_5 \approx 1.12246205$$
$$x_6 \approx 1.12246205$$

Ya que x_5 y x_6 coinciden en ocho decimales, se concluye que

$$\sqrt[6]{2} \approx 1.12246205$$

con ocho lugares decimales. ■

EJEMPLO 3 Encuentre, con una aproximación a seis lugares decimales, la raíz de la ecuación $\cos x = x$.

SOLUCIÓN Primero se reescribe la ecuación en su forma estándar:

$$\cos x - x = 0$$

Por lo que se hace $f(x) = \cos x - x$. Entonces $f'(x) = -\text{sen}\, x - 1$, por lo que la fórmula 2 resulta

$$x_{n+1} = x_n - \frac{\cos x_n - x_n}{-\text{sen}\, x_n - 1} = x_n + \frac{\cos x_n - x_n}{\text{sen}\, x_n + 1}$$

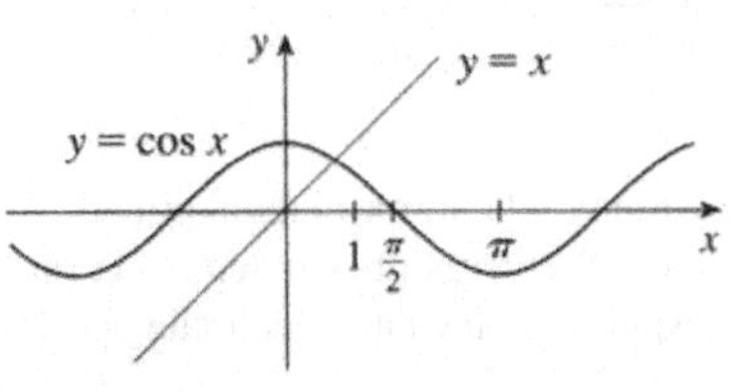

FIGURA 6

Para proponer un valor adecuado para x_1 se traza las gráficas de $y = \cos x$ y de $y = x$ en la figura 6. Parece que se intersecan en un punto cuya coordenada x es algo menor que 1, por lo que se va a tomar $x_1 = 1$ como una conveniente primera aproximación. Entonces, recordando poner la calculadora en modo radianes, se obtiene

$$x_2 \approx 0.75036387$$
$$x_3 \approx 0.73911289$$
$$x_4 \approx 0.73908513$$
$$x_5 \approx 0.73908513$$

Como x_4 y x_5 concuerdan con seis decimales (ocho, de hecho), se concluye que la raíz de la ecuación, aproximada a seis cifras decimales, es 0.739085. ■

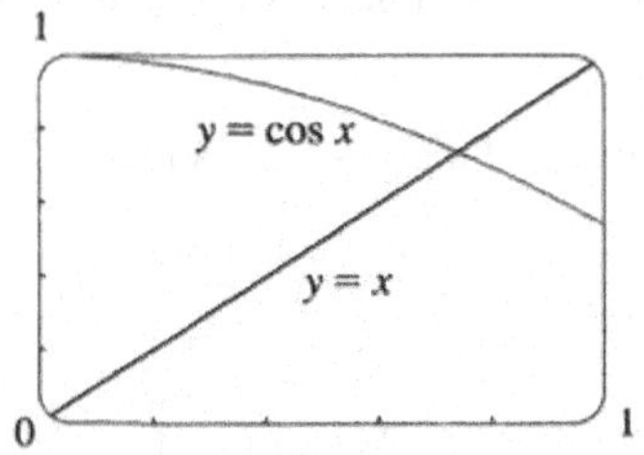

FIGURA 7

En lugar de utilizar el trazo de la figura 6 para obtener una aproximación inicial para el método de Newton en el ejemplo 3, se podría haber utilizado la gráfica más precisa que proporciona una calculadora o una computadora. La figura 7 sugiere que se utilice $x_1 = 0.75$ como la aproximación inicial. Entonces el método de Newton da

$$x_2 \approx 0.73911114$$
$$x_3 \approx 0.73908513$$
$$x_4 \approx 0.73908513$$

y así se obtiene la misma respuesta que antes, pero con un paso menos.

4.8 EJERCICIOS

1. La figura muestra la gráfica de una función f. Suponga que se utiliza el método de Newton para aproximar la raíz s de la ecuación $f(x) = 0$ con aproximación inicial $x_1 = 6$.

(a) Dibuje las rectas tangentes que se utilizan para encontrar x_2 y x_3 y estime los valores numéricos de x_2 y x_3.

(b) ¿Sería $x_1 = 8$ una mejor primera aproximación? Explique.

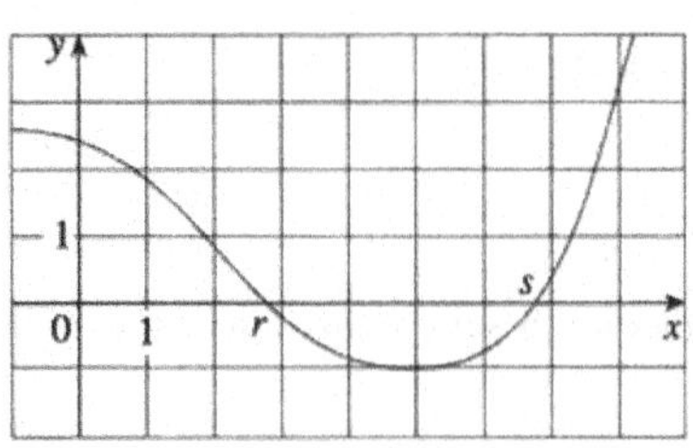

2. Siga las instrucciones para el ejercicio 1(a), pero utilice $x_1 = 1$ como la aproximación inicial para encontrar la raíz r.

3. Suponga que la recta tangente a la curva $y = f(x)$ en el punto $(2, 5)$ tiene la ecuación $y = 9 - 2x$. Si se utiliza el método de Newton para localizar una raíz de la ecuación $f(x) = 0$ y la aproximación inicial es $x_1 = 2$, encuentre la segunda aproximación x_2.

4. Para cada aproximación inicial, determine gráficamente lo que ocurre si se utiliza el método de Newton para la función cuya gráfica se muestra.

(a) $x_1 = 0$ (b) $x_1 = 1$ (c) $x_1 = 3$
(d) $x_1 = 4$ (e) $x_1 = 5$

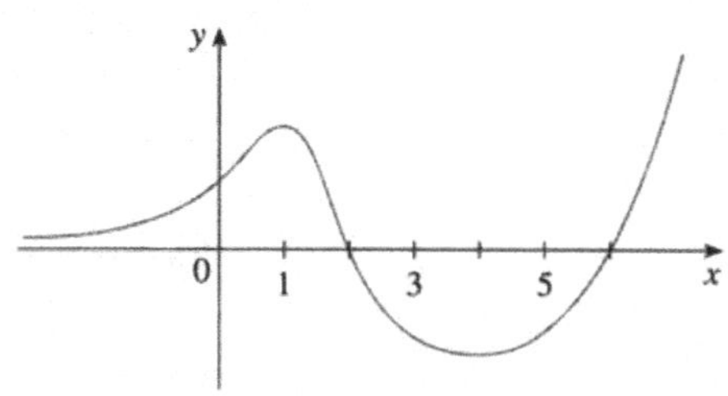

5. ¿Para cuál de las aproximaciones iniciales $x_1 = a, b, c$ y d cree usted que el método de Newton funcionará y conducirá a la raíz de la ecuación $f(x) = 0$?

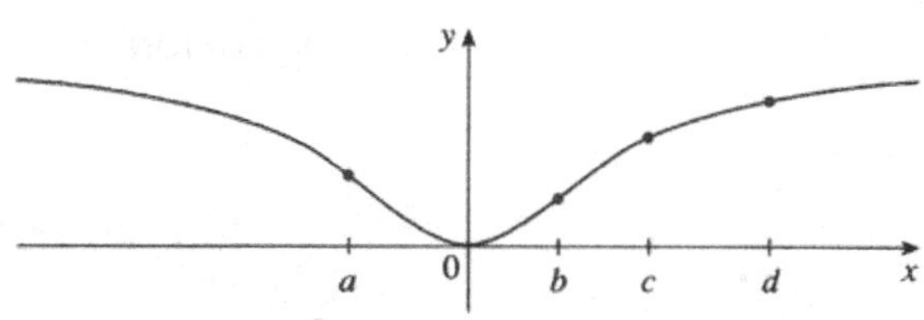

6–8 Utilice el método de Newton con la aproximación inicial especificada x_1 para encontrar x_3, la tercera aproximación a la raíz de la ecuación dada. (Dé su respuesta con cuatro decimales.)

6. $2x^3 - 3x^2 + 2 = 0, \quad x_1 = -1$

7. $\frac{2}{x} - x^2 + 1 = 0, \quad x_1 = 2$ **8.** $x^7 + 4 = 0, \quad x_1 = -1$

9. Utilice el método de Newton con aproximación inicial de $x_1 = -1$ para encontrar x_2, la segunda aproximación a la raíz de la ecuación $x^3 + x + 3 = 0$. Explique cómo funciona el método graficando primero la función y su recta tangente en $(-1, 1)$.

10. Utilice el método de Newton con aproximación inicial $x_1 = 1$ para encontrar x_2, la segunda aproximación a la raíz de la ecuación $x^4 - x - 1 = 0$. Explique cómo funciona el método trazando primero la gráfica de la función y su recta tangente en $(1, -1)$.

11–12 Utilice el método de Newton para aproximar el número dado, aproximado a ocho decimales.

11. $\sqrt[4]{75}$ **12.** $\sqrt[8]{500}$

13–14 (a) Explique cómo se sabe que la ecuación dada debe tener una raíz en el intervalo dado. (b) Utilice el método de Newton para aproximar la raíz a seis decimales.

13. $3x^4 - 8x^3 + 2 = 0, \quad [2, 3]$

14. $-2x^5 + 9x^4 - 7x^3 - 11x = 0, \quad [3, 4]$

15–16 Utilice el método de Newton para aproximar la raíz indicada de la ecuación, con una aproximación a seis decimales.

15. La raíz negativa de sen $x = x^2$

16. La raíz positiva de $2 \cos x = x^4$

17–22 Utilice el método de Newton para encontrar todas las raíces de la ecuación con una aproximación a seis decimales.

17. $3 \cos x = x + 1$ **18.** $\sqrt{x + 1} = x^2 - x$

19. $2^x = 2 - x^2$ **20.** $\ln x = \frac{1}{x - 3}$

21. $\cos x = \sqrt{x}$ **22.** $\tan x = \sqrt{1 - x^2}$

23–28 Utilice el método de Newton para encontrar todas las raíces aproximadas de la ecuación, a ocho decimales. Comience por dibujar una gráfica para encontrar aproximaciones iniciales.

23. $-2x^7 - 5x^4 + 9x^3 + 5 = 0$

24. $x^5 - 3x^4 + x^3 - x^2 - x + 6 = 0$

25. $\frac{x}{x^2 + 1} = \sqrt{1 - x}$

26. $\cos(x^2 - x) = x^4$

27. $4e^{-x^2} \operatorname{sen} x = x^2 - x + 1$

28. $\ln(x^2 + 2) = \frac{3x}{\sqrt{x^2 + 1}}$

29. (a) Aplique el método de Newton a la ecuación $x^2 - a = 0$ para obtener el algoritmo siguiente para la raíz cuadrada, utilizado por los antiguos babilonios para calcular $\sqrt{a}$:

$$x_{n+1} = \frac{1}{2}\left(x_n + \frac{a}{x_n}\right)$$

(b) Utilice el inciso (a) para calcular la aproximación de $\sqrt{1\,000}$ a seis decimales.

30. (a) Aplique el método de Newton a la ecuación $1/x - a = 0$ para obtener el algoritmo recíproco siguiente:

$$x_{n+1} = 2x_n - ax_n^2$$

(Este algoritmo permite que una computadora encuentre recíprocos sin dividir realmente.)

(b) Utilice el inciso (a) para calcular $1/1.6984$ aproximado a seis decimales.

31. Explique por qué no funciona el método de Newton para encontrar la raíz de la ecuación

$$x^3 - 3x + 6 = 0$$

si la aproximación inicial es elegida como $x_1 = 1$.

32. (a) Utilice el método de Newton con $x_1 = 1$ para encontrar la raíz de la ecuación $x^3 - x = 1$ aproximada a seis decimales.

(b) Resuelva la ecuación en el inciso (a) utilizando $x_1 = 0.6$ como la aproximación inicial.

(c) Resuelva la ecuación en el inciso (a) utilizando $x_1 = 0.57$. (Definitivamente, usted necesita una calculadora programable para esta parte.)

(d) Trace la gráfica de $f(x) = x^3 - x - 1$ y sus rectas tangentes en $x_1 = 1$, 0.6 y 0.57 para explicar por qué el método de Newton es tan sensible al valor de la aproximación inicial.

33. Explique por qué el método de Newton falla cuando se aplica a la ecuación $\sqrt[3]{x} = 0$ con cualquier aproximación inicial $x_1 \neq 0$. Ilustre su explicación con un dibujo.

34. Si

$$f(x) = \begin{cases} \sqrt{x} & \text{si } x \geq 0 \\ -\sqrt{-x} & \text{si } x < 0 \end{cases}$$

entonces la raíz de la ecuación $f(x) = 0$ es $x = 0$. Explique por qué el método de Newton no puede encontrar la raíz sin importar qué aproximación inicial $x_1 \neq 0$ se utilice. Ilustre su explicación con un dibujo.

35. (a) Utilice el método de Newton para encontrar los números críticos de la función

$$f(x) = x^6 - x^4 + 3x^3 - 2x$$

aproximados a seis lugares decimales.

(b) Encuentre el valor mínimo absoluto de f aproximado a cuatro decimales.

36. Utilice el método de Newton para encontrar el valor máximo absoluto de la función $f(x) = x \cos x$, $0 \leq x \leq \pi$, aproximado a seis decimales.

37. Utilice el método de Newton para encontrar las coordenadas del punto de inflexión de la curva $y = x^2 \operatorname{sen} x$, $0 \leq x \leq \pi$, aproximadas a seis decimales.

38. De las infinitas rectas que son tangentes a la curva $y = -\operatorname{sen} x$ y pasan por el origen, hay una que tiene la mayor pendiente. Utilice el método de Newton para encontrar la pendiente de la recta, aproximada a seis decimales.

39. Utilice el método de Newton para encontrar las coordenadas aproximadas a seis decimales, del punto sobre la parábola $y = (x - 1)^2$ que está más cerca del origen.

40. En la figura, la longitud de la cuerda AB es de 4 cm y la longitud del arco AB es 5 cm. Encuentre el ángulo central θ, en radianes, a cuatro decimales. Luego, dé la respuesta al grado más cercano.

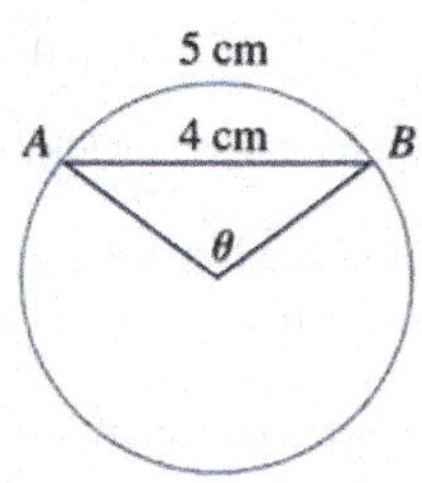

41. Un concesionario de autos vende un automóvil nuevo en \$18 000. También ofrece vender el mismo auto por pagos de \$375 al mes durante cinco años. ¿Qué tasa de interés mensual está cobrando este distribuidor?

Para resolver este problema, tendrá usted que utilizar la fórmula para el valor presente A de una anualidad formada por pagos iguales de magnitud R con una tasa de interés i por período:

$$A = \frac{R}{i}[1 - (1 + i)^{-n}]$$

Sustituyendo i por x, demuestre que

$$48x(1 + x)^{60} - (1 + x)^{60} + 1 = 0$$

Utilice el método de Newton para resolver esta ecuación.

42. La figura muestra el Sol situado en el origen y la Tierra en el punto (1,0). (Aquí, la unidad es la distancia entre los centros de la Tierra y el Sol, llamada *unidad astronómica*: 1 UA $\approx 1.496 \times 10^8$ km.) Hay cinco posiciones L_1, L_2, L_3, L_4 y L_5 en este plano de rotación de la Tierra alrededor del Sol, donde un satélite permanece inmóvil respecto a la Tierra porque las fuerzas que actúan sobre el satélite (incluyendo las atracciones gravitacionales de la Tierra y el Sol) se equilibran entre sí. Estas posiciones se denominan *puntos de libración*. (Un satélite de investigación solar se ha colocado en uno de estos puntos de libración.) Si m_1 es la masa del Sol, m_2 es la masa de la Tierra y $r = m_2/(m_1 + m_2)$, resulta que la coordenada x de L_1 es la única raíz de la ecuación de quinto grado

$$p(x) = x^5 - (2 + r)x^4 + (1 + 2r)x^3 - (1 - r)x^2 + 2(1 - r)x + r - 1 = 0$$

y la coordenada x de L_2 es la raíz de la ecuación

$$p(x) - 2rx^2 = 0$$

Utilizando el valor $r \approx 3.04042 \times 10^{-6}$, encuentre las posiciones de los puntos de libración (a) L_1 y (b) L_2.

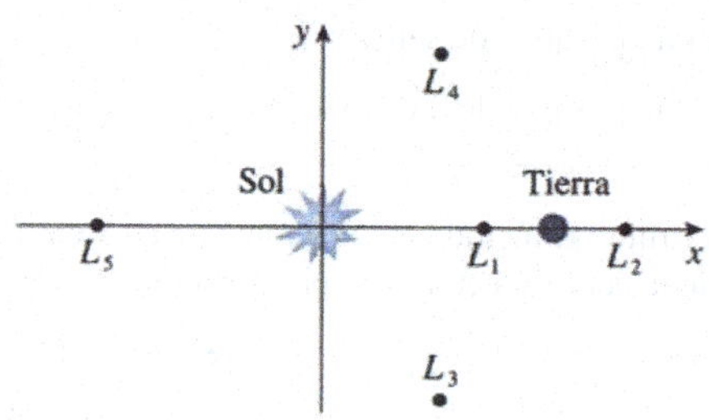

4.9 Antiderivadas

Un físico que conoce la velocidad de una partícula podría desear conocer su posición en un instante dado. Un ingeniero que puede medir la tasa variable a la cual se fuga el agua de un tanque quiere conocer la cantidad que se ha fugado durante cierto período. Un biólogo que conoce la rapidez a la que crece una población de bacterias puede interesarse en deducir el tamaño de la población en algún momento futuro. En cada caso, el problema es encontrar una función F cuya derivada es la función conocida f. Si esta función F existe, se llama *antiderivada* de f.

Definición Una función F recibe el nombre de **antiderivada** de f en un intervalo I si $F'(x) = f(x)$ para toda x en I.

Por ejemplo, sea $f(x) = x^2$. No es difícil descubrir una antiderivada de f si utiliza la regla de la potencia. En efecto, si $F(x) = \frac{1}{3}x^3$, entonces $F'(x) = x^2 = f(x)$. Pero la función $G(x) = \frac{1}{3}x^3 + 100$ también satisface $G'(x) = x^2$. Por tanto, F y G son antiderivadas de f. De hecho, cualquier función de la forma $H(x) = \frac{1}{3}x^3 + C$, donde C es una constante, es una antiderivada de f. Surge la pregunta: ¿hay otras?

Para contestar la pregunta, se debe recordar que en la sección 4.2 se utilizó el teorema del valor medio para demostrar que si dos funciones tienen derivadas idénticas sobre un intervalo, entonces estas deben diferir en una constante (corolario 4.2.7). Por tanto, si F y G son dos antiderivadas cualesquiera de f, entonces

$$F'(x) = f(x) = G'(x)$$

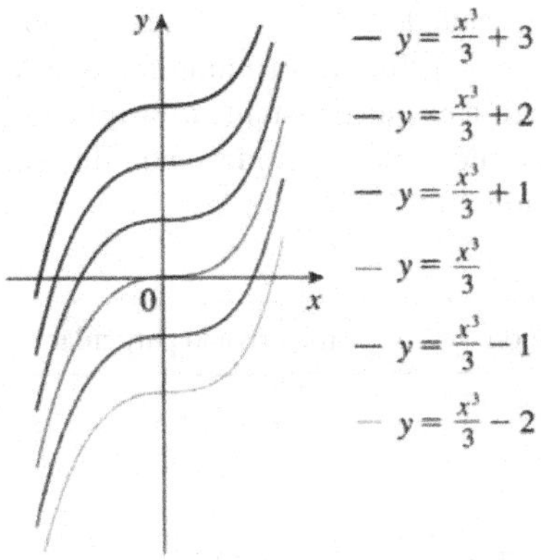

FIGURA 1
Miembros de la familia de antiderivadas de $f(x) = x^2$

por lo que $G(x) - F(x) = C$, donde C es una constante. Esto se puede escribir como $G(x) = F(x) + C$, de modo que se tiene el resultado siguiente.

> **1 Teorema** Si F es una antiderivada de f en un intervalo I, entonces la antiderivada más general de f sobre I es
>
> $$F(x) + C$$
>
> donde C es una constante arbitraria.

De nuevo, para la función $f(x) = x^2$ se ve que la antiderivada general de f es $\frac{1}{3}x^3 + C$. Al asignar valores específicos a la constante C, se obtiene una familia de funciones cuyas gráficas son traslaciones verticales de una a otra (véase la figura 1). Esto tiene sentido porque cada curva debe tener la misma pendiente en cualquier valor dado de x.

EJEMPLO 1 Encuentre la antiderivada más general de cada una de las funciones siguientes.

(a) $f(x) = \operatorname{sen} x$ (b) $f(x) = 1/x$ (c) $f(x) = x^n$, $n \neq -1$

SOLUCIÓN

(a) Si $F(x) = -\cos x$, entonces $F'(x) = \operatorname{sen} x$, de manera que una antiderivada de sen x es $-\cos x$. Por el teorema 1, la antiderivada más general es $G(x) = -\cos x + C$.

(b) Recuerde de la sección 3.6 que

$$\frac{d}{dx}(\ln x) = \frac{1}{x}$$

Por lo que, en el intervalo $(0, \infty)$ la antiderivada general de $1/x$ es $\ln x + C$. También se aprendió que

$$\frac{d}{dx}(\ln|x|) = \frac{1}{x}$$

para toda $x \neq 0$. Entonces, el teorema 1 dice que la antiderivada general de $f(x) = 1/x$ es $\ln|x| + C$ en cualquier intervalo que no contenga 0. En particular, esto es verdadero en cada uno de los intervalos $(-\infty, 0)$ y $(0, \infty)$. Por lo que, la antiderivada general de f es

$$F(x) = \begin{cases} \ln x + C_1 & \text{si } x > 0 \\ \ln(-x) + C_2 & \text{si } x < 0 \end{cases}$$

(c) Utilice la regla de la potencia para descubrir una antiderivada de x^n. De hecho, si $n \neq -1$, entonces

$$\frac{d}{dx}\left(\frac{x^{n+1}}{n+1}\right) = \frac{(n+1)x^n}{n+1} = x^n$$

Por tanto, la antiderivada general de $f(x) = x^n$ es

$$F(x) = \frac{x^{n+1}}{n+1} + C$$

Esto es válido para $n \geqslant 0$, ya que $f(x) = x^n$ está definida en ese intervalo. Si n es negativo (pero $n \neq -1$), solo es válida en cualquier intervalo que no contenga 0. ■

Como en el ejemplo 1, toda fórmula de derivación leída de derecha a izquierda da lugar a una fórmula de antiderivación. En la tabla 2 se presentan algunas antiderivadas. Cada fórmula de la tabla es verdadera, puesto que la derivada de la función de la columna derecha aparece en la columna izquierda. En particular, la primera fórmula dice que la antiderivada de una constante multiplicada por una función es una constante multiplicada por la antiderivada de la función. La segunda fórmula dice que la antiderivada de una suma es la suma de las antiderivadas. (Se usa la notación $F' = f$, $G' = g$.)

2 Tabla de fórmulas de antiderivación

Función	Antiderivada particular	Función	Antiderivada particular
$cf(x)$	$cF(x)$	$\operatorname{sen} x$	$-\cos x$
$f(x) + g(x)$	$F(x) + G(x)$	$\sec^2 x$	$\tan x$
$x^n \ (n \neq -1)$	$\dfrac{x^{n+1}}{n+1}$	$\sec x \tan x$	$\sec x$
$\dfrac{1}{x}$	$\ln \lvert x \rvert$	$\dfrac{1}{\sqrt{1-x^2}}$	$\operatorname{sen}^{-1} x$
e^x	e^x	$\dfrac{1}{1+x^2}$	$\tan^{-1} x$
b^x	$\dfrac{b^x}{\ln b}$	$\cosh x$	$\operatorname{senh} x$
$\cos x$	$\operatorname{sen} x$	$\operatorname{senh} x$	$\cosh x$

Para obtener la antiderivada más general, a partir de las particulares de la tabla 2, se tiene que sumar una constante (o constantes), como en el ejemplo 1.

EJEMPLO 2 Encuentre todas las funciones g tales que

$$g'(x) = 4 \operatorname{sen} x + \frac{2x^5 - \sqrt{x}}{x}$$

SOLUCIÓN Primero, escriba de nuevo la función dada en la forma siguiente:

$$g'(x) = 4 \operatorname{sen} x + \frac{2x^5}{x} - \frac{\sqrt{x}}{x} = 4 \operatorname{sen} x + 2x^4 - \frac{1}{\sqrt{x}}$$

De esta manera, se desea encontrar una antiderivada de

$$g'(x) = 4 \operatorname{sen} x + 2x^4 - x^{-1/2}$$

Utilizando las fórmulas de la tabla 2 con el teorema 1, se obtiene

$$g(x) = 4(-\cos x) + 2\frac{x^5}{5} - \frac{x^{1/2}}{\frac{1}{2}} + C$$

$$= -4 \cos x + \tfrac{2}{5}x^5 - 2\sqrt{x} + C$$ ■

Con frecuencia se utiliza una letra F para representar una antiderivada de una función f. Si se comienza con la notación de derivada, f', por supuesto que una antiderivada es f.

En las aplicaciones del cálculo es muy común tener una situación como la del ejemplo 2, donde se requiere encontrar una función, dado el conocimiento acerca de sus derivadas. Una ecuación que implica las derivadas de una función se llama **ecuación diferencial**. Estas ecuaciones se estudian en cierto detalle en el capítulo 9, pero, por el momento, es posible resolver algunas ecuaciones diferenciales elementales. La solución general de una ecuación diferencial contiene una constante arbitraria (o varias constantes arbitrarias), como en el ejemplo 2. Sin embargo, puede haber algunas condiciones adicionales que determinen las constantes y, por tanto, especifican de manera única la solución.

EJEMPLO 3 Encuentre f si $f'(x) = e^x + 20(1 + x^2)^{-1}$ y $f(0) = -2$.

En la figura 2 se muestran las gráficas de la función f' del ejemplo 3 y de su antiderivada f. Observe que $f'(x) > 0$, de manera que f siempre es creciente. Observe también que, cuando f' tiene un máximo o un mínimo, f parece que tiene un punto de inflexión. De modo que la gráfica sirve como una comprobación de nuestro cálculo.

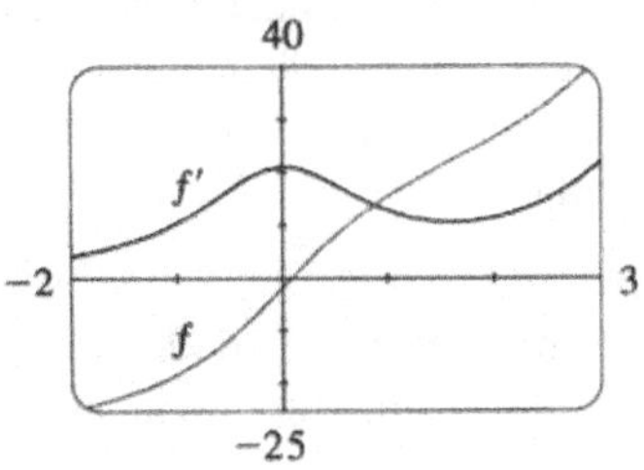

FIGURA 2

SOLUCIÓN La antiderivada general de

$$f'(x) = e^x + \frac{20}{1 + x^2}$$

es

$$f(x) = e^x + 20 \tan^{-1}x + C$$

Para determinar C, se utiliza el hecho de que $f(0) = -2$:

$$f(0) = e^0 + 20 \tan^{-1} 0 + C = -2$$

En estos términos, se tiene $C = -2 - 1 = -3$, de modo que la solución particular es

$$f(x) = e^x + 20 \tan^{-1}x - 3$$ ■

EJEMPLO 4 Encuentre f si $f''(x) = 12x^2 + 6x - 4$, $f(0) = 4$ y $f(1) = 1$.

SOLUCIÓN La antiderivada general de $f''(x) = 12x^2 + 6x - 4$ es

$$f'(x) = 12\frac{x^3}{3} + 6\frac{x^2}{2} - 4x + C = 4x^3 + 3x^2 - 4x + C$$

Si se usa una vez más las reglas de antiderivación, se encuentra que

$$f(x) = 4\frac{x^4}{4} + 3\frac{x^3}{3} - 4\frac{x^2}{2} + Cx + D = x^4 + x^3 - 2x^2 + Cx + D$$

Para determinar C y D, se utiliza las condiciones dadas: $f(0) = 4$ y $f(1) = 1$. Ya que $f(0) = 0 + D = 4$, entonces $D = 4$. Puesto que

$$f(1) = 1 + 1 - 2 + C + 4 = 1$$

se tiene que $C = -3$. Por tanto, la función requerida es

$$f(x) = x^4 + x^3 - 2x^2 - 3x + 4$$ ■

Si dan la gráfica de una función f, sería razonable dibujar la gráfica de una antiderivada F. Por ejemplo, suponga que se tiene $F(0) = 1$. Entonces hay un punto de donde partir, el punto $(0, 1)$, y la dirección en la cual tiene que desplazar el lápiz da, en cada etapa, la derivada $F'(x) = f(x)$. En el ejemplo siguiente se aplican los principios de este capítulo para mostrar cómo trazar la gráfica de F aun cuando no se tenga una fórmula para f. Este sería el caso, por ejemplo, cuando $f(x)$ está determinada por datos experimentales.

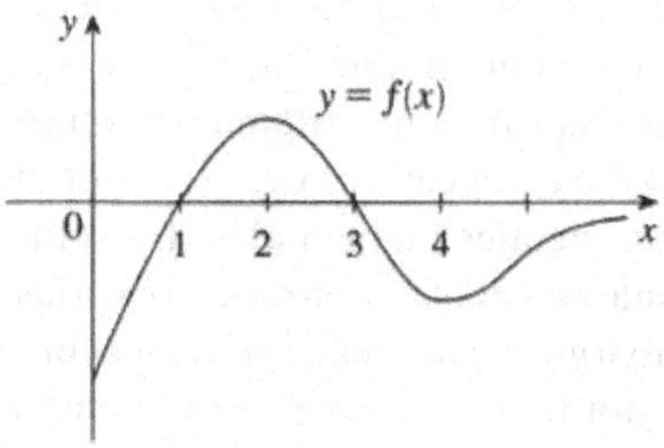

FIGURA 3

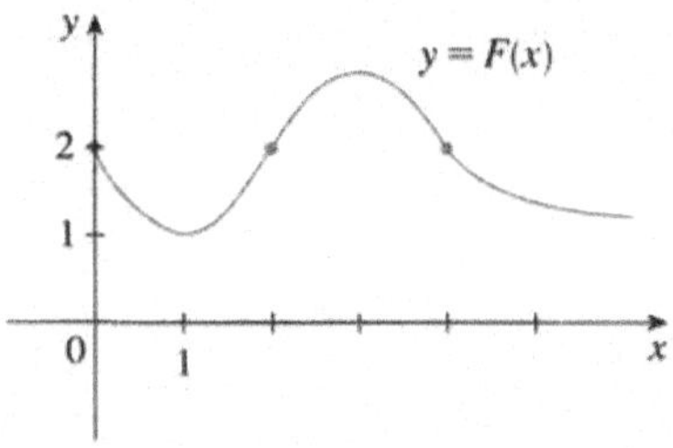

FIGURA 4

EJEMPLO 5 La gráfica de una función f se muestra en la figura 3. Realice un trazo de una antiderivada F, dado que $F(0) = 2$.

SOLUCIÓN Guía el hecho de que la pendiente de $y = F(x)$ es $f(x)$. Se parte del punto $(0, 2)$ y se dibuja F como una función inicialmente decreciente, ya que $f(x)$ es negativa cuando $0 < x < 1$. Observe que $f(1) = f(3) = 0$, de modo que F tiene rectas tangentes horizontales cuando $x = 1$ y $x = 3$. Para $1 < x < 3$, $f(x)$ es positiva, y entonces F es creciente. Observe que F tiene un mínimo local cuando $x = 1$ y un máximo local cuando $x = 3$. Para $x > 3$, $f(x)$ es negativa y entonces F es decreciente en $(3, \infty)$. Ya que $f(x) \to 0$ conforme $x \to \infty$, la gráfica de F se vuelve más plana a medida que $x \to \infty$. Observe también que $F''(x) = f'(x)$ cambia de positiva a negativa en $x = 2$, y de negativa a positiva en $x = 4$; por lo que F tiene puntos de inflexión cuando $x = 2$ y $x = 4$. Se utiliza esta información para trazar la gráfica de la antiderivada en la figura 4.

Movimiento rectilíneo

La antiderivación es en particular útil al analizar el movimiento de un objeto que se mueve en línea recta. Recuerde que si el objeto tiene la función posición $s = f(t)$, entonces la función velocidad es $v(t) = s'(t)$. Esto significa que la función posición es una antiderivada de la función velocidad. Del mismo modo, la función aceleración es $a(t) = v'(t)$, de manera que la función velocidad es una antiderivada de la aceleración. Si se conocen la aceleración y los valores iniciales $s(0)$ y $v(0)$, entonces se puede determinar la función posición aplicando dos veces la antiderivada.

EJEMPLO 6 Una partícula se mueve en línea recta y con una aceleración dada por $a(t) = 6t + 4$. Su velocidad inicial es $v(0) = -6$ cm/s y su desplazamiento inicial es $s(0) = 9$ cm. Encuentre su función de posición $s(t)$.

SOLUCIÓN Puesto que $v'(t) = a(t) = 6t + 4$, la antiderivada da

$$v(t) = 6\frac{t^2}{2} + 4t + C = 3t^2 + 4t + C$$

Observe que $v(0) = C$. Pero $v(0) = -6$, por lo que $C = -6$ y

$$v(t) = 3t^2 + 4t - 6$$

Puesto que $v(t) = s'(t)$, s es la antiderivada de v:

$$s(t) = 3\frac{t^3}{3} + 4\frac{t^2}{2} - 6t + D = t^3 + 2t^2 - 6t + D$$

Esto da $s(0) = D$. Dado que $s(0) = 9$, se tiene que $D = 9$ y la función posición requerida es

$$s(t) = t^3 + 2t^2 - 6t + 9$$ ■

Un objeto cerca de la superficie de la Tierra está sujeto a una fuerza gravitacional que produce una aceleración hacia abajo denotada por g. Para un movimiento cercano a la Tierra, suponga que g es constante y su valor es de unos 9.8 m/s^2 (o 32 pies/s^2).

EJEMPLO 7 Se lanza una pelota verticalmente hacia arriba con una rapidez de 15 m/s desde el borde de un acantilado a 140 m por encima del nivel del suelo. Encuentre su altura sobre el nivel del suelo t segundos más tarde. ¿Cuándo alcanza su altura máxima? ¿Cuándo pega contra el suelo?

SOLUCIÓN El movimiento es vertical y se elige la dirección positiva como la correspondiente hacia arriba. Al tiempo t, la distancia arriba del nivel del suelo $s(t)$ y la velocidad $v(t)$ es decreciente. Por lo que, la aceleración debe ser negativa y se tiene

$$a(t) = \frac{dv}{dt} = -9.8$$

Tomando antiderivadas, se tiene

$$v(t) = -9.8t + C$$

Para determinar C, se usa la información dada $v(0) = 15$. Esto da $15 = 0 + C$, por lo que

$$v(t) = -9.8t + 15$$

La altura máxima se alcanza cuando $v(t) = 0$, es decir, después de $15/9.8 \approx 1.53$ s. Ya que $s'(t) = v(t)$, la nueva antiderivada da

$$s(t) = -4.9t^2 + 15t + D$$

Se utiliza el hecho de que $s(0) = 140$, se tiene $140 = 0 + D$, y así

$$s(t) = -4.9t^2 + 15t + 140$$

En la figura 5 se muestra la función posición de la pelota del ejemplo 7. La gráfica corrobora la conclusión obtenida: la pelota alcanza su altura máxima después de 1.5 s y pega contra el suelo después de 7.1 s.

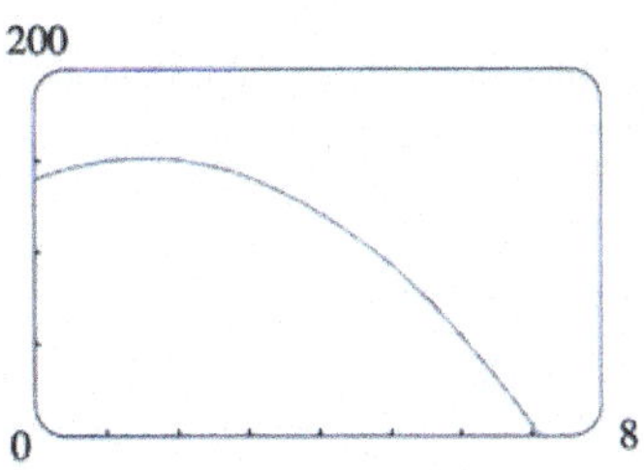

FIGURA 5

La expresión para $s(t)$ es válida hasta que la pelota pegue en el suelo. Esto sucede cuando $s(t) = 0$ y por tanto $-s(t) = 0$; es decir, cuando

$$4.9t^2 - 15t - 140 = 0$$

Usando la fórmula cuadrática para resolver esta ecuación, se obtiene

$$t = \frac{15 \pm \sqrt{2969}}{9.8}$$

Se rechaza la solución con el signo menos ya que da un valor negativo de t. Por tanto, la pelota pega en el suelo después de

$$\frac{15 + \sqrt{2969}}{9.8} \approx 7.1 \ s$$ ■

4.9 EJERCICIOS

1–22 Encuentre la antiderivada más general de la función. (Compruebe su respuesta mediante la derivación.)

1. $f(x) = 4x + 7$

2. $f(x) = x^2 - 3x + 2$

3. $f(x) = 2x^3 - \frac{2}{3}x^2 + 5x$

4. $f(x) = 6x^5 - 8x^4 - 9x^2$

5. $f(x) = x(12x + 8)$

6. $f(x) = (x - 5)^2$

7. $f(x) = 7x^{2/5} + 8x^{-4/5}$

8. $f(x) = x(2 - x)^2$

9. $f(x) = \sqrt{2}$

10. $f(x) = e^2$

11. $f(x) = 3\sqrt{x} - 2\sqrt[3]{x}$

12. $f(x) = \sqrt[3]{x^2} + x\sqrt{x}$

13. $f(x) = \frac{1}{5} - \frac{2}{x}$

14. $f(t) = \frac{3t^4 - t^3 + 6t^2}{t^4}$

15. $g(t) = \frac{1 + t + t^2}{\sqrt{t}}$

16. $r(\theta) = \sec\theta \tan\theta - 2e^\theta$

17. $h(\theta) = 2 \operatorname{sen}\theta - \sec^2\theta$

18. $g(v) = 2\cos v - \frac{3}{\sqrt{1 - v^2}}$

19. $f(x) = 2^x + 4 \operatorname{senh} x$

20. $f(x) = 1 + 2 \operatorname{sen} x + 3/\sqrt{x}$

21. $f(x) = \frac{2x^4 + 4x^3 - x}{x^3}, \quad x > 0$

22. $f(x) = \dfrac{2x^2 + 5}{x^2 + 1}$

23–24 Encuentre la antiderivada F de f que satisfaga la condición dada. Compruebe su respuesta comparando las gráficas de f y F.

23. $f(x) = 5x^4 - 2x^5, \quad F(0) = 4$

24. $f(x) = 4 - 3(1 + x^2)^{-1}, \quad F(1) = 0$

25–48 Encuentre f.

25. $f''(x) = 20x^3 - 12x^2 + 6x$

26. $f''(x) = x^6 - 4x^4 + x + 1$

27. $f''(x) = 2x + 3e^x$

28. $f''(x) = 1/x^2$

29. $f'''(t) = 12 + \operatorname{sen} t$

30. $f'''(t) = \sqrt{t} - 2\cos t$

31. $f'(x) = 1 + 3\sqrt{x}, \quad f(4) = 25$

32. $f'(x) = 5x^4 - 3x^2 + 4, \quad f(-1) = 2$

33. $f'(t) = 4/(1 + t^2), \quad f(1) = 0$

34. $f'(t) = t + 1/t^3, \quad t > 0, \quad f(1) = 6$

35. $f'(x) = 5x^{2/3}, \quad f(8) = 21$

36. $f'(x) = (x + 1)/\sqrt{x}, \quad f(1) = 5$

37. $f'(t) = \sec t\,(\sec t + \tan t), \quad -\pi/2 < t < \pi/2,$
$f(\pi/4) = -1$

38. $f'(t) = 3^t - 3/t, \quad f(1) = 2, \quad f(-1) = 1$

39. $f''(x) = -2 + 12x - 12x^2, \quad f(0) = 4, \quad f'(0) = 12$

40. $f''(x) = 8x^3 + 5, \quad f(1) = 0, \quad f'(1) = 8$

41. $f''(\theta) = \operatorname{sen}\theta + \cos\theta, \quad f(0) = 3, \quad f'(0) = 4$

42. $f''(t) = t^2 + 1/t^2, \quad t > 0, \quad f(2) = 3, \quad f'(1) = 2$

43. $f''(x) = 4 + 6x + 24x^2, \quad f(0) = 3, \quad f(1) = 10$

44. $f''(x) = x^3 + \operatorname{senh} x, \quad f(0) = 1, \quad f(2) = 2.6$

45. $f''(x) = e^x - 2\operatorname{sen} x, \quad f(0) = 3, \quad f(\pi/2) = 0$

46. $f''(t) = \sqrt[3]{t} - \cos t, \quad f(0) = 2, \quad f(1) = 2$

47. $f''(x) = x^{-2}, \quad x > 0, \quad f(1) = 0, \quad f(2) = 0$

48. $f'''(x) = \cos x, \quad f(0) = 1, \quad f'(0) = 2, \quad f''(0) = 3$

---

49. Dado que la gráfica de f pasa por el punto $(2, 5)$ y que la pendiente de su recta tangente en $(x, f(x))$ es $3 - 4x$, encuentre $f(1)$.

50. Encuentre una función f tal que $f'(x) = x^3$ y la recta $x + y = 0$ sea tangente a la gráfica de f.

51–52 Se muestra la gráfica de una función f. ¿Qué gráfica es una antiderivada de f y por qué?

51.

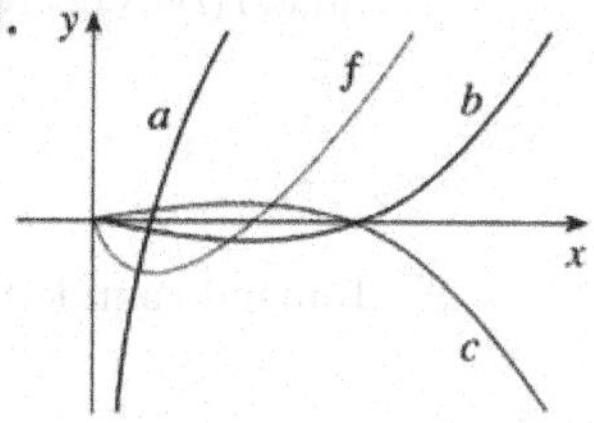

52.

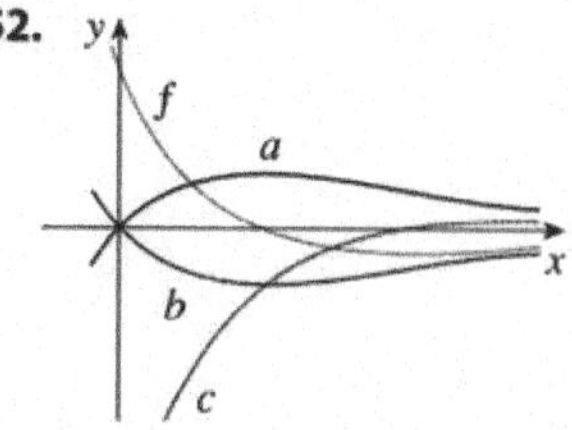

---

53. Se muestra la gráfica de una función en la figura. Haga un trazo de una antiderivada F, dado que $F(0) = 1$.

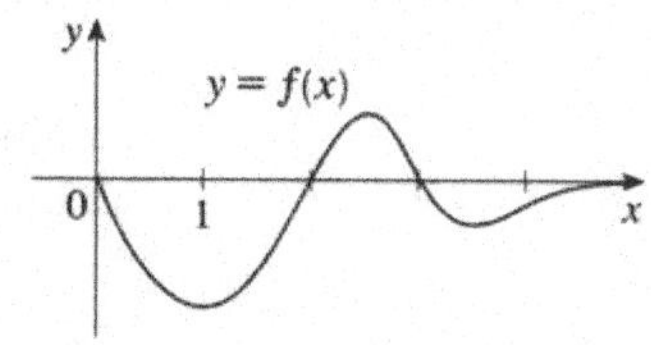

54. En la figura se muestra la gráfica de la función velocidad de una partícula. Trace la gráfica de la función de posición.

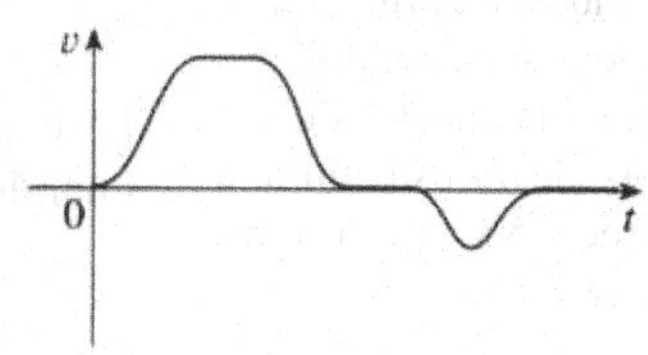

55. En la figura se muestra la gráfica de f'. Trace la gráfica de f si f es continua en $[0, 3]$ y $f(0) = -1$.

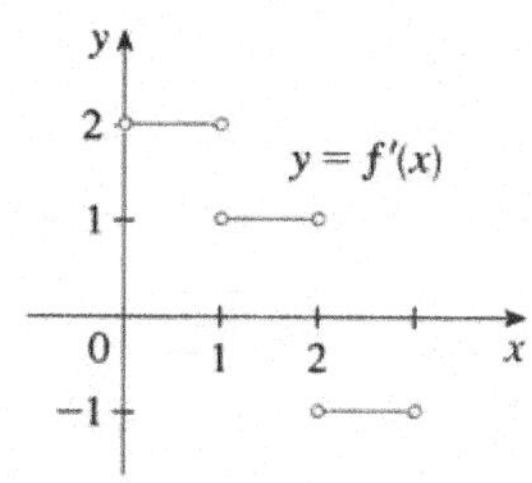

56. (a) Utilice un dispositivo graficador para trazar la gráfica de $f(x) = 2x - 3\sqrt{x}$.
(b) A partir de la gráfica del inciso (a), trace una gráfica aproximada de la antiderivada F que satisfaga que $F(0) = 1$.
(c) Utilice las reglas de esta sección para encontrar una expresión para $F(x)$.
(d) Trace la gráfica de F usando la expresión del inciso (c). Compare con su trazo del inciso (b).

57–58 Trace una gráfica de f y utilícela para trazar la gráfica aproximada de la antiderivada que pasa por el origen.

57. $f(x) = \dfrac{\operatorname{sen} x}{1 + x^2}, \quad -2\pi \leqslant x \leqslant 2\pi$

58. $f(x) = \sqrt{x^4 - 2x^2 + 2} - 2, \quad -3 \leqslant x \leqslant 3$

59–64 Una partícula se mueve de acuerdo con la información dada. Determine la posición de la partícula.

59. $v(t) = \operatorname{sen} t - \cos t, \quad s(0) = 0$

60. $v(t) = t^2 - 3\sqrt{t}, \quad s(4) = 8$

61. $a(t) = 2t + 1, \quad s(0) = 3, \quad v(0) = -2$

62. $a(t) = 3 \cos t - 2 \operatorname{sen} t, \quad s(0) = 0, \quad v(0) = 4$

63. $a(t) = 10 \operatorname{sen} t + 3 \cos t, \quad s(0) = 0, \quad s(2\pi) = 12$

64. $a(t) = t^2 - 4t + 6, \quad s(0) = 0, \quad s(1) = 20$

---

65. Una piedra se deja caer desde la plataforma superior de observación (la plataforma espacial) de la Torre CN, de 450 m por encima del nivel del suelo.
(a) Encuentre la distancia de la piedra arriba del nivel del suelo en el instante t.
(b) ¿Cuánto tarda la piedra en llegar al nivel del suelo?
(c) ¿Con qué velocidad choca contra el nivel del suelo?
(d) Si la piedra se lanza hacia arriba a una rapidez de 5 m/s, ¿cuánto tarda en llegar al nivel del suelo?

66. Demuestre que para el movimiento en línea recta con aceleración constante a, velocidad inicial v_0 y desplazamiento inicial s_0, el desplazamiento después del tiempo t es

$$s = \tfrac{1}{2}at^2 + v_0 t + s_0$$

67. Se lanza un objeto hacia arriba con velocidad inicial v_0 metros por segundo, desde un punto a s_0 metros por encima del nivel del suelo. Demuestre que

$$[v(t)]^2 = v_0^2 - 19.6[s(t) - s_0]$$

68. Se lanzan dos pelotas hacia arriba desde el borde del acantilado del ejemplo 7. La primera se lanza con una rapidez de 15 m/s y la otra se arroja 1 s más tarde con una rapidez de 8 m/s. ¿En algún momento rebasa una a la otra?

69. Se deja caer una piedra desde un desfiladero y choca contra el suelo con una rapidez de 40 m/s. ¿Cuál es la altura del desfiladero?

70. Si un clavadista con masa m está en el borde de una plataforma de clavados con longitud L y densidad lineal ρ, entonces la plataforma adopta la forma de una curva $y = f(x)$, donde

$$EIy'' = mg(L - x) + \tfrac{1}{2}\rho g(L - x)^2$$

E e I son constantes positivas que dependen del material con que está hecha la plataforma y g (< 0) es la aceleración debida a la gravedad.
(a) Encuentre una expresión para la forma de la curva.
(b) Use $f(L)$ para estimar la distancia debajo de la horizontal al borde de la plataforma.

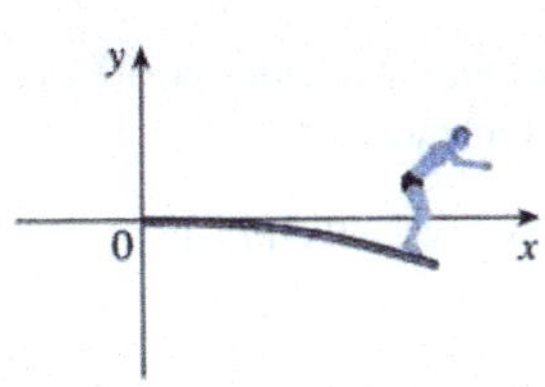

71. Una compañía estima que el costo marginal (en dólares por artículo) de producir x artículos es de $1.92 - 0.002x$. Si el costo de producción de un artículo es de \$562, encuentre el costo de producir 100 artículos.

72. La densidad lineal de una varilla con una longitud de 1 m se expresa por medio de $\rho(x) = 1/\sqrt{x}$ en gramos por centímetro, donde x se mide en centímetros desde uno de los extremos de la varilla. Encuentre la masa de esta última.

73. Dado que las gotas de lluvia crecen a medida que caen, su área superficial aumenta y, por tanto, se incrementa la resistencia a su caída. Una gota de lluvia tiene una velocidad inicial hacia abajo de 10 m/s, y su aceleración hacia abajo es

$$a = \begin{cases} 9 - 0.9t & \text{si } 0 \leqslant t \leqslant 10 \\ 0 & \text{si } t > 10 \end{cases}$$

Si al inicio la gota de lluvia está a 500 m arriba de la superficie de la tierra, ¿cuánto tarda en caer?

74. Un vehículo se desplaza a 80 km/h cuando aplica los frenos, lo que produce una desaceleración constante de 7 m/s². ¿Cuál es la distancia que recorre el automóvil antes de detenerse?

75. ¿Qué aceleración constante se requiere para aumentar la rapidez de un vehículo de 50 km/h a 80 km/h en 5 segundos?

76. Un automóvil frenó con una desaceleración constante de 5 m/s², lo que genera antes de detenerse unas marcas de deslizamiento que miden 60 m. ¿Qué tan rápido se desplazaba el auto cuando se aplicaron los frenos?

77. Un automóvil se desplaza a 100 km/h cuando el conductor ve un accidente 80 m más adelante y aplica los frenos apresuradamente. ¿Qué desaceleración constante se requiere para detener el auto a tiempo de evitar chocar con los vehículos accidentados?

78. Un modelo de cohete se dispara verticalmente hacia arriba a partir del reposo. Su aceleración durante los primeros tres segundos es $a(t) = 18t$, en ese momento se agota el combustible y se convierte en un cuerpo en "caída libre". Después de 14 s, se abre el paracaídas del cohete y la velocidad (hacia abajo) disminuye linealmente hasta -5.5 m/s en 5 s. Entonces el cohete "flota" hasta el piso a esa velocidad.
(a) Determine la función posición s y la función velocidad v (para todos los tiempos t). Trace las gráficas de s y v.
(b) ¿En qué momento el cohete alcanza su altura máxima y cuál es esa altura?
(c) ¿En qué momento aterriza?

79. Un tren "bala" de alta velocidad acelera y desacelera a una razón de 1.2 m/s². Su rapidez de crucero máxima es de 145 km/h.
(a) ¿Cuál es la distancia máxima que puede recorrer el tren si se acelera desde el reposo hasta que alcanza su rapidez de crucero y luego corre a esa rapidez durante 15 minutos?
(b) Suponga que el tren parte del reposo y debe detenerse por completo en 15 minutos. ¿Cuál es la distancia máxima que puede recorrer en estas condiciones?
(c) Encuentre el tiempo mínimo que tarda el tren en viajar entre dos estaciones consecutivas que se encuentran a 72 km de distancia.
(d) El viaje de una estación a la siguiente dura 37.5 minutos. ¿Cuál es la distancia entre las estaciones?

4 REPASO

VERIFICACIÓN DE CONCEPTOS

Las respuestas a la verificación de conceptos se encuentran en las páginas finales del libro.

1. Explique la diferencia entre máximo absoluto y máximo local. Ilustre por medio de un dibujo.

2. (a) ¿Qué dice el teorema del valor extremo?
   (b) Explique cómo funciona el método del intervalo cerrado.

3. (a) Enuncie el teorema de Fermat.
   (b) Defina un número crítico de f.

4. (a) Enuncie el teorema de Rolle.
   (b) Enuncie el teorema del valor medio y dé una interpretación geométrica.

5. (a) Enuncie la prueba de creciente/decreciente.
   (b) ¿Qué significa decir que f es cóncava hacia arriba en un intervalo I?
   (c) Enuncie la prueba de la concavidad.
   (d) ¿Qué son los puntos de inflexión? ¿Cómo puede encontrarlos?

6. (a) Enuncie la prueba de la primera derivada.
   (b) Enuncie la prueba de la segunda derivada.
   (c) ¿Cuáles son las ventajas y las desventajas relativas de estas pruebas?

7. (a) ¿Qué dice la regla de L'Hôpital?
   (b) ¿Cómo puede usar la regla de L'Hôpital si tiene un producto $f(x)g(x)$ donde $f(x) \to 0$ y $g(x) \to \infty$ conforme $x \to a$?
   (c) ¿Cómo puede usar la regla de L'Hôpital si tiene una diferencia $f(x) - g(x)$ donde $f(x) \to \infty$ y $g(x) \to \infty$ cuando $x \to a$?
   (d) ¿Cómo puede usar la regla de L'Hôpital si tiene una potencia $[f(x)]^{g(x)}$ donde $f(x) \to 0$ y $g(x) \to 0$ cuando $x \to a$?

8. Indique si los límites siguientes tienen forma indeterminada. Donde sea posible, diga el límite.

   (a) $\frac{0}{0}$ (b) $\frac{\infty}{\infty}$ (c) $\frac{0}{\infty}$ (d) $\frac{\infty}{0}$

   (e) $\infty + \infty$ (f) $\infty - \infty$ (g) $\infty \cdot \infty$ (h) $\infty \cdot 0$

   (i) 0^0 (j) 0^∞ (k) ∞^0 (l) 1^∞

9. Si tiene una calculadora graficadora o una computadora, ¿por qué necesita el cálculo para trazar la gráfica de una función?

10. (a) Dada una aproximación inicial x_1 para una raíz de la ecuación $f(x) = 0$, explique geométricamente, mediante un dibujo, ¿cómo se obtiene la segunda aproximación x_2 en el método de Newton?
    (b) Escriba una expresión para x_2 en términos de x_1, $f(x_1)$ y $f'(x_1)$.
    (c) Escriba una expresión para x_{n+1} en términos de x_n, $f(x_n)$ y $f'(x_n)$.
    (d) ¿Bajo qué circunstancias es probable que el método de Newton falle o funcione muy lentamente?

11. (a) ¿Qué es una antiderivada de una función f?
    (b) Suponga que F_1 y F_2 son antiderivadas de f en un intervalo I. ¿Cómo se relacionan F_1 y F_2?

EXAMEN VERDADERO-FALSO

Determine si el enunciado es verdadero o falso. Si es verdadero explique por qué. Si es falso, explique por qué o dé un ejemplo que refute el enunciado.

1. Si $f'(c) = 0$, entonces f tiene un máximo o un mínimo local en c.

2. Si f tiene un valor mínimo absoluto en c, entonces $f'(c) = 0$.

3. Si f es continua sobre (a, b), entonces f alcanza un valor máximo absoluto $f(c)$ y un valor mínimo absoluto $f(d)$ en algunos números c y d en (a, b).

4. Si f es derivable y $f(-1) = f(1)$, entonces existe un número c tal que $|c| < 1$ y $f'(c) = 0$.

5. Si $f'(x) < 0$ para $1 < x < 6$, entonces f es decreciente en $(1, 6)$.

6. Si $f''(2) = 0$, entonces $(2, f(2))$ es un punto de inflexión de la curva $y = f(x)$.

7. Si $f'(x) = g'(x)$ para $0 < x < 1$, entonces $f(x) = g(x)$ para $0 < x < 1$.

8. Existe una función f tal que $f(1) = -2$, $f(3) = 0$ y $f'(x) > 1$ para toda x.

9. Existe una función f tal que $f(x) > 0$, $f'(x) < 0$ y $f''(x) > 0$ para toda x.

10. Existe una función f tal que $f(x) < 0$, $f'(x) < 0$ y $f''(x) > 0$ para toda x.

11. Si f y g son crecientes en un intervalo I, entonces $f + g$ es creciente en I.

12. Si f y g son crecientes en un intervalo I, entonces $f - g$ es creciente en I.

13. Si f y g son crecientes en un intervalo I, entonces fg es creciente en I.

14. Si f y g son funciones crecientes positivas en un intervalo I, entonces fg es creciente en I.

15. Si f es creciente y $f(x) > 0$ en I, entonces $g(x) = 1/f(x)$ es decreciente en I.

16. Si f es par, entonces f' es par.

17. Si f es periódica, entonces f' es periódica.

18. La antiderivada más general de $f(x) = x^{-2}$ es

$$F(x) = -\frac{1}{x} + C$$

19. Si $f'(x)$ existe y es diferente de cero para toda x, entonces $f(1) \neq f(0)$.

20. Si $\lim_{x\to\infty} f(x) = 1$ y $\lim_{x\to\infty} g(x) = \infty$, entonces

$$\lim_{x\to\infty} [f(x)]^{g(x)} = 1$$

21. $\lim_{x\to 0} \dfrac{x}{e^x} = 1$

EJERCICIOS

1–6 Encuentre los valores extremos locales y absolutos de la función en el intervalo dado.

1. $f(x) = x^3 - 9x^2 + 24x - 2, \quad [0, 5]$

2. $f(x) = x\sqrt{1-x}, \quad [-1, 1]$

3. $f(x) = \dfrac{3x-4}{x^2+1}, \quad [-2, 2]$

4. $f(x) = \sqrt{x^2+x+1}, \quad [-2, 1]$

5. $f(x) = x + 2\cos x, \quad [-\pi, \pi]$

6. $f(x) = x^2 e^{-x}, \quad [-1, 3]$

7–14 Calcule el límite.

7. $\lim_{x\to 0} \dfrac{e^x - 1}{\tan x}$

8. $\lim_{x\to 0} \dfrac{\tan 4x}{x + \operatorname{sen} 2x}$

9. $\lim_{x\to 0} \dfrac{e^{2x} - e^{-2x}}{\ln(x+1)}$

10. $\lim_{x\to \infty} \dfrac{e^{2x} - e^{-2x}}{\ln(x+1)}$

11. $\lim_{x\to 0} \dfrac{e^{4x} - 1 - 4x}{x^2}$

12. $\lim_{x\to \infty} \dfrac{e^{4x} - 1 - 4x}{x^2}$

13. $\lim_{x\to 1^+} \left(\dfrac{x}{x-1} - \dfrac{1}{\ln x}\right)$

14. $\lim_{x\to (\pi/2)^-} (\tan x)^{\cos x}$

15–17 Trace la gráfica de una función que satisface las condiciones dadas.

15. $f(0) = 0, \quad f'(-2) = f'(1) = f'(9) = 0,$

$\lim_{x\to\infty} f(x) = 0, \quad \lim_{x\to 6} f(x) = -\infty,$

$f'(x) < 0$ en $(-\infty, -2)$, $(1, 6)$ y $(9, \infty)$,

$f'(x) > 0$ en $(-2, 1)$ y $(6, 9)$,

$f''(x) > 0$ en $(-\infty, 0)$ y $(12, \infty)$,

$f''(x) < 0$ en $(0, 6)$ y $(6, 12)$

16. $f(0) = 0, \quad f$ es continua y par

$f'(x) = 2x$ si $0 < x < 1$, $\quad f'(x) = -1$ si $1 < x < 3$,

$f'(x) = 1$ si $x > 3$

17. f es impar, $\quad f'(x) < 0$ para $0 < x < 2$,

$f'(x) > 0$ para $x > 2$, $\quad f''(x) > 0$ para $0 < x < 3$,

$f''(x) < 0$ para $x > 3$, $\quad \lim_{x\to\infty} f(x) = -2$

18. En la figura se ilustra la gráfica de la *derivada* f' de una función f.

(a) ¿En qué intervalos f es creciente o decreciente?

(b) ¿Para qué valores de x la función f tiene un máximo local o un mínimo local?

(c) Trace la gráfica de f''.

(d) Trace la posible gráfica de f.

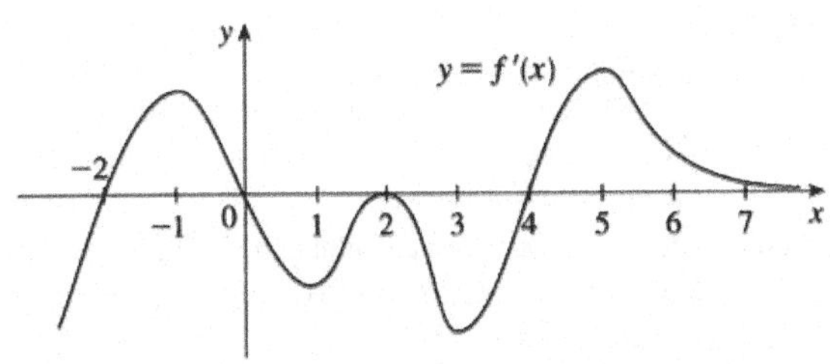

19–34 Trace la curva utilizando las guías de la sección 4.5.

19. $y = 2 - 2x - x^3$

20. $y = -2x^3 - 3x^2 + 12x + 5$

21. $y = 3x^4 - 4x^3 + 2$

22. $y = x^2/(x+8)$

23. $y = \dfrac{1}{x(x-3)^2}$

24. $y = \dfrac{1}{x^2} - \dfrac{1}{(x-2)^2}$

25. $y = \dfrac{(x-1)^3}{x^2}$

26. $y = \sqrt{1-x} + \sqrt{1+x}$

27. $y = \sqrt[3]{x^2+1}$

28. $y = x^{2/3}(x-3)^2$

29. $y = e^x \operatorname{sen} x, \quad -\pi \leqslant x \leqslant \pi$

30. $y = 4x - \tan x, \quad -\pi/2 < x < \pi/2$

31. $y = \operatorname{sen}^{-1}(1/x)$

32. $y = e^{2x-x^2}$

33. $y = (x - 2)e^{-x}$

34. $y = x + \ln(x^2 + 1)$

35–38 Trace las gráficas de f que revelen todos los aspectos importantes de la curva. Use las gráficas de f' y f'' para estimar los intervalos de crecimiento y decrecimiento, los valores extremos, los intervalos de concavidad y los puntos de inflexión. En el ejercicio 35 aplique el cálculo para determinar estas cantidades exactamente.

35. $f(x) = \dfrac{x^2 - 1}{x^3}$

36. $f(x) = \dfrac{x^3 + 1}{x^6 + 1}$

37. $f(x) = 3x^6 - 5x^5 + x^4 - 5x^3 - 2x^2 + 2$

38. $f(x) = x^2 + 6.5 \operatorname{sen} x, \quad -5 \leqslant x \leqslant 5$

---

39. Trace la gráfica $f(x) = e^{-1/x^2}$ en un rectángulo de vista en que muestre todos los aspectos principales de la función. Estime los puntos de inflexión. Luego aplique el cálculo para determinarlos con exactitud.

40. (a) Trace la gráfica de la función $f(x) = 1/(1 + e^{1/x})$.
(b) Explique la forma de la gráfica calculando los límites de $f(x)$ cuando x tiende a $\infty, -\infty, 0^+$ y 0^-.
(c) Use la gráfica de f para estimar las coordenadas de los puntos de inflexión.
(d) Utilice su SAC para calcular y trazar la gráfica de f''.
(e) Con la gráfica del inciso (d) estime el punto de inflexión con más exactitud.

41–42 Utilice las gráficas de f, f' y f'' para estimar la coordenada x de los puntos máximo y mínimo y los puntos de inflexión de f.

41. $f(x) = \dfrac{\cos^2 x}{\sqrt{x^2 + x + 1}}, \quad -\pi \leqslant x \leqslant \pi$

42. $f(x) = e^{-0.1x} \ln(x^2 - 1)$

---

43. Investigue la familia de funciones de $f(x) = \ln(\operatorname{sen} x + C)$. ¿Cuáles características en común tienen los miembros de esta familia? ¿En qué difieren? ¿Para cuáles valores de C es f continua en $(-\infty, \infty)$? ¿Para cuáles valores de C, f no tiene gráfica? ¿Qué sucede conforme $C \to \infty$?

44. Investigue la familia de funciones $f(x) = cxe^{-cx^2}$. ¿Qué le ocurre a los puntos máximos y mínimos y a los puntos de inflexión al cambiar c? Ilustre sus conclusiones trazando varios miembros de la familia.

45. Demuestre que la ecuación $3x + 2\cos x + 5 = 0$ tiene exactamente una raíz real.

46. Suponga que f es continua sobre $[0, 4]$, $f(0) = 1$ y $2 \leqslant f'(x) \leqslant 5$ para toda x en $(0, 4)$. Demuestre que $9 \leqslant f(4) \leqslant 21$.

47. Aplicando el teorema del valor medio a la función $f(x) = x^{1/5}$ en el intervalo $[32, 33]$, demuestre que

$$2 < \sqrt[5]{33} < 2.0125$$

48. ¿Para qué valores de las constantes a y b se tiene que $(1, 3)$ es un punto de inflexión de la curva $y = ax^3 + bx^2$?

49. Sea $g(x) = f(x^2)$, donde f es dos veces derivable para toda x, $f'(x) > 0$ para toda $x \neq 0$ y f es cóncava hacia abajo en $(-\infty, 0)$ y cóncava hacia arriba en $(0, \infty)$.
(a) ¿En cuáles números tiene g un valor extremo?
(b) Analice la concavidad de g.

50. Encuentre dos números enteros positivos tales que la suma del primer número y cuatro veces el segundo sea 1 000 y el producto de los números sea lo más grande posible.

51. Demuestre que la distancia más corta desde el punto (x_1, y_1) a la recta $Ax + By + C = 0$ es

$$\frac{|Ax_1 + By_1 + C|}{\sqrt{A^2 + B^2}}$$

52. Encuentre el punto sobre la hipérbola $xy = 8$ que está más cerca del punto $(3, 0)$.

53. Encuentre el área más pequeña posible de un triángulo isósceles que está circunscrito en una circunferencia de radio r.

54. Encuentre el volumen del cono circular más grande que se puede inscribir en una esfera de radio r.

55. En ΔABC, D queda sobre AB, $CD \perp AB$, $|AD| = |BD| = 4$ cm y $|CD| = 5$ cm. ¿Dónde se debe situar un punto P sobre CD de tal modo que la suma $|PA| + |PB| + |PC|$ sea mínima?

56. Resuelva el ejercicio 55 cuando $|CD| = 2$ cm.

57. La velocidad de una ola de longitud L en agua profunda es

$$v = K\sqrt{\frac{L}{C} + \frac{C}{L}}$$

donde K y C son constantes positivas conocidas. ¿Cuál es la longitud de la ola que da la velocidad mínima?

58. Se va a construir un tanque metálico de almacenamiento con volumen V en forma de un cilindro circular recto rematado por un hemisferio. ¿Cuáles dimensiones requerirán la cantidad mínima de metal?

59. Un equipo de hockey juega en una arena con capacidad de 15 000 espectadores. Con el precio del boleto fijado en \$12, la asistencia promedio en un juego es de 11 000 espectadores. Un estudio de mercado indica que por cada dólar que disminuya el precio del boleto, la asistencia promedio aumentará en 1000. ¿Cómo deben fijar los propietarios del equipo el precio de la entrada para maximizar sus ingresos provenientes de la venta de boletos?

60. Un fabricante determina que el costo de fabricar x unidades de un artículo es

$$C(x) = 1800 + 25x - 0.2x^2 + 0.001x^3$$

y la función de demanda es $p(x) = 48.2 - 0.03x$.

(a) Trace la gráfica de las funciones de costo e ingreso y úselas para estimar el nivel de producción para obtener la utilidad máxima.
(b) Aplique el cálculo para encontrar el nivel de producción para obtener la utilidad máxima.
(c) Estime el nivel de producción que minimice el costo promedio.

61. Utilice el método de Newton para calcular la raíz de la ecuación

$$x^5 - x^4 + 3x^2 - 3x - 2 = 0$$

en el intervalo $[1, 2]$ con una aproximación de seis decimales.

62. Aplique el método de Newton para encontrar todas las raíces de la ecuación $\operatorname{sen} x = x^2 - 3x + 1$ aproximado a seis decimales.

63. Aplique el método de Newton para encontrar el valor máximo absoluto de la función $f(t) = \cos t + t - t^2$, con una exactitud de ocho decimales.

64. Utilice la guía de la sección 4.5 para trazar la curva $y = x \operatorname{sen} x$, $0 \leqslant x \leqslant 2\pi$. Recurra al método de Newton si es necesario.

65–68 Determine la antiderivada más general de la función.

65. $f(x) = 4\sqrt{x} - 6x^2 + 3$

66. $g(x) = \dfrac{1}{x} + \dfrac{1}{x^2 + 1}$

67. $f(t) = 2 \operatorname{sen} t - 3e^t$

68. $f(x) = x^{-3} + \cosh x$

69–72 Determine f.

69. $f'(t) = 2t - 3 \operatorname{sen} t, \quad f(0) = 5$

70. $f'(u) = \dfrac{u^2 + \sqrt{u}}{u}, \quad f(1) = 3$

71. $f''(x) = 1 - 6x + 48x^2, \quad f(0) = 1, \quad f'(0) = 2$

72. $f''(x) = 5x^3 + 6x^2 + 2, \quad f(0) = 3, \quad f(1) = -2$

73–74 Una partícula se mueve de acuerdo con los datos dados. Encuentre la posición de la partícula.

73. $v(t) = 2t - 1/(1 + t^2), \quad s(0) = 1$

74. $a(t) = \operatorname{sen} t + 3 \cos t, \quad s(0) = 0, \quad v(0) = 2$

75. (a) Si $f(x) = 0.1e^x + \operatorname{sen} x$, $-4 \leqslant x \leqslant 4$, use la gráfica de f para trazar una gráfica aproximada de la antiderivada F de f que satisfaga $F(0) = 0$.
(b) Encuentre una expresión para $F(x)$.
(c) Dibuje F con la expresión del inciso (b). Compare con su esquema del inciso (a).

76. Investigue la familia de curvas dada por

$$f(x) = x^4 + x^3 + cx^2$$

En particular, determine el valor de transición de c en que cambia la cantidad de números críticos y el valor de transición en que varía el número de puntos de inflexión. Ilustre con gráficas las formas posibles.

77. Se deja caer un recipiente metálico desde un helicóptero a 500 m arriba de la superficie de la Tierra. Su paracaídas no se abre, pero el recipiente ha sido diseñado para soportar una velocidad de impacto de 100 m/s. ¿Se reventará o no?

78. En una carrera de automóviles a lo largo de una pista recta, el auto A deja atrás dos veces al vehículo B. Demuestre que en algún momento en la carrera las aceleraciones de los automóviles fueron iguales. Plantee las suposiciones que haga.

79. Se va a cortar una viga rectangular a partir de un tronco cilíndrico que tiene un radio de 30 centímetros.
(a) Demuestre que la viga de área máxima de sección transversal es cuadrada.
(b) Se van a cortar cuatro tablones rectangulares de las cuatro secciones del tronco que quedan después de cortar la viga cuadrada.

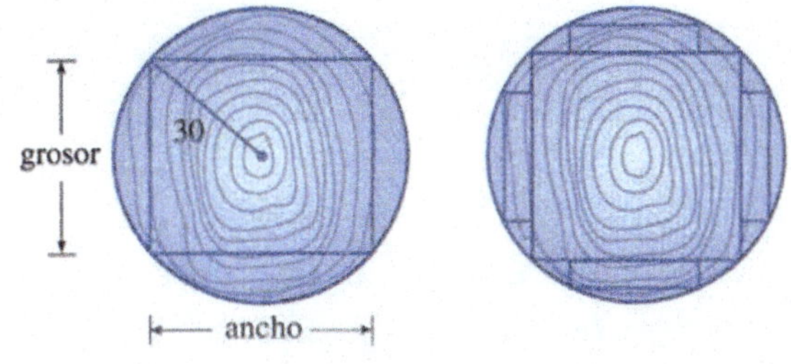

Determine las dimensiones de los tablones que tendrán el área máxima de sección transversal.

(c) Suponga que la resistencia de la viga rectangular es proporcional al producto de su ancho y al cuadrado de su altura. Encuentre las dimensiones de la viga más fuerte que se puede cortar a partir del tronco cilíndrico.

80. Si se dispara un proyectil a una velocidad inicial v a un ángulo de inclinación θ a partir de la horizontal, por tanto, su trayectoria, despreciando la resistencia del aire, es la parábola

$$y = (\tan\theta)x - \frac{g}{2v^2\cos^2\theta}x^2 \qquad 0 < \theta < \frac{\pi}{2}$$

(a) Suponga que el proyectil se dispara desde la base de un plano inclinado a un ángulo α, $\alpha > 0$, respecto a la horizontal, como se muestra en la figura. Demuestre que el alcance del proyectil, medido por encima de la pendiente, está dado por

$$R(\theta) = \frac{2v^2\cos\theta\ \operatorname{sen}(\theta - \alpha)}{g\cos^2\alpha}$$

(b) Determine θ de modo que R sea un máximo.

(c) Suponga que el plano forma un ángulo α *abajo* de la horizontal. Determine el alcance R en este caso y el ángulo en el cual se debe disparar el proyectil para maximizar R.

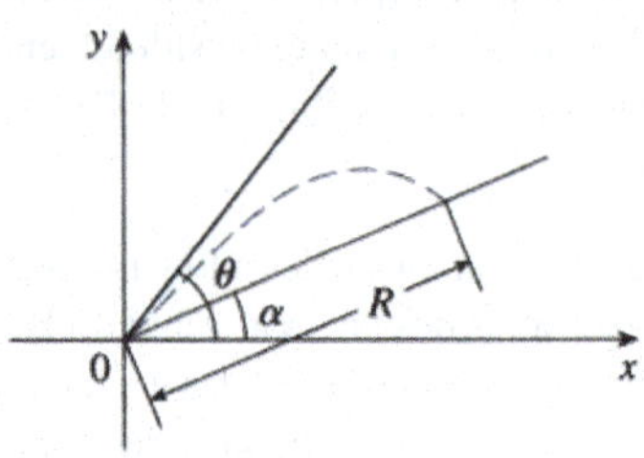

81. Si un campo electrostático E actúa sobre un líquido o un gas dieléctrico polar, el momento de dipolo neto P por unidad de volumen es

$$P(E) = \frac{e^E + e^{-E}}{e^E - e^{-E}} - \frac{1}{E}$$

Demuestre que el $\lim_{E\to 0^+} P(E) = 0$.

82. Si una bola de metal con masa m se proyecta en el agua y la fuerza de resistencia es proporcional al cuadrado de la velocidad, la distancia que la bola viaja en el tiempo t es

$$s(t) = \frac{m}{c}\ln\cosh\sqrt{\frac{gc}{mt}}$$

donde c es una constante positiva. Determine $\lim_{c\to 0^+} s(t)$.

83. Demuestre que, para $x > 0$

$$\frac{x}{1 + x^2} < \tan^{-1}x < x$$

84. Trace la gráfica de una función f tal que $f'(x) < 0$ para toda x, $f''(x) > 0$ para $|x| > 1$, $f''(x) < 0$ para $|x| < 1$ y $\lim_{x\to\pm\infty}[f(x) + x] = 0$.

85. Una luz se coloca encima de un poste de altura h metros para iluminar un círculo que tiene radio de 20 m, ocupado por el tráfico. La intensidad de iluminación I en cualquier punto P en el círculo es directamente proporcional al coseno del ángulo θ (véase la figura) e inversamente proporcional al cuadrado de la distancia d de la fuente de luz.

(a) ¿Qué tan alto debe estar la luz sobre el poste de manera que se maximice I?

(b) Suponga que la luz sobre el poste está a h metros de altura y que una mujer está caminando hacia afuera de la base del poste a una rapidez de 1 m/s. ¿Con qué rapidez disminuye la intensidad de la luz en el punto a su espalda a 1 m sobre el suelo, cuando ella alcanza el borde exterior del círculo de tráfico?

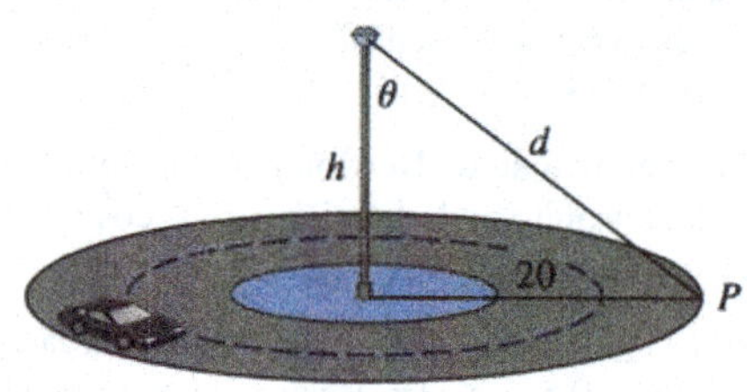

86. Está fluyendo agua a un ritmo constante dentro de un tanque esférico. Sea $V(t)$ el volumen de agua en el tanque y $H(t)$ la altura del agua en el tanque en el tiempo t.

(a) ¿Cuáles son los significados de $V'(t)$ y $H'(t)$? ¿Son estas derivadas positivas, negativas o cero?

(b) ¿Es $V''(t)$ positiva, negativa o cero? Explique.

(c) Sean t_1, t_2 y t_3 los tiempos cuando el tanque está lleno a un cuarto, la mitad y a tres cuartas partes del total, respectivamente. ¿Son los valores $H''(t_1)$, $H''(t_2)$ y $H''(t_3)$ positivos, negativos o cero? ¿Por qué?

Problemas adicionales

1. Si un rectángulo tiene su base sobre el eje x y dos vértices sobre la curva $y = e^{-x^2}$, demuestre que el rectángulo tiene el área más grande posible cuando los dos vértices están en los puntos de inflexión de la curva.

2. Demuestre que $|\operatorname{sen} x - \cos x| \leqslant \sqrt{2}$ para toda x.

3. ¿La función $f(x) = e^{10|x-2|-x^2}$ tiene un máximo absoluto? Si es así, encuéntrelo. ¿Qué hay del mínimo absoluto?

4. Demuestre que $x^2y^2(4 - x^2)(4 - y^2) \leqslant 16$ para todos los números x y y tales que $|x| \leqslant 2$ y $|y| \leqslant 2$.

5. Demuestre que los puntos de inflexión de la curva $y = (\operatorname{sen} x)/x$ están sobre la curva $y^2(x^4 + 4) = 4$.

6. Encuentre el punto sobre la parábola $y = 1 - x^2$ en el cual la recta tangente corta el primer cuadrante en un triángulo con área mínima.

7. Si a, b, c y d son constantes tales que

$$\lim_{x \to 0} \frac{ax^2 + \operatorname{sen} bx + \operatorname{sen} cx + \operatorname{sen} dx}{3x^2 + 5x^4 + 7x^6} = 8$$

encuentre el valor de la suma $a + b + c + d$.

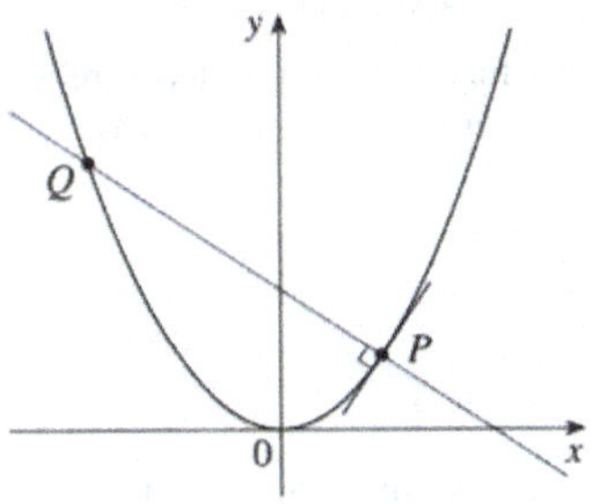

FIGURA PARA EL PROBLEMA 11

8. Evalúe

$$\lim_{x \to \infty} \frac{(x + 2)^{1/x} - x^{1/x}}{(x + 3)^{1/x} - x^{1/x}}$$

9. Encuentre los puntos más altos y más bajos sobre la curva $x^2 + xy + y^2 = 12$.

10. Trace el conjunto de todos los puntos (x, y) tales que $|x + y| \leqslant e^x$.

11. Si $P(a, a^2)$ es cualquier punto sobre la parábola $y = x^2$, excepto en el origen, sea Q el punto donde la recta normal en P cruza la parábola una vez más (véase la figura).

(a) Demuestre que la coordenada y de Q es la más pequeña cuando $a = 1/\sqrt{2}$.

(b) Demuestre que el segmento de recta PQ tiene la longitud más corta posible cuando $a = 1/\sqrt{2}$.

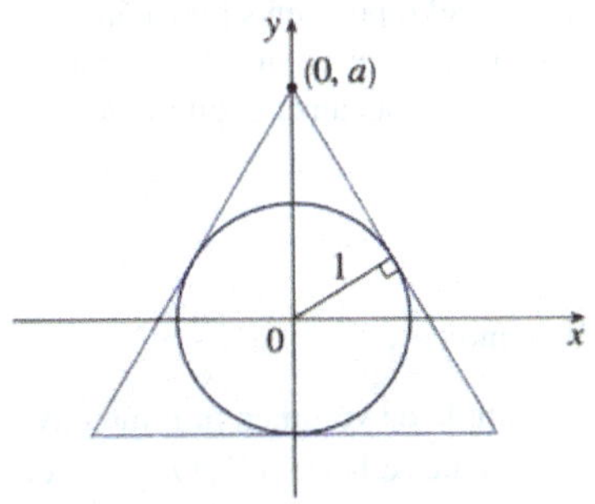

FIGURA PARA EL PROBLEMA 13

12. ¿Para qué valores de c la curva $y = cx^3 + e^x$ tiene puntos de inflexión?

13. Un triángulo isósceles es circunscrito sobre el círculo unitario tal que los lados iguales se reúnen en el punto $(0, a)$ en el eje y (véase la figura). Determine el valor de a que minimiza las longitudes de los lados iguales. (Usted se puede sorprender de que el resultado no da un triángulo equilátero.)

14. Trace la región en el plano que consta de todos los puntos (x, y) tales que

$$2xy \leqslant |x - y| \leqslant x^2 + y^2$$

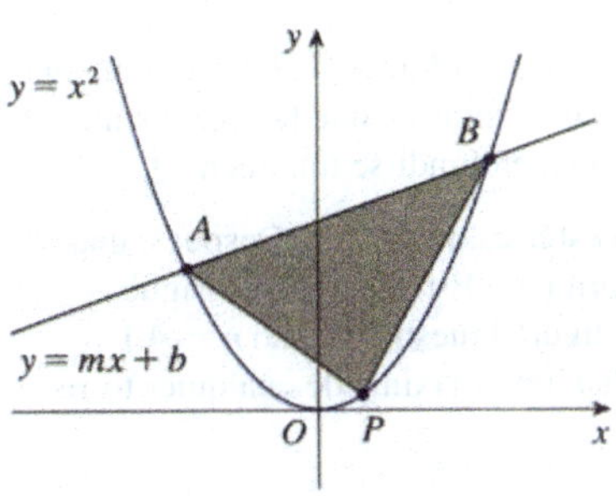

FIGURA PARA EL PROBLEMA 15

15. La recta $y = mx + b$ corta la parábola $y = x^2$ en los puntos A y B (véase la figura). Determine el punto P sobre el arco AOB de la parábola que maximiza el área del triángulo PAB.

16. $ABCD$ es un trozo cuadrado de papel con lados de longitud de 1 m. Se dibuja un cuarto de circunferencia desde B hasta D, con centro en A. El trozo de papel se dobla a lo largo de EF con E sobre AB y F sobre AD, de manera que A cae sobre el cuarto de circunferencia. Determine las áreas máxima y mínima que podría tener el triángulo AEF.

17. ¿Para qué números positivos a la curva $y = a^x$ corta la recta $y = x$?

18. ¿Para qué valores de a es verdadera la ecuación siguiente?

$$\lim_{x \to \infty} \left(\frac{x + a}{x - a}\right)^x = e$$

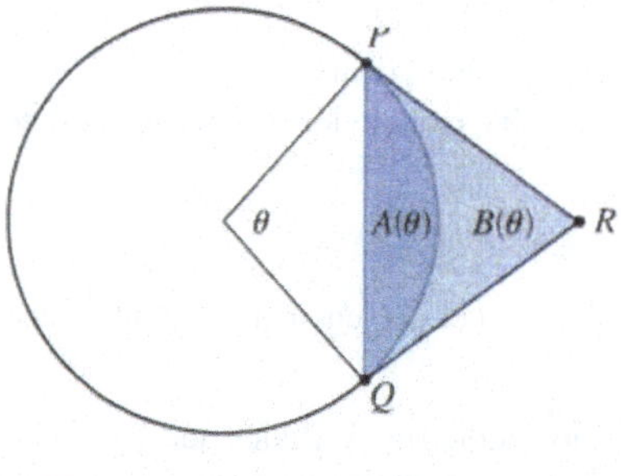

FIGURA PARA EL PROBLEMA 20

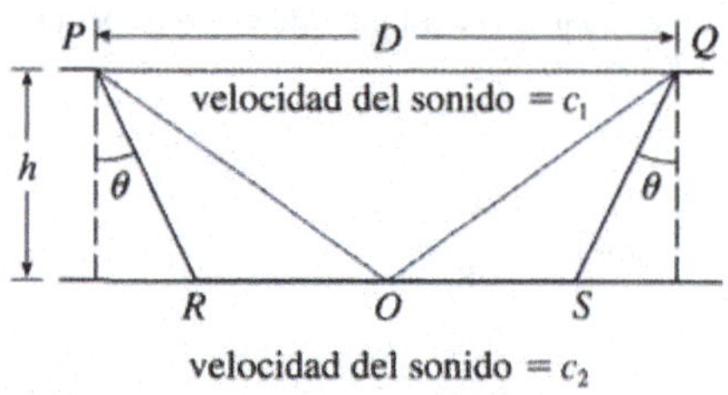

FIGURA PARA EL PROBLEMA 21

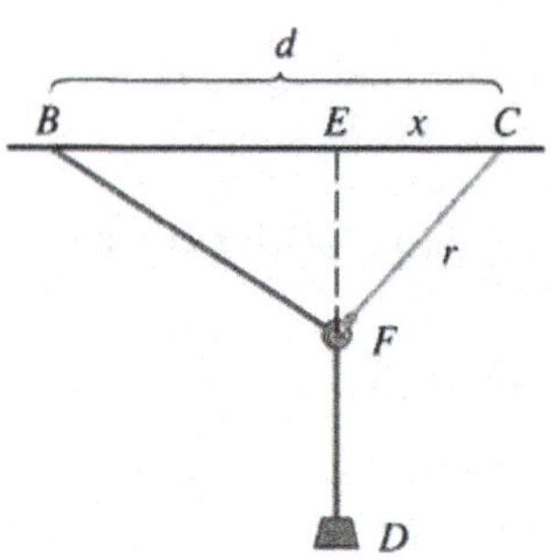

FIGURA PARA EL PROBLEMA 23

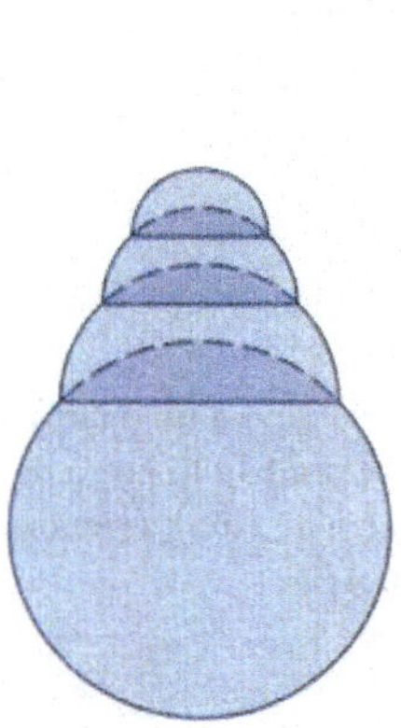

FIGURA PARA EL PROBLEMA 26

19. Sea $f(x) = a_1 \operatorname{sen} x + a_2 \operatorname{sen} 2x + \cdots + a_n \operatorname{sen} nx$, donde $a_1, a_2, \ldots, a_n$ son números reales y n es un entero positivo. Si se sabe que $|f(x)| \leqslant |\operatorname{sen} x|$ para toda x, demuestre que

$$|a_1 + 2a_2 + \cdots + na_n| \leqslant 1$$

20. Un arco PQ de un círculo subtiende un ángulo central θ, como en la figura. Sea $A(\theta)$ el área entre la cuerda PQ y el arco PQ. Sea $B(\theta)$ el área entre las rectas tangentes PR, QR y el arco. Encuentre

$$\lim_{\theta \to 0^+} \frac{A(\theta)}{B(\theta)}$$

21. La velocidad del sonido c_1 en una capa superior y c_2 en una capa inferior de roca y el espesor h de la capa superior pueden calcularse mediante la exploración sísmica, si la velocidad del sonido en la capa inferior es mayor que la velocidad en la capa superior. Se hace detonar una carga de dinamita en el punto P y las señales transmitidas se registran en el punto Q, el cual está a una distancia D de P. La primera señal que llega a Q viaja por la superficie y tarda T_1 segundos. La señal siguiente viaja desde el punto P al punto R, de R a S en la capa inferior y luego a Q, lo que le toma T_2 segundos. La tercera señal se refleja por la capa inferior en el punto medio O de RS y tarda T_3 segundos en llegar a Q. (Véase la figura.)

(a) Exprese T_1, T_2 y T_3 en función de D, h, c_1, c_2 y θ.
(b) Demuestre que T_2 es un mínimo cuando $\operatorname{sen} \theta = c_1/c_2$.
(c) Suponga que $D = 1$ km, $T_1 = 0.26$ s, $T_2 = 0.32$ s y $T_3 = 0.34$ s. Calcule c_1, c_2 y h.

Nota: los geofísicos usan esta técnica cuando estudian la estructura de la corteza terrestre, ya sea con fines de exploración petrolera o para la detección de enormes fallas en las rocas.

22. ¿Para qué valores de c existe una recta que cruce la curva

$$y = x^4 + cx^3 + 12x^2 - 5x + 2$$

en cuatro puntos diferentes?

23. Uno de los problemas que planteó el Marqués de L'Hôpital en su libro de texto *Analyse des Infiniment Petits* concierne a una polea conectada al techo de una habitación en un punto C mediante una cuerda de longitud r. En otro punto B sobre el techo, a una distancia d de C (donde $d > r$), una cuerda de longitud ℓ se conecta a la polea y pasa por esta en F y se ata a un peso W. El peso se libera y alcanza el reposo en su posición de equilibrio D. (Véase la figura.) Tal y como argumentó L'Hôpital, esto sucede cuando la distancia $|ED|$ se maximiza. Demuestre que cuando el sistema alcanza el punto de equilibrio, el valor de x es

$$\frac{r}{4d}\left(r + \sqrt{r^2 + 8d^2}\right)$$

Observe que esta expresión es independiente tanto de W como de ℓ.

24. Dada una esfera con radio r, encuentre la altura de una pirámide de volumen mínimo cuya base es un cuadrado y cuyas caras base y triangular son tangentes a la esfera. ¿Qué sucede si la base de la pirámide es un n-ágono regular? (Un n-ágono regular es un polígono con n lados y ángulos iguales.) (Use el hecho de que el volumen de una pirámide es $\frac{1}{3}Ah$, donde A es el área de la base.)

25. Suponga que una bola de nieve se derrite de tal modo que su volumen disminuye con una tasa proporcional directa a su área superficial. Si tarda tres horas en que la bola disminuya a la mitad de su volumen original, ¿cuánto tardará la bola en fundirse totalmente?

26. Una burbuja hemisférica se coloca sobre una burbuja esférica de radio 1. Después, una burbuja hemisférica más pequeña se coloca sobre la primera. Este proceso prosigue hasta que se forman n cámaras, incluso la esfera. (La figura muestra el caso $n = 4$.) Utilice la inducción matemática para demostrar que la altura máxima de cualquier torre de burbujas con n cámaras es $1 + \sqrt{n}$.

5 Integrales

La foto muestra el lago Lanier, que es una represa en Georgia, EE. UU. En el ejercicio 70 en la sección 5.4 se calcula la cantidad de agua que fluyó en el lago Lanier durante cierto período.

EN EL CAPÍTULO 2 se utilizaron los problemas de la recta tangente y la velocidad para introducir el concepto de derivada, que es la idea central en el cálculo diferencial. De la misma manera, este capítulo comienza con los problemas de área y distancia, los cuales sirven para formular la idea de integral definida, que es el concepto básico del cálculo integral. En los capítulos 6 y 8 verá cómo utilizar la integral para resolver problemas relacionados con volúmenes, longitud de curvas, predicciones de una población, gasto cardíaco, fuerzas sobre una presa, trabajo, excedente del consumidor y el béisbol, entre muchas otras situaciones.

Existe una conexión entre el cálculo integral y el cálculo diferencial. El teorema fundamental del cálculo relaciona la integral con la derivada. En este capítulo aprenderá que este teorema simplifica en gran medida la resolución de muchos problemas.

5.1 Áreas y distancias

Ahora es un buen momento para leer (o releer) *Un adelanto del cálculo* (véase la página 1), que analiza las ideas unificadoras del cálculo y lo ayuda a situarse en la perspectiva de dónde está y hacia dónde va.

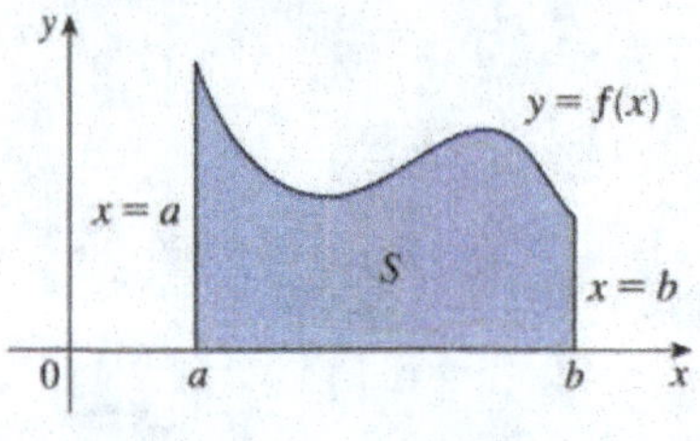

FIGURA 1
$S = \{(x, y) \mid a \leq x \leq b, 0 \leq y \leq f(x)\}$

En esta sección se descubre que, al intentar calcular el área bajo una curva o la distancia recorrida por un automóvil, se llega al mismo tipo especial de límite.

■ El problema del área

Intente resolver el *problema del área*: encuentre el área de la región S que está debajo de la curva $y = f(x)$, de a a b. Esto significa que S, la cual se muestra en la figura 1, está limitada por la gráfica de una función continua f [donde $f(x) \geq 0$], las rectas verticales $x = a$ y $x = b$, y el eje x.

Al intentar resolver el problema del área, debe preguntarse: ¿cuál es el significado de la palabra *área*? Esta cuestión es fácil de responder para regiones con lados rectos. Para un rectángulo, el área se define como el producto del largo y el ancho. El área de un triángulo es la mitad de la base multiplicada por la altura. El área de un polígono se encuentra al dividirlo en triángulos (como en la figura 2) y sumar las áreas de esos triángulos.

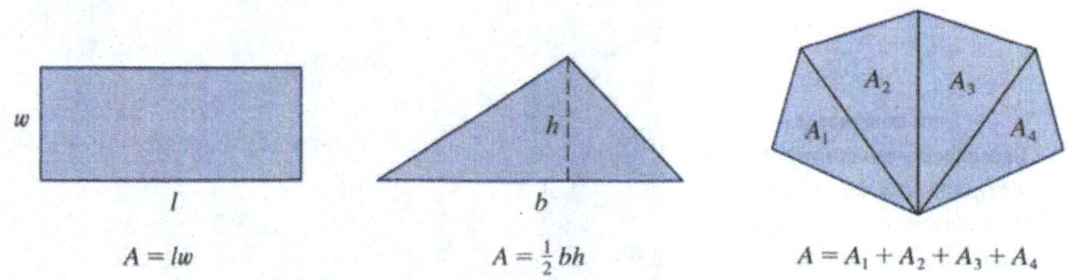

FIGURA 2

Sin embargo, no es fácil determinar el área de una región con lados curvos. Muchos tienen una idea intuitiva de lo que es el área de una región, pero parte del problema del área es hacer que esta idea intuitiva se precise dando una definición exacta.

Recuerde que al definir una recta tangente, primero obtuvo una aproximación de la pendiente de la recta tangente para las pendientes de rectas secantes y, luego, tomó el límite de estas aproximaciones. Siga una idea similar para las áreas. En primer lugar, obtenga una aproximación de la región S representándola por medio de rectángulos, y después tome el límite de las áreas de los rectángulos cuando se incrementa el número de estos. En el ejemplo siguiente se ilustra el procedimiento.

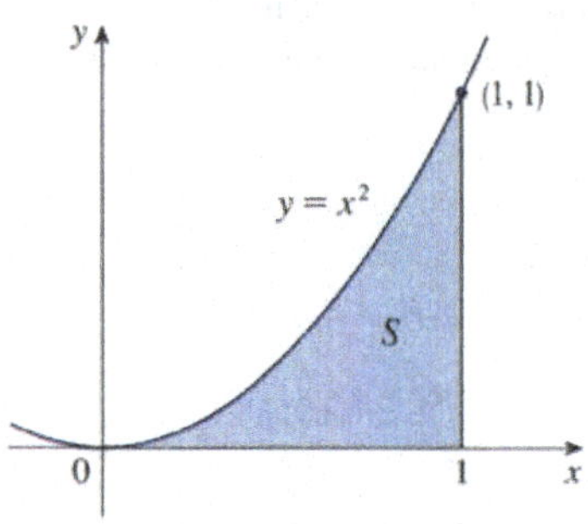

FIGURA 3

EJEMPLO 1 Utilice rectángulos para estimar el área bajo la parábola $y = x^2$, de 0 a 1 (la región parabólica S se ilustra en la figura 3).

SOLUCIÓN En primer lugar, el área S se debe encontrar en alguna parte entre 0 y 1 porque S está contenida en un cuadrado de lado 1, pero en verdad, puede lograr algo mejor que eso. Suponga que divide S en cuatro franjas, S_1, S_2, S_3 y S_4, al trazar las rectas verticales $x = \frac{1}{4}$, $x = \frac{1}{2}$, y $x = \frac{3}{4}$ como en la figura 4(a).

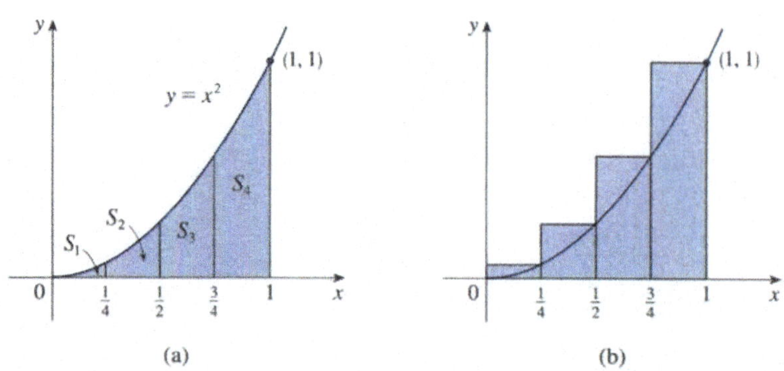

FIGURA 4

Puede obtener una aproximación de cada franja por medio de un rectángulo cuya base sea la misma que la de la franja y cuya altura sea la misma que la del lado derecho de la propia franja [véase la figura 4(b)]. En otras palabras, las alturas de estos rectángulos son los valores de la función $f(x) = x^2$ en los puntos finales derechos de los subintervalos, $\left[0, \frac{1}{4}\right], \left[\frac{1}{4}, \frac{1}{2}\right], \left[\frac{1}{2}, \frac{3}{4}\right]$ y $\left[\frac{3}{4}, 1\right]$.

Cada rectángulo tiene un ancho de $\frac{1}{4}$, y las alturas son $\left(\frac{1}{4}\right)^2, \left(\frac{1}{2}\right)^2, \left(\frac{3}{4}\right)^2$ y 1^2. Si denota con R_4 la suma de las áreas de estos rectángulos de aproximación, obtiene

$$R_4 = \tfrac{1}{4} \cdot \left(\tfrac{1}{4}\right)^2 + \tfrac{1}{4} \cdot \left(\tfrac{1}{2}\right)^2 + \tfrac{1}{4} \cdot \left(\tfrac{3}{4}\right)^2 + \tfrac{1}{4} \cdot 1^2 = \tfrac{15}{32} = 0.46875$$

De la figura 4(b) vea que el área A de S es menor que R_4, por lo que

$$A < 0.46875$$

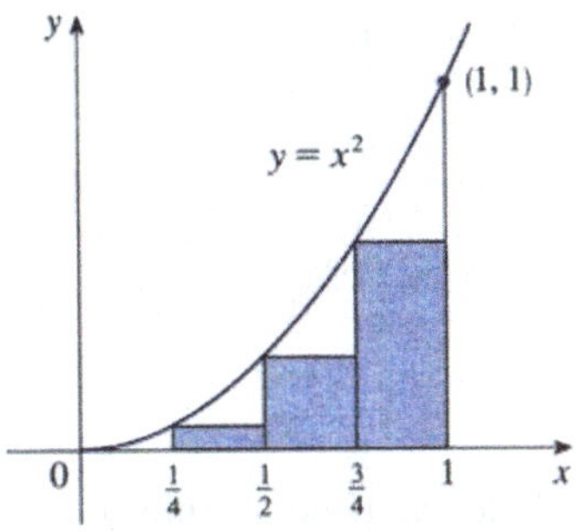

FIGURA 5

En lugar de usar los rectángulos de la figura 4(b), podría utilizar los rectángulos más pequeños de la figura 5, cuyas alturas son los valores de f en los puntos finales *izquierdos* de los subintervalos. (El rectángulo final de izquierda se ha aplastado debido a que su altura es 0.) La suma de las áreas de estos rectángulos de aproximación es

$$L_4 = \tfrac{1}{4} \cdot 0^2 + \tfrac{1}{4} \cdot \left(\tfrac{1}{4}\right)^2 + \tfrac{1}{4} \cdot \left(\tfrac{1}{2}\right)^2 + \tfrac{1}{4} \cdot \left(\tfrac{3}{4}\right)^2 = \tfrac{7}{32} = 0.21875$$

Observe ahora que el área de S es mayor que L_4, de modo que se tienen estimaciones superior e inferior para A:

$$0.21875 < A < 0.46875$$

Es posible repetir este procedimiento con un número mayor de franjas. En la figura 6 se muestra lo que sucede cuando se divide la región S en ocho franjas de anchos iguales.

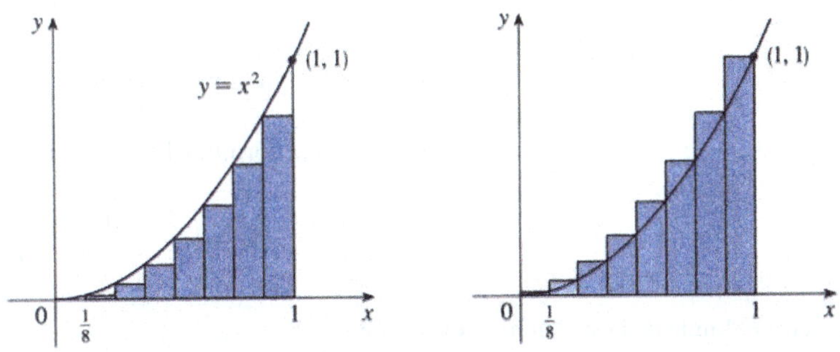

FIGURA 6
Aproximando S con ocho rectángulos

Al calcular la suma de las áreas de los rectángulos más pequeños (L_8) y la suma de las áreas de los rectángulos más grandes (R_8), se obtienen mejores estimaciones inferior y superior para A:

$$0.2734375 < A < 0.3984375$$

Por lo que una posible respuesta para la pregunta es decir que el área verdadera de S se encuentra entre 0.2734375 y 0.3984375.

Se podrían obtener mejores estimaciones al incrementar el número de franjas. En la tabla que aparece a la izquierda se muestran los resultados de cálculos semejantes (con una computadora), usando n rectángulos cuyas alturas se encontraron con los puntos finales izquierdos (L_n) o con los puntos finales derechos (R_n). En particular, vea que al usar 50 franjas, el área se encuentra entre 0.3234 y 0.3434. Con 1000 franjas, las bandas se hacen más y más estrechas: A se encuentra entre 0.3328335 y 0.3338335. Una buena estimación se obtiene promediando estos números: $A \approx 0.3333335$. ■

n	L_n	R_n
10	0.2850000	0.3850000
20	0.3087500	0.3587500
30	0.3168519	0.3501852
50	0.3234000	0.3434000
100	0.3283500	0.3383500
1000	0.3328335	0.3338335

Con base en los valores de la tabla en el ejemplo 1, parece que R_n tiende a $\frac{1}{3}$ conforme n crece. Esto se confirma en el ejemplo siguiente.

EJEMPLO 2 Para la región S del ejemplo 1, demuestre que la suma de las áreas de los rectángulos de aproximación superiores tiende a $\frac{1}{3}$; es decir,

$$\lim_{n\to\infty} R_n = \tfrac{1}{3}$$

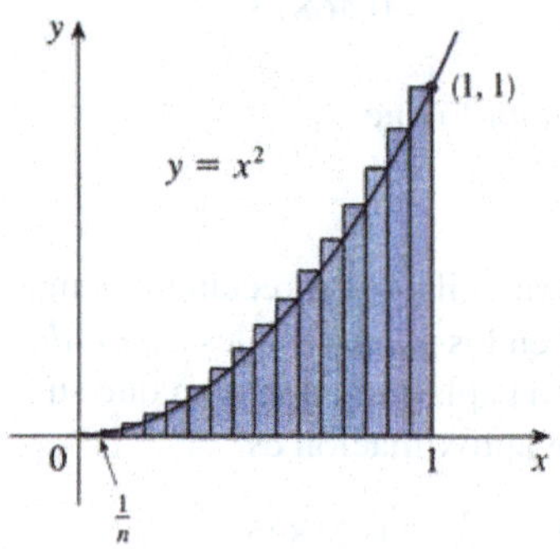

FIGURA 7

SOLUCIÓN R_n es la suma de las áreas de los n rectángulos de la figura 7. Cada rectángulo tiene un ancho de $1/n$, y las alturas son los valores de la función $f(x) = x^2$ en los puntos $1/n, 2/n, 3/n, \ldots, n/n$; es decir, las alturas son $(1/n)^2, (2/n)^2, (3/n)^2, \ldots, (n/n)^2$. De este modo,

$$R_n = \frac{1}{n}\left(\frac{1}{n}\right)^2 + \frac{1}{n}\left(\frac{2}{n}\right)^2 + \frac{1}{n}\left(\frac{3}{n}\right)^2 + \cdots + \frac{1}{n}\left(\frac{n}{n}\right)^2$$

$$= \frac{1}{n}\cdot\frac{1}{n^2}(1^2 + 2^2 + 3^2 + \cdots + n^2)$$

$$= \frac{1}{n^3}(1^2 + 2^2 + 3^2 + \cdots + n^2)$$

Aquí necesita la fórmula para la suma de los cuadrados de los n primeros enteros positivos:

$$\boxed{1} \qquad 1^2 + 2^2 + 3^2 + \cdots + n^2 = \frac{n(n+1)(2n+1)}{6}$$

Es posible que ya antes haya visto esta fórmula. Se demuestra en el ejemplo 5 del apéndice E.

Colocando la fórmula 1 en nuestra expresión para R_n, obtendrá

$$R_n = \frac{1}{n^3}\cdot\frac{n(n+1)(2n+1)}{6} = \frac{(n+1)(2n+1)}{6n^2}$$

Aquí se calcula el límite de la sucesión $\{R_n\}$. Las sucesiones y sus límites fueron discutidos en *Un adelanto del cálculo* y se estudiarán en detalle en la sección 11.1. La idea es muy similar a un límite en el infinito (sección 2.6), excepto que en la expresión $\lim_{n\to\infty}$, se restrigió n a un número entero positivo. En particular, se sabe que

$$\lim_{n\to\infty}\frac{1}{n} = 0$$

Cuando escribe $\lim_{n\to\infty} R_n = \frac{1}{3}$ quiere decir que puede hacer R_n tan cercano a $\frac{1}{3}$ como quiera, tomando n suficientemente grande.

Por lo que

$$\lim_{n\to\infty} R_n = \lim_{n\to\infty}\frac{(n+1)(2n+1)}{6n^2}$$

$$= \lim_{n\to\infty}\frac{1}{6}\left(\frac{n+1}{n}\right)\left(\frac{2n+1}{n}\right)$$

$$= \lim_{n\to\infty}\frac{1}{6}\left(1+\frac{1}{n}\right)\left(2+\frac{1}{n}\right)$$

$$= \frac{1}{6}\cdot 1\cdot 2 = \frac{1}{3}$$ ■

Puede demostrarse que las sumas de aproximación inferiores también tienden a $\frac{1}{3}$; es decir

$$\lim_{n\to\infty} L_n = \tfrac{1}{3}$$

Con base en las figuras 8 y 9 parece que, conforme n crece, tanto L_n como R_n son cada vez mejores aproximaciones para el área de S. Por tanto, *se definirá* el área A como el límite de las sumas de las áreas de los rectángulos de aproximación; esto es,

TEC En Visual 5.1 puede crear figuras como la 8 y 9 para otros valores de n.

$$A = \lim_{n \to \infty} R_n = \lim_{n \to \infty} L_n = \tfrac{1}{3}$$

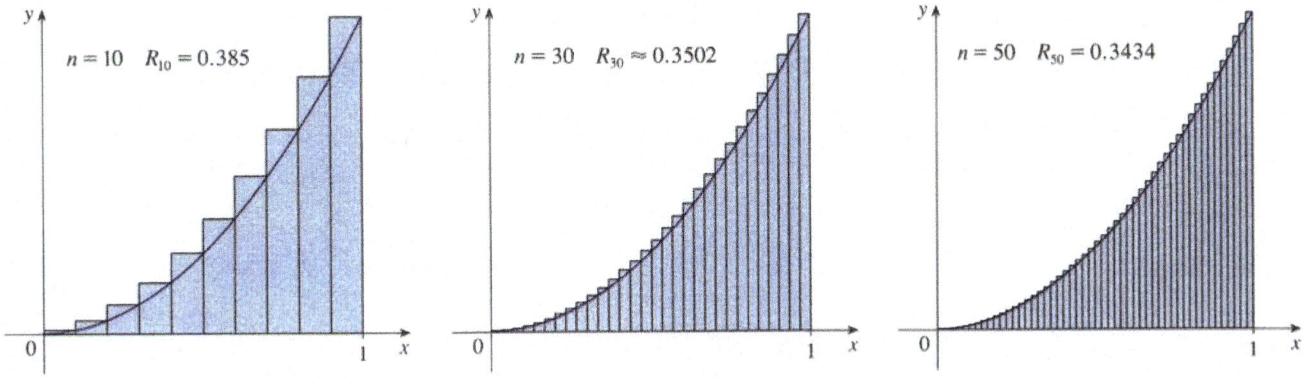

FIGURA 8 Los puntos finales derechos producen sumas mayores porque $f(x) = x^2$ es creciente.

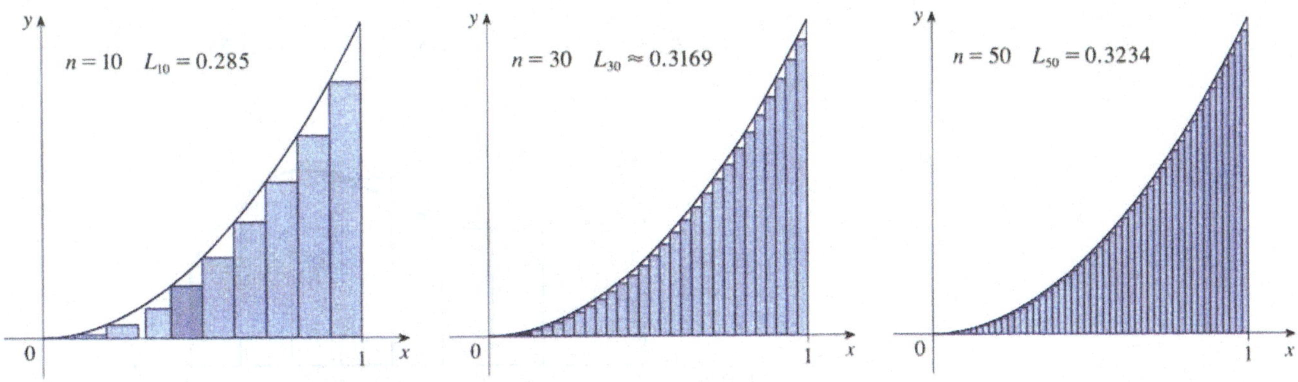

FIGURA 9 Los puntos finales izquierdos producen sumas menores porque $f(x) = x^2$ es creciente.

Aplique la idea de los ejemplos 1 y 2 a la región más general S de la figura 1. Empiece por subdividir S en n franjas $S_1, S_2, \ldots, S_n$ de anchos iguales, como en la figura 10.

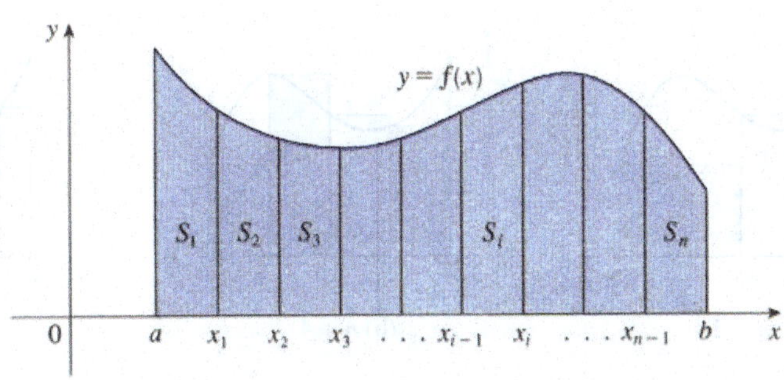

FIGURA 10

El ancho del intervalo $[a, b]$ es $b - a$, de modo que el ancho de cada una de las n franjas es

$$\Delta x = \frac{b - a}{n}$$

Estas franjas dividen el intervalo $[a, b]$ en n subintervalos

$$[x_0, x_1], \quad [x_1, x_2], \quad [x_2, x_3], \quad \ldots, \quad [x_{n-1}, x_n]$$

donde $x_0 = a$ y $x_n = b$. Los puntos finales derechos de los subintervalos son

$$x_1 = a + \Delta x,$$
$$x_2 = a + 2\,\Delta x,$$
$$x_3 = a + 3\,\Delta x,$$
$$\vdots$$

Aproxime la i-ésima franja, S_i, con un rectángulo de ancho Δx y altura $f(x_i)$, que es el valor de f en el punto extremo derecho (véase la figura 11). Entonces, el área del i-ésimo rectángulo es $f(x_i)\Delta x$. Lo que de manera intuitiva se pensó como el área de S se aproxima con la suma de las áreas de estos rectángulos:

$$R_n = f(x_1)\,\Delta x + f(x_2)\,\Delta x + \cdots + f(x_n)\,\Delta x$$

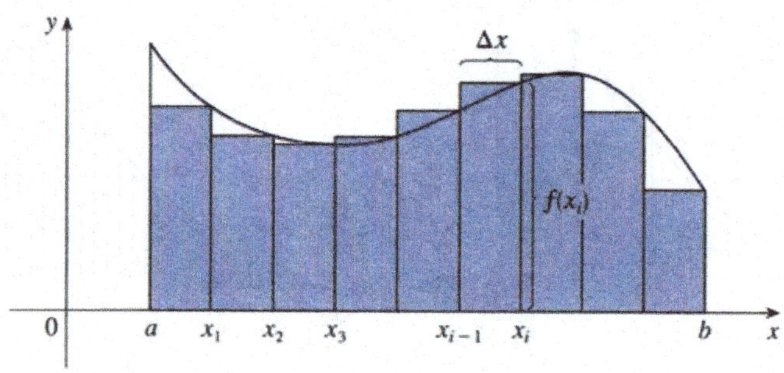

FIGURA 11

En la figura 12 se muestra esta aproximación para $n = 2$, 4, 8 y 12. Observe que esta aproximación parece mejorarse a medida que se incrementa la cantidad de franjas; es decir, cuando $n \to \infty$. Por tanto, se definirá el área A de la región S de la manera siguiente:

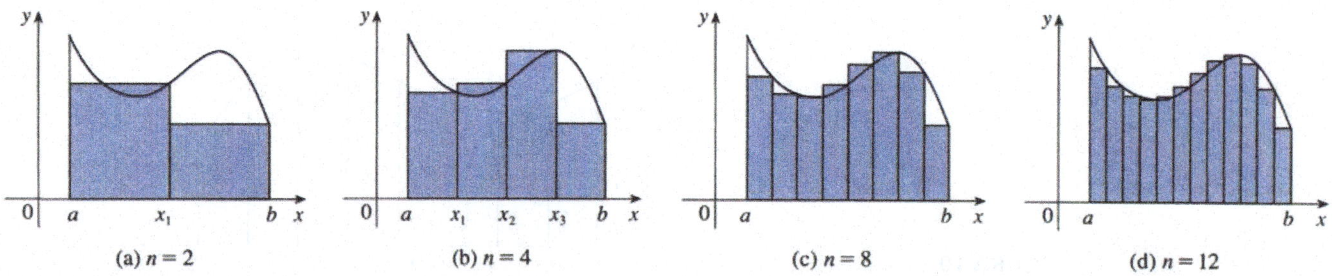

FIGURA 12

2 Definición El **área** A de la región S que se encuentra bajo la gráfica de la función continua f es el límite de la suma de las áreas de los rectángulos de aproximación:

$$A = \lim_{n\to\infty} R_n = \lim_{n\to\infty} [f(x_1)\,\Delta x + f(x_2)\,\Delta x + \cdots + f(x_n)\,\Delta x]$$

Se puede demostrar que el límite de la definición 2 siempre existe, porque se supone que f es continua. También es posible demostrar que se obtiene el mismo valor con los puntos finales izquierdos:

3
$$A = \lim_{n\to\infty} L_n = \lim_{n\to\infty} [f(x_0)\,\Delta x + f(x_1)\,\Delta x + \cdots + f(x_{n-1})\,\Delta x]$$

De hecho, en lugar de usar los puntos finales izquierdos o los derechos, podría tomarse la altura del i-ésimo rectángulo como el valor de f en *cualquier* número x_i^*, en el i-ésimo subintervalo $[x_{i-1}, x_i]$. A estos números $x_1^*, x_2^*, \ldots, x_n^*$ se les llama **puntos muestra**. En la figura 13 se presentan los rectángulos de aproximación cuando se eligen puntos muestra diferentes de los puntos finales. Así, una expresión más general para el área de S es

4
$$A = \lim_{n\to\infty} [f(x_1^*)\,\Delta x + f(x_2^*)\,\Delta x + \cdots + f(x_n^*)\,\Delta x]$$

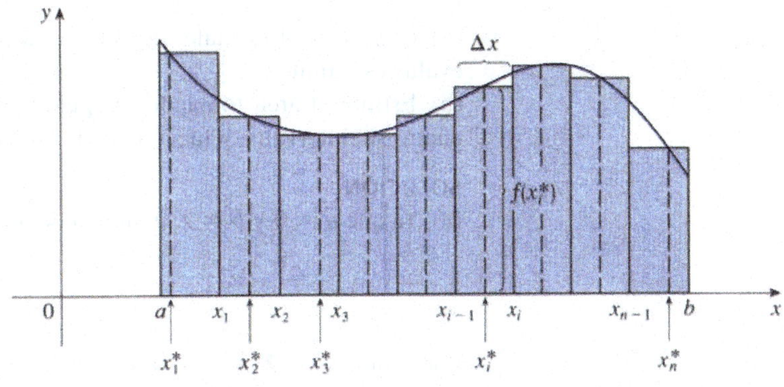

FIGURA 13

NOTA Se puede demostrar que una definición equivalente de área es la siguiente: *A es el único número más grande que todas las sumas inferiores y menor que todas las sumas superiores*. En los ejemplos 1 y 2, por ejemplo, se vio que el área ($A = \frac{1}{3}$) está atrapada entre todas las sumas de aproximación izquierda L_n y todas las sumas de aproximación derecha R_n. La función de esos ejemplos, $f(x) = x^2$, es creciente en $[0, 1]$ y así las sumas inferiores surgen de los puntos finales izquierdos y las sumas superiores de los puntos finales derechos. (Véanse las figuras 8 y 9.) En general, se forman **sumas inferiores** (y **superiores**) mediante la selección de los puntos muestra x_i^* de manera que $f(x_i^*)$ es el valor mínimo (y máximo) de f sobre el i-ésimo subintervalo. (Véanse la figura 14 y los ejercicios 7-8.)

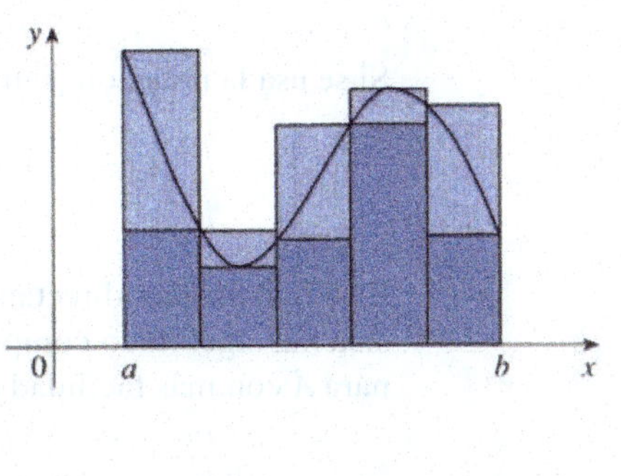

FIGURA 14
Sumas inferiores (rectángulos cortos) y sumas superiores (rectángulos superiores).

Esto indica que hay que terminar con $i = n$.

Esto indica que hay que sumar. $\longrightarrow \sum_{i=m}^{n} f(x_i)\,\Delta x$

Esto indica que hay que empezar con $i = m$.

Si necesita practicar la notación sigma, vea los ejemplos e intente resolver algunos del apéndice E.

A menudo se usa la **notación sigma** para escribir de manera más compacta las sumas de muchos términos. Por ejemplo,

$$\sum_{i=1}^{n} f(x_i)\,\Delta x = f(x_1)\,\Delta x + f(x_2)\,\Delta x + \cdots + f(x_n)\,\Delta x$$

Con esto, las expresiones para el área que se dan en las ecuaciones 2, 3 y 4, pueden escribirse como:

$$A = \lim_{n\to\infty} \sum_{i=1}^{n} f(x_i)\,\Delta x$$

$$A = \lim_{n\to\infty} \sum_{i=1}^{n} f(x_{i-1})\,\Delta x$$

$$A = \lim_{n\to\infty} \sum_{i=1}^{n} f(x_i^*)\,\Delta x$$

También se podría reescribir la fórmula 1 de esta manera:

$$\sum_{i=1}^{n} i^2 = \frac{n(n+1)(2n+1)}{6}$$

EJEMPLO 3 Sea A el área de la región que está bajo la gráfica de $f(x) = e^{-x}$, entre $x = 0$ y $x = 2$.

(a) Con los puntos finales derechos, encuentre una expresión para A como un límite. No evalúe ese límite.

(b) Estime el área tomando los puntos muestra como los puntos medios y utilizando cuatro subintervalos y luego con 10 subintervalos.

SOLUCIÓN

(a) Ya que $a = 0$ y $b = 2$, el ancho de un subintervalo es

$$\Delta x = \frac{2-0}{n} = \frac{2}{n}$$

Por lo que, $x_1 = 2/n$, $x_2 = 4/n$, $x_3 = 6/n$, $x_i = 2i/n$ y $x_n = 2n/n$. La suma de las áreas de los rectángulos de aproximación es

$$\begin{aligned} R_n &= f(x_1)\,\Delta x + f(x_2)\,\Delta x + \cdots + f(x_n)\,\Delta x \\ &= e^{-x_1}\,\Delta x + e^{-x_2}\,\Delta x + \cdots + e^{-x_n}\,\Delta x \\ &= e^{-2/n}\left(\frac{2}{n}\right) + e^{-4/n}\left(\frac{2}{n}\right) + \cdots + e^{-2n/n}\left(\frac{2}{n}\right) \end{aligned}$$

De acuerdo con la definición 2, el área es

$$A = \lim_{n\to\infty} R_n = \lim_{n\to\infty} \frac{2}{n}\left(e^{-2/n} + e^{-4/n} + e^{-6/n} + \cdots + e^{-2n/n}\right)$$

Si se usa la notación sigma, se podría escribir

$$A = \lim_{n\to\infty} \frac{2}{n} \sum_{i=1}^{n} e^{-2i/n}$$

Es difícil evaluar directamente a mano este límite, pero se facilita con la ayuda de un sistema algebraico computacional (véase el ejercicio 30). En la sección 5.3 determinará A con más facilidad aplicando un método diferente.

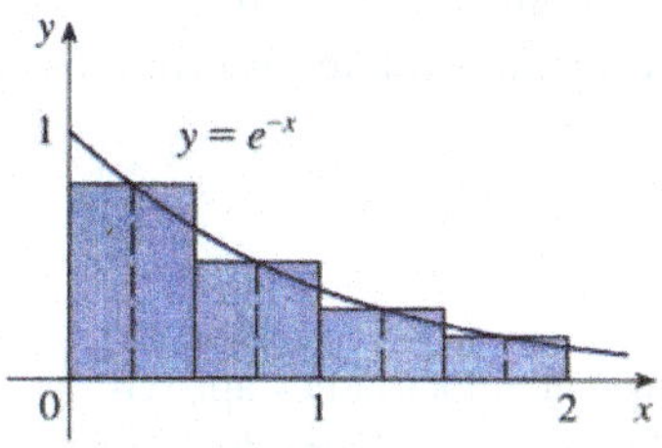

FIGURA 15

(b) Con $n = 4$, los subintervalos de igual ancho, $\Delta x = 0.5$, son $[0, 0.5]$, $[0.5, 1]$, $[1, 1.5]$ y $[1.5, 2]$. Los puntos medios de estos subintervalos son $x_1^* = 0.25$, $x_2^* = 0.75$, $x_3^* = 1.25$ y $x_4^* = 1.75$, y la suma de las áreas de los cuatro rectángulos de aproximación (véase la figura 15) es

$$M_4 = \sum_{i=1}^{4} f(x_i^*)\,\Delta x$$

$$= f(0.25)\,\Delta x + f(0.75)\,\Delta x + f(1.25)\,\Delta x + f(1.75)\,\Delta x$$

$$= e^{-0.25}(0.5) + e^{-0.75}(0.5) + e^{-1.25}(0.5) + e^{-1.75}(0.5)$$

$$= \tfrac{1}{2}(e^{-0.25} + e^{-0.75} + e^{-1.25} + e^{-1.75}) \approx 0.8557$$

Por lo que, una estimación para el área es

$$A \approx 0.8557$$

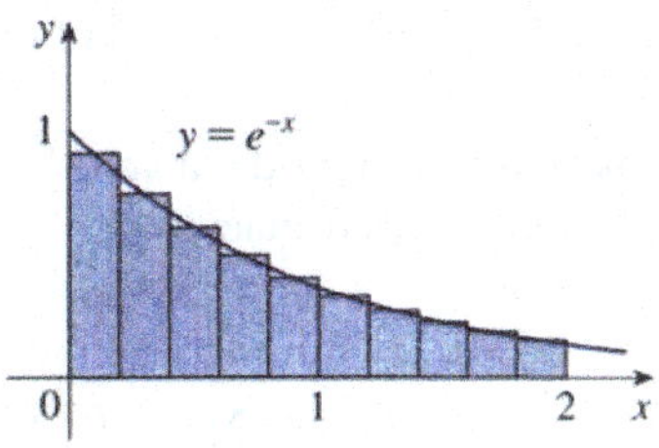

FIGURA 16

Con $n = 10$, los subintervalos son $[0, 0.2]$, $[0.2, 0.4]$, . . . , $[1.8, 2]$, y los puntos medios son $x_1^* = 0.1$, $x_2^* = 0.3$, $x_3^* = 0.5$, ... , $x_{10}^* = 1.9$. Por lo que,

$$A \approx M_{10} = f(0.1)\,\Delta x + f(0.3)\,\Delta x + f(0.5)\,\Delta x + \cdots + f(1.9)\,\Delta x$$

$$= 0.2(e^{-0.1} + e^{-0.3} + e^{-0.5} + \cdots + e^{-1.9}) \approx 0.8632$$

De la figura 16, parece que esta estimación es mejor que la que se pensó con $n = 4$. ■

■ El problema de la distancia

Considere ahora el *problema de la distancia*: determine la distancia recorrida por un objeto durante cierto período si se conoce la velocidad del objeto en todo momento. (En cierto sentido, este es el problema inverso del problema de la velocidad que se analizó en la sección 2.1.) Si la velocidad permanece constante, entonces el problema de la distancia es fácil de resolver por medio de la fórmula:

$$\text{distancia} = \text{velocidad} \times \text{tiempo}$$

Pero si la velocidad varía, no es fácil encontrar la distancia recorrida. Investigue el problema en el ejemplo siguiente.

EJEMPLO 4 Suponga que el odómetro de un automóvil está averiado y que desea estimar la distancia que ha recorrido en un intervalo de tiempo de 30 segundos. Se tomaron las lecturas del velocímetro cada cinco segundos y se registraron en la tabla siguiente:

Tiempo (s)	0	5	10	15	20	25	30
Velocidad (km/h)	27	34	38	46	51	50	45

Para tener el tiempo y la velocidad en unidades coherentes, se convirtieron las lecturas de velocidad a metros por segundo (1 km/h = 1000/3600 m/s):

Tiempo (s)	0	5	10	15	20	25	30
Velocidad (m/s)	7.5	9.4	10.6	12.8	14.2	13.9	12.5

Durante los primeros cinco segundos, la velocidad no cambia mucho, de modo que es posible estimar la distancia recorrida durante ese tiempo al suponer que la velocidad es constante.

Si se toma la velocidad durante este intervalo de tiempo, con velocidad inicial (7.5 m/s), entonces se obtiene la distancia aproximada recorrida durante los primeros cinco segundos:

$$7.5 \text{ m/s} \times 5 \text{ s} = 37.5 \text{ m}$$

De manera análoga, durante el segundo intervalo de tiempo la velocidad es aproximadamente constante. Tome la velocidad correspondiente a $t = 5$ s. De modo que su estimación para la distancia recorrida de $t = 5$ s a $t = 10$ s es

$$9.4 \text{ m/s} \times 5 \text{ s} = 47 \text{ m}$$

Si suma estimaciones similares para los otros intervalos de tiempo, obtiene una estimación para la distancia total recorrida:

$$(7.5 \times 5) + (9.4 \times 5) + (10.6 \times 5) + (12.8 \times 5) + (14.2 \times 5) + (13.9 \times 5) = 342 \text{ m}$$

Podría así haber utilizado la velocidad al final de cada período en lugar de la velocidad al principio como su supuesta velocidad constante. Entonces la estimación se convierte en

$$(9.4 \times 5) + (10.6 \times 5) + (12.8 \times 5) + (14.2 \times 5) + (13.9 \times 5) + (12.5 \times 5) = 367 \text{ m}$$

Si busca una estimación más exacta, habría tomado las lecturas de la velocidad cada dos segundos o cada segundo. ■

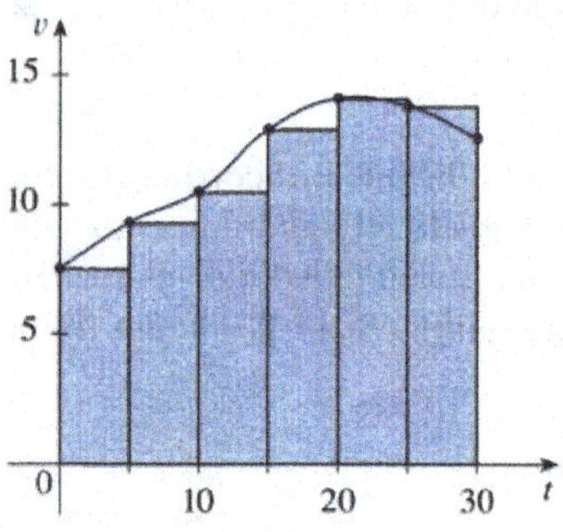

FIGURA 17

Tal vez los cálculos del ejemplo 4 le recuerden las sumas usadas al principio para estimar las áreas. La semejanza se explica cuando dibuja la gráfica de la función velocidad del automóvil de la figura 17 y dibuja rectángulos cuyas alturas son las velocidades iniciales en cada intervalo. El área del primer rectángulo es $7.5 \times 5 = 37.5$, lo que también es su estimación de la distancia recorrida en los primeros cinco segundos. De hecho, el área de cada rectángulo puede interpretarse como una distancia porque la altura representa la velocidad, y el ancho, al tiempo. La suma de las áreas de los rectángulos de la figura 17 es $L_6 = 342$, lo cual es su estimación inicial de la distancia total recorrida.

En general, suponga que un objeto se mueve con velocidad $v = f(t)$, donde $a \leq t \leq b$ y $f(t) \geq 0$ (de modo que el objeto siempre se mueve en la dirección positiva). Tome las lecturas de la velocidad en los instantes $t_0 (= a), t_1, t_2, \ldots, t_n (= b)$ de tal manera que la velocidad es aproximadamente constante en cada subintervalo. Si estos instantes están igualmente espaciados, entonces el tiempo entre lecturas consecutivas es $\Delta t = (b - a)/n$. Durante el primer intervalo de tiempo, la velocidad es aproximadamente $f(t_0)$ y así la distancia recorrida es aproximadamente $f(t_0)\Delta t$. De manera análoga, la distancia recorrida durante el segundo intervalo de tiempo es alrededor de $f(t_1)\Delta t$ y la distancia total recorrida durante el intervalo $[a, b]$ es aproximadamente

$$f(t_0)\,\Delta t + f(t_1)\,\Delta t + \cdots + f(t_{n-1})\,\Delta t = \sum_{i=1}^{n} f(t_{i-1})\,\Delta t$$

Si usa la velocidad en los puntos finales derechos, en lugar de los puntos finales izquierdos, su estimación para la distancia total resulta

$$f(t_1)\,\Delta t + f(t_2)\,\Delta t + \cdots + f(t_n)\,\Delta t = \sum_{i=1}^{n} f(t_i)\,\Delta t$$

Cuanto mayor sea la frecuencia con que se mide la velocidad, más exactas son las estimaciones, así que parece razonable que la distancia *exacta d* recorrida sea el *límite* de esas expresiones:

5
$$d = \lim_{n\to\infty} \sum_{i=1}^{n} f(t_{i-1})\,\Delta t = \lim_{n\to\infty} \sum_{i=1}^{n} f(t_i)\,\Delta t$$

En la sección 5.4 verá que, en efecto, esto es verdadero.

Puesto que la ecuación 5 tiene la misma forma que las expresiones para el área dadas en las ecuaciones 2 y 3, se concluye que la distancia recorrida es igual al área bajo la gráfica de la función velocidad. En el capítulo 6 verá que otras cantidades de interés en las ciencias naturales y sociales, como el trabajo realizado por una fuerza variable o el gasto cardíaco, también se pueden interpretar como el área bajo una curva. De modo que cuando calcule áreas en este capítulo, considere que se pueden interpretar de diversas maneras prácticas.

5.1 EJERCICIOS

1. (a) A partir de la lectura de los valores de la gráfica dada de f, use cinco rectángulos para encontrar una estimación inferior y una superior para el área bajo esa gráfica dada de f, de $x = 0$ a $x = 10$. En cada caso, dibuje los rectángulos que use.
(b) Encuentre nuevas estimaciones usando diez rectángulos en cada caso.

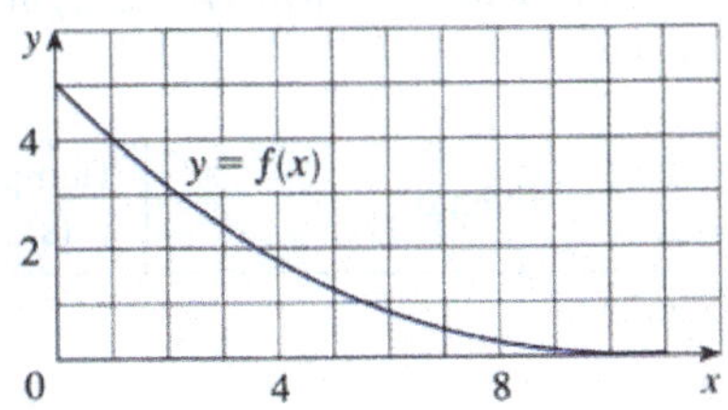

2. (a) Use seis rectángulos para encontrar estimaciones de cada tipo para el área bajo la gráfica de f de $x = 0$ a $x = 12$.
(i) L_6 (los puntos muestra son los puntos finales izquierdos)
(ii) R_6 (los puntos muestra son los puntos finales derechos)
(iii) M_6 (los puntos muestra son los puntos medios)
(b) ¿L_6 sobrestima o subestima el área verdadera?
(c) ¿R_6 sobrestima o subestima el área verdadera?
(d) ¿Cuál de los números L_6, R_6 o M_6 da la mejor estimación? Explique.

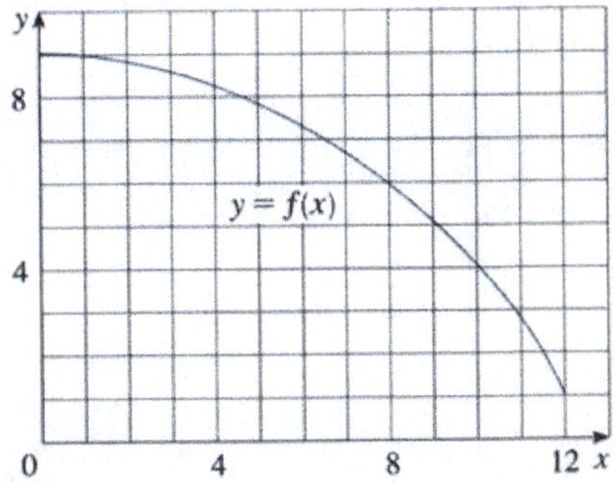

3. (a) Estime el área bajo la gráfica de $f(x) = 1/x$ de $x = 1$ a $x = 2$, usando cuatro rectángulos de aproximación y los puntos finales derechos. Trace la curva y los rectángulos de aproximación. ¿Su estimación es una subestimación o una sobrestimación?
(b) Repita el inciso (a), con los puntos finales izquierdos.

4. (a) Estime el área bajo la gráfica de $f(x) = \operatorname{sen} x$ de $x = 0$ a $x = \pi/2$ usando cuatro rectángulos de aproximación y puntos finales derechos. Trace la gráfica y los rectángulos. ¿Su estimación es una sobrestimación o una subestimación?
(b) Repita el inciso (a), con los puntos finales izquierdos.

5. (a) Estime el área bajo la gráfica de $f(x) = 1 + x^2$ de $x = -1$ a $x = 2$ con tres rectángulos de aproximación y puntos finales derechos. Después mejore su estimación usando seis rectángulos. Trace la curva y los rectángulos de aproximación.
(b) Repita el inciso (a) usando los puntos finales izquierdos.
(c) Repita el inciso (a) usando los puntos medios.
(d) Con base en sus trazos de los incisos (a)-(c), ¿cuál parece ser la mejor estimación?

6. (a) Trace la gráfica de la función

$$f(x) = x - 2\ln x \qquad 1 \leq x \leq 5$$

(b) Estime el área bajo la gráfica de f con cuatro rectángulos de aproximación y considerando que los puntos muestra son (i) los puntos finales derechos y (ii) los puntos medios. En cada caso, trace la curva y los rectángulos.
(c) Mejore sus estimaciones del inciso (b) utilizando ocho rectángulos.

7. Evalúe las sumas superior e inferior para $f(x) = 2 + \operatorname{sen} x$, $0 \leq x \leq \pi$, con $n = 2$, 4 y 8. Ilustre con diagramas como los de la figura 14.

8. Evalúe las sumas superior e inferior para $f(x) = 1 + x^2$, $-1 \leq x \leq 1$, con $n = 3$ y 4. Ilustre con diagramas como los de la figura 14.

9–10 Con una calculadora programable (o una computadora) es posible evaluar las expresiones para las sumas de las áreas de los rectángulos de aproximación, incluso para grandes valores de n, con el uso de iteraciones. (En una calculadora TI, use la instrucción Is> o un ciclo For-EndFor; en una Casio, use Isz y en una HP o en BASIC, use un ciclo FOR-NEXT.) Calcule la suma de las áreas de los rectángulos de aproximación; use subintervalos iguales y los puntos finales derechos, para $n = 10, 30, 50$ y 100. Luego, infiera el valor del área exacta.

9. La región bajo $y = x^4$ de 0 a 1.

10. La región bajo $y = \cos x$ de 0 a $\pi/2$.

SAC **11.** Algunos sistemas algebraicos computacionales tienen comandos que dibujan los rectángulos de aproximación y evalúan las sumas de sus áreas, por lo menos si x_i^* es un punto final izquierdo o derecho. (Por ejemplo, en Maple, use `leftbox`, `rightbox`, `leftsum` y `rightsum`.)

(a) Si $f(x) = 1/(x^2 + 1)$, $0 \leq x \leq 1$, encuentre las sumas izquierda y derecha para $n = 10, 30$ y 50.

(b) Ilustre las gráficas de los rectángulos del inciso (a).

(c) Demuestre que el área exacta bajo f se encuentra entre 0.780 y 0.791

SAC **12.** (a) Si $f(x) = \ln x$, $1 \leq x \leq 4$, use los comandos que se analizaron en el ejercicio 11 para encontrar las sumas izquierda y derecha, para $n = 10, 30$ y 50.

(b) Ilustre dibujando las gráficas de los rectángulos del inciso (a).

(c) Demuestre que el área exacta bajo f se encuentra entre 2.50 y 2.59.

13. La rapidez de una competidora aumentó de manera constante durante los tres primeros segundos de una carrera. En la tabla se da su rapidez a intervalos de medio segundo. Encuentre las estimaciones inferior y superior para la distancia que recorrió durante estos tres segundos.

t (s)	0	0.5	1.0	1.5	2.0	2.5	3.0
v (m/s)	0	1.9	3.3	4.5	5.5	5.9	6.2

14. En la tabla se proporcionan las lecturas del velocímetro de una motocicleta a intervalos de 12 segundos.

(a) Estime la distancia recorrida por la motocicleta durante este período usando las velocidades al principio de los intervalos.

Tiempo (s)	Velocidad (m/s)
0	9.1
12	8.5
24	7.6
36	6.7
48	7.3
60	8.2

(b) Dé otra estimación usando las velocidades al final de los períodos.

(c) ¿Sus estimaciones de los incisos (a) y (b) son estimaciones superiores e inferiores? Explique su respuesta.

15. Se filtró aceite de un tanque con una rapidez de $r(t)$ litros por hora. La rapidez disminuyó conforme transcurrió el tiempo y los valores de esta rapidez se muestran en la tabla en intervalos de dos horas. Encuentre las estimaciones inferiores y superiores para la cantidad total de aceite que se filtró.

t (h)	0	2	4	6	8	10
$r(t)$ (L/h)	8.7	7.6	6.8	6.2	5.7	5.3

16. Cuando se calculan distancias a partir de datos de la velocidad, a veces es necesario usar instantes $t_0, t_1, t_2, t_3, \ldots$, que no están igualmente espaciados. Aun así, se pueden estimar las distancias usando los períodos $\Delta t_i = t_i - t_{i-1}$. Por ejemplo, el 7 de mayo de 1992 el transbordador espacial *Endeavour* fue lanzado en la misión STS-49, cuya finalidad era instalar un nuevo motor de impulso en el perigeo en un satélite Intelsat de comunicaciones. En la tabla, proporcionada por la NASA, se dan los datos de la velocidad del transbordador entre el despegue y el desprendimiento de los cohetes auxiliares de combustible sólido. Utilice estos datos para estimar la altura por arriba de la superficie de la Tierra a la que se encontró el *Endeavour*, 62 segundos después del lanzamiento.

Evento	Tiempo (s)	Velocidad (m/s)
Lanzamiento	0	0
Inicio de la maniobra de giro alrededor del eje	10	56
Fin de la maniobra de giro alrededor del eje	15	97
Acelerador a 89%	20	136
Acelerador a 67%	32	226
Acelerador a 104%	59	404
Presión dinámica máxima	62	440
Separación del cohete auxiliar de combustible sólido	125	1265

17. Se muestra la gráfica de la velocidad de un automóvil al frenar. Úsela para estimar la distancia que recorre mientras se aplican los frenos.

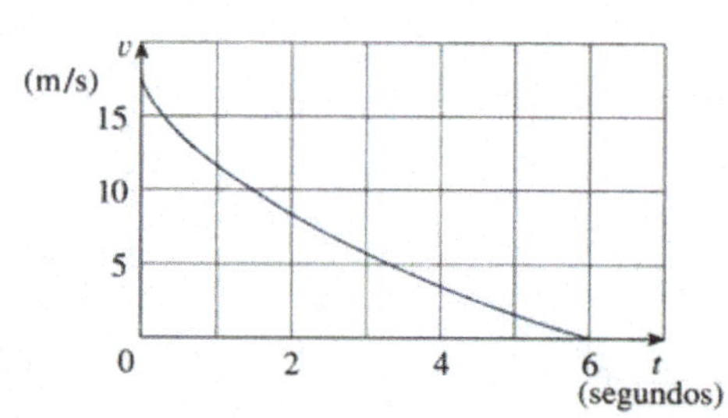

18. Se muestra la gráfica de aceleración de un automóvil que parte del estado de reposo hasta una velocidad de 120 km/h durante un período de 30 segundos. Estime la distancia recorrida durante este período.

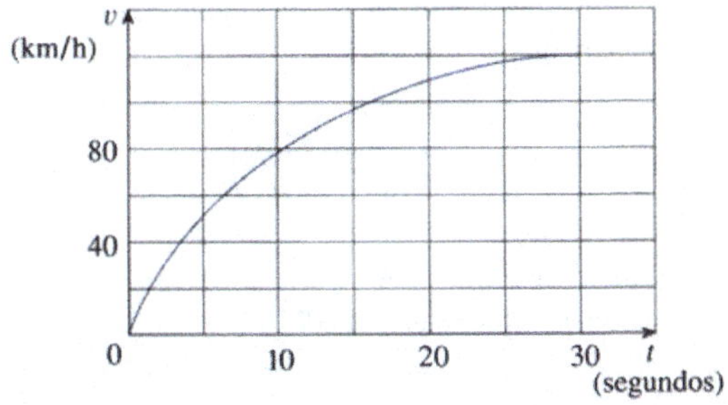

19. En una persona infectada con sarampión, el virus N (medido en número de células infectadas por mL de plasma de sangre) alcanza una densidad máxima en $t = 12$ días (cuando aparece una erupción cutánea) y luego disminuye bastante rápidamente como resultado de la respuesta inmune. El área bajo la gráfica de $N(t)$ de $t = 0$ a $t = 12$ (como se muestra en la figura) es igual a la cantidad total de infección necesaria para desarrollar síntomas (medidos en densidad de células infectadas × tiempo). La función N ha sido modelada por la función

$$f(t) = -t(t - 21)(t + 1)$$

Use este modelo con seis subintervalos y sus puntos medios para estimar la cantidad total de infección necesaria para desarrollar síntomas de sarampión.

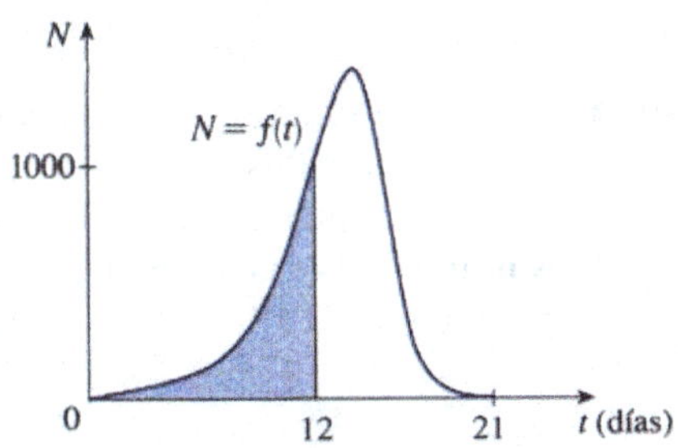

Fuente: J. M. Heffernan *et al.*, "An In-Host Model of Acute Infection: Measles as a Case Study," *Theoretical Population Biology* 73 (2006): 134-147.

20. La tabla muestra el número de personas por día que murió de SARS (síndrome agudo respiratorio severo) en Singapur a intervalos de dos semanas a partir del 1 de marzo de 2003.

Fecha	Muertes por día	Fecha	Muertes por día
Marzo 1	0.0079	April 26	0.5620
Marzo 15	0.0638	May 10	0.4630
Marzo 29	0.1944	May 24	0.2897
Abril 12	0.4435		

(a) Usando un argumento similar al del ejemplo 4, estime el número de personas que han muerto de SARS en Singapur entre el 1 de marzo y el 24 de mayo de 2003, con puntos finales izquierdos y derechos.

(b) ¿Cómo se interpreta el número de muertes SARS como un área bajo una curva?

Fuente: A. Gumel *et al.*, "Modelling Strategies for Controlling SARS Outbreaks," *Proceedings of the Royal Society of London: Series B* 271 (2004): 2223–2232.

21–23 Utilice la definición 2 para encontrar una expresión para el área bajo la gráfica de f como un límite. No evalúe el límite.

21. $f(x) = \dfrac{2x}{x^2 + 1}$, $1 \leqslant x \leqslant 3$

22. $f(x) = x^2 + \sqrt{1 + 2x}$, $4 \leqslant x \leqslant 7$

23. $f(x) = \sqrt{\operatorname{sen} x}$, $0 \leqslant x \leqslant \pi$

24–25 Determine una región cuya área sea igual al límite dado. No evalúe el límite.

24. $\lim\limits_{n \to \infty} \sum\limits_{i=1}^{n} \dfrac{3}{n} \sqrt{1 + \dfrac{3i}{n}}$

25. $\lim\limits_{n \to \infty} \sum\limits_{i=1}^{n} \dfrac{\pi}{4n} \tan \dfrac{i\pi}{4n}$

26. (a) Utilice la definición 2 para encontrar una expresión para el área bajo la curva $y = x^3$ de 0 a 1 como un límite.

(b) La fórmula siguiente para la suma de los cubos de los primeros n enteros se demuestra en el apéndice E. Úsela para evaluar el límite del inciso (a).

$$1^3 + 2^3 + 3^3 + \cdots + n^3 = \left[\frac{n(n + 1)}{2}\right]^2$$

27. Sea A el área bajo la gráfica de una función f continua creciente de a a b, y sea L_n y R_n las aproximaciones a A con n subintervalos utilizando los puntos finales izquierdo y derecho, respectivamente.

(a) ¿Cómo se relacionan A, L_n y R_n?

(b) Demuestre que

$$R_n - L_n = \frac{b - a}{n}[f(b) - f(a)]$$

Luego, dibuje un diagrama para ilustrar esta ecuación, mostrando que los n rectángulos que representan $R_n - L_n$ se pueden ensamblar para formar un único rectángulo cuya área es la parte derecha de la ecuación.

(c) Deduzca que

$$R_n - A < \frac{b - a}{n}[f(b) - f(a)]$$

28. Si A es el área bajo la curva $y = e^x$ de 1 a 3, utilice el ejercicio 27 para encontrar un valor n tal que $R_n - A < 0.0001$.

SAC **29.** (a) Exprese el área bajo la curva $y = x^5$ de 0 a 2 como un límite.
(b) Utilice un sistema algebraico computacional para encontrar la suma de su expresión del inciso (a).
(c) Evalúe el límite del inciso (a).

SAC **30.** Determine el área exacta de la región bajo la gráfica de $y = e^{-x}$ de 0 a 2 utilizando un sistema algebraico computacional, para evaluar la suma y después el límite del ejemplo 3(a). Compare su respuesta con la estimación obtenida en el ejemplo 3(b).

SAC **31.** Encuentre el área exacta bajo la curva $y = \cos x$, de $x = 0$ a $x = b$, donde $0 \leqslant b \leqslant \pi/2$. (Use un sistema algebraico computacional para evaluar la suma y calcular el límite.) En particular, ¿cuál es el área si $b = \pi/2$?

32. (a) Sea A_n el área de un polígono con n lados iguales, inscrito en un círculo con radio r. Al dividir el polígono en n triángulos congruentes con ángulo central $2\pi/n$, demuestre que

$$A_n = \tfrac{1}{2} n r^2 \operatorname{sen}\left(\frac{2\pi}{n}\right)$$

(b) Demuestre que $\lim_{n\to\infty} A_n = \pi r^2$. [*Sugerencia*: use la ecuación 3.3.2 de la página 191.]

5.2 La integral definida

En la sección 5.1 vio que, cuando se calcula un área, surge un límite de la forma

$$\boxed{1} \qquad \lim_{n\to\infty} \sum_{i=1}^{n} f(x_i^*)\,\Delta x = \lim_{n\to\infty} \left[f(x_1^*)\,\Delta x + f(x_2^*)\,\Delta x + \cdots + f(x_n^*)\,\Delta x\right]$$

También vio que aparece cuando intenta encontrar la distancia recorrida por un objeto. Resulta que este tipo de límite se presenta en una amplia variedad de situaciones, incluso cuando f no es necesariamente una función positiva. En los capítulos 6 y 8 verá que también surgen límites de la forma (1) al calcular longitudes de curvas, volúmenes de sólidos, centros de masa, la fuerza debida a la presión del agua y el trabajo, así como otras cantidades. Por esta razón, para este límite se tiene un nombre y una notación especiales.

2 Definición de la integral definida Si f es una función continua definida para $a \leqslant x \leqslant b$, divida el intervalo $[a, b]$ en n subintervalos de igual ancho $\Delta x = (b - a)/n$. Sean $x_0 (= a), x_1, x_2, \ldots, x_n (= b)$ los puntos finales de estos subintervalos y sean x_1^*1, $x_2^*, \ldots, x_n^*$ los **puntos muestra** en estos subintervalos, de modo que x_i^* se encuentre en el i-ésimo subintervalo $[x_{i-1}, x_i]$. Entonces la **integral definida de *f*, de *a* a *b***, es

$$\int_a^b f(x)\,dx = \lim_{n\to\infty} \sum_{i=1}^{n} f(x_i^*)\,\Delta x$$

siempre que este límite exista y dé el mismo valor para todas las posibles elecciones de los puntos muestra. Si existe, se dice que f es **integrable** en $[a, b]$.

El significado preciso del límite que define a la integral es como sigue:

Para cualquier número $\varepsilon > 0$, existe un entero N tal que

$$\left| \int_a^b f(x)\,dx - \sum_{i=1}^{n} f(x_i^*)\,\Delta x \right| < \varepsilon$$

para cualquier entero $n > N$ y para cualquier elección de x_i^* en $[x_{i-1}, x_i]$.

NOTA 1 Leibniz introdujo el símbolo $\int$ y se llama **signo de integral**. Es una S alargada y se eligió debido a que una integral es un límite de sumas. En la notación $\int_a^b f(x)\,dx$, $f(x)$, se llama **integrando**, y a y b se conocen como **límites de integración**; a es el **límite inferior** y b es el **límite superior**. Por ahora, el símbolo dx no tiene significado por sí mismo; la expresión $\int_a^b f(x)\,dx$ en sí misma es un símbolo completo. La dx indica simplemente que la variable independiente es x. El procedimiento para calcular una integral se llama **integración**.

NOTA 2 La integral definida $\int_a^b f(x)\,dx$ es un número que no depende de x. De hecho, se podría utilizar cualquier letra en lugar de x sin cambiar el valor de la integral:

$$\int_a^b f(x)\,dx = \int_a^b f(t)\,dt - \int_a^b f(r)\,dr$$

NOTA 3 La suma

$$\sum_{i=1}^{n} f(x_i^*)\,\Delta x$$

que aparece en la definición 2 se llama **suma de Riemann**, en honor del matemático alemán Bernhard Riemann (1826-1866). De tal manera que la definición 2 indica que la integral definida de una función integrable se puede aproximar dentro de cualquier grado de exactitud mediante la suma de Riemann.

Riemann

Bernhard Riemann recibió su doctorado bajo la dirección del legendario Gauss, en la Universidad de Göttingen, y permaneció allí para enseñar. Gauss, que no tenía el hábito de elogiar a otros matemáticos, habló de "la mente creativa, activa, en verdad matemática y la originalidad gloriosamente fértil" de Riemann. La definición (2) de integral que utilizó se debe a Riemann. También hizo colaboraciones importantes a la teoría de funciones de una variable compleja, a la matemática de fenómenos físicos, a la teoría de números y a los fundamentos de la geometría. El concepto profundo de Riemann del espacio y de la geometría resultó ser, 50 años más tarde, el apoyo idóneo para la teoría general de la relatividad de Einstein. La salud de Riemann fue mala durante toda su vida, y murió de tuberculosis a los 39 años.

Se sabe que, si f es positiva, entonces la suma de Riemann se puede interpretar como una suma de áreas de los rectángulos de aproximación (véase la figura 1). Al comparar la definición 2 con la definición de área de la sección 5.1, vea que la integral definida $\int_a^b f(x)\,dx$ se puede interpretar como el área bajo la curva $y = f(x)$, de a a b (véase la figura 2.)

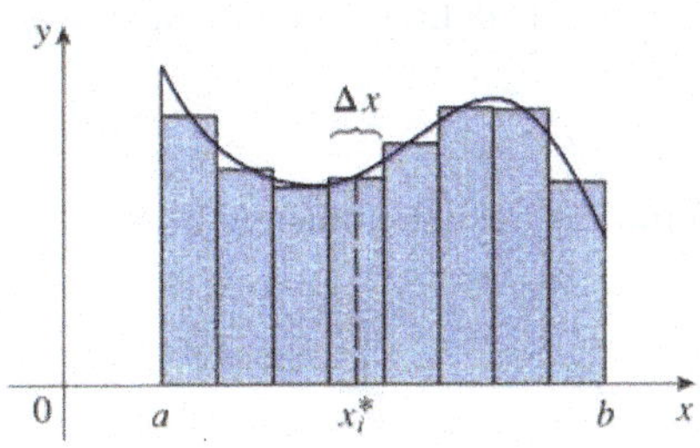

FIGURA 1
Si $f(x) \geq 0$, la suma de Riemann $\sum f(x_i^*)\,\Delta x$ es la suma de las áreas de los rectángulos.

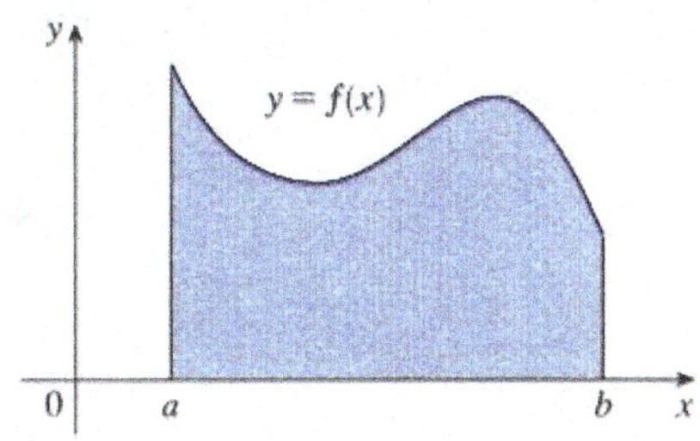

FIGURA 2
Si $f(x) \geq 0$, la integral $\int_a^b f(x)\,dx$ es el área bajo la curva $y = f(x)$ de a a b.

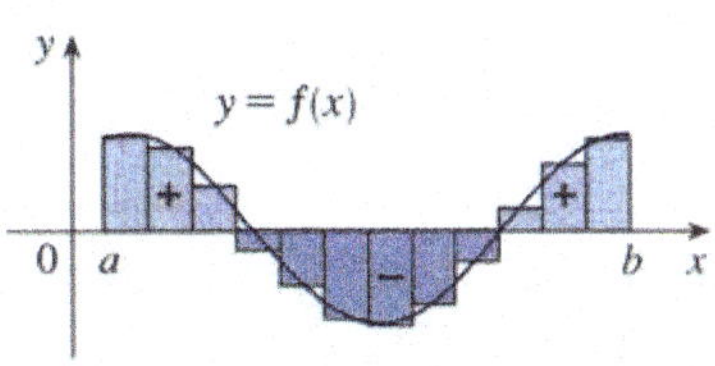

FIGURA 3
$\sum f(x_i^*)\,\Delta x$ es una aproximación del área neta.

Si f toma valores tanto positivos como negativos, como en la figura 3, entonces la suma de Riemann es la suma de las áreas de los rectángulos que se encuentran arriba del eje x y los *negativos* de las áreas de los rectángulos que están debajo del eje x (las áreas de los rectángulos superiores *menos* las áreas de los rectángulos inferiores). Cuando se toma el límite de esas sumas de Riemann, se obtiene la situación que se ilustra en la figura 4. Una integral definida se puede interpretar como un **área neta**; es decir, una diferencia de áreas:

$$\int_a^b f(x)\,dx = A_1 - A_2$$

donde A_1 es el área de la región arriba del eje x y debajo de la gráfica de f, y A_2 corresponde al área de la región debajo del eje x y arriba de la gráfica de f.

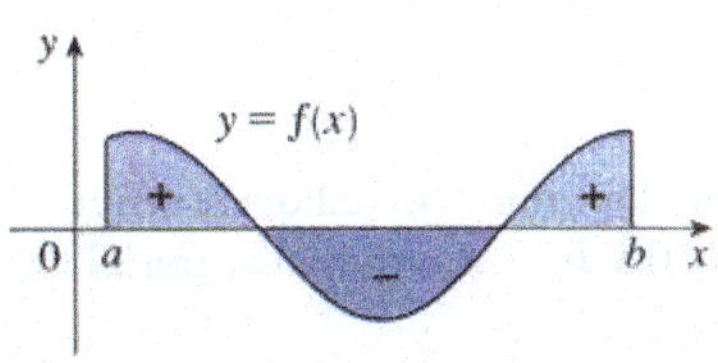

FIGURA 4
$\int_a^b f(x)\,dx$ es el área neta.

NOTA 4 Aunque se ha definido $\int_a^b f(x)\,dx$ dividiendo $[a, b]$ en subintervalos del mismo ancho, hay situaciones en las que resulta ventajoso trabajar con intervalos de diferente ancho. Por ejemplo, en el ejercicio 5.1.16, la NASA proporcionó datos de velocidad en tiempos que no estaban igualmente espaciados, pero aun así se pudo estimar la distancia recorrida. Y existen métodos para la integración numérica que aprovechan los subintervalos desiguales.

Si los anchos de los intervalos son $\Delta x_1, \Delta x_2, \ldots, \Delta x_n$, debe asegurarse de que todos estos anchos tiendan a 0 en el proceso del límite. Esto sucede si el ancho más grande, máx Δx_i, tiende a 0. Por lo que en este caso la definición de la integral definida es

$$\int_a^b f(x)\,dx = \lim_{\text{máx}\,\Delta x_i \to 0} \sum_{i=1}^{n} f(x_i^*)\,\Delta x_i$$

NOTA 5 Se ha definido la integral definida para una función integrable, pero no todas las funciones son integrables (véanse los ejercicios 71-72). El teorema siguiente muestra que la mayor parte de las funciones que usualmente se presentan en realidad son integrables. Esto se demuestra en cursos más avanzados.

3 Teorema Si f es continua en $[a, b]$, o si f tiene solo un número finito de discontinuidades de salto, entonces f es integrable sobre $[a, b]$; es decir, la integral definida $\int_a^b f(x)\,dx$ existe.

Si f es integrable en $[a, b]$, entonces el límite en la definición 2 existe y da el mismo valor, sin importar cómo seleccione los puntos muestra x_i^*. Para simplificar los cálculos de la integral, con frecuencia se toman los puntos muestra en los puntos finales derechos. Por tanto, $x_i^* = x_i$ y la definición de la integral se simplifica como sigue.

4 Teorema Si f es integrable en $[a, b]$, entonces

$$\int_a^b f(x)\,dx = \lim_{n \to \infty} \sum_{i=1}^{n} f(x_i)\,\Delta x$$

donde $$\Delta x = \frac{b-a}{n} \qquad \text{y} \qquad x_i = a + i\,\Delta x$$

EJEMPLO 1 Exprese

$$\lim_{n \to \infty} \sum_{i=1}^{n} (x_i^3 + x_i \operatorname{sen} x_i)\,\Delta x$$

como una integral sobre el intervalo $[0, \pi]$.

SOLUCIÓN Al comparar el límite dado con el límite en el teorema 4, vea que es idéntico si elige $f(x) = x^3 + x \operatorname{sen} x$. Le proporcionan $a = 0$ y $b = \pi$, entonces, por el teorema 4 se tiene

$$\lim_{n \to \infty} \sum_{i=1}^{n} (x_i^3 + x_i \operatorname{sen} x_i)\,\Delta x = \int_0^{\pi} (x^3 + x \operatorname{sen} x)\,dx$$ ■

Más adelante, cuando aplique la integral definida a situaciones físicas, será importante reconocer los límites de sumas como integrales, como en el ejemplo 1. Cuando

Leibniz eligió la notación para la integral, escogió los ingredientes para recordar el proceso de tomar el límite. En general, cuando se escribe

$$\lim_{n\to\infty}\sum_{i=1}^{n} f(x_i^*)\,\Delta x = \int_a^b f(x)\,dx$$

se reemplaza lím Σ por $\int$, x_i^* por x, y Δx por dx.

Evaluación de integrales

Cuando utiliza la definición para evaluar una integral definida, necesita saber cómo trabajar con sumas. Las tres ecuaciones siguientes dan fórmulas para las sumas de potencias de enteros positivos. Es posible que conozca la ecuación 5 a partir un curso de álgebra. Las ecuaciones 6 y 7 se analizaron en la sección 5.1 y se demuestran en el apéndice E.

5 $$\sum_{i=1}^{n} i = \frac{n(n+1)}{2}$$

6 $$\sum_{i=1}^{n} i^2 = \frac{n(n+1)(2n+1)}{6}$$

7 $$\sum_{i=1}^{n} i^3 = \left[\frac{n(n+1)}{2}\right]^2$$

Las fórmulas restantes son simples reglas para trabajar con la notación sigma:

Las fórmulas 8 a 11 se demuestran escribiendo cada uno de los miembros en forma desarrollada. El lado izquierdo de la ecuación 9 es

$$ca_1 + ca_2 + \cdots + ca_n$$

El lado derecho es

$$c(a_1 + a_2 + \cdots + a_n)$$

Por la propiedad distributiva son iguales. Las otras fórmulas se analizan en el apéndice E.

8 $$\sum_{i=1}^{n} c = nc$$

9 $$\sum_{i=1}^{n} ca_i = c\sum_{i=1}^{n} a_i$$

10 $$\sum_{i=1}^{n} (a_i + b_i) = \sum_{i=1}^{n} a_i + \sum_{i=1}^{n} b_i$$

11 $$\sum_{i=1}^{n} (a_i - b_i) = \sum_{i=1}^{n} a_i - \sum_{i=1}^{n} b_i$$

EJEMPLO 2

(a) Evalúe la suma de Riemann para $f(x) = x^3 - 6x$, tomando los puntos muestra de los puntos finales derechos y $a = 0$, $b = 3$ y $n = 6$.

(b) Evalúe $\int_0^3 (x^3 - 6x)\,dx$.

SOLUCIÓN

(a) Con $n = 6$ el ancho del intervalo es

$$\Delta x = \frac{b-a}{n} = \frac{3-0}{6} = \frac{1}{2}$$

y los puntos finales derechos son $x_1 = 0.5$, $x_2 = 1.0$, $x_3 = 1.5$, $x_4 = 2.0$, $x_5 = 2.5$ y $x_6 = 3.0$.

Por lo que la suma de Riemann es

$$\begin{aligned}
R_6 &= \sum_{i=1}^{6} f(x_i)\,\Delta x \\
&= f(0.5)\,\Delta x + f(1.0)\,\Delta x + f(1.5)\,\Delta x + f(2.0)\,\Delta x + f(2.5)\,\Delta x + f(3.0)\,\Delta x \\
&= \tfrac{1}{2}(-2.875 - 5 - 5.625 - 4 + 0.625 + 9) \\
&= -3.9375
\end{aligned}$$

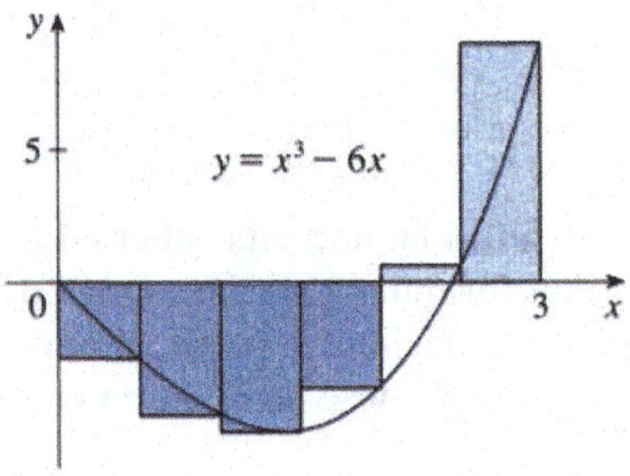

FIGURA 5

Observe que f no es una función positiva, por lo que la suma de Riemann no representa una suma de áreas de rectángulos. Pero sí representa la suma de las áreas de los rectángulos que están encima del eje x menos la suma de las áreas de los rectángulos que están abajo del eje x de la figura 5.

(b) Con n subintervalos, tiene

$$\Delta x = \frac{b-a}{n} = \frac{3}{n}$$

Así, $x_0 = 0$, $x_1 = 3/n$, $x_2 = 6/n$, $x_3 = 9/n$ y, en general, $x_i = 3i/n$. Ya que utiliza los puntos finales derechos, puede utilizar el teorema 4:

En la suma, n es una constante (a diferencia de i), por eso puede sacar $3/n$ del signo Σ.

$$\begin{aligned}
\int_0^3 (x^3 - 6x)\,dx &= \lim_{n\to\infty} \sum_{i=1}^{n} f(x_i)\,\Delta x = \lim_{n\to\infty} \sum_{i=1}^{n} f\!\left(\frac{3i}{n}\right)\frac{3}{n} \\
&= \lim_{n\to\infty} \frac{3}{n}\sum_{i=1}^{n}\left[\left(\frac{3i}{n}\right)^3 - 6\left(\frac{3i}{n}\right)\right] && \text{(ecuación 9 con } c = 3/n) \\
&= \lim_{n\to\infty} \frac{3}{n}\sum_{i=1}^{n}\left[\frac{27}{n^3}i^3 - \frac{18}{n}i\right] \\
&= \lim_{n\to\infty}\left[\frac{81}{n^4}\sum_{i=1}^{n} i^3 - \frac{54}{n^2}\sum_{i=1}^{n} i\right] && \text{(ecuaciones 11 y 9)} \\
&= \lim_{n\to\infty}\left\{\frac{81}{n^4}\left[\frac{n(n+1)}{2}\right]^2 - \frac{54}{n^2}\frac{n(n+1)}{2}\right\} && \text{(ecuaciones 7 y 5)} \\
&= \lim_{n\to\infty}\left[\frac{81}{4}\left(1+\frac{1}{n}\right)^2 - 27\left(1+\frac{1}{n}\right)\right] \\
&= \frac{81}{4} - 27 = -\frac{27}{4} = -6.75
\end{aligned}$$

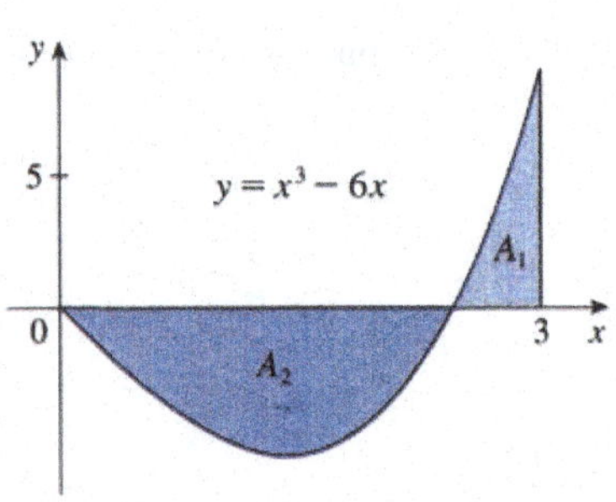

FIGURA 6
$\int_0^3 (x^3 - 6x)\,dx = A_1 - A_2 = -6.75$

Esta integral no puede interpretarse como un área porque f toma tanto valores positivos como negativos; pero puede interpretarse como la diferencia de áreas $A_1 - A_2$, donde A_1 y A_2 se muestran en la figura 6.

En la figura 7 se ilustran los cálculos al mostrar los términos positivos y negativos en la suma de Riemann R_n de la derecha, para $n = 40$. Los valores que se presentan en la tabla hacen ver que las sumas de Riemann tienden al valor exacto de la integral, -6.75, cuando $n \to \infty$.

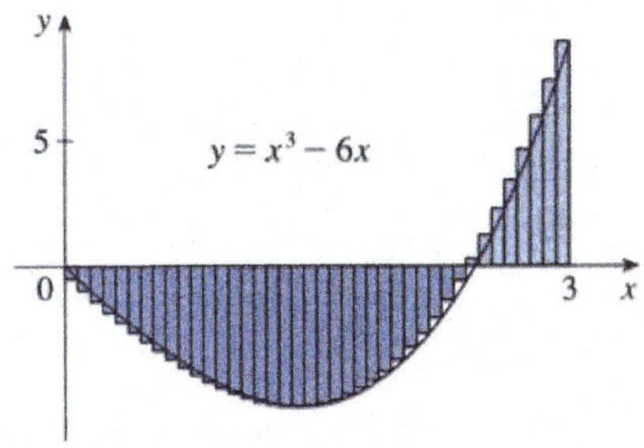

FIGURA 7
$R_{40} \approx -6.3998$

n	R_n
40	−6.3998
100	−6.6130
500	−6.7229
1000	−6.7365
5000	−6.7473

■

En la sección 5.4 verá un método mucho más sencillo para evaluar la integral del ejemplo 2.

EJEMPLO 3

Puesto que $f(x) = e^x$ es positiva, la integral del ejemplo 3 representa el área que se muestra en la figura 8.

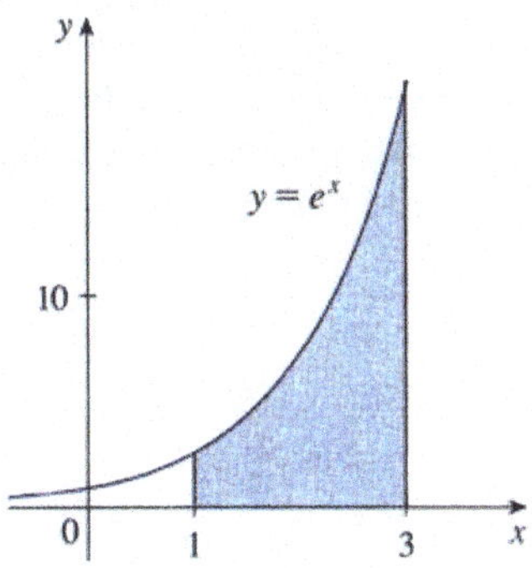

FIGURA 8

(a) Plantee una expresión para $\int_1^3 e^x\,dx$ como un límite de sumas.
(b) Utilice un sistema algebraico computacional para evaluar la expresión.

SOLUCIÓN

(a) Aquí tiene $f(x) = e^x$, $a = 1$, $b = 3$ y

$$\Delta x = \frac{b-a}{n} = \frac{2}{n}$$

Por lo que $x_0 = 1$, $x_1 = 1 + 2/n$, $x_2 = 1 + 4/n$, $x_3 = 1 + 6/n$ y

$$x_i = 1 + \frac{2i}{n}$$

Del teorema 4, obtiene

$$\begin{aligned}\int_1^3 e^x\,dx &= \lim_{n\to\infty} \sum_{i=1}^{n} f(x_i)\,\Delta x \\ &= \lim_{n\to\infty} \sum_{i=1}^{n} f\left(1 + \frac{2i}{n}\right)\frac{2}{n} \\ &= \lim_{n\to\infty} \frac{2}{n} \sum_{i=1}^{n} e^{1+2i/n}\end{aligned}$$

(b) Si le pide a un sistema algebraico computacional que evalúe la suma y simplifique, obtendrá

Un sistema algebraico computacional puede determinar una expresión explícita para esta suma porque es una serie geométrica. El límite se podría encontrar usando la regla de L'Hôpital.

$$\sum_{i=1}^{n} e^{1+2i/n} = \frac{e^{(3n+2)/n} - e^{(n+2)/n}}{e^{2/n} - 1}$$

Ahora pida al sistema algebraico computacional que evalúe el límite:

$$\int_1^3 e^x\,dx = \lim_{n\to\infty} \frac{2}{n} \cdot \frac{e^{(3n+2)/n} - e^{(n+2)/n}}{e^{2/n} - 1} = e^3 - e$$

En la sección siguiente aprenderá un método más sencillo para la evaluación de integrales. ■

EJEMPLO 4 Evalúe las integrales siguientes interpretando cada una en términos de áreas:

(a) $\int_0^1 \sqrt{1 - x^2}\, dx$ (b) $\int_0^3 (x - 1)\, dx$

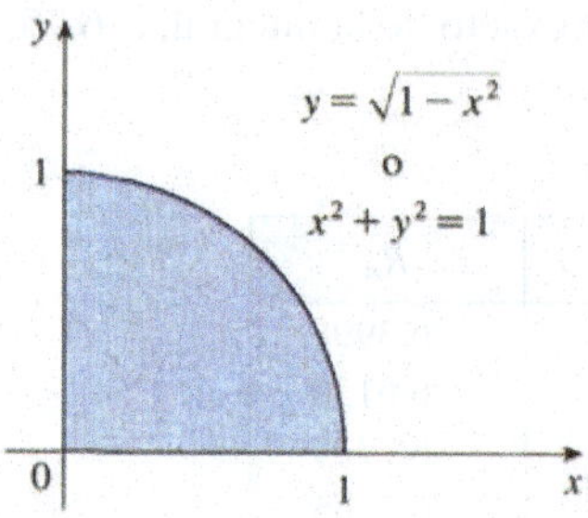

FIGURA 9

SOLUCIÓN

(a) Ya que $f(x) = \sqrt{1 - x^2} \geqslant 0$, puede interpretar esta integral como el área bajo la curva $y = \sqrt{1 - x^2}$ de 0 a 1. Pero ya que $y^2 = 1 - x^2$, obtiene $x^2 + y^2 = 1$, que muestra que la gráfica de f es el cuarto de circunferencia con radio 1, que puede verse en la figura 9. Por tanto,

$$\int_0^1 \sqrt{1 - x^2}\, dx = \tfrac{1}{4}\pi(1)^2 = \frac{\pi}{4}$$

(En la sección 7.3 usted podrá *demostrar* que el área de un círculo con radio r es πr^2.)

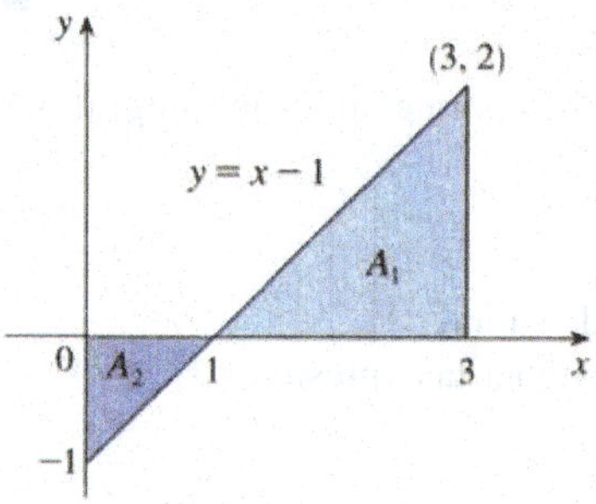

FIGURA 10

(b) La gráfica de $y = x - 1$ es la recta con pendiente 1 que se muestra en la figura 10. Calcule la integral como la diferencia de las áreas de los dos triángulos:

$$\int_0^3 (x - 1)\, dx = A_1 - A_2 = \tfrac{1}{2}(2 \cdot 2) - \tfrac{1}{2}(1 \cdot 1) = 1.5$$ ■

■ Regla del punto medio

A menudo se elige el punto muestra x_i^* como el extremo de la derecha del i-ésimo intervalo porque resulta conveniente para calcular el límite. Pero si la finalidad es determinar una *aproximación* para una integral, es mejor elegir x_i^* como el punto medio del intervalo, que se denota con $\bar{x}_i$. Cualquier suma de Riemann es una aproximación a una integral, pero si usa los puntos medios, obtendrá la aproximación siguiente:

TEC En Module 5.2/7.7 se muestra cómo la regla del punto medio mejora conforme n aumenta.

Regla del punto medio

$$\int_a^b f(x)\, dx \approx \sum_{i=1}^{n} f(\bar{x}_i)\, \Delta x = \Delta x\, [f(\bar{x}_1) + \cdots + f(\bar{x}_n)]$$

donde $$\Delta x = \frac{b - a}{n}$$

y $$\bar{x}_i = \tfrac{1}{2}(x_{i-1} + x_i) = \text{punto medio de } [x_{i-1}, x_i]$$

EJEMPLO 5 Use la regla del punto medio con $n = 5$ para determinar una aproximación de $\int_1^2 \frac{1}{x}\, dx$.

SOLUCIÓN Los puntos finales de los cinco subintervalos son 1, 1.2, 1.4, 1.6, 1.8 y 2.0, de modo que los puntos medios son 1.1, 1.3, 1.5, 1.7 y 1.9. El ancho de los subintervalos es $\Delta x = (2 - 1)/5 = \frac{1}{5}$, por lo que la regla del punto medio da

$$\int_1^2 \frac{1}{x}\, dx \approx \Delta x\, [f(1.1) + f(1.3) + f(1.5) + f(1.7) + f(1.9)]$$

$$= \frac{1}{5}\left(\frac{1}{1.1} + \frac{1}{1.3} + \frac{1}{1.5} + \frac{1}{1.7} + \frac{1}{1.9}\right)$$

$$\approx 0.691908$$

Ya que $f(x) = 1/x > 0$ para $1 \leqslant x \leqslant 2$, la integral representa un área y la aproximación dada por la regla del punto medio es la suma de las áreas de los rectángulos que se muestran en la figura 11. ■

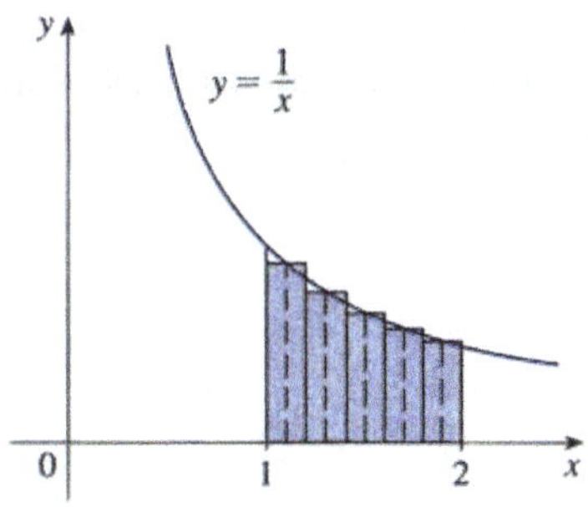

FIGURA 11

Hasta el momento no sabe qué tan exacta es la aproximación del ejemplo 5; pero en la sección 7.7 aprenderá un método para estimar el error implicado, con el uso de la regla del punto medio. En ese momento se exponen otros métodos para encontrar aproximaciones de integrales definidas.

Si aplica la regla del punto medio a la integral del ejemplo 2, obtiene el dibujo que aparece en la figura 12. La aproximación $M_{40} \approx -6.7563$ está mucho más cerca del valor verdadero de -6.75 que la aproximación con el punto extremo de la derecha, $R_{40} \approx -6.3998$, que se muestra en la figura 7.

TEC En Visual 5.2 puede comparar las aproximaciones por la izquierda, derecha y del punto medio para la integral del ejemplo 2 para diferentes valores de n.

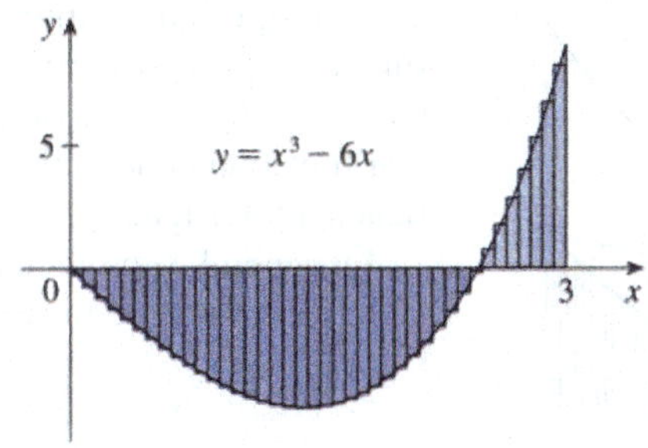

FIGURA 12
$M_{40} \approx -6.7563$

Propiedades de la integral definida

Cuando se definió la integral definida $\int_a^b f(x)\,dx$, de manera implícita se supuso que $a < b$. Pero la definición como un límite de la suma de Riemann tiene sentido aun cuando $a > b$. Observe que si invierte a y b, entonces Δx cambia de $(b - a)/n$ a $(a - b)/n$. Por tanto,

$$\int_b^a f(x)\,dx = -\int_a^b f(x)\,dx$$

Si $a = b$, entonces $\Delta x = 0$ y así

$$\int_a^a f(x)\,dx = 0$$

Ahora aparecen algunas propiedades básicas de las integrales que lo ayudarán a la evaluación de estas con mayor facilidad. Suponga que f y g son funciones continuas.

Propiedades de la integral

1. $\displaystyle\int_a^b c\,dx = c(b - a)$, donde c es cualquier constante
2. $\displaystyle\int_a^b [f(x) + g(x)]\,dx = \int_a^b f(x)\,dx + \int_a^b g(x)\,dx$
3. $\displaystyle\int_a^b cf(x)\,dx = c\int_a^b f(x)\,dx$, donde c es cualquier constante
4. $\displaystyle\int_a^b [f(x) - g(x)]\,dx = \int_a^b f(x)\,dx - \int_a^b g(x)\,dx$

En la propiedad 1 se expresa que la integral de una función constante $f(x) = c$ es la constante multiplicada por la longitud del intervalo. Si $c > 0$ y $a < b$, esto es de esperarse ya que $c(b - a)$ es el área del rectángulo de la figura 13.

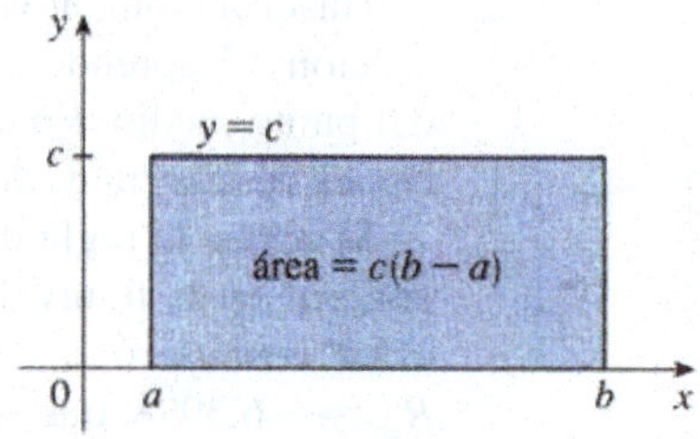

FIGURA 13
$\int_a^b c\,dx = c(b - a)$

La propiedad 2 expresa que la integral de una suma es la suma de las integrales. Para funciones positivas, esto quiere decir que el área bajo $f + g$ es el área bajo f más el área bajo g. La figura 14 ayuda a comprender por qué esto es cierto: en vista de la manera en que funciona la adición de gráficas, los segmentos de recta verticales correspondientes tienen alturas iguales.

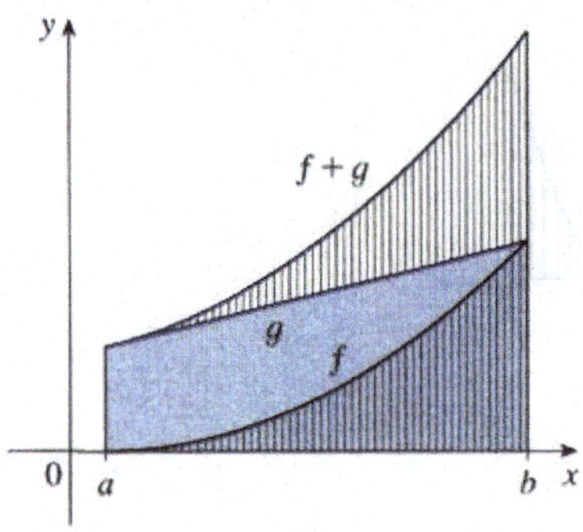

FIGURA 14
$\int_a^b [f(x) + g(x)]dx = \int_a^b f(x)dx + \int_a^b g(x)dx$

En general, la propiedad 2 se deduce del teorema 4 y del hecho de que el límite de una suma es la suma de los límites:

$$\begin{aligned}\int_a^b [f(x) + g(x)]\,dx &= \lim_{n \to \infty} \sum_{i=1}^{n} [f(x_i) + g(x_i)]\,\Delta x \\ &= \lim_{n \to \infty} \left[\sum_{i=1}^{n} f(x_i)\,\Delta x + \sum_{i=1}^{n} g(x_i)\,\Delta x \right] \\ &= \lim_{n \to \infty} \sum_{i=1}^{n} f(x_i)\,\Delta x + \lim_{n \to \infty} \sum_{i=1}^{n} g(x_i)\,\Delta x \\ &= \int_a^b f(x)\,dx + \int_a^b g(x)\,dx\end{aligned}$$

La propiedad 3 parece intuitivamente razonable porque si se multiplica una función por un número positivo c, su gráfica se alarga o contrae en el sentido vertical un factor de c. De modo que alarga o contrae cada rectángulo de aproximación un factor de c y, por consecuencia, tiene el efecto de multiplicar el área por c.

La propiedad 3 se puede demostrar de manera semejante y en ella se expresa que la integral de una constante multiplicada por una función es la constante multiplicada por la integral de la función. En otras palabras, una constante (pero *solo* una constante) puede sacarse de un signo de integral. La propiedad 4 se demuestra escribiendo $f - g = f + (-g)$ y aplicando las propiedades 2 y 3 con $c = -1$.

EJEMPLO 6 Utilice las propiedades de las integrales para evaluar $\int_0^1 (4 + 3x^2)\,dx$.

SOLUCIÓN Utilizando las propiedades 2 y 3 de las integrales, se tiene

$$\int_0^1 (4 + 3x^2)\,dx = \int_0^1 4\,dx + \int_0^1 3x^2\,dx = \int_0^1 4\,dx + 3\int_0^1 x^2\,dx$$

Por la propiedad 1, se sabe que

$$\int_0^1 4\,dx = 4(1 - 0) = 4$$

y, en el ejemplo 5.1.2, se encontró que $\int_0^1 x^2\,dx = \frac{1}{3}$. Por lo que

$$\begin{aligned}\int_0^1 (4 + 3x^2)\,dx &= \int_0^1 4\,dx + 3\int_0^1 x^2\,dx \\ &= 4 + 3 \cdot \tfrac{1}{3} = 5\end{aligned}$$

■

En la propiedad siguiente se indica cómo combinar las integrales de la misma función sobre intervalos adyacentes:

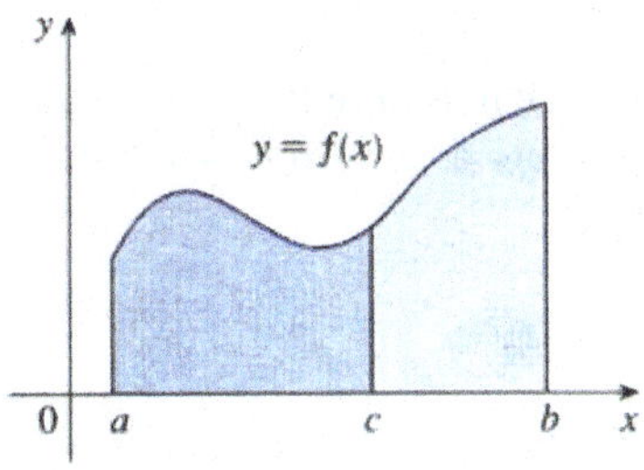

FIGURA 15

5. $$\int_a^c f(x)\,dx + \int_c^b f(x)\,dx = \int_a^b f(x)\,dx$$

Esto no es fácil de demostrar en general; pero, para el caso donde $f(x) \geqslant 0$ y $a < c < b$, se puede ver la propiedad 5 a partir de la interpretación geométrica de la figura 15: el área bajo $y = f(x)$, de a a c, más el área de c a b es igual al área total de a a b.

EJEMPLO 7 Si se sabe que $\int_0^{10} f(x)\,dx = 17$ y $\int_0^8 f(x)\,dx = 12$, encuentre $\int_8^{10} f(x)\,dx$.

SOLUCIÓN Por la propiedad 5, se tiene

$$\int_0^8 f(x)\,dx + \int_8^{10} f(x)\,dx = \int_0^{10} f(x)\,dx$$

por lo que $$\int_8^{10} f(x)\,dx = \int_0^{10} f(x)\,dx - \int_0^8 f(x)\,dx = 17 - 12 = 5$$ ■

Las propiedades 1 a 5 son verdaderas ya sea que $a < b$, $a = b$ o $a > b$. Las propiedades que se enuncian a continuación, en las que se comparan tamaños de funciones y tamaños de integrales, son verdaderas solo si $a \leqslant b$.

Propiedades de comparación de la integral

6. Si $f(x) \geqslant 0$ para $a \leqslant x \leqslant b$, entonces $\int_a^b f(x)\,dx \geqslant 0$.

7. Si $f(x) \geqslant g(x)$ para $a \leqslant x \leqslant b$, entonces $\int_a^b f(x)\,dx \geqslant \int_a^b g(x)\,dx$.

8. Si $m \leqslant f(x) \leqslant M$ para $a \leqslant x \leqslant b$, entonces

$$m(b-a) \leqslant \int_a^b f(x)\,dx \leqslant M(b-a)$$

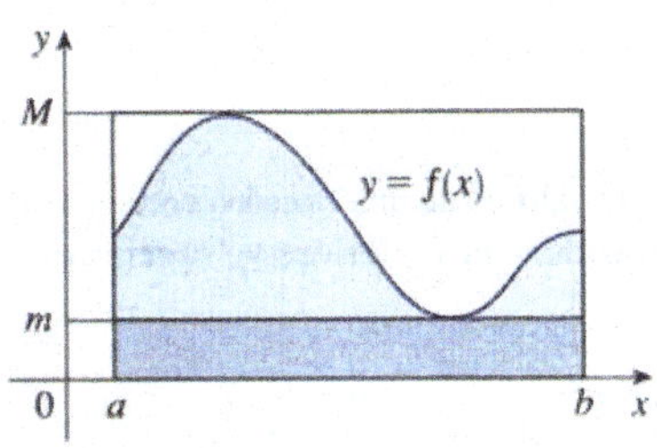

FIGURA 16

Si $f(x) \geqslant 0$, entonces $\int_a^b f(x)\,dx$ representa el área bajo la gráfica de f, de manera que la interpretación geométrica de la propiedad 6 es simplemente que las áreas son positivas (esto también se sigue directamente de la definición porque todas las cantidades implicadas son positivas). La propiedad 7 expresa que una función más grande tiene una integral más grande. Esto se infiere de las propiedades 6 y 4 porque $f - g \geqslant 0$.

La propiedad 8 se ilustra mediante la figura 16 para el caso en que $f(x) \geqslant 0$. Si f es continua se podría tomar m y M como los valores mínimo y máximo absolutos de f sobre el intervalo $[a, b]$. En este caso, la propiedad 8 expresa que el área bajo la gráfica de f es mayor que el área del rectángulo con altura m y menor que el área del rectángulo con altura M.

DEMOSTRACIÓN DE LA PROPIEDAD 8 Puesto que $m \leqslant f(x) \leqslant M$, con la propiedad 7 se obtiene

$$\int_a^b m\,dx \leqslant \int_a^b f(x)\,dx \leqslant \int_a^b M\,dx$$

Al utilizar la propiedad 1 para evaluar las integrales en el primero y el segundo miembros, se obtiene

$$m(b-a) \leqslant \int_a^b f(x)\,dx \leqslant M(b-a)$$ ■

La propiedad 8 es útil si lo que quiere es solo una estimación general del tamaño de una integral sin las dificultades que representa el uso de la regla del punto medio.

EJEMPLO 8 Use la propiedad 8 para estimar $\int_0^1 e^{-x^2}\,dx$.

SOLUCIÓN Debido a que $f(x) = e^{-x^2}$ es una función decreciente sobre $[0, 1]$, su valor máximo absoluto es $M = f(0) = 1$ y su valor mínimo absoluto es $m = f(1) = e^{-1}$. De la propiedad 8

$$e^{-1}(1 - 0) \leq \int_0^1 e^{-x^2}\,dx \leq 1(1 - 0)$$

o

$$e^{-1} \leq \int_0^1 e^{-x^2}\,dx \leq 1$$

Ya que $e^{-1} \approx 0.3679$, se puede escribir

$$0.367 \leq \int_0^1 e^{-x^2}\,dx \leq 1$$

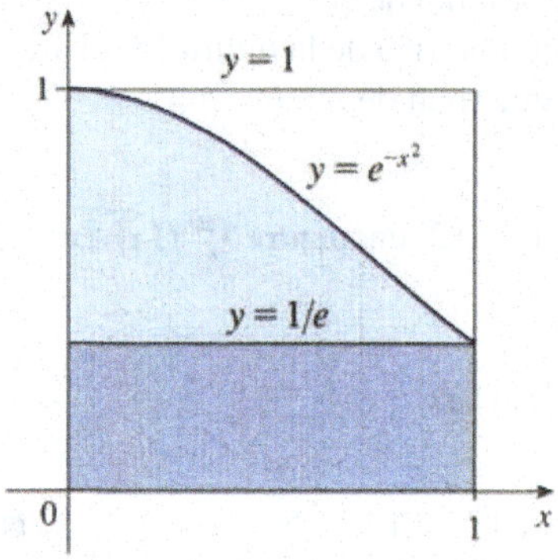

FIGURA 17

El resultado del ejemplo 8 se ilustra en la figura 17. La integral es mayor que el área del rectángulo inferior y menor que el área del cuadrado.

5.2 EJERCICIOS

1. Evalúe la suma de Riemann para $f(x) = x - 1$, $-6 \leq x \leq 4$, con cinco subintervalos, tomando los puntos finales izquierdos como los puntos muestra. Con ayuda de un diagrama, explique qué representa la suma de Riemann.

2. Si

$$f(x) = \cos x, \qquad 0 \leq x \leq 3\pi/4$$

evalúe la suma de Riemann con $n = 6$ tomando los puntos finales izquierdos como los puntos muestra (Dé su respuesta redondeada a seis decimales). ¿Qué representa la suma de Riemann? Ilustre su respuesta con un diagrama.

3. Si $f(x) = x^2 - 4$, $0 \leq x \leq 3$, determine la suma de Riemann con $n = 6$ tomando los puntos finales derechos como los puntos muestra. ¿Qué representa la suma de Riemann? Ilustre con un diagrama.

4. (a) Encuentre la suma de Riemann para $f(x) = 1/x$, $1 \leq x \leq 2$, con cuatro términos, tomando los puntos muestra como los puntos finales derechos. (Dé su respuesta redondeada a seis decimales.) Explique, con ayuda de un diagrama, qué representa la suma de Riemann.
   (b) Repita el inciso (a) con los puntos medios como los puntos muestra.

5. Se da la gráfica de una función. Estime $\int_0^{10} f(x)\,dx$ usando cinco subintervalos con (a) los puntos finales derechos, (b) los puntos finales izquierdos y (c) los puntos medios.

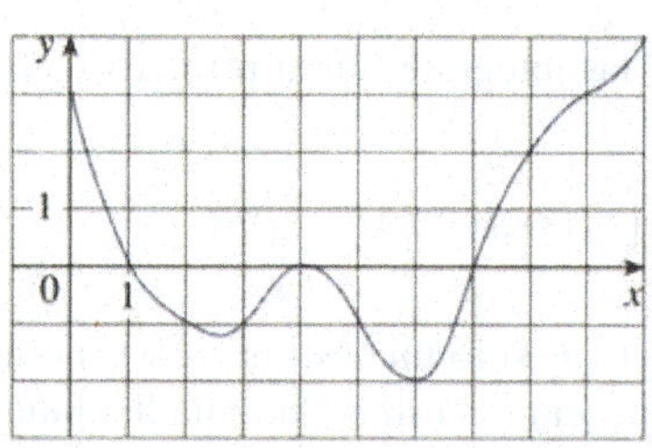

6. Se muestra la gráfica de g. Estime $\int_{-2}^{4} g(x)\,dx$ con seis subintervalos usando (a) los puntos finales derechos, (b) los puntos finales izquierdos y (c) los puntos medios.

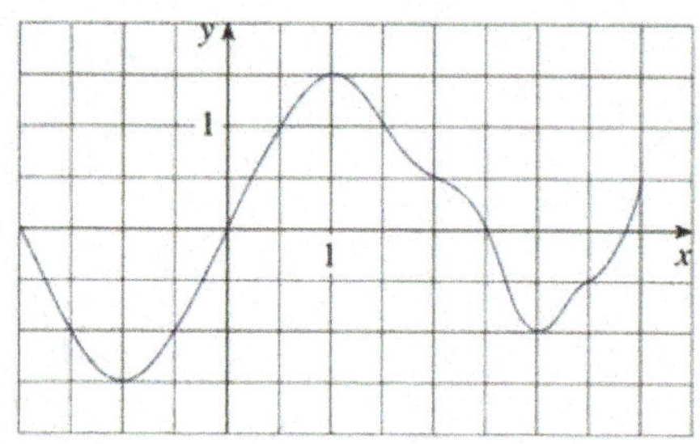

7. Se presenta una tabla de valores de una función creciente f. Utilícela para hacer estimaciones inferiores y superiores de $\int_0^{25} f(x)\,dx$.

x	0	5	10	15	20	25
$f(x)$	-42	-37	-25	-6	15	36

8. En la tabla se dan los valores de una función obtenida a partir de un experimento. Con ellos estime $\int_3^9 f(x)\,dx$ usando tres subintervalos iguales con (a) los puntos finales derechos, (b) los puntos finales izquierdos y (c) los puntos medios. Si se sabe que la función es decreciente, ¿puede decir si sus estimaciones son menores o mayores que el valor exacto de la integral?

x	3	4	5	6	7	8	9
$f(x)$	-3.4	-2.1	-0.6	0.3	0.9	1.4	1.8

9–12 Use la regla del punto medio, con el valor dado de n, para encontrar una aproximación de cada una de las integrales siguientes. Redondee cada respuesta a cuatro cifras decimales.

9. $\int_0^{\pi/2} \cos^4 x\, dx, \quad n = 4$ **10.** $\int_0^1 \sqrt{x^3+1}\, dx, \quad n = 5$

11. $\int_1^5 x^2 e^{-x}\, dx, \quad n = 4$ **12.** $\int_0^{\pi} x \operatorname{sen}^2 x\, dx, \quad n = 4$

SAC **13.** Si tiene un SAC que evalúe las aproximaciones con los puntos medios y trace los rectángulos correspondientes (en Maple, use las instrucciones `RiemannSum` o `middlesum` y `middlebox`), compruebe la respuesta del ejercicio 11 e ilustre con una gráfica. Después, repita con $n = 10$ y $n = 20$.

14. Con una calculadora programable o una computadora (véanse las instrucciones para el ejercicio 5.1.9), calcule las sumas de Riemann izquierda y derecha para la función $f(x) = x/(x+1)$ sobre el intervalo $[0, 2]$, con $n = 100$. Explique por qué estas estimaciones demuestran que

$$0.8946 < \int_0^2 \frac{x}{x+1}\, dx < 0.9081$$

15. Use una calculadora o una computadora para hacer una tabla de valores de sumas de la derecha de Riemann R_n para la integral $\int_0^{\pi} \operatorname{sen} x\, dx$ con $n = 5, 10, 50$ y 100. ¿A qué valor parecen aproximarse estos números?

16. Use calculadora o computadora para hacer una tabla de valores de las sumas de Riemann de la izquierda y de la derecha L_n y R_n para la integral $\int_0^2 e^{-x^2} dx$ con $n = 5, 10, 50$ y 100. ¿Entre qué números tiene que encontrarse el valor de la integral? ¿Puede formular un enunciado similar para la integral $\int_{-1}^{2} e^{-x^2} dx$? Explique su respuesta.

17–20 Exprese cada uno de los límites siguientes como una integral definida sobre el intervalo dado.

17. $\lim\limits_{n\to\infty} \sum_{i=1}^{n} \frac{e^{x_i}}{1+x_i}\Delta x, \quad [0, 1]$

18. $\lim\limits_{n\to\infty} \sum_{i=1}^{n} x_i\sqrt{1+x_i^3}\,\Delta x, \quad [2, 5]$

19. $\lim\limits_{n\to\infty} \sum_{i=1}^{n} x_i \ln(1+x_i^2)\,\Delta x, \quad [2, 6]$

20. $\lim\limits_{n\to\infty} \sum_{i=1}^{n} \frac{\cos x_i}{x_i}\Delta x, \quad [\pi, 2\pi]$

21–25 Use la forma de la definición de integral que se dio en el teorema 4 para evaluar la integral.

21. $\int_{-1}^{5} (1+3x)\, dx$ **22.** $\int_1^4 (x^2+2x-5)\, dx$

23. $\int_{-2}^{0} (x^2+x)\, dx$ **24.** $\int_0^2 (2x-x^3)\, dx$

25. $\int_0^1 (x^3-3x^2)\, dx$

26. (a) Determine una aproximación a la integral $\int_0^4 (x^2-3x)\, dx$, usando una suma de Riemann con puntos finales derechos y $n = 8$.
(b) Dibuje un diagrama como el de la figura 3 para ilustrar la aproximación del inciso (a).
(c) Aplique el teorema 4 para evaluar $\int_0^4 (x^2-3x)\, dx$.
(d) Interprete la integral del inciso (c) como una diferencia de áreas e ilustre con un diagrama como el de la figura 4.

27. Demuestre que $\int_a^b x\, dx = \frac{b^2-a^2}{2}$.

28. Demuestre que $\int_a^b x^2\, dx = \frac{b^3-a^3}{3}$.

29–30 Exprese la integral como un límite de sumas de Riemann. No evalúe el límite.

29. $\int_1^3 \sqrt{4+x^2}\, dx$ **30.** $\int_2^5 \left(x^2+\frac{1}{x}\right) dx$

SAC **31–32** Exprese cada una de las integrales siguientes como un límite de sumas. Después, evalúe utilizando un sistema algebraico computacional para encontrar tanto la suma como el límite.

31. $\int_0^{\pi} \operatorname{sen} 5x\, dx$ **32.** $\int_2^{10} x^6\, dx$

33. Se muestra la gráfica de f. Evalúe cada una de las integrales siguientes interpretándola en términos de áreas.

(a) $\int_0^2 f(x)\, dx$ (b) $\int_0^5 f(x)\, dx$

(c) $\int_5^7 f(x)\, dx$ (d) $\int_0^9 f(x)\, dx$

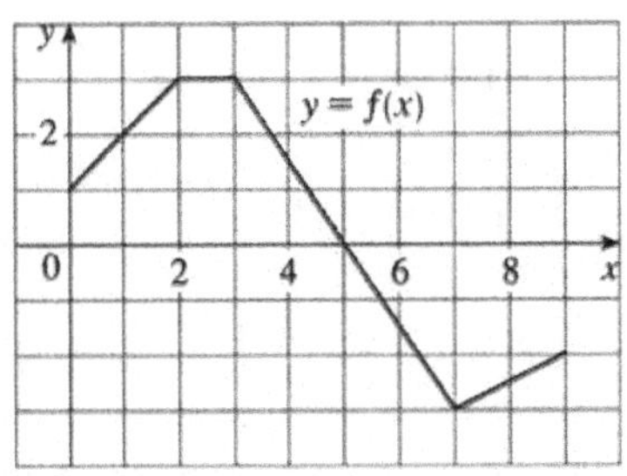

34. La gráfica g consiste en dos rectas y una semicircunferencia. Úsela para evaluar cada una de las integrales siguientes.

(a) $\int_0^2 g(x)\, dx$ (b) $\int_2^6 g(x)\, dx$ (c) $\int_0^7 g(x)\, dx$

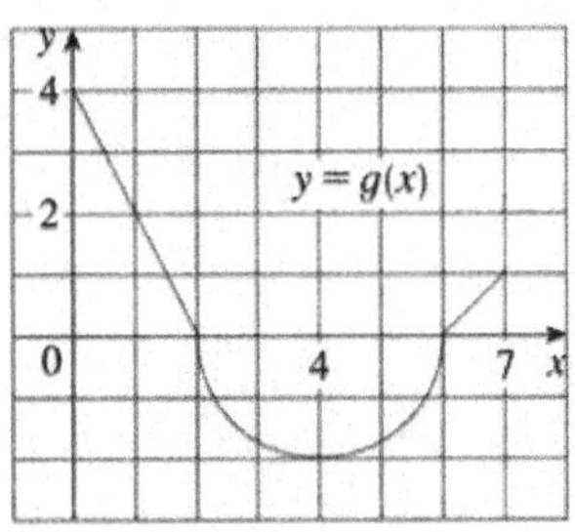

35–40 Evalúe cada una de las integrales siguientes interpretándola en términos de áreas.

35. $\int_2^4 (1 - x)\,dx$

36. $\int_0^9 \left(\frac{1}{3}x - 2\right)dx$

37. $\int_{-3}^0 \left(1 + \sqrt{9 - x^2}\right)dx$

38. $\int_{-5}^5 \left(x - \sqrt{25 - x^2}\right)dx$

39. $\int_{-4}^3 \left|\frac{1}{2}x\right| dx$

40. $\int_0^1 |2x - 1|\,dx$

---

41. Evalúe $\int_1^1 \sqrt{1 + x^4}\,dx$.

42. Ya que $\int_0^\pi \operatorname{sen}^4 x\,dx = \frac{3}{8}\pi$, ¿a qué es igual $\int_\pi^0 \operatorname{sen}^4 \theta\,d\theta$?

43. En el ejemplo 5.1.2, se demostró que $\int_0^1 x^2\,dx = \frac{1}{3}$. Utilice este hecho y las propiedades de las integrales para evaluar $\int_0^1 (5 - 6x^2)\,dx$.

44. Utilice las propiedades de las integrales y el resultado del ejemplo 3 para evaluar $\int_1^3 (2e^x - 1)\,dx$.

45. Utilice el resultado del ejemplo 3 para evaluar $\int_1^3 e^{x+2}\,dx$.

46. A partir de los resultados del ejercicio 27 y del hecho de que $\int_0^{\pi/2} \cos x\,dx = 1$ (del ejercicio 5.1.31), junto con las propiedades de las integrales, evalúe $\int_0^{\pi/2} (2\cos x - 5x)\,dx$.

47. Escriba como una sola integral en la forma $\int_a^b f(x)\,dx$:

$$\int_{-2}^2 f(x)\,dx + \int_2^5 f(x)\,dx - \int_{-2}^{-1} f(x)\,dx$$

48. Si $\int_2^8 f(x)\,dx = 7.3$ y $\int_2^4 f(x)\,dx = 5.9$, encuentre $\int_4^8 f(x)\,dx$.

49. Si $\int_0^9 f(x)\,dx = 37$ y $\int_0^9 g(x)\,dx = 16$, encuentre

$$\int_0^9 [2f(x) + 3g(x)]\,dx$$

50. Encuentre $\int_0^5 f(x)\,dx$ si

$$f(x) = \begin{cases} 3 & \text{para } x < 3 \\ x & \text{para } x \geq 3 \end{cases}$$

51. Para la función f cuya gráfica se muestra, presente las cantidades en orden creciente, de menor a mayor, y explique su razonamiento.

(A) $\int_0^8 f(x)\,dx$ (B) $\int_0^3 f(x)\,dx$ (C) $\int_3^8 f(x)\,dx$
(D) $\int_4^8 f(x)\,dx$ (E) $f'(1)$

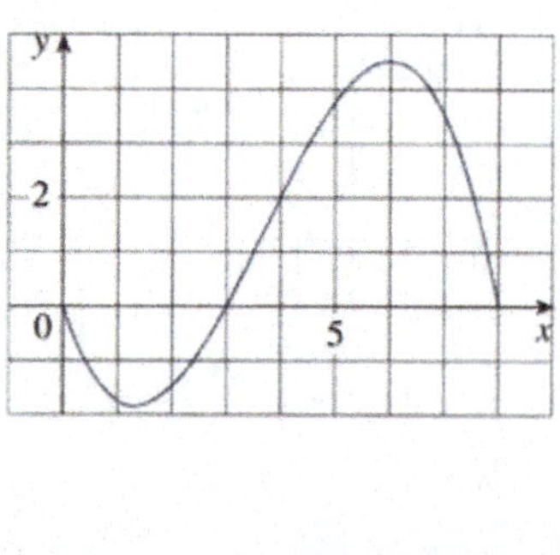

52. Si $F(x) = \int_2^x f(t)\,dt$, donde f es la función cuya gráfica está dada, ¿cuál de los valores siguientes es el más grande?
(A) $F(0)$ (B) $F(1)$ (C) $F(2)$
(D) $F(3)$ (E) $F(4)$

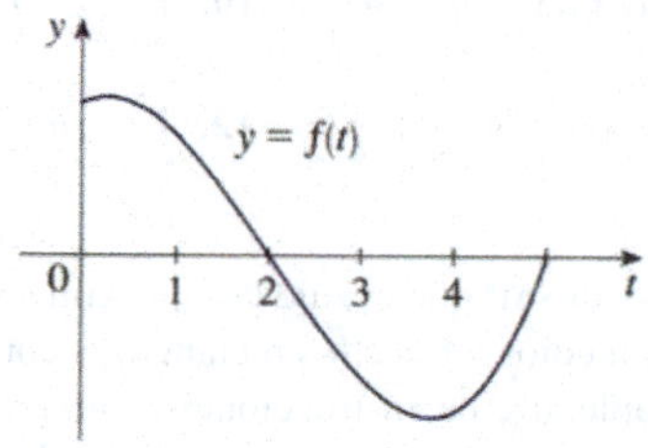

53. Cada una de las regiones A, B, y C, acotadas por la gráfica de f y el eje x, tiene área 3. Encuentre el valor de

$$\int_{-4}^2 [f(x) + 2x + 5]\,dx$$

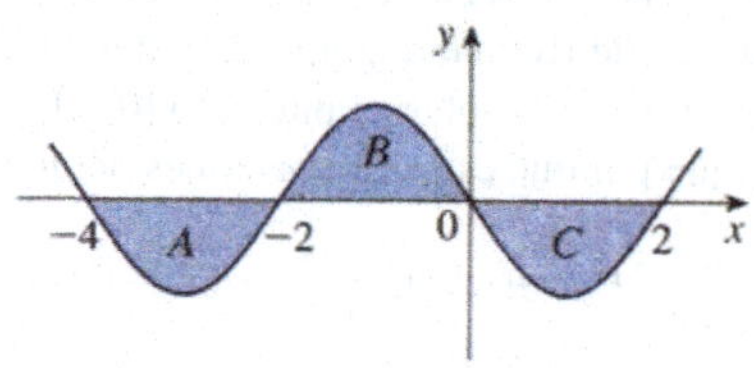

54. Suponga que f tiene el valor mínimo absoluto m y el valor máximo absoluto M. ¿Entre qué valores se encuentra $\int_0^2 f(x)\,dx$? ¿Qué propiedad de las integrales le permite sostener su conclusión?

55–58 Aplique las propiedades de las integrales para verificar la desigualdad sin evaluar las integrales.

55. $\int_0^4 (x^2 - 4x + 4)\,dx \geq 0$

56. $\int_0^1 \sqrt{1 + x^2}\,dx \leq \int_0^1 \sqrt{1 + x}\,dx$

57. $2 \leq \int_{-1}^1 \sqrt{1 + x^2}\,dx \leq 2\sqrt{2}$

58. $\dfrac{\pi}{12} \leq \int_{\pi/6}^{\pi/3} \operatorname{sen} x\,dx \leq \dfrac{\sqrt{3}\pi}{12}$

59–64 Utilice la propiedad 8 para estimar el valor de cada una de las integrales siguientes.

59. $\int_0^1 x^3\,dx$

60. $\int_0^3 \dfrac{1}{x + 4}\,dx$

61. $\int_0^2 \dfrac{1}{1 + x^2}\,dx$

62. $\int_0^2 (x^3 - 3x + 3)\,dx$

63. $\int_0^2 xe^{-x}\,dx$

64. $\int_\pi^{2\pi} (x - 2\operatorname{sen} x)\,dx$

65–66 Mediante las propiedades de las integrales, junto con los ejercicios 27 y 28, demuestre cada una de las desigualdades siguientes.

65. $\int_1^3 \sqrt{x^4 + 1}\,dx \geq \dfrac{26}{3}$

66. $\int_0^{\pi/2} x \operatorname{sen} x\,dx \leq \dfrac{\pi^2}{8}$

67. ¿Cuál de las integrales $\int_1^2 \arctan x\,dx$, $\int_1^2 \arctan \sqrt{x}\,dx$ y $\int_1^2 \arctan(\operatorname{sen} x)\,dx$ tiene el valor más grande? ¿Por qué?

68. ¿Cuál de las integrales $\int_0^{0.5} \cos(x^2)\,dx$, $\int_0^{0.5} \cos\sqrt{x}\,dx$ tiene el valor más grande? ¿Por qué?

69. Demuestre la propiedad 3 de las integrales.

70. (a) Si f es continua en $[a, b]$, demuestre que

$$\left|\int_a^b f(x)\,dx\right| \leqslant \int_a^b |f(x)|\,dx$$

[*Sugerencia:* $-|f(x)| \leqslant f(x) \leqslant |f(x)|$.]

(b) Utilice el resultado del inciso (a) para demostrar que

$$\left|\int_0^{2\pi} f(x)\operatorname{sen} 2x\,dx\right| \leqslant \int_0^{2\pi} |f(x)|\,dx$$

71. Sea $f(x) = 0$ si x es cualquier número racional y $f(x) = 1$ si x es cualquier número irracional. Demuestre que f no es integrable en $[0, 1]$.

72. Sea $f(0) = 0$ y $f(x) = 1/x$ si $0 < x \leqslant 1$. Demuestre que f no es integrable en $[0, 1]$. [*Sugerencia*: demuestre que el primer término en la suma de Riemann, $f(x_i^*)\Delta x$, se puede hacer de manera arbitraria muy grande].

73–74 Exprese cada uno de los límites siguientes como una integral definida.

73. $\lim_{n\to\infty} \sum_{i=1}^{n} \dfrac{i^4}{n^5}$ [*Sugerencia*: considere $f(x) = x^4$.]

74. $\lim_{n\to\infty} \dfrac{1}{n} \sum_{i=1}^{n} \dfrac{1}{1 + (i/n)^2}$

---

75. Determine $\int_1^2 x^{-2}\,dx$. *Sugerencia:* elija x_i^* como la media geométrica x_{i-1} y x_i (es decir, $x_i^* = \sqrt{x_{i-1}x_i}$) y use la identidad

$$\frac{1}{m(m+1)} = \frac{1}{m} - \frac{1}{m+1}$$

PROYECTO DE DESCUBRIMIENTO FUNCIONES DE ÁREAS

1. (a) Trace la recta $y = 2t + 1$ y utilice la geometría para hallar el área bajo esta recta, arriba del eje t y entre las rectas verticales $t = 1$ y $t = 3$.

(b) Si $x > 1$, sea $A(x)$ el área de la región que se encuentra bajo la recta $y = 2t + 1$, entre $t = 1$ y $t = x$. Dibuje un esquema de esta región y use la geometría para encontrar una expresión para $A(x)$.

(c) Derive la función del área $A(x)$. ¿Qué observa?

2. (a) Si $x \geqslant -1$, sea

$$A(x) = \int_{-1}^{x} (1 + t^2)\,dt$$

$A(x)$ representa el área de una región. Describa y trace la gráfica de la región.

(b) A partir de los resultados del ejercicio 5.2.28 encuentre una expresión para $A(x)$.

(c) Determine $A'(x)$. ¿Qué observa?

(d) Si $x \geqslant -1$ y h es un número positivo pequeño, entonces $A(x + h) - A(x)$ representa el área de una región. Describa y trace la gráfica de la región.

(e) Dibuje un rectángulo que aproxime la región del inciso (d). Mediante la comparación de áreas de estas dos regiones, demuestre que

$$\frac{A(x+h) - A(x)}{h} \approx 1 + x^2$$

(f) Mediante el inciso (e) proporcione una explicación intuitiva del resultado del inciso (c).

3. (a) Trace la gráfica de la función $f(x) = \cos(x^2)$ en el rectángulo de vista $[0, 2]$ por $[-1.25, 1.25]$.

(b) Si define una nueva función g por medio de

$$g(x) = \int_0^x \cos(t^2)\,dt$$

entonces $g(x)$ es el área bajo la gráfica de f de 0 a x [hasta que $f(x)$ sea negativa, en cuyo punto $g(x)$ es una diferencia de áreas]. Use el resultado del inciso (a) para determinar el valor de x para el cual $g(x)$ empieza a decrecer. [A diferencia de la integral del problema 2, es imposible evaluar la integral que define g para obtener una expresión explícita para $g(x)$.]

(c) Utilice la instrucción de integración de su calculadora o computadora para estimar $g(0.2), g(0.4), g(0.6), \ldots, g(1.8), g(2)$. Después, con estos valores dibuje una gráfica de g.

(d) Use su gráfica de g del inciso (c) para trazar la gráfica de g' utilizando la interpretación de $g'(x)$ como la pendiente de una recta tangente. ¿Qué relación existe entre la gráfica de g' y la de f?

4. Suponga que f es una función continua en el intervalo $[a, b]$ y defina una nueva función g por la ecuación

$$g(x) = \int_a^x f(t)\,dt$$

Tomando como base sus resultados en los problemas 1 a 3, deduzca una expresión para $g'(x)$.

5.3 El teorema fundamental del cálculo

El teorema fundamental del cálculo recibe de manera apropiada este nombre porque establece una conexión entre las dos ramas del cálculo: el cálculo diferencial y el cálculo integral. El cálculo diferencial surgió del problema de la recta tangente, mientras que el cálculo integral lo hizo de un problema en apariencia no relacionado, el problema del área. El profesor de Newton en Cambridge, Isaac Barrow (1630-1677), descubrió que estos dos problemas estaban íntimamente relacionados. De hecho, se dio cuenta de que la derivación y la integración son procesos inversos. El teorema fundamental del cálculo precisa la relación inversa entre la derivada y la integral. Newton y Leibniz explotaron esta relación y la usaron para desarrollar el cálculo como un método matemático sistemático. En particular, observaron que el teorema fundamental les permitía calcular con gran facilidad áreas e integrales, sin tener que calcularlas como límites de sumas como en las secciones 5.1 y 5.2.

La primera parte del teorema fundamental trata con funciones definidas por una ecuación en la forma

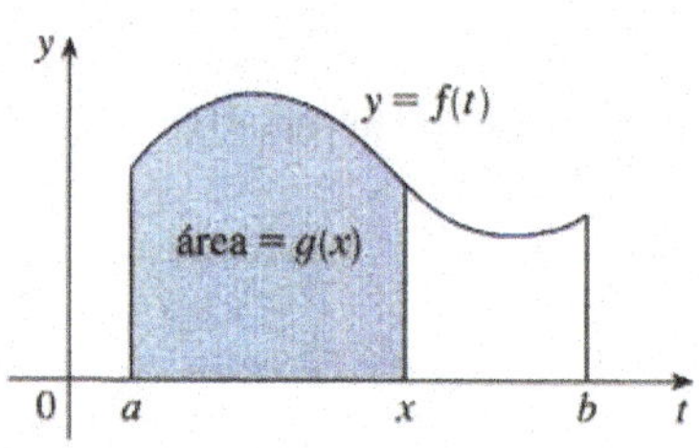

FIGURA 1

$$\boxed{1} \qquad g(x) = \int_a^x f(t)\,dt$$

donde f es una función continua sobre $[a, b]$ y x varía entre a y b. Observe que g depende solo de x, que aparece como el límite variable superior en la integral. Si x es un número fijo, entonces la integral $\int_a^x f(t)\,dt$ es un número definido. Si después hace variar x, el número $\int_a^x f(t)\,dt$ también varía y define una función de x que se denota mediante $g(x)$.

Si f es una función positiva, entonces $g(x)$ se puede interpretar como el área bajo la gráfica de f de a a x, donde x puede variar de a a b. (Piense en g como la función del "área hasta"; véase la figura 1.)

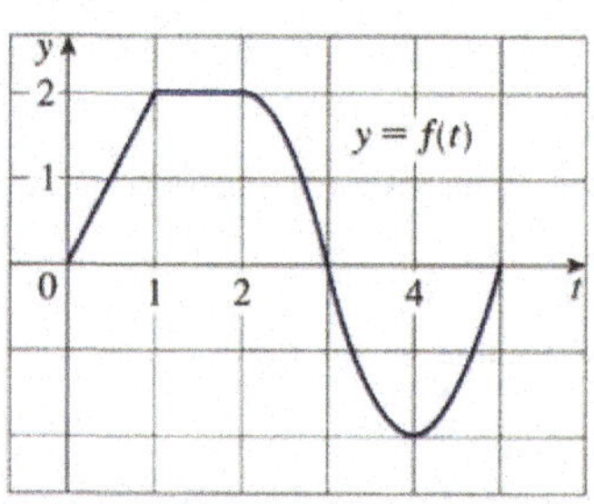

FIGURA 2

EJEMPLO 1 Si f es la función cuya gráfica se ilustra en la figura 2 y $g(x) = \int_0^x f(t)\,dt$, encuentre los valores de $g(0)$, $g(1)$, $g(2)$, $g(3)$, $g(4)$ y $g(5)$. Luego trace una gráfica aproximada de g.

SOLUCIÓN En primer lugar, observe que $g(0) = \int_0^0 f(t)\,dt = 0$. De la figura 3 se ve que $g(1)$ es el área de un triángulo:

$$g(1) = \int_0^1 f(t)\,dt = \tfrac{1}{2}(1 \cdot 2) = 1$$

Para determinar $g(2)$ agregue a $g(1)$ el área de un rectángulo:

$$g(2) = \int_0^2 f(t)\, dt = \int_0^1 f(t)\, dt + \int_1^2 f(t)\, dt = 1 + (1 \cdot 2) = 3$$

Estime que el área bajo f de 2 a 3 es alrededor de 1.3, de manera que

$$g(3) = g(2) + \int_2^3 f(t)\, dt \approx 3 + 1.3 = 4.3$$

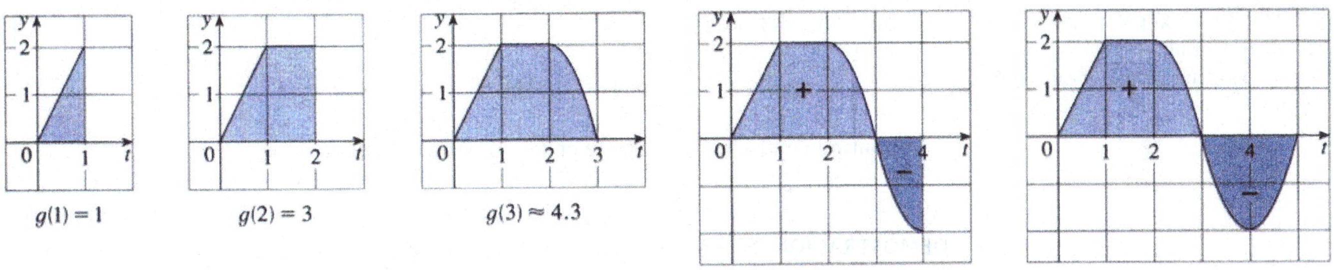

$g(1) = 1$ $g(2) = 3$ $g(3) \approx 4.3$ $g(4) \approx 3$ $g(5) \approx 1.7$

FIGURA 3

Para $t > 3$, $f(t)$ es negativa y, por tanto, empiece a restar áreas:

$$g(4) = g(3) + \int_3^4 f(t)\, dt \approx 4.3 + (-1.3) = 3.0$$

$$g(5) = g(4) + \int_4^5 f(t)\, dt \approx 3 + (-1.3) = 1.7$$

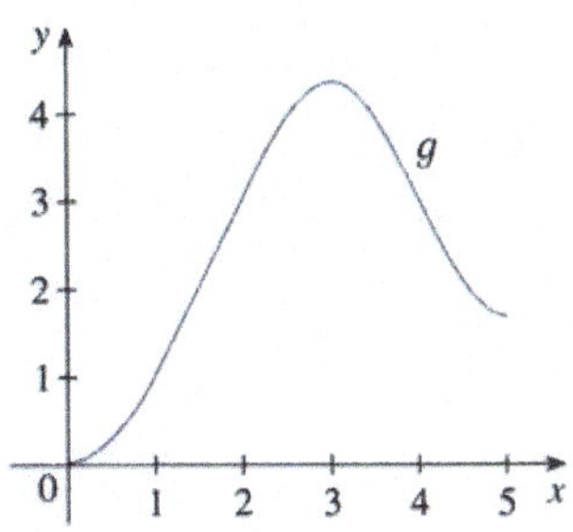

FIGURA 4

$g(x) = \int_0^x f(t)\, dt$

Use estos valores para trazar la gráfica de g en la figura 4. Observe que, debido a que $f(t)$ es positiva para $t < 3$, se sigue sumando área para $t < 3$ y, por tanto, g es creciente hasta $x = 3$, donde alcanza un valor máximo. Para $x > 3$, g decrece porque $f(t)$ es negativa. ■

Si toma $f(t) = t$ y $a = 0$, entonces, aprovechando el ejercicio 5.2.27, tiene

$$g(x) = \int_0^x t\, dt = \frac{x^2}{2}$$

Observe que $g'(x) = x$; es decir, $g' = f$. En otras palabras, si g se define como la integral de f mediante la ecuación 1, entonces g resulta ser, cuando menos en este caso, una antiderivada de f. Y si se traza la gráfica de la derivada de la función g que se ilustra en la figura 4 al estimar las pendientes de las rectas tangentes, se obtiene una gráfica como la de f en la figura 2. Por eso, se sospecha que en el ejemplo 1 también $g' = f$.

Con objeto de ver por qué en general esto puede ser verdadero, considere cualquier función continua f con $f(x) \geqslant 0$. Entonces $g(x) = \int_a^x f(t)\, dt$ se puede interpretar como el área bajo la gráfica de f de a a x, como en la figura 1.

Para calcular $g'(x)$ a partir de la definición de derivada, en primer lugar observe que, para $h > 0$, $g(x + h) - g(x)$ se obtiene restando áreas; por tanto, es el área bajo la gráfica de f de x a $x + h$ (el área sombreada de la figura 5). Para h pequeñas, a partir de la figura puede ver que esta área es aproximadamente igual al área del rectángulo con altura $f(x)$ y ancho h:

$$g(x + h) - g(x) \approx hf(x)$$

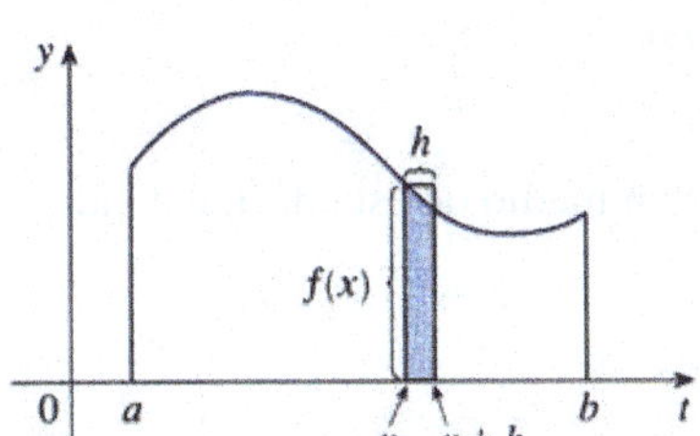

FIGURA 5

por lo que
$$\frac{g(x + h) - g(x)}{h} \approx f(x)$$

De manera intuitiva, se espera que

$$g'(x) = \lim_{h \to 0} \frac{g(x+h) - g(x)}{h} = f(x)$$

El hecho de que esto sea verdadero, aun cuando f no sea necesariamente positiva, es la primera parte del teorema fundamental del cálculo.

El nombre de este teorema se abrevia como TFC1: expresa que la derivada de una integral definida respecto a su límite superior es el integrando evaluando tal límite.

Teorema fundamental del cálculo, parte 1 Si f es continua en $[a, b]$, entonces la función g definida por

$$g(x) = \int_a^x f(t)\,dt \qquad a \leqslant x \leqslant b$$

es continua en [a, b] y derivable en (a, b), y $g'(x) = f(x)$.

DEMOSTRACIÓN Si x y $x + h$ están en (a, b), entonces

$$\begin{aligned} g(x+h) - g(x) &= \int_a^{x+h} f(t)\,dt - \int_a^x f(t)\,dt \\ &= \left(\int_a^x f(t)\,dt + \int_x^{x+h} f(t)\,dt\right) - \int_a^x f(t)\,dt \qquad \text{(por la propiedad 5)} \\ &= \int_x^{x+h} f(t)\,dt \end{aligned}$$

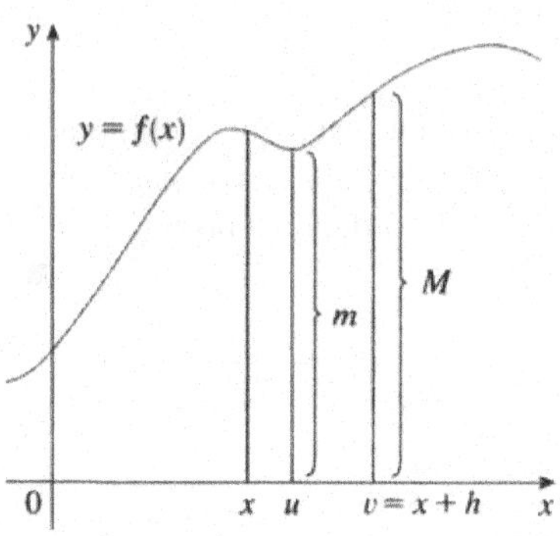

FIGURA 6

y así, para $h \neq 0$,

2 $$\frac{g(x+h) - g(x)}{h} = \frac{1}{h}\int_x^{x+h} f(t)\,dt$$

Por ahora suponga que $h > 0$. Puesto que f es continua en $[x, x + h]$, el teorema del valor extremo establece que hay números u y v en $[x, x + h]$ tales que $f(u) = m$ y $f(v) = M$, donde m y M son los valores mínimo y máximo absolutos de f en $[x, x + h]$. (Véase la figura 6.)

De acuerdo con la propiedad 8 de las integrales, se tiene

$$mh \leqslant \int_x^{x+h} f(t)\,dt \leqslant Mh$$

esto es,

$$f(u)h \leqslant \int_x^{x+h} f(t)\,dt \leqslant f(v)h$$

Ya que $h > 0$, se puede dividir esta desigualdad entre h:

$$f(u) \leqslant \frac{1}{h}\int_x^{x+h} f(t)\,dt \leqslant f(v)$$

Ahora, utilice la ecuación 2 para reemplazar la parte de en medio de esta desigualdad:

3 $$f(u) \leqslant \frac{g(x+h) - g(x)}{h} \leqslant f(v)$$

TEC En Module 5.3 se proporciona evidencia visual para el TFC1.

La desigualdad 3 se puede demostrar de una manera similar a la del caso cuando $h < 0$. (Véase el ejercicio 77.)

Ahora sea $h \to 0$. Entonces $u \to x$ y $v \to x$, ya que u y v se encuentran entre x y $x + h$. Por tanto,

$$\lim_{h \to 0} f(u) = \lim_{u \to x} f(u) = f(x) \qquad \text{y} \qquad \lim_{h \to 0} f(v) = \lim_{v \to x} f(v) = f(x)$$

porque f es continua en x. De acuerdo con 3 y el teorema de la compresión se concluye que

4
$$g'(x) = \lim_{h \to 0} \frac{g(x + h) - g(x)}{h} = f(x)$$

Si $x = a$ o b, entonces la ecuación 4 se puede interpretar como un límite unilateral. Entonces el teorema 2.8.4 (modificado para límites unilaterales) demuestra que g es continua en $[a, b]$. ■

De acuerdo con la notación de Leibniz para derivadas, se puede expresar al TFC1 como

5
$$\frac{d}{dx} \int_a^x f(t)\, dt = f(x)$$

cuando f es continua. En términos generales, la ecuación 5 establece que si primero se integra f y luego se deriva el resultado, se regresa a la función original f.

EJEMPLO 2 Encuentre la derivada de la función $g(x) = \int_0^x \sqrt{1 + t^2}\, dt$.

SOLUCIÓN Puesto que $f(t) = \sqrt{1 + t^2}$ es continua, la parte 1 del teorema fundamental del cálculo da

$$g'(x) = \sqrt{1 + x^2}$$ ■

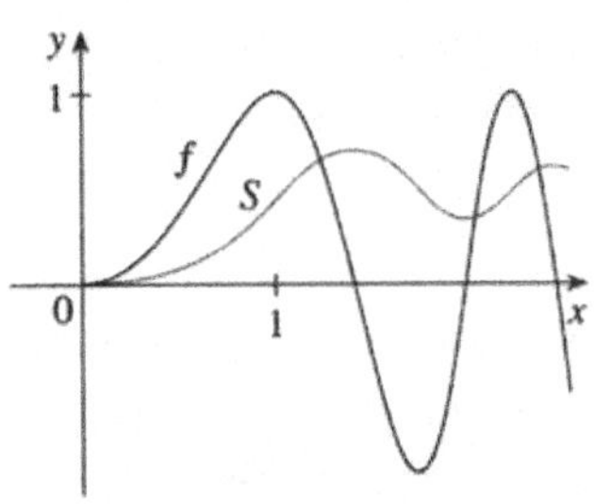

FIGURA 7
$f(x) = \operatorname{sen}(\pi x^2/2)$
$S(x) = \int_0^x \operatorname{sen}(\pi t^2/2)\, dt$

EJEMPLO 3 Si bien una fórmula en la forma $g(x) = \int_a^x f(t)\, dt$ puede parecer una forma extraña de definir una función, los libros de física, química y estadística están llenos de funciones semejantes. Por ejemplo, la **función de Fresnel**

$$S(x) = \int_0^x \operatorname{sen}(\pi t^2/2)\, dt$$

recibe ese nombre en honor del físico francés Augustin Fresnel (1788-1827), que es famoso por sus trabajos en óptica. Esta función apareció por primera vez en la teoría de Fresnel de la difracción de la luz, pero a últimas fechas se ha aplicado al diseño de autopistas.

La parte 1 del teorema fundamental indica cómo derivar la función de Fresnel:

$$S'(x) = \operatorname{sen}(\pi x^2/2)$$

Esto significa que se pueden aplicar todos los métodos del cálculo diferencial para analizar S (véase el ejercicio 71).

En la figura 7 se muestran las gráficas de $f(x) = \operatorname{sen}(\pi x^2/2)$ y de la función de Fresnel $S(x) = \int_0^x f(t)\, dt$. Se puede utilizar una computadora para graficar S calculando el valor de esta integral para muchos valores de x. Evidentemente, parece que $S(x)$ es el área bajo la gráfica de f de 0 hasta x [hasta que $x \approx 1.4$ cuando $S(x)$ sea una diferencia de áreas]. La figura 8 muestra una gran parte de la gráfica de S.

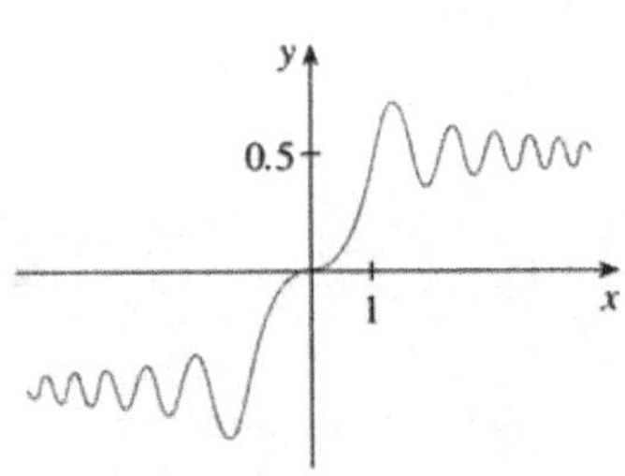

FIGURA 8
La función de Fresnel
$S(x) = \int_0^x \operatorname{sen}(\pi t^2/2)\, dt$

Si empieza ahora por la gráfica de S de la figura 7 y piensa qué aspecto debe tener su derivada, parece razonable que $S'(x) = f(x)$. [Por ejemplo, S es creciente cuando $f(x) > 0$ y decreciente cuando $f(x) < 0$]. De modo que esto da una confirmación visual de la parte 1 del teorema fundamental del cálculo. ■

EJEMPLO 4 Encuentre $\dfrac{d}{dx}\displaystyle\int_1^{x^4} \sec t\, dt$.

SOLUCIÓN En este caso debe ser cuidadoso al usar la regla de la cadena junto con el TFC1. Sea $u = x^4$. Por tanto,

$$\frac{d}{dx}\int_1^{x^4} \sec t\, dt = \frac{d}{dx}\int_1^{u} \sec t\, dt$$

$$= \frac{d}{du}\left[\int_1^{u} \sec t\, dt\right]\frac{du}{dx} \qquad \text{(Por la regla de la cadena)}$$

$$= \sec u\,\frac{du}{dx} \qquad \text{(por TFC1)}$$

$$= \sec(x^4)\cdot 4x^3$$

■

En la sección 5.2 calculó integrales a partir de la definición como un límite de las sumas de Riemann, y vio que ese procedimiento es a veces largo y difícil. La segunda parte del teorema fundamental del cálculo, que se infiere con facilidad de la primera parte, representa un método mucho más simple para evaluar integrales.

Este teorema se abrevia como TFC2

Teorema fundamental del cálculo, parte 2 Si f es continua en $[a, b]$, entonces

$$\int_a^b f(x)\, dx = F(b) - F(a)$$

donde F es una antiderivada de f; es decir, una función tal que $F' = f$.

DEMOSTRACIÓN Sea $g(x) = \int_a^x f(t)\, dt$. De acuerdo con la parte 1, sabe que $g'(x) = f(x)$; es decir, g es una antiderivada de f. Si F es cualquier otra antiderivada de f sobre $[a, b]$, entonces, por el corolario 4.2.7, la diferencia entre F y g es una constante:

6 $$F(x) = g(x) + C$$

para $a < x <$ b. Pero tanto F como g son continuas en $[a, b]$ y de este modo, al obtener los límites de ambos miembros de la ecuación 6, (cuando $x \to a^+$ y $x \to b^-$), vea que también se cumple cuando $x = a$ y $x = b$. Por lo que $F(x) = g(x) + C$ para toda x en $[a, b]$.

Si hace $x = a$ en la fórmula para $g(x)$, obtiene

$$g(a) = \int_a^a f(t)\, dt = 0$$

Entonces, al aplicar la ecuación 6 con $x = b$ y $x = a$, tiene

$$F(b) - F(a) = [g(b) + C] - [g(a) + C]$$

$$= g(b) - g(a) = g(b) = \int_a^b f(t)\, dt$$

■

La parte 2 del teorema fundamental establece que si se conoce una antiderivada F de f, entonces se puede evaluar $\int_a^b f(x)\, dx$ simplemente calculando la diferencia de los valores de F en los puntos finales del intervalo $[a, b]$. Sorprende mucho que $\int_a^b f(x)\, dx$, que fue definida mediante un procedimiento complicado que requiere todos los valores de $f(x)$ para $a \leqslant x \leqslant b$, se pueda determinar conociendo los valores de $F(x)$ en solo dos puntos, a y b.

Aunque el teorema sorprende a primera vista, esto es posible cuando se le interpreta en términos físicos. Si $v(t)$ es la velocidad de un objeto y $s(t)$ es su posición en el tiempo t, entonces $v(t) = s'(t)$, por lo que s es una antiderivada de v. En la sección 5.1 se considera un objeto que siempre se mueve en la dirección positiva y se plantea una conjetura de que el área bajo la curva de la velocidad es igual a la distancia recorrida. Si se expresa mediante símbolos:

$$\int_a^b v(t)\,dt = s(b) - s(a)$$

Eso es exactamente lo que el TFC2 establece en este contexto.

EJEMPLO 5 Evalúe la integral $\int_1^3 e^x\,dx$.

SOLUCIÓN La función $f(x) = e^x$ es continua en todo su dominio, y se sabe que una antiderivada es $F(x) = e^x$, de modo que la parte 2 del teorema fundamental da

Compare el cálculo en el ejemplo 5 con el más difícil del ejemplo 5.2.3.

$$\int_1^3 e^x\,dx = F(3) - F(1) = e^3 - e$$

Observe que el TFC2 establece que puede utilizar *cualquier* antiderivada F de f. De este modo podría usar la más sencilla, a saber $F(x) = e^x$, en lugar de $e^x + 7$ o de $e^x + C$. ■

A menudo se recurre a la notación

$$F(x)\Big]_a^b = F(b) - F(a)$$

Por lo que la ecuación del TFC2 se puede expresar como

$$\int_a^b f(x)\,dx = F(x)\Big]_a^b \qquad \text{donde} \qquad F' = f$$

Otras notaciones comunes son $F(x)\,\big|_a^b$ y $[F(x)]_a^b$.

EJEMPLO 6 Determine el área bajo la parábola $y = x^2$ de 0 a 1.

SOLUCIÓN Una antiderivada de $f(x) = x^2$ es $F(x) = \frac{1}{3}x^3$. El área requerida A se calcula aplicando la parte 2 del teorema fundamental:

Al aplicar el teorema fundamental se usa una antiderivada particular F de f. No es necesario usar la antiderivada más general.

$$A = \int_0^1 x^2\,dx = \frac{x^3}{3}\Big]_0^1 = \frac{1^3}{3} - \frac{0^3}{3} = \frac{1}{3}$$ ■

Si compara el cálculo del ejemplo 6 con el del ejemplo 5.1.2, verá que el teorema fundamental proporciona un método *mucho* más corto.

EJEMPLO 7 Evalúe $\int_3^6 \frac{dx}{x}$.

SOLUCIÓN La integral dada es una forma abreviada de

$$\int_3^6 \frac{1}{x}\,dx$$

Una antiderivada de $f(x) = 1/x$ es $F(x) = \ln|x|$ y, ya que $3 \leqslant x \leqslant 6$, puede escribir $F(x) = \ln x$. Por lo que

$$\int_3^6 \frac{1}{x}\,dx = \ln x\Big]_3^6 = \ln 6 - \ln 3 = \ln\frac{6}{3} = \ln 2$$ ■

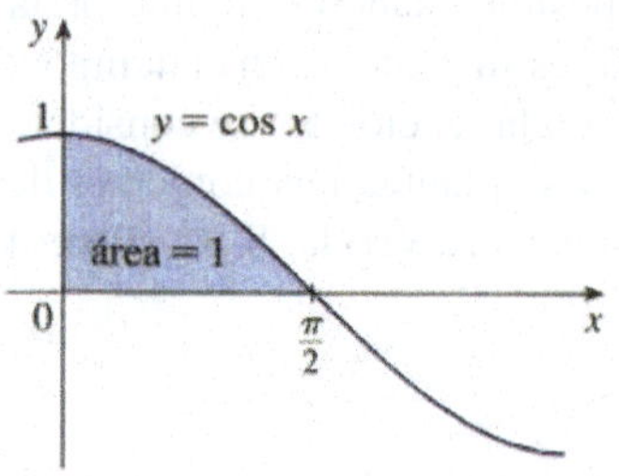

FIGURA 9

EJEMPLO 8 Calcule el área bajo la curva coseno de 0 a b, donde $0 \leqslant b \leqslant \pi/2$.

SOLUCIÓN Puesto que una antiderivada de $f(x) = \cos x$ es $F(x) = \operatorname{sen} x$, se tiene

$$A = \int_0^b \cos x\, dx = \operatorname{sen} x \Big]_0^b = \operatorname{sen} b - \operatorname{sen} 0 = \operatorname{sen} b$$

En particular, al hacer $b = \pi/2$, ha comprobado que el área bajo la curva coseno de 0 a $\pi/2$ es $\operatorname{sen}(\pi/2) = 1$. (Véase la figura 9.) ■

Cuando el matemático francés Gilles de Roberval calculó por vez primera el área bajo las curvas seno y coseno en 1635, era una empresa que requería aplicar todo el ingenio posible. Si no tuviera la ventaja del teorema fundamental tendría que calcular un límite difícil de sumas mediante identidades trigonométricas oscuras (o bien, un sistema algebraico computacional como el de ejercicio 5.1.31). Fue mucho más difícil para Roberval puesto que el artificio de los límites no se había inventado aún en 1635. Pero ya después de los años 1660-1670, cuando Barrow descubrió el teorema fundamental, y Newton y Leibniz lo explotaron, este problema se volvió muy fácil como puede verse en el ejemplo 8.

EJEMPLO 9 ¿Cuál es el error en el cálculo siguiente?

$$\int_{-1}^{3} \frac{1}{x^2}\, dx = \frac{x^{-1}}{-1}\Big]_{-1}^{3} = -\frac{1}{3} - 1 = -\frac{4}{3}$$

SOLUCIÓN Para empezar, observe que este cálculo es erróneo porque la respuesta es negativa, ya que $f(x) = 1/x^2 \geqslant 0$ y la propiedad 6 de las integrales establece que $\int_a^b f(x)\, dx \geqslant 0$ cuando $f \geqslant 0$. El teorema fundamental del cálculo se aplica a funciones continuas. Este no se puede aplicar ya que $f(x) = 1/x^2$ no es continua en $[-1, 3]$. De hecho f tiene una discontinuidad infinita en $x = 0$, por lo que

$$\int_{-1}^{3} \frac{1}{x^2}\, dx \qquad \text{no existe.}$$ ■

■ La derivación y la integración como procesos inversos

Esta sección finaliza conjuntando las dos partes del teorema fundamental.

> **Teorema fundamental del cálculo** Suponga que f es continua en $[a, b]$.
>
> **1.** Si $g(x) = \int_a^x f(t)\, dt$, entonces $g'(x) = f(x)$.
>
> **2.** $\int_a^b f(x)\, dx = F(b) - F(a)$, donde F es cualquier antiderivada de f; es decir, $F' = f$.

Observe que el inciso 1 se puede reescribir como

$$\frac{d}{dx} \int_a^x f(t)\, dt = f(x)$$

en la cual se dice que si se integra a f y, luego se deriva el resultado, se regresa a la función original f. Puesto que $F'(x) = f(x)$, la parte 2 se puede reescribir como

$$\int_a^b F'(x)\, dx = F(b) - F(a)$$

En esta versión se dice que si toma una función F, se deriva y luego se integra el resultado, se vuelve a la función original F, pero en la forma $F(b) - F(a)$. Tomadas juntas, las dos partes del teorema fundamental del cálculo expresan que la derivación y la integración son procesos inversos. Cada una deshace lo que hace la otra.

Sin duda, el teorema fundamental del cálculo es el más importante en este campo y, de hecho, alcanza el nivel de uno de los más grandes logros de la mente humana. Antes de ser descubierto, desde los tiempos de Eudoxo y Arquímedes hasta la época de Galileo y Fermat, los problemas de determinar áreas, volúmenes y longitudes de curvas eran tan difíciles que solo un genio podía afrontar el reto. Pero ahora, armados con el método sistemático que Newton y Leibniz desarrollaron como el teorema fundamental, en capítulos próximos verá que estos problemas retadores son accesibles para todos.

5.3 EJERCICIOS

1. Explique con exactitud qué se quiere decir con el enunciado: "la derivación y la integración son procesos inversos."

2. Sea $g(x) = \int_0^x f(t)\,dt$, donde f es la función cuya gráfica se muestra.

(a) Evalúe $g(x)$ para $x = 0, 1, 2, 3, 4, 5$ y 6.

(b) Estime $g(7)$.

(c) ¿Dónde g tiene un valor máximo? ¿Dónde tiene un valor mínimo?

(d) Trace una gráfica aproximada de g.

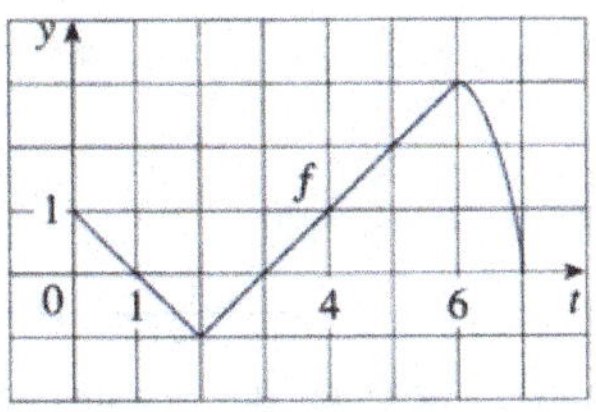

3. Sea $g(x) = \int_0^x f(t)\,dt$, donde f es la función cuya gráfica se muestra.

(a) Evalúe $g(0)$, $g(1)$, $g(2)$, $g(3)$ y $g(6)$.

(b) ¿En qué intervalo g es creciente?

(c) ¿Dónde tiene g un valor máximo?

(d) Trace una gráfica aproximada de g.

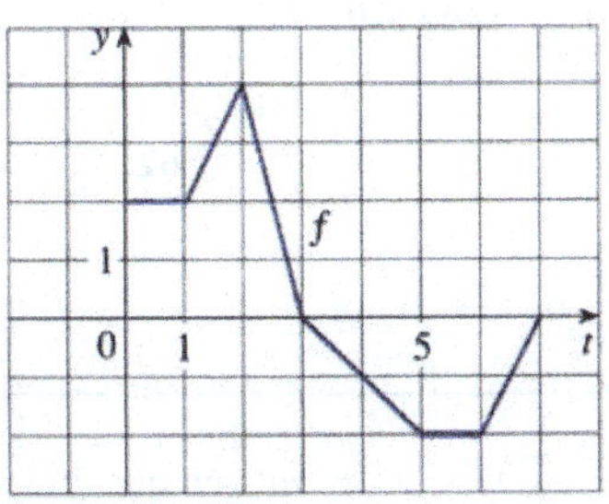

4. Sea $g(x) = \int_0^x f(t)\,dt$, donde f es la función cuya gráfica se muestra.

(a) Evalúe $g(0)$ y $g(6)$.

(b) Estime $g(x)$, para $x = 1, 2, 3, 4$ y 5.

(c) ¿En qué intervalo es creciente g?

(d) ¿Dónde g tiene un valor máximo?

(e) Trace una gráfica aproximada de g.

(f) Utilice la gráfica del inciso (e) para trazar la gráfica de $g'(x)$. Compárela con la gráfica de f.

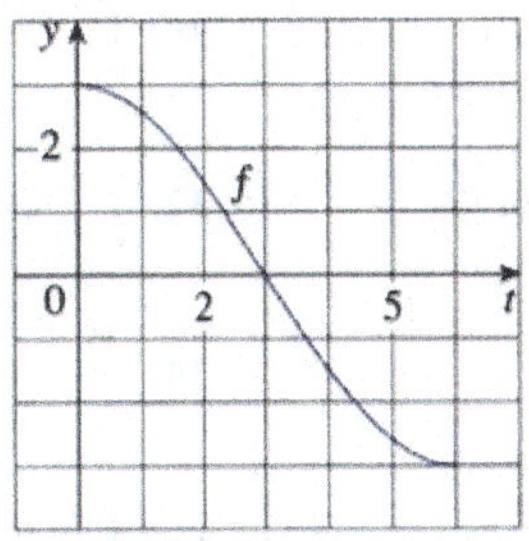

5–6 Trace el área representada por $g(x)$. Luego determine $g'(x)$ de dos maneras: (a) aplicando la parte 1 del teorema fundamental y (b) evaluando la integral utilizando la parte 2 y después derivando.

5. $g(x) = \int_1^x t^2\,dt$

6. $g(x) = \int_0^x (2 + \operatorname{sen} t)\,dt$

7–18 Use la parte 1 del teorema fundamental del cálculo para encontrar la derivada de cada una de las funciones siguientes.

7. $g(x) = \int_0^x \sqrt{t + t^3}\,dt$

8. $g(x) = \int_1^x \ln(1 + t^2)\,dt$

9. $g(x) = \int_1^x \dfrac{1}{t^3 + 1}\,dt$

10. $h(u) = \int_0^u \dfrac{\sqrt{t}}{t + 1}\,dt$

11. $F(x) = \int_x^0 \sqrt{1 + \sec t}\,dt$

$$\left[\textit{Sugerencia: } \int_x^0 \sqrt{1 + \sec t}\,dt = -\int_0^x \sqrt{1 + \sec t}\,dt\right]$$

12. $R(y) = \int_y^2 t^3 \operatorname{sen} t\,dt$

13. $h(x) = \int_1^{e^x} \ln t\,dt$

14. $G(x) = \int_x^1 \cos\sqrt{t}\,dt$

15. $y = \int_1^{3x+2} \frac{t}{1+t^3}\,dt$

16. $y = \int_0^{\tan x} \sqrt{t + \sqrt{t}}\,dt$

17. $y = \int_{\sqrt{x}}^{\pi/4} \theta \tan \theta \, d\theta$

18. $y = \int_{1-3x}^{1} \frac{u^3}{1+u^2}\,du$

19–44 Evalúe cada una de las integrales siguientes.

19. $\int_1^3 (x^2 + 2x - 4)\,dx$

20. $\int_{-1}^1 x^{100}\,dx$

21. $\int_0^2 \left(\frac{4}{5}t^3 - \frac{3}{4}t^2 + \frac{2}{5}t\right) dt$

22. $\int_0^1 \left(1 - 8v^3 + 16v^7\right) dv$

23. $\int_0^1 x^{4/5}\,dx$

24. $\int_1^8 \sqrt[3]{x}\,dx$

25. $\int_{\pi/6}^{\pi} \operatorname{sen} \theta \, d\theta$

26. $\int_{\pi}^{2\pi} \cos \theta \, d\theta$

27. $\int_0^2 x(2 + x^5)\,dx$

28. $\int_0^1 \left(3 + x\sqrt{x}\right) dx$

29. $\int_1^4 \frac{2 + x^2}{\sqrt{x}}\,dx$

30. $\int_{-1}^2 (3u - 2)(u + 1)\,du$

31. $\int_{\pi/6}^{\pi/2} \csc t \cot t \, dt$

32. $\int_{\pi/4}^{\pi/3} \csc^2 \theta \, d\theta$

33. $\int_0^1 (1 + r)^3\,dr$

34. $\int_0^3 (2 \operatorname{sen} x - e^x)\,dx$

35. $\int_1^2 \frac{v^3 + 3v^6}{v^4}\,dv$

36. $\int_1^{18} \sqrt{\frac{3}{z}}\,dz$

37. $\int_0^1 (x^e + e^x)\,dx$

38. $\int_0^1 \cosh t \, dt$

39. $\int_{-1}^1 e^{u+1}\,du$

40. $\int_1^3 \frac{y^3 - 2y^2 - y}{y^2}\,dy$

41. $\int_0^4 2^s\,ds$

42. $\int_{1/2}^{1/\sqrt{2}} \frac{4}{\sqrt{1 - x^2}}\,dx$

43. $\int_0^{\pi} f(x)\,dx$ donde $f(x) = \begin{cases} \operatorname{sen} x & \text{si } 0 \leq x < \pi/2 \\ \cos x & \text{si } \pi/2 \leq x \leq \pi \end{cases}$

44. $\int_{-2}^2 f(x)\,dx$ donde $f(x) = \begin{cases} 2 & \text{si } -2 \leq x \leq 0 \\ 4 - x^2 & \text{si } 0 < x \leq 2 \end{cases}$

45–48 Trace la gráfica de la región encerrada por las curvas dadas y calcule su área.

45. $y = \sqrt{x}, \quad y = 0, \quad x = 4$

46. $y = x^3, \quad y = 0, \quad x = 1$

47. $y = 4 - x^2, \quad y = 0$

48. $y = 2x - x^2, \quad y = 0$

49–52 Utilice una gráfica para dar una aproximación del área de la región que está bajo la curva dada. Después, encuentre el área exacta.

49. $y = \sqrt[3]{x}, \quad 0 \leq x \leq 27$

50. $y = x^{-4}, \quad 1 \leq x \leq 6$

51. $y = \operatorname{sen} x, \; 0 \leq x \leq \pi$

52. $y = \sec^2 x, \; 0 \leq x \leq \pi/3$

53–54 Evalúe la integral e interprétela como una diferencia de áreas. Ilustre con un trazo.

53. $\int_{-1}^2 x^3\,dx$

54. $\int_{\pi/6}^{2\pi} \cos x \, dx$

55–58 ¿Qué está mal en la ecuación?

55. $\int_{-2}^1 x^{-4}\,dx = \left.\frac{x^{-3}}{-3}\right]_{-2}^{1} = -\frac{3}{8}$

56. $\int_{-1}^2 \frac{4}{x^3}\,dx = -\left.\frac{2}{x^2}\right]_{-1}^{2} = \frac{3}{2}$

57. $\int_{\pi/3}^{\pi} \sec\theta \tan\theta \, d\theta = \sec\theta\Big]_{\pi/3}^{\pi} = -3$

58. $\int_0^{\pi} \sec^2 x \, dx = \tan x\Big]_0^{\pi} = 0$

59–63 Determine la derivada de cada una de las funciones siguientes.

59. $g(x) = \int_{2x}^{3x} \frac{u^2 - 1}{u^2 + 1}\,du$

$\left[\textit{Sugerencia: } \int_{2x}^{3x} f(u)\,du = \int_{2x}^{0} f(u)\,du + \int_0^{3x} f(u)\,du \right]$

60. $g(x) = \int_{1-2x}^{1+2x} t \operatorname{sen} t \, dt$

61. $F(x) = \int_x^{x^2} e^{t^2}\,dt$

62. $F(x) = \int_{\sqrt{x}}^{2x} \arctan t \, dt$

63. $y = \int_{\cos x}^{\operatorname{sen} x} \ln(1 + 2v)\,dv$

64. Si $f(x) = \int_0^x (1 - t^2)e^{t^2}\,dt$, ¿en qué intervalos es creciente f?

65. ¿En qué intervalo la curva

$$y = \int_0^x \frac{t^2}{t^2 + t + 2}\,dt$$

es cóncava hacia abajo?

66. Sea $F(x) = \int_1^x f(t)\,dt$, donde f es la función cuya gráfica se muestra. ¿Dónde es F cóncava hacia abajo?

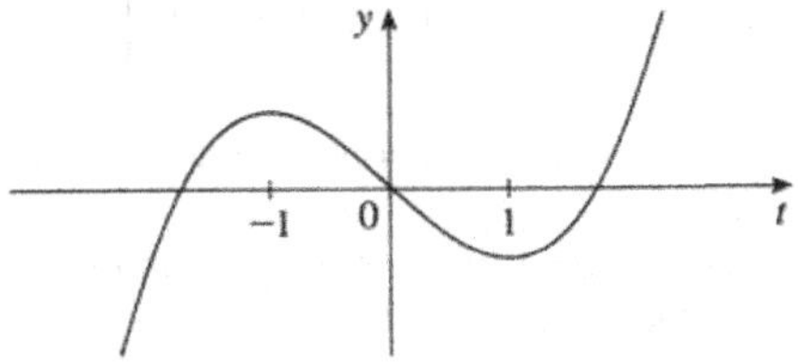

67. Sea $F(x) = \int_2^x e^{t^2}\,dt$. Determine una ecuación de la recta tangente a la curva $y = F(x)$ en punto cuya coordenada x es 2.

68. Si $f(x) = \int_0^{\operatorname{sen} x} \sqrt{1 + t^2}\,dt$ y $g(y) = \int_3^y f(x)\,dx$, determine $g''(\pi/6)$.

69. Si $f(1) = 12$, f' es continua y $\int_1^4 f'(x)\,dx = 17$, ¿cuál es el valor de $f(4)$?

70. **La función error**

$$\operatorname{erf}(x) = \frac{2}{\sqrt{\pi}} \int_0^x e^{-t^2}\,dt$$

se usa en probabilidad, estadística e ingeniería.

(a) Demuestre que $\int_a^b e^{-t^2}\,dt = \frac{1}{2}\sqrt{\pi}\,[\operatorname{erf}(b) - \operatorname{erf}(a)]$.

(b) Demuestre que la función $y = e^{x^2}\operatorname{erf}(x)$ satisface la ecuación diferencial $y' = 2xy + 2/\sqrt{\pi}$.

71. La función S de Fresnel se definió en el ejemplo 3, y en las figuras 7 y 8 se trazaron sus gráficas.

(a) ¿Para qué valores de x esta función tiene valores máximos locales?

(b) ¿Para qué intervalos esta función es cóncava hacia arriba?

SAC (c) Utilice una gráfica para resolver la ecuación redondeada a dos decimales.

$$\int_0^x \operatorname{sen}(\pi t^2/2)\,dt = 0.2$$

SAC **72.** **La función integral sinusoidal**

$$\operatorname{Si}(x) = \int_0^x \frac{\operatorname{sen} t}{t}\,dt$$

es importante en la ingeniería eléctrica. [El integrando $f(t) = (\operatorname{sen} t)/t$ no está definido cuando $t = 0$, pero se sabe que su límite es 1 cuando $t \to 0$. De modo que se define $f(0) = 1$, y esto convierte a f en una función continua en todo su dominio].

(a) Trace la gráfica de Si.

(b) ¿Para qué valores de x tiene esta función valores máximos locales?

(c) Encuentre las coordenadas del primer punto de inflexión a la derecha del origen.

(d) ¿Esta función tiene asíntotas horizontales?

(e) Resuelva la ecuación siguiente redondeada a un decimal.

$$\int_0^x \frac{\operatorname{sen} t}{t}\,dt = 1$$

73–74 Sea $g(x) = \int_0^x f(t)\,dt$, donde f es la función cuya gráfica se muestra.

(a) ¿En qué valores de x se presentan los valores máximos y mínimos locales de g?

(b) ¿Dónde alcanza g su valor máximo absoluto?

(c) ¿En qué intervalos g es cóncava hacia abajo?

(d) Trace la gráfica de g.

73.

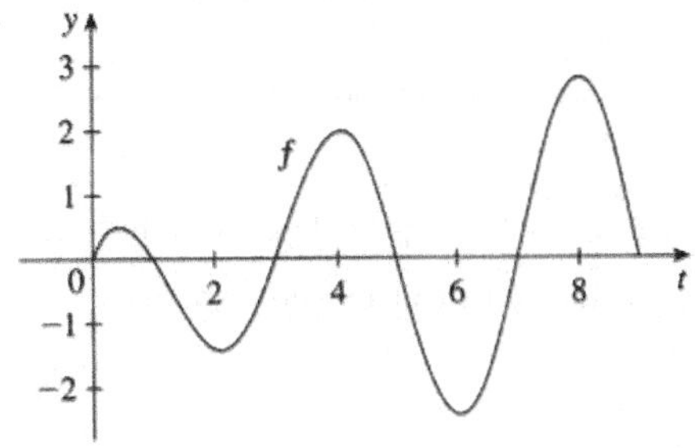

74.

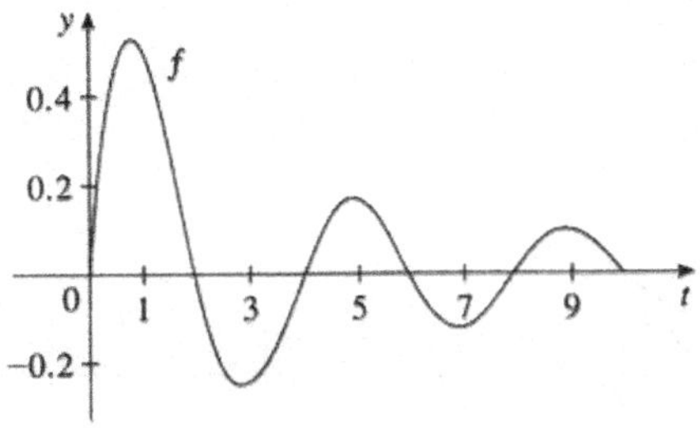

75–76 Evalúe el límite reconociéndolo primero como una suma de Riemann para una función definida en [0, 1].

75. $\lim_{n\to\infty} \sum_{i=1}^{n} \left(\frac{i^4}{n^5} + \frac{i}{n^2} \right)$

76. $\lim_{n\to\infty} \frac{1}{n} \left(\sqrt{\frac{1}{n}} + \sqrt{\frac{2}{n}} + \sqrt{\frac{3}{n}} + \cdots + \sqrt{\frac{n}{n}} \right)$

77. Justifique (3) para el caso $h < 0$.

78. Si f es continua y g y h son funciones derivables, determine una fórmula para

$$\frac{d}{dx} \int_{g(x)}^{h(x)} f(t)\,dt$$

79. (a) Demuestre que $1 \leqslant \sqrt{1 + x^3} \leqslant 1 + x^3$ para $x \geqslant 0$.

(b) Demuestre que $1 \leqslant \int_0^1 \sqrt{1 + x^3}\,dx \leqslant 1.25$.

80. (a) Demuestre que $\cos(x^2) \geqslant \cos x$ para $0 \leqslant x \leqslant 1$.

(b) Deduzca que $\int_0^{\pi/6} \cos(x^2)\,dx \geqslant \frac{1}{2}$.

81. Demuestre que

$$0 \leqslant \int_5^{10} \frac{x^2}{x^4 + x^2 + 1}\,dx \leqslant 0.1$$

comparando el integrando con una función más simple.

82. Sea

$$f(x) = \begin{cases} 0 & \text{si } x < 0 \\ x & \text{si } 0 \leq x \leq 1 \\ 2 - x & \text{si } 1 < x \leq 2 \\ 0 & \text{si } x > 2 \end{cases}$$

y

$$g(x) = \int_0^x f(t)\, dt$$

(a) Encuentre una expresión para $g(x)$ similar a la correspondiente a $f(x)$.
(b) Trace las gráficas de f y g.
(c) ¿Dónde es derivable f? ¿Dónde es derivable g?

83. Determine una función f y un número a tal que

$$6 + \int_a^x \frac{f(t)}{t^2}\, dt = 2\sqrt{x} \qquad \text{para toda } x > 0$$

84. El área B es tres veces el área A. Exprese b en términos de a.

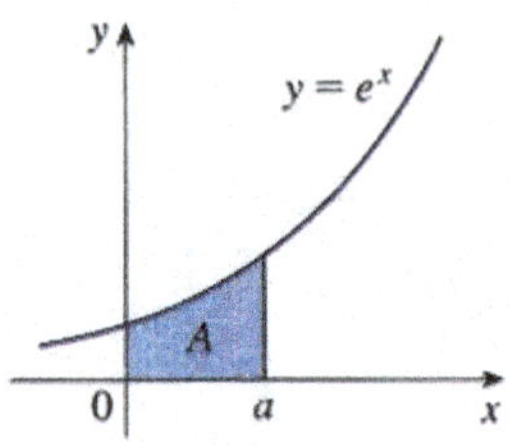

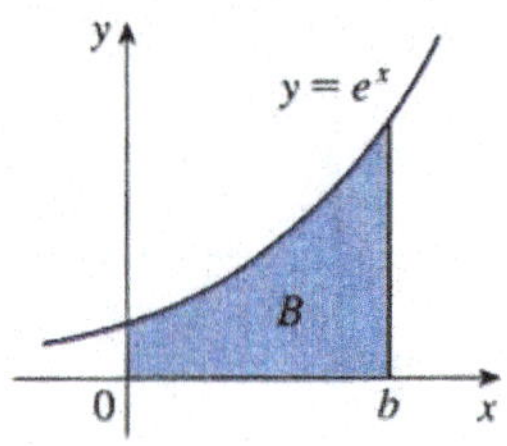

85. Una compañía manufacturera tiene una pieza importante de un equipo que se deprecia a una tasa (continua) $f = f(t)$, donde t es el tiempo medido en meses desde que se le sometió a su más reciente reparación. Ya que cada vez que la máquina se somete a una reparación se incurre en un costo fijo A, la compañía desea determinar el tiempo óptimo T (en meses) entre las reparaciones.

(a) Explique por qué $\int_0^t f(s)\, ds$ representa la pérdida en valor de la máquina a lo largo del tiempo t a partir de la última reparación.
(b) Sea $C = C(t)$ dada por

$$C(t) = \frac{1}{t}\left[A + \int_0^t f(s)\, ds\right]$$

¿Qué representa C y por qué desearía la compañía minimizar C?
(c) Demuestre que C tiene un valor mínimo en los números $t = T$ donde $C(T) = f(T)$.

86. Una compañía de alta tecnología compra un nuevo sistema de computación cuyo valor inicial es V. El sistema se depreciará a una tasa $f = f(t)$ y acumulará costos de mantenimiento a razón de $g = g(t)$, donde t es el tiempo medido en meses. La compañía desea determinar el tiempo óptimo para reemplazar el sistema.

(a) Sea

$$C(t) = \frac{1}{t}\int_0^t [f(s) + g(s)]\, ds$$

Demuestre que los números críticos de C se presentan en los números t donde $C(t) = f(t) + g(t)$.
(b) Suponga que

$$f(t) = \begin{cases} \dfrac{V}{15} - \dfrac{V}{450}t & \text{si } 0 < t \leq 30 \\ 0 & \text{si } t > 30 \end{cases}$$

y

$$g(t) = \frac{Vt^2}{12{,}900} \qquad t > 0$$

Determine la duración del tiempo T para que la depreciación total $D(t) = \int_0^t f(s)\, ds$ equivalga al valor inicial V.
(c) Determine el valor mínimo absoluto de C sobre $[0, T]$.
(d) Trace las gráficas de C y $f + g$ en el mismo sistema de coordenadas y compruebe el resultado del inciso (a) en este caso.

5.4 Integrales indefinidas y el teorema del cambio neto

Ya se vio en la sección 5.3 que mediante la segunda parte del teorema fundamental del cálculo se obtiene un método muy eficaz para evaluar la integral definida de una función, si se supone que puede encontrarse una antiderivada de la función. En esta sección se presenta una notación para la antiderivada, se repasan las fórmulas de las antiderivadas y se usan para evaluar integrales definidas. Asimismo, se replantearon el TFC2, de una manera que facilita más la aplicación a problemas relacionados con las ciencias y la ingeniería.

Integrales indefinidas

Ambas partes del teorema fundamental establecen relaciones entre antiderivadas e integrales definidas. La parte 1 establece que, si f es continua, entonces $\int_a^x f(t)\, dt$ es una antiderivada de f. La parte 2 plantea que $\int_a^b f(x)\, dx$ puede determinarse evaluando $F(b) - F(a)$, donde F es una antiderivada de f.

Se necesita una notación conveniente para las antiderivadas que nos facilite el trabajo con ellas. Debido a la relación dada por el teorema fundamental entre las antiderivadas y las integrales, por tradición se usa la notación $\int f(x)\,dx$ para una antiderivada de f y se llama **integral indefinida**. Así,

$$\int f(x)\,dx = F(x) \qquad \text{significa} \qquad F'(x) = f(x)$$

Por ejemplo, puede escribir

$$\int x^2\,dx = \frac{x^3}{3} + C \qquad \text{ya que} \qquad \frac{d}{dx}\left(\frac{x^3}{3} + C\right) = x^2$$

De este modo, considere la integral indefinida como la representante de toda una *familia* de funciones (es decir, una antiderivada para cada valor de la constante C).

Distinga con cuidado entre las integrales definidas y las indefinidas. Una integral definida $\int_a^b f(x)\,dx$ es un *número*, mientras que una integral indefinida $\int f(x)\,dx$ es una *función* (o una familia de funciones). La relación entre ellas la proporciona la parte 2 del teorema fundamental. Si f es continua sobre $[a, b]$, entonces

$$\int_a^b f(x)\,dx = \int f(x)\,dx\Big]_a^b$$

La eficacia del teorema fundamental depende de que se cuente con una lista de antiderivadas de funciones. Por tanto, se presenta de nuevo la tabla de fórmulas de antiderivacion de la sección 4.9, más otras cuantas, en la notación de las integrales indefinidas. Cualesquiera de las fórmulas puede comprobarse al derivar la función del lado derecho y obtener el integrando. Por ejemplo,

$$\int \sec^2 x\,dx \tan x + C \qquad \text{ya que} \qquad \frac{d}{dx}(\tan x + C) = \sec^2 x$$

1 Tabla de integrales indefinidas

$$\int cf(x)\,dx = c\int f(x)\,dx \qquad \int [f(x) + g(x)]\,dx = \int f(x)\,dx + \int g(x)\,dx$$

$$\int k\,dx = kx + C$$

$$\int x^n\,dx = \frac{x^{n+1}}{n+1} + C \quad (n \neq -1) \qquad \int \frac{1}{x}\,dx = \ln|x| + C$$

$$\int e^x\,dx = e^x + C \qquad \int b^x\,dx = \frac{b^x}{\ln b} + C$$

$$\int \operatorname{sen} x\,dx = -\cos x + C \qquad \int \cos x\,dx = \operatorname{sen} x + C$$

$$\int \sec^2 x\,dx = \tan x + C \qquad \int \csc^2 x\,dx = -\cot x + C$$

$$\int \sec x \tan x\,dx = \sec x + C \qquad \int \csc x \cot x\,dx = -\csc x + C$$

$$\int \frac{1}{x^2+1}\,dx = \tan^{-1} x + C \qquad \int \frac{1}{\sqrt{1-x^2}}\,dx = \operatorname{sen}^{-1} x + C$$

$$\int \operatorname{senh} x\,dx = \cosh x + C \qquad \int \cosh x\,dx = \operatorname{senh} x + C$$

Recuerde del teorema 4.9.1, que la antiderivada más general *en un intervalo dado* se obtiene por la adición de una constante a una antiderivada particular. **Adopte la**

convención de que cuando se proporciona una fórmula para una integral indefinida general, es válida solo en un intervalo. Así, escriba

$$\int \frac{1}{x^2}\,dx = -\frac{1}{x} + C$$

con el entendido de que es válida en el intervalo $(0, \infty)$ o en el intervalo $(-\infty, 0)$. Esto se cumple a pesar del hecho de que la antiderivada general de la función $f(x) = 1/x^2$, $x \neq 0$, es

$$F(x) = \begin{cases} -\dfrac{1}{x} + C_1 & \text{si } x < 0 \\ -\dfrac{1}{x} + C_2 & \text{si } x > 0 \end{cases}$$

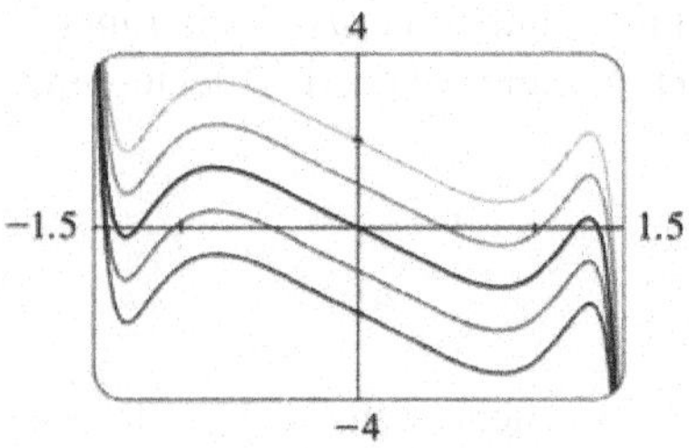

FIGURA 1

En la figura 1 tiene la gráfica de la integral indefinida del ejemplo 1 para varios valores de C. Aquí, el valor de C es la intersección con el eje y.

EJEMPLO 1 Encuentre la integral indefinida general

$$\int (10x^4 - 2\sec^2 x)\,dx$$

SOLUCIÓN Si sigue la convención y la tabla 1, tiene

$$\begin{aligned} \int (10x^4 - 2\sec^2 x)\,dx &= 10\int x^4\,dx - 2\int \sec^2 x\,dx \\ &= 10\,\frac{x^5}{5} - 2\tan x + C \\ &= 2x^5 - 2\tan x + C \end{aligned}$$

Le conviene comprobar esta respuesta derivándola. ■

EJEMPLO 2 Evalué $\displaystyle\int \frac{\cos\theta}{\operatorname{sen}^2\theta}\,d\theta$.

SOLUCIÓN Esta integral indefinida no es inmediata utilizando la tabla 1, por lo que debe aplicar las identidades trigonométricas para reescribir la función antes de integrar:

$$\begin{aligned} \int \frac{\cos\theta}{\operatorname{sen}^2\theta}\,d\theta &= \int \left(\frac{1}{\operatorname{sen}\theta}\right)\left(\frac{\cos\theta}{\operatorname{sen}\theta}\right) d\theta \\ &= \int \csc\theta\,\cot\theta\,d\theta = -\csc\theta + C \end{aligned}$$

■

EJEMPLO 3 Evalúe $\displaystyle\int_0^3 (x^3 - 6x)\,dx$.

SOLUCIÓN Al aplicar el TFC2 y la tabla 1, tiene

$$\begin{aligned} \int_0^3 (x^3 - 6x)\,dx &= \frac{x^4}{4} - 6\,\frac{x^2}{2}\Bigg]_0^3 \\ &= \left(\tfrac{1}{4}\cdot 3^4 - 3\cdot 3^2\right) - \left(\tfrac{1}{4}\cdot 0^4 - 3\cdot 0^2\right) \\ &= \tfrac{81}{4} - 27 - 0 + 0 = -6.75 \end{aligned}$$

Compare este cálculo con el del ejemplo 5.2.2(b). ■

EJEMPLO 4 Determine $\int_0^2 \left(2x^3 - 6x + \frac{3}{x^2+1}\right) dx$ e interprete el resultado en términos de áreas.

La figura 2 es la gráfica del integrando del ejemplo 4. Sabe por la sección 5.2 que el valor de la integral se puede interpretar como un área neta: la suma de las áreas marcadas con un signo + menos el área marcada con un signo −.

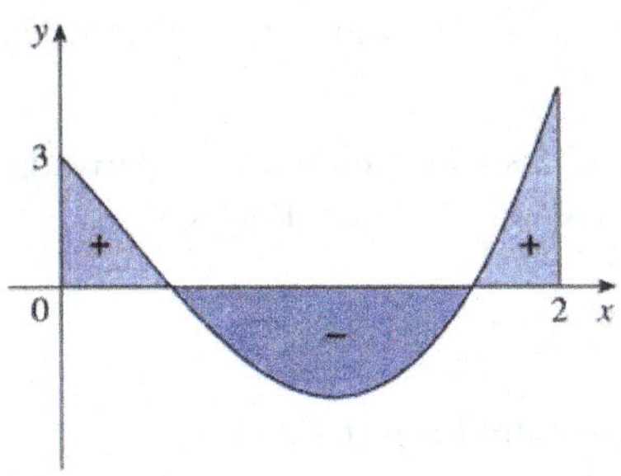

FIGURA 2

SOLUCIÓN El teorema fundamental da

$$\int_0^2 \left(2x^3 - 6x + \frac{3}{x^2+1}\right) dx = 2\frac{x^4}{4} - 6\frac{x^2}{2} + 3\tan^{-1}x\Big]_0^2$$

$$= \tfrac{1}{2}x^4 - 3x^2 + 3\tan^{-1}x\Big]_0^2$$

$$= \tfrac{1}{2}(2^4) - 3(2^2) + 3\tan^{-1}2 - 0$$

$$= -4 + 3\tan^{-1}2$$

Este es el valor exacto de la integral. Si desea una aproximación decimal, utilice una calculadora para obtener un valor aproximado de $\tan^{-1} 2$. Al hacerlo obtendrá

$$\int_0^2 \left(2x^3 - 6x + \frac{3}{x^2+1}\right) dx \approx -0.67855$$ ■

EJEMPLO 5 Evalúe $\int_1^9 \frac{2t^2 + t^2\sqrt{t} - 1}{t^2}\, dt$.

SOLUCIÓN En primer lugar, necesita escribir el integrando en una forma más sencilla, realizando la división:

$$\int_1^9 \frac{2t^2 + t^2\sqrt{t} - 1}{t^2}\, dt = \int_1^9 (2 + t^{1/2} - t^{-2})\, dt$$

$$= 2t + \frac{t^{3/2}}{\frac{3}{2}} - \frac{t^{-1}}{-1}\Big]_1^9 = 2t + \tfrac{2}{3}t^{3/2} + \frac{1}{t}\Big]_1^9$$

$$= \left(2\cdot 9 + \tfrac{2}{3}\cdot 9^{3/2} + \tfrac{1}{9}\right) - \left(2\cdot 1 + \tfrac{2}{3}\cdot 1^{3/2} + \tfrac{1}{1}\right)$$

$$= 18 + 18 + \tfrac{1}{9} - 2 - \tfrac{2}{3} - 1 = 32\tfrac{4}{9}$$ ■

■ Aplicaciones

La parte 2 del teorema fundamental establece que si f es continua sobre $[a, b]$, entonces

$$\int_a^b f(x)\, dx = F(b) - F(a)$$

donde F es cualquier antiderivada de f. Esto significa que $F' = f$, de forma que puede reescribirse la ecuación como

$$\int_a^b F'(x)\, dx = F(b) - F(a)$$

Se sabe que $F'(x)$ representa la razón de cambio de $y = F(x)$ respecto a x y $F(b) - F(a)$ es el cambio en y cuando x cambia de a hacia b. [Observe que y podría, por ejemplo, incrementarse y luego decrecer para volver a incrementarse. Si bien y podría cambiar en ambas *direcciones*, $F(b) - F(a)$ representa el cambio *neto* en y]. De manera que puede reformular verbalmente el TFC2 en los términos siguientes.

Teorema del cambio neto La integral de una razón de cambio es el cambio neto:

$$\int_a^b F'(x)\,dx = F(b) - F(a)$$

Este principio puede aplicarse a todas las razones de cambio en las ciencias naturales y sociales que se discutieron en la sección 3.7. Enseguida se dan unos cuantos ejemplos de esta idea:

- Si $V(t)$ es el volumen de agua en una represa, en el instante t, entonces su derivada $V'(t)$ es la razón a la cual fluye el agua hacia esta, en el instante t. Por eso,

$$\int_{t_1}^{t_2} V'(t)\,dt = V(t_2) - V(t_1)$$

  es el cambio en la cantidad de agua en el depósito entre los instantes t_1 y t_2.

- Si $[C](t)$ es la concentración del producto de una reacción química en el instante t, entonces la rapidez de reacción es la derivada $d[C]/dt$. Así,

$$\int_{t_1}^{t_2} \frac{d[C]}{dt}\,dt = [C](t_2) - [C](t_1)$$

  es el cambio en la concentración de C, desde el instante t_1 al instante t_2.

- Si la masa de una varilla, medida desde el extremo izquierdo hasta un punto x, es $m(x)$, entonces la densidad lineal es $\rho(x) = m'(x)$. Por lo que,

$$\int_a^b \rho(x)\,dx = m(b) - m(a)$$

  es la masa del segmento de la varilla entre $x = a$ y $x = b$.

- Si la rapidez de crecimiento de una población es dn/dt, entonces

$$\int_{t_1}^{t_2} \frac{dn}{dt}\,dt = n(t_2) - n(t_1)$$

  es el cambio neto en la población durante el período desde t_1 hasta t_2. (La población aumenta cuando ocurren nacimientos y disminuye cuando tienen lugar algunas muertes. El cambio neto toma en cuenta tanto nacimientos como muertes.)

- Si $C(x)$ es el costo de producir x unidades de un artículo, entonces el costo marginal es la derivada $C'(x)$. Por lo que

$$\int_{x_1}^{x_2} C'(x)\,dx = C(x_2) - C(x_1)$$

  es el incremento en el costo cuando la producción aumenta de x_1 unidades hasta x_2 unidades.

- Si un objeto se mueve a lo largo de una línea recta con función de posición $s(t)$, entonces su velocidad es $v(t) = s'(t)$, por lo que

2 $$\int_{t_1}^{t_2} v(t)\,dt = s(t_2) - s(t_1)$$

  es el cambio neto de la posición, o *desplazamiento*, de la partícula durante el período desde t_1 hasta t_2. En la sección 5.1 se infirió que esto era verdadero para el caso en que el objeto se mueve en la dirección positiva, pero ahora se ha demostrado que siempre es verdadero.

- Si quiere calcular la distancia recorrida durante el intervalo, tiene que considerar los intervalos cuando $v(t) \geqslant 0$ (la partícula se mueve hacia la derecha) y también los intervalos cuando $v(t) \leqslant 0$ (la partícula se mueve hacia la izquierda). En ambos casos la distancia se calcula al integrar $|v(t)|$, la rapidez. Por tanto,

3 $$\int_{t_1}^{t_2} |v(t)|\, dt = \text{distancia total recorrida}$$

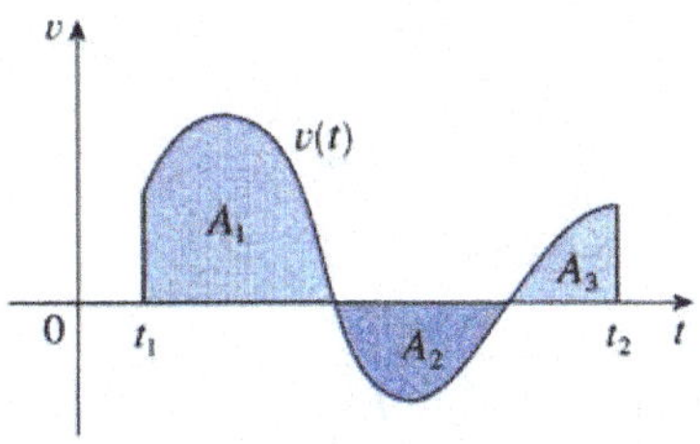

FIGURA 3

En la figura 3 se muestra cómo interpretar el desplazamiento y la distancia recorrida en términos de las áreas bajo una curva de velocidad.

$$\text{desplazamiento} = \int_{t_1}^{t_2} v(t)\, dt = A_1 - A_2 + A_3$$

$$\text{distancia} = \int_{t_1}^{t_2} |v(t)|\, dt = A_1 + A_2 + A_3$$

- La aceleración del objeto es $a(t) = v'(t)$, por lo que

$$\int_{t_1}^{t_2} a(t)\, dt = v(t_2) - v(t_1)$$

es el cambio en la velocidad, desde el instante t_1 hasta el instante t_2.

EJEMPLO 6 Una partícula se mueve a lo largo de una recta de modo que su velocidad en el instante t es $v(t) = t^2 - t - 6$ (medida en metros por segundo).
(a) Encuentre el desplazamiento de la partícula durante el período $1 \leqslant t \leqslant 4$.
(b) Determine la distancia recorrida durante este período.

SOLUCIÓN
(a) Por la ecuación 2, el desplazamiento es

$$s(4) - s(1) = \int_1^4 v(t)\, dt = \int_1^4 (t^2 - t - 6)\, dt$$

$$= \left[\frac{t^3}{3} - \frac{t^2}{2} - 6t \right]_1^4 = -\frac{9}{2}$$

Esto significa que la partícula se desplaza 4.5 m hacia la izquierda.

(b) Observe que $v(t) = t^2 - t - 6 = (t - 3)(t + 2)$ y, por eso, $v(t) \leqslant 0$ sobre el intervalo $[1, 3]$ y $v(t) \geqslant 0$ en $[3, 4]$. Así que, a partir de la ecuación 3, la distancia recorrida es

Para integrar el valor absoluto de $v(t)$, use la propiedad 5 de las integrales de la sección 5.2 para dividir la integral en dos partes, una donde $v(t) \leqslant 0$ y otra donde $v(t) \geqslant 0$.

$$\int_1^4 |v(t)|\, dt = \int_1^3 [-v(t)]\, dt + \int_3^4 v(t)\, dt$$

$$= \int_1^3 (-t^2 + t + 6)\, dt + \int_3^4 (t^2 - t - 6)\, dt$$

$$= \left[-\frac{t^3}{3} + \frac{t^2}{2} + 6t \right]_1^3 + \left[\frac{t^3}{3} - \frac{t^2}{2} - 6t \right]_3^4$$

$$= \frac{61}{6} \approx 10.17 \text{ m}$$ ■

EJEMPLO 7 En la figura 4 se muestra el consumo de energía eléctrica (potencia) en la ciudad de San Francisco un día del mes de septiembre (P se mide en megawatts y t en horas, a partir de la medianoche). Estime la energía que se utilizó ese día.

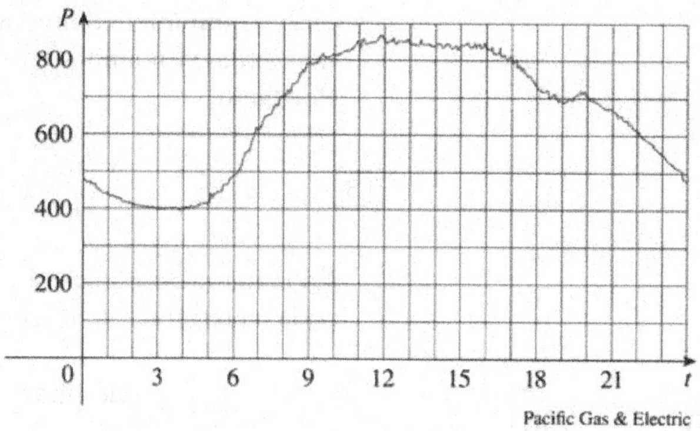

FIGURA 4

SOLUCIÓN La potencia es la razón de cambio de la energía: $P(t) = E'(t)$. De modo que, por el teorema del cambio neto,

$$\int_0^{24} P(t)\,dt = \int_0^{24} E'(t)\,dt = E(24) - E(0)$$

es la cantidad total de energía que se usó ese día. Haga una aproximación de la integral con la regla del punto medio con 12 subintervalos y $\Delta t = 2$:

$$\begin{aligned}\int_0^{24} P(t)\,dt &\approx [P(1) + P(3) + P(5) + \cdots + P(21) + P(23)]\,\Delta t\\ &\approx (440 + 400 + 420 + 620 + 790 + 840 + 850\\ &\qquad + 840 + 810 + 690 + 670 + 550)(2)\\ &= 15{,}840\end{aligned}$$

La energía usada fue aproximadamente de 15 840 megawatts-horas. ■

Una nota acerca de unidades

¿Cómo supo qué unidades usar para la energía en el ejemplo 7? La integral $\int_0^{24} P(t)\,dt$ se define como el límite de las sumas de términos de la forma $P(t_i^*)\Delta t$. Ahora $P(t_i^*)$ se mide en megawatts y Δt en horas, de modo que su producto se mide en megawatts-horas. Lo mismo es verdadero para el límite. En general, la unidad de medida para $\int_a^b f(x)\,dx$ es el producto de la unidad para $f(x)$ y la unidad para x.

5.4 EJERCICIOS

1–4 Verifique mediante derivación que cada una de las fórmulas siguientes es correcta.

1. $\displaystyle\int \frac{x}{\sqrt{x^2+1}}\,dx = \sqrt{x^2+1} + C$

2. $\displaystyle\int \cos^2 x\,dx = \tfrac{1}{2}x + \tfrac{1}{4}\operatorname{sen} 2x + C$

3. $\displaystyle\int \tan^2 x\,dx = \tan x - x + C$

4. $\displaystyle\int x\sqrt{a+bx}\,dx = \frac{2}{15b^2}(3bx - 2a)(a+bx)^{3/2} + C$

5–18 Obtenga las integrales indefinidas generales.

5. $\displaystyle\int (x^{1.3} + 7x^{2.5})\,dx$

6. $\displaystyle\int \sqrt[4]{x^5}\,dx$

7. $\int \left(5 + \frac{2}{3}x^2 + \frac{3}{4}x^3\right) dx$

8. $\int \left(u^6 - 2u^5 - u^3 + \frac{2}{7}\right) du$

9. $\int v(v^2 + 2)^2\, dv$ **10.** $\int \sqrt{t}(t^2 + 3t + 2)\, dt$

11. $\int \dfrac{1 + \sqrt{x} + x}{x}\, dx$

12. $\int \left(x^2 + 1 + \dfrac{1}{x^2 + 1}\right) dx$

13. $\int (\csc^2 t - 2e^t)\, dt$ **14.** $\int \left(\dfrac{1 + r}{r}\right)^2 dr$

15. $\int (2 + \tan^2\theta)\, d\theta$ **16.** $\int \sec t\,(\sec t + \tan t)\, dt$

17. $\int 2^t(1 + 5^t)\, dt$ **18.** $\int \dfrac{\operatorname{sen} 2x}{\operatorname{sen} x}\, dx$

19–20 Determine la integral indefinida general. Ilustre mediante una gráfica de varios miembros de la familia en la misma pantalla.

19. $\int \left(\cos x + \frac{1}{2}x\right) dx$ **20.** $\int (e^x - 2x^2)\, dx$

21–46 Evalúe cada una de las integrales siguientes.

21. $\int_0^2 (6x^2 - 4x + 5)\, dx$ **22.** $\int_1^3 (1 + 2x - 4x^3)\, dx$

23. $\int_{-2}^0 \left(\frac{1}{2}t^4 + \frac{1}{4}t^3 - t\right) dt$

24. $\int_0^3 (1 + 6w^2 - 10w^4)\, dw$

25. $\int_0^2 (2x - 3)(4x^2 + 1)\, dx$ **26.** $\int_{-1}^1 t(1 - t)^2\, dt$

27. $\int_0^\pi (5e^x + 3 \operatorname{sen} x)\, dx$ **28.** $\int_1^2 \left(\dfrac{1}{x^2} - \dfrac{4}{x^3}\right) dx$

29. $\int_1^4 \left(\dfrac{4 + 6u}{\sqrt{u}}\right) du$ **30.** $\int_0^1 \dfrac{4}{1 + p^2}\, dp$

31. $\int_0^1 x(\sqrt[3]{x} + \sqrt[4]{x})\, dx$ **32.** $\int_1^4 \dfrac{\sqrt{y} - y}{y^2}\, dy$

33. $\int_1^2 \left(\dfrac{x}{2} - \dfrac{2}{x}\right) dx$ **34.** $\int_0^1 (5x - 5^x)\, dx$

35. $\int_0^1 (x^{10} + 10^x)\, dx$ **36.** $\int_0^{\pi/4} \sec\theta \tan\theta\, d\theta$

37. $\int_0^{\pi/4} \dfrac{1 + \cos^2\theta}{\cos^2\theta}\, d\theta$

38. $\int_0^{\pi/3} \dfrac{\operatorname{sen}\theta + \operatorname{sen}\theta \tan^2\theta}{\sec^2\theta}\, d\theta$

39. $\int_1^8 \dfrac{2 + t}{\sqrt[3]{t^2}}\, dt$ **40.** $\int_{-10}^{10} \dfrac{2e^x}{\operatorname{senh} x + \cosh x}\, dx$

41. $\int_0^{\sqrt{3}/2} \dfrac{dr}{\sqrt{1 - r^2}}$ **42.** $\int_1^2 \dfrac{(x - 1)^3}{x^2}\, dx$

43. $\int_0^{1/\sqrt{3}} \dfrac{t^2 - 1}{t^4 - 1}\, dt$ **44.** $\int_0^2 |2x - 1|\, dx$

45. $\int_{-1}^2 (x - 2|x|)\, dx$ **46.** $\int_0^{3\pi/2} |\operatorname{sen} x|\, dx$

47. Use una gráfica para estimar las intersecciones con el eje x de la curva $y = 1 - 2x - 5x^4$. Luego utilice esta información para estimar el área de la región que se encuentra bajo la curva y arriba del eje x.

48. Repita el ejercicio 47 para la curva $y = (x^2 + 1)^{-1} - x^4$.

49. El área de la región que se encuentra a la derecha del eje y y a la izquierda de la parábola $x = 2y - y^2$ (el área sombreada de la figura) se expresa con la integral $\int_0^2 (2y - y^2)\, dy$. (Gire su cabeza en sentido de las manecillas del reloj y considere a la región que se encuentra bajo la curva $x = 2y - y^2$ de $y = 0$ a $y = 2$.) Encuentre el área de la región.

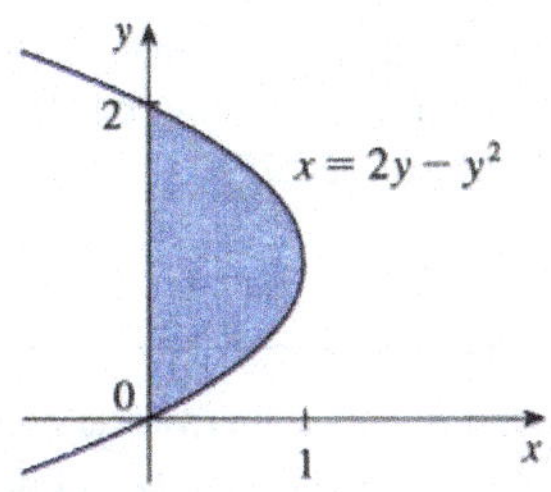

50. Las fronteras de la región sombreada son el eje y, la recta $y = 1$ y la curva $y = \sqrt[4]{x}$. Encuentre el área de esta región escribiendo x como función de y e integrando respecto a esta última (como en el ejercicio 49).

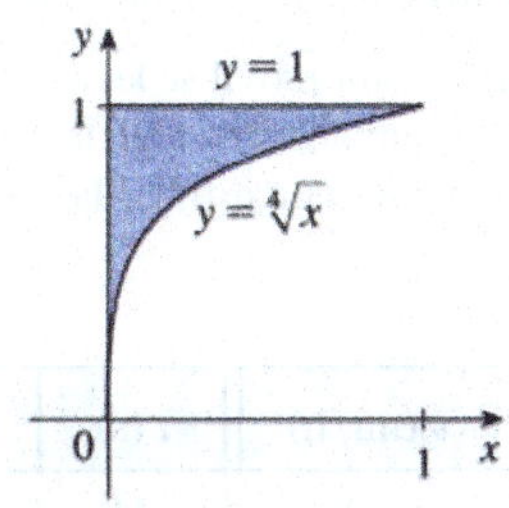

51. Si $w'(t)$ es la rapidez de crecimiento de un niño en kilos por año, ¿que representa $\int_5^{10} w'(t)\, dt$?

52. La corriente en un alambre se define como la derivada de la carga: $I(t) = Q'(t)$. (Véase el ejemplo 3.7.3.) ¿Qué representa $\int_a^b I(t)\, dt$?

53. Si se fuga aceite de un tanque con una rapidez de $r(t)$ galones por minuto en el instante t, ¿qué representa $\int_0^{120} r(t)\,dt$?

54. Una población de abejas se inicia con 100 ejemplares y se incrementa a razón de $n'(t)$ abejas por semana. ¿Qué representa $100 + \int_0^{15} n'(t)\,dt$?

55. En la sección 4.7 se definió la función ingreso marginal $R'(x)$ como la derivada de la función ingreso $R(x)$, donde x es el número de unidades vendidas. ¿Que representa $\int_{1000}^{5000} R'(x)\,dx$?

56. Si $f(x)$ es la pendiente de un sendero a una distancia de x kilómetros del principio de este, ¿qué representa $\int_3^5 f(x)\,dx$?

57. Si x se mide en metros y $f(x)$ en newtons, ¿cuáles son las unidades para $\int_0^{100} f(x)\,dx$?

58. Si las unidades para x son pies y las unidades para $a(x)$ son libras por pie, ¿cuáles son las unidades para da/dx? ¿Qué unidades tiene $\int_2^8 a(x)\,dx$?

59–60 Se da la función velocidad (en metros por segundo) para una partícula que se mueve a lo largo de una recta. Encuentre (a) el desplazamiento, y (b) la distancia recorrida por la partícula durante el intervalo de tiempo dado.

59. $v(t) = 3t - 5, \quad 0 \leq t \leq 3$

60. $v(t) = t^2 - 2t - 3, \quad 2 \leq t \leq 4$

61–62 Se da la función aceleración (en m/s^2) y la velocidad inicial para una partícula que se desplaza a lo largo de una recta. Encuentre (a) la velocidad en el instante t y (b) la distancia recorrida durante el intervalo de tiempo dado.

61. $a(t) = t + 4, \quad v(0) = 5, \quad 0 \leq t \leq 10$

62. $a(t) = 2t + 3, \quad v(0) = -4, \quad 0 \leq t \leq 3$

---

63. Se da la densidad lineal de una varilla de longitud 4 m mediante $\rho(x) = 9 + 2\sqrt{x}$ medida en kilogramos por metro, donde x se mide en metros desde un extremo de la varilla. Encuentre la masa total de la varilla.

64. Del fondo de un tanque de almacenamiento fluye agua con una rapidez de $r(t) = 200 - 4t$ litros por minuto, donde $0 \leq t \leq 50$. Encuentre la cantidad de agua que fluye del tanque durante los primeros 10 minutos.

65. La velocidad de un automóvil se leyó en su velocímetro a intervalos de 10 segundos y se registró en una tabla. Use la regla del punto medio para estimar la distancia recorrida por el auto.

t (s)	v (mi/h)	t (s)	v (mi/h)
0	0	60	56
10	38	70	53
20	52	80	50
30	58	90	47
40	55	100	45
50	51		

66. Suponga que un volcán hace erupción y en la tabla se dan las lecturas de la cantidad de materiales sólidos expelidos hacia la atmósfera. El tiempo t se mide en segundos y las unidades para $r(t)$ son toneladas métricas por segundo.

t	0	1	2	3	4	5	6
$r(t)$	2	10	24	36	46	54	60

(a) Dé estimaciones superiores e inferiores para la cantidad $Q(6)$ de materiales expelidos una vez que transcurren seis segundos.

(b) Use la regla del punto medio para estimar $Q(6)$.

67. El costo marginal de fabricar x metros de cierta tela es

$$C'(x) = 3 - 0.01x + 0.000006x^2$$

(en dólares por metro). Encuentre el incremento en el costo si el nivel de producción aumenta de 2000 a 4000 metros.

68. Fluye agua hacia adentro y afuera de un tanque de almacenamiento. Se muestra una gráfica de la razón de cambio $r(t)$ del volumen de agua que hay en el tanque, en litros por día. Si la cantidad de agua que contiene el tanque en el instante $t = 0$ es 25 000 L, use la regla del punto medio para estimar la cantidad de agua cuatro días después.

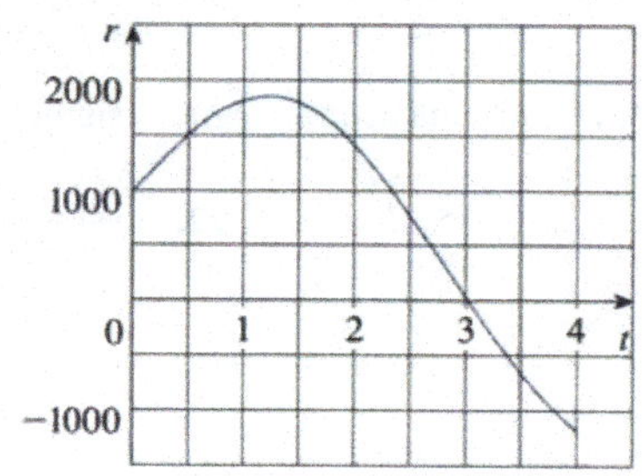

69. Se muestra la gráfica de la aceleración $a(t)$ de un automóvil en m/s^2. Use la regla del punto medio para estimar el incremento en la velocidad del auto durante el intervalo de tiempo de seis segundos.

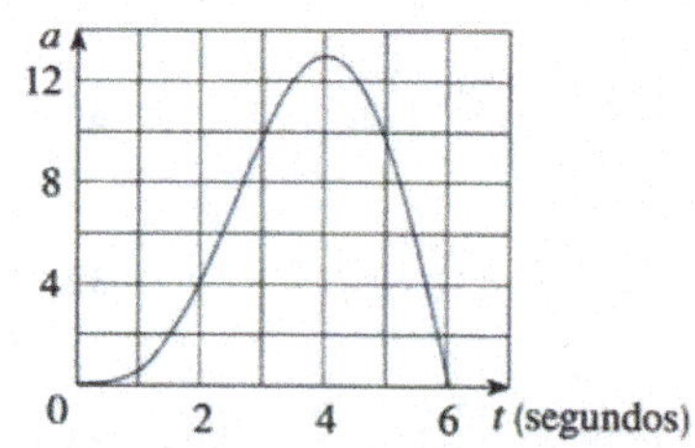

70. El lago Lanier de Georgia, EE. UU., es un embalse creado por la Buford Dam en el río de Chattahoochee. La tabla muestra la tasa de entrada de agua, en pies cúbicos por segundo, medida cada mañana a las 7:30 por el Cuerpo de Ingenieros del Ejército de los EE. UU. Utilice la regla del punto medio para calcular la cantidad de agua que fluyó en el lago Lanier, del 18 de julio de 2013, a las 7:30 al 26 de julio a las 7:30 AM.

Día	Tasa de entrada (pies³/s)
Julio 18	5275
Julio 19	6401
Julio 20	2554
Julio 21	4249
Julio 22	3016
Julio 23	3821
Julio 24	2462
Julio 25	2628
Julio 26	3003

71. Una población de bacterias es de 4000 al tiempo $t = 0$ y su rapidez de crecimiento es $1000 \cdot 2^t$ bacterias por hora después de t horas. ¿Cuál es la población después de una hora?

72. La figura siguiente muestra la gráfica del tráfico sobre un proveedor de servicios de internet en línea de datos T1 desde la medianoche hasta las 8:00 AM. D corresponde a los datos transmitidos, medidos en megabits por segundo. Utilice la regla del punto medio para estimar la cantidad total de datos transmitidos durante ese período.

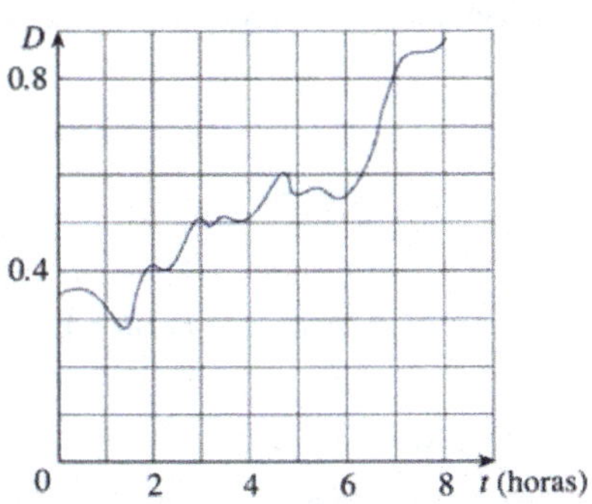

73. En la gráfica se muestra el consumo de energía en la provincia de Ontario, Canadá, para el 9 de diciembre de 2004 (P se mide en megawatts; t se mide en horas, comenzando a medianoche). Usando el hecho de que la potencia es la rapidez de cambio de la energía, estime la energía utilizada en ese día.

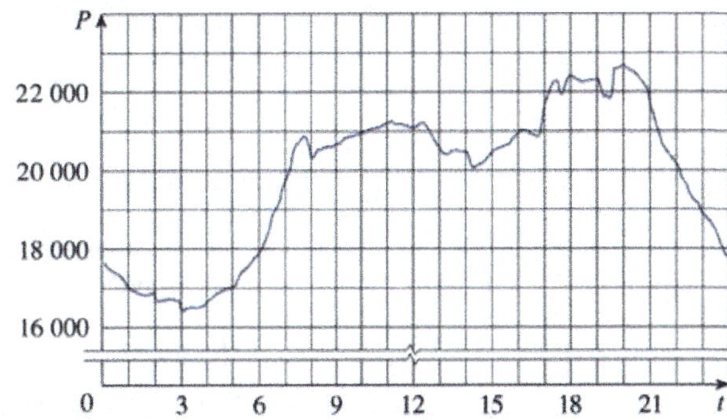

Independent Electricity Market Operator

74. El 7 de mayo de 1992 el trasbordador espacial *Endeavour* fue lanzado en la misión STS-49, cuya finalidad fue instalar un nuevo motor de impulso en el perigeo en un satélite Intelsat de comunicaciones. En la tabla se dan los datos de la velocidad del trasbordador entre el despegue y el desprendimiento de los cohetes auxiliares de combustible sólido.

(a) Use una calculadora graficadora o una computadora para modelar estos datos con un polinomio de tercer grado.

(b) Use el modelo del inciso (a) para estimar la altura alcanzada por el *Endeavour*, 125 segundos después del despegue.

Evento	Tiempo (s)	Velocidad (m/s)
Lanzamiento	0	0
Inicio de la maniobra de giro alrededor del eje	10	56.4
Fin de la maniobra de giro alrededor del eje	15	97.2
Acelerador a 89%	20	136.2
Acelerador a 67%	32	226.2
Acelerador a 104%	59	403.9
Presión dinámica máxima	62	440.4
Separación del cohete auxiliar de combustible sólido	125	1265.2

PROYECTO DE REDACCIÓN NEWTON, LEIBNIZ Y LA INVENCIÓN DEL CÁLCULO

Algunas veces se lee que los inventores del cálculo fueron Sir Isaac Newton (1642-1727) y Gottfried Wilhelm Leibniz (1646-1716). Pero las ideas básicas detrás de la integración fueron investigadas hace 2500 años por los antiguos griegos, como Eudoxo y Arquímedes, y Pierre Fermat (1601-1665), Isaac Barrow, (1630-1677) y otros fueron los pioneros en hallar rectas tangentes. Barrow, el profesor de Newton en Cambridge, fue el primero en comprender la relación inversa entre la derivación y la integración. Lo que Newton y Leibniz hicieron fue usar esta relación, en la forma del teorema fundamental del cálculo, para convertir este último en una disciplina matemática sistemática. En este sentido es que se da a Newton y Leibniz el crédito por la invención del cálculo.

Lea acerca de las colaboraciones de estos hombres en una o más de las referencias que se proporcionan en las referencias y escriba un informe sobre uno de los tres temas siguientes.

Puede incluir detalles biográficos, pero el reporte debe concentrarse en una descripción, con cierto detalle, de los métodos y notaciones. En particular, consulte uno de los libros de consulta, en los cuales se dan extractos de las publicaciones originales de Newton y Leibniz, traducidas del latín al inglés.

- El papel de Newton en el desarrollo del cálculo.
- El papel de Leibniz en el desarrollo del cálculo.
- La controversia entre los seguidores de Newton y los de Leibniz sobre la prioridad en la invención del cálculo.

Referencias

1. Carl Boyer y Uta Merzbach, *A History of Mathematics*, Nueva York: John Wiley, 1987, capítulo 19.
2. Carl Boyer, *The History of the Calculus and Its Conceptual Development*, Nueva York: Dover, 1959, capítulo V.
3. C. H. Edwards, *The Historical Development of the Calculus*, Nueva York: Springer-Verlag, 1979, capítulos 8 y 9.
4. Howard Eves, *An Introduction to the History of Mathematics*, 6a. ed., Nueva York: Saunders, 1990, capítulo 11.
5. C. C. Gillispie, ed., *Dictionary of Scientific Biography*, Nueva York: Scribner's, 1974. Véase el artículo sobre Leibniz escrito por Joseph Hofmann, en el volumen VIII, y el artículo sobre Newton escrito por I. B. Cohen, en el volumen X.
6. Victor Katz, *A History of Mathematics: An Introduction*, Nueva York: Harper-Coffins, 1993, capítulo 12.
7. Morris Kline, *Mathematical Thought from Ancient to Modern Times*, Nueva York: Oxford University Press, 1972, capítulo 17.

Libros de consulta

1. John Fauvel y Jeremy Gray, eds., *The History of Mathematics: A Reader*, Londres: MacMillan Press, 1987 capítulos 12 y 13.
2. D. E. Smith, ed., *A Sourcebook in Mathematics*, New York: Dover, 1959, capítulo V.
3. D. J. Struik, ed., *A Sourcebook in Mathematics*, 1200-1800, Princeton, N. J.: Princeton University Press, 1969; capítulo V.

5.5 Regla de sustitución

Debido a la existencia del teorema fundamental, es importante disponer de técnicas para hallar antiderivadas. Pero nuestras fórmulas de antiderivacion no indican cómo evaluar integrales como

$$\boxed{1} \qquad \int 2x\sqrt{1 + x^2}\, dx$$

En la sección 3.10 se definieron las diferenciales. Si $u = f(x)$, entonces

$$du = f'(x)dx$$

SP Para determinar esta integral, use la estrategia para la resolución de problemas de *introducir algo extra*. En este caso, el "algo extra" es una nueva variable; cambie de una variable x a una variable u. Suponga que deja que u sea el radicando de la integral en (1), $u = 1 + x^2$. Entonces la diferencial de u es $du = 2x\, dx$. Observe que si la dx en la notación para una integral se interpretará como una diferencial, entonces en (1) debe tenerse la diferencial $2x\,dx$, por lo que, desde un punto de vista formal y sin justificar este cálculo, podría escribir

2

$$\int 2x\sqrt{1+x^2}\,dx = \int \sqrt{1+x^2}\,2x\,dx = \int \sqrt{u}\,du$$

$$= \tfrac{2}{3}u^{3/2} + C = \tfrac{2}{3}(1+x^2)^{3/2} + C$$

Pero ahora puede verificar que tiene la respuesta correcta aplicando la regla de la cadena para derivar la función final de la ecuación 2:

$$\frac{d}{dx}\left[\tfrac{2}{3}(1+x^2)^{3/2} + C\right] = \tfrac{2}{3}\cdot\tfrac{3}{2}(1+x^2)^{1/2}\cdot 2x = 2x\sqrt{1+x^2}$$

En general, este método funciona siempre que se tiene una integral que pueda escribirse en la forma $\int f(g(x))\,g'(x)\,dx$. Observe que si $F' = f$, entonces

3

$$\int F'(g(x))\,g'(x)\,dx = F(g(x)) + C$$

porque, por la regla de la cadena,

$$\frac{d}{dx}[F(g(x))] = F'(g(x))\,g'(x)$$

Si hace el "cambio de variable" o la "sustitución" $u = g(x)$, entonces, a partir de la ecuación 3, tiene

$$\int F'(g(x))\,g'(x)\,dx = F(g(x)) + C = F(u) + C = \int F'(u)\,du$$

o, si se escribe $F' = f$ se obtiene

$$\int f(g(x))\,g'(x)\,dx = \int f(u)\,du$$

Por tanto, se ha probado la regla siguiente:

4 Regla de sustitución Si $u = g(x)$ es una función derivable cuyo rango es un intervalo I y f es continua sobre I, entonces

$$\int f(g(x))\,g'(x)\,dx = \int f(u)\,du$$

Observe que la regla de sustitución para la integración se demostró aplicando la regla de la cadena para la derivación. También observe que, si $u = g(x)$, entonces $du = g'(x)dx$, por lo que una manera de recordar la regla de sustitución es pensar en dx y du de (4) como diferenciales.

Por lo que la regla de sustitución establece: **es permitido operar con *dx* y *du* después de los signos de integral como si fueran diferenciales**.

EJEMPLO 1 Encuentre $\int x^3\cos(x^4+2)\,dx$.

SOLUCIÓN Haga la sustitución $u = x^4 + 2$ porque su diferencial es $du = 4x^3\,dx$, la cual, aparte del factor constante 4, aparece en la integral. Por lo que, con $x^3\,dx = \tfrac{1}{4}\,du$

y la regla de sustitución, se tiene

$$\int x^3\cos(x^4 + 2)\,dx = \int \cos u \cdot \tfrac{1}{4}\,du = \tfrac{1}{4}\int \cos u\,du$$
$$= \tfrac{1}{4}\operatorname{sen} u + C$$
$$= \tfrac{1}{4}\operatorname{sen}(x^4 + 2) + C$$

Compruebe derivando la respuesta.

Observe que en la etapa final tuvo que regresar a la variable original x. ■

La idea detrás de la regla de sustitución es reemplazar una integral relativamente complicada por una más sencilla. Esto se lleva a cabo pasando de la variable original x a una nueva variable u que sea función de x. Así, en el ejemplo 1 se reemplazó la integral $\int x^3 \cos(x^4 + 2)\,dx$ con la integral más sencilla $\frac{1}{4}\int \cos u\,du$.

El reto principal en la aplicación de la regla de sustitución es pensar en una sustitución apropiada. Procure elegir u como alguna función en el integrando cuya diferencial también este presente (excepto por un factor constante). Este fue el caso en el ejemplo 1. Si no es posible, escoja u como alguna parte complicada del integrando (tal vez la función interna de una función compuesta). Encuentre que la sustitución tiene algo de arte. No es raro que la conjetura sea errónea; si su primera sustitución no funciona, intente con otra.

EJEMPLO 2 Evalúe $\int \sqrt{2x + 1}\,dx$.

SOLUCIÓN 1 Sea $u = 2x + 1$. Entonces $du = 2\,dx$, de modo que $dx = \frac{1}{2}du$. De esta forma, la regla de sustitución da

$$\int \sqrt{2x + 1}\,dx = \int \sqrt{u}\cdot \tfrac{1}{2}\,du = \tfrac{1}{2}\int u^{1/2}\,du$$
$$= \frac{1}{2}\cdot\frac{u^{3/2}}{3/2} + C = \tfrac{1}{3}u^{3/2} + C$$
$$= \tfrac{1}{3}(2x + 1)^{3/2} + C$$

SOLUCIÓN 2 Otra posible sustitución es $u = \sqrt{2x + 1}$. Entonces

$$du = \frac{dx}{\sqrt{2x + 1}} \qquad \text{por lo que} \qquad dx = \sqrt{2x + 1}\,du = u\,du$$

(U, observe que $u^2 = 2x + 1$, por lo que $2u\,du = 2\,dx$. Por tanto,

$$\int \sqrt{2x + 1}\,dx = \int u \cdot u\,du = \int u^2\,du$$
$$= \frac{u^3}{3} + C = \tfrac{1}{3}(2x + 1)^{3/2} + C$$ ■

EJEMPLO 3 Encuentre $\displaystyle\int \frac{x}{\sqrt{1 - 4x^2}}\,dx$.

SOLUCIÓN Sea $u = 1 - 4x^2$. Entonces $du = -8x\,dx$, de manera que $x\,dx = -\frac{1}{8}\,du$ y

$$\int \frac{x}{\sqrt{1 - 4x^2}}\,dx = -\tfrac{1}{8}\int \frac{1}{\sqrt{u}}\,du = -\tfrac{1}{8}\int u^{-1/2}\,du$$
$$= -\tfrac{1}{8}(2\sqrt{u}) + C = -\tfrac{1}{4}\sqrt{1 - 4x^2} + C$$ ■

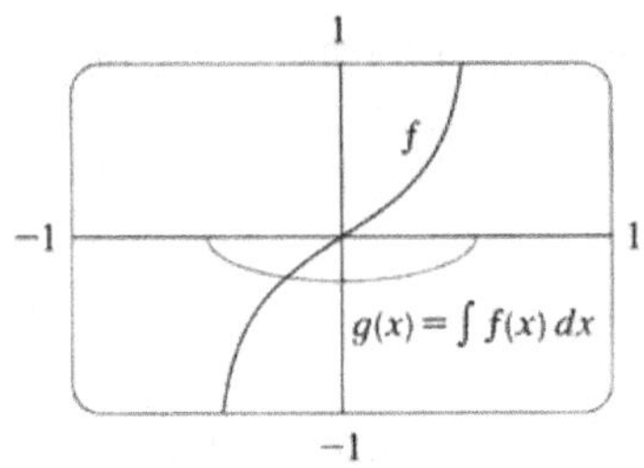

FIGURA 1

$$f(x) = \frac{x}{\sqrt{1-4x^2}}$$

$$g(x) = \int f(x)\,dx = -\tfrac{1}{4}\sqrt{1-4x^2}$$

La respuesta para el ejemplo 3 puede comprobarse por derivación; pero, en lugar de ello, hágalo de manera visual con una gráfica. En la figura 1 se usó una computadora para trazar las gráficas del integrando $f(x) = x/\sqrt{1-4x^2}$ y de su integral indefinida $g(x) = -\frac{1}{4}\sqrt{1-4x^2}$ (tomando el caso $C = 0$). Observe que $g(x)$ decrece cuando $f(x)$ es negativa, crece cuando $f(x)$ es positiva y tiene su valor mínimo cuando $f(x) = 0$. De modo que parece razonable, a partir de la evidencia gráfica, que g sea una antiderivada de f.

EJEMPLO 4 Calcule $\int e^{5x}\,dx$.

SOLUCIÓN Si hace $u = 5x$, entonces $du = 5\,dx$, de modo que $dx = \frac{1}{5}\,du$. Por tanto,

$$\int e^{5x}\,dx = \tfrac{1}{5}\int e^{u}\,du = \tfrac{1}{5}e^{u} + C = \tfrac{1}{5}e^{5x} + C$$ ■

NOTA Con cierta experiencia, podría evaluar integrales como los ejemplos 1-4 sin pasar por la molestia de hacer una sustitución explícita. Reconociendo el patrón en la ecuación 3, donde el integrando en el lado izquierdo es el producto de la derivada de una función externa y la derivada de la función interna, podría trabajar el ejemplo 1 como sigue:

$$\int x^3\cos(x^4+2)\,dx = \int \cos(x^4+2)\cdot x^3\,dx = \tfrac{1}{4}\int \cos(x^4+2)\cdot(4x^3)\,dx$$

$$= \tfrac{1}{4}\int \cos(x^4+2)\cdot\frac{d}{dx}(x^4+2)\,dx = \tfrac{1}{4}\operatorname{sen}(x^4+2) + C$$

Del mismo modo, la solución para el ejemplo 4 se podría expresar como:

$$\int e^{5x}\,dx = \tfrac{1}{5}\int 5e^{5x}\,dx = \tfrac{1}{5}\int \frac{d}{dx}(e^{5x})\,dx = \tfrac{1}{5}e^{5x} + C$$

El ejemplo siguiente, sin embargo, es más complicado y es aconsejable una sustitución explícita.

EJEMPLO 5 Determine $\int \sqrt{1+x^2}\,x^5\,dx$.

SOLUCIÓN Una sustitución apropiada es más evidente si factoriza x^5 como $x^4\cdot x$. Sea $u = 1 + x^2$. Entonces $du = 2x\,dx$, por lo que $x\,dx = \frac{1}{2}\,du$. También $x^2 = u - 1$, por lo que $x^4 = (u-1)^2$:

$$\int \sqrt{1+x^2}\,x^5\,dx = \int \sqrt{1+x^2}\,x^4\cdot x\,dx$$

$$= \int \sqrt{u}\,(u-1)^2\cdot\tfrac{1}{2}\,du = \tfrac{1}{2}\int \sqrt{u}\,(u^2-2u+1)\,du$$

$$= \tfrac{1}{2}\int (u^{5/2} - 2u^{3/2} + u^{1/2})\,du$$

$$= \tfrac{1}{2}\left(\tfrac{2}{7}u^{7/2} - 2\cdot\tfrac{2}{5}u^{5/2} + \tfrac{2}{3}u^{3/2}\right) + C$$

$$= \tfrac{1}{7}(1+x^2)^{7/2} - \tfrac{2}{5}(1+x^2)^{5/2} + \tfrac{1}{3}(1+x^2)^{3/2} + C$$ ■

EJEMPLO 6 Calcule $\int \tan x\,dx$.

SOLUCIÓN En primer lugar, escriba la tangente en términos de seno y coseno:

$$\int \tan x\,dx = \int \frac{\operatorname{sen} x}{\cos x}\,dx$$

Esto sugiere que debe sustituir $u = \cos x$, ya que $du = -\operatorname{sen} x\, dx$ y, así, $\operatorname{sen} x\, dx = -du$:

$$\int \tan x\, dx = \int \frac{\operatorname{sen} x}{\cos x}\, dx = -\int \frac{1}{u}\, du$$
$$= -\ln |u| + C = -\ln |\cos x| + C$$ ■

Puesto que $-\ln |\cos x| = \ln(|\cos x|^{-1}) = \ln(1/|\cos x|) = \ln \sec x$, el resultado del ejemplo 6 también se puede escribir como

5
$$\int \tan x\, dx = \ln |\sec x| + C$$

Integrales definidas

Cuando se evalúa una integral *definida* por sustitución, pueden aplicarse dos métodos. Un método es evaluar primero la integral indefinida y, luego utilizar el teorema fundamental. Por ejemplo, si se usa el resultado del ejemplo 2, se tiene

$$\int_0^4 \sqrt{2x+1}\, dx = \int \sqrt{2x+1}\, dx\Big]_0^4$$
$$= \tfrac{1}{3}(2x+1)^{3/2}\Big]_0^4 = \tfrac{1}{3}(9)^{3/2} - \tfrac{1}{3}(1)^{3/2}$$
$$= \tfrac{1}{3}(27-1) = \tfrac{26}{3}$$

El otro método, que suele ser preferible, es cambiar los límites de integración cuando se cambia la variable.

Esta regla dice que, cuando se usa una sustitución en una integral definida, se debe poner todo en términos de la nueva variable u, no solo x y dx, sino también los límites de integración. Los nuevos límites de integración son los valores de u que corresponden a $x = a$ y $x = b$.

6 Regla de sustitución para integrales definidas Si g' es continua sobre $[a, b]$ y f es continua sobre el rango de $u = g(x)$, entonces

$$\int_a^b f(g(x))\, g'(x)\, dx = \int_{g(a)}^{g(b)} f(u)\, du$$

DEMOSTRACIÓN Sea F una antiderivada de f. Entonces, por (3), $F(g(x))$ es una antiderivada de $f(g(x))g'(x)$, de modo que, de acuerdo con la parte 2 del teorema fundamental, se tiene

$$\int_a^b f(g(x))\, g'(x)\, dx = F(g(x))\Big]_a^b = F(g(b)) - F(g(a))$$

Pero, si se aplica el TFC2 una segunda vez, también se tiene

$$\int_{g(a)}^{g(b)} f(u)\, du = F(u)\Big]_{g(a)}^{g(b)} = F(g(b)) - F(g(a))$$ ■

EJEMPLO 7 Evalúe $\int_0^4 \sqrt{2x+1}\, dx$ usando (6).

SOLUCIÓN Si usa la sustitución a partir de la solución 1 del ejemplo 2, se tiene $u = 2x + 1$ y $dx = \frac{1}{2}\, du$. Para encontrar los nuevos límites de integración, observe que

cuando $x = 0$, $u = 2(0) + 1 = 1$ y cuando $x = 4$, $u = 2(4) + 1 = 9$

Por tanto,

$$\int_0^4 \sqrt{2x+1}\,dx = \int_1^9 \tfrac{1}{2}\sqrt{u}\,du$$

$$= \tfrac{1}{2}\cdot\tfrac{2}{3}u^{3/2}\Big]_1^9$$

$$= \tfrac{1}{3}(9^{3/2} - 1^{3/2}) = \tfrac{26}{3}$$

Observe que al usar (6) *no* se regresa a la variable x después de integrar. Sencillamente evalúe la expresión en u en los valores apropiados de u. ■

La integral dada en el ejemplo 8 es una abreviación para

$$\int_1^2 \frac{1}{(3-5x)^2}\,dx$$

EJEMPLO 8 Evalúe $\displaystyle\int_1^2 \frac{dx}{(3-5x)^2}$.

SOLUCIÓN Sea $u = 3 - 5x$. Entonces $du = -5\,dx$, de modo que $dx = -\frac{1}{5}\,du$. Cuando $x = 1$, $u = -2$ y cuando $x = 2$, $u = -7$. Por lo que

$$\int_1^2 \frac{dx}{(3-5x)^2} = -\frac{1}{5}\int_{-2}^{-7} \frac{du}{u^2}$$

$$= -\frac{1}{5}\left[-\frac{1}{u}\right]_{-2}^{-7} = \frac{1}{5u}\Big]_{-2}^{-7}$$

$$= \frac{1}{5}\left(-\frac{1}{7} + \frac{1}{2}\right) = \frac{1}{14}$$ ■

Puesto que la función $f(x) = (\ln x)/x$ en el ejemplo 9 es positiva para $x > 1$, la integral representa el área de la región sombreada en la figura 2.

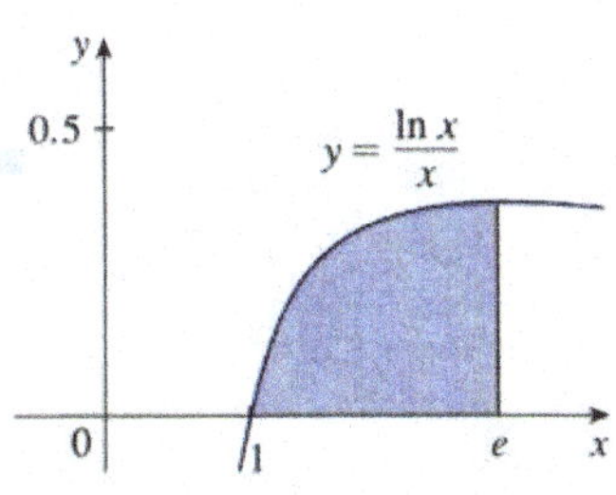

FIGURA 2

EJEMPLO 9 Calcule $\displaystyle\int_1^e \frac{\ln x}{x}\,dx$.

SOLUCIÓN Sea $u = \ln x$ porque su diferencial $du = dx/x$ se presenta en la integral. Cuando $x = 1$, $u = \ln 1 = 0$; cuando $x = e$, $u = \ln e = 1$. Por lo que

$$\int_1^e \frac{\ln x}{x}\,dx = \int_0^1 u\,du = \frac{u^2}{2}\Big]_0^1 = \frac{1}{2}$$ ■

■ Simetría

En el teorema siguiente se usa la regla de sustitución para las integrales definidas (6) para simplificar el cálculo de integrales de funciones que tienen propiedades de simetría.

> **7** **Integrales de funciones simétricas** Suponga que f es continua en $[-a, a]$.
>
> (a) Si es par $[f(-x) = f(x)]$, entonces $\int_{-a}^{a} f(x)\,dx = 2\int_0^a f(x)\,dx$.
>
> (b) Si es impar $[f(-x) = -f(x)]$, entonces $\int_{-a}^{a} f(x)\,dx = 0$.

DEMOSTRACIÓN Separe la integral en dos:

8 $$\int_{-a}^{a} f(x)\,dx = \int_{-a}^{0} f(x)\,dx + \int_0^a f(x)\,dx = -\int_0^{-a} f(x)\,dx + \int_0^a f(x)\,dx$$

En la primera integral del extremo derecho haga la sustitución $u = -x$. Entonces $du = -dx$, y cuando $x = -a$, $u = a$. Por tanto,

$$-\int_0^{-a} f(x)\,dx = -\int_0^a f(-u)\,(-du) = \int_0^a f(-u)\,du$$

con lo que la ecuación 8 resulta

$$\boxed{9} \qquad \int_{-a}^{a} f(x)\,dx = \int_0^a f(-u)\,du + \int_0^a f(x)\,dx$$

(a) Si f es par, entonces $f(-u) = f(u)$, por lo que la ecuación 9 da

$$\int_{-a}^{a} f(x)\,dx = \int_0^a f(u)\,du + \int_0^a f(x)\,dx = 2\int_0^a f(x)\,dx$$

(b) Si f es impar, entonces $f(-u) = -f(u)$, por lo que la ecuación 9 da

$$\int_{-a}^{a} f(x)\,dx = -\int_0^a f(u)\,du + \int_0^a f(x)\,dx = 0 \qquad \blacksquare$$

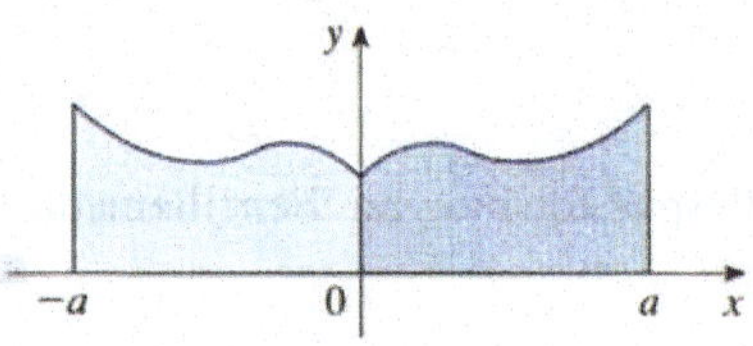

(a) f par, $\int_{-a}^{a} f(x)\,dx = 2\int_0^a f(x)\,dx$

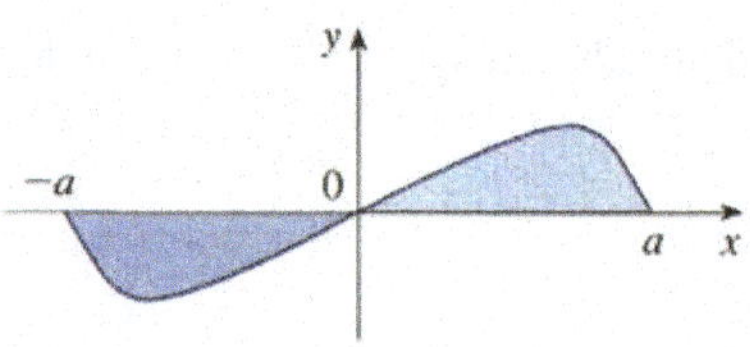

(b) f impar, $\int_{-a}^{a} f(x)\,dx = 0$

FIGURA 3

La figura 3 ilustra el teorema 7. Para el caso en que f es positiva y par, el inciso (a) dice que el área bajo $y = f(x)$ desde $-a$ a a es el doble del área de 0 a a, debido a la simetría. Recuerde que una integral $\int_a^b f(x)\,dx$ se puede expresar como el área arriba del eje x y bajo $y = f(x)$ menos el área bajo el eje x y arriba de la curva. Por esto, en el inciso (b) se evidencia que el área es 0 porque las áreas se eliminan.

EJEMPLO 10 Ya que $f(x) = x^6 + 1$ satisface $f(-x) = f(x)$, es par y, por lo que,

$$\int_{-2}^{2} (x^6 + 1)\,dx = 2\int_0^2 (x^6 + 1)\,dx$$

$$= 2\Big[\tfrac{1}{7}x^7 + x\Big]_0^2 = 2\left(\tfrac{128}{7} + 2\right) = \tfrac{284}{7} \qquad \blacksquare$$

EJEMPLO 11 Ya que $f(x) = (\tan x)/(1 + x^2 + x^4)$ satisface $f(-x) = -f(x)$, es impar y, entonces,

$$\int_{-1}^{1} \frac{\tan x}{1 + x^2 + x^4}\,dx = 0 \qquad \blacksquare$$

5.5 EJERCICIOS

1–6 Evalúe cada una de las integrales siguientes efectuando la sustitución dada.

1. $\int \cos 2x\,dx, \quad u = 2x$

2. $\int xe^{-x^2}\,dx, \quad u = -x^2$

3. $\int x^2\sqrt{x^3 + 1}\,dx, \quad u = x^3 + 1$

4. $\int \operatorname{sen}^2\theta \cos\theta\,d\theta, \quad u = \operatorname{sen}\theta$

5. $\int \dfrac{x^3}{x^4 - 5}\,dx, \quad u = x^4 - 5$

6. $\int \sqrt{2t + 1}\,dt, \quad u = 2t + 1$

7–48 Evalúe cada una de las integrales indefinidas siguientes.

7. $\int x\sqrt{1 - x^2}\,dx$

8. $\int x^2 e^{x^3}\,dx$

9. $\int (3x - 2)^{20}\,dx$

10. $\int \operatorname{sen} t\sqrt{1 + \cos t}\,dt$

11. $\int \cos(\pi t/2)\,dt$

12. $\int \sec^2 2\theta\,d\theta$

13. $\int \operatorname{sen} \pi t \, dt$

14. $\int y^2(4 - y^3)^{2/3} dy$

15. $\int \cos^3\theta \operatorname{sen} \theta \, d\theta$

16. $\int e^{-5r} dr$

17. $\int \frac{e^u}{(1 - e^u)^2} du$

18. $\int \frac{\operatorname{sen} \sqrt{x}}{\sqrt{x}} dx$

19. $\int \frac{a + bx^2}{\sqrt{3ax + bx^3}} dx$

20. $\int \frac{z^2}{z^3 + 1} dz$

21. $\int \frac{(\ln x)^2}{x} dx$

22. $\int \operatorname{sen} x \operatorname{sen}(\cos x) \, dx$

23. $\int \cos^4\theta \operatorname{sen} \theta \, d\theta$

24. $\int x\sqrt{x + 2} \, dx$

25. $\int e^x\sqrt{1 + e^x} \, dx$

26. $\int \frac{dx}{ax + b} \quad (a \neq 0)$

27. $\int (x^2 + 1)(x^3 + 3x)^4 dx$

28. $\int e^{\cos t} \operatorname{sen} t \, dt$

29. $\int 5^t \operatorname{sen}(5^t) \, dt$

30. $\int \frac{\sec^2 x}{\tan^2 x} dx$

31. $\int \frac{(\arctan x)^2}{x^2 + 1} dx$

32. $\int \frac{x}{x^2 + 4} dx$

33. $\int \cos(1 + 5t) \, dt$

34. $\int \frac{\cos(\pi/x)}{x^2} dx$

35. $\int \sqrt{\cot x} \csc^2 x \, dx$

36. $\int \frac{2^t}{2^t + 3} dt$

37. $\int \operatorname{senh}^2 x \cosh x \, dx$

38. $\int \frac{dt}{\cos^2 t\sqrt{1 + \tan t}}$

39. $\int \frac{\operatorname{sen} 2x}{1 + \cos^2 x} dx$

40. $\int \operatorname{sen} t \sec^2(\cos t) \, dt$

41. $\int \cot x \, dx$

42. $\int \frac{\cos(\ln t)}{t} dt$

43. $\int \frac{dx}{\sqrt{1 - x^2} \operatorname{sen}^{-1} x}$

44. $\int \frac{x}{1 + x^4} dx$

45. $\int \frac{1 + x}{1 + x^2} dx$

46. $\int x^2\sqrt{2 + x} \, dx$

47. $\int x(2x + 5)^8 dx$

48. $\int x^3\sqrt{x^2 + 1} \, dx$

49–52 Evalúe cada una de las integrales indefinidas siguientes. Ilustre y compruebe que su respuesta sea razonable, dibujando la función y su antiderivada (tome $C = 0$).

49. $\int x(x^2 - 1)^3 dx$

50. $\int \tan^2\theta \sec^2\theta \, d\theta$

51. $\int e^{\cos x} \operatorname{sen} x \, dx$

52. $\int \operatorname{sen} x \cos^4 x \, dx$

53–73 Evalúe cada una de las integrales definidas siguientes.

53. $\int_0^1 \cos(\pi t/2) \, dt$

54. $\int_0^1 (3t - 1)^{50} dt$

55. $\int_0^1 \sqrt[3]{1 + 7x} \, dx$

56. $\int_0^3 \frac{dx}{5x + 1}$

57. $\int_0^{\pi/6} \frac{\operatorname{sen} t}{\cos^2 t} dt$

58. $\int_{\pi/3}^{2\pi/3} \csc^2\left(\tfrac{1}{2}t\right) dt$

59. $\int_1^2 \frac{e^{1/x}}{x^2} dx$

60. $\int_0^1 xe^{-x^2} dx$

61. $\int_{-\pi/4}^{\pi/4} (x^3 + x^4 \tan x) \, dx$

62. $\int_0^{\pi/2} \cos x \operatorname{sen}(\operatorname{sen} x) \, dx$

63. $\int_0^{13} \frac{dx}{\sqrt[3]{(1 + 2x)^2}}$

64. $\int_0^a x\sqrt{a^2 - x^2} \, dx$

65. $\int_0^a x\sqrt{x^2 + a^2} \, dx \quad (a > 0)$

66. $\int_{-\pi/3}^{\pi/3} x^4 \operatorname{sen} x \, dx$

67. $\int_1^2 x\sqrt{x - 1} \, dx$

68. $\int_0^{1/2} \frac{\operatorname{sen}^{-1} x}{\sqrt{1 - x^2}} dx$

69. $\int_e^{e^4} \frac{dx}{x\sqrt{\ln x}}$

70. $\int_0^2 (x - 1)e^{(x-1)^2} dx$

71. $\int_0^1 \frac{e^z + 1}{e^z + z} dz$

72. $\int_0^{T/2} \operatorname{sen}(2\pi t/T - \alpha) \, dt$

73. $\int_0^1 \frac{dx}{(1 + \sqrt{x})^4}$

74. Verifique que $f(x) = \operatorname{sen} \sqrt[3]{x}$ es una función impar y utilice este hecho para demostrar que

$$0 \leq \int_{-2}^{3} \operatorname{sen} \sqrt[3]{x} \, dx \leq 1$$

75–76 Utilice una gráfica para dar una estimación aproximada del área de la región que se encuentra bajo la curva dada. Luego encuentre el área exacta.

75. $y = \sqrt{2x + 1}, \quad 0 \leq x \leq 1$

76. $y = 2 \operatorname{sen} x - \operatorname{sen} 2x, \quad 0 \leq x \leq \pi$

77. Evalúe $\int_{-2}^{2} (x + 3)\sqrt{4 - x^2} \, dx$ expresándola como una suma de dos integrales e interprete una de ellas en términos de un área.

78. Evalúe $\int_0^1 x\sqrt{1 - x^4} \, dx$ haciendo una sustitución e interprete la integral resultante en términos de un área.

79. ¿Cuáles de las áreas siguientes son iguales? ¿Por qué?

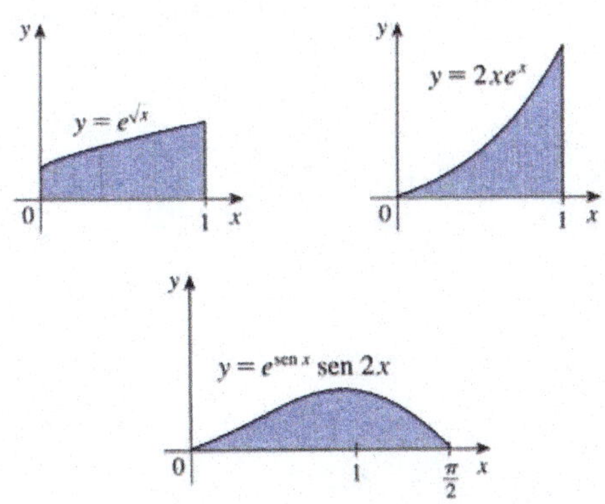

80. Un modelo de rapidez del metabolismo basal, en kcal/h de un hombre joven es $R(t) = 85 - 0.18 \cos(\pi t/12)$, donde t es el tiempo en horas a partir de las 5:00 AM. ¿Cuál es el metabolismo basal total de este hombre, $\int_0^{24} R(t)\,dt$, en un período de 24 horas?

81. Un tanque de almacenamiento de petróleo se rompe en $t = 0$, y el petróleo se fuga del tanque con una rapidez de $r(t) = 100e^{-0.01t}$ litros por minuto. ¿Cuánto petróleo se escapa durante la primera hora?

82. Una población de bacterias inicia con 400 y crece con una rapidez de $r(t) = (450.268)e^{1.12567t}$ bacterias por hora. ¿Cuántas habrá después de tres horas?

83. La respiración es cíclica y un ciclo respiratorio completo, desde el principio de la inhalación hasta el final de la exhalación, requiere alrededor de 5 s. El gasto máximo de aire que entra en los pulmones es de más o menos 0.5 L/s. Esto explica en parte por qué a menudo se ha usado la función $f(t)= \frac{1}{2}\,\text{sen}(2\pi t/5)$ para modelar el gasto de aire hacia los pulmones. Úsela para determinar el volumen de aire inhalado en los pulmones en el tiempo t.

84. La tasa de crecimiento de una población de peces fue modelada por la ecuación

$$G(t) = \frac{60\,000e^{-0.6t}}{(1 + 5e^{-0.6t})^2}$$

donde t se mide en años y G en kilogramos por año. Si la biomasa era de 25 000 kg en el año 2000, ¿cuál es la biomasa prevista para el año 2020?

85. El tratamiento de diálisis elimina urea y otros productos de desecho de la sangre de un paciente desviando el flujo de sangre desde el exterior a través de una máquina llamada dializador. La tasa a la que se elimina urea de la sangre (en mg/min) está con frecuencia bien descrita por la ecuación

$$u(t) = \frac{r}{V} C_0 e^{-rt/V}$$

donde r es la tasa de flujo de sangre a través del dializador (en mL/min), V es el volumen de sangre (en mL) del paciente y C_0 es la cantidad de urea en la sangre (en mg) al tiempo $t = 0$. Evalúe la integral $\int_0^{30} u(t)\,dt$ e interprétela.

86. Alabama Instruments Company ha montado una línea de producción para fabricar una calculadora nueva. El índice de producción de estas calculadoras después de t semanas es

$$\frac{dx}{dt} = 5000\left(1 - \frac{100}{(t + 10)^2}\right) \text{ calculadoras/semana}$$

(Observe que la producción se aproxima a 5000 por semana a medida que avanza el tiempo, pero que la producción inicial es más baja debido a que los trabajadores no están familiarizados con las nuevas técnicas.) Encuentre la cantidad de calculadoras producidas desde el principio de la tercera semana hasta el final de la cuarta.

87. Si f es continua y $\int_0^4 f(x)\,dx = 10$, encuentre $\int_0^2 f(2x)\,dx$.

88. Si f es continua y $\int_0^9 f(x)\,dx = 4$, encuentre $\int_0^3 xf(x^2)\,dx$.

89. Si f es continua en $\mathbb{R}$, demuestre que

$$\int_a^b f(-x)\,dx = \int_{-b}^{-a} f(x)\,dx$$

Para el caso donde $f(x) \geq 0$ y $0 < a < b$, dibuje un diagrama para interpretar geométricamente esta ecuación como una igualdad de áreas.

90. Si f es continua en $\mathbb{R}$, demuestre que

$$\int_a^b f(x + c)\,dx = \int_{a+c}^{b+c} f(x)\,dx$$

Para el caso donde $f(x) \geq 0$, dibuje un diagrama para interpretar geométricamente esta ecuación como una igualdad de áreas.

91. Si a y b son números positivos, demuestre que

$$\int_0^1 x^a(1 - x)^b\,dx = \int_0^1 x^b(1 - x)^a\,dx$$

92. Si f es continua sobre $[0, \pi]$, utilice la sustitución $u = \pi - x$ para demostrar que

$$\int_0^\pi xf(\text{sen}\,x)\,dx = \frac{\pi}{2}\int_0^\pi f(\text{sen}\,x)\,dx$$

93. Mediante el ejercicio 92, calcule la integral

$$\int_0^\pi \frac{x\,\text{sen}\,x}{1 + \cos^2 x}\,dx$$

94. (a) Si f es continua, demuestre que

$$\int_0^{\pi/2} f(\cos x)\,dx = \int_0^{\pi/2} f(\text{sen}\,x)\,dx$$

(b) Utilice el inciso (a) para evaluar $\int_0^{\pi/2} \cos^2 x\,dx$ y $\int_0^{\pi/2} \text{sen}^2 x\,dx$.

5 REPASO

VERIFICACIÓN DE CONCEPTOS

Las respuestas a la verificación de conceptos se encuentran en las páginas finales del libro.

1. (a) Escriba una expresión para una suma de Riemann de una función f. Explique el significado de la notación que use.
(b) Si $f(x) \geqslant 0$, ¿cuál es la interpretación geométrica de una suma de Riemann? Ilustre su respuesta con un diagrama.
(c) Si $f(x)$ toma tanto valores positivos como negativos, ¿cuál es la interpretación geométrica de una suma de Riemann? Ilustre su respuesta con un diagrama.

2. (a) Escriba la definición de la integral definida de una función continua, de a a b.
(b) ¿Cuál es la interpretación geométrica de $\int_a^b f(x)\,dx$ si $f(x) \geqslant 0$?
(c) ¿Cuál es la interpretación geométrica de $\int_a^b f(x)\,dx$ si $f(x)$ toma valores tanto positivos como negativos? Ilustre su respuesta con un diagrama.

3. Enuncie la regla del punto medio.

4. Enuncie las dos partes del teorema fundamental del cálculo.

5. (a) Enuncie el teorema del cambio neto.
(b) Si $r(t)$ es la rapidez con la que el agua fluye hacia un depósito, ¿qué representa $\int_{t_1}^{t_2} v(t)\,dt$?

6. Suponga que una partícula se mueve hacia adelante y hacia atrás a lo largo de una recta con una velocidad $v(t)$, medida en metros por segundo, y una aceleración $a(t)$.
(a) ¿Cuál es el significado de $\int_{60}^{120} v(t)\,dt$?
(b) ¿Cuál es el significado de $\int_{60}^{120} v(t)\,|\,dt$?
(c) ¿Cuál es el significado de $\int_{60}^{120} a(t)\,dt$?

7. (a) Explique el significado de la integral indefinida $\int f(x)\,dx$.
(b) ¿Cuál es la relación entre la integral definida $\int_a^b f(x)\,dx$ y la integral indefinida $\int f(x)\,dx$?

8. Explique con exactitud qué significa el enunciado "la derivación y la integración son procesos inversos."

9. Enuncie la regla de sustitución. En la práctica, ¿cómo puede usarla?

EXAMEN VERDADERO-FALSO

Determine si el enunciado es verdadero o falso. Si es verdadero explique por qué. Si es falso, explique por qué o dé un ejemplo que refute el enunciado.

1. Si f y g son continuas en $[a, b]$, entonces

$$\int_a^b [f(x) + g(x)]\,dx = \int_a^b f(x)\,dx + \int_a^b g(x)\,dx$$

2. Si f y g son continuas en $[a, b]$, entonces

$$\int_a^b [f(x)g(x)]\,dx = \left(\int_a^b f(x)\,dx\right)\left(\int_a^b g(x)\,dx\right)$$

3. Si f es continua en $[a, b]$, entonces

$$\int_a^b 5f(x)\,dx = 5\int_a^b f(x)\,dx$$

4. Si f es continua en $[a, b]$, entonces

$$\int_a^b xf(x)\,dx = x\int_a^b f(x)\,dx$$

5. Si f es continua en $[a, b]$ y $f(x) \geqslant 0$, entonces

$$\int_a^b \sqrt{f(x)}\,dx = \sqrt{\int_a^b f(x)\,dx}$$

6. Si f' es continua en $[1, 3]$, entonces $\int_1^3 f'(v)\,dv = f(3) - f(1)$.

7. Si f y g son continuas y $f(x) \geqslant g(x)$ para $a \leqslant x \leqslant b$, entonces

$$\int_a^b f(x)\,dx \geqslant \int_a^b g(x)\,dx$$

8. *Si* f y g son derivables y $f(x) \geqslant g(x)$ para $a < x < b$, entonces $f'(x) \geqslant g'(x)$ para $a < x < b$.

9. $$\int_{-1}^{1}\left(x^5 - 6x^9 + \frac{\operatorname{sen} x}{(1 + x^4)^2}\right)dx = 0$$

10. $$\int_{-5}^{5} (ax^2 + bx + c)\,dx = 2\int_0^5 (ax^2 + c)\,dx$$

11. Toda función continua tiene derivada.

12. Toda función continua tiene antiderivada.

13. $$\int_{\pi}^{2\pi} \frac{\operatorname{sen} x}{x}\,dx = \int_{\pi}^{3\pi} \frac{\operatorname{sen} x}{x}\,dx + \int_{3\pi}^{2\pi} \frac{\operatorname{sen} x}{x}\,dx$$

14. Si $\int_0^1 f(x)\,dx = 0$, entonces $f(x) = 0$ para $0 \leqslant x \leqslant 1$.

15. Si f es continua en $[a, b]$, entonces

$$\frac{d}{dx}\left(\int_a^b f(x)\,dx\right) = f(x)$$

16. $\int_0^2 (x - x^3)\,dx$ representa el área bajo la curva $y = x - x^3$ de 0 a 2.

17. $$\int_{-2}^{1} \frac{1}{x^4}\,dx = -\frac{3}{8}$$

18. Si f tiene una discontinuidad en 0, entonces $\int_{-1}^{1} f(x)\,dx$ no existe.

EJERCICIOS

1. Utilice la gráfica dada de f para hallar la suma de Riemann con seis subintervalos. Tome los puntos muestra como (a) los puntos finales derechos y (b) los puntos medios. En cada caso dibuje un diagrama y explique que representa la suma de Riemann.

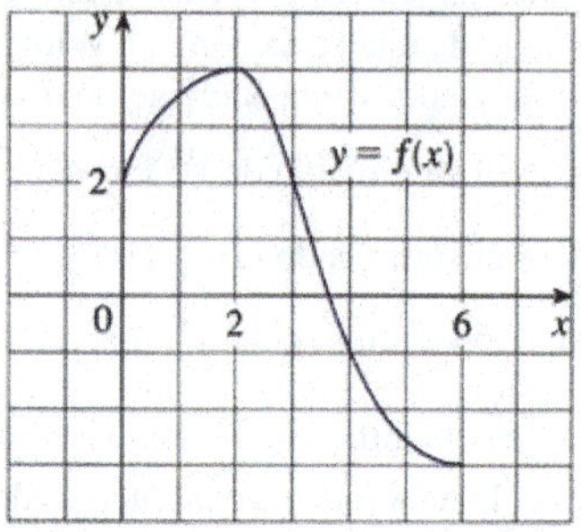

2. (a) Evalúe la suma de Riemann para

$$f(x) = x^2 - x \qquad 0 \leqslant x \leqslant 2$$

con cuatro subintervalos; tomando los puntos finales derechos como puntos muestra. Con ayuda de un diagrama explique qué representa la suma de Riemann.

(b) Utilice la definición de integral definida (con los puntos finales derechos) para calcular el valor de la integral

$$\int_0^2 (x^2 - x)\, dx$$

(c) Utilice el teorema fundamental para comprobar su respuesta al inciso (b).

(d) Dibuje un diagrama para explicar el significado geométrico de la integral del inciso (b).

3. Evalúe

$$\int_0^1 \left(x + \sqrt{1 - x^2}\right) dx$$

interpretándola en términos de áreas.

4. Exprese

$$\lim_{n \to \infty} \sum_{i=1}^{n} \operatorname{sen} x_i \, \Delta x$$

como una integral definida sobre el intervalo $[0, \pi]$ y evalúe la integral.

5. Si $\int_2^9 f(x)\, dx = 12$ y $\int_6^9 f(x)\, dx = 5$, encuentre $\int_2^6 f(x)\, dx$.

SAC **6.** (a) Escriba $\int_1^5 (x + 2x^5)\, dx$ como un límite de sumas de Riemann, tomando los puntos finales derechos como los puntos muestra. Utilice un sistema algebraico computacional para evaluar la suma y calcular el límite.

(b) Use el teorema fundamental para comprobar la respuesta al inciso (a).

7. En la figura siguiente se muestran las gráficas de f, f', y $\int_0^x f(t)\, dt$. Identifique cada gráfica y explique el porqué de su elección.

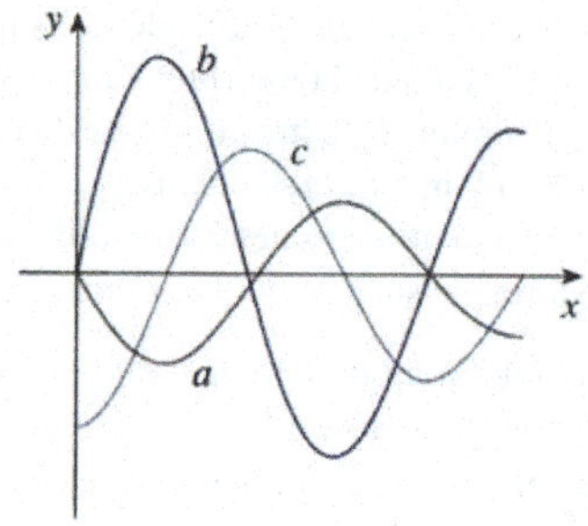

8. Evalúe:

(a) $\displaystyle\int_0^1 \frac{d}{dx}\left(e^{\arctan x}\right) dx$ (b) $\displaystyle\frac{d}{dx}\int_0^1 e^{\arctan x}\, dx$

(c) $\displaystyle\frac{d}{dx}\int_0^x e^{\arctan t}\, dt$

9. La gráfica de f consiste de los tres segmentos de recta que se muestran. Si $g(x) = \int_0^x f(t)\, dt$ determine $g(4)$ y $g'(4)$.

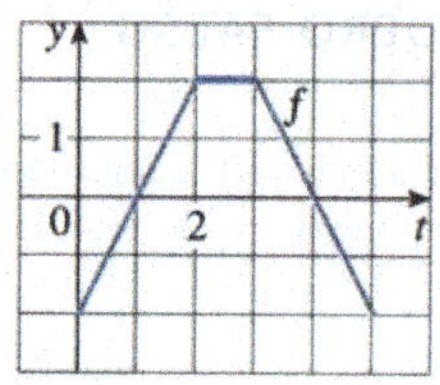

10. Si f es la función del ejercicio 9, determine $g''(4)$.

11–40 Evalúe la integral, si existe.

11. $\displaystyle\int_1^2 (8x^3 + 3x^2)\, dx$

12. $\displaystyle\int_0^T (x^4 - 8x + 7)\, dx$

13. $\displaystyle\int_0^1 (1 - x^3)\, dx$

14. $\displaystyle\int_0^1 (1 - x)^9\, dx$

15. $\displaystyle\int_1^9 \frac{\sqrt{u} - 2u^2}{u}\, du$

16. $\displaystyle\int_0^1 \left(\sqrt[4]{u} + 1\right)^2 du$

17. $\displaystyle\int_0^1 y(y^2 + 1)^5\, dy$

18. $\displaystyle\int_0^2 y^2\sqrt{1 + y^3}\, dy$

19. $\displaystyle\int_{-3}^3 \frac{dr}{(r - 1)^4}$

20. $\displaystyle\int_0^1 \operatorname{sen}(3\pi t)\, dt$

21. $\displaystyle\int_0^1 v^2 \cos(v^3)\, dv$

22. $\displaystyle\int_{-1}^1 \frac{\operatorname{sen} x}{1 + x^2}\, dx$

23. $\displaystyle\int_{-\pi/4}^{\pi/4} \frac{t^4 \tan t}{2 + \cos t}\, dt$

24. $\displaystyle\int_0^1 \frac{e^x}{1 + e^{2x}}\, dx$

25. $\displaystyle\int \left(\frac{1 - x}{x}\right)^2 dx$

26. $\displaystyle\int_1^{10} \frac{x}{x^2 - 4}\, dx$

27. $\displaystyle\int \frac{x+2}{\sqrt{x^2+4x}}\,dx$

28. $\displaystyle\int \frac{\csc^2 x}{1+\cot x}\,dx$

29. $\displaystyle\int \operatorname{sen} \pi t \cos \pi t\,dt$

30. $\displaystyle\int \operatorname{sen} x \cos(\cos x)\,dx$

31. $\displaystyle\int \frac{e^{\sqrt{x}}}{\sqrt{x}}\,dx$

32. $\displaystyle\int \frac{\operatorname{sen}(\ln x)}{x}\,dx$

33. $\displaystyle\int \tan x \ln(\cos x)\,dx$

34. $\displaystyle\int \frac{x}{\sqrt{1-x^4}}\,dx$

35. $\displaystyle\int \frac{x^3}{1+x^4}\,dx$

36. $\displaystyle\int \operatorname{senh}(1+4x)\,dx$

37. $\displaystyle\int \frac{\sec\theta\,\tan\theta}{1+\sec\theta}\,d\theta$

38. $\displaystyle\int_0^{\pi/4} (1+\tan t)^3 \sec^2 t\,dt$

39. $\displaystyle\int_0^3 |x^2-4|\,dx$

40. $\displaystyle\int_0^4 |\sqrt{x}-1|\,dx$

41–42 Evalúe la integral indefinida. Ilustre y compruebe que su respuesta es razonable trazando las gráficas de la función y de su antiderivada (tome $C = 0$).

41. $\displaystyle\int \frac{\cos x}{\sqrt{1+\operatorname{sen} x}}\,dx$

42. $\displaystyle\int \frac{x^3}{\sqrt{x^2+1}}\,dx$

43. Use una gráfica para dar una estimación aproximada del área de la región que se encuentra bajo la curva $y = x\sqrt{x}$, $0 \leq x \leq 4$. Luego, encuentre el área exacta.

44. Grafique la función $f(x) = \cos^2 x \operatorname{sen} x$ y use esa gráfica para inferir el valor de la integral $\int_0^{2\pi} f(x)\,dx$. Después, evalúe la integral para confirmar su conjetura.

45–50 Encuentre la derivada de la función.

45. $\displaystyle F(x) = \int_0^x \frac{t^2}{1+t^3}\,dt$

46. $\displaystyle F(x) = \int_x^1 \sqrt{t+\operatorname{sen} t}\,dt$

47. $\displaystyle g(x) = \int_0^{x^4} \cos(t^2)\,dt$

48. $\displaystyle g(x) = \int_1^{\operatorname{sen} x} \frac{1-t^2}{1+t^4}\,dt$

49. $\displaystyle y = \int_{\sqrt{x}}^x \frac{e^t}{t}\,dt$

50. $\displaystyle y = \int_{2x}^{3x+1} \operatorname{sen}(t^4)\,dt$

51–52 Mediante la propiedad 8 de las integrales, estime el valor de cada una de las integrales siguientes.

51. $\displaystyle\int_1^3 \sqrt{x^2+3}\,dx$

52. $\displaystyle\int_3^5 \frac{1}{x+1}\,dx$

53–56 Utilice las propiedades de las integrales para verificar la desigualdad.

53. $\displaystyle\int_0^1 x^2 \cos x\,dx \leq \frac{1}{3}$

54. $\displaystyle\int_{\pi/4}^{\pi/2} \frac{\operatorname{sen} x}{x}\,dx \leq \frac{\sqrt{2}}{2}$

55. $\displaystyle\int_0^1 e^x \cos x\,dx \leq e-1$

56. $\displaystyle\int_0^1 x \operatorname{sen}^{-1} x\,dx \leq \pi/4$

57. Use la regla del punto medio con $n = 6$ para obtener un valor aproximado de $\int_0^3 \operatorname{sen}(x^3)\,dx$.

58. Una partícula se mueve a lo largo de una recta con la función velocidad $v(t) = t^2 - t$, donde v se mide en metros por segundo. Encuentre (a) el desplazamiento y (b) la distancia recorrida por la partícula durante el intervalo $[0, 5]$.

59. Sea $r(t)$ la tasa a la cual se consume el petróleo del mundo, donde t se mide en años y empieza en $t = 0$ el 1 de enero de 2000, y $r(t)$ se mide en barriles por año. ¿Qué representa $\int_0^8 r(t)\,dt$?

60. Se utilizó una pistola de radar para registrar la rapidez de un corredor en los tiempos dados en la tabla siguiente. Utilice la regla del punto medio para estimar la distancia del corredor cubierta durante esos cinco segundos.

t (s)	v (m/s)	t (s)	v (m/s)
0	0	3.0	10.51
0.5	4.67	3.5	10.67
1.0	7.34	4.0	10.76
1.5	8.86	4.5	10.81
2.0	9.73	5.0	10.81
2.5	10.22		

61. Una población de abejas mieleras aumentó en una tasa de $r(t)$ abejas por semana, donde la gráfica de r es como se muestra. Use la regla del punto medio junto con seis subintervalos para estimar el aumento en la población de abejas durante las primeras 24 semanas.

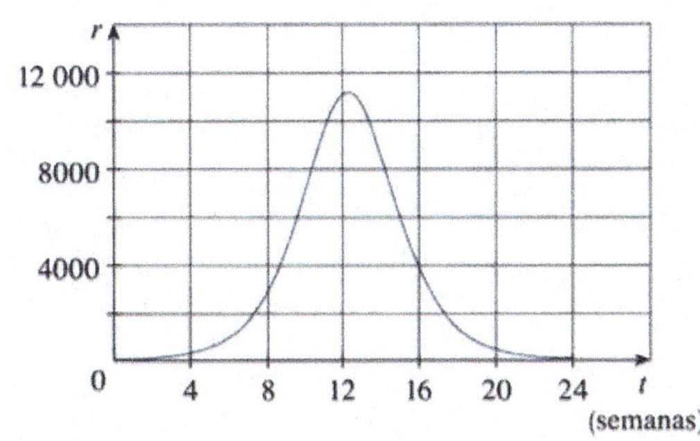

62. Sea

$$f(x) = \begin{cases} -x-1 & \text{si } -3 \leq x \leq 0 \\ -\sqrt{1-x^2} & \text{si } 0 \leq x \leq 1 \end{cases}$$

Evalúe $\int_{-3}^1 f(x)\,dx$ al interpretar la integral como una diferencia de áreas.

63. Si f es continua y $\int_0^2 f(x)\,dx$, evalúe $\int_0^{\pi/2} f(2 \operatorname{sen}\theta) \cos\theta\,d\theta$.

64. En la sección 5.3 se introdujo la función de Fresnel $S(x) = \int_0^x \operatorname{sen}\left(\frac{1}{2}\pi t^2\right) dt$. En su teoría de la difracción de las ondas luminosas, Fresnel también usó la función

$$C(x) = \int_0^x \cos\left(\tfrac{1}{2}\pi t^2\right) dt$$

en su teoría de difracción de las ondas de luz.

(a) ¿En cuáles intervalos C es creciente?

(b) ¿En cuáles intervalos C es cóncava hacia arriba?

SAC (c) Use una gráfica para resolver la ecuación siguiente, con una aproximación de dos decimales:

$$\int_0^x \cos\left(\tfrac{1}{2}\pi t^2\right) dt = 0.7$$

SAC (d) Trace la gráfica de C y S en la misma pantalla. ¿Cómo están relacionadas estas gráficas?

65. Estime el valor del número c tal que el área bajo la curva $y = \operatorname{senh} cx$ entre $x = 0$ y $x = 1$ es igual a 1.

66. Suponga que en un inicio la temperatura en una varilla larga y delgada que se encuentra a lo largo del eje x es $C/(2a)$ si $|x| \leq a$ y 0 si $|x| > a$. Se puede demostrar que si la difusión de calor de la varilla es k, entonces la temperatura de la varilla en el punto x en el instante t, es

$$T(x, t) = \frac{C}{a\sqrt{4\pi kt}} \int_0^a e^{-(x-u)^2/(4kt)}\, du$$

Para determinar la distribución de temperaturas que se produce a partir de un punto caliente inicial concentrado en el origen, necesita calcular $\lim_{a\to 0} T(x, t)$. Use la regla de L'Hôpital para encontrar este límite.

67. Si f es una función continua tal que

$$\int_1^x f(t)\, dt = (x - 1)e^{2x} + \int_1^x e^{-t} f(t)\, dt$$

para toda x, encuentre una fórmula explícita para $f(x)$.

68. Suponga que h es una función tal que $h(1) = -2$, $h'(1) = 2$, $h''(1) = 3$, $h(2) = 6$, $h'(2) = 5$, $h''(2) = 13$ y h'' es continua en todo su dominio. Evalúe $\int_1^2 h''(u)\, du$.

69. Si f' es continua en $[a, b]$, demuestre que

$$2\int_a^b f(x)f'(x)\, dx = [f(b)]^2 - [f(a)]^2$$

70. Determine

$$\lim_{h\to 0} \frac{1}{h} \int_2^{2+h} \sqrt{1 + t^3}\, dt$$

71. Si f es continua en $[0, 1]$, demuestre que

$$\int_0^1 f(x)\, dx = \int_0^1 f(1 - x)\, dx$$

72. Evalúe

$$\lim_{n\to\infty} \frac{1}{n}\left[\left(\frac{1}{n}\right)^9 + \left(\frac{2}{n}\right)^9 + \left(\frac{3}{n}\right)^9 + \cdots + \left(\frac{n}{n}\right)^9\right]$$

73. Suponga que f es continua, $f(0) = 0$, $f(1) = 1$, $f'(x) > 0$ y $\int_0^1 f(x)\, dx = \frac{1}{3}$. Determine el valor de la integral $\int_0^1 f^{-1}(y)\, dy$.

Problemas adicionales

Antes de ver la solución del ejemplo siguiente, cúbrala e intente resolver el problema por usted mismo.

EJEMPLO Evalúe $\lim_{x\to 3}\left(\dfrac{x}{x-3}\displaystyle\int_3^x \frac{\operatorname{sen} t}{t}\,dt\right)$.

SOLUCIÓN Empiece por tener un panorama preliminar de los ingredientes de la función. ¿Qué sucede con el primer factor, $x/(x-3)$, cuando x tiende a 3? El numerador tiende a 3 y el denominador tiende a 0, por lo que tiene

$$\frac{x}{x-3} \to \infty \quad \text{cuando} \quad x \to 3^+ \qquad \text{y} \qquad \frac{x}{x-3} \to -\infty \quad \text{cuando} \quad x \to 3^-$$

El segundo factor tiende a $\int_3^3 (\operatorname{sen} t)/t\,dt$, que es 0. No resulta claro qué sucede a la función como un todo. (Uno de los factores aumenta, y el otro disminuye.) Por lo que, ¿cómo procederá?

SP Los principios para la resolución de problemas se analizan en la página 71.

Uno de los principios para la resolución de problemas es intentar *reconocer algo conocido*. ¿Existe una parte de la función que recuerde algo que ya ha visto? Bien, la integral

$$\int_3^x \frac{\operatorname{sen} t}{t}\,dt$$

tiene a x como su límite superior de integración, y ese tipo de integral se presenta en la parte 1 del teorema fundamental del cálculo:

$$\frac{d}{dx}\int_a^x f(t)\,dt = f(x)$$

Esto sugiere que podría relacionarse con la derivación.

Una vez que empiece a pensar en la derivación, el denominador $(x-3)$ le recuerda algo más que debe serle conocido: una de las formas de la definición de la derivada en el capítulo 2 es

$$F'(a) = \lim_{x\to a}\frac{F(x)-F(a)}{x-a}$$

y con $a = 3$ esto se convierte en

$$F'(3) = \lim_{x\to 3}\frac{F(x)-F(3)}{x-3}$$

De modo que, ¿cuál es la función F en esta situación? Observe que si define

$$F(x) = \int_3^x \frac{\operatorname{sen} t}{t}\,dt$$

entonces $F(3) = 0$. ¿Qué se puede decir acerca del factor x en el numerador? Esto es una situación irregular, de modo que sáquelo como factor y una el cálculo:

Otro método es usar la regla de L'Hôpital.

$$\lim_{x\to 3}\left(\frac{x}{x-3}\int_3^x \frac{\operatorname{sen} t}{t}\,dt\right) = \lim_{x\to 3} x \cdot \lim_{x\to 3}\frac{\displaystyle\int_3^x \frac{\operatorname{sen} t}{t}\,dt}{x-3} = 3\lim_{x\to 3}\frac{F(x)-F(3)}{x-3}$$

$$= 3F'(3) = 3\,\frac{\operatorname{sen} 3}{3} = \operatorname{sen} 3 \qquad \text{(TFC1)}$$

■

Problemas

1. Si $x \operatorname{sen} \pi x = \int_0^{x^2} f(t)\,dt$, donde f es una función continua, encuentre $f(4)$.
2. Encuentre el valor mínimo del área bajo la curva $y = x + 1/x$ de $x = a$ a $x = a + 1.5$, para toda $a > 0$.

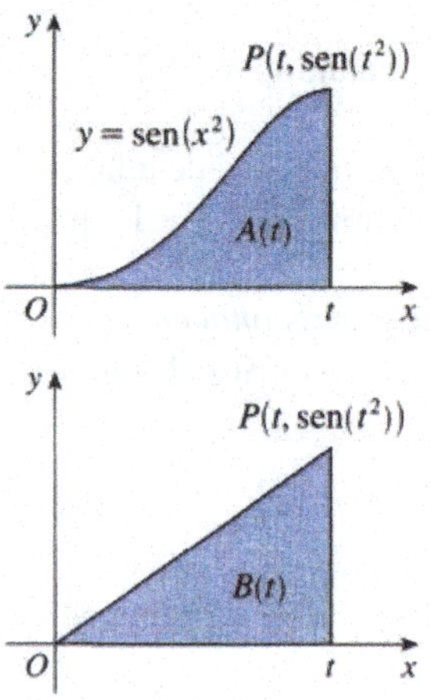

FIGURAS PARA EL PROBLEMA 8

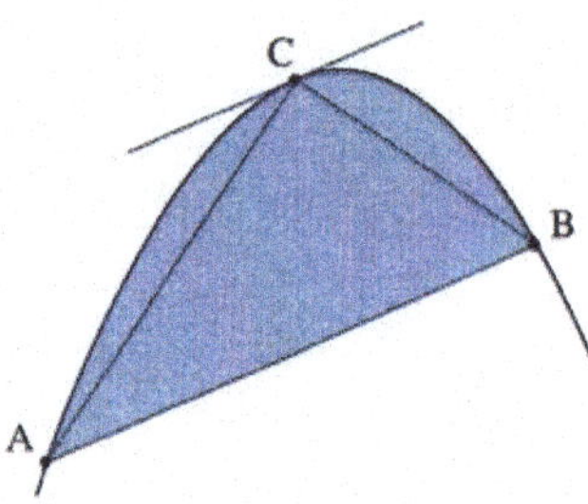

FIGURA PARA EL PROBLEMA 16

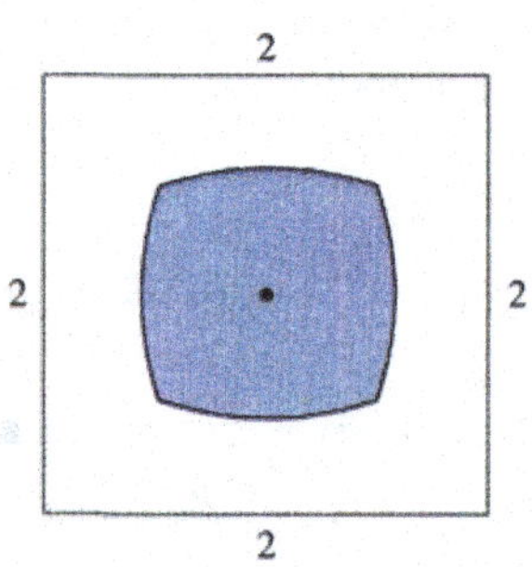

FIGURA PARA EL PROBLEMA 18

3. Si $\int_0^4 e^{(x-2)^4}\,dx = k$, encuentre el valor de $\int_0^4 xe^{(x-2)^4}\,dx$.

4. (a) Trace la gráfica de varios miembros de la familia de funciones $f(x) = (2cx - x^2)/c^3$ para $c > 0$ y vea las regiones limitadas por estas curvas y el eje x. Haga una conjetura en cuanto a cómo se relacionan las áreas de estas regiones.
(b) Pruebe su conjetura del inciso (a).
(c) Vea de nuevo las gráficas del inciso (a) y úselas para trazar la curva descrita por los vértices (los puntos más altos) de la familia de funciones. ¿Puede conjeturar qué tipo de curva es esta?
(d) Determine una ecuación para la curva que trazó en el inciso (c).

5. Si $f(x) = \int_0^{g(x)} \dfrac{1}{\sqrt{1+t^3}}\,dt$, donde $g(x) = \int_0^{\cos x} [1 + \text{sen}(t^2)]\,dt$, determine $f'(\pi/2)$.

6. Si $f(x) = \int_0^x x^2 \,\text{sen}(t^2)\,dt$, determine $f'(x)$.

7. Evalúe el $\text{lím}_{x\to 0}\,(1/x)\int_0^x (1 - \tan 2t)^{1/t}\,dt$. [Suponga que el integrando se define como continuo en $t = 0$; véase el ejercicio 5.3.72.]

8. En la figura pueden verse dos regiones en el primer cuadrante: $A(t)$ es el área bajo la curva $y = \text{sen}(x^2)$ de 0 a t, y $B(t)$ es el área del triángulo con vértices O, P y $(t, 0)$. Calcule $\displaystyle\lim_{t\to 0^+} [A(t)/B(t)]$.

9. Encuentre el intervalo $[a, b]$ para el cual el valor de la integral $\int_a^b (2 + x - x^2)\,dx$ es un máximo.

10. Utilice una integral para estimar la suma $\displaystyle\sum_{i=1}^{10000} \sqrt{i}$.

11. (a) Evalúe $\int_0^n [\![x]\!]\,dx$, donde n es un entero positivo.
(b) Evalúe $\int_a^b [\![x]\!]\,dx$, donde a y b son números reales con $0 \leqslant a < b$.

12. Encuentre $\dfrac{d^2}{dx^2}\displaystyle\int_0^x \left(\int_1^{\text{sen}\,t} \sqrt{1 + u^4}\,du\right) dt$.

13. Suponga que los coeficientes de la polinomial cúbica $P(x) = a + bx + cx^2 + dx^3$ satisfacen la ecuación

$$a + \frac{b}{2} + \frac{c}{3} + \frac{d}{4} = 0$$

Demuestre que la ecuación $P(x) = 0$ tiene una raíz entre 0 y 1. ¿Puede generalizar este resultado para un polinomio de grado n-ésimo?

14. En un evaporador se usa un disco circular y se hace girar en un plano vertical. Si debe estar parcialmente sumergido en el líquido de modo que se maximice el área humedecida expuesta del disco, demuestre que el centro debe hallarse a una altura $r/\sqrt{1 + \pi^2}$ arriba de la superficie del líquido.

15. Demuestre que si f es continua, entonces $\displaystyle\int_0^x f(u)(x - u)\,du = \int_0^x \left(\int_0^u f(t)\,dt\right) du$.

16. La figura muestra un segmento parabólico, es decir, una parte de una parábola cortada por una cuerda AB. También se muestra un punto C en la parábola con la propiedad de que la recta tangente a C es paralela a la cuerda AB. Arquímedes demostró que el área del segmento parabólico es $\frac{4}{3}$ veces del área del triángulo inscrito ABC. Verifique los resultados de Arquímedes de la parábola $y = 4 - x^2$ y la recta $y = x + 2$.

17. Dado el punto (a, b) en el primer cuadrante, encuentre la parábola que abre hacia abajo que pasa por el punto (a, b) y por el origen tal que el área bajo la parábola es mínima.

18. En la figura se muestra una región que consta de todos los puntos dentro de un cuadrado que están más cerca del centro que de los lados del cuadrado. Encuentre el área de la región.

19. Evalúe $\displaystyle\lim_{n\to\infty} \left(\frac{1}{\sqrt{n}\sqrt{n+1}} + \frac{1}{\sqrt{n}\sqrt{n+2}} + \cdots + \frac{1}{\sqrt{n}\sqrt{n+n}}\right)$.

20. Para cualquier número c, sea $f_c(x)$ el más pequeño de los dos números $(x - c)^2$ y $(x - c - 2)^2$. Entonces, defina $g(c) = \int_0^1 f_c(x)\,dx$. Encuentre los valores máximo y mínimo de $g(c)$ si $-2 \leqslant c \leqslant 2$.

6 Aplicaciones de la integral

© Richard Paul Kane / Shutterstock.com

Cuando un bate golpea una pelota de béisbol, la colisión dura aproximadamente una milésima de segundo. En el proyecto en la página 464, usted utilizará el cálculo para encontrar la fuerza promedio sobre el bate cuando esto sucede. También se exploran algunas otras aplicaciones del cálculo para el juego de béisbol.

EN ESTE CAPÍTULO SE EXPLORAN algunas de las aplicaciones de la integral definida utilizándola para calcular áreas entre las curvas, los volúmenes de sólidos y el trabajo realizado por una fuerza variable. El tema común es el método general, que es similar al que se utiliza para encontrar áreas bajo las curvas: se descompone una cantidad Q en un gran número de pequeñas partes. Después se aproxima cada una de estas partes por una cantidad de la forma $f(x_i^*)\Delta x$ y así se aproxima Q mediante una suma de Riemann. Luego, se toma el límite y se expresa Q como una integral. Por último, se evalúa la integral mediante el teorema fundamental del cálculo o la regla del punto medio.

6.1 Áreas entre curvas

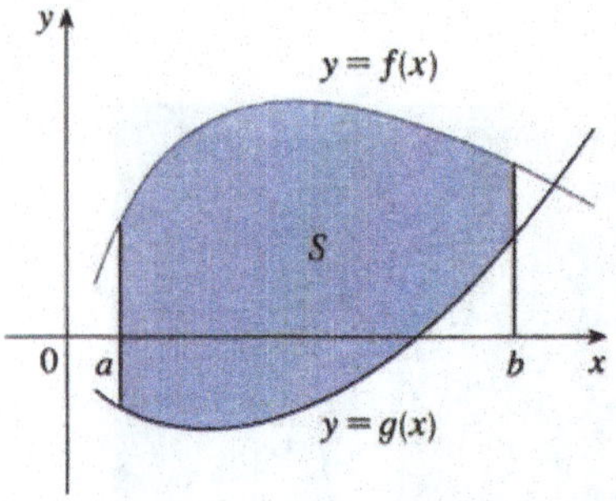

FIGURA 1

$S = \{(x, y) \mid a \leq x \leq b, g(x) \leq y \leq f(x)\}$

En el capítulo 5 se definen y calculan áreas de regiones que están bajo las gráficas de funciones. Aquí se usan integrales para calcular las áreas de regiones que quedan entre las gráficas de dos funciones.

Considere la región S que se ubica entre dos curvas $y = f(x)$ y $y = g(x)$ y entre las rectas verticales $x = a$ y $x = b$, donde f y g son funciones continuas y $f(x) \geq g(x)$ para toda x en $[a, b]$. (Véase la figura 1.)

De la misma manera, como se hizo para áreas bajo las curvas en la sección 5.1, se divide S en n franjas con igual ancho, y luego se calcula el valor aproximado de la i-ésima franja mediante un rectángulo de base Δx y altura $f(x_i^*) - g(x_i^*)$. (Véase la figura 2. Si lo desea, se podrían tomar todos los puntos muestra como puntos finales derechos, en cuyo caso $x_i^* = x_i$). Por tanto, la suma de Riemann

$$\sum_{i=1}^{n} [f(x_i^*) - g(x_i^*)]\,\Delta x$$

es una aproximación a lo que se intuye que es el área de S.

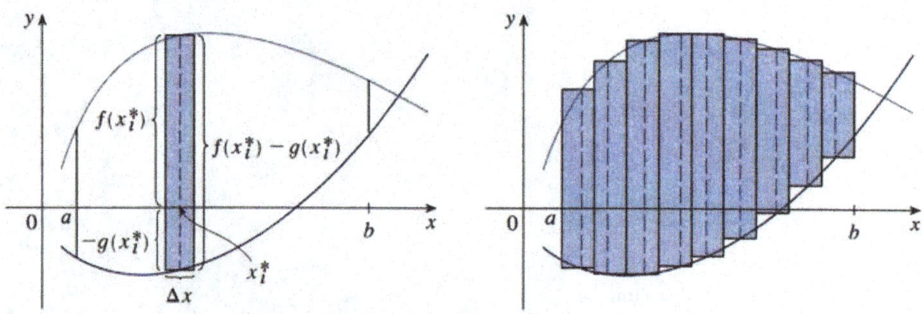

FIGURA 2

(a) Rectángulo representativo

(b) Rectángulos de aproximación

Esta aproximación resulta ser cada vez mejor cuando $n \to \infty$. Por tanto, se define el **área** A de S como el valor límite de la suma de áreas de estos rectángulos de aproximación.

1
$$A = \lim_{n \to \infty} \sum_{i=1}^{n} [f(x_i^*) - g(x_i^*)]\,\Delta x$$

Se identifica el límite en (1) como la integral definida de $f - g$; por tanto, se tiene la fórmula siguiente para el área.

2 El área A de la región acotada por las curvas $y = f(x)$, $y = g(x)$ y las rectas $x = a$, $x = b$, donde f y g son continuas y $f(x) \geq g(x)$ para toda x en $[a, b]$, es

$$A = \int_a^b [f(x) - g(x)]\,dx$$

Observe que en el caso especial donde $g(x) = 0$, S es la región bajo la gráfica de f, y la definición general del área (1) se reduce a la definición anterior (definición 5.1.2).

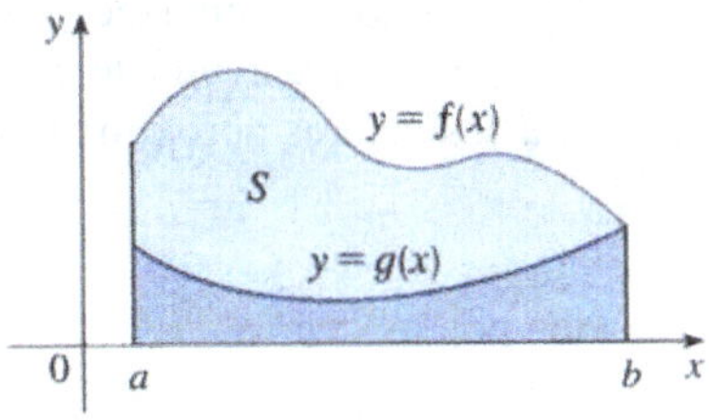

FIGURA 3
$A = \int_a^b f(x)dx - \int_a^b g(x)dx$

En el caso donde f y g son positivas, se puede ver en la figura 3 por qué (2) es cierta:

$$A = [\text{área bajo } y = f(x)] - [\text{área bajo } y = g(x)]$$
$$= \int_a^b f(x)\,dx - \int_a^b g(x)\,dx = \int_a^b [f(x) - g(x)]\,dx$$

EJEMPLO 1 Determine el área de la región acotada por arriba por $y = e^x$, por abajo por $y = x$ y acotada por los lados por $x = 0$ y $x = 1$.

SOLUCIÓN La región se muestra en la figura 4. La curva frontera superior es $y = e^x$, y la curva frontera inferior es $y = x$. De este modo se usa la fórmula del área (2) con $f(x) = e^x$, $g(x) = x$, $a = 0$ y $b = 1$.

$$A = \int_0^1 (e^x - x)\,dx = e^x - \tfrac{1}{2}x^2\Big]_0^1$$
$$= e - \tfrac{1}{2} - 1 = e - 1.5$$ ■

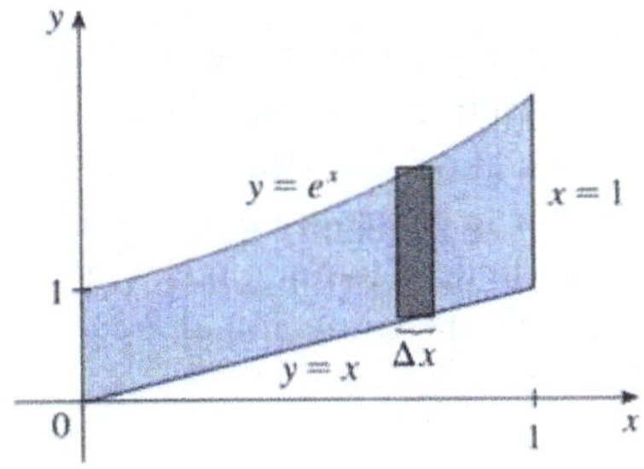

FIGURA 4

En la figura 4 se toma un rectángulo representativo de aproximación cuyo ancho es Δx como recordatorio del procedimiento por medio del cual se define el área (1). En general, cuando se plantea una integral para determinar un área, es útil trazar la región para identificar la curva superior y_T, la curva inferior y_B y un rectángulo representativo de aproximación como en la figura 5. Por consiguiente, el área de un rectángulo es $(y_T - y_B)\,\Delta x$ y la ecuación

$$A = \lim_{n\to\infty} \sum_{i=1}^{n} (y_T - y_B)\,\Delta x = \int_a^b (y_T - y_B)\,dx$$

resume el procedimiento de sumar (en el sentido de límite) las áreas de todos los rectángulos representativos.

Observe que, en la figura 5, el límite o frontera izquierda se reduce a un punto, mientras que, en la figura 3, la frontera derecha se reduce a un punto. En el ejemplo siguiente, ambos límites se reducen a un punto, de modo que el primer paso es determinar a y b.

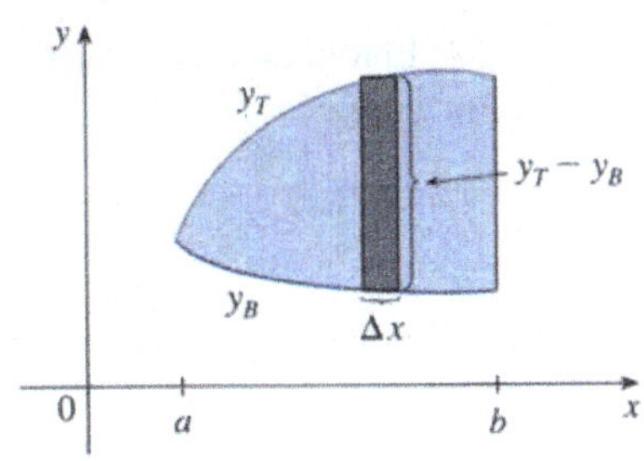

FIGURA 5

EJEMPLO 2 Calcule el área de la región encerrada por las parábolas $y = x^2$ y $y = 2x - x^2$.

SOLUCIÓN Primero se determinan los puntos de intersección de las parábolas resolviendo en forma simultánea sus ecuaciones. El resultado es $x^2 = 2x - x^2$, o $2x^2 - 2x = 0$. Por lo que, $2x(x - 1) = 0$, de modo que $x = 0$ o 1. Los puntos de intersección son $(0, 0)$ y $(1, 1)$.

En la figura 6, se ve que los límites superior e inferior son

$$y_T = 2x - x^2 \qquad \text{y} \qquad y_B = x^2$$

El área de un rectángulo representativo es

$$(y_T - y_B)\,\Delta x = (2x - x^2 - x^2)\,\Delta x$$

y la región se encuentra entre $x = 0$ y $x = 1$. Por lo que el área total es

$$A = \int_0^1 (2x - 2x^2)\,dx = 2\int_0^1 (x - x^2)\,dx$$
$$= 2\left[\frac{x^2}{2} - \frac{x^3}{3}\right]_0^1 = 2\left(\frac{1}{2} - \frac{1}{3}\right) = \frac{1}{3}$$ ■

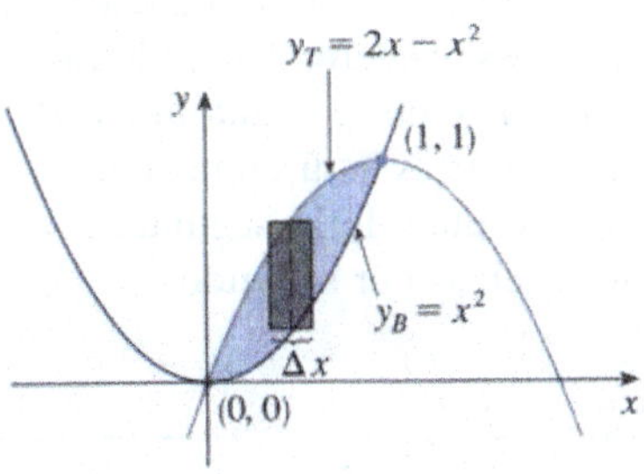

FIGURA 6

Algunas veces es difícil, o hasta imposible, determinar los puntos de intersección exactos de las dos curvas. Como se muestra en el ejemplo siguiente, con la ayuda de una calculadora graficadora o de una computadora, para encontrar los valores aproximados de los puntos de intersección, y luego proceder como antes.

EJEMPLO 3 Calcule el área aproximada de la región acotada por las curvas $y = x/\sqrt{x^2+1}$ y $y = x^4 - x$.

SOLUCIÓN Si se tratara de determinar exactamente los puntos de intersección, se tendría que resolver la ecuación

$$\frac{x}{\sqrt{x^2+1}} = x^4 - x$$

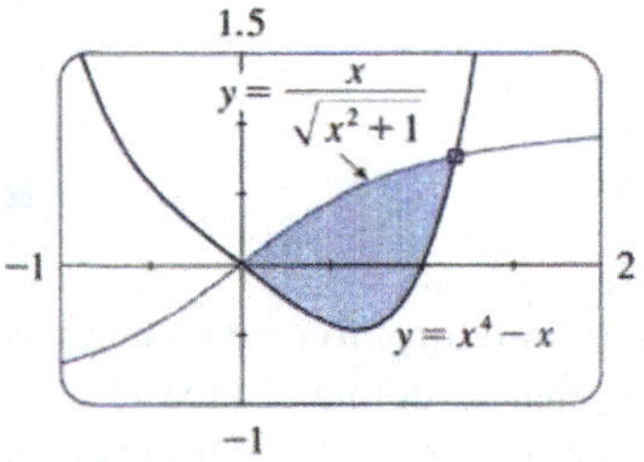

FIGURA 7

Esta ecuación parece muy difícil de resolver de manera exacta (de hecho, es imposible), por lo que se recurre a un dispositivo graficador para trazar las gráficas de las dos curvas de la figura 7. Un punto de intersección está en el origen. Haciendo un acercamiento con el zoom en el otro punto de intersección se encuentra que $x \approx 1.18$. (Si se requiere mayor precisión, se podría aplicar el método de Newton o resolver numéricamente en el dispositivo graficador.) Por lo que una aproximación al área entre las curvas es

$$A \approx \int_0^{1.18} \left[\frac{x}{\sqrt{x^2+1}} - (x^4 - x) \right] dx$$

Para integrar el primer término se utiliza la sustitución $u = x^2 + 1$. Entonces, $du = 2x\,dx$, y cuando $x = 1.18$, se tiene $u \approx 2.39$; cuando $x = 0$, $u = 1$. Por lo que

$$\begin{aligned} A &\approx \tfrac{1}{2}\int_1^{2.39} \frac{du}{\sqrt{u}} - \int_0^{1.18} (x^4 - x)\,dx \\ &= \sqrt{u}\,\Big]_1^{2.39} - \left[\frac{x^5}{5} - \frac{x^2}{2} \right]_0^{1.18} \\ &= \sqrt{2.39} - 1 - \frac{(1.18)^5}{5} + \frac{(1.18)^2}{2} \\ &\approx 0.785 \end{aligned}$$

■

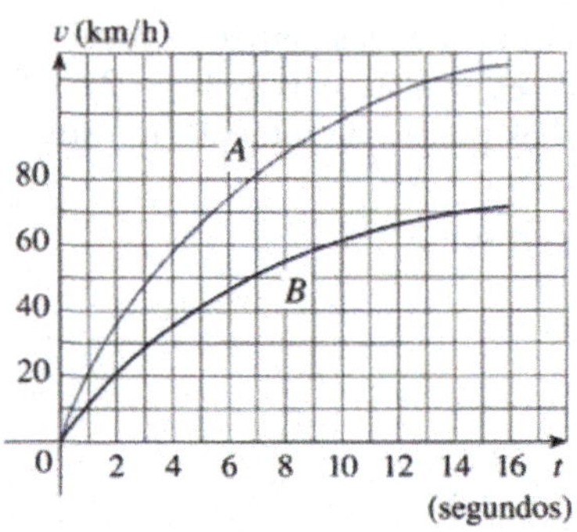

FIGURA 8

EJEMPLO 4 En la figura 8 se muestran las curvas de velocidad para dos automóviles, A y B, que parten juntos y se desplazan a lo largo de la misma carretera. ¿Qué representa el área entre las curvas? Aplique la regla del punto medio para estimarla.

SOLUCIÓN Se sabe de la sección 5.4, que el área bajo la curva A de la velocidad representa la distancia que recorre el vehículo A durante los primeros 16 segundos. Del mismo modo, el área bajo la curva B es la distancia que recorre el automóvil B durante ese tiempo. Por lo que, el área entre estas curvas, que es la diferencia de las áreas bajo las curvas, es la distancia entre los vehículos después de 16 segundos. Se leen las velocidades de la gráfica y se convierten a metros por segundo ($1 \text{ km/h} = \frac{1000}{3600} \text{ m/s}$).

t	0	2	4	6	8	10	12	14	16
v_A	0	10.4	16.5	20.4	23.2	25.6	27.1	28.0	29.0
v_B	0	6.4	10.4	13.4	15.5	17.1	18.3	19.2	19.8
$v_A - v_B$	0	4.0	6.1	7.0	7.7	8.5	8.8	8.8	9.2

Se utiliza la regla del punto medio con $n = 4$ intervalos, tal que $\Delta t = 4$. Los puntos medios de los intervalos son $\bar{t}_1 = 2$, $\bar{t}_2 = 6$, $\bar{t}_3 = 10$ y $\bar{t}_4 = 14$. Se estima la distancia entre los automóviles después de 16 segundos como se indica a continuación:

$$\int_0^{16} (v_A - v_B)\,dt \approx \Delta t\,[4.0 + 7.0 + 8.5 + 8.8]$$

$$= 4(28.3) = 113.2 \text{ m}$$

■

EJEMPLO 5 La figura 9 es un ejemplo de una *curva de la patogénesis* de una infección de sarampión. Esta muestra cómo se desarrolla la enfermedad en un individuo sin inmunidad después de que el virus del sarampión se propaga al torrente sanguíneo desde el tracto respiratorio.

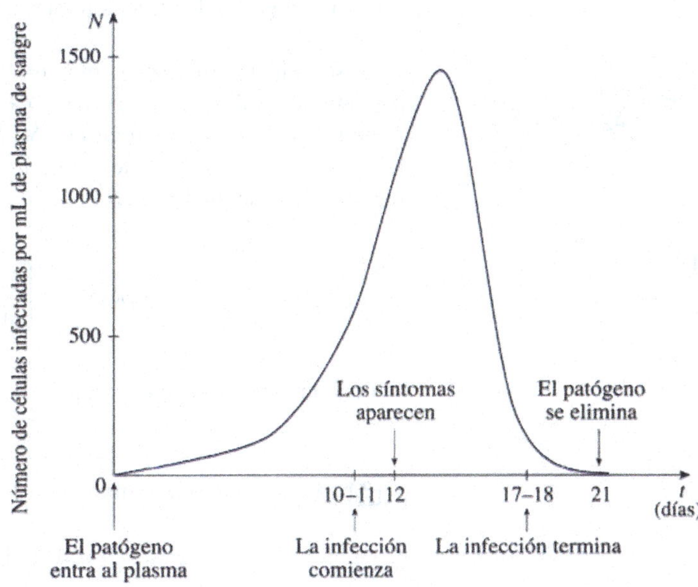

FIGURA 9

Curva de la patogénesis del sarampión

Fuente: J. M. Heffernan *et al*., "An In-Host Model of Acute Infection: Measles as a Case Study," *Theoretical Population Biology* 73 (2008): 134–147.

El paciente se vuelve contagioso cuando la concentración de las células infectadas es suficientemente grande y, él o ella, permanece infectado hasta que el sistema inmune logra controlar la infección para prevenir más transmisión. Sin embargo, los síntomas no aparecen hasta que la "cantidad de infección" alcanza un umbral determinado. La cantidad de infección necesaria para desarrollar síntomas depende tanto de la concentración de las células infectadas como del tiempo y es igual al área bajo la curva de la patogénesis hasta que aparecen los síntomas. (Véase el ejercicio 5.1.19.)

(a) La curva de patogénesis en la figura 9 se ha modelado con $f(t) = -t(t - 21)(t + 1)$. Si la infección comienza el día $t_1 = 10$ y termina el día $t_2 = 18$, ¿cuáles son los niveles de concentración correspondientes de las células infectadas?

(b) El *nivel de infección* para una persona infectada es el área entre $N = f(t)$ y la recta que pasa por los puntos $P_1(t_1, f(t_1))$ y $P_2(t_2, f(t_2))$, medida en (células/mL) · días. (Véase la figura 10.) Calcule el nivel de infección para este paciente en particular.

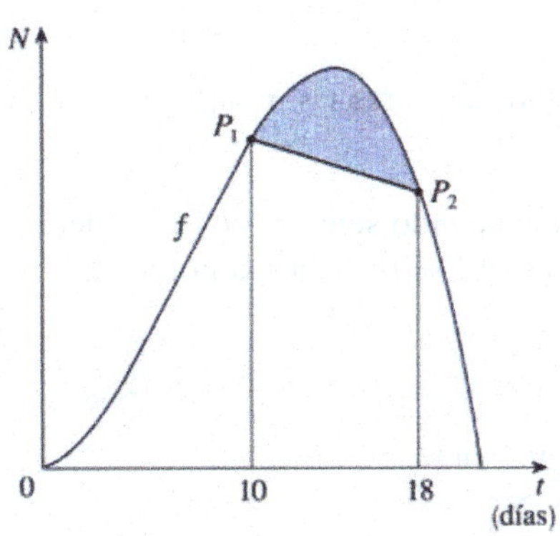

FIGURA 10

SOLUCIÓN

(a) La infección comienza cuando la concentración alcanza $f(10) = 1210$ células/mL y termina cuando la concentración se reduce a $f(18) = 1026$ células/mL.

(b) La recta que pasa por P_1 y P_2 tiene una pendiente $\frac{1026 - 1210}{18 - 10} = -\frac{184}{8} = -23$ y la ecuación $N - 1210 = -23(t - 10) \Longleftrightarrow N = -23t + 1440$. El área entre f y esta recta es

$$\int_{10}^{18} [f(t) - (-23t + 1440)]\,dt = \int_{10}^{18} (-t^3 + 20t^2 + 21t + 23t - 1440)\,dt$$

$$= \int_{10}^{18} (-t^3 + 20t^2 + 44t - 1440)\,dt$$

$$= \left[-\frac{t^4}{4} + 20\frac{t^3}{3} + 44\frac{t^2}{2} - 1440t\right]_{10}^{18}$$

$$= -6156 - (-8033\tfrac{1}{3}) \approx 1877$$

Por tanto el grado de infección para este paciente es de 1877 (células/mL) · días. ■

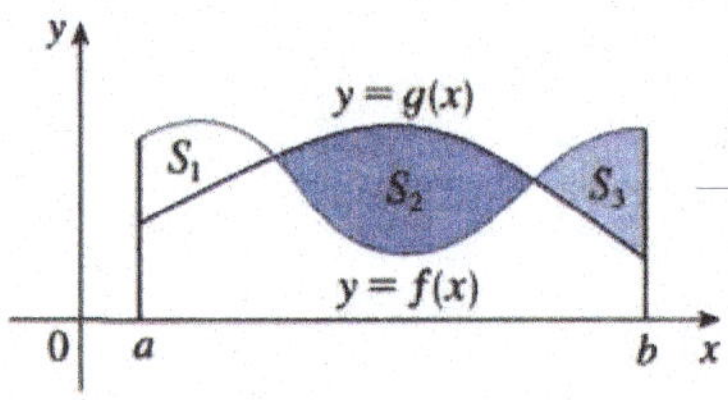

FIGURA 11

Si se pide determinar el área entre las curvas $y = f(x)$ y $y = g(x)$ donde $f(x) \geqslant g(x)$ para algunos valores de x, pero $g(x) \geqslant f(x)$ para otros valores de x, entonces se divide la región dada S en varias regiones $S_1, S_2, \ldots$ con áreas $A_1, A_2, \ldots$ como se muestra en la figura 11. Después se define el área de la región S como la suma de las áreas de las regiones más pequeñas $S_1, S_2, \ldots$, es decir, $A = A_1 + A_2 + \ldots$. Ya que

$$|f(x) - g(x)| = \begin{cases} f(x) - g(x) & \text{cuando } f(x) \geqslant g(x) \\ g(x) - f(x) & \text{cuando } g(x) \geqslant f(x) \end{cases}$$

se tiene la expresión siguiente para A.

3 El área entre las curvas $y = f(x)$ y $y = g(x)$ y entre $x = a$ y $x = b$ es

$$A = \int_a^b |f(x) - g(x)|\,dx$$

Al evaluar la integral en (3), sin embargo, aún se debe dividir en integrales que corresponderían a $A_1, A_2, \ldots$.

EJEMPLO 6 Calcule el área de la región acotada por las curvas $y = \text{sen } x$, $y = \cos x$, $x = 0$ y $x = \pi/2$.

SOLUCIÓN Los puntos de intersección se presentan cuando $\text{sen } x = \cos x$, es decir, cuando $x = \pi/4$ (ya que $0 \leqslant x \leqslant \pi/2$). En la figura 12 se presenta la gráfica de la región.

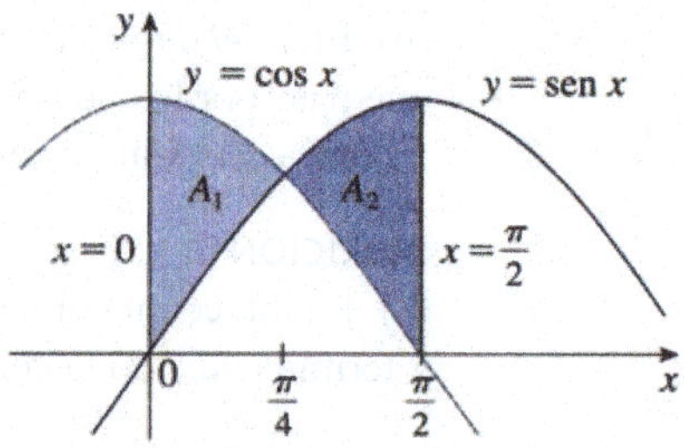

FIGURA 12

Observe que $\cos x \geq \text{sen } x$ cuando $0 \leq x \leq \pi/4$, pero $\text{sen } x \geq \cos x$ cuando $\pi/4 \leq x \leq \pi/2$. Por tanto, el área requerida es

$$\begin{aligned} A &= \int_0^{\pi/2} |\cos x - \text{sen } x|\, dx = A_1 + A_2 \\ &= \int_0^{\pi/4} (\cos x - \text{sen } x)\, dx + \int_{\pi/4}^{\pi/2} (\text{sen } x - \cos x)\, dx \\ &= \Big[\text{sen } x + \cos x\Big]_0^{\pi/4} + \Big[-\cos x - \text{sen } x\Big]_{\pi/4}^{\pi/2} \\ &= \left(\frac{1}{\sqrt{2}} + \frac{1}{\sqrt{2}} - 0 - 1\right) + \left(-0 - 1 + \frac{1}{\sqrt{2}} + \frac{1}{\sqrt{2}}\right) \\ &= 2\sqrt{2} - 2 \end{aligned}$$

En este ejemplo en particular se podría haber ahorrado algo de trabajo observando que la región es simétrica respecto a $x = \pi/4$, por lo que

$$A = 2A_1 = 2\int_0^{\pi/4} (\cos x - \text{sen } x)\, dx$$ ■

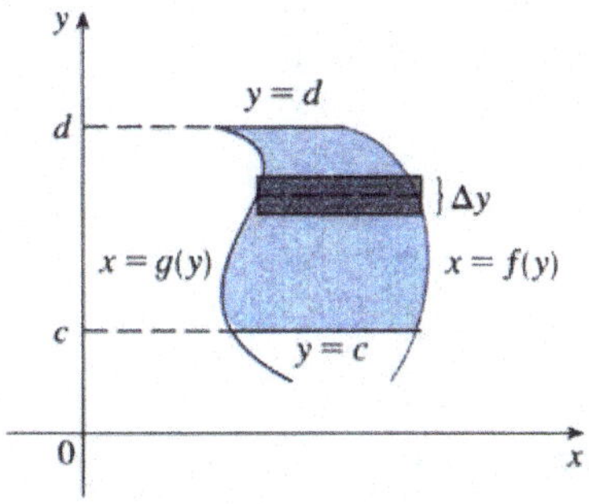

FIGURA 13

Algunas regiones se manejan mejor si se considera a x como una función de y. Si una región está acotada con curvas de ecuaciones $x = f(y)$, $x = g(y)$, $y = c$ y $y = d$, donde f y g son continuas y $f(y) \geq g(y)$ para $c \leq y \leq d$ (véase la figura 13), entonces su área es

$$A = \int_c^d [f(y) - g(y)]\, dy$$

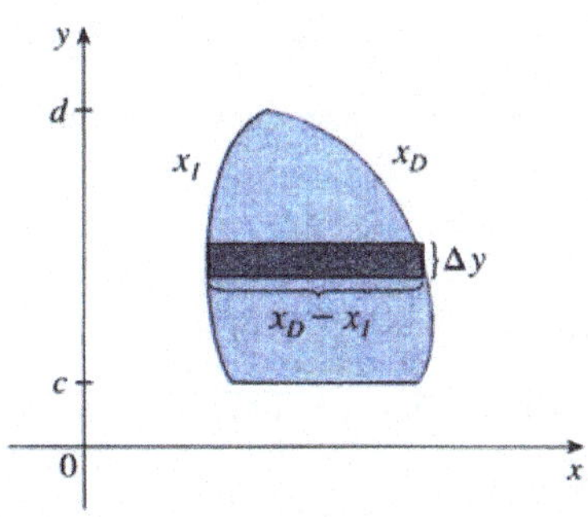

FIGURA 14

Si se escribe x_D para el límite derecho y x_I para el límite izquierdo, entonces, de acuerdo con la figura 14, se tiene

$$A = \int_c^d (x_D - x_I)\, dy$$

He aquí un rectángulo representativo de aproximación con dimensiones $x_D - x_L$ y Δy.

EJEMPLO 7 Calcule el área definida mediante la recta $y = x - 1$ y la parábola $y^2 = 2x + 6$.

SOLUCIÓN Al resolver las dos ecuaciones, los puntos de intersección son $(-1, -2)$ y $(5, 4)$. Al resolver la ecuación de la parábola y determinar x se observa de la figura 15, las curvas que frontera a la izquierda y a la derecha son

$$x_I = \tfrac{1}{2}y^2 - 3 \qquad \text{y} \qquad x_D = y + 1$$

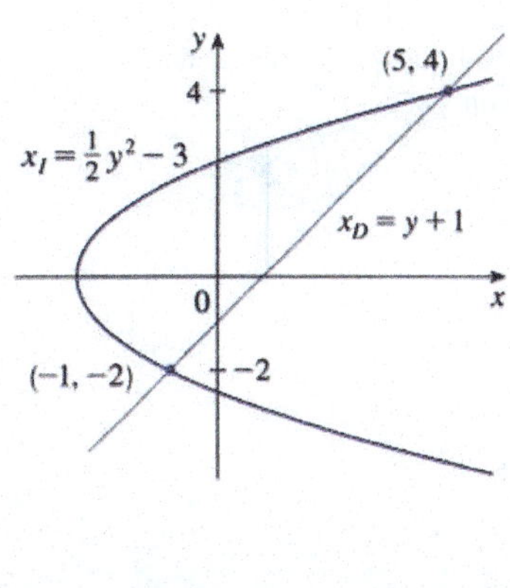

FIGURA 15

Es necesario integrar entre los valores de y adecuados, $y = -2$ y $y = 4$; por tanto

$$A = \int_{-2}^{4} (x_D - x_I)\,dy = \int_{-2}^{4} \left[(y + 1) - \left(\tfrac{1}{2}y^2 - 3\right)\right] dy$$

$$= \int_{-2}^{4} \left(-\tfrac{1}{2}y^2 + y + 4\right) dy$$

$$= -\frac{1}{2}\left(\frac{y^3}{3}\right) + \frac{y^2}{2} + 4y\Bigg]_{-2}^{4}$$

$$= -\tfrac{1}{6}(64) + 8 + 16 - \left(\tfrac{4}{3} + 2 - 8\right) = 18$$ ■

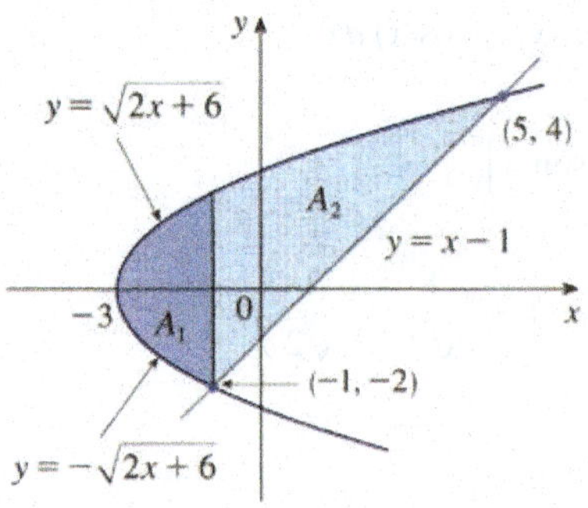

FIGURA 16

NOTA Se pudo haber calculado el área del ejemplo 7 integrando respecto a x; en lugar de y, pero el cálculo es más complicado, ya que la curva frontera inferior consiste de dos curvas diferentes, esto significaría dividir la región en dos y determinar las áreas A_1 y A_2 de la figura 16. El método aplicado en el ejemplo 6 es *mucho* más fácil.

6.1 EJERCICIOS

1–4 Determine el área de cada una de las regiones sombreadas.

1.

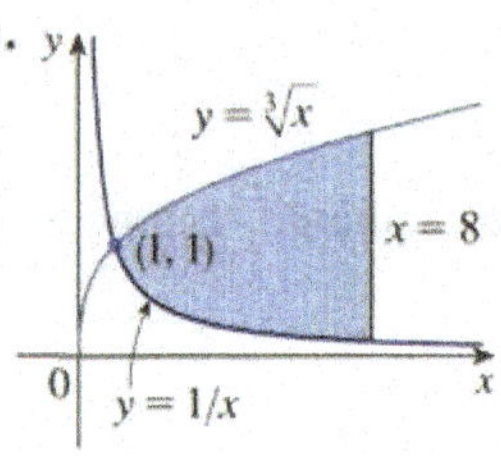

2.

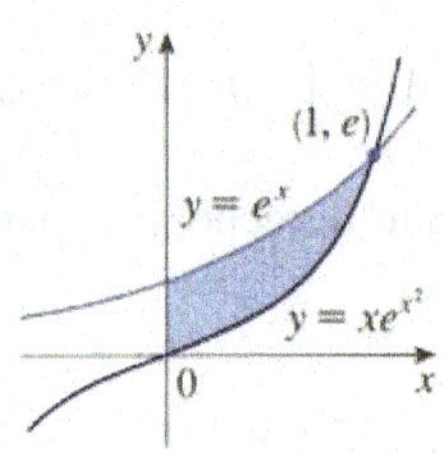

3.

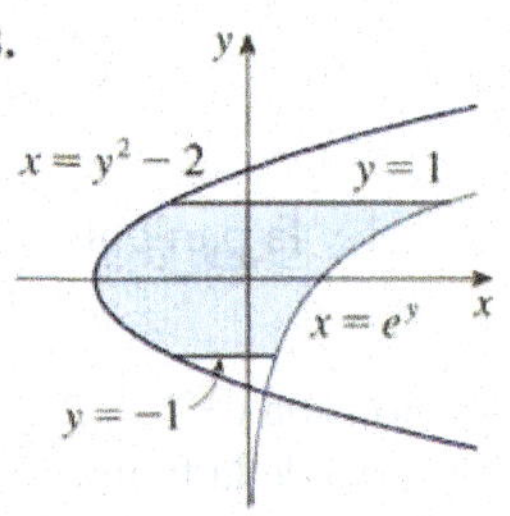

4.

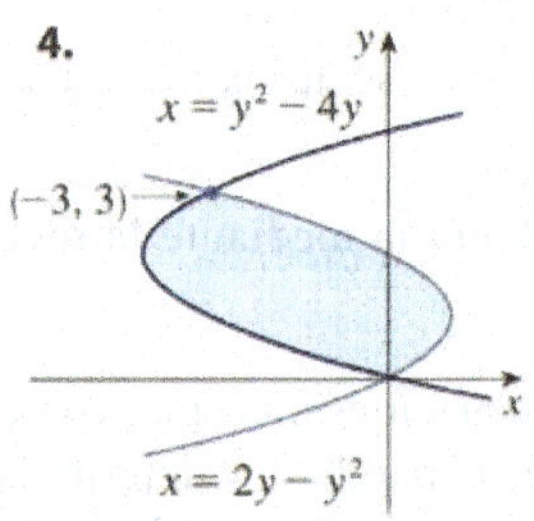

5–12 Dibuje las regiones encerradas por cada una de las curvas dadas. Decida si integra respecto a x o y. Trace un rectángulo representativo de aproximación e indique su altura y su ancho. Luego determine el área de la región.

5. $y = x, \quad y = x^2$

6. $y = x^2 - 2x, \quad y = x + 4$

7. $y = (x - 2)^2, \quad y = x$

8. $y = x^2 - 4x, \quad y = 2x$

9. $y = 1/x, \quad y = 1/x^2, \quad x = 2$

10. $y = \operatorname{sen} x, \quad y = 2x/\pi, \quad x \geqslant 0$

11. $x = 1 - y^2, \quad x = y^2 - 1$

12. $4x + y^2 = 12, \quad x = y$

13–28 Trace cada una de las regiones encerradas y su área.

13. $y = 12 - x^2, \quad y = x^2 - 6$

14. $y = x^2, \quad y = 4x - x^2$

15. $y = \sec^2 x, \quad y = 8 \cos x, \quad -\pi/3 \leqslant x \leqslant \pi/3$

16. $y = \cos x, \quad y = 2 - \cos x, \quad 0 \leqslant x \leqslant 2\pi$

17. $x = 2y^2, \quad x = 4 + y^2$

18. $y = \sqrt{x - 1}, \quad x - y = 1$

19. $y = \cos \pi x, \quad y = 4x^2 - 1$

20. $x = y^4, \quad y = \sqrt{2 - x}, \quad y = 0$

21. $y = \tan x, \quad y = 2 \operatorname{sen} x, \quad -\pi/3 \leqslant x \leqslant \pi/3$

22. $y = x^3, \quad y = x$

23. $y = \sqrt[3]{2x}, \quad y = \tfrac{1}{8}x^2, \quad 0 \leqslant x \leqslant 6$

24. $y = \cos x, \quad y = \operatorname{sen} 2x, \quad x = 0, \quad x = \pi/2$

25. $y = x^4, \quad y = 2 - |x|$

26. $y = \operatorname{senh} x, \quad y = e^{-x}, \quad x = 0, \quad x = 2$

27. $y = \sqrt{x}, \quad y = \tfrac{1}{2}x, \quad x = 9$

28. $y = \tfrac{1}{4}x^2, \quad y = 2x^2, \quad x + y = 3, \quad x \geqslant 0$

29. Se muestran las gráficas de dos funciones con las áreas de las regiones entre las dos curvas indicadas.
(a) ¿Cuál es el área total entre las curvas $0 \leqslant x \leqslant 5$?
(b) ¿Cuál es el valor de $\int_0^5 [f(x) - g(x)]\, dx$?

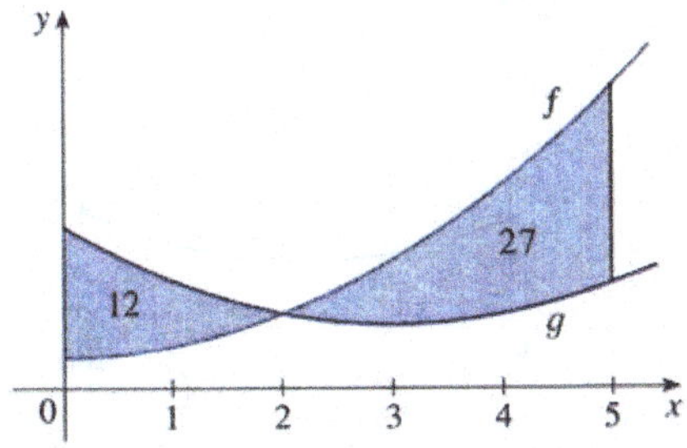

30–32 Trace la región encerrada entre las curvas dadas y encuentre su área.

30. $y = \dfrac{x}{\sqrt{1+x^2}}$, $y = \dfrac{x}{\sqrt{9-x^2}}$, $x \geqslant 0$

31. $y = \dfrac{x}{1+x^2}$, $y = \dfrac{x^2}{1+x^3}$

32. $y = \dfrac{\ln x}{x}$, $y = \dfrac{(\ln x)^2}{x}$

33–34 Utilice el cálculo para encontrar el área del triángulo con los vértices dados.

33. $(0, 5)$, $(2, -2)$, $(5, 1)$

34. $(2, 0)$, $(0, 2)$, $(-1, 1)$

35–36 Evalúe la integral e interprételа como el área de una región. Trace la región.

35. $\int_0^4 |\sqrt{x+2} - x|\, dx$ **36.** $\int_{-1}^1 |3^x - 2^x|\, dx$

37–40 Por medio de una gráfica, encuentre un valor aproximado de las coordenadas x de los puntos de intersección entre las curvas dadas. Luego determine (en forma aproximada) el área de la región acotada entre las curvas.

37. $y = x\,\text{sen}(x^2)$, $y = x^4$, $x \geqslant 0$

38. $y = e^x$, $y = 2 - x^2$

39. $y = 3x^2 - 2x$, $y = x^3 - 3x + 4$

40. $y = 1.3^x$, $y = 2\sqrt{x}$

41–44 Trace la gráfica de cada una de las regiones entre las curvas dadas y utilice su calculadora para medir el área redondeada a cinco decimales.

41. $y = \dfrac{2}{1+x^4}$, $y = x^2$ **42.** $y = e^{1-x^2}$, $y = x^4$

43. $y = \tan^2 x$, $y = \sqrt{x}$ **44.** $y = \cos x$, $y = x + 2\,\text{sen}^4 x$

45. Utilice un sistema algebraico computacional para encontrar el área exacta encerrada por las curvas $y = x^5 - 6x^3 + 4x$ y $y = x$.

46. Trace la región en el plano xy definida por las desigualdades $x - 2y^2 \geqslant 0$, $1 - x - |y| \geqslant 0$ y determine su área.

47. Los automóviles de carreras de Chris y Kelly están lado a lado al inicio de la carrera. En la tabla se proporcionan las velocidades de cada vehículo (en kilómetros por hora) durante los primeros 10 segundos de la competencia. Aplique la regla del punto medio para estimar cuánto se adelanta Kelly durante los primeros 10 segundos.

t	v_C	v_K	t	v_C	v_K
0	0	0	6	110	128
1	32	35	7	120	138
2	51	59	8	130	150
3	74	83	9	138	157
4	86	98	10	144	163
5	99	114			

48. Los anchos (en metros) de una piscina en forma de riñón se midieron a intervalos de 2 metros, como se indica en la figura. Usando la regla del punto medio, estime el área de la piscina.

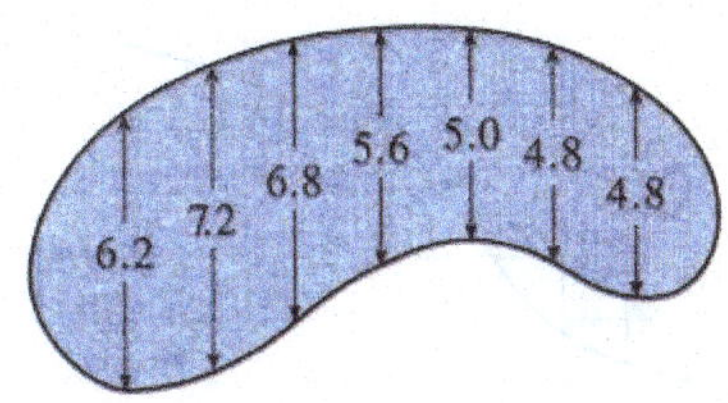

49. Se muestra la sección transversal de un ala de avión. Las mediciones del grosor del ala, en centímetros, en intervalos de 20 centímetros son 5.8, 20.3, 26.7, 29.0, 27.6, 27.3, 23.8, 20.5, 15.1, 8.7 y 2.8. Aplique la regla del punto medio para estimar el área de la sección transversal del ala.

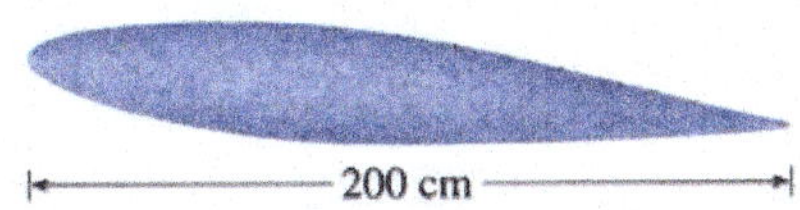

50. La tasa de nacimientos de una población es $b(t) = 2200e^{0.024t}$ personas por cada año y la de decesos es $d(t) = 1460e^{0.018t}$ personas por cada año. Determine el área entre estas curvas para $0 \leqslant t \leqslant 10$. ¿Qué representa el área?

51. En el ejemplo 5, se modeló una curva de patogénesis del sarampión con una función f. Un paciente infectado con el virus del sarampión que tiene cierta inmunidad al virus tiene una curva de patogénesis que se puede modelar, por ejemplo, con $g(t) = 0.9f(t)$.
(a) Si se requiere la misma concentración de umbral del virus para iniciar la infección que en el ejemplo 5, ¿en qué día se presenta esta?

(b) Sea P_3 el punto en la gráfica de g donde comienza la infección. Se ha demostrado que la infección termina en un punto P_4 en la gráfica de g donde la recta pasa a través de P_3, P_4 tiene la misma pendiente que la recta que pasa a través de P_1, P_2 en el ejemplo 5(b). ¿Qué día termina la infección?

(c) Calcule el grado de infección de este paciente.

52. La tasa con la que cayó la lluvia, en centímetros por hora, en dos lugares diferentes t horas después de que comenzó una tormenta están dadas por $f(t) = 0.73t^3 - 2t^2 + t + 0.6$ y $g(t) = 0.17t^2 - 0.5t + 1.1$. Calcule el área entre las gráficas de $0 \leq t \leq 2$ e interprete el resultado en este contexto.

53. Dos automóviles, A y B, se encuentran lado a lado al inicio de la carrera, y aceleran a partir del reposo. En la figura se muestran las gráficas de sus funciones velocidad.

(a) ¿Cuál vehículo tiene ventaja después de un minuto? Explique.

(b) ¿Cuál es el significado del área de la región sombreada?

(c) ¿Cuál es el automóvil que tiene ventaja después de dos minutos? Explique.

(d) Estime el tiempo en el cual los vehículos van de nuevo parejos.

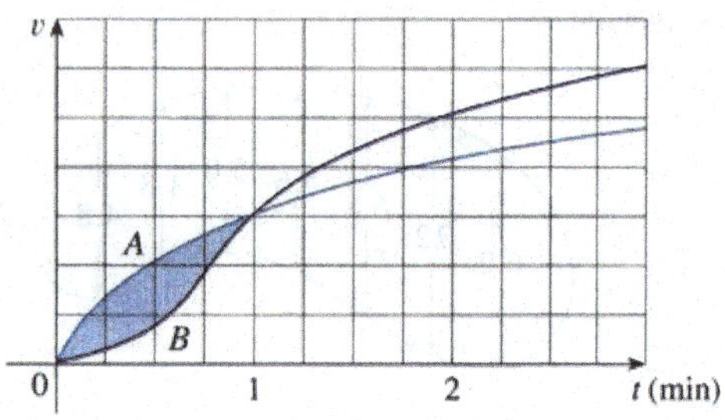

54. En la figura se muestran las gráficas de la función de ingreso marginal R' y la función de costo marginal C' para un fabricante. [Recuerde de la sección 4.7 que $R(x)$ y $C(x)$ representan los ingresos y el costo cuando se fabrican x unidades. Suponga que R y C se miden en miles de dólares.] ¿Cuál e el significado del área de la región sombreada? Estime el valor de esta cantidad mediante la regla del punto medio.

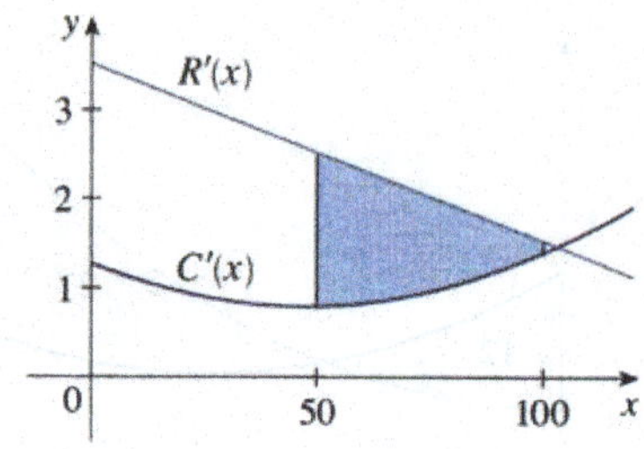

55. La curva cuya ecuación es $y^2 = x^2(x + 3)$ se llama **cúbica de Tschirnhausen**. Si se traza la gráfica de esta curva, se puede ver que una parte de ella forma un lazo. Encuentre el área definida por este lazo.

56. Encuentre el área de la región definida por la parábola $y = x^2$, la recta tangente a esta parábola en $(1, 1)$ y el eje x.

57. Determine el número b tal que la recta $y = b$ divide a la región acotada por las curvas $y = x^2$ y $y = 4$ en dos regiones de igual área.

58. (a) Calcule el número a tal que la recta $x = a$ biseca el área bajo la curva $y = 1/x^2$, $1 \leq x \leq 4$.

(b) Determine el numero b tal que la recta $y = b$ biseca el área del inciso (a).

59. Calcule los valores de c tales que el área de la región acotada por las parábolas $y = x^2 - c^2$ y $y = c^2 - x^2$ es 576.

60. Suponga que $0 < c < \pi/2$. ¿Para qué valor de c el área de la región que encierran las curvas $y = \cos x$, $y = \cos(x - c)$, y $x = 0$ es igual al área de la región encerrada por las curvas $y = \cos(x - c)$, $x = \pi$ y $y = 0$?

61. ¿Para qué valores de m la recta $y = mx$ y la curva $y = x/(x^2 + 1)$ encierran una región? Calcule el área de la región.

PROYECTO DE APLICACIÓN EL ÍNDICE DE GINI

¿Cómo es posible medir la distribución del ingreso entre los habitantes de un determinado país? Una de esas medidas es el *índice de Gini*, nombrado así en honor del economista italiano Corrado Gini, quien lo ideó en 1912.

Primero se clasifican todos los hogares de un país de acuerdo con el ingreso y después se calcula el porcentaje de hogares cuyo ingreso sea a lo más un porcentaje dado del ingreso total del país. Se define una **curva de Lorenz** $y = L(x)$ en el intervalo $[0, 1]$ ubicando el punto $(a/100, b/100)$ en la curva si la parte inferior $a\%$ de los hogares recibe a lo más $b\%$ del ingreso total. Por ejemplo, en la figura 1 (página 437), el punto $(0.4, 0.12)$ está sobre la curva de Lorenz para los Estados Unidos en 2010 porque 40% del sector más pobre de la población recibió solo 12% del ingreso total. Asimismo, la parte inferior 80% de la población recibió 50% del ingreso total, por lo que el punto $(0.8, 0.5)$ está sobre la curva de Lorenz. (La curva de Lorenz es así nombrada en honor del economista estadounidense Max Lorenz.)

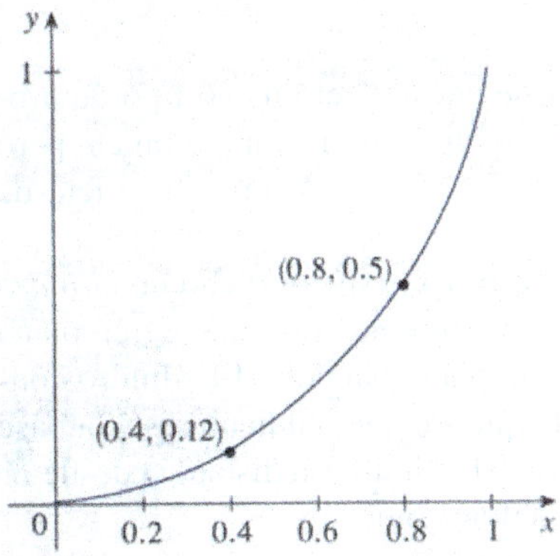

FIGURA 1
Curva de Lorenz para Estados Unidos en 2010

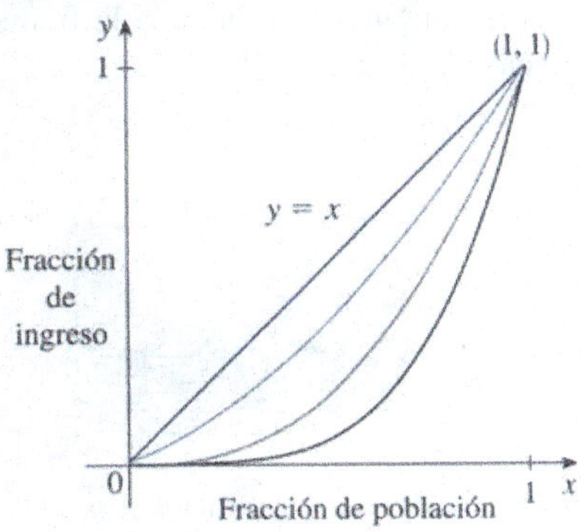

FIGURA 2

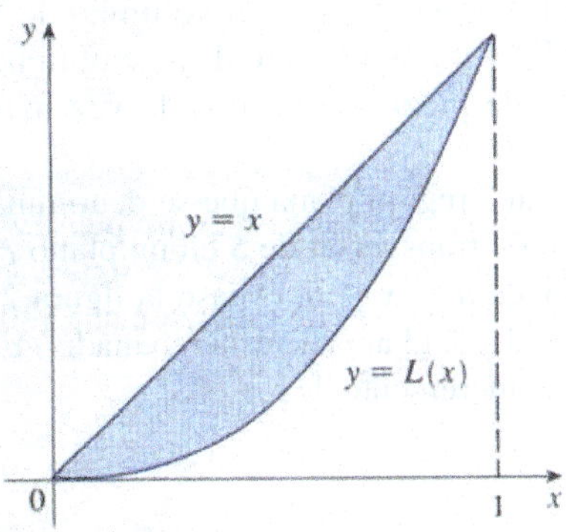

FIGURA 3

La figura 2 muestra algunas curvas típicas de Lorenz. Todas pasan por los puntos (0, 0) y (1, 1) y son cóncavas hacia arriba. En el caso extremo $L(x) = x$, la sociedad es perfectamente igualitaria: los más pobres $a\%$ de la población recibe $a\%$ del ingreso total y así todo el mundo recibe el mismo ingreso. El área entre una curva de Lorenz $y = L(x)$ y la recta $y = x$ mide cuánto difiere la distribución del ingreso de una igualdad absoluta. El **índice de Gini** (a veces llamado **coeficiente de Gini** o **coeficiente de desigualdad**) es el área entre la curva de Lorenz y la recta $y = x$ (sombreada en la figura 3) dividida entre el área bajo $y = x$.

1. (a) Demuestre que el índice de Gini G es dos veces el área entre la curva de Lorenz y la recta $y = x$, es decir

$$G = 2\int_0^1 [x - L(x)]\,dx$$

(b) ¿Cuál es el valor de G para una sociedad perfectamente igualitaria (todo el mundo tiene el mismo ingreso)? ¿Cuál es el valor de G para una sociedad perfectamente totalitaria (una sola persona recibe todos los ingresos)?

2. La tabla siguiente (obtenida de los datos facilitados por la Oficina de Censo de Estados Unidos) muestra los valores de la función de Lorenz de distribución del ingreso en ese país para el año 2010.

x	0.0	0.2	0.4	0.6	0.8	1.0
$L(x)$	0.000	0.034	0.120	0.266	0.498	1.000

(a) ¿Qué porcentaje del ingreso total de Estados Unidos fue recibido por el 20% más rico de la población en 2010?

(b) Utilice una calculadora o computadora para ajustar los datos de la tabla a una función cuadrática. Grafique los puntos dato y la función cuadrática. ¿Es el modelo cuadrático un ajuste razonable?

(c) Utilice el modelo cuadrático para la función de Lorenz para estimar el índice de Gini para Estados Unidos en el año 2010.

3. La tabla siguiente proporciona valores para la función de Lorenz en las décadas de 1970, 1980, 1990 y 2000. Utilice el método del problema 2 para estimar el índice de Gini para Estados Unidos durante esos años y compare con su respuesta al problema 2(c). ¿Nota usted una tendencia?

x	0.0	0.2	0.4	0.6	0.8	1.0
1970	0.000	0.041	0.149	0.323	0.568	1.000
1980	0.000	0.042	0.144	0.312	0.559	1.000
1990	0.000	0.038	0.134	0.293	0.530	1.000
2000	0.000	0.036	0.125	0.273	0.503	1.000

SAC **4.** A menudo, un modelo potencia proporciona un ajuste más preciso que un modelo cuadrático para una función de Lorenz. Si tiene usted un equipo de cómputo con Maple o Mathematica, ajuste una función potencia ($y = ax^k$) a los datos en el problema 2 y utilícelo para estimar el índice de Gini para Estados Unidos en 2010. Compare su respuesta con los incisos (b) y (c) del problema 2.

6.2 Volúmenes

Cuando se trata de calcular el volumen de un sólido, se enfrenta el mismo tipo de problema que al determinar áreas. Intuitivamente se sabe lo que significa un volumen, pero es necesario precisar la idea usando el cálculo, a fin de dar una definición exacta de volumen.

Se empieza con un tipo simple de sólido llamado **cilindro** (o mejor dicho un *cilindro recto*). Como se muestra en la figura 1(a), un cilindro está limitado por una región plana B_1, que se llama **base**, y una región congruente B_2 en un plano paralelo. El cilindro consiste en todos los puntos sobre los segmentos de recta que son perpendiculares a la base y unen a B_1 con B_2. Si el área de la base es A y la altura del cilindro (la distancia desde B_1 hasta B_2) es h, entonces el volumen V del cilindro se define como

$$V = Ah$$

En particular, si la base es un círculo de radio r, entonces el cilindro es un cilindro circular cuyo volumen es $V = \pi r^2 h$ [véase la figura 1(b)], y si la base es un rectángulo de largo l y ancho w, entonces el cilindro es una caja rectangular (también se le llama *paralelepípedo rectangular*) con volumen $V = lwh$ [véase la figura 1(c)].

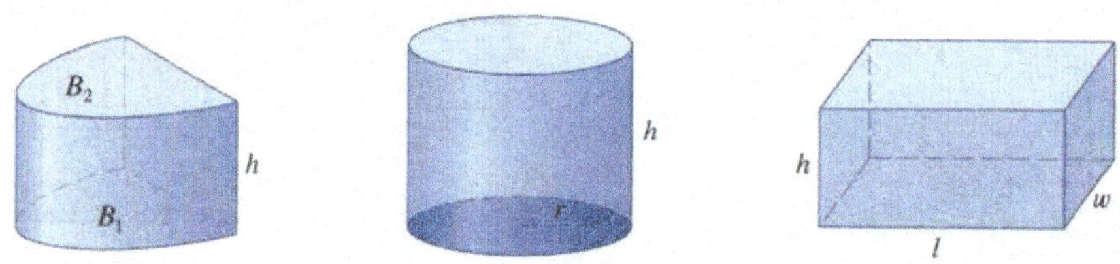

FIGURA 1 (a) Cilindro $V = Ah$ (b) Cilindro circular $V = \pi r^2 h$ (c) Caja rectangular $V = lwh$

En el caso de un sólido S que no es un cilindro, primero "se corta" a S en piezas y se aproxima cada una mediante un cilindro, para después estimar el volumen de S sumando los volúmenes de los cilindros. El valor del volumen exacto de S se obtiene a través un proceso de límite en el que el número de piezas se hace cada vez más grande.

Se inicia cortando a S con un plano y obteniendo una región plana que se denomina **sección transversal** de S. Sea $A(x)$ el área de la sección transversal de S en un plano P_x perpendicular al eje x, y que pasa por el punto x, donde $a \leq x \leq b$. (Véase la figura 2. Imagine que corta a S con un cuchillo a través de x y calcule el área de esta rebanada.) El área de la sección transversal $A(x)$ variará cuando x se incrementa de a a b.

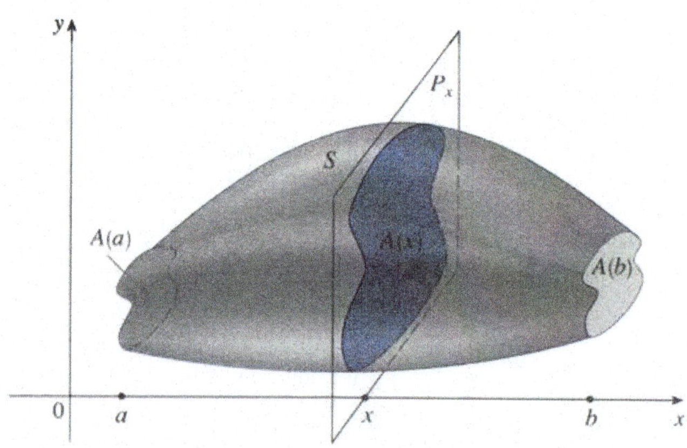

FIGURA 2

Se divide S en n "rebanadas" del mismo ancho Δx mediante los planos, $P_{x_1}, P_{x_2}, \ldots$. (Para rebanar el sólido imagine que está rebanando una hogaza de pan.) Si se eligen puntos muestra x_i^* en $[x_{i-1}, x_i]$, se puede tener un valor aproximado de la i-ésima rebanada S_i, (la parte de S que queda entre los planos $P_{x_{i-1}}$ y P_{x_i}) por un cilindro cuya base tiene un área $A(x_i^*)$ y "altura" Δx. (Véase la figura 3.)

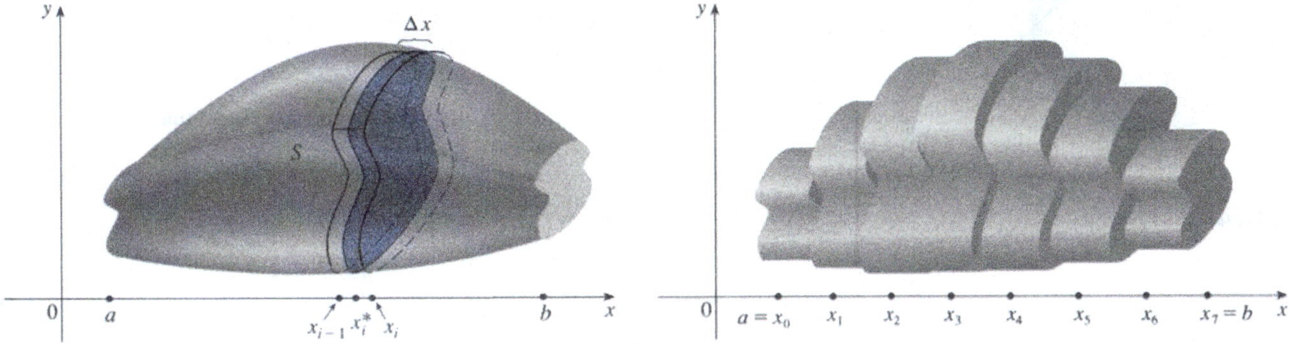

FIGURA 3

El volumen de este cilindro es $A(x_i^*)\Delta x$, de modo que una aproximación a la concepción intuitiva del volumen de la i-ésima rebanada S_i es:

$$V(S_i) \approx A(x_i^*)\,\Delta x$$

Al sumar los volúmenes de estas rebanadas, se obtiene un valor aproximado del volumen total (es decir, a lo que se piensa intuitivamente que es un volumen):

$$V \approx \sum_{i=1}^{n} A(x_i^*)\,\Delta x$$

Esta aproximación parece ser cada vez mejor cuando $n \to \infty$. (Suponga que las rebanadas son cada vez más delgadas). Por tanto, *se define* al volumen como el límite de estas sumas cuando $n \to \infty$. Pero aquí se reconoce el límite de las sumas de Riemann como una integral definida y, por tanto, se tiene la definición siguiente.

Puede demostrarse que esta definición es independiente de dónde se ubique S respecto al eje x. En otras palabras, no importa cómo corte las rebanadas mediante planos paralelos; siempre obtendrá la misma respuesta para V.

Definición de volumen Sea S un sólido que está entre $x = a$ y $x = b$. Si el área de la sección transversal de S en el plano P_x, que pasa a través de x y es perpendicular al eje x, es $A(x)$, donde A es una función continua, entonces el **volumen** de S es

$$V = \lim_{n \to \infty} \sum_{i=1}^{n} A(x_i^*)\,\Delta x = \int_a^b A(x)\,dx$$

Cuando se aplica la fórmula del volumen $V = \int_a^b A(x)\,dx$ es importante recordar que $A(x)$ es el área de una sección transversal que se obtiene al cortar a través de x con un plano perpendicular al eje x.

Observe que, en el caso de un cilindro, el área de la sección transversal es constante: $A(x) = A$ para toda x. De este modo, la definición de volumen da $V = \int_a^b A\,dx = A(b - a)$; esto concuerda con la fórmula $V = Ah$.

EJEMPLO 1 Demuestre que el volumen de una esfera de radio r es $V = \frac{4}{3}\pi r^3$.

SOLUCIÓN Si se coloca la esfera de modo que su centro esté en el origen, entonces el plano P_x corta la esfera en un círculo cuyo radio (por el teorema de Pitágoras) es

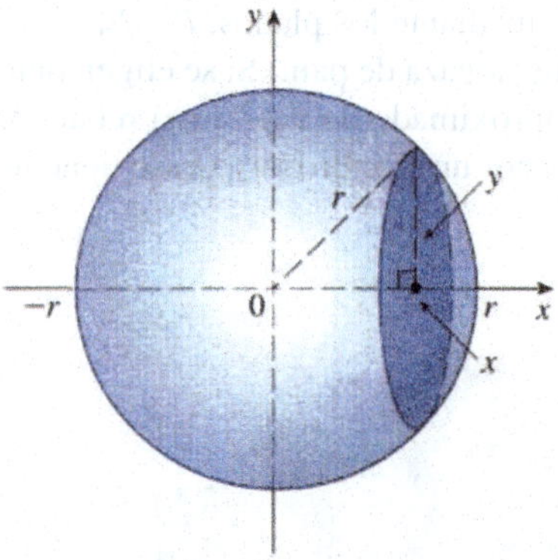

FIGURA 4

$y = \sqrt{r^2 - x^2}$. (Véase la figura 4.) Por lo que el área de la sección transversal es

$$A(x) = \pi y^2 = \pi(r^2 - x^2)$$

Si se aplica la definición del volumen con $a = -r$ y $b = r$, se tiene

$$V = \int_{-r}^{r} A(x)\,dx = \int_{-r}^{r} \pi(r^2 - x^2)\,dx$$

$$= 2\pi \int_0^r (r^2 - x^2)\,dx \qquad \text{(El integrando es una función par.)}$$

$$= 2\pi\left[r^2x - \frac{x^3}{3}\right]_0^r = 2\pi\left(r^3 - \frac{r^3}{3}\right)$$

$$= \tfrac{4}{3}\pi r^3$$ ■

En la figura 5 se muestra la definición de volumen cuando el sólido es una esfera de radio $r = 1$. De acuerdo con el resultado del ejemplo 1, se sabe que el volumen de la esfera es $\frac{4}{3}\pi$, que es aproximadamente 4.18879. En este caso, las rebanadas son cilindros circulares, o *discos*, y las tres partes de la figura 5 muestran las interpretaciones geométricas de las sumas de Riemann

$$\sum_{i=1}^{n} A(\bar{x}_i)\,\Delta x = \sum_{i=1}^{n} \pi(1^2 - \bar{x}_i^2)\,\Delta x$$

TEC En Visual 6.2A se muestra una animación de la figura 5.

cuando $n = 5$, 10 y 20 si se eligen los puntos muestra x_i^* como los puntos medios $\bar{x}_i$. Observe que, cuando se incrementa la cantidad de cilindros de aproximación, las sumas correspondientes de Riemann se vuelven más cercanas al volumen real.

(a) Mediante 5 discos, $V \approx 4.2726$

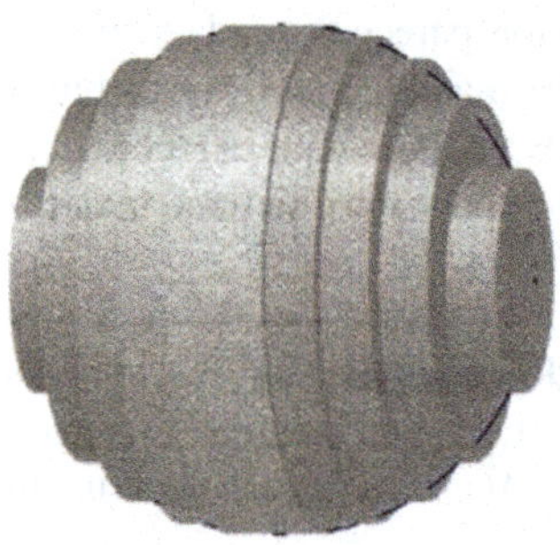

(b) Mediante 10 discos, $V \approx 4.2097$

(c) Mediante 20 discos, $V \approx 4.1940$

FIGURA 5
Aproximación al volumen de una esfera con radio 1

EJEMPLO 2 Determine el volumen de un sólido que se obtiene al girar la región bajo la curva $y = \sqrt{x}$ respecto al eje x de 0 a 1. Ilustre la definición de volumen trazando un cilindro de aproximación representativo.

SOLUCIÓN La región se muestra en la figura 6(a). Si se gira alrededor del eje x, se obtiene el sólido que se muestra en la figura 6(b). Cuando se corta a través del punto x se obtiene un disco de radio $\sqrt{x}$. El área de esta sección transversal es

$$A(x) = \pi\left(\sqrt{x}\right)^2 = \pi x$$

y el volumen del cilindro de aproximación (un disco con espesor Δx) es

$$A(x)\,\Delta x = \pi x\,\Delta x$$

El sólido está entre $x = 0$ y $x = 1$, de modo que el volumen es

$$V = \int_0^1 A(x)\,dx = \int_0^1 \pi x\,dx = \pi \frac{x^2}{2}\bigg]_0^1 = \frac{\pi}{2}$$

¿Se obtuvo una respuesta razonable en el ejemplo 2? Como verificación del trabajo, se reemplaza la región dada por un cuadrado de base [0, 1] y altura 1. Si se gira el cuadrado, se obtiene un cilindro de radio 1, altura 1 y volumen $\pi \cdot 1^2 \cdot 1 = \pi$. Ya se calculó que el sólido dado tiene la mitad de este volumen, así que esto parece casi correcto.

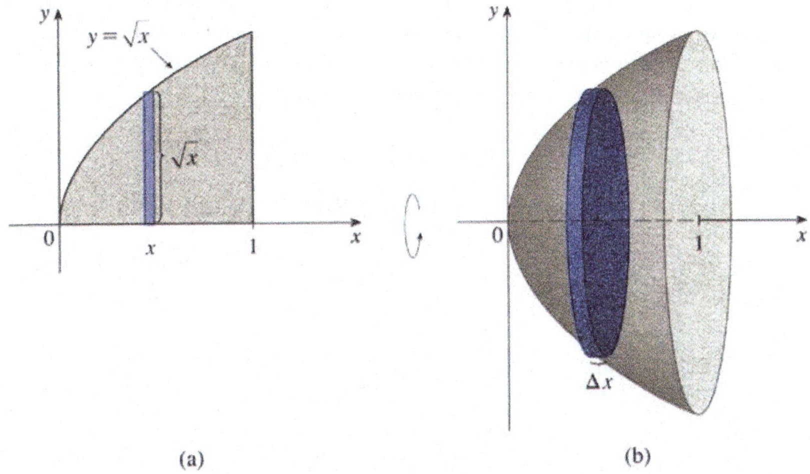

FIGURA 6

■

EJEMPLO 3 Determine el volumen del sólido generado al rotar la región acotada por $y = x^3$, $y = 8$ y $x = 0$ respecto al eje y.

SOLUCIÓN La región se muestra en la figura 7(a) y el sólido resultante se muestra en la figura 7(b). Puesto que la región gira alrededor del eje y, tiene sentido "rebanar" el sólido en forma perpendicular al eje y, y, por tanto, integrar respecto a y. Si se corta a una altura y, se obtiene un disco de radio x, donde $x = \sqrt[3]{y}$, de manera que el área de una sección transversal a través de y es

$$A(y) = \pi x^2 = \pi(\sqrt[3]{y})^2 = \pi y^{2/3}$$

y el volumen del cilindro de aproximación ilustrado en la figura 7(b) es

$$A(y)\,\Delta y = \pi y^{2/3}\,\Delta y$$

Puesto que el sólido está entre $y = 0$ y $y = 8$, su volumen es

$$V = \int_0^8 A(y)\,dy = \int_0^8 \pi y^{2/3}\,dy = \pi\Big[\tfrac{3}{5}y^{5/3}\Big]_0^8 = \frac{96\pi}{5}$$

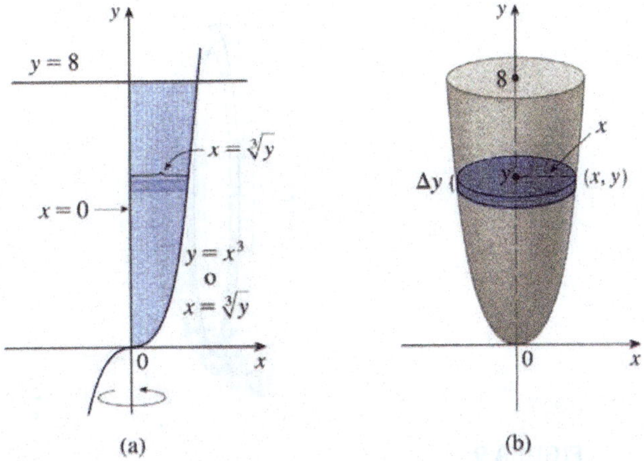

FIGURA 7

■

EJEMPLO 4 La región $\mathcal{R}$ encerrada por las curvas $y = x$ y $y = x^2$ gira alrededor del eje x. Determine el volumen del sólido resultante.

SOLUCIÓN Las curvas $y = x$ y $y = x^2$ se cortan en los puntos (0, 0) y (1, 1). La región entre ellas, el sólido de revolución y una sección transversal perpendicular al eje x se muestran en la figura 8. Una sección transversal en el plano P_x tiene la forma de una *arandela* (un aro anular) de radio interior x^2 y radio exterior x, por lo que se determina el área de la sección transversal restando el área del círculo interno del área del círculo externo:

TEC Visual 6.2B muestra cómo se forman los sólidos de revolución.

$$A(x) = \pi x^2 - \pi(x^2)^2 = \pi(x^2 - x^4)$$

Por tanto, se tiene

$$V = \int_0^1 A(x)\,dx = \int_0^1 \pi(x^2 - x^4)\,dx$$

$$= \pi\left[\frac{x^3}{3} - \frac{x^5}{5}\right]_0^1 = \frac{2\pi}{15}$$

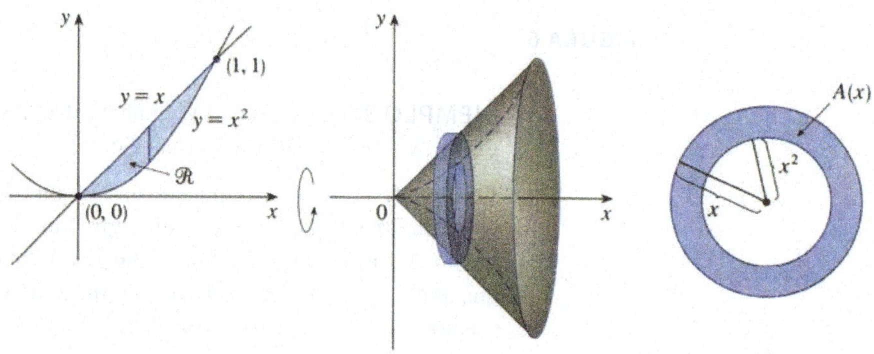

FIGURA 8 (a) (b) (c) ■

EJEMPLO 5 Calcule el volumen del sólido obtenido al girar la región del ejemplo 4 alrededor de la recta $y = 2$.

SOLUCIÓN El sólido y la sección transversal se muestran en la figura 9. Otra vez, la sección transversal es una arandela, pero ahora el radio interior es $2 - x$, y el radio externo es $2 - x^2$.

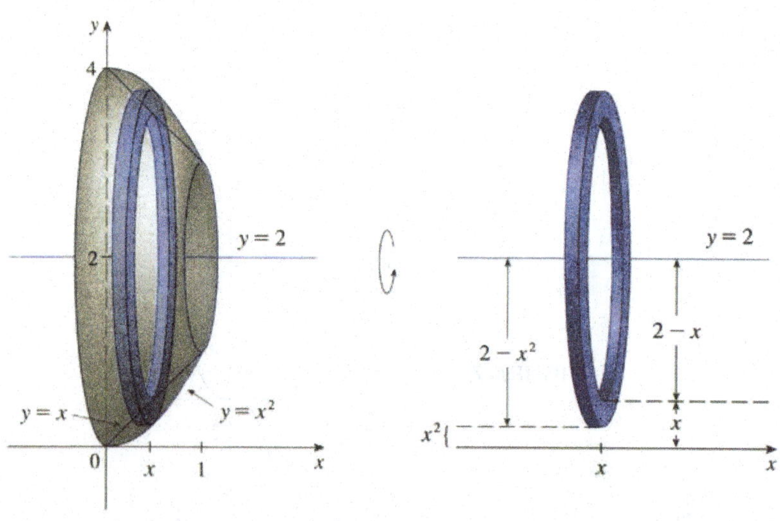

FIGURA 9

El área de la sección transversal es

$$A(x) = \pi(2 - x^2)^2 - \pi(2 - x)^2$$

y el volumen de S es

$$\begin{aligned} V &= \int_0^1 A(x)\,dx \\ &= \pi \int_0^1 [(2 - x^2)^2 - (2 - x)^2]\,dx \\ &= \pi \int_0^1 (x^4 - 5x^2 + 4x)\,dx \\ &= \pi \left[\frac{x^5}{5} - 5\frac{x^3}{3} + 4\frac{x^2}{2} \right]_0^1 \\ &= \frac{8\pi}{15} \end{aligned}$$

■

Los sólidos de los ejemplos 1 a 5 reciben el nombre de **sólidos de revolución** porque se generan haciendo girar una región alrededor de una recta. En general, se determina el volumen de un sólido de revolución usando la fórmula básica definiendo

$$V = \int_a^b A(x)\,dx \qquad \text{o} \qquad V = \int_c^d A(y)\,dy$$

y se determina el área de la sección transversal $A(x)$ o $A(y)$ mediante uno de los métodos siguientes:

- Si la sección transversal es un disco (como en los ejemplos 1 a 3), se determina el radio del disco (en términos de x o y) y se usa

$$A = \pi(\text{radio})^2$$

- Si la sección transversal es una arandela (como en los ejemplos 4 y 5), se determina el radio interior r_{in} y el radio exterior r_{ext} a partir de un trazo (como en las figuras 8, 9 y 10) y se calcula el área de la arandela efectuando la diferencia entre el área del disco interno y el área del disco externo:

$$A = \pi(\text{radio exterior})^2 - \pi(\text{radio interior})^2$$

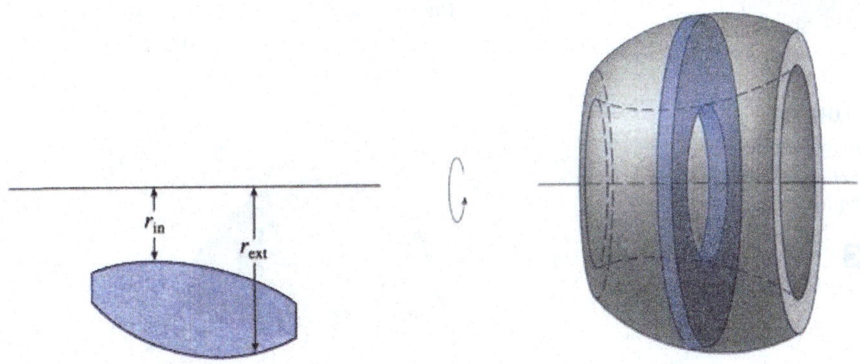

FIGURA 10

El ejemplo siguiente presenta una ilustración adicional del procedimiento.

EJEMPLO 6 Calcule el volumen del sólido que se obtiene al hacer girar la región del ejemplo 4 alrededor de la recta $x = -1$.

SOLUCIÓN En la figura 11 se muestra una sección transversal horizontal. Es una arandela con radio interior $1 + y$ y radio exterior $1 + \sqrt{y}$, por lo que el área de la sección transversal es

$$A(y) = \pi(\text{radio exterior})^2 - \pi(\text{radio interior})^2$$
$$= \pi\left(1 + \sqrt{y}\right)^2 - \pi(1 + y)^2$$

El volumen es

$$V = \int_0^1 A(y)\,dy = \pi\int_0^1 \left[\left(1 + \sqrt{y}\right)^2 - (1 + y)^2\right]dy$$
$$= \pi\int_0^1 \left(2\sqrt{y} - y - y^2\right)dy = \pi\left[\frac{4y^{3/2}}{3} - \frac{y^2}{2} - \frac{y^3}{3}\right]_0^1 = \frac{\pi}{2}$$

FIGURA 11

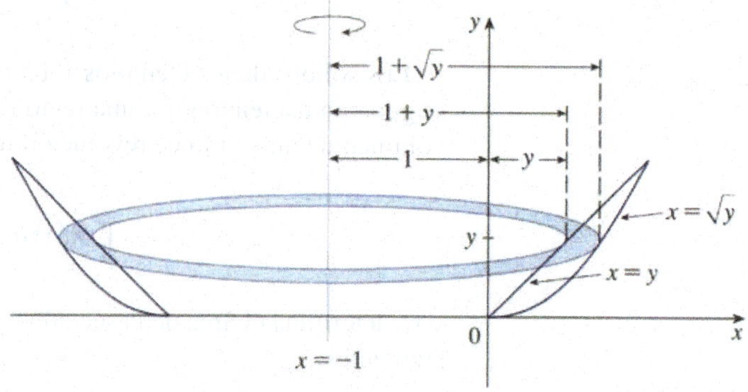

■

Ahora se determinarán los volúmenes de tres sólidos que *no* son sólidos de revolución.

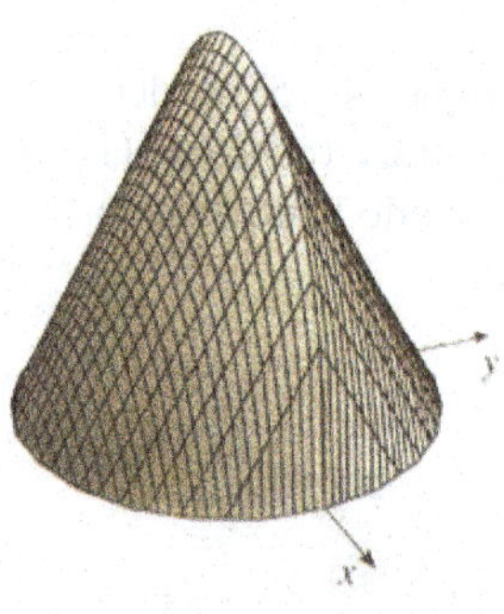

FIGURA 12
Gráfica generada por computadora del sólido del ejemplo 7

TEC En Visual 6.2C se muestra cómo se genera el sólido de la figura 12.

EJEMPLO 7 En la figura 12 se muestra un sólido con una base circular de radio 1. Las secciones transversales paralelas, pero perpendiculares a la base, son triángulos equiláteros. Determine el volumen del sólido.

SOLUCIÓN Se considera la circunferencia $x^2 + y^2 = 1$. El sólido, su base y una sección transversal representativa a una distancia x del origen se muestran en la figura 13.

Puesto que B está sobre la circunferencia, se tiene $y = \sqrt{1 - x^2}$, y, de esa manera, la base del triángulo ABC es $|AB| = 2y = 2\sqrt{1 - x^2}$. Dado que el triángulo es equilátero,

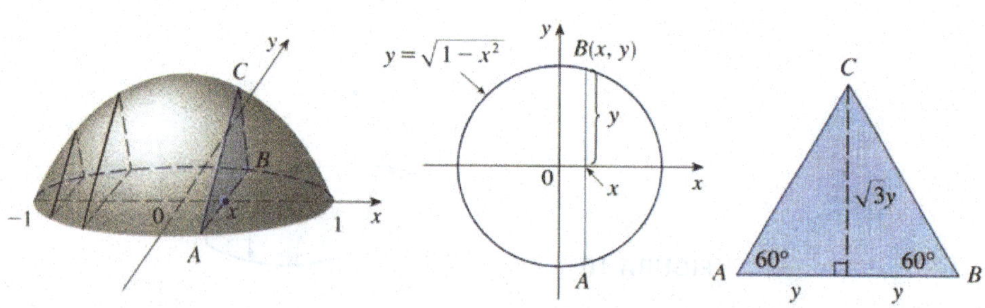

FIGURA 13 (a) El sólido (b) Su base (c) Una sección transversal

se ve de la figura 13(c) que su altura es $\sqrt{3}\,y = \sqrt{3}\sqrt{1 - x^2}$. Por tanto, el área de la sección transversal es

$$A(x) = \tfrac{1}{2} \cdot 2\sqrt{1 - x^2} \cdot \sqrt{3}\sqrt{1 - x^2} = \sqrt{3}\,(1 - x^2)$$

y el volumen del sólido es

$$V = \int_{-1}^{1} A(x)\,dx = \int_{-1}^{1} \sqrt{3}\,(1 - x^2)\,dx$$

$$= 2\int_{0}^{1} \sqrt{3}\,(1 - x^2)\,dx = 2\sqrt{3}\left[x - \frac{x^3}{3}\right]_0^1 = \frac{4\sqrt{3}}{3}$$ ■

EJEMPLO 8 Calcule el volumen de una pirámide cuya base es un cuadrado de lado L y cuya altura es h.

SOLUCIÓN Se coloca el origen O en el vértice de la pirámide y el eje x a lo largo de su eje central, como se muestra en la figura 14. Cualquier plano P_x que pase por x y sea perpendicular al eje x corta a la pirámide en un cuadrado de lado s. Se puede expresar s en función de x observando por triángulos semejantes de la figura 15 que

$$\frac{x}{h} = \frac{s/2}{L/2} = \frac{s}{L}$$

y, de este modo, $s = Lx/h$. [Otro método es observar que la recta OP tiene pendiente $L/(2h)$ y, así, su ecuación es $y = Lx/(2h)$]. Por eso, el área de la sección transversal es

$$A(x) = s^2 = \frac{L^2}{h^2}x^2$$

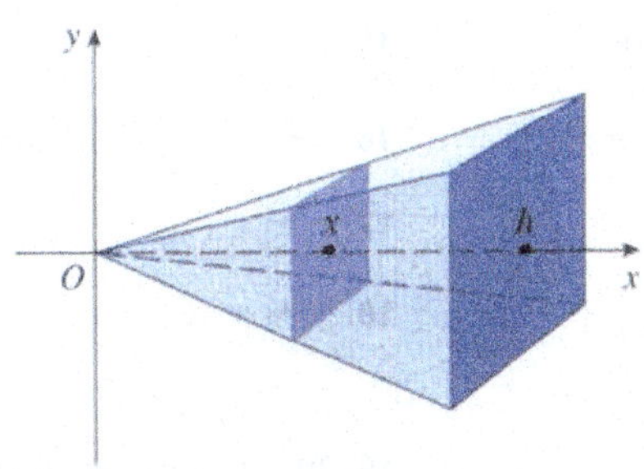

FIGURA 14

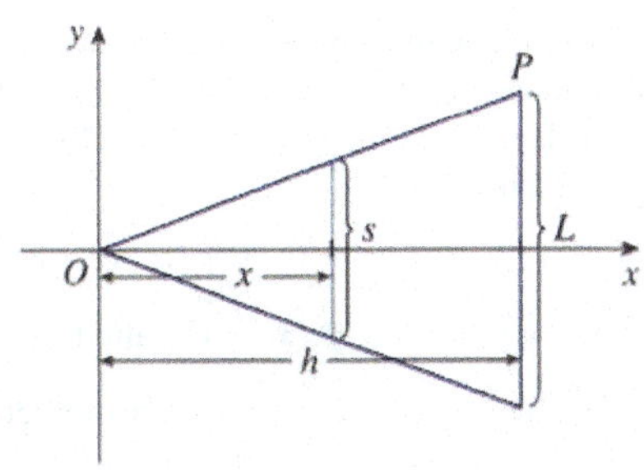

FIGURA 15

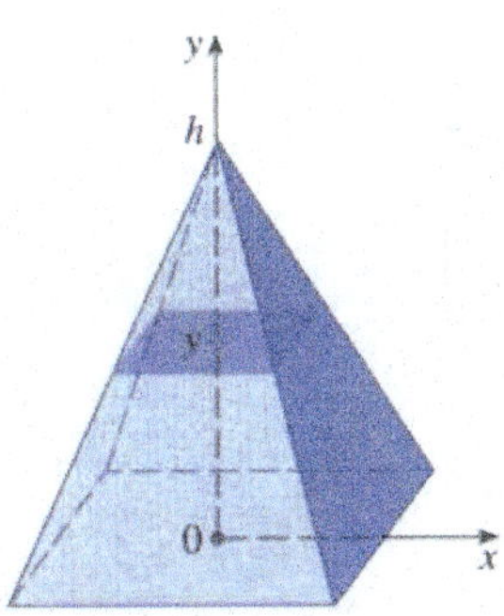

FIGURA 16

La pirámide se ubica entre $x = 0$ y $x = h$, por lo que su volumen es

$$V = \int_0^h A(x)\,dx = \int_0^h \frac{L^2}{h^2}x^2\,dx = \frac{L^2}{h^2}\frac{x^3}{3}\bigg]_0^h = \frac{L^2 h}{3}$$ ■

NOTA No era necesario colocar el vértice de la pirámide en el origen en el ejemplo 8. Se hizo así para que las ecuaciones resultaran más sencillas. Si en lugar de eso se hubiera colocado el centro de la base en el origen y el vértice en el eje y positivo, como en la figura 16, usted puede verificar que se habría obtenido la integral

$$V = \int_0^h \frac{L^2}{h^2}(h - y)^2\,dy = \frac{L^2 h}{3}$$

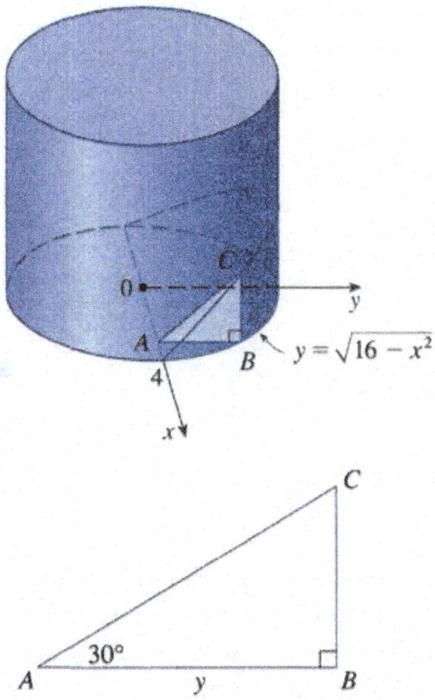

FIGURA 17

EJEMPLO 9 De un cilindro circular de radio 4, definido mediante dos planos, se corta una cuña. Un plano es perpendicular al eje del cilindro. El otro corta al primero en un ángulo de 30° a lo largo del diámetro del cilindro. Determine el volumen de la cuña.

SOLUCIÓN Si se hace coincidir el eje x con el diámetro en el lugar donde se encuentran los planos, entonces la base del sólido es un semicírculo delimitado por la ecuación $y = \sqrt{16 - x^2}$, $-4 \leqslant x \leqslant 4$. Una sección transversal perpendicular al eje x a una distancia x del origen es un triángulo ABC, como se muestra en la figura 17, cuya base es $y = \sqrt{16 - x^2}$ y cuya altura es $|BC| = y \tan 30° = \sqrt{16 - x^2}/\sqrt{3}$. Por tanto, el área de la sección transversal es

$$A(x) = \tfrac{1}{2}\sqrt{16 - x^2} \cdot \frac{1}{\sqrt{3}}\sqrt{16 - x^2} = \frac{16 - x^2}{2\sqrt{3}}$$

y el volumen es

$$V = \int_{-4}^{4} A(x)\,dx = \int_{-4}^{4} \frac{16 - x^2}{2\sqrt{3}}\,dx$$

$$= \frac{1}{\sqrt{3}}\int_{0}^{4} (16 - x^2)\,dx = \frac{1}{\sqrt{3}}\left[16x - \frac{x^3}{3}\right]_0^4$$

$$= \frac{128}{3\sqrt{3}}$$

Para conocer otro método véase el ejercicio 64. ■

6.2 EJERCICIOS

1–18 Encuentre el volumen del sólido obtenido al hacer girar la región acotada por las curvas dadas alrededor de la recta especificada. Trace la gráfica de la región, el sólido y un disco o arandela representativos.

1. $y = x + 1,\ y = 0,\ x = 0,\ x = 2$; alrededor del eje x

2. $y = 1/x,\ y = 0,\ x = 1,\ x = 4$; alrededor del eje x

3. $y = \sqrt{x - 1},\ y = 0,\ x = 5$; alrededor del eje x

4. $y = e^x,\ y = 0,\ x = -1,\ x = 1$; alrededor del eje x

5. $y = \sqrt{25 - x^2},\ y = 0,\ x = 2,\ x = 4$; alrededor del eje x

6. $2x = y^2,\ x = 0,\ y = 4$; alrededor del eje y

7. $y = \ln x,\ y = 1,\ y = 2,\ x = 0$; alrededor del eje y

8. $y = 6 - x^2,\ y = 2$; alrededor del eje x

9. $y = \frac{1}{4}x^2,\ y = 5 - x^2$; alrededor del eje x

10. $x = 2 - y^2,\ x = y^4$; alrededor del eje y

11. $y = \frac{1}{4}x^2,\ x = 2,\ y = 0$; alrededor del eje y

12. $y = x^3,\ y = 1,\ x = 2$; alrededor de $y = -3$

13. $y = 1 + \sec x,\ y = 3$; alrededor de $y = 1$

14. $y = \operatorname{sen} x,\ y = \cos x,\ 0 \leqslant x \leqslant \pi/4$; alrededor de $y = -1$

15. $y = x^3,\ y = 0,\ x = 1$; alrededor de $x = 2$

16. $y = x,\ y = \sqrt{x}$; alrededor de $x = 2$

17. $x = y^2,\ x = 1$; alrededor de $x = 1$

18. $y = x,\ y = 0,\ x = 2,\ x = 4$; alrededor de $x = 1$

19–30 Refiérase a la figura y calcule el volumen generado al hacer girar cada una de las regiones dadas alrededor de la recta especificada.

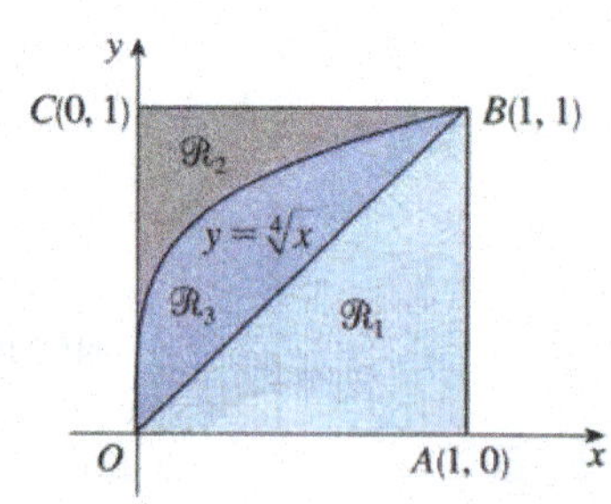

19. $\mathcal{R}_1$ alrededor de OA

20. $\mathcal{R}_1$ alrededor de OC

21. $\mathcal{R}_1$ alrededor de AB

22. $\mathcal{R}_1$ alrededor de BC

23. $\mathcal{R}_2$ alrededor de OA

24. $\mathcal{R}_2$ alrededor de OC

25. $\mathcal{R}_2$ alrededor de AB

26. $\mathcal{R}_2$ alrededor de BC

27. $\mathcal{R}_3$ alrededor de OA

28. $\mathcal{R}_3$ alrededor de OC

29. $\mathcal{R}_3$ alrededor de AB

30. $\mathcal{R}_3$ alrededor de BC

31-34 Plantee una integral para el volumen del sólido obtenido al hacer girar cada una de las regiones acotadas por las curvas dadas, alrededor de la recta especificada. Después utilice su calculadora para evaluar la integral con una aproximación a cinco decimales.

31. $y = e^{-x^2}$, $y = 0$, $x = -1$, $x = 1$
(a) alrededor del eje x (b) alrededor de $y = -1$

32. $y = 0$, $y = \cos^2 x$, $-\pi/2 \leq x \leq \pi/2$
(a) alrededor del eje x (b) alrededor de $y = 1$

33. $x^2 + 4y^2 = 4$
(a) alrededor de $y = 2$ (b) alrededor de $x = 2$

34. $y = x^2$, $x^2 + y^2 = 1$, $y \geq 0$
(a) alrededor del eje x (b) alrededor del eje y

35-36 Utilice una gráfica para encontrar las coordenadas x aproximadas de los puntos de intersección de las curvas dadas. Luego utilice su calculadora para determinar (en forma aproximada) el volumen del sólido obtenido al hacer girar alrededor del eje x la región acotada por estas curvas.

35. $y = \ln(x^6 + 2)$, $y = \sqrt{3 - x^3}$

36. $y = 1 + xe^{-x^3}$, $y = \arctan x^2$

SAC **37-38** Mediante un sistema algebraico computacional, calcule el volumen exacto del sólido obtenido al rotar la región acotada por estas curvas alrededor de la recta especificada.

37. $y = \operatorname{sen}^2 x$, $y = 0$, $0 \leq x \leq \pi$; alrededor de $y = -1$

38. $y = x$, $y = xe^{1-x/2}$; alrededor de $y = 3$

39-42 Cada una de las integrales siguientes representa el volumen de un sólido. Describa el sólido.

39. $\pi \int_0^{\pi} \operatorname{sen} x \, dx$

40. $\pi \int_0^{\pi/2} [(1 + \cos x)^2 - 1^2] \, dx$

41. $\pi \int_0^1 (y^4 - y^8) \, dy$

42. $\pi \int_1^4 \left[3^2 - (3 - \sqrt{x})^2\right] dx$

43. Una TAC (tomografía computarizada) produce vistas transversales equidistantes de un órgano humano que dan información sobre el órgano que de otra manera se obtiene solamente con cirugía. Suponga que una TAC de un hígado humano muestra secciones transversales separadas 1.5 cm de distancia. El hígado es de 15 cm de largo y las áreas de las secciones transversales, en centímetros cuadrados, son 0, 18, 58, 79, 94, 106, 117, 128, 63, 39 y 0. Utilice la regla del punto medio para determinar el volumen del hígado.

44. Se corta un tronco de árbol de 10 m de largo a intervalos de 1 m, y las áreas de las secciones transversales A (a una distancia x del extremo del tronco) se proporcionan en la tabla. Mediante la regla del punto medio $n = 5$, estime el volumen del tronco.

x (m)	A (m²)	x (m)	A (m²)
0	0.68	6	0.53
1	0.65	7	0.55
2	0.64	8	0.52
3	0.61	9	0.50
4	0.58	10	0.48
5	0.59		

45. (a) Si la región que se muestra en la figura se gira respecto al eje x para formar un sólido, aplique la regla del punto medio con $n = 4$ para determinar el volumen del sólido.

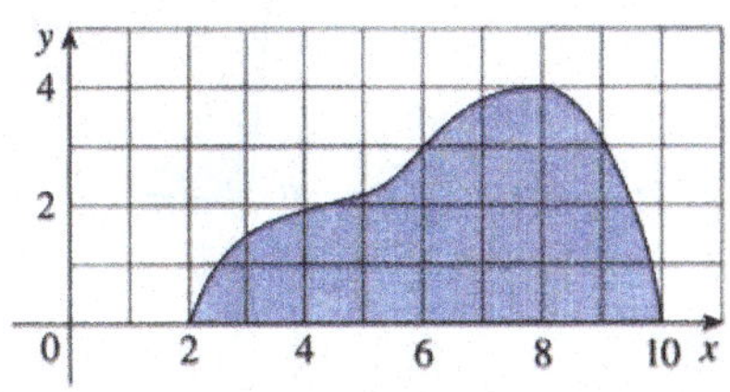

(b) Estime el volumen si se gira la región respecto al eje y. Una vez más aplique la regla del punto medio con $n = 4$.

SAC **46.** (a) Se obtiene un modelo para la forma de un huevo de un ave mediante el giro, respecto al eje x, de la región bajo la gráfica de

$$f(x) = (ax^3 + bx^2 + cx + d)\sqrt{1 - x^2}$$

Utilice un SAC para encontrar el volumen de tal huevo.

(b) Para un pato de cuello rojo, $a = -0.06$, $b = 0.04$, $c = 0.1$ y $d = 0.54$. Trace la gráfica de f y encuentre el volumen de un huevo de esta especie.

47-61 Calcule el volumen de cada uno de los sólidos S descritos.

47. Un cono circular recto cuya altura es h y el radio de la base es r.

48. Un cono truncado circular recto cuya altura es h, base inferior de radio R, y radio de la parte superior r.

49. Un casquete de una esfera con radio r y altura h.

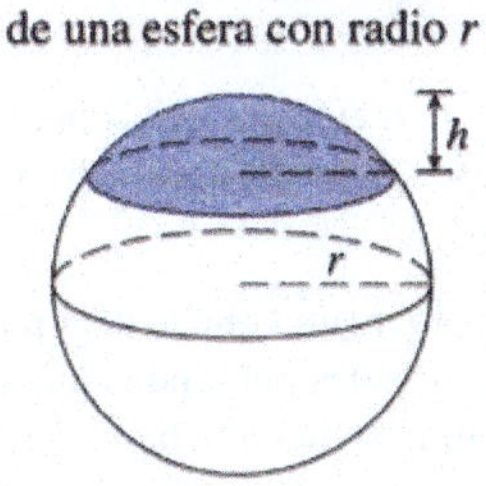

50. Una pirámide truncada con base cuadrada de lado b, cuadrado superior de lado a y altura h.

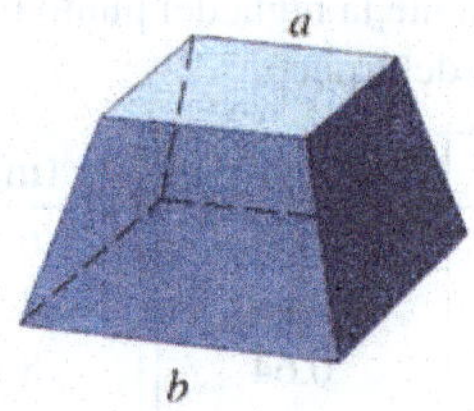

¿Qué sucede si $a = b$? ¿Qué sucede si $a = 0$?

51. Una pirámide de altura h y base rectangular con dimensiones b y $2b$.

52. Una pirámide de altura h y base en forma de triángulo equilátero con lado a (un tetraedro).

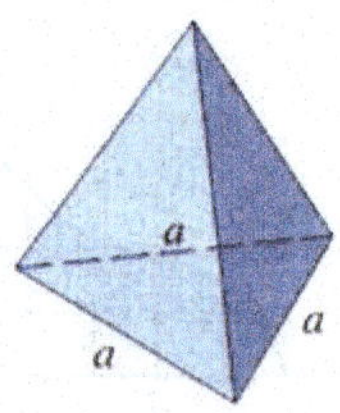

53. Un tetraedro con tres caras mutuamente perpendiculares y tres aristas recíprocamente perpendiculares con distancias 3, 4 y 5 cm.

54. La base de S es un disco circular de radio r. Las secciones transversales paralelas perpendiculares a la base son cuadradas.

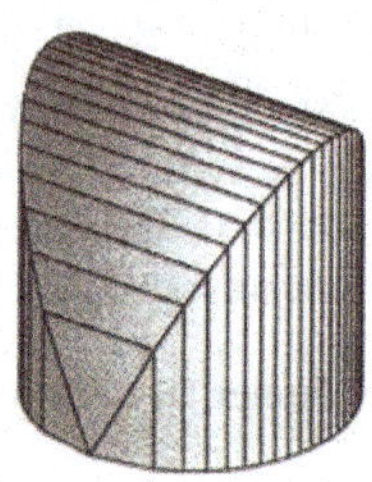

55. La base de S es una región elíptica acotada por la curva $9x^2 + 4y^2 = 36$. Las secciones transversales son perpendiculares al eje x y son triángulos rectángulos isósceles con hipotenusa en la base.

56. La base de S es la región triangular con vértices (0, 0), (1, 0) y (0, 1). Las secciones transversales perpendiculares al eje y son triángulos equiláteros.

57. La base de S es la misma que en el ejercicio 56, pero las secciones transversales perpendiculares al eje x son cuadrados.

58. La base de S es la región encerrada por la parábola $y = 1 - x^2$ y el eje x. Las secciones transversales perpendiculares al eje y son cuadrados.

59. La base de S es la misma que la del ejercicio 58, pero las secciones transversales perpendiculares al eje x son triángulos isósceles con altura igual a la base.

60. La base de S es la región encerrada por la parábola $y = 2 - x^2$ y el eje x. Las secciones transversales perpendiculares al eje y son cuartos de círculo.

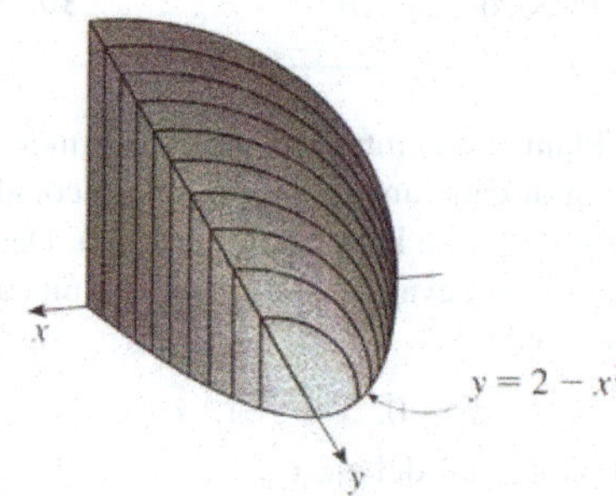

61. El sólido S está acotado por círculos que son perpendiculares al eje x, interseca el eje x, y tiene centros sobre la parábola $y = \frac{1}{2}(1 - x^2)$, $-1 \leq x \leq 1$.

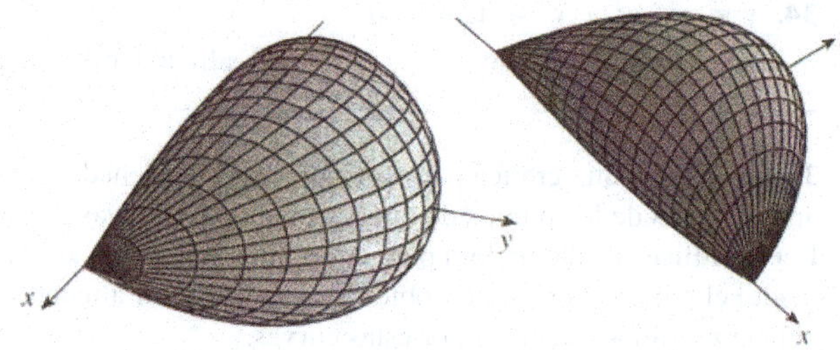

62. La base de S es un disco circular de radio r. Las secciones transversales paralelas perpendiculares a la base son triángulos isósceles de altura h y el lado desigual en la base.

(a) Plantee una integral para el volumen de S.

(b) De acuerdo con la interpretación de la integral como un área, calcule el volumen de S.

63. (a) Plantee una integral para el volumen de un *toro* sólido (el sólido en forma de dona que se muestra en la figura) de radio r y R.

(b) Mediante la interpretación de la integral como un área, calcule el volumen del toro.

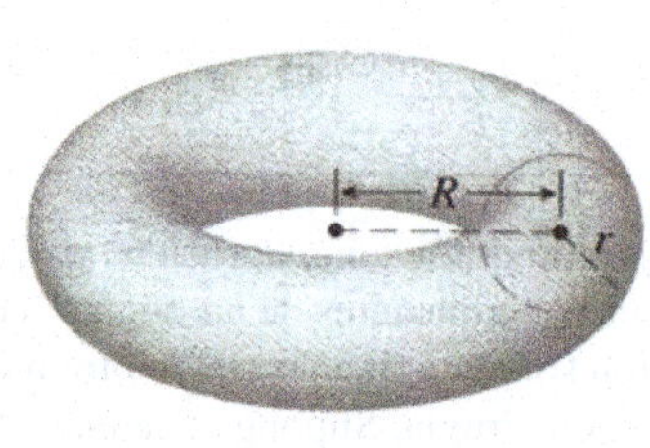

64. Resuelva el ejemplo 9 tomando secciones transversales paralelas a la recta de intersección de los dos planos.

65. (a) El principio de Cavalieri establece que si una familia de planos paralelos da áreas iguales de secciones transversales para dos sólidos S_1 y S_2, entonces los volúmenes de S_1 y S_2 son iguales. Demuestre este principio.

(b) Mediante el principio de Cavalieri determine el volumen del cilindro oblicuo que se muestra en la figura.

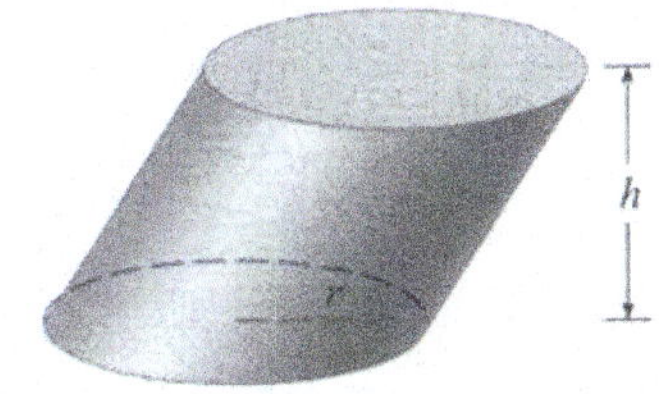

66. Determine el volumen común a dos cilindros circulares, ambos de radio r, si los ejes de los cilindros se cortan en ángulos rectos.

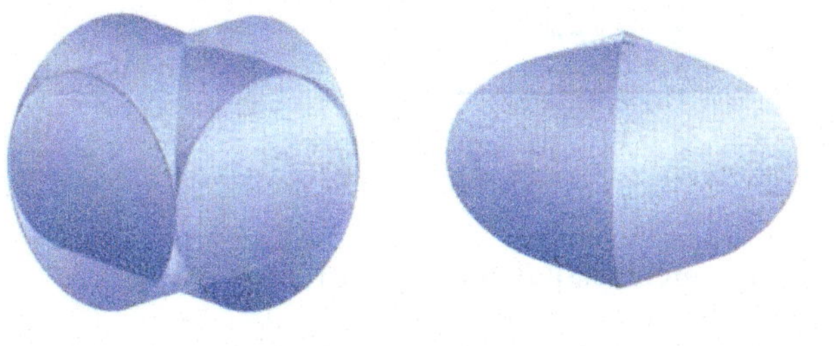

67. Calcule el volumen común a dos esferas, cada una de radio r, si el centro de cada esfera está sobre la superficie de la otra esfera.

68. Un tazón tiene la forma de un hemisferio con diámetro igual a 30 cm. Una pelota pesada de 10 cm de diámetro se coloca dentro del tazón, y se vierte agua en este hasta que alcanza una altura de h centímetros. Determine el volumen de agua que hay en el recipiente.

69. Se abre un agujero de radio r en un cilindro de radio $R > r$ en ángulos rectos al eje del cilindro. Plantee una integral, pero no la evalúe, para determinar el volumen cortado.

70. Un agujero de radio r se taladra en el centro de una esfera de radio $R > r$. Calcule el volumen de la parte restante de la esfera.

71. Algunos de los iniciadores del cálculo, como Kepler o Newton, se inspiraron en el problema de determinar volúmenes de barriles de vino. (De hecho, Kepler publicó un libro *Stereometria doliorum* en 1615, en el que se tratan los métodos para determinar volúmenes de los barriles.) A menudo se aproximan la forma de sus lados mediante parábolas.

(a) Se genera un barril de altura h y radio máximo R al girar alrededor del eje x la parábola $y = R - cx^2$, $-h/2 \leqslant x \leqslant h/2$, donde c es una constante positiva. Demuestre que el radio de cada extremo del barril es $r = R - d$, donde $d = ch^2/4$.

(b) Demuestre que el volumen encerrado por el barril es

$$V = \tfrac{1}{3}\pi h\left(2R^2 + r^2 - \tfrac{2}{5}d^2\right)$$

72. Suponga que una región $\mathcal{R}$ tiene un área A que se localiza arriba del eje x. Cuando $\mathcal{R}$ gira alrededor del eje x, genera un sólido de volumen V_1. Cuando $\mathcal{R}$ gira alrededor de la recta $y = -k$, (donde k es un número positivo), genera un sólido de volumen V_2. Exprese V_2 en función de V_1, k y A.

6.3 Volúmenes mediante cascarones cilíndricos

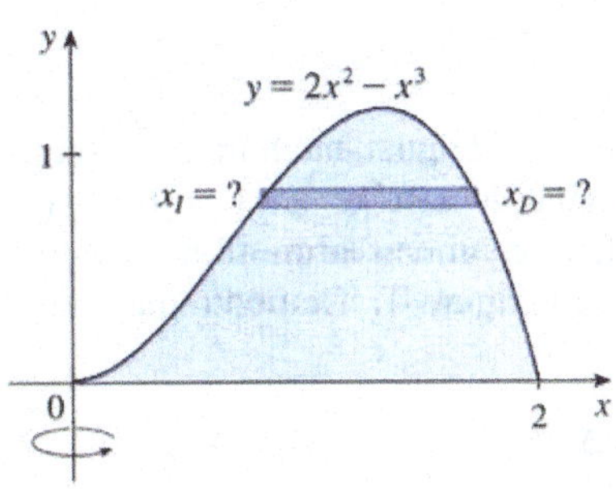

FIGURA 1

Algunos problemas relacionados con volúmenes son muy difíciles de manejar con los métodos de las secciones anteriores. Por ejemplo, se considera el problema de determinar el volumen del sólido que se obtiene al hacer girar la región acotada por $y = 2x^2 - x^3$ y $y = 0$. (Véase la figura 1.) Si se corta en forma perpendicular al eje y, se obtiene una arandela. Pero para calcular los radios interior y exterior de la arandela, se tiene que resolver la ecuación cúbica $y = 2x^2 - x^3$ para encontrar x en función de y, y esto no es fácil.

Por fortuna, hay un sistema llamado **método de los cascarones cilíndricos**, que es más fácil de usar en tal caso. En la figura 2 se muestra un cascarón cilíndrico de radio

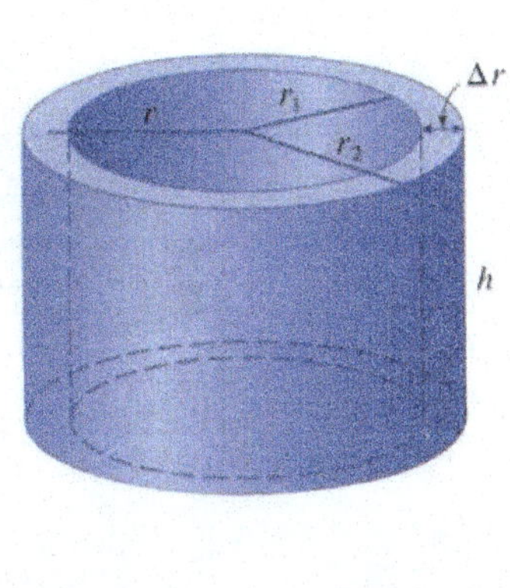

FIGURA 2

interior r_1, radio exterior r_2 y altura h. Su volumen V se calcula restando el volumen V_1 del cilindro interior del volumen V_2 que corresponde al cilindro exterior:

$$\begin{aligned} V &= V_2 - V_1 \\ &= \pi r_2^2 h - \pi r_1^2 h = \pi(r_2^2 - r_1^2)h \\ &= \pi(r_2 + r_1)(r_2 - r_1)h \\ &= 2\pi \frac{r_2 + r_1}{2} h(r_2 - r_1) \end{aligned}$$

Si se hace $\Delta r = r_2 - r_1$ (el espesor del cascarón) y $r = \frac{1}{2}(r_2 + r_1)$ (el radio promedio del cascarón), entonces esta fórmula del volumen de un cascarón cilíndrico se transforma en

1 $$V = 2\pi r h \, \Delta r$$

que puede recordarse como

$$V = [\text{circunferencia}][\text{altura}][\text{espesor}]$$

Ahora, sea S el sólido que se obtiene al hacer girar alrededor del eje ya la región acotada por $y = f(x)$ [donde $f(x) \geqslant 0$], $y = 0$, $x = a$, y $x = b$, donde $b > a \geqslant 0$. (Véase la figura 3.)

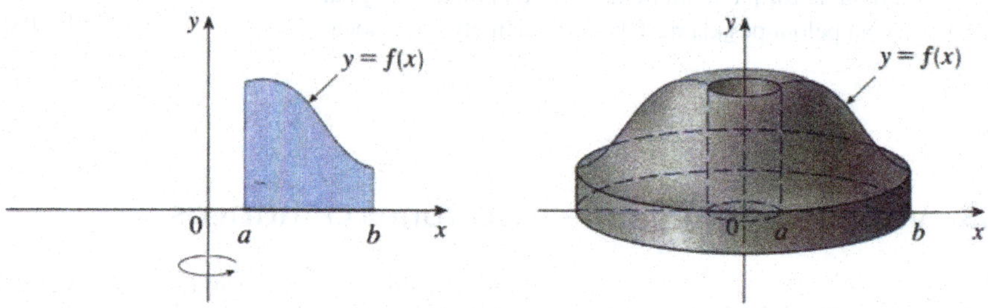

FIGURA 3

Se divide el intervalo $[a, b]$ en n subintervalos $[x_{i-1}, x_i]$ de igual anchura Δx y sea $\bar{x}_i$, el punto medio del i-ésimo subintervalo. Si el rectángulo de base $[x_{i-1}, x_i]$ y altura $f(\bar{x}_i)$ se hace girar alrededor del eje y, entonces el resultado es un cascarón cilíndrico cuyo radio promedio es $\bar{x}_i$, altura $f(\bar{x}_i)$ y espesor Δx (véase la figura 4). De modo que, por la fórmula 1, su volumen es

$$V_i = (2\pi\bar{x}_i)[f(\bar{x}_i)]\,\Delta x$$

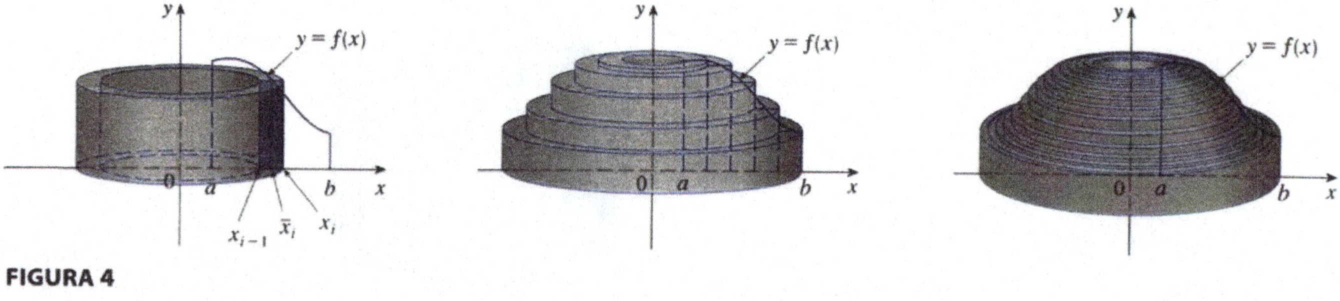

FIGURA 4

Por tanto, un volumen aproximado V de S se obtiene mediante la suma de los volúmenes de estos cascarones:

$$V \approx \sum_{i=1}^{n} V_i = \sum_{i=1}^{n} 2\pi \bar{x}_i f(\bar{x}_i)\,\Delta x$$

Esta aproximación mejora cuando $n \to \infty$. Pero de acuerdo con la definición de integral, se sabe que

$$\lim_{n\to\infty} \sum_{i=1}^{n} 2\pi \bar{x}_i f(\bar{x}_i)\,\Delta x = \int_a^b 2\pi x f(x)\,dx$$

Por lo que lo siguiente parece razonable:

2 El volumen del sólido de la figura 3, que se obtiene al hacer girar alrededor del eje y la región bajo la curva $y = f(x)$ de a a b, es

$$V = \int_a^b 2\pi x f(x)\,dx \qquad \text{donde } 0 \leqslant a < b$$

El argumento de usar cascarones cilíndricos hace que la fórmula 2 parezca razonable, pero posteriormente se podrá comprobar (véase el ejercicio 7.1.73).

La mejor manera de recordar la fórmula 2 es pensar en el cascarón representativo, cortado y aplanado como en la figura 5, con radio x, circunferencia $2\pi x$, altura $f(x)$ y espesor Δx o dx:

$$\int_a^b \underbrace{(2\pi x)}_{\text{circunferencia}} \underbrace{[f(x)]}_{\text{altura}} \underbrace{dx}_{\text{espesor}}$$

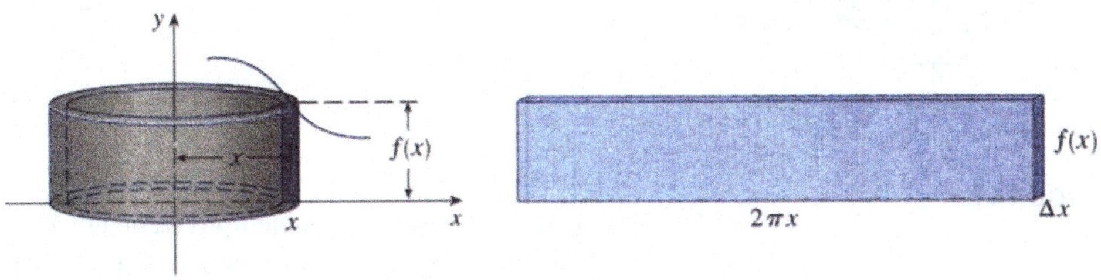

FIGURA 5

Este tipo de razonamiento es útil en otras situaciones, como cuando se hace girar alrededor de rectas distintas del eje y.

EJEMPLO 1 Determine el volumen del sólido que se obtiene al hacer girar alrededor del eje y la región acotada por $y = 2x^2 - x^3$ y $y = 0$.

SOLUCIÓN En el trazo de la figura 6 se puede ver que un cascarón representativo tiene radio x, circunferencia $2\pi x$ y altura $f(x) = 2x^2 - x^3$. También, por el método del cascarón, el volumen es

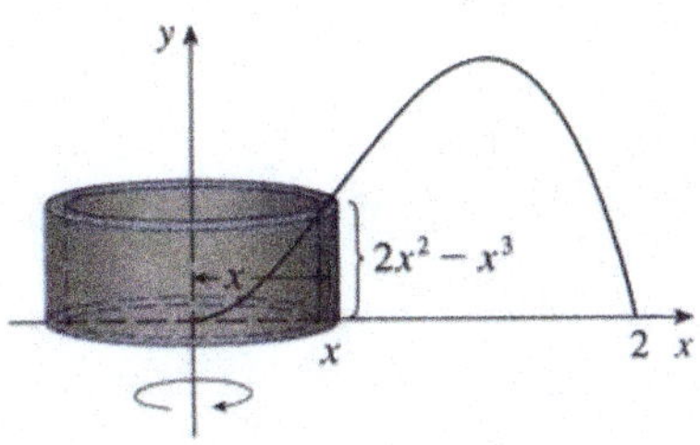

FIGURA 6

$$V = \int_0^2 \underbrace{(2\pi x)}_{\text{circunferencia}} \underbrace{(2x^2 - x^3)}_{\text{altura}} \underbrace{dx}_{\text{espesor}}$$

$$= 2\pi \int_0^2 (2x^3 - x^4)\,dx = 2\pi\left[\tfrac{1}{2}x^4 - \tfrac{1}{5}x^5\right]_0^2$$

$$= 2\pi\left(8 - \tfrac{32}{5}\right) = \tfrac{16}{5}\pi$$

Puede verificarse que el método del cascarón cilíndrico da la misma respuesta que calcular usando "rebanadas". ■

TEC Visual 6.3 muestra cómo se forman el sólido y los cascarones en el ejemplo 1.

En la figura 7 se observa una imagen generada mediante computadora del sólido cuyo volumen se calcula en el ejemplo 1.

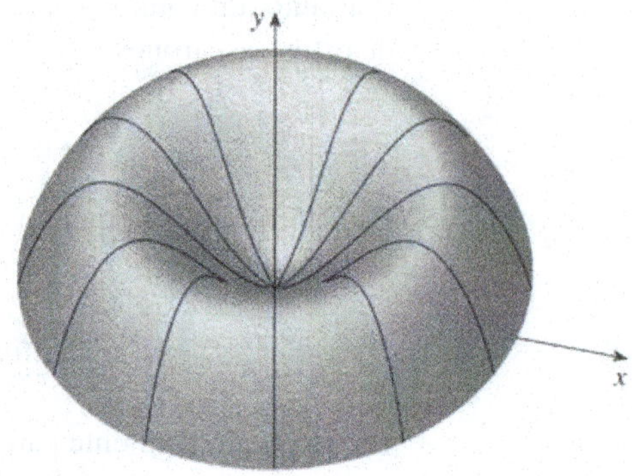

FIGURA 7

NOTA Al comparar la solución del ejemplo 1 con las observaciones del comienzo de esta sección, es claro que el método de los cascarones cilíndricos es mucho más sencillo que el método en el que se utilizan arandelas para este problema. No es necesario encontrar las coordenadas del máximo local y no tiene que resolverse la ecuación de la curva, ni dar x en función de y. Sin embargo, en otros ejemplos, pueden ser más sencillos los métodos de la sección anterior.

EJEMPLO 2 Calcule el volumen del sólido obtenido al hacer girar alrededor del eje y la región entre $y = x$ y $y = x^2$.

SOLUCIÓN La región y un cascarón representativo se ilustran en la figura 8. Se ve que el cascarón tiene radio x, circunferencia $2\pi x$ y altura $x - x^2$. Así que el volumen es

$$V = \int_0^1 (2\pi x)(x - x^2)\,dx = 2\pi \int_0^1 (x^2 - x^3)\,dx$$

$$= 2\pi \left[\frac{x^3}{3} - \frac{x^4}{4} \right]_0^1 = \frac{\pi}{6}$$ ■

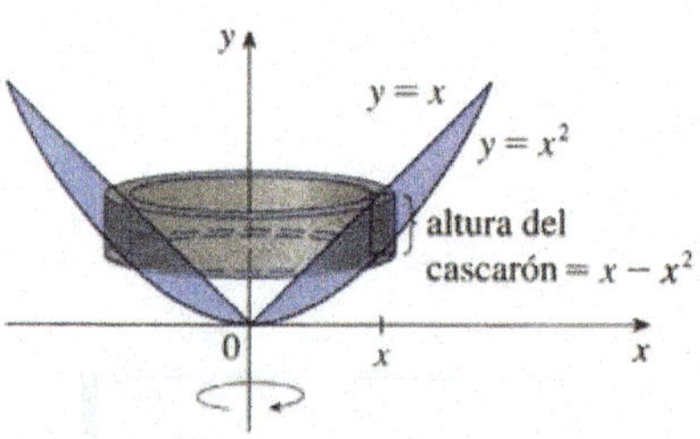

FIGURA 8

Como se muestra en el ejemplo siguiente, el método del cascarón cilíndrico funciona muy bien si hace girar alrededor del eje x. Simplemente se dibuja un diagrama para identificar el radio y la altura del cascarón.

EJEMPLO 3 Mediante un cascarón cilíndrico calcule el volumen del sólido que se obtiene al hacer girar alrededor del eje x la región bajo la curva $y = \sqrt{x}$ de 0 a 1.

SOLUCIÓN Este problema se resolvió usando discos en el ejemplo 6.2.2. Para usar cascarones, llámese a la curva $y = \sqrt{x}$ (en la figura en este ejemplo) como $x = y^2$ en la figura 9. Por lo que toca a la rotación alrededor del eje x, un cascarón representativo tiene radio y, circunferencia $2\pi y$ y altura $1 - y^2$. Así, el volumen es

$$V = \int_0^1 (2\pi y)(1 - y^2)\,dy = 2\pi \int_0^1 (y - y^3)\,dy$$

$$= 2\pi \left[\frac{y^2}{2} - \frac{y^4}{4} \right]_0^1 = \frac{\pi}{2}$$

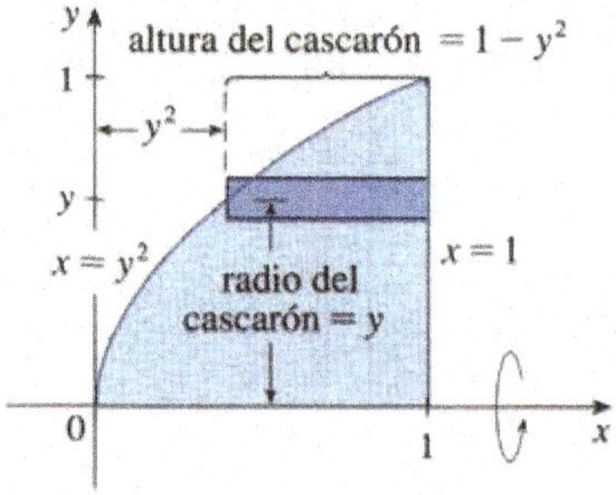

FIGURA 9

En este problema, el método del disco fue más simple. ■

EJEMPLO 4 Determine el volumen del sólido que se obtiene al girar alrededor de la recta $x = 2$ la región acotada por $y = x - x^2$ y $y = 0$.

SOLUCIÓN En la figura 10 se muestra la región y un cascarón cilíndrico formado por la rotación alrededor de la recta $x = 2$. El radio es $2 - x$, circunferencia $2\pi(2 - x)$ y altura $x - x^2$.

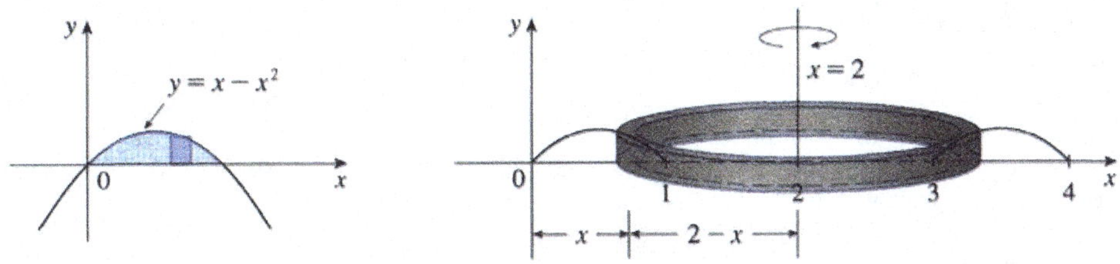

FIGURA 10

El volumen del sólido dado es

$$V = \int_0^1 2\pi(2 - x)(x - x^2)\,dx$$

$$= 2\pi \int_0^1 (x^3 - 3x^2 + 2x)\,dx$$

$$= 2\pi \left[\frac{x^4}{4} - x^3 + x^2 \right]_0^1 = \frac{\pi}{2}$$

Discos y arandelas frente a cascarones cilíndricos

Cuando se determina el volumen de un sólido de revolución, ¿cómo se sabe si se va a usar discos (o arandelas) o cascarones cilíndricos? Hay varias consideraciones que tomar en cuenta: ¿la región es descrita más fácilmente por las curvas frontera superior e inferior de la forma $y = f(x)$, o por las fronteras izquierda y derecha $x = g(y)$? ¿Con cuál opción es más fácil trabajar? ¿Los límites de integración son más fáciles de encontrar para una variable que para la otra? ¿La región requiere dos integrales separadas cuando se utiliza x como la variable pero una sola integral en y? ¿Se puede evaluar la integral que se ha creado con nuestra elección de variable?

Si se decide que una variable es más fácil de trabajar que la otra, esto determina qué método se debe utilizar. Dibuje un rectángulo de muestra en la región, correspondiente a una sección transversal del sólido. El espesor del rectángulo, Δx o Δy, corresponde a la variable de integración. Si imagina el rectángulo girando, se convierte en un disco (arandela) o en un cascarón.

6.3 EJERCICIOS

1. Sea S el sólido que se genera al girar alrededor del eje y la región que se muestra en la figura. Explique por qué es inconveniente usar las rebanadas para determinar el volumen V de S. Trace la gráfica de un cascarón representativo de aproximación. ¿Cuáles son la circunferencia y la altura? Utilice cascarones para encontrar V.

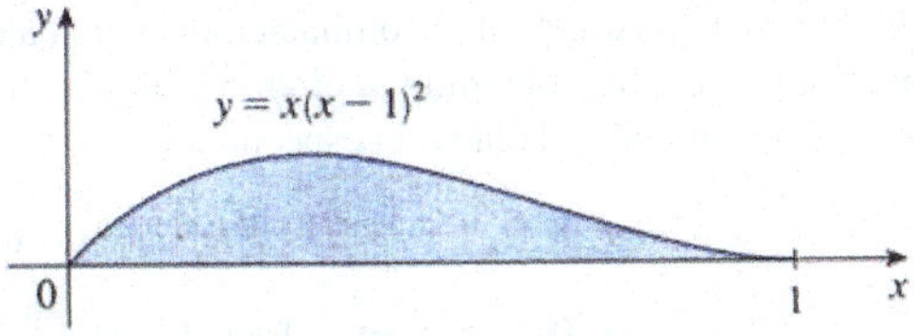

2. Sea S el sólido que se genera al girar alrededor del eje y la región que se muestra en la figura. Trace la gráfica de un cascarón cilíndrico representativo y determine su circunferencia y altura. Utilice cascarones para calcular el volumen de S. ¿Cree usted que este método es mejor que el de las rebanadas? Explique.

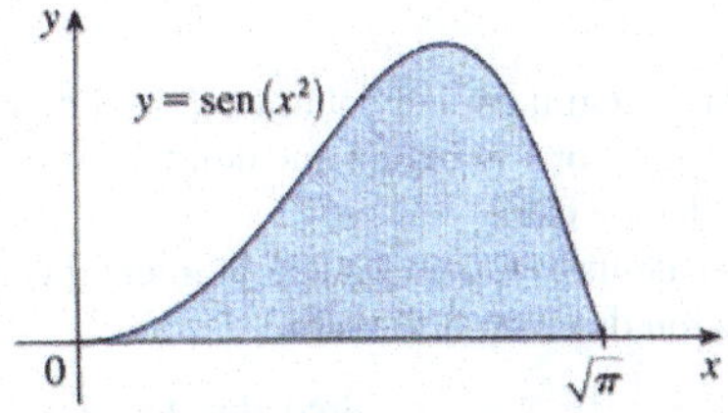

3–7 Utilice el método de los cascarones cilíndricos para determinar el volumen que se genera al hacer girar alrededor del eje y, la región acotada por las curvas dadas.

3. $y = 1/x, \quad y = 0, \quad x = 1, \quad x = 2$

4. $y = x^2, \quad y = 0, \quad x = 1$

5. $y = e^{-x^2}, \quad y = 0, \quad x = 0, \quad x = 1$

6. $y = 4x - x^2, \quad y = x$

7. $y = x^2, \quad y = 6x - 2x^2$

8. Sea V el volumen del sólido que se obtiene cuando la región acotada por $y = \sqrt{x}$ y $y = x^2$ gira alrededor del eje y. Calcule V por rebanadas y formando cascarones cilíndricos. En ambos casos, trace un diagrama para explicar su método.

9–14 Utilice el método de los cascarones cilíndricos para determinar el volumen de cada uno de los sólidos siguientes que se obtienen al hacer girar alrededor del eje x la región acotada por las curvas dadas.

9. $y = x^3, \quad y = 8, \quad x = 0$

10. $x = 4y^2 - y^3, \quad x = 0$

11. $y = x^{3/2}, \quad y = 8, \quad x = 0$

12. $x = -3y^2 + 12y - 9, \quad x = 0$

13. $x = 1 + (y - 2)^2, \quad x = 2$

14. $x + y = 4, \quad x = y^2 - 4y + 4$

15–20 Mediante el método de los cascarones cilíndricos determine el volumen generado cuando gira cada una de las regiones acotadas entre las curvas dadas, alrededor del eje especificado.

15. $y = x^3$, $y = 8$, $x = 0$; alrededor de $x = 3$

16. $y = 4 - 2x$, $y = 0$, $x = 0$; alrededor de $x = -1$

17. $y = x^2$, $y = 2 - x^2$; alrededor de $x = 1$

18. $y = \sqrt{x}$, $x = 2y$; alrededor de $x = 5$

19. $x = 2y^2$, $y \geq 0$, $x = 2$; alrededor de $y = 2$

20. $x = 2y^2$, $x = y^2 + 1$; alrededor de $y = -2$

21–26

(a) Plantee una integral para el volumen del sólido que se genera al hacer rotar la región que definen las curvas dadas alrededor del eje dado.

(b) Utilice su calculadora para evaluar la integral con una aproximación de cinco decimales.

21. $y = xe^{-x}$, $y = 0$, $x = 2$; alrededor del eje y.

22. $y = \tan x$, $y = 0$, $x = \pi/4$; alrededor de $x = \pi/2$

23. $y = \cos^4 x$, $y = -\cos^4 x$, $-\pi/2 \leq x \leq \pi/2$; alrededor de $x = \pi$

24. $y = x$, $y = 2x/(1 + x^3)$; alrededor de $x = -1$

25. $x = \sqrt{\operatorname{sen} y}$, $0 \leq y \leq \pi$, $x = 0$; alrededor de $y = 4$

26. $x^2 - y^2 = 7$, $x = 4$; alrededor de $y = 5$

27. Aplique la regla del punto medio con $n = 5$ para estimar el volumen obtenido cuando la región bajo la curva $y = \sqrt{1 + x^3}$, gira alrededor del eje y. Considere $0 \leq x \leq 1$.

28. Si la región que se muestra en la figura gira alrededor del eje y para formar un sólido, aplique la regla del punto medio con $n = 5$ para calcular el volumen del sólido.

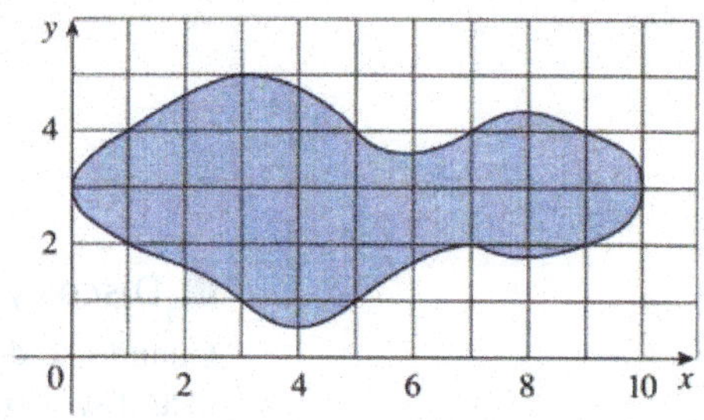

29–32 Cada una de las integrales siguientes representa el volumen de un sólido. Describa el sólido.

29. $\int_0^3 2\pi x^5\, dx$

30. $\int_1^3 2\pi y \ln y\, dy$

31. $2\pi \int_1^4 \dfrac{y + 2}{y^2}\, dy$

32. $\int_0^1 2\pi(2 - x)(3^x - 2^x)\, dx$

33–34 Utilice una gráfica para calcular las coordenadas x de los puntos de intersección de las curvas dadas. Luego con esa información calcule el volumen del sólido obtenido al girar alrededor del eje y la región acotada por estas curvas.

33. $y = x^2 - 2x, \quad y = \dfrac{x}{x^2 + 1}$

34. $y = e^{\operatorname{sen} x}y, \quad y = x^2 - 4x + 5$

SAC **35–36** Use un sistema algebraico computacional para calcular el volumen exacto del sólido obtenido al girar la región acotada por las curvas dadas alrededor de la recta especificada.

35. $y = \operatorname{sen}^2 x$, $y = \operatorname{sen}^4 x$, $0 \leq x \leq \pi$; alrededor de $x = \pi/2$

36. $y = x^3 \operatorname{sen} x$, $y = 0$, $0 \leq x \leq \pi$; alrededor de $x = -1$

37–43 La región acotada por las curvas dadas gira alrededor del eje especificado. Determine el volumen del sólido resultante, por medio de cualquier método.

37. $y = -x^2 + 6x - 8$, $y = 0$; alrededor del eje y

38. $y = -x^2 + 6x - 8$, $y = 0$; alrededor del eje x

39. $y^2 - x^2 = 1$, $y = 2$; alrededor del eje x

40. $y^2 - x^2 = 1$, $y = 2$; alrededor del eje y

41. $x^2 + (y - 1)^2 = 1$; alrededor del eje y

42. $x = (y - 3)^2$, $x = 4$; alrededor de $y = 1$

43. $x = (y - 1)^2$, $x - y = 1$; alrededor de $x = -1$

44. Sea T la región triangular con vértices $(0, 0)$, $(1, 0)$ y $(1, 2)$, y sea V el volumen del sólido generado cuando T gira alrededor de la recta $x = a$, donde $a > 1$. Exprese a en términos de V.

45–47 Utilice cascarones cilíndricos para encontrar el volumen del sólido.

45. Una esfera de radio r.

46. El toro sólido del ejercicio 6.2.63.

47. Un cono circular recto de altura h y base de radio r.

48. Suponga que usted fabrica anillos para servilletas perforando agujeros de diferentes diámetros en dos bolas de madera (las cuales también tienen diámetros distintos). Usted descubre que ambos anillos para las servilletas tienen la misma altura h, como se muestra en la figura.

(a) Conjeture cuál anillo contiene más madera.

(b) Verifique su conjetura: utilice cascarones cilíndricos para calcular el volumen de un anillo para servilleta creado al perforar un agujero con radio r a través del centro de una esfera de radio R y exprese la respuesta en función de h.

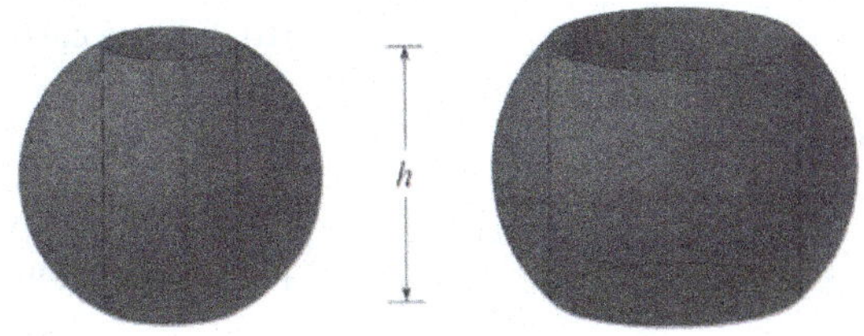

6.4 Trabajo

El término *trabajo* se utiliza en el lenguaje cotidiano para expresar el esfuerzo que se requiere para ejecutar una tarea. En física, el trabajo tiene un significado técnico que depende de la idea de *fuerza*. Intuitivamente se puede pensar en una fuerza como algo que provoca un impulso o un jalón sobre un objeto; por ejemplo, el empuje horizontal de un libro hacia el otro lado de la mesa, o bien, el jalón hacia abajo que ejerce la gravedad de la Tierra sobre una pelota. En general, si un objeto se desplaza en línea recta con función posición $s(t)$, entonces la **fuerza** F sobre el objeto (en la misma dirección) está dada por la segunda ley de Newton del movimiento como el producto de su masa m por su aceleración a, es decir:

$$\boxed{1} \qquad F = ma = m\frac{d^2s}{dt^2}$$

En el sistema métrico SI, la masa se mide en kilogramos (kg), el desplazamiento en metros (m), el tiempo en segundos (s) y la fuerza en newtons ($N = kg{\cdot}m/s^2$). Así, una fuerza de 1 N que actúa sobre una masa de 1 kg produce una aceleración de 1 m/s^2. En el sistema usual de Estados Unidos, libra es la unidad fundamental usada como unidad de fuerza.

En el caso de aceleración constante, la fuerza F también es constante, y el trabajo realizado está definido como el producto de la fuerza F por la distancia d que el objeto recorre:

$$\boxed{2} \qquad W = Fd \qquad \text{trabajo} = \text{fuerza} \times \text{distancia}$$

Si F se mide en newtons y d en metros, entonces la unidad de W es un newton-metro, llamada joule (J). Si F se mide en libras y d en pies, entonces la unidad de W es pie-libra (pie-lb), que es de casi 1.36 J.

EJEMPLO 1

(a) ¿Qué tanto trabajo se realiza al levantar un libro de 1.2 kg desde el suelo y colocarlo en un escritorio que tiene 0.7 m de altura? Utilice el hecho de que la aceleración debida a la gravedad es $g = 9.8 \text{ m/s}^2$.

(b) ¿Cuánto trabajo se efectúa al levantar desde el suelo un peso de 20 lb a una altura de 6 pies?

SOLUCIÓN

(a) La fuerza ejercida es igual y opuesta a la que ejerce la gravedad, de modo que con la ecuación 1 se obtiene

$$F = mg = (1.2)(9.8) = 11.76 \text{ N}$$

por lo que la ecuación 2 proporciona el trabajo realizado como

$$W = Fd = (11.76 \text{ N})(0.7 \text{ m}) \approx 8.2 \text{ J}$$

(b) En este caso, la fuerza es $F = 20$ lb, de modo que el trabajo realizado es

$$W = Fd = (20 \text{ lb})(6 \text{ pies}) = 120 \text{ pies-lb}$$

Observe que en el inciso (b), a diferencia del inciso (a), no se tuvo que multiplicar por g porque ya se conocía el *peso* (el cual es una fuerza) y no la masa del objeto. ■

La ecuación 2 define el trabajo siempre y cuando la fuerza sea constante, pero, ¿qué ocurre si la fuerza es variable? Suponga que el objeto se desplaza a lo largo del eje x en la dirección positiva, de $x = a$ a $x = b$, y que en cada punto x entre a y b actúa una fuerza $f(x)$ sobre el objeto, donde f es una función continua. Divida el intervalo $[a, b]$ en n subintervalos con puntos extremos $x_0, x_1, \ldots, x_n$ y ancho igual Δx. Elija un punto muestra x_i^* en el i-ésimo subintervalo $[x_{i-1}, x_i]$. Entonces la fuerza en el punto es $f(x_i^*)$. Si n es grande, entonces Δx es pequeña, y puesto que f es continua, los valores de f no cambian mucho sobre el intervalo $[x_{i-1}, x_i]$. En otras palabras, f es casi constante sobre el intervalo, por lo que el trabajo W_i que se realiza al desplazar la partícula desde x_{i-1} hasta x_i se obtiene aproximadamente con la ecuación 2:

$$W_i \approx f(x_i^*)\,\Delta x$$

Por lo que se puede dar un valor aproximado del trabajo total

3 $$W \approx \sum_{i=1}^{n} f(x_i^*)\,\Delta x$$

Parece que esta aproximación es mejor a medida que se incrementa a n. Por tanto, se define el **trabajo realizado al mover el objeto de a a b** como el límite de esta cantidad cuando $n \to \infty$. Puesto que el lado derecho de (3) es una suma de Riemann, su límite es una integral definida, por lo que

4 $$W = \lim_{n \to \infty} \sum_{i=1}^{n} f(x_i^*)\,\Delta x = \int_a^b f(x)\,dx$$

EJEMPLO 2 Cuando una partícula se ubica a una distancia x metros del origen, una fuerza de $x^2 + 2x$ newtons actúa sobre ella. ¿Cuánto trabajo se efectúa al moverla de $x = 1$ a $x = 3$?

SOLUCIÓN $$W = \int_1^3 (x^2 + 2x)\,dx = \frac{x^3}{3} + x^2 \Big]_1^3 = \frac{50}{3}$$

El trabajo realizado es $16\frac{2}{3}$ J. ■

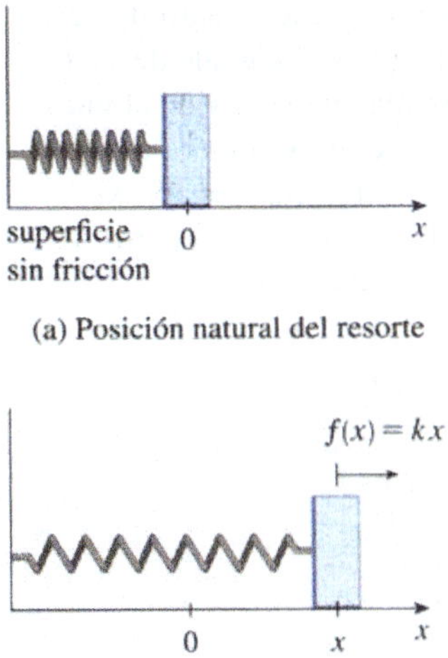

(a) Posición natural del resorte

(b) Posición estirada del resorte

FIGURA 1
Ley de Hooke

En el ejemplo siguiente se aplica una ley de la física: la **ley de Hooke** establece que la fuerza requerida para mantener un resorte estirado x unidades más de su longitud natural es proporcional a x:

$$f(x) = kx$$

donde k es una constante positiva, que se llama **constante del resorte** (véase la figura 1). La ley de Hooke se cumple siempre que x no sea demasiado grande.

EJEMPLO 3 Se requiere una fuerza de 40 N para mantener un resorte que está estirado desde su posición natural de 10 cm a una longitud de 15 cm. ¿Cuánto trabajo se hace al estirar el resorte de 15 a 18 cm?

SOLUCIÓN De acuerdo con la ley de Hooke, la fuerza que se requiere para mantener el resorte estirado x metros más allá de su longitud natural es $f(x) = kx$. Cuando el resorte se estira de 10 a 15 cm, la cantidad estirada es 5 cm = 0.05 m. Esto significa que $f(0.05) = 40$, por lo que

$$0.05k = 40 \qquad k = \tfrac{40}{0.05} = 800$$

Así, $f(x) = 800x$ y el trabajo hecho al estirar el resorte de 15 a 18 cm es

$$W = \int_{0.05}^{0.08} 800x\,dx = 800\,\frac{x^2}{2}\Bigg]_{0.05}^{0.08}$$

$$= 400[(0.08)^2 - (0.05)^2] = 1.56 \text{ J}$$ ■

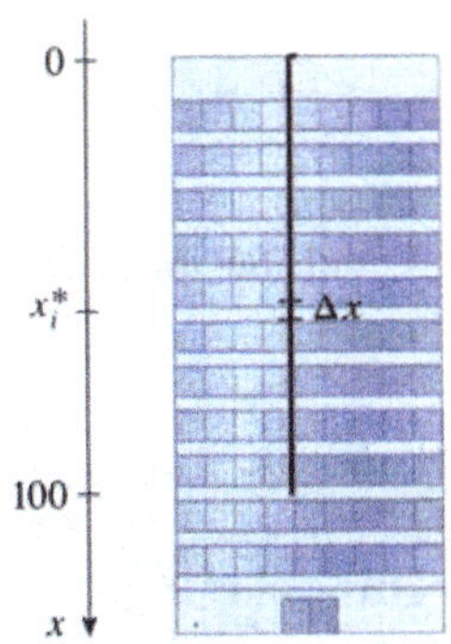

FIGURA 2

EJEMPLO 4 Un cable de 200 lb mide 100 pies de largo y cuelga verticalmente desde lo alto de un edificio. ¿Cuánto trabajo se requiere para subir el cable hasta la parte superior del edificio?

SOLUCIÓN En este caso no hay una fórmula para la función fuerza, pero se puede aplicar un razonamiento similar al que se condujo a la definición 4.

Se coloca el origen en lo alto del edificio y el eje x apuntando hacia abajo como se muestra en la figura 2. Se divide el cable en pequeños segmentos de longitud Δx. Si x_i^* es un punto en el i-ésimo intervalo, entonces todos los puntos del intervalo se levantan casi la misma cantidad, dígase, x_i^*. El cable pesa 2 libras por cada pie, de modo que el peso del i-ésimo segmento es (2 lb/pie)(Δx pie) = 2 Δx lb. Por lo que el trabajo realizado en el i-ésimo segmento, en pies-libras, es

$$\underbrace{(2\Delta x)}_{\text{fuerza}} \cdot \underbrace{x_i^*}_{\text{distancia}} = 2x_i^*\,\Delta x$$

Se obtiene el trabajo total que se realizó sumando todas las aproximaciones y haciendo que la cantidad de segmentos sea grande (de modo que $\Delta x \to 0$):

$$W = \lim_{n\to\infty} \sum_{i=1}^{n} 2x_i^*\,\Delta x = \int_0^{100} 2x\,dx$$

$$= x^2\Big]_0^{100} = 10{,}000 \text{ pie-lb}$$ ■

Si se hubiera colocado el origen en la parte inferior del cable y el eje x hacia arriba, se habría obtenido

$$W = \int_0^{100} 2(100 - x)\,dx$$

lo cual da la misma respuesta.

EJEMPLO 5 Un depósito tiene la forma de un cono circular invertido de altura igual a 10 m y radio de la base de 4 m. Se llena con agua hasta alcanzar una altura de 8 m. Determine el trabajo que se requiere para vaciar el agua mediante bombeo por la parte superior del depósito. (La densidad del agua es 1000 kg/m³.)

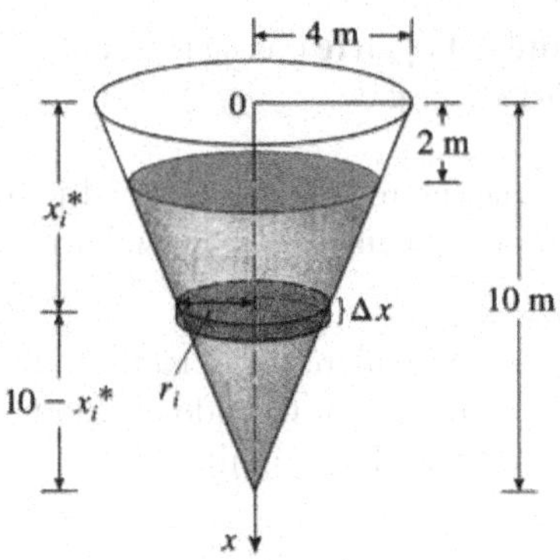

FIGURA 3

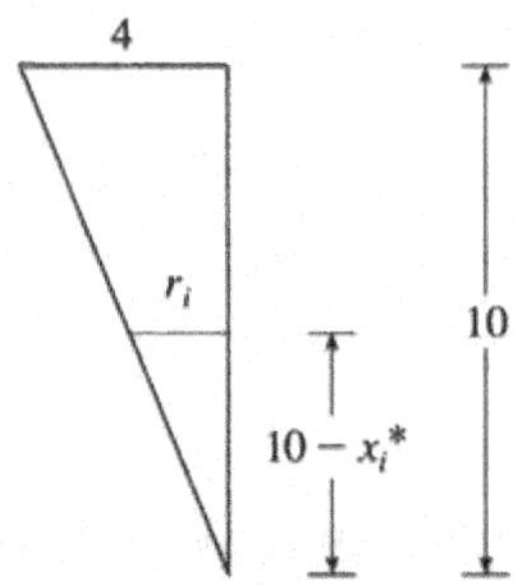

FIGURA 4

SOLUCIÓN Se miden profundidades desde la parte superior del recipiente introduciendo una recta vertical de coordenadas como en la figura 3. El agua se extiende desde una profundidad de 2 m hasta una profundidad de 10 m y de esta manera se divide el intervalo [2, 10] en n subintervalos con extremos $x_0, x_1, \ldots, x_n$ y se elige x_i^* en el i-ésimo subintervalo. De este modo el agua se divide en n capas. La i-ésima capa es aproximadamente un cilindro circular de radio r_i y altura Δx. Se puede calcular r_i a partir de triángulos semejantes, usando la figura 4 como se indica a continuación:

$$\frac{r_i}{10 - x_i^*} = \frac{4}{10} \qquad r_i = \tfrac{2}{5}(10 - x_i^*)$$

Por lo que un volumen aproximado de la i-ésima capa de agua es

$$V_i \approx \pi r_i^2 \, \Delta x = \frac{4\pi}{25}(10 - x_i^*)^2 \, \Delta x$$

y así su masa es

$$\begin{aligned} m_i &= \text{densidad} \times \text{volumen} \\ &\approx 1000 \cdot \frac{4\pi}{25}(10 - x_i^*)^2 \, \Delta x = 160\pi(10 - x_i^*)^2 \, \Delta x \end{aligned}$$

La fuerza necesaria para subir esta capa debe superar a la fuerza de gravedad, y así

$$\begin{aligned} F_i = m_i g &\approx (9.8)160\pi(10 - x_i^*)^2 \, \Delta x \\ &= 1568\pi(10 - x_i^*)^2 \, \Delta x \end{aligned}$$

Cada partícula en la capa debe viajar una distancia de aproximadamente x_i^*. El trabajo W_i realizado para subir esta capa hasta lo alto del depósito es aproximadamente el producto de la fuerza F_i por la distancia x_i^*:

$$W_i \approx F_i x_i^* \approx 1568\pi x_i^*(10 - x_i^*)^2 \, \Delta x$$

Para encontrar el trabajo total en el vaciado del tanque, se suman las contribuciones de cada una de las n capas y después se toma el límite cuando $n \to \infty$:

$$\begin{aligned} W &= \lim_{n \to \infty} \sum_{i=1}^{n} 1568\pi x_i^*(10 - x_i^*)^2 \, \Delta x = \int_2^{10} 1568\pi x(10 - x)^2 \, dx \\ &= 1568\pi \int_2^{10} (100x - 20x^2 + x^3) \, dx = 1568\pi \left[50x^2 - \frac{20x^3}{3} + \frac{x^4}{4} \right]_2^{10} \\ &= 1568\pi\left(\tfrac{2048}{3}\right) \approx 3.4 \times 10^6 \text{ J} \end{aligned}$$

■

6.4 EJERCICIOS

1. Un gorila de 360 lb trepa a un árbol a una altura de 20 pies. Encuentre el trabajo realizado si el gorila alcanza esa altura en
   (a) 10 segundos (b) 5 segundos

2. ¿Cuánto trabajo se realiza cuando un elevador levanta una roca de 200 kg a una altura de 3 m?

3. Una fuerza variable de $10/(1 + x)^2$ libras mueve una partícula desde el origen a un punto que está a x pies. Calcule el trabajo realizado para mover la partícula desde el origen a una distancia de 9 pies.

4. Cuando una partícula se localiza a una distancia de x metros desde el origen, una fuerza de $\cos(\pi x/3)$ newtons actúa sobre ella. ¿Cuánto trabajo se realiza al mover la partícula desde $x = 1$ hasta $x = 2$? Interprete su respuesta considerando el trabajo realizado desde $x = 1$ hasta $x = 1.5$ y desde $x = 1.5$ hasta $x = 2$.

5. Se muestra la gráfica de una función fuerza (en newtons) que se incrementa a su máximo valor y luego permanece constante. ¿Cuánto trabajo hace la fuerza al mover un objeto a una distancia de 8 m?

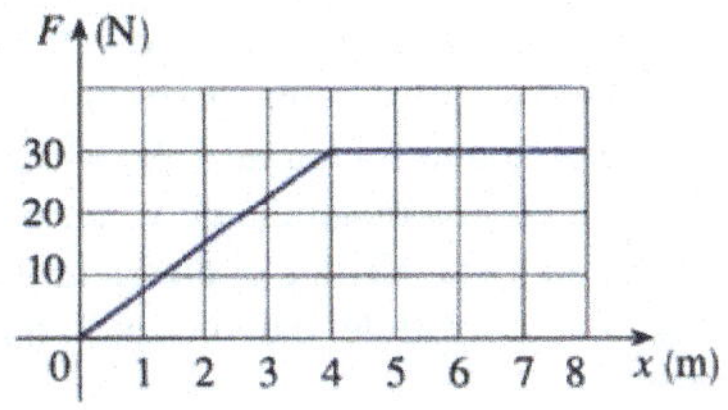

6. La tabla muestra los valores de una función fuerza $f(x)$, donde x se mide en metros y $f(x)$ en newtons. Aplique la regla del punto medio para estimar el trabajo que realiza la fuerza al mover un objeto desde $x = 4$ hasta $x = 20$.

x	4	6	8	10	12	14	16	18	20
$f(x)$	5	5.8	7.0	8.8	9.6	8.2	6.7	5.2	4.1

7. Se requiere una fuerza de 10 lb para mantener estirado un resorte 4 pulg más de su longitud natural. ¿Cuánto trabajo se realiza al estirar el resorte desde su longitud natural hasta 6 pulg más de su longitud natural?

8. Un resorte tiene una longitud natural de 40 cm. Si se requiere una fuerza de 60 N para mantenerlo comprimido una longitud de 10 cm, ¿cuánto trabajo se requiere para comprimirlo a una longitud de 25 cm?

9. Suponga que se necesitan 2 J de trabajo para estirar un resorte desde su longitud natural de 30 cm hasta una longitud de 42 cm.
(a) ¿Cuánto trabajo se requiere para estirarlo desde 35 hasta 40 cm?
(b) ¿Cuánto más allá de su longitud natural, mantendrá una fuerza de 30 N al resorte estirado?

10. Si el trabajo que se requiere para estirar un resorte 1 pie más de su longitud natural es 12 pies-lb, ¿cuánto trabajo se requiere para estirar el resorte 9 pulg más de su longitud natural?

11. Un resorte tiene una longitud natural de 20 cm. Compare el trabajo W_1 hecho al estirar un resorte desde 20 hasta 30 cm con el trabajo W_2 hecho en estirarlo desde 30 hasta 40 cm. ¿Cómo se relacionan W_2 y W_1?

12. Si se necesitan 6 J de trabajo para estirar un resorte de 10 a 12 cm y otros 10 J para estirarlo de 12 a 14 cm, ¿cuál es la longitud natural del resorte?

13–22 Muestre cómo obtener un valor aproximado del trabajo requerido mediante una suma de Riemann. Luego exprese el trabajo como una integral y evalúela.

13. Una pesada soga de 50 pies de largo pesa 0.5 lb/pie y está colgando por un lado de un edificio de 120 pies de altura.
(a) ¿Cuánto trabajo se hace al jalar la soga por la parte superior del edificio?
(b) ¿Cuánto trabajo se realiza al jalar la mitad de la soga a la parte superior del edificio?

14. Un cable grueso de 60 pies de largo que pesa 180 lb, cuelga de un malacate en una grúa. Calcule de dos formas diferentes el trabajo hecho si el malacate recoge 25 pies de cable.
(a) Siga el método del ejemplo 4.
(b) Escriba una función para el peso del cable restante después de que el malacate ha levantado x pies. Calcule la cantidad de trabajo hecho cuando el malacate levanta Δx pies de cable.

15. Un cable que pesa 2 lb/pies se utiliza para levantar 800 libras de carbón arriba del pozo de una mina de 500 pies de profundidad. Determine el trabajo realizado.

16. Una cadena que está en el suelo mide 10 m de largo y su masa es de 80 kg. ¿Cuánto trabajo se efectúa para subir un extremo de la cadena a una altura de 6 m?

17. Un cubo de 10 kg, con un agujero, se sube desde el suelo hasta una altura de 12 m con rapidez constante por medio de una soga que pesa 0.8 kg/m. Al principio, el cubo contiene 36 kg de agua, pero el agua se sale con rapidez constante y termina de salirse justo cuando el cubo llega a los 12 m de altura. ¿Cuánto trabajo se realizó?

18. Un cubo que pesa 4 lb y una soga de peso despreciable se usan para extraer agua de un pozo de 80 pies de profundidad. El cubo se llena con 40 lb de agua y se jala hacia arriba con una rapidez de 2 pies/s, pero el agua se sale por un agujero que tiene el cubo, con una rapidez de 0.2 lb/s. Calcule el trabajo hecho al jalar el cubo hasta la boca del pozo.

19. Una cadena de 10 pies de largo pesa 25 lb y cuelga de un techo. Calcule el trabajo hecho al subir el extremo inferior de la cadena al techo de modo que esté al mismo nivel que el extremo superior.

20. Una piscina circular tiene un diámetro de 10 m, los lados miden 1.5 m de altura y la profundidad del agua es de 1.2 m. ¿Cuánto trabajo se requiere para sacar por bombeo toda el agua por uno de los lados?

21. Un acuario que mide 2 m de largo, 1 m de ancho y 1 m de profundidad está lleno con agua. Determine el trabajo que se requiere para sacar por bombeo la mitad del agua de dicho acuario. (Utilice el hecho de que la densidad del agua es de 1000 kg/m^3.)

22. Un tanque esférico de agua, de 24 pies de diámetro, se coloca encima de una torre de 60 pies. El tanque se llena con una manguera en la parte inferior de la esfera. Si se utiliza una bomba de 1.5 caballos de fuerza para llevar el agua hasta el tanque, ¿cuánto se tarda en llenar el depósito? (Un caballo de fuerza = 550 pies-lb de trabajo por segundo.)

23–26 Un tanque está lleno de agua. Determine el trabajo necesario para que, mediante bombeo, el agua salga por el tubo de descarga. En los ejercicios 25 y 26 utilice el hecho de que el peso del agua es de 62.5 lb/pies^3.

23.

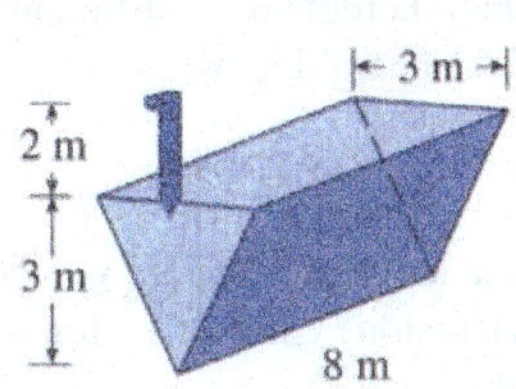

24.

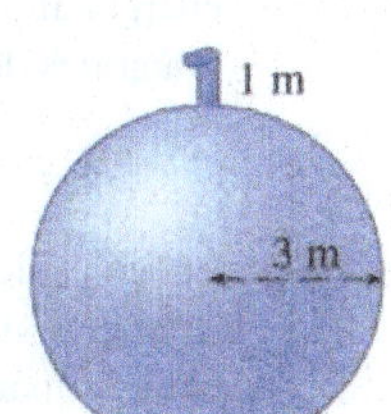

25.

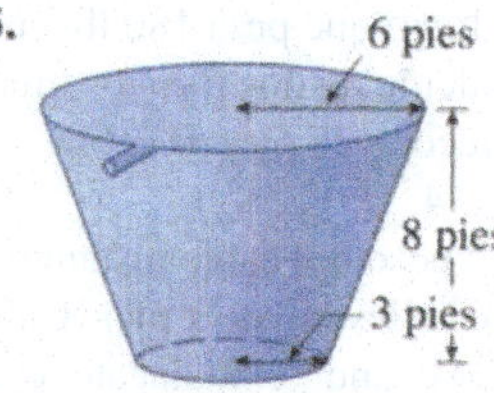

cono truncado

26.

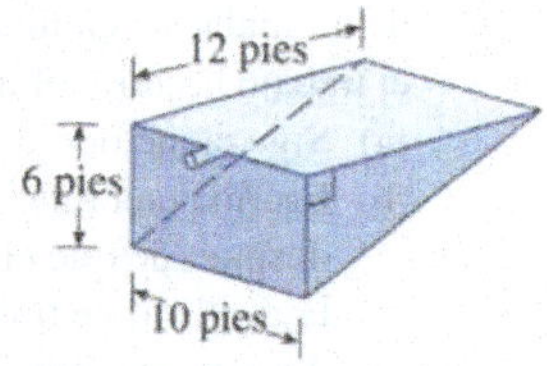

27. Suponga que en el caso del depósito del ejercicio 23, la bomba se descompone después de que se ha realizado un trabajo de 4.7×10^5 J. ¿Cuál es la profundidad del agua que queda en el depósito?

28. Resuelva el ejercicio 24 suponiendo que el tanque está lleno a la mitad de aceite con densidad de 900 kg/m^3.

29. Cuando el gas se expande en un cilindro de radio r, la presión en cualquier momento dado es una función del volumen: $P = P(V)$. La fuerza que ejerce el gas sobre el émbolo (véase la figura) es el producto de la presión por el área: $F = \pi r^2 P$. Demuestre que el trabajo que realiza el gas cuando el volumen se expande desde el volumen V_1 al volumen V_2 es

$$W = \int_{V_1}^{V_2} P\,dV$$

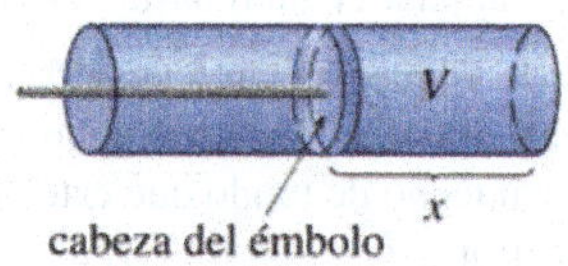

30. En un motor de vapor, la presión P y el volumen V del vapor cumplen con la ecuación $PV^{1.4} = k$, donde k es una constante. (Esto es válido en el caso de la expansión adiabática, es decir, la expansión en la cual no hay transferencia de calor entre el cilindro y sus alrededores.) Utilice el ejercicio 29 para calcular el trabajo realizado por el motor durante un ciclo cuando el vapor inicia a una presión de 160 lb/pulg^2 y un volumen de 100 pulg^3 y se expande a un volumen de 800 pulg^3.

31. La energía cinética EC de un objeto de masa en movimiento con velocidad v se define como $\text{EC} = \frac{1}{2}mv^2$. Si una fuerza $f(x)$ actúa sobre el objeto, moviéndolo a lo largo del eje x de x_1 a x_2, el *teorema del trabajo y la energía* establece que el trabajo neto es igual al cambio en energía cinética: $\frac{1}{2}mv_2^2 - \frac{1}{2}mv_1^2$, donde v_1 es la velocidad en x_1 y v_2 es la velocidad en x_2.

(a) Sean $x = s(t)$ la función de posición del objeto al tiempo t, $v(t)$ y $a(t)$ las funciones velocidad y aceleración, respectivamente. Demuestre el teorema del trabajo y la energía al utilizar primero la regla de sustitución para integrales definidas (5.5.6) para demostrar que

$$W = \int_{x_1}^{x_2} f(x)\,dx = \int_{t_1}^{t_2} f(s(t))\;v(t)\,dt$$

Luego utilice la segunda ley de movimiento de Newton (fuerza = masa × aceleración) y la sustitución $u = v(t)$ para evaluar la integral.

(b) ¿Cuánto trabajo (en pies-lb) se necesita para lanzar una bola de boliche de 12 lb a 20 millas/h? (*Nota*: divida el peso en libras entre 32 pies/s^2 de la aceleración de la gravedad, para encontrar la masa, medida en slugs.)

32. Suponga que cuando arranca un carro de 800 kg de una montaña rusa, un sistema de propulsión electromagnética ejerce una fuerza de $5.7x^2 + 1.5x$ newtons sobre el carro en una distancia de x metros de distancia a lo largo de la pista. Utilice el ejercicio 31(a) para encontrar la velocidad del carro cuando ha viajado 60 metros.

33. (a) La ley de gravitación de Newton establece que dos cuerpos con masas m_1 y m_2 se atraen entre sí con una fuerza

$$F = G\frac{m_1 m_2}{r^2}$$

donde r es la distancia entre los cuerpos y G es la constante gravitacional. Si uno de los cuerpos está fijo, determine el trabajo necesario para llevar al otro desde $r = a$ hasta $r = b$.

(b) Calcule el trabajo requerido para lanzar un satélite de 1000 kg en dirección vertical hasta una órbita a 1000 km de altura. Puede suponer que la masa de la Tierra es de 5.98×10^{24} kg y está concentrada en su centro. Tome el radio de la Tierra como 6.37×10^6 m y $G = 6.67 \times 10^{-11} \text{ N} \cdot \text{m}^2/\text{kg}^2$.

34. La gran pirámide del rey Keops fue construida de piedra caliza en Egipto durante un período de 20 años, desde 2580 a. C. a 2560 a. C. Su base es un cuadrado con una longitud del lado de 756 pies, y su altura cuando se construyó fue de 481 pies. (Fue la estructura hecha por el hombre más alta del mundo por más de 3800 años.) La densidad de la piedra caliza es aproximadamente 150 lb/pies^3.

(a) Estime el trabajo total realizado en la construcción de la pirámide.

(b) Si cada obrero trabajó 10 horas al día durante 20 años, 340 días al año, e hizo 200 pies-lb/h de trabajo al levantar los bloques de piedra caliza de su lugar, aproximadamente, ¿cuántos obreros se necesitaron para construir la pirámide?

6.5 Valor promedio de una función

Es fácil calcular el valor promedio de una cantidad finita de números $y_1, y_2, \ldots, y_n$:

$$y_{\text{prom}} = \frac{y_1 + y_2 + \cdots + y_n}{n}$$

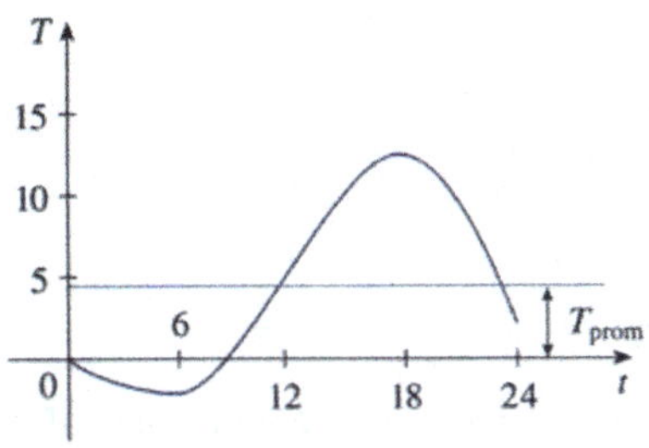

FIGURA 1

Pero ¿de qué manera se calcula la temperatura promedio durante un día, si una gran cantidad de lecturas de temperatura es posible? En la figura 1 se muestran la gráfica de una función temperatura $T(t)$, donde t se mide en horas y T en °C, y una suposición de la temperatura promedio, T_{prom}.

En general, se trata de calcular el valor promedio de una función $y = f(x)$, $a \leqslant x \leqslant b$. Se empieza por dividir el intervalo $[a, b]$ en n subintervalos iguales, cada uno de ellos de longitud $\Delta x = (b - a)/n$. Luego se eligen los puntos $x_1^*, \ldots, x_n^*$ en subintervalos sucesivos y se calcula el promedio de los números $f(x_1^*), \ldots, f(x_n^*)$:

$$\frac{f(x_1^*) + \cdots + f(x_n^*)}{n}$$

(Por ejemplo, si f representa una función temperatura y $n = 24$, esto significa que se toman lecturas de la temperatura cada hora y luego se promedian.) Puesto que $\Delta x = (b - a)/n$, se puede escribir $n = (b - a)/\Delta x$, y el valor promedio es

$$\begin{aligned}\frac{f(x_1^*) + \cdots + f(x_n^*)}{\dfrac{b-a}{\Delta x}} &= \frac{1}{b-a}\,[f(x_1^*) + \cdots + f(x_n^*)]\,\Delta x \\ &= \frac{1}{b-a}\,[f(x_1^*)\,\Delta x + \cdots + f(x_n^*)\,\Delta x] \\ &= \frac{1}{b-a}\sum_{i=1}^{n} f(x_i^*)\,\Delta x\end{aligned}$$

Si se incrementa n, se puede calcular el valor promedio de un gran número de valores muy poco separados. (Por ejemplo, se puede promediar lecturas de temperatura tomadas cada minuto o hasta cada segundo.) El valor límite es

$$\lim_{n\to\infty} \frac{1}{b-a}\sum_{i=1}^{n} f(x_i^*)\,\Delta x = \frac{1}{b-a}\int_a^b f(x)\,dx$$

por la definición de integral definida.

Por tanto, se define el **valor promedio de** f sobre el intervalo $[a, b]$ como

$$f_{\text{prom}} = \frac{1}{b-a}\int_a^b f(x)\,dx$$

Para una función positiva, se puede pensar esta definición como

$$\frac{\text{área}}{\text{ancho}} = \text{altura promedio}$$

EJEMPLO 1 Determine el valor promedio de la función $f(x) = 1 + x^2$ sobre el intervalo $[-1, 2]$.

SOLUCIÓN Con $a = -1$ y $b = 2$ se tiene

$$f_{\text{prom}} = \frac{1}{b-a}\int_a^b f(x)\,dx = \frac{1}{2-(-1)}\int_{-1}^{2}(1 + x^2)\,dx = \frac{1}{3}\left[x + \frac{x^3}{3}\right]_{-1}^{2} = 2 \quad ■$$

Si $T(t)$ es la temperatura en el tiempo t, puede preguntarse si existe un momento específico en el que la temperatura es la misma que la temperatura promedio. Para la función temperatura trazada en la figura 1, existen dos momentos: justo antes del mediodía y antes de la medianoche. En general, ¿hay un número c en el cual el valor de f es exactamente igual al valor promedio de la función, es decir, $f(c) = f_{prom}$? El teorema siguiente dice que esto es válido para funciones continuas.

Teorema del valor medio para integrales Si f es continua sobre $[a, b]$, entonces existe un número c en $[a, b]$ tal que

$$f(c) = f_{prom} = \frac{1}{b-a}\int_a^b f(x)\,dx$$

es decir,

$$\int_a^b f(x)\,dx = f(c)(b-a)$$

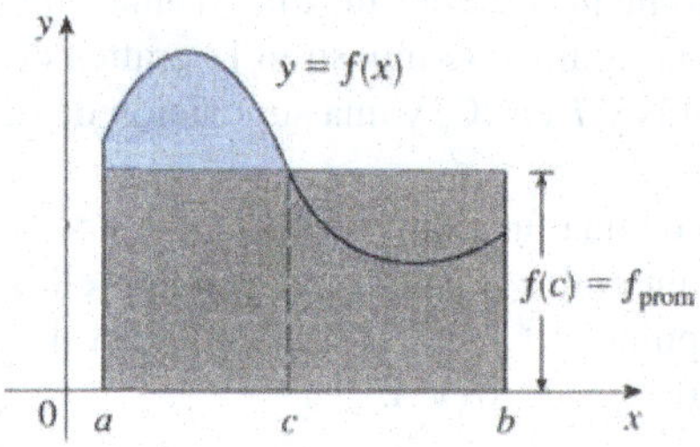

FIGURA 2

Siempre puede cortarse una parte de lo alto de una montaña (bidimensional) hasta una cierta altura, y usarla para rellenar con eso los valles, de tal modo que la montaña se vuelva completamente plana.

El teorema del valor medio para integrales es una consecuencia del teorema del valor medio para las derivadas y del teorema fundamental del cálculo. La demostración se delinea en el ejercicio 25.

La interpretación geométrica del teorema del valor medio para integrales es que, para funciones *positivas* f, existe un número c tal que el rectángulo con base $[a, b]$ y altura $f(c)$ tiene la misma área que la región bajo la gráfica de f de a a b. (Véase la figura 2 y la interpretación más clara en la nota al margen.)

EJEMPLO 2 Puesto que $f(x) = 1 + x^2$ es continua en el intervalo $[-1, 2]$, el teorema del valor medio para integrales establece que hay un número c en $[-1, 2]$ tal que

$$\int_{-1}^{2} (1 + x^2)\,dx = f(c)[2 - (-1)]$$

En este caso particular se puede encontrar c en forma explícita. Del ejemplo 1, se sabe que $f_{prom} = 2$, de modo que el valor de c satisface

$$f(c) = f_{prom} = 2$$

Por tanto, $\quad 1 + c^2 = 2 \quad$ entonces $\quad c^2 = 1$

Por consiguiente, sucede en este caso que hay dos números $c = \pm 1$ en el intervalo $[-1, 2]$ que funcionan en el teorema del valor medio para integrales. ■

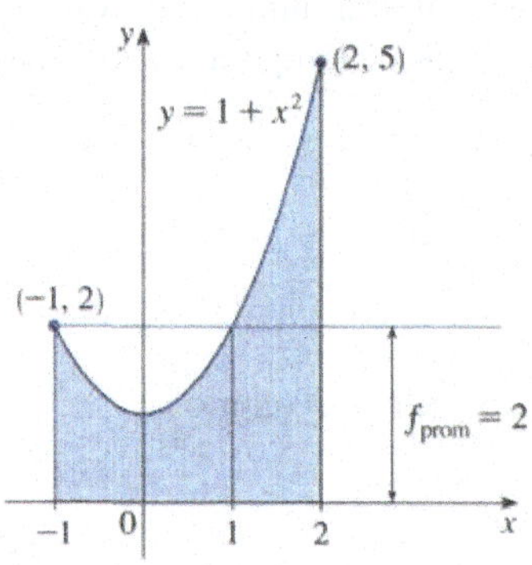

FIGURA 3

Los ejemplos 1 y 2 se ilustran mediante la figura 3.

EJEMPLO 3 Demuestre que la velocidad promedio de un automóvil en un intervalo de tiempo $[t_1, t_2]$ es la misma que el promedio de sus velocidades durante el viaje.

SOLUCIÓN Si $s(t)$ es el desplazamiento del automóvil en el tiempo t, entonces, por definición, la velocidad promedio del automóvil en el intervalo es

$$\frac{\Delta s}{\Delta t} = \frac{s(t_2) - s(t_1)}{t_2 - t_1}$$

Por otro lado, el valor promedio de la función velocidad sobre el intervalo es

$$\begin{aligned} v_{prom} &= \frac{1}{t_2 - t_1}\int_{t_1}^{t_2} v(t)\,dt = \frac{1}{t_2 - t_1}\int_{t_1}^{t_2} s'(t)\,dt \\ &= \frac{1}{t_2 - t_1}[s(t_2) - s(t_1)] \qquad \text{(por el teorema del cambio neto)} \\ &= \frac{s(t_2) - s(t_1)}{t_2 - t_1} = \text{velocidad promedio} \end{aligned}$$

■

6.5 EJERCICIOS

1–8 Determine el valor promedio de la función en el intervalo dado.

1. $f(x) = 3x^2 + 8x, \quad [-1, 2]$

2. $f(x) = \sqrt{x}, \quad [0, 4]$

3. $g(x) = 3 \cos x, \quad [-\pi/2, \pi/2]$

4. $g(x) = x^2\sqrt{1 + x^3}, \quad [0, 2]$

5. $f(t) = te^{-t^2}, \quad [0, 5]$

6. $f(x) = x^2/(x^3 + 3)^2, \quad [-1, 1]$

7. $h(x) = \cos^4 x \operatorname{sen} x, \quad [0, \pi]$

8. $h(u) = (\ln u)/u, \quad [1, 5]$

9–12
(a) Calcule el valor promedio de f sobre el intervalo dado.
(b) Encuentre c tal que $f_{\text{prom}} = f(c)$.
(c) Trace la gráfica de f y el rectángulo cuya área es la misma que el área bajo la gráfica de f.

9. $f(x) = (x - 3)^2, \quad [2, 5]$

10. $f(x) = 1/x, \quad [1, 3]$

11. $f(x) = 2 \operatorname{sen} x - \operatorname{sen} 2x, \quad [0, \pi]$

12. $f(x) = 2xe^{-x^2}, \quad [0, 2]$

13. Si f es continua y $\int_1^3 f(x)\, dx = 8$, demuestre que f toma el valor de 4 por lo menos una vez en el intervalo [1, 3].

14. Determine los números b tales que el valor promedio de $f(x) = 2 + 6x - 3x^2$ en el intervalo $[0, b]$ es igual a 3.

15. Encuentre el valor promedio de f sobre [0, 8].

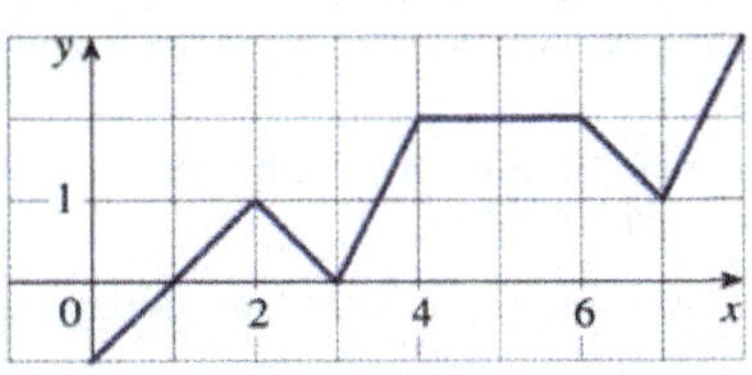

16. Se muestra la gráfica de velocidad de un automóvil que acelera.

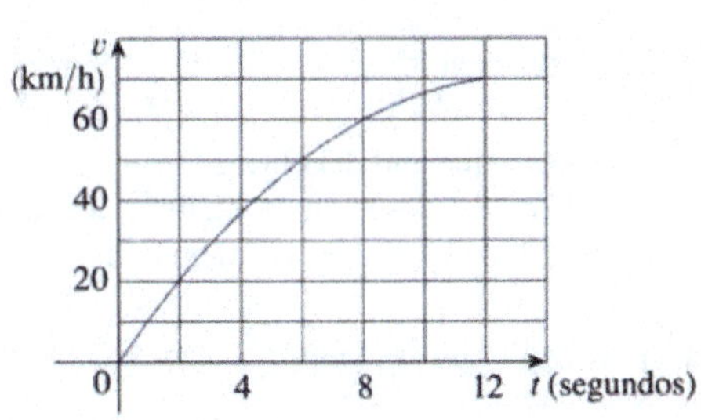

(a) Utilice la regla del punto medio para estimar la velocidad promedio del automóvil durante los primeros 12 segundos.
(b) ¿En qué momento la velocidad instantánea fue igual a la velocidad promedio?

17. En una cierta ciudad la temperatura (en °C) t horas después de las 9:00 se modeló mediante la función

$$T(t) = 20 + 6 \operatorname{sen} \frac{\pi t}{12}$$

Determine la temperatura promedio durante el período de 9:00 hasta 21:00.

18. La velocidad v de la sangre que fluye en un vaso sanguíneo con radio R y longitud l a una distancia r del eje central es

$$v(r) = \frac{P}{4\eta l}(R^2 - r^2)$$

donde P es la diferencia de presión entre los extremos del vaso y η es la viscosidad de la sangre (véase el ejemplo 3.7.7). Encuentre la velocidad promedio (respecto a r) sobre el intervalo $0 \leqslant r \leqslant R$. Compare la velocidad promedio con la velocidad máxima.

19. La densidad lineal de una varilla de 8 m de longitud es $12/\sqrt{x+1}$ kg/m, donde x se mide en metros desde un extremo de la varilla. Determine la densidad promedio de la varilla.

20. (a) Una taza de café tiene una temperatura de 95 °C y le toma 30 minutos enfriarse a 61 °C en una habitación con una temperatura de 20 °C. Utilice la ley del enfriamiento de Newton (sección 3.8) para demostrar que la temperatura del café después de t minutos es

$$T(t) = 20 + 75e^{-kt}$$

donde $k \approx 0.02$.
(b) ¿Cuál es la temperatura promedio del café durante la primera media hora?

21. En el ejemplo 3.8.1 se modeló la población mundial en la segunda mitad del siglo xx por la ecuación $P(t) = 2560e^{0.017185t}$. Utilice esta ecuación para estimar la población mundial promedio durante este período.

22. Si un cuerpo en caída libre parte del reposo, entonces su desplazamiento está dado por $s = \frac{1}{2}gt^2$. Sea la velocidad después de un tiempo T sea v_T. Demuestre que si se calcula el promedio de las velocidades respecto a t, se obtiene $v_{\text{prom}} = \frac{1}{2}v_T$; pero si se calcula el promedio de las velocidades respecto a s, se obtiene $v_{\text{prom}} = \frac{2}{3}v_T$.

23. Utilice el resultado del ejercicio 5.5.83 para calcular el volumen promedio de aire inhalado en los pulmones en un ciclo respiratorio.

24. Utilice el diagrama para mostrar que si f es cóncava hacia arriba sobre $[a, b]$, entonces

$$f_{\text{prom}} > f\left(\frac{a+b}{2}\right)$$

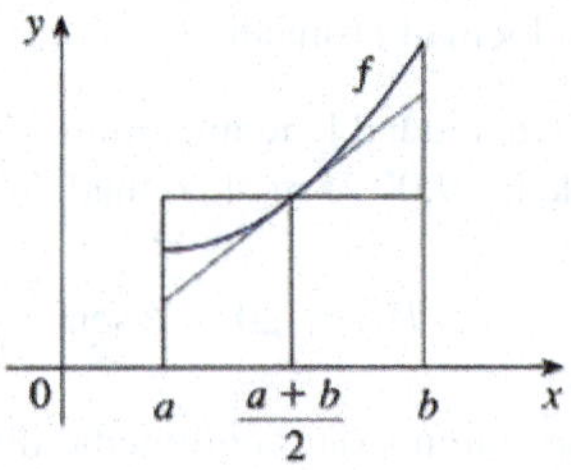

25. Demuestre el teorema del valor medio para integrales aplicando el teorema del valor medio para derivadas (véase la sección 4.2) a la función $F(x) = \int_a^x f(t)\, dt$.

26. Si $f_{\text{prom}}[a, b]$ denota el valor promedio de f sobre el intervalo $[a, b]$ y $a < c < b$, demuestre que

$$f_{\text{prom}}[a, b] = \left(\frac{c-a}{b-a}\right) f_{\text{prom}}[a, c] + \left(\frac{b-c}{b-a}\right) f_{\text{prom}}[c, b]$$

PROYECTO DE APLICACIÓN EL CÁLCULO Y EL BÉISBOL

En este proyecto se exploran tres de las muchas aplicaciones del cálculo al béisbol. Las interacciones físicas del juego, especialmente la colisión de la pelota y el bate, son bastante complejas, y sus modelos se examinan en detalle en un libro de Robert Adair, *The Physics of Baseball*, 3a. ed. (Nueva York, 2002).

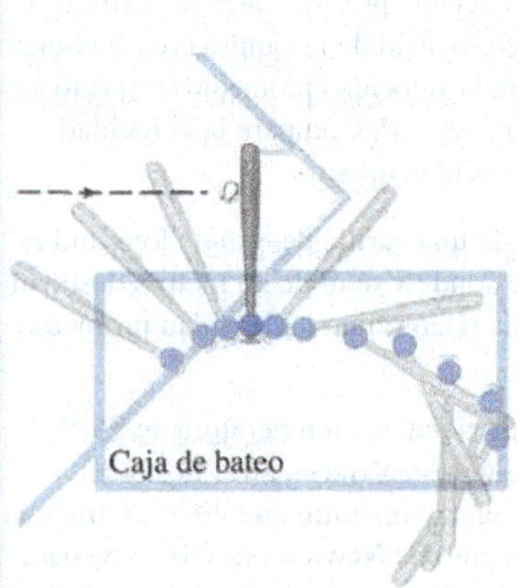

Vista aérea de la posición de un bate de béisbol, que se muestra cada quincuagésimo de segundo durante un bateo típico. (Adaptado de *The Physics of Baseball*)

1. Puede sorprenderle saber que el contacto durante la colisión de una pelota de béisbol y el bate dura solo aproximadamente una milésima de segundo. Aquí se estima la fuerza promedio sobre el bate durante esta colisión, calculando primero el cambio de la cantidad de movimiento de la bola.

La *cantidad de movimiento* p de un objeto es el producto de su masa m y su velocidad v, es decir, $p = mv$. Suponga que sobre un objeto que se mueve a lo largo de una línea recta, actúa una fuerza $F = F(t)$ que es una función continua del tiempo.

(a) Demuestre que el cambio de la cantidad de movimiento durante un intervalo de tiempo $[t_0, t_1]$ es igual a la integral de F de t_0 a t_1; es decir, demuestre que

$$p(t_1) - p(t_0) = \int_{t_0}^{t_1} F(t)\, dt$$

Esta integral se llama *impulso* de la fuerza en el intervalo de tiempo.

(b) Un lanzador lanza una bola rápida a 90 millas/h a un bateador que conecta un *hit* en línea directamente de regreso hacia el lanzador. La pelota está en contacto con el bate 0.001 s y abandona el bate con una velocidad 110 millas/h. Una pelota de béisbol pesa 5 oz y, en el sistema de unidades de Estados Unidos, su masa se mide en slugs: $m = w/g$, donde $g = 32$ pies/s^2.

(i) Encuentre el cambio en la cantidad de movimiento de la bola.

(ii) Determine la fuerza promedio sobre el bate.

2. En este problema se calcula el trabajo necesario para que un lanzador arroje una bola rápida a 90 millas/h, considerando primero la energía cinética.

La *energía cinética* EC de un objeto de masa m y velocidad v está dada por $EC = \frac{1}{2}mv^2$. Suponga que un objeto de masa m se está moviendo en línea recta, y actúa sobre él una fuerza $F = F(s)$ que depende de su posición s. De acuerdo con la segunda ley de Newton

$$F(s) = ma = m\frac{dv}{dt}$$

donde a y v denotan la aceleración y la velocidad del objeto.

(a) Demuestre que el trabajo de mover el objeto desde una posición s_0 a una posición s_1 es igual al cambio de energía cinética del objeto; es decir, demuestre que

$$W = \int_{s_0}^{s_1} F(s)\, ds = \tfrac{1}{2}mv_1^2 - \tfrac{1}{2}mv_0^2$$

donde $v_0 = v(s_0)$ y $v_1 = v(s_1)$ son las velocidades del objeto en las posiciones s_0 y s_1.
Sugerencia: por la regla de la cadena,

$$m\frac{dv}{dt} = m\frac{dv}{ds}\frac{ds}{dt} = mv\frac{dv}{ds}$$

(b) ¿Cuántos pies-libras de trabajo se requieren para lanzar una pelota de béisbol a una velocidad de 90 millas/h?

3. (a) Un jardinero atrapa una pelota de béisbol a 280 pies del plato de *home* y la arroja directamente al cátcher con una velocidad inicial de 100 pies/s. Suponga que la velocidad $v(t)$ de la bola después de t segundos satisface la ecuación diferencial $dv/dt = -\frac{1}{10}v$ debido a la resistencia del aire. ¿Cuánto tarda la bola en llegar al plato (home)? (Desprecie cualquier movimiento vertical de la bola.)

(b) El mánager del equipo se pregunta si la bola llegará a *home* antes apoyándose en un jugador de cuadro. El parador en corto puede colocarse entre el jardinero y el plato de *home*, captura la pelota lanzada por el jardinero, gira y tira la pelota al cátcher con una velocidad inicial de 105 pies/s. El mánager registra el tiempo de intervención del parador en corto (capturar, girar, tirar) en medio segundo. ¿A qué distancia de *home* debe posicionarse el parador en corto para minimizar el tiempo total de llegada de la pelota a *home*? ¿El mánager debería alentar a un tiro directo o un tiro con relevo? ¿Qué sucede si el parador en corto puede lanzar a 115 pies/s?

(c) ¿Con qué velocidad debe lanzar el parador en corto para que su lanzamiento de relevo iguale el tiempo de un tiro directo?

PROYECTO DE APLICACIÓN SAC DÓNDE SENTARSE EN EL CINE

Una sala de cine tiene una pantalla que está colocada a 3 m del suelo y tiene 10 m de altura. La primera fila de asientos está ubicada a 3 metros de la pantalla, y las filas están separadas 1 metro. El piso de la zona de asientos está inclinado un ángulo de $\alpha = 20°$ arriba de la horizontal, y la distancia inclinada hasta donde usted está sentado es x. La sala tiene 21 filas de asientos, de modo que $0 \leqslant x \leqslant 20$. Suponga que decide que el mejor lugar para sentarse es la fila donde el ángulo θ que subtiende la pantalla a sus ojos es un máximo. Suponga también que sus ojos están 1.2 m arriba del piso, como se muestra en la figura. (En el ejercicio 4.7.78 se estudia una versión más sencilla de este problema, en el que el piso es horizontal, pero este proyecto plantea una situación más complicada y requiere tecnología.)

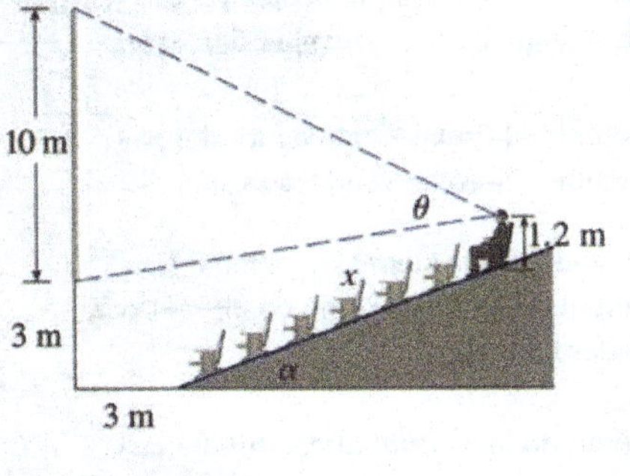

1. Demuestre que

$$\theta = \arccos\left(\frac{a^2 + b^2 - 100}{2ab}\right)$$

donde $$a^2 = (3 + x\cos\alpha)^2 + (11.8 - x\operatorname{sen}\alpha)^2$$

y $$b^2 = (3 + x\cos\alpha)^2 + (x\operatorname{sen}\alpha - 1.8)^2$$

2. Con una gráfica de θ como una función de x estime el valor de x que maximiza θ. ¿En cuál fila debe sentarse? ¿Cuál es el ángulo de visión θ en esta fila?

3. Utilice un sistema algebraico computacional para derivar θ y calcule un valor numérico para la raíz de la ecuación $d\theta/dx = 0$. ¿Este valor confirma su resultado del problema 2?

4. Con una gráfica de θ estime el valor promedio de θ en el intervalo $0 \leqslant x \leqslant 20$. Luego utilice su sistema algebraico computacional para calcular el valor promedio. Compare con los valores máximos y mínimos de θ.

6 REPASO

VERIFICACIÓN DE CONCEPTOS

Las respuestas a la verificación de conceptos se encuentran en las páginas finales del libro.

1. (a) Trace dos curvas representativas $y = f(x)$ y $y = g(x)$, donde $f(x) \geqslant g(x)$ para $a \leqslant x \leqslant b$. Muestre cómo aproximar al área entre estas curvas mediante una suma de Riemann, y trace los rectángulos correspondientes de aproximación. Luego escriba una expresión para el área exacta.
   (b) Explique cómo cambia la situación si las curvas tienen ecuaciones $x = f(y)$ y $x = g(y)$, donde $f(y) \geqslant g(y)$ para $c \leqslant y \leqslant d$.
2. Suponga que Sue corre más rápido que Kathy en la competencia de los 1500 m. ¿Cuál es el significado físico del área entre sus curvas de velocidad durante el primer minuto de la competencia?
3. (a) Suponga que S es un sólido con áreas de sección transversal conocidas. Explique cómo obtener un valor aproximado del volumen de S mediante una suma de Riemann. Escriba una expresión para el volumen exacto.
   (b) Si S es un sólido de revolución, ¿cómo se determinan las áreas de las secciones transversales?
4. (a) ¿Cuál es el volumen de un cascarón cilíndrico?
   (b) Explique cómo utilizar los cascarones cilíndricos para calcular el volumen de un sólido de revolución.
   (c) ¿Por qué preferiría usted usar el método de cálculo mediante cascarones en lugar del método de las rebanadas?
5. Suponga que empuja usted un libro al otro lado de una mesa de 6 m de largo ejerciendo una fuerza $f(x)$ en cada punto desde $x = 0$ hasta $x = 6$. ¿Qué representa $\int_0^6 f(x)\,dx$? Si $f(x)$ se mide en newtons, ¿cuáles son las unidades para la integral?
6. (a) ¿Cuál es el valor promedio de una función f sobre un intervalo $[a, b]$?
   (b) ¿Qué establece el teorema del valor medio para integrales? ¿Cuál es su interpretación geométrica?

EJERCICIOS

1–6 Encuentre el área de la región acotada por cada una de las curvas siguientes.

1. $y = x^2, \quad y = 4x - x^2$
2. $y = \sqrt{x}, \quad y = -\sqrt[3]{x}, \quad y = x - 2$
3. $y = 1/x, \quad y = x^2, \quad y = 0, \quad x = e$
4. $x + y = 0, \quad x = y^2 + 3y$
5. $y = \operatorname{sen}(\pi x/2), \quad y = x^2 - 2x$
6. $y = \sqrt{x}, \quad y = x^2, \quad x = 2$

7–11 Encuentre el volumen del sólido obtenido al rotar cada una de las regiones acotadas por las curvas dadas alrededor del eje especificado.

7. $y = 2x, \; y = x^2$; alrededor del eje x
8. $x = 1 + y^2, \; y = x - 3$; alrededor del eje y
9. $x = 0, \; x = 9 - y^2$; alrededor de $x = -1$
10. $y = x^2 + 1, \; y = 9 - x^2$; alrededor de $y = -1$
11. $x^2 - y^2 = a^2, \; x = a + h$ (donde $a > 0, h > 0$); alrededor del eje y

12–14 Establezca, pero no evalúe, una integral para el volumen del sólido obtenido al rotar la región acotada por cada una de las curvas dadas sobre el eje especificado.

12. $y = \tan x, \; y = x, \; x = \pi/3$; alrededor del eje y
13. $y = \cos^2 x, \; |x| \leqslant \pi/2, \; y = \frac{1}{4}$; alrededor de $x = \pi/2$
14. $y = \sqrt{x}, \; y = x^2$; alrededor de $y = 2$

15. Encuentre los volúmenes de los sólidos obtenidos mediante la rotación de la región acotada por las curvas $y = x$ y $y = x^2$ alrededor de las rectas siguientes.
    (a) El eje x (b) El eje y (c) $y = 2$
16. Sea $\mathcal{R}$ la región en el primer cuadrante acotada por las curvas $y = x^3$ y $y = 2x - x^2$. Calcule las cantidades siguientes
    (a) El área de $\mathcal{R}$
    (b) El volumen obtenido al rotar $\mathcal{R}$ alrededor del eje x
    (c) El volumen obtenido al rotar $\mathcal{R}$ en torno al eje y
17. Sea $\mathcal{R}$ la región acotada por las curvas $y = \tan(x^2)$, $x = 1$ y $y = 0$. Utilice la regla del punto medio con $n = 4$ para estimar las cantidades siguientes.
    (a) El área de $\mathcal{R}$
    (b) El volumen obtenido al rotar $\mathcal{R}$ alrededor del eje x
18. Sea $\mathcal{R}$ la región acotada por las curvas $y = 1 - x^2$ y $y = x^6 - x + 1$. Estime las cantidades siguientes.
    (a) Las coordenadas x de los puntos de intersección de las curvas
    (b) El área de $\mathcal{R}$
    (c) El volumen generado cuando $\mathcal{R}$ rota alrededor del eje x
    (d) El volumen generado cuando $\mathcal{R}$ rota alrededor del eje y

19–22 Cada una de las integrales siguientes representa el volumen de un sólido. Describa el sólido.

19. $\int_0^{\pi/2} 2\pi x \cos x\, dx$

20. $\int_0^{\pi/2} 2\pi \cos^2 x\, dx$

21. $\int_0^{\pi} \pi(2 - \operatorname{sen} x)^2\, dx$

22. $\int_0^4 2\pi(6 - y)(4y - y^2)\, dy$

---

23. La base de un sólido es un disco circular con radio 3. Encuentre el volumen del sólido si las secciones transversales paralelas y perpendiculares a la base son triángulos rectángulos isósceles con hipotenusa ubicada a lo largo de la base.

24. La base de un sólido es la región acotada por las parábolas $y = x^2$ y $y = 2 - x^2$. Encuentre el volumen del sólido si las secciones transversales perpendiculares al eje x son cuadrados y uno de sus lados coincide con la base.

25. La altura de un monumento es de 20 m. Un corte transversal horizontal a una distancia de x metros desde la parte superior es un triángulo equilátero con $\frac{1}{4}x$ metros de lado. Encuentre el volumen del monumento.

26. (a) La base de un sólido es un cuadrado con vértices en $(1, 0)$, $(0, 1)$, $(-1, 0)$ y $(0, -1)$. Cada sección transversal perpendicular al eje x es un semicírculo. Encuentre el volumen del sólido.
(b) Muestre que se puede calcular el volumen más fácilmente del sólido del inciso (a), cortándolo y rearmándolo para formar un cono.

27. Se requiere una fuerza de 30 N para mantener estirado un resorte desde su longitud natural de 12 a 15 cm de longitud. ¿Cuánto trabajo se realiza al estirar el resorte desde 12 hasta 20 cm?

28. Un ascensor de 1600 lb está suspendido por un cable de 200 pies que pesa 10 lb/pies. ¿Cuánto trabajo es necesario para elevar el ascensor una distancia de 30 pies desde el sótano hasta el tercer piso?

29. Un tanque lleno de agua tiene la forma de un paraboloide de revolución, como se muestra en la figura; es decir, su forma se obtiene haciendo girar una parábola alrededor de un eje vertical.
(a) Si su altura es de 4 pies y el radio en la parte superior es de 4 pies, encuentre el trabajo necesario para sacar el agua fuera del tanque.
(b) Después de que se han realizado 4000 pies-lb de trabajo, ¿cuál es la profundidad del agua restante en el tanque?

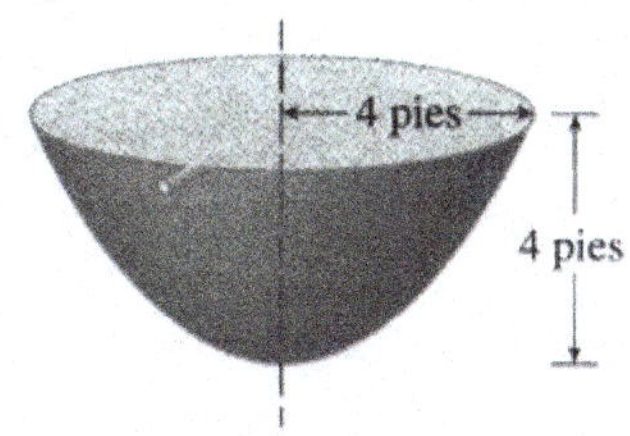

30. Un tanque de acero tiene la forma de un cilindro circular orientado verticalmente con diámetro 4 m y 5 m de altura. El tanque está lleno ahora a un nivel de 3 m de aceite tiene una densidad de 920 kg/m^3. Determine el trabajo necesario para bombear el aceite hacia fuera a través de un tubo de descarga de 1 m en la parte superior del tanque.

31. Encuentre el valor promedio de la función $f(t) = \sec^2 t$ en el intervalo $[0, \pi/4]$.

32. (a) Encuentre el valor promedio de la función $f(x) = 1/\sqrt{x}$ en el intervalo $[1, 4]$.
(b) Encuentre el valor c que garantiza el teorema del valor medio para integrales tales que $f_{\text{prom}} = f(c)$.
(c) Trace la gráfica de f en $[1, 4]$ y un rectángulo cuya área es la misma que el área bajo la gráfica de f.

33. Si f es una función continua, ¿cuál es el límite cuando $h \to 0$ del valor promedio de f sobre el intervalo $[x, x + h]$?

34. Sea $\mathcal{R}_1$ la región acotada por $y = x^2$, $y = 0$ y $x = b$, donde $b > 0$. Sea $\mathcal{R}_2$ la región acotada por $y = x^2$, $x = 0$ y $y = b^2$.
(a) ¿Existe un valor de b tal que $\mathcal{R}_1$ y $\mathcal{R}_2$ tienen la misma área?
(b) ¿Existe un valor de b tal que $\mathcal{R}_1$ barre el mismo volumen cuando gira alrededor del eje x que alrededor del eje y?
(c) ¿Existe un valor de b tal que $\mathcal{R}_1$ y $\mathcal{R}_2$ barren el mismo volumen cuando giran alrededor del eje x?
(d) ¿Existe un valor de b tal que $\mathcal{R}_1$ y $\mathcal{R}_2$ barren el mismo volumen cuando giran alrededor del eje y?

Problemas adicionales

1. (a) Encuentre una función f continua positiva tal que el área bajo la gráfica de f desde 0 hasta t es $A(t) = t^3$ para toda $t > 0$.

(b) Un sólido se genera al hacer girar alrededor del eje x la región bajo la curva $y = f(x)$, donde f es una función positiva y $x \geqslant 0$. El volumen generado por la parte de la curva desde $x = 0$ hasta $x = b$ es b^2 para toda $b > 0$. Determine la función f.

2. Existe una recta que pasa por el origen que divide la región definida por la parábola $y = x - x^2$ y el eje x en dos regiones de igual área. ¿Cuál es la pendiente de la recta?

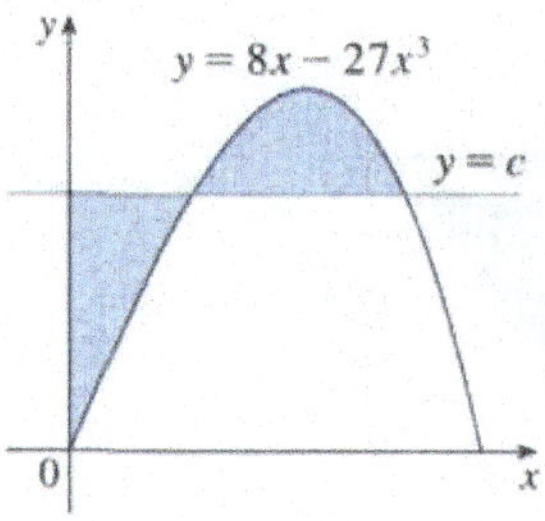

FIGURA PARA EL PROBLEMA 3

3. En la figura se ilustra una recta horizontal $y = c$ que interseca a la curva $y = 8x - 27x^3$. Encuentre el número c tal que las áreas de las regiones sombreadas sean iguales.

4. Un vaso cilíndrico de vidrio, de radio r y altura L, se llena con agua y luego se ladea hasta que el agua que queda en el recipiente cubre exactamente la base.

(a) Determine una manera de "rebanar" el agua en secciones transversales, rectangulares y paralelas, y luego *plantee* una integral definida para determinar el volumen del agua en el vaso.

(b) Encuentre una manera para obtener "rebanadas" de agua que sean secciones transversales y paralelas, pero que sean trapezoides, y luego *plantee* una integral definida para obtener el volumen del agua.

(c) Determine el volumen de agua en el vaso evaluando una de las integrales de los incisos (a) o (b).

(d) Encuentre el volumen del agua en el vaso a partir de consideraciones puramente geométricas.

(e) Suponga que el recipiente se ladea hasta que el agua cubre exactamente la mitad de la base. ¿En qué dirección puede usted "rebanar" el agua en secciones transversales triangulares? ¿Y en secciones transversales rectangulares? ¿Y en secciones transversales que son segmentos de círculos? Determine el volumen de agua en el vaso.

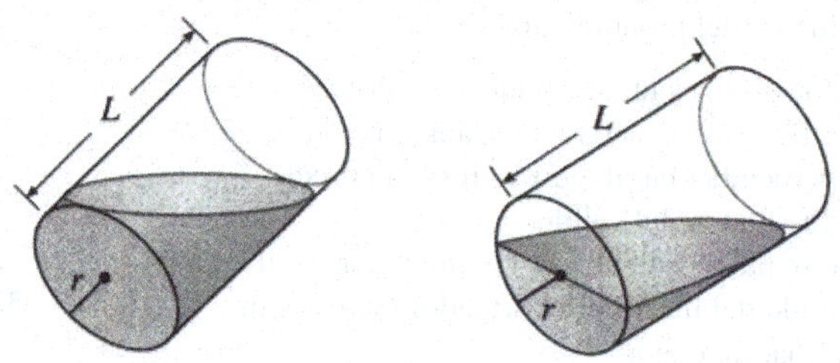

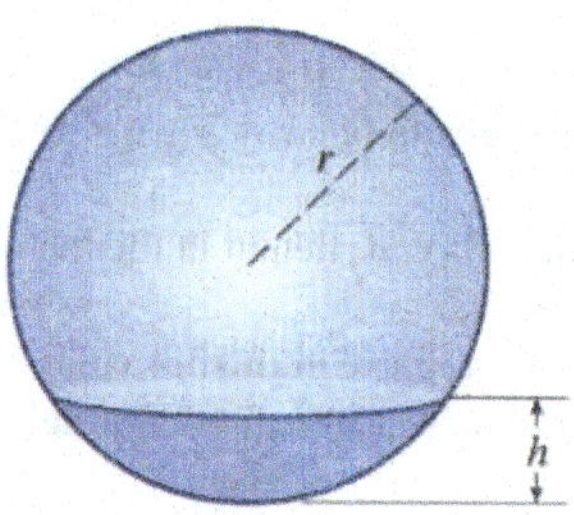

FIGURA PARA EL PROBLEMA 5

5. (a) Demuestre que el volumen de un segmento de altura h de una esfera de radio r es

$$V = \tfrac{1}{3}\pi h^2(3r - h)$$

(Véase la figura.)

(b) Demuestre que si una esfera de radio 1 se corta mediante un plano a una distancia x del centro de tal manera que el volumen de un segmento es el doble del volumen del otro, entonces x es una solución de la ecuación

$$3x^3 - 9x + 2 = 0$$

donde $0 < x < 1$. Utilice el método de Newton para determinar una x con una aproximación de cuatro decimales.

(c) Utilice la fórmula para el volumen de un segmento de una esfera para demostrar que la profundidad x en la cual una esfera flotante de radio r se hunde en el agua es una raíz de la ecuación

$$x^3 - 3rx^2 + 4r^3s = 0$$

donde s es el peso específico de la esfera. Suponga que una esfera de madera de radio igual a 0.5 m tiene peso específico de 0.75. Calcule la profundidad, con una aproximación de cuatro decimales, a la cual la esfera se hunde.

(d) Un tazón semiesférico tiene radio de 12 cm y le entra agua a razón de 3 cm^3/s.

(i) ¿Qué tan rápido sube el nivel de agua en el tazón en el instante en que el agua tiene 7 cm de profundidad?

(ii) En un cierto instante, el agua tiene 8 cm de profundidad. ¿Qué tiempo se requiere para llenar con agua el tazón?

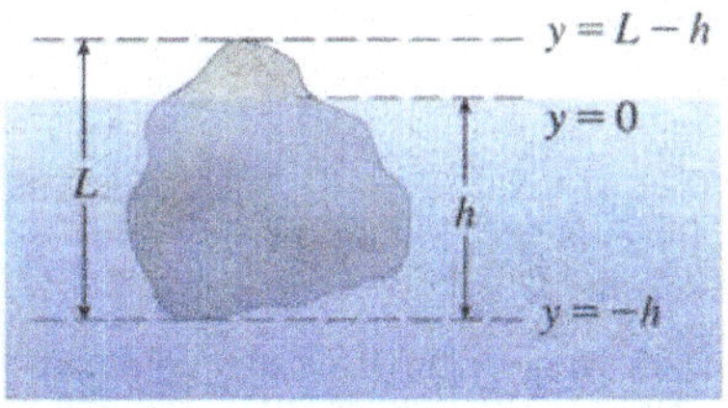

FIGURA PARA EL PROBLEMA 6

6. El principio de Arquímedes establece que la fuerza de flotación de un objeto parcial o totalmente sumergido en un líquido es igual al peso del líquido que desaloja el objeto. Por tanto, en el caso de un objeto de densidad ρ_0, que flota parcialmente sumergido en un líquido de densidad ρ_f, la fuerza de flotación es $F = \rho_f g \int_{-h}^{0} A(y)\,dy$, donde g es la aceleración debida a la gravedad y $A(y)$ es el área de una sección transversal representativa del objeto (véase la figura). El peso del objeto está dado por

$$W = \rho_0 g \int_{-h}^{L-h} A(y)\,dy$$

(a) Demuestre que el porcentaje del volumen del objeto por arriba de la superficie del líquido es

$$100\,\frac{\rho_f - \rho_0}{\rho_f}$$

(b) La densidad del hielo es 917 kg/m³, y la densidad del agua de mar es de 1030 kg/m³. ¿Qué porcentaje del volumen de un iceberg sobresale del agua?

(c) Un cubo de hielo flota en un vaso lleno con agua hasta el borde. ¿Se derramará el agua cuando se derrita el cubo de hielo?

(d) Una esfera de radio 0.4 m y de peso insignificante flota en un enorme lago de agua dulce. ¿Qué tanto trabajo se requiere para sumergir toda la esfera? La densidad del agua es de 1000 kg/m³.

7. El agua que se encuentra en un tazón abierto se evapora con una rapidez proporcional al área de la superficie del agua. (Esto significa que la rapidez de decremento del volumen es proporcional al área de la superficie.) Demuestre que la profundidad del agua disminuye a una rapidez constante, sin importar la forma del tazón.

8. Una esfera de radio 1 se sobrepone a una esfera más pequeña de radio r de tal manera que su intersección es una circunferencia de radio r. (En otras palabras, cuando ambas se cortan, el resultado es un círculo de radio máximo de la esfera menor.) Determine r de modo que el volumen en el interior de la esfera pequeña y el volumen incluyendo el exterior de la esfera mayor sea tan grande como sea posible.

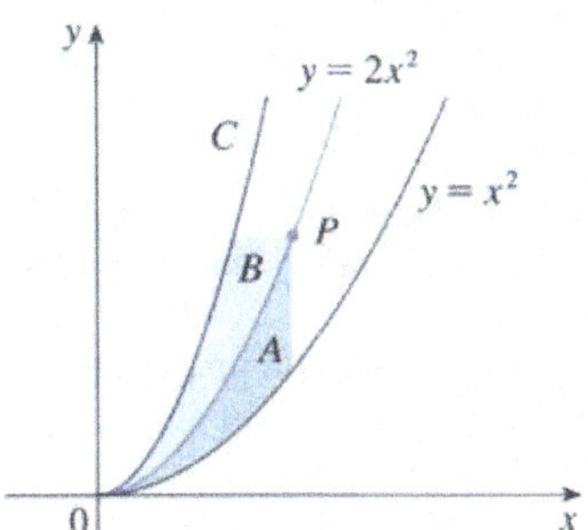

FIGURA PARA EL PROBLEMA 9

9. En la figura se ilustra una curva C con la propiedad de que para todo punto P en la mitad sobre la curva $y = 2x^2$, las áreas A y B son iguales. Determine una ecuación para C.

10. Un vaso de papel lleno con agua tiene la forma de un cono de altura h y ángulo semivertical θ. (Véase la figura.) Una pelota se coloca con todo cuidado en el vaso, con lo que se desplaza una parte del agua y se derrama. ¿Cuál es el radio de la pelota que ocasiona que se derrame el volumen máximo de agua?

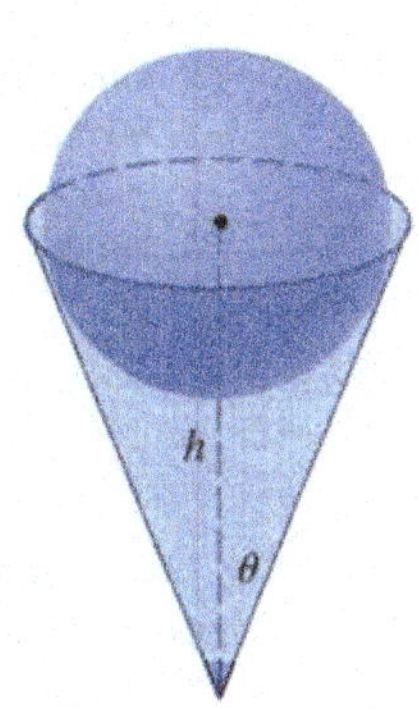

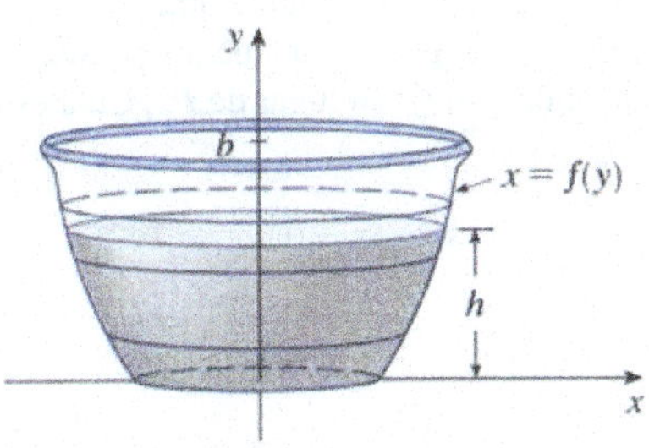

FIGURA PARA EL PROBLEMA 11

11. Una *clepsidra* o reloj de agua es un recipiente de vidrio con un pequeño agujero en el fondo a través del cual el agua puede salir. El "reloj" se calibra para que mida el tiempo, colocando marcas en el recipiente que corresponden a los niveles de agua en tiempos con igual separación. Sea $x = f(y)$ continua en el intervalo $[0, b]$ y suponga que el recipiente se formó al hacer girar la gráfica de f alrededor del eje y. Sea V el volumen de agua y h la altura del nivel de agua en el tiempo t.

(a) Determine V en función de h.

(b) Demuestre que

$$\frac{dV}{dt} = \pi[f(h)]^2\,\frac{dh}{dt}$$

(c) Suponga que A es el área del agujero en el fondo del recipiente. De la ley de Torricelli se tiene que la razón de cambio del volumen del agua es

$$\frac{dV}{dt} = kA\sqrt{h}$$

donde k es una constante negativa. Determine una fórmula para la función f tal que dh/dt es una constante C. ¿Cuál es la ventaja de tener $dh/dt = C$?

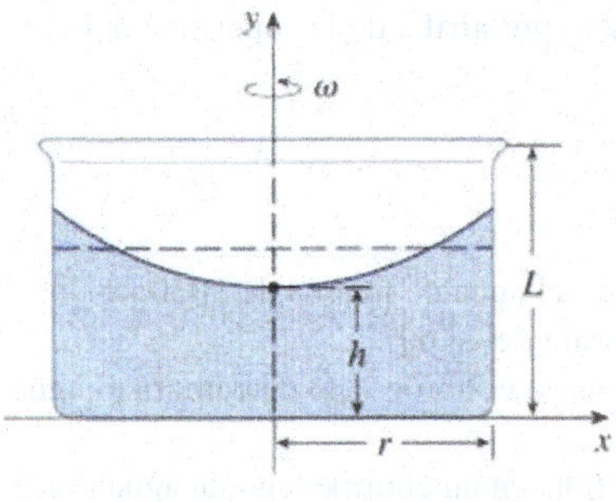

FIGURA PARA EL PROBLEMA 12

12. Un tanque cilíndrico de radio r y altura L está lleno en parte con un líquido cuyo volumen es V. Si se hace girar el tanque alrededor del eje de simetría con rapidez angular constante w, entonces el tanque inducirá un movimiento rotatorio en el líquido alrededor del mismo eje. A la larga, el líquido estará girando a la misma rapidez angular que el tanque. La superficie del líquido será convexa, como se indica en la figura, porque la fuerza centrífuga en las partículas del líquido aumenta con la distancia desde el eje del tanque. Se puede demostrar que la superficie del líquido es un paraboloide de revolución generado al hacer girar la parábola

$$y = h + \frac{\omega^2 x^2}{2g}$$

alrededor del eje y, donde g es la aceleración de la gravedad.

(a) Determine h como una función de w.

(b) ¿A qué rapidez angular la superficie del líquido tocará el fondo? ¿A qué rapidez se derramará el agua por el borde?

(c) Suponga que el radio del tanque es 2 m, la altura es 7 m y que el tanque y el líquido giran a la misma rapidez angular constante. La superficie del líquido está a 5 m abajo de la parte superior del depósito en el eje central y a 4 m abajo de la parte superior del tanque a un 1 m fuera desde el eje central.

(i) Determine la rapidez angular del tanque y el volumen del líquido.

(ii) ¿Qué tanto por debajo de la parte superior del tanque está el líquido en la pared del mismo?

13. Considere la gráfica de una polinomial cúbica que interseca transversalmente la parábola $y = x^2$ cuando $x = 0$, $x = a$ y $x = b$, donde $0 < a < b$. Si las dos regiones entre las curvas tienen la misma área, ¿cómo se relaciona b con a?

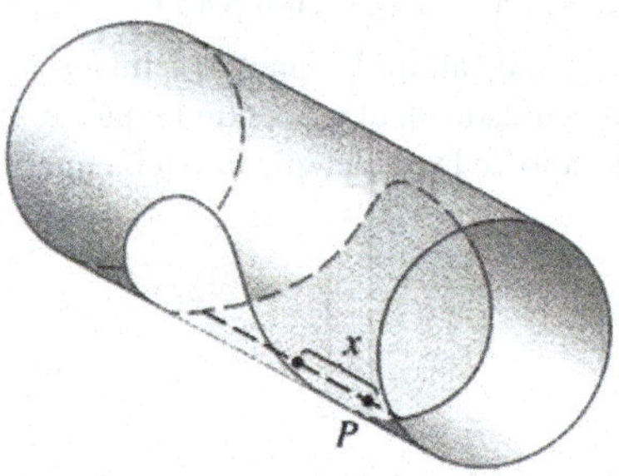

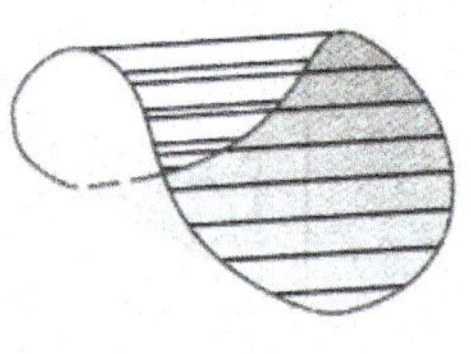

FIGURA PARA EL PROBLEMA 14

SAC **14.** Suponga que se planea hacer un taco con una tortilla de 8 pulg de diámetro, de modo que la tortilla parezca que está rodeando en parte un cilindro circular. Llene la tortilla hasta la orilla (y no más) con carne, queso y otros ingredientes. El problema es decidir cómo curvar la tortilla para maximizar el volumen de comida que pueda contener.

(a) Empiece por colocar un cilindro circular de radio r a lo largo del diámetro de la tortilla y rodee con esta el cilindro. Sea x la distancia desde el centro de la tortilla hasta el punto P en el diámetro (véase la figura). Demuestre que el área de la sección transversal del taco lleno en el plano que pasa por P y es perpendicular al eje del cilindro es

$$A(x) = r\sqrt{16 - x^2} - \tfrac{1}{2}r^2 \operatorname{sen}\left(\frac{2}{r}\sqrt{16 - x^2}\right)$$

y escriba una expresión para el volumen del taco lleno.

(b) Determine (aproximadamente) el valor de r que maximiza el volumen del taco. (Recurra a un método gráfico con su SAC.)

15. Si la recta tangente en un punto P sobre la curva $y = x^3$ corta transversalmente otra vez la curva en Q, sea A el área de la región acotada por la curva y el segmento de recta PQ. Sea B el área de la región definida de la misma manera iniciando con Q, en lugar de P. ¿Cuál es la relación entre A y B?

7 Técnicas de integración

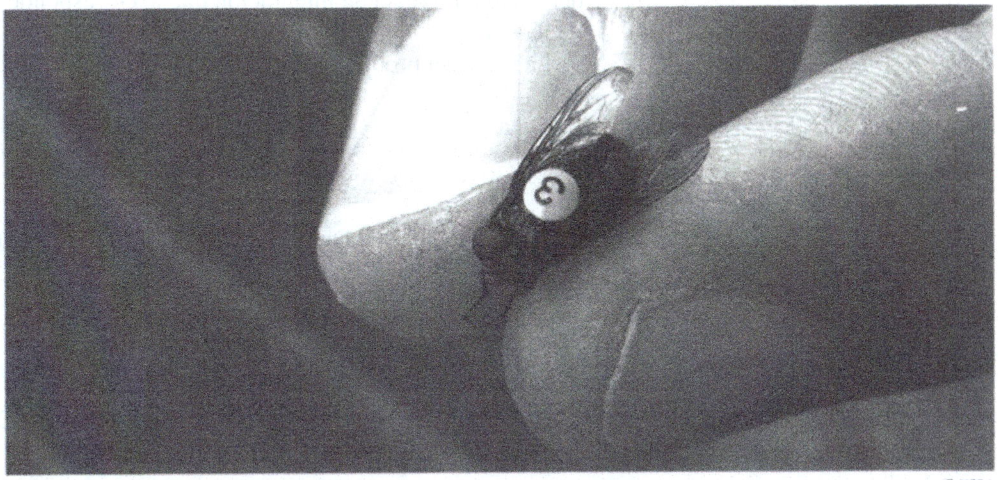
© USDA

La fotografía muestra una mosca del gusano tornillo, la primera plaga efectivamente eliminada de una región por la técnica del insecto estéril sin pesticidas. La idea es introducir machos estériles dentro de la población que al aparearse con las hembras no produzcan descendencia. En el ejercicio 7.4.67 se evaluará una integral que relaciona la población de insectos femeninos con el tiempo.

CON EL TEOREMA FUNDAMENTAL DEL cálculo es posible integrar una función si conoce una antiderivada; esto es, una integral indefinida. A continuación se resumen las integrales más importantes aprendidas hasta ahora.

$$\int x^n\,dx = \frac{x^{n+1}}{n+1} + C \quad (n \neq -1) \qquad \int \frac{1}{x}\,dx = \ln|x| + C$$

$$\int e^x\,dx = e^x + C \qquad \int b^x\,dx = \frac{b^x}{\ln b} + C$$

$$\int \operatorname{sen} x\,dx = -\cos x + C \qquad \int \cos x\,dx = \operatorname{sen} x + C$$

$$\int \sec^2 x\,dx = \tan x + C \qquad \int \csc^2 x\,dx = -\cot x + C$$

$$\int \sec x \tan x\,dx = \sec x + C \qquad \int \csc x \cot x\,dx = -\csc x + C$$

$$\int \operatorname{senh} x\,dx = \cosh x + C \qquad \int \cosh x\,dx = \operatorname{senh} x + C$$

$$\int \tan x\,dx = \ln|\sec x| + C \qquad \int \cot x\,dx = \ln|\operatorname{sen} x| + C$$

$$\int \frac{1}{x^2 + a^2}\,dx = \frac{1}{a}\tan^{-1}\left(\frac{x}{a}\right) + C \qquad \int \frac{1}{\sqrt{a^2 - x^2}}\,dx = \operatorname{sen}^{-1}\left(\frac{x}{a}\right) + C, \quad a > 0$$

En este capítulo se desarrollarán técnicas para utilizar estas fórmulas básicas de integración para obtener integrales indefinidas de funciones más complicadas. En la sección 5.5, aprendió el método de integración más importante, la regla de sustitución. La otra técnica general, la integración por partes, se presenta en la sección 7.1. Después aprenderá métodos especiales para clases de funciones particulares, como funciones trigonométricas y funciones racionales.

La integración no es tan sencilla como la derivación. No existen reglas que garanticen absolutamente la obtención de una integral indefinida de una función, así que se discutirá una estrategia para la integración en la sección 7.5.

7.1 Integración por partes

Cada regla de derivación tiene una regla de integración correspondiente. Por ejemplo, a la regla de sustitución para la integración, le corresponde la regla de la cadena para la derivación. La regla de integración que le corresponde a la derivación de un producto se llama *integración por partes.*

La regla del producto establece que si f y g son funciones derivables, entonces

$$\frac{d}{dx}[f(x)g(x)] = f(x)g'(x) + g(x)f'(x)$$

En la notación para integrales indefinidas, esta ecuación se convierte en

$$\int [f(x)g'(x) + g(x)f'(x)]\,dx = f(x)g(x)$$

o

$$\int f(x)g'(x)\,dx + \int g(x)f'(x)\,dx = f(x)g(x)$$

Se puede reacomodar esta ecuación como

1
$$\int f(x)g'(x)\,dx = f(x)g(x) - \int g(x)f'(x)\,dx$$

La fórmula 1 se llama **fórmula para la integración por partes**. Tal vez sea más fácil recordarla en la notación siguiente: sea $u = f(x)$ y $v = g(x)$. Entonces, las diferenciales son $du = f'(x)dx$ y $dv = g'(x)dx$, así que, por la regla de sustitución, la fórmula para la integración por partes será

2
$$\int u\,dv = uv - \int v\,du$$

EJEMPLO 1 Encuentre $\int x \operatorname{sen} x\,dx$.

SOLUCIÓN CON LA FÓRMULA 1 Suponga que elige $f(x) = x$ y $g'(x) = \operatorname{sen} x$. Entonces $f'(x) = 1$ y $g(x) = -\cos x$. (Para g puede elegir *cualquier* antiderivada de g'.) Así, utilizando la fórmula 1, tiene

$$\begin{aligned}\int x \operatorname{sen} x\,dx &= f(x)g(x) - \int g(x)f'(x)\,dx \\ &= x(-\cos x) - \int (-\cos x)\,dx \\ &= -x\cos x + \int \cos x\,dx \\ &= -x\cos x + \operatorname{sen} x + C\end{aligned}$$

Es muy aconsejable verificar derivando la respuesta. Si lo hace, obtendrá x sen x, como es de esperarse.

Es conveniente utilizar el patrón:

$$u = \square \qquad dv = \square$$
$$du = \square \qquad v = \square$$

SOLUCIÓN CON LA FÓRMULA 2 Sea

$$u = x \qquad dv = \operatorname{sen} x\, dx$$

Entonces $$du = dx \qquad v = -\cos x$$

y por lo que

$$\int x \operatorname{sen} x\, dx = \int \overset{u}{\widehat{x}}\, \overbrace{\operatorname{sen} x\, dx}^{dv} = \overset{u}{\widehat{x}}\, \overbrace{(-\cos x)}^{v} - \int \overbrace{(-\cos x)}^{v}\, \overbrace{dx}^{du}$$

$$= -x \cos x + \int \cos x\, dx$$

$$= -x \cos x + \operatorname{sen} x + C$$

■

NOTA El objetivo al utilizar la integración por partes es obtener una integral más sencilla que la original. Así, en el ejemplo 1, la original es $\int x \operatorname{sen} x\, dx$ y se expresa en términos de la integral más sencilla $\int \cos x\, dx$. Si hubiera elegido $u = \operatorname{sen} x$ y $dv = x\, dx$, entonces $du = \cos x\, dx$ y $v = x^2/2$, por lo que la integral por partes da

$$\int x \operatorname{sen} x\, dx = (\operatorname{sen} x)\frac{x^2}{2} - \frac{1}{2}\int x^2 \cos x\, dx$$

Aunque esto es cierto, $\int x^2 \cos x\, dx$ es una integral más difícil que la que quiere resolver. En general, cuando decida escoger u y dv, usualmente tratará de elegir $u = f(x)$ de manera que resulte fácil de derivar (o al menos no tan complicada), y que $dv = g'(x)\, dx$ sea fácil de integrar para obtener v.

EJEMPLO 2 Evalúe $\int \ln x\, dx$.

SOLUCIÓN Aquí no tiene opciones para u y dv. Sea

$$u = \ln x \qquad dv = dx$$

Entonces $$du = \frac{1}{x}\, dx \qquad v = x$$

Integrando por partes, se obtiene

$$\int \ln x\, dx = x \ln x - \int x \frac{dx}{x}$$

$$= x \ln x - \int dx$$

$$= x \ln x - x + C$$

Se acostumbra escribir $\int 1\, dx$ como $\int dx$.

Verifique su respuesta derivando.

La integración por partes es eficaz en este ejemplo porque la derivada de la función $f(x) = \ln x$ es más sencilla que f. ■

EJEMPLO 3 Encuentre $\int t^2 e^t\,dt$.

SOLUCIÓN Observe que t^2 resulta más sencilla cuando la deriva (mientras que e^t no cambia si la deriva o la integra), así que elija

$$u = t^2 \qquad dv = e^t\,dt$$

Entonces $$du = 2t\,dt \qquad v = e^t$$

Integrando por partes se obtiene

$$\boxed{3} \qquad \int t^2 e^t\,dt = t^2 e^t - 2\int t e^t\,dt$$

La integral que obtuvo, $\int te^t\,dt$, es más sencilla que la original, pero aún no está resuelta porque no tiene solución inmediata. Es necesario utilizar la integración por partes por segunda vez, haciendo $u = t$ y $dv = e^t\,dt$. Entonces $du = dt$, $v = e^t$, y

$$\begin{aligned}\int te^t\,dt &= te^t - \int e^t\,dt \\ &= te^t - e^t + C\end{aligned}$$

Poniendo esto en la ecuación 3, se obtiene

$$\begin{aligned}\int t^2e^t\,dt &= t^2e^t - 2\int te^t\,dt \\ &= t^2e^t - 2(te^t - e^t + C) \\ &= t^2e^t - 2te^t + 2e^t + C_1 \qquad \text{donde } C_1 = -2C\end{aligned}$$

■

EJEMPLO 4 Evalúe $\int e^x \operatorname{sen} x\,dx$.

En el ejercicio 50 del apéndice H, se da un método más fácil, utilizando números complejos.

SOLUCIÓN Ni e^x ni sen x se simplifican cuando se derivan, pero de cualquier manera inténtelo eligiendo $u = e^x$ y $dv = \operatorname{sen} x\,dx$. Entonces $du = e^x\,dx$ y $v = -\cos x$, así que la integración por partes da

$$\boxed{4} \qquad \int e^x \operatorname{sen} x\,dx = -e^x\cos x + \int e^x \cos x\,dx$$

La integral que obtiene, $\int e^x \cos x\,dx$, no es más sencilla que la original, pero al menos no es más difícil. Habiendo tenido éxito en el ejemplo anterior al integrar por partes dos veces, persevere e integre por partes nuevamente. Esta vez con $u = e^x$ y $dv = \cos x\,dx$. Entonces $du = e^x\,dx$, $v = \operatorname{sen} x$ y

$$\boxed{5} \qquad \int e^x\cos x\,dx = e^x \operatorname{sen} x - \int e^x \operatorname{sen} x\,dx$$

A primera vista parece que no avanzó mucho, porque llegó a $\int e^x \operatorname{sen} x\,dx$, que es de donde partió. Sin embargo, si sustituye la expresión para $\int e^x \cos x\,dx$ de la ecuación 5 en la ecuación 4, obtiene

$$\int e^x \operatorname{sen} x\,dx = -e^x\cos x + e^x \operatorname{sen} x - \int e^x \operatorname{sen} x\,dx$$

La figura 1 ilustra el ejemplo 4 con las gráficas de $f(x) = e^x \operatorname{sen} x$ y $F(x) = \frac{1}{2}e^x(\operatorname{sen} x - \cos x)$. Como verificación visual de su trabajo, observe que $f(x) = 0$ cuando F tiene un máximo o un mínimo.

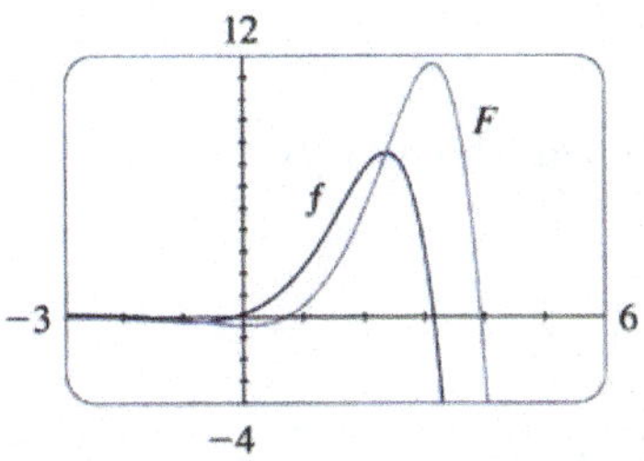

FIGURA 1

Esto puede verse como una ecuación que se resuelve para la integral incógnita. Sumando $\int e^x \operatorname{sen} x\, dx$ a ambos lados, obtiene

$$2\int e^x \operatorname{sen} x\, dx = -e^x \cos x + e^x \operatorname{sen} x$$

Dividiendo entre 2 y sumando la constante de integración, resulta

$$\int e^x \operatorname{sen} x\, dx = \tfrac{1}{2}e^x(\operatorname{sen} x - \cos x) + C$$ ■

Si combina la fórmula para la integración por partes con la parte 2 del teorema fundamental del cálculo, se pueden evaluar integrales definidas por partes. Evaluando ambos lados de la fórmula 1 entre a y b, suponiendo que f' y g' son continuas, y utilizando el teorema fundamental del cálculo, se obtiene

6 $$\int_a^b f(x)g'(x)\, dx = f(x)g(x)\Big]_a^b - \int_a^b g(x)f'(x)\, dx$$

EJEMPLO 5 Calcule $\int_0^1 \tan^{-1}x\, dx$.

SOLUCIÓN Sea

$$u = \tan^{-1}x \qquad dv = dx$$

Entonces $$du = \frac{dx}{1 + x^2} \qquad v = x$$

Por lo que la fórmula 6 da

$$\begin{aligned}\int_0^1 \tan^{-1}x\, dx &= x\tan^{-1}x\Big]_0^1 - \int_0^1 \frac{x}{1 + x^2}\, dx \\ &= 1 \cdot \tan^{-1}1 - 0 \cdot \tan^{-1}0 - \int_0^1 \frac{x}{1 + x^2}\, dx \\ &= \frac{\pi}{4} - \int_0^1 \frac{x}{1 + x^2}\, dx\end{aligned}$$

Ya que $\tan^{-1}x \geqslant 0$ para $x \geqslant 0$, la integral del ejemplo 5 se puede interpretar como el área de la región que se muestra en la figura 2.

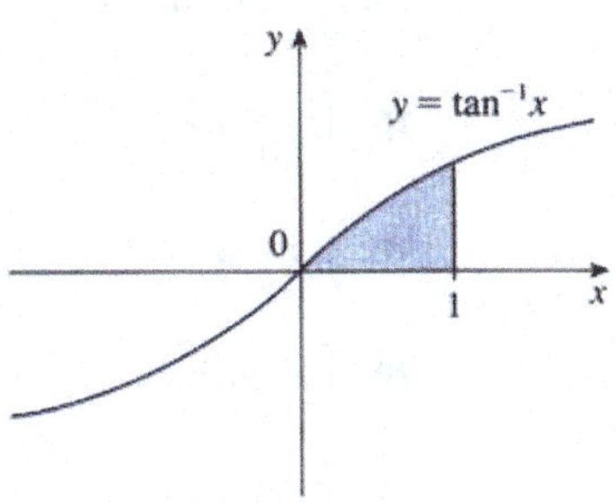

FIGURA 2

Para evaluar esta integral utilice la sustitución $t = 1 + x^2$ (ya que u tiene otro significado en este ejemplo). Entonces $dt = 2x\, dx$, por lo que $x\, dx = \frac{1}{2}\, dt$. Cuando $x = 0$, $t = 1$; cuando $x = 1$, $t = 2$; por lo que

$$\begin{aligned}\int_0^1 \frac{x}{1 + x^2}\, dx &= \tfrac{1}{2}\int_1^2 \frac{dt}{t} = \tfrac{1}{2} \ln|t|\Big]_1^2 \\ &= \tfrac{1}{2}(\ln 2 - \ln 1) = \tfrac{1}{2}\ln 2\end{aligned}$$

Por tanto $$\int_0^1 \tan^{-1}x\, dx = \frac{\pi}{4} - \int_0^1 \frac{x}{1 + x^2}\, dx = \frac{\pi}{4} - \frac{\ln 2}{2}$$ ■

EJEMPLO 6 Demuestre la fórmula de reducción siguiente

7 $$\int \operatorname{sen}^n x\, dx = -\frac{1}{n}\cos x \operatorname{sen}^{n-1}x + \frac{n-1}{n}\int \operatorname{sen}^{n-2}x\, dx$$

La ecuación 7 se llama *fórmula de reducción* porque el exponente n se reduce a $n - 1$ y $n - 2$.

donde $n \geqslant 2$ es un número entero.

SOLUCIÓN Sea

$$u = \operatorname{sen}^{n-1}x \qquad dv = \operatorname{sen} x\, dx$$

Entonces $\quad du = (n-1)\operatorname{sen}^{n-2}x \cos x\, dx \qquad v = -\cos x$

así al integrar por partes se obtiene

$$\int \operatorname{sen}^n x\, dx = -\cos x \operatorname{sen}^{n-1}x + (n-1)\int \operatorname{sen}^{n-2}x \cos^2 x\, dx$$

Dado que $\cos^2 x = 1 - \operatorname{sen}^2 x$, se tiene

$$\int \operatorname{sen}^n x\, dx = -\cos x \operatorname{sen}^{n-1}x + (n-1)\int \operatorname{sen}^{n-2}x\, dx - (n-1)\int \operatorname{sen}^n x\, dx$$

Como en el ejemplo 4, resuelva esta ecuación para la integral deseada tomando el último término del lado derecho y pasándolo al lado izquierdo. Por lo que se tiene

$$n\int \operatorname{sen}^n x\, dx = -\cos x \operatorname{sen}^{n-1}x + (n-1)\int \operatorname{sen}^{n-2}x\, dx$$

o

$$\int \operatorname{sen}^n x\, dx = -\frac{1}{n}\cos x \operatorname{sen}^{n-1}x + \frac{n-1}{n}\int \operatorname{sen}^{n-2}x\, dx$$ ■

La fórmula de reducción (7) es útil porque, al utilizarla repetidamente, puede expresar $\int \operatorname{sen}^n x\, dx$ en términos de $\int \operatorname{sen} x\, dx$ (si n es impar) o $\int (\operatorname{sen} x)^0\, dx = \int dx$ (si n es par).

7.1 EJERCICIOS

1–2 Evalúe las integrales siguientes utilizando integración por partes con las elecciones de u y dv indicadas.

1. $\int xe^{2x}\, dx; \quad u = x,\ dv = e^{2x}\, dx$

2. $\int \sqrt{x} \ln x\, dx; \quad u = \ln x,\ dv = \sqrt{x}\, dx$

3–36 Evalúe la integral.

3. $\int x \cos 5x\, dx$

4. $\int ye^{0.2y}\, dy$

5. $\int re^{r/2}\, dr$

6. $\int t \operatorname{sen} 2t\, dt$

7. $\int (x^2 + 2x)\cos x\, dx$

8. $\int t \sec^2 2t\, dt$

9. $\int \cos^{-1}x\, dx$

10. $\int \ln \sqrt{x}\, dx$

11. $\int t^4 \ln t\, dt$

12. $\int \tan^{-1} 2y\, dy$

13. $\int t \csc^2 t\, dt$

14. $\int x \cosh ax\, dx$

15. $\int \ln \sqrt[3]{x}\, dx$

16. $\int \frac{z}{10^z}\, dz$

17. $\int \arctan 4t\, dt$

18. $\int s\, 2^s\, ds$

19. $\int z^3 e^z\, dz$

20. $\int x \tan^2 x\, dx$

21. $\int \frac{xe^{2x}}{(1+2x)^2}\, dx$

22. $\int (\operatorname{arcsen} x)^2\, dx$

23. $\int_0^{1/2} x \cos \pi x\, dx$

24. $\int_0^1 (x^2 + 1)e^{-x}\, dx$

25. $\int_0^2 y \operatorname{senh} y\, dy$

26. $\int_1^2 w^2 \ln w\, dw$

27. $\int_1^5 \frac{\ln R}{R^2}\, dR$

28. $\int_4^9 \frac{\ln y}{\sqrt{y}}\, dy$

29. $\int_0^{\pi} x \operatorname{sen} x \cos x\, dx$

30. $\int_1^{\sqrt{3}} \arctan(1/x)\, dx$

31. $\int_1^5 \frac{M}{e^M}\,dM$

32. $\int_1^2 \frac{(\ln x)^2}{x^3}\,dx$

33. $\int_0^{\pi/3} \operatorname{sen} x \ln(\cos x)\,dx$

34. $\int_0^1 \frac{r^3}{\sqrt{4+r^2}}\,dr$

35. $\int_0^{1/2} \cos^{-1}x\,dx$

36. $\int_0^t e^s \operatorname{sen}(t-s)\,ds$

37–42 Primero haga una sustitución y después utilice integración por partes para evaluar las integrales siguientes.

37. $\int e^{\sqrt{x}}\,dx$

38. $\int \cos(\ln x)\,dx$

39. $\int_{\sqrt{\pi/2}}^{\sqrt{\pi}} \theta^3 \cos(\theta^2)\,d\theta$

40. $\int_0^{\pi} e^{\cos t} \operatorname{sen} 2t\,dt$

41. $\int x \ln(1+x)\,dx$

42. $\int \frac{\operatorname{arcsen}(\ln x)}{x}\,dx$

43–46 Evalúe las integrales indefinidas siguientes. Ilustre y verifique que su respuesta sea razonable, al trazar la gráfica de la función y de su antiderivada (tome $C = 0$).

43. $\int xe^{-2x}\,dx$

44. $\int x^{3/2} \ln x\,dx$

45. $\int x^3\sqrt{1+x^2}\,dx$

46. $\int x^2 \operatorname{sen} 2x\,dx$

47. (a) Utilice la fórmula de reducción del ejemplo 6 para demostrar que

$$\int \operatorname{sen}^2 x\,dx = \frac{x}{2} - \frac{\operatorname{sen} 2x}{4} + C$$

(b) Utilice el inciso (a) y la fórmula de reducción para evaluar $\int \operatorname{sen}^4 x\,dx$.

48. (a) Demuestre la fórmula de reducción

$$\int \cos^n x\,dx = \frac{1}{n}\cos^{n-1}x \operatorname{sen} x + \frac{n-1}{n}\int \cos^{n-2}x\,dx$$

(b) Utilice el inciso (a) para evaluar $\int \cos^2 x\,dx$.
(c) Use los incisos (a) y (b) para evaluar $\int \cos^4 x\,dx$.

49. (a) Utilice la fórmula de reducción del ejemplo 6 para demostrar que

$$\int_0^{\pi/2} \operatorname{sen}^n x\,dx = \frac{n-1}{n}\int_0^{\pi/2} \operatorname{sen}^{n-2}x\,dx$$

donde $n \geqslant 2$ es un entero.

(b) Utilice el inciso (a) para evaluar $\int_0^{\pi/2} \operatorname{sen}^3 x\,dx$ y $\int_0^{\pi/2} \operatorname{sen}^5 x\,dx$.

(c) Utilice el inciso (a) para demostrar que, para potencias impares del seno,

$$\int_0^{\pi/2} \operatorname{sen}^{2n+1}x\,dx = \frac{2\cdot 4\cdot 6\cdot \cdots \cdot 2n}{3\cdot 5\cdot 7\cdot \cdots \cdot (2n+1)}$$

50. Demuestre que, para potencias pares del seno,

$$\int_0^{\pi/2} \operatorname{sen}^{2n}x\,dx = \frac{1\cdot 3\cdot 5\cdot \cdots \cdot (2n-1)}{2\cdot 4\cdot 6\cdot \cdots \cdot 2n}\,\frac{\pi}{2}$$

51–54 Utilice la integración por partes para demostrar las fórmulas de reducción siguientes.

51. $\int (\ln x)^n\,dx = x(\ln x)^n - n\int (\ln x)^{n-1}\,dx$

52. $\int x^n e^x\,dx = x^n e^x - n\int x^{n-1}e^x\,dx$

53. $\int \tan^n x\,dx = \frac{\tan^{n-1}x}{n-1} - \int \tan^{n-2}x\,dx \quad (n \neq 1)$

54. $\int \sec^n x\,dx = \frac{\tan x \sec^{n-2}x}{n-1} + \frac{n-2}{n-1}\int \sec^{n-2}x\,dx \quad (n \neq 1)$

55. Utilice el ejercicio 51 para encontrar $\int(\ln x)^3\,dx$.

56. Use el ejercicio 52 para encontrar $\int x^4 e^x\,dx$.

57–58 Encuentre el área de la región acotada por las curvas dadas.

57. $y = x^2 \ln x, \quad y = 4\ln x$

58. $y = x^2 e^{-x}, \quad y = xe^{-x}$

59–60 Utilice una gráfica para aproximar la coordenada x de los puntos de intersección de las curvas dadas. Después encuentre (en forma aproximada) el área de la región acotada por las curvas.

59. $y = \operatorname{arcsen}\left(\frac{1}{2}x\right), \quad y = 2 - x^2$

60. $y = x\ln(x+1), \quad y = 3x - x^2$

61–64 Utilice el método de los cascarones cilíndricos para encontrar el volumen generado al rotar la región acotada por las curvas dadas alrededor de los ejes dados.

61. $y = \cos(\pi x/2)$, $y = 0$, $0 \leqslant x \leqslant 1$; alrededor del eje y

62. $y = e^x$, $y = e^{-x}$, $x = 1$; alrededor del eje y

63. $y = e^{-x}$, $y = 0$, $x = -1$, $x = 0$; alrededor de $x = 1$

64. $y = e^x$, $x = 0$, $y = 3$; alrededor del eje x

65. Calcule el volumen generado al rotar la región acotada por las curvas $y = \ln x$, $y = 0$ y $x = 2$ alrededor de cada eje.
(a) el eje y (b) el eje x

66. Calcule el valor promedio de $f(x) = x\sec^2 x$ sobre el intervalo $[0, \pi/4]$.

67. La función de Fresnel $S(x) = \int_0^x \operatorname{sen}\left(\frac{1}{2}\pi t^2\right)dt$ se discutió en el ejemplo 5.3.3 y se usa en forma extensa en la teoría de la óptica. Encuentre $\int S(x)\,dx$. [Su respuesta involucrará a $S(x)$.]

68. Un cohete acelera al quemar su combustible, de manera que su masa disminuye con el tiempo. Suponga que la masa inicial del cohete al despegar (incluyendo su combustible) es m, el combustible se consume con una rapidez r y los gases de escape son expulsados con velocidad constante v_e (respecto al cohete). Un modelo para la velocidad del cohete en el tiempo t está dado por la ecuación

$$v(t) = -gt - v_e \ln \frac{m - rt}{m}$$

donde g es la aceleración debida a la gravedad y t no es demasiado grande. Si $g = 9.8 \text{ m/s}^2$, $m = 30\,000$ kg, $r = 160$ kg/s y $v_e = 3000$ m/s, encuentre la altura del cohete un minuto después del despegue.

69. Una partícula se mueve a lo largo de una línea recta a una velocidad $v(t) = t^2e^{-t}$ metros por segundo después de t segundos. ¿Qué tan lejos llegará después de t segundos?

70. Si $f(0) = g(0) = 0$ y f'' y g'' son continuas, demuestre que

$$\int_0^a f(x)g''(x)\,dx = f(a)g'(a) - f'(a)g(a) + \int_0^a f''(x)g(x)\,dx$$

71. Suponga que $f(1) = 2$, $f(4) = 7$, $f'(1) = 5$, $f'(4) = 3$ y f'' es continua. Encuentre el valor de $\int_1^4 xf''(x)\,dx$.

72. (a) Utilice integración por partes para demostrar que

$$\int f(x)\,dx = xf(x) - \int xf'(x)\,dx$$

(b) Si f y g son funciones inversas y f' es continua, demuestre que

$$\int_a^b f(x)\,dx = bf(b) - af(a) - \int_{f(a)}^{f(b)} g(y)\,dy$$

[*Sugerencia*: utilice el inciso (a) y haga la sustitución $y = f(x)$.]

(c) En el caso donde f y g son funciones positivas y $b > a > 0$, trace un diagrama para dar una interpretación geométrica del inciso (b).

(d) Utilice el inciso (b) para evaluar $\int_1^e \ln x\,dx$.

73. Utilizando cascarones cilíndricos, se obtuvo la fórmula 6.3.2, $V = \int_a^b 2\pi xf(x)\,dx$, pero ahora puede utilizar integración por partes para demostrarla por medio del método de las rebanadas de la sección 6.2, al menos para el caso en el que f es inyectiva y, por tanto, tiene una función inversa g. Utilice la figura para demostrar que

$$V = \pi b^2d - \pi a^2c - \int_c^d \pi[g(y)]^2\,dy$$

Haga la sustitución $y = f(x)$ y después utilice integración por partes sobre la integral resultante para demostrar que

$$V = \int_a^b 2\pi xf(x)\,dx$$

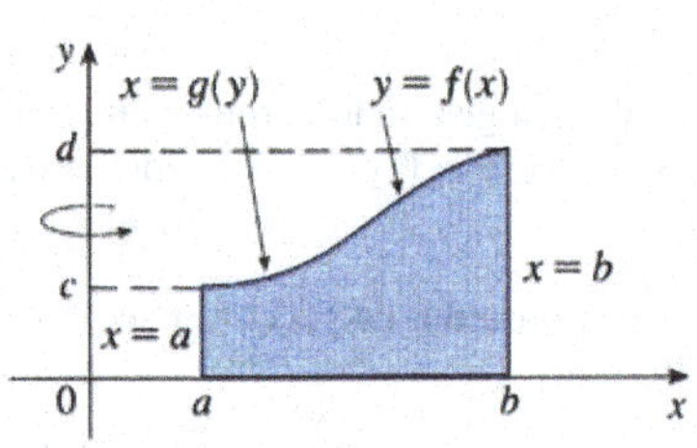

74. Sea $I_n = \int_0^{\pi/2} \operatorname{sen}^n x\,dx$.

(a) Demuestre que $I_{2n+2} \leq I_{2n+1} \leq I_{2n}$.

(b) Utilice el ejercicio 50 para demostrar que

$$\frac{I_{2n+2}}{I_{2n}} = \frac{2n+1}{2n+2}$$

(c) Use los incisos (a) y (b) para demostrar que

$$\frac{2n+1}{2n+2} \leq \frac{I_{2n+1}}{I_{2n}} \leq 1$$

y deducir que $\lim_{n\to\infty} I_{2n+1}/I_{2n} = 1$.

(d) Utilice el inciso (c) y los ejercicios 49 y 50 para demostrar que

$$\lim_{n\to\infty} \frac{2}{1}\cdot\frac{2}{3}\cdot\frac{4}{3}\cdot\frac{4}{5}\cdot\frac{6}{5}\cdot\frac{6}{7}\cdot\cdots\cdot\frac{2n}{2n-1}\cdot\frac{2n}{2n+1} = \frac{\pi}{2}$$

Usualmente, esta fórmula se expresa como el producto infinito:

$$\frac{\pi}{2} = \frac{2}{1}\cdot\frac{2}{3}\cdot\frac{4}{3}\cdot\frac{4}{5}\cdot\frac{6}{5}\cdot\frac{6}{7}\cdot\cdots$$

y se conoce como el *producto de Wallis*.

(e) Construya rectángulos como los siguientes: empiece con un cuadrado de área 1 y adjunte alternativamente rectángulos de área 1 junto al rectángulo anterior o encima de este (véase la figura). Encuentre el límite de las razones del ancho y la altura de estos rectángulos.

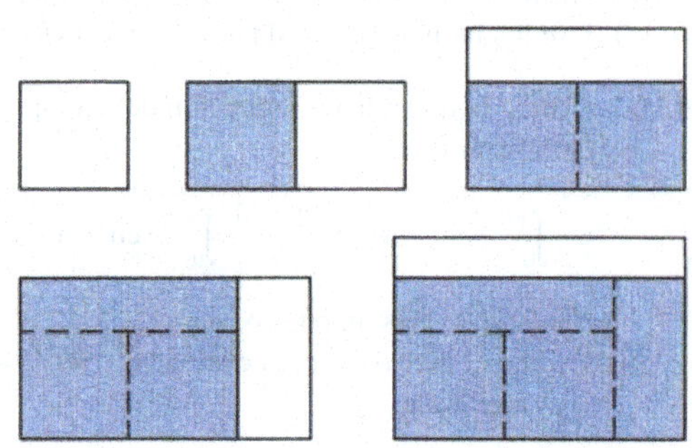

7.2 Integrales trigonométricas

En esta sección utilizará identidades trigonométricas para integrar ciertas combinaciones de funciones trigonométricas. Empiece con las potencias del seno y el coseno.

EJEMPLO 1 Evalúe $\int \cos^3 x \, dx$.

SOLUCIÓN No es útil sustituir simplemente $u = \cos x$, ya que entonces $du = -\text{sen}\, x \, dx$. Para integrar potencias del coseno, necesita un sen x como factor extra. Del mismo modo, una potencia del seno requiere un cos x como factor adicional. Debido a esto, es posible separar un factor coseno y convertir el factor restante $\cos^2 x$ en una expresión que involucre al seno, utilizando la identidad $\text{sen}^2 x + \cos^2 x = 1$:

$$\cos^3 x = \cos^2 x \cdot \cos x = (1 - \text{sen}^2 x) \cos x$$

Puede entonces evaluar la integral sustituyendo $u = \text{sen}\, x$, así $du = \cos x \, dx$ y

$$\int \cos^3 x \, dx = \int \cos^2 x \cdot \cos x \, dx = \int (1 - \text{sen}^2 x) \cos x \, dx$$

$$= \int (1 - u^2) \, du = u - \tfrac{1}{3} u^3 + C$$

$$= \text{sen}\, x - \tfrac{1}{3} \text{sen}^3 x + C$$ ■

En general, se intenta escribir una integral que implique potencias de seno y coseno en una forma en la que haya solo un factor seno (y el resto de la expresión en términos del coseno) o solo un factor coseno (y el resto de la expresión en términos del seno). La identidad $\text{sen}^2 x + \cos^2 x = 1$ posibilita esta conversión entre potencias pares del seno y el coseno.

EJEMPLO 2 Encuentre $\int \text{sen}^5 x \cos^2 x \, dx$.

SOLUCIÓN Podría convertir $\cos^2 x$ a $1 - \text{sen}^2 x$, pero se tendría una expresión en términos de sen x sin ningún factor extra cos x. En cambio, si separa un solo factor seno y reescribe el factor restante $\text{sen}^4 x$ en términos de cos x:

$$\text{sen}^5 x \cos^2 x = (\text{sen}^2 x)^2 \cos^2 x \, \text{sen}\, x = (1 - \cos^2 x)^2 \cos^2 x \, \text{sen}\, x$$

Sustituyendo $u = \cos x$, se tiene $du = -\text{sen}\, x \, dx$, por lo que

$$\int \text{sen}^5 x \cos^2 x \, dx = \int (\text{sen}^2 x)^2 \cos^2 x \, \text{sen}\, x \, dx$$

$$= \int (1 - \cos^2 x)^2 \cos^2 x \, \text{sen}\, x \, dx$$

$$= \int (1 - u^2)^2 u^2 (-du) = -\int (u^2 - 2u^4 + u^6) \, du$$

$$= -\left(\frac{u^3}{3} - 2\frac{u^5}{5} + \frac{u^7}{7}\right) + C$$

$$= -\tfrac{1}{3} \cos^3 x + \tfrac{2}{5} \cos^5 x - \tfrac{1}{7} \cos^7 x + C$$ ■

En la figura 1 se muestra la gráfica del integrando $\text{sen}^5 x \cos^2 x$ del ejemplo 2 y su integral indefinida (con $C = 0$). ¿Cuál es cuál?

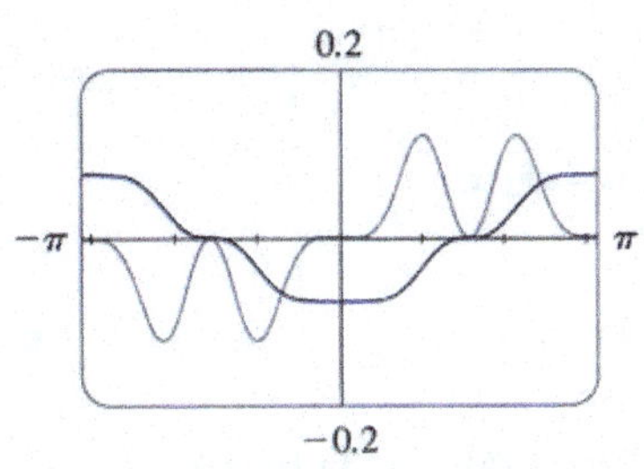

FIGURA 1

En los ejemplos anteriores, una potencia impar del seno o el coseno permite separar un factor y el resto convertirlo en una potencia par. Si el integrando contiene potencias pares del seno y el coseno, esta estrategia falla. En este caso, puede aprovechar las identidades siguientes del ángulo medio (véanse las ecuaciones 17b y 17a en el apéndice D):

$$\operatorname{sen}^2 x = \tfrac{1}{2}(1 - \cos 2x) \qquad \text{y} \qquad \cos^2 x = \tfrac{1}{2}(1 + \cos 2x)$$

EJEMPLO 3 Evalúe $\int_0^{\pi} \operatorname{sen}^2 x\, dx$.

El ejemplo 3 muestra que el área de la región en la figura 2 es $\pi/2$.

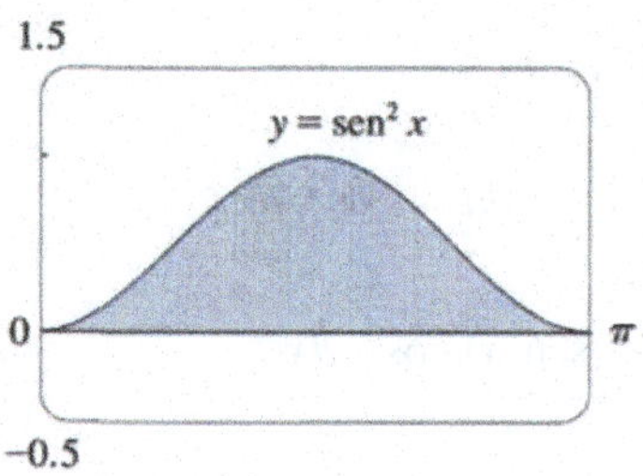

FIGURA 2

SOLUCIÓN Si escribe $\operatorname{sen}^2 x = 1 - \cos^2 x$, no se facilita la evaluación de la integral. Sin embargo, utilizando la fórmula del ángulo medio para $\operatorname{sen}^2 x$, tiene

$$\int_0^{\pi} \operatorname{sen}^2 x\, dx = \tfrac{1}{2}\int_0^{\pi} (1 - \cos 2x)\, dx$$

$$= \left[\tfrac{1}{2}\left(x - \tfrac{1}{2}\operatorname{sen} 2x\right)\right]_0^{\pi}$$

$$= \tfrac{1}{2}\left(\pi - \tfrac{1}{2}\operatorname{sen} 2\pi\right) - \tfrac{1}{2}\left(0 - \tfrac{1}{2}\operatorname{sen} 0\right) = \tfrac{1}{2}\pi$$

Observe que hizo mentalmente la sustitución $u = 2x$ cuando integró $\cos 2x$. En el ejercicio 7.1.47, se presentó otro método para evaluar esta integral. ■

EJEMPLO 4 Encuentre $\int \operatorname{sen}^4 x\, dx$.

SOLUCIÓN Esta integral podría evaluarse utilizando la fórmula de reducción para $\int \operatorname{sen}^n x\, dx$ (ecuación 7.1.7) junto con el ejemplo 3 (como en el ejercicio 7.1.47), pero un método mejor es expresar $\operatorname{sen}^4 x = (\operatorname{sen}^2 x)^2$ y utilizar la fórmula del ángulo medio:

$$\int \operatorname{sen}^4 x\, dx = \int (\operatorname{sen}^2 x)^2\, dx$$

$$= \int \left(\frac{1 - \cos 2x}{2}\right)^2 dx$$

$$= \tfrac{1}{4}\int (1 - 2\cos 2x + \cos^2 2x)\, dx$$

Ya que vuelve a aparecer $\cos^2 2x$, use otra vez la fórmula del ángulo medio

$$\cos^2 2x = \tfrac{1}{2}(1 + \cos 4x)$$

Lo cual da

$$\int \operatorname{sen}^4 x\, dx = \tfrac{1}{4}\int \left[1 - 2\cos 2x + \tfrac{1}{2}(1 + \cos 4x)\right] dx$$

$$= \tfrac{1}{4}\int \left(\tfrac{3}{2} - 2\cos 2x + \tfrac{1}{2}\cos 4x\right) dx$$

$$= \tfrac{1}{4}\left(\tfrac{3}{2}x - \operatorname{sen} 2x + \tfrac{1}{8}\operatorname{sen} 4x\right) + C$$ ■

Para resumir, se proporciona una guía para evaluar integrales de la forma $\int \operatorname{sen}^m x \cos^n x\, dx$, donde $m \geqslant 0$ y $n \geqslant 0$ son números enteros.

Estrategia para la evaluación de $\int \operatorname{sen}^m x \cos^n x\, dx$

(a) Si la potencia del coseno es impar ($n = 2k + 1$), extraiga un factor coseno y utilice $\cos^2 x = 1 - \operatorname{sen}^2 x$ para expresar los factores restantes en términos del seno:

$$\int \operatorname{sen}^m x \cos^{2k+1} x\, dx = \int \operatorname{sen}^m x\, (\cos^2 x)^k \cos x\, dx$$

$$= \int \operatorname{sen}^m x\, (1 - \operatorname{sen}^2 x)^k \cos x\, dx$$

Después sustituya $u = \operatorname{sen} x$.

(b) Si la potencia del seno es impar ($m = 2k + 1$), extraiga un factor seno y use $\operatorname{sen}^2 x = 1 - \cos^2 x$ para expresar los factores restantes en términos del coseno:

$$\int \operatorname{sen}^{2k+1} x \cos^n x\, dx = \int (\operatorname{sen}^2 x)^k \cos^n x\, \operatorname{sen} x\, dx$$

$$= \int (1 - \cos^2 x)^k \cos^n x\, \operatorname{sen} x\, dx$$

Luego sustituya $u = \cos x$. [Observe que si la potencia de ambos, seno y coseno, es impar, puede utilizarse (a) o (b).]

(c) Si las potencias de ambos, seno y coseno, son pares, utilice las identidades del ángulo medio

$$\operatorname{sen}^2 x = \tfrac{1}{2}(1 - \cos 2x) \qquad \cos^2 x = \tfrac{1}{2}(1 + \cos 2x)$$

Algunas veces es conveniente utilizar la identidad

$$\operatorname{sen} x \cos x = \tfrac{1}{2} \operatorname{sen} 2x$$

Puede utilizar una estrategia similar para evaluar integrales de la forma $\int \tan^m x \sec^n x\, dx$. Dado que $(d/dx) \tan x = \sec^2 x$, es posible separar un factor $\sec^2 x$ y convertir la potencia restante (par) de la secante en una expresión que involucra la tangente, utilizando la identidad $\sec^2 x = 1 + \tan^2 x$. O, puesto que $(d/dx) \sec x = \sec x \tan x$, puede separar un factor $\sec x \tan x$ y convertir la potencia restante (par) de tangente a secante.

EJEMPLO 5 Evalúe $\int \tan^6 x \sec^4 x\, dx$.

SOLUCIÓN Si separa un factor $\sec^2 x$, puede expresar el factor restante $\sec^2 x$ en términos de la tangente utilizando la identidad $\sec^2 x = 1 + \tan^2 x$. Entonces, es posible evaluar la integral sustituyendo $u = \tan x$ y $du = \sec^2 x\, dx$:

$$\int \tan^6 x \sec^4 x\, dx = \int \tan^6 x \sec^2 x \sec^2 x\, dx$$

$$= \int \tan^6 x\, (1 + \tan^2 x) \sec^2 x\, dx$$

$$= \int u^6 (1 + u^2)\, du = \int (u^6 + u^8)\, du$$

$$= \frac{u^7}{7} + \frac{u^9}{9} + C$$

$$= \tfrac{1}{7} \tan^7 x + \tfrac{1}{9} \tan^9 x + C$$

■

EJEMPLO 6 Encuentre $\int \tan^5\theta \sec^7\theta \, d\theta$.

SOLUCIÓN Si separa un factor $\sec^2\theta$, como en el ejemplo anterior, queda un factor $\sec^5\theta$ que no se convierte con facilidad a tangente. Sin embargo, si separa un factor $\sec\theta \tan\theta$, puede convertir la potencia restante de la tangente en una expresión que involucre solo la secante, por medio de la identidad $\tan^2\theta = \sec^2\theta - 1$. Por lo que la integral se puede evaluar sustituyendo $u = \sec\theta$, por tanto $du = \sec\theta \tan\theta \, d\theta$:

$$\begin{aligned}
\int \tan^5\theta \sec^7\theta \, d\theta &= \int \tan^4\theta \sec^6\theta \sec\theta \tan\theta \, d\theta \\
&= \int (\sec^2\theta - 1)^2 \sec^6\theta \sec\theta \tan\theta \, d\theta \\
&= \int (u^2 - 1)^2 u^6 \, du \\
&= \int (u^{10} - 2u^8 + u^6) \, du \\
&= \frac{u^{11}}{11} - 2\frac{u^9}{9} + \frac{u^7}{7} + C \\
&= \tfrac{1}{11}\sec^{11}\theta - \tfrac{2}{9}\sec^9\theta + \tfrac{1}{7}\sec^7\theta + C
\end{aligned}$$

■

Los ejemplos anteriores muestran estrategias para evaluar integrales de la forma $\int \tan^m x \sec^n x \, dx$ para los dos casos que aquí se resumen.

Estrategia para la evaluación de $\int \tan^m x \sec^n x \, dx$

(a) Si la potencia de la secante es par ($n = 2k$, $k \geqslant 2$), extraiga un factor $\sec^2 x$ y utilice $\sec^2 x = 1 + \tan^2 x$ para expresar los factores restantes en términos de $\tan x$:

$$\begin{aligned}
\int \tan^m x \sec^{2k} x \, dx &= \int \tan^m x \, (\sec^2 x)^{k-1} \sec^2 x \, dx \\
&= \int \tan^m x \, (1 + \tan^2 x)^{k-1} \sec^2 x \, dx
\end{aligned}$$

Después sustituya $u = \tan x$.

(b) Si la potencia de la tangente es impar ($m = 2k + 1$), sustituya un factor $\sec x \tan x$ y utilice $\tan^2 x = \sec^2 x - 1$ para expresar los factores restantes en términos de $\sec x$:

$$\begin{aligned}
\int \tan^{2k+1} x \sec^n x \, dx &= \int (\tan^2 x)^k \sec^{n-1} x \sec x \tan x \, dx \\
&= \int (\sec^2 x - 1)^k \sec^{n-1} x \sec x \tan x \, dx
\end{aligned}$$

Luego se sustituye $u = \sec x$.

Para otros casos, no hay guías claras. Puede necesitar identidades, integración por partes y, ocasionalmente, un poco de ingenio. Algunas veces será necesario integrar $\tan x$ utilizando la fórmula establecida en (5.5.5):

$$\int \tan x \, dx = \ln|\sec x| + C$$

También necesita la integral indefinida de la secante:

La fórmula 1 fue descubierta por James Gregory en 1668 (véase su biografía en la página 198). Gregory utilizó esta fórmula para resolver un problema en la elaboración de tablas náuticas.

1
$$\int \sec x\,dx = \ln|\sec x + \tan x| + C$$

Podría verificar la fórmula 1 derivando el lado derecho, o como sigue. Primero multiplique el numerador y el denominador por $\sec x + \tan x$:

$$\begin{aligned}\int \sec x\,dx &= \int \sec x\,\frac{\sec x + \tan x}{\sec x + \tan x}\,dx\\ &= \int \frac{\sec^2 x + \sec x\tan x}{\sec x + \tan x}\,dx\end{aligned}$$

Si sustituye $u = \sec x + \tan x$, entonces $du = (\sec x\tan x + \sec^2 x)dx$, por lo que la integral resulta $\int(1/u)\,du = \ln|u| + C$. Así, tiene

$$\int \sec x\,dx = \ln|\sec x + \tan x| + C$$

EJEMPLO 7 Determine $\int \tan^3 x\,dx$.

SOLUCIÓN Aquí solo aparece $\tan x$, así que utilice $\tan^2 x = \sec^2 x - 1$ para reescribir un factor $\tan^2 x$ en términos de $\sec^2 x$.

$$\begin{aligned}\int \tan^3 x\,dx &= \int \tan x\,\tan^2 x\,dx = \int \tan x\,(\sec^2 x - 1)\,dx\\ &= \int \tan x\sec^2 x\,dx - \int \tan x\,dx\\ &= \frac{\tan^2 x}{2} - \ln|\sec x| + C\end{aligned}$$

En la primera integral sustituya mentalmente $u = \tan x$ por lo que $du = \sec^2 x\,dx$. ■

Si aparece una potencia par de la tangente con una potencia impar de la secante, es útil expresar el integrando completamente en términos de la $\sec x$. Las potencias de la $\sec x$ pueden requerir integración por partes, como se ve en el ejemplo siguiente.

EJEMPLO 8 Encuentre $\int \sec^3 x\,dx$.

SOLUCIÓN Aquí puede integrar por partes con

$$u = \sec x \qquad dv = \sec^2 x\,dx$$
$$du = \sec x\tan x\,dx \qquad v = \tan x$$

Entonces

$$\begin{aligned}\int \sec^3 x\,dx &= \sec x\tan x - \int \sec x\tan^2 x\,dx\\ &= \sec x\tan x - \int \sec x\,(\sec^2 x - 1)\,dx\\ &= \sec x\tan x - \int \sec^3 x\,dx + \int \sec x\,dx\end{aligned}$$

Utilizando la fórmula 1 y resolviendo para la integral requerida, obtiene

$$\int \sec^3 x\, dx = \tfrac{1}{2}(\sec x \tan x + \ln|\sec x + \tan x|) + C \qquad \blacksquare$$

Integrales como la del ejemplo anterior podrían parecer muy complejas, pero ocurren con frecuencia en aplicaciones de la integración, como se verá en el capítulo 8. Integrales de la forma $\int \cot^m x \csc^n x\, dx$ se pueden determinar mediante métodos similares utilizando la identidad $1 + \cot^2 x = \csc^2 x$.

Por último, es posible hacer uso de otro conjunto de identidades trigonométricas:

Estas identidades producto se discuten en el apéndice D.

2 Para evaluar las integrales (a) $\int \operatorname{sen} mx \cos nx\, dx$, (b) $\int \operatorname{sen} mx \operatorname{sen} nx\, dx$ o (c) $\int \cos mx \cos nx\, dx$, utilice la identidad correspondiente:

$$\text{(a) } \operatorname{sen} A \cos B = \tfrac{1}{2}[\operatorname{sen}(A - B) + \operatorname{sen}(A + B)]$$

$$\text{(b) } \operatorname{sen} A \operatorname{sen} B = \tfrac{1}{2}[\cos(A - B) - \cos(A + B)]$$

$$\text{(c) } \cos A \cos B = \tfrac{1}{2}[\cos(A - B) + \cos(A + B)]$$

EJEMPLO 9 Evalúe $\int \operatorname{sen} 4x \cos 5x\, dx$.

SOLUCIÓN Esta integral podría evaluarse utilizando integración por partes, pero es más fácil utilizar la identidad en la ecuación 2(a) como sigue:

$$\begin{aligned}\int \operatorname{sen} 4x \cos 5x\, dx &= \int \tfrac{1}{2}[\operatorname{sen}(-x) + \operatorname{sen} 9x]\, dx \\ &= \tfrac{1}{2}\int (-\operatorname{sen} x + \operatorname{sen} 9x)\, dx \\ &= \tfrac{1}{2}(\cos x - \tfrac{1}{9}\cos 9x) + C \qquad \blacksquare\end{aligned}$$

7.2 EJERCICIOS

1–49 Evalúe la integral.

1. $\int \operatorname{sen}^3 x \cos^2 x\, dx$

2. $\int \operatorname{sen}^6 x \cos^3 x\, dx$

3. $\int_0^{\pi/2} \operatorname{sen}^7\theta \cos^5\theta\, d\theta$

4. $\int_0^{\pi/2} \operatorname{sen}^5 x\, dx$

5. $\int \operatorname{sen}^5(2t)\cos^2(2t)\, dt$

6. $\int t\cos^5(t^2)\, dt$

7. $\int_0^{\pi/2} \cos^2\theta\, d\theta$

8. $\int \dfrac{\operatorname{sen}^3(\sqrt{x})}{\sqrt{x}}\, dx$

9. $\int_0^{\pi} \cos^4(2t)\, dt$

10. $\int x \operatorname{sen}^3 x\, dx$

11. $\int_0^{\pi/2} \operatorname{sen}^2 x \cos^2 x\, dx$

12. $\int_0^{\pi/2} (2 - \operatorname{sen}\theta)^2\, d\theta$

13. $\int \sqrt{\cos\theta}\, \operatorname{sen}^3\theta\, d\theta$

14. $\int \dfrac{\operatorname{sen}^2(1/t)}{t^2}\, dt$

15. $\int \cot x \cos^2 x\, dx$

16. $\int \tan^2 x \cos^3 x\, dx$

17. $\int \operatorname{sen}^2 x \operatorname{sen} 2x\, dx$

18. $\int \operatorname{sen} x \cos(\tfrac{1}{2}x)\, dx$

19. $\int t \operatorname{sen}^2 t\, dt$

20. $\int \cos\theta \cos^5(\operatorname{sen}\theta)\, d\theta$

21. $\int \tan x \sec^3 x\, dx$

22. $\int \tan^2\theta \sec^4\theta\, d\theta$

23. $\int \tan^2 x\, dx$

24. $\int (\tan^2 x + \tan^4 x)\, dx$

25. $\int \tan^4 x \sec^6 x\, dx$

26. $\int_0^{\pi/4} \sec^6\theta \tan^6\theta\, d\theta$

27. $\int \tan^3 x \sec x\, dx$

28. $\int \tan^5 x \sec^3 x\, dx$

29. $\int \tan^3 x \sec^6 x\, dx$

30. $\int_0^{\pi/4} \tan^4 t\, dt$

31. $\int \tan^5 x\, dx$

32. $\int \tan^2 x \sec x\, dx$

33. $\int x \sec x \tan x\, dx$

34. $\int \dfrac{\operatorname{sen} \phi}{\cos^3 \phi}\, d\phi$

35. $\int_{\pi/6}^{\pi/2} \cot^2 x\, dx$

36. $\int \csc^4 x \cot^6 x\, dx$

37. $\int_{\pi/4}^{\pi/2} \cot^5 \phi \csc^3 \phi\, d\phi$

38. $\int_{\pi/4}^{\pi/2} \csc^4 \theta \cot^4 \theta\, d\theta$

39. $\int \csc x\, dx$

40. $\int_{\pi/6}^{\pi/3} \csc^3 x\, dx$

41. $\int \operatorname{sen} 8x \cos 5x\, dx$

42. $\int \operatorname{sen} 2\theta \operatorname{sen} 6\theta\, d\theta$

43. $\int_0^{\pi/2} \cos 5t \cos 10t\, dt$

44. $\int \operatorname{sen} x \sec^5 x\, dx$

45. $\int_0^{\pi/6} \sqrt{1 + \cos 2x}\, dx$

46. $\int \dfrac{\cos x + \operatorname{sen} x}{\operatorname{sen} 2x}\, dx$

47. $\int \dfrac{1 - \tan^2 x}{\sec^2 x}\, dx$

48. $\int \dfrac{dx}{\cos x - 1}$

49. $\int x \tan^2 x\, dx$

---

50. Si $\int_0^{\pi/4} \tan^6 x \sec x\, dx = I$, exprese el valor de $\int_0^{\pi/4} \tan^8 x \sec x\, dx$ en términos de I.

51–54 Evalúe las integrales indefinidas siguientes. Ilustre y verifique que su respuesta es razonable, al trazar la gráfica del integrando y su antiderivada (tome $C = 0$).

51. $\int x \operatorname{sen}^2(x^2)\, dx$

52. $\int \operatorname{sen}^5 x \cos^3 x\, dx$

53. $\int \operatorname{sen} 3x \operatorname{sen} 6x\, dx$

54. $\int \sec^4(\tfrac{1}{2}x)\, dx$

---

55. Encuentre el valor promedio de la función $f(x) = \operatorname{sen}^2 x \cos^3 x$ sobre el intervalo $[-\pi, \pi]$.

56. Evalúe $\int \operatorname{sen} x \cos x\, dx$ por cuatro métodos:
(a) al sustituir $u = \cos x$
(b) al sustituir $u = \operatorname{sen} x$
(c) con la identidad $\operatorname{sen} 2x = 2 \operatorname{sen} x \cos x$
(d) al integrar por partes
Explique las diferencias aparentes en las respuestas.

57–58 Encuentre el área de la región acotada por las curvas dadas.

57. $y = \operatorname{sen}^2 x,\quad y = \operatorname{sen}^3 x,\quad 0 \leq x \leq \pi$

58. $y = \tan x,\quad y = \tan^2 x,\quad 0 \leq x \leq \pi/4$

59–60 Utilice la gráfica del integrando para intuir el valor de la integral. Después use el método de esta sección para probar que su intuición sea correcta.

59. $\int_0^{2\pi} \cos^3 x\, dx$

60. $\int_0^2 \operatorname{sen} 2\pi x \cos 5\pi x\, dx$

61–64 Encuentre el volumen obtenido al rotar la región acotada por las curvas dadas alrededor del eje especificado.

61. $y = \operatorname{sen} x,\ y = 0,\ \pi/2 \leq x \leq \pi;$ alrededor del eje x

62. $y = \operatorname{sen}^2 x,\ y = 0,\ 0 \leq x \leq \pi;$ alrededor del eje x

63. $y = \operatorname{sen} x,\ y = \cos x,\ 0 \leq x \leq \pi/4;$ alrededor de $y = 1$

64. $y = \sec x,\ y = \cos x,\ 0 \leq x \leq \pi/3;$ alrededor de $y = -1$

---

65. Una partícula se mueve sobre una línea recta de acuerdo con la función velocidad $v(t) = \operatorname{sen} \omega t \cos^2 \omega t$. Encuentre su posición $s = f(t)$ si $f(0) = 0$.

66. La electricidad doméstica se suministra en la forma de corriente alterna que varía de 155 V a −155 V con una frecuencia de 60 ciclos por segundo (Hz). El voltaje está dado por la ecuación

$$E(t) = 155 \operatorname{sen}(120\,\pi t)$$

donde t es el tiempo en segundos. Los voltímetros leen el voltaje RMS, por sus siglas en inglés (raíz media cuadrática), que es la raíz cuadrada del valor promedio de $[E(t)]^2$ sobre un ciclo.
(a) Calcule el voltaje RMS de la corriente doméstica.
(b) Muchas estufas eléctricas requieren un voltaje RMS de 220 V. Encuentre la amplitud A correspondiente necesaria para el voltaje $E(t) = A \operatorname{sen}(120\pi t)$.

67–69 Demuestre las fórmulas siguientes, donde m y n son enteros positivos.

67. $\int_{-\pi}^{\pi} \operatorname{sen} mx \cos nx\, dx = 0$

68. $\int_{-\pi}^{\pi} \operatorname{sen} mx \operatorname{sen} nx\, dx = \begin{cases} 0 & \text{si } m \neq n \\ \pi & \text{si } m = n \end{cases}$

69. $\int_{-\pi}^{\pi} \cos mx \cos nx\, dx = \begin{cases} 0 & \text{si } m \neq n \\ \pi & \text{si } m = n \end{cases}$

---

70. Una *serie finita de Fourier* está dada por la suma

$$\begin{aligned} f(x) &= \sum_{n=1}^{N} a_n \operatorname{sen} nx \\ &= a_1 \operatorname{sen} x + a_2 \operatorname{sen} 2x + \cdots + a_N \operatorname{sen} Nx \end{aligned}$$

Demuestre que el m-ésimo coeficiente a_m está dado por la fórmula

$$a_m = \frac{1}{\pi} \int_{-\pi}^{\pi} f(x) \operatorname{sen} mx\, dx$$

7.3 Sustitución trigonométrica

En la determinación del área de un círculo o una elipse, surge una integral de la forma $\int \sqrt{a^2 - x^2}\, dx$, donde $a > 0$. Si fuese $\int x\sqrt{a^2 - x^2}\, dx$, la sustitución $u = a^2 - x^2$ sería eficaz; pero, tal como está, $\int \sqrt{a^2 - x^2}\, dx$ es más difícil. Si cambia la variable de x a θ por la sustitución $x = a \operatorname{sen} \theta$, entonces la identidad $1 - \operatorname{sen}^2\theta = \cos^2\theta$ permite eliminar el signo de la raíz porque

$$\sqrt{a^2 - x^2} = \sqrt{a^2 - a^2 \operatorname{sen}^2\theta} = \sqrt{a^2(1 - \operatorname{sen}^2\theta)} = \sqrt{a^2 \cos^2\theta} = a\,|\cos\theta|$$

Observe la diferencia entre la sustitución $u = a^2 - x^2$ (en la que la nueva variable es una función de la variable anterior) y la sustitución $x = a \operatorname{sen} \theta$ (la variable anterior es una función de la nueva).

En general, es posible hacer una sustitución de la forma $x = g(t)$ al usar a la inversa la regla de sustitución. A fin de simplificar los cálculos, suponga que g tiene una función inversa; es decir, g es inyectiva. En este caso, si se reemplazan u por x y x por t en la regla de sustitución (ecuación 5.5.4), se obtiene

$$\int f(x)\, dx = \int f(g(t))g'(t)\, dt$$

Este tipo de sustitución se llama *sustitución inversa*.

Se puede hacer la sustitución inversa $x = a \operatorname{sen} \theta$ siempre que defina una función inyectiva. Esto puede llevarse a cabo restringiendo θ al intervalo $[-\pi/2, \pi/2]$.

En la tabla siguiente se listan las sustituciones trigonométricas que son eficaces para las expresiones con radicales debido a las identidades trigonométricas especificadas. En cada caso, la restricción sobre θ se impone para asegurar que la función que define la sustitución es inyectiva. (Estos son los mismos intervalos empleados en la sección 1.5 al definir las funciones inversas.)

Tabla de sustituciones trigonométricas

Expresión	Sustitución	Identidad
$\sqrt{a^2 - x^2}$	$x = a \operatorname{sen}\theta, \quad -\frac{\pi}{2} \leq \theta \leq \frac{\pi}{2}$	$1 - \operatorname{sen}^2\theta = \cos^2\theta$
$\sqrt{a^2 + x^2}$	$x = a \tan\theta, \quad -\frac{\pi}{2} < \theta < \frac{\pi}{2}$	$1 + \tan^2\theta = \sec^2\theta$
$\sqrt{x^2 - a^2}$	$x = a \sec\theta, \quad 0 \leq \theta < \frac{\pi}{2}$ o $\pi \leq \theta < \frac{3\pi}{2}$	$\sec^2\theta - 1 = \tan^2\theta$

EJEMPLO 1 Evalúe $\displaystyle\int \frac{\sqrt{9 - x^2}}{x^2}\, dx$.

SOLUCIÓN Sea $x = 3 \operatorname{sen}\theta$, donde $-\pi/2 \leq \theta \leq \pi/2$. Entonces $dx = 3\cos\theta\, d\theta$ y

$$\sqrt{9 - x^2} = \sqrt{9 - 9\operatorname{sen}^2\theta} = \sqrt{9\cos^2\theta} = 3\,|\cos\theta| = 3\cos\theta$$

(Observe que $\cos\theta \geqslant 0$ porque $-\pi/2 \leqslant \theta \leqslant \pi/2$.) Así, la regla de la sustitución inversa da

$$\begin{aligned}\int \frac{\sqrt{9-x^2}}{x^2}\,dx &= \int \frac{3\cos\theta}{9\,\text{sen}^2\theta}\,3\cos\theta\,d\theta \\ &= \int \frac{\cos^2\theta}{\text{sen}^2\theta}\,d\theta = \int \cot^2\theta\,d\theta \\ &= \int (\csc^2\theta - 1)\,d\theta \\ &= -\cot\theta - \theta + C\end{aligned}$$

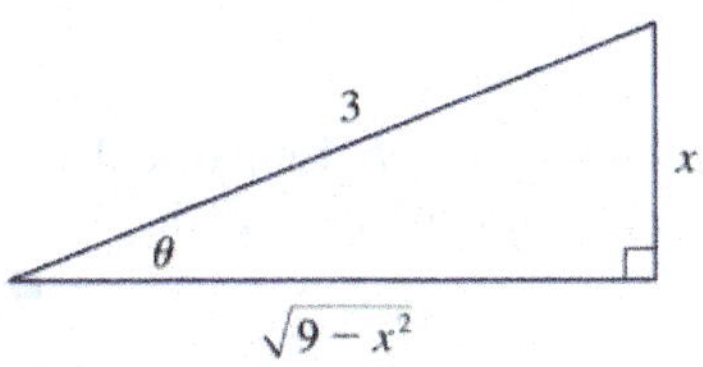

FIGURA 1

$\text{sen}\,\theta = \dfrac{x}{3}$

Puesto que esta es una integral indefinida, debe regresar a la variable original x. Esto puede hacerse ya sea por medio de identidades trigonométricas para expresar $\cot\theta$ en términos de $\text{sen}\,\theta = x/3$ o dibujando un diagrama como el de la figura 1, donde θ se interpreta como un ángulo de un triángulo rectángulo. Ya que $\text{sen}\,\theta = x/3$, denote x al lado opuesto y asigne el valor 3 a la hipotenusa. Entonces el teorema de Pitágoras da la longitud del lado adyacente $\sqrt{9-x^2}$, así que puede simplificar leyendo simplemente el valor de $\cot\theta$ en la figura como:

$$\cot\theta = \frac{\sqrt{9-x^2}}{x}$$

(Aunque $\theta > 0$ en el diagrama, esta expresión para $\cot\theta$ es válida aun cuando $\theta < 0$.) Dado que $\text{sen}\,\theta = x/3$, tiene $\theta = \text{sen}^{-1}(x/3)$, así que

$$\int \frac{\sqrt{9-x^2}}{x^2}\,dx = -\frac{\sqrt{9-x^2}}{x} - \text{sen}^{-1}\left(\frac{x}{3}\right) + C$$ ■

EJEMPLO 2 Encuentre el área encerrada por la elipse

$$\frac{x^2}{a^2} + \frac{y^2}{b^2} = 1$$

SOLUCIÓN Resolviendo la ecuación para y, obtiene

$$\frac{y^2}{b^2} = 1 - \frac{x^2}{a^2} = \frac{a^2 - x^2}{a^2} \qquad \text{o} \qquad y = \pm\frac{b}{a}\sqrt{a^2 - x^2}$$

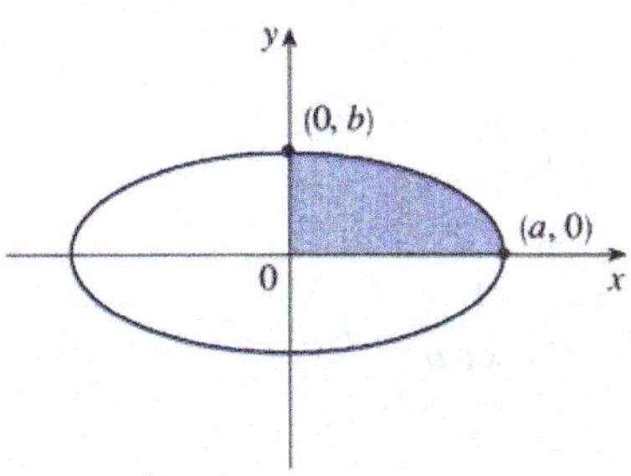

FIGURA 2

$\dfrac{x^2}{a^2} + \dfrac{y^2}{b^2} = 1$

Ya que la elipse es simétrica con respecto a ambos ejes, el área total A es cuatro veces el área en el primer cuadrante (véase la figura 2). La parte de la elipse en el primer cuadrante está dada por la función

$$y = \frac{b}{a}\sqrt{a^2 - x^2} \qquad 0 \leqslant x \leqslant a$$

y por tanto $$\tfrac{1}{4}A = \int_0^a \frac{b}{a}\sqrt{a^2 - x^2}\,dx$$

Para evaluar esta integral sustituya $x = a\,\text{sen}\,\theta$. Entonces $dx = a\cos\theta\,d\theta$.

Para cambiar los límites de integración observe que, cuando $x = 0$, sen $\theta = 0$, por lo que $\theta = 0$; cuando $x = a$, sen $\theta = 1$, por lo que $\theta = \pi/2$. También,

$$\sqrt{a^2 - x^2} = \sqrt{a^2 - a^2 \operatorname{sen}^2\theta} = \sqrt{a^2 \cos^2\theta} = a|\cos\theta| = a\cos\theta$$

ya que $0 \leq \theta \leq \pi/2$. Por tanto

$$A = 4\frac{b}{a}\int_0^a \sqrt{a^2 - x^2}\, dx = 4\frac{b}{a}\int_0^{\pi/2} a\cos\theta \cdot a\cos\theta\, d\theta$$

$$= 4ab\int_0^{\pi/2} \cos^2\theta\, d\theta = 4ab\int_0^{\pi/2} \tfrac{1}{2}(1 + \cos 2\theta)\, d\theta$$

$$= 2ab\Big[\theta + \tfrac{1}{2}\operatorname{sen} 2\theta\Big]_0^{\pi/2} = 2ab\left(\frac{\pi}{2} + 0 - 0\right) = \pi ab$$

Se ha demostrado que el área de una elipse con semiejes a y b es πab. En particular, tomando $a = b = r$, se demuestra la famosa fórmula del área de un círculo de radio r, πr^2. ■

NOTA Dado que la del ejemplo 2 es una integral definida, se cambiaron los límites de integración y no se tuvo que regresar a la variable x.

EJEMPLO 3 Encuentre $\displaystyle\int \frac{1}{x^2\sqrt{x^2 + 4}}\, dx$.

SOLUCIÓN Sea $x = 2\tan\theta$, $-\pi/2 < \theta < \pi/2$. Entonces $dx = 2\sec^2\theta\, d\theta$ y

$$\sqrt{x^2 + 4} = \sqrt{4(\tan^2\theta + 1)} = \sqrt{4\sec^2\theta} = 2|\sec\theta| = 2\sec\theta$$

Por lo que se tiene

$$\int \frac{dx}{x^2\sqrt{x^2 + 4}} = \int \frac{2\sec^2\theta\, d\theta}{4\tan^2\theta \cdot 2\sec\theta} = \frac{1}{4}\int \frac{\sec\theta}{\tan^2\theta}\, d\theta$$

Para evaluar esta integral trigonométrica, ponga todo en términos de sen θ y cos θ:

$$\frac{\sec\theta}{\tan^2\theta} = \frac{1}{\cos\theta} \cdot \frac{\cos^2\theta}{\operatorname{sen}^2\theta} = \frac{\cos\theta}{\operatorname{sen}^2\theta}$$

Por tanto, haciendo la sustitución $u = \operatorname{sen}\theta$, se tiene

$$\int \frac{dx}{x^2\sqrt{x^2 + 4}} = \frac{1}{4}\int \frac{\cos\theta}{\operatorname{sen}^2\theta}\, d\theta = \frac{1}{4}\int \frac{du}{u^2}$$

$$= \frac{1}{4}\left(-\frac{1}{u}\right) + C = -\frac{1}{4\operatorname{sen}\theta} + C$$

$$= -\frac{\csc\theta}{4} + C$$

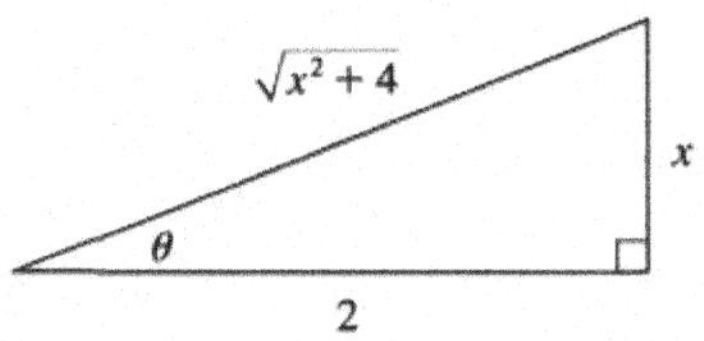

FIGURA 3

$\tan\theta = \dfrac{x}{2}$

Utilice la figura 3 para determinar que $\csc\theta = \sqrt{x^2 + 4}/x$ y, por tanto,

$$\int \frac{dx}{x^2\sqrt{x^2 + 4}} = -\frac{\sqrt{x^2 + 4}}{4x} + C$$

■

EJEMPLO 4 Determine $\int \frac{x}{\sqrt{x^2+4}}\,dx$.

SOLUCIÓN Aquí podría utilizarse la sustitución trigonométrica $x = 2\tan\theta$ (como en el ejemplo 3). Pero es más simple la sustitución directa $u = x^2 + 4$, porque $du = 2x\,dx$ y

$$\int \frac{x}{\sqrt{x^2+4}}\,dx = \frac{1}{2}\int \frac{du}{\sqrt{u}} = \sqrt{u} + C = \sqrt{x^2+4} + C$$ ■

NOTA En el ejemplo 4 se ilustra el hecho de que, aun cuando sean posibles las sustituciones trigonométricas, no necesariamente dan la solución más fácil. Por eso, hay que buscar la opción de solución más sencilla.

EJEMPLO 5 Evalúe $\int \frac{dx}{\sqrt{x^2-a^2}}$, donde $a > 0$.

SOLUCIÓN 1 Sea $x = a\sec\theta$, donde $0 < \theta < \pi/2$ o bien $\pi < \theta < 3\pi/2$. Entonces $dx = a\sec\theta\tan\theta\,d\theta$ y

$$\sqrt{x^2-a^2} = \sqrt{a^2(\sec^2\theta - 1)} = \sqrt{a^2\tan^2\theta} = a\,|\tan\theta| = a\tan\theta$$

Por tanto

$$\int \frac{dx}{\sqrt{x^2-a^2}} = \int \frac{a\sec\theta\tan\theta}{a\tan\theta}\,d\theta = \int \sec\theta\,d\theta = \ln|\sec\theta + \tan\theta| + C$$

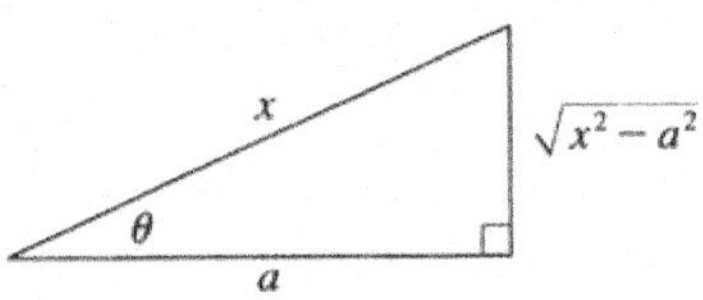

FIGURA 4

$\sec\theta = \frac{x}{a}$

El triángulo de la figura 4 da $\tan\theta = \sqrt{x^2-a^2}/a$, así que se tiene

$$\int \frac{dx}{\sqrt{x^2-a^2}} = \ln\left|\frac{x}{a} + \frac{\sqrt{x^2-a^2}}{a}\right| + C$$
$$= \ln\left|x + \sqrt{x^2-a^2}\right| - \ln a + C$$

Escribiendo $C_1 = C - \ln a$, se tiene

1 $$\int \frac{dx}{\sqrt{x^2-a^2}} = \ln\left|x + \sqrt{x^2-a^2}\right| + C_1$$

SOLUCIÓN 2 Para $x > 0$, también puede utilizarse la sustitución hiperbólica $x = a\cosh t$. Con la identidad $\cosh^2 y - \operatorname{senh}^2 y = 1$, se tiene

$$\sqrt{x^2-a^2} = \sqrt{a^2(\cosh^2 t - 1)} = \sqrt{a^2\operatorname{senh}^2 t} = a\operatorname{senh} t$$

Dado que $dx = a\operatorname{senh} t\,dt$, se obtiene

$$\int \frac{dx}{\sqrt{x^2-a^2}} = \int \frac{a\operatorname{senh} t\,dt}{a\operatorname{senh} t} = \int dt = t + C$$

Puesto que $\cosh t = x/a$, se tiene $t = \cosh^{-1}(x/a)$ y

2 $$\int \frac{dx}{\sqrt{x^2-a^2}} = \cosh^{-1}\left(\frac{x}{a}\right) + C$$

Aunque las fórmulas 1 y 2 parecen muy diferentes, en realidad son equivalentes por la fórmula 3.11.4. ■

NOTA Como se ve en el ejemplo 5, las sustituciones hiperbólicas pueden utilizarse en vez de las sustituciones trigonométricas y, algunas veces, conducen a respuestas más simples; pero por lo general, se utilizan identidades trigonométricas porque son más conocidas que las hiperbólicas.

Como se muestra en el ejemplo 6, a veces es buena idea utilizar la sustitución trigonométrica cuando se presenta $(x^2 + a^2)^{n/2}$ en una integral, donde n es cualquier entero. Lo mismo es verdadero cuando se presenta $(a^2 - x^2)^{n/2}$ o $(x^2 - a^2)^{n/2}$.

EJEMPLO 6 Encuentre $\displaystyle\int_0^{3\sqrt{3}/2} \frac{x^3}{(4x^2+9)^{3/2}}\,dx$.

SOLUCIÓN Primero observe que $(4x^2 + 9)^{3/2} = (\sqrt{4x^2+9})^3$, así que lo adecuado es la sustitución trigonométrica. Aunque $\sqrt{4x^2+9}$ no es realmente una de las expresiones de la tabla de sustituciones trigonométricas, se convierte en una de ellas si hace la sustitución preliminar $u = 2x$. Cuando combina esto con la sustitución de la tangente, se tiene $x = \frac{3}{2}\tan\theta$, lo cual da $dx = \frac{3}{2}\sec^2\theta\, d\theta$ y

$$\sqrt{4x^2+9} = \sqrt{9\tan^2\theta + 9} = 3\sec\theta$$

Cuando $x = 0$, $\tan\theta = 0$, por lo que $\theta = 0$; cuando $x = 3\sqrt{3}/2$, $\tan\theta = \sqrt{3}$, por lo que $\theta = \pi/3$.

$$\int_0^{3\sqrt{3}/2} \frac{x^3}{(4x^2+9)^{3/2}}\,dx = \int_0^{\pi/3} \frac{\frac{27}{8}\tan^3\theta}{27\sec^3\theta}\,\frac{3}{2}\sec^2\theta\,d\theta$$

$$= \frac{3}{16}\int_0^{\pi/3} \frac{\tan^3\theta}{\sec\theta}\,d\theta = \frac{3}{16}\int_0^{\pi/3} \frac{\operatorname{sen}^3\theta}{\cos^2\theta}\,d\theta$$

$$= \frac{3}{16}\int_0^{\pi/3} \frac{1-\cos^2\theta}{\cos^2\theta}\operatorname{sen}\theta\,d\theta$$

Ahora sustituya $u = \cos\theta$, de modo que $du = -\operatorname{sen}\theta\,d\theta$. Cuando $\theta = 0$, $u = 1$; cuando $\theta = \pi/3$, $u = \frac{1}{2}$; por tanto,

$$\int_0^{3\sqrt{3}/2} \frac{x^3}{(4x^2+9)^{3/2}}\,dx = -\frac{3}{16}\int_1^{1/2} \frac{1-u^2}{u^2}\,du$$

$$= \frac{3}{16}\int_1^{1/2} (1-u^{-2})\,du = \frac{3}{16}\left[u + \frac{1}{u}\right]_1^{1/2}$$

$$= \frac{3}{16}\left[\left(\tfrac{1}{2}+2\right) - (1+1)\right] = \frac{3}{32}$$ ■

EJEMPLO 7 Evalúe $\displaystyle\int \frac{x}{\sqrt{3-2x-x^2}}\,dx$.

SOLUCIÓN Se puede transformar el integrando en una función para la cual es apropiada la sustitución trigonométrica, completando el cuadrado bajo el signo de raíz:

$$3 - 2x - x^2 = 3 - (x^2+2x) = 3 + 1 - (x^2+2x+1)$$
$$= 4 - (x+1)^2$$

Esto sugiere que haga la sustitución $u = x + 1$. Entonces $du = dx$ y $x = u - 1$, por lo que

$$\int \frac{x}{\sqrt{3-2x-x^2}}\,dx = \int \frac{u-1}{\sqrt{4-u^2}}\,du$$

La figura 5 muestra la gráfica del integrando en el ejemplo 7 y su integral indefinida (con $C = 0$). ¿Cuál es cuál?

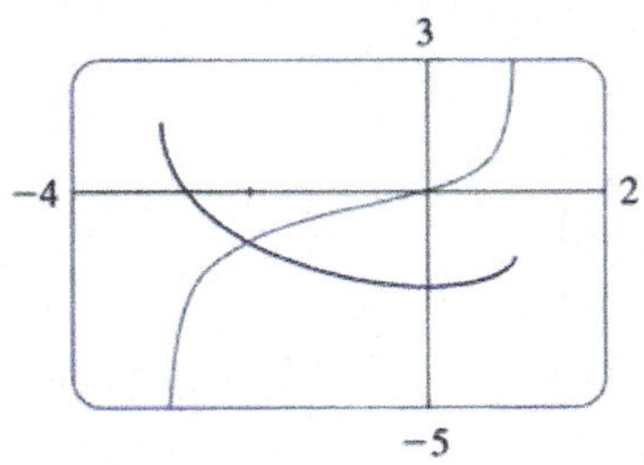

FIGURA 5

Ahora sustituya $u = 2 \text{ sen } \theta$ y se obtiene $du = 2 \cos \theta \, d\theta$ y $\sqrt{4 - u^2} = 2 \cos \theta$; por lo que

$$\begin{aligned}
\int \frac{x}{\sqrt{3 - 2x - x^2}}\, dx &= \int \frac{2 \text{ sen } \theta - 1}{2 \cos \theta}\, 2 \cos \theta \, d\theta \\
&= \int (2 \text{ sen } \theta - 1)\, d\theta \\
&= -2 \cos \theta - \theta + C \\
&= -\sqrt{4 - u^2} - \text{sen}^{-1}\left(\frac{u}{2}\right) + C \\
&= -\sqrt{3 - 2x - x^2} - \text{sen}^{-1}\left(\frac{x + 1}{2}\right) + C
\end{aligned}$$ ■

7.3 EJERCICIOS

1–3 Evalúe las integrales siguientes utilizando la sustitución trigonométrica indicada. Dibuje y etiquete el triángulo rectángulo asociado.

1. $\displaystyle\int \frac{1}{x^2\sqrt{x^2 - 9}}\, dx; \quad x = 3 \sec \theta$

2. $\displaystyle\int x^3\sqrt{9 - x^2}\, dx; \quad x = 3 \text{ sen } \theta$

3. $\displaystyle\int \frac{x^3}{\sqrt{x^2 + 9}}\, dx; \quad x = 3 \tan \theta$

4–30 Evalúe la integral.

4. $\displaystyle\int \frac{x^2}{\sqrt{9 - x^2}}\, dx$

5. $\displaystyle\int \frac{\sqrt{x^2 - 1}}{x^4}\, dx$

6. $\displaystyle\int_0^3 \frac{x}{\sqrt{36 - x^2}}\, dx$

7. $\displaystyle\int_0^a \frac{dx}{(a^2 + x^2)^{3/2}}, \quad a > 0$

8. $\displaystyle\int \frac{dt}{t^2\sqrt{t^2 - 16}}$

9. $\displaystyle\int_2^3 \frac{dx}{(x^2 - 1)^{3/2}}$

10. $\displaystyle\int_0^{2/3} \sqrt{4 - 9x^2}\, dx$

11. $\displaystyle\int_0^{1/2} x\sqrt{1 - 4x^2}\, dx$

12. $\displaystyle\int_0^2 \frac{dt}{\sqrt{4 + t^2}}$

13. $\displaystyle\int \frac{\sqrt{x^2 - 9}}{x^3}\, dx$

14. $\displaystyle\int_0^1 \frac{dx}{(x^2 + 1)^2}$

15. $\displaystyle\int_0^a x^2\sqrt{a^2 - x^2}\, dx$

16. $\displaystyle\int_{\sqrt{2}/3}^{2/3} \frac{dx}{x^5\sqrt{9x^2 - 1}}$

17. $\displaystyle\int \frac{x}{\sqrt{x^2 - 7}}\, dx$

18. $\displaystyle\int \frac{dx}{[(ax)^2 - b^2]^{3/2}}$

19. $\displaystyle\int \frac{\sqrt{1 + x^2}}{x}\, dx$

20. $\displaystyle\int \frac{x}{\sqrt{1 + x^2}}\, dx$

21. $\displaystyle\int_0^{0.6} \frac{x^2}{\sqrt{9 - 25x^2}}\, dx$

22. $\displaystyle\int_0^1 \sqrt{x^2 + 1}\, dx$

23. $\displaystyle\int \frac{dx}{\sqrt{x^2 + 2x + 5}}$

24. $\displaystyle\int_0^1 \sqrt{x - x^2}\, dx$

25. $\displaystyle\int x^2\sqrt{3 + 2x - x^2}\, dx$

26. $\displaystyle\int \frac{x^2}{(3 + 4x - 4x^2)^{3/2}}\, dx$

27. $\displaystyle\int \sqrt{5 + 4x - x^2}\, dx$

28. $\displaystyle\int \frac{x^2 + 1}{(x^2 - 2x + 2)^2}\, dx$

29. $\displaystyle\int x\sqrt{1 - x^4}\, dx$

30. $\displaystyle\int_0^{\pi/2} \frac{\cos t}{\sqrt{1 + \text{sen}^2 t}}\, dt$

31. (a) Utilice una sustitución trigonométrica para demostrar que

$$\int \frac{dx}{\sqrt{x^2 + a^2}} = \ln\left(x + \sqrt{x^2 + a^2}\right) + C$$

(b) Utilice la sustitución hiperbólica $x = a \text{ senh } t$ para demostrar que

$$\int \frac{dx}{\sqrt{x^2 + a^2}} = \text{senh}^{-1}\left(\frac{x}{a}\right) + C$$

Estas fórmulas están conectadas con la fórmula 3.11.3.

32. Evalúe

$$\int \frac{x^2}{(x^2+a^2)^{3/2}}\,dx$$

(a) por sustitución trigonométrica.
(b) por la sustitución hiperbólica $x = a \operatorname{senh} t$.

33. Encuentre el valor promedio de $f(x) = \sqrt{x^2-1}/x$, $1 \leq x \leq 7$.

34. Determine el área de la región acotada por la hipérbola $9x^2 - 4y^2 = 36$ y la recta $x = 3$.

35. Demuestre la fórmula $A = \frac{1}{2}r^2\theta$ para el área de un sector de un círculo de radio r y ángulo central θ. [*Sugerencia*: suponga que $0 < \theta < \pi/2$ y coloque el centro del círculo en el origen de manera que se ocupe la ecuación $x^2 + y^2 = r^2$. Entonces A es la suma del área del triángulo POQ y el área de la región PQR en la figura.]

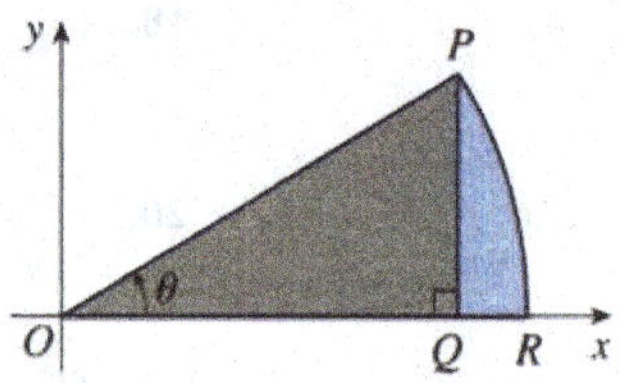

36. Evalúe la integral

$$\int \frac{dx}{x^4\sqrt{x^2-2}}$$

Trace la gráfica del integrando y su integral indefinida en la misma pantalla y verifique que su respuesta sea razonable.

37. Encuentre el volumen del sólido obtenido al rotar alrededor del eje x la región acotada por las curvas $y = 9/(x^2+9)$, $y = 0$, $x = 0$ y $x = 3$.

38. Determine el volumen del sólido obtenido al rotar alrededor de la recta $x = 1$, la región bajo la curva $y = x\sqrt{1-x^2}$, $0 \leq x \leq 1$.

39. (a) Utilice una sustitución trigonométrica para verificar que

$$\int_0^x \sqrt{a^2-t^2}\,dt = \tfrac{1}{2}a^2 \operatorname{sen}^{-1}(x/a) + \tfrac{1}{2}x\sqrt{a^2-x^2}$$

(b) Utilice la figura para dar una interpretación trigonométrica de ambos términos del lado derecho de la ecuación del inciso (a).

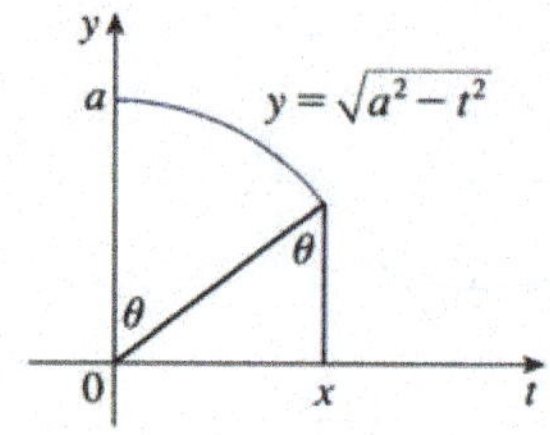

40. La parábola $y = \frac{1}{2}x^2$ divide el disco $x^2 + y^2 \leq 8$ en dos partes. Encuentre las áreas de ambas partes.

41. Un toro se genera al rotar la circunferencia $x^2 + (y - R)^2 = r^2$ alrededor del eje x. Encuentre el volumen encerrado por el toro.

42. Una varilla cargada de longitud L produce un campo eléctrico en un punto $P(a, b)$ dado por

$$E(P) = \int_{-a}^{L-a} \frac{\lambda b}{4\pi\varepsilon_0(x^2+b^2)^{3/2}}\,dx$$

donde λ es la densidad de carga por unidad de longitud de la varilla y ε_0 es la permitividad del espacio libre (véase la figura). Evalúe la integral para determinar una expresión para el campo eléctrico $E(P)$.

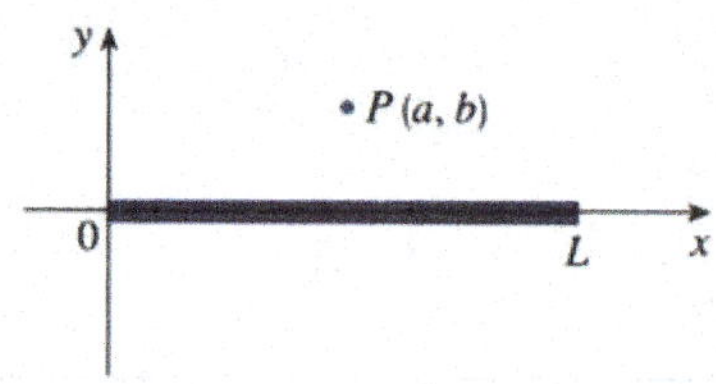

43. Encuentre el área de la región sombreada (llamada luna) acotada por los arcos de circunferencia de radios r y R (véase la figura).

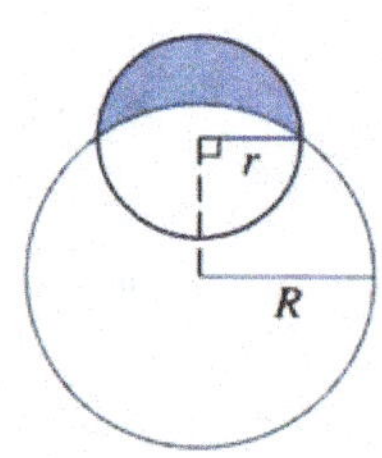

44. Un tanque de almacenamiento de agua tiene la forma de un cilindro de 10 m de diámetro. Está montado de manera que las secciones transversales circulares quedan verticales. Si la profundidad del agua es de 7 m, ¿qué porcentaje de la capacidad total se está utilizando?

7.4 Integración de funciones racionales por fracciones parciales

En esta sección se mostrará cómo integrar cualquier función racional (una razón de polinomios) al expresarla como una suma de fracciones simples, llamadas *fracciones parciales*, que ya sabe cómo integrar. Para ilustrar el método, observe que al tomar el denominador común de las fracciones $2/(x-1)$ y $1/(x+2)$, se obtiene

$$\frac{2}{x-1}-\frac{1}{x+2}=\frac{2(x+2)-(x-1)}{(x-1)(x+2)}=\frac{x+5}{x^2+x-2}$$

Ahora, si se invierte el procedimiento, verá cómo integrar la función del lado derecho de esta ecuación:

$$\int \frac{x+5}{x^2+x-2}\,dx=\int\left(\frac{2}{x-1}-\frac{1}{x+2}\right)dx$$

$$=2\ln|x-1|-\ln|x+2|+C$$

Para ver cómo funciona en general el método de fracciones parciales, considere la función racional

$$f(x)=\frac{P(x)}{Q(x)}$$

donde P y Q son funciones polinomiales. Es posible expresar f como una suma de fracciones simples, siempre que el grado de P sea menor que el grado de Q. A una función racional de este estilo se le llama *propia*. Recuerde que si

$$P(x)=a_nx^n+a_{n-1}x^{n-1}+\cdots+a_1x+a_0$$

donde $a_n \neq 0$, entonces el grado de P es n y se expresa como grado(P) $= n$.

Si f es *impropia*, esto es, grado(P) $\geqslant$ grado(Q), entonces se debe tomar el paso preliminar de dividir Q entre P (por división larga) hasta obtener el residuo $R(x)$ de manera que grado(R) $<$ grado(Q). El enunciado de la división es

1
$$f(x)=\frac{P(x)}{Q(x)}=S(x)+\frac{R(x)}{Q(x)}$$

donde S y R también son funciones polinomiales.

Como se ilustra en los ejemplos siguientes, algunas veces este paso preliminar es todo lo que se necesita.

EJEMPLO 1 Encuentre $\displaystyle\int \frac{x^3+x}{x-1}\,dx$.

$$\begin{array}{r|l} & x^2+x+2 \\ \hline x-1 & x^3 \qquad +x \\ & -(x^3-x^2) \\ & x^2+x \\ & -(x^2-x) \\ & 2x \\ & -(2x-2) \\ & 2 \end{array}$$

SOLUCIÓN Dado que el grado del numerador es mayor que el grado del denominador, primero ejecute la división larga. Esto permite escribir

$$\int \frac{x^3+x}{x-1}\,dx=\int\left(x^2+x+2+\frac{2}{x-1}\right)dx$$

$$=\frac{x^3}{3}+\frac{x^2}{2}+2x+2\ln|x-1|+C$$

■

En el caso de una ecuación 1 cuyo denominador es más complicado, el paso siguiente es factorizar el denominador $Q(x)$ tanto como sea posible. Puede demostrarse que cualquier polinomio Q puede factorizarse como un producto de factores lineales (de la forma $ax + b$) y factores cuadráticos irreducibles (de la forma $ax^2 + bx + c$, donde $b^2 - 4ac < 0$). Por ejemplo, si $Q(x) = x^4 - 16$, se podría factorizar como

$$Q(x) = (x^2 - 4)(x^2 + 4) = (x - 2)(x + 2)(x^2 + 4)$$

El tercer paso es expresar la función racional propia $R(x)/Q(x)$ (de la ecuación 1) como una suma de **fracciones parciales** de la forma

$$\frac{A}{(ax + b)^i} \quad \text{o} \quad \frac{Ax + B}{(ax^2 + bx + c)^j}$$

Existe un teorema que garantiza que esto siempre es posible. Enseguida se explican los detalles de los cuatro casos posibles.

CASO I El denominador $Q(x)$ es un producto de factores lineales distintos.
Esto significa que se puede escribir

$$Q(x) = (a_1x + b_1)(a_2x + b_2)\cdots(a_kx + b_k)$$

donde no hay factores repetidos (y ningún factor es un múltiplo constante de otro). En este caso, el teorema de fracciones parciales establece que existen constantes $A_1, A_2, \ldots, A_k$ tales que

2 $$\frac{R(x)}{Q(x)} = \frac{A_1}{a_1x + b_1} + \frac{A_2}{a_2x + b_2} + \cdots + \frac{A_k}{a_kx + b_k}$$

Estas constantes se pueden determinar como en el ejemplo siguiente.

EJEMPLO 2 Evalúe $\displaystyle\int \frac{x^2 + 2x - 1}{2x^3 + 3x^2 - 2x}\,dx$.

SOLUCIÓN Ya que el grado del numerador es menor que el grado del denominador, no es necesario dividir. Se factoriza el denominador como

$$2x^3 + 3x^2 - 2x = x(2x^2 + 3x - 2) = x(2x - 1)(x + 2)$$

Puesto que el denominador tiene tres factores lineales diferentes, la descomposición en fracciones parciales del integrando (2) tiene la forma

3 $$\frac{x^2 + 2x - 1}{x(2x - 1)(x + 2)} = \frac{A}{x} + \frac{B}{2x - 1} + \frac{C}{x + 2}$$

Después de este ejemplo, se proporciona otro método para determinar A, B y C.

Para determinar los valores de A, B y C, multiplique ambos lados de esta ecuación por el común denominador, $x(2x - 1)(x + 2)$, para obtener

4 $$x^2 + 2x - 1 = A(2x - 1)(x + 2) + Bx(x + 2) + Cx(2x - 1)$$

Al desarrollar el lado derecho de la ecuación 4 y escribirlo en la forma polinomial estándar, se obtiene

5 $$x^2 + 2x - 1 = (2A + B + 2C)x^2 + (3A + 2B - C)x - 2A$$

Las formas polinomiales de la ecuación 5 son idénticas, así que sus coeficientes deben ser iguales. El coeficiente de x^2 del lado derecho, $2A + B + 2C$, debe ser igual al coeficiente de x^2 del lado izquierdo, 1. Del mismo modo, los coeficientes de x son iguales y los términos constantes son iguales. Esto plantea el sistema de ecuaciones siguiente para A, B y C:

$$\begin{aligned} 2A + B + 2C &= 1 \\ 3A + 2B - C &= 2 \\ -2A &= -1 \end{aligned}$$

Resolviendo, se obtiene $A = \frac{1}{2}$, $B = \frac{1}{5}$ y $C = -\frac{1}{10}$, por lo que

Se puede verificar este trabajo llevando los términos a un denominador común y luego sumándolos.

$$\int \frac{x^2 + 2x - 1}{2x^3 + 3x^2 - 2x}\,dx = \int \left(\frac{1}{2}\frac{1}{x} + \frac{1}{5}\frac{1}{2x - 1} - \frac{1}{10}\frac{1}{x + 2} \right) dx$$

$$= \tfrac{1}{2}\ln|x| + \tfrac{1}{10}\ln|2x - 1| - \tfrac{1}{10}\ln|x + 2| + K$$

La figura 1 muestra las gráficas del integrando del ejemplo 2 y su integral indefinida (con $K = 0$). ¿Cuál es cuál?

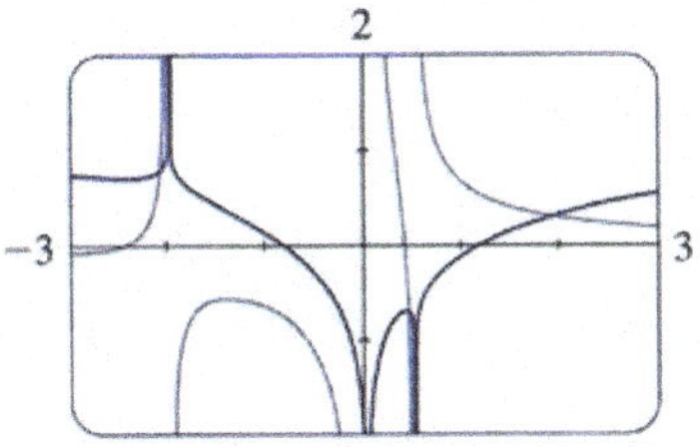

FIGURA 1

En la integración del término de en medio se hizo mentalmente la sustitución $u = 2x - 1$, lo cual da $du = 2\,dx$ y $dx = \frac{1}{2}\,du$. ■

NOTA Se puede utilizar un método alternativo para encontrar los coeficientes A, B y C del ejemplo 2. La ecuación 4 es una identidad y, por tanto, es verdadera para todo valor de x. Elija valores para x que simplifiquen la ecuación. Si hace $x = 0$ en la ecuación 4, entonces el segundo y tercer términos del lado derecho desaparecen y la ecuación se reduce a $-2A = -1$, o $A = \frac{1}{2}$. Del mismo modo, $x = \frac{1}{2}$ da $5B/4 = \frac{1}{4}$ y $x = -2$ da $10C = -1$, por lo que $B = \frac{1}{5}$ y $C = -\frac{1}{10}$. (Se podría objetar la validez de la ecuación 3 para $x = 0$, $\frac{1}{2}$ o -2, así que, ¿por qué la ecuación 4 es válida para estos valores? De hecho, la ecuación 4 es verdadera para todos los valores de x, aun $x = 0$, $\frac{1}{2}$ y -2. Véase la razón en el ejercicio 73.)

EJEMPLO 3 Encuentre $\displaystyle\int \frac{dx}{x^2 - a^2}$, donde $a \neq 0$.

SOLUCIÓN El método de fracciones parciales da

$$\frac{1}{x^2 - a^2} = \frac{1}{(x - a)(x + a)} = \frac{A}{x - a} + \frac{B}{x + a}$$

y, por tanto,

$$A(x + a) + B(x - a) = 1$$

Utilizando el método de la nota anterior, haga $x = a$ en esta ecuación y obtendrá $A(2a) = 1$, por lo que $A = 1/(2a)$. Si pone $x = -a$, obtendrá $B(-2a) = 1$, por lo que $B = -1/(2a)$. Así

$$\int \frac{dx}{x^2 - a^2} = \frac{1}{2a}\int \left(\frac{1}{x - a} - \frac{1}{x + a} \right) dx$$

$$= \frac{1}{2a}\left(\ln|x - a| - \ln|x + a|\right) + C$$

Puesto que $\ln x - \ln y = \ln(x/y)$, es posible escribir la integral como

$$\boxed{6} \qquad \int \frac{dx}{x^2 - a^2} = \frac{1}{2a} \ln \left| \frac{x - a}{x + a} \right| + C$$

En los ejercicios 57-58 se muestran las formas de uso de la fórmula 6. ■

CASO II $Q(x)$ es un producto de factores lineales, algunos de los cuales se repiten. Suponga que el primer factor lineal $(a_1x + b_1)$ se repite r veces; esto es, $(a_1x + b_1)^r$ se presenta en la factorización de $Q(x)$. Entonces, en lugar del término simple $A_1/(a_1x + b_1)$ de la ecuación 2, usaría

$$\boxed{7} \qquad \frac{A_1}{a_1x + b_1} + \frac{A_2}{(a_1x + b_1)^2} + \cdots + \frac{A_r}{(a_1x + b_1)^r}$$

Como ejemplo, podría escribir

$$\frac{x^3 - x + 1}{x^2(x - 1)^3} = \frac{A}{x} + \frac{B}{x^2} + \frac{C}{x - 1} + \frac{D}{(x - 1)^2} + \frac{E}{(x - 1)^3}$$

pero es preferible trabajar un ejemplo simple en más detalle.

EJEMPLO 4 Determine $\displaystyle\int \frac{x^4 - 2x^2 + 4x + 1}{x^3 - x^2 - x + 1}\, dx$.

SOLUCIÓN El primer paso es dividir. El resultado de la división larga es

$$\frac{x^4 - 2x^2 + 4x + 1}{x^3 - x^2 - x + 1} = x + 1 + \frac{4x}{x^3 - x^2 - x + 1}$$

El segundo paso es factorizar el denominador $Q(x) = x^3 - x^2 - x + 1$. Puesto que $Q(1) = 0$, se sabe que $x - 1$ es un factor y se obtiene

$$\begin{aligned} x^3 - x^2 - x + 1 &= (x - 1)(x^2 - 1) = (x - 1)(x - 1)(x + 1) \\ &= (x - 1)^2(x + 1) \end{aligned}$$

Puesto que el factor lineal $x - 1$ se presenta dos veces, la descomposición en fracciones parciales es

$$\frac{4x}{(x - 1)^2(x + 1)} = \frac{A}{x - 1} + \frac{B}{(x - 1)^2} + \frac{C}{x + 1}$$

Multiplicando por el mínimo común denominador, $(x - 1)^2(x + 1)$, se obtiene

$$\boxed{8} \qquad \begin{aligned} 4x &= A(x - 1)(x + 1) + B(x + 1) + C(x - 1)^2 \\ &= (A + C)x^2 + (B - 2C)x + (-A + B + C) \end{aligned}$$

Otro método para encontrar los coeficientes:
Sea $x = 1$ en (8): $B = 2$.
Sea $x = -1$: $C = -1$.
Sea $x = 0$: $A = B + C = 1$.

Ahora, igualando coeficientes:

$$\begin{aligned} A \qquad + C &= 0 \\ B - 2C &= 4 \\ -A + B + C &= 0 \end{aligned}$$

Resolviendo, se obtiene $A = 1$, $B = 2$ y $C = -1$, por lo que

$$\int \frac{x^4 - 2x^2 + 4x + 1}{x^3 - x^2 - x + 1}\,dx = \int \left[x + 1 + \frac{1}{x - 1} + \frac{2}{(x - 1)^2} - \frac{1}{x + 1}\right] dx$$

$$= \frac{x^2}{2} + x + \ln|x - 1| - \frac{2}{x - 1} - \ln|x + 1| + K$$

$$= \frac{x^2}{2} + x - \frac{2}{x - 1} + \ln\left|\frac{x - 1}{x + 1}\right| + K$$ ■

CASO III $Q(x)$ contiene factores cuadráticos irreducibles, de los que ninguno se repite.

Si $Q(x)$ tiene el factor $ax^2 + bx + c$, donde $b^2 - 4ac < 0$, entonces, además de las fracciones parciales de las ecuaciones 2 y 7, la expresión para $R(x)/Q(x)$ tendrá un término de la forma

9 $$\frac{Ax + B}{ax^2 + bx + c}$$

donde A y B son constantes que han de determinarse. Por ejemplo, la función dada por $f(x) = x/[(x - 2)(x^2 + 1)(x^2 + 4)]$ tiene una descomposición por fracciones parciales de la forma

$$\frac{x}{(x - 2)(x^2 + 1)(x^2 + 4)} = \frac{A}{x - 2} + \frac{Bx + C}{x^2 + 1} + \frac{Dx + E}{x^2 + 4}$$

El término dado en (9) se puede integrar completando el trinomio cuadrado (si es necesario) y utilizando la fórmula

10 $$\int \frac{dx}{x^2 + a^2} = \frac{1}{a}\tan^{-1}\left(\frac{x}{a}\right) + C$$

EJEMPLO 5 Evalúe $\displaystyle\int \frac{2x^2 - x + 4}{x^3 + 4x}\,dx$.

SOLUCIÓN Dado que $x^3 + 4x = x(x^2 + 4)$ no puede factorizarse más, se escribe

$$\frac{2x^2 - x + 4}{x(x^2 + 4)} = \frac{A}{x} + \frac{Bx + C}{x^2 + 4}$$

Multiplicando por $x(x^2 + 4)$, se tiene

$$2x^2 - x + 4 = A(x^2 + 4) + (Bx + C)x$$

$$= (A + B)x^2 + Cx + 4A$$

Igualando coeficientes, se obtiene

$$A + B = 2 \qquad C = -1 \qquad 4A = 4$$

Por tanto, $A = 1$, $B = 1$ y $C = -1$ y así

$$\int \frac{2x^2 - x + 4}{x^3 + 4x}\,dx = \int \left(\frac{1}{x} + \frac{x - 1}{x^2 + 4}\right) dx$$

Para integrar el segundo término, se reparte en dos:

$$\int \frac{x-1}{x^2+4}\,dx = \int \frac{x}{x^2+4}\,dx - \int \frac{1}{x^2+4}\,dx$$

Haga la sustitución $u = x^2 + 4$ en la primera de estas integrales, por lo que $du = 2x\,dx$. La segunda integral se evalúa por medio de la fórmula 10 con $a = 2$:

$$\int \frac{2x^2 - x + 4}{x(x^2+4)}\,dx = \int \frac{1}{x}\,dx + \int \frac{x}{x^2+4}\,dx - \int \frac{1}{x^2+4}\,dx$$

$$= \ln|x| + \tfrac{1}{2}\ln(x^2+4) - \tfrac{1}{2}\tan^{-1}(x/2) + K \qquad \blacksquare$$

EJEMPLO 6 Evalúe $\displaystyle\int \frac{4x^2 - 3x + 2}{4x^2 - 4x + 3}\,dx$.

SOLUCIÓN Ya que el grado del numerador *no es menor que* el grado del denominador, primero divida para obtener

$$\frac{4x^2 - 3x + 2}{4x^2 - 4x + 3} = 1 + \frac{x-1}{4x^2 - 4x + 3}$$

Observe que la cuadrática $4x^2 - 4x + 3$ es irreducible porque su discriminante es $b^2 - 4ac = -32 < 0$. Esto significa que no puede factorizarse, así que no es necesario utilizar la técnica de fracciones parciales.

Para integrar la función dada, complete el cuadrado en el denominador:

$$4x^2 - 4x + 3 = (2x-1)^2 + 2$$

Esto sugiere que puede hacer la sustitución $u = 2x - 1$. Entonces $du = 2dx$ y $x = \frac{1}{2}(u+1)$, así que

$$\int \frac{4x^2 - 3x + 2}{4x^2 - 4x + 3}\,dx = \int \left(1 + \frac{x-1}{4x^2 - 4x + 3}\right) dx$$

$$= x + \tfrac{1}{2}\int \frac{\frac{1}{2}(u+1) - 1}{u^2+2}\,du = x + \tfrac{1}{4}\int \frac{u-1}{u^2+2}\,du$$

$$= x + \tfrac{1}{4}\int \frac{u}{u^2+2}\,du - \tfrac{1}{4}\int \frac{1}{u^2+2}\,du$$

$$= x + \tfrac{1}{8}\ln(u^2+2) - \frac{1}{4}\cdot\frac{1}{\sqrt{2}}\tan^{-1}\left(\frac{u}{\sqrt{2}}\right) + C$$

$$= x + \tfrac{1}{8}\ln(4x^2 - 4x + 3) - \frac{1}{4\sqrt{2}}\tan^{-1}\left(\frac{2x-1}{\sqrt{2}}\right) + C \qquad \blacksquare$$

NOTA El ejemplo 6 ilustra el procedimiento general para integrar una fracción parcial de la forma

$$\frac{Ax+B}{ax^2+bx+c} \qquad \text{donde } b^2 - 4ac < 0$$

Complete el cuadrado en el denominador y después haga una sustitución para llevar la integral a la forma

$$\int \frac{Cu + D}{u^2 + a^2}\,du = C\int \frac{u}{u^2 + a^2}\,du + D\int \frac{1}{u^2 + a^2}\,du$$

Entonces, la primera integral es un logaritmo y la segunda se expresa en términos de $\tan^{-1}$.

CASO IV $Q(x)$ contiene un factor cuadrático irreducible repetido.
Si $Q(x)$ tiene el factor $(ax^2 + bx + c)^r$, donde $b^2 - 4ac < 0$, entonces en lugar de una única fracción parcial (9), la suma

11
$$\frac{A_1x + B_1}{ax^2 + bx + c} + \frac{A_2x + B_2}{(ax^2 + bx + c)^2} + \cdots + \frac{A_rx + B_r}{(ax^2 + bx + c)^r}$$

se presenta en la descomposición en fracciones parciales de $R(x)/Q(x)$. Cada uno de los términos en (11) puede integrarse con una sustitución o al completar primero el cuadrado si es necesario.

Sería muy tedioso determinar a mano los valores numéricos de los coeficientes del ejemplo 7. La mayoría de los sistemas algebraicos computacionales pueden encontrar los valores numéricos muy rápidamente. Por ejemplo, el comando de Maple

```
convert(f, parfrac, x)
```

o el comando de Mathematica

```
Apart[f]
```

da los valores siguientes:

$A = -1,\quad B = \frac{1}{8},\quad C = D = -1,$
$E = \frac{15}{8},\quad F = -\frac{1}{8},\quad G = H = \frac{3}{4},$
$I = -\frac{1}{2},\quad J = \frac{1}{2}$

EJEMPLO 7 Exprese la forma de descomposición de fracciones parciales de la función

$$\frac{x^3 + x^2 + 1}{x(x - 1)(x^2 + x + 1)(x^2 + 1)^3}$$

SOLUCIÓN

$$\frac{x^3 + x^2 + 1}{x(x - 1)(x^2 + x + 1)(x^2 + 1)^3}$$
$$= \frac{A}{x} + \frac{B}{x - 1} + \frac{Cx + D}{x^2 + x + 1} + \frac{Ex + F}{x^2 + 1} + \frac{Gx + H}{(x^2 + 1)^2} + \frac{Ix + J}{(x^2 + 1)^3}$$ ■

EJEMPLO 8 Evalúe $\displaystyle\int \frac{1 - x + 2x^2 - x^3}{x(x^2 + 1)^2}\,dx.$

SOLUCIÓN La forma de descomposición en fracciones parciales es

$$\frac{1 - x + 2x^2 - x^3}{x(x^2 + 1)^2} = \frac{A}{x} + \frac{Bx + C}{x^2 + 1} + \frac{Dx + E}{(x^2 + 1)^2}$$

Multiplicando por $x(x^2 + 1)^2$, se tiene

$$-x^3 + 2x^2 - x + 1 = A(x^2 + 1)^2 + (Bx + C)x(x^2 + 1) + (Dx + E)x$$
$$= A(x^4 + 2x^2 + 1) + B(x^4 + x^2) + C(x^3 + x) + Dx^2 + Ex$$
$$= (A + B)x^4 + Cx^3 + (2A + B + D)x^2 + (C + E)x + A$$

Si se igualan coeficientes, se obtiene el sistema

$$A + B = 0 \qquad C = -1 \qquad 2A + B + D = 2 \qquad C + E = -1 \qquad A = 1$$

que tiene la solución $A = 1$, $B = -1$, $C = -1$, $D = 1$ y $E = 0$. Por lo que,

$$\int \frac{1 - x + 2x^2 - x^3}{x(x^2 + 1)^2}\, dx = \int \left(\frac{1}{x} - \frac{x + 1}{x^2 + 1} + \frac{x}{(x^2 + 1)^2} \right) dx$$

$$= \int \frac{dx}{x} - \int \frac{x}{x^2 + 1}\, dx - \int \frac{dx}{x^2 + 1} + \int \frac{x\, dx}{(x^2 + 1)^2}$$

$$= \ln|x| - \tfrac{1}{2}\ln(x^2 + 1) - \tan^{-1}x - \frac{1}{2(x^2 + 1)} + K$$ ■

En el segundo y cuarto términos se hizo la sustitución mental $u = x^2 + 1$.

NOTA El ejemplo 8 salió bastante bien porque el coeficiente E resultó ser 0. En general, podría conseguir un término de la forma $1/(x^2 + 1)^2$. Una forma de integrar tal término es hacer la sustitución $x = \tan\theta$. Otro método es utilizar la fórmula en el ejercicio 72.

Algunas veces se pueden evitar las fracciones parciales cuando se integra una función racional. Por ejemplo, aunque la integral

$$\int \frac{x^2 + 1}{x(x^2 + 3)}\, dx$$

puede determinarse por el método del caso III, es mucho más fácil observar que si $u = x(x^2 + 3) = x^3 + 3x$, entonces $du = (3x^2 + 3)dx$, por lo que

$$\int \frac{x^2 + 1}{x(x^2 + 3)}\, dx = \tfrac{1}{3}\ln|x^3 + 3x| + C$$

■ Racionalización de sustituciones

Algunas funciones no racionales pueden cambiarse a funciones racionales por medio de una sustitución adecuada. En particular, cuando un integrando contiene una expresión de la forma $\sqrt[n]{g(x)}$, puede ser eficaz la sustitución $u = \sqrt[n]{g(x)}$. En los ejercicios se presentan otros ejemplos.

EJEMPLO 9 Evalúe $\displaystyle\int \frac{\sqrt{x + 4}}{x}\, dx$.

SOLUCIÓN Sea $u = \sqrt{x + 4}$. Entonces $u^2 = x + 4$, por lo que $x = u^2 - 4$ y $dx = 2u\, du$. Por tanto,

$$\int \frac{\sqrt{x + 4}}{x}\, dx = \int \frac{u}{u^2 - 4}\, 2u\, du = 2\int \frac{u^2}{u^2 - 4}\, du = 2\int \left(1 + \frac{4}{u^2 - 4}\right) du$$

Se puede evaluar esta integral, ya sea factorizando $u^2 - 4$ como $(u - 2)(u + 2)$ y usando fracciones parciales, o bien utilizando la fórmula 6 con $a = 2$:

$$\int \frac{\sqrt{x + 4}}{x}\, dx = 2\int du + 8\int \frac{du}{u^2 - 4}$$

$$= 2u + 8 \cdot \frac{1}{2 \cdot 2} \ln\left|\frac{u - 2}{u + 2}\right| + C$$

$$= 2\sqrt{x + 4} + 2\ln\left|\frac{\sqrt{x + 4} - 2}{\sqrt{x + 4} + 2}\right| + C$$ ■

7.4 EJERCICIOS

1–6 Exprese en la forma de descomposición de fracciones parciales las funciones siguientes (como en el ejemplo 7). No determine el valor numérico de los coeficientes.

1. (a) $\dfrac{4+x}{(1+2x)(3-x)}$ (b) $\dfrac{1-x}{x^3+x^4}$

2. (a) $\dfrac{x-6}{x^2+x-6}$ (b) $\dfrac{x^2}{x^2+x+6}$

3. (a) $\dfrac{1}{x^2+x^4}$ (b) $\dfrac{x^3+1}{x^3-3x^2+2x}$

4. (a) $\dfrac{x^4-2x^3+x^2+2x-1}{x^2-2x+1}$ (b) $\dfrac{x^2-1}{x^3+x^2+x}$

5. (a) $\dfrac{x^4+1}{x^5+4x^3}$ (b) $\dfrac{1}{(x^2-9)^2}$

6. (a) $\dfrac{t^6+1}{t^6+t^3}$ (b) $\dfrac{x^5+1}{(x^2-x)(x^4+2x^2+1)}$

7–38 Evalúe la integral.

7. $\displaystyle\int \frac{x}{x-6}\,dx$

8. $\displaystyle\int \frac{r^2}{r+4}\,dr$

9. $\displaystyle\int \frac{x-9}{(x+5)(x-2)}\,dx$

10. $\displaystyle\int \frac{1}{(t+4)(t-1)}\,dt$

11. $\displaystyle\int_0^1 \frac{2}{2x^2+3x+1}\,dx$

12. $\displaystyle\int_0^1 \frac{x-4}{x^2-5x+6}\,dx$

13. $\displaystyle\int_3^4 \frac{x^3-2x^2-4}{x^3-2x^2}\,dx$

14. $\displaystyle\int_0^1 \frac{x^3-4x-10}{x^2-x-6}\,dx$

15. $\displaystyle\int_{-1}^0 \frac{x^3-4x+1}{x^2-3x+2}\,dx$

16. $\displaystyle\int_1^2 \frac{x^3+4x^2+x-1}{x^3+x^2}\,dx$

17. $\displaystyle\int_1^2 \frac{4y^2-7y-12}{y(y+2)(y-3)}\,dy$

18. $\displaystyle\int_1^2 \frac{3x^2+6x+2}{x^2+3x+2}\,dx$

19. $\displaystyle\int_0^1 \frac{x^2+x+1}{(x+1)^2(x+2)}\,dx$

20. $\displaystyle\int_2^3 \frac{x(3-5x)}{(3x-1)(x-1)^2}\,dx$

21. $\displaystyle\int \frac{dt}{(t^2-1)^2}$

22. $\displaystyle\int \frac{x^4+9x^2+x+2}{x^2+9}\,dx$

23. $\displaystyle\int \frac{10}{(x-1)(x^2+9)}\,dx$

24. $\displaystyle\int \frac{x^2-x+6}{x^3+3x}\,dx$

25. $\displaystyle\int \frac{4x}{x^3+x^2+x+1}\,dx$

26. $\displaystyle\int \frac{x^2-2x-1}{(x-1)^2(x^2+1)}\,dx$

27. $\displaystyle\int \frac{x^3+4x+3}{x^4+5x^2+4}\,dx$

28. $\displaystyle\int \frac{x^3+6x-2}{x^4+6x^2}\,dx$

29. $\displaystyle\int \frac{x+4}{x^2+2x+5}\,dx$

30. $\displaystyle\int \frac{x^3-2x^2+2x-5}{x^4+4x^2+3}\,dx$

31. $\displaystyle\int \frac{1}{x^3-1}\,dx$

32. $\displaystyle\int \frac{3x^2+x+4}{x^4+3x^2+2}\,dx$

33. $\displaystyle\int_0^1 \frac{x^3+2x}{x^4+4x^2+3}\,dx$

34. $\displaystyle\int \frac{x^5+x-1}{x^3+1}\,dx$

35. $\displaystyle\int \frac{5x^4+7x^2+x+2}{x(x^2+1)^2}\,dx$

36. $\displaystyle\int \frac{x^4+3x^2+1}{x^5+5x^3+5x}\,dx$

37. $\displaystyle\int \frac{x^2-3x+7}{(x^2-4x+6)^2}\,dx$

38. $\displaystyle\int \frac{x^3+2x^2+3x-2}{(x^2+2x+2)^2}\,dx$

39–52 Haga una sustitución para expresar el integrando como una función racional y después evalúe las integrales siguientes.

39. $\displaystyle\int \frac{dx}{x\sqrt{x-1}}$

40. $\displaystyle\int \frac{dx}{2\sqrt{x+3}+x}$

41. $\displaystyle\int \frac{dx}{x^2+x\sqrt{x}}$

42. $\displaystyle\int_0^1 \frac{1}{1+\sqrt[3]{x}}\,dx$

43. $\displaystyle\int \frac{x^3}{\sqrt[3]{x^2+1}}\,dx$

44. $\displaystyle\int \frac{dx}{(1+\sqrt{x})^2}$

45. $\displaystyle\int \frac{1}{\sqrt{x}-\sqrt[3]{x}}\,dx$ [*Sugerencia*: sustituya $u=\sqrt[6]{x}$.]

46. $\displaystyle\int \frac{\sqrt{1+\sqrt{x}}}{x}\,dx$

47. $\displaystyle\int \frac{e^{2x}}{e^{2x}+3e^x+2}\,dx$

48. $\displaystyle\int \frac{\operatorname{sen} x}{\cos^2 x-3\cos x}\,dx$

49. $\displaystyle\int \frac{\sec^2 t}{\tan^2 t+3\tan t+2}\,dt$

50. $\displaystyle\int \frac{e^x}{(e^x-2)(e^{2x}+1)}\,dx$

51. $\displaystyle\int \frac{dx}{1+e^x}$

52. $\displaystyle\int \frac{\cosh t}{\operatorname{senh}^2 t+\operatorname{senh}^4 t}\,dt$

53–54 Utilice integración por partes, junto con las técnicas de esta sección, para evaluar las integrales siguientes.

53. $\displaystyle\int \ln(x^2-x+2)\,dx$

54. $\displaystyle\int x\tan^{-1}x\,dx$

55. Use la gráfica de $f(x)=1/(x^2-2x-3)$ para decidir si $\int_0^2 f(x)\,dx$ es positiva o negativa. Use la gráfica para dar una estimación del valor de la integral y después utilice fracciones parciales para encontrar el valor exacto.

56. Evalúe

$$\int \frac{1}{x^2+k}\,dx$$

considerando varios casos para la constante k.

57–58 Evalúe las integrales siguientes completando el cuadrado y utilizando la fórmula 6.

57. $\displaystyle\int \frac{dx}{x^2 - 2x}$

58. $\displaystyle\int \frac{2x + 1}{4x^2 + 12x - 7}\,dx$

---

59. El matemático alemán Karl Weierstrass (1815-1897) observó que la sustitución $t = \tan(x/2)$ convierte cualquier función racional del sen x y cos x en una función racional ordinaria de t.

(a) Si $t = \tan(x/2)$, $-\pi < x < \pi$, dibuje un triángulo rectángulo o utilice identidades trigonométricas para demostrar que

$$\cos\left(\frac{x}{2}\right) = \frac{1}{\sqrt{1 + t^2}} \qquad \text{y} \qquad \operatorname{sen}\left(\frac{x}{2}\right) = \frac{t}{\sqrt{1 + t^2}}$$

(b) Demuestre que

$$\cos x = \frac{1 - t^2}{1 + t^2} \qquad \text{y} \qquad \operatorname{sen} x = \frac{2t}{1 + t^2}$$

(c) Demuestre que

$$dx = \frac{2}{1 + t^2}\,dt$$

60–63 Utilice la sustitución del ejercicio 59 para transformar el integrando en una función racional de t y después evalúe las integrales siguientes.

60. $\displaystyle\int \frac{dx}{1 - \cos x}$

61. $\displaystyle\int \frac{1}{3 \operatorname{sen} x - 4 \cos x}\,dx$

62. $\displaystyle\int_{\pi/3}^{\pi/2} \frac{1}{1 + \operatorname{sen} x - \cos x}\,dx$

63. $\displaystyle\int_0^{\pi/2} \frac{\operatorname{sen} 2x}{2 + \cos x}\,dx$

64–65 Encuentre el área de la región bajo la curva dada de 1 a 2.

64. $y = \dfrac{1}{x^3 + x}$

65. $y = \dfrac{x^2 + 1}{3x - x^2}$

---

66. Encuentre el volumen del sólido resultante, si la región bajo la curva $y = 1/(x^2 + 3x + 2)$ de $x = 0$ a $x = 1$ gira alrededor de (a) el eje x y (b) el eje y.

67. Un método para desacelerar el crecimiento de una población de insectos sin usar pesticidas es introducir en la población varios machos estériles que se aparean con hembras fértiles, pero no producen descendencia. (La fotografía muestra una mosca del gusano tornillo, la primera plaga efectivamente eliminada de una región por este método.)

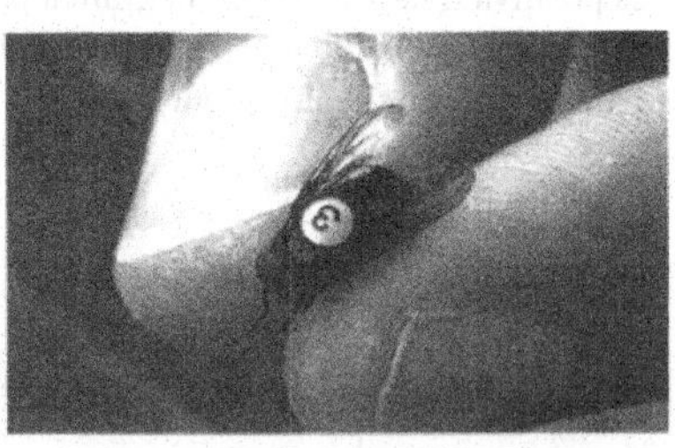

© USDA

Si P representa el número de insectos hembra en una población y S el número de machos estériles introducidos cada generación, sea r la tasa de nacimiento de hembras que descienden de hembras que se aparearon con machos no estériles, entonces la población de hembras se relaciona con el tiempo t por

$$t = \int \frac{P + S}{P[(r - 1)P - S]}\,dP$$

Suponga que una población de insectos con 10 000 hembras crece a una tasa de $r = 1.1$ y se agregan 900 machos estériles. Evalúe la integral para obtener una ecuación que relacione la población de hembras con el tiempo. (Observe que la ecuación resultante no se puede resolver de manera explícita para P.)

68. Factorice $x^4 + 1$ como una diferencia de cuadrados, sumando y restando primero la misma cantidad. Utilice esta factorización para evaluar $\int 1/(x^4 + 1)\,dx$.

69. (a) Utilice un sistema algebraico computacional para encontrar la descomposición en fracciones parciales de la función

$$f(x) = \frac{4x^3 - 27x^2 + 5x - 32}{30x^5 - 13x^4 + 50x^3 - 286x^2 - 299x - 70}$$

(b) Utilice el inciso (a) para encontrar $\int f(x)\,dx$ (a mano) y compárela con el resultado al utilizar el SAC para integrar f directamente. Comente en relación con cualquier discrepancia.

SAC **70.** (a) Encuentre la descomposición en fracciones parciales de la función

$$f(x) = \frac{12x^5 - 7x^3 - 13x^2 + 8}{100x^6 - 80x^5 + 116x^4 - 80x^3 + 41x^2 - 20x + 4}$$

(b) Utilice el inciso (a) para encontrar $\int f(x)\,dx$ y trace la gráfica de f y su integral indefinida en la misma pantalla.

(c) Utilice la gráfica de f para descubrir las características principales de la gráfica de $\int f(x)\,dx$.

71. El número racional $\frac{22}{7}$ se ha utilizado como una aproximación para el número π desde la época de Arquímedes. Demuestre que

$$\int_0^1 \frac{x^4(1 - x)^4}{1 + x^2}\,dx = \frac{22}{7} - \pi$$

72. (a) Use integración por partes para demostrar que, para cualquier entero positivo n,

$$\int \frac{dx}{(x^2 + a^2)^n}\,dx = \frac{x}{2a^2(n - 1)(x^2 + a^2)^{n-1}} + \frac{2n - 3}{2a^2(n - 1)} \int \frac{dx}{(x^2 + a^2)^{n-1}}$$

(b) Utilice el inciso (a) para evaluar

$$\int \frac{dx}{(x^2 + 1)^2} \qquad \text{y} \qquad \int \frac{dx}{(x^2 + 1)^3}$$

73. Suponga que F, G y Q son polinomios y que

$$\frac{F(x)}{Q(x)} = \frac{G(x)}{Q(x)}$$

para toda x, excepto cuando $Q(x) = 0$. Demuestre que $F(x) = G(x)$ para toda x. [*Sugerencia*: utilice la continuidad.]

74. Si f es una función cuadrática tal que $f(0) = 1$ y

$$\int \frac{f(x)}{x^2(x+1)^3}\,dx$$

es una función racional, determine el valor de $f'(0)$.

75. Si $a \neq 0$ y n es un número entero positivo, encuentre la descomposición en fracciones parciales de

$$f(x) = \frac{1}{x^n(x-a)}$$

[*Sugerencia:* primero encuentre el coeficiente de $1/(x-a)$. Después reste el término resultante y simplifique lo que le queda.]

7.5 Estrategias para la integración

Como se ha visto, la integración es más desafiante que la derivación. Para obtener la derivada de una función, resulta evidente cuál fórmula de derivación debe aplicarse. Pero podría no ser obvio qué técnica utilizar para integrar una función dada.

Hasta ahora se han aplicado técnicas individuales en cada sección. Por ejemplo, normalmente se utiliza la sustitución en los ejercicios 5.5, integración por partes en los ejercicios 7.1 y fracciones parciales en los ejercicios 7.4. Pero en esta sección se presenta una colección de diferentes integrales al azar y el principal reto es reconocer cuál técnica o fórmula utilizar. No es posible disponer de una regla precisa y rápida que se aplique en una situación dada, pero es posible dar algunos consejos sobre la estrategia que puede ser útil.

Un prerrequisito para aplicar una estrategia es conocer las fórmulas básicas de integración. En la tabla siguiente se reunieron las integrales de la lista previa junto con varias fórmulas adicionales aprendidas en este capítulo.

Tabla de fórmulas de integración Las constantes de integración se han omitido.

1. $\displaystyle\int x^n\,dx = \frac{x^{n+1}}{n+1} \quad (n \neq -1)$	**2.** $\displaystyle\int \frac{1}{x}\,dx = \ln\lvert x\rvert$
3. $\displaystyle\int e^x\,dx = e^x$	**4.** $\displaystyle\int b^x\,dx = \frac{b^x}{\ln b}$
5. $\displaystyle\int \operatorname{sen} x\,dx = -\cos x$	**6.** $\displaystyle\int \cos x\,dx = \operatorname{sen} x$
7. $\displaystyle\int \sec^2 x\,dx = \tan x$	**8.** $\displaystyle\int \csc^2 x\,dx = -\cot x$
9. $\displaystyle\int \sec x \tan x\,dx = \sec x$	**10.** $\displaystyle\int \csc x \cot x\,dx = -\csc x$
11. $\displaystyle\int \sec x\,dx = \ln\lvert \sec x + \tan x\rvert$	**12.** $\displaystyle\int \csc x\,dx = \ln\lvert \csc x - \cot x\rvert$
13. $\displaystyle\int \tan x\,dx = \ln\lvert \sec x\rvert$	**14.** $\displaystyle\int \cot x\,dx = \ln\lvert \operatorname{sen} x\rvert$
15. $\displaystyle\int \operatorname{senh} x\,dx = \cosh x$	**16.** $\displaystyle\int \cosh x\,dx = \operatorname{senh} x$
17. $\displaystyle\int \frac{dx}{x^2+a^2} = \frac{1}{a}\tan^{-1}\left(\frac{x}{a}\right)$	**18.** $\displaystyle\int \frac{dx}{\sqrt{a^2-x^2}} = \operatorname{sen}^{-1}\left(\frac{x}{a}\right), \quad a > 0$
***19.** $\displaystyle\int \frac{dx}{x^2-a^2} = \frac{1}{2a}\ln\left\lvert\frac{x-a}{x+a}\right\rvert$	***20.** $\displaystyle\int \frac{dx}{\sqrt{x^2 \pm a^2}} = \ln\left\lvert x + \sqrt{x^2 \pm a^2}\right\rvert$

La mayoría de estas fórmulas debe memorizarlas. Es útil conocerlas todas, pero las marcadas con un asterisco no necesitan memorizarse porque se deducen con facilidad. La fórmula 19 se puede evitar utilizando fracciones parciales y, en lugar de la fórmula 20, pueden usarse sustituciones trigonométricas.

Una vez que cuente con estas fórmulas básicas de integración, si no se ve inmediatamente cómo atacar una integral dada, puede ensayar la estrategia siguiente de cuatro pasos.

1. Si es posible, simplifique el integrando Algunas veces, el uso de manipulaciones algebraicas o identidades trigonométricas puede simplificar el integrando y hacer obvio el método de integración. He aquí algunos ejemplos

$$\int \sqrt{x}\,(1 + \sqrt{x})\,dx = \int (\sqrt{x} + x)\,dx$$

$$\int \frac{\tan\theta}{\sec^2\theta}\,d\theta = \int \frac{\text{sen}\,\theta}{\cos\theta}\cos^2\theta\,d\theta$$

$$= \int \text{sen}\,\theta\cos\theta\,d\theta = \tfrac{1}{2}\int \text{sen}\,2\theta\,d\theta$$

$$\int (\text{sen}\,x + \cos x)^2\,dx = \int (\text{sen}^2 x + 2\,\text{sen}\,x\cos x + \cos^2 x)\,dx$$

$$= \int (1 + 2\,\text{sen}\,x\cos x)\,dx$$

2. Busque una sustitución obvia Intente encontrar alguna función $u = g(x)$ en el integrando cuya diferencial $du = g'(x)\,dx$ también esté presente, además de un factor constante. Por ejemplo, en la integral

$$\int \frac{x}{x^2 - 1}\,dx$$

observe que si $u = x^2 - 1$, entonces $du = 2x\,dx$. Por tanto, utilice la sustitución $u = x^2 - 1$, en vez del método de fracciones parciales.

3. Clasifique el integrando de acuerdo con su forma Si los pasos 1 y 2 no conducen a la solución, entonces analice la forma del integrando $f(x)$.

(a) *Funciones trigonométricas.* Si $f(x)$ es un producto de potencias del sen x y cos x, de tan x y sec x, o de cot x y csc x, entonces utilice las sustituciones recomendadas en la sección 7.2.

(b) *Funciones racionales.* Si f es una función racional, utilice el procedimiento de la sección 7.4 que implica fracciones parciales.

(c) *Integración por partes.* Si $f(x)$ es un producto de una potencia de x (o una polinomial) y una función trascendente (tal como una función trigonométrica, exponencial o logarítmica), entonces ensaye integración por partes, eligiendo u y dv de acuerdo con las recomendaciones dadas en la sección 7.1. Si considera las funciones de los ejercicios 7.1, verá que la mayoría de estas son del tipo que se describe.

(d) *Radicales.* Los tipos particulares de sustituciones se recomiendan cuando aparecen ciertos radicales.

(i) Si se presenta $\sqrt{\pm x^2 \pm a^2}$, utilice sustituciones trigonométricas de acuerdo con la tabla de la sección 7.3.

(ii) Si se presenta $\sqrt[n]{ax + b}$, utilice la racionalización de la sustitución $u = \sqrt[n]{ax + b}$. Más a menudo, a veces esto funciona para $\sqrt[n]{g(x)}$.

4. Intente de nuevo Si los primeros tres pasos no conducen a la solución, recuerde que básicamente solo existen dos métodos de integración: sustitución y por partes.

(a) *Intente la sustitución.* Aun si ninguna sustitución es obvia (paso 2), cierta inspiración o inventiva (o incluso desesperación) puede sugerirle una sustitución apropiada.

(b) *Intente por partes.* Aunque la integración por partes se utiliza en la mayoría de las veces sobre productos de la forma descrita en el paso 3(c), a veces es eficaz en funciones únicas. En la sección 7.1, se ve que funciona para $\tan^{-1}x$, $\text{sen}^{-1}x$ y $\ln x$, y todas estas son funciones inversas.

(c) *Manipule el integrando.* Las manipulaciones algebraicas (tal vez racionalizando el denominador o utilizando identidades trigonométricas) pueden ser útiles para transformar la integral en una forma más fácil. Estas transformaciones pueden ser más sustanciales que en el paso 1 y pueden requerir cierto ingenio. He aquí un ejemplo:

$$\int \frac{dx}{1-\cos x} = \int \frac{1}{1-\cos x} \cdot \frac{1+\cos x}{1+\cos x}\,dx = \int \frac{1+\cos x}{1-\cos^2 x}\,dx$$

$$= \int \frac{1+\cos x}{\text{sen}^2 x}\,dx = \int \left(\csc^2 x + \frac{\cos x}{\text{sen}^2 x}\right) dx$$

(d) *Relacione el problema con problemas previos.* Cuando se ha adquirido cierta experiencia en integración, puede utilizarse un método en una integral dada similar a uno que ya se haya utilizado en una integral previa. O incluso podría expresarse la integral dada en términos de una previa. Por ejemplo, $\int \tan^2 x \sec x\,dx$ es una integral desafiante, pero si utiliza la identidad $\tan^2 x = \sec^2 x - 1$, puede escribir

$$\int \tan^2 x \sec x\,dx = \int \sec^3 x\,dx - \int \sec x\,dx$$

y si $\int \sec^3 x\,dx$ se ha evaluado previamente (véase el ejemplo 7.2.8), entonces este resultado se puede utilizar en el problema presente.

(e) *Utilice varios métodos.* Algunas veces se requieren dos o tres métodos para evaluar una integral. La evaluación podría implicar varias sustituciones sucesivas de diferentes tipos, o podría combinarse la integración por partes con una o más sustituciones.

En los ejemplos siguientes se muestra un método de ataque, pero no resuelve por completo la integral.

EJEMPLO 1 $\displaystyle\int \frac{\tan^3 x}{\cos^3 x}\,dx$

En el paso 1 reescriba la integral:

$$\int \frac{\tan^3 x}{\cos^3 x}\,dx = \int \tan^3 x \sec^3 x\,dx$$

La integral es ahora de la forma $\int \tan^m x \sec^n x\,dx$ con m impar, así que puede utilizar la recomendación de la sección 7.2.

Alternativamente, si en el paso 1 escribe

$$\int \frac{\tan^3 x}{\cos^3 x}\,dx = \int \frac{\text{sen}^3 x}{\cos^3 x}\frac{1}{\cos^3 x}\,dx = \int \frac{\text{sen}^3 x}{\cos^6 x}\,dx$$

entonces tiene que continuar como sigue, con la sustitución $u = \cos x$:

$$\int \frac{\operatorname{sen}^3 x}{\cos^6 x}\,dx = \int \frac{1-\cos^2 x}{\cos^6 x}\operatorname{sen} x\,dx = \int \frac{1-u^2}{u^6}(-du)$$

$$= \int \frac{u^2-1}{u^6}\,du = \int (u^{-4} - u^{-6})\,du$$ ■

EJEMPLO 2 $\int e^{\sqrt{x}}\,dx$

De acuerdo con (ii) en el paso 3(d), sustituya $u = \sqrt{x}$. Entonces $x = u^2$, por lo que $dx = 2u\,du$ y

$$\int e^{\sqrt{x}}\,dx = 2\int ue^u\,du$$

El integrando es ahora un producto de u y una función trascendente e^u por lo que puede ser integrada por partes. ■

EJEMPLO 3 $\displaystyle\int \frac{x^5+1}{x^3-3x^2-10x}\,dx$

Aquí, ninguna simplificación o sustitución es obvia, así que los pasos 1 y 2 no son adecuados. El integrando es una función racional así que aplique el procedimiento de la sección 7.4, recordando que el primer paso es dividir. ■

EJEMPLO 4 $\displaystyle\int \frac{dx}{x\sqrt{\ln x}}$

Aquí todo lo que se necesita es el paso 2. Sustituya $u = \ln x$ porque su diferencial es $du = dx/x$, que aparece en la integral. ■

EJEMPLO 5 $\displaystyle\int \sqrt{\frac{1-x}{1+x}}\,dx$

Aunque la racionalización de sustitución

$$u = \sqrt{\frac{1-x}{1+x}}$$

funciona aquí [(ii) en el paso 3(d)], conduce a una función racional muy complicada. Un método más fácil es por medio de algunas manipulaciones algebraicas [ya sea como en el paso 1 o como en el paso 4(c)]. Multiplicando el numerador y el denominador por $\sqrt{1-x}$, se tiene

$$\int \sqrt{\frac{1-x}{1+x}}\,dx = \int \frac{1-x}{\sqrt{1-x^2}}\,dx$$

$$= \int \frac{1}{\sqrt{1-x^2}}\,dx - \int \frac{x}{\sqrt{1-x^2}}\,dx$$

$$= \operatorname{sen}^{-1} x + \sqrt{1-x^2} + C$$ ■

■ ¿Pueden integrarse todas las funciones continuas?

Surge la pregunta: ¿estas estrategias de integración permitirán determinar la integral de toda función continua? Por ejemplo, ¿es posible utilizarlas para obtener $\int e^{x^2}\,dx$? La respuesta es no, al menos no en términos de las funciones con las que está familiarizado.

Las funciones tratadas en este libro se llaman **funciones elementales**. Estas funciones son las polinomiales, racionales, potencias (x^n), exponenciales (b^x), logarítmicas, trigonométricas y sus inversas, hiperbólicas y sus inversas, y todas las funciones que pueden obtenerse por las cinco operaciones: suma, resta, multiplicación, división y composición. Por ejemplo, la función

$$f(x) = \sqrt{\frac{x^2 - 1}{x^3 + 2x - 1}} + \ln(\cosh x) - xe^{\operatorname{sen} 2x}$$

es una función elemental.

Si f es una función elemental, entonces f' es una función elemental, pero $\int f(x)\,dx$ no necesariamente es una función elemental. Considere $f(x) = e^{x^2}$. Puesto que f es continua, su integral existe, y si F se define como

$$F(x) = \int_0^x e^{t^2}\,dt$$

entonces, se sabe de la parte 1 del teorema fundamental del cálculo, que

$$F'(x) = e^{x^2}$$

Así, $f(x) = e^{x^2}$ tiene una antiderivada F, pero se ha demostrado que F no es una función elemental. Esto significa que no importa el esfuerzo que se haga, ya que nunca se logrará evaluar $\int e^{x^2}\,dx$ en términos de las funciones que conoce. (Sin embargo, en el capítulo 11, verá cómo expresar $\int e^{x^2}\,dx$ como una serie infinita.) Lo mismo puede decirse de las integrales siguientes:

$$\int \frac{e^x}{x}\,dx \qquad \int \operatorname{sen}(x^2)\,dx \qquad \int \cos(e^x)\,dx$$

$$\int \sqrt{x^3 + 1}\,dx \qquad \int \frac{1}{\ln x}\,dx \qquad \int \frac{\operatorname{sen} x}{x}\,dx$$

De hecho, la mayoría de las funciones elementales no tiene antiderivadas elementales. Sin embargo, puede usted estar seguro que todas las integrales en los ejercicios siguientes son funciones elementales.

7.5 EJERCICIOS

1–82 Evalúe la integral.

1. $\displaystyle\int \frac{\cos x}{1 - \operatorname{sen} x}\,dx$

2. $\displaystyle\int_0^1 (3x + 1)^{\sqrt{2}}\,dx$

3. $\displaystyle\int_1^4 \sqrt{y}\,\ln y\,dy$

4. $\displaystyle\int \tan^3\theta\,d\theta$

5. $\displaystyle\int_0^2 \frac{2t}{(t - 3)^2}\,dt$

6. $\displaystyle\int \frac{x}{\sqrt{3 - x^4}}\,dx$

7. $\displaystyle\int_{-1}^1 \frac{e^{\arctan y}}{1 + y^2}\,dy$

8. $\displaystyle\int_0^4 \frac{x - 1}{x^2 - 4x - 5}\,dx$

9. $\displaystyle\int_2^4 \frac{x + 2}{x^2 + 3x - 4}\,dx$

10. $\displaystyle\int \frac{\cos(1/x)}{x^3}\,dx$

11. $\displaystyle\int \frac{1}{x^3\sqrt{x^2 - 1}}\,dx$

12. $\displaystyle\int \frac{2x - 3}{x^3 + 3x}\,dx$

13. $\displaystyle\int \frac{dx}{(1 - x^2)^{3/2}}$

14. $\displaystyle\int \ln(1 + x^2)\,dx$

15. $\displaystyle\int x \sec x \tan x\,dx$

16. $\displaystyle\int \frac{x^3}{\sqrt{1 + x^2}}\,dx$

17. $\displaystyle\int_0^\pi t\cos^2 t\,dt$

18. $\displaystyle\int_1^4 \frac{e^{\sqrt{t}}}{\sqrt{t}}\,dt$

19. $\displaystyle\int e^{x+e^x}\,dx$

20. $\displaystyle\int e^2\,dx$

21. $\displaystyle\int \arctan\sqrt{x}\,dx$

22. $\displaystyle\int \frac{\ln x}{x\sqrt{1 + (\ln x)^2}}\,dx$

23. $\displaystyle\int \frac{3x^2 - 2}{x^2 - 2x - 8}\,dx$

24. $\displaystyle\int (1 + \tan x)^2 \sec x\,dx$

25. $\displaystyle\int_0^1 \frac{1 + 12t}{1 + 3t}\,dt$

26. $\displaystyle\int_0^1 \frac{3x^2 + 1}{x^3 + x^2 + x + 1}\,dx$

27. $\displaystyle\int \frac{dx}{1 + e^x}$

28. $\displaystyle\int \operatorname{sen} \sqrt{at}\,dt$

29. $\displaystyle\int \ln\left(x + \sqrt{x^2 - 1}\right) dx$

30. $\displaystyle\int_{-1}^{2} | e^x - 1 |\,dx$

31. $\displaystyle\int \sqrt{\frac{1 + x}{1 - x}}\,dx$

32. $\displaystyle\int_1^3 \frac{e^{3/x}}{x^2}\,dx$

33. $\displaystyle\int \cos 2x \cos 6x\,dx$

34. $\displaystyle\int_{\pi/4}^{\pi/2} \frac{1 + 4 \cot x}{4 - \cot x}\,dx$

35. $\displaystyle\int_{-\pi/2}^{\pi/2} \frac{x}{1 + \cos^2 x}\,dx$

36. $\displaystyle\int \frac{1 + \operatorname{sen} x}{1 + \cos x}\,dx$

37. $\displaystyle\int_0^{\pi/4} \tan^3\theta \sec^2\theta\,d\theta$

38. $\displaystyle\int_{-\pi/4}^{\pi/4} \frac{x^2 \tan x}{1 + \cos^4 x}\,dx$

39. $\displaystyle\int \frac{\sec\theta \tan\theta}{\sec^2\theta - \sec\theta}\,d\theta$

40. $\displaystyle\int_0^{\pi} \operatorname{sen} 6x \cos 3x\,dx$

41. $\displaystyle\int \theta \tan^2\theta\,d\theta$

42. $\displaystyle\int \frac{\tan^{-1} x}{x^2}\,dx$

43. $\displaystyle\int \frac{\sqrt{x}}{1 + x^3}\,dx$

44. $\displaystyle\int \sqrt{1 + e^x}\,dx$

45. $\displaystyle\int x^5 e^{-x^3} dx$

46. $\displaystyle\int \frac{(x - 1)e^x}{x^2}\,dx$

47. $\displaystyle\int x^3 (x - 1)^{-4}\,dx$

48. $\displaystyle\int_0^1 x\sqrt{2 - \sqrt{1 - x^2}}\,dx$

49. $\displaystyle\int \frac{1}{x\sqrt{4x + 1}}\,dx$

50. $\displaystyle\int \frac{1}{x^2\sqrt{4x + 1}}\,dx$

51. $\displaystyle\int \frac{1}{x\sqrt{4x^2 + 1}}\,dx$

52. $\displaystyle\int \frac{dx}{x(x^4 + 1)}$

53. $\displaystyle\int x^2 \operatorname{senh} mx\,dx$

54. $\displaystyle\int (x + \operatorname{sen} x)^2\,dx$

55. $\displaystyle\int \frac{dx}{x + x\sqrt{x}}$

56. $\displaystyle\int \frac{dx}{\sqrt{x} + x\sqrt{x}}$

57. $\displaystyle\int x\sqrt[3]{x + c}\,dx$

58. $\displaystyle\int \frac{x \ln x}{\sqrt{x^2 - 1}}\,dx$

59. $\displaystyle\int \frac{dx}{x^4 - 16}$

60. $\displaystyle\int \frac{dx}{x^2\sqrt{4x^2 - 1}}$

61. $\displaystyle\int \frac{d\theta}{1 + \cos\theta}$

62. $\displaystyle\int \frac{d\theta}{1 + \cos^2\theta}$

63. $\displaystyle\int \sqrt{x}\, e^{\sqrt{x}}\,dx$

64. $\displaystyle\int \frac{1}{\sqrt{\sqrt{x} + 1}}\,dx$

65. $\displaystyle\int \frac{\operatorname{sen} 2x}{1 + \cos^4 x}\,dx$

66. $\displaystyle\int_{\pi/4}^{\pi/3} \frac{\ln(\tan x)}{\operatorname{sen} x \cos x}\,dx$

67. $\displaystyle\int \frac{1}{\sqrt{x + 1} + \sqrt{x}}\,dx$

68. $\displaystyle\int \frac{x^2}{x^6 + 3x^3 + 2}\,dx$

69. $\displaystyle\int_1^{\sqrt{3}} \frac{\sqrt{1 + x^2}}{x^2}\,dx$

70. $\displaystyle\int \frac{1}{1 + 2e^x - e^{-x}}\,dx$

71. $\displaystyle\int \frac{e^{2x}}{1 + e^x}\,dx$

72. $\displaystyle\int \frac{\ln(x + 1)}{x^2}\,dx$

73. $\displaystyle\int \frac{x + \operatorname{arcsen} x}{\sqrt{1 - x^2}}\,dx$

74. $\displaystyle\int \frac{4^x + 10^x}{2^x}\,dx$

75. $\displaystyle\int \frac{dx}{x \ln x - x}$

76. $\displaystyle\int \frac{x^2}{\sqrt{x^2 + 1}}\,dx$

77. $\displaystyle\int \frac{xe^x}{\sqrt{1 + e^x}}\,dx$

78. $\displaystyle\int \frac{1 + \operatorname{sen} x}{1 - \operatorname{sen} x}\,dx$

79. $\displaystyle\int x \operatorname{sen}^2 x \cos x\,dx$

80. $\displaystyle\int \frac{\sec x \cos 2x}{\operatorname{sen} x + \sec x}\,dx$

81. $\displaystyle\int \sqrt{1 - \operatorname{sen} x}\,dx$

82. $\displaystyle\int \frac{\operatorname{sen} x \cos x}{\operatorname{sen}^4 x + \cos^4 x}\,dx$

---

83. Las funciones $y = e^{x^2}$ y $y = x^2 e^{x^2}$ no tienen antiderivadas elementales, pero sí $y = (2x^2 + 1)e^{x^2}$. Determine $\int (2x^2 + 1)e^{x^2}\,dx$.

84. Se sabe que $F(x) = \int_0^x e^{e^t}\,dt$ es una función continua por el FTC1, aunque no es una función elemental. Las funciones

$$\int \frac{e^x}{x}\,dx \qquad \text{y} \qquad \int \frac{1}{\ln x}\,dx$$

tampoco son elementales, pero se pueden expresar en términos de F. Obtenga las integrales siguientes en términos de F.

(a) $\displaystyle\int_1^2 \frac{e^x}{x}\,dx$ (b) $\displaystyle\int_2^3 \frac{1}{\ln x}\,dx$

7.6 Integración utilizando tablas y sistemas algebraicos computacionales

En esta sección se describe cómo utilizar tablas y sistemas algebraicos computacionales para integrar funciones que tienen antiderivadas elementales. Sin embargo, se debe tener en mente que aun el sistema algebraico computacional más poderoso no puede encontrar fórmulas explícitas para las antiderivadas de funciones como e^{x^2} o de las otras funciones descritas al final de la sección 7.5.

Tablas de integrales

Las tablas de integrales indefinidas son muy útiles cuando se aborda una integral difícil de determinar a mano y no se tiene acceso a un sistema algebraico computacional. En las páginas de referencia al final de este libro se proporciona una tabla relativamente breve de 120 integrales, categorizada por forma. Tablas más extensas están disponibles en el CRC *Standard Mathematical Tables and Formulae*, 31a. ed. de Daniel Zwillinger (Boca Ratón, FL, 2002) (709 elementos) o en el de Gradshteyn y Ryzhik, *Table of Integrals, Series, and Products*, 7e (San Diego, 2007), que contiene cientos de páginas de integrales. Sin embargo, hay que recordar que las integrales no surgen frecuentemente en la forma exacta en la que se presentan en las tablas. Normalmente es necesario utilizar la regla de sustitución o manipulaciones algebraicas para transformar una integral dada en una de las formas de la tabla.

EJEMPLO 1 La región acotada por las curvas $y = \arctan x$, $y = 0$ y $x = 1$ gira alrededor del eje y. Encuentre el volumen del sólido resultante.

SOLUCIÓN Utilizando el método de cascarones cilíndricos, se ve que el volumen es

$$V = \int_0^1 2\pi x \arctan x \, dx$$

La tabla de integrales aparece en las páginas de referencia 6-10 al final del libro.

En la sección de la tabla de integrales titulada *Formas trigonométricas inversas* localice la fórmula 92:

$$\int u \tan^{-1}u \, du = \frac{u^2 + 1}{2} \tan^{-1}u - \frac{u}{2} + C$$

Por lo que el volumen es

$$V = 2\pi \int_0^1 x \tan^{-1}x \, dx = 2\pi \left[\frac{x^2 + 1}{2} \tan^{-1}x - \frac{x}{2} \right]_0^1$$

$$= \pi \left[(x^2 + 1) \tan^{-1}x - x \right]_0^1 = \pi (2 \tan^{-1}1 - 1)$$

$$= \pi [2(\pi/4) - 1] = \tfrac{1}{2}\pi^2 - \pi$$

■

EJEMPLO 2 Utilice la tabla de integrales para encontrar $\displaystyle\int \frac{x^2}{\sqrt{5 - 4x^2}} \, dx$.

SOLUCIÓN Si revisa en la sección de la tabla titulada *Formas que involucran* $\sqrt{a^2 - u^2}$, verá que la forma más cercana es la número 34:

$$\int \frac{u^2}{\sqrt{a^2 - u^2}} \, du = -\frac{u}{2} \sqrt{a^2 - u^2} + \frac{a^2}{2} \operatorname{sen}^{-1}\left(\frac{u}{a}\right) + C$$

Esto no es exactamente lo que tiene, pero la puede utilizar si primero hace la sustitución $u = 2x$:

$$\int \frac{x^2}{\sqrt{5 - 4x^2}} \, dx = \int \frac{(u/2)^2}{\sqrt{5 - u^2}} \frac{du}{2} = \frac{1}{8} \int \frac{u^2}{\sqrt{5 - u^2}} \, du$$

Después utilice la fórmula 34 con $a^2 = 5$ (por lo que $a = \sqrt{5}$):

$$\int \frac{x^2}{\sqrt{5-4x^2}}\,dx = \frac{1}{8}\int \frac{u^2}{\sqrt{5-u^2}}\,du = \frac{1}{8}\left(-\frac{u}{2}\sqrt{5-u^2} + \frac{5}{2}\operatorname{sen}^{-1}\frac{u}{\sqrt{5}}\right) + C$$

$$= -\frac{x}{8}\sqrt{5-4x^2} + \frac{5}{16}\operatorname{sen}^{-1}\left(\frac{2x}{\sqrt{5}}\right) + C$$ ■

EJEMPLO 3 Utilice la tabla de integrales para evaluar $\int x^3 \operatorname{sen} x\,dx$.

SOLUCIÓN Si revisa la sección *Formas trigonométricas*, verá que ninguna de las formas incluye explícitamente a u^3 como factor. Sin embargo, puede utilizar la fórmula de reducción en la forma 84 con $n = 3$:

$$\int x^3 \operatorname{sen} x\,dx = -x^3\cos x + 3\int x^2\cos x\,dx$$

85. $\int u^n \cos u\,du = u^n \operatorname{sen} u - n\int u^{n-1}\operatorname{sen} u\,du$

Ahora necesita evaluar $\int x^2 \cos x\,dx$. Puede utilizar la fórmula de reducción de la forma 85 con $n = 2$, seguido de la forma 82:

$$\int x^2\cos x\,dx = x^2\operatorname{sen} x - 2\int x\operatorname{sen} x\,dx$$

$$= x^2\operatorname{sen} x - 2(\operatorname{sen} x - x\cos x) + K$$

Combinando estos cálculos, se obtiene

$$\int x^3\operatorname{sen} x\,dx = -x^3\cos x + 3x^2\operatorname{sen} x + 6x\cos x - 6\operatorname{sen} x + C$$

donde $C = 3K$. ■

EJEMPLO 4 Utilice la tabla de integrales para encontrar $\int x\sqrt{x^2+2x+4}\,dx$.

SOLUCIÓN Puesto que la tabla da las formas que implican $\sqrt{a^2+x^2}$, $\sqrt{a^2-x^2}$ y $\sqrt{x^2-a^2}$ pero no $\sqrt{ax^2+bx+c}$, primero complete el cuadrado:

$$x^2+2x+4 = (x+1)^2+3$$

Si hace la sustitución $u = x + 1$ (entonces $x = u - 1$), el integrando implicará el patrón $\sqrt{a^2+u^2}$:

$$\int x\sqrt{x^2+2x+4}\,dx = \int (u-1)\sqrt{u^2+3}\,du$$

$$= \int u\sqrt{u^2+3}\,du - \int \sqrt{u^2+3}\,du$$

La primera integral se determina utilice la sustitución $t = u^2 + 3$:

$$\int u\sqrt{u^2+3}\,du = \tfrac{1}{2}\int \sqrt{t}\,dt = \tfrac{1}{2}\cdot\tfrac{2}{3}t^{3/2} = \tfrac{1}{3}(u^2+3)^{3/2}$$

21. $\int \sqrt{a^2+u^2}\,du = \frac{u}{2}\sqrt{a^2+u^2} + \frac{a^2}{2}\ln\left(u+\sqrt{a^2+u^2}\right) + C$

Para la segunda integral utilice la fórmula 21 con $a = \sqrt{3}$:

$$\int \sqrt{u^2+3}\,du = \frac{u}{2}\sqrt{u^2+3} + \tfrac{3}{2}\ln\left(u+\sqrt{u^2+3}\right)$$

Por tanto

$$\int x\sqrt{x^2 + 2x + 4}\,dx$$

$$= \tfrac{1}{3}(x^2 + 2x + 4)^{3/2} - \frac{x + 1}{2}\sqrt{x^2 + 2x + 4} - \tfrac{3}{2}\ln\left(x + 1 + \sqrt{x^2 + 2x + 4}\right) + C$$

■

■ Sistemas algebraicos computacionales

Ha visto que el uso de las tablas implica relacionar la forma del integrando dado con las formas del integrando en las tablas. Las computadoras son particularmente aptas para comparar patrones. Así como se utilizan sustituciones conjuntamente con las tablas, un SAC puede ejecutar sustituciones que transforman una integral dada en una que aparece almacenada en la memoria. Así, no es de sorprender que un sistema algebraico computacional destaque en la integración. Esto no significa que la integración a mano sea una habilidad obsoleta. Verá que el cálculo manual algunas veces produce una integral indefinida en una forma que es más conveniente que la respuesta dada por una máquina.

Para empezar, vea qué pasa cuando se le pide a una máquina que integre la función relativamente simple $y = 1/(3x - 2)$. Utilizando la sustitución $u = 3x - 2$, un cálculo fácil a mano da

$$\int \frac{1}{3x - 2}\,dx = \tfrac{1}{3}\ln|3x - 2| + C$$

mientras Mathematica y Maple regresan la respuesta

$$\tfrac{1}{3}\ln(3x - 2)$$

La primera cuestión a notar es que el sistema algebraico computacional omite la constante de integración. En otras palabras, produce una antiderivada *particular*, no la más general. Por tanto, cuando se hace uso de una máquina de integración, se tendría que agregar una constante. Segundo, los signos de valor absoluto se omiten en la respuesta dada por la máquina. Esto está bien si al problema solo le conciernen valores de x mayores que $\frac{2}{3}$. Pero si está interesado en otros valores de x, entonces necesita insertar el símbolo de valor absoluto.

En el ejemplo siguiente se reconsidera la integral del ejemplo 4, pero esta vez se le pidió la respuesta a una máquina.

EJEMPLO 5 Utilice un sistema algebraico computacional para encontrar $\int x\sqrt{x^2 + 2x + 4}\,dx$.

SOLUCIÓN Maple proporciona la respuesta

$$\tfrac{1}{3}(x^2 + 2x + 4)^{3/2} - \tfrac{1}{4}(2x + 2)\sqrt{x^2 + 2x + 4} - \frac{3}{2}\operatorname{arcsenh}\frac{\sqrt{3}}{3}(1 + x)$$

Esta parece diferente de la respuesta encontrada en el ejemplo 4, pero es equivalente porque el tercer término se puede reescribir utilizando la identidad

Esta es la ecuación 3.11.3

$$\operatorname{arcsenh} x = \ln\left(x + \sqrt{x^2 + 1}\right)$$

Por lo que

$$\operatorname{arcsenh}\frac{\sqrt{3}}{3}(1 + x) = \ln\left[\frac{\sqrt{3}}{3}(1 + x) + \sqrt{\tfrac{1}{3}(1 + x)^2 + 1}\right]$$

$$= \ln\frac{1}{\sqrt{3}}\left[1 + x + \sqrt{(1 + x)^2 + 3}\right]$$

$$= \ln\frac{1}{\sqrt{3}} + \ln\left(x + 1 + \sqrt{x^2 + 2x + 4}\right)$$

El término resultante adicional $-\frac{3}{2}\ln(1/\sqrt{3})$ puede absorberse por la constante de integración.

Mathematica aporta la respuesta

$$\left(\frac{5}{6} + \frac{x}{6} + \frac{x^2}{3}\right)\sqrt{x^2 + 2x + 4} - \frac{3}{2}\operatorname{arcsenh}\left(\frac{1 + x}{\sqrt{3}}\right)$$

Mathematica combina los dos primeros términos del ejemplo 4 (y el resultado de Maple) en un solo término mediante factorización. ■

EJEMPLO 6 Utilice un SAC para determinar $\int x(x^2 + 5)^8\,dx$.

SOLUCIÓN Maple y Mathematica dan la misma respuesta:

$$\tfrac{1}{18}x^{18} + \tfrac{5}{2}x^{16} + 50x^{14} + \tfrac{1750}{3}x^{12} + 4375x^{10} + 21875x^8 + \tfrac{218750}{3}x^6 + 156250x^4 + \tfrac{390625}{2}x^2$$

Es claro que ambos sistemas deben haber desarrollado $(x^2 + 5)^8$ mediante el teorema del binomio y después integrado cada término.

Si se integra a mano utilizando la sustitución $u = x^2 + 5$, se obtiene

La TI-89 también produce esta respuesta.

$$\int x(x^2 + 5)^8\,dx = \tfrac{1}{18}(x^2 + 5)^9 + C$$

Para la mayoría de los propósitos, esta es la forma más conveniente de respuesta. ■

EJEMPLO 7 Utilice un SAC para encontrar $\int \operatorname{sen}^5 x \cos^2 x\,dx$.

SOLUCIÓN En el ejemplo 7.2.2 encuentra que

$$\boxed{1} \qquad \int \operatorname{sen}^5 x \cos^2 x\,dx = -\tfrac{1}{3}\cos^3 x + \tfrac{2}{5}\cos^5 x - \tfrac{1}{7}\cos^7 x + C$$

Maple y la TI-89 reportan la respuesta

$$-\tfrac{1}{7}\operatorname{sen}^4 x\cos^3 x - \tfrac{4}{35}\operatorname{sen}^2 x\cos^3 x - \tfrac{8}{105}\cos^3 x$$

mientras que Mathematica produce

$$-\tfrac{5}{64}\cos x - \tfrac{1}{192}\cos 3x + \tfrac{3}{320}\cos 5x - \tfrac{1}{448}\cos 7x$$

Sospeche que existen identidades trigonométricas que demuestran que estas tres respuestas son equivalentes. De hecho, si le pide a Maple y Mathematica que simplifiquen sus expresiones utilizando identidades trigonométricas, finalmente producirán la misma forma de la respuesta que en la ecuación 1. ■

7.6 EJERCICIOS

1–4 Utilice la forma indicada en la tabla de integrales en las páginas de referencia para evaluar las integrales.

1. $\int_0^{\pi/2} \cos 5x \cos 2x\,dx$; fórmula 80

2. $\int_0^1 \sqrt{x - x^2}\,dx$; fórmula 113

3. $\int_1^2 \sqrt{4x^2 - 3}\,dx$; fórmula 39

4. $\int_0^1 \tan^3(\pi x/6)\,dx$; fórmula 69

5–32 Utilice la tabla de integrales de las páginas de referencia 6–10 para evaluar las integrales siguientes.

5. $\int_0^1 2x \cos^{-1}x\, dx$

6. $\int_2^3 \frac{1}{x^2\sqrt{4x^2-7}}\, dx$

7. $\int \frac{\cos x}{\operatorname{sen}^2 x - 9}\, dx$

8. $\int \frac{e^x}{4 - e^{2x}}\, dx$

9. $\int \frac{\sqrt{9x^2+4}}{x^2}\, dx$

10. $\int \frac{\ln(1+\sqrt{x})}{\sqrt{x}}\, dx$

11. $\int_0^{\pi} \cos^6\theta\, d\theta$

12. $\int x\sqrt{2+x^4}\, dx$

13. $\int \frac{\arctan\sqrt{x}}{\sqrt{x}}\, dx$

14. $\int_0^{\pi} x^3 \operatorname{sen} x\, dx$

15. $\int \frac{\coth(1/y)}{y^2}\, dy$

16. $\int \frac{e^{3t}}{\sqrt{e^{2t}-1}}\, dt$

17. $\int y\sqrt{6+4y-4y^2}\, dy$

18. $\int \operatorname{sen}^{-1}\sqrt{x}\, dx$

19. $\int \operatorname{sen}^2 x \cos x \ln(\operatorname{sen} x)\, dx$

20. $\int \frac{\operatorname{sen} 2\theta}{\sqrt{5 - \operatorname{sen}\theta}}\, d\theta$

21. $\int \frac{e^x}{3 - e^{2x}}\, dx$

22. $\int_0^2 x^3\sqrt{4x^2 - x^4}\, dx$

23. $\int \sec^5 x\, dx$

24. $\int x^3 \operatorname{arcsen}(x^2)\, dx$

25. $\int \frac{\sqrt{4+(\ln x)^2}}{x}\, dx$

26. $\int \operatorname{sen}^6 2x\, dx$

27. $\int \frac{\cos^{-1}(x^{-2})}{x^3}\, dx$

28. $\int \frac{dx}{\sqrt{1-e^{2x}}}$

29. $\int \sqrt{e^{2x}-1}\, dx$

30. $\int e^t \operatorname{sen}(\alpha t - 3)\, dt$

31. $\int \frac{x^4\, dx}{\sqrt{x^{10}-2}}$

32. $\int \frac{\sec^2\theta \tan^2\theta}{\sqrt{9-\tan^2\theta}}\, d\theta$

---

33. La región bajo la curva $y = \operatorname{sen}^2 x$ de 0 a π rota alrededor del eje x. Encuentre el volumen del sólido resultante.

34. Encuentre el volumen del sólido obtenido cuando la región bajo la curva $y = \operatorname{arcsen} x$, $x \geq 0$, rota alrededor del eje y.

35. Verifique la fórmula 53 en la tabla de integrales (a) derivando y (b) sustituyendo $t = a + bu$.

36. Verifique la fórmula 31 (a) al derivar y (b) al sustituir $u = a \operatorname{sen}\theta$.

SAC **37–44** Utilice un sistema algebraico computacional para evaluar la integral. Compare la respuesta con el resultado utilizando tablas. Si las respuestas no son las mismas, demuestre que son equivalentes.

37. $\int \sec^4 x\, dx$

38. $\int \csc^5 x\, dx$

39. $\int x^2\sqrt{x^2+4}\, dx$

40. $\int \frac{dx}{e^x(3e^x+2)}$

41. $\int \cos^4 x\, dx$

42. $\int x^2\sqrt{1-x^2}\, dx$

43. $\int \tan^5 x\, dx$

44. $\int \frac{1}{\sqrt{1+\sqrt[3]{x}}}\, dx$

SAC **45.** (a) Utilice la tabla de integrales para evaluar $F(x) = \int f(x)\, dx$, donde

$$f(x) = \frac{1}{x\sqrt{1-x^2}}$$

¿Cuál es el dominio de f y de F?

(b) Utilice un SAC para evaluar $F(x)$. ¿Cuál es el dominio de la función F que produce el SAC? ¿Hay una discrepancia entre este dominio y el dominio de la función F que encontró en el inciso (a)?

SAC **46.** A veces los sistemas algebraicos computacionales necesitan ayuda humana. Intente determinar

$$\int (1 + \ln x)\sqrt{1 + (x \ln x)^2}\, dx$$

con un sistema algebraico computacional. Si no obtiene respuesta, haga una sustitución que cambie la integral en una que el SAC *pueda* evaluar.

PROYECTO DE DESCUBRIMIENTO SAC PATRONES EN INTEGRALES

En este proyecto se utiliza un sistema algebraico computacional para investigar integrales indefinidas de familias de funciones. Observando los patrones que ocurren en la integral de varios miembros de la familia, infiera primero, y después demuestre, una fórmula general para la integral de cualquier miembro de la familia.

1. (a) Utilice un sistema algebraico computacional para evaluar las integrales siguientes.

(i) $\int \frac{1}{(x+2)(x+3)}\, dx$

(ii) $\int \frac{1}{(x+1)(x+5)}\, dx$

(iii) $\int \frac{1}{(x+2)(x-5)}\, dx$

(iv) $\int \frac{1}{(x+2)^2}\, dx$

(b) Con base en el patrón de sus respuestas del inciso (a), infiera el valor de la integral

$$\int \frac{1}{(x+a)(x+b)}\,dx$$

si $a \neq b$. ¿Qué pasa si $a = b$?

(c) Verifique su suposición pidiendo a su SAC que evalúe la integral del inciso (b). Luego demuéstrela utilizando fracciones parciales.

2. (a) Utilice un sistema algebraico computacional para evaluar las integrales siguientes.

(i) $\int \operatorname{sen} x \cos 2x\,dx$ (ii) $\int \operatorname{sen} 3x \cos 7x\,dx$ (iii) $\int \operatorname{sen} 8x \cos 3x\,dx$

(b) Con base en el patrón de sus respuestas del inciso (a), infiera el valor de la integral

$$\int \operatorname{sen} ax \cos bx\,dx$$

(c) Verifique su suposición con un SAC. Después demuéstrela utilizando las técnicas de la sección 7.2. ¿Para qué valores de a y b es esta válida?

3. (a) Utilice un sistema algebraico computacional para evaluar las integrales siguientes.

(i) $\int \ln x\,dx$ (ii) $\int x \ln x\,dx$ (iii) $\int x^2 \ln x\,dx$

(iv) $\int x^3 \ln x\,dx$ (v) $\int x^7 \ln x\,dx$

(b) Con base en el patrón de sus respuestas del inciso (a), infiera el valor de

$$\int x^n \ln x\,dx$$

(c) Utilice integración por partes para demostrar la suposición que hizo en el inciso (b). ¿Para qué valores de n es esto válido?

4. (a) Utilice un sistema algebraico computacional para evaluar las integrales siguientes.

(i) $\int xe^x\,dx$ (ii) $\int x^2e^x\,dx$ (iii) $\int x^3e^x\,dx$

(iv) $\int x^4e^x\,dx$ (v) $\int x^5e^x\,dx$

(b) Con base en el patrón de sus respuestas del inciso (a), infiera el valor de $\int x^6e^x\,dx$. Después, utilice su SAC para verificar su suposición.

(c) Basado en los patrones de los incisos (a) y (b), haga una conjetura sobre el valor de la integral

$$\int x^n e^x\,dx$$

cuando n es un entero positivo.

(d) Utilice inducción matemática para demostrar la suposición que hizo en el inciso (c).

7.7 Integración aproximada

Hay dos situaciones en las cuales es imposible encontrar el valor exacto de una integral definida.

La primera de ellas surge del hecho de que, al evaluar $\int_a^b f(x)\,dx$ utilizando el teorema fundamental del cálculo, se necesita conocer una antiderivada de f. Sin embargo, algunas veces es difícil, o aun imposible, encontrar una antiderivada (véase la sección 7.5).

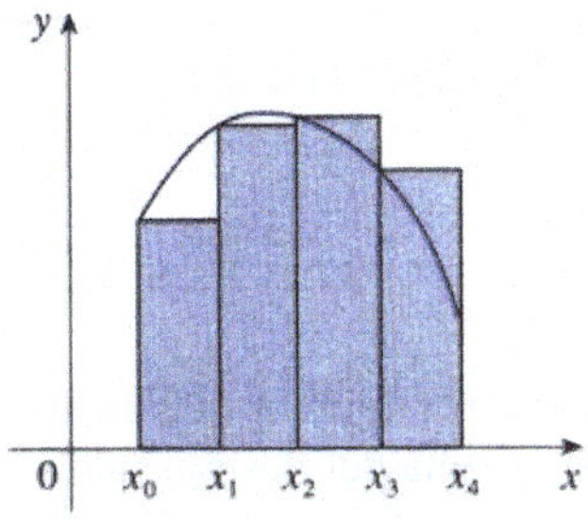

(a) Aproximación por el punto final izquierdo

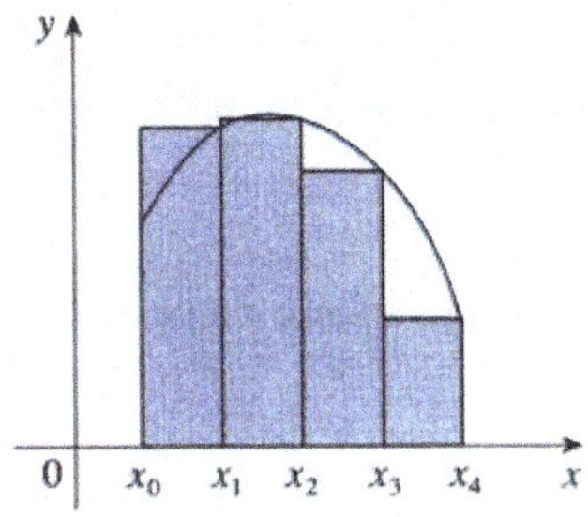

(b) Aproximación por el punto final derecho

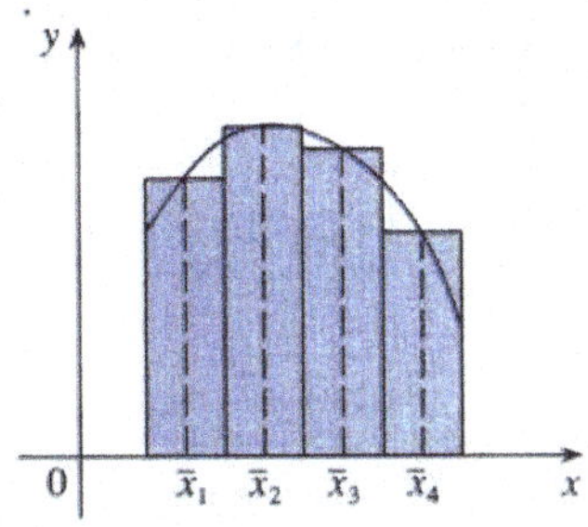

(c) Aproximación por el punto medio

FIGURA 1

Por ejemplo, es imposible evaluar exactamente las integrales siguientes:

$$\int_0^1 e^{x^2}dx \qquad \int_{-1}^1 \sqrt{1+x^3}\,dx$$

La segunda situación surge cuando la función es producto de un experimento científico, obtenida a través de lecturas en un instrumento o de una recolección de datos. Podría no haber fórmula para la función (véase el ejemplo 5).

En ambos casos se necesita encontrar valores aproximados de la integral definida. Ya se conoce un método. Recuerde que la integral definida se define como el límite de una suma de Riemann, por lo que se podría utilizar cualquier suma de Riemann como una aproximación a la integral: si divide $[a, b]$ en n subintervalos de igual longitud $\Delta x = (b - a)/n$, entonces tiene

$$\int_a^b f(x)\,dx \approx \sum_{i=1}^{n} f(x_i^*)\,\Delta x$$

donde x_i^* es cualquier punto en el i-ésimo subintervalo $[x_{i-1}, x_i]$. Si se elige x_i^* en el punto final izquierdo del intervalo, entonces $x_i^* = x_{i-1}$ y tiene

1 $$\int_a^b f(x)\,dx \approx L_n = \sum_{i=1}^{n} f(x_{i-1})\,\Delta x$$

Si $f(x) \geqslant 0$, entonces la integral representa un área y (1) representa una aproximación a esta área mediante los rectángulos que se muestran en la figura 1(a). Si elige x_i^* en el punto final del intervalo, entonces $x_i^* = x_i$ y tiene

2 $$\int_a^b f(x)\,dx \approx R_n = \sum_{i=1}^{n} f(x_i)\,\Delta x$$

[Véase la figura 1(b).] Las aproximaciones L_n y R_n definidas por las ecuaciones 1 y 2 se llaman **aproximación por el punto final izquierdo** y **aproximación por el punto final derecho**, respectivamente.

En la sección 5.2 también se considera el caso donde se elige x_i^* como el punto medio $\bar{x}_i$ del subintervalo $[x_{i-1}, x_i]$. La figura 1(c) muestra la aproximación por el punto medio M_n, que parece ser mejor que L_n o R_n.

Regla del punto medio

$$\int_a^b f(x)\,dx \approx M_n = \Delta x\,[f(\bar{x}_1) + f(\bar{x}_2) + \cdots + f(\bar{x}_n)]$$

donde $$\Delta x = \frac{b-a}{n}$$

y $$\bar{x}_i = \tfrac{1}{2}(x_{i-1} + x_i) = \text{punto medio de } [x_{i-1}, x_i]$$

Otra aproximación, llamada regla del trapecio, resulta de promediar las aproximaciones de las ecuaciones 1 y 2:

$$\int_a^b f(x)\,dx \approx \frac{1}{2}\left[\sum_{i=1}^{n} f(x_{i-1})\,\Delta x + \sum_{i=1}^{n} f(x_i)\,\Delta x\right] = \frac{\Delta x}{2}\left[\sum_{i=1}^{n}\big(f(x_{i-1}) + f(x_i)\big)\right]$$

$$= \frac{\Delta x}{2}\Big[\big(f(x_0) + f(x_1)\big) + \big(f(x_1) + f(x_2)\big) + \cdots + \big(f(x_{n-1}) + f(x_n)\big)\Big]$$

$$= \frac{\Delta x}{2}[f(x_0) + 2f(x_1) + 2f(x_2) + \cdots + 2f(x_{n-1}) + f(x_n)]$$

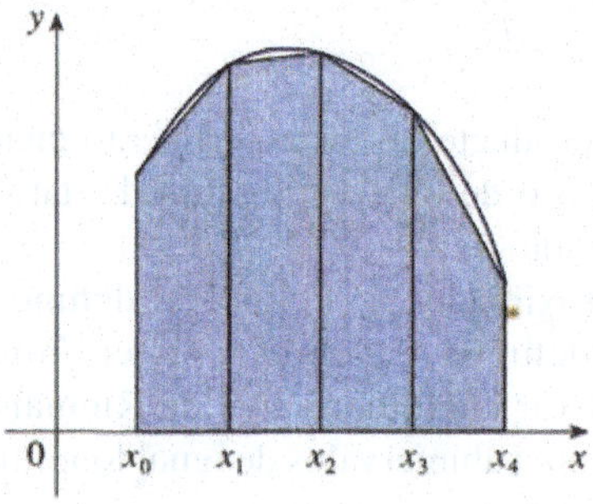

FIGURA 2
Aproximación trapezoidal

Regla trapezoidal

$$\int_a^b f(x)\,dx \approx T_n = \frac{\Delta x}{2}[f(x_0) + 2f(x_1) + 2f(x_2) + \cdots + 2f(x_{n-1}) + f(x_n)]$$

donde $\Delta x = (b - a)/n$ y $x_i = a + i\,\Delta x$.

La razón para el nombre de la regla del trapecio puede verse de la figura 2, que ilustra el caso con $f(x) \geq 0$ y $n = 4$. El área del trapezoide que está encima del i-ésimo subintervalo es

$$\Delta x\left(\frac{f(x_{i-1}) + f(x_i)}{2}\right) = \frac{\Delta x}{2}[f(x_{i-1}) + f(x_i)]$$

y si se suman las áreas de todos los trapezoides, se obtiene el lado derecho de la regla del trapecio.

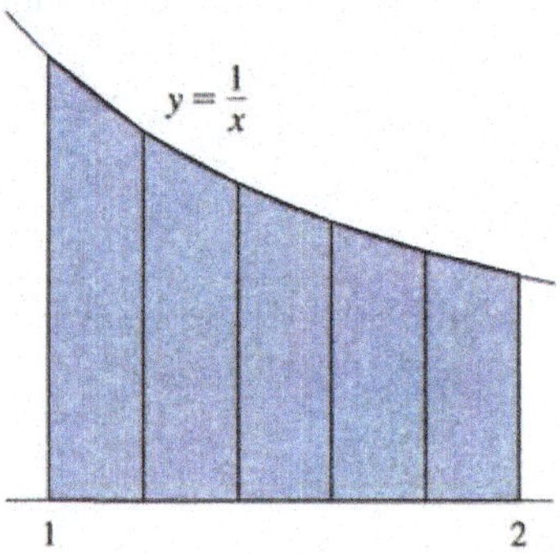

FIGURA 3

EJEMPLO 1 Utilice (a) la regla del trapecio y (b) la regla del punto medio con $n = 5$ para aproximar la integral $\int_1^2 (1/x)\,dx$.

SOLUCIÓN

(a) Con $n = 5$, $a = 1$ y $b = 2$, tiene $\Delta x = (2 - 1)/5 = 0.2$, por lo que la regla del trapecio da

$$\int_1^2 \frac{1}{x}\,dx \approx T_5 = \frac{0.2}{2}[f(1) + 2f(1.2) + 2f(1.4) + 2f(1.6) + 2f(1.8) + f(2)]$$

$$= 0.1\left(\frac{1}{1} + \frac{2}{1.2} + \frac{2}{1.4} + \frac{2}{1.6} + \frac{2}{1.8} + \frac{1}{2}\right)$$

$$\approx 0.695635$$

Esta aproximación se muestra en la figura 3.

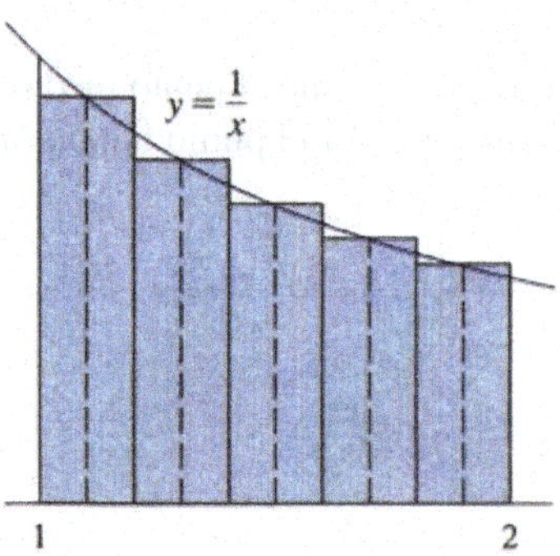

FIGURA 4

(b) Los puntos medios de los cinco subintervalos son 1.1, 1.3, 1.5, 1.7 y 1.9, por lo que la regla del punto medio da

$$\int_1^2 \frac{1}{x}\,dx \approx \Delta x[f(1.1) + f(1.3) + f(1.5) + f(1.7) + f(1.9)]$$

$$= \frac{1}{5}\left(\frac{1}{1.1} + \frac{1}{1.3} + \frac{1}{1.5} + \frac{1}{1.7} + \frac{1}{1.9}\right)$$

$$\approx 0.691908$$

Esta aproximación se muestra en la figura 4. ■

En el ejemplo 1 elija deliberadamente una integral cuyo valor puede calcularse explícitamente, así puede ver qué tan precisas son las reglas del trapecio y del punto medio. Por el teorema fundamental del cálculo,

$$\int_1^2 \frac{1}{x}\,dx = \ln x\Big]_1^2 = \ln 2 = 0.693147\ldots$$

$\int_a^b f(x)\,dx = \text{aproximación} + \text{error}$

El **error** al usar una aproximación se define como la cantidad que debe sumarse a la aproximación para que sea exacta. De los valores en el ejemplo 1, vea que los errores en las aproximaciones por las reglas del trapecio y del punto medio para $n = 5$ son

$$E_T \approx -0.002488 \qquad \text{y} \qquad E_M \approx 0.001239$$

En general, se tiene

$$E_T = \int_a^b f(x)\,dx - T_n \qquad \text{y} \qquad E_M = \int_a^b f(x)\,dx - M_n$$

TEC Module 5.2/7.7 le permite comparar métodos de aproximación.

Las tablas siguientes muestran el resultado de cálculos similares a los del ejemplo 1, pero para $n = 5$, 10 y 20 y para las aproximaciones por el punto final izquierdo y el derecho, así como las reglas del trapecio y del punto medio.

Aproximaciones a $\int_1^2 \frac{1}{x}\,dx$

n	L_n	R_n	T_n	M_n
5	0.745635	0.645635	0.695635	0.691908
10	0.718771	0.668771	0.693771	0.692835
20	0.705803	0.680803	0.693303	0.693069

Errores correspondientes

n	E_L	E_R	E_T	E_M
5	−0.052488	0.047512	−0.002488	0.001239
10	−0.025624	0.024376	−0.000624	0.000312
20	−0.012656	0.012344	−0.000156	0.000078

Estas observaciones son verdaderas en la mayoría de los casos.

De estas tablas pueden hacerse varias observaciones:

1. En todos los métodos se obtuvieron aproximaciones más exactas cuando se incrementa el valor de n. (Pero valores muy grandes de n requieren de tantas operaciones aritméticas que se debe considerar del error de redondeo acumulado).
2. Los errores en las aproximaciones del punto final izquierdo y el derecho son de signo opuesto y al parecer disminuyen por un factor de aproximadamente 2 cuando se duplica el valor de n.
3. Las reglas del trapecio y del punto medio son mucho más exactas que las aproximaciones de punto final.
4. Los errores en las reglas del trapecio y del punto medio son de signo opuesto y al parecer disminuyen por un factor de alrededor de 4 cuando se duplica el valor de n.
5. El tamaño del error en la regla del punto medio es casi la mitad del tamaño del error en la regla del trapecio.

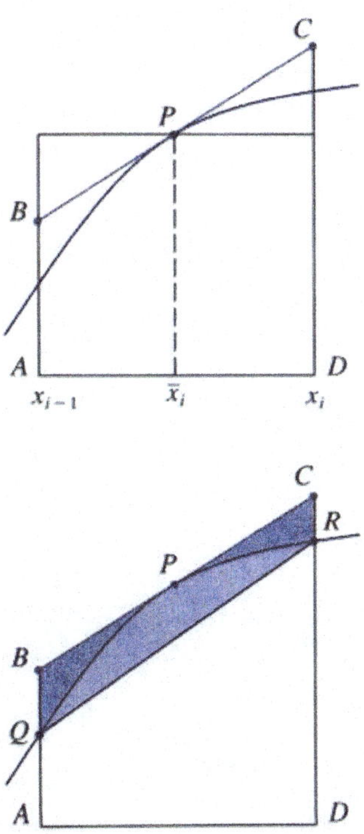

FIGURA 5

La figura 5 muestra por qué usualmente se puede esperar que la regla del punto medio sea más exacta que la del trapecio. El área de un rectángulo representativo en la regla del punto medio es la misma que la del trapecio $ABCD$ cuyo lado superior es tangente a la gráfica de P. El área de este trapezoide es más próxima al área bajo la gráfica de lo que es el área del trapezoide $AQRD$ empleado en la regla del trapecio. [El error del punto medio (sombreado por encima de la curva) es más pequeño que el error trapezoidal (sombreado por debajo de la curva).]

Estas observaciones se corroboran en las estimaciones de error siguientes y que se demuestran en textos de análisis numérico. Note que la observación 4 corresponde a n^2 en cada denominador porque $(2n)^2 = 4n^2$. El hecho de que las estimaciones dependan del tamaño de la segunda derivada no es de sorprender si se considera la figura 5, porque $f''(x)$ mide qué tanto se curva la gráfica. [Recuerde que $f''(x)$ mide qué tan rápido cambia la pendiente de $y = f(x)$.]

3 **Límites de error** Suponga que $|f''(x)| \leq K$ para $a \leq x \leq b$. Si E_T y E_M son los errores en las reglas del trapecio y del punto medio, respectivamente, entonces

$$|E_T| \leq \frac{K(b-a)^3}{12n^2} \qquad \text{y} \qquad |E_M| \leq \frac{K(b-a)^3}{24n^2}$$

Aplique esta estimación del error para la aproximación por la regla del trapecio del ejemplo 1. Si $f(x) = 1/x$, entonces $f'(x) = -1/x^2$ y $f''(x) = 2/x^3$. Como $1 \leq x \leq 2$, tiene $1/x \leq 1$, por lo que

$$|f''(x)| = \left|\frac{2}{x^3}\right| \leq \frac{2}{1^3} = 2$$

Por tanto, tomando $K = 2$, $a = 1$, $b = 2$ y $n = 5$ en la estimación de error (3), vea que

K puede ser cualquier número más grande que todos los valores de $|f''(x)|$, pero valores más pequeños que K dan mejores límites de error.

$$|E_T| \leq \frac{2(2-1)^3}{12(5)^2} = \frac{1}{150} \approx 0.006667$$

Comparando esta estimación de error de 0.006667 con el error real de casi 0.002488, vea que es posible que el error real sea sustancialmente menor que el límite superior para el error dado por (3).

EJEMPLO 2 ¿Qué tan grande debería tomarse n para garantizar que las reglas del trapecio y del punto medio para $\int_1^2 (1/x)\,dx$, tengan una exactitud dentro de 0.0001?

SOLUCIÓN En el cálculo precedente, se vio que $|f''(x) \leq 2$ para $1 \leq x \leq 2$, así que es posible tomar $K = 2$, $a = 1$ y $b = 2$ en (3). La exactitud dentro de 0.0001 significa que el tamaño del error debería ser menor que 0.0001. Por tanto, elija n de manera que

$$\frac{2(1)^3}{12n^2} < 0.0001$$

Resolviendo la desigualdad para n, se obtiene

$$n^2 > \frac{2}{12(0.0001)}$$

Es muy posible que un valor menor para n sea suficiente, pero 41 es el valor más pequeño para el cual la fórmula del límite del error puede *garantizar* exactitud dentro de 0.0001.

o
$$n > \frac{1}{\sqrt{0.0006}} \approx 40.8$$

Así, $n = 41$ asegurará la exactitud deseada.

Para la misma exactitud con la regla del punto medio, elija n tal que

$$\frac{2(1)^3}{24n^2} < 0.0001 \qquad \text{por lo que} \qquad n > \frac{1}{\sqrt{0.0012}} \approx 29$$ ■

EJEMPLO 3

(a) Utilice la regla del punto medio con $n = 10$ para aproximar la integral $\int_0^1 e^{x^2}\,dx$.

(b) Dé un límite superior para el error involucrado en esta aproximación.

SOLUCIÓN

(a) Dado que $a = 0$, $b = 1$ y $n = 10$, la regla del punto medio da

$$\int_0^1 e^{x^2}\,dx \approx \Delta x\,[f(0.05) + f(0.15) + \cdots + f(0.85) + f(0.95)]$$

$$= 0.1[e^{0.0025} + e^{0.0225} + e^{0.0625} + e^{0.1225} + e^{0.2025} + e^{0.3025}$$

$$+ e^{0.4225} + e^{0.5625} + e^{0.7225} + e^{0.9025}]$$

$$\approx 1.460393$$

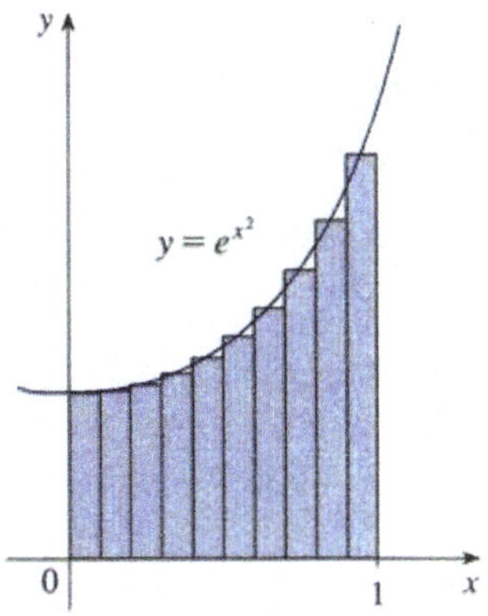

FIGURA 6

La figura 6 ilustra esta aproximación.

(b) Ya que $f(x) = e^{x^2}$, se tiene $f'(x) = 2xe^{x^2}$ y $f''(x) = (2 + 4x^2)e^{x^2}$. También, puesto que $0 \leqslant x \leqslant 1$, tiene $x^2 \leqslant 1$ y así

$$0 \leqslant f''(x) = (2 + 4x^2)e^{x^2} \leqslant 6e$$

El error estimado da el límite superior para el error. Son escenarios teóricos del peor de los casos. El error real en este caso resulta ser de cerca de 0.0023.

Tomando $K = 6e$, $a = 0$, $b = 1$ y $n = 10$ en el error estimado (3), verá que un límite superior para el error es

$$\frac{6e(1)^3}{24(10)^2} = \frac{e}{400} \approx 0.007$$ ■

■ La regla de Simpson

Otra regla para la integración aproximada resulta del uso de parábolas en lugar de segmentos de recta para aproximar la curva. Como antes, divida $[a, b]$ en n subintervalos de igual longitud $h = \Delta x = (b - a)/n$, pero esta vez suponga que n es un número *par*. Entonces aproxime la curva $y = f(x) \geqslant 0$ sobre cada par consecutivo de intervalos, por una parábola como se muestra en la figura 7. Si $y_i = f(x_i)$, entonces $P_i(x_i, y_i)$ es el punto en la curva que está arriba de x_i. Una parábola representativa pasa por tres puntos consecutivos P_i, P_{i+1} y P_{i+2}.

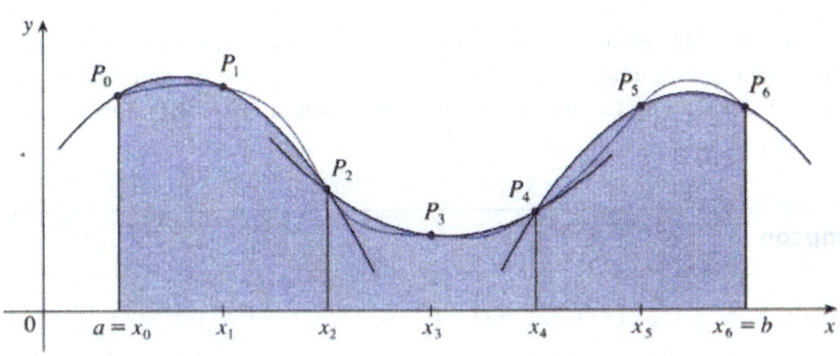

FIGURA 7

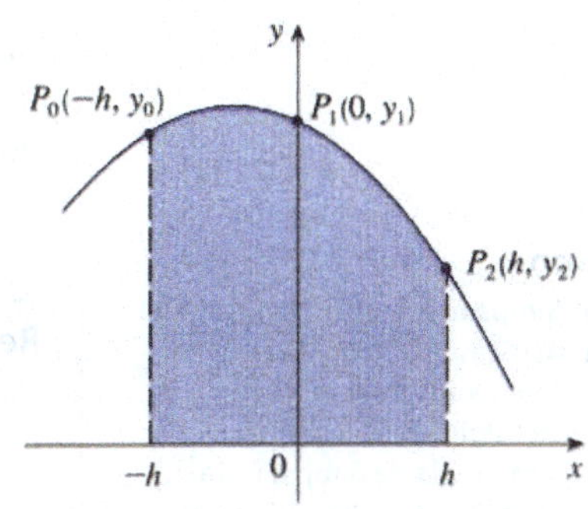

FIGURA 8

Para simplificar sus cálculos, primero considere el caso donde $x_0 = -h$, $x_1 = 0$ y $x_2 = h$ (véase la figura 8). Sabe que la ecuación de la parábola que pasa por P_0, P_1 y

P_2 es de la forma $y = Ax^2 + Bx + C$ y, por tanto, el área bajo la parábola desde $x = -h$ hasta $x = h$ es

Aquí emplee el teorema 5.5.7. Observe que $Ax^2 + C$ es par y Bx es impar.

$$\int_{-h}^{h} (Ax^2 + Bx + C)\,dx = 2\int_{0}^{h} (Ax^2 + C)\,dx = 2\left[A\frac{x^3}{3} + Cx\right]_0^h$$

$$= 2\left(A\frac{h^3}{3} + Ch\right) = \frac{h}{3}(2Ah^2 + 6C)$$

Pero, dado que la parábola pasa por $P_0(-h, y_0)$, $P_1(0, y_1)$ y $P_2(h, y_2)$, tiene

$$y_0 = A(-h)^2 + B(-h) + C = Ah^2 - Bh + C$$

$$y_1 = C$$

$$y_2 = Ah^2 + Bh + C$$

y por tanto $$y_0 + 4y_1 + y_2 = 2Ah^2 + 6C$$

Así, puede reescribir el área bajo la parábola como

$$\frac{h}{3}(y_0 + 4y_1 + y_2)$$

Ahora, si se desplaza esta parábola horizontalmente, el área bajo esta no cambia. Esto significa que el área bajo la parábola que pasa por P_0, P_1 y P_2 desde $x = x_0$ hasta $x = x_2$ en la figura 7 es aún

$$\frac{h}{3}(y_0 + 4y_1 + y_2)$$

De manera similar, el área bajo la parábola que pasa por P_2, P_3 y P_4 de $x = x_2$ a $x = x_4$ es

$$\frac{h}{3}(y_2 + 4y_3 + y_4)$$

Si calcula de esta manera las áreas bajo todas las parábolas y suma los resultados, obtiene

$$\int_a^b f(x)\,dx \approx \frac{h}{3}(y_0 + 4y_1 + y_2) + \frac{h}{3}(y_2 + 4y_3 + y_4) + \cdots + \frac{h}{3}(y_{n-2} + 4y_{n-1} + y_n)$$

$$= \frac{h}{3}(y_0 + 4y_1 + 2y_2 + 4y_3 + 2y_4 + \cdots + 2y_{n-2} + 4y_{n-1} + y_n)$$

Aunque ha deducido esta aproximación para el caso en el que $f(x) \geqslant 0$, es una aproximación razonable para cualquier función continua f y se le conoce como regla de Simpson en honor del matemático inglés Thomas Simpson (1710-1761). Observe el patrón de coeficientes: 1, 4, 2, 4, 2, 4, 2, . . . , 4, 2, 4, 1.

Simpson

Thomas Simpson fue un autodidacta en matemáticas que llegó a ser uno de los mejores matemáticos ingleses del siglo XVIII. Lo que se conoce como regla de Simpson, ya era del dominio de Cavalieri y Gregory en el siglo XVII, pero Simpson la popularizó en su libro *Mathematical Dissertations* (1743).

Regla de Simpson

$$\int_a^b f(x)\,dx \approx S_n = \frac{\Delta x}{3}[f(x_0) + 4f(x_1) + 2f(x_2) + 4f(x_3) + \cdots$$

$$+ 2f(x_{n-2}) + 4f(x_{n-1}) + f(x_n)]$$

donde n es par y $\Delta x = (b - a)/n$

EJEMPLO 4 Utilice la regla de Simpson con $n = 10$ para aproximar $\int_1^2 (1/x)\,dx$.

SOLUCIÓN Poniendo $f(x) = 1/x$, $n = 10$ y $\Delta x = 0.1$ en la regla de Simpson, se obtiene

$$\int_1^2 \frac{1}{x}\,dx \approx S_{10}$$

$$= \frac{\Delta x}{3}[f(1) + 4f(1.1) + 2f(1.2) + 4f(1.3) + \cdots + 2f(1.8) + 4f(1.9) + f(2)]$$

$$= \frac{0.1}{3}\left(\frac{1}{1} + \frac{4}{1.1} + \frac{2}{1.2} + \frac{4}{1.3} + \frac{2}{1.4} + \frac{4}{1.5} + \frac{2}{1.6} + \frac{4}{1.7} + \frac{2}{1.8} + \frac{4}{1.9} + \frac{1}{2}\right)$$

$$\approx 0.693150$$ ■

Observe que, en el ejemplo 4, la regla de Simpson da una *mucho* mejor aproximación ($S_{10} \approx 0.693150$) para los valores verdaderos de la integral ($\ln 2 \approx 0.693147\ldots$) que los de la regla del trapecio ($T_{10} \approx 0.693771$) o de la regla del punto medio ($M_{10} \approx 0.692835$). Resulta (véase el ejercicio 50) que las aproximaciones en la regla de Simpson son promedios ponderados de los de las reglas del trapecio y del punto medio:

$$S_{2n} = \tfrac{1}{3}T_n + \tfrac{2}{3}M_n$$

(Recuerde que usualmente E_T y E_M tienen signos opuestos y $|E_M|$ es casi la mitad del tamaño de $|E_T|$).

En muchas aplicaciones de cálculo se necesita evaluar una integral aun cuando no se conoce ninguna fórmula explícita para y como función de x. Una función puede darse en forma gráfica o como una tabla de valores de una colección de datos. Si hay evidencia de que los valores no cambian con rapidez, entonces aún puede utilizarse la regla del trapecio o la regla de Simpson para encontrar un valor aproximado de $\int_a^b y\,dx$, la integral de y respecto a x.

EJEMPLO 5 La figura 9 muestra el tráfico de datos en la conexión de Estados Unidos a SWITCH, la red suiza universitaria y de investigación, el 10 de febrero de 1998. $D(t)$ es el gasto de información, medido en megabits por segundo (Mb/s). Utilice la regla de Simpson para estimar la cantidad total de datos transmitidos en la conexión de la medianoche hasta el mediodía de ese día.

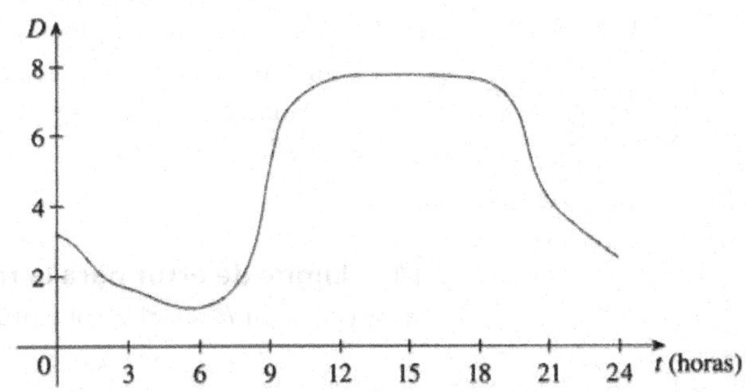

FIGURA 9

SOLUCIÓN Puesto que se desea que las unidades sean congruentes y $D(t)$ se mide en megabits por segundo, convierta las unidades de t de horas a segundos. Si $A(t)$ es la cantidad de datos (en megabits), transmitida en el instante t, donde t se mide en segundos, entonces $A'(t) = D(t)$. Así, por el teorema del cambio neto (véase la sección 5.4), la cantidad total de datos transmitidos a mediodía (cuando $t = 12 \times 60^2 = 43\,200$) es

$$A(43\,200) = \int_0^{43\,200} D(t)\,dt$$

Estime los valores de $D(t)$ a intervalos de una hora a partir de la gráfica y compílelos en la tabla.

t (horas)	t (segundos)	$D(t)$	t (horas)	t (segundos)	$D(t)$
0	0	3.2	7	25 200	1.3
1	3 600	2.7	8	28 800	2.8
2	7 200	1.9	9	32 400	5.7
3	10 800	1.7	10	36 000	7.1
4	14 400	1.3	11	39 600	7.7
5	18 000	1.0	12	43 200	7.9
6	21 600	1.1			

Después, utilice la regla de Simpson con $n = 12$ y $\Delta t = 3600$ para estimar la integral:

$$\begin{aligned}\int_0^{43\,200} A(t)\,dt &\approx \frac{\Delta t}{3}[D(0) + 4D(3600) + 2D(7200) + \cdots + 4D(39\,600) + D(43\,200)]\\ &\approx \frac{3600}{3}[3.2 + 4(2.7) + 2(1.9) + 4(1.7) + 2(1.3) + 4(1.0)\\ &\qquad + 2(1.1) + 4(1.3) + 2(2.8) + 4(5.7) + 2(7.1) + 4(7.7) + 7.9]\\ &= 143\,880\end{aligned}$$

Así, la cantidad total de datos transmitida de la medianoche hasta el mediodía es de alrededor de 144 000 megabits, o 144 gigabits. ■

n	M_n	S_n
4	0.69121989	0.69315453
8	0.69266055	0.69314765
16	0.69302521	0.69314721

n	E_M	E_S
4	0.00192729	−0.00000735
8	0.00048663	−0.00000047
16	0.00012197	−0.00000003

La tabla en el margen muestra cómo se compara la regla de Simpson con la regla del punto medio para la integral $\int_1^2 (1/x)\,dx$, cuyo valor es aproximadamente de 0.69314718. La segunda tabla muestra cómo decrece el error E_s en la regla de Simpson, por un factor de casi 16 cuando n se duplica. (En los ejercicios 27 y 28 se le pide comprobar esto para dos integrales adicionales.) Esto es consistente con la aparición de n^4 en el denominador de la estimación de error siguiente para la regla de Simpson. Esto es similar a las estimaciones dadas en (3) para las reglas del trapecio y del punto medio, pero se utiliza la cuarta derivada de f.

4 **Límite de error para la regla de Simpson** Suponga que $|f^{(4)}(x)| \leq K$ para $a \leq x \leq b$. Si E_s es el error implicado al utilizar la regla de Simpson, entonces

$$|E_S| \leq \frac{K(b-a)^5}{180n^4}$$

EJEMPLO 6 ¿Qué tan grande debe tomar n para garantizar que la aproximación de la regla de Simpson para $\int_1^2 (1/x)\,dx$ sea exacta dentro de 0.0001?

SOLUCIÓN Si $f(x) = 1/x$, entonces $f^{(4)}(x) = 24/x^5$. Dado que $x \geqslant 1$, se tiene $1/x \leqslant 1$, por lo que

$$|f^{(4)}(x)| = \left|\frac{24}{x^5}\right| \leqslant 24$$

Muchas calculadoras y sistemas algebraicos computacionales tienen un algoritmo integrado que calcula una aproximación de una integral definida. Algunas de estas máquinas utilizan la regla de Simpson; otras utilizan técnicas más complejas como la integración numérica *adaptativa*. Esto significa que si una función fluctúa mucho más en cierta parte del intervalo que en cualquier otra parte, entonces esta parte se divide en más subintervalos. Esta estrategia reduce el número de cálculos requeridos para lograr la exactitud prescrita.

Por tanto, puede tomar $K = 24$ en (4). Por lo que para un error menor de 0.0001, debería elegir n de manera que

$$\frac{24(1)^5}{180n^4} < 0.0001$$

Esto da

$$n^4 > \frac{24}{180(0.0001)}$$

o

$$n > \frac{1}{\sqrt[4]{0.00075}} \approx 6.04$$

Por tanto, $n = 8$ (n debe ser par) da la exactitud deseada. (Compare esto con el ejemplo 2, donde obtuvo $n = 41$ para la regla del trapecio y $n = 29$ para la regla del punto medio.) ■

EJEMPLO 7

(a) Utilice la regla de Simpson con $n = 10$ para aproximar la integral $\int_0^1 e^{x^2}dx$.
(b) Estime el error implicado en esta aproximación.

SOLUCIÓN
(a) Si $n = 10$, entonces $\Delta x = 0.1$ y la regla de Simpson da

La figura 10 ilustra los cálculos del ejemplo 7. Observe que los arcos parabólicos son muy cercanos a la gráfica de $y = e^{x^2}$ que son prácticamente indistinguibles de esta.

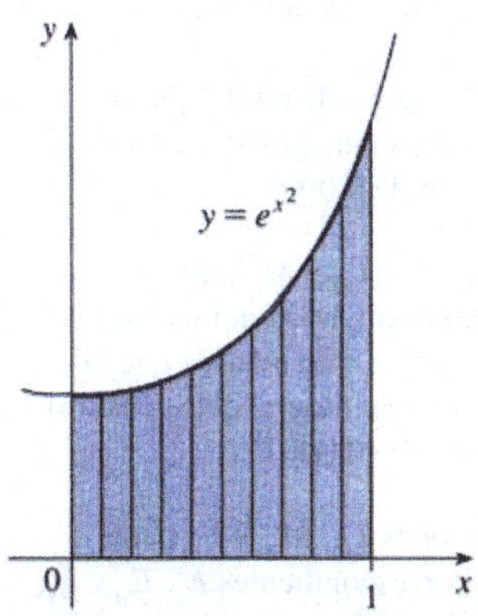

FIGURA 10

$$\int_0^1 e^{x^2}dx \approx \frac{\Delta x}{3}[f(0) + 4f(0.1) + 2f(0.2) + \cdots + 2f(0.8) + 4f(0.9) + f(1)]$$

$$= \frac{0.1}{3}[e^0 + 4e^{0.01} + 2e^{0.04} + 4e^{0.09} + 2e^{0.16} + 4e^{0.25} + 2e^{0.36} + 4e^{0.49} + 2e^{0.64} + 4e^{0.81} + e^1]$$

$$\approx 1.462681$$

(b) La cuarta derivada de $f(x) = e^{x^2}$ es

$$f^{(4)}(x) = (12 + 48x^2 + 16x^4)e^{x^2}$$

y así, dado que $0 \leqslant x \leqslant 1$, se tiene

$$0 \leqslant f^{(4)}(x) \leqslant (12 + 48 + 16)e^1 = 76e$$

Por tanto, escribiendo $K = 76e$, $a = 0$, $b = 1$ y $n = 10$ en (4), se ve que el error es a lo más

$$\frac{76e(1)^5}{180(10)^4} \approx 0.000115$$

(Compare esto con el ejemplo 3.) Así, con un redondeo a tres decimales, se tiene

$$\int_0^1 e^{x^2}dx \approx 1.463$$ ■

7.7 EJERCICIOS

1. Sea $\int_0^4 f(x)\,dx$, donde f es la función cuya gráfica se muestra.
(a) Utilice la gráfica para encontrar L_2, R_2 y M_2.
(b) ¿Son estas sobreestimaciones o subestimaciones de I?
(c) Utilice la gráfica para encontrar T_2. ¿Cómo se compara esta con I?
(d) Para cualquier valor de n, enumere los números L_n, R_n, M_n, T_n e I, en orden creciente.

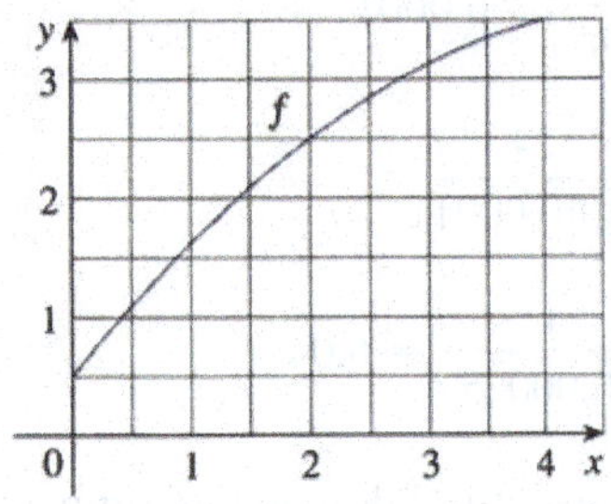

2. Se utilizaron las aproximaciones por la izquierda, por la derecha, la regla del trapecio y la regla del punto medio para estimar $\int_0^2 f(x)\,dx$, donde f es la función cuya gráfica se muestra. Las estimaciones fueron 0.7811, 0.8675, 0.8632 y 0.9540, y se utilizó el mismo número de subintervalos en cada caso.
(a) ¿Cuál regla produce cuál estimación?
(b) ¿Entre cuáles dos aproximaciones está el valor verdadero de $\int_0^2 f(x)\,dx$?

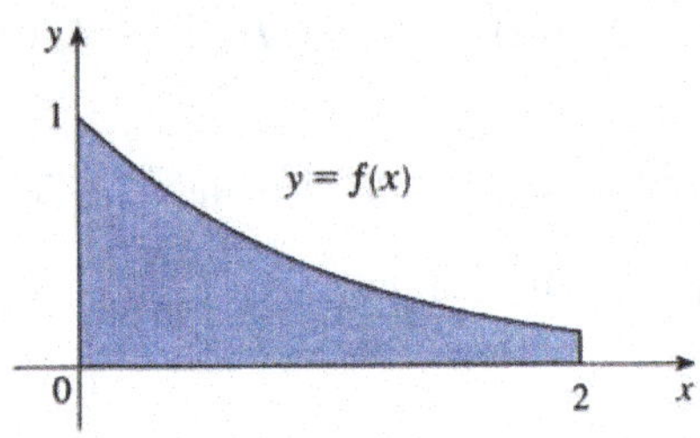

3. Estime $\int_0^1 \cos(x^2)\,dx$ utilizando (a) la regla del trapecio y (b) la regla del punto medio, cada una con $n = 4$. A partir de una gráfica del integrando, decida si sus respuestas son subestimadas o sobreestimadas ¿Qué se puede concluir acerca del valor verdadero de la integral?

4. Dibuje la gráfica de $f(x) = \operatorname{sen}(\frac{1}{2}x^2)$ en el rectángulo de vista $[0, 1]$ por $[0, 0.5]$ y sea $I = \int_0^1 f(x)\,dx$.
(a) Utilice la gráfica para decidir si L_2, R_2, M_2 y T_2 son subestimaciones o sobreestimaciones de I.
(b) Para cualquier valor de n, enumere los números L_n, R_n, M_n, T_n e I, en orden creciente.
(c) Calcule L_5, R_5, M_5 y T_5. A partir de la gráfica, ¿cuál piensa usted que da la mejor estimación de I?

5–6 Utilice (a) la regla del punto medio y (b) la regla de Simpson para aproximar cada una de las integrales dadas con el valor especificado de n. (Redondee sus respuestas a seis decimales.) Compare sus resultados con el valor verdadero para determinar el error en cada aproximación.

5. $\int_0^\pi x^2 \operatorname{sen} x\,dx, \quad n = 8$

6. $\int_0^1 e^{-\sqrt{x}}\,dx, \quad n = 6$

7–18 Utilice (a) la regla del trapecio, (b) la regla del punto medio y (c) la regla de Simpson para aproximar las integrales dadas con el valor especificado de n. (Redondee sus respuestas a seis decimales.)

7. $\int_1^2 \sqrt{x^3 - 1}\,dx, \quad n = 10$

8. $\int_0^2 \dfrac{1}{1 + x^6}\,dx, \quad n = 8$

9. $\int_1^4 \sqrt{\ln x}\,dx, \quad n = 6$

10. $\int_0^{\pi/2} \sqrt[3]{1 + \cos x}\,dx, \quad n = 4$

11. $\int_0^4 x^3 \operatorname{sen} x\,dx, \quad n = 8$

12. $\int_1^3 e^{1/x}\,dx, \quad n = 8$

13. $\int_0^4 \sqrt{y} \cos y\,dy, \quad n = 8$

14. $\int_2^3 \dfrac{1}{\ln t}\,dt, \quad n = 10$

15. $\int_0^1 \dfrac{x^2}{1 + x^4}\,dx, \quad n = 10$

16. $\int_1^3 \dfrac{\operatorname{sen} t}{t}\,dt, \quad n = 4$

17. $\int_0^4 \ln(1 + e^x)\,dx, \quad n = 8$

18. $\int_0^1 \sqrt{x + x^3}\,dx, \quad n = 10$

19. (a) Encuentre las aproximaciones T_8 y M_8 para la integral $\int_0^1 \cos(x^2)\,dx$.
(b) Estime los errores en las aproximaciones del inciso (a).
(c) ¿Qué tan grande se debe elegir n de modo que las aproximaciones T_n y M_n para la integral del inciso (a) tengan una exactitud dentro de 0.0001?

20. (a) Encuentre las aproximaciones T_{10} y M_{10} para $\int_1^2 e^{1/x}\,dx$.
(b) Estime los errores en la aproximación del inciso (a).
(c) ¿Qué tan grande se debe elegir n de manera que las aproximaciones T_n y M_n para la integral del inciso (a) tengan una exactitud dentro de 0.0001?

21. (a) Encuentre las aproximaciones T_{10}, M_{10} y S_{10} para $\int_0^\pi \operatorname{sen} x\,dx$ y los errores correspondientes E_T, E_M y E_S.
(b) Compare los errores reales del inciso (a) con las estimaciones del error dadas por (3) y (4).
(c) ¿Qué tan grande se tiene que elegir n para que las aproximaciones T_n, M_n y S_n para la integral del inciso (a) estén dentro de una exactitud de 0.00001?

22. ¿Qué tan grande debería ser n para garantizar que la aproximación por la regla de Simpson para $\int_0^1 e^{x^2}\,dx$ esté dentro de 0.00001?

SAC **23.** La dificultad con las estimaciones de error es que suele ser muy difícil calcular cuatro derivadas y obtener a mano un buen límite superior K para $|f^{(4)}(x)|$. Pero los sistemas algebraicos computacionales no tienen problema para calcular $f^{(4)}$ y graficarla, así que es posible encontrar con facilidad un valor de K a partir de una gráfica hecha por la máquina. Este ejercicio trata con las aproximaciones a la integral $I = \int_0^{2\pi} f(x)\,dx$ donde $f(x) = e^{\cos x}$.

(a) Utilice una gráfica para obtener un buen límite superior para $|f''(x)|$.
(b) Utilice M_{10} para aproximar I.
(c) Use el inciso (a) para estimar el error en el inciso (b).
(d) Utilice la capacidad de integración numérica integrada en su SAC para aproximar I.
(e) ¿Cómo se compara el error real con la estimación de error del inciso (c)?
(f) Utilice una gráfica para obtener un buen límite superior para $|f^{(4)}(x)|$.
(g) Utilice S_{10} para aproximar I.
(h) Utilice el inciso (f) para estimar el error en el inciso (g).
(i) ¿Cómo se compara el error verdadero con el error estimado en el inciso (h)?
(j) ¿Qué tan grande debería ser n para garantizar que el tamaño del error al utilizar S_n sea menor que 0.0001?

SAC **24.** Repita el ejercicio 23 para la integral $\int_{-1}^{1} \sqrt{4 - x^3}\,dx$.

25–26 Encuentre las aproximaciones L_n, R_n, T_n y M_n para $n = 5$, 10 y 20. Después, calcule los errores correspondientes E_L, E_R, E_T y E_M. (Redondee sus respuestas a seis decimales. Si lo desea, puede utilizar el comando SUM de un sistema algebraico computacional). ¿Qué observaciones puede hacer? En particular, ¿qué sucede con los errores cuando se duplica n?

25. $\int_0^1 xe^x\,dx$ **26.** $\int_1^2 \frac{1}{x^2}\,dx$

27–28 Encuentre las aproximaciones T_n, M_n y S_n para $n = 6$ y 12. Después calcule los correspondientes errores E_T, E_M y E_S. (Redondee sus respuestas a seis decimales. Si lo desea, puede utilizar el comando SUM de su sistema algebraico computacional). ¿Qué observaciones puede hacer? En particular, ¿qué pasa con los errores cuando n se duplica?

27. $\int_0^2 x^4\,dx$ **28.** $\int_1^4 \frac{1}{\sqrt{x}}\,dx$

29. Estime el área bajo la gráfica en la figura utilizando (a) la regla del trapecio, (b) la regla del punto medio y (c) la regla de Simpson, cada una con $n = 6$.

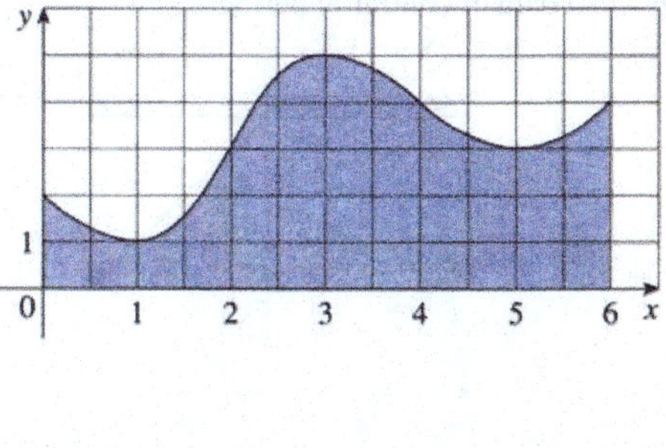

30. Los anchos (en metros) de una piscina en forma de riñón se midieron a intervalos de dos metros como se indica en la figura. Utilice la regla de Simpson para estimar el área de la piscina.

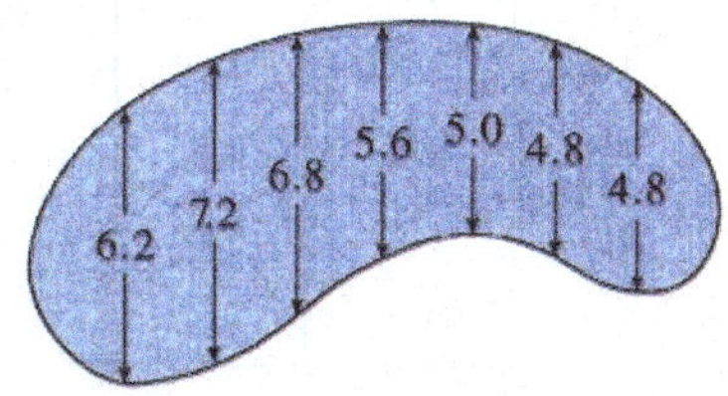

31. (a) Utilice la regla del punto medio y los datos dados para estimar el valor de la integral $\int_1^5 f(x)\,dx$.

x	$f(x)$	x	$f(x)$
1.0	2.4	3.5	4.0
1.5	2.9	4.0	4.1
2.0	3.3	4.5	3.9
2.5	3.6	5.0	3.5
3.0	3.8		

(b) Si se sabe que $-2 \leq f''(x) \leq 3$ para toda x, estime el error implicado en la aproximación en el inciso (a).

32. (a) Se da una tabla de valores de una función g. Utilice la regla de Simpson para estimar $\int_0^{1.6} g(x)\,dx$.

x	$g(x)$	x	$g(x)$
0.0	12.1	1.0	12.2
0.2	11.6	1.2	12.6
0.4	11.3	1.4	13.0
0.6	11.1	1.6	13.2
0.8	11.7		

(b) Si $-5 \leq g^{(4)}(x) \leq 2$ para $0 \leq x \leq 1.6$, estime el error implicado en la aproximación en el inciso (a).

33. Se muestra una gráfica de temperatura en la ciudad de Boston el 11 de agosto de 2013. Utilice la regla de Simpson con $n = 12$ para estimar el promedio de temperatura de ese día.

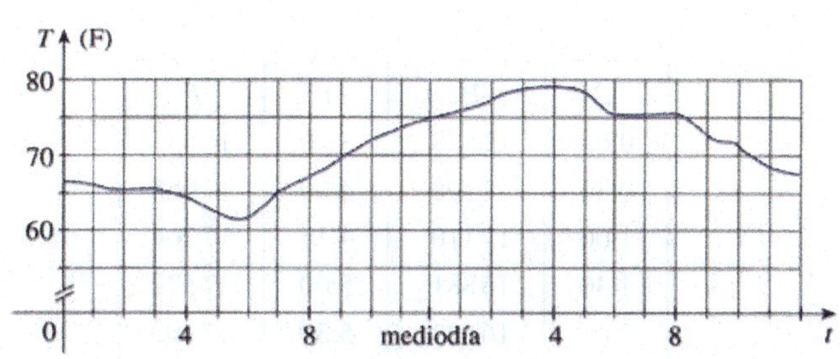

34. Se empleó una pistola de radar para registrar la rapidez de un corredor durante los primeros 5 segundos de una competencia (véase la tabla). Utilice la regla de Simpson para estimar la distancia que cubrió el corredor durante ese lapso.

t (s)	v (m/s)	t (s)	v (m/s)
0	0	3.0	10.51
0.5	4.67	3.5	10.67
1.0	7.34	4.0	10.76
1.5	8.86	4.5	10.81
2.0	9.73	5.0	10.81
2.5	10.22		

35. Se muestra la gráfica de la aceleración $a(t)$ de un automóvil medida en m/s^2. Utilice la regla de Simpson para estimar el aumento de velocidad del automóvil durante el intervalo de 6 segundos.

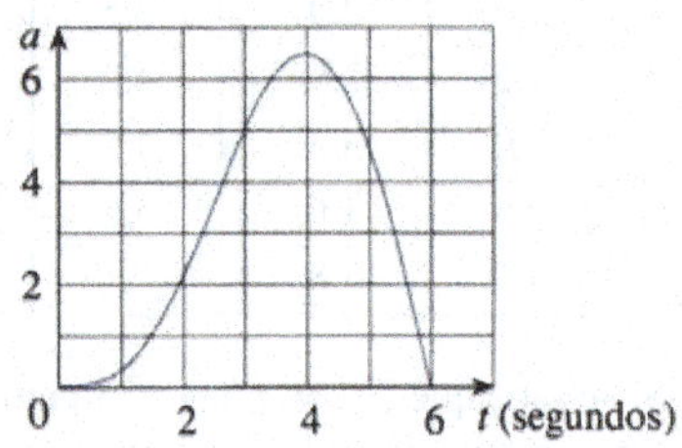

36. El agua se fuga de un depósito con una rapidez de $r(t)$ litros por hora, donde la gráfica de r es como se muestra. Utilice la regla de Simpson para estimar la cantidad total de agua que escapa durante las primeras 6 horas.

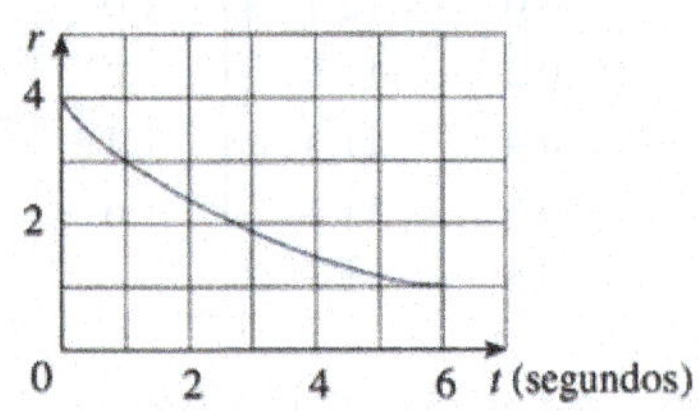

37. La tabla da el consumo de potencia en megavatios en Ontario desde la medianoche a las 6:00 a.m. el 10 de diciembre de 2004. Utilice la regla de Simpson para estimar la potencia utilizada durante ese período. (Use el hecho de que la potencia es la derivada de la energía.)

t	P	t	P
0:00	17888	3:30	16835
0:30	17398	4:00	17065
1:00	17110	4:30	17264
1:30	16881	5:00	17577
2:00	16832	5:30	17992
2:30	16950	6:00	18216
3:00	16833		

38. En la gráfica se muestra el tráfico de datos en una línea de datos TI del proveedor de servicio de internet de la medianoche a las 8:00 a.m. D es el flujo de datos medido en megabits por segundo. Utilice la regla de Simpson para estimar la cantidad total de datos transmitidos durante ese período.

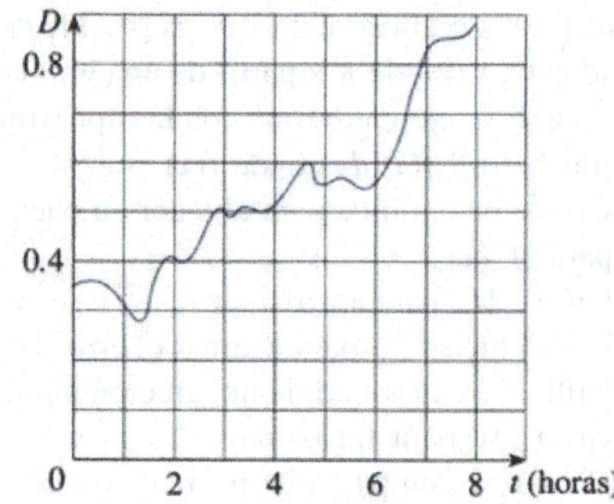

39. Utilice la regla de Simpson con $n = 8$ para estimar el volumen del sólido obtenido al rotar la región que se muestra en la figura, alrededor de (a) el eje x y (b) el eje y.

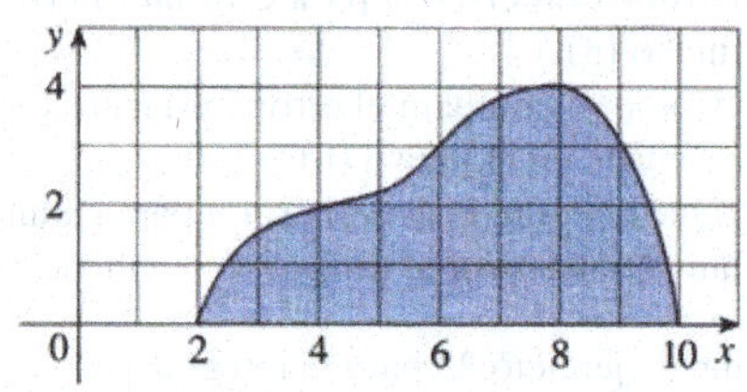

40. La tabla muestra valores de una función fuerza $f(x)$, donde x está medido en metros y $f(x)$ en newtons. Utilice la regla de Simpson para estimar el trabajo realizado por la fuerza al mover un objeto a una distancia de 18 m.

x	0	3	6	9	12	15	18
$f(x)$	9.8	9.1	8.5	8.0	7.7	7.5	7.4

41. La región acotada por las curvas $y = 1/(1 + e^{-x})$, el eje x, y el eje y y la recta $x = 10$ es rotada alrededor del eje x. Utilice la regla de Simpson con $n = 10$ para estimar el volumen del sólido resultante.

SAC **42.** En la figura se muestra un péndulo con longitud L que forma un ángulo máximo θ_0 con la vertical. Utilizando la segunda ley de Newton, se puede demostrar que el período T (el tiempo para una oscilación completa) está dado por

$$T = 4\sqrt{\frac{L}{g}} \int_0^{\pi/2} \frac{dx}{\sqrt{1 - k^2 \operatorname{sen}^2 x}}$$

donde $k = \operatorname{sen}\left(\frac{1}{2}\theta_0\right)$ y g es la aceleración debida a la gravedad. Si $L = 1$ m y $\theta_0 = 42°$, utilice la regla de Simpson con $n = 10$ para encontrar el período.

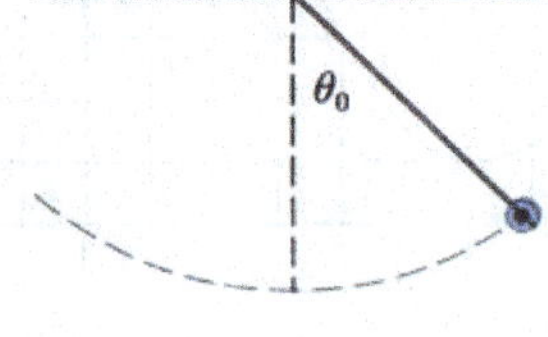

43. La intensidad de luz con longitud de onda λ que viaja por una rejilla de difracción con N ranuras en un ángulo θ está dado por $I(\theta) = N^2 \operatorname{sen}^2 k/k^2$, donde $k = (\pi N d \operatorname{sen}\theta)/\lambda$ y d es la distancia entre ranuras adyacentes. Un láser de helio-neón con longitud de onda $\lambda = 632.8 \times 10^{-9}$ m está emitiendo una estrecha banda de luz, dada por $-10^{-6} < \theta < 10^{-6}$ a través de una rejilla con 10 000 ranuras espaciadas 10^{-4} m. Utilice la regla del punto medio con $n = 10$ para estimar la intensidad total de luz $\int_{-10^{-6}}^{10^{-6}} I(\theta)\, d\theta$ que emerge de la rejilla.

44. Utilice la regla del trapecio con $n = 10$ para aproximar $\int_0^{20} \cos(\pi x)\, dx$. Compare su resultado con el valor verdadero. ¿Puede explicar la discrepancia?

45. Trace la gráfica de una función continua sobre [0, 2] para la cual la regla del trapecio con $n = 2$ es más exacta que la regla del punto medio.

46. Trace la gráfica de una función continua sobre [0, 2] para la cual la aproximación por el punto extremo final con $n = 2$ es más exacta que la regla de Simpson.

47. Si f es una función positiva y $f''(x) < 0$ para $a \leqslant x \leqslant b$, demuestre que

$$T_n < \int_a^b f(x)\, dx < M_n$$

48. Demuestre que si f es una función polinomial de grado 3 o menor, entonces la regla de Simpson da el valor exacto de $\int_a^b f(x)\, dx$.

49. Demuestre que $\frac{1}{2}(T_n + M_n) = T_{2n}$.

50. Demuestre que $\frac{1}{3}T_n + \frac{2}{3}M_n = S_{2n}$.

7.8 Integrales impropias

Al establecer la integral definida $\int_a^b f(x)\, dx$ se trata con una función f definida sobre un intervalo finito $[a, b]$ y se supone que f no tiene una discontinuidad infinita (véase la sección 5.2). En esta sección se extenderá el concepto de integral definida al caso donde el intervalo es infinito y también para el caso donde f tiene una discontinuidad infinita en $[a, b]$. En cada caso la integral se llama *impropia*. Una de las más importantes aplicaciones de esta idea se da en la distribución de probabilidad, que será estudiada en la sección 8.5.

Tipo 1: intervalos infinitos

Considere la región infinita S que está bajo la curva $y = 1/x^2$, por encima del eje x y a la derecha de la recta $x = 1$. Podría pensarse que, puesto que S se extiende al infinito, su área debe ser infinita, pero vea esto con más detalle. El área de la parte de S que está a la izquierda de la recta $x = t$ (sombreada en la figura 1) es

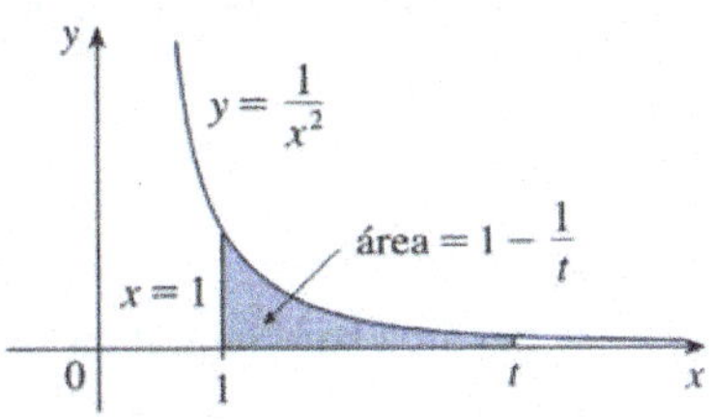

FIGURA 1

$$A(t) = \int_1^t \frac{1}{x^2}\, dx = -\frac{1}{x}\Big]_1^t = 1 - \frac{1}{t}$$

Observe que $A(t) < 1$ sin importar qué tan grande se elija t.

También observe que

$$\lim_{t \to \infty} A(t) = \lim_{t \to \infty} \left(1 - \frac{1}{t}\right) = 1$$

El área de la región sombreada se aproxima a 1 cuando $t \to \infty$ (véase la figura 2), por lo que se dice que el área de la región infinita S es igual a 1 y se escribe

$$\int_1^\infty \frac{1}{x^2}\, dx = \lim_{t \to \infty} \int_1^t \frac{1}{x^2}\, dx = 1$$

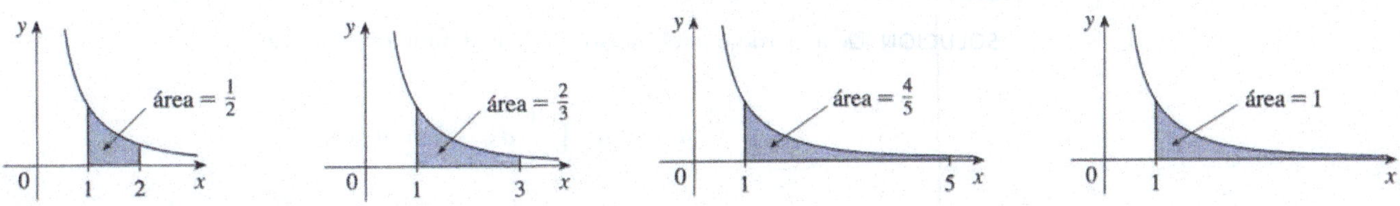

FIGURA 2

Usando este ejemplo como guía, se define la integral de f (no necesariamente una función positiva) sobre un intervalo infinito como el límite de las integrales sobre intervalos finitos.

[1] Definición de una integral impropia de tipo 1

(a) Si $\int_a^t f(x)\,dx$ existe para todo número $t \geqslant a$, entonces

$$\int_a^\infty f(x)\,dx = \lim_{t\to\infty} \int_a^t f(x)\,dx$$

siempre que el límite exista (como un número finito).

(b) Si $\int_t^b f(x)\,dx$ existe para todo número $t \leqslant b$, entonces

$$\int_{-\infty}^b f(x)\,dx = \lim_{t\to-\infty} \int_t^b f(x)\,dx$$

siempre que este límite exista (como un número finito).

Las integrales impropias $\int_a^\infty f(x)\,dx$ y $\int_{-\infty}^b f(x)\,dx$ se llaman **convergentes** si el límite correspondiente existe, y **divergentes** si el límite no existe.

(c) Si ambas $\int_a^\infty f(x)\,dx$ y $\int_{-\infty}^a f(x)\,dx$ son convergentes, entonces se define

$$\int_{-\infty}^\infty f(x)\,dx = \int_{-\infty}^a f(x)\,dx + \int_a^\infty f(x)\,dx$$

En el inciso (c) se puede utilizar cualquier número real a (véase el ejercicio 76).

Cualesquiera de las integrales impropias en la definición 1 puede interpretarse como un área, siempre que f sea una función positiva. Por ejemplo, en el caso (a) si $f(x) \geqslant 0$ y la integral $\int_a^\infty f(x)\,dx$ es convergente, entonces se define el área de la región $S = \{(x, y) \mid x \geqslant a, 0 \leqslant y \leqslant f(x)\}$ en la figura 3 como

$$A(S) = \int_a^\infty f(x)\,dx$$

Esto es apropiado porque $\int_a^\infty f(x)\,dx$ es el límite cuando $t \to \infty$ del área bajo la gráfica de f desde a hasta t.

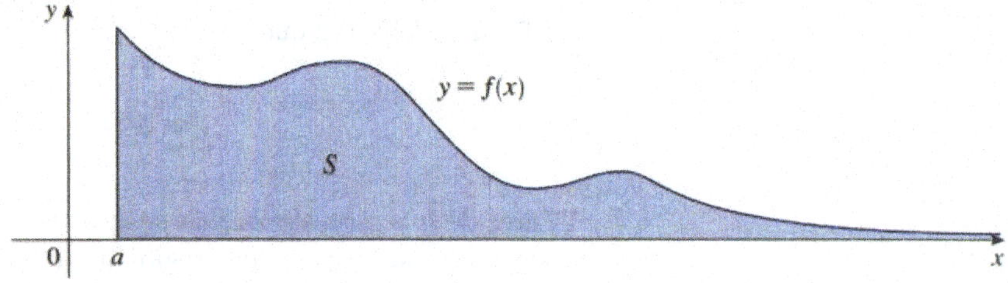

FIGURA 3

EJEMPLO 1 Determine si la integral $\int_1^\infty (1/x)\,dx$ es convergente o divergente.

SOLUCIÓN De acuerdo con el inciso (a) de la definición 1, se tiene

$$\int_1^\infty \frac{1}{x}\,dx = \lim_{t\to\infty} \int_1^t \frac{1}{x}\,dx = \lim_{t\to\infty} \ln|x|\Big]_1^t$$

$$= \lim_{t\to\infty} (\ln t - \ln 1) = \lim_{t\to\infty} \ln t = \infty$$

El límite no existe como un número finito y, por tanto, la integral impropia $\int_1^\infty (1/x)$ es divergente. ■

Compare el resultado del ejemplo 1 con el ejemplo dado al principio de esta sección:

$$\int_1^\infty \frac{1}{x^2}\,dx \text{ converge} \qquad \int_1^\infty \frac{1}{x}\,dx \text{ diverge}$$

Geométricamente, esto indica que, aunque las curvas $y = 1/x^2$ y $y = 1/x$ se parecen mucho para $x > 0$, la región bajo $y = 1/x^2$ a la derecha de $x = 1$ (la región sombreada en la figura 4) tiene un área finita, mientras que el área de la correspondiente región bajo $y = 1/x$ (figura 5) tiene un área infinita. Observe que ambas $1/x^2$ y $1/x$ tienden a 0 cuando $x \to \infty$, pero $1/x^2$ tiende a 0 más rápido que $1/x$. Los valores de $1/x$ no decrecen lo suficientemente rápido para que su integral tenga un valor finito.

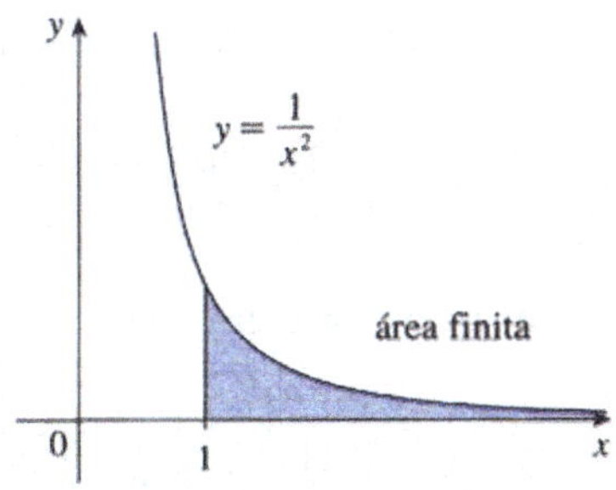

FIGURA 4
$\int_1^\infty (1/x^2)\,dx$ converge

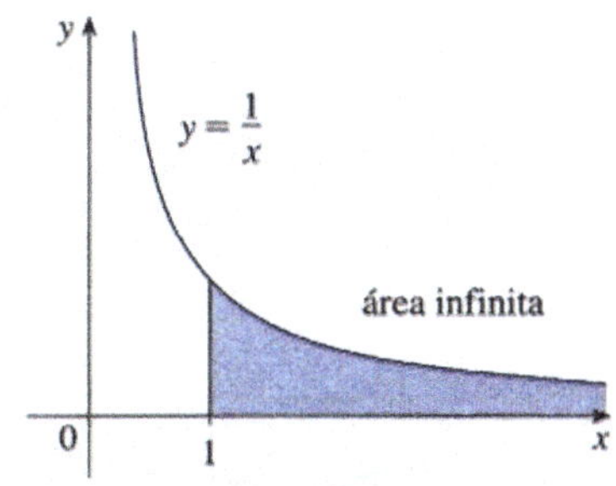

FIGURA 5
$\int_1^\infty (1/x)\,dx$ diverge

EJEMPLO 2 Evalúe $\displaystyle\int_{-\infty}^{0} xe^x\,dx$.

SOLUCIÓN Utilizando el inciso (b) de la definición 1, se tiene

$$\int_{-\infty}^{0} xe^x\,dx = \lim_{t\to-\infty}\int_t^0 xe^x\,dx$$

Se integra por partes con $u = x$, $dv = e^x\,dx$ por lo que $du = dx$ y $v = e^x$:

$$\int_t^0 xe^x\,dx = xe^x\Big]_t^0 - \int_t^0 e^x\,dx$$

$$= -te^t - 1 + e^t$$

TEC En Module 7.8 puede investigar visual y numéricamente si algunas integrales impropias son convergentes o divergentes.

Se sabe que $e^t \to 0$ cuando $t \to -\infty$ y, por la regla de L'Hôpital, se tiene

$$\lim_{t\to-\infty} te^t = \lim_{t\to-\infty}\frac{t}{e^{-t}} = \lim_{t\to-\infty}\frac{1}{-e^{-t}}$$

$$= \lim_{t\to-\infty}(-e^t) = 0$$

Por tanto

$$\int_{-\infty}^{0} xe^x\,dx = \lim_{t\to-\infty}(-te^t - 1 + e^t)$$

$$= -0 - 1 + 0 = -1$$

■

EJEMPLO 3 Evalúe $\int_{-\infty}^{\infty} \frac{1}{1 + x^2}\,dx$.

SOLUCIÓN Es conveniente elegir $a = 0$ en la definición 1(c):

$$\int_{-\infty}^{\infty} \frac{1}{1 + x^2}\,dx = \int_{-\infty}^{0} \frac{1}{1 + x^2}\,dx + \int_{0}^{\infty} \frac{1}{1 + x^2}\,dx$$

Ahora debe evaluar por separado las integrales del lado derecho:

$$\int_{0}^{\infty} \frac{1}{1 + x^2}\,dx = \lim_{t\to\infty} \int_{0}^{t} \frac{dx}{1 + x^2} = \lim_{t\to\infty} \tan^{-1}x\Big]_0^t$$

$$= \lim_{t\to\infty} (\tan^{-1}t - \tan^{-1}0) = \lim_{t\to\infty} \tan^{-1}t = \frac{\pi}{2}$$

$$\int_{-\infty}^{0} \frac{1}{1 + x^2}\,dx = \lim_{t\to-\infty} \int_{t}^{0} \frac{dx}{1 + x^2} = \lim_{t\to-\infty} \tan^{-1}x\Big]_t^0$$

$$= \lim_{t\to-\infty} (\tan^{-1}0 - \tan^{-1}t) = 0 - \left(-\frac{\pi}{2}\right) = \frac{\pi}{2}$$

Ya que ambas integrales son convergentes, la integral dada es convergente y

$$\int_{-\infty}^{\infty} \frac{1}{1 + x^2}\,dx = \frac{\pi}{2} + \frac{\pi}{2} = \pi$$

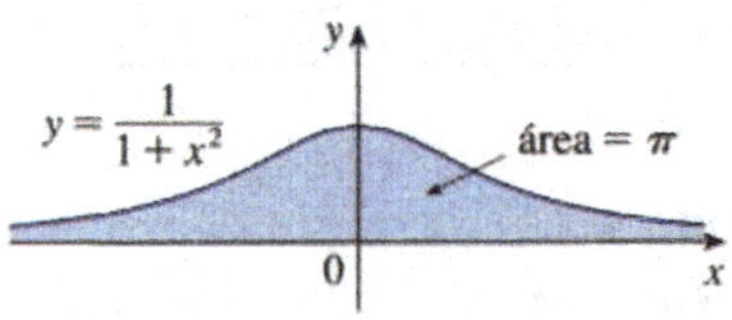

FIGURA 6

Puesto que $1/(1 + x^2) > 0$, la integral impropia dada puede interpretarse como el área de la región infinita que está bajo la curva $y = 1/(1 + x^2)$ y por arriba del eje x (véase la figura 6). ■

EJEMPLO 4 ¿Para qué valores de p, la integral

$$\int_{1}^{\infty} \frac{1}{x^p}\,dx$$

es convergente?

SOLUCIÓN Se sabe del ejemplo 1 que si $p = 1$, entonces la integral es divergente, por lo que se supone que $p \neq 1$. Entonces

$$\int_{1}^{\infty} \frac{1}{x^p}\,dx = \lim_{t\to\infty} \int_{1}^{t} x^{-p}\,dx = \lim_{t\to\infty} \frac{x^{-p+1}}{-p + 1}\Bigg]_{x=1}^{x=t}$$

$$= \lim_{t\to\infty} \frac{1}{1 - p}\left[\frac{1}{t^{p-1}} - 1\right]$$

Si $p > 1$, entonces $p - 1 > 0$, así que cuando $t \to \infty$, $t^{p-1} \to \infty$ y $1/t^{p-1} \to 0$. Por tanto

$$\int_{1}^{\infty} \frac{1}{x^p}\,dx = \frac{1}{p - 1} \qquad \text{si } p > 1$$

y, en consecuencia, la integral converge. Pero si $p < 1$, entonces $p - 1 < 0$, por lo que

$$\frac{1}{t^{p-1}} = t^{1-p} \to \infty \qquad \text{cuando } t \to \infty$$

y la integral diverge. ■

Se resume el resultado del ejemplo 4 para futuras referencias:

2 $$\int_1^{\infty} \frac{1}{x^p}\,dx \quad \text{es convergente si } p > 1 \text{ y divergente si } p \leqslant 1.$$

Tipo 2: integrandos discontinuos

Suponga que f es una función continua positiva definida sobre un intervalo finito $[a, b)$, pero tiene una asíntota vertical en b. Sea S la región no acotada bajo la gráfica de f y arriba del eje x entre a y b. (Para integrales del tipo 1, las regiones se extienden indefinidamente en una dirección horizontal. Aquí la región es infinita en una dirección vertical.) El área de la parte de S entre a y t (la región sombreada en la figura 7) es

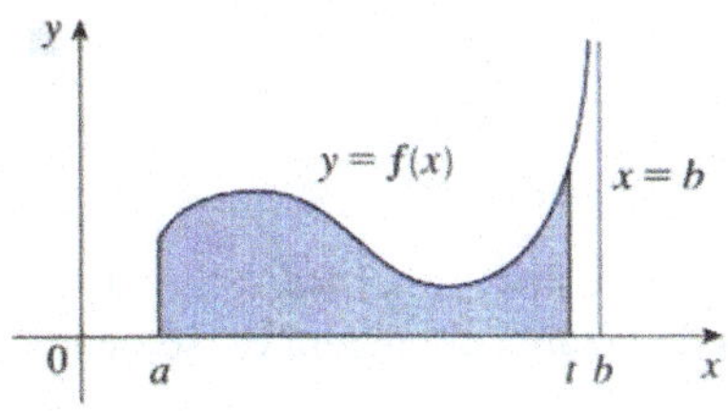

FIGURA 7

$$A(t) = \int_a^t f(x)\,dx$$

Si sucede que $A(t)$ se aproxima a un número definido A cuando $t \to b^-$, entonces se dice que el área de la región S es A y se escribe

$$\int_a^b f(x)\,dx = \lim_{t \to b^-} \int_a^t f(x)\,dx$$

Utilice esta ecuación para definir una integral impropia de tipo 2, aun cuando f no es una función positiva, sin importar qué tipo de discontinuidad tenga f en b.

Los incisos (b) y (c) de la definición 3 se ilustran en las figuras 8 y 9 para el caso donde $f(x) \geqslant 0$ y f tiene asíntotas verticales en a y c, respectivamente.

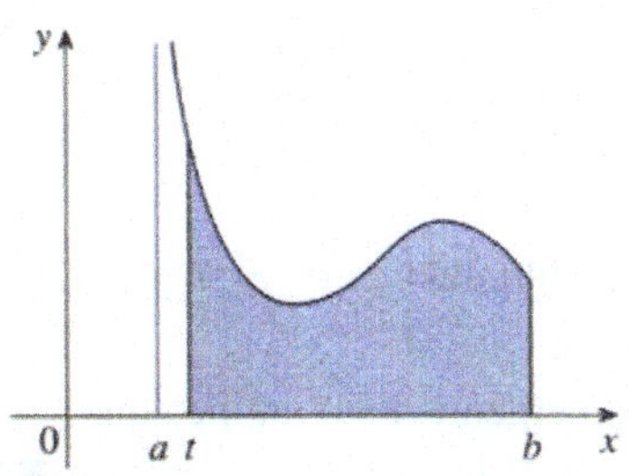

FIGURA 8

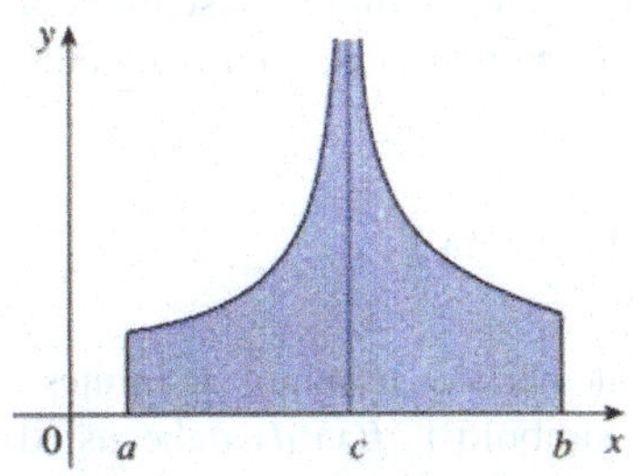

FIGURA 9

3 Definición de una integral impropia de tipo 2

(a) Si f es continua en $[a, b)$ y es discontinua en b, entonces

$$\int_a^b f(x)\,dx = \lim_{t \to b^-} \int_a^t f(x)\,dx$$

si este límite existe (como un número finito).

(b) Si f es continua sobre $(a, b]$ y es discontinua en a, entonces

$$\int_a^b f(x)\,dx = \lim_{t \to a^+} \int_t^b f(x)\,dx$$

si este límite existe (como un número finito).

La integral impropia $\int_a^b f(x)\,dx$ se llama **convergente** si existe el límite correspondiente, y **divergente** si el límite no existe.

(c) Si f tiene una discontinuidad en c, donde $a < c < b$, y ambas $\int_a^c f(x)\,dx$ y $\int_c^b f(x)\,dx$ son convergentes, entonces se define

$$\int_a^b f(x)\,dx = \int_a^c f(x)\,dx + \int_c^b f(x)\,dx$$

EJEMPLO 5 Encuentre $\displaystyle\int_2^5 \frac{1}{\sqrt{x-2}}\,dx$.

SOLUCIÓN Primero note que la integral dada es impropia porque $f(x) = 1/\sqrt{x-2}$ tiene una asíntota vertical $x = 2$. Dado que hay una discontinuidad infinita en el punto

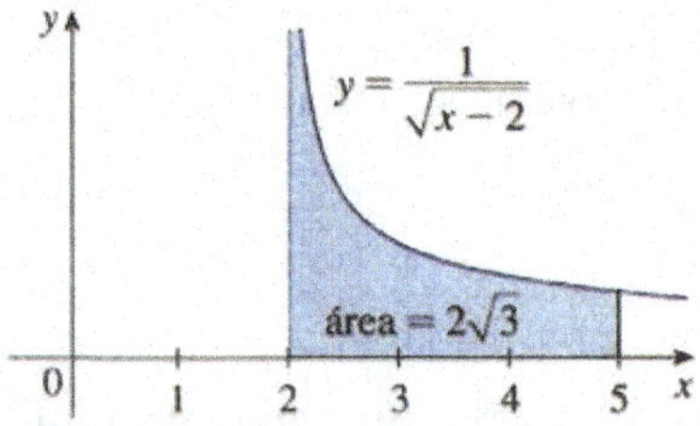

FIGURA 10

final izquierdo de [2, 5], utilice el inciso (b) de la definición 3:

$$\int_2^5 \frac{dx}{\sqrt{x-2}} = \lim_{t\to 2^+} \int_t^5 \frac{dx}{\sqrt{x-2}} = \lim_{t\to 2^+} 2\sqrt{x-2}\,\Big]_t^5$$

$$= \lim_{t\to 2^+} 2(\sqrt{3} - \sqrt{t-2}) = 2\sqrt{3}$$

Por lo que la integral impropia dada es convergente y, puesto que el integrando es positivo, se puede interpretar el valor de la integral como el área de la región sombreada en la figura 10. ■

EJEMPLO 6 Determine si $\int_0^{\pi/2} \sec x\, dx$ converge o diverge.

SOLUCIÓN Observe que la integral dada es impropia porque $\lim_{x\to(\pi/2)^-} \sec x = \infty$. Utilizando el inciso (a) de la definición 3 y la fórmula 14 de la tabla de integrales, se tiene

$$\int_0^{\pi/2} \sec x\, dx = \lim_{t\to(\pi/2)^-} \int_0^t \sec x\, dx = \lim_{t\to(\pi/2)^-} \ln|\sec x + \tan x|\,\Big]_0^t$$

$$= \lim_{t\to(\pi/2)^-} [\ln(\sec t + \tan t) - \ln 1] = \infty$$

Ya que $\sec t \to \infty$ y $\tan t \to \infty$ cuando $t \to (\pi/2)^-$. Así la integral impropia dada es divergente. ■

EJEMPLO 7 Evalúe $\int_0^3 \frac{dx}{x-1}$ si es posible.

SOLUCIÓN Observe que la recta $x = 1$ es una asíntota vertical del integrando. Puesto que aparece a la mitad del intervalo [0, 3], debe utilizarse el inciso (c) de la definición 3 con $c = 1$:

$$\int_0^3 \frac{dx}{x-1} = \int_0^1 \frac{dx}{x-1} + \int_1^3 \frac{dx}{x-1}$$

donde $$\int_0^1 \frac{dx}{x-1} = \lim_{t\to 1^-} \int_0^t \frac{dx}{x-1} = \lim_{t\to 1^-} \ln|x-1|\,\Big]_0^t$$

$$= \lim_{t\to 1^-} (\ln|t-1| - \ln|-1|) = \lim_{t\to 1^-} \ln(1-t) = -\infty$$

porque $1 - t \to 0^+$ cuando $t \to 1^-$. Así $\int_0^1 dx/(x-1)$ es divergente. Esto implica que $\int_0^3 dx/(x-1)$ es divergente. [No se necesita evaluar $\int_1^3 dx/(x-1)$.] ■

⊘ **ADVERTENCIA** Si no hubiera notado la asíntota $x = 1$ en el ejemplo 7 y se hubiera confundido la integral con una integral ordinaria, entonces se podría caer en el cálculo erróneo siguiente:

$$\int_0^3 \frac{dx}{x-1} = \ln|x-1|\,\Big]_0^3 = \ln 2 - \ln 1 = \ln 2$$

Esto es incorrecto porque la integral es impropia y debe calcularla en términos de límites.

De ahora en adelante, siempre que se encuentre el símbolo $\int_a^b f(x)\, dx$ debe usted decidir, observando la función f en $[a, b]$, si esta es una integral definida ordinaria o una integral impropia.

EJEMPLO 8 Evalúe $\int_0^1 \ln x\, dx$.

SOLUCIÓN Se sabe que la función $f(x) = \ln x$ tiene una asíntota vertical en 0 puesto que $\lim_{x\to 0^+} \ln x = -\infty$. Por lo que la integral dada es impropia y se tiene

$$\int_0^1 \ln x\,dx = \lim_{t\to 0^+} \int_t^1 \ln x\,dx$$

Ahora integre por partes con $u = \ln x$, $dv = dx$, $du = dx/x$ y $v = x$:

$$\int_t^1 \ln x\,dx = x\ln x\Big]_t^1 - \int_t^1 dx$$

$$= 1\ln 1 - t\ln t - (1 - t) = -t\ln t - 1 + t$$

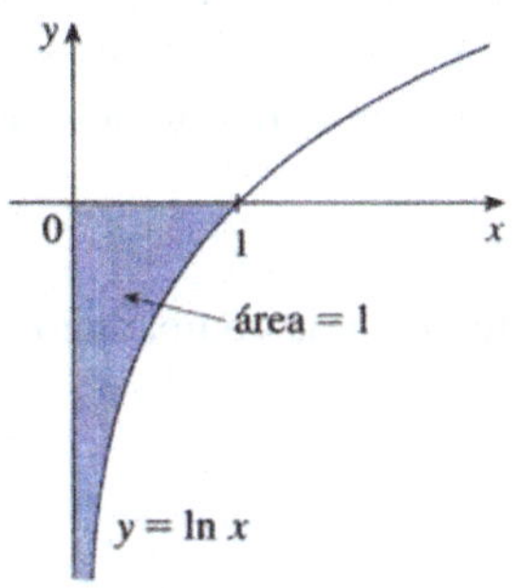

FIGURA 11

Para encontrar el límite del primer término utilice la regla de L'Hôpital:

$$\lim_{t\to 0^+} t\ln t = \lim_{t\to 0^+} \frac{\ln t}{1/t} = \lim_{t\to 0^+} \frac{1/t}{-1/t^2} = \lim_{t\to 0^+} (-t) = 0$$

Por tanto $$\int_0^1 \ln x\,dx = \lim_{t\to 0^+} (-t\ln t - 1 + t) = -0 - 1 + 0 = -1$$

La figura 11 muestra la interpretación geométrica de este resultado. El área de la región sombreada sobre $y = \ln x$ y debajo del eje x es 1. ■

■ Una prueba de comparación para las integrales impropias

Algunas veces es imposible encontrar el valor exacto de una integral impropia y aún es importante saber si converge o diverge. En tales casos, es útil el teorema siguiente que, aunque se establece para integrales de tipo 1, un teorema similar es válido para integrales de tipo 2.

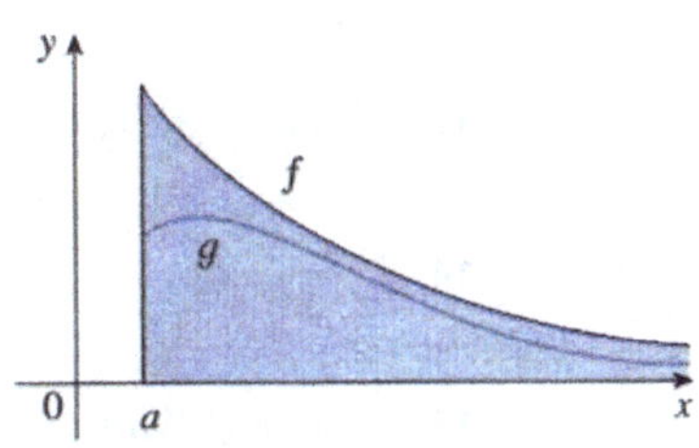

FIGURA 12

Teorema de comparación Suponga que f y g son funciones continuas con $f(x) \geqslant g(x) \geqslant 0$ para $x \geqslant a$.

(a) Si $\int_a^\infty f(x)\,dx$ es convergente, entonces $\int_a^\infty g(x)\,dx$ es convergente.

(b) Si $\int_a^\infty g(x)\,dx$ es divergente, entonces $\int_a^\infty f(x)\,dx$ es divergente.

Se omite la demostración del teorema de comparación, pero la figura 12 muestra su factibilidad. Si el área bajo la curva superior $y = f(x)$ es finita, entonces también lo es el área bajo la curva inferior $y = g(x)$. Y si el área bajo $y = g(x)$ es infinita, entonces el área bajo $y = f(x)$ también lo es. [Observe que lo contrario no es necesariamente cierto: si $\int_a^\infty g(x)\,dx$ es convergente, $\int_a^\infty f(x)\,dx$ puede o no ser convergente, y si $\int_a^\infty f(x)\,dx$ es divergente, $\int_a^\infty g(x)\,dx$ puede o no ser divergente.]

EJEMPLO 9 Demuestre que $\int_0^\infty e^{-x^2}dx$ es convergente.

SOLUCIÓN No se puede evaluar directamente la integral porque la antiderivada de e^{-x^2} no es una función elemental (como se explicó en la sección 7.5). Escriba

$$\int_0^\infty e^{-x^2}dx = \int_0^1 e^{-x^2}dx + \int_1^\infty e^{-x^2}dx$$

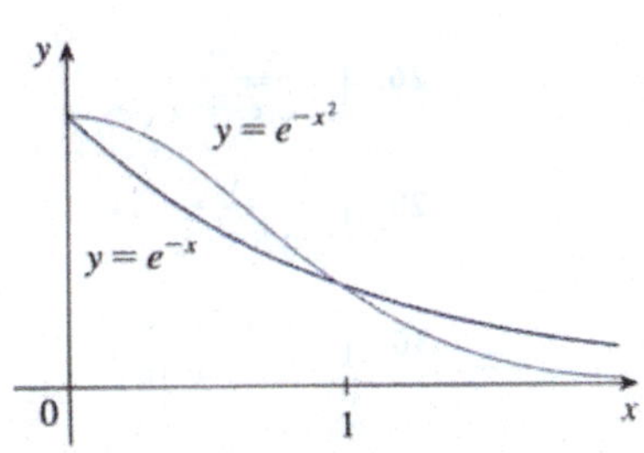

FIGURA 13

y observe que la primera integral al lado derecho es justo una integral definida ordinaria. En la segunda integral, utilice el hecho de que para $x \geqslant 1$ se tiene $x^2 \geqslant x$, y así $-x^2 \leqslant -x$ y por tanto, $e^{-x^2} \leqslant e^{-x}$ (véase la figura 13). La integral de e^{-x} se evalúa fácilmente:

$$\int_1^\infty e^{-x}dx = \lim_{t\to\infty} \int_1^t e^{-x}dx = \lim_{t\to\infty} (e^{-1} - e^{-t}) = e^{-1}$$

Por tanto, tomando $f(x) = e^{-x}$ y $g(x) = e^{-x^2}$ en el teorema de comparación, se ve que $\int_1^\infty e^{-x^2}\,dx$ es convergente, por lo que se sigue que $\int_0^\infty e^{-x^2}\,dx$ es convergente. ■

Tabla 1

t	$\int_0^t e^{-x^2}\,dx$
1	0.7468241328
2	0.8820813908
3	0.8862073483
4	0.8862269118
5	0.8862269255
6	0.8862269255

En el ejemplo 9 se demuestra que $\int_0^\infty e^{-x^2}\,dx$ es convergente sin calcular su valor. En el ejercicio 72 se indica cómo demostrar que su valor es aproximadamente 0.8862. En la teoría de probabilidad es importante conocer el valor exacto de esta integral impropia, como se verá en la sección 8.5; utilizando los métodos del cálculo multivariable puede demostrarse que el valor exacto es $\sqrt{\pi}/2$. La tabla 1 ilustra la definición de una integral impropia mostrando cómo los valores (generados por computadora) de $\int_0^t e^{-x^2}\,dx$ tienden a $\sqrt{\pi}/2$ cuando t es muy grande. De hecho, estos valores convergen muy rápido porque $e^{-x^2} \to 0$ muy rápidamente cuando $x \to \infty$.

Tabla 2

t	$\int_1^t [(1 + e^{-x})/x]\,dx$
2	0.8636306042
5	1.8276735512
10	2.5219648704
100	4.8245541204
1000	7.1271392134
10 000	9.4297243064

EJEMPLO 10 La integral $\int_1^\infty \frac{1 + e^{-x}}{x}\,dx$ es divergente por el teorema de comparación porque

$$\frac{1 + e^{-x}}{x} > \frac{1}{x}$$

y $\int_1^\infty (1/x)\,dx$ es divergente por el ejemplo 1 [o por (2) con $p = 1$]. ■

La tabla 2 ilustra la divergencia de la integral en el ejemplo 10. Al parecer, los valores no tienden a un número fijo.

7.8 EJERCICIOS

1. Explique por qué cada una de las integrales siguientes es impropia.

(a) $\int_1^2 \frac{x}{x - 1}\,dx$ (b) $\int_0^\infty \frac{1}{1 + x^3}\,dx$

(c) $\int_{-\infty}^\infty x^2 e^{-x^2}\,dx$ (d) $\int_0^{\pi/4} \cot x\,dx$

2. ¿Cuáles de las integrales siguientes son impropias? ¿Por qué?

(a) $\int_0^{\pi/4} \tan x\,dx$ (b) $\int_0^\pi \tan x\,dx$

(c) $\int_{-1}^1 \frac{dx}{x^2 - x - 2}$ (d) $\int_0^\infty e^{-x^3}\,dx$

3. Encuentre el área bajo la curva $y = 1/x^3$ de $x = 1$ a $x = t$ y evalúela para $t = 10$, 100 y 1000. Después encuentre el área total bajo esta curva para $x \geq 1$.

4. (a) Trace la gráfica de las funciones $f(x) = 1/x^{1.1}$ y $g(x) = 1/x^{0.9}$ en los rectángulos de vista $[0, 10]$ por $[0, 1]$ y $[0, 100]$ por $[0, 1]$.

(b) Encuentre las áreas bajo las gráficas de f y g desde $x = 1$ hasta $x = t$ y evalúelas para $t = 10$, 100, 10^4, 10^6, 10^{10} y 10^{20}.

(c) Encuentre el área total bajo cada curva para $x \geq 1$, si esta existe.

5-40 Determine si cada una de las integrales siguientes es convergente o divergente. Evalúe las que sean convergentes.

5. $\int_3^\infty \frac{1}{(x - 2)^{3/2}}\,dx$

6. $\int_0^\infty \frac{1}{\sqrt[4]{1 + x}}\,dx$

7. $\int_{-\infty}^0 \frac{1}{3 - 4x}\,dx$

8. $\int_1^\infty \frac{1}{(2x + 1)^3}\,dx$

9. $\int_2^\infty e^{-5p}\,dp$

10. $\int_{-\infty}^0 2^r\,dr$

11. $\int_0^\infty \frac{x^2}{\sqrt{1 + x^3}}\,dx$

12. $\int_{-\infty}^\infty (y^3 - 3y^2)\,dy$

13. $\int_{-\infty}^\infty x e^{-x^2}\,dx$

14. $\int_1^\infty \frac{e^{-1/x}}{x^2}\,dx$

15. $\int_0^\infty \operatorname{sen}^2\alpha\,d\alpha$

16. $\int_0^\infty \operatorname{sen}\theta\, e^{\cos\theta}\,d\theta$

17. $\int_1^\infty \frac{x + 1}{x^2 + 2x}\,dx$

18. $\int_0^\infty \frac{dz}{z^2 + 3z + 2}$

19. $\int_e^\infty \frac{1}{x(\ln x)^3}\,dx$

20. $\int_{-\infty}^\infty x^3 e^{-x^4}\,dx$

21. $\int_{-\infty}^\infty \frac{x^2}{9 + x^6}\,dx$

22. $\int_1^\infty \frac{\ln x}{x^2}\,dx$

23. $\int_{-\infty}^0 \frac{z}{z^4 + 4}\,dz$

24. $\int_e^\infty \frac{1}{x(\ln x)^2}\,dx$

25. $\int_0^\infty e^{-\sqrt{y}}\,dy$

26. $\int_1^\infty \frac{dx}{\sqrt{x} + x\sqrt{x}}$

27. $\int_0^1 \frac{1}{x}\,dx$

28. $\int_0^5 \frac{1}{\sqrt[3]{5 - x}}\,dx$

29. $\int_0^1 \frac{3}{x^5}\,dx$

30. $\int_0^\infty \frac{x \arctan x}{(1 + x^2)^2}\,dx$

31. $\int_{-2}^3 \frac{1}{x^4}\,dx$

32. $\int_0^1 \frac{dx}{\sqrt{1 - x^2}}$

33. $\displaystyle\int_0^3 \frac{dx}{x^2 - 6x + 5}$

34. $\displaystyle\int_{\pi/2}^{\pi} \csc x\, dx$

35. $\displaystyle\int_0^{\pi/2} \tan^2\theta\, d\theta$

36. $\displaystyle\int_0^4 \frac{dx}{x^2 - x - 2}$

37. $\displaystyle\int_0^1 r \ln r\, dr$

38. $\displaystyle\int_0^{\pi/2} \frac{\cos\theta}{\sqrt{\operatorname{sen}\theta}}\, d\theta$

39. $\displaystyle\int_{-1}^0 \frac{e^{1/x}}{x^3}\, dx$

40. $\displaystyle\int_0^1 \frac{e^{1/x}}{x^3}\, dx$

41–46 Trace cada una de las regiones siguientes y encuentre su área (si el área es finita).

41. $S = \{(x, y) \mid x \geq 1,\ 0 \leq y \leq e^{-x}\}$

42. $S = \{(x, y) \mid x \leq 0,\ 0 \leq y \leq e^{x}\}$

43. $S = \{(x, y) \mid x \geq 1,\ 0 \leq y \leq 1/(x^3 + x)\}$

44. $S = \{(x, y) \mid x \geq 0,\ 0 \leq y \leq xe^{-x}\}$

45. $S = \{(x, y) \mid 0 \leq x < \pi/2,\ 0 \leq y \leq \sec^2 x\}$

46. $S = \{(x, y) \mid -2 < x \leq 0,\ 0 \leq y \leq 1/\sqrt{x+2}\}$

---

47. (a) Si $g(x) = (\operatorname{sen}^2 x)/x^2$, utilice su calculadora o computadora para elaborar una tabla de valores aproximados de $\int_1^t g(x)\, dx$, para $t = 2, 5, 10, 100, 1000$ y $10\,000$. ¿Parece que $\int_1^\infty g(x)\, dx$ es convergente?
(b) Utilice el teorema de comparación con $f(x) = 1/x^2$ para demostrar que $\int_1^\infty g(x)\, dx$ es convergente.
(c) Ilustre el inciso (b) al trazar la gráfica de f y g sobre la misma pantalla para $1 \leq x \leq 10$. Utilice su gráfica para explicar intuitivamente por qué $\int_1^\infty g(x)\, dx$ es convergente.

48. (a) Si $g(x) = 1/(\sqrt{x} - 1)$, utilice su calculadora o computadora para elaborar una tabla de valores aproximados de $\int_2^t g(x)\, dx$ para $t = 5, 10, 100, 1000$ y $10\,000$. ¿Parece que $\int_2^\infty g(x)\, dx$ es convergente o divergente?
(b) Utilice el teorema de comparación con $f(x) = 1/\sqrt{x}$ para demostrar que $\int_2^\infty g(x)\, dx$ es divergente.
(c) Ilustre el inciso (b) graficando f y g sobre la misma pantalla para $2 \leq x \leq 20$. Utilice su gráfica para explicar intuitivamente por qué $\int_2^\infty g(x)\, dx$ es divergente.

49–54 Utilice el teorema de comparación para determinar si cada una de las integrales siguientes es convergente o divergente.

49. $\displaystyle\int_0^\infty \frac{x}{x^3 + 1}\, dx$

50. $\displaystyle\int_1^\infty \frac{1 + \operatorname{sen}^2 x}{\sqrt{x}}\, dx$

51. $\displaystyle\int_1^\infty \frac{x + 1}{\sqrt{x^4 - x}}\, dx$

52. $\displaystyle\int_0^\infty \frac{\arctan x}{2 + e^x}\, dx$

53. $\displaystyle\int_0^1 \frac{\sec^2 x}{x\sqrt{x}}\, dx$

54. $\displaystyle\int_0^\pi \frac{\operatorname{sen}^2 x}{\sqrt{x}}\, dx$

---

55. La integral

$$\int_0^\infty \frac{1}{\sqrt{x}\,(1 + x)}\, dx$$

es impropia por dos razones: el intervalo $[0, \infty)$ es infinito, y el integrando tiene una discontinuidad infinita en 0. Evalúela expresándola como una suma de integrales impropias de tipo 2 y tipo 1 como sigue:

$$\int_0^\infty \frac{1}{\sqrt{x}\,(1 + x)}\, dx = \int_0^1 \frac{1}{\sqrt{x}\,(1 + x)}\, dx + \int_1^\infty \frac{1}{\sqrt{x}\,(1 + x)}\, dx$$

56. Evalúe

$$\int_2^\infty \frac{1}{x\sqrt{x^2 - 4}}\, dx$$

por el mismo método que en el ejercicio 55.

57–59 Encuentre los valores de p para los cuales la integral converge y evalúe la integral para esos valores de p.

57. $\displaystyle\int_0^1 \frac{1}{x^p}\, dx$

58. $\displaystyle\int_e^\infty \frac{1}{x(\ln x)^p}\, dx$

59. $\displaystyle\int_0^1 x^p \ln x\, dx$

---

60. (a) Evalúe la integral $\int_0^\infty x^n e^{-x}\, dx$ para $n = 0, 1, 2$ y 3.
(b) Infiera el valor de $\int_0^\infty x^n e^{-x}\, dx$ cuando n es un entero positivo arbitrario.
(c) Demuestre su suposición usando inducción matemática.

61. (a) Demuestre que $\int_{-\infty}^\infty x\, dx$ es divergente.
(b) Demuestre que

$$\lim_{t\to\infty} \int_{-t}^{t} x\, dx = 0$$

Esto demuestra que no se puede definir

$$\int_{-\infty}^\infty f(x)\, dx = \lim_{t\to\infty} \int_{-t}^{t} f(x)\, dx$$

62. La *rapidez promedio* de las moléculas de un gas ideal es

$$\bar{v} = \frac{4}{\sqrt{\pi}} \left(\frac{M}{2RT}\right)^{3/2} \int_0^\infty v^3 e^{-Mv^2/(2RT)}\, dv$$

donde M es el peso molecular del gas, R es la constante del gas, T es la temperatura del gas y v es la rapidez molecular. Demuestre que

$$\bar{v} = \sqrt{\frac{8RT}{\pi M}}$$

63. Del ejemplo 1, se sabe que la región $\mathcal{R} = \{(x, y) \mid x \geq 1,\ 0 \leq y \leq 1/x\}$ tiene un área infinita. Demuestre que rotando $\mathcal{R}$ alrededor del eje x se obtiene un sólido con volumen finito.

64. Utilice la información y los datos del ejercicio 6.4.33 para encontrar el trabajo requerido para impulsar un satélite de 1000 kg fuera del campo gravitacional terrestre.

65. Encuentre la *velocidad de escape* v_0 necesaria para impulsar un cohete de masa m fuera del campo gravitacional de un planeta con masa M y radio R. Utilice la ley de la gravitación de Newton (véase el ejercicio 6.4.33) y el hecho de que la energía cinética inicial de $\frac{1}{2}mv_0^2$ suministra el trabajo necesario.

66. Los astrónomos utilizan una técnica llamada *estereografía estelar* para determinar la densidad de las estrellas en un cúmulo estelar a partir de la densidad observada (en dos dimensiones) que puede analizarse en una fotografía. Suponga que en un cúmulo esférico de radio R, la densidad de estrellas depende solo de la distancia r desde el centro del cúmulo. Si la densidad estelar percibida está dada por $y(s)$, donde s es la distancia plana observada del centro del cúmulo y $x(r)$ es la densidad real, se puede demostrar que

$$y(s) = \int_s^R \frac{2r}{\sqrt{r^2 - s^2}}\, x(r)\, dr$$

Si la densidad real de las estrellas en un cúmulo es $x(r) = \frac{1}{2}(R - r)^2$, encuentre la densidad percibida $y(s)$.

67. Un fabricante quiere producir lámparas que duren cerca de 700 horas pero, por supuesto, algunas se queman más rápido que otras. Sea $F(t)$ la fracción de las lámparas de la compañía que se queman antes de t horas, de modo que $F(t)$ yace siempre entre 0 y 1.
(a) Trace una gráfica aproximada de lo que usted piensa que es la forma de la gráfica de F.
(b ¿Cuál es el significado de la derivada $r(t) = F'(t)$?
(c) ¿Cuál es el valor de $\int_0^\infty r(t)\, dt$? ¿Por qué?

68. Como se vio en la sección 3.8, una sustancia radiactiva decae exponencialmente: la masa en el tiempo t es $m(t) = m(0)e^{kt}$, donde $m(0)$ es la masa inicial y k es una constante negativa. La *vida media M* de un átomo en la sustancia es

$$M = -k \int_0^\infty t e^{kt}\, dt$$

Para el isótopo radiactivo ^{14}C, utilizado en la datación por radiocarbono, el valor de k es -0.000121. Encuentre la vida media de un átomo de ^{14}C.

69. En un estudio de la propagación del consumo de drogas ilegales desde un usuario entusiasta de una población de N usuarios, los autores modelaron el número de nuevos usuarios esperados por la ecuación

$$\gamma = \int_0^\infty \frac{cN(1 - e^{-kt})}{k} e^{-\lambda t}\, dt$$

donde c, k y λ son constantes positivas. Evalúe esta integral para expresar γ en términos de c, N, k y λ.

Fuente: F. Hoppensteadt *et al.*, "Threshold Analysis of a Drug Use Epidemic Model," *Mathematical Biosciences* 53 (1981): 79-87.

70. El tratamiento de diálisis elimina urea y otros productos de desecho de la sangre de un paciente desviando del flujo de sangre desde el exterior a través de una máquina llamada dializador. La tasa a la que se elimina urea de la sangre (en mg/min) está a menudo bien descrita por la ecuación

$$u(t) = \frac{r}{V} C_0 e^{-rt/V}$$

donde r es la tasa de flujo de sangre a través del dializador (en mL/min), V es el volumen de la sangre del paciente (en mL) y C_0 es la cantidad de urea en la sangre (en mg) al tiempo $t = 0$. Evalúe la integral $\int_0^\infty u(t)$ e interprétela.

71. Determine qué tan grande debe ser el número a para que

$$\int_a^\infty \frac{1}{x^2 + 1}\, dx < 0.001$$

72. Estime el valor numérico de $\int_0^\infty e^{-x^2}\, dx$ expresándolo como la suma de $\int_0^4 e^{-x^2}\, dx$ y $\int_4^\infty e^{-x^2}\, dx$. Aproxime la primera integral utilizando la regla de Simpson con $n = 8$ y demuestre que la segunda integral es más pequeña que $\int_4^\infty e^{-4x}\, dx$, la cual es menor que 0.0000001.

73. Si $f(t)$ es continua para $t \geq 0$, la *transformada de Laplace* de f es la función F definida por

$$F(s) = \int_0^\infty f(t) e^{-st}\, dt$$

y el dominio de F es el conjunto que consiste en todos los números s para los cuales la integral converge. Encuentre las transformadas de Laplace de las funciones siguientes.
(a) $f(t) = 1$ (b) $f(t) = e^t$ (c) $f(t) = t$

74. Demuestre que si $0 \leq f(t) \leq Me^{at}$ para $t \geq 0$, donde M y a son constantes, entonces la transformada de Laplace $F(s)$ existe para $s > a$.

75. Suponga que $0 \leq f(t) \leq Me^{at}$ y $0 \leq f'(t) \leq Ke^{at}$ para $t \geq 0$, donde f' es continua. Si la transformada de Laplace de $f(t)$ es $F(s)$ y la transformada de Laplace de $f'(t)$ es $G(s)$, demuestre que

$$G(s) = sF(s) - f(0) \qquad s > a$$

76. Si $\int_{-\infty}^\infty f(x)\, dx$ es convergente y a y b son números reales, demuestre que

$$\int_{-\infty}^a f(x)\, dx + \int_a^\infty f(x)\, dx = \int_{-\infty}^b f(x)\, dx + \int_b^\infty f(x)\, dx$$

77. Demuestre que $\int_0^\infty x^2 e^{-x^2}\, dx = \frac{1}{2}\int_0^\infty e^{-x^2}\, dx$.

78. Demuestre que $\int_0^\infty e^{-x^2} dx = \int_0^1 \sqrt{-\ln y}\; dy$ interpretando las integrales como áreas.

79. Encuentre el valor de la constante C para la cual la integral

$$\int_0^\infty \left(\frac{1}{\sqrt{x^2 + 4}} - \frac{C}{x + 2} \right) dx$$

converge. Evalúe la integral para este valor de C.

80. Encuentre el valor de la constante C para la cual la integral

$$\int_0^\infty \left(\frac{x}{x^2 + 1} - \frac{C}{3x + 1} \right) dx$$

converge. Evalúe la integral para este valor de C.

81. Suponga que f es continua en $[0, \infty)$ y $\lim_{x \to \infty} f(x) = 1$. ¿Es posible que $\int_0^\infty f(x)\, dx$ sea convergente?

82. Demuestre que si $a > -1$ y $b > a + 1$, entonces la integral siguiente es convergente.

$$\int_0^\infty \frac{x^a}{1 + x^b}\, dx$$

7 REPASO

VERIFICACIÓN DE CONCEPTOS

Las respuestas a la verificación de conceptos se encuentran en las páginas finales del libro.

1. Establezca la regla para la integración por partes. En la práctica, ¿cómo se utiliza?

2. ¿Cómo se evalúa $\int \operatorname{sen}^m x \cos^n x\,dx$ si m es impar? ¿Qué pasa si n es impar? ¿Qué ocurre si m y n son pares?

3. Si la expresión $\sqrt{a^2 - x^2}$ se presenta en una integral, ¿qué sustitución se puede intentar? ¿Qué pasa si se presenta $\sqrt{a^2 + x^2}$? ¿Y si se presenta $\sqrt{x^2 - a^2}$?

4. ¿Cuál es la forma de la descomposición en fracciones parciales de una función racional $P(x)/Q(x)$ si el grado de P es menor que el grado de Q, y $Q(x)$ tiene factores lineales distintos? ¿Qué pasa si tiene factores lineales repetidos? ¿Y qué ocurre si $Q(x)$ tiene un factor cuadrático irreducible (no repetido)? ¿Y si el factor cuadrático se repite?

5. Establezca las reglas para la aproximación de la integral definida $\int_a^b f(x)\,dx$ con la regla del punto medio, la regla del trapecio y la regla de Simpson. ¿Cuál esperaría que diera la mejor estimación? ¿Cómo se aproxima la estimación del error para cada regla?

6. Defina las integrales impropias siguientes.
(a) $\int_a^\infty f(x)\,dx$ (b) $\int_{-\infty}^b f(x)\,dx$ (c) $\int_{-\infty}^\infty f(x)\,dx$

7. Defina la integral impropia $\int_a^b f(x)\,dx$ para cada uno de los casos siguientes.
(a) f tiene una discontinuidad infinita en a.
(b) f tiene una discontinuidad infinita en b.
(c) f tiene una discontinuidad infinita en c, donde $a < c < b$.

8. Establezca el teorema de comparación para integrales impropias.

EXAMEN VERDADERO-FALSO

Determine si el enunciado es verdadero o falso. Si es verdadero, explique por qué. Si es falso, explique por qué o dé un ejemplo que refute el enunciado.

1. $\dfrac{x(x^2+4)}{x^2-4}$ puede escribirse en la forma $\dfrac{A}{x+2} + \dfrac{B}{x-2}$.

2. $\dfrac{x^2+4}{x(x^2-4)}$ puede escribirse en la forma $\dfrac{A}{x} + \dfrac{B}{x+2} + \dfrac{C}{x-2}$.

3. $\dfrac{x^2+4}{x^2(x-4)}$ puede escribirse en la forma $\dfrac{A}{x^2} + \dfrac{B}{x-4}$.

4. $\dfrac{x^2-4}{x(x^2+4)}$ puede escribirse en la forma $\dfrac{A}{x} + \dfrac{B}{x^2+4}$.

5. $\displaystyle\int_0^4 \frac{x}{x^2-1}\,dx = \tfrac{1}{2}\ln 15$.

6. $\displaystyle\int_1^\infty \frac{1}{x^{\sqrt{2}}}\,dx$ es convergente.

7. Si f es continua, entonces $\int_{-\infty}^\infty f(x)\,dx = \lim_{t\to\infty} \int_{-t}^t f(x)\,dx$.

8. La regla del punto medio es siempre más exacta que la regla del trapecio.

9. (a) Toda función elemental tiene una derivada elemental.
(b) Toda función elemental tiene una antiderivada elemental.

10. Si f es continua en $[0, \infty)$ y $\int_1^\infty f(x)\,dx$ es convergente, entonces $\int_0^\infty f(x)\,dx$ es convergente.

11. Si f es una función continua y decreciente en $[1, \infty)$ y $\lim_{x\to\infty} f(x) = 0$, entonces $\int_1^\infty f(x)\,dx$ es convergente.

12. Si $\int_a^\infty f(x)\,dx$ y $\int_a^\infty g(x)\,dx$ son ambas convergentes, entonces $\int_a^\infty [f(x) + g(x)]\,dx$ es convergente.

13. Si $\int_a^\infty f(x)\,dx$ y $\int_a^\infty g(x)\,dx$ son ambas divergentes, entonces $\int_a^\infty [f(x) + g(x)]\,dx$ es divergente.

14. Si $f(x) \leq g(x)$ y $\int_0^\infty g(x)\,dx$ diverge, entonces $\int_0^\infty f(x)\,dx$ también diverge.

EJERCICIOS

Nota: en los ejercicios 7.5 se proporciona práctica adicional en técnicas de integración.

1–40 Evalúe la integral

1. $\displaystyle\int_1^2 \frac{(x+1)^2}{x}\,dx$

2. $\displaystyle\int_1^2 \frac{x}{(x+1)^2}\,dx$

3. $\displaystyle\int \frac{e^{\operatorname{sen} x}}{\sec x}\,dx$

4. $\displaystyle\int_0^{\pi/6} t \operatorname{sen} 2t\,dt$

5. $\displaystyle\int_0^{\pi/2} \operatorname{sen}\theta\, e^{\cos\theta}\,d\theta$

6. $\displaystyle\int_1^2 x^5 \ln x\,dx$

7. $\displaystyle\int_0^{\pi/2} \operatorname{sen}^3\theta \cos^2\theta\,d\theta$

8. $\displaystyle\int \frac{dx}{\sqrt{e^x - 1}}$

9. $\displaystyle\int \frac{\operatorname{sen}(\ln t)}{t}\,dt$

10. $\displaystyle\int_0^1 \frac{\sqrt{\arctan x}}{1+x^2}\,dx$

11. $\displaystyle\int_1^2 \frac{\sqrt{x^2-1}}{x}\,dx$

12. $\displaystyle\int \frac{e^{2x}}{1+e^{4x}}\,dx$

13. $\displaystyle\int e^{\sqrt[3]{x}}\,dx$

14. $\displaystyle\int \frac{x^2+2}{x+2}\,dx$

15. $\displaystyle\int \frac{x-1}{x^2+2x}\,dx$

16. $\displaystyle\int \frac{\sec^6\theta}{\tan^2\theta}\,d\theta$

17. $\displaystyle\int x\cosh x\,dx$

18. $\displaystyle\int \frac{x^2+8x-3}{x^3+3x^2}\,dx$

19. $\displaystyle\int x\sec x\tan x\,dx$

20. $\displaystyle\int \tan^5\theta\sec^3\theta\,d\theta$

21. $\displaystyle\int \frac{dx}{\sqrt{x^2-4x}}$

22. $\displaystyle\int \cos\sqrt{t}\,dt$

23. $\displaystyle\int \frac{dx}{x\sqrt{x^2+1}}$

24. $\displaystyle\int te^{\sqrt{t}}\,dt$

25. $\displaystyle\int \frac{3x^3-x^2+6x-4}{(x^2+1)(x^2+2)}\,dx$

26. $\displaystyle\int x\operatorname{sen}x\cos x\,dx$

27. $\displaystyle\int_0^{\pi/2} \cos^3x\operatorname{sen}2x\,dx$

28. $\displaystyle\int \frac{\sqrt[3]{x}+1}{\sqrt[3]{x}-1}\,dx$

29. $\displaystyle\int_{-3}^{3} \frac{x}{1+|x|}\,dx$

30. $\displaystyle\int \frac{dx}{e^x\sqrt{1-e^{-2x}}}$

31. $\displaystyle\int_0^{\ln 10} \frac{e^x\sqrt{e^x-1}}{e^x+8}\,dx$

32. $\displaystyle\int_0^{\pi/4} \frac{x\operatorname{sen}x}{\cos^3x}\,dx$

33. $\displaystyle\int \frac{x^2}{(4-x^2)^{3/2}}\,dx$

34. $\displaystyle\int (\operatorname{arcsen}x)^2\,dx$

35. $\displaystyle\int \frac{1}{\sqrt{x+x^{3/2}}}\,dx$

36. $\displaystyle\int \frac{1-\tan\theta}{1+\tan\theta}\,d\theta$

37. $\displaystyle\int (\cos x+\operatorname{sen}x)^2\cos 2x\,dx$

38. $\displaystyle\int \frac{2^{\sqrt{x}}}{\sqrt{x}}\,dx$

39. $\displaystyle\int_0^{1/2} \frac{xe^{2x}}{(1+2x)^2}\,dx$

40. $\displaystyle\int_{\pi/4}^{\pi/3} \frac{\sqrt{\tan\theta}}{\operatorname{sen}2\theta}\,d\theta$

41–50 Evalúe la integral o demuestre que es divergente.

41. $\displaystyle\int_1^\infty \frac{1}{(2x+1)^3}\,dx$

42. $\displaystyle\int_1^\infty \frac{\ln x}{x^4}\,dx$

43. $\displaystyle\int_2^\infty \frac{dx}{x\ln x}$

44. $\displaystyle\int_2^6 \frac{y}{\sqrt{y-2}}\,dy$

45. $\displaystyle\int_0^4 \frac{\ln x}{\sqrt{x}}\,dx$

46. $\displaystyle\int_0^1 \frac{1}{2-3x}\,dx$

47. $\displaystyle\int_0^1 \frac{x-1}{\sqrt{x}}\,dx$

48. $\displaystyle\int_{-1}^1 \frac{dx}{x^2-2x}$

49. $\displaystyle\int_{-\infty}^\infty \frac{dx}{4x^2+4x+5}$

50. $\displaystyle\int_1^\infty \frac{\tan^{-1}x}{x^2}\,dx$

51–52 Evalúe cada una de las integrales indefinidas siguientes. Ilustre y verifique que su respuesta sea razonable graficando la función y su antiderivada (tome $C = 0$).

51. $\displaystyle\int \ln(x^2+2x+2)\,dx$

52. $\displaystyle\int \frac{x^3}{\sqrt{x^2+1}}\,dx$

53. Trace la gráfica de la función $f(x) = \cos^2x\operatorname{sen}^3x$ y utilice la gráfica para inferir el valor de la integral $\int_0^{2\pi} f(x)\,dx$. Luego evalúe la integral para confirmar su suposición.

54. (a) ¿Cómo evaluaría $\int x^5e^{-2x}\,dx$ a mano? (No realice la integración.)
(b) ¿Cómo evaluaría $\int x^5e^{-2x}\,dx$ utilizando tablas? (No realice la evaluación.)
(c) Utilice un SAC para evaluar $\int x^5e^{-2x}\,dx$.
(d) Trace la gráfica del integrando y la integral indefinida en la misma pantalla.

55–58 Utilice la tabla de integrales de las páginas de referencia para evaluar la integral.

55. $\displaystyle\int \sqrt{4x^2-4x-3}\,dx$

56. $\displaystyle\int \csc^5t\,dt$

57. $\displaystyle\int \cos x\sqrt{4+\operatorname{sen}^2x}\,dx$

58. $\displaystyle\int \frac{\cot x}{\sqrt{1+2\operatorname{sen}x}}\,dx$

59. Verifique la fórmula 33 en la tabla de integrales (a) derivando y (b) utilizando una sustitución trigonométrica.

60. Verifique la fórmula 62 en la tabla de integrales.

61. ¿Es posible encontrar un número n tal que $\int_0^\infty x^n\,dx$ sea convergente?

62. ¿Para qué valores de a es $\int_0^\infty e^{ax}\cos x\,dx$ convergente? Evalúe la integral para esos valores de a.

63–64 Utilice (a) la regla del trapecio, (b) la regla del punto medio y (c) la regla de Simpson con $n = 10$ para aproximar la integral dada. Redondee sus respuestas a seis decimales.

63. $\displaystyle\int_2^4 \frac{1}{\ln x}\,dx$

64. $\displaystyle\int_1^4 \sqrt{x}\cos x\,dx$

65. Estime los errores implicados en el ejercicio 63, incisos (a) y (b). ¿Cuán grande debe ser n en cada caso, para garantizar un error menor que 0.00001?

66. Utilice la regla de Simpson con $n = 6$ para estimar el área bajo la curva $y = e^x/x$ de $x = 1$ a $x = 4$.

67. La lectura en un velocímetro (v) en un automóvil fue hecha a intervalos de un minuto y registrados en una tabla. Utilice la regla de Simpson para estimar la distancia recorrida por el automóvil.

t (min)	v (km/h)	t (min)	v (km/h)
0	64	6	90
1	67	7	91
2	72	8	91
3	78	9	88
4	83	10	90
5	86		

68. Una población de abejas aumentó en una proporción de $r(t)$ abejas por semana, donde la gráfica de r es como se muestra. Utilice la regla de Simpson con seis subintervalos para estimar el incremento de la población de abejas durante las primeras 24 semanas.

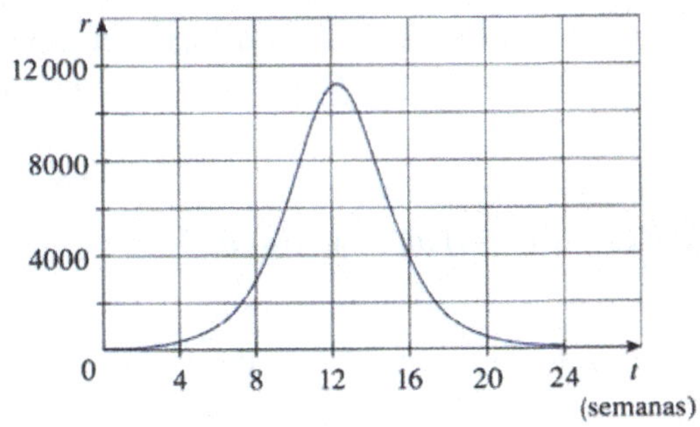

SAC **69.** (a) Si $f(x) = \text{sen}(\text{sen}\, x)$, utilice una gráfica para encontrar un límite superior para $|f^{(4)}(x)|$.
(b) Utilice la regla de Simpson con $n = 10$ para aproximar $\int_0^\pi f(x)\, dx$ y utilice el inciso (a) para estimar el error.
(c) ¿Qué tan grande debe ser n para garantizar que el tamaño del error al utilizar S_n sea menor que 0.00001?

70. Suponga que se le pide estimar el volumen de un balón de futbol. Al hacer la medición encuentra que un balón de futbol mide 28 cm de largo. Con una cuerda se determina que la circunferencia en su punto más amplio es de 53 cm. La circunferencia a 7 cm de cada extremo es de 45 cm. Utilice la regla de Simpson para hacer su estimación.

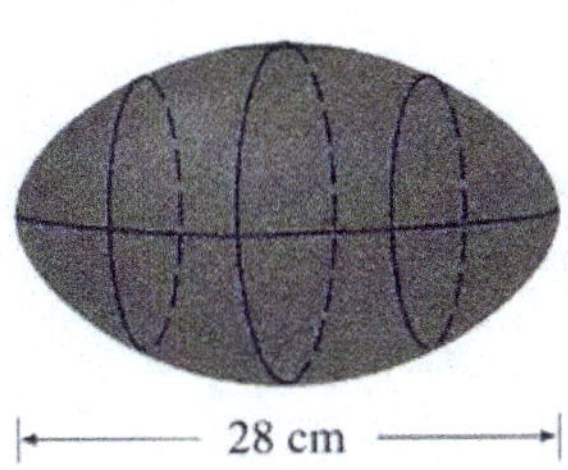

71. Utilice el teorema de comparación para determinar si la integral es convergente o divergente.

(a) $\displaystyle\int_1^\infty \frac{2 + \text{sen}\, x}{\sqrt{x}}\, dx$ (b) $\displaystyle\int_1^\infty \frac{1}{\sqrt{1 + x^4}}\, dx$

72. Encuentre el área de la región acotada por la hipérbola $y^2 - x^2 = 1$ y la recta $y = 3$.

73. Determine el área acotada por las curvas $y = \cos x$ y $y = \cos^2 x$ entre $x = 0$ y $x = \pi$.

74. Determine el área de la región acotada por las curvas $y = 1/(2 + \sqrt{x})$, $y = 1/(2 - \sqrt{x})$ y $x = 1$.

75. La región bajo la curva $y = \cos^2 x$, $0 \leqslant x \leqslant \pi/2$, se rota alrededor del eje x. Encuentre el volumen del sólido resultante.

76. La región en el ejercicio 75 rota alrededor del eje y. Encuentre el volumen del sólido resultante.

77. Si f' es continua sobre $[0, \infty)$ y $\lim_{x\to\infty} f(x) = 0$, demuestre que

$$\int_0^\infty f'(x)\, dx = -f(0)$$

78. Es posible extender la definición de valor promedio de una función continua a un intervalo infinito, definiendo el valor promedio de f sobre el intervalo $[a, \infty)$ como

$$\lim_{t\to\infty} \frac{1}{t - a} \int_a^t f(x)\, dx$$

(a) Encuentre el valor promedio de $y = \tan^{-1} x$ en el intervalo $[0, \infty)$.
(b) Si $f(x) \geqslant 0$ y $\int_a^\infty f(x)\, dx$ es divergente, demuestre que el valor promedio de f en el intervalo $[a, \infty)$ es $\lim_{x\to\infty} f(x)$, si este límite existe.
(c) Si $\int_a^\infty f(x)\, dx$ es convergente, ¿cuál es el valor promedio de f sobre el intervalo $[a, \infty)$?
(d) Encuentre el valor promedio de $y = \text{sen}\, x$ en el intervalo $[0, \infty)$.

79. Utilice la sustitución $u = 1/x$ para demostrar que

$$\int_0^\infty \frac{\ln x}{1 + x^2}\, dx = 0$$

80. La magnitud de la fuerza de repulsión entre dos cargas con el mismo signo, una de tamaño 1 y la otra de tamaño q es

$$F = \frac{q}{4\pi\varepsilon_0 r^2}$$

donde r es la distancia entre las cargas y ε_0 es una constante. El *potencial* V en un punto P debido a la carga q está definido como el trabajo realizado para traer una carga unitaria a P desde el infinito, a lo largo de una recta que une q y P. Encuentre una fórmula para V.

Problemas adicionales

Cubra la solución del ejemplo e inténtelo primero por sí mismo.

EJEMPLO

(a) Demuestre que si f es una función continua, entonces

$$\int_0^a f(x)\,dx = \int_0^a f(a-x)\,dx$$

(b) Utilice el inciso (a) para demostrar que

$$\int_0^{\pi/2} \frac{\operatorname{sen}^n x}{\operatorname{sen}^n x + \cos^n x}\,dx = \frac{\pi}{4}$$

para todo número positivo n.

SOLUCIÓN

(a) A primera vista, la ecuación dada podría parecer un poco desconcertante. ¿Cómo puede relacionarse el lado izquierdo con el lado derecho? Con frecuencia, las relaciones pueden hacerse a través de uno de los principios de resolución de problemas: *introduzca algo extra*. Aquí, el ingrediente extra es una nueva variable. Es común pensar en introducir una nueva variable cuando se utiliza la regla de sustitución para integrar una función específica. Pero esta técnica aún es útil en esta circunstancia en la que se tiene una función general f.

SP Los principios para la solución de problemas se discuten en la página 71.

Una vez que se concibe la sustitución, la forma del lado derecho hace pensar que debe ser $u = a - x$. Entonces $du = -dx$. Cuando $x = 0$, $u = a$; cuando $x = a$, $u = 0$. Así,

$$\int_0^a f(a-x)\,dx = -\int_a^0 f(u)\,du = \int_0^a f(u)\,du$$

Pero esta integral del lado derecho es solo otra forma de escribir $\int_0^a f(x)\,dx$. Así, la ecuación dada queda demostrada.

(b) Sea I la integral dada, y aplique el inciso (a) con $a = \pi/2$, se obtiene

$$I = \int_0^{\pi/2} \frac{\operatorname{sen}^n x}{\operatorname{sen}^n x + \cos^n x}\,dx = \int_0^{\pi/2} \frac{\operatorname{sen}^n(\pi/2 - x)}{\operatorname{sen}^n(\pi/2 - x) + \cos^n(\pi/2 - x)}\,dx$$

Las gráficas por computadora de la figura 1 hacen que parezca razonable que todas las integrales del ejemplo tengan el mismo valor. La gráfica de cada integrando se identifica con el valor correspondiente de n.

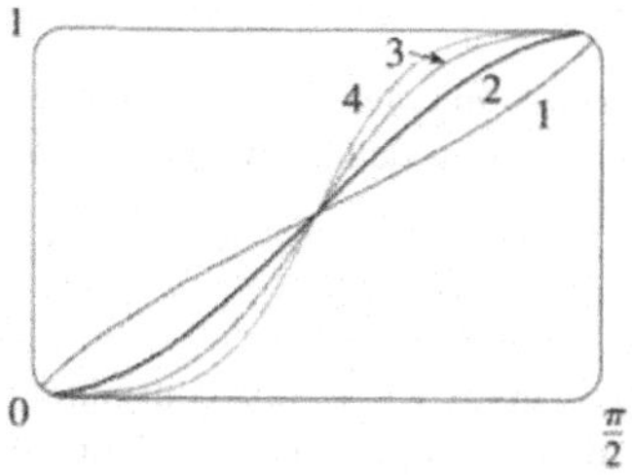

FIGURA 1

Una identidad trigonométrica bien conocida indica que $\operatorname{sen}(\pi/2 - x) = \cos x$ y $\cos(\pi/2 - x) = \operatorname{sen} x$, por lo que se obtiene

$$I = \int_0^{\pi/2} \frac{\cos^n x}{\cos^n x + \operatorname{sen}^n x}\,dx$$

Observe que las dos expresiones para I son muy similares. De hecho, los integrandos tienen el mismo denominador. Esto hace pensar que deben sumarse las dos expresiones. Si se hace así, se obtiene

$$2I = \int_0^{\pi/2} \frac{\operatorname{sen}^n x + \cos^n x}{\operatorname{sen}^n x + \cos^n x}\,dx = \int_0^{\pi/2} 1\,dx = \frac{\pi}{2}$$

Por tanto, $I = \pi/4$. ■

Problemas

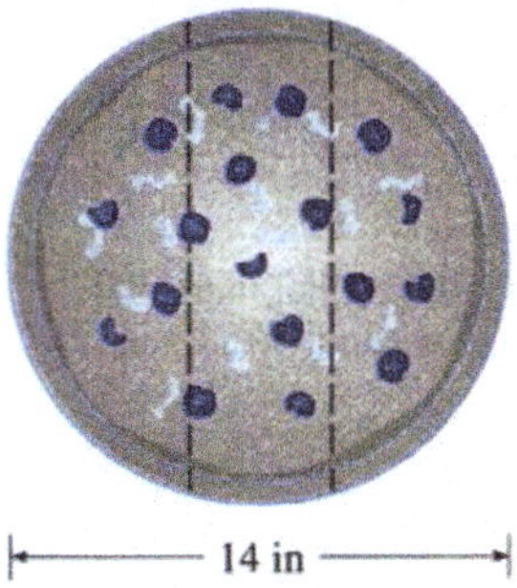

FIGURA PARA EL PROBLEMA 1

1. Tres estudiantes de matemáticas han ordenado una pizza de 14 pulgadas. En lugar de cortar en la forma tradicional, deciden hacer cortes paralelos, como se ve en la figura. Debido a sus conocimientos de matemáticas, pueden determinar dónde cortar de modo que cada uno obtenga la misma cantidad de pizza. ¿Dónde se hacen los cortes?

2. Evalúe

$$\int \frac{1}{x^7 - x}\,dx$$

Un método directo sería empezar con fracciones parciales, pero eso sería demasiado complejo. Intente una sustitución.

3. Evalúe $\int_0^1 \left(\sqrt[3]{1 - x^7} - \sqrt[7]{1 - x^3}\right) dx$.

4. Los centros de dos discos con radio 1 están apartados una unidad. Encuentre el área de la unión de ellos.

5. Una elipse es cortada por un círculo de radio a. El eje mayor de la elipse coincide con un diámetro del círculo, y el eje menor tiene longitud $2b$. Demuestre que el área de la parte restante del círculo es la misma que el área de una elipse con semiejes a y $a - b$.

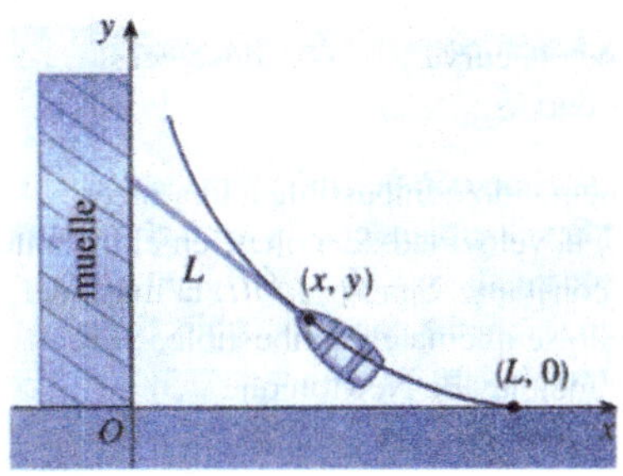

FIGURA PARA EL PROBLEMA 6

6. Un hombre parado inicialmente en el punto O camina a lo largo de un muelle jalando un bote mediante una cuerda de longitud L. El hombre mantiene la cuerda recta y tensa. La trayectoria que sigue el bote es una curva llamada *tractrix* y tiene la propiedad de que la cuerda es siempre tangente a la curva (véase la figura).
   (a) Demuestre que si la trayectoria seguida por el bote es la gráfica de la función $y = f(x)$, entonces

$$f'(x) = \frac{dy}{dx} = \frac{-\sqrt{L^2 - x^2}}{x}$$

   (b) Determine la función $y = f(x)$.

7. Una función f está definida por

$$f(x) = \int_0^{\pi} \cos t \cos(x - t)\,dt \qquad 0 \leqslant x \leqslant 2\pi$$

Encuentre el valor mínimo de f.

8. Si n es un entero positivo, demuestre que

$$\int_0^1 (\ln x)^n\,dx = (-1)^n n!$$

9. Demuestre que

$$\int_0^1 (1 - x^2)^n\,dx = \frac{2^{2n}(n!)^2}{(2n + 1)!}$$

Sugerencia: empiece por demostrar que si I_n denota la integral, entonces

$$I_{k+1} = \frac{2k + 2}{2k + 3} I_k$$

10. Suponga que f es una función positiva tal que f' es continua.
   (a) ¿Cómo se relaciona la gráfica de $y = f(x) \operatorname{sen} nx$ con la gráfica de $y = f(x)$? ¿Qué sucede cuando $n \to \infty$?

(b) Haga una inferencia en cuanto al valor del límite

$$\lim_{n\to\infty} \int_0^1 f(x) \operatorname{sen} nx\, dx$$

con base en las gráficas del integrando.

(c) Utilizando integración por partes, confirme la inferencia que hizo en el inciso (b). [Utilice el hecho de que, puesto que f' es continua, hay una constante M tal que $|f'(x)| \leq M$ para $0 \leq x \leq 1$.]

11. Si $0 < a < b$, encuentre

$$\lim_{t\to 0} \left\{ \int_0^1 [bx + a(1 - x)]^t\, dx \right\}^{1/t}$$

12. Trace la gráfica de $f(x) = \operatorname{sen}(e^x)$ y utilice la gráfica para estimar el valor de t tal que $\int_t^{t+1} f(x)\, dx$ es un máximo. Después encuentre el valor exacto de t que maximiza esta integral.

13. Evalúe $\displaystyle\int_{-1}^{\infty} \left(\frac{x^4}{1 + x^6}\right)^2 dx$.

14. Evalúe $\displaystyle\int \sqrt{\tan x}\, dx$.

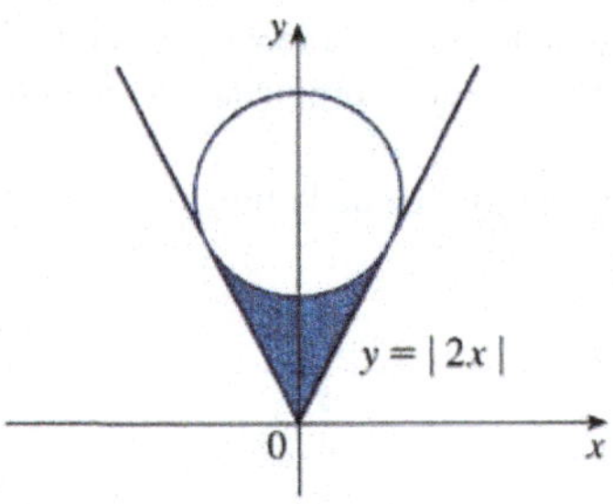

FIGURA PARA EL PROBLEMA 15

15. El círculo con radio 1 que se muestra en la figura, toca la curva $y = |2x|$ dos veces. Encuentre el área de la región que está entre las dos curvas.

16. Un cohete se dispara verticalmente en línea recta quemando combustible a una razón constante de b kilogramos por segundo. Sea $v = v(t)$ la velocidad del cohete en el instante t, y suponga que la velocidad u del gas de salida es constante. Sea $M = M(t)$ la masa del cohete al tiempo t y observe que M disminuye cuando se quema el combustible. Si se desprecia la resistencia del aire, se deduce de la segunda ley de Newton que

$$F = M\frac{dv}{dt} - ub$$

donde la fuerza $F = -Mg$. Por lo que

$$\boxed{1} \qquad M\frac{dv}{dt} - ub = -Mg$$

Sea M_1 la masa del cohete sin combustible, M_2 la masa inicial del combustible y $M_0 = M_1 + M_2$. Entonces, hasta que se agota el combustible en el tiempo $t = M_2/b$, la masa es $M = M_0 - bt$.

(a) Sustituya $M = M_0 - bt$ en la ecuación 1 y resuelva la ecuación resultante para v. Utilice la condición inicial $v(0) = 0$ para evaluar la constante.

(b) Determine la velocidad del cohete en el tiempo $t = M_2/b$. Esta se llama *velocidad de combustible agotado*.

(c) Determine la altura del cohete $y = y(t)$ y el tiempo en que se quema todo el combustible.

(d) Determine la altura del cohete en cualquier tiempo t.

8 Aplicaciones adicionales de la integración

El arco Gateway en San Louis, Missouri, mide 192 metros de alto y fue terminado en 1965. El arco fue diseñado por Eero Saarinen con una ecuación que implica la función coseno hiperbólico. En el ejercicio 8.1.42 se pide calcular la longitud de la curva que se utilizó.

ALGUNAS APLICACIONES de las integrales se abordaron en el capítulo 6: áreas, volúmenes, trabajo y valores promedio. Ahora se exploran algunas de otras muchas aplicaciones geométricas de la integración —la longitud de una curva y el área de una superficie—, así como cantidades de interés en física, ingeniería, biología, economía y estadística. Por ejemplo, se investigará el centro de gravedad de una placa, la fuerza ejercida por la presión del agua en una presa, el flujo sanguíneo del corazón humano y el tiempo promedio de espera durante una llamada telefónica de atención al cliente.

8.1 Longitud de arco

¿Qué se entiende por longitud de una curva? Podría pensar en ajustar un segmento de cuerda a la curva de la figura 1, y después medir la cuerda con una regla. Pero eso podría ser difícil de hacer con mucha exactitud si se tiene una curva complicada. Entonces, se necesita una definición precisa para la longitud de un arco de una curva, en el mismo sentido que las definiciones desarrolladas para los conceptos de área y volumen.

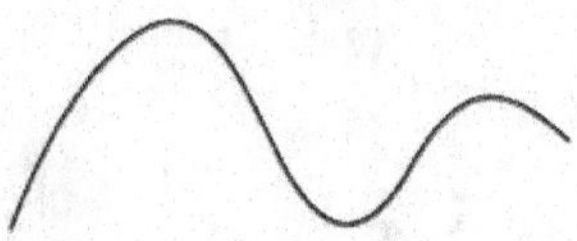

FIGURA 1

Si la curva es un polígono, se puede determinar con facilidad su longitud; solo se necesitan sumar las longitudes de los segmentos de recta que forman el polígono (puede usar la fórmula de la distancia para determinar esta entre los puntos extremos de cada segmento). Con esta estrategia, podemos definir la longitud de una curva general aproximándola primero mediante un polígono y luego tomando un límite cuando se incrementa el número de segmentos del polígono. Este proceso es conocido para el caso de un círculo, donde la circunferencia es el límite de longitudes de polígonos inscritos (véase la figura 2).

TEC Visual 8.1 muestra una animación de la figura 2.

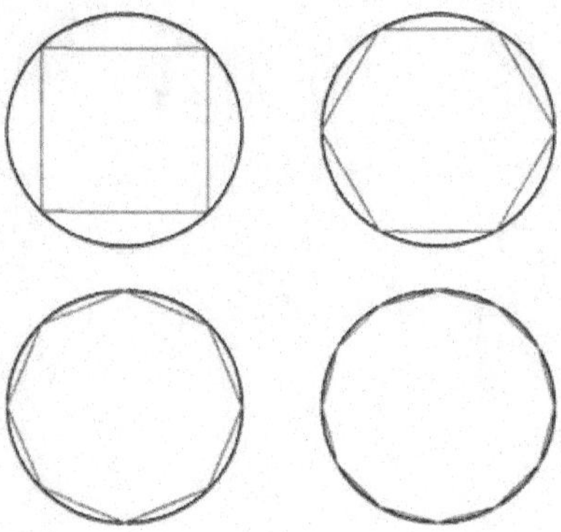

FIGURA 2

Ahora supongamos que una curva C se define mediante la función $y = f(x)$, donde f es continua y $a \leq x \leq b$. Así puede obtener una aproximación poligonal a C dividiendo el intervalo $[a, b]$ en n subintervalos con puntos extremos $x_0, x_1, \ldots, x_n$ y de igual ancho a Δx. Si $y_i = f(x_i)$, entonces el punto $P_i(x_i, y_i)$ está sobre C, y el polígono con vértices $P_0, P_1, \ldots, P_n$, ilustrado en la figura 3, es una aproximación a C.

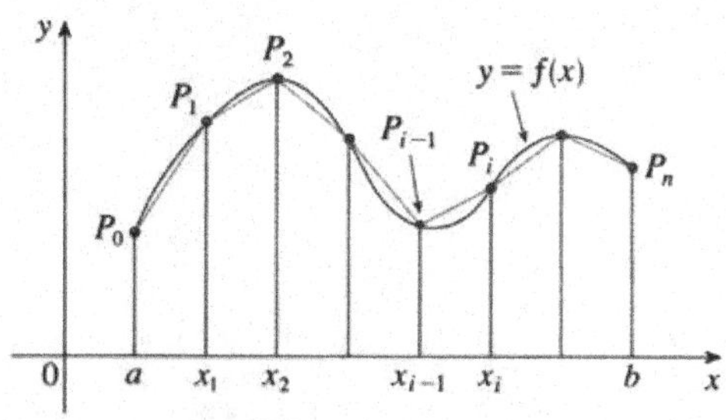

FIGURA 3

La longitud L de C es aproximadamente la longitud de este polígono y la aproximación es mejor cuando se incrementa n. (Véase la figura 4, donde se ha ampliado el arco de la curva entre P_{i-1} y P_i y se muestran las aproximaciones con valores sucesivamente más pequeños de Δx. Por tanto, se define la **longitud** L de la curva C con ecuación $y = f(x)$, $a \leq x \leq b$, como el límite de las longitudes de estos polígonos inscritos (si el límite existe):

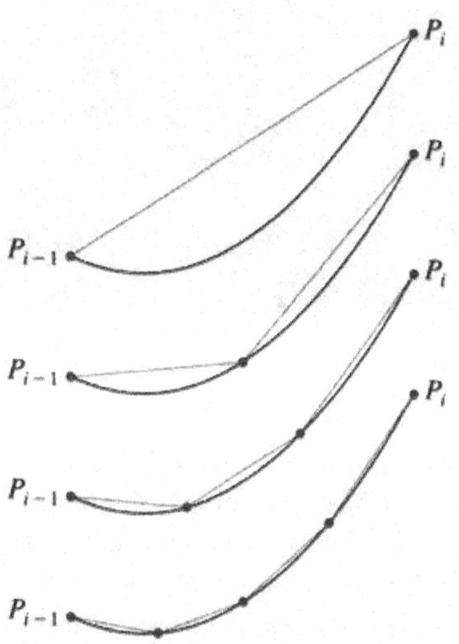

FIGURA 4

1
$$L = \lim_{n \to \infty} \sum_{i=1}^{n} |P_{i-1}P_i|$$

Observe que el procedimiento para definir la longitud de arco es muy similar al utilizado para definir área y volumen: se divide la curva en un gran número de partes pequeñas. Luego, se determinan las longitudes aproximadas de estas y se suman. Por último, se toma el límite cuando $n \to \infty$.

La definición de la longitud de arco expresada en la ecuación 1 no es muy conveniente para calcularse con una computadora pero se puede deducir una fórmula integral para L en el caso donde f tiene una derivada continua. [Tal función f se denomina **suave** porque un cambio pequeño en x produce un cambio pequeño en $f'(x)$.]

Si $\Delta y_i = y_i - y_{i-1}$, entonces

$$|P_{i-1}P_i| = \sqrt{(x_i - x_{i-1})^2 + (y_i - y_{i-1})^2} = \sqrt{(\Delta x)^2 + (\Delta y_i)^2}$$

Al aplicar el teorema del valor medio a f en el intervalo $[x_{i-1}, x_i]$, hay un número x_i^* entre x_{i-1} y x_i tal que

$$f(x_i) - f(x_{i-1}) = f'(x_i^*)(x_i - x_{i-1})$$

esto es,

$$\Delta y_i = f'(x_i^*)\,\Delta x$$

Por lo que

$$|P_{i-1}P_i| = \sqrt{(\Delta x)^2 + (\Delta y_i)^2} = \sqrt{(\Delta x)^2 + [f'(x_i^*)\,\Delta x]^2}$$

$$= \sqrt{1 + [f'(x_i^*)]^2}\,\sqrt{(\Delta x)^2} = \sqrt{1 + [f'(x_i^*)]^2}\,\Delta x \qquad (\text{ya que } \Delta x > 0)$$

Por tanto, por la definición 1,

$$L = \lim_{n\to\infty} \sum_{i=1}^{n} |P_{i-1}P_i| = \lim_{n\to\infty} \sum_{i=1}^{n} \sqrt{1 + [f'(x_i^*)]^2}\,\Delta x$$

Esta expresión se reconoce como igual a

$$\int_a^b \sqrt{1 + [f'(x)]^2}\,dx$$

por la definición de una integral definida. Esta integral existe porque la función $g(x) = \sqrt{1 + [f'(x)]^2}$ es continua. Con esto, se ha demostrado el teorema siguiente:

2 **Fórmula de la longitud de arco** Si f' es continua en $[a, b]$, entonces la longitud de la curva $y = f(x)$, $a \leqslant x \leqslant b$, es

$$L = \int_a^b \sqrt{1 + [f'(x)]^2}\,dx$$

Si se usa la notación de Leibniz para derivadas, la fórmula de la longitud de arco se expresa como:

3

$$L = \int_a^b \sqrt{1 + \left(\frac{dy}{dx}\right)^2}\,dx$$

EJEMPLO 1 Determine la longitud del arco de la parábola semicúbica $y^2 = x^3$ entre los puntos (1, 1) y (4, 8). (Véase la figura 5.)

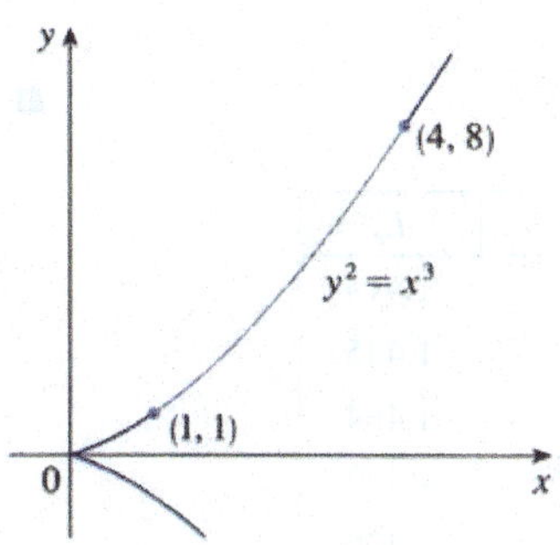

FIGURA 5

SOLUCIÓN Para la mitad superior de la curva se tiene

$$y = x^{3/2} \qquad \frac{dy}{dx} = \tfrac{3}{2}x^{1/2}$$

y, por tanto, la fórmula de longitud de arco da

$$L = \int_1^4 \sqrt{1 + \left(\frac{dy}{dx}\right)^2}\,dx = \int_1^4 \sqrt{1 + \tfrac{9}{4}x}\,dx$$

Si sustituye $u = 1 + \frac{9}{4}x$, entonces $du = \frac{9}{4}dx$. Cuando $x = 1$, $u = \frac{13}{4}$; cuando $x = 4$, $u = 10$.

Como comprobación de la respuesta al ejemplo 1, observe en la figura 5 que la longitud de arco debe ser un poco más grande que la distancia de (1, 1) a (4, 8), que es

$$\sqrt{58} \approx 7.615773$$

De acuerdo con el cálculo del ejemplo 1, se tiene

$$L = \tfrac{1}{27}\left(80\sqrt{10} - 13\sqrt{13}\right) \approx 7.633705$$

Con certeza suficiente, esta es un poco más grande que la longitud del segmento de recta.

Por tanto

$$L = \tfrac{4}{9}\int_{13/4}^{10} \sqrt{u}\, du = \tfrac{4}{9} \cdot \tfrac{2}{3}u^{3/2}\Big]_{13/4}^{10}$$

$$= \tfrac{8}{27}\left[10^{3/2} - \left(\tfrac{13}{4}\right)^{3/2}\right] = \tfrac{1}{27}\left(80\sqrt{10} - 13\sqrt{13}\right) \qquad \blacksquare$$

Si una curva tiene la ecuación $x = g(y)$, $c \leqslant y \leqslant d$, y $g'(y)$ es continua, entonces al intercambiar los papeles de x y y en la fórmula 2 o en la ecuación 3, se obtiene la fórmula siguiente para su longitud:

4
$$L = \int_c^d \sqrt{1 + [g'(y)]^2}\, dy = \int_c^d \sqrt{1 + \left(\frac{dx}{dy}\right)^2}\, dy$$

EJEMPLO 2 Encuentre la longitud del arco de la parábola $y^2 = x$ de (0, 0) a (1, 1).

SOLUCIÓN Puesto que $x = y^2$, se tiene $dx/dy = 2y$, y la fórmula 4 da

$$L = \int_0^1 \sqrt{1 + \left(\frac{dx}{dy}\right)^2}\, dy = \int_0^1 \sqrt{1 + 4y^2}\, dy$$

Se hace la sustitución trigonométrica $y = \tfrac{1}{2}\tan\theta$, lo que da $dy = \tfrac{1}{2}\sec^2\theta\, d\theta$ y $\sqrt{1 + 4y^2} = \sqrt{1 + \tan^2\theta} = \sec\theta$. Cuando $y = 0$, $\tan\theta = 0$; por tanto, $\theta = 0$; cuando $y = 1$, $\tan\theta = 2$, así que $\theta = \tan^{-1}2 = \alpha$, por ejemplo. Por tanto,

$$L = \int_0^\alpha \sec\theta \cdot \tfrac{1}{2}\sec^2\theta\, d\theta = \tfrac{1}{2}\int_0^\alpha \sec^3\theta\, d\theta$$

$$= \tfrac{1}{2} \cdot \tfrac{1}{2}\Big[\sec\theta\tan\theta + \ln|\sec\theta + \tan\theta|\Big]_0^\alpha \qquad \text{(del ejemplo 7.2.8)}$$

$$= \tfrac{1}{4}\left(\sec\alpha\tan\alpha + \ln|\sec\alpha + \tan\alpha|\right)$$

(Se pudo haber usado la fórmula 21 de la tabla de integrales.) Puesto que $\tan\alpha = 2$, se tiene que $\sec^2\alpha = 1 + \tan^2\alpha = 5$, por lo que $\sec\alpha = \sqrt{5}$ y

$$L = \frac{\sqrt{5}}{2} + \frac{\ln\left(\sqrt{5} + 2\right)}{4} \qquad \blacksquare$$

En la figura 6 se muestra el arco de la parábola cuya longitud se calculó en el ejemplo 2, junto con las aproximaciones poligonales que tienen segmentos de recta $n = 1$ y $n = 2$, respectivamente. Para $n = 1$ la longitud aproximada es $L_1 = \sqrt{2}$, la diagonal de un cuadrado. En la tabla se muestran las aproximaciones L_n que se obtienen al dividir [0, 1] en n subintervalos iguales. Observe que cada vez que se duplica el número de lados de un polígono, se aproxima más a la longitud exacta, que es

$$L = \frac{\sqrt{5}}{2} + \frac{\ln\left(\sqrt{5} + 2\right)}{4} \approx 1.478943$$

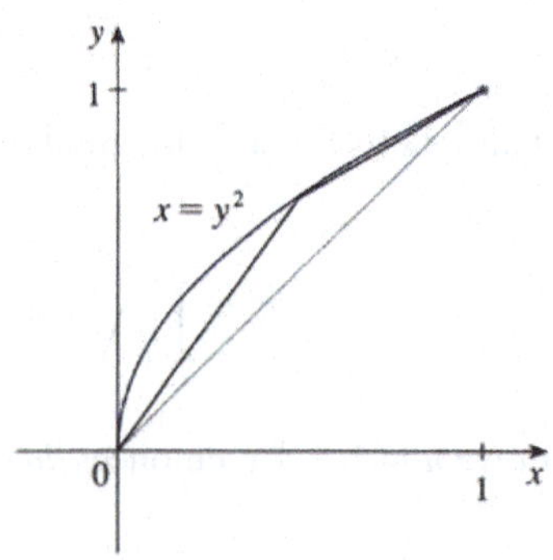

n	L_n
1	1.414
2	1.445
4	1.464
8	1.472
16	1.476
32	1.478
64	1.479

FIGURA 6

Debido a la presencia de la cuadrada en las fórmulas 2 y 4, el cálculo de una longitud de arco a menudo conduce a una integral que es muy difícil o incluso imposible de evaluar de manera explícita. Así, algunas veces, solo se puede encontrar una aproximación de la longitud de una curva, como en el ejemplo siguiente.

EJEMPLO 3

(a) Plantee una integral para la longitud del arco de la hipérbola $xy = 1$ del punto $(1, 1)$ al punto $(2, \frac{1}{2})$.

(b) Use la regla de Simpson con $n = 10$ para estimar la longitud de arco.

SOLUCIÓN

(a) Se tiene

$$y = \frac{1}{x} \qquad \frac{dy}{dx} = -\frac{1}{x^2}$$

y, por tanto, la longitud de arco es

$$L = \int_1^2 \sqrt{1 + \left(\frac{dy}{dx}\right)^2}\, dx = \int_1^2 \sqrt{1 + \frac{1}{x^4}}\, dx = \int_1^2 \frac{\sqrt{x^4 + 1}}{x^2}\, dx$$

(b) Por medio de la regla de Simpson (véase la sección 7.7) con $a = 1$, $b = 2$, $n = 10$, $\Delta x = 0.1$ y $f(x) = \sqrt{1 + 1/x^4}$, se tiene

Al verificar el valor de la integral definida con una aproximación más exacta producida por un sistema algebraico computacional, se ve que la aproximación por medio de la regla de Simpson es exacta con una aproximación de cuatro decimales.

$$\begin{aligned} L &= \int_1^2 \sqrt{1 + \frac{1}{x^4}}\, dx \\ &\approx \frac{\Delta x}{3}[f(1) + 4f(1.1) + 2f(1.2) + 4f(1.3) + \cdots + 2f(1.8) + 4f(1.9) + f(2)] \\ &\approx 1.1321 \end{aligned}$$

■

■ La función longitud de arco

Es útil tener una función que mida la longitud de arco de una curva de un determinado punto de partida a cualquier otro punto sobre la curva. Así, si una curva suave C tiene la ecuación $y = f(x)$, $a \leqslant x \leqslant b$, sea $s(x)$ la distancia a lo largo de C del punto inicial $P_0(a, f(a))$ al punto $Q(x, f(x))$. Entonces s es una función, llamada **función longitud de arco** y, por la fórmula 2,

5 $$s(x) = \int_a^x \sqrt{1 + [f'(t)]^2}\, dt$$

(Se ha reemplazado la variable de integración por t para que x no tenga dos significados.) Se puede usar la parte 1 del teorema fundamental del cálculo para derivar la ecuación 5 (ya que el integrando es una función continua):

6 $$\frac{ds}{dx} = \sqrt{1 + [f'(x)]^2} = \sqrt{1 + \left(\frac{dy}{dx}\right)^2}$$

En la ecuación 6 se muestra que la razón de cambio de s respecto a x es siempre por lo menos 1 y es igual a 1 cuando $f'(x)$, la pendiente de la curva es 0. La derivada de la longitud de arco es

7 $$ds = \sqrt{1 + \left(\frac{dy}{dx}\right)^2}\, dx$$

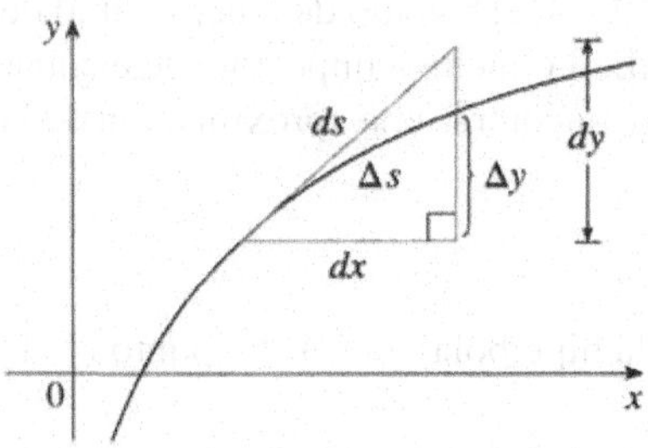

FIGURA 7

y esta ecuación se escribe a veces en la forma simétrica

8 $$(ds)^2 = (dx)^2 + (dy)^2$$

La interpretación geométrica de la ecuación 8 se muestra en la figura 7. Puede usarse como recurso nemotécnico para recordar las fórmulas 3 y 4. Si escribe $L = \int ds$, entonces de la ecuación 8 se puede resolver para obtener (7), que da (3), o se puede resolver para obtener

$$ds = \sqrt{1 + \left(\frac{dx}{dy}\right)^2}\, dy$$

que da (4).

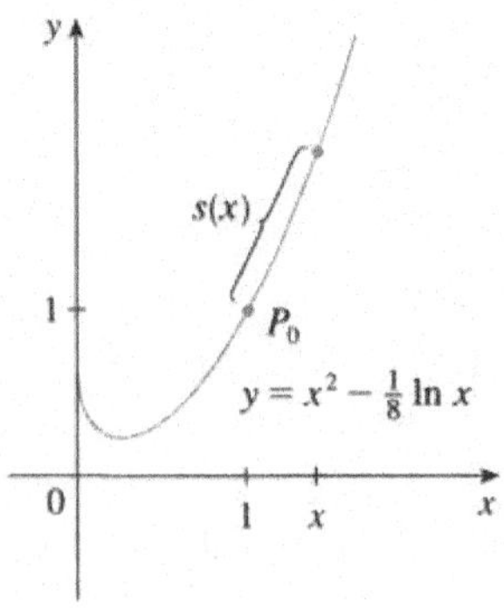

FIGURA 8

En la figura 8 se muestra la interpretación de la función longitud de arco del ejemplo 4. En la figura 9 se muestra la gráfica de esta función de longitud de arco. ¿Por qué $s(x)$ es negativa cuando x es menor que 1?

EJEMPLO 4 Encuentre la función longitud de arco para la curva $y = x^2 - \frac{1}{8}\ln x$ tomando $P_0(1, 1)$ como el punto de partida.

SOLUCIÓN Si $f(x) = x^2 - \frac{1}{8}\ln x$, entonces

$$f'(x) = 2x - \frac{1}{8x}$$

$$1 + [f'(x)]^2 = 1 + \left(2x - \frac{1}{8x}\right)^2 = 1 + 4x^2 - \frac{1}{2} + \frac{1}{64x^2}$$

$$= 4x^2 + \frac{1}{2} + \frac{1}{64x^2} = \left(2x + \frac{1}{8x}\right)^2$$

$$\sqrt{1 + [f'(x)]^2} = 2x + \frac{1}{8x} \qquad \text{(ya que } > 0)$$

Por lo que la función longitud de arco está dada por

$$s(x) = \int_1^x \sqrt{1 + [f'(t)]^2}\, dt$$

$$= \int_1^x \left(2t + \frac{1}{8t}\right) dt = t^2 + \tfrac{1}{8}\ln t\Big]_1^x$$

$$= x^2 + \tfrac{1}{8}\ln x - 1$$

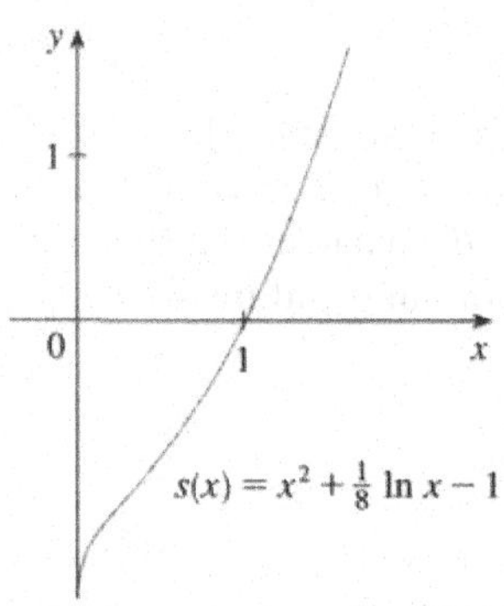

FIGURA 9

Por ejemplo, la longitud de arco a lo largo de la curva de (1, 1) a (3, $f(3)$) es

$$s(3) = 3^2 + \tfrac{1}{8}\ln 3 - 1 = 8 + \frac{\ln 3}{8} \approx 8.1373$$ ■

8.1 EJERCICIOS

1. Use la fórmula de longitud de arco (3) para encontrar la longitud de la curva $y = 2x - 5$, $-1 \leq x \leq 3$. Compruebe su respuesta observando que la curva es un segmento de recta y calculando su longitud con la fórmula de la distancia.

2. Use la fórmula de longitud de arco para encontrar la longitud de la curva $y = \sqrt{2 - x^2}$, $0 \leq x \leq 1$. Compruebe su respuesta observando que la curva es parte de una circunferencia.

3-8 Plantee una integral que represente la longitud de las curvas siguientes. Después, utilice su calculadora para encontrar la longitud con cuatro decimales de precisión.

3. $y = \operatorname{sen} x,\ 0 \leqslant x \leqslant \pi$

4. $y = xe^{-x},\ 0 \leqslant x \leqslant 2$

5. $y = x - \ln x,\ 1 \leqslant x \leqslant 4$

6. $x = y^2 - 2y,\ 0 \leqslant y \leqslant 2$

7. $x = \sqrt{y} - y,\ 1 \leqslant y \leqslant 4$

8. $y^2 = \ln x,\ -1 \leqslant y \leqslant 1$

9-20 Determine la longitud exacta de la curva.

9. $y = 1 + 6x^{3/2},\quad 0 \leqslant x \leqslant 1$

10. $36y^2 = (x^2 - 4)^3,\quad 2 \leqslant x \leqslant 3,\quad y \geqslant 0$

11. $y = \dfrac{x^3}{3} + \dfrac{1}{4x},\quad 1 \leqslant x \leqslant 2$

12. $y^2 = 4(x + 4)^3,\quad 0 \leqslant x \leqslant 2,\quad y > 0$

13. $y = \dfrac{x^5}{6} + \dfrac{1}{10x^3},\quad 1 \leqslant x \leqslant 2$

14. $y = \ln(\cos x),\quad 0 \leqslant x \leqslant \pi/3$

15. $y = \ln(\sec x),\quad 0 \leqslant x \leqslant \pi/4$

16. $y = 3 + \frac{1}{2}\cosh 2x,\quad 0 \leqslant x \leqslant 1$

17. $y = \frac{1}{4}x^2 - \frac{1}{2}\ln x,\quad 1 \leqslant x \leqslant 2$

18. $y = \sqrt{x - x^2} + \operatorname{sen}^{-1}(\sqrt{x})$

19. $y = \ln(1 - x^2),\quad 0 \leqslant x \leqslant \frac{1}{2}$

20. $y = 1 - e^{-x},\quad 0 \leqslant x \leqslant 2$

21-22 Encuentre la longitud de arco de la curva del punto P al punto Q.

21. $y = \frac{1}{2}x^2,\quad P(-1, \frac{1}{2}),\quad Q(1, \frac{1}{2})$

22. $x^2 = (y - 4)^3,\quad P(1, 5),\quad Q(8, 8)$

23-24 Trace la gráfica de la curva y estime visualmente su longitud. Luego utilice su calculadora para determinar la longitud precisa a cuatro decimales.

23. $y = x^2 + x^3,\quad 1 \leqslant x \leqslant 2$

24. $y = x + \cos x,\quad 0 \leqslant x \leqslant \pi/2$

25-28 Use la regla de Simpson con $n = 10$ para estimar la longitud de arco de las curvas siguientes. Compare su respuesta con el valor de la integral que obtiene con su calculadora.

25. $y = x \operatorname{sen} x,\ 0 \leqslant x \leqslant 2\pi$

26. $y = \sqrt[3]{x},\ 1 \leqslant x \leqslant 6$

27. $y = \ln(1 + x^3),\ 0 \leqslant x \leqslant 5$

28. $y = e^{-x^2},\ 0 \leqslant x \leqslant 2$

---

29. (a) Trace la gráfica de la curva $y = x\sqrt[3]{4 - x},\ 0 \leqslant x \leqslant 4$.
(b) Calcule las longitudes de polígonos inscritos con $n = 1$, 2 y 4 lados. (Divida el intervalo en subintervalos iguales.) Ilustre trazando estos polígonos (como en la figura 6).
(c) Plantee una integral para la longitud de la curva.
(d) Use su calculadora para encontrar la longitud de la curva redondeada a cuatro decimales. Compare con las aproximaciones del inciso (b).

30. Repita el ejercicio 29 para la curva

$$y = x + \operatorname{sen} x \qquad 0 \leqslant x \leqslant 2\pi$$

31. Use un sistema algebraico computacional o una tabla de integrales para encontrar la longitud *exacta* del arco de la curva $y = e^x$ que está entre los puntos $(0, 1)$ y $(2, e^2)$.

32. Utilice un sistema algebraico computacional o una tabla de integrales para encontrar la longitud *exacta* del arco de la curva $y = x^{4/3}$ que está entre los puntos $(0, 0)$ y $(1, 1)$. Si su sistema algebraico computacional tiene problemas para evaluar la integral, haga una sustitución que cambie la integral en una que el SAC pueda evaluar.

33. Trace la curva con ecuación $x^{2/3} + y^{2/3} = 1$ y utilice la simetría para encontrar su longitud.

34. (a) Trace la curva $y^3 = x^2$.
(b) Use las fórmulas 3 y 4 para plantear dos integrales para la longitud de arco de $(0, 0)$ a $(1, 1)$. Observe que una de estas es una integral impropia y evalúelas.
(c) Determine la longitud de arco de esta curva de $(-1, 1)$ a $(8, 4)$.

35. Encuentre la función longitud de arco para la curva $y = 2x^{3/2}$ con punto inicial $P_0(1, 2)$.

36. (a) Encuentre la función longitud de arco para la curva $y = \ln(\operatorname{sen} x),\ 0 < x < \pi$, con punto inicial $(\pi/2, 0)$.
(b) Trace la gráfica de la curva y su función longitud de arco en la misma pantalla.

37. Encuentre la función longitud de arco para la curva $y = \operatorname{sen}^{-1} x + \sqrt{1 - x^2}$ con punto inicial $(0, 1)$.

38. La función longitud de arco de una curva $y = f(x)$, donde f es una función creciente, es $s(x) = \int_0^x \sqrt{3t + 5}\, dt$.
(a) Si f tiene intersección $y = 2$, encuentre una ecuación para f.
(b) ¿Qué punto de la gráfica de f está a 3 unidades a lo largo de la curva desde la intersección con el eje y? Exprese su resultado redondeado a 3 cifras decimales.

39. Para la función $f(x) = \frac{1}{4}e^x + e^{-x}$, demuestre que la longitud del arco en cualquier intervalo tiene el mismo valor que el área bajo la curva.

40. Un viento continuo arrastra un cometa hacia el oeste. La altura del cometa por encima de la superficie de la tierra de la posición horizontal $x = 0$ a $x = 25$ m está dada por $y = 50 - 0.1(x - 15)^2$. Encuentre la distancia recorrida por el cometa.

41. Un halcón que vuela a 15 m/s a una altitud de 180 m deja caer su presa accidentalmente. La trayectoria parabólica de la presa en descenso se describe mediante la ecuación

$$y = 180 - \frac{x^2}{45}$$

hasta que choca con el suelo, donde y es la altura sobre el suelo y x es la distancia horizontal recorrida en metros. Calcule la distancia que recorre la presa desde el momento en que se deja caer hasta que choca con el suelo. Exprese su respuesta correcta hasta el decímetro más próximo.

42. El arco Gateway en San Luis (EE. UU.) (véase la foto en la página 543) fue construido utilizando la ecuación

$$y = 211.49 - 20.96 \cosh 0.03291765x$$

para la curva central del arco, donde x y y se miden en metros y $|x| \leq 91.20$. Establezca una integral para la longitud de arco y utilice su calculadora para estimar su longitud al metro más cercano.

43. Un fabricante de techos de metal corrugado quiere producir paneles que miden 60 cm de ancho y 4 cm de espesor, procesando láminas planas de metal como se muestra en la figura. El perfil del techo toma la forma de una onda seno. Verifique que la curva seno tiene ecuación $y = 2 \operatorname{sen}(\pi x/15)$ y determine el ancho w de una lámina de metal plana requerida para construir un panel de 60 cm. (Con su calculadora evalúe la integral con una aproximación de cuatro dígitos significativos.)

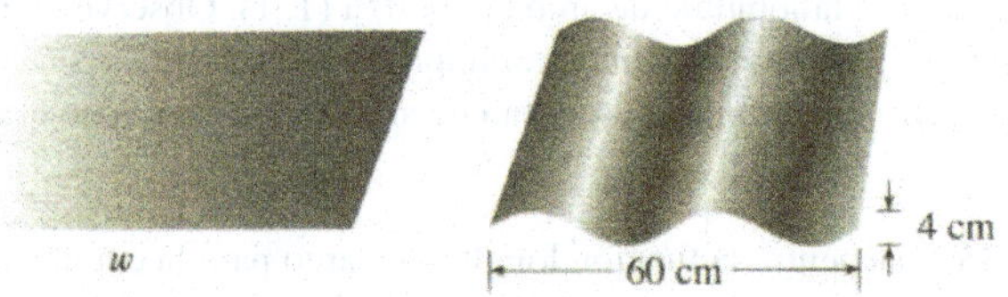

44. (a) En la figura se muestra un cable telefónico que cuelga entre dos postes en $x = -b$ y $x = b$. El cable toma la forma de una catenaria con ecuación $y = c + a \cosh(x/a)$. Encuentre la longitud del cable.

(b) Suponga que dos postes de teléfono están a una distancia de 20 m y que la longitud del cable entre los postes es de 20.4 m. Si el punto mínimo del cable debe estar a 9 m arriba del suelo, ¿a qué altura en cada poste debe estar unido el cable?

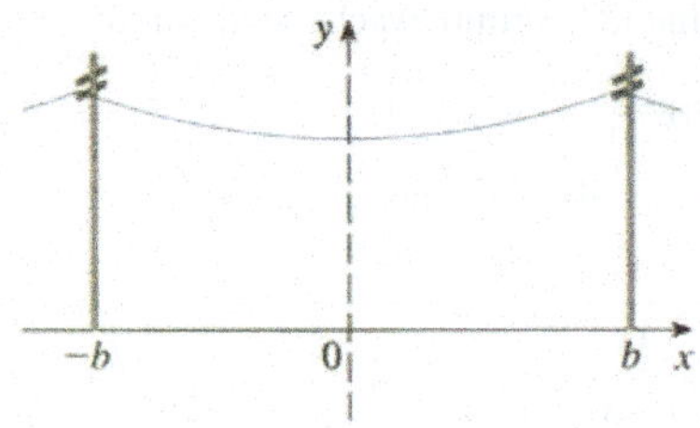

45. Encuentre la longitud de la curva

$$y = \int_1^x \sqrt{t^3 - 1}\, dt \qquad 1 \leq x \leq 4$$

46. Las curvas con ecuaciones $x^n + y^n = 1$, $n = 4, 6, 8, \ldots$, se llaman **circunferencias gordas**. Trace la gráfica de las curvas con $n = 2, 4, 6, 8$ y 10 para ver el porqué. Plantee una integral para la longitud L_{2k} de la circunferencia gorda con $n = 2k$. Sin intentar evaluar esta integral, exprese el valor del $\lim_{k \to \infty} L_{2k}$.

PROYECTO DE DESCUBRIMIENTO — CONCURSO DE LONGITUDES DE ARCO

Las curvas que se muestran son ejemplos de gráficas de funciones continuas f que tienen las propiedades siguientes.

1. $f(0) = 0$ y $f(1) = 0$.
2. $f(x) \geq 0$ para $0 \leq x \leq 1$.
3. El área bajo la gráfica de f de 0 a 1 es igual a 1.

Sin embargo, las longitudes L de estas curvas son diferentes.

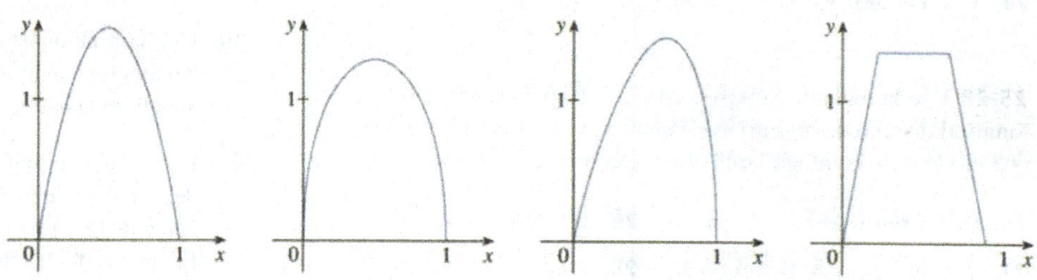

$L \approx 3.249$ $\quad$ $L \approx 2.919$ $\quad$ $L \approx 3.152$ $\quad$ $L \approx 3.213$

Intente descubrir las fórmulas para dos funciones que satisfagan las condiciones dadas 1, 2 y 3. (Sus gráficas podrían ser parecidas a las que se muestran o podrían parecer bastante diferentes.) Después calcule la longitud de arco de cada gráfica. El elemento ganador será el que tenga la longitud de arco más pequeña.

8.2 Área de una superficie de revolución

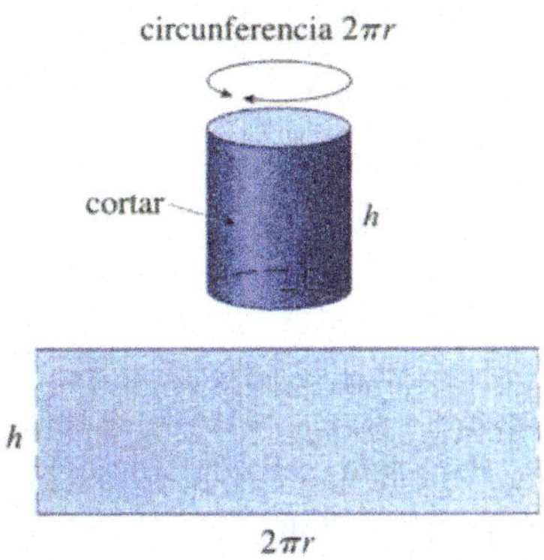

FIGURA 1

Una superficie de revolución se forma cuando se hace girar una curva alrededor de una recta. Tal superficie es la frontera lateral de un sólido de revolución del tipo analizado en las secciones 6.2 y 6.3.

Se desea definir el área de una superficie de revolución de tal manera que corresponda con nuestra intuición. Si el área de la superficie es A, puede imaginar que pintar la superficie requeriría la misma cantidad de pintura que una región plana con área A.

Se comenzará con algunas superficies simples. El área de la superficie lateral de un cilindro circular con radio r y altura h está dada por $A = 2\pi rh$ porque puede imaginarse como si se cortara el cilindro para después desenrollarlo (como en la figura 1) y obtener un rectángulo con dimensiones $2\pi r$ y h.

De igual manera, se puede tomar un cono circular con base de radio r y de altura inclinada l, córtelo a lo largo de la línea discontinua en la figura 2, y aplánelo para formar un sector de un círculo con radio l y ángulo central $\theta = 2\pi r/l$. Se sabe que, en general, el área de un sector de un círculo con radio l y ángulo θ es $\frac{1}{2}l^2\theta$ (véase el ejercicio 7.3.35) y, por tanto, en este caso es

$$A = \tfrac{1}{2}l^2\theta = \tfrac{1}{2}l^2\left(\frac{2\pi r}{l}\right) = \pi rl$$

Por tanto, se define el área de la superficie lateral de un cono como $A = \pi rl$.

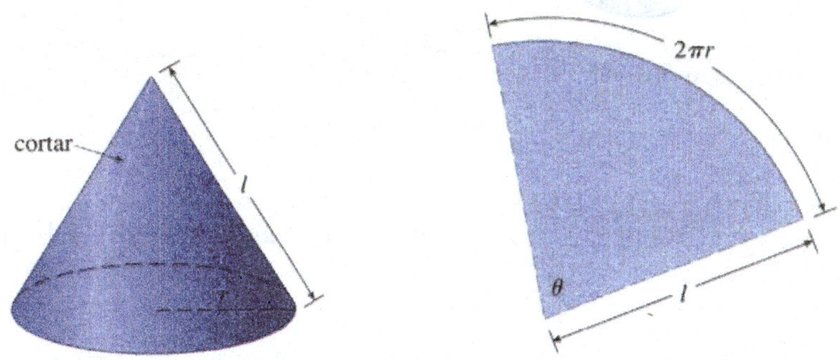

FIGURA 2

¿Qué hay acerca de las superficies de revolución más complicadas? Si se sigue la estrategia que se usó con la longitud de arco, se puede aproximar la curva original mediante un polígono. Cuando este se hace girar en torno a un eje, crea una superficie más simple cuya área se aproxima al área de la superficie real. Si se toma un límite, se puede determinar el área exacta de la superficie.

Entonces, la superficie de aproximación consta de varias *tiras*, cada una formada al hacer girar un segmento de recta alrededor de un eje. Para encontrar el área de la superficie, cada una de estas tiras puede ser considerada la porción de un cono circular, como se muestra en la figura 3. El área de la tira (o cono truncado) con una altura inclinada l y radios superior e inferior r_1 y r_2, respectivamente, se encuentra al restar las áreas de los dos conos:

$$\boxed{1} \qquad A = \pi r_2(l_1 + l) - \pi r_1 l_1 = \pi[(r_2 - r_1)l_1 + r_2 l]$$

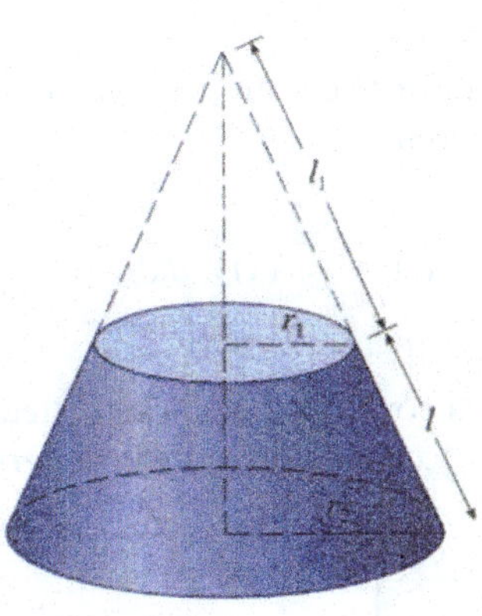

FIGURA 3

Considerando los triángulos semejantes se tiene

$$\frac{l_1}{r_1} = \frac{l_1 + l}{r_2}$$

de donde se obtiene

$$r_2 l_1 = r_1 l_1 + r_1 l \qquad \text{o} \qquad (r_2 - r_1)l_1 = r_1 l$$

Al sustituir esto en la ecuación 1, se obtiene

$$A = \pi(r_1 l + r_2 l)$$

o

2
$$A = 2\pi r l$$

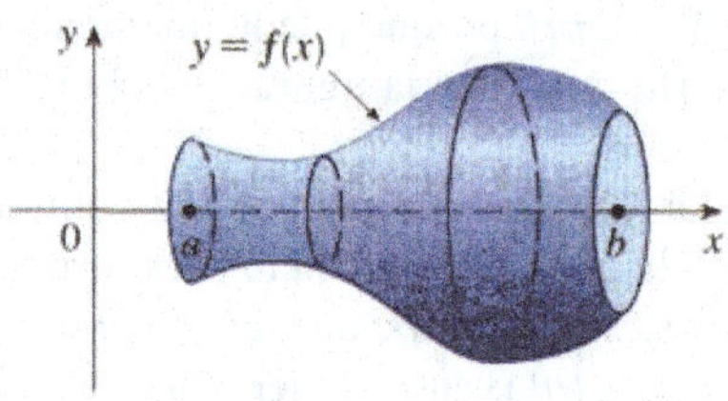

(a) Superficie de revolución

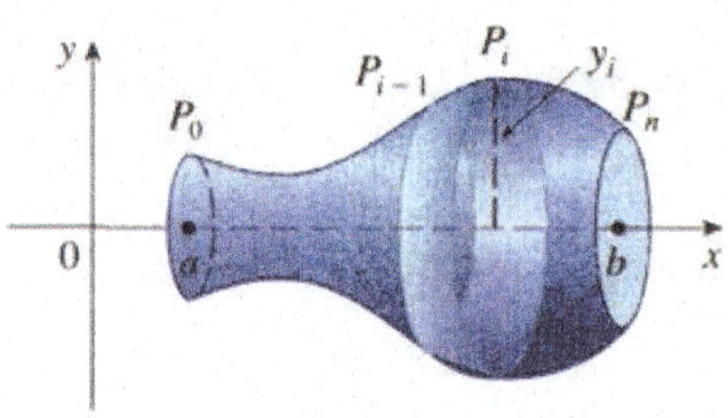

(b) Tira de aproximación

FIGURA 4

donde $r = \frac{1}{2}(r_1 + r_2)$ es el radio promedio de la tira.

Ahora se aplicará esta fórmula a la estrategia. Consideremos la superficie que se muestra en la figura 4, que se obtiene al hacer girar la curva $y = f(x)$, $a \leqslant x \leqslant b$, en torno al eje x, donde f es positiva y tiene una derivada continua. Para definir el área de la superficie, se divide el intervalo $[a, b]$ en n subintervalos con puntos extremos $x_0, x_1, \ldots, x_n$ e igual ancho Δx, como se hizo para determinar la longitud de arco. Si $y_i = f(x_i)$, entonces el punto $P_i(x_i, y_i)$ está sobre la curva. La parte de la superficie entre x_{i-1} y x_i se aproxima al tomar el segmento de recta $P_{i-1}P_i$, y hacerlo girar alrededor del eje x. El resultado es una tira con altura inclinada $l = |P_{i-1}P_i|$ y radio promedio $r = \frac{1}{2}(y_{i-1} + y_i)$ por lo que, por la fórmula 2, el área de la superficie es

$$2\pi \frac{y_{i-1} + y_i}{2} |P_{i-1}P_i|$$

Como en la demostración del teorema 8.1.2, se tiene

$$|P_{i-1}P_i| = \sqrt{1 + [f'(x_i^*)]^2}\, \Delta x$$

donde x_i^* es algún número en $[x_{i-1}, x_i]$. Cuando Δx es pequeño, se tiene $y_i = f(x_i) \approx f(x_i^*)$ y también $y_{i-1} = f(x_{i-1}) \approx f(x_i^*)$, puesto que f es continua. Por tanto,

$$2\pi \frac{y_{i-1} + y_i}{2} |P_{i-1}P_i| \approx 2\pi f(x_i^*) \sqrt{1 + [f'(x_i^*)]^2}\, \Delta x$$

y así, una aproximación a lo que se considera el área de la superficie de revolución completa es

3
$$\sum_{i=1}^{n} 2\pi f(x_i^*) \sqrt{1 + [f'(x_i^*)]^2}\, \Delta x$$

Esta aproximación mejora cuando $n \to \infty$ y, reconociendo a (3) como una suma de Riemann para la función $g(x) = 2\pi f(x)\sqrt{1 + [f'(x)]^2}$, se tiene

$$\lim_{n \to \infty} \sum_{i=1}^{n} 2\pi f(x_i^*) \sqrt{1 + [f'(x_i^*)]^2}\, \Delta x = \int_a^b 2\pi f(x) \sqrt{1 + [f'(x)]^2}\, dx$$

Por tanto, en el caso donde f es positiva y tiene una derivada continua, para la superficie obtenida al hacer girar en torno al eje x la curva $y = f(x)$, $a \leqslant x \leqslant b$, el **área de la superficie** se define como

4
$$S = \int_a^b 2\pi f(x) \sqrt{1 + [f'(x)]^2}\, dx$$

Con la notación de Leibniz para derivadas, esta fórmula se convierte en

5 $$S = \int_a^b 2\pi y \sqrt{1 + \left(\frac{dy}{dx}\right)^2}\, dx$$

Si la curva se describe como $x = g(y)$, $c \leqslant y \leqslant d$, entonces la fórmula para el área de la superficie se transforma en

6 $$S = \int_c^d 2\pi y \sqrt{1 + \left(\frac{dx}{dy}\right)^2}\, dy$$

y ambas fórmulas 5 y 6 pueden resumirse simbólicamente, utilizando la notación para la longitud de arco dada en la sección 8.1, como

7 $$S = \int 2\pi y\, ds$$

Para la rotación en torno al eje y, la fórmula del área de la superficie se convierte en

8 $$S = \int 2\pi x\, ds$$

donde, como antes, puede usarse

$$ds = \sqrt{1 + \left(\frac{dy}{dx}\right)^2}\, dx \qquad \text{o} \qquad ds = \sqrt{1 + \left(\frac{dx}{dy}\right)^2}\, dy$$

Estas fórmulas pueden recordarse si se considera a $2\pi y$ o $2\pi x$ como la circunferencia de un círculo trazado por el punto (x, y) sobre la curva cuando se hace girar alrededor del eje x o al eje y, respectivamente (véase la figura 5).

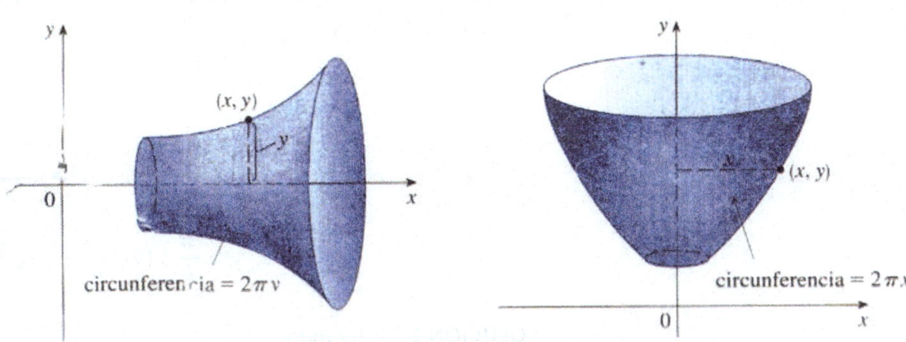

FIGURA 5 (a) Rotación en torno al eje x: $S = \int 2\pi y\, ds$ (b) Rotación respecto al eje y: $S = \int 2\pi x\, ds$

EJEMPLO 1 La curva $y = \sqrt{4 - x^2}$, $-1 \leq x \leq 1$ es un arco de la circunferencia $x^2 + y^2 = 4$. Encuentre el área de la superficie obtenida al hacer girar este arco en torno al eje x. (La superficie es una parte de una esfera de radio 2. Véase la figura 6.)

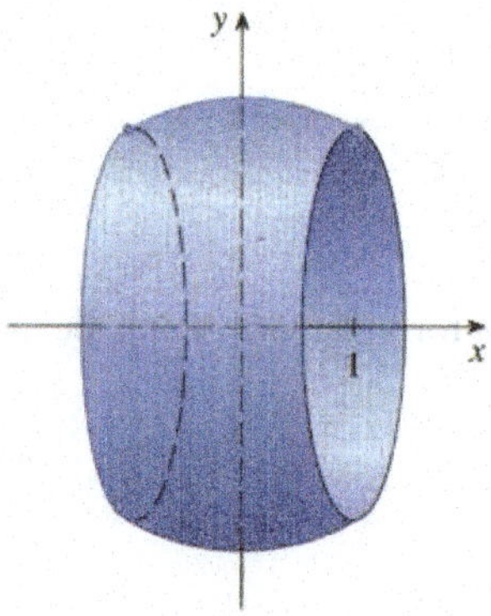

FIGURA 6

La figura 6 muestra la parte de la esfera cuya superficie se calculó en el ejemplo 1.

SOLUCIÓN Se tiene

$$\frac{dy}{dx} = \tfrac{1}{2}(4 - x^2)^{-1/2}(-2x) = \frac{-x}{\sqrt{4 - x^2}}$$

y, por tanto, por la fórmula 5, el área de la superficie es

$$\begin{aligned}
S &= \int_{-1}^{1} 2\pi y \sqrt{1 + \left(\frac{dy}{dx}\right)^2}\, dx \\
&= 2\pi \int_{-1}^{1} \sqrt{4 - x^2} \sqrt{1 + \frac{x^2}{4 - x^2}}\, dx \\
&= 2\pi \int_{-1}^{1} \sqrt{4 - x^2} \sqrt{\frac{4 - x^2 + x^2}{4 - x^2}}\, dx \\
&= 2\pi \int_{-1}^{1} \sqrt{4 - x^2}\, \frac{2}{\sqrt{4 - x^2}}\, dx = 4\pi \int_{-1}^{1} 1\, dx = 4\pi(2) = 8\pi
\end{aligned}$$

■

En la figura 7 se muestra la superficie de revolución cuya área se calculó como en el ejemplo 2.

EJEMPLO 2 El arco de la parábola $y = x^2$ de $(1, 1)$ a $(2, 4)$ se hace girar alrdedor del eje y. Encuentre el área de la superficie resultante.

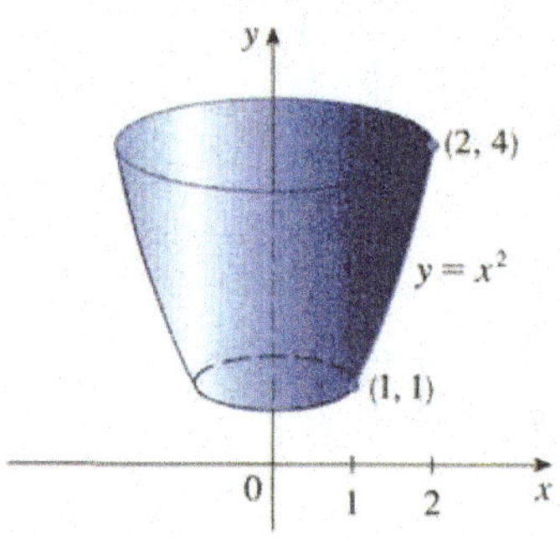

FIGURA 7

SOLUCIÓN 1 Utilizando

$$y = x^2 \qquad \text{y} \qquad \frac{dy}{dx} = 2x$$

se tiene, de la fórmula 8,

$$\begin{aligned}
S &= \int 2\pi x\, ds \\
&= \int_{1}^{2} 2\pi x \sqrt{1 + \left(\frac{dy}{dx}\right)^2}\, dx \\
&= 2\pi \int_{1}^{2} x\sqrt{1 + 4x^2}\, dx
\end{aligned}$$

Al sustituir $u = 1 + 4x^2$, se tiene $du = 8x\, dx$. Recuerde que al cambiar los límites de integración, se tiene

$$\begin{aligned}
S &= 2\pi \int_{5}^{17} \sqrt{u} \cdot \tfrac{1}{8}\, du \\
&= \frac{\pi}{4} \int_{5}^{17} u^{1/2}\, du = \frac{\pi}{4}\left[\tfrac{2}{3}u^{3/2}\right]_{5}^{17} \\
&= \frac{\pi}{6}\left(17\sqrt{17} - 5\sqrt{5}\right)
\end{aligned}$$

SOLUCIÓN 2 Utilizando

$$x = \sqrt{y} \qquad \text{y} \qquad \frac{dx}{dy} = \frac{1}{2\sqrt{y}}$$

Para comprobar la respuesta del ejemplo 2, observe en la figura 7 que el área de la superficie debe ser cercana a la de un cilindro circular, con la misma altura y radio a la mitad, entre el radio superior e inferior de la superficie: $2\pi(1.5)(3) \approx 28.27$. Se calculó que el área de la superficie era

$$\frac{\pi}{6}\left(17\sqrt{17} - 5\sqrt{5}\right) \approx 30.85$$

que parece razonable. De manera alternativa, el área de la superficie debe ser un poco más grande que el área de un cono truncado con la misma base y tapa. De la ecuación 2, esto es $2\pi(1.5)(\sqrt{10}) \approx 29.80$.

se tiene

$$S = \int 2\pi x\, ds = \int_1^4 2\pi x \sqrt{1 + \left(\frac{dx}{dy}\right)^2}\, dy$$

$$= 2\pi \int_1^4 \sqrt{y}\sqrt{1 + \frac{1}{4y}}\, dy = 2\pi \int_1^4 \sqrt{y + \tfrac{1}{4}}\, dy = \pi \int_1^4 \sqrt{4y + 1}\, dy$$

$$= \frac{\pi}{4}\int_5^{17} \sqrt{u}\, du \qquad (\text{donde } u = 1 + 4y)$$

$$= \frac{\pi}{6}\left(17\sqrt{17} - 5\sqrt{5}\right) \qquad (\text{como en la solución 1})$$ ■

EJEMPLO 3 Encuentre el área de la superficie generada al hacer girar la curva $y = e^x$, $0 \leq x \leq 1$, en torno al eje x.

SOLUCIÓN Utilizando la fórmula 5 con

$$y = e^x \qquad \text{y} \qquad \frac{dy}{dx} = e^x$$

se tiene

Otro método: Utilice la fórmula 6 con $x = \ln y$.

$$S = \int_0^1 2\pi y \sqrt{1 + \left(\frac{dy}{dx}\right)^2}\, dx = 2\pi \int_0^1 e^x \sqrt{1 + e^{2x}}\, dx$$

$$= 2\pi \int_1^e \sqrt{1 + u^2}\, du \qquad (\text{donde } u = e^x)$$

$$= 2\pi \int_{\pi/4}^{\alpha} \sec^3\theta\, d\theta \qquad (\text{donde } u = \tan\theta \text{ y } \alpha = \tan^{-1}e)$$

$$= 2\pi \cdot \tfrac{1}{2}\Big[\sec\theta\tan\theta + \ln|\sec\theta + \tan\theta|\Big]_{\pi/4}^{\alpha} \qquad (\text{según el ejemplo 7.2.8})$$

$$= \pi\Big[\sec\alpha\tan\alpha + \ln(\sec\alpha + \tan\alpha) - \sqrt{2} - \ln\left(\sqrt{2} + 1\right)\Big]$$

O utilice la fórmula 21 de la tabla de integrales.

Ya que $\tan\alpha = e$, se tiene $\sec^2\alpha = 1 + \tan^2\alpha = 1 + e^2$ y

$$S = \pi\Big[e\sqrt{1 + e^2} + \ln\left(e + \sqrt{1 + e^2}\right) - \sqrt{2} - \ln\left(\sqrt{2} + 1\right)\Big]$$ ■

8.2 EJERCICIOS

1-6

(a) Plantee una integral para el área de la superficie obtenida al hacer girar la curva en torno (i) al eje x y (ii) al eje y.

(b) Utilice la capacidad numérica de su calculadora para evaluar las áreas de superficie con una aproximación de cuatro decimales.

1. $y = \tan x,\ 0 \leq x \leq \pi/3$

2. $y = x^{-2},\ 1 \leq x \leq 2$

3. $y = e^{-x^2},\ -1 \leq x \leq 1$

4. $x = \ln(2y + 1),\ 0 \leq y \leq 1$

5. $x = y + y^3,\ 0 \leq y \leq 1$

6. $y = \tan^{-1}x,\ 0 \leq x \leq 2$

7-14 Determine el área de la superficie obtenida al hacer girar la curva en torno al eje x.

7. $y = x^3,\ 0 \leq x \leq 2$

8. $y = \sqrt{5 - x},\ 3 \leq x \leq 5$

9. $y^2 = x + 1,\ 0 \leq x \leq 3$

10. $9x = y^2 + 18,\ 2 \leq x \leq 6$

11. $y = \cos(\tfrac{1}{2}x),\ 0 \leq x \leq \pi$

12. $y = \sqrt{1 + 4x},\ 1 \leq x \leq 5$

13. $y = \operatorname{sen} \pi x,\ 0 \leq x \leq 1$

14. $x = 1 + 2y^2,\ 1 \leq y \leq 2$

15-18 La curva dada se hace girar alrededor del eje y. Encuentre el área de la superficie resultante.

15. $y = \frac{1}{3}x^{3/2}$, $0 \leqslant x \leqslant 12$

16. $x^{2/3} + y^{2/3} = 1$, $0 \leqslant y \leqslant 1$

17. $x = \sqrt{a^2 - y^2}$, $0 \leqslant y \leqslant a/2$

18. $y = \frac{1}{4}x^2 - \frac{1}{2}\ln x$, $1 \leqslant x \leqslant 2$

19-22 Use la regla de Simpson con $n = 10$ para aproximar el área de la superficie obtenida al hacer girar la curva alrededor del eje x. Compare su respuesta con el valor de la integral producido por su calculadora.

19. $y = \ln x$, $1 \leqslant x \leqslant 3$

20. $y = x + \sqrt{x}$, $1 \leqslant x \leqslant 2$

21. $y = xe^x$, $0 \leqslant x \leqslant 1$

22. $y = x \ln x$, $1 \leqslant x \leqslant 2$

SAC **23-24** Use un SAC o una tabla de integrales para encontrar el área exacta de la superficie obtenida al hacer girar la curva dada en torno al eje x.

23. $y = 1/x$, $1 \leqslant x \leqslant 2$

24. $y = \sqrt{x^2 + 1}$, $0 \leqslant x \leqslant 3$

SAC **25-26** Use un SAC para encontrar el área exacta de la superficie obtenida al hacer girar la curva en torno al eje y. Si su SAC tiene problema para evaluar la integral, exprese el área de la superficie como una integral en la otra variable.

25. $y = x^3$, $0 \leqslant y \leqslant 1$

26. $y = \ln(x + 1)$, $0 \leqslant x \leqslant 1$

27. Si la región $\mathcal{R} = \{(x, y) \mid x \geqslant 1,\ 0 \leqslant y \leqslant 1/x\}$ se hace girar en torno al eje x, el volumen del sólido resultante es finito (véase el ejercicio 7.8.63). Demuestre que el área de la superficie es infinita. (La superficie se muestra en la figura y se conoce como **Cuerno de Gabriel**.)

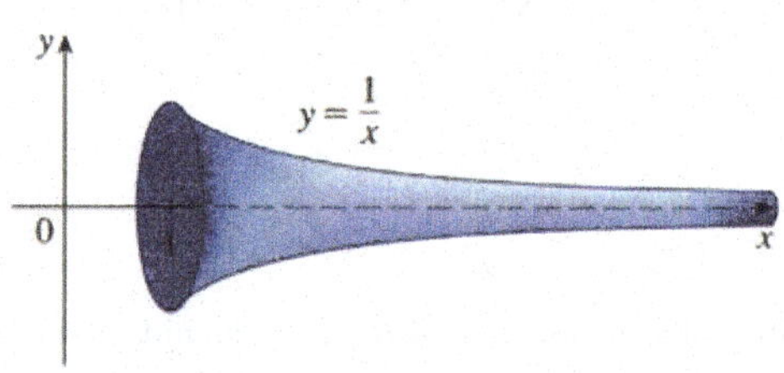

28. Si la curva infinita $y = e^{-x}$, $x \geqslant 0$, se hace girar en torno al eje x, encuentre el área de la superficie resultante.

29. (a) Si $a > 0$, encuentre el área de la superficie generada al hacer girar el bucle de la curva $3ay^2 = x(a - x)^2$ alrededor del eje x.
(b) Determine el área de la superficie si el bucle se hace girar en torno al eje y.

30. Un grupo de ingenieros está construyendo un plato de satélite parabólico cuya forma se obtiene al hacer girar la curva $y = ax^2$ en torno al eje y. Si el plato tiene un diámetro de 10 pies y una profundidad máxima de 2 pies, encuentre el valor de a y el área de la superficie del plato.

31. (a) La elipse

$$\frac{x^2}{a^2} + \frac{y^2}{b^2} = 1 \qquad a > b$$

se hace girar en torno al eje x para formar una superficie llamada *elipsoide* o *esferoide prolato*. Determine el área de la superficie de este elipsoide.
(b) Si la elipse del inciso (a) gira en torno a su eje menor (el eje y), la elipsoide resultante se le conoce como *esferoide oblato*. Encuentre el área de la superficie de este elipsoide.

32. Calcule el área de la superficie del toroide del ejercicio 6.2.63.

33. Si la curva $y = f(x)$, $a \leqslant x \leqslant b$, se hace girar en torno a la recta horizontal $y = c$, donde $f(x) \leqslant c$, encuentre una fórmula para el área de la superficie resultante.

SAC **34.** Use el resultado del ejercicio 33 para plantear una integral que permita encontrar el área de la superficie generada al hacer girar la curva $y = \sqrt{x}$, $0 \leqslant x \leqslant 4$, en torno a la recta $y = 4$. Después, use un SAC para evaluar la integral.

35. Encuentre el área de la superficie obtenida al hacer girar la circunferencia $x^2 + y^2 = r^2$ en torno a la recta $y = r$.

36. (a) Demuestre que el área de la superficie de una zona de una esfera ubicada entre dos planos paralelos es $S = 2\pi Rh$, donde R es el radio de la esfera y h es la distancia entre los planos. (Observe que S solo depende de la distancia entre los planos, y no sobre su ubicación, siempre que ambos planos intersequen la esfera.)
(b) Demuestre que el área de la superficie de una zona de un *cilindro* con radio R y altura h es la misma que el área de la superficie de la zona de una *esfera* en el inciso (a).

37. Demuestre que si gira la curva $y = e^{x/2} + e^{-x/2}$ sobre el eje x, el área de la superficie resultante es el mismo valor que el volumen cerrado para cualquier intervalo de $a \leqslant x \leqslant b$.

38. Sea L la longitud de la curva $y = f(x)$, $a \leqslant x \leqslant b$, donde f es positiva y tiene una derivada continua. Sea S_f la superficie generada al girar la curva sobre el eje x. Si c es una constante positiva, defina $g(x) = f(x) + c$ y S_g sea el área de la superficie correspondiente generada por la curva $y = g(x)$, $a \leqslant x \leqslant b$. Exprese S_g en términos de S_f y L.

39. La fórmula 4 es válida solo cuando $f(x) \geqslant 0$. Demuestre que cuando $f(x)$ no necesariamente es positiva, la fórmula para el área de la superficie se transforma en

$$S = \int_a^b 2\pi\,|f(x)|\sqrt{1 + [f'(x)]^2}\,dx$$

PROYECTO DE DESCUBRIMIENTO ROTACIÓN SOBRE UNA PENDIENTE

Se sabe cómo encontrar el volumen de un sólido de revolución obtenido al hacer girar una región en torno a una recta horizontal o vertical (véase la sección 6.2). También se sabe cómo determinar el área de una superficie de revolución si se gira una curva en torno a una recta horizontal o vertical (véase la sección 8.2). Pero ¿qué pasa si se hace girar en torno a una recta inclinada, es decir, una recta que no sea horizontal ni vertical? En este proyecto se le pide descubrir fórmulas para el volumen de un sólido de revolución y para el área de una superficie de revolución cuando el eje de rotación es una recta inclinada.

Sea C el arco de la curva $y = f(x)$ entre los puntos $P(p, f(p))$ y $Q(q, f(q))$ y sea $\mathfrak{R}$ la región limitada por C, por la recta $y = mx + b$ (que está totalmente por debajo de C) y por las perpendiculares a la recta desde P y Q.

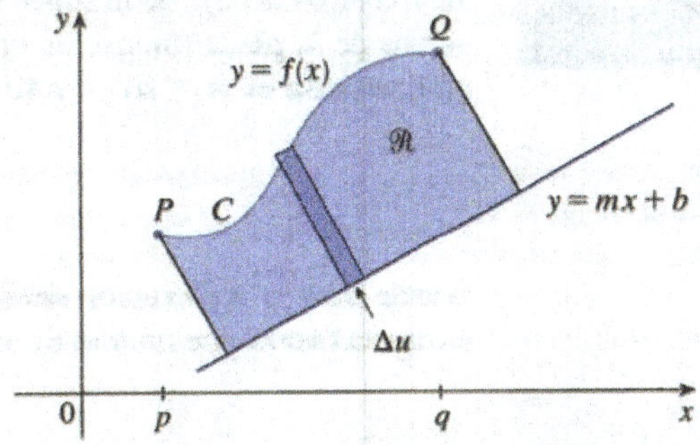

1. Demuestre que el área de $\mathfrak{R}$ es

$$\frac{1}{1+m^2}\int_p^q [f(x) - mx - b][1 + mf'(x)]\,dx$$

[*Sugerencia*: esta fórmula puede verificarse restando áreas, pero será útil en el proyecto deducirla aproximando primero el área por medio de rectángulos perpendiculares a la recta, como se muestra en la figura. Use la figura para expresar Δu en términos de Δx].

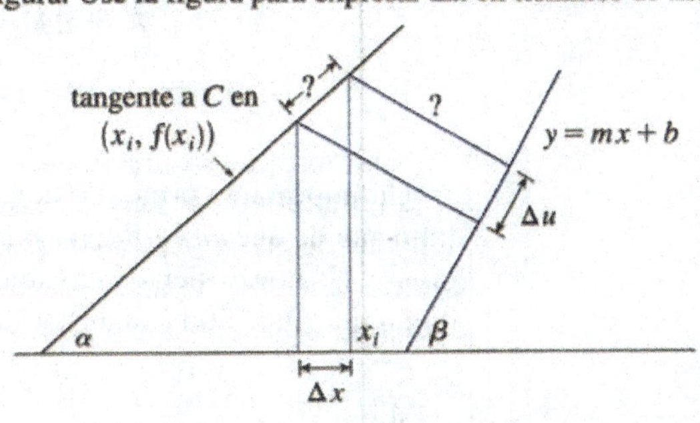

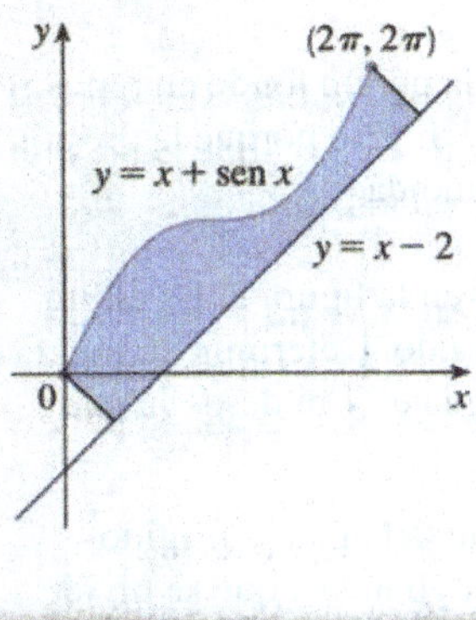

2. Determine el área de la región que se muestra en la figura de la izquierda.

3. Encuentre una fórmula (similar a la del problema 1) para el volumen del sólido obtenido al hacer girar $\mathfrak{R}$ alrededor de la recta $y = mx + b$.

4. Encuentre el volumen del sólido obtenido al hacer girar la región del problema 2 en torno a la recta $y = x - 2$.

5. Obtenga una fórmula para el área de la superficie obtenida al hacer girar C alrededor de la recta $y = mx + b$.

SAC **6.** Use un sistema algebraico computacional para encontrar el área exacta de la superficie obtenida al hacer girar la curva $y = \sqrt{x}$, $0 \le x \le 4$, en torno a la recta $y = \frac{1}{2}x$. Luego aproxime su resultado a tres decimales.

8.3 Aplicaciones a la física y a la ingeniería

Entre las muchas aplicaciones del cálculo integral a la física y a la ingeniería, aquí se consideran dos: la fuerza, debida a la presión del agua, y los centros de masa. Como con las aplicaciones previas a la geometría (áreas, volúmenes y longitudes) y el trabajo, la estrategia es descomponer la cantidad física en un gran número de partes pequeñas, aproximar cada parte pequeña, sumar los resultados (dando una suma de Riemann), tomar el límite y después evaluar la integral resultante.

Fuerza y presión hidrostáticas

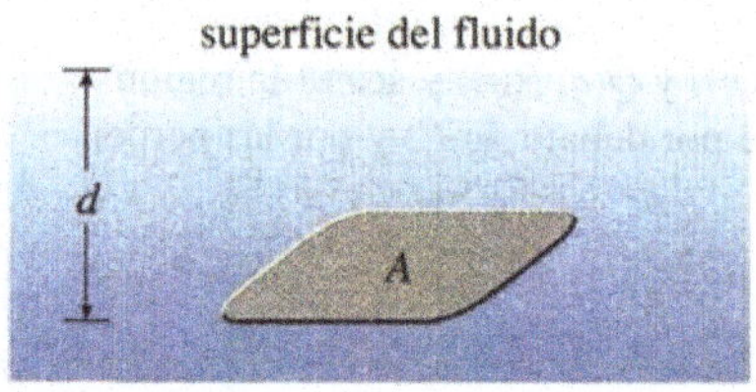

FIGURA 1

Los buceadores de aguas profundas saben que la presión del agua se incrementa al aumentar la profundidad. Esto se debe a que aumenta el peso del agua sobre ellos.

En general, suponga que una placa horizontal delgada con área de A metros cuadrados se sumerge en un fluido de densidad ρ kilogramos por metro cúbico a una profundidad de d metros debajo de la superficie del fluido, como en la figura 1. El fluido directamente arriba de la placa (piense en una columna de líquido) tiene volumen $V = Ad$, de modo que su masa es $m = \rho V = \rho Ad$. La fuerza ejercida por el fluido sobre la placa es

$$F = mg = \rho g A d$$

donde g es la aceleración debida a la gravedad. La **presión** P sobre la placa se define como la fuerza por unidad de área:

$$P = \frac{F}{A} = \rho g d$$

Al usar unidades inglesas estándares, se escribe $P = \rho g d = \delta d$, donde $\delta = \rho g$ es el *peso específico* (en oposición a ρ, que es la *masa específica*). Por ejemplo, el peso específico del agua es $\delta = 62.5 \text{ lb/pies}^3$.

La unidad del SI para medir la presión es newtons por metro cuadrado, y se conoce como pascal (abreviatura: $1 \text{ N/m}^2 = 1 \text{ Pa}$). Puesto que esta es una unidad pequeña, se emplea con frecuencia el kilopascal (kPa). Por ejemplo, debido a que la densidad del agua es $\rho = 1000 \text{ kg/m}^3$, la presión en el fondo de una alberca de 2m de profundidad es

$$P = \rho g d = 1000 \text{ kg/m}^3 \times 9.8 \text{ m/s}^2 \times 2 \text{ m}$$
$$= 19\,600 \text{ Pa} = 19.6 \text{ kPa}$$

Un importante principio de la presión del fluido es el hecho comprobado experimentalmente de que *en cualquier punto, en un líquido, la presión es la misma en todas direcciones*. (Un buzo siente la misma presión en la nariz y en ambos oídos.) Así, la presión en *cualquier* dirección a una profundidad d en un fluido con masa específica ρ está dada por

1 $$P = \rho g d = \delta d$$

Esto ayuda a determinar la fuerza hidrostática (la fuerza ejercida por un fluido en reposo) contra una placa vertical, pared o presa. Este no es un problema directo porque la presión no es constante, sino que crece a medida que aumenta la profundidad.

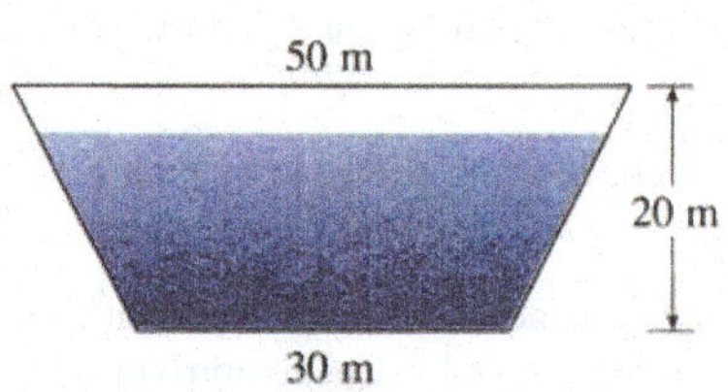

FIGURA 2

EJEMPLO 1 Una presa tiene la forma del trapecio mostrado en la figura 2. La altura es 20 m y el ancho es 50 m en la parte superior y 30 m en el fondo. Determine la fuerza sobre la presa debida a la presión hidrostática si el nivel del agua es 4 m desde la parte superior de la presa.

SOLUCIÓN Se elige un eje x vertical con origen en la superficie del agua y dirigido hacia abajo como en la figura 3(a). La profundidad del agua es 16 m, así que se divide

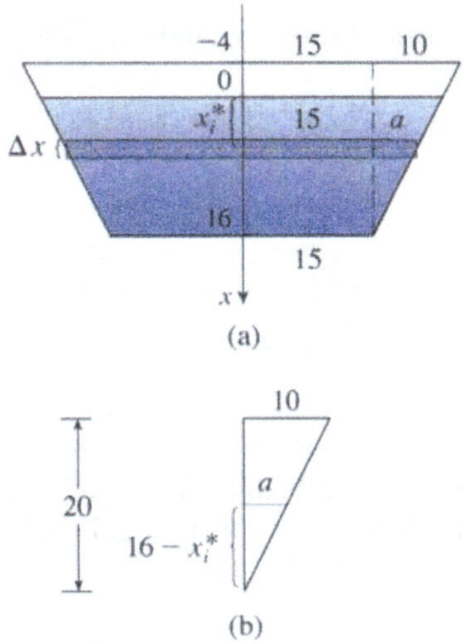

FIGURA 3

el intervalo [0, 16] en subintervalos de igual longitud con puntos extremos x_i y se elige $x_i^* \in [x_{i-1}, x_i]$. La i-ésima tira horizontal de la presa se aproxima con un rectángulo con altura Δx y ancho w_i, donde, de los triángulos semejantes de la figura 3(b),

$$\frac{a}{16 - x_i^*} = \frac{10}{20} \quad \text{o} \quad a = \frac{16 - x_i^*}{2} = 8 - \frac{x_i^*}{2}$$

y, por tanto, $$w_i = 2(15 + a) = 2\left(15 + 8 - \tfrac{1}{2}x_i^*\right) = 46 - x_i^*$$

Si A_i es el área de la i-ésima tira, entonces

$$A_i \approx w_i\,\Delta x = (46 - x_i^*)\,\Delta x$$

Si Δx es pequeña, entonces la presión P_i sobre la i-ésima tira es casi constante y se puede usar la ecuación 1 para escribir

$$P_i \approx 1000gx_i^*$$

La fuerza hidrostática F_i que actúa sobre la i-ésima tira es el producto de la presión y el área:

$$F_i = P_iA_i \approx 1000gx_i^*(46 - x_i^*)\,\Delta x$$

Si se suman estas fuerzas y se toma el límite cuando $n \to \infty$, se obtiene la fuerza hidrostática total sobre la presa:

$$F = \lim_{n\to\infty} \sum_{i=1}^{n} 1000gx_i^*(46 - x_i^*)\,\Delta x = \int_0^{16} 1000gx(46 - x)\,dx$$

$$= 1000(9.8)\int_0^{16} (46x - x^2)\,dx = 9800\left[23x^2 - \frac{x^3}{3}\right]_0^{16}$$

$$\approx 4.43 \times 10^7\ \text{N}$$ ■

EJEMPLO 2 Determine la fuerza hidrostática sobre un extremo de un tambor cilíndrico con radio 3 pies si el tambor es sumergido 10 pies en agua.

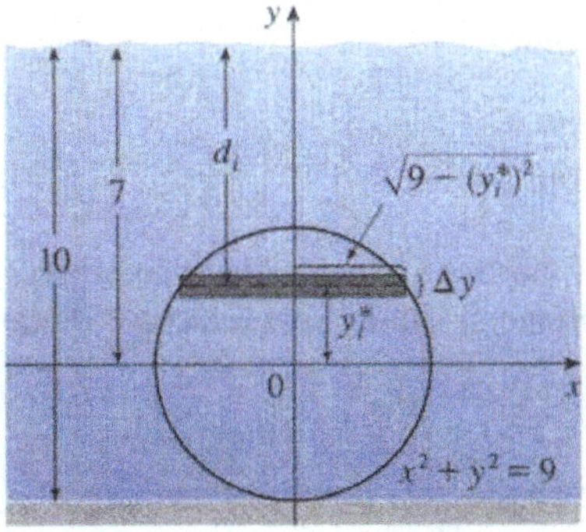

FIGURA 4

SOLUCIÓN En este ejemplo es conveniente elegir los ejes como en la figura 4, de modo que el origen esté colocado en el centro del tambor. Por tanto, la circunferencia tiene una ecuación simple: $x^2 + y^2 = 9$. Como en el ejemplo 1, se divide la región circular en tiras horizontales de igual ancho. De la ecuación de una circunferencia, se ve que la longitud de la i-ésima tira es $2\sqrt{9 - (y_i^*)^2}$, por tanto, su área es

$$A_i = 2\sqrt{9 - (y_i^*)^2}\,\Delta y$$

Ya que la densidad del agua es $\delta = 62.5$ lb/pies^3, la presión sobre esta tira es aproximadamente

$$\delta d_i = 62.5(7 - y_i^*)$$

y por tanto, la fuerza aproximada sobre la tira es

$$\delta d_iA_i = 62.5(7 - y_i^*)\,2\sqrt{9 - (y_i^*)^2}\,\Delta y$$

La fuerza total se obtiene sumando las fuerzas sobre todas las tiras y tomando el límite:

$$F = \lim_{n\to\infty} \sum_{i=1}^{n} 62.5(7 - y_i^*)\, 2\sqrt{9 - (y_i^*)^2}\, \Delta y$$

$$= 125 \int_{-3}^{3} (7 - y)\sqrt{9 - y^2}\, dy$$

$$= 125 \cdot 7 \int_{-3}^{3} \sqrt{9 - y^2}\, dy - 125 \int_{-3}^{3} y\sqrt{9 - y^2}\, dy$$

La segunda integral es 0 porque el integrando es una función impar (véase el teorema 5.5.7). La primera integral se puede evaluar por medio de la sustitución trigonométrica $y = 3 \operatorname{sen} \theta$, pero es más simple observar que es el área de un disco semicircular con radio 3. Por tanto

$$F = 875 \int_{-3}^{3} \sqrt{9 - y^2}\, dy = 875 \cdot \tfrac{1}{2}\pi(3)^2$$

$$= \frac{7875\pi}{2} \approx 12{,}370 \text{ lb}$$

■

■ Momentos y centros de masa

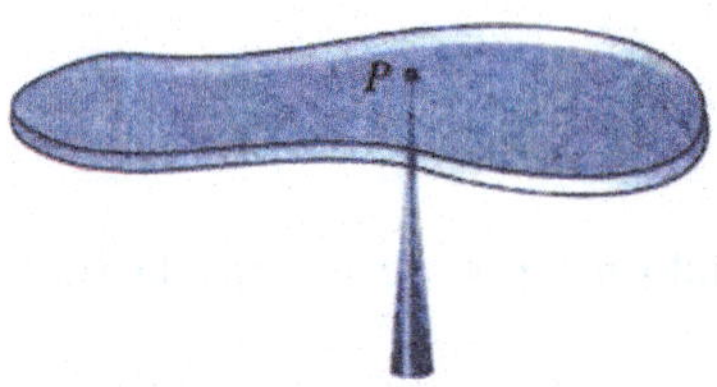

FIGURA 5

El principal objetivo aquí es encontrar el punto P sobre el que una placa delgada de cualquier forma se mantiene horizontal como en la figura 5. El punto se llama **centro de masa** (o centro de gravedad) de la placa.

Primero, se considera la situación más simple ilustrada en la figura 6, donde dos masas m_1 y m_2 se fijan a una varilla de masa insignificante en lados opuestos de un fulcro (punto de apoyo) y a distancias d_1 y d_2 de este. La varilla se equilibrará si

2 $$m_1 d_1 = m_2 d_2$$

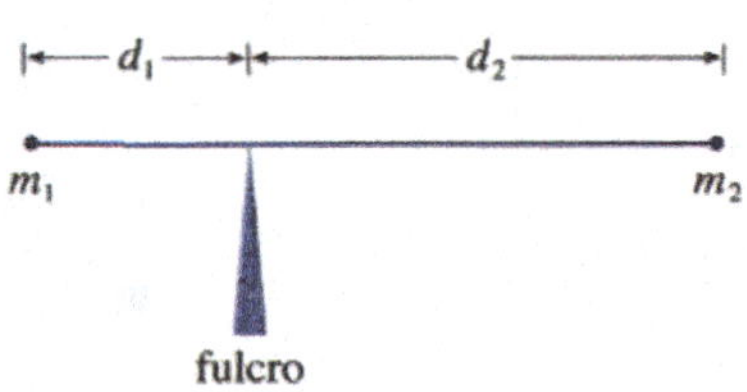

FIGURA 6

Este es un hecho experimental que descubrió Arquímedes y se llama ley de la palanca. (Imagine una persona de poco peso que pone en equilibrio a una persona más pesada en un balancín, sentándose a una mayor distancia en relación con el centro.)

Ahora suponga que la varilla está a lo largo del eje x con m_1 en x_1 y m_2 en x_2 y el centro de masa en $\bar{x}$. Si se comparan las figuras 6 y 7, se ve que $d_1 = \bar{x} - x_1$ y $d_2 = x_2 - \bar{x}$, entonces, la ecuación 2 da

$$m_1(\bar{x} - x_1) = m_2(x_2 - \bar{x})$$

$$m_1\bar{x} + m_2\bar{x} = m_1x_1 + m_2x_2$$

3 $$\bar{x} = \frac{m_1x_1 + m_2x_2}{m_1 + m_2}$$

Los números m_1x_1 y m_2x_2 se llaman **momentos** de las masas m_1 y m_2(respecto al origen), y la ecuación 3 indica que el centro de masa $\bar{x}$ se obtiene al sumar los momentos de las masas y dividir entre la masa total $m = m_1 + m_2$.

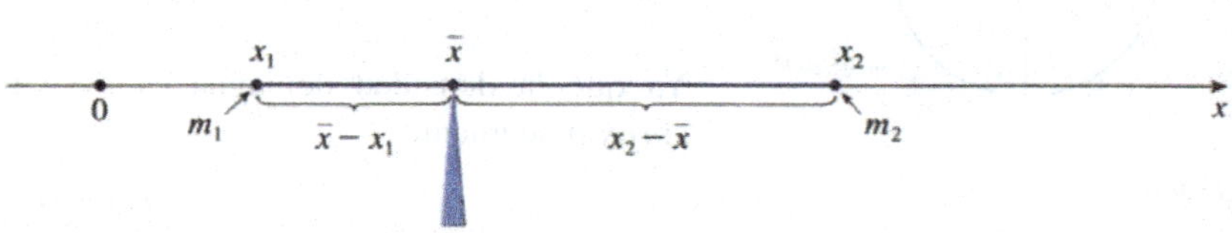

FIGURA 7

En general, si se tiene un sistema de n partículas con masas $m_1, m_2, \ldots, m_n$ localizadas en los puntos $x_1, x_2, \ldots, x_n$ sobre el eje x, puede demostrarse de manera similar que el centro de masa del sistema se localiza en

$$\boxed{4} \qquad \bar{x} = \frac{\sum_{i=1}^{n} m_i x_i}{\sum_{i=1}^{n} m_i} = \frac{\sum_{i=1}^{n} m_i x_i}{m}$$

donde $m = \Sigma m_i$ es la masa total del sistema, y la suma de los momentos individuales

$$M = \sum_{i=1}^{n} m_i x_i$$

se llama **momento del sistema respecto al origen**. La ecuación 4 se podría reescribir como $m\bar{x} = M$, que indica que si se considerara la masa total como si estuviera concentrada en el centro de masa $\bar{x}$, entonces su momento sería el mismo que el del sistema.

Ahora, considere un sistema de n partículas con masas $m_1, m_2, \ldots, m_n$ localizadas en los puntos $(x_1, y_1), (x_2, y_2), \ldots, (x_n, y_n)$ en el plano xy como se muestra en la figura 8. Por analogía con el caso unidimensional se define el **momento del sistema respecto al eje y** como

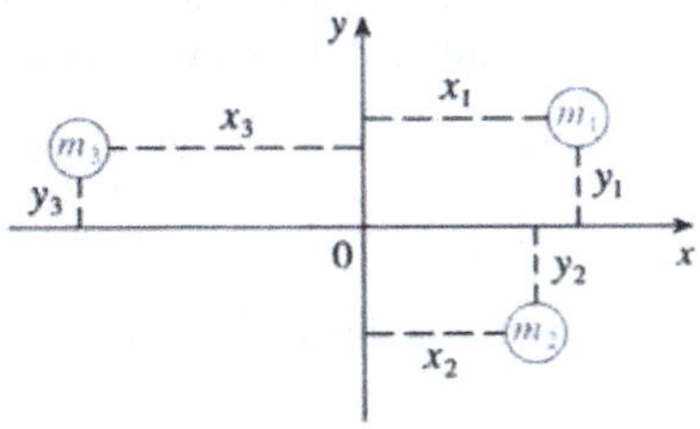

FIGURA 8

$$\boxed{5} \qquad M_y = \sum_{i=1}^{n} m_i x_i$$

y el **momento del sistema respecto al eje x** como

$$\boxed{6} \qquad M_x = \sum_{i=1}^{n} m_i y_i$$

Entonces M_y mide la tendencia del sistema a girar respecto al eje y, y M_x mide la tendencia a girar respecto al eje x.

Como en el caso unidimensional, las coordenadas $(\bar{x}, \bar{y})$ del centro de masa están dadas en términos de los momentos por las fórmulas

$$\boxed{7} \qquad \bar{x} = \frac{M_y}{m} \qquad \bar{y} = \frac{M_x}{m}$$

donde $m = \Sigma m_i$ es la masa total. Puesto que $m\bar{x} = M_y$ y $m\bar{y} = M_x$, el centro de masa $(\bar{x}, \bar{y})$ es el punto donde una sola partícula de masa m tendría los mismos momentos que el sistema.

EJEMPLO 3 Encuentre los momentos y el centro de masa del sistema de objetos que tienen masas 3, 4 y 8 en los puntos $(-1, 1)$, $(2, -1)$ y $(3, 2)$, respectivamente.

SOLUCIÓN Se usan las ecuaciones 5 y 6 para calcular los momentos:

$$M_y = 3(-1) + 4(2) + 8(3) = 29$$

$$M_x = 3(1) + 4(-1) + 8(2) = 15$$

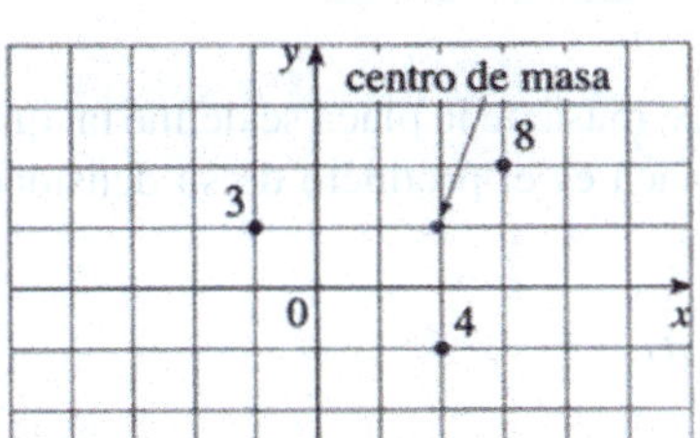

FIGURA 9

Puesto que $m = 3 + 4 + 8 = 15$, se usan las ecuaciones 7 para obtener

$$\bar{x} = \frac{M_y}{m} = \frac{29}{15} \qquad \bar{y} = \frac{M_x}{m} = \frac{15}{15} = 1$$

Así, el centro de masa es $\left(1\frac{14}{15}, 1\right)$. (Véase la figura 9.) ■

Ahora se considerará una placa plana (llamada *lámina*) con densidad uniforme ρ que ocupa una región $\mathcal{R}$ del plano. Se desea localizar el centro de masa de la placa, llamado el **centroide** de $\mathcal{R}$. Para esto se utilizan los principios físicos siguientes: el **principio de simetría** señala que si $\mathcal{R}$ es simétrica respecto a la recta l, entonces el centroide de $\mathcal{R}$ está sobre l. (Si $\mathcal{R}$ se refleja respecto a l, entonces no cambia, y su centroide permanece fijo. Pero los únicos puntos fijos se encuentran sobre l.) Así, el centroide de un rectángulo es su centro geométrico. Los momentos se deben definir de modo que si toda la masa de una región se concentra en el centro de masa; entonces sus momentos permanecen sin cambio. Asimismo, el momento de la unión de dos regiones que no se traslapan debe ser la suma de los momentos de cada una de las regiones.

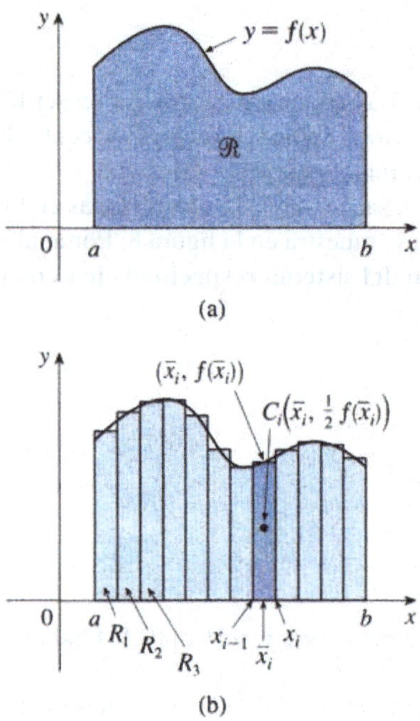

FIGURA 10

Suponga que la región $\mathcal{R}$ es del tipo que se muestra en la figura 10(a); es decir, $\mathcal{R}$ se sitúa entre las rectas $x = a$ y $x = b$, arriba del eje x y debajo de la gráfica de f, donde f es una función continua. Se divide el intervalo $[a, b]$ en n subintervalos con puntos extremos $x_0, x_1, \ldots, x_n$ e igual ancho Δx. Se elige el mismo punto muestra x_i^* como el punto medio $\bar{x}_i$ del subintervalo i-ésimo; es decir, $\bar{x}_i = (x_{i-1} + x_i)/2$. Esto determina la aproximación poligonal a $\mathcal{R}$ que se muestra en la figura 10(b). El centroide del i-ésimo rectángulo de aproximación R_i es su centro $C_i(\bar{x}_i, \frac{1}{2}f(\bar{x}_i))$. Su área es $f(\bar{x}_i)\,\Delta x$, de modo que su masa es

$$\rho f(\bar{x}_i)\,\Delta x$$

El momento de R_i respecto al eje y es el producto de su masa y la distancia desde C_i al eje y, que es $\bar{x}_i$. Así

$$M_y(R_i) = [\rho f(\bar{x}_i)\,\Delta x]\,\bar{x}_i = \rho\bar{x}_i f(\bar{x}_i)\,\Delta x$$

Al sumar estos momentos, se obtiene el momento de la aproximación poligonal a $\mathcal{R}$, y luego tomando el límite cuando $n \to \infty$ se obtiene el momento de $\mathcal{R}$ mismo respecto al eje y:

$$M_y = \lim_{n\to\infty} \sum_{i=1}^{n} \rho\bar{x}_i f(\bar{x}_i)\,\Delta x = \rho \int_a^b x f(x)\,dx$$

En un modo similar se calcula el momento de R_i respecto al eje x como el producto de su masa y la distancia de C_i al eje x (que es la mitad de la altura R_i):

$$M_x(R_i) = [\rho f(\bar{x}_i)\,\Delta x]\,\tfrac{1}{2}f(\bar{x}_i) = \rho \cdot \tfrac{1}{2}[f(\bar{x}_i)]^2\,\Delta x$$

De nuevo se suman estos momentos y se toma el límite para obtener el momento de $\mathcal{R}$ respecto al eje x:

$$M_x = \lim_{n\to\infty} \sum_{i-1}^{n} \rho \cdot \tfrac{1}{2}[f(\bar{x}_i)]^2\,\Delta x = \rho \int_a^b \tfrac{1}{2}[f(x)]^2\,dx$$

Al igual que para sistemas de partículas, el centro de masa de la placa se define tal que $m\bar{x} = M_y$ y $m\bar{y} = M_x$. Sin embargo, la masa de la placa es el producto de su densidad y su área:

$$m = \rho A = \rho \int_a^b f(x)\,dx$$

y, por tanto,

$$\bar{x} = \frac{M_y}{m} = \frac{\rho \int_a^b xf(x)\,dx}{\rho \int_a^b f(x)\,dx} = \frac{\int_a^b xf(x)\,dx}{\int_a^b f(x)\,dx}$$

$$\bar{y} = \frac{M_x}{m} = \frac{\rho \int_a^b \frac{1}{2}[f(x)]^2\,dx}{\rho \int_a^b f(x)\,dx} = \frac{\int_a^b \frac{1}{2}[f(x)]^2\,dx}{\int_a^b f(x)\,dx}$$

Observe la eliminación de las ρ. La ubicación del centro de masa es independiente de la densidad.

En resumen, el centro de masa de la placa (o el centroide de $\mathcal{R}$) se localiza en el punto $(\bar{x}, \bar{y})$, donde

8
$$\bar{x} = \frac{1}{A}\int_a^b xf(x)\,dx \qquad \bar{y} = \frac{1}{A}\int_a^b \frac{1}{2}[f(x)]^2\,dx$$

EJEMPLO 4 Encuentre el centro de masa de una placa semicircular de radio r.

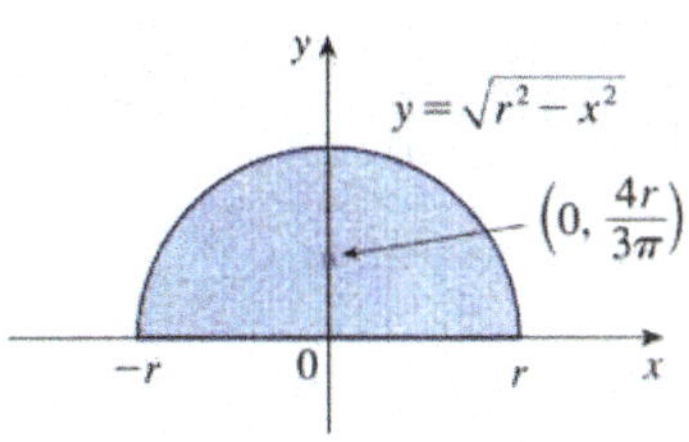

FIGURA 11

SOLUCIÓN Para usar (8) se coloca el semicírculo como en la figura 11 tal que $f(x) = \sqrt{r^2 - x^2}$ y $a = -r$, $b - r$. Aquí no es necesario usar la fórmula para calcular $\bar{x}$ porque, por el principio de simetría, el centro de masa debe estar sobre el eje y, por tanto, $\bar{x} = 0$. El área del semicírculo es $A = \frac{1}{2}\pi r^2$, por lo que

$$\begin{aligned}
\bar{y} &= \frac{1}{A}\int_{-r}^{r} \frac{1}{2}[f(x)]^2\,dx \\
&= \frac{1}{\frac{1}{2}\pi r^2} \cdot \frac{1}{2}\int_{-r}^{r} \left(\sqrt{r^2 - x^2}\right)^2 dx \\
&= \frac{2}{\pi r^2}\int_0^r (r^2 - x^2)\,dx \qquad \text{(ya que el integrando es par)} \\
&= \frac{2}{\pi r^2}\left[r^2x - \frac{x^3}{3}\right]_0^r \\
&= \frac{2}{\pi r^2}\frac{2r^3}{3} = \frac{4r}{3\pi}
\end{aligned}$$

El centro de masa se localiza en el punto $(0, 4r/(3\pi))$. ■

EJEMPLO 5 Encuentre el centroide de la región acotada por las curvas $y = \cos x$, $y = 0$, $x = 0$ y $x = \pi/2$.

SOLUCIÓN El área de la región es

$$A = \int_0^{\pi/2} \cos x\,dx = \operatorname{sen} x\Big]_0^{\pi/2} = 1$$

así, con las fórmulas de 8, se obtiene

$$\bar{x} = \frac{1}{A}\int_0^{\pi/2} xf(x)\,dx = \int_0^{\pi/2} x\cos x\,dx$$

$$= x\operatorname{sen} x\Big]_0^{\pi/2} - \int_0^{\pi/2}\operatorname{sen} x\,dx \quad \text{(mediante integración por partes)}$$

$$= \frac{\pi}{2} - 1$$

$$\bar{y} = \frac{1}{A}\int_0^{\pi/2} \tfrac{1}{2}[f(x)]^2\,dx = \tfrac{1}{2}\int_0^{\pi/2}\cos^2 x\,dx$$

$$= \tfrac{1}{4}\int_0^{\pi/2}(1 + \cos 2x)\,dx = \tfrac{1}{4}\Big[x + \tfrac{1}{2}\operatorname{sen} 2x\Big]_0^{\pi/2} = \frac{\pi}{8}$$

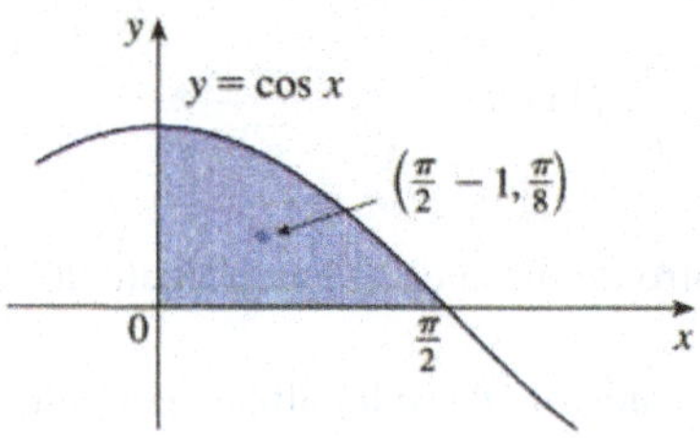

FIGURA 12

El centroide es $\left(\frac{1}{2}\pi - 1, \frac{1}{8}\pi\right)$ y se muestra en la figura 12. ■

Si la región $\mathcal{R}$ se localiza entre dos curvas $y = f(x)$ y $y = g(x)$, donde $f(x) \geqslant g(x)$, como se muestra en la figura 13, entonces puede usarse la misma clase de argumento que condujo a las fórmulas 8 para demostrar que el centroide de $\mathcal{R}$ es $(\bar{x}, \bar{y})$, donde

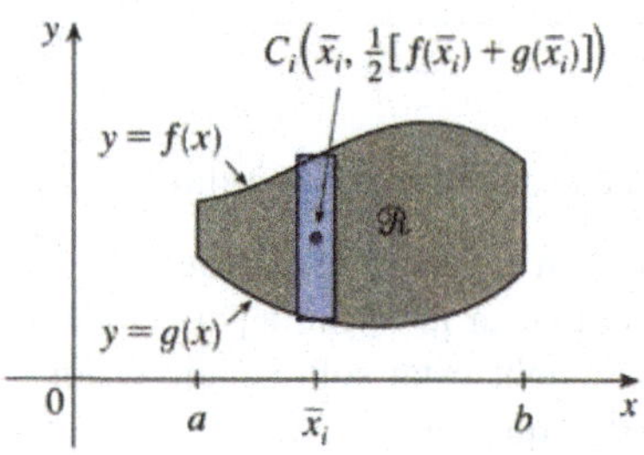

FIGURA 13

9

$$\bar{x} = \frac{1}{A}\int_a^b x[f(x) - g(x)]\,dx$$

$$\bar{y} = \frac{1}{A}\int_a^b \tfrac{1}{2}\{[f(x)]^2 - [g(x)]^2\}\,dx$$

(Véase el ejercicio 51.)

EJEMPLO 6 Encuentre el centroide de la región acotada por la recta $y = x$ y la parábola $y = x^2$.

SOLUCIÓN La región está trazada en la figura 14. Se toma $f(x) = x$, $g(x) = x^2$, $a = 0$ y $b = 1$ en las fórmulas 9. Primero observe que el área de la región es

$$A = \int_0^1 (x - x^2)\,dx = \frac{x^2}{2} - \frac{x^3}{3}\Big]_0^1 = \frac{1}{6}$$

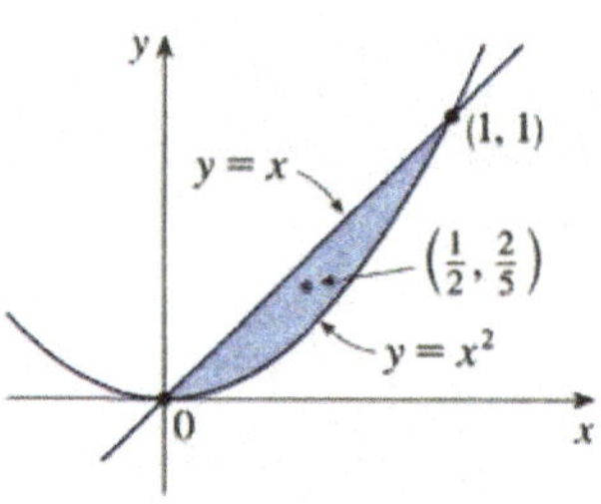

FIGURA 14

Por tanto,

$$\bar{x} = \frac{1}{A}\int_0^1 x[f(x) - g(x)]\,dx = \frac{1}{\frac{1}{6}}\int_0^1 x(x - x^2)\,dx$$

$$= 6\int_0^1 (x^2 - x^3)\,dx = 6\left[\frac{x^3}{3} - \frac{x^4}{4}\right]_0^1 = \frac{1}{2}$$

$$\bar{y} = \frac{1}{A}\int_0^1 \tfrac{1}{2}\{[f(x)]^2 - [g(x)]^2\}\,dx = \frac{1}{\frac{1}{6}}\int_0^1 \tfrac{1}{2}(x^2 - x^4)\,dx$$

$$= 3\left[\frac{x^3}{3} - \frac{x^5}{5}\right]_0^1 = \frac{2}{5}$$

El centroide es $\left(\frac{1}{2}, \frac{2}{5}\right)$. ■

Se concluye esta sección mostrando una conexión sorprendente entre centroides y volúmenes de revolución.

Este teorema lleva el nombre del matemático griego Pappus de Alejandría, quien vivió en el siglo IV después de Cristo.

Teorema de Pappus Sea $\mathcal{R}$ la región plana que está completamente en un lado de una recta l en el plano. Si $\mathcal{R}$ se hace girar en torno a l, entonces el volumen del sólido resultante es el producto del área A de $\mathcal{R}$ y la distancia d recorrida por el centroide de $\mathcal{R}$.

DEMOSTRACIÓN Se da la demostración para el caso especial en que la región está entre $y = f(x)$ y $y = g(x)$ como se muestra en la figura 13, y la recta l es el eje y. Con el método de los cascarones cilíndricos (véase la sección 6.3), se tiene

$$\begin{aligned} V &= \int_a^b 2\pi x[f(x) - g(x)]\,dx \\ &= 2\pi \int_a^b x[f(x) - g(x)]\,dx \\ &= 2\pi(\bar{x}A) \quad \text{(por las fórmulas 9)} \\ &= (2\pi\bar{x})A = Ad \end{aligned}$$

donde $d = 2\pi\bar{x}$ es la distancia recorrida por el centroide durante una rotación en torno al eje y. ■

EJEMPLO 7 Un toro se forma al hacer girar un círculo de radio r en torno a una recta en el plano del círculo que es una distancia R ($> r$) desde el centro del círculo. Encuentre el volumen del toro.

SOLUCIÓN El círculo tiene área $A = \pi r^2$. Por el principio de simetría, su centroide es su centro geométrico y, por tanto, la distancia recorrida por el centroide durante una rotación es $d = 2\pi R$. Así, por el teorema de Pappus, el volumen del toro es

$$V = Ad = (2\pi R)(\pi r^2) = 2\pi^2 r^2 R$$ ■

El método del ejemplo 7 debe compararse con el método del ejercicio 6.2.63.

8.3 EJERCICIOS

1. Un acuario de 5 pies de largo, 2 pies de ancho y 3 pies de profundidad se llena de agua. Determine (a) la presión hidrostática en el fondo del acuario, (b) la fuerza hidrostática en el fondo y (c) la fuerza hidrostática en un extremo del acuario.

2. Un estanque de 8 m de largo, 4 m de ancho y 2 m de profundidad se llena con queroseno de densidad 820 kg/m³ hasta una profundidad de 1.5 m. Encuentre (a) la presión hidrostática en el fondo del estanque, (b) la fuerza hidrostática en el fondo y (c) la fuerza hidrostática en un extremo del estanque.

3–11 Una placa vertical se sumerge en agua (o está parcialmente sumergida) y tiene la forma indicada. Explique cómo aproximar la fuerza hidrostática contra un extremo de la placa mediante una suma de Riemann. Luego, exprese la fuerza como una integral y evalúela.

3.

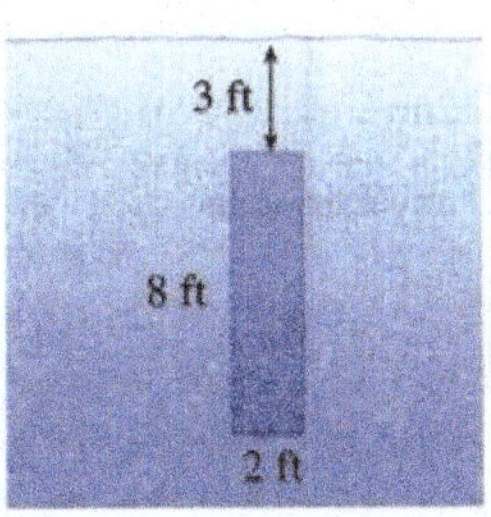

4.

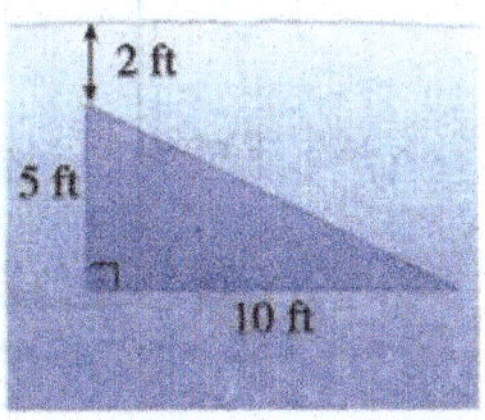

5.

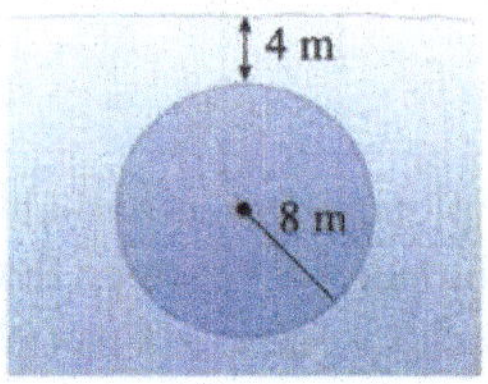

6.

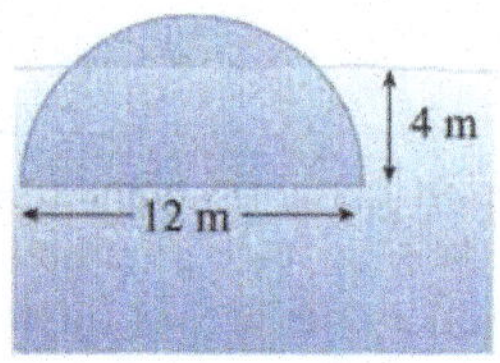

7.

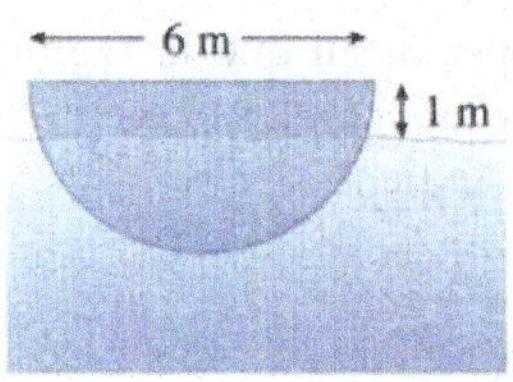

8.

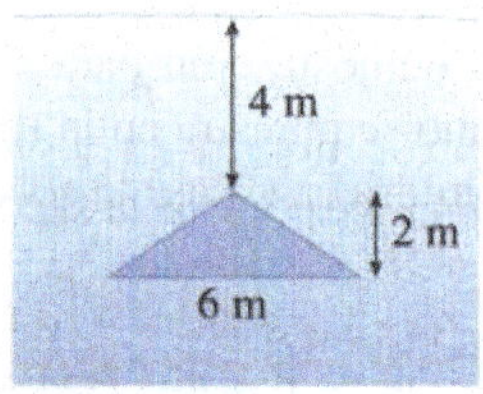

9.

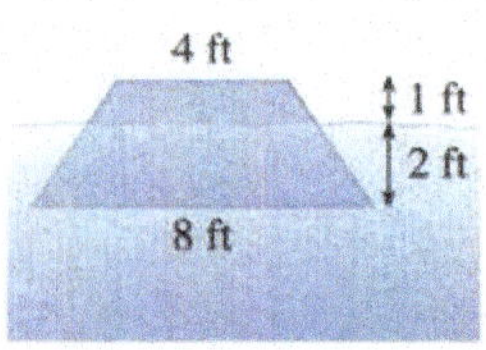

10.

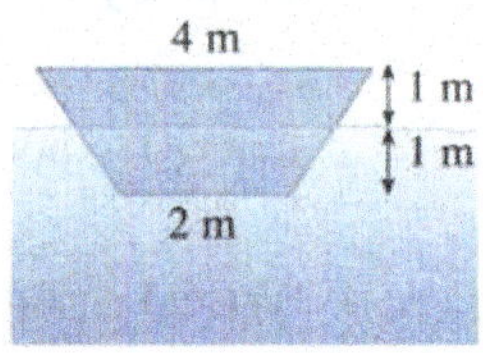

11.

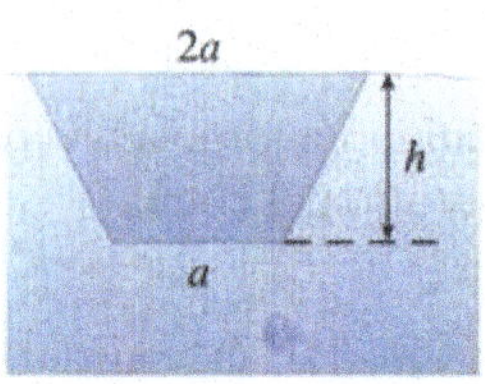

12. Un camión cisterna con tanque en forma de cilindro horizontal con diámetro de 6 pies transporta leche cuya densidad es 64.6 lb/pies^3.

(a) Encuentre la fuerza ejercida por la leche sobre uno de los extremos del tanque, cuando este está lleno.

(b) ¿Y cuándo está a la mitad?

13. Una pileta se llena con un líquido de densidad 840 kg/m^3. Los extremos de la pileta son triángulos equiláteros con lados de 8 m de largo y vértice en la parte de abajo. Determine la fuerza hidrostática en un extremo de la pileta.

14. Una presa vertical tiene una compuerta semicircular como se muestra en la figura. Encuentre la fuerza hidrostática que se ejerce contra la compuerta.

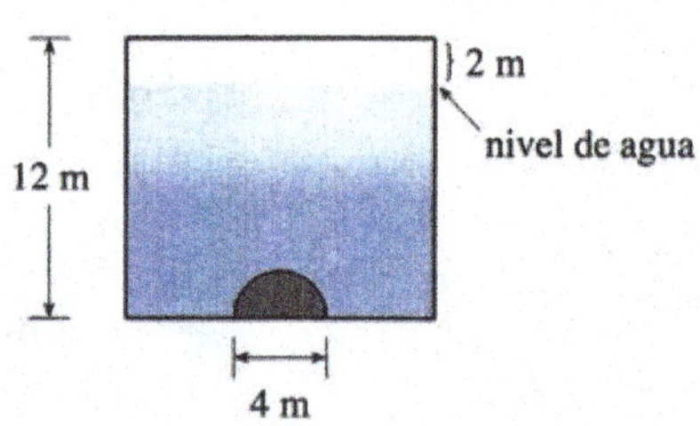

15. Un cubo con lados de 20 cm de largo está asentado sobre el fondo de un acuario en el que el agua tiene un metro de profundidad. Determine la fuerza hidrostática sobre (a) la parte superior del cubo y (b) uno de los lados del cubo.

16. Una presa está inclinada en un ángulo de 30° desde la vertical y tiene la forma de un trapecio isósceles de 100 pies de ancho en la parte superior y 50 pies de ancho en el fondo y con una altura inclinada de 70 pies. Encuentre la fuerza hidrostática sobre la presa cuando está llena de agua.

17. Una alberca mide 10 m de ancho y 20 m de largo, y su fondo es un plano inclinado. El extremo poco profundo tiene una profundidad de 1 m y el extremo profundo, 3 m. Si la alberca se llena de agua, estime la fuerza hidrostática sobre (a) el extremo poco profundo, (b) el extremo profundo, (c) uno de los lados y (d) el fondo de la alberca.

18. Suponga que una placa se sumerge verticalmente en un fluido con densidad ρ y el ancho de la placa es $w(x)$, a una profundidad de x metros debajo de la superficie del fluido. Si la parte superior de la placa está a una profundidad a y el fondo está a una profundidad b, demuestre que la fuerza hidrostática en un lado de la placa es

$$F = \int_a^b \rho g x w(x)\, dx$$

19. Una placa metálica es sumergida verticalmente en el mar, cuya agua está a una densidad de 64 lb/pie^3. En la tabla se muestran las medidas de su ancho, tomadas a las profundidades indicadas. Use la regla de Simpson para estimar la fuerza del agua contra la placa.

Profundidad (pies)	7.0	7.4	7.8	8.2	8.6	9.0	9.4
Ancho de la placa (pies)	1.2	1.8	2.9	3.8	3.6	4.2	4.4

20. (a) Use la fórmula del ejercicio 18 para demostrar que

$$F = (\rho g \bar{x})A$$

donde $\bar{x}$ es la coordenada x del centroide de la placa y A es su área. Esta ecuación muestra que la fuerza hidrostática contra una región plana vertical es la misma que si la región estuviera horizontal a la profundidad del centroide de la región.

(b) Use el resultado del inciso (a) para dar otra solución al ejercicio 10.

21–22 Las masas puntuales m_i se localizan sobre el eje x como se muestra. Determine el momento M del sistema respecto al origen y el centro de masa $\bar{x}$.

21.

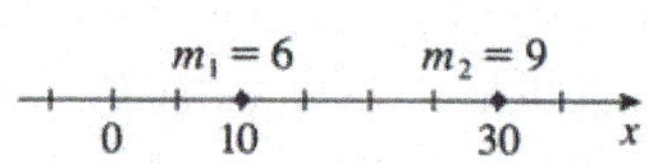

22.

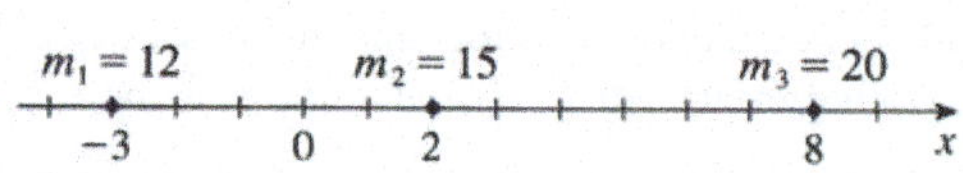

23–24 Las masas m_i se localizan en los puntos P_i. Encuentre los momentos M_x y M_y y el centro de masa del sistema.

23. $m_1 = 6,\ m_2 = 5,\ m_3 = 10;$
$P_1(1, 5),\ P_2(3, -2),\ P_3(-2, -1)$

24. $m_1 = 6,\ m_2 = 5,\ m_3 = 1,\ m_4 = 4;$
$P_1(1, -2),\ P_2(3, 4),\ P_3(-3, -7),\ P_4(6, -1)$

25–28 Trace la región acotada por las curvas y estime en forma visual la ubicación del centroide. Después encuentre las coordenadas exactas del centroide.

25. $y = 2x, \quad y = 0, \quad x = 1$

26. $y = \sqrt{x}, \quad y = 0, \quad x = 4$

27. $y = e^x, \quad y = 0, \quad x = 0, \quad x = 1$

28. $y = \operatorname{sen} x, \quad y = 0, \quad 0 \leqslant x \leqslant \pi$

29–33 Encuentre el centroide de la región acotada por las curvas dadas.

29. $y = x^2, \quad x = y^2$

30. $y = 2 - x^2, \quad y = x$

31. $y = \operatorname{sen} x, \quad y = \cos x, \quad x = 0, \quad x = \pi/4$

32. $y = x^3, \quad x + y = 2, \quad y = 0$

33. $x + y = 2, \quad x = y^2$

34–35 Calcule los momentos M_x y M_y y el centro de masa de una lámina con la densidad y forma dadas.

34. $\rho = 4$

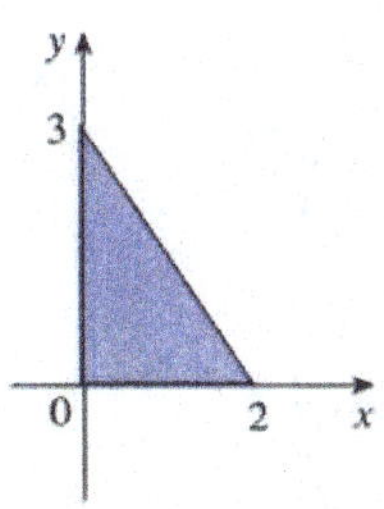

35. $\rho = 6$

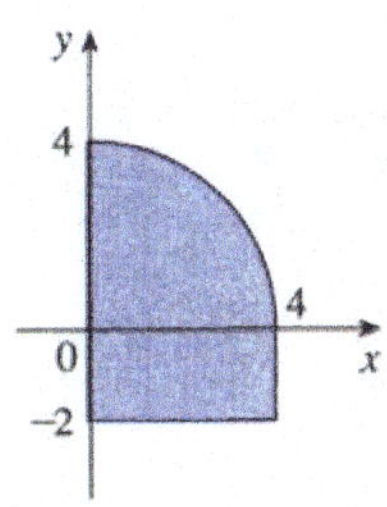

---

36. Utilice la regla de Simpson para estimar el centroide de la región que se muestra.

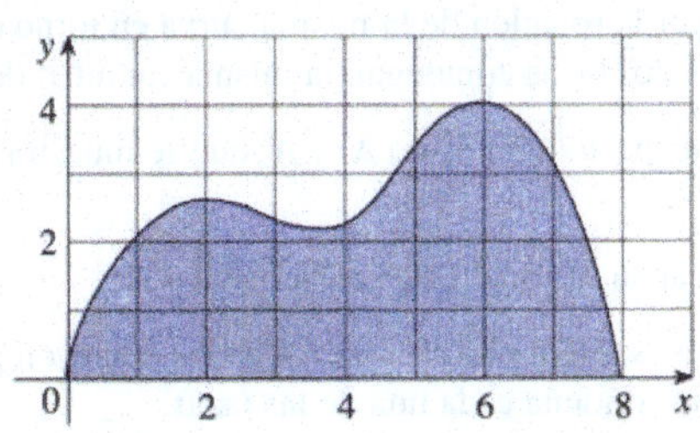

37. Encuentre el centroide de la región acotada por las curvas $y = x^3 - x$ y $y = x^2 - 1$. Trace la región y trace la gráfica del centroide para ver si su respuesta es razonable.

38. Use una gráfica para encontrar coordenadas x aproximadas de los puntos de intersección de las curvas $y = e^x$ y $y = 2 - x^2$. Luego determine (de manera aproximada) el centroide de la región acotada por estas curvas.

39. Demuestre que el centroide de cualquier triángulo se localiza en la intersección de las medianas. [*Sugerencia*: coloque los ejes de modo que los vértices sean $(a, 0)$, $(0, b)$ y $(c, 0)$. Recuerde que una mediana es un segmento de recta desde un vértice al punto medio del lado opuesto. Las medianas se intersecan en un punto a dos tercios del tramo de cada vértice (a lo largo de la mediana) al lado opuesto.]

40–41 Encuentre el centroide de la región que se muestra, no por integración, sino mediante la localización de los centroides de los rectángulos y triángulos (del ejercicio 39) y por medio de la suma de los momentos.

40.

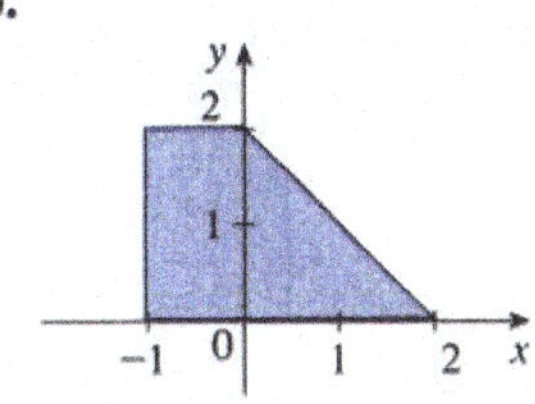

41.

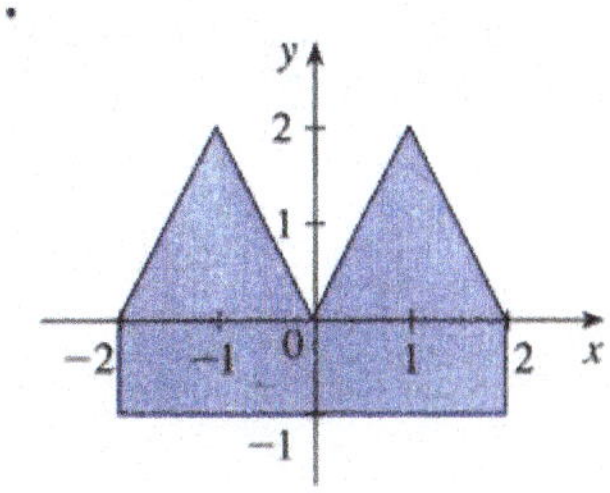

---

42. Un rectángulo $\mathcal{R}$ con lados a y b se divide en dos partes $\mathcal{R}_1$ y $\mathcal{R}_2$ mediante un arco de la parábola que tiene sus vértices en las esquinas de $\mathcal{R}$ y que pasa a través de la esquina opuesta. Encuentre el centroide en ambas $\mathcal{R}_1$ y $\mathcal{R}_2$.

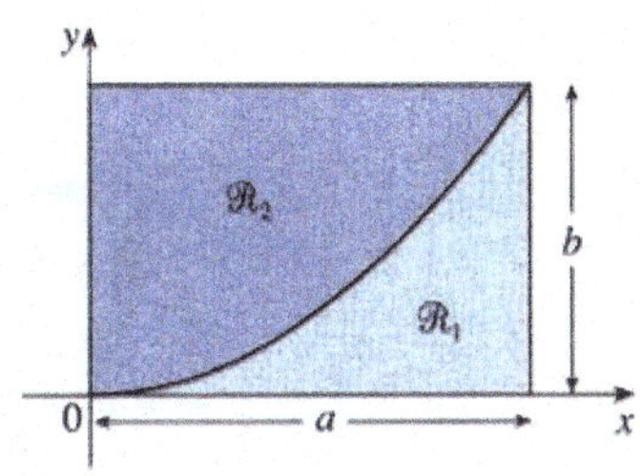

43. Si $\bar{x}$ es la coordenada x del centroide de la región que se encuentra bajo la gráfica de una función continua f, donde $a \leqslant x \leqslant b$, demuestre que

$$\int_a^b (cx + d)f(x)\,dx = (c\bar{x} + d)\int_a^b f(x)\,dx$$

44–46 Use el teorema de Pappus para encontrar el volumen del sólido dado.

44. Una esfera de radio r. (Use el ejemplo 4.)

45. Un cono con altura h y radio de la base r.

46. El sólido obtenido al hacer girar el triángulo con vértices (2, 3), (2, 5) y (5, 4) en torno al eje x.

47. El centroide de una *curva* se puede encontrar mediante un proceso similar al que se utilizó para encontrar el centroide de una región. Si C es una curva de longitud L, entonces el centroide es $(\bar{x}, \bar{y})$ donde $\bar{x} = (1/L) \int x\, ds$ y $\bar{y} = (1/L) \int y\, ds$. Aquí se asignan los límites adecuados de integración y ds se define como en las secciones 8.1 y 8.2. (El centroide a menudo no se encuentra sobre la curva misma. Si la curva fuera de alambre y se colocara en un tablero sin peso, el centroide sería el punto de equilibrio del tablero.) Encuentre el centroide del cuarto de círculo $y = \sqrt{16 - x^2}$, $0 \leqslant x \leqslant 4$.

48. El *segundo teorema de Pappus* tiene el mismo espíritu que el teorema de Pappus de la página 565, pero para el área de la superficie en lugar del volumen: que C sea una curva que se encuentra completamente en un lado de una línea l en el plano. Si C se gira alrededor de l, entonces el área de la superficie resultante es el producto de la longitud de arco de C y la distancia recorrida por el centroide C (véase el ejercicio 47).

(a) Demuestre el segundo teorema de Pappus para el caso en que C está dada por $y = f(x)$, $f(x) \geqslant 0$ y C se gira sobre el eje x.

(b) Utilice el segundo teorema de Pappus para calcular el área de la superficie de la media esfera obtenida girando la curva del ejercicio 47 sobre el eje x. ¿Su respuesta está de acuerdo con las fórmulas geométricas?

49. Utilice el segundo teorema de Pappus que se describe en el ejercicio 48 para encontrar la superficie del toro en el ejemplo 7.

50. Sea $\mathcal{R}$ la región localizada entre las curvas

$$y = x^m \qquad y = x^n \qquad 0 \leqslant x \leqslant 1$$

donde m y n son enteros con $0 \leqslant n < m$.

(a) Trace la región $\mathcal{R}$.

(b) Encuentre las coordenadas del centroide de $\mathcal{R}$.

(c) Trate de encontrar los valores de m y n tales que el centroide esté *fuera* de $\mathcal{R}$.

51. Demuestre las fórmulas 9.

PROYECTO DE DESCUBRIMIENTO — TAZAS DE CAFÉ COMPLEMENTARIAS

Suponga que puede elegir entre los dos tipos de taza de café que se muestran, una que se curva hacia fuera y una hacia dentro, y observe que tienen la misma altura y sus formas se ajustan entre sí. Le interesa saber a qué taza le cabe más café. Naturalmente podría llenar una taza con agua y verter el contenido en la otra, pero como estudiante de cálculo, decide un planteamiento más matemático. Despreciando el asa de cada una, observe que ambas tazas son superficies de revolución, de esta manera puede pensar el café como un volumen de revolución.

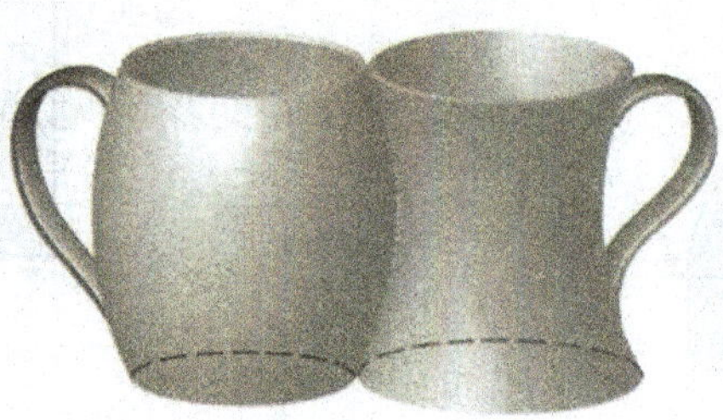
Taza A Taza B

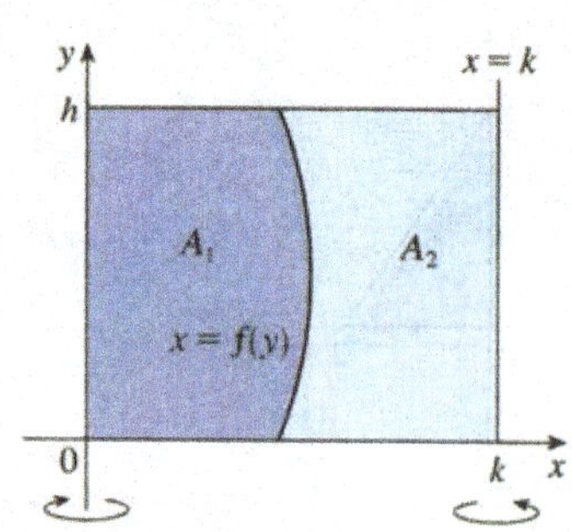

1. Suponga que las tazas tienen altura h, la taza A se forma por la rotación de la curva $x = f(y)$ en torno del eje y, y la taza B se forma por la rotación de la misma curva en torno de la recta $x = k$. Encuentre el valor de k tal que las dos tazas contengan la misma cantidad de café.

2. ¿Qué le indica el resultado del inciso 1 respecto a las áreas A_1 y A_2 que se muestran en la figura?

3. Utilice el teorema de Pappus para explicar su resultado en los incisos 1 y 2.

4. Con base en sus medidas y observaciones, sugiera un valor para h y una ecuación para $x = f(y)$ y calcule la cantidad de café que contiene cada una de las tazas.

8.4 Aplicaciones a la economía y la biología

En esta sección se consideran algunas aplicaciones de la integración a la economía (excedente del consumidor) y la biología (flujo sanguíneo, ritmo cardíaco). Otras se describen en los ejercicios.

Excedente del consumidor

Recuerde de la sección 4.7 que la función de demanda $p(x)$ es el precio que una compañía tiene que cargar para vender x unidades de un artículo. Por lo común, vender cantidades más grandes requiere bajar los precios, de modo que la función de demanda sea una función decreciente. La gráfica de una función de demanda representativa, llamada **curva de demanda**, se muestra en la figura 1. Si X es la cantidad del artículo que actualmente está disponible, entonces $P = p(X)$ es el precio actual de venta.

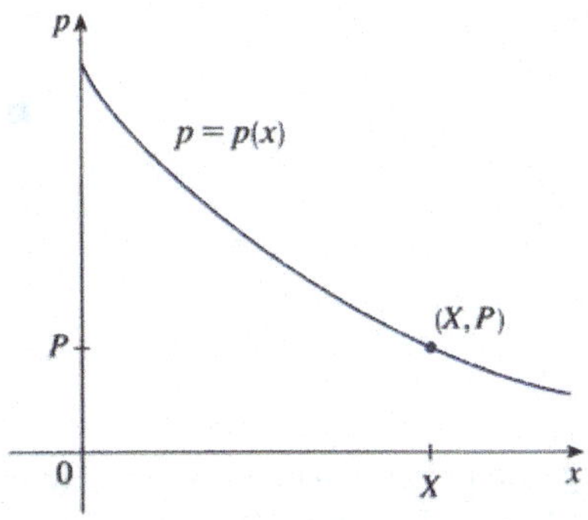

FIGURA 1
Una curva representativa de la demanda.

A un precio dado, algunos consumidores que compran un bien estarían dispuestos a pagar más; se benefician por no tener que hacerlo. La diferencia entre lo que un consumidor está dispuesto a pagar y lo que el consumidor realmente paga por un bien se llama el *excedente del consumidor*. Al encontrar el excedente del consumidor total entre todos los compradores de un bien, los economistas pueden evaluar el beneficio general de un mercado a la sociedad.

Para determinar el excedente del consumidor total, se verá la curva de demanda y se dividirá el intervalo $[0, X]$ en n subintervalos, cada uno de longitud $\Delta x = X/n$, y sea $x_i^* = x_i$ el punto final derecho del i-ésimo subintervalo, como en la figura 2. De acuerdo con la curva de demanda, x_{i-1} unidades se comprarían a un precio de $p(x_{i-1})$ dólares por unidad. Para aumentar las ventas a x_i unidades, el precio por unidad tendría que bajarse a $p(x_i)$ dólares. En este caso, se podrían vender Δx unidades adicionales (pero no más). Los consumidores que habrían pagado $p(x_i)$ dólares le dieron un valor alto al producto; habrían pagado lo que valía para ellos. Así, al pagar sólo P dólares han ahorrado una cantidad de

$$(\text{ahorro por unidad})(\text{número de unidades}) = [p(x_i) - P]\Delta x$$

Al considerar grupos similares de consumidores dispuestos para cada uno de los subintervalos y sumar los ahorros, se obtiene el total de ahorros:

$$\sum_{i=1}^{n} [p(x_i) - P]\,\Delta x$$

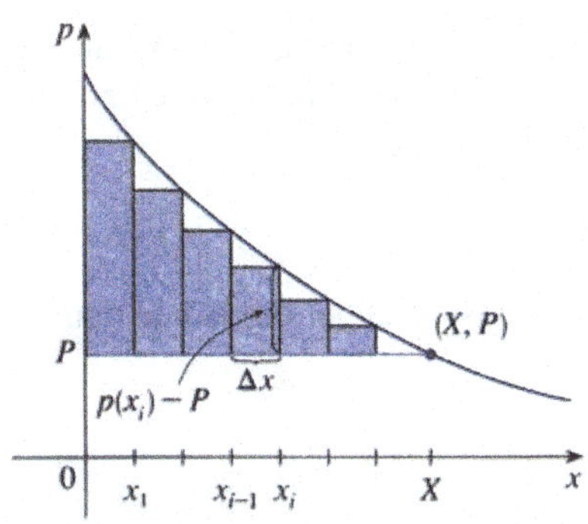

FIGURA 2

(Esta suma corresponde al área encerrada por los rectángulos de la figura 2.) Si $n \to \infty$, esta suma de Riemann se aproxima a la integral

1
$$\int_0^X [p(x) - P]\,dx$$

lo que los economistas llaman el **excedente del consumidor** para el artículo.

El excedente del consumidor representa la cantidad de dinero que ahorran los consumidores al comprar el artículo a precio P, correspondiente a una cantidad demandada de X. En la figura 3 se muestra la interpretación del excedente del consumidor como el área bajo la curva de demanda y por encima de la recta $p = P$.

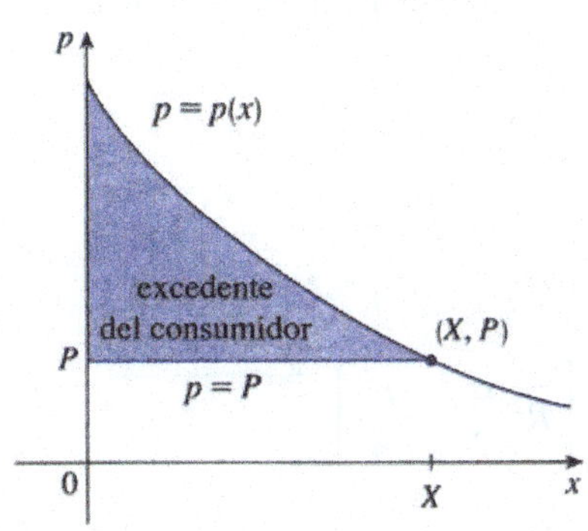

FIGURA 3

EJEMPLO 1 La demanda para un producto, en dólares, es

$$p = 1200 - 0.2x - 0.0001x^2$$

Determine el excedente del consumidor cuando el nivel de ventas es 500.

SOLUCIÓN Puesto que la cantidad de productos vendida es $X = 500$, el precio correspondiente es

$$P = 1200 - (0.2)(500) - (0.0001)(500)^2 = 1075$$

Por lo tanto, de la definición 1, el excedente del consumidor es

$$\int_0^{500} [p(x) - P]\, dx = \int_0^{500} (1200 - 0.2x - 0.0001x^2 - 1075)\, dx$$

$$= \int_0^{500} (125 - 0.2x - 0.0001x^2)\, dx$$

$$= 125x - 0.1x^2 - (0.0001)\left(\frac{x^3}{3}\right)\Bigg]_0^{500}$$

$$= (125)(500) - (0.1)(500)^2 - \frac{(0.0001)(500)^3}{3}$$

$$= \$33\,333.33$$ ■

■ Flujo sanguíneo

En el ejemplo 3.7.7, se analizó la ley de flujo laminar:

$$v(r) = \frac{P}{4\eta l}(R^2 - r^2)$$

que da la velocidad v de la sangre que fluye a lo largo de un vaso sanguíneo con radio R y longitud l a una distancia r del eje central, donde P es la diferencia de presión entre los extremos del vaso y η es la viscosidad de la sangre. Ahora, para calcular la razón del flujo sanguíneo, o *caudal* (volumen por unidad de tiempo), se consideran radios más pequeños igualmente espaciados $r_1, r_2, \ldots$. El área aproximada del anillo (o arandela) con radio interno r_{i-1} y radio externo r_i es

$$2\pi r_i \,\Delta r \qquad \text{donde} \qquad \Delta r = r_i - r_{i-1}$$

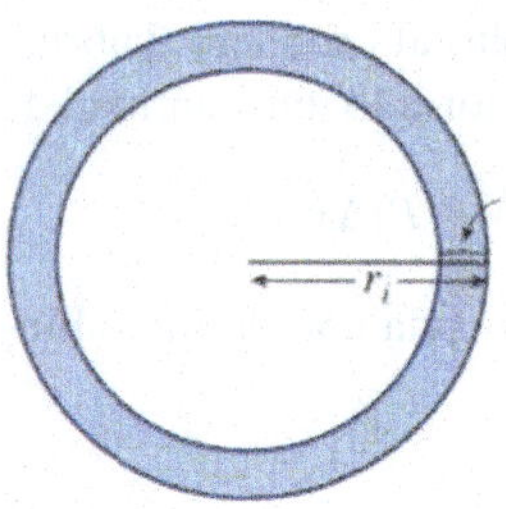

FIGURA 4

(Véase la figura 4.) Si Δr es pequeño, entonces la velocidad es casi constante en este anillo, y puede aproximarse mediante $v(r_i)$. Así, el volumen de sangre por unidad de tiempo que fluye por el anillo es aproximadamente

$$(2\pi r_i \,\Delta r)\, v(r_i) = 2\pi r_i\, v(r_i)\,\Delta r$$

y el volumen total de sangre que fluye por una sección transversal por unidad de tiempo es aproximadamente

$$\sum_{i=1}^{n} 2\pi r_i\, v(r_i)\,\Delta r$$

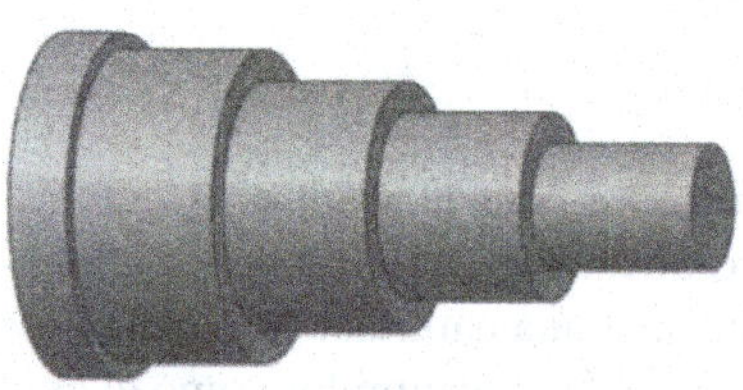
FIGURA 5

Esta aproximación se muestra en la figura 5. Observe que la velocidad (y, por tanto, el volumen por unidad de tiempo) se incrementa hacia el centro del vaso sanguíneo. La aproximación es mejor cuando se incrementa n. Cuando se toma el límite se obtiene el valor exacto del **caudal** (o *descarga*), que es el volumen de sangre que pasa una sección transversal por unidad de tiempo:

$$F = \lim_{n\to\infty} \sum_{i=1}^{n} 2\pi r_i\, v(r_i)\,\Delta r = \int_0^R 2\pi r\, v(r)\, dr$$

$$= \int_0^R 2\pi r \frac{P}{4\eta l}(R^2 - r^2)\, dr$$

$$= \frac{\pi P}{2\eta l}\int_0^R (R^2 r - r^3)\, dr = \frac{\pi P}{2\eta l}\left[R^2\frac{r^2}{2} - \frac{r^4}{4}\right]_{r=0}^{r=R}$$

$$= \frac{\pi P}{2\eta l}\left[\frac{R^4}{2} - \frac{R^4}{4}\right] = \frac{\pi P R^4}{8\eta l}$$

La ecuación resultante

$$\boxed{2} \qquad F = \frac{\pi P R^4}{8\eta l}$$

se llama **ley de Poiseuille** y muestra que el caudal es proporcional a la cuarta potencia del radio del vaso sanguíneo.

Gasto cardíaco

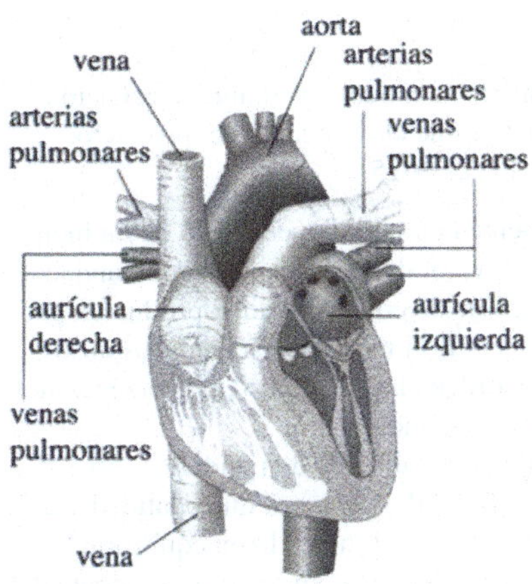

FIGURA 6

En la figura 6 se muestra el sistema cardiovascular humano. La sangre retorna del cuerpo por las venas, entra a la aurícula derecha del corazón y es bombeada para oxigenación a los pulmones por las arterias pulmonares. Después regresa a la aurícula izquierda por las venas pulmonares y sale hacia el resto del cuerpo por la aorta. El **gasto cardíaco** del corazón es el volumen de sangre que bombea este por unidad de tiempo, es decir, la razón del flujo sanguíneo hacia la aorta.

El *método de dilución de colorante* se emplea para medir el gasto cardíaco. Se inyecta colorante hacia la aurícula derecha y fluye por el corazón hacia la aorta. Una sonda insertada en la aorta mide la concentración del colorante que sale del corazón a tiempos igualmente espaciados en un intervalo $[0, T]$ hasta que se ha eliminado el colorante. Sea $c(t)$ la concentración del colorante en el tiempo t. Si se divide $[0, T]$ en subintervalos de igual extensión Δt, entonces la cantidad de colorante que fluye más allá del punto de medición durante el subintervalo de $t = t_{i-1}$ a $t = t_i$ es aproximadamente

$$(\text{concentración})(\text{volumen}) = c(t_i)(F\,\Delta t)$$

donde F es la razón del flujo que se trata de determinar. Así, el monto total de colorante es aproximadamente

$$\sum_{i=1}^{n} c(t_i)F\,\Delta t = F\sum_{i=1}^{n} c(t_i)\,\Delta t$$

y, haciendo que $n \to \infty$, se encuentra que la cantidad de colorante es

$$A = F\int_0^T c(t)\,dt$$

Por lo que, el gasto cardíaco está dado por

$$\boxed{3} \qquad F = \frac{A}{\int_0^T c(t)\,dt}$$

donde se conoce la cantidad de colorante A y la integral puede aproximarse a partir de las lecturas de concentración.

t	$c(t)$
0	0
1	0.4
2	2.8
3	6.5
4	9.8
5	8.9

t	$c(t)$
6	6.1
7	4.0
8	2.3
9	1.1
10	0

EJEMPLO 2 Un bolo de colorante de 5 mg se inyecta hacia la aurícula derecha. La concentración del colorante (en miligramos por litro) se mide en la aorta a intervalos de un segundo, como se muestra en la tabla. Estime el gasto cardíaco.

SOLUCIÓN Aquí $A = 5$, $\Delta t = 1$ y $T = 10$. Use la regla de Simpson para aproximar la integral de la concentración:

$$\int_0^{10} c(t)\,dt \approx \tfrac{1}{3}[0 + 4(0.4) + 2(2.8) + 4(6.5) + 2(9.8) + 4(8.9)$$
$$+ 2(6.1) + 4(4.0) + 2(2.3) + 4(1.1) + 0]$$
$$\approx 41.87$$

Por lo que la fórmula 3 da el gasto cardíaco

$$F = \frac{A}{\int_0^{10} c(t)\, dt} \approx \frac{5}{41.87} \approx 0.12 \text{ L/s} = 7.2 \text{ L/min}$$ ■

8.4 EJERCICIOS

1. La función de costo marginal $C'(x)$ se definió como la derivada de la función de costo. (Véanse las secciones 3.7 y 4.7.) Si el costo marginal de fabricar x metros de una tela es

$$C'(x) = 5 - 0.008x + 0.000009x^2$$

(medido en dólares por galón) y el costo de arranque fijo es $C(0) = \$20\,000$, use el teorema del cambio neto para encontrar el costo de producir los primeros 2000 metros de tela.

2. Una compañía estima que el ingreso marginal (en dólares por unidad) por la venta de x unidades de un producto es $48 - 0.0012x$. Suponiendo que la estimación es exacta, encuentre el incremento en los ingresos si aumentan las ventas de 5000 unidades a 10 000 unidades.

3. Una compañía minera estima que el costo marginal por extraer x toneladas de cobre de una mina es $0.6 + 0.008x$, medida en miles de dólares por tonelada. Los costos iniciales son \$100 000. ¿Cuál es el costo de extraer las primeras 50 toneladas de cobre? ¿Y cuál el de extraer las 50 toneladas siguientes?

4. La función de demanda para cierto artículo es $p(x) = 2000 - 46\sqrt{x}$. Determine el excedente del consumidor cuando el nivel de ventas para los paquetes es 400. Ilustre dibujando la curva de demanda e identificando el excedente del consumidor como un área.

5. Una curva de demanda está dada por $p = 450/(x + 8)$. Determine el excedente del consumidor cuando el precio de venta es \$10.

6. La **función de oferta** $p_S(x)$ para un artículo da la relación entre el precio de venta y el número de unidades que los fabricantes producirán a ese precio. Para un precio más alto, los fabricantes producirán más unidades, así que p_S es una función creciente de x. Sea X la cantidad del artículo que se produce actualmente, y sea $P = p_S(X)$ el precio actual. Algunos productores estarían dispuestos a fabricar y vender el artículo por un precio de venta menor y, por tanto, recibir más que su precio mínimo. Este exceso se llama **excedente del productor**. Un argumento similar a ese para el excedente del consumidor muestra que el excedente está dado por la integral

$$\int_0^X [P - p_S(x)]\, dx$$

Calcule el excedente del productor para la función de oferta $p_S(x) = 3 + 0.01x^2$ al nivel de ventas $X = 10$. Ilustre trazando la curva de oferta e identificando el excedente del productor como un área.

7. Si una curva de suministro se modela mediante la ecuación $p = 125 + 0.002x^2$, determine el excedente del productor cuando el precio de venta es \$625.

8. En un mercado puramente competitivo, el precio de un bien obedece naturalmente al valor donde la cantidad demandada por los consumidores coincide con la cantidad producida por los productores y se dice que el mercado está en *equilibrio*. Estos valores son las coordenadas del punto de intersección de las curvas de oferta y demanda.

(a) Dado que para un bien la curva de demanda $p = 50 - \frac{1}{20}x$ y la curva de oferta $p = 20 + \frac{1}{10}x$, ¿en qué cantidad y a qué precio para el bien está el mercado en equilibrio?

(b) Encuentre el excedente del consumidor y el excedente del productor cuando el mercado está en equilibrio. Ilustre trazando las curvas de oferta y de demanda e identifique los excedentes como áreas.

9. La suma del excedente del consumidor y del excedente del productor se llama el *excedente total*; es una medida que usan los economistas como un indicador de la salud económica de una sociedad. El excedente total se maximiza cuando el mercado de un bien está en equilibrio.

(a) La función de demanda para los estéreos del automóvil de una compañía de electrónica es $p(x) = 228.4 - 18x$ y la función de oferta es $p_S(x) = 27x + 57.4$, donde x se mide en miles. ¿Para qué cantidad está el mercado de los equipos de sonido en equilibrio?

(b) Calcule el excedente total máximo para los estéreos.

10. Una empresa de cámaras estima que la función de demanda para su nueva cámara digital es $p(x) = 312e^{-0.14x}$ y la función de oferta se estima $p_S(x) = 26e^{0.2x}$, donde x se mide en miles. Calcule el excedente total máximo.

11. Una compañía modeló la curva de demanda para su producto (en dólares) por la ecuación

$$p = \frac{800000e^{-x/5000}}{x + 20000}$$

Use una gráfica para estimar el nivel de ventas cuando el precio de venta es \$16. Después determine (en forma aproximada) el excedente del consumidor para este nivel de ventas.

12. Un cine ha estado cobrando \$10.00 por persona y vendiendo alrededor de 500 boletos. Después de encuestar a sus clientes, los propietarios del cine estiman que por cada 50 centavos que bajen el precio, la cantidad de asistentes se incrementará en 50 por noche. Encuentre la función de demanda y calcule el superávit de consumo cuando los boletos se venden a $8.00.

13. Si la cantidad de capital que una compañía tiene en el tiempo t es $f(t)$, entonces la derivada, $f'(t)$, se llama el *flujo de inversión neto*. Suponga que el flujo de inversión neto es $\sqrt{t}$ millones de dólares por año (donde t se mide en años). Determine el incremento de capital (la *formación de capital*) del cuarto año al octavo.

14. El flujo de ingreso de una compañía es a razón de $f(t) = 9000\sqrt{1 + 2t}$, donde t se mide en años y $f(t)$ se mide en dólares por año, encuentre el ingreso total obtenido en los primeros cuatro años.

15. Si los ingresos se recolectan continuamente a una tasa de $f(t)$ de dólares por año y se invertirán a una tasa de interés constante r (compuesto continuamente) durante un período de T años, entonces el *valor futuro* del ingreso está dado por $\int_0^T f(t)\, e^{r(T-t)}\, dt$. Calcule el valor futuro después de 6 años para los ingresos recibidos a una tasa de $f(t) = 8000e^{0.04t}$ de dólares por año e invertido al 6.2% de interés.

16. El *valor actual* de un flujo de ingresos es la cantidad que tendría que invertir ahora para que coincida con el valor futuro como se describe en el ejercicio 15 y está dado por $\int_0^T f(t)\, e^{-rt}\, dt$. Encuentre el valor actual de los ingresos en el ejercicio 15.

17. La *ley de Pareto del ingreso* establece que el número de personas con ingresos entre $x = a$ y $x = b$ es $N = \int_a^b Ax^{-k}\, dx$, donde A y k son constantes con $A > 0$ y $k > 1$. El ingreso promedio de estas personas es

$$\bar{x} = \frac{1}{N}\int_a^b Ax^{1-k}\, dx$$

Calcule $\bar{x}$.

18. Un verano húmedo y cálido causa una explosión en la población de mosquitos en un área lacustre de descanso. El número de mosquitos se incrementa a una rapidez estimada de $2200 + 10e^{0.8t}$ por semana (donde t se mide en semanas). ¿En cuánto se incrementa la población de mosquitos entre las semanas quinta y novena del verano?

19. Use la ley de Poiseuille para calcular la razón del flujo sanguíneo en una pequeña arteria humana donde se puede tomar $\eta = 0.027$, $R = 0.008$ cm, $l = 2$ cm y $P = 4000$ dinas/cm^2.

20. La presión sanguínea alta resulta de la constricción de las arterias. Para mantener un flujo normal, el corazón tiene que bombear más fuerte, de modo que se incrementa la presión arterial. Use la ley de Poiseuille para demostrar que si R_0 y P_0 son valores normales del radio y la presión en una arteria, y los valores constreñidos son R y P, respectivamente, entonces para que el flujo permanezca constante, P y R se relacionan por la ecuación

$$\frac{P}{P_0} = \left(\frac{R_0}{R}\right)^4$$

Deduzca que si el radio de una arteria se reduce a tres cuartos de su valor anterior, entonces la presión es más que el triple.

21. El método de dilución de colorante se emplea para medir el gasto cardíaco con 6 mg de colorante. Las concentraciones de colorante, en mg/L, se modelan mediante $c(t) = 20te^{-0.6t}$, $0 \leq t \leq 10$, donde t se mide en segundos. Determine el gasto cardíaco.

22. Después de una inyección de colorante de 5.5 mg, las lecturas de concentración de colorante, en mg/L, a intervalos de dos segundos son como se muestra en la tabla. Use la regla de Simpson para estimar el gasto cardíaco.

t	$c(t)$	t	$c(t)$
0	0.0	10	4.3
2	4.1	12	2.5
4	8.9	14	1.2
6	8.5	16	0.2
8	6.7		

23. Se muestra la gráfica de la función concentración $c(t)$ después de inyectar 7 mg de tintura dentro de un corazón. Aplique la regla de Simpson para estimar el gasto cardíaco.

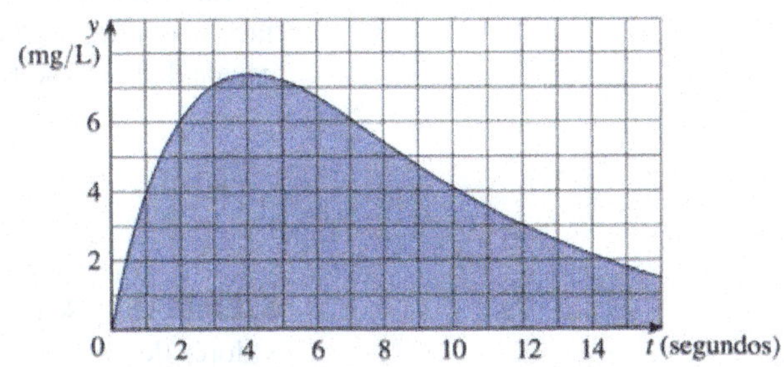

8.5 Probabilidad

El cálculo desempeña un papel en el análisis del comportamiento aleatorio. Suponga que se considera el nivel de colesterol de una persona elegida al azar de un cierto grupo de edad, o la estatura de una mujer adulta elegida al azar o la duración de una batería de cierto tipo elegida en forma aleatoria. Tales cantidades se llaman **variables aleatorias continuas** porque sus valores varían en realidad en un rango de números reales, aunque podrían medirse o registrarse solo al entero más próximo. Quizá se desee conocer la probabilidad de que el nivel de colesterol sea mayor que 250, o la probabilidad de que la estatura de una mujer adulta esté entre 60 y 70 pulgadas o la probabilidad de que la duración de la batería que se está comprando sea de entre 100 y 200 horas. Si X representa la duración de ese tipo de batería, la probabilidad mencionada se denota como sigue:

$$P(100 \leqslant X \leqslant 200)$$

De acuerdo con la interpretación de frecuencia de la probabilidad, este número es la proporción a largo plazo de todas las baterías del tipo especificado cuyos tiempos de vida están entre 100 y 200 horas. Ya que esto representa una proporción, la probabilidad cae naturalmente entre 0 y 1.

Observe que siempre se utilizan *intervalos* de valores cuando se trabaja con funciones de densidad de probabilidad. Por ejemplo, no se usa una función de densidad para encontrar la probabilidad de que X sea *igual* a a.

Toda variable aleatoria continua X tiene una **función de densidad de probabilidad** f. Esto significa que la probabilidad de que X esté entre a y b se encuentra integrando f de a a b:

$$\boxed{1} \qquad P(a \leqslant X \leqslant b) = \int_a^b f(x)\,dx$$

Por ejemplo, en la figura 1 se muestra la gráfica de un modelo de la función de densidad de probabilidad f para una variable aleatoria X definida como la estatura en pulgadas de una mujer adulta en Estados Unidos (de acuerdo con los datos de la National Health Survey, Encuesta Nacional de Salud). La probabilidad de que la estatura de una mujer elegida al azar de esta población esté entre 60 y 70 pulgadas es igual al área bajo la gráfica de f de 60 a 70.

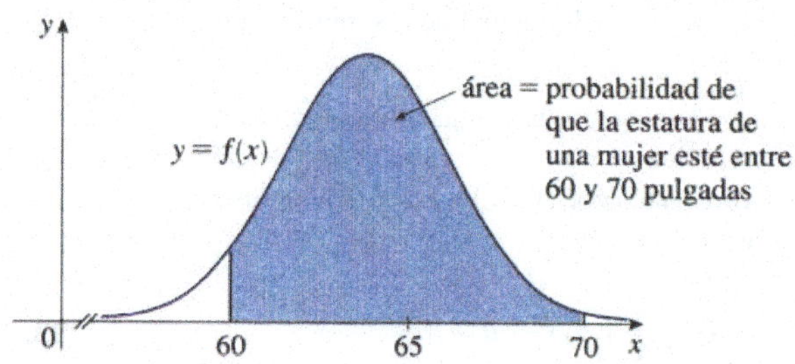

FIGURA 1
Función de densidad de probabilidad para la estatura de una mujer adulta.

En general, la función de densidad de probabilidad f de una variable aleatoria X satisface la condición $f(x) \geqslant 0$ para toda x. Debido a que las probabilidades se miden en una escala de 0 a 1, se tiene que

$$\boxed{2} \qquad \int_{-\infty}^{\infty} f(x)\,dx = 1$$

EJEMPLO 1 Sea $f(x) = 0.006x(10 - x)$ para $0 \leqslant x \leqslant 10$ y $f(x) = 0$ para todos los otros valores de x.
(a) Verifique que f es una función de densidad de probabilidad.
(b) Determine $P(4 \leqslant X \leqslant 8)$.

SOLUCIÓN
(a) Para $0 \leqslant x \leqslant 10$ se tiene $0.006x(10 - x) \geqslant 0$, por tanto, $f(x) \geqslant 0$ para toda x. Es necesario verificar que también se satisface la ecuación 2:

$$\int_{-\infty}^{\infty} f(x)\,dx = \int_0^{10} 0.006x(10 - x)\,dx = 0.006 \int_0^{10} (10x - x^2)\,dx$$

$$= 0.006\left[5x^2 - \tfrac{1}{3}x^3\right]_0^{10} = 0.006\left(500 - \tfrac{1000}{3}\right) = 1$$

Por tanto, f es una función de densidad de probabilidad.

(b) La probabilidad de que X se encuentre entre 4 y 8 es

$$P(4 \leqslant X \leqslant 8) = \int_4^8 f(x)\,dx = 0.006\int_4^8 (10x - x^2)\,dx$$

$$= 0.006\Big[5x^2 - \tfrac{1}{3}x^3\Big]_4^8 = 0.544$$

■

EJEMPLO 2 Fenómenos como los tiempos de espera y los tiempos de falla de equipo se modelan por lo común mediante funciones de densidad de probabilidad que decrecen en forma exponencial. Determine la forma exacta de tal función.

SOLUCIÓN Considere la variable aleatoria como el tiempo de espera en una llamada antes de que conteste un agente de una compañía a la que usted está llamando. Así que, en lugar de x, utilice t para representar en minutos el tiempo. Si f es la función de densidad de probabilidad y usted llama en el tiempo $t = 0$, entonces, de la definición 1, $\int_0^2 f(t)\,dt$ representa la probabilidad de que un agente conteste dentro de los primeros dos minutos y $\int_4^5 f(t)\,dt$ es la probabilidad de que la llamada sea contestada durante el minuto cinco.

Es claro que $f(t) = 0$ para $t < 0$ (el agente no puede contestar antes de que usted llame). Para $t > 0$ se nos dice que hay que usar una función que decrece en forma exponencial, es decir, una función de la forma $f(t) = Ae^{-ct}$, donde A y c son constantes positivas. Así,

$$f(t) = \begin{cases} 0 & \text{si } t < 0 \\ Ae^{-ct} & \text{si } t \geqslant 0 \end{cases}$$

Se usa la ecuación 2 para determinar el valor de A:

$$1 = \int_{-\infty}^{\infty} f(t)\,dt = \int_{-\infty}^{0} f(t)\,dt + \int_0^{\infty} f(t)\,dt$$

$$= \int_0^{\infty} Ae^{-ct}dt = \lim_{x\to\infty}\int_0^x Ae^{-ct}\,dt$$

$$= \lim_{x\to\infty}\left[-\frac{A}{c}e^{-ct}\right]_0^x = \lim_{x\to\infty}\frac{A}{c}(1 - e^{-cx})$$

$$= \frac{A}{c}$$

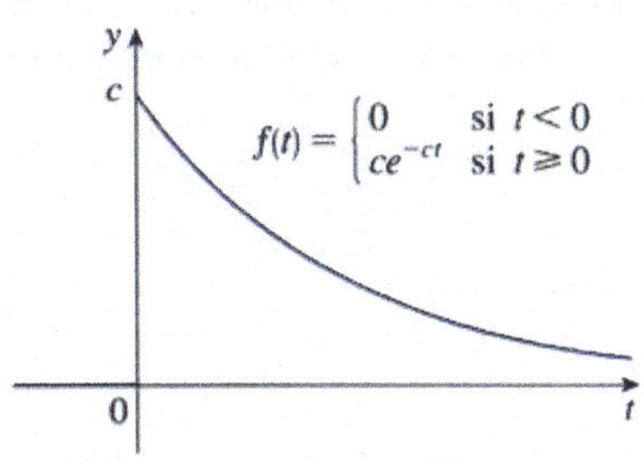

FIGURA 2
Una función de densidad exponencial.

Por tanto, $A/c = 1$ y así $A = c$. En estos términos, toda función de densidad exponencial tiene la forma

$$f(t) = \begin{cases} 0 & \text{si } t < 0 \\ ce^{-ct} & \text{si } t \geqslant 0 \end{cases}$$

En la figura 2 se muestra una gráfica representativa. ■

■ Valores promedio

Hipotéticamente, usted está en espera de que una compañía conteste su llamada telefónica y se pregunta cuánto tiempo, en promedio, tendría que esperar. Sea $f(t)$ la función de densidad correspondiente, donde t se mide en minutos, y considere una muestra de N personas que han llamado a esta compañía. Es muy probable que ninguno de ellos tuviera que esperar más de una hora, así que se restringe la atención al intervalo $0 \leqslant t \leqslant 60$. Dividamos ese intervalo en n intervalos de longitud Δt y puntos extremos $0, t_1, t_2, \ldots, t_n = 60$. (Suponga que Δt dura un minuto, o medio minuto, o 10 segundos o incluso un

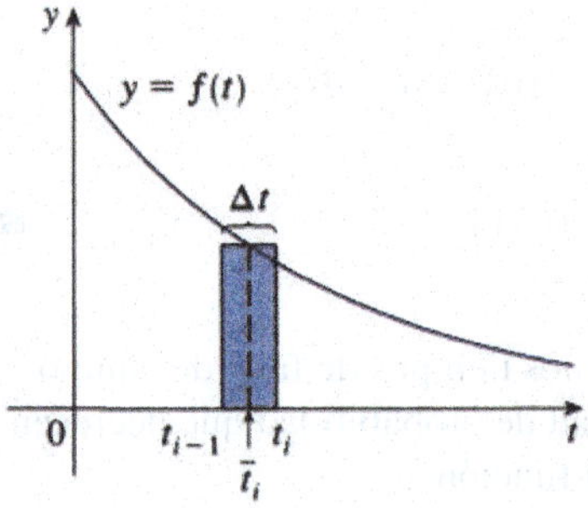

FIGURA 3

segundo.) La probabilidad de que la llamada de alguien sea contestada durante el período de tiempo de t_{i-1} a t_i es el área bajo la curva $y = f(t)$ de t_{i-1} a t_i, que es aproximadamente igual a $f(\bar{t}_i)\,\Delta t$. (Esta es el área del rectángulo de aproximación en la figura 3, donde $\bar{t}_i$ es el punto medio del intervalo.)

Como la proporción a largo plazo de llamadas que son contestadas en el período de t_{i-1} a t_i es $f(\bar{t}_i)\,\Delta t$, se espera que, de la muestra de N personas que llaman, la cantidad cuya llamada fue contestada en ese período es aproximadamente $Nf(\bar{t}_i)\,\Delta t$ y el tiempo que cada uno esperó es de alrededor de $\bar{t}_i$. Por tanto, el tiempo total que esperaron es el producto de estos números: aproximadamente $\bar{t}_i[Nf(\bar{t}_i)\,\Delta t]$. Al sumar todos estos intervalos se obtiene el total aproximado de los tiempos de espera de todos:

$$\sum_{i=1}^{n} N\bar{t}_i f(\bar{t}_i)\,\Delta t$$

Si ahora se divide entre el número N de personas que llamaron, se obtiene el tiempo de espera *promedio* aproximado:

$$\sum_{i=1}^{n} \bar{t}_i f(\bar{t}_i)\,\Delta t$$

Esto se reconoce como una suma de Riemann para la función $tf(t)$. Conforme se acorta el intervalo (es decir, $\Delta t \to 0$ y $n \to \infty$), esta suma de Riemann se aproxima a la integral

$$\int_0^{60} t\,f(t)\,dt$$

Esta integral se llama la *media del tiempo de espera.*

En general, la **media** de cualquier función de densidad de probabilidad se define como

Tradicionalmente, la media se indica con la letra griega μ(mu).

$$\mu = \int_{-\infty}^{\infty} x\,f(x)\,dx$$

La media puede interpretarse como el valor promedio a largo plazo de la variable aleatoria X, también como una medida de la posición central de la función de densidad de probabilidad.

La expresión para la media se parece a una integral que se ha visto antes. Si $\mathcal{R}$ es la región que se encuentra bajo la gráfica de f, se sabe de la fórmula 8.3.8 que la coordenada x del centroide de $\mathcal{R}$ es

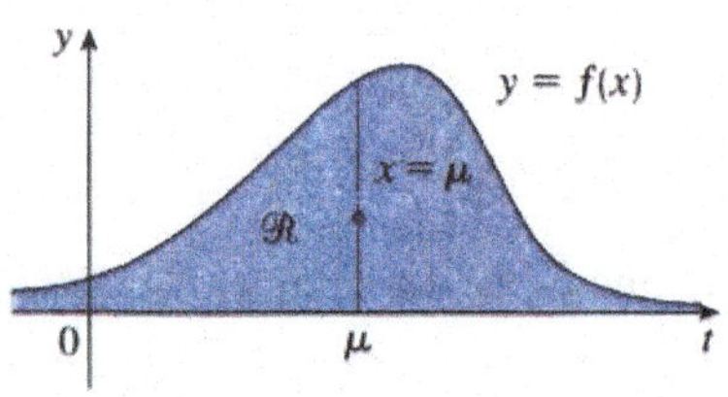

FIGURA 4
$\mathcal{R}$ se equilibra en un punto sobre la recta $x = \mu$

$$\bar{x} = \frac{\int_{-\infty}^{\infty} x\,f(x)\,dx}{\int_{-\infty}^{\infty} f(x)\,dx} = \int_{-\infty}^{\infty} x\,f(x)\,dx = \mu$$

debido a la ecuación 2. De modo que una placa delgada en la forma de $\mathcal{R}$ se equilibra en un punto sobre la recta vertical $x = \mu$. (Véase la figura 4.)

EJEMPLO 3 Encuentre la media de la distribución exponencial del ejemplo 2:

$$f(t) = \begin{cases} 0 & \text{si } t < 0 \\ ce^{-ct} & \text{si } t \geq 0 \end{cases}$$

SOLUCIÓN De acuerdo con la definición de media, se tiene

$$\mu = \int_{-\infty}^{\infty} t\,f(t)\,dt = \int_0^{\infty} tce^{-ct}\,dt$$

Para evaluar esta integral se usa la integración por partes, con $u = t$ y $dv = ce^{-ct}\,dt$, por lo que $du = dt$ y $v = -e^{-ct}$:

$$\int_0^\infty tce^{-ct}\,dt = \lim_{x\to\infty} \int_0^x tce^{-ct}\,dt = \lim_{x\to\infty} \left(-te^{-ct}\Big]_0^x + \int_0^x e^{-ct}\,dt \right)$$

El límite del primer término es 0 por la regla de L'Hôpital.

$$= \lim_{x\to\infty} \left(-xe^{-cx} + \frac{1}{c} - \frac{e^{-cx}}{c} \right) = \frac{1}{c}$$

La media es $\mu = 1/c$, por lo que puede reescribir la función de densidad de probabilidad como

$$f(t) = \begin{cases} 0 & \text{si } t < 0 \\ \mu^{-1}e^{-t/\mu} & \text{si } t \geqslant 0 \end{cases}$$ ■

EJEMPLO 4 Suponga que el tiempo de espera promedio para que la llamada de un cliente sea contestada por un representante de la compañía es cinco minutos.

(a) Encuentre la probabilidad de que una llamada sea contestada durante el primer minuto, suponiendo que es apropiada una distribución exponencial.

(b) Determine la probabilidad de que un cliente espere más de cinco minutos antes de que su llamada sea contestada.

SOLUCIÓN

(a) Se tiene como dato que la media de la distribución exponencial es $\mu = 5$ min y, por tanto, del resultado del ejemplo 3, se sabe que la función de densidad de probabilidad es

$$f(t) = \begin{cases} 0 & \text{si } t < 0 \\ 0.2e^{-t/5} & \text{si } t \geqslant 0 \end{cases}$$

donde t se mide en minutos. Por esto, la probabilidad de que una llamada sea contestada durante el primer minuto es

$$\begin{aligned} P(0 \leqslant T \leqslant 1) &= \int_0^1 f(t)\,dt \\ &= \int_0^1 0.2e^{-t/5}\,dt = 0.2(-5)e^{-t/5}\Big]_0^1 \\ &= 1 - e^{-1/5} \approx 0.1813 \end{aligned}$$

Por consiguiente, cerca de 18% de las llamadas de los clientes serán contestadas durante el primer minuto.

(b) La probabilidad de que un cliente espere más de cinco minutos, es

$$\begin{aligned} P(T > 5) &= \int_5^\infty f(t)\,dt = \int_5^\infty 0.2e^{-t/5}\,dt \\ &= \lim_{x\to\infty} \int_5^x 0.2e^{-t/5}\,dt = \lim_{x\to\infty} (e^{-1} - e^{-x/5}) \\ &= \frac{1}{e} - 0 \approx 0.368 \end{aligned}$$

Cerca de 37% de los clientes espera más de cinco minutos antes de que su llamada sea contestada. ■

Observe el resultado del ejemplo 4(b): aun cuando el tiempo promedio de espera es 5 minutos, solo 37% de las personas que llaman espera más de 5 minutos. La razón es que algunas de las personas que llaman tienen que permanecer mucho más tiempo (quizá 10 o 15 minutos), y esto hace subir el promedio.

Otra medida central de una función de densidad de probabilidad es la *mediana*. Esta es un número m tal que la mitad de las personas que llaman tiene un tiempo de espera menor que m y la otra mitad tiene un tiempo de espera más largo que m. En general, la **mediana** de una función de densidad de probabilidad es el número m tal que

$$\int_m^\infty f(x)\,dx = \tfrac{1}{2}$$

Esto significa que la mitad del área bajo la gráfica de f se localiza a la derecha de m. En el ejercicio 9 se le pidió demostrar que la mediana del tiempo de espera para la compañía descrita en el ejemplo 4 es aproximadamente 3.5 minutos.

Distribuciones normales

Muchos fenómenos aleatorios importantes, como las puntuaciones en pruebas de aptitud, estaturas y pesos de individuos de una población homogénea, precipitación pluvial anual en un determinado lugar, se modelan mediante una **distribución normal**. Esto significa que la función de densidad de probabilidad de una variable aleatoria X es un miembro de la familia de funciones

$$f(x) = \frac{1}{\sigma\sqrt{2\pi}}\, e^{-(x-\mu)^2/(2\sigma^2)} \qquad \boxed{3}$$

La desviación estándar se denota con la letra griega σ (sigma) minúscula.

Puede verificarse que la media para esta función es μ. La constante positiva σ se llama **desviación estándar**, que mide qué tan dispersos están los valores de X. De las gráficas en forma de campana de miembros de la familia de la figura 5, se ve que para valores pequeños de σ, los valores de X están agrupados respecto a la media, mientras que para valores más grandes de σ, los valores de X están más dispersos. Los estadísticos se sirven de métodos que les permiten usar conjuntos de datos para estimar μ y σ.

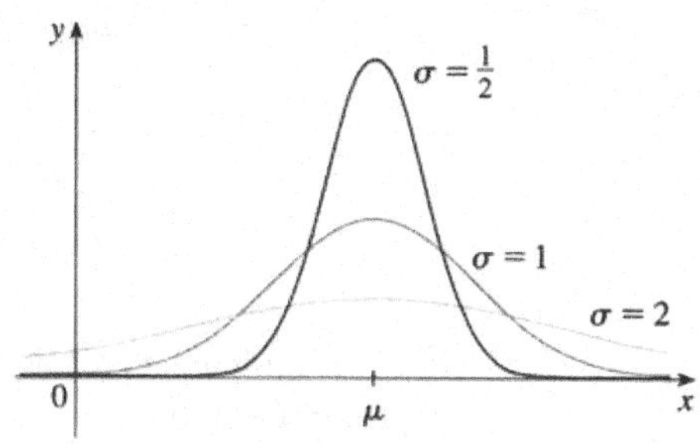

FIGURA 5
Distribuciones normales.

El factor $1/(\sigma\sqrt{2\pi})$ es necesario para hacer de f una función de densidad de probabilidad. De hecho, puede comprobarse por medio de los métodos de cálculo de varias variables que

$$\int_{-\infty}^{\infty} \frac{1}{\sigma\sqrt{2\pi}}\, e^{-(x-\mu)^2/(2\sigma^2)}\,dx = 1$$

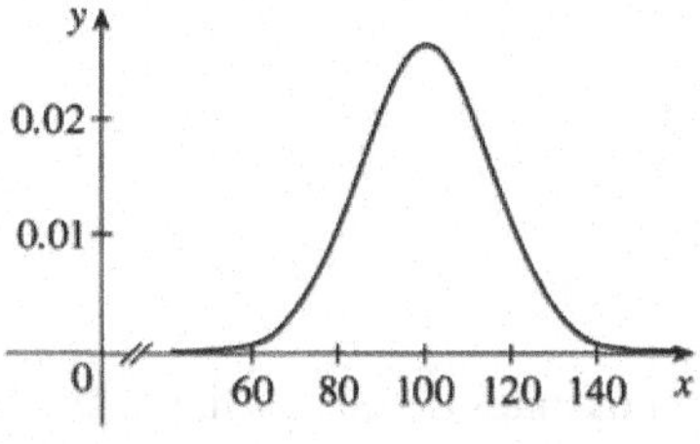

FIGURA 6

EJEMPLO 5 Las puntuaciones del cociente intelectual (CI) tienen una distribución normal con media 100 y desviación estándar 15. (En la figura 6 se muestra la función de densidad de probabilidad correspondiente.)

(a) ¿Qué porcentaje de la población tiene una puntuación de CI entre 85 y 115?

(b) ¿Qué porcentaje de la población tiene un CI arriba de 140?

SOLUCIÓN

(a) Puesto que las puntuaciones CI tienen una distribución normal, se usa la función de densidad de probabilidad dada por la ecuación 3 con $\mu = 100$ y $\sigma = 15$:

$$P(85 \leqslant X \leqslant 115) = \int_{85}^{115} \frac{1}{15\sqrt{2\pi}} e^{-(x-100)^2/(2\cdot 15^2)} dx$$

Recuerde de la sección 7.5 que la función $y = e^{-x^2}$ no tiene una antiderivada elemental, por lo que no puede evaluarse la integral de manera exacta. Pero se puede usar la capacidad de integración numérica de una calculadora o computadora (o la regla del punto medio o la regla de Simpson) para estimar la integral. Al hacerlo se encuentra que

$$P(85 \leqslant X \leqslant 115) \approx 0.68$$

Por tanto, cerca de 68% de la población tiene un CI entre 85 y 115, es decir, dentro de una desviación estándar de la media.

(b) La probabilidad de que la puntuación del CI de una persona elegida al azar sea mayor de 140 es

$$P(X > 140) = \int_{140}^{\infty} \frac{1}{15\sqrt{2\pi}} e^{-(x-100)^2/450} dx$$

Para evitar la integral impropia, se podría aproximarla mediante la integral de 140 a 200. (Es bastante seguro decir que las personas con un CI de más de 200 son muy pocas.) Entonces

$$P(X > 140) \approx \int_{140}^{200} \frac{1}{15\sqrt{2\pi}} e^{-(x-100)^2/450} dx \approx 0.0038$$

Por tanto, cerca de 0.4% de la población tiene un CI de más de 140. ■

8.5 EJERCICIOS

1. Sea $f(x)$ la función de densidad de probabilidad para la duración de la llanta de automóvil de la más alta calidad de un fabricante, donde x se mide en millas. Explique el significado de cada integral.

(a) $\int_{30000}^{40000} f(x)\, dx$ b) $\int_{25000}^{\infty} f(x)\, dx$

2. Sea $f(t)$ la función de densidad de probabilidad para el tiempo que le toma conducir a la escuela en la mañana, donde t se mide en minutos. Exprese las probabilidades siguientes como integrales.
(a) La probabilidad de que llegue a la escuela en menos de 15 minutos.
(b) La probabilidad de que tarde más de media hora en llegar a la escuela.

3. Sea $f(x) = xe^{-x}$ para $x \geqslant 0$ y $f(x) = 0$ si $x < 0$.
(a) Verifique que f es una función de densidad de probabilidad.
(b) Determine $P(1 \leqslant X \leqslant 2)$.

4. La función de densidad

$$f(x) = \frac{e^{3-x}}{(1 + e^{3-x})^2}$$

Es un ejemplo de una *distribución logística*.
(a) Compruebe que f es una función de densidad de probabilidad.
(b) Encuentre $P(3 \leqslant X \leqslant 4)$.
(c) Trace la gráfica f. ¿Qué significa la media? ¿Qué pasa con la mediana?

5. Sea $f(x) = c/(1 + x^2)$.
(a) ¿Para qué valor de c es f una función de densidad de probabilidad?
(b) Para este valor de c, encuentre $P(-1 < X < 1)$.

6. Sea $f(x) = k(3x - x^2)$ si $0 \leqslant x \leqslant 3$ y $f(x) = 0$ si $x < 0$ o $x > 3$.
(a) ¿Para qué valor de k es f una función de densidad de probabilidad?
(b) Para ese valor de k, determine $P(X > 1)$.
(c) Encuentre la media.

7. Una ruleta de un juego de mesa indica al azar un número real entre 0 y 10. La ruleta es justa en el sentido de que indica un número en un intervalo dado con la misma probabilidad que indica un número en cualquier otro intervalo de la misma longitud.

(a) Explique por qué la función

$$f(x) = \begin{cases} 0.1 & \text{si } 0 \leq x \leq 10 \\ 0 & \text{si } x < 0 \text{ si } x > 10 \end{cases}$$

es una función de densidad de probabilidad para los valores de la ruleta.

(b) ¿Qué le dice su intuición acerca del valor de la media? Verifique su intuición evaluando una integral.

8. (a) Explique por qué la función cuya gráfica se muestra es una función de densidad de probabilidad.

(b) Use la gráfica para encontrar las probabilidades siguientes:
(i) $P(X < 3)$ (ii) $P(3 \leq X \leq 8)$

(c) Calcule la media.

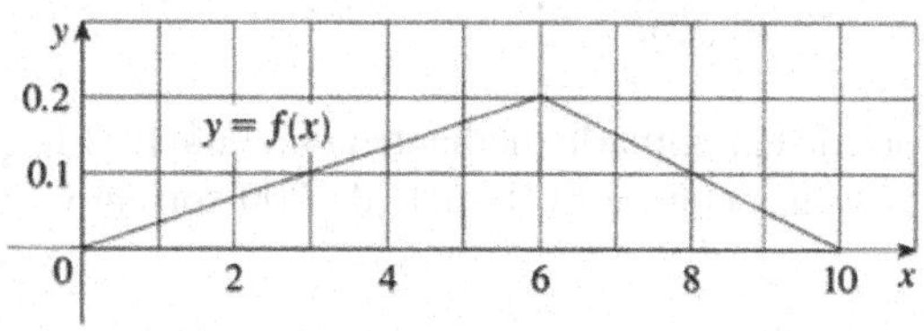

9. Demuestre que el tiempo de espera promedio para una llamada telefónica a la compañía descrita en el ejemplo 4 es de alrededor de 3.5 minutos.

10. (a) Cierto tipo de lámpara lleva una marca que indica una duración promedio de 1000 horas. Es razonable modelar la probabilidad de falla de estas lámparas mediante una función de densidad exponencial con media $\mu = 1000$. Use este modelo para encontrar la probabilidad de que la lámpara
(i) falle dentro de las primeras 200 horas,
(ii) se queme por más de 800 horas.

(b) ¿Cuál es la mediana de la duración de estas lámparas?

11. Un minorista en línea ha determinado que el tiempo promedio para que las transacciones de tarjetas de crédito sean aprobadas electrónicamente es de 1.6 segundos.

(a) Utilice una función de densidad exponencial para encontrar la probabilidad de que un cliente espere menos de un segundo para la aprobación de la tarjeta de crédito.

(b) Determine la probabilidad de que un cliente espere más de 3 segundos.

(c) ¿Cuál es el tiempo de aprobación mínimo para el 5% más lento de las transacciones?

12. El tiempo entre la infección y la presentación de los síntomas de faringitis estreptocócica es una variable aleatoria cuya función de densidad de probabilidad se puede aproximar por $f(t) = \frac{1}{15{,}676} t^2 e^{-0.05t}$ si $0 \leq t \leq 150$ y $f(t) = 0$ en otro caso (t medido en horas).

(a) ¿Cuál es la probabilidad de que un paciente infectado mostrará síntomas dentro de las primeras 48 horas?

(b) ¿Cuál es la probabilidad de que un paciente infectado no mostrará síntomas hasta después de 36 horas?

Fuente: Adaptado de P. Sartwell, "The Distribution of Incubation Periods of Infectious Disease," *American Journal of Epidemiology* 141 (1995): 386–394.

13. El sueño REM es la fase de sueño cuando los sueños están más activos. En un estudio, la cantidad de sueño REM durante las primeras cuatro horas de dormir fue descrita por una variable aleatoria T con la función de densidad de probabilidad

$$f(t) = \begin{cases} \frac{1}{1600}t & \text{si } 0 \leq t \leq 40 \\ \frac{1}{20} - \frac{1}{1600}t & \text{si } 40 < t \leq 80 \\ 0 & \text{en otro caso} \end{cases}$$

donde t se mide en minutos

(a) ¿Cuál es la probabilidad de que la cantidad de sueño REM esté entre 30 y 60 minutos?

(b) Encuentre la cantidad promedio de sueño REM.

14. De acuerdo con la National Health Survey, las estaturas de varones adultos en Estados Unidos tienen una distribución normal con media de 69.0 pulgadas y desviación estándar de 2.8 pulgadas.

(a) ¿Cuál es la probabilidad de que un varón adulto elegido al azar tenga una estatura de entre 65 y 73 pulgadas?

(b) ¿Qué porcentaje de la población de varones adultos tiene una estatura de más de 6 pies?

15. El "Proyecto basura" en la Universidad de Arizona informa que la cantidad de papel que se desecha en los hogares por semana tiene una distribución normal con media de 4.3 kg y desviación estándar de 1.9 kg. ¿Qué porcentaje de los hogares tira por lo menos 5 kg de papel a la semana?

16. La etiqueta de unas cajas indica que contiene 500 g de cereal. Una máquina que llena las cajas introduce pesos que tienen una distribución normal con desviación estándar de 12 g.

(a) Si el peso deseado es 500 g, ¿cuál es la probabilidad de que la máquina llene una caja con menos de 480 g de cereal?

(b) Suponga que una ley establece que no más de 5% de las cajas de cereal de un fabricante puede contener menos del peso establecido de 500 g. ¿En qué peso debe fijar el fabricante su máquina de llenado?

17. La rapidez de los vehículos en una autopista con límite de velocidad de 100 km/h usualmente está distribuida con una media de 112 km/h y una desviación estándar de 8 km/h.

(a) ¿Cuál es la probabilidad de que un vehículo elegido al azar esté viajando con una velocidad permitida por ley?

(b) Si los policías están instruidos para infraccionar a los automovilistas que conduzcan a 125 km/h o más, ¿qué porcentaje de automovilistas sería sancionado?

18. Demuestre que la función de densidad de probabilidad para una variable aleatoria normalmente distribuida tiene puntos de inflexión en $x = \mu \pm \sigma$.

19. Para cualquier distribución normal, encuentre la probabilidad de que la variable aleatoria se localice dentro de dos desviaciones estándar de la media.

20. La desviación estándar para una variable aleatoria con función de densidad de probabilidad f y media μ se define por

$$\sigma = \left[\int_{-\infty}^{\infty} (x - \mu)^2 f(x)\, dx \right]^{1/2}$$

Encuentre la desviación estándar para una función de densidad exponencial con media μ.

21. El átomo de hidrógeno se compone de un protón en el núcleo y un electrón, que se mueve respecto al núcleo. En la teoría cuántica de la estructura atómica, se supone que el electrón no se mueve en una órbita bien definida. En cambio, ocupa un estado conocido como *orbital*, que puede considerarse como una "nube" de carga negativa en torno al núcleo. En el estado de menor energía, llamado *estado base*, o *1s-orbital*, la forma de esta nube se supone como una esfera centrada en el núcleo. Esta esfera se describe en términos de la función de la densidad de probabilidad

$$p(r) = \frac{4}{a_0^3} r^2 e^{-2r/a_0} \qquad r \geq 0$$

donde a_0 es el *radio de Bohr* ($a_0 \approx 5.59 \times 10^{-11}$ m). La integral

$$P(r) = \int_0^r \frac{4}{a_0^3} s^2 e^{-2s/a_0}\, ds$$

da la probabilidad de que el electrón se encuentre dentro de la esfera de radio r metros centrada en el núcleo.

(a) Compruebe que $p(r)$ es una función de densidad de probabilidad.
(b) Determine $\lim_{n \to \infty} p(r)$. ¿Para qué valor de r la expresión $p(r)$ tiene su valor máximo?
(c) Trace la gráfica de la función de densidad.
(d) Encuentre la probabilidad de que el electrón esté dentro de la esfera de radio $4a_0$ centrada en el núcleo.
(e) Calcule la distancia media del electrón desde el núcleo en el estado base del átomo de hidrógeno.

8 REPASO

VERIFICACIÓN DE CONCEPTOS

Las respuestas a la verificación de conceptos se encuentran en las páginas finales del libro.

1. (a) ¿Cómo se define la longitud de una curva?
(b) Escriba una expresión para la longitud de una curva suave dada por $y = f(x)$, $a \leq x \leq b$.
(c) ¿Qué pasa si x se da como una función de y?

2. (a) Escriba una expresión para el área de la superficie obtenida al hacer girar la curva $y = f(x)$, $a \leq x \leq b$, en torno al eje x.
(b) ¿Qué pasa si x se da como una función de y?
(c) ¿Qué pasa si la curva se hace girar en torno al eje y?

3. Describa cómo se puede determinar la fuerza hidrostática contra una pared vertical sumergida en un fluido.

4. (a) ¿Cuál es el significado físico del centro de masa de una placa delgada?
(b) Si la placa está entre $y = f(x)$ y $y = 0$, donde $a \leq x \leq b$, escriba expresiones para las coordenadas del centro de masa.

5. ¿Qué establece el teorema de Pappus?

6. Dada una función de demanda $p(x)$, explique lo que se entiende por excedente del consumidor cuando la cantidad de un artículo actualmente disponible es X y el precio de venta actual es P. Ilustre con un trazo.

7. (a) ¿Qué es el gasto cardíaco del corazón?
(b) Explique cómo puede medirse el gasto cardíaco por el método de dilución de colorante.

8. ¿Qué es la función de densidad de probabilidad? ¿Qué propiedades tiene tal función?

9. Suponga que $f(x)$ es la función de densidad de probabilidad para el peso de una alumna universitaria, donde x se mide en kilogramos.
(a) ¿Cuál es el significado de la integral $\int_0^{60} f(x)\, dx$?
(b) Escriba una expresión para la media de esta función de densidad.
(c) ¿Cómo puede encontrarse la mediana de esta función de densidad?

10. ¿Qué es una distribución normal? ¿Cuál es el significado de la desviación estándar?

EJERCICIOS

1–3 Encuentre la longitud de la curva.

1. $y = 4(x - 1)^{3/2}$, $1 \leq x \leq 4$

2. $y = 2\ln\left(\operatorname{sen} \frac{1}{2}x\right)$, $\pi/3 \leq x \leq \pi$

3. $12x = 4y^3 + 3y^{-1}$, $1 \leq y \leq 3$

4. (a) Encuentre la longitud de la curva

$$y = \frac{x^4}{16} + \frac{1}{2x^2} \qquad 1 \leq x \leq 2$$

(b) Determine el área de la superficie obtenida al hacer girar la curva del inciso (a) en torno al eje y.

5. Sea C el arco de la curva $y = 2/(x + 1)$ del punto $(0, 2)$ a $\left(3, \frac{1}{2}\right)$. Utilice una calculadora u otro dispositivo para encontrar el valor de cada una de las cantidades siguientes, precisas a cuatro decimales.
(a) La longitud de C.
(b) El área de la superficie obtenida al girar C sobre el eje x.
(c) El área de la superficie obtenida al girar C alrededor del eje y.

6. (a) La curva $y = x^2, 0 \leq x \leq 1$ se hace girar en torno al eje y. Encuentre el área de la superficie resultante.
(b) Determine el área de la superficie obtenida al hacer girar la curva del inciso (a) en torno al eje x.

7. Use la regla de Simpson con $n = 10$ para estimar la longitud de la curva $y = \operatorname{sen} x, 0 \leq x \leq \pi$.

8. Utilice la regla de Simpson con $n = 10$ para estimar el área de la superficie obtenida al hacer girar la curva seno del ejercicio 7 alrededor del eje x.

9. Encuentre la longitud de la curva

$$y = \int_1^x \sqrt{\sqrt{t} - 1}\, dt \qquad 1 \leq x \leq 16$$

10. Determine el área de la superficie obtenida al hacer girar la curva del ejercicio 9 en torno al eje y.

11. Una compuerta en un canal de irrigación se construye en la forma de un trapecio de 1 m de ancho en el fondo, 2 m de ancho en la parte superior y 1 m de altura. Se coloca verticalmente en el canal, de manera que el agua cubre hasta su parte superior. Determine la fuerza hidrostática sobre un lado de la compuerta.

12. Un canal se llena con agua, y sus extremos verticales tienen la forma de la región parabólica en la figura. Encuentre la fuerza hidrostática en un extremo del canal.

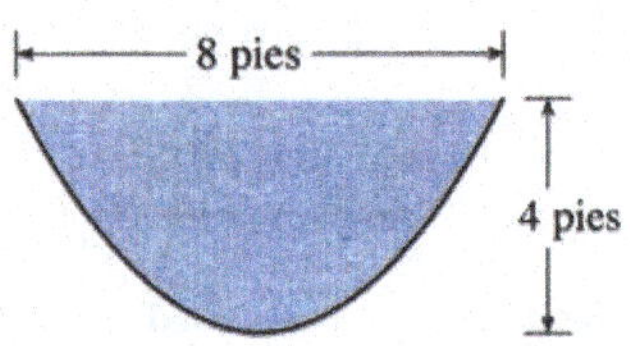

13-14 Determine el centroide de cada región que se muestra.

13.

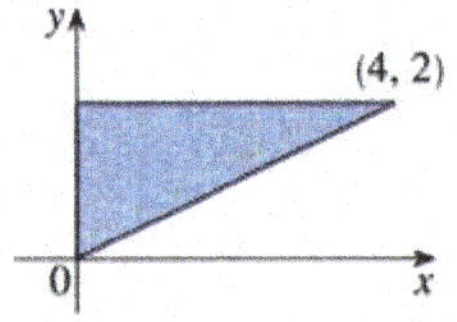

14.

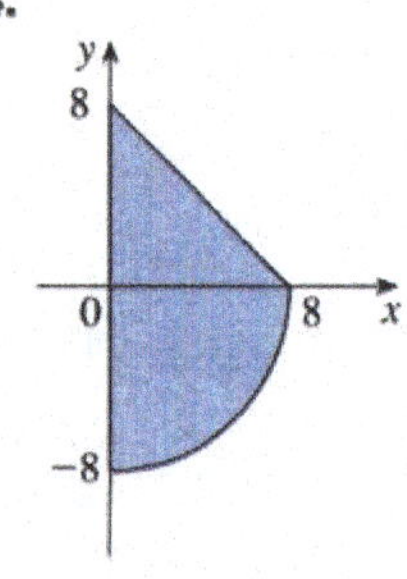

15-16 Encuentre el centroide de la región acotada entre las curvas dadas.

15. $y = \frac{1}{2}x, \quad y = \sqrt{x}$

16. $y = \operatorname{sen} x, \quad y = 0, \quad x = \pi/4, \quad x = 3\pi/4$

17. Encuentre el volumen obtenido cuando el círculo de radio 1 con centro $(1, 0)$ se hace girar en torno al eje y.

18. Use el teorema de Pappus y el hecho de que el volumen de una esfera de radio r es $\frac{4}{3}\pi r^3$ para encontrar el centroide de la región semicircular acotada por la curva $y = \sqrt{r^2 - x^2}$ y el eje x.

19. La función de demanda para un artículo se da por

$$p = 2000 - 0.1x - 0.01x^2$$

Encuentre el excedente del consumidor cuando el nivel de ventas es 100.

20. Después de una inyección de 6 mg de colorante al corazón, las lecturas de concentración de colorante a intervalos de dos segundos se muestran en la tabla. Use la regla de Simpson para estimar el gasto cardíaco.

t	$c(t)$	t	$c(t)$
0	0	14	4.7
2	1.9	16	3.3
4	3.3	18	2.1
6	5.1	20	1.1
8	7.6	22	0.5
10	7.1	24	0
12	5.8		

21. (a) Explique por qué la función

$$f(x) = \begin{cases} \dfrac{\pi}{20} \operatorname{sen}\left(\dfrac{\pi x}{10}\right) & \text{si } 0 \leq x \leq 10 \\ 0 & \text{si } x < 0 \text{ o } x > 10 \end{cases}$$

es una función de densidad de probabilidad.
(b) Encuentre $P(X < 4)$.
(c) Calcule la media. ¿Es el valor que esperaría?

22. Los lapsos de embarazos humanos tienen una distribución normal con media de 268 días y una desviación estándar de 15 días. ¿Qué porcentaje de embarazos dura entre 250 días y 280 días?

23. El tiempo de espera en la fila de cierto banco se modela mediante una función de densidad exponencial con media de 8 minutos.
(a) ¿Cuál es la probabilidad de que un cliente sea atendido en los primeros 3 minutos?
(b) ¿Cuál es la probabilidad de que un cliente tenga que esperar más de 10 minutos?
(c) ¿Cuál es la mediana del tiempo de espera?

Problemas adicionales

1. Encuentre el área de la región $S = \{(x, y)|x \geq 0, y \leq 1, x^2 + y^2 \leq 4y\}$.

2. Encuentre el centroide de la región encerrada por el rizo de la curva $y^2 = x^3 - x^4$.

3. Si la esfera de radio r se corta mediante un plano cuya distancia desde el centro de la esfera es d, entonces la esfera se divide en dos piezas llamadas segmentos de una base (véase la primera figura). Las superficies correspondientes se llaman *zonas esféricas de una base*.

(a) Determine las áreas superficiales de las dos zonas esféricas indicadas en la figura.

(b) Calcule el área aproximada del océano Ártico suponiendo que su forma es aproximadamente circular, con centro en el Polo Norte y "circunferencia" a 75° latitud norte. Use $r = 6370$ km para el radio de la Tierra.

(c) Una esfera de radio r se inscribe en un cilindro circular recto de radio r. Dos planos perpendiculares al eje central del cilindro y apartados una distancia h cortan una zona *esférica de dos bases* en la esfera. Demuestre que el área de la superficie de la zona esférica es igual al área de la superficie de la región que los dos planos cortan en el cilindro.

(d) La *zona tórrida* es la región sobre la superficie de la Tierra que está entre el Trópico de Cáncer (23.45° latitud norte) y el Trópico de Capricornio (23.45° latitud sur). ¿Cuál es el área de la zona tórrida?

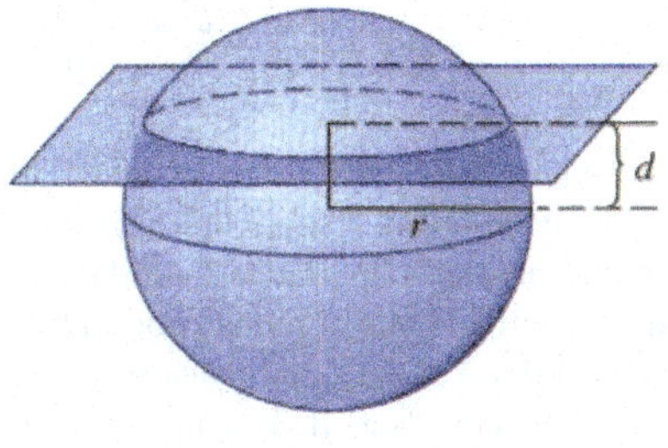

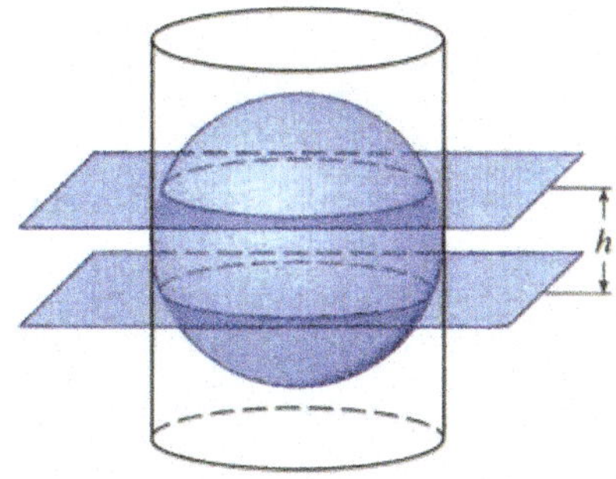

4. (a) Demuestre que un observador a la altura H arriba del Polo Norte de una esfera de radio r puede ver una parte de la esfera que tiene un área

$$\frac{2\pi r^2 H}{r + H}$$

(b) Dos esferas con radios r y R se colocan de modo que la distancia entre sus centros es d, donde $d > r + R$. ¿Dónde debe colocarse una luz sobre la recta que une los centros de las esferas para iluminar la superficie total más grande?

5. Suponga que la densidad del agua de mar, $\rho = \rho(z)$, varía con la profundidad z debajo de la superficie.

(a) Demuestre que la presión hidrostática está gobernada por la ecuación diferencial

$$\frac{dP}{dz} = \rho(z)g$$

donde g es la aceleración debida a la gravedad. Sea P_0 y ρ_0 la presión y la densidad en $z = 0$. Exprese la presión a profundidad z como una integral.

(b) Suponga que la densidad del agua de mar a la profundidad z está dada por $\rho = \rho_0 e^{z/H}$, donde H es una constante positiva. Encuentre la fuerza total, expresada como una integral, ejercida sobre un orificio circular vertical de radio r cuyo centro se localiza a una distancia $L > r$ debajo de la superficie.

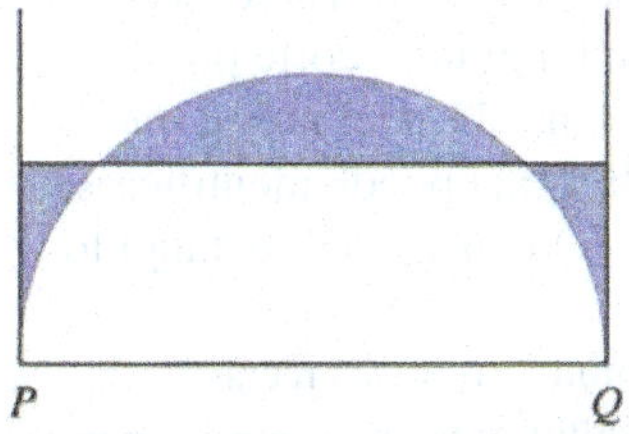

FIGURA PARA EL PROBLEMA 6

6. En la figura se muestra un semicírculo con radio 1, diámetro horizontal PQ y rectas tangentes en P y Q. ¿A qué altura arriba del diámetro debe colocarse la recta horizontal para minimizar el área sombreada?

7. Sea P una pirámide con una base cuadrada de lado $2b$ y suponga que S es una esfera con su centro en la base de P y S es tangente a los ocho lados de P. Determine la altura de P.

Después calcule el volumen de la intersección de S y P.

8. Considere una placa metálica plana que se colocará verticalmente bajo el agua con la parte superior sumergida 2 m debajo de la superficie del agua. Determine una forma para la placa de modo que si esta se divide en cierto número de tiras horizontales de igual altura, la fuerza hidrostática en cada tira es la misma.

9. Un disco uniforme con radio 1 se cortará mediante una línea de modo que el centro de masa de la pieza más pequeña se localice a la mitad a lo largo de un radio. ¿Qué tan cerca del centro del disco debe hacerse el corte? (Exprese su respuesta con una aproximación de dos decimales.)

10. Un triángulo con área 30 cm^2 se corta desde una esquina de un cuadrado con lado 10 cm, como se muestra en la figura. Si el centroide de la región restante es 4 cm desde el lado derecho del cuadrado, ¿qué tan lejos está del fondo del cuadrado?

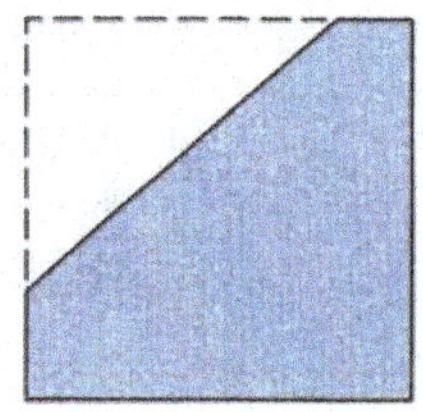

10 cm

11. En un famoso problema del siglo XVIII conocido como *problema de la aguja de Buffon*, se deja caer una aguja de longitud h sobre una superficie plana (por ejemplo, una mesa) en la que se han dibujado rectas paralelas apartadas L unidades, $L \geqslant h$. El problema es determinar la probabilidad de que la aguja llegue al reposo cortando una de las rectas. Suponga que las rectas van de este a oeste, paralelas al eje x en un sistema coordenado rectangular (como en la figura). Sea y la distancia del extremo "sur" de la aguja a la recta más próxima al norte. (Si el extremo sur de la aguja está sobre una recta, sea $y = 0$. Si la aguja se encuentra de este a oeste, sea el extremo "oeste" el extremo "sur".) Sea θ el ángulo que la aguja forma con un rayo que se extiende hacia el este desde el extremo "sur". Entonces $0 \leqslant y \leqslant L$ y $0 \leqslant \theta \leqslant \pi$. Observe que la aguja interseca una de las rectas solo cuando $y < h \operatorname{sen} \theta$. El conjunto total de posibilidades para la aguja se puede identificar con la región rectangular $0 \leqslant y \leqslant L$, $0 \leqslant \theta \leqslant \pi$, y la proporción de veces que una aguja corta una recta es el radio

$$\frac{\text{área debajo de } y = h \operatorname{sen} \theta}{\text{área del rectángulo}}$$

Este cociente es la probabilidad de que la aguja corte una recta. Encuentre la probabilidad de que la aguja interseque una recta si $h = L$. ¿Qué pasa si $h = \frac{1}{2}L$?

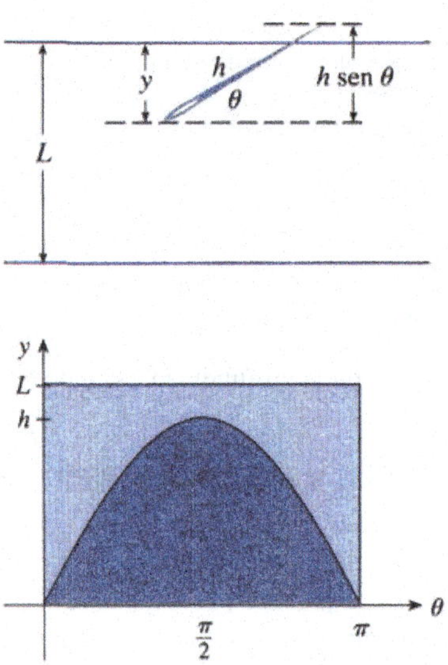

FIGURA PARA EL PROBLEMA 11

12. Si la aguja del problema 11 tiene longitud $h > L$, es posible que la aguja corte más de una recta.

(a) Si $L = 4$, encuentre la probabilidad de que una aguja de longitud 7 corte por lo menos una recta. [*Sugerencia*: proceda como en el problema 11. Defina y como antes; entonces el conjunto total de posibilidades para la aguja puede identificarse con la misma región rectangular $0 \leqslant y \leqslant L$, $0 \leqslant \theta \leqslant \pi$. ¿Qué parte del rectángulo corresponde a la aguja que corta una recta?]

(b) Si $L = 4$, encuentre la probabilidad de que una aguja de longitud 7 corte *dos* rectas.

(c) Si $2L < h \leqslant 3L$, encuentre una fórmula general para la probabilidad de que la aguja interseque tres rectas.

13. Encuentre el centroide de la región encerrada por la elipse $x^2 + (x + y + 1)^2 = 1$.

9 Ecuaciones diferenciales

© Dennis Donohue / Shutterstock.com

En la última sección de este capítulo se emplearon pares de ecuaciones diferenciales para investigar la relación entre las poblaciones de depredadores y presas, como jaguares y jabalíes, lobos y conejos, linces y liebres, mariquitas y pulgones.

TAL VEZ LA MÁS IMPORTANTE de todas las aplicaciones del cálculo está en las ecuaciones diferenciales. Cuando los físicos o los científicos sociales utilizan el cálculo, con frecuencia lo hacen para analizar una ecuación diferencial que ha aparecido en el proceso de modelado de algún fenómeno que están estudiando. Aun cuando a veces es imposible encontrar una fórmula explícita para la solución de una ecuación diferencial, se verá que hay métodos gráficos y numéricos que aportan la información necesaria.

9.1 Modelado con ecuaciones diferenciales

Ahora es un buen momento para leer (o releer) la discusión de un modelo matemático en la página 23.

Al describir el proceso de modelado en la sección 1.2, se habló sobre la formulación de un modelo matemático de un problema del mundo real, ya sea por razonamiento intuitivo acerca del fenómeno o de una ley física en función de la evidencia experimental. El modelo matemático con frecuencia toma la forma de una *ecuación diferencial*, es decir, una ecuación que contiene una función desconocida y algunas de sus derivadas. Esto no es sorprendente, porque en el problema del mundo real es común observar que ocurran cambios y se desea predecir el comportamiento futuro respecto a cómo cambian los valores actuales. Para comenzar, se examinan varios ejemplos de cómo surgen las ecuaciones diferenciales cuando se modelan fenómenos físicos.

Modelos para el crecimiento poblacional

Un modelo para el crecimiento de una población se basa en suponer que la población crece con una razón proporcional al tamaño de la población. Esa es una suposición razonable para una población de bacterias o animales en condiciones ideales (ambiente ilimitado, nutrición adecuada, ausencia de depredadores, inmunidad a enfermedades).

Identifique y denote las variables en este modelo:

t = tiempo (la variable independiente)

P = número de individuos en la población (la variable dependiente)

La razón de crecimiento de la población es la derivada dP/dt. Por lo que la suposición de que la razón de crecimiento de la población es proporcional al tamaño de la población, se escribe como la ecuación

$$\boxed{1} \qquad \frac{dP}{dt} = kP$$

donde k es la constante de proporcionalidad. La ecuación 1 es el primer modelo para el crecimiento poblacional; es una ecuación diferencial porque contiene una función desconocida P y su derivada dP/dt.

Una vez formulado un modelo, se consideran sus consecuencias. Si se descarta una población de 0, entonces $P(t) > 0$ para toda t. Por lo que si $k > 0$, entonces la ecuación 1 muestra que $P'(t) > 0$ para toda t. Esto significa que la población siempre está creciendo. De hecho, cuando crece $P(t)$ la ecuación 1 muestra que dP/dt se vuelve más grande. En otras palabras, la rapidez de crecimiento se incrementa cuando crece la población.

Trate de pensar en una solución para la ecuación 1. La ecuación pide encontrar una función cuya derivada sea un múltiplo constante de sí misma. Por el capítulo 3 se sabe que las funciones exponenciales tienen esa propiedad. De hecho, si se establece $P(t) = Ce^{kt}$, entonces

$$P'(t) = C(ke^{kt}) = k(Ce^{kt}) = kP(t)$$

Por lo que cualquier función exponencial de la forma $P(t) = Ce^{kt}$ es una solución de la ecuación 1. En la sección 9.4 se verá que no hay otra solución.

Permitiendo que C varíe a través de todos los números reales, se obtiene la *familia* de soluciones $P(t) = Ce^{kt}$ cuyas gráficas se muestran en la figura 1. Pero las poblaciones tienen exclusivamente valores positivos y, por tanto, únicamente interesa conocer las soluciones con $C > 0$. Y probablemente se tiene interés solo en valores de t mayores que el tiempo inicial $t = 0$.

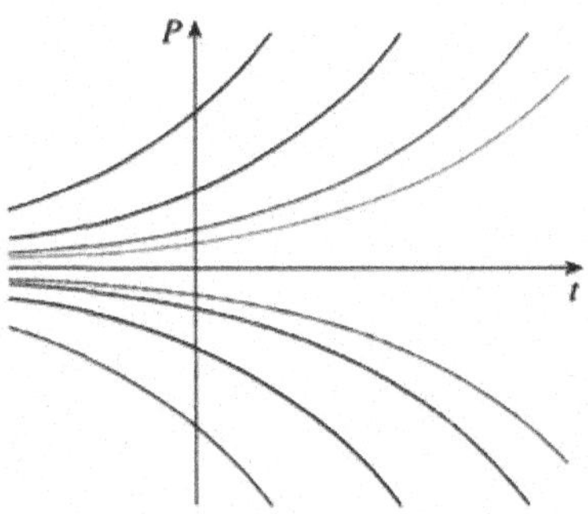

FIGURA 1

La familia de soluciones de $dP/dt = kP$

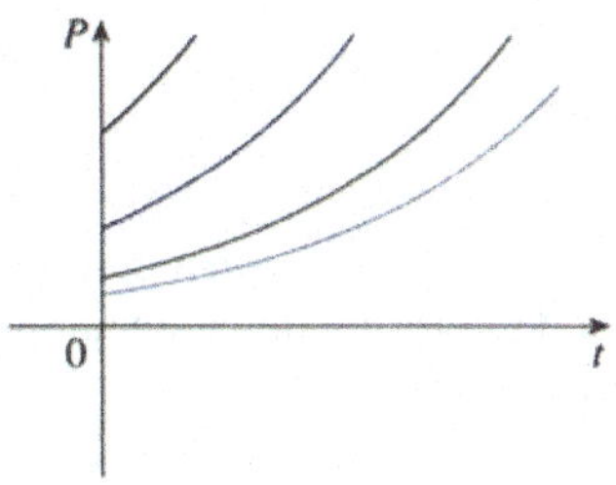

FIGURA 2

La familia de soluciones $P(t) = Ce^{kt}$ con $C > 0$ y $t \geq 0$

En la figura 2 se muestran las soluciones con significado físico. Al sustituir $t = 0$, se obtiene $P(0) = Ce^{k(0)} = C$, por lo que la constante C resulta ser la población inicial, $P(0)$.

La ecuación 1 es apropiada para modelar el crecimiento poblacional en condiciones ideales, pero se tiene que reconocer que un modelo más real debe reflejar el hecho de que un determinado ambiente tiene recursos limitados. Muchas poblaciones comienzan incrementándose de manera exponencial, pero la población se estabiliza cuando se aproxima a su *capacidad de carga M* (o disminuye hacia M si alguna vez excede a M). Para que un modelo tome en cuenta ambas tendencias, se hacen dos suposiciones:

- $\dfrac{dP}{dt} \approx kP$ si P es pequeña (al inicio, la rapidez de crecimiento es proporcional a P.)
- $\dfrac{dP}{dt} < 0$ *si* $P > M$ (P disminuye si excede a M.)

Una expresión simple que incorpora ambas suposiciones es la ecuación siguiente

2
$$\frac{dP}{dt} = kP\left(1 - \frac{P}{M}\right)$$

Observe que, si P es pequeña en comparación con M, entonces P/M tiende a 0 y, por tanto, $dP/dt \approx kP$. Si $P > M$, entonces $1 - P/M$ es negativa y, por tanto, $dP/dt < 0$.

La ecuación 2 se llama *ecuación diferencial logística*, y la propuso el biólogo matemático holandés Pierre-François Verhulst en la década de 1840 como un modelo para el crecimiento de la población mundial. En la sección 9.4 se desarrollarán técnicas que permiten encontrar soluciones explícitas de la ecuación logística, pero por ahora se pueden deducir características cualitativas de las soluciones directamente de la ecuación 2. Primero observe que las funciones constantes $P(t) = 0$ y $P(t) = M$ son soluciones porque, en cualquier caso, uno de los factores del lado derecho de la ecuación 2 es cero. (Esto en realidad tiene sentido físico: si la población es 0 o es igual a la capacidad de carga, P permanece constante.) Estas dos soluciones constantes se llaman **soluciones de equilibrio.**

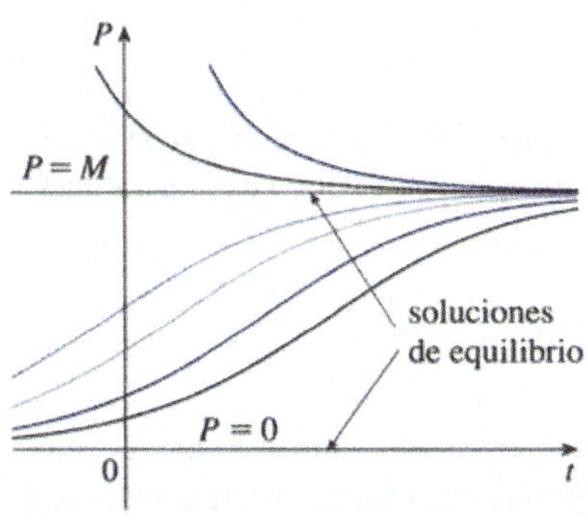

FIGURA 3
Soluciones de la ecuación logística

Si la población inicial $P(0)$ está entre 0 y M, entonces el lado derecho de la ecuación 2 es positivo, por tanto $dP/dt > 0$ y la población crece. Pero si la población rebasa la capacidad de carga ($P > M$), entonces $1 - P/M$ es negativa, por lo que $dP/dt < 0$ y la población decrece. Observe que, en cualquier caso, si la población tiende a la capacidad de carga ($P \to M$), entonces $dP/dt \to 0$, lo que significa que la población se estabiliza. Por lo que se espera que las soluciones de la ecuación diferencial logística tengan gráficas que se parezcan a las de la figura 3. Observe que las gráficas se alejan de la solución de equilibrio $P = 0$ y se mueven hacia la solución de equilibrio $P = M$.

Modelo para el movimiento de un resorte

Ahora se examina un ejemplo de un modelo de física. Considere el movimiento de un objeto con masa m sujeto en el extremo de un resorte vertical (como en la figura 4). En la sección 6.4 se analizó la ley de Hooke que establece que si un resorte se estira (o comprime) x unidades desde su longitud natural, entonces ejerce una fuerza que es proporcional a x:

$$\text{Fuerza de restauración} = -kx$$

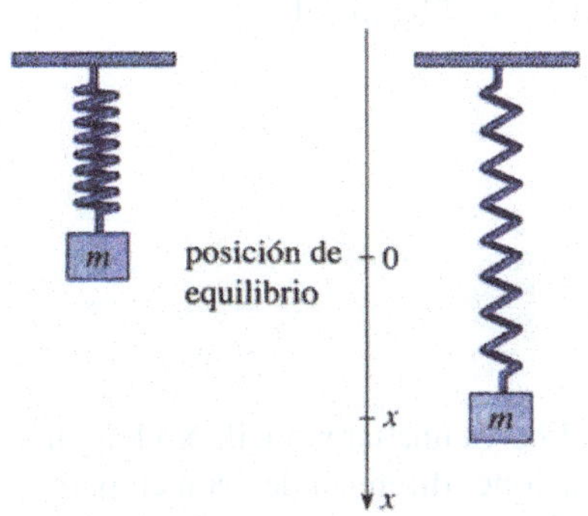

FIGURA 4

donde k es una constante positiva (llamada *constante del resorte*). Si se ignoran las fuerzas de resistencia externas (debidas a la resistencia del aire o la fricción) entonces, por la segunda ley de Newton (fuerza es igual a masa por aceleración), se tiene

$$\boxed{3} \qquad m\frac{d^2x}{dt^2} = -kx$$

Este es un ejemplo de lo que se llama una *ecuación diferencial de segundo orden* porque implica segundas derivadas. Vea qué se puede inferir acerca de la forma de la solución directamente de la ecuación. Puede reescribir la ecuación 3 en la forma

$$\frac{d^2x}{dt^2} = -\frac{k}{m}x$$

que dice que la segunda derivada de x es proporcional a x pero tiene signo opuesto. Se conocen dos funciones con esta propiedad, las funciones seno y coseno. De hecho, resulta que todas las soluciones de la ecuación 3 pueden escribirse como combinaciones de ciertas funciones seno y coseno (véase el ejercicio 4). Esto no es sorprendente; se espera que el resorte oscile respecto a su posición de equilibrio y, por tanto, es natural pensar que están implicadas las funciones trigonométricas.

Ecuaciones diferenciales generales

En general, una **ecuación diferencial** es una ecuación que contiene una función desconocida y una o más de sus derivadas. El **orden** de la ecuación diferencial es el de la mayor de las derivadas que aparecen en la ecuación. Por lo que las ecuaciones 1 y 2 son de primer orden, y la ecuación 3 es de segundo. En las tres ecuaciones, la variable independiente se llama t y representa el tiempo, pero en general la variable independiente puede no representar tiempo. Por ejemplo, cuando se considera la ecuación diferencial

$$\boxed{4} \qquad y' = xy$$

se entiende que y es una función desconocida de x.

Una función f se llama **solución** de una ecuación diferencial si la ecuación se satisface cuando $y = f(x)$ y sus derivadas se sustituyen en la ecuación. Por lo que f es una solución de la ecuación 4 si

$$f'(x) = xf(x)$$

para todos los valores de x en algún intervalo.

Cuando se pide *resolver* una ecuación diferencial, se espera encontrar todas las posibles soluciones de la ecuación. Ya se han resuelto algunas ecuaciones diferenciales particularmente simples, a saber, aquellas de la forma

$$y' = f(x)$$

Por ejemplo, se sabe que la solución general de la ecuación diferencial

$$y' = x^3$$

está dada por

$$y = \frac{x^4}{4} + C$$

donde C es una constante arbitraria.

Pero, en general, resolver una ecuación diferencial no es una tarea fácil. No hay una técnica sistemática que permita resolver todas las ecuaciones diferenciales. Sin embargo, en la sección 9.2 se verá cómo dibujar gráficas aproximadas de soluciones aun cuando no se tiene fórmula explícita. También se aprenderá cómo encontrar aproximaciones numéricas a soluciones.

EJEMPLO 1 Demuestre que cualquier miembro de la familia de funciones

$$y = \frac{1 + ce^t}{1 - ce^t}$$

es una solución de la ecuación diferencial $y' = \frac{1}{2}(y^2 - 1)$.

SOLUCIÓN Utilice la regla del cociente para derivar la expresión para y:

$$y' = \frac{(1 - ce^t)(ce^t) - (1 + ce^t)(-ce^t)}{(1 - ce^t)^2}$$

$$= \frac{ce^t - c^2e^{2t} + ce^t + c^2e^{2t}}{(1 - ce^t)^2} = \frac{2ce^t}{(1 - ce^t)^2}$$

En la figura 5 se muestran las gráficas de siete miembros de la familia del ejemplo 1. La ecuación diferencial muestra que si $y \approx \pm 1$, entonces $y' \approx 0$. Esto se confirma por lo aplanado de las gráficas cerca de $y = 1$ y $y = -1$.

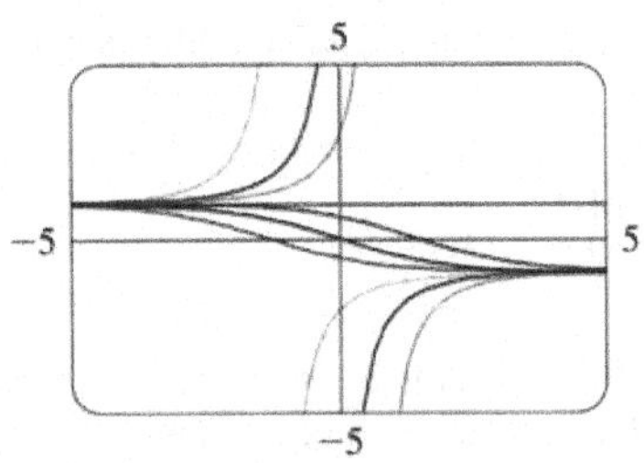

FIGURA 5

El lado derecho de la ecuación diferencial se convierte en

$$\tfrac{1}{2}(y^2 - 1) = \frac{1}{2}\left[\left(\frac{1 + ce^t}{1 - ce^t}\right)^2 - 1\right]$$

$$= \frac{1}{2}\left[\frac{(1 + ce^t)^2 - (1 - ce^t)^2}{(1 - ce^t)^2}\right]$$

$$= \frac{1}{2}\frac{4ce^t}{(1 - ce^t)^2} = \frac{2ce^t}{(1 - ce^t)^2}$$

Por tanto, para todo valor de c, la función dada es una solución de la ecuación diferencial. ■

Al aplicar ecuaciones diferenciales, normalmente no se está tan interesado en encontrar una familia de soluciones (la *solución general*) como en determinar una solución que satisfaga algún requerimiento adicional. En muchos problemas físicos se requiere encontrar la solución particular que satisface una condición de la forma $y(t_0) = y_0$. Esta se llama **condición inicial**, y el problema de encontrar una solución de la ecuación diferencial que satisface la condición inicial se llama **problema con valores iniciales**.

Desde el punto de vista geométrico, cuando se impone una condición inicial, se busca en la familia de curvas solución una que pase por el punto (t_0, y_0). Físicamente, esto corresponde a medir el estado de un sistema en el tiempo t_0 y usar la solución del problema con valor inicial para predecir el comportamiento futuro del sistema.

EJEMPLO 2 Encuentre una solución de la ecuación diferencial $y' = \frac{1}{2}(y^2 - 1)$ que satisfaga la condición inicial $y(0) = 2$.

SOLUCIÓN Al sustituir los valores $t = 0$ y $y = 2$ en la fórmula

$$y = \frac{1 + ce^t}{1 - ce^t}$$

del ejemplo 1, se obtiene

$$2 = \frac{1 + ce^0}{1 - ce^0} = \frac{1 + c}{1 - c}$$

Si esta ecuación se resuelve para c, se obtiene $2 - 2c = 1 + c$, que da $c = \frac{1}{3}$. Por tanto, la solución del problema con valores iniciales es

$$y = \frac{1 + \frac{1}{3}e^t}{1 - \frac{1}{3}e^t} = \frac{3 + e^t}{3 - e^t}$$ ■

9.1 EJERCICIOS

1. Demuestre que $y = x - x^{-1}$ es una solución de la ecuación diferencial $xy' + y = 2x$.

2. Compruebe que $y = \operatorname{sen} x \cos x - \cos x$ es una solución del problema con valores iniciales

$$y' + (\tan x)y = \cos^2 x \qquad y(0) = -1$$

en el intervalo $-\pi/2 < x < \pi/2$.

3. (a) ¿Para qué valores de r la función $y = e^{rx}$ satisface la ecuación diferencial $2y'' + y' - y = 0$?
(b) Si r_1 y r_2 son los valores de r que encontró en el inciso (a), demuestre que todo integrante de la familia de funciones $y = ae^{r_1x} + be^{r_2x}$ también es una solución.

4. (a) ¿Para qué valores de k la función $y = \cos kt$ satisface la ecuación diferencial $4y'' = -25y$?
(b) Para esos valores de k, verifique que cualquier integrante de la familia de las funciones $y = A \operatorname{sen} kt + B \cos kt$ también es una solución.

5. ¿Cuáles de las funciones siguientes son soluciones de la ecuación diferencial $y'' + y = \operatorname{sen} x$?

(a) $y = \operatorname{sen} x$ (b) $y = \cos x$
(c) $y = \frac{1}{2}x \operatorname{sen} x$ (d) $y = -\frac{1}{2}x \cos x$

6. (a) Demuestre que cualquier integrante de la familia de funciones $y = (\ln x + C)/x$ es una solución de la ecuación diferencial $x^2y' + xy = 1$.
(b) Ilustre el inciso (a) graficando diferentes miembros de la familia de soluciones en una pantalla común.
(c) Encuentre una solución de la ecuación diferencial que satisfaga la condición inicial $y(1) = 2$.
(d) Determine una solución de la ecuación diferencial que satisfaga la condición inicial $y(2) = 1$.

7. (a) ¿Qué puede decir acerca de una solución de la ecuación $y' = -y^2$ con solo observar la ecuación diferencial?
(b) Compruebe que todos los miembros de la familia $y = 1/(x + C)$ son soluciones de la ecuación del inciso (a).
(c) ¿Puede pensar en una solución de la ecuación diferencial $y' = -y^2$ que no sea un miembro de la familia del inciso (b)?
(d) Encuentre una solución del problema con valores iniciales

$$y' = -y^2 \qquad y(0) = 0.5$$

8. (a) ¿Qué se puede decir acerca de la gráfica de una solución de la ecuación $y' = xy^3$ cuando x es cercana a 0? ¿Qué pasa si x es grande?
(b) Compruebe que todos los miembros de la familia

$$y = (c - x^2)^{-1/2}$$

son soluciones de la ecuación diferencial $y' = xy^3$.
(c) Trace la gráfica de varios miembros de la familia de soluciones en una pantalla común. ¿Las gráficas confirman lo que predijo en el inciso (a)?
(d) Encuentre una solución del problema con valores iniciales.

$$y' = xy^3 \qquad y(0) = 2$$

9. Una población se modela mediante una ecuación diferencial

$$\frac{dP}{dt} = 1.2P\left(1 - \frac{P}{4200}\right)$$

(a) ¿Para qué valores de P la población es creciente?
(b) ¿Para qué valores de P la población es decreciente?
(c) ¿Cuáles son las soluciones de equilibrio?

10. Una función $y(t)$ satisface la ecuación diferencial

$$\frac{dy}{dt} = y^4 - 6y^3 + 5y^2$$

(a) ¿Cuáles son las soluciones constantes de la ecuación?
(b) ¿Para qué valores de y es y creciente?
(c) ¿Para qué valores de y es y decreciente?

11. Explique por qué las funciones con las gráficas dadas *no pueden* ser soluciones de la ecuación diferencial

$$\frac{dy}{dt} = e^t(y - 1)^2$$

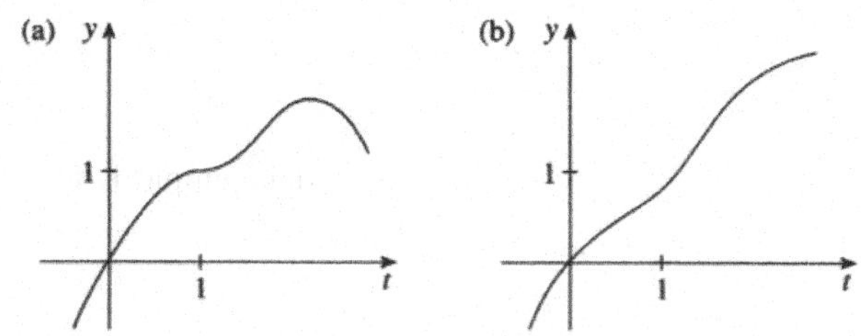

12. La función de la gráfica dada es una solución de una de las ecuaciones diferenciales siguientes. Decida cuál es la ecuación correcta y justifique su respuesta.

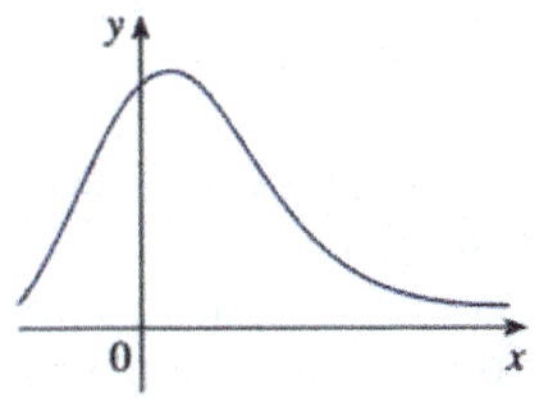

A. $y' = 1 + xy$ **B.** $y' = -2xy$ **C.** $y' = 1 - 2xy$

13. Relacione las ecuaciones diferenciales siguientes con las gráficas solución I-IV. Dé razones para sus elecciones.

(a) $y' = 1 + x^2 + y^2$ (b) $y' = xe^{-x^2-y^2}$

(c) $y' = \dfrac{1}{1 + e^{x^2+y^2}}$ (d) $y' = \operatorname{sen}(xy)\cos(xy)$

I

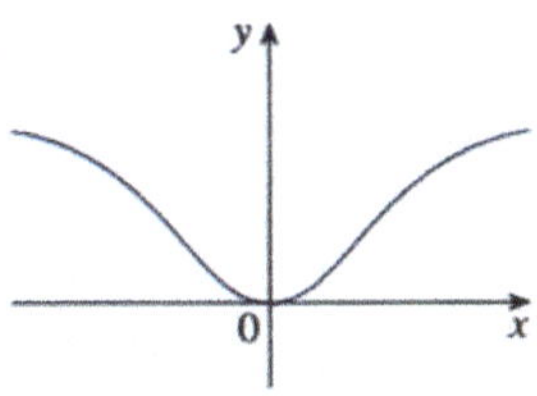

II

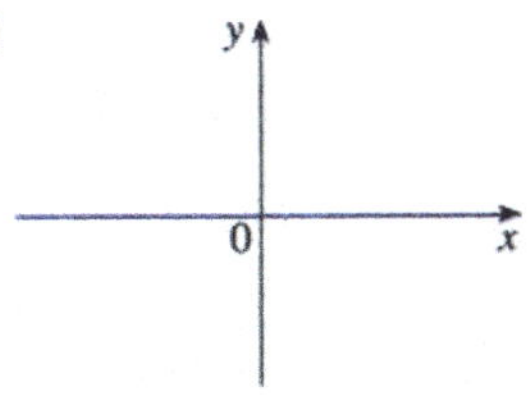

III

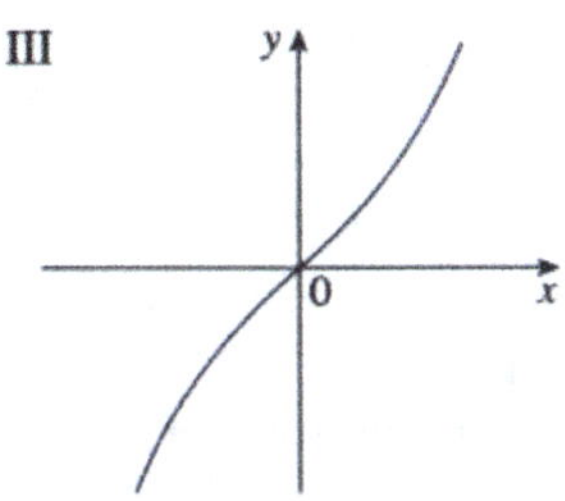

IV

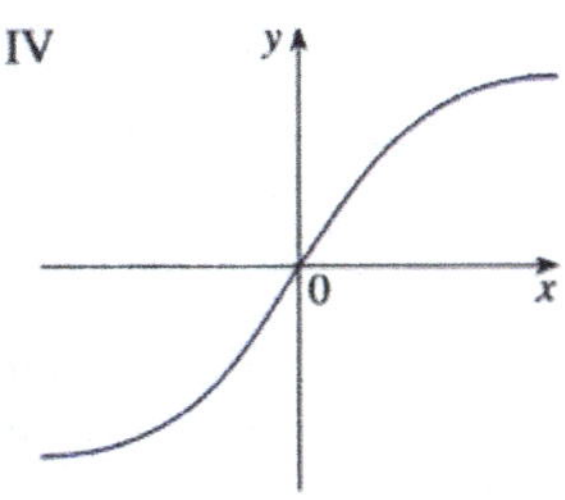

14. Suponga que se sirve una taza de café recién preparado con temperatura de 95 °C en una habitación donde la temperatura es de 20 °C.

(a) ¿Cuándo considera que el café se enfría con más rapidez? ¿Qué sucede con la rapidez de enfriamiento conforme pasa el tiempo? Explique.

(b) La ley de enfriamiento, de Newton, establece que la rapidez de enfriamiento de un objeto es proporcional a la diferencia de temperatura entre el objeto y el medio ambiente, siempre que esta diferencia no sea muy grande. Escriba una ecuación diferencial que exprese la ley de enfriamiento para esta situación particular. ¿Cuál es la condición inicial? En vista de su respuesta al inciso (a), ¿considera que esta ecuación diferencial es un modelo apropiado para el enfriamiento?

(c) Realice un trazo aproximado de la gráfica de la solución del problema con valores iniciales del inciso (b).

15. Los psicólogos interesados en la teoría del aprendizaje estudian **curvas de aprendizaje**. Una curva de aprendizaje es la gráfica de una función $P(t)$, el desempeño de alguien que aprende una habilidad como una función del tiempo de capacitación t. La derivada dP/dt representa la rapidez a la que mejora el desempeño.

(a) ¿Cuándo considera que P se incrementa con más rapidez? ¿Qué sucede con dP/dt cuando t crece? Explique.

(b) Si M es el nivel máximo de desempeño del cual es capaz el alumno, explique por qué la ecuación diferencial

$$\frac{dP}{dt} = k(M - P) \qquad k \text{ es una constante positiva}$$

es un modelo razonable para el aprendizaje.

(c) Realice una gráfica aproximada de una posible solución de esta ecuación diferencial.

16. La ecuación de von Bertalanffy indica que la razón de crecimiento de la longitud de un pez determinado es proporcional a la diferencia entre la actual longitud L y la longitud asintótica L_∞ (en centímetros).

(a) Escriba una ecuación diferencial que exprese esta idea.

(b) Haga un trazo aproximado de la gráfica de una solución de un problema de valor inicial representativo para esta ecuación diferencial.

17. Las ecuaciones diferenciales se han utilizado ampliamente en el estudio de la disolución del fármaco para pacientes que recibieron medicamentos orales. Una de estas ecuaciones es la ecuación de Weibull para la concentración $c(t)$ del fármaco:

$$\frac{dc}{dt} = \frac{k}{t^b}(c_s - c)$$

donde k y c_s son constantes positivas y $0 < b < 1$. Verifique que

$$c(t) = c_s\left(1 - e^{-\alpha t^{1-b}}\right)$$

es una solución de la ecuación de Weibull para $t > 0$, donde $\alpha = k/(1 - b)$. ¿Cuál es la ecuación diferencial que nos indica cómo se produce la disolución del fármaco?

9.2 Campos direccionales y método de Euler

Desafortunadamente, es imposible resolver la mayoría de las ecuaciones diferenciales en términos de una fórmula explícita para la solución. En esta sección se muestra que, a pesar de la ausencia de una solución explícita, aún se puede aprender mucho acerca de la solución por un método gráfico (campos direccionales) o método numérico (método de Euler).

Campos direccionales

Suponga que se le pide trazar la gráfica de la solución del problema con valores iniciales

$$y' = x + y \qquad y(0) = 1$$

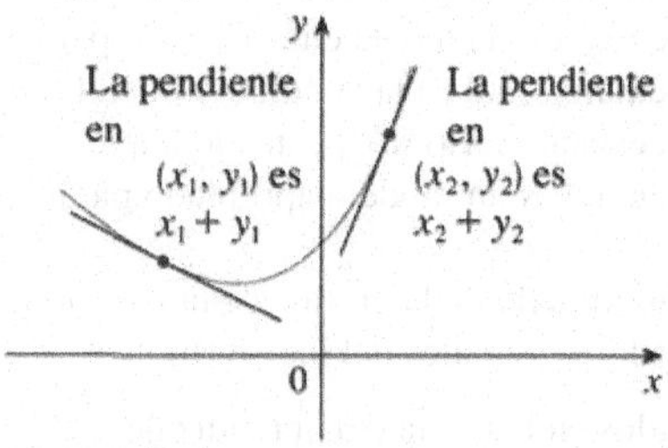

FIGURA 1
Una solución de $y' = x + y$

No se conoce una fórmula para la solución, por lo que ¿cómo puede trazar su gráfica? Considere lo que significa la ecuación diferencial. La ecuación $y' = x + y$ indica que la pendiente en cualquier punto (x, y) sobre la gráfica (llamada *curva solución*) es igual a la suma de las coordenadas x y y del punto (véase la figura 1). En particular, debido a que la curva pasa por el punto $(0, 1)$, su pendiente ahí debe ser $0 + 1 = 1$. Por lo que una pequeña parte de la curva solución cerca del punto $(0, 1)$ tiene la apariencia de un corto segmento de recta que pasa por $(0, 1)$ con pendiente 1 (véase la figura 2).

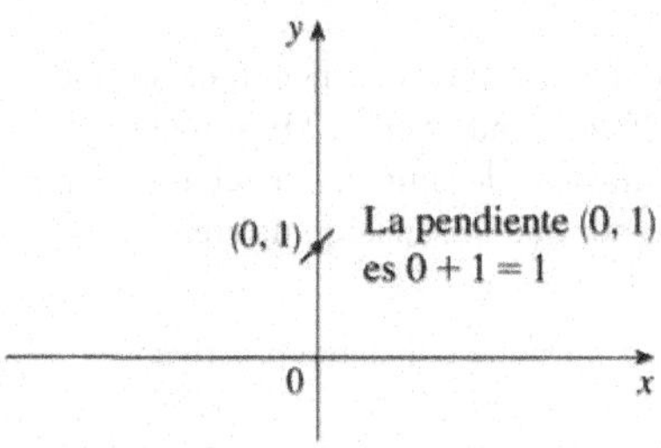

FIGURA 2
Comienzo de la curva solución que pasa por $(0, 1)$

Como una guía para trazar el resto de la curva, se dibujan segmentos de recta cortos en varios puntos (x, y) con pendiente $x + y$. El resultado se llama *campo direccional* y se muestra en la figura 3. Por ejemplo, el segmento de recta en el punto $(1, 2)$ tiene pendiente $1 + 2 = 3$. El campo direccional permite ver la forma general de las curvas solución indicando la dirección en que proceden las curvas en cada punto.

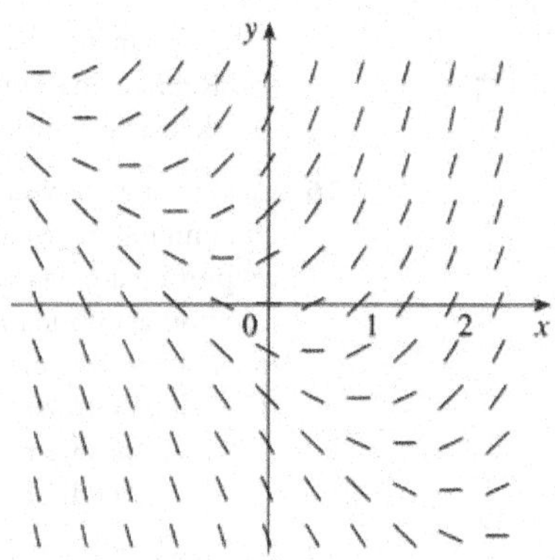

FIGURA 3
Campo direccional para $y' = x + y$

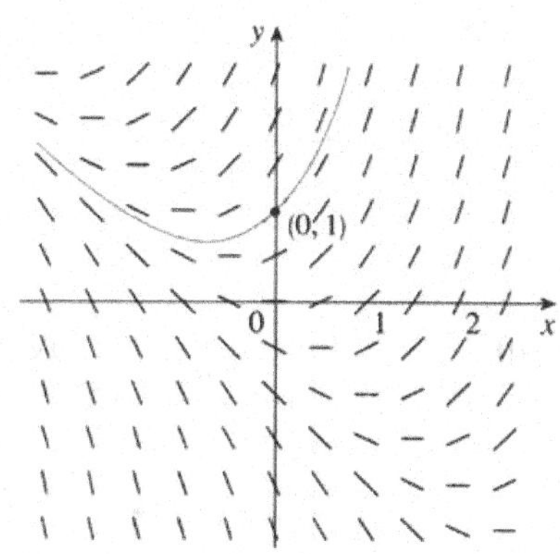

FIGURA 4
Curva solución que pasa por $(0, 1)$

TEC En Module 9.2A se muestran los campos direccionales y las curvas solución de diferentes ecuaciones diferenciales.

Ahora se puede trazar la curva solución a través del punto $(0, 1)$ siguiendo el campo direccional como en la figura 4. Observe que se ha dibujado la curva para que sea paralela a segmentos de recta cercanos.

En general, suponga que se tiene una ecuación diferencial de primer orden de la forma

$$y' = F(x, y)$$

donde $F(x, y)$ es alguna expresión en x y y. La ecuación diferencial dice que la pendiente de una curva solución en un punto (x, y) sobre la curva es $F(x, y)$. Si se dibujan segmentos cortos de recta con pendiente $F(x, y)$ en varios puntos (x, y), el resultado se llama **campo direccional** (o **campo de pendientes**). Estos segmentos de recta indican la dirección en que apunta una curva solución, por lo que el campo direccional ayuda a ver la forma general de estas curvas.

EJEMPLO 1

(a) Trace el campo direccional para la ecuación diferencial $y' = x^2 + y^2 - 1$.
(b) Use el inciso (a) para trazar la curva solución que pasa por el origen.

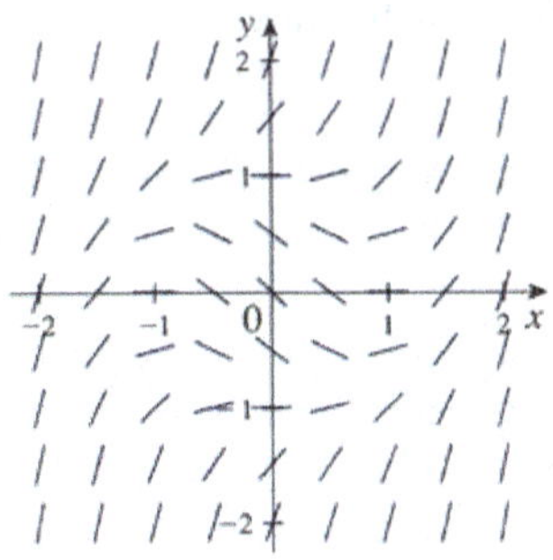

FIGURA 5

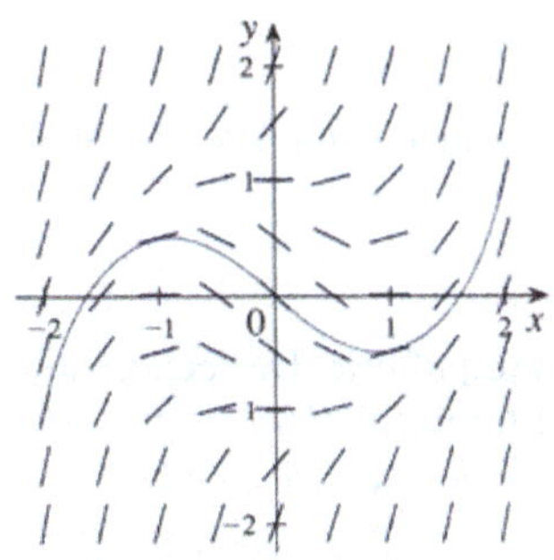

FIGURA 6

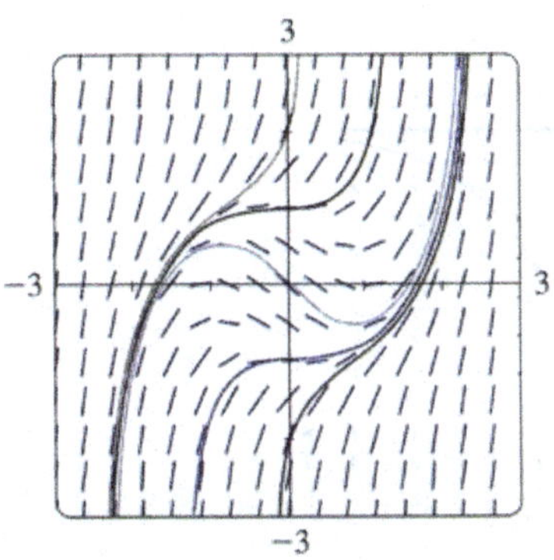

FIGURA 7

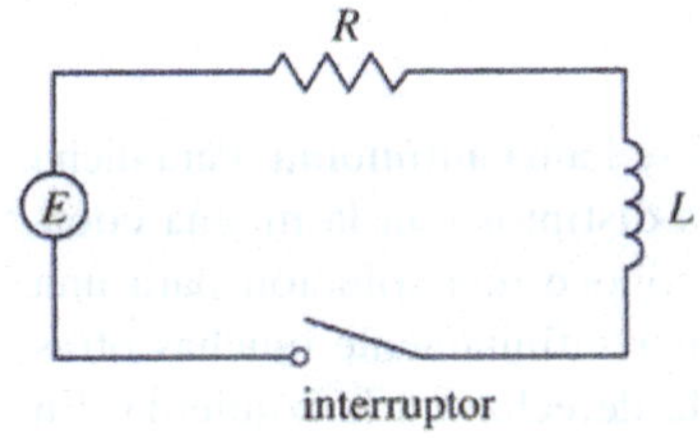

FIGURA 8

SOLUCIÓN

(a) Se empieza por calcular la pendiente en varios puntos en la tabla siguiente:

x	-2	-1	0	1	2	-2	-1	0	1	2	...
y	0	0	0	0	0	1	1	1	1	1	...
$y' = x^2 + y^2 - 1$	3	0	-1	0	3	4	1	0	1	4	...

Ahora se dibujan segmentos de recta cortos con estas pendientes en estos puntos. El resultado es el campo direccional de la figura 5.

(b) Empiece en el origen y muévase a la derecha en la dirección del segmento de recta (cuya pendiente es -1). Continúe con el trazo de la curva solución para que se mueva paralela a los segmentos de recta cercanos. La curva solución resultante se muestra en la figura 6. Volviendo al origen, se traza también la curva solución a la izquierda. ■

Mientras más segmentos de recta se dibujen en un campo direccional, más clara se vuelve la ilustración. Por supuesto, es tedioso calcular pendientes y dibujar segmentos de recta para un enorme número de puntos a mano, pero las calculadoras son muy adecuadas para esta tarea. En la figura 7 se muestra un campo direccional más detallado trazado por computadora para la ecuación diferencial del ejemplo 1, que permite trazar, con razonable exactitud, las curvas solución que se muestran en la figura 8 con intersecciones en y: -2, -1, 0, 1 y 2.

Ahora observará cómo los campos direccionales dan una idea de las situaciones físicas. El circuito eléctrico simple que se muestra en la figura 8 contiene una fuerza electromotriz (por lo común una batería o generador) que produce un voltaje de $E(t)$ volts (V) y una corriente de $I(t)$ amperes (A) en el tiempo t. El circuito también contiene un resistor con una resistencia de R ohms (Ω) y un inductor con una inductancia de L henrys (H).

La ley de Ohm da la caída de voltaje debida al resistor como RI. La caída de voltaje debida al inductor es $L(dI/dt)$. Una de las leyes de Kirchhoff dice que la suma de las caídas de voltaje es igual al voltaje suministrado $E(t)$. Por lo que se tiene

$$\boxed{1} \qquad L\frac{dI}{dt} + RI = E(t)$$

que es una ecuación diferencial de primer orden que modela la corriente I en el tiempo t.

EJEMPLO 2 Considere que en el circuito simple de la figura 8 la resistencia es 12 Ω, la inductancia es 4 H y la batería da un voltaje constante de 60 V.

(a) Dibuje un campo direccional para la ecuación 1 con estos valores.
(b) ¿Qué se puede decir acerca del valor límite de la corriente?
(c) Identifique las soluciones de equilibrio.
(d) Si el interruptor está cerrado cuando $t = 0$ por lo que la corriente empieza con $I(0) = 0$, use el campo direccional para trazar la curva solución.

SOLUCIÓN

(a) Si se sustituye $L = 4$, $R = 12$ y $E(t) = 60$ en la ecuación 1, se obtiene

$$4\frac{dI}{dt} + 12I = 60 \qquad \text{o} \qquad \frac{dI}{dt} = 15 - 3I$$

El campo direccional para esta ecuación diferencial se muestra en la figura 9.

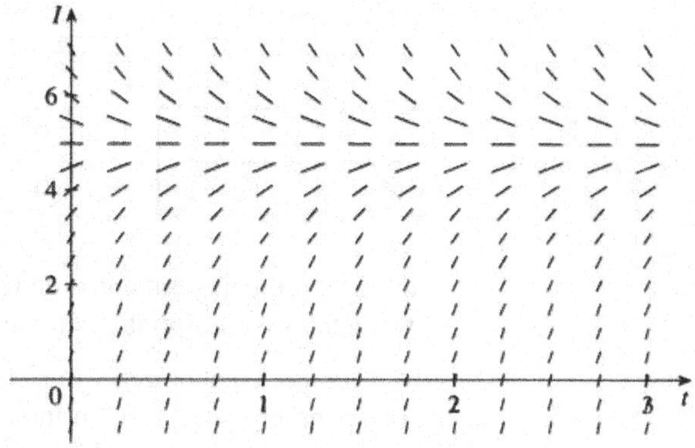

FIGURA 9

(b) Del campo direccional parece que las soluciones se aproximan al valor 5 A, es decir,

$$\lim_{t \to \infty} I(t) = 5$$

(c) Pareciera que la función constante $I(t) = 5$ es una solución de equilibrio. De hecho, esto se puede comprobar de manera directa a partir de la ecuación diferencial $dI/dt = 15 - 3I$. Si $I(t) = 5$, entonces el lado izquierdo es $dI/dt = 0$ y el lado derecho es $15 - 3(5) = 0$.

(d) Se usa el campo direccional para trazar la curva solución que pasa por (0, 0), como se muestra en la primera curva, desde la izquierda, en la figura 10.

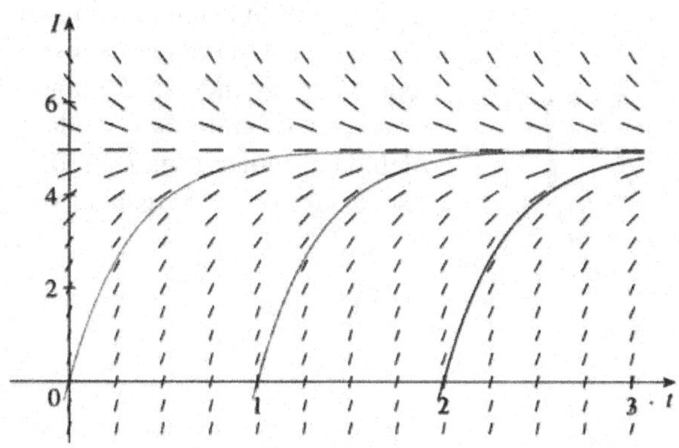

FIGURA 10

■

Observe en la figura 9 que los segmentos de recta a lo largo de cualquier recta horizontal son paralelos. Eso es porque la variable independiente t no aparece del lado derecho de la ecuación $I' = 15 - 3I$. En general, una ecuación diferencial de la forma

$$y' = f(y)$$

en la que falta la variable independiente en el lado derecho se llama **autónoma**. Para dicha ecuación, las pendientes correspondientes a dos puntos distintos con la misma coordenada y deben ser iguales. Esto significa que, si se conoce una solución para una ecuación diferencial autónoma, entonces se puede obtener infinitamente muchas otras desplazando solo la gráfica de la ecuación conocida a la derecha o a la izquierda. En la figura 10 se muestran las soluciones que resultan de desplazar la curva solución del ejemplo 2 una o dos unidades de tiempo (a saber, segundos) a la derecha. Corresponden a cerrar el interruptor cuando $t = 1$ o $t = 2$.

Método de Euler

La idea básica detrás de los campos direccionales se puede usar para encontrar aproximaciones numéricas a soluciones de ecuaciones diferenciales. Se muestra el método en el problema con valor inicial que se empleó para introducir campos direccionales:

$$y' = x + y \qquad y(0) = 1$$

La ecuación diferencial dice que $y'(0) = 0 + 1 = 1$, por lo que la curva solución en el punto $(0, 1)$ tiene pendiente 1. Como una primera aproximación a la solución se podría usar la aproximación lineal $L(x) = x + 1$. En otras palabras, se podría usar la recta tangente en $(0, 1)$ como aproximación a la curva solución (véase la figura 11).

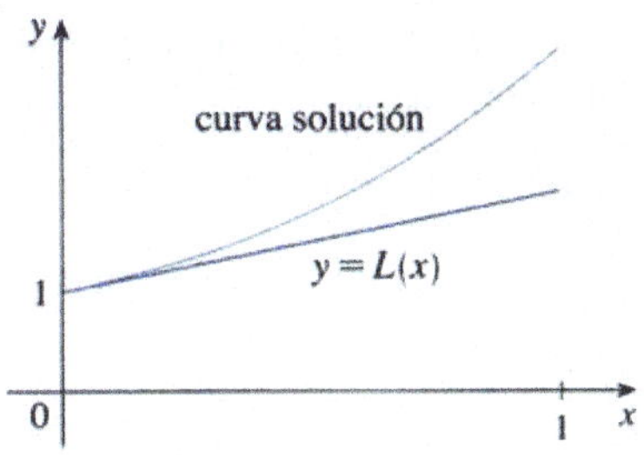

FIGURA 11
Primera aproximación de Euler

La idea de Euler era mejorar esta aproximación siguiendo solo una corta distancia a lo largo de esta recta tangente y luego hacer una corrección a mitad de curso cambiando la dirección como indica el campo direccional. En la figura 12 se muestra lo que sucede si se comienza a lo largo de la recta tangente pero se detiene cuando $x = 0.5$. (Esta distancia horizontal recorrida se llama *tamaño de paso.*) Ya que $L(0.5) = 1.5$, se tiene $y(0.5) \approx 1.5$ y se toma $(0.5, 1.5)$ como el punto de partida para un nuevo segmento de recta. La ecuación diferencial indica que $y'(0.5) = 0.5 + 1.5 = 2$, por lo que se usa la función lineal

$$y = 1.5 + 2(x - 0.5) = 2x + 0.5$$

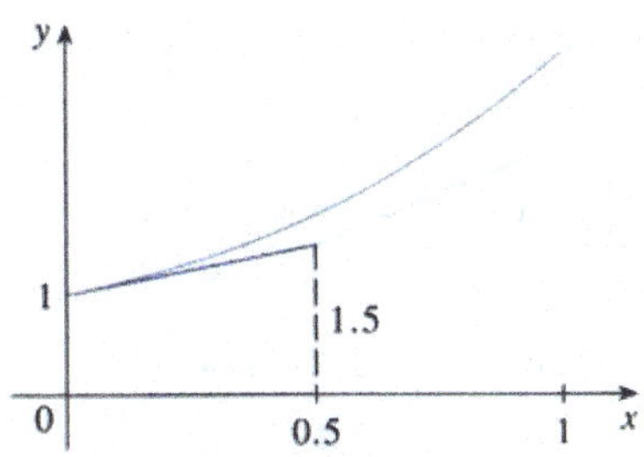

FIGURA 12
Aproximación de Euler con tamaño de paso 0.5

como una aproximación a la solución para $x > 0.5$ (el segmento más claro en la figura 12). Si se reduce el tamaño de paso de 0.5 a 0.25, se obtiene una mejor aproximación de Euler, como se muestra en la figura 13.

En general, el método de Euler propone empezar en el punto dado por el valor inicial y avanzar en la dirección indicada por el campo direccional. Deténgase después de un corto tiempo, examine la pendiente en la nueva ubicación y avance en esta dirección. Continúe deteniéndose y cambiando la dirección de acuerdo con el campo direccional. El método de Euler no produce la solución exacta para un problema con valor inicial, da aproximaciones. Pero al disminuir el tamaño de paso (y por tanto al incrementar el número de las correcciones intermedias), se obtienen aproximaciones cada vez mejores a la solución exacta. (Compare las figuras 11, 12 y 13.)

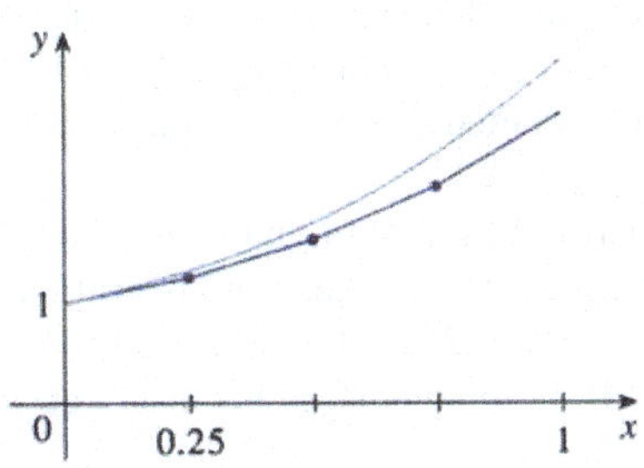

FIGURA 13
Aproximación de Euler con tamaño de paso 0.25

Para el problema general con valores iniciales de primer orden $y' = F(x, y)$, $y(x_0) = y_0$, nuestro objetivo es encontrar valores aproximados para la solución en números igualmente espaciados x_0, $x_1 = x_0 + h$, $x_2 = x_1 + h$,..., donde h es el tamaño de paso. La ecuación diferencial nos dice que la pendiente en (x_0, y_0) es $y' = F(x_0, y_0)$, por lo que la figura 14 muestra que el valor aproximado de la solución cuando $x = x_1$ es

$$y_1 = y_0 + hF(x_0, y_0)$$

De manera similar, $\qquad y_2 = y_1 + hF(x_1, y_1)$

En general, $\qquad y_n = y_{n-1} + hF(x_{n-1}, y_{n-1})$

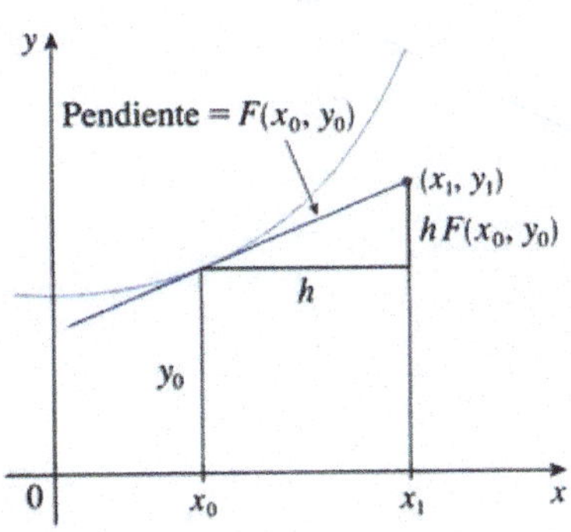

FIGURA 14

> **Método de Euler** Los valores aproximados para la solución del problema con valor inicial $y' = F(x, y)$, $y(x_0) = y_0$, con tamaño de paso h, en $x_n = x_{n-1} + h$, son
>
> $$y_n = y_{n-1} + hF(x_{n-1}, y_{n-1}) \qquad n = 1, 2, 3, \ldots$$

EJEMPLO 3 Use el método de Euler con tamaño de paso 0.1 para construir una tabla de valores aproximados de la solución del problema con valor inicial

$$y' = x + y \qquad y(0) = 1$$

SOLUCIÓN Se tiene que $h = 0.1$, $x_0 = 0$, $y_0 = 1$ y $F(x, y) = x + y$. Por lo que se tiene

$$y_1 = y_0 + hF(x_0, y_0) = 1 + 0.1(0 + 1) = 1.1$$

$$y_2 = y_1 + hF(x_1, y_1) = 1.1 + 0.1(0.1 + 1.1) = 1.22$$

$$y_3 = y_2 + hF(x_2, y_2) = 1.22 + 0.1(0.2 + 1.22) = 1.362$$

Esto significa que si $y(x)$ es la solución exacta, entonces $y(0.3) \approx 1.362$.

Procediendo con cálculos similares, se obtienen los valores de la tabla:

Los paquetes de software que producen soluciones numéricas a ecuaciones diferenciales son refinaciones del método de Euler. Aunque el método de Euler es simple y no es preciso, se trata de la idea básica en la cual se cimentan métodos más precisos.

n	x_n	y_n	n	x_n	y_n
1	0.1	1.100000	6	0.6	1.943122
2	0.2	1.220000	7	0.7	2.197434
3	0.3	1.362000	8	0.8	2.487178
4	0.4	1.528200	9	0.9	2.815895
5	0.5	1.721020	10	1.0	3.187485

■

Para una tabla más exacta de valores del ejemplo 3, podría disminuirse el tamaño de paso. Pero para un gran número de pasos pequeños, la cantidad de cálculos es considerable y, por tanto, se requiere programar una calculadora o computadora para realizarlos. En la tabla siguiente se muestran los resultados de aplicar el método de Euler con tamaño de paso decreciente al problema con valor inicial del ejemplo 3.

TEC Module 9.2B muestra cómo funciona el método de Euler desde el punto de vista numérico y visual para diversas ecuaciones diferenciales y tamaños de paso.

Observe que las estimaciones de Euler en la tabla parecen estar tendiendo a un límite, a saber, los valores verdaderos de $y(0.5)$ y $y(1)$. En la figura 15 se muestran las gráficas de las aproximaciones de Euler con tamaños de paso 0.5, 0.25, 0.1, 0.05, 0.02, 0.01 y 0.005. Cuando el tamaño de paso h se aproxima a 0, la tendencia es hacia la curva solución exacta.

Tamaño de paso	Estimación de Euler de $y(0.5)$	Estimación de Euler de $y(1)$
0.500	1.500000	2.500000
0.250	1.625000	2.882813
0.100	1.721020	3.187485
0.050	1.757789	3.306595
0.020	1.781212	3.383176
0.010	1.789264	3.409628
0.005	1.793337	3.423034
0.001	1.796619	3.433848

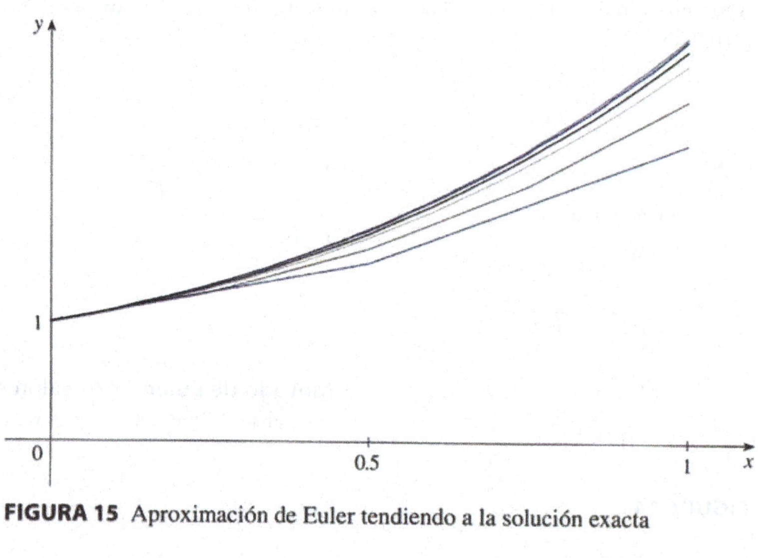

FIGURA 15 Aproximación de Euler tendiendo a la solución exacta

Euler

Leonhard Euler (1707-1783) fue el principal matemático de mediados del siglo XVIII y el más prolífico de todos los tiempos. Nació en Suiza pero pasó casi toda su carrera en las academias de ciencias apoyadas por Catalina la Grande en San Petersburgo y Federico el Grande en Berlín. Las contribuciones de Euler llenan cerca de 100 volúmenes grandes. Como dijo el físico francés Arago, "Euler calculaba sin esfuerzo aparente como los hombres respiran o como las águilas se sostienen en el aire". Los cálculos y escritos de Euler no disminuyeron por cuidar de sus 13 hijos ni estar totalmente ciego los últimos 17 años de su vida. De hecho, ya ciego, dictaba sus descubrimientos a sus ayudantes gracias a su prodigiosa memoria e imaginación. Sus tratados de cálculo y de casi todos los otros temas de matemáticas se convirtieron en la guía para la instrucción en matemáticas, y la ecuación $e^{i\pi} + 1 = 0$ que él descubrió reúne los cinco números más famosos de todas las matemáticas.

EJEMPLO 4 En el ejemplo 2 se examinó un circuito eléctrico simple con resistencia de 12 Ω, inductancia de 4 H y una batería con voltaje de 60 V. Si el interruptor está cerrado cuando $t = 0$, se modeló la corriente I en el tiempo t mediante el problema con valor inicial

$$\frac{dI}{dt} = 15 - 3I \qquad I(0) = 0$$

Estime la corriente en el circuito medio segundo después de que se cierra el interruptor.

SOLUCIÓN Use el método de Euler con $F(t, I) = 15 - 3I$, $t_0 = 0$, $I_0 = 0$ y tamaño de paso $h = 0.1$ segundo:

$$I_1 = 0 + 0.1(15 - 3 \cdot 0) = 1.5$$

$$I_2 = 1.5 + 0.1(15 - 3 \cdot 1.5) = 2.55$$

$$I_3 = 2.55 + 0.1(15 - 3 \cdot 2.55) = 3.285$$

$$I_4 = 3.285 + 0.1(15 - 3 \cdot 3.285) = 3.7995$$

$$I_5 = 3.7995 + 0.1(15 - 3 \cdot 3.7995) = 4.15965$$

Por lo que la corriente después de 0.5 s es

$$I(0.5) \approx 4.16 \text{ A}$$

■

9.2 EJERCICIOS

1. Se muestra un campo direccional para la ecuación diferencial $y' = x \cos \pi y$.

(a) Trace las gráficas de las soluciones que satisfacen las condiciones iniciales dadas.

(i) $y(0) = 0$ (ii) $y(0) = 0.5$

(iii) $y(0) = 1$ (iv) $y(0) = 1.6$

(b) Encuentre todas las soluciones de equilibrio.

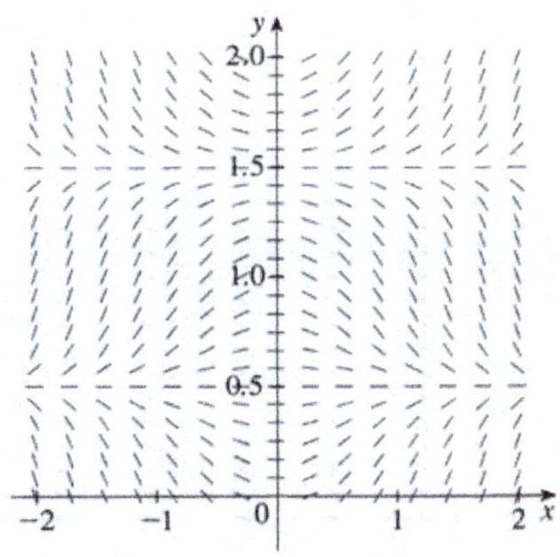

2 Se muestra un campo direccional para la ecuación diferencial $y' = \tan\left(\frac{1}{2}\pi y\right)$

(a) Trace las gráficas de las soluciones que satisfacen las condiciones iniciales dadas.

(i) $y(0) = 1$ (ii) $y(0) = 0.2$

(iii) $y(0) = 2$ (iv) $y(1) = 3$

(b) Encuentre todas las soluciones de equilibrio.

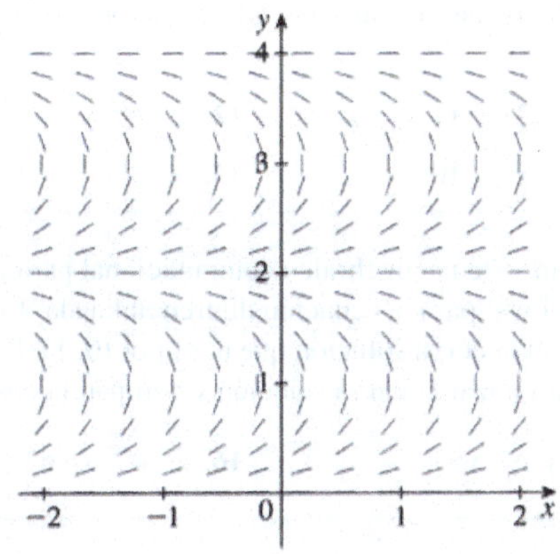

3-6 Relacione cada ecuación diferencial con su campo direccional (marcado I-IV). Dé razones para su respuesta.

3. $y' = 2 - y$ **4.** $y' = x(2 - y)$

5. $y' = x + y - 1$ **6.** $y' = \sin x \text{ sen } y$

I
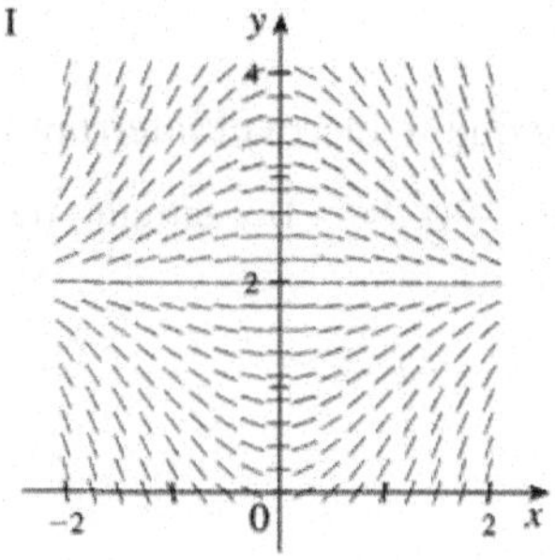

II
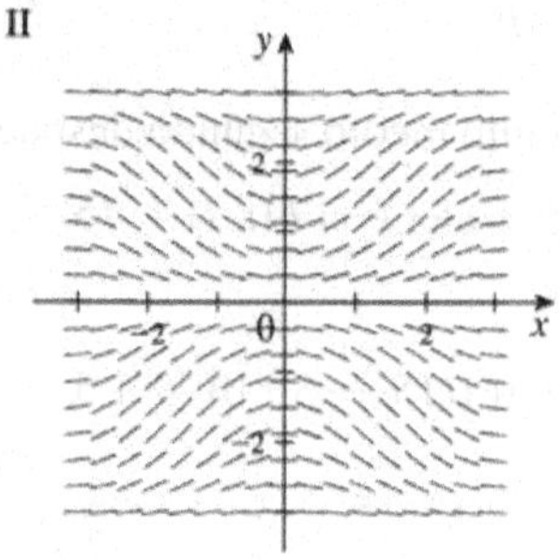

III
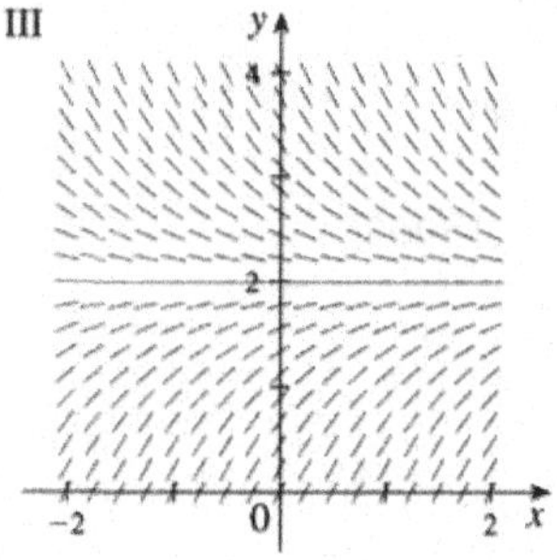

IV
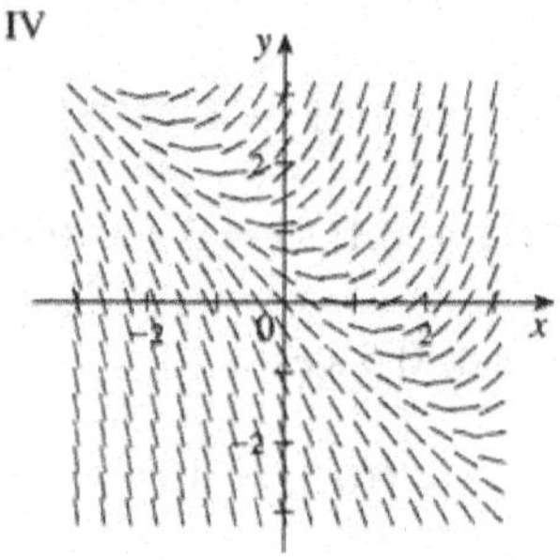

7. Use el campo direccional marcado con I (arriba) para trazar las gráficas de las soluciones que satisfacen las condiciones iniciales dadas.

(a) $y(0) = 1$ (b) $y(0) = 2.5$ (c) $y(0) = 3.5$

8. Utilice el campo direccional marcado con III (de arriba) para trazar las gráficas de las soluciones que satisfacen las condiciones iniciales que se proporcionan.

(a) $y(0) = 1$ (b) $y(0) = 2.5$ (c) $y(0) = 3.5$

9-10 Trace un campo direccional para la ecuación diferencial. Después úselo para trazar tres curvas solución.

9. $y' = \frac{1}{2}y$ **10.** $y' = x - y + 1$

11-14 Trace el campo direccional de la ecuación diferencial. Después utilícelo para trazar una curva solución que pasa por el punto dado.

11. $y' = y - 2x$, $(1, 0)$ **12.** $y' = xy - x^2$, $(0, 1)$

13. $y' = y + xy$, $(0, 1)$ **14.** $y' = x + y^2$, $(0, 0)$

SAC **15-16** Use un sistema algebraico computacional para trazar un campo direccional para la ecuación diferencial dada. Imprímalo y trace sobre él la curva solución que pasa por (0, 1). Después use el SAC para trazar la curva solución y compárela con su trazo.

15. $y' = x^2 y - \frac{1}{2}y^2$ **16.** $y' = \cos(x + y)$

SAC **17.** Use un sistema algebraico computacional para trazar un campo direccional para la ecuación diferencial $y' = y^3 - 4y$. Imprímalo y trace sobre él soluciones que satisfacen la condición inicial $y(0) = c$ para varios valores de c. ¿Para qué valores de c existe $\lim_{t\to\infty} y(t)$? ¿Cuáles son los posibles valores para este límite?

18. Trace una gráfica aproximada de un campo direccional para la ecuación diferencial autónoma $y' = f(y)$, donde la gráfica de f es como se muestra. ¿Cómo depende el comportamiento límite de las soluciones del valor de $y(0)$?

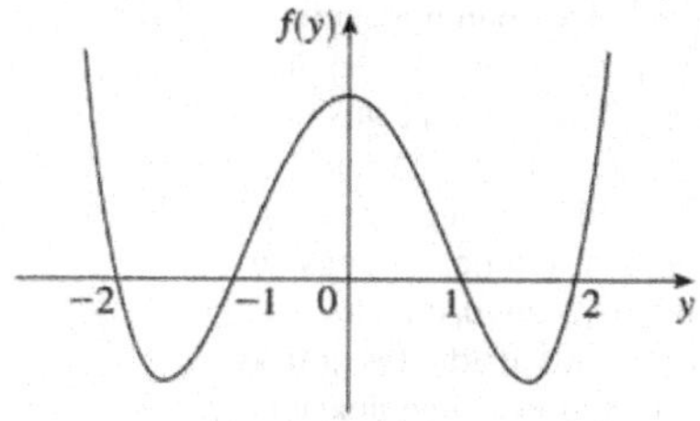

19. (a) Use el método de Euler con cada uno de los tamaños de paso para estimar el valor de $y(0.4)$, donde y es la solución del problema con valores iniciales $y' = y$, $y(0) = 1$.

(i) $h = 0.4$ (ii) $h = 0.2$ (iii) $h = 0.1$

(b) Se sabe que la solución exacta del problema con valores iniciales del inciso (a) es $y = e^x$. Trace, de la manera más exacta posible, la gráfica de $y = e^x$, $0 \leq x \leq 0.4$, junto con las aproximaciones de Euler usando el tamaño de paso del inciso (a). (Sus trazos deben parecerse a las figuras 11, 12 y 13.) Use sus trazos para decidir si sus estimaciones del inciso (a) son subestimaciones o sobreestimaciones.

(c) El error en el método de Euler es la diferencia entre el valor exacto y el valor aproximado. Encuentre los errores cometidos en el inciso (a) al usar el método de Euler para estimar el valor verdadero de $y(0.4)$, es decir, $e^{0.4}$. ¿Qué sucede con el tamaño del error cada vez que el tamaño de paso se reduce a la mitad?

20. Se muestra un campo direccional para una ecuación diferencial. Dibuje, con una regla, las gráficas de las aproximaciones de Euler a la curva solución que pasa por el origen. Use tamaños de paso $h = 1$ y $h = 0.5$. ¿Las estimaciones de Euler serán subestimaciones o sobreestimaciones? Explique.

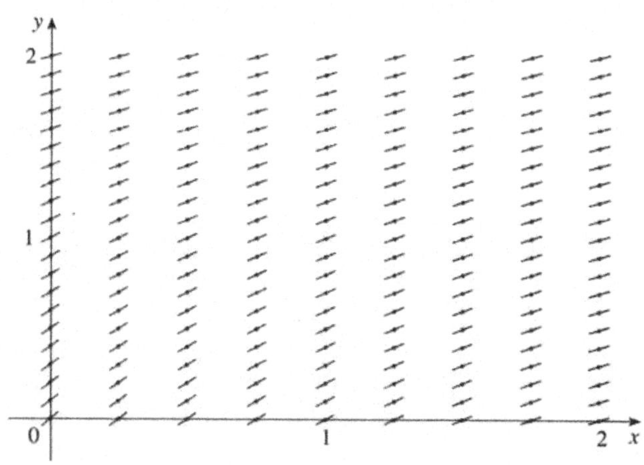

21. Use el método de Euler con tamaño de paso 0.2 para estimar $y(1)$, donde $y(x)$ es la solución del problema con valores iniciales $y' = 1 - xy$, $y(0) = 0$.

22. Use el método de Euler con tamaño de paso 0.2 para estimar $y(1)$, donde $y(x)$ es la solución del problema con valores iniciales $y' = x^2y - \frac{1}{2}y^2$, $y(0) = 1$.

23. (a) Use el método de Euler con tamaño de paso 0.2 para estimar $y(0.4)$, donde $y(x)$ es la solución del problema con valores iniciales $y' = x + y^2$, $y(0) = 0$.
(b) Repita el inciso (a) con tamaño de paso 0.1.

24. (a) Use el método de Euler con tamaño de paso 0.2 para estimar $y(0.6)$, donde $y(x)$ es la solución del problema con valores iniciales $y' = \cos(x + y)$, $y(0) = 0$.
(b) Repita el inciso (a) con tamaño de paso 0.1.

25. (a) Programe una calculadora o computadora para usar el método de Euler para calcular $y(1)$, donde $y(x)$ es la solución del problema con valores iniciales

$$\frac{dy}{dx} + 3x^2y = 6x^2 \qquad y(0) = 3$$

(i) $h = 1$ (ii) $h = 0.1$
(iii) $h = 0.01$ (iv) $h = 0.001$

(b) Compruebe que $y = 2 + e^{-x^3}$ es la solución exacta de la ecuación diferencial.
(c) Encuentre los errores de usar el método de Euler para calcular $y(1)$ con los tamaños de paso del inciso (a). ¿Qué sucede con el error cuando se divide entre 10 el tamaño de paso?

26. (a) Programe un sistema algebraico computacional, usando el método de Euler con tamaño de paso 0.01, para calcular $y(2)$, donde y es la solución del problema con valor inicial

$$y' = x^3 - y^3 \qquad y(0) = 1$$

(b) Compruebe su trabajo usando el SAC para dibujar la curva solución.

27. En la figura se muestra un circuito que contiene una fuerza electromotriz, un capacitor con una capacitancia de C farads (F) y un resistor con una resistencia de R ohms (Ω). La caída de voltaje en el capacitor es Q/C, donde Q es la carga (en coulombs, C), por lo que en este caso la ley de Kirchhoff da

$$RI + \frac{Q}{C} = E(t)$$

Pero $I = dQ/dt$, por lo que se tiene

$$R\frac{dQ}{dt} + \frac{1}{C}Q = E(t)$$

Suponga que la resistencia es 5 Ω, la capacitancia es 0.05 F y la batería da un voltaje constante de 60 V.
(a) Dibuje un campo direccional para esta ecuación diferencial.
(b) ¿Cuál es el valor límite de la carga?
(c) ¿Hay una solución de equilibrio?
(d) Si la carga inicial es $Q(0) = 0$ C, use el campo direccional para trazar la curva solución.
(e) Si la carga inicial es $Q(0) = 0$ C, use el método de Euler con tamaño de paso 0.1 para estimar la carga después de medio segundo.

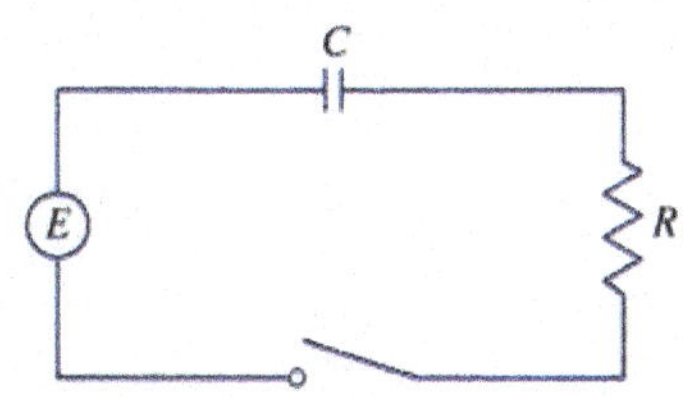

28. En el ejercicio 9.1.14 se considera una taza de café a 95 °C en una habitación a 20 °C. Suponga que sabe que el café se enfría a razón de 1 °C por minuto cuando su temperatura es de 70 °C.
(a) ¿Cuál es la ecuación diferencial en este caso?
(b) Trace un campo direccional y utilícelo para trazar la curva de solución para el problema de valor inicial. ¿Cuál es el valor límite de la temperatura?
(c) Use un método de Euler con el paso del tamaño $h = 2$ minutos para estimar la temperatura del café después de 10 minutos.

9.3 Ecuaciones separables

Se han considerado ecuaciones diferenciales de primer orden desde un punto de vista geométrico (campos direccionales) y desde un punto de vista numérico (método de Euler). ¿Qué hay acerca del punto de vista simbólico? Sería bueno tener una fórmula explícita para una solución de una ecuación diferencial. Desafortunadamente, eso no siempre es posible. Pero en esta sección se examina cierto tipo de ecuación diferencial que se *puede* resolver de manera explícita.

Una **ecuación separable** es una ecuación diferencial de primer orden en que la expresión para dy/dx se puede factorizar como una función de x por una función de y. En otras palabras, se puede escribir en la forma

$$\frac{dy}{dx} = g(x)f(y)$$

El nombre *separable* viene del hecho de que la expresión del lado derecho se puede "separar" en una función de x y una función de y.

De manera equivalente, si $f(y) \neq 0$, se podría escribir

$$\boxed{1} \qquad \frac{dy}{dx} = \frac{g(x)}{h(y)}$$

donde $h(y) = 1/f(y)$. Para resolver esta ecuación se reescribe en la forma diferencial

$$h(y)\,dy = g(x)\,dx$$

La técnica para resolver ecuaciones diferenciales separables fue utilizada primero por James Bernoulli (en 1690) para resolver un problema de péndulos y por Leibniz (en una carta a Huygens en 1691). John Bernoulli explicó el método general en un documento publicado en 1694.

por lo que las y están de un lado de la ecuación y las x están del otro lado. Después se integran ambos lados de la ecuación:

$$\boxed{2} \qquad \int h(y)\,dy = \int g(x)\,dx$$

La ecuación 2 define y implícitamente como una función de x. En algunos casos se podría resolver para y en términos de x.

Se emplea la regla de la cadena para justificar este procedimiento: si h y g satisfacen (2), entonces

$$\frac{d}{dx}\left(\int h(y)\,dy\right) = \frac{d}{dx}\left(\int g(x)\,dx\right)$$

por tanto, $$\frac{d}{dy}\left(\int h(y)\,dy\right)\frac{dy}{dx} = g(x)$$

y $$h(y)\,\frac{dy}{dx} = g(x)$$

Por lo que se satisface la ecuación 1.

EJEMPLO 1

(a) Resuelva la ecuación diferencial $\dfrac{dy}{dx} = \dfrac{x^2}{y^2}$.

(b) Encuentre la solución de esta ecuación que satisface la condición inicial $y(0) = 2$.

SOLUCIÓN

(a) Se expresa la ecuación en términos de diferenciales y se integran ambos lados:

La figura 1 muestra las gráficas de varios miembros de la familia de soluciones de la ecuación diferencial del ejemplo 1. La solución del problema de valor inicial del inciso (b) corresponde a la segunda curva desde la izquierda.

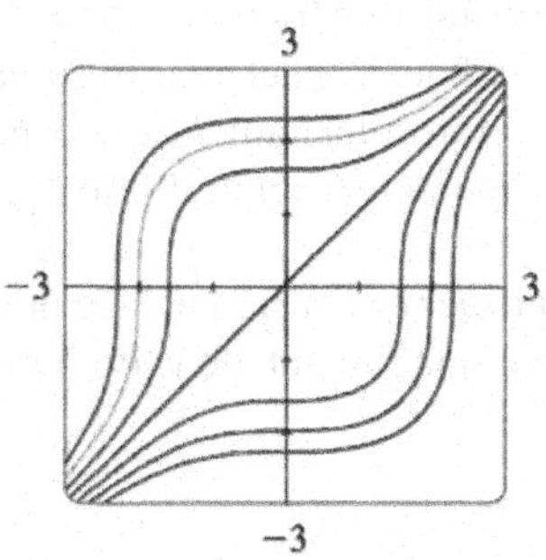

$$y^2 dy = x^2 dx$$

$$\int y^2 dy = \int x^2 dx$$

$$\tfrac{1}{3}y^3 = \tfrac{1}{3}x^3 + C$$

donde C es una constante arbitraria. (Se podría haber usado una constante C_1 del lado izquierdo y otra constante C_2 del lado derecho. Pero luego se combinan estas dos constantes al escribir $C = C_2 - C_1$.)

Al despejar y, se obtiene

$$y = \sqrt[3]{x^3 + 3C}$$

Se podría dejar la solución de esta manera o se podría escribir en la forma

$$y = \sqrt[3]{x^3 + K}$$

donde $K = 3C$. (Ya que C es una constante arbitraria, K también lo es.)

(b) Si $x = 0$ en la solución general del inciso (a), se obtiene $y(0) = \sqrt[3]{K}$. Para satisfacer la condición inicial $y(0) = 2$, se debe tener $\sqrt[3]{K} = 2$, por tanto, $K = 8$. Por lo que la solución del problema con valores iniciales es

$$y = \sqrt[3]{x^3 + 8}$$ ■

Algunos sistemas algebraicos computacionales grafican curvas definidas por ecuaciones implícitas. En la figura 2 se muestran las gráficas de varios miembros de la familia de soluciones de la ecuación diferencial del ejemplo 2. Vistas de izquierda a derecha, los valores de C de las curvas son 3, 2, 1, 0, -1, -2 y -3.

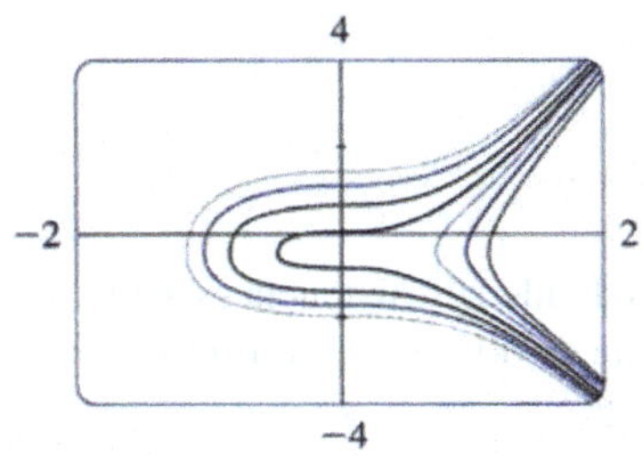

FIGURA 2

Si una solución y es una función que satisface $y(x) \neq 0$ para alguna x, se deduce del teorema de unicidad para soluciones de ecuaciones diferenciales que $y(x) \neq 0$ para toda x.

EJEMPLO 2 Resuelva la ecuación diferencial $\dfrac{dy}{dx} = \dfrac{6x^2}{2y + \cos y}$.

SOLUCIÓN Al escribir la ecuación en forma diferencial e integrar ambos lados, se tiene

$$(2y + \cos y)dy = 6x^2 dx$$

$$\int (2y + \cos y)dy = \int 6x^2 dx$$

3 $$y^2 + \operatorname{sen} y = 2x^3 + C$$

donde C es una constante. La ecuación 3 da la solución general en forma implícita. En este caso, es imposible resolver la ecuación para expresar y de forma explícita como una función de x. ■

EJEMPLO 3 Resuelva la ecuación $y' = x^2 y$.

SOLUCIÓN Primero se reescribe la ecuación utilizando la notación de Leibniz:

$$\frac{dy}{dx} = x^2 y$$

Si $y \neq 0$, se puede reescribir en forma diferencial e integrar:

$$\frac{dy}{y} = x^2 dx \qquad y \neq 0$$

$$\int \frac{dy}{y} = \int x^2 dx$$

$$\ln |y| = \frac{x^3}{3} + C$$

Esta ecuación define y de manera implícita como una función de x. Pero en este caso puede resolverse de forma explícita para y como sigue:

$$|y| = e^{\ln |y|} = e^{(x^3/3)+C} = e^C e^{x^3/3}$$

por tanto, $$y = \pm e^C e^{x^3/3}$$

Se verifica fácilmente que la función $y = 0$ es también una solución de la ecuación diferencial dada. Así, se puede escribir la solución general en la forma

$$y = Ae^{x^3/3}$$

donde A es una constante arbitraria ($A = e^C$, o $A = -e^C$, o $A = 0$). ■

En la figura 3 se muestra un campo direccional para la ecuación diferencial del ejemplo 3. Compárelo con la figura 4, en la que se usa la ecuación $y = Ae^{x^3/3}$ para graficar soluciones para varios valores de A. Si emplea el campo direccional para trazar curvas solución con intersecciones en y: 5, 2, 1, -1 y -2, se parecerán a las curvas de la figura 4.

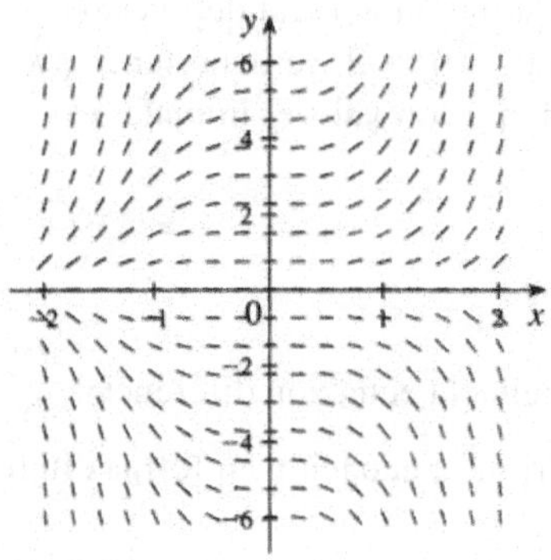

FIGURA 3

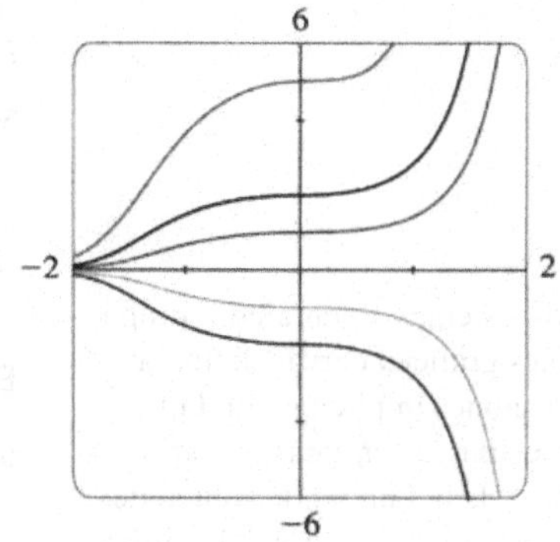

FIGURA 4

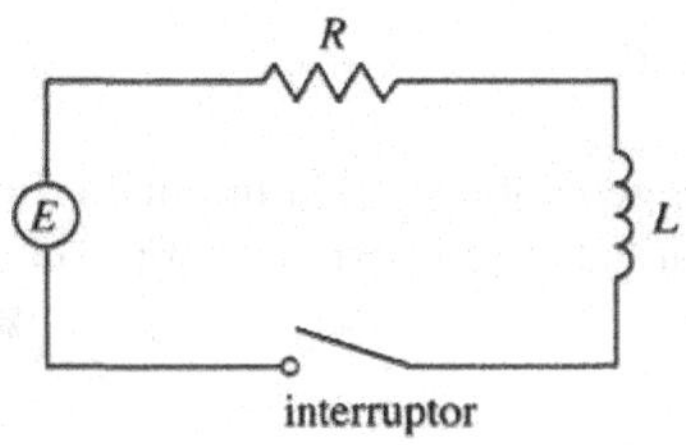

FIGURA 5

EJEMPLO 4 En la sección 9.2 se modeló la corriente $I(t)$ en el circuito eléctrico que se muestra en la figura 5 mediante la ecuación diferencial

$$L\frac{dI}{dt} + RI = E(t)$$

Encuentre una expresión para la corriente en un circuito donde la resistencia es 12 Ω, la inductancia es 4 H, una batería que da un voltaje constante de 60 V y el interruptor cierra el circuito en $t = 0$. ¿Cuál es el valor límite de la corriente?

SOLUCIÓN Con $L = 4$, $R = 12$ y $E(t) = 60$, la ecuación se convierte en

$$4\frac{dI}{dt} + 12I = 60 \qquad \text{o} \qquad \frac{dI}{dt} = 15 - 3I$$

y el problema con valor inicial es

$$\frac{dI}{dt} = 15 - 3I \qquad I(0) = 0$$

Esta ecuación es de variables separables y se resuelve como sigue:

$$\int \frac{dI}{15 - 3I} = \int dt \qquad (15 - 3I \neq 0)$$

$$-\tfrac{1}{3}\ln|15 - 3I| = t + C$$

$$|15 - 3I| = e^{-3(t+C)}$$

$$15 - 3I = \pm e^{-3C}e^{-3t} = Ae^{-3t}$$

$$I = 5 - \tfrac{1}{3}Ae^{-3t}$$

En la figura 6 se muestra cómo la solución del ejemplo 4 (la corriente) se aproxima a su valor límite. Al comparar con la figura 9.2.10 se muestra que pudo dibujarse una curva solución bastante exacta a partir del campo direccional.

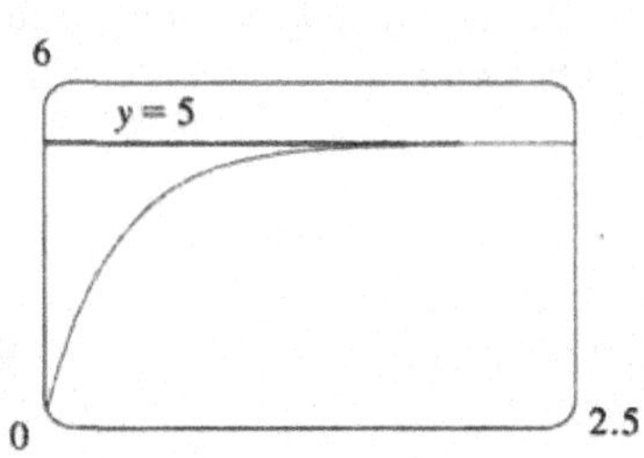

FIGURA 6

Ya que $I(0) = 0$, se tiene $5 - \frac{1}{3}A = 0$, por lo que $A = 15$ y la solución es

$$I(t) = 5 - 5e^{-3t}$$

La corriente límite, en amperes, es

$$\lim_{t\to\infty} I(t) = \lim_{t\to\infty}(5 - 5e^{-3t}) = 5 - 5\lim_{t\to\infty} e^{-3t} = 5 - 0 = 5$$

■

Trayectorias ortogonales

Una **trayectoria ortogonal** de una familia de curvas es una curva que corta ortogonalmente cada curva de la familia, es decir, en ángulos rectos (véase la figura 7). Por ejemplo, cada miembro de la familia de rectas, $y = mx$, que pasan por el origen es una trayectoria ortogonal de la familia $x^2 + y^2 = r^2$ de circunferencias concéntricas con centro en el origen (véase la figura 8). Se dice que las dos familias son trayectorias ortogonales entre sí.

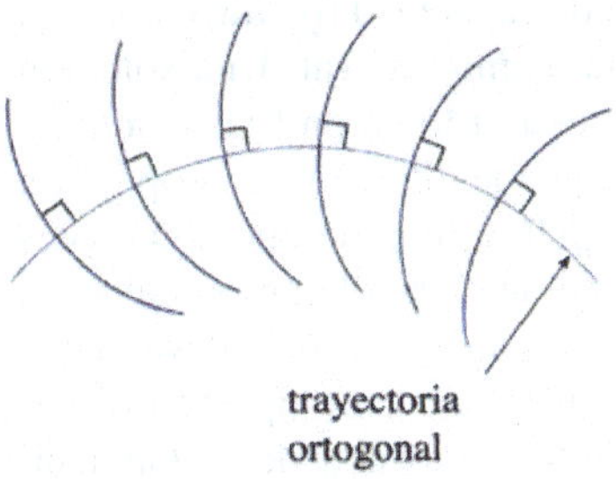

FIGURA 7

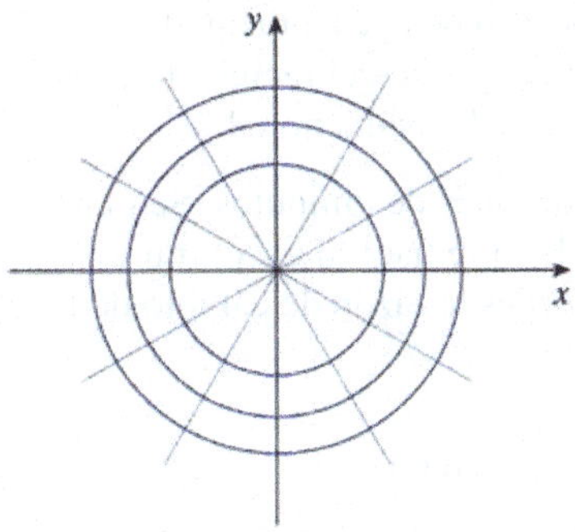

FIGURA 8

EJEMPLO 5 Encuentre las trayectorias ortogonales de la familia de curvas $x = ky^2$, donde k es una constante arbitraria.

SOLUCIÓN Las curvas $x = ky^2$ forman una familia de parábolas cuyo eje de simetría es el eje x. El primer paso es encontrar una sola ecuación diferencial que sea satisfecha para todos los miembros de la familia. Se deriva $x = ky^2$, se obtiene

$$1 = 2ky\frac{dy}{dx} \qquad \text{o} \qquad \frac{dy}{dx} = \frac{1}{2ky}$$

Esta ecuación diferencial depende de k, pero se necesita una ecuación que sea válida para los valores de k de manera simultánea. Para eliminar k se observa que, de la ecuación general de la parábola que se proporciona $x = ky^2$, se tiene $k = x/y^2$, por tanto, la ecuación diferencial se puede escribir como

$$\frac{dy}{dx} = \frac{1}{2ky} = \frac{1}{2\dfrac{x}{y^2}y} \qquad \text{o} \qquad \frac{dy}{dx} = \frac{y}{2x}$$

Esto significa que la pendiente de la recta tangente en cualquier punto (x, y) sobre una de las parábolas es $y' = y/(2x)$. En una trayectoria ortogonal, la pendiente de la recta tangente debe ser el recíproco negativo de esta pendiente. Por tanto, las trayectorias ortogonales deben satisfacer la ecuación diferencial

$$\frac{dy}{dx} = -\frac{2x}{y}$$

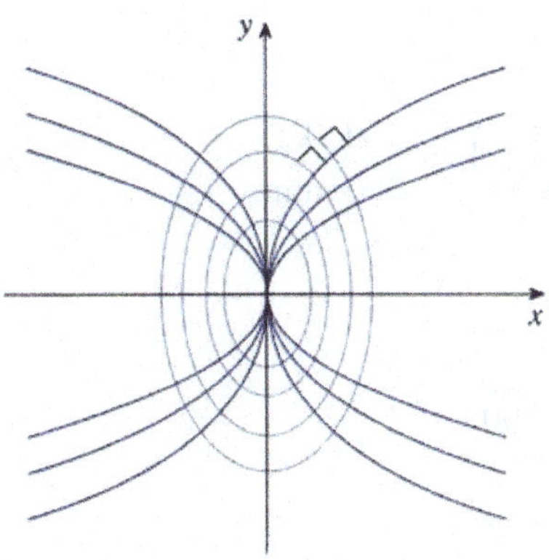

FIGURA 9

Esta ecuación diferencial es separable y se resuelve como sigue:

$$\int y\,dy = -\int 2x\,dx$$

$$\frac{y^2}{2} = -x^2 + C$$

4 $$x^2 + \frac{y^2}{2} = C$$

donde C es una constante positiva arbitraria. Entonces, las trayectorias ortogonales son la familia de elipses dada por la ecuación 4 y trazada en la figura 9. ■

Las trayectorias ortogonales aparecen en varias ramas de la física. Por ejemplo, en un campo electrostático, las líneas de fuerza son ortogonales a las líneas de potencial constante. También, las líneas de corriente en aerodinámica son trayectorias ortogonales de las curvas equipotenciales de velocidad.

Problemas de mezclas

Un problema de mezclas característico implica un tanque de capacidad fija lleno con una solución completamente homogénea de alguna sustancia, como una sal. Una solución de una determinada concentración entra al recipiente en una proporción fija, y la mezcla, totalmente agitada, sale con una proporción fija, que puede diferir de la proporción entrante. Si $y(t)$ denota la cantidad de sustancia en el recipiente en el tiempo t, entonces $y'(t)$ es la proporción a la que la sustancia está siendo añadida menos la proporción a la cual está siendo removida. La descripción matemática de esta situación suele llevar a una ecuación diferencial separable de primer orden. Se puede usar el mismo tipo de razonamiento para representar diversos fenómenos: reacciones químicas, descarga de contaminantes en un lago, inyección de un fármaco en el torrente sanguíneo.

EJEMPLO 6 Un tanque contiene 20 kg de sal disuelta en 5000 L de agua. Se introduce salmuera al tanque que contiene 0.03 kg de sal por litro de agua a razón de 25 L/min. La solución se mantiene mezclada por completo y sale del recipiente con la misma razón. ¿Cuánta sal queda en el recipiente después de media hora?

SOLUCIÓN Sea $y(t)$ la cantidad de sal (en kilogramos) después de t minutos. Se tiene como dato que $y(0) = 20$ y se quiere determinar $y(30)$. Esto se hace al encontrar una ecuación diferencial que satisface $y(t)$. Observe que dy/dt es la razón de cambio de la cantidad de sal, por lo que

$$\boxed{5} \qquad \frac{dy}{dt} = (\text{razón de entrada}) - (\text{razón de salida})$$

donde (razón de entrada) es la razón a la que la sal entra al recipiente y (razón de salida) es la razón a la que la sal sale del recipiente. Se tiene

$$\text{razón de entrada} = \left(0.03\,\frac{\text{kg}}{\text{L}}\right)\left(25\,\frac{\text{L}}{\text{min}}\right) = 0.75\,\frac{\text{kg}}{\text{min}}$$

El tanque contiene siempre 5000 L de líquido, por lo que la concentración en el tiempo t es $y(t)/5000$ (medida en kilogramos por litro). Ya que la salmuera sale a razón de 25 L/min, se tiene

$$\text{razón de salida} = \left(\frac{y(t)}{5000}\,\frac{\text{kg}}{\text{L}}\right)\left(25\,\frac{\text{L}}{\text{min}}\right) = \frac{y(t)}{200}\,\frac{\text{kg}}{\text{min}}$$

En la figura 10 se muestra la gráfica de la función $y(t)$ del ejemplo 6. Observe que, conforme pasa el tiempo, la cantidad de sal se aproxima a 150 kg.

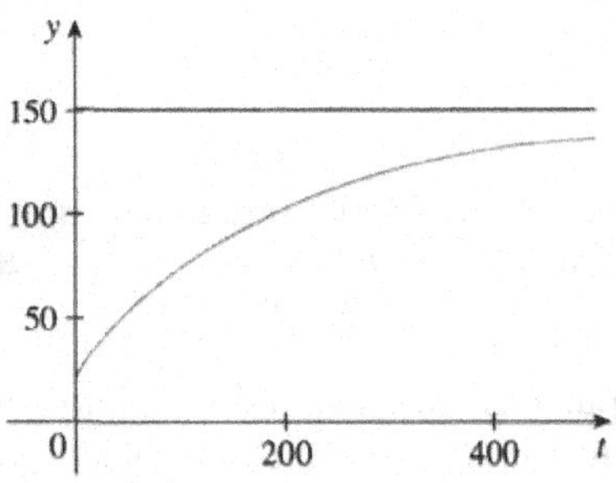

FIGURA 10

Por lo que de la ecuación 5 se obtiene

$$\frac{dy}{dt} = 0.75 - \frac{y(t)}{200} = \frac{150 - y(t)}{200}$$

Al resolver esta ecuación diferencial separable, se obtiene

$$\int \frac{dy}{150 - y} = \int \frac{dt}{200}$$

$$-\ln|150 - y| = \frac{t}{200} + C$$

Ya que $y(0) = 20$, se tiene $-\ln 130 = C$, por lo que

$$-\ln|150 - y| = \frac{t}{200} - \ln 130$$

Por tanto, $$|150 - y| = 130e^{-t/200}$$

Ya que $y(t)$ es continua y $y(0) = 20$ y el lado derecho nunca es 0, se deduce que $150 - y(t)$ es siempre positiva. Por tanto, $|150 - y| = 150 - y$ también

$$y(t) = 150 - 130e^{-t/200}$$

La cantidad de sal después de 30 minutos es

$$y(30) = 150 - 130e^{-30/200} \approx 38.1 \text{ kg}$$ ■

9.3 EJERCICIOS

1-10 Resuelva la ecuación diferencial

1. $\dfrac{dy}{dx} = 3x^2y^2$

2. $\dfrac{dy}{dx} = x\sqrt{y}$

3. $xyy' = x^2 + 1$

4. $y' + xe^y = 0$

5. $(e^y - 1)y' = 2 + \cos x$

6. $\dfrac{du}{dt} = \dfrac{1 + t^4}{ut^2 + u^4t^2}$

7. $\dfrac{d\theta}{dt} = \dfrac{t \sec\theta}{\theta e^{t^2}}$

8. $\dfrac{dH}{dR} = \dfrac{RH^2\sqrt{1 + R^2}}{\ln H}$

9. $\dfrac{dy}{dt} = \dfrac{t}{ye^{y+t^2}}$

10. $\dfrac{dy}{d\theta} = \dfrac{e^y \operatorname{sen}^2\theta}{y \sec\theta}$

11-18 Encuentre la solución de la ecuación diferencial que satisface la condición inicial que se indica.

11. $\dfrac{dy}{dx} = xe^y, \quad y(0) = 0$

12. $\dfrac{dy}{dx} = \dfrac{x \operatorname{sen} x}{y}, \quad y(0) = -1$

13. $\dfrac{dy}{dx} = \dfrac{x}{y}, \quad y(0) = -3$

14. $x + 3y^2\sqrt{x^2 + 1}\,\dfrac{dy}{dx} = 0, \quad y(0) = 1$

15. $x \ln x = y\left(1 + \sqrt{3 + y^2}\right)y', \quad y(1) = 1$

16. $\dfrac{dy}{dx} = \dfrac{\ln x}{xy}, \quad y(1) = 2$

17. $y' \tan x = a + y, \quad y(\pi/3) = a, \quad 0 < x < \pi/2$

18. $\dfrac{dL}{dt} = kL^2 \ln t, \quad L(1) = -1$

19. Encuentre la ecuación de la curva que pasa por el punto (0, 2) y cuya pendiente en (x, y) es x/y.

20. Encuentre la función f tal que $f'(x) = xf(x) - x$ y $f(0) = 2$.

21. Resuelva la ecuación diferencial $y' = x + y$ haciendo el cambio de variable $u = x + y$.

22. Resuelva la ecuación diferencial $xy' = y + xe^{y/x}$ haciendo el cambio de variable $v = y/x$.

23. (a) Resuelva la ecuación diferencial $y' = 2x\sqrt{1 - y^2}$.
(b) Resuelva el problema con valor inicial $y' = 2x\sqrt{1 - y^2}$, $y(0) = 0$, y trace la gráfica de la solución.
(c) ¿El problema con valor inicial $y' = 2x\sqrt{1 - y^2}$, $y(0) = 2$, tiene una solución? Explique.

24. Resuelva la ecuación $e^{-y}y' + \cos x = 0$ y trace la gráfica de varias integrantes de la familia de soluciones. ¿Cómo cambia la curva solución cuando varía la constante C?

SAC **25.** Resuelva el problema con valor inicial $y' = (\operatorname{sen} x)/\operatorname{sen} y$, $y(0) = \pi/2$, y trace la gráfica de la solución (si su SAC hace gráficas implícitas).

SAC **26.** Resuelva la ecuación $y' = x\sqrt{x^2 + 1}/(ye^y)$ y trace la gráfica de varios miembros de la familia de soluciones (si su SAC hace gráficas implícitas). ¿Cómo cambia la curva solución cuando varía la constante C?

SAC **27-28**
(a) Use un sistema algebraico computacional para trazar un campo direccional para la ecuación diferencial. Imprímalo y utilícelo para trazar algunas curvas solución sin resolver la ecuación diferencial.
(b) Resuelva la ecuación diferencial.
(c) Utilice un SAC para trazar varias integrantes de la familia de soluciones obtenida en el inciso (b). Compare con las curvas del inciso (a).

27. $y' = y^2$

28. $y' = xy$

29-32 Encuentre las trayectorias ortogonales de la familia de curvas. Use un dispositivo de graficación para trazar varios miembros de cada familia en una pantalla común.

29. $x^2 + 2y^2 = k^2$

30. $y = \dfrac{x}{1 + kx}$

31. $y = \dfrac{k}{x}$

32. $y = \dfrac{1}{x + k}$

33-35 Una **ecuación integral** es una ecuación que contiene una función desconocida $y(x)$ y una integral que implica $y(x)$. Resuelva la ecuación integral dada. [*Sugerencia*: utilice una condición inicial obtenida de la ecuación integral.]

33. $y(x) = 2 + \int_2^x [t - ty(t)]\, dt$

34. $y(x) = 2 + \int_1^x \dfrac{dt}{ty(t)}, \quad x > 0$

35. $y(x) = 4 + \int_0^x 2t\sqrt{y(t)}\, dt$

36. Encuentre una ecuación f tal que $f(3) = 2$ y

$$(t^2 + 1)f'(t) + [f(t)]^2 + 1 = 0 \qquad t \neq 1$$

[*Sugerencia*: utilice la fórmula de la adición para $\tan(x + y)$ en la página de referencia 2.]

37. Resuelva el problema con valor inicial del ejercicio 9.2.27 para encontrar una expresión para la carga en el tiempo t. Encuentre el valor límite de la carga.

38. En el ejercicio 9.2.28, se analizó una ecuación diferencial que modela la temperatura de una taza de café a 95 °C en una habitación a 20 °C. Resuelva la ecuación diferencial, para encontrar una expresión para la temperatura del café en el tiempo t.

39. En el ejercicio 9.1.15 se formuló un modelo para el aprendizaje en la forma de la ecuación diferencial

$$\frac{dP}{dt} = k(M - P)$$

donde $P(t)$ mide el desempeño de alguien que aprende una habilidad después de un tiempo de entrenamiento t, M es el nivel máximo de desempeño y k es una constante positiva. Resuelva esta ecuación diferencial para encontrar una expresión para $P(t)$. ¿Cuál es el límite de esta expresión?

40. En una reacción química elemental, las moléculas simples de dos reactivos A y B forman una molécula del producto C: $A + B \rightarrow C$. La ley de acción de masas establece que la velocidad de reacción es proporcional al producto de las concentraciones de A y B:

$$\frac{d[C]}{dt} = k[A][B]$$

(Véase el ejemplo 3.7.4) por lo que, si las concentraciones iniciales son $[A] = a$ moles/L y $[B] = b$ moles/L y se escribe $x = [C]$, entonces se tiene

$$\frac{dx}{dt} = k(a - x)(b - x)$$

(a) Suponiendo que $a \neq b$, determine x como una función de t. Use el hecho de que la concentración inicial de C es 0.
(b) Determine $x(t)$ suponiendo que $a = b$. ¿Cómo se simplifica esta expresión para $x(t)$ si se sabe que $[C] = \frac{1}{2}a$ después de 20 segundos?

41. En contraste con la situación del ejercicio 40, los experimentos muestran que la reacción $H_2 + Br_2 \longrightarrow 2HBr$ satisface la ley de rapidez

$$\frac{d[HBr]}{dt} = k[H_2][Br_2]^{1/2}$$

y, de este modo, para esta reacción la ecuación diferencial se convierte en

$$\frac{dx}{dt} = k(a - x)(b - x)^{1/2}$$

donde $x = [HBr]$ y a y b son las concentraciones iniciales de hidrógeno y bromo.
(a) Determine x como una función de t en el caso donde $a = b$. Use el hecho de que $x(0) = 0$.
(b) Si $a > b$, encuentre t como una función de x. [*Sugerencia*: realizar la integración, haga la sustitución $u = \sqrt{b - x}$.]

42. Una esfera con radio 1 m tiene temperatura 15 °C. Está dentro de una esfera concéntrica con radio 2 m y temperatura 25 °C. La temperatura $T(r)$ a una distancia r desde el centro común de las esferas satisface la ecuación diferencial

$$\frac{d^2T}{dr^2} + \frac{2}{r}\frac{dT}{dr} = 0$$

Si hace que $S = dT/dr$, entonces S satisface una ecuación diferencial de primer orden. Resuélvala para encontrar una expresión para la temperatura $T(r)$ entre las esferas.

43. Se administra una solución de glucosa por vía intravenosa en el torrente sanguíneo con una rapidez constante r. Conforme se añade la glucosa, se convierte en otras sustancias y se elimina del torrente sanguíneo con una rapidez que es proporcional a la concentración en ese momento. De esta manera, un modelo para la concentración $C = C(t)$ de la solución de glucosa en el torrente sanguíneo es

$$\frac{dC}{dt} = r - kC$$

donde k es una constante positiva.
(a) Suponga que la concentración en el tiempo $t = 0$ es C_0. Determine la concentración en cualquier tiempo t resolviendo la ecuación diferencial.
(b) Suponiendo que $C_0 < r/k$, encuentre $\lim_{t\to\infty} C(t)$ e interprete su respuesta.

44. Cierto país pequeño tiene 10 mil millones de dólares en papel moneda en circulación, y cada día entran a los bancos del país 50 millones. El gobierno decide introducir una nueva moneda y pide a los bancos que reemplacen los billetes viejos por los nuevos, siempre que la moneda antigua llegue a los bancos. Sea $x = x(t)$ la cantidad de la nueva moneda en circulación en el tiempo t, con $x(0) = 0$.
(a) Formule un modelo matemático en la forma de un problema con valor inicial que represente el "flujo" de la nueva moneda en circulación.
(b) Resuelva el problema con valor inicial encontrado en el inciso (a).
(c) ¿En cuánto tiempo los nuevos billetes representan 90% de la moneda en circulación?

45. Un tanque contiene 1000 L de salmuera con 15 kg de sal disuelta. El agua pura entra al tanque a razón de 10 L/min.

La solución se mantiene completamente mezclada y sale con la misma razón. ¿Cuánta sal está en el tanque (a) después de t minutos y (b) después de 20 minutos?

46. El aire en una habitación con 180 m^3 de volumen contiene inicialmente 0.15% de dióxido de carbono. Aire fresco con únicamente 0.05% de dióxido de carbono circula hacia adentro de la habitación a razón de 2 m^3/min y el aire mezclado circula hacia fuera en la misma proporción. Encuentre el porcentaje de dióxido de carbono en la habitación como una función del tiempo. ¿Qué sucede en períodos prolongados?

47. Un tanque con 2000 L de cerveza contiene 4% de alcohol (en volumen). Se bombea cerveza con 6% de alcohol hacia adentro del tanque a razón de 20 L/min y la mezcla se bombea hacia afuera en la misma proporción. ¿Cuál es el porcentaje de alcohol después de una hora?

48. Un tanque contiene 1000 L de agua pura. La salmuera que contiene 0.05 kg de sal por litro de agua entra al tanque a razón de 5 L/min. La salmuera que contiene 0.04 kg de sal por litro de agua entra al tanque a razón de 10 L/min. La solución se mantiene totalmente mezclada y sale del tanque a razón de 15 L/min. ¿Cuánta sal está en el tanque (a) después de t minutos y (b) después de una hora?

49. Cuando cae una gota de lluvia, aumenta de tamaño y, por tanto, su masa en tiempo t es una función de t, $m(t)$. La rapidez de crecimiento de la masa es $km(t)$ para alguna constante positiva k. Cuando se aplica la ley de Newton del movimiento a la gota de lluvia, se obtiene $(mv)' = gm$, donde v es la velocidad de la gota (con dirección hacia abajo) y g es la aceleración debida a la gravedad. La *velocidad terminal* de la gota de lluvia es $\lim_{t\to\infty} v(t)$. Encuentre una expresión para la velocidad terminal de g y k.

50. Un objeto de masa m se mueve horizontalmente a través de un medio que resiste el movimiento con una fuerza que es una función de la velocidad; es decir,

$$m\frac{d^2s}{dt^2} = m\frac{dv}{dt} = f(v)$$

donde $v = v(t)$ y $s = s(t)$ representan la velocidad y la posición del objeto en el tiempo t, respectivamente. Por ejemplo, considere un bote que se mueve en el agua.

(a) Suponga que la fuerza de resistencia es proporcional a la velocidad, es decir, $f(v) = -kv$, k es una constante positiva. (Este modelo es apropiado para valores pequeños de v.) Sean $v(0) = v_0$ y $s(0) = s_0$ los valores iniciales de v y s. Determine v y s en cualquier tiempo t. ¿Cuál es la distancia total que recorre el objeto desde el tiempo $t = 0$?

(b) Para valores más grandes de v un mejor modelo se obtiene suponiendo que la fuerza de resistencia es proporcional al cuadrado de la velocidad, es decir, $f(v) = -kv^2$, $k > 0$. (Newton fue el primero en proponer este modelo.) Sean v_0 y s_0 los valores iniciales de v y s. Determine v y s en cualquier tiempo t. ¿Cuál es la distancia total que viaja el objeto en este caso?

51. *Crecimiento alométrico* en biología se refiere a las relaciones entre tamaños de partes de un organismo (longitud del cráneo y longitud del cuerpo, por ejemplo). Si $L_1(t)$ y $L_2(t)$ son los tamaños de dos órganos en un organismo de edad t, entonces L_1 y L_2 satisfacen la ley alómera si sus tasas de crecimiento específicas son proporcionales:

$$\frac{1}{L_1}\frac{dL_1}{dt} = k\frac{1}{L_2}\frac{dL_2}{dt}$$

donde k es una constante.

(a) Utilice la ley de alometría para describir una ecuación diferencial que relacione L_1 y L_2 y resuélvala para expresar L_1 como función de L_2.

(b) En un estudio de varias especies de algas unicelulares, la constante de proporcionalidad de la ley de alometría que relaciona B (biomasa celular) y V (volumen celular) se encontró que es $k = 0.0794$. Exprese B como función de V.

52. Un modelo para el crecimiento del tumor está dado por la ecuación de Gompertz

$$\frac{dV}{dt} = a(\ln b - \ln V)V$$

donde a y b son constantes positivas y V es el volumen del tumor medido en mm^3.

(a) Encuentre una familia de soluciones para el volumen del tumor en función del tiempo.

(b) Encuentre la solución que tiene un volumen inicial de tumor de $V(0) = 1$ mm^3.

53. Sea $A(t)$ el área de un cultivo de tejido en el tiempo t y sea M el área final del tejido cuando se completa el crecimiento. La mayor parte de las divisiones celulares ocurren en la periferia del tejido y el número de células de la periferia es proporcional a $\sqrt{A(t)}$. Así, un modelo razonable para el crecimiento del tejido se obtiene suponiendo que la rapidez de crecimiento del área es proporcional a $\sqrt{A(t)}$ y $M - A(t)$.

(a) Formule una ecuación diferencial y empléela para demostrar que el tejido crece más rápido cuando $A(t) = \frac{1}{3}M$.

SAC (b) Resuelva la ecuación diferencial para encontrar una expresión para $A(t)$. Use un sistema algebraico computacional para llevar a cabo la integración.

54. De acuerdo con la ley de Newton de la gravitación universal, la fuerza gravitacional sobre un objeto de masa m que ha sido proyectado verticalmente hacia arriba desde la superficie terrestre es

$$F = \frac{mgR^2}{(x + R)^2}$$

donde $x = x(t)$ es la distancia del objeto arriba de la superficie en el tiempo t, R es el radio de la Tierra y g es la aceleración debida a la gravedad. Asimismo, por la segunda ley de Newton, $F = ma = m(dv/dt)$ y, por tanto

$$m\frac{dv}{dt} = -\frac{mgR^2}{(x + R)^2}$$

(a) Suponga que un cohete es lanzado verticalmente hacia arriba con una velocidad inicial v_0. Sea h la altura máxima sobre la superficie alcanzada por el objeto. Demuestre que

$$v_0 = \sqrt{\frac{2gRh}{R + h}}$$

[*Sugerencia*: por la regla de la cadena, $m(dv/dt) = mv(dv/dx)$.]

(b) Calcule $v_e = \lim_{h \to \infty} v_0$. Este límite se llama *velocidad de escape* para la Tierra.

(c) Use $R = 6370$ km y $g = 9.8$ m/s² para calcular v_e en kilómetros por segundo.

PROYECTO DE APLICACIÓN ¿QUÉ TAN RÁPIDO SE VACÍA UN TANQUE?

Si el agua (u otro líquido) drena de un tanque, se espera que el flujo sea mayor al principio (cuando la profundidad del agua es máxima) y disminuya poco a poco conforme disminuye el nivel del agua. Pero se necesita una descripción matemática más precisa de cómo disminuye el flujo, para contestar el tipo de preguntas que hacen los ingenieros: ¿en cuánto tiempo se drena por completo un tanque? ¿Cuánta agua debe contener un tanque para garantizar cierta presión de agua mínima para un sistema de aspersión?

Sean $h(t)$ y $V(t)$ la altura y el volumen de agua en el tanque en el tiempo t, respectivamente. Si el agua sale por un orificio con área a en el fondo del tanque, entonces la ley de Torricelli dice que

$$\boxed{1} \qquad \frac{dV}{dt} = -a\sqrt{2gh}$$

donde g es la aceleración debida a la gravedad. Así, la rapidez a la cual fluye el agua desde el tanque es proporcional a la raíz cuadrada de la altura del agua.

1. (a) Suponga que el tanque es cilíndrico con altura de 2 m y radio 1 m, y el orificio es circular con radio de 2 cm. Si se toma $g = 10$ m/s², demuestre que h satisface la ecuación diferencial

$$\frac{dh}{dt} = -0.0004\sqrt{20h}$$

(b) Resuelva esta ecuación para encontrar la altura del agua en el tiempo t, bajo el supuesto de que el tanque está lleno en el tiempo $t = 0$.

(c) ¿Cuánto tarda en drenar por completo el agua?

El problema 2(b) se realiza mejor como una demostración de salón de clases o como un proyecto de grupo con tres alumnos en cada grupo: un cronometrador que indique los segundos, una persona a cargo de la altura cada 10 segundos y alguien que registre estos valores.

© Richard Le Borne, Dept. Mathematics, Tennessee Technological University

2. Como resultado de la rotación y viscosidad del líquido, el modelo teórico dado por la ecuación 1 no es bastante exacto. En cambio, el modelo

$$\boxed{2} \qquad \frac{dh}{dt} = k\sqrt{h}$$

se emplea con más frecuencia y la constante k (que depende de las propiedades físicas del líquido) se determina de los datos relacionados con el drenado del tanque.

(a) Suponga que hace un orificio en el costado de una botella cilíndrica y la altura h del agua (arriba del orificio) disminuye de 10 cm a 3 cm en 68 segundos. Use la ecuación 2 a fin de encontrar una expresión para $h(t)$. Evalúe $h(t)$ para $t = 10, 20, 30, 40, 50, 60$.

(b) Haga un orificio de 4 mm cerca del fondo de la parte cilíndrica de una botella de plástico de bebida gaseosa de dos litros. Adhiera una tira de cinta adhesiva marcada en centímetros de 0 a 10, con 0 que corresponde a la parte superior del orificio. Con un dedo sobre el orificio, llene la botella con agua hasta la marca de 10 cm. Luego quite su dedo del orificio y registre los valores de $h(t)$ para $t = 10, 20, 30, 40, 50, 60$ segundos. (Es probable que encuentre que transcurren 68 segundos para que el nivel disminuya a $h = 3$ cm.) Compare sus datos con los valores de $h(t)$ del inciso (a). ¿Qué tan bien predice el modelo los valores reales?

3. En muchas partes del mundo, el agua para los sistemas de aspersión en grandes hoteles y hospitales se suministra por gravedad desde tanques cilíndricos en o cerca de los techos de los edificios. Suponga que un tanque de este tipo tiene radio de 3 m y que el diámetro de la salida es de 6 cm. Un ingeniero tiene que garantizar que la presión del agua será por lo menos 104 kPa por un período de 10 minutos. (Cuando ocurre un incendio, el sistema eléctrico podría fallar y podría tomar hasta 10 minutos la activación del generador de emergencia y la bomba de agua.) ¿Qué altura debe especificar el ingeniero para el tanque, para que se garantice esa presión? (Use el hecho de que la presión del agua a una profundidad de d metros es $P = 10d$ kilopascales. Véase la sección 8.3.)

4. No todos los tanques de agua tienen forma cilíndrica. Suponga que un tanque tiene área de sección transversal $A(h)$ a la altura h. Entonces el volumen del agua hasta la altura h es $V = \int_0^h A(u)\,du$, por tanto, el teorema fundamental del cálculo da $dV/dh = A(h)$. Se deduce que

$$\frac{dV}{dt} = \frac{dV}{dh}\frac{dh}{dt} = A(h)\frac{dh}{dt}$$

y, por consiguiente, la ley de Torricelli se convierte en

$$A(h)\frac{dh}{dt} = -a\sqrt{2gh}$$

(a) Suponga que el tanque tiene la forma de una esfera con radio 2 m y al principio está lleno con agua hasta la mitad. Si el radio del orificio circular es 1 cm y se toma $g = 10\text{ m/s}^2$, demuestre que h satisface la ecuación diferencial

$$(4h - h^2)\frac{dh}{dt} = -0.0001\sqrt{20h}$$

(b) ¿Cuánto tarda en drenar por completo el agua?

PROYECTO DE APLICACIÓN ¿QUÉ ES MÁS RÁPIDO, SUBIR O BAJAR?

Suponga que lanza una bola al aire. ¿Considera que tarda más en alcanzar su altura máxima o en regresar al suelo desde su altura máxima? En este proyecto se resolverá este problema, pero, antes de empezar, piense en esa situación y haga una inferencia con base en su intuición física.

1. Una bola con masa m se lanza hacia arriba verticalmente desde la superficie de la Tierra con una velocidad inicial positiva v_0. Se supone que las fuerzas que actúan sobre la bola son la fuerza de gravedad y una fuerza retardadora por la resistencia del aire con dirección opuesta a la dirección del movimiento y con magnitud $p\,|v(t)|$, donde p es una constante positiva y $v(t)$ es la velocidad de la bola en el tiempo t. Tanto en el ascenso como en el descenso, la fuerza total que actúa sobre la bola es $-pv - mg$. [Durante el ascenso, $v(t)$ es positiva y la resistencia actúa hacia abajo; durante el descenso, $v(t)$ es negativa y la resistencia actúa hacia arriba.] Así, por la segunda ley de Newton, la ecuación de movimiento es

$$mv' = -pv - mg$$

Resuelva esta ecuación diferencial para demostrar que la velocidad es

$$v(t) = \left(v_0 + \frac{mg}{p}\right)e^{-pt/m} - \frac{mg}{p}$$

2. Demuestre que la altura de la bola, hasta que choca con el suelo, es

$$y(t) = \left(v_0 + \frac{mg}{p}\right)\frac{m}{p}(1 - e^{-pt/m}) - \frac{mgt}{p}$$

Al modelar la fuerza debida a la resistencia del aire, se han empleado varias funciones, dependiendo de las características físicas y la rapidez de la bola. Aquí se usa un modelo lineal, $-pv$, pero un modelo cuadrático ($-pv^2$ en el camino ascendente y pv^2 en el camino descendente) es otra posibilidad para magnitudes de velocidades más altas (véase el ejercicio 9.3.50). Para una pelota de golf, los experimentos han mostrado que un buen modelo es $-pv^{1.3}$ hacia arriba y $p\,|v|^{1.3}$ hacia abajo. Pero no importa qué función fuerza $-f(v)$ se utilice [donde $f(v) > 0$ para $v > 0$ y $f(v) < 0$ para $v < 0$], la respuesta a la pregunta es la misma. Véase F. Brauer, "What Goes Up Must Come Down, Eventually," *American Mathematical Monthly* 108 (2001), pp. 437–440.

3. Sea t_1 el tiempo que tarda la bola en alcanzar su altura máxima. Demuestre que

$$t_1 = \frac{m}{p} \ln\left(\frac{mg + pv_0}{mg}\right)$$

Determine este tiempo para una bola con masa 1 kg y velocidad inicial 20 m/s. Suponga que la resistencia de aire es $\frac{1}{10}$ de la rapidez.

4. Sea t_2 el tiempo que la bola cae de regreso a la Tierra. Para la bola particular del problema 3, estime t_2 por medio de una gráfica de la función altura $y(t)$. ¿Qué es más rápido, subir o bajar?

5. En general, no es fácil determinar t_2 porque es imposible resolver la ecuación $y(t) = 0$ en forma explícita. Sin embargo, se puede usar un método indirecto para determinar si el ascenso o el descenso es más rápido: se determina si $y(2t_1)$ es positiva o negativa. Demuestre que

$$y(2t_1) = \frac{m^2 g}{p^2}\left(x - \frac{1}{x} - 2\ln x\right)$$

donde $x = e^{pt_1/m}$. Entonces demuestre que $x > 1$ y la función

$$f(x) = x - \frac{1}{x} - 2\ln x$$

es creciente para $x > 1$. Use este resultado para decidir si $y(2t_l)$ es positiva o negativa. ¿Qué se puede concluir? ¿Es más rápido el ascenso o el descenso?

9.4 Modelos para el crecimiento poblacional

En esta sección se estudian ecuaciones diferenciales que se aplican para modelar el crecimiento de población: la ley de crecimiento natural, la ecuación logística y otras.

Ley de crecimiento natural

Uno de los modelos para el crecimiento poblacional considerado en la sección 9.1 se basó en la suposición de que la población crece a una tasa proporcional al tamaño de la población:

$$\frac{dP}{dt} = kP$$

¿Es esa una suposición razonable? Suponga que se tiene una población (de bacterias, por ejemplo) con tamaño $P = 1000$ y en determinado momento crece con una rapidez de $P' = 300$ bacterias por hora. Ahora se toman otras 1000 bacterias del mismo tipo y se colocan en la primera población. Cada mitad de la nueva población creció en una proporción de 300 bacterias por hora. Se esperaría que la población total de 2000 se incrementara a una tasa de 600 bacterias por hora inicialmente (siempre que haya espacio suficiente y nutrición). De este modo, si se duplica el tamaño, se duplica la proporción de crecimiento. Parece razonable que la rapidez de crecimiento deba ser proporcional al tamaño.

En general, si $P(t)$ es el valor de una cantidad y en el tiempo t y si la rapidez de cambio de P con respecto a t es proporcional a su tamaño $P(t)$ en cualquier momento, entonces

1
$$\frac{dP}{dt} = kP$$

donde k es una constante. La ecuación 1 se llama a veces **ley de crecimiento natural.** Si k es positiva, entonces se incrementa la población; si k es negativa, decrece.

Debido a que es una ecuación diferencial separable se puede resolver por los métodos de la sección 9.3:

$$\int \frac{dP}{P} = \int k\,dt$$

$$\ln|P| = kt + C$$

$$|P| = e^{kt+C} = e^{C}e^{kt}$$

$$P = Ae^{kt}$$

donde A ($= \pm e^{C}$ o 0) es una constante arbitraria. Para ver el significado de la constante A, se observa que

$$P(0) = Ae^{k \cdot 0} = A$$

Por tanto A es el valor inicial de la función.

Los ejemplos y ejercicios de la aplicación de 2 se proporcionan en la sección 3.8.

2 La solución del problema con valor inicial

$$\frac{dP}{dt} = kP \qquad P(0) = P_0$$

es

$$P(t) = P_0 e^{kt}$$

Otra manera de escribir la ecuación 1 es

$$\frac{1}{P}\frac{dP}{dt} = k$$

la cual dice que la **rapidez de crecimiento relativo** (rapidez de crecimiento dividida por el tamaño de la población) es constante. Por tanto, (2) dice que una población con crecimiento relativo constante debe crecer de forma exponencial.

Se puede considerar emigración (o "pérdidas") de una población modificando la ecuación 1; si la rapidez de emigración es una constante m, entonces la rapidez de cambio de la población se representa mediante la ecuación diferencial

3
$$\frac{dP}{dt} = kP - m$$

Vea el ejercicio 17 para la solución y las consecuencias de la ecuación 3.

Modelo logístico

Como se explicó en la sección 9.1, una población suele incrementarse de forma exponencial en sus primeras etapas, pero se estabiliza finalmente y tiende a su capacidad de carga debido a los recursos limitados. Si $P(t)$ es el tamaño de la población en el tiempo t, se supone que

$$\frac{dP}{dt} \approx kP \qquad \text{si } P \text{ es pequeña}$$

Esto dice que la rapidez de crecimiento inicial está muy cerca de ser proporcional al tamaño. En otras palabras, la rapidez de crecimiento relativa es casi constante cuando la población es pequeña. Pero también se quiere reflejar el hecho de que la rapidez de crecimiento relativa disminuye cuando se incrementa la población P y se vuelve negativa si P excede alguna vez su **capacidad de carga** M, la población máxima que el ambiente es capaz de sostener a la larga. La expresión más simple para la rapidez de crecimiento relativa que incorpora estas suposiciones es

$$\frac{1}{P}\frac{dP}{dt} = k\left(1 - \frac{P}{M}\right)$$

Al multiplicar por P, se obtiene el modelo para el crecimiento poblacional conocido como **ecuación diferencial logística**

$$\boxed{4} \qquad \frac{dP}{dt} = kP\left(1 - \frac{P}{M}\right)$$

Observe de la ecuación 4 que si P es pequeña en comparación con M, entonces P/M es cercano a 0 y, por tanto, $dP/dt \approx kP$. Sin embargo, si $P \to M$ (la población se aproxima a su capacidad de carga), entonces $P/M \to 1$, por lo que $dP/dt \to 0$. Se puede deducir información acerca de si las soluciones se incrementan o disminuyen directamente de la ecuación 4. Si la población P está entre 0 y M, entonces el lado derecho de la ecuación es positivo, por lo que $dP/dt > 0$ y la población crece. Pero si la población excede la capacidad de carga ($P > M$), entonces $1 - P/M$ es negativa, por lo que $dP/dt < 0$ y la población decrece.

Inicie el análisis más detallado de la ecuación diferencial logística considerando un campo direccional.

EJEMPLO 1 Dibuje un campo direccional para la ecuación logística con $k = 0.08$ y capacidad de carga $M = 1000$. ¿Qué se puede deducir acerca de las soluciones?

SOLUCIÓN En este caso la ecuación diferencial logística es

$$\frac{dP}{dt} = 0.08P\left(1 - \frac{P}{1000}\right)$$

Un campo direccional para esta ecuación se muestra en la figura 1. Se muestra solo el primer cuadrante porque las poblaciones negativas no son significativas y se tiene interés solo en lo que sucede después de $t = 0$.

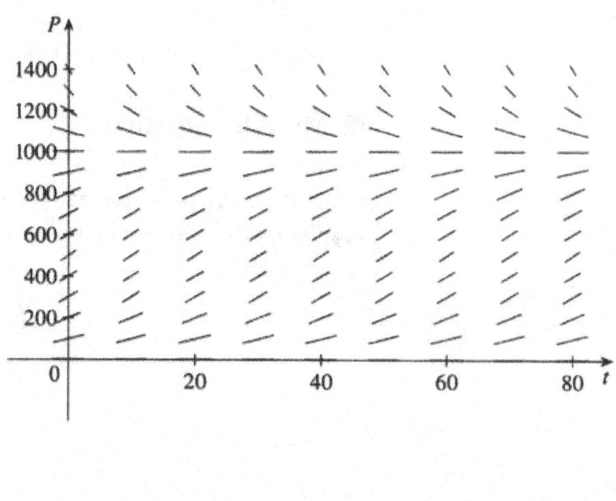

FIGURA 1
Campo direccional para la ecuación logística del ejemplo 1

La ecuación logística es autónoma (dP/dt depende solo de P, no de t), por lo que las pendientes son las mismas a lo largo de cualquier recta horizontal. Como se esperaba, las pendientes son positivas para $0 < P < 1000$ y negativas para $P > 1000$.

Las pendientes son pequeñas cuando P se aproxima a 0 o 1000 (la capacidad de carga). Observe que las soluciones se alejan de la solución de equilibrio $P = 0$ y se mueven hacia la solución de equilibrio $P = 1000$.

En la figura 2 se usa el campo direccional para trazar curvas solución con poblaciones iniciales $P(0) = 100$, $P(0) = 400$ y $P(0) = 1300$. Observe que las curvas solución que empiezan abajo de $P = 1000$ son crecientes y las que empiezan arriba de $P = 1000$ son decrecientes. Las pendientes son mayores cuando $P \approx 500$ y, en consecuencia, las curvas solución abajo de $P = 1000$ tienen puntos de inflexión cuando $P \approx 500$. De hecho, se puede probar que las curvas solución que empiezan abajo de $P = 500$ tienen un punto de inflexión cuando P es exactamente 500 (véase el ejercicio 13).

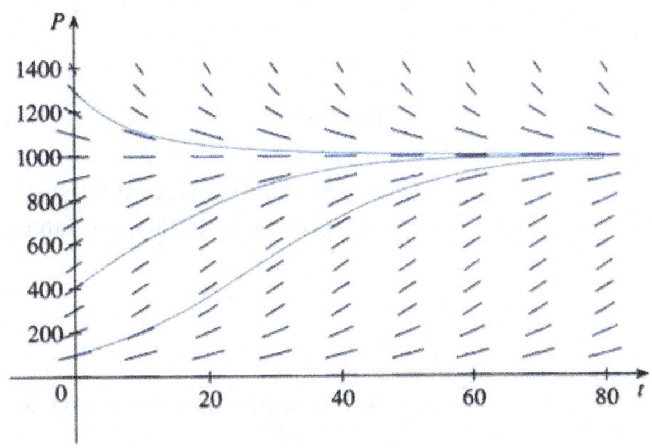

FIGURA 2
Curvas solución para la ecuación logística del ejemplo 1

■

La ecuación logística (4) es separable y, por tanto, se puede resolver de manera explícita con el método de la sección 9.3. Ya que

$$\frac{dP}{dt} = kP\left(1 - \frac{P}{M}\right)$$

se tiene

5
$$\int \frac{dP}{P(1 - P/M)} = \int k\,dt$$

Para evaluar la integral del lado izquierdo, escriba

$$\frac{1}{P(1 - P/M)} = \frac{M}{P(M - P)}$$

Usando fracciones parciales (véase la sección 7.4), obtenga

$$\frac{M}{P(M - P)} = \frac{1}{P} + \frac{1}{M - P}$$

Esto permite reescribir la ecuación 5:

$$\int \left(\frac{1}{P} + \frac{1}{M - P}\right) dP = \int k\,dt$$

$$\ln|P| - \ln|M - P| = kt + C$$

$$\ln\left|\frac{M-P}{P}\right| = -kt - C$$

$$\left|\frac{M-P}{P}\right| = e^{-kt-C} = e^{-C}e^{-kt}$$

6 $$\frac{M-P}{P} = Ae^{-kt}$$

donde $A = \pm e^{-C}$. Si la ecuación 6 se resuelve para P, se obtiene

$$\frac{M}{P} - 1 = Ae^{-kt} \quad \Rightarrow \quad \frac{P}{M} = \frac{1}{1 + Ae^{-kt}}$$

por tanto,
$$P = \frac{M}{1 + Ae^{-kt}}$$

Se encuentra el valor de A sustituyendo $t = 0$ en la ecuación 6. Si $t = 0$, entonces $P = P_0$ (la población inicial), por tanto,

$$\frac{M - P_0}{P_0} = Ae^0 = A$$

Así, la solución para la ecuación logística es

7 $$P(t) = \frac{M}{1 + Ae^{-kt}} \qquad \text{donde } A = \frac{M - P_0}{P_0}$$

Al usar la expresión para $P(t)$ en la ecuación 7, se ve que

$$\lim_{t \to \infty} P(t) = M$$

lo cual era de esperarse.

EJEMPLO 2 Escriba la solución del problema con valor inicial

$$\frac{dP}{dt} = 0.08P\left(1 - \frac{P}{1000}\right) \qquad P(0) = 100$$

y utilícela para encontrar los tamaños de población $P(40)$ y $P(80)$. ¿En qué momento la población llega a 900?

SOLUCIÓN La ecuación diferencial es una ecuación logística con $k = 0.08$, capacidad de carga $M = 1000$, y población inicial $P_0 = 100$. Por tanto, la ecuación 7 da la población en el tiempo t cuando

$$P(t) = \frac{1000}{1 + Ae^{-0.08t}} \qquad \text{donde } A = \frac{1000 - 100}{100} = 9$$

Por lo que,
$$P(t) = \frac{1000}{1 + 9e^{-0.08t}}$$

Por consiguiente, los tamaños de población cuando $t = 40$ y 80 son

$$P(40) = \frac{1000}{1 + 9e^{-3.2}} \approx 731.6 \qquad P(80) = \frac{1000}{1 + 9e^{-6.4}} \approx 985.3$$

La población llega a 900 cuando

$$\frac{1000}{1 + 9e^{-0.08t}} = 900$$

Compare la curva solución en la figura 3 con la curva solución inferior que se trazó a partir del campo direccional en la figura 2.

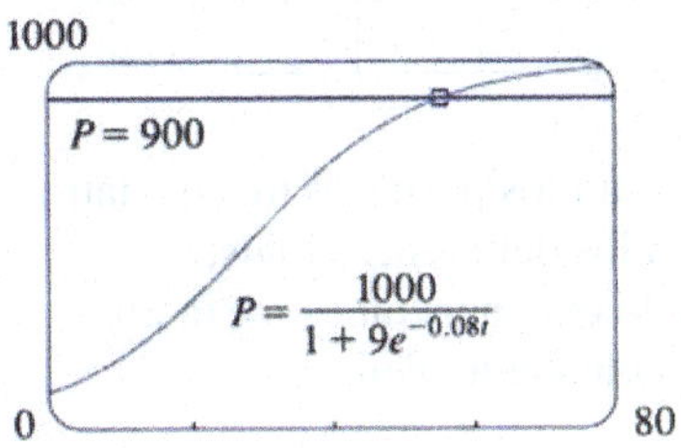

FIGURA 3

Resolviendo esta ecuación para t, se obtiene

$$1 + 9e^{-0.08t} = \tfrac{10}{9}$$

$$e^{-0.08t} = \tfrac{1}{81}$$

$$-0.08t = \ln \tfrac{1}{81} = -\ln 81$$

$$t = \frac{\ln 81}{0.08} \approx 54.9$$

Por lo que la población llega a 900 cuando t es aproximadamente 55. Como comprobación del trabajo, se traza la gráfica de la curva de población en la figura 3 y se observa que cruza la recta $P = 900$. El cursor indica que $t \approx 55$. ■

■ Comparación del crecimiento natural y modelos logísticos

En la década de 1930, el biólogo G. F. Gause realizó un experimento con el protozoario paramecio y empleó una ecuación logística para representar sus datos. En la tabla se da la cuenta diaria de la población de protozoarios. Estimó la rapidez de crecimiento relativo inicial como 0.7944 y la capacidad de carga de 64.

t (días)	0	1	2	3	4	5	6	7	8	9	10	11	12	13	14	15	16
P (observada)	2	3	22	16	39	52	54	47	50	76	69	51	57	70	53	59	57

EJEMPLO 3 Encuentre los modelos exponencial y logístico para los datos de Gause. Compare los valores predichos con los valores observados y comente acerca del ajuste.

SOLUCIÓN Dada la rapidez de crecimiento relativo $k = 0.7944$ y la población inicial $P_0 = 2$, el modelo exponencial es

$$P(t) = P_0 e^{kt} = 2e^{0.7944t}$$

Gause empleó el mismo valor de k para su modelo logístico. [Esto es razonable porque $P_0 = 2$ es pequeña comparada con la capacidad de carga ($M = 64$). La ecuación

$$\frac{1}{P_0}\frac{dP}{dt}\bigg|_{t=0} = k\left(1 - \frac{2}{64}\right) \approx k$$

muestra que el valor de k para la ecuación logística es muy cercano al valor para el modelo exponencial.]

Entonces la solución de la ecuación logística en la ecuación 7 da

$$P(t) = \frac{M}{1 + Ae^{-kt}} = \frac{64}{1 + Ae^{-0.7944t}}$$

donde $$A = \frac{M - P_0}{P_0} = \frac{64 - 2}{2} = 31$$

Por consiguiente $$P(t) = \frac{64}{1 + 31e^{-0.7944t}}$$

Estas ecuaciones se emplean para calcular los valores predichos (redondeados hasta el entero más próximo) y se comparan en la tabla.

t (días)	0	1	2	3	4	5	6	7	8	9	10	11	12	13	14	15	16
P (observada)	2	3	22	16	39	52	54	47	50	76	69	51	57	70	53	59	57
P (modelo logístico)	2	4	9	17	28	40	51	57	61	62	63	64	64	64	64	64	64
P (modelo exponencial)	2	4	10	22	48	106	...										

Se observa de la tabla y la gráfica de la figura 4 que para los primeros tres o cuatro días el modelo exponencial da resultados comparables a los del modelo logístico, que es más complejo. Sin embargo, para $t \geq 5$, el modelo exponencial es inexacto, pero el modelo logístico ajusta las observaciones razonablemente bien.

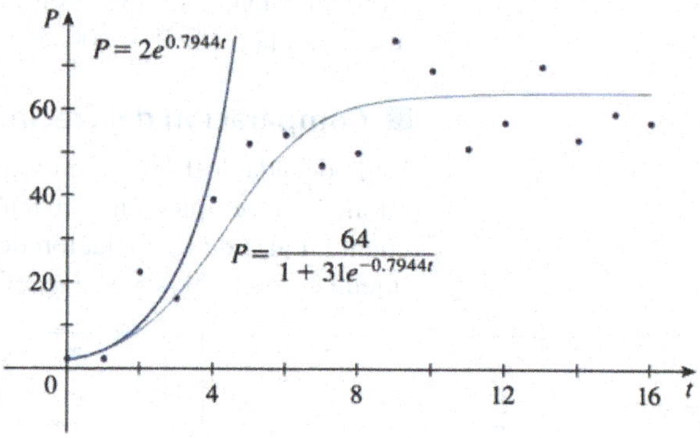

FIGURA 4
Modelos exponencial y logístico para los datos de paramecio

■

t	$B(t)$	t	$B(t)$
1980	9847	1998	10217
1982	9856	2000	10264
1984	9855	2002	10312
1986	9862	2004	10348
1988	9884	2006	10379
1990	9969	2008	10404
1992	10046	2010	10423
1994	10123	2012	10438
1996	10179		

Varios países que antes experimentaron crecimiento exponencial ahora están encontrando que su rapidez de crecimiento poblacional está declinando y el modelo logístico proporciona un mejor modelo. La tabla al margen muestra valores semestrales de $B(t)$, la población de Bélgica, en miles, al tiempo t, desde 1980 hasta 2012. La figura 5 muestra estos puntos de información junto con una función logística desplazada que se obtiene de una calculadora con la capacidad de ajustar una función logística a estos puntos mediante regresión. Vea que el modelo logístico proporciona un muy buen ajuste.

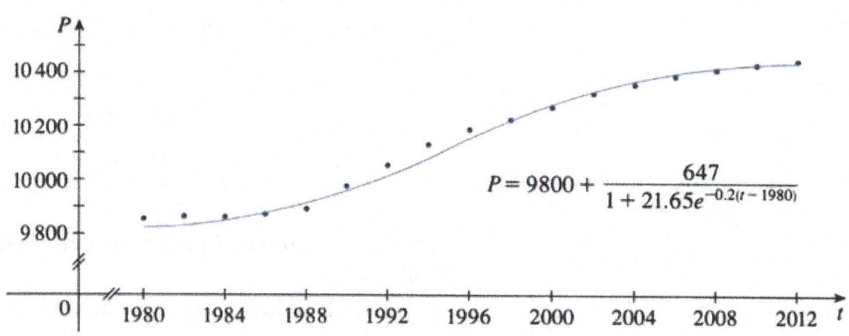

FIGURA 5
Modelo logístico para la población de Bélgica

Otros modelos para el crecimiento poblacional

La ley de crecimiento natural y la ecuación diferencial logística no son las únicas ecuaciones que han sido propuestas para modelar el crecimiento poblacional. En el ejercicio 22 se trabaja con la función de crecimiento de Gompertz y en los ejercicios 23 y 24 se investigan modelos de crecimiento estacionales.

Dos de los otros modelos son modificaciones del modelo logístico. La ecuación diferencial

$$\frac{dP}{dt} = kP\left(1 - \frac{P}{M}\right) - c$$

se ha empleado para modelar poblaciones que están sujetas a la "pérdida" de un tipo u otro. (Piense en una población de peces capturados en una proporción constante.) Esta ecuación se conoce como ecuación logística con cosecha o con recolección, y se explora en los ejercicios 19 y 20.

Para algunas especies hay un nivel mínimo de población m debajo del cual la especie tiende a extinguirse. (Es posible que los adultos no encuentren parejas adecuadas.) Esta clase de poblaciones ha sido representada mediante la ecuación diferencial

$$\frac{dP}{dt} = kP\left(1 - \frac{P}{M}\right)\left(1 - \frac{m}{P}\right)$$

donde el factor extra, $1 - m/P$, toma en cuenta las consecuencias de una población escasa (véase el ejercicio 21).

9.4 EJERCICIOS

1-2 Suponga que una población crece de acuerdo con la ecuación logística dada, donde t se mide en semanas.

(a) ¿Cuál es la capacidad de carga? ¿Cuál es el valor de k?

(b) Escriba la solución de la ecuación.

(c) ¿Cuál es la población después de 10 semanas?

1. $\dfrac{dP}{dt} = 0.04P\left(1 - \dfrac{P}{1200}\right)$, $P(0) = 60$

2. $\dfrac{dP}{dt} = 0.02P - 0.0004P^2$, $P(0) = 40$

---

3. Suponga que una población se desarrolla de acuerdo con la ecuación logística

$$\frac{dP}{dt} = 0.05P - 0.0005P^2$$

donde t se mide en semanas.

(a) ¿Cuál es la capacidad de carga? ¿Cuál es el valor de k?

(b) Se muestra un campo direccional para esta ecuación. ¿Dónde las pendientes son cercanas a 0? ¿Dónde son mayores? ¿Qué soluciones son crecientes? ¿Cuáles soluciones son decrecientes?

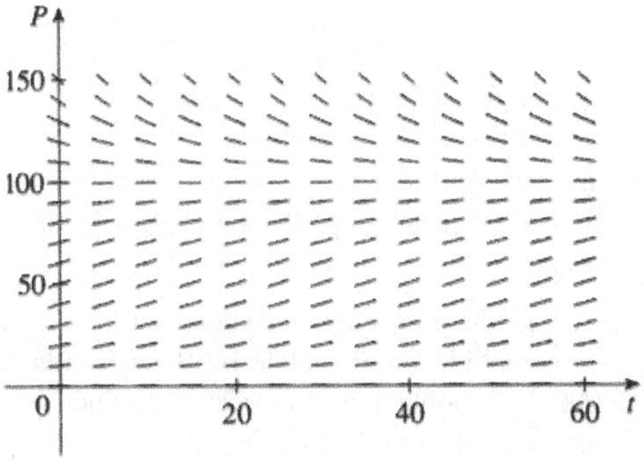

(c) Use el campo direccional para trazar las soluciones para poblaciones iniciales de 20, 40, 60, 80, 120 y 140.¿Qué tienen en común estas soluciones? ¿Cómo difieren? ¿Qué soluciones tienen puntos de inflexión? ¿En qué niveles de población se presentan?

(d) ¿Cuáles son las soluciones de equilibrio? ¿Cómo se relacionan estas soluciones con las otras?

4. Suponga que una población crece de acuerdo con un modelo logístico con capacidad de carga de 6000 y $k = 0.0015$ por año.

(a) Escriba la ecuación diferencial logística para estos datos.

(b) Dibuje un campo direccional (ya sea a mano o con un sistema algebraico computacional). ¿Qué le dice acerca de las curvas solución?
(c) Use el campo direccional para trazar las curvas solución para las poblaciones iniciales de 1000, 2000, 4000 y 8000. ¿Qué se puede decir acerca de la concavidad de estas curvas? ¿Cuál es la importancia de los puntos de inflexión?
(d) Programe una calculadora o computadora para usar el método de Euler con tamaño de paso $h = 1$ para estimar la población después de 50 años si la población inicial es 1000.
(e) Si la población inicial es 1000, escriba una fórmula para la población después de t años. Úsela para determinar la población después de 50 años y compárela con su estimación en el inciso (d).
(f) Trace la gráfica de la solución del inciso (e) y compare con la curva solución que trazó en el inciso (c).

5. La pesca del mero del Pacífico ha sido modelada por la ecuación diferencial

$$\frac{dy}{dt} = ky\left(1 - \frac{y}{M}\right)$$

donde $y(t)$ es la biomasa (la masa total de los integrantes de la población) en kilogramos en el tiempo t (medido en años), la capacidad de carga se estima como $M = 8 \times 10^7$ kg, y $k = 0.71$ por año.
(a) Si $y(0) = 2 \times 10^7$ kg, calcule la biomasa un año después.
(b) ¿En cuánto tiempo la biomasa alcanza 4×10^7 kg?

6. Suponga una población $P(t)$ que satisface

$$\frac{dP}{dt} = 0.4P - 0.001P^2 \qquad P(0) = 50$$

donde t se mide en años.
(a) ¿Cuál es la capacidad de carga?
(b) ¿Qué es $P'(0)$?
(c) ¿Cuándo alcanzará la población el 50% de su capacidad de carga?

7. Suponga que una población crece de acuerdo con un modelo logístico con población inicial de 1000 y capacidad de carga de 10 000. Si la población crece a 2500 después de un año, ¿cuál será la población después de otros tres años?

8. En la tabla se da el número de células de levadura en un nuevo cultivo de laboratorio.

Tiempo (horas)	Células de levadura	Tiempo (horas)	Células de levadura
0	18	10	509
2	39	12	597
4	80	14	640
6	171	16	664
8	336	18	672

(a) Trace la gráfica de los datos y use la gráfica para estimar la capacidad de carga para la población de levadura.
(b) Use los datos para estimar la tasa de crecimiento relativo inicial.
(c) Encuentre un modelo exponencial y un modelo logístico para estos datos.
(d) Compare los valores predichos con los valores observados, en una tabla y con gráficas. Comente acerca de qué tan bien ajustan sus modelos los datos.
(e) Use el modelo logístico para estimar el número de células de levadura después de 7 horas.

9. La población del mundo fue cercana a 6.1 miles de millones en 2000. La tasa de nacimientos varió de 35 a 40 millones por año y la frecuencia de mortalidad varió de 15 a 20 millones por año. Suponga que la capacidad de carga para la población mundial es 20 mil millones.
(a) Escriba la ecuación diferencial logística para estos datos. (Debido a que la población inicial es pequeña comparada con la capacidad de carga, se puede tomar k como una estimación de la rapidez de crecimiento relativo inicial.)
(b) Use el modelo logístico para estimar la población mundial en el año 2010, y compare con la población real de 6.9 mil millones.
(c) Use el modelo logístico para estimar la población mundial en los años 2100 y 2500.

10. (a) Suponga que la capacidad de carga para la población de Estados Unidos es de 800 millones. Utilícela junto con el hecho de que la población fue de 282 millones en 2000, para formular un modelo logístico para la población de Estados Unidos.
(b) Determine el valor de k en su modelo usando el hecho de que la población en el año 2010 fue de 309 millones.
(c) Use su modelo para predecir la población de Estados Unidos en los años 2100 y 2200.
(d) Por medio de su modelo, prediga el año en que la población de Estados Unidos pasará de 500 millones.

11. Un modelo para la difusión de un rumor, es que la rapidez de difusión es proporcional al producto de la fracción y de la población que ha escuchado el rumor y la fracción que no lo ha escuchado.
(a) Escriba una ecuación diferencial que sea satisfecha por y.
(b) Resuelva la ecuación diferencial.
(c) Un pequeño pueblo tiene 1000 habitantes. A las 8 a.m., 80 personas han escuchado un rumor. A mediodía la mitad del pueblo lo ha escuchado. ¿En qué tiempo 90% de la población ha escuchado el rumor?

12. Unos biólogos abastecieron un lago con 400 peces y estimaron la capacidad de carga (la población máxima para los peces de esa especie en ese lago) en 10 000. El número de peces se triplicó en el primer año.
(a) Si se supone que el tamaño de la población de peces satisface la ecuación logística, encuentre una expresión para el tamaño de la población después de t años.
(b) ¿En cuánto tiempo la población se incrementará a 5000?

13. (a) Demuestre que, si P satisface la ecuación logística (4), entonces

$$\frac{d^2P}{dt^2} = k^2P\left(1 - \frac{P}{M}\right)\left(1 - \frac{2P}{M}\right)$$

(b) Deduzca que una población crece más rápido cuando alcanza la mitad de su capacidad de carga.

14. Para un valor fijo de M (por ejemplo $M = 10$), la familia de funciones logísticas dada por la ecuación 7 depende del valor inicial de P_0 y la constante de proporcionalidad k. Trace la gráfica de varios integrantes de esta familia. ¿Cómo cambia la gráfica cuando varía P_0? ¿Cómo cambia cuando varía k?

15. La tabla proporciona la población semestral de Japón, en miles, desde 1960 hasta 2010.

Año	Población	Año	Población
1960	94092	1990	123537
1965	98883	1995	123327
1970	104345	2000	126776
1975	111573	2005	127715
1980	116807	2010	127579
1985	120754		

Utilice una calculadora graficadora para ajustar tanto una función exponencial como una función logística de esta información. Trace la gráfica de los puntos de información y ambas funciones, y comente sobre la exactitud de las representaciones. [*Sugerencia*: reste 94 000 de cada una de las cifras de población. A continuación, después de obtener una representación de su calculadora, sume 94 000 para obtener su modelo final. Podría ser útil elegir $t = 0$ para corresponder a 1960 o bien 1980.]

16. La tabla proporciona la población semestral de Noruega, en miles, desde 1960 hasta 2010.

Año	Población	Año	Población
1960	3581	1990	4242
1965	3723	1995	4359
1970	3877	2000	4492
1975	4007	2005	4625
1980	4086	2010	4891
1985	4152		

Utilice una calculadora graficadora para ajustar tanto una función exponencial como una función logística de esta información. Trace la gráfica de los puntos de información y ambas funciones, y comente sobre la exactitud de las representaciones. [*Sugerencia*: reste 3500 de cada una de las cifras de población. Luego, después de obtener un modelo de su calculadora, sume 3500 para obtener su representación final. Podría ser útil elegir $t = 0$ que corresponda a 1960.]

17. Considere una población $P = P(t)$ con rapidez de nacimiento y de mortalidad constante α y β, respectivamente, y una razón m de emigración constante, donde α, β y m son constantes positivas. Suponga que $\alpha > \beta$. Entonces la razón de cambio de la población en el tiempo t se modela mediante la ecuación diferencial

$$\frac{dP}{dt} = kP - m \qquad \text{donde } k = \alpha - \beta$$

(a) Encontrar la solución de esta ecuación que satisface la condición inicial $P(0) = P_0$.
(b) ¿Qué condición de m conducirá a un crecimiento exponencial de la población?
(c) ¿Qué condición de m dará como resultado una población constante? ¿Una población que decline?
(d) En 1847, la población de Irlanda fue de casi 8 millones y la diferencia entre las tasas de nacimiento relativo y mortalidad fue de 1.6% de la población. Debido a la escasez de papas en las décadas de 1840 y 1850, casi 210 000 habitantes por cada año emigraron de Irlanda. ¿En ese tiempo la población se expandió o declinó?

18. Sea c un número positivo. Una ecuación diferencial de la forma

$$\frac{dy}{dt} = ky^{1+c}$$

donde k es una constante positiva, se le denomina *ecuación del día del juicio final* ya que el exponente en la expresión ky^{1+c} es más grande que el exponente 1 para el crecimiento natural.
(a) Determine la solución que satisface la condición inicial $y(0) = y_0$.
(b) Demuestre que existe un tiempo finito $t = T$ (del juicio final) tal que $\lim_{t \to T^-} y(t) = \infty$.
(c) Una especie especialmente prolífica de conejos tiene el término de crecimiento $ky^{1.01}$. Si 2 de tal especie de conejos al principio y en la madriguera tienen 16 conejos después de tres meses, entonces ¿cuándo es el día del juicio final?

19. La ecuación diferencial logística del ejemplo 1 se modificará como sigue

$$\frac{dP}{dt} = 0.08P\left(1 - \frac{P}{1000}\right) - 15$$

(a) Suponga que $P(t)$ representa una población de peces en el tiempo t, donde t se mide en semanas. Explique el significado del término (-15).
(b) Trace un campo direccional para esta ecuación diferencial.
(c) ¿Cuáles son las soluciones de equilibrio?
(d) Use el campo direccional para trazar varias curvas solución. Describa lo que sucede a la población de peces para diferentes poblaciones iniciales.
SAC (e) Resuelva esta ecuación diferencial de manera explícita, ya sea por medio de fracciones parciales o con un sistema algebraico computacional. Use las poblaciones iniciales 200 y 300. Trace la gráfica de las soluciones y compare con sus trazos del inciso (d).

SAC **20.** Considere la ecuación diferencial

$$\frac{dP}{dt} = 0.08P\left(1 - \frac{P}{1000}\right) - c$$

como un modelo para una población de peces, donde t se mide en semanas y c es una constante.
(a) Use un SAC para trazar los campos direccionales para varios valores de c.

(b) De sus campos direccionales del inciso (a), determine los valores de c para los cuales hay por lo menos una solución de equilibrio. ¿Para qué valores de c la población de peces se extingue siempre?
(c) Use la ecuación diferencial para probar lo que descubrió en forma gráfica en el inciso (b).
(d) ¿Qué recomendaría como límite para la captura semanal de esta población de peces?

21. Existe evidencia considerable para apoyar la teoría de que para algunas especies hay una población mínima m tal que las especies se extinguirán si el tamaño de la población cae por debajo de m. Esta condición se puede incorporar en la ecuación logística introduciendo el factor $(1 - m/P)$. Así, el modelo logístico modificado está dado por la ecuación diferencial

$$\frac{dP}{dt} = kP\left(1 - \frac{P}{M}\right)\left(1 - \frac{m}{P}\right)$$

(a) Use la ecuación diferencial para demostrar que cualquier solución es creciente si $m < P < M$ y decreciente si $0 < P < m$.
(b) Para el caso donde $k = 0.08$, $M = 1000$ y $m = 200$, dibuje un campo direccional y utilícelo para trazar varias curvas solución. Describa lo que sucede a la población para varias poblaciones iniciales. ¿Cuáles son las soluciones de equilibrio?
(c) Resuelva la ecuación diferencial de forma explícita, ya sea por medio de fracciones parciales o con un sistema algebraico computacional. Use la población inicial P_0.
(d) Use la solución del inciso (c) para demostrar que si $P_0 < m$, entonces la especie se extingue. [*Sugerencia*: demuestre que el numerador en su expresión para $P(t)$ es 0 para algún valor de t.]

22. Otro modelo para una función de crecimiento de una población limitada está dado por la **función de Gompertz**, que es una solución de la ecuación diferencial

$$\frac{dP}{dt} = c \ln\left(\frac{M}{P}\right)P$$

donde c es una constante y M es la capacidad de carga.
(a) Resuelva esta ecuación diferencial.
(b) Calcule $\lim_{t\to\infty} P(t)$.
(c) Trace la gráfica de la función de crecimiento de Gompertz para $M = 1000$, $P_0 = 100$ y $c = 0.05$, y compárela con la función logística del ejemplo 2. ¿Cuáles son las semejanzas? ¿Cuáles son las diferencias?
(d) Se sabe del ejercicio 13 que la función logística crece más rápido cuando $P = M/2$. Use la ecuación diferencial de Gompertz para demostrar que la función de Gompertz crece más rápido cuando $P = M/e$.

23. En un **modelo de crecimiento estacional**, se introduce una función periódica del tiempo para explicar las variaciones estacionales en la tasa de crecimiento. Estas variaciones podrían, por ejemplo, ser causadas por cambios estacionales en la disponibilidad de alimento.
(a) Encuentre la solución del modelo de crecimiento estacional

$$\frac{dP}{dt} = kP\cos(rt - \phi) \qquad P(0) = P_0$$

donde k, r y ϕ son constantes positivas.
(b) Trace la gráfica de la solución para diferentes valores de k, r y ϕ, explique cómo afectan a la solución los valores de k, r y ϕ ¿Qué puede decir acerca de $\lim_{t\to\infty} P(t)$?

24. Suponga que se modifica la ecuación diferencial del ejercicio 23 como sigue:

$$\frac{dP}{dt} = kP\cos^2(rt - \phi) \qquad P(0) = P_0$$

(a) Resuelva esta ecuación diferencial con la ayuda de una tabla de integrales o un SAC.
(b) Trace la gráfica de la solución para varios valores de k, r y ϕ. ¿Cómo afectan a la solución los valores de k, r y ϕ? ¿Qué se puede decir acerca de $\lim_{t\to\infty} P(t)$ en este caso?

25. Las gráficas de las funciones logísticas (figuras 2 y 3) se ven sospechosamente similares a la gráfica de la función tangente hiperbólica (figura 3.11.3). Explique la semejanza demostrando que la función logística dada por la ecuación 7 se puede escribir como

$$P(t) = \tfrac{1}{2}M\left[1 + \tanh\left(\tfrac{1}{2}k(t - c)\right)\right]$$

donde $c = (\ln A)/k$. Así, la función logística es en realidad una tangente hiperbólica desplazada.

9.5 Ecuaciones lineales

Una ecuación diferencial **lineal** de primer orden es una que se puede escribir en la forma

$$\boxed{1} \qquad \frac{dy}{dx} + P(x)y = Q(x)$$

donde P y Q son funciones continuas sobre un determinado intervalo. Este tipo de ecuación se presenta con frecuencia en varias ciencias, como se verá.

Un ejemplo de una ecuación lineal es $xy' + y = 2x$ porque, para $x \neq 0$, se puede escribir en la forma

$$\boxed{2} \qquad y' + \frac{1}{x}y = 2$$

Observe que esta ecuación diferencial no es separable porque es imposible factorizar la expresión para y' como una función de x por una función de y. Pero aún se puede resolver la ecuación si se observa, por la regla del producto, que

$$xy' + y = (xy)'$$

y, por tanto, la ecuación se puede reescribir como

$$(xy)' = 2x$$

Si ahora se integran ambos lados de esta ecuación, se obtiene

$$xy = x^2 + C \qquad \text{o} \qquad y = x + \frac{C}{x}$$

Si se hubiera tenido la ecuación diferencial en la forma de la ecuación 2, se habría tenido que tomar el paso preliminar de multiplicar cada lado de la ecuación por x.

Resulta que toda ecuación diferencial lineal de primer orden se puede resolver de un modo similar al multiplicar ambos lados de la ecuación 1 por una función adecuada $I(x)$ llamada *factor integrante*. Se intenta encontrar I por lo que el lado izquierdo de la ecuación 1, cuando se multiplique por $I(x)$, se convierta en la derivada del producto $I(x)y$:

$$\boxed{3} \qquad I(x)\big(y' + P(x)y\big) = \big(I(x)y\big)'$$

Si se puede encontrar tal función I, entonces la ecuación 1 se convierte en

$$\big(I(x)y\big)' = I(x)\,Q(x)$$

Al integrar ambos lados, se debe tener

$$I(x)y = \int I(x)\,Q(x)\,dx + C$$

por lo que la solución sería

$$\boxed{4} \qquad y(x) = \frac{1}{I(x)}\left[\int I(x)\,Q(x)\,dx + C\right]$$

Para encontrar tal I, se desarrolla la ecuación 3 y se eliminan los términos:

$$I(x)y' + I(x)\,P(x)y = \big(I(x)y\big)' = I'(x)y + I(x)y'$$

$$I(x)\,P(x) = I'(x)$$

Esta es una ecuación diferencial separable para I, que se resuelve como sigue:

$$\int \frac{dI}{I} = \int P(x)\,dx$$

$$\ln|I| = \int P(x)\,dx$$

$$I = Ae^{\int P(x)\,dx}$$

donde $A = \pm e^C$. Se busca un factor integrante particular, no el más general, por lo que se toma $A = 1$ y se usa

5 $$I(x) = e^{\int P(x)\,dx}$$

Así, la ecuación 4 da una fórmula para la solución general de la ecuación 1, donde I se determina mediante la ecuación 5. Sin embargo, en lugar de memorizar esta fórmula, solo se recuerda la forma del factor integrante.

> Para resolver la ecuación diferencial lineal $y' + P(x)y = Q(x)$, multiplique ambos lados por el **factor integrante** $I(x) = e^{\int P(x)\,dx}$ e integre ambos lados.

EJEMPLO 1 Resuelva la ecuación diferencial $\dfrac{dy}{dx} + 3x^2y = 6x^2$.

SOLUCIÓN La ecuación dada es lineal, ya que tiene la forma de la ecuación 1 con $P(x) = 3x^2$ y $Q(x) = 6x^2$. Un factor integrante es

$$I(x) = e^{\int 3x^2\,dx} = e^{x^3}$$

En la figura 1 se muestran las gráficas de varios miembros de la familia de soluciones del ejemplo 1. Observe que se aproximan a 2 cuando $x \to \infty$.

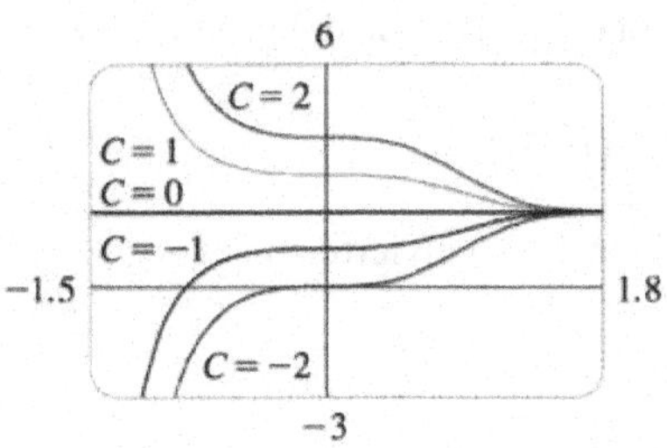

FIGURA 1

Al multiplicar ambos lados de la ecuación diferencial por e^{x^3}, se obtiene

$$e^{x^3}\frac{dy}{dx} + 3x^2e^{x^3}y = 6x^2e^{x^3}$$

o

$$\frac{d}{dx}(e^{x^3}y) = 6x^2e^{x^3}$$

Al integrar ambos lados se tiene

$$e^{x^3}y = \int 6x^2e^{x^3}\,dx = 2e^{x^3} + C$$

$$y = 2 + Ce^{-x^3}$$ ■

EJEMPLO 2 Encuentre la solución del problema con valor inicial

$$x^2y' + xy = 1 \qquad x > 0 \qquad y(1) = 2$$

SOLUCIÓN Se deben dividir primero ambos lados entre el coeficiente de y' para escribir la ecuación diferencial en la forma estándar:

6 $$y' + \frac{1}{x}y = \frac{1}{x^2} \qquad x > 0$$

El factor integrante es

$$I(x) = e^{\int (1/x)\,dx} = e^{\ln x} = x$$

Al multiplicar la ecuación 6 por x, se obtiene

$$xy' + y = \frac{1}{x} \qquad \text{o} \qquad (xy)' = \frac{1}{x}$$

La solución del problema de valor inicial del ejemplo 2 se muestra en la figura 2.

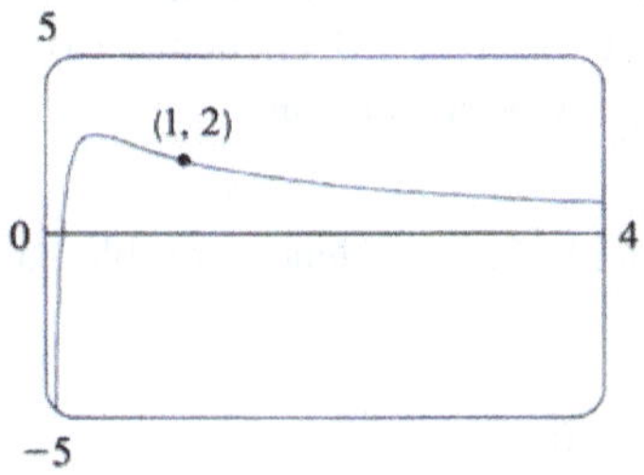

FIGURA 2

Entonces
$$xy = \int \frac{1}{x}\,dx = \ln x + C$$

y, de este modo,
$$y = \frac{\ln x + C}{x}$$

Ya que $y(1) = 2$, se tiene
$$2 = \frac{\ln 1 + C}{1} = C$$

Por tanto la solución del problema con valores iniciales es
$$y = \frac{\ln x + 2}{x}$$
■

EJEMPLO 3 Resuelva $y' + 2xy = 1$.

SOLUCIÓN La ecuación dada está en la forma estándar para una ecuación lineal. Al multiplicar por el factor integrante
$$e^{\int 2x\,dx} = e^{x^2}$$

se obtiene
$$e^{x^2}y' + 2xe^{x^2}y = e^{x^2}$$

o,
$$\left(e^{x^2}y\right)' = e^{x^2}$$

Por tanto
$$e^{x^2}y = \int e^{x^2}\,dx + C$$

Aun cuando las soluciones de la ecuación diferencial del ejemplo 3 se pueden expresar en términos de una integral, estas se pueden graficar mediante un sistema algebraico computacional (figura 3).

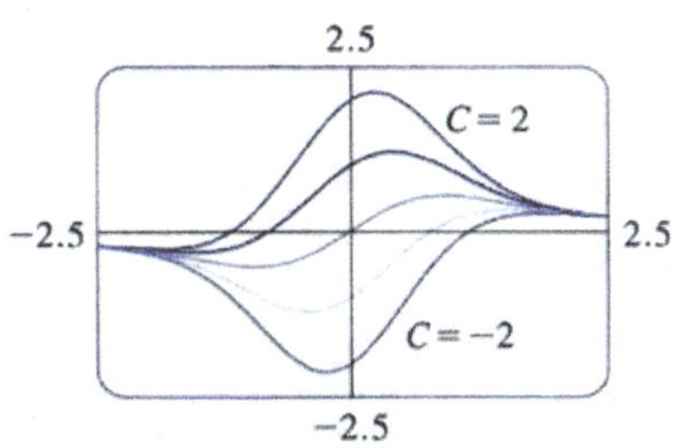

FIGURA 3

Recuerde de la sección 7.5 que $\int e^{x^2}dx$ no se puede expresar en términos de funciones elementales. Sin embargo, es una función perfectamente buena y se puede dejar la respuesta como
$$y = e^{-x^2}\int e^{x^2}\,dx + Ce^{-x^2}$$

Otra forma de escribir la solución es
$$y = e^{-x^2}\int_0^x e^{t^2}\,dt + Ce^{-x^2}$$

(Se puede elegir cualquier número para el límite de integración inferior.) ■

■ Aplicación a circuitos eléctricos

En la sección 9.2 se consideró el circuito eléctrico simple que se muestra en la figura 4: una fuerza electromotriz (por lo común, una batería o generador) produce un voltaje de $E(t)$ volts (V) y una corriente de $I(t)$ amperes (A) en el tiempo t. El circuito también contiene un resistor con una resistencia de R ohms (Ω) y un inductor con una inductancia de L henrys (H).

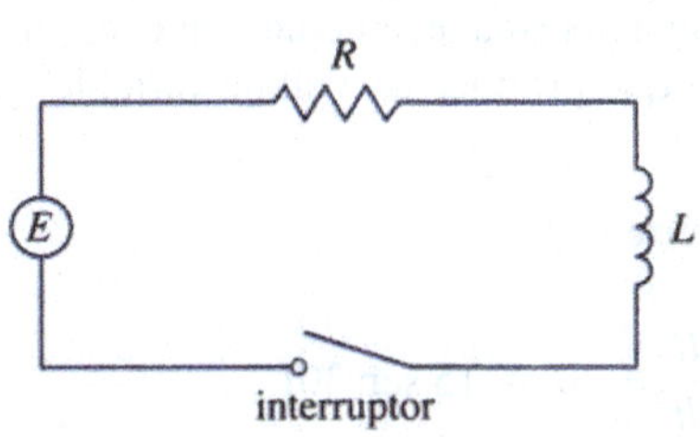

FIGURA 4

La ley de Ohm da la caída de voltaje debida al resistor como RI. La caída de voltaje debida al inductor es $L\,(dI/dt)$. Una de las leyes de Kirchhoff dice que la suma de las caídas de voltaje es igual al voltaje suministrado $E(t)$. Así, se tiene

7
$$L\frac{dI}{dt} + RI = E(t)$$

que es una ecuación diferencial lineal de primer orden. La solución da la corriente I en el tiempo t.

EJEMPLO 4 Suponga que en el circuito simple de la figura 4 la resistencia es 12 Ω y la inductancia es 4 H. Si una batería da un voltaje constante de 60 V y el interruptor se cierra cuando $t = 0$ de tal manera que la corriente empieza con $I(0) = 0$, encuentre (a) $I(t)$, (b) la corriente después de 1 segundo y (c) el valor límite de la corriente.

La ecuación diferencial del ejemplo 4 es lineal y separable, por lo que un método alternativo es resolverla como una ecuación separable (ejemplo 9.3.4). Sin embargo, si se reemplaza la batería por un generador, se obtiene una ecuación que es lineal pero no es separable (ejemplo 5).

SOLUCIÓN

(a) Si se sustituye $L = 4$, $R = 12$ y $E(t) = 60$ en la ecuación 7, se obtiene el problema con valores iniciales

$$4\frac{dI}{dt} + 12I = 60 \qquad I(0) = 0$$

o

$$\frac{dI}{dt} + 3I = 15 \qquad I(0) = 0$$

Al multiplicar por el factor integrante $e^{\int 3\,dt} = e^{3t}$, se obtiene

$$e^{3t}\frac{dI}{dt} + 3e^{3t}I = 15e^{3t}$$

$$\frac{d}{dt}(e^{3t}I) = 15e^{3t}$$

$$e^{3t}I = \int 15e^{3t}\,dt = 5e^{3t} + C$$

$$I(t) = 5 + Ce^{-3t}$$

En la figura 5 se muestra cómo la corriente del ejemplo 4 se aproxima a su valor límite.

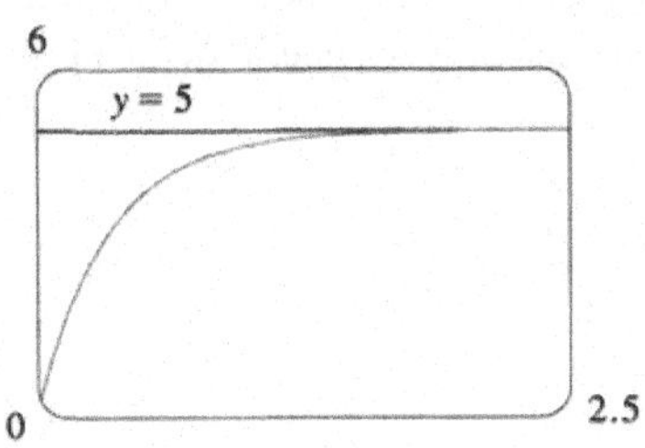

FIGURA 5

Ya que $I(0) = 0$, se tiene $5 + C = 0$, por tanto, $C = -5$ e

$$I(t) = 5(1 - e^{-3t})$$

(b) Después de un segundo, la corriente es

$$I(1) = 5(1 - e^{-3}) \approx 4.75 \text{ A}$$

(c) El valor límite de la corriente está dado por

$$\lim_{t\to\infty} I(t) = \lim_{t\to\infty} 5(1 - e^{-3t}) = 5 - 5\lim_{t\to\infty} e^{-3t} = 5 - 0 = 5$$ ■

En la figura 6 se muestra la gráfica de la corriente cuando se reemplaza la batería por un generador.

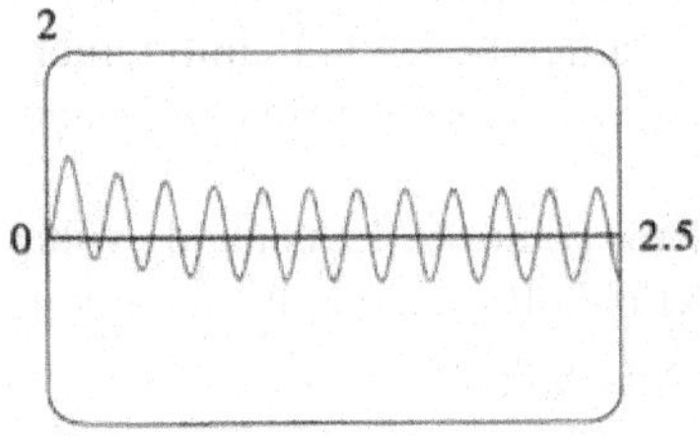

FIGURA 6

EJEMPLO 5 Suponga que la resistencia y la inductancia permanecen como en el ejemplo 4 pero, en lugar de la batería, se usa un generador que produce un voltaje variable de $E(t) = 60 \operatorname{sen} 30t$ volts. Encuentre $I(t)$.

SOLUCIÓN Esta vez la ecuación diferencial se convierte en

$$4\frac{dI}{dt} + 12I = 60 \operatorname{sen} 30t \qquad \text{o} \qquad \frac{dI}{dt} + 3I = 15 \operatorname{sen} 30t$$

El mismo factor integrante e^{3t} da

$$\frac{d}{dt}(e^{3t}I) = e^{3t}\frac{dI}{dt} + 3e^{3t}I = 15e^{3t} \operatorname{sen} 30t$$

Al usar la fórmula 98 de la tabla de integrales, se tiene

$$e^{3t}I = \int 15e^{3t}\,\text{sen}\,30t\,dt = 15\,\frac{e^{3t}}{909}(3\,\text{sen}\,30t - 30\cos 30t) + C$$

$$I = \tfrac{5}{101}(\text{sen}\,30t - 10\cos 30t) + Ce^{-3t}$$

Ya que $I(0) = 0$ se obtiene

$$-\tfrac{50}{101} + C = 0$$

por tanto, $$I(t) = \tfrac{5}{101}(\text{sen}\,30t - 10\cos 30t) + \tfrac{50}{101}e^{-3t}$$ ■

9.5 EJERCICIOS

1-4 Determine si la ecuación diferencial es lineal.

1. $y' + x\sqrt{y} = x^2$ **2.** $y' - x = y\tan x$

3. $ue^t = t + \sqrt{t}\,\dfrac{du}{dt}$ **4.** $\dfrac{dR}{dt} + t\cos R = e^{-t}$

5-14 Resuelva la ecuación diferencial.

5. $xy' - 2y = x^2$ **6.** $y' = x + 5y$

7. $y' = y - x$ **8.** $4x^3y + x^4y' = \text{sen}^3 x$

9. $\text{sen}\,x\,\dfrac{dy}{dx} + (\cos x)y = \text{sen}(x^2)$ **10.** $2xy' + y = 2\sqrt{x}$

11. $xy' - 2y = x^2, \quad x > 0$ **12.** $y' + 2xy = 1$

13. $t^2\dfrac{dy}{dt} + 3ty = \sqrt{1 + t^2}, \quad t > 0$

14. $x\dfrac{dy}{dx} - 4y = x^4e^x$

15-20 Resuelva el problema con valor inicial.

15. $x^2y' + 2xy = \ln x, \quad y(1) = 2$

16. $2xy' + y = 6x, \quad x > 0, \quad y(4) = 20$

17. $t\dfrac{du}{dt} = t^2 + 3u, \quad t > 0, \quad u(2) = 4$

18. $xy' + y = x\ln x, \quad y(1) = 0$

19. $xy' = y + x^2\,\text{sen}\,x, \quad y(\pi) = 0$

20. $(x^2 + 1)\dfrac{dy}{dx} + 3x(y - 1) = 0, \quad y(0) = 2$

21-22 Resuelva la ecuación diferencial y utilice una calculadora o computadora para trazar la gráfica de varios miembros de la familia de soluciones. ¿Cómo cambia la curva solución cuando varía C?

21. $xy' + 2y = e^x$ **22.** $xy' = x^2 + 2y$

23. Una **ecuación diferencial de Bernoulli** (en honor a James Bernoulli) es de la forma

$$\frac{dy}{dx} + P(x)y = Q(x)y^n$$

Observe que, si $n = 0$ o 1, la ecuación de Bernoulli es lineal. Para otros valores de n, demuestre que la sustitución $u = y^{1-n}$ transforma la ecuación de Bernoulli en la ecuación lineal

$$\frac{du}{dx} + (1 - n)P(x)u = (1 - n)Q(x)$$

24-25 Use el método del ejercicio 23 para resolver la ecuación diferencial.

24. $xy' + y = -xy^2$

25. $y' + \dfrac{2}{x}y = \dfrac{y^3}{x^2}$

26. Resuelva la ecuación de segundo orden $xy'' + 2y' = 12x^2$ haciendo la sustitución $u = y'$.

27. En el circuito que se muestra en la figura 4, una batería suministra un voltaje de 40 V, la inductancia es 2 H, la resistencia es 10 Ω e $I(0) = 0$.

(a) Encuentre $I(t)$.

(b) Determine la corriente después de 0.1 segundos.

28. En el circuito que se muestra en la figura 4, un generador suministra un voltaje de $E(t) = 40\,\text{sen}\,60t$ volts, la inductancia es 1 H, la resistencia es 20 Ω e $I(0) = 1$ A.

(a) Encuentre $I(t)$.

(b) Determine la corriente después de 0.1 segundos.

(c) Use un dispositivo de graficación para dibujar la gráfica de la función corriente.

29. En la figura se muestra un circuito que contiene una fuerza electromotriz, un capacitor con capacitancia C farads (F) y un resistor con una resistencia de R ohms (Ω). La caída de voltaje en el capacitor es Q/C, donde Q es la carga (en coulombs), así que en este caso la ley de Kirchhoff da

$$RI + \frac{Q}{C} = E(t)$$

Pero $I = dQ/dt$ (véase el ejemplo 3.7.3), por lo que se tiene

$$R\frac{dQ}{dt} + \frac{1}{C}Q = E(t)$$

Suponga que la resistencia es 5 Ω, la capacitancia es 0.05 F, una batería de un voltaje constante de 60 V y la carga inicial es $Q(0) = 0$ C. Encuentre la carga y la corriente en el tiempo t.

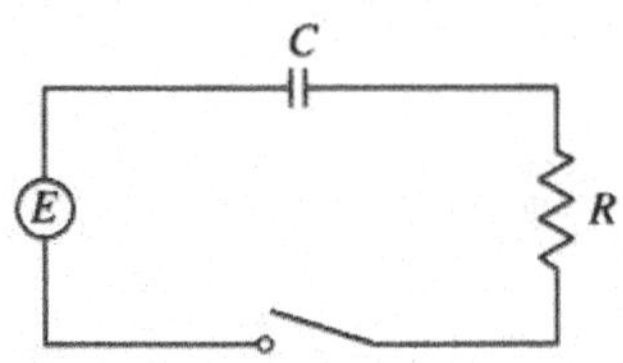

30. En el circuito del ejercicio 29, $R = 2\ \Omega$, $C = 0.01$ F, $Q(0) = 0$ y $E(t) = 10 \operatorname{sen} 60t$. Encuentre la carga y la corriente en el tiempo t.

31. Sea $P(t)$ el nivel de desempeño de alguien que aprende una habilidad como una función de tiempo de entrenamiento t. La gráfica de P se llama *curva de aprendizaje*. En el ejercicio 9.1.15 se propuso la ecuación diferencial

$$\frac{dP}{dt} = k[M - P(t)]$$

como un modelo razonable para el aprendizaje, donde k es una constante positiva. Resuélvala como una ecuación diferencial lineal y use su solución para graficar la curva de aprendizaje.

32. Se contrató a dos nuevos trabajadores para una línea de ensamble. Jim procesó 25 unidades durante la primera hora y 45 unidades durante la segunda hora. Mark procesó 35 unidades durante la primera hora y 50 unidades durante la segunda hora. Por medio del modelo del ejercicio 31, y suponiendo que $P(0) = 0$, estime el número máximo de unidades por hora que cada trabajador es capaz de procesar.

33. En la sección 9.3 se examinaron problemas de mezclas en los que el volumen de líquido permaneció constante y se vio que tales problemas dan lugar a ecuaciones separables. (Véase el ejemplo 6 de esa sección.) Si las relaciones de flujo hacia dentro y hacia fuera del sistema son diferentes, entonces el volumen no es constante y la ecuación diferencial resultante es lineal pero no separable.

Un tanque contiene 100 L de agua. Una solución con una concentración de sal de 0.4 kg/L se agrega en una proporción de 5 L/min. La solución se mantiene mezclada y se drena del tanque a una rapidez de 3 L/min. Si $y(t)$ es la cantidad de sal (en kilogramos) después de t minutos, demuestre que y satisface la ecuación diferencial

$$\frac{dy}{dt} = 2 - \frac{3y}{100 + 2t}$$

Resuelva esta ecuación y determine la concentración después de 20 minutos.

34. Un tanque con una capacidad de 400 L se llena con una mezcla de agua y cloro con una concentración de 0.05 g de cloro por litro. Para reducir la concentración de cloro, se bombea agua nueva hacia el recipiente a razón de 4 L/s. La mezcla se mantiene agitada y se bombea hacia afuera a razón de 10 L/s. Encuentre la cantidad de cloro en el recipiente como una función del tiempo.

35. Un objeto con masa m se deja caer desde el reposo y se supone que la resistencia del aire es proporcional a la rapidez del objeto. Si $s(t)$ es la distancia recorrida después de t segundos, entonces la rapidez es $v = s'(t)$ y la aceleración es $a = v'(t)$. Si g es la aceleración debida a la gravedad, entonces la fuerza hacia abajo sobre el objeto es $mg - cv$, donde c es una constante positiva, y la segunda ley de Newton da

$$m\frac{dv}{dt} = mg - cv$$

(a) Resuélvala como una ecuación lineal para demostrar que

$$v = \frac{mg}{c}(1 - e^{-ct/m})$$

(b) ¿Cuál es la velocidad límite?

(c) Encuentre la distancia que ha recorrido el objeto después de t segundos.

36. Si se ignora la resistencia del aire, se puede concluir que los objetos más pesados no caen más rápido que los objetos ligeros. Pero si se toma en cuenta la resistencia del aire, la conclusión cambia. Use la expresión para la velocidad de un objeto que cae en el ejercicio 35(a) para encontrar dv/dm y demuestre que los objetos más pesados *caen* más rápido que los más ligeros.

37. (a) Demuestre que la sustitución $z = 1/P$ transforma la ecuación diferencial logística $P' = kP(1 - P/M)$ en la ecuación diferencial lineal

$$z' + kz = \frac{k}{M}$$

(b) Resuelva la ecuación diferencial lineal del inciso (a) para obtener una expresión para $P(t)$. Compárela con la ecuación 9.4.7.

38. Para considerar la variación estacional en la ecuación diferencial logística, tiene que hacer que k y M sean funciones de t:

$$\frac{dP}{dt} = k(t)P\left(1 - \frac{P}{M(t)}\right)$$

(a) Verifique que la sustitución $z = 1/P$ transforma esta ecuación en la ecuación lineal

$$\frac{dz}{dt} + k(t)z = \frac{k(t)}{M(t)}$$

(b) Escriba una expresión para la solución de la ecuación lineal del inciso *a*) y utilícela para demostrar que si la capacidad de carga M es constante, entonces

$$P(t) = \frac{M}{1 + CMe^{-\int k(t)\,dt}}$$

Deduzca que si $\int_0^\infty k(t)\,dt = \infty$, entonces $\lim_{t\to\infty} P(t) = M$. [Esto es cierto si $k(t) = k_0 + a\cos bt$ con $k_0 > 0$, lo cual describe una tasa de crecimiento intrínseco con una variación estacional periódica.]

(c) Si k es constante pero M varía, demuestre que

$$z(t) = e^{-kt}\int_0^t \frac{ke^{ks}}{M(s)}\,ds + Ce^{-kt}$$

y utilice la regla de L'Hôpital para deducir que si $M(t)$ tiene un límite cuando $t \to \infty$, entonces $P(t)$ tiene el mismo límite.

9.6 Sistemas presa-depredador

Se ha observado una variedad de modelos para el crecimiento de una sola especie que vive sola en un ambiente. En esta sección se consideran modelos más reales que toman en cuenta la interacción de dos especies en el mismo hábitat. Se verá que estos modelos toman la forma de un par de ecuaciones diferenciales vinculadas.

Primero se toma en cuenta la situación en que una especie, llamada *presa*, tiene un suministro amplio de alimento y la segunda especie, llamada *depredador*, se alimenta de la presa. Ejemplos de presas y depredadores incluyen conejos y lobos en un bosque aislado, peces y tiburones, pulgones y mariquitas, y bacterias y amibas. El modelo tendrá dos variables dependientes, y ambas son funciones del tiempo. Sea $R(t)$ el número de presas (usando R para conejos) y $W(t)$ el número de depredadores (con W para lobos) al tiempo t.

En ausencia de depredadores, el suministro amplio de alimento apoyaría el crecimiento exponencial de la presa, es decir,

$$\frac{dR}{dt} = kR \qquad \text{donde } k \text{ es una constante positiva}$$

En ausencia de la presa, se supone que la población de depredadores disminuiría con la mortalidad a una razón proporcional a sí misma, esto es

$$\frac{dW}{dt} = -rW \qquad \text{donde } r \text{ es una constante positiva}$$

Sin embargo, con ambas especies presentes, se supone que la causa principal de muerte entre la presa es ser comida por un depredador y los ritmos de natalidad y supervivencia de los depredadores depende del suministro de alimento disponible, es decir, la presa. Se supone también que las dos especies se encuentran entre sí con una frecuencia que es proporcional a ambas poblaciones y, por tanto, es proporcional al producto RW. (Mientras mayor sea la cantidad de cualquier población, es más probable que haya mayor número de encuentros.) Un sistema de dos ecuaciones diferenciales que incorpora estas suposiciones es como sigue:

W representa el depredador.
R representa la presa.

$$\boxed{1} \qquad \frac{dR}{dt} = kR - aRW \qquad \frac{dW}{dt} = -rW + bRW$$

donde k, r, a y b son constantes positivas. Observe que el término $-aRW$ disminuye la rapidez de crecimiento natural de la presa y el término bRW incrementa la rapidez de crecimiento natural de los depredadores.

Las ecuaciones en (1) se conocen como **ecuaciones presa-depredador**, o **ecuaciones de Lotka-Volterra**. Una **solución** de este sistema de ecuaciones es un par de funciones $R(t)$ y $W(t)$ que describe las poblaciones de presa y depredador como funciones del tiempo. Ya que el sistema está acoplado (R y W se presentan en ambas ecuaciones), no se puede resolver una ecuación y luego la otra; se tienen que resolver de forma simultánea. Desafortunadamente, por lo general es imposible encontrar fórmulas explícitas para R y W como funciones de t. Sin embargo, se pueden emplear métodos gráficos para analizar las ecuaciones.

El matemático italiano Vito Volterra (1860-1940) propuso las ecuaciones de Lotka-Volterra como un modelo para explicar las variaciones en las poblaciones de tiburones y peces en el mar Adriático.

EJEMPLO 1 Suponga que las poblaciones de conejos y lobos se describen mediante las ecuaciones de Lotka-Volterra (1) con $k = 0.08$, $a = 0.001$, $r = 0.02$ y $b = 0.00002$. El tiempo t se mide en meses.

(a) Encuentre las soluciones constantes (llamadas **soluciones de equilibrio**) e interprete la respuesta.

(b) Use el sistema de ecuaciones diferenciales para encontrar una expresión para dW/dR.

(c) Dibuje un campo direccional para la ecuación diferencial resultante en el plano RW. Después use ese campo direccional para encontrar algunas curvas solución.

(d) Suponga que, en algún punto del tiempo, hay 1000 conejos y 40 lobos. Dibuje la curva solución correspondiente y empléela para describir los cambios en ambos niveles de población.

(e) Use el inciso (d) para trazar R y W como funciones de t.

SOLUCIÓN

(a) Con los valores dados de k, a, r y b, las ecuaciones de Lotka-Volterra se convierten en

$$\frac{dR}{dt} = 0.08R - 0.001RW$$

$$\frac{dW}{dt} = -0.02W + 0.00002RW$$

Tanto R como W serán constantes si ambas derivadas son 0, es decir,

$$R' = R(0.08 - 0.001W) = 0$$

$$W' = W(-0.02 + 0.00002R) = 0$$

Una solución está dada por $R = 0$ y $W = 0$. (Esto tiene sentido: si no hay conejos o lobos, las poblaciones no se incrementan.) La otra solución constante es

$$W = \frac{0.08}{0.001} = 80$$

$$R = \frac{0.02}{0.00002} = 1000$$

Por lo que las poblaciones de equilibrio constan de 80 lobos y 1000 conejos. Esto significa que 1000 conejos son suficientes para soportar una población constante de 80 lobos. No hay ni muchos lobos (lo cual daría como resultado menos conejos) ni pocos lobos (lo que produciría más conejos).

(b) Use la regla de la cadena para eliminar t:

$$\frac{dW}{dt} = \frac{dW}{dR}\frac{dR}{dt}$$

por lo que

$$\frac{dW}{dR} = \frac{\dfrac{dW}{dt}}{\dfrac{dR}{dt}} = \frac{-0.02W + 0.00002RW}{0.08R - 0.001RW}$$

(c) Si se considera a W como una función de R, se tiene la ecuación diferencial

$$\frac{dW}{dR} = \frac{-0.02W + 0.00002RW}{0.08R - 0.001RW}$$

Dibuje el campo direccional para esta ecuación diferencial en la figura 1 y úselo para trazar varias curvas solución en la figura 2. Si se mueve a lo largo de una curva solución, se observa cómo cambia la relación entre R y W conforme pasa el tiempo. Observe que al parecer las curvas son cerradas en el sentido de que, si se viaja a lo largo de una curva, siempre se vuelve al mismo punto. Observe también que el punto (1000, 80) está dentro de todas las curvas solución. Ese punto se llama *punto de equilibrio* porque corresponde a la solución de equilibrio $R = 1000$, $W = 80$.

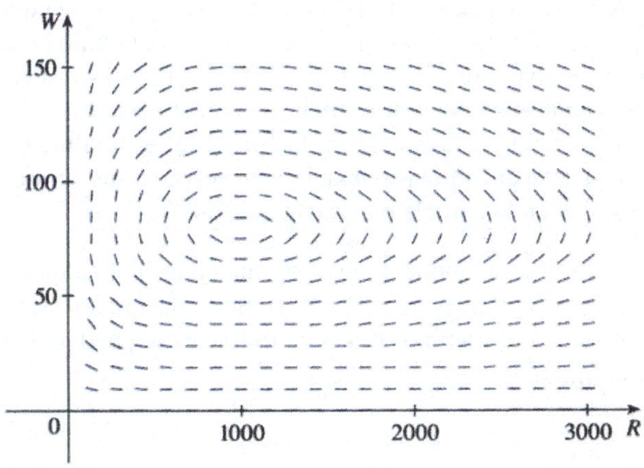

FIGURA 1
Campo direccional para el sistema presa-depredador

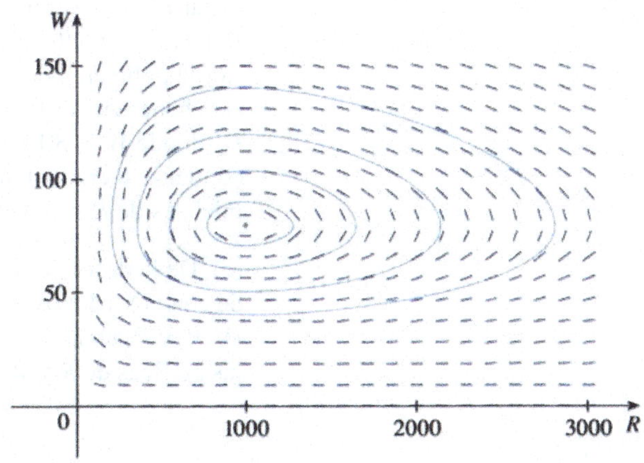

FIGURA 2
Retrato de fase del sistema

Cuando se representan soluciones de un sistema de ecuaciones diferenciales como en la figura 2, se debe referir al plano RW como el **plano fase**, y se debe llamar **trayectorias de fase** a las curvas solución. Así, una trayectoria de fase es una que se traza mediante las soluciones (R, W) conforme pasa el tiempo. Un **retrato de fase** consta de puntos de equilibrio y trayectorias de fase representativas, como se muestra en la figura 2.

(d) Empezar con 1000 conejos y 40 lobos corresponde a trazar la curva solución por el punto $P_0(1000, 40)$. En la figura 3 se muestra esta trayectoria de fase sin el campo direccional.

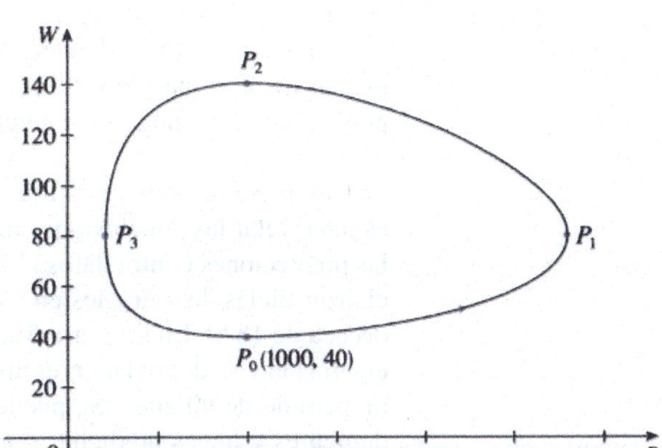

FIGURA 3
Trayectoria de fase que pasa por (1000, 40)

Si se empieza en el punto P_0 en el tiempo $t = 0$ y se incrementa t, ¿se va en el sentido de las manecillas del reloj o al contrario alrededor de la trayectoria fase? Si se escribe $R = 1000$ y $W = 40$ en la primera ecuación diferencial, se obtiene

$$\frac{dR}{dt} = 0.08(1000) - 0.001(1000)(40) = 80 - 40 = 40$$

Ya que $dR/dt > 0$, se concluye que R es creciente en P_0 y, por tanto, se va en sentido contrario a las manecillas del reloj alrededor de la trayectoria de fase.

Se ve que en P_0 no hay suficientes lobos para mantener un equilibrio entre las poblaciones, por lo que se incrementa la población de conejos. Eso da como resultado más lobos y, en algún momento, hay tantos lobos que los conejos tienen dificultades para evitarlos. Así, el número de conejos comienza a disminuir (en P_1, donde se estima que R llega a su población máxima de casi 2800). Esto significa que en algún tiempo posterior la población de lobos comienza a bajar (en P_2, donde $R = 1000$ y $W \approx 140$). Pero esto beneficia a los conejos, por lo que su población comienza a crecer después (en P_3, donde $W = 80$ y $R \approx 210$). Como consecuencia, la población de lobos finalmente comienza a crecer también. Esto sucede cuando las poblaciones vuelven a sus valores iniciales de $R = 1000$ y $W = 40$, y el ciclo completo comienza de nuevo.

(e) De la descripción del inciso (d) de cómo aumentan y disminuyen las poblaciones de conejos y lobos, se pueden trazar las gráficas de $R(t)$ y $W(t)$. Suponga que los puntos P_1, P_2 y P_3 en la figura 3 se alcanzan en los tiempos t_1, t_2 y t_3. Entonces se pueden trazar las gráficas de R y W como en la figura 4.

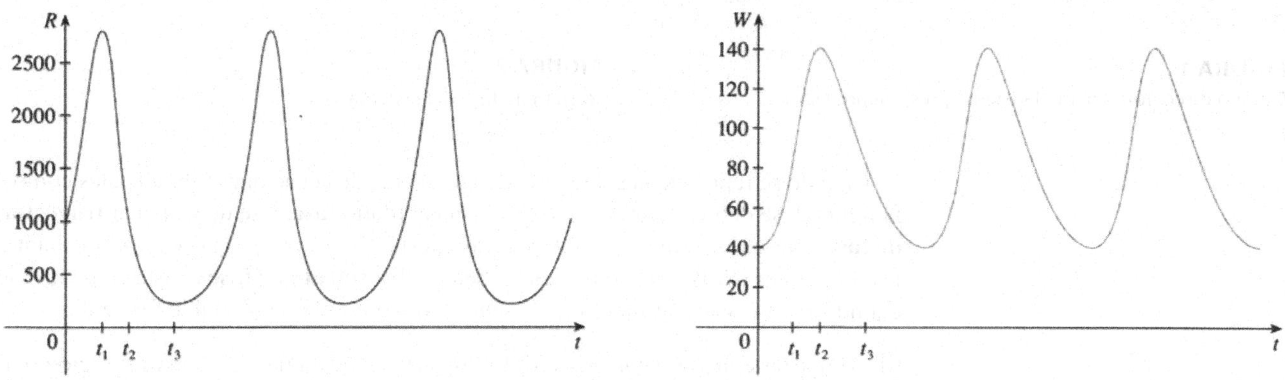

FIGURA 4 Gráficas de las poblaciones de conejos y lobos como funciones del tiempo

Para facilitar la comparación de las gráficas, se trazan en los mismos ejes, pero con escalas distintas para R y W, como en la figura 5. Observe que los conejos alcanzan sus poblaciones máximas cerca de un cuarto de ciclo antes que los lobos. ■

Una parte importante del proceso de modelado, como se analizó en la sección 1.2, es interpretar las conclusiones matemáticas como predicciones del mundo real y probar las predicciones contra datos reales. La Hudson's Bay Company, que comenzó a comercializar pieles de animales en Canadá en 1670, ha mantenido registros que datan de la década de 1840. En la figura 6 se muestran las gráficas del número de pieles de la liebre americana y su depredador, el lince de Canadá, comercializadas por la compañía durante un período de 90 años. Se puede ver que las oscilaciones acopladas en las poblaciones de liebres y linces predichas por el modelo de Lotka-Volterra ocurren en realidad, y el período de estos ciclos es aproximadamente de 10 años.

TEC En Module 9.6 se pueden cambiar los coeficientes en las ecuaciones Lotka-Volterra y observar los cambios en la trayectoria de fase y las gráficas de población de conejos y lobos.

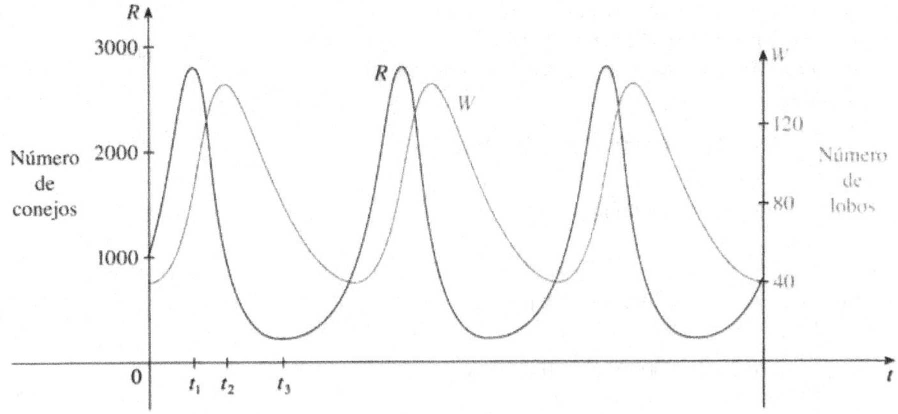

FIGURA 5
Comparación de poblaciones de conejos y lobos

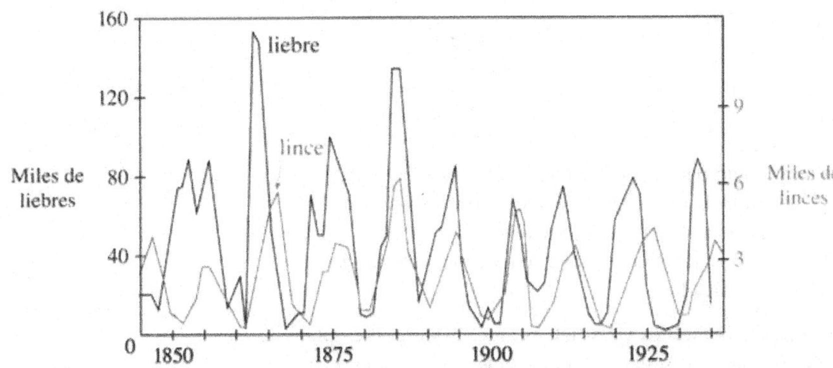

FIGURA 6
Abundancia relativa de liebres y linces de los registros de la Hudson's Bay Company

Aunque el modelo relativamente simple de Lotka-Volterra ha tenido cierto éxito en explicar y predecir poblaciones acopladas, se han propuesto modelos más complejos. Una manera de modificar las ecuaciones de Lotka-Volterra es suponer que, en ausencia de depredadores, la presa crece de acuerdo con un modelo logístico con capacidad de carga M. Después las ecuaciones de Lotka-Volterra (1) se reemplazan por el sistema de ecuaciones diferenciales

$$\frac{dR}{dt} = kR\left(1 - \frac{R}{M}\right) - aRW \qquad \frac{dW}{dt} = -rW + bRW$$

Este modelo es investigado en los ejercicios 11 y 12.

Se han propuesto modelos para describir y predecir niveles de población de dos especies que compiten por los mismos recursos o cooperan para beneficio mutuo. Esta clase de modelos se explora en los ejercicios 2-4.

9.6 EJERCICIOS

1. Para cada sistema presa-depredador, determine cuál de las variables, x o y, representa la población de presas y cuál representa la población de depredadores. ¿El crecimiento de la presa está restringido solo por los depredadores o también por otros factores? ¿Los depredadores se alimentan solo de la presa o tienen fuentes de alimento adicionales? Explique.

(a) $\dfrac{dx}{dt} = -0.05x + 0.0001xy$

$\dfrac{dy}{dt} = 0.1y - 0.005xy$

(b) $\dfrac{dx}{dt} = 0.2x - 0.0002x^2 - 0.006xy$

$\dfrac{dy}{dt} = -0.015y + 0.00008xy$

2. Cada sistema de ecuaciones diferenciales se modela para dos especies que compiten por los mismos recursos o cooperan para beneficio mutuo (plantas que florecen e insectos polinizadores, por ejemplo). Decida si cada sistema describe la competencia o la cooperación y explique por qué es un modelo razonable. (Pregúntese qué efecto tiene en una especie un incremento en la rapidez de crecimiento de la otra.)

(a) $\frac{dx}{dt} = 0.12x - 0.0006x^2 + 0.00001xy$

$\frac{dy}{dt} = 0.08x + 0.00004xy$

(b) $\frac{dx}{dt} = 0.15x - 0.0002x^2 - 0.0006xy$

$\frac{dy}{dt} = 0.2y - 0.00008y^2 - 0.0002xy$

3. El sistema de ecuaciones diferenciales

$$\frac{dx}{dt} = 0.5x - 0.004x^2 - 0.001xy$$

$$\frac{dy}{dt} = 0.4y - 0.001y^2 - 0.002xy$$

es un modelo para la población de dos especies.

(a) ¿El modelo describe cooperación o competencia, o una relación presa-depredador?

(b) Encuentre las soluciones de equilibrio y explique su significado.

4. El lince come liebres y las liebres americanas comen plantas leñosas como los sauces. Suponga que, en ausencia de las liebres, la población de sauces creciera exponencialmente y la población de linces decayera exponencialmente. En ausencia de linces y de sauces, la población de liebres decaería exponencialmente. Si $L(t)$, $H(t)$ y $W(t)$ representan las poblaciones de estas tres especies en el tiempo t, escriba un sistema de ecuaciones diferenciales como modelo para la dinámica. Si las constantes de la ecuación son todas positivas, explique por qué han usado más o menos signos.

5-6 Se muestra una trayectoria de fase para la población de conejos (R) y zorros (F).

(a) Describa cómo cambia cada población conforme pasa el tiempo.

(b) Use su descripción para dibujar un esquema aproximado de las gráficas de R y F como funciones del tiempo.

5.

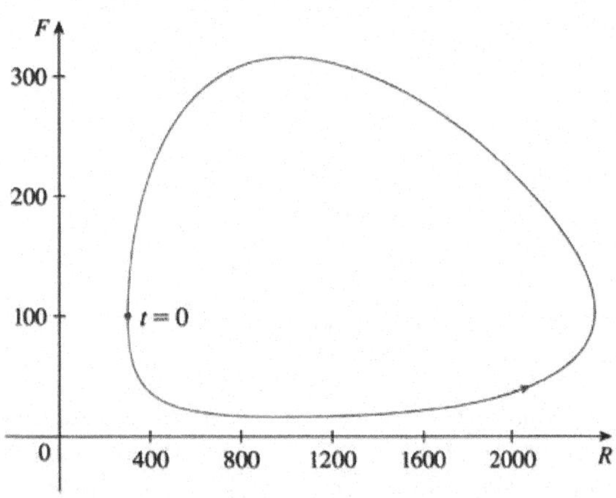

6.

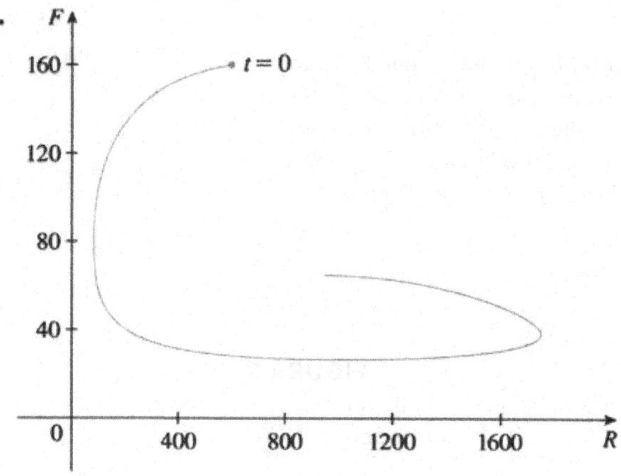

7-8 Se muestran gráficas de población de dos especies. Úselas para trazar la trayectoria de fase correspondiente.

7.

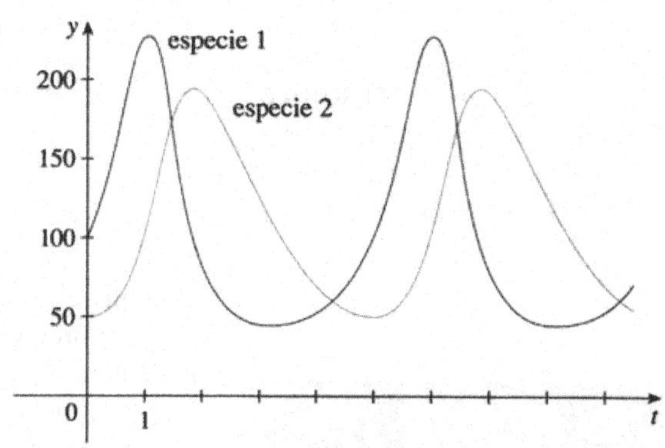

8.

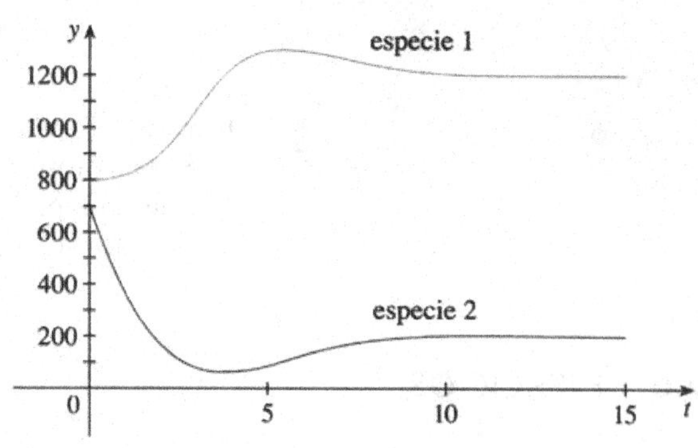

9. En el ejemplo 1(b), se demuestra que las poblaciones de conejos y de lobos satisfacen la ecuación diferencial

$$\frac{dW}{dR} = \frac{-0.02W + 0.00002RW}{0.08R - 0.001RW}$$

Resuelva esta ecuación diferencial separable para demostrar que

$$\frac{R^{0.02}W^{0.08}}{e^{0.00002R}e^{0.001W}} = C$$

donde C es una constante.

Es imposible resolver esta ecuación para W como función explícita de R (o viceversa). Si cuenta con un sistema algebraico computacional que trace gráficas de curva definidas implícitamente, use esta ecuación y su SAC para dibujar la curva solución que pasa por el punto (1000, 40) y compárela con la figura 3.

10. Las ecuaciones modelan las poblaciones de pulgones y de mariquitas

$$\frac{dA}{dt} = 2A - 0.01AL$$

$$\frac{dL}{dt} = -0.5L + 0.0001AL$$

(a) Encuentre las soluciones de equilibrio y explique sus significados.
(b) Encuentre una expresión para dL/dA.
(c) Se muestra el campo direccional para la ecuación diferencial obtenida en el inciso (b). Úselo para trazar un retrato de fase. ¿Qué tienen en común las trayectorias de fase?

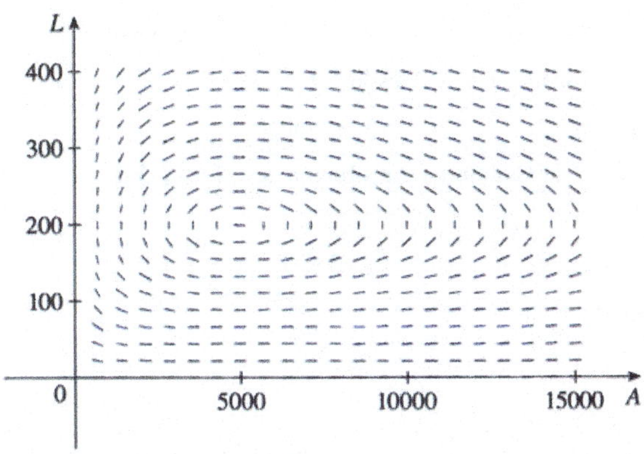

(d) Suponga que en el tiempo $t = 0$ hay 1000 pulgones y 200 mariquitas. Dibuje la trayectoria de fase correspondiente y empléela para describir cómo cambian ambas poblaciones.
(e) Use el inciso (d) para construir trazos aproximados de las poblaciones de pulgones y mariquitas como funciones de t. ¿Cómo se relacionan las gráficas entre sí?

11. En el ejemplo 1 se emplearon las ecuaciones de Lotka-Volterra para modelar poblaciones de conejos y lobos. Modifique las ecuaciones como sigue:

$$\frac{dR}{dt} = 0.08R(1 - 0.0002R) - 0.001RW$$

$$\frac{dW}{dt} = -0.02W + 0.00002RW$$

(a) De acuerdo con estas ecuaciones, ¿qué sucede con la población de conejos en ausencia de lobos?
(b) Encuentre las soluciones de equilibrio y explique su significado.
(c) En la figura se muestra la trayectoria de fase que empieza en el punto (1000, 40). Describa qué sucede finalmente con las poblaciones de conejos y lobos.

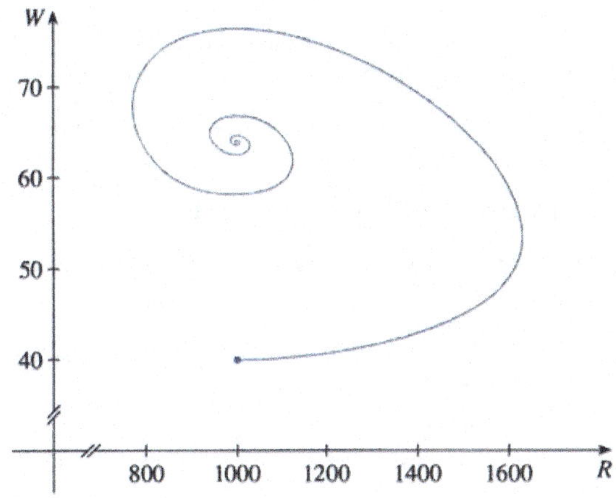

(d) Trace las gráficas de las poblaciones de conejos y lobos como funciones del tiempo.

SAC **12.** En el ejercicio 10 se modelaron poblaciones de pulgones y mariquitas con un sistema de Lotka-Volterra. Suponga que se modifican esas ecuaciones como sigue:

$$\frac{dA}{dt} = 2A(1 - 0.0001A) - 0.01AL$$

$$\frac{dL}{dt} = -0.5L + 0.0001AL$$

(a) En ausencia de mariquitas, ¿qué predice el modelo acerca de los pulgones?
(b) Encuentre las soluciones de equilibrio.
(c) Determine una expresión para dL/dA.
(d) Utilice un sistema algebraico computacional para trazar un campo direccional para la ecuación diferencial del inciso (c). Luego use el campo direccional para trazar el retrato de fase. ¿Qué tienen en común las trayectorias de fase?
(e) Suponga que en el tiempo $t = 0$ hay 1000 pulgones y 200 mariquitas. Dibuje la trayectoria de fase correspondiente y utilícela para describir cómo cambian ambas poblaciones.
(f) Use el inciso (e) para construir trazos aproximados de las poblaciones de pulgones y mariquitas como funciones de t. ¿Cómo se relacionan entre sí las gráficas?

9 REPASO

VERIFICACIÓN DE CONCEPTOS

Las respuestas a la verificación de conceptos se encuentran en las páginas finales del libro.

1. (a) ¿Qué es una ecuación diferencial?
   (b) ¿Cuál es el orden de una ecuación diferencial?
   (c) ¿Qué es una condición inicial?
2. ¿Qué se puede decir acerca de las soluciones de la ecuación $y' = x^2 + y^2$ con solo observar la ecuación diferencial?
3. ¿Qué es un campo direccional para la ecuación diferencial $y' = F(x, y)$?
4. Explique cómo funciona el método de Euler.
5. ¿Qué es una ecuación diferencial separable? ¿Cómo se resuelve?
6. ¿Qué es una ecuación diferencial lineal de primer orden? ¿Cómo se resuelve?
7. (a) Escriba una ecuación diferencial que exprese la ley natural de crecimiento. ¿Qué dice en términos de la razón de crecimiento relativo?
   (b) ¿Bajo qué circunstancias es un modelo apropiado para el crecimiento poblacional?
   (c) ¿Cuáles son las soluciones de esta ecuación?
8. (a) Escriba la ecuación logística.
   (b) ¿Bajo qué circunstancias es un modelo apropiado para el crecimiento poblacional?
9. (a) Escriba las ecuaciones de Lotka-Volterra para modelar poblaciones de peces comestibles (F) y tiburones (S).
   (b) ¿Qué dicen estas ecuaciones acerca de cada población en ausencia de la otra?

EXAMEN VERDADERO-FALSO

Determine si el enunciado es verdadero o falso. Si es verdadero explique por qué. Si es falso, explique por qué, o dé un ejemplo que refute el enunciado.

1. Todas las soluciones de la ecuación diferencial $y' = -1 - y^4$ son funciones decrecientes.
2. La función $f(x) = (\ln x)/x$ es una solución de la ecuación diferencial $x^2y' + xy = 1$.
3. La ecuación $y' = x + y$ es separable.
4. La ecuación $y' = 3y - 2x + 6xy - 1$ es separable.
5. La ecuación $e^xy' = y$ es lineal.
6. La ecuación $y' + xy = e^y$ es lineal.
7. Si y es la solución del problema de valor inicial

$$\frac{dy}{dt} = 2y\left(1 - \frac{y}{5}\right) \qquad y(0) = 1$$

entonces $\lim_{t\to\infty} y = 5$.

EJERCICIOS

1. (a) Se muestra un campo direccional para la ecuación diferencial $y' = y(y - 2)(y - 4)$. Trace las gráficas de las soluciones que satisfacen las condiciones iniciales dadas.
   (i) $y(0) = -0.3$ (ii) $y(0) = 1$
   (iii) $y(0) = 3$ (iv) $y(0) = 4.3$
   (b) Si la condición inicial es $y(0) = c$, ¿para qué valores de c es $\lim_{t\to\infty} y(t)$ finito? ¿Cuáles son las soluciones de equilibrio?

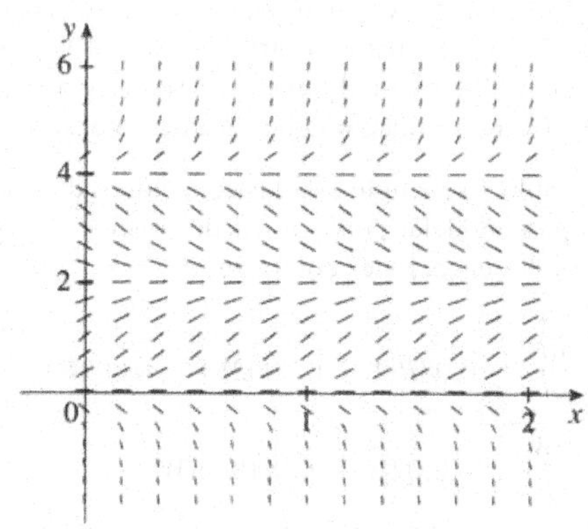

2. (a) Trace un campo direccional para la ecuación diferencial $y' = x/y$. Después empléelo para trazar las cuatro soluciones que satisfacen las condiciones iniciales $y(0) = 1$, $y(0) = -1$, $y(2) = 1$ y $y(-2) = 1$.
(b) Compruebe su trabajo del inciso (a) resolviendo la ecuación diferencial en forma explícita. ¿Qué tipo de curva es cada curva solución?

3. (a) Se muestra un campo direccional para la ecuación diferencial $y' = x^2 - y^2$. Trace la solución del problema con valor inicial

$$y' = x^2 - y^2 \qquad y(0) = 1$$

Use su gráfica para estimar el valor de $y(0.3)$.

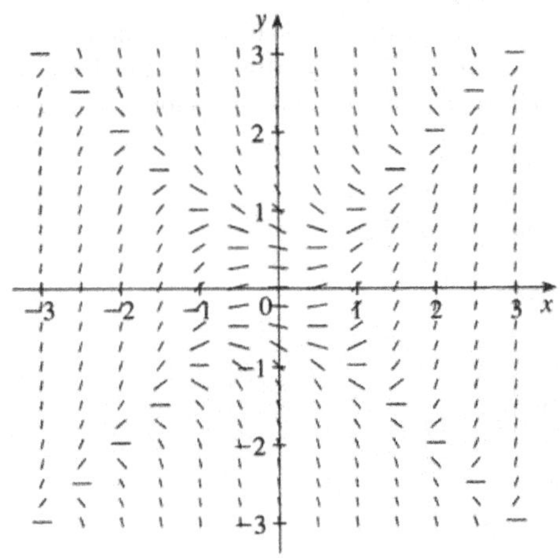

(b) Use el método de Euler con tamaño de paso 0.1 para estimar $y(0.3)$, donde $y(x)$ es la solución del problema con valor inicial del inciso (a). Compare con su estimación del inciso (a).
(c) ¿Sobre qué líneas se localizan los centros de los segmentos de recta horizontales del campo direccional del inciso (a)? ¿Qué sucede cuando una curva solución cruza estas líneas?

4. (a) Use el método de Euler con tamaño de paso 0.2 para estimar $y(0.4)$, donde $y(x)$ es la solución del problema con valor inicial

$$y' = 2xy^2 \qquad y(0) = 1$$

(b) Repita el inciso (a) con tamaño de paso 0.1.
(c) Encuentre la solución exacta de la ecuación diferencial y compare el valor en 0.4 con las aproximaciones de los incisos (a) y (b).

5-8 Resuelva la ecuación diferencial.

5. $y' = xe^{-\sin x} - y \cos x$ **6.** $\dfrac{dx}{dt} = 1 - t + x - tx$

7. $2ye^{y^2}y' = 2x + 3\sqrt{x}$ **8.** $x^2y' - y = 2x^3e^{-1/x}$

9-11 Resuelva el problema con valores iniciales.

9. $\dfrac{dr}{dt} + 2tr = r, \quad r(0) = 5$

10. $(1 + \cos x)y' = (1 + e^{-y})\operatorname{sen} x, \quad y(0) = 0$

11. $xy' - y = x \ln x, \quad y(1) = 2$

---

12. Resuelva el problema con valores iniciales $y' = 3x^2e^y$, $y(0) = 1$, y trace la gráfica de la solución.

13-14 Encuentre las trayectorias ortogonales de la familia de curvas.

13. $y = ke^x$ **14.** $y = e^{kx}$

---

15. (a) Escriba la solución del problema con valor inicial

$$\frac{dP}{dt} = 0.1P\left(1 - \frac{P}{2000}\right) \qquad P(0) = 100$$

y utilícela para encontrar la población cuando $t = 20$
(b) ¿Cuándo alcanza la población el valor 1200?

16. (a) La población del mundo era de 6.1 miles de millones en 2000 y 6.9 miles de millones en 2010. Encuentre un modelo exponencial para estos datos y utilícelo para predecir la población mundial del año 2020.
(b) De acuerdo con el modelo del inciso (a), ¿cuándo excederá la población mundial los 10 000 millones?
(c) Use los datos del inciso (a) para encontrar un modelo logístico de la población. Suponga una capacidad de carga de 20 mil millones. Después use el modelo logístico para predecir la población en 2020. Compare con su predicción del modelo exponencial.
(d) De acuerdo con el modelo logístico, ¿cuándo excederá la población mundial los 10 000 millones? Compare con su predicción del inciso (b).

17. El modelo de crecimiento de von Bertalanffy se usa para predecir la longitud $L(t)$ de un pez en un período. Si L_∞ es la mayor longitud para una especie, entonces la hipótesis es que la rapidez de crecimiento de longitud es proporcional a $L_\infty - L$, la longitud por alcanzar.
(a) Formule y resuelva una ecuación diferencial para encontrar una expresión para $L(t)$.
(b) Para la merluza del mar del Norte se ha determinado que $L_\infty = 53$ cm, $L(0) = 10$ cm, y la constante de proporcionalidad es 0.2. ¿En qué se convierte la expresión para $L(t)$ con estos datos?

18. Un tanque contiene 100 L de agua pura. Salmuera que contiene 0.1 kg de sal por litro entra al recipiente a razón de 10 L/min. La solución se mantiene mezclada por completo y sale del tanque a la misma proporción. ¿Cuánta sal hay en el tanque después de 6 minutos?

19. Un modelo para la dispersión de una epidemia es que la rapidez de dispersión es conjuntamente proporcional al número de personas infectadas y al número de personas no infectadas. En un pueblo aislado con 5000 pobladores, 160 personas tienen una enfermedad al comienzo de la semana y 1200 la tienen al final de la semana. ¿En cuánto tiempo se infecta 80% de la población?

20. La ley de Brentano-Stevens en psicología modela la forma en que un sujeto reacciona a un estímulo. Esta expresa que, si R representa la reacción a una cantidad S de estímulo, entonces las cantidades relativas de incremento son proporcionales:

$$\frac{1}{R}\frac{dR}{dt} = \frac{k}{S}\frac{dS}{dt}$$

donde k es una constante positiva. Determine R como una función de S.

21. El transporte de una sustancia por una pared capilar en fisiología pulmonar ha sido modelado mediante la ecuación diferencial

$$\frac{dh}{dt} = -\frac{R}{V}\left(\frac{h}{k+h}\right)$$

donde h es la concentración de hormonas en el torrente sanguíneo, t es el tiempo, R es la tasa de transporte máximo, V es el volumen del capilar y k es una constante positiva que mide la afinidad entre las hormonas y las enzimas que ayudan al proceso. Resuelva esta ecuación diferencial para encontrar una relación entre h y t.

22. Las poblaciones de aves e insectos se modelan por medio de las ecuaciones

$$\frac{dx}{dt} = 0.4x - 0.002xy$$

$$\frac{dy}{dt} = -0.2y + 0.000008xy$$

(a) ¿Cuál de las variables, x o y, representa la población de aves y cuál representa la población de insectos? Explique.
(b) Determine las soluciones de equilibrio y explique su importancia.
(c) Encuentre una expresión para dy/dx.
(d) Se muestra el campo direccional para la ecuación diferencial del inciso (c). Utilícelo para trazar la trayectoria de fase que corresponde a poblaciones iniciales de 100 aves y 40000 insectos. Después use la trayectoria de fase para describir cómo cambian ambas poblaciones.

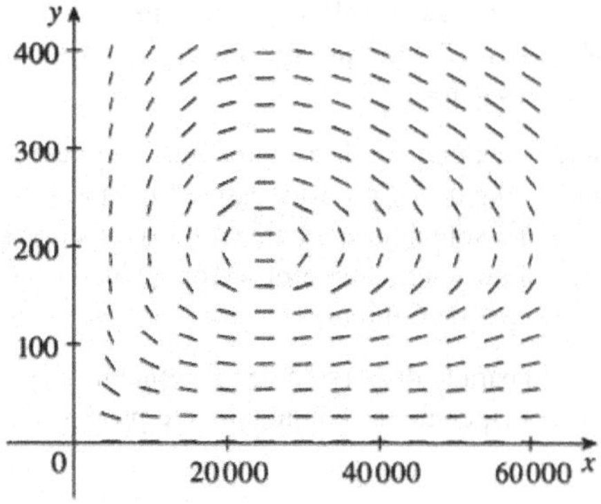

(e) Use el inciso (d) para trazar gráficas aproximadas de las poblaciones de aves e insectos como funciones del tiempo. ¿Cómo se relacionan entre sí estas gráficas?

23. Suponga que el modelo del ejercicio 22 se reemplaza mediante las ecuaciones

$$\frac{dx}{dt} = 0.4x(1 - 0.000005x) - 0.002xy$$

$$\frac{dy}{dt} = -0.2y + 0.000008xy$$

(a) De acuerdo con estas ecuaciones, ¿qué sucede con la población de insectos en ausencia de aves?
(b) Determine las soluciones de equilibrio y explique su significancia.
(c) En la figura se muestra la trayectoria de fase que comienza con 100 aves y 40000 insectos. Describa lo que finalmente sucede con las poblaciones de aves e insectos.

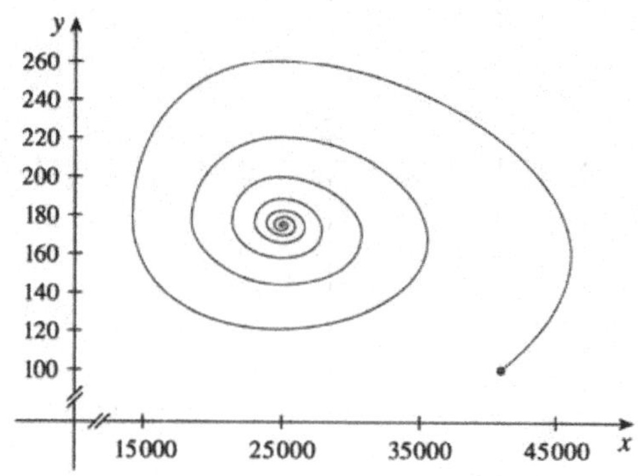

(d) Trace las gráficas de las poblaciones de aves e insectos como funciones del tiempo.

24. Bárbara pesa 60 kg y está a dieta de 1600 calorías por día, de las cuales 850 son empleadas de forma automática por el metabolismo basal. Ella gasta cerca de 15 cal/kg/día multiplicadas por su peso al hacer ejercicio. Si 1 kg de grasa contiene 10000 cal y se supone que el almacenaje de calorías en la forma de grasa es 100% eficiente, formule una ecuación diferencial y resuélvala para encontrar el peso de Bárbara como una función del tiempo. ¿En última instancia su peso se aproxima a un peso de equilibrio?

Problemas adicionales

1. Encuentre las funciones f tales que f' es continua y

$$[f(x)]^2 = 100 + \int_0^x \{[f(t)]^2 + [f'(t)]^2\}\, dt \qquad \text{para toda } x \text{ real}$$

2. Un alumno olvidó la regla para la derivada del producto y cometió el error de pensar que $(fg)' = f'g'$. Sin embargo, tuvo suerte y obtuvo la respuesta correcta. La función f que usó fue $f(x) = e^{x^2}$ y el dominio de este problema fue el intervalo $\left(\frac{1}{2}, \infty\right)$. ¿Cuál fue la función g?

3. Sea f una función con la propiedad de que $f(0) = 1$, $f'(0) = 1$ y $f(a + b) = f(a)f(b)$ para los números reales a y b. Demuestre que $f'(x) = f(x)$ para toda x y deduzca que $f(x) = e^x$.

4. Encuentre todas las funciones f que satisfacen la ecuación

$$\left(\int f(x)\, dx\right)\left(\int \frac{1}{f(x)}\, dx\right) = -1$$

5. Encuentre la curva $y = f(x)$ de tal manera que $f(x) \geqslant 0$, $f(0) = 0$, $f(1) = 1$, y el área bajo la gráfica de f de 0 a x es proporcional a la $(n + 1)$-ésima potencia de $f(x)$.

6. Una *subtangente* es una porción del eje x que se encuentra directamente bajo el segmento de una recta tangente desde el punto de contacto hasta el eje x. Encuentre las curvas que pasan a través del punto $(c, 1)$ y cuyas subtangentes todas tienen longitud c.

7. Se saca del horno un pastel de durazno a las 5:00 p.m. En ese momento está muy caliente: 100 °C. A las 5:10 p.m., su temperatura es 80 °C; a las 5:20 p.m. está a 65 °C. ¿Cuál es la temperatura en la habitación?

8. Durante la mañana del 2 de febrero comenzó a caer nieve y continuó de forma ininterrumpida hacia la tarde. A mediodía, una máquina comenzó a retirar la nieve de una carretera con rapidez constante. La máquina viajó 6 km desde el mediodía hasta la 1 p.m. pero solo 3 km de la 1 p.m. a las 2 p.m. ¿Cuándo comenzó a caer la nieve? [*Sugerencia*: para comenzar, sea t el tiempo medido en horas después del mediodía; sea $x(t)$ la distancia que recorre la máquina en el tiempo t; luego la rapidez de la máquina es dx/dt. Sea b el número de horas antes del mediodía en que comenzó a nevar. Determine una expresión para la altura de la nieve en el tiempo t. Luego use la información dada de que la tasa de remoción R (en m^3/h) es constante.]

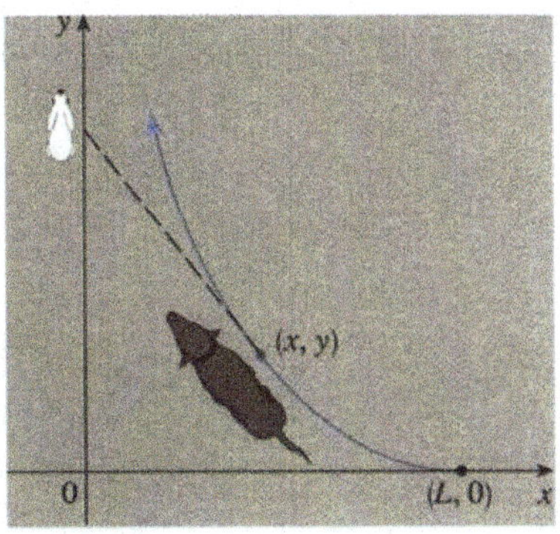

FIGURA PARA EL PROBLEMA 9

9. Un perro ve un conejo que corre en línea recta en un campo abierto y lo persigue. En un sistema coordenado rectangular (como el que se muestra en la figura), suponga:
   (i) El conejo está en el origen y el perro en el punto $(L, 0)$ en el instante en que el perro ve por primera vez al conejo.
   (ii) El conejo corre en la dirección positiva del eje y y el perro siempre corre directo hacia el conejo.
   (iii) El perro corre con la misma rapidez que el conejo.

   (a) Demuestre que la trayectoria del perro es la gráfica de la función $y = f(x)$, donde y satisface la ecuación diferencial

$$x\frac{d^2y}{dx^2} = \sqrt{1 + \left(\frac{dy}{dx}\right)^2}$$

   (b) Determine la solución de la ecuación del inciso (a) que satisface las condiciones iniciales $y = y' = 0$ cuando $x = L$. [*Sugerencia*: sea $z = dy/dx$ en la ecuación diferencial y resuelva la ecuación de primer orden resultante para encontrar z; después integre z para encontrar y.]

   (c) ¿Alguna vez el perro alcanza al conejo?

10. (a) Suponga que el perro del problema 9 corre dos veces más rápido que el conejo. Encuentre la ecuación diferencial para la trayectoria del perro. Después resuélvala para encontrar el punto donde el perro alcanza al conejo.

(b) Suponga que el perro corre a la mitad de la velocidad del conejo. ¿Qué tanto se acerca el perro al conejo? ¿Cuáles son sus posiciones cuando están más próximos?

11. Un ingeniero de planificación para una nueva planta de alumbre debe presentar algunas estimaciones a su compañía considerando la capacidad de un silo diseñado para contener bauxita hasta que se procese en alumbre. El mineral se asemeja al talco rosa y se vacía de un transportador en la parte superior del silo. El silo es un cilindro de 30 m de alto con un radio de 60 m. El transportador lleva 1500π m^3/h y el mineral mantiene una forma cónica cuyo radio es 1.5 veces su altura.

(a) Si, en cierto tiempo t, la pila tiene 20 m de altura, ¿en cuánto tiempo la pila alcanza la parte superior del silo?

(b) La administración quiere saber cuánto espacio quedará en el área de piso del silo cuando la pila sea de 20 m de altura. ¿Qué tan rápido crece el área de piso de la pila a esa altura?

(c) Suponga que un cargador comienza a remover el mineral a razón de 500π m^3/h cuando la altura de la pila alcanza 27 m. Suponga que la pila continúa manteniendo su forma. ¿En cuánto tiempo la pila alcanza la parte superior del silo en estas condiciones?

12. Encuentre la curva que pasa por el punto (3, 2) y tiene la propiedad de que, si una recta tangente se dibuja en cualquier punto P de la curva, entonces la parte de la recta tangente que yace en el primer cuadrante se biseca en P.

13. Recuerde que la recta normal a una curva en un punto P sobre la curva es la recta que pasa por P y es perpendicular a la recta tangente en P. Determine la curva que pasa por el punto (3, 2) y tiene la propiedad de que, si la recta normal se dibuja en cualquier punto sobre la curva, entonces la intersección y de la recta normal es siempre 6.

14. Encuentre las curvas con la propiedad de que, si la recta normal se dibuja en cualquier punto P sobre la curva, entonces la parte de la recta normal entre P y el eje x es bisecada por el eje y.

15. Encuentre todas las curvas con la propiedad de que, si una recta es trazada desde el origen a cualquier punto (x, y) sobre la curva, y después se traza la recta tangente a la curva en ese punto extendiéndola hasta cruzar el eje x, el resultado es un triángulo isósceles cuyos lados iguales se intersecan en (x, y).

10 Ecuaciones paramétricas y coordenadas polares

© Stocktrek / Stockbyte / Getty Images

La fotografía muestra el cometa Halley cuando pasó por la Tierra en 1986. Regresará en 2061. Fue nombrado en honor de Edmond Halley (1656–1742), el científico inglés que primero reconoció su periodicidad. En la sección 10.6 verá cómo las coordenadas polares proporcionan una ecuación conveniente para la trayectoria elíptica de su órbita.

HASTA AHORA SE HAN DESCRITO las curvas planas expresando a y como una función de x [$y = f(x)$] o a x como una función de y [$x = g(y)$], o al dar una relación entre x y y que define a y implícitamente como una función de x [$f(x, y) = 0$]. En este capítulo se estudiarán dos métodos nuevos para describir curvas.

Algunas curvas, como la cicloide, se manejan mejor cuando x y y están dadas en términos de una tercera variable t llamada un parámetro [$x = f(t)$, $y = g(t)$]. Otras curvas, tales como la cardioide, tienen una descripción más conveniente cuando se usa un nuevo sistema de coordenadas, llamado sistema de coordenadas polares.

10.1 Curvas definidas por ecuaciones paramétricas

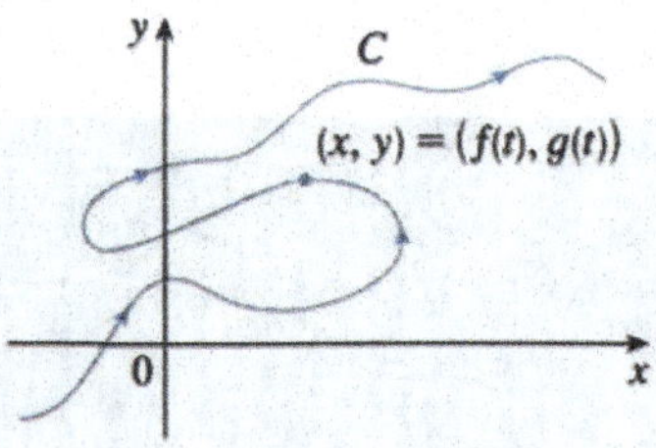

FIGURA 1

Imagine que una partícula se mueve a lo largo de la curva C que se muestra en la figura 1. Es imposible describir a C con una ecuación de la forma $y = f(x)$ porque C no pasa la prueba de la recta vertical. Pero las coordenadas x y y de la partícula son funciones del tiempo t y, por tanto, se puede escribir por medio de $x = f(t)$ y $y = g(t)$. Este par de ecuaciones suele ser una forma más conveniente de describir una curva y da lugar a la siguiente definición.

Suponga que x y y se dan como funciones de una tercera variable t (llamada **parámetro**) mediante las ecuaciones

$$x = f(t) \qquad y = g(t)$$

(llamadas **ecuaciones paramétricas**). Cada valor de t determina un punto (x, y), que se puede representar en un plano coordenado. Cuando t varía, el punto $(x, y) = (f(t), g(t))$ varía y traza una curva C, llamada **curva paramétrica**. El parámetro t no necesariamente representa el tiempo y, de hecho, se podría usar una letra distinta a t para el parámetro. Pero en muchas aplicaciones de curvas paramétricas, t denota el tiempo y, por tanto, se puede interpretar a $(x, y) = (f(t), g(t))$ como la posición de una partícula en el tiempo t.

EJEMPLO 1 Trace e identifique la curva definida por las ecuaciones paramétricas

$$x = t^2 - 2t \qquad y = t + 1$$

SOLUCIÓN Cada valor de t da un punto sobre la curva, como se muestra en la tabla. Por ejemplo, si $t = 0$, entonces $x = 0$, $y = 1$ y el punto correspondiente es $(0, 1)$. En la figura 2 se grafican los puntos (x, y) determinados por varios valores del parámetro y se unen para producir una curva.

t	x	y
−2	8	−1
−1	3	0
0	0	1
1	−1	2
2	0	3
3	3	4
4	8	5

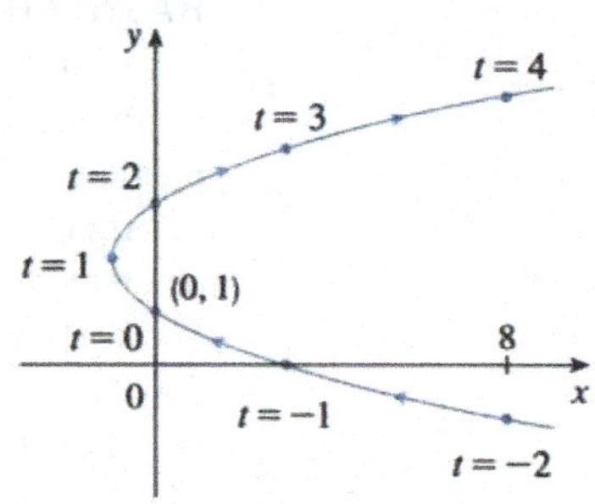

FIGURA 2

Una partícula cuya posición está dada por las ecuaciones paramétricas, se mueve a lo largo de la curva en la dirección de las flechas a medida que t aumenta. Observe que los puntos consecutivos marcados en la curva aparecen en intervalos de tiempo iguales, pero no a distancias iguales. Esto es porque la partícula desacelera y después acelera cuando aumenta t.

Esta ecuación en x y y describe *dónde* ha estado la partícula, pero no dice *cuándo* ha estado la partícula en un punto particular. Las ecuaciones paramétricas tienen una ventaja, dicen *cuándo* estuvo la partícula en un punto y la *dirección* de su movimiento.

Parece, de la figura 2, que la curva trazada por la partícula es una parábola. Esto se puede confirmar al eliminar el parámetro t como sigue. De la segunda ecuación se obtiene $t = y - 1$ y se sustituye en la primera ecuación. Esto da

$$x = t^2 - 2t = (y - 1)^2 - 2(y - 1) = y^2 - 4y + 3$$

y por tanto la curva representada por las ecuaciones paramétricas dadas es la parábola $x = y^2 - 4y + 3$. ■

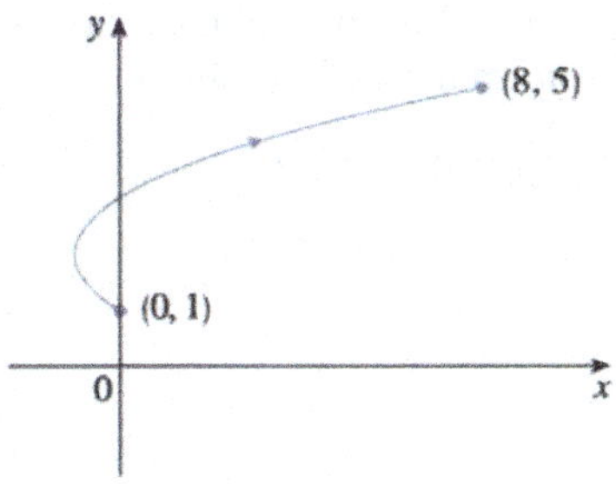

FIGURA 3

En el ejemplo 1 no hay restricciones para el parámetro t, así que suponga que t puede ser cualquier número real. Pero algunas veces se restringirá a t a un intervalo finito. Por ejemplo, la curva paramétrica

$$x = t^2 - 2t \qquad y = t + 1 \qquad 0 \leqslant t \leqslant 4$$

que se ve en la figura 3 es la parte de la parábola del ejemplo 1 que empieza en el punto (0, 1) y termina en el punto (8, 5). La punta de la flecha indica la dirección en que se ha trazado la curva cuando t crece de 0 a 4.

En general, la curva con ecuaciones paramétricas

$$x = f(t) \qquad y = g(t) \qquad a \leqslant t \leqslant b$$

tiene un **punto inicial** $(f(a), g(a))$ y un **punto terminal** $(f(b), g(b))$.

EJEMPLO 2 ¿Qué curva representan las siguientes ecuaciones paramétricas?

$$x = \cos t \qquad y = \operatorname{sen} t \qquad 0 \leqslant t \leqslant 2\pi$$

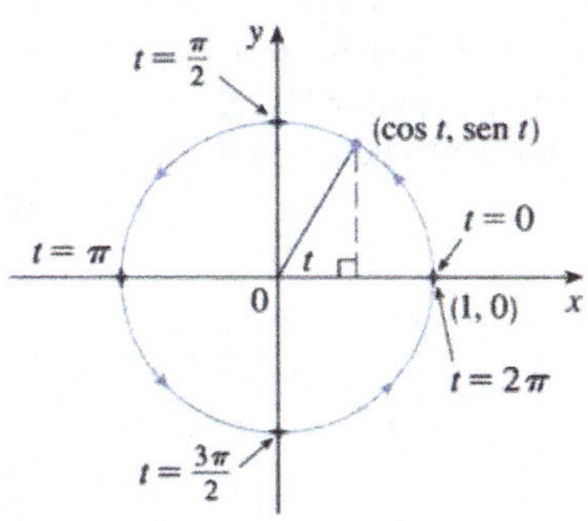

FIGURA 4

SOLUCIÓN Si se grafican algunos puntos, parece que la curva es una circunferencia, lo que se puede confirmar al eliminar t. Observe que

$$x^2 + y^2 = \cos^2 t + \operatorname{sen}^2 t = 1$$

Por lo que el punto (x, y) se mueve sobre la circunferencia $x^2 + y^2 = 1$. Observe que en este ejemplo, el parámetro t puede interpretarse como el ángulo (en radianes) que se ve en la figura 4. Cuando t se incrementa de 0 a 2π, el punto $(x, y) = (\cos t, \operatorname{sen} t)$ se mueve una vez alrededor de la circunferencia en dirección contraria a las manecillas del reloj a partir del punto (1, 0). ■

EJEMPLO 3 ¿Qué curva representan las ecuaciones paramétricas dadas?

$$x = \operatorname{sen} 2t \qquad y = \cos 2t \qquad 0 \leqslant t \leqslant 2\pi$$

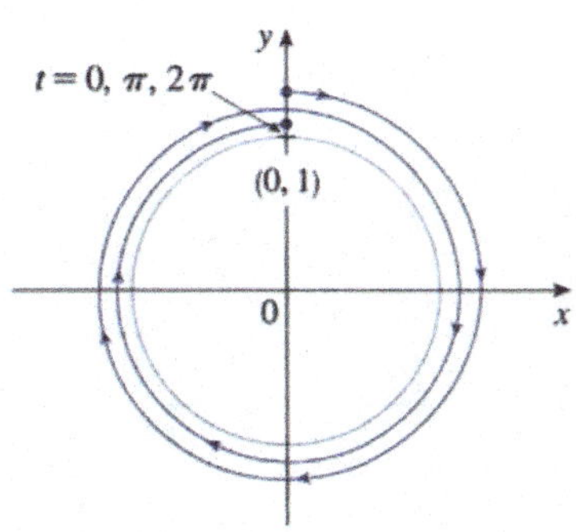

FIGURA 5

SOLUCIÓN Otra vez se tiene

$$x^2 + y^2 = \operatorname{sen}^2 2t + \cos^2 2t = 1$$

así que nuevamente las ecuaciones paramétricas representan la circunferencia unitaria $x^2 + y^2 = 1$. Pero cuando t se incrementa de 0 a 2π, el punto $(x, y) = (\operatorname{sen} 2t, \cos 2t)$ empieza en (0, 1) y se mueve *dos veces* alrededor de la circunferencia en dirección de las manecillas del reloj, como se indica en la figura 5. ■

Los ejemplos 2 y 3 muestran que diferentes conjuntos de ecuaciones paramétricas pueden representar la misma curva. Por lo que se distingue entre una *curva*, como un conjunto de puntos, y una *curva paramétrica*, en la que los puntos están trazados de un modo particular.

EJEMPLO 4 Encuentre las ecuaciones paramétricas de la circunferencia con centro en (h, k) y radio r.

SOLUCIÓN Si se toman las ecuaciones de la circunferencia unitaria del ejemplo 2 y se multiplican las expresiones para x y y por r, se obtiene $x = r \cos t$, $y = r \operatorname{sen} t$. Es posible verificar que estas ecuaciones representan una circunferencia con radio r y centro en el origen trazado en dirección contraria a las manecillas del reloj. Ahora desplace h unidades en la dirección x y k unidades en la dirección y, para obtener las ecuaciones paramétricas de la circunferencia (figura 6) con centro (h, k) y radio r:

$$x = h + r\cos t \qquad y = k + r\,\mathrm{sen}\,t \qquad 0 \leqslant t \leqslant 2\pi$$

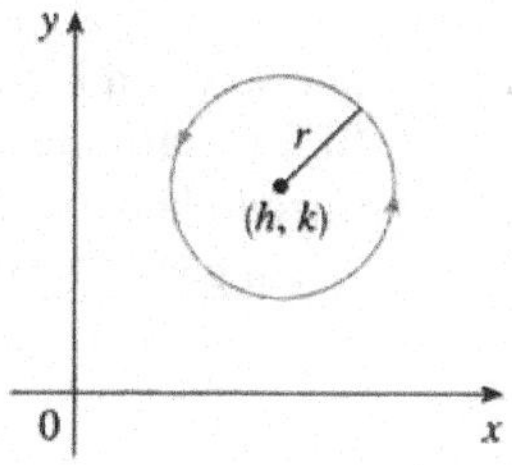

FIGURA 6
$x = h + r\cos t,\ y = k + r\,\mathrm{sen}\,t$

■

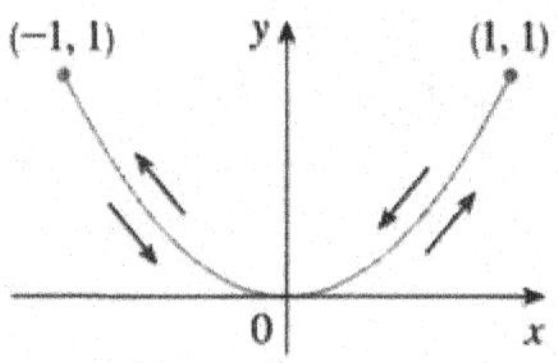

FIGURA 7

EJEMPLO 5 Trace la curva con ecuaciones paramétricas $x = \mathrm{sen}\,t$, $y = \mathrm{sen}^2\,t$.

SOLUCIÓN Observe que $y = (\mathrm{sen}\,t)^2 = x^2$ y por tanto el punto (x, y) se mueve sobre la parábola $y = x^2$. Pero también observe que, como $-1 \leqslant \mathrm{sen}\,t \leqslant 1$, se tiene $-1 \leqslant x \leqslant 1$, por lo que las ecuaciones paramétricas representan solo la parte de la parábola para la cual $-1 \leqslant x \leqslant 1$. Como sen t es periódica, el punto $(x, y) = (\mathrm{sen}\,t, \mathrm{sen}^2 t)$ se mueve infinitamente en vaivén a lo largo de la parábola de $(-1, 1)$ a $(1, 1)$. (Véase la figura 7.) ■

TEC En Module 10.1A se presenta una animación de la relación entre el movimiento a lo largo de la curva paramétrica $x = f(t)$, $y = g(t)$ y el movimiento a lo largo de las gráficas de f y g como funciones de t. Al hacer clic en TRIG se presenta a la familia de curvas paramétricas

$$x = a\cos bt \qquad y = c\,\mathrm{sen}\,dt$$

Si elige $a = b = c = d = 1$ y hace clic en **animate**, verá cómo las gráficas de $x = \cos t$ y $y = \mathrm{sen}\,t$ se relacionan con la circunferencia en el ejemplo 2. Si elige $a = b = c = 1$, $d = 2$, verá gráficas como las de la figura 8. Al hacer clic en **animate** o moviendo t a la derecha, podrá ver del código de color cómo se mueve con la trayectoria de $x = \cos t$ y $y = \mathrm{sen}\,2t$ que corresponden al movimiento a lo largo de la curva paramétrica, llamada **figura de Lissajous**.

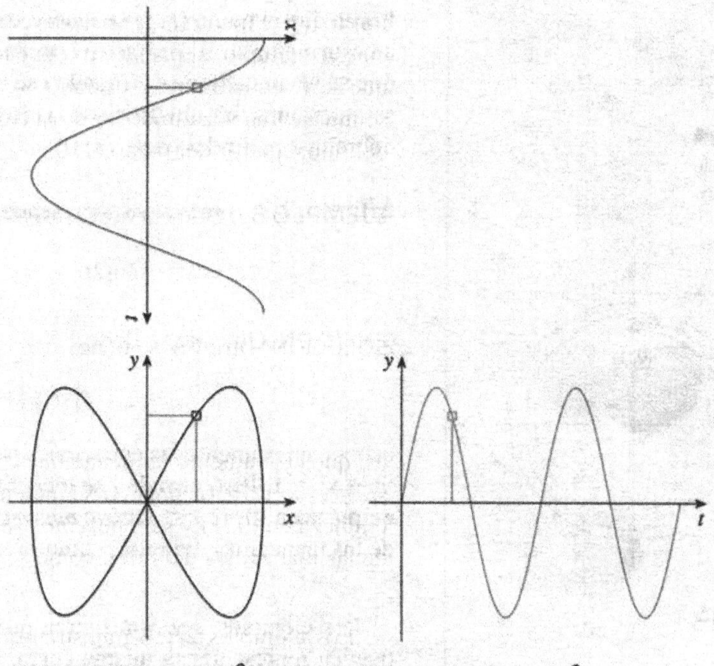

FIGURA 8 $x = \cos t \quad y = \mathrm{sen}\,2t$

■ Dispositivos de graficación

La mayor parte de las calculadoras y los programas de graficación se pueden usar para trazar la gráfica de curvas descritas por ecuaciones paramétricas. De hecho, es instructivo observar una curva paramétrica dibujada con una calculadora, porque los puntos se ubican en orden conforme se incrementan los valores del parámetro correspondiente.

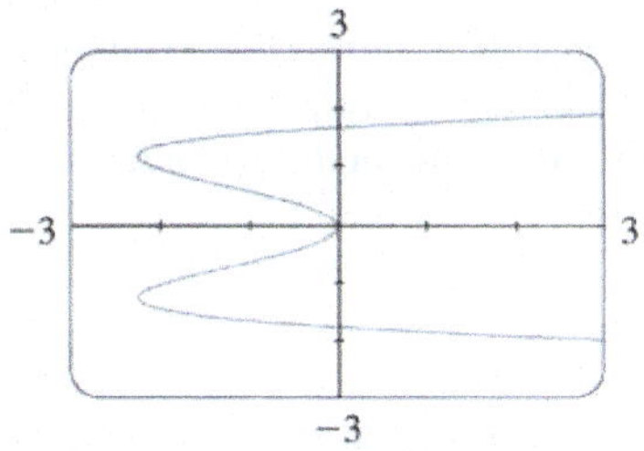

FIGURA 9

EJEMPLO 6 Utilice un dispositivo de graficación para trazar la gráfica de la curva $x = y^4 - 3y^2$.

SOLUCIÓN Sea $t = y$ el parámetro, entonces se tienen las ecuaciones

$$x = t^4 - 3t^2 \qquad y = t$$

Usando estas ecuaciones paramétricas para trazar la gráfica de la curva, se obtiene la figura 9. Se podría resolver la ecuación dada ($x = y^4 - 3y^2$) para y como cuatro funciones de x y graficarlas individualmente, pero las ecuaciones paramétricas proporcionan un método mucho más fácil. ■

En general, si se necesita trazar la gráfica de una ecuación de la forma $x = g(y)$, se pueden usar las ecuaciones paramétricas

$$x = g(t) \qquad y = t$$

Observe también que las curvas con ecuaciones $y = f(x)$ (aquellas con las que se está familiarizado; gráficas de funciones) también se pueden considerar como curvas con ecuaciones paramétricas

$$x = t \qquad y = f(t)$$

Los dispositivos de graficación son particularmente útiles para trazar curvas complicadas. Por ejemplo, las curvas que se muestran en las figuras 10, 11 y 12 serían virtualmente imposibles de hacer a mano.

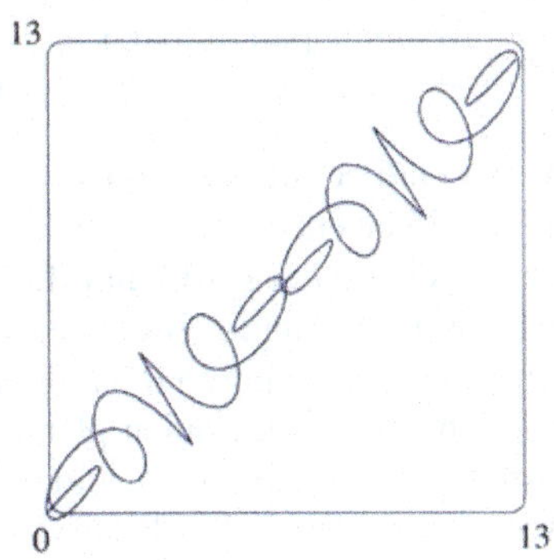

FIGURA 10
$x = t + \text{sen}\,5t$
$y = t + \text{sen}\,6t$

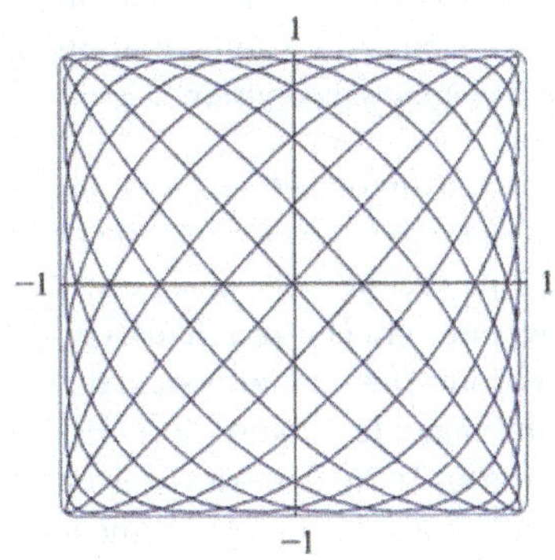

FIGURA 11
$x = \text{sen}\,9t$
$y = \text{sen}\,10t$

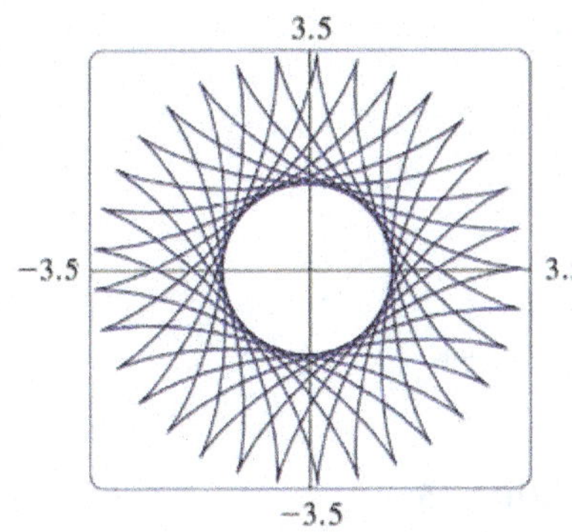

FIGURA 12
$x = 2.3\cos 10t + \cos 23t$
$y = 2.3\,\text{sen}\,10t - \text{sen}\,23t$

Uno de los más importantes usos de las curvas paramétricas es el diseño asistido por computadora (CAD). En el proyecto de laboratorio después de la sección 10.2 se investigarán curvas paramétricas especiales, llamadas **curvas de Bézier**, que son ampliamente utilizadas en manufactura, especialmente en la industria automotriz. Estas curvas también se emplean en formas especiales de letras y otros símbolos de impresión en láser.

■ La cicloide

TEC En Module 10.1B se muestra una animación de cómo se forma una cicloide a partir del movimiento de un círculo.

EJEMPLO 7 La curva trazada por un punto P sobre la circunferencia de un círculo cuando este rueda a lo largo de una recta se llama **cicloide** (véase la figura 13). Si el círculo tiene radio r y rueda a lo largo del eje x, y si una posición de P está en el origen, determine las ecuaciones paramétricas para la cicloide.

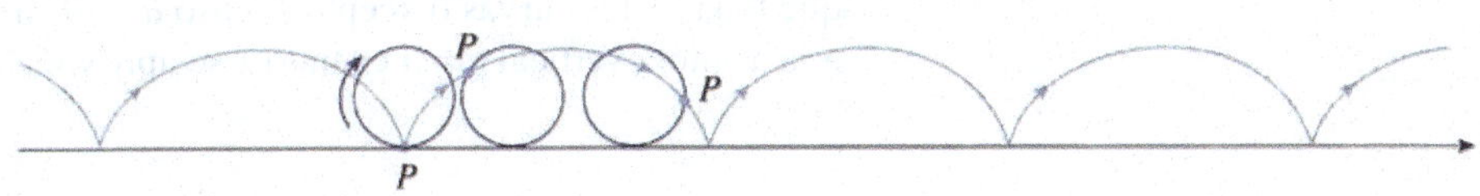

FIGURA 13

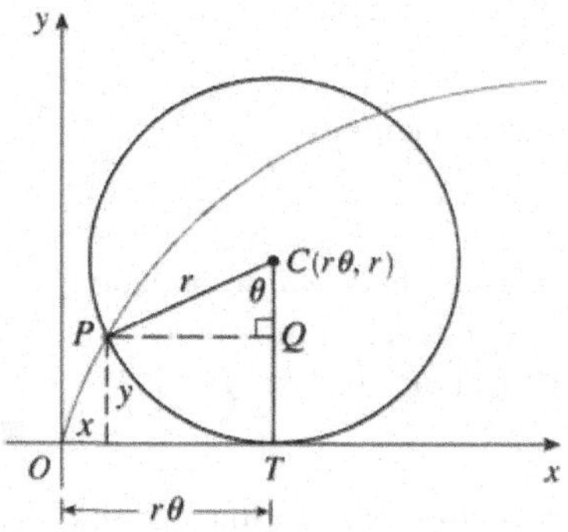

FIGURA 14

SOLUCIÓN Se elige como parámetro al ángulo de rotación θ del círculo ($\theta = 0$ cuando P está en el origen). Suponga que el círculo ha girado θ radianes. Debido a que el círculo ha estado en contacto con la recta, se ve de la figura 14, que la distancia que ha rodado desde el origen es

$$|OT| = \text{arc } PT = r\theta$$

Por tanto, el centro del círculo es $C(r\theta, r)$. Sean (x, y) las coordenadas de P. Entonces, de la figura 14 se ve que

$$x = |OT| - |PQ| = r\theta - r\,\text{sen}\,\theta = r(\theta - \text{sen}\,\theta)$$

$$y = |TC| - |QC| = r - r\cos\theta = r(1 - \cos\theta)$$

Así que las ecuaciones paramétricas de la cicloide son

$$\boxed{1} \qquad x = r(\theta - \text{sen}\,\theta) \qquad y = r(1 - \cos\theta) \qquad \theta \in \mathbb{R}$$

Un arco de la cicloide viene de una rotación del círculo y, por tanto, se describe mediante $0 \leqslant \theta \leqslant 2\pi$. Aunque las ecuaciones 1 se obtuvieron de la figura 14, que ilustra el caso donde $0 < \theta < \pi/2$, se puede ver que son válidas para otros valores de θ (véase el ejercicio 39).

Aunque es posible eliminar el parámetro θ de las ecuaciones 1, la ecuación cartesiana resultante en x y y es muy complicada y no es tan conveniente para trabajar como con las ecuaciones paramétricas. ■

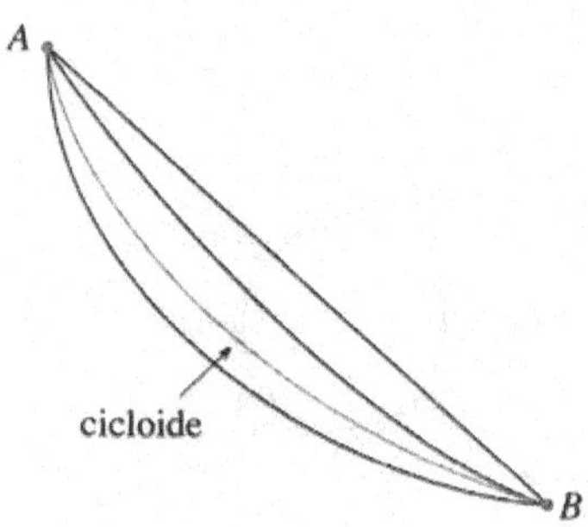

FIGURA 15

Una de las primeras personas en estudiar la cicloide fue Galileo, quien propuso que los puentes se construyeran en forma de cicloides, y quien trató de encontrar el área bajo un arco de una cicloide. Después esta curva surgió en conexión con el **problema de la braquistócrona**: encuentre la curva a lo largo de la cual se desliza una partícula en el tiempo más corto (bajo la influencia de la gravedad) de un punto A a un punto B más bajo pero no directamente debajo de A. El matemático suizo John Bernoulli, quien planteó este problema en 1696, demostró que entre las curvas posibles que unen A con B, como en la figura 15, la partícula tomará el menor tiempo de deslizamiento de A a B si la curva es parte de un arco invertido de una cicloide.

FIGURA 16

El físico holandés Huygens demostró que la cicloide es también la solución al **problema de la tautócrona**; es decir, sin importar dónde se coloque una partícula P en una cicloide invertida, le toma el mismo tiempo deslizarse hasta el fondo (véase la figura 16). Huygens propuso que los relojes de péndulo (que él inventó) oscilaran en arcos cicloidales, porque en tal caso el péndulo tarda el mismo tiempo en completar una oscilación si oscila por un arco amplio o pequeño.

■ Familias de curvas paramétricas

EJEMPLO 8 Investigue la familia de curvas con ecuaciones paramétricas

$$x = a + \cos t \qquad y = a \tan t + \text{sen}\, t$$

¿Qué tienen estas curvas en común? ¿Cómo cambia su forma cuando a crece?

SOLUCIÓN Se emplea un dispositivo de graficación para producir las gráficas para los casos $a = -2, -1, -0.5, -0.2, 0, 0.5, 1$ y 2 que se muestran en la figura 17. Observe que todas estas curvas (excepto el caso $a = 0$) tienen dos ramas, y ambas se aproximan a la asíntota vertical $x = a$ cuando x se aproxima a a por la izquierda o por la derecha.

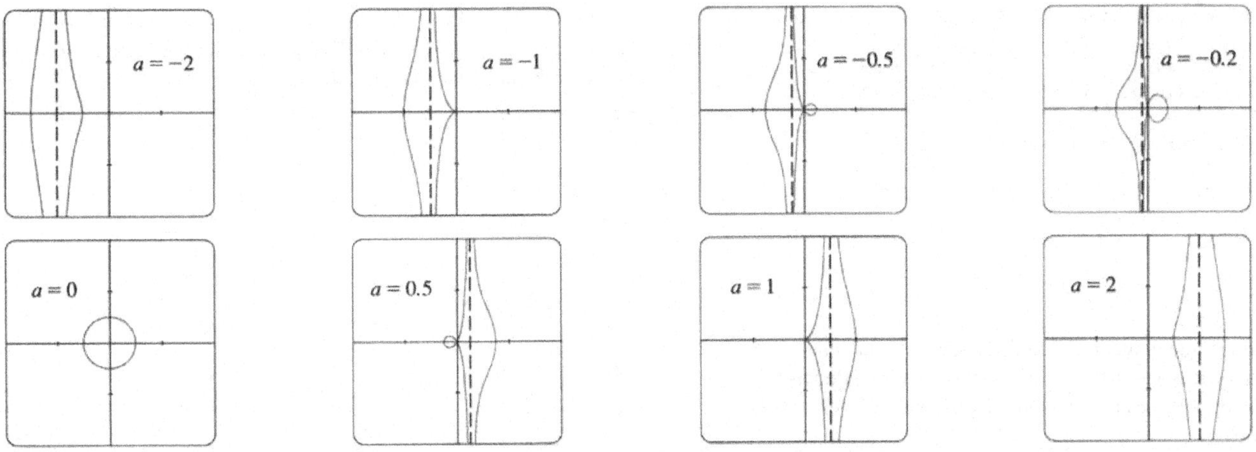

FIGURA 17
Miembros de la familia $x = a + \cos t$, $y = a \tan t + \operatorname{sen} t$, todas graficadas en el rectángulo de vista $[-4, 4]$ por $[-4, 4]$

Cuando $a < -1$, ambas ramas son suaves, pero cuando a llega a -1, la rama derecha adquiere un punto agudo llamado *cúspide*. Para a entre -1 y 0 la cúspide se convierte en un lazo, que se vuelve más grande conforme a se aproxima a 0. Cuando $a = 0$, ambas ramas se juntan y forman una circunferencia (véase el ejemplo 2). Para a entre 0 y 1, la rama izquierda tiene un lazo, que se contrae para volverse una cúspide cuando $a = 1$. Para $a > 1$, las ramas se suavizan de nuevo y cuando a crece más, se curvan menos. Observe que las curvas con a positiva son reflexiones respecto al eje y de las curvas correspondientes con a negativa.

Estas curvas se llaman **concoides de Nicomedes** en honor del erudito de la antigua Grecia, Nicomedes. Las llamó concoides porque la forma de sus ramas externas se asemeja a la concha de un caracol o de un mejillón. ■

10.1 EJERCICIOS

1-4 Trace la curva utilizando las ecuaciones paramétricas para ubicar distintos puntos de esta. Indique con una flecha la dirección en que se traza la curva cuando t crece.

1. $x = 1 - t^2, \quad y = 2t - t^2, \quad -1 \leqslant t \leqslant 2$

2. $x = t^3 + t, \quad y = t^2 + 2, \quad -2 \leqslant t \leqslant 2$

3. $x = t + \operatorname{sen} t, \quad y = \cos t, \quad -\pi \leqslant t \leqslant \pi$

4. $x = 2 \cos t, \quad y = t - \cos t, \quad 0 \leqslant t \leqslant 2\pi$

5-10
(a) Trace la curva usando las ecuaciones paramétricas para ubicar puntos. Indique con una flecha la dirección en la cual se traza la curva cuando t aumenta.
(b) Elimine el parámetro para encontrar la ecuación cartesiana de la curva.

5. $x = 2t - 1, \quad y = \frac{1}{2}t + 1$

6. $x = 3t + 2, \quad y = 2t + 3$

7. $x = t^2 - 3, \quad y = t + 2, \quad -3 \leqslant t \leqslant 3$

8. $x = \operatorname{sen} t, \quad y = 1 - \cos t, \quad 0 \leqslant t \leqslant 2\pi$

9. $x = 1 - t^2, \quad y = t - 2, \quad -2 \leqslant t \leqslant 2$

10. $x = t - 1, \quad y = t^3 + 1, \quad -2 \leqslant t \leqslant 2$

11-18
(a) Elimine el parámetro para encontrar una ecuación cartesiana de la curva.
(b) Trace la curva e indique con una flecha la dirección en que se traza la curva cuando crece el parámetro.

11. $x = \operatorname{sen} \frac{1}{2}\theta, \quad y = \cos \frac{1}{2}\theta, \quad -\pi \leqslant \theta \leqslant \pi$

12. $x = \frac{1}{2} \cos \theta, \quad y = 2 \operatorname{sen} \theta, \quad 0 \leqslant \theta \leqslant \pi$

13. $x = \operatorname{sen} t, \quad y = \csc t, \quad 0 < t < \pi/2$

14. $x = e^t, \quad y = e^{-2t}$

15. $x = t^2, \quad y = \ln t$

16. $x = \sqrt{t + 1}, \quad y = \sqrt{t - 1}$

17. $x = e^{2t}, \quad y = t + 1$

18. $x = \tan^2\theta, \quad y = \sec \theta, \quad -\pi/2 < \theta < \pi/2$

19-22 Describa el movimiento de una partícula con posición (x, y) cuando t varía en el intervalo dado.

19. $x = 5 + 2\cos \pi t, \quad y = 3 + 2 \operatorname{sen} \pi t, \quad 1 \leq t \leq 2$

20. $x = 2 + \operatorname{sen} t, \quad y = 1 + 3\cos t, \quad \pi/2 \leq t \leq 2\pi$

21. $x = 5 \operatorname{sen} t, \quad y = 2\cos t, \quad -\pi \leq t \leq 5\pi$

22. $x = 2 \operatorname{sen} t, \quad y = 4 + \cos t, \quad 0 \leq t \leq 3\pi/2$

---

23. Suponga que una curva está dada por las ecuaciones paramétricas $x = f(t)$, $y = g(t)$, donde el rango de f es $[1, 4]$ y el rango de g es $[2, 3]$. ¿Qué se puede decir acerca de la curva?

24. Relacione las gráficas de las ecuaciones paramétricas $x = f(t)$ y $y = g(t)$ en (a)−(d) con las curvas paramétricas etiquetadas I-IV. Argumente sus elecciones.

(a)

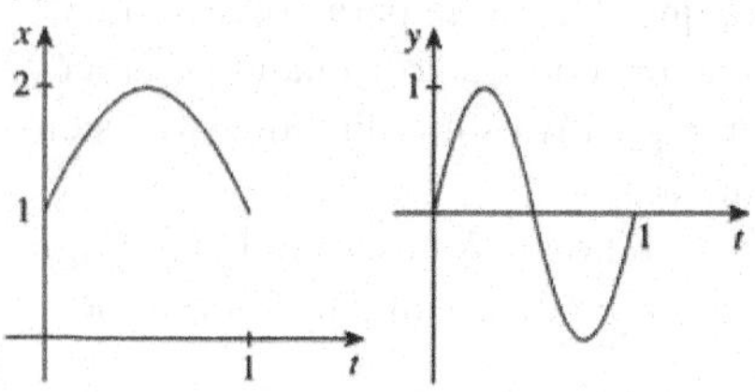

I

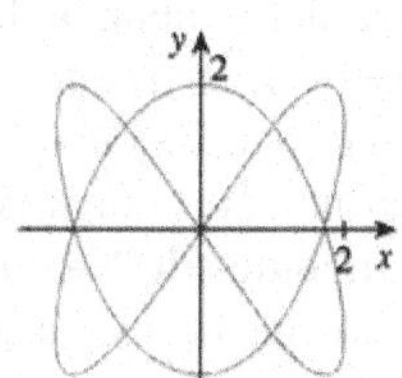

(b)

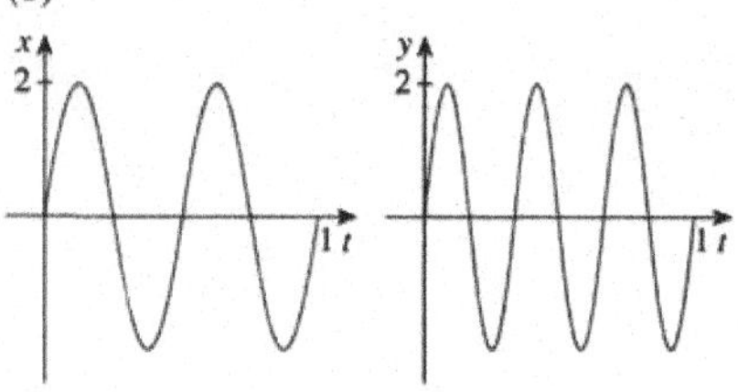

II

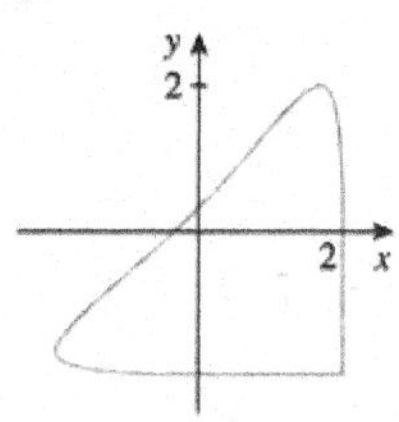

(c)

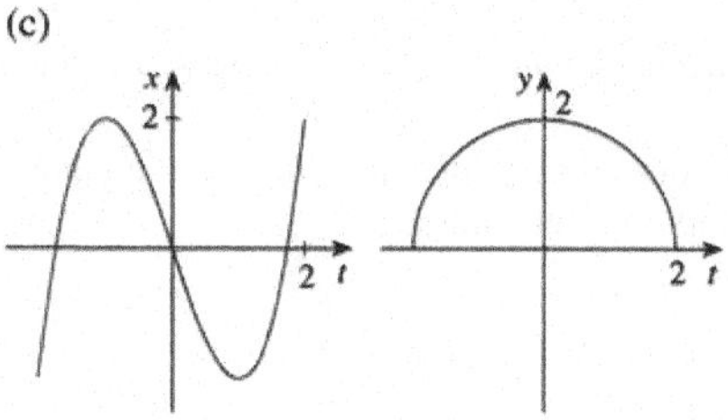

III

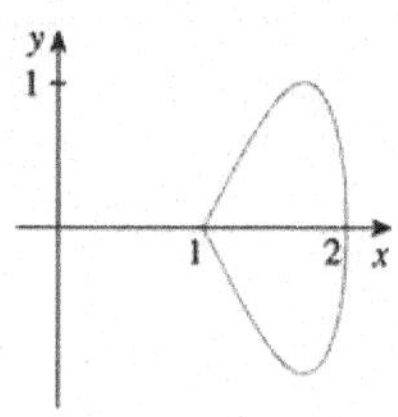

(d)

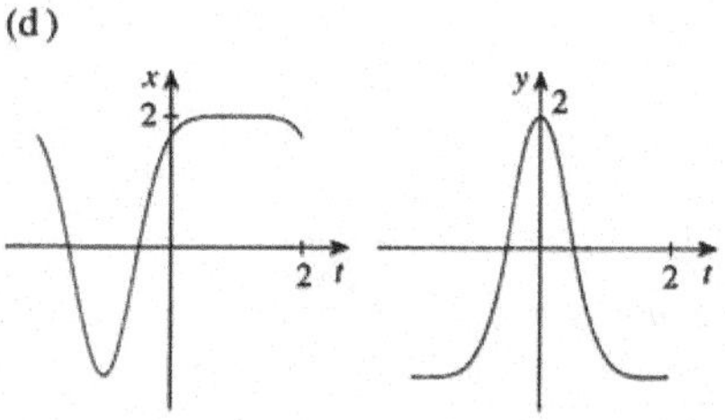

IV

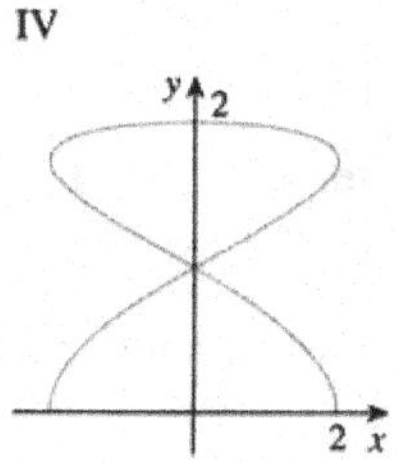

25-27 Use las gráficas de $x = f(t)$ y $y = g(t)$ para trazar la curva paramétrica $x = f(t)$, $y = g(t)$. Indique con flechas la dirección en que se traza la curva cuando t crece.

25.

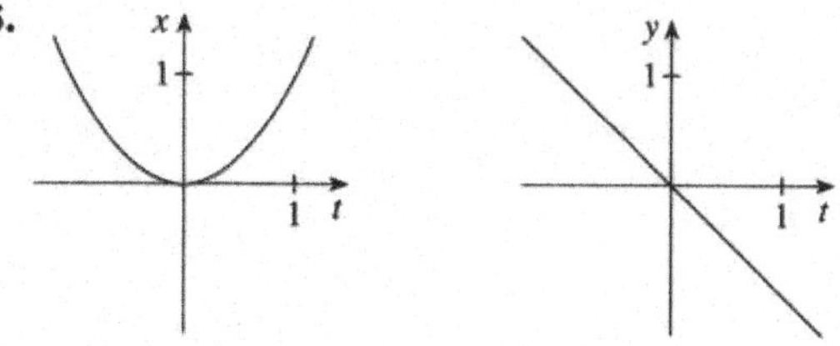

26.

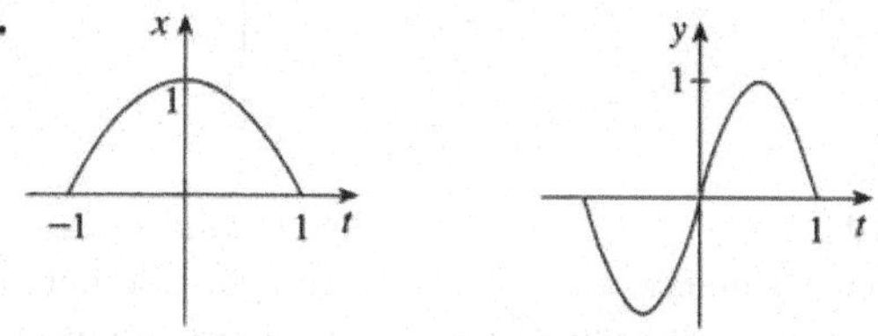

27.

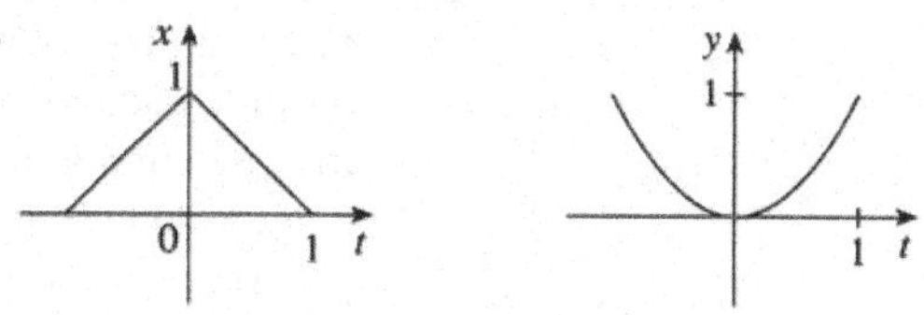

---

28. Relacione las curvas paramétricas con las curvas etiquetadas I-VI. Dé razones para sus elecciones. (No utilice dispositivos de graficación.)

(a) $x = t^4 - t + 1, \quad y = t^2$

(b) $x = t^2 - 2t, \quad y = \sqrt{t}$

(c) $x = \operatorname{sen} 2t, \quad y = \operatorname{sen}(t + \operatorname{sen} 2t)$

(d) $x = \cos 5t, \quad y = \operatorname{sen} 2t$

(e) $x = t + \operatorname{sen} 4t, \quad y = t^2 + \cos 3t$

(f) $x = \dfrac{\operatorname{sen} 2t}{4 + t^2}, \quad y = \dfrac{\cos 2t}{4 + t^2}$

I

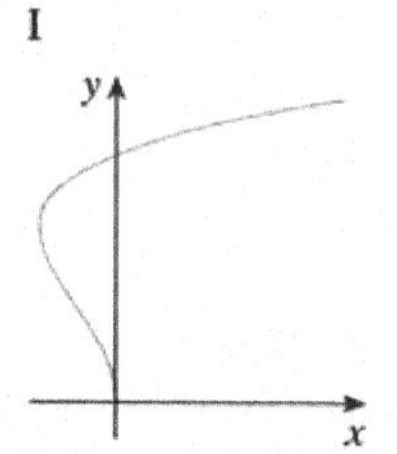

II

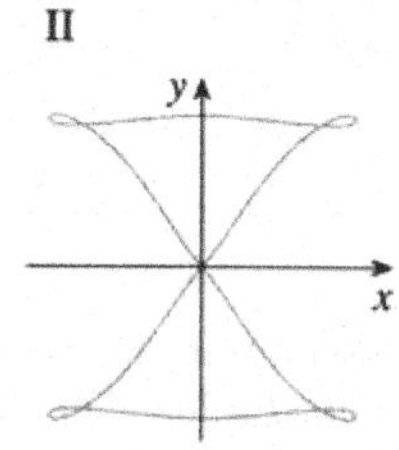

III

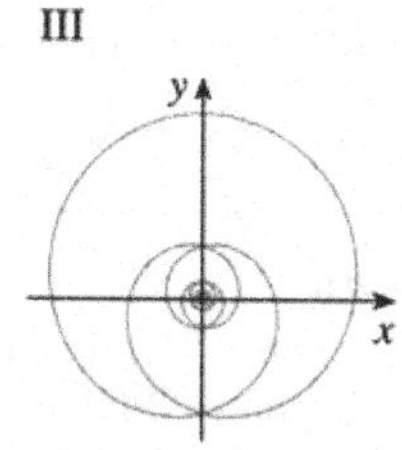

IV

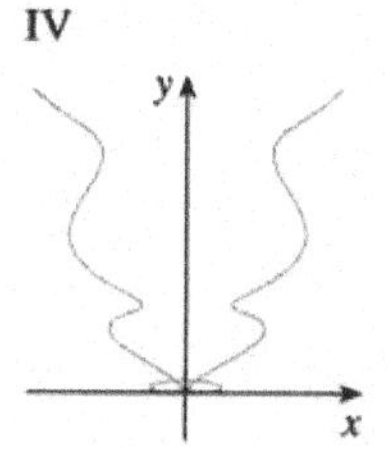

V

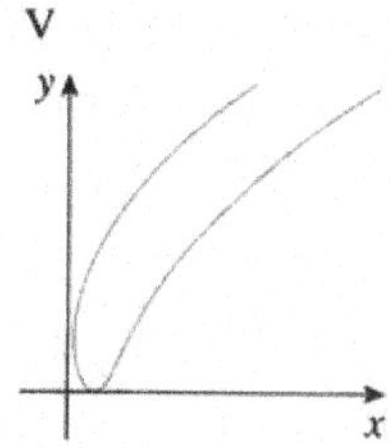

VI

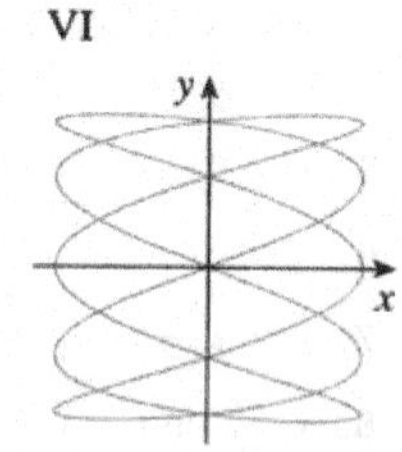

29. Trace la gráfica de la curva $x = y - 2 \operatorname{sen} \pi y$.

30. Trace la gráfica de las curvas $y = x^3 - 4x$ y $x = y^3 - 4y$, y encuentre sus puntos de intersección con una aproximación de un decimal.

31. (a) Demuestre que las ecuaciones paramétricas

$$x = x_1 + (x_2 - x_1)t \qquad y = y_1 + (y_2 - y_1)t$$

donde $0 \leqslant t \leqslant 1$, describen el segmento de recta que une los puntos $P_1(x_1, y_1)$ y $P_2(x_2, y_2)$.

(b) Encuentre las ecuaciones paramétricas para representar el segmento de recta de $(-2, 7)$ a $(3, -1)$.

32. Utilice un dispositivo de graficación y el resultado del ejercicio 31(a) para dibujar el triángulo con vértices $A(1, 1)$, $B(4, 2)$ y $C(1, 5)$.

33. Encuentre ecuaciones paramétricas para la trayectoria de una partícula que se mueve a lo largo de la circunferencia $x^2 + (y - 1)^2 = 4$ de la manera descrita.

(a) Una vuelta en dirección de las manecillas del reloj, empezando en $(2, 1)$.

(b) Tres vueltas en dirección contraria a las manecillas del reloj, empezando en $(2, 1)$.

(c) Media vuelta en dirección contraria a las manecillas del reloj, empezando en $(0, 3)$.

34. (a) Encuentre ecuaciones paramétricas para la elipse $x^2/a^2 + y^2/b^2 = 1$. [*Sugerencia*: modifique las ecuaciones de la circunferencia del ejemplo 2.]

(b) Utilice estas ecuaciones paramétricas para trazar la gráfica en la elipse cuando $a = 3$ y $b = 1, 2, 4$ y 8.

(c) ¿Cómo cambia la forma de la elipse cuando b varía?

35-36 Utilice una calculadora graficadora o computadora para reproducir el dibujo.

35.

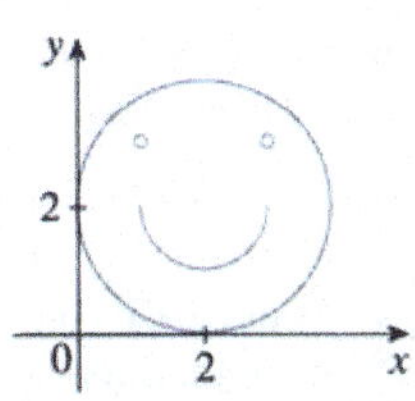

36.

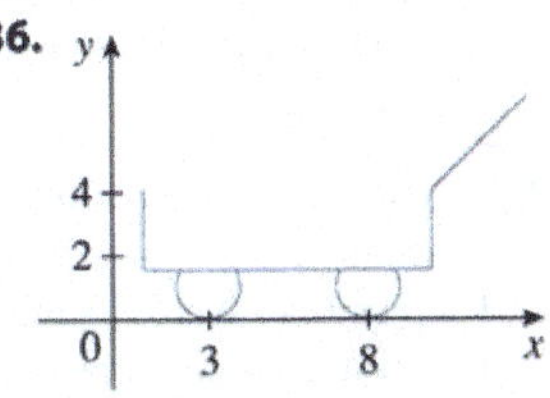

37-38 Compare las curvas representadas por las ecuaciones paramétricas. ¿Cómo difieren?

37. (a) $x = t^3, \quad y = t^2$ (b) $x = t^6, \quad y = t^4$

(c) $x = e^{-3t}, \quad y = e^{-2t}$

38. (a) $x = t, \quad y = t^{-2}$ (b) $x = \cos t, \quad y = \sec^2 t$

(c) $x = e^t, \quad y = e^{-2t}$

---

39. Deduzca las ecuaciones 1 para el caso $\pi/2 < \theta < \pi$.

40. Sea P un punto a una distancia d del centro de una circunferencia de radio r. La curva trazada por P cuando el círculo rueda a lo largo de una línea recta se llama **trocoide**. (Piense en el movimiento de un punto sobre el rayo de una rueda de bicicleta.) La cicloide es el caso especial de una trocoide con $d = r$. Utilizando el mismo parámetro θ como para la cicloide y, suponiendo que la recta es el eje de las x y $\theta = 0$ cuando P es uno de sus puntos mínimos, demuestre que las ecuaciones paramétricas de la trocoide son

$$x = r\theta - d \operatorname{sen} \theta \qquad y = r - d \cos \theta$$

Trace la trocoide para los casos $d < r$ y $d > r$.

41. Si a y b son números fijos, encuentre las ecuaciones paramétricas para la curva que consiste de todas las posibles posiciones del punto P en la figura, utilizando el ángulo θ como parámetro. Después elimine el parámetro e identifique la curva.

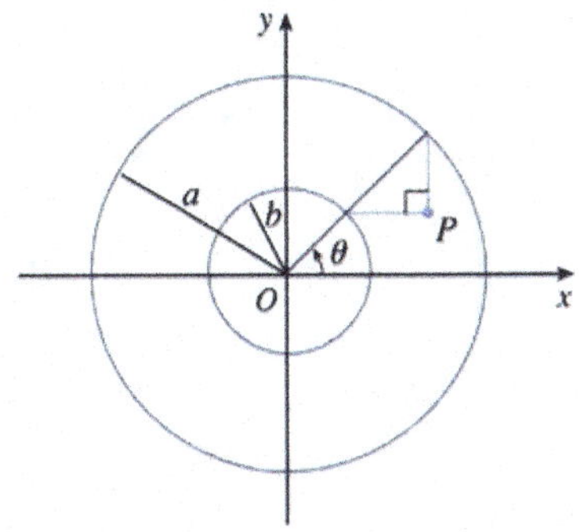

42. Si a y b son números fijos, encuentre las ecuaciones paramétricas de la curva que consiste de todas las posiciones posibles del punto P en la figura, usando el ángulo θ como parámetro. El segmento de recta AB es tangente a la circunferencia más grande.

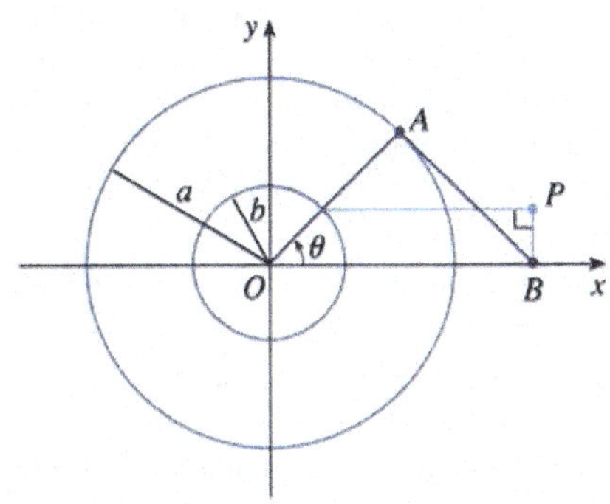

43. Una curva, llamada **bruja de María Agnesi**, consiste de todas las posibles posiciones del punto P en la figura. Demuestre que las ecuaciones paramétricas para esta curva pueden expresarse como

$$x = 2a \cot \theta \qquad y = 2a \operatorname{sen}^2 \theta$$

Trace la curva.

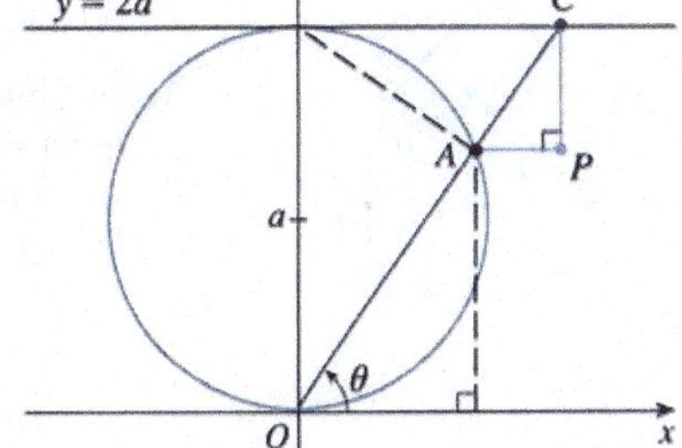

44. (a) Encuentre las ecuaciones paramétricas para el conjunto de todos los puntos P como los que se muestran en la figura, tales que $|OP| = |AB|$. (Esta curva se llama **cisoide de Diocles** en honor del sabio griego Diocles, quien introdujo la cisoide como un método gráfico para construir el lado de un cubo cuyo volumen es dos veces el de un cubo dado.)

(b) Utilice la descripción geométrica para dibujar a mano un trazo de la curva. Verifique su trabajo utilizando las ecuaciones paramétricas para trazar la gráfica de la curva.

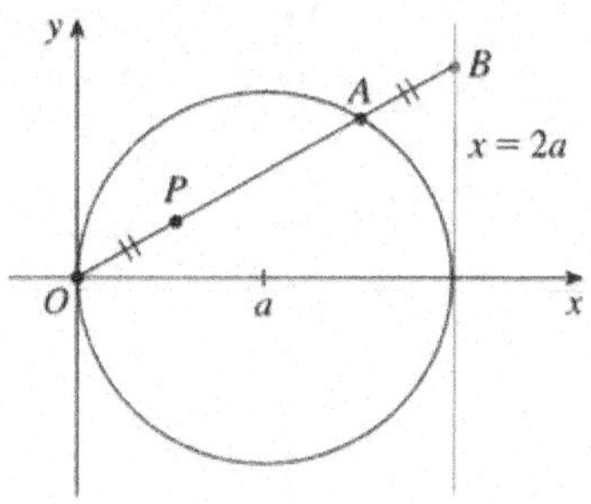

45. Suponga que la posición de una partícula en el tiempo t está dada por

$$x_1 = 3 \operatorname{sen} t \qquad y_1 = 2 \cos t \qquad 0 \leqslant t \leqslant 2\pi$$

y la posición de una segunda partícula está dada por

$$x_2 = -3 + \cos t \qquad y_2 = 1 + \operatorname{sen} t \qquad 0 \leqslant t \leqslant 2\pi$$

(a) Trace la gráfica de las trayectorias de ambas partículas. ¿Cuántos puntos de intersección hay?

(b) ¿Algunos de estos puntos de intersección son *puntos de colisión*? En otras palabras ¿las partículas están en el mismo lugar al mismo tiempo? Si es así, encuentre los puntos de colisión.

(c) Describa qué pasa si la trayectoria de la segunda partícula está dada por

$$x_2 = 3 + \cos t \qquad y_2 = 1 + \operatorname{sen} t \qquad 0 \leqslant t \leqslant 2\pi$$

46. Si un proyectil es disparado con una velocidad inicial de v_0 metros por segundo a un ángulo α por encima de la horizontal y se supone que la resistencia del aire es insignifcante, entonces su posición después de t segundos está dada por las ecuaciones paramétricas

$$x = (v_0 \cos \alpha)t \qquad y = (v_0 \operatorname{sen} \alpha)t - \tfrac{1}{2}gt^2$$

donde g es la aceleración debida a la gravedad (9.8 m/s²).

(a) Si un arma es disparada con $\alpha = 30°$ y $v_0 = 500$ m/s, ¿cuándo caerá la bala al suelo? ¿A qué distancia del arma llegará al suelo? ¿Cuál es la altura máxima que alcanzará la bala?

(b) Utilice un dispositivo de graficación para verificar sus respuestas al inciso (a). Después trace la gráfica de la trayectoria del proyectil para otros valores del ángulo α para ver dónde pegará en el suelo. Resuma sus hallazgos.

(c) Demuestre que la trayectoria es parabólica al eliminar el parámetro.

47. Investigue la familia de curvas definidas por las ecuaciones paramétricas $x = t^2$, $y = t^3 - ct$. ¿Cómo cambia la forma de la curva cuando c crece? Ilustre graficando varios miembros de la familia.

48. Las **curvas catastróficas cola de golondrina** están definidas por las ecuaciones paramétricas $x = 2ct - 4t^3$, $y = -ct^2 + 3t^4$. Trace la gráfica de varias de estas curvas. ¿Qué características tienen en común las curvas? ¿Cómo cambian cuando c crece?

49. Trace la gráfica de varios miembros de la familia de curvas con ecuaciones paramétricas $x = t + a \cos t$, $y = t + a \operatorname{sen} t$, donde $a > 0$. ¿Cómo cambia la forma de la curva cuando a crece? ¿Para cuáles valores de a la curva tiene un lazo?

50. Trace la gráfica de varios miembros de la familia de curvas $x = \operatorname{sen} t + \operatorname{sen} nt$, $y = \cos t + \cos nt$ donde n es un entero positivo. ¿Qué características tienen en común las curvas? ¿Qué pasa cuando n crece?

51. Las curvas con ecuaciones $x = a \operatorname{sen} nt$, $y = b \cos t$ se llaman **figuras de Lissajous**. Investigue cómo varían estas curvas cuando varían a, b y n. (Tome n como un entero positivo.)

52. Investigue la familia de curvas definidas por las ecuaciones paramétricas $x = \cos t$, $y = \operatorname{sen} t - \operatorname{sen} ct$, donde $c > 0$. Empiece por hacer c entero positivo y vea qué pasa con la forma cuando c crece. Después explore algunas de las posibilidades que ocurren cuando c es una fracción.

PROYECTO DE LABORATORIO CIRCUNFERENCIAS QUE CORREN ALREDEDOR DE CIRCUNFERENCIAS

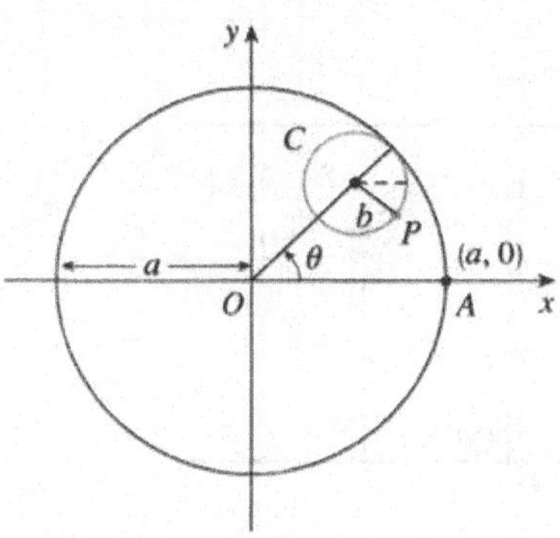

En este proyecto se investigan familias de curvas, llamadas *hipocicloides* y *epicicloides*, que son generadas por el movimiento de un punto sobre una circunferencia que rueda dentro o fuera de otra circunferencia.

1. Una **hipocicloide** es una curva trazada por un punto fijo P sobre la circunferencia C de radio b cuando C rueda sobre el interior de la circunferencia con centro en O y radio a. Demuestre que si la posición inicial de P es $(a, 0)$ y el parámetro θ se elige como en la figura, entonces las ecuaciones paramétricas de la hipocicloide son

$$x = (a - b)\cos\theta + b\cos\left(\frac{a - b}{b}\theta\right) \qquad y = (a - b)\operatorname{sen}\theta - b\operatorname{sen}\left(\frac{a - b}{b}\theta\right)$$

TEC Recurra a Module 10.1B para ver cómo se forman las hipocicloides y epicicloides por el movimiento de círculos rodando.

2. Utilice un dispositivo de graficación (o el graficador interactivo en TEC Module 10.1B) para trazar las gráficas de hipocicloides con a entero positivo y $b = 1$. ¿Cómo afecta el valor de a a la gráfica? Demuestre que si se toma $a = 4$, entonces las ecuaciones paramétricas de la hipocicloide se reducen a

$$x = 4\cos^3\theta \qquad y = 4\,\text{sen}^3\theta$$

Esta curva se llama **hipocicloide de cuatro cúspides**, o un **astroide**.

3. Ahora intente $b = 1$ y $a = n/d$, una fracción donde n y d no tienen factores comunes. Primero haga $n = 1$ e intente determinar gráficamente el efecto del denominador d sobre la forma de la gráfica. Después haga que n varíe mientras d permanece constante. ¿Qué pasa cuando $n = d + 1$?

4. ¿Qué pasa si $b = 1$ y a es irracional? Experimente con un número irracional como $\sqrt{2}$ o $e - 2$. Tome valores cada vez más grandes para θ y especule sobre qué pasaría si se graficara la hipocicloide para todos los valores reales de θ.

5. Si el círculo C rueda sobre el *exterior* de la circunferencia fija, la curva trazada por P se llama **epicicloide**. Encuentre las ecuaciones paramétricas para la epicicloide.

6. Investigue las posibles formas para las epicicloides. Use métodos semejantes a los problemas 2-4.

10.2 Cálculo con curvas paramétricas

Una vez que se ha visto cómo representar ecuaciones paramétricas, se aplicarán los métodos de cálculo a las curvas paramétricas. En particular, se resolverán problemas que implican tangentes, áreas, longitudes de arco y áreas de superficies.

Tangentes

Suponga que f y g son funciones derivables y se quiere encontrar la recta tangente en un punto sobre la curva paramétrica $x = f(t)$, $y = g(t)$, donde y es también una función derivable de x. Entonces la regla de la cadena da

$$\frac{dy}{dt} = \frac{dy}{dx} \cdot \frac{dx}{dt}$$

Si $dx/dt \neq 0$, se puede resolver para dy/dx:

Si se piensa la curva como trazada por el movimiento de una partícula, entonces dy/dt y dx/dt son las velocidades verticales y horizontales de la partícula y la fórmula 1 dice que la pendiente de la recta tangente es el cociente de estas velocidades.

1 $$\frac{dy}{dx} = \frac{\dfrac{dy}{dt}}{\dfrac{dx}{dt}} \qquad \text{si} \quad \frac{dx}{dt} \neq 0$$

La ecuación 1 (que puede usted pensar como si se eliminaran las dt) le posibilita para encontrar la pendiente dy/dx de la recta tangente a una curva paramétrica, sin tener que eliminar el parámetro t. En (1) se ve que la curva tiene una tangente horizontal cuando $dy/dt = 0$ (siempre que $dx/dt \neq 0$) y tiene una recta tangente vertical cuando $dx/dt = 0$ (siempre que $dy/dt \neq 0$). Esta información es útil para trazar curvas paramétricas.

Como se sabe del capítulo 4, también es útil considerar d^2y/dx^2. Esto se puede encontrar reemplazando y por dy/dx en la ecuación 1:

Note que $\dfrac{d^2y}{dx^2} \neq \dfrac{\dfrac{d^2y}{dt^2}}{\dfrac{d^2x}{dt^2}}$

$$\frac{d^2y}{dx^2} = \frac{d}{dx}\left(\frac{dy}{dx}\right) = \frac{\dfrac{d}{dt}\left(\dfrac{dy}{dx}\right)}{\dfrac{dx}{dt}}$$

EJEMPLO 1 Una curva C está definida por las ecuaciones paramétricas $x = t^2$, $y = t^3 - 3t$.
(a) Demuestre que C tiene dos rectas tangentes en el punto (3, 0) y encuentre sus ecuaciones.
(b) Encuentre el punto sobre C donde la recta tangente es horizontal o vertical.
(c) Determine dónde la curva es cóncava hacia arriba o hacia abajo.
(d) Trace la curva.

SOLUCIÓN
(a) Observe que $y = t^3 - 3t = t(t^2 - 3) = 0$ cuando $t = 0$ o $t = \pm\sqrt{3}$. Por tanto, el punto (3, 0) sobre la curva C viene de dos valores del parámetro, $t = \sqrt{3}$ y $t = -\sqrt{3}$. Esto indica que C se cruza a sí misma en (3, 0). Puesto que

$$\frac{dy}{dx} = \frac{dy/dt}{dx/dt} = \frac{3t^2 - 3}{2t} = \frac{3}{2}\left(t - \frac{1}{t}\right)$$

la pendiente de la recta tangente cuando $t = \pm\sqrt{3}$ es $dy/dx = \pm 6/(2\sqrt{3}) = \pm\sqrt{3}$, por lo que las ecuaciones de las rectas tangentes en (3, 0) son

$$y = \sqrt{3}\,(x - 3) \qquad \text{y} \qquad y = -\sqrt{3}\,(x - 3)$$

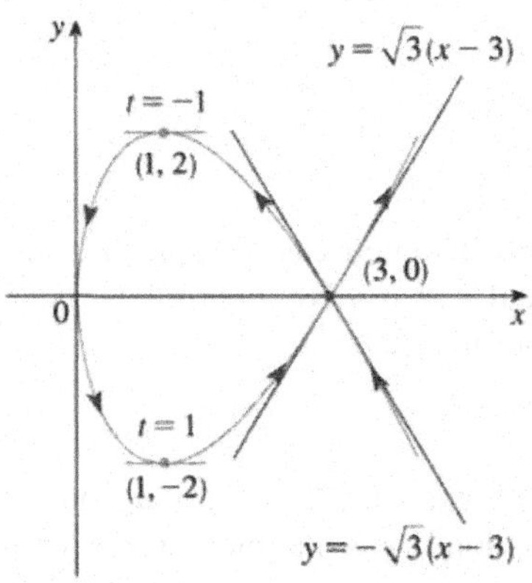

FIGURA 1

(b) C tiene una recta tangente horizontal cuando $dy/dx = 0$; esto es, cuando $dy/dt = 0$ y $dx/dt \neq 0$. Puesto que $dy/dt = 3t^2 - 3$, esto sucede cuando $t^2 = 1$, es decir, $t = \pm 1$. Los puntos correspondientes sobre C son $(1, -2)$ y $(1, 2)$. C tiene una recta tangente vertical cuando $dx/dt = 2t = 0$, es decir, $t = 0$. (Observe que ahí $dy/dt \neq 0$.) El punto correspondiente sobre C es (0, 0).

(c) Para determinar concavidades se calculan segundas derivadas:

$$\frac{d^2y}{dx^2} = \frac{\dfrac{d}{dt}\left(\dfrac{dy}{dx}\right)}{\dfrac{dx}{dt}} = \frac{\dfrac{3}{2}\left(1 + \dfrac{1}{t^2}\right)}{2t} = \frac{3(t^2 + 1)}{4t^3}$$

Por lo que la curva es cóncava hacia arriba cuando $t > 0$ y cóncava hacia abajo cuando $t < 0$.

(d) Utilizando la información de los incisos (b) y (c), trace C en la figura 1. ■

EJEMPLO 2
(a) Encuentre la recta tangente a la cicloide $x = r(\theta - \operatorname{sen}\theta)$, $y = r(1 - \cos\theta)$ en el punto donde $\theta = \pi/3$. (Véase el ejemplo 10.1.7.)
(b) ¿En qué puntos la recta tangente es horizontal? ¿Cuándo es vertical?

SOLUCIÓN
(a) La pendiente de la recta tangente es

$$\frac{dy}{dx} = \frac{dy/d\theta}{dx/d\theta} = \frac{r\operatorname{sen}\theta}{r(1 - \cos\theta)} = \frac{\operatorname{sen}\theta}{1 - \cos\theta}$$

Cuando $\theta = \pi/3$, se tiene

$$x = r\left(\frac{\pi}{3} - \operatorname{sen}\frac{\pi}{3}\right) = r\left(\frac{\pi}{3} - \frac{\sqrt{3}}{2}\right) \qquad y = r\left(1 - \cos\frac{\pi}{3}\right) = \frac{r}{2}$$

y

$$\frac{dy}{dx} = \frac{\operatorname{sen}(\pi/3)}{1 - \cos(\pi/3)} = \frac{\sqrt{3}/2}{1 - \frac{1}{2}} = \sqrt{3}$$

Por tanto, la pendiente de la recta tangente es $\sqrt{3}$ y su ecuación es

$$y - \frac{r}{2} = \sqrt{3}\left(x - \frac{r\pi}{3} + \frac{r\sqrt{3}}{2}\right) \qquad \text{o} \qquad \sqrt{3}\,x - y = r\left(\frac{\pi}{\sqrt{3}} - 2\right)$$

La recta tangente se traza en la figura 2.

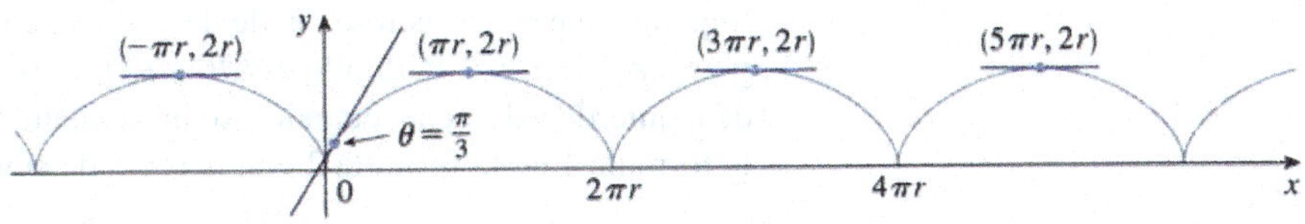

FIGURA 2

(b) La recta tangente es horizontal cuando $dy/dx = 0$, lo cual ocurre cuando sen $\theta = 0$ y $1 - \cos\theta \neq 0$, es decir, $\theta = (2n - 1)\pi$, con n un entero. El punto correspondiente sobre la cicloide es $((2n - 1)\pi r, 2r)$.

Cuando $\theta = 2n\pi$, tanto $dx/d\theta$ como $dy/d\theta$ son cero. De la gráfica, parece que hay rectas tangentes verticales en esos puntos. Esto es verificable por medio de la regla de L'Hôpital como sigue:

$$\lim_{\theta \to 2n\pi^+} \frac{dy}{dx} = \lim_{\theta \to 2n\pi^+} \frac{\operatorname{sen}\theta}{1 - \cos\theta} = \lim_{\theta \to 2n\pi^+} \frac{\cos\theta}{\operatorname{sen}\theta} = \infty$$

Un cálculo semejante muestra que $dy/dx \to -\infty$ cuando $\theta \to 2n\pi^-$, así que finalmente existen rectas tangentes verticales cuando $\theta = 2n\pi$, esto es, cuando $x = 2n\pi r$. ■

■ Áreas

Se sabe que el área bajo una curva $y = F(x)$ de a a b es $A = \int_a^b F(x)\,dx$, donde $F(x) \geq 0$. Si la curva se traza por medio de las ecuaciones paramétricas $x = f(t)$ y $y = g(t)$, $\alpha \leq t \leq \beta$, entonces se puede calcular una fórmula para el área utilizando la regla de la sustitución para integrales definidas como sigue:

Los límites de integración para t se encuentran como de costumbre con la regla de sustitución. Cuando $x = a$, t es α o β. Cuando $x = b$, t es el valor restante.

$$A = \int_a^b y\,dx = \int_\alpha^\beta g(t)f'(t)\,dt \qquad \left[\text{o} \quad \int_\beta^\alpha g(t)f'(t)\,dt\right]$$

EJEMPLO 3 Encuentre el área bajo uno de los arcos de la cicloide

$$x = r(\theta - \operatorname{sen}\theta) \qquad y = r(1 - \cos\theta)$$

(Véase la figura 3.)

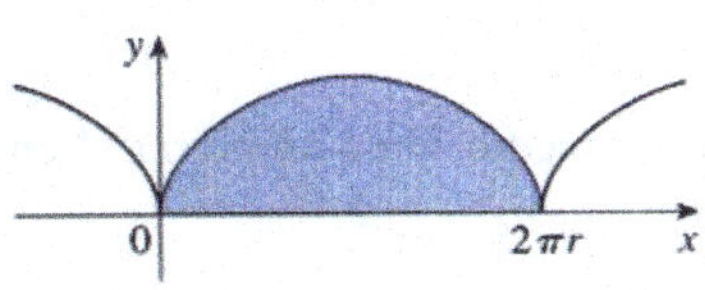

FIGURA 3

SOLUCIÓN Un arco de la cicloide está dado por $0 \leq \theta \leq 2\pi$. Utilizando la regla de sustitución con $y = r(1 - \cos\theta)$ y $dx = r(1 - \cos\theta)\,d\theta$, se tiene

$$\begin{aligned} A &= \int_0^{2\pi r} y\,dx = \int_0^{2\pi} r(1 - \cos\theta)\,r(1 - \cos\theta)\,d\theta \\ &= r^2 \int_0^{2\pi} (1 - \cos\theta)^2\,d\theta = r^2 \int_0^{2\pi} (1 - 2\cos\theta + \cos^2\theta)\,d\theta \\ &= r^2 \int_0^{2\pi} \left[1 - 2\cos\theta + \tfrac{1}{2}(1 + \cos 2\theta)\right] d\theta \\ &= r^2 \left[\tfrac{3}{2}\theta - 2\operatorname{sen}\theta + \tfrac{1}{4}\operatorname{sen} 2\theta\right]_0^{2\pi} \\ &= r^2\left(\tfrac{3}{2} \cdot 2\pi\right) = 3\pi r^2 \end{aligned}$$

■

El resultado del ejemplo 3 dice que el área bajo un arco de la cicloide es tres veces el área del círculo que al rodar genera la cicloide (ejemplo 10.1.7). Galileo intuyó este resultado pero fue demostrado por el matemático francés Roberval y el matemático italiano Torricelli.

Longitud de arco

Ya se sabe cómo encontrar la longitud L de una curva C dada en la forma $y = F(x)$, $a \leqslant x \leqslant b$. La fórmula 8.1.3 dice que, si F' es continua, entonces

$$\boxed{2} \qquad L = \int_a^b \sqrt{1 + \left(\frac{dy}{dx}\right)^2}\, dx$$

Suponga que C también se puede describir mediante las ecuaciones paramétricas $x = f(t)$ y $y = g(t)$, $\alpha \leqslant t \leqslant \beta$, donde $dx/dt = f'(t) > 0$. Esto significa que C es recorrida una vez, de izquierda a derecha, cuando t se incrementa de α a β y $f(\alpha) = a, f(\beta) = b$. Al sustituir la fórmula 1 en la fórmula 2 con la regla de sustitución, se obtiene

$$L = \int_a^b \sqrt{1 + \left(\frac{dy}{dx}\right)^2}\, dx = \int_\alpha^\beta \sqrt{1 + \left(\frac{dy/dt}{dx/dt}\right)^2}\, \frac{dx}{dt}\, dt$$

Como $dx/dt > 0$, se tiene

$$\boxed{3} \qquad L = \int_\alpha^\beta \sqrt{\left(\frac{dx}{dt}\right)^2 + \left(\frac{dy}{dt}\right)^2}\, dt$$

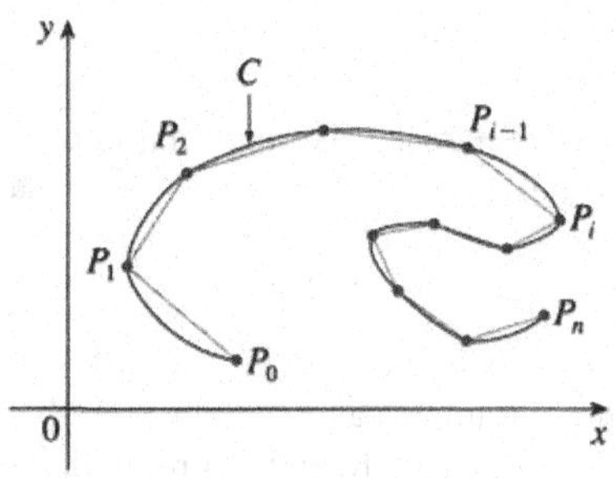

FIGURA 4

Incluso si C no se puede expresar en la forma $y = F(x)$, la fórmula aún es válida pero se obtiene por aproximaciones poligonales. Se divide el intervalo de parámetro $[\alpha, \beta]$ en n subintervalos de igual ancho Δt. Si $t_0, t_1, t_2, \ldots, t_n$ son los puntos finales de estos subintervalos, entonces $x_i = f(t_i)$ y $y_i = g(t_i)$ son las coordenadas de los puntos $P_i(x_i, y_i)$ que están sobre C y el polígono con vértices $P_0, P_1, \ldots, P_n$ se aproxima a C. (Véase la figura 4.)

Como en la sección 8.1, se define la longitud L de C como el límite de las longitudes de estos polígonos de aproximación cuando $n \to \infty$:

$$L = \lim_{n \to \infty} \sum_{i=1}^{n} |P_{i-1} P_i|$$

Cuando se aplica el teorema del valor medio a f sobre el intervalo $[t_{i-1}, t_i]$, da un número t_i^* en (t_{i-1}, t_i) tal que

$$f(t_i) - f(t_{i-1}) = f'(t_i^*)(t_i - t_{i-1})$$

Si se hace $\Delta x_i = x_i - x_{i-1}$ y $\Delta y_i = y_i - y_{i-1}$, esta ecuación se convierte en

$$\Delta x_i = f'(t_i^*)\, \Delta t$$

Del mismo modo, cuando se aplica a g, el teorema del valor medio da un número t_i^{**} en (t_{i-1}, t_i) tal que

$$\Delta y_i = g'(t_i^{**})\, \Delta t$$

Por tanto

$$|P_{i-1}P_i| = \sqrt{(\Delta x_i)^2 + (\Delta y_i)^2} = \sqrt{[f'(t_i^*)\Delta t]^2 + [g'(t_i^{**})\Delta t]^2}$$
$$= \sqrt{[f'(t_i^*)]^2 + [g'(t_i^{**})]^2}\, \Delta t$$

y así

$$\boxed{4} \qquad L = \lim_{n \to \infty} \sum_{i=1}^{n} \sqrt{[f'(t_i^*)]^2 + [g'(t_i^{**})]^2}\, \Delta t$$

La suma en (4) se parece a una suma de Riemann para la función $\sqrt{[f'(t)]^2 + [g'(t)]^2}$ pero no es exactamente una suma de Riemann porque, en general, $t_i^* \neq t_i^{**}$. Sin embargo, si f' y g' son continuas, se puede demostrar que el límite en (4) es el mismo como si t_i^* y t_i^{**} fueran iguales, es decir

$$L = \int_\alpha^\beta \sqrt{[f'(t)]^2 + [g'(t)]^2}\, dt$$

Por lo que con la notación de Leibniz, se tiene el siguiente resultado, el cual tiene la misma forma que la fórmula 3.

5 Teorema Si una curva C se describe mediante las ecuaciones paramétricas $x = f(t)$, $y = g(t)$, $\alpha \leq t \leq \beta$, donde f' y g' son continuas sobre $[\alpha, \beta]$ y C es recorrida una sola vez cuando t aumenta de α a β, entonces la longitud de C es

$$L = \int_\alpha^\beta \sqrt{\left(\frac{dx}{dt}\right)^2 + \left(\frac{dy}{dt}\right)^2}\, dt$$

Observe que la fórmula del teorema 5 es consistente con las fórmulas generales $L = \int ds$ y $(ds)^2 = (dx)^2 + (dy)^2$ de la sección 8.1.

EJEMPLO 4 Si se usa la representación de la circunferencia unitaria dada en el ejemplo 10.1.2,

$$x = \cos t \qquad y = \operatorname{sen} t \qquad 0 \leq t \leq 2\pi$$

entonces $dx/dt = -\operatorname{sen} t$ y $dy/dt = \cos t$, de modo que el teorema 5 da

$$L = \int_0^{2\pi} \sqrt{\left(\frac{dx}{dt}\right)^2 + \left(\frac{dy}{dt}\right)^2}\, dt = \int_0^{2\pi} \sqrt{\operatorname{sen}^2 t + \cos^2 t}\, dt = \int_0^{2\pi} dt = 2\pi$$

como se esperaba. Si, por otro lado, se usa la representación dada en el ejemplo 10.1.3,

$$x = \operatorname{sen} 2t \qquad y = \cos 2t \qquad 0 \leq t \leq 2\pi$$

entonces $dx/dt = 2\cos 2t$, $dy/dt = -2\operatorname{sen} 2t$, y la integral del teorema 5 da

$$\int_0^{2\pi} \sqrt{\left(\frac{dx}{dt}\right)^2 + \left(\frac{dy}{dt}\right)^2}\, dt = \int_0^{2\pi} \sqrt{4\cos^2 2t + 4\operatorname{sen}^2 2t}\, dt = \int_0^{2\pi} 2\, dt = 4\pi$$

Observe que la integral da dos veces la longitud de arco de la circunferencia porque cuando t crece de 0 a 2π, el punto $(\operatorname{sen} 2t, \cos 2t)$ recorre la circunferencia dos veces. En general, cuando se encuentra la longitud de una curva C a partir de una representación paramétrica, se debe asegurar que C sea recorrida una sola vez cuando t crece de α a β. ■

EJEMPLO 5 Encuentre la longitud de un arco de la cicloide $x = r(\theta - \operatorname{sen}\theta)$, $y = r(1 - \cos\theta)$.

SOLUCIÓN Del ejemplo 3, se ve que un arco se describe por el intervalo del parámetro $0 \leq \theta \leq 2\pi$. Como

$$\frac{dx}{d\theta} = r(1 - \cos\theta) \qquad \text{y} \qquad \frac{dy}{d\theta} = r\operatorname{sen}\theta$$

se tiene

$$L = \int_0^{2\pi} \sqrt{\left(\frac{dx}{d\theta}\right)^2 + \left(\frac{dy}{d\theta}\right)^2}\, d\theta$$

$$= \int_0^{2\pi} \sqrt{r^2(1 - \cos\theta)^2 + r^2 \operatorname{sen}^2\theta}\, d\theta$$

$$= \int_0^{2\pi} \sqrt{r^2(1 - 2\cos\theta + \cos^2\theta + \operatorname{sen}^2\theta)}\, d\theta$$

$$= r\int_0^{2\pi} \sqrt{2(1 - \cos\theta)}\, d\theta$$

El resultado del ejemplo 5 dice que la longitud de un arco de una cicloide es ocho veces el radio del círculo generador (véase la figura 5). El primero en demostrar esto fue Sir Christopher Wren, en 1658, quien posteriormente fue el arquitecto de la catedral de Saint Paul, en Londres.

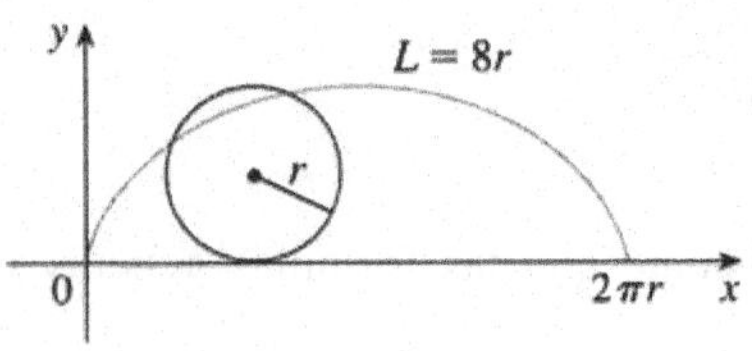

FIGURA 5

Para evaluar esta integral se utiliza la identidad $\operatorname{sen}^2 x = \frac{1}{2}(1 - \cos 2x)$ con $\theta = 2x$, la cual da $1 - \cos\theta = 2\operatorname{sen}^2(\theta/2)$. Como $0 \leqslant \theta \leqslant 2\pi$, se tiene $0 \leqslant \theta/2 \leqslant \pi$ y entonces $\operatorname{sen}(\theta/2) \geqslant 0$. Por tanto

$$\sqrt{2(1 - \cos\theta)} = \sqrt{4\operatorname{sen}^2(\theta/2)} = 2|\operatorname{sen}(\theta/2)| = 2\operatorname{sen}(\theta/2)$$

y así

$$L = 2r\int_0^{2\pi} \operatorname{sen}(\theta/2)\, d\theta = 2r\Big[-2\cos(\theta/2)\Big]_0^{2\pi}$$

$$= 2r[2 + 2] = 8r$$ ■

Área de una superficie

En la misma forma que para la longitud de arco, se puede adaptar la fórmula 8.2.5 para obtener una fórmula para el área de una superficie. Suponga que la curva dada por las ecuaciones paramétricas $x = f(t)$, $y = g(t)$, $\alpha \leqslant t \leqslant \beta$, donde f', g' son continuas y $g(t) \geqslant 0$, se hace rotar en torno al eje x. Si C se recorre exactamente una vez cuando t se incrementa de α a β, entonces el área de la superficie resultante está dada por

6
$$S = \int_\alpha^\beta 2\pi y \sqrt{\left(\frac{dx}{dt}\right)^2 + \left(\frac{dy}{dt}\right)^2}\, dt$$

Las fórmulas simbólicas generales $S = \int 2\pi y\, ds$ y $S = \int 2\pi x\, ds$ (fórmulas 8.2.7 y 8.2.8) aún son válidas, pero para curvas paramétricas se usa

$$ds = \sqrt{\left(\frac{dx}{dt}\right)^2 + \left(\frac{dy}{dt}\right)^2}\, dt$$

EJEMPLO 6 Demuestre que el área de la superficie de una esfera de radio r es $4\pi r^2$.

SOLUCIÓN La esfera es obtenida al rotar el semicírculo

$$x = r\cos t \qquad y = r\operatorname{sen} t \qquad 0 \leqslant t \leqslant \pi$$

en torno al eje x. Por tanto, de la fórmula 6, se obtiene

$$S = \int_0^\pi 2\pi r \operatorname{sen} t \sqrt{(-r\operatorname{sen} t)^2 + (r\cos t)^2}\, dt$$

$$= 2\pi\int_0^\pi r\operatorname{sen} t\sqrt{r^2(\operatorname{sen}^2 t + \cos^2 t)}\, dt = 2\pi\int_0^\pi r\operatorname{sen} t \cdot r\, dt$$

$$= 2\pi r^2\int_0^\pi \operatorname{sen} t\, dt = 2\pi r^2(-\cos t)\Big]_0^\pi = 4\pi r^2$$ ■

10.2 EJERCICIOS

1-2 Encuentre dy/dx.

1. $x = \dfrac{t}{1+t}$, $y = \sqrt{1+t}$

2. $x = te^t$, $y = t + \operatorname{sen} t$

3-6 Encuentre la ecuación de la recta tangente a la curva en el punto correspondiente al valor del parámetro dado.

3. $x = t^3 + 1$, $y = t^4 + t$; $t = -1$

4. $x = \sqrt{t}$, $y = t^2 - 2t$; $t = 4$

5. $x = t^4 + 1$, $y = t^3 + t$; $t = -1$

6. $x = e^t \operatorname{sen} \pi t$, $y = e^{2t}$; $t = 0$

7-8 Encuentre la ecuación de la recta tangente a la curva en el punto dado por dos métodos: (a) sin eliminar el parámetro y (b) eliminando primero el parámetro.

7. $x = 1 + \ln t$, $y = t^2 + 2$; $(1, 3)$

8. $x = 1 + \sqrt{t}$, $y = e^{t^2}$; $(2, e)$

9-10 Encuentre la ecuación de la recta tangente a la curva en el punto dado. Después trace la gráfica de la curva y la recta tangente.

9. $x = t^2 - t$, $y = t^2 + t + 1$; $(0, 3)$

10. $x = \operatorname{sen} \pi t$, $y = t^2 + t$; $(0, 2)$

11-16 Encuentre dy/dx y d^2y/dx^2. ¿Para cuáles valores de t la curva es cóncava hacia arriba?

11. $x = t^2 + 1$, $y = t^2 + t$

12. $x = t^3 - 12t$, $y = t^2 - 1$

13. $x = 2 \operatorname{sen} t$, $y = 3 \cos t$, $0 < t < 2\pi$

14. $x = \cos 2t$, $y = \cos t$, $0 < t < \pi$

15. $x = t - \ln t$, $y = t + \ln t$

16. $x = \cos t$, $y = \operatorname{sen} 2t$, $0 < t < \pi$

17-20 Encuentre los puntos sobre la curva donde la recta tangente es horizontal o vertical. Si dispone de un dispositivo de graficación, trace la gráfica de la curva para verificar su trabajo.

17. $x = t^3 - 3t$, $y = t^2 - 3$

18. $x = t^3 - 3t$, $y = t^3 - 3t^2$

19. $x = \cos \theta$, $y = \cos 3\theta$

20. $x = e^{\operatorname{sen} \theta}$, $y = e^{\cos \theta}$

---

21. Utilice una gráfica para estimar las coordenadas del punto extremo derecho sobre la curva $x = t - t^6$, $y = e^t$. Después utilice cálculo para encontrar las coordenadas exactas.

22. Use una gráfica para estimar las coordenadas del punto más bajo y el de la extrema izquierda sobre la curva $x = t^4 - 2t$, $y = t + t^4$. Después encuentre las coordenadas exactas.

23-24 Trace la gráfica de la curva en un rectángulo de vista que muestre los aspectos más importantes de la curva.

23. $x = t^4 - 2t^3 - 2t^2$, $y = t^3 - t$

24. $x = t^4 + 4t^3 - 8t^2$, $y = 2t^2 - t$

---

25. Demuestre que la curva $x = \cos t$, $y = \operatorname{sen} t \cos t$ tiene dos rectas tangentes en $(0, 0)$ y encuentre sus ecuaciones. Trace la curva.

26. Trace la gráfica de la curva $x = -2 \cos t$, $y = \operatorname{sen} t + \operatorname{sen} 2t$ para descubrir dónde se intercepta consigo misma. Después encuentre ecuaciones para ambas rectas tangentes en ese punto.

27. (a) Encuentre la pendiente de la recta tangente a la trocoide $x = r\theta - d \operatorname{sen} \theta$, $y = r - d \cos \theta$ en términos de θ. (Véase el ejercicio 10.1.40.)
(b) Demuestre que si $d < r$, entonces el trocoide no tiene una recta tangente vertical.

28. (a) Encuentre la pendiente de la recta tangente al astroide $x = a \cos^3 \theta$, $y = a \operatorname{sen}^3 \theta$ en términos de θ. (Los astroides se exploran en el proyecto de laboratorio de la página 649.)
(b) ¿En qué puntos la recta tangente es horizontal o vertical?
(c) ¿En qué puntos la recta tangente tiene pendiente 1 o -1?

29. ¿En qué puntos sobre la curva $x = 3t^2 + 1$, $y = t^3 - 1$ la recta tangente tiene pendiente $\frac{1}{2}$?

30. Encuentre ecuaciones de las rectas tangentes a la curva $x = 3t^2 + 1$, $y = 2t^3 + 1$ que pasen por el punto $(4, 3)$.

31. Use las ecuaciones paramétricas de una elipse $x = a \cos \theta$, $y = b \operatorname{sen} \theta$, $0 \leq \theta \leq 2\pi$ para encontrar el área que encierra.

32. Encuentre el área encerrada por la curva $x = t^2 - 2t$, $y = \sqrt{t}$ y el eje y.

33. Encuentre el área encerrada por el eje x y la curva $x = t^3 + 1$, $y = 2t - t^2$.

34. Encuentre el área de la región encerrada por el astroide $x = a \cos^3 \theta$, $y = a \operatorname{sen}^3 \theta$. (Los astroides son explorados en el proyecto de laboratorio de la página 649.)

35. Encuentre el área bajo un arco del trocoide del ejercicio 10.1.40 para el caso $d < r$.

36. Sea $\mathcal{R}$ la región encerrada por el lazo de la curva en el ejemplo 1.
(a) Encuentre el área de $\mathcal{R}$.
(b) Si $\mathcal{R}$ gira en torno al eje x, encuentre el volumen del sólido resultante.
(c) Encuentre el centroide de $\mathcal{R}$.

37-40 Plantee una integral que represente la longitud de la curva. Luego utilice su calculadora para encontrar la longitud con una aproximación de cuatro decimales.

37. $x = t + e^{-t}, \quad y = t - e^{-t}, \quad 0 \leqslant t \leqslant 2$

38. $x = t^2 - t, \quad y = t^4, \quad 1 \leqslant t \leqslant 4$

39. $x = t - 2 \operatorname{sen} t, \quad y = 1 - 2\cos t, \quad 0 \leqslant t \leqslant 4\pi$

40. $x = t + \sqrt{t}, \quad y = t - \sqrt{t}, \quad 0 \leqslant t \leqslant 1$

41-44 Encuentre la longitud exacta de la curva.

41. $x = 1 + 3t^2, \quad y = 4 + 2t^3, \quad 0 \leqslant t \leqslant 1$

42. $x = e^t - t, \quad y = 4e^{t/2}, \quad 0 \leqslant t \leqslant 2$

43. $x = t \operatorname{sen} t, \quad y = t\cos t, \quad 0 \leqslant t \leqslant 1$

44. $x = e^t + e^{-t}, \quad y = 5 - 2t, \quad 0 \leqslant t \leqslant 3$

45-46 Trace la gráfica de la curva y encuentre su longitud exacta.

45. $x = e^t \cos t, \quad y = e^t \operatorname{sen} t, \quad 0 \leqslant t \leqslant \pi$

46. $x = \cos t + \ln\left(\tan \frac{1}{2}t\right), \quad y = \operatorname{sen} t, \quad \pi/4 \leqslant t \leqslant 3\pi/4$

---

47. Trace la gráfica de la curva $x = \operatorname{sen} t + \operatorname{sen} 1.5t$, $y = \cos t$ y encuentre su longitud redondeada a cuatro decimales.

48. Encuentre la longitud del lazo de la curva $x = 3t - t^3$, $y = 3t^2$.

49. Use la regla de Simpson con $n = 6$ para estimar la longitud de la curva $x = t - e^t$, $y = t + e^t$, $-6 \leqslant t \leqslant 6$.

50. En el ejercicio 10.1.43 se le pidió deducir las ecuaciones paramétricas $x = 2a \cot \theta$, $y = 2a \operatorname{sen}^2 \theta$ de la curva llamada bruja de María Agnesi. Use la regla de Simpson con $n = 4$ para estimar la longitud del arco de esta curva dada por $\pi/4 \leqslant \theta \leqslant \pi/2$.

51-52 Encuentre la distancia recorrida por la partícula con posición (x, y) cuando t varía en el intervalo dado. Compárela con la longitud de la curva.

51. $x = \operatorname{sen}^2 t, \quad y = \cos^2 t, \quad 0 \leqslant t \leqslant 3\pi$

52. $x = \cos^2 t, \quad y = \cos t, \quad 0 \leqslant t \leqslant 4\pi$

---

53. Demuestre que la longitud total de la elipse $x = a \operatorname{sen} \theta$, $y = b\cos\theta$, $a > b > 0$, es

$$L = 4a \int_0^{\pi/2} \sqrt{1 - e^2 \operatorname{sen}^2\theta}\, d\theta$$

donde e es la excentricidad de la elipse ($e = c/a$, donde $c = \sqrt{a^2 - b^2}$).

54. Encuentre la longitud total del astroide $x = a\cos^3\theta$, $y = a \operatorname{sen}^3\theta$, donde $a > 0$.

55. (a) Trace la gráfica de la **epitrocoide** con ecuaciones

$$x = 11\cos t - 4\cos(11t/2)$$
$$y = 11 \operatorname{sen} t - 4 \operatorname{sen}(11t/2)$$

¿Qué intervalo del parámetro da la curva completa?
(b) Use su SAC para encontrar la longitud aproximada de esta curva.

56. Una curva llamada **espiral de Cornu** se define por las ecuaciones paramétricas

$$x = C(t) = \int_0^t \cos(\pi u^2/2)\, du$$
$$y = S(t) = \int_0^t \operatorname{sen}(\pi u^2/2)\, du$$

donde C y S son las ecuaciones de Fresnel que se introdujeron en el capítulo 5.
(a) Trace la gráfica de esta curva. ¿Qué pasa cuando $t \to \infty$ y cuando $t \to -\infty$?
(b) Encuentre la longitud de la espiral de Cornu desde el origen al punto con valor de parámetro t.

57-60 Plantee una integral que represente el área de la superficie obtenida al rotar la curva dada en torno al eje x. Después utilice su calculadora para encontrar el área de la superficie redondeada a cuatro decimales.

57. $x = t \operatorname{sen} t, \quad y = t\cos t, \quad 0 \leqslant t \leqslant \pi/2$

58. $x = \operatorname{sen} t, \quad y = \operatorname{sen} 2t, \quad 0 \leqslant t \leqslant \pi/2$

59. $x = t + e^t, \quad y = e^{-t}, \quad 0 \leqslant t \leqslant 1$

60. $x = 1 + te^t, \quad y = (t^2 + 1)e^t, \quad 0 \leqslant t \leqslant 1$

61-63 Encuentre el área exacta de la superficie obtenida al rotar la curva dada en torno al eje x.

61. $x = 3t - t^3, \quad y = 3t^2, \quad 0 \leqslant t \leqslant 1$

62. $x = 2t^2 + 1/t, \quad y = 8\sqrt{t}, \quad 1 \leqslant t \leqslant 3$

63. $x = a\cos^3\theta, \quad y = a \operatorname{sen}^3\theta, \quad 0 \leqslant \theta \leqslant \pi/2$

---

64. Trace la gráfica de la curva

$$x = 2\cos\theta - \cos 2\theta \qquad y = 2 \operatorname{sen}\theta - \operatorname{sen} 2\theta$$

Si esta curva rota en torno al eje x, encuentre el área de la superficie resultante. (Use la gráfica para ayudarse a encontrar el intervalo correcto para el parámetro.)

65-66 Encuentre el área de la superficie generada al rotar la curva dada en torno al eje y.

65. $x = 3t^2, \quad y = 2t^3, \quad 0 \leqslant t \leqslant 5$

66. $x = e^t - t, \quad y = 4e^{t/2}, \quad 0 \leqslant t \leqslant 1$

67. Si f' es continua y $f'(t) \neq 0$ para $a \leqslant t \leqslant b$, demuestre que la curva paramétrica $x = f(t)$, $y = g(t)$, $a \leqslant t \leqslant b$, puede expresarse en la forma $y = F(x)$. [*Sugerencia*: demuestre que f^{-1} existe.]

68. Use la fórmula 1 para deducir la fórmula 6 de la fórmula 8.2.5 para el caso en el que la curva puede representarse en la forma $y = F(x)$, $a \leqslant x \leqslant b$.

69. La **curvatura** en un punto P de una curva está definida como

$$\kappa = \left|\frac{d\phi}{ds}\right|$$

donde ϕ es el ángulo de inclinación de la recta tangente en P, como se ve en la figura. Por lo que la curvatura es el valor absoluto de la razón de cambio de ϕ con respecto a la longitud de arco. Esto puede considerarse como una medida de la rapidez de cambio de la dirección de la curva en P y se estudiará con mucho detalle en el capítulo 13.

(a) Para una curva paramétrica $x = x(t)$, $y = y(t)$, deduzca la fórmula

$$\kappa = \frac{|\dot{x}\ddot{y} - \ddot{x}\dot{y}|}{[\dot{x}^2 + \dot{y}^2]^{3/2}}$$

donde los puntos indican derivadas con respecto a t, de manera que $\dot{x} = (dx/dt)$. [*Sugerencia*: use $\phi = \tan^{-1}(dy/dx)$ y la fórmula 2 para encontrar $d\phi/dt$. Después use la regla de la cadena para encontrar $d\phi/ds$.]

(b) Considerando la curva $y = f(x)$ como la curva paramétrica $x = x$, $y = f(x)$, con parámetro x, demuestre que la fórmula del inciso (a) resulta

$$\kappa = \frac{|d^2y/dx^2|}{[1 + (dy/dx)^2]^{3/2}}$$

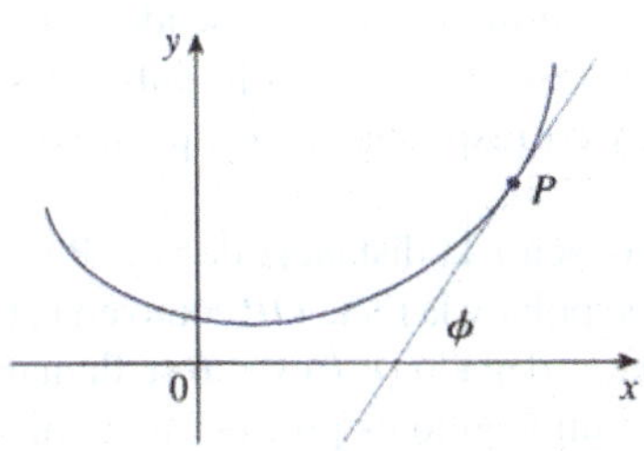

70. (a) Use la fórmula del ejercicio 69(b) para encontrar la curvatura de la parábola $y = x^2$ en el punto (1, 1).
(b) ¿En qué punto esta parábola tiene curvatura máxima?

71. Use la fórmula del ejercicio 69(a) para encontrar la curvatura de la cicloide $x = \theta - \operatorname{sen}\theta$, $y = 1 - \cos\theta$ en la parte superior de uno de los arcos.

72. (a) Demuestre que la curvatura de cada punto de la línea recta es $\kappa = 0$.
(b) Demuestre que la curvatura en cada punto de una circunferencia de radio r es $\kappa = 1/r$.

73. Una cuerda se enrolla alrededor de un círculo y después se desenrolla manteniéndose tensa. La curva trazada por el punto P en el extremo de la cuerda se llama **involuta** del círculo. Si el círculo tiene radio r y centro O y la posición inicial de P es $(r, 0)$, y si el parámetro θ se elige como en la figura, demuestre que las ecuaciones paramétricas de la involuta son

$$x = r(\cos\theta + \theta\operatorname{sen}\theta) \qquad y = r(\operatorname{sen}\theta - \theta\cos\theta)$$

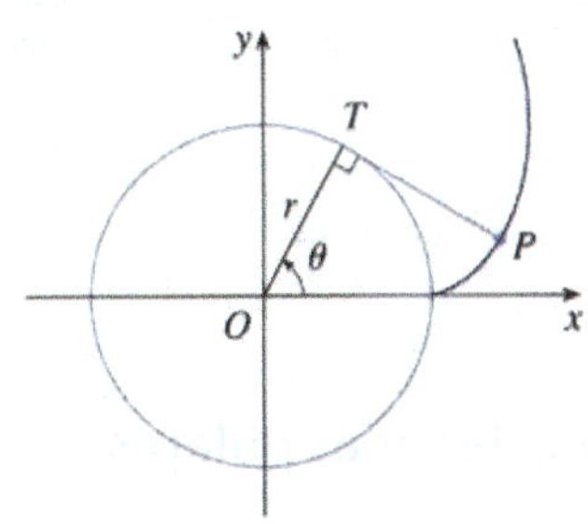

74. Una vaca está atada a un silo con radio r por una cuerda lo suficientemente larga para alcanzar el lado opuesto del silo. Encuentre el área disponible para el apacentamiento de la vaca.

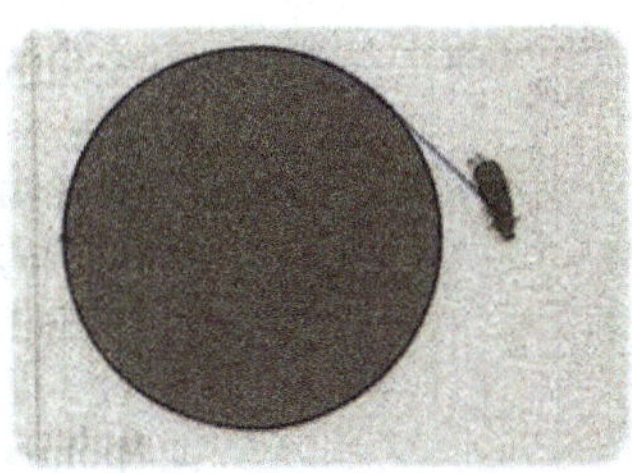

PROYECTO DE LABORATORIO CURVAS DE BÉZIER

Las **curvas de Bézier** se emplean en el diseño auxiliado por computadora y se nombran así en honor del matemático francés Pierre Bézier (1910-1999), quien trabajó en la industria automotriz. Una curva cúbica de Bézier está determinada mediante cuatro *puntos de control*, $P_0(x_0, y_0)$, $P_1(x_1, y_1)$, $P_2(x_2, y_2)$ y $P_3(x_3, y_3)$, y se define mediante las ecuaciones paramétricas

$$x = x_0(1-t)^3 + 3x_1t(1-t)^2 + 3x_2t^2(1-t) + x_3t^3$$
$$y = y_0(1-t)^3 + 3y_1t(1-t)^2 + 3y_2t^2(1-t) + y_3t^3$$

donde $0 \leq t \leq 1$. Observe que cuando $t = 0$, se tiene $(x, y) = (x_0, y_0)$ y cuando $t = 1$ se tiene $(x, y) = (x_3, y_3)$, así que la curva empieza en P_0 y termina en P_3.

1. Trace la gráfica de la curva de Bézier con puntos de control $P_0(4, 1)$, $P_1(28, 48)$, $P_2(50, 42)$ y $P_3(40, 5)$. Enseguida, en la misma pantalla, trace la gráfica de segmentos de recta P_0P_1, P_1P_2 y P_2P_3. (El ejercicio 10.1.31 muestra cómo hacer esto.) Observe que los puntos de control medios P_1 y P_2 no están sobre la curva; la curva empieza en P_0, se dirige hacia P_1 y P_2 sin alcanzarlos y termina en P_3.
2. En la gráfica del problema 1 parece que la recta tangente en P_0 pasa por P_1 y la recta tangente en P_3 pasa por P_2. Demuéstrelo.
3. Intente producir una curva de Bézier con un lazo cambiando el segundo punto de control en el problema 1.
4. Algunas impresoras láser usan las curvas de Bézier para representar letras y otros símbolos. Experimente con puntos de control hasta que encuentre una curva de Bézier que dé una representación razonable de la letra C.
5. Se pueden representar formas más complicadas juntando dos o más curvas de Bézier. Suponga que la primera curva de Bézier tiene puntos de control P_0, P_1, P_2, P_3 y la segunda tiene puntos de control P_3, P_4, P_5, P_6. Si se desea unir estos dos trozos de manera suave, entonces las rectas tangentes en P_3 deben corresponderse y, por tanto, los puntos P_2, P_3 y P_4 tienen que estar sobre esta recta tangente común. Con este principio, determine los puntos de control para un par de curvas de Bézier que representen la letra S.

10.3 Coordenadas polares

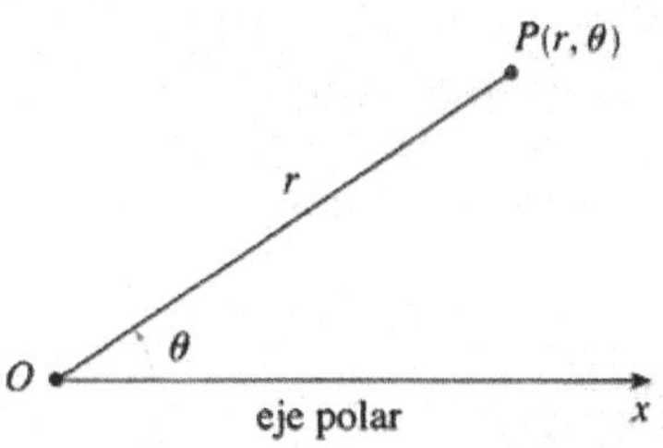

FIGURA 1

Un sistema coordenado representa un punto en el plano mediante un par ordenado de números llamados coordenadas. Por lo general se usan coordenadas cartesianas, que son las distancias dirigidas desde dos ejes perpendiculares. Aquí se describe un sistema coordenado introducido por Newton, llamado **sistema coordenado polar**, que es más conveniente para muchos propósitos.

Se elige un punto en el plano que se llama **polo** (u origen) y se identifica con O. Luego se dibuja un rayo (semirrecta) que empieza en O llamado **eje polar**. Usualmente, este eje se traza horizontalmente a la derecha, y corresponde al eje x positivo en coordenadas cartesianas.

Si P es cualquier otro punto en el plano, sea r la distancia de O a P y sea θ el ángulo (usualmente medido en radianes) entre el eje polar y la recta OP como en la figura 1. Entonces el punto P se representa mediante el par ordenado (r, θ) y r, θ se llaman **coordenadas polares** de P. Se usa la convención de que un ángulo es positivo si se mide en el sentido contrario a las manecillas del reloj desde el eje polar, y negativo si se mide en el sentido de las manecillas del reloj. Si $P = 0$, entonces $r = 0$ y se está de acuerdo en que $(0, \theta)$ representa el polo para cualquier valor de θ.

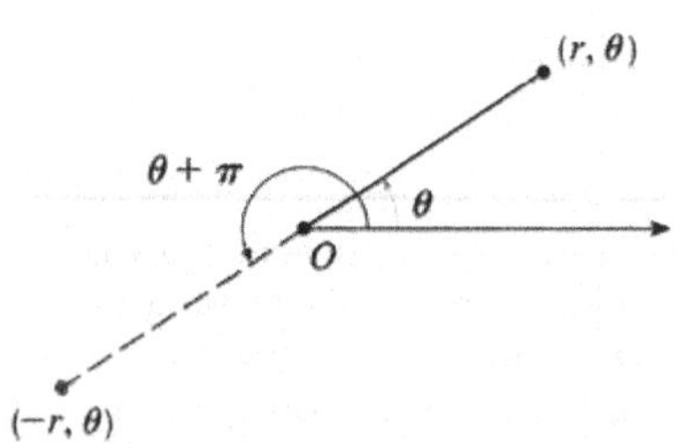

FIGURA 2

Se extiende el significado de las coordenadas polares (r, θ) al caso en que r es negativa estando de acuerdo en que, como en la figura 2, los puntos $(-r, \theta)$ y (r, θ) están sobre la misma recta que pasa por O y a la misma distancia $|r|$ desde O, pero en lados opuestos de O. Si $r > 0$, el punto (r, θ) está en el mismo cuadrante que θ; si $r < 0$, está en el cuadrante sobre el lado opuesto del polo. Observe que $(-r, \theta)$ representa el mismo punto que $(r, \theta + \pi)$.

EJEMPLO 1 Trace la gráfica de los puntos cuyas coordenadas polares están dadas.
(a) $(1, 5\pi/4)$ (b) $(2, 3\pi)$ (c) $(2, -2\pi/3)$ (d) $(-3, 3\pi/4)$

SOLUCIÓN Los puntos se grafican en la figura 3. En el inciso (d) el punto $(-3, 3\pi/4)$ se localiza a tres unidades del polo en el cuarto cuadrante porque el ángulo $3\pi/4$ está en el segundo cuadrante y $r = -3$ es negativa.

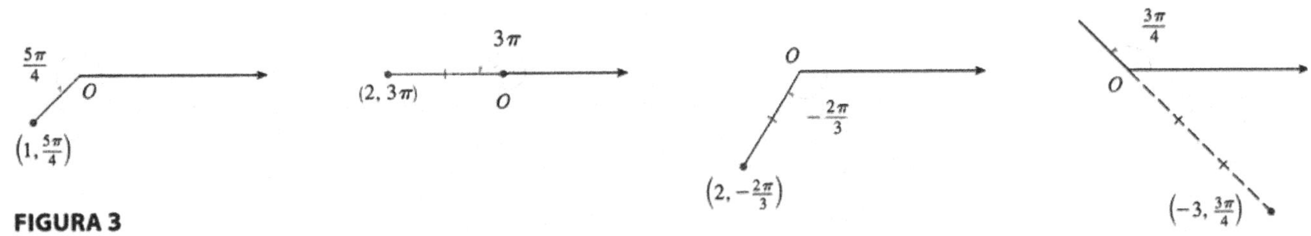

FIGURA 3

■

En el sistema coordenado cartesiano cada punto tiene una sola representación, pero en el sistema polar cartesiano todo punto tiene muchas representaciones. Por ejemplo, el punto $(1, 5\pi/4)$ en el ejemplo 1(a) se podría escribir como $(1, -3\pi/4)$ o $(1, 13\pi/4)$ o $(-1, \pi/4)$. (Véase la figura 4.)

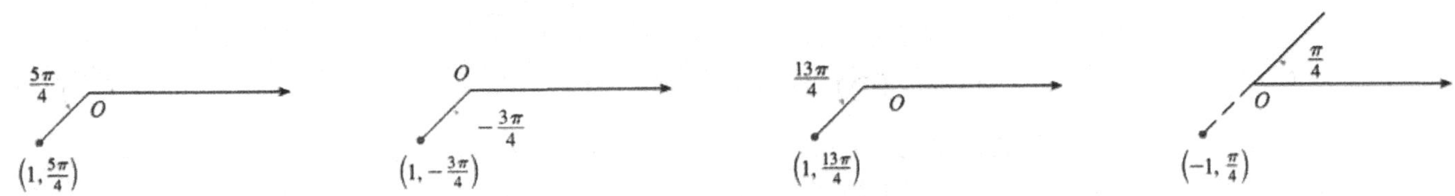

FIGURA 4

De hecho, puesto que una vuelta completa en sentido contrario a las manecillas del reloj está dada por un ángulo 2π, el punto representado por coordenadas polares (r, θ) se representa también por

$$(r, \theta + 2n\pi) \qquad \text{y} \qquad (-r, \theta + (2n + 1)\pi)$$

donde n es cualquier entero.

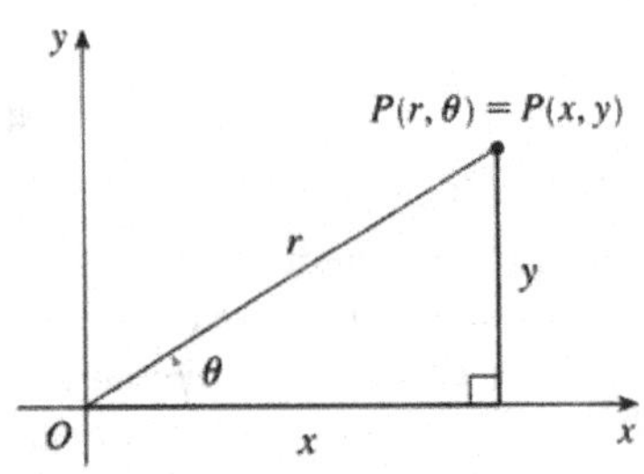

FIGURA 5

La conexión entre coordenadas polares y cartesianas se puede ver en la figura 5, en la cual el polo corresponde al origen y el eje polar coincide con el eje x positivo. Si el punto P tiene coordenadas cartesianas (x, y) y coordenadas polares (r, θ), entonces, de la figura, se tiene

$$\cos \theta = \frac{x}{r} \qquad \operatorname{sen} \theta = \frac{y}{r}$$

y por tanto

1
$$x = r \cos \theta \qquad y = r \operatorname{sen} \theta$$

Aunque las ecuaciones 1 se dedujeron de la figura 5, que ilustra el caso donde $r > 0$ y $0 < \theta < \pi/2$, estas ecuaciones son válidas para todos los valores de r y θ. (Véase la definición general de sen θ y cos θ en el apéndice D.)

Las ecuaciones 1 permiten determinar las coordenadas cartesianas de un punto cuando se conocen las coordenadas polares. Para determinar r y θ cuando se conocen x y y, se usan las ecuaciones

2

$$r^2 = x^2 + y^2 \qquad \tan\theta = \frac{y}{x}$$

que pueden deducirse de las ecuaciones 1 o simplemente leyendo la figura 5.

EJEMPLO 2 Convierta el punto $(2, \pi/3)$ de coordenadas polares a cartesianas.

SOLUCIÓN Como $r = 2$ y $\theta = \pi/3$, las ecuaciones 1 dan

$$x = r\cos\theta = 2\cos\frac{\pi}{3} = 2 \cdot \frac{1}{2} = 1$$

$$y = r\operatorname{sen}\theta = 2\operatorname{sen}\frac{\pi}{3} = 2 \cdot \frac{\sqrt{3}}{2} = \sqrt{3}$$

Por tanto, el punto en coordenadas cartesianas es $(1, \sqrt{3})$. ■

EJEMPLO 3 Represente el punto con coordenadas cartesianas $(1, -1)$ en términos de coordenadas polares.

SOLUCIÓN Si se elige r como positiva, entonces la ecuación 2 da

$$r = \sqrt{x^2 + y^2} = \sqrt{1^2 + (-1)^2} = \sqrt{2}$$

$$\tan\theta = \frac{y}{x} = -1$$

Como el punto $(1, -1)$ está en el cuarto cuadrante, se puede elegir $\theta = -\pi/4$ o $\theta = 7\pi/4$. Por lo que una de las posibles respuestas es $(\sqrt{2}, -\pi/4)$; otra es $(\sqrt{2}, 7\pi/4)$. ■

NOTA Las ecuaciones 2 no determinan de manera única a θ cuando se dan x y y, porque cuando θ crece en el intervalo $0 \leqslant \theta < 2\pi$ cada valor de $\tan\theta$ ocurre dos veces. Por tanto, al convertir de coordenadas cartesianas a polares, no es suficiente encontrar r y θ para satisfacer las ecuaciones 2. Como en el ejemplo 3, se debe elegir θ de modo que el punto (r, θ) esté en el cuadrante correcto.

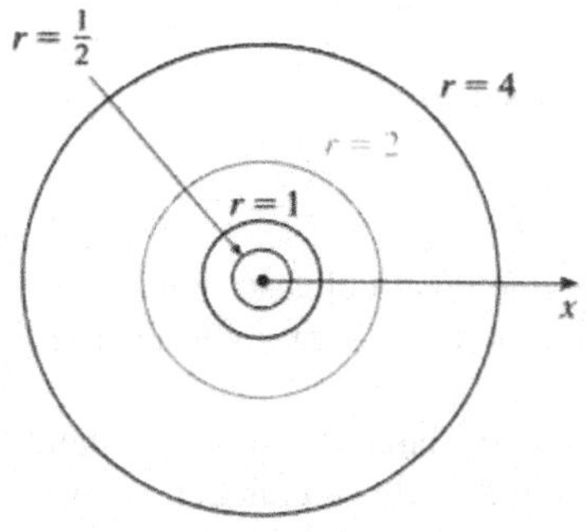

FIGURA 6

■ Curvas polares

La **gráfica de una ecuación polar** $r = f(\theta)$, o de manera más general $F(r, \theta) = 0$, consiste de todos los puntos P que tienen al menos una representación polar (r, θ) cuyas coordenadas satisfacen la ecuación.

EJEMPLO 4 ¿Qué curva está representada por la ecuación polar $r = 2$?

SOLUCIÓN La curva consiste de todos los puntos (r, θ) con $r = 2$. Puesto que r representa la distancia del punto al polo, la curva $r = 2$ representa la circunferencia con centro O y radio 2. En general, la ecuación $r = a$ representa una circunferencia con centro O y radio $|a|$. (Véase la figura 6.) ■

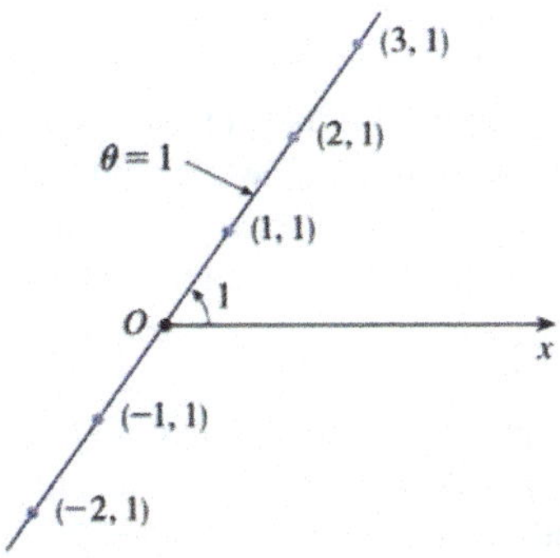

FIGURA 7

EJEMPLO 5 Trace la curva polar $\theta = 1$.

SOLUCIÓN Esta curva consiste de todos los puntos (r, θ) tales que el ángulo polar θ es de 1 radián. Corresponde a la recta que pasa por O y forma un ángulo de 1 radián con el eje polar (véase la figura 7). Observe que los puntos $(r, 1)$ sobre la recta con $r > 0$ están en el primer cuadrante, mientras aquellos con $r < 0$ están en el tercer cuadrante. ■

EJEMPLO 6

(a) Trace la curva con ecuación polar $r = 2 \cos \theta$.

(b) Encuentre una ecuación cartesiana para esta curva.

SOLUCIÓN

(a) En la figura 8 se encuentran los valores de r para algunos valores convenientes de θ y se grafican los puntos correspondientes (r, θ). Después se unen estos puntos para trazar la curva, que parece ser una circunferencia. Se han usado solo valores de θ entre 0 y π, porque si se hace que θ se incremente más allá de π, se obtiene de nuevo los mismos puntos.

θ	$r = 2 \cos \theta$
0	2
$\pi/6$	$\sqrt{3}$
$\pi/4$	$\sqrt{2}$
$\pi/3$	1
$\pi/2$	0
$2\pi/3$	-1
$3\pi/4$	$-\sqrt{2}$
$5\pi/6$	$-\sqrt{3}$
π	-2

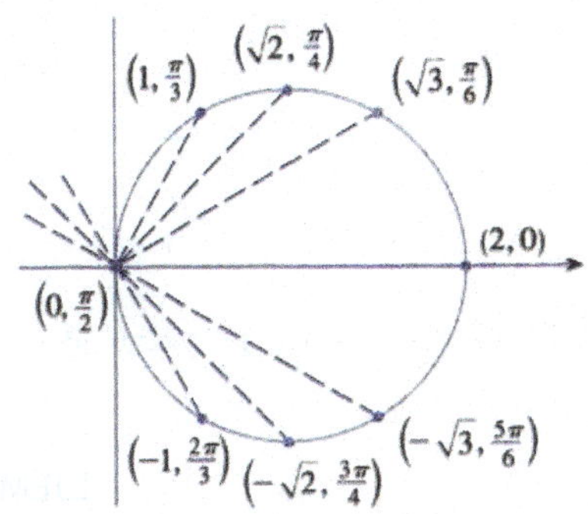

FIGURA 8
Tabla de valores y gráfica de $r = 2 \cos \theta$

(b) Para convertir la ecuación dada en una ecuación cartesiana se usan las ecuaciones 1 y 2. De $x = r \cos \theta$ se tiene $\cos \theta = x/r$, de modo que la ecuación $r = 2 \cos \theta$ se convierte en $r = 2x/r$, lo cual da

$$2x = r^2 = x^2 + y^2 \qquad \text{o} \qquad x^2 + y^2 - 2x = 0$$

Completando el cuadrado se obtiene

$$(x - 1)^2 + y^2 = 1$$

que es la ecuación de una circunferencia con centro en $(1, 0)$ y radio 1. ■

En la figura 9 se muestra una ilustración geométrica de que la circunferencia del ejemplo 6 tiene la ecuación $r = 2 \cos \theta$. El ángulo OPQ es un ángulo recto (¿por qué?), así que $r/2 = \cos \theta$.

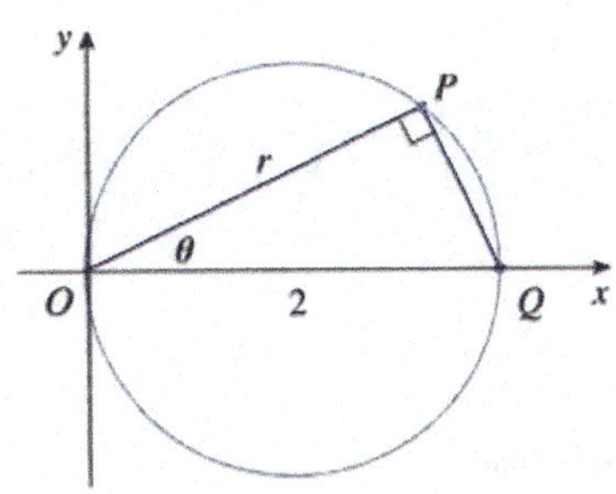

FIGURA 9

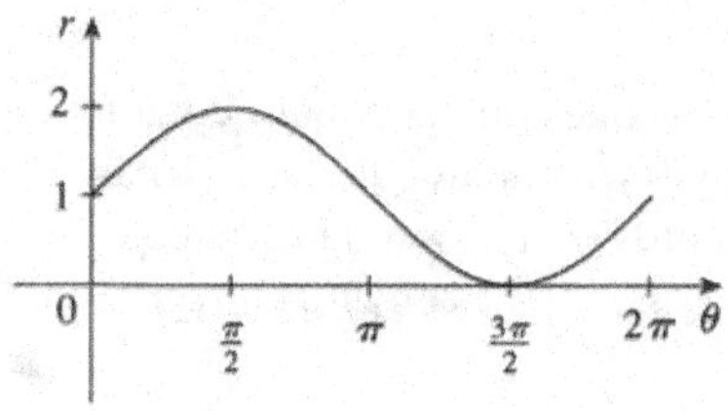

FIGURA 10
$r = 1 + \operatorname{sen}\theta$ en coordenadas cartesianas, $0 \leq \theta \leq 2\pi$

EJEMPLO 7 Trace la curva $r = 1 + \operatorname{sen}\theta$.

SOLUCIÓN En lugar de trazar puntos como en el ejemplo 6, primero haga el boceto de la gráfica de $r = 1 + \operatorname{sen}\theta$ en coordenadas *cartesianas* en la figura 10, desplazando la curva seno hacia arriba una unidad. Esto permite leer de un vistazo los valores de r que corresponden a valores crecientes de θ. Por ejemplo, se ve que cuando θ se incrementa de 0 a $\pi/2$, r (la distancia desde O) se incrementa de 1 a 2, de modo que se traza la parte correspondiente de la curva polar de la figura 11(a). Cuando θ se incrementa de $\pi/2$ a π, la figura 10 muestra que r decrece de 2 a 1, así que se traza la parte siguiente de la curva como en la figura 11(b). Cuando θ se incrementa de π a $3\pi/2$, r decrece de 1 a 0, como se muestra en el inciso (c). Por último, cuando θ se incrementa de $3\pi/2$ a 2π, r se incrementa de 0 a 1 como se muestra en el inciso (d). Si hace que θ se incremente más allá de 2π o decrezca más allá de 0, se podría simplemente volver a trazar la trayectoria. Uniendo las partes de la curva de la figura 11(a)-(d), se traza la curva completa del inciso (e). Esta curva se llama **cardioide** porque tiene forma de corazón.

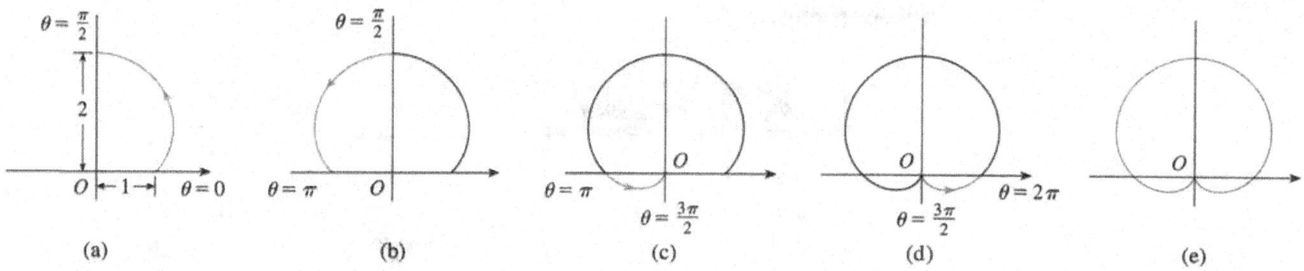

FIGURA 11 Etapas del trazo de la cardioide $r = 1 + \operatorname{sen}\theta$ ■

EJEMPLO 8 Trace la curva $r = \cos 2\theta$.

TEC Module 10.3 ayuda a ver cómo se trazan las curvas polares por medio de animaciones similares a las figuras 10-13.

SOLUCIÓN Como en el ejemplo 7, primero se traza $r = \cos 2\theta$, $0 \leq \theta \leq 2\pi$), en coordenadas cartesianas en la figura 12. Cuando θ se incrementa de 0 a $\pi/4$, se observa en la figura 12 que r decrece de 1 a 0 y, de este modo, se dibuja la parte correspondiente a la curva polar de la figura 13 (indicada por ①. Cuando θ se incrementa de $\pi/4$ a $\pi/2$, r va de 0 a -1. Esto significa que la distancia desde O se incrementa de 0 a 1, pero en lugar de estar en el primer cuadrante esta parte de la curva polar (indicada por ②) se ubica en el lado opuesto del polo en el tercer cuadrante. El resto de la curva se traza en forma similar, con flechas y números indicando el orden en el cual se trazan las porciones. La curva resultante tiene cuatro rizos y se llama **rosa de cuatro hojas**.

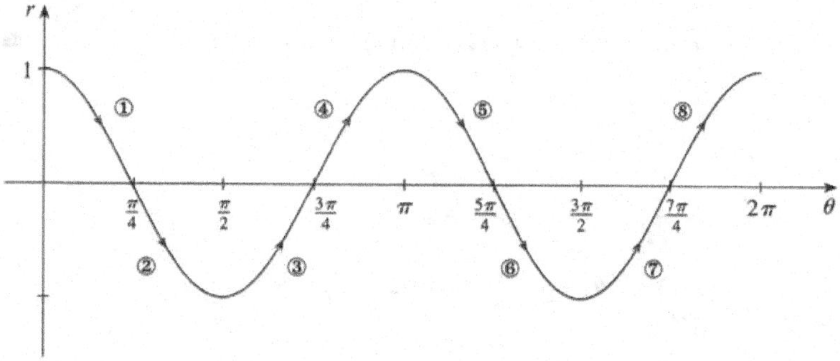

FIGURA 12
$r = \cos 2\theta$ en coordenadas cartesianas

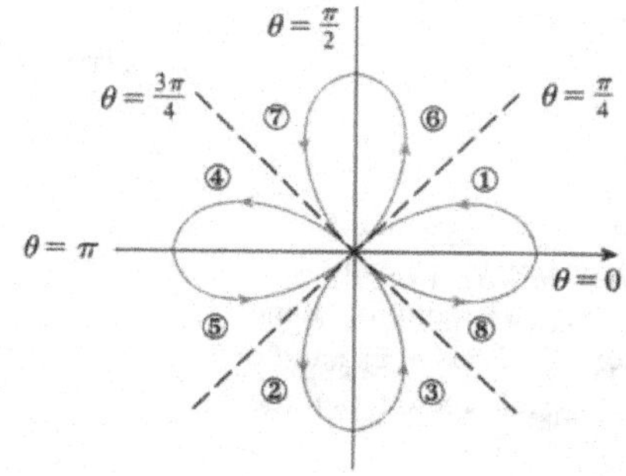

FIGURA 13
Rosa de cuatro hojas $r = \cos 2\theta$ ■

Simetría

Cuando se trazan curvas polares, a veces es útil aprovechar la simetría. Las tres reglas siguientes se explican mediante la figura 14.

(a) Si una ecuación polar permanece sin cambio cuando θ se reemplaza por $-\theta$, la curva es simétrica respecto al eje polar.

(b) Si la ecuación no cambia cuando r se reemplaza por $-r$, o cuando θ se sustituye por $\theta + \pi$ la curva es simétrica respecto al polo. (Esto significa que la curva permanece sin cambio si se rota 180° respecto al origen.)

(c) Si la ecuación no cambia cuando θ se reemplaza por $\pi - \theta$, la curva es simétrica respecto a la recta vertical $\theta = \pi/2$.

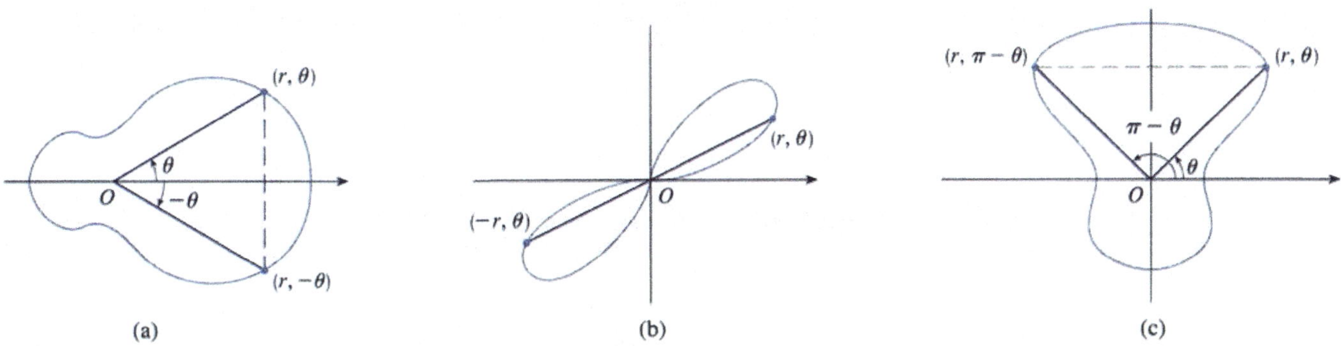

FIGURA 14

Las curvas trazadas en los ejemplos 6 y 8 son simétricas respecto al eje polar, porque $\cos(-\theta) = \cos\theta$. Las curvas de los ejemplos 7 y 8 son simétricas respecto a $\theta = \pi/2$ porque $\operatorname{sen}(\pi - \theta) = \operatorname{sen}\theta$ y $\cos 2(\pi - \theta) = \cos 2\theta$. La rosa de cuatro hojas también es simétrica respecto al polo. Estas propiedades de simetría se podrían haber usado para trazar las curvas. En el caso del ejemplo 6, solo se requiere hacer la gráfica de los puntos para $0 \leqslant \theta \leqslant \pi/2$ y después reflejar a través del eje polar para obtener la circunferencia completa.

Tangentes a curvas polares

Para encontrar una recta tangente a una curva polar $r = f(\theta)$, se considera θ como un parámetro y se escriben sus ecuaciones paramétricas como

$$x = r\cos\theta = f(\theta)\cos\theta \qquad y = r\operatorname{sen}\theta = f(\theta)\operatorname{sen}\theta$$

Después, con el método para encontrar pendientes de curvas paramétricas (ecuación 10.2.1) y la regla del producto, se tiene

3
$$\frac{dy}{dx} = \frac{\dfrac{dy}{d\theta}}{\dfrac{dx}{d\theta}} = \frac{\dfrac{dr}{d\theta}\operatorname{sen}\theta + r\cos\theta}{\dfrac{dr}{d\theta}\cos\theta - r\operatorname{sen}\theta}$$

Las rectas tangentes horizontales se localizan al determinar los puntos donde $dy/d\theta = 0$ (siempre que $dx/d\theta \neq 0$). Del mismo modo, se localizan rectas tangentes verticales en los puntos donde $dx/d\theta = 0$ (siempre que $dy/d\theta \neq 0$).

Observe que si se están buscando rectas tangentes en el polo, entonces $r = 0$ y la ecuación 3 se simplifica a

$$\frac{dy}{dx} = \tan\theta \qquad \text{si } \frac{dr}{d\theta} \neq 0$$

En el ejemplo 8 se encuentra que $r = \cos 2\theta = 0$ cuando $\theta = \pi/4$ o $3\pi/4$. Esto significa que las rectas $\theta = \pi/4$ y $\theta = 3\pi/4$ (o $y = x$ y $y = -x$) son rectas tangentes a $r = \cos 2\theta$ en el origen.

EJEMPLO 9

(a) Para la cardioide $r = 1 + \operatorname{sen}\theta$ del ejemplo 7, encuentre la pendiente de la recta tangente cuando $\theta = \pi/3$.
(b) Encuentre los puntos sobre la cardioide donde la recta tangente es horizontal o vertical.

SOLUCIÓN Al utilizar la ecuación 3 con $r = 1 + \operatorname{sen}\theta$, se tiene

$$\frac{dy}{dx} = \frac{\dfrac{dr}{d\theta}\operatorname{sen}\theta + r\cos\theta}{\dfrac{dr}{d\theta}\cos\theta - r\operatorname{sen}\theta} = \frac{\cos\theta\ \operatorname{sen}\theta + (1+\operatorname{sen}\theta)\cos\theta}{\cos\theta\ \cos\theta - (1+\operatorname{sen}\theta)\operatorname{sen}\theta}$$

$$= \frac{\cos\theta\,(1+2\operatorname{sen}\theta)}{1-2\operatorname{sen}^2\theta - \operatorname{sen}\theta} = \frac{\cos\theta\,(1+2\operatorname{sen}\theta)}{(1+\operatorname{sen}\theta)(1-2\operatorname{sen}\theta)}$$

(a) La pendiente de la recta tangente en el punto donde $\theta = \pi/3$ es

$$\left.\frac{dy}{dx}\right|_{\theta=\pi/3} = \frac{\cos(\pi/3)(1+2\operatorname{sen}(\pi/3))}{(1+\operatorname{sen}(\pi/3))(1-2\operatorname{sen}(\pi/3))} = \frac{\frac{1}{2}(1+\sqrt{3})}{(1+\sqrt{3}/2)(1-\sqrt{3})}$$

$$= \frac{1+\sqrt{3}}{(2+\sqrt{3})(1-\sqrt{3})} = \frac{1+\sqrt{3}}{-1-\sqrt{3}} = -1$$

(b) Observe que

$$\frac{dy}{d\theta} = \cos\theta\,(1+2\operatorname{sen}\theta) = 0 \qquad \text{cuando } \theta = \frac{\pi}{2}, \frac{3\pi}{2}, \frac{7\pi}{6}, \frac{11\pi}{6}$$

$$\frac{dx}{d\theta} = (1+\operatorname{sen}\theta)(1-2\operatorname{sen}\theta) = 0 \quad \text{cuando } \theta = \frac{3\pi}{2}, \frac{\pi}{6}, \frac{5\pi}{6}$$

Debido a que, hay rectas tangentes horizontales en los puntos $(2, \pi/2)$, $(\frac{1}{2}, 7\pi/6)$, $(\frac{1}{2}, 11\pi/6)$ y las rectas tangentes verticales en $(\frac{3}{2}, \pi/6)$ y $(\frac{3}{2}, 5\pi/6)$. Cuando $\theta = 3\pi/2$, tanto $dy/d\theta$ como $dx/d\theta$ son 0, por lo que se debe tener cuidado. Usando la regla de L'Hôpital, se tiene

$$\lim_{\theta\to(3\pi/2)^-}\frac{dy}{dx} = \left(\lim_{\theta\to(3\pi/2)^-}\frac{1+2\operatorname{sen}\theta}{1-2\operatorname{sen}\theta}\right)\left(\lim_{\theta\to(3\pi/2)^-}\frac{\cos\theta}{1+\operatorname{sen}\theta}\right)$$

$$= -\frac{1}{3}\lim_{\theta\to(3\pi/2)^-}\frac{\cos\theta}{1+\operatorname{sen}\theta} = -\frac{1}{3}\lim_{\theta\to(3\pi/2)^-}\frac{-\operatorname{sen}\theta}{\cos\theta} = \infty$$

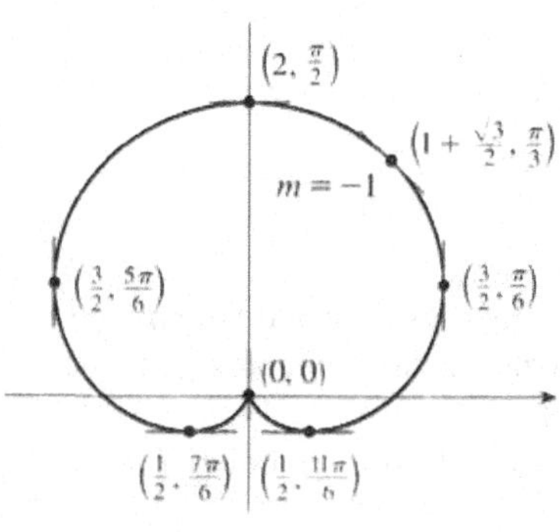

FIGURA 15
Rectas tangentes para $r = 1 + \operatorname{sen}\theta$

Por simetría,
$$\lim_{\theta\to(3\pi/2)^+}\frac{dy}{dx} = -\infty$$

Por lo que hay una recta tangente vertical en el polo (véase la figura 15). ■

NOTA En lugar de tener que recordar la ecuación 3, se podría usar el método empleado para deducirla. En el caso del ejemplo 9 se puede escribir

$$x = r\cos\theta = (1 + \operatorname{sen}\theta)\cos\theta = \cos\theta + \tfrac{1}{2}\operatorname{sen} 2\theta$$

$$y = r\operatorname{sen}\theta = (1 + \operatorname{sen}\theta)\operatorname{sen}\theta = \operatorname{sen}\theta + \operatorname{sen}^2\theta$$

Entonces se tiene

$$\frac{dy}{dx} = \frac{dy/d\theta}{dx/d\theta} = \frac{\cos\theta + 2\operatorname{sen}\theta\,\cos\theta}{-\operatorname{sen}\theta + \cos 2\theta} = \frac{\cos\theta + \operatorname{sen} 2\theta}{-\operatorname{sen}\theta + \cos 2\theta}$$

que es equivalente a nuestra expresión previa.

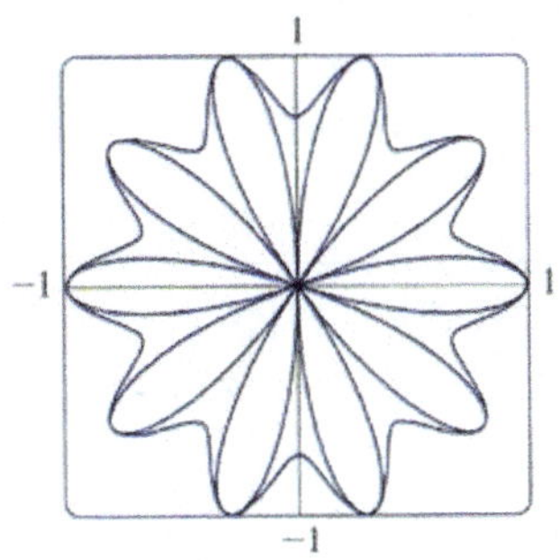

FIGURA 16
$r = \operatorname{sen}^3(2.5\theta) + \cos^3(2.5\theta)$

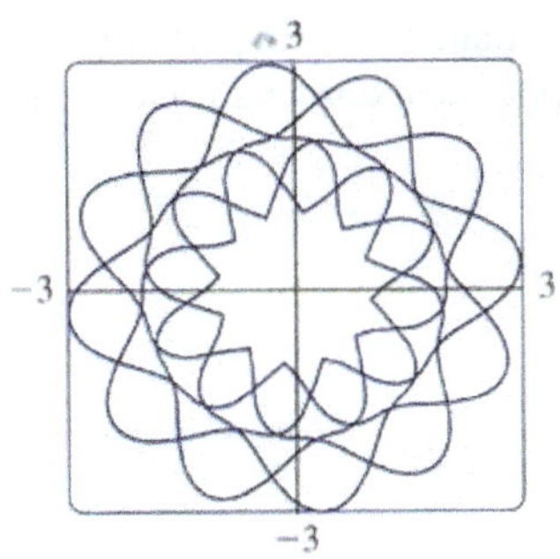

FIGURA 17
$r = 2 + \operatorname{sen}^3(2.4\theta)$

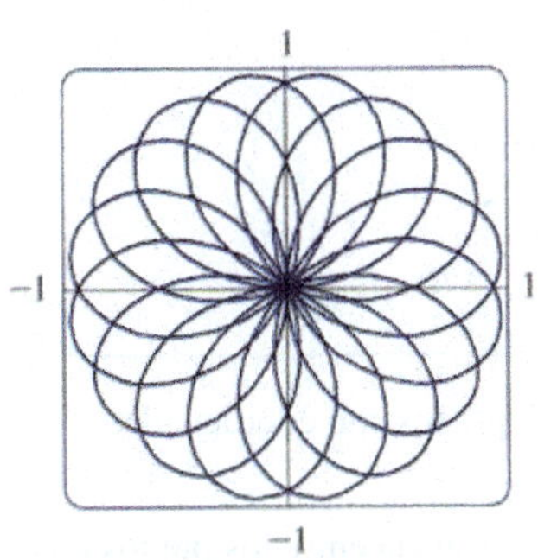

FIGURA 18
$r = \operatorname{sen}(8\theta/5)$

Trazo de gráficas de curvas polares con dispositivos de graficación

Aunque es útil poder trazar a mano curvas polares simples, se necesita usar una calculadora o computadora cuando hay ante usted una curva tan complicada como las que se muestran en las figuras 16 y 17.

Algunos dispositivos de graficación tienen comandos que permiten trazar la gráfica de curvas polares directamente. Con otras máquinas se requiere convertir primero a ecuaciones paramétricas. En este caso se toma la ecuación polar $r = f(\theta)$ y se escriben sus ecuaciones paramétricas como

$$x = r\cos\theta = f(\theta)\cos\theta \qquad y = r\operatorname{sen}\theta = f(\theta)\operatorname{sen}\theta$$

Algunas máquinas requieren que el parámetro se llame t en vez de θ.

EJEMPLO 10 Trace la gráfica de la curva $r = \operatorname{sen}(8\theta/5)$.

SOLUCIÓN Suponga que el dispositivo de graficación no tiene una instrucción de graficación polar integrado. En este caso se necesita trabajar con las correspondientes ecuaciones paramétricas

$$x = r\cos\theta = \operatorname{sen}(8\theta/5)\cos\theta \qquad y = r\operatorname{sen}\theta = \operatorname{sen}(8\theta/5)\operatorname{sen}\theta$$

En cualquier caso, se necesita determinar el dominio para θ, así que se hace la pregunta: ¿cuántas rotaciones completas se requieren hasta que la curva comience a repetirse por sí misma? Si la respuesta es n, entonces

$$\operatorname{sen}\frac{8(\theta + 2n\pi)}{5} = \operatorname{sen}\left(\frac{8\theta}{5} + \frac{16n\pi}{5}\right) = \operatorname{sen}\frac{8\theta}{5}$$

y, por tanto, se requiere que $16n\pi/5$ sea un múltiplo par de π. Esto ocurrirá primero cuando $n = 5$. Por tanto, grafique la curva completa si se especifica que $0 \leq \theta \leq 10\pi$. Al cambiar de θ a t, se tienen las ecuaciones

$$x = \operatorname{sen}(8t/5)\cos t \qquad y = \operatorname{sen}(8t/5)\operatorname{sen} t \qquad 0 \leq t \leq 10\pi$$

cuya curva resultante se muestra en la figura 18. Observe que esta rosa tiene 16 lazos. ■

EJEMPLO 11 Investigue la familia de curvas polares dada por $r = 1 + c\operatorname{sen}\theta$. ¿Cómo cambia la forma cuando c cambia? (Estas curvas se llaman ***limaçones***, palabra francesa para los caracoles, debido a la forma de las curvas para ciertos valores de c.)

SOLUCIÓN En la figura 19 en la página 666 se muestran gráficas dibujadas por computadora para diferentes valores de c. Para $c > 1$ hay un lazo que decrece en tamaño cuando c decrece. Cuando $c = 1$ el lazo desaparece y la curva se convierte en la cardioide que se trazó en el ejemplo 7. Para c entre 1 y $\frac{1}{2}$ la cúspide de la cardioide desaparece y se convierte en un "hoyuelo". Cuando c decrece de $\frac{1}{2}$ a 0, la *limaçon* tiene forma

En el ejercicio 53, se le pide demostrar en forma analítica lo que se ha descubierto a partir de las gráficas de la figura 19.

de óvalo. Este óvalo se vuelve más circular cuando $c \to 0$, y cuando $c = 0$ la curva es justo la circunferencia con $r = 1$.

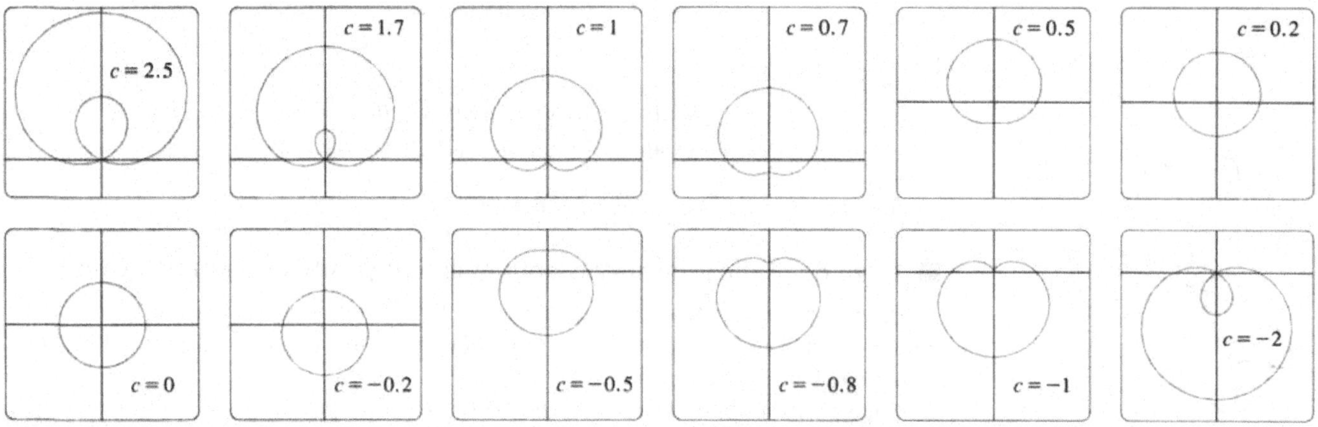

FIGURA 19
Miembros de la familia de *limaçons* $r = 1 + c \operatorname{sen} \theta$

Las partes restantes de la figura 19 muestran que cuando c se vuelve negativa, las formas cambian en orden inverso. De hecho, estas curvas son reflexiones respecto al eje horizontal de las curvas correspondientes con c positiva. ■

Las *limaçons* son muy útiles en el estudio del movimiento planetario. En particular, la trayectoria de Marte vista desde el planeta Tierra ha sido modelada con una *limaçon* de un lazo, como en los incisos de la figura 19 con $|c| > 1$.

10.3 EJERCICIOS

1-2 Trace la gráfica de los puntos cuyas coordenadas polares están dadas. Después encuentre otros dos pares de coordenadas polares de este punto, uno con $r > 0$ y otro con $r < 0$.

1. (a) $(1, \pi/4)$ (b) $(-2, 3\pi/2)$ (c) $(3, -\pi/3)$

2. (a) $(2, 5\pi/6)$ (b) $(1, -2\pi/3)$ (c) $(-1, 5\pi/4)$

3-4 Trace la gráfica del punto cuyas coordenadas polares están dadas. Luego, determine las coordenadas cartesianas del punto.

3. (a) $(2, 3\pi/2)$ (b) $(\sqrt{2}, \pi/4)$ (c) $(-1, -\pi/6)$

4. (a) $(4, 4\pi/3)$ (b) $(-2, 3\pi/4)$ (c) $(-3, -\pi/3)$

5-6 Se dan las coordenadas cartesianas de un punto.
(i) Encuentre las coordenadas polares (r, θ) del punto, donde $r > 0$ y $0 \leqslant \theta < 2\pi$.
(ii) Determine las coordenadas polares (r, θ) del punto, donde $r < 0$ y $0 \leqslant \theta < 2\pi$.

5. (a) $(-4, 4)$ (b) $(3, 3\sqrt{3})$

6. (a) $(\sqrt{3}, -1)$ (b) $(-6, 0)$

7-12 Trace la región en el plano que consiste de todos los puntos cuyas coordenadas polares satisfacen las condiciones dadas.

7. $r \geqslant 1$

8. $0 \leqslant r < 2$, $\pi \leqslant \theta \leqslant 3\pi/2$

9. $1 \leqslant r \leqslant 2$

10. $1 \leqslant r \leqslant 3$, $\pi/6 < \theta < 5\pi/6$

11. $2 < r < 3$, $5\pi/3 \leqslant \theta \leqslant 7\pi/3$

12. $r \geqslant 1$, $\pi \leqslant \theta \leqslant 2\pi$

13. Encuentre la distancia entre los puntos con coordenadas polares $(4, 4\pi/3)$ y $(6, 5\pi/3)$.

14. Encuentre una fórmula para la distancia entre los puntos con coordenadas polares (r_1, θ_1) y (r_2, θ_2).

15-20 Identifique la curva encontrando una ecuación cartesiana para la curva.

15. $r = 2$

16. $r \cos \theta = 1$

17. $r = 5 \cos \theta$

18. $r = \tan \theta \sec \theta$

19. $r = 2 \cos \theta$

20. $r^2 \operatorname{sen} 2\theta = 1$

21-26 Encuentre una ecuación polar para la curva representada por las ecuaciones cartesianas dadas.

21. $y = 2$

22. $y = x$

23. $y = 1 + 3x$

24. $xy = 4$

25. $x^2 + y^2 = 2cx$

26. $x^2 - y^2 = 4$

27-28 Para cada una de las curvas descritas, decida con qué ecuación se expresaría más fácilmente, con una polar o una cartesiana. Después escriba una ecuación para la curva.

27. (a) Una recta que pasa por el origen que forma un ángulo de $\pi/6$ con el eje x positivo.
(b) Una recta vertical que pasa por el punto (3, 3).

28. (a) Una circunferencia con radio 5 y centro (2, 3).
(b) Una circunferencia centrada en el origen con radio 4.

29-46 Trace la curva con la ecuación polar dada, al trazar primero la gráfica de r como una función de θ en coordenadas cartesianas.

29. $r = -2 \operatorname{sen} \theta$

30. $r = 1 - \cos\theta$

31. $r = 2(1 + \cos\theta)$

32. $r = \ln \theta, \quad \theta \geqslant 1$

33. $r = 4 \operatorname{sen} 3\theta$

34. $r = \theta^2, \ -2\pi \leqslant \theta \leqslant 2\pi$

35. $r = 3 \cos 3\theta$

36. $r = -\operatorname{sen} 5\theta$

37. $r = \cos 5\theta$

38. $r = 2 \operatorname{sen} 6\theta$

39. $r = 1 + 3 \cos \theta$

40. $r = 1 + 5 \operatorname{sen} \theta$

41. $r = 1 - 2 \operatorname{sen} \theta$

42. $r^2 = \cos 4\theta$

43. $r = 2 + \operatorname{sen} 3\theta$

44. $r = 3 + 4 \cos \theta$

45. $r = \operatorname{sen}(\theta/2)$

46. $r = \cos(\theta/3)$

47-48 La figura muestra una gráfica de r como una función de θ en coordenadas cartesianas. Utilícela para trazar la correspondiente curva polar.

47.

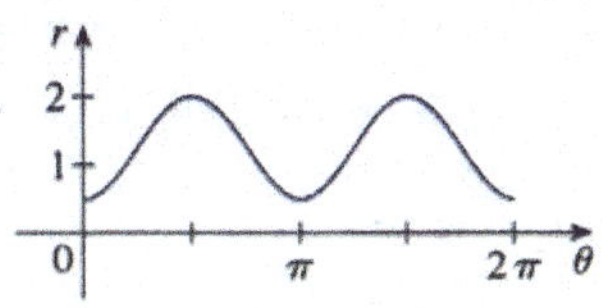

48.

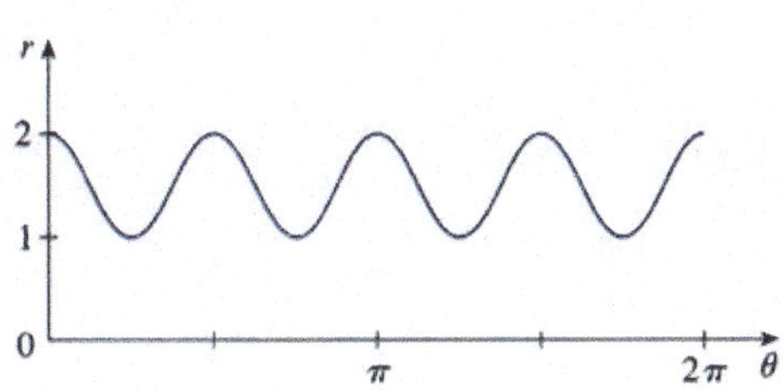

49. Demuestre que la curva polar $r = 4 + 2 \sec \theta$ (llamada una **concoide**) tiene la recta $x = 2$ como asíntota vertical demostrando que $\lim_{r \to \pm\infty} x = 2$. Utilice este hecho para ayudarse a trazar la concoide.

50. Demuestre que la curva $r = 2 - \csc \theta$ (también una concoide) tiene la recta $y = -1$ como una asíntota horizontal demostrando que $\lim_{r \to \pm\infty} y = -1$. Utilice este hecho para ayudarse a trazar la concoide.

51. Demuestre que la curva $r = \operatorname{sen} \theta \tan \theta$ (llamada **cisoide de Diocles**) tiene la recta $x = 1$ como una asíntota vertical. Demuestre también que toda la curva está dentro de la banda vertical $0 \leqslant x < 1$. Utilice estos hechos para ayudarse a trazar la cisoide.

52. Trace la curva $(x^2 + y^2)^3 = 4x^2y^2$.

53. (a) En el ejemplo 11, la gráfica sugiere que la *limaçon* $r = 1 + c \operatorname{sen} \theta$ tiene un lazo interior cuando $|c| > 1$. Demuestre que esto es cierto y encuentre los valores de θ que corresponden a este lazo interior.
(b) En la figura 19 parece que la *limaçon* pierde su hoyuelo cuando $c = \frac{1}{2}$. Demuéstrelo.

54. Relacione las ecuaciones polares con las gráficas I-VI. Dé razones para sus elecciones. (No utilice dispositivos de graficación.)

(a) $r = \ln \theta, \quad 1 \leqslant \theta \leqslant 6\pi$

(b) $r = \theta^2, \quad 0 \leqslant \theta \leqslant 8\pi$

(c) $r = \cos 3\theta$

(d) $r = 2 + \cos 3\theta$

(e) $r = \cos(\theta/2)$

(f) $r = 2 + \cos(3\theta/2)$

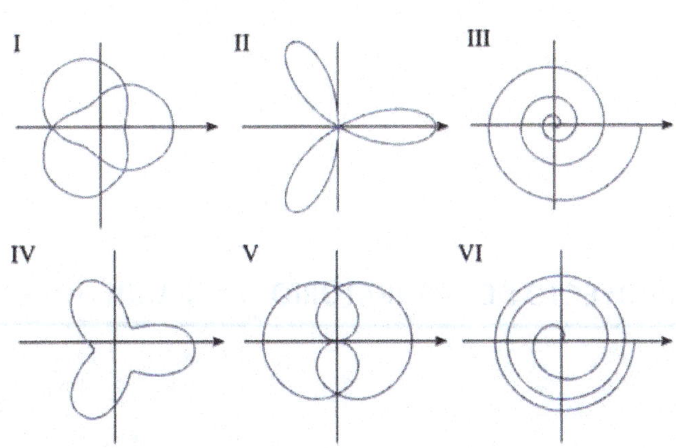

55-60 Encuentre la pendiente de la recta tangente para la curva polar dada en el punto especificado por el valor de θ.

55. $r = 2 \cos \theta, \quad \theta = \pi/3$

56. $r = 2 + \operatorname{sen} 3\theta, \quad \theta = \pi/4$

57. $r = 1/\theta, \quad \theta = \pi$

58. $r = \cos(\theta/3), \quad \theta = \pi$

59. $r = \cos 2\theta, \quad \theta = \pi/4$

60. $r = 1 + 2 \cos \theta, \quad \theta = \pi/3$

61-64 Encuentre los puntos sobre la curva dada donde la recta tangente es horizontal o vertical.

61. $r = 3\cos\theta$

62. $r = 1 - \operatorname{sen} \theta$

63. $r = 1 + \cos\theta$

64. $r = e^{\theta}$

65. Demuestre que la ecuación polar $r = a \operatorname{sen} \theta + b \cos \theta$, donde $ab \neq 0$, representa una circunferencia y encuentre su centro y radio.

66. Demuestre que las curvas $r = a \operatorname{sen} \theta$ y $r = a \cos \theta$ se cortan en ángulos rectos.

67-72 Utilice un dispositivo de graficación para trazar la curva polar. Elija el intervalo para el parámetro para asegurarse que se trace toda la curva.

67. $r = 1 + 2 \operatorname{sen}(\theta/2)$ (nefroide de Freeth)

68. $r = \sqrt{1 - 0.8 \operatorname{sen}^2 \theta}$ (hipopede)

69. $r = e^{\operatorname{sen} \theta} - 2 \cos(4\theta)$ (curva mariposa)

70. $r = |\tan \theta|^{|\cot \theta|}$ (curva valentina)

71. $r = 1 + \cos^{999} \theta$ (curva Pac-Man)

72. $r = 2 + \cos(9\theta/4)$

---

73. ¿Cómo se relacionan las gráficas de $r = 1 + \operatorname{sen}(\theta - \pi/6)$ y $r = 1 + \operatorname{sen}(\theta - \pi/3)$ con la gráfica de $r = 1 + \operatorname{sen} \theta$? En general, ¿cómo se relaciona la gráfica de $r = f(\theta - \alpha)$ con la gráfica de $r = f(\theta)$?

74. Utilice una gráfica para estimar la coordenada y de los puntos superiores sobre la curva $r = \operatorname{sen} 2\theta$. Después utilice su calculadora para encontrar el valor exacto.

75. Investigue la familia de curvas con ecuaciones polares $r = 1 + c \cos \theta$, donde c es un número real. ¿Cómo cambia la forma de la curva cuando c cambia?

76. Investigue la familia de curvas polares

$$r = 1 + \cos^n \theta$$

donde n es un entero positivo. ¿Cómo cambia la forma de la curva cuando n crece? ¿Qué pasa cuando n es muy grande? Explique la forma para n muy grande considerando la gráfica de r como una función de θ en coordenadas cartesianas.

77. Sea P un número cualquiera (excepto el origen) sobre la curva $r = f(\theta)$. Si ψ es el ángulo entre la recta tangente en P y la recta radial OP, demuestre que

$$\tan \psi = \frac{r}{dr/d\theta}$$

[*Sugerencia*: observe que $\psi = \phi - \theta$ en la figura.]

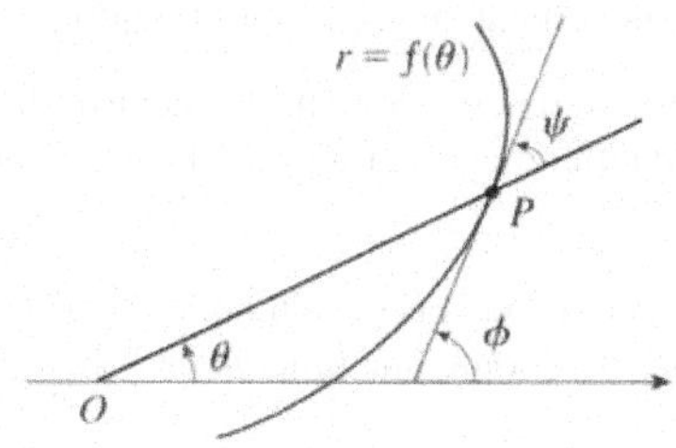

78. (a) Utilice el ejercicio 77 para demostrar que el ángulo entre la recta tangente y la recta radial es $\psi = \pi/4$ en todo punto sobre la curva $r = e^{\theta}$.

(b) Ilustre el inciso (a) al trazar la gráfica de la curva y la recta tangente en los puntos donde $\theta = 0$ y $\pi/2$.

(c) Demuestre que cualquier curva polar $r = f(\theta)$, con la propiedad de que el ángulo ψ entre la recta radial y la recta tangente es una constante, debe tener la forma $r = Ce^{k\theta}$, donde C y k son constantes.

PROYECTO DE LABORATORIO FAMILIAS DE CURVAS POLARES

En este proyecto descubrirá lo interesante y bello que pueden ser las formas de las familias de curvas polares. También verá cómo cambia la forma de las curvas cuando varían las constantes.

1. (a) Investigue la familia de curvas definida por las ecuaciones polares $r = \operatorname{sen} n\theta$, donde n es un entero positivo. ¿Cómo se relaciona n con el número de lazos?

(b) ¿Qué pasa si la ecuación del inciso (a) se reemplaza por $r = |\operatorname{sen} n\theta|$?

2. Una familia de curvas está dada por las ecuaciones $r = 1 + c \operatorname{sen} n\theta$, donde c es un número real y n es un entero positivo. ¿Cómo cambia la forma de la gráfica cuando n crece? ¿Cómo cambia cuando c cambia? Ilustre graficando suficientes miembros de la familia para apoyar sus conclusiones.

3. Una familia de curvas tiene las ecuaciones polares

$$r = \frac{1 - a \cos \theta}{1 + a \cos \theta}$$

Investigue cómo cambian las gráficas cuando el número *a* cambia. En particular, debe identificar la transición de los valores de *a* para los cuales la forma básica de la curva cambia.

4. El astrónomo Giovanni Cassini (1625-1712) estudió la familia de curvas con ecuaciones polares

$$r^4 - 2c^2r^2\cos 2\theta + c^4 - a^4 = 0$$

donde a y c son números reales positivos. Estas curvas se llaman **óvalos de Cassini** aunque tienen la forma de óvalo solo para ciertos valores de a y c. (Cassini pensó que estas curvas podían representar órbitas planetarias mejor que las elipses de Kepler.) Investigue la variedad de formas que estas curvas pueden tener. En particular, ¿cómo se relacionan a y c entre sí cuando la curva se divide en dos partes?

10.4 Áreas y longitudes en coordenadas polares

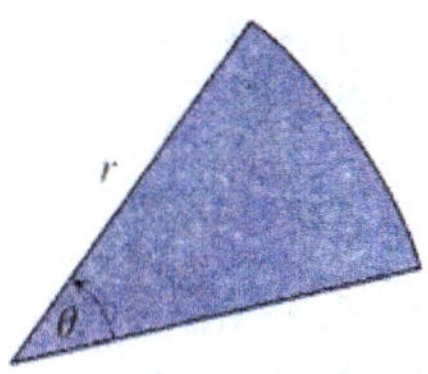

FIGURA 1

En esta sección se desarrolla la fórmula para el área de una región cuya frontera está dada por una ecuación polar. Se necesita utilizar la fórmula para el área de un sector de un círculo:

1
$$A = \tfrac{1}{2}r^2\theta$$

donde, como se ve en la figura 1, r es el radio y θ es la medida en radianes del ángulo central. La fórmula 1 se sigue del hecho de que el área de un sector es proporcional a su ángulo central: $A = (\theta/2\pi)\pi r^2 = \frac{1}{2}r^2\theta$. (Véase también el ejercicio 7.3.35.)

Sea $\mathcal{R}$ la región, ilustrada en la figura 2, acotada por la curva polar $r = f(\theta)$ y por los rayos $\theta = a$ y $\theta = b$, donde f es una función positiva continua y donde $0 < b - a \leqslant 2\pi$. Se divide el intervalo $[a, b]$ en subintervalos con puntos extremos $\theta_0, \theta_1, \theta_2, \ldots, \theta_n$ e igual ancho $\Delta\theta$. Entonces los rayos $\theta = \theta_i$ dividen a $\mathcal{R}$ en n pequeñas regiones con ángulo central $\Delta\theta = \theta_i - \theta_{i-1}$. Si se elige θ_i^* en el i-ésimo subintervalo $[\theta_{i-1}, \theta_i]$, entonces el área ΔA_i de la i-ésima región está aproximada por el área del sector de un círculo con ángulo central $\Delta\theta$ y radio $f(\theta_i^*)$. (Véase la figura 3.)

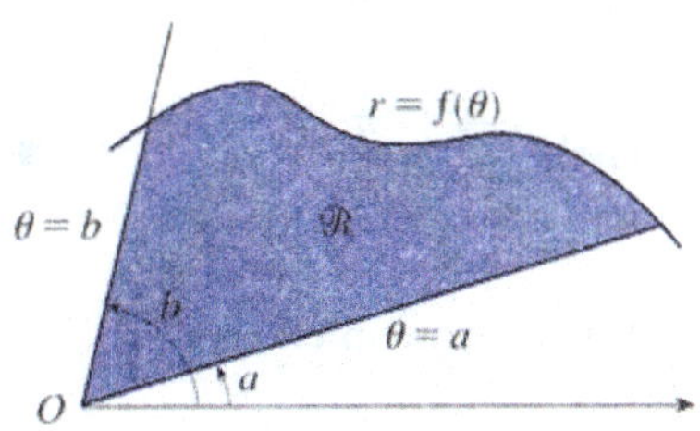

FIGURA 2

Por lo que de la fórmula 1 se tiene

$$\Delta A_i \approx \tfrac{1}{2}[f(\theta_i^*)]^2\,\Delta\theta$$

y así una aproximación al área total A de $\mathcal{R}$ es

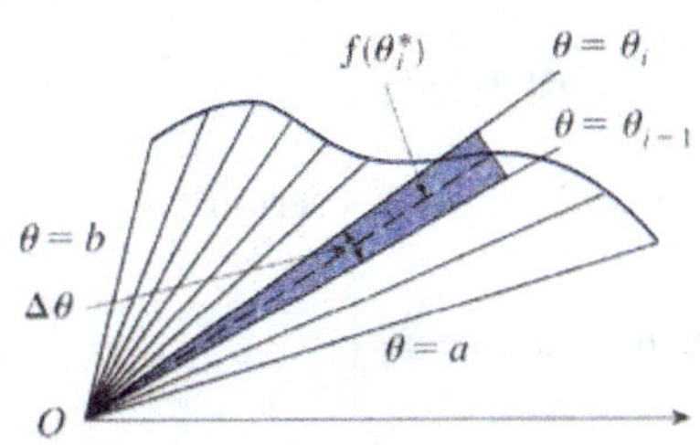

FIGURA 3

2
$$A \approx \sum_{i=1}^{n} \tfrac{1}{2}[f(\theta_i^*)]^2\,\Delta\theta$$

En la figura 3 parece que la aproximación en (2) mejora cuando $n \to \infty$. Pero las sumas en (2) son sumas de Riemann para la función $g(\theta) = \frac{1}{2}[f(\theta)]^2$, por tanto

$$\lim_{n\to\infty}\sum_{i=1}^{n} \tfrac{1}{2}[f(\theta_i^*)]^2\,\Delta\theta = \int_a^b \tfrac{1}{2}[f(\theta)]^2\,d\theta$$

Por eso parece razonable (y de hecho puede demostrarse) que la fórmula para el área A de la región polar $\mathcal{R}$ sea

3
$$A = \int_a^b \tfrac{1}{2}[f(\theta)]^2\, d\theta$$

Usualmente, la fórmula 3 se escribe como

4
$$A = \int_a^b \tfrac{1}{2} r^2\, d\theta$$

con el entendido de que $r = f(\theta)$. Observe la semejanza entre las fórmulas 1 y 4.

Cuando se aplica la fórmula 3 o 4 es útil pensar que el área es barrida por un rayo que gira alrededor de O empezando con un ángulo a y terminando en un ángulo b.

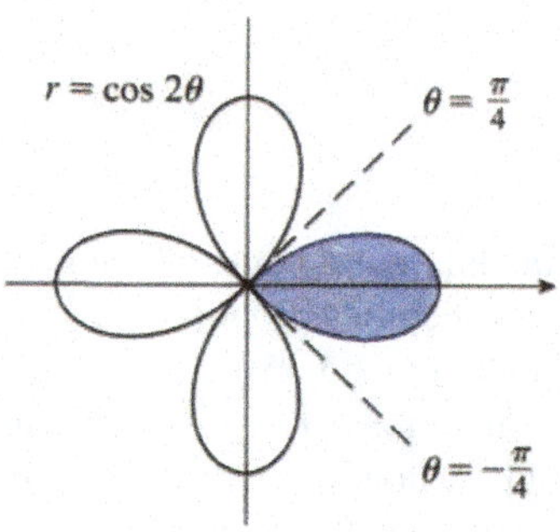

FIGURA 4

EJEMPLO 1 Encuentre el área encerrada por un lazo de cuatro pétalos $r = \cos 2\theta$.

SOLUCIÓN La curva $r = \cos 2\theta$ se trazó en el ejemplo 10.3.8. Observe de la figura 4 que la región encerrada por el lazo de la derecha es barrida por un rayo que gira de $\theta = -\pi/4$ a $\theta = \pi/4$. Por tanto, la fórmula 4 da

$$A = \int_{-\pi/4}^{\pi/4} \tfrac{1}{2} r^2\, d\theta = \tfrac{1}{2}\int_{-\pi/4}^{\pi/4} \cos^2 2\theta\, d\theta = \int_0^{\pi/4} \cos^2 2\theta\, d\theta$$

$$= \int_0^{\pi/4} \tfrac{1}{2}(1 + \cos 4\theta)\, d\theta = \tfrac{1}{2}\Big[\theta + \tfrac{1}{4}\,\mathrm{sen}\, 4\theta\Big]_0^{\pi/4} = \frac{\pi}{8}$$ ■

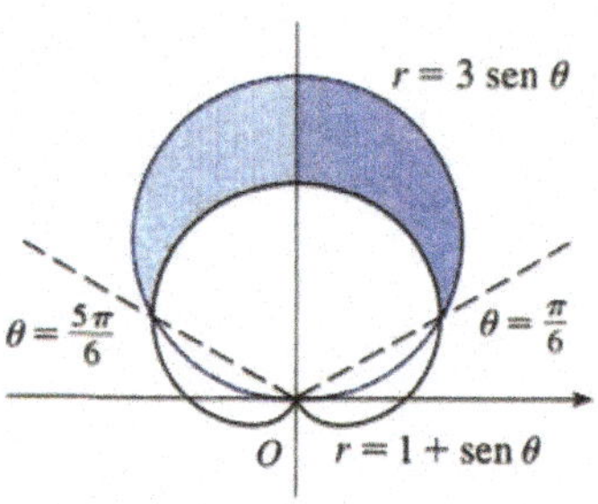

FIGURA 5

EJEMPLO 2 Encuentre el área de la región que está dentro de la circunferencia $r = 3\,\mathrm{sen}\,\theta$ y fuera del cardioide $r = 1 + \mathrm{sen}\,\theta$.

SOLUCIÓN El cardioide (véase ejemplo 10.3.7) y la circunferencia están trazadas en la figura 5 y la región deseada está sombreada. Los valores de a y b en la fórmula 4 se determinan encontrando los puntos de intersección de las dos curvas. La intersección de estas se da cuando $3\,\mathrm{sen}\,\theta = 1 + \mathrm{sen}\,\theta$, lo que da $\mathrm{sen}\,\theta = \frac{1}{2}$, por lo que $\theta = \pi/6$, $5\pi/6$. El área deseada puede encontrarse restando el área dentro del cardioide entre $\theta = \pi/6$ y $\theta = 5\pi/6$ del área dentro de la circunferencia de $\pi/6$ a $5\pi/6$. Así

$$A = \tfrac{1}{2}\int_{\pi/6}^{5\pi/6} (3\,\mathrm{sen}\,\theta)^2\, d\theta - \tfrac{1}{2}\int_{\pi/6}^{5\pi/6} (1 + \mathrm{sen}\,\theta)^2\, d\theta$$

Como la región es simétrica respecto al eje vertical $\theta = \pi/2$, se puede escribir

$$A = 2\left[\tfrac{1}{2}\int_{\pi/6}^{\pi/2} 9\,\mathrm{sen}^2\theta\, d\theta - \tfrac{1}{2}\int_{\pi/6}^{\pi/2} (1 + 2\,\mathrm{sen}\,\theta + \mathrm{sen}^2\theta)\, d\theta\right]$$

$$= \int_{\pi/6}^{\pi/2} (8\,\mathrm{sen}^2\theta - 1 - 2\,\mathrm{sen}\,\theta)\, d\theta$$

$$= \int_{\pi/6}^{\pi/2} (3 - 4\cos 2\theta - 2\,\mathrm{sen}\,\theta)\, d\theta \qquad \left[\text{ya que } \mathrm{sen}^2\theta = \tfrac{1}{2}(1 - \cos 2\theta)\right]$$

$$= 3\theta - 2\,\mathrm{sen}\, 2\theta + 2\cos\theta\Big]_{\pi/6}^{\pi/2} = \pi$$ ■

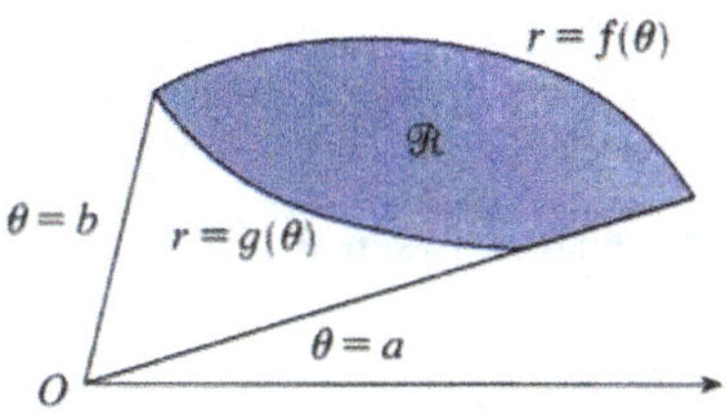

FIGURA 6

En el ejemplo 2 se ilustra el procedimiento para encontrar el área de la región acotada por dos curvas polares. En general, dada $\mathcal{R}$ una región, como la que se ilustra en la figura 6, que está acotada por curvas con ecuaciones polares $r = f(\theta)$, $r = g(\theta)$, $\theta = a$ y $\theta = b$, donde $f(\theta) \geqslant g(\theta) \geqslant 0$ y $0 < b - a \leqslant 2\pi$. El área A de $\mathcal{R}$ se encuentra restando el área bajo $r = g(\theta)$ del área bajo $r = f(\theta)$, de modo que al utilizar la fórmula 3 se tiene

$$A = \int_a^b \tfrac{1}{2}[f(\theta)]^2\,d\theta - \int_a^b \tfrac{1}{2}[g(\theta)]^2\,d\theta$$

$$= \tfrac{1}{2}\int_a^b \left([f(\theta)]^2 - [g(\theta)]^2\right) d\theta$$

PRECAUCIÓN El hecho de que un solo punto tenga muchas representaciones en coordenadas polares, dificulta a veces encontrar todos los puntos de intersección de dos curvas polares. Por ejemplo, es obvio de la figura 5 que la circunferencia y la cardioide tienen tres puntos de intersección; sin embargo, en el ejemplo 2 se resolvieron las ecuaciones $r = 3 \operatorname{sen}\theta$ y $r = 1 + \operatorname{sen}\theta$ y se encontraron solo dos puntos $\left(\frac{3}{2}, \pi/6\right)$ y $\left(\frac{3}{2}, 5\pi/6\right)$. El origen también es un punto de intersección, pero no se puede determinar resolviendo las ecuaciones de las curvas porque el origen no tiene representación única en coordenadas polares que satisfaga ambas ecuaciones. Observe que, cuando se representa como $(0, 0)$ o $(0, \pi)$, el origen satisface $r = 3 \operatorname{sen}\theta$ y, por tanto, está dentro de la circunferencia; cuando se representa como $(0, 3\pi/2)$, satisface $r = 1 + \operatorname{sen}\theta$ y, por lo tanto, está sobre la cardioide. Considere dos puntos que se mueven a lo largo de las curvas cuando el valor de parámetro θ se incrementa de 0 a 2π. Sobre una curva se alcanza el origen en $\theta = 0$ y $\theta = \pi$; sobre la otra curva se alcanza en $\theta = 3\pi/2$. Los puntos no chocan en el origen porque llegan en diferentes tiempos, no obstante, allí se cortan las curvas.

Por lo que, para encontrar *todos* los puntos de intersección de dos curvas polares, se recomienda dibujar las gráficas de ambas curvas. Es especialmente conveniente usar una calculadora graficadora o computadora como medio auxiliar para esta tarea.

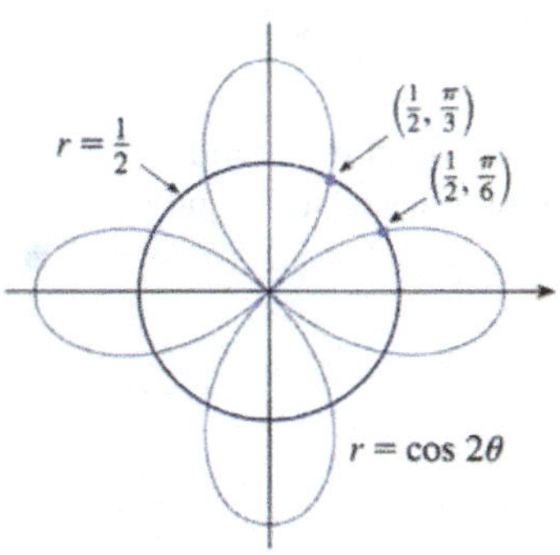

FIGURA 7

EJEMPLO 3 Encuentre los puntos de intersección de las curvas $r = \cos 2\theta$ y $r = \frac{1}{2}$.

SOLUCIÓN Si se resuelven las ecuaciones $r = \cos 2\theta$ y $r = \frac{1}{2}$, se obtiene $\cos 2\theta = \frac{1}{2}$ y, por tanto, $2\theta = \pi/3, 5\pi/3, 7\pi/3, 11\pi/3$. Por lo que los valores de θ entre 0 y 2π que satisfacen ambas ecuaciones son $\theta = \pi/6, 5\pi/6, 7\pi/6, 11\pi/6$. Se encontraron cuatro puntos de intersección: $\left(\frac{1}{2}, \pi/6\right)$, $\left(\frac{1}{2}, 5\pi/6\right)$, $\left(\frac{1}{2}, 7\pi/6\right)$ y $\left(\frac{1}{2}, 11\pi/6\right)$.

Sin embargo, se puede ver de la figura 7 que las curvas tienen otros cuatro puntos de intersección, a saber, $\left(\frac{1}{2}, \pi/3\right)$, $\left(\frac{1}{2}, 2\pi/3\right)$, $\left(\frac{1}{2}, 4\pi/3\right)$ y $\left(\frac{1}{2}, 5\pi/3\right)$. Estos puntos se pueden encontrar utilizando la simetría o advirtiendo que la otra ecuación de la circunferencia es $r = -\frac{1}{2}$ y después resolviendo las ecuaciones $r = \cos 2\theta$ y $r = -\frac{1}{2}$. ■

■ Longitud de arco

Para determinar la longitud de una curva polar $r = f(\theta)$, $a \leqslant \theta \leqslant b$, se considera θ como un parámetro y se escriben las ecuaciones paramétricas de la curva como

$$x = r\cos\theta = f(\theta)\cos\theta \qquad y = r\operatorname{sen}\theta = f(\theta)\operatorname{sen}\theta$$

Usando la regla del producto y derivando con respecto a θ se obtiene

$$\frac{dx}{d\theta} = \frac{dr}{d\theta}\cos\theta - r\operatorname{sen}\theta \qquad \frac{dy}{d\theta} = \frac{dr}{d\theta}\operatorname{sen}\theta + r\cos\theta$$

por lo que utilizando $\cos^2\theta + \operatorname{sen}^2\theta = 1$, se tiene

$$\left(\frac{dx}{d\theta}\right)^2 + \left(\frac{dy}{d\theta}\right)^2 = \left(\frac{dr}{d\theta}\right)^2 \cos^2\theta - 2r\frac{dr}{d\theta}\cos\theta\ \operatorname{sen}\theta + r^2\operatorname{sen}^2\theta$$

$$+ \left(\frac{dr}{d\theta}\right)^2 \operatorname{sen}^2\theta + 2r\frac{dr}{d\theta}\operatorname{sen}\theta\ \cos\theta + r^2\cos^2\theta$$

$$= \left(\frac{dr}{d\theta}\right)^2 + r^2$$

Suponiendo que f' es continua, se puede utilizar el teorema 10.2.5 para expresar la longitud de arco como

$$L = \int_a^b \sqrt{\left(\frac{dx}{d\theta}\right)^2 + \left(\frac{dy}{d\theta}\right)^2}\, d\theta$$

Por tanto, la longitud de una curva con ecuación polar $r = f(\theta)$, $a \leq \theta \leq b$, es

5
$$L = \int_a^b \sqrt{r^2 + \left(\frac{dr}{d\theta}\right)^2}\, d\theta$$

EJEMPLO 4 Encuentre la longitud de la cardioide $r = 1 + \operatorname{sen}\theta$.

SOLUCIÓN La cardioide se muestra en la figura 8. (Trazada en el ejemplo 10.3.7.) Su longitud total está dada por el intervalo del parámetro $0 \leq \theta \leq 2\pi$), por lo que la fórmula 5 da

$$L = \int_0^{2\pi} \sqrt{r^2 + \left(\frac{dr}{d\theta}\right)^2}\, d\theta = \int_0^{2\pi} \sqrt{(1 + \operatorname{sen}\theta)^2 + \cos^2\theta}\, d\theta = \int_0^{2\pi} \sqrt{2 + 2\operatorname{sen}\theta}\, d\theta$$

Se podría haber evaluado esta integral multiplicando y dividiendo el integrando por $\sqrt{2 - 2\operatorname{sen}\theta}$, o se podría utilizar la computadora. En cualquier caso, se ve que la longitud de la cardioide es $L = 8$. ■

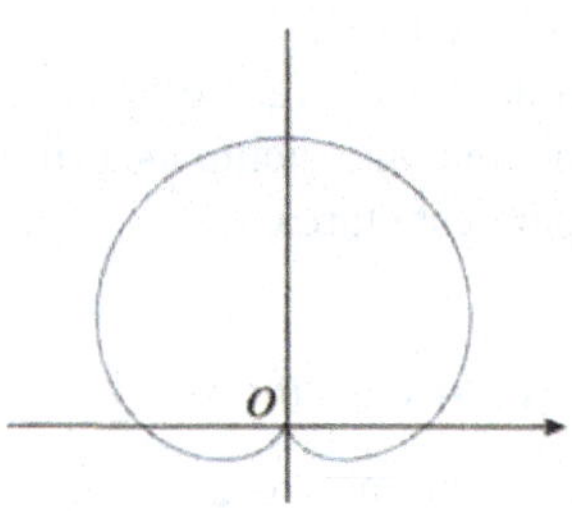

FIGURA 8
$r = 1 + \operatorname{sen}\theta$

10.4 EJERCICIOS

1-4 Encuentre el área de la región acotada por las curvas dadas y que están en el sector especificado.

1. $r = \theta^2$, $0 \leq \theta \leq \pi/4$

2. $r = e^{\theta/2}$, $\pi \leq \theta \leq 2\pi$

3. $r = \operatorname{sen}\theta + \cos\theta$, $0 \leq \theta \leq \pi$

4. $r = 1/\theta$, $\pi/2 \leq \theta \leq 2\pi$

5-8 Encuentre el área de la región sombreada.

5.

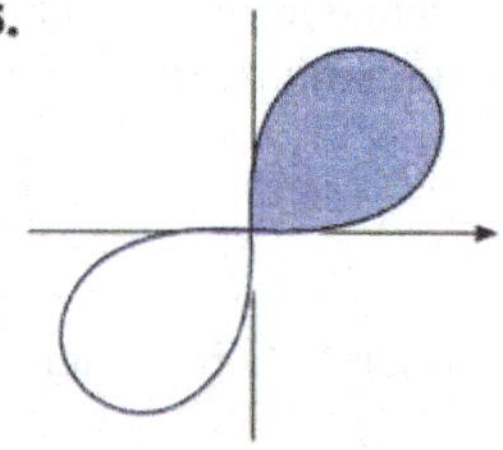

$r^2 = \operatorname{sen} 2\theta$

6.

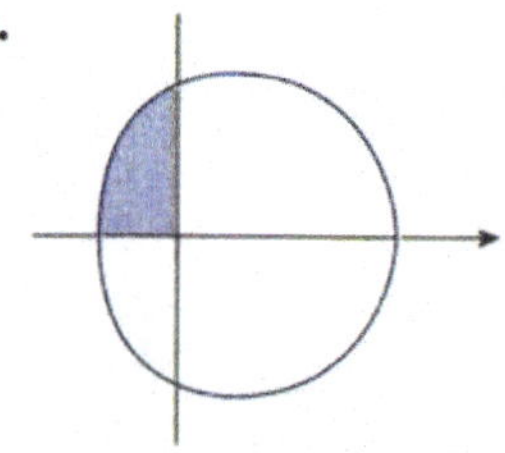

$r = 2 + \cos\theta$

7.

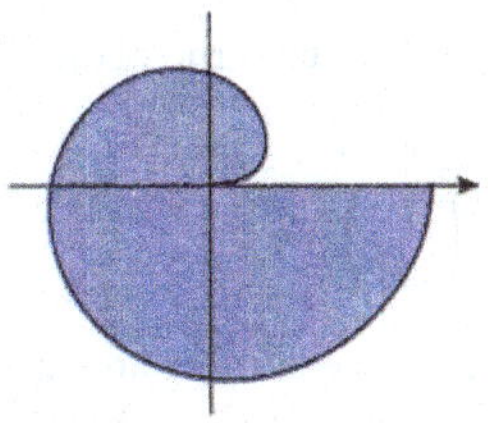

$r = \sqrt{\theta}$

8.

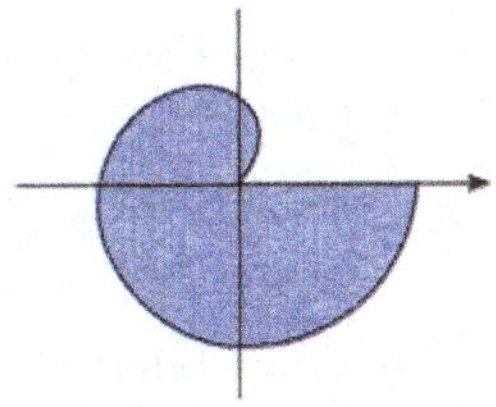

$r = \sqrt{\ln \theta}, \ 1 \leqslant \theta \leqslant 2\pi$

9-12 Trace la curva y encuentre el área que encierra.

9. $r = 2 \operatorname{sen}\theta$ **10.** $r = 4 + 3 \operatorname{sen}\theta$

11. $r = 3 + 2 \cos\theta$ **12.** $r = 2 - \cos\theta$

13-16 Trace la gráfica de la curva y encuentre el área que encierra.

13. $r = 2 + \operatorname{sen} 4\theta$ **14.** $r = 3 - 2 \cos 4\theta$

15. $r = \sqrt{1 + \cos^2(5\theta)}$ **16.** $r = 1 + 5 \operatorname{sen} 6\theta$

17-21 Encuentre el área de la región encerrada por uno de los lazos de la curva.

17. $r = 4 \cos 3\theta$ **18.** $r^2 = 4 \cos 2\theta$

19. $r = \operatorname{sen} 4\theta$ **20.** $r^2 = \operatorname{sen} 2\theta$

21. $r = 1 + 2 \operatorname{sen}\theta$ (lazo interno)

22. Encuentre el área encerrada por el lazo de la **estrofoide** $r = 2\cos\theta - \sec\theta$.

23-28 Encuentre el área de la región que está dentro de la primera curva y fuera de la segunda curva.

23. $r = 4 \operatorname{sen}\theta, \quad r = 2$

24. $r = 1 - \operatorname{sen}\theta, \quad r = 1$

25. $r = 2 \cos\theta, \quad r = 1$

26. $r = 1 + \cos\theta, \quad r = 2 - \cos\theta$

27. $r = 3 \cos\theta, \quad r = 1 + \cos\theta$

28. $r = 2 + \operatorname{sen}\theta, \quad r = 3 \operatorname{sen}\theta$

29-34 Encuentre el área de la región que está dentro de ambas curvas.

29. $r = 3 \operatorname{sen}\theta, \quad r = 3 \cos\theta$

30. $r = 1 + \cos\theta, \quad r = 1 - \cos\theta$

31. $r = \operatorname{sen} 2\theta, \quad r = \cos 2\theta$

32. $r = 3 + 2 \cos\theta, \quad r = 3 + 2 \operatorname{sen}\theta$

33. $r^2 = 2 \operatorname{sen} 2\theta, \quad r = 1$

34. $r = a \operatorname{sen}\theta, \quad r = b \cos\theta, \quad a > 0, \ b > 0$

35. Encuentre el área dentro del lazo más grande y fuera del lazo más pequeño de la *limaçon* $r = \frac{1}{2} + \cos\theta$.

36. Encuentre el área entre el lazo más grande y el lazo pequeño encerrado dentro de la curva $r = 1 + 2 \cos 3\theta$.

37-42 Encuentre todos los puntos de intersección de las curvas dadas.

37. $r = \operatorname{sen}\theta, \quad r = 1 - \operatorname{sen}\theta$

38. $r = 1 + \cos\theta, \quad r = 1 - \operatorname{sen}\theta$

39. $r = 1 + \operatorname{sen}\theta, \quad r = 3 \operatorname{sen}\theta$

40. $r = \cos 3\theta, \quad r = \operatorname{sen} 3\theta$

41. $r = \operatorname{sen}\theta, \quad r = \operatorname{sen} 2\theta$

42. $r^2 = \operatorname{sen} 2\theta, \quad r^2 = \cos 2\theta$

43. Los puntos de intersección de la cardioide $r = 1 + \operatorname{sen}\theta$ y el lazo en espiral $r = 2\theta, -\pi/2 \leqslant \theta \leqslant \pi/2$, no se pueden encontrar exactamente. Utilice un dispositivo de graficación para aproximar los valores de θ en los que se intersecan. Después use estos valores para estimar el área que está dentro de ambas curvas.

44. Cuando se graban programas en vivo, es frecuente que los ingenieros de sonido utilicen un micrófono con un fonocaptor en forma de cardioide porque suprime el ruido de la audiencia. Suponga que el micrófono se coloca a 4 m del frente del escenario (como en la figura) y la frontera de la región de captación óptima está dada por la cardioide $r = 8 + 8 \operatorname{sen}\theta$, donde r se mide en metros y el micrófono está en el polo. Los músicos quieren conocer el área que tendrán en el escenario dentro del campo óptimo de captación del micrófono. Conteste esta pregunta.

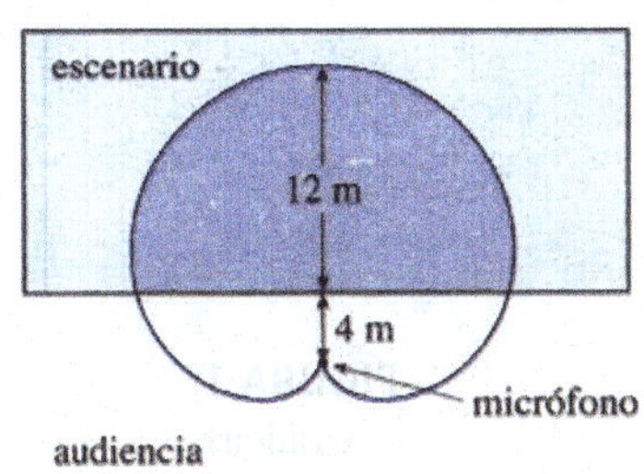

45-48 Encuentre la longitud exacta de la curva polar.

45. $r = 2 \cos\theta, \quad 0 \leqslant \theta \leqslant \pi$

46. $r = 5^{\theta}, \quad 0 \leqslant \theta \leqslant 2\pi$

47. $r = \theta^2, \quad 0 \leqslant \theta \leqslant 2\pi$

48. $r = 2(1 + \cos\theta)$

49-50 Encuentre la longitud exacta de la curva. Utilice una gráfica para determinar el intervalo del parámetro.

49. $r = \cos^4(\theta/4)$ **50.** $r = \cos^2(\theta/2)$

51-54 Utilice una calculadora para encontrar la longitud de la curva redondeada a cuatro decimales. Si es necesario, trace la gráfica de la curva para determinar el intervalo del parámetro.

51. Un lazo de la curva $r = \cos 2\theta$

52. $r = \tan\theta, \quad \pi/6 \leqslant \theta \leqslant \pi/3$

53. $r = \operatorname{sen}(6 \operatorname{sen}\theta)$

54. $r = \operatorname{sen}(\theta/4)$

---

55. (a) Utilice la fórmula 10.2.6 para demostrar que el área de la superficie generada al rotar la curva polar

$$r = f(\theta) \qquad a \leqslant \theta \leqslant b$$

(donde f' es continua y $0 \leqslant a < b \leqslant \pi$) en torno al eje polar es

$$S = \int_a^b 2\pi r \operatorname{sen}\theta \sqrt{r^2 + \left(\frac{dr}{d\theta}\right)^2}\, d\theta$$

(b) Utilice la fórmula del inciso (a) para encontrar el área de la superficie generada al girar la lemniscata $r^2 = \cos 2\theta$ en torno al eje polar.

56. (a) Encuentre una fórmula para el área de la superficie generada al rotar la curva polar $r = f(\theta)$, $a \leqslant \theta \leqslant b$ (donde f' es continua y $0 \leqslant a < b \leqslant \pi$), en torno a la recta $\theta = \pi/2$.

(b) Encuentre el área de la superficie generada al hacer rotar la lemniscata $r^2 = \cos 2\theta$ en torno a la recta $\theta = \pi/2$.

10.5 Secciones cónicas

En esta sección se darán definiciones geométricas de las parábolas, elipses e hipérbolas, y se deducirán sus ecuaciones estándar. Se llaman **secciones cónicas**, o **cónicas**, porque resultan de cortar un cono con un plano, como se muestra en la figura 1.

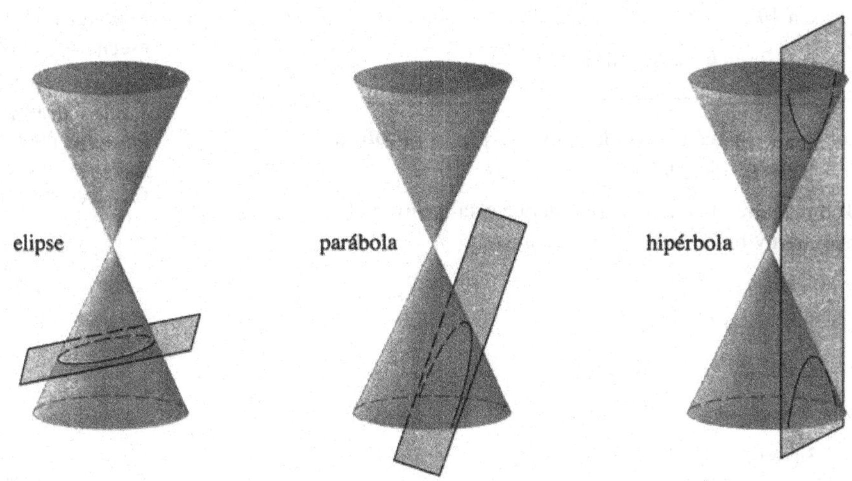

FIGURA 1
Cónicas

Parábolas

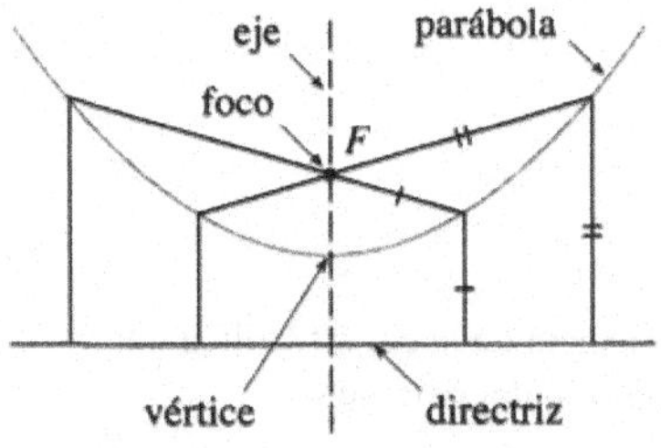

FIGURA 2

Una **parábola** es el conjunto de puntos en el plano que equidistan de un punto fijo F (llamado **foco**) y una recta fija (llamada **directriz**). Esta definición se ilustra en la figura 2. Observe que el punto a la mitad entre el foco y la directriz está sobre la parábola y se llama **vértice**. La recta perpendicular a la directriz que pasa por el foco se llama **eje** de la parábola.

En el siglo XVI Galileo demostró que la trayectoria de un proyectil disparado al aire con un ángulo respecto al suelo, es una parábola. Desde entonces, las formas parabólicas se han usado en el diseño de los faros de automóviles, telescopios reflectores y puentes suspendidos. (Véase en el problema 22 de la página 273 para la propiedad de reflexión de parábolas que las hace tan útiles.)

Se obtiene una ecuación particularmente simple para una parábola si se coloca su vértice en el origen O y su directriz paralela al eje x como en la figura 3. Si el foco está

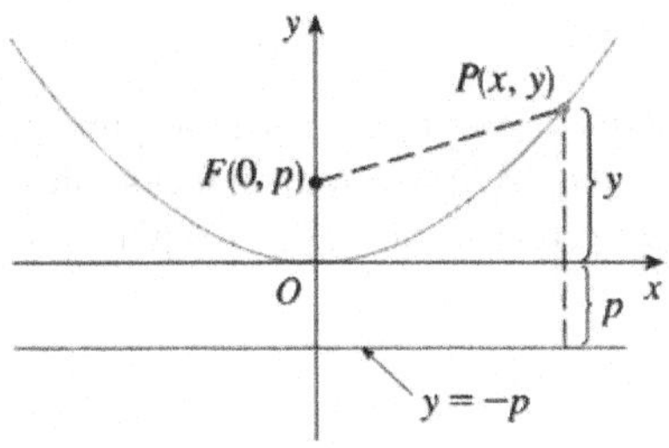

FIGURA 3

en el punto $(0, p)$, entonces la directriz tiene la ecuación $y = -p$. Si $P(x, y)$ es cualquier punto sobre la parábola, entonces la distancia de P al foco es

$$|PF| = \sqrt{x^2 + (y - p)^2}$$

y la distancia de P a la directriz es $|y + p|$. (La figura 3 ilustra el caso donde $p > 0$.) La propiedad que define a una parábola es que estas distancias son iguales:

$$\sqrt{x^2 + (y - p)^2} = |y + p|$$

Una ecuación equivalente se obtiene elevando al cuadrado y simplificando:

$$x^2 + (y - p)^2 = |y + p|^2 = (y + p)^2$$

$$x^2 + y^2 - 2py + p^2 = y^2 + 2py + p^2$$

$$x^2 = 4py$$

1 La ecuación de la parábola con foco $(0, p)$ y directriz $y = -p$ es

$$x^2 = 4py$$

Si se escribe $a = 1/(4p)$, entonces la ecuación estándar de una parábola (1) se convierte en $y = ax^2$. Abre hacia arriba si $p > 0$ y hacia abajo si $p < 0$ [véase la figura 4, incisos (a) y (b)]. La gráfica es simétrica con respecto al eje y porque (1) permanece sin cambio cuando x se sustituye por $-x$.

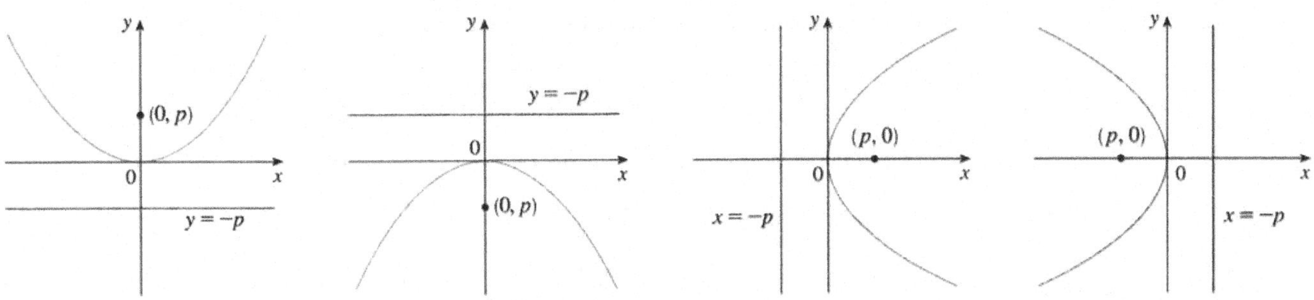

(a) $x^2 = 4py$, $p > 0$ (b) $x^2 = 4py$, $p < 0$ (c) $y^2 = 4px$, $p > 0$ (d) $y^2 = 4px$, $p < 0$

FIGURA 4

Si se intercambian x y y en (1), se obtiene

2 $$y^2 = 4px$$

que es una ecuación de la parábola con foco en $(p, 0)$ y directriz $x = -p$. (Intercambiar x y y equivale a reflejar a través de la recta $y = x$.) La parábola abre hacia la derecha si $p > 0$ y hacia la izquierda si $p < 0$ [véase la figura 4, incisos (c) y (d)]. En ambos casos, la gráfica es simétrica respecto al eje x, que es el eje de la parábola.

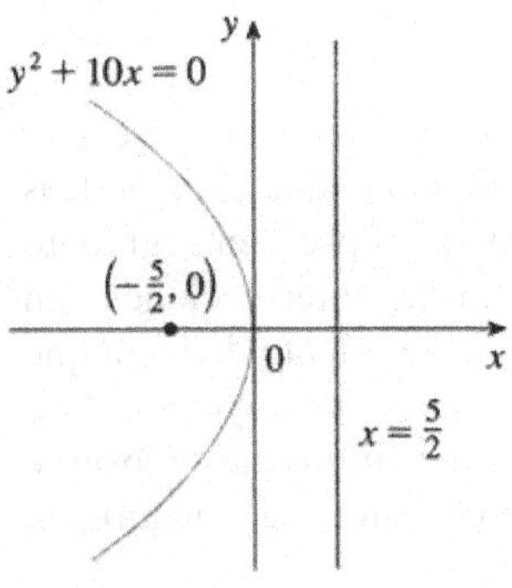

FIGURA 5

EJEMPLO 1 Encuentre el foco y la directriz de la parábola $y^2 + 10x = 0$ y trace la gráfica.

SOLUCIÓN Si se escribe la ecuación como $y^2 = -10x$ y se compara con la ecuación 2, se ve que $4p = -10$, de modo que $p = -\frac{5}{2}$. Por lo que el foco es $(p, 0) = \left(-\frac{5}{2}, 0\right)$ y la directriz es $x = \frac{5}{2}$. El trazo se muestra en la figura 5. ■

Elipses

Una **elipse** es el conjunto de puntos en un plano cuya suma de sus distancias a dos puntos fijos F_1 y F_2 es una constante (véase la figura 6). Estos dos puntos fijos se llaman **focos** (plural del lugar geométrico **foco**). Una de las leyes de Kepler es que las órbitas de los planetas en el sistema solar son elipses con el Sol en un foco.

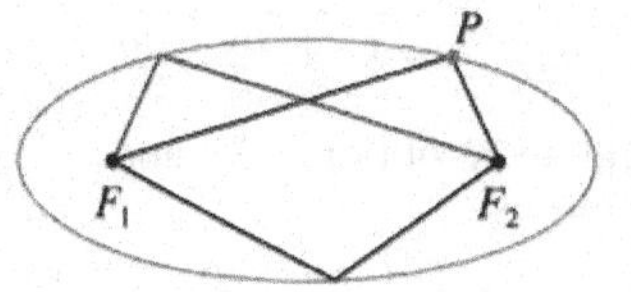

FIGURA 6

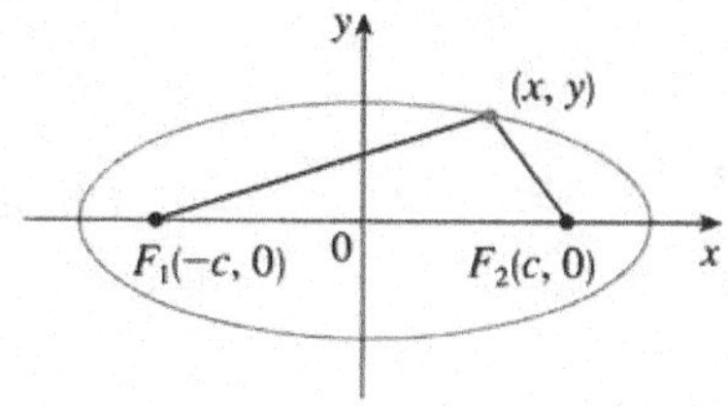

FIGURA 7

Con el fin de obtener la ecuación más simple para una elipse, se coloca los focos en el eje x en los puntos $(-c, 0)$ y $(c, 0)$ como en la figura 7, de modo que el origen esté a la mitad entre los focos. Sea $2a > 0$ la suma de las distancias de un punto de la elipse a los focos. Entonces $P(x, y)$ es un punto sobre la elipse cuando

$$|PF_1| + |PF_2| = 2a$$

es decir,
$$\sqrt{(x+c)^2+y^2} + \sqrt{(x-c)^2+y^2} = 2a$$

o
$$\sqrt{(x-c)^2+y^2} = 2a - \sqrt{(x+c)^2+y^2}$$

Al elevar al cuadrado ambos lados, se tiene

$$x^2 - 2cx + c^2 + y^2 = 4a^2 - 4a\sqrt{(x+c)^2+y^2} + x^2 + 2cx + c^2 + y^2$$

que se puede simplificar como $a\sqrt{(x+c)^2+y^2} = a^2 + cx$

Elevando al cuadrado otra vez:

$$a^2(x^2 + 2cx + c^2 + y^2) = a^4 + 2a^2cx + c^2x^2$$

lo que resulta
$$(a^2 - c^2)x^2 + a^2y^2 = a^2(a^2 - c^2)$$

Del triángulo F_1F_2P de la figura 7 se ve que $2c < 2a$, por lo que $c < a$, y por tanto, $a^2 - c^2 > 0$. Por conveniencia, sea $b^2 = a^2 - c^2$. Entonces la ecuación de la elipse se convierte en $b^2x^2 + a^2y^2 = a^2b^2$ o, si ambos lados se dividen entre a^2b^2.

3
$$\frac{x^2}{a^2} + \frac{y^2}{b^2} = 1$$

Puesto que $b^2 = a^2 - c^2 < a^2$, se deduce que $b < a$. Las intersecciones con el eje x se encuentran al hacer $y = 0$. Entonces $x^2/a^2 = 1$, o bien $x^2 = a^2$, de modo que $x = \pm a$. Los puntos correspondientes $(a, 0)$ y $(-a, 0)$ se llaman **vértices** de la elipse y el segmento de recta que une los vértices se llama **eje mayor**. Para encontrar las intersecciones con el eje y se hace $x = 0$ y se obtiene $y^2 = b^2$, por lo que $y = \pm b$. El segmento de recta que une $(0, b)$ y $(0, -b)$ es el **eje menor**. La ecuación 3 no cambia si x se sustituye por $-x$ o y se reemplaza por $-y$, por lo que la elipse es simétrica respecto a ambos ejes. Observe que si los focos coinciden, entonces $c = 0$, de modo que $a = b$ y la elipse se convierte en una circunferencia con radio $r = a = b$.

Se resume esta discusión como se muestra enseguida (véase la figura 8).

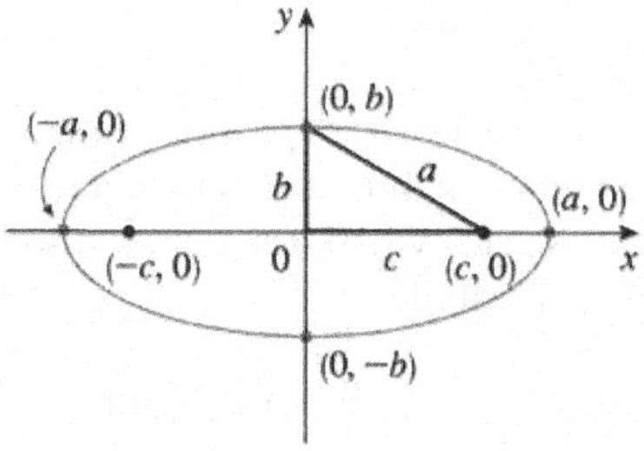

FIGURA 8
$$\frac{x^2}{a^2} + \frac{y^2}{b^2} = 1,\ a \geqslant b$$

4 La elipse

$$\frac{x^2}{a^2} + \frac{y^2}{b^2} = 1 \qquad a \geqslant b > 0$$

tiene focos $(\pm c, 0)$, donde $c^2 = a^2 - b^2$ y vértices $(\pm a, 0)$.

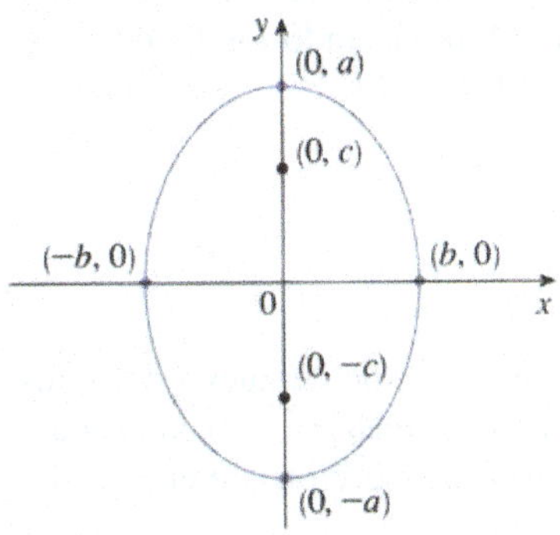

FIGURA 9
$\frac{x^2}{b^2} + \frac{y^2}{a^2} = 1, a \geqslant b$

Si los focos de una elipse se localizan en el eje y en $(0, \pm c)$, entonces se puede encontrar su ecuación al intercambiar x y y en (4). (Véase la figura 9.)

5 La elipse

$$\frac{x^2}{b^2} + \frac{y^2}{a^2} = 1 \qquad a \geqslant b > 0$$

tiene focos $(0, \pm c)$, donde $c^2 = a^2 - b^2$ y vértices $(0, \pm a)$.

EJEMPLO 2 Trace la gráfica de $9x^2 + 16y^2 = 144$ y localice los focos.

SOLUCIÓN Se dividen ambos lados de la ecuación entre 144:

$$\frac{x^2}{16} + \frac{y^2}{9} = 1$$

La ecuación está ahora en la forma estándar para una elipse, así que se tiene $a^2 = 16$, $b^2 = 9$, $a = 4$ y $b = 3$. Las intersecciones con el eje x son ± 4 y las intersecciones con el eje y son ± 3. También, $c^2 = a^2 - b^2 = 7$, por lo que $c = \sqrt{7}$ y los focos son $(\pm\sqrt{7}, 0)$. La gráfica se traza en la figura 10. ■

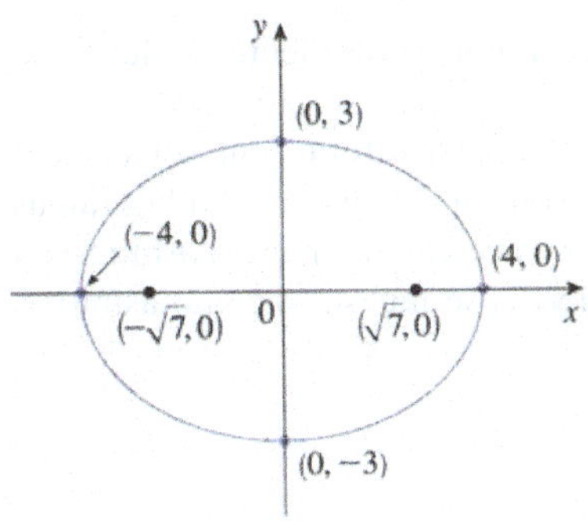

FIGURA 10
$9x^2 + 16y^2 = 144$

EJEMPLO 3 Obtenga la ecuación de la elipse con focos $(0, \pm 2)$ y vértices $(0, \pm 3)$.

SOLUCIÓN Al usar la notación de (5), se tiene $c = 2$ y $a = 3$. Entonces se obtiene $b^2 = a^2 - c^2 = 9 - 4 = 5$, por lo que la ecuación de la elipse es

$$\frac{x^2}{5} + \frac{y^2}{9} = 1$$

Otra forma de escribir la ecuación es $9x^2 + 5y^2 = 45$. ■

Al igual que las parábolas, las elipses tienen una propiedad de reflexión interesante que tiene consecuencias prácticas. Si se coloca una fuente de luz o sonido en un foco con secciones transversales elípticas, entonces toda la luz o sonido se refleja de la superficie al otro foco (véase el ejercicio 65). Este principio se usa en *litotripsia*, un tratamiento para cálculos renales. Un reflector con sección transversal elíptica se coloca de tal manera que el cálculo está en un foco. Ondas sonoras de alta intensidad generadas en el otro foco, se reflejan hacia el cálculo y lo destruyen sin dañar el tejido circundante. Se ahorra al paciente el traumatismo de la cirugía y se recupera en pocos días.

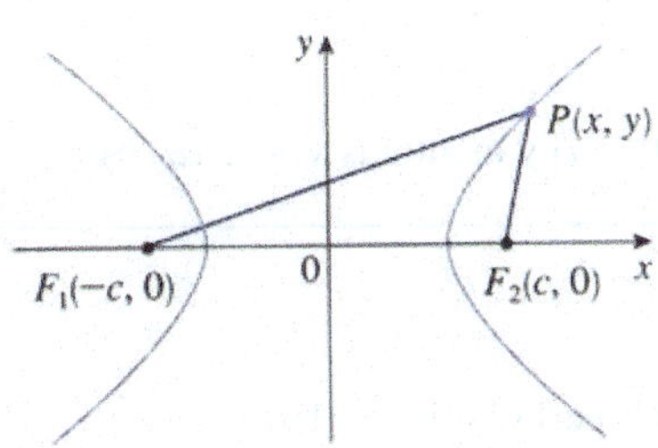

FIGURA 11
P está sobre la hipérbola cuando $|PF_1| - |PF_2| = \pm 2a$.

■ Hipérbolas

Una **hipérbola** es el conjunto de todos los puntos en un plano cuya diferencia de sus distancias a dos puntos fijos F_1 y F_2 (los **focos**) es una constante. Esta definición se ilustra en la figura 11.

Las hipérbolas aparecen con frecuencia como gráficas de ecuaciones en química, física, biología y economía (ley de Boyle, ley de Ohm, curvas de oferta y demanda). Una aplicación particularmente importante de las hipérbolas se encuentra en los sistemas de navegación desarrollados en la I y la II guerras mundiales (véase el ejercicio 51).

Observe que la definición de una hipérbola es similar a la de una elipse; el único cambio es que la suma de las distancias se convirtió en una diferencia de distancias. De hecho, la deducción de la ecuación de una hipérbola es también similar a la que se dio antes para una elipse. Se deja demostrar en el ejercicio 52 que cuando los focos están sobre el eje x en $(\pm c, 0)$ y la diferencia de distancias es $|PF_1| - |PF_2| = \pm 2a$, entonces la ecuación de la hipérbola es

6
$$\frac{x^2}{a^2} - \frac{y^2}{b^2} = 1$$

donde $c^2 = a^2 + b^2$. Observe que las intersecciones con el eje x son de nuevo $\pm a$ y los puntos $(a, 0)$ y $(-a, 0)$ son los **vértices** de la hipérbola. Pero si se hace $x = 0$ en la ecuación 6 se obtiene $y^2 = -b^2$, que es imposible, así que no hay intersección con el eje y. La hipérbola es simétrica respecto a ambos ejes.

Para analizar más la hipérbola, de la ecuación 6 se obtiene

$$\frac{x^2}{a^2} = 1 + \frac{y^2}{b^2} \geqslant 1$$

Esto demuestra que $x^2 \geqslant a^2$, de modo que $|x| = \sqrt{x^2} \geqslant a$. Por consiguiente, se tiene que $x \geqslant a$ o $x \leqslant -a$. Esto significa que la hipérbola consta de dos partes, llamadas *ramas*.

Cuando se dibuja una hipérbola, es útil dibujar primero sus **asíntotas**, que son las rectas discontinuas $y = (b/a)x$ y $y = -(b/a)x$ que se muestran en la figura 12. Ambas ramas de la hipérbola se aproximan a las asíntotas; es decir, se acercan de manera arbitraria a las asíntotas. (Véase el ejercicio 4.5.73, donde estas rectas se muestran como asíntotas inclinadas.)

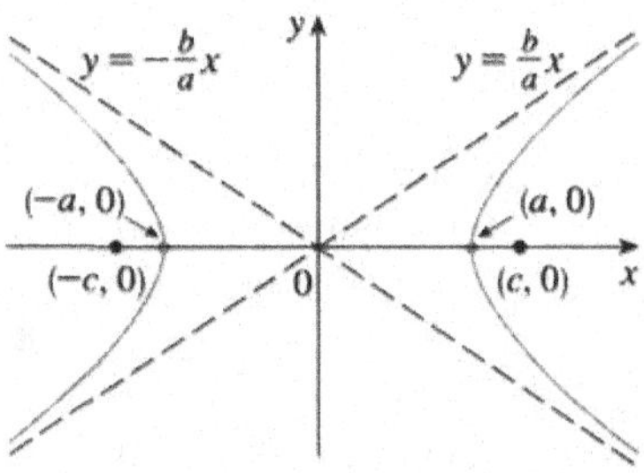

FIGURA 12
$\frac{y^2}{a^2} - \frac{x^2}{b^2} = 1$

> **7** La hipérbola
> $$\frac{x^2}{a^2} - \frac{y^2}{b^2} = 1$$
> tiene focos $(\pm c, 0)$, donde $c^2 = a^2 + b^2$, vértices $(\pm a, 0)$ y asíntotas $y = \pm(b/a)x$.

Si los focos de una hipérbola están en el eje y, entonces al invertir los roles de x y y se obtiene la siguiente información, que se ilustra en la figura 13.

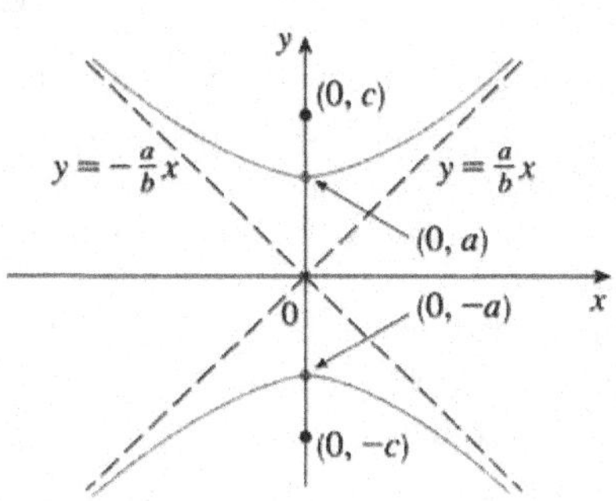

FIGURA 13
$\frac{y^2}{a^2} - \frac{x^2}{b^2} = 1$

> **8** La hipérbola
> $$\frac{y^2}{a^2} - \frac{x^2}{b^2} = 1$$
> tiene focos $(0, \pm c)$, donde $c^2 = a^2 + b^2$, vértices $(0, \pm a)$ y asíntotas $y = \pm(a/b)x$.

EJEMPLO 4 Encuentre los focos y las asíntotas de la hipérbola $9x^2 - 16y^2 = 144$ y trace su gráfica.

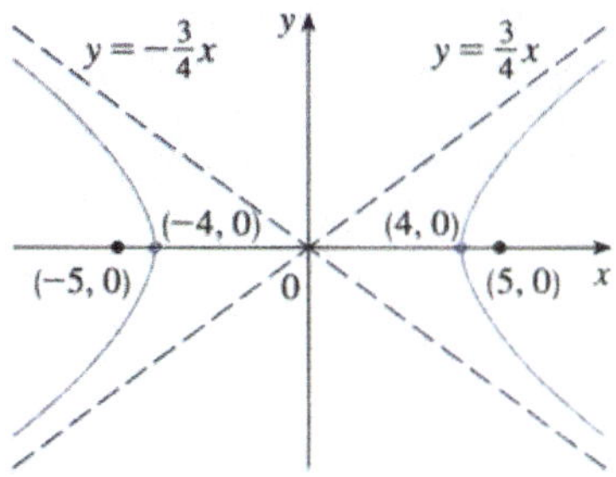

FIGURA 14
$9x^2 - 16y^2 = 144$

SOLUCIÓN Si se dividen ambos lados de la ecuación entre 144, resulta

$$\frac{x^2}{16} - \frac{y^2}{9} = 1$$

lo cual es de la forma dada en (7) con $a = 4$ y $b = 3$. Como $c^2 = 16 + 9 = 25$, los focos son $(\pm 5, 0)$. Las asíntotas son las rectas $y = \frac{3}{4}x$ y $y = -\frac{3}{4}x$. La gráfica se muestra en la figura 14. ■

EJEMPLO 5 Encuentre los focos y la ecuación de la hipérbola con vértices $(0, \pm 1)$ y asíntota $y = 2x$.

SOLUCIÓN De (8) y la información dada, se ve que $a = 1$ y $a/b = 2$. Por lo que $b = a/2 = \frac{1}{2}$ y $c^2 = a^2 + b^2 = \frac{5}{4}$. Los focos son $(0, \pm\sqrt{5}/2)$ y la ecuación de la hipérbola es

$$y^2 - 4x^2 = 1$$ ■

Cónicas desplazadas

Como se discute en el apéndice C, las cónicas se desplazan tomando las ecuaciones estándar (1), (2), (4), (5), (7) y (8) y se reemplazan x y y por $x - h$ y $y - k$.

EJEMPLO 6 Encuentre una ecuación de la elipse con focos $(2, -2)$, $(4, -2)$ y vértices $(1, -2)$, $(5, -2)$.

SOLUCIÓN El eje mayor es el segmento de recta que une los vértices $(1, -2)$, $(5, -2)$ y tiene longitud 4, de manera que $a = 2$. La distancia entre los focos es 2, así que $c = 1$. Por lo que $b^2 = a^2 - c^2 = 3$. Como el centro de la elipse es $(3, -2)$, se reemplazan x y y en (4) por $x - 3$ y $y + 2$ para obtener

$$\frac{(x-3)^2}{4} + \frac{(y+2)^2}{3} = 1$$

como la ecuación de la elipse. ■

EJEMPLO 7 Trace la cónica $9x^2 - 4y^2 - 72x + 8y + 176 = 0$ y encuentre sus focos.

SOLUCIÓN Complete los cuadrados como sigue:

$$4(y^2 - 2y) - 9(x^2 - 8x) = 176$$

$$4(y^2 - 2y + 1) - 9(x^2 - 8x + 16) = 176 + 4 - 144$$

$$4(y-1)^2 - 9(x-4)^2 = 36$$

$$\frac{(y-1)^2}{9} - \frac{(x-4)^2}{4} = 1$$

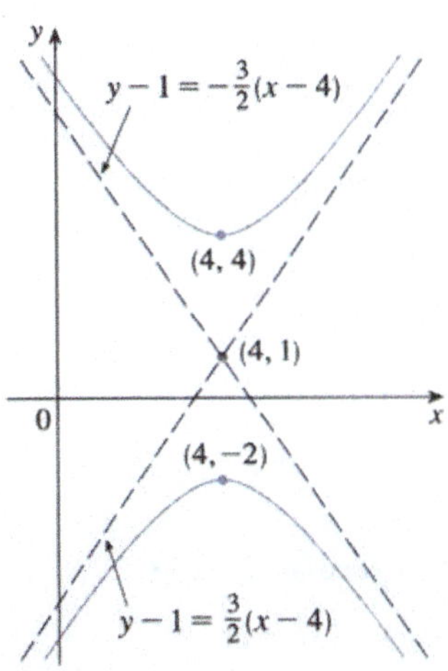

FIGURA 15
$9x^2 - 4y^2 - 72x + 8y + 176 = 0$

Esta es de la forma (8) excepto que x y y son reemplazadas por $x - 4$ y $y - 1$. Por lo que $a^2 = 9$, $b^2 = 4$ y $c^2 = 13$. La hipérbola es desplazada cuatro unidades a la derecha y una unidad hacia arriba. Los focos son $(4, 1 + \sqrt{13})$ y $(4, 1 - \sqrt{13})$ y los vértices son $(4, 4)$ y $(4, -2)$. Las asíntotas son $y - 1 = \pm\frac{3}{2}(x - 4)$. El trazo de la hipérbola se da en la figura 15. ■

10.5 EJERCICIOS

1-8 Encuentre el vértice, focos y directriz de la parábola y trace su gráfica.

1. $x^2 = 6y$ **2.** $2y^2 = 5x$

3. $2x = -y^2$ **4.** $x - 1 = (y + 5)^2$

5. $(x + 2)^2 = 8(y - 3)$

6. $(y - 2)^2 = 2x + 1$

7. $y^2 + 6y + 2x + 1 = 0$

8. $2x^2 - 16x - 3y + 38 = 0$

9-10 Encuentre la ecuación de la parábola. Después determine el foco y la directriz.

9.

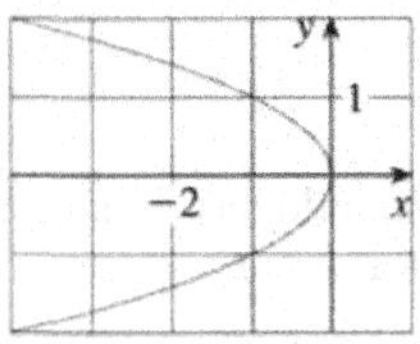

10.

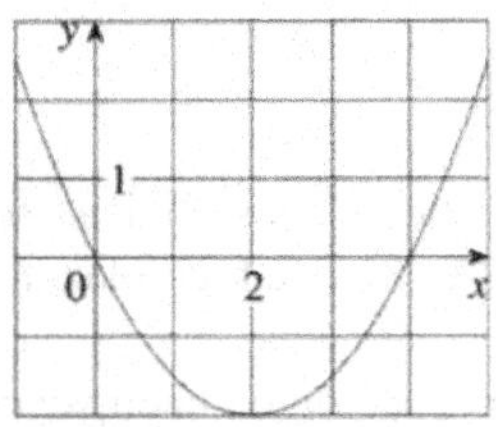

11-16 Encuentre los vértices y focos de la elipse y trace su gráfica.

11. $\frac{x^2}{2} + \frac{y^2}{4} = 1$ **12.** $\frac{x^2}{36} + \frac{y^2}{8} = 1$

13. $x^2 + 9y^2 = 9$

14. $100x^2 + 36y^2 = 225$

15. $9x^2 - 18x + 4y^2 = 27$

16. $x^2 + 3y^2 + 2x - 12y + 10 = 0$

17-18 Determine una ecuación de la elipse. Luego encuentre sus focos.

17.

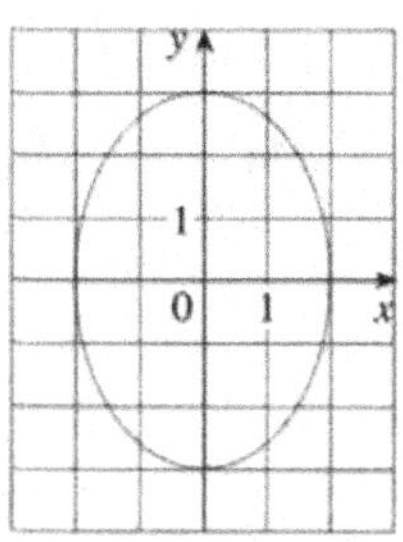

18.

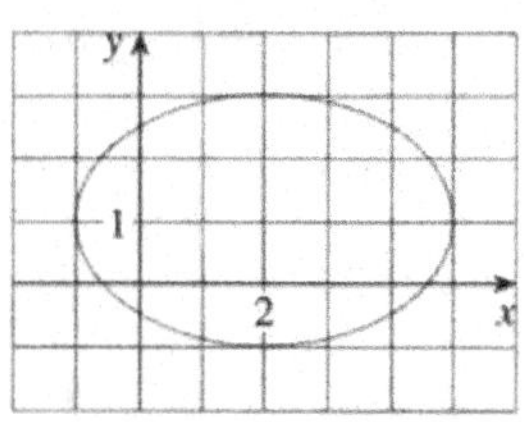

19-24 Encuentre los vértices, focos y asíntotas de la hipérbola y trace su gráfica.

19. $\frac{y^2}{25} - \frac{x^2}{9} = 1$ **20.** $\frac{x^2}{36} - \frac{y^2}{64} = 1$

21. $4x^2 - y^2 - 24x - 4y + 28 = 0$

22. $y^2 - 4x^2 - 2y + 16x = 31$

23. $x^2 - y^2 + 2y = 2$

24. $9y^2 - 4x^2 - 36y - 8x = 4$

25-30 Identifique el tipo de sección cónica cuya ecuación se da y determine los vértices y focos.

25. $4x^2 = y^2 + 4$ **26.** $4x^2 = y + 4$

27. $x^2 = 4y - 2y^2$ **28.** $y^2 - 2 = x^2 - 2x$

29. $3x^2 - 6x - 2y = 1$

30. $x^2 - 2x + 2y^2 - 8y + 7 = 0$

31-48 Determine una ecuación para la cónica que satisface las condiciones dadas.

31. Parábola, vértice $(0, 0)$, foco $(1, 0)$

32. Parábola, foco $(0, 0)$, directriz $y = 6$

33. Parábola, foco $(-4, 0)$, directriz $x = 2$

34. Parábola, foco $(2, -1)$, vértice $(2, 3)$

35. Parábola, vértice $(3, -1)$, eje horizontal que pasa por $(-15, 2)$

36. Parábola, eje vertical, que pasa por $(0, 4)$, $(1, 3)$ y $(-2, -6)$

37. Elipse, focos $(\pm 2, 0)$, vértices $(\pm 5, 0)$

38. Elipse, focos $(0, \pm\sqrt{2})$, vértices $(0, \pm 2)$

39. Elipse, focos $(0, 2)$, $(0, 6)$, vértices $(0, 0)$, $(0, 8)$

40. Elipse, focos $(0, \pm 5)$, vértice $(0, \pm 13)$

41. Elipse, centro $(-1, 4)$, vértice $(-1, 0)$, foco $(-1, 6)$

42. Elipse, focos $(\pm 4, 0)$, que pasa por $(-4, 1.8)$

43. Hipérbola, vértices $(\pm 3, 0)$, focos $(\pm 5, 0)$

44. Hipérbola, vértices $(0, \pm 2)$, focos $(0, \pm 5)$

45. Hipérbola, vértices $(-3, -4)$, $(-3, 6)$, focos $(-3, -7)$, $(-3, 9)$

46. Hipérbola, vértices $(-1, 2)$, $(7, 2)$, focos $(-2, 2)$, $(8, 2)$

47. Hipérbola, vértices $(\pm 3, 0)$, asíntotas $y = \pm 2x$

48. Hipérbola, focos $(2, 0)$, $(2, 8)$, asíntotas $y = 3 + \frac{1}{2}x$ y $y = 5 - \frac{1}{2}x$

49. El punto en una órbita lunar próxima a la superficie de la Luna se llama *perilunio*, y el punto más alejado de la superficie se llama *apolunio*. La nave espacial *Apolo 11* se colocó en una órbita lunar elíptica con altitud de perilunio de 110 km y altitud de apolunio de 314 km (arriba de la Luna). Encuentre una ecuación para esta elipse si el radio de la Luna es de 1728 km y su centro está en uno de los focos.

50. En la figura se muestra una sección transversal de un reflector parabólico. El bulbo se localiza en el foco y la abertura en el foco es de 10 cm.

(a) Encuentre una ecuación de la parábola.
(b) Determine el diámetro de la abertura $|CD|$, a 11 cm del vértice.

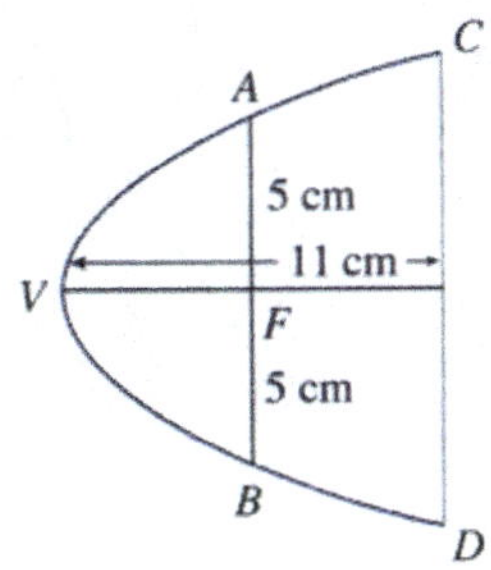

51. El sistema de navegación por radio loran (LOng RAnge Navigation) era ampliamente utilizado hasta la década de 1990 cuando fue reemplazado por el sistema GPS. En el sistema loran, dos estaciones de radio, localizadas en A y B, transmiten en forma simultánea señales a un barco o un avión localizado en P. La computadora de a bordo convierte la diferencia de tiempo de recibir estas señales en una diferencia de distancia $|PA| - |PB|$, y esto, de acuerdo con la definición de una hipérbola, localice al barco o avión en una rama de una hipérbola (véase la figura). Suponga que la estación B se localiza a 400 millas al este de la estación A sobre la costa. Un barco recibe la señal de B 1200 microsegundos (μs) antes de recibir la señal de A.

(a) Si se supone que la señal de radio viaja a una rapidez de 980 pies/μs, encuentre la ecuación de la hipérbola sobre la que se localiza el barco.
(b) Si el barco se dirige al norte de B, ¿qué tan lejos de la costa está el barco?

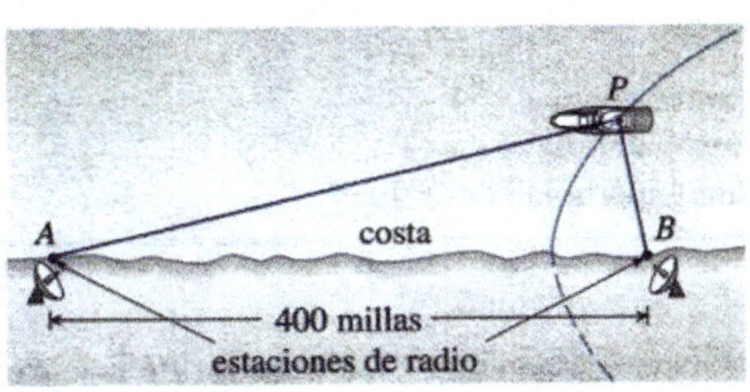

52. Use la definición de hipérbola para deducir la ecuación 6 para una hipérbola con focos $(\pm c, 0)$ y vértices $(\pm a, 0)$.

53. Demuestre que la función definida por la rama superior de la hipérbola $y^2/a^2 - x^2/b^2 = 1$ es cóncava hacia arriba.

54. Encuentre la ecuación para la elipse con focos $(1, 1)$ y $(-1, -1)$ y eje principal de longitud 4.

55. Determine el tipo de curva representada por la ecuación

$$\frac{x^2}{k} + \frac{y^2}{k - 16} = 1$$

en cada uno de los siguientes casos:

(a) $k > 16$ (b) $0 < k < 16$ (c) $k < 0$
(d) Demuestre que todas las curvas en los incisos (a) y (b) tienen los mismos focos, sin importar el valor de k.

56. (a) Demuestre que la ecuación de la recta tangente a la parábola $y^2 = 4px$ en el punto (x_0, y_0) se puede expresar como

$$y_0 y = 2p(x + x_0)$$

(b) ¿Cuál es la intersección de esta recta tangente con el eje x? Use este hecho para dibujar la recta tangente.

57. Demuestre que las rectas tangentes a la parábola $x^2 = 4py$ trazadas desde cualquier punto sobre la directriz son perpendiculares.

58. Demuestre que, si una elipse y una hipérbola tienen los mismos focos, entonces sus rectas tangentes en cada punto de intersección son perpendiculares.

59. Use ecuaciones paramétricas y la regla de Simpson con $n = 8$ para estimar la circunferencia de la elipse $9x^2 + 4y^2 = 36$.

60. El planeta enano Plutón viaja en una órbita elíptica alrededor del Sol (en un foco). La longitud del eje mayor es 1.18×10^{10} km y la longitud del eje menor es 1.14×10^{10} km. Use la regla de Simpson con $n = 10$ para estimar la distancia que viaja el planeta durante una órbita completa alrededor del Sol.

61. Encuentre el área de la región encerrada por la hipérbola $x^2/a^2 - y^2/b^2 = 1$ y la recta vertical que pasa por un foco.

62. (a) Si una elipse gira alrededor de su eje mayor, encuentre el volumen del sólido resultante.
(b) Si gira alrededor de su eje menor, encuentre el volumen resultante.

63. Encuentre el centroide de la región encerrada por el eje x y la mitad superior de la elipse $9x^2 + 4y^2 = 36$.

64. (a) Calcule el área de la superficie del elipsoide generado al girar una elipse en torno a su eje mayor.
(b) ¿Cuál es el área de la superficie si la elipse gira en torno de su eje menor?

65. Sea $P(x_1, y_1)$ un punto sobre la elipse $x^2/a^2 + y^2/b^2 = 1$ con focos F_1 y F_2 y sean α y β los ángulos entre las rectas PF_1, PF_2 y la elipse como se muestra en la figura. Demuestre que $\alpha = \beta$. Esto explica cómo funcionan las cúpulas susurrantes y la litotripsia. El sonido que viene de un foco se refleja y pasa por el otro foco. [*Sugerencia*: use la fórmula del problema 21 de la página 273 para demostrar que tan α = tan β.]

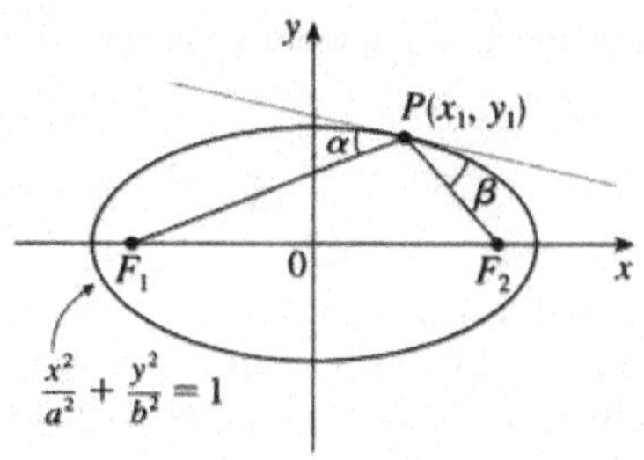

66. Sea $P(x_1, y_1)$ un punto sobre la hipérbola $x^2/a^2 - y^2/b^2 = 1$ con focos F_1 y F_2 y sean α y β los ángulos entre las rectas PF_1, PF_2 y la hipérbola como se muestra en la figura. Demuestre que $\alpha = \beta$. (Esta es la propiedad de reflexión de la hipérbola. Demuestra que la luz dirigida a un foco F_2 de un espejo hiperbólico, se refleja hacia el otro foco F_1.)

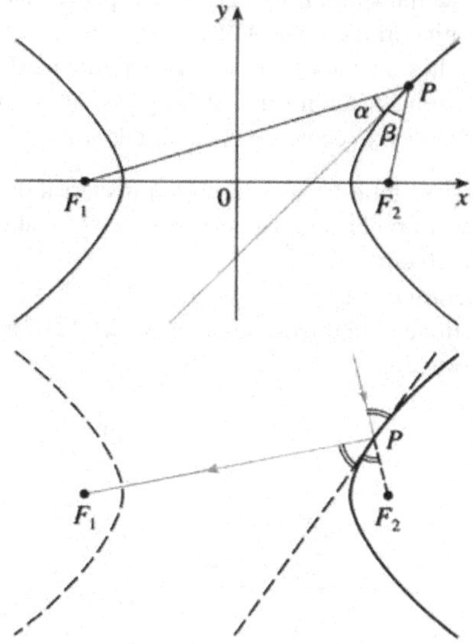

10.6 Secciones cónicas en coordenadas polares

En la sección precedente se definió la parábola en términos de un foco y una directriz, pero se definieron la elipse y la hipérbola en términos de dos focos. En esta sección se da un tratamiento más unificado de los tres tipos de secciones cónicas en términos de un foco y la directriz. Además, si se coloca el foco en el origen, entonces una sección cónica tiene una ecuación polar simple, la cual es una descripción cómoda del movimiento de planetas, satélites y cometas.

1 Teorema Sea F un punto fijo (llamado foco) y l una recta fija (llamada directriz) en un plano. Sea e un número positivo fijo (llamado excentricidad). El conjunto de todos los puntos P en el plano, tales que

$$\frac{|PF|}{|Pl|} = e$$

(esto es, el cociente de la distancia desde F entre la distancia desde l es la constante e) es una sección cónica. La cónica es

(a) una elipse si $e < 1$
(b) una parábola si $e = 1$
(c) una hipérbola si $e > 1$

COMPROBACIÓN Observe que si la excentricidad es $e = 1$, entonces $|PF| = |Pl|$, por lo cual la condición dada simplemente se convierte en la definición de una parábola como se da en la sección 10.5.

Se coloca el foco F en el origen y la directriz paralela al eje y y d unidades a la derecha. Por lo que la directriz tiene ecuación $x = d$ y es perpendicular al eje polar. Si el

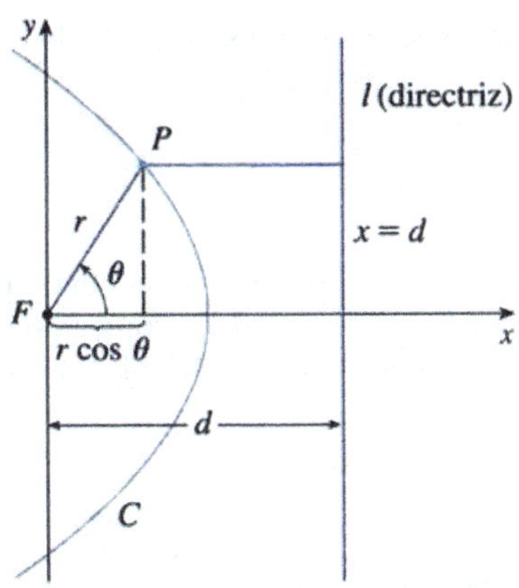

FIGURA 1

punto P tiene coordenadas polares (r, θ), se ve de la figura 1 que

$$|PF| = r \qquad |Pl| = d - r\cos\theta$$

Por lo que la condición $|PF| / |Pl| = e$ o $|PF| = e\,|Pl|$, resulta

$$r = e(d - r\cos\theta) \tag{2}$$

Si se elevan al cuadrado ambas partes de esta ecuación polar y se convierten a coordenadas rectangulares, se obtiene

$$x^2 + y^2 = e^2(d - x)^2 = e^2(d^2 - 2dx + x^2)$$

o

$$(1 - e^2)x^2 + 2de^2x + y^2 = e^2d^2$$

Después de completar los cuadrados, se tiene

$$\left(x + \frac{e^2d}{1 - e^2}\right)^2 + \frac{y^2}{1 - e^2} = \frac{e^2d^2}{(1 - e^2)^2} \tag{3}$$

Si $e < 1$, se reconoce a la ecuación 3 como la ecuación de una elipse. De hecho, es de la forma

$$\frac{(x - h)^2}{a^2} + \frac{y^2}{b^2} = 1$$

donde

$$h = -\frac{e^2d}{1 - e^2} \qquad a^2 = \frac{e^2d^2}{(1 - e^2)^2} \qquad b^2 = \frac{e^2d^2}{1 - e^2} \tag{4}$$

En la sección 10.5 se ve que los focos de una elipse están a una distancia c del centro, donde

$$c^2 = a^2 - b^2 = \frac{e^4d^2}{(1 - e^2)^2} \tag{5}$$

Esto demuestra que
$$c = \frac{e^2d}{1 - e^2} = -h$$

y confirma que el foco como se definió en el teorema 1 significa lo mismo que el foco definido en la sección 10.5. Se deduce también de las ecuaciones 4 y 5 que la excentricidad está dada por

$$e = \frac{c}{a}$$

Si $e > 1$, entonces $1 - e^2 < 0$ y se tiene que la ecuación 3 representa una hipérbola. Tal y como se hizo antes, se podría reescribir la ecuación 3 en la forma

$$\frac{(x - h)^2}{a^2} - \frac{y^2}{b^2} = 1$$

y se ve que

$$e = \frac{c}{a} \qquad \text{donde} \quad c^2 = a^2 + b^2$$

■

Al resolver la ecuación 2 para r, se ve que la ecuación polar de la cónica que se muestra en la figura 1 se puede expresar como

$$r = \frac{ed}{1 + e\cos\theta}$$

Si se elige que la directriz esté a la izquierda del foco como $x = -d$, o si se elige la directriz paralela al eje polar como $y = \pm d$, entonces la ecuación polar de la cónica está dada por el siguiente teorema, que se ilustra mediante la figura 2. (Véanse los ejercicios 21-23.)

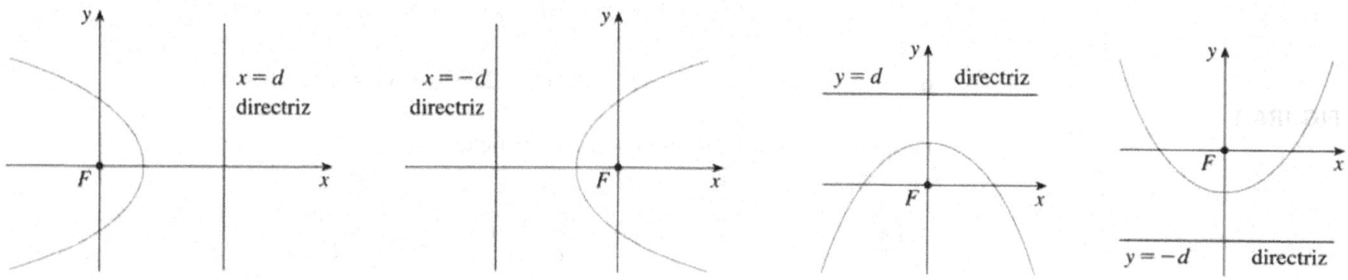

(a) $r = \dfrac{ed}{1 + e\cos\theta}$ (b) $r = \dfrac{ed}{1 - e\cos\theta}$ (c) $r = \dfrac{ed}{1 + e\operatorname{sen}\theta}$ (d) $r = \dfrac{ed}{1 - e\operatorname{sen}\theta}$

FIGURA 2
Ecuación polar de la cónica

6 Teorema Una ecuación polar de la forma

$$r = \frac{ed}{1 \pm e\cos\theta} \qquad \text{o} \qquad r = \frac{ed}{1 \pm e\operatorname{sen}\theta}$$

representa una sección cónica con excentricidad e. La cónica es una elipse si $e < 1$, una parábola si $e = 1$, o una hipérbola si $e > 1$.

EJEMPLO 1 Encuentre la ecuación polar para una parábola que tiene su foco en el origen y cuya directriz es la recta $y = -6$.

SOLUCIÓN Al usar el teorema 6 con $e = 1$ y $d = 6$, y emplear el inciso (d) de la figura 2, se ve que la ecuación de la parábola es

$$r = \frac{6}{1 - \operatorname{sen}\theta}$$ ■

EJEMPLO 2 Una cónica está dada por la ecuación polar

$$r = \frac{10}{3 - 2\cos\theta}$$

Encuentre la excentricidad, identifique la cónica, localice la directriz y trace la cónica.

SOLUCIÓN Al dividir numerador y denominador entre 3, se escribe la ecuación como

$$r = \frac{\frac{10}{3}}{1 - \frac{2}{3}\cos\theta}$$

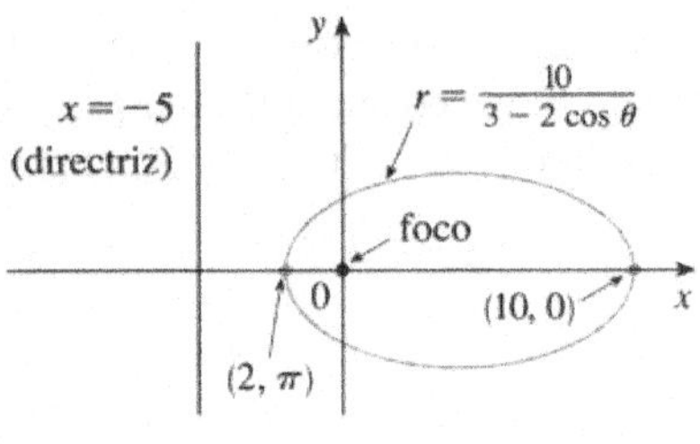

FIGURA 3

Del teorema 6 se ve que esta ecuación representa una elipse con $e = \frac{2}{3}$. Puesto que $ed = \frac{10}{3}$, se tiene

$$d = \frac{\frac{10}{3}}{e} = \frac{\frac{10}{3}}{\frac{2}{3}} = 5$$

por lo que la directriz tiene la ecuación cartesiana $x = -5$. Cuando $\theta = 0$, $r = 10$; cuando $\theta = \pi$, $r = 2$. Por lo que los vértices tienen coordenadas polares $(10, 0)$ y $(2, \pi)$. La elipse se traza en la figura 3. ■

EJEMPLO 3 Trace la cónica $r = \dfrac{12}{2 + 4 \operatorname{sen}\theta}$.

SOLUCIÓN Al escribir la ecuación en la forma

$$r = \frac{6}{1 + 2 \operatorname{sen}\theta}$$

se ve que la excentricidad es $e = 2$ y, por tanto, la ecuación representa una hipérbola. Puesto que $ed = 6$, $d = 3$ y la directriz tiene ecuación $y = 3$. Los vértices ocurren cuando $\theta = \pi/2$ y $3\pi/2$, por lo que son $(2, \pi/2)$ y $(-6, 3\pi/2) = (6, \pi/2)$. También es útil trazar la gráfica de las intersecciones con el eje x. Estas ocurren cuando $\theta = 0, \pi$; en ambos casos $r = 6$. Para más exactitud, se podrían dibujar las asíntotas. Observe que $r \to \pm\infty$ cuando $1 + 2 \operatorname{sen}\theta \to 0^+$ o 0^- y $1 + 2 \operatorname{sen}\theta = 0$ cuando $\operatorname{sen}\theta = -\frac{1}{2}$. Por lo que las asíntotas son paralelas a los rayos $\theta = 7\pi/6$ y $\theta = 11\pi/6$. La hipérbola se traza en la figura 4.

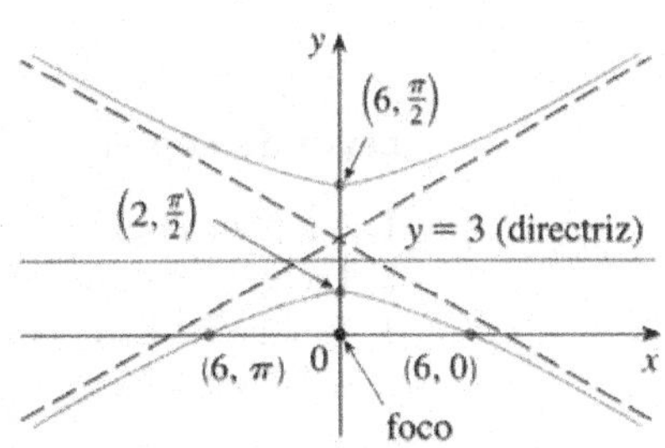

FIGURA 4
$r = \dfrac{12}{2 + 4 \operatorname{sen}\theta}$

■

Al hacer girar secciones cónicas, es mucho más conveniente usar ecuaciones polares que cartesianas. Se usa el hecho (véase el ejercicio 10.3.73) de que la gráfica de $r = f(\theta - \alpha)$ es la gráfica de $r = f(\theta)$ girada en sentido contrario a las manecillas del reloj en torno al origen por un ángulo α.

EJEMPLO 4 Si la elipse del ejemplo 2 se hace girar por un ángulo $\pi/4$ en torno al origen, determine una ecuación polar y trace la gráfica de la elipse resultante.

SOLUCIÓN La ecuación de la elipse rotada se obtiene reemplazando θ con $\theta - \pi/4$ en la ecuación dada en el ejemplo 2. Por lo que la nueva ecuación es

$$r = \frac{10}{3 - 2\cos(\theta - \pi/4)}$$

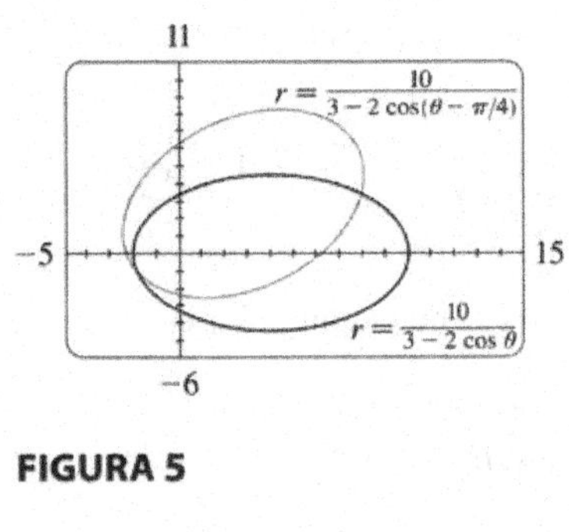

FIGURA 5

Se usa esta ecuación para trazar la gráfica de la elipse girada en la figura 5. Observe que la elipse ha sido girada en torno a su foco izquierdo. ■

En la figura 6 se utiliza una computadora para trazar varias cónicas para mostrar el efecto de variar la excentricidad e. Observe que cuando e es cercana a 0 la elipse es casi circular, mientras que se vuelve más alargada cuando $e \to 1^-$. Cuando $e = 1$, por supuesto, la cónica es una parábola.

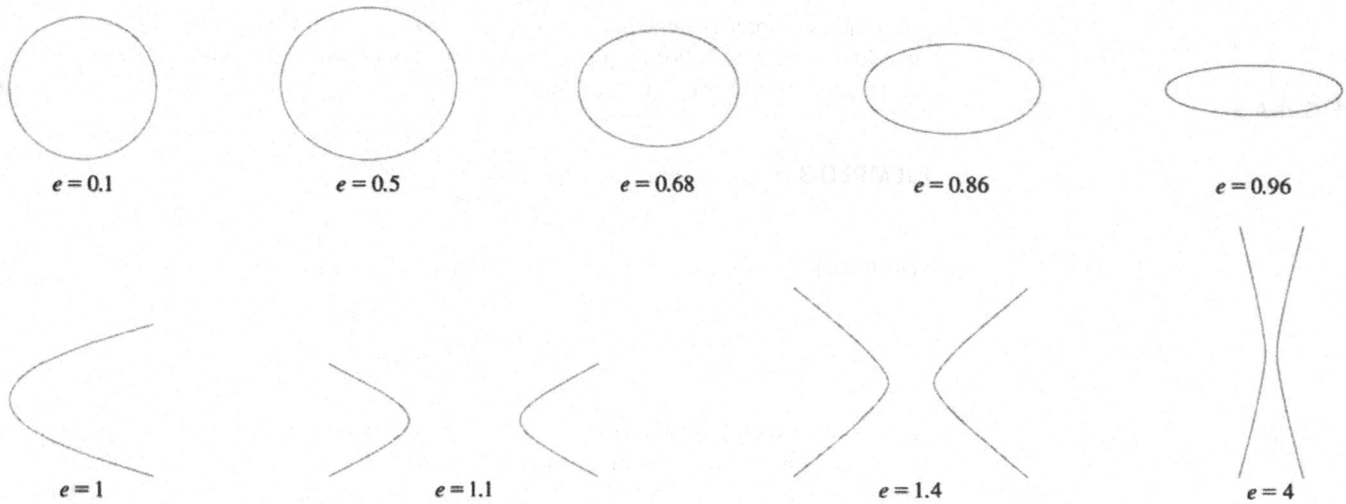

FIGURA 6

Leyes de Kepler

En 1609 el matemático y astrónomo alemán Johannes Kepler, con base en enormes cantidades de datos astronómicos, publicó las tres leyes del movimiento planetario siguientes.

Leyes de Kepler

1. Un planeta gira alrededor del Sol en órbita elíptica con el Sol en uno de los focos.
2. La recta que une el Sol con un planeta barre áreas iguales en tiempos iguales.
3. El cuadrado del período de revolución de un planeta es proporcional al cubo de la longitud del eje mayor de su órbita.

Aun cuando Kepler formuló sus leyes en términos del movimiento de planetas alrededor del Sol, se aplican igualmente bien al movimiento de lunas, cometas, satélites y otros cuerpos que giran sujetos a una sola fuerza gravitacional. En la sección 13.4 se demuestra cómo deducir las leyes de Kepler a partir de las leyes de Newton. Aquí se emplea la primera ley de Kepler, junto con la ecuación polar de una elipse, para calcular cantidades de interés en astronomía.

Para fines de cálculos astronómicos, es útil expresar la ecuación de una elipse en términos de su excentricidad e y su semieje mayor a. Se puede expresar la distancia d del foco a la directriz en términos de a si se usa (4):

$$a^2 = \frac{e^2d^2}{(1 - e^2)^2} \quad \Rightarrow \quad d^2 = \frac{a^2(1 - e^2)^2}{e^2} \quad \Rightarrow \quad d = \frac{a(1 - e^2)}{e}$$

Entonces $ed = a(1 - e^2)$. Si la directriz es $x = d$, entonces la ecuación polar es

$$r = \frac{ed}{1 + e\cos\theta} = \frac{a(1 - e^2)}{1 + e\cos\theta}$$

7 La ecuación polar de una elipse con foco en el origen, semieje mayor a, excentricidad e y directriz $x = d$ se puede expresar en la forma

$$r = \frac{a(1 - e^2)}{1 + e\cos\theta}$$

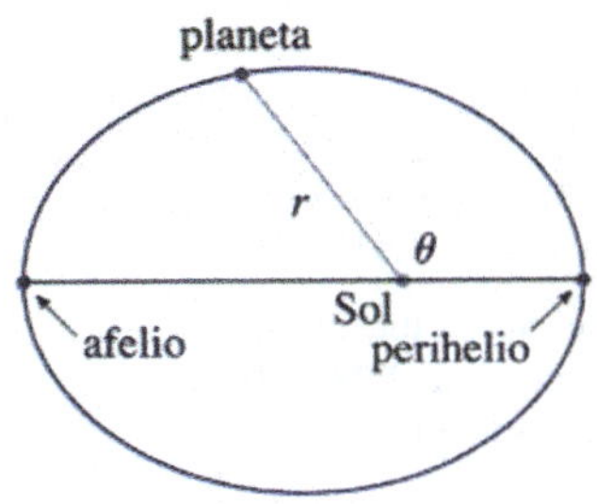

FIGURA 7

Las posiciones de un planeta que sean más cercanas al Sol, y más lejanas a este, se denominan **perihelio** y **afelio**, respectivamente, y corresponden a los vértices de la elipse (véase la figura 7). Las distancias del Sol al perihelio y afelio reciben el nombre de distancia al perihelio y distancia al afelio, respectivamente. En la figura 1 de la página 683 el Sol está en el foco F, por lo que en el perihelio se tiene $\theta = 0$ y, de la ecuación 7,

$$r = \frac{a(1 - e^2)}{1 + e\cos 0} = \frac{a(1 - e)(1 + e)}{1 + e} = a(1 - e)$$

Del mismo modo, en el afelio $\theta = \pi$ y $r = a(1 + e)$.

8 La distancia al perihelio de un planeta al Sol es $a(1 - e)$ y la distancia al afelio es $a(1 + e)$.

EJEMPLO 5

(a) Encuentre una ecuación polar aproximada para la órbita elíptica de la Tierra alrededor del Sol (en un foco), dado que la excentricidad es alrededor de 0.017 y la longitud del eje mayor es aproximadamente 2.99×10^8 km.

(b) Encuentre la distancia de la Tierra al Sol en el perihelio y el afelio.

SOLUCIÓN

(a) La longitud del eje mayor es $2a = 2.99 \times 10^8$, por lo que $a = 1.495 \times 10^8$. Un dato es que $e = 0.017$ y, por tanto, de la ecuación 7, una ecuación de la órbita de la Tierra alrededor del Sol es

$$r = \frac{a(1 - e^2)}{1 + e\cos\theta} = \frac{(1.495 \times 10^8)[1 - (0.017)^2]}{1 + 0.017\cos\theta}$$

o, aproximadamente,

$$r = \frac{1.49 \times 10^8}{1 + 0.017\cos\theta}$$

(b) De (8), la distancia al perihelio de la Tierra al Sol es

$$a(1 - e) \approx (1.495 \times 10^8)(1 - 0.017) \approx 1.47 \times 10^8 \text{ km}$$

y la distancia al afelio es

$$a(1 + e) \approx (1.495 \times 10^8)(1 + 0.017) \approx 1.52 \times 10^8 \text{ km}$$ ■

10.6 EJERCICIOS

1-8 Escriba una ecuación polar de una cónica con el foco en el origen y los datos dados.

1. Elipse, excentricidad $\frac{1}{2}$, directriz $x = 4$
2. Parábola, directriz $x = -3$
3. Hipérbola, excentricidad 1.5, directriz $y = 2$
4. Elipse, excentricidad 0.8, vértice $(1, \pi/2)$
5. Elipse, excentricidad $\frac{2}{3}$, vértice $(2, \pi)$
6. Elipse, excentricidad 0.6, directriz $r = 4 \csc\theta$
7. Parábola, vértice $(3, \pi/2)$
8. Hipérbola, excentricidad 2, directriz $r = -2 \sec\theta$

9-16 (a) Encuentre la excentricidad, (b) identifique la cónica, (c) dé una ecuación de la directriz y (d) trace la cónica.

9. $r = \dfrac{12}{3 - 10\cos\theta}$
10. $r = \dfrac{1}{2 + \operatorname{sen}\theta}$
11. $r = \dfrac{1}{1 + \operatorname{sen}\theta}$
12. $r = \dfrac{5}{2 - 4\cos\theta}$
13. $r = \dfrac{9}{6 + 2\cos\theta}$
14. $r = \dfrac{1}{3 - 3\operatorname{sen}\theta}$
15. $r = \dfrac{10}{5 - 6\operatorname{sen}\theta}$
16. $r = \dfrac{4}{2 + 3\cos\theta}$

17. (a) Encuentre la excentricidad y la directriz de la cónica $r = 1/(1 - 2\operatorname{sen}\theta)$ y trace la gráfica de la cónica y su directriz.
(b) Si esta cónica se hace girar en sentido contrario a las manecillas del reloj en torno al origen con un ángulo $3\pi/4$, escriba la ecuación resultante y trace la gráfica de su curva.

18. Trace la gráfica de la cónica $r = 4/(5 + 6\cos\theta)$ y su directriz. También grafique la cónica obtenida al girar esta curva en torno al origen con un ángulo $\pi/3$.

19. Trace la gráfica de las cónicas $r = e/(1 - e\cos\theta)$ con $e = 0.4, 0.6, 0.8$ y 1.0 en una pantalla común. ¿Cómo afecta el valor de e la forma de la curva?

20. (a) Trace la gráfica de las cónicas $r = ed/(1 + e\operatorname{sen}\theta)$ para $e = 1$ y varios valores de d. ¿Cómo afecta el valor de d la forma de la cónica?
(b) Trace la gráfica de estas cónicas para $d = 1$ y varios valores de e. ¿Cómo afecta el valor de e la forma de la cónica?

21. Demuestre que una cónica con foco en el origen, excentricidad e y directriz $x = -d$ tiene la ecuación polar

$$r = \frac{ed}{1 - e\cos\theta}$$

22. Demuestre que una cónica con foco en el origen, excentricidad e y directriz $y = d$ tiene la ecuación polar

$$r = \frac{ed}{1 + e\operatorname{sen}\theta}$$

23. Demuestre que una cónica con foco en el origen, excentricidad e y directriz $y = -d$ tiene la ecuación polar

$$r = \frac{ed}{1 - e\operatorname{sen}\theta}$$

24. Demuestre que las parábolas $r = c/(1 + \cos\theta)$ y $r = d/(1 - \cos\theta)$ se cortan en ángulos rectos.

25. La órbita de Marte alrededor del Sol es una elipse con excentricidad 0.093 y semieje mayor de 2.28×10^8 km. Encuentre una ecuación polar para la órbita.

26. La órbita de Júpiter tiene excentricidad de 0.048 y la longitud del eje mayor es 1.56×10^9 km. Encuentre una ecuación polar para la órbita.

27. La órbita del cometa Halley, visto por última vez en 1986 y que debe volver en 2061, es una elipse con excentricidad 0.97 y un foco en el Sol. La longitud de su eje principal es 36.18 UA. [Una unidad astronómica (UA) es la distancia media entre la Tierra y el Sol, aproximadamente 150 millones de kilómetros.] Encuentre una ecuación polar para la órbita del cometa Halley. ¿Cuál es la distancia máxima desde el cometa al Sol?

28. El cometa Hale-Bopp, descubierto en 1995, tiene una órbita elíptica con excentricidad 0.9951 y la longitud del eje mayor es 356.5 UA. Encuentre una ecuación polar para la órbita de este cometa. ¿Qué tan cerca del Sol llega?

© Dean Ketelsen

29. El planeta Mercurio viaja en una órbita elíptica con excentricidad 0.206. Su distancia mínima del Sol es 4.6×10^7 km. Determine su distancia máxima del Sol.

30. La distancia desde el planeta enano Plutón al Sol es de 4.43×10^9 km en el perihelio y 7.37×10^9 km en el afelio. Determine la excentricidad de la órbita de Plutón.

31. Con los datos del ejercicio 29, calcule la distancia que recorre el planeta Mercurio durante una órbita completa alrededor del Sol. (Si su calculadora o sistema algebraico computacional evalúa integrales definidas, utilícelo. De lo contrario, use la regla de Simpson.)

10 REPASO

VERIFICACIÓN DE CONCEPTOS

Las respuestas a la verificación de conceptos se encuentran en las páginas finales del libro.

1. (a) ¿Qué es una curva paramétrica?
   (b) ¿Cómo se traza una curva paramétrica?
2. (a) ¿Cómo se encuentra la pendiente de una recta tangente a una curva paramétrica?
   (b) Determine el área debajo de una curva paramétrica.
3. Escriba una expresión para cada una de las siguientes descripciones:
   (a) La longitud de una curva paramétrica.
   (b) El área de la superficie obtenida al hacer girar una curva paramétrica en torno al eje x.
4. (a) Use un diagrama para explicar el significado de las coordenadas polares (r, θ) de un punto.
   (b) Escriba ecuaciones que expresen las coordenadas cartesianas (x, y) de un punto en términos de las coordenadas polares.
   (c) ¿Qué ecuaciones usaría para obtener las coordenadas polares de un punto si conociera las coordenadas cartesianas?
5. (a) ¿Cómo se determina la pendiente de una recta tangente a una curva polar?
   (b) ¿Cómo se calcula el área de una región acotada por una curva polar?
   (c) ¿Cómo se determina la longitud de una curva polar?
6. (a) Dé una definición geométrica de una parábola.
   (b) Escriba una ecuación de una parábola con foco $(0, p)$ y directriz $y = -p$. ¿Qué pasa si el foco es $(p, 0)$ y la directriz es $x = -p$?
7. (a) Dé una definición de una elipse en términos de los focos.
   (b) Escriba una ecuación para la elipse con focos $(\pm c, 0)$ y vértices $(\pm a, 0)$.
8. (a) Dé una definición de una hipérbola en términos de los focos.
   (b) Escriba una ecuación para la hipérbola con focos $(\pm c, 0)$ y vértices $(\pm a, 0)$.
   (c) Escriba ecuaciones para las asíntotas de la hipérbola del inciso (b).
9. (a) ¿Cuál es la excentricidad de una sección cónica?
   (b) ¿Qué se puede decir acerca de la excentricidad si la sección cónica es una elipse? ¿Una hipérbola? ¿Una parábola?
   (c) Escriba una ecuación polar para una sección cónica con excentricidad e y directriz $x = d$. ¿Qué pasa si la directriz es $x = -d$? ¿$y = d$? ¿$y = -d$?

EXAMEN VERDADERO-FALSO

Determine si el enunciado es verdadero o falso. Si es verdadero, explique por qué. Si es falso, explique por qué o dé un ejemplo que refute el enunciado.

1. Si la curva paramétrica $x = f(t)$, $y = g(t)$ satisface $g'(1) = 0$, entonces tiene una recta tangente horizontal cuando $t = 1$.
2. Si $x = f(t)$ y $y = g(t)$ son derivables dos veces, entonces
$$\frac{d^2y}{dx^2} = \frac{d^2y/dt^2}{d^2x/dt^2}$$
3. La longitud de la curva $x = f(t)$, $y = g(t)$, $a \leqslant t \leqslant b$, es $\int_a^b \sqrt{[f'(t)]^2 + [g'(t)]^2}\, dt$.
4. Si un punto se representa por (x, y) en coordenadas cartesianas (donde $x \neq 0$) y (r, θ) en coordenadas polares, entonces $\theta = \tan^{-1}(y/x)$.
5. Las curvas polares
$$r = 1 - \operatorname{sen} 2\theta \qquad r = \operatorname{sen} 2\theta - 1$$
tienen la misma gráfica.
6. Las ecuaciones $r = 2$, $x^2 + y^2 = 4$ y $x = 2 \operatorname{sen} 3t$, $y = 2 \cos 3t$ $(0 \leqslant t \leqslant 2\pi)$ tienen la misma gráfica.
7. Las ecuaciones paramétricas $x = t^2$, $y = t^4$ tienen la misma gráfica que $x = t^3$, $y = t^6$.
8. La gráfica de $y^2 = 2y + 3x$ es una parábola.
9. Una recta tangente a una parábola corta la parábola solo una vez.
10. Una hipérbola nunca corta su directriz.

EJERCICIOS

1-4 Trace la curva paramétrica y elimine el parámetro para encontrar la ecuación cartesiana de la curva.

1. $x = t^2 + 4t, \quad y = 2 - t, \quad -4 \leqslant t \leqslant 1$

2. $x = 1 + e^{2t}, \quad y = e^t$

3. $x = \cos\theta, \quad y = \sec\theta, \quad 0 \leqslant \theta < \pi/2$

4. $x = 2\cos\theta, \quad y = 1 + \operatorname{sen}\theta$

5. Escriba tres diferentes conjuntos de ecuaciones paramétricas para la curva $y = \sqrt{x}$.

6. Use las gráficas de $x = f(t)$ y $y = g(t)$ para trazar la curva paramétrica $x = f(t)$, $y = g(t)$. Indique con flechas la dirección en la que se traza la curva cuando se t crece.

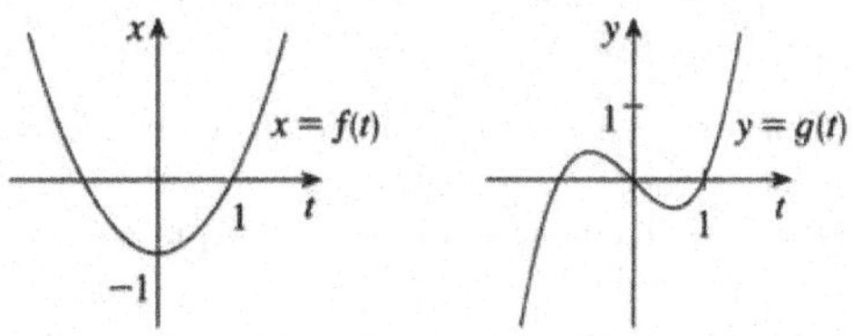

7. (a) Ubique el punto con coordenadas polares $(4, 2\pi/3)$. A continuación, encuentre sus coordenadas cartesianas.
(b) Las coordenadas cartesianas de un punto son $(-3, 3)$. Encuentre dos conjuntos de coordenadas polares para el punto.

8. Trace la región formada de puntos cuyas coordenadas polares satisfacen $1 \leqslant r < 2$ y $\pi/6 \leqslant \theta \leqslant 5\pi/6$.

9-16 Trace la curva polar.

9. $r = 1 + \operatorname{sen}\theta$

10. $r = 1 - \cos\theta$

11. $r = \cos 3\theta$

12. $r = 3 + \cos 3\theta$

13. $r = 1 + \cos 2\theta$

14. $r = 2\cos(\theta/2)$

15. $r = \dfrac{3}{1 + 2\operatorname{sen}\theta}$

16. $r = \dfrac{3}{2 - 2\cos\theta}$

17-18 Encuentre la ecuación polar para la curva representada por la ecuación cartesiana dada.

17. $x + y = 2$

18. $x^2 + y^2 = 2$

19. La curva con ecuación polar $r = (\operatorname{sen}\theta)/\theta$ se llama **cocleoide**. Use una gráfica de r como una función de θ en coordenadas cartesianas para trazar la cocleoide a mano. Después trace la gráfica con una máquina para comprobar su trazo.

20. Trace la gráfica de la elipse $r = 2/(4 - 3\cos\theta)$ y su directriz. Trace la gráfica también de la elipse obtenida por rotación en torno al origen por un ángulo de $2\pi/3$.

21-24 Encuentre la pendiente de la recta tangente a la curva dada en el punto correspondiente al valor especificado del parámetro.

21. $x = \ln t, \quad y = 1 + t^2; \quad t = 1$

22. $x = t^3 + 6t + 1, \quad y = 2t - t^2; \quad t = -1$

23. $r = e^{-\theta}; \quad \theta = \pi$

24. $r = 3 + \cos 3\theta; \quad \theta = \pi/2$

25-26 Encuentre dy/dx y d^2y/dx^2.

25. $x = t + \operatorname{sen} t, \quad y = t - \cos t$

26. $x = 1 + t^2, \quad y = t - t^3$

27. Use una gráfica para estimar las coordenadas del punto mínimo sobre la curva $x = t^3 - 3t$, $y = t^2 + t + 1$. Después use el cálculo para determinar las coordenadas exactas.

28. Encuentre el área encerrada por el lazo de la curva del ejercicio 27.

29. ¿En qué puntos la curva

$$x = 2a\cos t - a\cos 2t \qquad y = 2a\operatorname{sen} t - a\operatorname{sen} 2t$$

tiene rectas tangentes verticales u horizontales? Use esta información para ayudarse a trazar la curva.

30. Determine el área encerrada por la curva del ejercicio 29.

31. Obtenga el área encerrada por la curva $r^2 = 9\cos 5\theta$.

32. Encuentre el área encerrada por el lazo interior de la curva $r = 1 - 3\operatorname{sen}\theta$.

33. Encuentre los puntos de intersección de las curvas $r = 2$ y $r = 4\cos\theta$.

34. Obtenga los puntos de intersección de las curvas $r = \cot\theta$ y $r = 2\cos\theta$.

35. Determine el área de la región que está dentro de ambas circunferencias $r = 2\operatorname{sen}\theta$ y $r = \operatorname{sen}\theta + \cos\theta$.

36. Encuentre el área de la región que está dentro de la curva $r = 2 + \cos 2\theta$ pero fuera de la curva $r = 2 + \operatorname{sen}\theta$.

37-40 Encuentre la longitud de la curva.

37. $x = 3t^2, \quad y = 2t^3, \quad 0 \leqslant t \leqslant 2$

38. $x = 2 + 3t, \quad y = \cosh 3t, \quad 0 \leqslant t \leqslant 1$

39. $r = 1/\theta, \quad \pi \leqslant \theta \leqslant 2\pi$

40. $r = \operatorname{sen}^3(\theta/3), \quad 0 \leqslant \theta \leqslant \pi$

41-42 Calcule el área de la superficie obtenida al hacer girar la curva dada en torno al eje x.

41. $x = 4\sqrt{t}, \quad y = \dfrac{t^3}{3} + \dfrac{1}{2t^2}, \quad 1 \leqslant t \leqslant 4$

42. $x = 2 + 3t, \quad y = \cosh 3t, \quad 0 \leqslant t \leqslant 1$

---

43. Las curvas definidas por las ecuaciones paramétricas

$$x = \frac{t^2 - c}{t^2 + 1} \qquad y = \frac{t(t^2 - c)}{t^2 + 1}$$

se llaman **estrofoides** (de una palabra griega que significa "voltear o torcer"). Investigue cómo varían estas curvas cuando varía c.

44. Una familia de curvas tiene ecuaciones polares $r^a = |\operatorname{sen} 2\theta|$ donde a es un número positivo. Investigue cómo cambian estas curvas cuando cambia a.

45-48 Encuentre los focos y vértices, trace la gráfica.

45. $\dfrac{x^2}{9} + \dfrac{y^2}{8} = 1$

46. $4x^2 - y^2 = 16$

47. $6y^2 + x - 36y + 55 = 0$

48. $25x^2 + 4y^2 + 50x - 16y = 59$

---

49. Encuentre una ecuación de la elipse con focos $(\pm 4, 0)$ y vértices $(\pm 5, 0)$.

50. Encuentre una ecuación de la parábola con focos $(2, 1)$ y directriz $x = -4$.

51. Encuentre una ecuación de la hipérbola con focos $(0, \pm 4)$ y asíntotas $y = \pm 3x$.

52. Encuentre una ecuación de la elipse con focos $(3, \pm 2)$ y un eje con longitud 8.

53. Obtenga una ecuación para la elipse que comparte un vértice y un foco con la parábola $x^2 + y = 100$ y que tiene su otro foco en el origen.

54. Demuestre que si m es cualquier número real, entonces hay exactamente dos rectas de pendiente m que son tangentes a la elipse $x^2/a^2 + y^2/b^2 = 1$ y sus ecuaciones son

$$y = mx \pm \sqrt{a^2m^2 + b^2}$$

55. Encuentre una ecuación polar para la elipse con foco en el origen, excentricidad $\frac{1}{3}$ y directriz con ecuación $r = 4 \sec \theta$.

56. Demuestre que los ángulos entre el eje polar y las asíntotas de la hipérbola $r = ed/(1 - e \cos \theta)$, $e > 1$, están dados por $\cos^{-1}(\pm 1/e)$.

57. En la figura el círculo de radio está fijo y para toda θ, el punto P es el punto medio del segmento QR. La curva trazada que pasa por P para $0 < \theta < \pi$, la curva se llama **curva de arco largo**. Encuentre las ecuaciones paramétricas de esta curva.

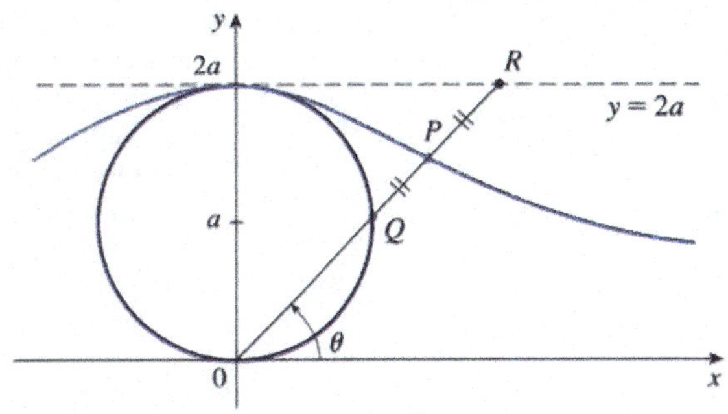

58. La curva llamada **folium de Descartes** está definida por las ecuaciones paramétricas

$$x = \frac{3t}{1 + t^3} \qquad y = \frac{3t^2}{1 + t^3}$$

(a) Demuestre que si (a, b) está sobre la curva, entonces (b, a) también lo está; es decir, la curva es simétrica respecto a la recta $y = x$. ¿En dónde se interseca la curva con esta recta?

(b) Encuentre los puntos sobre la curva donde las rectas tangentes son horizontales o verticales.

(c) Demuestre que la recta $y = -x - 1$ es una asíntota oblicua.

(d) Trace la curva.

(e) Demuestre que una ecuación cartesiana de esta curva es $x^3 + y^3 = 3xy$.

(f) Demuestre que la ecuación polar puede expresarse en la forma

$$r = \frac{3 \sec\theta \tan\theta}{1 + \tan^3\theta}$$

(g) Encuentre el área encerrada por el lazo de esta curva.

(h) Demuestre que el área del lazo es la misma que el área que está entre la asíntota y las ramas infinitas de la curva. (Utilice un sistema algebraico computacional para evaluar la integral.)

Problemas adicionales

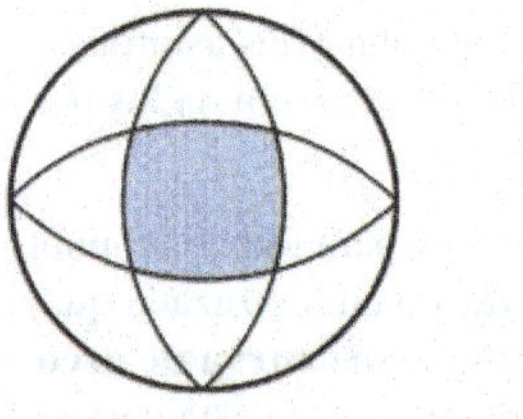

FIGURA PARA EL PROBLEMA 1

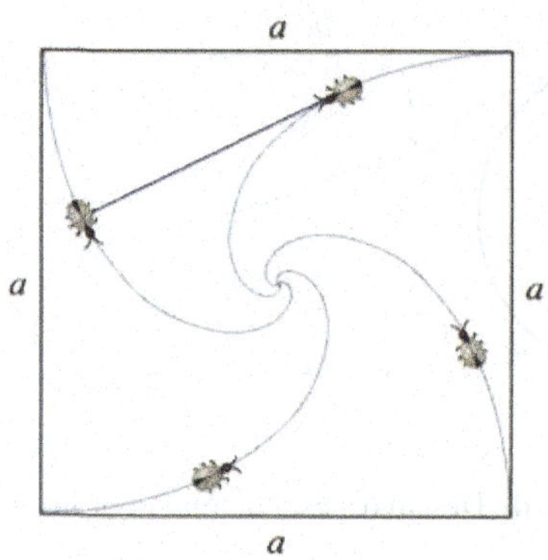

FIGURA PARA EL PROBLEMA 4

1. El círculo exterior en la figura tiene radio 1 y los centros de los arcos circulares interiores se encuentren en el círculo externo. Encuentre el área de la región sombreada.

2. (a) Encuentre los puntos máximo y mínimo de la curva $x^4 + y^4 = x^2 + y^2$.

(b) Trace la curva. (Observe que es simétrica con respecto a ambos ejes y a ambas rectas $y = \pm x$, de modo que es suficiente considerar inicialmente $y \geqslant x \geqslant 0$.)

SAC (c) Utilice coordenadas polares y un sistema algebraico computacional para encontrar el área encerrada por la curva.

3. ¿Cuál es el rectángulo de vista más pequeño que contiene a cada miembro de la familia de curvas polares $r = 1 + c \operatorname{sen} \theta$, donde $0 \leqslant c \leqslant 1$? Ilustre su respuesta trazando varios miembros de la familia en este rectángulo de vista.

4. Se colocan cuatro insectos en cuatro esquinas de un cuadrado con longitud a. Los insectos avanzan en sentido contrario a las manecillas del reloj a la misma rapidez, y cada uno avanza directamente hacia el siguiente insecto todo el tiempo. Se aproximan al centro del cuadrado a lo largo de trayectorias espirales.

(a) Obtenga la ecuación polar de la trayectoria de un insecto al suponer que el polo está en el centro del cuadrado. (Use el hecho de que la recta que une a un insecto con el siguiente es tangente a la trayectoria del insecto.)

(b) Encuentre la distancia recorrida por un insecto hasta el momento que se encuentra con los otros insectos en el centro.

5. Demuestre que cualquier recta tangente a una hipérbola toca la hipérbola a la mitad del camino entre los puntos de intersección de la recta tangente y las asíntotas.

6. Una circunferencia C de radio $2r$ tiene su centro en el origen. Un círculo de radio r rueda sin resbalar en dirección contraria al sentido de las manecillas del reloj alrededor de C. Un punto P está situado en un radio fijo del círculo giratorio a una distancia b de su centro, $0 < b < r$. [Véase las partes (i) e (ii) de la figura.] Sea L la recta desde el centro de C al centro del círculo que rueda y sea θ el ángulo que L forma con el eje x positivo.

(a) Usando θ como un parámetro, demuestre que las ecuaciones paramétricas de la trayectoria trazada que pasa por P son

$$x = b \cos 3\theta + 3r \cos \theta \qquad y = b \operatorname{sen} 3\theta + 3r \operatorname{sen} \theta$$

Nota: si $b = 0$, la trayectoria es una circunferencia de radio $3r$; si $b = r$, la trayectoria es una *epicicloide*. La trayectoria trazada por P para $0 < b < r$ se llama *epitrocoide*.

(b) Trace la gráfica de la curva para varios valores de b entre 0 y r.

(c) Demuestre que un triángulo equilátero puede inscribirse en el epitrocoide y que su centroide está sobre la circunferencia de radio b con centro en el origen.

Nota: este es el principio del motor rotatorio Wankel. Cuando el triángulo equilátero gira con sus vértices en el epitrocoide, su centroide recorre una circunferencia cuyo centro está en el centro de la curva.

(d) En casi todos los motores rotatorios, los lados de los triángulos equiláteros son sustituidos por arcos de circunferencia con centro en los vértices opuestos como en el inciso (iii) de la figura. (Entonces el diámetro del rotor es constante.) Demuestre que el rotor se ajusta en el epitrocoide si $b \leqslant \frac{3}{2}\left(2 - \sqrt{3}\right)r$.

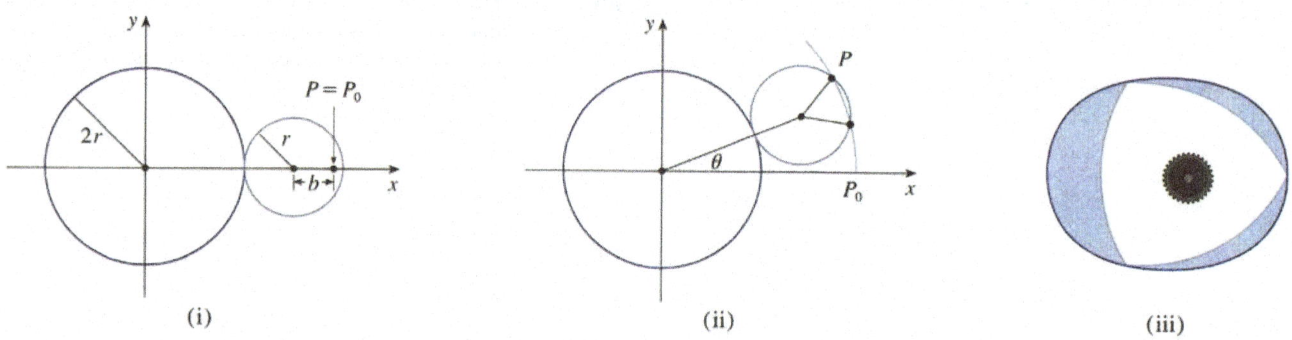

11 Sucesiones y series infinitas

Betelgeuse es una estrella supergigante roja, una de las más grande y más brillante de las estrellas observables. En el proyecto de la página 783 le piden comparar la radiación emitida por Betelgeuse con la de otras estrellas.

LAS SUCESIONES Y SERIES INFINITAS se introdujeron brevemente en *Un adelanto del cálculo*, en relación con las paradojas de Zenón y la representación decimal de números. Su importancia en el cálculo proviene de la idea de Newton de representar funciones como sumas de sucesiones infinitas. Por ejemplo, para encontrar áreas, con frecuencia integraba una función expresándola primero como una serie y después integrando cada uno de sus términos. En la sección 11.10 se tratará de seguir esta idea para integrar funciones como e^{-x^2}. (Hay que recordar que antes no era posible enfrentar esto.) Muchas de las funciones que aparecen en física matemática y química, como las funciones de Bessel, están definidas como sumas de series, así que es muy importante familiarizarse con los conceptos básicos de convergencia de sucesiones y series infinitas.

Los físicos también usan las series en otro modo, tal como se verá en la sección 11.11. En el estudio de fenómenos tan diversos como la óptica, la relatividad especial y el electromagnetismo, los físicos analizan los fenómenos reemplazándolos primero por unos cuantos términos de las series que los representan.

11.1 Sucesiones

Una **sucesión** se puede pensar como una lista de números escritos en un orden definido:

$$a_1, a_2, a_3, a_4, \ldots, a_n, \ldots$$

El número a_1 recibe el nombre de *primer término*, a_2 es el *segundo término* y, en general, a_n es el *n-ésimo término*. Aquí se tratará exclusivamente con sucesiones infinitas, por lo que cada término a_n tiene un sucesor a_{n+1}.

Observe que para todo entero positivo n hay un número correspondiente a_n, por lo que una sucesión se puede definir como una función cuyo dominio es el conjunto de los enteros positivos. Pero es usual escribir a_n en lugar de la notación de función $f(n)$ para el valor de la función en el número n.

NOTACIÓN La sucesión $\{a_1, a_2, a_3, \ldots\}$ también se denota mediante

$$\{a_n\} \qquad \text{o} \qquad \{a_n\}_{n=1}^{\infty}$$

EJEMPLO 1 Algunas sucesiones se pueden definir dando una fórmula para el n-ésimo término. En los ejemplos siguientes se ofrecen tres descripciones de la sucesión: una en la que se aplica la notación anterior, en otra en la que se usa una fórmula definida y una tercera en la que se escriben los términos de la sucesión. Observe que n no tiene que empezar en 1.

(a) $\left\{\dfrac{n}{n+1}\right\}_{n=1}^{\infty}$ $\qquad a_n = \dfrac{n}{n+1}$ $\qquad \left\{\dfrac{1}{2}, \dfrac{2}{3}, \dfrac{3}{4}, \dfrac{4}{5}, \ldots, \dfrac{n}{n+1}, \ldots\right\}$

(b) $\left\{\dfrac{(-1)^n(n+1)}{3^n}\right\}$ $\qquad a_n = \dfrac{(-1)^n(n+1)}{3^n}$ $\qquad \left\{-\dfrac{2}{3}, \dfrac{3}{9}, -\dfrac{4}{27}, \dfrac{5}{81}, \ldots, \dfrac{(-1)^n(n+1)}{3^n}, \ldots\right\}$

(c) $\left\{\sqrt{n-3}\right\}_{n=3}^{\infty}$ $\qquad a_n = \sqrt{n-3},\ n \geqslant 3$ $\qquad \left\{0, 1, \sqrt{2}, \sqrt{3}, \ldots, \sqrt{n-3}, \ldots\right\}$

(d) $\left\{\cos\dfrac{n\pi}{6}\right\}_{n=0}^{\infty}$ $\qquad a_n = \cos\dfrac{n\pi}{6},\ n \geqslant 0$ $\qquad \left\{1, \dfrac{\sqrt{3}}{2}, \dfrac{1}{2}, 0, \ldots, \cos\dfrac{n\pi}{6}, \ldots\right\}$ ■

EJEMPLO 2 Encuentre una fórmula para el término general a_n de la sucesión

$$\left\{\frac{3}{5}, -\frac{4}{25}, \frac{5}{125}, -\frac{6}{625}, \frac{7}{3125}, \ldots\right\}$$

y suponga que el patrón de los primeros términos continúa.

SOLUCIÓN Se sabe que

$$a_1 = \frac{3}{5} \qquad a_2 = -\frac{4}{25} \qquad a_3 = \frac{5}{125} \qquad a_4 = -\frac{6}{625} \qquad a_5 = \frac{7}{3125}$$

Observe que los numeradores de estas fracciones empiezan con 3 y aumentan una unidad al pasar al término siguiente. El segundo término tiene numerador 4, el numerador siguiente es 5; en general, el n-ésimo término tendrá como numerador $n + 2$. Los denominadores son las potencias de 5, por lo que a_n tiene por denominador 5^n. Los signos de los términos son alternadamente positivo y negativo, por lo que es necesario multiplicar por una potencia de -1. En el ejemplo 1(b) el factor $(-1)^n$ significa que empieza con un término negativo. Como aquí se busca iniciar con un término positivo, se usa $(-1)^{n-1}$ o $(-1)^{n+1}$. Por tanto

$$a_n = (-1)^{n-1}\frac{n+2}{5^n}$$ ■

EJEMPLO 3 En este caso hay algunas sucesiones que no tienen una ecuación que las defina en forma sencilla.

(a) La sucesión $\{p_n\}$, donde p_n es la población mundial el 1 de enero del año n.

(b) Sea a_n el n-ésimo dígito en el desarrollo decimal del número e, entonces $\{a_n\}$ es una sucesión bien definida cuyos primeros términos son

$$\{7, 1, 8, 2, 8, 1, 8, 2, 8, 4, 5, \ldots\}$$

(c) Las condiciones siguientes definen en forma recursiva la **sucesión de Fibonacci** $\{f_n\}$

$$f_1 = 1 \qquad f_2 = 1 \qquad f_n = f_{n-1} + f_{n-2} \qquad n \geqslant 3$$

Cada uno de los términos es la suma de los dos anteriores. Los primeros términos son

$$\{1, 1, 2, 3, 5, 8, 13, 21, \ldots\}$$

Esta sucesión surgió cuando el matemático italiano del siglo XIII, a quien se conoce como Fibonacci, resolvió un problema que se relacionaba con la cría de conejos (véase ejercicio 83). ■

Una sucesión como la del ejemplo 1(a), $a_n = n/(n+1)$ se puede representar trazando sus términos en una recta numérica como en la figura 1, o trazando la gráfica como en la figura 2. Observe que, como una sucesión es una función cuyo dominio es el conjunto de los enteros positivos, su gráfica consta de puntos aislados con coordenadas

$$(1, a_1) \qquad (2, a_2) \qquad (3, a_3) \qquad \ldots \qquad (n, a_n) \qquad \ldots$$

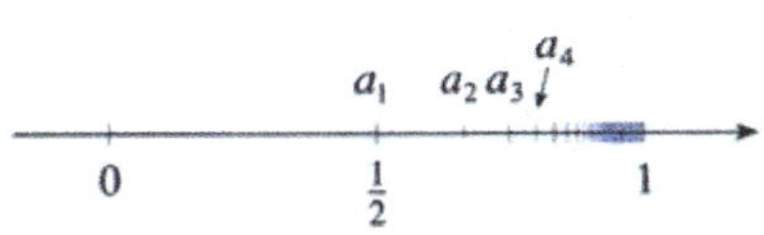

FIGURA 1

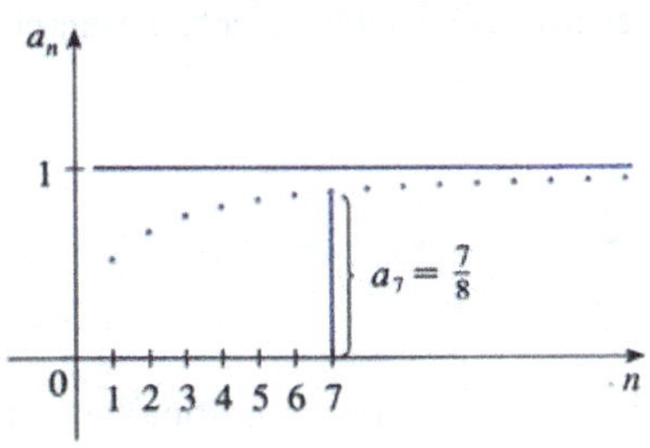

FIGURA 2

En las figuras 1 o 2 parece que los términos de la sucesión $a_n = n/(n+1)$ se aproximan a 1 cuando n es suficientemente grande. De hecho, la diferencia

$$1 - \frac{n}{n+1} = \frac{1}{n+1}$$

se puede hacer tan pequeña como se quiera al hacer a n lo suficientemente grande. Lo anterior se indica al escribir

$$\lim_{n\to\infty} \frac{n}{n+1} = 1$$

En general, la notación

$$\lim_{n\to\infty} a_n = L$$

significa que los términos de la sucesión $\{a_n\}$ se aproximan a L cuando se hace n suficientemente grande. Observe que la definición siguiente del límite de una sucesión es muy parecida a la definición de límite de una función en el infinito dada en la sección 2.6.

1 Definición Una sucesión $\{a_n\}$ tiene el **límite** L y se escribe como

$$\lim_{n\to\infty} a_n = L \qquad \text{o} \qquad a_n \to L \text{ cuando } n \to \infty$$

si se hace que los términos a_n se aproximen a L tanto como se quiera tomando n lo suficientemente grande. Si $\lim_{n\to\infty} a_n$ existe, se dice que la sucesión **converge** (o que es **convergente**). De lo contrario, se dice que la sucesión **diverge** (o es **divergente**).

En la figura 3 se ilustra la definición 1 mostrando las gráficas de dos sucesiones que tienen como límite L.

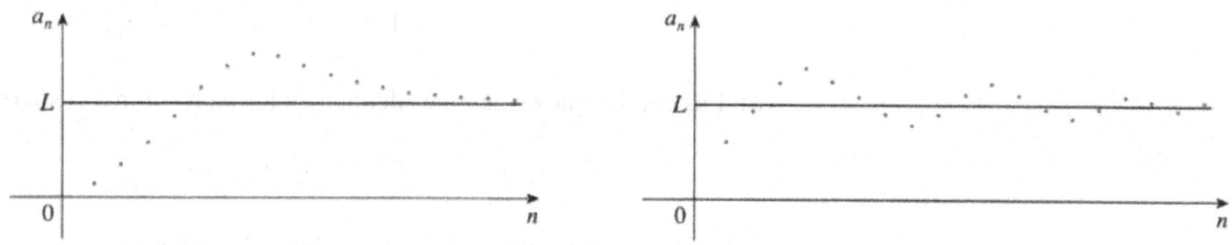

FIGURA 3
Gráficas de dos sucesiones con $\lim_{n\to\infty} a_n = L$

Una versión más precisa de la definición 1 es como sigue.

2 Definición Una sucesión $\{a_n\}$ tiene el **límite** L y se escribe como

$$\lim_{n\to\infty} a_n = L \qquad \text{o} \qquad a_n \to L \text{ cuando } n \to \infty$$

si para todo $\varepsilon > 0$ hay un correspondiente entero N tal que

$$\text{si} \quad n > N \quad \text{entonces} \quad |a_n - L| < \varepsilon$$

Compare esta definición con la definición 2.6.7.

La definición 2 se ilustra en la figura 4, en la cual los términos $a_1, a_2, a_3, \ldots$ se trazan sobre una recta numérica. No importa qué tan pequeño se elija un intervalo $(L - \varepsilon, L + \varepsilon)$ existe una N tal que todos los términos de la sucesión desde a_{N+1} en adelante deben estar en ese intervalo.

FIGURA 4

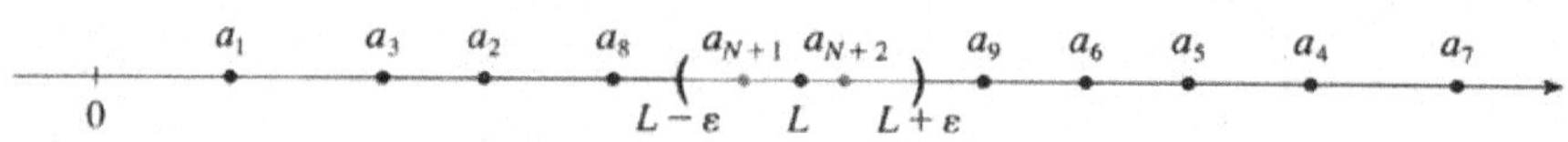

Otra ilustración de la definición 2 es la figura 5. Los puntos sobre la gráfica de $\{a_n\}$ deben estar entre las rectas horizontales $y = L + \varepsilon$ y $y = L - \varepsilon$ si $n > N$. Esta imagen debe ser válida sin importar qué tan pequeño se haya escogido ε, pero usualmente se requiere un valor de ε mucho muy pequeño y un valor de N mucho muy grande.

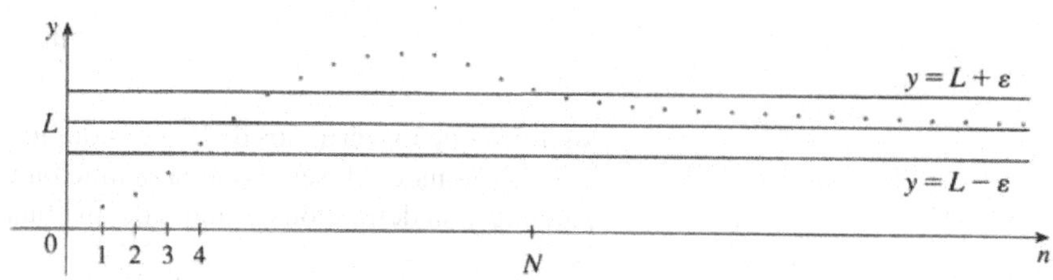

FIGURA 5

Si se compara la definición 2 con la definición 2.6.7 se verá que la única diferencia entre $\lim_{n\to\infty} a_n = L$ y $\lim_{x\to\infty} f(x) = L$ es que se requiere que n sea un entero. En este sentido se tiene el teorema siguiente, ilustrado en la figura 6.

3 Teorema Si $\lim_{x\to\infty} f(x) = L$ y $f(n) = a_n$ cuando n es un entero, entonces $\lim_{n\to\infty} a_n = L$.

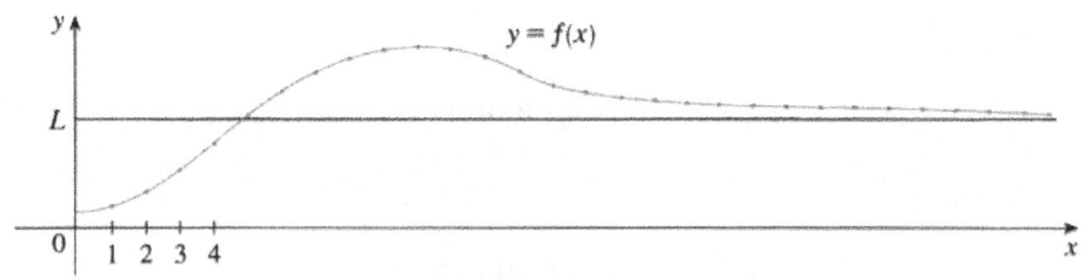

FIGURA 6

En particular, ya que se sabe que $\lim_{x\to\infty} (1/x^r) = 0$ cuando $r > 0$ (teorema 2.6.5), se tiene

4
$$\lim_{n\to\infty} \frac{1}{n^r} = 0 \qquad \text{si } r > 0$$

Si a_n es muy grande cuando n es muy grande, se usa la notación $\lim_{n\to\infty} a_n = \infty$. La definición precisa siguiente es parecida a la definición 2.6.9.

5 Definición $\lim_{n\to\infty} a_n = \infty$ significa que para todo número positivo M existe un entero N tal que

$$\text{si} \quad n > N \quad \text{entonces} \quad a_n > M$$

Si $\lim_{n\to\infty} a_n = \infty$, entonces la sucesión $\{a_n\}$ es divergente pero de una manera especial. Se dice que $\{a_n\}$ diverge a ∞.

Las leyes de los límites dadas en la sección 2.3 también se cumplen para los límites de sucesiones y sus demostraciones son similares.

Leyes de límites para sucesiones

Si $\{a_n\}$ y $\{b_n\}$ son sucesiones convergentes y c es una constante, entonces

$$\lim_{n\to\infty} (a_n + b_n) = \lim_{n\to\infty} a_n + \lim_{n\to\infty} b_n$$

$$\lim_{n\to\infty} (a_n - b_n) = \lim_{n\to\infty} a_n - \lim_{n\to\infty} b_n$$

$$\lim_{n\to\infty} ca_n = c \lim_{n\to\infty} a_n \qquad \lim_{n\to\infty} c = c$$

$$\lim_{n\to\infty} (a_n b_n) = \lim_{n\to\infty} a_n \cdot \lim_{n\to\infty} b_n$$

$$\lim_{n\to\infty} \frac{a_n}{b_n} = \frac{\lim_{n\to\infty} a_n}{\lim_{n\to\infty} b_n} \quad \text{si } \lim_{n\to\infty} b_n \neq 0$$

$$\lim_{n\to\infty} a_n^p = \left[\lim_{n\to\infty} a_n\right]^p \quad \text{si } p > 0 \text{ y } a_n > 0$$

El teorema de la compresión también se puede adaptar a las sucesiones como sigue (véase figura 7).

Teorema de compresión para sucesiones

Si $a_n \leqslant b_n \leqslant c_n$ para $n \geqslant n_0$ y $\lim_{n\to\infty} a_n = \lim_{n\to\infty} c_n = L$, entonces $\lim_{n\to\infty} b_n = L$.

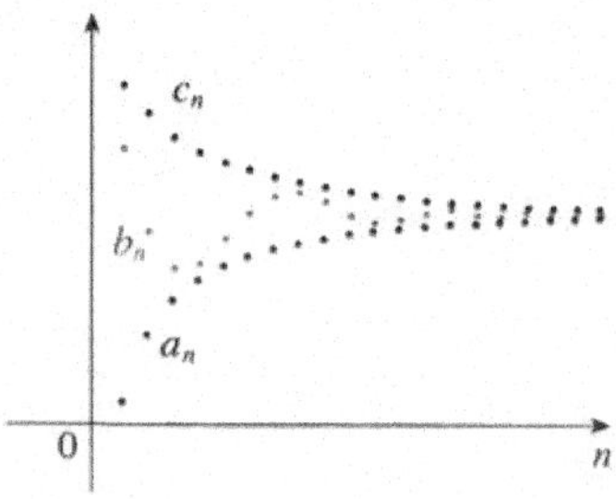

FIGURA 7
La sucesión $\{b_n\}$ está comprimida entre las sucesiones $\{a_n\}$ y $\{c_n\}$

Otro hecho útil con respecto a los límites de sucesiones se evidencia en el teorema siguiente, cuya demostración se deja para el ejercicio 87.

6 Teorema Si $\lim_{n\to\infty} |a_n| = 0$, entonces $\lim_{n\to\infty} a_n = 0$.

EJEMPLO 4 Determine $\lim_{n\to\infty} \dfrac{n}{n+1}$.

SOLUCIÓN El método es similar al que se usa en la sección 2.6: dividir tanto el numerador como el denominador entre la potencia más alta de n del denominador y luego aplicar las leyes de los límites.

$$\lim_{n\to\infty} \frac{n}{n+1} = \lim_{n\to\infty} \frac{1}{1+\dfrac{1}{n}} = \frac{\lim_{n\to\infty} 1}{\lim_{n\to\infty} 1 + \lim_{n\to\infty} \dfrac{1}{n}}$$

$$= \frac{1}{1+0} = 1$$

Esto demuestra que la inferencia que se hizo antes a partir de las figuras 1 y 2 era correcta.

Aquí se usa la ecuación 4 con $r = 1$. ■

EJEMPLO 5 La sucesión $a_n = \dfrac{n}{\sqrt{10+n}}$ ¿es convergente o divergente?

SOLUCIÓN Como en el ejemplo 4, se divide el numerador y el denominador entre n:

$$\lim_{n\to\infty} \frac{n}{\sqrt{10+n}} = \lim_{n\to\infty} \frac{1}{\sqrt{\dfrac{10}{n^2} + \dfrac{1}{n}}} = \infty$$

porque el numerador es una constante y el denominador se aproxima a 0, así que $\{a_n\}$ es divergente. ■

EJEMPLO 6 Determine $\lim_{n\to\infty} \dfrac{\ln n}{n}$.

SOLUCIÓN Observe que tanto el numerador como el denominador tienden a infinito cuando $n \to \infty$. No se puede aplicar directamente la regla de L'Hôpital porque no se aplica a sucesiones, sino a funciones de una variable real. Sin embargo, se puede aplicar la regla de L'Hôpital a la función relacionada $f(x) = (\ln x)/x$ y obtener

$$\lim_{x\to\infty} \frac{\ln x}{x} = \lim_{x\to\infty} \frac{1/x}{1} = 0$$

Por tanto, de acuerdo con el teorema 3

$$\lim_{n\to\infty} \frac{\ln n}{n} = 0$$ ■

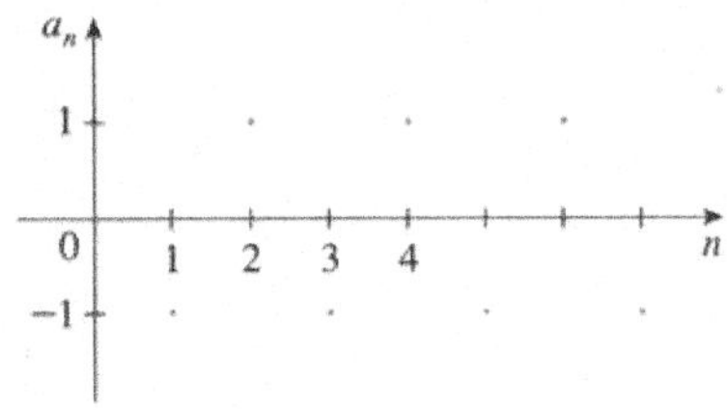

FIGURA 8

La gráfica de la sucesión del ejemplo 8 se muestra en la figura 9 y apoya la respuesta.

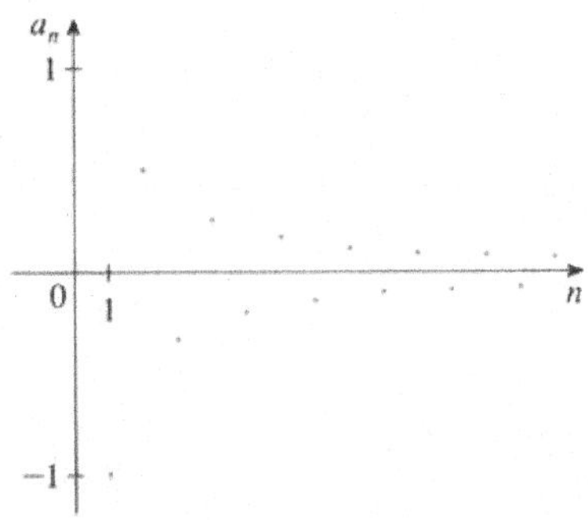

FIGURA 9

Creando gráficas de sucesiones
Algunos sistemas algebraicos computacionales contienen comandos especiales que permiten crear sucesiones y dibujarlas directamente. Sin embargo, con la mayoría de las calculadoras para trazar gráficas se pueden dibujar sucesiones usando ecuaciones paramétricas. Por ejemplo, la sucesión del ejemplo 10 se puede dibujar al introducir las ecuaciones paramétricas

$$x = t \qquad y = t!/t^t$$

y dibujar en el modo punto, iniciando con $t = 1$; se establece el t-ésimo paso igual a 1. El resultado se muestra en la figura 10.

FIGURA 10

EJEMPLO 7 Determine si la sucesión $a_n = (-1)^n$ es convergente o divergente.

SOLUCIÓN Si se escriben algunos términos de la sucesión se obtiene

$$\{-1, 1, -1, 1, -1, 1, -1, \ldots\}$$

La gráfica de esta sucesión se muestra en la figura 8. Como los términos oscilan entre 1 y −1 en forma infinita, a_n no se aproxima a ningún número. Por tanto, $\lim_{n\to\infty}(-1)^n$ no existe; la sucesión $\{(-1)^n\}$ es divergente. ■

EJEMPLO 8 Evalúe $\displaystyle\lim_{n\to\infty}\frac{(-1)^n}{n}$ si este existe.

SOLUCIÓN Primero se calcula el límite del valor absoluto:

$$\lim_{n\to\infty}\left|\frac{(-1)^n}{n}\right| = \lim_{n\to\infty}\frac{1}{n} = 0$$

Por tanto, de acuerdo con el teorema 6,

$$\lim_{n\to\infty}\frac{(-1)^n}{n} = 0$$ ■

El teorema siguiente dice que, si se acopla una función continua a los términos de una sucesión convergente, el resultado también es convergente. La demostración se deja para el ejercicio 88.

> **[7] Teorema** Si $\lim_{n\to\infty} a_n = L$ y la función f es continua en L, entonces
> $$\lim_{n\to\infty} f(a_n) = f(L)$$

EJEMPLO 9 Encuentre $\lim_{n\to\infty}\operatorname{sen}(\pi/n)$

SOLUCIÓN Como la función seno es continua en 0, el teorema 7 permite escribir

$$\lim_{n\to\infty}\operatorname{sen}(\pi/n) = \operatorname{sen}\left(\lim_{n\to\infty}(\pi/n)\right) = \operatorname{sen} 0 = 0$$ ■

EJEMPLO 10 Analice la convergencia de la sucesión $a_n = n!/n^n$, donde $n! = 1 \cdot 2 \cdot 3 \cdot \cdots \cdot n$.

SOLUCIÓN Tanto numerador como denominador se aproximan al infinito cuando $n \to \infty$, pero no cabe utilizar la regla de L'Hôpital ($x!$ no está definida cuando x no es un número entero). Se escribirán algunos términos para ver si es posible intuir qué pasa con a_n cuando n es muy grande:

$$a_1 = 1 \qquad a_2 = \frac{1 \cdot 2}{2 \cdot 2} \qquad a_3 = \frac{1 \cdot 2 \cdot 3}{3 \cdot 3 \cdot 3}$$

[8] $$a_n = \frac{1 \cdot 2 \cdot 3 \cdot \cdots \cdot n}{n \cdot n \cdot n \cdot \cdots \cdot n}$$

Esta expresión y la gráfica de la figura 10 sugieren que los términos están decreciendo y parecen aproximarse a 0. Para confirmar esto, observe de la ecuación 8 que

$$a_n = \frac{1}{n}\left(\frac{2 \cdot 3 \cdot \cdots \cdot n}{n \cdot n \cdot \cdots \cdot n}\right)$$

Observe que la expresión entre paréntesis es a lo más 1 porque el numerador es menor que (o igual a) el denominador. Por lo que

$$0 < a_n \leqslant \frac{1}{n}$$

Se sabe que $1/n \to 0$ cuando $n \to \infty$. Por lo que $a_n \to 0$ cuando $n \to \infty$ por el teorema de la compresión. ■

EJEMPLO 11 ¿Para qué valores de r es convergente la sucesión $\{r^n\}$?

SOLUCIÓN Se sabe, por la sección 2.6 y las gráficas de las funciones exponenciales de la sección 1.4, que $\lim_{x\to\infty} a^x = \infty$ para $a > 1$ y $\lim_{x\to\infty} a^x = 0$ para $0 < a < 1$. Por tanto, si se hace $a = r$ y se usa el teorema 3 se tiene

$$\lim_{n\to\infty} r^n = \begin{cases} \infty & \text{si } r > 1 \\ 0 & \text{si } 0 < r < 1 \end{cases}$$

Es obvio que

$$\lim_{n\to\infty} 1^n = 1 \qquad \text{y} \qquad \lim_{n\to\infty} 0^n = 0$$

Si $-1 < r < 0$, entonces $0 < |r| < 1$, por lo que

$$\lim_{n\to\infty} |r^n| = \lim_{n\to\infty} |r|^n = 0$$

y, por tanto, $\lim_{x\to\infty} r^n = 0$ de acuerdo con el teorema 6. Si $r \leqslant -1$, entonces $\{r^n\}$ diverge como en el ejemplo 7. En la figura 11 se ilustran las gráficas de varios valores de r. (El caso $r = -1$ se muestra en la figura 8.)

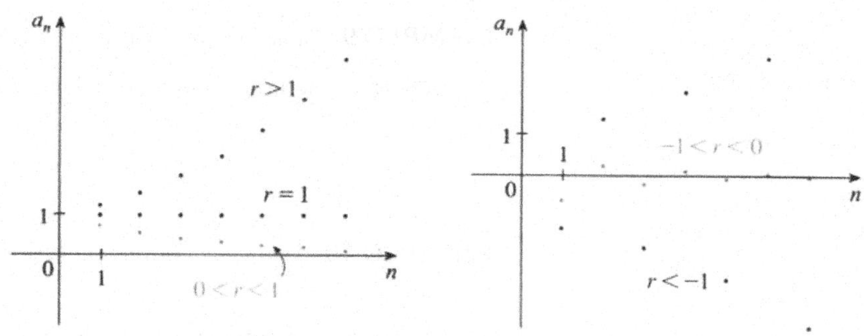

FIGURA 11
La sucesión $a_n = r^n$

■

Los resultados del ejemplo 11 se resumen para uso futuro como sigue.

9 La sucesión $\{r^n\}$ es convergente si $-1 < r \leqslant 1$ y divergente para todos los otros valores de r

$$\lim_{n\to\infty} r^n = \begin{cases} 0 & \text{si } -1 < r < 1 \\ 1 & \text{si } r = 1 \end{cases}$$

10 Definición Una sucesión $\{a_n\}$ se llama **creciente** si $a_n < a_{n+1}$ para toda $n \geqslant 1$, es decir, $a_1 < a_2 < a_3 < \cdots$. Se denomina **decreciente** si $a_n > a_{n+1}$ para toda $n \geqslant 1$. Una sucesión es **monótona** si es creciente o decreciente.

EJEMPLO 12 La sucesión $\left\{\dfrac{3}{n+5}\right\}$ es decreciente porque

El lado derecho es menor porque tiene un denominador mayor.

$$\frac{3}{n+5} > \frac{3}{(n+1)+5} = \frac{3}{n+6}$$

y, por tanto, $a_n > a_{n+1}$, para toda $n \geqslant 1$. ■

EJEMPLO 13 Demuestre que la sucesión $a_n = \dfrac{n}{n^2+1}$ es decreciente.

SOLUCIÓN 1 Se debe demostrar que $a_{n+1} < a_n$, es decir,

$$\frac{n+1}{(n+1)^2+1} < \frac{n}{n^2+1}$$

Esta desigualdad es equivalente a la obtenida por multiplicación cruzada:

$$\frac{n+1}{(n+1)^2+1} < \frac{n}{n^2+1} \iff (n+1)(n^2+1) < n[(n+1)^2+1]$$

$$\iff n^3+n^2+n+1 < n^3+2n^2+2n$$

$$\iff 1 < n^2+n$$

Ya que $n \geqslant 1$, se sabe que la desigualdad $n^2+n>1$ es verdadera. Por tanto, $a_{n+1} < a_n$ y también que $\{a_n\}$ es decreciente.

SOLUCIÓN 2 Considere la función $f(x) = \dfrac{x}{x^2+1}$:

$$f'(x) = \frac{x^2+1-2x^2}{(x^2+1)^2} = \frac{1-x^2}{(x^2+1)^2} < 0 \qquad \text{siempre que } x^2 > 1$$

Por lo que f es decreciente sobre $(1, \infty)$ así que $f(n) > f(n+1)$, por tanto $\{a_n\}$ es decreciente. ■

11 **Definición** Una sucesión $\{a_n\}$ está **acotada por arriba** si existe un número M tal que

$$a_n \leqslant M \qquad \text{para toda } n \geqslant 1$$

Está **acotada por abajo** si existe un número m tal que

$$m \leqslant a_n \qquad \text{para toda } n \geqslant 1$$

Si está acotada por arriba y por abajo, entonces $\{a_n\}$ es una **sucesión acotada**.

Por ejemplo, la sucesión $a_n = n$ está acotada por abajo ($a_n > 0$), pero no por arriba. La sucesión $a_n = n/(n+1)$ está acotada porque $0 < a_n < 1$ para toda n.

Se sabe que no toda sucesión acotada es convergente [por ejemplo, la sucesión $a_n = (-1)^n$ satisface $-1 \leqslant a_n \leqslant 1$, pero es divergente del ejemplo 7] y no toda sucesión monótona es convergente ($a_n = n \to \infty$). Pero si una sucesión es tanto acotada como monótona, entonces tiene que ser convergente. Este hecho se demuestra en la forma del teorema 12, pero intuitivamente se entiende por qué es cierto viendo la figura 12. Si $\{a_n\}$ es creciente y $a_n \leqslant M$ para toda n, entonces los términos están forzados a juntarse y aproximarse a un número L.

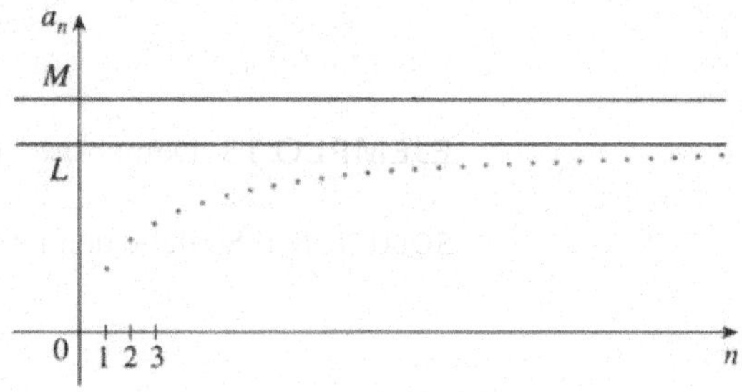

FIGURA 12

La demostración del teorema 12 se apoya en el **axioma de completez** para el conjunto $\mathbb{R}$ de los números reales, que dice que si S es un conjunto no vacío de números reales que tiene una cota superior M ($x \leqslant M$ para toda x en S), entonces S tiene una **mínima cota superior** b. (Esto significa que b es una cota superior para S, pero si M es cualquier otra cota superior, entonces $b \leqslant M$.) El axioma de completez expresa el hecho de que la recta de los números reales no tiene brechas o agujeros.

> **12** **Teorema de la sucesión monótona** Toda sucesión acotada y monótona es convergente.

DEMOSTRACIÓN Suponga que $\{a_n\}$ es una sucesión creciente. Ya que $\{a_n\}$ está acotada, el conjunto $S = \{a_n \mid n \geqslant 1\}$ tiene una cota superior. De acuerdo con el axioma de completez, tiene una mínima cota superior L. Dado $\varepsilon > 0$, $L - \varepsilon$ *no* es una cota superior para S (ya que L es la *mínima* cota superior). Por tanto,

$$a_N > L - \varepsilon \text{ para algún entero } N$$

Pero la sucesión es creciente por lo que $a_n \geqslant a_N$ para toda $n > N$. Por lo que si $n > N$, se tiene

$$a_n > L - \varepsilon$$

de manera que $$0 \leqslant L - a_n < \varepsilon$$

ya que $a_n \leqslant L$. Por lo que,

$$|L - a_n| < \varepsilon \qquad \text{siempre que } n > N$$

así que $\lim_{n\to\infty} a_n = L$.

Una demostración similar (aplicando la máxima cota inferior) funciona si $\{a_n\}$ es decreciente. ■

La demostración del teorema 12 demuestra que una sucesión creciente y acotada por arriba es convergente. (De igual manera, una sucesión decreciente que está acotada por abajo es convergente.) Este hecho se aplica muchas veces al trabajar con series infinitas.

EJEMPLO 14 Investigue la sucesión $\{a_n\}$ definida por la *relación recursiva*

$$a_1 = 2 \qquad a_{n+1} = \tfrac{1}{2}(a_n + 6) \qquad \text{para } n = 1, 2, 3, \ldots$$

SOLUCIÓN Para empezar se calculan los primeros términos:

$$a_1 = 2 \qquad a_2 = \tfrac{1}{2}(2 + 6) = 4 \qquad a_3 = \tfrac{1}{2}(4 + 6) = 5$$

$$a_4 = \tfrac{1}{2}(5 + 6) = 5.5 \qquad a_5 = 5.75 \qquad a_6 = 5.875$$

$$a_7 = 5.9375 \qquad a_8 = 5.96875 \qquad a_9 = 5.984375$$

Con frecuencia, la inducción matemática se aplica cuando se trabaja con sucesiones recursivas. Véase la página 72 donde se encuentra un análisis del principio de inducción matemática.

Estos términos iniciales hacen pensar que la sucesión es creciente y que los términos se aproximan a 6. Para confirmar que la sucesión es creciente, se utiliza inducción matemática para demostrar que $a_{n+1} > a_n$ para toda $n \geqslant 1$. Esto es cierto para $n = 1$ porque $a_2 = 4 > a_1$. Si se supone que se cumple para $n = k$, entonces se tiene

$$a_{k+1} > a_k$$

por lo que $$a_{k+1} + 6 > a_k + 6$$

y $$\tfrac{1}{2}(a_{k+1} + 6) > \tfrac{1}{2}(a_k + 6)$$

Así $$a_{k+2} > a_{k+1}$$

Ya se dedujo que $a_{n+1} > a_n$ es cierta para $n = k + 1$. Por tanto, la desigualdad se cumple para toda n por inducción.

Luego se verifica que $\{a_n\}$ está acotada demostrando que $a_n < 6$ para toda n. (Ya que la sucesión es creciente, se sabe que tiene una cota inferior: $a_n \geqslant a_l = 2$ para toda n.) Se sabe que $a_1 < 6$, por lo que la aseveración es cierta para $n = 1$. Si se supone que se cumple para $n = k$. Entonces

$$a_k < 6$$

por lo que $$a_k + 6 < 12$$

y $$\tfrac{1}{2}(a_k + 6) < \tfrac{1}{2}(12) = 6$$

Así $$a_{k+1} < 6$$

Esto demuestra, por inducción matemática, que $a_n < 6$ para toda n.

Como la sucesión $\{a_n\}$ es creciente y acotada, el teorema 12 garantiza que tiene un límite. El teorema no dice cuál es el valor del límite, pero ahora que se sabe que $L = \lim_{n\to\infty} a_n$ existe, por lo que se puede aplicar la relación recursiva para escribir

$$\lim_{n\to\infty} a_{n+1} = \lim_{n\to\infty} \tfrac{1}{2}(a_n + 6) = \tfrac{1}{2}\left(\lim_{n\to\infty} a_n + 6\right) = \tfrac{1}{2}(L + 6)$$

En el ejercicio 70 se pide una demostración de este hecho.

Como $a_n \to L$, también se deduce que $a_{n+1} \to L$ (también cuando $n \to \infty$, $n + 1 \to \infty$). De este modo se tiene

$$L = \tfrac{1}{2}(L + 6)$$

Al resolver esta ecuación para L, se determina que $L = 6$, tal como se había predicho. ■

11.1 EJERCICIOS

1. (a) ¿Qué es una sucesión?
(b) ¿Qué significa decir que $\lim_{n\to\infty} a_n = 8$?
(c) ¿Qué significa decir que $\lim_{n\to\infty} a_n = \infty$?

2. (a) ¿Qué es una sucesión convergente? Dé dos ejemplos.
(b) ¿Qué es una sucesión divergente? Dé dos ejemplos.

3-12 Liste los primeros cinco términos de la sucesión.

3. $a_n = \dfrac{2^n}{2n+1}$

4. $a_n = \dfrac{n^2-1}{n^2+1}$

5. $a_n = \dfrac{2n}{n^2+1}$

6. $a_n = \dfrac{3^n}{1+2^n}$

7. $a_n = \dfrac{3(-1)^n}{n!}$

8. $\{2 \cdot 4 \cdot 6 \cdot \cdots \cdot (2n)\}$

9. $a_1 = 1, \quad a_{n+1} = 5a_n - 3$

10. $a_1 = 6, \quad a_{n+1} = \dfrac{a_n}{n}$

11. $a_1 = 2, \quad a_{n+1} = \dfrac{a_n}{1+a_n}$

12. $a_1 = 2, \quad a_2 = 1, \quad a_{n+1} = a_n - a_{n-1}$

13-18 Encuentre una fórmula para el término general a_n de la sucesión, suponiendo que se mantenga el patrón de los primeros términos.

13. $\left\{\frac{1}{2}, \frac{1}{4}, \frac{1}{6}, \frac{1}{8}, \frac{1}{10}, \ldots\right\}$

14. $\left\{4, -1, \frac{1}{4}, -\frac{1}{16}, \frac{1}{64}, \ldots\right\}$

15. $\left\{-3, 2, -\frac{4}{3}, \frac{8}{9}, -\frac{16}{27}, \ldots\right.$

16. $\left\{1, -\frac{1}{3}, \frac{1}{9}, -\frac{1}{27}, \frac{1}{81}, \ldots\right\}$

17. $\left\{\frac{1}{2}, -\frac{4}{3}, \frac{9}{4}, -\frac{16}{5}, \frac{25}{6}, \ldots\right\}$

18. $\{1, 0, -1, 0, 1, 0, -1, 0, \ldots\}$

19-22 Calcule, con una aproximación de cuatro decimales, los primeros diez términos de la sucesión y úselos para trazar la gráfica a mano de la sucesión. ¿Parece tener límite la sucesión? Si es así, calcúlelo. Si no, explique por qué.

19. $a_n = \dfrac{3n}{1+6n}$

20. $a_n = 2 + \dfrac{(-1)^n}{n}$

21. $a_n = 1 + \left(-\frac{1}{2}\right)^n$

22. $a_n = 1 + \dfrac{10^n}{9^n}$

23-56 Determine si la sucesión converge o diverge. Si converge, encuentre el límite.

23. $a_n = \dfrac{3+5n^2}{n+n^2}$

24. $a_n = \dfrac{3+5n^2}{1+n}$

25. $a_n = \dfrac{n^4}{n^3-2n}$

26. $a_n = 2 + (0.86)^n$

27. $a_n = 3^n 7^{-n}$

28. $a_n = \dfrac{3\sqrt{n}}{\sqrt{n}+2}$

29. $a_n = e^{-1/\sqrt{n}}$

30. $a_n = \dfrac{4^n}{1+9^n}$

31. $a_n = \sqrt{\dfrac{1+4n^2}{1+n^2}}$

32. $a_n = \cos\left(\dfrac{n\pi}{n+1}\right)$

33. $a_n = \tan\left(\dfrac{2n\pi}{1+8n}\right)$

34. $a_n = \sqrt{\dfrac{n+1}{9n+1}}$

35. $a_n = \dfrac{(-1)^{n-1}n}{n^2+1}$

36. $a_n = \dfrac{(-1)^n n^3}{n^3+2n^2+1}$

37. $\left\{\dfrac{(2n-1)!}{(2n+1)!}\right\}$

38. $\left\{\dfrac{\ln n}{\ln 2n}\right\}$

39. $\{\operatorname{sen} n\}$

40. $a_n = \dfrac{\tan^{-1} n}{n}$

41. $\left\{\dfrac{e^n + e^{-n}}{e^{2n}-1}\right\}$

42. $a_n = \ln(n+1) - \ln n$

43. $a_n = \dfrac{\cos^2 n}{2^n}$

44. $a_n = \sqrt[n]{2^{1+3n}}$

45. $a_n = n \operatorname{sen}(1/n)$

46. $a_n = 2^{-n}\cos n\pi$

47. $a_n = \left(1 + \dfrac{2}{n}\right)^n$

48. $a_n = \sqrt[n]{n}$

49. $a_n = \ln(2n^2+1) - \ln(n^2+1)$

50. $a_n = \dfrac{\operatorname{sen} 2n}{1+\sqrt{n}}$

51. $a_n = \arctan(\ln n)$

52. $a_n = n - \sqrt{n+1}\sqrt{n+3}$

53. $\{0, 1, 0, 0, 1, 0, 0, 0, 1, \ldots\}$

54. $\left\{\frac{1}{1}, \frac{1}{3}, \frac{1}{2}, \frac{1}{4}, \frac{1}{3}, \frac{1}{5}, \frac{1}{4}, \frac{1}{6}, \ldots\right.$

55. $a_n = \dfrac{n!}{2^n}$

56. $a_n = \dfrac{(-3)^n}{n!}$

57-63 Con la ayuda de una gráfica de la sucesión, establezca si la sucesión es convergente o divergente. Si es convergente, infiera el valor del límite a partir de la gráfica y luego demuestre su conjetura. (Veáse la nota al margen de la página 699 relacionada con la advertencia sobre las gráficas de sucesiones.)

57. $a_n = (-1)^n \dfrac{n}{n+1}$

58. $a_n = \dfrac{\operatorname{sen} n}{n}$

59. $a_n = \arctan\left(\dfrac{n^2}{n^2+4}\right)$

60. $a_n = \sqrt[n]{3^n + 5^n}$

61. $a_n = \sqrt{\dfrac{3+2n^2}{8n^2+n}}$

62. $a_n = \dfrac{1 \cdot 3 \cdot 5 \cdot \cdots \cdot (2n-1)}{n!}$

63. $a_n = \dfrac{1 \cdot 3 \cdot 5 \cdot \cdots \cdot (2n-1)}{(2n)^n}$

---

64. (a) Determine si la sucesión definida como sigue es convergente o divergente:

$$a_1 = 1 \qquad a_{n+1} = 4 - a_n \qquad \text{para } n \geqslant 1$$

(b) ¿Qué ocurre si el primer término es $a_1 = 2$?

65. Si se invierten 1000 dólares a 6% de interés compuesto anualmente, entonces n años después la inversión tiene un valor de $a_n = 1000(1.06)^n$ dólares.
(a) Determine los primeros cinco términos de la sucesión $\{a_n\}$.
(b) ¿La sucesión es convergente o divergente? Explique.

66. Si se depositan 100 dólares al final de cada mes en una cuenta que paga 3% de interés al año capitalizado mensualmente, la cantidad de interés acumulado después de n meses está dada por la sucesión

$$I_n = 100\left(\frac{1.0025^n - 1}{0.0025} - n\right)$$

(a) Encuentre los primeros seis términos de la sucesión.
(b) ¿Cuánto interés habrá obtenido después de dos años?

67. En una granja piscícola se tienen 5000 bagres en un estanque de crías. El número de bagres aumenta en 8% al mes y el productor cosecha 300 bagres al mes.
(a) Demuestre que la población P_n de bagres después de n meses está dada recursivamente por

$$P_n = 1.08P_{n-1} - 300 \qquad P_0 = 5000$$

(b) ¿Cuántos bagres hay en el estanque después de seis meses?

68. Determine los primeros 40 términos de la sucesión definida por

$$a_{n+1} = \begin{cases} \frac{1}{2}a_n & \text{si } a_n \text{ es un número impar} \\ 3a_n + 1 & \text{si } a_n \text{ es un número par} \end{cases}$$

y $a_1 = 11$. Haga lo mismo si $a_1 = 25$. Infiera con respecto al tipo de sucesión.

69. ¿Para qué valores de r converge la sucesión $\{nr^n\}$?

70. (a) Si $\{a_n\}$ es convergente, demuestre que

$$\lim_{n\to\infty} a_{n+1} = \lim_{n\to\infty} a_n$$

(b) Una sucesión $\{a_n\}$ se define por $a_1 = 1$ y $a_n+_1 = 1/(1 + a_n)$ para $n \geqslant 1$. Si se supone que $\{a_n\}$ es convergente, calcule su límite.

71. Suponga que se sabe que $\{a_n\}$ es una sucesión decreciente y que todos sus términos están entre los números 5 y 8. Explique por qué la sucesión tiene un límite. ¿Qué puede decir respecto al valor del límite?

72-78 Determine si la sucesión es creciente, decreciente o es no monótona. ¿Está acotada la sucesión?

72. $a_n = \cos n$

73. $a_n = \dfrac{1}{2n+3}$

74. $a_n = \dfrac{1-n}{2+n}$

75. $a_n = n + \dfrac{1}{n}$

76. $a_n = 2 + \dfrac{(-1)^n}{n}$

77. $a_n = 3 - 2ne^{-n}$

78. $a_n = n^3 - 3n + 3$

---

79. Encuentre el límite de la sucesión

$$\left\{\sqrt{2}, \sqrt{2\sqrt{2}}, \sqrt{2\sqrt{2\sqrt{2}}}, \ldots\right\}$$

80. Una sucesión $\{a_n\}$ está dada por $a_1 = \sqrt{2}$, $a_{n+1} = \sqrt{2 + a_n}$.
(a) Mediante inducción u otro método, demuestre que $\{a_n\}$ es creciente y que su cota superior es 3. Aplique el teorema de sucesión monótona para demostrar que $\lim_{n\to\infty} a_n$ existe.
(b) Determine $\lim_{n\to\infty} a_n$.

81. Demuestre que la sucesión definida por

$$a_1 = 1 \qquad a_{n+1} = 3 - \frac{1}{a_n}$$

es creciente y $a_n < 3$ para toda n. Deduzca que $\{a_n\}$ es convergente y encuentre su límite.

82. Demuestre que la sucesión definida por

$$a_1 = 2 \qquad a_{n+1} = \frac{1}{3 - a_n}$$

satisface $0 < a_n \leqslant 2$ y es decreciente. Deduzca que la sucesión es convergente y encuentre su límite.

83. (a) Fibonacci planteó el problema siguiente: suponga que los conejos viven toda la vida, que cada mes todas las parejas tienen un nuevo par de conejitos, los cuales empiezan a ser productivos a la edad de dos meses. Si empieza con una pareja de recién nacidos, ¿cuántas parejas de conejos tendrá en el n-ésimo mes? Demuestre que la respuesta es f_n, donde $\{f_n\}$ es la sucesión de Fibonacci que se define en el ejemplo 3(c).

(b) Sea $a_n = f_{n+1}/f_n$ demuestre que $a_{n-1} = 1 + 1/a_{n-2}$. Suponiendo que $\{a_n\}$ es convergente, determine su límite.

84. (a) Sea $a_l = a$, $a_2 = f(a)$, $a_3 = f(a_2) = f(f(a))$,..., $a_{n+1} = f(a_n)$, donde f es una función continua. Si $\lím_{n\to\infty} a_n = L$, demuestre que $f(L) = L$.

(b) Ilustre el inciso (a) haciendo $f(x) = \cos x$, $a = 1$, y estimando el valor de L con una aproximación de cinco cifras decimales.

85. (a) Mediante una gráfica, deduzca el valor del límite

$$\lím_{n\to\infty} \frac{n^5}{n!}$$

(b) Con una gráfica de la sucesión del inciso (a) calcule los valores más pequeños de N que corresponden a $\varepsilon = 0.1$ y $\varepsilon = 0.001$ en la definición 2.

86. Aplique directamente la definición 2 para demostrar que $\lím_{n\to\infty} r^n = 0$ cuando $|r| < 1$.

87. Demuestre el teorema 6.
[*Sugerencia*: utilice la definición 2 o el teorema de la compresión.]

88. Demuestre el teorema 7.

89. Demuestre que si $\lím_{n\to\infty} a_n = 0$ y $\{b_n\}$ es acotada, entonces $\lím_{n\to\infty} (a_n b_n) = 0$.

90. Sea $a_n = \left(1 + \dfrac{1}{n}\right)^n$.

(a) Demuestre que si $0 \leqslant a < b$, entonces

$$\frac{b^{n+1} - a^{n+1}}{b - a} < (n + 1)b^n$$

(b) Deduzca que $b^n[(n + 1)a - nb] < a^{n+1}$.

(c) Utilice $a = 1 + 1/(n + 1)$ y $b = 1 + 1/n$ del inciso (b) para demostrar que $\{a_n\}$ es creciente.

(d) Use $a = 1$ y $b = 1 + 1/(2n)$ en el inciso (b) para demostrar que $a_{2n} < 4$.

(e) Mediante los incisos (c) y (d) demuestre que $a_n < 4$ para toda n.

(f) Utilice el teorema 12 para demostrar que $\lím_{n\to\infty}(1 + 1/n)^n$ existe. (El límite es e. Véase la ecuación 3.6.6.)

91. Sean a y b números positivos con $a > b$. Sea a_1 la media aritmética y b_1 la media geométrica:

$$a_1 = \frac{a + b}{2} \qquad b_1 = \sqrt{ab}$$

Repita el proceso tal que, en general

$$a_{n+1} = \frac{a_n + b_n}{2} \qquad b_{n+1} = \sqrt{a_n b_n}$$

(a) Mediante la inducción matemática demuestre que

$$a_n > a_{n+1} > b_{n+1} > b_n$$

(b) Deduzca que tanto $\{a_n\}$ como $\{b_n\}$ son convergentes.

(c) Demuestre que $\lím_{n\to\infty} a_n = \lím_{n\to\infty} b_n$. Gauss llamó al valor común de estos límites la **media aritmética-geométrica** de los números a y b.

92. (a) Demuestre que si $\lím_{n\to\infty} a_{2n} = L$ y $\lím_{n\to\infty} a_{2n+1} = L$ entonces $\{a_n\}$ es convergente y $\lím_{n\to\infty} a_n = L$.

(b) Si $a_1 = 1$ y

$$a_{n+1} = 1 + \frac{1}{1 + a_n}$$

calcule los primeros ocho términos de la sucesión $\{a_n\}$. Luego use el inciso (a) para demostrar que $\lím_{n\to\infty} a_n = \sqrt{2}$ Esto da el **desarrollo en fracción continua**

$$\sqrt{2} = 1 + \cfrac{1}{2 + \cfrac{1}{2 + \cdots}}$$

93. El tamaño de una población inalterada de peces se ha modelado mediante la fórmula

$$p_{n+1} = \frac{bp_n}{a + p_n}$$

donde p_n es la población de peces después de n años, y a y b son constantes positivas que dependen de las especies y su medio ambiente. Suponga que la población en el año 0 es $p_0 > 0$.

(a) Demuestre que si $\{p_n\}$ es convergente, entonces los únicos valores posibles de este límite son 0 y $b - a$.

(b) Demuestre que $p_{n+1} < (b/a)p_n$.

(c) Mediante el inciso (b) demuestre que si $a > b$, entonces $\lím_{n\to\infty} p_n = 0$; en otras palabras, la población muere.

(d) Ahora suponga que $a < b$. Demuestre que si $p_0 < b - a$, entonces $\{p_n\}$ es creciente y $0 < p_n < b - a$. Demuestre que si $p_0 > b - a$, entonces $\{p_n\}$ es decreciente y $p_n > b - a$. Deduzca que si $a < b$, entonces $\lím_{n\to\infty} p_n = b - a$.

PROYECTO DE LABORATORIO SAC SUCESIONES LOGÍSTICAS

Una sucesión que surge en ecología como un modelo para el crecimiento poblacional se define por medio de la **ecuación logística en diferencias**

$$p_{n+1} = kp_n(1 - p_n)$$

donde p_n mide el tamaño de la población de la n-ésima generación de una sola especie. Para mantener manejables los números, p_n es una fracción del tamaño máximo de la población, por lo que $0 \leq p_n \leq 1$. Observe que la forma de la ecuación es similar a la ecuación diferencial logística de la sección 9.4. El modelo discreto, con sucesiones en lugar de funciones continuas, es preferible para modelar las poblaciones de insectos, en las cuales el apareamiento y la muerte ocurren de un modo periódico.

Un ecologista se interesa en predecir el tamaño de la población a medida que el tiempo avanza, y plantea estas preguntas: ¿se estabilizará en un valor límite?, ¿cambiará de manera cíclica? o ¿mostrará un comportamiento aleatorio?

Escriba un programa para calcular los n primeros términos de esta sucesión con una población inicial p_0, donde $0 < p_0 < 1$. Con este programa efectúe lo siguiente:

1. Calcule 20 o 30 términos de la sucesión para $p_0 = \frac{1}{2}$ y para dos valores de k tales que $1 < k < 3$. Grafique cada sucesión. ¿Parecen converger? Repita para un valor distinto de p_0 entre 0 y 1. ¿El límite depende del valor elegido de p_0? ¿Depende del valor elegido de k?
2. Calcule términos de la sucesión para un valor de k entre 3 y 3.4 y dibújelos. ¿Qué observa con respecto al comportamiento de los términos?
3. Experimente con valores de k entre 3.4 y 3.5. ¿Qué sucede con los términos?
4. Para valores de k entre 3.6 y 4, calcule y dibuje por lo menos 100 términos y comente el comportamiento de la sucesión. ¿Qué sucede si cambia p_0 por 0.001? Este tipo de comportamiento se llama *caótico* y lo muestran poblaciones de insectos bajo ciertas condiciones.

11.2 Series

El récord actual para calcular una aproximación decimal de π lo obtuvieron Shigeru Kondo y Alexander Yee en 2011 y contiene más de 10 billones de decimales.

¿A qué se refiere cuando se expresa un número con una cantidad infinita de decimales? Por ejemplo, qué significa escribir

$$\pi = 3.14159\ 26535\ 89793\ 23846\ 26433\ 83279\ 50288\ \ldots$$

La convención que hay detrás de la notación decimal es que cualquier número con una cantidad infinita de decimales se puede escribir como una suma infinita. Aquí, el significado es que

$$\pi = 3 + \frac{1}{10} + \frac{4}{10^2} + \frac{1}{10^3} + \frac{5}{10^4} + \frac{9}{10^5} + \frac{2}{10^6} + \frac{6}{10^7} + \frac{5}{10^8} + \cdots$$

donde los puntos suspensivos (...) indican que la suma continúa por siempre y que cuantos más términos se agreguen, se estará más cerca del valor verdadero de π.

En general, si se trata de sumar los términos de una sucesión infinita $\{a_n\}_{n=1}^{\infty}$, se obtiene una expresión de la forma

1 $$a_1 + a_2 + a_3 + \cdots + a_n + \cdots$$

que se denomina **serie infinita** (o solo **serie**) y se denota con el símbolo

$$\sum_{n=1}^{\infty} a_n \qquad \text{o} \qquad \sum a_n$$

Pero ¿tiene sentido hablar de suma de una infinidad de términos?

Sería imposible encontrar la suma finita de la serie

$$1 + 2 + 3 + 4 + 5 + \cdots + n + \cdots$$

porque si se suman los términos, se obtienen sumas acumulativas 1, 3, 6, 10, 15, 21, ... y después del n-ésimo término, se llega a $n(n + 1)/2$, lo cual resulta muy grande cuando n se incrementa.

Sin embargo, si se empieza por sumar los términos de la serie

$$\frac{1}{2} + \frac{1}{4} + \frac{1}{8} + \frac{1}{16} + \frac{1}{32} + \frac{1}{64} + \cdots + \frac{1}{2^n} + \cdots$$

n	Suma de los primeros n términos
1	0.50000000
2	0.75000000
3	0.87500000
4	0.93750000
5	0.96875000
6	0.98437500
7	0.99218750
10	0.99902344
15	0.99996948
20	0.99999905
25	0.99999997

se obtiene $\frac{1}{2}, \frac{3}{4}, \frac{7}{8}, \frac{15}{16}, \frac{31}{32}, \frac{63}{64}, \ldots, 1 - 1/2^n, \ldots$ En la tabla se puede ver que cuando se suman más y más términos, estas *sumas parciales* se vuelven más y más cercanas a 1. (Véase también la figura 11 en *Un adelanto del cálculo* en la página 6.) De hecho, al sumar suficientes términos de la serie es posible hacer que las sumas parciales sean tan cercanas a 1 como se quiera. Así que es razonable decir que la suma de esta serie infinita es igual a 1 y escribir

$$\sum_{n=1}^{\infty} \frac{1}{2^n} = \frac{1}{2} + \frac{1}{4} + \frac{1}{8} + \frac{1}{16} + \cdots + \frac{1}{2^n} + \cdots = 1$$

Se usará una idea similar para determinar si una serie infinita (1) tiene o no tiene suma. Se consideran las **sumas parciales**

$$s_1 = a_1$$

$$s_2 = a_1 + a_2$$

$$s_3 = a_1 + a_2 + a_3$$

$$s_4 = a_1 + a_2 + a_3 + a_4$$

y, en general,

$$s_n = a_1 + a_2 + a_3 + \cdots + a_n = \sum_{i=1}^{n} a_i$$

Estas sumas parciales forman una nueva sucesión $\{s_n\}$, la cual puede tener o no tener un límite. Si $\lim_{n \to \infty} s_n = s$ existe (como un número finito), entonces, como en el ejemplo anterior, recibe el nombre de suma de la serie infinita Σa_n.

2 Definición Dada una serie $\sum_{n=1}^{\infty} a_n = a_1 + a_2 + a_3 + \cdots$, sea s_n la n-ésima suma parcial:

$$s_n = \sum_{i=1}^{n} a_i = a_1 + a_2 + \cdots + a_n$$

Si la sucesión $\{s_n\}$ es convergente y $\lim_{n \to \infty} s_n = s$ existe como un número real, entonces la serie Σa_n se dice **convergente** y se escribe

$$a_1 + a_2 + \cdots + a_n + \cdots = s \qquad \text{o} \qquad \sum_{n=1}^{\infty} a_n = s$$

El número s se llama **suma** de la serie. Si la sucesión $\{s_n\}$ es divergente, entonces la serie es **divergente**.

Por lo que la suma de una serie es el límite de la sucesión de sumas parciales. Así que cuando se escribe $\sum_{n=1}^{\infty} a_n = s$, quiere decir que al sumar suficientes términos de la serie, se puede llegar tan cerca como se quiera al número s. Observe que

$$\sum_{n=1}^{\infty} a_n = \lim_{n \to \infty} \sum_{i=1}^{n} a_i$$

Compare con la integral impropia

$$\int_1^{\infty} f(x)\,dx = \lim_{t \to \infty} \int_1^t f(x)\,dx$$

Para determinar esa integral se integra de 1 a t y después se hace que $t \to \infty$. En el caso de series, se suma desde 1 hasta n y después se hace que $n \to \infty$.

EJEMPLO 1 Suponga que se sabe que la suma de los primeros n términos de la serie $\sum_{n=1}^{\infty} a_n$ es

$$s_n = a_1 + a_2 + \cdots + a_n = \frac{2n}{3n + 5}$$

Entonces la suma de la serie es el límite de la sucesión $\{s_n\}$:

$$\sum_{n=1}^{\infty} a_n = \lim_{n \to \infty} s_n = \lim_{n \to \infty} \frac{2n}{3n + 5} = \lim_{n \to \infty} \frac{2}{3 + \dfrac{5}{n}} = \frac{2}{3}$$ ■

En el ejemplo 1 se da una expresión para la suma de los primeros n términos, pero usualmente no es fácil *encontrar* tal expresión. Sin embargo, en el ejemplo 2, se tiene una famosa serie para la cual se *puede* encontrar una fórmula explícita para s_n.

EJEMPLO 2 Un importante ejemplo de una serie infinita es la **serie geométrica**

$$a + ar + ar^2 + ar^3 + \cdots + ar^{n-1} + \cdots = \sum_{n=1}^{\infty} ar^{n-1} \qquad a \neq 0$$

Cada término se obtiene a partir del término precedente multiplicándolo por la **razón común** r. (Ya se ha considerado el caso especial cuando $a = \frac{1}{2}$ y $r = \frac{1}{2}$ en la página 708.)

Si $r = 1$, entonces $s_n = a + a + \cdots + a = na \to \pm\infty$. Ya que $\lim_{n \to \infty} s_n$ no existe, la serie geométrica diverge en este caso.

Si $r \neq 1$, se tiene

$$s_n = a + ar + ar^2 + \cdots + ar^{n-1}$$

y

$$rs_n = \quad ar + ar^2 + \cdots + ar^{n-1} + ar^n$$

Al restar estas ecuaciones se obtiene

$$s_n - rs_n = a - ar^n$$

3
$$s_n = \frac{a(1 - r^n)}{1 - r}$$

Si $-1 < r < 1$, se sabe de (11.1.9) que $r^n \to 0$ cuando $n \to \infty$, por lo que

$$\lim_{n \to \infty} s_n = \lim_{n \to \infty} \frac{a(1 - r^n)}{1 - r} = \frac{a}{1 - r} - \frac{a}{1 - r} \lim_{n \to \infty} r^n = \frac{a}{1 - r}$$

Por lo que, cuando $|r| < 1$, la serie geométrica es convergente y su suma es $a/(1 - r)$.

Si $r \leqslant -1$ o, $r > 1$, la sucesión $\{r^n\}$ es divergente de acuerdo con (11.1.9) y, de ese modo, conforme la ecuación 3, $\lim_{n \to \infty} s_n$ no existe. Por tanto, la serie geométrica diverge en esos casos. ■

La figura 1 proporciona una demostración geométrica del resultado del ejemplo 2. Si los triángulos se construyen como se indica y s es la suma de la serie, entonces, por triángulos semejantes

$$\frac{s}{a} = \frac{a}{a - ar} \quad \text{por lo que} \quad s = \frac{a}{1 - r}$$

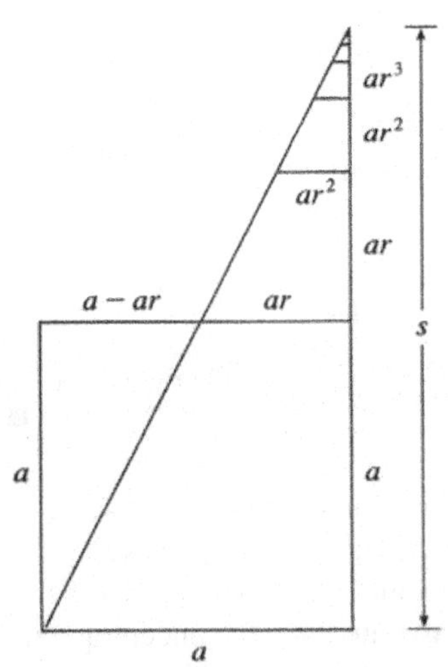

FIGURA 1

Los resultados del ejemplo 2 se resumen como sigue.

> **4** La serie geométrica
>
> $$\sum_{n=1}^{\infty} ar^{n-1} = a + ar + ar^2 + \cdots$$
>
> es convergente si $|r| < 1$ y su suma es
>
> $$\sum_{n=1}^{\infty} ar^{n-1} = \frac{a}{1-r} \qquad |r| < 1$$
>
> Si $|r| \geqslant 1$, la serie geométrica es divergente.

En palabras: la suma de una serie geométrica convergente es

$$\frac{\text{primer término}}{1 - \text{razón común}}$$

EJEMPLO 3 Calcule la suma de la serie geométrica

$$5 - \tfrac{10}{3} + \tfrac{20}{9} - \tfrac{40}{27} + \cdots$$

SOLUCIÓN El primer término es $a = 5$ y la razón común es $r = -\frac{2}{3}$. Como $|r| = \frac{2}{3} < 1$, la serie es convergente por (4) y su suma es

$$5 - \frac{10}{3} + \frac{20}{9} - \frac{40}{27} + \cdots = \frac{5}{1 - \left(-\frac{2}{3}\right)} = \frac{5}{\frac{5}{3}} = 3 \qquad \blacksquare$$

¿Qué se quiere realmente decir cuando se afirma que la suma de la serie del ejemplo 3 es 3? Por supuesto, no se puede sumar una infinidad de términos de uno en uno. Pero, de acuerdo con la definición 2, la suma total es el límite de la sucesión de sumas parciales. De este modo, al efectuar la suma de suficientes términos, se acerca tanto como se quiera al número 3. La tabla muestra las primeras diez sumas parciales s_n y en la gráfica de la figura 2 se ilustra cómo la sucesión de las sumas parciales se aproxima a 3.

n	s_n
1	5.000000
2	1.666667
3	3.888889
4	2.407407
5	3.395062
6	2.736626
7	3.175583
8	2.882945
9	3.078037
10	2.947975

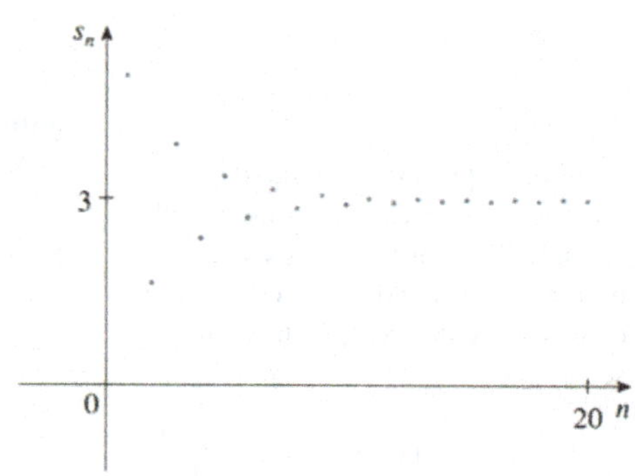

FIGURA 2

EJEMPLO 4 La serie $\sum_{n=1}^{\infty} 2^{2n}3^{1-n}$, ¿es convergente o divergente?

SOLUCIÓN Escriba el n-ésimo término de la serie en la forma ar^{n-1}:

$$\sum_{n=1}^{\infty} 2^{2n}3^{1-n} = \sum_{n=1}^{\infty} (2^2)^n 3^{-(n-1)} = \sum_{n=1}^{\infty} \frac{4^n}{3^{n-1}} = \sum_{n=1}^{\infty} 4\left(\tfrac{4}{3}\right)^{n-1}$$

Otra manera de identificar a y r es escribir los primeros términos.

$$4 + \tfrac{16}{3} + \tfrac{64}{9} + \cdots$$

Se identifica esta serie como una serie geométrica con $a = 4$ y $r = \frac{4}{3}$. Como $r > 1$, la serie diverge, de acuerdo con (4). $\blacksquare$

EJEMPLO 5 Se administra un fármaco a un paciente a la misma hora todos los días. Suponga que la concentración del fármaco es C_n (medido en mg/mL) después de la inyección en el n-ésimo día. Antes de la inyección del día siguiente, solo 30% del fármaco permanece en el torrente sanguíneo y la dosis diaria aumenta la concentración en 0.2 mg/mL.

(a) Encuentre la concentración después de tres días.

(b) ¿Cuál es la concentración después de la n-ésima dosis?
(c) ¿Cuál es la concentración límite?

SOLUCIÓN
(a) Justo antes de que se administre la dosis diaria del medicamento, la concentración se reduce a 30% de la concentración del día anterior; es decir, $0.3C_n$. Con la nueva dosis se incrementa la concentración en 0.2 mg/mL y así

$$C_{n+1} = 0.2 + 0.3C_n$$

Comenzando con $C_0 = 0$ y sustituyendo $n = 0, 1, 2$ en esta ecuación, se obtiene

$$C_1 = 0.2 + 0.3C_0 = 0.2$$

$$C_2 = 0.2 + 0.3C_1 = 0.2 + 0.2(0.3) = 0.26$$

$$C_3 = 0.2 + 0.3C_2 = 0.2 + 0.2(0.3) + 0.2(0.3)^2 = 0.278$$

La concentración después de tres días es 0.278 mg/mL.
(b) Después de la n-ésima dosis la concentración es

$$C_n = 0.2 + 0.2(0.3) + 0.2(0.3)^2 + \cdots + 0.2(0.3)^{n-1}$$

Esta es una serie geométrica finita con $a = 0.2$ y $r = 0.3$, por la fórmula 3 se tiene

$$C_n = \frac{0.2[1 - (0.3)^n]}{1 - 0.3} = \frac{2}{7}[1 - (0.3)^n] \text{ mg/mL}$$

(c) Debido a que $0.3 < 1$, se sabe que $\lim_{n\to\infty} (0.3)^n = 0$. Por tanto, la concentración límite es

$$\lim_{n\to\infty} C_n = \lim_{n\to\infty} \frac{2}{7}[1 - (0.3)^n] = \frac{2}{7}(1 - 0) = \frac{2}{7} \text{ mg/mL}$$ ■

EJEMPLO 6 Escriba el número $2.3\overline{17} = 2.3171717\ldots$ como una razón de enteros.

SOLUCIÓN

$$2.3171717\ldots = 2.3 + \frac{17}{10^3} + \frac{17}{10^5} + \frac{17}{10^7} + \cdots$$

Después del primer término se tiene una serie geométrica con $a = 17/10^3$ y $r = 1/10^2$. Por tanto

$$2.3\overline{17} = 2.3 + \frac{\dfrac{17}{10^3}}{1 - \dfrac{1}{10^2}} = 2.3 + \frac{\dfrac{17}{1000}}{\dfrac{99}{100}}$$

$$= \frac{23}{10} + \frac{17}{990} = \frac{1147}{495}$$ ■

EJEMPLO 7 Encuentre la suma de la serie $\sum_{n=0}^{\infty} x^n$, donde $|x| < 1$.

SOLUCIÓN Observe que esta serie inicia con $n = 0$ y por eso el primer término $x^0 = 1$. (En las series, se adopta la convención de que $x^0 = 1$ aun cuando $x = 0$.)

TEC En Module 11.2 se explora una serie que depende de un ángulo θ en un triángulo y permite ver qué tan rápido converge la serie cuando varía θ.

Por lo que

$$\sum_{n=0}^{\infty} x^n = 1 + x + x^2 + x^3 + x^4 + \cdots$$

Esta es una serie geométrica finita con $a = 1$ y $r = x$. Ya que $|r| = |x| < 1$, esta converge y (4) da

$$\boxed{5} \qquad \sum_{n=0}^{\infty} x^n = \frac{1}{1 - x} \qquad \blacksquare$$

EJEMPLO 8 Demuestre que la serie $\displaystyle\sum_{n=1}^{\infty} \frac{1}{n(n+1)}$ es convergente, y determine su suma.

SOLUCIÓN Esta no es una serie geométrica, por lo que se vuelve a la definición de una serie convergente y se calcula la suma parcial.

$$s_n = \sum_{i=1}^{n} \frac{1}{i(i+1)} = \frac{1}{1 \cdot 2} + \frac{1}{2 \cdot 3} + \frac{1}{3 \cdot 4} + \cdots + \frac{1}{n(n+1)}$$

Se puede simplificar esta expresión si se utiliza la descomposición de la fracción parcial

$$\frac{1}{i(i+1)} = \frac{1}{i} - \frac{1}{i+1}$$

(véase sección 7.4). Por tanto, se tiene

Observe que los términos se eliminan en pares. Este es un ejemplo de una **suma telescópica**: debido a todas las eliminaciones, la suma se colapsa (como el telescopio de un pirata) en solo dos términos.

$$\begin{aligned} s_n &= \sum_{i=1}^{n} \frac{1}{i(i+1)} = \sum_{i=1}^{n} \left(\frac{1}{i} - \frac{1}{i+1} \right) \\ &= \left(1 - \frac{1}{2}\right) + \left(\frac{1}{2} - \frac{1}{3}\right) + \left(\frac{1}{3} - \frac{1}{4}\right) + \cdots + \left(\frac{1}{n} - \frac{1}{n+1}\right) \\ &= 1 - \frac{1}{n+1} \end{aligned}$$

y así $$\lim_{n \to \infty} s_n = \lim_{n \to \infty} \left(1 - \frac{1}{n+1}\right) = 1 - 0 = 1$$

Por tanto, la serie es convergente y

$$\sum_{n=1}^{\infty} \frac{1}{n(n+1)} = 1 \qquad \blacksquare$$

En la figura 3 se ilustra el ejemplo 8 y se muestra la gráfica de la sucesión de términos $a_n = 1/[n(n+1)]$ y la sucesión $\{s_n\}$ de sumas parciales. Observe que $a_n \to 0$ y $s_n \to 1$. Véanse los ejercicios 78 y 79 donde se tratan dos interpretaciones geométricas del ejemplo 8.

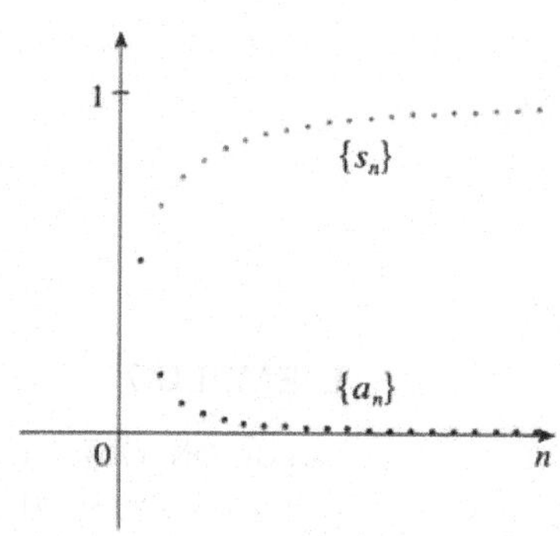

FIGURA 3

EJEMPLO 9 Demuestre que la **serie armónica**

$$\sum_{n=1}^{\infty} \frac{1}{n} = 1 + \frac{1}{2} + \frac{1}{3} + \frac{1}{4} + \cdots$$

es divergente.

SOLUCIÓN Para esta serie particular es conveniente considerar las sumas parciales s_2, s_4, s_8, s_{16}, s_{32},... y demostrar que se hacen muy grandes.

El método usado en el ejemplo 9 para demostrar que la serie armónica diverge es original del francés Nicole Oresme (1323-1382).

$$s_2 = 1 + \tfrac{1}{2}$$

$$s_4 = 1 + \tfrac{1}{2} + \left(\tfrac{1}{3} + \tfrac{1}{4}\right) > 1 + \tfrac{1}{2} + \left(\tfrac{1}{4} + \tfrac{1}{4}\right) = 1 + \tfrac{2}{2}$$

$$\begin{aligned} s_8 &= 1 + \tfrac{1}{2} + \left(\tfrac{1}{3} + \tfrac{1}{4}\right) + \left(\tfrac{1}{5} + \tfrac{1}{6} + \tfrac{1}{7} + \tfrac{1}{8}\right) \\ &> 1 + \tfrac{1}{2} + \left(\tfrac{1}{4} + \tfrac{1}{4}\right) + \left(\tfrac{1}{8} + \tfrac{1}{8} + \tfrac{1}{8} + \tfrac{1}{8}\right) \\ &= 1 + \tfrac{1}{2} + \tfrac{1}{2} + \tfrac{1}{2} = 1 + \tfrac{3}{2} \end{aligned}$$

$$\begin{aligned} s_{16} &= 1 + \tfrac{1}{2} + \left(\tfrac{1}{3} + \tfrac{1}{4}\right) + \left(\tfrac{1}{5} + \cdots + \tfrac{1}{8}\right) + \left(\tfrac{1}{9} + \cdots + \tfrac{1}{16}\right) \\ &> 1 + \tfrac{1}{2} + \left(\tfrac{1}{4} + \tfrac{1}{4}\right) + \left(\tfrac{1}{8} + \cdots + \tfrac{1}{8}\right) + \left(\tfrac{1}{16} + \cdots + \tfrac{1}{16}\right) \\ &= 1 + \tfrac{1}{2} + \tfrac{1}{2} + \tfrac{1}{2} + \tfrac{1}{2} = 1 + \tfrac{4}{2} \end{aligned}$$

En forma similar, $s_{32} > 1 + \frac{5}{2}$, $s_{64} > 1 + \frac{6}{2}$, y, en general

$$s_{2^n} > 1 + \frac{n}{2}$$

Esto demuestra que $s_{2^n} \to \infty$ cuando $n \to \infty$ y por eso $\{s_n\}$ es divergente. Debido a eso, la serie armónica diverge. ■

6 Teorema Si la serie $\sum_{n=1}^{\infty} a_n$ es convergente, entonces $\lim_{n \to \infty} a_n = 0$.

DEMOSTRACIÓN Sea $s_n = a_1 + a_2 + \cdots + a_n$. Entonces $a_n = s_n - s_{n-1}$. Ya que Σa_n es convergente, la sucesión $\{s_n\}$ es convergente. Sea $\lim_{n \to \infty} s_n = s$. Como $n - 1 \to \infty$ cuando $n \to \infty$, también se tiene $\lim_{n \to \infty} s_{n-1} = s$. Por lo tanto,

$$\lim_{n \to \infty} a_n = \lim_{n \to \infty} (s_n - s_{n-1}) = \lim_{n \to \infty} s_n - \lim_{n \to \infty} s_{n-1} = s - s = 0$$ ■

NOTA 1 Con cualquier *serie* Σa_n se asocian dos *sucesiones*: la sucesión $\{s_n\}$ de sus sumas parciales y la sucesión $\{a_n\}$ de sus términos. Si Σa_n es convergente, entonces el límite de la sucesión $\{s_n\}$ es s (la suma de la serie) y, como establece el teorema 6, el límite de la sucesión $\{a_n\}$ es 0.

NOTA 2 En general, el inverso del teorema 6 no se cumple. Si $\lim_{n \to \infty} a_n = 0$, se puede concluir que Σa_n es convergente. Observe que para la serie armónica $\Sigma 1/n$ se tiene $a_n = 1/n \to 0$ cuando $n \to \infty$, pero ya se demostró en el ejemplo 9 que $\Sigma 1/n$ es divergente.

7 La prueba de la divergencia Si $\lim_{n \to \infty} a_n$ no existe o si $\lim_{n \to \infty} a_n \neq 0$, entonces la serie $\sum_{n=1}^{\infty} a_n$ es divergente.

La prueba de la divergencia se deduce del teorema 6 porque si la serie no es divergente, entonces es convergente y, por tanto, $\lim_{n\to\infty} a_n = 0$.

EJEMPLO 10 Demuestre que la serie $\displaystyle\sum_{n=1}^{\infty} \frac{n^2}{5n^2+4}$ es divergente.

SOLUCIÓN

$$\lim_{n\to\infty} a_n = \lim_{n\to\infty} \frac{n^2}{5n^2+4} = \lim_{n\to\infty} \frac{1}{5+4/n^2} = \frac{1}{5} \neq 0$$

Por lo que la serie diverge de acuerdo con la prueba de la divergencia. ■

NOTA 3 Si se encuentra que $\lim_{n\to\infty} a_n \neq 0$, se sabe que Σa_n es divergente. Si se tiene que $\lim_{n\to\infty} a_n = 0$, *nada* se sabe con respecto a la convergencia o la divergencia de Σa_n. Recuerde la advertencia de la nota 2: si $\lim_{n\to\infty} a_n = 0$, la serie Σa_n podría ser convergente o divergente.

8 Teorema Si Σa_n y Σb_n son series convergentes, entonces también lo son las series Σca_n (donde c es una constante), $\Sigma(a_n + b_n)$ y $\Sigma(a_n - b_n)$, y

(i) $\displaystyle\sum_{n=1}^{\infty} ca_n = c\sum_{n=1}^{\infty} a_n$

(ii) $\displaystyle\sum_{n=1}^{\infty} (a_n + b_n) = \sum_{n=1}^{\infty} a_n + \sum_{n=1}^{\infty} b_n$

(iii) $\displaystyle\sum_{n=1}^{\infty} (a_n - b_n) = \sum_{n=1}^{\infty} a_n - \sum_{n=1}^{\infty} b_n$

Estas propiedades de las series convergentes se infieren de las leyes de los límites correspondientes a las sucesiones de la sección 11.1. Por ejemplo, aquí se demuestra la parte (ii) del teorema 8:

sea

$$s_n = \sum_{i=1}^{n} a_i \qquad s = \sum_{n=1}^{\infty} a_n \qquad t_n = \sum_{i=1}^{n} b_i \qquad t = \sum_{n=1}^{\infty} b_n$$

La n-ésima suma parcial de la serie $\Sigma(a_n + b_n)$ es

$$u_n = \sum_{i=1}^{n} (a_i + b_i)$$

y, usando la ecuación 5.2.10, se tiene

$$\begin{aligned}
\lim_{n\to\infty} u_n &= \lim_{n\to\infty} \sum_{i=1}^{n} (a_i + b_i) = \lim_{n\to\infty} \left(\sum_{i=1}^{n} a_i + \sum_{i=1}^{n} b_i \right) \\
&= \lim_{n\to\infty} \sum_{i=1}^{n} a_i + \lim_{n\to\infty} \sum_{i=1}^{n} b_i \\
&= \lim_{n\to\infty} s_n + \lim_{n\to\infty} t_n = s + t
\end{aligned}$$

Por tanto, $\Sigma(a_n + b_n)$ es convergente y su suma es

$$\sum_{n=1}^{\infty} (a_n + b_n) = s + t = \sum_{n=1}^{\infty} a_n + \sum_{n=1}^{\infty} b_n$$ ■

EJEMPLO 11 Determine la suma de la serie $\sum_{n=1}^{\infty}\left(\frac{3}{n(n+1)}+\frac{1}{2^n}\right)$.

SOLUCIÓN La serie $\Sigma 1/2^n$ es una serie geométrica con $a=\frac{1}{2}$ y $r=\frac{1}{2}$, por lo que

$$\sum_{n=1}^{\infty}\frac{1}{2^n}=\frac{\frac{1}{2}}{1-\frac{1}{2}}=1$$

En el ejemplo 8 se encuentra que

$$\sum_{n=1}^{\infty}\frac{1}{n(n+1)}=1$$

Por lo que por el teorema 8, la serie dada es convergente y

$$\sum_{n=1}^{\infty}\left(\frac{3}{n(n+1)}+\frac{1}{2^n}\right)=3\sum_{n=1}^{\infty}\frac{1}{n(n+1)}+\sum_{n=1}^{\infty}\frac{1}{2^n}$$
$$=3\cdot 1+1=4$$ ■

NOTA 4 Una cantidad finita de términos no afecta la convergencia o divergencia de una serie. Por ejemplo, suponga que se es capaz de demostrar que la serie

$$\sum_{n=4}^{\infty}\frac{n}{n^3+1}$$

es convergente. Ya que

$$\sum_{n=1}^{\infty}\frac{n}{n^3+1}=\frac{1}{2}+\frac{2}{9}+\frac{3}{28}+\sum_{n=4}^{\infty}\frac{n}{n^3+1}$$

se deduce que toda la serie $\Sigma_{n=1}^{\infty} n/(n^3+1)$ es convergente. Asimismo, si se sabe que la serie $\Sigma_{n=N+1}^{\infty} a_n$ es convergente, entonces toda la serie

$$\sum_{n=1}^{\infty}a_n=\sum_{n=1}^{N}a_n+\sum_{n=N+1}^{\infty}a_n$$

es también convergente.

11.2 EJERCICIOS

1. (a) ¿Cuál es la diferencia entre una sucesión y una serie?
(b) ¿Qué es una serie convergente? ¿Qué es una serie divergente?

2. Explique qué significa decir que $\Sigma_{n=1}^{\infty} a_n = 5$.

3-4 Calcule la suma de la serie $\Sigma_{n=1}^{\infty} a_n$ cuyas sumas parciales están dadas.

3. $s_n = 2 - 3(0.8)^n$ **4.** $s_n = \dfrac{n^2-1}{4n^2+1}$

5-8 Calcule los primeros ocho términos de la sucesión de sumas parciales con una aproximación de cuatro decimales. ¿Las series parecen que convergen o divergen?

5. $\displaystyle\sum_{n=1}^{\infty}\frac{1}{n^4+n^2}$ **6.** $\displaystyle\sum_{n=1}^{\infty}\frac{1}{\sqrt[3]{n}}$

7. $\displaystyle\sum_{n=1}^{\infty}\operatorname{sen} n$ **8.** $\displaystyle\sum_{n=1}^{\infty}\frac{1}{\ln(n+1)}$

9-14 Encuentre por lo menos 10 sumas parciales de las series. Trace la gráfica tanto de la sucesión de los términos como la sucesión de las sumas parciales en la misma pantalla. ¿Cómo parece ser la serie, convergente o divergente? Si es convergente, determine la suma. Si es divergente, explique por qué.

9. $\displaystyle\sum_{n=1}^{\infty}\frac{12}{(-5)^n}$ **10.** $\displaystyle\sum_{n=1}^{\infty}\cos n$

11. $\displaystyle\sum_{n=1}^{\infty}\left(\frac{1}{\sqrt{n}}-\frac{1}{\sqrt{n+1}}\right)$ **12.** $\displaystyle\sum_{n=2}^{\infty}\frac{1}{n(n+2)}$

13. $\sum_{n=1}^{\infty} \frac{1}{n^2+1}$

14. $\sum_{n=1}^{\infty} \left(\operatorname{sen} \frac{1}{n} - \operatorname{sen} \frac{1}{n+1} \right)$

15. Sea $a_n = \frac{2n}{3n+1}$.

(a) Determine si $\{a_n\}$ es convergente.

(b) Determine si $\sum_{n=1}^{\infty} a_n$ es convergente.

16. (a) Explique la diferencia entre

$$\sum_{i=1}^{n} a_i \quad \text{y} \quad \sum_{j=1}^{n} a_j$$

(b) Explique la diferencia entre

$$\sum_{i=1}^{n} a_i \quad \text{y} \quad \sum_{i=1}^{n} a_j$$

17-26 Determine si la serie geométrica es convergente o divergente. Si es convergente, calcule la suma.

17. $3 - 4 + \frac{16}{3} - \frac{64}{9} + \cdots$

18. $\frac{1}{8} - \frac{1}{4} + \frac{1}{2} - 1 + \cdots$

19. $10 - 2 + 0.4 - 0.08 + \cdots$

20. $1 + 0.4 + 0.16 + 0.064 + \cdots$

21. $\sum_{n=1}^{\infty} 12(0.73)^{n-1}$

22. $\sum_{n=1}^{\infty} \frac{5}{\pi^n}$

23. $\sum_{n=1}^{\infty} \frac{(-3)^{n-1}}{4^n}$

24. $\sum_{n=0}^{\infty} \frac{3^{n+1}}{(-2)^n}$

25. $\sum_{n=1}^{\infty} \frac{e^{2n}}{6^{n-1}}$

26. $\sum_{n=1}^{\infty} \frac{6 \cdot 2^{2n-1}}{3^n}$

27-42 Determine si la serie es convergente o divergente. Si es convergente, encuentre su suma.

27. $\frac{1}{3} + \frac{1}{6} + \frac{1}{9} + \frac{1}{12} + \frac{1}{15} + \cdots$

28. $\frac{1}{3} + \frac{2}{9} + \frac{1}{27} + \frac{2}{81} + \frac{1}{243} + \frac{2}{729} + \cdots$

29. $\sum_{n=1}^{\infty} \frac{2+n}{1-2n}$

30. $\sum_{k=1}^{\infty} \frac{k^2}{k^2-2k+5}$

31. $\sum_{n=1}^{\infty} 3^{n+1}4^{-n}$

32. $\sum_{n=1}^{\infty} [(-0.2)^n + (0.6)^{n-1}]$

33. $\sum_{n=1}^{\infty} \frac{1}{4+e^{-n}}$

34. $\sum_{n=1}^{\infty} \frac{2^n+4^n}{e^n}$

35. $\sum_{k=1}^{\infty} (\operatorname{sen} 100)^k$

36. $\sum_{n=1}^{\infty} \frac{1+3^n}{2^n}$

37. $\sum_{k=0}^{\infty} \left(\frac{\pi}{3}\right)^k$

38. $\sum_{k=0}^{\infty} (\sqrt{2})^{-k}$

39. $\sum_{n=1}^{\infty} \arctan n$

40. $\sum_{n=1}^{\infty} \left(\frac{3}{5^n} + \frac{2}{n} \right)$

41. $\sum_{n=1}^{\infty} \left(\frac{1}{e^n} + \frac{1}{n(n+1)} \right)$

42. $\sum_{n=1}^{\infty} \frac{e^n}{n^2}$

43-48 Determine si la serie es convergente o divergente al expresar s_n como suma telescópica (como en el ejemplo 8). Si es convergente, encuentre su suma.

43. $\sum_{n=2}^{\infty} \frac{2}{n^2-1}$

44. $\sum_{n=1}^{\infty} \ln \frac{n}{n+1}$

45. $\sum_{n=1}^{\infty} \frac{3}{n(n+3)}$

46. $\sum_{n=4}^{\infty} \left(\frac{1}{\sqrt{n}} - \frac{1}{\sqrt{n+1}} \right)$

47. $\sum_{n=1}^{\infty} \left(e^{1/n} - e^{1/(n+1)} \right)$

48. $\sum_{n=2}^{\infty} \frac{1}{n^3-n}$

49. Sea $x = 0.99999\ldots$

(a) ¿Qué piensa usted, que $x < 1$ o que $x = 1$?

(b) Sume una serie geométrica para determinar el valor de x.

(c) ¿Cuántas representaciones decimales tiene el 1?

(d) ¿Cuáles números tienen más de una representación decimal?

50. Una sucesión de términos está definida por

$$a_1 = 1 \qquad a_n = (5-n)a_{n-1}$$

Calcule $\sum_{n=1}^{\infty} a_n$.

51-56 Exprese el número como un cociente de enteros.

51. $0.\overline{8} = 0.8888\ldots$

52. $0.\overline{46} = 0.46464646\ldots$

53. $1.53\overline{42}$

54. $7.\overline{12345}$

55. $1.234\overline{567}$

56. $5.\overline{71358}$

57-63 Calcule los valores de x para los cuales la serie converge. Determine la suma de la serie para dichos valores de x.

57. $\sum_{n=1}^{\infty} (-5)^n x^n$

58. $\sum_{n=1}^{\infty} (x+2)^n$

59. $\sum_{n=0}^{\infty} \frac{(x-2)^n}{3^n}$

60. $\sum_{n=0}^{\infty} (-4)^n (x-5)^n$

61. $\sum_{n=0}^{\infty} \frac{2^n}{x^n}$

62. $\sum_{n=0}^{\infty} \frac{\operatorname{sen}^n x}{3^n}$

63. $\sum_{n=0}^{\infty} e^{nx}$

64. Se ha visto que una serie armónica es una serie divergente cuyos términos se aproximan a 0. Demuestre que

$$\sum_{n=1}^{\infty} \ln\left(1 + \frac{1}{n}\right)$$

es otra serie con esta propiedad.

SAC **65-66** Utilice la instrucción de las fracciones parciales en su sistema algebraico computacional para encontrar una expresión conveniente para la suma parcial, y luego use esta expresión para encontrar la suma de la serie. Compruebe su respuesta usando directamente el SAC a la suma de la serie.

65. $\displaystyle\sum_{n=1}^{\infty} \frac{3n^2 + 3n + 1}{(n^2 + n)^3}$ **66.** $\displaystyle\sum_{n=3}^{\infty} \frac{1}{n^5 - 5n^3 + 4n}$

---

67. Si la n-ésima suma parcial de una serie $\sum_{n=1}^{\infty} a_n$ es

$$s_n = \frac{n-1}{n+1}$$

determine a_n y $\sum_{n=1}^{\infty} a_n$.

68. Si la n-ésima suma parcial de una serie $\sum_{n=1}^{\infty} a_n$ es $s_n = 3 - n2^{-n}$, determine a_n y $\sum_{n=1}^{\infty} a_n$.

69. Un médico receta 100 mg de tabletas de antibiótico para tomar cada ocho horas. Justo antes de cada toma, 20% del medicamento permanece en el cuerpo.
(a) ¿Cuánto del medicamento está en el cuerpo justo después de que se toma la segunda tableta? ¿Después de la tercera tableta?
(b) Si Q_n es la cantidad de antibiótico en el cuerpo justo después de la n-ésima tableta, encuentre una ecuación que expresa Q_n+_1 en términos de cantidad de Q_n.
(c) ¿Qué cantidad de antibiótico permanece en el cuerpo a largo plazo?

70. A un paciente se le inyecta un medicamento cada 12 horas. Inmediatamente antes de cada inyección, la concentración del fármaco se ha reducido 90% y la nueva dosis aumenta la concentración por 1.5 mg/L.
(a) ¿Cuál es la concentración luego de tres dosis?
(b) Si C_n es la concentración luego de la n-ésima dosis, encuentre una fórmula para C_n como una función de C_n.
(c) ¿Cuál es el valor límite de la concentración?

71. Un paciente toma 150 mg de una medicina a la misma hora cada día. Justo antes de tomar cada tableta, 5% del medicamento permanece en el cuerpo.
(a) ¿Qué cantidad de medicina está en el cuerpo después de la tercera tableta? ¿Después de la n-ésima tableta?
(b) ¿Qué cantidad de medicina queda en el cuerpo a largo plazo?

72. Después de inyectar una dosis D de insulina, la concentración de insulina en el sistema del paciente decae de manera exponencial, así que puede expresarse como De^{-at}, donde t representa el tiempo en horas y a es una constante positiva.
(a) Si la dosis D se inyecta cada T horas, escriba una expresión para la suma de la concentración residual justo antes de la $(n + 1)$-ésima inyección.
(b) Determine la concentración límite antes de inyectar.
(c) Si la concentración de insulina debe siempre permanecer en o por encima de un valor crítico C, determine la dosis mínima de D en términos de C, a y T.

73. Cuando el dinero se gasta en bienes y servicios, quienes lo reciben también gastan un poco de él. Las personas que reciben algo del dinero gastado dos veces, gastarán algo de dicho dinero, y así sucesivamente. Los economistas llaman a esta reacción en cadena *efecto multiplicador*. En un hipotético pueblo aislado, el gobierno local inicia el proceso gastando D dólares. Suponga que cada persona que recibe dinero gasta $100c\%$ y ahorra $100s\%$ del dinero. Los valores c y s se denominan *propensión marginal al consumo* y *propensión marginal al ahorro* y, por supuesto, $c + s = 1$.
(a) Sea S_n el total de lo gastado que ha sido generado después de n transacciones. Determine una ecuación para S_n.
(b) Demuestre que $\lim_{n\to\infty} S_n = kD$, donde $k = 1/s$. La cantidad k se llama *multiplicador*. ¿Cuál es el multiplicador si la propensión marginal al consumo es 80%?
Nota: el gobierno federal de Estados Unidos usa este principio para justificar el gasto que muestra déficit. Los bancos utilizan este principio para justificar los préstamos de un gran porcentaje del dinero que reciben como depósito.

74. Una pelota tiene la propiedad de que, cada vez que cae desde una altura h sobre una superficie nivelada y dura, rebota hasta una altura rh, donde $0 < r < 1$. Suponga que la pelota cae desde una altura inicial de H metros.
(a) Suponiendo que la pelota continúa rebotando de manera indefinida, calcule la distancia total que recorre.
(b) Calcule el tiempo total que la pelota viaja. (Use el hecho de que la pelota cae $\frac{1}{2}gt^2$ metros en t segundos.)
(c) Suponga que cada vez que la pelota golpea la superficie con velocidad v rebota con velocidad $-kv$, donde $0 < k < 1$. ¿Cuánto tiempo le tomará a la pelota llegar al reposo?

75. Encuentre el valor de c si

$$\sum_{n=2}^{\infty} (1 + c)^{-n} = 2$$

76. Encuentre el valor de c tal que

$$\sum_{n=0}^{\infty} e^{nc} = 10$$

77. En el ejemplo 9 se demostró que la serie armónica es divergente. Aquí se bosqueja otro método, haciendo uso del hecho de que $e^x > 1 + x$ para cualquier $x > 0$. (Véase el ejercicio 4.3.84.)

Si s_n es la n-ésima suma parcial de la serie armónica, demuestre que $e^{s_n} > n + 1$. ¿Por qué esto implica que la serie armónica es divergente?

78. Grafique las curvas $y = x^n$, $0 \leqslant x \leqslant 1$, para $n = 0, 1, 2, 3, 4, \ldots$ sobre una misma pantalla. Determinando las áreas entre las curvas sucesivas, dé una demostración geométrica del hecho, mostrado en el ejemplo 8, de que

$$\sum_{n=1}^{\infty} \frac{1}{n(n+1)} = 1$$

79. En la figura se muestran dos circunferencias C y D de radio 1 que se tocan en P. T es una tangente común; C_1 es la circunferencia que toca C, D y T; C_2 es la circunferencia que toca C, D y C_1; C_3 es la circunferencia que toca C, D y C_2. Este procedimiento puede continuar en forma indefinida y produce una sucesión infinita de circunferencias $\{C_n\}$. Encuentre una expresión para el diámetro de C_n y, de ese modo, proporcione otra demostración geométrica del ejemplo 8.

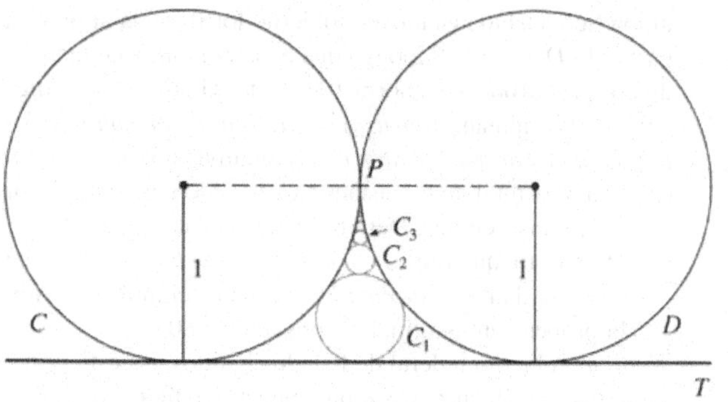

80. Un triángulo rectángulo ABC está definido con $\angle A = \theta$ y $|AC| = b$. CD se traza perpendicular a AB, DE se traza en forma perpendicular a BC, $EF \perp AB$, y este proceso continúa en forma indefinida como se ilustra en la figura. Determine la longitud total de todas las perpendiculares

$$|CD| + |DE| + |EF| + |FG| + \cdots$$

en términos de b y θ.

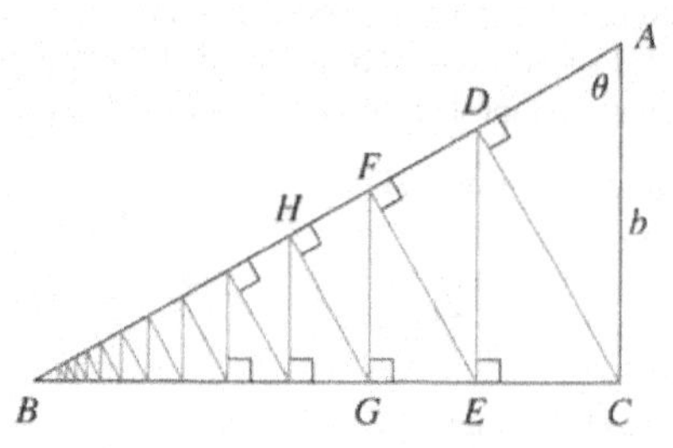

81. ¿Qué está mal en el cálculo siguiente?

$$\begin{aligned} 0 &= 0 + 0 + 0 + \cdots \\ &= (1-1) + (1-1) + (1-1) + \cdots \\ &= 1 - 1 + 1 - 1 + 1 - 1 + \cdots \\ &= 1 + (-1+1) + (-1+1) + (-1+1) + \cdots \\ &= 1 + 0 + 0 + 0 + \cdots = 1 \end{aligned}$$

(Guido Ubaldus pensaba que esto demostraba la existencia de Dios, porque "se había creado algo de la nada".)

82. Suponga que $\Sigma_{n=1}^{\infty} a_n$ ($a_n \neq 0$) se sabe que es una serie convergente. Demuestre que $\Sigma_{n=1}^{\infty} 1/a_n$ es una serie divergente.

83. Demuestre el inciso (i) del teorema 8.

84. Si Σa_n es divergente y $c \neq 0$, demuestre que $\Sigma c a_n$ es divergente.

85. Si Σa_n es convergente y Σb_n es divergente, demuestre que la serie $\Sigma(a_n + b_n)$ es divergente. [*Sugerencia*: argumente por contradicción.]

86. Si Σa_n y Σb_n son divergentes, ¿necesariamente $\Sigma(a_n + b_n)$ es divergente?

87. Suponga que una serie Σa_n consta de términos positivos y sus sumas parciales s_n cumplen con la desigualdad $s_n \leqslant 1000$ para toda n. Explique por qué Σa_n debe ser convergente.

88. La sucesión de Fibonacci se define en la sección 11.1 mediante las ecuaciones

$$f_1 = 1, \quad f_2 = 1, \quad f_n = f_{n-1} + f_{n-2} \qquad n \geqslant 3$$

Demuestre que cada uno de los enunciados siguientes es cierto.

(a) $\dfrac{1}{f_{n-1} f_{n+1}} = \dfrac{1}{f_{n-1} f_n} - \dfrac{1}{f_n f_{n+1}}$

(b) $\displaystyle\sum_{n=2}^{\infty} \frac{1}{f_{n-1} f_{n+1}} = 1$ (c) $\displaystyle\sum_{n=2}^{\infty} \frac{f_n}{f_{n-1} f_{n+1}} = 2$

89. El **conjunto de Cantor**, nombrado así en honor al matemático alemán Georg Cantor (1845-1918), se construye como se señala a continuación. Empiece con el intervalo cerrado $[0, 1]$ y retire el intervalo abierto $(\frac{1}{3}, \frac{2}{3})$. Esto deja los dos intervalos $[0, \frac{1}{3}]$ y $[\frac{2}{3}, 1]$ y luego elimine el intervalo abierto constituido por el tercio medio de cada uno. De este modo quedan cuatro intervalos y de nuevo elimine el tercio medio de cada uno de ellos. Continúe este procedimiento de manera indefinida eliminando en cada paso el tercio medio de cada intervalo que queda del paso anterior. El conjunto de Cantor consiste en los números que quedan en $[0, 1]$ después de que todos esos intervalos se han eliminado.

(a) Demuestre que la longitud total de todos los intervalos que se eliminan es 1. A pesar de eso, el conjunto de Cantor contiene un infinito de números. Proporcione ejemplos de algunos números del conjunto de Cantor.

(b) La **alfombra de Sierpinski** es un equivalente en dos dimensiones del conjunto de Cantor. Se construye eliminando el noveno central de un cuadrado de lado 1, y luego se elimina el centro de cada uno de los ocho cuadrados restantes, y así sucesivamente. (En la figura se ilustran los primeros tres pasos de la construcción.) Demuestre que la suma de las áreas de los cuadrados eliminados es 1. Esto significa que el área de la alfombra de Sierpinski es 0.

90. (a) Una sucesión $\{a_n\}$ se define recursivamente mediante la ecuación $a_n = \frac{1}{2}(a_{n-1} + a_{n-2})$ para $n \geqslant 3$, donde a_1 y a_2 son números reales. Experimente con varios valores de a_1 y a_2 y con la ayuda de su calculadora infiera el límite de la sucesión.

(b) Encuentre $\lim_{n \to \infty} a_n$ en términos de a_1 y a_2 expresando $a_{n+1} - a_n$ en función de $a_2 - a_1$ y sume una serie.

91. Considere la serie $\sum_{n=1}^{\infty} n/(n+1)!$

(a) Calcule las sumas parciales s_1, s_2, s_3 y s_4. ¿Reconoce los denominadores? Use el patrón para inferir una fórmula para s_n.

(b) Aplique inducción matemática para demostrar su inferencia.

(c) Demuestre que la serie infinita dada es convergente y calcule su suma.

92. En la figura hay un infinito de círculos que se aproximan a los vértices de un triángulo equilátero. Cada círculo toca otros círculos y los lados del triángulo. Si el triángulo tiene lados que miden una unidad de longitud, calcule el área total que ocupan los círculos.

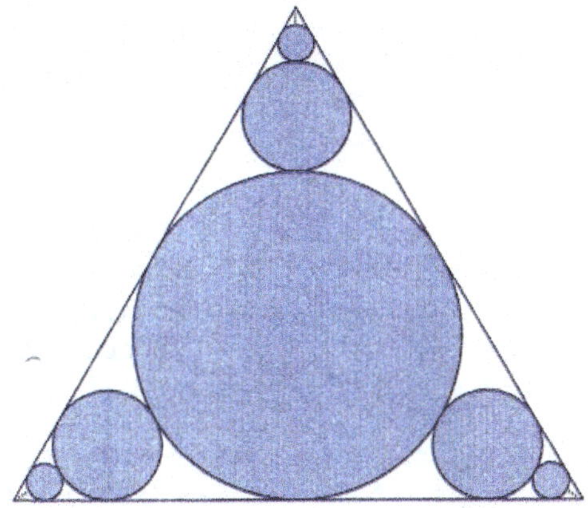

11.3 La prueba de la integral y estimaciones de sumas

En general, es difícil determinar la suma exacta de una serie. Se puede lograr en el caso de series geométricas y series $\Sigma 1/[n(n+1)]$ porque en cada uno de estos casos es posible encontrar una fórmula simple para la n-ésima suma parcial s_n. Pero por lo regular no es fácil descubrir tal fórmula. Por tanto, en las secciones siguientes se tratan varias pruebas que permiten determinar si una serie es convergente o divergente sin que se tenga que encontrar en forma explícita su suma. (En algunos casos, los métodos permiten determinar unas buenas estimaciones de la suma.) La primera prueba utiliza integrales impropias.

Se debe empezar por investigar las series cuyos términos son los recíprocos de los cuadrados de los enteros positivos:

$$\sum_{n=1}^{\infty} \frac{1}{n^2} = \frac{1}{1^2} + \frac{1}{2^2} + \frac{1}{3^2} + \frac{1}{4^2} + \frac{1}{5^2} + \cdots$$

n	$s_n = \sum_{i=1}^{n} \frac{1}{i^2}$
5	1.4636
10	1.5498
50	1.6251
100	1.6350
500	1.6429
1000	1.6439
5000	1.6447

No hay una fórmula sencilla para la suma s_n de los primeros n términos, pero la tabla generada al calcular los valores, dados en el margen, sugiere que las sumas parciales se aproximan a un número cercano a 1.64 cuando $n \to \infty$ y de este modo parece como si la serie fuera convergente.

Se puede confirmar esta impresión con un razonamiento geométrico. En la figura 1 se ilustra la curva $y = 1/x^2$ y algunos rectángulos que se encuentran abajo de la curva. La base de cada uno de los rectángulos es un intervalo de longitud igual a 1; la altura es igual al valor de la función $y = 1/x^2$ en el punto final derecho del intervalo.

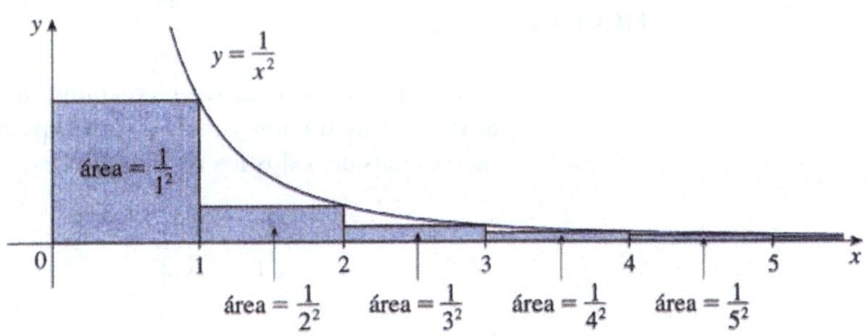

FIGURA 1

Por lo que la suma de las áreas de los rectángulos es

$$\frac{1}{1^2} + \frac{1}{2^2} + \frac{1}{3^2} + \frac{1}{4^2} + \frac{1}{5^2} + \cdots = \sum_{n=1}^{\infty} \frac{1}{n^2}$$

Si se excluye el primer rectángulo, el área total de los rectángulos restantes es menor que el área bajo la curva $y = 1/x^2$ para $x \geq 1$, que es el valor de la integral $\int_1^{\infty} (1/x^2)\, dx$. En la sección 7.8 se descubrió que esta integral impropia es convergente y que tiene un valor de 1. Por lo que la figura muestra que todas las sumas parciales son menores que

$$\frac{1}{1^2} + \int_1^{\infty} \frac{1}{x^2}\, dx = 2$$

Por lo que las sumas parciales están acotadas. También se sabe que las sumas parciales son crecientes porque todos los términos son positivos. Por tanto, las sumas parciales convergen, de acuerdo con el teorema de la sucesión monótona, de manera que la serie es convergente. La suma de la serie (el límite de las sumas parciales) es también menor que 2:

$$\sum_{n=1}^{\infty} \frac{1}{n^2} = \frac{1}{1^2} + \frac{1}{2^2} + \frac{1}{3^2} + \frac{1}{4^2} + \cdots < 2$$

n	$s_n = \sum_{i=1}^{n} \frac{1}{\sqrt{i}}$
5	3.2317
10	5.0210
50	12.7524
100	18.5896
500	43.2834
1000	61.8010
5000	139.9681

[El matemático suizo Leonhard Euler (1707-1783) calculó que la suma exacta de esta serie es $\pi^2/6$, pero la demostración de esto es muy difícil. (Véase el problema 6 en los Problemas adicionales después del capítulo 15.)]

Ahora veáse la serie

$$\sum_{n=1}^{\infty} \frac{1}{\sqrt{n}} = \frac{1}{\sqrt{1}} + \frac{1}{\sqrt{2}} + \frac{1}{\sqrt{3}} + \frac{1}{\sqrt{4}} + \frac{1}{\sqrt{5}} + \cdots$$

La tabla de valores de s_n sugiere que las sumas parciales no se aproximan a un número finito, por lo que se sospecha que la serie dada podría ser divergente. Otra vez se usa una figura para confirmarlo. En la figura 2 se muestra la curva $y = 1/\sqrt{x}$, pero esta vez se usan rectángulos cuya parte superior queda *arriba* de la curva.

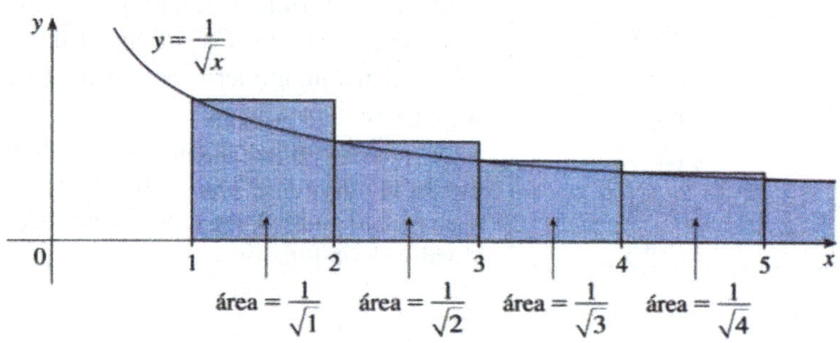

FIGURA 2

La base de cada uno de los rectángulos es un intervalo de longitud 1. La altura es igual al valor de la función $y = 1/\sqrt{x}$ en el punto final *izquierdo* del intervalo. Así que la suma de las áreas de todos los rectángulos es

$$\frac{1}{\sqrt{1}} + \frac{1}{\sqrt{2}} + \frac{1}{\sqrt{3}} + \frac{1}{\sqrt{4}} + \frac{1}{\sqrt{5}} + \cdots = \sum_{n=1}^{\infty} \frac{1}{\sqrt{n}}$$

Esta área total es mayor que el área bajo la curva para $y = 1/\sqrt{x}$ para $x \geq 1$, que es igual a la integral $\int_1^{\infty} \left(1/\sqrt{x}\right) dx$. Pero se sabe por la sección 7.8 que esta integral impropia es divergente. En otras palabras, el área bajo la curva es infinita. Así que la suma de la serie debe ser infinita; es decir, la serie es divergente.

El mismo tipo de razonamiento geométrico aplicado para estas dos series se puede hacer para demostrar la prueba siguiente. (La demostración se encuentra al final de esta sección.)

Prueba de la integral Suponga que f es una función continua, positiva y decreciente sobre $[1, \infty)$ y sea $a_n = f(n)$. Entonces la serie $\sum_{n=1}^{\infty} a_n$ es convergente si y solo si la integral impropia $\int_1^{\infty} f(x)\,dx$ es convergente. En otras palabras:

(i) Si $\int_1^{\infty} f(x)\,dx$ es convergente, entonces $\sum_{n=1}^{\infty} a_n$ es convergente.

(ii) Si $\int_1^{\infty} f(x)\,dx$ es divergente, entonces $\sum_{n=1}^{\infty} a_n$ es divergente.

NOTA Cuando use la prueba de la integral no es necesario iniciar la serie o la integral en $n = 1$. Por ejemplo, al probar la serie

$$\sum_{n=4}^{\infty} \frac{1}{(n-3)^2} \qquad \text{se usa} \qquad \int_4^{\infty} \frac{1}{(x-3)^2}\,dx$$

Asimismo, no es necesario que f sea *siempre* decreciente. Lo importante es que f sea decreciente *en los extremos*, es decir, decreciente para x más grande que algún número N. Entonces $\sum_{n=N}^{\infty} a_n$ es convergente, por lo que $\sum_{n=1}^{\infty} a_n$ es convergente de acuerdo con la nota 4 de la sección 11.2.

EJEMPLO 1 Pruebe la convergencia o divergencia de la serie $\sum_{n=1}^{\infty} \frac{1}{n^2+1}$.

SOLUCIÓN La función $f(x) = 1/(x^2+1)$ es continua, positiva y decreciente sobre $[1, \infty)$ por lo que se aplica la prueba de la integral:

Para usar la prueba de la integral es necesario evaluar $\int_1^{\infty} f(x)\,dx$ y, por tanto, se tiene que encontrar una antiderivada de f. Es frecuente que esto sea difícil o imposible, por lo que también se necesitan otras pruebas para convergencia.

$$\int_1^{\infty} \frac{1}{x^2+1}\,dx = \lim_{t\to\infty} \int_1^t \frac{1}{x^2+1}\,dx = \lim_{t\to\infty} \tan^{-1}x\Big]_1^t$$

$$= \lim_{t\to\infty}\left(\tan^{-1}t - \frac{\pi}{4}\right) = \frac{\pi}{2} - \frac{\pi}{4} = \frac{\pi}{4}$$

Por tanto, $\int_1^{\infty} 1/(x^2+1)\,dx$ es una integral convergente y por lo tanto, de acuerdo con la prueba de la integral, la serie $\sum 1/(n^2+1)$ es convergente. ■

EJEMPLO 2 ¿Para qué valores de p la serie $\sum_{n=1}^{\infty} \frac{1}{n^p}$ es convergente?

SOLUCIÓN Si $p < 0$, entonces $\lim_{n\to\infty} (1/n^p) = \infty$. Si $p = 0$, entonces $\lim_{n\to\infty} (1/n^p) = 1$. En cualquier caso $\lim_{n\to\infty}(1/n^p) \neq 0$, por lo que la serie dada es divergente de acuerdo con la prueba de la divergencia (11.2.7).

Si $p > 0$, entonces la función $f(x) = 1/x^p$ es evidentemente continua, positiva y decreciente sobre $[1, \infty)$. En el capítulo 7 [véase (7.8.2)] se encontró que

$$\int_1^{\infty} \frac{1}{x^p}\,dx \text{ converge si } p > 1 \text{ y diverge si } p \leqslant 1$$

De la prueba de la integral se infiere que la serie $\Sigma 1/n^p$ converge si $p > 1$ y diverge si $0 < p \leqslant 1$. (En el caso de $p = 1$, esta serie es la serie armónica estudiada en el ejemplo 11.2.9) ■

La serie del ejemplo 2 se llama **serie *p***. Esto es importante en el resto de este capítulo, por lo que se resumen los resultados del ejemplo 2 para referencia futura como se indica a continuación.

1 La serie p $\sum_{n=1}^{\infty} \frac{1}{n^p}$ es convergente si $p > 1$ y divergente si $p \leqslant 1$.

EJEMPLO 3

(a) La serie

$$\sum_{n=1}^{\infty} \frac{1}{n^3} = \frac{1}{1^3} + \frac{1}{2^3} + \frac{1}{3^3} + \frac{1}{4^3} + \cdots$$

es convergente porque es una serie p con $p = 3 > 1$.

(b) La serie

$$\sum_{n=1}^{\infty} \frac{1}{n^{1/3}} = \sum_{n=1}^{\infty} \frac{1}{\sqrt[3]{n}} = 1 + \frac{1}{\sqrt[3]{2}} + \frac{1}{\sqrt[3]{3}} + \frac{1}{\sqrt[3]{4}} + \cdots$$

es divergente porque es una serie p con $p = \frac{1}{3} < 1$.

NOTA *No* se debe inferir que, de acuerdo con la prueba de la integral, la suma de la serie es igual al valor de la integral. De hecho,

$$\sum_{n=1}^{\infty} \frac{1}{n^2} = \frac{\pi^2}{6} \qquad \text{mientras que} \qquad \int_1^{\infty} \frac{1}{x^2}\,dx = 1$$

Por tanto, en general

$$\sum_{n=1}^{\infty} a_n \neq \int_1^{\infty} f(x)\,dx$$

EJEMPLO 4 Determine si la serie $\sum_{n=1}^{\infty} \frac{\ln n}{n}$ es convergente o divergente.

SOLUCIÓN La función $f(x) = (\ln x)/x$ es positiva y continua para $x > 1$ porque la función logaritmo es continua. Pero no es obvio si f es decreciente o no lo es, por lo que al calcular su derivada:

$$f'(x) = \frac{(1/x)x - \ln x}{x^2} = \frac{1 - \ln x}{x^2}$$

Entonces, $f'(x) < 0$ cuando $\ln x > 1$, es decir, $x > e$. Se sigue que f es decreciente cuando $x > e$, de manera que se puede aplicar la prueba de la integral:

$$\int_1^{\infty} \frac{\ln x}{x}\,dx = \lim_{t\to\infty} \int_1^t \frac{\ln x}{x}\,dx = \lim_{t\to\infty} \frac{(\ln x)^2}{2}\bigg]_1^t$$

$$= \lim_{t\to\infty} \frac{(\ln t)^2}{2} = \infty$$

Ya que esta integral impropia es divergente, la serie $\Sigma(\ln n)/n$ también es divergente de acuerdo con la prueba de la integral. ■

Estimación de la suma de una serie

Suponga que se pudo aplicar la prueba de la integral para demostrar que una serie Σa_n es convergente y que se quiere encontrar una aproximación a la suma s de la serie. Por supuesto, cualquier suma parcial s_n es una aproximación a s porque $\lim_{n\to\infty} s_n = s$. Pero, ¿qué tan buena es esa aproximación? Para saberlo se necesita estimar el tamaño del **residuo**.

$$R_n = s - s_n = a_{n+1} + a_{n+2} + a_{n+3} + \cdots$$

El residuo R_n es el error que se comete cuando s_n, la suma de los primeros n términos, se usa como una aproximación a la suma total.

Se usa la misma notación y las ideas que en la prueba de la integral, suponiendo que f es decreciente sobre $[n, \infty)$. Al comparar las áreas de los rectángulos con el área bajo $y = f(x)$ para $x > n$ en la figura 3, se ve que

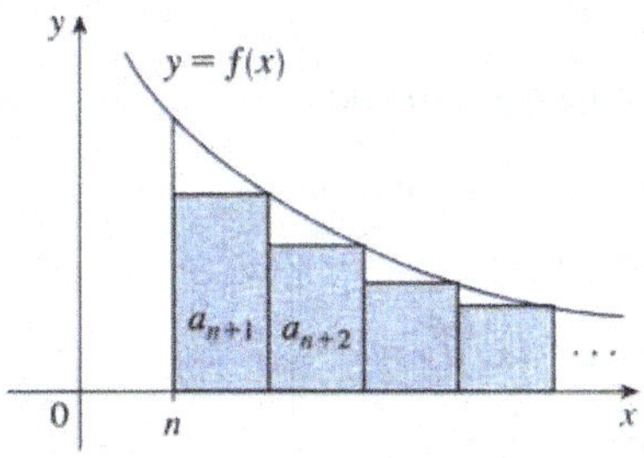

FIGURA 3

$$R_n = a_{n+1} + a_{n+2} + \cdots \leqslant \int_n^\infty f(x)\, dx$$

Asimismo, en la figura 4 se ve que

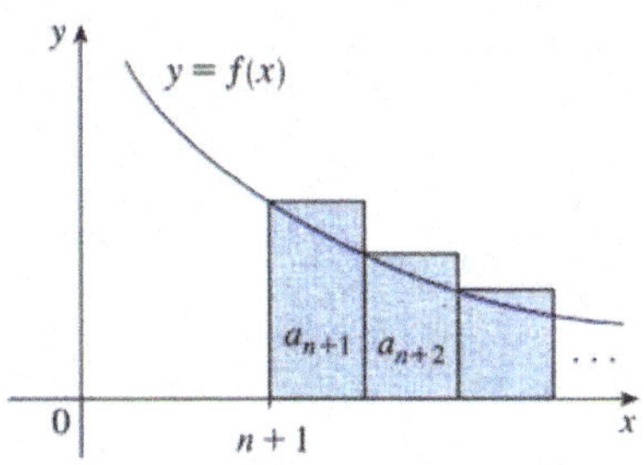

FIGURA 4

$$R_n = a_{n+1} + a_{n+2} + \cdots \geqslant \int_{n+1}^\infty f(x)\, dx$$

De este modo se ha demostrado la siguiente estimación de error.

> **2 Estimación del residuo para la prueba de la integral** Suponga que $f(k) = a_k$, donde f es una función continua, positiva y decreciente para $x \geqslant n$ y Σa_n es convergente. Si $R_n = s - s_n$, entonces
>
> $$\int_{n+1}^\infty f(x)\, dx \leqslant R_n \leqslant \int_n^\infty f(x)\, dx$$

EJEMPLO 5

(a) Obtenga un valor aproximado de la suma de la serie $\Sigma 1/n^3$ usando la suma de los primeros 10 términos. Estime el error implicado en esta aproximación.
(b) ¿Cuántos términos se requieren para asegurar que el residuo no exceda 0.0005?

SOLUCIÓN En los incisos (a) y (b) se necesita conocer $\int_n^\infty f(x)\, dx$. Con $f(x) = 1/x^3$, que satisface las condiciones de la prueba integral, se tiene

$$\int_n^\infty \frac{1}{x^3}\, dx = \lim_{t\to\infty} \left[-\frac{1}{2x^2} \right]_n^t = \lim_{t\to\infty} \left(-\frac{1}{2t^2} + \frac{1}{2n^2} \right) = \frac{1}{2n^2}$$

(a) Aproximando la suma de la serie por la 10-ésima suma parcial, se tiene

$$\sum_{n=1}^\infty \frac{1}{n^3} \approx s_{10} = \frac{1}{1^3} + \frac{1}{2^3} + \frac{1}{3^3} + \cdots + \frac{1}{10^3} \approx 1.1975$$

De acuerdo con el residuo estimado en (2), se tiene

$$R_{10} \leqslant \int_{10}^\infty \frac{1}{x^3}\, dx = \frac{1}{2(10)^2} = \frac{1}{200}$$

Por lo que el tamaño del error es cuanto más de 0.005.

(b) La precisión de 0.0005 quiere decir que se debe encontrar un valor de n tal que $R_n \leqslant 0.0005$. Ya que

$$R_n \leqslant \int_n^\infty \frac{1}{x^3}\,dx = \frac{1}{2n^2}$$

se quiere que
$$\frac{1}{2n^2} < 0.0005$$

Al resolver esta desigualdad, se obtiene

$$n^2 > \frac{1}{0.001} = 1000 \qquad \text{o} \qquad n > \sqrt{1000} \approx 31.6$$

Se necesita 32 términos para garantizar una precisión dentro de 0.0005. ■

Si se suma s_n a cada miembro de las desigualdades en (2), se obtiene

3
$$s_n + \int_{n+1}^\infty f(x)\,dx \leqslant s \leqslant s_n + \int_n^\infty f(x)\,dx$$

porque $s_n + R_n = s$. Las desigualdades en (3) dan una cota inferior y una cota superior para s. Estas cotas proporcionan una aproximación más certera a la suma de la serie que la suma parcial s_n.

Aunque Euler calculó la suma exacta de las series p para $p = 2$, no se ha encontrado la suma para $p = 3$. Sin embargo, en el ejemplo 6 se muestra cómo *estimar* esta suma.

EJEMPLO 6 Use (3) con $n = 10$ para estimar la suma de la serie $\sum_{n=1}^{\infty} \frac{1}{n^3}$.

SOLUCIÓN Las desigualdades en (3) resultan

$$s_{10} + \int_{11}^\infty \frac{1}{x^3}\,dx \leqslant s \leqslant s_{10} + \int_{10}^\infty \frac{1}{x^3}\,dx$$

Del ejemplo 5 se sabe que

$$\int_n^\infty \frac{1}{x^3}\,dx = \frac{1}{2n^2}$$

por lo que
$$s_{10} + \frac{1}{2(11)^2} \leqslant s \leqslant s_{10} + \frac{1}{2(10)^2}$$

Si se usa $s_{10} \approx 1.197532$, se obtiene

$$1.201664 \leqslant s \leqslant 1.202532$$

Si se aproxima s por el punto medio de este intervalo, entonces el error es a lo más la mitad de la longitud del intervalo. Por lo que

$$\sum_{n=1}^{\infty} \frac{1}{n^3} \approx 1.2021 \qquad \text{con error} \quad < 0.0005$$ ■

Si se compara el ejemplo 6 con el ejemplo 5, se observa que la estimación mejorada en (3) es mucho mejor que la estimación $s \approx s_n$. Para que el error sea menor que 0.0005 se tiene que usar 32 términos en el ejemplo 5, pero solo 10 términos en el ejemplo 6.

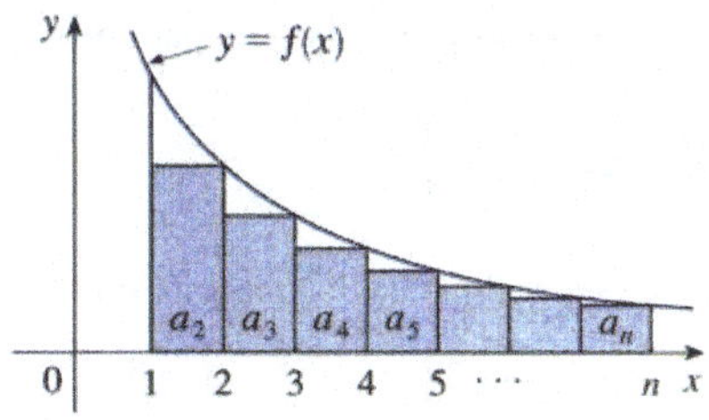

FIGURA 5

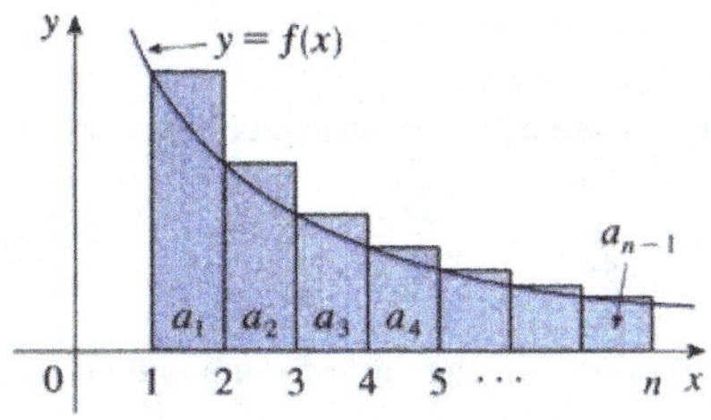

FIGURA 6

Demostración de la prueba de la integral

Ya se ha visto la idea básica en que se apoya la demostración de la prueba de la integral en las figuras 1 y 2 para las series $\Sigma 1/n^2$ y $\Sigma 1/\sqrt{n}$. En el caso de la serie general Σa_n, véanse las figuras 5 y 6. El área del primer rectángulo sombreado de la figura 5 es el valor de f en el punto final derecho de $[1, 2]$, es decir, $f(2) = a_2$. Así, al comparar las áreas de los rectángulos sombreados con el área bajo $y = f(x)$ de 1 a n, se ve que

$$\boxed{4} \qquad a_2 + a_3 + \cdots + a_n \leqslant \int_1^n f(x)\,dx$$

(Observe que esta desigualdad depende del hecho de que f es decreciente.) De manera similar, en la figura 6 se muestra que

$$\boxed{5} \qquad \int_1^n f(x)\,dx \leqslant a_1 + a_2 + \cdots + a_{n-1}$$

(i) Si $\int_1^\infty f(x)\,dx$ es convergente, entonces (4) da

$$\sum_{i=2}^{n} a_i \leqslant \int_1^n f(x)\,dx \leqslant \int_1^\infty f(x)\,dx$$

ya que $f(x) \geqslant 0$. Por tanto

$$s_n = a_1 + \sum_{i=2}^{n} a_i \leqslant a_1 + \int_1^\infty f(x)\,dx = M$$

Como $s_n \leqslant M$ para toda n, la sucesión $\{s_n\}$ está acotada por arriba. También

$$s_{n+1} = s_n + a_{n+1} \geqslant s_n$$

como $a_{n+1} = f(n + 1) \geqslant 0$. En estos términos $\{s_n\}$ es una sucesión acotada creciente y, de este modo, es convergente de acuerdo con el teorema de la sucesión monótona (11.1.12). Esto significa que Σa_n es convergente.

(ii) Si $\int_1^\infty f(x)\,dx$ es divergente, entonces $\int_1^n f(x)\,dx \to \infty$ cuando $n \to \infty$ porque $f(x) \geqslant 0$. Pero con (5) se obtiene

$$\int_1^n f(x)\,dx \leqslant \sum_{i=1}^{n-1} a_i = s_{n-1}$$

y por tanto $s_{n-1} \to \infty$. Esto implica que $s_n \to \infty$, luego Σa_n diverge. ■

11.3 EJERCICIOS

1. Dibuje una gráfica para demostrar que

$$\sum_{n=2}^{\infty} \frac{1}{n^{1.3}} < \int_1^\infty \frac{1}{x^{1.3}}\,dx$$

¿Qué puede concluir con respecto a la serie?

2. Suponga que f es una función continua, positiva y decreciente para $x \geqslant 1$ y $a_n = f(n)$. En una gráfica acomode las tres cantidades siguientes en orden creciente.

$$\int_1^6 f(x)\,dx \qquad \sum_{i=1}^{5} a_i \qquad \sum_{i=2}^{6} a_i$$

3-8 Mediante la prueba de la integral determine si la serie es convergente o divergente.

3. $\displaystyle\sum_{n=1}^{\infty} n^{-3}$

4. $\displaystyle\sum_{n=1}^{\infty} n^{-0.3}$

5. $\displaystyle\sum_{n=1}^{\infty} \frac{2}{5n-1}$

6. $\displaystyle\sum_{n=1}^{\infty} \frac{1}{(3n-1)^4}$

7. $\displaystyle\sum_{n=1}^{\infty} \frac{n}{n^2+1}$

8. $\displaystyle\sum_{n=1}^{\infty} \frac{1}{\sqrt{n+4}}$

9-26 Determine si la serie es convergente o divergente.

9. $\sum_{n=1}^{\infty} \frac{2}{n^{0.85}}$

10. $\sum_{n=1}^{\infty} (n^{-1.4} + 3n^{-1.2})$

11. $1 + \frac{1}{8} + \frac{1}{27} + \frac{1}{64} + \frac{1}{125} + \cdots$

12. $\frac{1}{5} + \frac{1}{7} + \frac{1}{9} + \frac{1}{11} + \frac{1}{13} + \cdots$

13. $\frac{1}{3} + \frac{1}{7} + \frac{1}{11} + \frac{1}{15} + \frac{1}{19} + \cdots$

14. $\frac{1}{5} + \frac{1}{8} + \frac{1}{11} + \frac{1}{14} + \frac{1}{17} + \cdots$

15. $\sum_{n=1}^{\infty} \frac{\sqrt{n} + 4}{n^2}$

16. $\sum_{n=1}^{\infty} \frac{\sqrt{n}}{1 + n^{3/2}}$

17. $\sum_{n=1}^{\infty} \frac{1}{n^2 + 4}$

18. $\sum_{n=1}^{\infty} \frac{1}{n^2 + 2n + 2}$

19. $\sum_{n=1}^{\infty} \frac{n^3}{n^4 + 4}$

20. $\sum_{n=3}^{\infty} \frac{n^2}{e^n}$

21. $\sum_{n=2}^{\infty} \frac{1}{n \ln n}$

22. $\sum_{n=2}^{\infty} \frac{\ln n}{n^2}$

23. $\sum_{k=1}^{\infty} ke^{-k}$

24. $\sum_{k=1}^{\infty} ke^{-k^2}$

25. $\sum_{n=1}^{\infty} \frac{1}{n^2 + n^3}$

26. $\sum_{n=1}^{\infty} \frac{n}{n^4 + 1}$

27-28 Explique por qué no es posible utilizar la prueba de la integral para determinar si la serie es convergente.

27. $\sum_{n=1}^{\infty} \frac{\cos \pi n}{\sqrt{n}}$

28. $\sum_{n=1}^{\infty} \frac{\cos^2 n}{1 + n^2}$

29-32 Determine los valores de p para los cuales la serie es convergente.

29. $\sum_{n=2}^{\infty} \frac{1}{n(\ln n)^p}$

30. $\sum_{n=3}^{\infty} \frac{1}{n \ln n \, [\ln(\ln n)]^p}$

31. $\sum_{n=1}^{\infty} n(1 + n^2)^p$

32. $\sum_{n=1}^{\infty} \frac{\ln n}{n^p}$

33. La función zeta de Riemann ζ se define como

$$\zeta(x) = \sum_{n=1}^{\infty} \frac{1}{n^x}$$

y se usa en teoría de números para estudiar la distribución de los números primos. ¿Cuál es el dominio de ζ?

34. Leonhard Euler calculó la suma exacta de la serie para $p = 2$:

$$\zeta(2) = \sum_{n=1}^{\infty} \frac{1}{n^2} = \frac{\pi^2}{6}$$

(Veáse página 720.) Use este hecho para encontrar la suma de cada serie:

(a) $\sum_{n=2}^{\infty} \frac{1}{n^2}$ (b) $\sum_{n=3}^{\infty} \frac{1}{(n+1)^2}$

(c) $\sum_{n=1}^{\infty} \frac{1}{(2n)^2}$

35. Euler también encontró la suma para la serie p con $p = 4$:

$$\zeta(4) = \sum_{n=1}^{\infty} \frac{1}{n^4} = \frac{\pi^4}{90}$$

Utilice el resultado de Euler para encontrar la suma de las series:

(a) $\sum_{n=1}^{\infty} \left(\frac{3}{n}\right)^4$ (b) $\sum_{k=5}^{\infty} \frac{1}{(k-2)^4}$

36. (a) Calcule la suma parcial s_{10} de la serie $\sum_{n=1}^{\infty} 1/n^4$. Estime el error al usar s_{10} como aproximación a la suma de la serie.
(b) Use (3) con $n = 10$ para conseguir una estimación mejorada de la suma.
(c) Compare su estimación en el inciso (b) con el valor exacto dado en el ejercicio 35.
(d) Calcule un valor de n tal que s_n no difiera más de 0.00001 del valor de la suma.

37. (a) Mediante la suma de los primeros 10 términos, estime la suma de la serie $\sum_{n=1}^{\infty} 1/n^2$. ¿Qué tan buena es la estimación?
(b) Mejore esta estimación usando (3) con $n = 10$.
(c) Compare su resultado en el inciso (b) con el valor exacto dado en el ejercicio 34.
(d) Encuentre un valor de n que dé la certeza de que el error en la aproximación $s \approx s_n$ es menor que 0.001.

38. Calcule la suma de la serie $\sum_{n=1}^{\infty} ne^{-2n}$ correcta a cuatro decimales.

39. Estime $\sum_{n=1}^{\infty} (2n + 1)^{-6}$ correcta a cinco decimales.

40. ¿Cuántos términos de la serie $\sum_{n=2}^{\infty} 1/[n(\ln n)^2]$ se necesitarían sumar para calcular la suma que no difiera de 0.01?

41. Demuestre que si se quiere aproximar la suma de la serie $\sum_{n=1}^{\infty} n^{-1.001}$ tal que el error sea menor de 5 en la novena cifra decimal, luego ¡es necesario sumar más de 10^{11301} términos!

SAC **42.** (a) Demuestre que la serie $\sum_{n=1}^{\infty} (\ln n)^2/n^2$ es convergente.
(b) Encuentre un límite superior para el error en la aproximación $s \approx s_n$.
(c) ¿Cuál es el valor más pequeño de n tal que este límite superior sea menor que 0.05?
(d) Encuentre s_n para este valor de n.

43. (a) Utilice (4) para demostrar que si s_n es la n-ésima suma parcial de la serie armónica, entonces

$$s_n \leqslant 1 + \ln n$$

(b) La serie armónica diverge, pero muy lentamente. Con ayuda del inciso (a) demuestre que la suma del primer millón de términos es menor que 15 y que la suma de los primeros mil millones de términos es menor que 22.

44. Siga los pasos siguientes para demostrar que la sucesión

$$t_n = 1 + \frac{1}{2} + \frac{1}{3} + \cdots + \frac{1}{n} - \ln n$$

tiene un límite. (El valor del límite se denota con γ y se denomina constante de Euler.)

(a) Dibuje un diagrama como la figura 6 con $f(x) = 1/x$ e interprete t_n como un área [o use (5)] para demostrar que $t_n > 0$ para toda n.

(b) Interprete

$$t_n - t_{n+1} = [\ln(n + 1) - \ln n] - \frac{1}{n + 1}$$

como una diferencia de áreas para demostrar que $t_n - t_{n+1} > 0$. Por tanto, $\{t_n\}$ es una sucesión decreciente.

(c) Use el teorema de la sucesión monótona para demostrar que $\{t_n\}$ es convergente.

45. Determine todos los valores positivos de b para los cuales la serie $\Sigma_{n=1}^{\infty} b^{\ln n}$ converge.

46. Encuentre todos los valores de c para los que converge la serie siguiente.

$$\sum_{n=1}^{\infty} \left(\frac{c}{n} - \frac{1}{n + 1} \right)$$

11.4 Pruebas por comparación

En las pruebas por comparación, la idea es comparar una serie dada con una serie que ya se sabe que es convergente o divergente. Por ejemplo, la serie

$$\boxed{1} \qquad \sum_{n=1}^{\infty} \frac{1}{2^n + 1}$$

recuerda la serie $\Sigma_{n=1}^{\infty} 1/2^n$, que es una serie geométrica con $a = \frac{1}{2}$ y $r = \frac{1}{2}$, por lo que es convergente. Como la serie (1) es similar a la serie convergente, se presiente que también debe ser convergente. De hecho, así es. La desigualdad

$$\frac{1}{2^n + 1} < \frac{1}{2^n}$$

demuestra que la serie dada (1) tiene términos menores que los de la serie geométrica y, por tanto, todas las sumas parciales son también más pequeñas que 1 (la suma de la serie geométrica). Esto quiere decir que las sumas parciales forman una sucesión creciente acotada, que es convergente. Asimismo, se infiere que la suma de la serie es menor que la suma de la serie geométrica:

$$\sum_{n=1}^{\infty} \frac{1}{2^n + 1} < 1$$

Un razonamiento similar se puede usar para demostrar la prueba siguiente, la cual se aplica solo a series cuyos términos son positivos. La primera parte dice que si se tiene una serie cuyos términos son *menores* que los de una serie *convergente* conocida, entonces esa serie también es convergente. La segunda parte establece que si se empieza con una serie cuyos términos son *mayores* que los de una serie divergente conocida, entonces también es *divergente*.

Prueba por comparación Suponga que Σa_n y Σb_n son series con términos positivos.

(i) Si Σb_n es convergente y $a_n \leqslant b_n$ para toda n, entonces Σa_n también es convergente.

(ii) Si Σb_n es divergente y $a_n \geqslant b_n$ para toda n, entonces Σa_n también es divergente.

Es importante considerar la distinción entre sucesión y serie. Una sucesión es un listado de números y una serie es una suma. Con cada serie Σa_n hay dos sucesiones asociadas: La sucesión $\{a_n\}$ de términos y la sucesión $\{s_n\}$ de sumas parciales.

DEMOSTRACIÓN

(i) Sea $$s_n = \sum_{i=1}^{n} a_i \qquad t_n = \sum_{i=1}^{n} b_i \qquad t = \sum_{n=1}^{\infty} b_n$$

Ya que ambas series tienen términos positivos, las sucesiones $\{s_n\}$ y $\{t_n\}$ son crecientes ($s_{n+1} = s_n + a_{n+1} \geqslant s_n$). Asimismo, $t_n \to t$, por lo que $t_n \leqslant t$ para toda n. Como $a_i \leqslant b_i$ se tiene $s_n \leqslant t_n$. Por lo que, $s_n \leqslant t$ para toda n. Esto significa que $\{s_n\}$ es creciente y está acotada superiormente y, por tanto, converge por el teorema de sucesiones monótonas. Por lo que Σa_n es convergente.

(ii) Si Σb_n es divergente, entonces $t_n \to \infty$ (ya que $\{t_n\}$ es creciente). Pero $a_i \geqslant b_i$, por lo que $s_n \geqslant t_n$. Por lo que $s_n \to \infty$. Por tanto, Σa_n diverge. ■

Por supuesto, al usar la prueba por comparación es necesario tener alguna serie conocida Σb_n para la comparación. La mayoría de las veces se usa una de estas series:

Serie estándar usada con la prueba por comparación

- Una serie p [$\Sigma 1/n^p$ que converge si $p > 1$ y diverge si $p \leqslant 1$; véase (11.3.1)].
- Una serie geométrica [Σar^{n-1} es convergente si $|r| < 1$ y es divergente si $|r| \geqslant 1$; véase (11.2.4)].

EJEMPLO 1 Determine si la serie $\displaystyle\sum_{n=1}^{\infty} \frac{5}{2n^2 + 4n + 3}$ es convergente o divergente.

SOLUCIÓN En el caso de n grande el término dominante en el denominador es $2n^2$, por lo que si se compara la serie dada con la serie $\Sigma 5/(2n^2)$. Observe que

$$\frac{5}{2n^2 + 4n + 3} < \frac{5}{2n^2}$$

porque el lado izquierdo tiene un denominador más grande. (En la notación de la prueba por comparación, a_n está en el lado izquierdo y b_n en el lado derecho.) Ya se sabe que

$$\sum_{n=1}^{\infty} \frac{5}{2n^2} = \frac{5}{2} \sum_{n=1}^{\infty} \frac{1}{n^2}$$

es convergente porque es una constante por una serie p con $p = 2 > 1$. Por tanto,

$$\sum_{n=1}^{\infty} \frac{5}{2n^2 + 4n + 3}$$

es convergente de acuerdo con el inciso (i) de la prueba por comparación. ■

NOTA 1 Aunque la condición $a_n \leqslant b_n$ o $a_n \geqslant b_n$ en la prueba por comparación es para toda n, es necesario verificar solo que se cumple para $n \geqslant N$, donde N es algún entero establecido, porque la convergencia de una serie no está afectada por un número finito de términos. Esto se ilustra con el ejemplo siguiente.

EJEMPLO 2 Pruebe si la serie $\displaystyle\sum_{k=1}^{\infty} \frac{\ln k}{k}$ es convergente o divergente.

SOLUCIÓN Se usa la prueba de la integral para investigar esta serie en el ejemplo 11.3.4, pero también es posible probarla por comparación con la serie armónica. Observe que $\ln k > 1$ para $k \geqslant 3$ y así

$$\frac{\ln k}{k} > \frac{1}{k} \qquad k \geqslant 3$$

Se sabe que $\Sigma 1/k$ es divergente (serie p con $p = 1$). Por lo que la serie dada es divergente de acuerdo con la prueba por comparación. ■

NOTA 2 Los términos de la serie que se están probando deben ser menores que los de una serie convergente, o mayores que los de una serie divergente. Si los términos son más grandes que los términos de una serie convergente, o bien, menores que los de una serie divergente, entonces la prueba por comparación no aplica. Por ejemplo, considere la serie

$$\sum_{n=1}^{\infty} \frac{1}{2^n - 1}$$

La desigualdad

$$\frac{1}{2^n - 1} > \frac{1}{2^n}$$

es inútil en cuanto a la prueba por comparación porque $\Sigma\, b_n = \Sigma\left(\frac{1}{2}\right)^n$ es convergente y $a_n > b_n$. Sin embargo, la impresión es que $\Sigma 1/(2^n - 1)$ tiene que ser convergente porque es muy parecida a la serie geométrica convergente $\Sigma\left(\frac{1}{2}\right)^n$. En tales casos se puede aplicar la prueba siguiente.

Los ejercicios 40 y 41 tratan los casos $c = 0$ y $c = \infty$.

Prueba por comparación del límite Suponga que Σa_n y Σb_n son series con términos positivos. Si

$$\lim_{n \to \infty} \frac{a_n}{b_n} = c$$

donde c es un número finito y $c > 0$, entonces ambas series convergen o ambas divergen.

DEMOSTRACIÓN Sean m y M números positivos tales que $m < c < M$. Como a_n/b_n está cercano a c para n grande, existe un entero N tal que

$$m < \frac{a_n}{b_n} < M \qquad \text{cuando } n > N$$

y por tanto

$$mb_n < a_n < Mb_n \qquad \text{cuando } n > N$$

Si Σb_n es convergente, también lo es $\Sigma M b_n$. Así Σa_n es convergente de acuerdo con el inciso (i) por la prueba por comparación. Si Σb_n diverge también $\Sigma m b_n$ es divergente y por el inciso (ii) de la prueba por comparación Σa_n diverge. ■

EJEMPLO 3 Pruebe si la serie $\displaystyle\sum_{n=1}^{\infty} \frac{1}{2^n - 1}$ es convergente o divergente.

SOLUCIÓN Se usa la prueba por comparación del límite con

$$a_n = \frac{1}{2^n - 1} \qquad b_n = \frac{1}{2^n}$$

y se obtiene

$$\lim_{n \to \infty} \frac{a_n}{b_n} = \lim_{n \to \infty} \frac{1/(2^n - 1)}{1/2^n} = \lim_{n \to \infty} \frac{2^n}{2^n - 1} = \lim_{n \to \infty} \frac{1}{1 - 1/2^n} = 1 > 0$$

Ya que existe este límite y $\Sigma 1/2^n$ es una serie geométrica convergente, la serie dada converge de acuerdo con la prueba por comparación del límite. ■

EJEMPLO 4 Determine si la serie $\displaystyle\sum_{n=1}^{\infty} \frac{2n^2 + 3n}{\sqrt{5 + n^5}}$ es convergente o divergente.

SOLUCIÓN La parte dominante del numerador es $2n^2$ y la parte dominante del denominador es $\sqrt{n^5} = n^{5/2}$. Esto sugiere tomar

$$a_n = \frac{2n^2 + 3n}{\sqrt{5 + n^5}} \qquad b_n = \frac{2n^2}{n^{5/2}} = \frac{2}{n^{1/2}}$$

$$\lim_{n \to \infty} \frac{a_n}{b_n} = \lim_{n \to \infty} \frac{2n^2 + 3n}{\sqrt{5 + n^5}} \cdot \frac{n^{1/2}}{2} = \lim_{n \to \infty} \frac{2n^{5/2} + 3n^{3/2}}{2\sqrt{5 + n^5}}$$

$$= \lim_{n \to \infty} \frac{2 + \dfrac{3}{n}}{2\sqrt{\dfrac{5}{n^5} + 1}} = \frac{2 + 0}{2\sqrt{0 + 1}} = 1$$

Ya que $\Sigma b_n = 2\,\Sigma 1/n^{1/2}$ es divergente (es una serie p con $p = \frac{1}{2} < 1$), la serie dada diverge de acuerdo con la prueba por comparación del límite. ■

Observe que al probar muchas series se encuentra una serie de comparación adecuada Σb_n conservando solo las potencias más altas en el numerador y en el denominador.

■ Estimación de sumas

Si se ha usado la prueba por comparación para demostrar que una serie Σa_n es convergente por comparación con una serie Σb_n, entonces se puede hacer una estimación de la suma Σa_n al comparar los residuos. Como en la sección 11.3, se considera el residuo

$$R_n = s - s_n = a_{n+1} + a_{n+2} + \cdots$$

En cuanto a la serie de comparación Σb_n se considera el residuo correspondiente

$$T_n = t - t_n = b_{n+1} + b_{n+2} + \cdots$$

Ya que $a_n \leqslant b_n$ para toda n, se tiene $R_n \leqslant T_n$. Si Σb_n es una serie p, se puede estimar su residuo T_n como en la sección 11.3. Si Σb_n es una serie geométrica, entonces T_n es la suma de una serie geométrica y se puede sumar exactamente (véanse los ejercicios 35 y 36). En cualquier caso, se sabe que R_n es menor que T_n.

EJEMPLO 5 Con la suma de los primeros 100 términos aproxime la suma de la serie $\Sigma 1/(n^3 + 1)$. Estime el error implicado en esta aproximación.

SOLUCIÓN Como

$$\frac{1}{n^3 + 1} < \frac{1}{n^3}$$

la serie dada es convergente de acuerdo con la prueba por comparación. El residuo T_n para la serie de comparación $\Sigma 1/n^3$ ya se ha estimado en el ejemplo 11.3.5 por medio de la estimación del residuo por la prueba de la integral. Allí encuentra que

$$T_n \leqslant \int_n^{\infty} \frac{1}{x^3}\,dx = \frac{1}{2n^2}$$

Por tanto, el residuo R_n de la serie dada cumple con

$$R_n \leqslant T_n \leqslant \frac{1}{2n^2}$$

Con $n = 100$ se tiene

$$R_{100} \leqslant \frac{1}{2(100)^2} = 0.00005$$

Con una calculadora programable o una computadora, resulta que

$$\sum_{n=1}^{\infty} \frac{1}{n^3+1} \approx \sum_{n=1}^{100} \frac{1}{n^3+1} \approx 0.6864538$$

con un error menor que 0.00005. ■

11.4 EJERCICIOS

1. Suponga que Σa_n y Σb_n son series con términos positivos y que se sabe que Σb_n es convergente.

(a) Si $a_n > b_n$ para toda n, ¿qué se puede decir con respecto a Σa_n? ¿Por qué?

(b) Si $a_n < b_n$ para toda n, ¿qué se puede decir con respecto a Σa_n? ¿Por qué?

2. Suponga que Σa_n y Σb_n son series con términos positivos y que se sabe que Σb_n es divergente.

(a) Si $a_n > b_n$ para toda n, ¿qué se puede decir de Σa_n? ¿Por qué?

(b) Si $a_n < b_n$ para toda n, ¿qué se puede decir con respecto a Σa_n? ¿Por qué?

3-32 Determine si la serie es convergente o divergente.

3. $\displaystyle\sum_{n=1}^{\infty} \frac{1}{n^3+8}$

4. $\displaystyle\sum_{n=2}^{\infty} \frac{1}{\sqrt{n}-1}$

5. $\displaystyle\sum_{n=1}^{\infty} \frac{n+1}{n\sqrt{n}}$

6. $\displaystyle\sum_{n=1}^{\infty} \frac{n-1}{n^3+1}$

7. $\displaystyle\sum_{n=1}^{\infty} \frac{9^n}{3+10^n}$

8. $\displaystyle\sum_{n=1}^{\infty} \frac{6^n}{5^n-1}$

9. $\displaystyle\sum_{k=1}^{\infty} \frac{\ln k}{k}$

10. $\displaystyle\sum_{k=1}^{\infty} \frac{k\,\mathrm{sen}^2 k}{1+k^3}$

11. $\displaystyle\sum_{k=1}^{\infty} \frac{\sqrt[3]{k}}{\sqrt{k^3+4k+3}}$

12. $\displaystyle\sum_{n=1}^{\infty} \frac{4+3^n}{2^n}$

13. $\displaystyle\sum_{n=1}^{\infty} \frac{1+\cos n}{e^n}$

14. $\displaystyle\sum_{n=2}^{\infty} \frac{\sqrt{n}}{n-1}$

15. $\displaystyle\sum_{n=1}^{\infty} \frac{\arctan n}{n^{1.2}}$

16. $\displaystyle\sum_{n=1}^{\infty} \frac{1}{n^n}$

17. $\displaystyle\sum_{n=1}^{\infty} \frac{1}{\sqrt{n^2+1}}$

18. $\displaystyle\sum_{n=1}^{\infty} \frac{2}{\sqrt{n}+2}$

19. $\displaystyle\sum_{n=1}^{\infty} \frac{n+1}{n^3+n}$

20. $\displaystyle\sum_{n=1}^{\infty} \frac{n^2+n+1}{n^4+n^2}$

21. $\displaystyle\sum_{n=1}^{\infty} \frac{\sqrt{1+n}}{2+n}$

22. $\displaystyle\sum_{n=1}^{\infty} \frac{n+4^n}{n+6^n}$

23. $\displaystyle\sum_{n=1}^{\infty} \frac{\sqrt{n+2}}{2n^2+n+1}$

24. $\displaystyle\sum_{n=1}^{\infty} \frac{n+3^n}{n+2^n}$

25. $\displaystyle\sum_{n=1}^{\infty} \frac{e^n+1}{ne^n+1}$

26. $\displaystyle\sum_{n=2}^{\infty} \frac{1}{n\sqrt{n^2-1}}$

27. $\displaystyle\sum_{n=1}^{\infty} \frac{\sqrt{n^4+1}}{n^3+n^2}$

28. $\displaystyle\sum_{n=1}^{\infty} \frac{e^{1/n}}{n}$

29. $\displaystyle\sum_{n=1}^{\infty} \frac{1}{n!}$

30. $\displaystyle\sum_{n=1}^{\infty} \frac{n!}{n^n}$

31. $\displaystyle\sum_{n=1}^{\infty} \mathrm{sen}\left(\frac{1}{n}\right)$

32. $\displaystyle\sum_{n=1}^{\infty} \frac{1}{n^{1+1/n}}$

33-36 Utilice la suma de los primeros 10 términos, para obtener un valor aproximado de la suma de la serie. Estime el error.

33. $\displaystyle\sum_{n=1}^{\infty} \frac{1}{5+n^5}$

34. $\displaystyle\sum_{n=1}^{\infty} \frac{e^{1/n}}{n^4}$

35. $\displaystyle\sum_{n=1}^{\infty} 5^{-n}\cos^2 n$

36. $\displaystyle\sum_{n=1}^{\infty} \frac{\mathrm{sen}^2 n}{n^3}$

37. El significado de la representación decimal de un número $0.d_1d_2d_3\ldots$ (donde el dígito d_i es uno de los números 0, 1, 2,..., 9) es tal que

$$0.d_1d_2d_3d_4\ldots = \frac{d_1}{10} + \frac{d_2}{10^2} + \frac{d_3}{10^3} + \frac{d_4}{10^4} + \cdots$$

Demuestre que esta serie siempre es convergente.

38. ¿Para qué valores de p la serie $\Sigma_{n=2}^{\infty} 1/(n^p \ln n)$ es convergente?

39. Demuestre que si $a_n \geqslant 0$ y Σa_n converge, entonces también $\Sigma\, a_n^2$ converge.

40. (a) Suponga que Σa_n y Σb_n son series con términos positivos y que Σb_n es convergente. Demuestre que si

$$\lim_{n\to\infty} \frac{a_n}{b_n} = 0$$

entonces Σa_n también es convergente.

(b) Utilice el inciso (a) para demostrar que la serie converge.

(i) $\displaystyle\sum_{n=1}^{\infty} \frac{\ln n}{n^3}$ (ii) $\displaystyle\sum_{n=1}^{\infty} \frac{\ln n}{\sqrt{n}\, e^n}$

41. (a) Suponga que Σa_n y Σb_n son series con términos positivos y que Σb_n es divergente. Demuestre que si

$$\lim_{n\to\infty} \frac{a_n}{b_n} = \infty$$

entonces Σa_n también es divergente.

(b) Use el inciso (a) para demostrar que la serie es divergente.

(i) $\displaystyle\sum_{n=2}^{\infty} \frac{1}{\ln n}$ (ii) $\displaystyle\sum_{n=1}^{\infty} \frac{\ln n}{n}$

42. Proporcione un ejemplo de un par de series Σa_n y Σb_n con términos positivos donde $\lim_{n\to\infty} (a_n/b_n) = 0$ y Σb_n diverge, pero Σa_n converge. (Compare con el ejercicio 40.)

43. Demuestre que si $a_n > 0$ y $\lim_{n\to\infty} na_n \neq 0$, entonces Σa_n es divergente.

44. Demuestre que si $a_n > 0$ y Σa_n es convergente, entonces $\Sigma \ln(1 + a_n)$ es convergente.

45. Si Σa_n es una serie convergente con términos positivos, ¿es cierto que $\Sigma \operatorname{sen}(a_n)$ también es convergente?

46. Si Σa_n y Σb_n son series convergentes con términos positivos, ¿es cierto que $\Sigma a_n b_n$ también es convergente?

11.5 Series alternantes

Las pruebas de convergencia que se han examinado hasta ahora se aplican solo a series con términos positivos. En esta sección y en la siguiente, se estudia cómo tratar con series cuyos términos no son necesariamente positivos. De particular importancia son las *series alternantes*, cuyos términos alternan signo.

Una **serie alternante** es una serie cuyos términos son alternadamente positivos y negativos. Aquí hay dos ejemplos:

$$1 - \frac{1}{2} + \frac{1}{3} - \frac{1}{4} + \frac{1}{5} - \frac{1}{6} + \cdots = \sum_{n=1}^{\infty} (-1)^{n-1} \frac{1}{n}$$

$$-\frac{1}{2} + \frac{2}{3} - \frac{3}{4} + \frac{4}{5} - \frac{5}{6} + \frac{6}{7} - \cdots = \sum_{n=1}^{\infty} (-1)^{n} \frac{n}{n+1}$$

De acuerdo con estos ejemplos, el n-ésimo término de una serie alternante es de la forma

$$a_n = (-1)^{n-1} b_n \qquad \text{o} \qquad a_n = (-1)^n b_n$$

donde b_n es un número positivo. (De hecho, $b_n = |a_n|$.)

La prueba siguiente establece que, si los términos de una serie alternante decrecen hacia 0 en valor absoluto, entonces la serie converge.

Prueba de la serie alternante Si la serie alternante

$$\sum_{n=1}^{\infty} (-1)^{n-1} b_n = b_1 - b_2 + b_3 - b_4 + b_5 - b_6 + \cdots \qquad b_n > 0$$

cumple con

(i) $b_{n+1} \leqslant b_n$ para toda n

(ii) $\lim_{n\to\infty} b_n = 0$

entonces la serie es convergente.

Antes de proporcionar la demostración veáse la figura 1, la cual es una representación de la idea en que se basa la demostración. Primero se dibuja $s_1 = b_1$ sobre una recta numérica. Para determinar s_2 se resta b_2, por lo que s_2 está a la izquierda de s_1. Luego, para determinar s_3 se suma b_3, por lo que s_3 está a la derecha de s_2. Pero como $b_3 < b_2$, s_3 está a la izquierda de s_1. Al continuar de esta manera, se observa que las sumas parciales oscilan hacia atrás y hacia adelante. Ya que $b_n \to 0$, los pasos sucesivos se vuelven más y más pequeños. Las sumas parciales pares $s_2, s_4, s_6, \ldots$ se incrementan, y decrecen las sumas parciales impares $s_1, s_3, s_5, \ldots$ Por lo que parece razonable que ambas converjan en el mismo número s, que es la suma de la serie. Por tanto, en la demostración siguiente se consideran por separado las sumas parciales pares e impares.

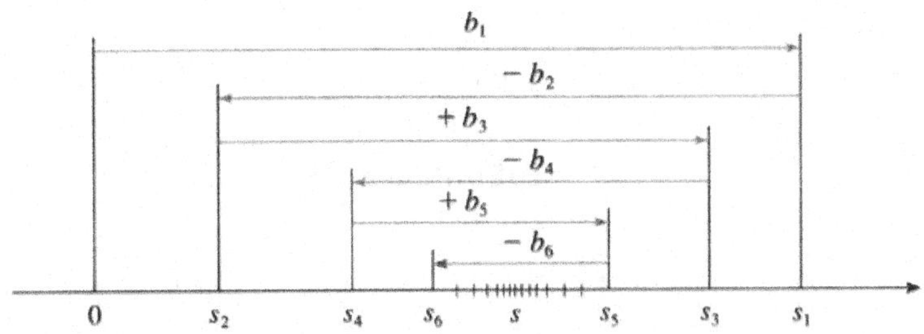

FIGURA 1

DEMOSTRACIÓN DE LA PRUEBA DE LA SERIE ALTERNANTE Primero se consideran las sumas parciales pares:

$$s_2 = b_1 - b_2 \geqslant 0 \qquad \text{ya que } b_2 \leqslant b_1$$

$$s_4 = s_2 + (b_3 - b_4) \geqslant s_2 \qquad \text{ya que } b_4 \leqslant b_3$$

En general $s_{2n} = s_{2n-2} + (b_{2n-1} - b_{2n}) \geqslant s_{2n-2}$ ya que $b_{2n} \leqslant b_{2n-1}$

Por esto $0 \leqslant s_2 \leqslant s_4 \leqslant s_6 \leqslant \cdots \leqslant s_{2n} \leqslant \cdots$

Pero también se puede escribir

$$s_{2n} = b_1 - (b_2 - b_3) - (b_4 - b_5) - \cdots - (b_{2n-2} - b_{2n-1}) - b_{2n}$$

Todos los términos entre paréntesis son positivos, por lo que $s_{2n} \leqslant b_l$ para toda n. Por tanto, la sucesión $\{s_{2n}\}$ de las sumas parciales pares es creciente y está acotada por arriba. Debido a eso, de acuerdo con el teorema de la sucesión monótona, es convergente. Se llama s a su límite, es decir,

$$\lim_{n\to\infty} s_{2n} = s$$

Ahora se calcula el límite de las sumas parciales impares:

$$\begin{aligned}\lim_{n\to\infty} s_{2n+1} &= \lim_{n\to\infty} (s_{2n} + b_{2n+1})\\ &= \lim_{n\to\infty} s_{2n} + \lim_{n\to\infty} b_{2n+1}\\ &= s + 0 \qquad \text{[por la condición (ii)]}\\ &= s\end{aligned}$$

Ya que tanto la suma parcial par como la suma parcial impar convergen a s, se tiene $\lim_{n\to\infty} s_n = s$ [véase el ejercicio 11.1.92(a)], por lo que la serie es convergente. ■

En la figura 2 se ilustra el ejemplo 1; se muestran las gráficas de los términos $a_n = (-1)^{n-1}/n$ y las sumas parciales s_n. Observe cómo los valores de s_n oscilan alrededor del límite, el cual, al parecer está alrededor de 0.7. De hecho, la suma exacta de la serie es $\ln 2 \approx 0.693$ (véase el ejercicio 36).

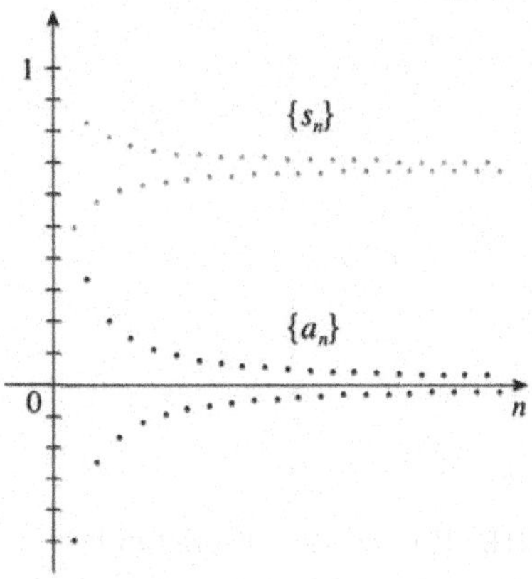

FIGURA 2

EJEMPLO 1 La serie armónica alternante

$$1 - \frac{1}{2} + \frac{1}{3} - \frac{1}{4} + \cdots = \sum_{n=1}^{\infty} \frac{(-1)^{n-1}}{n}$$

satisface

$$\text{(i)}\ b_{n+1} < b_n \qquad \text{porque} \qquad \frac{1}{n+1} < \frac{1}{n}$$

$$\text{(ii)}\ \lim_{n\to\infty} b_n = \lim_{n\to\infty} \frac{1}{n} = 0$$

por lo que la serie es convergente de acuerdo con la prueba de la serie alternante. ■

EJEMPLO 2 La serie $\displaystyle\sum_{n=1}^{\infty} \frac{(-1)^n 3n}{4n-1}$ es alternante, pero

$$\lim_{n\to\infty} b_n = \lim_{n\to\infty} \frac{3n}{4n-1} = \lim_{n\to\infty} \frac{3}{4 - \dfrac{1}{n}} = \frac{3}{4}$$

por lo que la condición (ii) no se cumple. En cambio, vea el límite del n-ésimo término de la serie:

$$\lim_{n\to\infty} a_n = \lim_{n\to\infty} \frac{(-1)^n 3n}{4n-1}$$

Este límite no existe, por lo que la serie es divergente de acuerdo con la prueba de la divergencia. ■

EJEMPLO 3 Pruebe si la serie $\displaystyle\sum_{n=1}^{\infty} (-1)^{n+1} \frac{n^2}{n^3+1}$ es convergente o divergente.

SOLUCIÓN La serie dada es alternante, por lo que se tratará de comprobar las condiciones (i) y (ii) de la prueba de la serie alternante.

A diferencia de la situación en el ejemplo 1, no es obvio que la sucesión dada por $b_n = n^2/(n^3 + 1)$ sea decreciente. Sin embargo, si se considera la función relacionada $f(x) = x^2/(x^3 + 1)$, se encuentra que

$$f'(x) = \frac{x(2 - x^3)}{(x^3+1)^2}$$

En lugar de verificar la condición (i) de la prueba de la serie alternante calculando una derivada, puede comprobar que $b_{n+1} < b_n$ directamente usando la técnica de la solución 1 del ejemplo 11.1.13.

Ya que se consideran solo x positivas, $f'(x) < 0$ si $2 - x^3 < 0$, es decir, $x > \sqrt[3]{2}$. Por lo que f es decreciente sobre el intervalo $(\sqrt[3]{2}, \infty)$. Esto significa que $f(n+1) < f(n)$ y, por tanto, $b_{n+1} < b_n$ cuando $n \geqslant 2$. (La desigualdad $b_2 < b_1$ se puede comprobar de manera directa, pero lo que realmente importa es que la sucesión $\{b_n\}$ decrece con el tiempo.)

La condición (ii) se comprueba rápido:

$$\lim_{n\to\infty} b_n = \lim_{n\to\infty} \frac{n^2}{n^3+1} = \lim_{n\to\infty} \frac{\dfrac{1}{n}}{1 + \dfrac{1}{n^3}} = 0$$

Por lo que la serie es convergente de acuerdo con la prueba de la serie alternante. ■

Estimación de sumas

Una suma parcial s_n de cualquier serie convergente se puede usar como una aproximación a una suma total s, pero no es de mucha utilidad, a menos que se estime la exactitud de la aproximación. El error implicado al usar $s \approx s_n$ es el residuo $R_n = s - s_n$. El teorema siguiente establece que para las series que cumplen con la condición de la prueba de la serie alternante, el tamaño del error es menor que b_{n+1}, lo cual es el valor absoluto del primer término ignorado.

Se puede ver por geometría por qué el teorema de estimación para series alternantes es verdadero al examinar la figura 1 (en la página 733). Observe que $s - s_4 < b_5$, $|s - s_5| < b_6$ y así sucesivamente. Note también que s queda entre dos sumas parciales consecutivas.

Teorema de estimación para series alternantes Si $s = \Sigma(-1)^{n-1}b_n$, donde $b_n > 0$, es la suma de una serie alternante que satisface

$$\text{(i)}\ b_{n+1} \leqslant b_n \qquad \text{y} \qquad \text{(ii)}\ \lim_{n\to\infty} b_n = 0$$

entonces

$$|R_n| = |s - s_n| \leqslant b_{n+1}$$

DEMOSTRACIÓN Se sabe por la demostración para la prueba de series alternantes que s queda entre dos sumas parciales consecutivas s_n y s_{n+1}. (Ya se demostró que s es mayor que todas las sumas parciales pares. Un argumento similar demuestra que s es menor que todas las sumas impares.) Se deduce que

$$|s - s_n| \leqslant |s_{n+1} - s_n| = b_{n+1}$$ ■

EJEMPLO 4 Determine la suma de la serie $\sum_{n=0}^{\infty} \frac{(-1)^n}{n!}$ correcta a tres decimales.

Por definición, $0! = 1$.

SOLUCIÓN Primero observe que la serie es convergente de acuerdo con la prueba de la serie alternante porque

$$\text{(i)}\quad \frac{1}{(n+1)!} = \frac{1}{n!\,(n+1)} < \frac{1}{n!}$$

$$\text{(ii)}\quad 0 < \frac{1}{n!} < \frac{1}{n} \to 0 \quad \text{entonces} \quad \frac{1}{n!} \to 0 \ \text{a medida que}\ n \to \infty$$

Para obtener cuántos términos se necesitan usar en la aproximación, se escriben los primeros términos de la serie:

$$s = \frac{1}{0!} - \frac{1}{1!} + \frac{1}{2!} - \frac{1}{3!} + \frac{1}{4!} - \frac{1}{5!} + \frac{1}{6!} - \frac{1}{7!} + \cdots$$

$$= 1 - 1 + \tfrac{1}{2} - \tfrac{1}{6} + \tfrac{1}{24} - \tfrac{1}{120} + \tfrac{1}{720} - \tfrac{1}{5040} + \cdots$$

Observe que

$$b_7 = \tfrac{1}{5040} < \tfrac{1}{5000} = 0.0002$$

y

$$s_6 = 1 - 1 + \tfrac{1}{2} - \tfrac{1}{6} + \tfrac{1}{24} - \tfrac{1}{120} + \tfrac{1}{720} \approx 0.368056$$

En la sección 11.10 se demuestra que $e^x = \sum_{n=0}^{\infty} x^n/n!$ para toda x, por lo que el resultado del ejemplo 4 es en realidad una aproximación al número e^{-1}.

De acuerdo con el teorema de la estimación de la serie alternante, se sabe que

$$|s - s_6| \leqslant b_7 < 0.0002$$

Este error de menos de 0.0002 no afecta la tercera cifra decimal, por lo que se tiene que $s \approx 0.368$ es correcta hasta la tercera cifra decimal. ■

NOTA La regla de que el error (al usar s_n para aproximarse a s) es menor que el primer término ignorado es, en general, válida solo para series alternantes que cumplen con las condiciones del teorema de la estimación de la serie alternante. La regla no se aplica a otro tipo de series.

11.5 EJERCICIOS

1. (a) ¿Qué es una serie alternante?
(b) ¿En qué condiciones una serie alternante converge?
(c) Si estas condiciones se cumplen, ¿qué puede decir con respecto al residuo después de n términos?

2-20 Pruebe las series para ver si son convergentes o divergentes.

2. $\frac{2}{3} - \frac{2}{5} + \frac{2}{7} - \frac{2}{9} + \frac{2}{11} - \cdots$

3. $-\frac{2}{5} + \frac{4}{6} - \frac{6}{7} + \frac{8}{8} - \frac{10}{9} + \cdots$

4. $\frac{1}{\ln 3} - \frac{1}{\ln 4} + \frac{1}{\ln 5} - \frac{1}{\ln 6} + \frac{1}{\ln 7} - \cdots$

5. $\sum_{n=1}^{\infty} \frac{(-1)^{n-1}}{3 + 5n}$

6. $\sum_{n=0}^{\infty} \frac{(-1)^{n+1}}{\sqrt{n+1}}$

7. $\sum_{n=1}^{\infty} (-1)^n \frac{3n - 1}{2n + 1}$

8. $\sum_{n=1}^{\infty} (-1)^n \frac{n^2}{n^2 + n + 1}$

9. $\sum_{n=1}^{\infty} (-1)^n e^{-n}$

10. $\sum_{n=1}^{\infty} (-1)^n \frac{n}{\sqrt{n^3 + 2}}$

11. $\sum_{n=1}^{\infty} (-1)^{n+1} \frac{n^2}{n^3 + 4}$

12. $\sum_{n=1}^{\infty} (-1)^{n+1} n e^{-n}$

13. $\sum_{n=1}^{\infty} (-1)^n \frac{n}{10^n}$

14. $\sum_{n=1}^{\infty} (-1)^{n-1} \frac{e^{1/n}}{n}$

15. $\sum_{n=0}^{\infty} \frac{\operatorname{sen}\left(n + \frac{1}{2}\right)\pi}{1 + \sqrt{n}}$

16. $\sum_{n=1}^{\infty} \frac{n \cos n\pi}{2^n}$

17. $\sum_{n=1}^{\infty} (-1)^n \operatorname{sen}\left(\frac{\pi}{n}\right)$

18. $\sum_{n=1}^{\infty} (-1)^n \cos\left(\frac{\pi}{n}\right)$

19. $\sum_{n=1}^{\infty} (-1)^n \frac{n^n}{n!}$

20. $\sum_{n=1}^{\infty} (-1)^n \left(\sqrt{n+1} - \sqrt{n}\right)$

21-22 Trace la gráfica de las sucesiones de términos y la sucesión de sumas parciales en la misma pantalla. Utilice la gráfica para hacer una estimación de la suma de las series. Después utilice el teorema de la estimación de las series alternantes para estimar la suma con una aproximación de cuatro decimales.

21. $\sum_{n=1}^{\infty} \frac{(-0.8)^n}{n!}$

22. $\sum_{n=1}^{\infty} (-1)^{n-1} \frac{n}{8^n}$

23-26 Demuestre que la serie es convergente. ¿Cuántos términos de la serie se necesitan sumar para determinar la suma con la exactitud indicada?

23. $\sum_{n=1}^{\infty} \frac{(-1)^{n+1}}{n^6}$ $\quad (|\text{error}| < 0.00005)$

24. $\sum_{n=1}^{\infty} \frac{\left(-\frac{1}{3}\right)^n}{n}$ $\quad (|\text{error}| < 0.0005)$

25. $\sum_{n=1}^{\infty} \frac{(-1)^{n-1}}{n^2 2^n}$ $\quad (|\text{error}| < 0.0005)$

26. $\sum_{n=1}^{\infty} \left(-\frac{1}{n}\right)^n$ $\quad (|\text{error}| < 0.00005)$

27-30 Obtenga un valor aproximado de la suma de la serie correcta a cuatro cifras decimales.

27. $\sum_{n=1}^{\infty} \frac{(-1)^n}{(2n)!}$

28. $\sum_{n=1}^{\infty} \frac{(-1)^n}{3^n n!}$

29. $\sum_{n=1}^{\infty} (-1)^n n e^{-2n}$

30. $\sum_{n=1}^{\infty} \frac{(-1)^{n-1}}{n\, 4^n}$

31. ¿Es la 50.ª suma parcial s_{50} de la serie alternante $\sum_{n=1}^{\infty} (-1)^{n-1}/n$ una sobreestimación o una subestimación de la suma total? Explique.

32-34 ¿Para qué valores de p es convergente cada serie?

32. $\sum_{n=1}^{\infty} \frac{(-1)^{n-1}}{n^p}$

33. $\sum_{n=1}^{\infty} \frac{(-1)^n}{n + p}$

34. $\sum_{n=2}^{\infty} (-1)^{n-1} \frac{(\ln n)^p}{n}$

35. Demuestre que la serie $\Sigma(-1)^{n-1}b_n$, donde $b_n = 1/n$ si n es impar y $b_n = 1/n^2$ si n es par, es divergente. ¿Por qué no aplica la prueba de la serie alternante?

36. Siga los pasos siguientes para demostrar que

$$\sum_{n=1}^{\infty} \frac{(-1)^{n-1}}{n} = \ln 2$$

Sean h_n y s_n las sumas parciales de las series armónica y armónica alternante.

(a) Demuestre que $s_{2n} = h_{2n} - h_n$.

(b) De acuerdo con el ejercicio 11.3.44 se tiene

$$h_n - \ln n \to \gamma \qquad \text{cuando } n \to \infty$$

y, por tanto,

$$h_{2n} - \ln(2n) \to \gamma \qquad \text{cuando } n \to \infty$$

Apoyándose en estos hechos y el inciso (a), demuestre que $s_{2n} \to \ln 2$ cuando $n \to \infty$.

11.6 Convergencia absoluta y las pruebas de la razón y la raíz

Dada una serie Σa_n, se puede considerar la serie correspondiente

$$\sum_{n=1}^{\infty} |a_n| = |a_1| + |a_2| + |a_3| + \cdots$$

cuyos términos son los valores absolutos de los términos de la serie original.

Hay pruebas de convergencia para series con términos positivos y series alternantes. Pero ¿y si los signos de los términos cambian de manera irregular? En el ejemplo 3 se observa que la idea de la convergencia absoluta ayuda algunas veces en tales casos.

1 Definición Una serie Σa_n es llamada **absolutamente convergente** si la serie de valores absolutos $\Sigma|a_n|$ es convergente.

Observe que, si Σa_n es una serie con términos positivos, entonces $|a_n| = a_n$ y por tanto, la convergencia absoluta es lo mismo que la convergencia en este caso.

EJEMPLO 1 La serie

$$\sum_{n=1}^{\infty} \frac{(-1)^{n-1}}{n^2} = 1 - \frac{1}{2^2} + \frac{1}{3^2} - \frac{1}{4^2} + \cdots$$

es absolutamente convergente porque

$$\sum_{n=1}^{\infty} \left| \frac{(-1)^{n-1}}{n^2} \right| = \sum_{n=1}^{\infty} \frac{1}{n^2} = 1 + \frac{1}{2^2} + \frac{1}{3^2} + \frac{1}{4^2} + \cdots$$

es una serie p convergente ($p = 2$). ■

EJEMPLO 2 Ya se sabe que la serie armónica alternante

$$\sum_{n=1}^{\infty} \frac{(-1)^{n-1}}{n} = 1 - \frac{1}{2} + \frac{1}{3} - \frac{1}{4} + \cdots$$

es convergente (véase ejemplo 11.5.1), pero no es absolutamente convergente porque la serie correspondiente de valores absolutos es

$$\sum_{n=1}^{\infty} \left| \frac{(-1)^{n-1}}{n} \right| = \sum_{n=1}^{\infty} \frac{1}{n} = 1 + \frac{1}{2} + \frac{1}{3} + \frac{1}{4} + \cdots$$

que es la serie armónica (serie p con $p = 1$) y, por tanto, es divergente. ■

2 Definición Una serie Σa_n se llama **condicionalmente convergente** si es convergente pero no absolutamente convergente.

En el ejemplo 2 se muestra que la serie armónica alternante es condicionalmente convergente. Por lo que es posible que una serie sea convergente, pero no absolutamente convergente. Sin embargo, el teorema siguiente muestra que la convergencia absoluta implica convergencia.

3 Teorema Si una serie Σa_n es absolutamente convergente, entonces es convergente.

DEMOSTRACIÓN Observe que la desigualdad

$$0 \leqslant a_n + |a_n| \leqslant 2|a_n|$$

es cierta porque $|a_n|$ es a_n o $-a_n$. Si Σa_n es absolutamente convergente, entonces $\Sigma|a_n|$ es convergente, así que $\Sigma 2|a_n|$ es convergente. Por tanto, por la prueba de la comparación, $\Sigma(a_n + |a_n|)$ es convergente. Entonces

$$\sum a_n = \sum (a_n + |a_n|) - \sum |a_n|$$

es la diferencia de dos series convergentes y, por tanto, convergente. ■

EJEMPLO 3 Determine si la serie

$$\sum_{n=1}^{\infty} \frac{\cos n}{n^2} = \frac{\cos 1}{1^2} + \frac{\cos 2}{2^2} + \frac{\cos 3}{3^2} + \cdots$$

es convergente o divergente.

En la figura 1 se ilustran las gráficas de los términos a_n y las sumas parciales s_n de la serie del ejemplo 3. Observe que la serie no es alternante, pero tiene términos positivos y negativos.

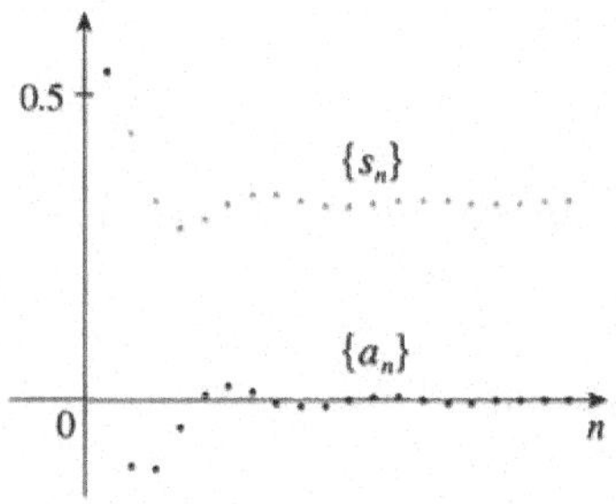

FIGURA 1

SOLUCIÓN Esta serie tiene términos tanto positivos como negativos, pero no es alternante. (El primer término es positivo, los tres siguientes son negativos, y los otros tres que siguen son positivos: los signos no siguen un patrón regular.) Se puede aplicar la prueba de comparación a la serie de valores absolutos

$$\sum_{n=1}^{\infty} \left| \frac{\cos n}{n^2} \right| = \sum_{n=1}^{\infty} \frac{|\cos n|}{n^2}$$

Ya que $|\cos n| \leqslant 1$ para toda n, se tiene

$$\frac{|\cos n|}{n^2} \leqslant \frac{1}{n^2}$$

Se sabe que $\Sigma 1/n^2$ es convergente (serie p con $p = 2$) y, por tanto, $\Sigma|\cos n|/n^2$ es convergente por la prueba por comparación. De esta manera, la serie dada $\Sigma(\cos n)/n^2$ es absolutamente convergente y, por tanto, convergente de acuerdo con el teorema 3. ■

La prueba siguiente es muy útil para determinar si una cierta serie es absolutamente convergente.

Prueba de la razón

(i) Si $\lim_{n\to\infty}\left|\frac{a_{n+1}}{a_n}\right| = L < 1$, entonces la serie $\sum_{n=1}^{\infty} a_n$ es absolutamente convergente (y, por tanto, convergente).

(ii) Si $\lim_{n\to\infty}\left|\frac{a_{n+1}}{a_n}\right| = L > 1$ o $\lim_{n\to\infty}\left|\frac{a_{n+1}}{a_n}\right| = \infty$, entonces la serie $\sum_{n=1}^{\infty} a_n$ es divergente.

(iii) Si $\lim_{n\to\infty}\left|\frac{a_{n+1}}{a_n}\right| = 1$, la prueba de la razón no es concluyente; es decir, no se puede sacar conclusión alguna con respecto a la convergencia o a la divergencia de Σa_n.

DEMOSTRACIÓN

(i) La idea es comparar la serie dada con una serie geométrica convergente. Ya que $L < 1$, se puede elegir un número r tal que $L < r < 1$. Como

$$\lim_{n\to\infty}\left|\frac{a_{n+1}}{a_n}\right| = L \qquad \text{y} \qquad L < r$$

el cociente $|a_{n+1}/a_n|$ eventualmente será menor que r; es decir, existe un entero N tal que

$$\left|\frac{a_{n+1}}{a_n}\right| < r \qquad \text{siempre que } n \geqslant N$$

o equivalentemente

4 $$|a_{n+1}| < |a_n|\, r \qquad \text{siempre que } n \geqslant N$$

Al hacer n sucesivamente igual a $N, N+1, N+2, \ldots$ en (4), se obtiene

$$|a_{N+1}| < |a_N|\, r$$
$$|a_{N+2}| < |a_{N+1}|\, r < |a_N|\, r^2$$
$$|a_{N+3}| < |a_{N+2}|\, r < |a_N|\, r^3$$

y, en general,

5 $$|a_{N+k}| < |a_N|\, r^k \qquad \text{para toda } k \geqslant 1$$

Ahora la serie

$$\sum_{k=1}^{\infty} |a_N|\, r^k = |a_N|\, r + |a_N|\, r^2 + |a_N|\, r^3 + \cdots$$

es convergente porque es una serie geométrica con $0 < r < 1$. Por lo que la desigualdad (5) junto con la prueba de la comparación demuestra que la serie

$$\sum_{n=N+1}^{\infty} |a_n| = \sum_{k=1}^{\infty} |a_{N+k}| = |a_{N+1}| + |a_{N+2}| + |a_{N+3}| + \cdots$$

también es convergente. Se infiere que la serie $\Sigma_{n=1}^{\infty} |a_n|$ es convergente. (Recuerde que una cantidad finita de términos no afecta la convergencia.) Por tanto, Σa_n es absolutamente convergente.

(ii) Si $|a_{n+1}/a_n| \to L > 1$ o $|a_{n+1}/a_n| \to \infty$, entonces la razón $|a_{n+1}/a_n|$ eventualmente será mayor que 1; es decir, existe un entero N tal que

$$\left| \frac{a_{n+1}}{a_n} \right| > 1 \qquad \text{mientras que } n \geqslant N$$

Esto significa que $|a_{n+1}| > |a_n|$ siempre que $n \geqslant N$ y de este modo,

$$\lim_{n\to\infty} a_n \neq 0$$

Por lo tanto, Σa_n es divergente de acuerdo con la prueba de la divergencia. ■

NOTA El inciso (iii) de la prueba de la razón establece que si $\lim_{n\to\infty} |a_{n+1}/a_n| = 1$, la prueba no proporciona información. Por ejemplo, en cuanto a la serie convergente $\Sigma 1/n^2$ se tiene

$$\left| \frac{a_{n+1}}{a_n} \right| = \frac{\dfrac{1}{(n+1)^2}}{\dfrac{1}{n^2}} = \frac{n^2}{(n+1)^2} = \frac{1}{\left(1 + \dfrac{1}{n}\right)^2} \to 1 \qquad \text{cuando } n \to \infty$$

mientras que para la serie divergente $\Sigma 1/n$ se tiene

$$\left| \frac{a_{n+1}}{a_n} \right| = \frac{\dfrac{1}{n+1}}{\dfrac{1}{n}} = \frac{n}{n+1} = \frac{1}{1 + \dfrac{1}{n}} \to 1 \qquad \text{cuando } n \to \infty$$

La prueba de la razón por lo general no es concluyente si el n-ésimo término de la serie contiene una exponencial o factorial, como se verá en los ejemplos 4 y 5.

Por tanto, si $\lim_{n\to\infty} |a_{n+1}/a_n|$, la serie Σa_n podría ser convergente o divergente. En este caso, la prueba de la razón no funciona, por lo que se debe aplicar otra prueba.

EJEMPLO 4 Pruebe si la serie $\displaystyle\sum_{n=1}^{\infty} (-1)^n \frac{n^3}{3^n}$ es absolutamente convergente.

Estimación de sumas

En las tres últimas secciones se usaron varios métodos para estimar la suma de una serie, y el método depende de cuál prueba se usaba para demostrar la convergencia. ¿Qué sucede con las series para las cuales sí funciona la prueba de la razón? Hay dos posibilidades: si la serie es alternante, como en el ejemplo 4, entonces es mejor aplicar los métodos de la sección 11.5. Si todos los términos son positivos, entonces se aplican los métodos especiales que se explican en el ejercicio 46.

SOLUCIÓN Aplique la prueba de la razón con $a_n = (-1)^n n^3/3^n$:

$$\left| \frac{a_{n+1}}{a_n} \right| = \left| \frac{\dfrac{(-1)^{n+1}(n+1)^3}{3^{n+1}}}{\dfrac{(-1)^n n^3}{3^n}} \right| = \frac{(n+1)^3}{3^{n+1}} \cdot \frac{3^n}{n^3}$$

$$= \frac{1}{3}\left(\frac{n+1}{n}\right)^3 = \frac{1}{3}\left(1 + \frac{1}{n}\right)^3 \to \frac{1}{3} < 1$$

Por lo que, por la prueba de la razón, la serie dada es absolutamente convergente y, en consecuencia, convergente. ■

EJEMPLO 5 Pruebe la convergencia de la serie $\sum_{n=1}^{\infty} \frac{n^n}{n!}$.

SOLUCIÓN Ya que los términos $a_n = n^n/n!$ son positivos, no se necesitan los signos del valor absoluto.

$$\frac{a_{n+1}}{a_n} = \frac{(n+1)^{n+1}}{(n+1)!} \cdot \frac{n!}{n^n} = \frac{(n+1)(n+1)^n}{(n+1)n!} \cdot \frac{n!}{n^n}$$

$$= \left(\frac{n+1}{n}\right)^n = \left(1 + \frac{1}{n}\right)^n \to e \qquad \text{cuando } n \to \infty$$

(Véase ecuación 3.6.6.) Ya que $e > 1$, la serie dada es divergente de acuerdo con la prueba de la razón. ■

NOTA Aunque la prueba de la razón funciona en el ejemplo 5, un método más fácil es usar la prueba de la divergencia. Como

$$a_n = \frac{n^n}{n!} = \frac{n \cdot n \cdot n \cdot \cdots \cdot n}{1 \cdot 2 \cdot 3 \cdot \cdots \cdot n} \geqslant n$$

se deduce que a_n no tiende a 0 cuando $n \to \infty$. Por tanto, la serie dada es divergente de acuerdo con la prueba de la divergencia.

Es conveniente aplicar la prueba siguiente cuando hay potencias n-ésimas. Su demostración es similar a la de la prueba de la razón y se deja para el ejercicio 49.

Prueba de la raíz

(i) Si $\lim_{n\to\infty} \sqrt[n]{|a_n|} = L < 1$, entonces la serie $\sum_{n=1}^{\infty} a_n$ es absolutamente convergente (y, por tanto, convergente).

(ii) Si $\lim_{n\to\infty} \sqrt[n]{|a_n|} = L > 1$ o $\lim_{n\to\infty} \sqrt[n]{|a_n|} = \infty$, entonces la serie $\sum_{n=1}^{\infty} a_n$ es divergente.

(iii) Si $\lim_{n\to\infty} \sqrt[n]{|a_n|} = 1$, la prueba de la raíz no es concluyente.

Si $\lim_{n\to\infty} \sqrt[n]{|a_n|} = 1$, entonces el inciso (iii) de la prueba de la raíz establece que la prueba no proporciona información. La serie Σa_n podría ser convergente o divergente. (Si $L = 1$ en la prueba de la razón, no intente con la prueba de la raíz porque L será otra vez 1. Y si $L = 1$ en la prueba de la raíz, no intente la prueba de la razón porque también fallará.)

EJEMPLO 6 Pruebe la convergencia de la serie $\sum_{n=1}^{\infty} \left(\frac{2n+3}{3n+2}\right)^n$.

SOLUCIÓN

$$a_n = \left(\frac{2n+3}{3n+2}\right)^n$$

$$\sqrt[n]{|a_n|} = \frac{2n+3}{3n+2} = \frac{2 + \frac{3}{n}}{3 + \frac{2}{n}} \to \frac{2}{3} < 1$$

Por lo que la serie dada converge de acuerdo con la prueba de la raíz. ■

Reordenamientos

La pregunta de si una serie dada que es convergente es absolutamente convergente o condicionalmente convergente, tiene relación con la pregunta de si las sumas infinitas se comportan como las sumas finitas.

Por supuesto, si se reordenan los términos en una suma finita, entonces el valor de la suma no cambia. Pero esto no siempre sucede en las series infinitas. El **reordenamiento** de una serie infinita Σa_n significa una serie obtenida simplemente al cambiar el orden de los términos. Por ejemplo, un reordenamiento de Σa_n podría empezar como sigue:

$$a_1 + a_2 + a_5 + a_3 + a_4 + a_{15} + a_6 + a_7 + a_{20} + \cdots$$

Resulta que

si Σa_n es una serie absolutamente convergente con suma s, entonces cualquier reordenamiento de Σa_n tiene la misma suma s.

Sin embargo, cualquier serie condicionalmente convergente se puede reordenar para dar una suma distinta. Para ilustrar este hecho considere la serie armónica alternante

6 $$1 - \tfrac{1}{2} + \tfrac{1}{3} - \tfrac{1}{4} + \tfrac{1}{5} - \tfrac{1}{6} + \tfrac{1}{7} - \tfrac{1}{8} + \cdots = \ln 2$$

(Véase ejercicio 11.5.36.) Si se multiplica la serie por $\frac{1}{2}$, se obtiene

$$\tfrac{1}{2} - \tfrac{1}{4} + \tfrac{1}{6} - \tfrac{1}{8} + \cdots = \tfrac{1}{2}\ln 2$$

Si se insertan ceros entre los términos de esta serie, se tiene

7 $$0 + \tfrac{1}{2} + 0 - \tfrac{1}{4} + 0 + \tfrac{1}{6} + 0 - \tfrac{1}{8} + \cdots = \tfrac{1}{2}\ln 2$$

Sumar ceros no afecta la suma de la serie; cada uno de los términos de la sucesión de sumas parciales se repite, pero el límite es el mismo.

Ahora se suma la serie de las ecuaciones 6 y 7 usando el teorema 11.2.8:

8 $$1 + \tfrac{1}{3} - \tfrac{1}{2} + \tfrac{1}{5} + \tfrac{1}{7} - \tfrac{1}{4} + \cdots = \tfrac{3}{2}\ln 2$$

Observe que la serie en (8) consta de los mismos términos que en (6), pero reordenados para que haya un término negativo después de cada par de términos positivos. Pero las sumas de estas series son diferentes. De hecho, Riemann demostró que

si Σa_n es una serie condicionalmente convergente y r es cualquier número real, entonces hay un reordenamiento de Σa_n que tiene una suma igual a r.

Una demostración de este hecho se plantea en el ejercicio 52.

11.6 EJERCICIOS

1. ¿Qué puede decir acerca de la serie Σa_n en cada uno de los casos siguientes?

(a) $\displaystyle\lim_{n\to\infty}\left|\frac{a_{n+1}}{a_n}\right| = 8$ (b) $\displaystyle\lim_{n\to\infty}\left|\frac{a_{n+1}}{a_n}\right| = 0.8$

(c) $\displaystyle\lim_{n\to\infty}\left|\frac{a_{n+1}}{a_n}\right| = 1$

2-6 Determine si la serie es absolutamente convergente, condicionalmente convergente o divergente

2. $\displaystyle\sum_{n=1}^{\infty}\frac{(-1)^{n-1}}{\sqrt{n}}$

3. $\displaystyle\sum_{n=0}^{\infty}\frac{(-1)^n}{5n+1}$ **4.** $\displaystyle\sum_{n=1}^{\infty}\frac{(-1)^n}{n^3+1}$

5. $\displaystyle\sum_{n=1}^{\infty} \frac{\operatorname{sen} n}{2^n}$

6. $\displaystyle\sum_{n=0}^{\infty} \frac{(-3)^n}{(2n+1)!}$

7-24 Utilice la prueba de la razón para determinar si la serie es convergente o divergente.

7. $\displaystyle\sum_{n=1}^{\infty} \frac{n}{5^n}$

8. $\displaystyle\sum_{n=1}^{\infty} (-1)^{n+1} \frac{n^2 2^n}{n!}$

9. $\displaystyle\sum_{n=1}^{\infty} (-1)^{n-1} \frac{3^n}{2^n n^3}$

10. $\displaystyle\sum_{n=0}^{\infty} \frac{(-3)^n}{(2n+1)!}$

11. $\displaystyle\sum_{k=1}^{\infty} \frac{1}{k!}$

12. $\displaystyle\sum_{k=1}^{\infty} ke^{-k}$

13. $\displaystyle\sum_{n=1}^{\infty} \frac{10^n}{(n+1)4^{2n+1}}$

14. $\displaystyle\sum_{n=1}^{\infty} \frac{n!}{100^n}$

15. $\displaystyle\sum_{n=1}^{\infty} \frac{n\pi^n}{(-3)^{n-1}}$

16. $\displaystyle\sum_{n=1}^{\infty} \frac{n^{10}}{(-10)^{n+1}}$

17. $\displaystyle\sum_{n=1}^{\infty} \frac{\cos(n\pi/3)}{n!}$

18. $\displaystyle\sum_{n=1}^{\infty} \frac{n!}{n^n}$

19. $\displaystyle\sum_{n=1}^{\infty} \frac{n^{100}100^n}{n!}$

20. $\displaystyle\sum_{n=1}^{\infty} \frac{2^{n^2}}{n!}$

21. $\displaystyle 1 - \frac{2!}{1\cdot 3} + \frac{3!}{1\cdot 3\cdot 5} - \frac{4!}{1\cdot 3\cdot 5\cdot 7} + \cdots + (-1)^{n-1}\frac{n!}{1\cdot 3\cdot 5\cdot \cdots \cdot (2n-1)} + \cdots$

22. $\displaystyle \frac{2}{3} + \frac{2\cdot 5}{3\cdot 5} + \frac{2\cdot 5\cdot 8}{3\cdot 5\cdot 7} + \frac{2\cdot 5\cdot 8\cdot 11}{3\cdot 5\cdot 7\cdot 9} + \cdots$

23. $\displaystyle\sum_{n=1}^{\infty} \frac{2\cdot 4\cdot 6\cdot \cdots \cdot (2n)}{n!}$

24. $\displaystyle\sum_{n=1}^{\infty} (-1)^n \frac{2^n n!}{5\cdot 8\cdot 11\cdot \cdots \cdot (3n+2)}$

25-30 Utilice la prueba de la raíz para determinar si la serie es convergente o divergente.

25. $\displaystyle\sum_{n=1}^{\infty} \left(\frac{n^2+1}{2n^2+1}\right)^n$

26. $\displaystyle\sum_{n=1}^{\infty} \frac{(-2)^n}{n^n}$

27. $\displaystyle\sum_{n=2}^{\infty} \frac{(-1)^{n-1}}{(\ln n)^n}$

28. $\displaystyle\sum_{n=1}^{\infty} \left(\frac{-2n}{n+1}\right)^{5n}$

29. $\displaystyle\sum_{n=1}^{\infty} \left(1+\frac{1}{n}\right)^{n^2}$

30. $\displaystyle\sum_{n=0}^{\infty} (\arctan n)^n$

31-38 Utilice cualquier prueba para determinar si la serie es convergente o divergente.

31. $\displaystyle\sum_{n=2}^{\infty} \frac{(-1)^n}{\ln n}$

32. $\displaystyle\sum_{n=1}^{\infty} \left(\frac{1-n}{2+3n}\right)^n$

33. $\displaystyle\sum_{n=1}^{\infty} \frac{(-9)^n}{n10^{n+1}}$

34. $\displaystyle\sum_{n=1}^{\infty} \frac{n5^{2n}}{10^{n+1}}$

35. $\displaystyle\sum_{n=2}^{\infty} \left(\frac{n}{\ln n}\right)^n$

36. $\displaystyle\sum_{n=1}^{\infty} \frac{\operatorname{sen}(n\pi/6)}{1+n\sqrt{n}}$

37. $\displaystyle\sum_{n=1}^{\infty} \frac{(-1)^n e^{1/n}}{n^3}$

38. $\displaystyle\sum_{n=2}^{\infty} \frac{(-1)^n}{n\ln n}$

39. Los términos de una serie se definen en forma recursiva con las ecuaciones

$$a_1 = 2 \qquad a_{n+1} = \frac{5n+1}{4n+3}a_n$$

Determine si Σa_n es convergente o divergente.

40. Una serie Σa_n está definida por las ecuaciones

$$a_1 = 1 \qquad a_{n+1} = \frac{2+\cos n}{\sqrt{n}}a_n$$

Determine si Σa_n converge o diverge.

41-42 Sea $\{b_n\}$ una sucesión de números positivos que converge a $\frac{1}{2}$. Determine si la serie dada es absolutamente convergente.

41. $\displaystyle\sum_{n=1}^{\infty} \frac{b_n^n \cos n\pi}{n}$

42. $\displaystyle\sum_{n=1}^{\infty} \frac{(-1)^n n!}{n^n b_1 b_2 b_3 \cdots b_n}$

43. ¿Para cuáles de las series siguientes la prueba de la razón no es concluyente (es decir, no proporciona una respuesta definitiva)?

(a) $\displaystyle\sum_{n=1}^{\infty} \frac{1}{n^3}$ (b) $\displaystyle\sum_{n=1}^{\infty} \frac{n}{2^n}$

(c) $\displaystyle\sum_{n=1}^{\infty} \frac{(-3)^{n-1}}{\sqrt{n}}$ (d) $\displaystyle\sum_{n=1}^{\infty} \frac{\sqrt{n}}{1+n^2}$

44. ¿Para cuáles enteros positivos k la serie siguiente es convergente?

$$\sum_{n=1}^{\infty} \frac{(n!)^2}{(kn)!}$$

45. (a) Demuestre que $\Sigma_{n=0}^{\infty} x^n/n!$ converge para toda x.
(b) Deduzca que $\lim_{n\to\infty} x^n/n! = 0$ para toda x.

46. Sea Σa_n una serie con términos positivos y sea $r_n = a_{n+1}/a_n$. Suponga que $\lim_{n\to\infty} r_n = L < 1$, por lo que Σa_n es convergente de acuerdo con la prueba de la razón. Como es lo usual, sea R_n el residuo después de n términos, es decir,

$$R_n = a_{n+1} + a_{n+2} + a_{n+3} + \cdots$$

(a) Si $\{r_n\}$ es una sucesión decreciente y $r_{n+1} < 1$, demuestre con la suma de una serie geométrica que

$$R_n \leqslant \frac{a_{n+1}}{1-r_{n+1}}$$

(b) Si $\{r_n\}$ es una sucesión creciente, demuestre que

$$R_n \leqslant \frac{a_{n+1}}{1-L}$$

47. (a) Calcule la suma parcial s_5 de la serie $\Sigma_{n=1}^{\infty} 1/(n2^n)$. Con ayuda del ejercicio 46 estime el error al usar s_5 como una aproximación a la suma de la serie.
(b) Determine un valor de n de tal modo que s_n difiera menos que 0.00005 de la suma real. Use este valor de n para obtener un valor aproximado de la suma de la serie.

48. Use la suma de los primeros 10 términos para obtener un valor aproximado de la suma de la serie

$$\sum_{n=1}^{\infty} \frac{n}{2^n}$$

Utilice el ejercicio 46 para estimar el error.

49. Demuestre la prueba de la raíz. [*Sugerencia para inciso (i)*: tome cualquier número r tal que $L < r < 1$ y utilice el hecho de que hay un entero N tal que $\sqrt[n]{|a_n|} < r$ siempre que $n \geqslant N$.]

50. Hacia 1910, Srinivasa Ramanujan, matemático de India, descubrió la fórmula

$$\frac{1}{\pi} = \frac{2\sqrt{2}}{9801} \sum_{n=0}^{\infty} \frac{(4n)!(1103 + 26390n)}{(n!)^4 396^{4n}}$$

William Gosper utilizó esta serie en 1985 para calcular los primeros 17 millones de dígitos de π.
(a) Verifique que la serie es convergente.
(b) ¿Cuántos lugares decimales correctos de π obtiene el lector si usa solo el primer término de la serie? ¿Qué pasa si usa dos términos?

51. Dada cualquier serie Σa_n, se define una serie Σa_n^+ cuyos términos son todos los positivos de Σa_n y una serie Σa_n^- cuyos términos son todos los negativos de Σa_n. Para ser específicos, sea

$$a_n^+ = \frac{a_n + |a_n|}{2} \qquad a_n^- = \frac{a_n - |a_n|}{2}$$

Observe que si $a_n > 0$, entonces $a_n^+ = a_n$ y $a_n^- = 0$, mientras que si $a_n < 0$, entonces $a_n^- = a_n$ y $a_n^+ = 0$.
(a) Si Σa_n es absolutamente convergente, demuestre que tanto la serie Σa_n^+ como la serie Σa_n^- son convergentes.
(b) Si Σa_n es condicionalmente convergente, demuestre que tanto la serie Σa_n^+ como la serie Σa_n^- son divergentes.

52. Demuestre que si Σa_n es una serie condicionalmente convergente y r es cualquier número real, entonces hay un reordenamiento de Σa_n cuya suma es r. [*Sugerencia*: utilice la notación del ejercicio 51. Tome solo suficientes términos positivos a_n^+ para que su suma sea mayor que r. Luego sume solo suficientes términos negativos a_n^- para que la suma acumulativa sea menor que r. Continúe así y aplique el teorema 11.2.6.]

53. Suponga que la serie Σa_n es condicionalmente convergente.
(a) Demuestre que la serie $\Sigma n^2 a_n$ es divergente.
(b) La convergencia condicional de Σa_n no es suficiente para determinar si $\Sigma n a_n$ es convergente. Demuestre esto con un ejemplo de una serie condicionalmente convergente tal que $\Sigma n a_n$ converge y un ejemplo donde $\Sigma n a_n$ diverge.

11.7 Estrategia para probar series

Ya se tienen varias maneras de probar la convergencia o divergencia de una serie; ahora el problema es decidir cuál prueba aplicar en cada serie. En este aspecto, probar series es parecido a integrar funciones. No hay reglas rígidas y rápidas con respecto a qué prueba aplicar a una serie dada, pero puede seguir las recomendaciones siguientes, que pueden ser útiles.

No es prudente aplicar una lista de pruebas en un orden específico hasta que una funcione. Eso sería un desperdicio de tiempo y esfuerzo. En lugar de eso, al igual que en la integración, la estrategia principal es clasificar las series de acuerdo con su *forma*.

1. Si la serie es de la forma $\Sigma 1/n^p$, es una serie p, lo cual significa que es convergente si $p > 1$ y divergente si $p \leqslant 1$.
2. Si la serie es de la forma Σar^{n-1} o Σar^n, es una serie geométrica que converge si $|r| < 1$ y diverge si $|r| \geqslant 1$. Se podrían requerir algunas operaciones algebraicas para hacer que la serie adquiera esta forma.
3. Si la serie tiene una forma similar a la de una serie p o a una serie geométrica, entonces se debe considerar una de las pruebas por comparación. En particular, si a_n es una función racional o una función algebraica de n (es decir, que contiene raíces de polinomiales), entonces la serie se debe comparar contra una serie p. Observe que la mayoría de las series de los ejercicios 11.4 tienen esta forma. (El valor de p se debe escoger como en la sección 11.4, y conservar solo las potencias más altas de n en el numerador y en el denominador.) Las pruebas por comparación se aplican solo en series con términos positivos, pero si Σa_n tiene algunos términos negativos, entonces se puede aplicar la prueba por comparación a $\Sigma |a_n|$ y probar si hay convergencia absoluta.

4. Si es fácil ver que $\lim_{n\to\infty} a_n \neq 0$, entonces se debe aplicar la prueba de la divergencia.
5. Si la serie es de la forma $\Sigma(-1)^{n-1}b_n$ o $\Sigma(-1)^n b_n$, entonces una posibilidad obvia es la prueba de la serie alternante.
6. Las series que contienen factoriales u otros productos (incluso una constante elevada a una potencia n-ésima) se prueban en forma aceptable usando la prueba de la razón. Siempre piense que $|a_{n+1}/a_n| \to 1$ cuando $n \to \infty$ para todas las series p y, por tanto, todas las funciones racionales o algebraicas de n. Así la prueba de la raíz no se debe aplicar para dichas series.
7. Si a_n es de la forma $(b_n)^n$, entonces la prueba de la raíz podría ser útil.
8. Si $a_n = f(n)$, donde $\int_1^\infty f(x)$ se puede evaluar con facilidad, entonces la prueba de la integral es efectiva (suponiendo que la hipótesis de esta prueba se cumple).

En los ejemplos siguientes no se presenta todo el desarrollo, sino que simplemente se indica qué prueba se debe usar.

EJEMPLO 1 $\displaystyle\sum_{n=1}^{\infty} \frac{n-1}{2n+1}$

Ya que $a_n \to \frac{1}{2} \neq 0$ cuando $n \to \infty$, se debe usar la prueba de la divergencia. ■

EJEMPLO 2 $\displaystyle\sum_{n=1}^{\infty} \frac{\sqrt{n^3+1}}{3n^3+4n^2+2}$

Como a_n es una función algebraica de n, compare la serie dada con la serie p. La serie de comparación para la prueba de comparación en el límite es Σb_n, donde

$$b_n = \frac{\sqrt{n^3}}{3n^3} = \frac{n^{3/2}}{3n^3} = \frac{1}{3n^{3/2}}$$ ■

EJEMPLO 3 $\displaystyle\sum_{n=1}^{\infty} ne^{-n^2}$

Ya que la integral $\int_1^\infty xe^{-x^2}$ se evalúa con facilidad, use la prueba de la integral. La prueba de la razón también funciona. ■

EJEMPLO 4 $\displaystyle\sum_{n=1}^{\infty} (-1)^n \frac{n^3}{n^4+1}$

Como la serie es alternante, aplique la prueba de la serie alternante. ■

EJEMPLO 5 $\displaystyle\sum_{k=1}^{\infty} \frac{2^k}{k!}$

Como la serie contiene $k!$, se aplica la prueba de la razón. ■

EJEMPLO 6 $\displaystyle\sum_{n=1}^{\infty} \frac{1}{2+3^n}$

La serie está estrechamente relacionada con la serie geométrica $\Sigma 1/3^n$, por lo que se usa la prueba por comparación. ■

11.7 EJERCICIOS

1-38 Pruebe si las series son convergentes o divergentes.

1. $\displaystyle\sum_{n=1}^{\infty} \frac{n^2-1}{n^3+1}$

2. $\displaystyle\sum_{n=1}^{\infty} \frac{n-1}{n^3+1}$

3. $\displaystyle\sum_{n=1}^{\infty} (-1)^n \frac{n^2-1}{n^3+1}$

4. $\displaystyle\sum_{n=1}^{\infty} (-1)^n \frac{n^2-1}{n^2+1}$

5. $\displaystyle\sum_{n=1}^{\infty} \frac{e^n}{n^2}$

6. $\displaystyle\sum_{n=1}^{\infty} \frac{n^{2n}}{(1+n)^{3n}}$

7. $\displaystyle\sum_{k=1}^{\infty} k^2e^{-k}$

8. $\displaystyle\sum_{n=1}^{\infty} (-1)^{n-1} \frac{n^4}{4^n}$

9. $\displaystyle\sum_{n=0}^{\infty} (-1)^n \frac{\pi^{2n}}{(2n)!}$

10. $\displaystyle\sum_{n=1}^{\infty} \frac{(2n+1)^n}{n^{2n}}$

11. $\displaystyle\sum_{n=1}^{\infty} \left(\frac{1}{n^3}+\frac{1}{3^n}\right)$

12. $\displaystyle\sum_{k=1}^{\infty} \frac{2^k k!}{(k+2)!}$

13. $\displaystyle\sum_{n=1}^{\infty} \frac{3^n n^2}{n!}$

14. $\displaystyle\sum_{n=1}^{\infty} \frac{\operatorname{sen} 2n}{1+2^n}$

15. $\displaystyle\sum_{k=1}^{\infty} \frac{2^{k-1}3^{k+1}}{k^k}$

16. $\displaystyle\sum_{n=1}^{\infty} \frac{\sqrt{n^4+1}}{n^3+n}$

17. $\displaystyle\sum_{n=1}^{\infty} \frac{1 \cdot 3 \cdot 5 \cdot \cdots \cdot (2n-1)}{2 \cdot 5 \cdot 8 \cdot \cdots \cdot (3n-1)}$

18. $\displaystyle\sum_{n=1}^{\infty} \frac{n^2+1}{n^3+1}$

19. $\displaystyle\sum_{n=1}^{\infty} (-1)^n \frac{\ln n}{\sqrt{n}}$

20. $\displaystyle\sum_{k=1}^{\infty} \frac{\sqrt[3]{k}-1}{k(\sqrt{k}+1)}$

21. $\displaystyle\sum_{n=1}^{\infty} (-1)^n \cos(1/n^2)$

22. $\displaystyle\sum_{n=1}^{\infty} \frac{\sqrt{n^2-1}}{n^3+2n^2+5}$

23. $\displaystyle\sum_{n=1}^{\infty} \tan(1/n)$

24. $\displaystyle\sum_{n=1}^{\infty} n \operatorname{sen}(1/n)$

25. $\displaystyle\sum_{n=1}^{\infty} \frac{n!}{e^{n^2}}$

26. $\displaystyle\sum_{n=1}^{\infty} \frac{n^2+1}{5^n}$

27. $\displaystyle\sum_{k=1}^{\infty} \frac{k \ln k}{(k+1)^3}$

28. $\displaystyle\sum_{n=1}^{\infty} \frac{e^{1/n}}{n^2}$

29. $\displaystyle\sum_{n=1}^{\infty} \frac{(-1)^n}{\cosh n}$

30. $\displaystyle\sum_{j=1}^{\infty} (-1)^j \frac{\sqrt{j}}{j+5}$

31. $\displaystyle\sum_{k=1}^{\infty} \frac{5^k}{3^k+4^k}$

32. $\displaystyle\sum_{n=1}^{\infty} \frac{(n!)^n}{n^{4n}}$

33. $\displaystyle\sum_{n=1}^{\infty} \left(\frac{n}{n+1}\right)^{n^2}$

34. $\displaystyle\sum_{n=1}^{\infty} \frac{1}{n+n\cos^2 n}$

35. $\displaystyle\sum_{n=1}^{\infty} \frac{1}{n^{1+1/n}}$

36. $\displaystyle\sum_{n=2}^{\infty} \frac{1}{(\ln n)^{\ln n}}$

37. $\displaystyle\sum_{n=1}^{\infty} (\sqrt[n]{2}-1)^n$

38. $\displaystyle\sum_{n=1}^{\infty} (\sqrt[n]{2}-1)$

11.8 Series de potencias

Una **serie de potencias** es una serie de la forma

$$\boxed{1} \qquad \sum_{n=0}^{\infty} c_n x^n = c_0 + c_1 x + c_2 x^2 + c_3 x^3 + \cdots$$

donde x es una variable y las c_n son constantes llamados **coeficientes** de la serie. Para cada x fija, la serie (1) es una serie de constantes que se puede probar para ver si es convergente o divergente. Una serie de potencias podría ser convergente para algunos valores de x y ser divergente para otros. La suma de la serie es una función

$$f(x) = c_0 + c_1 x + c_2 x^2 + \cdots + c_n x^n + \cdots$$

cuyo dominio es el conjunto de todas las x para las cuales la serie converge. Observe que f es parecida a un polinomio. La única diferencia es que f tiene un infinito de términos.

Por ejemplo, si toma $c_n = 1$ para toda n, la serie de potencias se transforma en una serie geométrica

$$\boxed{2} \qquad \sum_{n=0}^{\infty} x^n = 1 + x + x^2 + \cdots + x^n + \cdots$$

que es convergente cuando $-1 < x < 1$ y es divergente cuando $|x| \geq 1$. (Véase la ecuación 11.2.5.)

Series trigonométricas

Una serie de potencias es una en la cual cada uno de los términos es una función potencia. Una **serie trigonométrica**

$$\sum_{n=0}^{\infty} (a_n \cos nx + b_n \operatorname{sen} nx)$$

es una serie cuyos términos son funciones trigonométricas. Este tipo de serie se analiza en el sitio web

www.stewartcalculus.com

Haga clic en *Additional Topics* y luego en *Fourier Series*.

De hecho, si se sustituye $x = \frac{1}{2}$ en la serie geométrica (2) se obtiene la serie convergente

$$\sum_{n=0}^{\infty} \left(\frac{1}{2}\right)^n = 1 + \frac{1}{2} + \frac{1}{4} + \frac{1}{8} + \frac{1}{16} + \cdots$$

pero si se sustituye $x = 2$ en (2) se obtiene la serie divergente

$$\sum_{n=0}^{\infty} 2^n = 1 + 2 + 4 + 8 + 16 + \cdots$$

Más general, una serie de la forma

3
$$\sum_{n=0}^{\infty} c_n(x - a)^n = c_0 + c_1(x - a) + c_2(x - a)^2 + \cdots$$

se denomina **serie de potencias** en $(x - a)$ o una **serie de potencias centrada en a** o una **serie de potencias en torno a a**. Observe que al escribir el término correspondiente a $n = 0$ en las ecuaciones 1 y 3 se ha adoptado la convención de que $(x - a)^0 = 1$ aun cuando $x = a$. También observe que cuando $x = a$ todos los términos son 0 para $n \geqslant 1$ y de este modo la serie de potencias (3) siempre es convergente cuando $x = a$.

EJEMPLO 1 ¿Para qué valores de x la serie $\sum_{n=0}^{\infty} n!x^n$ es convergente?

SOLUCIÓN Se utiliza la prueba de la razón. Sea a_n, como se acostumbra, el n-ésimo término de la serie, entonces $a_n = n!\,x^n$. Si $x \neq 0$, se tiene

Observe que
$(n + 1)! = (n + 1)n(n - 1) \cdot \cdots \cdot 3 \cdot 2 \cdot 1$
$= (n + 1)n!$

$$\lim_{n\to\infty} \left| \frac{a_{n+1}}{a_n} \right| = \lim_{n\to\infty} \left| \frac{(n + 1)!x^{n+1}}{n!x^n} \right| = \lim_{n\to\infty} (n + 1)|x| = \infty$$

Por la prueba de la razón, la serie es divergente cuando $x \neq 0$. Por lo que la serie dada converge solo cuando $x = 0$.

EJEMPLO 2 ¿Para qué valores de x la serie $\sum_{n=1}^{\infty} \frac{(x - 3)^n}{n}$ es convergente?

SOLUCIÓN Sea $a_n = (x - 3)^n/n$. Entonces

$$\left| \frac{a_{n+1}}{a_n} \right| = \left| \frac{(x - 3)^{n+1}}{n + 1} \cdot \frac{n}{(x - 3)^n} \right|$$

$$= \frac{1}{1 + \frac{1}{n}} |x - 3| \to |x - 3| \quad \text{cuando } n \to \infty$$

De acuerdo con la prueba de la razón, la serie dada es absolutamente convergente y, por tanto, convergente cuando $|x - 3| < 1$ y divergente cuando $|x - 3| > 1$. Ahora

$$|x - 3| < 1 \iff -1 < x - 3 < 1 \iff 2 < x < 4$$

por lo que la serie converge cuando $2 < x < 4$ y diverge cuando $x < 2$ o $x > 4$.

La prueba de la razón no proporciona información cuando $|x - 3| = 1$ por lo que se debe considerar $x = 2$ y $x = 4$ por separado. Si se sustituye $x = 4$ en la serie, resulta $\Sigma 1/n$, la serie armónica, que es divergente. Si $x = 2$, la serie es $\Sigma(-1)^n/n$, que es convergente de acuerdo con la prueba de la serie alternante. Por tanto, la serie de potencias dada converge para $2 \leqslant x < 4$. ■

Membrana cortesía de National Film Board of Canada

Observe cómo la aproximación del modelo generado por computadora (el cual utiliza funciones de Bessel y de cosenos) coincide con la fotografía de una membrana vibratoria de hule.

Se verá que el uso principal de las series de potencias es proporcionar una manera de representar algunas de las funciones más importantes que surgen en matemáticas, física y química. En particular, la suma de la serie de potencias del ejemplo siguiente se llama **función de Bessel**, en honor al astrónomo alemán Friedrich Bessel (1784-1846), y la función dada en el ejercicio 35 es otro ejemplo de la función de Bessel. En efecto, estas surgieron primero cuando Bessel resolvió la ecuación de Kepler para describir el movimiento de los planetas. Desde esa época, estas funciones se aplican en diversas situaciones físicas, entre ellas la distribución de temperaturas en una lámina circular y las vibraciones de la membrana de un tambor.

EJEMPLO 3 Determine el dominio de la función de Bessel de orden 0 definida por

$$J_0(x) = \sum_{n=0}^{\infty} \frac{(-1)^n x^{2n}}{2^{2n}(n!)^2}$$

SOLUCIÓN Sea $a_n = (-1)^n x^{2n}/[2^{2n}(n!)^2]$. Entonces

$$\left|\frac{a_{n+1}}{a_n}\right| = \left|\frac{(-1)^{n+1}x^{2(n+1)}}{2^{2(n+1)}[(n+1)!]^2} \cdot \frac{2^{2n}(n!)^2}{(-1)^n x^{2n}}\right|$$

$$= \frac{x^{2n+2}}{2^{2n+2}(n+1)^2(n!)^2} \cdot \frac{2^{2n}(n!)^2}{x^{2n}}$$

$$= \frac{x^2}{4(n+1)^2} \to 0 < 1 \qquad \text{para toda } x$$

De este modo, de acuerdo con la prueba de la razón, la serie dada converge para todos los valores de x. En otras palabras, el dominio de la función de Bessel J_0 es $(-\infty, \infty) = \mathbb{R}$. ■

Recuerde que la suma de una serie es igual al límite de la sucesión de las sumas parciales. De esa manera, cuando se define la función de Bessel del ejemplo 3 como la suma de una serie significa que, para todo número real x,

$$J_0(x) = \lim_{n\to\infty} s_n(x) \qquad \text{donde} \qquad s_n(x) = \sum_{i=0}^{n} \frac{(-1)^i x^{2i}}{2^{2i}(i!)^2}$$

Las primeras sumas parciales son

$$s_0(x) = 1$$

$$s_1(x) = 1 - \frac{x^2}{4}$$

$$s_2(x) = 1 - \frac{x^2}{4} + \frac{x^4}{64}$$

$$s_3(x) = 1 - \frac{x^2}{4} + \frac{x^4}{64} - \frac{x^6}{2304}$$

$$s_4(x) = 1 - \frac{x^2}{4} + \frac{x^4}{64} - \frac{x^6}{2304} + \frac{x^8}{147,456}$$

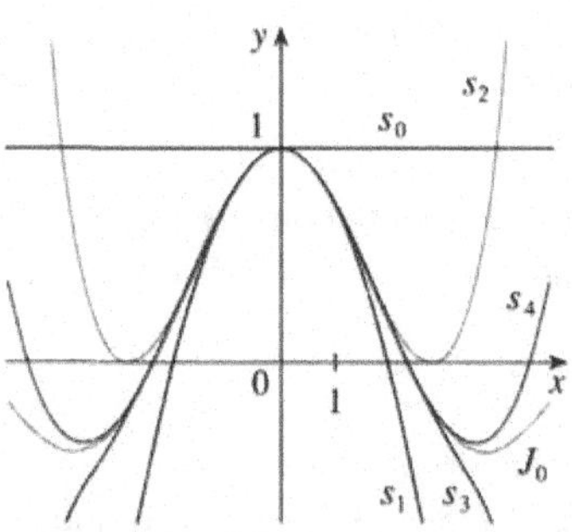

FIGURA 1
Sumas parciales de la función de Bessel J_0

En la figura 1 se muestran las gráficas de estas sumas parciales, las cuales son funciones polinomiales. Todas son aproximaciones de la función J_0, pero observe que la aproximación es mejor cuando se incluyen más términos. En la figura 2 se ilustra una gráfica más completa de la función de Bessel.

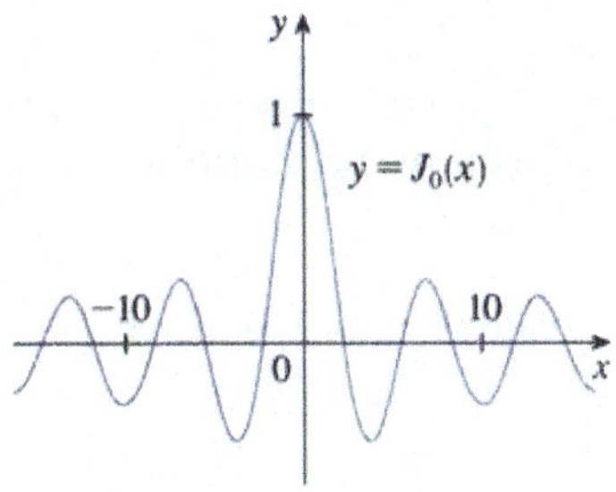

FIGURA 2

Para las series de potencias examinadas hasta el momento, el conjunto de valores de x para los cuales las series convergen ha resultado ser siempre un intervalo [un intervalo finito de la serie geométrica y la serie del ejemplo 2, el intervalo infinito $(-\infty, \infty)$ del ejemplo 3, y un intervalo colapsado $[0, 0] = \{0\}$ del ejemplo 1]. El teorema siguiente, que se demuestra en el apéndice F, establece que esto es válido en general.

> **4 Teorema** Para una serie de potencias dada $\sum_{n=0}^{\infty} c_n(x - a)^n$ hay solo tres posibilidades:
>
> (i) La serie converge solo cuando $x = a$.
>
> (ii) La serie converge para toda x.
>
> (iii) Hay un número positivo R tal que la serie converge si $|x - a| < R$ y diverge si $|x - a| > R$.

El número R en el caso (iii) se llama **radio de convergencia** de la serie de potencias. Por convención, el radio de convergencia es $R = 0$ en el caso (i) y $R = \infty$ en el caso (ii). El **intervalo de convergencia** de una serie de potencias es el intervalo que consiste en todos los valores de x para los cuales la serie converge. En el caso (i) el intervalo consta de un solo punto a. En el caso (ii) el intervalo es $(-\infty, \infty)$. Observe que en el caso (iii) la desigualdad $|x - a| < R$ se puede escribir de nuevo como $a - R < x < a + R$. Cuando x es un *punto final* del intervalo, es decir, $x = a \pm R$, cualquier cosa puede suceder: la serie podría ser convergente en uno o en ambos extremos, o podría ser divergente en ambos extremos. Por tanto, en el caso (iii) hay cuatro posibilidades para el intervalo de convergencia:

$$(a - R, a + R) \qquad (a - R, a + R] \qquad [a - R, a + R) \qquad [a - R, a + R]$$

La situación se ilustra en la figura 3.

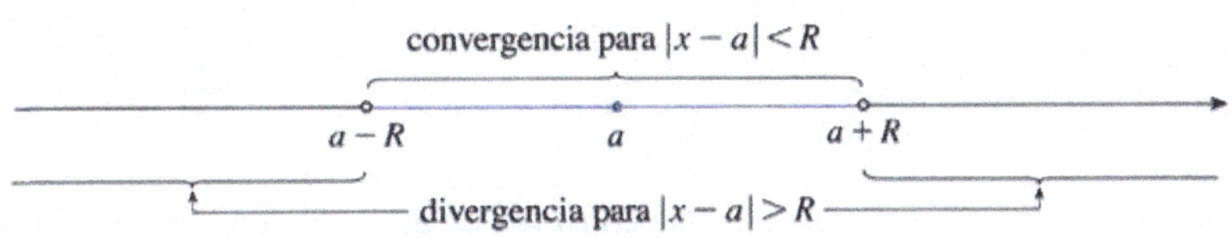

FIGURA 3

Aquí se resume el radio y el intervalo de convergencia para cada uno de los ejemplos considerados en esta sección.

	Series	Radio de convergencia	Intervalo de convergencia
Serie geométrica	$\sum_{n=0}^{\infty} x^n$	$R = 1$	$(-1,1)$
Ejemplo 1	$\sum_{n=0}^{\infty} n!\, x^n$	$R = 0$	$\{0\}$
Ejemplo 2	$\sum_{n=1}^{\infty} \frac{(x-3)^n}{n}$	$R = 1$	$[2,4)$
Ejemplo 3	$\sum_{n=0}^{\infty} \frac{(-1)^n x^{2n}}{2^{2n}(n!)^2}$	$R = \infty$	$(-\infty, \infty)$

En general, la prueba de la razón (o a veces, la prueba de la raíz) se debe usar para determinar el radio de convergencia R. Las pruebas de la razón y la raíz siempre fracasan cuando x es un extremo del intervalo de convergencia, por lo que es necesario verificar los puntos finales por medio de alguna otra prueba.

EJEMPLO 4 Determine el radio de convergencia y el intervalo de convergencia de la serie

$$\sum_{n=0}^{\infty} \frac{(-3)^n x^n}{\sqrt{n+1}}$$

SOLUCIÓN Sea $a_n = (-3)^n x^n/\sqrt{n+1}$. Entonces

$$\left|\frac{a_{n+1}}{a_n}\right| = \left|\frac{(-3)^{n+1}x^{n+1}}{\sqrt{n+2}} \cdot \frac{\sqrt{n+1}}{(-3)^n x^n}\right| = \left|-3x\sqrt{\frac{n+1}{n+2}}\right|$$

$$= 3\sqrt{\frac{1+(1/n)}{1+(2/n)}}\,|x| \to 3|x| \qquad \text{cuando } n \to \infty$$

De acuerdo con la prueba de la razón, la serie dada converge si $3|x| < 1$ y es divergente si $3|x| > 1$. Por lo que es convergente si $|x| < \frac{1}{3}$ y divergente si $|x| > \frac{1}{3}$. Esto significa que el radio de convergencia es $R = \frac{1}{3}$.

Se sabe que la serie converge en el intervalo $(-\frac{1}{3}, \frac{1}{3})$, pero ahora es necesario probar si hay convergencia en los extremos de este intervalo. Si $x = -\frac{1}{3}$, la serie se transforma en

$$\sum_{n=0}^{\infty} \frac{(-3)^n(-\frac{1}{3})^n}{\sqrt{n+1}} = \sum_{n=0}^{\infty} \frac{1}{\sqrt{n+1}} = \frac{1}{\sqrt{1}} + \frac{1}{\sqrt{2}} + \frac{1}{\sqrt{3}} + \frac{1}{\sqrt{4}} + \cdots$$

que es divergente. (Utilice la prueba de la integral o simplemente observe que es una serie p con $p = \frac{1}{2} < 1$.) Si $x = \frac{1}{3}$ la serie es

$$\sum_{n=0}^{\infty} \frac{(-3)^n(\frac{1}{3})^n}{\sqrt{n+1}} = \sum_{n=0}^{\infty} \frac{(-1)^n}{\sqrt{n+1}}$$

que converge de acuerdo con la prueba de la serie alternante. Por tanto, la serie de potencias dada converge cuando $-\frac{1}{3} < x \leq \frac{1}{3}$ por lo que el intervalo de convergencia es $(-\frac{1}{3}, \frac{1}{3}]$. ■

EJEMPLO 5 Determine el radio de convergencia y el intervalo de convergencia de la serie

$$\sum_{n=0}^{\infty} \frac{n(x+2)^n}{3^{n+1}}$$

SOLUCIÓN Si $a_n = n(x+2)^n/3^{n+1}$, entonces

$$\left|\frac{a_{n+1}}{a_n}\right| = \left|\frac{(n+1)(x+2)^{n+1}}{3^{n+2}} \cdot \frac{3^{n+1}}{n(x+2)^n}\right|$$

$$= \left(1 + \frac{1}{n}\right)\frac{|x+2|}{3} \to \frac{|x+2|}{3} \qquad \text{cuando } n \to \infty$$

Al usar la prueba de la razón se ve que la serie es convergente si $|x+2|/3 < 1$ y que es divergente si $|x+2|/3 > 1$. Por lo que es convergente si $|x+2| < 3$ y divergente si $|x+2| > 3$. Así que, el radio de convergencia es $R = 3$.

La desigualdad $|x + 2| < 3$ se puede escribir como $-5 < x < 1$, así que se prueba la serie en los puntos finales -5 y 1. Cuando $x = -5$, la serie es

$$\sum_{n=0}^{\infty} \frac{n(-3)^n}{3^{n+1}} = \frac{1}{3}\sum_{n=0}^{\infty} (-1)^n n$$

que es divergente de acuerdo con la prueba de la divergencia [$(-1)^n n$ no converge a 0]. Cuando $x = 1$, la serie es

$$\sum_{n=0}^{\infty} \frac{n(3)^n}{3^{n+1}} = \frac{1}{3}\sum_{n=0}^{\infty} n$$

que también es divergente de acuerdo con la prueba de la divergencia. Por esto, la serie converge solo cuando $-5 < x < 1$, por lo que el intervalo de convergencia es $(-5, 1)$. ■

11.8 EJERCICIOS

1. ¿Qué es una serie de potencias?

2. (a) ¿Cuál es el radio de convergencia de una serie de potencia? ¿Cómo se determina?
(b) ¿Cuál es el intervalo de convergencia de una serie de potencias? ¿Cómo se calcula?

3-28 Determine el radio de convergencia y el intervalo de convergencia de la serie.

3. $\sum_{n=1}^{\infty} (-1)^n n x^n$

4. $\sum_{n=1}^{\infty} \frac{(-1)^n x^n}{\sqrt[3]{n}}$

5. $\sum_{n=1}^{\infty} \frac{x^n}{2n-1}$

6. $\sum_{n=0}^{\infty} \frac{(-1)^n x^n}{n+1}$

7. $\sum_{n=0}^{\infty} \frac{x^n}{n!}$

8. $\sum_{n=1}^{\infty} \frac{10^n x^n}{n^3}$

9. $\sum_{n=1}^{\infty} \frac{x^n}{n^4 4^n}$

10. $\sum_{n=1}^{\infty} 2^n n^2 x^n$

11. $\sum_{n=1}^{\infty} \frac{(-1)^n 4^n}{\sqrt{n}} x^n$

12. $\sum_{n=1}^{\infty} \frac{(-1)^{n-1}}{n 5^n} x^n$

13. $\sum_{n=1}^{\infty} \frac{n}{2^n(n^2+1)} x^n$

14. $\sum_{n=1}^{\infty} \frac{x^{2n}}{n!}$

15. $\sum_{n=0}^{\infty} \frac{(x-2)^n}{n^2+1}$

16. $\sum_{n=1}^{\infty} \frac{(-1)^n}{(2n-1)2^n}(x-1)^n$

17. $\sum_{n=2}^{\infty} \frac{(x+2)^n}{2^n \ln n}$

18. $\sum_{n=1}^{\infty} \frac{\sqrt{n}}{8^n}(x+6)^n$

19. $\sum_{n=1}^{\infty} \frac{3^n(x+4)^n}{\sqrt{n}}$

20. $\sum_{n=0}^{\infty} (-1)^n \frac{x^{2n+1}}{(2n+1)!}$

21. $\sum_{n=1}^{\infty} \frac{n}{b^n}(x-a)^n, \quad b > 0$

22. $\sum_{n=2}^{\infty} \frac{b^n}{\ln n}(x-a)^n, \quad b > 0$

23. $\sum_{n=1}^{\infty} n!(2x-1)^n$

24. $\sum_{n=1}^{\infty} \frac{n^2 x^n}{2 \cdot 4 \cdot 6 \cdot \cdots \cdot (2n)}$

25. $\sum_{n=1}^{\infty} \frac{(5x-4)^n}{n^3}$

26. $\sum_{n=2}^{\infty} \frac{x^{2n}}{n(\ln n)^2}$

27. $\sum_{n=1}^{\infty} \frac{x^n}{1 \cdot 3 \cdot 5 \cdot \cdots \cdot (2n-1)}$

28. $\sum_{n=1}^{\infty} \frac{n! x^n}{1 \cdot 3 \cdot 5 \cdot \cdots \cdot (2n-1)}$

29. Si $\sum_{n=0}^{\infty} c_n 4^n$ es convergente, ¿se concluye que las series siguientes son convergentes?

(a) $\sum_{n=0}^{\infty} c_n(-2)^n$ (b) $\sum_{n=0}^{\infty} c_n(-4)^n$

30. Suponga que $\sum_{n=0}^{\infty} c_n x^n$ converge cuando $x = -4$ y diverge cuando $x = 6$. ¿Qué puede decir con respecto a la convergencia o divergencia de la serie siguiente?

(a) $\sum_{n=0}^{\infty} c_n$ (b) $\sum_{n=0}^{\infty} c_n 8^n$

(c) $\sum_{n=0}^{\infty} c_n(-3)^n$ (d) $\sum_{n=0}^{\infty} (-1)^n c_n 9^n$

31. Si k es un entero positivo, encuentre el radio de convergencia de la serie

$$\sum_{n=0}^{\infty} \frac{(n!)^k}{(kn)!} x^n$$

32. Sean p y q números reales con $p < q$. Encuentre una serie de potencias cuyo intervalo de convergencia sea
(a) (p, q) (b) $(p, q]$ (c) $[p, q)$ (d) $[p, q]$

33. ¿Es posible encontrar una serie de potencias cuyo intervalo de convergencia sea $[0, \infty)$? Explique.

34. Trace la gráfica de las primeras sumas parciales $s_n(x)$ de la serie, $\Sigma_{n=0}^{\infty} x^n$, junto con la función suma $f(x) = 1/(1 - x)$ sobre una misma pantalla. ¿Sobre qué intervalo parece que convergen estas sumas parciales a $f(x)$?

35. La función J_1 definida por

$$J_1(x) = \sum_{n=0}^{\infty} \frac{(-1)^n x^{2n+1}}{n!(n+1)!2^{2n+1}}$$

Se llama la *función de Bessel de orden 1*.
(a) Determine su dominio.
(b) Trace la gráfica de las primeras sumas parciales en una pantalla común.
SAC (c) Si su SAC tiene incorporadas las funciones de Bessel, trace la gráfica de J_I en la misma pantalla que las sumas parciales del inciso (b) y observe cómo se aproximan las sumas parciales a J_I.

36. La función A se define mediante por

$$A(x) = 1 + \frac{x^3}{2 \cdot 3} + \frac{x^6}{2 \cdot 3 \cdot 5 \cdot 6} + \frac{x^9}{2 \cdot 3 \cdot 5 \cdot 6 \cdot 8 \cdot 9} + \cdots$$

que se llama *función de Airy* en honor al matemático y astrónomo inglés sir George Airy (1801-1892).
(a) Determine el dominio de la función de Airy.
(b) Grafique las primeras sumas parciales en una misma pantalla.
SAC (c) Si su SAC tiene incorporadas las funciones de Airy, trace la gráfica de A en la misma pantalla que las sumas parciales del inciso (b) y observe cómo las sumas parciales se aproximan a A.

37. Una función f está definida mediante

$$f(x) = 1 + 2x + x^2 + 2x^3 + x^4 + \cdots$$

es decir, sus coeficientes son $c_{2n} = 1$ y $c_{2n+1} = 2$ para toda $n \geq 0$. Determine el intervalo de convergencia de la serie y plantee una fórmula explícita para $f(x)$.

38. Si $f(x) = \Sigma_{n=0}^{\infty} c_n x^n$ donde $c_{n+4} = c_n$ para toda $n \geq 0$, determine el intervalo de convergencia de la serie y una fórmula para $f(x)$.

39. Demuestre que si $\lim_{n\to\infty} \sqrt[n]{|c_n|} = c$, donde $c \neq 0$, entonces el radio de convergencia de la serie de potencias $\Sigma c_n x^n$ es $R = 1/c$.

40. Suponga que la serie de potencias $\Sigma c_n(x - a)^n$ satisface $c_n \neq 0$ para toda n. Demuestre que si $\lim_{n\to\infty} |c_n/c_{n+1}|$ existe, entonces es igual al radio de convergencia de la serie de potencias.

41. Suponga que el radio de convergencia de la serie $\Sigma c_n x^n$ es 2 y que el radio de convergencia de la serie $\Sigma d_n x^n$ es 3. ¿Cuál es el radio de convergencia de la serie $\Sigma(c_n + d_n)x^n$?

42. Suponga que el radio de convergencia de la serie de potencias $\Sigma c_n x^n$ es R. ¿Cuál es el radio de convergencia de la serie de potencias $\Sigma c_n x^{2n}$?

11.9 Representación de funciones como series de potencias

En esta sección aprenderá a representar ciertos tipos de funciones como sumas de series de potencias mediante la manipulación de series geométricas, mediante derivación o integración de dichas series. Quizá se pregunte por qué quisiera expresar una función conocida como una suma de una cantidad infinita de términos. Más adelante se explica la utilidad de esta estrategia en la integración de funciones que no tienen antiderivadas elementales, en la solución de ecuaciones diferenciales y para aproximar funciones mediante polinomios. (Los científicos lo hacen para simplificar las expresiones con las que trabajan; los especialistas en computación lo hacen para representar funciones en calculadoras y computadoras.)

Se empezará con una ecuación que ya se estudió antes:

1
$$\frac{1}{1-x} = 1 + x + x^2 + x^3 + \cdots = \sum_{n=0}^{\infty} x^n \qquad |x| < 1$$

Ya se mostró esta ecuación en el ejemplo 11.2.7, donde se obtuvo al observar que es una serie geométrica con $a = 1$ y $r = x$. Pero en este caso el punto de vista es distinto. Ahora considere la ecuación 1 como expresión de la función $f(x) = 1/(1 - x)$ como una suma de una serie de potencias.

Una ilustración geométrica de la ecuación 1 se muestra en la figura 1. Como la suma de una serie es el límite de la sucesión de las sumas parciales, se tiene

$$\frac{1}{1-x} = \lim_{n\to\infty} s_n(x)$$

donde

$$s_n(x) = 1 + x + x^2 + \cdots + x^n$$

es la n-ésima suma parcial. Observe que cuando n aumenta, $s_n(x)$ será una mejor aproximación a $f(x)$ para $-1 < x < 1$.

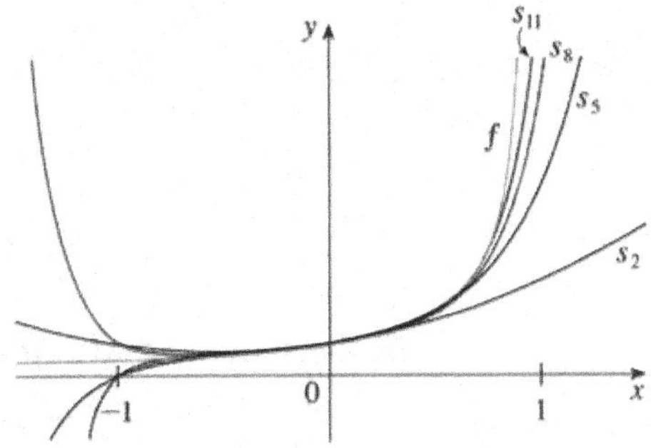

FIGURA 1 $f(x) = \dfrac{1}{1-x}$ y algunas sumas parciales

EJEMPLO 1 Exprese $1/(1 + x^2)$ como la suma de una serie de potencias y determine el intervalo de convergencia.

SOLUCIÓN Al reemplazar x por $-x^2$ en la ecuación 1, se tiene

$$\frac{1}{1+x^2} = \frac{1}{1-(-x^2)} = \sum_{n=0}^{\infty} (-x^2)^n$$

$$= \sum_{n=0}^{\infty} (-1)^n x^{2n} = 1 - x^2 + x^4 - x^6 + x^8 - \cdots$$

Como esta es una serie geométrica, es convergente cuando $|-x^2| < 1$, es decir, $x^2 < 1$, o $|x| < 1$. Por tanto, el intervalo de convergencia es $(-1, 1)$. (Por supuesto, se podría haber determinado el radio de convergencia aplicando la prueba de la razón, pero esa cantidad de trabajo es innecesaria en este caso.) ■

EJEMPLO 2 Determine una representación en serie de potencias para $1/(x + 2)$.

SOLUCIÓN Con objeto de poner esta función en la forma del lado izquierdo de la ecuación 1, primero se factoriza un 2 del denominador:

$$\frac{1}{2+x} = \frac{1}{2\left(1+\dfrac{x}{2}\right)} = \frac{1}{2\left[1-\left(-\dfrac{x}{2}\right)\right]}$$

$$= \frac{1}{2}\sum_{n=0}^{\infty}\left(-\frac{x}{2}\right)^n = \sum_{n=0}^{\infty}\frac{(-1)^n}{2^{n+1}}x^n$$

Esta serie converge cuando $|-x/2| < 1$, es decir, $|x| < 2$. Por lo que el intervalo de convergencia es $(-2, 2)$. ■

EJEMPLO 3 Obtenga una representación como serie de potencias de $x^3/(x + 2)$.

SOLUCIÓN Ya que esta función es justamente x^3 veces la función del ejemplo 2, todo lo que debe hacer es multiplicar esa serie por x^3:

Es válido pasar x^3 al otro lado del signo de la suma porque no depende de n. [Aplique el teorema 11.2.8(i) con $c = x^3$.]

$$\frac{x^3}{x+2} = x^3 \cdot \frac{1}{x+2} = x^3 \sum_{n=0}^{\infty}\frac{(-1)^n}{2^{n+1}}x^n = \sum_{n=0}^{\infty}\frac{(-1)^n}{2^{n+1}}x^{n+3}$$

$$= \tfrac{1}{2}x^3 - \tfrac{1}{4}x^4 + \tfrac{1}{8}x^5 - \tfrac{1}{16}x^6 + \cdots$$

Otra forma de escribir esta serie es como sigue:

$$\frac{x^3}{x+2} = \sum_{n=3}^{\infty} \frac{(-1)^{n-1}}{2^{n-2}} x^n$$

Como en el ejemplo 2, el intervalo de convergencia es $(-2, 2)$. ■

■ Derivación e integración de series de potencias

La suma de una serie de potencias es una función $f(x) = \sum_{n=0}^{\infty} c_n(x-a)^n$ cuyo dominio es el intervalo de convergencia de la serie. Para derivar e integrar estas funciones, el teorema siguiente (el cual no será demostrado) establece que es posible derivar o integrar cada uno de los términos de la serie, justo como se haría para un polinomio. Esto se denomina **derivación e integración término a término**.

2 Teorema Si la serie de potencias $\sum c_n(x-a)^n$ tiene un radio de convergencia $R > 0$, entonces la función f definida por

$$f(x) = c_0 + c_1(x-a) + c_2(x-a)^2 + \cdots = \sum_{n=0}^{\infty} c_n(x-a)^n$$

es derivable (y, por tanto, continua) sobre el intervalo $(a-R, a+R)$ y

(i) $f'(x) = c_1 + 2c_2(x-a) + 3c_3(x-a)^2 + \cdots = \sum_{n=1}^{\infty} nc_n(x-a)^{n-1}$

(ii) $\int f(x)\,dx = C + c_0(x-a) + c_1\frac{(x-a)^2}{2} + c_2\frac{(x-a)^3}{3} + \cdots$

$$= C + \sum_{n=0}^{\infty} c_n \frac{(x-a)^{n+1}}{n+1}$$

Los radios de convergencia de la serie de potencias en las ecuaciones (i) y (ii) son R.

En el inciso (ii), $\int c_0 dx = c_0 x + C_1$ se escribe como $c_0(x-a) + C$, donde $C = C_1 + ac_0$, por lo que todos los términos de la serie tienen la misma forma.

NOTA 1 Las ecuaciones (i) y (ii) del teorema 2 se pueden volver a escribir en la forma

(iii) $$\frac{d}{dx}\left[\sum_{n=0}^{\infty} c_n(x-a)^n\right] = \sum_{n=0}^{\infty} \frac{d}{dx}[c_n(x-a)^n]$$

(iv) $$\int\left[\sum_{n=0}^{\infty} c_n(x-a)^n\right]dx = \sum_{n=0}^{\infty} \int c_n(x-a)^n\,dx$$

Se sabe que para sumas finitas la derivada de una suma es la suma de las derivadas y la integral de una suma es la suma de las integrales. Las ecuaciones (iii) y (iv) aseguran que lo mismo se cumple para sumas infinitas, siempre que se esté tratando con *series de potencias*. (Para otros tipos de series de funciones la situación no es tan simple; véase el ejercicio 38.)

NOTA 2 Aunque el teorema 2 establece que el radio de convergencia es el mismo cuando una serie de potencias es derivada o integrada, esto no quiere decir que el *intervalo* de convergencia siga siendo el mismo. Podría suceder que la serie original converja en el punto final, y que la serie derivada sea divergente ahí. (Véase el ejercicio 39.)

NOTA 3 La idea de derivar una serie de potencias término a término es la base de un método eficaz para resolver ecuaciones diferenciales. Se estudiará este método en el capítulo 17.

EJEMPLO 4 En el ejemplo 11.8.3 se vio que la función de Bessel

$$J_0(x) = \sum_{n=0}^{\infty} \frac{(-1)^n x^{2n}}{2^{2n}(n!)^2}$$

se define para toda x. De esta manera, de acuerdo con el teorema 2, J_0 es derivable para toda x y su derivada se encuentra derivando término a término como sigue:

$$J_0'(x) = \sum_{n=0}^{\infty} \frac{d}{dx} \frac{(-1)^n x^{2n}}{2^{2n}(n!)^2} = \sum_{n=1}^{\infty} \frac{(-1)^n 2n x^{2n-1}}{2^{2n}(n!)^2}$$ ■

EJEMPLO 5 Exprese $1/(1-x)^2$ como una serie de potencias derivando la ecuación 1. ¿Cuál es el radio de convergencia?

SOLUCIÓN Al derivar cada miembro de la ecuación

$$\frac{1}{1-x} = 1 + x + x^2 + x^3 + \cdots = \sum_{n=0}^{\infty} x^n$$

se obtiene
$$\frac{1}{(1-x)^2} = 1 + 2x + 3x^2 + \cdots = \sum_{n=1}^{\infty} nx^{n-1}$$

Si se quisiera se podría reemplazar n por $n+1$ y escribir la respuesta como

$$\frac{1}{(1-x)^2} = \sum_{n=0}^{\infty} (n+1)x^n$$

De acuerdo con el teorema 2, el radio de convergencia de la serie derivada es el mismo que el radio de convergencia de la serie original, $R = 1$. ■

EJEMPLO 6 Determine una representación como serie de potencias para $\ln(1+x)$ y su radio de convergencia.

SOLUCIÓN Observe que la derivada de esta función es $1/(1+x)$. De la ecuación 1 se tiene

$$\frac{1}{1+x} = \frac{1}{1-(-x)} = 1 - x + x^2 - x^3 + \cdots \qquad |x| < 1$$

Integrando ambos lados de esta expresión, se obtiene

$$\begin{aligned} \ln(1+x) &= \int \frac{1}{1+x}\,dx = \int (1 - x + x^2 - x^3 + \cdots)\,dx \\ &= x - \frac{x^2}{2} + \frac{x^3}{3} - \frac{x^4}{4} + \cdots + C \\ &= \sum_{n=1}^{\infty} (-1)^{n-1} \frac{x^n}{n} + C \qquad |x| < 1 \end{aligned}$$

Para determinar el valor de C se hace $x = 0$ en esta ecuación y se obtiene $\ln(1+0) = C$.

Por tanto, $C = 0$ y

$$\ln(1 + x) = x - \frac{x^2}{2} + \frac{x^3}{3} - \frac{x^4}{4} + \cdots = \sum_{n=1}^{\infty} (-1)^{n-1} \frac{x^n}{n} \qquad |x| < 1$$

El radio de convergencia es el mismo que el de la serie original: $R = 1$. ■

EJEMPLO 7 Encuentre una representación como serie de potencias para $f(x) = \tan^{-1}x$.

SOLUCIÓN Observe que $f'(x) = 1/(1 + x^2)$ y encuentre la serie requerida integrando la serie de potencias para $1/(1 + x^2)$ determinada en el ejemplo 1.

$$\tan^{-1}x = \int \frac{1}{1 + x^2}\, dx = \int (1 - x^2 + x^4 - x^6 + \cdots)\, dx$$

$$= C + x - \frac{x^3}{3} + \frac{x^5}{5} - \frac{x^7}{7} + \cdots$$

La serie de potencias para $\tan^{-1}x$ obtenida en el ejemplo 7 se llama *serie de Gregory* en honor al matemático escocés James Gregory (1638-1675), quien pronosticó algunos de los descubrimientos de Newton. Ya se demostró que la serie de Gregory es válida cuando $-1 < x < 1$, pero resulta que (aunque no es fácil de demostrar) también es válida cuando $x = \pm 1$. Observe que cuando $x = 1$ la serie se convierte en

$$\frac{\pi}{4} = 1 - \frac{1}{3} + \frac{1}{5} - \frac{1}{7} + \cdots$$

Este hermoso resultado se conoce como la fórmula de Leibniz para π.

Para determinar C se hace $x = 0$ y se obtiene $C = \tan^{-1} 0 = 0$. Por tanto,

$$\tan^{-1}x = x - \frac{x^3}{3} + \frac{x^5}{5} - \frac{x^7}{7} + \cdots$$

$$= \sum_{n=0}^{\infty} (-1)^n \frac{x^{2n+1}}{2n + 1}$$

Ya que el radio de convergencia de la serie para $1/(1 + x^2)$ es 1, el radio de convergencia de esta serie para $\tan^{-1}x$ es también 1. ■

EJEMPLO 8
(a) Evalúe $\int [1/(1 + x^7)]dx$ como una serie de potencias.
(b) Utilice el inciso *a*) para una aproximación de $\int_0^{0.5} [1/(1 + x^7)]$ con una aproximación de 10^{-7} del valor real.

SOLUCIÓN
(a) El primer paso es expresar el integrando, $1/(1 + x^7)$ como la suma de una serie de potencias. Como en el ejemplo 1, inicie con la ecuación 1 y reemplace x por $-x^7$:

$$\frac{1}{1 + x^7} = \frac{1}{1 - (-x^7)} = \sum_{n=0}^{\infty} (-x^7)^n$$

$$= \sum_{n=0}^{\infty} (-1)^n x^{7n} = 1 - x^7 + x^{14} - \cdots$$

Este ejemplo muestra una manera en que las representaciones como series de potencias pueden ser útiles. Integrar $1/(1 + x^7)$ a mano es increíblemente difícil. Diferentes sistemas algebraicos computacionales dan respuestas de distintas formas, pero son extremadamente complicadas. (Si tiene un SAC, inténtelo usted mismo.) La respuesta de la serie infinita que se obtiene en el ejemplo 8(a) es realmente mucho más fácil de manejar que la respuesta finita que proporciona un SAC.

Ahora se integra término a término:

$$\int \frac{1}{1 + x^7}\, dx = \int \sum_{n=0}^{\infty} (-1)^n x^{7n}\, dx = C + \sum_{n=0}^{\infty} (-1)^n \frac{x^{7n+1}}{7n + 1}$$

$$= C + x - \frac{x^8}{8} + \frac{x^{15}}{15} - \frac{x^{22}}{22} + \cdots$$

Esta serie converge para $|-x^7| < 1$, es decir, para $|x| < 1$.

(b) Si se aplica el teorema fundamental del cálculo no importa qué antiderivada se use, por lo que se utilizará la antiderivada del inciso (a) con $C = 0$:

$$\int_0^{0.5} \frac{1}{1 + x^7}\,dx = \left[x - \frac{x^8}{8} + \frac{x^{15}}{15} - \frac{x^{22}}{22} + \cdots\right]_0^{1/2}$$

$$= \frac{1}{2} - \frac{1}{8 \cdot 2^8} + \frac{1}{15 \cdot 2^{15}} - \frac{1}{22 \cdot 2^{22}} + \cdots + \frac{(-1)^n}{(7n + 1)2^{7n+1}} + \cdots$$

Esta serie infinita es el valor exacto de la integral definida, pero como es una serie alternante, se puede obtener una aproximación de la suma aplicando el teorema de la estimación de la serie alternante. Si se deja de sumar después del término $n = 3$, el error es menor que el término con $n = 4$:

$$\frac{1}{29 \cdot 2^{29}} \approx 6.4 \times 10^{-11}$$

Por lo que se tiene

$$\int_0^{0.5} \frac{1}{1 + x^7}\,dx \approx \frac{1}{2} - \frac{1}{8 \cdot 2^8} + \frac{1}{15 \cdot 2^{15}} - \frac{1}{22 \cdot 2^{22}} \approx 0.49951374$$ ■

11.9 EJERCICIOS

1. Si el radio de convergencia de la serie de potencias $\sum_{n=0}^{\infty} c_n x^n$ es 10, ¿cuál es el radio de convergencia de la serie $\sum_{n=1}^{\infty} nc_n x^{n-1}$? ¿Por qué?

2. Suponga que sabe que la serie $\sum_{n=0}^{\infty} b_n x^n$ es convergente para $|x| < 2$. ¿Qué puede decir de la serie siguiente? ¿Por qué?

$$\sum_{n=0}^{\infty} \frac{b_n}{n + 1} x^{n+1}$$

3-10 Encuentre una representación como serie de potencias para la función y determine el intervalo de convergencia.

3. $f(x) = \dfrac{1}{x + 10}$ **4.** $f(x) = \dfrac{5}{1 - 4x^2}$

5. $f(x) = \dfrac{2}{3 - x}$ **6.** $f(x) = \dfrac{4}{2x + 3}$

7. $f(x) = \dfrac{x^2}{x^4 + 16}$ **8.** $f(x) = \dfrac{x}{2x^2 + 1}$

9. $f(x) = \dfrac{x - 1}{x + 2}$ **10.** $f(x) = \dfrac{x + a}{x^2 + a^2}$, $a > 0$

11-12 Exprese la función como la suma de una serie de potencias usando primero fracciones parciales. Determine el intervalo de convergencia.

11. $f(x) = \dfrac{2x - 4}{x^2 - 4x + 3}$ **12.** $f(x) = \dfrac{2x + 3}{x^2 + 3x + 2}$

13. (a) Use la derivación para determinar una representación como serie de potencias para

$$f(x) = \frac{1}{(1 + x)^2}$$

¿Cuál es el radio de convergencia?

(b) Utilice el inciso *a*) para determinar una serie de potencias para

$$f(x) = \frac{1}{(1 + x)^3}$$

(c) Utilice el inciso *b*) para determinar una serie de potencias para

$$f(x) = \frac{x^2}{(1 + x)^3}$$

14. (a) Utilice la ecuación 1 para determinar la representación en series de potencias para $f(x) = \ln(1 - x)$. ¿Cuál es el radio de convergencia?

(b) Utilice el inciso (a) para determinar una serie de potencias para $f(x) = x \ln(1 - x)$.

(c) Haciendo $x = \frac{1}{2}$ en su resultado del inciso *a*), exprese ln 2 como la suma de una serie infinita.

15-20 Encuentre una representación como serie de potencias para la función y determine el radio de convergencia.

15. $f(x) = \ln(5 - x)$ **16.** $f(x) = x^2 \tan^{-1}(x^3)$

17. $f(x) = \dfrac{x}{(1 + 4x)^2}$ **18.** $f(x) = \left(\dfrac{x}{2 - x}\right)^3$

19. $f(x) = \dfrac{x^3}{(x - 2)^2}$ **20.** $f(x) = \dfrac{x^2 + x}{(1 - x)^3}$

21-24 Encuentre una representación como serie de potencias para f, y trace la gráfica de f y varias sumas parciales $s_n(x)$ en la misma pantalla. ¿Qué sucede cuando n aumenta?

21. $f(x) = \dfrac{x^2}{x^2+1}$

22. $f(x) = \ln(1 + x^4)$

23. $f(x) = \ln\left(\dfrac{1+x}{1-x}\right)$

24. $f(x) = \dfrac{x}{x^2+16}$

25-28 Evalúe la integral indefinida como una serie de potencias. ¿Cuál es el radio de convergencia?

25. $\displaystyle\int \frac{t}{1-t^8}\,dt$

26. $\displaystyle\int \frac{t}{1+t^3}\,dt$

27. $\displaystyle\int x^2 \ln(1+x)\,dx$

28. $\displaystyle\int \frac{\tan^{-1}x}{x}\,dx$

29-32 Use una serie de potencias para aproximar la integral definida con una aproximación de seis cifras decimales.

29. $\displaystyle\int_0^{0.3} \frac{x}{1+x^3}\,dx$

30. $\displaystyle\int_0^{1/2} \arctan(x/2)\,dx$

31. $\displaystyle\int_0^{0.2} x\ln(1+x^2)\,dx$

32. $\displaystyle\int_0^{0.4} \ln(1+x^4)\,dx$

---

33. Con el resultado del ejemplo 7, calcule arctan 0.2 con una aproximación de cinco cifras decimales.

34. Demuestre que la función

$$f(x) = \sum_{n=0}^{\infty} \frac{(-1)^n x^{2n}}{(2n)!}$$

es una solución de la ecuación diferencial

$$f''(x) + f(x) = 0$$

35. (a) Demuestre que J_0 (la función de Bessel de orden 0 dada en el ejemplo 4) cumple con la ecuación diferencial

$$x^2 J_0''(x) + xJ_0'(x) + x^2 J_0(x) = 0$$

(b) Evalúe $\int_0^1 J_0(x)\,dx$ con una aproximación de tres cifras decimales.

36. La función de Bessel de orden 1 se define con

$$J_1(x) = \sum_{n=0}^{\infty} \frac{(-1)^n x^{2n+1}}{n!(n+1)!\,2^{2n+1}}$$

(a) Demuestre que J_1 satisface la ecuación diferencial

$$x^2 J_1''(x) + xJ_1'(x) + (x^2 - 1)J_1(x) = 0$$

(b) Demuestre que $J_0'(x) = -J_1(x)$.

37. (a) Demuestre que la función

$$f(x) = \sum_{n=0}^{\infty} \frac{x^n}{n!}$$

es una solución de la ecuación diferencial

$$f'(x) = f(x)$$

(b) Demuestre que $f(x) = e^x$.

38. Sea $f_n(x) = (\operatorname{sen} nx)/n^2$. Demuestre que la serie $\Sigma f_n(x)$ es convergente para todos los valores de x, pero la serie de derivadas $\Sigma f_n'(x)$ es divergente cuando $x = 2n\pi$, n es un entero. ¿Para qué valores de x la serie $\Sigma f_n''(x)$ es convergente?

39. Sea

$$f(x) = \sum_{n=1}^{\infty} \frac{x^n}{n^2}$$

Determine los intervalos de convergencia para f, f' y f''.

40. (a) Empezando con la serie geométrica $\Sigma_{n=0}^{\infty} x^n$, calcule la suma de la serie

$$\sum_{n=1}^{\infty} nx^{n-1} \qquad |x| < 1$$

(b) Calcule la suma de cada una de las series siguientes.

(i) $\displaystyle\sum_{n=1}^{\infty} nx^n$, $|x| < 1$ (ii) $\displaystyle\sum_{n=1}^{\infty} \frac{n}{2^n}$

(c) Determine la suma de cada una de las series siguientes.

(i) $\displaystyle\sum_{n=2}^{\infty} n(n-1)x^n$, $|x| < 1$

(ii) $\displaystyle\sum_{n=2}^{\infty} \frac{n^2-n}{2^n}$ (iii) $\displaystyle\sum_{n=1}^{\infty} \frac{n^2}{2^n}$

41. Utilice la serie de potencias para $\tan^{-1}x$ para demostrar la expresión siguiente para π como la suma de una serie infinita:

$$\pi = 2\sqrt{3} \sum_{n=0}^{\infty} \frac{(-1)^n}{(2n+1)3^n}$$

42. (a) Completando cuadrados demuestre que

$$\int_0^{1/2} \frac{dx}{x^2 - x + 1} = \frac{\pi}{3\sqrt{3}}$$

(b) Al factorizar $x^3 + 1$ como una suma de cubos, escriba de nuevo la integral del inciso (a). Luego exprese $1/(x^3 + 1)$ como la suma de una serie de potencias y úsela para demostrar la fórmula siguiente para π:

$$\pi = \frac{3\sqrt{3}}{4} \sum_{n=0}^{\infty} \frac{(-1)^n}{8^n} \left(\frac{2}{3n+1} + \frac{1}{3n+2} \right)$$

11.10 Series de Taylor y de Maclaurin

En la sección anterior se representaron como series de potencias una cierta clase restringida de funciones. En esta sección se tratan problemas más generales: ¿qué funciones se pueden representar como series de potencias? ¿Cómo es posible encontrar esa representación?

Se empieza por suponer que f es cualquier función que se puede representar mediante una serie de potencias

$$\boxed{1} \quad f(x) = c_0 + c_1(x-a) + c_2(x-a)^2 + c_3(x-a)^3 + c_4(x-a)^4 + \cdots \qquad |x-a| < R$$

Se tratará de determinar qué coeficientes c_n tienen que estar en función de f. Para empezar, observe que si se hace $x = a$ en la ecuación 1, entonces todos los términos después del primero son 0 y se obtiene

$$f(a) = c_0$$

De acuerdo con el teorema 11.9.2, se puede derivar la serie de la ecuación 1 término a término:

$$\boxed{2} \quad f'(x) = c_1 + 2c_2(x-a) + 3c_3(x-a)^2 + 4c_4(x-a)^3 + \cdots \qquad |x-a| < R$$

y al sustituir $x = a$ en la ecuación 2 se tiene

$$f'(a) = c_1$$

En seguida se derivan ambos miembros de la ecuación 2 para obtener

$$\boxed{3} \quad f''(x) = 2c_2 + 2 \cdot 3c_3(x-a) + 3 \cdot 4c_4(x-a)^2 + \cdots \qquad |x-a| < R$$

Una vez más se hace $x = a$ en la ecuación 3. El resultado es

$$f''(a) = 2c_2$$

Se aplica el procedimiento una vez más. La derivación de la serie de la ecuación 3 da

$$\boxed{4} \quad f'''(x) = 2 \cdot 3c_3 + 2 \cdot 3 \cdot 4c_4(x-a) + 3 \cdot 4 \cdot 5c_5(x-a)^2 + \cdots \qquad |x-a| < R$$

y la sustitución de $x = a$ en la ecuación 4 da

$$f'''(a) = 2 \cdot 3c_2 = 3!c_3$$

Ahora ya se puede ver el patrón. Si se continúa derivando y sustituyendo $x = a$, se obtiene

$$f^{(n)}(a) = 2 \cdot 3 \cdot 4 \cdot \cdots \cdot nc_n = n!c_n$$

Al resolver esta ecuación para el n-ésimo coeficiente c_n, se tiene

$$c_n = \frac{f^{(n)}(a)}{n!}$$

Esta fórmula sigue siendo válida incluso para $n = 0$ si se adopta la convención de que $0! = 1$ y $f^{(0)} = f$. Con lo que se ha demostrado el teorema siguiente:

5 Teorema Si f se puede representar como una serie de potencias, (expansión) en a, es decir, si

$$f(x) = \sum_{n=0}^{\infty} c_n(x-a)^n \qquad |x-a| < R$$

entonces sus coeficientes están dados por la fórmula

$$c_n = \frac{f^{(n)}(a)}{n!}$$

Si se sustituye esta fórmula para c_n de nuevo en la serie, se observa que, *si* f tiene un desarrollo en serie de potencias en a, entonces debe ser de la forma siguiente.

6
$$f(x) = \sum_{n=0}^{\infty} \frac{f^{(n)}(a)}{n!}(x-a)^n$$
$$= f(a) + \frac{f'(a)}{1!}(x-a) + \frac{f''(a)}{2!}(x-a)^2 + \frac{f'''(a)}{3!}(x-a)^3 + \cdots$$

Taylor y Maclaurin

La serie de Taylor lleva este nombre en honor al matemático ingles Brook Taylor (1685-1731) y la serie de Maclaurin se llama así para recordar al matemático escocés Colin Maclaurin (1698-1746) a pesar del hecho de que la serie de Maclaurin es realmente un caso especial de la serie de Taylor. Pero la idea de representar funciones particulares como sumas de series de potencias se remonta a Newton, y el matemático escocés James Gregory conoció la serie general de Taylor en 1668 y el matemático suizo John Bernoulli por 1690. Al parecer, Taylor desconocía el trabajo de Gregory y el de Bernoulli cuando publicó sus descubrimientos relacionados con las series en 1715 en su libro *Methodus incrementorum directa et inversa*. Las series de Maclaurin se llaman así porque Colin Maclaurin las popularizó en su libro de texto *Treatise of Fluxions* que se publicó en 1742.

La serie de la ecuación 6 se denomina **serie de Taylor de la función f en a** (o **en torno a a** o **centrada en a**). Para el caso especial $a = 0$ la serie de Taylor se transforma en

7
$$f(x) = \sum_{n=0}^{\infty} \frac{f^{(n)}(0)}{n!}x^n = f(0) + \frac{f'(0)}{1!}x + \frac{f''(0)}{2!}x^2 + \cdots$$

Este caso surge con bastante frecuencia, y se le da el nombre especial de **serie de Maclaurin**.

NOTA Ya se demostró que *si* f se puede representar como una serie de potencias con respecto a a, entonces f es igual a la suma de sus series de Taylor. Pero hay funciones que no son iguales a la suma de sus series de Taylor. Un ejemplo de tales funciones se presenta en el ejercicio 84.

EJEMPLO 1 Determine la serie de Maclaurin de la función $f(x) = e^x$ y su radio de convergencia.

SOLUCIÓN Si $f(x) = e^x$, entonces $f^{(n)}(x) = e^x$, por lo que $f^{(n)}(0) = e^0 = 1$ para toda n. Por tanto, la serie de Taylor para f en 0 (es decir, la serie de Maclaurin) es

$$\sum_{n=0}^{\infty} \frac{f^{(n)}(0)}{n!}x^n = \sum_{n=0}^{\infty} \frac{x^n}{n!} = 1 + \frac{x}{1!} + \frac{x^2}{2!} + \frac{x^3}{3!} + \cdots$$

Para determinar el radio de convergencia se hace $a_n = x^n/n!$ Entonces

$$\left|\frac{a_{n+1}}{a_n}\right| = \left|\frac{x^{n+1}}{(n+1)!} \cdot \frac{n!}{x^n}\right| = \frac{|x|}{n+1} \to 0 < 1$$

así que, por la prueba de la razón, la serie converge para toda x y el radio de convergencia es $R = \infty$. ■

La conclusión que se obtiene del teorema 5 y el ejemplo 1 es que *si* e^x tiene un desarrollo en serie en potencias en 0, entonces

$$e^x = \sum_{n=0}^{\infty} \frac{x^n}{n!}$$

Entonces, ¿cómo se puede determinar si e^x *tiene* una representación como serie de potencias?

Se debe investigar la cuestión más general: ¿en qué circunstancias una función es igual a la suma de su serie de Taylor? En otras palabras, si f tiene derivadas de todos los órdenes, cuando es cierto que

$$f(x) = \sum_{n=0}^{\infty} \frac{f^{(n)}(a)}{n!}(x-a)^n$$

Como sucede con cualquier serie convergente, esto quiere decir que $f(x)$ es el límite de la sucesión de sumas parciales. En el caso de la serie de Taylor, las sumas parciales son

$$T_n(x) = \sum_{i=0}^{n} \frac{f^{(i)}(a)}{i!}(x-a)^i$$

$$= f(a) + \frac{f'(a)}{1!}(x-a) + \frac{f''(a)}{2!}(x-a)^2 + \cdots + \frac{f^{(n)}(a)}{n!}(x-a)^n$$

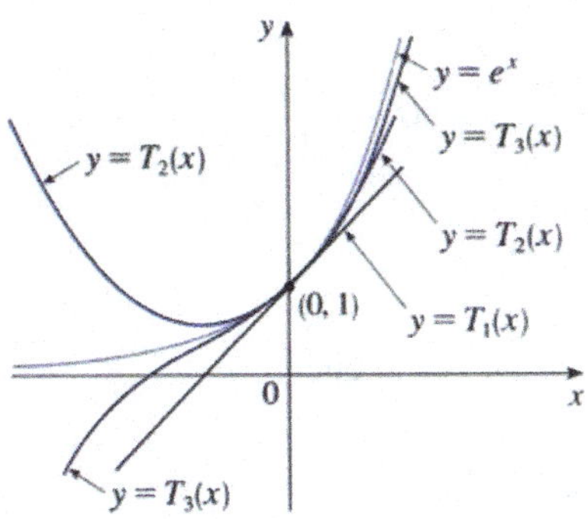

FIGURA 1
Cuando n crece, $T_n(x)$ parece aproximarse a e^x en la figura 1. Esto sugiere que e^x es igual a la suma de su serie de Taylor.

Observe que T_n es un polinomio de grado n llamado **polinomio de Taylor de grado *n*-ésimo de *f* en *a***. Por ejemplo, en el caso de la función exponencial $f(x) = e^x$, el resultado del ejemplo 1 muestra que los polinomios de Taylor en 0 (o polinomios de Maclaurin), con $n = 1, 2$ y 3 son

$$T_1(x) = 1 + x \qquad T_2(x) = 1 + x + \frac{x^2}{2!} \qquad T_3(x) = 1 + x + \frac{x^2}{2!} + \frac{x^3}{3!}$$

Las gráficas de la función exponencial y estos tres polinomios de Taylor se ilustran en la figura 1.

En general, $f(x)$ es la suma de su serie de Taylor si

$$f(x) = \lim_{n\to\infty} T_n(x)$$

Si se hace

$$R_n(x) = f(x) - T_n(x) \qquad \text{de tal manera que} \qquad f(x) = T_n(x) + R_n(x)$$

entonces $R_n(x)$ se llama **residuo** de la serie de Taylor. Si se puede de alguna manera demostrar que $\lim_{n\to\infty} R_n(x) = 0$, entonces se tiene que

$$\lim_{n\to\infty} T_n(x) = \lim_{n\to\infty} [f(x) - R_n(x)] = f(x) - \lim_{n\to\infty} R_n(x) = f(x)$$

Por tanto, se ha demostrado el teorema siguiente.

8 Teorema Si $f(x) = T_n(x) + R_n(x)$ donde T_n es el polinomio de Taylor de grado n-ésimo de f en a y

$$\lim_{n\to\infty} R_n(x) = 0$$

para $|x - a| < R$ entonces f es igual a la suma de su serie de Taylor en el intervalo $|x - a| < R$.

Al tratar de demostrar que $\lim_{n\to\infty} R_n(x) = 0$ para una función específica f, se usa por lo regular el teorema siguiente.

9 **Desigualdad de Taylor** Si $|f^{(n+1)}(x)| \leqslant M$ para $|x - a| \leqslant d$, entonces el residuo $R_n(x)$ de la serie de Taylor cumple con la desigualdad

$$|R_n(x)| \leqslant \frac{M}{(n+1)!}|x-a|^{n+1} \qquad \text{para } |x-a| \leqslant d$$

Para ver por qué es cierto para $n = 1$, suponga que $|f''(x)| \leqslant M$. En particular, se tiene $f''(x) \leqslant M$, tal que para $a \leqslant x \leqslant a + d$ se tiene

$$\int_a^x f''(t)\,dt \leqslant \int_a^x M\,dt$$

Una antiderivada de f'' es f', por lo que de acuerdo con la parte 2 del teorema fundamental del cálculo se tiene

$$f'(x) - f'(a) \leqslant M(x-a) \qquad \text{o} \qquad f'(x) \leqslant f'(a) + M(x-a)$$

Por lo que

$$\int_a^x f'(t)\,dt \leqslant \int_a^x [f'(a) + M(t-a)]\,dt$$

$$f(x) - f(a) \leqslant f'(a)(x-a) + M\frac{(x-a)^2}{2}$$

$$f(x) - f(a) - f'(a)(x-a) \leqslant \frac{M}{2}(x-a)^2$$

Pero $R_1(x) = f(x) - T_1(x) = f(x) - f(a) - f'(a)(x-a)$. Por lo que

$$R_1(x) \leqslant \frac{M}{2}(x-a)^2$$

Un razonamiento similar, aplicando $f''(x) \geqslant -M$, demuestra que

$$R_1(x) \geqslant -\frac{M}{2}(x-a)^2$$

De manera que

$$|R_1(x)| \leqslant \frac{M}{2}|x-a|^2$$

Aunque se ha supuesto que $x > a$, cálculos similares muestran que esta desigualdad es válida también para $x < a$.

Esto demuestra la desigualdad de Taylor para el caso donde $n = 1$. El resultado para cualquier n se demuestra de manera parecida integrando $n + 1$ veces. (Véase el ejercicio 83 para el caso $n = 2$.)

NOTA En la sección 11.11 se explora el uso de la desigualdad de Taylor en la aproximación de funciones. El uso inmediato es junto con el teorema 8.

Con frecuencia, al aplicar los teoremas 8 y 9 es útil recurrir al hecho siguiente.

10
$$\lim_{n\to\infty} \frac{x^n}{n!} = 0 \qquad \text{para todo número real } x$$

Fórmulas para el residuo de Taylor
Otras opciones aparte de la desigualdad de Taylor son las fórmulas siguientes para el residuo. Si $f^{(n+1)}$ es continua sobre un intervalo I y $x \in I$, entonces

$$R_n(x) = \frac{1}{n!}\int_a^x (x-t)^n f^{(n+1)}(t)\,dt$$

Esta expresión recibe el nombre de *forma integral del término del residuo*. Otra fórmula, que se llama *forma de Lagrange del término del residuo*, establece que hay un número z entre x y a tal que

$$R_n(x) = \frac{f^{(n+1)}(z)}{(n+1)!}(x-a)^{n+1}$$

Esta versión es una generalización del teorema del valor medio (que es el caso $n = 0$).
Las demostraciones de estas fórmulas, además del análisis de cómo usarlas para resolver los ejemplos de las secciones 11.10 y 11.11, se encuentran en la página web

www.stewartcalculus.com

Haga clic en *Additional Topics* y luego en *Formulas for the Remainder Term in Taylor series.*

Esto es verdadero porque, de acuerdo con el ejemplo 1, la serie $\Sigma x^n/n!$ es convergente para toda x por lo que su n-ésimo término se aproxima a 0.

EJEMPLO 2 Demuestre que e^x es igual a la suma de su serie de Maclaurin.

SOLUCIÓN Si $f(x) = e^x$, entonces $f^{(n+1)}(x) = e^x$ para toda n. Si d es cualquier número positivo y $|x| \leqslant d$, entonces $|f^{(n+1)}(x)| = e^x < e^d$. Por lo que la desigualdad de Taylor, con $a = 0$ y $M = e^d$, dice que

$$|R_n(x)| \leqslant \frac{e^d}{(n+1)!}|x|^{n+1} \qquad \text{para } |x| \leqslant d$$

Observe que la misma constante $M = e^d$ funciona para todo valor de n. Pero, de acuerdo con la ecuación 10, se tiene

$$\lim_{n\to\infty} \frac{e^d}{(n+1)!}|x|^{n+1} = e^d \lim_{n\to\infty} \frac{|x|^{n+1}}{(n+1)!} = 0$$

Se deduce entonces del teorema de la compresión que $\lim_{n\to\infty} |R_n(x)| = 0$ y, por tanto, $\lim_{n\to\infty} R_n(x) = 0$ para todos los valores de x. De acuerdo con el teorema 8, e^x es igual a la suma de su serie de Maclaurin, es decir,

11 $$e^x = \sum_{n=0}^{\infty} \frac{x^n}{n!} \qquad \text{para toda } x$$ ■

En particular, si se hace $x = 1$ en la ecuación 11, se obtiene la expresión siguiente para el número e como una suma de una serie infinita:

En 1748, Leonhard Euler aplicó la ecuación 12 para determinar el valor de e con 23 decimales. En 2010 Shigeru Kondo, usando de nuevo la serie (12), calculó e con más de un billón de decimales. Las técnicas especiales que utilizaron para acelerar el cálculo se explican en la página web

numbers.computation.free.fr

12 $$e = \sum_{n=0}^{\infty} \frac{1}{n!} = 1 + \frac{1}{1!} + \frac{1}{2!} + \frac{1}{3!} + \cdots$$

EJEMPLO 3 Determine la serie de Taylor para $f(x) = e^x$ en $a = 2$.

SOLUCIÓN Se tiene $f^{(n)}(2) = e^2$ y, así, al hacer $a = 2$ en la definición de la serie de Taylor 6, se obtiene

$$\sum_{n=0}^{\infty} \frac{f^{(n)}(2)}{n!}(x-2)^n = \sum_{n=0}^{\infty} \frac{e^2}{n!}(x-2)^n$$

También se puede verificar, como en el ejemplo 1, que el radio de convergencia es $R = \infty$. Como en el ejemplo 2 se puede comprobar que $\lim_{n\to\infty} R_n(x) = 0$, por lo que

13 $$e^x = \sum_{n=0}^{\infty} \frac{e^2}{n!}(x-2)^n \qquad \text{para toda } x$$ ■

Hay dos desarrollos en series de potencias para e^x, la serie de Maclaurin de la ecuación 11 y la serie de Taylor de la ecuación 13. El primero es mejor si está interesado en valores de x cercanos a 0 y el segundo funciona muy bien si x es cercano a 2.

EJEMPLO 4 Determine la serie de Maclaurin para sen x y demuestre que representa a sen x para toda x.

SOLUCIÓN Se organizan los cálculos en dos columnas como sigue:

$$\begin{aligned} f(x) &= \operatorname{sen} x & f(0) &= 0 \\ f'(x) &= \cos x & f'(0) &= 1 \\ f''(x) &= -\operatorname{sen} x & f''(0) &= 0 \\ f'''(x) &= -\cos x & f'''(0) &= -1 \\ f^{(4)}(x) &= \operatorname{sen} x & f^{(4)}(0) &= 0 \end{aligned}$$

En la figura 2 se ilustra la gráfica de sen x junto con su polinomio de Taylor (o de Maclaurin)

$$T_1(x) = x$$

$$T_3(x) = x - \frac{x^3}{3!}$$

$$T_5(x) = x - \frac{x^3}{3!} + \frac{x^5}{5!}$$

Observe que cuando n aumenta, $T_n(x)$ se vuelve una mejor aproximación para sen x.

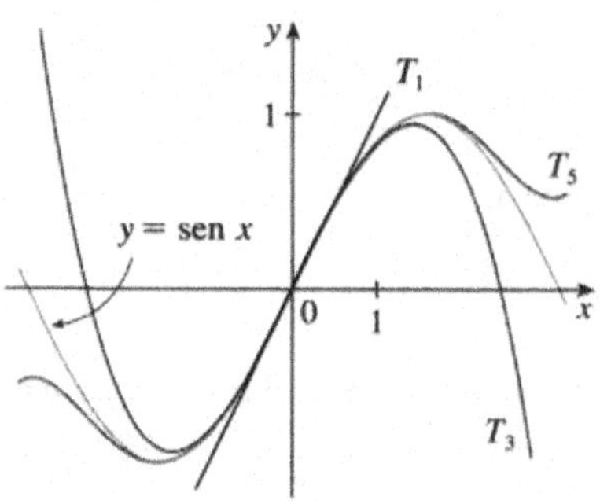

FIGURA 2

Ya que la derivada se repite en un ciclo de cuatro, se puede escribir la serie de Maclaurin como sigue:

$$f(0) + \frac{f'(0)}{1!}x + \frac{f''(0)}{2!}x^2 + \frac{f'''(0)}{3!}x^3 + \cdots$$

$$= x - \frac{x^3}{3!} + \frac{x^5}{5!} - \frac{x^7}{7!} + \cdots = \sum_{n=0}^{\infty} (-1)^n \frac{x^{2n+1}}{(2n+1)!}$$

Ya que $f^{(n+1)}(x)$ es $\pm$ sen x o $\pm$ cos x, se sabe que $|f^{(n+1)}(x)| \leq 1$ para toda x. De este modo se puede tomar $M = 1$ en la desigualdad de Taylor:

14 $$|R_n(x)| \leq \frac{M}{(n+1)!}|x^{n+1}| = \frac{|x|^{n+1}}{(n+1)!}$$

De acuerdo con la ecuación 10, el lado derecho de esta desigualdad tiende a 0 cuando $n \to \infty$, por lo que $|R_n(x)| \to 0$ de acuerdo con el teorema de compresión. Se tiene entonces que $R_n(x) \to 0$ cuando $n \to \infty$, por lo que sen x es igual a la suma de su serie de Maclaurin de acuerdo con el teorema 8. ■

Se establece el resultado del ejemplo 4 para referencia futura.

15 $$\operatorname{sen} x = x - \frac{x^3}{3!} + \frac{x^5}{5!} - \frac{x^7}{7!} + \cdots$$

$$= \sum_{n=0}^{\infty} (-1)^n \frac{x^{2n+1}}{(2n+1)!} \qquad \text{para toda } x$$

EJEMPLO 5 Determine la serie de Maclaurin para cos x.

SOLUCIÓN Se podría proceder en forma directa como en el ejemplo 4, pero es más fácil derivar la serie de Maclaurin para sen x dada por la ecuación 15:

$$\cos x = \frac{d}{dx}(\operatorname{sen} x) = \frac{d}{dx}\left(x - \frac{x^3}{3!} + \frac{x^5}{5!} - \frac{x^7}{7!} + \cdots\right)$$

$$= 1 - \frac{3x^2}{3!} + \frac{5x^4}{5!} - \frac{7x^6}{7!} + \cdots = 1 - \frac{x^2}{2!} + \frac{x^4}{4!} - \frac{x^6}{6!} + \cdots$$

La serie de Maclaurin para e^x, sen x y cos x encontrada en los ejemplos 2, 4 y 5 fueron descubiertos por Newton, usando diferentes métodos. Estas ecuaciones son importantes porque dicen que se conoce todo acerca de cada una de estas funciones si se conocen todas sus derivadas en un único número 0.

Ya que la serie de Maclaurin para sen x converge para toda x, el teorema 2 de la sección 11.9 señala que la serie derivada para cos x converge también para toda x. Por lo que

16
$$\cos x = 1 - \frac{x^2}{2!} + \frac{x^4}{4!} - \frac{x^6}{6!} + \cdots = \sum_{n=0}^{\infty} (-1)^n \frac{x^{2n}}{(2n)!} \qquad \text{para toda } x$$

■

EJEMPLO 6 Determine la serie de Maclaurin para la función $f(x) = x \cos x$.

SOLUCIÓN En lugar de calcular las derivadas y sustituir en la ecuación 7, es más fácil multiplicar la serie para cos x, ecuación 16, por x:

$$x \cos x = x \sum_{n=0}^{\infty} (-1)^n \frac{x^{2n}}{(2n)!} = \sum_{n=0}^{\infty} (-1)^n \frac{x^{2n+1}}{(2n)!}$$

■

EJEMPLO 7 Represente $f(x) = \text{sen}\, x$ como la suma de su serie de Taylor centrada en $\pi/3$.

SOLUCIÓN Primero se acomodan los valores en columnas, se tiene

$$f(x) = \text{sen}\, x \qquad f\left(\frac{\pi}{3}\right) = \frac{\sqrt{3}}{2}$$

$$f'(x) = \cos x \qquad f'\left(\frac{\pi}{3}\right) = \frac{1}{2}$$

$$f''(x) = -\text{sen}\, x \qquad f''\left(\frac{\pi}{3}\right) = -\frac{\sqrt{3}}{2}$$

$$f'''(x) = -\cos x \qquad f'''\left(\frac{\pi}{3}\right) = -\frac{1}{2}$$

Se han obtenido dos diferentes representaciones en serie para sen x, la serie de Maclaurin en el ejemplo 4 y la serie de Taylor en el ejemplo 7. Es mejor utilizar la serie de Maclaurin para los valores de x cercanos a 0 y la serie de Taylor para x cercanos a $\pi/3$. Observe que el tercer polinomio de Taylor T_3 en la figura 3 es una buena aproximación al sen x cerca de $\pi/3$, mas no así cerca de 0. Compárelo con el tercer polinomio de Maclaurin T_3 en la figura 2, donde lo opuesto es verdadero.

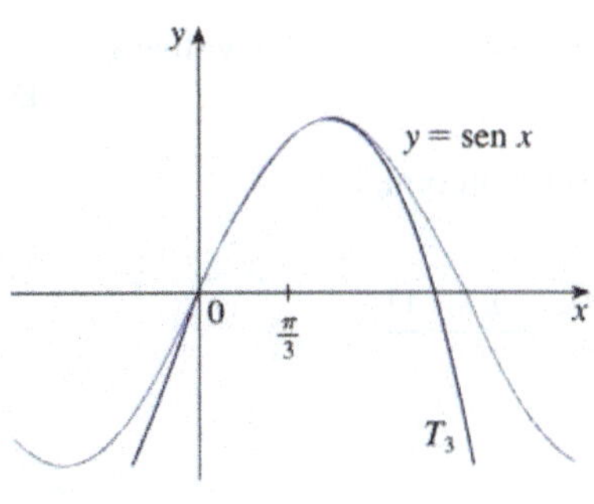

FIGURA 3

y este patrón se repite indefinidamente. Por tanto, la serie de Taylor en $\pi/3$ es

$$f\left(\frac{\pi}{3}\right) + \frac{f'\left(\frac{\pi}{3}\right)}{1!}\left(x - \frac{\pi}{3}\right) + \frac{f''\left(\frac{\pi}{3}\right)}{2!}\left(x - \frac{\pi}{3}\right)^2 + \frac{f'''\left(\frac{\pi}{3}\right)}{3!}\left(x - \frac{\pi}{3}\right)^3 + \cdots$$

$$= \frac{\sqrt{3}}{2} + \frac{1}{2 \cdot 1!}\left(x - \frac{\pi}{3}\right) - \frac{\sqrt{3}}{2 \cdot 2!}\left(x - \frac{\pi}{3}\right)^2 - \frac{1}{2 \cdot 3!}\left(x - \frac{\pi}{3}\right)^3 + \cdots$$

La demostración de que esta serie representa sen x para toda x es muy similar a la del ejemplo 4. [Solo reemplace x por $x - \pi/3$ en (14).] Se puede escribir la serie con la notación sigma si separa los términos que contienen $\sqrt{3}$:

$$\text{sen}\, x = \sum_{n=0}^{\infty} \frac{(-1)^n \sqrt{3}}{2(2n)!}\left(x - \frac{\pi}{3}\right)^{2n} + \sum_{n=0}^{\infty} \frac{(-1)^n}{2(2n+1)!}\left(x - \frac{\pi}{3}\right)^{2n+1}$$

Las series de potencias obtenidas mediante métodos indirectos en los ejemplos 5 y 6 y en la sección 11.9 son realmente la serie de Taylor o de Maclaurin de las funciones dadas porque el teorema 5 establece que no importa cómo se obtenga una representación en una serie de potencias $f(x) = \sum c_n(x - a)^n$, siempre es cierto que $c_n = f^{(n)}(a)n!$ En otras palabras, la determinación de los coeficientes es única.

EJEMPLO 8 Encuentre la serie de Maclaurin para, $f(x) = (1 + x)^k$, donde k es cualquier número real.

SOLUCIÓN Al ordenar el trabajo en columnas, se tiene

$$\begin{array}{ll}
f(x) = (1 + x)^k & f(0) = 1 \\
f'(x) = k(1 + x)^{k-1} & f'(0) = k \\
f''(x) = k(k - 1)(1 + x)^{k-2} & f''(0) = k(k - 1) \\
f'''(x) = k(k - 1)(k - 2)(1 + x)^{k-3} & f'''(0) = k(k - 1)(k - 2) \\
\vdots & \vdots \\
f^{(n)}(x) = k(k - 1) \cdots (k - n + 1)(1 + x)^{k-n} & f^{(n)}(0) = k(k - 1) \cdots (k - n + 1)
\end{array}$$

Por tanto, la serie de Maclaurin de $f(x) = (1 + x)^k$ es

$$\sum_{n=0}^{\infty} \frac{f^{(n)}(0)}{n!} x^n = \sum_{n=0}^{\infty} \frac{k(k - 1) \cdots (k - n + 1)}{n!} x^n$$

Esta serie se denomina **serie binomial**. Observe que si k es un entero no negativo, entonces los términos son eventualmente 0 y por tanto la serie es finita. Para otros valores de k, ninguno de sus términos es 0, por lo que se puede intentar la prueba de la razón. Si el n-ésimo término es a_n, entonces

$$\left| \frac{a_{n+1}}{a_n} \right| = \left| \frac{k(k - 1) \cdots (k - n + 1)(k - n)x^{n+1}}{(n + 1)!} \cdot \frac{n!}{k(k - 1) \cdots (k - n + 1)x^n} \right|$$

$$= \frac{|k - n|}{n + 1} |x| = \frac{\left| 1 - \dfrac{k}{n} \right|}{1 + \dfrac{1}{n}} |x| \to |x| \quad \text{cuando } n \to \infty$$

Entonces, por la prueba de la razón, la serie binomial converge si $|x| < 1$ y diverge si $|x| > 1$. ■

La notación tradicional para los coeficientes de la serie binomial es

$$\binom{k}{n} = \frac{k(k - 1)(k - 2) \cdots (k - n + 1)}{n!}$$

y estos números se llaman **coeficientes binomiales**.

El teorema siguiente establece que $(1 + x)^k$ es igual a la suma de su serie de Maclaurin. Es posible demostrar esto al probar que el residuo $R_n(x)$ se aproxima a 0, pero esto resulta ser muy difícil. La demostración delineada en el ejercicio 85 es mucho más fácil.

17 Serie binomial Si k es cualquier número real y $|x| < 1$, entonces

$$(1 + x)^k = \sum_{n=0}^{\infty} \binom{k}{n} x^n = 1 + kx + \frac{k(k-1)}{2!}x^2 + \frac{k(k-1)(k-2)}{3!}x^3 + \cdots$$

Aun cuando la serie binomial siempre converge cuando $|x| < 1$, la pregunta de si converge o no en los extremos, ± 1, depende del valor de k. Resulta que la serie converge en 1 si $-1 < k \leqslant 0$ y en ambos puntos finales si $k \geqslant 0$. Observe que si k es un entero positivo y $n > k$, entonces la expresión para $\binom{k}{n}$ contiene un factor $(k - k)$, por lo que $\binom{k}{n} = 0$ para $n >$ k. Esto significa que la serie termina y se reduce al teorema del binomio ordinario cuando k es un entero positivo. (Véase la página de referencia 1.)

EJEMPLO 9 Encuentre la serie de Maclaurin para la función $f(x) = \dfrac{1}{\sqrt{4 - x}}$ y su radio de convergencia.

SOLUCIÓN Si se vuelve a escribir $f(x)$ de forma que se pueda usar la serie binomial:

$$\frac{1}{\sqrt{4 - x}} = \frac{1}{\sqrt{4\left(1 - \dfrac{x}{4}\right)}} = \frac{1}{2\sqrt{1 - \dfrac{x}{4}}} = \frac{1}{2}\left(1 - \frac{x}{4}\right)^{-1/2}$$

Y al usar la serie binomial con $k = -\frac{1}{2}$ donde x fue reemplazada por $-x/4$, se tiene

$$\begin{aligned}
\frac{1}{\sqrt{4 - x}} &= \frac{1}{2}\left(1 - \frac{x}{4}\right)^{-1/2} = \frac{1}{2}\sum_{n=0}^{\infty}\binom{-\frac{1}{2}}{n}\left(-\frac{x}{4}\right)^n \\
&= \frac{1}{2}\left[1 + \left(-\frac{1}{2}\right)\left(-\frac{x}{4}\right) + \frac{(-\frac{1}{2})(-\frac{3}{2})}{2!}\left(-\frac{x}{4}\right)^2 + \frac{(-\frac{1}{2})(-\frac{3}{2})(-\frac{5}{2})}{3!}\left(-\frac{x}{4}\right)^3\right. \\
&\qquad \left. + \cdots + \frac{(-\frac{1}{2})(-\frac{3}{2})(-\frac{5}{2})\cdots(-\frac{1}{2} - n + 1)}{n!}\left(-\frac{x}{4}\right)^n + \cdots\right] \\
&= \frac{1}{2}\left[1 + \frac{1}{8}x + \frac{1\cdot 3}{2!8^2}x^2 + \frac{1\cdot 3\cdot 5}{3!8^3}x^3 + \cdots + \frac{1\cdot 3\cdot 5\cdot\cdots\cdot(2n-1)}{n!8^n}x^n + \cdots\right]
\end{aligned}$$

Se sabe por (17) que esta serie converge cuando $|-x/4| < 1$, es decir, $|x| < 4$, por lo que el radio de convergencia es $R = 4$. ■

En la tabla siguiente se resumen, para referencia futura, algunas de las series importantes de Maclaurin que se han deducido en esta sección y en la anterior.

Tabla 1

Series importantes de Maclaurin y sus radios de convergencia

$\dfrac{1}{1-x} = \sum_{n=0}^{\infty} x^n = 1 + x + x^2 + x^3 + \cdots$	$R = 1$
$e^x = \sum_{n=0}^{\infty} \dfrac{x^n}{n!} = 1 + \dfrac{x}{1!} + \dfrac{x^2}{2!} + \dfrac{x^3}{3!} + \cdots$	$R = \infty$
$\operatorname{sen} x = \sum_{n=0}^{\infty} (-1)^n \dfrac{x^{2n+1}}{(2n+1)!} = x - \dfrac{x^3}{3!} + \dfrac{x^5}{5!} - \dfrac{x^7}{7!} + \cdots$	$R = \infty$
$\cos x = \sum_{n=0}^{\infty} (-1)^n \dfrac{x^{2n}}{(2n)!} = 1 - \dfrac{x^2}{2!} + \dfrac{x^4}{4!} - \dfrac{x^6}{6!} + \cdots$	$R = \infty$
$\tan^{-1} x = \sum_{n=0}^{\infty} (-1)^n \dfrac{x^{2n+1}}{2n+1} = x - \dfrac{x^3}{3} + \dfrac{x^5}{5} - \dfrac{x^7}{7} + \cdots$	$R = 1$
$\ln(1+x) = \sum_{n=1}^{\infty} (-1)^{n-1} \dfrac{x^n}{n} = x - \dfrac{x^2}{2} + \dfrac{x^3}{3} - \dfrac{x^4}{4} + \cdots$	$R = 1$
$(1+x)^k = \sum_{n=0}^{\infty} \dbinom{k}{n} x^n = 1 + kx + \dfrac{k(k-1)}{2!}x^2 + \dfrac{k(k-1)(k-2)}{3!}x^3 + \cdots$	$R = 1$

EJEMPLO 10 Encuentre la suma de la serie $\dfrac{1}{1 \cdot 2} - \dfrac{1}{2 \cdot 2^2} + \dfrac{1}{3 \cdot 2^3} - \dfrac{1}{4 \cdot 2^4} + \cdots$.

SOLUCIÓN Con la notación sigma se puede escribir la serie dada como

$$\sum_{n=1}^{\infty} (-1)^{n-1} \frac{1}{n \cdot 2^n} = \sum_{n=1}^{\infty} (-1)^{n-1} \frac{\left(\frac{1}{2}\right)^n}{n}$$

Entonces, en la tabla 1 se ve que esta serie relaciona la entrada para $\ln(1+x)$ con $x = \frac{1}{2}$. Por lo que

$$\sum_{n=1}^{\infty} (-1)^{n-1} \frac{1}{n \cdot 2^n} = \ln\left(1 + \tfrac{1}{2}\right) = \ln \tfrac{3}{2}$$ ■

TEC Module 11.10/11.11 permite ver cómo polinomios sucesivos de Taylor se aproximan a la función original.

Una razón de que las series de Taylor sean importantes, es que permiten integrar funciones que no se podían manejar antes. En efecto, en la introducción de este capítulo se mencionó que Newton integraba a menudo funciones expresándolas primero como series de potencias, y que después integraba la serie término a término. No es posible integrar la función $f(x) = e^{-x^2}$ con las técnicas conocidas hasta este momento, porque su antiderivada no es una función elemental (véase la sección 7.5). En el ejemplo siguiente se aplica la idea de Newton para integrar esta función.

EJEMPLO 11

(a) Evalúe $\int e^{-x^2}\,dx$ como una serie infinita.

(b) Evalúe $\int_0^1 e^{-x^2}\,dx$ de tal manera que no difiera 0.001 del valor real.

SOLUCIÓN

(a) Primero se encuentra la serie de Maclaurin para $f(x) = e^{-x^2}$. Aunque es posible usar el método directo, determínela simplemente mediante el reemplazo de x con $-x^2$ en la serie para e^x dada en la tabla 1.

Por lo que, para todos los valores de x,

$$e^{-x^2} = \sum_{n=0}^{\infty} \frac{(-x^2)^n}{n!} = \sum_{n=0}^{\infty} (-1)^n \frac{x^{2n}}{n!} = 1 - \frac{x^2}{1!} + \frac{x^4}{2!} - \frac{x^6}{3!} + \cdots$$

Ahora se integra término a término:

$$\int e^{-x^2}\,dx = \int \left(1 - \frac{x^2}{1!} + \frac{x^4}{2!} - \frac{x^6}{3!} + \cdots + (-1)^n \frac{x^{2n}}{n!} + \cdots\right) dx$$

$$= C + x - \frac{x^3}{3 \cdot 1!} + \frac{x^5}{5 \cdot 2!} - \frac{x^7}{7 \cdot 3!} + \cdots + (-1)^n \frac{x^{2n+1}}{(2n+1)n!} + \cdots$$

Esta serie es convergente para toda x porque la serie original para e^{-x^2} converge para toda x.

(b) El teorema fundamental del cálculo da

Se puede tomar $C = 0$ en la antiderivada del inciso a).

$$\int_0^1 e^{-x^2}\,dx = \left[x - \frac{x^3}{3 \cdot 1!} + \frac{x^5}{5 \cdot 2!} - \frac{x^7}{7 \cdot 3!} + \frac{x^9}{9 \cdot 4!} - \cdots\right]_0^1$$

$$= 1 - \tfrac{1}{3} + \tfrac{1}{10} - \tfrac{1}{42} + \tfrac{1}{216} - \cdots$$

$$\approx 1 - \tfrac{1}{3} + \tfrac{1}{10} - \tfrac{1}{42} + \tfrac{1}{216} \approx 0.7475$$

El teorema de estimación de la serie alternante demuestra que el error implicado en esta aproximación es menor que

$$\frac{1}{11 \cdot 5!} = \frac{1}{1320} < 0.001$$ ■

Otra aplicación de la serie de Taylor se ilustra en el ejemplo siguiente. El límite podría ser calculado con la regla de L'Hôpital, pero en lugar de hacerlo así se recurre a las series.

EJEMPLO 12 Evalúe $\lim\limits_{x \to 0} \dfrac{e^x - 1 - x}{x^2}$.

SOLUCIÓN Al utilizar la serie de Maclaurin para e^x, se tiene

Algunos sistemas algebraicos computacionales calculan los límites de esta manera.

$$\lim_{x \to 0} \frac{e^x - 1 - x}{x^2} = \lim_{x \to 0} \frac{\left(1 + \frac{x}{1!} + \frac{x^2}{2!} + \frac{x^3}{3!} + \cdots\right) - 1 - x}{x^2}$$

$$= \lim_{x \to 0} \frac{\frac{x^2}{2!} + \frac{x^3}{3!} + \frac{x^4}{4!} + \cdots}{x^2}$$

$$= \lim_{x \to 0} \left(\frac{1}{2} + \frac{x}{3!} + \frac{x^2}{4!} + \frac{x^3}{5!} + \cdots\right) = \frac{1}{2}$$

porque las series de potencias son funciones continuas. ■

Multiplicación y división de series de potencias

Si las series de potencias se suman o restan, se comportan como polinomios (el teorema 11.2.8 lo demuestra). De hecho, como lo ilustra el ejemplo siguiente, las series también se pueden multiplicar y dividir como los polinomios. Se determinan solo los primeros términos porque los cálculos para los siguientes se vuelven tediosos y los términos iniciales son los más importantes.

EJEMPLO 13 Calcule los primeros tres términos diferentes de cero de la serie de Maclaurin para (a) e^x sen x y (b) tan x.

SOLUCIÓN

(a) Usando la serie de Maclaurin para e^x y sen x en la tabla 1, se tiene

$$e^x \operatorname{sen} x = \left(1 + \frac{x}{1!} + \frac{x^2}{2!} + \frac{x^3}{3!} + \cdots\right)\left(x - \frac{x^3}{3!} + \cdots\right)$$

Al multiplicar esta expresión y agrupar por términos semejantes, al igual que con los polinomios:

$$\begin{array}{rl} & 1 + x + \frac{1}{2}x^2 + \frac{1}{6}x^3 + \cdots \\ \times & \quad\; x \qquad\quad - \frac{1}{6}x^3 + \cdots \\ \hline & x + x^2 + \frac{1}{2}x^3 + \frac{1}{6}x^4 + \cdots \\ + & \qquad\qquad - \frac{1}{6}x^3 - \frac{1}{6}x^4 - \cdots \\ \hline & x + x^2 + \frac{1}{3}x^3 + \cdots \end{array}$$

Por lo que
$$e^x \operatorname{sen} x = x + x^2 + \tfrac{1}{3}x^3 + \cdots$$

(b) Al utilizar la serie de Maclaurin en la tabla 1, se tiene

$$\tan x = \frac{\operatorname{sen} x}{\cos x} = \frac{x - \dfrac{x^3}{3!} + \dfrac{x^5}{5!} - \cdots}{1 - \dfrac{x^2}{2!} + \dfrac{x^4}{4!} - \cdots}$$

Se usa un procedimiento como el de la división larga:

$$\begin{array}{r|l} & x + \frac{1}{3}x^3 + \frac{2}{15}x^5 + \cdots \\ \hline 1 - \frac{1}{2}x^2 + \frac{1}{24}x^4 - \cdots & x - \frac{1}{6}x^3 + \frac{1}{120}x^5 - \cdots \\ & -\left(x - \frac{1}{2}x^3 + \frac{1}{24}x^5 - \cdots\right) \\ \hline & \frac{1}{3}x^3 - \frac{1}{30}x^5 + \cdots \\ & -\left(\frac{1}{3}x^3 - \frac{1}{6}x^5 + \cdots\right) \\ \hline & \frac{2}{15}x^5 + \cdots \end{array}$$

Por tanto,
$$\tan x = x + \tfrac{1}{3}x^3 + \tfrac{2}{15}x^5 + \cdots$$
■

Aunque no se ha intentado justificar las manipulaciones formales que se utilizaron en el ejemplo 13, son legítimas. Hay un teorema que establece que si tanto $f(x) = \Sigma\, c_n x^n$ como $g(x) = \Sigma b_n x^n$ convergen para $|x| < R$ y las series se multiplican como si fueran polinomios, entonces la serie resultante también converge para $|x| < R$ y representa $f(x)g(x)$. En cuanto a la división es necesario que $b_0 \neq 0$; la serie resultante converge para $|x|$ suficientemente pequeña.

11.10 EJERCICIOS

1. Si $f(x) = \sum_{n=0}^{\infty} b_n(x-5)^n$ para toda x, escriba una fórmula para b_8.

2. Se muestra la gráfica de f.

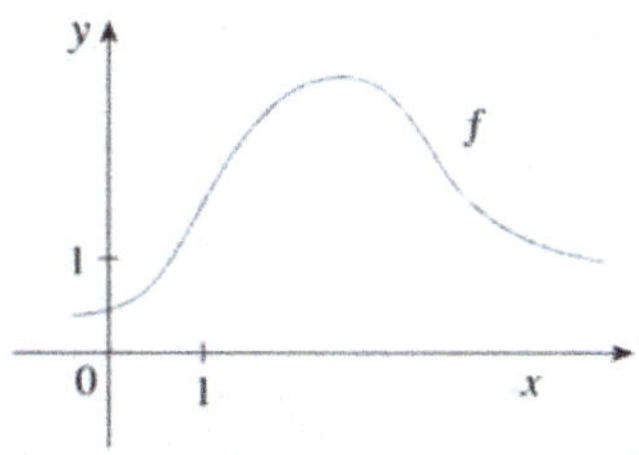

(a) Explique por qué la serie

$$1.6 - 0.8(x-1) + 0.4(x-1)^2 - 0.1(x-1)^3 + \cdots$$

no es la serie de Taylor de f centrada en 1.

(b) Explique por qué la serie

$$2.8 - 0.5(x-2) + 1.5(x-2)^2 - 0.1(x-2)^3 + \cdots$$

no es la serie de Taylor de f centrada en 2.

3. Si para $f^{(n)}(0) = (n+1)!$ para $n = 0, 1, 2, \ldots$, encuentre la serie de Maclaurin para f y su radio de convergencia.

4. Encuentre la serie de Taylor para f con centro en 4 si

$$f^{(n)}(4) = \frac{(-1)^n n!}{3^n(n+1)}$$

¿Cuál es el radio de convergencia de la serie de Taylor?

5-10 Utilice la definición de una serie de Taylor para encontrar los cuatro primeros términos distintos de cero de la serie para $f(x)$ centrada en el valor de a dado.

5. $f(x) = xe^x, \quad a = 0$

6. $f(x) = \dfrac{1}{1+x}, \quad a = 2$

7. $f(x) = \sqrt[3]{x}, \quad a = 8$

8. $f(x) = \ln x, \quad a = 1$

9. $f(x) = \operatorname{sen} x, \quad a = \pi/6$

10. $f(x) = \cos^2 x, \quad a = 0$

11-18 Encuentre la serie de Maclaurin para $f(x)$ usando la definición de la serie de Maclaurin. [Suponga que f tiene un desarrollo en serie de potencias. No demuestre que $R_n(x) \to 0$.] Determine también el radio asociado con la convergencia.

11. $f(x) = (1-x)^{-2}$

12. $f(x) = \ln(1+x)$

13. $f(x) = \cos x$

14. $f(x) = \cos 3x$

15. $f(x) = 2^x$

16. $f(x) = xe^x$

17. $f(x) = \operatorname{senh} x$

18. $f(x) = \cosh x$

19-26 Calcule la serie de Taylor para $f(x)$ centrada en el valor dado de a. [Suponga que f tiene un desarrollo en serie de potencias. No demuestre que $R_n(x) \to 0$.] También encuentre el radio de convergencia asociado.

19. $f(x) = x^5 + 2x^3 + x, \quad a = 2$

20. $f(x) = x^6 - x^4 + 2, \quad a = -2$

21. $f(x) = \ln x, \quad a = 2$

22. $f(x) = 1/x, \quad a = -3$

23. $f(x) = e^{2x}, \quad a = 3$

24. $f(x) = \cos x, \quad a = \pi/2$

25. $f(x) = \operatorname{sen} x, \quad a = \pi$

26. $f(x) = \sqrt{x}, \quad a = 16$

27. Demuestre que la serie obtenida en el ejercicio 13 representa $\cos x$ para toda x.

28. Demuestre que la serie obtenida en el ejercicio 25 representa $\operatorname{sen} x$ para toda x.

29. Demuestre que la serie obtenida en el ejercicio 17 representa $\operatorname{senh} x$ para toda x.

30. Demuestre que la serie obtenida en el ejercicio 18 representa $\cosh x$ para toda x.

31-34 Use la serie binomial para desarrollar la función como una serie de potencias. Establezca el radio de convergencia.

31. $\sqrt[4]{1-x}$

32. $\sqrt[3]{8+x}$

33. $\dfrac{1}{(2+x)^3}$

34. $(1-x)^{3/4}$

35-44 Utilice la serie de Maclaurin que aparece en la tabla 1 para obtener la serie de Maclaurin para la función dada.

35. $f(x) = \arctan(x^2)$

36. $f(x) = \operatorname{sen}(\pi x/4)$

37. $f(x) = x\cos 2x$

38. $f(x) = e^{3x} - e^{2x}$

39. $f(x) = x\cos\left(\frac{1}{2}x^2\right)$

40. $f(x) = \cos(\pi x/2)$

41. $f(x) = \dfrac{x}{\sqrt{4+x^2}}$

42. $f(x) = \dfrac{x^2}{\sqrt{2+x}}$

43. $f(x) = \operatorname{sen}^2 x \quad \left[\textit{Sugerencia:} \text{ use } \operatorname{sen}^2 x = \frac{1}{2}(1-\cos 2x).\right]$

44. $f(x) = \begin{cases} \dfrac{x - \operatorname{sen} x}{x^3} & \text{si } x \neq 0 \\ \frac{1}{6} & \text{si } x = 0 \end{cases}$

45-48 Encuentre la serie de Maclaurin para cada función f (por cualquier medio) y su radio de convergencia. Grafique f y los primeros polinomios de Taylor en la misma pantalla. ¿Qué observa sobre la relación de estos polinomios y f?

45. $f(x) = \cos(x^2)$

46. $f(x) = \ln(1+x^2)$

47. $f(x) = xe^{-x}$

48. $f(x) = e^{-x^2} + \cos x$

49. Utilice la serie de Maclaurin para $\cos x$ para calcular $\cos 5°$ correcta a cinco decimales.

50. Utilice la serie de Maclaurin para e^x para calcular $1/\sqrt[10]{e}$ correcto a cinco decimales.

51. (a) Utilice la serie binomial para desarrollar $1/\sqrt{1-x^2}$.
(b) Use el inciso (a) encontrar la serie de Maclaurin para $\operatorname{sen}^{-1}x$.

52. (a) Desarrolle $1/\sqrt[4]{1+x}$ como una serie de potencias.
(b) Utilice el inciso (a) para estimar $1/\sqrt[4]{1.1}$ correcta con tres decimales.

53-56 Evalúe la integral indefinida como una serie infinita.

53. $\int \sqrt{1+x^3}\,dx$

54. $\int x^2\operatorname{sen}(x^2)\,dx$

55. $\int x\cos(x^3)\,dx$

56. $\int \dfrac{e^x-1}{x}\,dx$

57-60 Utilice series para aproximar la integral definida con la precisión indicada.

57. $\int_0^{1/2} x^3\arctan x\,dx$ (cuatro decimales)

58. $\int_0^1 \operatorname{sen}(x^4)\,dx$ (cuatro decimales)

59. $\int_0^{0.4} \sqrt{1+x^4}\,dx$ $\left(|\text{error}| < 5\times 10^{-6}\right)$

60. $\int_0^{0.5} x^2e^{-x^2}\,dx$ $\left(|\text{error}| < 0.001\right)$

61-65 Utilice series para evaluar el límite.

61. $\lim\limits_{x\to 0}\dfrac{x-\ln(1+x)}{x^2}$

62. $\lim\limits_{x\to 0}\dfrac{1-\cos x}{1+x-e^x}$

63. $\lim\limits_{x\to 0}\dfrac{\operatorname{sen}x - x + \frac{1}{6}x^3}{x^5}$

64. $\lim\limits_{x\to 0}\dfrac{\sqrt{1+x}-1-\frac{1}{2}x}{x^2}$

65. $\lim\limits_{x\to 0}\dfrac{x^3-3x+3\tan^{-1}x}{x^5}$

---

66. Utilice la serie del ejemplo 13(b) para evaluar

$$\lim_{x\to 0}\frac{\tan x - x}{x^3}$$

Este límite se calculó en el ejemplo 4.4.4 utilizando la regla de L'Hôpital tres veces. ¿Cuál método prefiere?

67-72 Utilice la multiplicación o la división de series de potencias para determinar los primeros tres términos diferentes de cero en la serie de Maclaurin para cada función.

67. $y = e^{-x^2}\cos x$

68. $y = \sec x$

69. $y = \dfrac{x}{\operatorname{sen} x}$

70. $y = e^x\ln(1+x)$

71. $y = (\arctan x)^2$

72. $y = e^x\operatorname{sen}^2 x$

73-80 Determine la suma de la serie.

73. $\sum\limits_{n=0}^{\infty}(-1)^n\dfrac{x^{4n}}{n!}$

74. $\sum\limits_{n=0}^{\infty}\dfrac{(-1)^n\pi^{2n}}{6^{2n}(2n)!}$

75. $\sum\limits_{n=1}^{\infty}(-1)^{n-1}\dfrac{3^n}{n\,5^n}$

76. $\sum\limits_{n=0}^{\infty}\dfrac{3^n}{5^n n!}$

77. $\sum\limits_{n=0}^{\infty}\dfrac{(-1)^n\pi^{2n+1}}{4^{2n+1}(2n+1)!}$

78. $1-\ln 2+\dfrac{(\ln 2)^2}{2!}-\dfrac{(\ln 2)^3}{3!}+\cdots$

79. $3+\dfrac{9}{2!}+\dfrac{27}{3!}+\dfrac{81}{4!}+\cdots$

80. $\dfrac{1}{1\cdot 2}-\dfrac{1}{3\cdot 2^3}+\dfrac{1}{5\cdot 2^5}-\dfrac{1}{7\cdot 2^7}+\cdots$

---

81. Demuestre que si p es una función polinomial de n-grado, entonces

$$p(x+1)=\sum_{i=0}^{n}\frac{p^{(i)}(x)}{i!}$$

82. Si $f(x) = (1+x^3)^{30}$, ¿qué es $f^{(58)}(0)$?

83. Demuestre la desigualdad de Taylor para $n = 2$, es decir, demuestre que si $|f'''(x)| \leqslant M$ para $|x-a| \leqslant d$ entonces

$$|R_2(x)| \leqslant \frac{M}{6}|x-a|^3 \qquad \text{para } |x-a| \leqslant d$$

84. (a) Demuestre que la función definida por

$$f(x)=\begin{cases} e^{-1/x^2} & \text{si } x\neq 0\\ 0 & \text{si } x=0\end{cases}$$

no es igual a su serie de Maclaurin.
(b) Trace la gráfica de la función del inciso (a) y comente su comportamiento cerca del origen.

85. Utilice los pasos siguientes para demostrar (17).
(a) Sea $g(x)=\sum_{n=0}^{\infty}\binom{k}{n}x^n$. Derive esta serie para demostrar que

$$g'(x)=\frac{kg(x)}{1+x} \qquad -1<x<1$$

(b) Sea $h(x)=(1+x)^{-k}g(x)$ demuestre que $h'(x)=0$.
(c) Deduzca que $g(x)=(1+x)^k$.

86. En el ejercicio 10.2.53 se demostró que la longitud de la elipse $x = a\operatorname{sen}\theta$, $y = b\cos\theta$, donde $a > b > 0$, es

$$L = 4a\int_0^{\pi/2}\sqrt{1-e^2\operatorname{sen}^2\theta}\,d\theta$$

donde $e=\sqrt{a^2-b^2}/a$ es la excentricidad de la elipse.

Desarrolle el integrando como serie binomial y use el resultado del ejercicio 7.1.50 para expresar L como una serie de potencias de la excentricidad hasta el término en e^6.

PROYECTO DE LABORATORIO SAC UN LÍMITE ESCURRIDIZO

Este proyecto trata con la función

$$f(x) = \frac{\operatorname{sen}(\tan x) - \tan(\operatorname{sen} x)}{\operatorname{arcsen}(\arctan x) - \arctan(\operatorname{arcsen} x)}$$

1. Utilice su sistema algebraico computacional para evaluar $f(x)$ para $x = 1, 0.1, 0.01, 0.001$ y 0.0001. ¿Parece tener f un límite cuando $x \to 0$?
2. Use el SAC para trazar la gráfica de f cerca de $x = 0$. ¿Parece tener f un límite cuando $x \to 0$?
3. Intente evaluar $\lim_{x\to 0} f(x)$ con la regla de L'Hôpital, usando el SAC para encontrar las derivadas del numerador y el denominador. ¿Qué descubrió? ¿Cuántas aplicaciones de la regla de l'Hôspital se requieren?
4. Evalúe $\lim_{x\to 0} f(x)$ con ayuda del SAC para encontrar la cantidad suficiente de términos de la serie de Taylor del numerador y el denominador. (Utilice la instrucción `taylor` en Maple o `series` en Mathematica.)
5. Utilice la instrucción límite en su SAC para calcular directamente $\lim_{x\to 0} f(x)$. (La mayoría de los sistemas algebraicos computacionales utilizan el método del problema 4 para calcular límites.)
6. En vista de las respuestas a los problemas 4 y 5, ¿cómo explica los resultados de los problemas 1 y 2?

PROYECTO DE REDACCIÓN CÓMO DESCUBRIÓ NEWTON LAS SERIES BINOMIALES

El teorema binomial, que proporciona el desarrollo de $(a + b)^k$, ya lo conocían los matemáticos chinos muchos siglos antes de que naciera Newton, en especial para el caso donde el exponente k es un entero positivo. En 1665, cuando Newton tenía 22 años, descubrió por primera vez el desarrollo de la serie infinita $(a + b)^k$ donde k es un exponente fraccionario, (positivo o negativo). No publicó sus descubrimientos, pero los planteó y proporcionó ejemplos de cómo usarlos en una carta con fecha del 13 de junio de 1676, carta (ahora conocida como *epistola prior*) que envió a Henry Oldenburg, secretario de la Royal Society of London, para que la transmitiera a Leibniz. Cuando él contestó, le preguntó a Newton cómo había descubierto las series binomiales. Newton escribió una segunda carta, la *epistola posterior*, del 24 de octubre de 1676, en la cual explica con lujo de detalles la manera como llegó a su descubrimiento mediante una ruta muy indirecta. Estuvo investigando las áreas bajo las curvas $y = (1 - x^2)^{n/2}$ de 0 a x para $n = 0, 1, 2, 3, 4,\ldots$ Estas son fáciles de calcular si n es par. Al observar patrones y al interpolar, Newton fue capaz de adivinar las respuestas de valores impares de n. Entonces se dio cuenta de que podía obtener las mismas respuestas expresando $(1 - x^2)^{n/2}$ como una serie infinita.

Escriba un ensayo sobre el descubrimiento de Newton. Inicie dando el enunciado de serie binomial en la notación de Newton (véase la *epistola prior* en la página 285 de [4] o la página 402 de [2]). Explique por qué la versión de Newton es equivalente al teorema 17 de la página 767. Luego lea la *epistola posterior* de Newton (página 287 de [4] o página 404 de [2]) y explique los patrones que descubrió Newton en las áreas bajo las curvas $y = (1 - x^2)^{n/2}$. Muestre cómo podía él calcular el área bajo las curvas restantes y cómo comprobó su respuesta. Por último, explique cómo estos descubrimientos llevaron a las series binomiales. Los libros de Edwards [1] y Katz [3] contienen comentarios de las cartas de Newton.

1. C. H. Edwards, *The Historical Development of the Calculus*, Nueva York: Springer-Verlag, 1979, pp. 178-187.
2. John Fauvel y Jeremy Gray, eds., *The History of Mathematics: A Reader*, London: MacMillan Press, 1987.
3. Victor Katz, *A History of Mathematics: An Introduction*, Nueva York: HarperCollins, 1993, pp. 463-466.
4. D. J. Struik, ed., *A Sourcebook in Mathematics*, 1200-1800, Princeton, N.J.: Princeton University Press, 1969.

11.11 Aplicaciones de los polinomios de Taylor

En esta sección se exploran dos tipos de aplicaciones de los polinomios de Taylor. Primero se examina cómo se usan para aproximar funciones; a los científicos de la computación les gustan porque las polinomiales son las más sencillas de las funciones. Luego se investiga cómo los físicos y los ingenieros los usan en campos como la relatividad, óptica, radiación de cuerpos negros, dipolos eléctricos, la velocidad de las ondas en el agua y la construcción de carreteras en el desierto.

Aproximación de funciones mediante polinomios

Suponga que $f(x)$ es igual a la suma de su serie de Taylor en a:

$$f(x) = \sum_{n=0}^{\infty} \frac{f^{(n)}(a)}{n!}(x-a)^n$$

En la sección 11.10 se introdujo la notación $T_n(x)$ para la n-ésima suma parcial de esta serie y se le llamó polinomio de Taylor de n-ésimo grado de f en a. Por lo que

$$T_n(x) = \sum_{i=0}^{n} \frac{f^{(i)}(a)}{i!}(x-a)^i$$

$$= f(a) + \frac{f'(a)}{1!}(x-a) + \frac{f''(a)}{2!}(x-a)^2 + \cdots + \frac{f^{(n)}(a)}{n!}(x-a)^n$$

Ya que f es la suma de su serie de Taylor, se sabe que $T_n(x) \to f(x)$ cuando $n \to \infty$ y de este modo T_n se puede usar como una aproximación de f: $f(x) \approx T_n(x)$.

Observe que el polinomio de primer grado de Taylor

$$T_1(x) = f(a) + f'(a)(x-a)$$

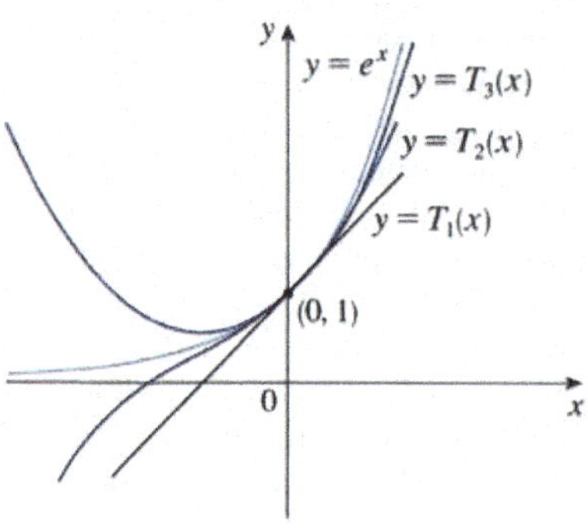

FIGURA 1

es lo mismo que la linealización de f en a que se estudió en la sección 3.10. Note también que T_1 y su derivada tienen los mismos valores en a que f y f'. En general, se puede demostrar que las derivadas de T_n en a concuerdan con las de f hasta las derivadas de orden n, inclusive.

Para ilustrar estas ideas, vea una vez más las gráficas de $y = e^x$ y sus primeros polinomios de Taylor, como se ilustran en la figura 1. La gráfica de T_1 es la recta tangente a $y = e^x$ en (0, 1); esta recta tangente es la mejor aproximación lineal a e^x cerca de (0, 1). La gráfica de T_2 es la parábola $y = 1 + x + x^2/2$, y la gráfica de T_3 es la curva cúbica $y = 1 + x + x^2/2 + x^3/6$, que es un ajuste más cercano a la curva exponencial $y = e^x$ que T_2. El polinomio de Taylor T_4 siguiente sería una aproximación mejor, y así sucesivamente.

	$x = 0.2$	$x = 3.0$
$T_2(x)$	1.220000	8.500000
$T_4(x)$	1.221400	16.375000
$T_6(x)$	1.221403	19.412500
$T_8(x)$	1.221403	20.009152
$T_{10}(x)$	1.221403	20.079665
e^x	1.221403	20.085537

Los valores de la tabla dan una demostración numérica de la convergencia de los polinomios de Taylor $T_n(x)$ a la función $y = e^x$. Se ve que cuando $x = 0.2$ la convergencia es muy rápida, pero cuando $x = 3$ es un poco más lenta. De hecho, entre más lejos esté x de 0, es un poco más lenta la convergencia de $T_n(x)$ a e^x.

Cuando se usa un polinomio de Taylor T_n para aproximar una función f, se debe preguntar: ¿qué tan buena es una aproximación? ¿Qué tan grande se debe tomar n con objeto de que alcance una precisión deseada? Para responder estas preguntas, es necesario examinar el valor absoluto del residuo:

$$|R_n(x)| = |f(x) - T_n(x)|$$

Hay tres métodos posibles para estimar el tamaño del error:

1. Si cuenta con una calculadora que trace gráficas o una computadora, la puede usar para trazar la gráfica $|R_n(x)|$ y de ahí estimar el error.
2. Si sucede que la serie es alternante, se puede aplicar el teorema de estimación de la serie alternante.
3. En todos los casos se puede aplicar la desigualdad de Taylor (teorema 11.10.9), que establece que si $|f^{(n+1)}(x)| \leqslant M$ entonces

$$|R_n(x)| \leqslant \frac{M}{(n+1)!}|x-a|^{n+1}$$

EJEMPLO 1

(a) Obtenga una aproximación de la función $f(x) = \sqrt[3]{x}$ por medio del polinomio de Taylor de grado 2 en $a = 8$.

(b) ¿Qué tan exacta es esta aproximación cuando $7 \leqslant x \leqslant 9$?

SOLUCIÓN

(a)

$$\begin{aligned} f(x) &= \sqrt[3]{x} = x^{1/3} & f(8) &= 2 \\ f'(x) &= \tfrac{1}{3}x^{-2/3} & f'(8) &= \tfrac{1}{12} \\ f''(x) &= -\tfrac{2}{9}x^{-5/3} & f''(8) &= -\tfrac{1}{144} \\ f'''(x) &= \tfrac{10}{27}x^{-8/3} \end{aligned}$$

Por lo que el polinomio de Taylor de segundo grado es

$$\begin{aligned} T_2(x) &= f(8) + \frac{f'(8)}{1!}(x-8) + \frac{f''(8)}{2!}(x-8)^2 \\ &= 2 + \tfrac{1}{12}(x-8) - \tfrac{1}{288}(x-8)^2 \end{aligned}$$

La aproximación deseada es

$$\sqrt[3]{x} \approx T_2(x) = 2 + \tfrac{1}{12}(x-8) - \tfrac{1}{288}(x-8)^2$$

(b) La serie de Taylor no es alternante cuando $x < 8$, por lo que no se puede aplicar el teorema de estimación de la serie alternante en este ejemplo. Pero se puede usar la desigualdad de Taylor con $n = 2$ y $a = 8$:

$$|R_2(x)| \leqslant \frac{M}{3!}|x-8|^3$$

donde $|f'''(x)| \leqslant M$. Como $x \geqslant 7$, se tiene $x^{8/3} \geqslant 7^{8/3}$ y de esa manera

$$f'''(x) = \frac{10}{27} \cdot \frac{1}{x^{8/3}} \leqslant \frac{10}{27} \cdot \frac{1}{7^{8/3}} < 0.0021$$

Por tanto se puede hacer $M = 0.0021$. También $7 \leqslant x \leqslant 9$, por lo que $-1 \leqslant x - 8 \leqslant 1$ y $|x-8| \leqslant 1$. Entonces la desigualdad de Taylor da

$$|R_2(x)| \leqslant \frac{0.0021}{3!} \cdot 1^3 = \frac{0.0021}{6} < 0.0004$$

En estos términos, si $7 \leqslant x \leqslant 9$, la aproximación en el inciso (a) no difiere en más de 0.0004 del valor real. ■

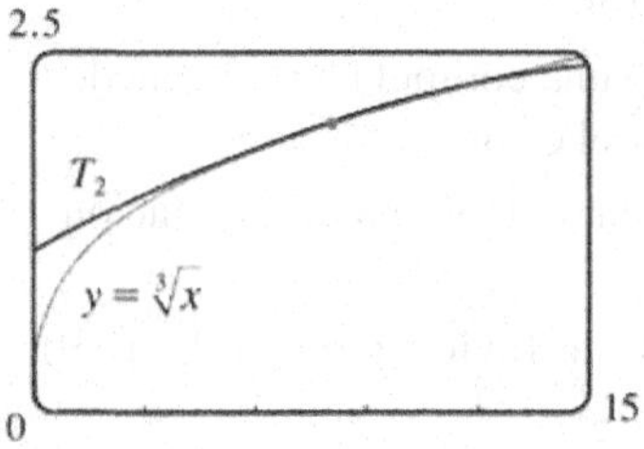

FIGURA 2

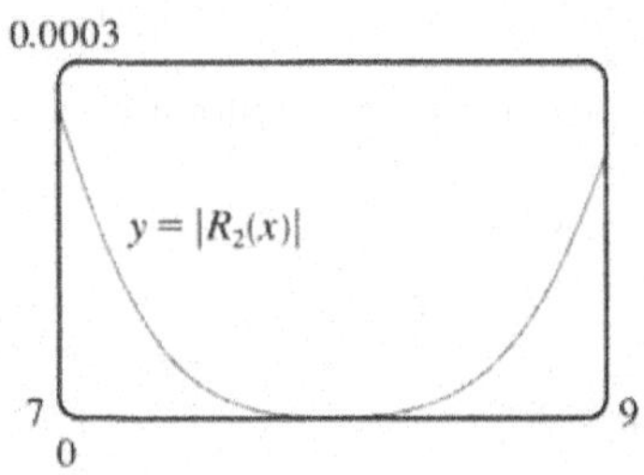

FIGURA 3

Con la ayuda de una calculadora para trazar gráficas o de una computadora compruebe el cálculo del ejemplo 1. En la figura 2 se muestra que las gráficas de $y = \sqrt[3]{x}$ y $y = T_2(x)$ están muy cercanas entre sí cuando x está cerca de 8. En la figura 3 se ilustra la gráfica de $|R_2(x)|$ calculada a partir de la expresión

$$|R_2(x)| = |\sqrt[3]{x} - T_2(x)|$$

Se ve de la gráfica que

$$|R_2(x)| < 0.0003$$

cuando $7 \leqslant x \leqslant 9$. Por lo que la estimación de error mediante métodos gráficos es ligeramente mejor que cuando se hace a partir de la desigualdad de Taylor, en este caso.

EJEMPLO 2

(a) ¿Cuál es el error máximo posible al utilizar la aproximación

$$\operatorname{sen} x \approx x - \frac{x^3}{3!} + \frac{x^5}{5!}$$

cuando $-0.3 \leqslant x \leqslant 0.3$? Utilice esta aproximación para calcular sen 12° correcto a seis cifras decimales.

(b) ¿Para qué valores de x esta aproximación no difiere en más de 0.00005 del valor real?

SOLUCIÓN

(a) Observe que la serie de Maclaurin

$$\operatorname{sen} x = x - \frac{x^3}{3!} + \frac{x^5}{5!} - \frac{x^7}{7!} + \cdots$$

es alternante para todos los valores no cero de x, y los términos sucesivos decrecen en tamaño porque $|x| < 1$, por lo que se puede usar el teorema de estimación de la serie alternante. El error en la aproximación de sen x por medio de los tres términos de su serie de Maclaurin es tan pequeño como

$$\left|\frac{x^7}{7!}\right| = \frac{|x|^7}{5040}$$

Si $-0.3 \leqslant x \leqslant 0.3$, entonces $|x| \leqslant 0.3$, por lo que el error es más pequeño que

$$\frac{(0.3)^7}{5040} \approx 4.3 \times 10^{-8}$$

Para calcular sen 12° primero se convierte a radianes:

$$\operatorname{sen} 12° = \operatorname{sen}\left(\frac{12\pi}{180}\right) = \operatorname{sen}\left(\frac{\pi}{15}\right)$$

$$\approx \frac{\pi}{15} - \left(\frac{\pi}{15}\right)^3 \frac{1}{3!} + \left(\frac{\pi}{15}\right)^5 \frac{1}{5!} \approx 0.20791169$$

Por lo que con una aproximación de seis decimales, sen 12° ≈ 0.207912.

(b) El error será menor que 0.00005 si

$$\frac{|x|^7}{5040} < 0.00005$$

Al resolver la desigualdad para x, se obtiene

$$|x|^7 < 0.252 \qquad \text{o} \qquad |x| < (0.252)^{1/7} \approx 0.821$$

Por lo que la aproximación dada no difiere en más de 0.00005 cuando $|x| < 0.82$.

TEC En Module 11.10/11.11 se muestran en forma gráfica los residuos de las aproximaciones de los polinomios de Taylor.

¿Qué sucede si se recurre a la desigualdad de Taylor para resolver el ejemplo 2? Ya que $f^{(7)}(x) = -\cos x$, se tiene $|f^{(7)}(x)| \leqslant 1$ y así

$$|R_6(x)| \leqslant \frac{1}{7!}|x|^7$$

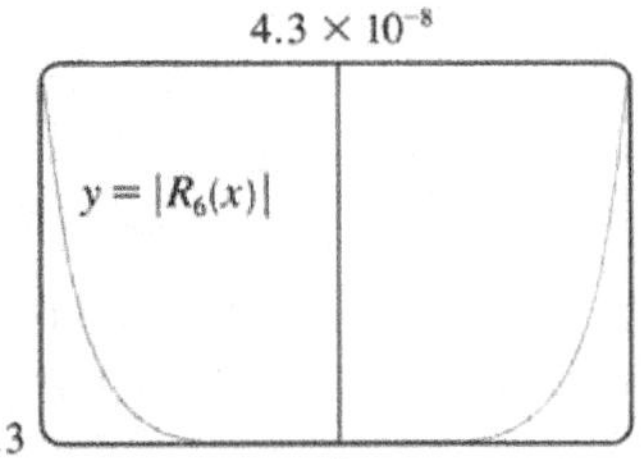

FIGURA 4

De este modo se llega a la misma estimación que con el teorema de la estimación de la serie alternante.

¿Qué hay con respecto a los métodos gráficos? En la figura 4 se ilustra la gráfica de

$$|R_6(x)| = |\operatorname{sen} x - (x - \tfrac{1}{6}x^3 + \tfrac{1}{120}x^5)|$$

y se observa que $|R_6(x)| < 4.3 \times 10^{-8}$ cuando $|x| \leqslant 0.3$. Esta es la misma estimación que se obtuvo en el ejemplo 2. En el caso del inciso (b) se quiere $|R_6(x)| < 0.00005$, por lo que se grafica tanto $y = |R_6(x)|$ como $y = 0.00005$ en la figura 5. Si se coloca el cursor en el punto de intersección derecho, se verá que la desigualdad se cumple cuando $|x| < 0.82$. Una vez más se llega a la misma estimación que se obtuvo en la solución del ejemplo 2.

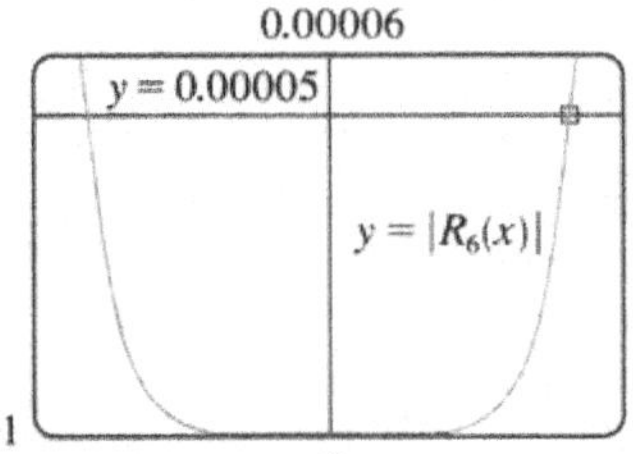

FIGURA 5

Si se hubiera pedido que se aproximara sen 72° en lugar de sen 12° en el ejemplo 2, habría sido prudente utilizar los polinomios de Taylor en $a = \pi/3$ (en lugar de $a = 0$), porque son mejores aproximaciones al sen x para valores de x cercanos a $\pi/3$. Observe que 72° es cercano a 60° (o $\pi/3$ radianes), y las derivadas de sen x son fáciles de calcular en $\pi/3$.

La figura 6 muestra las gráficas de las aproximaciones de los polinomios de Maclaurin

$$T_1(x) = x \qquad T_3(x) = x - \frac{x^3}{3!}$$

$$T_5(x) = x - \frac{x^3}{3!} + \frac{x^5}{5!} \qquad T_7(x) = x - \frac{x^3}{3!} + \frac{x^5}{5!} - \frac{x^7}{7!}$$

a la curva seno. Se puede ver que cuando n aumenta, $T_n(x)$ es una buena aproximación a sen x en un intervalo más y más grande.

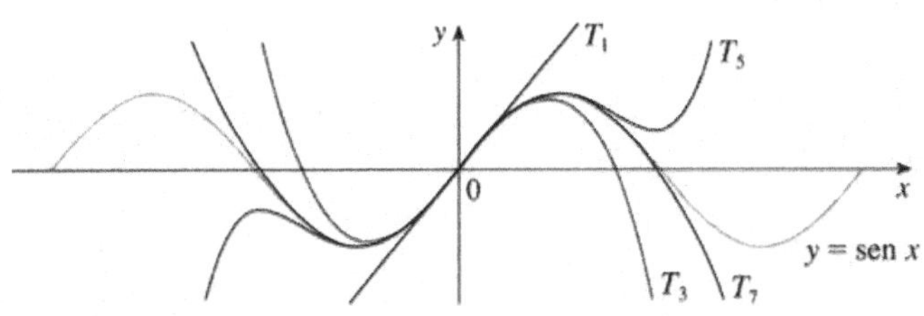

FIGURA 6

Las calculadoras y computadoras aplican el tipo de cálculo hecho en los ejemplos 1 y 2. Por ejemplo, cuando usted presiona la tecla sen o e^x de su calculadora, o cuando un programador de computadoras utiliza una subrutina en el caso de una función trigonométrica o exponencial o de Bessel, en muchas máquinas se calcula una aproximación polinomial. Con frecuencia, el polinomio es uno de Taylor que ha sido modificado de modo que el error se extiende de manera más uniforme en todo el intervalo.

Aplicaciones en la física

Los polinomios de Taylor también se usan con mucha frecuencia en la física. Con objeto de entender una ecuación, los físicos simplifican a menudo una función considerando solo dos o tres términos de la serie de Taylor. En otras palabras, los físicos usan un polinomio de Taylor como una aproximación de la función. La desigualdad de Taylor se puede usar para medir la exactitud de la aproximación. En el ejemplo siguiente se muestra una manera en la cual esta idea se usa en la relatividad especial.

EJEMPLO 3 En la teoría de la relatividad especial de Einstein, la masa de un objeto que se desplaza con velocidad v es

$$m = \frac{m_0}{\sqrt{1 - v^2/c^2}}$$

donde m_0 es la masa del objeto cuando está en reposo y c es la velocidad de la luz. La energía cinética del objeto es la diferencia entre su energía total y su energía en reposo:

$$K = mc^2 - m_0c^2$$

(a) Demuestre que cuando v es muy pequeña comparada con c, esta expresión para K concuerda con la física clásica de Newton: $K = \frac{1}{2}m_0v^2$.
(b) Utilice la desigualdad de Taylor para estimar la diferencia en estas expresiones para K cuando $|v| \leqslant 100$ m/s.

SOLUCIÓN
(a) Utilizando las expresiones dadas para K y m, se obtiene

$$K = mc^2 - m_0c^2 = \frac{m_0c^2}{\sqrt{1 - v^2/c^2}} - m_0c^2 = m_0c^2\left[\left(1 - \frac{v^2}{c^2}\right)^{-1/2} - 1\right]$$

La curva superior de la figura 7 es la gráfica de la expresión de la energía cinética K de un objeto con velocidad v en la relatividad especial. La curva inferior muestra la función usada para K en la física clásica newtoniana. Cuando v es mucho más pequeña que la velocidad de la luz, las curvas son prácticamente idénticas.

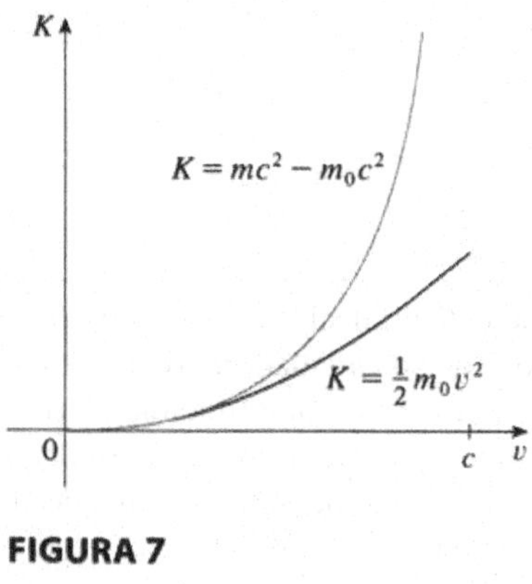

FIGURA 7

Con $x = -v^2/c^2$, la serie de Maclaurin para $(1 + x)^{-1/2}$ es más fácil de calcular que una serie binomial con $k = -\frac{1}{2}$. (Observe que $|x| < 1$ porque $v < c$.) Por tanto

$$(1 + x)^{-1/2} = 1 - \tfrac{1}{2}x + \frac{(-\frac{1}{2})(-\frac{3}{2})}{2!}x^2 + \frac{(-\frac{1}{2})(-\frac{3}{2})(-\frac{5}{2})}{3!}x^3 + \cdots$$

$$= 1 - \tfrac{1}{2}x + \tfrac{3}{8}x^2 - \tfrac{5}{16}x^3 + \cdots$$

y

$$K = m_0c^2\left[\left(1 + \frac{1}{2}\frac{v^2}{c^2} + \frac{3}{8}\frac{v^4}{c^4} + \frac{5}{16}\frac{v^6}{c^6} + \cdots\right) - 1\right]$$

$$= m_0c^2\left(\frac{1}{2}\frac{v^2}{c^2} + \frac{3}{8}\frac{v^4}{c^4} + \frac{5}{16}\frac{v^6}{c^6} + \cdots\right)$$

Si v es mucho más pequeña que c, entonces todos los términos después del primero son muy pequeños cuando se les compara con el primer término. Si se omiten, se obtiene

$$K \approx m_0c^2\left(\frac{1}{2}\frac{v^2}{c^2}\right) = \tfrac{1}{2}m_0v^2$$

(b) Si $x = -v^2/c^2$, $f(x) = m_0c^2[(1 + x)^{-1/2} - 1]$ y M es un número tal que $|f''(x)| \leq M$, entonces se puede utilizar la desigualdad de Taylor para escribir

$$|R_1(x)| \leq \frac{M}{2!}x^2$$

Se tiene $f''(x) = \frac{3}{4}m_0c^2(1 + x)^{-5/2}$ y se sabe que $|v| \leq 100$ m/s por lo que

$$|f''(x)| = \frac{3m_0c^2}{4(1 - v^2/c^2)^{5/2}} \leq \frac{3m_0c^2}{4(1 - 100^2/c^2)^{5/2}} \quad (=M)$$

Por lo que con $c = 3 \times 10^8$ m/s,

$$|R_1(x)| \leq \frac{1}{2} \cdot \frac{3m_0c^2}{4(1 - 100^2/c^2)^{5/2}} \cdot \frac{100^4}{c^4} < (4.17 \times 10^{-10})m_0$$

Por lo que cuando $|v| \leq 100$ m/s, la magnitud del error al usar la expresión newtoniana para la energía cinética es cuanto mucho $(4.2 \times 10^{-10})m_0$. ■

Otra aplicación en la física sucede en óptica. La figura 8 se ha adaptado de *Optics* 4a. ed., de Eugene Hecht (San Francisco, 2002), página 153. Representa una onda de la fuente puntual S que se encuentra una interfaz esférica de radio R centrado en C. El rayo SA se refracta hacia P.

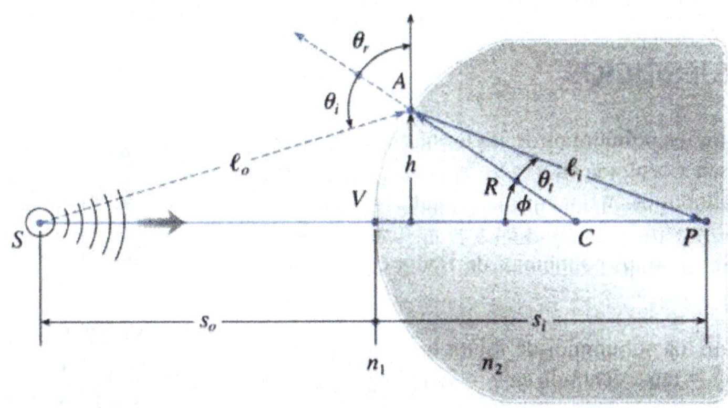

FIGURA 8
Refracción en una interfaz esférica

Fuente: Adaptado de E. Hecht, *Optics*, 4e (Upper Saddle River, NJ: Pearson Education, 2002).

Al usar el principio de Fermat de que la luz viaja en el menor tiempo posible, Hecht deduce la ecuación

1 $$\frac{n_1}{\ell_o} + \frac{n_2}{\ell_i} = \frac{1}{R}\left(\frac{n_2s_i}{\ell_i} - \frac{n_1s_o}{\ell_o}\right)$$

donde n_1 y n_2 son índices de refracción y ℓ_0, ℓ_i, s_0 y s_i son las distancias indicadas en la figura 8. De acuerdo con la ley de los cosenos aplicada a los triángulos ACS y ACP, se tiene

2 $$\ell_o = \sqrt{R^2 + (s_o + R)^2 - 2R(s_o + R)\cos\phi}$$

$$\ell_i = \sqrt{R^2 + (s_i - R)^2 + 2R(s_i - R)\cos\phi}$$

En este caso utilice la identidad $\cos(\pi - \phi) = -\cos\phi$

Como es un poco complicado trabajar con la ecuación 1, Gauss, en 1841, la simplificó usando la aproximación lineal cos $\phi \approx 1$ para valores pequeños de ϕ. (Esto equivale a usar el polinomio de Taylor de grado 1.) Por tanto, la ecuación 1 se transforma en la ecuación más sencilla, que se le pide demostrar en el ejercicio 34(a):

$$\boxed{3} \qquad \frac{n_1}{s_o} + \frac{n_2}{s_i} = \frac{n_2 - n_1}{R}$$

La teoría óptica resultante se conoce como *óptica de Gauss* u *óptica de primer orden*, y se ha vuelto la herramienta teórica básica para diseñar lentes.

Una teoría más exacta se obtiene al aproximar cos ϕ por medio de su polinomio de Taylor de grado 3 (que es el mismo que el polinomio de Taylor de grado 2). Esto considera los rayos para los cuales ϕ no es tan pequeña, es decir, rayos que golpean la superficie a mayores distancias h por arriba del eje. En el ejercicio 34(b) se le pide usar esta aproximación para deducir la ecuación más exacta

$$\boxed{4} \qquad \frac{n_1}{s_o} + \frac{n_2}{s_i} = \frac{n_2 - n_1}{R} + h^2\left[\frac{n_1}{2s_o}\left(\frac{1}{s_o} + \frac{1}{R}\right)^2 + \frac{n_2}{2s_i}\left(\frac{1}{R} - \frac{1}{s_i}\right)^2\right]$$

La teoría óptica resultante se conoce como *óptica de tercer orden*.

Otras aplicaciones de los polinomios de Taylor a la física y la ingeniería se exploran en los ejercicios 32, 33, 35, 36, 37 y 38, y en el proyecto de aplicación de la página 783.

11.11 EJERCICIOS

1. (a) Encuentre los polinomios de Taylor hasta de grado 5 para $f(x) = \text{sen}\, x$ centrada en $a = 0$. Trace la gráfica de f y estos polinomios en una misma pantalla.
(b) Evalúe f y estos polinomios en $x = \pi/4, \pi/2$ y π.
(c) Explique cómo los polinomios de Taylor convergen a $f(x)$.

2. (a) Encuentre los polinomios de Taylor hasta de grado 3 para $f(x) = \tan x$ centrada en $a = 0$. Grafique f y estos polinomios en una misma pantalla.
(b) Evalúe f y estos polinomios en $x = \pi/6, \pi/4$ y $\pi/3$.
(c) Comente cómo los polinomios de Taylor convergen a $f(x)$.

3-10 Determine los polinomios de Taylor $T_3(x)$ para la función f centrada en el número a. Trace la gráfica de f y T_3 en la misma pantalla.

3. $f(x) = e^x, \quad a = 1$

4. $f(x) = \text{sen}\, x, \quad a = \pi/6$

5. $f(x) = \cos x, \quad a = \pi/2$

6. $f(x) = x + e^{-x}, \quad a = 0$

7. $f(x) = 1/x, \quad a = 2$

8. $f(x) = x \cos x, \quad a = 0$

9. $f(x) = xe^{-2x}, \quad a = 0$

10. $f(x) = \tan^{-1}x, \quad a = 1$

11-12 Use un sistema algebraico computacional para encontrar los polinomios de Taylor T_n con centro en a para $n = 2, 3, 4, 5$. Luego trace la gráfica de estos polinomios y f en la misma pantalla.

11. $f(x) = \cot x, \quad a = \pi/4$

12. $f(x) = \sqrt[3]{1 + x^2}, \quad a = 0$

13-22
(a) Aproxime f mediante un polinomio de Taylor con grado n en el número a.
(b) Con la desigualdad de Taylor estime la exactitud de la aproximación $f(x) \approx T_n(x)$ cuando x está en el intervalo dado.
(c) Compruebe el resultado del inciso (b) mediante la gráfica de $|R_n(x)|$.

13. $f(x) = 1/x, \quad a = 1, \quad n = 2, \quad 0.7 \leqslant x \leqslant 1.3$

14. $f(x) = x^{-1/2}, \quad a = 4, \quad n = 2, \quad 3.5 \leqslant x \leqslant 4.5$

15. $f(x) = \sqrt{x}, \quad a = 4, \quad n = 2, \quad 4 \leqslant x \leqslant 4.2$

16. $f(x) = x^{-2}, \quad a = 1, \quad n = 2, \quad 0.9 \leqslant x \leqslant 1.1$

17. $f(x) = \sec x, \quad a = 0, \quad n = 2, \quad -0.2 \leqslant x \leqslant 0.2$

18. $f(x) = \ln(1 + 2x), \quad a = 1, \quad n = 3, \quad 0.5 \leqslant x \leqslant 1.5$

19. $f(x) = e^{x^2}, \quad a = 0, \quad n = 3, \quad 0 \leqslant x \leqslant 0.1$

20. $f(x) = x \ln x, \quad a = 1, \quad n = 3, \quad 0.5 \leqslant x \leqslant 1.5$

21. $f(x) = x \operatorname{sen} x, \quad a = 0, \quad n = 4, \quad -1 \leqslant x \leqslant 1$

22. $f(x) = \operatorname{senh} 2x, \quad a = 0, \quad n = 5, \quad -1 \leqslant x \leqslant 1$

---

23. Utilice la información del ejercicio 5 para estimar cos 80° con una aproximación de cinco decimales.

24. Use la información del ejercicio 16 para estimar sen 38° con una aproximación de cinco decimales.

25. Utilice la desigualdad de Taylor para determinar el número de términos de la serie de Maclaurin para e^x que se debe usar para estimar $e^{0.1}$ de tal manera que difiera menos de 0.00001 del valor real.

26. ¿Cuántos términos de la serie de Maclaurin para $\ln(1 + x)$ son necesarios para estimar ln 1.4 con 0.001 de precisión?

27-29 Aplique el teorema de estimación de la serie alternante o la desigualdad de Taylor para estimar los valores de x para los cuales la aproximación dada es exacta y está dentro del error establecido. Compruebe gráficamente su respuesta.

27. $\operatorname{sen} x \approx x - \dfrac{x^3}{6} \quad (|\text{error}| < 0.01)$

28. $\cos x \approx 1 - \dfrac{x^2}{2} + \dfrac{x^4}{24} \quad (|\text{error}| < 0.005)$

29. $\arctan x \approx x - \dfrac{x^3}{3} + \dfrac{x^5}{5} \quad (|\text{error}| < 0.05)$

---

30. Suponga que se sabe que

$$f^{(n)}(4) = \frac{(-1)^n n!}{3^n(n + 1)}$$

y la serie de Taylor de f con centro en 4 converge a $f(x)$ para toda x en el intervalo de convergencia. Demuestre que el polinomio de Taylor de quinto grado aproxima $f(5)$ con error menor a 0.0002.

31. Un vehículo se desplaza a una velocidad de 20 m/s y a una aceleración de 2 m/s² en un instante dado. Usando un polinomio de Taylor de segundo grado, estime qué tanto se desplazará el automóvil en el segundo siguiente. ¿Sería razonable utilizar este polinomio para estimar la distancia recorrida durante el minuto siguiente?

32. La resistividad ρ de un alambre conductor es el recíproco de la conductividad y se mide en unidades ohms-metros (Ω-m). La resistividad de un metal dado depende de la temperatura de acuerdo con la ecuación

$$\rho(t) = \rho_{20} e^{\alpha(t-20)}$$

donde t es la temperatura en °C. Hay tablas que dan los valores de α (llamado coeficiente de temperatura) y ρ_{20} (la resistividad a 20 °C) para varios metales. Excepto a temperaturas muy bajas, la resistividad varía casi en forma lineal con la temperatura, por lo que es común aproximar la expresión para $\rho(t)$ mediante su polinomio de Taylor de primero o segundo grados en $t = 20$.

(a) Encuentre expresiones para estas aproximaciones lineales y cuadráticas.

(b) Por lo que se refiere al cobre, las tablas dan $\alpha = 0.0039/°\text{C}$ y $\rho_{20} = 1.7 \times 10^{-8}\,\Omega$-m. Trace la gráfica de la resistividad del cobre y las aproximaciones lineales y cuadráticas para $-250\text{ °C} \leqslant t \leqslant 1000\text{ °C}$.

(c) ¿Para qué valores de t la aproximación lineal concuerda con la expresión exponencial de tal manera que difiera menos de 1% del valor real?

33. Un dipolo eléctrico consiste en dos cargas eléctricas de igual magnitud y signos opuestos. Si las cargas son q y $-q$ y hay una distancia d entre ellas, entonces el campo eléctrico E en el punto P en la figura es

$$E = \frac{q}{D^2} - \frac{q}{(D + d)^2}$$

Al desarrollar esta expresión para E como serie en potencias de d/D, demuestre que E es aproximadamente proporcional a $1/D^3$ cuando P está alejada del dipolo.

34. (a) Deduzca la ecuación 3 para la óptica de Gauss a partir de la ecuación 1 aproximando $\cos \phi$ en la ecuación 2 mediante su polinomio de Taylor de primer grado.

(b) Demuestre que si $\cos \phi$ es reemplazado por su polinomio de Taylor de tercer grado en la ecuación 2, entonces la ecuación 1 se transforma en la ecuación 4 para una óptica de tercer orden. [*Sugerencia*: utilice los dos primeros términos de la serie binomial para ℓ_o^{-1} y ℓ_i^{-1}. Use también $\phi \approx \operatorname{sen} \phi$.]

35. Si una onda de agua de longitud L se desplaza con una velocidad v a través de un cuerpo de agua de profundidad d como en la figura de la página 782, entonces

$$v^2 = \frac{gL}{2\pi} \tanh \frac{2\pi d}{L}$$

(a) Si el agua es profunda, demuestre que $v \approx \sqrt{gL/(2\pi)}$.

(b) Si el agua es poco profunda, use la serie de Maclaurin para tanh para demostrar que $v \approx \sqrt{gd}$ (Por lo que, en agua poco profunda, la velocidad de una onda tiende a ser independiente de la longitud de la onda.)

(b) Utilice el teorema de estimación de la serie alternante, para demostrar que si $L > 10d$, entonces la estimación $v^2 \approx gd$ es exacta dentro de $0.014gL$.

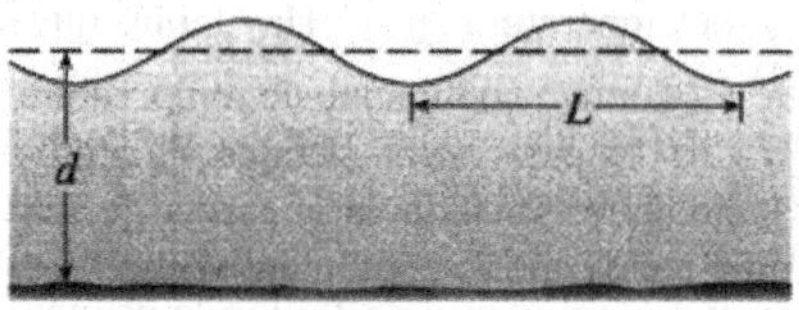

36. Un disco uniformemente cargado tiene radio R y densidad de carga superficial σ, como se ve en la figura. El potencial eléctrico V en un punto P a una distancia d a lo largo de la perpendicular al eje central del disco es

$$V = 2\pi k_e \sigma\left(\sqrt{d^2 + R^2} - d\right)$$

donde k_e es una constante (llamada constante de Coulomb). Demuestre que

$$V \approx \frac{\pi k_e R^2 \sigma}{d} \text{ para } d \text{ grande}$$

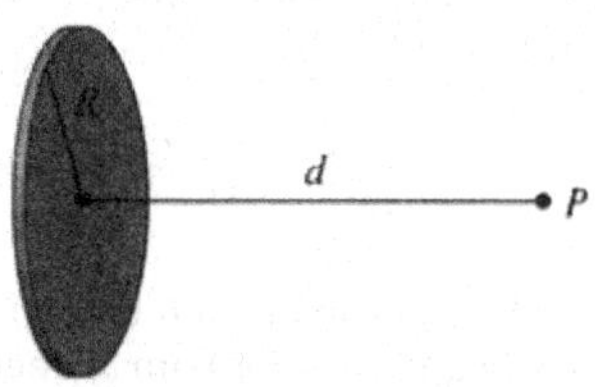

37. Si un topógrafo mide diferencias en la altitud cuando hace planos para una carretera que cruza un desierto, se deben hacer correcciones tomando en cuenta la curvatura de la Tierra.

(a) Si R es el radio de la Tierra y L es la longitud de la carretera, demuestre que la corrección es

$$C = R\, sec(L/R) - R$$

(b) Mediante un polinomio de Taylor demuestre que

$$C \approx \frac{L^2}{2R} + \frac{5L^4}{24R^3}$$

(c) Compare las correcciones dadas por las fórmulas en los incisos (a) y (b) para una carretera que mide 100 km de longitud. (Tome como radio de la Tierra 6370 km.)

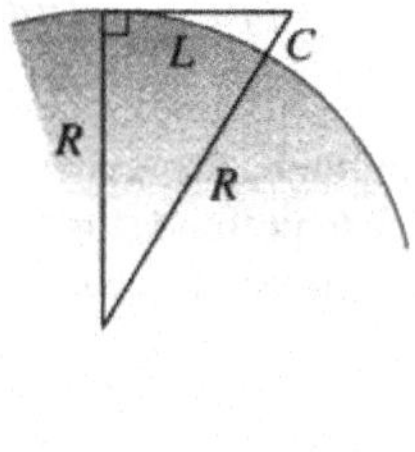

38. El período de un péndulo con longitud L que subtiende un ángulo máximo θ_0 con la vertical es

$$T = 4\sqrt{\frac{L}{g}} \int_0^{\pi/2} \frac{dx}{\sqrt{1 - k^2 \operatorname{sen}^2 x}}$$

donde $k = \operatorname{sen}\left(\frac{1}{2}\theta_0\right)$ y g es la aceleración debida a la gravedad. (En el ejercicio 7.7.42 se aproximó esta integral usando la regla de Simpson.)

(a) Desarrolle el integrando como una serie binomial y use el resultado del ejercicio 7.1.50 para demostrar que

$$T = 2\pi\sqrt{\frac{L}{g}}\left[1 + \frac{1^2}{2^2}k^2 + \frac{1^2 3^2}{2^2 4^2}k^4 + \frac{1^2 3^2 5^2}{2^2 4^2 6^2}k^6 + \cdots\right]$$

Si θ_0 no es demasiado grande, se usa a menudo la aproximación $T \approx 2\pi\sqrt{L/g}$, obtenida usando solo el primer término de la serie. Se obtiene una mejor aproximación si se usan solo dos términos:

$$T \approx 2\pi\sqrt{\frac{L}{g}}\left(1 + \tfrac{1}{4}k^2\right)$$

(b) Observe que todos los términos de la serie después del primero tienen coeficientes que son cuanto mucho $\frac{1}{4}$. Use este hecho para comparar esta serie con una serie geométrica y demuestre que

$$2\pi\sqrt{\frac{L}{g}}\left(1 + \tfrac{1}{4}k^2\right) \leqslant T \leqslant 2\pi\sqrt{\frac{L}{g}}\,\frac{4 - 3k^2}{4 - 4k^2}$$

(c) Use las desigualdades del inciso *b*), estime el período de un péndulo con $L = 1$ metros y $\theta_0 = 10°$. ¿Cómo es si se le compara con la estimación $T \approx 2\pi\sqrt{L/g}$? ¿Cómo es si $\theta_0 = 42°$?

39. En la sección 4.8 se utilizó el método de Newton para obtener un valor aproximado de una raíz r de la ecuación $f(x) = 0$, y a partir de una aproximación inicial x_1 se obtuvo aproximaciones sucesivas $x_2, x_3, \ldots$, donde

$$x_{n+1} = x_n - \frac{f(x_n)}{f'(x_n)}$$

Utilice la desigualdad de Taylor con $n = 1$, $a = x_n$ y $x = r$ para demostrar que si $f''(x)$ existe sobre un intervalo I que contiene a r, x_n y x_{n+1}, y $|f''(x)| \leqslant M$, $|f'(x)| \geqslant K$ para toda $x \in I$, entonces

$$|x_{n+1} - r| \leqslant \frac{M}{2K}|x_n - r|^2$$

[Esto significa que si x_n es exacta con d cifras decimales, entonces x_{n+1} es exacta con una aproximación de $2d$ decimales. Más preciso, si el error en la etapa n es a lo más 10^{-m}, entonces el error en la etapa $n + 1$ es a lo más $(M/2K)10^{-2m}$.]

PROYECTO DE APLICACIÓN RADIACIÓN DE LAS ESTRELLAS

Cualquier objeto emite radiaciones cuando se calienta. Un *cuerpo negro* es un sistema que absorbe toda la radiación que le llega. Por ejemplo, una superficie negra mate o una cavidad grande con un pequeño agujero en su pared (como un alto horno) es un cuerpo negro y emite radiación de cuerpo negro. Incluso la radiación que llega del Sol está cerca de ser radiación de un cuerpo negro.

La ley de Rayleigh-Jeans, propuesta a fines del siglo XIX, expresa la densidad de energía de radiación de cuerpo negro de longitud de onda λ como

$$f(\lambda) = \frac{8\pi kT}{\lambda^4}$$

donde λ se mide en metros, T es la temperatura en kelvins (K) y k es la constante de Boltzmann. La ley de Rayleigh-Jeans concuerda con las mediciones experimentales para longitudes de onda largas, pero no sucede lo mismo con las longitudes de onda cortas. [La ley predice que $f(\lambda) \to \infty$ cuando $\lambda \to 0^+$ pero los experimentos han demostrado que $f(\lambda) \to 0$.] Este hecho recibe el nombre de *catástrofe ultravioleta*.

En 1900, Max Planck encontró un mejor modelo (que se conoce ahora como ley de Planck) para la radiación de cuerpo negro:

$$f(\lambda) = \frac{8\pi hc\lambda^{-5}}{e^{hc/(\lambda kT)} - 1}$$

donde λ se mide en metros, T es la temperatura en kelvins y

$$h = \text{constante de Planck} = 6.6262 \times 10^{-34}\ \text{J} \cdot \text{s}$$

$$c = \text{velocidad de la luz} = 2.997925 \times 10^{8}\ \text{m/s}$$

$$k = \text{constante de Boltzmann} = 1.3807 \times 10^{-23}\ \text{J/K}$$

1. Utilice la regla de L'Hôpital para demostrar que

$$\lim_{\lambda \to 0^+} f(\lambda) = 0 \qquad \text{y} \qquad \lim_{\lambda \to \infty} f(\lambda) = 0$$

para la ley de Planck. De este modo, esta ley modela la radiación de cuerpo negro mejor que la ley de Rayleigh-Jeans para longitudes de onda cortas.

2. Use un polinomio de Taylor para demostrar que, en el caso de las longitudes de onda largas, la ley de Planck da aproximadamente los mismos valores que la ley de Rayleigh-Jeans.

3. Trace la gráfica de f de acuerdo con ambas leyes en una misma pantalla y comente sobre las similitudes y las diferencias. Use $T = 5700$ K (la temperatura del Sol). (Quizá quiera cambiar de metros a la unidad más conveniente de micrómetros: 1 mm $= 10^{-6}$ m.)

4. Use la gráfica del problema 3 para estimar el valor de λ para el cual $f(\lambda)$ es un máximo de acuerdo con la ley de Planck.

5. Investigue cómo la gráfica de f cambia cuando T varía. (Utilice la ley de Planck.) En particular, trace la gráfica de f para las estrellas Betelgeuse ($T = 3400$ K), Procyon ($T = 6400$ K) y Sirio ($T = 9200$ K), así como para el Sol. ¿Cómo varía la radiación total emitida, es decir (el área bajo la curva), con respecto a T? Apóyese en las gráficas y explique por qué a Sirio se le conoce como estrella azul y a Betelgeuse como una estrella roja.

11 REPASO

VERIFICACIÓN DE CONCEPTOS

Las respuestas a la verificación de conceptos se encuentran en las páginas finales del libro.

1. (a) ¿Qué es una sucesión convergente?
   (b) ¿Qué es una serie convergente?
   (c) ¿Qué significa $\lim_{n\to\infty} a_n = 3$?
   (d) ¿Qué significa $\sum_{n=1}^{\infty} a_n = 3$?

2. (a) ¿Qué es una sucesión acotada?
   (b) ¿Qué es una sucesión monótona?
   (c) ¿Qué puede decir con respecto a una sucesión monótona acotada?

3. (a) ¿Qué es una serie geométrica? ¿En qué circunstancias es convergente? ¿Cuál es su suma?
   (b) ¿Qué es una serie p? ¿En qué circunstancias es convergente?

4. Suponga que $\Sigma a_n = 3$ y s_n es la n-ésima suma parcial de la serie. ¿Qué es $\lim_{n\to\infty} a_n$? ¿Qué es $\lim_{n\to\infty} s_n$?

5. Enuncie lo siguiente.
   (a) Prueba de la divergencia
   (b) Prueba de la integral
   (c) Prueba por comparación
   (d) Prueba por comparación del límite
   (e) Prueba de la serie alternante
   (f) Prueba de la razón
   (g) Prueba de la raíz

6. (a) ¿Qué es una serie absolutamente convergente?
   (b) ¿Qué puede decir acerca de dicha serie?
   (c) ¿Qué es una serie condicionalmente convergente?

7. (a) Si una serie es convergente de acuerdo con la prueba de la integral, ¿cómo estima su suma?
   (b) Si una serie es convergente de acuerdo con la prueba por comparación, ¿cómo estima su suma?
   (c) Si una serie es convergente de acuerdo con la prueba de la serie alternante, ¿cómo estima su suma?

8. (a) Escriba la forma general de una serie de potencias.
   (b) ¿Qué es el radio de convergencia de una serie de potencias?
   (c) ¿Qué es el intervalo de convergencia de una serie de potencias?

9. Suponga que $f(x)$ es la suma de una serie de potencias con radio de convergencia R.
   (a) ¿Cómo deriva f? ¿Cuál es el radio de convergencia de la serie para f'?
   (b) ¿Cómo integra f? ¿Cuál es el radio de convergencia de la serie para $\int f(x)dx$?

10. (a) Escriba una expresión para el polinomio de Taylor de grado n-ésimo de f centrada en a.
    (b) Escriba una expresión para la serie de Taylor de f centrada en a.
    (c) Escriba una expresión para la serie de Maclaurin de f.
    (d) ¿Cómo demuestra que $f(x)$ es igual a la suma de su serie de Taylor?
    (e) Enuncie la desigualdad de Taylor.

11. Escriba la serie de Maclaurin y el intervalo de convergencia para cada una de las funciones siguientes.
    (a) $1/(1-x)$ (b) e^x (c) sen x
    (d) $\cos x$ (e) $\tan^{-1}x$ (f) $\ln(1+x)$

12. Escriba el desarrollo de la serie binomial de $(1+x)^k$. ¿Cuál es el radio de convergencia de esta serie?

EXAMEN VERDADERO-FALSO

Determine si el enunciado es verdadero o falso. Si es verdadero, explique por qué. Si es falso, explique por qué o dé un ejemplo que refute el enunciado.

1. Si $\lim_{n\to\infty} a_n = 0$, entonces Σa_n es convergente.
2. La serie $\sum_{n=1}^{\infty} n^{-\operatorname{sen} 1}$ es convergente.
3. Si $\lim_{n\to\infty} a_n = L$, entonces $\lim_{n\to\infty} a_{2n+1} = L$.
4. Si $\Sigma c_n 6^n$ es convergente, entonces $\Sigma c_n(-2)^n$ es convergente.
5. Si $\Sigma c_n 6^n$ es convergente, entonces $\Sigma c_n(-6)^n$ es convergente.
6. Si $\Sigma c_n x^n$ diverge cuando $x = 6$, entonces diverge cuando $x = 10$.
7. La prueba de la razón se puede usar para determinar si converge $\Sigma 1/n^3$.
8. La prueba de la razón se puede usar para determinar si converge $\Sigma 1/n!$
9. Si $0 \leq a_n \leq b_n$ y Σb_n diverge, entonces la serie Σa_n diverge.
10. $\displaystyle\sum_{n=0}^{\infty} \frac{(-1)^n}{n!} = \frac{1}{e}$
11. Si $-1 < \alpha < 1$, entonces $\lim_{n\to\infty} \alpha^n = 0$.
12. Si Σa_n es divergente, entonces $\Sigma |a_n|$ es divergente.
13. Si $f(x) = 2x - x^2 + \frac{1}{3}x^3 - \dots$ converge para toda x, entonces $f'''(0) = 2$.
14. Si $\{a_n\}$ y $\{b_n\}$ son divergentes, entonces $\{a_n + b_n\}$ es divergente.
15. Si $\{a_n\}$ y $\{b_n\}$ son divergentes, entonces $\{a_n b_n\}$ es divergente.
16. Si $\{a_n\}$ es decreciente y $a_n > 0$ para toda n, entonces $\{a_n\}$ es convergente.
17. Si $a_n > 0$ y Σa_n converge, entonces $\Sigma(-1)^n a_n$ converge.

18. Si $a_n > 0$ y $\lim_{n\to\infty} (a_{n+1}/a_n) < 1$, entonces $\lim_{n\to\infty} a_n = 0$.

19. $0.99999\ldots = 1$

20. Si $\lim_{n\to\infty} a_n = 2$ entonces $\lim_{n\to\infty} (a_{n+3} - a_n) = 0$.

21. Si un número finito de términos se agrega a una serie convergente, la nueva serie aún converge.

22. Si $\sum_{n=1}^{\infty} a_n = A$ y $\sum_{n=1}^{\infty} b_n = B$, entonces $\sum_{n=1}^{\infty} a_n b_n = AB$.

EJERCICIOS

1-8 Determine si la sucesión es convergente o divergente. Si es convergente, determine su límite.

1. $a_n = \dfrac{2 + n^3}{1 + 2n^3}$

2. $a_n = \dfrac{9^{n+1}}{10^n}$

3. $a_n = \dfrac{n^3}{1 + n^2}$

4. $a_n = \cos(n\pi/2)$

5. $a_n = \dfrac{n \operatorname{sen} n}{n^2 + 1}$

6. $a_n = \dfrac{\ln n}{\sqrt{n}}$

7. $\{(1 + 3/n)^{4n}\}$

8. $\{(-10)^n/n!\}$

9. Una sucesión se define recursivamente mediante las ecuaciones $a_1 = 1$, $a_{n+1} = \frac{1}{3}(a_n + 4)$. Demuestre que $\{a_n\}$ es creciente y $a_n < 2$ para toda n. Deduzca que $\{a_n\}$ es convergente y determine su límite.

10. Demuestre que $\lim_{n\to\infty} n^4 e^{-n} = 0$ y use una gráfica para determinar el valor más pequeño de N que corresponde a $\varepsilon = 0.1$ en la definición exacta de límite.

11-22 Determine si la serie es convergente o divergente.

11. $\displaystyle\sum_{n=1}^{\infty} \frac{n}{n^3 + 1}$

12. $\displaystyle\sum_{n=1}^{\infty} \frac{n^2 + 1}{n^3 + 1}$

13. $\displaystyle\sum_{n=1}^{\infty} \frac{n^3}{5^n}$

14. $\displaystyle\sum_{n=1}^{\infty} \frac{(-1)^n}{\sqrt{n + 1}}$

15. $\displaystyle\sum_{n=2}^{\infty} \frac{1}{n\sqrt{\ln n}}$

16. $\displaystyle\sum_{n=1}^{\infty} \ln\left(\frac{n}{3n + 1}\right)$

17. $\displaystyle\sum_{n=1}^{\infty} \frac{\cos 3n}{1 + (1.2)^n}$

18. $\displaystyle\sum_{n=1}^{\infty} \frac{n^{2n}}{(1 + 2n^2)^n}$

19. $\displaystyle\sum_{n=1}^{\infty} \frac{1 \cdot 3 \cdot 5 \cdot \cdots \cdot (2n - 1)}{5^n n!}$

20. $\displaystyle\sum_{n=1}^{\infty} \frac{(-5)^{2n}}{n^2 9^n}$

21. $\displaystyle\sum_{n=1}^{\infty} (-1)^{n-1} \frac{\sqrt{n}}{n + 1}$

22. $\displaystyle\sum_{n=1}^{\infty} \frac{\sqrt{n + 1} - \sqrt{n - 1}}{n}$

23-26 Determine si la serie es condicionalmente convergente, absolutamente convergente o divergente.

23. $\displaystyle\sum_{n=1}^{\infty} (-1)^{n-1} n^{-1/3}$

24. $\displaystyle\sum_{n=1}^{\infty} (-1)^{n-1} n^{-3}$

25. $\displaystyle\sum_{n=1}^{\infty} \frac{(-1)^n (n + 1) 3^n}{2^{2n+1}}$

26. $\displaystyle\sum_{n=2}^{\infty} \frac{(-1)^n \sqrt{n}}{\ln n}$

27-31 Calcule la suma de la serie.

27. $\displaystyle\sum_{n=1}^{\infty} \frac{(-3)^{n-1}}{2^{3n}}$

28. $\displaystyle\sum_{n=1}^{\infty} \frac{1}{n(n + 3)}$

29. $\displaystyle\sum_{n=1}^{\infty} [\tan^{-1}(n + 1) - \tan^{-1} n]$

30. $\displaystyle\sum_{n=0}^{\infty} \frac{(-1)^n \pi^n}{3^{2n}(2n)!}$

31. $1 - e + \dfrac{e^2}{2!} - \dfrac{e^3}{3!} + \dfrac{e^4}{4!} - \cdots$

32. Exprese el decimal periódico 4.17326326326... como una fracción.

33. Demuestre que $\cosh x \geqslant 1 + \frac{1}{2}x^2$ para toda x.

34. ¿Para qué valores de x converge la serie $\sum_{n=1}^{\infty} (\ln x)^n$?

35. Calcule la suma de la serie $\displaystyle\sum_{n=1}^{\infty} \frac{(-1)^{n+1}}{n^5}$ correcta a cuatro decimales.

36. (a) Determine la suma parcial s_5 de la serie $\sum_{n=1}^{\infty} 1/n^6$ y estime el error al usarla como aproximación de la suma de la serie.
(b) Calcule la suma de esta serie con una aproximación de cinco decimales.

37. Use la suma de los primeros ocho términos para aproximarse a la suma de la serie $\sum_{n=1}^{\infty} (2 + 5^n)^{-1}$. Estime el error implicado en esta aproximación.

38. (a) Demuestre que la serie $\displaystyle\sum_{n=1}^{\infty} \frac{n^n}{(2n)!}$ es convergente.
(b) Deduzca que $\displaystyle\lim_{n\to\infty} \frac{n^n}{(2n)!}$

39. Demuestre que si la serie $\sum_{n=1}^{\infty} a_n$ es absolutamente convergente, entonces la serie

$$\sum_{n=1}^{\infty} \left(\frac{n + 1}{n}\right) a_n$$

también es absolutamente convergente.

40-43 Encuentre el radio de convergencia y el intervalo de convergencia de la serie.

40. $\sum_{n=1}^{\infty} (-1)^n \frac{x^n}{n^2 5^n}$

41. $\sum_{n=1}^{\infty} \frac{(x+2)^n}{n 4^n}$

42. $\sum_{n=1}^{\infty} \frac{2^n (x-2)^n}{(n+2)!}$

43. $\sum_{n=0}^{\infty} \frac{2^n (x-3)^n}{\sqrt{n+3}}$

44. Calcule el radio de convergencia de la serie

$$\sum_{n=1}^{\infty} \frac{(2n)!}{(n!)^2} x^n$$

45. Determine la serie de Taylor de $f(x) = \operatorname{sen} x$ en $a = \pi/6$.

46. Encuentre la serie de Taylor de $f(x) = \cos x$ en $a = \pi/3$.

47-54 Encuentre la serie de Maclaurin para f y su radio de convergencia. Puede aplicar el método directo (definición de una serie de Maclaurin) o las series conocidas, como la serie geométrica, serie binomial o la serie de Maclaurin para e^x, sen x, $\tan^{-1} x$ y $\ln(1 + x)$.

47. $f(x) = \frac{x^2}{1+x}$

48. $f(x) = \tan^{-1}(x^2)$

49. $f(x) = \ln(4 - x)$

50. $f(x) = xe^{2x}$

51. $f(x) = \operatorname{sen}(x^4)$

52. $f(x) = 10^x$

53. $f(x) = 1/\sqrt[4]{16 - x}$

54. $f(x) = (1 - 3x)^{-5}$

55. Evalúe $\int \frac{e^x}{x}\,dx$ como una serie infinita.

56. Use series para aproximar $\int_0^1 \sqrt{1 + x^4}\,dx$ con dos dígitos decimales.

57-58

(a) Obtenga un valor aproximado de f mediante un polinomio de Taylor de grado n en el número a.

(b) Trace la gráfica de f y T_n en una misma pantalla.

(c) Use la desigualdad de Taylor para estimar la exactitud de la aproximación $f(x) \approx T_n(x)$ cuando x se encuentra en el intervalo dado.

(d) Compruebe su resultado del inciso (c) mediante la gráfica de $|R_n(x)|$.

57. $f(x) = \sqrt{x}$, $a = 1$, $n = 3$, $0.9 \leqslant x \leqslant 1.1$

58. $f(x) = \sec x$, $a = 0$, $n = 2$, $0 \leqslant x \leqslant \pi/6$

59. Utilice series para evaluar el límite siguiente.

$$\lim_{x \to 0} \frac{\operatorname{sen} x - x}{x^3}$$

60. La fuerza debida a la gravedad que actúa sobre un objeto de masa m a una altura h arriba de la superficie de la Tierra es

$$F = \frac{mgR^2}{(R+h)^2}$$

donde R es el radio de la Tierra y g es la aceleración de la gravedad para un objeto en la superficie de la Tierra.

(a) Exprese F como una serie en potencias de h/R.

(b) Observe que si aproxima F con el primer término de la serie, se obtiene la expresión $F \approx mg$ que se usa por lo común cuando h es mucho más pequeña que R. Aplique el teorema de la estimación de la serie alternante para calcular los valores de h para los cuales la aproximación $F \approx mg$ difiere menos de 1% del valor real. (Use $R = 6400$ km.)

61. Suponga que $f(x) = \sum_{n=0}^{\infty} c_n x^n$ para toda x.

(a) Si f es una función impar, demuestre que

$$c_0 = c_2 = c_4 = \cdots = 0$$

(b) Si f es una función par, demuestre que

$$c_1 = c_3 = c_5 = \cdots = 0$$

62. Si $f(x) = e^{x^2}$, demuestre que $f^{(2n)}(0) = \frac{(2n)!}{n!}$.

Problemas adicionales

Antes de ver la solución del ejemplo, cúbrala e intente resolver el problema por sí mismo.

EJEMPLO Encuentre la suma de la serie $\sum_{n=0}^{\infty} \frac{(x+2)^n}{(n+3)!}$.

SOLUCIÓN El principio de resolución de problemas es relevante aquí ya que hay que *reconocer algo familiar*. ¿La serie dada se parece a alguna que ya conozca? Bueno, tiene algunos ingredientes en común con la serie de Maclaurin para la función exponencial:

$$e^x = \sum_{n=0}^{\infty} \frac{x^n}{n!} = 1 + x + \frac{x^2}{2!} + \frac{x^3}{3!} + \cdots$$

Se puede hacer que esta serie se parezca más reemplazando x por $x + 2$:

$$e^{x+2} = \sum_{n=0}^{\infty} \frac{(x+2)^n}{n!} = 1 + (x+2) + \frac{(x+2)^2}{2!} + \frac{(x+2)^3}{3!} + \cdots$$

Pero aquí el exponente en el numerador coincide con el factorial del número en el denominador. Para hacer que esto pase en la serie dada, se multiplicará y dividirá por $(x+2)^3$:

$$\sum_{n=0}^{\infty} \frac{(x+2)^n}{(n+3)!} = \frac{1}{(x+2)^3} \sum_{n=0}^{\infty} \frac{(x+2)^{n+3}}{(n+3)!}$$

$$= (x+2)^{-3}\left[\frac{(x+2)^3}{3!} + \frac{(x+2)^4}{4!} + \cdots\right]$$

Vea que la serie entre paréntesis es justamente la serie para e^{x+2} con los tres primeros términos faltantes. Por lo que

$$\sum_{n=0}^{\infty} \frac{(x+2)^n}{(n+3)!} = (x+2)^{-3}\left[e^{x+2} - 1 - (x+2) - \frac{(x+2)^2}{2!}\right]$$ ■

Problemas

1. Si $f(x) = \operatorname{sen}(x^3)$, encuentre $f^{(15)}(0)$.

2. Una función f está definida por

$$f(x) = \lim_{n\to\infty} \frac{x^{2n} - 1}{x^{2n} + 1}$$

¿Dónde es continua f?

3. (a) Demuestre que $\tan \frac{1}{2}x = \cot \frac{1}{2}x - 2 \cot x$.
   (b) Calcule la suma de la serie

$$\sum_{n=1}^{\infty} \frac{1}{2^n} \tan \frac{x}{2^n}$$

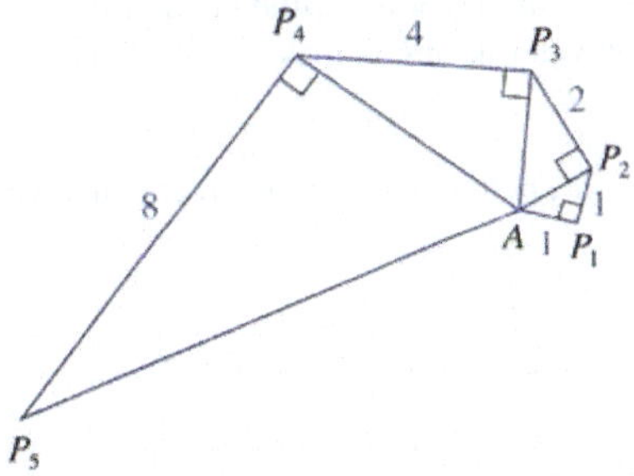

FIGURA PARA EL PROBLEMA 4

4. Sea $\{P_n\}$ una sucesión de puntos determinados de acuerdo con la figura. Por tanto $|AP_1| = 1$, $|P_nP_{n+1}| = 2^{n-1}$ y el ángulo AP_nP_{n+1} es un ángulo recto. Calcule $\lim_{n\to\infty} \angle P_nAP_{n+1}$.

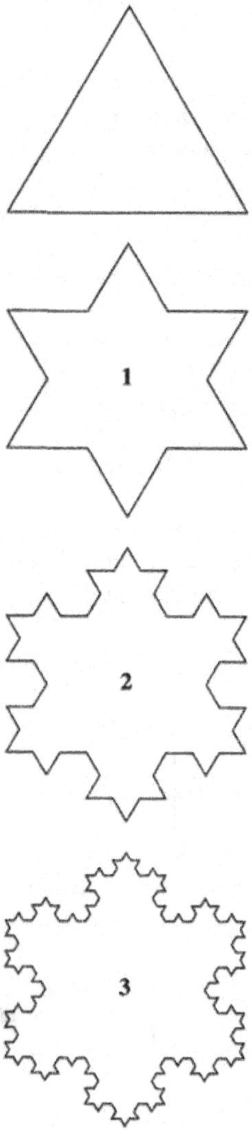

FIGURAS PARA EL PROBLEMA 5

5. Para construir la **curva del copo de nieve**, inicie con un triángulo equilátero de lados de longitud igual a 1. El paso 1 de la construcción consta de dividir cada lado en tres partes iguales, construir un triángulo equilátero en la parte media y luego borrar la parte media (véase la figura). El paso 2 es repetir el paso 1 en cada lado del polígono resultante. Se repite este procedimiento en cada paso posterior. La curva del copo de nieve es la curva que resulta de repetir este proceso indefinidamente.

(a) Sean s_n, l_n y p_n, respectivamente, el número de lados, la longitud de un lado y la longitud total de la curva de aproximación n-ésima (la curva obtenida después del paso n del trazo). Encuentre fórmulas para s_n, l_n y p_n.

(b) Demuestre que $p_n \to \infty$ cuando $n \to \infty$.

(c) Sume una serie infinita para encontrar el área encerrada por la curva del copo de nieve.

Nota: los incisos (b) y (c) demuestran que la curva del copo de nieve es infinitamente larga pero encierra un área finita.

6. Calcule la suma de la serie

$$1 + \frac{1}{2} + \frac{1}{3} + \frac{1}{4} + \frac{1}{6} + \frac{1}{8} + \frac{1}{9} + \frac{1}{12} + \cdots$$

donde los términos son los recíprocos de los enteros positivos cuyos factores primos son 2s y 3s.

7. (a) Demuestre que para $xy \neq -1$,

$$\arctan x - \arctan y = \arctan \frac{x - y}{1 + xy}$$

si el miembro izquierdo se encuentra entre $-\pi/2$ y $\pi/2$.

(b) Demuestre que $\arctan \frac{120}{119} - \arctan \frac{1}{239} = \pi/4$.

(c) Deduzca la fórmula siguiente de John Machin (1680-1751):

$$4 \arctan \tfrac{1}{5} - \arctan \tfrac{1}{239} = \frac{\pi}{4}$$

(d) Utilice la serie de Maclaurin del arctan para demostrar que

$$0.1973955597 < \arctan \tfrac{1}{5} < 0.1973955616$$

(e) Demuestre que

$$0.004184075 < \arctan \tfrac{1}{239} < 0.004184077$$

(f) Deduzca que el valor siguiente es correcto con siete decimales $\pi \approx 3.1415927$.

Machin aplicó este método en 1706 para determinar π con 100 decimales. Recientemente, con la ayuda de computadoras, se ha calculado cada vez con mayor exactitud el valor de π. ¡En 2013 Shigeru Kondo y Alexander Yee calcularon el valor de π con más de 12 billones de decimales!

8. (a) Demuestre una fórmula similar a la del problema 7(a), pero que contenga arccot en lugar de arctan.

(b) Calcule la suma de la serie $\Sigma_{n=0}^{\infty} \operatorname{arccot}(n^2 + n + 1)$.

9. Use el resultado del problema 7(a) para encontrar la suma de la serie $\Sigma_{n=1}^{\infty} \arctan(2/n^2)$.

10. Si $a_0 + a_1 + a_2 + \cdots + a_k = 0$, demuestre que

$$\lim_{n \to \infty} \left(a_0\sqrt{n} + a_1\sqrt{n + 1} + a_2\sqrt{n + 2} + \cdots + a_k\sqrt{n + k} \right) = 0$$

Si no ve cómo demostrarlo, intente la estrategia de resolución de problemas *usando analogías* (véase la página 71). Intente los casos especiales $k = 1$ y $k = 2$ primero. Si puede ver cómo demostrar la afirmación para estos casos, probablemente verá cómo demostrarla en general.

11. Determine el intervalo de convergencia de $\sum_{n=1}^{\infty} n^3x^n$ y calcule la suma.

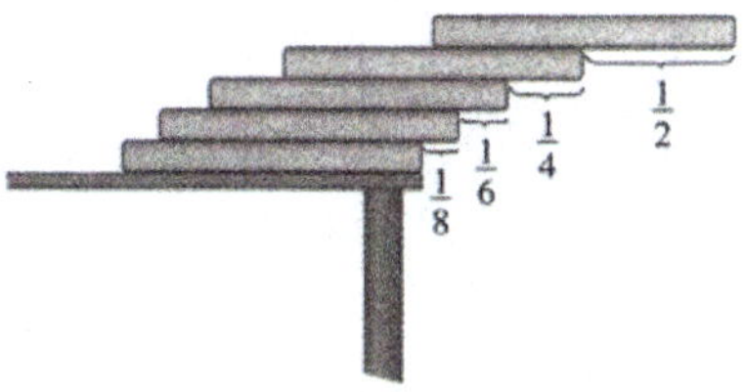

FIGURA PARA EL PROBLEMA 12

12. Suponga que tiene una gran cantidad de libros, todos del mismo tamaño, y que los apila en el borde de una mesa, y que cada libro sobresale un poco más del borde de la mesa que el libro anterior. Demuestre que es posible hacerlo de tal manera que el libro que quede hasta encima está por completo más allá del borde de la mesa. En efecto, muestre que el libro de hasta encima se puede acomodar a cualquier distancia más allá del borde de la mesa si la pila de libros tiene la altura suficiente. Utilice el método siguiente para apilar los libros: la mitad del largo del libro de hasta arriba sobresale del segundo libro. El segundo libro sobresale solo un cuarto de su largo con respecto al libro tercero. El tercer libro sobresale un sexto de su largo con respecto al libro cuarto, y así sucesivamente. (Inténtelo usted mismo con un mazo de cartas.) Considere el centro de masa.

13. Encuentre la suma de la serie $\displaystyle\sum_{n=2}^{\infty} \ln\left(1 - \frac{1}{n^2}\right)$.

14. Si $p > 1$, evalúe la expresión

$$\frac{1 + \dfrac{1}{2^p} + \dfrac{1}{3^p} + \dfrac{1}{4^p} + \cdots}{1 - \dfrac{1}{2^p} + \dfrac{1}{3^p} - \dfrac{1}{4^p} + \cdots}$$

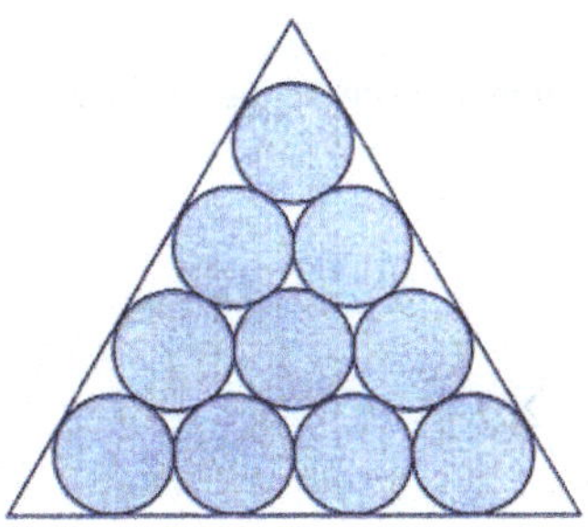

FIGURA PARA EL PROBLEMA 15

15. Suponga que círculos de igual diámetro están acomodados apretadamente en n filas dentro de un triángulo equilátero. (La figura ilustra el caso $n = 4$.) Si A es el área del triángulo y A_n es el área total ocupada por las n filas de círculos, demuestre que

$$\lim_{n\to\infty} \frac{A_n}{A} = \frac{\pi}{2\sqrt{3}}$$

16. Una sucesión $\{a_n\}$ se define recursivamente mediante las ecuaciones

$$a_0 = a_1 = 1 \qquad n(n-1)a_n = (n-1)(n-2)a_{n-1} - (n-3)a_{n-2}$$

Calcule la suma de la serie $\sum_{n=0}^{\infty} a_n$.

17. Si la curva $y = e^{-x/10}$ sen x, $x \geqslant 0$, se rota alrededor del eje x, el sólido resultante se parece a una cadena infinita decreciente de cuentas.
(a) Determine el volumen exacto de n-ésima cuenta. (Utilice, ya sea una tabla de integrales o un sistema algebraico computacional.)
(b) Encuentre el volumen total de las cuentas.

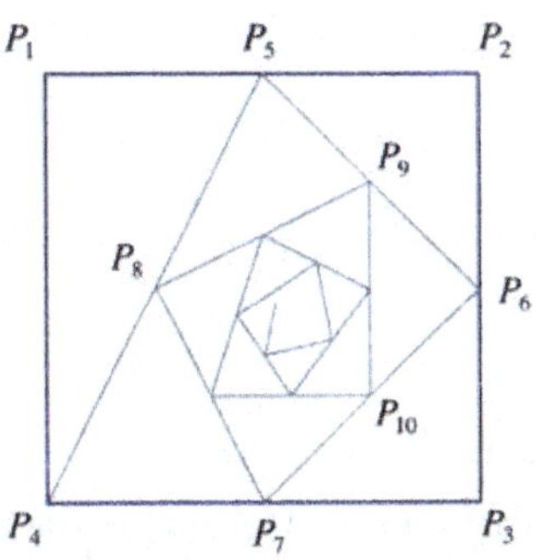

FIGURA PARA EL PROBLEMA 18

18. Inicie con los vértices $P_1(0, 1)$, $P_2(1, 1)$, $P_3(1, 0)$, $P_4(0, 0)$ de un cuadrado, y localice puntos como se muestra en la figura: P_5 es el punto medio de P_1P_2, P_6 es el punto medio de P_2P_3, P_7 es el punto medio de P_3P_4, y así sucesivamente. La trayectoria espiral de la poligonal $P_1P_2P_3P_4P_5P_6P_7\ldots$ se aproxima al punto P dentro del cuadrado.
(a) Si las coordenadas de P_n son (x_n, y_n), demuestre que $\frac{1}{2}x_n + x_{n+1} + x_{n+2} + x_{n+3} = 2$ y encuentre una ecuación similar para las coordenadas y.
(b) Determine las coordenadas de P.

19. Encuentre la suma de la serie $\displaystyle\sum_{n=1}^{\infty} \frac{(-1)^n}{(2n+1)3^n}$.

20. Realice los pasos siguientes para demostrar que

$$\frac{1}{1\cdot 2} + \frac{1}{3\cdot 4} + \frac{1}{5\cdot 6} + \frac{1}{7\cdot 8} + \cdots = \ln 2$$

(a) Use la fórmula para la suma de una serie geométrica finita (11.2.3) para obtener una expresión para

$$1 - x + x^2 - x^3 + \cdots + x^{2n-2} - x^{2n-1}$$

(b) Integre el resultado del inciso (a) de 0 a 1 para obtener una expresión para

$$1 - \frac{1}{2} + \frac{1}{3} - \frac{1}{4} + \cdots + \frac{1}{2n-1} - \frac{1}{2n}$$

como una integral.

(c) Del inciso (b) deduzca que

$$\left| \frac{1}{1\cdot 2} + \frac{1}{3\cdot 4} + \frac{1}{5\cdot 6} + \cdots + \frac{1}{(2n-1)(2n)} - \int_0^1 \frac{dx}{1+x} \right| < \int_0^1 x^{2n}\,dx$$

(d) Utilice el inciso (c) para demostrar que la suma de la serie dada es ln 2.

21. Encuentre todas las soluciones de la ecuación

$$1 + \frac{x}{2!} + \frac{x^2}{4!} + \frac{x^3}{6!} + \frac{x^4}{8!} + \cdots = 0$$

[*Sugerencia*: considere los casos $x \geq 0$ y $x < 0$ por separado.]

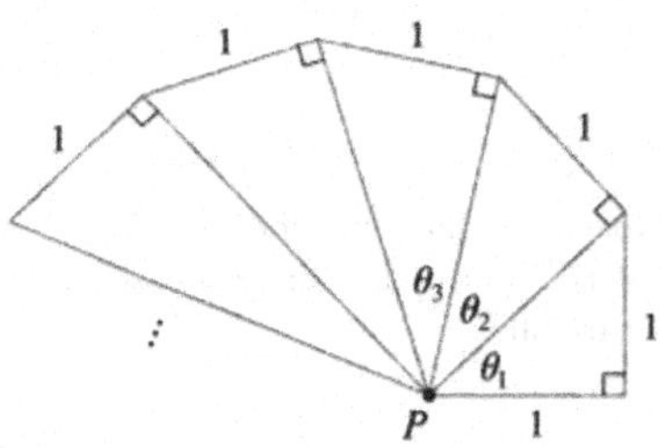

FIGURA PARA EL PROBLEMA 22

22. Se trazan triángulos rectángulos como en la figura. Cada uno de los triángulos tiene una altura de 1 y su base es la hipotenusa del triángulo precedente. Demuestre que esta sucesión de triángulos da una cantidad indefinida de vueltas alrededor de P mostrando que $\Sigma\, \theta_n$ es una serie divergente.

23. Considere la serie cuyos términos son los recíprocos de los enteros positivos que se pueden escribir con la notación de base 10 sin usar el dígito 0. Demuestre que esta serie es convergente y que la suma es menor que 90.

24. (a) Demuestre que la serie de Maclaurin de la función es

$$f(x) = \frac{x}{1 - x - x^2} \qquad \text{es} \qquad \sum_{n=1}^{\infty} f_n x^n$$

donde f_n es el n-ésimo número de Fibonacci, es decir, $f_1 = 1, f_2 = 1$ y $f_n = f_{n-1} + f_{n-2}$ para $n \geq 3$. [*Sugerencia*: escriba $x/(1 - x - x^2) = c_0 + c_1 x + c_2 x^2 + \cdots$ y multiplique ambos lados de esta ecuación por $1 - x - x^2$.]

(b) Determine una fórmula explícita para el n-ésimo número de Fibonacci, escribiendo $f(x)$ como una suma de fracciones parciales, y con ello, obtenga la serie de Maclaurin de una manera distinta.

25. Sea

$$u = 1 + \frac{x^3}{3!} + \frac{x^6}{6!} + \frac{x^9}{9!} + \cdots$$

$$v = x + \frac{x^4}{4!} + \frac{x^7}{7!} + \frac{x^{10}}{10!} + \cdots$$

$$w = \frac{x^2}{2!} + \frac{x^5}{5!} + \frac{x^8}{8!} + \cdots$$

Demuestre que $u^3 + v^3 + w^3 - 3uvw = 1$.

26. Demuestre que si $n > 1$, la n-ésima suma parcial de la serie armónica no es un entero.

Sugerencia: sea 2^k la máxima potencia de 2 que es menor o igual a n y sea M el producto de todos los enteros impares que sean menores o iguales a n. Suponga que $s_n = m$, un entero. Entonces $M2^k s_n = M2^k m$. El lado derecho de esta ecuación es par. Demuestre que el lado izquierdo es impar al demostrar que cada uno de sus términos es un entero par, excepto el último.

Apéndices

A Números, desigualdades y valores absolutos

El cálculo se basa en el sistema de números reales. Comienza con los **enteros**:

$$\ldots, \quad -3, \quad -2, \quad -1, \quad 0, \quad 1, \quad 2, \quad 3, \quad 4, \quad \ldots$$

Después se construyen los **números racionales**, los cuales son razones de enteros. Así, cualquier número racional r puede expresarse como

$$r = \frac{m}{n} \quad \text{donde } m \text{ y } n \text{ son enteros y } n \neq 0$$

Ejemplos son

$$\tfrac{1}{2} \qquad -\tfrac{3}{7} \qquad 46 = \tfrac{46}{1} \qquad 0.17 = \tfrac{17}{100}$$

(Recuerde que la división entre 0 siempre se descarta, así que expresiones como $\frac{3}{0}$ y $\frac{0}{0}$ no están definidas o determinadas.) Algunos números reales, como $\sqrt{2}$, no pueden expresarse como una razón de enteros, debido a ello se llaman **números irracionales**. Se puede demostrar, con grados variables de dificultad, que los siguientes también son números irracionales:

$$\sqrt{3} \qquad \sqrt{5} \qquad \sqrt[3]{2} \qquad \pi \qquad \text{sen } 1° \qquad \log_{10} 2$$

El conjunto de todos los números reales suele denotarse con el símbolo $\mathbb{R}$. Cuando se usa la palabra *número* sin calificarlo, se refiere a "número real".

Todos los números tienen una representación decimal. Si el número es racional, el decimal correspondiente es repetitivo. Por ejemplo,

$$\tfrac{1}{2} = 0.5000\ldots = 0.5\overline{0} \qquad \tfrac{2}{3} = 0.66666\ldots = 0.\overline{6}$$

$$\tfrac{157}{495} = 0.317171717\ldots = 0.3\overline{17} \qquad \tfrac{9}{7} = 1.285714285714\ldots = 1.\overline{285714}$$

(La barra indica que la sucesión de dígitos se repite hasta el infinito.) Por otra parte, si el número es irracional, los decimales no tienen un patrón repetitivo:

$$\sqrt{2} = 1.414213562373095\ldots \qquad \pi = 3.141592653589793\ldots$$

Si se detiene el desarrollo decimal de cualquier número en cierto lugar, se obtiene una aproximación del número. Por ejemplo, se puede escribir

$$\pi \approx 3.14159265$$

donde el símbolo $\approx$ se lee como "es aproximadamente igual a". Cuantos más decimales se conserven, mejor será la aproximación obtenida.

Los números reales pueden representarse con puntos en una recta, como en la figura 1. La dirección positiva (a la derecha) se indica con una flecha. Elija un punto de referencia arbitrario O, llamado **origen**, que corresponde al número real 0. Dada cualquier unidad de medida conveniente, cada número positivo x es representado por el punto en la recta a una distancia de x unidades a la derecha del origen, y cada número negativo $-x$ es representado por el punto x unidades a la izquierda del origen. Así, cada número real es representado por un punto en la recta, y cada punto P en la recta corresponde exactamente a un número real. El número asociado con el punto P se llama la **coordenada** de P y la recta se llama entonces **recta de coordenadas**, o **recta de números reales** o simplemente **recta real**. A menudo se identifica el punto con su coordenada y se piensa un número como si fuera un punto en la recta real.

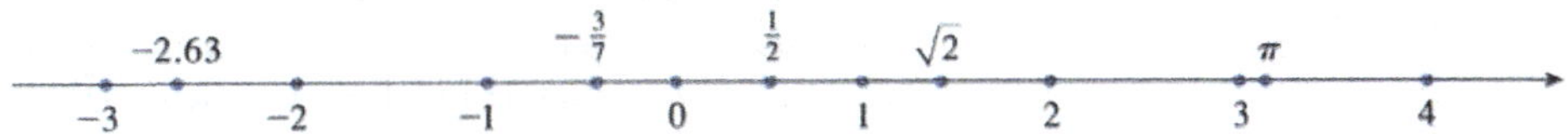

FIGURA 1

Los números reales están ordenados. Se dice que *a es menor que b* y se escribe $a < b$ si $b - a$ es un número positivo. Geométricamente, esto significa que a se sitúa a la izquierda de b en la recta numérica. (En forma equivalente, se dice que *b es mayor* que a y se escribe $b > a$.) El símbolo $a \leqslant b$ significa que $a < b$ o $a = b$ y se lee "a es menor que o igual a b" (De manera similar se puede interpretar el símbolo $b \geqslant a$). Por ejemplo, las siguientes son desigualdades verdaderas:

$$7 < 7.4 < 7.5 \qquad -3 > -\pi \qquad \sqrt{2} < 2 \qquad \sqrt{2} \leqslant 2 \qquad 2 \leqslant 2$$

De aquí en adelante se usará el concepto de *notación de conjuntos*. Un **conjunto** es una colección de objetos, los cuales se llaman **elementos** del conjunto. Si S es un conjunto, la notación $a \in S$ significa que a es un elemento de S, y $a \notin S$ significa que a no es un elemento de S. Por ejemplo, si Z representa el conjunto de enteros, entonces $-3 \in Z$ pero $\pi \notin Z$. Si S y T son conjuntos, su **unión** $S \cup T$ es el conjunto que consta de todos los elementos en S o T (o tanto en S como en T). La **intersección** de S y T es el conjunto $S \cap T$ que consta de todos los elementos que están tanto en S como en T. En otras palabras, $S \cap T$ es la parte común de S y T. El conjunto vacío, denotado por $\varnothing$, es el conjunto que no contiene ningún elemento.

Algunos conjuntos pueden describirse enlistando sus elementos entre llaves. Por ejemplo, el conjunto A que consta de todos los enteros positivos menores que 7 puede escribirse como

$$A = \{1, 2, 3, 4. 5, 6\}$$

También podría escribirse A en *notación de construcción de conjuntos* como

$$A = \{x \mid x \text{ es un entero y } 0 < x < 7\}$$

lo que se lee "A es el conjunto de x tal que x es un entero y $0 < x < 7$".

Intervalos

Algunos conjuntos de números reales, llamados **intervalos**, ocurren con frecuencia en el cálculo y corresponden geométricamente a segmentos de recta. Por ejemplo, si $a < b$, el **intervalo abierto** de a a b consta de todos los números entre a y b y se denota con el símbolo (a, b). Usando la notación de construcción de conjuntos, se puede escribir

$$(a, b) = \{x \mid a < x < b\}$$

FIGURA 2
Intervalo abierto (a, b)

Observe que los puntos extremos del intervalo –es decir, a y b– se excluyen. Esto lo indican los paréntesis curvos ( ) y los puntos abiertos en la figura 2. El **intervalo cerrado** de a a b es el conjunto

$$[a, b] = \{x \mid a \leqslant x \leqslant b\}$$

FIGURA 3
Intervalo cerrado $[a, b]$

Aquí se incluyen los puntos extremos del intervalo, como se indica en los paréntesis cuadrados [ ] y los puntos sólidos en la figura 3. También es posible incluir únicamente un punto extremo en un intervalo, como se advierte en la tabla 1.

También debe considerarse intervalos infinitos como

$$(a, \infty) = \{x \mid x > a\}$$

Esto no significa que ∞ ("infinito") sea un número. La notación (a, ∞) se refiere al conjunto de todos los números mayores que a, así que el símbolo ∞ simplemente indica que el intervalo se extiende indefinidamente en la dirección positiva.

En la tabla 1 se enlistan los nueve posibles tipos de intervalos, de cuyo análisis se concluye que siempre se da por supuesto que $a < b$.

1 Tabla de intervalos

Notación	Descripción del conjunto	Imagen
(a, b)	$\{x \mid a < x < b\}$	
$[a, b]$	$\{x \mid a \leqslant x \leqslant b\}$	
$[a, b)$	$\{x \mid a \leqslant x < b\}$	
$(a, b]$	$\{x \mid a < x \leqslant b\}$	
(a, ∞)	$\{x \mid x > a\}$	
$[a, \infty)$	$\{x \mid x \geqslant a\}$	
$(-\infty, b)$	$\{x \mid x < b\}$	
$(-\infty, b]$	$\{x \mid x \leqslant b\}$	
$(-\infty, \infty)$	$\mathbb{R}$ (conjunto de todos los números reales)	

Desigualdades

Cuando se trabaja con desigualdades, se han de considerar las reglas siguientes.

2 Reglas para desigualdades

1. Si $a < b$, entonces $a + c < b + c$.
2. Si $a < b$ y $c < d$, entonces $a + c < b + d$.
3. Si $a < b$ y $c > 0$, entonces $ac < bc$.
4. Si $a < b$ y $c < 0$, entonces $ac > bc$.
5. Si $0 < a < b$, entonces $1/a > 1/b$.

La regla 1 establece que se puede sumar cualquier número en ambos miembros de una desigualdad, y la regla 2 que dos desigualdades pueden sumarse. Sin embargo, con la multiplicación hay que ser cuidadosos. La regla 3 sostiene que se pueden multiplicar ambos miembros de una desigualdad por un número *positivo*, pero la regla 4 estipula que **si se multiplican ambos miembros de una desigualdad por un número negativo, se invertirá la dirección de la desigualdad**. Por ejemplo, si la desigualdad $3 < 5$ se multiplica por 2, se obtiene $6 > 10$, pero si se la multiplica por -2 se obtiene $-6 > -10$. Por último, la regla 5 establece que si se toman recíprocas, se invierte la dirección de una desigualdad (siempre que los números sean positivos).

EJEMPLO 1 Resuelva la desigualdad $1 + x < 7x + 5$.

SOLUCIÓN La desigualdad dada se satisface para algunos valores de x pero no para otros. *Resolver* una desigualdad significa determinar el conjunto de números x para los cuales la desigualdad es verdadera. Esto se llama *conjunto de soluciones*.

Primero se resta 1 de cada miembro de la desigualdad (usando la regla 1 con $c = -1$):

$$x < 7x + 4$$

Después se resta $7x$ de ambos miembros (regla 1 con $c = -7x$):

$$-6x < 4$$

Ahora se dividen ambos miembros entre -6 (regla 4 con $c = -\frac{1}{6}$):

$$x > -\tfrac{4}{6} = -\tfrac{2}{3}$$

Todos estos pasos pueden invertirse, así que el conjunto de soluciones consta de todos los números mayores que $-\frac{2}{3}$. En otras palabras, la solución de la desigualdad es el intervalo $(-\frac{2}{3}, \infty)$. ■

EJEMPLO 2 Resuelva las desigualdades $4 \leq 3x - 2 < 13$.

SOLUCIÓN Aquí el conjunto de soluciones consta de todos los valores de x que satisfacen ambas desigualdades. Al usar las reglas dadas en (2), se ve que las desigualdades siguientes son equivalentes:

$$4 \leq 3x - 2 < 13$$

$$6 \leq 3x < 15 \quad \text{(se suma 2)}$$

$$2 \leq x < 5 \quad \text{(se divide entre 3)}$$

Por tanto, el conjunto de soluciones es $[2, 5)$. ■

EJEMPLO 3 Resuelva la desigualdad $x^2 - 5x + 6 \leq 0$.

SOLUCIÓN Primero se factoriza el miembro izquierdo:

$$(x - 2)(x - 3) \leq 0$$

Se sabe que la ecuación correspondiente $(x - 2)(x - 3) = 0$ tiene las soluciones 2 y 3. Los números 2 y 3 dividen la recta real en tres intervalos:

$$(-\infty, 2) \qquad (2, 3) \qquad (3, \infty)$$

Un método visual para resolver el ejemplo 3 es usar un dispositivo de graficación para graficar la parábola $y = x^2 - 5x + 6$ (como en la figura 4) y observar que la curva se sitúa en o bajo el eje x cuando $2 \leq x \leq 3$.

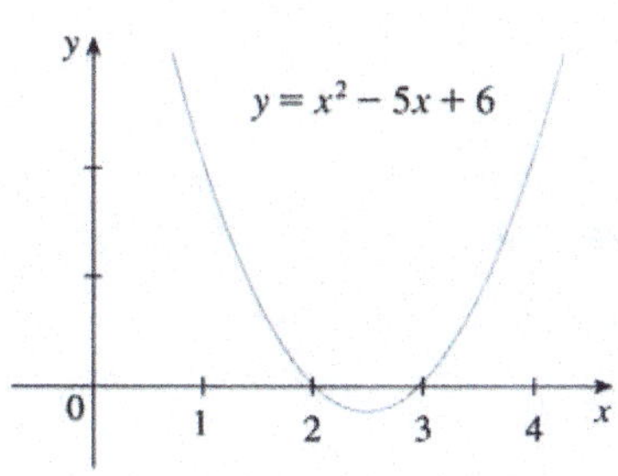

FIGURA 4

En cada uno de estos intervalos se determinan los signos de los factores. Por ejemplo,

$$x \in (-\infty, 2) \quad \Rightarrow \quad x < 2 \quad \Rightarrow \quad x - 2 < 0$$

Luego se registran estos signos en la tabla siguiente:

Intervalo	$x - 2$	$x - 3$	$(x - 2)(x - 3)$
$x < 2$	$-$	$-$	$+$
$2 < x < 3$	$+$	$-$	$-$
$x > 3$	$+$	$+$	$+$

Otro método para obtener la información en la tabla es con *valores de prueba*. Por ejemplo, si se usa el valor de prueba $x = 1$ para el intervalo $(-\infty, 2)$, la sustitución en $x^2 - 5x + 6$ da

$$1^2 - 5(1) + 6 = 2$$

El polinomio $x^2 - 5x + 6$ no cambia de signo dentro de ninguno de los tres intervalos, así que se concluye que es positivo en $(-\infty, 2)$.

Luego, según la tabla, $(x - 2)(x - 3)$ es negativo cuando $2 < x < 3$. Así, la solución de la desigualdad $(x - 2)(x - 3) \leq 0$ es

$$\{x \mid 2 \leq x \leq 3\} = [2, 3]$$

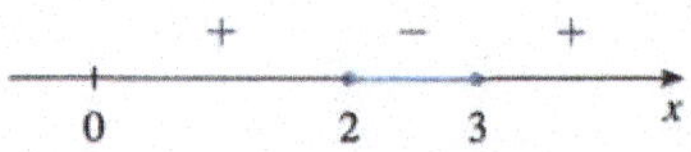

FIGURA 5

Observe que se han incluido los puntos extremos 2 y 3, porque se busca valores de x tales que el producto sea negativo o cero. La solución se ilustra en la figura 5. ■

EJEMPLO 4 Resuelva $x^3 + 3x^2 > 4x$.

SOLUCIÓN Primero se trasladan todos los términos diferentes de cero a uno de los lados del signo de la desigualdad y se factoriza la expresión resultante:

$$x^3 + 3x^2 - 4x > 0 \qquad \text{o} \qquad x(x - 1)(x + 4) > 0$$

Como en el ejemplo 3, se resuelve la ecuación correspondiente $x(x - 1)(x + 4) = 0$ y se usan las soluciones $x = -4$, $x = 0$ y $x = 1$ para dividir la recta real en cuatro intervalos $(-\infty, -4)$, $(-4, 0)$, $(0, 1)$ y $(1, \infty)$. En cada intervalo, el producto mantiene un signo constante, los cuales se enlistan en la tabla siguiente:

Intervalo	x	$x - 1$	$x + 4$	$x(x - 1)(x + 4)$
$x < -4$	−	−	−	−
$-4 < x < 0$	−	−	+	+
$0 < x < 1$	+	−	+	−
$x > 1$	+	+	+	+

FIGURA 6

Entonces, en la tabla se lee que el conjunto de soluciones es

$$\{x \mid -4 < x < 0 \text{ o } x > 1\} = (-4, 0) \cup (1, \infty)$$

La solución se ilustra en la figura 6. ■

■ Valor absoluto

El **valor absoluto** de un número a, denotado por $|a|$, es la distancia de a a 0 en la recta de números reales. Las distancias siempre son positivas o de 0, así que se tiene

$$|a| \geq 0 \qquad \text{para cualquier número } a$$

Por ejemplo:

$$|3| = 3 \qquad |-3| = 3 \qquad |0| = 0 \qquad |\sqrt{2} - 1| = \sqrt{2} - 1 \qquad |3 - \pi| = \pi - 3$$

En general, se tiene:

3
$$\begin{aligned} |a| &= a \qquad \text{si } a \geq 0 \\ |a| &= -a \qquad \text{si } a < 0 \end{aligned}$$

Recuerde que si a es negativo, $-a$ es positivo.

EJEMPLO 5 Exprese $|3x - 2|$ sin usar el símbolo de valor absoluto.

SOLUCIÓN

$$|3x - 2| = \begin{cases} 3x - 2 & \text{si } 3x - 2 \geq 0 \\ -(3x - 2) & \text{si } 3x - 2 < 0 \end{cases}$$

$$= \begin{cases} 3x - 2 & \text{si } x \geq \frac{2}{3} \\ 2 - 3x & \text{si } x < \frac{2}{3} \end{cases}$$ ■

Recuerde que el símbolo $\sqrt{\ }$ significa "la raíz cuadrada positiva de". Así, $\sqrt{r} = s$ significa $s^2 = r$ y $s \geq 0$. Por tanto, la ecuación $\sqrt{a^2} = a$ no siempre es verdadera. Es verdadera solo cuando $a \geq 0$. Si $a < 0$, entonces $-a > 0$, así se tiene que $\sqrt{a^2} = -a$. En vista de (3), se tiene entonces la ecuación

4 $$\sqrt{a^2} = |a|$$

la cual es cierta para todos los valores de a.

En los ejercicios se dan sugerencias para demostrar las propiedades siguientes.

5 Propiedades de los valores absolutos Suponga que a y b son cualesquiera números reales y que n es un entero. Entonces,

1. $|ab| = |a||b|$ **2.** $\left|\dfrac{a}{b}\right| = \dfrac{|a|}{|b|} \quad (b \neq 0)$ **3.** $|a^n| = |a|^n$

Para resolver ecuaciones o desigualdades que implican valores absolutos, suele ser muy útil usar los enunciados siguientes.

6 Suponga que $a > 0$. Entonces,

4. $|x| = a$ si, y solo si $x = \pm a$

5. $|x| < a$ si, y solo si $-a < x < a$

6. $|x| > a$ si, y solo si $x > a$ o $x < -a$

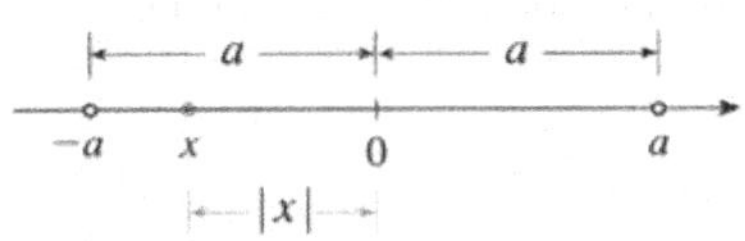

FIGURA 7

Por ejemplo, la desigualdad $|x| < a$ indica que la distancia de x al origen es menor que a, y en la figura 7 puede verse que eso es cierto si, y solo si, x se sitúa entre $-a$ y a.

Si a y b son cualesquiera números reales, la distancia entre a y b es el valor absoluto de la diferencia, es decir $|a - b|$, lo cual también es igual a $|b - a|$. (Véase la figura 8.)

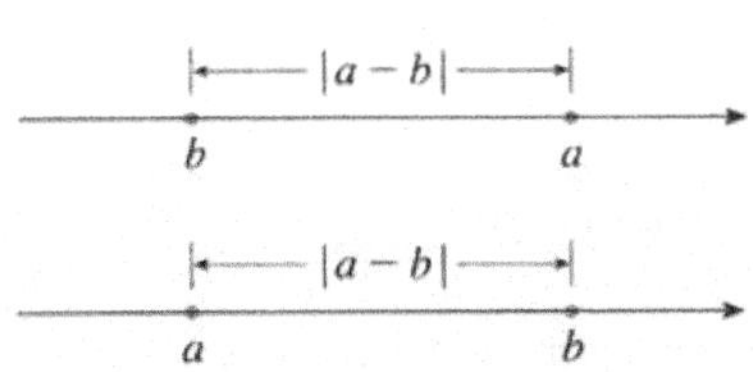

FIGURA 8
Longitud de un segmento de recta $= |a - b|$

EJEMPLO 6 Resuelva $|2x - 5| = 3$.

SOLUCIÓN Por la propiedad 4 de (6), $|2x - 5| = 3$ es equivalente a

$$2x - 5 = 3 \qquad \text{o} \qquad 2x - 5 = -3$$

Así, $2x = 8$ o $2x = 2$. Por tanto, $x = 4$ o $x = 1$. ■

EJEMPLO 7 Resuelva $|x - 5| < 2$.

SOLUCIÓN 1 Por la propiedad 5 de (6), $|x - 5| < 2$ es equivalente a

$$-2 < x - 5 < 2$$

En consecuencia, al sumar 5 a cada miembro se tiene

$$3 < x < 7$$

y el conjunto de soluciones es el intervalo abierto (3, 7).

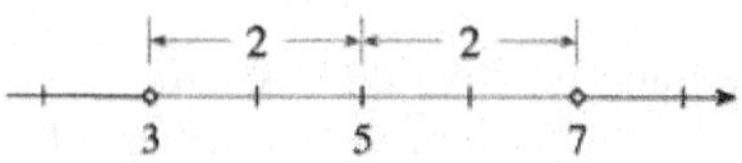

FIGURA 9

SOLUCIÓN 2 Geométricamente, el conjunto de soluciones consta de todos los números x cuya distancia desde 5 es menor que 2. En la figura 9 se ve que este es el intervalo (3, 7). ■

EJEMPLO 8 Resuelva $|3x + 2| \geqslant 4$.

SOLUCIÓN Por las propiedades 4 y 6 de (6), $|3x + 2| \geqslant 4$ es equivalente a

$$3x + 2 \geqslant 4 \qquad \text{o} \qquad 3x + 2 \leqslant -4$$

En el primer caso $3x \geqslant 2$, lo cual da $x \geqslant \frac{2}{3}$. En el segundo caso, $3x \leqslant -6$, lo cual da $x \leqslant -2$. Así, el conjunto de soluciones es

$$\left\{x \mid x \leqslant -2 \text{ o } x \geqslant \tfrac{2}{3}\right\} = (-\infty, -2] \cup \left[\tfrac{2}{3}, \infty\right)$$ ■

Otra propiedad importante del valor absoluto, llamada desigualdad del triángulo, se utiliza con frecuencia no solo en el cálculo, sino también en las matemáticas en general.

> **7 La desigualdad del triángulo** Si a y b son cualesquiera números reales, entonces
>
> $$|a + b| \leqslant |a| + |b|$$

Observe que si los números a y b son positivos o negativos, los dos miembros de la desigualdad del triángulo en realidad son iguales. Pero si a y b tienen signos opuestos, el miembro izquierdo implica una sustracción mas no el derecho. Esto hace que la desigualdad del triángulo parezca razonable, pero puede comprobarse de la manera siguiente.

Note que

$$-|a| \leqslant a \leqslant |a|$$

siempre es cierta, porque a es igual a $|a|$ o $-|a|$. El enunciado correspondiente para b es

$$-|b| \leqslant b \leqslant |b|$$

Al sumar estas desigualdades se obtiene:

$$-(|a| + |b|) \leqslant a + b \leqslant |a| + |b|$$

Si ahora se aplican las propiedades 4 y 5 (con x reemplazada por $a + b$ y a por $|a| + |b|$), se obtiene:

$$|a + b| \leqslant |a| + |b|$$

lo cual es lo que se quería demostrar.

EJEMPLO 9 Si $|x - 4| < 0.1$ y $|y - 7| < 0.2$, use la desigualdad del triángulo para estimar $|(x + y) - 11|$.

SOLUCIÓN A fin de usar la información dada, se emplea la desigualdad del triángulo con $a = x - 4$ y $b = y - 7$:

$$\begin{aligned} |(x + y) - 11| &= |(x - 4) + (y - 7)| \\ &\leq |x - 4| + |y - 7| \\ &< 0.1 + 0.2 = 0.3 \end{aligned}$$

Así, $$|(x + y) - 11| < 0.3$$ ■

A EJERCICIOS

1-12 Reescriba la expresión sin usar el símbolo de valor absoluto.

1. $|5 - 23|$
2. $|5| - |-23|$
3. $|-\pi|$
4. $|\pi - 2|$
5. $|\sqrt{5} - 5|$
6. $||-2| - |-3||$
7. $|x - 2|$ si $x < 2$
8. $|x - 2|$ si $x > 2$
9. $|x + 1|$
10. $|2x - 1|$
11. $|x^2 + 1|$
12. $|1 - 2x^2|$

13-38 Resuelva la desigualdad en términos de intervalos e ilustre el conjunto de soluciones en la recta de números reales.

13. $2x + 7 > 3$
14. $3x - 11 < 4$
15. $1 - x \leq 2$
16. $4 - 3x \geq 6$
17. $2x + 1 < 5x - 8$
18. $1 + 5x > 5 - 3x$
19. $-1 < 2x - 5 < 7$
20. $1 < 3x + 4 \leq 16$
21. $0 \leq 1 - x < 1$
22. $-5 \leq 3 - 2x \leq 9$
23. $4x < 2x + 1 \leq 3x + 2$
24. $2x - 3 < x + 4 < 3x - 2$
25. $(x - 1)(x - 2) > 0$
26. $(2x + 3)(x - 1) \geq 0$
27. $2x^2 + x \leq 1$
28. $x^2 < 2x + 8$
29. $x^2 + x + 1 > 0$
30. $x^2 + x > 1$
31. $x^2 < 3$
32. $x^2 \geq 5$
33. $x^3 - x^2 \leq 0$
34. $(x + 1)(x - 2)(x + 3) \geq 0$
35. $x^3 > x$
36. $x^3 + 3x < 4x^2$
37. $\dfrac{1}{x} < 4$
38. $-3 < \dfrac{1}{x} \leq 1$

39. La relación entre las escalas de temperatura Celsius y Fahrenheit está dada por $C = \frac{5}{9}(F - 32)$, donde C es la temperatura en grados Celsius y F la temperatura en grados Fahrenheit. ¿Qué intervalo en la escala de Celsius corresponde al rango de temperatura $50 \leq F \leq 95$?

40. Use la relación entre C y F dada en el ejercicio 39 para determinar el intervalo en la escala de Fahrenheit correspondiente al rango de temperatura $20 \leq C \leq 30$.

41. Cuando el aire seco se mueve hacia arriba, se expande, y al hacerlo se enfría a razón de alrededor de 1 °C por cada 100 m de ascenso, hasta aproximadamente 12 km.
(a) Si la temperatura en la superficie es de 20 °C, escriba una fórmula para la temperatura a la altura h.
(b) ¿Qué rango de temperatura es de esperar si un avión despega y alcanza una altura máxima de 5 km?

42. Si una pelota se lanza hacia arriba desde el tejado de un edificio de 30 m de altura con una velocidad inicial de 10 m/s, la altura h sobre la superficie t segundos después será

$$h = 30 + 10t - 5t^2$$

¿Durante qué intervalo de tiempo la pelota estará al menos 15 m sobre la superficie?

43-46 Despeje x en cada ecuación.

43. $|2x| = 3$
44. $|3x + 5| = 1$
45. $|x + 3| = |2x + 1|$
46. $\left|\dfrac{2x - 1}{x + 1}\right| = 3$

47-56 Resuelva la desigualdad.

47. $|x| < 3$
48. $|x| \geq 3$
49. $|x - 4| < 1$
50. $|x - 6| < 0.1$
51. $|x + 5| \geq 2$
52. $|x + 1| \geq 3$
53. $|2x - 3| \leq 0.4$
54. $|5x - 2| < 6$
55. $1 \leq |x| \leq 4$
56. $0 < |x - 5| < \frac{1}{2}$

57-58 Despeje x, suponiendo que a, b y c son constantes positivas.

57. $a(bx - c) \geqslant bc$

58. $a \leqslant bx + c < 2a$

59-60 Despeje x, suponiendo que a, b y c son constantes negativas.

59. $ax + b < c$

60. $\dfrac{ax + b}{c} \leqslant b$

61. Suponga que $|x - 2| < 0.01$ y $|y - 3| < 0.04$. Use la desigualdad del triángulo para demostrar que $|(x + y) - 5| < 0.05$

62. Demuestre que si $|x + 3| < \frac{1}{2}$, entonces $|4x + 13| < 3$.

63. Demuestre que si $a < b$, entonces $a < \dfrac{a + b}{2} < b$.

64. Use la regla 3 para comprobar la regla 5 de (2).

65. Compruebe que $|ab| = |a||b|$. [*Sugerencia*: Use la ecuación 4.]

66. Compruebe que $\left|\dfrac{a}{b}\right| = \dfrac{|a|}{|b|}$.

67. Demuestre que si $0 < a < b$, entonces $a^2 < b^2$.

68. Compruebe que $|x - y| \geqslant |x| - |y|$. [*Sugerencia:* use la desigualdad del triángulo con $a = x - y$ y $b = y$.]

69. Demuestre que la suma, diferencia y producto de números racionales son números racionales.

70. (a) ¿La suma de dos números irracionales es siempre un número irracional?

(b) ¿El producto de dos números irracionales es siempre un número irracional?

B Rectas y geometría usando coordenadas

Así como los puntos en una recta pueden identificarse con números reales asignándoles coordenadas, como se describió en el apéndice A, los puntos en un plano pueden reconocerse con pares ordenados de números reales. Para comenzar se dibujan dos rectas de coordenadas perpendiculares que intersecan en el origen O en cada recta. Usualmente una recta es horizontal con dirección positiva a la derecha y se llama eje x; la otra recta es vertical con dirección positiva hacia arriba y se le denomina eje y.

Cualquier punto P en el plano puede localizarse mediante un par ordenado único de números como sigue. Dibuje rectas que pasan por P perpendiculares a los ejes x y y, las cuales intersecan los ejes en puntos con coordenadas a y b, como se muestra en la figura 1. Entonces, al punto P se le asigna el par ordenado (a, b). El primer número a se llama **coordenada *x*** de P; el segundo número b se llama **coordenada *y*** de P. Se dice que P es el punto con coordenadas (a, b) y se denota el punto con el símbolo $P(a, b)$. Varios puntos han sido rotulados con sus coordenadas en la figura 2.

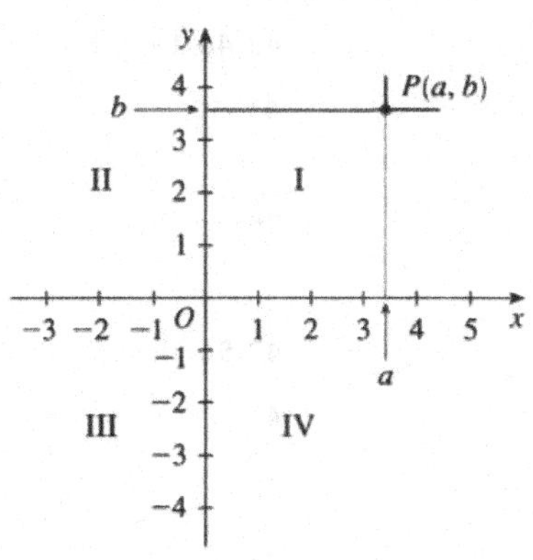

FIGURA 1

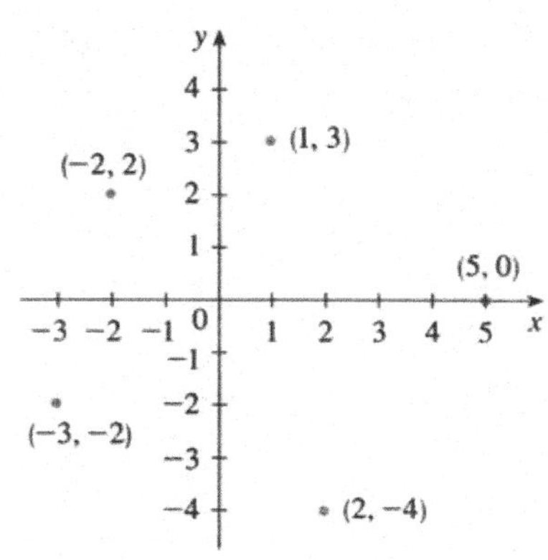

FIGURA 2

Al invertir el proceso precedente podemos empezar con un par ordenado (a, b) y llegar al correspondiente punto P. A menudo, el punto P se identifica con el par ordenado (a, b) y se le llama "el punto (a, b)". [Aunque la notación usada para un intervalo abierto

(a, b) es la misma que la notación usada para un punto (a, b), podrá saber por el contexto qué significado es el correcto.]

Este sistema de coordenadas se llama **sistema de coordenadas rectangulares** o **sistema de coordenadas cartesianas** en honor del matemático francés René Descartes (1596-1650), aunque otro francés, Pierre Fermat (1601-1665), inventó los principios de la geometría analítica en la misma época que Descartes. El plano provisto con este sistema de coordenadas se llama **plano de coordenadas** o **plano cartesiano** y se denota con $\mathbb{R}^2$.

Los ejes x y y se llaman **ejes de coordenadas** y dividen el plano cartesiano en cuatro cuadrantes, rotulados como I, II, III y IV en la figura 1. Nótese que el primer cuadrante consta de aquellos puntos cuyas coordenadas x y y son ambas positivas.

EJEMPLO 1 Describa y trace las regiones dadas por los conjuntos siguientes.

(a) $\{(x, y) \mid x \geqslant 0\}$ (b) $\{(x, y) \mid y = 1\}$ (c) $\{(x, y) \mid |y| < 1\}$

SOLUCIÓN

(a) Los puntos cuyas coordenadas x son 0 o positivas se ubican en el eje y o a la derecha de él, como lo indica la región sombreada de la figura 3(a).

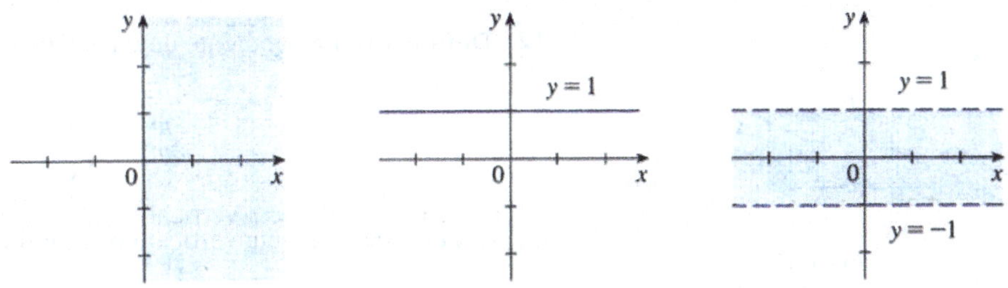

FIGURA 3 (a) $x \geqslant 0$ (b) $y = 1$ (c) $|y| < 1$

(b) El conjunto de todos los puntos con coordenada $y = 1$ es una recta horizontal una unidad arriba del eje x [véase la figura 3(b)].

(c) Recuérdese del apéndice A que

$$|y| < 1 \qquad \text{si, y solo si,} \qquad -1 < y < 1$$

La región dada consta de aquellos puntos en el plano cuyas coordenadas y se sitúan entre -1 y 1. Así, la región consta de todos los puntos que se hallan entre (pero no en) las rectas horizontales $y = 1$ y $y = -1$. [Estas rectas aparecen como líneas punteadas en la figura 3(c) para indicar que los puntos en estas rectas no se ubican en el conjunto.] ■

Recuerde del apéndice A que la distancia entre los puntos a y b en una recta numérica es $|a - b| = |b - a|$. Así, la distancia entre los puntos $P_1(x_1, y_1)$ y $P_3(x_2, y_1)$ en una recta horizontal debe ser $|x_2 - x_1|$ y la distancia entre $P_2(x_2, y_2)$ y $P_3(x_2, y_1)$ en una recta vertical debe ser $|y_2 - y_1|$. (Véase la figura 4.)

Para determinar la distancia $|P_1P_2|$ entre cualesquiera dos puntos $P_1(x_1, y_1)$ y $P_2(x_2, y_2)$, nótese que el triángulo $P_1P_2P_3$ en la figura 4 es un triángulo rectángulo, así que por el teorema de Pitágoras se tiene

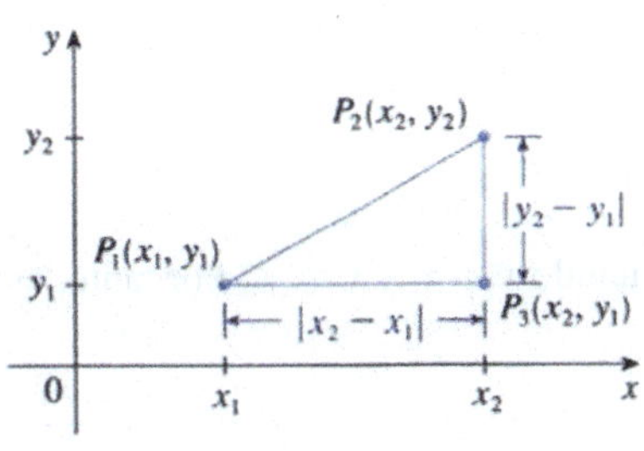

FIGURA 4

$$|P_1P_2| = \sqrt{|P_1P_3|^2 + |P_2P_3|^2} = \sqrt{|x_2 - x_1|^2 + |y_2 - y_1|^2}$$

$$= \sqrt{(x_2 - x_1)^2 + (y_2 - y_1)^2}$$

1 Fórmula de la distancia La distancia entre los puntos $P_1(x_1, y_1)$ y $P_2(x_2, y_2)$ es

$$|P_1P_2| = \sqrt{(x_2 - x_1)^2 + (y_2 - y_1)^2}$$

EJEMPLO 2 La distancia entre (1, −2) y (5, 3) es

$$\sqrt{(5-1)^2 + [3-(-2)]^2} = \sqrt{4^2 + 5^2} = \sqrt{41}$$ ■

Rectas

Si se desea encontrar una ecuación de una recta dada L; tal ecuación se satisface por las coordenadas de los puntos en L y por ningún otro punto. Para determinar la ecuación de L se usa su pendiente, la cual es una medida de lo pronunciado de la recta.

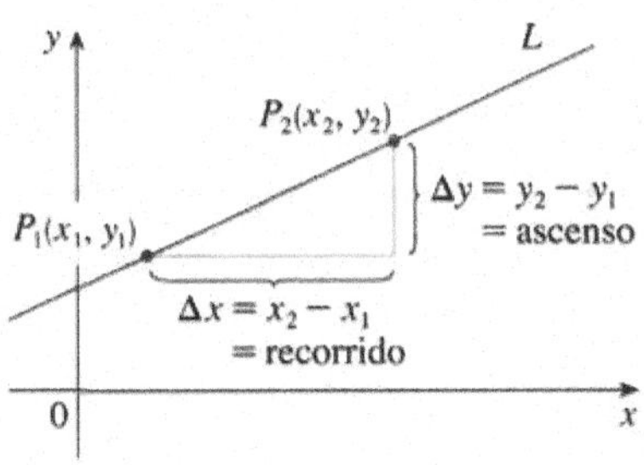

FIGURA 5

2 Definición La pendiente de una recta no vertical que pasa por los puntos $P_1(x_1, y_1)$ y $P_2(x_2, y_2)$ es

$$m = \frac{\Delta y}{\Delta x} = \frac{y_2 - y_1}{x_2 - x_1}$$

La pendiente de una recta vertical no se define.

Así, la pendiente de una recta es la razón del cambio en y, Δy, en relación con el cambio en x, Δx. (Véase la figura 5.) La pendiente es por tanto la razón de cambio de y con respecto a x. El hecho de que la línea sea recta significa que la razón de cambio es constante.

La figura 6 muestra varias rectas con sus pendientes. Observe que las rectas con pendiente positiva se inclinan arriba a la derecha, mientras que las rectas con pendiente negativa se inclinan abajo a la derecha. Note también que las rectas más pronunciadas son aquellas para las cuales el valor absoluto de la pendiente es mayor, y que una recta horizontal tiene pendiente 0.

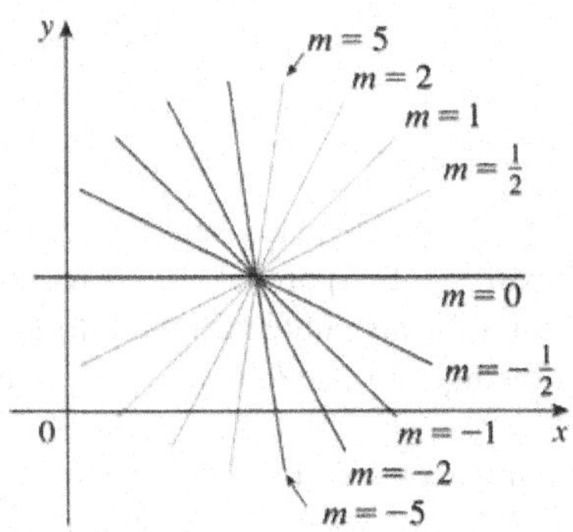

FIGURA 6

Se determina ahora una ecuación de la recta que pasa por un punto dado $P_1(x_1, y_1)$ y tiene pendiente m. Un punto $P(x, y)$ con $x \neq x_1$ rectas en esta recta si, y solo si, la pendiente de la recta que pasa por P_1 y P es igual a m; es decir,

$$\frac{y - y_1}{x - x_1} = m$$

Esta ecuación se puede reescribir de la manera siguiente:

$$y - y_1 = m(x - x_1)$$

y se observa que esta ecuación también se satisface cuando $x = x_1$ y $y = y_1$. Por tanto, es una ecuación de la recta dada.

3 Forma punto-pendiente de la ecuación de una recta Una ecuación de la recta que pasa por el punto $P_1(x_1, y_1)$ y tiene pendiente m es

$$y - y_1 = m(x - x_1)$$

EJEMPLO 3 Determine una ecuación de la recta que pasa por $(1, -7)$ con pendiente $-\frac{1}{2}$.

SOLUCIÓN Usando (3) con $m = -\frac{1}{2}$, $x_1 = 1$, y $y_1 = -7$, se obtiene una ecuación de la recta como

$$y + 7 = -\tfrac{1}{2}(x - 1)$$

lo que puede reescribirse como

$$2y + 14 = -x + 1 \qquad \text{o} \qquad x + 2y + 13 = 0$$

■

EJEMPLO 4 Determine una ecuación de la recta que pasa por los puntos $(-1, 2)$ y $(3, -4)$.

SOLUCIÓN Por la definición 2, la pendiente de la recta es

$$m = \frac{-4 - 2}{3 - (-1)} = -\frac{3}{2}$$

Al usar la forma punto-pendiente con $x_1 = -1$ y $y_1 = 2$, se obtiene

$$y - 2 = -\tfrac{3}{2}(x + 1)$$

lo que se simplifica como $\qquad 3x + 2y = 1$

■

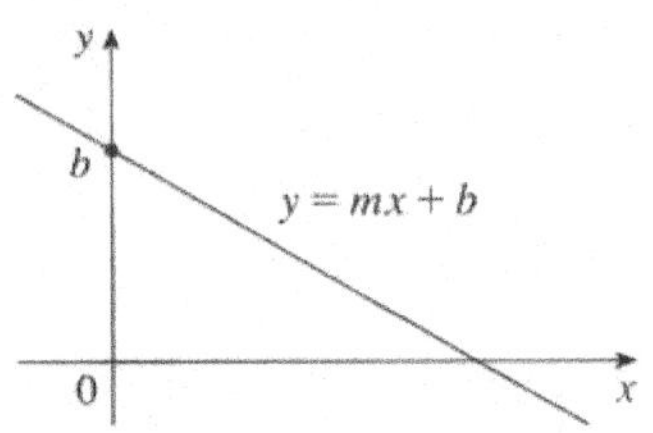

FIGURA 7

Suponga que una recta no vertical tiene pendiente m e intersección b en y. (Véase la figura 7.) Esto significa que interseca el eje y en el punto $(0, b)$, así que la forma punto-pendiente de la ecuación de la recta, con $x_1 = 0$ y $y_1 = b$, se convierte en

$$y - b = m(x - 0)$$

Esto se simplifica de la manera siguiente.

> **4** **Forma pendiente-intersección de la ecuación de una recta** Una ecuación de la recta con pendiente m e intersección b en y es
>
> $$y = mx + b$$

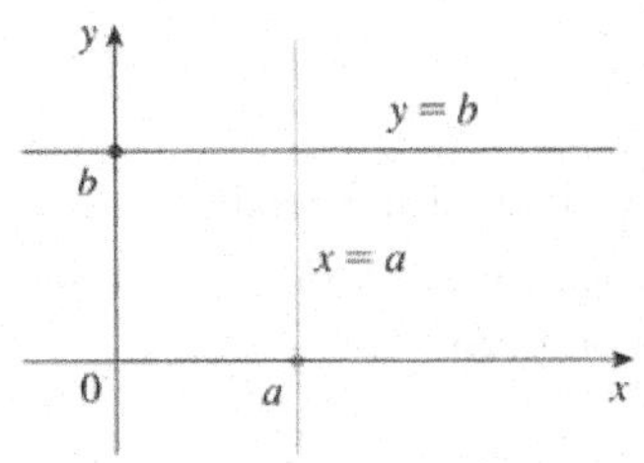

FIGURA 8

En particular, si una recta es horizontal, su pendiente es $m = 0$, así que su ecuación es $y = b$, donde b es la intersección en y (véase la figura 8). Una recta vertical no tiene pendiente, pero se puede escribir su ecuación como $x = a$, donde a es la intersección en x, porque la coordenada x de todos los puntos en la recta es a.

Observe que la ecuación de cada recta puede escribirse en la forma

5
$$Ax + By + C = 0$$

porque una recta vertical tiene la ecuación $x = a$ o $x - a = 0$ $(A = 1, B = 0, C = -a)$ y una recta no vertical tiene la ecuación $y = mx + b$ o $-mx + y - b = 0$ $(A = -m, B = 1, C = -b)$. A la inversa, si a partir de una ecuación general de primer grado, es decir, una ecuación de la forma (5), donde A, B y C son constantes y A y B no son ambas 0, se puede demostrar que esa es la ecuación de una recta. Si $B = 0$, la ecuación se convierte en $Ax + C = 0$ *o* $x = -C/A$, lo que representa una recta vertical con intersección en x $-C/A$. Si $B \neq 0$, la ecuación puede reescribirse despejando y:

$$y = -\frac{A}{B}x - \frac{C}{B}$$

y se reconoce como la forma pendiente-intersección de la ecuación de una recta ($m = -A/B$, $b = -C/B$). En consecuencia, una ecuación de la forma (5) se llama **ecuación lineal** o **ecuación general de una recta**. Para abreviar, a menudo se dice "la recta $Ax + By + C = 0$" en lugar de "la recta cuya ecuación es $Ax + By + C = 0$".

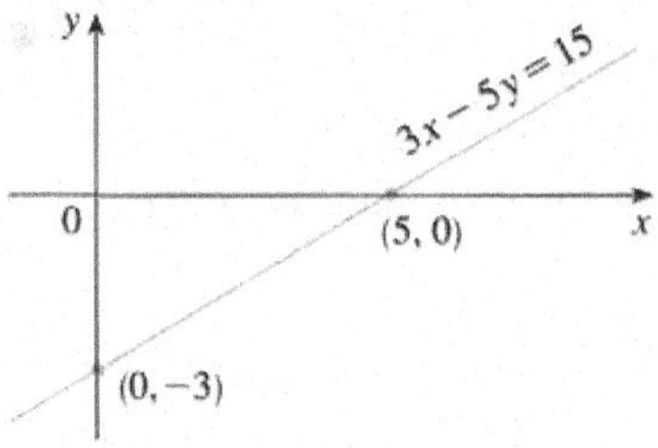

FIGURA 9

EJEMPLO 5 Trace la gráfica de la ecuación $3x - 5y = 15$.

SOLUCIÓN Como la ecuación es lineal, su gráfica es una recta. Para dibujar la gráfica, se puede determinar dos puntos en la recta, de los cuales los más fáciles de encontrar son las intersecciones. Al sustituir $y = 0$ (la ecuación del eje x) en la ecuación dada, se obtiene $3x = 15$, así que $x = 5$ es la intersección en x. Al sustituir $x = 0$ en la ecuación, se observa que la intersección en y es -3. Esto permite trazar la gráfica como en la figura 9. ■

EJEMPLO 6 Grafique la desigualdad $x + 2y > 5$.

SOLUCIÓN Se pide trazar la gráfica del conjunto $\{(x, y) \mid x + 2y > 5\}$ y se empieza despejando y en la desigualdad:

$$x + 2y > 5$$
$$2y > -x + 5$$
$$y > -\tfrac{1}{2}x + \tfrac{5}{2}$$

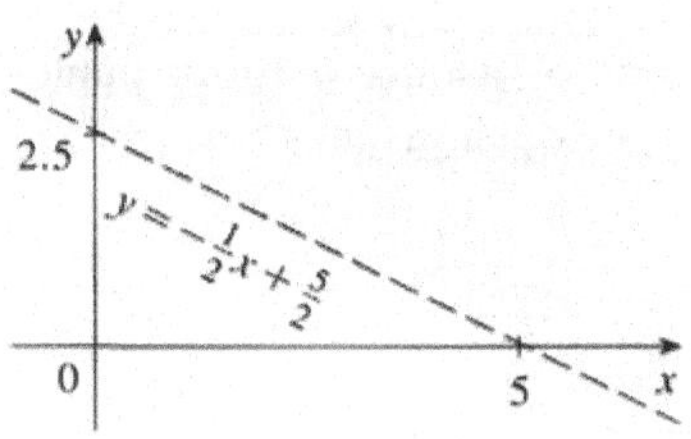

FIGURA 10

Compare esta desigualdad con la ecuación $y = -\frac{1}{2}x + \frac{5}{2}$, la cual representa una recta con pendiente $-\frac{1}{2}$ e intersección en y $\frac{5}{2}$. Observe que la gráfica dada consta de puntos cuyas coordenadas y son *mayores* que aquellas en la recta $y = -\frac{1}{2}x + \frac{5}{2}$. Así, la gráfica es la región que se encuentra *arriba* de la línea, como se ilustra en la figura 10. ■

■ Rectas paralelas y perpendiculares

Las pendientes pueden usarse para demostrar que las rectas son paralelas o perpendiculares. Los hechos siguientes son comprobados, por ejemplo, en *Precalculus: Mathematics for Calculus*, séptima ed., por Stewart, Redlin y Watson (Belmont, California, 2016).

6 Rectas paralelas y perpendiculares

1. Dos rectas no verticales son paralelas si, y solo si, tienen la misma pendiente.
2. Dos rectas con pendientes m_1 y m_2 son perpendiculares si, y solo si, $m_1 m_2 = -1$; es decir, si sus pendientes son recíprocas y de signo contrario:

$$m_2 = -\frac{1}{m_1}$$

EJEMPLO 7 Determine una ecuación de la recta que pasa por el punto (5, 2) que es paralela a la recta $4x + 6y + 5 = 0$.

SOLUCIÓN La recta dada puede escribirse en la forma

$$y = -\tfrac{2}{3}x - \tfrac{5}{6}$$

la cual está en forma de pendiente-intersección con $m = -\frac{2}{3}$. Rectas paralelas tienen la misma pendiente, así que la recta requerida tiene pendiente $-\frac{2}{3}$ y su ecuación en forma punto-pendiente es

$$y - 2 = -\tfrac{2}{3}(x - 5)$$

Esta ecuación puede escribirse como $2x + 3y = 16$. ■

EJEMPLO 8 Demuestre que las rectas $2x + 3y = 1$ y $6x - 4y - 1 = 0$ son perpendiculares.

SOLUCIÓN Las ecuaciones pueden escribirse como

$$y = -\tfrac{2}{3}x + \tfrac{1}{3} \qquad \text{y} \qquad y = \tfrac{3}{2}x - \tfrac{1}{4}$$

de lo que se deduce que las pendientes son

$$m_1 = -\tfrac{2}{3} \qquad \text{y} \qquad m_2 = \tfrac{3}{2}$$

Como $m_1 m_2 = -1$, las rectas son perpendiculares. ■

B EJERCICIOS

1-6 Determine la distancia entre los puntos.

1. $(1, 1)$, $(4, 5)$ **2.** $(1, -3)$, $(5, 7)$

3. $(6, -2)$, $(-1, 3)$ **4.** $(1, -6)$, $(-1, -3)$

5. $(2, 5)$, $(4, -7)$ **6.** (a, b), (b, a)

7-10 Determine la pendiente de la recta que pasa por P y Q.

7. $P(1, 5)$, $Q(4, 11)$ **8.** $P(-1, 6)$, $Q(4, -3)$

9. $P(-3, 3)$, $Q(-1, -6)$ **10.** $P(-1, -4)$, $Q(6, 0)$

11. Demuestre que el triángulo con vértices $A(0, 2)$, $B(-3, -1)$ y $C(-4, 3)$ es isósceles.

12. (a) Demuestre que el triángulo con vértices $A(6, -7)$, $B(11, -3)$ y $C(2, -2)$ es un triángulo rectángulo usando la proposición recíproca del teorema de Pitágoras.
(b) Use pendientes para demostrar que ABC es un triángulo rectángulo.
(c) Determine el área del triángulo.

13. Demuestre que los puntos $(-2, 9)$, $(4, 6)$, $(1, 0)$ y $(-5, 3)$ son los vértices de un cuadrado.

14. (a) Demuestre que los puntos $A(-1, 3)$, $B(3, 11)$ y $C(5, 15)$ son colineales (están en la misma línea) y compruebe que $|AB| + |BC| = |AC|$.
(b) Use pendientes para demostrar que A, B y C son colineales.

15. Demuestre que $A(1, 1)$, $B(7, 4)$, $C(5, 10)$ y $D(-1, 7)$ son vértices de un paralelogramo.

16. Demuestre que $A(1, 1)$, $B(11, 3)$, $C(10, 8)$ y $D(0, 6)$ son vértices de un rectángulo.

17-20 Trace la gráfica de la ecuación.

17. $x = 3$ **18.** $y = -2$

19. $xy = 0$ **20.** $|y| = 1$

21-36 Halle una ecuación de la recta que satisfaga las condiciones dadas.

21. Que pasa por $(2, -3)$, pendiente 6

22. Que pasa por $(-1, 4)$, pendiente -3

23. Que pasa por $(1, 7)$, pendiente $\frac{2}{3}$

24. Que pasa por $(-3, -5)$, pendiente $-\frac{7}{2}$

25. Que pasa por $(2, 1)$ y $(1, 6)$

26. Que pasa por $(-1, -2)$ y $(4, 3)$

27. Pendiente 3, intersección en $y = -2$

28. Pendiente $\frac{2}{5}$, intersección en $y = 4$

29. Intersección en $x = 1$, intersección en $y = -3$

30. Intersección en $x = -8$, intersección en $y = 6$

31. Que pasa por $(4, 5)$, paralela al eje x

32. Que pasa por $(4, 5)$, paralela al eje y

33. Que pasa por $(1, -6)$, paralela a la recta $x + 2y = 6$

34. Intersección en $y = 6$, paralela a la recta $2x + 3y + 4 = 0$

35. Que pasa por $(-1, -2)$, perpendicular a la recta $2x + 5y + 8 = 0$

36. Que pasa por $(\frac{1}{2}, -\frac{2}{3})$, perpendicular a la recta $4x - 8y = 1$

37-42 Halle la pendiente e intersección en y de la recta y dibuje su gráfica.

37. $x + 3y = 0$ **38.** $2x - 5y = 0$

39. $y = -2$

40. $2x - 3y + 6 = 0$

41. $3x - 4y = 12$

42. $4x + 5y = 10$

43-52 Trace la región en el plano xy.

43. $\{(x, y) \mid x < 0\}$

44. $\{(x, y) \mid y > 0\}$

45. $\{(x, y) \mid xy < 0\}$

46. $\{(x, y) \mid x \geq 1 \text{ y } y < 3\}$

47. $\{(x, y) \mid |x| \leq 2\}$

48. $\{(x, y) \mid |x| < 3 \text{ y } |y| < 2\}$

49. $\{(x, y) \mid 0 \leq y \leq 4 \text{ y } x \leq 2\}$

50. $\{(x, y) \mid y > 2x - 1\}$

51. $\{(x, y) \mid 1 + x \leq y \leq 1 - 2x\}$

52. $\{(x, y) \mid -x \leq y < \frac{1}{2}(x + 3)\}$

---

53. Determine un punto en el eje y que sea equidistante de $(5, -5)$ y $(1, 1)$.

54. Demuestre que el punto medio del segmento de recta de $P_1(x_1, y_1)$ a $P_2(x_2, y_2)$ es

$$\left(\frac{x_1 + x_2}{2}, \frac{y_1 + y_2}{2}\right)$$

55. Determine el punto medio del segmento de recta que une los puntos dados.
(a) $(1, 3)$ y $(7, 15)$
(b) $(-1, 6)$ y $(8, -12)$

56. Determine las longitudes de las medianas del triángulo con vértices $A(1, 0)$, $B(3, 6)$ y $C(8, 2)$. (Una mediana es un segmento de recta desde un vértice hasta el punto medio del lado opuesto.)

57. Demuestre que las rectas $2x - y = 4$ y $6x - 2y = 10$ no son paralelas y determine su punto de intersección.

58. Demuestre que las rectas $3x - 5y + 19 = 0$ y $10x + 6y - 50 = 0$ son perpendiculares y determine su punto de intersección.

59. Encuentre una ecuación de la bisectriz perpendicular del segmento de recta que une a los puntos $A(1, 4)$ y $B(7, -2)$.

60. (a) Encuentre ecuaciones para los lados del triángulo con vértices $P(1, 0)$, $Q(3, 4)$ y $R(-1, 6)$.
(b) Encuentre ecuaciones para las medianas de este triángulo. ¿Dónde se intersecan?

61. (a) Demuestre que si las intersecciones en x y y de una recta son números diferentes de cero, a y b, respectivamente, la ecuación de la recta puede ponerse en la forma

$$\frac{x}{a} + \frac{y}{b} = 1$$

Esta ecuación se llama **forma de dos intersecciones** de una ecuación de una recta. También se conoce como forma simétrica o ecuación canónica de la recta.
(b) Use el inciso (a) para determinar una ecuación de la recta cuya intersección en x es 6 y cuya intersección en y es -8.

62. Kelly sale de Winnipeg a las 2:00 PM y conduce al oeste con una velocidad constante a lo largo de la autopista Trans-Canada. Pasa por Brandon, a 210 km de Winnipeg, a las 4:00 PM.
(a) Exprese la distancia recorrida en términos del tiempo transcurrido.
(b) Dibuje la gráfica de la ecuación en el inciso (a).
(c) ¿Cuál es la pendiente de esta recta? ¿Qué representa?

C Gráficas de ecuaciones de segundo grado

En el apéndice B se vio que una ecuación de primer grado, o lineal, $Ax + By + C = 0$ representa una recta. En esta sección analizará ecuaciones de segundo grado como

$$x^2 + y^2 = 1 \qquad y = x^2 + 1 \qquad \frac{x^2}{9} + \frac{y^2}{4} = 1 \qquad x^2 - y^2 = 1$$

las cuales representan un círculo, una parábola, una elipse y una hipérbola, respectivamente.

La gráfica de una ecuación de ese tipo en x y y es el conjunto de todos los puntos (x, y) que satisfacen la ecuación y ofrece una representación visual de la ecuación. A la inversa, dada una curva en el plano xy, quizá tenga que determinar una ecuación que la represente, es decir, una ecuación satisfecha por las coordenadas de los puntos en la curva y por ningún otro punto. Esta es la otra mitad del principio básico de la geometría analítica formulado por Descartes y Fermat. La idea es que si una curva geométrica puede representarse con una ecuación algebraica, las reglas del álgebra pueden usarse para analizar el problema geométrico.

Círculos

Como un ejemplo de este tipo de problema, determine una ecuación del círculo con radio r y centro (h, k). Por definición, el círculo es el conjunto de todos los puntos $P(x, y)$ cuya

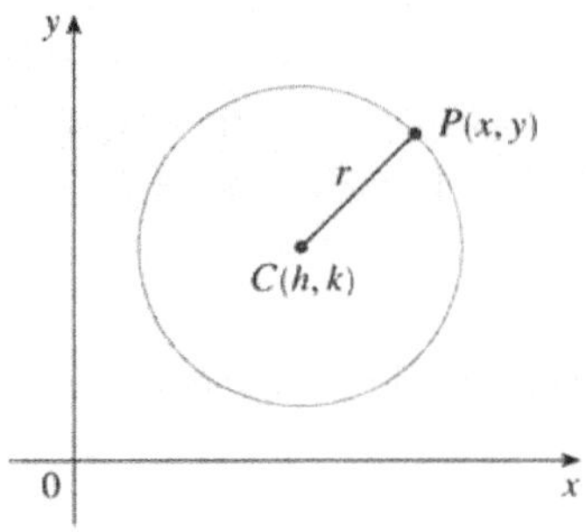

FIGURA 1

distancia desde el centro $C(h, k)$ es r. (Véase la figura 1.) Así, P está en el círculo si, y solo si, $|PC| = r$. Con base en la fórmula de la distancia se tiene

$$\sqrt{(x-h)^2 + (y-k)^2} = r$$

o, en forma equivalente, al elevar al cuadrado ambos miembros se obtiene

$$(x-h)^2 + (y-k)^2 = r^2$$

Esta es la ecuación deseada.

> **1** **Ecuación de un círculo** Una ecuación del círculo con centro (h, k) y radio r es
>
> $$(x-h)^2 + (y-k)^2 = r^2$$
>
> En particular, si el centro es el origen $(0, 0)$, la ecuación es
>
> $$x^2 + y^2 = r$$

EJEMPLO 1 Determine una ecuación del círculo con radio 3 y centro $(2, -5)$.

SOLUCIÓN De la ecuación 1 con $r = 3$, $h = 2$ y $k = -5$ se obtiene

$$(x-2)^2 + (y+5)^2 = 9$$

■

EJEMPLO 2 Trace la gráfica de la ecuación $x^2 + y^2 + 2x - 6y + 7 = 0$ demostrando primero que representa un círculo y determinando después su centro y radio.

SOLUCIÓN Primero se agrupan los términos x y los y como sigue:

$$(x^2 + 2x) + (y^2 - 6y) = -7$$

Después se completa el cuadrado dentro de cada grupo, añadiendo las constantes apropiadas (los cuadrados de la mitad de los coeficientes de x y y) a ambos miembros de la ecuación:

$$(x^2 + 2x + 1) + (y^2 - 6y + 9) = -7 + 1 + 9$$

o

$$(x+1)^2 + (y-3)^2 = 3$$

Al comparar esta ecuación con la ecuación estándar de un círculo (1), se ve que $h = -1$, $k = 3$ y $r = \sqrt{3}$, así que la ecuación dada representa un círculo con centro $(-1, 3)$ y radio $\sqrt{3}$, como se traza en la figura 2.

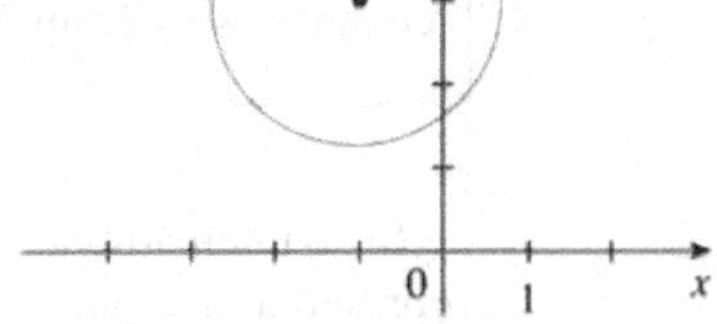

FIGURA 2
$x^2 + y^2 + 2x - 6y + 7 = 0$

■

Parábolas

Las propiedades geométricas de las parábolas se examinan en la sección 10.5. Aquí se considerará una parábola como una gráfica de una ecuación de la forma $y = ax^2 + bx + c$.

EJEMPLO 3 Dibuje la gráfica de la parábola $y = x^2$.

SOLUCIÓN Establezca una tabla de valores, trace los puntos y únalos con una curva suave para obtener la gráfica de la figura 3.

x	$y = x^2$
0	0
$\pm\frac{1}{2}$	$\frac{1}{4}$
± 1	1
± 2	4
± 3	9

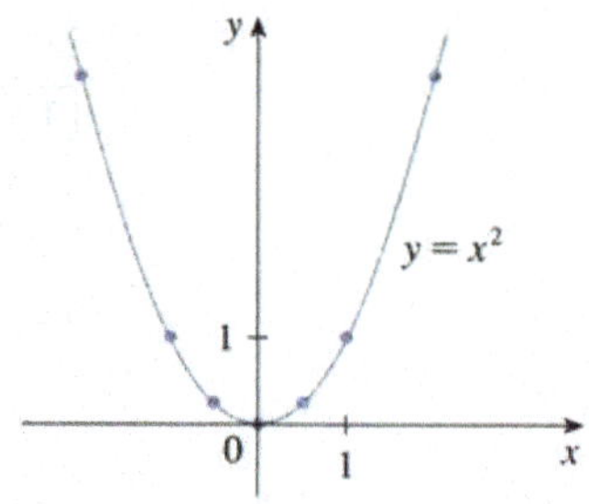

FIGURA 3 ■

La figura 4 muestra las gráficas de varias parábolas con ecuaciones de la forma $y = ax^2$ para distintos valores del número a. En cada caso, el *vértice*, el punto donde la parábola cambia de dirección, es el origen. Vea que la parábola $y = ax^2$ se abre hacia arriba si $a > 0$ y hacia bajo si $a < 0$ (como en la figura 5).

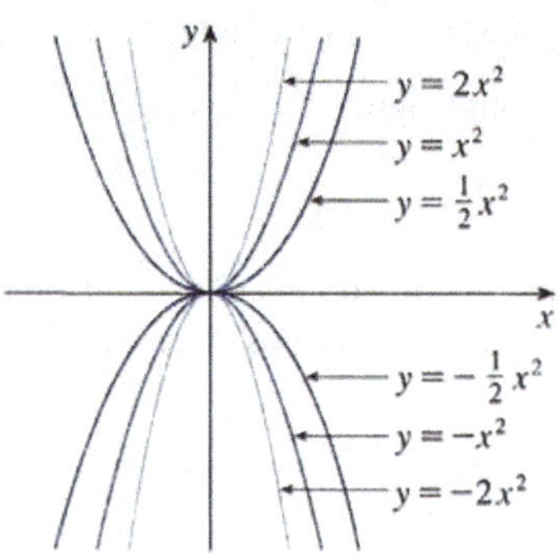

FIGURA 4

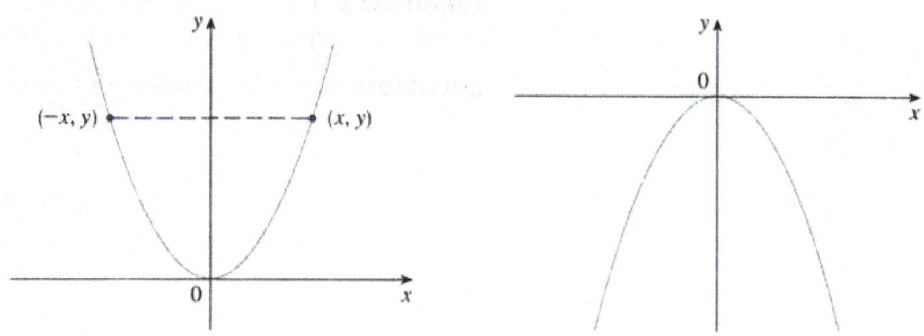

(a) $y = ax^2$, $a > 0$ (b) $y = ax^2$, $a < 0$

FIGURA 5

Nótese que si (x, y) satisface $y = ax^2$, lo mismo hace $(-x, y)$. Esto corresponde al hecho geométrico de que si la mitad derecha de la gráfica se refleja a través del eje y, se obtiene la mitad izquierda de la gráfica. Se dice que la gráfica es **simétrica con respecto al eje y**.

> La gráfica de una ecuación es simétrica con respecto al eje y si la ecuación no cambia cuando x se reemplaza por $-x$.

Si se intercambia x y y en la ecuación $y = ax^2$, el resultado es $x = ay^2$, la que también representa una parábola. (Intercambiar x y y equivale a reflejar a través de la recta diagonal $y = x$.) La parábola $x = ay^2$ se abre a la derecha si $a > 0$ y a la izquierda si $a < 0$.

(Véase la figura 6.) Esta vez la parábola es simétrica con respecto al eje x, porque si (x, y) satisface $x = ay^2$, también lo hace $(x, -y)$.

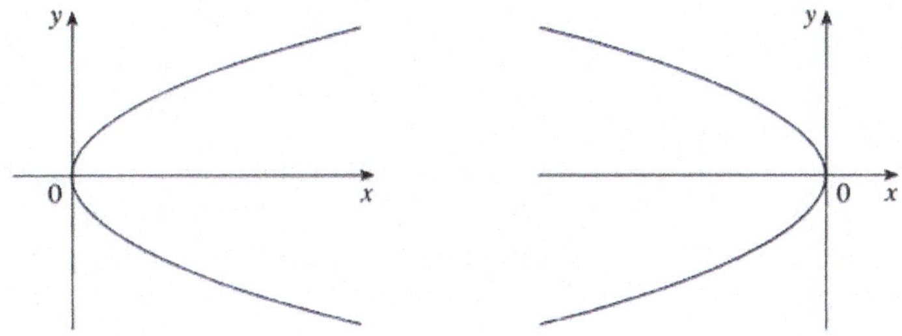

FIGURA 6 (a) $x = ay^2$, $a > 0$ (b) $x = ay^2$, $a < 0$

La gráfica de una ecuación es simétrica con respecto al eje x si la ecuación no cambia cuando y es reemplazada por $-y$.

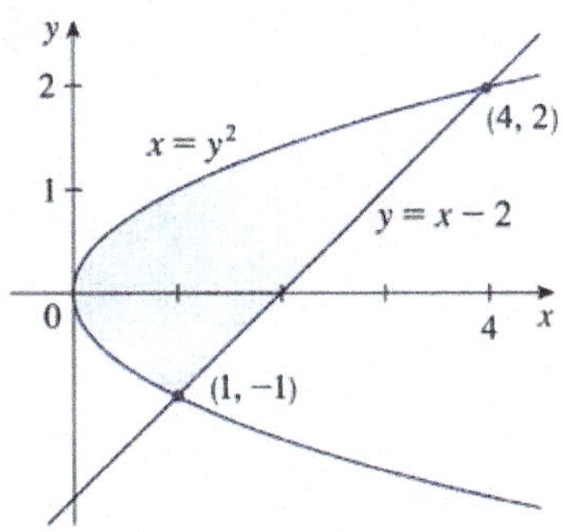

FIGURA 7

EJEMPLO 4 Trace la región acotada por la parábola $x = y^2$ y la recta $y = x - 2$.

SOLUCIÓN Primero determine los puntos de intersección resolviendo las dos ecuaciones. Al sustituir $x = y + 2$ en la ecuación $x = y^2$ se obtiene $y + 2 = y^2$, lo que da

$$0 = y^2 - y - 2 = (y - 2)(y + 1)$$

así que $y = 2$ o -1. De este modo, los puntos de intersección son $(4, 2)$ y $(1, -1)$, y se dibuja la recta $y = x - 2$ que pasa por esos puntos. Luego se traza la parábola $x = y^2$ en referencia a la figura 6(a) y haciendo que la parábola pase por $(4, 2)$ y $(1, -1)$. La región acotada por $x = y^2$ y $y = x - 2$ representa la región finita cuyas fronteras son estas curvas. Esta región se muestra en la figura 7. ■

Elipses

La curva con ecuación

2 $$\frac{x^2}{a^2} + \frac{y^2}{b^2} = 1$$

donde a y b son números positivos, se llama **elipse** en posición estándar. (Las propiedades geométricas de las elipses se estudian en la sección 10.5.) Obsérvese que la ecuación 2 no cambia si x es reemplazada por $-x$ o y es reemplazada por $-y$, de manera que la elipse es simétrica con respecto a ambos ejes. Como recurso adicional para trazar la elipse, se determinan sus intersecciones.

Las **intersecciones en x** de una gráfica son las coordenadas x de los puntos donde la gráfica interseca el eje x. Se determinan estableciendo $y = 0$ en la ecuación de la gráfica.
Las **intersecciones en y** son las coordenadas y de los puntos donde la gráfica interseca el eje y. Se determinan estableciendo $x = 0$ en su ecuación.

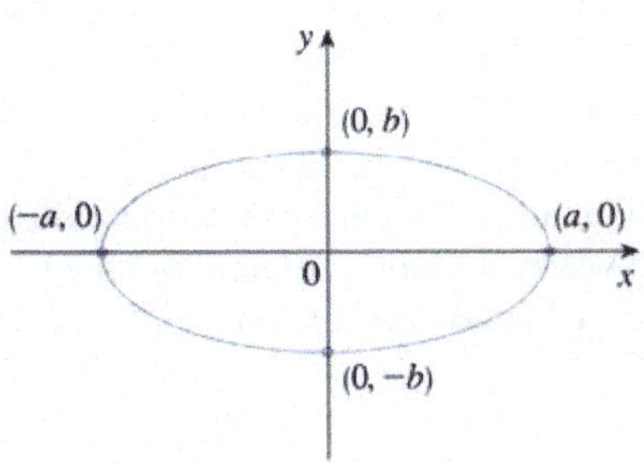

FIGURA 8
$\frac{x^2}{a^2} + \frac{y^2}{b^2} = 1$

Si se establece $y = 0$ en la ecuación 2, se obtiene $x^2 = a^2$, así que las intersecciones en x son $\pm a$. Al establecer $x = 0$, se obtiene $y^2 = b^2$, así que las intersecciones en y son $\pm b$. Usando esta información junto con la simetría se traza la elipse en la figura 8. Si $a = b$, la elipse es un círculo con radio a.

EJEMPLO 5 Trace la gráfica $9x^2 + 16y^2 = 144$.

SOLUCIÓN Se dividen ambos miembros de la ecuación entre 144:

$$\frac{x^2}{16} + \frac{y^2}{9} = 1$$

La ecuación está ahora en la forma estándar para una elipse (2), así se tiene que $a^2 = 16$, $b^2 = 9$, $a = 4$ y $b = 3$. Las intersecciones en x son ± 4; las intersecciones en y son ± 3. El trazo de la gráfica está en la figura 9.

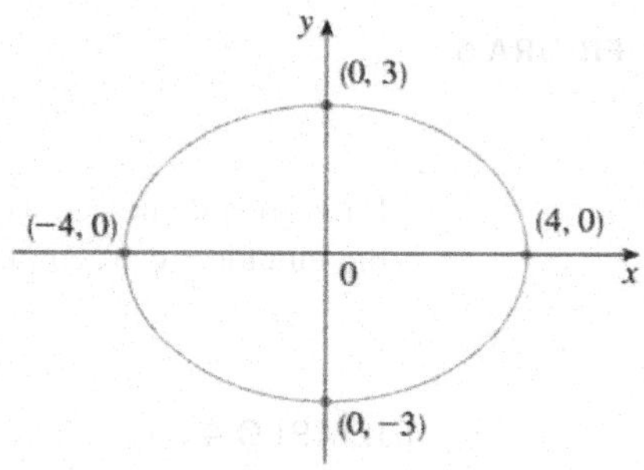

FIGURA 9
$9x^2 + 16y^2 = 144$

■

■ Hipérbolas

La curva con ecuación

3
$$\frac{x^2}{a^2} - \frac{y^2}{b^2} = 1$$

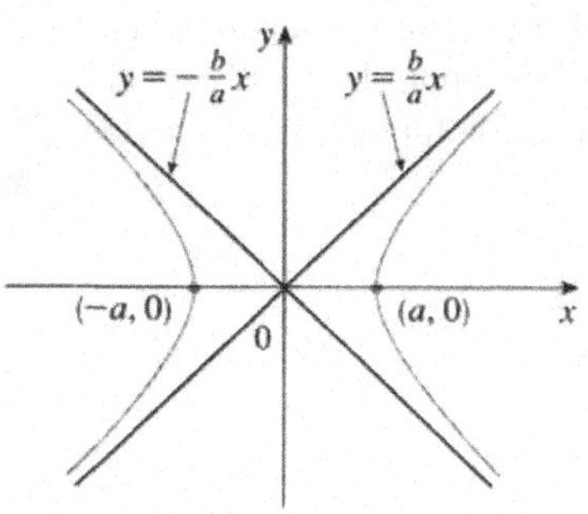

FIGURA 10
La hipérbola $\frac{x^2}{a^2} - \frac{y^2}{b^2} = 1$

se llama **hipérbola** en posición estándar. De nueva cuenta, la ecuación 3 no cambia cuando x es reemplazada por $-x$ o y es reemplazada por $-y$, de manera que la hipérbola es simétrica con respecto a ambos ejes. Para determinar las intersecciones en x se establece $y = 0$ y se obtiene $x^2 = a^2$ y $x = \pm a$. Sin embargo, si se escribe $x = 0$ en la ecuación 3, se obtiene $y^2 = -b^2$, lo cual es imposible, así que no hay intersección en y. De hecho, de la ecuación 3 se obtiene

$$\frac{x^2}{a^2} = 1 + \frac{y^2}{b^2} \geqslant 1$$

lo que indica que $x^2 \geqslant a^2$, así que $|x| = \sqrt{x^2} \geqslant a$. Por tanto, se tiene $x \geqslant a$ o $x \leqslant -a$. Esto significa que la hipérbola consta de dos partes, llamadas *ramas*, cuyo trazo se muestra en la figura 10.

Al dibujar la hipérbola es mejor trazar primero sus *asíntotas*, que son las rectas $y = (b/a)x$ y $y = -(b/a)x$ que aparecen en la figura 10. Ambas ramas de la hipérbola aproximan las asíntotas; es decir, se acercan arbitrariamente a las asíntotas. Esto implica la idea de un límite, que se analiza en el capítulo 2. (Véase también el ejercicio 4.5.73.)

Intercambiando los papeles de x y y, se obtiene una ecuación de la forma

$$\frac{y^2}{a^2} - \frac{x^2}{b^2} = 1$$

la cual también representa una hipérbola como se observa en la figura 11.

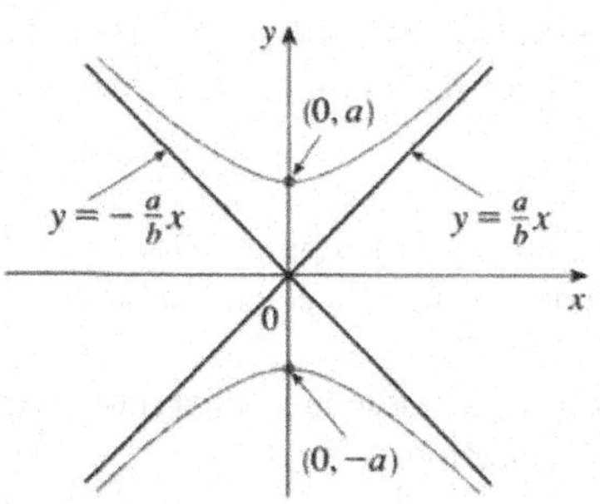

FIGURA 11
La hipérbola $\frac{y^2}{a^2} - \frac{x^2}{b^2} = 1$

EJEMPLO 6 Trace la curva $9x^2 - 4y^2 = 36$.

SOLUCIÓN Al dividir ambos miembros entre 36 se obtiene

$$\frac{x^2}{4} - \frac{y^2}{9} = 1$$

la cual es la forma estándar de la ecuación de una hipérbola (ecuación 3). Como $a^2 = 4$, las intersecciones en x son ± 2. Como $b^2 = 9$, se tiene $b = 3$ y las asíntotas son $y = \pm\frac{3}{2}x$. La hipérbola se muestra en la figura 12.

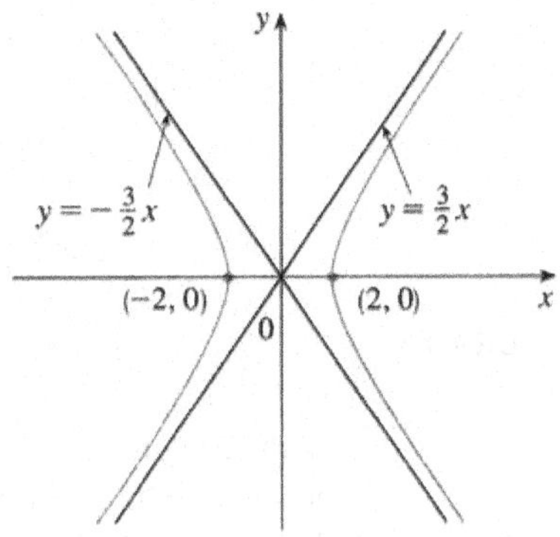

FIGURA 12
La hipérbola $9x^2 - 4y^2 = 36$

■

Si $b = a$, una hipérbola tiene la ecuación $x^2 - y^2 = a^2$ (o $y^2 - x^2 = a^2$) y se llama *hipérbola equilátera* [véase la figura 13(a)]. Sus asíntotas son $y = \pm x$, las cuales son perpendiculares. Si una hipérbola equilátera rota 45°, las asíntotas se convierten en los ejes x y y, y se puede demostrar que la nueva ecuación de la hipérbola es $xy = k$, donde k es una constante [véase la figura 13(b)].

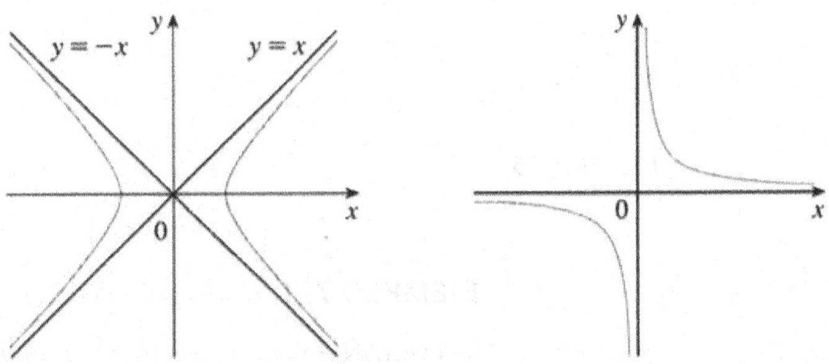

(a) $x^2 - y^2 = a^2$ (b) $xy = k$ $(k > 0)$

FIGURA 13
Hipérbolas equiláteras

■ Cónicas desplazadas

Recuérdese que una ecuación del círculo con centro en el origen y radio r es $x^2 + y^2 = r^2$, pero si el centro es el punto (h, k), la ecuación del círculo se convierte en

$$(x - h)^2 + (y - k)^2$$

De igual forma, si se toma la elipse con ecuación

4 $$\boxed{\frac{x^2}{a^2} + \frac{y^2}{b^2} = 1}$$

y se la traslada (desplaza) de tal modo que su centro sea el punto (h, k), su ecuación se convierte en

5
$$\frac{(x-h)^2}{a^2} + \frac{(y-k)^2}{b^2} = 1$$

(Véase la figura 14.)

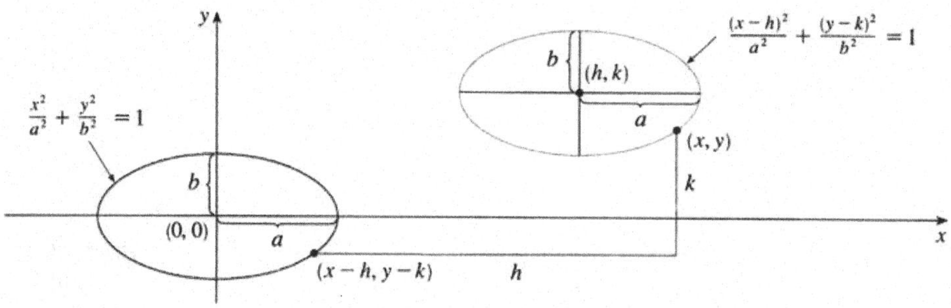

FIGURA 14

Advierta que al desplazar la elipse, se reemplaza x por $x - h$ y y por $y - k$ en la ecuación 4 para obtener la ecuación 5. Se usa el mismo procedimiento para desplazar la parábola $y = ax^2$ de tal modo que su vértice (el origen) se convierta en el punto (h, k) como en la figura 15. Al reemplazar x por $x - h$ y y por $y - k$, se observa que la nueva ecuación es

$$y - k = a(x - h)^2 \qquad \text{o} \qquad y = a(x - h)^2 + k$$

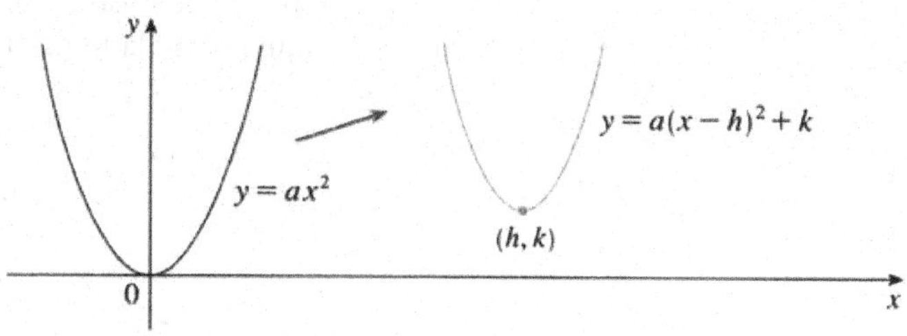

FIGURA 15

EJEMPLO 7 Trace la gráfica de la ecuación $y = 2x^2 - 4x + 1$.

SOLUCIÓN Primero se completa el cuadrado:

$$y = 2(x^2 - 2x) + 1 = 2(x - 1)^2 - 1$$

De esta forma la ecuación representa la parábola obtenida desplazando $y = 2x^2$ de tal manera que su vértice esté en el punto $(1, -1)$. La gráfica se muestra en la figura 16.

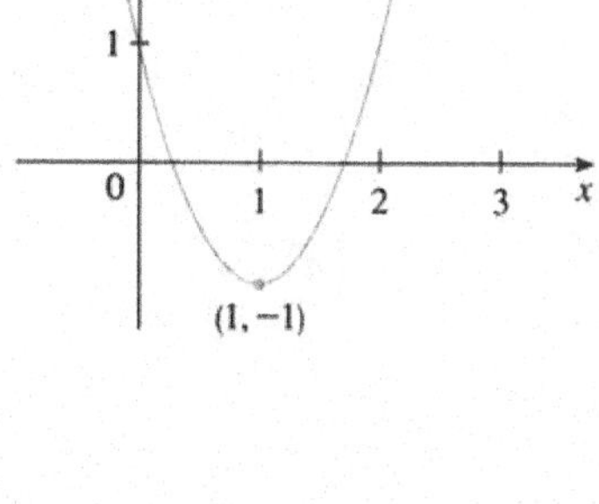

FIGURA 16
$y = 2x^2 - 4x + 1$

■

EJEMPLO 8 Trace la curva $x = 1 - y^2$.

SOLUCIÓN Esta vez comience con la parábola $x = -y^2$ (como en la figura 6 con $a = -1$) y desplace una unidad a la derecha para obtener la gráfica de $x = 1 - y^2$. (Véase la figura 17.)

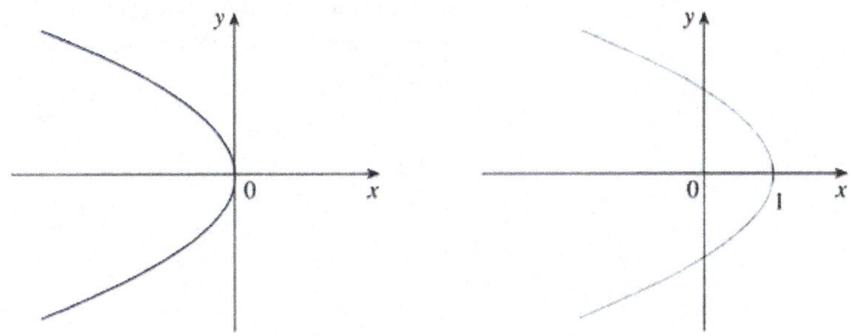

FIGURA 17 (a) $x = -y^2$ (b) $x = 1 - y^2$ ■

C EJERCICIOS

1-4 Determine una ecuación de un círculo que satisfaga las condiciones dadas.

1. Centro $(3, -1)$, radio 5.

2. Centro $(-2, -8)$, radio 10.

3. Centro en el origen, que pasa por $(4, 7)$.

4. Centro $(-1, 5)$, que pasa por $(-4, -6)$.

5-9 Demuestre que la ecuación representa un círculo y determine el centro y el radio.

5. $x^2 + y^2 - 4x + 10y + 13 = 0$

6. $x^2 + y^2 + 6y + 2 = 0$

7. $x^2 + y^2 + x = 0$

8. $16x^2 + 16y^2 + 8x + 32y + 1 = 0$

9. $2x^2 + 2y^2 - x + y = 1$

10. ¿En qué condición sobre los coeficientes a, b y c la ecuación $x^2 + y^2 + ax + by + c = 0$ representa un círculo? Cuando esa condición se satisface, determine el centro y radio del círculo.

11-32 Identifique el tipo de curva y trace la gráfica. No trace puntos. Solo use las gráficas estándar dadas en las figuras 5, 6, 8, 10 y 11 y desplácelas de ser necesario.

11. $y = -x^2$

12. $y^2 - x^2 = 1$

13. $x^2 + 4y^2 = 16$

14. $x = -2y^2$

15. $16x^2 - 25y^2 = 400$

16. $25x^2 + 4y^2 = 100$

17. $4x^2 + y^2 = 1$

18. $y = x^2 + 2$

19. $x = y^2 - 1$

20. $9x^2 - 25y^2 = 225$

21. $9y^2 - x^2 = 9$

22. $2x^2 + 5y^2 = 10$

23. $xy = 4$

24. $y = x^2 + 2x$

25. $9(x - 1)^2 + 4(y - 2)^2 = 36$

26. $16x^2 + 9y^2 - 36y = 108$

27. $y = x^2 - 6x + 13$

28. $x^2 - y^2 - 4x + 3 = 0$

29. $x = 4 - y^2$

30. $y^2 - 2x + 6y + 5 = 0$

31. $x^2 + 4y^2 - 6x + 5 = 0$

32. $4x^2 + 9y^2 - 16x + 54y + 61 = 0$

33-34 Trace la región acotada por las curvas.

33. $y = 3x, \quad y = x^2$

34. $y = 4 - x^2, \quad x - 2y = 2$

35. Determine una ecuación de la parábola con vértice $(1, -1)$ que pasa por los puntos $(-1, 3)$ y $(3, 3)$.

36. Determine una ecuación de la elipse con centro en el origen que pasa por los puntos $(1, -10\sqrt{2}/3)$ y $(-2, 5\sqrt{5}/3)$.

37-40 Trace la gráfica del conjunto.

37. $\{(x, y) \mid x^2 + y^2 \leq 1\}$

38. $\{(x, y) \mid x^2 + y^2 > 4\}$

39. $\{(x, y) \mid y \geq x^2 - 1\}$

40. $\{(x, y) \mid x^2 + 4y^2 \leq 4\}$

D Trigonometría

■ Ángulos

Los ángulos pueden medirse en grados o en radianes (abreviados como rad). El ángulo dado por una revolución completa contiene 360°, lo cual es lo mismo que 2π rad. Por tanto,

$$\boxed{1} \qquad \pi \text{ rad} = 180° \tag{1}$$

y

$$1 \text{ rad} = \left(\frac{180}{\pi}\right)^{\circ} \approx 57.3° \qquad 1° = \frac{\pi}{180} \text{ rad} \approx 0.017 \text{ rad} \tag{2}$$

EJEMPLO 1
(a) Determine la medida en radianes de 60°.
(b) Exprese $5\pi/4$ en grados.

SOLUCIÓN
(a) En la ecuación 1 o 2 para convertir de grados a radianes se multiplica por $\pi/180$. Así,

$$60° = 60\left(\frac{\pi}{180}\right) = \frac{\pi}{3} \text{ rad}$$

(b) Para convertir de radianes a grados se multiplica por $180/\pi$. Entonces,

$$\frac{5\pi}{4} \text{ rad} = \frac{5\pi}{4}\left(\frac{180}{\pi}\right) = 225°$$ ■

En cálculo, se usan radianes para medir ángulos excepto cuando se indica lo contrario. En la tabla siguiente se muestra la correspondencia entre medidas en grados y en radianes de algunos ángulos comunes.

Grados	0°	30°	45°	60°	90°	120°	135°	150°	180°	270°	360°
Radianes	0	$\frac{\pi}{6}$	$\frac{\pi}{4}$	$\frac{\pi}{3}$	$\frac{\pi}{2}$	$\frac{2\pi}{3}$	$\frac{3\pi}{4}$	$\frac{5\pi}{6}$	π	$\frac{3\pi}{2}$	2π

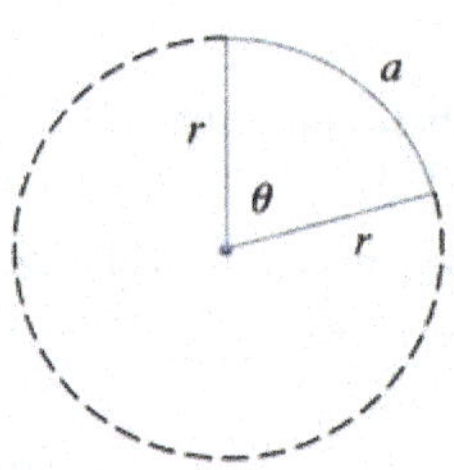

FIGURA 1

La figura 1 muestra un sector de un círculo con ángulo central θ y radio r que subtiende un arco con longitud a. Como la longitud del arco es proporcional al tamaño del ángulo, y como el círculo entero tiene circunferencia $2\pi r$ y ángulo central 2π, se tiene

$$\frac{\theta}{2\pi} = \frac{a}{2\pi r}$$

Al despejar θ y a en esta ecuación se obtiene

$$\theta = \frac{a}{r} \qquad a = r\theta \tag{3}$$

Recuérdese que las ecuaciones 3 son válidas solo cuando θ se mide en radianes.

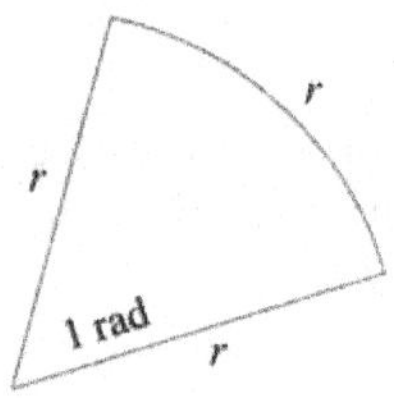

FIGURA 2

En particular, si se pone $a = r$ en la ecuación 3, se observa que un ángulo de 1 rad es el ángulo subtendido en el centro de un círculo por un arco de longitud igual al radio del círculo (véase la figura 2).

EJEMPLO 2

(a) Si el radio de un círculo es de 5 cm, ¿qué ángulo está subtendido por un arco de 6 cm?
(b) Si un círculo tiene un radio de 3 cm, ¿cuál es la longitud de un arco subtendido por un ángulo central de $3\pi/8$ rad?

SOLUCIÓN

(a) Usando la ecuación 3 con $a = 6$ y $r = 5$, se observa que el ángulo es

$$\theta = \tfrac{6}{5} = 1.2 \text{ rad}$$

(b) Con $r = 3$ y $\theta = 3\pi/8$ rad, la longitud de arco es

$$a = r\theta = 3\left(\frac{3\pi}{8}\right) = \frac{9\pi}{8} \text{ cm}$$ ■

La **posición estándar** de un ángulo ocurre cuando se coloca su vértice en el origen de un sistema de coordenadas y su lado inicial en el eje x positivo, como en la figura 3. Un ángulo **positivo** se obtiene rotando el lado inicial en sentido contrario a las manecillas del reloj hasta que coincida con el lado terminal. De igual forma, ángulos **negativos** se obtienen mediante rotación en el sentido de las manecillas del reloj, como en la figura 4.

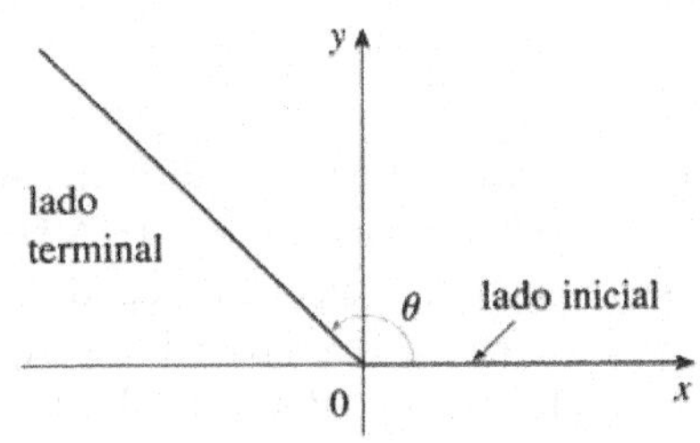

FIGURA 3 $\theta \geqslant 0$

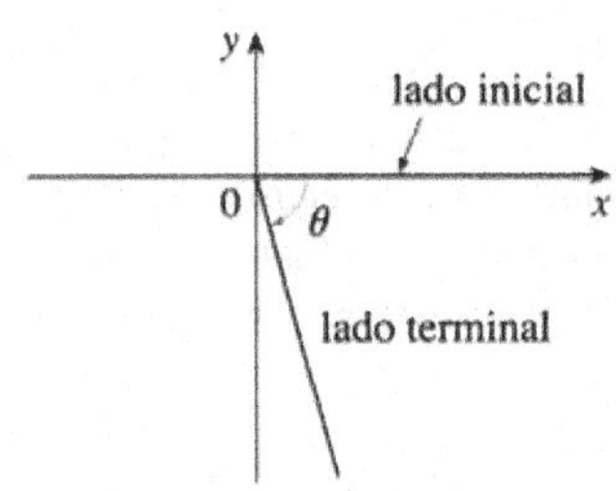

FIGURA 4 $\theta < 0$

La figura 5 muestra varios ejemplos de ángulos en posición estándar. Nótese que ángulos diferentes pueden tener el mismo lado terminal. Por ejemplo, los ángulos $3\pi/4$, $-5\pi/4$ y $11\pi/4$ tienen los mismos lados inicial y terminal porque

$$\frac{3\pi}{4} - 2\pi = -\frac{5\pi}{4} \qquad \frac{3\pi}{4} + 2\pi = \frac{11\pi}{4}$$

y 2π rad representa una vuelta completa.

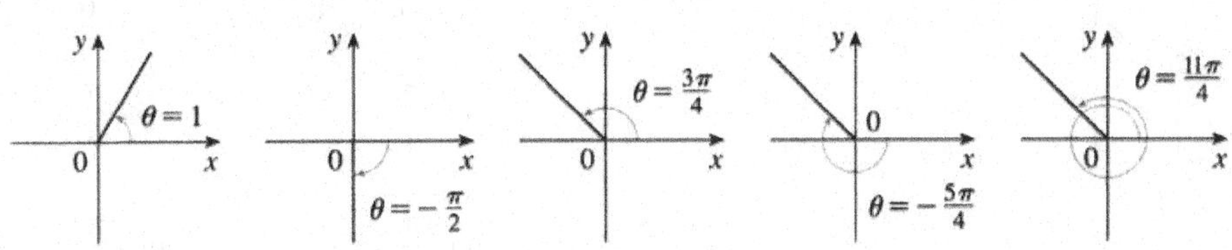

FIGURA 5
Ángulos en posición estándar

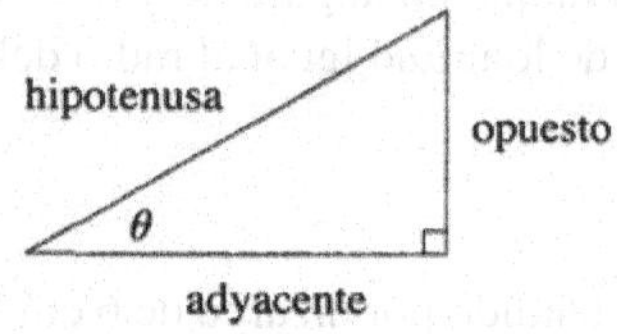

FIGURA 6

Las funciones trigonométricas

Para un ángulo agudo θ las seis funciones trigonométricas se definen como razones de longitudes de los lados de un triángulo rectángulo como se muestra a continuación (véase la figura 6).

4
$$\operatorname{sen}\theta = \frac{\text{op}}{\text{hip}} \qquad \csc\theta = \frac{\text{hip}}{\text{op}}$$
$$\cos\theta = \frac{\text{ady}}{\text{hip}} \qquad \sec\theta = \frac{\text{hip}}{\text{ady}}$$
$$\tan\theta = \frac{\text{op}}{\text{ady}} \qquad \cot\theta = \frac{\text{ady}}{\text{op}}$$

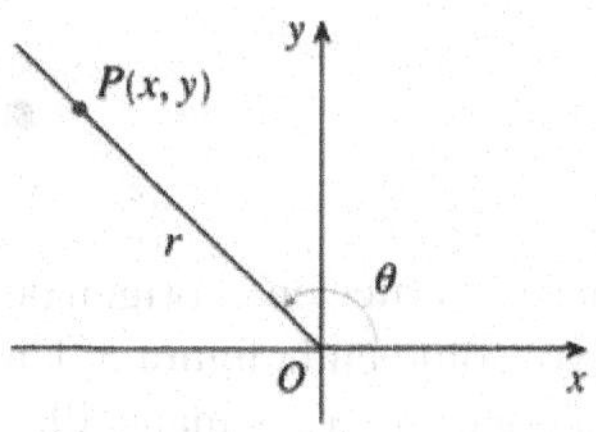

FIGURA 7

Esta definición no se aplica a los ángulos obtusos ni negativos, así que para un ángulo general θ en posición estándar sea $P(x, y)$ cualquier punto en el lado terminal de θ y r la distancia $|OP|$, como en la figura 7. Entonces se define

5
$$\operatorname{sen}\theta = \frac{y}{r} \qquad \csc\theta = \frac{r}{y}$$
$$\cos\theta = \frac{x}{r} \qquad \sec\theta = \frac{r}{x}$$
$$\tan\theta = \frac{y}{x} \qquad \cot\theta = \frac{x}{y}$$

Si $r = 1$ en la definición 5 y dibuja un círculo unitario con centro en el origen y rotula θ como en la figura 8, las coordenadas de P son $(\cos\theta, \operatorname{sen}\theta)$.

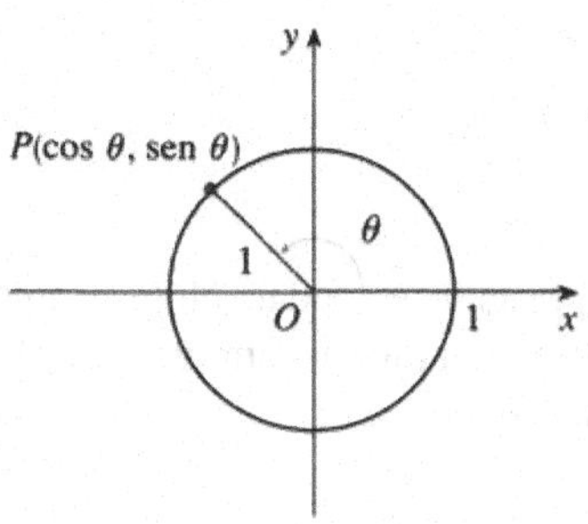

FIGURA 8

Como la división entre 0 es indefinida, $\tan\theta$ y $\sec\theta$ se indeterminan cuando $x = 0$ y $\csc\theta$ y $\cot\theta$ lo hacen cuando $y = 0$. Adviértase que las definiciones en (4) y (5) son congruentes cuando θ es un ángulo agudo.

Si θ es un número, la convención es que $\operatorname{sen}\theta$ significa el seno del ángulo cuya medida en radianes es θ. Por ejemplo, la expresión sen 3 implica que se trata de un ángulo de 3 rad. Cuando se determina una aproximación por calculadora de este número, se debe recordar fijar nuestra calculadora en modo de radianes, y después se obtiene

$$\operatorname{sen} 3 \approx 0.14112$$

Si se desea conocer el seno del ángulo 3°, se escribiría sen 3° y con nuestra calculadora en modo de grados hallaría que

$$\operatorname{sen} 3^\circ \approx 0.05234$$

Las razones trigonométricas exactas para ciertos ángulos pueden obtenerse de los triángulos de la figura 9. Por ejemplo,

$$\operatorname{sen}\frac{\pi}{4} = \frac{1}{\sqrt{2}} \qquad \operatorname{sen}\frac{\pi}{6} = \frac{1}{2} \qquad \operatorname{sen}\frac{\pi}{3} = \frac{\sqrt{3}}{2}$$
$$\cos\frac{\pi}{4} = \frac{1}{\sqrt{2}} \qquad \cos\frac{\pi}{6} = \frac{\sqrt{3}}{2} \qquad \cos\frac{\pi}{3} = \frac{1}{2}$$
$$\tan\frac{\pi}{4} = 1 \qquad \tan\frac{\pi}{6} = \frac{1}{\sqrt{3}} \qquad \tan\frac{\pi}{3} = \sqrt{3}$$

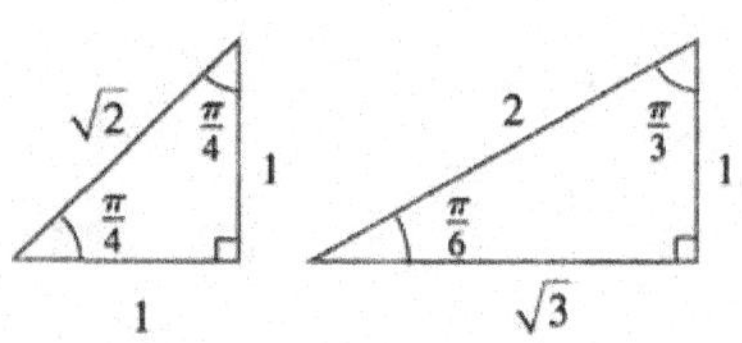

FIGURA 9

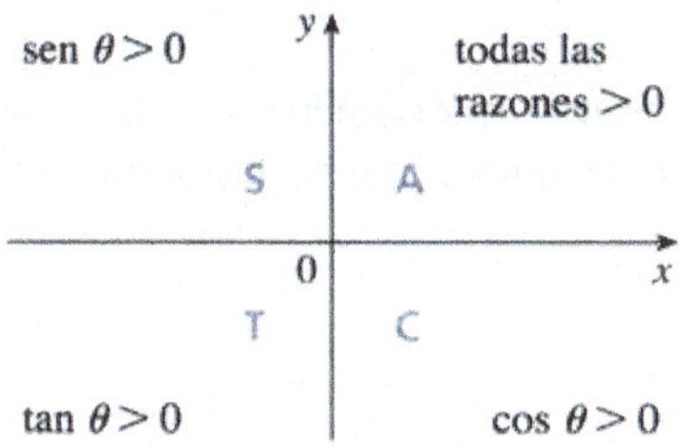

FIGURA 10

Los signos de las funciones trigonométricas para ángulos en cada uno de los cuatro cuadrantes pueden recordarse por medio de la regla "Antes Solo Tomaba Cálculo" que aparece en la figura 10.

EJEMPLO 3 Determine las razones trigonométricas exactas para $\theta = 2\pi/3$.

SOLUCIÓN En la figura 11 un punto en la recta terminal para $\theta = 2\pi/3$ es $P(-1, \sqrt{3})$. Por tanto, tomando,

$$x = -1 \qquad y = \sqrt{3} \qquad r = 2$$

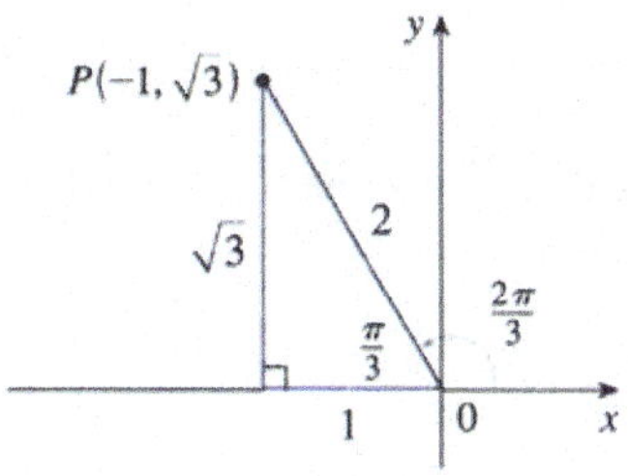

FIGURA 11

en las definiciones de las razones trigonométricas se tiene que

$$\text{sen}\,\frac{2\pi}{3} = \frac{\sqrt{3}}{2} \qquad \cos\frac{2\pi}{3} = -\frac{1}{2} \qquad \tan\frac{2\pi}{3} = -\sqrt{3}$$

$$\csc\frac{2\pi}{3} = \frac{2}{\sqrt{3}} \qquad \sec\frac{2\pi}{3} = -2 \qquad \cot\frac{2\pi}{3} = -\frac{1}{\sqrt{3}}$$

■

La tabla siguiente da algunos valores de sen θ y cos θ determinados por el método del ejemplo 3.

θ	0	$\frac{\pi}{6}$	$\frac{\pi}{4}$	$\frac{\pi}{3}$	$\frac{\pi}{2}$	$\frac{2\pi}{3}$	$\frac{3\pi}{4}$	$\frac{5\pi}{6}$	π	$\frac{3\pi}{2}$	2π
sen θ	0	$\frac{1}{2}$	$\frac{1}{\sqrt{2}}$	$\frac{\sqrt{3}}{2}$	1	$\frac{\sqrt{3}}{2}$	$\frac{1}{\sqrt{2}}$	$\frac{1}{2}$	0	-1	0
cos θ	1	$\frac{\sqrt{3}}{2}$	$\frac{1}{\sqrt{2}}$	$\frac{1}{2}$	0	$-\frac{1}{2}$	$-\frac{1}{\sqrt{2}}$	$-\frac{\sqrt{3}}{2}$	-1	0	1

EJEMPLO 4 Si $\cos\theta = \frac{2}{5}$ y $0 < \theta\ \pi/2$, halle las otras cinco funciones trigonométricas de θ.

SOLUCIÓN Como $\cos\theta = \frac{2}{5}$, se puede indicar que la hipotenusa tiene longitud 5 y el lado adyacente longitud 2 en la figura 12. Si el lado opuesto tiene longitud x, entonces el teorema de Pitágoras da $x^2 + 4 = 25$, así que $x^2 = 21$, $x = \sqrt{21}$. Ahora se puede usar el diagrama para escribir las otras cinco funciones trigonométricas:

$$\text{sen}\,\theta = \frac{\sqrt{21}}{5} \qquad \tan\theta = \frac{\sqrt{21}}{2}$$

$$\csc\theta = \frac{5}{\sqrt{21}} \qquad \sec\theta = \frac{5}{2} \qquad \cot\theta = \frac{2}{\sqrt{21}}$$

■

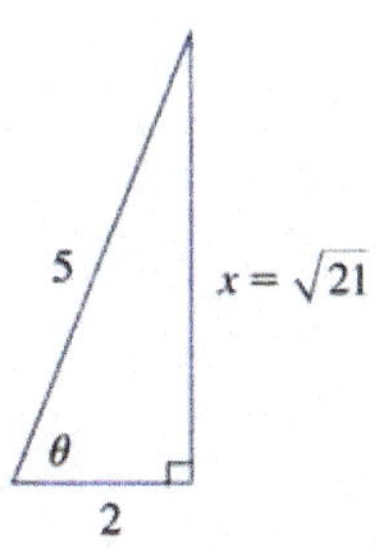

FIGURA 12

EJEMPLO 5 Use una calculadora para aproximar el valor de x en la figura 13.

SOLUCIÓN En el diagrama se observa que

$$\tan 40° = \frac{16}{x}$$

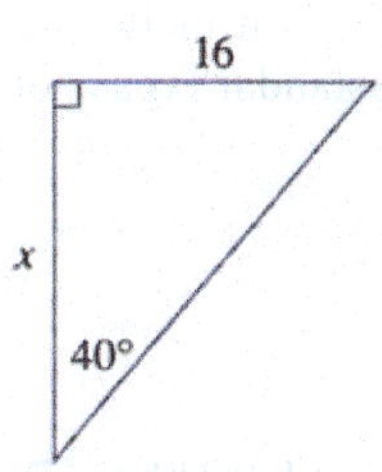

FIGURA 13

Por tanto,

$$x = \frac{16}{\tan 40°} \approx 19.07$$

■

Identidades trigonométricas

Una identidad trigonométrica es una relación entre funciones trigonométricas. Las más elementales son las siguientes, las cuales son consecuencias inmediatas de las definiciones de las funciones trigonométricas.

6

$$\csc\theta = \frac{1}{\operatorname{sen}\theta} \qquad \sec\theta = \frac{1}{\cos\theta} \qquad \cot\theta = \frac{1}{\tan\theta}$$

$$\tan\theta = \frac{\operatorname{sen}\theta}{\cos\theta} \qquad \cot\theta = \frac{\cos\theta}{\operatorname{sen}\theta}$$

Para la identidad siguiente, observe la figura 7. La fórmula de la distancia (o, de modo equivalente, el teorema de Pitágoras) que $x^2 + y^2 = r^2$. Por consiguiente,

$$\operatorname{sen}^2\theta + \cos^2\theta = \frac{y^2}{r^2} + \frac{x^2}{r^2} = \frac{x^2 + y^2}{r^2} = \frac{r^2}{r^2} = 1$$

Se comprueba así una de las identidades trigonométricas más útiles:

7

$$\operatorname{sen}^2\theta + \cos^2\theta = 1$$

Si se dividen ambos miembros de la ecuación 7 entre $\cos^2\theta$ y se usan las ecuaciones 6, se obtiene

8

$$\tan^2\theta + 1 = \sec^2\theta$$

De igual forma, si se dividen ambos miembros de la ecuación 7 entre $\operatorname{sen}^2\theta$, se obtiene

9

$$1 + \cot^2\theta = \csc^2\theta$$

Las identidades

10a

$$\operatorname{sen}(-\theta) = -\operatorname{sen}\theta$$

10b

$$\cos(-\theta) = \cos\theta$$

Las funciones impares y pares se estudian en la sección 1.1.

indican que el seno es una función impar y el coseno una función par. Son fáciles de comprobar dibujando un diagrama que muestre a θ y $-\theta$ en posición estándar (véase el ejercicio 39).

Como los ángulos θ y $\theta + 2\pi$ tienen el mismo lado terminal, se tiene

11

$$\operatorname{sen}(\theta + 2\pi) = \operatorname{sen}\theta \qquad \cos(\theta + 2\pi) = \cos\theta$$

Estas identidades indican que las funciones seno y coseno son periódicas, con período 2π.

Las identidades trigonométricas restantes son todas ellas consecuencia de dos identidades básicas, llamadas **fórmulas de la adición**:

12a $$\operatorname{sen}(x + y) = \operatorname{sen} x \cos y + \cos x \operatorname{sen} y$$

12b $$\cos(x + y) = \cos x \cos y - \operatorname{sen} x \operatorname{sen} y$$

Las comprobaciones de estas fórmulas de la adición se esbozan en los ejercicios 85, 86 y 87.

Al sustituir $-y$ por y en las ecuaciones 12a y 12b y al usar las ecuaciones 10a y 10b, se obtienen las siguientes **fórmulas de la sustracción**:

13a $$\operatorname{sen}(x - y) = \operatorname{sen} x \cos y - \cos x \operatorname{sen} y$$

13b $$\cos(x - y) = \cos x \cos y + \operatorname{sen} x \operatorname{sen} y$$

Entonces, dividiendo las fórmulas en las ecuaciones 12 o las ecuaciones 13, se obtienen las fórmulas correspondientes para $\tan(x \pm y)$:

14a $$\tan(x + y) = \frac{\tan x + \tan y}{1 - \tan x \tan y}$$

14b $$\tan(x - y) = \frac{\tan x - \tan y}{1 + \tan x \tan y}$$

Si $y = x$ en las fórmulas de la adición (12), se obtienen las **fórmulas de doble ángulo**:

15a $$\operatorname{sen} 2x = 2 \operatorname{sen} x \cos x$$

15b $$\cos 2x = \cos^2 x - \operatorname{sen}^2 x$$

Entonces, con el uso de la identidad $\operatorname{sen}^2 x + \cos^2 x = 1$, se obtienen las formas alternas siguientes de las fórmulas de doble ángulo para $\cos 2x$:

16a $$\cos 2x = 2 \cos^2 x - 1$$

16b $$\cos 2x = 1 - 2 \operatorname{sen}^2 x$$

Si ahora se despejan $\cos^2 x$ y $\operatorname{sen}^2 x$ en estas ecuaciones, se obtienen las **fórmulas de medio ángulo** siguientes, las cuales son útiles en el cálculo integral:

17a $$\cos^2 x = \frac{1 + \cos 2x}{2}$$

17b $$\operatorname{sen}^2 x = \frac{1 - \cos 2x}{2}$$

Por último, se enuncian las **fórmulas del producto**, que pueden deducirse de las ecuaciones 12 y 13:

18a $\operatorname{sen} x \cos y = \frac{1}{2}[\operatorname{sen}(x + y) + \operatorname{sen}(x - y)]$

18b $\cos x \cos y = \frac{1}{2}[\cos(x + y) + \cos(x - y)]$

18c $\operatorname{sen} x \operatorname{sen} y = \frac{1}{2}[\cos(x - y) - \cos(x + y)]$

Existen muchas identidades trigonométricas, pero las que se han enunciado son las de uso más frecuente en cálculo. Si olvidara alguna de las identidades de los ejemplos 13-18, recuerde que pueden deducirse de las ecuaciones 12a y 12b.

EJEMPLO 6 Halle todos los valores de x en el intervalo $[0, 2\pi]$ tales que $\operatorname{sen} x = \operatorname{sen} 2x$.

SOLUCIÓN Usando la fórmula de doble ángulo (15a), se reescribe la ecuación dada como

$$\operatorname{sen} x = 2 \operatorname{sen} x \cos x \qquad \text{o} \qquad \operatorname{sen} x(1 - 2\cos x) = 0$$

En consecuencia, hay dos posibilidades:

$$\operatorname{sen} x = 0 \qquad \text{o} \qquad 1 - 2\cos x = 0$$

$$x = 0, \pi, 2\pi \qquad \qquad \cos x = \tfrac{1}{2}$$

$$x = \frac{\pi}{3}, \frac{5\pi}{3}$$

La ecuación dada tiene cinco soluciones: $0, \pi/3, \pi, 5\pi/3$ y 2π. ■

Gráficas de las funciones trigonométricas

La gráfica de la función $f(x) = \operatorname{sen} x$, que aparece en la figura 14(a), se obtiene trazando puntos para $0 \leqslant x \leqslant 2\pi$ y usando después la naturaleza periódica de la función (de la ecuación 11) para completar la gráfica. Note que los ceros de la función seno ocurren en los

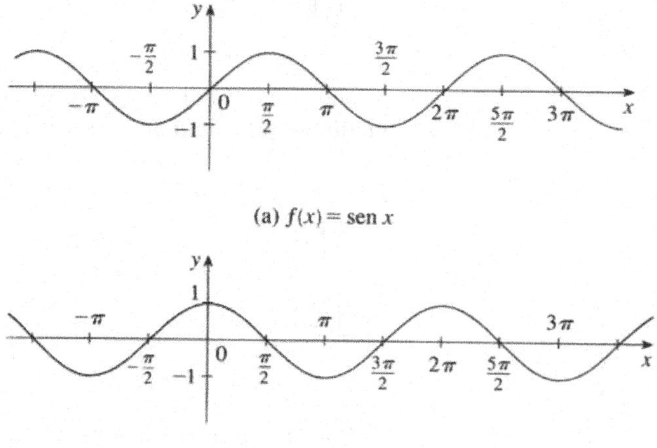

(a) $f(x) = \operatorname{sen} x$

(b) $g(x) = \cos x$

FIGURA 14

múltiplos enteros de π, es decir

$$\operatorname{sen} x = 0 \quad \text{siempre que } x = n\pi, \quad n \text{ un entero}$$

Debido a la identidad

$$\cos x = \operatorname{sen}\left(x + \frac{\pi}{2}\right)$$

(que puede verificarse usando la ecuación 12a), la gráfica del coseno se obtiene desplazando la gráfica del seno con $\pi/2$ a la izquierda [véase la figura 14(b)]. Observe que para las funciones seno y coseno, el dominio es $(-\infty, \infty)$ y el rango es el intervalo cerrado $[-1, 1]$. Así, para todos los valores de x se tiene

$$-1 \leqslant \operatorname{sen} x \leqslant 1 \qquad -1 \leqslant \cos x \leqslant 1$$

Las gráficas de las cuatro funciones trigonométricas restantes aparecen en la figura 15 con sus dominios. Note que la tangente y la cotangente tienen rango $(-\infty, \infty)$, mientras que la cosecante y la secante tienen rango $(-\infty, -1] \cup [1, \infty)$. Estas cuatro funciones son periódicas: tangente y cotangente tienen período π, mientras que cosecante y secante tienen período 2π.

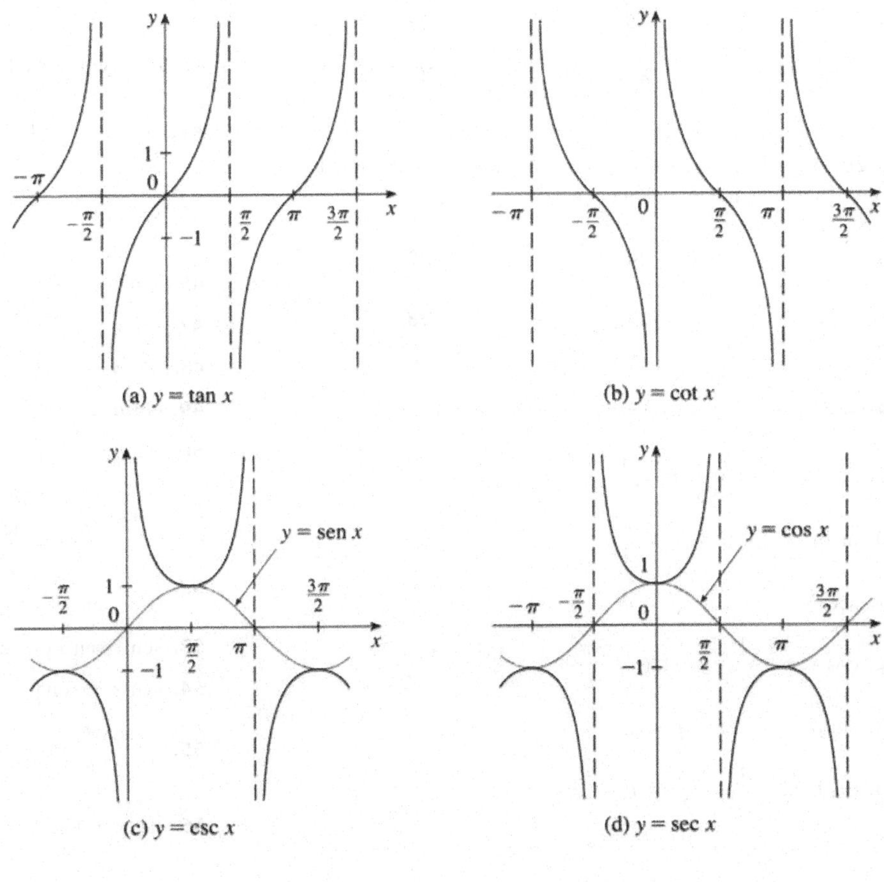

(a) $y = \tan x$

(b) $y = \cot x$

FIGURA 15

(c) $y = \csc x$

(d) $y = \sec x$

D EJERCICIOS

1-6 Convierta de grados a radianes.

1. $210°$ **2.** $300°$ **3.** $9°$

4. $-315°$ **5.** $900°$ **6.** $36°$

7-12 Convierta de radianes a grados.

7. 4π **8.** $-\frac{7\pi}{2}$ **9.** $\frac{5\pi}{12}$

10. $\frac{8\pi}{3}$ **11.** $-\frac{3\pi}{8}$ **12.** 5

13. Determine la longitud de un arco circular subtendido por un ángulo de $\pi/12$ rad si el radio del círculo es de 36 cm.

14. Si un círculo tiene radio de 10 cm, determine la longitud del arco subtendido por un ángulo central de 72°.

15. Un círculo tiene radio de 1.5 m. ¿Qué ángulo es subtendido en el centro del círculo por un arco de 1 m de largo?

16. Determine el radio de un sector circular con ángulo $3\pi/4$ y longitud de arco de 6 cm.

17-22 Dibuje en posición estándar el ángulo cuya medida se da.

17. $315°$ **18.** $-150°$ **19.** $-\frac{3\pi}{4}$ rad

20. $\frac{7\pi}{3}$ rad **21.** 2 rad **22.** -3 rad

23-28 Determine las razones trigonométricas exactas para el ángulo cuya medida en radianes se da.

23. $\frac{3\pi}{4}$ **24.** $\frac{4\pi}{3}$ **25.** $\frac{9\pi}{2}$

26. -5π **27.** $\frac{5\pi}{6}$ **28.** $\frac{11\pi}{4}$

29-34 Encuentre las razones trigonométricas restantes.

29. $\operatorname{sen}\theta = \frac{3}{5}, \quad 0 < \theta < \frac{\pi}{2}$

30. $\tan\alpha = 2, \quad 0 < \alpha < \frac{\pi}{2}$

31. $\sec\phi = -1.5, \quad \frac{\pi}{2} < \phi < \pi$

32. $\cos x = -\frac{1}{3}, \quad \pi < x < \frac{3\pi}{2}$

33. $\cot\beta = 3, \quad \pi < \beta < 2\pi$

34. $\csc\theta = -\frac{4}{3}, \quad \frac{3\pi}{2} < \theta < 2\pi$

35-38 Encuentre con cinco decimales la longitud del lado x.

35.

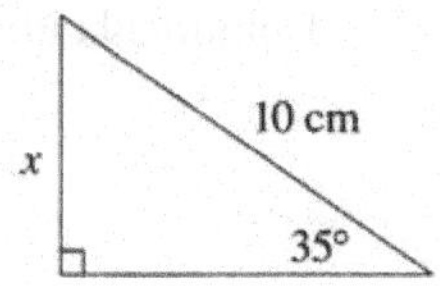

36.

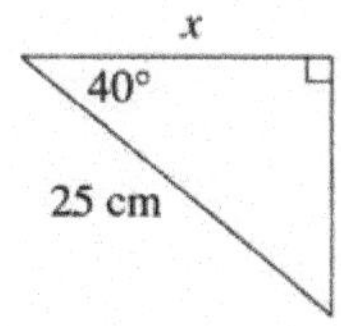

37.

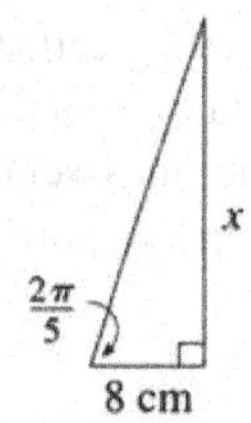

38.

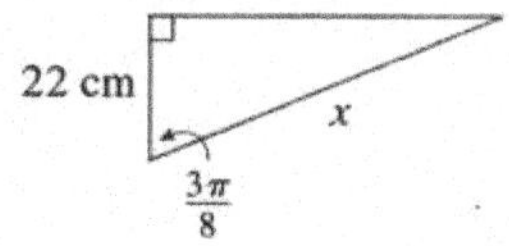

39-41 Compruebe cada ecuación.

39. (a) Ecuación 10a
(b) Ecuación 10b

40. (a) Ecuación 14a
(b) Ecuación 14b

41. (a) Ecuación 18a
(b) Ecuación 18b
(c) Ecuación 18c

42-58 Compruebe la identidad.

42. $\cos\left(\frac{\pi}{2} - x\right) = \operatorname{sen} x$

43. $\operatorname{sen}\left(\frac{\pi}{2} + x\right) = \cos x$ **44.** $\operatorname{sen}(\pi - x) = \operatorname{sen} x$

45. $\operatorname{sen}\theta \cot\theta = \cos\theta$ **46.** $(\operatorname{sen} x + \cos x)^2 = 1 + \operatorname{sen} 2x$

47. $\sec y - \cos y = \tan y \operatorname{sen} y$

48. $\tan^2\alpha - \operatorname{sen}^2\alpha = \tan^2\alpha \operatorname{sen}^2\alpha$

49. $\cot^2\theta + \sec^2\theta = \tan^2\theta + \csc^2\theta$

50. $2 \csc 2t = \sec t \csc t$

51. $\tan 2\theta = \dfrac{2\tan\theta}{1 - \tan^2\theta}$

52. $\dfrac{1}{1 - \operatorname{sen}\theta} + \dfrac{1}{1 + \operatorname{sen}\theta} = 2\sec^2\theta$

53. $\operatorname{sen} x \operatorname{sen} 2x + \cos x \cos 2x = \cos x$

54. $\operatorname{sen}^2 x - \operatorname{sen}^2 y = \operatorname{sen}(x + y)\operatorname{sen}(x - y)$

55. $\dfrac{\operatorname{sen}\phi}{1 - \cos\phi} = \csc\phi + \cot\phi$

56. $\tan x + \tan y = \dfrac{\operatorname{sen}(x + y)}{\cos x \cos y}$

57. $\text{sen}\,3\theta + \text{sen}\,\theta = 2\,\text{sen}\,2\theta\cos\theta$

58. $\cos 3\theta = 4\cos^3\theta - 3\cos\theta$

59-64 Si $\text{sen}\,x = \frac{1}{3}$ y $\sec y = \frac{5}{4}$, donde x y y se sitúan entre 0 y $\pi/2$, evalúe la expresión.

59. $\text{sen}(x + y)$

60. $\cos(x + y)$

61. $\cos(x - y)$

62. $\text{sen}(x - y)$

63. $\text{sen}\,2y$

64. $\cos 2y$

65-72 Determine todos los valores de x en el intervalo $[0, 2\pi]$ que satisfacen la ecuación.

65. $2\cos x - 1 = 0$

66. $3\cot^2 x = 1$

67. $2\,\text{sen}^2 x = 1$

68. $|\tan x| = 1$

69. $\text{sen}\,2x = \cos x$

70. $2\cos x + \text{sen}\,2x = 0$

71. $\text{sen}\,x = \tan x$

72. $2 + \cos 2x = 3\cos x$

73-76 Determine todos los valores de x en el intervalo $[0, 2\pi]$ que satisfacen la desigualdad.

73. $\text{sen}\,x \leqslant \frac{1}{2}$

74. $2\cos x + 1 > 0$

75. $-1 < \tan x < 1$

76. $\text{sen}\,x > \cos x$

77-82 Grafique la función, comience con las gráficas en las figuras 14 y 15 y aplique las transformaciones de la sección 1.3 donde sea apropiado.

77. $y = \cos\left(x - \dfrac{\pi}{3}\right)$

78. $y = \tan 2x$

79. $y = \dfrac{1}{3}\tan\left(x - \dfrac{\pi}{2}\right)$

80. $y = 1 + \sec x$

81. $y = |\text{sen}\,x|$

82. $y = 2 + \text{sen}\left(x + \dfrac{\pi}{4}\right)$

83. Compruebe la ley de los cosenos: si un triángulo tiene lados con longitudes a, b y c y θ es el ángulo entre los lados con longitudes a y b, entonces

$$c^2 = a^2 + b^2 - 2ab\cos\theta$$

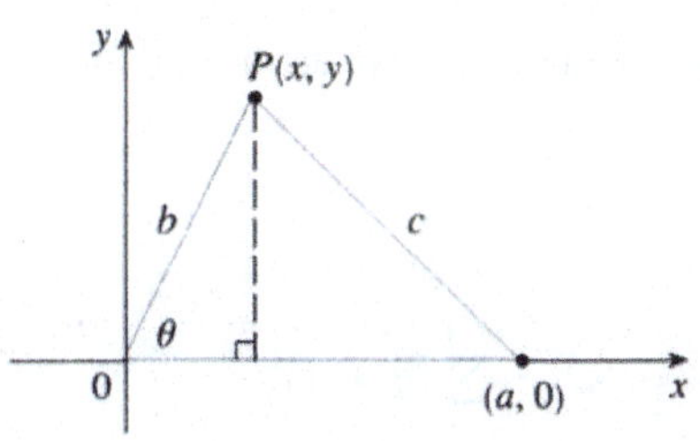

[*Sugerencia*: Introduzca un sistema de coordenadas de tal forma que θ esté en posición estándar, como en la figura. Exprese x y y en términos de θ y use después la fórmula de la distancia para calcular c.]

84. A fin de determinar la distancia $|AB|$ de un extremo a otro de una caleta, un punto C se ubicó como en la figura y se registraron las medidas siguientes:

$$\angle C = 103° \qquad |AC| = 820\text{ m} \qquad |BC| = 910\text{ m}$$

Use la ley de los cosenos del ejercicio 83 para hallar la distancia requerida.

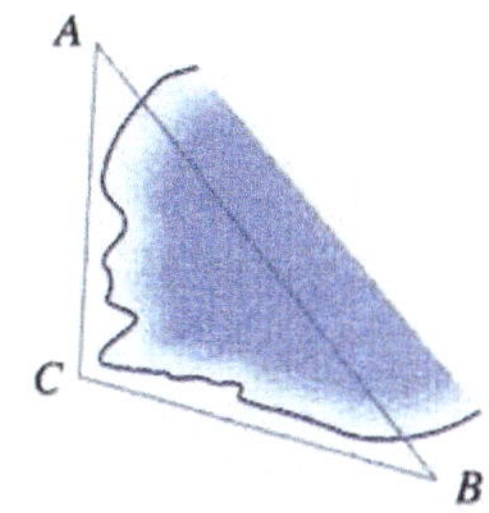

85. Use la figura para comprobar la fórmula de la sustracción

$$\cos(\alpha - \beta) = \cos\alpha\cos\beta + \text{sen}\,\alpha\,\text{sen}\,\beta$$

[*Sugerencia*: calcule c^2 de dos formas (usando la ley de los cosenos del ejercicio 83 y también la fórmula de la distancia) y compare ambas expresiones.]

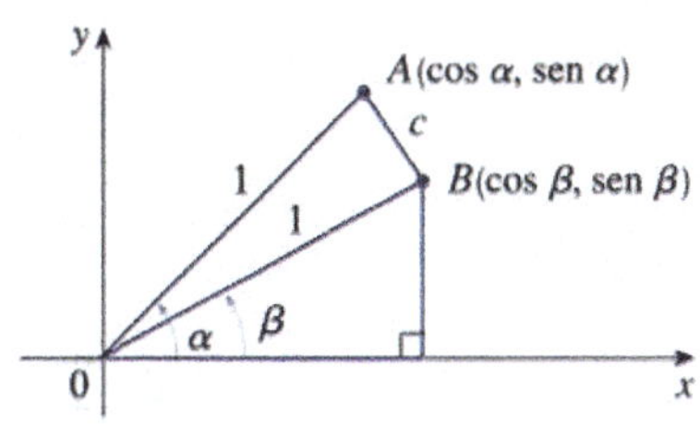

86. Use la fórmula del ejercicio 85 para comprobar la fórmula de la adición para el coseno (12b).

87. Use la fórmula de la adición para el coseno y las identidades

$$\cos\left(\frac{\pi}{2} - \theta\right) = \text{sen}\,\theta \qquad \text{sen}\left(\frac{\pi}{2} - \theta\right) = \cos\theta$$

para comprobar la fórmula de la sustracción (13a) para la función seno.

88. Demuestre que el área de un triángulo con lados de longitudes a y b y con ángulo incluido θ es

$$A = \tfrac{1}{2}ab\,\text{sen}\,\theta$$

89. Halle el área del triángulo ABC con cinco decimales si

$$|AB| = 10\text{ cm} \qquad |BC| = 3\text{ cm} \qquad \angle ABC = 107°$$

E Notación sigma

Una manera conveniente de escribir sumas es usando la letra griega Σ (sigma mayúscula, correspondiente a nuestra letra *S*), llamada **notación sigma**.

Esto indica que hay que terminar con $i = n$.
Esto indica que hay que sumar.
Esto indica que hay que comenzar con $i = m$.

$$\sum_{i=m}^{n} a_i$$

1 Definición Si $a_m, a_{m+1}, \ldots, a_n$ son números reales y m y n son enteros tales que $m \leq n$, entonces

$$\sum_{i=m}^{n} a_i = a_m + a_{m+1} + a_{m+2} + \cdots + a_{n-1} + a_n$$

Con notación de funciones, la definición 1 puede escribirse como

$$\sum_{i=m}^{n} f(i) = f(m) + f(m+1) + f(m+2) + \cdots + f(n-1) + f(n)$$

Así, el símbolo $\Sigma_{i=m}^{n}$ indica una suma en la que la letra i (llamada **índice de sumatoria**) adopta valores enteros consecutivos iniciados en m y terminados en n, es decir $m, m+1, \ldots, n$. También otras letras pueden usarse como índice de sumatoria.

EJEMPLO 1

(a) $\displaystyle\sum_{i=1}^{4} i^2 = 1^2 + 2^2 + 3^2 + 4^2 = 30$

(b) $\displaystyle\sum_{i=3}^{n} i = 3 + 4 + 5 + \cdots + (n-1) + n$

(c) $\displaystyle\sum_{j=0}^{5} 2^j = 2^0 + 2^1 + 2^2 + 2^3 + 2^4 + 2^5 = 63$

(d) $\displaystyle\sum_{k=1}^{n} \frac{1}{k} = 1 + \frac{1}{2} + \frac{1}{3} + \cdots + \frac{1}{n}$

(e) $\displaystyle\sum_{i=1}^{3} \frac{i-1}{i^2+3} = \frac{1-1}{1^2+3} + \frac{2-1}{2^2+3} + \frac{3-1}{3^2+3} = 0 + \frac{1}{7} + \frac{1}{6} = \frac{13}{42}$

(f) $\displaystyle\sum_{i=1}^{4} 2 = 2 + 2 + 2 + 2 = 8$ ■

EJEMPLO 2 Escriba la suma $2^3 + 3^3 + \cdots + n^3$ en notación sigma.

SOLUCIÓN Una suma en notación sigma puede escribirse de diferentes maneras, por ejemplo:

$$2^3 + 3^3 + \cdots + n^3 = \sum_{i=2}^{n} i^3$$

o

$$2^3 + 3^3 + \cdots + n^3 = \sum_{j=1}^{n-1} (j+1)^3$$

o

$$2^3 + 3^3 + \cdots + n^3 = \sum_{k=0}^{n-2} (k+2)^3$$ ■

El teorema siguiente ofrece tres reglas simples para trabajar con la notación sigma.

2 **Teorema** Si c es cualquier constante (es decir, no depende de i), entonces

(a) $\sum_{i=m}^{n} ca_i = c \sum_{i=m}^{n} a_i$ (b) $\sum_{i=m}^{n} (a_i + b_i) = \sum_{i=m}^{n} a_i + \sum_{i=m}^{n} b_i$

(c) $\sum_{i=m}^{n} (a_i - b_i) = \sum_{i=m}^{n} a_i - \sum_{i=m}^{n} b_i$

COMPROBACIÓN Para ver por qué estas reglas son ciertas, todo lo que se tiene que hacer es escribir ambos miembros en forma desarrollada. La regla (a) es simple: la propiedad distributiva de los números reales:

$$ca_m + ca_{m+1} + \cdots + ca_n = c(a_m + a_{m+1} + \cdots + a_n)$$

La regla (b) se sigue de las propiedades asociativa y conmutativa:

$$(a_m + b_m) + (a_{m+1} + b_{m+1}) + \cdots + (a_n + b_n)$$
$$(a_m + a_{m+1} + \cdots + a_n) + (b_m + b_{m+1} + \cdots + b_n)$$

La regla (c) se comprueba en forma similar. ■

EJEMPLO 3 Determine $\sum_{i=1}^{n} 1$.

SOLUCIÓN
$$\sum_{i=1}^{n} 1 = \underbrace{1 + 1 + \cdots + 1}_{n \text{ términos}} = n$$ ■

EJEMPLO 4 Compruebe la fórmula para la suma de los primeros n enteros positivos:

$$\sum_{i=1}^{n} i = 1 + 2 + 3 + \cdots + n = \frac{n(n+1)}{2}$$

SOLUCIÓN Esta fórmula puede comprobarse mediante inducción matemática (véase la página 72) o por el método siguiente, usado por el matemático alemán Karl Friedrich Gauss (1777-1855) cuando tenía diez años de edad.

Escriba la suma S dos veces, una vez en el orden usual y la otra en orden inverso:

$$S = 1 + \quad 2 \quad + \quad 3 \quad + \cdots + (n-1) + n$$
$$S = n + (n-1) + (n-2) + \cdots + \quad 2 \quad + 1$$

Sumando verticalmente todas las columnas, se obtiene

$$2S = (n+1) + (n+1) + (n+1) + \cdots + (n+1) + (n+1)$$

En el miembro derecho hay n términos, cada uno de los cuales es $n + 1$, así que

$$2S = n(n+1) \qquad \text{o} \qquad S = \frac{n(n+1)}{2}$$ ■

EJEMPLO 5 Compruebe la fórmula para la suma de los cuadrados de los primeros n enteros positivos:

$$\sum_{i=1}^{n} i^2 = 1^2 + 2^2 + 3^2 + \cdots + n^2 = \frac{n(n+1)(2n+1)}{6}$$

SOLUCIÓN 1 Sea S la suma deseada, comience con la *suma telescópica* (o suma que colapsa):

La mayoría de los términos se eliminan en pares.

$$\sum_{i=1}^{n} [(1+i)^3 - i^3] = (2^3 - 1^3) + (3^3 - 2^3) + (4^3 - 3^3) + \cdots + [(n+1)^3 - n^3]$$
$$= (n+1)^3 - 1^3 = n^3 + 3n^2 + 3n$$

Por otro lado, usando el teorema 2 y los ejemplos 3 y 4 se tiene

$$\sum_{i=1}^{n} [(1+i)^3 - i^3] = \sum_{i=1}^{n} [3i^2 + 3i + 1] = 3\sum_{i=1}^{n} i^2 + 3\sum_{i=1}^{n} i + \sum_{i=1}^{n} 1$$
$$= 3S + 3\,\frac{n(n+1)}{2} + n = 3S + \tfrac{3}{2}n^2 + \tfrac{5}{2}n$$

Así se tiene

$$n^3 + 3n^2 + 3n = 3S + \tfrac{3}{2}n^2 + \tfrac{5}{2}n$$

Al despejar S en esta ecuación, se obtiene

$$3S = n^3 + \tfrac{3}{2}n^2 + \tfrac{1}{2}n$$

o

$$S = \frac{2n^3 + 3n^2 + n}{6} = \frac{n(n+1)(2n+1)}{6}$$

Principio de inducción matemática
Sea S_n un enunciado que implica al entero positivo n. Suponga que
1. S_1 es cierto.
2. Si S_k es cierto, entonces S_{k+1} es cierto.

Así, S_n es cierto para todos los enteros positivos n.

Véanse las páginas 72 y 74 para un análisis más completo de la inducción matemática.

SOLUCIÓN 2 Sea S_n la fórmula dada.

1. S_1 es cierto porque $1^2 = \dfrac{1(1+1)(2\cdot 1+1)}{6}$

2. Suponga que S_k es cierta; es decir,

$$1^2 + 2^2 + 3^2 + \cdots + k^2 = \frac{k(k+1)(2k+1)}{6}$$

Entonces

$$1^2 + 2^2 + 3^2 + \cdots + (k+1)^2 = (1^2 + 2^2 + 3^2 + \cdots + k^2) + (k+1)^2$$
$$= \frac{k(k+1)(2k+1)}{6} + (k+1)^2$$
$$= (k+1)\,\frac{k(2k+1) + 6(k+1)}{6}$$
$$= (k+1)\,\frac{2k^2 + 7k + 6}{6}$$
$$= \frac{(k+1)(k+2)(2k+3)}{6}$$
$$= \frac{(k+1)[(k+1)+1][2(k+1)+1]}{6}$$

Así, S_{k+1} es cierta.

Por el principio de inducción matemática, S_n es cierta para todas las n. ■

Se enlistan los resultados de los ejemplos 3, 4 y 5 con un resultado similar para los cubos (véanse los ejercicios 37-40) como teorema 3. Estas fórmulas son necesarias para determinar áreas y evaluar integrales en el capítulo 5.

3 Teorema Sea c una constante y n un entero positivo. Entonces

(a) $\sum_{i=1}^{n} 1 = n$

(b) $\sum_{i=1}^{n} c = nc$

(c) $\sum_{i=1}^{n} i = \frac{n(n+1)}{2}$

(d) $\sum_{i=1}^{n} i^2 = \frac{n(n+1)(2n+1)}{6}$

(e) $\sum_{i=1}^{n} i^3 = \left[\frac{n(n+1)}{2}\right]^2$

EJEMPLO 6 Evalúe $\sum_{i=1}^{n} i(4i^2 - 3)$.

SOLUCIÓN Usando los teoremas 2 y 3 se tiene

$$\begin{aligned}\sum_{i=1}^{n} i(4i^2 - 3) &= \sum_{i=1}^{n} (4i^3 - 3i) = 4\sum_{i=1}^{n} i^3 - 3\sum_{i=1}^{n} i \\ &= 4\left[\frac{n(n+1)}{2}\right]^2 - 3\,\frac{n(n+1)}{2} \\ &= \frac{n(n+1)[2n(n+1) - 3]}{2} \\ &= \frac{n(n+1)(2n^2 + 2n - 3)}{2}\end{aligned}$$

■

EJEMPLO 7 Determine $\lim\limits_{n\to\infty} \sum_{i=1}^{n} \frac{3}{n}\left[\left(\frac{i}{n}\right)^2 + 1\right]$.

SOLUCIÓN

El tipo de cálculo en el ejemplo 7 surge en el capítulo 5 cuando se evalúan áreas.

$$\begin{aligned}\lim_{n\to\infty} \sum_{i=1}^{n} \frac{3}{n}\left[\left(\frac{i}{n}\right)^2 + 1\right] &= \lim_{n\to\infty} \sum_{i=1}^{n}\left[\frac{3}{n^3} i^2 + \frac{3}{n}\right] \\ &= \lim_{n\to\infty}\left[\frac{3}{n^3}\sum_{i=1}^{n} i^2 + \frac{3}{n}\sum_{i=1}^{n} 1\right] \\ &= \lim_{n\to\infty}\left[\frac{3}{n^3}\,\frac{n(n+1)(2n+1)}{6} + \frac{3}{n}\cdot n\right] \\ &= \lim_{n\to\infty}\left[\frac{1}{2}\cdot\frac{n}{n}\cdot\left(\frac{n+1}{n}\right)\left(\frac{2n+1}{n}\right) + 3\right] \\ &= \lim_{n\to\infty}\left[\frac{1}{2}\cdot 1\left(1 + \frac{1}{n}\right)\left(2 + \frac{1}{n}\right) + 3\right] \\ &= \tfrac{1}{2}\cdot 1\cdot 1\cdot 2 + 3 = 4\end{aligned}$$

■

E EJERCICIOS

1-10 Escriba la suma en forma desarrollada.

1. $\sum_{i=1}^{5} \sqrt{i}$

2. $\sum_{i=1}^{6} \frac{1}{i+1}$

3. $\sum_{i=4}^{6} 3^i$

4. $\sum_{i=4}^{6} i^3$

5. $\sum_{k=0}^{4} \frac{2k-1}{2k+1}$

6. $\sum_{k=5}^{8} x^k$

7. $\sum_{i=1}^{n} i^{10}$

8. $\sum_{j=n}^{n+3} j^2$

9. $\sum_{j=0}^{n-1} (-1)^j$

10. $\sum_{i=1}^{n} f(x_i)\,\Delta x_i$

11-20 Escriba la suma en notación sigma.

11. $1 + 2 + 3 + 4 + \cdots + 10$

12. $\sqrt{3} + \sqrt{4} + \sqrt{5} + \sqrt{6} + \sqrt{7}$

13. $\frac{1}{2} + \frac{2}{3} + \frac{3}{4} + \frac{4}{5} + \cdots + \frac{19}{20}$

14. $\frac{3}{7} + \frac{4}{8} + \frac{5}{9} + \frac{6}{10} + \cdots + \frac{23}{27}$

15. $2 + 4 + 6 + 8 + \cdots + 2n$

16. $1 + 3 + 5 + 7 + \cdots + (2n - 1)$

17. $1 + 2 + 4 + 8 + 16 + 32$

18. $\frac{1}{1} + \frac{1}{4} + \frac{1}{9} + \frac{1}{16} + \frac{1}{25} + \frac{1}{36}$

19. $x + x^2 + x^3 + \cdots + x^n$

20. $1 - x + x^2 - x^3 + \cdots + (-1)^n x^n$

21-35 Determine el valor de la suma.

21. $\sum_{i=4}^{8} (3i - 2)$

22. $\sum_{i=3}^{6} i(i + 2)$

23. $\sum_{j=1}^{6} 3^{j+1}$

24. $\sum_{k=0}^{8} \cos k\pi$

25. $\sum_{n=1}^{20} (-1)^n$

26. $\sum_{i=1}^{100} 4$

27. $\sum_{i=0}^{4} (2^i + i^2)$

28. $\sum_{i=-2}^{4} 2^{3-i}$

29. $\sum_{i=1}^{n} 2i$

30. $\sum_{i=1}^{n} (2 - 5i)$

31. $\sum_{i=1}^{n} (i^2 + 3i + 4)$

32. $\sum_{i=1}^{n} (3 + 2i)^2$

33. $\sum_{i=1}^{n} (i + 1)(i + 2)$

34. $\sum_{i=1}^{n} i(i + 1)(i + 2)$

35. $\sum_{i=1}^{n} (i^3 - i - 2)$

---

36. Determine el número n tal que $\sum_{i=1}^{n} i = 78$.

37. Compruebe la fórmula (b) del teorema 3.

38. Compruebe la fórmula (e) del teorema 3 usando inducción matemática.

39. Compruebe la fórmula (e) del teorema 3 usando un método similar al del ejemplo 5, solución 1 [comience con $(1 + i)^4 - i^4$].

40. Compruebe la fórmula (e) del teorema 3 usando el método siguiente, publicado por Abu Bekr Mohammed ibn Alhusain Alkarchi alrededor de 1010 d. C. La figura muestra un cuadrado $ABCD$ cuyos lados AB y AD han sido divididos en segmentos de longitudes $1, 2, 3, \ldots, n$. Así, los lados del cuadrado tienen longitud $n(n + 1)/2$, de modo que el área es $[n(n + 1)/2]^2$. Pero el área también es la suma de las áreas de los n "gnomos" $G_1, G_2, \ldots, G_n$ mostrados en la figura. Demuestre que el área de G_i es i^3 y concluya que la fórmula (e) es verdadera.

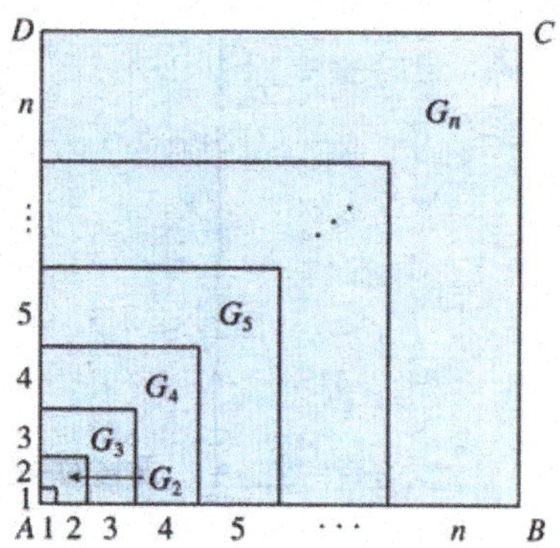

41. Evalúe cada suma telescópica.

(a) $\sum_{i=1}^{n} [i^4 - (i - 1)^4]$

(b) $\sum_{i=1}^{100} (5^i - 5^{i-1})$

(c) $\sum_{i=3}^{99} \left(\frac{1}{i} - \frac{1}{i+1}\right)$

(d) $\sum_{i=1}^{n} (a_i - a_{i-1})$

42. Compruebe la desigualdad del triángulo generalizada:

$$\left|\sum_{i=1}^{n} a_i\right| \leq \sum_{i=1}^{n} |a_i|$$

43-46 Halle el límite.

43. $\lim_{n\to\infty} \sum_{i=1}^{n} \frac{1}{n}\left(\frac{i}{n}\right)^2$

44. $\lim_{n\to\infty} \sum_{i=1}^{n} \frac{1}{n}\left[\left(\frac{i}{n}\right)^3 + 1\right]$

45. $\lim_{n\to\infty} \sum_{i=1}^{n} \frac{2}{n}\left[\left(\frac{2i}{n}\right)^3 + 5\left(\frac{2i}{n}\right)\right]$

46. $\lim_{n\to\infty} \sum_{i=1}^{n} \frac{3}{n}\left[\left(1+\frac{3i}{n}\right)^3 - 2\left(1+\frac{3i}{n}\right)\right]$

47. Compruebe la fórmula para la suma de una serie geométrica finita con primer término a y razón común $r \neq 1$.

$$\sum_{i=1}^{n} ar^{i-1} = a + ar + ar^2 + \cdots + ar^{n-1} = \frac{a(r^n - 1)}{r - 1}$$

48. Evalúe $\sum_{i=1}^{n} \frac{3}{2^{i-1}}$.

49. Evalúe $\sum_{i=1}^{n} (2i + 2^i)$.

50. Evalúe $\sum_{i=1}^{m}\left[\sum_{j=1}^{n}(i + j)\right]$.

F Demostración de teoremas

En este apéndice se presentan comprobaciones de varios teoremas enunciados en el cuerpo principal del texto. Las secciones a las que corresponden se indican al margen.

Sección 2.3

Leyes de los límites Suponga que c es una constante y que los límites

$$\lim_{x\to a} f(x) = L \qquad \text{y} \qquad \lim_{x\to a} g(x) = M$$

existen. Entonces

1. $\lim_{x\to a} [f(x) + g(x)] = L + M$
2. $\lim_{x\to a} [f(x) - g(x)] = L - M$
3. $\lim_{x\to a} [cf(x)] = cL$
4. $\lim_{x\to a} [f(x)g(x)] = LM$
5. $\lim_{x\to a} \frac{f(x)}{g(x)} = \frac{L}{M} \quad \text{si } M \neq 0$

COMPROBACIÓN DE LA LEY 4 Si admite que $\varepsilon > 0$ está dada y desea determinar $\delta > 0$ tal que

$$\text{si} \quad 0 < |x - a| < \delta \quad \text{entonces} \quad |f(x)\,g(x) - LM| < \varepsilon$$

A fin de obtener los términos que contienen $|f(x) - L|$ y $|g(x) - M|$, se suma y resta $Lg(x)$ como sigue:

$$\begin{aligned} |f(x)g(x) - LM| &= |f(x)g(x) - Lg(x) + Lg(x) - LM| \\ &= |[f(x) - L]g(x) + L[g(x) - M]| \\ &\leqslant |[f(x) - L]g(x)| + |L[g(x) - M]| \qquad \text{(desigualdad del triángulo)} \\ &= |f(x) - L||g(x)| + |L||g(x) - M| \end{aligned}$$

Si lo que se quiere es que cada uno de estos términos sea menor que $\varepsilon/2$.

Como $\lim_{x\to a} g(x) = M$, hay un número $\delta_1 > 0$ tal que

$$\text{si} \quad 0 < |x - a| < \delta_1 \quad \text{entonces} \quad |g(x) - M| < \frac{\varepsilon}{2(1 + |L|)}$$

Asimismo, hay un número $\delta_2 > 0$ tal que si $0 < |x - a| < \delta_2$, entonces

$$|g(x) - M| < 1$$

y por tanto

$$|g(x)| = |g(x) - M + M| \leqslant |g(x) - M| + |M| < 1 + |M|$$

Como $\lim_{x\to a} f(x) = L$, hay un número $\delta_3 > 0$ tal que

$$\text{si } 0 < |x - a| < \delta_3 \qquad \text{entonces} \qquad |f(x) - L| < \frac{\varepsilon}{2(1 + |M|)}$$

Sea $\delta = \min\{\delta_1, \delta_2, \delta_3\}$. Si $0 < |x - a| < \delta$, entonces se tiene $0 < |x - a| < \delta_1$, $0 < |x - a| < \delta_2$ y $0 < |x - a| < \delta_3$, así puede combinar las desigualdades para obtener

$$\begin{aligned} |f(x)g(x) - LM| &\leq |f(x) - L||g(x)| + |L||g(x) - M| \\ &< \frac{\varepsilon}{2(1 + |M|)}(1 + |M|) + |L| \frac{\varepsilon}{2(1 + |L|)} \\ &< \frac{\varepsilon}{2} + \frac{\varepsilon}{2} = \varepsilon \end{aligned}$$

Esto demuestra que $\lim_{x\to a} [f(x)\, g(x)] = LM$. ■

COMPROBACIÓN DE LA LEY 3 Si se toma $g(x) = c$ de la ley 4, se obtiene

$$\begin{aligned} \lim_{x\to a} [cf(x)] &= \lim_{x\to a} [g(x)f(x)] = \lim_{x\to a} g(x) \cdot \lim_{x\to a} f(x) \\ &= \lim_{x\to a} c \cdot \lim_{x\to a} f(x) \\ &= c \lim_{x\to a} f(x) \qquad \text{(por la ley 7)} \end{aligned}$$ ■

COMPROBACIÓN DE LA LEY 2 Al usar la ley 1 y la ley 3 con $c = -1$, se tiene

$$\begin{aligned} \lim_{x\to a} [f(x) - g(x)] &= \lim_{x\to a} [f(x) + (-1)g(x)] = \lim_{x\to a} f(x) + \lim_{x\to a} (-1)g(x) \\ &= \lim_{x\to a} f(x) + (-1) \lim_{x\to a} g(x) = \lim_{x\to a} f(x) - \lim_{x\to a} g(x) \end{aligned}$$ ■

COMPROBACIÓN DE LA LEY 5 Se demuestra primero que

$$\lim_{x\to a} \frac{1}{g(x)} = \frac{1}{M}$$

Para hacerlo, hay que demostrar que, dado $\varepsilon > 0$, existe $\delta > 0$ tal que

$$\text{si } 0 < |x - a| < \delta \qquad \text{entonces} \qquad \left| \frac{1}{g(x)} - \frac{1}{M} \right| < \varepsilon$$

Obsérvese que
$$\left| \frac{1}{g(x)} - \frac{1}{M} \right| = \frac{|M - g(x)|}{|Mg(x)|}$$

Se sabe que el numerador puede reducirse, y también que el denominador no es pequeño cuando x está cerca de a. Como $\lim_{x\to a} g(x) = M$, hay un número $\delta_1 > 0$ tal que, siempre que $0 < |x - a| < \delta_1$, si se tiene

$$|g(x) - M| < \frac{|M|}{2}$$

y por tanto
$$\begin{aligned} |M| &= |M - g(x) + g(x)| \leq |M - g(x)| + |g(x)| \\ &< \frac{|M|}{2} + |g(x)| \end{aligned}$$

Con ello se demuestra que

$$\text{si} \quad 0 < |x - a| < \delta_1 \quad \text{entonces} \quad |g(x)| > \frac{|M|}{2}$$

así que, para estos valores de x,

$$\frac{1}{|Mg(x)|} = \frac{1}{|M||g(x)|} < \frac{1}{|M|} \cdot \frac{2}{|M|} = \frac{2}{M^2}$$

Asimismo, existe $\delta_2 > 0$ tal que

$$\text{si} \quad 0 < |x - a| < \delta_2 \quad \text{entonces} \quad |g(x) - M| < \frac{M^2}{2}\varepsilon$$

Sea $\delta = \text{mín}\{\delta_1, \delta_2\}$. Entonces, para $0 < |x - a| < \delta$, se tiene

$$\left|\frac{1}{g(x)} - \frac{1}{M}\right| = \frac{|M - g(x)|}{|Mg(x)|} < \frac{2}{M^2}\frac{M^2}{2}\varepsilon = \varepsilon$$

De lo cual se desprende $\text{lím}_{x\to a} 1/g(x) = 1/M$. Por último, usando la ley 4, se obtiene

$$\lim_{x\to a} \frac{f(x)}{g(x)} = \lim_{x\to a}\left(f(x) \cdot \frac{1}{g(x)}\right) = \lim_{x\to a} f(x) \lim_{x\to a} \frac{1}{g(x)} = L \cdot \frac{1}{M} = \frac{L}{M}$$ ■

2 Teorema Si $f(x) \leqslant g(x)$ para todas las x en un intervalo abierto que contiene a (excepto posiblemente en a) y

$$\lim_{x\to a} f(x) = L \quad \text{y} \quad \lim_{x\to a} g(x) = M$$

entonces $L \leqslant M$.

COMPROBACIÓN Use el método de comprobación por contradicción. Suponga, si es posible, que $L > M$. La ley 2 de los límites sostiene que

$$\lim_{x\to a} [g(x) - f(x)] = M - L$$

Así, para toda $\varepsilon > 0$, existe $\delta > 0$ tal que

$$\text{si} \quad 0 < |x - a| < \delta \quad \text{entonces} \quad |[g(x) - f(x)] - (M - L)| < \varepsilon$$

En particular, tomando $\varepsilon = L - M$ (y reparando en que $L - M > 0$ por hipótesis), se tiene un número $\delta > 0$ tal que

$$\text{si} \quad 0 < |x - a| < \delta \quad \text{entonces} \quad |[g(x) - f(x)] - (M - L)| < L - M$$

Como $b \leqslant |b|$ para cualquier número b, se tiene que

$$\text{si} \quad 0 < |x - a| < \delta \quad \text{entonces} \quad [g(x) - f(x)] - (M - L) < L - M$$

lo que se simplifica como

$$\text{si} \quad 0 < |x - a| < \delta \quad \text{entonces} \quad g(x) < f(x)$$

Pero esto contradice $f(x) \leqslant g(x)$. Así, la desigualdad $L > M$ debe ser falsa. Por tanto, $L \leqslant M$. ■

3 El teorema de compresión Si $f(x) \leqslant g(x) \leqslant h(x)$ para todas las x en un intervalo abierto que contiene a (excepto posiblemente en a) y

$$\lim_{x \to a} f(x) = \lim_{x \to a} h(x) = L$$

entonces $$\lim_{x \to a} g(x) = L$$

COMPROBACIÓN Si se acepta que $\varepsilon > 0$ está dada. Como $\lim_{x \to a} f(x) = L$, hay un número $\delta_1 > 0$ tal que

$$\text{si} \quad 0 < |x - a| < \delta_1 \quad \text{entonces} \quad |f(x) - L| < \varepsilon$$

es decir que

$$\text{si} \quad 0 < |x - a| < \delta_1 \quad \text{entonces} \quad L - \varepsilon < f(x) < L + \varepsilon$$

Como $\lim_{x \to a} h(x) = L$, hay un número $\delta_2 > 0$ tal que

$$\text{si} \quad 0 < |x - a| < \delta_2 \quad \text{entonces} \quad |h(x) - L| < \varepsilon$$

es decir que

$$\text{si} \quad 0 < |x - a| < \delta_2 \quad \text{entonces} \quad L - \varepsilon < h(x) < L + \varepsilon$$

Sea $\delta = \text{mín}\{\delta_1, \delta_2\}$. Si $0 < |x - a| < \delta$, entonces $0 < |x - a| < \delta_1$ y $0 < |x - a| < \delta_2$, así que

$$L - \varepsilon < f(x) \leqslant g(x) \leqslant h(x) < L + \varepsilon$$

En particular, $$L - \varepsilon < g(x) < L + \varepsilon$$

así que $|g(x) - L| < \varepsilon$. Por tanto, $\lim_{x \to a} g(x) = L$. ■

Sección 2.5

Teorema Si f es una función continua inyectiva definida en un intervalo (a, b), su función inversa f^{-1} también es continua.

COMPROBACIÓN Primero se demuestra que si f es tanto inyectiva como continua en (a, b), debe ser creciente o decreciente en (a, b). Si no fuera creciente ni decreciente, existirían números x_1, x_2, y x_3 en (a, b) con $x_1 < x_2 < x_3$ tales que $f(x_2)$ no se situaría entre $f(x_1)$ y $f(x_3)$. Hay dos posibilidades: (i) $f(x_3)$ se ubica entre $f(x_1)$ y $f(x_2)$ o (ii) $f(x_1)$ se ubica entre $f(x_2)$ y $f(x_3)$. (Dibuje un diagrama.) En el caso (i), se aplica el teorema del valor intermedio a la función continua f para obtener un número c entre x_1 y x_2 tal que $f(c) = f(x_3)$. En el caso (ii), el teorema del valor intermedio da un número c entre x_2 y x_3 tal que $f(c) = f(x_1)$. En cualquier caso, se ha contradicho el hecho de que f es inyectiva.

Suponga, para aclarar, que f es creciente en (a, b). Tome cualquier número y_0 en el dominio de f^{-1} y confirme que $f^{-1}(y_0) = x_0$; es decir, que x_0 es el número en (a, b) tal que $f(x_0) = y_0$. Para demostrar que f^{-1} es continua en y_0, tome cualquier $\varepsilon > 0$ tal que el intervalo $(x_0 - \varepsilon, x_0 + \varepsilon)$ esté contenido en el intervalo (a, b). Como f es creciente, esto traza los números en el intervalo $(x_0 - \varepsilon, x_0 + \varepsilon)$ sobre los números en el intervalo $(f(x_0 - \varepsilon), f(x_0 + \varepsilon))$ y f^{-1} invierte la correspondencia. Si se concede que δ denota el menor de los números $\delta_1 = y_0 - f(x_0 + \varepsilon)$ y $\delta_2 = f(x_0 - \varepsilon) - y_0$, el intervalo $(y_0 - \delta, y_0 + \delta)$ está contenido en el intervalo $(f(x_0 - \varepsilon), f(x_0 + \varepsilon))$, así que las imágenes de f^1 están en el intervalo $(x_0 - \varepsilon, x_0 + \varepsilon)$ por f^{-1}. (Véase el diagrama con flechas de la figura 1.) Se ha determinado entonces un número $\delta > 0$ tal que

$$\text{si} \quad |y - y_0| < \delta \quad \text{entonces} \quad |f^{-1}(y) - f^{-1}(y_0)| < \varepsilon$$

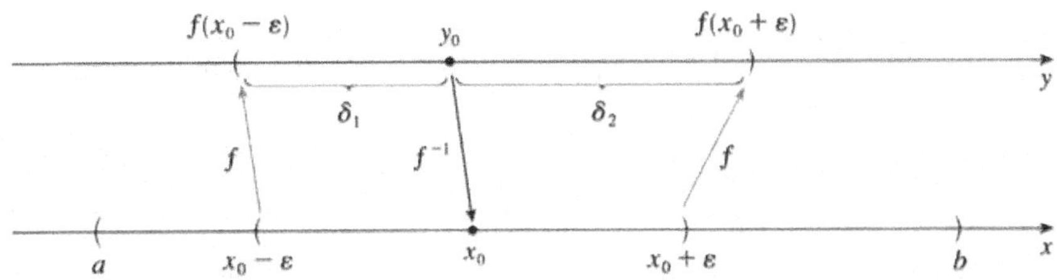

FIGURA 1

Esto demuestra que $\lim_{y \to y_0} f^{-}(y) = f^{-1}(y_0)$, así que f^{-1} es continua en cualquier número y_0 en su dominio. ■

8 **Teorema** Si f es continua en b y $\lim_{x \to a} g(x) = b$, entonces

$$\lim_{x \to a} f(g(x)) = f(b)$$

COMPROBACIÓN Si se establece que $\varepsilon > 0$ está dada, se desea encontrar un número $\delta > 0$ tal que

$$\text{si} \quad 0 < |x - a| < \delta \quad \text{entonces} \quad |f(g(x)) - f(b)| < \varepsilon$$

Como f es continua en b, se tiene

$$\lim_{y \to b} f(y) = f(b)$$

así que existe $\delta_1 > 0$ tal que

$$\text{si} \quad 0 < |y - b| < \delta_1 \quad \text{entonces} \quad |f(y) - f(b)| < \varepsilon$$

Como $\lim_{x \to a} g(x) = b$, existe $\delta > 0$ tal que

$$\text{si} \quad 0 < |x - a| < \delta \quad \text{entonces} \quad |g(x) - b| < \delta_1$$

Al combinar estos dos enunciados, se observa que cada vez que $0 < |x - a| < \delta$, se tiene $|g(x) - b| < \delta_1$, lo que implica que $|f(g(x)) - f(b)| < \varepsilon$. Así, se ha comprobado que $\lim_{x \to a} f(g(x)) = f(b)$. ■

Sección 3.3

La comprobación del resultado siguiente se confirma cuando se comprueba que $\lim_{\theta \to 0} \dfrac{\operatorname{sen} \theta}{\theta} = 1$.

Teorema Si $0 < \theta < \pi/2$, entonces $\theta \leqslant \tan \theta$.

COMPROBACIÓN La figura 2 muestra un sector de un círculo con centro O, ángulo central θ y radio 1. Entonces

$$|AD| = |OA| \tan \theta = \tan \theta$$

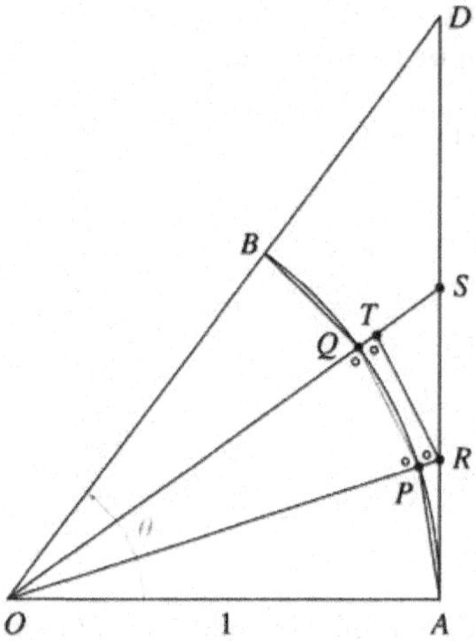

FIGURA 2

Se aproxima el arco AB mediante un polígono inscrito que consta de n segmentos de recta iguales y se considera un segmento PQ típico. Se extienden las líneas OP y OQ para que se encuentren con AD en los puntos R y S. Entonces se traza $RT \parallel PQ$ como en la figura 2. Observe que

$$\angle RTO = \angle PQO < 90°$$

así que $\angle RTS > 90°$. Por tanto, se tiene

$$|PQ| < |RT| < |RS|$$

Si se suma n de esas desigualdades, se obtiene

$$L_n < |AD| = \tan\theta$$

donde L_n es la longitud del polígono inscrito. Así, por el teorema 2.3.2, se tiene

$$\lim_{n\to\infty} L_n \leqslant \tan\theta$$

Pero la longitud de arco se define en la ecuación 8.1.1 como el límite de las longitudes de polígonos inscritos, así que

$$\theta = \lim_{n\to\infty} L_n \leqslant \tan\theta$$ ■

Sección 4.3

Prueba de concavidad

(a) Si $f''(x) > 0$ para todas las x en I, entonces la gráfica de f es cóncava hacia arriba en I.

(b) Si $f''(x) < 0$ para todas las x en I, entonces la gráfica de f es cóncava hacia abajo en I.

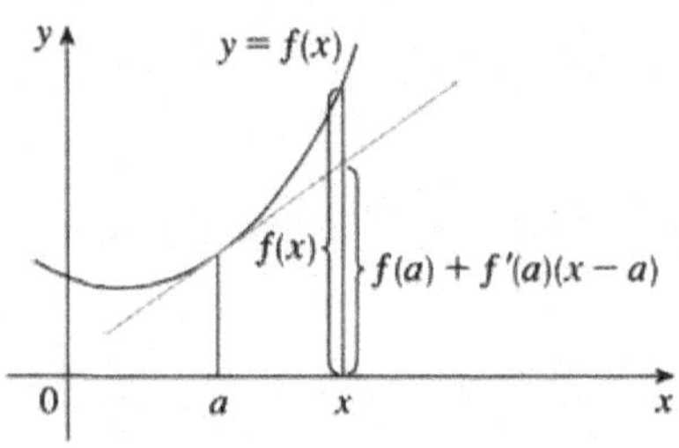

FIGURA 3

COMPROBACIÓN DE (a) Sea a cualquier número en I. Hay que demostrar que la curva $y = f(x)$ se encuentra arriba de la recta tangente en el punto $(a, f(a))$. La ecuación de esta tangente es

$$y = f(a) + f'(a)(x - a)$$

Así que hay que demostrar que

$$f(x) > f(a) + f'(a)(x - a)$$

cada vez que $x \in I$ ($x \neq a$). (Véase la figura 3.)

Se toma primero el caso en el que $x > a$. Al aplicar el teorema del valor medio a f en el intervalo $[a, x]$, se obtiene un número c, con $a < c < x$, tal que

$$\boxed{1} \qquad f(x) - f(a) = f'(c)(x - a)$$

Como $f'' > 0$ en I, por la prueba creciente/decreciente se sabe que f' es creciente en I. Así, como $a < c$, se tiene

$$f'(a) < f'(c)$$

de modo que se multiplica esta desigualdad por el número positivo $x - a$ y se obtiene

$$\boxed{2} \qquad f'(a)(x - a) < f'(c)(x - a)$$

Ahora se suma $f(a)$ en ambos miembros de esa desigualdad:

$$f(a) + f'(a)(x - a) < f(a) + f'(c)(x - a)$$

Pero de la ecuación 1 se tiene $f(x) = f(a) + f'(c)(x - a)$. Así, esta desigualdad se convierte en

$$\boxed{3} \qquad f(x) > f(a) + f'(a)(x - a)$$

que es lo que se deseaba comprobar.

Para el caso en el que $x < a$, se tiene $f'(c) < f'(a)$, pero la multiplicación por el número negativo $x - a$ invierte la desigualdad, así que obtenemos (2) y (3) como antes. ■

Sección 4.4

A fin de confirmar la comprobación de la regla de L'Hôpital, primero necesita una generalización del teorema del valor medio. El teorema siguiente toma su nombre de otro matemático francés, Augustin-Louis Cauchy (1789-1857).

Véase la semblanza biográfica de Cauchy en la página 109.

1 Teorema del valor medio de Cauchy Suponga que las funciones f y g son continuas en $[a, b]$ y derivables en (a, b), y que $g'(x) \neq 0$ para todas las x en (a, b). Entonces, hay un número c en (a, b) tal que

$$\frac{f'(c)}{g'(c)} = \frac{f(b) - f(a)}{g(b) - g(a)}$$

Note que si toma el caso especial en el que $g(x) = x$, entonces $g'(c) = 1$ y el teorema 1 es solo el teorema ordinario del valor medio. Además, el teorema 1 puede comprobarse en forma similar. Usted puede verificar que todo lo que hay que hacer es cambiar la función h dada en la ecuación 4.2.4 por la función

$$h(x) = f(x) - f(a) - \frac{f(b) - f(a)}{g(b) - g(a)}[g(x) - g(a)]$$

y aplicar el teorema de Rolle como lo hizo antes.

Regla de L'Hôpital Suponga que f y g son derivables y que $g'(x) \neq 0$ en un intervalo abierto I que contiene a (excepto posiblemente en a). Suponga que

$$\lim_{x \to a} f(x) = 0 \qquad \text{y} \qquad \lim_{x \to a} g(x) = 0$$

o que

$$\lim_{x \to a} f(x) = \pm\infty \qquad \text{y} \qquad \lim_{x \to a} g(x) = \pm\infty$$

(En otras palabras, tenemos una forma indeterminada de tipo $\frac{0}{0}$ o ∞/∞.) Entonces,

$$\lim_{x \to a} \frac{f(x)}{g(x)} = \lim_{x \to a} \frac{f'(x)}{g'(x)}$$

si el límite sobre el miembro derecho existe (o es ∞ o $-\infty$).

COMPROBACIÓN DE LA REGLA DE L'HÔPITAL Suponga que $\lim_{x\to a} f(x) = 0$ y $\lim_{x\to a} g(x) = 0$. Sea

$$L = \lim_{x\to a} \frac{f'(x)}{g'(x)}$$

Debe demostrar que $\lim_{x\to a} f(x)/g(x) = L$. Defina

$$F(x) = \begin{cases} f(x) & \text{si } x \neq a \\ 0 & \text{si } x = a \end{cases} \qquad G(x) = \begin{cases} g(x) & \text{si } x \neq a \\ 0 & \text{si } x = a \end{cases}$$

Entonces, F es continua en I, ya que f es continua en $\{x \in I \mid x \neq a\}$ y

$$\lim_{x\to a} F(x) = \lim_{x\to a} f(x) = 0 = F(a)$$

De igual forma, G es continua en I. Sea $x \in I$ y $x > a$. Entonces, F y G son continuas en $[a, x]$ y derivables en (a, x) y $G' \neq 0$ ahí (ya que $F' = f'$ y $G' = g'$). En consecuencia, por el teorema del valor medio de Cauchy, hay un número y tal que $a < y < x$ y

$$\frac{F'(y)}{G'(y)} = \frac{F(x) - F(a)}{G(x) - G(a)} = \frac{F(x)}{G(x)}$$

Aquí se ha usado el hecho de que, por definición, $F(a) = 0$ y $G(a) = 0$. Ahora, si se acepta que $x \to a^+$, entonces $y \to a^+$ (ya que $a < y < x$), así que

$$\lim_{x\to a^+} \frac{f(x)}{g(x)} = \lim_{x\to a^+} \frac{F(x)}{G(x)} = \lim_{y\to a^+} \frac{F'(y)}{G'(y)} = \lim_{y\to a^+} \frac{f'(y)}{g'(y)} = L$$

Un argumento similar demuestra que el límite de la mano izquierda también es L. Por tanto,

$$\lim_{x\to a} \frac{f(x)}{g(x)} = L$$

Esto comprueba la regla de L'Hôpital para el caso en el que a es finita.

Si a es infinita, se concede que $t = 1/x$. Entonces, $t \to 0^+$ cuando $x \to \infty$, así tenemos que

$$\begin{aligned}\lim_{x\to\infty} \frac{f(x)}{g(x)} &= \lim_{t\to 0^+} \frac{f(1/t)}{g(1/t)} \\ &= \lim_{t\to 0^+} \frac{f'(1/t)(-1/t^2)}{g'(1/t)(-1/t^2)} \qquad \text{(por la regla de L'Hôpital para } a \text{ finita)} \\ &= \lim_{t\to 0^+} \frac{f'(1/t)}{g'(1/t)} = \lim_{x\to\infty} \frac{f'(x)}{g'(x)}\end{aligned}$$

■

Sección 11.8 A fin de comprobar el teorema 11.8.4, primero necesita los resultados siguientes.

Teorema

1. Si una serie de potencias $\sum c_n x^n$ converge cuando $x = b$ (donde $b \neq 0$), converge cada vez que $|x| < |b|$.
2. Si una serie de potencias $\sum c_n x^n$ diverge cuando $x = d$ (donde $d \neq 0$), diverge cada vez que $|x| > |d|$.

COMPROBACIÓN DE 1 Suponga que $\Sigma\, c_n b^n$ converge. Entonces, por el teorema 11.2.6, tenemos $\lim_{n\to\infty} c_n b^n = 0$. De acuerdo con la definición 11.1.2 con $\varepsilon = 1$, hay un entero positivo N tal que $|\, c_n b^n \,| < 1$ cada vez que $n \geqslant N$. Así, para $n \geqslant N$, se tiene

$$|\, c_n x^n \,| = \left| \frac{c_n b^n x^n}{b^n} \right| = |c_n b^n| \left| \frac{x}{b} \right|^n < \left| \frac{x}{b} \right|^n$$

Si $|\, x \,| < |\, b \,|$, entonces $|\, x/b \,| < 1$, así que $\Sigma\, |\, x/b \,|^n$ es una serie geométrica convergente. En consecuencia, por la prueba de comparación, la serie $\Sigma_{n=N}^{\infty} \,|\, c_n x^n \,|$ es convergente. Así, la serie $\Sigma\, c_n x^n$ es absolutamente convergente, y por tanto convergente. ■

COMPROBACIÓN DE 2 Suponga que $\Sigma\, c_n d^n$ diverge. Si x es cualquier número tal que $|\, x \,| > |\, d \,|$, entonces $\Sigma\, c_n x^n$ no puede converger, porque, por la parte 1, la convergencia de $\Sigma\, c_n x^n$ implicaría la convergencia de $\Sigma\, c_n d^n$. Por tanto, $\Sigma\, c_n x^n$ diverge cada vez que $|\, x \,| > |\, d \,|$. ■

Teorema Para una serie de potencias $\Sigma\, c_n x^n$ hay únicamente tres posibilidades:

1. La serie converge solo cuando $x = 0$.
2. La serie converge para todas las x.
3. Hay un número positivo R tal que la serie converge si $|\, x \,| < R$ y diverge si $|\, x \,| > R$.

COMPROBACIÓN Suponga que ni el caso 1 ni el caso 2 son verdaderos. Entonces, hay números diferentes de cero b y d tales que $\Sigma\, c_n x^n$ converge para $x = b$ y diverge para $x = d$. Por tanto, el conjunto $S = \{x \mid \Sigma\, c_n x^n \text{ converge}\}$ no está vacío. Por el teorema precedente, la serie diverge si $|\, x \,| > |\, d \,|$, así que $|\, x \,| \leqslant |\, d \,|$ para todas las $x \in S$. Esto indica que $|\, d \,|$ es un límite superior para el conjunto S. Así, por el axioma de integridad (véase la sección 11.1), S tiene un límite superior mínimo R. Si $|\, x \,| > R$, entonces $x \notin S$, así que $\Sigma\, c_n x^n$ diverge. Si $|\, x \,| < R$, entonces $|\, x \,|$ no es un límite superior para S y por tanto existe $b \in S$ tal que $b > |\, x \,|$. Como $b \in S$, $\Sigma\, c_n x^n$ converge, así que, por el teorema precedente, $\Sigma\, c_n x^n$ converge. ■

4 **Teorema** Para una serie de potencias $\Sigma\, c_n (x - a)^n$ hay únicamente tres posibilidades:

1. La serie converge solo cuando $x = a$.
2. La serie converge para todas las x.
3. Hay un número positivo R tal que la serie converge si $|\, x - a \,| < R$ y diverge si $|\, x - a \,| > R$.

COMPROBACIÓN Si se cambia de variable $u = x - a$, la serie de potencias se convierte en $\Sigma\, c_n u^n$ y se aplica el teorema precedente a esta serie. En el caso 3, se tiene convergencia para $|\, u \,| < R$ y divergencia para $|\, u \,| > R$.
Así, se tiene convergencia para $|\, x - a \,| < R$ y divergencia para $|\, x - a \,| > R$. ■

G El logaritmo definido como una integral

El tratamiento de funciones exponenciales y logarítmicas ha dependido hasta ahora de la intuición, que se basa en evidencias numéricas y visuales. (Véanse las secciones 1.4, 1.5 y 3.1.) Aquí se usará el teorema fundamental del cálculo para dar un tratamiento alternativo que brinde un fundamento más firme a esas funciones.

En vez de empezar con b^x y definiendo $\log_b x$ como su inversa, esta vez se comenzará definiendo $\ln x$ como una integral y luego se definirá la función exponencial como su inversa. Tenga en mente que no usará ninguna de las definiciones y resultados previos concernientes a funciones exponenciales y logarítmicas.

El logaritmo natural

En principio, se define primero $\ln x$ como una integral.

1 Definición La **función logarítmica natural** es la función definida por

$$\ln x = \int_1^x \frac{1}{t}\,dt \qquad x > 0$$

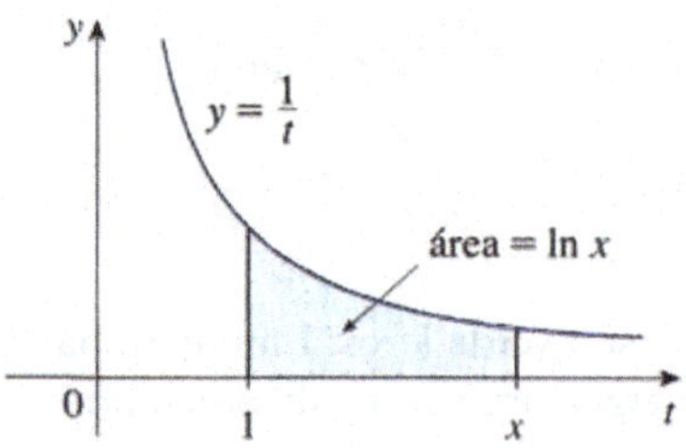

FIGURA 1

La existencia de esta función depende del hecho de que la integral de una función continua siempre existe. Si $x > 1$, entonces $\ln x$ puede interpretarse geométricamente como el área bajo la hipérbola $y = 1/t$ de $t = 1$ a $t = x$. (Véase la figura 1.) Para $x = 1$, se tiene

$$\ln 1 = \int_1^1 \frac{1}{t}\,dt = 0$$

Para $0 < x < 1$, $$\ln x = \int_1^x \frac{1}{t}\,dt = -\int_x^1 \frac{1}{t}\,dt < 0$$

así que $\ln x$ es el negativo del área mostrada en la figura 2.

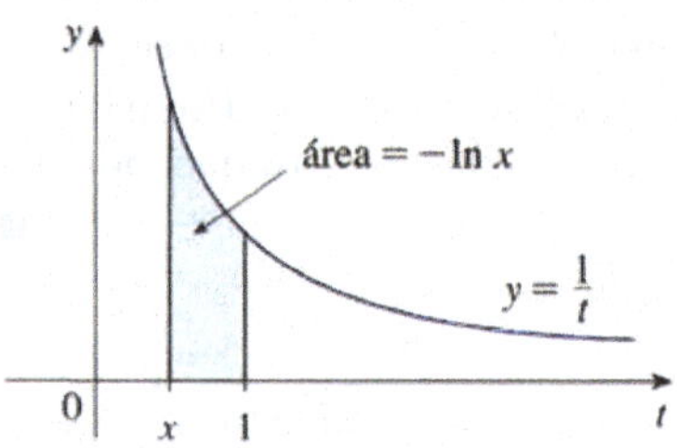

FIGURA 2

EJEMPLO 1

(a) Mediante la comparación de áreas, demuestre que $\frac{1}{2} < \ln 2 < \frac{3}{4}$.

(b) Use la regla del punto medio con $n = 10$ para estimar el valor de $\ln 2$.

SOLUCIÓN

(a) Se puede interpretar $\ln 2$ como el área bajo la curva $y = 1/t$ de 1 a 2. En la figura 3 se observa que esta área es más grande que el área del rectángulo $BCDE$ y más pequeña que el área del trapezoide $ABCD$. Así, se tiene

$$\tfrac{1}{2} \cdot 1 < \ln 2 < 1 \cdot \tfrac{1}{2}\left(1 + \tfrac{1}{2}\right)$$

$$\tfrac{1}{2} < \ln 2 < \tfrac{3}{4}$$

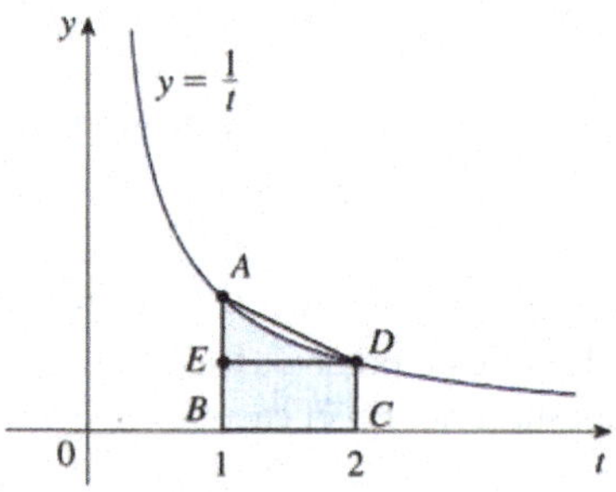

FIGURA 3

(b) Si se usa la regla del punto medio con $f(t) = 1/t$, $n = 10$, y $\Delta t = 0.1$, se obtiene

$$\ln 2 = \int_1^2 \frac{1}{t}\,dt \approx (0.1)[f(1.05) + f(1.15) + \cdots + f(1.95)]$$

$$= (0.1)\left(\frac{1}{1.05} + \frac{1}{1.15} + \cdots + \frac{1}{1.95}\right) \approx 0.693$$

■

Adviértase que la integral que define a $\ln x$ es exactamente el tipo de integral que se analizó en la parte 1 del teorema fundamental del cálculo (véase la sección 5.3). De hecho, usando ese teorema, se tiene

$$\frac{d}{dx}\int_1^x \frac{1}{t}\,dt = \frac{1}{x}$$

así que

[2]

$$\frac{d}{dx}(\ln x) = \frac{1}{x}$$

Aquí se emplea esta regla de derivación para comprobar las propiedades siguientes de la función logarítmica.

[3] Leyes de los logaritmos Si x y y son números positivos y r es un número racional, entonces

1. $\ln(xy) = \ln x + \ln y$ **2.** $\ln\left(\dfrac{x}{y}\right) = \ln x - \ln y$ **3.** $\ln(x^r) = r\ln x$

COMPROBACIÓN

1. Sea $f(x) = \ln(ax)$, donde a es una constante positiva. Entonces, al usar la ecuación 2 y la regla de la cadena, se tiene

$$f'(x) = \frac{1}{ax}\frac{d}{dx}(ax) = \frac{1}{ax}\cdot a = \frac{1}{x}$$

Por tanto, $f(x)$ y $\ln x$ tienen la misma derivada, así que deben diferir por una constante:

$$\ln(ax) = \ln x + C$$

Si se desarrolla $x = 1$ en esta ecuación, se obtiene $\ln a = \ln 1 + C = 0 + C = C$. Así,

$$\ln(ax) = \ln x + \ln a$$

Si ahora se reemplaza la constante a por cualquier número y, se tiene

$$\ln(xy) = \ln x + \ln y$$

2. Al usar la ley 1 con $x = 1/y$, se tiene

$$\ln\frac{1}{y} + \ln y = \ln\left(\frac{1}{y}\cdot y\right) = \ln 1 = 0$$

así que

$$\ln\frac{1}{y} = -\ln y$$

Al usar la ley 1 otra vez, se tiene

$$\ln\left(\frac{x}{y}\right) = \ln\left(x\cdot\frac{1}{y}\right) = \ln x + \ln\frac{1}{y} = \ln x - \ln y$$

La comprobación de la ley 3 se deja como ejercicio. ■

A fin de graficar $y = \ln x$, primero se determinan sus límites:

4 $$\text{(a)}\ \lim_{x \to \infty} \ln x = \infty \qquad \text{(b)}\ \lim_{x \to 0^+} \ln x = -\infty$$

COMPROBACIÓN

(a) Usando la ley 3 con $x = 2$ y $r = n$ (donde n es cualquier entero positivo), se tiene $\ln(2^n) = n \ln 2$. Ahora $\ln 2 > 0$, así que esto demuestra que $\ln(2^n) \to \infty$ cuando $n \to \infty$. Pero $\ln x$ es una función creciente, ya que su derivada $1/x > 0$. Así, $\ln x \to \infty$ cuando $x \to \infty$.

(b) Si se concede que $t = 1/x$, entonces $t \to \infty$ cuando $x \to 0^+$. Por tanto, usando (a), se plantea

$$\lim_{x \to 0^+} \ln x = \lim_{t \to \infty} \ln\left(\frac{1}{t}\right) = \lim_{t \to \infty} (-\ln t) = -\infty$$ ■

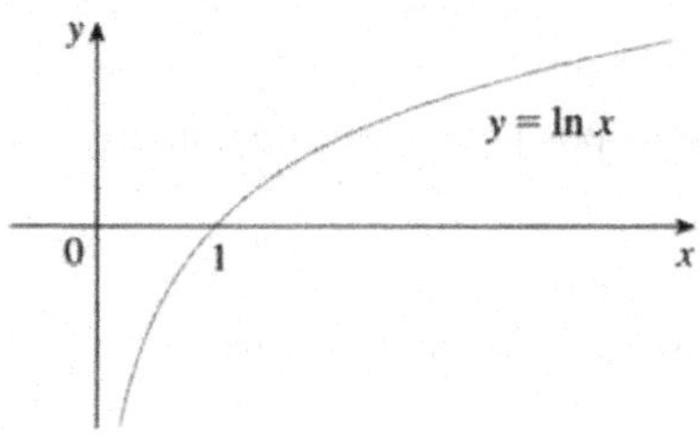

FIGURA 4

Si $y = \ln x$, $x > 0$ entonces

$$\frac{dy}{dx} = \frac{1}{x} > 0 \qquad \text{y} \qquad \frac{d^2y}{dx^2} = -\frac{1}{x^2} < 0$$

lo que demuestra que $\ln x$ es creciente y cóncava hacia abajo en $(0, \infty)$. Al colocar esta información junto con (4), se traza la gráfica de $y = \ln x$ en la figura 4.

Como $\ln 1 = 0$ y $\ln x$ es una función creciente continua que adopta valores arbitrariamente grandes, el teorema del valor intermedio demuestra que hay un número donde $\ln x$ adopta el valor 1. (Véase la figura 5.) Este importante número es denotado como e.

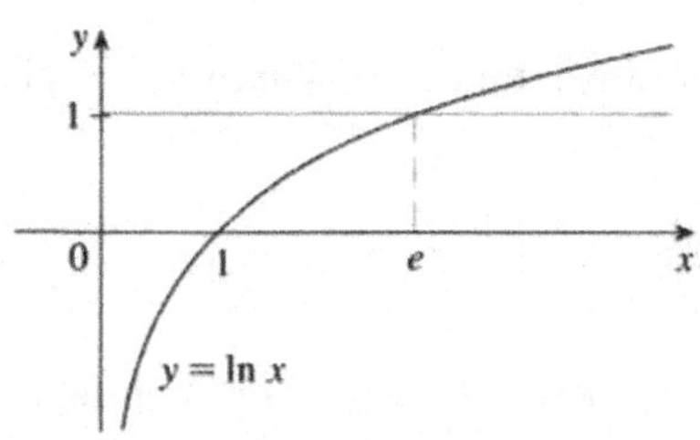

FIGURA 5

5 **Definición** e es el número tal que $\ln e = 1$.

Se demostrará (en el teorema 19) que esta definición es congruente con la definición previa de e.

■ La función exponencial natural

Como ln es una función creciente, es inyectiva y por tanto tiene una función inversa, que denota con exp. Así, de acuerdo con la definición de una función inversa,

$f^{-1}(x) = y \iff f(y) = x$

6 $$\exp(x) = y \iff \ln y = x$$

y las ecuaciones de eliminación son

$f^{-1}(f(x)) = x$
$f(f^{-1}(x)) = x$

7 $$\exp(\ln x) = x \qquad \text{y} \qquad \ln(\exp x) = x$$

En particular, se tiene

$$\exp(0) = 1 \qquad \text{ya que} \qquad \ln 1 = 0$$

$$\exp(1) = e \qquad \text{ya que} \qquad \ln e = 1$$

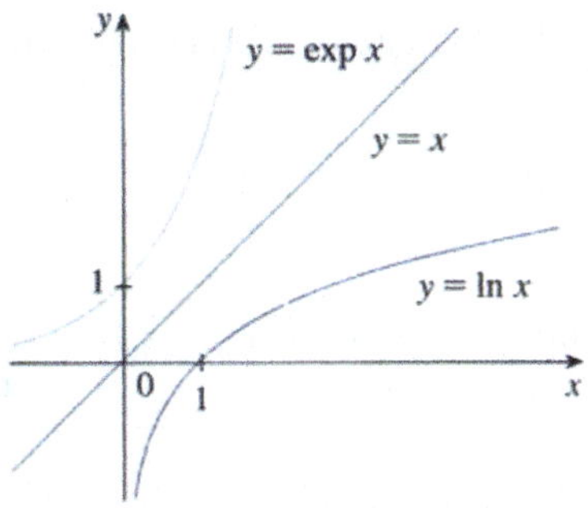

FIGURA 6

Se obtiene la gráfica de $y = \exp x$ al reflejar la gráfica de $y = \ln x$ a través de la recta $y = x$. (Véase la figura 6.) El dominio de exp es el rango de ln, es decir $(-\infty, \infty)$; el rango de exp es el dominio de ln, es decir $(0, \infty)$.

Si r es cualquier número racional, la tercera ley de los logaritmos da

$$\ln(e^r) = r \ln e = r$$

En consecuencia, por (6), $$\exp(r) = e^r$$

Así, $\exp(x) = e^x$ cada vez que x es un número racional. Esto nos lleva a definir e^x, aun para valores irracionales de x, mediante la ecuación

$$\boxed{e^x = \exp(x)}$$

En otras palabras, por las razones dadas, definimos e^x como la inversa de la función $\ln x$. En esta notación, (6) se convierte en

8 $$\boxed{e^x = y \iff \ln y = x}$$

y las ecuaciones de eliminación (7) se convierten en

9 $$\boxed{e^{\ln x} = x \qquad x > 0}$$

10 $$\boxed{\ln(e^x) = x \qquad \text{para todas las } x}$$

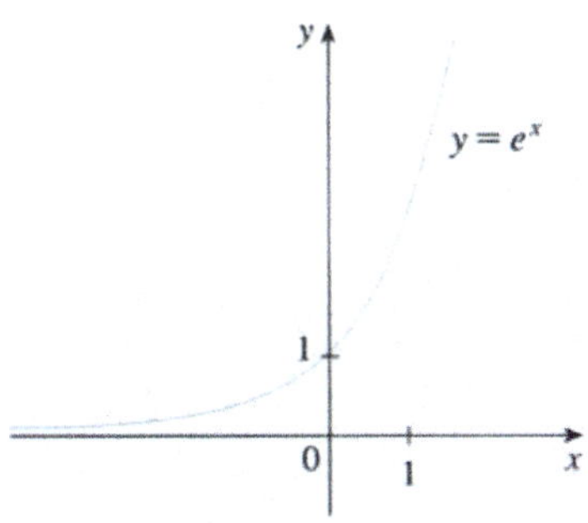

FIGURA 7
La función exponencial natural

La función exponencial natural $f(x) = e^x$ es una de las funciones de más frecuente ocurrencia en el cálculo y sus aplicaciones, así que es importante familiarizarse con su gráfica (figura 7) y sus propiedades (las cuales se derivan del hecho de que esta función es la inversa de la función logarítmica natural).

Propiedades de la función exponencial La función exponencial $f(x) = e^x$ es una función creciente continua con dominio $\mathbb{R}$ y rango $(0, \infty)$. Así, $e^x > 0$ para todas las x. Igualmente,

$$\lim_{x \to -\infty} e^x = 0 \qquad \lim_{x \to \infty} e^x = \infty$$

Entonces, el eje x es una asíntota natural de $f(x) = e^x$.

Ahora se verifica que f tiene las demás propiedades esperadas de una función exponencial.

11 **Leyes de los exponentes** Si x y y son números reales y r es un número racional, entonces

1. $e^{x+y} = e^x e^y$ 2. $e^{x-y} = \dfrac{e^x}{e^y}$ 3. $(e^x)^r = e^{rx}$

COMPROBACIÓN DE LA LEY 1 Usando la primera ley de los logaritmos y la ecuación 10, se tiene

$$\ln(e^x e^y) = \ln(e^x) + \ln(e^y) = x + y = \ln(e^{x+y})$$

Como ln es una función inyectiva, de esto se sigue que $e^x e^y = e^{x+y}$.

Las leyes 2 y 3 se comprueban en forma similar (véanse los ejercicios 6 y 7). Como se verá, la ley 3 en realidad es válida cuando r es cualquier número real. ■

Ahora comprobaremos la fórmula de derivación para e^x.

12 $$\frac{d}{dx}(e^x) = e^x$$

COMPROBACIÓN La función $y = e^x$ es derivable porque es la función inversa de $y = \ln x$, la cual se sabe que es derivable con derivada diferente de cero. Para determinar su derivada, se usa el método de la función inversa. Sea $y = e^x$. Entonces $\ln y = x$ y, derivando implícitamente esta última ecuación con respecto a x, se obtiene

$$\frac{1}{y}\frac{dy}{dx} = 1$$

$$\frac{dy}{dx} = y = e^x$$

■

■ Funciones exponenciales generales

Si $b > 0$ y r es cualquier número racional, entonces por (9) y (11)

$$b^r = (e^{\ln b})^r = e^{r \ln b}$$

En consecuencia, aun para números irracionales x, *se define*

13 $$b^x = e^{x \ln b}$$

Así, por ejemplo,

$$2^{\sqrt{3}} = e^{\sqrt{3}\ln 2} \approx e^{1.20} \approx 3.32$$

La función $f(x) = b^x$ se llama **función exponencial con base *b***. Nótese que b^x es positiva para todas las x, porque e^x es positiva para todas las x.

La definición 13 permite prolongar una de las leyes de los logaritmos. Ya se conoce que $\ln(b^r) = r \ln b$ cuando r es racional. Pero si ahora se sabe que r es *cualquier* número real, de la definición 13 se tiene

$$\ln b^r = \ln(e^{r \ln b}) = r \ln b$$

Así,

14 $\ln b^r = r \ln b$ para cualquier número real r

Las leyes generales de los exponentes se encuentran de la definición 13 junto con las leyes de los exponentes para e^x.

15 **Leyes de los exponentes** Si x y y son números reales y $a, b > 0$, entonces

1. $b^{x+y} = b^x b^y$ 2. $b^{x-y} = b^x/b^y$ 3. $(b^x)^y = b^{xy}$ 4. $(ab)^x = a^x b^x$

COMPROBACIÓN

1. Usando la definición 13 y las leyes de los exponentes para e^x, se tiene

$$b^{x+y} = e^{(x+y)\ln b} = e^{x\ln b + y\ln b}$$
$$= e^{x\ln b}e^{y\ln b} = b^x b^y$$

3. Usando la ecuación 14 se obtiene

$$(b^x)^y = e^{y\ln(b^x)} = e^{yx\ln b} = e^{xy\ln b} = b^{xy}$$

Las comprobaciones restantes se dejan como ejercicios. ■

La fórmula de derivación para funciones exponenciales también es consecuencia de la definición 13:

16
$$\frac{d}{dx}(b^x) = b^x \ln b$$

COMPROBACIÓN

$$\frac{d}{dx}(b^x) = \frac{d}{dx}(e^{x\ln b}) = e^{x\ln b}\frac{d}{dx}(x\ln b) = b^x \ln b$$ ■

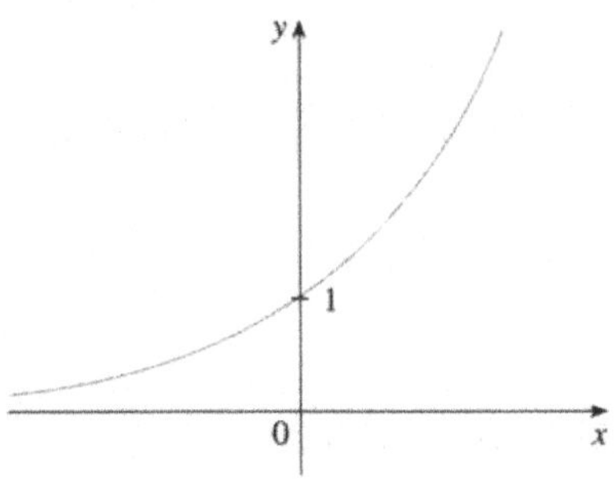

$\lim_{x\to-\infty} b^x = 0,\ \lim_{x\to\infty} b^x = \infty$

FIGURA 8 $y = b^x,\ b > 1$

Si $b > 1$, entonces $\ln b > 0$, así que $(d/dx)\, b^x = b^x \ln b > 0$, lo que demuestra que $y = b^x$ es creciente (véase la figura 8). Si $0 < b < 1$, entonces $\ln b < 0$, así que $y = b^x$ es decreciente (véase la figura 9).

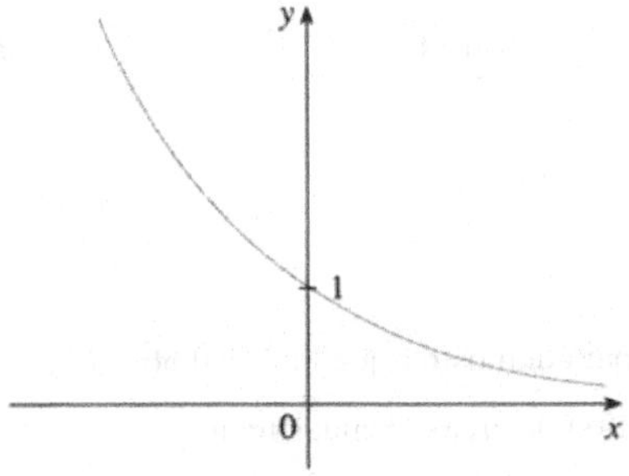

$\lim_{x\to-\infty} b^x = \infty,\ \lim_{x\to\infty} b^x = 0$

FIGURA 9 $y = b^x,\ 0 < b < 1$

■ Funciones logarítmicas generales

Si $b > 0$ y $b \neq 1$, entonces $f(x) = b^x$ es una función inyectiva. Su función inversa se llama **función logarítmica con base *b*** y se denota con $\log_b$. Así,

17
$$\log_b x = y \iff b^y = x$$

En particular, se observa que

$$\log_e x = \ln x$$

Las leyes de los logaritmos son similares a las del logaritmo natural y pueden deducirse de las leyes de los exponentes (véase el ejercicio 10).

Para derivar $y = \log_b x$, se escribe la ecuación como $b^y = x$. De la ecuación 14 se tiene $y \ln b = \ln x$, así que

$$\log_b x = y = \frac{\ln x}{\ln b}$$

Como $\ln b$ es una constante, se puede derivar de la manera siguiente:

$$\frac{d}{dx}(\log_b x) = \frac{d}{dx}\frac{\ln x}{\ln b} = \frac{1}{\ln b}\frac{d}{dx}(\ln x) = \frac{1}{x \ln b}$$

18
$$\frac{d}{dx}(\log_b x) = \frac{1}{x \ln b}$$

El número e expresado como un límite

En esta sección se definirá e como el número tal que $\ln e = 1$. El teorema siguiente indica que este es igual al número e definido en la sección 3.1 (véase la ecuación 3.6.5).

19
$$e = \lim_{x \to 0}(1 + x)^{1/x}$$

COMPROBACIÓN Sea $f(x) = \ln x$. Entonces $f'(x) = 1/x$, así que $f'(1) = 1$. Pero, por la definición de derivada,

$$f'(1) = \lim_{h \to 0}\frac{f(1 + h) - f(1)}{h} = \lim_{x \to 0}\frac{f(1 + x) - f(1)}{x}$$

$$= \lim_{x \to 0}\frac{\ln(1 + x) - \ln 1}{x} = \lim_{x \to 0}\frac{1}{x}\ln(1 + x) = \lim_{x \to 0}\ln(1 + x)^{1/x}$$

Debido a que $f'(1) = 1$, se tiene

$$\lim_{x \to 0}\ln(1 + x)^{1/x} = 1$$

Entonces, por el teorema 2.5.8 y la continuidad de la función exponencial, se tiene

$$e = e^1 = e^{\lim_{x \to 0}\ln(1+x)^{1/x}} = \lim_{x \to 0} e^{\ln(1+x)^{1/x}} = \lim_{x \to 0}(1 + x)^{1/x}$$ ■

G EJERCICIOS

1. (a) Mediante la comparación de áreas, demuestre que

$$\tfrac{1}{3} < \ln 1.5 < \tfrac{5}{12}$$

(b) Use la regla del punto medio con $n = 10$ para estimar $\ln 1.5$.

2. Consulte el ejemplo 1.

(a) Determine la ecuación de la recta tangente a la curva $y = 1/t$ que es paralela a la recta secante AD.

(b) Use el inciso (a) para demostrar que $\ln 2 > 0.66$.

3. Mediante la comparación de áreas, demuestre que

$$\frac{1}{2} + \frac{1}{3} + \cdots + \frac{1}{n} < \ln n < 1 + \frac{1}{2} + \frac{1}{3} + \cdots + \frac{1}{n - 1}$$

4. (a) Mediante la comparación de áreas, demuestre que $\ln 2 < 1 < \ln 3$.

(b) Deduzca que $2 < e < 3$.

5. Compruebe la tercera ley de los logaritmos. (*Sugerencia:* comience demostrando que ambos miembros de la ecuación tienen la misma derivada.)

6. Compruebe la segunda ley de los exponentes para e^x [véase (11)].

7. Compruebe la tercera ley de los exponentes para e^x [véase (11)].

8. Compruebe la segunda ley de los exponentes [véase (15)].

9. Compruebe la cuarta ley de los exponentes [véase (15)].

10. Deduzca de (15) las siguientes leyes de los logaritmos:
   (a) $\log_b(xy) = \log_b x + \log_b y$
   (b) $\log_b(x/y) = \log_b x - \log_b y$
   (c) $\log_b(x^y) = y \log_b x$

H Números complejos

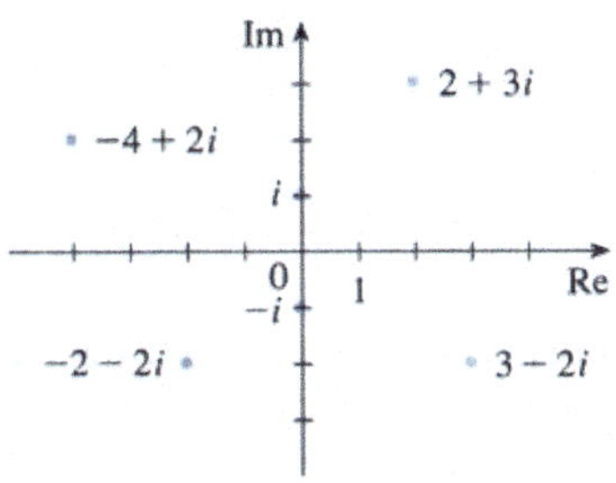

FIGURA 1
Números complejos como puntos en el plano de Argand

Un **número complejo** puede representarse con una expresión de la forma $a + bi$, donde a y b son números reales e i es un símbolo con la propiedad de que $i^2 = -1$. El número complejo $a + bi$ puede representarse también con el par ordenado (a, b) y trazarse como un punto en un plano (llamado plano de Argand) como en la figura 1. Así, el número complejo $i = 0 + 1 \cdot i$ se identifica con el punto $(0, 1)$.

La **parte real** del número complejo $a + bi$ es el número real a y la **parte imaginaria** es el número real b. Así, la parte real de $4 - 3i$ es 4 y la parte imaginaria es -3. Dos números complejos $a + bi$ y $c + di$ son **iguales** si $a = c$ y $b = d$, es decir si sus partes reales son iguales y sus partes imaginarias son iguales. En el plano de Argand, el eje horizontal se llama eje real y el eje vertical se llama eje imaginario.

La suma y diferencia de dos números complejos se definen sumando o restando sus partes reales y sus partes imaginarias:

$$(a + bi) + (c + di) = (a + c) + (b + d)i$$

$$(a + bi) - (c + di) = (a - c) + (b - d)i$$

Por ejemplo,

$$(1 - i) + (4 + 7i) = (1 + 4) + (-1 + 7)i = 5 + 6i$$

El producto de números complejos se define de tal forma que las usuales leyes conmutativa y distributiva sean válidas:

$$\begin{aligned}(a + bi)(c + di) &= a(c + di) + (bi)(c + di)\\ &= ac + adi + bci + bdi^2\end{aligned}$$

Como $i^2 = -1$, esto se convierte en

$$(a + bi)(c + di) = (ac - bd) + (ad + bc)i$$

EJEMPLO 1

$$\begin{aligned}(-1 + 3i)(2 - 5i) &= (-1)(2 - 5i) + 3i(2 - 5i)\\ &= -2 + 5i + 6i - 15(-1) = 13 + 11i\end{aligned}$$ ■

La división de números complejos es muy parecida a la racionalización del denominador de una expresión racional. Para el número complejo $z = a + bi$, se define su **conjugado complejo** como $\bar{z} = a - bi$. Para determinar el cociente de dos números complejos se multiplica el numerador y el denominador por el conjugado complejo del denominador.

EJEMPLO 2 Exprese el número $\dfrac{-1 + 3i}{2 + 5i}$ en la forma $a + bi$.

SOLUCIÓN Se multiplica el numerador y el denominador por el conjugado complejo de $2 + 5i$, es decir $2 - 5i$, y se aprovecha el resultado del ejemplo 1:

$$\frac{-1 + 3i}{2 + 5i} = \frac{-1 + 3i}{2 + 5i} \cdot \frac{2 - 5i}{2 - 5i} = \frac{13 + 11i}{2^2 + 5^2} = \frac{13}{29} + \frac{11}{29} i$$ ■

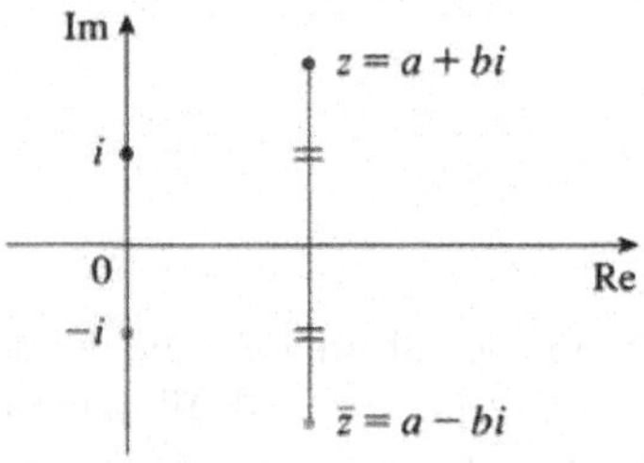

FIGURA 2

La interpretación geométrica del conjugado complejo se muestra en la figura 2: $\bar{z}$ es el reflejo de z a través del eje real. Se enlistan algunas de las propiedades del conjugado complejo en el recuadro siguiente. Las comprobaciones se encuentran después de la definición y se solicitarán en el ejercicio 18.

Propiedades de los conjugados

$$\overline{z + w} = \bar{z} + \bar{w} \qquad \overline{zw} = \bar{z}\,\bar{w} \qquad \overline{z^n} = \bar{z}^n$$

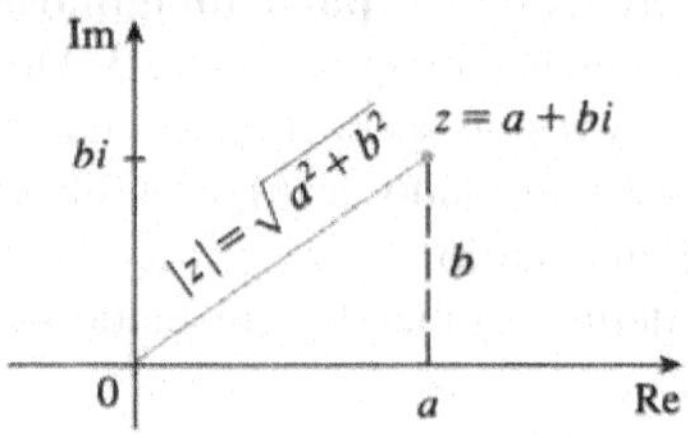

FIGURA 3

El **módulo**, o **valor absoluto**, $|z|$ de un número complejo $z = a + bi$ es su distancia del origen. En la figura 3 se observa que si $z = a + bi$, entonces

$$|z| = \sqrt{a^2 + b^2}$$

Observe que

$$z\bar{z} = (a + bi)(a - bi) = a^2 + abi - abi - b^2i^2 = a^2 + b^2$$

así que

$$z\bar{z} = |z|^2$$

Esto explica que el procedimiento de división del ejemplo 2 opere en general:

$$\frac{z}{w} = \frac{z\bar{w}}{w\bar{w}} = \frac{z\bar{w}}{|w|^2}$$

Como $i^2 = -1$, se puede concebir a i como una raíz cuadrada de -1. Pero observe que también $(-i)^2 = i^2 = -1$, así que $-i$ es también una raíz cuadrada de -1. Se dice que i es la **raíz cuadrada principal** de -1 y se escribe $\sqrt{-1} = i$. En general, si c es cualquier número positivo, se escribe

$$\sqrt{-c} = \sqrt{c}\, i$$

Con esta convención, la derivación y fórmula usuales de las raíces de la ecuación cuadrática $ax^2 + bx + c = 0$ son válidas aun si $b^2 - 4ac < 0$:

$$x = \frac{-b \pm \sqrt{b^2 - 4ac}}{2a}$$

EJEMPLO 3 Determine las raíces de la ecuación $x^2 + x + 1 = 0$.

SOLUCIÓN Usando la fórmula cuadrática, se tiene

$$x = \frac{-1 \pm \sqrt{1^2 - 4 \cdot 1}}{2} = \frac{-1 \pm \sqrt{-3}}{2} = \frac{-1 \pm \sqrt{3}\, i}{2}$$ ■

Observe que las soluciones de la ecuación del ejemplo 3 son conjugados complejos entre sí. En general, las soluciones de cualquier ecuación cuadrática $ax^2 + bx + c = 0$ con coeficientes reales a, b y c son siempre conjugados complejos. (Si z es real, $\bar{z} = z$, así que z es su propia conjugada.)

Se ha visto que si se permiten números complejos como soluciones, todas las ecuaciones cuadráticas tendrán una solución. En términos más generales, es cierto que todas las ecuaciones polinomiales

$$a_n x^n + a_{n-1}x^{n-1} + \cdots + a_1 x + a_0 = 0$$

de grado al menos uno tiene una solución entre los números complejos. Este hecho se conoce como teorema fundamental del álgebra y fue comprobado por Gauss.

Forma polar

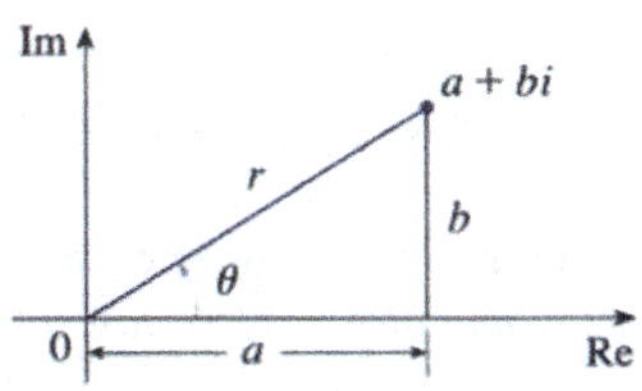

FIGURA 4

Sabemos que cualquier número complejo $z = a + bi$ puede ser considerado un punto (a, b) y que cualquier punto de este tipo puede representarse con coordenadas polares (r, θ), con $r \geqslant 0$. De hecho,

$$a = r\cos\theta \qquad b = r\operatorname{sen}\theta$$

como en la figura 4. Entonces se tiene

$$z = a + bi = (r\cos\theta) + (r\operatorname{sen}\theta)i$$

Así, se puede escribir cualquier número complejo z en la forma

$$\boxed{z = r(\cos\theta + i\operatorname{sen}\theta)}$$

donde $$r = |z| = \sqrt{a^2 + b^2} \qquad \text{y} \qquad \tan\theta = \frac{b}{a}$$

El ángulo θ se llama **argumento** de z y se escribe $\theta = \arg(z)$. Note que $\arg(z)$ no es único; cualesquiera dos argumentos de z difieren por un múltiplo entero de 2π.

EJEMPLO 4 Escriba los números siguientes en forma polar.

(a) $z = 1 + i$ (b) $w = \sqrt{3} - i$

SOLUCIÓN

(a) Se tiene $r = |z| = \sqrt{1^2 + 1^2} = \sqrt{2}$ y $\tan\theta = 1$, así que se puede tomar $\theta = \pi/4$. Por tanto, la forma polar es

$$z = \sqrt{2}\left(\cos\frac{\pi}{4} + i\operatorname{sen}\frac{\pi}{4}\right)$$

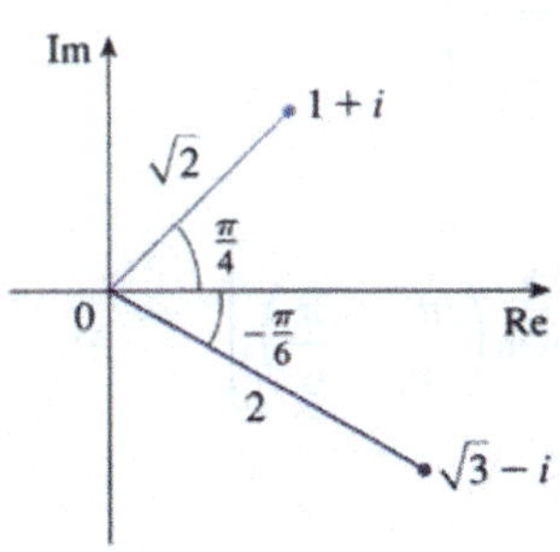

FIGURA 5

(b) Aquí se tiene $r = |w| = \sqrt{3 + 1} = 2$ y $\tan\theta = -1/\sqrt{3}$. Como w reside en el cuarto cuadrante, se toma $\theta = -\pi/6$ y

$$w = 2\left[\cos\left(-\frac{\pi}{6}\right) + i\operatorname{sen}\left(-\frac{\pi}{6}\right)\right]$$

Los números z y w aparecen en la figura 5. ■

La forma polar de los números complejos aporta una idea de la multiplicación y la división. Sean

$$z_1 = r_1(\cos\theta_1 + i \operatorname{sen}\theta_1) \qquad z_2 = r_2(\cos\theta_2 + i \operatorname{sen}\theta_2)$$

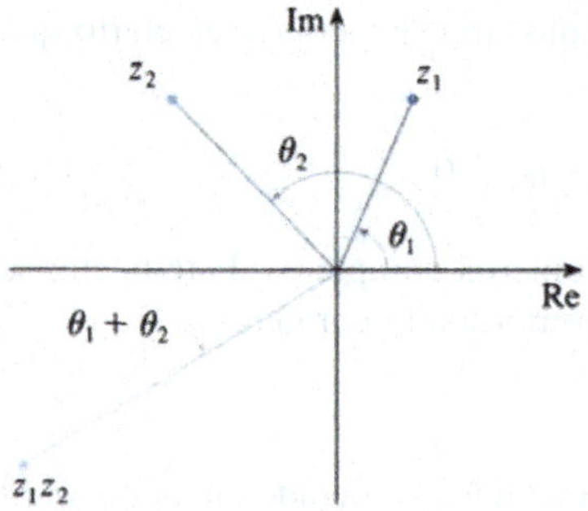

FIGURA 6

dos números complejos escritos en forma polar. Entonces,

$$\begin{aligned} z_1z_2 &= r_1r_2(\cos\theta_1 + i \operatorname{sen}\theta_1)(\cos\theta_2 + i \operatorname{sen}\theta_2) \\ &= r_1r_2[(\cos\theta_1\cos\theta_2 - \operatorname{sen}\theta_1\operatorname{sen}\theta_2) + i(\operatorname{sen}\theta_1\cos\theta_2 + \cos\theta_1\operatorname{sen}\theta_2)] \end{aligned}$$

Por tanto, usando las fórmulas de la adición para el coseno y el seno, se tiene

1
$$z_1z_2 = r_1r_2[\cos(\theta_1 + \theta_2) + i \operatorname{sen}(\theta_1 + \theta_2)]$$

Esta fórmula establece que *para multiplicar dos números complejos se multiplican los módulos y se suman los argumentos*. (Véase la figura 6.)

Un argumento similar que usa las fórmulas de la sustracción del seno y el coseno indica que *para dividir dos números complejos se dividen los módulos y se restan los argumentos*.

$$\frac{z_1}{z_2} = \frac{r_1}{r_2}[\cos(\theta_1 - \theta_2) + i \operatorname{sen}(\theta_1 - \theta_2)] \qquad z_2 \neq 0$$

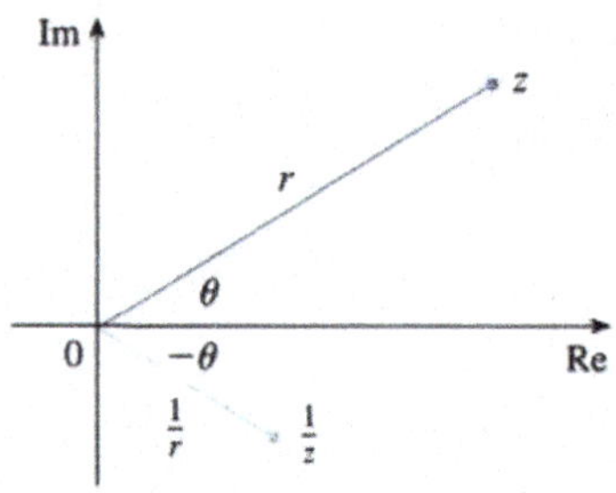

FIGURA 7

En particular, tomando $z_1 = 1$ y $z_2 = z$ (y por tanto $\theta_1 = 0$ y $\theta_2 = \theta$, se obtiene lo siguiente, que se ilustra en la figura 7.

$$\text{Si} \quad z = r(\cos\theta + i \operatorname{sen}\theta), \quad \text{entonces} \quad \frac{1}{z} = \frac{1}{r}(\cos\theta - i \operatorname{sen}\theta).$$

EJEMPLO 5 Determine el producto de los números complejos $1 + i$ y $\sqrt{3} - i$ en forma polar.

SOLUCIÓN Del ejemplo 4 se tiene

$$1 + i = \sqrt{2}\left(\cos\frac{\pi}{4} + i \operatorname{sen}\frac{\pi}{4}\right)$$

y

$$\sqrt{3} - i = 2\left[\cos\left(-\frac{\pi}{6}\right) + i \operatorname{sen}\left(-\frac{\pi}{6}\right)\right]$$

Así, por la ecuación 1,

$$\begin{aligned} (1 + i)(\sqrt{3} - i) &= 2\sqrt{2}\left[\cos\left(\frac{\pi}{4} - \frac{\pi}{6}\right) + i \operatorname{sen}\left(\frac{\pi}{4} - \frac{\pi}{6}\right)\right] \\ &= 2\sqrt{2}\left(\cos\frac{\pi}{12} + i \operatorname{sen}\frac{\pi}{12}\right) \end{aligned}$$

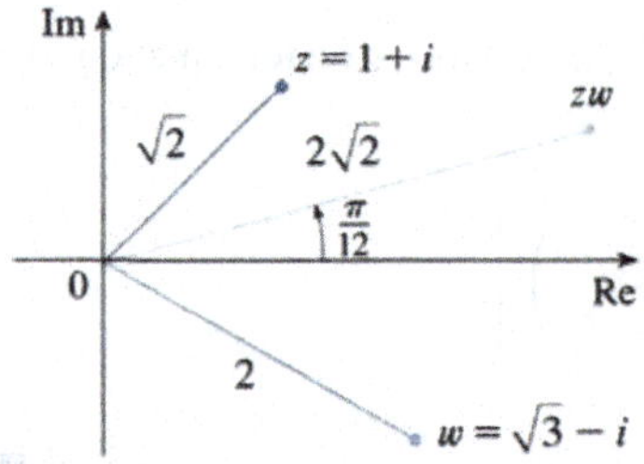

FIGURA 8

Esto se ilustra en la figura 8. ■

El uso repetido de la fórmula 1 muestra cómo calcular potencias de un número complejo. Si

$$z = r(\cos\theta + i\,\text{sen}\,\theta)$$

entonces $$z^2 = r^2(\cos 2\theta + i\,\text{sen}\,2\theta)$$

y $$z^3 = zz^2 = r^3(\cos 3\theta + i\,\text{sen}\,3\theta)$$

En general, se obtiene el resultado siguiente, que toma su nombre del matemático francés Abraham De Moivre (1667-1754).

> **2 Teorema de De Moivre** Si $z = r(\cos\theta + i\,\text{sen}\,\theta)$ y n es un entero positivo, entonces
>
> $$z^n = [r(\cos\theta + i\,\text{sen}\,\theta)]^n = r^n(\cos n\theta + i\,\text{sen}\,n\theta)$$

Esto indica que *para tomar la enésima potencia de un número complejo, se toma la enésima potencia del módulo y se multiplica el argumento por n.*

EJEMPLO 6 Determine $(\frac{1}{2} + \frac{1}{2}i)^{10}$.

SOLUCIÓN Como $\frac{1}{2} + \frac{1}{2}i = \frac{1}{2}(1 + i)$, del ejemplo 4(a) se desprende que $\frac{1}{2} + \frac{1}{2}i$ tiene la forma polar

$$\frac{1}{2} + \frac{1}{2}i = \frac{\sqrt{2}}{2}\left(\cos\frac{\pi}{4} + i\,\text{sen}\frac{\pi}{4}\right)$$

Así, por el teorema de De Moivre,

$$\left(\frac{1}{2} + \frac{1}{2}i\right)^{10} = \left(\frac{\sqrt{2}}{2}\right)^{10}\left(\cos\frac{10\pi}{4} + i\,\text{sen}\frac{10\pi}{4}\right)$$

$$= \frac{2^5}{2^{10}}\left(\cos\frac{5\pi}{2} + i\,\text{sen}\frac{5\pi}{2}\right) = \frac{1}{32}i$$

El teorema de De Moivre también puede usarse para determinar las enésimas raíces de números complejos. Una raíz enésima del número complejo z es un número complejo w tal que

$$w^n = z$$

Al escribir estos dos números en forma trigonométrica como

$$w = s(\cos\phi + i\,\text{sen}\,\phi) \qquad \text{y} \qquad z = r(\cos\theta + i\,\text{sen}\,\theta)$$

y usar el teorema de De Moivre, se obtiene

$$s^n(\cos n\phi + i\,\text{sen}\,n\phi) = r(\cos\theta + i\,\text{sen}\,\theta)$$

La igualdad de estos dos números complejos muestra que

$$s^n = r \qquad \text{o} \qquad s = r^{1/n}$$

y $$\cos n\phi = \cos\theta \qquad \text{y} \qquad \text{sen}\,n\phi = \text{sen}\,\theta$$

Del hecho de que seno y coseno tienen período 2π se establece que

$$n\phi = \theta + 2k\pi \qquad \text{o} \qquad \phi = \frac{\theta + 2k\pi}{n}$$

Así,
$$w = r^{1/n}\left[\cos\left(\frac{\theta + 2k\pi}{n}\right) + i\,\text{sen}\left(\frac{\theta + 2k\pi}{n}\right)\right]$$

Como esta expresión da un valor diferente de w para $k = 0, 1, 2, \ldots, n - 1$, se tiene lo siguiente.

3 Raíces de un número complejo Sea $z = r(\cos\theta + i\,\text{sen}\,\theta)$ y sea n un entero positivo. Entonces, z tiene n raíces enésimas distintas

$$w_k = r^{1/n}\left[\cos\left(\frac{\theta + 2k\pi}{n}\right) + i\,\text{sen}\left(\frac{\theta + 2k\pi}{n}\right)\right]$$

donde $k = 0, 1, 2, \ldots, n - 1$.

Note que cada una de las enésimas raíces de z tiene módulo $|w_k| = r^{1/n}$. Así, todas las raíces enésimas de z se sitúan en el círculo de radio $r^{1/n}$ en el plano complejo. Asimismo, como el argumento de cada enésima raíz sucesiva excede al argumento de la raíz previa en $2\pi/n$, se observa que las enésimas raíces de z están igualmente espaciadas en ese círculo.

EJEMPLO 7 Halle las seis raíces sextas de $z = -8$ y grafique esas raíces en el plano complejo.

SOLUCIÓN En forma trigonométrica, $z = 8(\cos\pi + i\,\text{sen}\,\pi)$. Al aplicar la ecuación 3 con $n = 6$ se obtiene

$$w_k = 8^{1/6}\left(\cos\frac{\pi + 2k\pi}{6} + i\,\text{sen}\frac{\pi + 2k\pi}{6}\right)$$

Se calculan las seis raíces sextas de -8 tomando $k = 0, 1, 2, 3, 4, 5$ en esta fórmula:

$$w_0 = 8^{1/6}\left(\cos\frac{\pi}{6} + i\,\text{sen}\frac{\pi}{6}\right) = \sqrt{2}\left(\frac{\sqrt{3}}{2} + \frac{1}{2}i\right)$$

$$w_1 = 8^{1/6}\left(\cos\frac{\pi}{2} + i\,\text{sen}\frac{\pi}{2}\right) = \sqrt{2}\,i$$

$$w_2 = 8^{1/6}\left(\cos\frac{5\pi}{6} + i\,\text{sen}\frac{5\pi}{6}\right) = \sqrt{2}\left(-\frac{\sqrt{3}}{2} + \frac{1}{2}i\right)$$

$$w_3 = 8^{1/6}\left(\cos\frac{7\pi}{6} + i\,\text{sen}\frac{7\pi}{6}\right) = \sqrt{2}\left(-\frac{\sqrt{3}}{2} - \frac{1}{2}i\right)$$

$$w_4 = 8^{1/6}\left(\cos\frac{3\pi}{2} + i\,\text{sen}\frac{3\pi}{2}\right) = -\sqrt{2}\,i$$

$$w_5 = 8^{1/6}\left(\cos\frac{11\pi}{6} + i\,\text{sen}\frac{11\pi}{6}\right) = \sqrt{2}\left(\frac{\sqrt{3}}{2} - \frac{1}{2}i\right)$$

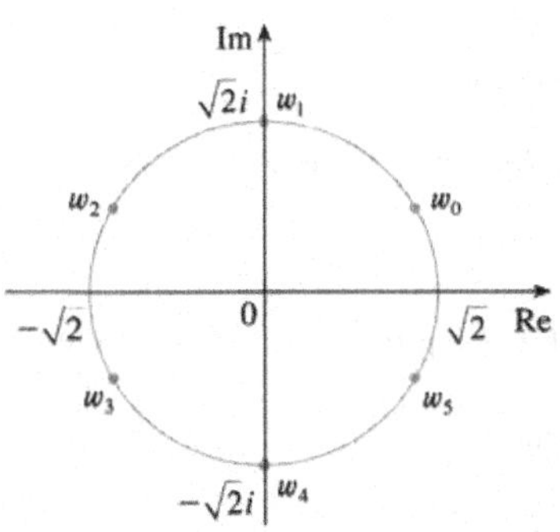

FIGURA 9
Las seis raíces sextas de $z = -8$

Todos estos puntos se ubican en el círculo de radio $\sqrt{2}$, como se muestra en la figura 9. ■

Exponenciales complejas

La expresión e^z debe tener un significado cuando $z = x + iy$ es un número complejo. La teoría de la serie infinita desarrollada en el capítulo 11 puede prolongarse al caso en el que los términos son números complejos. Usando como guía la serie de Taylor para e^x (11.10.11), se define

$$\boxed{4} \qquad e^z = \sum_{n=0}^{\infty} \frac{z^n}{n!} = 1 + z + \frac{z^2}{2!} + \frac{z^3}{3!} + \cdots$$

y resulta que esta función exponencial compleja tiene las mismas propiedades que la función exponencial real. En particular, es cierto que

$$\boxed{5} \qquad e^{z_1+z_2} = e^{z_1}e^{z_2}$$

Si $z = iy$, donde y es un número real, en la ecuación 4, y se usan los hechos de que

$$i^2 = -1, \quad i^3 = i^2 i = -i, \quad i^4 = 1, \quad i^5 = i, \quad \ldots$$

Se obtiene
$$\begin{aligned} e^{iy} &= 1 + iy + \frac{(iy)^2}{2!} + \frac{(iy)^3}{3!} + \frac{(iy)^4}{4!} + \frac{(iy)^5}{5!} + \cdots \\ &= 1 + iy - \frac{y^2}{2!} - i\frac{y^3}{3!} + \frac{y^4}{4!} + i\frac{y^5}{5!} + \cdots \\ &= \left(1 - \frac{y^2}{2!} + \frac{y^4}{4!} - \frac{y^6}{6!} + \cdots\right) + i\left(y - \frac{y^3}{3!} + \frac{y^5}{5!} - \cdots\right) \\ &= \cos y + i \operatorname{sen} y \end{aligned}$$

Aquí se ha usado la serie de Taylor para $\cos y$ y $\operatorname{sen} y$ (ecuaciones 11.10.16 y 11.10.15). El resultado es una fórmula famosa, llamada **fórmula de Euler**:

$$\boxed{6} \qquad \boxed{e^{iy} = \cos y + i \operatorname{sen} y}$$

Al combinar la fórmula de Euler con la ecuación 5 se obtiene

$$\boxed{7} \qquad e^{x+iy} = e^x e^{iy} = e^x(\cos y + i \operatorname{sen} y)$$

EJEMPLO 8 Evalúe (a) $e^{i\pi}$ (b) $e^{-1+i\pi/2}$

El resultado del ejemplo 8(a) podría escribirse así

$$e^{i\pi} + 1 = 0$$

Esta ecuación relaciona los cinco números más famosos de todas las matemáticas: 0, 1, e, i y π.

SOLUCIÓN

(a) Con base en la ecuación de Euler (6) se tiene

$$e^{i\pi} = \cos \pi + i \operatorname{sen} \pi = -1 + i(0) = -1$$

(b) Usando la ecuación 7 se obtiene

$$e^{-1+i\pi/2} = e^{-1}\left(\cos\frac{\pi}{2} + i \operatorname{sen}\frac{\pi}{2}\right) = \frac{1}{e}[0 + i(1)] = \frac{i}{e} \qquad \blacksquare$$

Por último, se observa que la ecuación de Euler brinda un método más fácil para comprobar el teorema de De Moivre:

$$[r(\cos\theta + i \operatorname{sen}\theta)]^n = (re^{i\theta})^n = r^n e^{in\theta} = r^n(\cos n\theta + i \operatorname{sen} n\theta)$$

H EJERCICIOS

1-14 Evalúe la expresión y escriba su respuesta en la forma $a + bi$.

1. $(5 - 6i) + (3 + 2i)$

2. $\left(4 - \frac{1}{2}i\right) - \left(9 + \frac{5}{2}i\right)$

3. $(2 + 5i)(4 - i)$

4. $(1 - 2i)(8 - 3i)$

5. $\overline{12 + 7i}$

6. $\overline{2i\left(\frac{1}{2} - i\right)}$

7. $\dfrac{1 + 4i}{3 + 2i}$

8. $\dfrac{3 + 2i}{1 - 4i}$

9. $\dfrac{1}{1 + i}$

10. $\dfrac{3}{4 - 3i}$

11. i^3

12. i^{100}

13. $\sqrt{-25}$

14. $\sqrt{-3}\sqrt{-12}$

15-17 Determine el conjugado complejo y el módulo del número.

15. $12 - 5i$

16. $-1 + 2\sqrt{2}\,i$

17. $-4i$

18. Compruebe las propiedades siguientes de los números complejos.

(a) $\overline{z + w} = \overline{z} + \overline{w}$

(b) $\overline{zw} = \overline{z}\,\overline{w}$

(c) $\overline{z^n} = \overline{z}^n$, donde n es un entero positivo

[*Sugerencia*: escriba $z = a + bi$, $w = c + di$.]

19-24 Determine todas las soluciones de la ecuación.

19. $4x^2 + 9 = 0$

20. $x^4 = 1$

21. $x^2 + 2x + 5 = 0$

22. $2x^2 - 2x + 1 = 0$

23. $z^2 + z + 2 = 0$

24. $z^2 + \frac{1}{2}z + \frac{1}{4} = 0$

25-28 Escriba el número en forma polar con argumento entre 0 y 2π.

25. $-3 + 3i$

26. $1 - \sqrt{3}\,i$

27. $3 + 4i$

28. $8i$

29-32 Determine formas polares para zw, z/w y $1/z$ poniendo primero z y w en forma polar.

29. $z = \sqrt{3} + i, \quad w = 1 + \sqrt{3}\,i$

30. $z = 4\sqrt{3} - 4i, \quad w = 8i$

31. $z = 2\sqrt{3} - 2i, \quad w = -1 + i$

32. $z = 4\left(\sqrt{3} + i\right), \quad w = -3 - 3i$

33-36 Halle la potencia indicada usando el teorema de De Moivre.

33. $(1 + i)^{20}$

34. $\left(1 - \sqrt{3}\,i\right)^5$

35. $\left(2\sqrt{3} + 2i\right)^5$

36. $(1 - i)^8$

37-40 Halle las raíces indicadas. Trace las raíces en el plano complejo.

37. Las raíces octavas de 1

38. Las raíces quintas de 32

39. Las raíces cúbicas de i

40. Las raíces cúbicas de $1 + i$

41-46 Escriba el número en la forma $a + bi$.

41. $e^{i\pi/2}$

42. $e^{2\pi i}$

43. $e^{i\pi/3}$

44. $e^{-i\pi}$

45. $e^{2+i\pi}$

46. $e^{\pi+i}$

47. Use el teorema de De Moivre con $n = 3$ para expresar $\cos 3\theta$ y $\operatorname{sen} 3\theta$ en términos de $\cos\theta$ y $\operatorname{sen}\theta$.

48. Use la fórmula de Euler para comprobar las fórmulas siguientes para $\cos x$ y $\operatorname{sen} x$:

$$\cos x = \frac{e^{ix} + e^{-ix}}{2} \qquad \operatorname{sen} x = \frac{e^{ix} - e^{-ix}}{2i}$$

49. Si $u(x) = f(x) + ig(x)$ es una función con valores complejos de una variable real x y las partes real e imaginaria $f(x)$ y $g(x)$ son funciones derivables de x, la derivada de u se define como $u'(x) = f'(x) + ig'(x)$. Use esto junto con la ecuación 7 para comprobar que si $F(x) = e^{rx}$, entonces $F'(x) = re^{rx}$ cuando $r = a + bi$ es un número complejo.

50. (a) Si u es una función con valores complejos de una variable real, su integral indefinida $\int u(x)\,dx$ es una antiderivada de u. Evalúe

$$\int e^{(1+i)x}\,dx$$

(b) Considerando las partes real e imaginaria de la integral del inciso (a), evalúe las integrales reales

$$\int e^x \cos x\,dx \qquad \text{y} \qquad \int e^x \operatorname{sen} x\,dx$$

(c) Compare con el método usado en el ejemplo 7.1.4.

I Respuestas a los ejercicios con número impar

CAPÍTULO 1

EJERCICIOS 1.1 ■ PÁGINA 19

1. Sí
3. (a) 3 (b) -0.2 (c) 0, 3 (d) -0.8 (e) $[-2, 4]$, $[-1, 3]$ (f) $[-2, 1]$
5. $[-85, 115]$
7. No
9. Sí, $[-3, 2]$, $[-3, -2) \cup [-1, 3]$
11. (a) 13.8°C (b) 1990 (c) 1910, 2005 (d) $[13.5, 14.5]$
13.

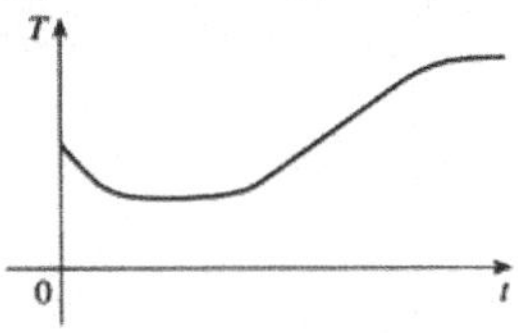

15. (a) 500 MW; 730 MW (b) 4 AM; mediodía; sí
17.

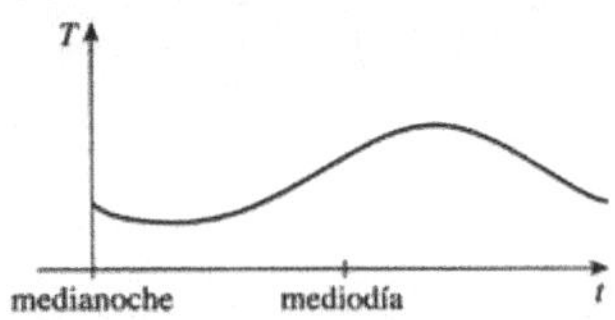

19.

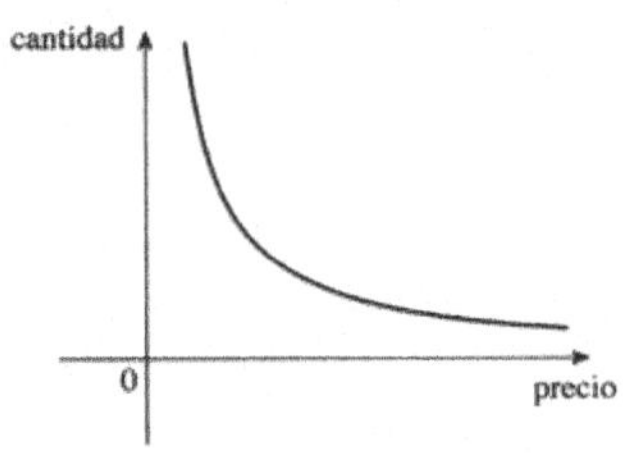

21.

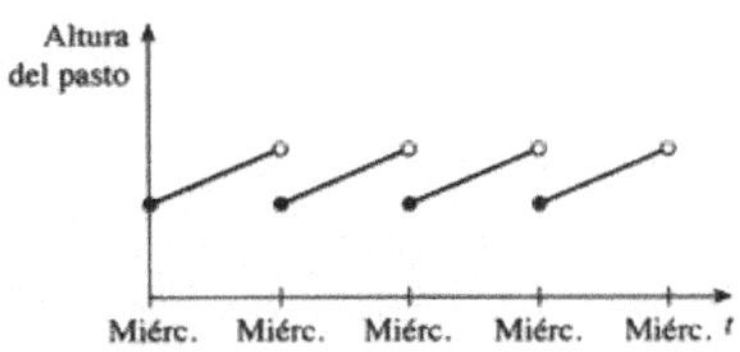

23. (a)

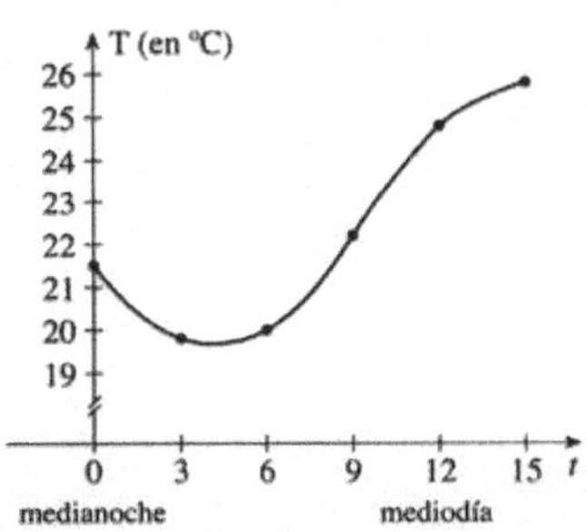

(b) 24°C

25. $12, 16, 3a^2 - a + 2, 3a^2 + a + 2, 3a^2 + 5a + 4,$
$6a^2 - 2a + 4, 12a^2 - 2a + 2, 3a^4 - a^2 + 2,$
$9a^4 - 6a^3 + 13a^2 - 4a + 4, 3a^2 + 6ah + 3h^2 - a - h + 2$
27. $-3 - h$ **29.** $-1/(ax)$

31. $(-\infty, -3) \cup (-3, 3) \cup (3, \infty)$ **33.** $(-\infty, \infty)$
35. $(-\infty, 0) \cup (5, \infty)$ **37.** $[0, 4]$
39. $(-\infty, \infty)$

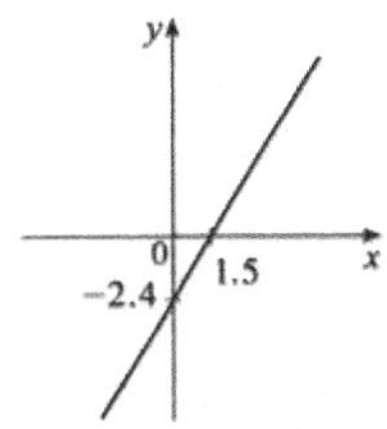

41. $-1, 1, -1$

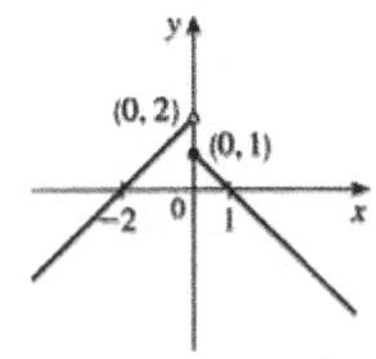

43. $-2, 0, 4$

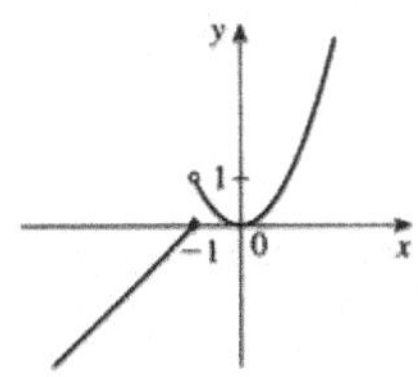

45.

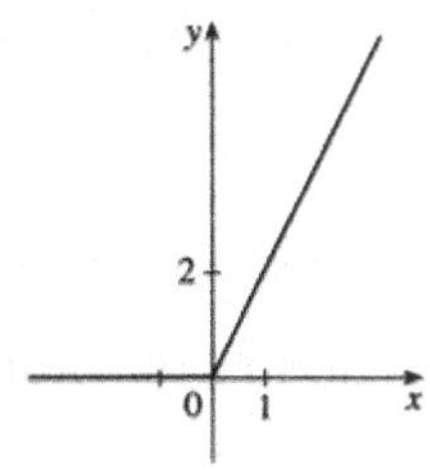

47.

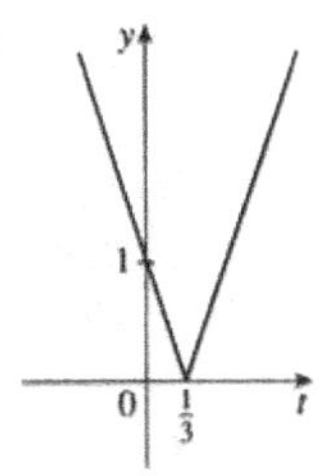

49.

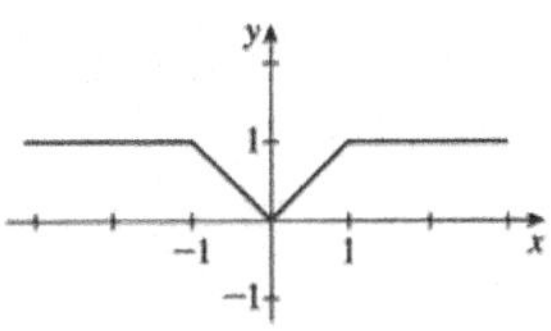

51. $f(x) = \frac{5}{2}x - \frac{11}{2}, 1 \le x \le 5$ **53.** $f(x) = 1 - \sqrt{-x}$

55. $f(x) = \begin{cases} -x + 3 & \text{si } 0 \le x \le 3 \\ 2x - 6 & \text{si } 3 < x \le 5 \end{cases}$

57. $A(L) = 10L - L^2, 0 < L < 10$
59. $A(x) = \sqrt{3}x^2/4, x > 0$ **61.** $S(x) = x^2 + (8/x), x > 0$
63. $V(x) = 4x^3 - 64x^2 + 240x, 0 < x < 6$

65. $F(x) = \begin{cases} 10(50 - x) & \text{si } 0 \le x < 50 \\ 0 & \text{si } 50 \le x \le 100 \\ 10(x - 100) & \text{si } x > 100 \end{cases}$

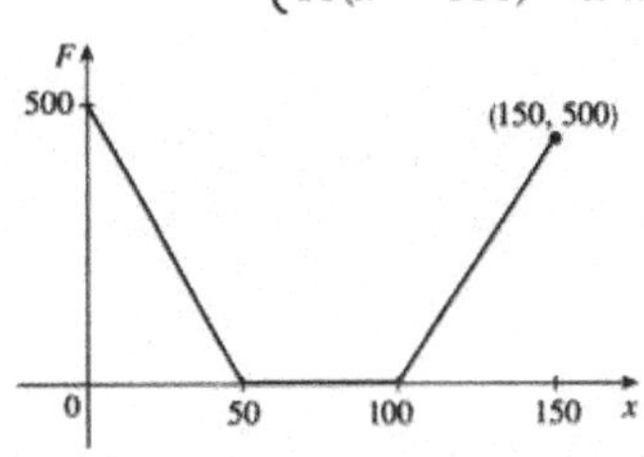

67. (a)

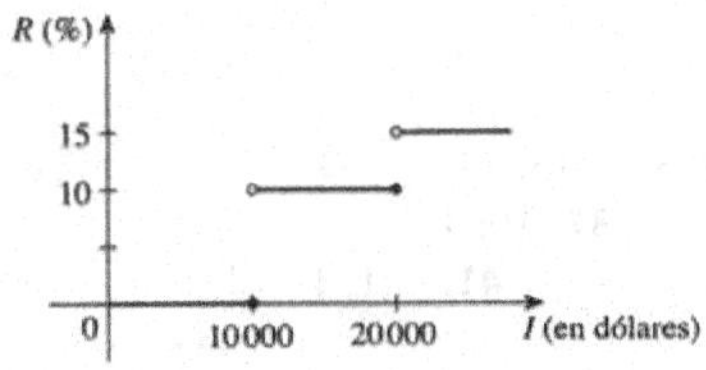

(b) \$400, \$1900

(c)

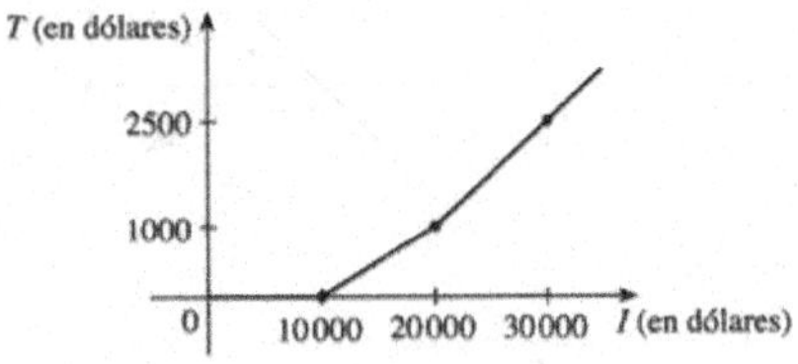

69. f es impar, g es par **71.** (a) $(-5, 3)$ (b) $(-5, -3)$

73. Impar

75. Ninguno de los dos

77. Par

79. Par; impar; ninguno de los dos (a menos que $f = 0$ o $g = 0$)

EJERCICIOS 1.2 ■ PÁGINA 33

1. (a) Logarítmica (b) Raíz (c) Racional
(d) Polinomio, grado 2 (e) Exponencial (f) Trigonométrica

3. (a) h (b) f (c) g

5. $\{x \mid x \neq \pi/2 + 2n\pi\}$, n un entero

7. (a) $y = 2x + b$,
donde b es la intersección en y.

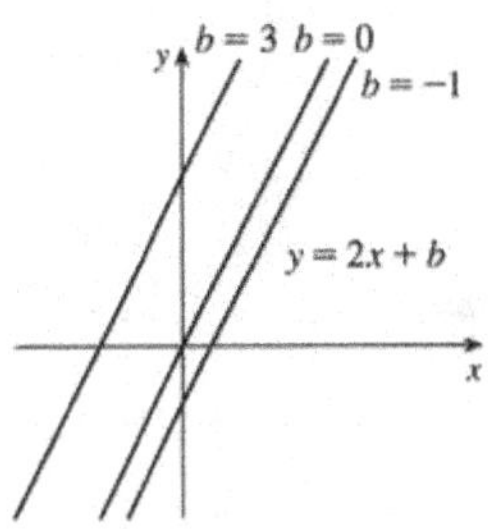

(b) $y = mx + 1 - 2m$,
donde m es la pendiente.

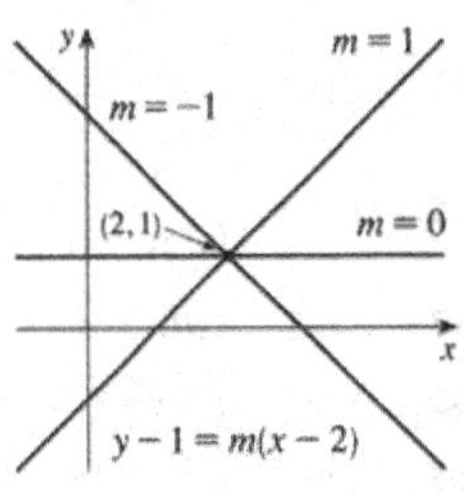

(c) $y = 2x - 3$

9. Sus gráficas tienen pendiente -1.

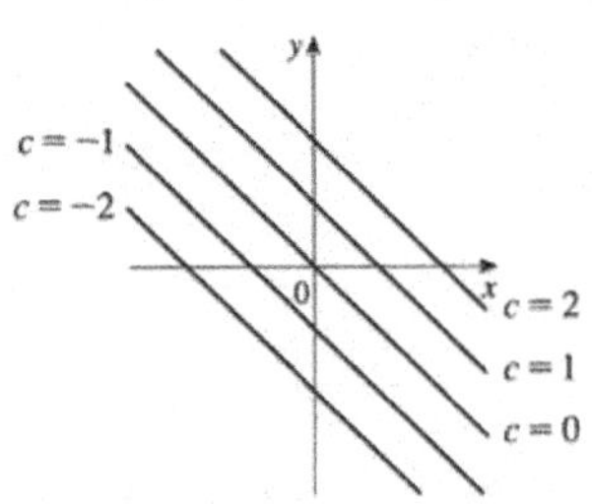

11. $f(x) = -3x(x + 1)(x - 2)$

13. (a) 8.34, cambio en mg por cada cambio de 1 año
(b) 8.34

15. (a)

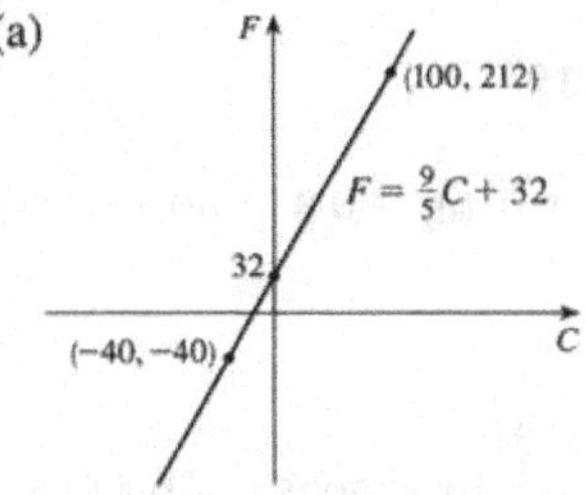

(b) $\frac{9}{5}$, cambio en °F por cada cambio de 1 °C; 32, temperatura Fahrenheit correspondiente a 0 °C

17. (a) $T = \frac{9}{68}N + \frac{88}{17}$ (b) $\frac{9}{68}$, cambio en °C por cada chirrido por cambio de un minuto (c) 25 °C

19. (a) $P = 0.10d + 1.05$ (b) 59.5 m

21. (a) Coseno (b) Lineal

23. (a)

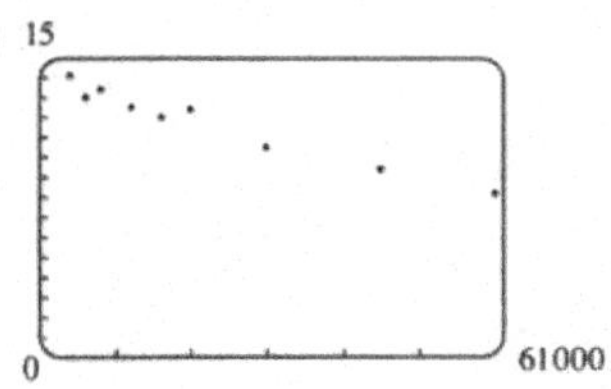

Un modelo lineal es apropiado.

(b) $y = -0.000105x + 14.521$

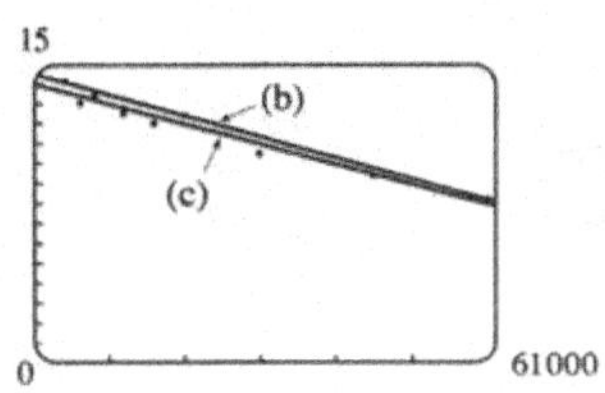

(c) $y = -0.00009979x + 13.951$
(d) Alrededor de 11.5 por 100 de población
(e) Alrededor de 6%
(f) No

25. (a) Véase gráfica en el inciso (b).

(b) $y = 1.88074x + 82.64974$

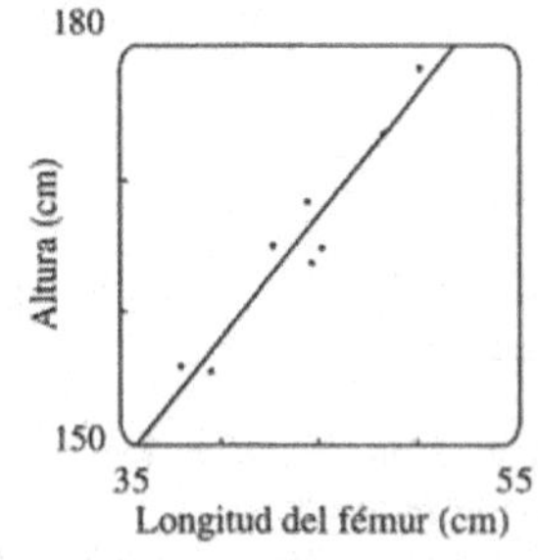

(c) 182.3 cm

27. (a) Un modelo lineal es apropiado. Véase la gráfica en el inciso (b). (b) $y = 1116.64x + 60188.33$

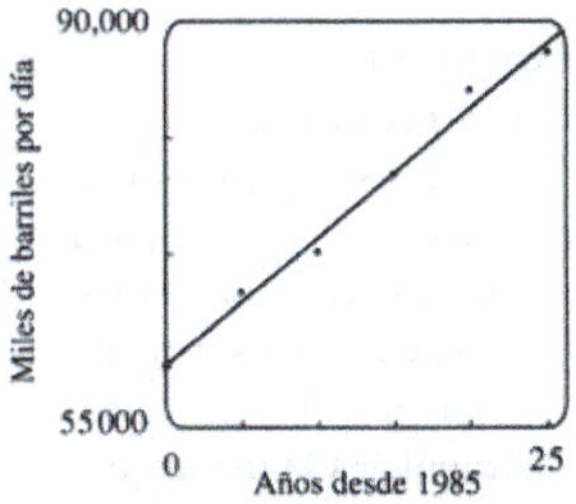

(c) En miles de barriles por día: 79 171 y 90 338

29. Cuatro veces más brillante

27. (a) $N = 3.1046A^{0.308}$ (b) 18

EJERCICIOS 1.3 ▪ PÁGINA 42

1. (a) $y = f(x) + 3$ (b) $y = f(x) - 3$ (c) $y = f(x - 3)$ (d) $y = f(x + 3)$ (e) $y = -f(x)$ (f) $y = f(-x)$ (g) $y = 3f(x)$ (h) $y = \frac{1}{3}f(x)$

3. (a) 3 (b) 1 (c) 4 (d) 5 (e) 2

5. (a)

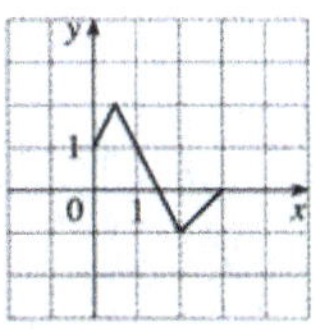

(b)

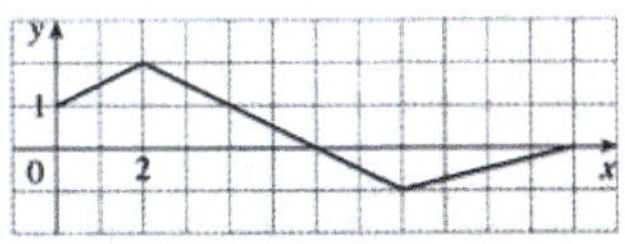

(c)

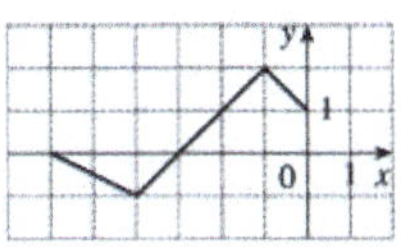

(d)

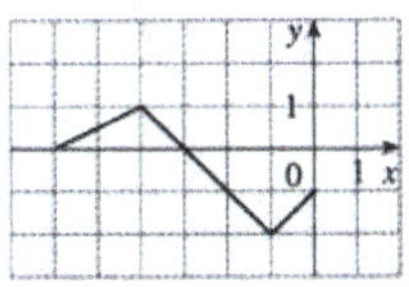

7. $y = -\sqrt{-x^2 - 5x - 4} - 1$

9.

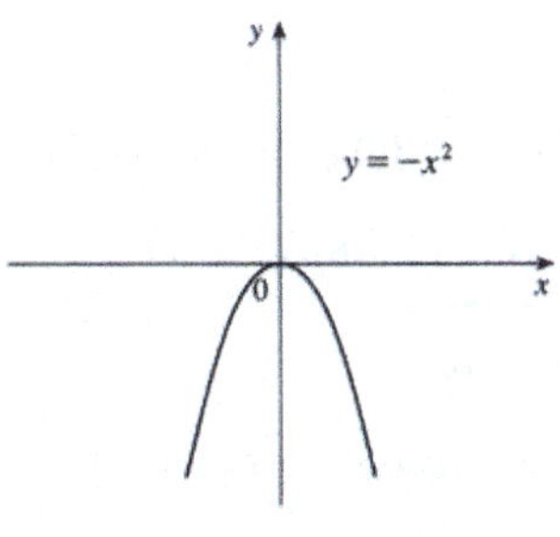

11.

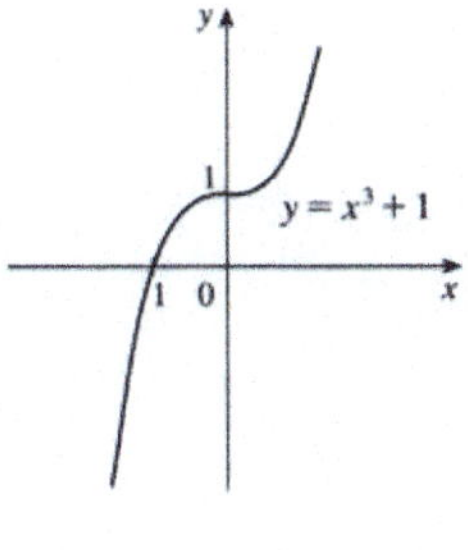

13.

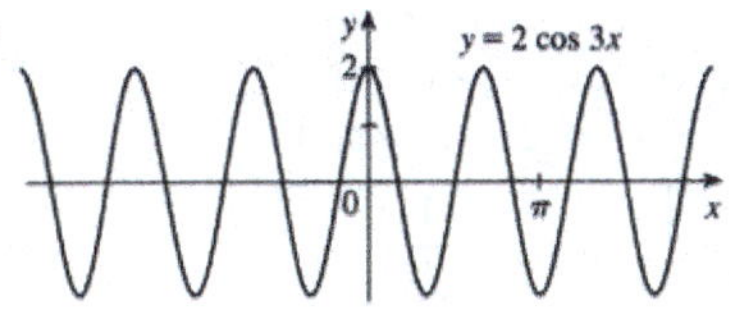

15.

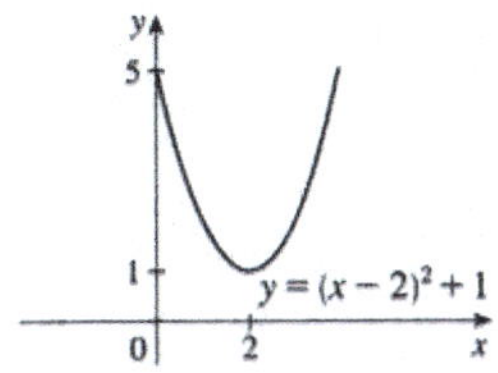

17.

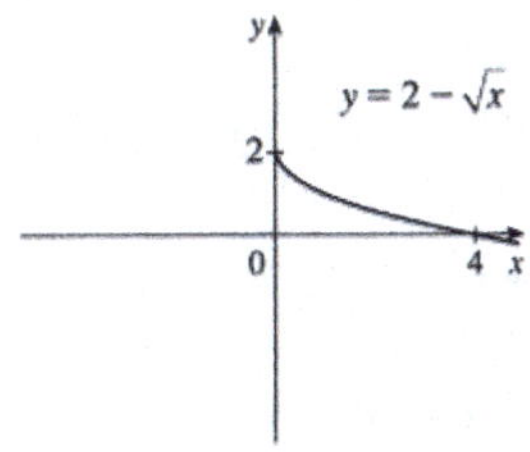

19.

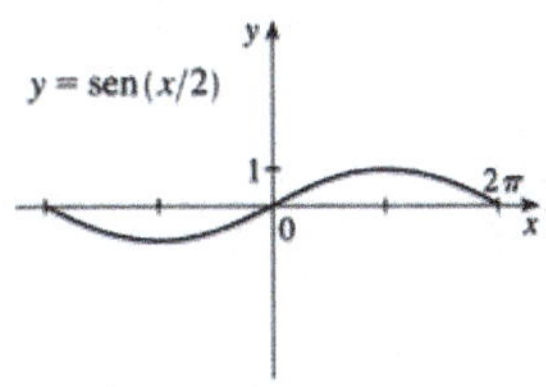

21.

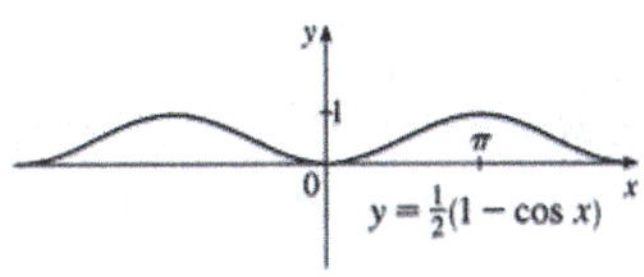

23.

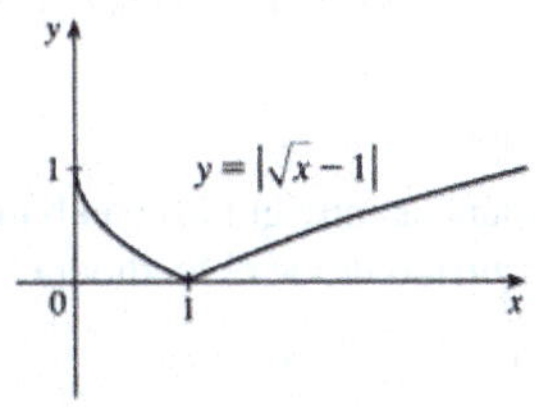

25. $L(t) = 12 + 2\,\text{sen}\left[\dfrac{2\pi}{365}(t - 80)\right]$

27. $D(t) = 5\cos[(\pi/6)(t - 6.75)] + 7$

29. (a) La porción de la gráfica de $y = f(x)$ a la derecha del eje y es reflejada a través del eje y.

(b)

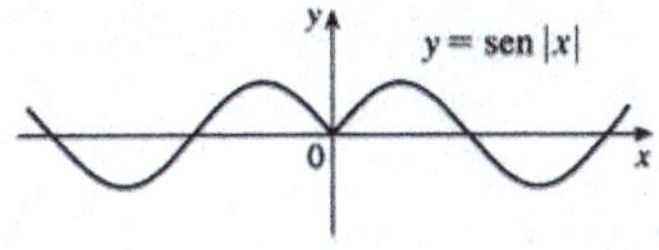

(c)

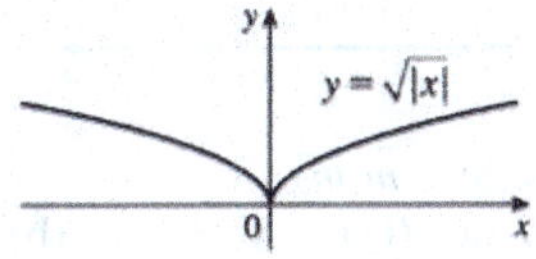

31. (a) $(f+g)(x) = x^3 + 5x^2 - 1, (-\infty, \infty)$
(b) $(f-g)(x) = x^3 - x^2 + 1, (-\infty, \infty)$
(c) $(fg)(x) = 3x^5 + 6x^4 - x^3 - 2x^2, (-\infty, \infty)$
(d) $(f/g)(x) = \dfrac{x^3 + 2x^2}{3x^2 - 1}, \left\{x \mid x \neq \pm\dfrac{1}{\sqrt{3}}\right\}$

33. (a) $(f \circ g)(x) = 3x^2 + 3x + 5, (-\infty, \infty)$
(b) $(g \circ f)(x) = 9x^2 + 33x + 30, (-\infty, \infty)$
(c) $(f \circ f)(x) = 9x + 20, (-\infty, \infty)$
(d) $(g \circ g)(x) = x^4 + 2x^3 + 2x^2 + x, (-\infty, \infty)$

35. (a) $(f \circ g)(x) = \sqrt{4x - 2}, \left[\frac{1}{2}, \infty\right)$
(b) $(g \circ f)(x) = 4\sqrt{x+1} - 3, [-1, \infty)$
(c) $(f \circ f)(x) = \sqrt{\sqrt{x+1} + 1}, [-1, \infty)$
(d) $(g \circ g)(x) = 16x - 15, (-\infty, \infty)$

37. (a) $(f \circ g)(x) = \dfrac{2x^2 + 6x + 5}{(x+2)(x+1)}, \{x \mid x \neq -2, -1\}$
(b) $(g \circ f)(x) = \dfrac{x^2 + x + 1}{(x+1)^2}, \{x \mid x \neq -1, 0\}$
(c) $(f \circ f)(x) = \dfrac{x^4 + 3x^2 + 1}{x(x^2+1)}, \{x \mid x \neq 0\}$
(d) $(g \circ g)(x) = \dfrac{2x + 3}{3x + 5}, \{x \mid x \neq -2, -\frac{5}{3}\}$

39. $(f \circ g \circ h)(x) = 3\,\text{sen}(x^2) - 2$

41. $(f \circ g \circ h)(x) = \sqrt{x^6 + 4x^3 + 1}$

43. $g(x) = 2x + x^2, f(x) = x^4$

45. $g(x) = \sqrt[3]{x}, f(x) = x/(1 + x)$

47. $g(t) = t^2, f(t) = \sec t \tan t$

49. $h(x) = \sqrt{x}, g(x) = x - 1, f(x) = \sqrt{x}$

51. $h(t) = \cos t, g(t) = \text{sen}\, t, f(t) = t^2$

53. (a) 4 (b) 3 (c) 0 (d) No existe; $f(6) = 6$ no está en el dominio de g. (e) 4 (f) -2

55. (a) $r(t) = 60t$ (b) $(A \circ r)(t) = 3600\pi t^2$; el área del círculo es una función de tiempo

57. (a) $s = \sqrt{d^2 + 36}$ (b) $d = 30t$
(c) $(f \circ g)(t) = \sqrt{900t^2 + 36}$; la distancia entre el faro y el barco como una función del tiempo transcurrido desde el mediodía

59. (a)

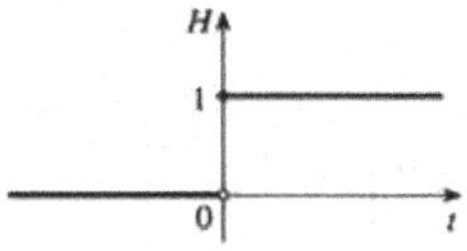

(b)

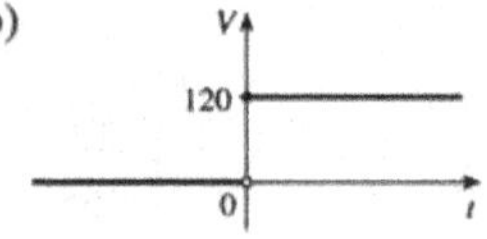

$V(t) = 120H(t)$

(c)

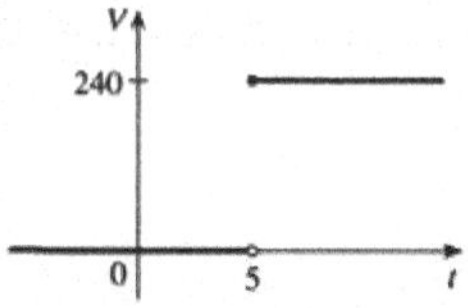

$V(t) = 240H(t - 5)$

61. Sí; $m_1 m_2$

63. (a) $f(x) = x^2 + 6$ (b) $g(x) = x^2 + x - 1$

65. Sí

EJERCICIOS 1.4 ■ PÁGINA 53

1. (a) 4 (b) $x^{-4/3}$

3. (a) $16b^{12}$ (b) $648y^7$

5. (a) $f(x) = b^x, b > 0$ (b) $\mathbb{R}$ (c) $(0, \infty)$
(d) Véanse las figuras 4(c), 4(b) y 4(a), respectivamente

7.

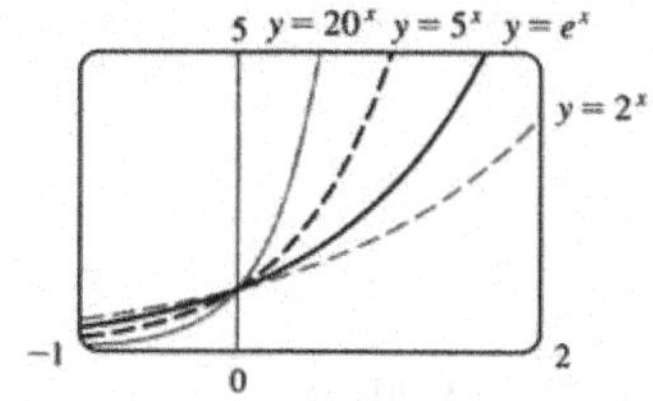

Todos se aproximan a 0 cuando $x \to -\infty$, todos pasan por (0, 1) y todos son crecientes. Cuanto mayor es la base, más rápida es la razón de incremento.

9.

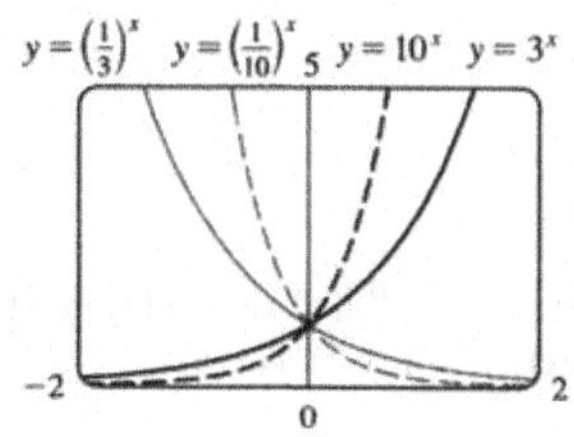

Las funciones con base mayor que 1 son crecientes y aquellas con base menor que 1 son decrecientes. Estas últimas son reflexiones de aquellas, a través del eje y.

11.

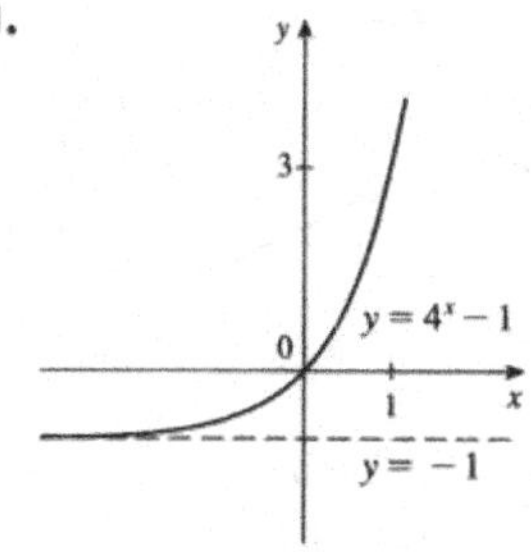

13.

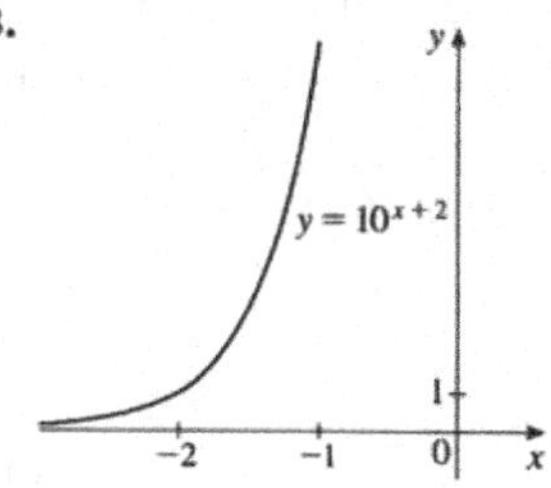

15.

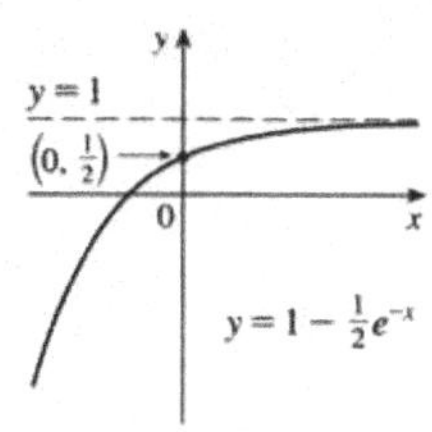

17. (a) $y = e^x - 2$ (b) $y = e^{x-2}$ (c) $y = -e^x$
(d) $y = e^{-x}$ (e) $y = -e^{-x}$

19. (a) $(-\infty, -1) \cup (-1, 1) \cup (1, \infty)$ (b) $(-\infty, \infty)$

21. $f(x) = 3 \cdot 2^x$ **27.** At $x \approx 35.8$

29. (a) Véase la gráfica en el inciso (c).
(b) $f(t) = 36.89301(1.06614)^t$
(c)

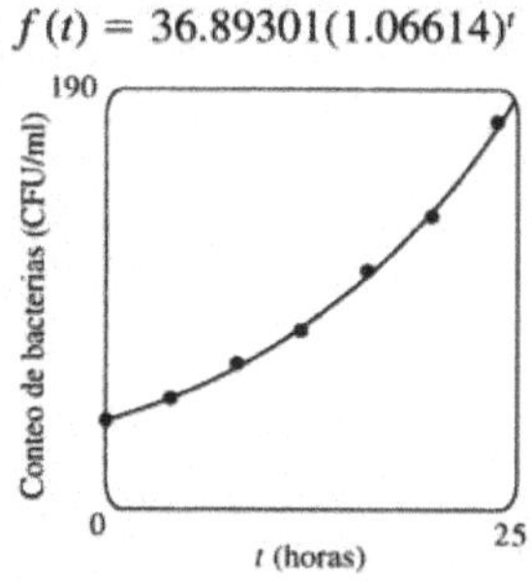

Alrededor de 10.87 h

31. (a) 25 mg (b) $200 \cdot 2^{-t/5}$ mg
(c) 10.9 mg (d) 38.2 días

33. 3.5 días
35. $P = 2614.086(1.01693)^t$; 5381 millones; 8466 millones

EJERCICIOS 1.5 ■ PÁGINA 66

1. (a) Véase definición 1.
(b) Debe pasar la prueba de la recta horizontal.
3. No **5.** No **7.** Sí **9.** Sí **11.** No **13.** No
15. (a) 4 (b) 8 **17.** 0
19. $F = \frac{9}{5}C + 32$; la temperatura Fahrenheit como función de la temperatura Celsius; $[-273.15, \infty)$
21. $f^{-1}(x) = \frac{1}{3}(x-1)^2 - \frac{2}{3}$, $x \geqslant 1$
23. $f^{-1}(x) = \frac{1}{2}(1 + \ln x)$ **25.** $y = e^x - 3$
27. $f^{-1}(x) = \frac{1}{4}(x^2 - 3)$, $x \geqslant 0$

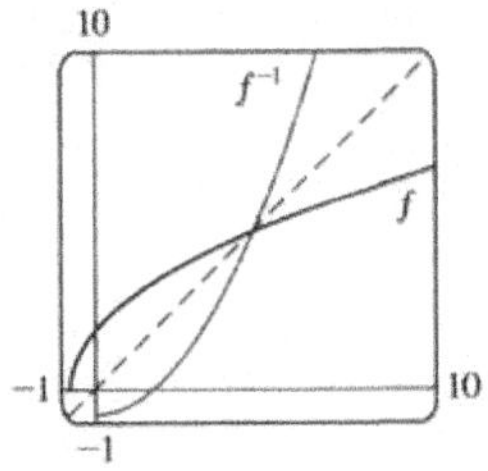

29.

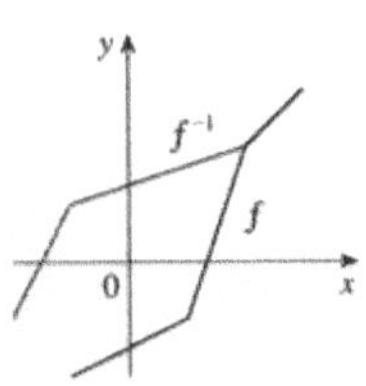

31. (a) $f^{-1}(x) = \sqrt{1 - x^2}$, $0 \leqslant x \leqslant 1$; f^{-1} y f son la misma función. (b) Cuarto de círculo en el primer cuadrante
33. (a) Se define como la inversa de la función exponencial con base b, es decir $\log_b x = y \iff b^y = x$.
(b) $(0, \infty)$ (c) $\mathbb{R}$ (d) Véase la figura 11.
35. (a) 5 (b) $\frac{1}{3}$ **37.** (a) 2 (b) $\frac{2}{3}$
39. $\ln 5$ **41.** $\ln \dfrac{\sqrt{x}}{x+1}$

43.

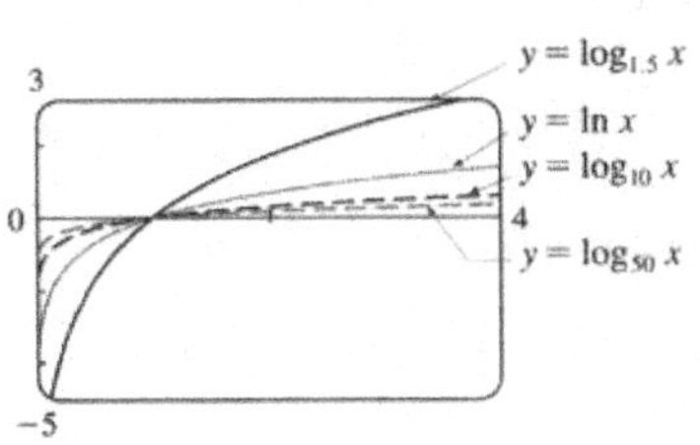

Todas las gráficas se aproximan a $-\infty$ cuando $x \to 0^+$, todas pasan por $(1, 0)$ y todas son crecientes. Cuanto mayor es la base, más lenta es la razón de incremento.

45. Alrededor de 1.27×10^{25} km

47. (a)

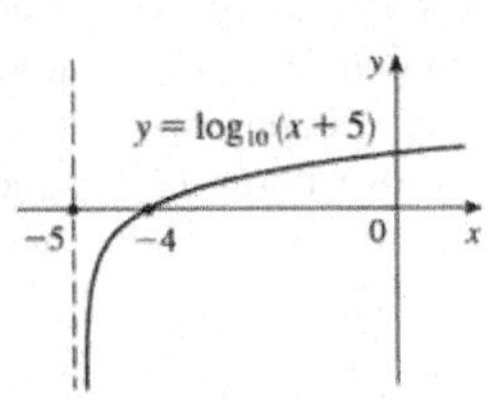

(b)

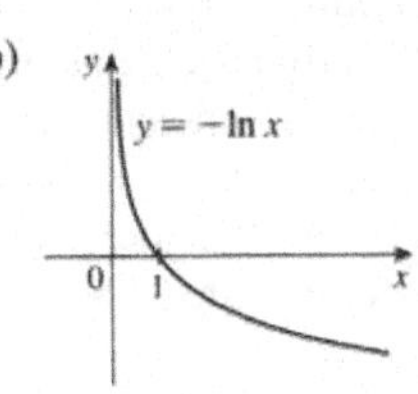

49. (a) $(0, \infty)$; $(-\infty, \infty)$ (b) e^{-2}
(c)

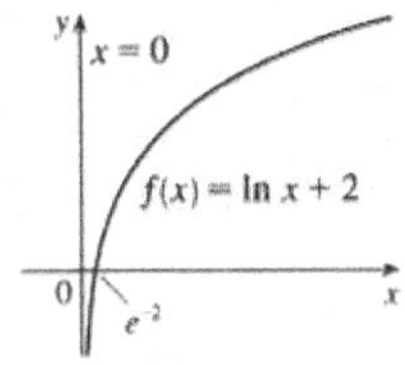

51. (a) $\frac{1}{4}(7 - \ln 6)$ (b) $\frac{1}{3}(e^2 + 10)$
53. (a) $5 + \log_2 3$ or $5 + (\ln 3)/\ln 2$ (b) $\frac{1}{2}(1 + \sqrt{1 + 4e})$
55. (a) $0 < x < e$ (b) $x \geqslant \ln 3$
57. (a) $(\ln 3, \infty)$ (b) $f^{-1}(x) = \ln(e^x + 3)$; $\mathbb{R}$
59. La gráfica pasa la prueba de la recta horizontal.

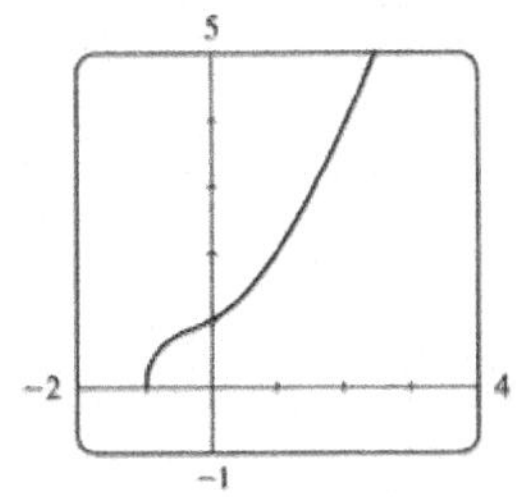

$f^{-1}(x) = -\frac{1}{6}\sqrt[3]{4}\left(\sqrt[3]{D - 27x^2 + 20} - \sqrt[3]{D + 27x^2 - 20} + \sqrt[3]{2}\right)$, donde $D = 3\sqrt{3}\sqrt{27x^4 - 40x^2 + 16}$; dos de las expresiones son complejas.
61. (a) $f^{-1}(n) = (3/\ln 2)\ln(n/100)$; el tiempo transcurrido cuando hay n bacterias (b) Después de alrededor de 26.9 horas
63. (a) π (b) $\pi/6$
65. (a) $\pi/4$ (b) $\pi/2$
67. (a) $5\pi/6$ (b) $\pi/3$
71. $x/\sqrt{1 + x^2}$

73.

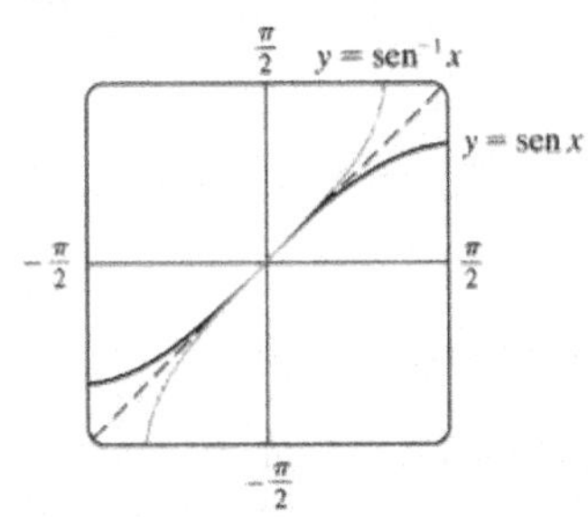

La segunda gráfica es reflejo de la primera a través de la recta $y = x$

75. $\left[-\frac{2}{3}, 0\right]$, $[-\pi/2, \pi/2]$
77. (a) $g^{-1}(x) = f^{-1}(x) - c$ (b) $h^{-1}(x) = (1/c)f^{-1}(x)$

REPASO DEL CAPÍTULO 1 ■ PÁGINA 69

Examen verdadero-falso

1. Falso **3.** Falso **5.** Verdadero **7.** Falso
9. Verdadero **11.** Falso **13.** Falso

Ejercicios

1. (a) 2.7 (b) 2.3, 5.6 (c) $[-6, 6]$ (d) $[-4, 4]$
(e) $[-4, 4]$ (f) No; no pasa la prueba de la recta horizontal.
(g) Impar; su gráfica es simétrica alrededor del origen.
3. $2a + h - 2$ **5.** $\left(-\infty, \frac{1}{3}\right) \cup \left(\frac{1}{3}, \infty\right)$, $(-\infty, 0) \cup (0, \infty)$
7. $(-6, \infty)$, $\mathbb{R}$

9. (a) Desplace la gráfica 8 unidades hacia arriba.
(b) Desplace la gráfica 8 unidades a la izquierda.
(c) Prolongue la gráfica verticalmente por un factor de 2, luego desplácela 1 unidad hacia arriba.
(d) Desplace la gráfica 2 unidades a la derecha y 2 unidades hacia abajo.
(e) Refleje la gráfica a través del eje x.
(f) Refleje la gráfica a través de la recta $y = x$ (suponiendo que f es inyectiva).

11.

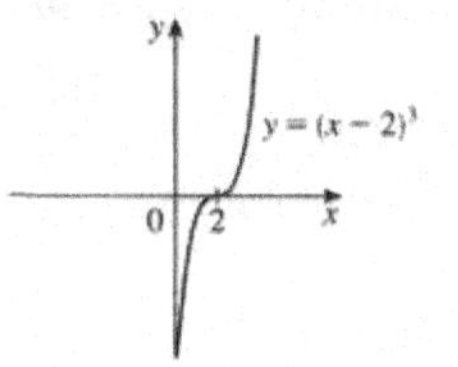

13.

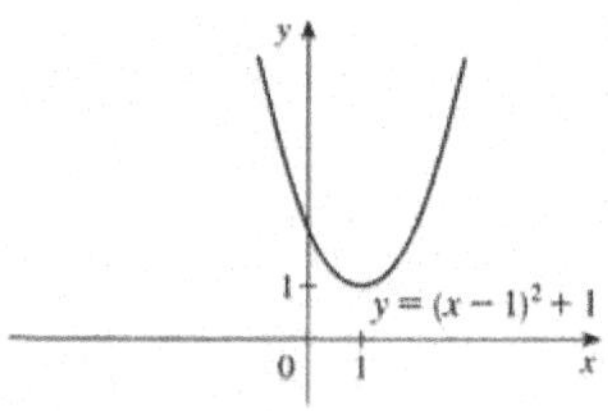

15.

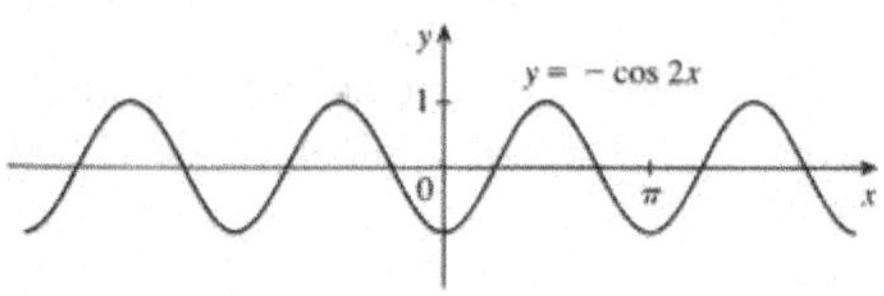

17. (a) Ninguno de los dos (b) Impar (c) Par
(d) Ninguno de los dos

19. (a) $(f \circ g)(x) = \ln(x^2 - 9), (-\infty, -3) \cup (3, \infty)$
(b) $(g \circ f)(x) = (\ln x)^2 - 9, (0, \infty)$
(c) $(f \circ f)(x) = \ln \ln x, (1, \infty)$
(d) $(g \circ g)(x) = (x^2 - 9)^2 - 9, (-\infty, \infty)$

21. Modelo exponencial; 270 millones

27. (a) $\frac{1}{16}$g (b) $m(t) = 2^{-t/4}$
(c) $t(m) = -4 \log_2 m$; el tiempo transcurrido cuando hay m gramos de ^{100}PD
(d) Alrededor de 26.6 días

PRINCIPIOS DE RESOLUCIÓN DE PROBLEMAS ■ PÁGINA 76

1. $a = 4\sqrt{h^2 - 16}/h$, donde a es la longitud de la altitud y h la longitud de la hipotenusa

3. $-\frac{7}{3}, 9$

5.

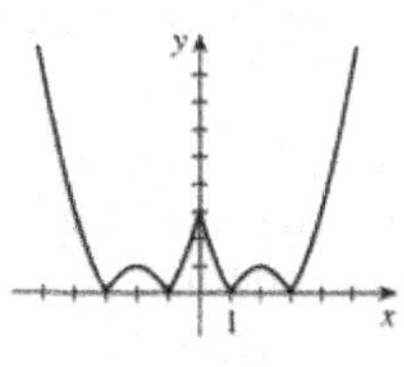

7.

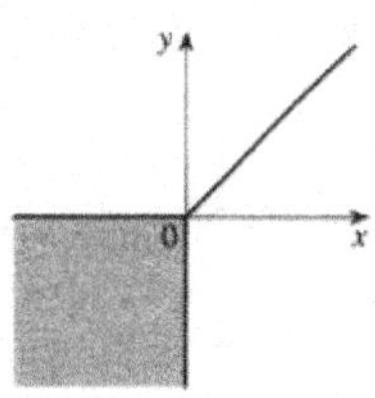

9. (a)

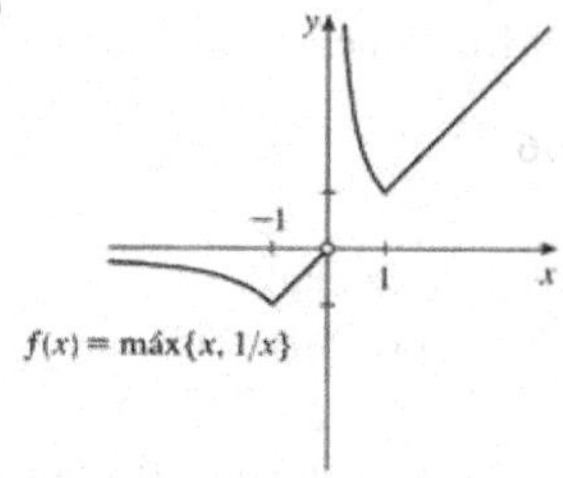

(b)

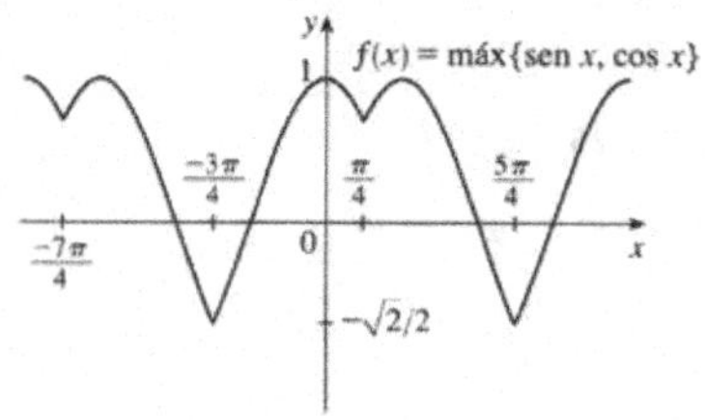

(c)

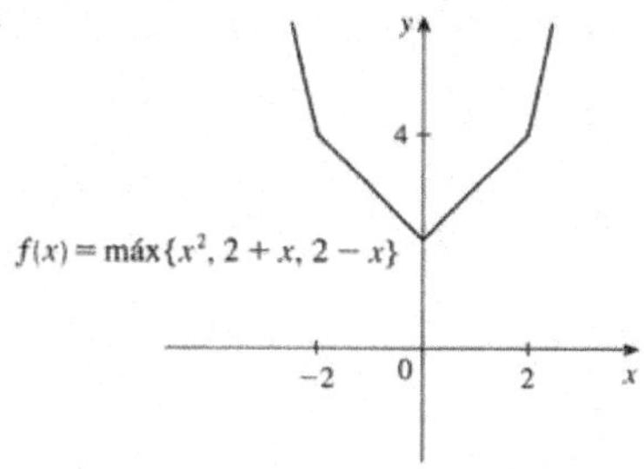

11. 5 **13.** $x \in \left[-1, 1 - \sqrt{3}\right) \cup \left(1 + \sqrt{3}, 3\right]$

15. 80 km/h **19.** $f_n(x) = x^{2^{n+1}}$

CAPÍTULO 2

EJERCICIOS 2.1 ■ PÁGINA 82

1. (a) $-44.4, -38.8, -27.8, -22.2, -16.\overline{6}$
(b) -33.3 (c) $-33\frac{1}{3}$

3. (a) (i) 2 (ii) 1.111111 (iii) 1.010101 (iv) 1.001001
(v) 0.666667 (vi) 0.909091 (vii) 0.990099
(viii) 0.999001 (b) 1 (c) $y = x - 3$

5. (a) (i) -7.15 m/s (ii) -5.19 m/s (iii) -4.945 m/s
(iv) -4.749 m/s (b) -4.7 m/s

7. (a) (i) 4.65 m/s (ii) 5.6 m/s (iii) 7.55 m/s
(iv) 7 m/s (b) 6.3 m/s

9. (a) 0, 1.7321, −1.0847, −2.7433, 4.3301, −2.8173, 0, −2.1651, −2.6061, −5, 3.4202; no (c) −31.4

EJERCICIOS 2.2 ■ PÁGINA 92

1. Sí

3. (a) $\lim_{x \to -5} f(x) = \infty$ significa que los valores de $f(x)$ pueden hacerse arbitrariamente grandes (tan grandes como se quiera) tomando a x suficientemente cerca de -5 (pero no igual a -5).
(b) $\lim_{x \to 3^+} f(x) = -\infty$ significa que los valores de $f(x)$ pueden hacerse arbitrariamente grandes y negativos tomando a x suficientemente cerca de 3 hasta valores mayores que 3.

5. (a) 2 (b) 1 (c) 4 (d) No existe (e) 3
7. (a) -1 (b) -2 (c) No existe (d) 2 (e) 0
(f) No existe (g) 1 (h) 3
9. (a) $-\infty$ (b) ∞ (c) ∞ (d) $-\infty$ (e) ∞
(f) $x = -7, x = -3, x = 0, x = 6$
11. $\lim_{x \to a} f(x)$ existe para todas las a excepto $a = -1$.
13. (a) 1 (b) 0 (c) No existe.
15.

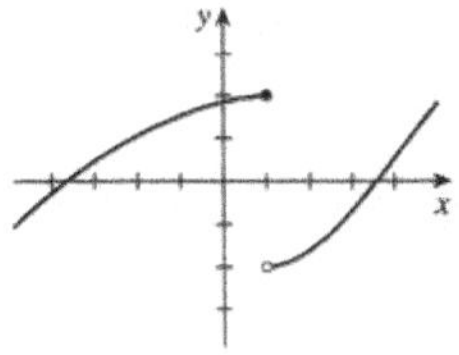

17.

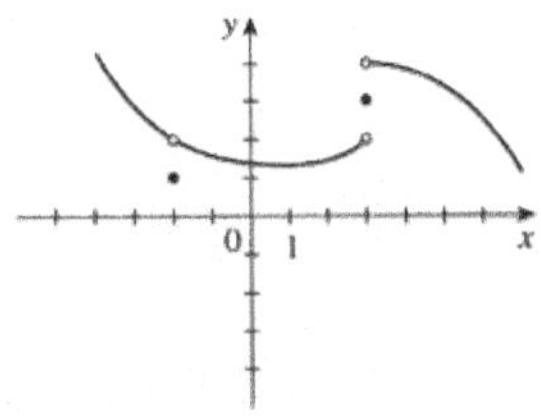

19. $\frac{1}{2}$ **21.** 5 **23.** 0.25 **25.** 1.5 **27.** 1
29. (a) -1.5 **31.** ∞ **33.** ∞ **35.** $-\infty$ **37.** $-\infty$
39. $-\infty$ **41.** ∞ **43.** $-\infty$ **45.** $-\infty$; ∞
47. (a) 2.71828 (b)

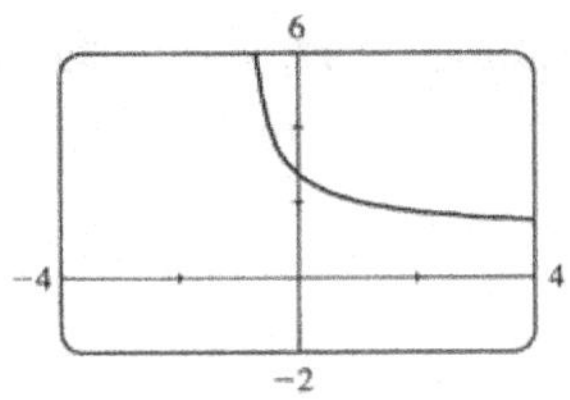

49. (a) 0.998000, 0.638259, 0.358484, 0.158680, 0.038851, 0.008928, 0.001465; 0
(b) 0.000572, -0.000614, -0.000907, -0.000978, -0.000993, -0.001000; -0.001
51. Por más que nos acerquemos al origen, la gráfica parece constar de rectas casi verticales. Esto indica oscilaciones cada vez más frecuentes conforme $x \to 0$.
53. $x \approx \pm 0.90, \pm 2.24$; $x = \pm \text{sen}^{-1}(\pi/4), \pm(\pi - \text{sen}^{-1}(\pi/4))$
55. (a) 6 (b) Menos de 0.0649 de 1

EJERCICIOS 2.3 ■ PÁGINA 102

1. (a) -6 (b) -8 (c) 2 (d) -6
(e) No existe (f) 0
3. 59 **5.** $\frac{7}{8}$ **7.** 390 **9.** $\frac{3}{2}$ **11.** 5
13. No existe **15.** $\frac{6}{5}$ **17.** -10 **19.** $\frac{1}{27}$
21. $\frac{1}{6}$ **23.** $-\frac{1}{9}$ **25.** 1 **27.** $\frac{1}{128}$ **29.** $-\frac{1}{2}$
31. $3x^2$ **33.** (a), (b) $\frac{2}{3}$ **37.** 7 **41.** 6 **43.** -4
45. No existe
47. (a)

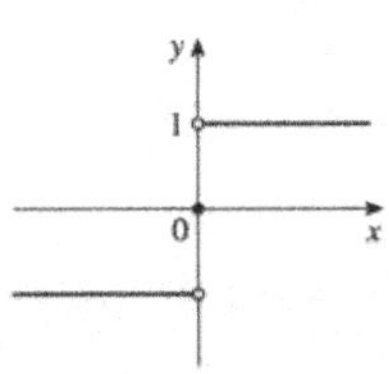

(b) (i) 1
(ii) -1
(iii) No existe
(iv) 1

49. (a) (i) 5 (ii) -5 (b) No existe
(c)

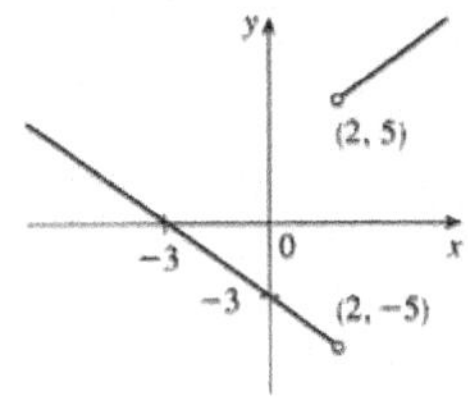

51. 7
53. (a) (i) -2 (ii) No existe (iii) -3
(b) (i) $n - 1$ (ii) n (c) a no es un entero.
59. 8 **65.** 15; -1

EJERCICIOS 2.4 ■ PÁGINA 113

1. 0.1 (o cualquier número positivo menor)
3. 1.44 (o cualquier número positivo menor)
5. 0.0906 (o cualquier número positivo menor)
7. 0.0219 (o cualquier número positivo);
0.011 (o cualquier número positivo menor)
9. (a) 0.01 (o cualquier número positivo menor)
(b) $\lim_{x \to 2^+} \dfrac{1}{\ln(x-1)} = \infty$
11. (a) $\sqrt{1000/\pi}$ cm (b) Menos de aproximadamente 0.0445 cm
(c) Radio; área; $\sqrt{1000/\pi}$; 1000; 5; ≈ 0.0445
13. (a) 0.02 (b) 0.002
35. (a) 0.093 (b) $\delta = (B^{2/3} - 12)/(6B^{1/3}) - 1$, donde $B = 216 + 108\varepsilon + 12\sqrt{336 + 324\varepsilon + 81\varepsilon^2}$
41. Menos de 0.1

EJERCICIOS 2.5 ■ PÁGINA 124

1. $\lim_{x \to 4} f(x) = f(4)$
3. (a) $-4, -2, 2, 4$; $f(-4)$ no está definida y $\lim_{x \to a} f(x)$ no existe para $a = -2$, 2 y 4
(b) -4, ninguno de los dos; -2, izquierda; 2 derecha; 4, derecha
5.

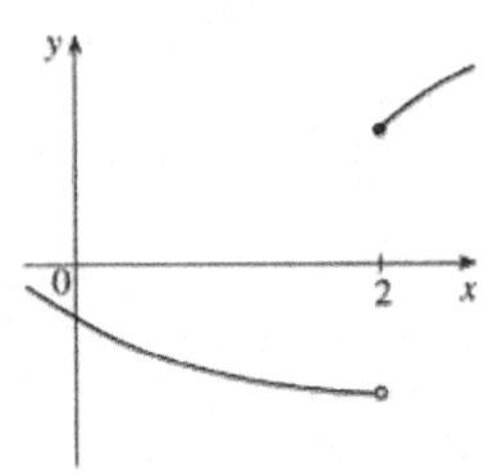

7.

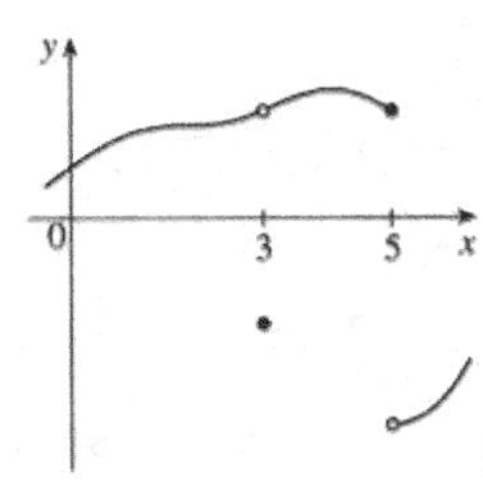

9. (a)

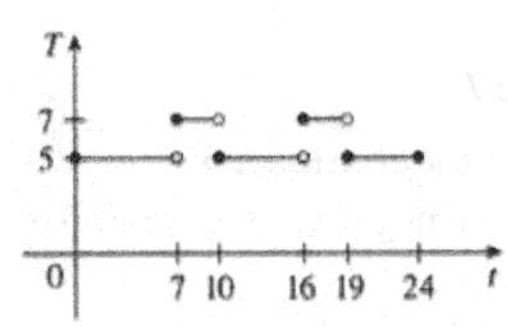

17. $f(-2)$ no está definida.

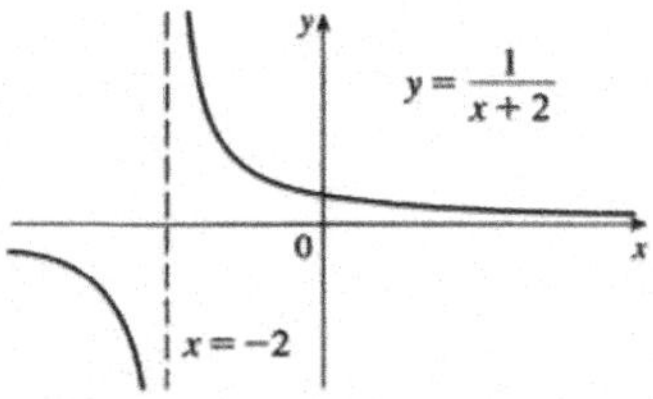

19. $\lim_{x \to -1}$ no existe.

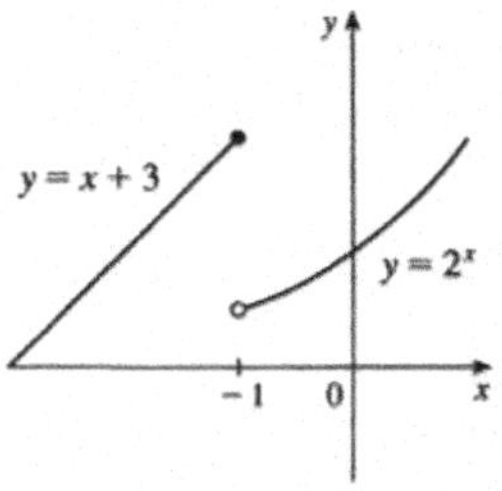

21. $\lim_{x \to 0} f(x) \neq f(0)$

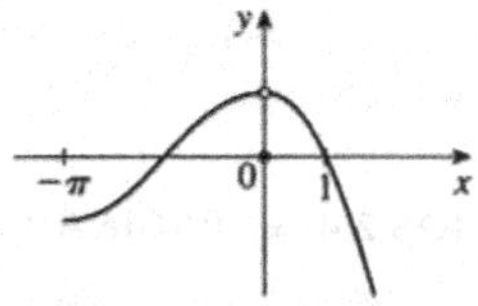

23. Defina $f(2) = 3$ **25.** $(-\infty, \infty)$

27. $\left(-\infty, \sqrt[3]{2}\right) \cup \left(\sqrt[3]{2}, \infty\right)$ **29.** $[-1, 0]$

31. $(-\infty, -1] \cup (0, \infty)$

33. $x = 0$

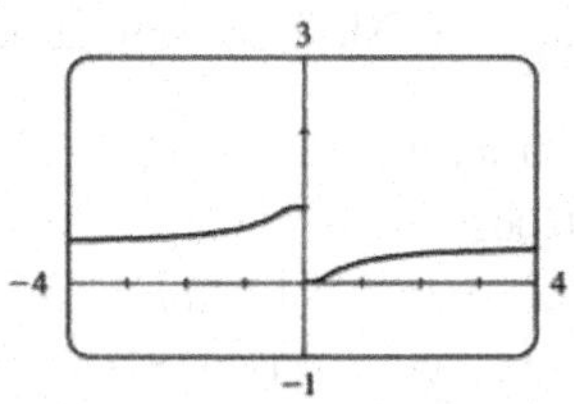

35. 8 **37.** ln 2

41. -1, derecha **43.** 0 izquierda

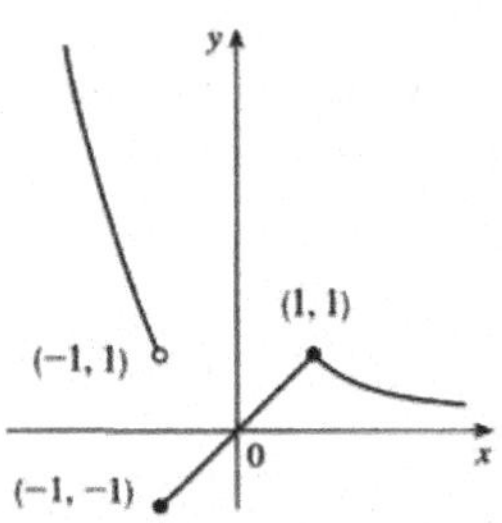

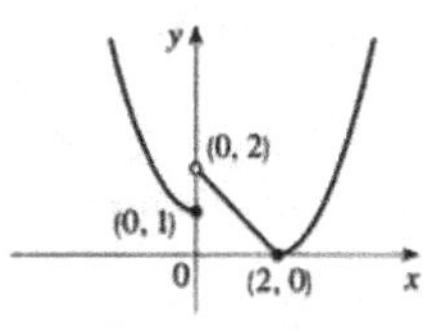

45. $\frac{2}{3}$ **47.** 4

49. (a) $g(x) = x^3 + x^2 + x + 1$ (b) $g(x) = x^2 + x$

57. (b) (0.86, 0.87) **59.** (b) 70.347 **67.** Ninguno

69. Sí

EJERCICIOS 2.6 ■ PÁGINA 137

1. (a) Conforme x aumenta, $f(x)$ se aproxima a 5.
(b) Conforme x aumenta y se vuelve negativa, $f(x)$ se aproxima a 3.

3. (a) -2 (b) 2 (c) ∞ (d) $-\infty$
(e) $x = 1, x = 3, y = -2, y = 2$

5.

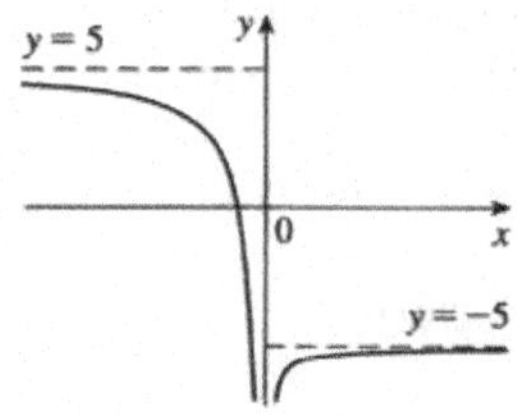

7.

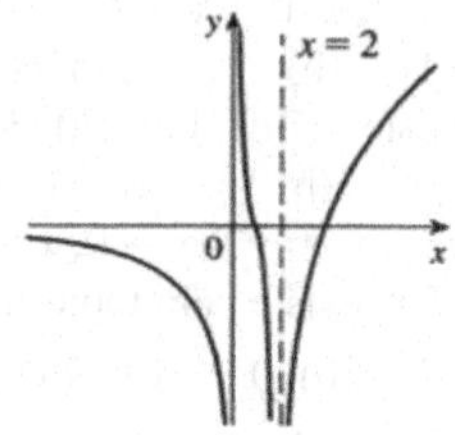

9.

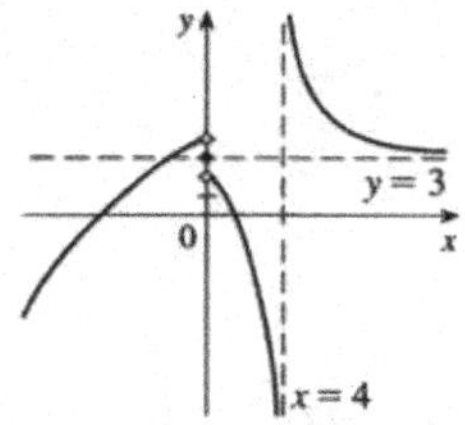

11. 0 **13.** $\frac{2}{5}$ **15.** 0 **17.** $-\frac{1}{2}$ **19.** -1 **21.** 4

23. -2 **25.** $\frac{\sqrt{3}}{4}$ **27.** $\frac{1}{6}$ **29.** $\frac{1}{2}(a - b)$ **31.** ∞

33. $-\infty$ **35.** $\pi/2$ **37.** $-\frac{1}{2}$ **39.** 0 **41.** ∞

43. (a) (i) 0 (ii) $-\infty$ (iii) ∞ (b) ∞
(c)

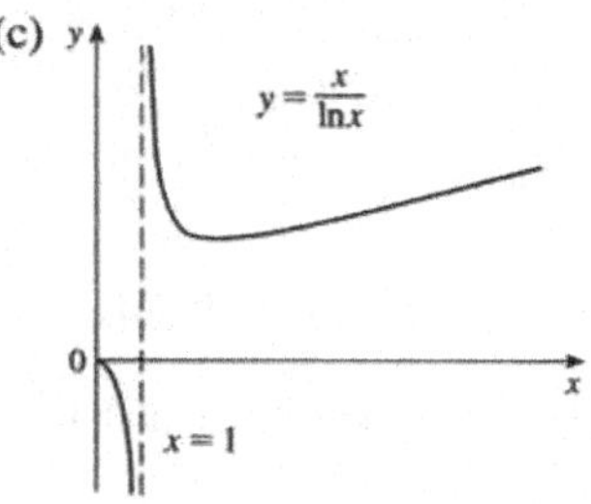

45. (a), (b) $-\frac{1}{2}$ **47.** $y = 4, x = -3$

49. $y = 2; x = -2, x = 1$ **51.** $x = 5$ **53.** $y = 3$

55. (a) 0 (b) $\pm\infty$

57. $f(x) = \dfrac{2 - x}{x^2(x - 3)}$ **59.** (a) $\frac{5}{4}$ (b) 5

61. $-\infty, -\infty$ **63.** $-\infty, \infty$

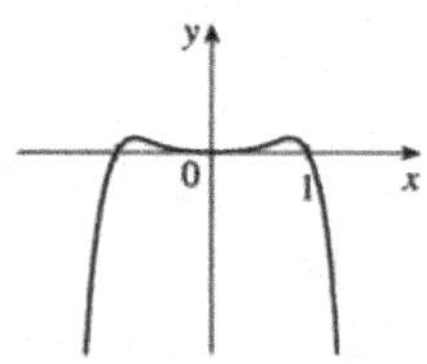

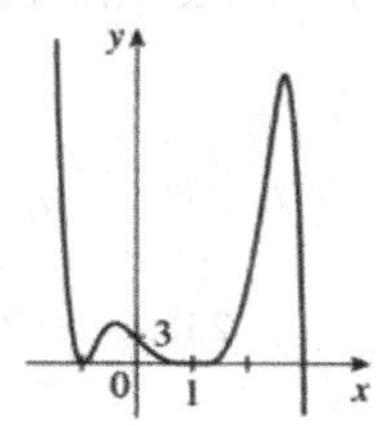

65. (a) 0 (b) Un número infinito de veces

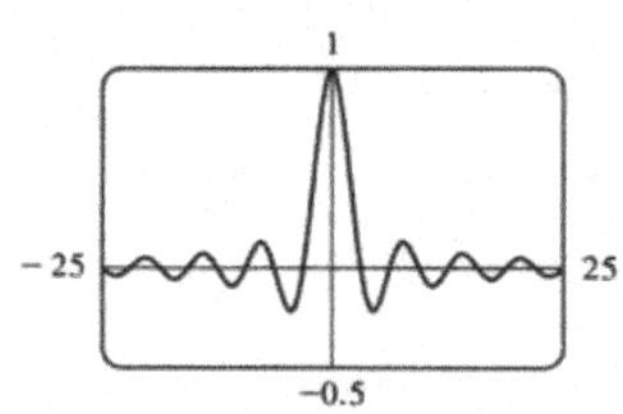

67. 5

69. (a) v^* (b)

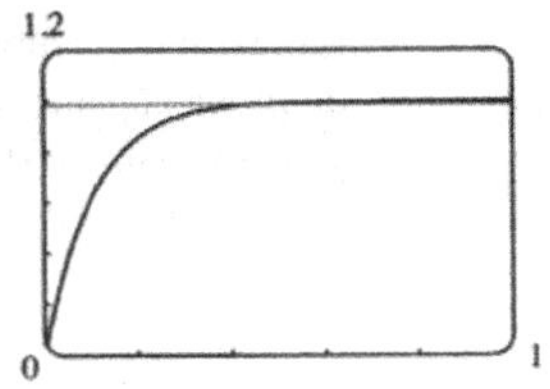

≈ 0.47 s

71. $N \geqslant 15$ **73.** $N \leqslant -9, N \leqslant -19$
75. (a) $x > 100$

EJERCICIOS 2.7 ■ PÁGINA 148

1. (a) $\dfrac{f(x) - f(3)}{x - 3}$ (b) $\lim\limits_{x \to 3} \dfrac{f(x) - f(3)}{x - 3}$

3. (a) 2 (b) $y = 2x + 1$ (c)

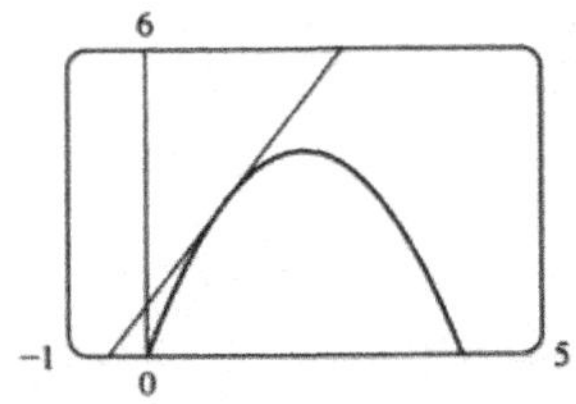

5. $y = -8x + 12$ **7.** $y = \frac{1}{2}x + \frac{1}{2}$
9. (a) $8a - 6a^2$ (b) $y = 2x + 3, y = -8x + 19$
(c)

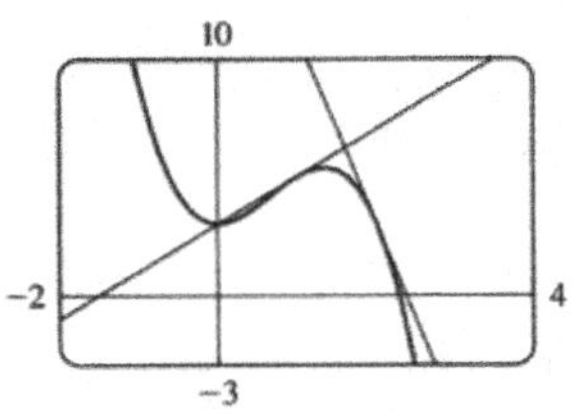

11. (a) Derecha: $0 < t < 1$ y $4 < t < 6$; izquierda: $2 < t < 3$; en estado de quietud: $1 < t < 2$ y $3 < t < 4$

(b)

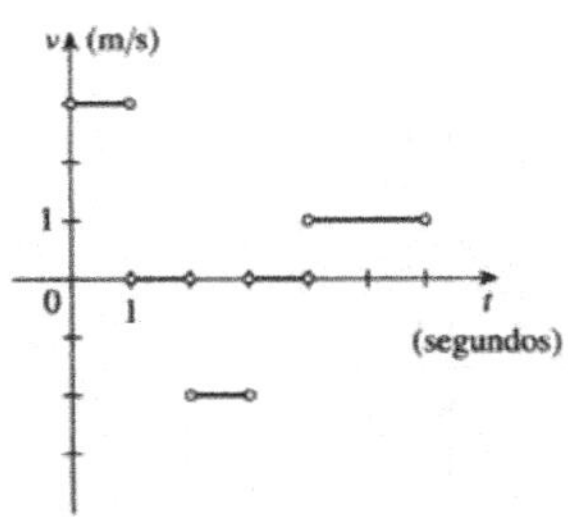

13. -9.6 m/s
15. $-2/a^3$ m/s; -2 m/s; $-\frac{1}{4}$ m/s; $-\frac{2}{27}$ m/s
17. $g'(0), 0, g'(4), g'(2), g'(-2)$
19. (a) 26 (b) No (c) Sí
21. $f(2) = 3$; $f'(2) = 4$
23.

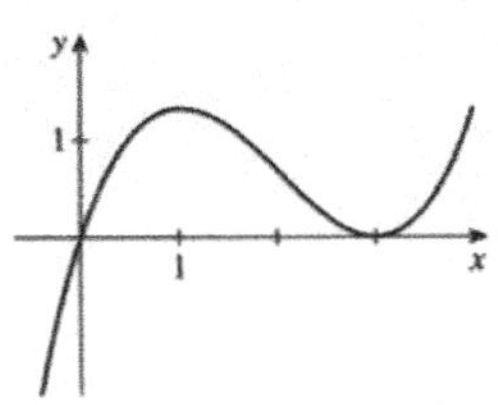

25.

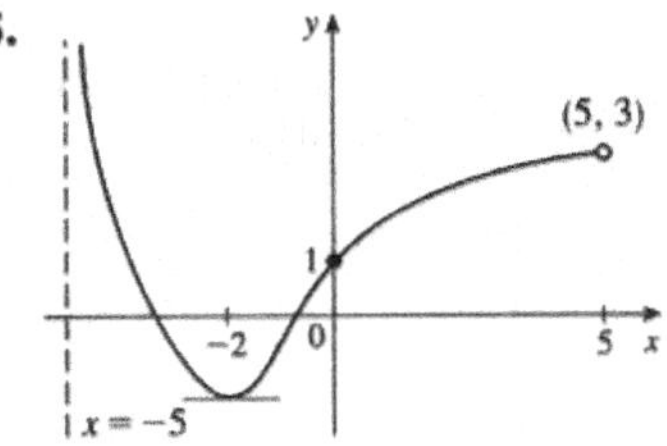

27. $y = 3x - 1$

29. (a) $-\frac{3}{5}$; $y = -\frac{3}{5}x + \frac{16}{5}$ (b)

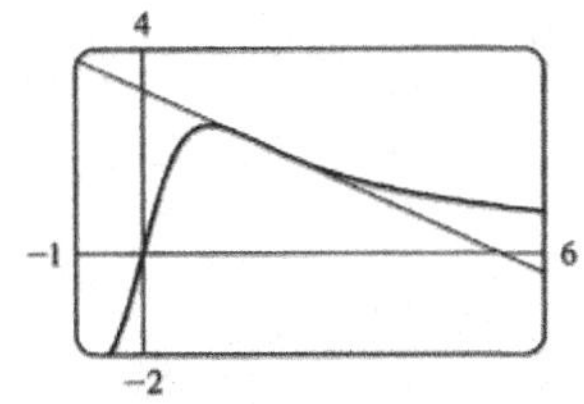

31. $6a - 4$ **33.** $\dfrac{5}{(a + 3)^2}$ **35.** $-\dfrac{1}{\sqrt{1 - 2a}}$

37. $f(x) = \sqrt{x}, a = 9$ **39.** $f(x) = x^6, a = 2$
41. $f(x) = \cos x, a = \pi$ o $f(x) = \cos(\pi + x), a = 0$
43. 32 m/s; 32 m/s

45.

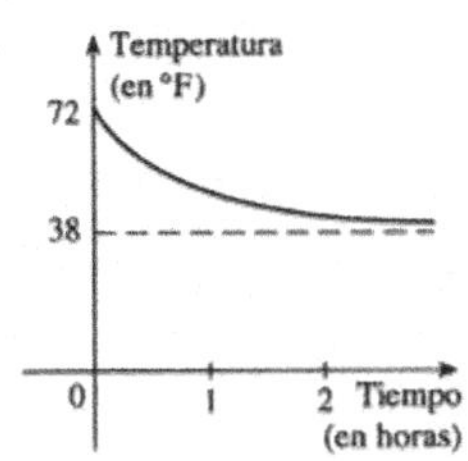

Mayor en magnitud

47. (a) In (mg/mL)/h: (i) -0.15 (ii) -0.12 (iii) -0.12 (iv) -0.11 (b) -0.12 (mg/mL)/h; Después de 2 horas, la BAC decrece a razón de 0.12 (mg/mL)/h.

49. (a) (i) 0.82 (ii) 1.07 (iii) 1.38
(b) 1.23 millones de pasajeros al año

51. (a) (i) \$20.25/unidad (ii) \$20.05/unidad (b) \$20/unidad

53. (a) La razón a la que cambia el costo por kilogramo de oro producido; dólares por kilogramo
(b) Cuando el 50.º kilogramo de oro es producido, el costo de producción es de \$36/kg
(c) Decrece a corto plazo; se incrementa a largo plazo

55. (a) $H'(15)$ es la razón a la que cambian los costos diarios de calefacción con respecto a la temperatura cuando la temperatura exterior es °C. Las unidades son dólares/°C
(b) Si la temperatura exterior aumenta, el edificio debería requerir menos calefacción, así que sería mejor que $H'(15)$ fuera negativa.

57. (a) La razón a la que cambia la solubilidad del oxígeno con respecto a la temperatura del agua; (mg/L)/°C
(b) $S'(16) \approx -0.25$; cuando la temperatura aumenta a más de 16 °C, la solubilidad del oxígeno disminuye a razón de 0.25 (mg/L)/°C.

59. No existe.

61. (a)

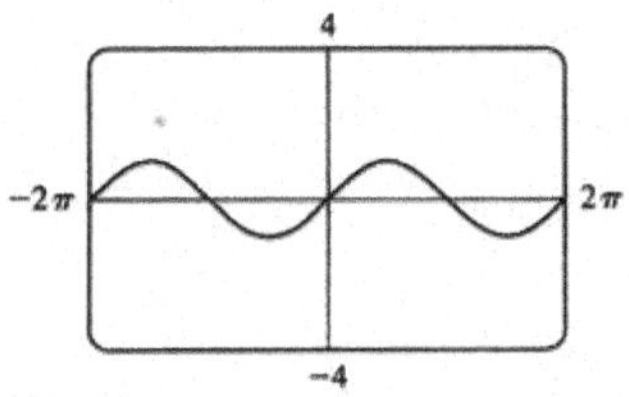

La pendiente parece ser de 1.

(b)

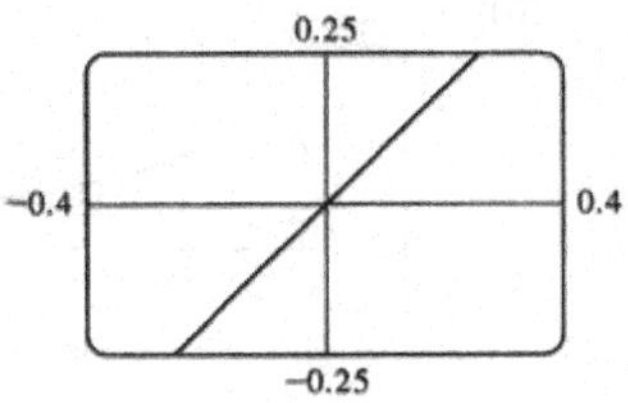

Sí

(c)

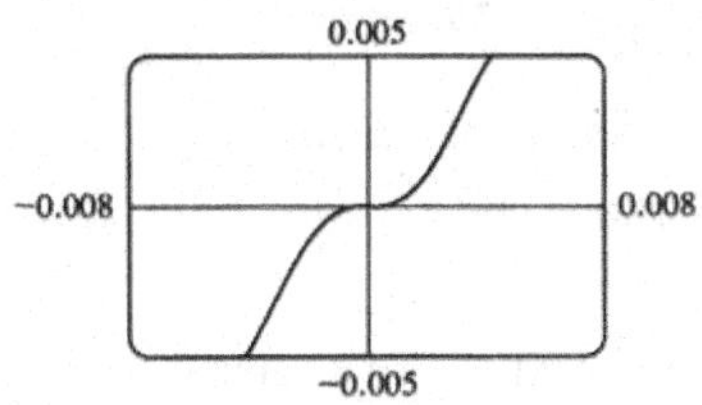

Sí; 0

EJERCICIOS 2.8 ■ PÁGINA 160

1. (a) -0.2 (b) 0 (c) 1 (d) 2 (e) 1 (f) 0 (g) -0.2

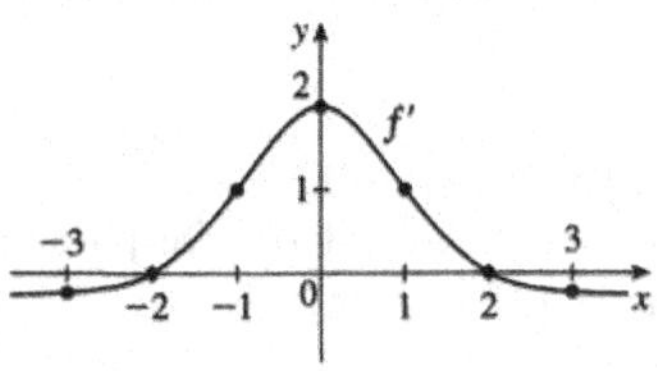

3. (a) II (b) IV (c) I (d) III

5.

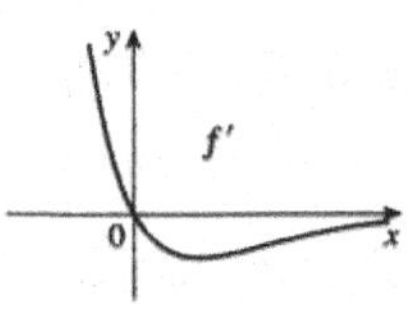

7.

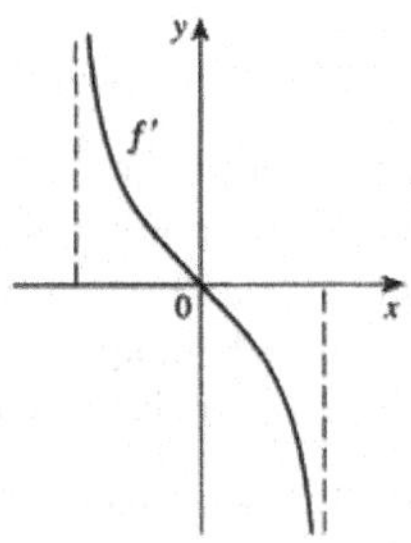

9.

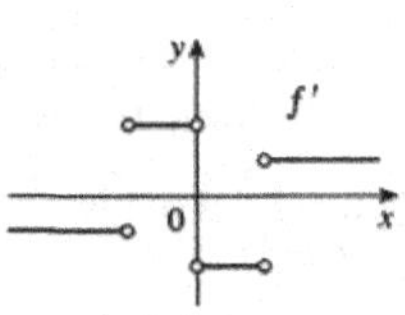

11.

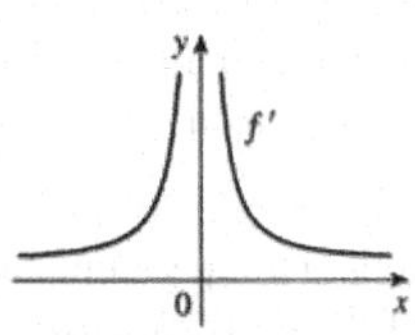

13. (a) La razón de cambio instantánea del porcentaje de plena capacidad con respecto al tiempo transcurrido en horas

(b)

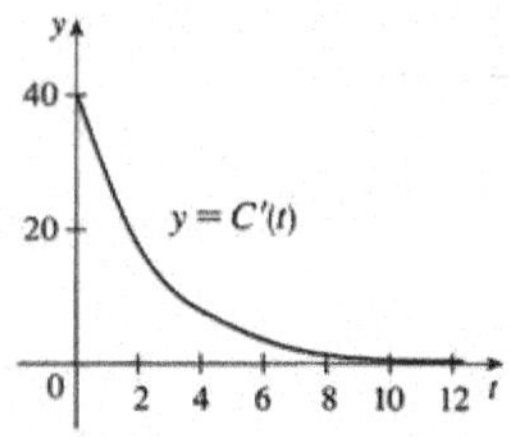

La razón de cambio del porcentaje de plena capacidad es decreciente y se aproxima a 0.

15.

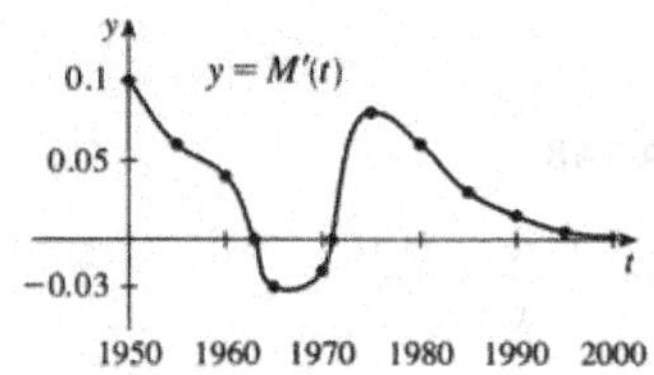

1963 a 1971

17.

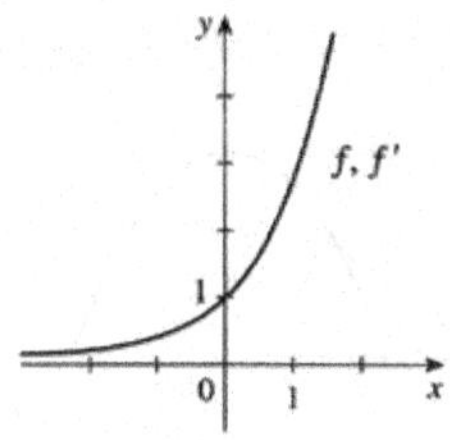

$f'(x) = e^x$

19. (a) 0, 1, 2, 4 (b) $-1, -2, -4$ (c) $f'(x) = 2x$

21. $f'(x) = 3$, $\mathbb{R}$, $\mathbb{R}$ **23.** $f'(t) = 5t + 6$, $\mathbb{R}$, $\mathbb{R}$

25. $f'(x) = 3x^2 - 3$, $\mathbb{R}$, $\mathbb{R}$

27. $g'(x) = -\dfrac{1}{2\sqrt{9 - x}}$, $(-\infty, 9]$, $(-\infty, 9)$

29. $G'(t) = \dfrac{-7}{(3 + t)^2}$, $(-\infty, -3) \cup (-3, \infty)$, $(-\infty, -3) \cup (-3, \infty)$

31. $f'(x) = 4x^3$, $\mathbb{R}$, $\mathbb{R}$ **33.** (a) $f'(x) = 4x^3 + 2$

35. (a) La razón a la que cambia la tasa de desempleo, en porcentaje de desempleados al año

(b)

t	$U'(t)$	t	$U'(t)$
1995	-0.10	2000	0.10
1996	0.05	2001	0.15
1997	-0.05	2002	-0.35
1998	-0.75	2003	-0.45
1999	-0.85	2004	-0.60

37.

t	14	21	28	35	42	49
$H'(t)$	$\frac{13}{7}$	$\frac{23}{14}$	$\frac{9}{7}$	1	$\frac{11}{14}$	$\frac{5}{7}$

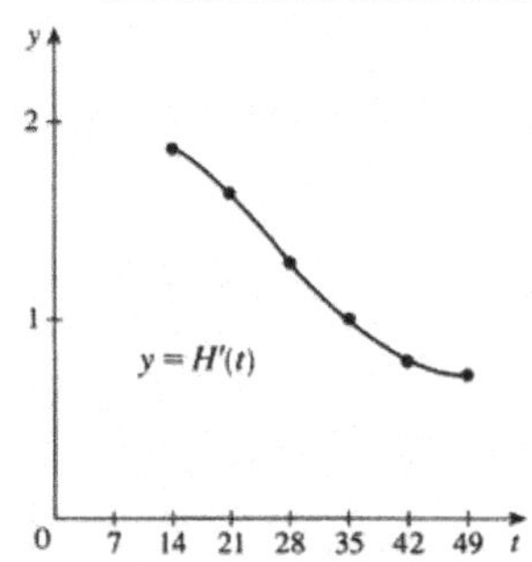

39. (a) La razón a la que cambia el porcentaje de energía eléctrica producida por paneles solares, en puntos porcentuales al año.
(b) El 1° de enero de 2002 el porcentaje de energía eléctrica producido por paneles solares aumentaba a una tasa de 3.5 puntos porcentuales al año.
41. -4 (esquina); 0 (discontinuidad)
43. 1 (indefinida); 5 (tangente vertical)
45.

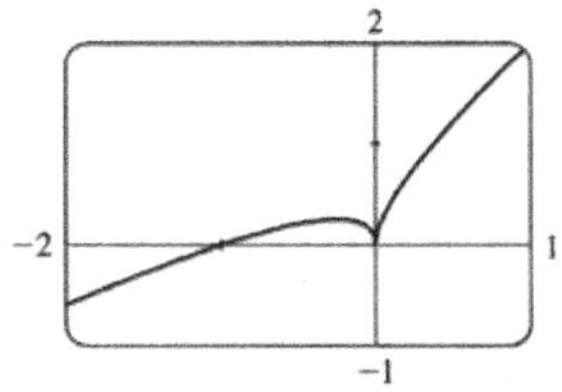

Derivable en -1; no derivable en 0

47. $f''(1)$ **49.** $a = f, b = f', b = f''$,
51. a = aceleración, b = velocidad, c = posición
53. $6x + 2$; 6

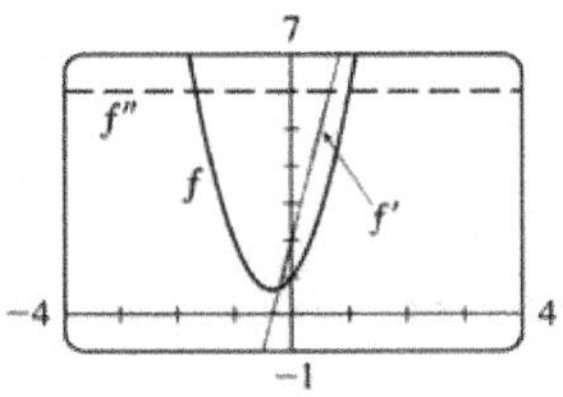

55.

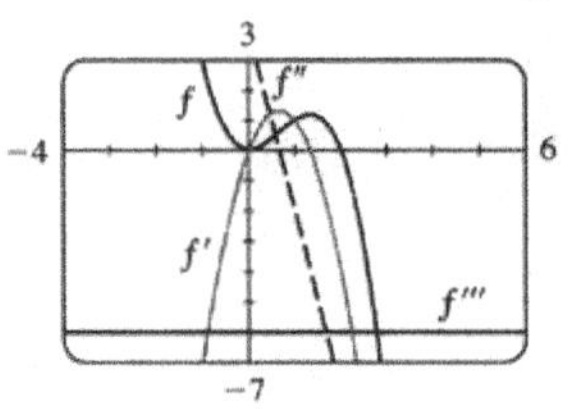

$f'(x) = 4x - 3x^2$,
$f''(x) = 4 - 6x$,
$f'''(x) = -6$,
$f^{(4)}(x) = 0$

57. (a) $\frac{1}{3}a^{-2/3}$

59. $f'(x) = \begin{cases} -1 & \text{si } x < 6 \\ 1 & \text{si } x > 6 \end{cases}$

o $f'(x) = \dfrac{x-6}{|x-6|}$

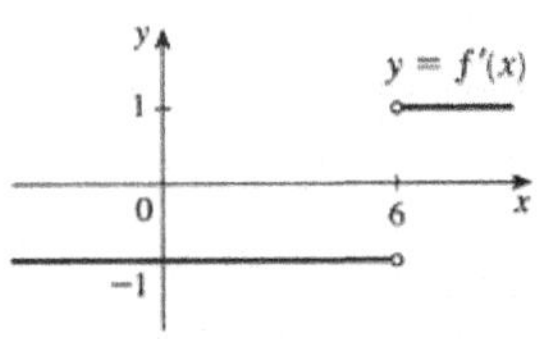

61. (a)

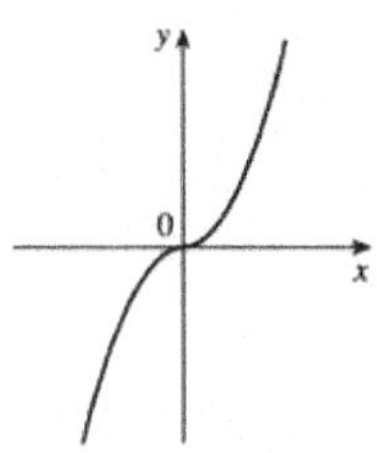

(b) Todas las x
(c) $f'(x) = 2|x|$

65. (a)

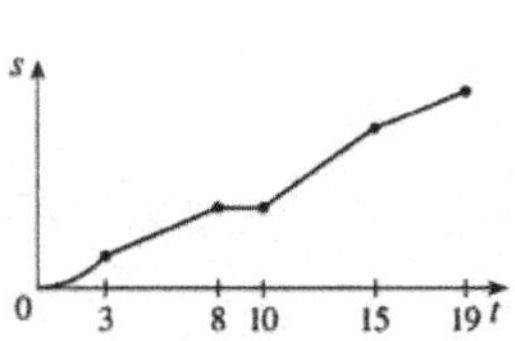

(b)

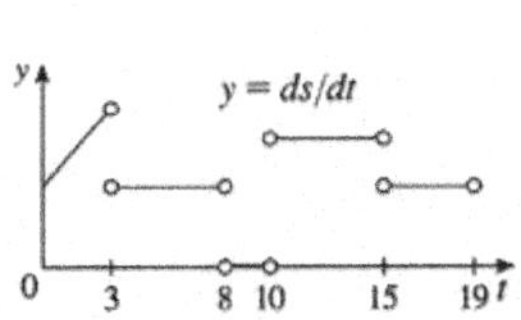

67. 63°

REPASO DEL CAPÍTULO 2 ■ PÁGINA 166

Examen verdadero-falso

1. Falso **3.** Verdadero **5.** Verdadero **7.** Falso
9. Verdadero **11.** Verdadero **13.** Verdadero **15.** Falso
17. Verdadero **19.** Verdadero **21.** Falso **23.** Falso
25. Verdadero

Ejercicios

1. (a) (i) 3 (ii) 0 (iii) No existe (iv) 2
(v) ∞ (vi) $-\infty$ (vii) 4 (viii) -1
(b) $y = 4, y = -1$ (c) $x = 0, x = 2$ (d) $-3, 0, 2, 4$
3. 1 **5.** $\frac{3}{2}$ **7.** 3 **9.** ∞ **11.** $\frac{4}{7}$ **13.** $\frac{1}{2}$
15. $-\infty$ **17.** 2 **19.** $\pi/2$ **21.** $x = 0, y = 0$ **23.** 1
29. (a) (i) 3 (ii) 0 (iii) No existe
(iv) 0 (v) 0 (vi) 0
(b) En 0 y 3 (c)

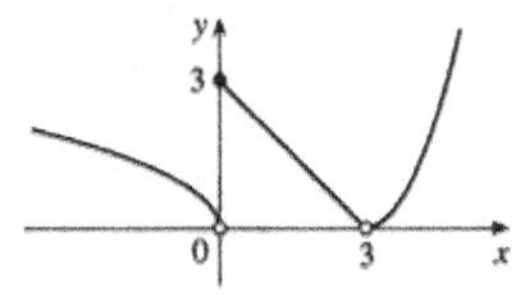

31. $\mathbb{R}$ **35.** (a) -8 (b) $y = -8x + 17$
37. (a) (i) 3 m/s (ii) 2.75 m/s (iii) 2.625 m/s
(iv) 2.525 m/s (b) 2.5 m/s
39. (a) 10 (b) $y = 10x - 16$
(c)

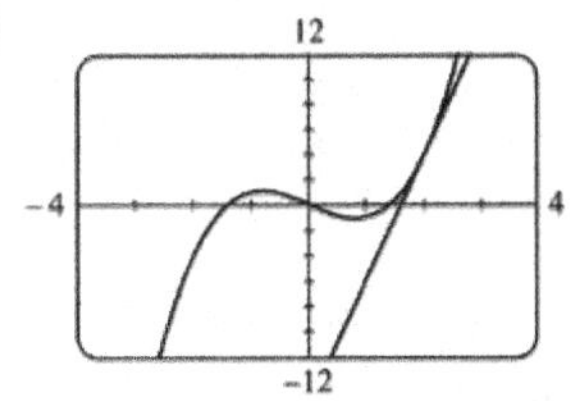

41. (a) La razón a la que el costo cambia con respecto a la tasa de interés; dólares/porcentaje anual)
(b) Cuando la tasa de interés aumenta más de 10%, el costo aumenta a razón de $1200/porcentaje anual).
(c) Siempre es positivo
43.

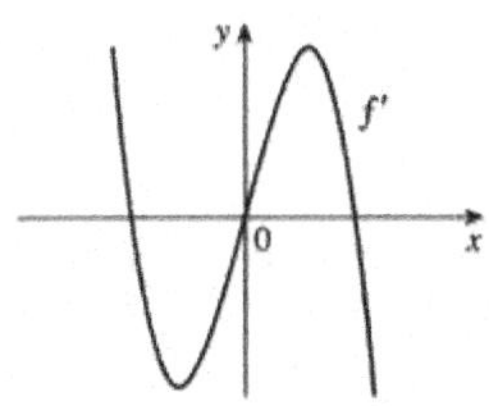

45. (a) $f'(x) = -\frac{5}{2}(3 - 5x)^{-1/2}$ (b) $\left(-\infty, \frac{3}{5}\right], \left(-\infty, \frac{3}{5}\right)$
(c)

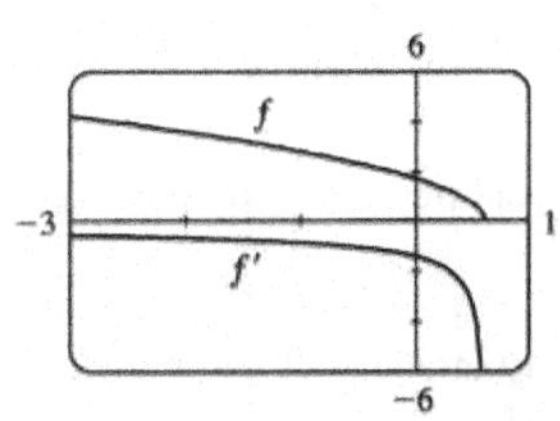

47. -4 (discontinuidad), -1 (esquina), 2 (discontinuidad), 5 (tangente vertical)

49.

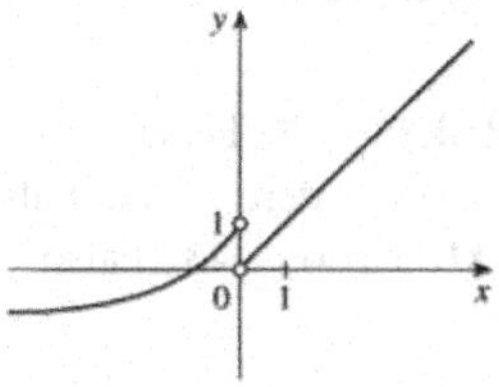

51. La razón a la que cambia el número de billetes de $20 dólares en circulación con respecto al tiempo; 0.156 mil millones de billetes al año

53. 0

PROBLEMAS ADICIONALES ■ PÁGINA 169

1. $\frac{2}{3}$ **3.** -4 **5.** (a) No existe (b) 1

7. $a = \frac{1}{2} \pm \frac{1}{2}\sqrt{5}$ **9.** $\frac{3}{4}$ **11.** (b) Sí (c) Sí; no

13. (a) 0 (b) 1 (c) $f'(x) = x^2 + 1$

CAPÍTULO 3

EJERCICIOS 3.1 ■ PÁGINA 180

1. (a) e es el número tal que $\lim_{h\to 0} \dfrac{e^h - 1}{h} = 1$.

(b) 0.99, 1.03; $2.7 < e < 2.8$

3. $f'(x) = 0$ **5.** $f'(x) = 5.2$ **7.** $f'(t) = 6t^2 - 6t - 4$

9. $g'(x) = 2x - 6x^2$ **11.** $y' = -\frac{2}{5}x^{-7/5}$

13. $F'(r) = -15/r^4$ **15.** $R'(a) = 18a + 6$

17. $S'(p) = \frac{1}{2}p^{-1/2} - 1$ **19.** $y' = 3e^x - \frac{4}{3}x^{-4/3}$

21. $h'(u) = 3Au^2 + 2Bu + C$

23. $y' = \frac{3}{2}\sqrt{x} + \dfrac{2}{\sqrt{x}} - \dfrac{3}{2x\sqrt{x}}$ **25.** $j'(x) = 2.4x^{1.4}$

27. $G'(q) = -2q^{-2} - 2q^{-3}$ **29.** $f'(v) = -\frac{2}{3}v^{-5/3} - 2e^v$

31. $z' = -10A/y^{11} + Be^y$ **33.** $y = 4x - 1$

35. $y = \frac{1}{2}x + 2$

37. Tangente: $y = -2x + 2$; normal: $y = \frac{1}{2}x - \frac{1}{2}$

39. $y = 3x - 1$ **41.** $f'(x) = 4x^3 - 6x^2 + 2x$

43. (a) (c) $4x^3 - 9x^2 - 12x + 7$

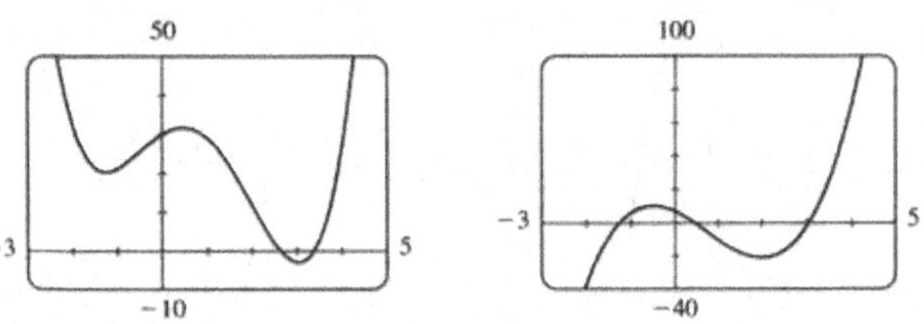

45. $f'(x) = 0.005x^4 - 0.06x^2$, $f''(x) = 0.02x^3 - 0.12x$

47. $f'(x) = 2 - \frac{15}{4}x^{-1/4}$, $f''(x) = \frac{15}{16}x^{-5/4}$

49. (a) $v(t) = 3t^2 - 3$, $a(t) = 6t$ (b) 12 m/s^2

(c) $a(1) = 6 \text{ m/s}^2$

51. 1.718; en 12 años, la longitud del pescado aumenta a razón de 1.718 pulg/año

53. (a) $V = 5.3/P$

(b) -0.00212; razón de cambio instantánea del volumen con respecto a la presión a 25 °C; m^3/kPa

55. $(-2, 21)$, $(1, -6)$ **59.** $y = 3x - 3$, $y = 3x - 7$

61. $y = -2x + 3$

63. $(\pm 2, 4)$ **67.** $P(x) = x^2 - x + 3$

69. $y = \frac{3}{16}x^3 - \frac{9}{4}x + 3$

71. No

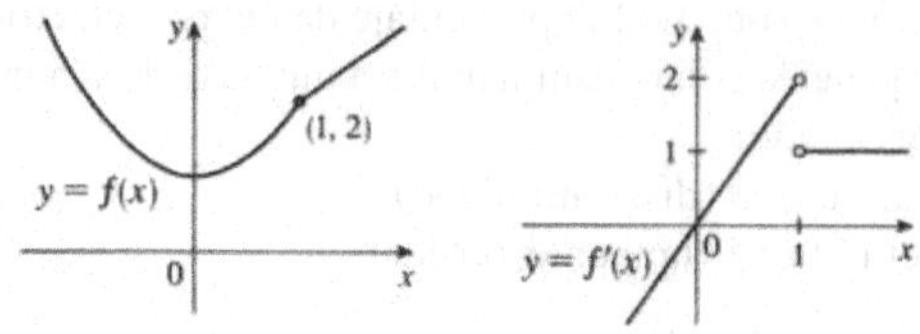

73. (a) No derivable en 3 ni en -3

$$f'(x) = \begin{cases} 2x & \text{si } |x| > 3 \\ -2x & \text{si } |x| < 3 \end{cases}$$

(b)

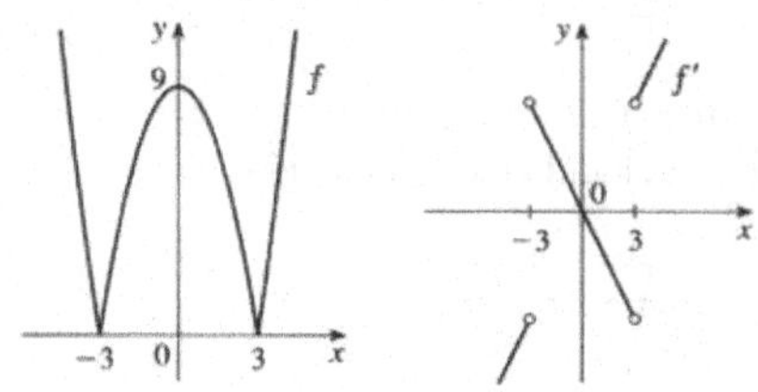

75. $y = 2x^2 - x$ **77.** $a = -\frac{1}{2}$, $b = 2$ **79.** $-\frac{1}{3}$

81. $m = 4$, $b = -4$ **83.** 1000 **85.** 3; 1

EJERCICIOS 3.2 ■ PÁGINA 188

1. $1 - 2x + 6x^2 - 8x^3$ **3.** $f'(x) = e^x(3x^2 + x - 5)$

5. $y' = (x - 2)e^x/x^3$ **7.** $g'(x) = 5/(2x + 1)^2$

9. $H'(u) = 2u - 1$

11. $F'(y) = 5 + \dfrac{14}{y^2} + \dfrac{9}{y^4}$ **13.** $y' = \dfrac{x(-x^3 - 3x - 2)}{(x^3 - 1)^2}$

15. $y' = \dfrac{t^4 - 8t^3 + 6t^2 + 9}{(t^2 - 4t + 3)^2}$

17. $y' = 2v - 1/\sqrt{v}$ **19.** $y' = \dfrac{3 - 2\sqrt{s}}{2s^{5/2}}$

21. $f'(t) = \dfrac{-2t - 3}{3t^{2/3}(t - 3)^2}$ **23.** $f'(x) = \dfrac{xe^x(x^3 + 2e^x)}{(x^2 + e^x)^2}$

25. $f'(x) = \dfrac{-ACe^x}{(B + Ce^x)^2}$

27. $(x^3 + 3x^2 + 1)e^x$; $(x^3 + 6x^2 + 6x + 1)e^x$

29. $\dfrac{x(2 + 2e^x - xe^x)}{(1 + e^x)^2}$;

$$\frac{2 + 4e^x - 4xe^x - x^2e^x + 2e^{2x} - 4xe^{2x} + x^2e^{2x}}{(1 + e^x)^3}$$

31. $y = \frac{2}{3}x - \frac{2}{3}$ **33.** $y = 2x$; $y = -\frac{1}{2}x$

35. (a) $y = \frac{1}{2}x + 1$ (b)

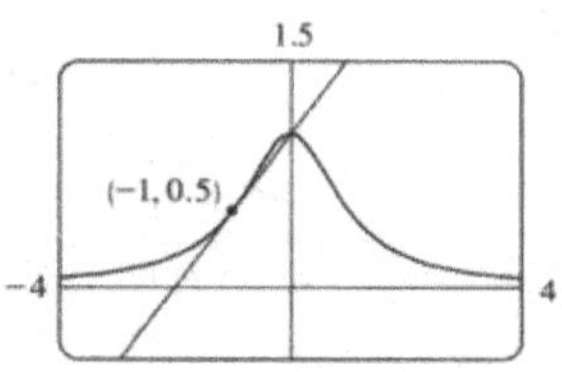

37. (a) $e^x(x^3 + 3x^2 - x - 1)$
(b)

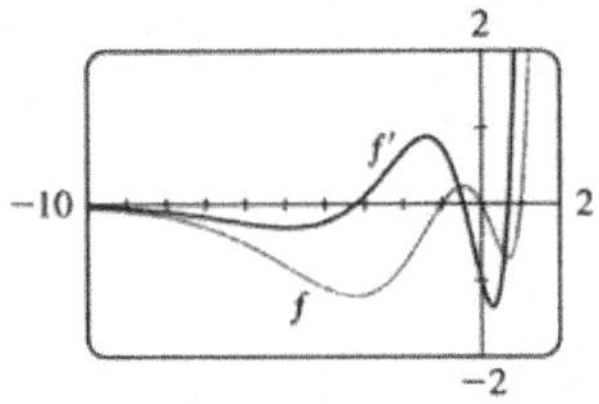

39. (a) $f'(x) = \dfrac{4x}{(x^2+1)^2}$; $f''(x) = \dfrac{4(1-3x^2)}{(x^2+1)^3}$

(b)

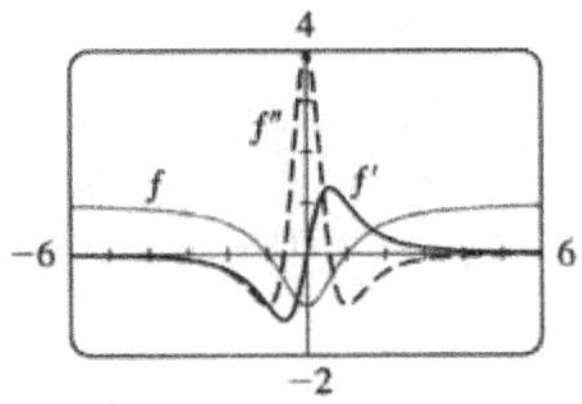

41. $\frac{1}{4}$ **43.** (a) -16 (b) $-\frac{20}{9}$ (c) 20 **45.** 7
47. $y = -2x + 18$ **49.** (a) 0 (b) $-\frac{2}{3}$
51. (a) $y' = xg'(x) + g(x)$ (b) $y' = \dfrac{g(x) - xg'(x)}{[g(x)]^2}$
(c) $y' = \dfrac{xg'(x) - g(x)}{x^2}$
53. Dos, $\left(-2 \pm \sqrt{3}, \frac{1}{2}(1 \mp \sqrt{3})\right)$ **55.** 1
57. \$1.627 miles de millones/año
59. $\dfrac{0.0021}{(0.015 + [\mathrm{S}])^2}$;
La razón de cambio de la rapidez de una reacción enzimática con respecto a la concentración de un sustrato *S*.
61. (c) $3e^{3x}$
63. $f'(x) = (x^2 + 2x)e^x$, $f''(x) = (x^2 + 4x + 2)e^x$,
$f'''(x) = (x^2 + 6x + 6)e^x$, $f^{(4)}(x) = (x^2 + 8x + 12)e^x$,
$f^{(5)}(x) = (x^2 + 10x + 20)e^x$; $f^{(n)}(x) = [x^2 + 2nx + n(n-1)]e^x$

EJERCICIOS 3.3 ■ PÁGINA 196

1. $f'(x) = x^2 \cos x + 2x \operatorname{sen} x$ **3.** $f'(x) = e^x(\cos x - \operatorname{sen} x)$
5. $g'(t) = 3t^2 \cos t - t^3 \operatorname{sen} t$
7. $h'(\theta) = -\csc\theta \cot\theta + e^\theta(\cot\theta - \csc^2\theta)$
9. $y' = \dfrac{2 - \tan x + x\sec^2 x}{(2 - \tan x)^2}$ **11.** $f'(\theta) = \dfrac{1}{1 + \cos\theta}$
13. $y' = \dfrac{(t^2 + t)\cos t + \operatorname{sen} t}{(1 + t)^2}$
15. $f'(\theta) = \frac{1}{2}\operatorname{sen} 2\theta + \theta\cos 2\theta$
21. $y = x + 1$ **23.** $y = x - \pi - 1$
25. (a) $y = 2x$ (b)

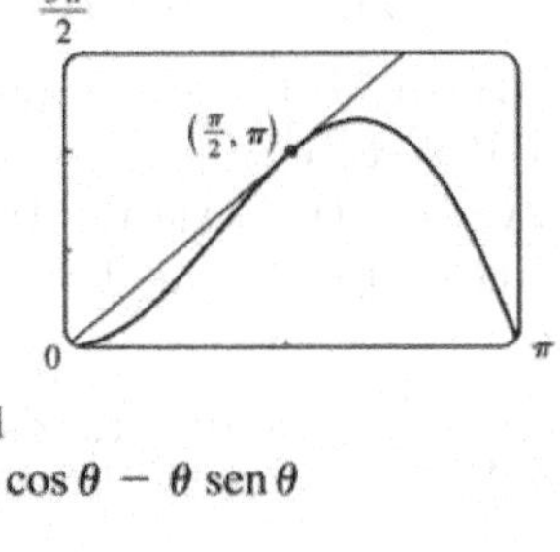

27. (a) $\sec x \tan x - 1$
29. $\theta\cos\theta + \operatorname{sen}\theta$; $2\cos\theta - \theta\operatorname{sen}\theta$
31. (a) $f'(x) = (1 + \tan x)/\sec x$ (b) $f'(x) = \cos x + \operatorname{sen} x$
33. $(2n + 1)\pi \pm \frac{1}{3}\pi$, n un entero
35. (a) $v(t) = 8\cos t$, $a(t) = -8\operatorname{sen} t$
(b) $4\sqrt{3}, -4, -4\sqrt{3}$; a la izquierda
37. 3 m/rad **39.** $\frac{5}{3}$ **41.** 3 **43.** $-\frac{3}{4}$
45. $\frac{1}{2}$ **47.** $-\frac{1}{4}$ **49.** $-\sqrt{2}$ **51.** $-\cos x$
53. $A = -\frac{3}{10}$, $B = -\frac{1}{10}$
55. (a) $\sec^2 x = \dfrac{1}{\cos^2 x}$ (b) $\sec x \tan x = \dfrac{\operatorname{sen} x}{\cos^2 x}$
(c) $\cos x - \operatorname{sen} x = \dfrac{\cot x - 1}{\csc x}$
57. 1

EJERCICIOS 3.4 ■ PÁGINA 204

1. $4\cos 4x$ **3.** $-20x(1 - x^2)^9$ **5.** $\dfrac{e^{\sqrt{x}}}{2\sqrt{x}}$
7. $F'(x) = 24x^{11}(5x^3 + 2)^3(5x^3 + 1)$
9. $f'(x) = \dfrac{5}{2\sqrt{5x + 1}}$ **11.** $f'(\theta) = -2\theta\operatorname{sen}(\theta^2)$
13. $y' = xe^{-3x}(2 - 3x)$ **15.** $f'(t) = e^{at}(b\cos bt + a\operatorname{sen} bt)$
17. $f'(x) = (2x - 3)^3(x^2 + x + 1)^4(28x^2 - 12x - 7)$
19. $h'(t) = \frac{2}{3}(t + 1)^{-1/3}(2t^2 - 1)^2(20t^2 + 18t - 1)$
21. $y' = \dfrac{1}{2\sqrt{x}\,(x + 1)^{3/2}}$ **23.** $y' = (\sec^2\theta)\, e^{\tan\theta}$
25. $g'(u) = \dfrac{48u^2(u^3 - 1)^7}{(u^3 + 1)^9}$ **27.** $r'(t) = \dfrac{(\ln 10)10^{2\sqrt{t}}}{\sqrt{t}}$
29. $H'(r) = \dfrac{2(r^2 - 1)^2(r^2 + 3r + 5)}{(2r + 1)^6}$
31. $F'(t) = e^{t\operatorname{sen} 2t}(2t\cos 2t + \operatorname{sen} 2t)$
33. $G'(x) = -C(\ln 4)\dfrac{4^{C/x}}{x^2}$
35. $y' = 2\cos(\tan 2x)\sec^2(2x)$
37. $y' = -2\cos\theta\cot(\operatorname{sen}\theta)\csc^2(\operatorname{sen}\theta)$
39. $f'(t) = -\sec^2(\sec(\cos t))\sec(\cos t)\tan(\cos t)\operatorname{sen} t$
41. $f'(t) = \sec^2(e^t)e^t + e^{\tan t}\sec^2 t$
43. $g'(x) = 2r^2p(\ln a)(2ra^{rx} + n)^{p-1}a^{rx}$
45. $y' = \dfrac{-\pi\cos(\tan\pi x)\sec^2(\pi x)\operatorname{sen}\sqrt{\operatorname{sen}(\tan\pi x)}}{2\sqrt{\operatorname{sen}(\tan\pi x)}}$
47. $y' = -3\cos 3\theta\operatorname{sen}(\operatorname{sen} 3\theta)$;
$y'' = -9\cos^2(3\theta)\cos(\operatorname{sen} 3\theta) + 9(\operatorname{sen} 3\theta)\operatorname{sen}(\operatorname{sen} 3\theta)$
49. $y' = \dfrac{-\sec t\tan t}{2\sqrt{1 - \sec t}}$;
$y'' = \dfrac{\sec t\,(3\sec^3 t - 4\sec^2 t - \sec t + 2)}{4(1 - \sec t)^{3/2}}$
51. $y = (\ln 2)x + 1$ **53.** $y = -x + \pi$
55. (a) $y = \frac{1}{2}x + 1$ (b)

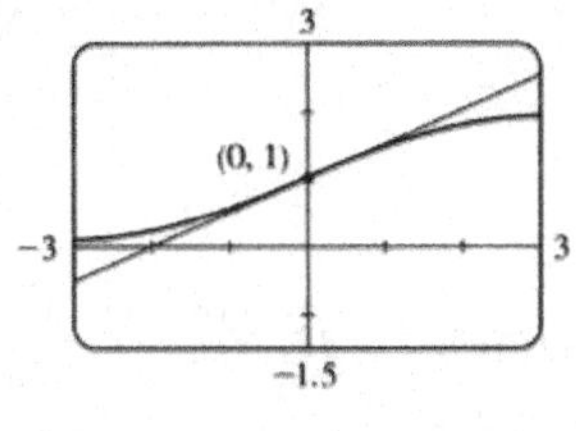

57. (a) $f'(x) = \dfrac{2 - 2x^2}{\sqrt{2 - x^2}}$

59. $((\pi/2) + 2n\pi, 3)$, $((3\pi/2) + 2n\pi, -1)$, n un entero

61. 24 **63.** (a) 30 (b) 36

65. (a) $\frac{3}{4}$ (b) No existe (c) -2 **67.** $-\frac{1}{6}\sqrt{2}$

69. (a) $F'(x) = e^x f'(e^x)$ (b) $G'(x) = e^{f(x)} f'(x)$

71. 120 **73.** 96

77. $-2^{50} \cos 2x$ **79.** $v(t) = \frac{5}{2}\pi \cos(10\pi t)$ cm/s

81. (a) $\dfrac{dB}{dt} = \dfrac{7\pi}{54} \cos \dfrac{2\pi t}{5.4}$ (b) 0.16

83. $v(t) = 2e^{-1.5t}(2\pi \cos 2\pi t - 1.5 \operatorname{sen} 2\pi t)$

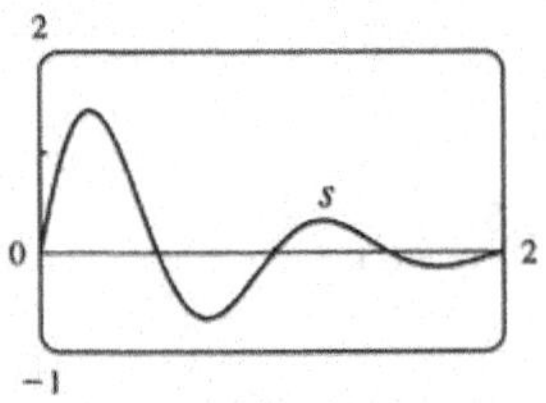

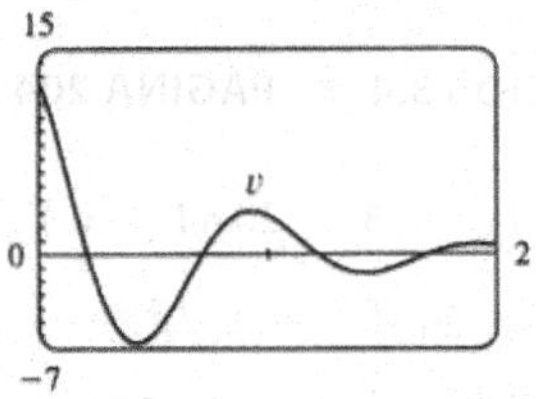

85. (a) 0.0075 (mg/mL)/min (b) 0.0030 (mg/mL)/min

87. dv/dt es la razón de cambio de velocidad con respecto al tiempo; dv/ds es la razón de cambio de la velocidad con respecto al desplazamiento

89. (a) $Q = ab^t$ donde $a \approx 100.01244$ and $b \approx 0.000045146$ (b) -670.63 μA

91. (b) La forma factorizada **95.** (b) $-n \cos^{n-1}x \operatorname{sen}[(n + 1)x]$

EJERCICIOS 3.5 ■ PÁGINA 215

1. (a) $y' = -(y + 2 + 6x)/x$
(b) $y = (4/x) - 2 - 3x$, $y' = -(4/x^2) - 3$

3. (a) $y' = -\sqrt{y}/\sqrt{x}$ (b) $y = (1 - \sqrt{x})^2$, $y' = 1 - 1/\sqrt{x}$

5. $y' = \dfrac{2y - x}{y - 2x}$ **7.** $y' = -\dfrac{2x(2x^2 + y^2)}{y(2x^2 + 3y)}$

9. $y' = \dfrac{x(x + 2y)}{2x^2y + 4xy^2 + 2y^3 + x^2}$ **11.** $y' = \dfrac{-2xy^2 - \operatorname{sen} y}{2x^2y + x \cos y}$

13. $y' = \dfrac{1 - 8x^3\sqrt{x + y}}{8y^3\sqrt{x + y} - 1}$ **15.** $y' = \dfrac{y(y - e^{x/y})}{y^2 - xe^{x/y}}$

17. $y' = \dfrac{1 + x^4y^2 + y^2 + x^4y^4 - 2xy}{x^2 - 2xy - 2x^5y^3}$

19. $y' = -\dfrac{y \cos(xy) + \operatorname{sen}(x + y)}{x \cos(xy) + \operatorname{sen}(x + y)}$ **21.** $-\frac{16}{13}$

23. $x' = \dfrac{-2x^4y + x^3 - 6xy^2}{4x^3y^2 - 3x^2y + 2y^3}$ **25.** $y = \frac{1}{2}x$

27. $y = \frac{3}{4}x - \frac{1}{2}$ **29.** $y = x + \frac{1}{2}$ **31.** $y = -\frac{9}{13}x + \frac{40}{13}$

33. (a) $y = \frac{9}{2}x - \frac{5}{2}$ (b)

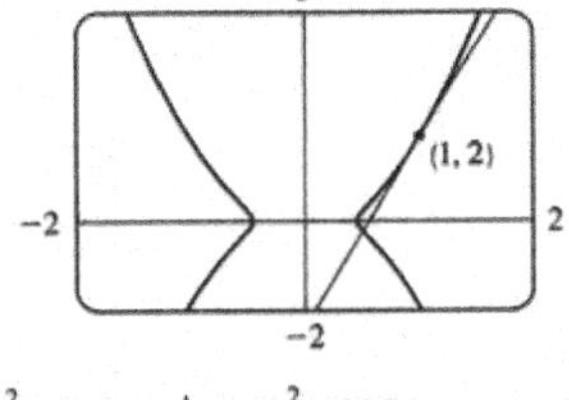

35. $-1/(4y^3)$ **37.** $\dfrac{\cos^2 y \cos x + \operatorname{sen}^2 x \operatorname{sen} y}{\cos^3 y}$ **39.** $1/e^2$

41. (a)

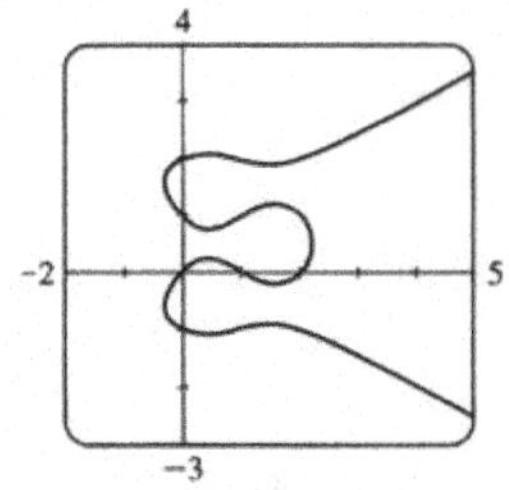

Ocho; $x \approx 0.42, 1.58$

(b) $y = -x + 1$, $y = \frac{1}{3}x + 2$ (c) $1 \mp \frac{1}{3}\sqrt{3}$

43. $(\pm\frac{5}{4}\sqrt{3}, \pm\frac{5}{4})$ **45.** $(x_0x/a^2) - (y_0y/b^2) = 1$

49. $y' = \dfrac{1}{2\sqrt{x}(1 + x)}$ **51.** $y' = \dfrac{1}{\sqrt{-x^2 - x}}$

53. $F'(x) = \dfrac{3}{\sqrt{x^6 - 1}} + \sec^{-1}(x^3)$ **55.** $h'(t) = 0$

57. $y' = \operatorname{sen}^{-1}x$ **59.** $y' = \dfrac{\sqrt{a^2 - b^2}}{a + b \cos x}$

61. $1 - \dfrac{x \operatorname{arcsen} x}{\sqrt{1 - x^2}}$

65.

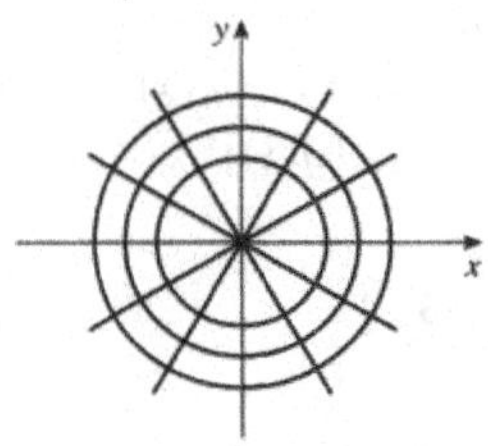

67.

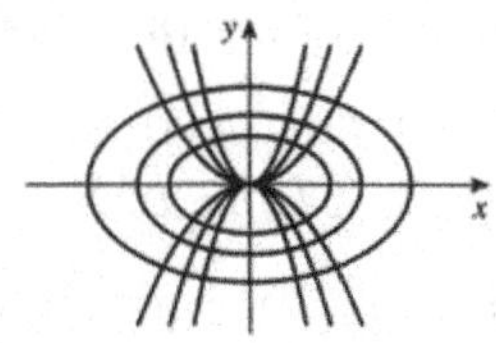

71. (a) $\dfrac{V^3(nb - V)}{PV^3 - n^2aV + 2n^3ab}$ (b) ≈ -4.04 L/atm

73. $(\pm\sqrt{3}, 0)$ **75.** $(-1, -1)$, $(1, 1)$ **77.** (b) $\frac{3}{2}$

79. (a) 0 (b) $-\frac{1}{2}$

EJERCICIOS 3.6 ■ PÁGINA 223

1. La fórmula de derivación es la más simple.

3. $f'(x) = \dfrac{\cos(\ln x)}{x}$ **5.** $f'(x) = \dfrac{1}{5x\sqrt[5]{(\ln x)^4}}$

7. $f'(x) = \dfrac{-\operatorname{sen} x}{(1 + \cos x) \ln 10}$ **9.** $g'(x) = \dfrac{1}{x} - 2$

11. $F'(t) = \ln t \left(\ln t \cos t + \dfrac{2 \operatorname{sen} t}{t} \right)$

13. $g'(x) = \dfrac{2x^2 - 1}{x(x^2 - 1)}$ **15.** $F'(s) = \dfrac{1}{s \ln s}$

17. $T'(z) = 2^z \left(\dfrac{1}{z \ln 2} + \ln z \right)$

19. $y' = \dfrac{-x}{1 + x}$ **21.** $y' = \sec^2[\ln(ax + b)] \dfrac{a}{ax + b}$

23. $y' = (2 + \ln x)/(2\sqrt{x})$; $y'' = -\ln x/(4x\sqrt{x})$

25. $y' = \tan x$; $y'' = \sec^2 x$

27. $f'(x) = \dfrac{2x - 1 - (x - 1)\ln(x - 1)}{(x - 1)[1 - \ln(x - 1)]^2}$;
$(1, 1 + e) \cup (1 + e, \infty)$

29. $f'(x) = \dfrac{2(x - 1)}{x(x - 2)}$; $(-\infty, 0) \cup (2, \infty)$ **31.** 2

33. $y = 3x - 9$ **35.** $\cos x + 1/x$ **37.** 7

39. $y' = (2x + 1)^5(x^4 - 3)^6\left(\dfrac{10}{2x + 1} + \dfrac{24x^3}{x^4 - 3}\right)$

41. $y' = \sqrt{\dfrac{x - 1}{x^4 + 1}}\left(\dfrac{1}{2x - 2} - \dfrac{2x^3}{x^4 + 1}\right)$

43. $y' = x^x(1 + \ln x)$

45. $y' = x^{\operatorname{sen} x}\left(\dfrac{\operatorname{sen} x}{x} + \cos x \ln x\right)$

47. $y' = (\cos x)^x(-x \tan x + \ln \cos x)$

49. $y' = (\tan x)^{1/x}\left(\dfrac{\sec^2 x}{x \tan x} - \dfrac{\ln \tan x}{x^2}\right)$

51. $y' = \dfrac{2x}{x^2 + y^2 - 2y}$ **53.** $f^{(n)}(x) = \dfrac{(-1)^{n-1}(n - 1)!}{(x - 1)^n}$

EJERCICIOS 3.7 ■ PÁGINA 233

1. (a) $3t^2 - 16t + 24$ (b) 11 m/s (c) Nunca (d) Siempre
(e) 72 m
(f)
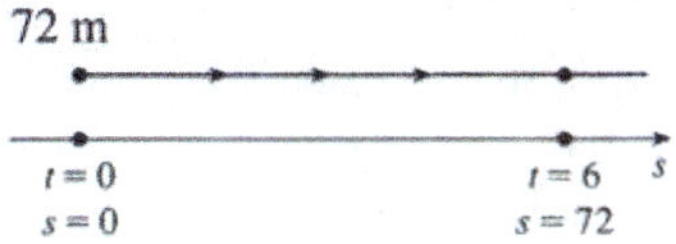

(g) $6t - 16$; $-10\ \text{m/s}^2$

(h)
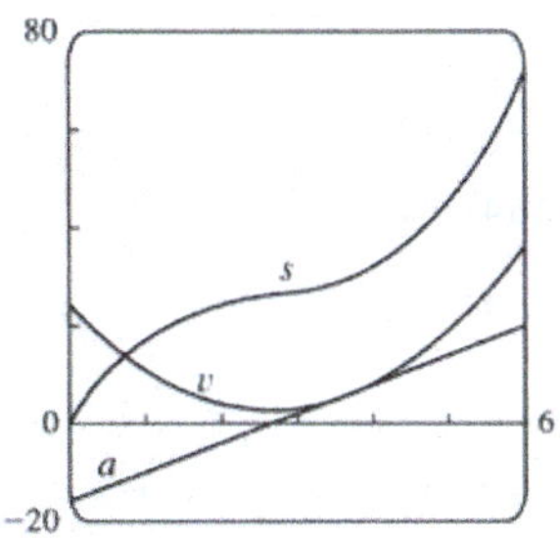

(i) Aceleración cuando $t > \frac{8}{3}$; reducción de velocidad cuando $0 \leq t < \frac{8}{3}$

3. (a) $(\pi/2)\cos(\pi t/2)$ (b) 0 m/s
(c) $t = 2n + 1$, t un entero no negativo
(d) $0 < t < 1$, $3 < t < 5$, $7 < t < 9$, y así sucesivamente (e) 6 m
(f)
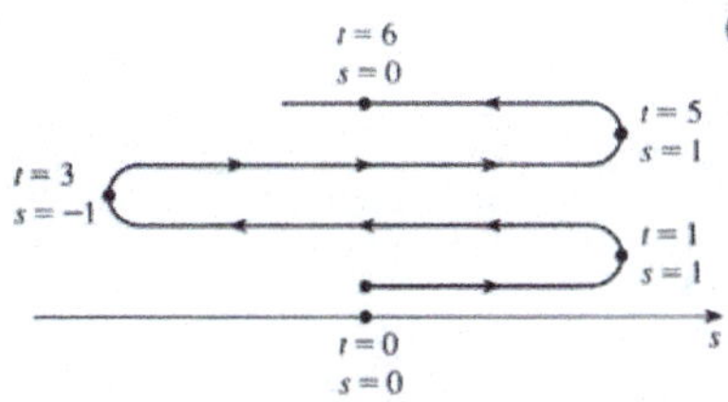

(g) $(-\pi^2/4)\operatorname{sen}(\pi t/2)$; $-\pi^2/4\ \text{m/s}^2$

(h)
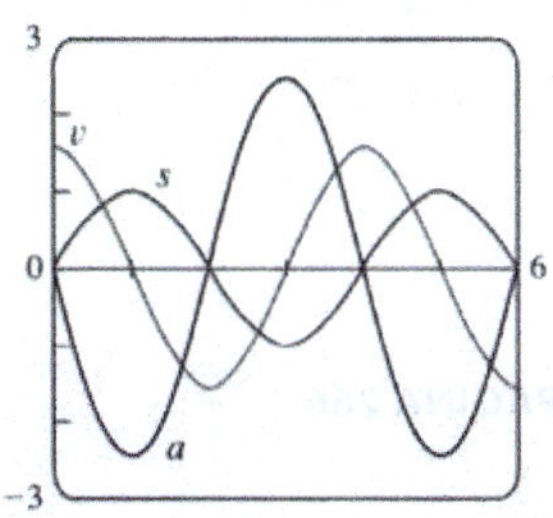

(i) Aceleración cuando $1 < t < 2$, $3 < t < 4$, y $5 < t < 6$; reducción de velocidad cuando $0 < t < 1$, $2 < t < 3$, y $4 < t < 5$

5. (a) Aceleración cuando $0 < t < 1$ o $2 < t < 3$; reducción de velocidad cuando $1 < t < 2$
(b) Aceleración cuando $1 < t < 2$ o $3 < t < 4$; reducción de velocidad cuando $0 < t < 1$ o $2 < t < 3$

7. (a) 4.9 m/s; −14.7 m/s (b) Después de 2.5 s (c) $32\frac{5}{8}$ m
(d) ≈ 5.08 s (e) ≈ -25.3 m/s

9. (a) 7.56 m/s (b) ≈ 6.24 m/s; ≈ -6.24 m/s

11. (a) 30 mm²/mm; la razón a la que aumenta el área con respecto a la longitud por lado cuando x llega a 15 mm
(b) $\Delta A \approx 2x\,\Delta x$

13. (a) (i) 5π (ii) 4.5π (iii) 4.1π
(b) 4π (c) $\Delta A \approx 2\pi r\,\Delta r$

15. (a) 160π cm²/cm (b) 320π cm²/cm (c) 480π cm²/cm
La razón aumenta conforme el radio aumenta.

17. (a) 6 kg/m (b) 12 kg/m (c) 18 kg/m
En el extremo derecho; en el extremo izquierdo

19. (a) 4.75 A (b) 5 A; $t = \frac{2}{3}$ s

23. (a) $dV/dP = -C/P^2$ (b) Al principio

25. $400(3^t)\ln 3$; ≈ 6850 bacterias/h

27. (a) 16 millones/año; 78.5 millones/año
(b) $P(t) = at^3 + bt^2 + ct + d$, donde $a \approx -0.0002849$, $b \approx 0.5224331$, $c \approx -6.395641$, $d \approx 1720.586$
(c) $P'(t) = 3at^2 + 2bt + c$
(d) 14.16 millones/año (menor); 71.72 millones/año (menor)
(e) $f'(t) = (1.43653 \times 10^9) \cdot (1.01395)^t \ln 1.01395$
(f) 26.25 millones/año (mayor); 60.28 millones/año (menor)
(g) $P'(85) \approx 76.24$ millones/año, $f'(85) = 64.61$ millones/año

29. (a) 0.926 cm/s; 0.694 cm/s; 0
(b) 0; −92.6 (cm/s)/cm; −185.2 (cm/s)/cm
(c) En el centro; en la orilla

31. (a) $C'(x) = 3 + 0.02x + 0.0006x^2$
(b) \$11/par; la razón a la que el costo cambia cuando se produce el 100.º par de jeans; el costo del 101.º par
(c) \$11.07

33. (a) $[xp'(x) - p(x)]/x^2$; la productividad promedio aumenta conforme se añaden nuevos trabajadores.

35. $\dfrac{dt}{dc} = \dfrac{3\sqrt{9c^2 - 8c} + 9c - 4}{\sqrt{9c^2 - 8c}\,\left(3c + \sqrt{9c^2 - 8c}\,\right)}$; la razón de cambio de duración de la diálisis requerida con respecto a la concentración de urea inicial.

37. −0.2436 K/min

39. (a) 0 y 0 (b) $C = 0$
(c) (0, 0), (500, 50); es posible para que la especie coexista.

EJERCICIOS 3.8 ■ PÁGINA 242

1. Alrededor de 136

3. (a) $100(4.2)^t$ (b) ≈ 7409 (c) $\approx 10{,}632$ bacterias/h
(d) $(\ln 100)/(\ln 4.2) \approx 3.2$ h

5. (a) 1508 millones, 1871 millones (b) 2161 millones
(c) 3972 millones; guerras en la primera mitad del siglo, aumento de la esperanza de vida en la segunda mitad

7. (a) $Ce^{-0.0005t}$ (b) $-2000 \ln 0.9 \approx 211$ s

9. (a) $100 \times 2^{-t/30}$ mg (b) ≈ 9.92 mg (c) ≈ 199.3 años

11. ≈ 2500 años **13.** Sí; 12.5 miles de millones de años

15. (a) ≈ 58°C (b) ≈ 98 min

17. (a) $13.\overline{3}$°C (b) ≈ 67.74 min

19. (a) ≈ 64.5 kPa (b) ≈ 39.9 kPa

21. (a) (i) \$3828.84 (ii) \$3840.25 (iii) \$3850.08
(iv) \$3851.61 (v) \$3852.01 (vi) \$3852.08
(b) $dA/dt = 0.05A$, $A(0) = 3000$

EJERCICIOS 3.9 ■ PÁGINA 249

1. $dV/dt = 3x^2\,dx/dt$ **3.** $48\text{ cm}^2/\text{s}$ **5.** $3/(25\pi)$ m/min
7. $128\pi\text{ cm}^2/\text{min}$ **9.** (a) 1 (b) 25 **11.** -18
13. (a) La altitud del avión es 2 km y su velocidad es de 800 km/h.
(b) La razón a la que aumenta la distancia del avión a la estación cuando el avión está a 3 km de la estación
(c)

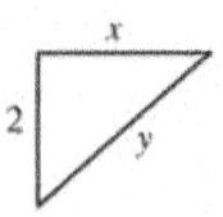

(d) $y^2 = x^2 + 4$
(e) $\frac{800}{3}\sqrt{5}$ km/h

15. (a) La altura del poste (6 m), la altura del hombre (2 m) y la velocidad del hombre (1.5 m/s)
(b) La razón a la que se mueve la punta de la sombra del hombre cuando él está a 10 m del poste
(c)

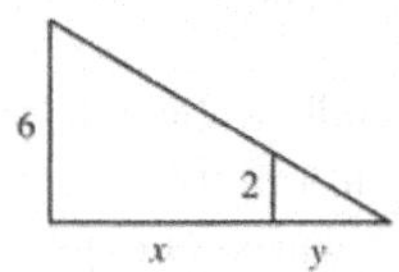

(d) $\dfrac{6}{2} = \dfrac{x + y}{y}$ (e) $\frac{9}{4}$ m/s

17. 78 km/h **19.** $8064/\sqrt{8{,}334{,}400} \approx 2.79$ m/s
21. -1.6 cm/min **23.** $\frac{720}{13} \approx 55.4$ km/h
25. $(10{,}000 + 800{,}000\pi/9) \approx 2.89 \times 10^5\text{ cm}^3/\text{min}$
27. $\frac{10}{3}$ cm/min **29.** $4/(3\pi) \approx 0.42$ m/min
31. $150\sqrt{3}\text{ cm}^2/\text{min}$ **33.** 5 m **35.** $\pi r^2\text{ cm}^2/\text{h}$
37. $80\text{ cm}^3/\text{min}$ **39.** $\frac{107}{810} \approx 0.132\ \Omega/\text{s}$
41. $\sqrt{7}\,\pi/21 \approx 0.396$ m/min
43. (a) 120 m/s (b) ≈ 0.107 rad/s
45. $\frac{10}{9}\pi$ km/min **47.** $1650/\sqrt{31} \approx 296$ km/h
49. $\frac{7}{4}\sqrt{15} \approx 6.78$ m/s

EJERCICIOS 3.10 ■ PÁGINA 256

1. $L(x) = 16x + 23$ **3.** $L(x) = \frac{1}{4}x + 1$
5. $\sqrt{1 - x} \approx 1 - \frac{1}{2}x$;
$\sqrt{0.9} \approx 0.95$,
$\sqrt{0.99} \approx 0.995$

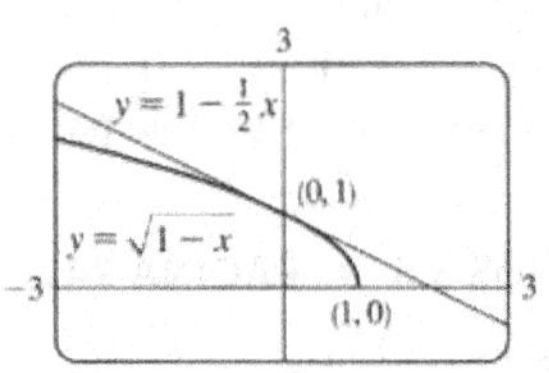

7. $-0.383 < x < 0.516$ **9.** $-0.045 < x < 0.055$
11. (a) $dy = (1 - 4x)e^{-4x}\,dx$ (b) $dy = -\dfrac{2t^3}{\sqrt{1 - t^4}}\,dt$
13. (a) $dy = \dfrac{\sec^2\sqrt{t}}{2\sqrt{t}}\,dt$ (b) $dy = \dfrac{-4v}{(1 + v^2)^2}\,dv$
15. (a) $dy = \frac{1}{10}e^{x/10}\,dx$ (b) 0.01
17. (a) $dy = \dfrac{x}{\sqrt{3 + x^2}}\,dx$ (b) -0.05

19. $\Delta y = 1.25$, $dy = 1$

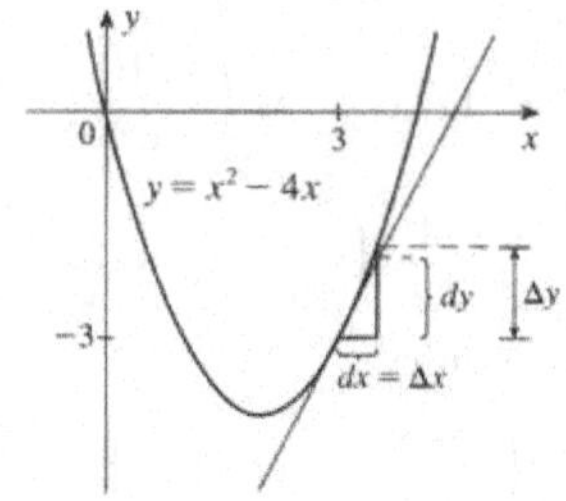

21. $\Delta y \approx 0.34$, $dy = 0.4$

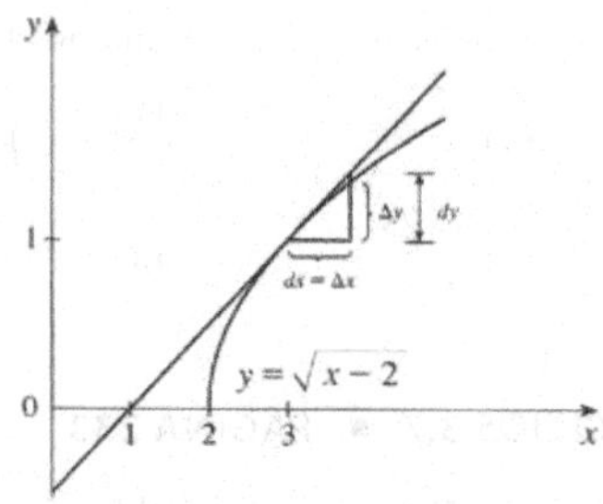

23. 15.968 **25.** $10.00\overline{3}$ **27.** 1.1
33. (a) 270 cm^3, 0.01, 1% (b) 36 cm^2, $0.00\overline{6}$, $0.\overline{6}$%
35. (a) $84/\pi \approx 27\text{ cm}^2$; $\frac{1}{84} \approx 0.012 = 1.2\%$
(b) $1764/\pi^2 \approx 179\text{ cm}^3$; $\frac{1}{56} \approx 0.018 = 1.8\%$
37. (a) $2\pi rh\,\Delta r$ (b) $\pi(\Delta r)^2 h$
43. (a) 4.8, 5.2 (b) Demasiado grande

EJERCICIOS 3.11 ■ PÁGINA 264

1. (a) 0 (b) 1 **3.** (a) $\frac{13}{5}$ (b) $\frac{1}{2}(e^5 + e^{-5}) \approx 74.20995$
5. (a) 1 (b) 0
21. $\operatorname{sech} x = \frac{3}{5}$, $\operatorname{senh} x = \frac{4}{3}$, $\operatorname{sch} x = \frac{3}{4}$, $\tanh x = \frac{4}{5}$, $\coth x = \frac{5}{4}$
23. (a) 1 (b) -1 (c) ∞ (d) $-\infty$ (e) 0 (f) 1
(g) ∞ (h) $-\infty$ (i) 0 (j) $\frac{1}{2}$
31. $f'(x) = \dfrac{\operatorname{sech}^2\sqrt{x}}{2\sqrt{x}}$ **33.** $h'(x) = 2x\cosh(x^2)$
35. $g'(x) = (1/x)\operatorname{senh}(\ln x)$
37. $y' = 3e^{\cosh 3x}\operatorname{senh} 3x$
39. $g'(t) = \coth\sqrt{t^2 + 1} - \dfrac{t^2}{\sqrt{t^2 + 1}}\operatorname{csch}^2\sqrt{t^2 + 1}$
41. $G'(x) = \dfrac{-2\operatorname{senh} x}{(1 + \cosh x)^2}$
43. $y' = \operatorname{senh}^{-1}(x/3)$ **45.** $y' = -\csc x$
51. (a) 0.3572 (b) 70.34°
53. (a) 164.50 m (b) 120 m; 164.13 m
55. (b) $y = 2\operatorname{senh} 3x - 4\cosh 3x$
57. $\left(\ln\left(1 + \sqrt{2}\right), \sqrt{2}\right)$

REPASO DEL CAPÍTULO 3 ■ PÁGINA 266

Examen verdadero-falso

1. Verdadero **3.** Verdadero **5.** Falso **7.** Falso
9. Verdadero **11.** Verdadero **13.** Verdadero **15.** Verdadero

Ejercicios

1. $6x(x^4 - 3x^2 + 5)^2(2x^2 - 3)$ **3.** $\dfrac{1}{2\sqrt{x}} - \dfrac{4}{3\sqrt[3]{x^7}}$

5. $x(\pi x \cos \pi x + 2 \operatorname{sen} \pi x)$

7. $\dfrac{8t^3}{(t^4 + 1)^2}$ **9.** $\dfrac{1 + \ln x}{x \ln x}$ **11.** $\dfrac{\cos\sqrt{x} - \sqrt{x}\operatorname{sen}\sqrt{x}}{2\sqrt{x}}$

13. $-\dfrac{e^{1/x}(1 + 2x)}{x^4}$ **15.** $\dfrac{2xy - \cos y}{1 - x \operatorname{sen} y - x^2}$

17. $\dfrac{1}{2\sqrt{\arctan x}\,(1 + x^2)}$ **19.** $\dfrac{1 - t^2}{(1 + t^2)^2}\sec^2\left(\dfrac{t}{1 + t^2}\right)$

21. $3^{x \ln x}(\ln 3)(1 + \ln x)$ **23.** $-(x - 1)^{-2}$

25. $\dfrac{2x - y\cos(xy)}{x\cos(xy) + 1}$ **27.** $\dfrac{2}{(1 + 2x)\ln 5}$

29. $\cot x - \operatorname{sen} x \cos x$ **31.** $\dfrac{4x}{1 + 16x^2} + \tan^{-1}(4x)$

33. $5 \sec 5x$ **35.** $-6x \csc^2(3x^2 + 5)$

37. $\cos\left(\tan\sqrt{1 + x^3}\right)\left(\sec^2\sqrt{1 + x^3}\right)\dfrac{3x^2}{2\sqrt{1 + x^3}}$

39. $2 \cos\theta \tan(\operatorname{sen}\theta)\sec^2(\operatorname{sen}\theta)$

41. $\dfrac{(2 - x)^4(3x^2 - 55x - 52)}{2\sqrt{x + 1}\,(x + 3)^8}$ **43.** $2x^2\cosh(x^2) + \operatorname{senh}(x^2)$

45. $3 \tanh 3x$ **47.** $\dfrac{\cosh x}{\sqrt{\operatorname{senh}^2 x - 1}}$

49. $\dfrac{-3\operatorname{sen}\left(e^{\sqrt{\tan 3x}}\right)e^{\sqrt{\tan 3x}}\sec^2(3x)}{2\sqrt{\tan 3x}}$ **51.** $-\frac{4}{27}$

53. $-5x^4/y^{11}$ **57.** $y = 2\sqrt{3}x + 1 - \pi\sqrt{3}/3$

59. $y = 2x + 1$ **61.** $y = -x + 2;\ y = x + 2$

63. (a) $\dfrac{10 - 3x}{2\sqrt{5 - x}}$ (b) $y = \frac{7}{4}x + \frac{1}{4},\ y = -x + 8$

(c)

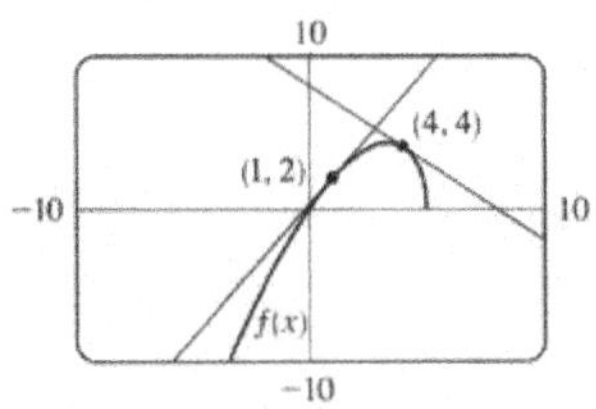

65. $(\pi/4, \sqrt{2}), (5\pi/4, -\sqrt{2})$

69. (a) 4 (b) 6 (c) $\frac{7}{9}$ (d) 12

71. $2xg(x) + x^2g'(x)$ **73.** $2g(x)g'(x)$

75. $g'(e^x)e^x$ **77.** $g'(x)/g(x)$

79. $\dfrac{f'(x)[g(x)]^2 + g'(x)[f(x)]^2}{[f(x) + g(x)]^2}$

81. $f'(g(\operatorname{sen} 4x))g'(\operatorname{sen} 4x)(\cos 4x)(4)$

83. $(-3, 0)$ **85.** $y = -\frac{2}{3}x^2 + \frac{14}{3}x$

87. $v(t) = -Ae^{-ct}[c\cos(\omega t + \delta) + \omega \operatorname{sen}(\omega t + \delta)]$,
$a(t) = Ae^{-ct}[(c^2 - \omega^2)\cos(\omega t + \delta) + 2c\omega \operatorname{sen}(\omega t + \delta)]$

89. (a) $v(t) = 3t^2 - 12;\ a(t) = 6t$ (b) $t > 2;\ 0 \leqslant t < 2$
(c) 23 (d)

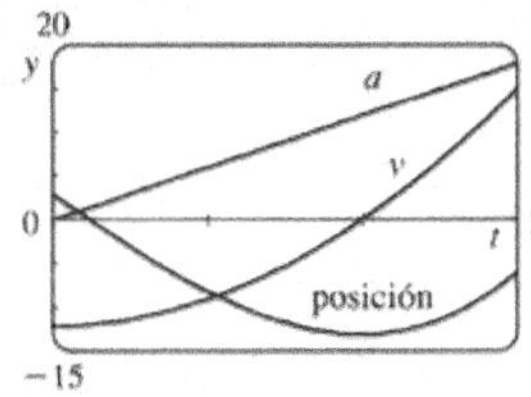

(e) $t > 2;\ 0 < t < 2$

91. 4 kg/m

93. (a) $200(3.24)^t$ (b) $\approx 22{,}040$
(c) $\approx 25{,}910$ bacterias/h (d) $(\ln 50)/(\ln 3.24) \approx 3.33$ h

95. (a) C_0e^{-kt} (b) ≈ 100 h **97.** $\frac{4}{3}$ cm²/min

99. $117/\sqrt{666} \approx 4.53$ m/s **101.** 400 pies/h

103. (a) $L(x) = 1 + x;\ \sqrt[3]{1 + 3x} \approx 1 + x;\ \sqrt[3]{1.03} \approx 1.01$
(b) $-0.23 < x < 0.40$

105. $12 + \frac{3}{2}\pi \approx 16.7$ cm² **107.** $\left[\dfrac{d}{dx}\sqrt[4]{4}\right]_{x=16} = \frac{1}{32}$

109. $\frac{1}{4}$ **111.** $\frac{1}{8}x^2$

PROBLEMAS ADICIONALES ■ PÁGINA 271

1. $\left(\pm\sqrt{3}/2, \frac{1}{4}\right)$ **5.** $3\sqrt{2}$ **11.** $\left(0, \frac{5}{4}\right)$

13. 3 rectas; $(0, 2)$, $\left(\frac{4}{3}\sqrt{2}, \frac{2}{3}\right)$ y $\left(\frac{2}{3}\sqrt{2}, \frac{10}{3}\right)$, $\left(-\frac{4}{3}\sqrt{2}, \frac{2}{3}\right)$ y $\left(-\frac{2}{3}\sqrt{2}, \frac{10}{3}\right)$

15. (a) $4\pi\sqrt{3}/\sqrt{11}$ rad/s (b) $40\left(\cos\theta + \sqrt{8 + \cos^2\theta}\right)$ cm
(c) $-480\pi \operatorname{sen}\theta\left(1 + \cos\theta/\sqrt{8 + \cos^2\theta}\right)$ cm/s

19. $x_T \in (3, \infty),\ y_T \in (2, \infty),\ x_N \in \left(0, \frac{5}{3}\right),\ y_N \in \left(-\frac{5}{2}, 0\right)$

21. (b) (i) 53° (o 127°) (ii) 63° (o 117°)

23. R se aproxima al punto medio del radio AO.

25. $-\operatorname{sen} a$ **27.** $2\sqrt{e}$ **31.** $(1, -2), (-1, 0)$

33. $\sqrt{29}/58$ **35.** $2 + \frac{375}{128}\pi \approx 11.204$ cm³/min

CAPÍTULO 4

EJERCICIOS 4.1 ■ PÁGINA 283

Abreviaturas: abs, absoluto; loc, local; máx, máximo; mín, mínimo

1. Mín abs: el menor valor de la función en su dominio completo; mín loc en c: el menor valor de la función cuando x está cerca de c

3. Máx abs en s, mín abs en r, máx loc en c, mín loc en b y r, ni un máx ni un mín en a y d

5. Máx abs $f(4) = 5$, máx loc $f(4) = 5$ y $f(6) = 4$, mín loc $f(2) = 2$ y $f(1) = f(5) = 3$

7.

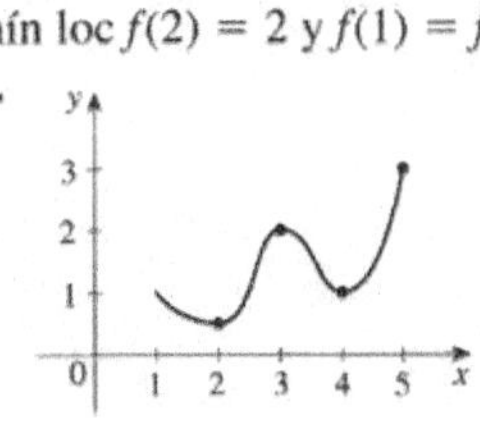

9.

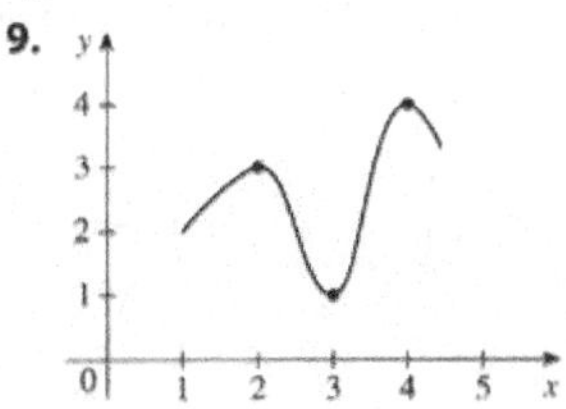

11. (a)

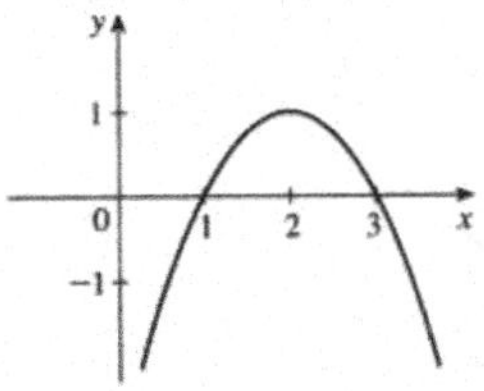

(b)

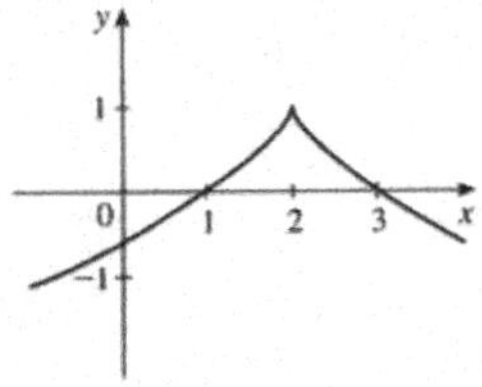

(c)

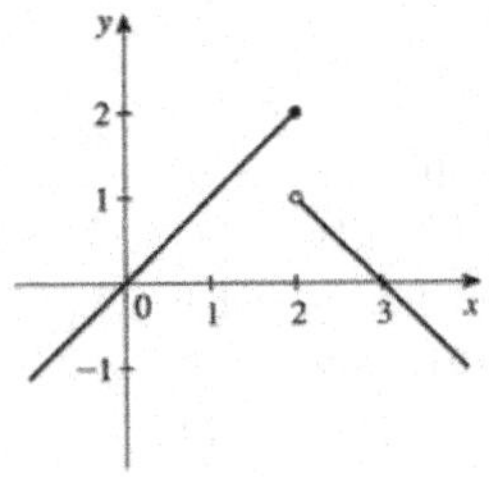

13. (a)

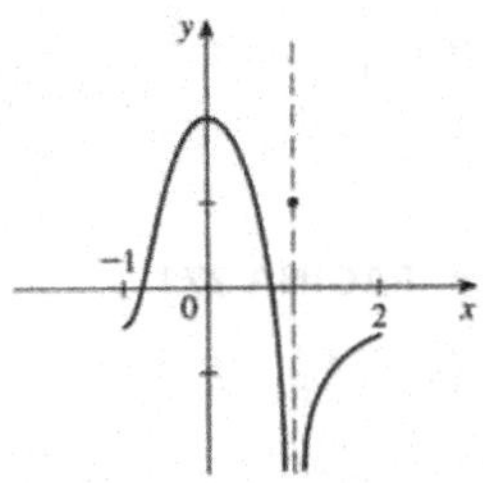

(b)

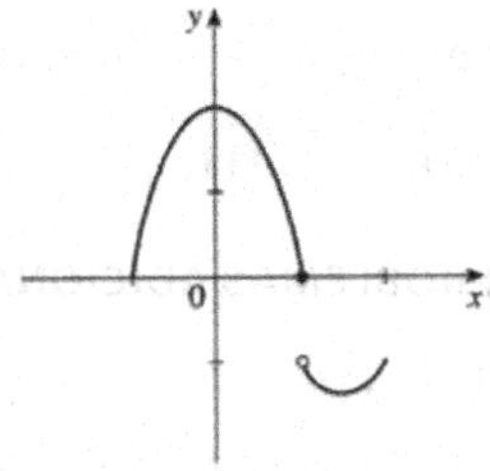

15. Máx abs $f(3) = 4$ **17.** Máx abs $f(1) = 1$
19. Mín abs $f(0) = 0$
21. Máx abs $f(\pi/2) = 1$; mín abs $f(-\pi/2) = -1$
23. Máx abs $f(2) = \ln 2$ **25.** Máx abs $f(0) = 1$
27. Mín abs $f(1) = -1$ **29.** $-\frac{2}{5}$ **31.** $-2, 3$ **33.** 0
35. 0, 2 **37.** $0, \frac{4}{9}$ **39.** $0, \frac{8}{7}, 4$ **41.** $n\pi$ (n un entero)
43. $0, \frac{2}{3}$ **45.** 10 **47.** $f(0) = 5, f(2) = -7$
49. $f(-1) = 8, f(2) = -19$ **51.** $f(-2) = 33, f(2) = -31$
53. $f(0.2) = 5.2, f(1) = 2$
55. $f(4) = 4 - \sqrt[3]{4}, f(\sqrt{3}/9) = -2\sqrt{3}/9$
57. $f(\pi/6) = \frac{3}{2}\sqrt{3}, f(\pi/2) = 0$
59. $f(e^{1/2}) = 1/(2e), f(\frac{1}{2}) = -4 \ln 2$
61. $f(1) = \ln 3, f(-\frac{1}{2}) = \ln \frac{3}{4}$
63. $f\left(\dfrac{a}{a+b}\right) = \dfrac{a^a b^b}{(a+b)^{a+b}}$
65. (a) 2.19, 1.81 (b) $\frac{6}{25}\sqrt{\frac{3}{5}} + 2, -\frac{6}{25}\sqrt{\frac{3}{5}} + 2$
67. (a) 0.32, 0.00 (b) $\frac{3}{16}\sqrt{3}, 0$
69. 0.177 mg/mL; 21.4 min **71.** $\approx$3.9665°C
73. El más barato, $t \approx 0.855$ (junio de 1994);
el más caro, $t \approx 4.618$ (marzo de 1998)
75. (a) $r = \frac{2}{3}r_0$ (b) $v = \frac{4}{27}kr_0^3$
(c)

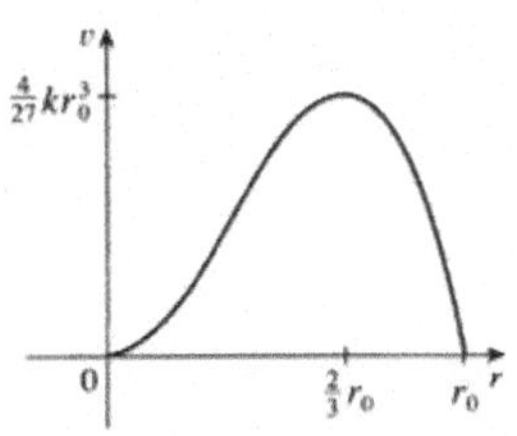

EJERCICIOS 4.2 ■ PÁGINA 291

1. 1, 5
3. (a) g es continua en [0, 8] y derivable en (0, 8).
(b) 2.2, 6.4 (c) 3.7, 5.5
5. 1 **7.** π
9. f no es derivable en $(-1, 1)$ **11.** 1
13. $-\frac{1}{2}\ln\left[\frac{1}{6}(1 - e^{-6})\right]$ **15.** 1; sí
17. f no es continua en 3 **25.** 16 **27.** No **33.** No

EJERCICIOS 4.3 ■ PÁGINA 300

1. (a) (1, 3), (4, 6) (b) (0, 1), (3, 4) (c) (0, 2)
(d) (2, 4), (4, 6) (e) (2, 3)
3. (a) Prueba C/D (b) Prueba de concavidad
(c) Determine puntos en los que la concavidad cambia.
5. (a) Cre en (1, 5); dec en (0, 1) y (5, 6)
(b) Máx loc en $x = 5$, mín loc en $x = 1$
7. (a) 3, 5 (b) 2, 4, 6 (c) 1, 7
9. (a) Cre en $(-\infty, -1), (3, \infty)$; dec en $(-1, 3)$
(b) Máx loc $f(-1) = 9$; mín loc $f(3) = -23$
(c) CA en $(1, \infty)$, CB en $(-\infty, 1)$; PI $(1, -7)$
11. (a) Cre en $(-1, 0), (1, \infty)$; dec en $(-\infty, -1), (0, 1)$
(b) Máx loc $f(0) = 3$; mín loc $f(\pm 1) = 2$
(c) CA en $\left(-\infty, -\sqrt{3}/3\right), \left(\sqrt{3}/3, \infty\right)$;
CB en $\left(-\sqrt{3}/3, \sqrt{3}/3\right)$; PI $\left(\pm\sqrt{3}/3, \frac{22}{9}\right)$
13. (a) Cre en $(0, \pi/4), (5\pi/4, 2\pi)$; dec en $(\pi/4, 5\pi/4)$
(b) Máx loc $f(\pi/4) = \sqrt{2}$; mín loc $f(5\pi/4) = -\sqrt{2}$
(c) CA en $(3\pi/4, 7\pi/4)$; CB en $(0, 3\pi/4), (7\pi/4, 2\pi)$;
PI $(3\pi/4, 0), (7\pi/4, 0)$
15. (a) Cre en $\left(-\frac{1}{3}\ln 2, \infty\right)$; dec en $\left(-\infty, -\frac{1}{3}\ln 2\right)$
(b) Mín loc $f\left(-\frac{1}{3}\ln 2\right) = 2^{-2/3} + 2^{1/3}$ (c) CA en $(-\infty, \infty)$
17. (a) Cre en $(1, \infty)$; dec on $(0, 1)$ (b) Mín loc $f(1) = 0$
(c) CA en $(0, \infty)$; ningún PI
19. Máx loc $f(-1) = 7$; mín loc $f(1) = -1$
21. Mín loc $f\left(\frac{1}{16}\right) = -\frac{1}{4}$
23. (a) f tiene un máximo local en 2.
(b) f tiene una tangente horizontal en 6.

25. (a)

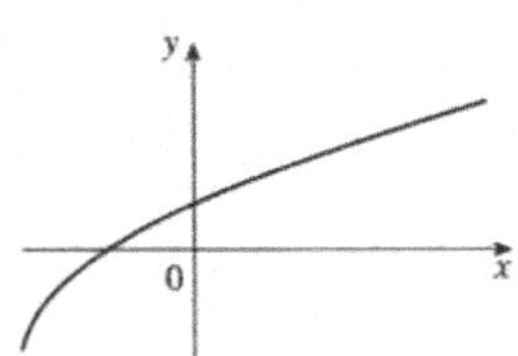

(b)

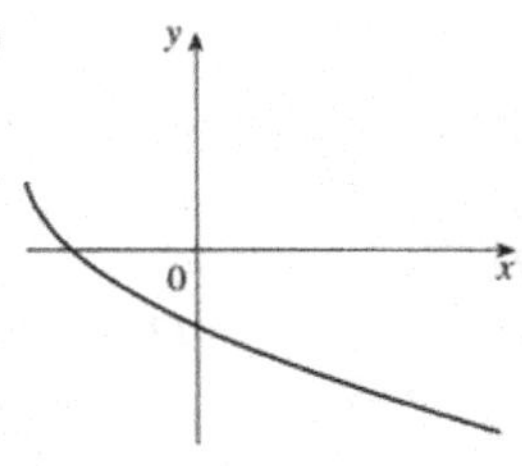

27.

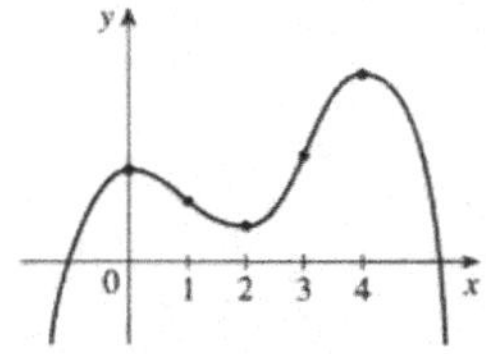

29.

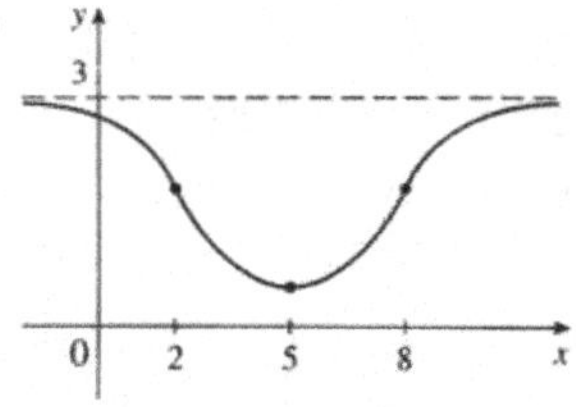

31.

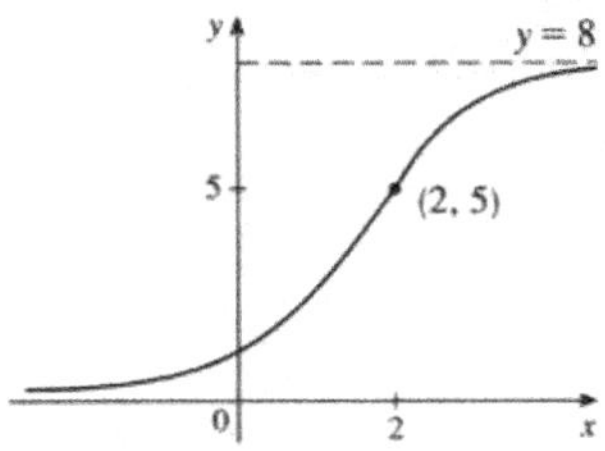

33. (a) No
(b) Sí

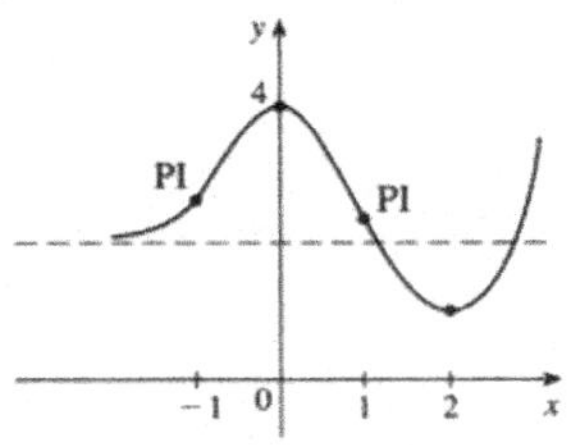

(c)

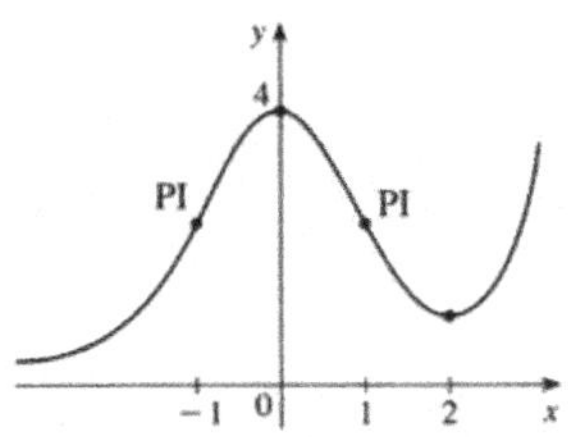

35. (a) Cre en (0, 2), (4, 6), (8, ∞); dec en (2, 4), (6, 8)
(b) Máx loc en $x = 2, 6$; mín loc en $x = 4, 8$
(c) CA en (3, 6), (6, ∞); CB en (0, 3) (d) 3
(e) Véase la gráfica de la derecha.

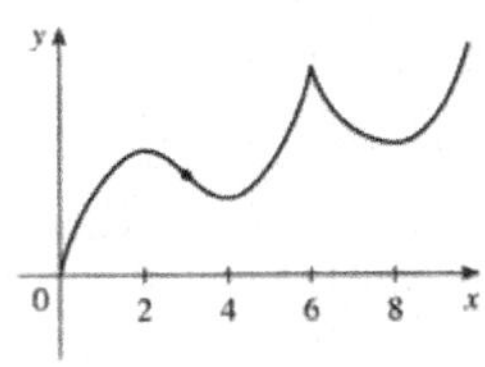

37. (a) Cre en $(-\infty, -1)$, $(2, \infty)$; dec en $(-1, 2)$
(b) Máx loc $f(-1) = 7$; $f(2) = -20$
(c) CA en $\left(\frac{1}{2}, \infty\right)$, CB en $\left(-\infty, \frac{1}{2}\right)$; PI $\left(\frac{1}{2}, -\frac{13}{2}\right)$
(d)

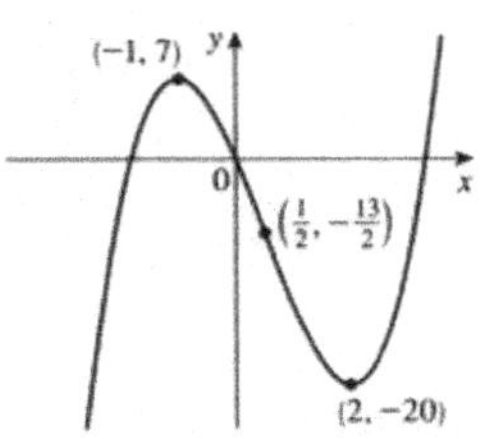

39. (a) Cre en $(-2, 0)$, $(2, \infty)$; dec en $(-\infty, -2)$, $(0, 2)$
(b) Máx loc $f(0) = 3$; mín loc $f(\pm 2) = -5$
(c) CA en $\left(-\infty, -\frac{2}{\sqrt{3}}\right)$, $\left(\frac{2}{\sqrt{3}}, \infty\right)$; CB en $\left(-\frac{2}{\sqrt{3}}, \frac{2}{\sqrt{3}}\right)$;
PI $\left(\pm\frac{2}{\sqrt{3}}, -\frac{13}{9}\right)$

(d)

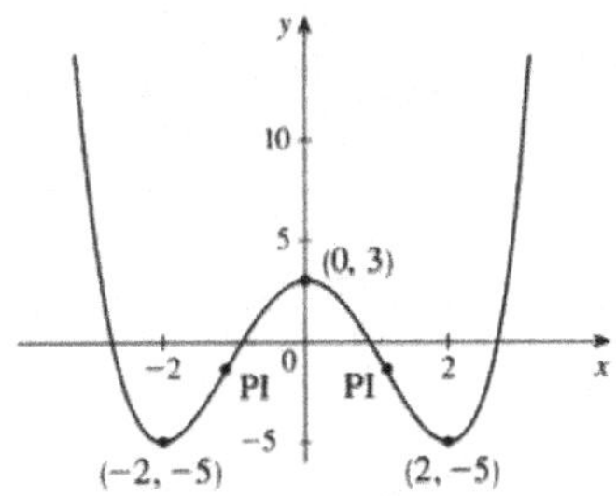

41. (a) Cre en $(-\infty, -1)$, $(0, 1)$; dec en $(-1, 0)$, $(1, \infty)$
(b) Máx loc $f(-1) = 3$, $f(1) = 3$; mín loc $f(0) = 2$
(c) CA en $\left(-1/\sqrt{3}, 1/\sqrt{3}\right)$
CB en $\left(-\infty, -1/\sqrt{3}\right)$, $\left(1/\sqrt{3}, \infty\right)$;
PI $\left(\pm 1/\sqrt{3}, \frac{23}{9}\right)$
(d) Véase la gráfica de la derecha.

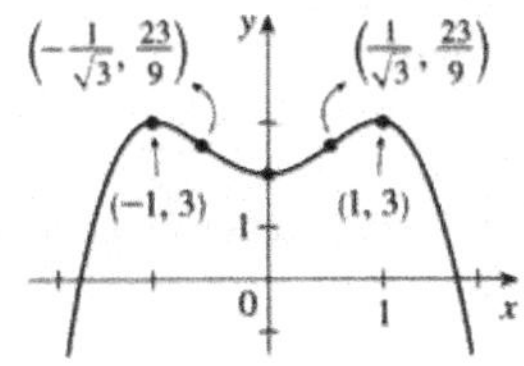

43. (a) Cre en $(-\infty, 4)$; dec en $(4, 6)$
(b) Máx loc $F(4) = 4\sqrt{2}$
(c) CB en $(-\infty, 6)$; ningún PI
(d) Véase la gráfica de la derecha.

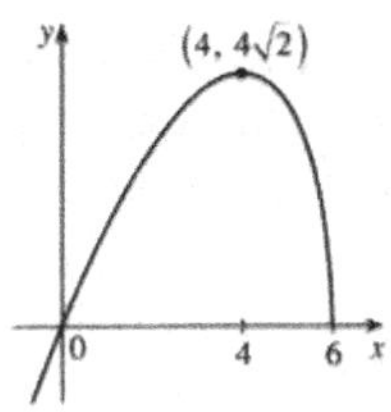

45. (a) Cre en $(-1, \infty)$; dec en $(-\infty, -1)$
(b) Mín loc $C(-1) = -3$
(c) CA en $(-\infty, 0)$, $(2, \infty)$; CB en $(0, 2)$;
PI $(0, 0)$, $\left(2, 6\sqrt[3]{2}\right)$
(d) Véase la gráfica de la derecha.

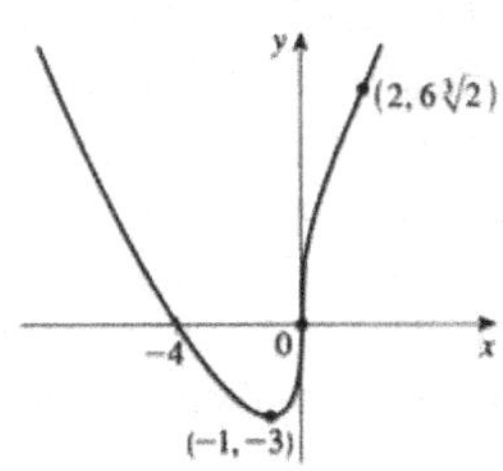

47. (a) Cre en $(\pi, 2\pi)$; dec en $(0, \pi)$
(b) Mín loc $f(\pi) = -1$
(c) CA en $(\pi/3, 5\pi/3)$; CB en $(0, \pi/3)$, $(5\pi/3, 2\pi)$;
PI $\left(\pi/3, \frac{5}{4}\right)$, $\left(5\pi/3, \frac{5}{4}\right)$
(d) Véase la gráfica de la derecha.

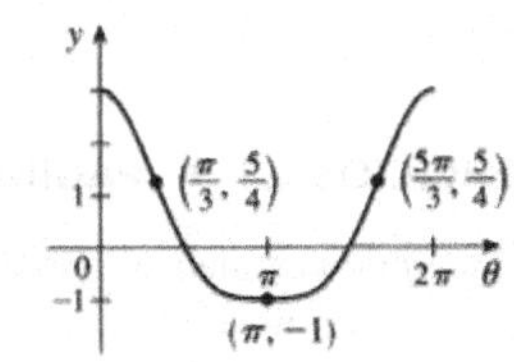

49. (a) AV $x = 0$; AH $y = 1$
(b) Cre en $(0, 2)$; dec en $(-\infty, 0)$, $(2, \infty)$
(c) Máx loc $f(2) = \frac{5}{4}$
(d) CA en $(3, \infty)$; CB en $(-\infty, 0)$, $(0, 3)$; PI $\left(3, \frac{11}{9}\right)$
(e) Véase la gráfica de la derecha.

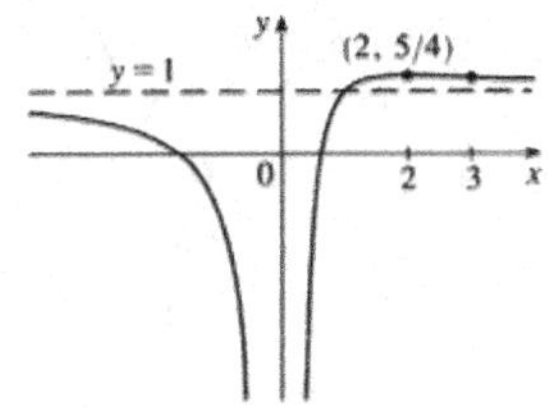

51. (a) AH $y = 0$
(b) Dec en $(-\infty, \infty)$
(c) Ninguno
(d) CA en $(-\infty, \infty)$
(e) Véase la gráfica de la derecha.

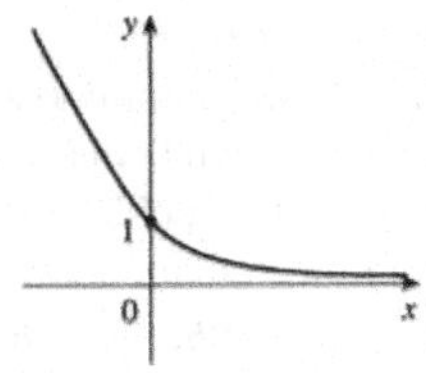

53. (a) AH $y = 0$
(b) Cre en $(-\infty, 0)$,
dec en $(0, \infty)$
(c) Máx loc $f(0) = 1$
(d) CA en $\left(-\infty, -1/\sqrt{2}\right)$,
$\left(1/\sqrt{2}, \infty\right)$; CB en $\left(-1/\sqrt{2}, 1/\sqrt{2}\right)$; PI $\left(\pm 1/\sqrt{2}, e^{-1/2}\right)$
(e) Véase la gráfica de la derecha.

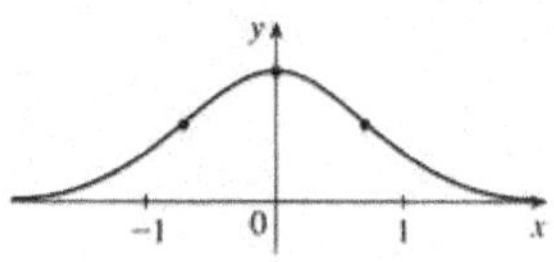

55. (a) AV $x = 0, x = e$
(b) Dec en $(0, e)$
(c) Ninguno
(d) CA en $(0, 1)$; CB on $(1, e)$;
PI $(1, 0)$
(e) Véase la gráfica de la derecha.

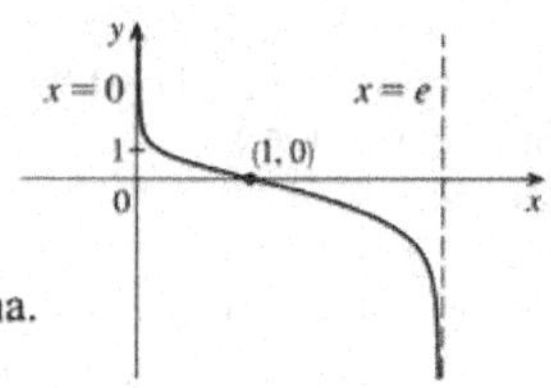

57. $(3, \infty)$

59. (a) Máx loc y abs $f(1) = \sqrt{2}$, ningún mín (b) $\frac{1}{4}\left(3 - \sqrt{17}\right)$

61. (b) CB en (0, 0.85), (1.57, 2.29); CA en (0.85, 1.57), $(2.29, \pi)$; PI (0.85, 0.74), (1.57, 0), (2.29, −0.74)

63. CA en $(-\infty, -0.6)$, $(0.0, \infty)$; CB en $(-0.6, 0.0)$

65. (a) La razón de incremento es inicialmente muy reducida, aumenta a un máximo en $t \approx 8$ h, luego decrece hacia 0.
(b) Cuando $t = 8$ (c) CA en (0, 8); CB on (8, 18)
(d) (8, 350)

67. Sea $f(t)$ el déficit nacional en el año t. El economista dijo que para este año $f'(t) > 0$ y $f''(t) < 0$.

69. $K(3) - K(2)$; CB

71. 28.57 min, cuando la razón de incremento del nivel de medicinas en el torrente sanguíneo es la mayor; 85.71 min, cuando la razón de decremento es la mayor

73. $f(x) = \frac{1}{9}(2x^3 + 3x^2 - 12x + 7)$

75. (a) $a = 0, b = -1$ (b) $y = -x$ en $(0, 0)$

EJERCICIOS 4.4 ■ PÁGINA 311

1. (a) Indeterminada (b) 0 (c) 0
(d) $\infty, -\infty$, o no existe (e) Indeterminada
3. (a) $-\infty$ (b) Indeterminada (c) ∞
5. $\frac{9}{4}$ **7.** 1 **9.** 6 **11.** $-\frac{1}{3}$
13. $-\infty$ **15.** 2 **17.** $\frac{1}{4}$ **19.** 0 **21.** $-\infty$
23. $\frac{8}{5}$ **25.** 3 **27.** $\frac{1}{2}$ **29.** 1 **31.** 1
33. $1/\ln 3$ **35.** 0 **37.** 0 **39.** a/b
41. $\frac{1}{2}a(a-1)$ **43.** 3 **45.** $\frac{5}{3}$ **47.** 0 **49.** $-2/\pi$
51. $\frac{1}{2}$ **53.** $\frac{1}{2}$ **55.** ∞ **57.** 1 **59.** e^{-2}
61. $1/e$ **63.** 1 **65.** e^4 **67.** e^3 **69.** e^2
71. $\frac{1}{4}$ **75.** 1
77. f tiene un mínimo absoluto para $c > 0$. Cuando c aumenta, el mínimo apunta más lejos del origen.
81. (a) M; la población debería aproximarse a su tamaño máximo conforme el tiempo aumenta. (b) P_0e^{kt}; exponencial
83. $\frac{16}{9}a$ **85.** $\frac{1}{2}$ **87.** 56 **91.** (a) 0

EJERCICIOS 4.5 ■ PÁGINA 321

Abreviaturas: int, intersección; AI, asíntota inclinada

1. A. $\mathbb{R}$ B. Int en $y = 0$; int en $x = -3, 0$
C. Ninguno D. Ninguno
E. Cre en $(-\infty, -2)$, $(0, \infty)$;
dec en $(-2, 0)$
F. Máx loc $f(-2) = 4$;
mín loc $f(0) = 0$
G. CA en $(-1, \infty)$; CB en $(-\infty, -1)$;
PI $(-1, 2)$
H. Véase la gráfica de la derecha.

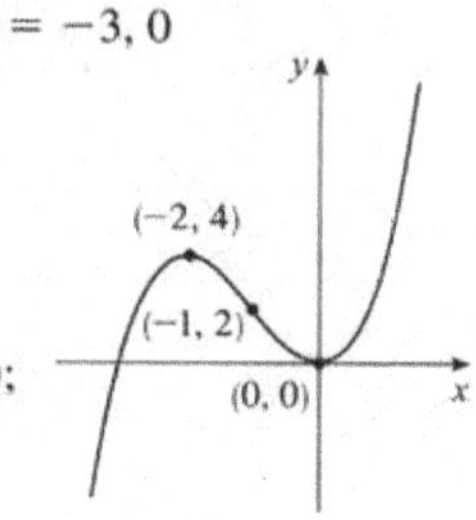

3. A. $\mathbb{R}$ B. Int en $y = 2$;
int en $x = 2, \frac{1}{2}\left(7 \pm 3\sqrt{5}\right)$
C. Ninguno D. Ninguno
E. Cre en $(1, 5)$;
dec en $(-\infty, 1)$, $(5, \infty)$
F. loc Mín $f(1) = -5$
máx loc $f(5) = 27$
G. CA en $(-\infty, 3)$
CB en $(3, \infty)$; PI $(3, 11)$
H. Véase la gráfica de la derecha.

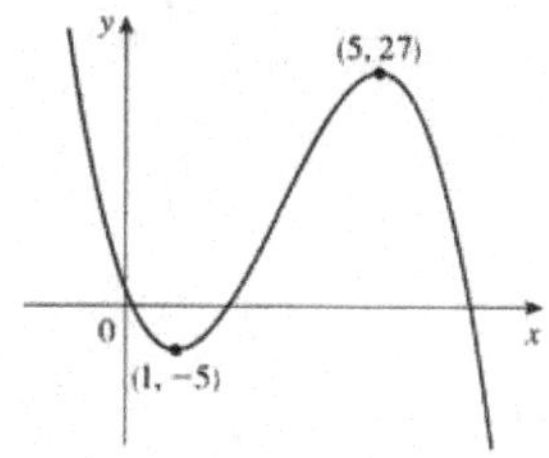

5. A. $\mathbb{R}$ B. Int en $y = 0$; int en $x = 0, 4$
C. Ninguno D. Ninguno
E. Cre en $(1, \infty)$; dec en $(-\infty, 1)$
F. Mín loc $f(1) = -27$
G. CA en $(-\infty, 2)$, $(4, \infty)$;
CB en $(2, 4)$;
PI $(2, -16)$, $(4, 0)$
H. Véase la gráfica de la derecha.

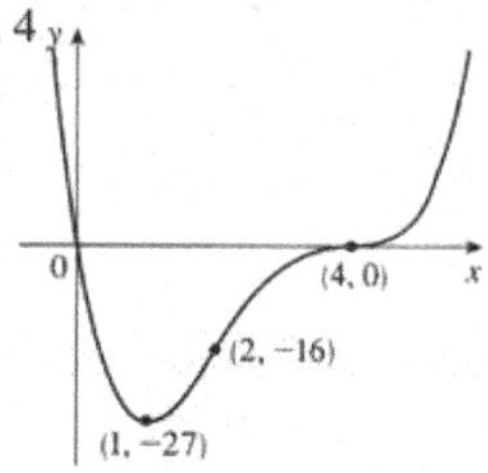

7. A. $\mathbb{R}$ B. Int en $y = 0$; int en $x = 0$
C. Alrededor de $(0, 0)$ D. Ninguno
E. Cre en $(-\infty, \infty)$
F. Ninguno
G. CA en $(-2, 0)$, $(2, \infty)$;
CB en $(-\infty, -2)$, $(0, 2)$;
PI $\left(-2, -\frac{256}{15}\right)$, $(0, 0)$, $\left(2, \frac{256}{15}\right)$
H. Véase la gráfica de la derecha.

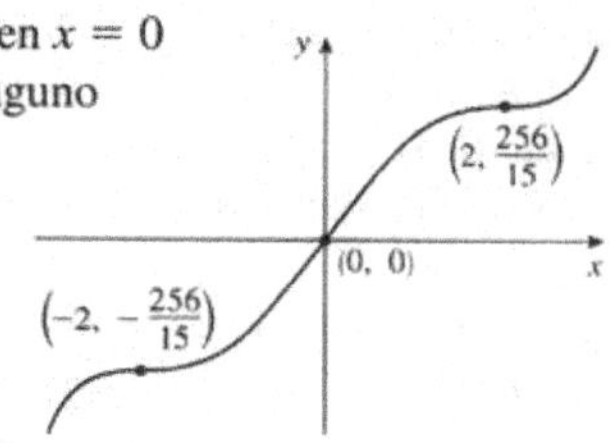

9. A. $(-\infty, 0) \cup (0, 2) \cup (2, \infty)$
B. Int en $x = -2$
C. Ninguno D. AV $x = 0$, AH $y = 1$
E. Dec en $(-\infty, 0)$, $(0, 2)$, $(2, \infty)$
F. Ninguno
G. CA en $(0, 2)$, $(2, \infty)$;
CB en $(-\infty, 0)$
H. Véase la gráfica de la derecha.

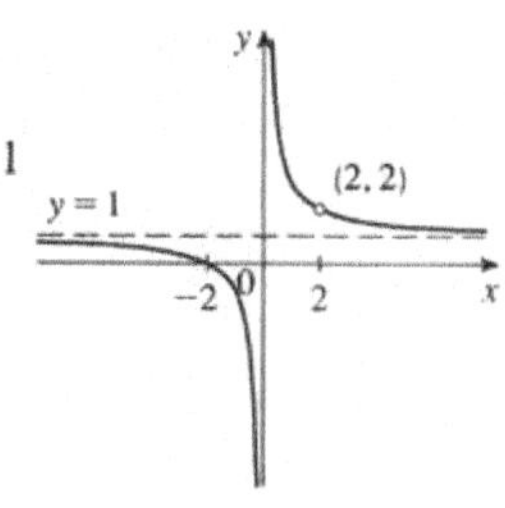

11. A. $(-\infty, 1) \cup (1, 2) \cup (2, \infty)$
B. Int en $y = 0$; int en $x = 0$ C. Ninguno
D. AH $y = -1$; AV $x = 2$
E. Cre en $(-\infty, 1)$, $(1, 2)$, $(2, \infty)$
F. Ninguno
G. CA en $(-\infty, 1)$, $(1, 2)$;
CB en $(2, \infty)$
H. Véase la gráfica de la derecha.

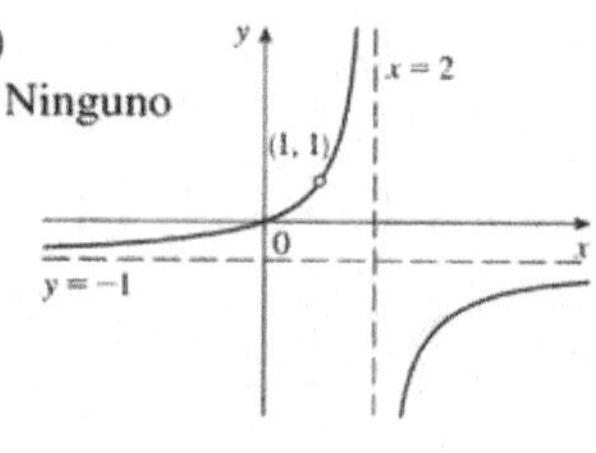

13. A. $(-\infty, -2) \cup (-2, 2) \cup (2, \infty)$ B. Int en $y = 0$; int en $x = 0$
C. Alrededor de $(0, 0)$ D. AV $x = \pm 2$; AH $y = 0$
E. Dec en $(-\infty, -2), (-2, 2), (2, \infty)$
F. Ningún extremo local
G. CA en $(-2, 0), (2, \infty)$;
CB en $(-\infty, -2), (0, 2)$; PI $(0, 0)$
H. Véase la gráfica de la derecha.

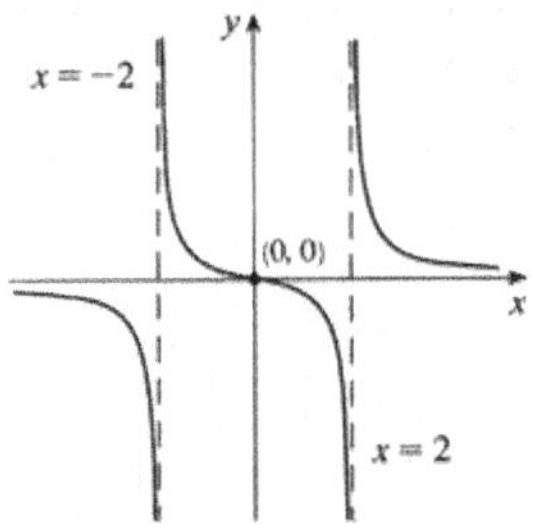

15. A. $\mathbb{R}$ B. Int en $y = 0$; int en $x = 0$
C. Alrededor del eje y
D. AH $y = 1$
E. Cre en $(0, \infty)$; dec en $(-\infty, 0)$
F. Mín loc $f(0) = 0$
G. CA en $\left(-\sqrt{3}, \sqrt{3}\right)$;
CB en $\left(-\infty, -\sqrt{3}\right), \left(\sqrt{3}, \infty\right)$;
PI $\left(\pm\sqrt{3}, \frac{1}{4}\right)$
H. Véase la gráfica de la derecha.

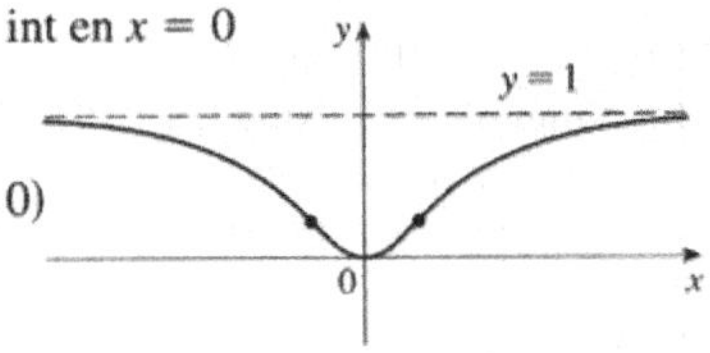

17. A. $(-\infty, 0) \cup (0, \infty)$ B. Int en $x = 1$
C. Ninguno D. AH $y = 0$; AV $x = 0$
E. Cre en $(0, 2)$;
dec en $(-\infty, 0), (2, \infty)$
F. Máx loc $f(2) = \frac{1}{4}$
G. CA en $(3, \infty)$;
CB en $(-\infty, 0), (0, 3)$; PI $\left(3, \frac{2}{9}\right)$
H. Véase la gráfica de la derecha.

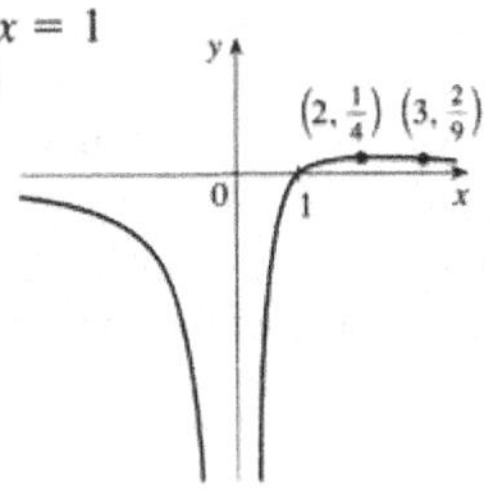

19. A. $(-\infty, -1) \cup (-1, \infty)$
B. Int en $y = 0$; int en $x = 0$ C. Ninguno
D. AV $x = -1$; AH $y = 1$
E. Cre en $(-\infty, -1), (-1, \infty)$;
F. Ninguno
G. CA en $(-\infty, -1), \left(0, \sqrt[3]{\frac{1}{2}}\right)$;
CB en $(-1, 0), \left(\sqrt[3]{\frac{1}{2}}, \infty\right)$;
PI $(0, 0), \left(\sqrt[3]{\frac{1}{2}}, \frac{1}{3}\right)$
H. Véase la gráfica de la derecha.

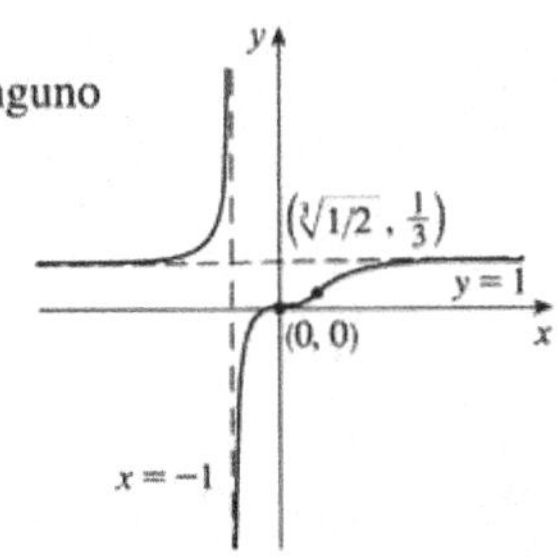

21. A. $[0, \infty)$
B. Int en $y = 0$; int en $x = 0, 4$
C. Ninguno D. Ninguno
E. Cre en $(0, 1)$; dec en $(1, \infty)$
F. Máx loc $f(1) = 1$
G. CB en $(0, \infty)$
H. Véase la gráfica de la derecha.

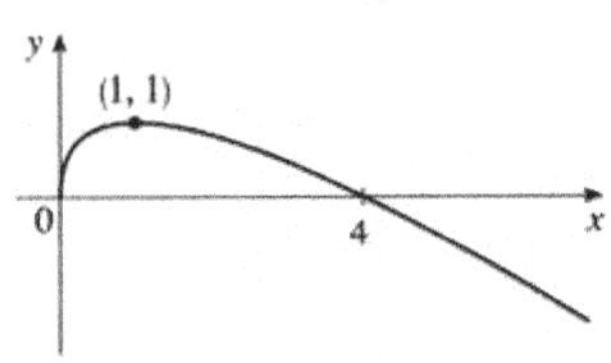

23. A. $(-\infty, -2] \cup [1, \infty)$
B. Int en $x = -2, 1$ C. Ninguno
D. Ninguno
E. Cre en $(1, \infty)$; dec en $(-\infty, -2)$
F. Ninguno
G. CB en $(-\infty, -2), (1, \infty)$
H. Véase la gráfica de la derecha.

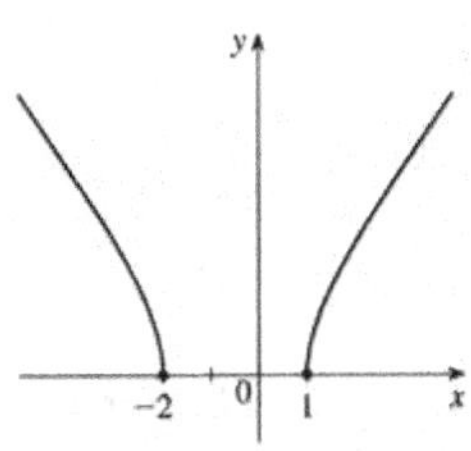

25. A. $\mathbb{R}$ B. Int en $y = 0$; int en $x = 0$
C. Alrededor de $(0, 0)$
D. AH $y = \pm 1$
E. Cre en $(-\infty, \infty)$ F. Ninguno
G. CA en $(-\infty, 0)$;
CB en $(0, \infty)$; PI $(0, 0)$
H. Véase la gráfica de la derecha.

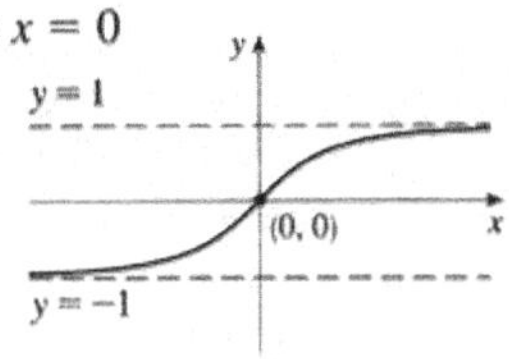

27. A. $[-1, 0) \cup (0, 1]$ B. Int en $x = \pm 1$ C. Alrededor de $(0, 0)$
D. AV $x = 0$
E. Dec en $(-1, 0), (0, 1)$
F. Ninguno
G. CA en $\left(-1, -\sqrt{2/3}\right)$,
$\left(0, \sqrt{2/3}\right)$;
CB en $\left(-\sqrt{2/3}, 0\right), \left(\sqrt{2/3}, 1\right)$;
PI $\left(\pm\sqrt{2/3}, \pm 1/\sqrt{2}\right)$
H. Véase la gráfica de la derecha.

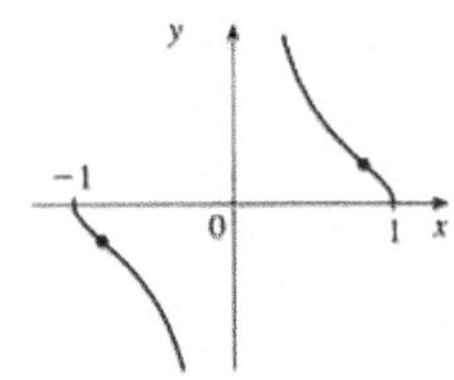

29. A. $\mathbb{R}$ B. Int en $y = 0$; int en $x = \pm 3\sqrt{3}, 0$ C. Alrededor de (0, 0
D. Ninguno E. Cre en $(-\infty, -1), (1, \infty)$; dec en $(-1, 1)$
F. Máx loc $f(-1) = 2$;
mín loc $f(1) = -2$
G. CA en $(0, \infty)$;
CB en $(-\infty, 0)$; PI $(0, 0)$
H. Véase la gráfica de la derecha.

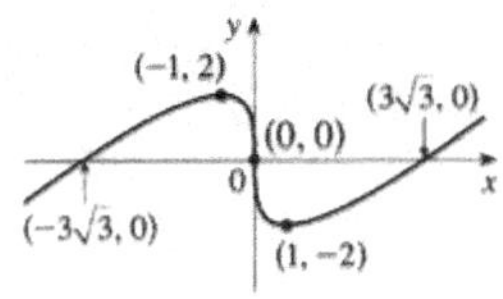

31. A. $\mathbb{R}$ B. Int en $y = 0$; int en $x = \pm 1$
C. Alrededor del eje y D. Ninguno
E. Cre en $(0, \infty)$; dec en $(-\infty, 0)$
F. Mín loc $f(0) = -1$
G. CA en $(-1, 1)$;
CB en $(-\infty, -1), (1, \infty)$; PI $(\pm 1, 0)$
H. Véase la gráfica de la derecha.

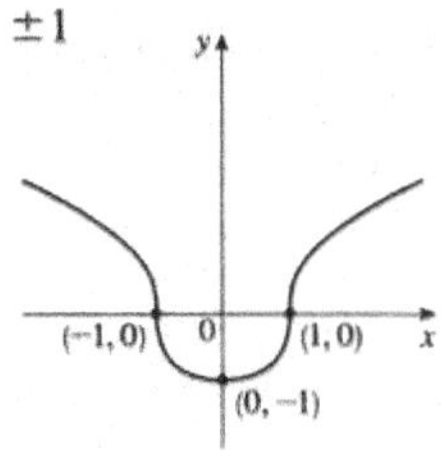

33. A. $\mathbb{R}$ B. Int en $y = 0$; int en $x = n\pi$ (n un entero)
C. Alrededor de $(0, 0)$, período 2π D. Ninguno
Respuestas E-G para $0 \leqslant x \leqslant \pi$:
E. Cre en $(0, \pi/2)$; dec on $(\pi/2, \pi)$ F. Máx loc $f(\pi/2) = 1$
G. Sea $\alpha = \operatorname{sen}^{-1}\sqrt{2/3}$; CA en $(0, \alpha), (\pi - \alpha, \pi)$;
CB en $(\alpha, \pi - \alpha)$; PI en $x = 0, \pi, \alpha, \pi - \alpha$
H.

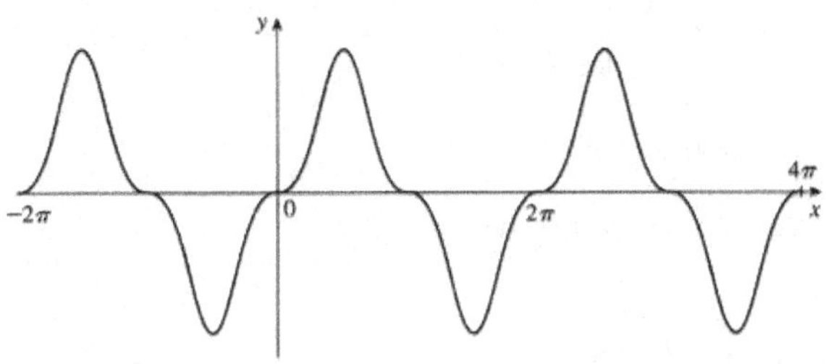

35. A. $(-\pi/2, \pi/2)$ B. Int en $y = 0$; int en $x = 0$
C. Alrededor del eje y
D. AV $x = \pm\pi/2$
E. Cre en $(0, \pi/2)$;
dec en $(-\pi/2, 0)$
F. Mín loc $f(0) = 0$
G. CA en $(-\pi/2, \pi/2)$
H. Véase la gráfica de la derecha.

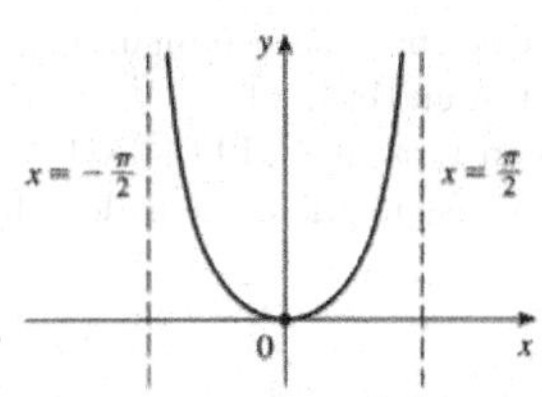

37. A. $[-2\pi, 2\pi]$ B. Int en $y = \sqrt{3}$; Int en $x = -4\pi/3$, $-\pi/3, 2\pi/3, 5\pi/3$ C. Período 2π D. Ninguno
E. Cre en $(-2\pi, -11\pi/6)$, $(-5\pi/6, \pi/6)$, $(7\pi/6, 2\pi)$; dec en $(-11\pi/6, -5\pi/6)$, $(\pi/6, 7\pi/6)$
F. Máx loc $f(-11\pi/6) = f(\pi/6) = 2$; mín loc $f(-5\pi/6)$ $f(7\pi/6) = -2$
G. CA en $(-4\pi/3, -\pi/3)$, $(2\pi/3, 5\pi/3)$;
CB on $(-2\pi, -4\pi/3)$, $(-\pi/3, 2\pi/3)$, $(5\pi/3, 2\pi)$;
PI $(-4\pi/3, 0)$, $(-\pi/3, 0)$, $(2\pi/3, 0)$, $(5\pi/3, 0)$
H. Véase la gráfica de la derecha.

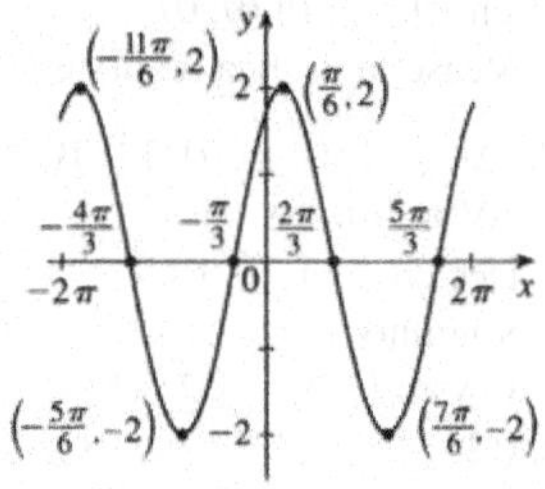

39. A. Todos reales excepto $(2n + 1)\pi$ (n un entero)
B. Int en $y = 0$; Int en $x = 2n\pi$ C. Alrededor del origen, período 2π
D. AV $x = (2n + 1)\pi$ E. Cre en $((2n - 1)\pi, (2n + 1)\pi)$
F. Ninguno G. CA en $(2n\pi, (2n + 1)\pi)$;
CB en $((2n - 1)\pi, 2n\pi)$; PI $(2n\pi, 0)$
H.

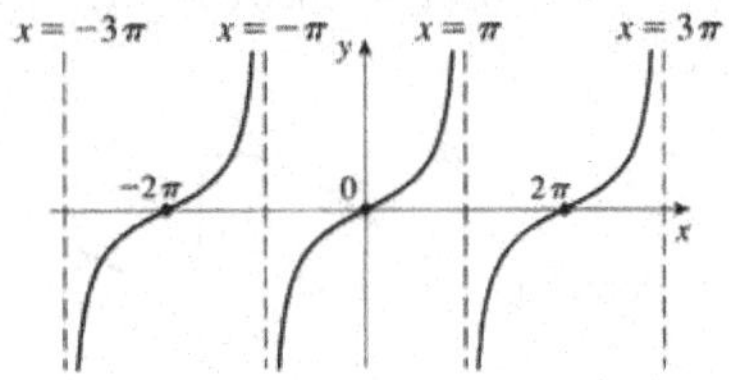

41. A. $\mathbb{R}$ B. Int en $y = \pi/4$
C. Ninguno
D. AH $y = 0$, $y = \pi/2$
E. Cre en $(-\infty, \infty)$ F. Ninguno
G. CA en $(-\infty, 0)$;
CB en $(0, \infty)$; PI $(0, \pi/4)$
H. Véase la gráfica de la derecha.

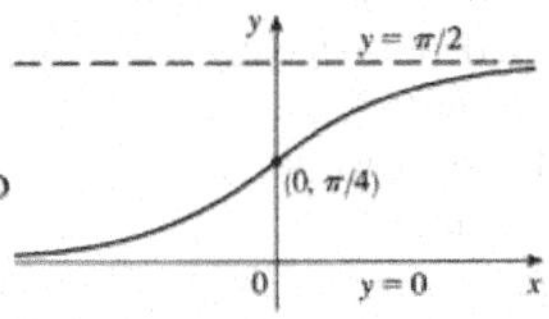

43. A. $\mathbb{R}$ B. Int en $y = \frac{1}{2}$ C. Ninguno
D. AH $y = 0$, $y = 1$
E. Cre en $\mathbb{R}$ F. Ninguno
G. CA en $(-\infty, 0)$;
CB en $(0, \infty)$; PI $\left(0, \frac{1}{2}\right)$
H. Véase la gráfica de la derecha.

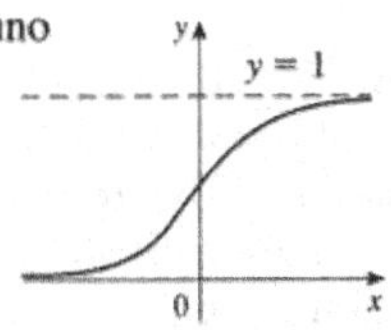

45. A. $(0, \infty)$ B. Ninguna
C. Ninguno D. AV $x = 0$
E. Cre en $(1, \infty)$; dec on $(0, 1)$
F. Mín loc $f(1) = 1$
G. CA en $(0, 2)$; CB en $(2, \infty)$;
PI $\left(2, \frac{1}{2} + \ln 2\right)$
H. Véase la gráfica de la derecha.

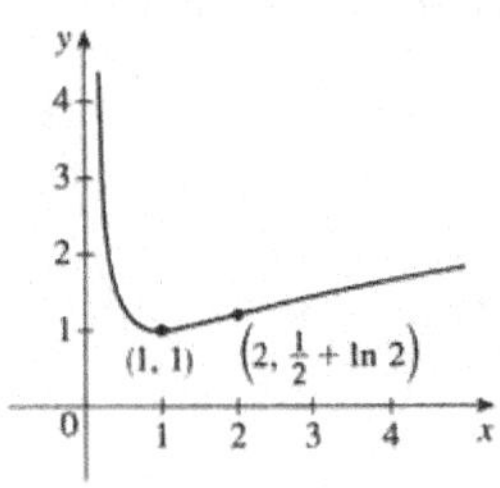

47. A. $\mathbb{R}$ B. Int en $y = \frac{1}{4}$
C. Ninguno
D. AH $y = 0$, $y = 1$
E. Dec en $\mathbb{R}$ F. Ninguno
G. CA en $\left(\ln \frac{1}{2}, \infty\right)$;
CB en $\left(-\infty, \ln \frac{1}{2}\right)$; PI $\left(\ln \frac{1}{2}, \frac{4}{9}\right)$
H. Véase la gráfica de la derecha.

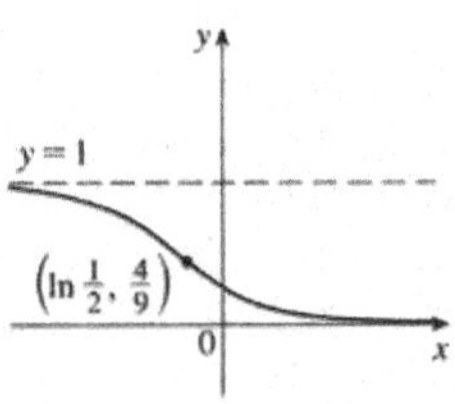

49. A. Todas las x en $(2n\pi, (2n + 1)\pi)$ (n un entero)
B. Int en $x = \pi/2 + 2n\pi$ C. Período 2π D. AV $x = n\pi$
E. Cre en $(2n\pi, \pi/2 + 2n\pi)$; dec en $(\pi/2 + 2n\pi, (2n + 1)\pi)$
F. Máx loc $f(\pi/2 + 2n\pi) = 0$ G. CB en $(2n\pi, (2n + 1)\pi)$
H.

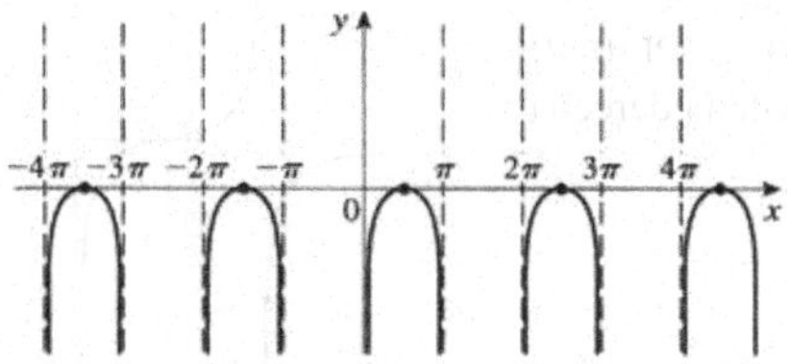

51. A. $(-\infty, 0) \cup (0, \infty)$
B. Ninguna C. Ninguna
D. AV $x = 0$
E. Cre en $(-\infty, -1)$, $(0, \infty)$;
dec en $(-1, 0)$
F. Máx loc $f(-1) = -e$
G. CA en $(0, \infty)$; CB on $(-\infty, 0)$
H. Véase la gráfica de la derecha.

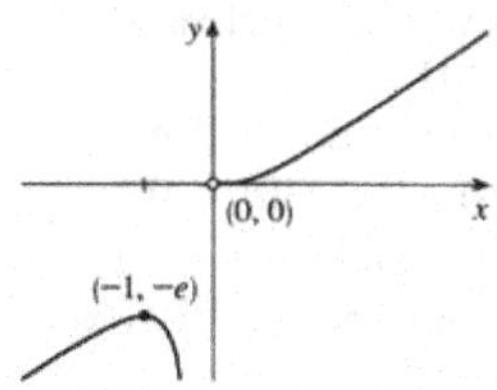

53. A. $\mathbb{R}$ B. Int en $y = 1$
C. Ninguno D. AH $y = e^{\pm\pi/2}$
E. Cre en $\mathbb{R}$ F. Ninguno
G. CA en $\left(-\infty, \frac{1}{2}\right)$; CB en $\left(\frac{1}{2}, \infty\right)$;
PI $\left(\frac{1}{2}, e^{\arctan(1/2)}\right)$
H. Véase la gráfica de la derecha.

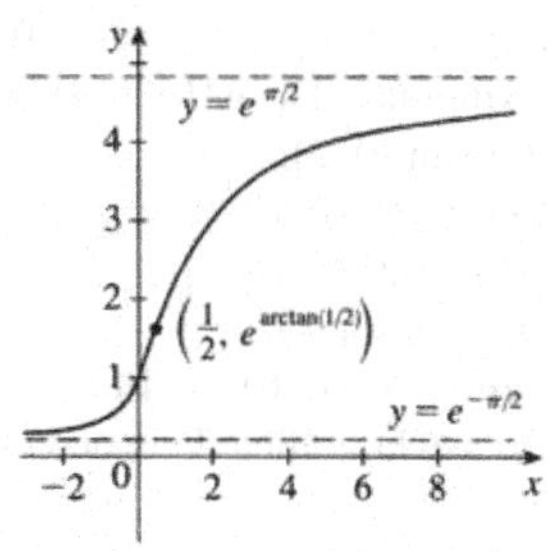

55.

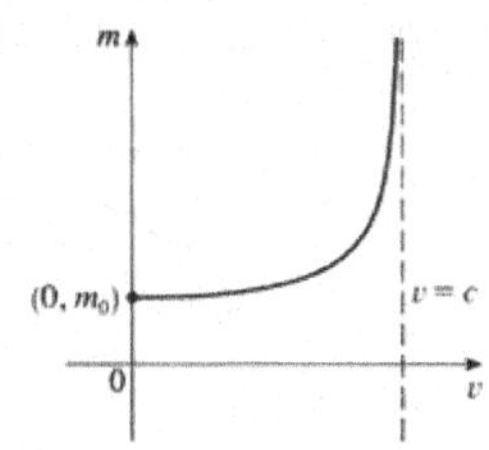

57. (a) Cuando $t = (\ln a)/k$ (b) Cuando $t = (\ln a)/k$
(c)

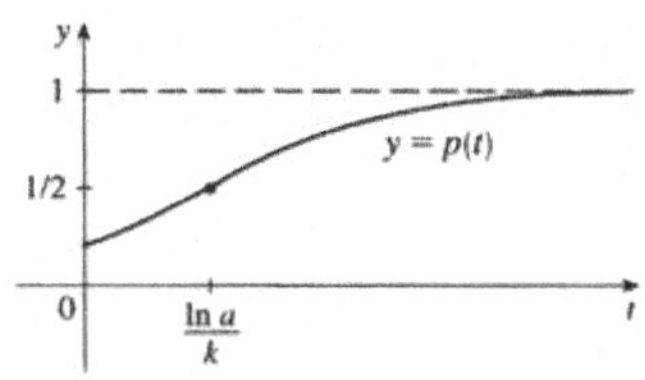

59.

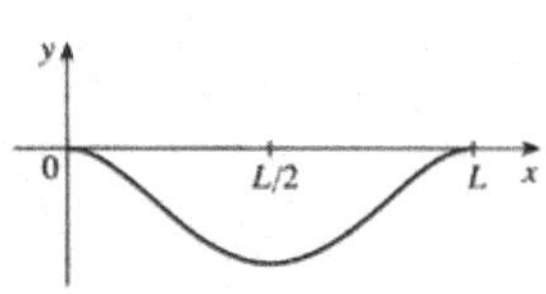

61. $y = x - 1$ **63.** $y = 2x - 3$

65. A. $(-\infty, 1) \cup (1, \infty)$
B. Int en $y = 0$; int en $x = 0$ C. Ninguno
D. AV $x = 1$; AI $y = x + 1$
E. Cre en $(-\infty, 0)$, $(2, \infty)$;
dec en $(0, 1)$, $(1, 2)$
F. Máx loc $f(0) = 0$;
mín loc $f(2) = 4$
G. CA en $(1, \infty)$; CB en $(-\infty, 1)$
H. Véase la gráfica de la derecha.

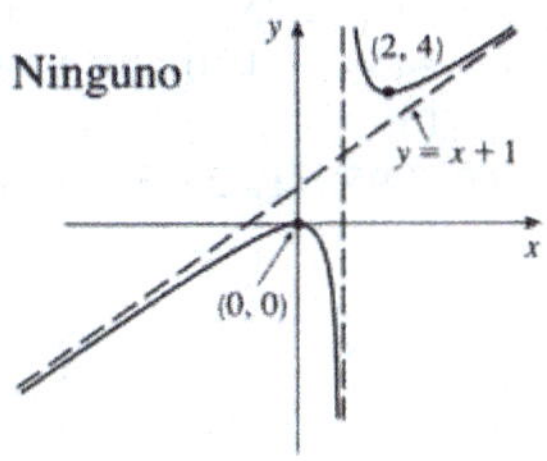

67. A. $(-\infty, 0) \cup (0, \infty)$
B. Int en $x = -\sqrt[3]{4}$ C. Ninguno
D. AV $x = 0$; AI $y = x$
E. Cre en $(-\infty, 0)$, $(2, \infty)$;
dec en $(0, 2)$
F. Mín loc $f(2) = 3$
G. CA en $(-\infty, 0)$, $(0, \infty)$
H. Véase la gráfica de la derecha.

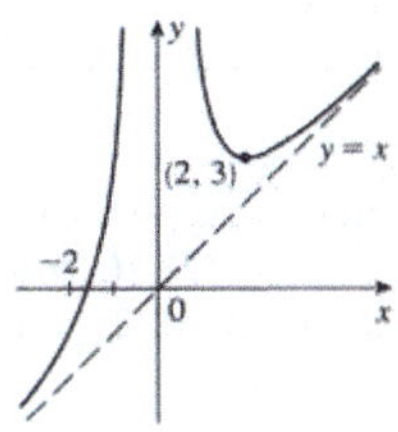

69. A. $\mathbb{R}$ B. Int en $y = 2$
C. Ninguno
D. AI $y = 1 + \frac{1}{2}x$
E. Cre en $(\ln 2, \infty)$;
dec en $(-\infty, \ln 2)$
F. Mín loc $f(\ln 2) = \frac{3}{2} + \frac{1}{2}\ln 2$
G. CA en $(-\infty, \infty)$
H. Véase la gráfica de la derecha.

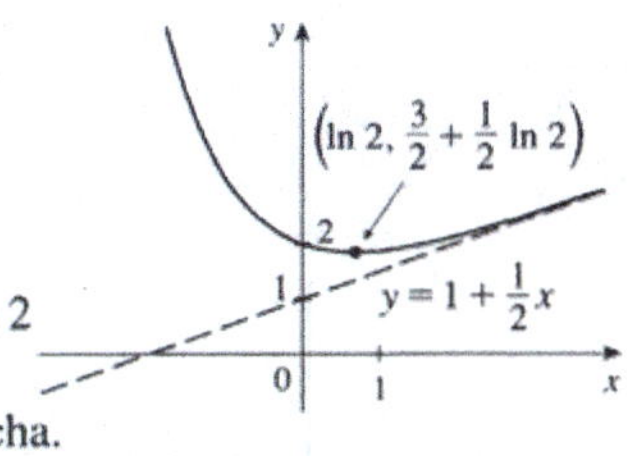

71.

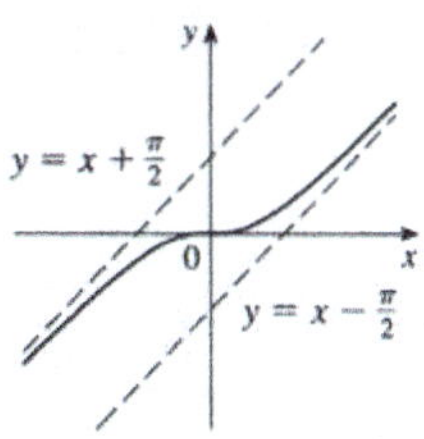

75. AV $x = 0$, asintótica a $y = x^3$

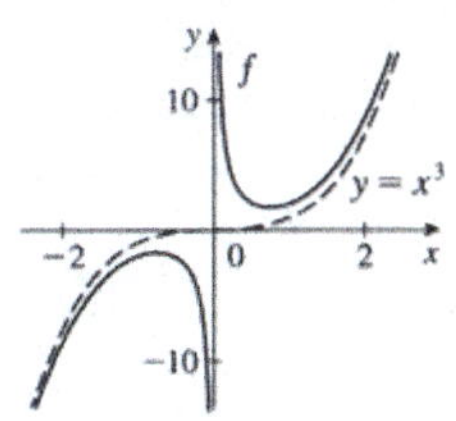

EJERCICIOS 4.6 ■ PÁGINA 329

1. Cre en $(-\infty, -1.50)$, $(0.04, 2.62)$, $(2.84, \infty)$; dec en $(-1.50, 0.04)$, $(2.62, 2.84)$; máx loc $f(-1.50) \approx 36.47$, $f(2.62) \approx 56.83$; mín loc $f(0.04) \approx -0.04$, $f(2.84) \approx 56.73$; CA en $(-0.89, 1.15)$, $(2.74, \infty)$; CB en $(-\infty, -0.89)$, $(1.15, 2.74)$; PI $(-0.89, 20.90)$, $(1.15, 26.57)$, $(2.74, 56.78)$

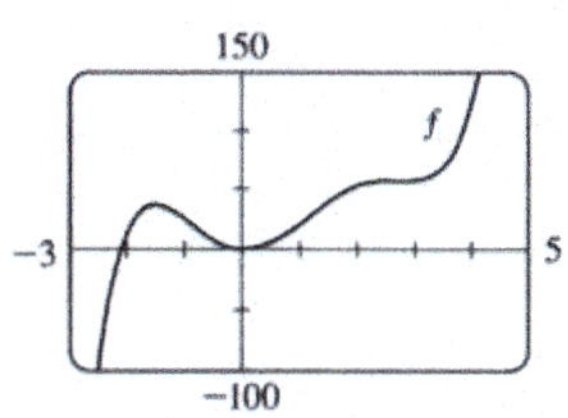

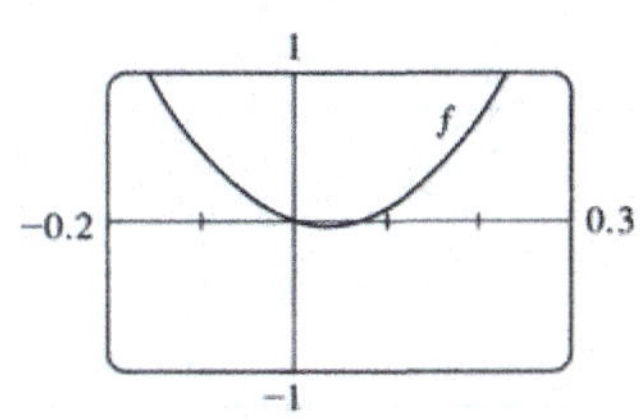

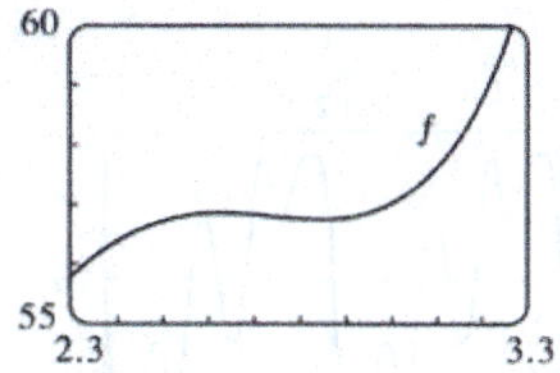

3. Cre en $(-1.31, -0.84)$, $(1.06, 2.50)$, $(2.75, \infty)$; dec en $(-\infty, -1.31)$, $(-0.84, 1.06)$, $(2.50, 2.75)$; máx loc $f(-0.84) \approx 23.71, f(2.50) \approx -11.02$; mín loc $f(-1.31) \approx 20.72$, $f(1.06) \approx -33.12, f(2.75) \approx -11.33$; CA en $(-\infty, -1.10)$, $(0.08, 1.72)$, $(2.64, \infty)$; CB en $(-1.10, 0.08)$, $(1.72, 2.64)$; PI $(-1.10, 22.09)$, $(0.08, -3.88)$, $(1.72, -22.53)$, $(2.64, -11.18)$

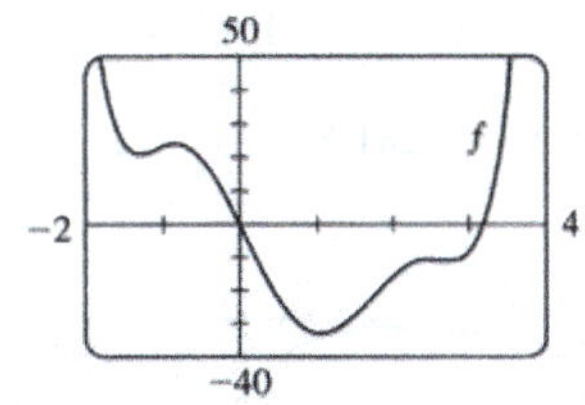

5. Cre en $(-\infty, -1.7)$, $(-1.7, 0.24)$, $(0.24, 1)$; dec en $(1, 2.46)$, $(2.46, \infty)$; máx loc $f(1) = -\frac{1}{3}$; CA en $(-\infty, -1.7)$, $(-0.506, 0.24)$, $(2.46, \infty)$; CB en $(-1.7, -0.506)$, $(0.24, 2.46)$; PI $(-0.506, -0.192)$

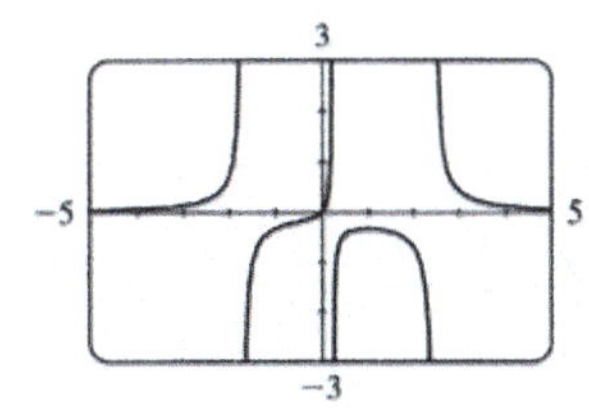

7. Cre en $(-1.49, -1.07)$, $(2.89, 4)$; dec en $(-4, -1.49)$, $(-1.07, 2.89)$; máx loc $f(-1.07) \approx 8.79$; mín loc $f(-1.49) \approx 8.75$, $f(2.89) \approx -9.99$; CA en $(-4, -1.28)$, $(1.28, 4)$; CB en $(-1.28, 1.28)$; PI $(-1.28, 8.77)$, $(1.28, -1.48)$

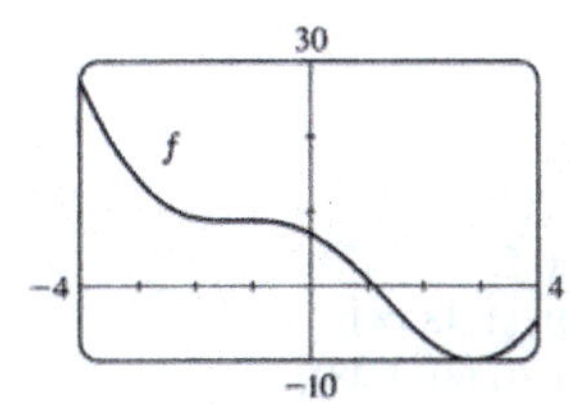

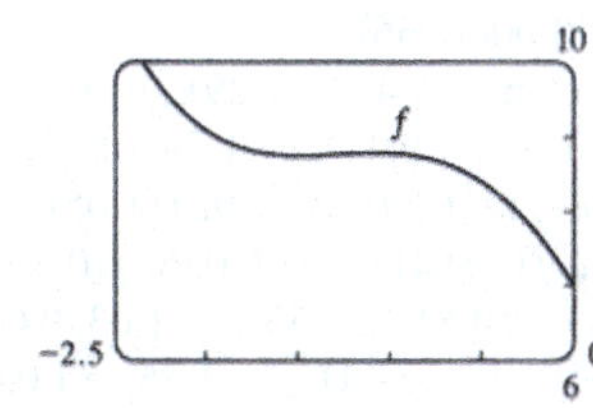

9. Cre en $\left(-8 - \sqrt{61}, -8 + \sqrt{61}\right)$; dec en $\left(-\infty, -8 - \sqrt{61}\right)$, $\left(-8 + \sqrt{61}, 0\right)$, $(0, \infty)$; CA en $\left(-12 - \sqrt{138}, -12 + \sqrt{138}\right)$, $(0, \infty)$; CB en $\left(-\infty, -12 - \sqrt{138}\right)$, $\left(-12 + \sqrt{138}, 0\right)$

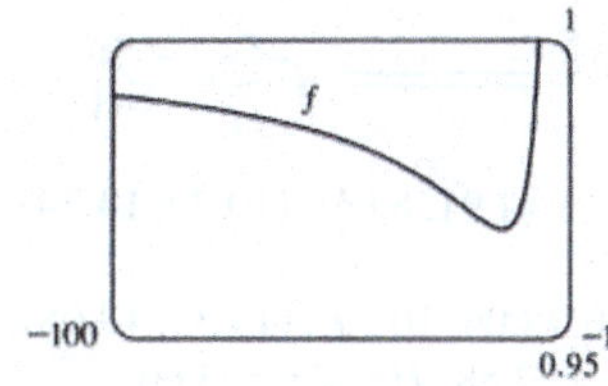

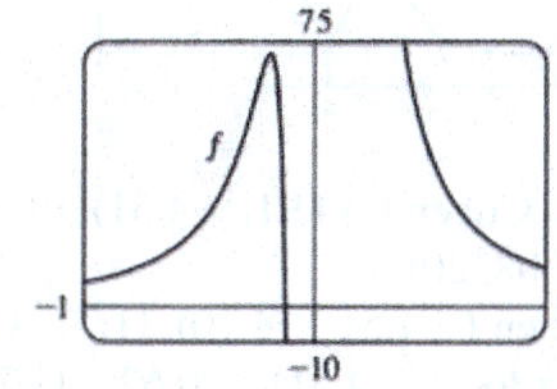

11. (a)

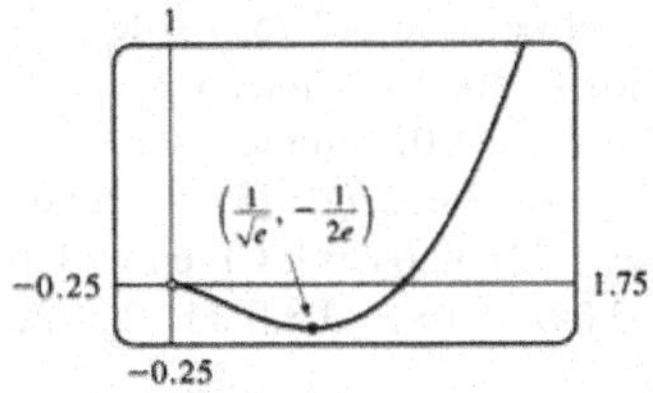

(b) $\lim_{x\to 0^+} f(x) = 0$ (c) Mín loc $f(1/\sqrt{e}) = -1/(2e)$; CB en $(0, e^{-3/2})$; CA en $(e^{-3/2}, \infty)$

13. Máx loc $f(-5.6) \approx 0.018$, $f(0.82) \approx -281.5$, $f(5.2) \approx 0.0145$; mín loc $f(3) = 0$

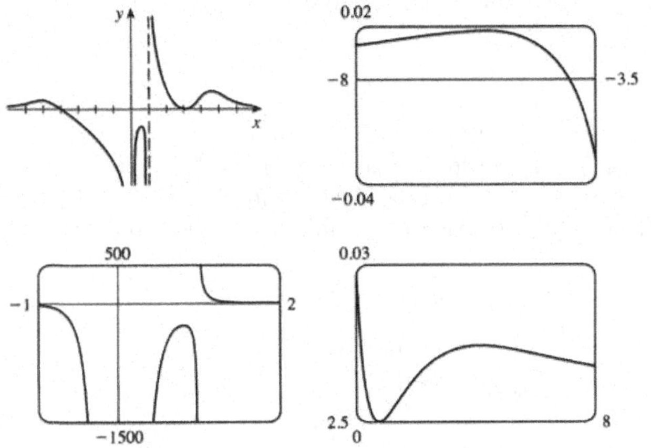

15. $f'(x) = -\dfrac{x(x+1)^2(x^3 + 18x^2 - 44x - 16)}{(x-2)^3(x-4)^5}$

$f''(x) = 2\dfrac{(x+1)(x^6 + 36x^5 + 6x^4 - 628x^3 + 684x^2 + 672x + 64)}{(x-2)^4(x-4)^6}$

CA en $(-35.3, -5.0)$, $(-1, -0.5)$, $(-0.1, 2)$, $(2, 4)$, $(4, \infty)$; CB en $(-\infty, -35.3)$, $(-5.0, -1)$, $(-0.5, -0.1)$; PI $(-35.3, -0.015)$, $(-5.0, -0.005)$, $(-1, 0)$, $(-0.5, 0.00001)$, $(-0.1, 0.0000066)$

17. Cre en $(-9.41, -1.29)$, $(0, 1.05)$; dec en $(-\infty, -9.41)$, $(-1.29, 0)$, $(1.05, \infty)$; máx loc $f(-1.29) \approx 7.49$, $f(1.05) \approx 2.35$; mín loc $f(-9.41) \approx -0.056$, $f(0) = 0.5$; CA en $(-13.81, -1.55)$, $(-1.03, 0.60)$, $(1.48, \infty)$; CB en $(-\infty, -13.81)$, $(-1.55, -1.03)$, $(0.60, 1.48)$; PI $(-13.81, -0.05)$, $(-1.55, 5.64)$, $(-1.03, 5.39)$, $(0.60, 1.52)$, $(1.48, 1.93)$

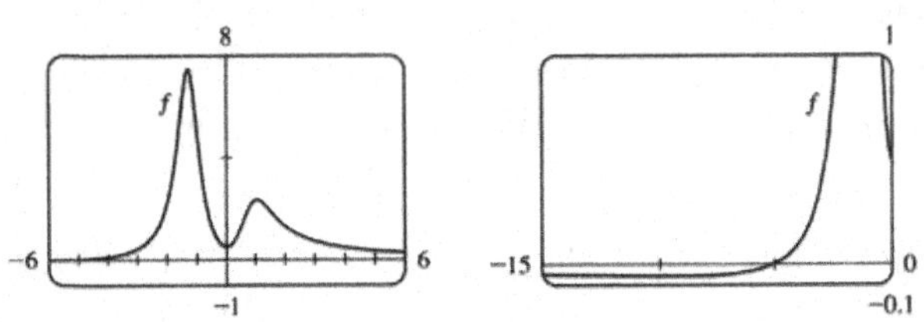

19. Cre en $(-4.91, -4.51)$, $(0, 1.77)$, $(4.91, 8.06)$, $(10.79, 14.34)$, $(17.08, 20)$; dec en $(-4.51, -4.10)$, $(1.77, 4.10)$, $(8.06, 10.79)$, $(14.34, 17.08)$; máx loc $f(-4.51) \approx 0.62$, $f(1.77) \approx 2.58$, $f(8.06) \approx 3.60$, $f(14.34) \approx 4.39$; mín loc $f(10.79) \approx 2.43$, $f(17.08) \approx 3.49$; CA en $(9.60, 12.25)$, $(15.81, 18.65)$; CB en $(-4.91, -4.10)$, $(0, 4.10)$, $(4.91, 9.60)$, $(12.25, 15.81)$, $(18.65, 20)$; PI $(9.60, 2.95)$, $(12.25, 3.27)$, $(15.81, 3.91)$, $(18.65, 4.20)$

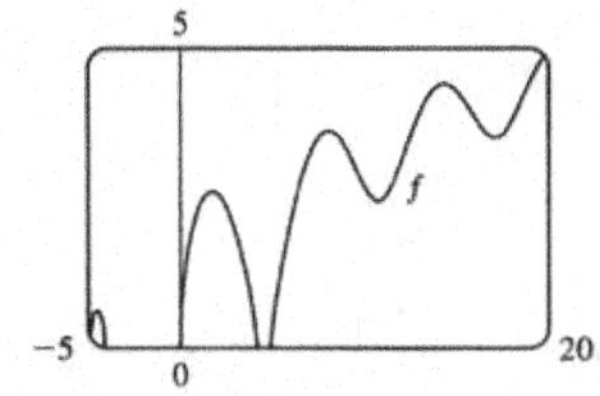

21. Cre en $(-\infty, 0)$, $(0, \infty)$; CA en $(-\infty, -0.42)$, $(0, 0.42)$; CB en $(-0.42, 0)$, $(0.42, \infty)$; PI $(\mp 0.42, \pm 0.83)$

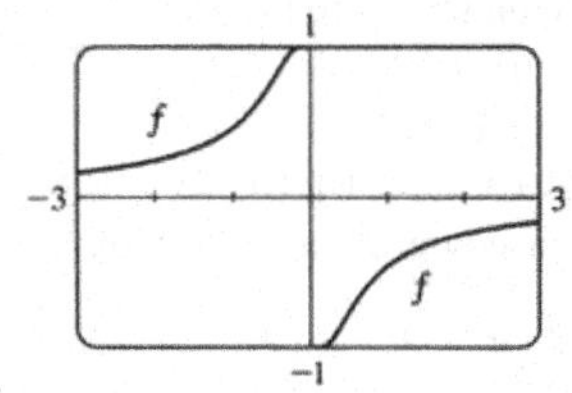

23.

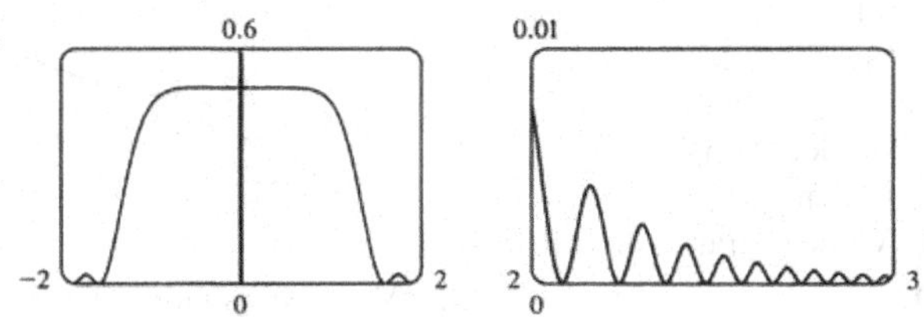

25. (a)

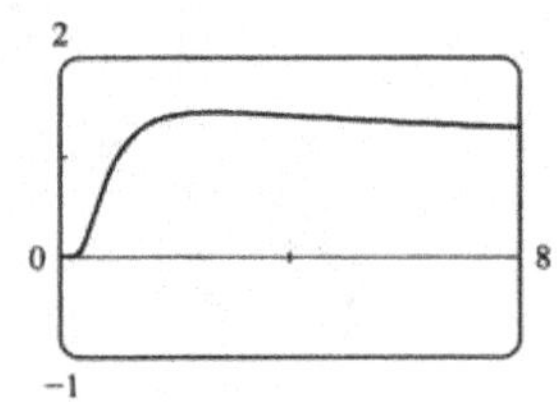

(b) $\lim_{x\to 0^+} x^{1/x} = 0$, $\lim_{x\to\infty} x^{1/x} = 1$
(c) Máx loc $f(e) = e^{1/e}$ (d) PI at $x \approx 0.58, 4.37$

27. Máx $f(0.59) \approx 1$, $f(0.68) \approx 1$, $f(1.96) \approx 1$; mín $f(0.64) \approx 0.99996$, $f(1.46) \approx 0.49$, $f(2.73) \approx -0.51$; PI $(0.61, 0.99998)$, $(0.66, 0.99998)$, $(1.17, 0.72)$, $(1.75, 0.77)$, $(2.28, 0.34)$

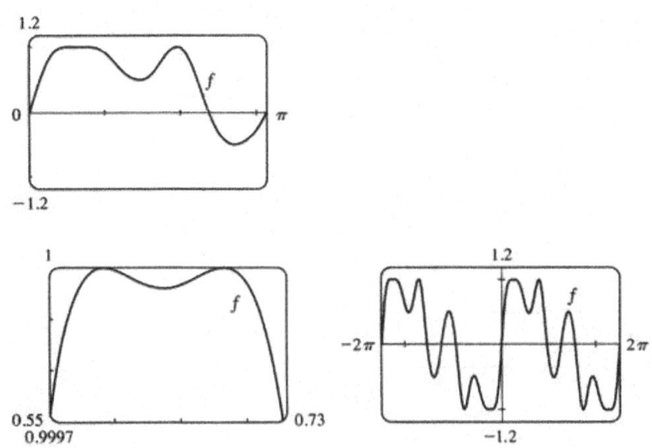

29. Para $c < 0$, hay un mín loc que se mueve hacia $(-3, -9)$ cuando c aumenta. Para $0 < c < 8$, hay un mín loc que se mueve hacia $(-3, -9)$ y un máx loc que se mueve hacia el origen cuando c decrece. Para todas las $c > 0$, hay un mín loc en el primer cuadrante que se mueve hacia el origen cuando c decrece. $c = 0$ es un valor de transición que da la gráfica de una parábola. Para todas las c diferentes de cero, el eje y es una AV y hay un PI que se mueve hacia el origen cuando $|c| \to 0$.

$c \leqslant 0$:

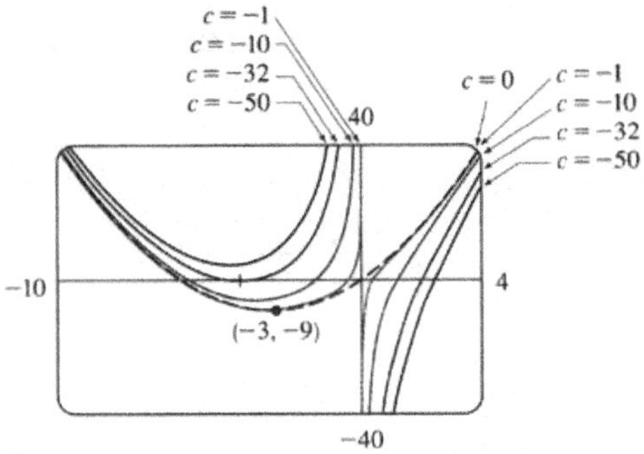

$c \geqslant 0$:

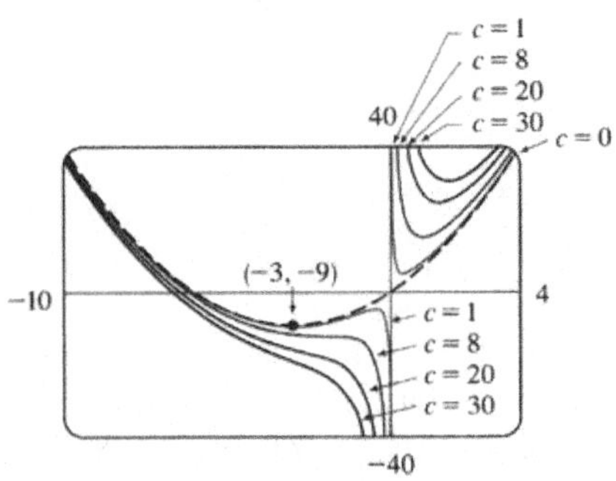

31. Para $c < 0$, no hay ningún punto extremo y hay un PI, que decrece a lo largo del eje x. Para $c > 0$, no hay ningún PI y hay un punto mínimo.

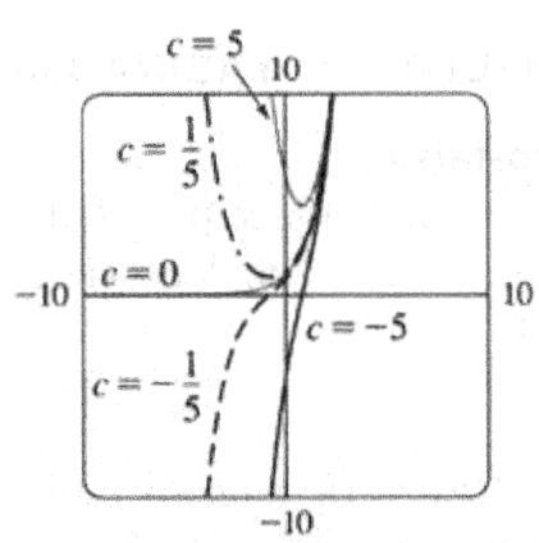

33. Para $c > 0$, los valores máximo y mínimo son siempre $\pm\frac{1}{2}$, pero los puntos extremos y PI se acercan más al eje y cuando c aumenta. $c = 0$ es un valor de transición; cuando c es reemplazada por $-c$, la curva se refleja del eje x.

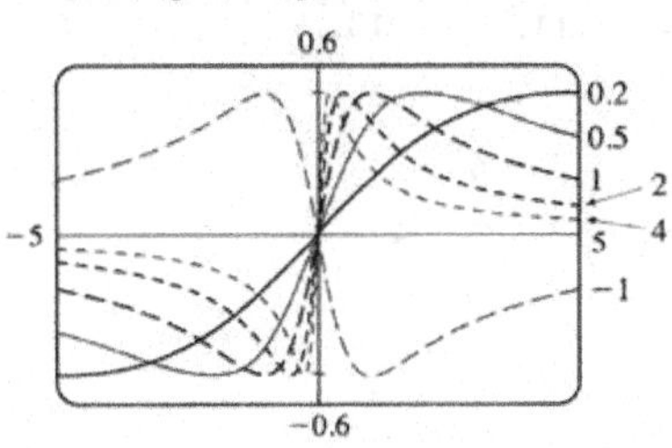

35. Para $|c| < 1$, la gráfica tiene valores máx y mín loc; para $|c| \geqslant 1$ no. La función aumenta para $c \geqslant 1$ y disminuye para $c \leqslant -1$. Cuando c cambia, los PI se mueven vertical pero no horizontalmente.

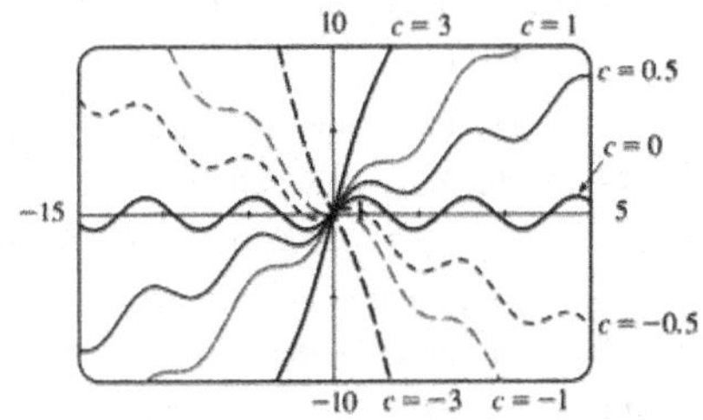

37.

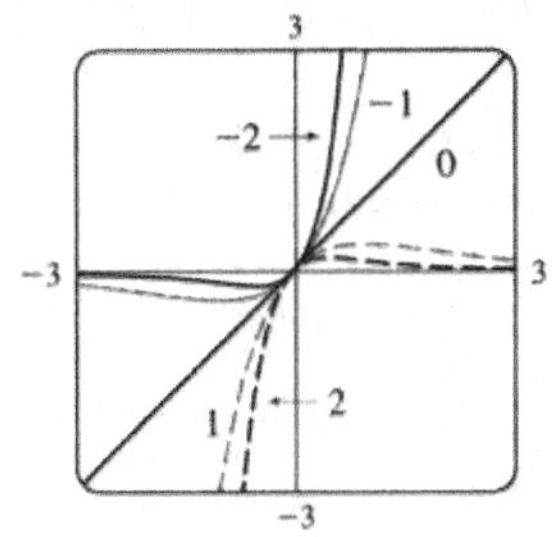

Para $c > 0$, $\lim_{x\to\infty} f(x) = 0$ y $\lim_{x\to-\infty} f(x) = -\infty$.
Para $c < 0$, $\lim_{x\to\infty} f(x) = \infty$ y $\lim_{x\to-\infty} f(x) = 0$.
Cuando $|c|$ aumenta, los puntos máx y mín y los PI se acercan al origen.

39. (a) Positivo (b)

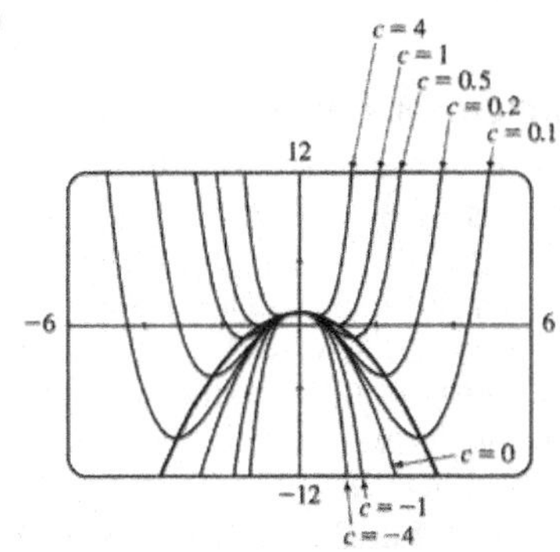

EJERCICIOS 4.7 ■ PÁGINA 336

1. (a) 11, 12 (b) 11.5, 11.5 **3.** 10, 10 **5.** $\frac{9}{4}$
7. 25 m por 25 m **9.** $N = 1$
11. (a)

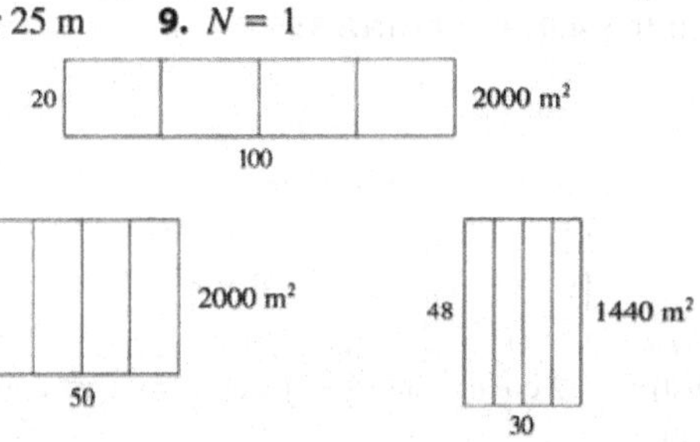

(b)

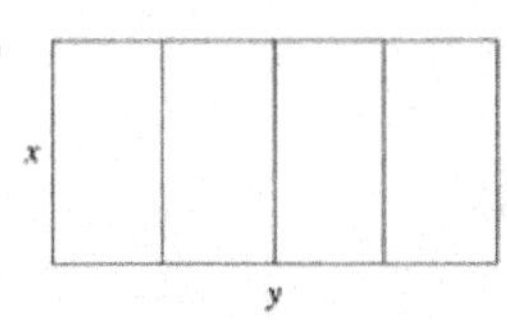

(c) $A = xy$ (d) $5x + 2y = 300$ (e) $A(x) = 150x - \frac{5}{2}x^2$
(f) 2250 m^2
13. 100 m por 150 m **15.** 4000 cm^3 **17.** \$191.28
19. 15 metros a lo largo del lado del granero, 10 metros de profundidad **21.** $\left(-\frac{6}{5}, \frac{3}{5}\right)$
23. $\left(-\frac{1}{3}, \pm\frac{4}{3}\sqrt{2}\right)$ **25.** Cuadrado, lado $\sqrt{2}\,r$
27. $L/2, \sqrt{3}\,L/4$ **29.** Base $\sqrt{3}\,r$, altura $3r/2$
31. $4\pi r^3/(3\sqrt{3})$ **33.** $\pi r^2(1 + \sqrt{5})$ **35.** 24 cm por 36 cm
37. (a) Use todo el alambre para el cuadrado
(b) $40\sqrt{3}/(9 + 4\sqrt{3})$ m para el cuadrado
39. 30 cm **41.** $V = 2\pi R^3/(9\sqrt{3})$ **45.** $E^2/(4r)$
47. (a) $\frac{3}{2}s^2\csc\theta\,(\csc\theta - \sqrt{3}\cot\theta)$ (b) $\cos^{-1}(1/\sqrt{3}) \approx 55°$
(c) $6s\left[h + s/(2\sqrt{2})\right]$
49. Reme directamente a B **51.** ≈ 4.85 km al este de la refinería
53. $4\sqrt[3]{3}/(1 + \sqrt[3]{3})$ m desde la fuente más fuerte
55. $(a^{2/3} + b^{2/3})^{3/2}$ **57.** $2\sqrt{6}$
59. (b) (i) \$342,491; \$342/unidad; \$390/unidad (ii) 400
(iii) \$320/unidad
61. (a) $p(x) = 19 - \frac{1}{3000}x$ (b) \$9.50
63. (a) $p(x) = 500 - \frac{1}{8}x$ (b) \$250 (c) \$310
69. 9.35 m **73.** $x = 15$ cm **75.** $\pi/6$
77. A una distancia de $5 - 2\sqrt{5}$ desde A **79.** $\frac{1}{2}(L + W)^2$
81. (a) Alrededor de 5.1 km desde B (b) C está cerca de B; C está cerca de D; $W/L = \sqrt{25 + x^2}/x$, donde $x = |BC|$
(c) ≈ 1.07; ningún valor de ese tipo (d) $\sqrt{41}/4 \approx 1.6$

EJERCICIOS 4.8 ■ PÁGINA 348

1. (a) $x_2 \approx 7.3, x_3 \approx 6.8$ (b) Sí
3. $\frac{9}{2}$ **5.** a, b, c **7.** 1.5215 **9.** -1.25
11. 2.94283096 **13.** (b) 2.630020 **15.** 0.876726
17. $-3.637958, -1.862365, 0.889470$
19. $-1.257691, 0.653483$ **21.** 0.641714
23. $-1.69312029, -0.74466668, 1.26587094$
25. 0.76682579 **27.** 0.21916368, 1.08422462
29. (b) 31.622777
35. (a) $-1.293227, -0.441731, 0.507854$ (b) -2.0212
37. (1.519855, 2.306964) **39.** (0.410245, 0.347810)
41. 0.76286%

EJERCICIOS 4.9 ■ PÁGINA 355

1. $F(x) = 2x^2 + 7x + C$ **3.** $F(x) = \frac{1}{2}x^4 - \frac{2}{9}x^3 + \frac{5}{2}x^2 + C$
5. $F(x) = 4x^3 + 4x^2 + C$ **7.** $F(x) = 5x^{7/5} + 40x^{1/5} + C$
9. $F(x) = \sqrt{2}x + C$ **11.** $F(x) = 2x^{3/2} - \frac{3}{2}x^{4/3} + C$
13. $F(x) = \begin{cases} \frac{1}{5}x - 2\ln|x| + C_1 & \text{si } x < 0 \\ \frac{1}{5}x - 2\ln|x| + C_2 & \text{si } x > 0 \end{cases}$
15. $G(t) = 2t^{1/2} + \frac{2}{3}t^{3/2} + \frac{2}{5}t^{5/2} + C$
17. $H(\theta) = -2\cos\theta - \tan\theta + C_n$ en $(n\pi - \pi/2, n\pi + \pi/2)$, n un entero
19. $F(x) = 2^x/\ln 2 + 4\cosh x + C$
21. $F(x) = x^2 + 4x + 1/x + C, x > 0$
23. $F(x) = x^5 - \frac{1}{3}x^6 + 4$
25. $f(x) = x^5 - x^4 + x^3 + Cx + D$
27. $f(x) = \frac{1}{3}x^3 + 3e^x + Cx + D$
29. $f(t) = 2t^3 + \cos t + Ct^2 + Dt + E$
31. $f(x) = x + 2x^{3/2} + 5$ **33.** $f(t) = 4\arctan t - \pi$
35. $f(x) = 3x^{5/3} - 75$
37. $f(t) = \tan t + \sec t - 2 - \sqrt{2}$
39. $f(x) = -x^2 + 2x^3 - x^4 + 12x + 4$
41. $f(\theta) = -\operatorname{sen}\theta - \cos\theta + 5\theta + 4$
43. $f(x) = 2x^2 + x^3 + 2x^4 + 2x + 3$
45. $f(x) = e^x + 2\operatorname{sen} x - \dfrac{2}{\pi}(e^{\pi/2} + 4)x + 2$
47. $f(x) = -\ln x + (\ln 2)x - \ln 2$ **49.** 8 **51.** b
53.

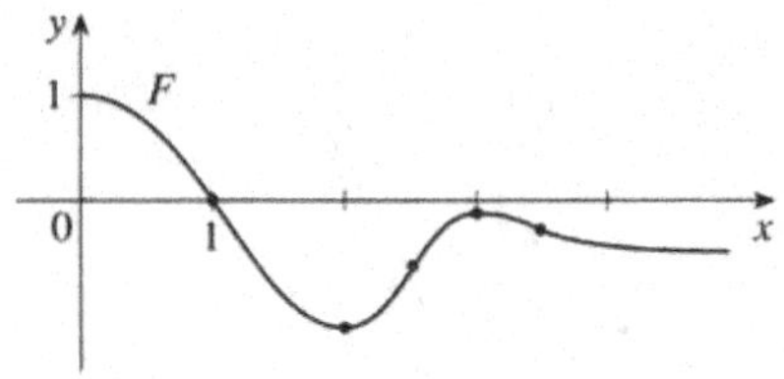

55.

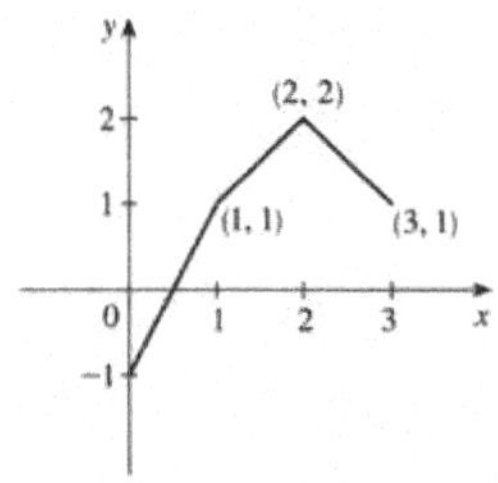

57.

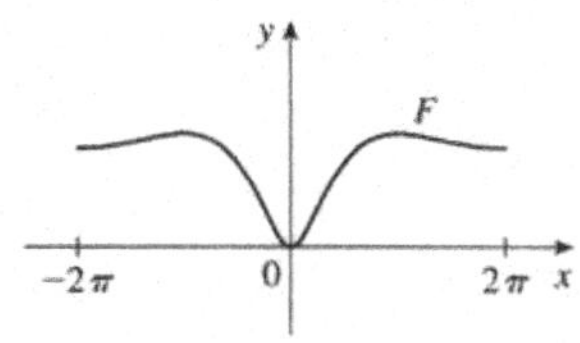

59. $s(t) = 1 - \cos t - \operatorname{sen} t$ **61.** $s(t) = \frac{1}{3}t^3 + \frac{1}{2}t^2 - 2t + 3$
63. $s(t) = -10\operatorname{sen} t - 3\cos t + (6/\pi)t + 3$
65. (a) $s(t) = 450 - 4.9t^2$ (b) $\sqrt{450/4.9} \approx 9.58$ s
(c) $-9.8\sqrt{450/4.9} \approx -93.9$ m/s (d) Alrededor de 9.09 s
69. ≈ 81.6 m **71.** \$742.08 **73.** $\frac{130}{11} \approx 11.8$ s
75. $\frac{5}{3}\text{ m/s}^2$ **77.** $62{,}500 \text{ km/h}^2 \approx 4.82 \text{ m/s}^2$
79. (a) 36.926 km (b) 34.898 km (c) 30 min 21 s
(d) 89.278 km

REPASO DEL CAPÍTULO 4 ■ PÁGINA 358

Examen verdadero-falso

1. Falso **3.** Falso **5.** Verdadero **7.** Falso **9.** Verdadero
11. Verdadero **13.** Falso **15.** Verdadero **17.** Verdadero
19. Verdadero **21.** Falso

Ejercicios

1. Máx abs $f(2) = f(5) = 18$, mín abs $f(0) = -2$, máx loc $f(2) = 18$, mín loc $f(4) = 14$
3. Máx abs $f(2) = \frac{2}{5}$, mín abs y loc $f\left(-\frac{1}{3}\right) = -\frac{9}{2}$
5. Máx abs y loc $f(\pi/6) = \pi/6 + \sqrt{3}$, mín abs $f(-\pi) = -\pi - 2$, mín loc $f(5\pi/6) = 5\pi/6 - \sqrt{3}$
7. 1 **9.** 4 **11.** 8 **13.** $\frac{1}{2}$

15.

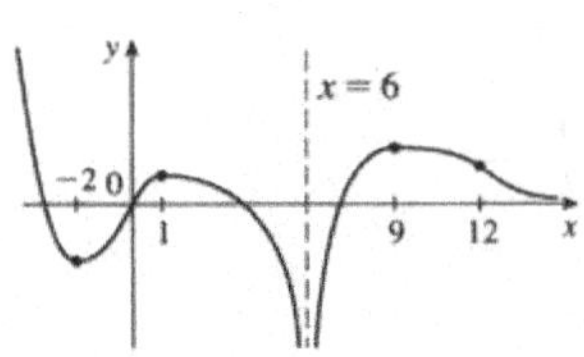

17.

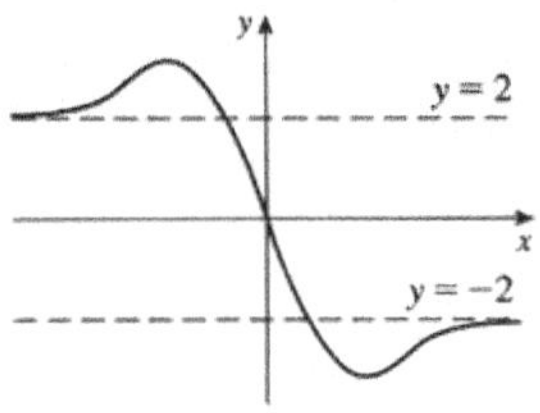

19. A. $\mathbb{R}$ B. Int en $y = 2$
C. Ninguno D. Ninguno
E. Dec en $(-\infty, \infty)$ F. Ninguno
G. CA en $(-\infty, 0)$;
CB en $(0, \infty)$; PI $(0, 2)$
H. Véase la gráfica de la derecha.

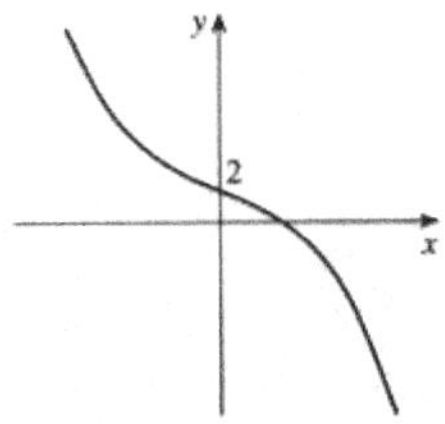

21. A. $\mathbb{R}$ B. Int en $y = 2$
C. Ninguno D. Ninguno
E. Cre en $(1, \infty)$; dec en $(-\infty, 1)$
F. Mín loc $f(1) = 1$
G. CA en $(-\infty, 0)$, $(\frac{2}{3}, \infty)$;
CB en $(0, \frac{2}{3})$; PI $(0, 2)$, $(\frac{2}{3}, \frac{38}{27})$
H. Véase la gráfica de la derecha.

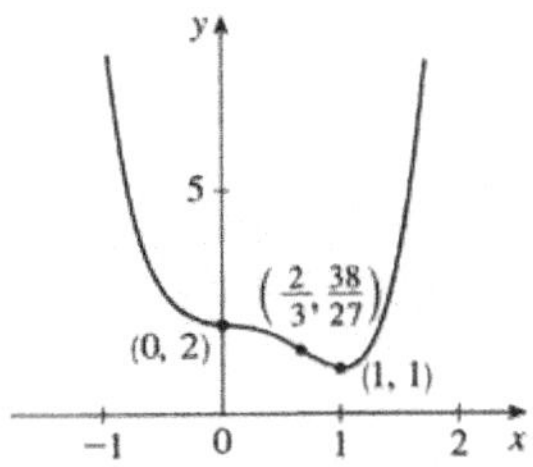

23. A. $\{x \mid x \neq 0, 3\}$
B. Ninguna C. Ninguna
D. AH $y = 0$; AV $x = 0$, $x = 3$
E. Cre en $(1, 3)$;
dec en $(-\infty, 0)$, $(0, 1)$, $(3, \infty)$
F. Mín loc $f(1) = \frac{1}{4}$
G. CA en $(0, 3)$, $(3, \infty)$;
CB en $(-\infty, 0)$
H. Véase la gráfica de la derecha.

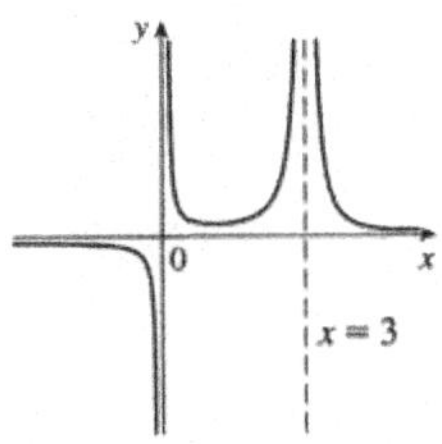

25. A. $(-\infty, 0) \cup (0, \infty)$
B. Int en $x = 1$ C. Ninguno
D. AV $x = 0$; AI $y = x - 3$
E. Cre en $(-\infty, -2)$, $(0, \infty)$;
dec en $(-2, 0)$
F. Máx loc $f(-2) = -\frac{27}{4}$
G. CA en $(1, \infty)$; CB en $(-\infty, 0)$, $(0, 1)$; PI $(1, 0)$
H. Véase la gráfica de la derecha.

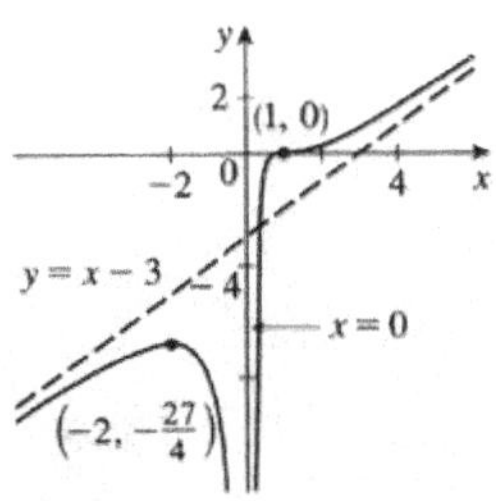

27. A. $\mathbb{R}$; B. Int en $y = 1$
C. Alrededor del eje y D. Ninguno
E. Cre en $(0, \infty)$; dec en $(-\infty, 0)$
F. Mín loc $f(0) = 1$
G. CA en $(-\sqrt{3}, \sqrt{3})$
CB en $(-\infty, \sqrt{3})$, $(\sqrt{3}, \infty)$
PI $(\pm\sqrt{3}, \sqrt[3]{4})$
H. Véase la gráfica de la derecha.

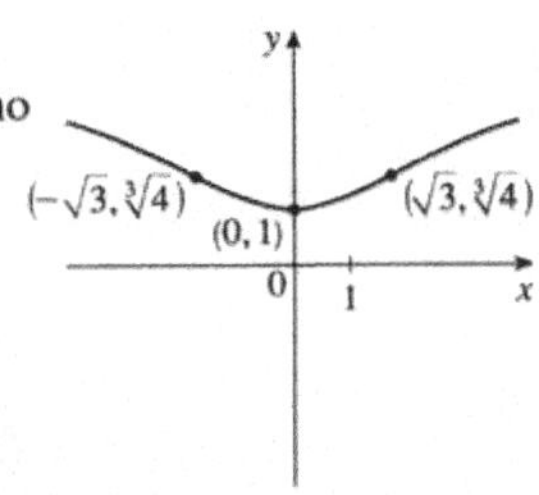

29. A. $[-\pi, \pi]$ B. Int en $y = 0$; Int en $x = -\pi, 0, \pi$
C. Ninguno D. Ninguno
E. Cre en $(-\pi/4, 3\pi/4)$; dec en $(-\pi, -\pi/4)$, $(3\pi/4, \pi)$
F. Máx loc $f(3\pi/4) = \frac{1}{2}\sqrt{2}e^{3\pi/4}$,
mín loc $f(-\pi/4) = -\frac{1}{2}\sqrt{2}e^{-\pi/4}$

G. CA on $(-\pi/2, \pi/2)$; CB on $(-\pi, -\pi/2)$, $(\pi/2, \pi)$;
PI $(-\pi/2, -e^{-\pi/2})$, $(\pi/2, e^{\pi/2})$
H

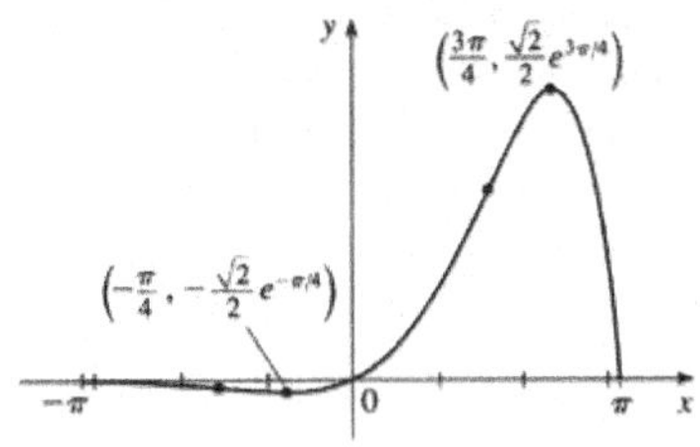

31. A. $\{x \,\|x| \geq 1\}$
B. Ninguna C. Alrededor de $(0, 0)$
D. AH $y = 0$
E. Dec en $(-\infty, -1)$, $(1, \infty)$
F. Ninguno
G. CA en $(1, \infty)$;
CB en $(-\infty, -1)$
H. Véase la gráfica de la derecha.

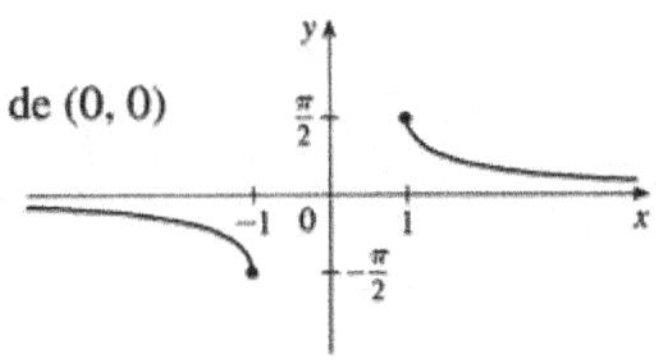

33. A. $\mathbb{R}$
B. Int en $y = -2$; Int en $x = 2$
C. Ninguno D. AH $y = 0$
E. Cre en $(-\infty, 3)$; dec on $(3, \infty)$
F. Máx loc $f(3) = e^{-3}$
G. CA en $(4, \infty)$;
CB en $(-\infty, 4)$;
PI $(4, 2e^{-4})$
H. Véase la gráfica de la derecha.

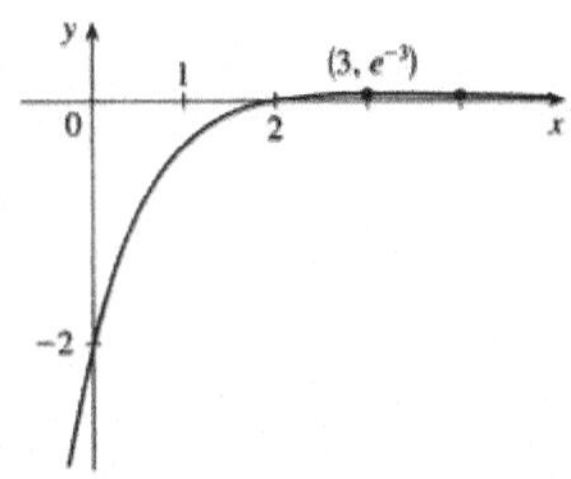

35. Cre en $(-\sqrt{3}, 0)$, $(0, \sqrt{3})$;
dec en $(-\infty, -\sqrt{3})$, $(\sqrt{3}, \infty)$;
máx loc $f(\sqrt{3}) = \frac{2}{9}\sqrt{3}$,
mín loc $f(-\sqrt{3}) = -\frac{2}{9}\sqrt{3}$;
CA en $(-\sqrt{6}, 0)$, $(\sqrt{6}, \infty)$;
CB en $(-\infty, -\sqrt{6})$, $(0, \sqrt{6})$;
PI $(\sqrt{6}, \frac{5}{36}\sqrt{6})$, $(-\sqrt{6}, -\frac{5}{36}\sqrt{6})$

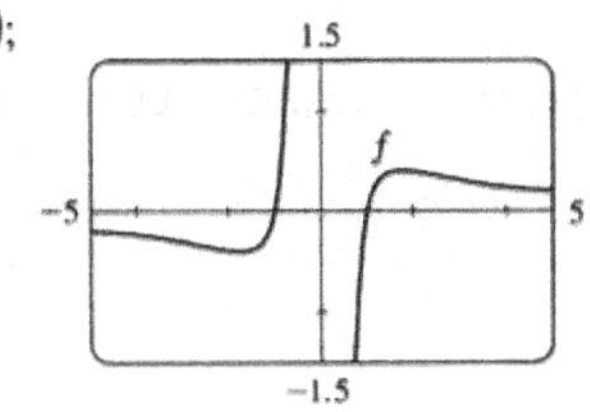

37. Cre en $(-0.23, 0)$, $(1.62, \infty)$; dec en $(-\infty, -0.23)$, $(0, 1.62)$;
máx loc $f(0) = 2$; mín loc $f(-0.23) \approx 1.96$, $f(1.62) \approx -19.2$;
CA en $(-\infty, -0.12)$, $(1.24, \infty)$;
CB en $(-0.12, 1.24)$; PI $(-0.12, 1.98)$, $(1.24, -12.1)$

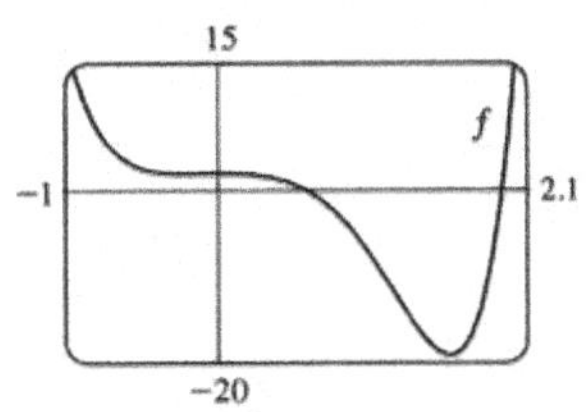

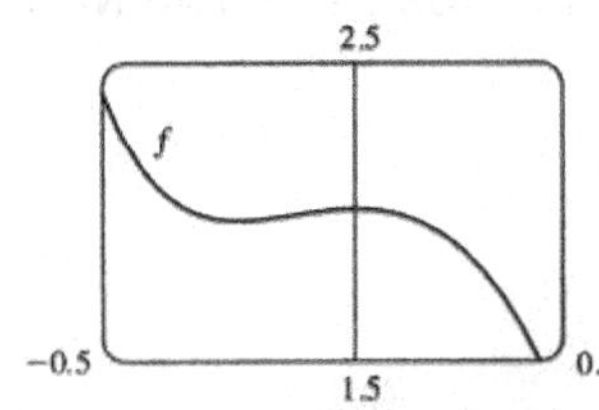

39.

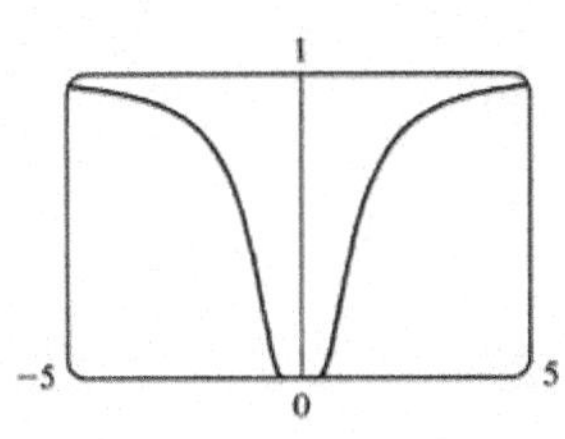

$(\pm 0.82, 0.22)$; $(\pm\sqrt{2/3}, e^{-3/2})$

41. $-2.96, -0.18, 3.01; -1.57, 1.57; -2.16, -0.75, 0.46, 2.21$
43. Para $C > -1$, f es periódica con período 2π y tiene máximos locales en $2n\pi + \pi/2$, n un entero. Para $C \leqslant -1$, f no tiene gráfica. Para $-1 < C \leqslant 1$, f tiene asíntotas verticales. Para $C > 1$, f es continua en $\mathbb{R}$. Cuando C aumenta, f se mueve hacia arriba y sus oscilaciones se vuelven menos pronunciadas.
49. (a) 0 (b) CA en $\mathbb{R}$ **53.** $3\sqrt{3}\,r^2$
55. $4/\sqrt{3}$ cm desde D **57.** $L = C$ **59.** \$11.50
61. 1.297383 **63.** 1.16718557
65. $F(x) = \frac{8}{3}x^{3/2} - 2x^3 + 3x + C$
67. $F(t) = -2\cos t - 3e^t + C$
69. $f(t) = t^2 + 3\cos t + 2$
71. $f(x) = \frac{1}{2}x^2 - x^3 + 4x^4 + 2x + 1$
73. $s(t) = t^2 - \tan^{-1}t + 1$
75. (b) $0.1e^x - \cos x + 0.9$ (c)

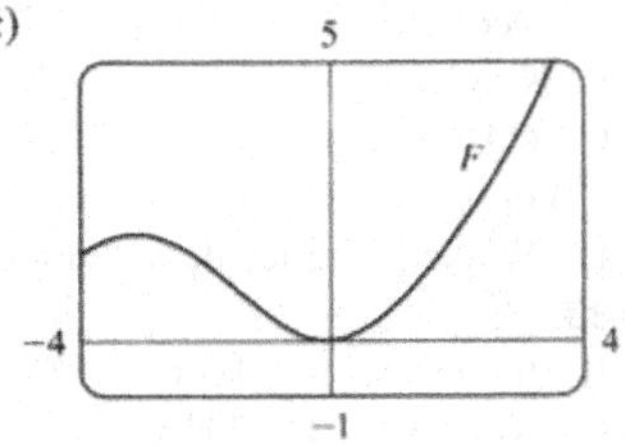

77. No
79. (b) Alrededor de 25.44 cm por 5.96 cm
(c) $2\sqrt{300}$ cm por $2\sqrt{600}$ cm
85. (a) $10\sqrt{2} \approx 14$ m
(b) $\dfrac{dI}{dt} = \dfrac{-60k(h-1)}{[(h-1)^2 + 400]^{5/2}}$, donde k es una constante de proporcionalidad

PROBLEMAS ADICIONALES ■ PÁGINA 363

3. Máx abs $f(-5) = e^{45}$, ningún mín abs **7.** 24
9. $(-2, 4), (2, -4)$ **13.** $(1 + \sqrt{5})/2$ **15.** $(m/2, m^2/4)$
17. $a \leqslant e^{1/e}$
21. (a) $T_1 = D/c_1$, $T_2 = (2h\sec\theta)/c_1 + (D - 2h\tan\theta)/c_2$, $T_3 = \sqrt{4h^2 + D^2}/c_1$
(c) $c_1 \approx 3.85$ km/s, $c_2 \approx 7.66$ km/s, $h \approx 0.42$ km
25. $3/(\sqrt[3]{2} - 1) \approx 11\frac{1}{2}$ h

CAPÍTULO 5

EJERCICIOS 5.1 ■ PÁGINA 375

1. (a) $R_5 \approx 12$, $L_5 \approx 22$

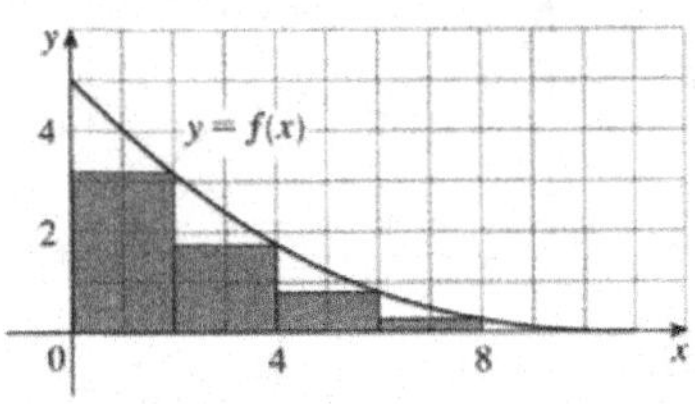

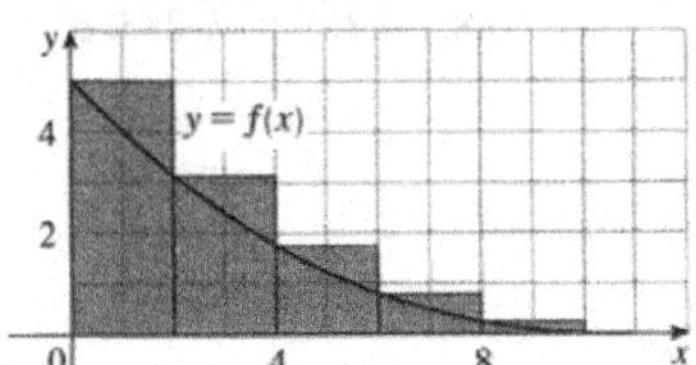

(b) $R_{10} \approx 14.4$, $L_{10} \approx 19.4$

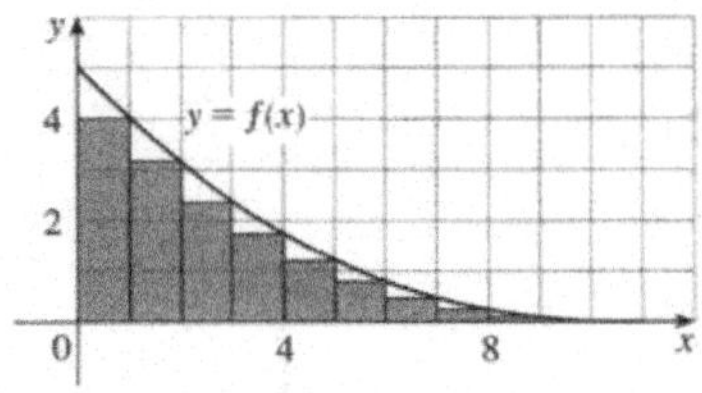

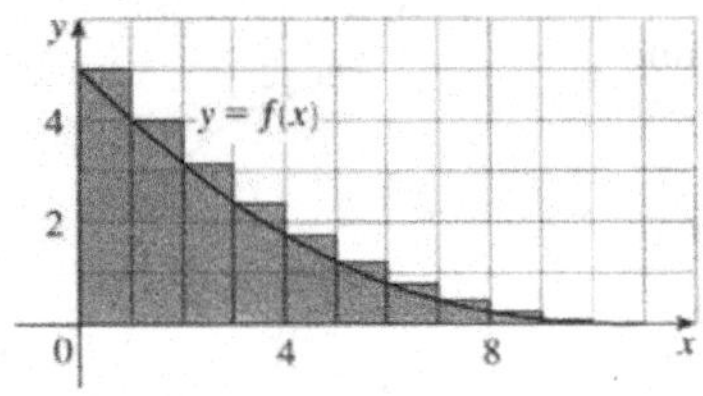

3. (a) 0.6345, subestimación (b) 0.7595, sobreestimación

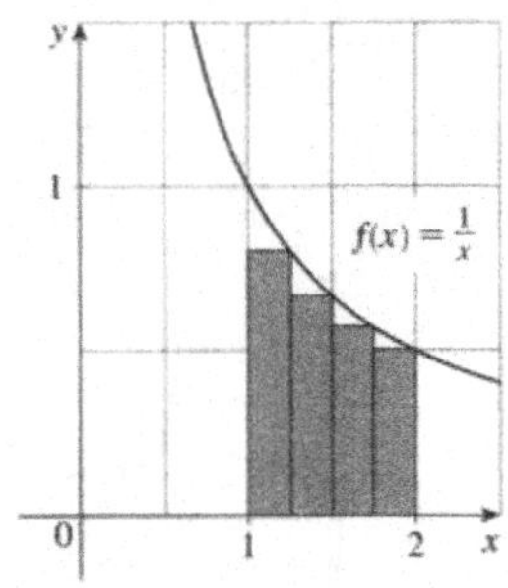

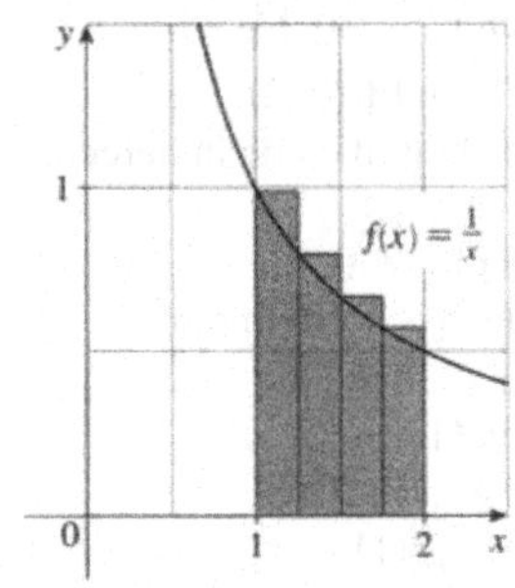

5. (a) 8, 6.875 (b) 5, 5.375

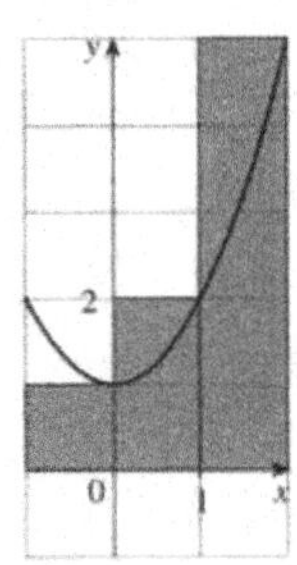

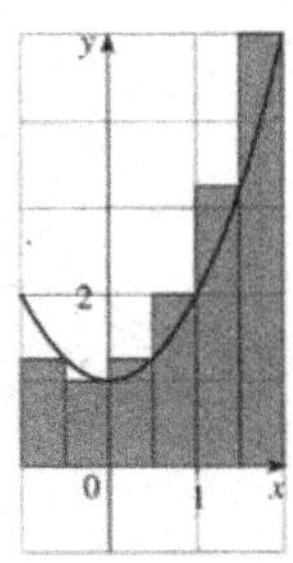

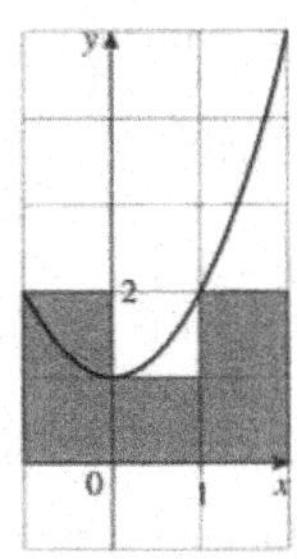

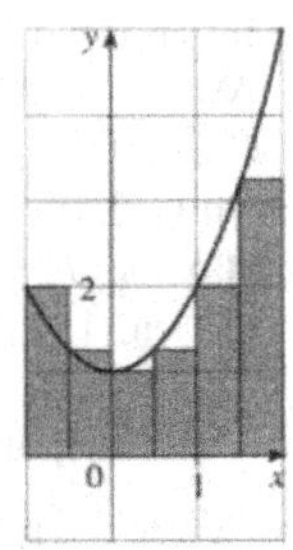

(c) 5.75, 5.9375

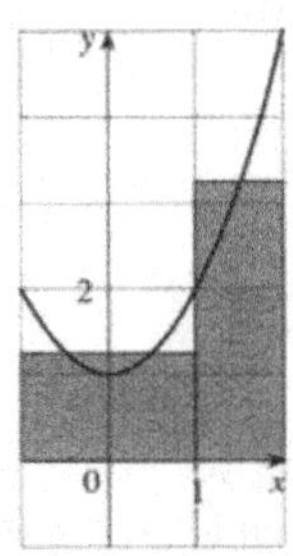

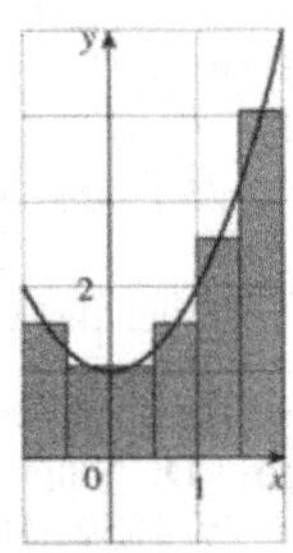

(d) M_6

7. $n = 2$: superior $= 3\pi \approx 9.42$, inferior $= 2\pi \approx 6.28$

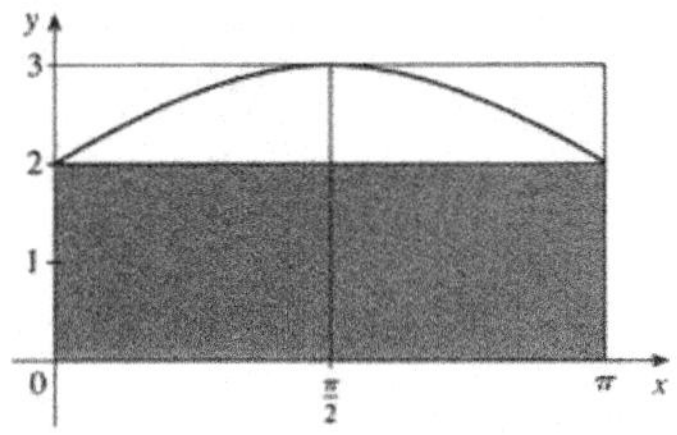

$n = 4$: superior $= \left(10 + \sqrt{2}\right)(\pi/4) \approx 8.96$,
inferior $= \left(8 + \sqrt{2}\right)(\pi/4) \approx 7.39$

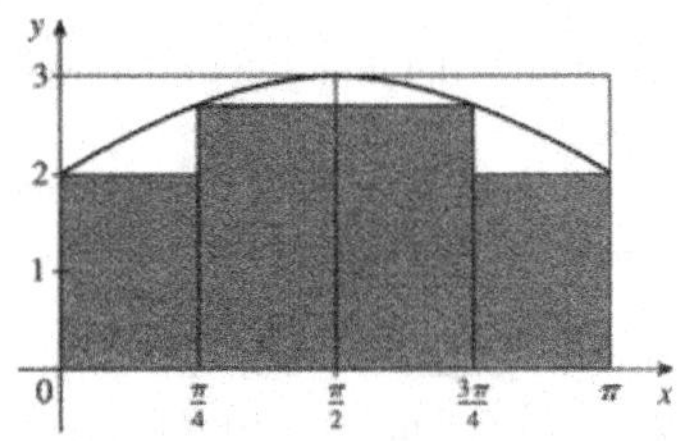

$n = 8$: superior $= 8.65$, inferior ≈ 7.86

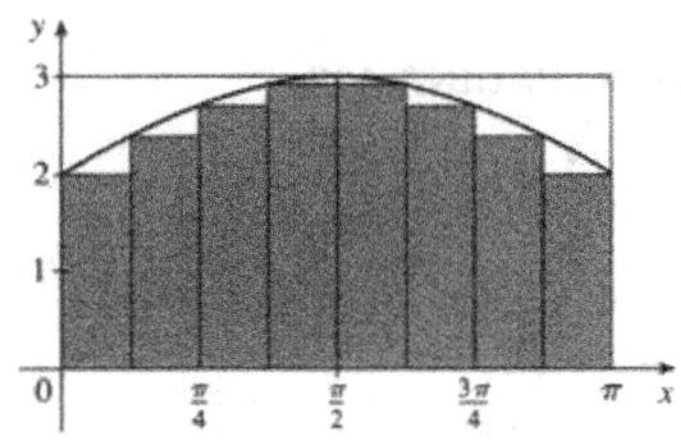

9. 0.2533, 0.2170, 0.2101, 0.2050; 0.2
11. (a) Izquierda: 0.8100, 0.7937, 0.7904;
derecha: 0.7600, 0.7770, 0.7804
13. 10.55 m, 13.65 m **15.** 63.2 L, 70 L **17.** 39 m
19. 7840 **21.** $\lim_{n\to\infty} \sum_{i=1}^{n} \dfrac{2(1 + 2i/n)}{(1 + 2i/n)^2 + 1} \cdot \dfrac{2}{n}$
23. $\lim_{n\to\infty} \sum_{i=1}^{n} \sqrt{\operatorname{sen}(\pi i/n)} \cdot \dfrac{\pi}{n}$
25. La región bajo la gráfica de $y = \tan x$ de 0 a $\pi/4$
27. (a) $L_n < A < R_n$
29. (a) $\lim_{n\to\infty} \dfrac{64}{n^6} \sum_{i=1}^{n} i^5$ (b) $\dfrac{n^2(n + 1)^2(2n^2 + 2n - 1)}{12}$
(c) $\frac{32}{3}$
31. sen b, 1

EJERCICIOS 5.2 ▪ PÁGINA 388

1. -10
La suma de Riemman representa la suma de las áreas de los dos rectángulos arriba del eje x menos la suma de las áreas de los tres rectángulos bajo el eje x; es decir, el área neta de los rectángulos con respecto al eje x.

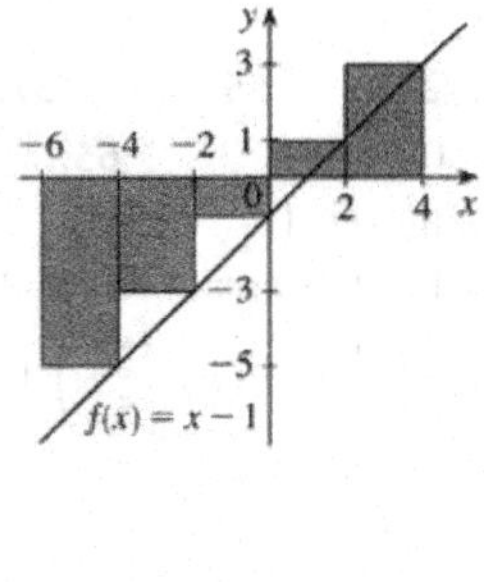

3. $-\frac{49}{16}$
La suma de Riemann representa la suma de las áreas de los dos rectángulos arriba del eje x menos la suma de las áreas de los cuatro rectángulos bajo el eje x.

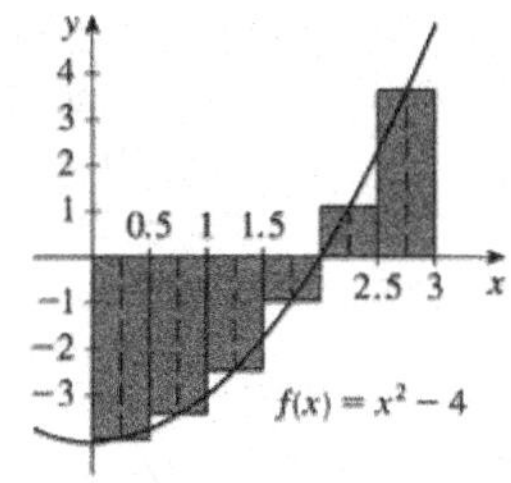

5. (a) 6 (b) 4 (c) 2
7. $-475, -85$
9. 0.5890 **11.** 1.6099 **13.** 0.9029, 0.9018
15.

n	R_n
5	1.933766
10	1.983524
50	1.999342
100	1.999836

Los valores de R_n parecen aproximarse a 2.

17. $\int_0^1 \dfrac{e^x}{1 + x}\,dx$ **19.** $\int_2^6 x \ln(1 + x^2)\,dx$
21. 42 **23.** $\frac{2}{3}$ **25.** $-\frac{3}{4}$
29. $\lim_{n\to\infty} \sum_{i=1}^{n} \sqrt{4 + (1 + 2i/n)} \cdot \dfrac{2}{n}$
31. $\lim_{n\to\infty} \sum_{i=1}^{n} \left(\operatorname{sen} \dfrac{5\pi i}{n}\right) \dfrac{\pi}{n} = \dfrac{2}{5}$
33. (a) 4 (b) 10 (c) -3 (d) 2
35. -4 **37.** $3 + \frac{9}{4}\pi$ **39.** $\frac{25}{4}$ **41.** 0 **43.** 3
45. $e^5 - e^3$ **47.** $\int_{-1}^{5} f(x)\,dx$ **49.** 122
51. B < E < A < D < C **53.** 15
59. $0 \leqslant \int_0^1 x^3\,dx \leqslant 1$ **61.** $\dfrac{2}{5} \leqslant \int_0^2 \dfrac{1}{1 + x^2}\,dx \leqslant 2$
63. $0 \leqslant \int_0^2 xe^{-x}\,dx \leqslant 2/e$ **67.** $\int_1^2 \arctan x\,dx$
73. $\int_0^1 x^4\,dx$ **75.** $\frac{1}{2}$

EJERCICIOS 5.3 ▪ PÁGINA 399

1. Un proceso deshace lo que el otro hace. Véase el teorema fundamental del cálculo, página 398.
3. (a) 0, 2, 5, 7, 3
(b) (0, 3)
(c) $x = 3$
(d)

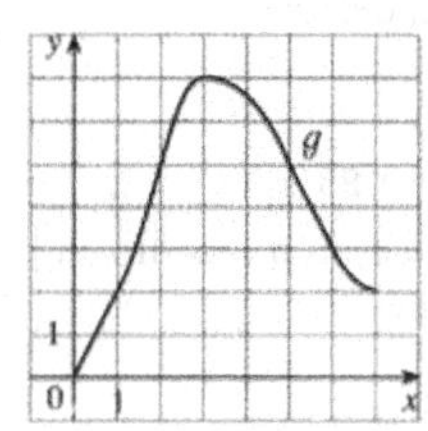

5.

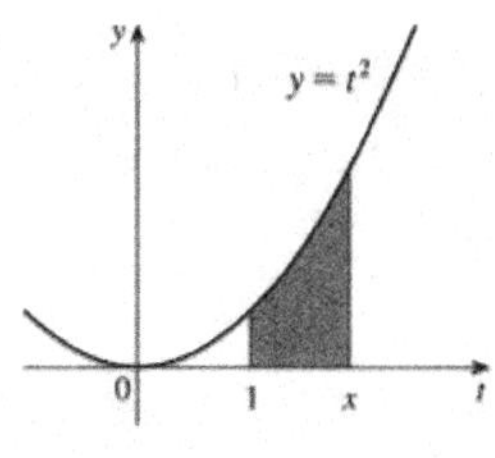

(a), (b) x^2

7. $g'(x) = \sqrt{x + x^3}$ **9.** $g'(x) = 1/(x^3 + 1)$
11. $F'(x) = -\sqrt{1 + \sec x}$ **13.** $h'(x) = xe^x$
15. $y' = \dfrac{3(3x + 2)}{1 + (3x + 2)^3}$
17. $y' = -\frac{1}{2}\tan\sqrt{x}$ **19.** $\frac{26}{3}$ **21.** 2 **23.** $\frac{5}{9}$
25. $1 + \sqrt{3}/2$ **27.** $\frac{156}{7}$ **29.** $\frac{82}{5}$ **31.** 1 **33.** $\frac{15}{4}$
35. $\ln 2 + 7$ **37.** $\dfrac{1}{e + 1} + e - 1$ **39.** $e^2 - 1$
41. $\dfrac{15}{\ln 2}$ **43.** 0 **45.** $\frac{16}{3}$ **47.** $\frac{32}{3}$
49. $\frac{243}{4}$ **51.** 2
53. 3.75

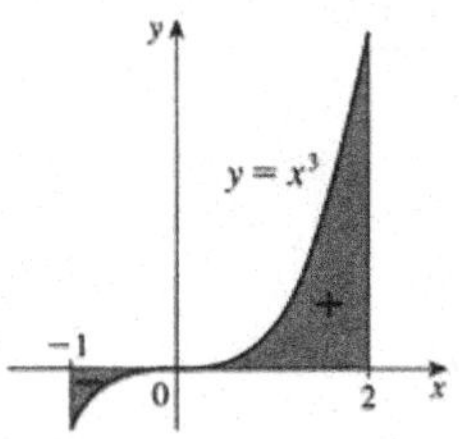

55. La función $f(x) = x^{-4}$ no es continua en el intervalo $[-2, 1]$, así que FTC2 no puede aplicarse.
57. La función $f(\theta) = \sec\theta\tan\theta$ no es continua en el intervalo $[\pi/3, \pi]$, así que FTC2 no puede aplicarse.
59. $g'(x) = \dfrac{-2(4x^2 - 1)}{4x^2 + 1} + \dfrac{3(9x^2 - 1)}{9x^2 + 1}$
61. $F'(x) = 2xe^{x^4} - e^{x^2}$
63. $y' = \operatorname{sen} x \ln(1 + 2\cos x) + \cos x \ln(1 + 2\operatorname{sen} x)$
65. $(-4, 0)$ **67.** $y = e^4x - 2e^4$ **69.** 29
71. (a) $-2\sqrt{n}$, $\sqrt{4n - 2}$, n un entero > 0
(b) $(0, 1)$, $(-\sqrt{4n - 1}, -\sqrt{4n - 3})$, y $(\sqrt{4n - 1}, \sqrt{4n + 1})$, n un entero > 0 (c) 0.74
73. (a) Máx loc en 1 y 5; mín loc en 3 y 7
(b) $x = 9$
(c) $(\frac{1}{2}, 2)$, $(4, 6)$, $(8, 9)$
(d) Véase la gráfica de la derecha.

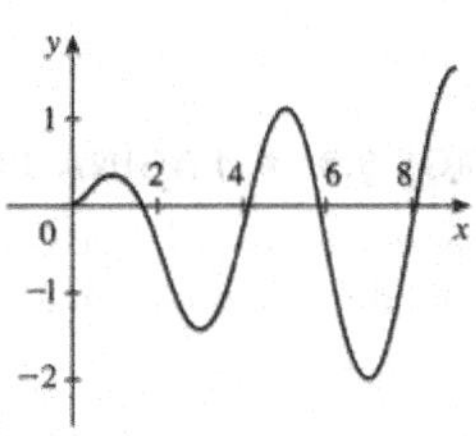

75. $\frac{7}{10}$ **83.** $f(x) = x^{3/2}$, $a = 9$
85. (b) Gasto promedio en $[0, t]$; minimizar el gasto promedio

EJERCICIOS 5.4 ■ PÁGINA 408

5. $\frac{1}{2.3}x^{2.3} + 2x^{3.5} + C$ **7.** $5x + \frac{2}{9}x^3 + \frac{3}{16}x^4 + C$
9. $\frac{1}{6}v^6 + v^4 + 2v^2 + C$ **11.** $\ln|x| + 2\sqrt{x} + x + C$
13. $-\cot t - 2e^t + C$ **15.** $\theta + \tan\theta + C$
17. $\dfrac{2^t}{\ln 2} + \dfrac{10^t}{\ln 10} + C$
19. $\operatorname{sen} x + \frac{1}{4}x^2 + C$

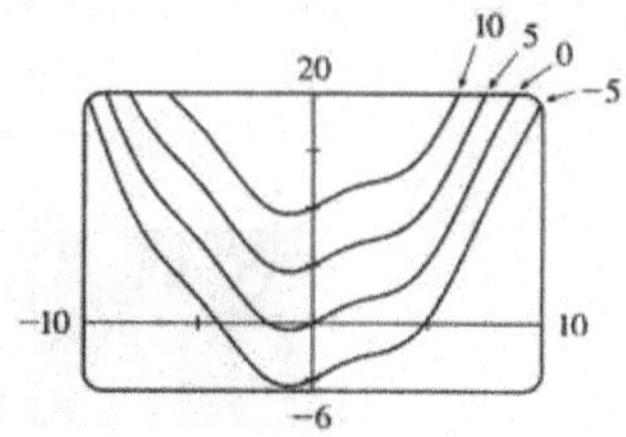

21. 18 **23.** $\frac{21}{5}$ **25.** -2 **27.** $5e^{\pi} + 1$ **29.** 36
31. $\frac{55}{63}$ **33.** $\frac{3}{4} - 2\ln 2$ **35.** $\dfrac{1}{11} + \dfrac{9}{\ln 10}$
37. $1 + \pi/4$ **39.** $\frac{69}{4}$ **41.** $\pi/3$ **43.** $\pi/6$ **45.** -3.5
47. ≈ 1.36 **49.** $\frac{4}{3}$
51. El aumento en el peso del niño (en kilogramos) entre las edades de 5 y 10 años
53. Número de litros de aceite fugado en las primeras 2 horas
55. Aumento en ingresos cuando la producción aumenta de 1000 a 5000 unidades
57. Newtons-metros (o joules) **59.** (a) $-\frac{3}{2}$ m (b) $\frac{41}{6}$ m
61. (a) $v(t) = \frac{1}{2}t^2 + 4t + 5$ m/s (b) $416\frac{2}{3}$ m
63. $46\frac{2}{3}$ kg **65.** 1.4 millas **67.** $58 000 **69.** 1.4 m/s
71. 5443 bacterias **73.** 4.75×10^5 megawatts-horas

EJERCICIOS 5.5 ■ PÁGINA 418

1. $\frac{1}{2}\operatorname{sen} 2x + C$ **3.** $\frac{2}{9}(x^3 + 1)^{3/2} + C$
5. $\frac{1}{4}\ln|x^4 - 5| + C$ **7.** $-\frac{1}{3}(1 - x^2)^{3/2} + C$
9. $\frac{1}{63}(3x - 2)^{21} + C$ **11.** $(2/\pi)\operatorname{sen}(\pi t/2) + C$
13. $-(1/\pi)\cos\pi t + C$
15. $-\frac{1}{4}\cos^4\theta + C$ **17.** $\dfrac{1}{1 - e^u} + C$
19. $\frac{2}{3}\sqrt{3ax + bx^3} + C$ **21.** $\frac{1}{3}(\ln x)^3 + C$ **23.** $-\frac{1}{5}\cos^5\theta + C$
25. $\frac{2}{3}(1 + e^x)^{3/2} + C$ **27.** $\frac{1}{15}(x^3 + 3x)^5 + C$
29. $-\dfrac{1}{\ln 5}\cos(5^t) + C$ **31.** $\frac{1}{3}(\arctan x)^3 + C$
33. $\frac{1}{5}\operatorname{sen}(1 + 5t) + C$ **35.** $-\frac{2}{3}(\cot x)^{3/2} + C$
37. $\frac{1}{3}\operatorname{senh}^3 x + C$ **39.** $-\ln(1 + \cos^2 x) + C$
41. $\ln|\operatorname{sen} x| + C$ **43.** $\ln|\operatorname{sen}^{-1} x| + C$
45. $\tan^{-1}x + \frac{1}{2}\ln(1 + x^2) + C$
47. $\frac{1}{40}(2x + 5)^{10} - \frac{5}{36}(2x + 5)^9 + C$
49. $\frac{1}{8}(x^2 - 1)^4 + C$ **51.** $-e^{\cos x} + C$

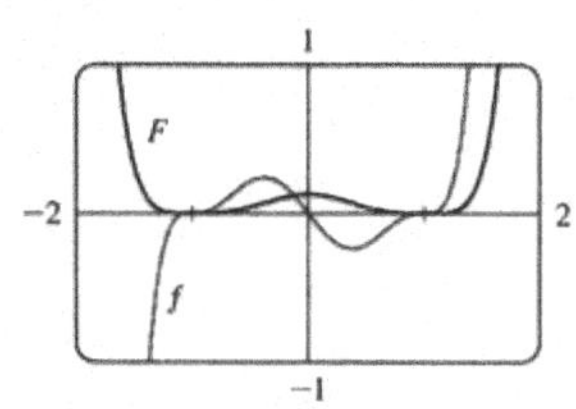

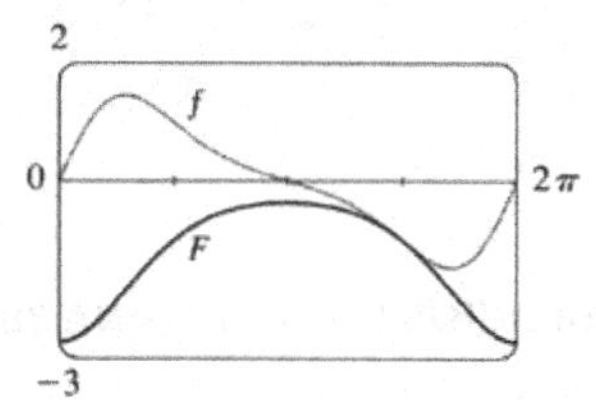

53. $2/\pi$ **55.** $\frac{45}{28}$ **57.** $2/\sqrt{3} - 1$ **59.** $e - \sqrt{e}$
61. 0 **63.** 3 **65.** $\frac{1}{3}(2\sqrt{2} - 1)a^3$ **67.** $\frac{16}{15}$ **69.** 2
71. $\ln(e + 1)$ **73.** $\frac{1}{6}$ **75.** $\sqrt{3} - \frac{1}{3}$ **77.** 6π
79. Las tres áreas son iguales. **81.** ≈ 4512 L
83. $\dfrac{5}{4\pi}\left(1 - \cos\dfrac{2\pi t}{5}\right)$ L

85. $C_0(1 - e^{-30r/V})$; la cantidad total de urea separada de la sangre en los primeros 30 minutos de tratamiento de diálisis
87. 5 **93.** $\pi^2/4$

REPASO DEL CAPÍTULO 5 ■ PÁGINA 421

Examen verdadero-falso

1. Verdadero **3.** Verdadero **5.** Falso **7.** Verdadero
9. Verdadero **11.** Falso **13.** Verdadero **15.** Falso
17. Falso

Ejercicios

1. (a) 8 (b) 5.7

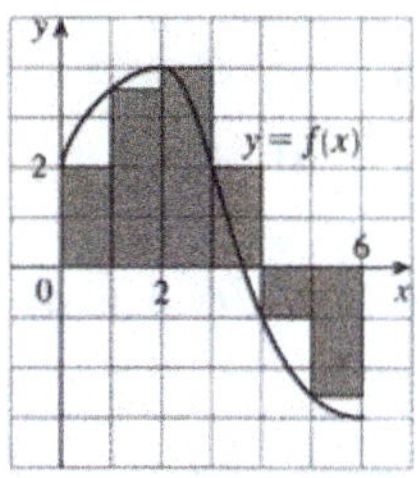

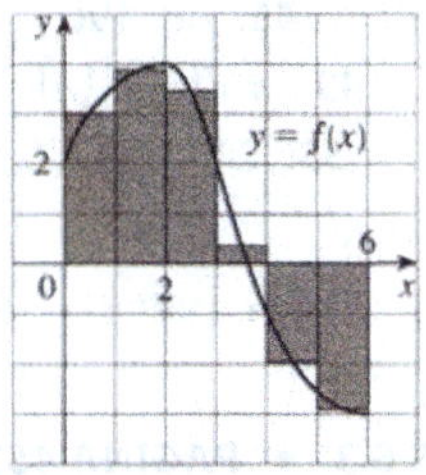

3. $\frac{1}{2} + \pi/4$ **5.** 5 **7.** f es c, f' es b, $\int_0^x f(t)\,dt$ es a
9. 3, 0 **11.** 37 **13.** $\frac{3}{4}$ **15.** -76 **17.** $\frac{21}{4}$
19. No existe **21.** $\frac{1}{3}$ sen 1 **23.** 0
25. $-(1/x) - 2\ln|x| + x + C$
27. $\sqrt{x^2 + 4x} + C$ **29.** $[1/(2\pi)]\,\text{sen}^2\pi t + C$
31. $2e^{\sqrt{x}} + C$ **33.** $-\frac{1}{2}[\ln(\cos x)]^2 + C$
35. $\frac{1}{4}\ln(1 + x^4) + C$ **37.** $\ln|1 + \sec\theta| + C$ **39.** $\frac{23}{3}$
41. $2\sqrt{1 + \text{sen}\,x} + C$ **43.** $\frac{64}{5}$ **45.** $F'(x) = x^2/(1 + x^3)$
47. $g'(x) = 4x^3\cos(x^8)$ **49.** $y' = \left(2e^x - e^{\sqrt{x}}\right)/(2x)$
51. $4 \leqslant \int_1^3 \sqrt{x^2 + 3}\,dx \leqslant 4\sqrt{3}$ **57.** 0.280981
59. Número de barriles de petróleo consumidos del 1° de enero de 2000 al 1° de enero de 2008
61. 72,400 **63.** 3 **65.** $c \approx 1.62$
67. $f(x) = e^{2x}(2x - 1)/(1 - e^{-x})$ **73.** $\frac{2}{3}$

PROBLEMAS ADICIONALES ■ PÁGINA 425

1. $\pi/2$ **3.** $2k$ **5.** -1 **7.** e^{-2} **9.** $[-1, 2]$
11. (a) $\frac{1}{2}(n - 1)n$
(b) $\frac{1}{2}[\![b]\!](2b - [\![b]\!] - 1) - \frac{1}{2}[\![a]\!](2a - [\![a]\!] - 1)$
17. $y = -\dfrac{2b}{a^2}x^2 + \dfrac{3b}{a}x$ **19.** $2(\sqrt{2} - 1)$

CAPÍTULO 6

EJERCICIOS 6.1 ■ PÁGINA 434

1. $\frac{45}{4} - \ln 8$ **3.** $e - (1/e) + \frac{10}{3}$ **5.** $\frac{1}{6}$ **7.** $\frac{9}{2}$
9. $\ln 2 - \frac{1}{2}$ **11.** $\frac{8}{3}$ **13.** 72 **15.** $6\sqrt{3}$ **17.** $\frac{32}{3}$
19. $2/\pi + \frac{2}{3}$ **21.** $2 - 2\ln 2$ **23.** $\frac{47}{3} - \frac{9}{2}\sqrt[3]{12}$ **25.** $\frac{13}{5}$
27. $\frac{59}{12}$ **29.** (a) 39 (b) 15 **31.** $\frac{1}{6}\ln 2$
33. $\frac{27}{2}$ **35.** $\frac{44}{3} - 4\sqrt{6} - \frac{4}{3}\sqrt{2}$
37. 0, 0.90; 0.04 **39.** -1.11, 1.25, 2.86; 8.38
41. 2.80123 **43.** 0.25142 **45.** $12\sqrt{6} - 9$
47. 36 m **49.** 4232 cm²

51. (a) Decimosegundo ($t \approx 11.26$) (b) Decimoctavo ($t \approx 17.18$)
(c) 706
53. (a) Automóvil A (b) La distancia por la cual A aventaja a B después de 1 minuto (c) Automóvil A (d) $t \approx 2.2$ min
55. $\frac{24}{5}\sqrt{3}$ **57.** $4^{2/3}$ **59.** ± 6
61. $0 < m < 1$; $m - \ln m - 1$

EJERCICIOS 6.2 ■ PÁGINA 446

1. $26\pi/3$

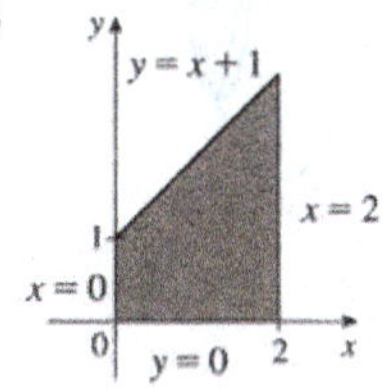

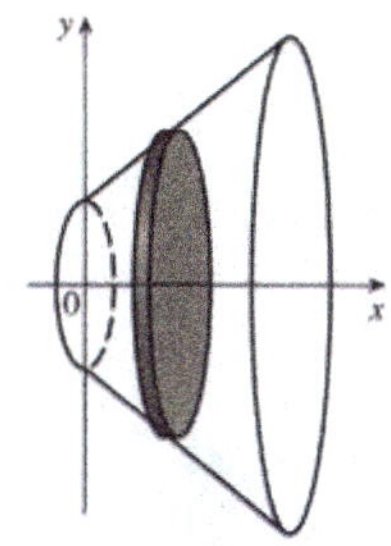

3. 8π

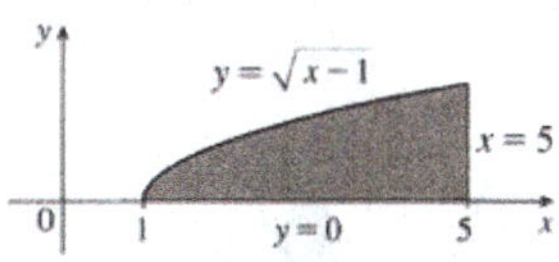

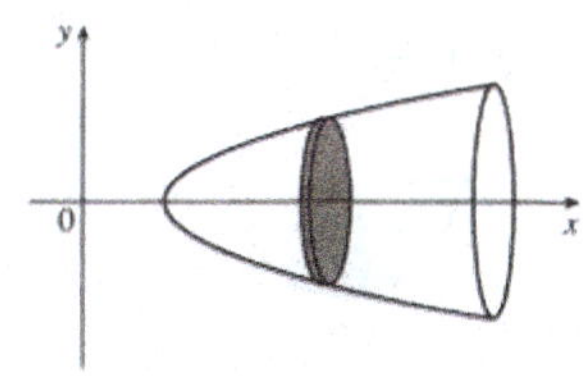

5. $\frac{94}{3}\pi$

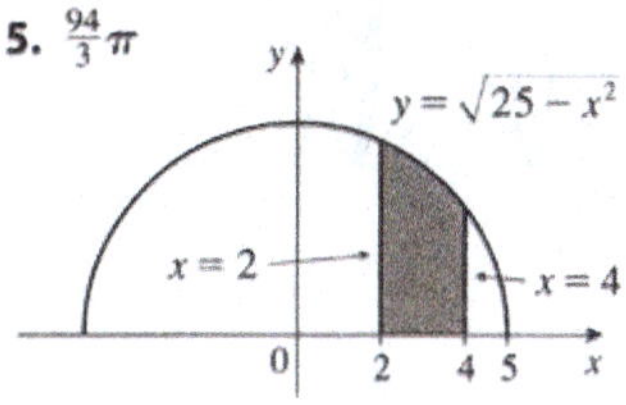

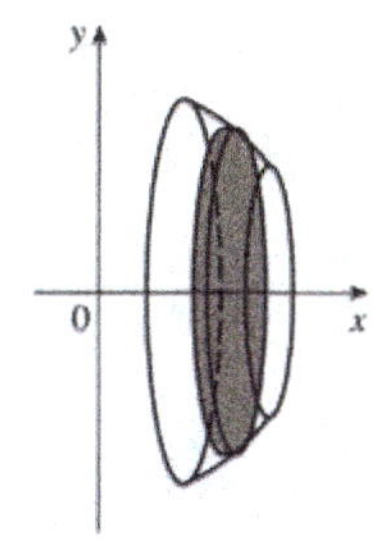

7. $\dfrac{\pi}{2}(e^4 - e^2)$

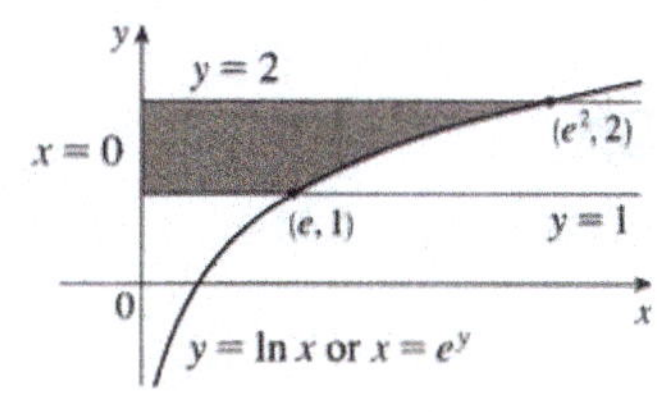

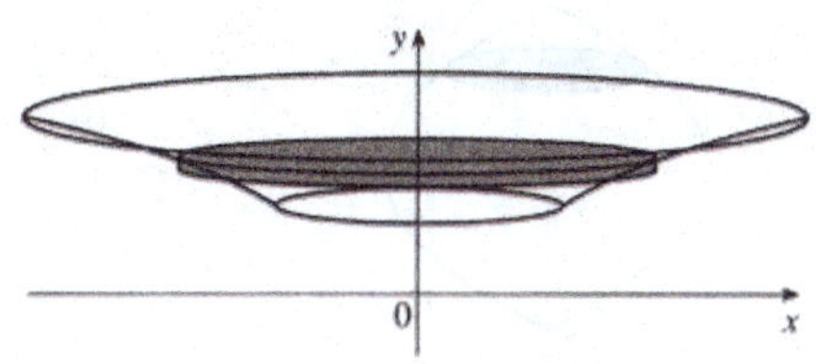

9. $\frac{176}{3}\pi$

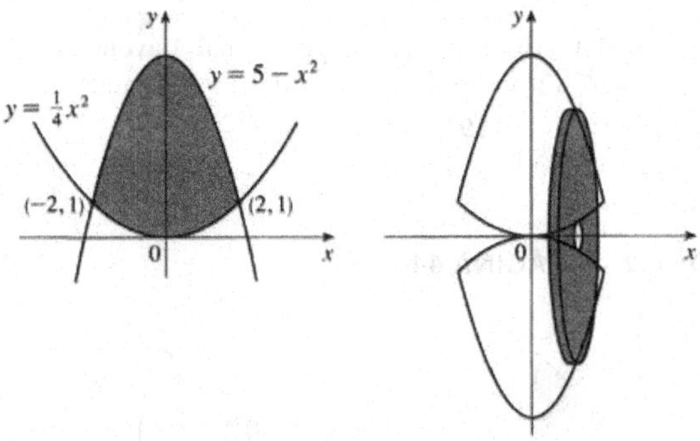

11. 2π

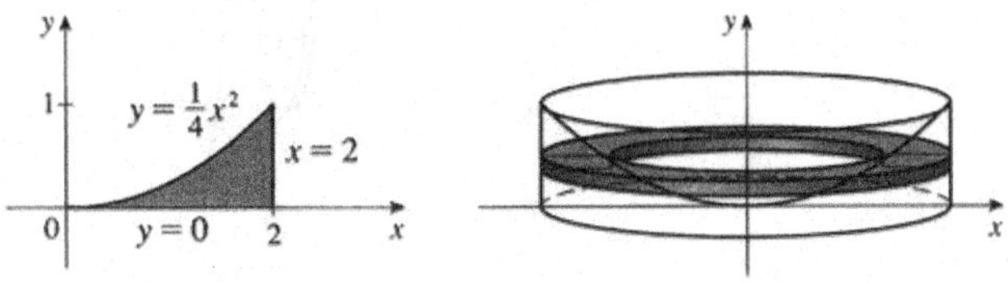

13. $2\pi\left(\frac{4}{3}\pi-\sqrt{3}\right)$

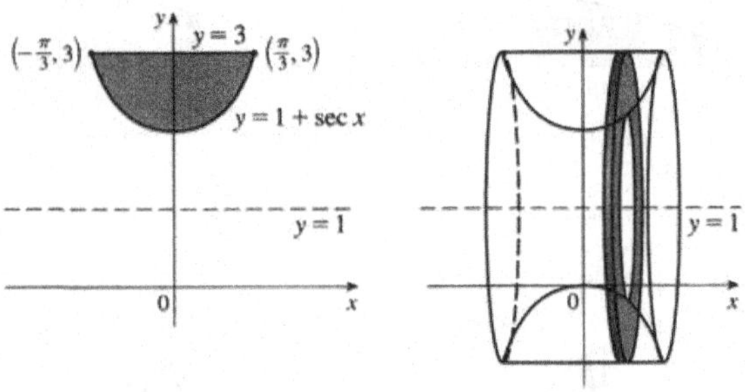

15. $2\pi/5$

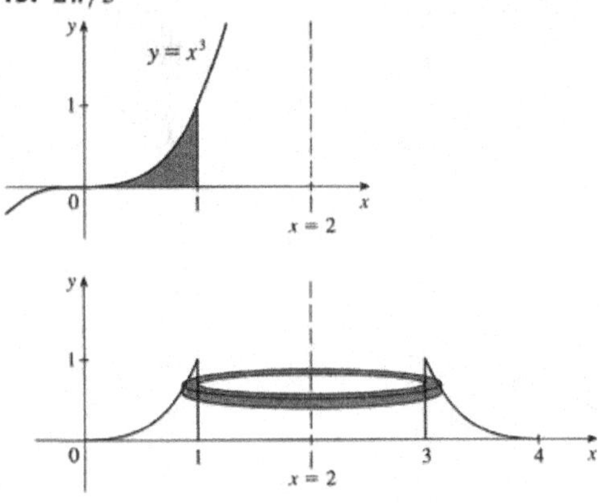

17. $16\pi/15$

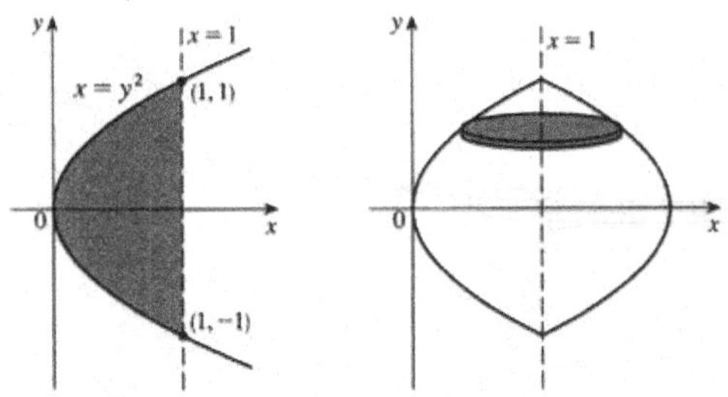

19. $\pi/3$ **21.** $\pi/3$ **23.** $\pi/3$
25. $13\pi/45$ **27.** $\pi/3$ **29.** $17\pi/45$
31. (a) $2\pi\int_0^1 e^{-2x^2}\,dx \approx 3.75825$
(b) $2\pi\int_0^1 \left(e^{-2x^2}+2e^{-x^2}\right)dx \approx 13.14312$
33. (a) $2\pi\int_0^2 8\sqrt{1-x^2/4}\,dx \approx 78.95684$
(b) $2\pi\int_0^1 8\sqrt{4-4y^2}\,dy \approx 78.95684$
35. $-4.091, -1.467, 1.091; 89.023$ **37.** $\frac{11}{8}\pi^2$
39. Sólido obtenido rotando la región $0 \leqslant x \leqslant \pi$, $0 \leqslant y \leqslant \sqrt{\operatorname{sen} x}$ alrededor del eje x
41. Sólido obtenido rotando la región arriba del eje x acotada por $x = y^2$ y $x = y^4$ alrededor del eje y
43. 1110 cm^3 **45.** (a) 196 (b) 838
47. $\frac{1}{3}\pi r^2 h$ **49.** $\pi h^2\left(r-\frac{1}{3}h\right)$ **51.** $\frac{2}{3}b^2h$
53. 10 cm^3 **55.** 24 **57.** $\frac{1}{3}$ **59.** $\frac{8}{15}$ **61.** $4\pi/15$
63. (a) $8\pi R\int_0^r \sqrt{r^2-y^2}\,dy$ (b) $2\pi^2r^2R$
65. (b) $\pi r^2 h$ **67.** $\frac{5}{12}\pi r^3$ **69.** $8\int_0^r \sqrt{R^2-y^2}\sqrt{r^2-y^2}\,dy$

EJERCICIOS 6.3 ■ PÁGINA 453

1. Circunferencia $= 2\pi x$, altura $= x(x-1)^2$; $\pi/15$

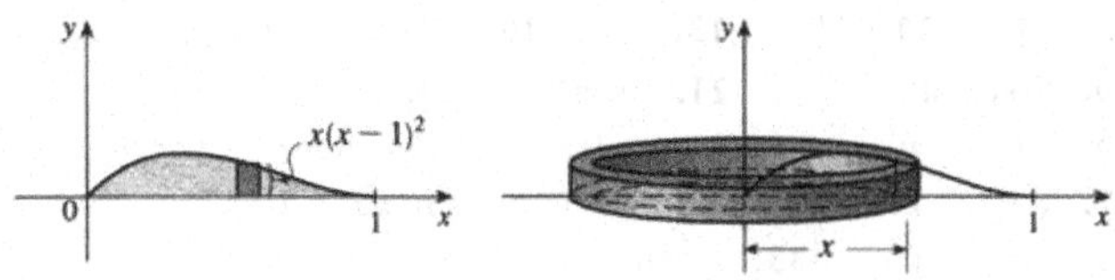

3. 2π **5.** $\pi(1-1/e)$ **7.** 8π
9. $768\pi/7$ **11.** 192π **13.** $16\pi/3$
15. $264\pi/5$ **17.** $16\pi/3$ **19.** $13\pi/3$
21. (a) $2\pi\int_0^2 x^2e^{-x}\,dx$ (b) 4.06300
23. (a) $4\pi\int_{-\pi/2}^{\pi/2}(\pi-x)\cos^4 x\,dx$ (b) 46.50942
25. (a) $\int_0^\pi 2\pi(4-y)\sqrt{\operatorname{sen} y}\,dy$ (b) 36.57476
27. 3.68
29. Sólido obtenido rotando la región $0 \leqslant y \leqslant x^4$, $0 \leqslant x \leqslant 3$ alrededor del eje y
31. Sólido obtenido (usando proyectiles) rotando la región $0 \leqslant x \leqslant 1/y^2$, $1 \leqslant y \leqslant 4$ alrededor de la recta $y = -2$
33. $0, 2.175; 14.450$ **35.** $\frac{1}{32}\pi^3$ **37.** 8π
39. $4\sqrt{3}\pi$ **41.** $4\pi/3$
43. $117\pi/5$ **45.** $\frac{4}{3}\pi r^3$ **47.** $\frac{1}{3}\pi r^2 h$

EJERCICIOS 6.4 ■ PÁGINA 458

1. (a) 7200 pies-lb (b) 7200 pies-lb
3. 9 pies-lb **5.** 180 J **7.** $\frac{15}{4}$ pies-lb
9. (a) $\frac{25}{24} \approx 1.04$ J (b) 10.8 cm **11.** $W_2 = 3W_1$
13. (a) 625 pies-lb (b) $\frac{1875}{4}$ pies-lb **15.** 650000 pies-lb
17. 3857 J **19.** 62.5 pies-lb **21.** 2450 J
23. $\approx 1.06 \times 10^6$ J **25.** $\approx 1.04 \times 10^5$ pies-lb **27.** 2.0 m
31. (b) $161.\overline{3}$ pies-lb
33. (a) $Gm_1m_2\left(\dfrac{1}{a}-\dfrac{1}{b}\right)$ (b) $\approx 8.50 \times 10^9$ J

EJERCICIOS 6.5 ■ PÁGINA 463

1. 7 **3.** $6/\pi$ **5.** $\frac{1}{10}(1 - e^{-25})$ **7.** $2/(5\pi)$

9. (a) 1 (b) 2, 4 (c)

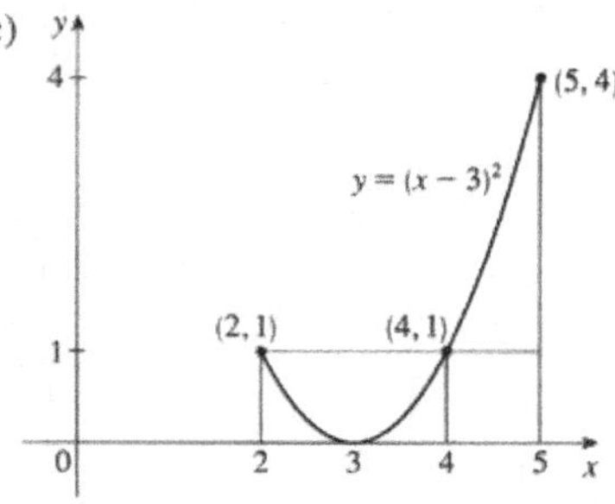

11. (a) $4/\pi$ (b) $\approx 1.24, 2.81$

(c)

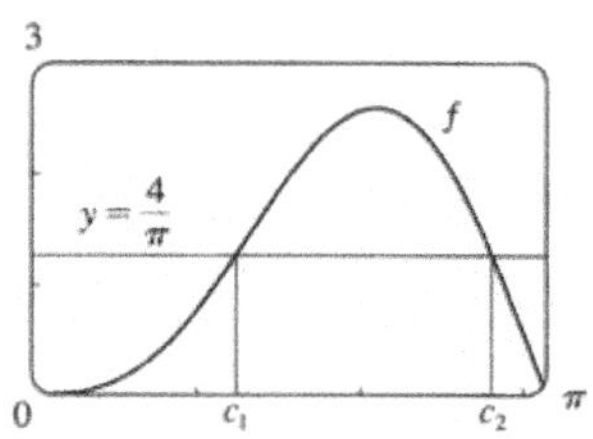

15. $\frac{9}{8}$ **17.** $(20 + 12/\pi)°\text{C} \approx 24°\text{C}$ **19.** 6 kg/m

21. Alrededor de 4056 millones (o 4 mil millones) de personas

23. $5/(4\pi) \approx 0.4$ L

REPASO DEL CAPÍTULO 6 ■ PÁGINA 466

Ejercicios

1. $\frac{8}{3}$ **3.** $\frac{4}{3}$ **5.** $\frac{4}{3} + 4/\pi$ **7.** $64\pi/15$ **9.** $1656\pi/5$

11. $\frac{4}{3}\pi(2ah + h^2)^{3/2}$ **13.** $\int_{-\pi/3}^{\pi/3} 2\pi(\pi/2 - x)(\cos^2 x - \frac{1}{4})\,dx$

15. (a) $2\pi/15$ (b) $\pi/6$ (c) $8\pi/15$

17. (a) 0.38 (b) 0.87

19. Sólido obtenido rotando la región $0 \leq y \leq \cos x$, $0 \leq x \leq \pi/2$ alrededor del eje y

21. Sólido obtenido rotando la región $0 \leq x \leq \pi$, $0 \leq y \leq 2 - \operatorname{sen} x$ alrededor del eje x

23. 36 **25.** $\frac{125}{3}\sqrt{3}$ m³ **27.** 3.2 J

29. (a) $8000\pi/3 \approx 8378$ pies-lb (b) 2.1 pies

31. $4/\pi$ **33.** $f(x)$

PROBLEMAS ADICIONALES ■ PÁGINA 468

1. (a) $f(t) = 3t^2$ (b) $f(x) = \sqrt{2x/\pi}$ **3.** $\frac{32}{27}$

5. (b) 0.2261 (c) 0.6736 m

(d) (i) $3/(119\pi) \approx 0.008$ cm/s (ii) $1664\pi/9$ s ≈ 9.7 min

9. $y = \frac{32}{9}x^2$

11. (a) $V = \int_0^h \pi[f(y)]^2\,dy$

(c) $f(y) = \sqrt{kA/(\pi C)}\,y^{1/4}$. Ventaja: las marcas en el contenedor están igualmente espaciadas.

13. $b = 2a$ **15.** $B = 16A$

CAPÍTULO 7

EJERCICIOS 7.1 ■ PÁGINA 476

1. $\frac{1}{2}xe^{2x} - \frac{1}{4}e^{2x} + C$ **3.** $\frac{1}{5}x \operatorname{sen} 5x + \frac{1}{25}\cos 5x + C$

5. $2(r - 2)e^{r/2} + C$

7. $(x^2 + 2x)\operatorname{sen} x + (2x + 2)\cos x - 2\operatorname{sen} x + C$

9. $x\cos^{-1}x - \sqrt{1 - x^2} + C$ **11.** $\frac{1}{5}t^5 \ln t - \frac{1}{25}t^5 + C$

13. $-t\cot t + \ln|\operatorname{sen} t| + C$

15. $x\ln\sqrt[3]{x} - \frac{1}{3}x + C$

17. $t\arctan 4t - \frac{1}{8}\ln(1 + 16t^2) + C$

19. $z^3e^z - 3z^2e^z + 6ze^z - 6e^z + C$

21. $\dfrac{e^{2x}}{4(2x + 1)} + C$ **23.** $\dfrac{\pi - 2}{2\pi^2}$

25. $2\cosh 2 - \operatorname{senh} 2$ **27.** $\frac{4}{5} - \frac{1}{5}\ln 5$ **29.** $-\pi/4$

31. $2e^{-1} - 6e^{-5}$ **33.** $\frac{1}{2}\ln 2 - \frac{1}{2}$

35. $\frac{1}{6}(\pi + 6 - 3\sqrt{3})$

37. $2\sqrt{x}e^{\sqrt{x}} - 2e^{\sqrt{x}} + C$ **39.** $-\frac{1}{2} - \pi/4$

41. $\frac{1}{2}(x^2 - 1)\ln(1 + x) - \frac{1}{4}x^2 + \frac{1}{2}x + \frac{3}{4} + C$

43. $-\frac{1}{2}xe^{-2x} - \frac{1}{4}e^{-2x} + C$

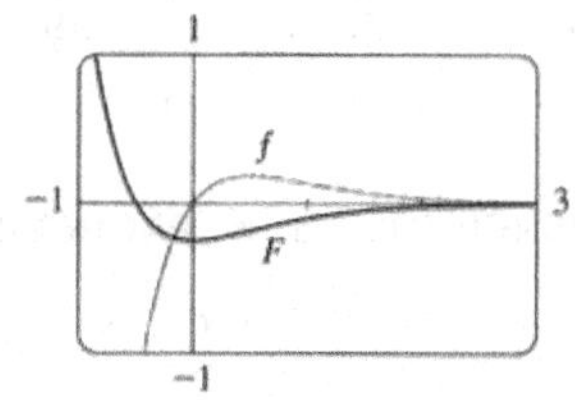

45. $\frac{1}{3}x^2(1 + x^2)^{3/2} - \frac{2}{15}(1 + x^2)^{5/2} + C$

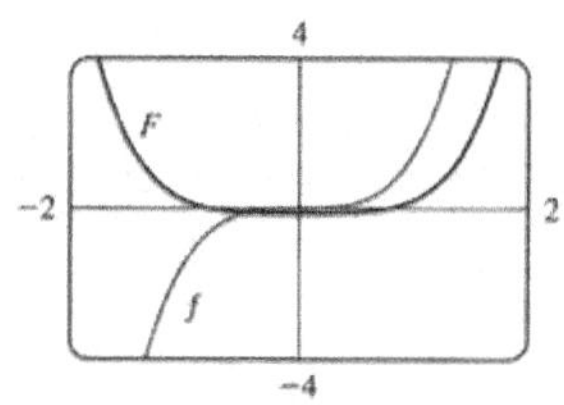

47. (b) $-\frac{1}{4}\cos x\operatorname{sen}^3 x + \frac{3}{8}x - \frac{3}{16}\operatorname{sen} 2x + C$

49. (b) $\frac{2}{3}, \frac{8}{15}$

55. $x[(\ln x)^3 - 3(\ln x)^2 + 6\ln x - 6] + C$

57. $\frac{16}{3}\ln 2 - \frac{29}{9}$ **59.** $-1.75119, 1.17210; 3.99926$

61. $4 - 8/\pi$ **63.** $2\pi e$

65. (a) $2\pi(2\ln 2 - \frac{3}{4})$ (b) $2\pi[(\ln 2)^2 - 2\ln 2 + 1]$

67. $xS(x) + \frac{1}{\pi}\cos(\frac{1}{2}\pi x^2) + C$

69. $2 - e^{-t}(t^2 + 2t + 2)$ **71.** 2

EJERCICIOS 7.2 ■ PÁGINA 484

1. $\frac{1}{5}\cos^5 x - \frac{1}{3}\cos^3 x + C$ **3.** $\frac{1}{120}$

5. $-\frac{1}{14}\cos^7(2t) + \frac{1}{5}\cos^5(2t) - \frac{1}{6}\cos^3(2t) + C$

7. $\pi/4$ **9.** $3\pi/8$ **11.** $\pi/16$

13. $\frac{2}{7}(\cos\theta)^{7/2} - \frac{2}{3}(\cos\theta)^{3/2} + C$

15. $\ln|\operatorname{sen} x| - \frac{1}{2}\operatorname{sen}^2 x + C$ **17.** $\frac{1}{2}\operatorname{sen}^4 x + C$

19. $\frac{1}{4}t^2 - \frac{1}{4}t\operatorname{sen} 2t - \frac{1}{8}\cos 2t + C$ **21.** $\frac{1}{3}\sec^3 x + C$

23. $\tan x - x + C$ **25.** $\frac{1}{9}\tan^9 x + \frac{2}{7}\tan^7 x + \frac{1}{5}\tan^5 x + C$

27. $\frac{1}{3}\sec^3 x - \sec x + C$ **29.** $\frac{1}{8}\tan^8 x + \frac{1}{3}\tan^6 x + \frac{1}{4}\tan^4 x + C$

31. $\frac{1}{4}\sec^4 x - \tan^2 x + \ln|\sec x| + C$

33. $x \sec x - \ln|\sec x + \tan x| + C$ **35.** $\sqrt{3} - \frac{1}{3}\pi$
37. $\frac{22}{105}\sqrt{2} - \frac{8}{105}$ **39.** $\ln|\csc x - \cot x| + C$
41. $-\frac{1}{6}\cos 3x - \frac{1}{26}\cos 13x + C$ **43.** $\frac{1}{15}$
45. $\frac{1}{2}\sqrt{2}$ **47.** $\frac{1}{2}\operatorname{sen} 2x + C$
49. $x\tan x - \ln|\sec x| - \frac{1}{2}x^2 + C$
51. $\frac{1}{4}x^2 - \frac{1}{4}\operatorname{sen}(x^2)\cos(x^2) + C$

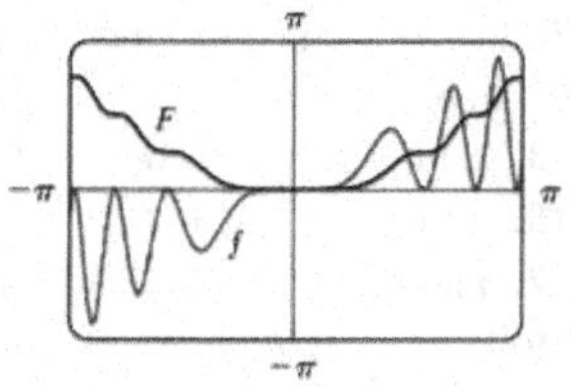

53. $\frac{1}{6}\operatorname{sen} 3x - \frac{1}{18}\operatorname{sen} 9x + C$

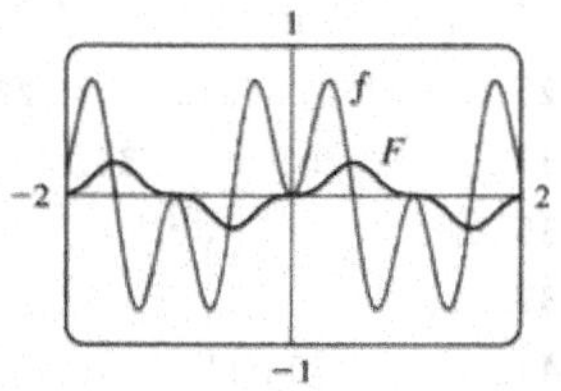

55. 0 **57.** $\frac{1}{2}\pi - \frac{4}{3}$ **59.** 0 **61.** $\pi^2/4$
63. $\pi\left(2\sqrt{2} - \frac{5}{2}\right)$ **65.** $s = (1 - \cos^3\omega t)/(3\omega)$

EJERCICIOS 7.3 ■ PÁGINA 491

1. $\sqrt{x^2 - 9}/(9x) + C$ **3.** $\frac{1}{3}(x^2 - 18)\sqrt{x^2 + 9} + C$
5. $\dfrac{1}{3}\dfrac{(x^2 - 1)^{3/2}}{x^3} + C$ **7.** $\dfrac{1}{\sqrt{2}a^2}$
9. $\frac{2}{3}\sqrt{3} - \frac{3}{4}\sqrt{2}$ **11.** $\frac{1}{12}$
13. $\frac{1}{6}\sec^{-1}(x/3) - \sqrt{x^2 - 9}/(2x^2) + C$
15. $\frac{1}{16}\pi a^4$ **17.** $\sqrt{x^2 - 7} + C$
19. $\ln\left|\left(\sqrt{1 + x^2} - 1\right)/x\right| + \sqrt{1 + x^2} + C$ **21.** $\frac{9}{500}\pi$
23. $\ln\left|\sqrt{x^2 + 2x + 5} + x + 1\right| + C$
25. $4\operatorname{sen}^{-1}\left(\dfrac{x - 1}{2}\right) + \dfrac{1}{4}(x - 1)^3\sqrt{3 + 2x - x^2} - \frac{2}{3}(3 + 2x - x^2)^{3/2} + C$
27. $\frac{9}{2}\operatorname{sen}^{-1}((x - 2)/3) + \frac{1}{2}(x - 2)\sqrt{5 + 4x - x^2} + C$
29. $\frac{1}{4}\operatorname{sen}^{-1}(x^2) + \frac{1}{4}x^2\sqrt{1 - x^4} + C$
33. $\frac{1}{6}\left(\sqrt{48} - \sec^{-1} 7\right)$ **37.** $\frac{3}{8}\pi^2 + \frac{3}{4}\pi$
41. $2\pi^2 R r^2$ **43.** $r\sqrt{R^2 - r^2} + \pi r^2/2 - R^2\operatorname{arcsen}(r/R)$

EJERCICIOS 7.4 ■ PÁGINA 501

1. (a) $\dfrac{A}{1 + 2x} + \dfrac{B}{3 - x}$ (b) $\dfrac{A}{x} + \dfrac{B}{x^2} + \dfrac{C}{x^3} + \dfrac{D}{1 + x}$
3. (a) $\dfrac{A}{x} + \dfrac{B}{x^2} + \dfrac{Cx + D}{1 + x^2}$ (b) $1 + \dfrac{A}{x} + \dfrac{B}{x - 1} + \dfrac{C}{x - 2}$
5. (a) $\dfrac{A}{x} + \dfrac{B}{x^2} + \dfrac{C}{x^3} + \dfrac{Dx + E}{x^2 + 4}$
(b) $\dfrac{A}{x + 3} + \dfrac{B}{(x + 3)^2} + \dfrac{C}{x - 3} + \dfrac{D}{(x - 3)^2}$
7. $x + 6\ln|x - 6| + C$
9. $2\ln|x + 5| - \ln|x - 2| + C$ **11.** $2\ln\frac{3}{2}$
13. $\frac{7}{6} + \ln\frac{2}{3}$ **15.** $\frac{5}{2} - \ln 2 - \ln 3$ $\left(\text{o } \frac{5}{2} - \ln 6\right)$
17. $\frac{27}{5}\ln 2 - \frac{9}{5}\ln 3$ $\left(\text{o } \frac{9}{5}\ln\frac{8}{3}\right)$
19. $\frac{1}{2} - 5\ln 2 + 3\ln 3$ $\left(\text{o } \frac{1}{2} + \ln\frac{27}{32}\right)$
21. $\dfrac{1}{4}\left[\ln|t + 1| - \dfrac{1}{t + 1} - \ln|t - 1| - \dfrac{1}{t - 1}\right] + C$
23. $\ln|x - 1| - \frac{1}{2}\ln(x^2 + 9) - \frac{1}{3}\tan^{-1}(x/3) + C$
25. $-2\ln|x + 1| + \ln(x^2 + 1) + 2\tan^{-1}x + C$
27. $\frac{1}{2}\ln(x^2 + 1) + \tan^{-1}x - \frac{1}{2}\tan^{-1}\left(\dfrac{x}{2}\right) + C$
29. $\frac{1}{2}\ln(x^2 + 2x + 5) + \frac{3}{2}\tan^{-1}\left(\dfrac{x + 1}{2}\right) + C$
31. $\frac{1}{3}\ln|x - 1| - \frac{1}{6}\ln(x^2 + x + 1) - \dfrac{1}{\sqrt{3}}\tan^{-1}\dfrac{2x + 1}{\sqrt{3}} + C$
33. $\frac{1}{4}\ln\frac{8}{3}$
35. $2\ln|x| + \frac{3}{2}\ln(x^2 + 1) + \frac{1}{2}\tan^{-1}x + \dfrac{x}{2(x^2 + 1)} + C$
37. $\frac{7}{8}\sqrt{2}\tan^{-1}\left(\dfrac{x - 2}{\sqrt{2}}\right) + \dfrac{3x - 8}{4(x^2 - 4x + 6)} + C$
39. $2\tan^{-1}\sqrt{x - 1} + C$
41. $-2\ln\sqrt{x} - \dfrac{2}{\sqrt{x}} + 2\ln\left(\sqrt{x} + 1\right) + C$
43. $\frac{3}{10}(x^2 + 1)^{5/3} - \frac{3}{4}(x^2 + 1)^{2/3} + C$
45. $2\sqrt{x} + 3\sqrt[3]{x} + 6\sqrt[6]{x} + 6\ln\left|\sqrt[6]{x} - 1\right| + C$
47. $\ln\left[\dfrac{(e^x + 2)^2}{(e^x + 1)}\right] + C$
49. $\ln|\tan t + 1| - \ln|\tan t + 2| + C$
51. $x - \ln(e^x + 1) + C$
53. $\left(x - \frac{1}{2}\right)\ln(x^2 - x + 2) - 2x + \sqrt{7}\tan^{-1}\left(\dfrac{2x - 1}{\sqrt{7}}\right) + C$
55. $-\frac{1}{2}\ln 3 \approx -0.55$
57. $\frac{1}{2}\ln\left|\dfrac{x - 2}{x}\right| + C$ **61.** $\frac{1}{5}\ln\left|\dfrac{2\tan(x/2) - 1}{\tan(x/2) + 2}\right| + C$
63. $4\ln\frac{2}{3} + 2$ **65.** $-1 + \frac{11}{3}\ln 2$
67. $t = \ln\dfrac{10\,000}{P} + 11\ln\dfrac{P - 9000}{1000}$
69. (a) $\dfrac{24\,110}{4879}\dfrac{1}{5x + 2} - \dfrac{668}{323}\dfrac{1}{2x + 1} - \dfrac{9438}{80\,155}\dfrac{1}{3x - 7} + \dfrac{1}{260\,015}\dfrac{22\,098x + 48\,935}{x^2 + x + 5}$

(b) $\dfrac{4822}{4879}\ln|5x + 2| - \dfrac{334}{323}\ln|2x + 1| - \dfrac{3146}{80\,155}\ln|3x - 7| + \dfrac{11\,049}{260\,015}\ln(x^2 + x + 5) + \dfrac{75\,772}{260\,015\sqrt{19}}\tan^{-1}\dfrac{2x + 1}{\sqrt{19}} + C$

El SAC omite los signos de valor absoluto y la constante de integración.

75. $\dfrac{1}{a^n(x - a)} - \dfrac{1}{a^n x} - \dfrac{1}{a^{n-1}x^2} - \cdots - \dfrac{1}{ax^n}$

EJERCICIOS 7.5 ■ PÁGINA 507

1. $-\ln(1 - \operatorname{sen} x) + C$ **3.** $\frac{32}{3}\ln 2 - \frac{28}{9}$
5. $4 - \ln 9$ **7.** $e^{\pi/4} - e^{-\pi/4}$
9. $\frac{4}{5}\ln 2 + \frac{1}{5}\ln 3$ (o $\frac{1}{5}\ln 48$) **11.** $\frac{1}{2}\sec^{-1}x + \dfrac{\sqrt{x^2-1}}{2x^2} + C$
13. $x/\sqrt{1-x^2} + C$
15. $x\sec x - \ln|\sec x + \tan x| + C$
17. $\frac{1}{4}\pi^2$ **19.** $e^{e^x} + C$ **21.** $(x+1)\arctan\sqrt{x} - \sqrt{x} + C$
23. $3x + \frac{23}{3}\ln|x-4| - \frac{5}{3}\ln|x+2| + C$
25. $4 - \ln 4$ **27.** $x - \ln(1 + e^x) + C$
29. $x\ln\left(x + \sqrt{x^2-1}\right) - \sqrt{x^2-1} + C$
31. $\operatorname{sen}^{-1}x - \sqrt{1-x^2} + C$
33. $\frac{1}{8}\operatorname{sen} 4x + \frac{1}{16}\operatorname{sen} 8x + C$
35. 0 **37.** $\frac{1}{4}$ **39.** $\ln|\sec\theta - 1| - \ln|\sec\theta| + C$
41. $\theta\tan\theta - \frac{1}{2}\theta^2 - \ln|\sec\theta| + C$ **43.** $\frac{2}{3}\tan^{-1}(x^{3/2}) + C$
45. $-\frac{1}{3}(x^3+1)e^{-x^3} + C$
47. $\ln|x-1| - 3(x-1)^{-1} - \frac{3}{2}(x-1)^{-2} - \frac{1}{3}(x-1)^{-3} + C$
49. $\ln\left|\dfrac{\sqrt{4x+1}-1}{\sqrt{4x+1}+1}\right| + C$ **51.** $-\ln\left|\dfrac{\sqrt{4x^2+1}+1}{2x}\right| + C$
53. $\dfrac{1}{m}x^2\cosh mx - \dfrac{2}{m^2}x\operatorname{senh} mx + \dfrac{2}{m^3}\cosh mx + C$
55. $2\ln\sqrt{x} - 2\ln\left(1 + \sqrt{x}\right) + C$
57. $\frac{3}{7}(x+c)^{7/3} - \frac{3}{4}c(x+c)^{4/3} + C$
59. $\dfrac{1}{32}\ln\left|\dfrac{x-2}{x+2}\right| - \dfrac{1}{16}\tan^{-1}\left(\dfrac{x}{2}\right) + C$
61. $\csc\theta - \cot\theta + C$ o $\tan(\theta/2) + C$
63. $2\left(x - 2\sqrt{x} + 2\right)e^{\sqrt{x}} + C$
65. $-\tan^{-1}(\cos^2 x) + C$ **67.** $\frac{2}{3}[(x+1)^{3/2} - x^{3/2}] + C$
69. $\sqrt{2} - 2/\sqrt{3} + \ln\left(2 + \sqrt{3}\right) - \ln\left(1 + \sqrt{2}\right)$
71. $e^x - \ln(1 + e^x) + C$
73. $-\sqrt{1-x^2} + \frac{1}{2}(\operatorname{arcsen} x)^2 + C$ **75.** $\ln|\ln x - 1| + C$
77. $2(x-2)\sqrt{1+e^x} + 2\ln\dfrac{\sqrt{1+e^x}+1}{\sqrt{1+e^x}-1} + C$
79. $\frac{1}{3}x\operatorname{sen}^3 x + \frac{1}{3}\cos x - \frac{1}{9}\cos^3 x + C$
81. $2\sqrt{1 + \operatorname{sen} x} + C$ **83.** $xe^{x^2} + C$

EJERCICIOS 7.6 ■ PÁGINA 512

1. $-\frac{5}{21}$ **3.** $\sqrt{13} - \frac{3}{4}\ln\left(4 + \sqrt{13}\right) - \frac{1}{2} + \frac{3}{4}\ln 3$
5. $\pi/4$ **7.** $\frac{1}{6}\ln\left|\dfrac{\operatorname{sen} x - 3}{\operatorname{sen} x + 3}\right| + C$
9. $-\dfrac{\sqrt{9x^2+4}}{x} + 3\ln\left(3x + \sqrt{9x^2+4}\right) + C$
11. $5\pi/16$ **13.** $2\sqrt{x}\arctan\sqrt{x} - \ln(1+x) + C$
15. $-\ln|\operatorname{senh}(1/y)| + C$
17. $\dfrac{2y-1}{8}\sqrt{6 + 4y - 4y^2} + \dfrac{7}{8}\operatorname{sen}^{-1}\left(\dfrac{2y-1}{\sqrt{7}}\right) - \frac{1}{12}(6 + 4y - 4y^2)^{3/2} + C$
19. $\frac{1}{9}\operatorname{sen}^3 x\,[3\ln(\operatorname{sen} x) - 1] + C$
21. $\dfrac{1}{2\sqrt{3}}\ln\left|\dfrac{e^x + \sqrt{3}}{e^x - \sqrt{3}}\right| + C$
23. $\frac{1}{4}\tan x\sec^3 x + \frac{3}{8}\tan x\sec x + \frac{3}{8}\ln|\sec x + \tan x| + C$
25. $\frac{1}{2}(\ln x)\sqrt{4 + (\ln x)^2} + 2\ln\left[\ln x + \sqrt{4 + (\ln x)^2}\right] + C$
27. $-\frac{1}{2}x^{-2}\cos^{-1}(x^{-2}) + \frac{1}{2}\sqrt{1 - x^{-4}} + C$
29. $\sqrt{e^{2x} - 1} - \cos^{-1}(e^{-x}) + C$
31. $\frac{1}{5}\ln|x^5 + \sqrt{x^{10} - 2}| + C$ **33.** $\frac{3}{8}\pi^2$
37. $\frac{1}{3}\tan x\sec^2 x + \frac{2}{3}\tan x + C$
39. $\frac{1}{4}x(x^2+2)\sqrt{x^2+4} - 2\ln\left(\sqrt{x^2+4} + x\right) + C$
41. $\frac{1}{4}\cos^3 x\operatorname{sen} x + \frac{3}{8}x + \frac{3}{8}\operatorname{sen} x\cos x + C$
43. $-\ln|\cos x| - \frac{1}{2}\tan^2 x + \frac{1}{4}\tan^4 x + C$
45. (a) $-\ln\left|\dfrac{1 + \sqrt{1-x^2}}{x}\right| + C$;
ambos tienen dominio $(-1, 0) \cup (0, 1)$

EJERCICIOS 7.7 ■ PÁGINA 524

1. (a) $L_2 = 6$, $R_2 = 12$, $M_2 \approx 9.6$
(b) L_2 es una subestimación; R_2 y M_2 son sobreestimaciones.
(c) $T_2 = 9 < I$ (d) $L_n < T_n < I < M_n < R_n$
3. (a) $T_4 \approx 0.895759$ (subestimación)
(b) $M_4 \approx 0.908907$ (sobreestimación); $T_4 < I < M_4$
5. (a) 5.932957, $E_M \approx -0.063353$
(b) 5.869247, $E_S \approx 0.000357$
7. (a) 1.506361 (b) 1.518362 (c) 1.511519
9. (a) 2.591334 (b) 2.681046 (c) 2.631976
11. (a) −7.276910 (b) −4.818251 (c) −5.605350
13. (a) −2.364034 (b) −2.310690 (c) −2.346520
15. (a) 0.243747 (b) 0.243748 (c) 0.243751
17. (a) 8.814278 (b) 8.799212 (c) 8.804229
19. (a) $T_8 \approx 0.902333$, $M_8 \approx 0.905620$
(b) $|E_T| \leqslant 0.0078$, $|E_M| \leqslant 0.0039$
(c) $n = 71$ para T_n, $n = 50$ para M_n
21. (a) $T_{10} \approx 1.983524$, $E_T \approx 0.016476$;
$M_{10} \approx 2.008248$, $E_M \approx -0.008248$;
$S_{10} \approx 2.000110$, $E_S \approx -0.000110$
(b) $|E_T| \leqslant 0.025839$, $|E_M| \leqslant 0.012919$, $|E_S| \leqslant 0.000170$
(c) $n = 509$ para T_n, $n = 360$ para M_n, $n = 22$ para S_n
23. (a) 2.8 (b) 7.954926518 (c) 0.2894
(d) 7.954926521 (e) El error real es mucho menor.
(f) 10.9 (g) 7.953789422 (h) 0.0593
(i) El error real es menor. (j) $n \geqslant 50$
25.

n	L_n	R_n	T_n	M_n
5	0.742943	1.286599	1.014771	0.992621
10	0.867782	1.139610	1.003696	0.998152
20	0.932967	1.068881	1.000924	0.999538

n	E_L	E_R	E_T	E_M
5	0.257057	−0.286599	−0.014771	0.007379
10	0.132218	−0.139610	−0.003696	0.001848
20	0.067033	−0.068881	−0.000924	0.000462

Las observaciones son las mismas que están después del ejemplo 1.

27.

n	T_n	M_n	S_n
6	6.695473	6.252572	6.403292
12	6.474023	6.363008	6.400206

n	E_T	E_M	E_S
6	−0.295473	0.147428	−0.003292
12	−0.074023	0.036992	−0.000206

Las observaciones son las mismas que están después del ejemplo 1.

29. (a) 19 (b) 18.6 (c) $18.\overline{6}$
31. (a) 14.4 (b) $\frac{1}{2}$
33. 70.8°F **35.** 18.8 m/s
37. 1.0337×10^5 megawatts-horas
39. (a) 190 (b) 828
41. 28 **43.** 59.4
45.

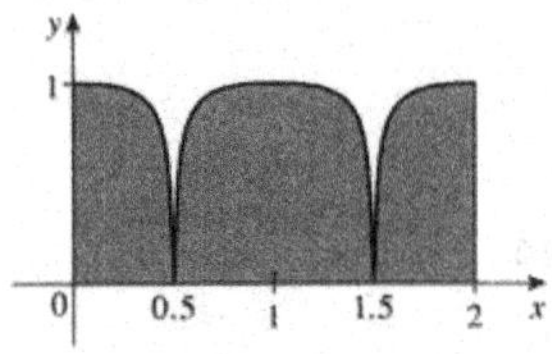

EJERCICIOS 7.8 ■ PÁGINA 534

Abreviaturas: C, convergente; D, divergente
1. (a), (d), Discontinuidad infinita (b), (c) Intervalo infinito
3. $\frac{1}{2} - 1/(2t^2)$; 0.495, 0.49995, 0.4999995; 0.5
5. 2 **7.** D **9.** $\frac{1}{5}e^{-10}$ **11.** D **13.** 0 **15.** D
17. D **19.** $\frac{1}{2}$ **21.** $\pi/9$ **23.** $-\pi/8$ **25.** 2 **27.** D
29. D **31.** D **33.** D **35.** D **37.** $-\frac{1}{4}$ **39.** $-2/e$
41. $1/e$ **43.** $\frac{1}{2}\ln 2$

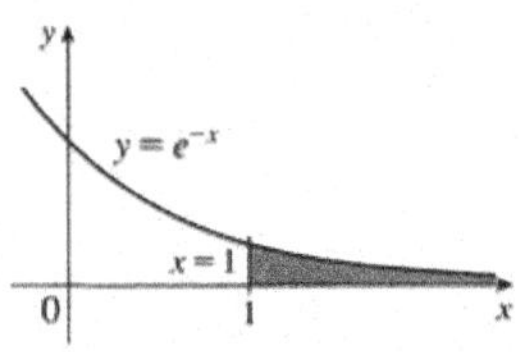

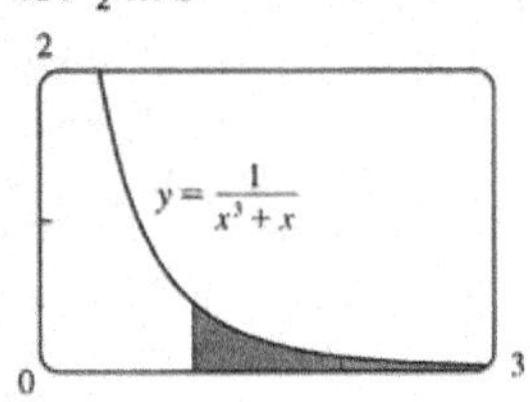

45. Área infinita

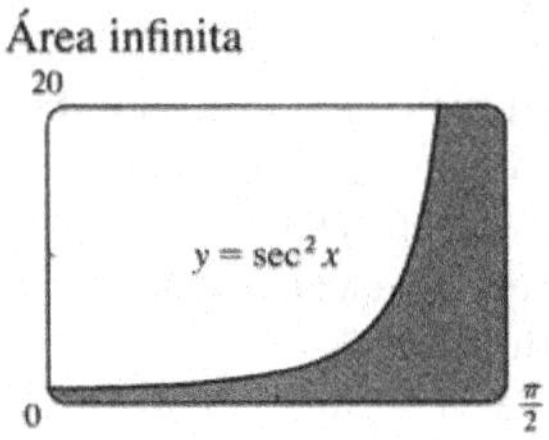

47. (a)

t	$\int_1^t [(\text{sen}^2 x)/x^2]\,dx$
2	0.447453
5	0.577101
10	0.621306
100	0.668479
1,000	0.672957
10,000	0.673407

Parece que la integral es convergente.

(c)

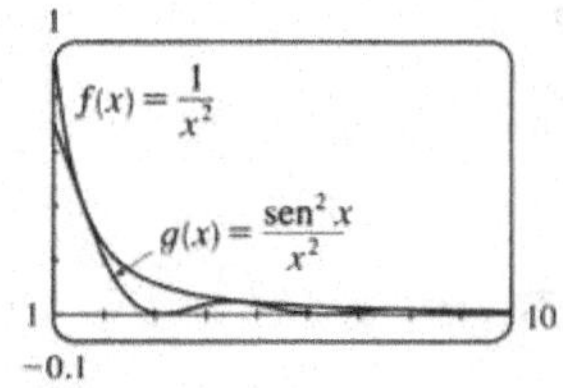

49. C **51.** D **53.** D **55.** π **57.** $p < 1$, $1/(1-p)$
59. $p > -1$, $-1/(p+1)^2$ **63.** π **65.** $\sqrt{2GM/R}$
67. (a)

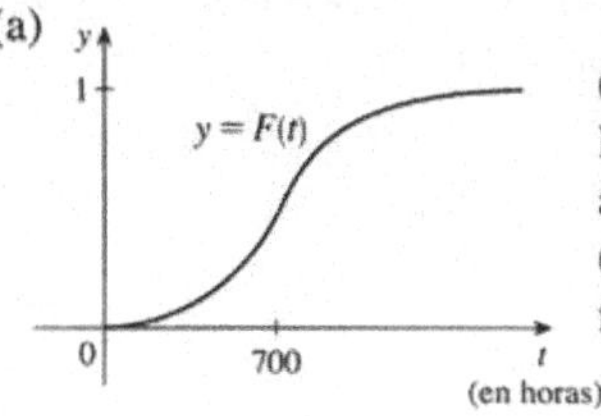

(b) La razón a la que aumenta la fracción $F(t)$ cuando t aumenta
(c) 1; todos los focos se funden finalmente

69. $\gamma = \dfrac{cN}{\lambda(k + \lambda)}$ **71.** 1000
73. (a) $F(s) = 1/s$, $s > 0$ (b) $F(s) = 1/(s-1)$, $s > 1$
(c) $F(s) = 1/s^2$, $s > 0$
79. $C = 1$; ln 2 **81.** No

REPASO DEL CAPÍTULO 7 ■ PÁGINA 537

Examen verdadero-falso

1. Falso **3.** Falso **5.** Falso **7.** Falso
9. (a) Verdadero (b) Falso **11.** Falso **13.** Falso

Ejercicios

1. $\frac{7}{2} + \ln 2$ **3.** $e^{\text{sen}\, x} + C$ **5.** $e - 1$
7. $\frac{2}{15}$ **9.** $-\cos(\ln t) + C$ **11.** $\sqrt{3} - \frac{1}{3}\pi$
13. $3e^{\sqrt[3]{x}}(x^{2/3} - 2x^{1/3} + 2) + C$
15. $-\frac{1}{2}\ln|x| + \frac{3}{2}\ln|x + 2| + C$
17. $x \operatorname{senh} x - \cosh x + C$
19. $x \sec x - \ln|\sec x + \tan x| + C$
21. $\ln|x - 2 + \sqrt{x^2 - 4x}| + C$
23. $\ln\left|\dfrac{\sqrt{x^2 + 1} - 1}{x}\right| + C$
25. $\frac{3}{2}\ln(x^2 + 1) - 3\tan^{-1}x + \sqrt{2}\tan^{-1}(x/\sqrt{2}) + C$
27. $\frac{2}{5}$ **29.** 0 **31.** $6 - \frac{3}{2}\pi$
33. $\dfrac{x}{\sqrt{4 - x^2}} - \text{sen}^{-1}\left(\dfrac{x}{2}\right) + C$
35. $4\sqrt{1 + \sqrt{x}} + C$ **37.** $\frac{1}{2}\text{sen}\, 2x - \frac{1}{8}\cos 4x + C$
39. $\frac{1}{8}e - \frac{1}{4}$ **41.** $\frac{1}{36}$ **43.** D
45. $4\ln 4 - 8$ **47.** $-\frac{4}{3}$ **49.** $\pi/4$
51. $(x + 1)\ln(x^2 + 2x + 2) + 2\arctan(x + 1) - 2x + C$
53. 0
55. $\frac{1}{4}(2x - 1)\sqrt{4x^2 - 4x - 3} - \ln|2x - 1 + \sqrt{4x^2 - 4x - 3}| + C$
57. $\frac{1}{2}\text{sen}\, x\sqrt{4 + \text{sen}^2 x} + 2\ln(\text{sen}\, x + \sqrt{4 + \text{sen}^2 x}) + C$
61. No
63. (a) 1.925444 (b) 1.920915 (c) 1.922470
65. (a) 0.01348, $n \geqslant 368$ (b) 0.00674, $n \geqslant 260$

67. 13.7 km
69. (a) 3.8 (b) 1.7867, 0.000646 (c) $n \geq 30$
71. (a) D (b) C
73. 2 **75.** $\frac{3}{16}\pi^2$

PROBLEMAS ADICIONALES ■ PÁGINA 541

1. Alrededor de 1.85 pulgadas desde el centro. **3.** 0
7. $f(\pi) = -\pi/2$ **11.** $(b^b a^{-a})^{1/(b-a)} e^{-1}$ **13.** $\frac{1}{8}\pi - \frac{1}{12}$
15. $2 - \operatorname{sen}^{-1}(2/\sqrt{5})$

CAPÍTULO 8

EJERCICIOS 8.1 ■ PÁGINA 548

1. $4\sqrt{5}$ **3.** 3.8202 **5.** 3.4467 **7.** 3.6095
9. $\frac{2}{243}(82\sqrt{82} - 1)$ **11.** $\frac{59}{24}$ **13.** $\frac{1261}{240}$
15. $\ln(\sqrt{2} + 1)$ **17.** $\frac{3}{4} + \frac{1}{2}\ln 2$ **19.** $\ln 3 - \frac{1}{2}$
21. $\sqrt{2} + \ln(1 + \sqrt{2})$ **23.** 10.0556
25. 15.498085; 15.374568 **27.** 7.094570; 7.118819
29. (a), (b)

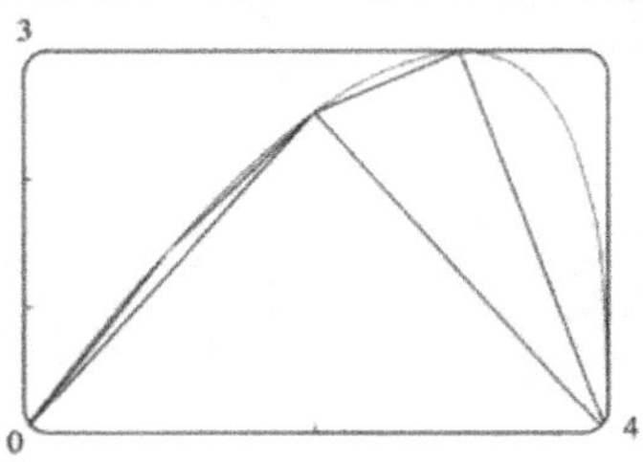

$L_1 = 4$, $L_2 \approx 6.43$, $L_4 \approx 7.50$

(c) $\int_0^4 \sqrt{1 + [4(3 - x)/(3(4 - x)^{2/3})]^2}\, dx$ (d) 7.7988
31. $\sqrt{1 + e^4} - \ln(1 + \sqrt{1 + e^4}) + 2 - \sqrt{2} + \ln(1 + \sqrt{2})$
33. 6

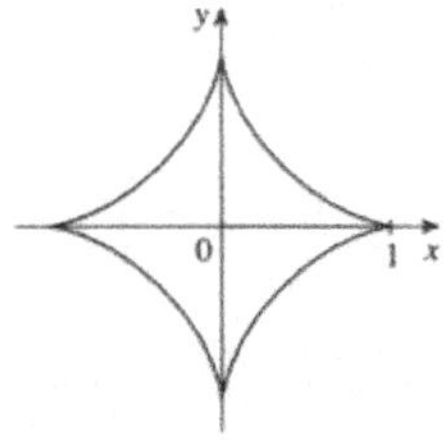

35. $s(x) = \frac{2}{27}[(1 + 9x)^{3/2} - 10\sqrt{10}]$ **37.** $2\sqrt{2}(\sqrt{1 + x} - 1)$
41. 209.1 m **43.** 62.55 cm **45.** 12.4

EJERCICIOS 8.2 ■ PÁGINA 555

1. (a) (i) $\int_0^{\pi/3} 2\pi \tan x \sqrt{1 + \sec^4 x}\, dx$
(ii) $\int_0^{\pi/3} 2\pi x \sqrt{1 + \sec^4 x}\, dx$ (b) (i) 10.5017 (ii) 7.9353
3. (a) (i) $\int_{-1}^{1} 2\pi e^{-x^2} \sqrt{1 + 4x^2 e^{-2x^2}}\, dx$
(ii) $\int_0^1 2\pi x \sqrt{1 + 4x^2 e^{-2x^2}}\, dx$ (b) (i) 11.0753 (ii) 3.9603
5. (a) (i) $\int_0^1 2\pi y \sqrt{1 + (1 + 3y^2)^2}\, dy$
(ii) $\int_0^1 2\pi (y + y^3) \sqrt{1 + (1 + 3y^2)^2}\, dy$
(b) (i) 8.5302 (ii) 13.5134
7. $\frac{1}{27}\pi(145\sqrt{145} - 1)$ **9.** $\frac{1}{6}\pi(27\sqrt{27} - 5\sqrt{5})$
11. $\pi\sqrt{5} + 4\pi \ln\left(\frac{1 + \sqrt{5}}{2}\right)$

13. $2\sqrt{1 + \pi^2} + (2/\pi)\ln(\pi + \sqrt{1 + \pi^2})$ **15.** $\frac{3712}{15}\pi$
17. πa^2 **19.** 9.023754 **21.** 24.145807
23. $\frac{1}{4}\pi[4\ln(\sqrt{17} + 4) - 4\ln(\sqrt{2} + 1) - \sqrt{17} + 4\sqrt{2}]$
25. $\frac{1}{6}\pi[\ln(\sqrt{10} + 3) + 3\sqrt{10}]$
29. (a) $\frac{1}{3}\pi a^2$ (b) $\frac{56}{45}\pi\sqrt{3}\, a^2$
31. (a) $2\pi\left[b^2 + \dfrac{a^2 b \operatorname{sen}^{-1}(\sqrt{a^2 - b^2}/a)}{\sqrt{a^2 - b^2}}\right]$
(b) $2\pi a^2 + \dfrac{2\pi a b^2}{\sqrt{a^2 - b^2}} \ln \dfrac{a + \sqrt{a^2 - b^2}}{b}$
33. $\int_a^b 2\pi[c - f(x)]\sqrt{1 + [f'(x)]^2}\, dx$ **35.** $4\pi^2 r^2$
37. Ambos son iguales a $\pi \int_a^b (e^{x/2} + e^{-x/2})^2\, dx$.

EJERCICIOS 8.3 ■ PÁGINA 565

1. (a) 187.5 lb/pies^2 (b) 1875 lb (c) 562.5 lb
3. 7000 lb **5.** 2.36×10^7 N **7.** 6.7×10^4 N
9. 889 lb **11.** $\frac{2}{3}\delta a h^2$ **13.** 5.27×10^5 N
15. (a) 314 N (b) 353 N
17. (a) 4.9×10^4 N (b) $\approx 4.4 \times 10^5$ N
(c) $\approx 4.2 \times 10^5$ N (d) $\approx 3.9 \times 10^6$ N
19. 4148 lb **21.** 330; 22
23. 10; 1; $(\frac{1}{21}, \frac{10}{21})$ **25.** $(\frac{2}{3}, \frac{2}{3})$
27. $\left(\dfrac{1}{e - 1}, \dfrac{e + 1}{4}\right)$ **29.** $(\frac{9}{20}, \frac{9}{20})$
31. $\left(\dfrac{\pi\sqrt{2} - 4}{4(\sqrt{2} - 1)}, \dfrac{1}{4(\sqrt{2} - 1)}\right)$ **33.** $(\frac{8}{5}, -\frac{1}{2})$
35. $\left(\dfrac{28}{3(\pi + 2)}, \dfrac{10}{3(\pi + 2)}\right)$ **37.** $(-\frac{1}{5}, -\frac{12}{35})$
41. $(0, \frac{1}{12})$ **45.** $\frac{1}{3}\pi r^2 h$ **47.** $\left(\dfrac{8}{\pi}, \dfrac{8}{\pi}\right)$
49. $4\pi^2 r R$

EJERCICIOS 8.4 ■ PÁGINA 572

1. $\$38000$ **3.** $\$140000$; $\$60000$ **5.** $\$407.25$
7. $\$166666.67$ **9.** (a) 3800 (b) $\$324900$
11. 3727; $\$37753$ **13.** $\frac{2}{3}(16\sqrt{2} - 8) \approx \$9.75$ millones
15. $\$65230.48$ **17.** $\dfrac{(1 - k)(b^{2-k} - a^{2-k})}{(2 - k)(b^{1-k} - a^{1-k})}$
19. 1.19×10^{-4} cm^3/s **21.** 6.59 L/min **23.** 5.77 L/min

EJERCICIOS 8.5 ■ PÁGINA 579

1. (a) La probabilidad de que una llanta aleatoriamente seleccionada tenga un período de vida de entre 30000 y 40000 millas.
(b) La probabilidad de que una llanta aleatoriamente seleccionada tenga un período de vida de al menos 25000 millas.
3. (a) $f(x) \geq 0$ para todas las x y $\int_{-\infty}^{\infty} f(x)\, dx = 1$
(b) $2/e - 3/e^2 \approx 0.33$
5. (a) $1/\pi$ (b) $\frac{1}{2}$
7. (a) $f(x) \geq 0$ para todas las x y $\int_{-\infty}^{\infty} f(x)\, dx = 1$ (b) 5
11. (a) $\approx 46.5\%$ (b) $\approx 15.3\%$ (c) Alrededor de 4.8 s
13. $\approx 59.4\%$ (b) 40 min **15.** $\approx 36\%$
17. (a) 0.0668 (b) $\approx 5.21\%$ **19.** ≈ 0.9545

21. (b) 0; a_0

(c)

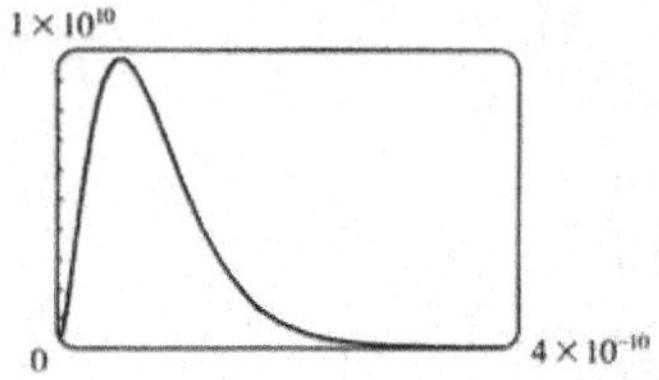

(d) $1 - 41e^{-8} \approx 0.986$ (e) $\frac{3}{2}a_0$

REPASO DEL CAPÍTULO 8 ■ PÁGINA 581

Ejercicios

1. $\frac{1}{54}(109\sqrt{109} - 1)$ **3.** $\frac{53}{6}$

5. (a) 3.5121 (b) 22.1391 (c) 29.8522

7. 3.8202 **9.** $\frac{124}{5}$ **11.** 6533 N **13.** $(\frac{8}{5}, 1)$

15. $(\frac{4}{3}, \frac{4}{3})$ **17.** $2\pi^2$ **19.** $7166.67

21. (a) $f(x) \geqslant 0$ para todas las x y $\int_{-\infty}^{\infty} f(x)\,dx = 1$

(b) ≈ 0.3455 (c) 5; sí

23. (a) $1 - e^{-3/8} \approx 0.31$ (b) $e^{-5/4} \approx 0.29$

(c) $8 \ln 2 \approx 5.55$ min

PROBLEMAS ADICIONALES ■ PÁGINA 583

1. $\frac{2}{3}\pi - \frac{1}{2}\sqrt{3}$

3. (a) $2\pi r(r \pm d)$ (b) $\approx 8.69 \times 10^6$ km^2

(d) $\approx 2.03 \times 10^8$ km^2

5. (a) $P(z) = P_0 + g\int_0^z \rho(x)\,dx$

(b) $(P_0 - \rho_0 gH)(\pi r^2) + \rho_0 gHe^{L/H}\int_{-r}^{r} e^{x/H} \cdot 2\sqrt{r^2 - x^2}\,dx$

7. Altura $\sqrt{2}\,b$, volumen $(\frac{28}{27}\sqrt{6} - 2)\pi b^3$ **9.** 0.14 m

11. $2/\pi$; $1/\pi$ **13.** $(0, -1)$

CAPÍTULO 9

EJERCICIOS 9.1 ■ PÁGINA 590

3. (a) $\frac{1}{2}, -1$ **5.** (d)

7. (a) Debe ser de 0 o decreciente

(c) $y = 0$ (d) $y = 1/(x + 2)$

9. (a) $0 < P < 4200$ (b) $P > 4200$

(c) $P = 0, P = 4200$

13. (a) III (b) I (c) IV (d) II

15. (a) Al principio; se mantiene positivo, pero decrece

(c)

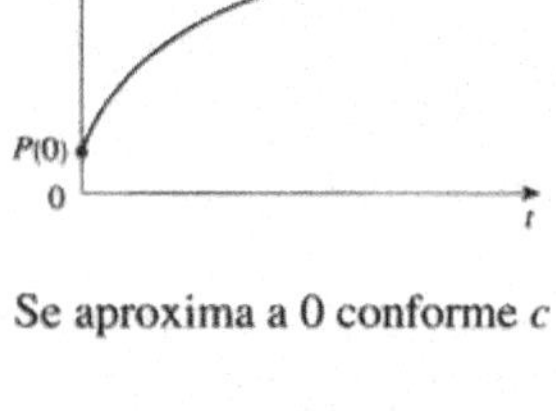

17. Se aproxima a 0 conforme c se aproxima a c_s.

EJERCICIOS 9.2 ■ PÁGINA 597

1. (a)

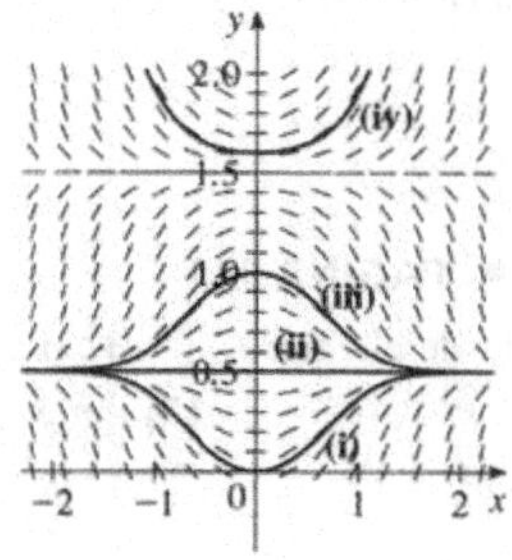

(b) $y = 0.5, y = 1.5$

3. III **5.** IV

7.

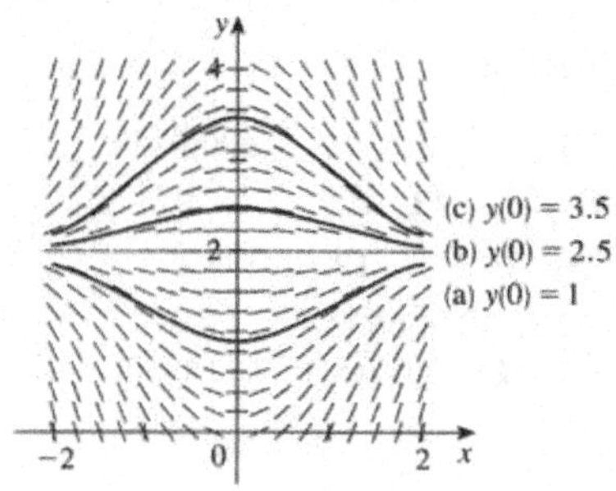

9.

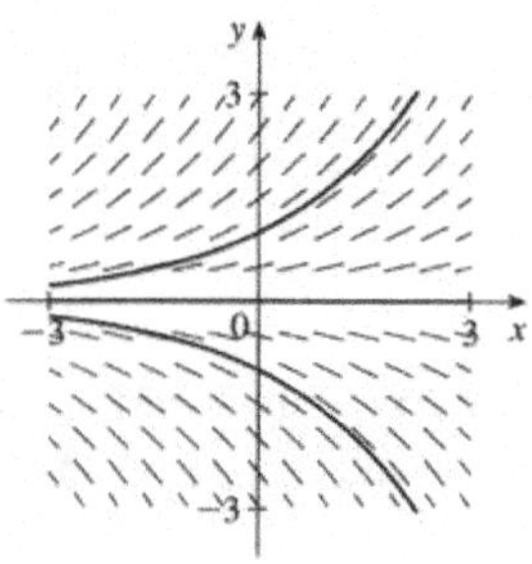

11.

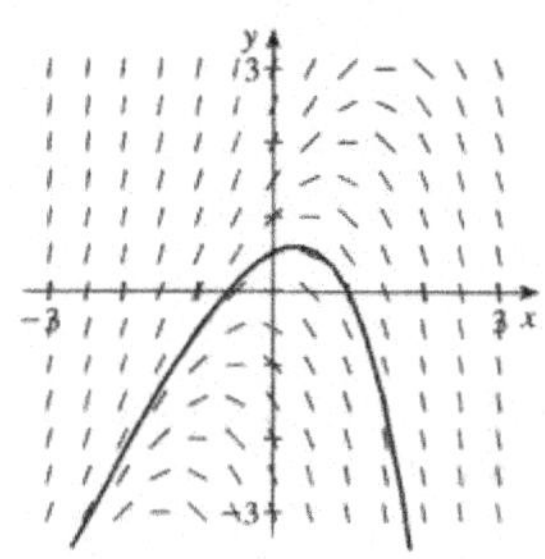

13.

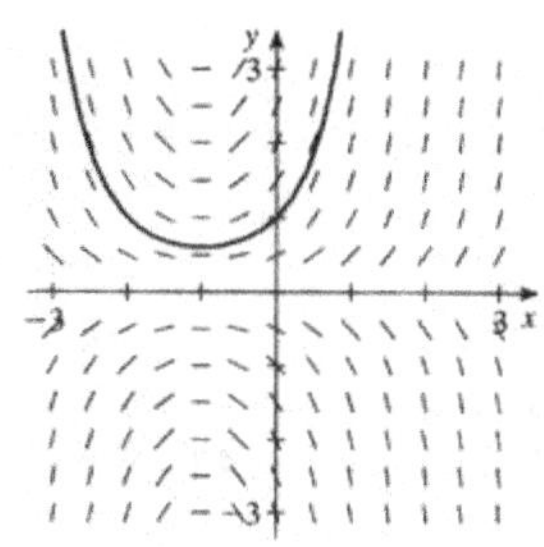

15.

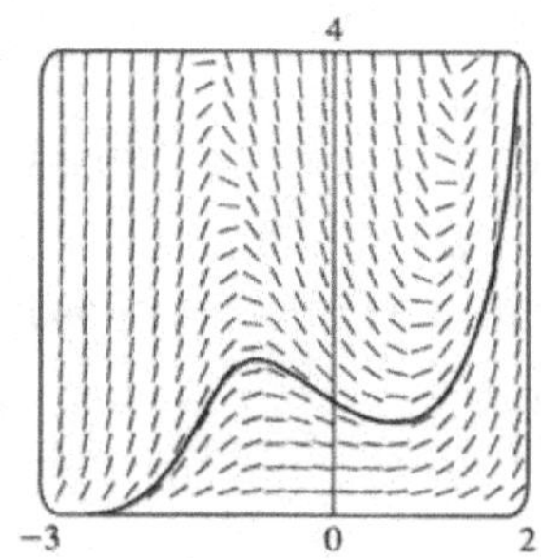

17. $-2 \leqslant c \leqslant 2$; $-2, 0, 2$

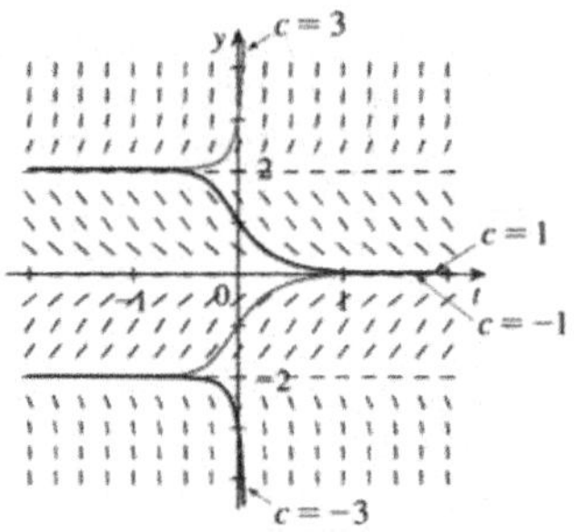

19. (a) (i) 1.4 (ii) 1.44 (iii) 1.4641

(b) Subestima

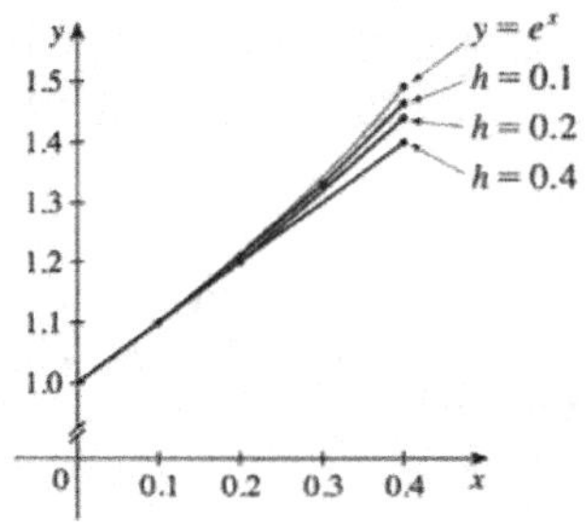

(c) (i) 0.0918 (ii) 0.0518 (iii) 0.0277

Parece que el error también se reduce a la mitad (aproximadamente).

21. 0.7824 **23.** (a) 0.04 (b) 0.06

25. (a) (i) 3 (ii) 2.3928 (iii) 2.3701 (iv) 2.3681

(c) (i) -0.6321 (ii) -0.0249 (iii) -0.0022 (iv) -0.0002

Parece que el error también se divide entre 10 (aproximadamente).

27. (a), (d) (b) 3 (c) Sí, $Q = 3$ (e) 2.77 C

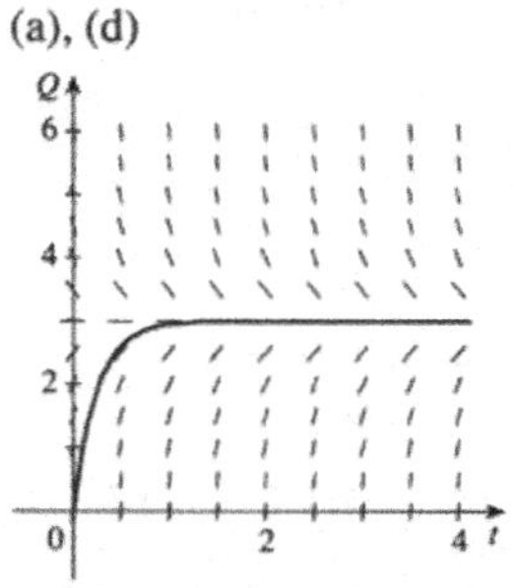

EJERCICIOS 9.3 ■ PÁGINA 605

1. $y = -1/(x^3 + C)$, $y = 0$

3. $y = \pm\sqrt{x^2 + 2\ln|x| + C}$

5. $e^y - y = 2x + \operatorname{sen} x + C$

7. $\theta \operatorname{sen}\theta + \cos\theta = -\frac{1}{2}e^{-t^2} + C$ **9.** $e^y(y-1) = C - \frac{1}{2}e^{-t^2}$

11. $y = -\ln\left(1 - \frac{1}{2}x^2\right)$ **13.** $y = -\sqrt{x^2 + 9}$

15. $\frac{1}{2}y^2 + \frac{1}{3}(3 + y^2)^{3/2} = \frac{1}{2}x^2 \ln x - \frac{1}{4}x^2 + \frac{41}{12}$

17. $y = \dfrac{4a}{\sqrt{3}} \operatorname{sen} x - a$

19. $y = \sqrt{x^2 + 4}$ **21.** $y = Ke^x - x - 1$

23. (a) $\operatorname{sen}^{-1} y = x^2 + C$

(b) $y = \operatorname{sen}(x^2)$, $-\sqrt{\pi/2} \leqslant x \leqslant \sqrt{\pi/2}$ (c) No

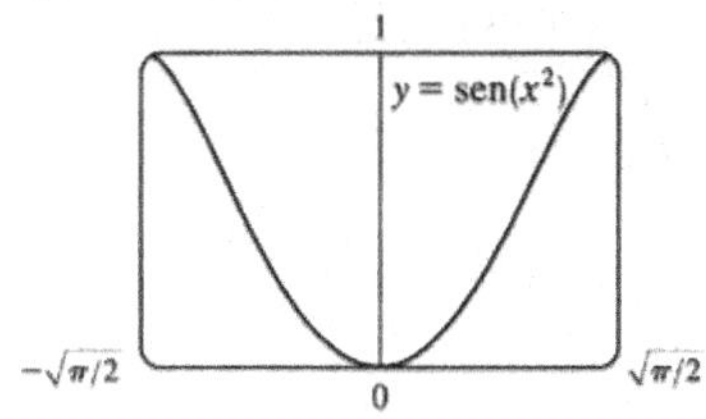

25. $\cos y = \cos x - 1$

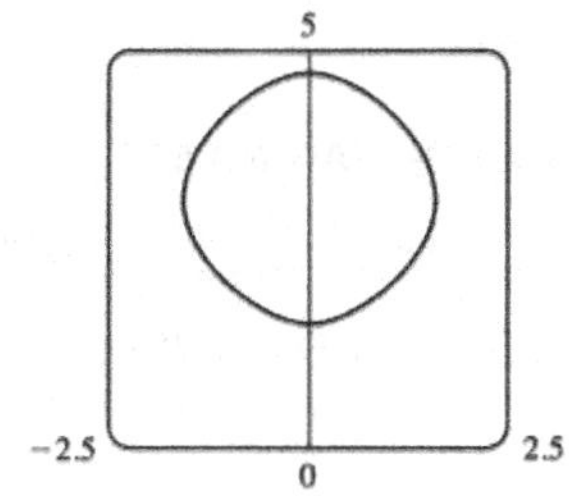

27. (a) (b) $y = \dfrac{1}{K - x}$

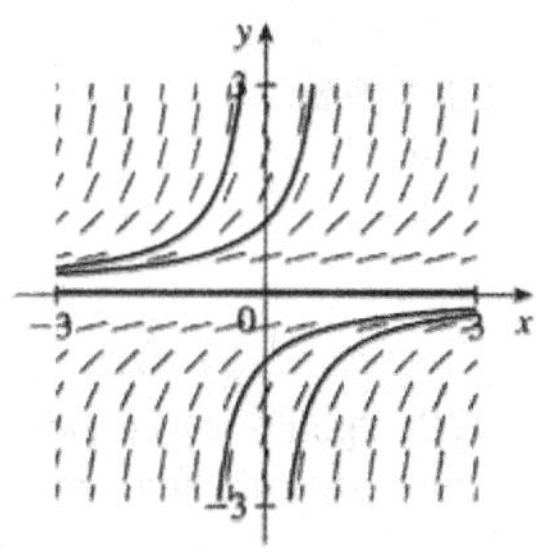

29. $y = Cx^2$

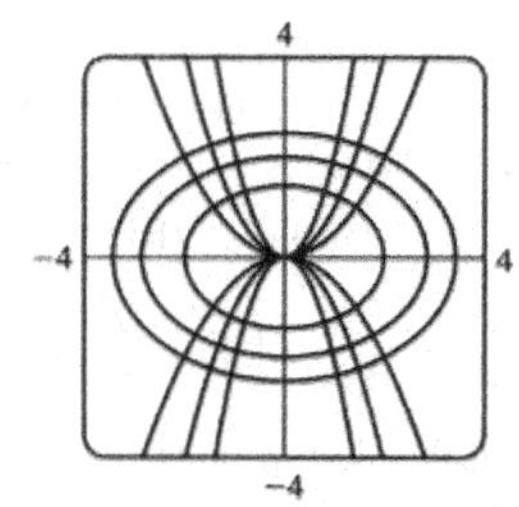

31. $x^2 - y^2 = C$

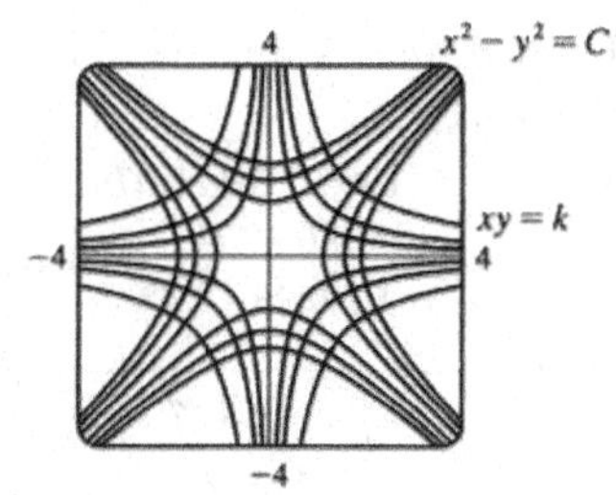

33. $y = 1 + e^{2 - x^2/2}$ **35.** $y = \left(\frac{1}{2}x^2 + 2\right)^2$

37. $Q(t) = 3 - 3e^{-4t}$; 3 **39.** $P(t) = M - Me^{-kt}$; M

41. (a) $x = a - \dfrac{4}{(kt + 2/\sqrt{a})^2}$

(b) $t = \dfrac{2}{k\sqrt{a-b}}\left(\tan^{-1}\sqrt{\dfrac{b}{a-b}} - \tan^{-1}\sqrt{\dfrac{b-x}{a-b}}\right)$

43. (a) $C(t) = (C_0 - r/k)e^{-kt} + r/k$ (b) r/k; la concentración se aproxima a r/k independientemente del valor de C_0

45. (a) $15e^{-t/100}$ kg (b) $15e^{-0.2} \approx 12.3$ kg

47. Alrededor de 4.9% **49.** g/k

51. (a) $L_1 = KL_2^k$ (b) $B = KV^{0.0794}$

53. (a) $dA/dt = k\sqrt{A}\,(M - A)$ (b) $A(t) = M\left(\dfrac{Ce^{\sqrt{M}\,kt} - 1}{Ce^{\sqrt{M}\,kt} + 1}\right)^2$,

donde $C = \dfrac{\sqrt{M} + \sqrt{A_0}}{\sqrt{M} - \sqrt{A_0}}$ y $A_0 = A(0)$

EJERCICIOS 9.4 ■ PÁGINA 617

1. (a) 1200; 0.04 (b) $P(t) = \dfrac{1200}{1 + 19e^{-0.04t}}$ (c) 87

3. (a) 100; 0.05 (b) Donde P está cerca de 0 o 100; en la recta $P = 50$; $0 < P_0 < 100$; $P_0 > 100$

(c)

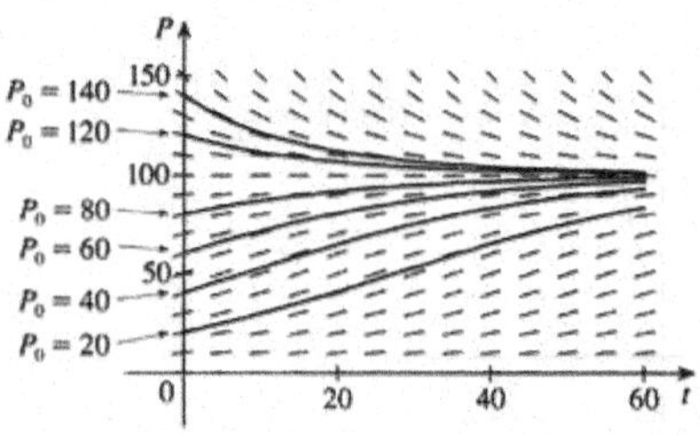

Las soluciones se aproximan a 100; algunas son crecientes y otras decrecientes, algunas tienen un punto de inflexión pero otras no; las soluciones con $P_0 = 20$ y $P_0 = 40$ tienen puntos de inflexión en $P = 50$

(d) $P = 0$, $P = 100$; otras soluciones se alejan de $P = 0$ y se dirigen a $P = 100$

5. (a) 3.23×10^7 kg (b) ≈ 1.55 años **7.** 9000

9. (a) $\dfrac{dP}{dt} = \dfrac{1}{305}P\left(1 - \dfrac{P}{20}\right)$

(b) 6.24 miles de millones (c) 7.57 miles de millones; 13.87 miles de millones

11. (a) $dy/dt = ky(1 - y)$ (b) $y = \dfrac{y_0}{y_0 + (1 - y_0)e^{-kt}}$

(c) 3:36 PM

15. $P_E(t) = 1909.7761\,(1.0796)^t + 94\,000$;

$P_L(t) = \dfrac{33\,086.4394}{1 + 12.3428\,e^{-0.1657t}} + 94\,000$

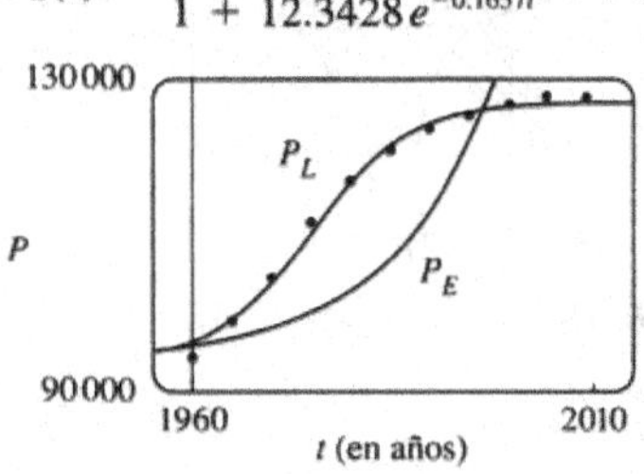

17. (a) $P(t) = \dfrac{m}{k} + \left(P_0 - \dfrac{m}{k}\right)e^{kt}$ (b) $m < kP_0$

(c) $m = kP_0$, $m > kP_0$ (d) Decayó

19. (a) Los peces son atrapados a razón de 15 por semana.

(b) Véase el inciso (d). (c) $P = 250$, $P = 750$

(d)

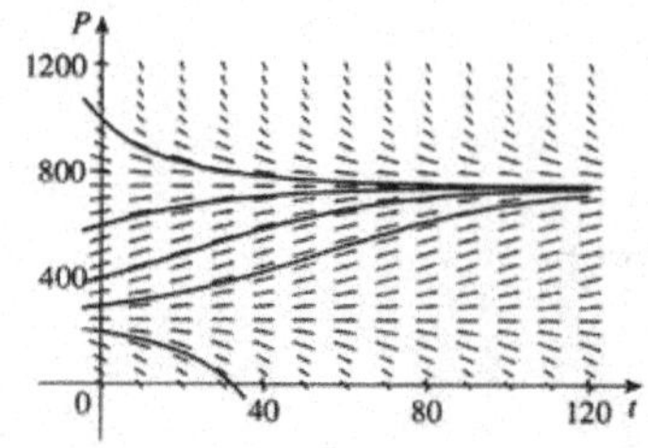

$0 < P_0 < 250$: $P \to 0$;
$P_0 = 250$: $P \to 250$;
$P_0 > 250$: $P \to 750$

(e) $P(t) = \dfrac{250 - 750ke^{t/25}}{1 - ke^{t/25}}$
donde $k = \frac{1}{11}, -\frac{1}{9}$

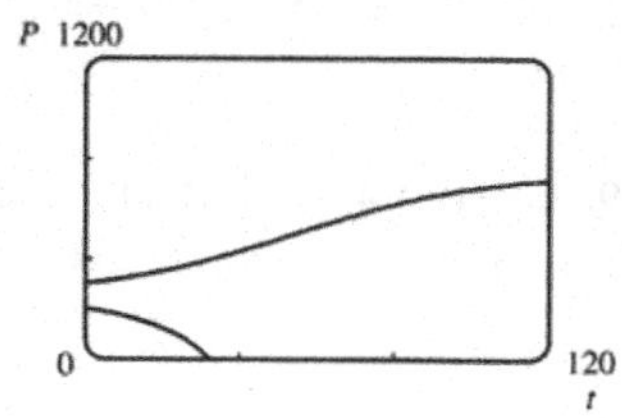

21. (b)

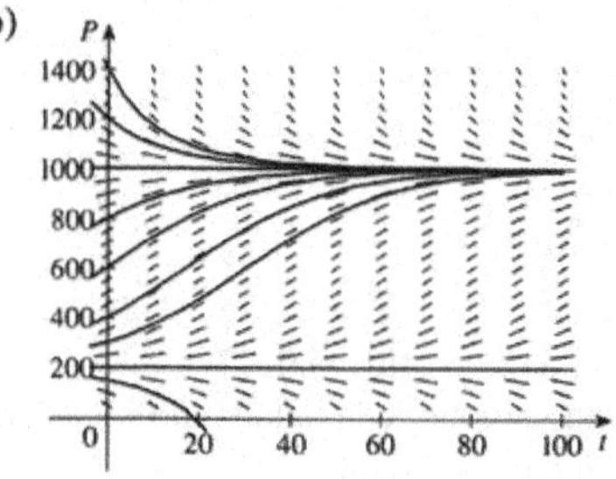

$0 < P_0 < 200$: $P \to 0$;
$P_0 = 200$: $P \to 200$;
$P_0 > 200$: $P \to 1000$

(c) $P(t) = \dfrac{m(M - P_0) + M(P_0 - m)e^{(M-m)(k/M)t}}{M - P_0 + (P_0 - m)e^{(M-m)(k/M)t}}$

23. (a) $P(t) = P_0e^{(k/r)[\operatorname{sen}(rt - \phi) + \operatorname{sen}\phi]}$ (b) No existe

EJERCICIOS 9.5 ■ PÁGINA 625

1. No **3.** Sí **5.** $y = x^2 \ln|x| + Cx^2$

7. $y = x + 1 + Ce^{-x}$ **9.** $y = \dfrac{\int \operatorname{sen}(x^2)\,dx + C}{\operatorname{sen} x}$

11. $y = x^2(\ln x + C)$ **13.** $y = \frac{1}{3}t^{-3}(1 + t^2)^{3/2} + Ct^{-3}$

15. $y = \dfrac{1}{x}\ln x - \dfrac{1}{x} + \dfrac{3}{x^2}$ **17.** $u = -t^2 + t^3$

19. $y = -x\cos x - x$

21. $y = \dfrac{(x - 1)e^x + C}{x^2}$

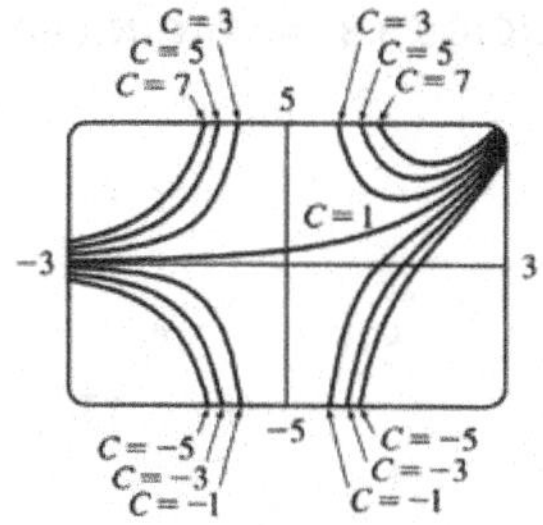

25. $y = \pm\left(Cx^4 + \dfrac{2}{5x}\right)^{-1/2}$

27. (a) $I(t) = 4 - 4e^{-5t}$ (b) $4 - 4e^{-1/2} \approx 1.57$ A

29. $Q(t) = 3(1 - e^{-4t})$, $I(t) = 12e^{-4t}$

31. $P(t) = M + Ce^{-kt}$

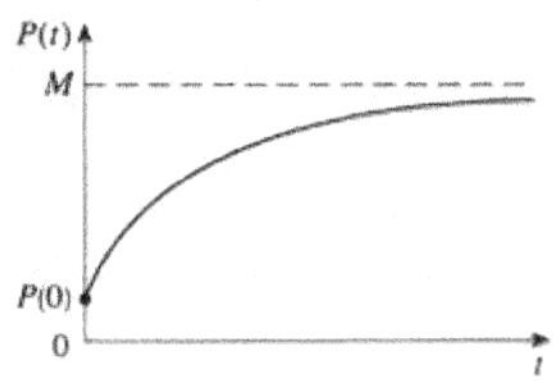

33. $y = \frac{2}{5}(100 + 2t) - 40\,000(100 + 2t)^{-3/2}$; 0.2275 kg/L

35. (b) mg/c (c) $(mg/c)[t + (m/c)e^{-ct/m}] - m^2g/c^2$

37. (b) $P(t) = \dfrac{M}{1 + MCe^{-kt}}$

EJERCICIOS 9.6 ■ PÁGINA 631

1. (a) x = depredadores, y = presa; el crecimiento es restringido solo por los depredadores, que se alimentan exclusivamente de sus presas.

(b) x = presa, y = depredadores; el crecimiento es restringido por la capacidad de carga y por los predadores, que se alimentan exclusivamente de sus presas.

3. (a) Competencia

(b) (i) $x = 0$, $y = 0$: poblaciones de cero.

(ii) $x = 0$, $y = 400$: en ausencia de una población x, la población y se estabiliza en 400.

(iii) $x = 125$, $y = 0$: en ausencia de una población y, la población x se estabiliza en 125.

(iv) $x = 50$, $y = 300$: ambas poblaciones son estables.

5. (a) La población de conejos comienza en alrededor de 300, aumenta a 2400 y luego vuelve a 300. La población de zorros comienza en 100, se reduce a alrededor de 20, aumenta a alrededor de 315, decrece a 100 y el ciclo vuelve a empezar.

(b)

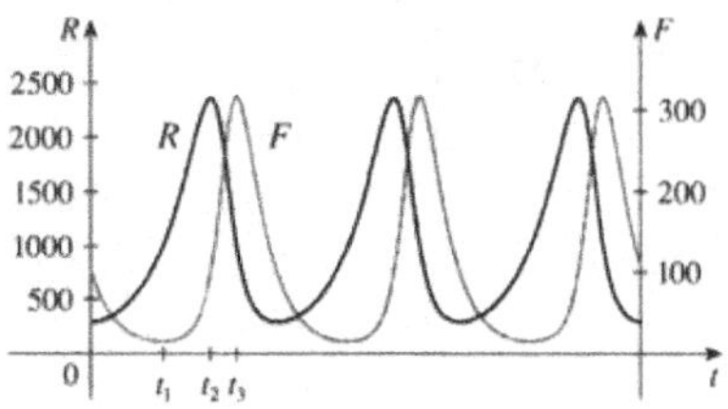

7.

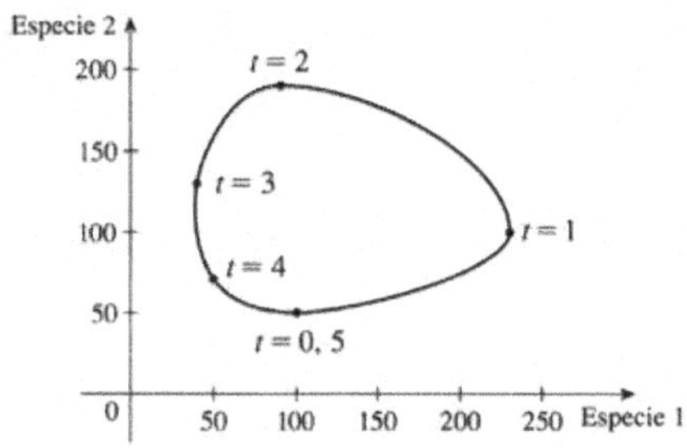

11. (a) La población se estabiliza en 5000.

(b) (i) $W = 0$, $R = 0$: poblaciones de cero

(ii) $W = 0$, $R = 5000$: en ausencia de lobos, la población de conejos es siempre de 5000.

(iii) $W = 64$, $R = 1000$; ambas poblaciones son estables.

(c) Las poblaciones se estabilizan en 1000 conejos y 64 lobos.

(d)

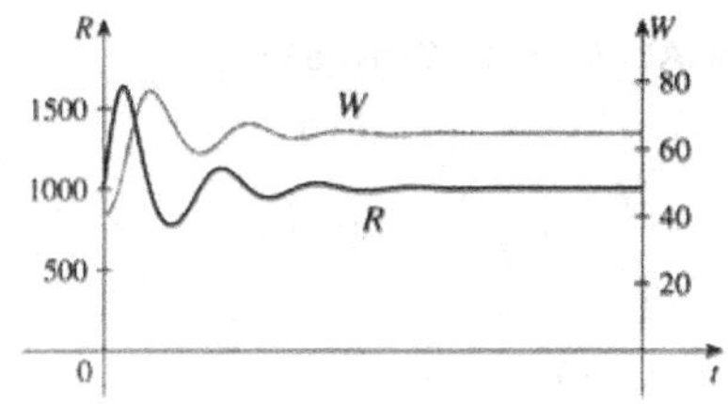

REPASO DEL CAPÍTULO 9 ■ PÁGINA 634

Examen verdadero-falso

1. Verdadero **3.** Falso **5.** Verdadero **7.** Verdadero

Ejercicios

1. (a)

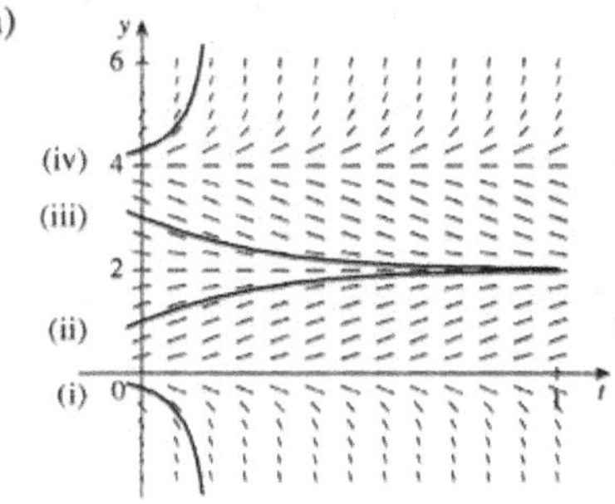

(b) $0 \leqslant c \leqslant 4$; $y = 0$, $y = 2$, $y = 4$

3. (a) $y(0.3) \approx 0.8$

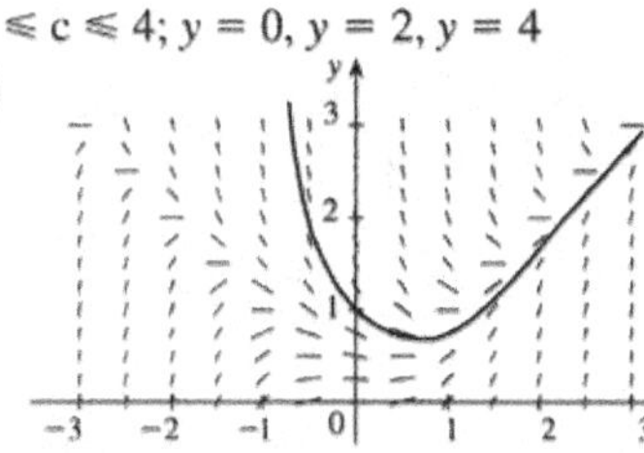

(b) 0.75676

(c) $y = x$ y $y = -x$; hay un máx loc o mín loc

5. $y = \left(\frac{1}{2}x^2 + C\right)e^{-\operatorname{sen} x}$

7. $y = \pm\sqrt{\ln(x^2 + 2x^{3/2} + C)}$

9. $r(t) = 5e^{t - t^2}$ **11.** $y = \frac{1}{2}x(\ln x)^2 + 2x$ **13.** $x = C - \frac{1}{2}y^2$

15. (a) $P(t) = \dfrac{2000}{1 + 19e^{-0.1t}}$; ≈ 560 (b) $t = -10 \ln \frac{2}{57} \approx 33.5$

17. (a) $L(t) = L_\infty - [L_\infty - L(0)]e^{-kt}$ (b) $L(t) = 53 - 43e^{-0.2t}$

19. 15 días **21.** $k \ln h + h = (-R/V)t + C$

23. (a) Se estabiliza en 200 000

(b) (i) $x = 0$, $y = 0$: poblaciones de cero

(ii) $x = 200\,000$, $y = 0$: en ausencia de aves, la población de insectos es siempre de 200 000.

(iii) $x = 25\,000$, $y = 175$: ambas poblaciones son estables.

(c) Las poblaciones se estabilizan en 25 000 insectos y 175 aves.

(d)

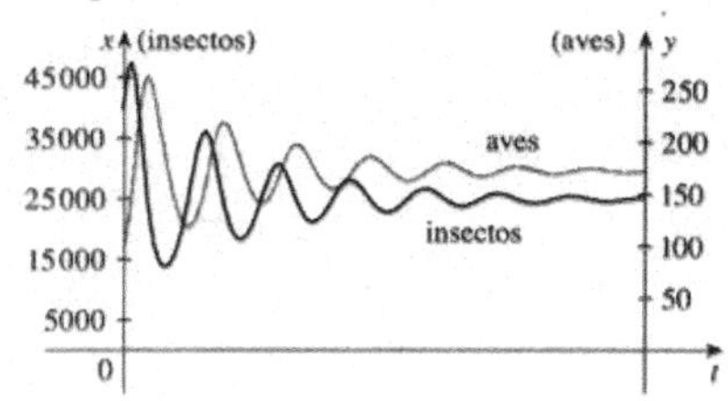

PROBLEMAS ADICIONALES ■ PÁGINA 637

1. $f(x) = \pm 10e^x$ **5.** $y = x^{1/n}$ **7.** 20 °C

9. (b) $f(x) = \dfrac{x^2 - L^2}{4L} - \dfrac{L}{2}\ln\left(\dfrac{x}{L}\right)$ (c) No

11. (a) 9.5 h (b) $2700\pi \approx 8482\ \text{m}^2$; $471\ \text{m}^2/\text{h}$ (c) 5.5 h

13. $x^2 + (y - 6)^2 = 25$ **15.** $y = K/x,\ K \neq 0$

CAPÍTULO 10

EJERCICIOS 10.1 ■ PÁGINA 645

1.

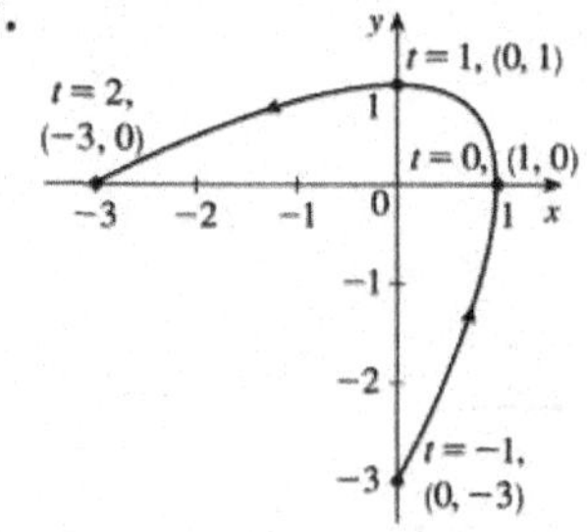

3.

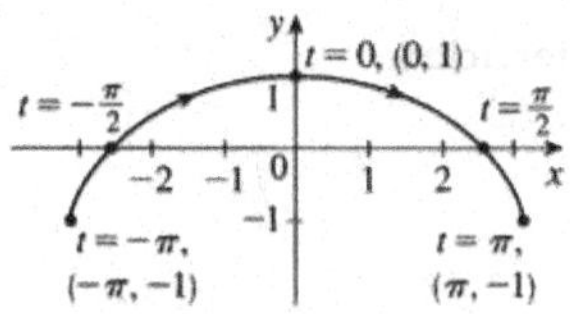

5. (a)

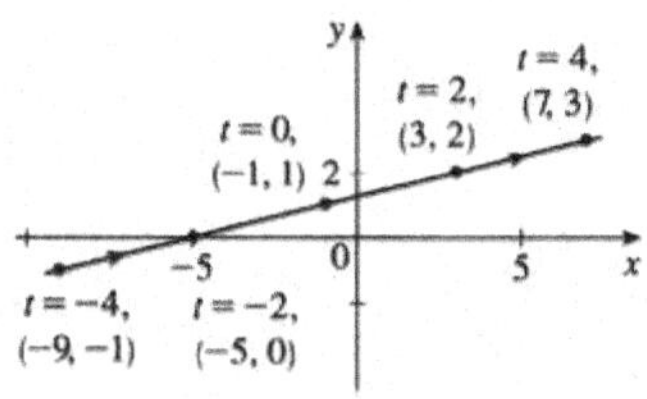

(b) $y = \frac{1}{4}x + \frac{5}{4}$

7. (a)

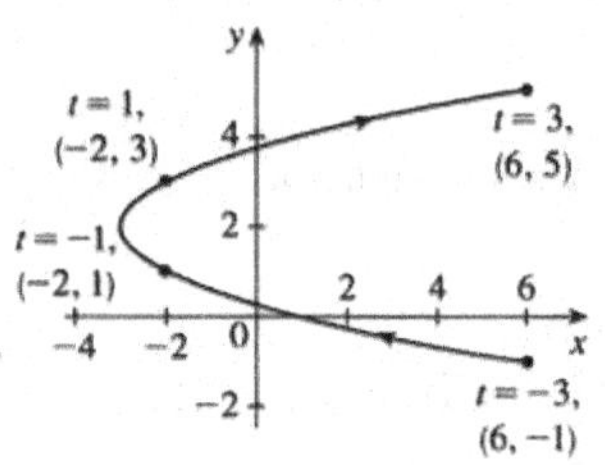

(b) $x = y^2 - 4y + 1,\ -1 \leqslant y \leqslant 5$

9. (a)

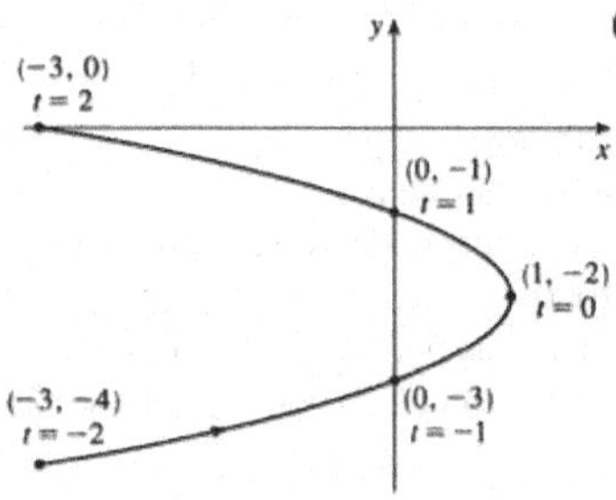

(b) $x = -(y + 2)^2 + 1,\ -4 \leqslant y \leqslant 0$

11. (a) $x^2 + y^2 = 1,\ y \geqslant 0$ (b)

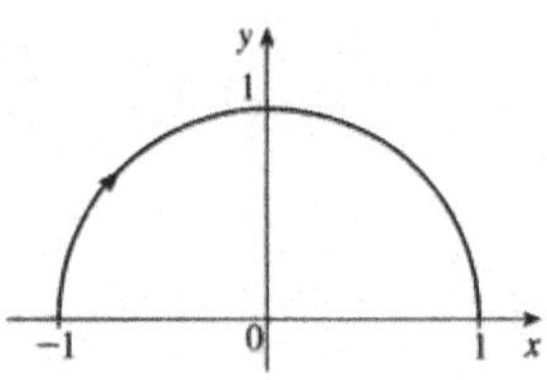

13. (a) $y = 1/x,\ y > 1$ (b)

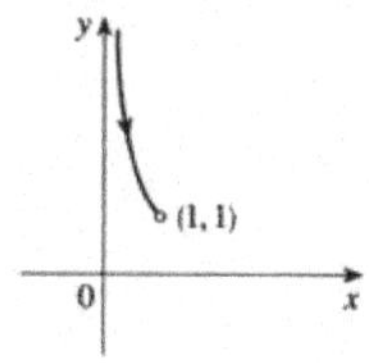

15. (a) $x = e^{2y}$ (b)

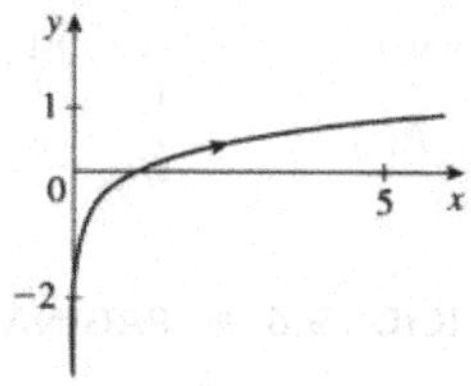

17. (a) $y = \frac{1}{2}\ln x + 1$ (b)

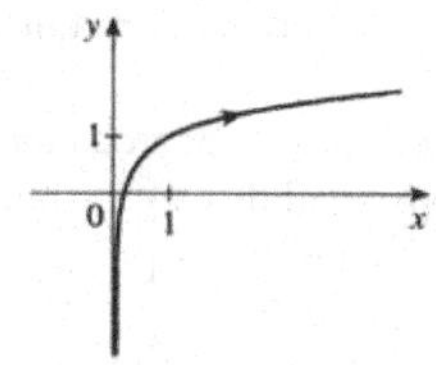

19. Se mueve en sentido contrario a las manecillas del reloj a lo largo del círculo

$$\left(\frac{x-5}{2}\right)^2 + \left(\frac{y-3}{2}\right)^2 = 1 \text{ de } (3, 3) \text{ a } (7, 3)$$

21. Se mueve 3 veces a en sentido contrario a las manecillas del reloj alrededor de la elipse $(x^2/25) + (y^2/4) = 1$, partiendo y terminando en $(0, -2)$

23. Está contenido en el rectángulo descrito por $1 \leqslant x \leqslant 4$ y $2 \leqslant y \leqslant 3$.

25.

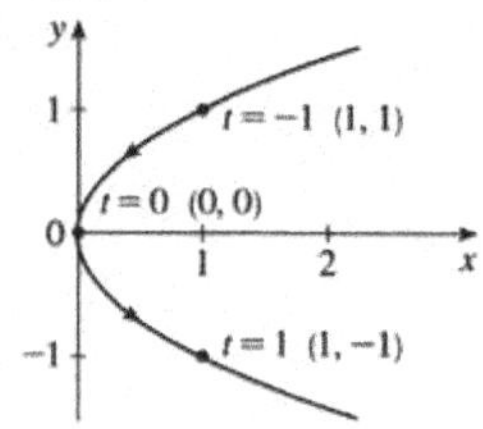

27.

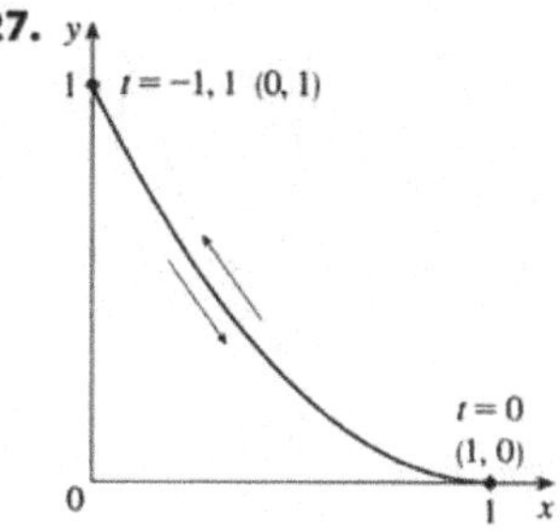

29.

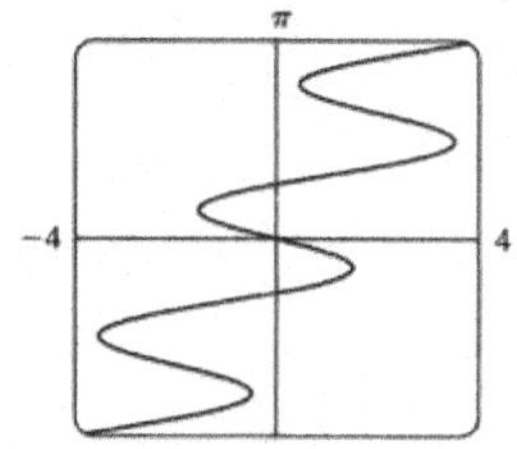

31. (b) $x = -2 + 5t,\ y = 7 - 8t,\ 0 \leqslant t \leqslant 1$

33. (a) $x = 2\cos t,\ y = 1 - 2\operatorname{sen} t,\ 0 \leqslant t \leqslant 2\pi$

(b) $x = 2\cos t,\ y = 1 + 2\operatorname{sen} t,\ 0 \leqslant t \leqslant 6\pi$

(c) $x = 2\cos t,\ y = 1 + 2\operatorname{sen} t,\ \pi/2 \leqslant t \leqslant 3\pi/2$

37. La curva $y = x^{2/3}$ es generada en (a). En (b), solo la porción con $x \geqslant 0$ es generada, y en (c) se obtiene únicamente la porción con $x > 0$.

41. $x = a\cos\theta$, $y = b \operatorname{sen}\theta$; $(x^2/a^2) + (y^2/b^2) = 1$, elipse

43.

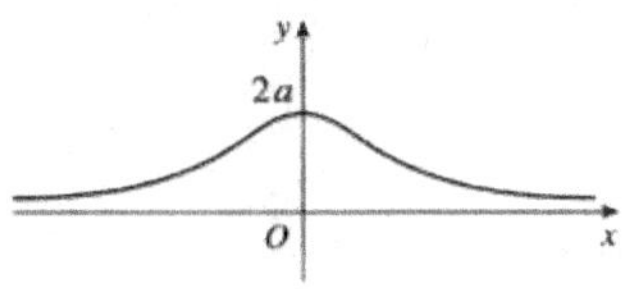

45. (a) Dos puntos de intersección

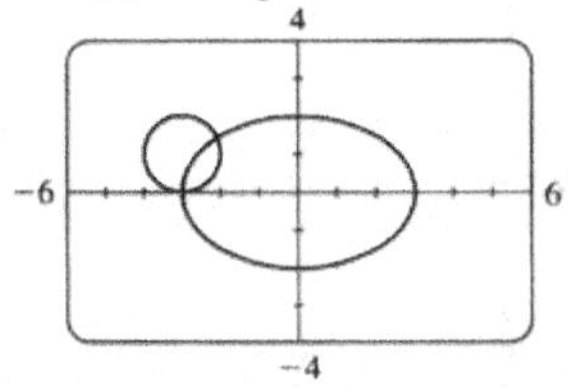

(b) Un punto de colisión en $(-3, 0)$ cuando $t = 3\pi/2$

(c) Hay todavía dos puntos de intersección, pero ningún punto de colisión.

47. Para $c = 0$, hay una cúspide; para $c > 0$, hay un lazo cuyo tamaño aumenta cuando c aumenta.

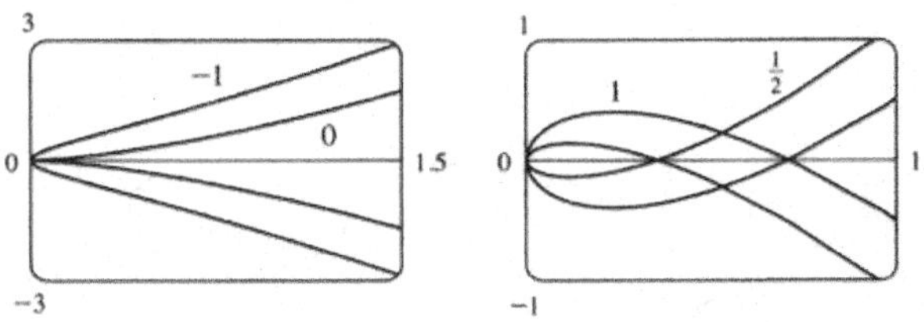

49. Las curvas siguen aproximadamente la recta $y = x$ y empiezan a tener lazos cuando a está entre 1.4 y 1.6 (más precisamente, cuando $a > \sqrt{2}$). Los lazos aumentan de tamaño cuando a aumenta.

51. Cuando n aumenta, el número de oscilaciones aumenta; a y b determinan el ancho y la altura.

EJERCICIOS 10.2 ■ PÁGINA 655

1. $\frac{1}{2}(1 + t)^{3/2}$ **3.** $y = -x$ **5.** $y = -x$

7. $y = 2x + 1$

9. $y = 3x + 3$

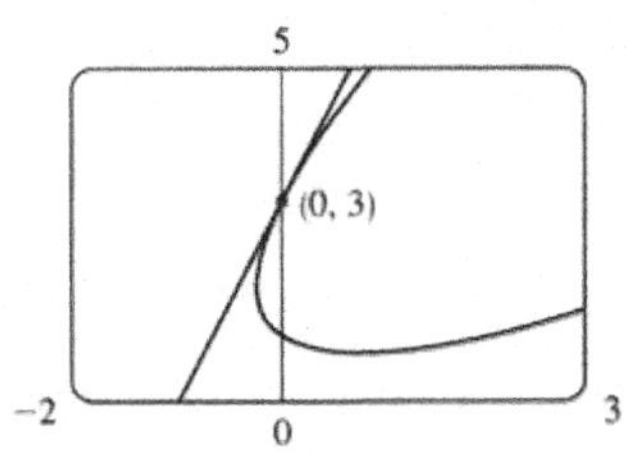

11. $\dfrac{2t + 1}{2t}, -\dfrac{1}{4t^3}, t < 0$

13. $-\frac{3}{2}\tan t$, $-\frac{3}{4}\sec^3 t$, $\pi/2 < t < 3\pi/2$

15. $\dfrac{t + 1}{t - 1}, \dfrac{-2t}{(t - 1)^3}, 0 < t < 1$

17. Horizontal en $(0, -3)$, vertical en $(\pm 2, -2)$

19. Horizontal en $\left(\frac{1}{2}, -1\right)$ y $\left(-\frac{1}{2}, 1\right)$, ninguna vertical

21. $(0.6, 2)$; $\left(5 \cdot 6^{-6/5}, e^{6^{-1/5}}\right)$

23.

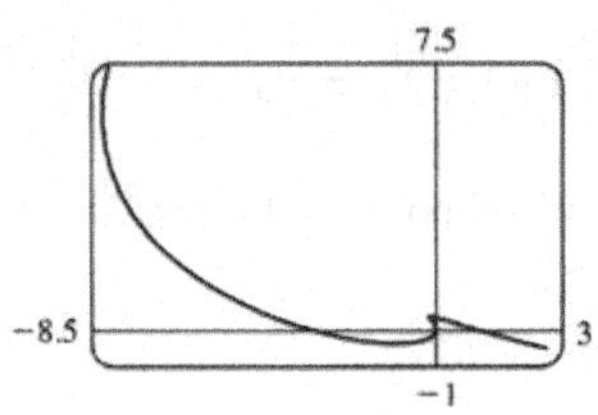

25. $y = x$, $y = -x$

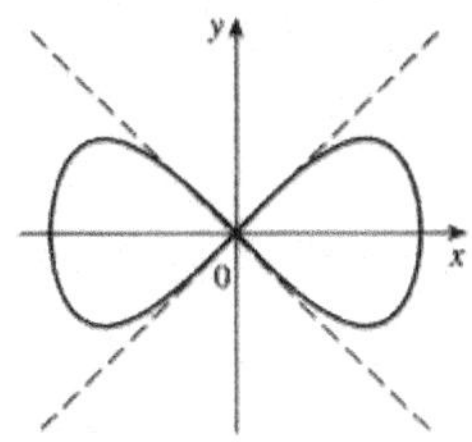

27. (a) $d \operatorname{sen}\theta/(r - d\cos\theta)$ **29.** $(4, 0)$ **31.** πab

33. $\frac{24}{5}$ **35.** $2\pi r^2 + \pi d^2$ **37.** $\int_0^2 \sqrt{2 + 2e^{-2t}}\, dt \approx 3.1416$

39. $\int_0^{4\pi} \sqrt{5 - 4\cos t}\, dt \approx 26.7298$ **41.** $4\sqrt{2} - 2$

43. $\frac{1}{2}\sqrt{2} + \frac{1}{2}\ln\left(1 + \sqrt{2}\right)$

45. $\sqrt{2}\,(e^{\pi} - 1)$

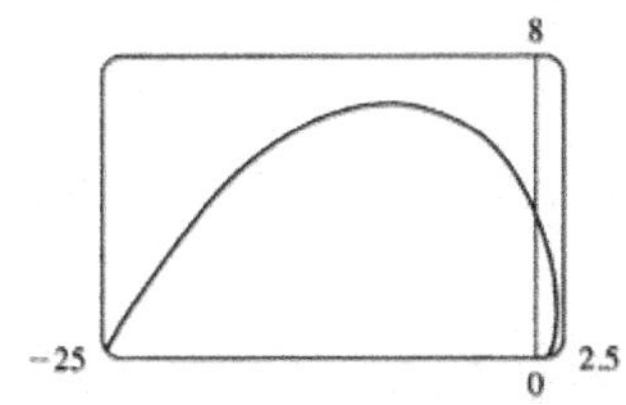

47. 16.7102

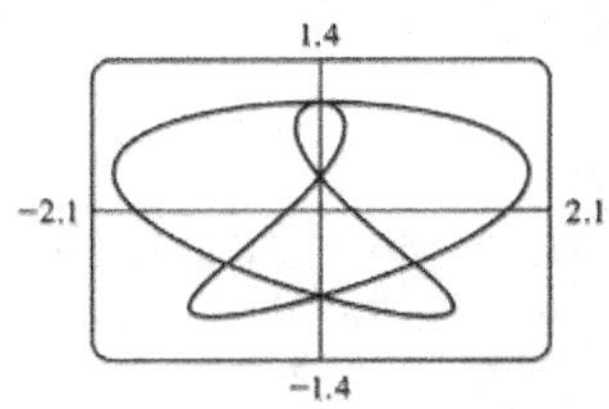

49. 612.3053 **51.** $6\sqrt{2}, \sqrt{2}$

55. (a) $t \in [0, 4\pi]$

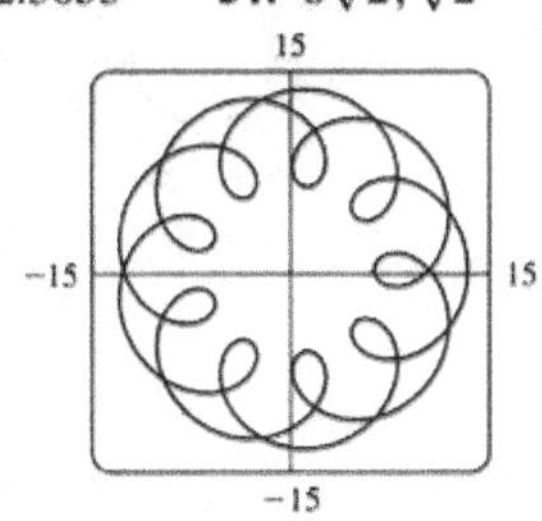

(b) 294

57. $\int_0^{\pi/2} 2\pi t \cos t \sqrt{t^2 + 1}\, dt \approx 4.7394$

59. $\int_0^1 2\pi e^{-t}\sqrt{1 + 2e^t + e^{2t} + e^{-2t}}\, dt \approx 10.6705$

61. $\frac{48}{5}\pi$ **63.** $\frac{6}{5}\pi a^2$

65. $\frac{24}{5}\pi\left(949\sqrt{26} + 1\right)$ **71.** $\frac{1}{4}$

EJERCICIOS 10.3 ■ PÁGINA 666

1. (a)

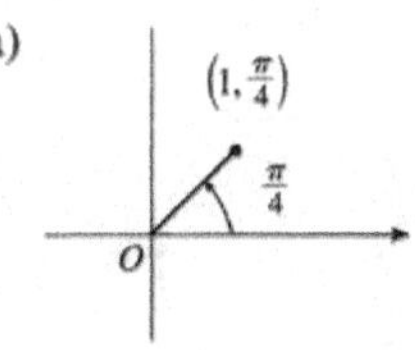

$(1, 9\pi/4)$, $(-1, 5\pi/4)$

(b)

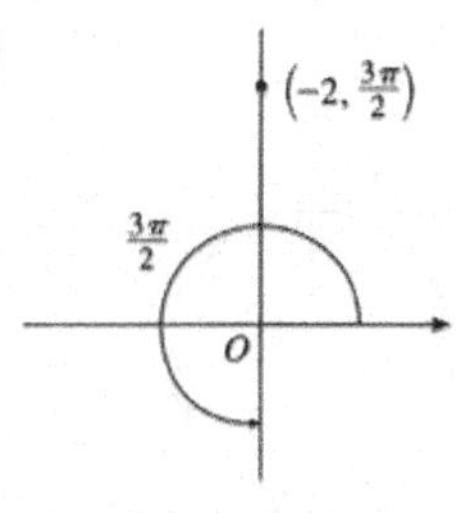

$(2, \pi/2)$, $(-2, 7\pi/2)$

(c)

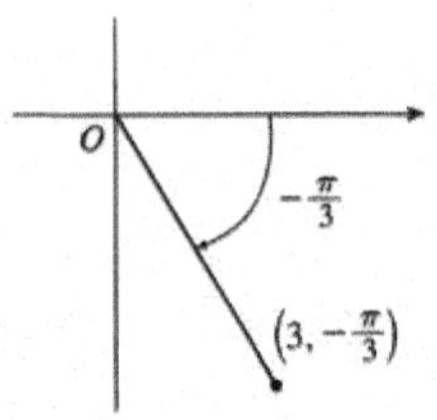

$(3, 5\pi/3)$, $(-3, 2\pi/3)$

3. (a)

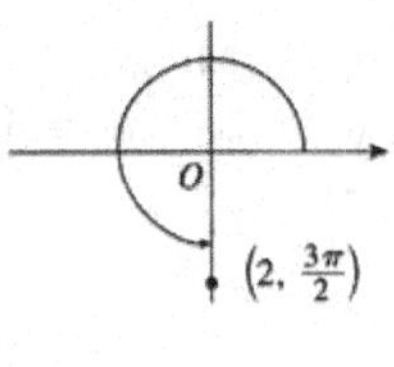

$(0, -2)$

(b)

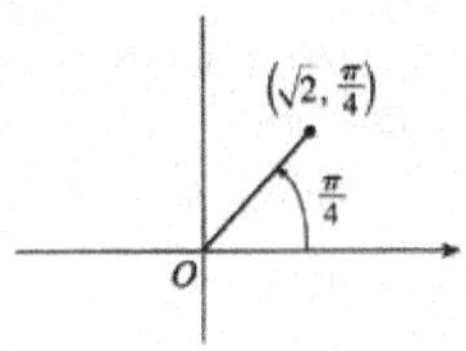

$(1, 1)$

(c)

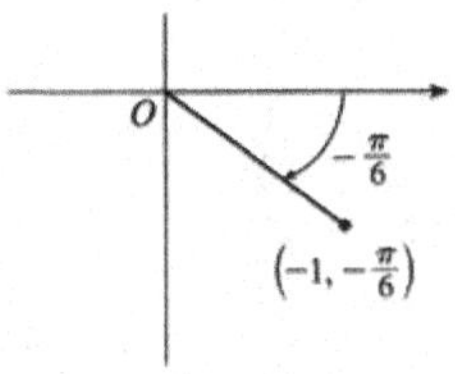

$(-\sqrt{3}/2, 1/2)$

5. (a) (i) $(4\sqrt{2}, 3\pi/4)$ (ii) $(-4\sqrt{2}, 7\pi/4)$
(b) (i) $(6, \pi/3)$ (ii) $(-6, 4\pi/3)$

7.

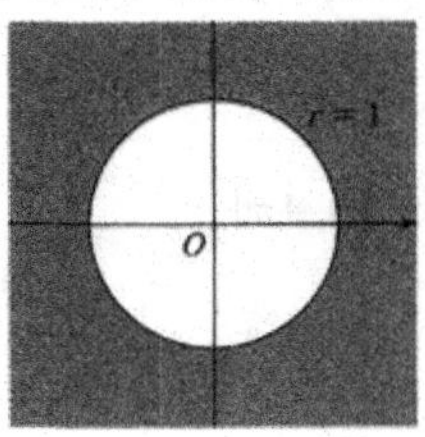

9.

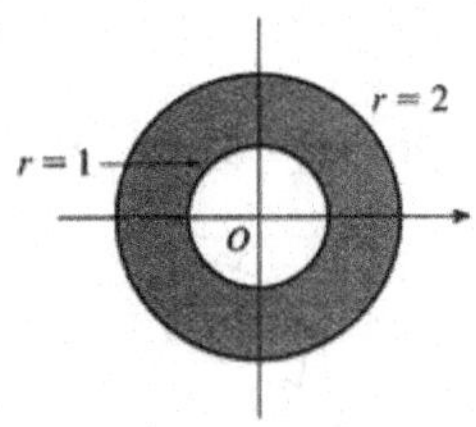

11.

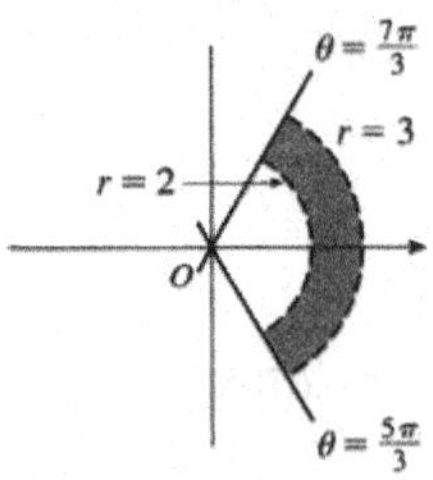

13. $2\sqrt{7}$ **15.** Círculo; centro O, radio 2
17. Círculo, centro $(5/2, 0)$, radio $5/2$
19. Círculo, centro $(1, 0)$, radio 1
21. $r = 2\csc\theta$ **23.** $r = 1/(\operatorname{sen}\theta - 3\cos\theta)$
25. $r = 2c\cos\theta$ **27.** (a) $\theta = \pi/6$ (b) $x = 3$

29.

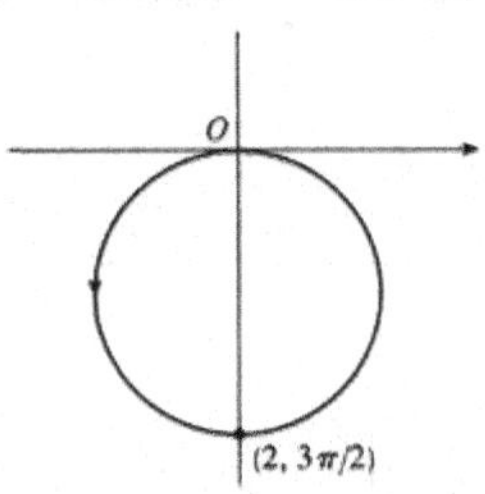

31.

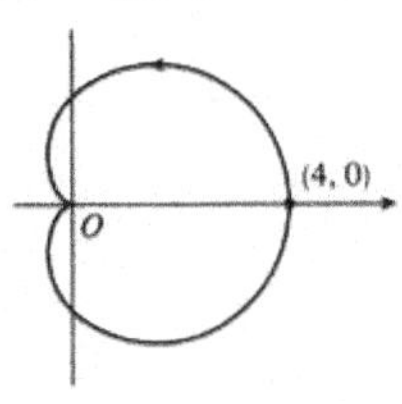

33.

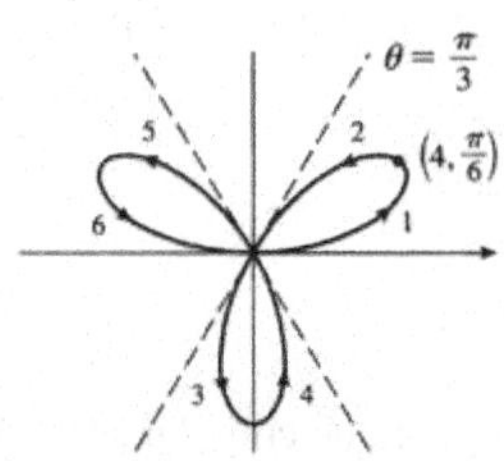

35.

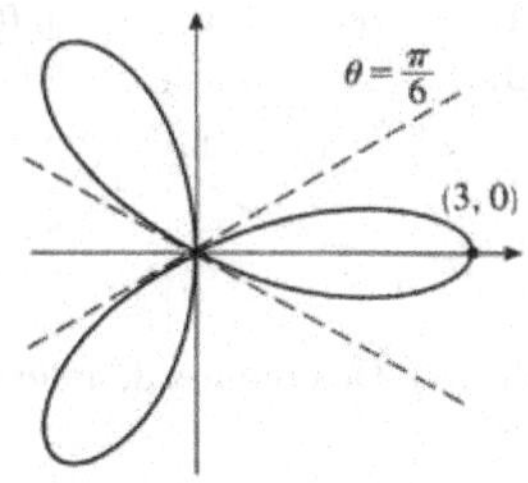

37.

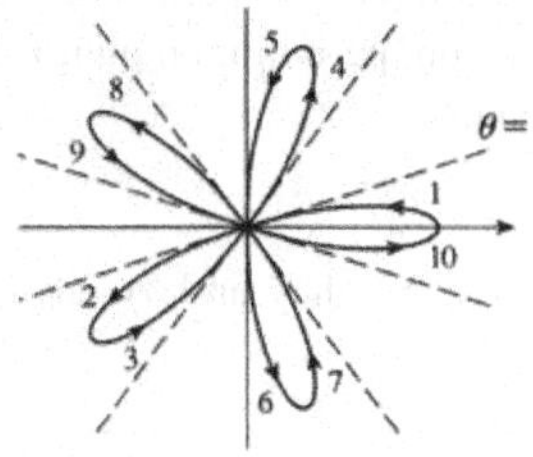

39.

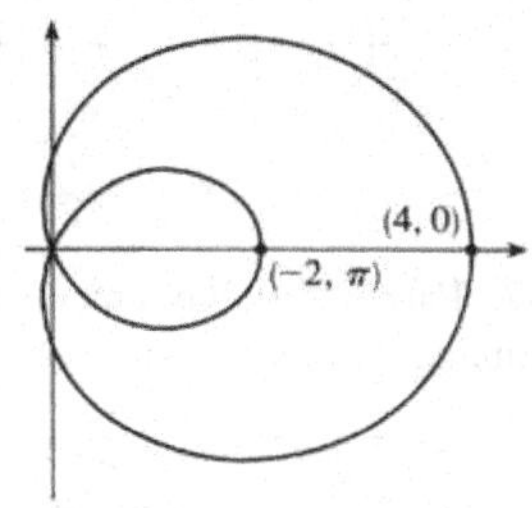

41.

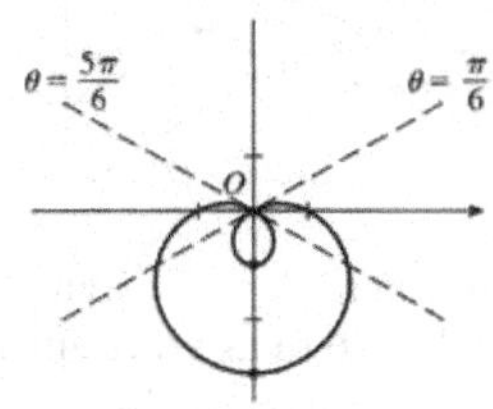

43.

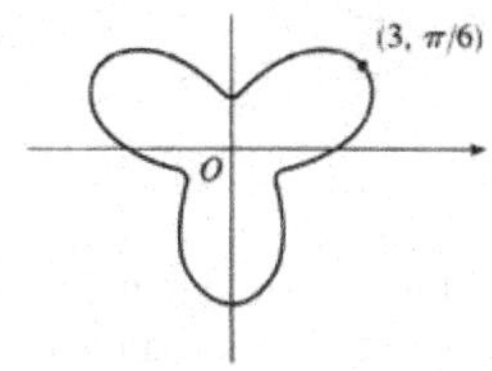

45.

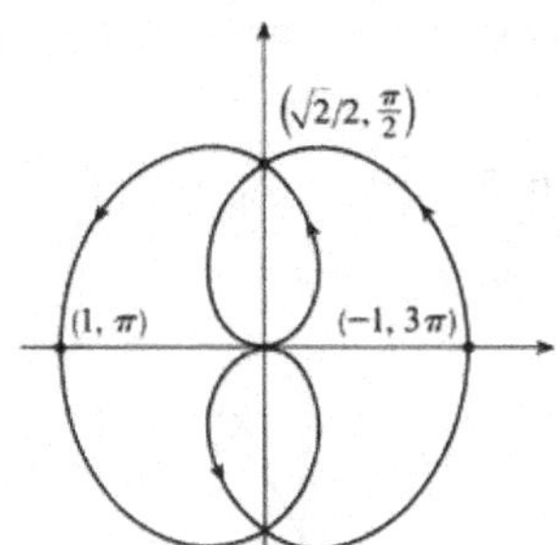

47.

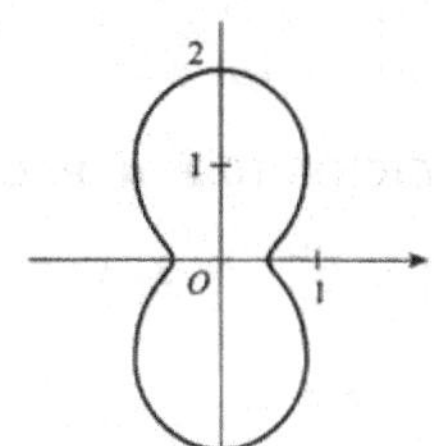

49.

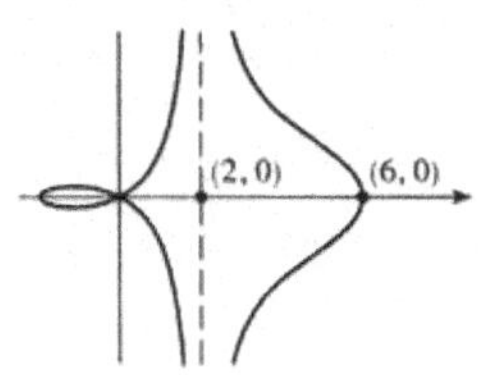

51.

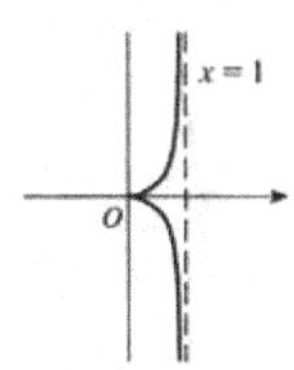

53. (a) Para $c < -1$, el lazo interno empieza en $\theta = \operatorname{sen}^{-1}(-1/c)$ y termina en $\theta = \pi - \operatorname{sen}^{-1}(-1/c)$; para $c > 1$, empieza en $\theta = \pi + \operatorname{sen}^{-1}(-1/c)$ y termina en $\theta = 2\pi - \operatorname{sen}^{-1}(-1/c)$.

55. $1/\sqrt{3}$ **57.** $-\pi$ **59.** 1

61. Horizontal en $(3/\sqrt{2}, \pi/4)$, $(-3/\sqrt{2}, 3\pi/4)$; vertical en $(3, 0)$, $(0, \pi/2)$

63. Horizontal en $(\frac{3}{2}, \pi/3)$, $(0, \pi)$ [el poste], y $(\frac{3}{2}, 5\pi/3)$; vertical en $(2, 0)$, $(\frac{1}{2}, 2\pi/3)$, $(\frac{1}{2}, 4\pi/3)$

65. Centro $(b/2, a/2)$, radio $\sqrt{a^2 + b^2}/2$

67.

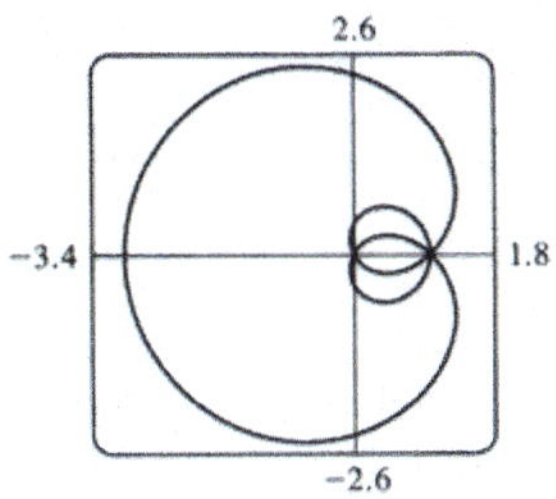

69.

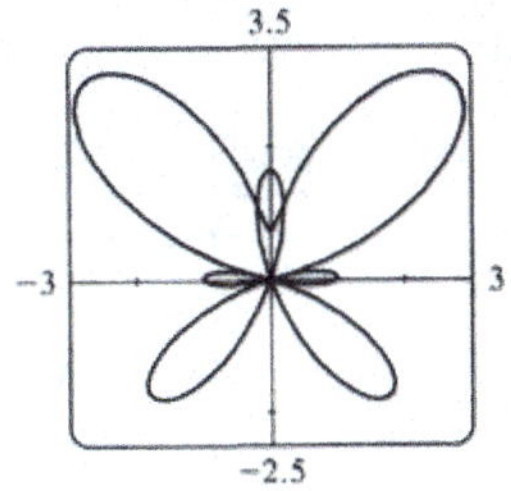

71.

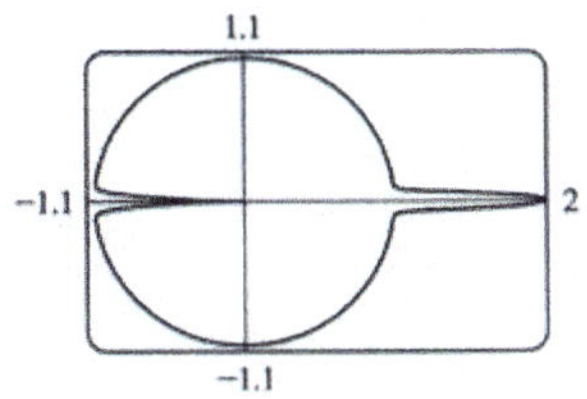

73. Por rotación en sentido contrario a las manecillas del reloj a través del ángulo $\pi/6$, $\pi/3$, o α alrededor del origen.
75. Para $c = 0$, la curva es un círculo. Cuando c aumenta, el lado izquierdo se aplana, y luego tiene un hueco para $0.5 < c < 1$, una cúspide para $c = 1$ y un lazo para $c > 1$.

EJERCICIOS 10.4 ■ PÁGINA 672

1. $\pi^5/10240$ **3.** $\pi/2$ **5.** $\frac{1}{2}$ **7.** π^2
9. π

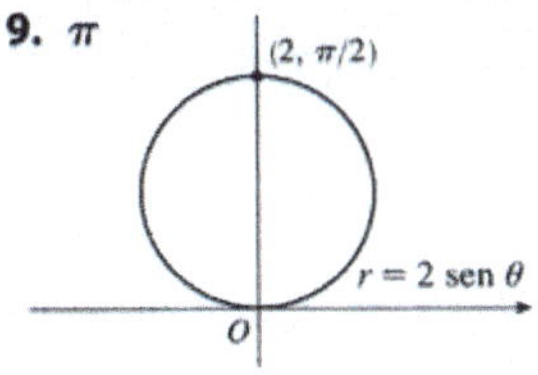

11. 11π

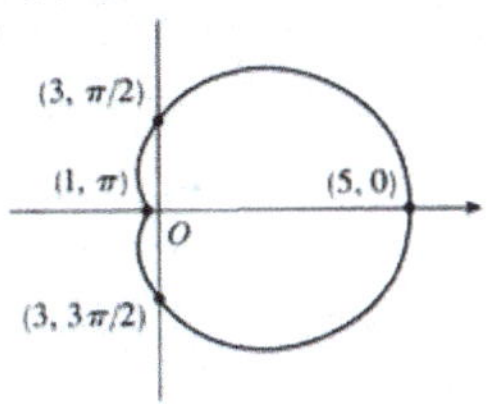

13. $\frac{9}{2}\pi$

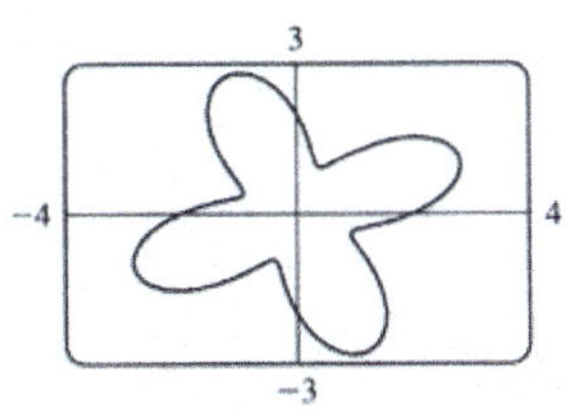

15. $\frac{3}{2}\pi$

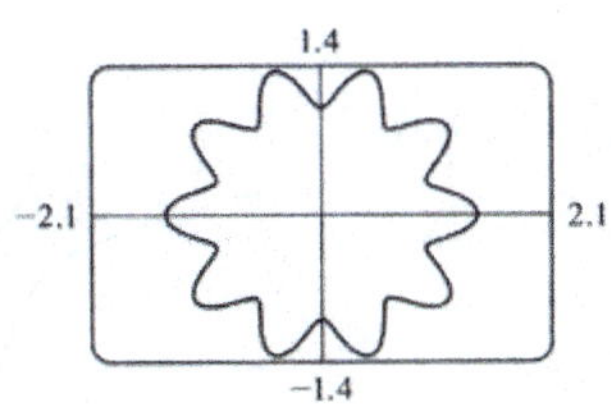

17. $\frac{4}{3}\pi$ **19.** $\frac{1}{16}\pi$ **21.** $\pi - \frac{3}{2}\sqrt{3}$ **23.** $\frac{4}{3}\pi + 2\sqrt{3}$
25. $\frac{1}{3}\pi + \frac{1}{2}\sqrt{3}$ **27.** π **29.** $\frac{9}{8}\pi - \frac{9}{4}$ **31.** $\frac{1}{2}\pi - 1$
33. $-\sqrt{3} + 2 + \frac{1}{3}\pi$ **35.** $\frac{1}{4}(\pi + 3\sqrt{3})$
37. $(\frac{1}{2}, \pi/6)$, $(\frac{1}{2}, 5\pi/6)$, y el poste
39. $(\frac{3}{2}, \pi/6)$, $(\frac{3}{2}, 5\pi/6)$, y el poste
41. $(\frac{1}{2}\sqrt{3}, \pi/3)$, $(\frac{1}{2}\sqrt{3}, 2\pi/3)$, y el poste
43. Intersección en $\theta \approx 0.89, 2.25$; área ≈ 3.46
45. 2π **47.** $\frac{8}{3}[(\pi^2 + 1)^{3/2} - 1]$ **49.** $\frac{16}{3}$
51. 2.4221 **53.** 8.0091
55. (b) $2\pi(2 - \sqrt{2})$

EJERCICIOS 10.5 ■ PÁGINA 680

1. $(0, 0)$, $(0, \frac{3}{2})$, $y = -\frac{3}{2}$

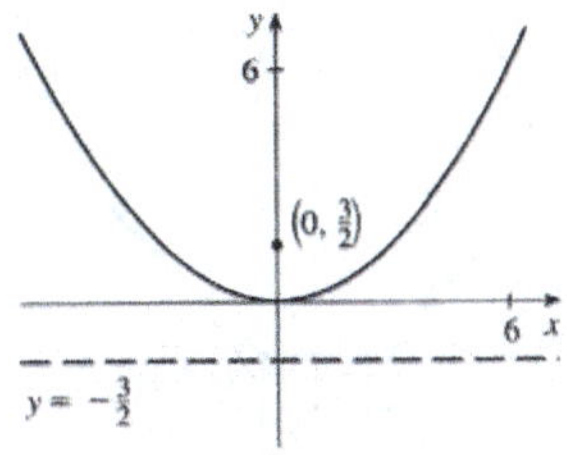

3. $(0, 0)$, $(-\frac{1}{2}, 0)$, $x = \frac{1}{2}$

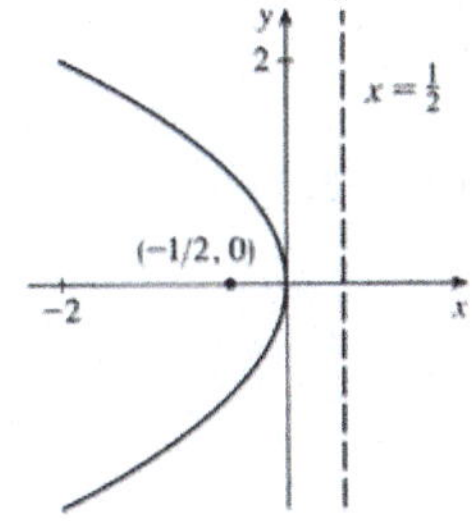

5. $(-2, 3)$ $(-2, 5)$, $y = 1$

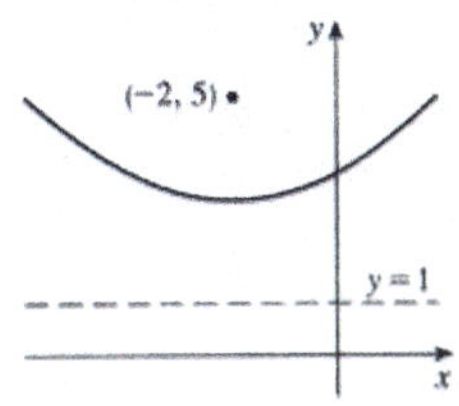

7. $(4, -3)$, $(\frac{7}{2}, -3)$, $x = \frac{9}{2}$

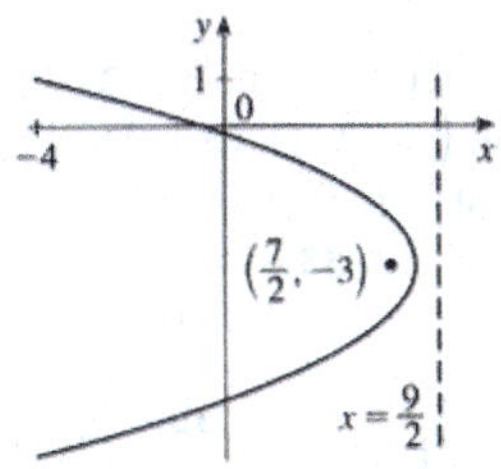

9. $x = -y^2$, foco $(\frac{1}{4}, 0)$, directriz $x = \frac{1}{4}$
11. $(0, \pm 2)$, $(0, \pm\sqrt{2})$

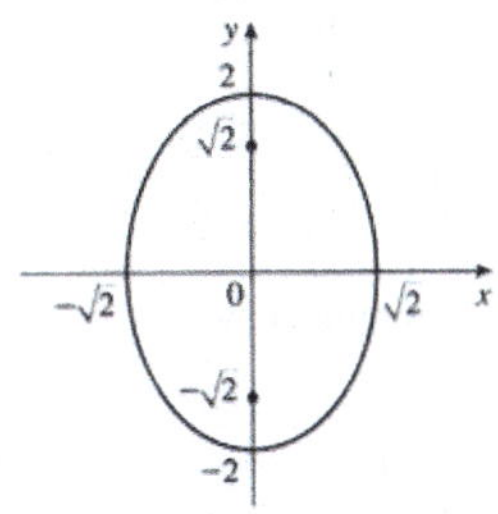

13. $(\pm 3, 0)$, $(\pm 2\sqrt{2}, 0)$

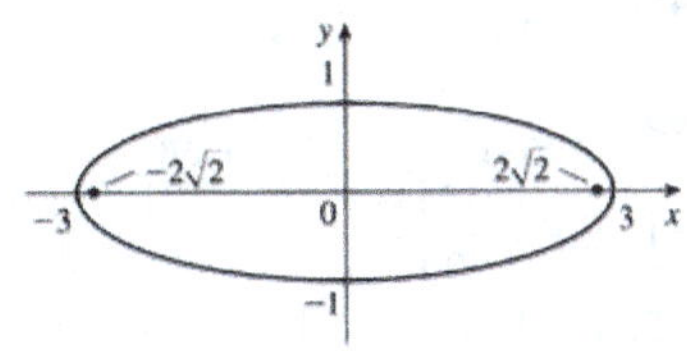

15. $(1, \pm 3)$, $(1, \pm\sqrt{5})$

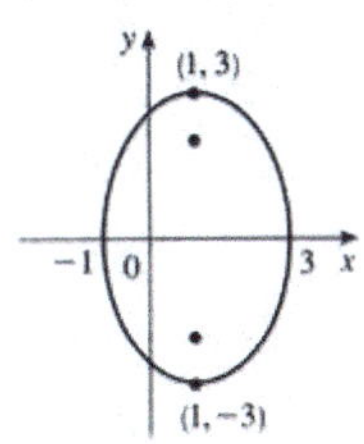

17. $\dfrac{x^2}{4} + \dfrac{y^2}{9} = 1$, focos $(0, \pm\sqrt{5})$

19. $(0, \pm 5)$; $(0, \pm\sqrt{34})$; $y = \pm\frac{5}{3}x$

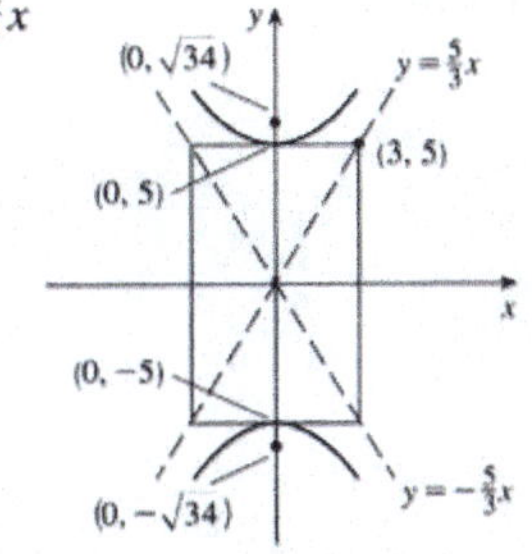

21. $(4, -2), (2, -2)$; $(3 \pm \sqrt{5}, -2)$; $y + 2 = \pm 2(x - 3)$

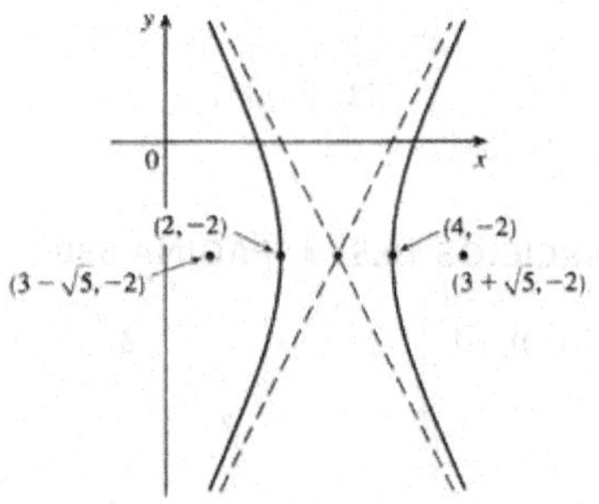

23. $(\pm 1, 1), (\pm\sqrt{2}, 1), y - 1 = \pm x$

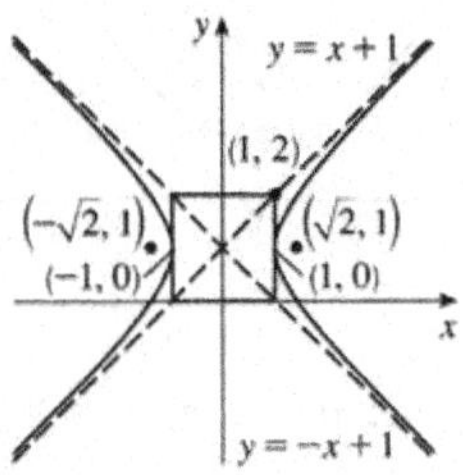

25. Hipérbola, $(\pm 1, 0), (\pm\sqrt{5}, 0)$

27. Elipse, $(\pm\sqrt{2}, 1), (\pm 1, 1)$

29. Parábola, $(1, -2), \left(1, -\frac{11}{6}\right)$

31. $y^2 = 4x$ **33.** $y^2 = -12(x + 1)$

35. $(y + 1)^2 = -\frac{1}{2}(x - 3)$

37. $\dfrac{x^2}{25} + \dfrac{y^2}{21} = 1$ **39.** $\dfrac{x^2}{12} + \dfrac{(y - 4)^2}{16} = 1$

41. $\dfrac{(x + 1)^2}{12} + \dfrac{(y - 4)^2}{16} = 1$ **43.** $\dfrac{x^2}{9} - \dfrac{y^2}{16} = 1$

45. $\dfrac{(y - 1)^2}{25} - \dfrac{(x + 3)^2}{39} = 1$ **47.** $\dfrac{x^2}{9} - \dfrac{y^2}{36} = 1$

49. $\dfrac{x^2}{3\,763\,600} + \dfrac{y^2}{3\,753\,196} = 1$

51. (a) $\dfrac{121x^2}{1\,500\,625} - \dfrac{121y^2}{3\,339\,375} = 1$ (b) ≈ 248 millas

55. (a) Elipse (b) Hipérbola (c) Ninguna curva

59. 15.9

61. $\dfrac{b^2 c}{a} + ab \ln\left(\dfrac{a}{b + c}\right)$ donde $c^2 = a^2 + b^2$

63. $(0, 4/\pi)$

EJERCICIOS 10.6 ■ PÁGINA 688

1. $r = \dfrac{4}{2 + \cos\theta}$ **3.** $r = \dfrac{6}{2 + 3\,\text{sen}\,\theta}$

5. $r = \dfrac{10}{3 - 2\cos\theta}$ **7.** $r = \dfrac{6}{1 + \text{sen}\,\theta}$

9. (a) $\frac{10}{3}$
(b) Hipérbola
(c) $x = -\frac{6}{5}$
(d)

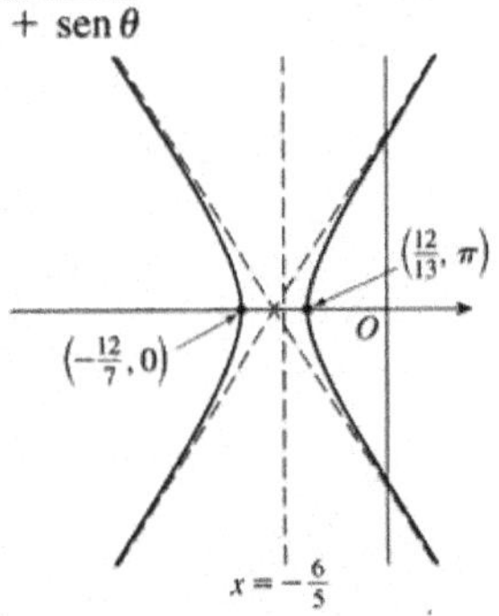

11. (a) 1 (b) Parábola (c) $y = 1$
(d)

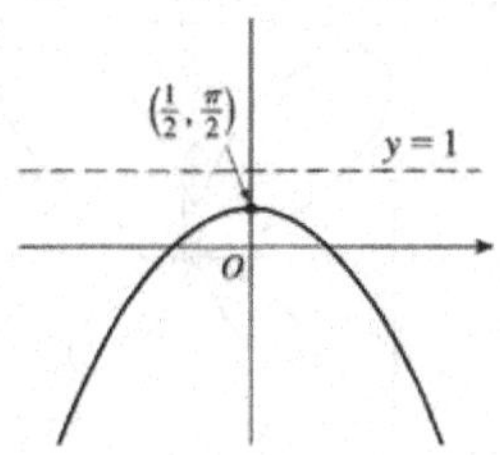

13. (a) $\frac{1}{3}$ (b) Elipse (c) $x = \frac{9}{2}$
(d)

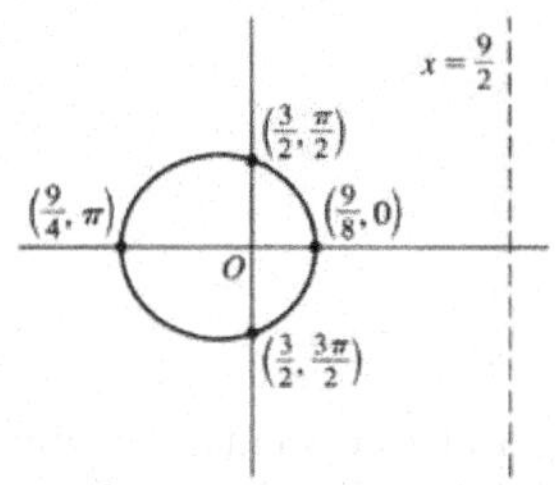

15. (a) $\frac{6}{5}$ (b) Hipérbola (c) $y = -\frac{5}{3}$
(d)

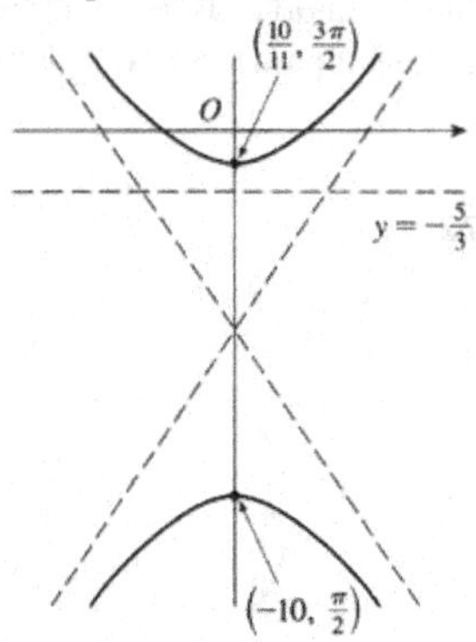

17. (a) $2, y = -\frac{1}{2}$

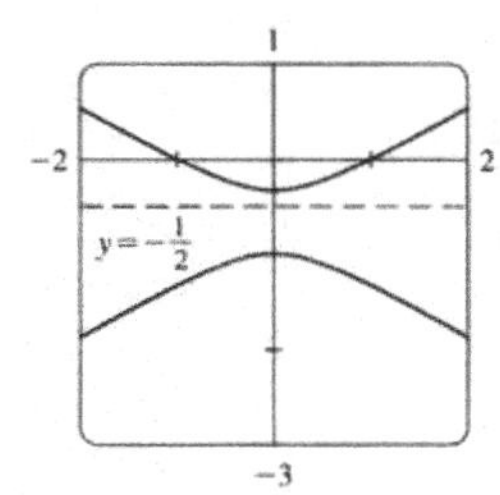

(b) $r = \dfrac{1}{1 - 2\,\text{sen}(\theta - 3\pi/4)}$

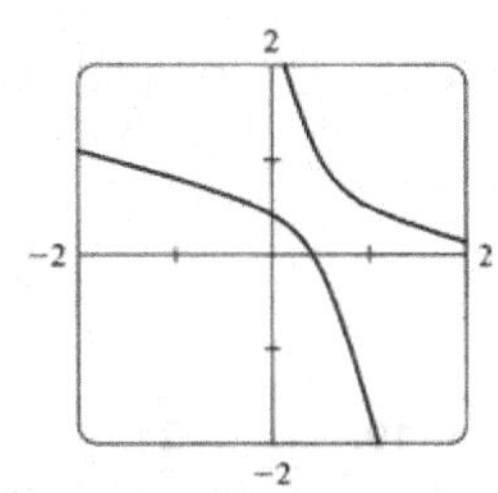

19. La elipse es casi circular cuando e está cerca de 0 y se alarga cuando $e \to 1^-$. En $e = 1$, la curva se vuelve una parábola.

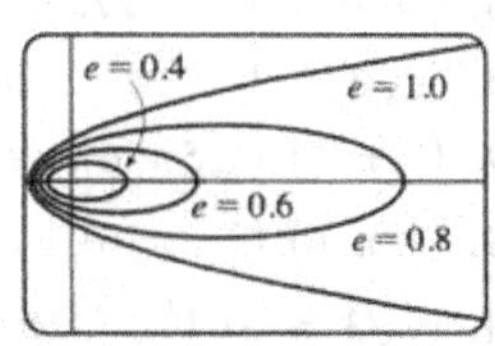

25. $r = \dfrac{2.26 \times 10^8}{1 + 0.093 \cos\theta}$ **27.** $r = \dfrac{1.07}{1 + 0.97 \cos\theta}$; 35.64 AU

29. 7.0×10^7 km **31.** 3.6×10^8 km

REPASO DEL CAPÍTULO 10 ■ PÁGINA 689

Examen verdadero-falso

1. Falso **3.** Falso **5.** Verdadero **7.** Falso
9. Verdadero

Ejercicios

1. $x = y^2 - 8y + 12$ **3.** $y = 1/x$

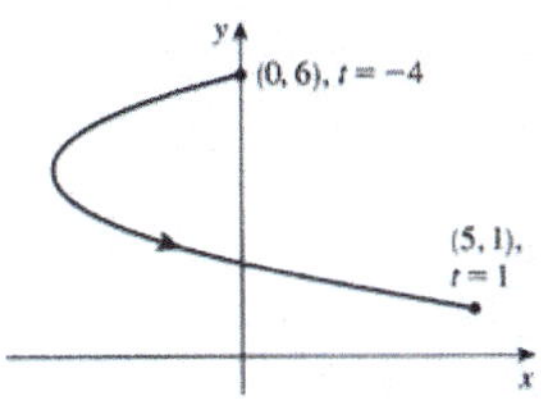

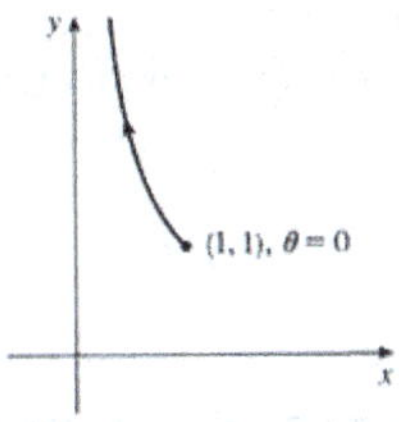

5. $x = t,\ y = \sqrt{t};\ x = t^4,\ y = t^2;$
$x = \tan^2 t,\ y = \tan t,\ 0 \leqslant t < \pi/2$

7. (a)

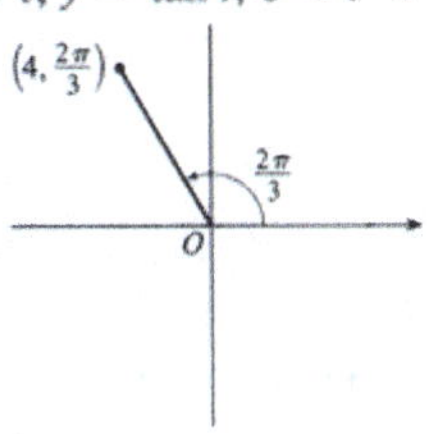

(b) $(3\sqrt{2}, 3\pi/4)$, $(-3\sqrt{2}, 7\pi/4)$

$(-2, 2\sqrt{3})$

9.

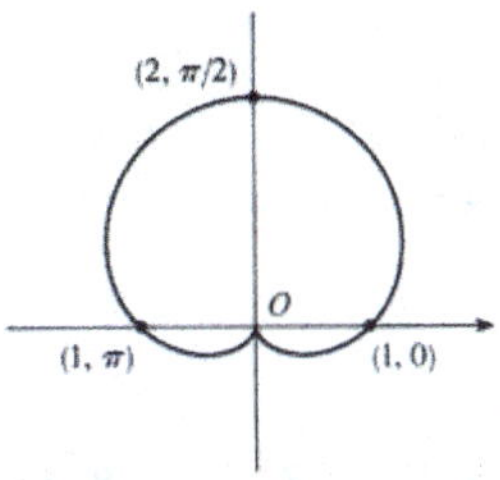

11.

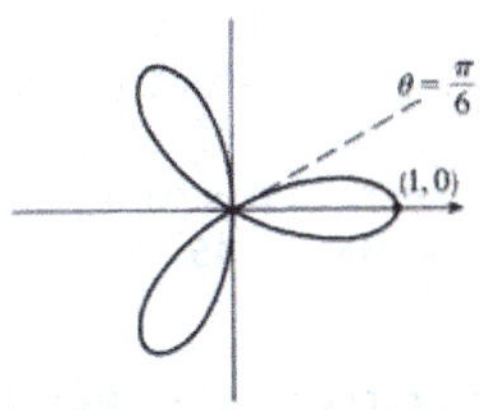

13.

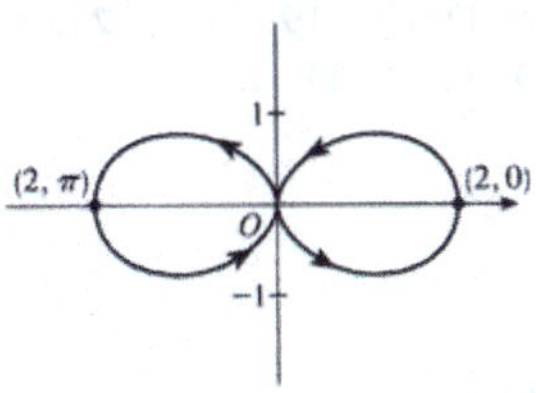

15.

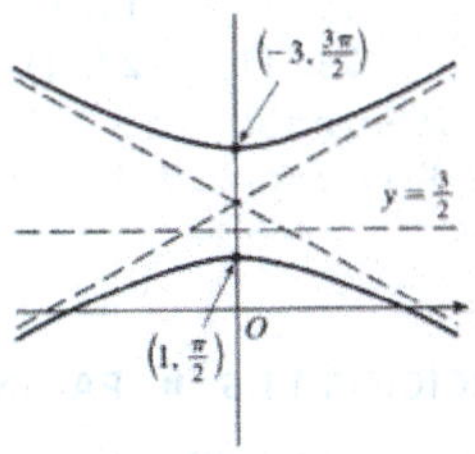

17. $r = \dfrac{2}{\cos\theta + \operatorname{sen}\theta}$ **19.**

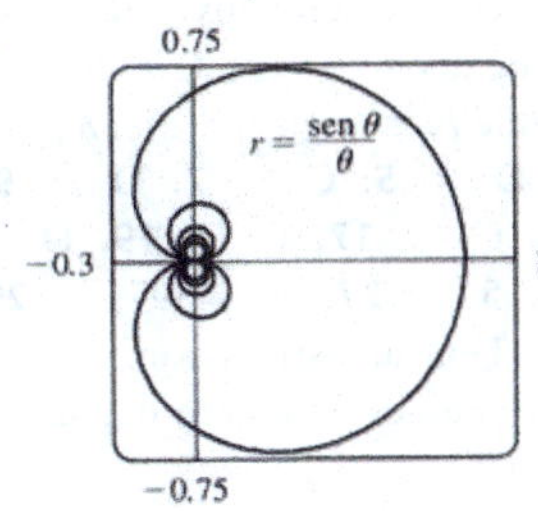

21. 2 **23.** −1

25. $\dfrac{1 + \operatorname{sen} t}{1 + \cos t}, \dfrac{1 + \cos t + \operatorname{sen} t}{(1 + \cos t)^3}$ **27.** $\left(\frac{11}{8}, \frac{3}{4}\right)$

29. Tangente vertical en $\left(\frac{3}{2}a, \pm\frac{1}{2}\sqrt{3}\,a\right), (-3a, 0)$; tangente horizontal en $(a, 0), \left(-\frac{1}{2}a, \pm\frac{3}{2}\sqrt{3}\,a\right)$

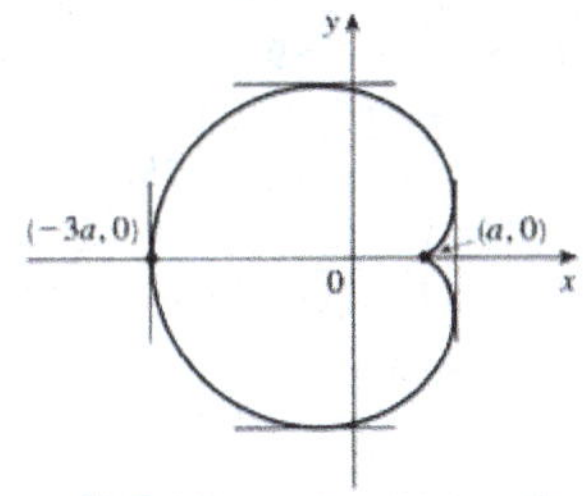

31. 18 **33.** $(2, \pm\pi/3)$ **35.** $\frac{1}{2}(\pi - 1)$

37. $2(5\sqrt{5} - 1)$

39. $\dfrac{2\sqrt{\pi^2 + 1} - \sqrt{4\pi^2 + 1}}{2\pi} + \ln\left(\dfrac{2\pi + \sqrt{4\pi^2 + 1}}{\pi + \sqrt{\pi^2 + 1}}\right)$

41. $471\,295\,\pi/1024$

43. Todas las curvas tienen la asíntota vertical $x = 1$. Para $c < -1$, la curva se abulta a la derecha. En $c = -1$, la curva es la recta $x = 1$. Para $-1 < c < 0$, se abulta a la izquierda. En $c = 0$ hay una cúspide en (0, 0). Para $c > 0$, hay un lazo.

45. $(\pm 1, 0), (\pm 3, 0)$ **47.** $\left(-\frac{25}{24}, 3\right), (-1, 3)$

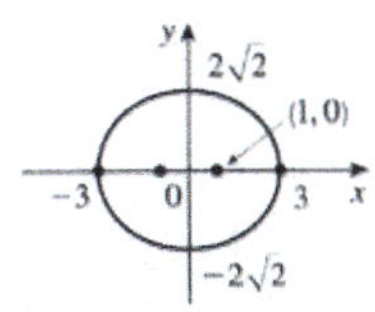

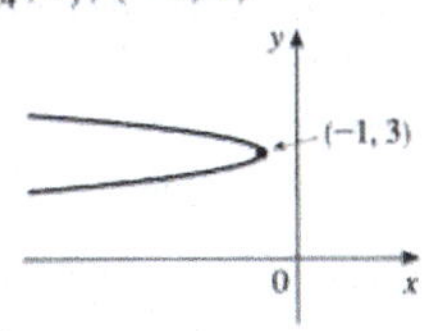

49. $\dfrac{x^2}{25} + \dfrac{y^2}{9} = 1$ **51.** $\dfrac{y^2}{72/5} - \dfrac{x^2}{8/5} = 1$

53. $\dfrac{x^2}{25} + \dfrac{(8y - 399)^2}{160\,801} = 1$ **55.** $r = \dfrac{4}{3 + \cos\theta}$

57. $x = a(\cot\theta + \operatorname{sen}\theta\cos\theta),\ y = a(1 + \operatorname{sen}^2\theta)$

PROBLEMAS ADICIONALES ■ PÁGINA 692

1. $\ln(\pi/2)$ **3.** $\left[-\frac{3}{4}\sqrt{3}, \frac{3}{4}\sqrt{3}\right] \times [-1, 2]$

CAPÍTULO 11

EJERCICIOS 11.1 ■ PÁGINA 704

Abreviaturas: C, convergente; D, divergente

1. (a) Una sucesión es una lista ordenada de números. También puede definirse como una función cuyo dominio es el conjunto de enteros positivos.
(b) Los términos a_n se aproximan a 8 conforme n crece.
(c) Los términos a_n crecen conforme n crece.

3. $\frac{2}{3}, \frac{4}{5}, \frac{8}{7}, \frac{16}{9}, \frac{32}{11}$ **5.** $1, \frac{4}{5}, \frac{3}{5}, \frac{8}{17}, \frac{5}{13}$ **7.** $-3, \frac{3}{2}, -\frac{1}{2}, \frac{1}{8}, -\frac{1}{40}$

9. 1, 2, 7, 32, 157 **11.** $2, \frac{2}{3}, \frac{2}{5}, \frac{2}{7}, \frac{2}{9}$ **13.** $a_n = 1/(2n)$

15. $a_n = -3\left(-\frac{2}{3}\right)^{n-1}$ **17.** $a_n = (-1)^{n+1}\dfrac{n^2}{n + 1}$

19. 0.4286, 0.4615, 0.4737, 0.4800, 0.4839, 0.4865, 0.4884, 0.4898, 0.4909, 0.4918; sí; $\frac{1}{2}$

21. 0.5000, 1.2500, 0.8750, 1.0625, 0.9688, 1.0156, 0.9922, 1.0039, 0.9980, 1.0010; sí; 1

23. 5 **25.** D **27.** 0 **29.** 1 **31.** 2
33. 1 **35.** 0 **37.** 0 **39.** D **41.** 0 **43.** 0

45. 1 **47.** e^2 **49.** ln 2 **51.** $\pi/2$ **53.** D **55.** D
57. D **59.** $\pi/4$ **61.** $\frac{1}{2}$ **63.** 0
65. (a) 1060, 1123.60, 1191.02, 1262.48, 1338.23 (b) D
67. (b) 5734 **69.** $-1 < r < 1$
71. Convergente por el teorema de sucesión monótona; $5 \leqslant L < 8$
73. Decreciente; sí **75.** Creciente; no
77. Creciente; sí
79. 2 **81.** $\frac{1}{2}(3 + \sqrt{5})$ **83.** (b) $\frac{1}{2}(1 + \sqrt{5})$
85. (a) 0 (b) 9, 11

EJERCICIOS 11.2 ■ PÁGINA 715

1. (a) Una sucesión es una lista ordenada de números, mientras que una serie es la *suma* de una lista de números.
(b) Una serie es convergente si la sucesión de sumas parciales es una sucesión convergente. Una serie es divergente si no es convergente.
3. 2
5. 0.5, 0.55, 0.5611, 0.5648, 0.5663, 0.5671, 0.5675, 0.5677; C
7. 1, 1.7937, 2.4871, 3.1170, 3.7018, 4.2521, 4.7749, 5.2749; D
9. −2.40000, −1.92000, −2.01600, −1.99680, −2.00064, −1.99987, −2.00003, −1.99999, −2.00000, −2.00000; convergente, suma = −2

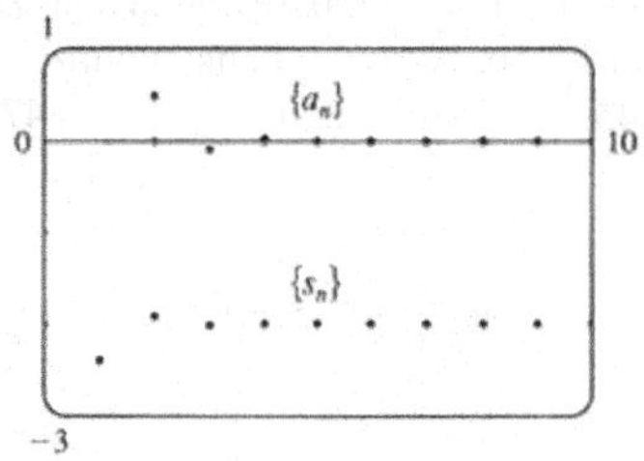

11. 0.29289, 0.42265, 0.50000, 0.55279, 0.59175, 0.62204, 0.64645, 0.66667, 0.68377, 0.69849; convergente, suma = 1

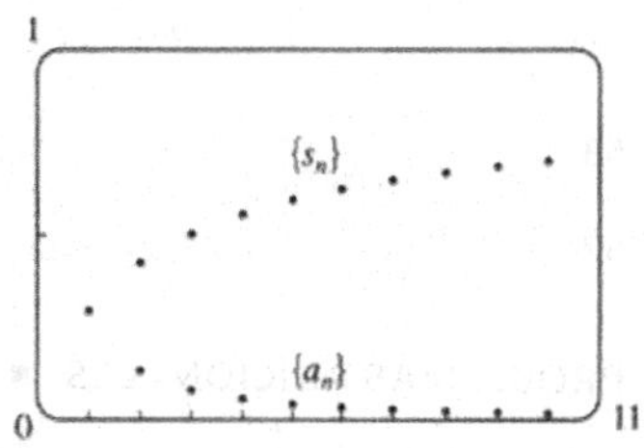

13. 1.00000, 1.33333, 1.50000, 1.60000, 1.66667, 1.71429, 1.75000, 1.77778, 1.80000, 1.81818; convergente, suma = 2

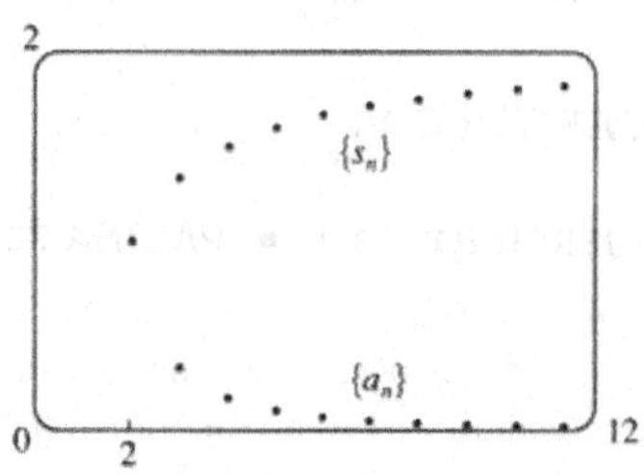

15. (a) Sí (b) No **17.** D **19.** $\frac{25}{3}$ **21.** $\frac{400}{9}$
23. $\frac{1}{7}$ **25.** D **27.** D **29.** D **31.** 9 **33.** D
35. $\dfrac{\text{sen } 100}{1 - \text{sen } 100}$
37. D **39.** D **41.** $e/(e-1)$ **43.** $\frac{3}{2}$ **45.** $\frac{11}{6}$
47. $e - 1$
49. (b) 1 (c) 2 (d) Todos los números racionales con una representación decimal final, excepto 0
51. $\frac{8}{9}$ **53.** 5063/3300 **55.** 45679/37000
57. $-\dfrac{1}{5} < x < \dfrac{1}{5}$; $\dfrac{-5x}{1 + 5x}$
59. $-1 < x < 5$; $\dfrac{3}{5 - x}$
61. $x > 2$ o $x < -2$; $\dfrac{x}{x - 2}$ **63.** $x < 0$; $\dfrac{1}{1 - e^x}$
65. 1 **67.** $a_1 = 0$, $a_n = \dfrac{2}{n(n+1)}$ para $n > 1$, suma = 1
69. (a) 120 mg; 124 mg
(b) $Q_{n+1} = 100 + 0.20Q_n$ (c) 125 mg
71. (a) 157.875 mg; $\frac{3000}{19}(1 - 0.05^n)$ (b) 157.895 mg
73. (a) $S_n = \dfrac{D(1 - c^n)}{1 - c}$ (b) 5 **75.** $\frac{1}{2}(\sqrt{3} - 1)$
79. $\dfrac{1}{n(n+1)}$ **81.** La serie es divergente.
87. $\{s_n\}$ está acotado y es creciente.
89. (a) $0, \frac{1}{9}, \frac{2}{9}, \frac{1}{3}, \frac{2}{3}, \frac{7}{9}, \frac{8}{9}, 1$
91. (a) $\frac{1}{2}, \frac{5}{6}, \frac{23}{24}, \frac{119}{120}$; $\dfrac{(n+1)! - 1}{(n+1)!}$ (c) 1

EJERCICIOS 11.3 ■ PÁGINA 725

1. C

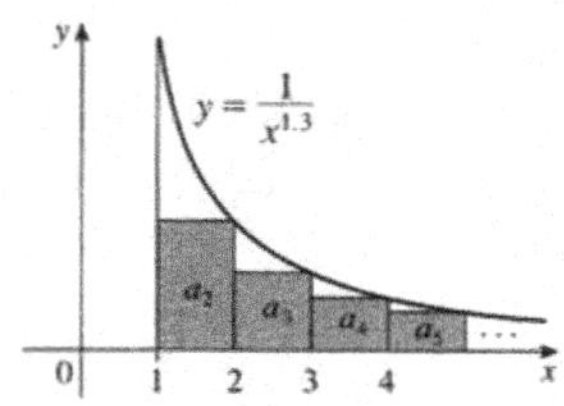

3. C **5.** D **7.** D **9.** D **11.** C **13.** D
15. C **17.** C **19.** D **21.** D **23.** C **25.** C
27. f no es positiva ni decreciente.
29. $p > 1$ **31.** $p < -1$ **33.** $(1, \infty)$
35. (a) $\frac{9}{10}\pi^4$ (b) $\frac{1}{90}\pi^4 - \frac{17}{16}$
37. (a) 1.54977, error $\leqslant$ 0.1 (b) 1.64522, error $\leqslant$ 0.005
(c) 1.64522 en comparación con 1.64493 (d) $n > 1000$
39. 0.00145 **45.** $b < 1/e$

EJERCICIOS 11.4 ■ PÁGINA 731

1. (a) Nada (b) C **3.** C **5.** D **7.** C **9.** D
11. C **13.** C **15.** C **17.** D **19.** C **21.** D
23. C **25.** D **27.** D **29.** C **31.** D
33. 0.1993, error $< 2.5 \times 10^{-5}$
35. 0.0739, error $< 6.4 \times 10^{-8}$
45. Sí

EJERCICIOS 11.5 ■ PÁGINA 736

1. (a) Una serie cuyos términos son alternadamente positivos y negativos. (b) $0 < b_{n+1} \leqslant b_n$ y $\lim_{n\to\infty} b_n = 0$, donde $b_n = |a_n|$ (c) $|R_n| \leqslant b_{n+1}$
3. D **5.** C **7.** D **9.** C **11.** C **13.** C
15. C **17.** C **19.** D **21.** −0.5507 **23.** 5
25. 5 **27.** −0.4597 **29.** −0.1050
31. Una subestimación
33. p no es un entero negativo. **35.** $\{b_n\}$ no es decreciente.

EJERCICIOS 11.6 ■ PÁGINA 742

Abreviaturas: AC, absolutamente convergente; CC, condicionalmente convergente

1. (a) D (b) C (c) Puede converger o divergir
3. CC **5.** AC **7.** AC **9.** D **11.** AC
13. AC **15.** D **17.** AC **19.** AC **21.** AC
23. D **25.** AC **27.** AC **29.** D **31.** CC
33. AC **35.** D **37.** AC **39.** D **41.** AC
43. (a) y (d)
47. (a) $\frac{661}{960} \approx 0.68854$, error < 0.00521
(b) $n \geqslant 11$, 0.693109
53. (b) $\sum_{n=2}^{\infty} \frac{(-1)^n}{n \ln n}$; $\sum_{n=1}^{\infty} \frac{(-1)^{n-1}}{n}$

EJERCICIOS 11.7 ■ PÁGINA 746

1. D **3.** CC **5.** D **7.** C **9.** C **11.** C
13. C **15.** C **17.** C **19.** C **21.** D **23.** D
25. C **27.** C **29.** C **31.** D
33. C **35.** D **37.** C

EJERCICIOS 11.8 ■ PÁGINA 751

1. Una serie de la forma $\sum_{n=0}^{\infty} c_n(x-a)^n$, donde x es una variable y a y las c_n's son constantes
3. 1, $(-1, 1)$ **5.** 1, $[-1, 1)$
7. ∞, $(-\infty, \infty)$ **9.** 4, $[-4, 4]$
11. $\frac{1}{4}$, $\left(-\frac{1}{4}, \frac{1}{4}\right]$ **13.** 2, $[-2, 2)$
15. 1, $[1, 3]$ **17.** 2, $[-4, 0)$
19. $\frac{1}{3}$, $\left[-\frac{13}{3}, -\frac{11}{3}\right)$ **21.** b, $(a-b, a+b)$ **23.** 0, $\left\{\frac{1}{2}\right\}$
25. $\frac{1}{5}$, $\left[\frac{3}{5}, 1\right]$ **27.** ∞, $(-\infty, \infty)$
29. (a) Sí (b) No
31. k^k **33.** No
35. (a) $(-\infty, \infty)$
(b), (c)

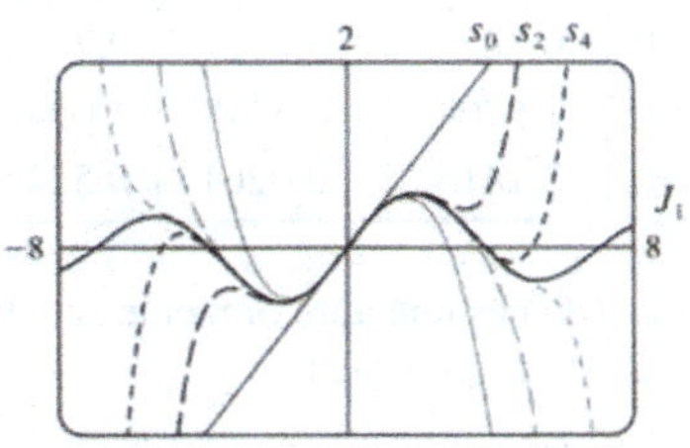

37. $(-1, 1)$, $f(x) = (1+2x)/(1-x^2)$ **41.** 2

EJERCICIOS 11.9 ■ PÁGINA 757

1. 10 **3.** $\sum_{n=0}^{\infty} (-1)^n \frac{1}{10^{n+1}} x^n$, $(-10, 10)$
5. $2\sum_{n=0}^{\infty} \frac{1}{3^{n+1}} x^n$, $(-3, 3)$
7. $\sum_{n=0}^{\infty} \frac{(-1)^n x^{4n+2}}{2^{4n+4}}$, $(-2, 2)$ **9.** $-\frac{1}{2} - \sum_{n=1}^{\infty} \frac{(-1)^n 3x^n}{2^{n+1}}$, $(-2, 2)$
11. $\sum_{n=0}^{\infty} \left(-1 - \frac{1}{3^{n+1}}\right) x^n$, $(-1, 1)$
13. (a) $\sum_{n=0}^{\infty} (-1)^n (n+1) x^n$, $R = 1$
(b) $\frac{1}{2} \sum_{n=0}^{\infty} (-1)^n (n+2)(n+1) x^n$, $R = 1$
(c) $\frac{1}{2} \sum_{n=2}^{\infty} (-1)^n n(n-1) x^n$, $R = 1$
15. $\ln 5 - \sum_{n=1}^{\infty} \frac{x^n}{n 5^n}$, $R = 5$
17. $\sum_{n=0}^{\infty} (-1)^n 4^n (n+1) x^{n+1}$, $R = \frac{1}{4}$
19. $\sum_{n=3}^{\infty} \frac{n-2}{2^{n-1}} x^n$, $R = 2$
21. $\sum_{n=0}^{\infty} (-1)^n x^{2n+2}$, $R = 1$

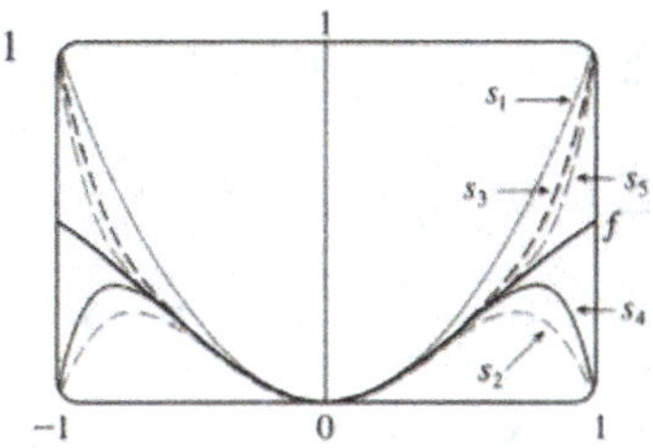

23. $\sum_{n=0}^{\infty} \frac{2x^{2n+1}}{2n+1}$, $R = 1$

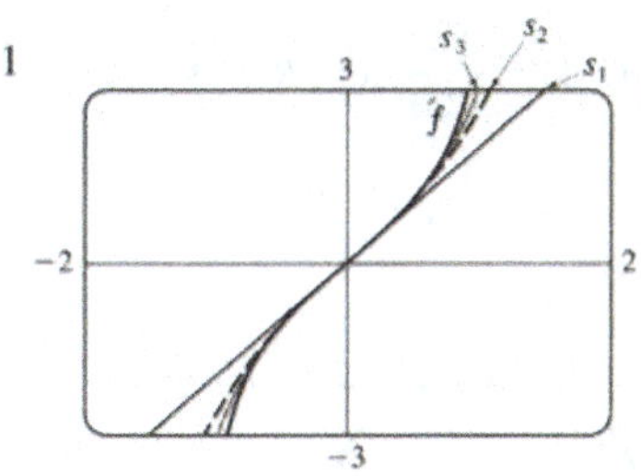

25. $C + \sum_{n=0}^{\infty} \frac{t^{8n+2}}{8n+2}$, $R = 1$
27. $C + \sum_{n=1}^{\infty} (-1)^n \frac{x^{n+3}}{n(n+3)}$, $R = 1$
29. 0.044522 **31.** 0.000395
33. 0.19740
35. (b) 0.920 **39.** $[-1, 1]$, $[-1, 1)$, $(-1, 1)$

EJERCICIOS 11.10 ■ PÁGINA 771

1. $b_8 = f^{(8)}(5)/8!$ **3.** $\sum_{n=0}^{\infty} (n+1) x^n$, $R = 1$
5. $x + x^2 + \frac{1}{2}x^3 + \frac{1}{6}x^4$
7. $2 + \frac{1}{12}(x-8) - \frac{1}{288}(x-8)^2 + \frac{5}{20\,736}(x-8)^3$
9. $\frac{1}{2} + \frac{\sqrt{3}}{2}\left(x - \frac{\pi}{6}\right) - \frac{1}{4}\left(x - \frac{\pi}{6}\right)^2 - \frac{\sqrt{3}}{12}\left(x - \frac{\pi}{6}\right)^3$
11. $\sum_{n=0}^{\infty} (n+1) x^n$, $R = 1$ **13.** $\sum_{n=0}^{\infty} (-1)^n \frac{x^{2n}}{(2n)!}$, $R = \infty$

15. $\sum_{n=0}^{\infty} \frac{(\ln 2)^n}{n!} x^n,\ R = \infty$ **17.** $\sum_{n=0}^{\infty} \frac{x^{2n+1}}{(2n+1)!},\ R = \infty$

19. $50 + 105(x-2) + 92(x-2)^2 + 42(x-2)^3 + 10(x-2)^4 + (x-2)^5,\ R = \infty$

21. $\ln 2 + \sum_{n=1}^{\infty} (-1)^{n+1} \frac{1}{n2^n} (x-2)^n,\ R = 2$

23. $\sum_{n=0}^{\infty} \frac{2^n e^6}{n!} (x-3)^n,\ R = \infty$

25. $\sum_{n=0}^{\infty} \frac{(-1)^{n+1}}{(2n+1)!} (x-\pi)^{2n+1},\ R = \infty$

31. $1 - \frac{1}{4}x - \sum_{n=2}^{\infty} \frac{3 \cdot 7 \cdot \cdots \cdot (4n-5)}{4^n \cdot n!} x^n,\ R = 1$

33. $\sum_{n=0}^{\infty} (-1)^n \frac{(n+1)(n+2)}{2^{n+4}} x^n,\ R = 2$

35. $\sum_{n=0}^{\infty} (-1)^n \frac{1}{2n+1} x^{4n+2},\ R = 1$

37. $\sum_{n=0}^{\infty} (-1)^n \frac{2^{2n}}{(2n)!} x^{2n+1},\ R = \infty$

39. $\sum_{n=0}^{\infty} (-1)^n \frac{1}{2^{2n}(2n)!} x^{4n+1},\ R = \infty$

41. $\frac{1}{2}x + \sum_{n=1}^{\infty} (-1)^n \frac{1 \cdot 3 \cdot 5 \cdot \cdots \cdot (2n-1)}{n!\,2^{3n+1}} x^{2n+1},\ R = 2$

43. $\sum_{n=1}^{\infty} (-1)^{n+1} \frac{2^{2n-1}}{(2n)!} x^{2n},\ R = \infty$

45. $\sum_{n=0}^{\infty} (-1)^n \frac{1}{(2n)!} x^{4n},\ R = \infty$

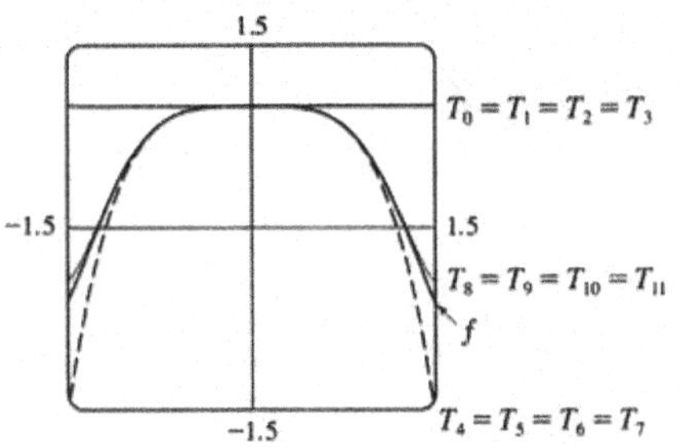

47. $\sum_{n=1}^{\infty} \frac{(-1)^{n-1}}{(n-1)!} x^n,\ R = \infty$

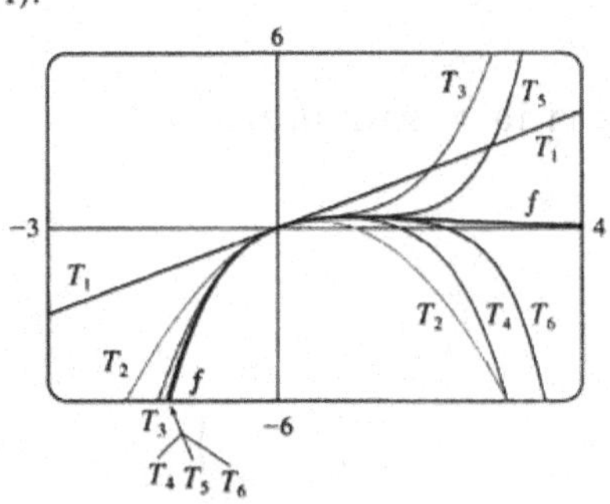

49. 0.99619

51. (a) $1 + \sum_{n=1}^{\infty} \frac{1 \cdot 3 \cdot 5 \cdot \cdots \cdot (2n-1)}{2^n n!} x^{2n}$

(b) $x + \sum_{n=1}^{\infty} \frac{1 \cdot 3 \cdot 5 \cdot \cdots \cdot (2n-1)}{(2n+1)2^n n!} x^{2n+1}$

53. $C + \sum_{n=0}^{\infty} \binom{\frac{1}{2}}{n} \frac{x^{3n+1}}{3n+1},\ R = 1$

55. $C + \sum_{n=0}^{\infty} (-1)^n \frac{x^{6n+2}}{(6n+2)(2n)!},\ R = \infty$

57. 0.0059 **59.** 0.40102 **61.** $\frac{1}{2}$ **63.** $\frac{1}{120}$ **65.** $\frac{3}{5}$

67. $1 - \frac{3}{2}x^2 + \frac{25}{24}x^4$ **69.** $1 + \frac{1}{6}x^2 + \frac{7}{360}x^4$

71. $x - \frac{2}{3}x^4 + \frac{23}{45}x^6$

73. e^{-x^4} **75.** $\ln \frac{8}{5}$

77. $1/\sqrt{2}$ **79.** $e^3 - 1$

EJERCICIOS 11.11 ■ PÁGINA 780

1. (a) $T_0(x) = 0$, $T_1(x) = T_2(x) = x$, $T_3(x) = T_4(x) = x - \frac{1}{6}x^3$, $T_5(x) = x - \frac{1}{6}x^3 + \frac{1}{120}x^5$

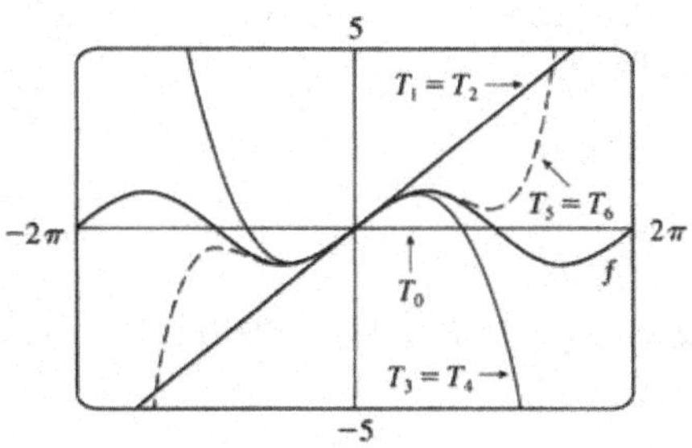

(b)

x	f	T_0	$T_1 = T_2$	$T_3 = T_4$	T_5
$\pi/4$	0.7071	0	0.7854	0.7047	0.7071
$\pi/2$	1	0	1.5708	0.9248	1.0045
π	0	0	3.1416	−2.0261	0.5240

(c) Conforme n aumenta, $T_n(x)$ es una aproximación satisfactori de $f(x)$ en un intervalo cada vez más grande.

3. $e + e(x-1) + \frac{1}{2}e(x-1)^2 + \frac{1}{6}e(x-1)^3$

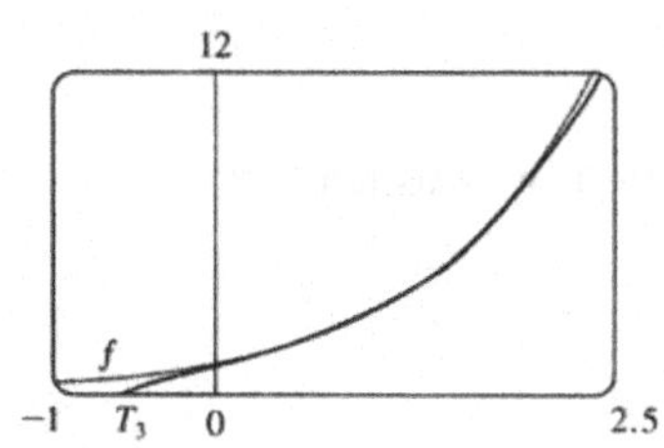

5. $-\left(x - \dfrac{\pi}{2}\right) + \dfrac{1}{6}\left(x - \dfrac{\pi}{2}\right)^3$

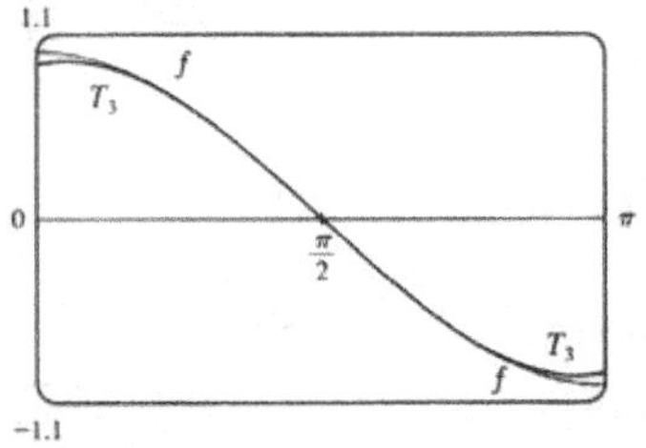

7. $\frac{1}{2} - \frac{1}{4}(x - 2) + \frac{1}{8}(x - 2)^2 - \frac{1}{16}(x - 2)^3$

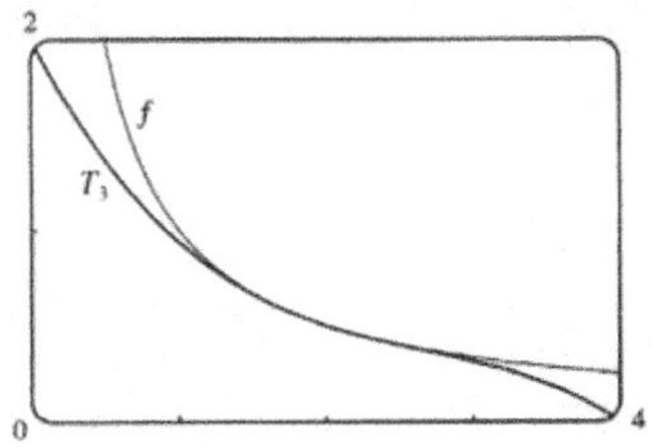

9. $x - 2x^2 + 2x^3$

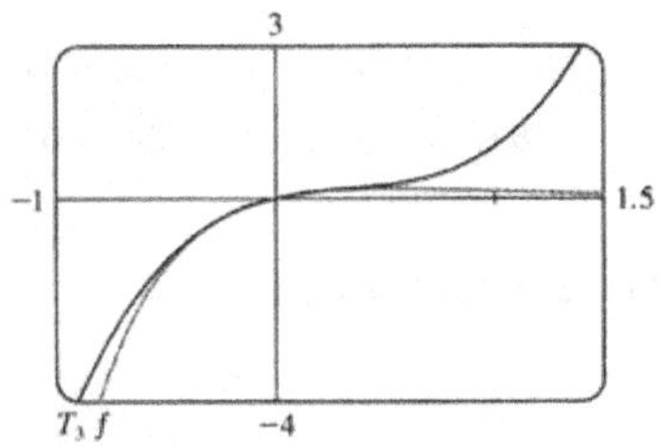

11. $T_5(x) = 1 - 2\left(x - \dfrac{\pi}{4}\right) + 2\left(x - \dfrac{\pi}{4}\right)^2 - \dfrac{8}{3}\left(x - \dfrac{\pi}{4}\right)^3 + \dfrac{10}{3}\left(x - \dfrac{\pi}{4}\right)^4 - \dfrac{64}{15}\left(x - \dfrac{\pi}{4}\right)^5$

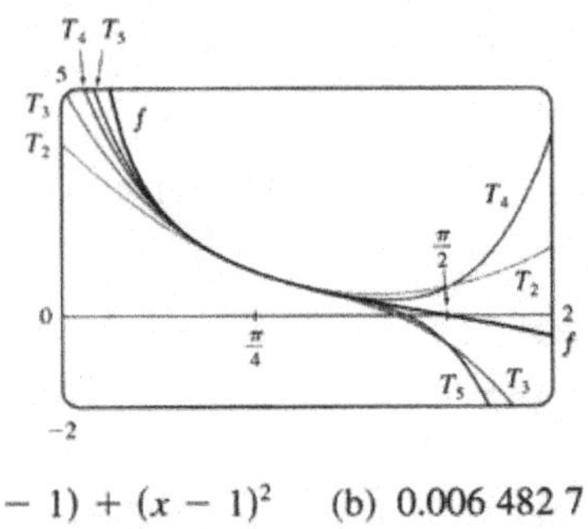

13. (a) $1 - (x - 1) + (x - 1)^2$ (b) 0.006 482 7

15. (a) $2 + \frac{1}{4}(x - 4) - \frac{1}{64}(x - 4)^2$ (b) 1.5625×10^{-5}

17. (a) $1 + \frac{1}{2}x^2$ (b) 0.0015

19. (a) $1 + x^2$ (b) 0.000 06 **21.** (a) $x^2 - \frac{1}{6}x^4$ (b) 0.042

23. 0.17365 **25.** Cuatro **27.** $-1.037 < x < 1.037$

29. $-0.86 < x < 0.86$ **31.** 21 m, no

37. (c) Difieren en alrededor de 8×10^{-9} km.

REPASO DEL CAPÍTULO 11 ■ PÁGINA 784

Examen verdadero-falso

1. Falso **3.** Verdadero **5.** Falso **7.** Falso **9.** Falso **11.** Verdadero **13.** Verdadero **15.** Falso **17.** Verdadero **19.** Verdadero **21.** Verdadero

Ejercicios

1. $\frac{1}{2}$ **3.** D **5.** 0 **7.** e^{12} **9.** 2 **11.** C **13.** C **15.** D **17.** C **19.** C **21.** C **23.** CC **25.** AC **27.** $\frac{1}{11}$ **29.** $\pi/4$ **31.** e^{-e} **35.** 0.9721

37. 0.189 762 24, error $< 6.4 \times 10^{-7}$

41. 4, $[-6, 2)$ **43.** 0.5, $[2.5, 3.5)$

45. $\dfrac{1}{2}\sum_{n=0}^{\infty}(-1)^n\left[\dfrac{1}{(2n)!}\left(x - \dfrac{\pi}{6}\right)^{2n} + \dfrac{\sqrt{3}}{(2n+1)!}\left(x - \dfrac{\pi}{6}\right)^{2n+1}\right]$

47. $\sum_{n=0}^{\infty}(-1)^n x^{n+2}$, $R = 1$ **49.** $\ln 4 - \sum_{n=1}^{\infty}\dfrac{x^n}{n4^n}$, $R = 4$

51. $\sum_{n=0}^{\infty}(-1)^n\dfrac{x^{8n+4}}{(2n+1)!}$, $R = \infty$

53. $\dfrac{1}{2} + \sum_{n=1}^{\infty}\dfrac{1 \cdot 5 \cdot 9 \cdot \cdots \cdot (4n-3)}{n!\,2^{6n+1}}x^n$, $R = 16$

55. $C + \ln|x| + \sum_{n=1}^{\infty}\dfrac{x^n}{n \cdot n!}$

57. (a) $1 + \frac{1}{2}(x - 1) - \frac{1}{8}(x - 1)^2 + \frac{1}{16}(x - 1)^3$

(b)

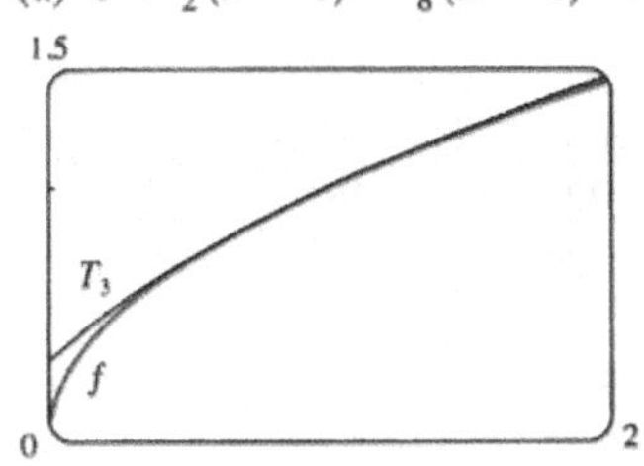

(c) 0.000 006

59. $-\frac{1}{6}$

PROBLEMAS ADICIONALES ■ PÁGINA 787

1. $15!/5! = 10\,897\,286\,400$

3. (b) 0 si $x = 0$, $(1/x) - \cot x$ if $x \neq k\pi$, k un entero

5. (a) $s_n = 3 \cdot 4^n$, $l_n = 1/3^n$, $p_n = 4^n/3^{n-1}$ (c) $\frac{2}{5}\sqrt{3}$

9. $\dfrac{3\pi}{4}$ **11.** $(-1, 1)$, $\dfrac{x^3 + 4x^2 + x}{(1 - x)^4}$ **13.** $\ln\frac{1}{2}$

17. (a) $\frac{250}{101}\pi(e^{-(n-1)\pi/5} - e^{-n\pi/5})$ (b) $\frac{250}{101}\pi$

19. $\dfrac{\pi}{2\sqrt{3}} - 1$

21. $-\left(\dfrac{\pi}{2} - \pi k\right)^2$, donde k es un entero positivo

APÉNDICES

EJERCICIOS A ■ PÁGINA A9

1. 18 **3.** π **5.** $5 - \sqrt{5}$ **7.** $2 - x$

9. $|x + 1| = \begin{cases} x + 1 & \text{para } x \geq -1 \\ -x - 1 & \text{para } x < -1 \end{cases}$ **11.** $x^2 + 1$

13. $(-2, \infty)$

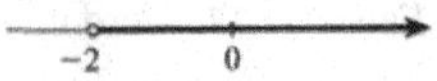

15. $[-1, \infty)$

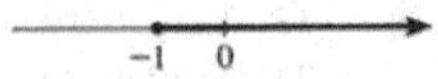

17. $(3, \infty)$

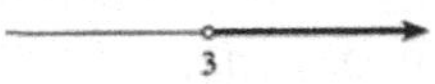

19. $(2, 6)$

21. $(0, 1]$

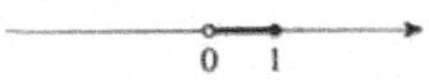

23. $\left[-1, \frac{1}{2}\right)$

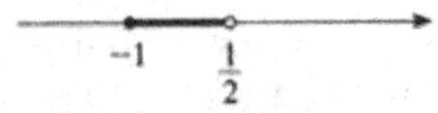

25. $(-\infty, 1) \cup (2, \infty)$

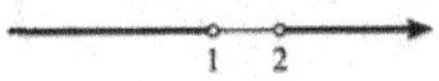

27. $\left[-1, \frac{1}{2}\right]$

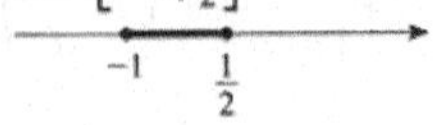

29. $(-\infty, \infty)$

31. $\left(-\sqrt{3}, \sqrt{3}\right)$

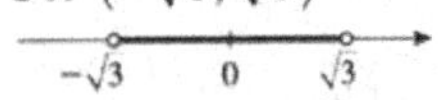

33. $(-\infty, 1]$

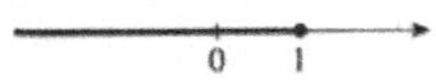

35. $(-1, 0) \cup (1, \infty)$

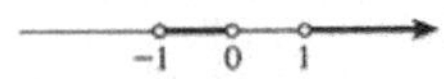

37. $(-\infty, 0) \cup \left(\frac{1}{4}, \infty\right)$

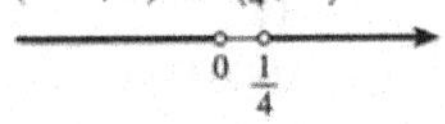

39. $10 \leq C \leq 35$ **41.** (a) $T = 20 - 10h, 0 \leq h \leq 12$ (b) $-30°\text{C} \leq T \leq 20°\text{C}$ **43.** $\pm\frac{3}{2}$ **45.** $2, -\frac{4}{3}$ **47.** $(-3, 3)$ **49.** $(3, 5)$ **51.** $(-\infty, -7] \cup [-3, \infty)$ **53.** $[1.3, 1.7]$ **55.** $[-4, -1] \cup [1, 4]$ **57.** $x \geq (a + b)c/(ab)$ **59.** $x > (c - b)/a$

EJERCICIOS B ■ PÁGINA A15

1. 5 **3.** $\sqrt{74}$ **5.** $2\sqrt{37}$ **7.** 2 **9.** $-\frac{9}{2}$

17.

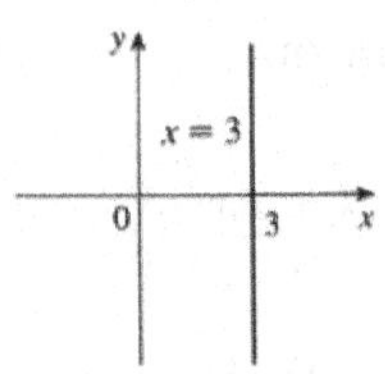

19.

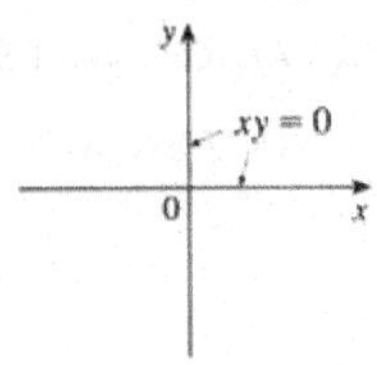

21. $y = 6x - 15$ **23.** $2x - 3y + 19 = 0$ **25.** $5x + y = 11$ **27.** $y = 3x - 2$ **29.** $y = 3x - 3$ **31.** $y = 5$ **33.** $x + 2y + 11 = 0$ **35.** $5x - 2y + 1 = 0$

37. $m = -\frac{1}{3}$, $b = 0$ **39.** $m = 0$, $b = -2$ **41.** $m = \frac{3}{4}$, $b = -3$

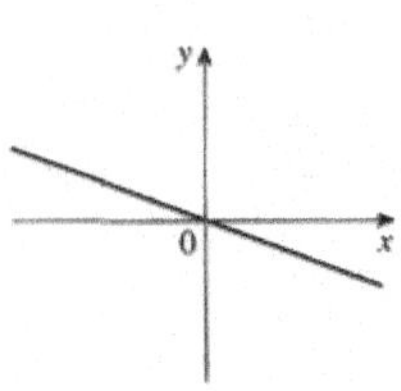

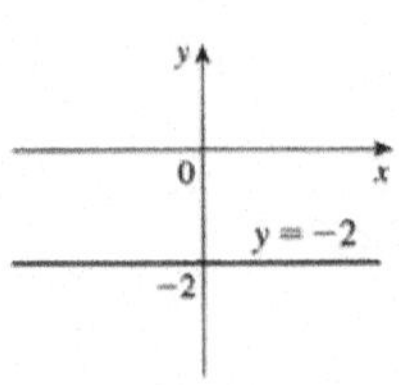

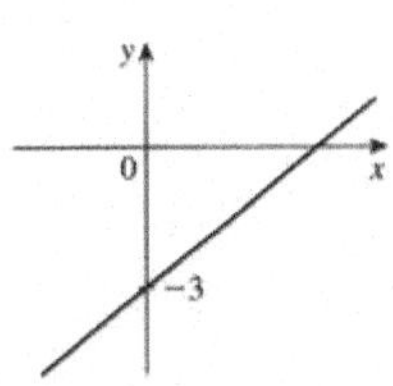

43.

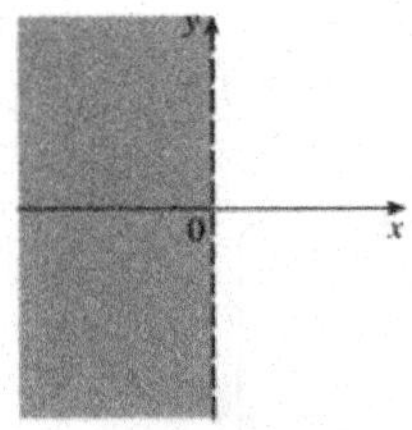

45.

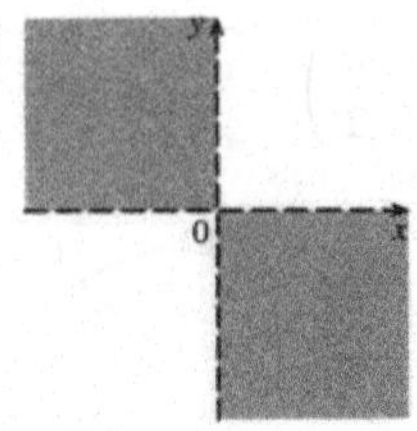

47.

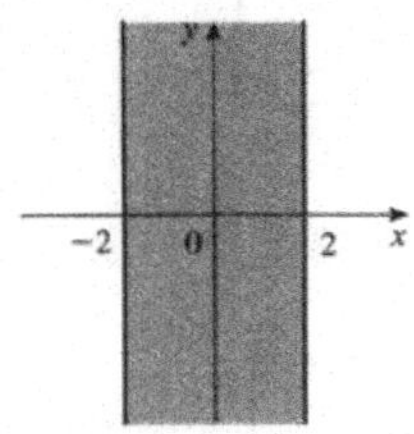

49.

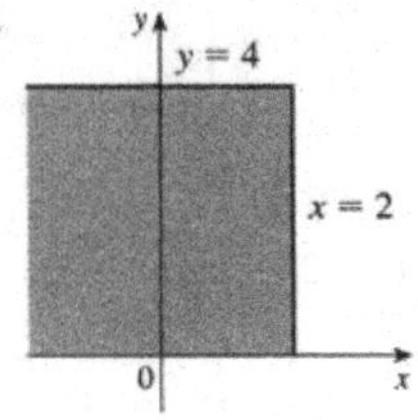

51.

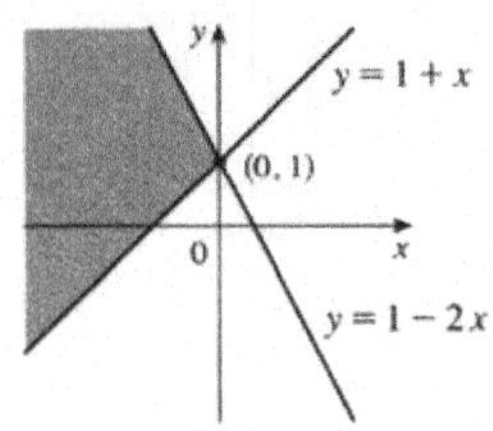

53. $(0, -4)$ **55.** (a) $(4, 9)$ (b) $(3.5, -3)$ **57.** $(1, -2)$ **59.** $y = x - 3$ **61.** (b) $4x - 3y - 24 = 0$

EJERCICIOS C ■ PÁGINA A23

1. $(x - 3)^2 + (y + 1)^2 = 25$ **3.** $x^2 + y^2 = 65$ **5.** $(2, -5), 4$ **7.** $\left(-\frac{1}{2}, 0\right), \frac{1}{2}$ **9.** $\left(\frac{1}{4}, -\frac{1}{4}\right), \sqrt{10}/4$

11. Parábola

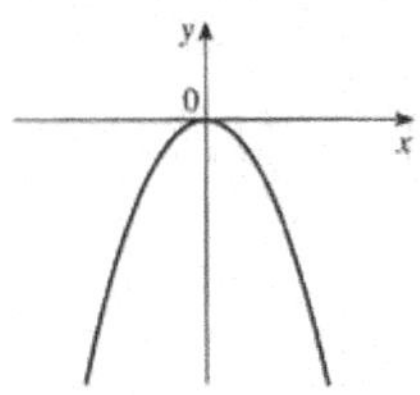

13. Elipse

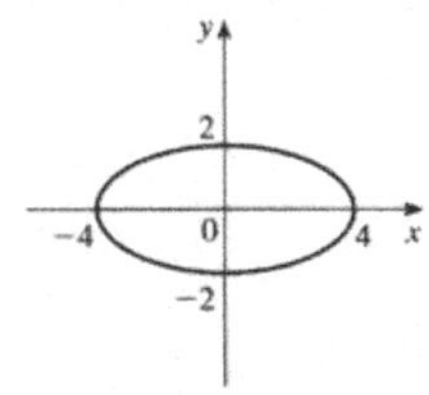

15. Hipérbola

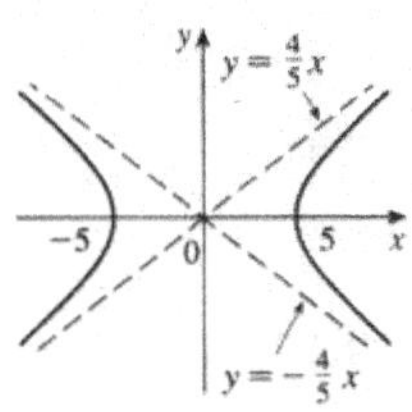

17. Elipse

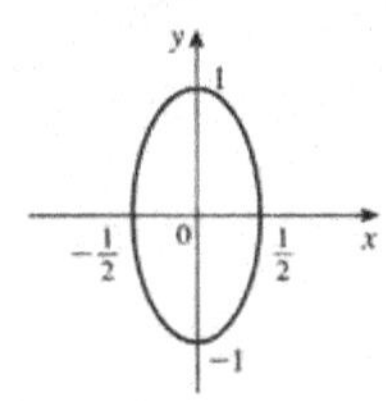

19. Parábola

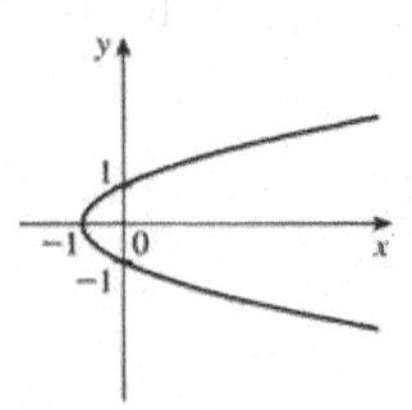

21. Hipérbola

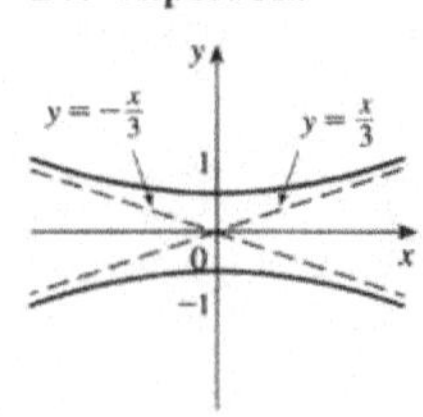

23. Hipérbola

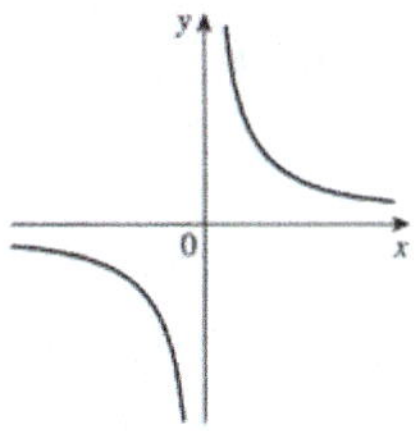

25. Elipse

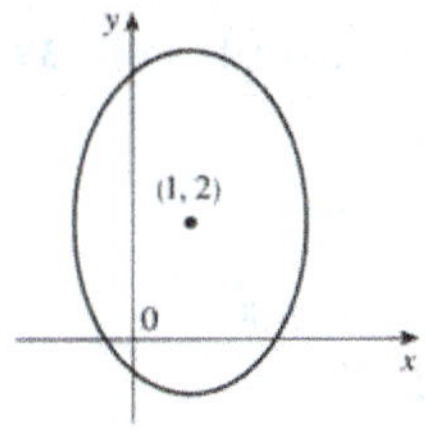

27. Parábola

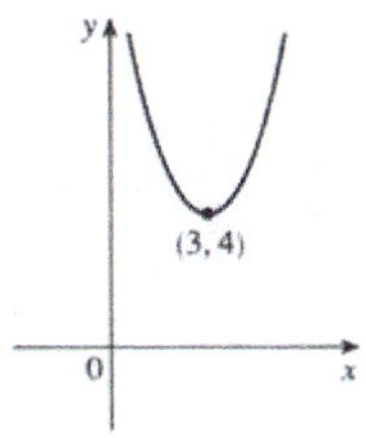

29. Parábola

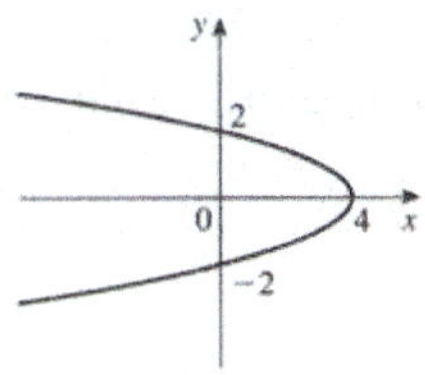

31. Elipse

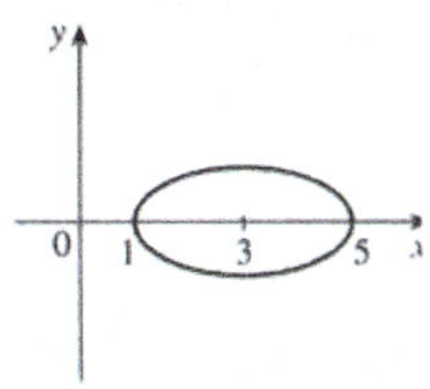

33.

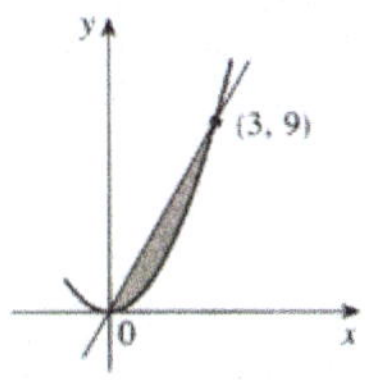

35. $y = x^2 - 2x$

37.

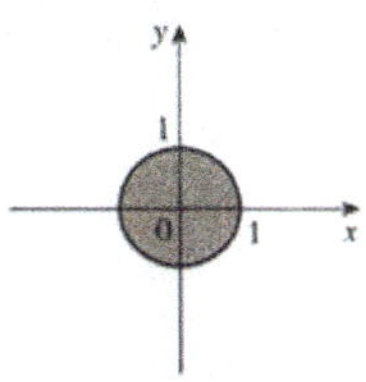

39.

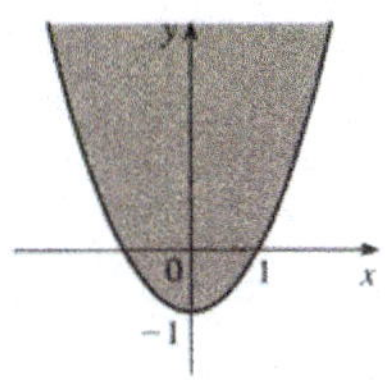

EJERCICIOS D ▪ PÁGINA A32

1. $7\pi/6$ **3.** $\pi/20$ **5.** 5π **7.** $720°$ **9.** $75°$
11. $-67.5°$ **13.** 3π cm **15.** $\frac{2}{3}$ rad $= (120/\pi)°$

17.

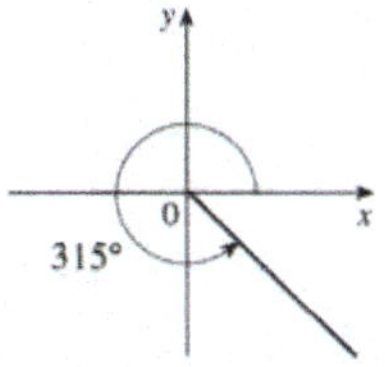

19.

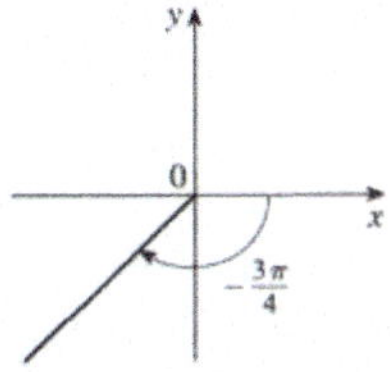

21.

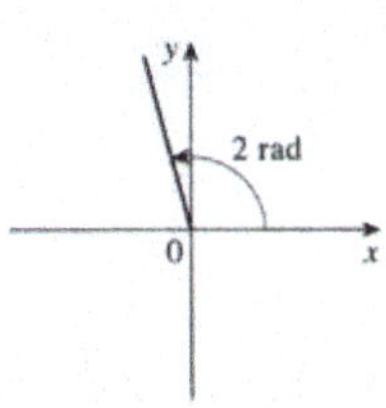

23. $\operatorname{sen}(3\pi/4) = 1/\sqrt{2}$, $\cos(3\pi/4) = -1/\sqrt{2}$, $\tan(3\pi/4) = -1$, $\csc(3\pi/4) = \sqrt{2}$, $\sec(3\pi/4) = -\sqrt{2}$, $\cot(3\pi/4) = -1$
25. $\operatorname{sen}(9\pi/2) = 1$, $\cos(9\pi/2) = 0$, $\csc(9\pi/2) = 1$, $\cot(9\pi/2) = 0$ $\tan(9\pi/2)$ y $\sec(9\pi/2)$ sin definir
27. $\operatorname{sen}(5\pi/6) = \frac{1}{2}$, $\cos(5\pi/6) = -\sqrt{3}/2$, $\tan(5\pi/6) = -1/\sqrt{3}$, $\csc(5\pi/6) = 2$, $\sec(5\pi/6) = -2/\sqrt{3}$, $\cot(5\pi/6) = -\sqrt{3}$
29. $\cos\theta = \frac{4}{5}$, $\tan\theta = \frac{3}{4}$, $\csc\theta = \frac{5}{3}$, $\sec\theta = \frac{5}{4}$, $\cot\theta = \frac{4}{3}$
31. $\operatorname{sen}\phi = \sqrt{5}/3$, $\cos\phi = -\frac{2}{3}$, $\tan\phi = -\sqrt{5}/2$, $\csc\phi = 3/\sqrt{5}$, $\cot\phi = -2/\sqrt{5}$
33. $\operatorname{sen}\beta = -1/\sqrt{10}$, $\cos\beta = -3/\sqrt{10}$, $\tan\beta = \frac{1}{3}$, $\csc\beta = -\sqrt{10}$, $\sec\beta = -\sqrt{10}/3$
35. 5.73576 cm **37.** 24.62147 cm **59.** $\frac{1}{15}(4 + 6\sqrt{2})$
61. $\frac{1}{15}(3 + 8\sqrt{2})$ **63.** $\frac{24}{25}$ **65.** $\pi/3, 5\pi/3$
67. $\pi/4, 3\pi/4, 5\pi/4, 7\pi/4$ **69.** $\pi/6, \pi/2, 5\pi/6, 3\pi/2$
71. $0, \pi, 2\pi$ **73.** $0 \leq x \leq \pi/6$ y $5\pi/6 \leq x \leq 2\pi$
75. $0 \leq x < \pi/4$, $3\pi/4 < x < 5\pi/4$, $7\pi/4 < x \leq 2\pi$

77.

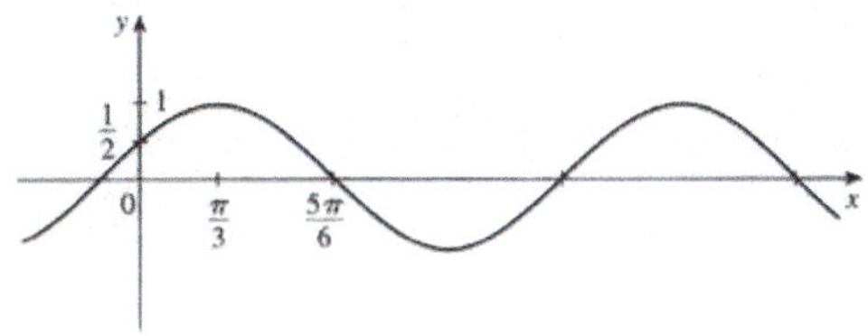

79.

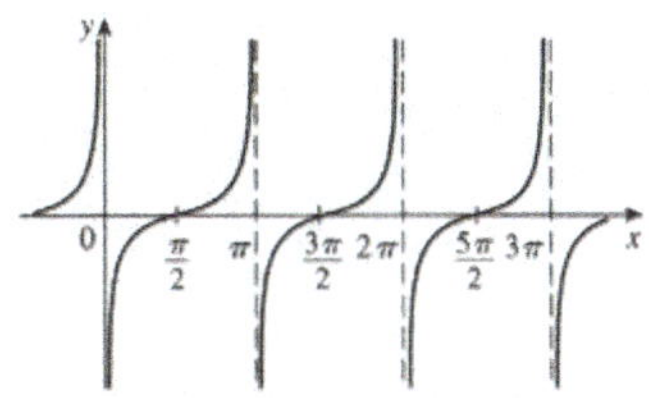

81.

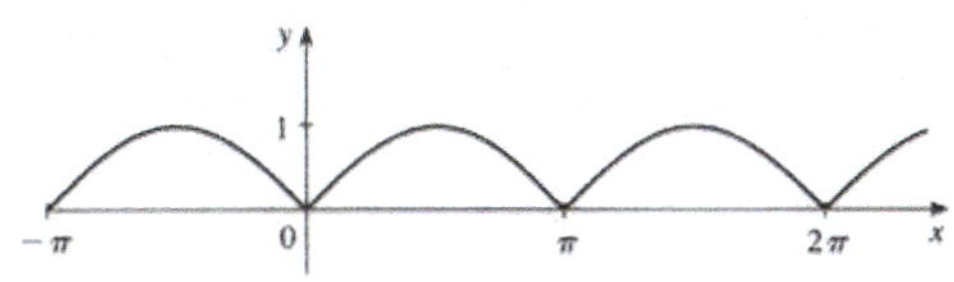

89. 14.34457 cm^2

EJERCICIOS E ▪ PÁGINA A38

1. $\sqrt{1} + \sqrt{2} + \sqrt{3} + \sqrt{4} + \sqrt{5}$ **3.** $3^4 + 3^5 + 3^6$
5. $-1 + \frac{1}{3} + \frac{3}{5} + \frac{5}{7} + \frac{7}{9}$ **7.** $1^{10} + 2^{10} + 3^{10} + \cdots + n^{10}$
9. $1 - 1 + 1 - 1 + \cdots + (-1)^{n-1}$ **11.** $\sum_{i=1}^{10} i$
13. $\sum_{i=1}^{19} \frac{i}{i+1}$ **15.** $\sum_{i=1}^{n} 2i$ **17.** $\sum_{i=0}^{5} 2^i$ **19.** $\sum_{i=1}^{n} x^i$
21. 80 **23.** 3276 **25.** 0 **27.** 61 **29.** $n(n+1)$
31. $n(n^2 + 6n + 17)/3$ **33.** $n(n^2 + 6n + 11)/3$
35. $n(n^3 + 2n^2 - n - 10)/4$
41. (a) n^4 (b) $5^{100} - 1$ (c) $\frac{97}{300}$ (d) $a_n - a_0$
43. $\frac{1}{3}$ **45.** 14 **49.** $2^{n+1} + n^2 + n - 2$

EJERCICIOS G ▪ PÁGINA A54

1. (b) 0.405

EJERCICIOS H ■ PÁGINA A62

1. $8 - 4i$ **3.** $13 + 18i$ **5.** $12 - 7i$ **7.** $\frac{11}{13} + \frac{10}{13}i$
9. $\frac{1}{2} - \frac{1}{2}i$ **11.** $-i$ **13.** $5i$ **15.** $12 + 5i$, 13
17. $4i$, 4 **19.** $\pm\frac{3}{2}i$ **21.** $-1 \pm 2i$
23. $-\frac{1}{2} \pm (\sqrt{7}/2)i$ **25.** $3\sqrt{2}\,[\cos(3\pi/4) + i \operatorname{sen}(3\pi/4)]$
27. $5\left\{\cos\left[\tan^{-1}\left(\frac{4}{3}\right)\right] + i \operatorname{sen}\left[\tan^{-1}\left(\frac{4}{3}\right)\right]\right\}$
29. $4[\cos(\pi/2) + i \operatorname{sen}(\pi/2)]$, $\cos(-\pi/6) + i \operatorname{sen}(-\pi/6)$, $\frac{1}{2}[\cos(-\pi/6) + i \operatorname{sen}(-\pi/6)]$
31. $4\sqrt{2}\,[\cos(7\pi/12) + i \operatorname{sen}(7\pi/12)]$, $(2\sqrt{2})[\cos(13\pi/12) + i \operatorname{sen}(13\pi/12)]$, $\frac{1}{4}[\cos(\pi/6) + i \operatorname{sen}(\pi/6)]$
33. -1024 **35.** $-512\sqrt{3} + 512i$
37. $\pm 1, \pm i, (1/\sqrt{2})(\pm 1 \pm i)$ **39.** $\pm(\sqrt{3}/2) + \frac{1}{2}i, -i$

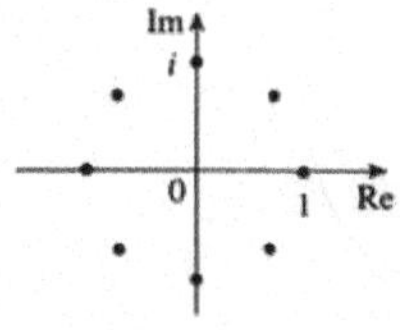

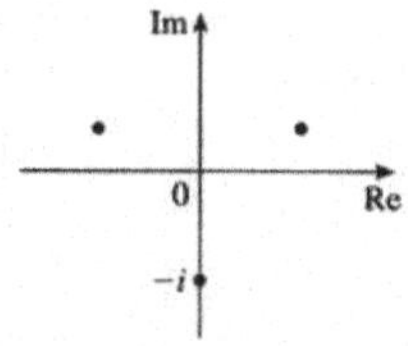

41. i **43.** $\frac{1}{2} + (\sqrt{3}/2)i$ **45.** $-e^2$
47. $\cos 3\theta = \cos^3\theta - 3\cos\theta \operatorname{sen}^2\theta$, $\operatorname{sen} 3\theta = 3\cos^2\theta \operatorname{sen}\theta - \operatorname{sen}^3\theta$

Índice analítico

PR denota páginas de referencia.

Corte aquí y guarde para consulta

ÁLGEBRA

Operaciones aritméticas

$$a(b+c)=ab+ac \qquad \frac{a}{b}+\frac{c}{d}=\frac{ad+bc}{bd}$$

$$\frac{a+c}{b}=\frac{a}{b}+\frac{c}{b} \qquad \frac{\frac{a}{b}}{\frac{c}{d}}=\frac{a}{b}\times\frac{d}{c}=\frac{ad}{bc}$$

Exponentes y radicales

$$x^m x^n = x^{m+n} \qquad \frac{x^m}{x^n}=x^{m-n}$$

$$(x^m)^n = x^{mn} \qquad x^{-n}=\frac{1}{x^n}$$

$$(xy)^n = x^n y^n \qquad \left(\frac{x}{y}\right)^n=\frac{x^n}{y^n}$$

$$x^{1/n}=\sqrt[n]{x} \qquad x^{m/n}=\sqrt[n]{x^m}=\left(\sqrt[n]{x}\right)^m$$

$$\sqrt[n]{xy}=\sqrt[n]{x}\,\sqrt[n]{y} \qquad \sqrt[n]{\frac{x}{y}}=\frac{\sqrt[n]{x}}{\sqrt[n]{y}}$$

Factorización de polinomios especiales

$$x^2-y^2=(x+y)(x-y)$$
$$x^3+y^3=(x+y)(x^2-xy+y^2)$$
$$x^3-y^3=(x-y)(x^2+xy+y^2)$$

Teorema binomial

$$(x+y)^2=x^2+2xy+y^2 \qquad (x-y)^2=x^2-2xy+y^2$$
$$(x+y)^3=x^3+3x^2y+3xy^2+y^3$$
$$(x-y)^3=x^3-3x^2y+3xy^2-y^3$$
$$(x+y)^n=x^n+nx^{n-1}y+\frac{n(n-1)}{2}x^{n-2}y^2+\cdots+\binom{n}{k}x^{n-k}y^k+\cdots+nxy^{n-1}+y^n$$

donde $\binom{n}{k}=\dfrac{n(n-1)\cdots(n-k+1)}{1\cdot 2\cdot 3\cdot \cdots \cdot k}$

Fórmula cuadrática

Si $ax^2+bx+c=0$, entonces $x=\dfrac{-b\pm\sqrt{b^2-4ac}}{2a}$.

Desigualdades y valor absoluto

Si $a<b$ y $b<c$, entonces $a<c$.

Si $a<b$, entonces $a+c<b+c$.

Si $a<b$ y $c>0$, entonces $ca<cb$.

Si $a<b$ y $c<0$, entonces $ca>cb$.

Si $a>0$, entonces

$|x|=a$ significa $x=a$ o $x=-a$

$|x|<a$ significa $-a<x<a$

$|x|>a$ significa $x>a$ o $x<-a$

GEOMETRÍA

Fórmulas geométricas

Fórmulas para el área A, circunferencia C y volumen V:

Triángulo

$A=\frac{1}{2}bh$

$=\frac{1}{2}ab\operatorname{sen}\theta$

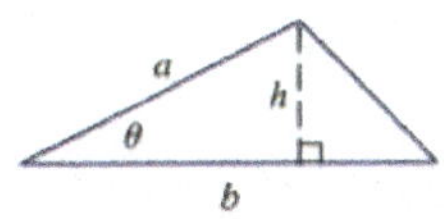

Círculo

$A=\pi r^2$

$C=2\pi r$

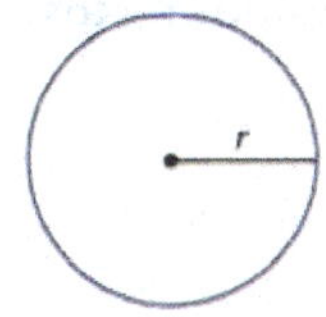

Sector de círculo

$A=\frac{1}{2}r^2\theta$

$s=r\theta$ (θ en radianes)

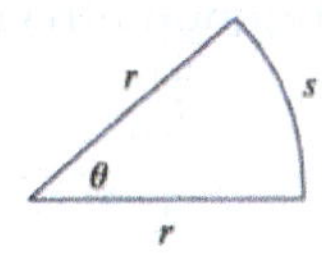

Esfera

$V=\frac{4}{3}\pi r^3$

$A=4\pi r^2$

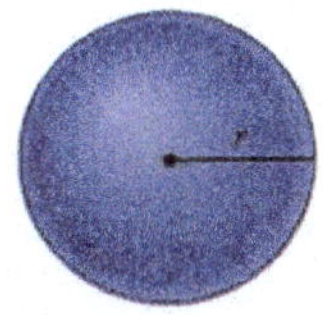

Cilindro

$V=\pi r^2 h$

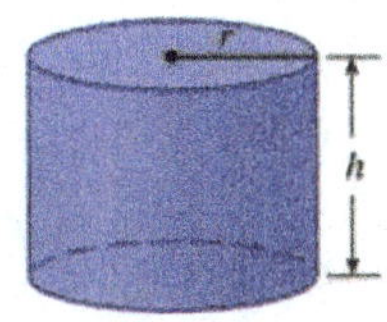

Cono

$V=\frac{1}{3}\pi r^2 h$

$A=\pi r\sqrt{r^2+h^2}$

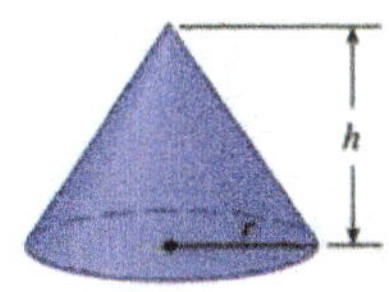

Fórmulas de distancia y punto medio

Distancia entre $P_1(x_1, y_1)$ y $P_2(x_2, y_2)$:

$$d=\sqrt{(x_2-x_1)^2+(y_2-y_1)^2}$$

Punto medio de $\overline{P_1P_2}$: $\left(\dfrac{x_1+x_2}{2}, \dfrac{y_1+y_2}{2}\right)$

Rectas

Pendiente de la recta que pasa por $P_1(x_1, y_1)$ y $P_2(x_2, y_2)$:

$$m=\frac{y_2-y_1}{x_2-x_1}$$

Ecuación punto-pendiente de la recta que pasa por $P_1(x_1, y_1)$ con pendiente m:

$$y-y_1=m(x-x_1)$$

Ecuación pendiente-interesección de la recta con pendiente m e intersección en $y=b$:

$$y=mx+b$$

Círculos

Ecuación del círculo con centro (h, k) y radio r:

$$(x-h)^2+(y-k)^2=r^2$$

TRIGONOMETRÍA

Medición de ángulos

π radianes $= 180°$

$1° = \dfrac{\pi}{180}$ rad $\qquad$ $1 \text{ rad} = \dfrac{180°}{\pi}$

$s = r\theta$

(θ en radianes)

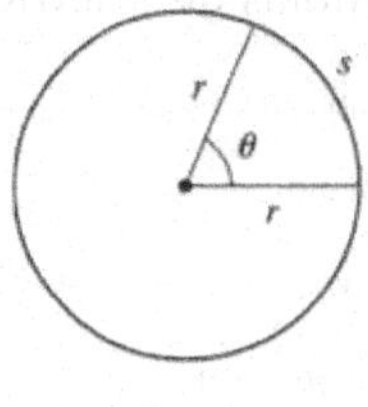

Trigonometría de ángulos rectos

$\operatorname{sen}\theta = \dfrac{\text{op}}{\text{hip}}$ $\qquad$ $\csc\theta = \dfrac{\text{hip}}{\text{op}}$

$\cos\theta = \dfrac{\text{ady}}{\text{hip}}$ $\qquad$ $\sec\theta = \dfrac{\text{hip}}{\text{ady}}$

$\tan\theta = \dfrac{\text{op}}{\text{ady}}$ $\qquad$ $\cot\theta = \dfrac{\text{ady}}{\text{op}}$

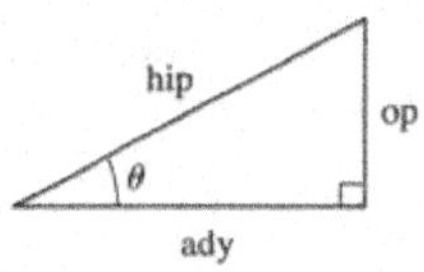

Funciones trigonométricas

$\operatorname{sen}\theta = \dfrac{y}{r}$ $\qquad$ $\csc\theta = \dfrac{r}{y}$

$\cos\theta = \dfrac{x}{r}$ $\qquad$ $\sec\theta = \dfrac{r}{x}$

$\tan\theta = \dfrac{y}{x}$ $\qquad$ $\cot\theta = \dfrac{x}{y}$

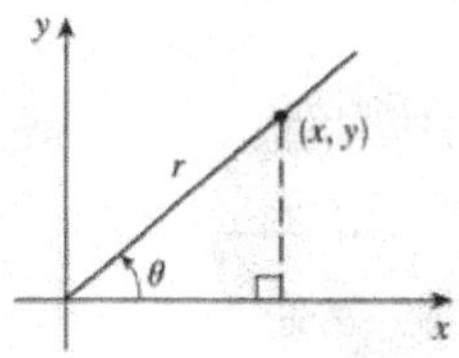

Gráficas de funciones trigonométricas

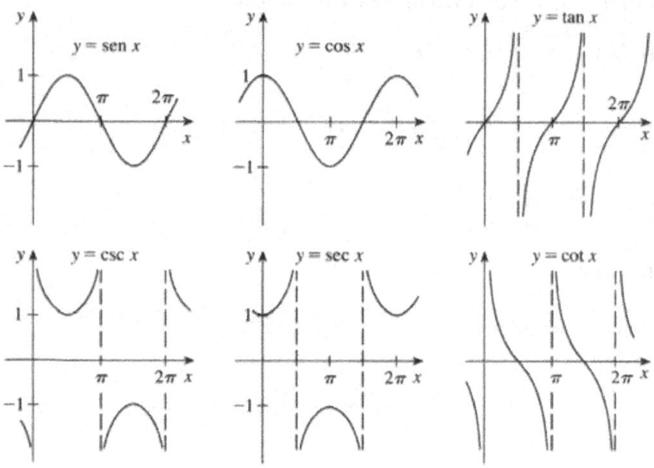

Funciones trigonométricas de ángulos importantes

θ	radianes	$\operatorname{sen}\theta$	$\cos\theta$	$\tan\theta$
0°	0	0	1	0
30°	$\pi/6$	$1/2$	$\sqrt{3}/2$	$\sqrt{3}/3$
45°	$\pi/4$	$\sqrt{2}/2$	$\sqrt{2}/2$	1
60°	$\pi/3$	$\sqrt{3}/2$	$1/2$	$\sqrt{3}$
90°	$\pi/2$	1	0	—

Identidades fundamentales

$\csc\theta = \dfrac{1}{\operatorname{sen}\theta}$ $\qquad$ $\sec\theta = \dfrac{1}{\cos\theta}$

$\tan\theta = \dfrac{\operatorname{sen}\theta}{\cos\theta}$ $\qquad$ $\cot\theta = \dfrac{\cos\theta}{\operatorname{sen}\theta}$

$\cot\theta = \dfrac{1}{\tan\theta}$ $\qquad$ $\operatorname{sen}^2\theta + \cos^2\theta = 1$

$1 + \tan^2\theta = \sec^2\theta$ $\qquad$ $1 + \cot^2\theta = \csc^2\theta$

$\operatorname{sen}(-\theta) = -\operatorname{sen}\theta$ $\qquad$ $\cos(-\theta) = \cos\theta$

$\tan(-\theta) = -\tan\theta$ $\qquad$ $\operatorname{sen}\left(\dfrac{\pi}{2} - \theta\right) = \cos\theta$

$\cos\left(\dfrac{\pi}{2} - \theta\right) = \operatorname{sen}\theta$ $\qquad$ $\tan\left(\dfrac{\pi}{2} - \theta\right) = \cot\theta$

Ley de los senos

$$\frac{\operatorname{sen} A}{a} = \frac{\operatorname{sen} B}{b} = \frac{\operatorname{sen} C}{c}$$

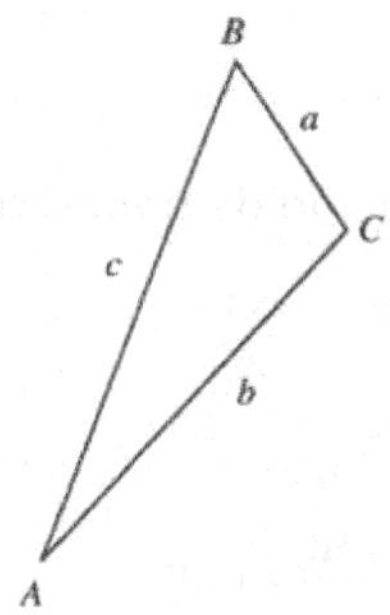

Ley de los cosenos

$a^2 = b^2 + c^2 - 2bc\cos A$

$b^2 = a^2 + c^2 - 2ac\cos B$

$c^2 = a^2 + b^2 - 2ab\cos C$

Fórmulas de adición y sustracción

$\operatorname{sen}(x + y) = \operatorname{sen} x\cos y + \cos x\operatorname{sen} y$

$\operatorname{sen}(x - y) = \operatorname{sen} x\cos y - \cos x\operatorname{sen} y$

$\cos(x + y) = \cos x\cos y - \operatorname{sen} x\operatorname{sen} y$

$\cos(x - y) = \cos x\cos y + \operatorname{sen} x\operatorname{sen} y$

$\tan(x + y) = \dfrac{\tan x + \tan y}{1 - \tan x\tan y}$

$\tan(x - y) = \dfrac{\tan x - \tan y}{1 + \tan x\tan y}$

Fórmulas de doble ángulo

$\operatorname{sen} 2x = 2\operatorname{sen} x\cos x$

$\cos 2x = \cos^2 x - \operatorname{sen}^2 x = 2\cos^2 x - 1 = 1 - 2\operatorname{sen}^2 x$

$\tan 2x = \dfrac{2\tan x}{1 - \tan^2 x}$

Fórmulas de medio ángulo

$\operatorname{sen}^2 x = \dfrac{1 - \cos 2x}{2}$ $\qquad$ $\cos^2 x = \dfrac{1 + \cos 2x}{2}$

Corte aquí y guarde para consulta

FUNCIONES ESPECIALES

Funciones potencia $f(x) = x^a$

(i) $f(x) = x^n$, n un entero positivo

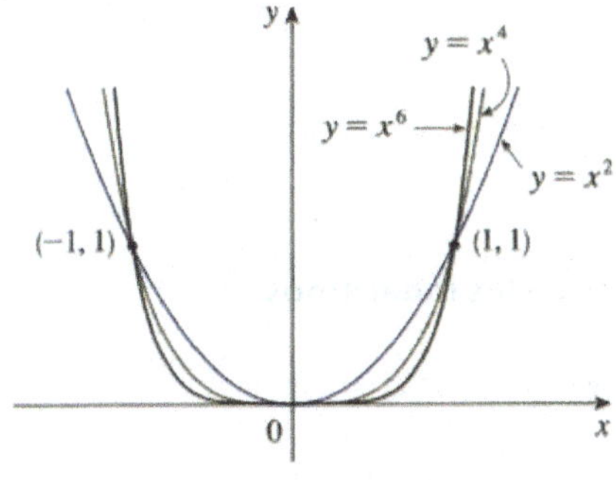

n par

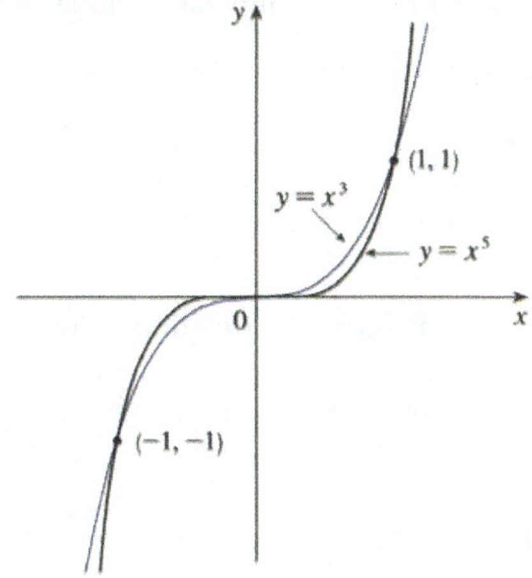

n impar

(ii) $f(x) = x^{1/n} = \sqrt[n]{x}$, n un entero positivo

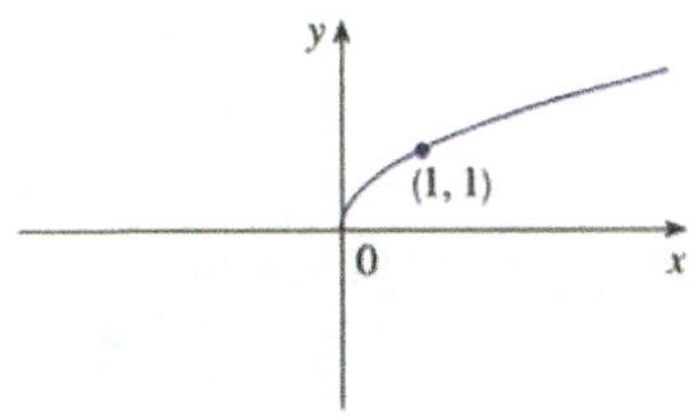

$f(x) = \sqrt{x}$

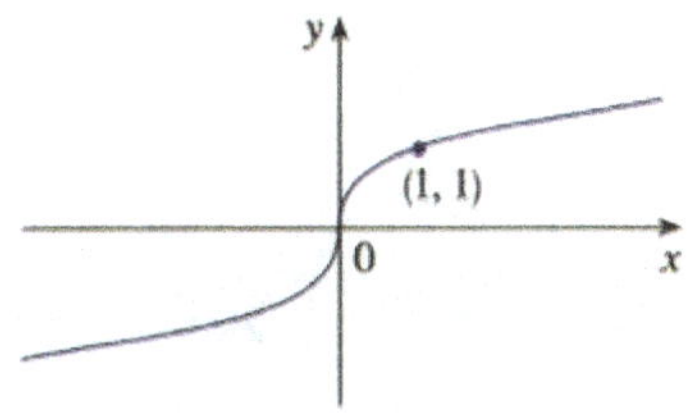

$f(x) = \sqrt[3]{x}$

(iii) $f(x) = x^{-1} = \dfrac{1}{x}$

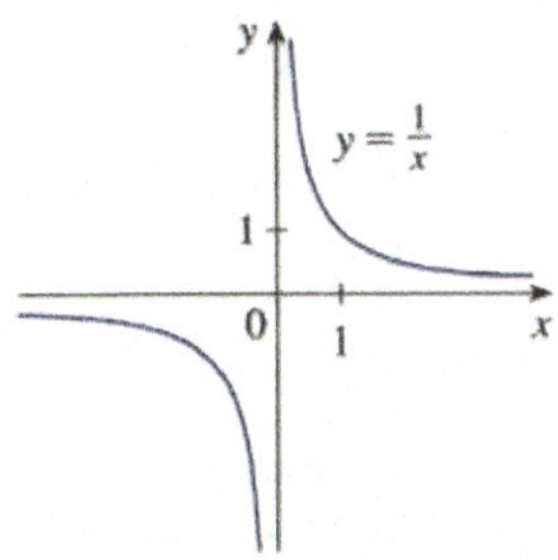

Funciones trigonométricas inversas

$$\arcsin x = \operatorname{sen}^{-1}x = y \iff \operatorname{sen} y = x \quad \text{y} \quad -\frac{\pi}{2} \leqslant y \leqslant \frac{\pi}{2}$$

$$\arccos x = \cos^{-1}x = y \iff \cos y = x \quad \text{y} \quad 0 \leqslant y \leqslant \pi$$

$$\arctan x = \tan^{-1}x = y \iff \tan y = x \quad \text{y} \quad -\frac{\pi}{2} < y < \frac{\pi}{2}$$

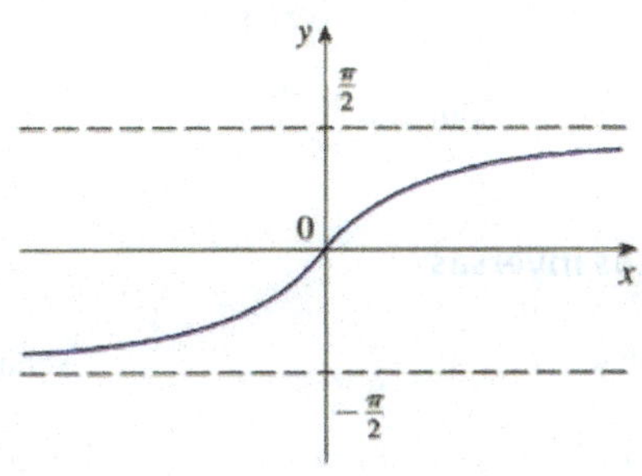

$y = \tan^{-1}x = \arctan x$

$$\lim_{x \to -\infty} \tan^{-1}x = -\frac{\pi}{2}$$

$$\lim_{x \to \infty} \tan^{-1}x = \frac{\pi}{2}$$

FUNCIONES ESPECIALES

Funciones exponenciales y logarítmicas

$\log_b x = y \iff b^y = x$

$\ln x = \log_e x$, donde $\ln e = 1$

$\ln x = y \iff e^y = x$

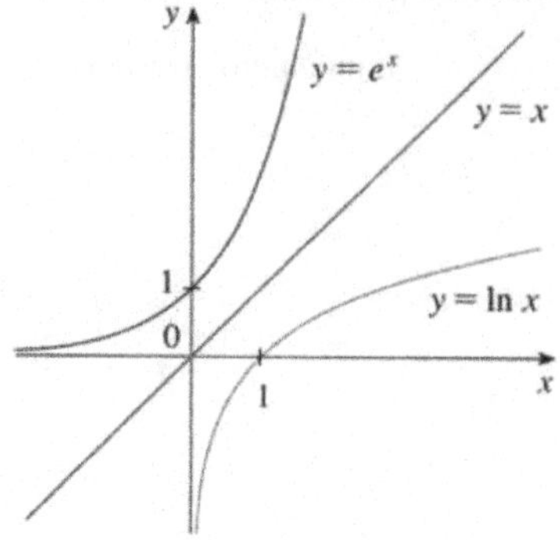

Ecuaciones de eliminación

$\log_b(b^x) = x \qquad b^{\log_b x} = x$

$\ln(e^x) = x \qquad e^{\ln x} = x$

Leyes de los logaritmos

1. $\log_b(xy) = \log_b x + \log_b y$

2. $\log_b\left(\dfrac{x}{y}\right) = \log_b x - \log_b y$

3. $\log_b(x^r) = r \log_b x$

$\lim_{x\to-\infty} e^x = 0 \qquad \lim_{x\to\infty} e^x = \infty$

$\lim_{x\to 0^+} \ln x = -\infty \qquad \lim_{x\to\infty} \ln x = \infty$

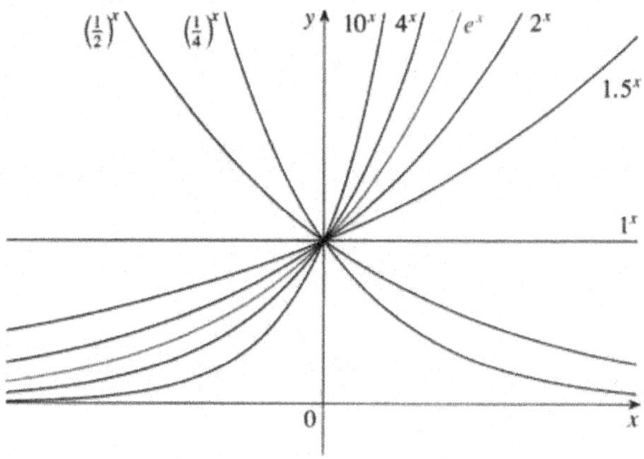

Funciones exponeciales

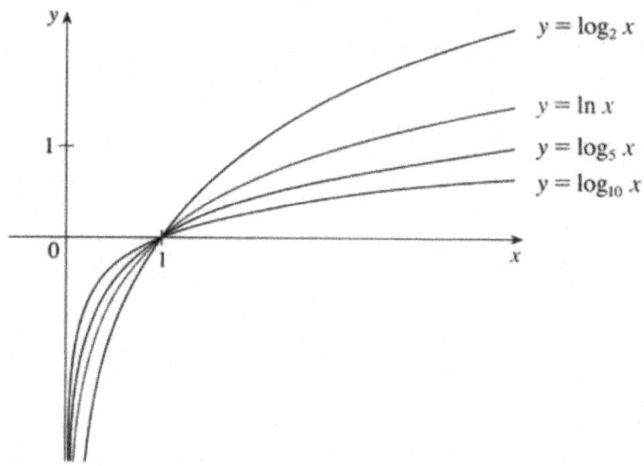

Funciones logarítmicas

Funciones hiperbólicas

$\operatorname{senh} x = \dfrac{e^x - e^{-x}}{2} \qquad \operatorname{csch} x = \dfrac{1}{\operatorname{senh} x}$

$\cosh x = \dfrac{e^x + e^{-x}}{2} \qquad \operatorname{sech} x = \dfrac{1}{\cosh x}$

$\tanh x = \dfrac{\operatorname{senh} x}{\cosh x} \qquad \coth x = \dfrac{\cosh x}{\operatorname{senh} x}$

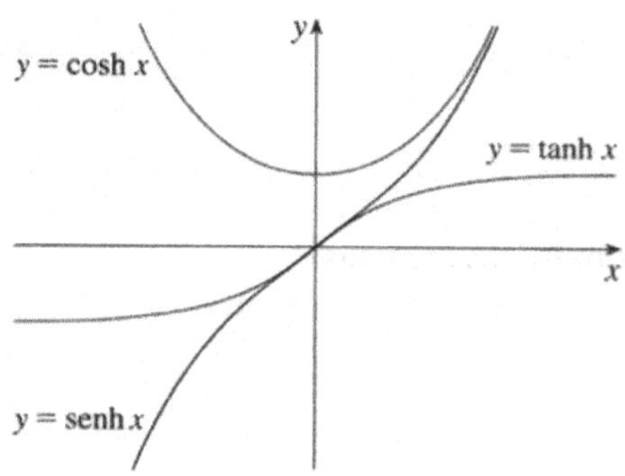

Funciones hiperbólicas inversas

$y = \operatorname{senh}^{-1} x \iff \operatorname{senh} y = x \qquad \operatorname{senh}^{-1} x = \ln\left(x + \sqrt{x^2 + 1}\right)$

$y = \cosh^{-1} x \iff \cosh y = x$ y $y \geqslant 0 \qquad \cosh^{-1} x = \ln\left(x + \sqrt{x^2 - 1}\right)$

$y = \tanh^{-1} x \iff \tanh y = x \qquad \tanh^{-1} x = \frac{1}{2}\ln\left(\dfrac{1 + x}{1 - x}\right)$

Corte aquí y guarde para consulta

REGLAS DE LA DERIVACIÓN

Fórmulas generales

1. $\dfrac{d}{dx}(c) = 0$

2. $\dfrac{d}{dx}[cf(x)] = cf'(x)$

3. $\dfrac{d}{dx}[f(x) + g(x)] = f'(x) + g'(x)$

4. $\dfrac{d}{dx}[f(x) - g(x)] = f'(x) - g'(x)$

5. $\dfrac{d}{dx}[f(x)g(x)] = f(x)g'(x) + g(x)f'(x)$ (Regla del producto)

6. $\dfrac{d}{dx}\left[\dfrac{f(x)}{g(x)}\right] = \dfrac{g(x)f'(x) - f(x)g'(x)}{[g(x)]^2}$ (Regla del cociente)

7. $\dfrac{d}{dx}f(g(x)) = f'(g(x))g'(x)$ (Regla de la cadena)

8. $\dfrac{d}{dx}(x^n) = nx^{n-1}$ (Regla de la potencia)

Funciones exponenciales y logarítmicas

9. $\dfrac{d}{dx}(e^x) = e^x$

10. $\dfrac{d}{dx}(b^x) = b^x \ln b$

11. $\dfrac{d}{dx}\ln|x| = \dfrac{1}{x}$

12. $\dfrac{d}{dx}(\log_b x) = \dfrac{1}{x \ln b}$

Funciones trigonométricas

13. $\dfrac{d}{dx}(\operatorname{sen} x) = \cos x$

14. $\dfrac{d}{dx}(\cos x) = -\operatorname{sen} x$

15. $\dfrac{d}{dx}(\tan x) = \sec^2 x$

16. $\dfrac{d}{dx}(\csc x) = -\csc x \cot x$

17. $\dfrac{d}{dx}(\sec x) = \sec x \tan x$

18. $\dfrac{d}{dx}(\cot x) = -\csc^2 x$

Funciones trigonométricas inversas

19. $\dfrac{d}{dx}(\operatorname{sen}^{-1} x) = \dfrac{1}{\sqrt{1 - x^2}}$

20. $\dfrac{d}{dx}(\cos^{-1} x) = -\dfrac{1}{\sqrt{1 - x^2}}$

21. $\dfrac{d}{dx}(\tan^{-1} x) = \dfrac{1}{1 + x^2}$

22. $\dfrac{d}{dx}(\csc^{-1} x) = -\dfrac{1}{x\sqrt{x^2 - 1}}$

23. $\dfrac{d}{dx}(\sec^{-1} x) = \dfrac{1}{x\sqrt{x^2 - 1}}$

24. $\dfrac{d}{dx}(\cot^{-1} x) = -\dfrac{1}{1 + x^2}$

Funciones hiperbólicas

25. $\dfrac{d}{dx}(\operatorname{senh} x) = \cosh x$

26. $\dfrac{d}{dx}(\cosh x) = \operatorname{senh} x$

27. $\dfrac{d}{dx}(\tanh x) = \operatorname{sech}^2 x$

28. $\dfrac{d}{dx}(\operatorname{csch} x) = -\operatorname{csch} x \coth x$

29. $\dfrac{d}{dx}(\operatorname{sech} x) = -\operatorname{sech} x \tanh x$

30. $\dfrac{d}{dx}(\coth x) = -\operatorname{csch}^2 x$

Funciones hiperbólicas inversas

31. $\dfrac{d}{dx}(\operatorname{senh}^{-1} x) = \dfrac{1}{\sqrt{1 + x^2}}$

32. $\dfrac{d}{dx}(\cosh^{-1} x) = \dfrac{1}{\sqrt{x^2 - 1}}$

33. $\dfrac{d}{dx}(\tanh^{-1} x) = \dfrac{1}{1 - x^2}$

34. $\dfrac{d}{dx}(\operatorname{csch}^{-1} x) = -\dfrac{1}{|x|\sqrt{x^2 + 1}}$

35. $\dfrac{d}{dx}(\operatorname{sech}^{-1} x) = -\dfrac{1}{x\sqrt{1 - x^2}}$

36. $\dfrac{d}{dx}(\coth^{-1} x) = \dfrac{1}{1 - x^2}$

TABLA DE INTEGRALES

Formas básicas

1. $\int u\,dv = uv - \int v\,du$

2. $\int u^n\,du = \dfrac{u^{n+1}}{n+1} + C, \quad n \neq -1$

3. $\int \dfrac{du}{u} = \ln|u| + C$

4. $\int e^u\,du = e^u + C$

5. $\int b^u\,du = \dfrac{b^u}{\ln b} + C$

6. $\int \operatorname{sen} u\,du = -\cos u + C$

7. $\int \cos u\,du = \operatorname{sen} u + C$

8. $\int \sec^2 u\,du = \tan u + C$

9. $\int \csc^2 u\,du = -\cot u + C$

10. $\int \sec u \tan u\,du = \sec u + C$

11. $\int \csc u \cot u\,du = -\csc u + C$

12. $\int \tan u\,du = \ln|\sec u| + C$

13. $\int \cot u\,du = \ln|\operatorname{sen} u| + C$

14. $\int \sec u\,du = \ln|\sec u + \tan u| + C$

15. $\int \csc u\,du = \ln|\csc u - \cot u| + C$

16. $\int \dfrac{du}{\sqrt{a^2 - u^2}} = \operatorname{sen}^{-1}\dfrac{u}{a} + C, \quad a > 0$

17. $\int \dfrac{du}{a^2 + u^2} = \dfrac{1}{a}\tan^{-1}\dfrac{u}{a} + C$

18. $\int \dfrac{du}{u\sqrt{u^2 - a^2}} = \dfrac{1}{a}\sec^{-1}\dfrac{u}{a} + C$

19. $\int \dfrac{du}{a^2 - u^2} = \dfrac{1}{2a}\ln\left|\dfrac{u+a}{u-a}\right| + C$

20. $\int \dfrac{du}{u^2 - a^2} = \dfrac{1}{2a}\ln\left|\dfrac{u-a}{u+a}\right| + C$

Formas que involucran $\sqrt{a^2 + u^2}$, $a > 0$

21. $\int \sqrt{a^2 + u^2}\,du = \dfrac{u}{2}\sqrt{a^2 + u^2} + \dfrac{a^2}{2}\ln\left(u + \sqrt{a^2 + u^2}\right) + C$

22. $\int u^2\sqrt{a^2 + u^2}\,du = \dfrac{u}{8}(a^2 + 2u^2)\sqrt{a^2 + u^2} - \dfrac{a^4}{8}\ln\left(u + \sqrt{a^2 + u^2}\right) + C$

23. $\int \dfrac{\sqrt{a^2 + u^2}}{u}\,du = \sqrt{a^2 + u^2} - a\ln\left|\dfrac{a + \sqrt{a^2 + u^2}}{u}\right| + C$

24. $\int \dfrac{\sqrt{a^2 + u^2}}{u^2}\,du = -\dfrac{\sqrt{a^2 + u^2}}{u} + \ln\left(u + \sqrt{a^2 + u^2}\right) + C$

25. $\int \dfrac{du}{\sqrt{a^2 + u^2}} = \ln\left(u + \sqrt{a^2 + u^2}\right) + C$

26. $\int \dfrac{u^2\,du}{\sqrt{a^2 + u^2}} = \dfrac{u}{2}\sqrt{a^2 + u^2} - \dfrac{a^2}{2}\ln\left(u + \sqrt{a^2 + u^2}\right) + C$

27. $\int \dfrac{du}{u\sqrt{a^2 + u^2}} = -\dfrac{1}{a}\ln\left|\dfrac{\sqrt{a^2 + u^2} + a}{u}\right| + C$

28. $\int \dfrac{du}{u^2\sqrt{a^2 + u^2}} = -\dfrac{\sqrt{a^2 + u^2}}{a^2 u} + C$

29. $\int \dfrac{du}{(a^2 + u^2)^{3/2}} = \dfrac{u}{a^2\sqrt{a^2 + u^2}} + C$

Corte aquí y guarde para consulta

TABLA DE INTEGRALES

Formas que involucran $\sqrt{a^2 - u^2}$, $a > 0$

30. $\displaystyle\int \sqrt{a^2 - u^2}\, du = \frac{u}{2}\sqrt{a^2 - u^2} + \frac{a^2}{2}\operatorname{sen}^{-1}\frac{u}{a} + C$

31. $\displaystyle\int u^2\sqrt{a^2 - u^2}\, du = \frac{u}{8}(2u^2 - a^2)\sqrt{a^2 - u^2} + \frac{a^4}{8}\operatorname{sen}^{-1}\frac{u}{a} + C$

32. $\displaystyle\int \frac{\sqrt{a^2 - u^2}}{u}\, du = \sqrt{a^2 - u^2} - a\ln\left|\frac{a + \sqrt{a^2 - u^2}}{u}\right| + C$

33. $\displaystyle\int \frac{\sqrt{a^2 - u^2}}{u^2}\, du = -\frac{1}{u}\sqrt{a^2 - u^2} - \operatorname{sen}^{-1}\frac{u}{a} + C$

34. $\displaystyle\int \frac{u^2\, du}{\sqrt{a^2 - u^2}} = -\frac{u}{2}\sqrt{a^2 - u^2} + \frac{a^2}{2}\operatorname{sen}^{-1}\frac{u}{a} + C$

35. $\displaystyle\int \frac{du}{u\sqrt{a^2 - u^2}} = -\frac{1}{a}\ln\left|\frac{a + \sqrt{a^2 - u^2}}{u}\right| + C$

36. $\displaystyle\int \frac{du}{u^2\sqrt{a^2 - u^2}} = -\frac{1}{a^2 u}\sqrt{a^2 - u^2} + C$

37. $\displaystyle\int (a^2 - u^2)^{3/2}\, du = -\frac{u}{8}(2u^2 - 5a^2)\sqrt{a^2 - u^2} + \frac{3a^4}{8}\operatorname{sen}^{-1}\frac{u}{a} + C$

38. $\displaystyle\int \frac{du}{(a^2 - u^2)^{3/2}} = \frac{u}{a^2\sqrt{a^2 - u^2}} + C$

Formas que involucran $\sqrt{u^2 - a^2}$, $a > 0$

39. $\displaystyle\int \sqrt{u^2 - a^2}\, du = \frac{u}{2}\sqrt{u^2 - a^2} - \frac{a^2}{2}\ln\left|u + \sqrt{u^2 - a^2}\right| + C$

40. $\displaystyle\int u^2\sqrt{u^2 - a^2}\, du = \frac{u}{8}(2u^2 - a^2)\sqrt{u^2 - a^2} - \frac{a^4}{8}\ln\left|u + \sqrt{u^2 - a^2}\right| + C$

41. $\displaystyle\int \frac{\sqrt{u^2 - a^2}}{u}\, du = \sqrt{u^2 - a^2} - a\cos^{-1}\frac{a}{|u|} + C$

42. $\displaystyle\int \frac{\sqrt{u^2 - a^2}}{u^2}\, du = -\frac{\sqrt{u^2 - a^2}}{u} + \ln\left|u + \sqrt{u^2 - a^2}\right| + C$

43. $\displaystyle\int \frac{du}{\sqrt{u^2 - a^2}} = \ln\left|u + \sqrt{u^2 - a^2}\right| + C$

44. $\displaystyle\int \frac{u^2\, du}{\sqrt{u^2 - a^2}} = \frac{u}{2}\sqrt{u^2 - a^2} + \frac{a^2}{2}\ln\left|u + \sqrt{u^2 - a^2}\right| + C$

45. $\displaystyle\int \frac{du}{u^2\sqrt{u^2 - a^2}} = \frac{\sqrt{u^2 - a^2}}{a^2 u} + C$

46. $\displaystyle\int \frac{du}{(u^2 - a^2)^{3/2}} = -\frac{u}{a^2\sqrt{u^2 - a^2}} + C$

(continúa)

TABLA DE INTEGRALES

Formas que involucran $a + bu$

47. $\displaystyle\int \frac{u\,du}{a+bu} = \frac{1}{b^2}(a + bu - a\ln|a+bu|) + C$

48. $\displaystyle\int \frac{u^2\,du}{a+bu} = \frac{1}{2b^3}\left[(a+bu)^2 - 4a(a+bu) + 2a^2\ln|a+bu|\right] + C$

49. $\displaystyle\int \frac{du}{u(a+bu)} = \frac{1}{a}\ln\left|\frac{u}{a+bu}\right| + C$

50. $\displaystyle\int \frac{du}{u^2(a+bu)} = -\frac{1}{au} + \frac{b}{a^2}\ln\left|\frac{a+bu}{u}\right| + C$

51. $\displaystyle\int \frac{u\,du}{(a+bu)^2} = \frac{a}{b^2(a+bu)} + \frac{1}{b^2}\ln|a+bu| + C$

52. $\displaystyle\int \frac{du}{u(a+bu)^2} = \frac{1}{a(a+bu)} - \frac{1}{a^2}\ln\left|\frac{a+bu}{u}\right| + C$

53. $\displaystyle\int \frac{u^2\,du}{(a+bu)^2} = \frac{1}{b^3}\left(a + bu - \frac{a^2}{a+bu} - 2a\ln|a+bu|\right) + C$

54. $\displaystyle\int u\sqrt{a+bu}\,du = \frac{2}{15b^2}(3bu - 2a)(a+bu)^{3/2} + C$

55. $\displaystyle\int \frac{u\,du}{\sqrt{a+bu}} = \frac{2}{3b^2}(bu - 2a)\sqrt{a+bu} + C$

56. $\displaystyle\int \frac{u^2\,du}{\sqrt{a+bu}} = \frac{2}{15b^3}(8a^2 + 3b^2u^2 - 4abu)\sqrt{a+bu} + C$

57. $\displaystyle\int \frac{du}{u\sqrt{a+bu}} = \frac{1}{\sqrt{a}}\ln\left|\frac{\sqrt{a+bu}-\sqrt{a}}{\sqrt{a+bu}+\sqrt{a}}\right| + C, \quad \text{si } a > 0$

$$= \frac{2}{\sqrt{-a}}\tan^{-1}\sqrt{\frac{a+bu}{-a}} + C, \qquad \text{si } a < 0$$

58. $\displaystyle\int \frac{\sqrt{a+bu}}{u}\,du = 2\sqrt{a+bu} + a\int \frac{du}{u\sqrt{a+bu}}$

59. $\displaystyle\int \frac{\sqrt{a+bu}}{u^2}\,du = -\frac{\sqrt{a+bu}}{u} + \frac{b}{2}\int \frac{du}{u\sqrt{a+bu}}$

60. $\displaystyle\int u^n\sqrt{a+bu}\,du = \frac{2}{b(2n+3)}\left[u^n(a+bu)^{3/2} - na\int u^{n-1}\sqrt{a+bu}\,du\right]$

61. $\displaystyle\int \frac{u^n\,du}{\sqrt{a+bu}} = \frac{2u^n\sqrt{a+bu}}{b(2n+1)} - \frac{2na}{b(2n+1)}\int \frac{u^{n-1}\,du}{\sqrt{a+bu}}$

62. $\displaystyle\int \frac{du}{u^n\sqrt{a+bu}} = -\frac{\sqrt{a+bu}}{a(n-1)u^{n-1}} - \frac{b(2n-3)}{2a(n-1)}\int \frac{du}{u^{n-1}\sqrt{a+bu}}$

Corte aquí y guarde para consulta

TABLA DE INTEGRALES

Formas trigonométricas

63. $\int \operatorname{sen}^2 u\,du = \frac{1}{2}u - \frac{1}{4}\operatorname{sen} 2u + C$

64. $\int \cos^2 u\,du = \frac{1}{2}u + \frac{1}{4}\operatorname{sen} 2u + C$

65. $\int \tan^2 u\,du = \tan u - u + C$

66. $\int \cot^2 u\,du = -\cot u - u + C$

67. $\int \operatorname{sen}^3 u\,du = -\frac{1}{3}(2 + \operatorname{sen}^2 u)\cos u + C$

68. $\int \cos^3 u\,du = \frac{1}{3}(2 + \cos^2 u)\operatorname{sen} u + C$

69. $\int \tan^3 u\,du = \frac{1}{2}\tan^2 u + \ln|\cos u| + C$

70. $\int \cot^3 u\,du = -\frac{1}{2}\cot^2 u - \ln|\operatorname{sen} u| + C$

71. $\int \sec^3 u\,du = \frac{1}{2}\sec u \tan u + \frac{1}{2}\ln|\sec u + \tan u| + C$

72. $\int \csc^3 u\,du = -\frac{1}{2}\csc u \cot u + \frac{1}{2}\ln|\csc u - \cot u| + C$

73. $\int \operatorname{sen}^n u\,du = -\frac{1}{n}\operatorname{sen}^{n-1} u \cos u + \frac{n-1}{n}\int \operatorname{sen}^{n-2} u\,du$

74. $\int \cos^n u\,du = \frac{1}{n}\cos^{n-1} u \operatorname{sen} u + \frac{n-1}{n}\int \cos^{n-2} u\,du$

75. $\int \tan^n u\,du = \frac{1}{n-1}\tan^{n-1} u - \int \tan^{n-2} u\,du$

76. $\int \cot^n u\,du = \frac{-1}{n-1}\cot^{n-1} u - \int \cot^{n-2} u\,du$

77. $\int \sec^n u\,du = \frac{1}{n-1}\tan u \sec^{n-2} u + \frac{n-2}{n-1}\int \sec^{n-2} u\,du$

78. $\int \csc^n u\,du = \frac{-1}{n-1}\cot u \csc^{n-2} u + \frac{n-2}{n-1}\int \csc^{n-2} u\,du$

79. $\int \operatorname{sen} au \operatorname{sen} bu\,du = \frac{\operatorname{sen}(a-b)u}{2(a-b)} - \frac{\operatorname{sen}(a+b)u}{2(a+b)} + C$

80. $\int \cos au \cos bu\,du = \frac{\operatorname{sen}(a-b)u}{2(a-b)} + \frac{\operatorname{sen}(a+b)u}{2(a+b)} + C$

81. $\int \operatorname{sen} au \cos bu\,du = -\frac{\cos(a-b)u}{2(a-b)} - \frac{\cos(a+b)u}{2(a+b)} + C$

82. $\int u \operatorname{sen} u\,du = \operatorname{sen} u - u\cos u + C$

83. $\int u \cos u\,du = \cos u + u \operatorname{sen} u + C$

84. $\int u^n \operatorname{sen} u\,du = -u^n \cos u + n\int u^{n-1}\cos u\,du$

85. $\int u^n \cos u\,du = u^n \operatorname{sen} u - n\int u^{n-1}\operatorname{sen} u\,du$

86. $\int \operatorname{sen}^n u \cos^m u\,du = -\frac{\operatorname{sen}^{n-1} u \cos^{m+1} u}{n+m} + \frac{n-1}{n+m}\int \operatorname{sen}^{n-2} u \cos^m u\,du$

$= \frac{\operatorname{sen}^{n+1} u \cos^{m-1} u}{n+m} + \frac{m-1}{n+m}\int \operatorname{sen}^n u \cos^{m-2} u\,du$

Formas trigonométricas inversas

87. $\int \operatorname{sen}^{-1} u\,du = u \operatorname{sen}^{-1} u + \sqrt{1-u^2} + C$

88. $\int \cos^{-1} u\,du = u \cos^{-1} u - \sqrt{1-u^2} + C$

89. $\int \tan^{-1} u\,du = u \tan^{-1} u - \frac{1}{2}\ln(1+u^2) + C$

90. $\int u \operatorname{sen}^{-1} u\,du = \frac{2u^2-1}{4}\operatorname{sen}^{-1} u + \frac{u\sqrt{1-u^2}}{4} + C$

91. $\int u \cos^{-1} u\,du = \frac{2u^2-1}{4}\cos^{-1} u - \frac{u\sqrt{1-u^2}}{4} + C$

92. $\int u \tan^{-1} u\,du = \frac{u^2+1}{2}\tan^{-1} u - \frac{u}{2} + C$

93. $\int u^n \operatorname{sen}^{-1} u\,du = \frac{1}{n+1}\left[u^{n+1}\operatorname{sen}^{-1} u - \int \frac{u^{n+1}\,du}{\sqrt{1-u^2}}\right], \quad n \neq -1$

94. $\int u^n \cos^{-1} u\,du = \frac{1}{n+1}\left[u^{n+1}\cos^{-1} u + \int \frac{u^{n+1}\,du}{\sqrt{1-u^2}}\right], \quad n \neq -1$

95. $\int u^n \tan^{-1} u\,du = \frac{1}{n+1}\left[u^{n+1}\tan^{-1} u - \int \frac{u^{n+1}\,du}{1+u^2}\right], \quad n \neq -1$

(continúa)

TABLA DE INTEGRALES

Formas exponenciales y logarítmicas

96. $\int ue^{au}\,du = \frac{1}{a^2}(au-1)e^{au} + C$

97. $\int u^n e^{au}\,du = \frac{1}{a}u^n e^{au} - \frac{n}{a}\int u^{n-1}e^{au}\,du$

98. $\int e^{au}\sin bu\,du = \frac{e^{au}}{a^2+b^2}(a\sin bu - b\cos bu) + C$

99. $\int e^{au}\cos bu\,du = \frac{e^{au}}{a^2+b^2}(a\cos bu + b\sin bu) + C$

100. $\int \ln u\,du = u\ln u - u + C$

101. $\int u^n \ln u\,du = \frac{u^{n+1}}{(n+1)^2}[(n+1)\ln u - 1] + C$

102. $\int \frac{1}{u\ln u}\,du = \ln|\ln u| + C$

Formas hiperbólicas

103. $\int \operatorname{senh} u\,du = \cosh u + C$

104. $\int \cosh u\,du = \operatorname{senh} u + C$

105. $\int \tanh u\,du = \ln\cosh u + C$

106. $\int \coth u\,du = \ln|\operatorname{senh} u| + C$

107. $\int \operatorname{sech} u\,du = \tan^{-1}|\operatorname{senh} u| + C$

108. $\int \operatorname{csch} u\,du = \ln\left|\tanh \tfrac{1}{2}u\right| + C$

109. $\int \operatorname{sech}^2 u\,du = \tanh u + C$

110. $\int \operatorname{csch}^2 u\,du = -\coth u + C$

111. $\int \operatorname{sech} u \tanh u\,du = -\operatorname{sech} u + C$

112. $\int \operatorname{csch} u \coth u\,du = -\operatorname{csch} u + C$

Formas que involucran $\sqrt{2au - u^2}$, $a > 0$

113. $\int \sqrt{2au-u^2}\,du = \frac{u-a}{2}\sqrt{2au-u^2} + \frac{a^2}{2}\cos^{-1}\left(\frac{a-u}{a}\right) + C$

114. $\int u\sqrt{2au-u^2}\,du = \frac{2u^2-au-3a^2}{6}\sqrt{2au-u^2} + \frac{a^3}{2}\cos^{-1}\left(\frac{a-u}{a}\right) + C$

115. $\int \frac{\sqrt{2au-u^2}}{u}\,du = \sqrt{2au-u^2} + a\cos^{-1}\left(\frac{a-u}{a}\right) + C$

116. $\int \frac{\sqrt{2au-u^2}}{u^2}\,du = -\frac{2\sqrt{2au-u^2}}{u} - \cos^{-1}\left(\frac{a-u}{a}\right) + C$

117. $\int \frac{du}{\sqrt{2au-u^2}} = \cos^{-1}\left(\frac{a-u}{a}\right) + C$

118. $\int \frac{u\,du}{\sqrt{2au-u^2}} = -\sqrt{2au-u^2} + a\cos^{-1}\left(\frac{a-u}{a}\right) + C$

119. $\int \frac{u^2\,du}{\sqrt{2au-u^2}} = -\frac{(u+3a)}{2}\sqrt{2au-u^2} + \frac{3a^2}{2}\cos^{-1}\left(\frac{a-u}{a}\right) + C$

120. $\int \frac{du}{u\sqrt{2au-u^2}} = -\frac{\sqrt{2au-u^2}}{au} + C$

CAPÍTULO 1 RESPUESTAS A LA VERIFICACIÓN DE CONCEPTOS

1. (a) ¿Qué es una función? ¿Qué son su dominio y rango?

Una función f es una regla que asigna a cada elemento x en un conjunto D exactamente un elemento llamado $f(x)$, en un conjunto E. El dominio es el conjunto D y el rango es el conjunto de todos los valores posibles de $f(x)$ conforme x varía a todo lo largo del dominio.

(b) ¿Qué es la gráfica de una función?

La gráfica de una función f consta de todos los puntos (x, y) tales que $y = f(x)$ y x esté en el dominio de f.

(c) ¿Cómo se puede saber si una curva dada es la gráfica de una función?

Use la prueba de la recta vertical: Una curva en el plano xy es la gráfica de una función de x si, y solo si, ninguna recta vertical interseca la curva más de una vez.

2. Analice cuatro maneras de representar una función. Ilustre la discusión con ejemplos.

Una función puede representarse verbal, numérica, visual o algebraicamente. Un ejemplo de cada una se da a continuación.

Verbal: Asignar a estudiantes los pupitres de un salón de clases (una descripción con palabras).

Numérica: Una tabla de impuestos que asigna una cantidad de impuestos a un ingreso (una tabla de valores).

Visual: Una historia gráfica del promedio Dow Jones (una gráfica).

Algebraica: Una relación entre el área A y la longitud de los lados s de un cuadrado: $A = s^2$ (una fórmula explícita).

3. (a) ¿Qué es una función par? ¿Cómo puede saber si una función es par observando su gráfica? Dé tres ejemplos de una función par.

Una función f es par si satisface $f(-x) = f(x)$ para cada número x en su dominio. Si la gráfica de una función es simétrica con respecto al eje y, f es par. Ejemplos $f(x) = x^2$, $f(x) = \cos x$, $f(x) = |x|$.

(b) ¿Qué es una función impar? ¿Cómo puede saber si una función es impar observando su gráfica? Dé tres ejemplos de una función impar.

Una función f es impar si satisface $f(-x) = -f(x)$ para cada número x en su dominio. Si la gráfica de una función es simétrica con respecto al origen, f es impar. Ejemplos $f(x) = x^3$, $f(x) = \operatorname{sen} x$, $f(x) = 1/x$.

4. ¿Qué es una función creciente?

Una función f es creciente en un intervalo I si $f(x_1) < f(x_2)$ siempre que $x_1 < x_2$ en I.

5. ¿Qué es un modelo matemático?

Un modelo matemático es una descripción matemática (a menudo por medio de una función o una ecuación) de un fenómeno del mundo real. (Véase el análisis en las páginas 23-24.)

6. Dé un ejemplo de cada tipo de función.

(a) Función lineal: $f(x) = 2x + 1$, $f(x) = ax + b$

(b) Función potencia: $f(x) = x^2$, $f(x) = x^n$

(c) Función exponencial: $f(x) = 2^x$, $f(x) = b^x$

(d) Función cuadrática: $f(x) = x^2 + x + 1$, $f(x) = ax^2 + bx + c$

(e) Polinomio de grado 5: $f(x) = x^5 + 2x^4 - 3x^2 + 7$

(f) Función racional: $f(x) = \dfrac{x}{x+2}$, $f(x) = \dfrac{P(x)}{Q(x)}$

donde $P(x)$ y $Q(x)$ son polinomios.

7. Trace a mano, en los mismos ejes, las gráficas de las funciones siguientes.

(a) $f(x) = x$ **(b)** $g(x) = x^2$

(c) $h(x) = x^3$ **(d)** $j(x) = x^4$

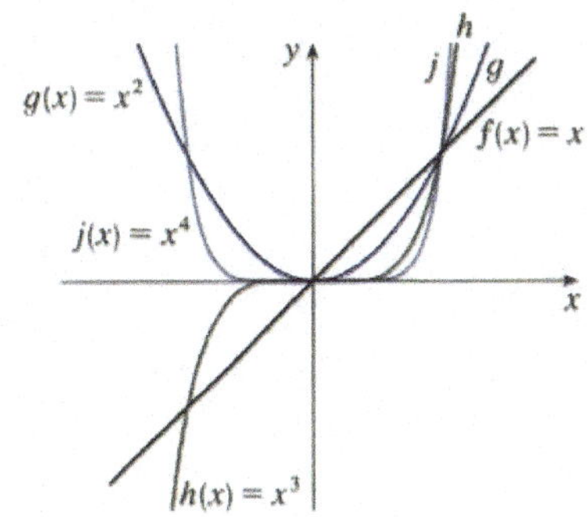

8. Trace a mano un bosquejo de la gráfica de cada una de las funciones siguientes.

(a) $y = \operatorname{sen} x$

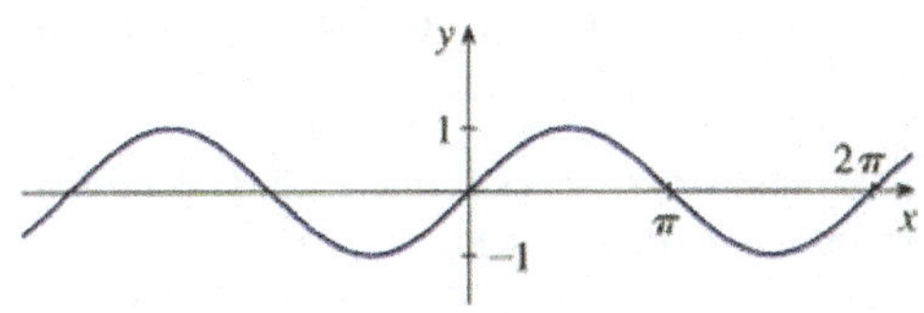

(b) $y = \tan x$

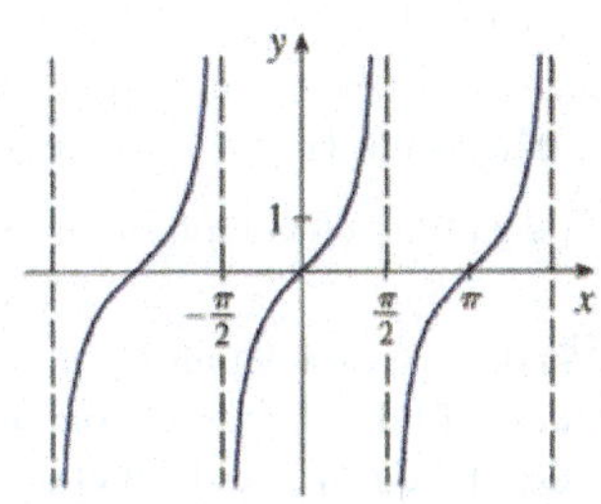

(c) $y = e^x$

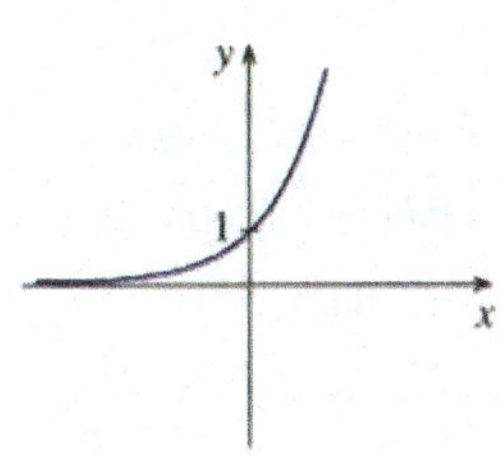

(d) $y = \ln x$

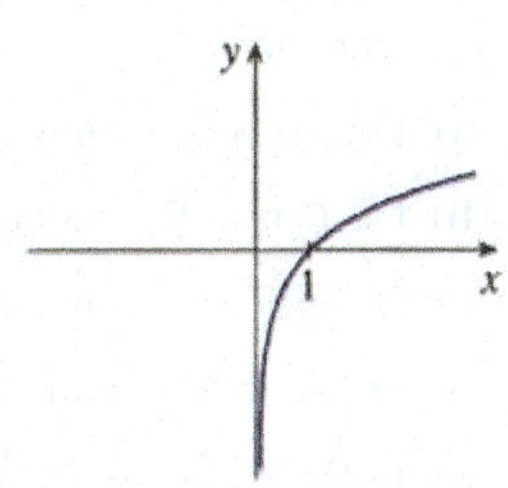

(continúa)

(e) $y = 1/x$

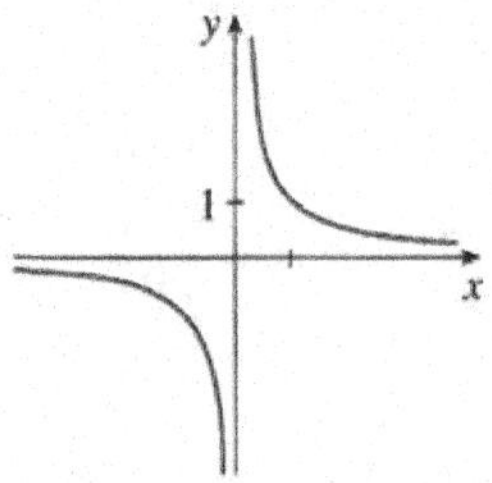

(f) $y = |x|$

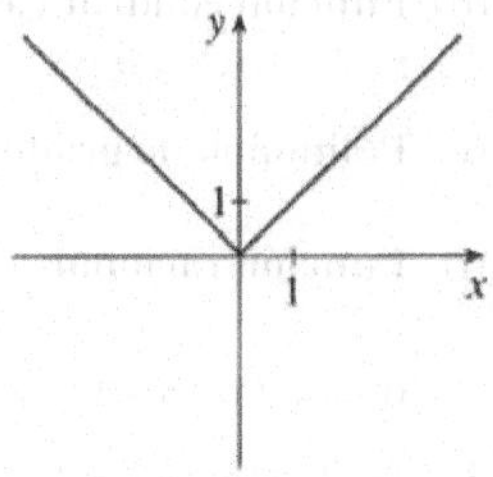

(g) $y = \sqrt{x}$

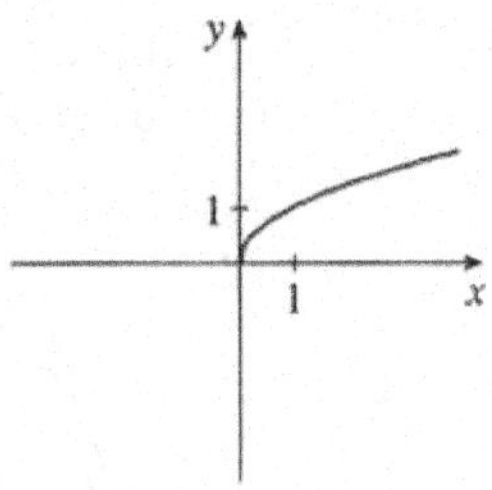

(h) $y = \tan^{-1}x$

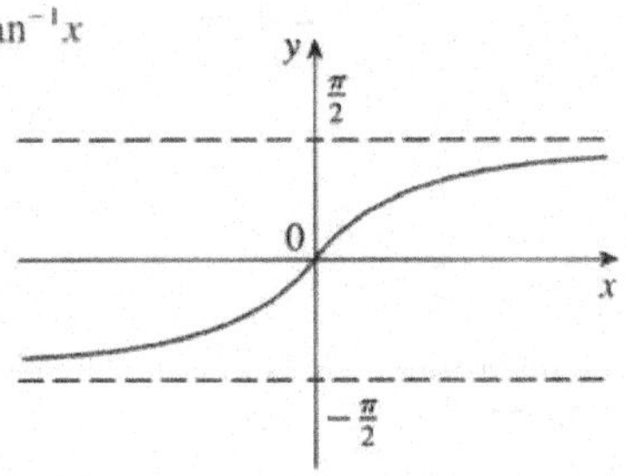

9. Suponga que f tiene dominio A y g tiene dominio B.

(a) Cuál es el dominio de $f + g$?

El dominio de $f + g$ es la intersección del dominio de f y el dominio de g; es decir, A ∩ B.

(b) ¿Cuál es el dominio de fg?

El dominio de fg también es A ∩ B.

(c) ¿Cuál es el dominio de f/g?

El dominio de f/g debe excluir valores de x que vuelven a g igual a 0; es decir, $\{x \in A \cap B \mid g(x) \neq 0\}$.

10. ¿Cómo se define la función compuesta $f \circ g$? ¿Cuál es su dominio?

La composición de f y g está definida por $(f \circ g)(x) = f(g(x))$. El dominio es el conjunto de todas las x en el dominio de g tal que $g(x)$ esté en el dominio de f.

11. Suponga que la gráfica de f está dada. Escriba una ecuación para cada una de las gráficas que se obtienen de f de la siguiente manera.

(a) Desplazar dos unidades hacia arriba: $y = f(x) + 2$

(b) Desplazar dos unidades hacia bajo: $y = f(x) - 2$

(c) Desplazar dos unidades a la derecha: $y = f(x - 2)$

(d) Desplazar dos unidades a la izquierda: $y = f(x + 2)$

(e) Reflejar a través del eje x: $y = -f(x)$

(f) Reflejar a través del eje y: $y = f(-x)$

(g) Alargar verticalmente por un factor de 2: $y = 2f(x)$

(h) Contraer verticalmente por un factor de 2: $y = \frac{1}{2}f(x)$

(i) Alargar horizontalmente por un factor de 2: $y = f(\frac{1}{2}x)$

(j) Contraer horizontalmente por un factor de 2: $y = f(2x)$

12. (a) ¿Qué es una función inyectiva? ¿Cómo puede saber si una función es inyectiva observando su gráfica?

Una función f es inyectiva si no adopta nunca dos veces el mismo valor; es decir, $f(x_1) \neq f(x_2)$ siempre que $x_1 \neq x_2$. Al examinar una gráfica use la prueba de la recta horizontal: Una función es inyectiva si, y solo si, ninguna recta horizontal interseca su gráfica más de una vez.

(b) Si f es una función inyectiva, ¿cómo se define su función inversa f^{-1}? ¿Cómo se obtiene la gráfica de f^{-1} a partir de la gráfica de f?

Si f es una función inyectiva con dominio A y rango B, su función inversa f^{-1} tiene dominio B y rango A y se define mediante

$$f^{-1}(y) = x \iff f(x) = y$$

para cualquier y en B.

La gráfica de f^{-1} se obtiene reflejando la gráfica de f a través de la recta $y = x$.

13. (a) ¿Cómo se define la función seno inversa $f(x) = \operatorname{sen}^{-1}x$? ¿Cuáles son su dominio y rango?

La función seno inversa $f(x) = \operatorname{sen}^{-1}x$ se define como

$$\operatorname{sen}^{-1}x = y \iff \operatorname{sen} y = x$$

y $$-\pi/2 \leqslant y \leqslant \pi/2$$

Su dominio es $-1 \leqslant x \leqslant 1$ y su rango es $-\pi/2 \leqslant y \leqslant \pi/2$.

(b) ¿Cómo se define la función coseno inversa $f(x) = \cos^{-1}x$? ¿Cuáles son su dominio y rango?

La función coseno inversa $f(x) = \cos^{-1}x$ se define como

$$\cos^{-1}x = y \iff \cos y = x$$

y $$0 \leqslant y \leqslant \pi$$

Su dominio es $-1 \leqslant x \leqslant 1$ y su rango es $0 \leqslant y \leqslant \pi$.

(c) ¿Cómo se define la función tangente inversa $f(x) = \tan^{-1}x$? ¿Cuáles son su dominio y rango?

La función tangente inversa $f(x) = \tan^{-1}x$ se define como

$$\tan^{-1}x = y \iff \tan y = x$$

y $$-\pi/2 < y < \pi/2$$

Su dominio es $\mathbb{R}$ y su rango es $-\pi/2 < y < \pi/2$.

Corte aquí y guarde para consulta

CAPÍTULO 2 RESPUESTAS A LA VERIFICACIÓN DE CONCEPTOS

1. Explique qué significa cada uno de los enunciados siguientes e ilustre con un trazo.

(a) $\lim_{x \to a} f(x) = L$ significa que los valores de $f(x)$ se aproximan a L conforme los valores de x se aproximan a a (pero $x \neq a$).

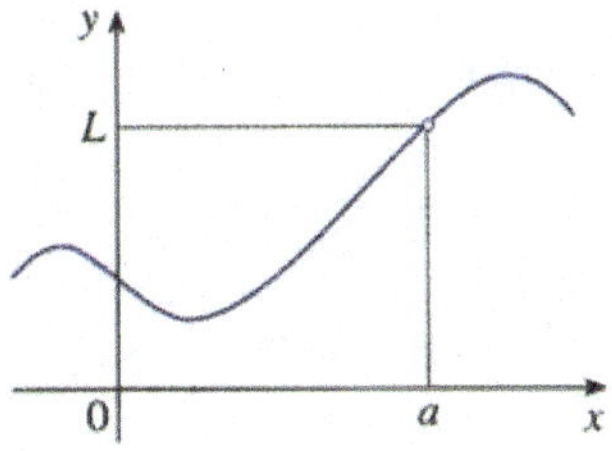

(b) $\lim_{x \to a^+} f(x) = L$ significa que los valores de $f(x)$ se aproximan a L conforme los valores de x se aproximan a a mediante valores mayores que a.

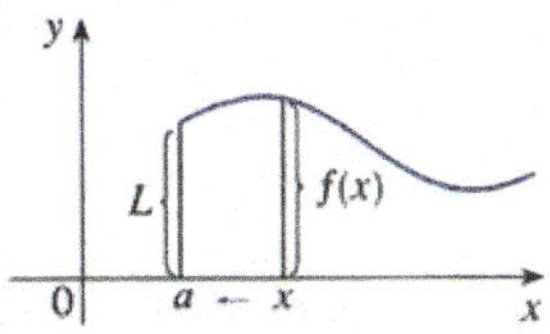

(c) $\lim_{x \to a^-} f(x) = L$ significa que los valores de $f(x)$ se aproximan a L conforme los valores de x se aproximan a a mediante valores menores que a.

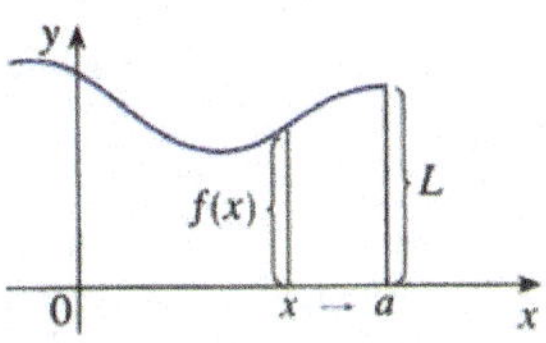

(d) $\lim_{x \to a} f(x) = \infty$ significa que los valores de $f(x)$ pueden hacerse arbitrariamente grandes tomando a x lo suficientemente cerca de a (pero no igual a a).

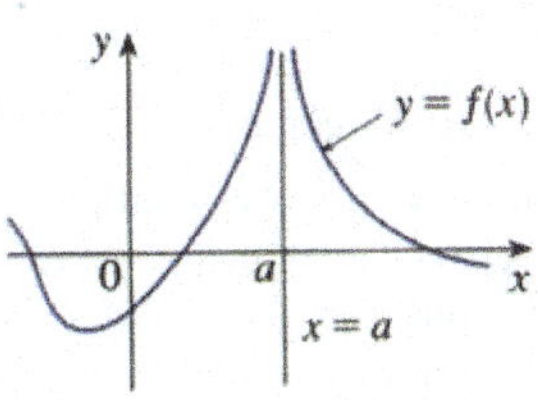

(e) $\lim_{x \to \infty} f(x) = L$ significa que los valores de $f(x)$ pueden hacerse arbitrariamente cerca de L requiriendo que x sea lo suficientemnte grande.

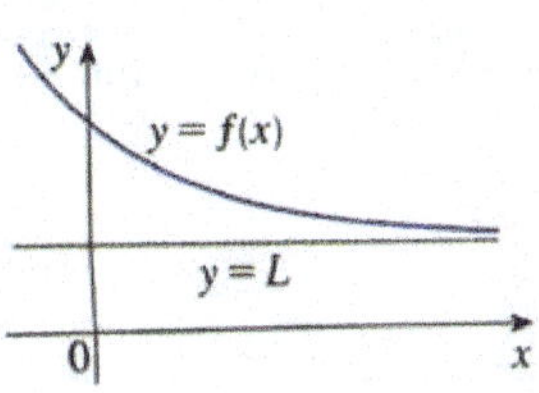

2. Describa varias formas en que un límite puede no existir. Ilustre con gráficas.

En general, el límite de una función no existe cuando los valores de la función no se aproximan a un número fijo. Para cada una de las funciones siguientes, el límite no existe en $x = 2$.

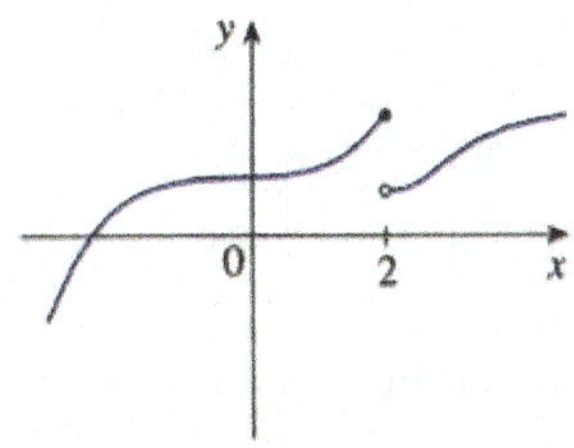

Los límites izquierdo y derecho no son iguales.

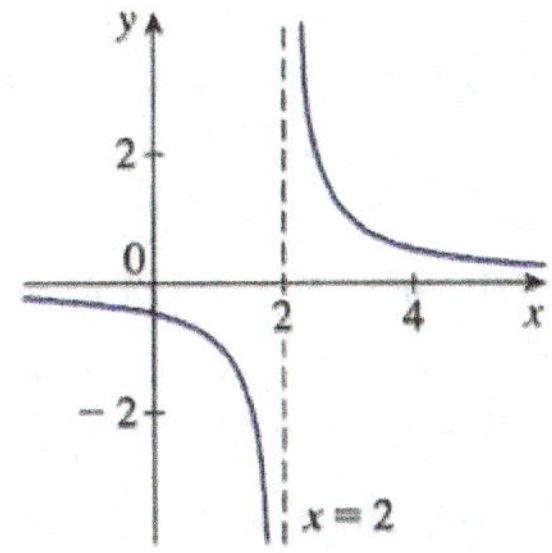

Hay una discontinuidad infinita.

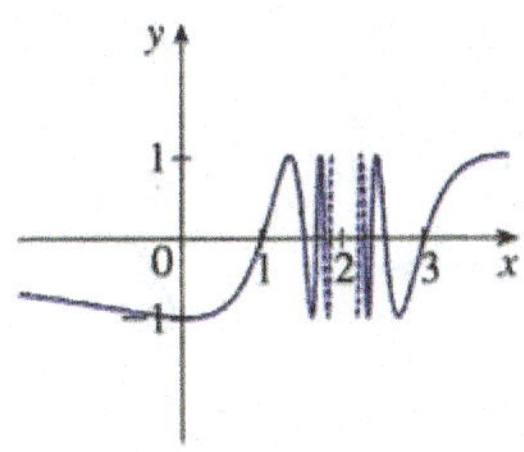

Los valores de la función oscilan entre 1 y −1 con frecuencia infinita.

3. Enuncie las leyes de los límites siguientes.

(a) Ley de la suma

El límite de una suma es la suma de los límites:

$$\lim_{x \to a} [f(x) + g(x)] = \lim_{x \to a} f(x) + \lim_{x \to a} g(x)$$

(b) Ley de la diferencia

El límite de una diferencia es la diferencia de los límites:

$$\lim_{x \to a} [f(x) - g(x)] = \lim_{x \to a} f(x) - \lim_{x \to a} g(x)$$

(c) Ley del múltiplo constante

El límite de una constante multiplicada por una función es la constante multiplicada por el límite de la función:

$$\lim_{x \to a} [cf(x)] = c \lim_{x \to a} f(x)$$

(d) Ley del producto

El límite de un producto es el producto de los límites:

$$\lim_{x \to a} [f(x)g(x)] = \lim_{x \to a} f(x) \cdot \lim_{x \to a} g(x)$$

(e) Ley del cociente

El límite de un cociente es el cociente de los límites, siempre y cuando el límite del denominador no sea 0:

$$\lim_{x \to a} \frac{f(x)}{g(x)} = \frac{\lim_{x \to a} f(x)}{\lim_{x \to a} g(x)} \quad \text{si } \lim_{x \to a} g(x) \neq 0$$

(continúa)

(f) Ley de la potencia

El límite de una potencia es la potencia del límite:
$\lim_{x \to a} [f(x)]^n = \left[\lim_{x \to a} f(x)\right]^n$ **(para n un entero positivo)**

(g) Ley de la raíz

El límite de una raíz es la raíz del límite:
$\lim_{x \to a} \sqrt[n]{f(x)} = \sqrt[n]{\lim_{x \to a} f(x)}$ **(para n un entero positivo)**

4. ¿Qué establece el teorema de la compresión?

Si $f(x) \leq g(x) \leq h(x)$ cuando x está cerca de a (excepto posiblemente en a) y $\lim_{x \to a} f(x) = \lim_{x \to a} h(x) = L$, entonces $\lim_{x \to a} g(x) = L$. En otras palabras, si $g(x)$ está comprimida entre $f(x)$ y $h(x)$ cerca de a y si f y h tienen el mismo límite L en a, entonces g está obligada a tener el mismo límite L en a.

5. (a) ¿Qué quiere decir que la recta $x = a$ es una asíntota vertical de la curva $y = f(x)$? Trace curvas para ilustrar las diversas posibilidades.

Significa que el límite de $f(x)$ conforme x se aproxima a a desde uno o ambos lados es infinito positivo o negativo.

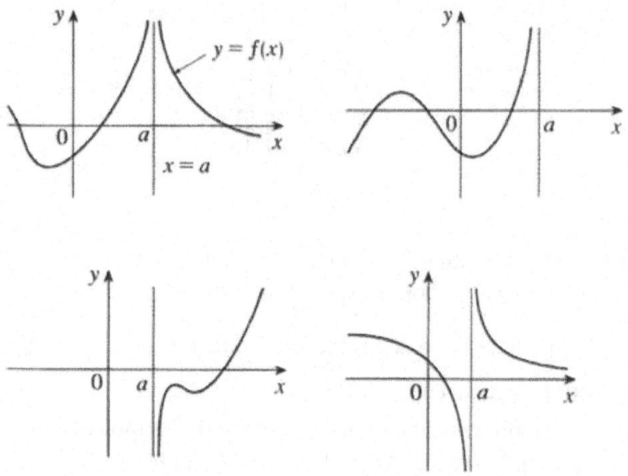

(b) ¿Qué significa decir que la recta $y = L$ es una asíntota horizontal de la curva $y = f(x)$? Trace curvas para ilustrar las diversas posibilidades.

Significa que $\lim_{x \to \infty} f(x) = L$ o $\lim_{x \to -\infty} f(x) = L$.

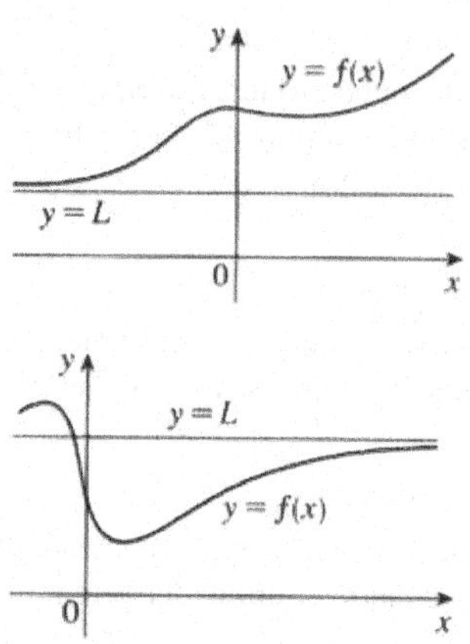

6. ¿Cuáles de las curvas siguientes tienen asíntotas verticales? ¿Cuáles tienen asíntotas horizontales?

(a) $y = x^4$: **sin asíntotas**

(b) $y = \operatorname{sen} x$: **sin asíntotas**

(c) $y = \tan x$: **asíntotas verticales $x = \pi/2 + \pi n$, n un entero**

(d) $y = \tan^{-1} x$: **asíntotas horizontales $y = \pm\pi/2$**

(e) $y = e^x$: **asíntota horizontal $y = 0$ $\left(\lim_{x \to -\infty} e^x = 0\right)$**

(f) $y = \ln x$: **asíntota vertical $x = 0$ $\left(\lim_{x \to 0^+} \ln x = -\infty\right)$**

(g) $y = 1/x$: **asíntota vertical $x = 0$,**
asíntota horizontal $y = 0$

(h) $y = \sqrt{x}$: **sin asíntotas**

7. (a) ¿Qué significa que f sea continua en a?

Una función f es continua en un número a si el valor de la función en $x = a$ es el mismo que el límite cuando x se aproxima a a; es decir, $\lim_{x \to a} f(x) = f(a)$.

(b) ¿Qué significa que f sea continua en el intervalo $(-\infty, \infty)$? ¿Qué puede decir acerca de la gráfica de esta función?

Una función f es continua en el intervalo $(-\infty, \infty)$ si es continua en todos los números reales a.

La gráfica de esa función no tiene agujeros ni quiebres.

8. (a) Dé ejemplos de funciones continuas en $[-1, 1]$.

$f(x) = x^3 - x$, $g(x) = 2^x$, $y = \operatorname{sen} x$, $y = \tan x$, $y = 1/(x - 3)$ y $h(x) = |x|$ son todas ellas continuas en $[-1, 1]$.

(b) Dé un ejemplo de una función que no sea continua en $[0, 1]$.

$$f(x) = \frac{1}{x - \frac{1}{2}} \qquad \left(f(x) \text{ no está definida en } x = \tfrac{1}{2}\right)$$

9. ¿Qué establece el teorema del valor intermedio?

Si f es continua en $[a, b]$ y N es cualquier número entre $f(a)$ y $f(b)$ $[f(a) \neq f(b)]$, existe un número c en (a, b) tal que $f(c) = N$. En otras palabras, una función continua adopta todos los valores intermedios entre los valores de la función $f(a)$ y $f(b)$.

10. Escriba una expresión para la pendiente de la recta tangente a la curva $y = f(x)$ en el punto $(a, f(a))$.

La pendiente de la recta tangente está dada por

$$\lim_{x \to a} \frac{f(x) - f(a)}{x - a} \quad \text{o} \quad \lim_{h \to 0} \frac{f(a + h) - f(a)}{h}$$

(continúa)

CAPÍTULO 2 RESPUESTAS A LA VERIFICACIÓN DE CONCEPTOS (*continuación*)

11. Suponga que un objeto se mueve a lo largo de una línea recta con posición $f(t)$ en el instante t. Escriba una expresión para la velocidad instantánea del objeto en el momento $t = a$. ¿Cómo puede interpretar esta velocidad en términos de la gráfica de f?

La velocidad instantánea en el momento $t = a$ es

$$v(a) = \lim_{h \to 0} \frac{f(a+h) - f(a)}{h}$$

Esta velocidad es igual a la pendiente de la recta tangente a la gráfica de f en el punto $P(a, f(a))$.

12. Si $y = f(x)$ y x cambia de x_1 a x_2, escriba expresiones para lo siguiente.

(a) La razón de cambio promedio de y con respecto a x a lo largo del intervalo $[x_1, x_2]$:

$$\frac{\Delta y}{\Delta x} = \frac{f(x_2) - f(x_1)}{x_2 - x_1}$$

(b) La razón de cambio instantánteo de y con respecto a x en $x = x_1$:

$$\lim_{\Delta x \to 0} \frac{\Delta y}{\Delta x} = \lim_{x_2 \to x_1} \frac{f(x_2) - f(x_1)}{x_2 - x_1}$$

13. Defina la derivada $f'(a)$. Analice dos maneras de interpretar este número.

$$f'(a) = \lim_{h \to 0} \frac{f(a+h) - f(a)}{h}$$

o, en forma equivalente,

$$f'(a) = \lim_{x \to a} \frac{f(x) - f(a)}{x - a}$$

La derivada $f'(a)$ es la razón de cambio instantánea de $y = f(x)$ (con respecto a x) cuando $x = a$ y también representa la pendiente de la recta tangente a la gráfica de f en el punto $P(a, f(a))$.

14. Defina la segunda derivada de f. Si $f(t)$ es la función de posición de una partícula, ¿cómo puede interpretar la segunda derivada?

La segunda derivada de f, f'', es la derivada de f'. Si $f(t)$ es la función de posición de una partícula, la primera derivada es velocidad y la segunda derivada es la razón instantánea de cambio de la velocidad, es decir la aceleración.

15. **(a)** ¿Qué significa que f sea derivable en a?

f es derivable en a si la derivada $f'(a)$ existe.

(b) ¿Cuál es la relación entre derivabilidad y continuidad de una función?

Si f es derivable en a, es continua en a.

(c) Trace la gráfica de una función continua pero no derivable en $a = 2$.

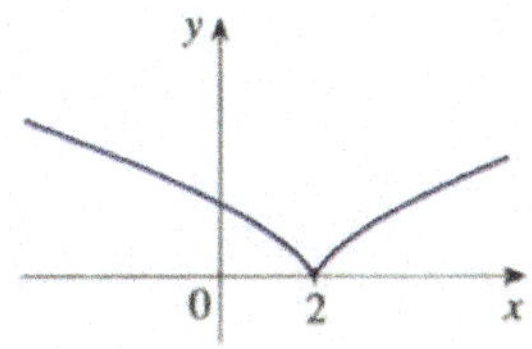

La gráfica de f cambia de dirección abruptamente en $x = 2$, así que f no tiene ninguna recta tangente ahí.

16. Describa varias maneras en que una función puede no ser derivable. Ilustre con gráficas.

Una función es no derivable en cualquier valor donde la gráfica tenga una "esquina", donde la gráfica tenga discontinuidad o donde tenga una recta tangente vertical.

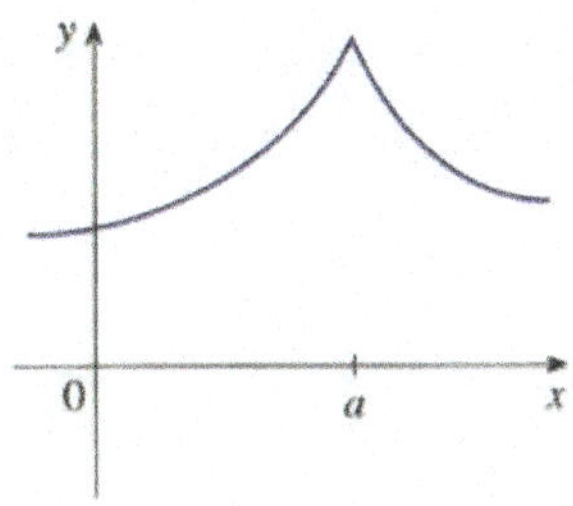

Una esquina

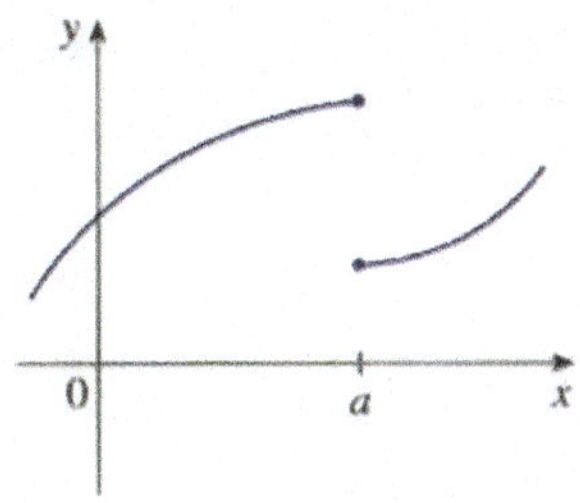

Una discontinuidad

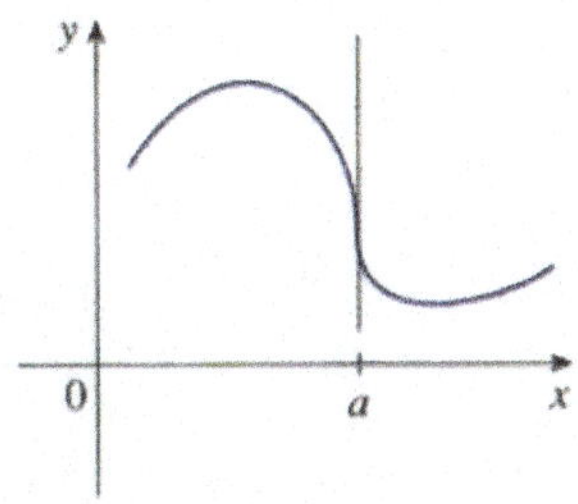

Una tangente vertical

Corte aquí y guarde para consulta

CAPÍTULO 3 RESPUESTAS A LA VERIFICACIÓN DE CONCEPTOS

1. Exprese cada una de las reglas de derivación siguientes, tanto en símbolos como en palabras.

   (a) La regla de la potencia

   Si n es cualquier número real, entonces $\frac{d}{dx}(x^n) = nx^{n-1}$.

   Para determinar la derivada de una variable elevada a una potencia constante, multiplíque la expresión por el exponente y después reste uno al exponente.

   (b) La regla del múltiplo constante

   Si c es una constante y f una función derivable, entonces

   $$\frac{d}{dx}[cf(x)] = c\frac{d}{dx}f(x)$$

   La derivada de una constante multiplicada por una función es la constante multiplicada por la derivada de la función.

   (c) La regla de la suma

   Si f y g son derivables, entonces

   $$\frac{d}{dx}[f(x) + g(x)] = \frac{d}{dx}f(x) + \frac{d}{dx}g(x)$$

   La derivada de una suma de funciones es la suma de las derivadas.

   (d) La regla de la diferencia

   Si f y g son derivables, entonces

   $$\frac{d}{dx}[f(x) - g(x)] = \frac{d}{dx}f(x) - \frac{d}{dx}g(x)$$

   La derivada de una diferencia de funciones es la diferencia de las derivadas.

   (e) La regla del producto

   Si f y g son derivables, entonces

   $$\frac{d}{dx}[f(x)g(x)] = f(x)\frac{d}{dx}[g(x)] + g(x)\frac{d}{dx}[f(x)]$$

   La derivada de un producto de dos funciones es la primera función multiplicada por la derivada de la segunda función sumada a la segunda función multiplicada por la derivada de la primera función.

   (f) La regla del cociente

   Si f y g son derivables, entonces

   $$\frac{d}{dx}\left[\frac{f(x)}{g(x)}\right] = \frac{g(x)\frac{d}{dx}[f(x)] - f(x)\frac{d}{dx}[g(x)]}{[g(x)]^2}$$

   La derivada de un cociente de funciones es el denominador multiplicado por la derivada del numerador menos el numerador multiplicado por la derivada del denominador, todo eso dividido entre el cuadrado del denominador.

   (g) La regla de la cadena

   Si g es derivable en x y f es derivable en $g(x)$, la función compuesta definida por $F(x) = f(g(x))$ es derivable en x y F' está dada por el producto

   $$F'(x) = f'(g(x))g'(x)$$

   La derivada de una función compuesta es la derivada de la función externa evaluada en la función interna multiplicada por la derivada de la función interna.

2. Obtenga la derivada de cada una de las funciones siguientes.

   (a) $y = x^n$: $y' = nx^{n-1}$

   (b) $y = e^x$: $y' = e^x$

   (c) $y = b^x$: $y' = b^x \ln b$

   (d) $y = \ln x$: $y' = 1/x$

   (e) $y = \log_b x$: $y' = 1/(x \ln b)$

   (f) $y = \operatorname{sen} x$: $y' = \cos x$

   (g) $y = \cos x$: $y' = -\operatorname{sen} x$

   (h) $y = \tan x$: $y' = \sec^2 x$

   (i) $y = \csc x$: $y' = -\csc x \cot x$

   (j) $y = \sec x$: $y' = \sec x \tan x$

   (k) $y = \cot x$: $y' = -\csc^2 x$

   (l) $y = \operatorname{sen}^{-1} x$: $y' = 1/\sqrt{1 - x^2}$

   (m) $y = \cos^{-1} x$: $y' = -1/\sqrt{1 - x^2}$

   (n) $y = \tan^{-1} x$: $y' = 1/(1 + x^2)$

   (o) $y = \operatorname{senh} x$: $y' = \cosh x$

   (p) $y = \cosh x$: $y' = \operatorname{senh} x$

   (q) $y = \tanh x$: $y' = \operatorname{sech}^2 x$

   (r) $y = \operatorname{senh}^{-1} x$: $y' = 1/\sqrt{1 + x^2}$

   (s) $y = \cosh^{-1} x$: $y' = 1/\sqrt{x^2 - 1}$

   (t) $y = \tanh^{-1} x$: $y' = 1/(1 - x^2)$

3. (a) ¿Cómo se define el número e?

   e es el número tal que $\lim_{h\to 0} \frac{e^h - 1}{h} = 1$.

   (b) Exprese e como un límite.

   $$e = \lim_{x\to 0}(1 + x)^{1/x}$$

   (c) ¿Por qué en cálculo se usa la función exponencial natural $y = e^x$ con más frecuencia que las demás funciones exponenciales $y = b^x$?

   La fórmula de derivación para $y = b^x$ $[dy/dx = b^x \ln b]$ es más simple cuando $b = e$, porque $\ln e = 1$.

(continúa)

(d) ¿Por qué en Cálculo se usa la función logarítmica natural $y = \ln x$ más que las demás funciones logarítimicas $y = \log_b x$?

La fórmula de derivación para $y = \log_b x$ $[dy/dx = 1/(x \ln b)]$ es más simple cuando $b = e$, porque $\ln e = 1$.

4. **(a) Explique cómo funciona la derivación implícita.**

La derivación implícita consiste en derivar ambos miembros de una ecuación con respecto a x, tratando a y como una función de x. Entonces se despeja y' en la ecuación resultante.

(b) Explique cómo funciona la derivación logarítmica.

La derivación logarítmica consiste en tomar logaritmos naturales de ambos miembros de una ecuación $y = f(x)$, simplificar usando las leyes de los logaritmos, derivar implícitamente con respecto a x y despejar y' en la ecuación resultante.

5. Dé varios ejemplos de cómo puede interpretar la derivada como una razón de cambio en física, química, biología, economía u otras ciencias.

En física, interpretaciones de la derivada incluyen velocidad, densidad lineal, corriente eléctrica, poder (la razón de cambio del trabajo) y la razón de decaimiento radiactivo. Los químicos pueden usar derivadas para medir la rapidez de reacción y la compresibilidad de una sustancia bajo presión. En biología, la derivada mide tasas de crecimiento demográfico y circulación de la sangre. En economía, la derivada mide el costo marginal (la razón de cambio del costo conforme se producen más bienes) y la utilidad marginal. Otros ejemplos son la razón de flujo de calor en geología, el índice de mejora del desempeño en psicología y la rapidez con que se propaga un rumor en sociología.

6. **(a)** Escriba una ecuación diferencial que exprese la ley del crecimiento natural.

Si $y(t)$ es el valor de una cantidad y en el momento t, entonces

$$\frac{dy}{dt} = ky \qquad \text{donde } k > 0 \text{ es una constante}$$

(b) ¿En qué circunstancias este es un modelo apropiado para el crecimiento de la población?

La ecuación del inciso (a) es un modelo apropiado cuando existen el espacio y la nutrición suficientes para sostener el crecimiento.

(c) ¿Cuáles son las soluciones de esta ecuación?

Si $y(0) = y_0$, entonces las soluciones son $y(t) = y_0 e^{kt}$.

7. **(a)** Escriba una expresión para la linealización de f en a.

$$L(x) = f(a) + f'(a)(x - a)$$

(b) Si $y = f(x)$, escriba una expresión para la diferencial dy.

$$dy = f'(x)\, dx$$

(c) Si $dx = \Delta x$, dibuje un diagrama que muestre los significados geométricos de Δy y dy.

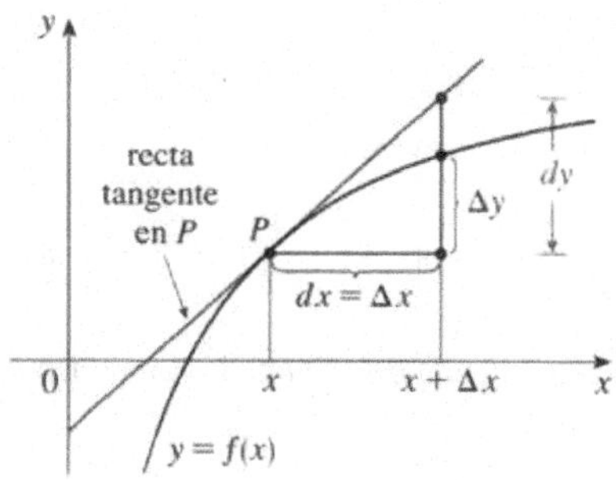

Corte aquí y guarde para consulta

CAPÍTULO 4 RESPUESTAS A LA VERIFICACIÓN DE CONCEPTOS

1. Explique la diferencia entre máximo absoluto y máximo local. Ilustre por medio de un dibujo.

El valor de de la función $f(c)$ es el valor máximo absoluto de f si $f(c)$ es el valor más grande de la función en todo el dominio de f, mientras que $f(c)$ es un valor máximo local si es el valor más grande de la función, cuando x está cerca de c.

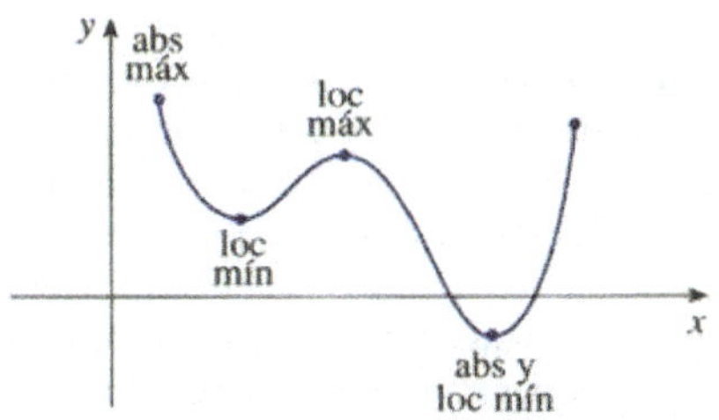

2. (a) ¿Qué dice el teorema del valor extremo?

Si f es una función continua en un intervalo cerrado $[a, b]$, siempre alcanza un valor máximo absoluto y un valor mínimo absoluto en ese intervalo.

(b) Explique cómo funciona el método del intervalo cerrado.

Para determinar los valores máximo y mínimo absolutos de una función continua f en un intervalo cerrado $[a, b]$, se siguen estos tres pasos:

- Se determinan los números críticos de f en el intervalo (a, b) y se calculan los valores de f en esos números.
- Se determinan los valores de f en los puntos extremos del intervalo.
- El mayor de los valores de los dos pasos previos es el valor máximo absoluto; el menor de esos valores es el valor mínimo absoluto.

3. (a) Enuncie el teorema de Fermat.

Si f tiene un máximo o mínimo local en c y si $f'(c)$ existe, entonces $f'(c) = 0$.

(b) Defina un número crítico de f.

Un número crítico de una función f es un número c en el dominio de f tal que $f'(c) = 0$ o $f'(c)$ no existe.

4. (a) Enuncie el teorema de Rolle.

Sea f una función que satisface las tres hipótesis siguientes:

- f es continua en el intervalo cerrado $[a, b]$.
- f es derivable en el intervalo abierto (a, b).
- $f(a) = f(b)$

Entonces, existe un número c en (a, b) tal que $f'(c) = 0$.

(b) Enuncie el teorema del valor medio y dé una interpretación geométrica.

Si f es continua en el intervalo $[a, b]$ y derivable en (a, b), existe un número c entre a y b tal que

$$f'(c) = \frac{f(b) - f(a)}{b - a}$$

En geometría, este teorema indica que hay un punto $P(c, f(c))$, donde $a < c < b$, en la gráfica de f donde la recta tangente es paralela a la recta secante que une a $(a, f(a))$ y $(b, f(b))$.

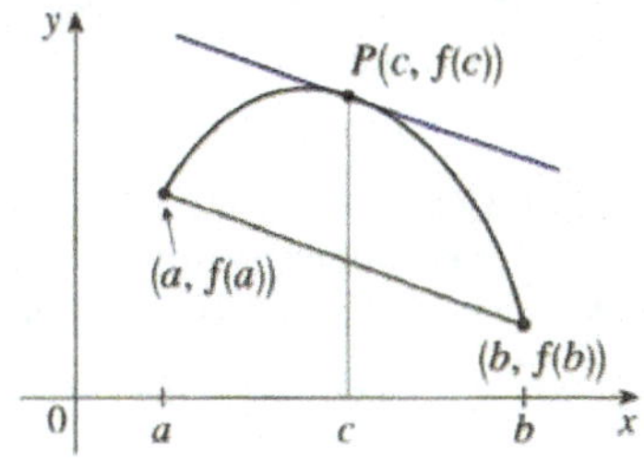

5. (a) Enuncie la prueba creciente/decreciente.

Si $f'(c) > 0$ en un intervalo, f es creciente en ese intervalo.

Si $f'(c) < 0$ en un intervalo, f es decreciente en ese intervalo.

(b) ¿Qué significa que f es cóncava hacia arriba en un intervalo I?

f es cóncava hacia arriba en un intervalo si la gráfica de f se sitúa arriba de todas sus tangentes en ese intervalo.

(c) Enuncie la prueba de la concavidad.

Si $f''(x) > 0$ en un intervalo, la gráfica de f es cóncava hacia arriba en ese intervalo.

Si $f''(x) < 0$ en un intervalo, la gráfica de f es cóncava hacia bajo en ese intervalo.

(d) ¿Qué son los puntos de inflexión? ¿Cómo puede encontrarlos?

Los puntos de inflexión en la gráfica de una función continua f son puntos donde la curva cambia de cóncava hacia arriba a cóncava hacia bajo o de cóncava hacia bajo a cóncava hacia arriba. Pueden hallarse determinando los valores en los cuales la segunda derivada cambia de signo.

6. (a) Enuncie la prueba de la primera derivada.

Si se supone que c es un número crítico de una función continua f.

- Si f' cambia de positiva a negativa en c, entonces f tiene un máximo local en c.
- Si f' cambia de negativa a positiva en c, entonces f tiene un mínimo local en c.
- Si f' es positiva a la izquierda y derecha de c, o negativa a la izquierda y derecha de c, f no tiene máximo ni mínimo local en c.

(b) Enuncie la prueba de la segunda derivada.

Suponga que f'' es continua cerca de c.

- Si $f'(c) = 0$ y $f''(c) > 0$, entonces f tiene un mínimo local en c.
- Si $f'(c) = 0$ y $f''(c) < 0$, entonces f tiene un máximo local en c.

(continúa)

(c) ¿Cuáles son las ventajas y desventajas relativas de estas pruebas?

La prueba de la segunda derivada es más fácil de usar a veces, pero no es concluyente cuando $f''(c) = 0$ y falla si $f''(c)$ no existe. En cualquier caso debe usarse la prueba de la primera derivada.

7. (a) ¿Qué afirma la regla de L'Hôpital?

La regla de L'Hôpital afirma que si el límite de un cociente de funciones es una forma indeterminada de tipo $0/0$ o ∞/∞, ese límite es igual al límite del cociente de sus derivadas:

$$\lim_{x \to a} \frac{f(x)}{g(x)} = \lim_{x \to a} \frac{f'(x)}{g'(x)}$$

(b) ¿Cómo puede usar la regla de L'Hôpital si se tiene un producto $f(x)g(x)$ donde $f(x) \to 0$ y $g(x) \to \infty$ cuando $x \to a$?

Se escribe fg como $\dfrac{f}{1/g}$ o $\dfrac{g}{1/f}$ de tal modo que el límite se convierta en una forma indeterminada de tipo $0/0$ o ∞/∞.

(c) ¿Cómo puede usarse la regla de L'Hôpital si se tiene una diferencia $f(x) - g(x)$ donde $f(x) \to \infty$ y $g(x) \to \infty$ cuando $x \to a$?

Convierta la diferencia en un cociente usando un denominador común, racionalizando, factorizando o por algún otro método.

(d) ¿Cómo puede usarse la regla de L'Hôpital si tiene una potencia $[f(x)]^{g(x)}$ donde $f(x) \to 0$ y $g(x) \to 0$ cuando $x \to a$?

Tomando el logaritmo natural de ambos miembros de $y = [f(x)]^{g(x)}$, se puede convertir la potencia en un producto escribiendo $\ln y = g(x) \ln f(x)$. O bien, se puede escribir la función como una exponencial: $[f(x)]^{g(x)} = e^{g(x)\ln f(x)}$.

8. Indique si los límites siguientes tienen forma indeterminada. Donde sea posible, enuncie el límite.

(a) $\dfrac{0}{0}$: indeterminada. La regla de L'Hôpital puede aplicarse a esta forma. Note que todas las derivadas son un límite de esta forma.

(b) $\dfrac{\infty}{\infty}$: indeterminada. La regla de L'Hôpital se puede aplicar a esta forma.

(c) $\dfrac{0}{\infty}$: no indeterminada. Un límite de esta forma tiene valor 0.

(d) $\dfrac{\infty}{0}$: no indeterminada. Un límite de esta forma podría ser igual a ∞, $-\infty$ o podría no existir (aunque no puede ser igual a un valor finito).

(e) $\infty + \infty$: no indeterminada. Un límite de esta forma es igual a ∞.

(f) $\infty - \infty$: indeterminada.

(g) $\infty \cdot \infty$: no indeterminada. Un límite de esta forma es igual a ∞.

(h) $\infty \cdot 0$: indeterminada.

(i) 0^0: indeterminada.

(j) 0^∞: no indeterminada. Un límite de esta forma tiene valor 0.

(k) ∞^0: indeterminada.

(l) 1^∞: indeterminada.

9. Si se tiene una calculadora graficadora o computadora, ¿por qué necesita del cálculo para graficar una función?

El cálculo revela todos los aspectos importantes de una gráfica, como valores extremos locales y puntos de inflexión, lo cuales pueden pasarse por alto cuando se depende en exclusiva de tecnología. En muchos casos se puede determinar ubicaciones exactas de esos puntos clave más que aproximaciones. Usar derivadas para identificar el comportamiento de la gráfica también ayuda a elegir una ventana de visualización apropiada y alerta acerca de dónde podría usarse una ventana de visualización más chica para ver mejor los detalles de una gráfica.

10. (a) Dada una aproximación inicial x_1 a una raíz de la ecuación $f(x) = 0$, explique geométricamente, mediante un dibujo, cómo se obtiene la segunda aproximación x_2 en el método de Newton.

Determinar la recta tangente L a la gráfica de $y = f(x)$ en el punto$(x_1, f(x_1))$. Entonces, x_2 es la intersección en x de L.

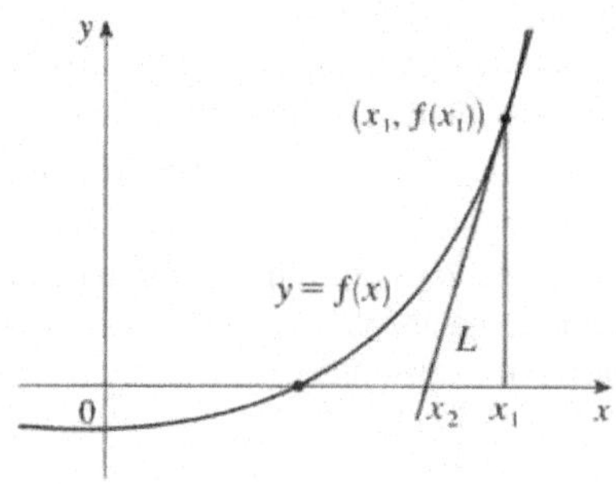

(b) Escriba una expresión para x_2 en términos de x_1, $f(x_1)$ y $f'(x_1)$.

$$x_2 = x_1 - \frac{f(x_1)}{f'(x_1)}$$

(c) Escriba una expresión para x_{n+1} en términos de x_n, $f(x_n)$ y $f'(x_n)$.

$$x_{n+1} = x_n - \frac{f(x_n)}{f'(x_n)}$$

(d) ¿Bajo que circunstancias es probable que el método de Newton falle o funcione muy lentamente?

EL método de Newton podría fallar u operar muy lento cuando $f'(x_1)$ está cerca de 0. También falla cuando $f'(x_i)$ es indefinida.

11. (a) ¿Qué es una antiderivada de una función f?

Una función F es una antiderivada de f si $F'(x) = f(x)$.

(b) Suponga que F_1 y F_2 son antiderivadas de f en un intervalo I. ¿Cómo se relacionan F_1 y F_2?

Son idénticas o difieren por una constante.

Corte aquí y guarde para consulta

CAPÍTULO 5 RESPUESTAS A LA VERIFICACIÓN DE CONCEPTOS

1. (a) Escriba una expresión para una suma de Riemann de una función f. Explique el significado de la notación que use.

Una suma de Riemann de f es

$$\sum_{i=1}^{n} f(x_i^*)\,\Delta x$$

donde x_i^* es un punto en el subintervalo de orden i $[x_{i-1}, x_i]$ y Δx es la longitud de los subintervalos.

(b) Si $f(x) \geqslant 0$, ¿cuál es la interpretación geométrica de una suma de Riemann? Ilustre su respuesta con un diagrama.

Si f es positiva, una suma de Riemann se puede interpretar como la suma de las áreas de los rectángulos de aproximación, como se muestra en la figura.

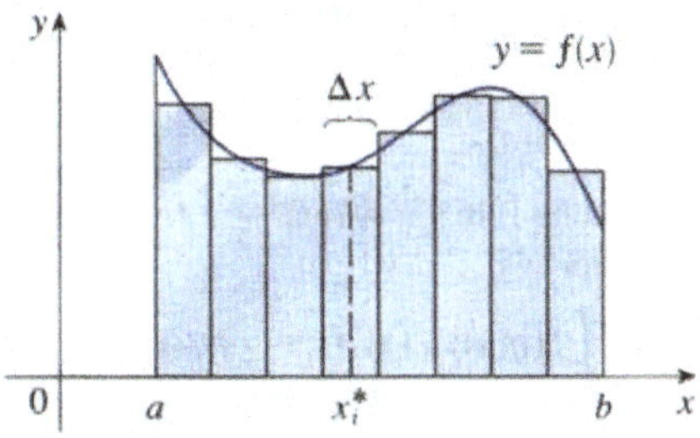

(c) Si $f(x)$ toma tanto valores positivos como negativos, ¿cuál es la interpretación geométrica de una suma de Riemann? Ilustre su respuesta con un diagrama.

Si f adopta valores tanto positivos como negativos, la suma de Riemann es la suma de las áreas de los rectángulos que se ubican arriba del eje x y las negativas de las áreas de los rectángulos que se ubican debajo del eje x (las áreas de los rectángulos azules menos las áreas de los rectángulos grises).

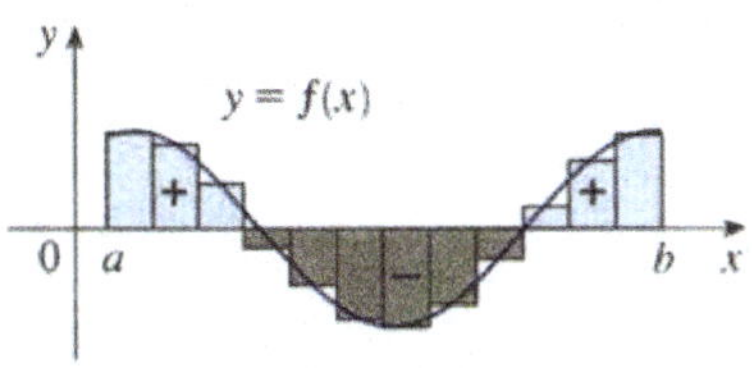

2. (a) Escriba la definición de la integral definida de una función continua de a a b.

Si f es una función continua en el intervalo $[a, b]$, se divide $[a, b]$ en n subintervalos de igual ancho $\Delta x = (b - a)/n$. Sean x_0 ($= a$), $x_1, x_2 \ldots, x_n$ ($= b$) los puntos extremos de estos subintervalos. Entonces

$$\int_a^b f(x)\,dx = \lim_{n\to\infty} \sum_{i=1}^{n} f(x_i^*)\,\Delta x$$

donde x_i^* es cualquier punto muestra en el subintervalo de orden i $[x_{i-1}, x_i]$.

(b) ¿Cuál es la interpretación geométrica de $\int_a^b f(x)dx$ si $f(x) \geqslant 0$?

Si f es positiva, $\int_a^b f(x)\,dx$ se puede interpretar como el área bajo la gráfica de $y = f(x)$ y arriba del eje x para $a \leqslant x \leqslant b$.

(c) ¿Cuál es la interpretación geométrica de $\int_a^b f(x)dx$ si $f(x)$ toma valores tanto positivos como negativos? Ilustre con un diagrama.

En este caso, $\int_a^b f(x)\,dx$ se puede interpretar como un "área neta", es decir el área de la región arriba del eje x y abajo de la gráfica de f (rotulada como "+" en la figura) menos el área de la región abajo del eje x y arriba de la gráfica de f (rotulada como "−").

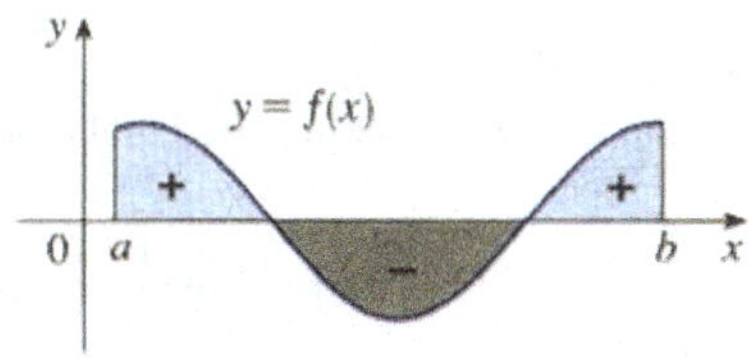

3. Enuncie la regla del punto medio.

Si f es una función continua en el intervalo $[a, b]$ y se divide $[a, b]$ en n subintervalos de igual ancho $\Delta x = (b - a)/n$, entonces

$$\int_a^b f(x)\,dx \approx \sum_{i=1}^{n} f(\bar{x}_i)\,\Delta x$$

donde $\bar{x}_i$ = punto medio de $[x_{i-1}, x_i] = \frac{1}{2}(x_{i-1} + x_i)$.

4. Enuncie ambas partes del teorema fundamental del cálculo.

Suponga que f es continua en $[a, b]$.

Parte 1. Si $g(x) = \int_a^x f(t)\,dt$, entonces $g'(x) = f(x)$.

Parte 2. $\int_a^b f(x)\,dx = F(b) - F(a)$, donde F es cualquier antiderivada de f, es decir $F' = f$.

5. (a) Enuncie el teorema del cambio neto.

La integral de una razón de cambio es el cambio neto:

$$\int_a^b F'(x)\,dx = F(b) - F(a)$$

(b) Si $r(t)$ es la rapidez con la que el agua fluye hacia un depósito, ¿qué representa $\int_{t_1}^{t_2} r(t)\,dt$?

$\int_{t_1}^{t_2} r(t)\,dt$ representa el cambio en la cantidad de agua en el depósito entre el momento t_1 y el momento t_2.

6. Suponga que una partícula se mueve de un lado a otro a lo largo de una recta con velocidad $v(t)$, medida en metros por segundo, y aceleración $a(t)$.

(a) ¿Cuál es el significado de $\int_{60}^{120} v(t)\,dt$?

$\int_{60}^{120} v(t)\,dt$ representa el cambio neto en posición (el desplazamiento) de la partícula de $t = 60$ a $t = 120$ segundos; en otras palabras, en el segundo minuto.

(b) ¿Cuál es el significado de $\int_{60}^{120} |v(t)|\,dt$?

$\int_{60}^{120} |v(t)|\,dt$ representa la distancia total recorrida por la partícula en el segundo minuto.

(continúa)

(c) ¿Cuál es el significado de $\int_{60}^{120} a(t)\,dt$?

$\int_{60}^{120} a(t)\,dt$ representa el cambio en velocidad de la partícula en el segundo minuto.

7. (a) Explique el significado de la integral indefinida $\int f(x)\,dx$.

La integral indefinida $\int f(x)\,dx$ es otra forma de llamar a una antiderivada de f, así que $\int f(x)\,dx = F(x)$ significa que $F'(x) = f(x)$.

(b) ¿Cuál es la relación entre la integral definida $\int_a^b f(x)\,dx$ y la integral indefinida $\int f(x)\,dx$?

La relación está dada por la parte 2 del teorema fundamental:

$$\int_a^b f(x)\,dx = \int f(x)\,dx\Big]_a^b$$

si f es continua en $[a, b]$.

8. Explique con exactitud qué significa el enunciado "la derivación y la integración son procesos inversos".

La parte 1 del teorema fundamental del cálculo se puede reescribir como

$$\frac{d}{dx}\int_a^x f(t)\,dt = f(x)$$

lo que establece que si f se integra y después el resultado se deriva, se vuelve a la función original f.

Como $F'(x) = f(x)$, la parte 2 del teorema (o, en forma equivalente, el teorema del cambio neto) establece que

$$\int_a^b F'(x)\,dx = F(b) - F(a)$$

Esto indica que si se toma una función F, primero se deriva y después se integra el resultado, se vuelve a la función original, aunque en la forma $F(b) - F(a)$.

Asimismo, la integral indefinida $\int f(x)\,dx$ representa una antiderivada de f, de modo que

$$\frac{d}{dx}\int f(x)\,dx = f(x)$$

9. **Enuncie** la regla de sustitución. En la práctica, ¿cómo puede usarla?

Si $u = g(x)$ es una función derivable y f es continua en el rango de g, entonces

$$\int f(g(x))\,g'(x)\,dx = \int f(u)\,du$$

En la práctica, se hacen las sustituciones $u = g(x)$ y $du = g'(x)\,dx$ en el integrando para que la integral sea más simple de evaluar.

Corte aquí y guarde para consulta

CAPÍTULO 6 RESPUESTAS A LA VERIFICACIÓN DE CONCEPTOS

1. (a) Trace dos curvas representativas $y = f(x)$ y $y = g(x)$, donde $f(x) \geqslant g(x)$ para $a \leqslant x \leqslant b$. Muestre cómo aproximar el área entre esas curvas mediante una suma de Riemann y trace los rectángulos de aproximación correspondientes. Luego escriba una expresión para el área exacta.

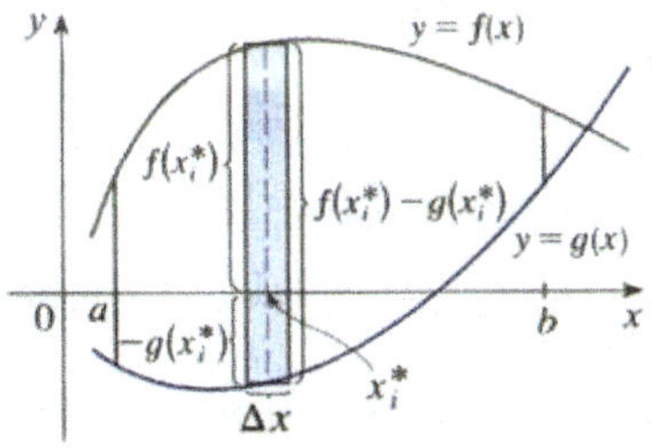

Una suma de Riemann que aproxima el área entre esas curvas es $\sum_{i=1}^{n} [f(x_i^*) - g(x_i^*)]\,\Delta x$. Un diagrama de los rectángulos de aproximación correspondientes es:

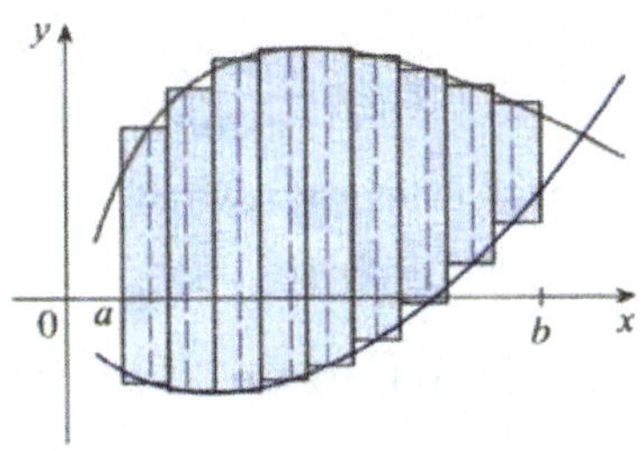

Una expresión para el área exacta es

$$\lim_{n\to\infty} \sum_{i=1}^{n} [f(x_i^*) - g(x_i^*)]\,\Delta x = \int_a^b [f(x) - g(x)]\,dx$$

(b) Explique cómo cambia la situación si las curvas tienen ecuaciones $x = f(y)$ y $x = g(y)$, donde $f(y) \geqslant g(y)$ para $c \leqslant y \leqslant d$.

En vez de usar "punta menos base" e integrar de izquierda a derecha, se usa "derecha menos izquierda" y se integra de abajo arriba: $A = \int_c^d [f(y) - g(y)]\,dy$

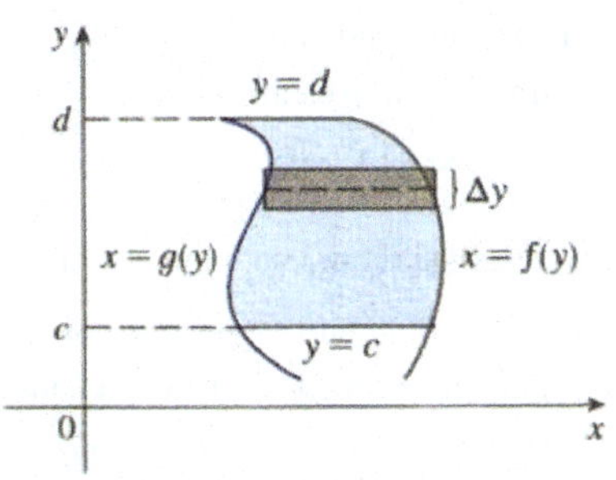

2. Suponga que Sue corre más rápido que Kathy en la competencia de 1500 metros. ¿Cuál es el significado físico del área entre sus curvas de velocidad para el primer minuto de la competencia?

Representa el número de metros por los cuales Sue aventaja a Kathy después del minuto 1.

3. (a) Suponga que S es un sólido con áreas de secciones transversales conocidas. Explique cómo aproximar obtener un valor aproximado del volumen de S mediante una suma de Riemann. Escriba una expresión para el volumen exacto.

Se corta S en "rebanadas" de igual ancho Δx. El volumen de la rebanada de orden i es aproximadamente $A(x_i^*)\,\Delta x$, donde x_i^* es un punto muestra en la rebanada de orden i y $A(x_i^*)$ el área transversal de S en x_i^*. Entonces, el volumen de S es aproximadamente $\sum_{i=1}^{n} A(x_i^*)\,\Delta x$ y el volumen exacto es

$$V = \lim_{n\to\infty} \sum_{i=1}^{n} A(x_i^*)\,\Delta x = \int_a^b A(x)\,dx$$

(b) Si S es un sólido de revolución, ¿cómo se determinan las áreas transversales?

Si la sección transversal es un disco, se determina el radio en términos de x o y y se usa $A = \pi(\text{radio})^2$. Si la sección transversal es un cilindro, se determina el radio interno r_{in} y el radio externo r_{ex} y se usa $A = \pi(r_{ex}^2) - \pi(r_{in}^2)$

4. (a) ¿Cuál es el volumen de un cascarón cilíndrico?

$$V = 2\pi rh\,\Delta r = (\text{circunferencia})(\text{altura})(\text{grosor})$$

(b) Explique cómo usar los cascarones cilíndricos para calcular el volumen de un sólido de revolución.

Se aproxima la región que girará mediante rectángulos orientados de tal modo que la revolución forme cascarones cilíndricos en lugar de discos o arandelas. Para un cascarón típico se determinan la circunferencia y la altura en términos de x o y y se calcula

$$V = \int_a^b (\text{circunferencia})(\text{altura})(dx \text{ o } dy)$$

(c) ¿Por qué preferiría usted usar el método mediante cascarones en lugar del de las rebanadas?

A veces rebanar produce arandelas o discos cuyos radios son difíciles (o imposibles) de determinar explícitamente. En otras ocasiones, el método de cascarones cilíndricos produce una integral más fácil que al rebanar.

5. Suponga que empuja usted un libro al otro lado de una mesa de 6 metros de largo ejerciendo una fuerza $f(x)$ en cada punto desde $x = 0$ hasta $x = 6$. ¿Qué representa $\int_0^6 f(x)dx$? Si $f(x)$ se mide en newtons, ¿cuáles son las unidades para la integral?

$\int_0^6 f(x)dx$ representa la cantidad de trabajo realizado. Sus unidades son newton-metros, o joules.

6. (a) ¿Cuál es el valor promedio de una función f en un intervalo $[a, b]$?

$$f_{\text{prom}} = \frac{1}{b-a}\int_a^b f(x)\,dx$$

(b) ¿Qué establece el teorema del valor medio para integrales? ¿Cuál es su interpretación geométrica?

Si f es continua en $[a, b]$, hay un número c en $[a, b]$ en el cual el valor de f es exactamente igual al valor promedio de la función, es decir $f(c) = f_{\text{prom}}$. Esto significa que para funciones positivas f, hay un número c tal que el rectángulo con base $[a, b]$ y altura $f(c)$ tiene la misma área que la región bajo la gráfica de f de a a b.

CAPÍTULO 7 RESPUESTAS A LA VERIFICACIÓN DE CONCEPTOS

1. Establezca la regla para la integración por partes. En la práctica, ¿cómo se utiliza?

Para integrar $\int f(x)g'(x)\,dx$, sea $u = f(x)$ y $v = g(x)$. Entonces $\int u\,dv = uv - \int v\,du$.

En la práctica, se intenta elegir $u = f(x)$ de tal forma que sea una función que se simplifique al derivarse (o que al menos no se complique más), siempre y cuando $dv = g'(x)\,dx$ pueda integrarse fácilmente para dar v.

2 ¿Cómo se evalúa $\int \operatorname{sen}^m x \cos^n x\,dx$ si m es impar? ¿Qué pasa si n es impar? ¿Qué ocurre si m y n son pares?

Si m es impar, se usa $\operatorname{sen}^2 x = 1 - \cos^2 x$ para escribir todos los factores seno excepto uno en términos del coseno. Luego se sustituye $u = \cos x$.

Si n es impar, se usa $\cos^2 x = 1 - \operatorname{sen}^2 x$ para escribir todos los factores coseno excepto uno en términos del seno. Luego se sustituye $u = \operatorname{sen} x$.

Si m y n son pares, se usan las identidades de medio ángulo

$$\operatorname{sen}^2 x = \tfrac{1}{2}(1 - \cos 2x) \qquad \cos^2 x = \tfrac{1}{2}(1 + \cos 2x)$$

3. Si la expresión $\sqrt{a^2 - x^2}$ se presenta en una integral, ¿qué sustitución se puede intentar? ¿Qué pasa si se presenta $\sqrt{a^2 + x^2}$? ¿Y si se presenta $\sqrt{x^2 - a^2}$?

Si $\sqrt{a^2 - x^2}$ ocurre, se prueba $x = a \operatorname{sen} \theta$; si $\sqrt{a^2 + x^2}$ ocurre, se prueba $x = a \tan \theta$, y si $\sqrt{x^2 - a^2}$ ocurre se prueba $x = a \sec \theta$.

4. ¿Cuál es la forma de la descomposición en fracciones parciales de una función racional $P(x)/Q(x)$ si el grado de P es menor que el grado de Q y $Q(x)$ solo tiene factores lineales distintos? ¿Qué pasa si tiene factores lineales repetidos? ¿Y qué ocurre si $Q(x)$ tiene un factor cuadrático irreducible (no repetido)? ¿Y si el factor cuadrático se repite?

Para factores lineales distintos,

$$\frac{P(x)}{Q(x)} = \frac{A_1}{a_1x + b_1} + \frac{A_2}{a_2x + b_2} + \cdots + \frac{A_k}{a_kx + b_k}$$

Si el factor lineal $a_1x + b_1$ se repite r veces, debemos incluir todos los términos

$$\frac{B_1}{a_1x + b_1} + \frac{B_2}{(a_1x + b_1)^2} + \cdots + \frac{B_r}{(a_1x + b_1)^r}$$

Si $Q(x)$ tiene un factor cuadrático irreducible (no repetido), incluimos un término de la forma

$$\frac{Ax + B}{ax^2 + bx + c}$$

Si el factor cuadrático irreducible se repite r veces, se incluye todos los términos

$$\frac{A_1x + B_1}{ax^2 + bx + c} + \frac{A_2x + B_2}{(ax^2 + bx + c)^2} + \cdots + \frac{A_rx + B_r}{(ax^2 + bx + c)^r}$$

5. Establezca las reglas para aproximar la integral definida $\int_a^b f(x)\,dx$ con la regla del punto medio, la regla del trapecio y la regla de Simpson. ¿Cuál esperaría que diera la mejor estimación? ¿Cómo se aproxima la estimación del error de cada regla?

Sea $a \leq x \leq b$, $I = \int_a^b f(x)\,dx$, y $\Delta x = (b - a)/n$.

Regla del punto medio:

$$I \approx M_n = \Delta x\,[f(\bar{x}_1) + f(\bar{x}_2) + \cdots + f(\bar{x}_n)]$$

donde $\bar{x}_i$ es el punto medio de $[x_{i-1}, x_i]$..

Regla del trapecio:

$$I \approx T_n = \frac{\Delta x}{2}[f(x_0) + 2f(x_1) + 2f(x_2) + \cdots + 2f(x_{n-1}) + f(x_n)]$$

donde $x_i = a + i\,\Delta x$.

Regla de Simpson:

$$I \approx S_n = \frac{\Delta x}{3}[f(x_0) + 4f(x_1) + 2f(x_2) + 4f(x_3) + \cdots + 2f(x_{n-2}) + 4f(x_{n-1}) + f(x_n)]$$

donde n es par.

Se esperaría que la mejor estimación fuera dada por la regla de Simpson.

Suponga que $|f''(x)| \leq K$ y $|f^{(4)}(x)| \leq L$ para $a \leq x \leq b$. Los errores en las reglas del punto medio, del trapecio y de Simpson están dadas, respectivamente, por

$$|E_M| \leq \frac{K(b - a)^3}{24n^2} \qquad |E_T| \leq \frac{K(b - a)^3}{12n^2}$$

$$|E_S| \leq \frac{L(b - a)^5}{180n^4}$$

6. Defina las integrales impropias siguientes.

(a) $\displaystyle\int_a^\infty f(x)\,dx = \lim_{t \to \infty} \int_a^t f(x)\,dx$

(b) $\displaystyle\int_{-\infty}^b f(x)\,dx = \lim_{t \to -\infty} \int_t^b f(x)\,dx$

(c) $\displaystyle\int_{-\infty}^\infty f(x)\,dx = \int_{-\infty}^a f(x)\,dx + \int_a^\infty f(x)\,dx$, donde a es cualquier número real (suponiendo que ambas integrales son convergentes).

7. Defina la integral impropia $\int_a^b f(x)\,dx$ para cada uno de los casos siguientes.

(a) f tiene una discontinuidad infinita en a.

Si f es continua en $(a, b]$, entonces

$$\int_a^b f(x)\,dx = \lim_{t \to a^+} \int_t^b f(x)\,dx$$

si este límite existe (como un número finito).

(b) f tiene una discontinuidad infinita en b.

Si f es continua en $[a, b)$, entonces

$$\int_a^b f(x)\,dx = \lim_{t \to b^-} \int_a^t f(x)\,dx$$

si este límite existe (como un número finito).

(c) f tiene una discontinuidad infinita en c, donde $a < c < b$.

Si tanto $\int_a^c f(x)\,dx$ como $\int_c^b f(x)\,dx$ son convergentes, entonces

$$\int_a^b f(x)\,dx = \int_a^c f(x)\,dx + \int_c^b f(x)\,dx$$

8. Establezca el teorema de comparación para integrales impropias.

Suponga que f y g son funciones continuas con $f(x) \geq g(x) \geq 0$ para $x \geq a$.

(a) Si $\int_a^\infty f(x)\,dx$ es convergente, $\int_a^\infty g(x)\,dx$ es convergente.

(b) Si $\int_a^\infty g(x)\,dx$ es divergente, $\int_a^\infty f(x)\,dx$ es divergente.

Corte aquí y guarde para consulta

CAPÍTULO 8 RESPUESTAS A LA VERIFICACIÓN DE CONCEPTOS

1. (a) ¿Cómo se define la longitud de una curva?

Se puede aproximar una curva C por medio de un polígono con vértices P_i a lo largo de C. La longitud L de C se define como el límite de las longitudes de estos polígonos inscritos:

$$L = \lim_{n \to \infty} \sum_{i=1}^{n} |P_{i-1}P_i|$$

(b) Escriba una expresión para la longitud de una curva suave dada por $y = f(x)$, $a \leqslant x \leqslant b$.

$$L = \int_a^b \sqrt{1 + [f'(x)]^2}\, dx$$

(c) ¿Qué pasa si x se da como una función de y?

Si $x = g(y)$, $c \leqslant y \leqslant d$, entonces $L = \int_c^d \sqrt{1 + [g'(y)]^2}\, dy$

2. (a) Escriba una expresión para el área de la superficie obtenida al hacer rotar la curva $y = f(x)$, $a \leqslant x \leqslant b$ alrededor del eje x.

$$S = \int_a^b 2\pi f(x)\sqrt{1 + [f'(x)]^2}\, dx$$

(b) ¿Qué pasa si x se da como una función de y?

Si $x = g(y)$, $c \leqslant y \leqslant d$, entonces $S = \int_c^d 2\pi y\sqrt{1 + [g'(y)]^2}\, dy$.

(c) ¿Qué pasa si la curva se hace girar alrededor del eje y?

$$S = \int_a^b 2\pi x\sqrt{1 + [f'(x)]^2}\, dx$$

o $$S = \int_c^d 2\pi g(y)\sqrt{1 + [g'(y)]^2}\, dy$$

3. Describa cómo se puede determinar la fuerza hidrostática contra una pared vertical sumergida en un fluido.

Se divide la pared en franjas horizontales de igual altura Δx y se aproxima cada una por medio de un rectángulo con longitud horizontal $f(x_i)$ en la profundidad x_i. Si δ es el peso específico del fluido, la fuerza hidrostática es

$$F = \lim_{n \to \infty} \sum_{i=1}^{n} \delta x_i f(x_i)\, \Delta x = \int_a^b \delta x f(x)\, dx$$

4. (a) ¿Cuál es el significado físico del centro de masa de una placa delgada?

El centro de masa es el punto en el que la placa se balancea horizontalmente.

(b) Si la placa se sitúa entre $y = f(x)$ y $y = 0$, donde $a \leqslant x \leqslant b$, escriba expresiones para las coordenadas del centro de masa.

$$\bar{x} = \frac{1}{A}\int_a^b x f(x)\, dx \qquad \text{y} \qquad \bar{y} = \frac{1}{A}\int_a^b \tfrac{1}{2}[f(x)]^2\, dx$$

donde $A = \int_a^b f(x)\, dx$.

5. ¿Qué afirma el teorema de Pappus?

Si una región plana $\mathcal{R}$, que cae por completo a un lado de una recta ℓ en su plano, es rotada alrededor de ℓ, entonces el volumen del sólido resultante es el producto del área de $\mathcal{R}$ y la distancia recorrida por el centroide de $\mathcal{R}$.

6. Dada una función de demanda $p(x)$, explique lo que se entiende por excedente del consumidor cuando la cantidad de un artículo actualmente disponible es X y el precio de venta actual es P. Ilustre con un diagrama.

El excedente del consumidor representa la cantidad de dinero ahorrada por los consumidores al adquirir la mercancía al precio P [cuando estaban dispuestos a adquirirla al precio $p(x)$], en correspondencia con una cantidad demandada de X.

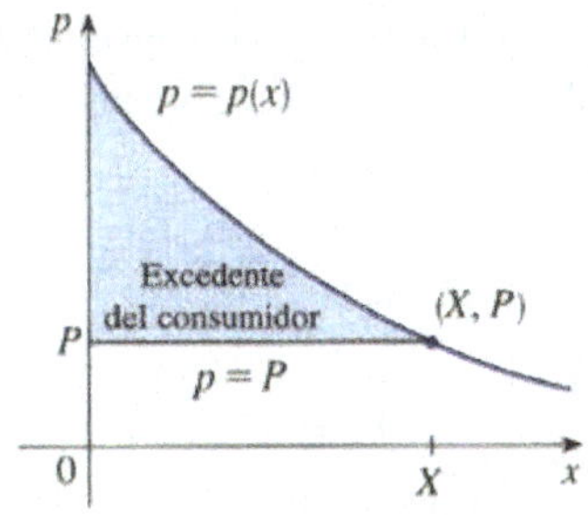

7. (a) ¿Cuál es el gasto cardíaco del corazón?

Es el volumen de sangre bombeada por el corazón por unidad de tiempo, es decir la razón de flujo en la aorta.

(b) Explique cómo puede medirse el gasto cardíaco por el método de dilución de colorante.

Una cantidad A de colorante es inyectada en una parte del corazón y la concentración $c(t)$ que sale del corazón se mide durante el intervalo de tiempo $[0, T]$ hasta que el colorante se diluye. El gasto cardiaco está dado por $A/\int_0^T c(t)\, dt$.

8. ¿Qué es la función de densidad de probabilidad? ¿Qué propiedades tiene tal función?

Dada una variable aleatoria X, su función de densidad de probabilidad f es una función tal que $\int_a^b f(x)\, dx$ da la probabilidad de que X esté entre a y b. La función f tiene las propiedades de que $f(x) \geqslant 0$ para todas las x, y $\int_{-\infty}^{\infty} f(x)\, dx = 1$.

9. Suponga que $f(x)$ es la función de densidad de probabilidad para el peso de una estudiante universitaria, donde x se mide en kilogramos.

(a) ¿Cuál es el significado de la integral $\int_0^{60} f(x)\, dx$?

Representa la probabilidad de que una estudiante universitaria, seleccionada de forma aleatoria, pese menos de 60 kilogramos.

(b) Escriba una expresión para la media de esta función de densidad.

$$\mu = \int_{-\infty}^{\infty} x f(x)\, dx = \int_0^{\infty} x f(x)\, dx$$

[ya que $f(x) = 0$ para $x < 0$]

(c) ¿Cómo puede encontrarse la mediana de esta función de densidad?

La mediana de f es el número m tal que

$$\int_m^{\infty} f(x)\, dx = \frac{1}{2}$$

10. ¿Qué es una distribución normal? ¿Cuál es el significado de la desviación estándar?

Una distribución normal corresponde a una variable aleatoria X que tiene una función de densidad de probabilidad con una gráfica en forma de campana y una ecuación dada por

$$f(x) = \frac{1}{\sigma\sqrt{2\pi}} e^{-(x-\mu)^2/(2\sigma^2)}$$

donde μ es la media y la constante positiva σ es la desviación estándar. σ mide qué tan dispersos están los valores de X.

CAPÍTULO 9 RESPUESTAS A LA VERIFICACIÓN DE CONCEPTOS

1. (a) ¿Qué es una ecuación diferencial?

   Es una ecuación que contiene una función desconocida y una o más de sus derivadas.

   (b) ¿Cuál es el orden de una ecuación diferencial?

   Es el orden de la derivada de orden mayor presente en la ecuación.

   (c) ¿Qué es una condición inicial?

   Es una condición de la forma $y(t_0) = y_0$.

2. ¿Qué se puede decir acerca de las soluciones de la ecuación $y' = x^2 + y^2$ con solo observar la ecuación diferencial?

   La ecuación indica que la pendiente de una curva de solución en cualquier punto (x, y) es $x^2 + y^2$. Note que $x^2 + y^2$ siempre es positiva excepto en el origen, donde $y' = x^2 + y^2 = 0$. Así, hay una tangente horizontal en $(0, 0)$, pero en ningún otro lado, y las curvas de solución son crecientes en todas partes.

3. ¿Qué es un campo direccional para la ecuación diferencial $y' = F(x, y)$?

   Un campo direccional (o campo de pendientes) para la ecuación diferencial $y' = F(x, y)$ es una gráfica bidimensional que consta de segmentos de recta cortos con pendiente $F(x, y)$ en el punto (x, y).

4. Explique cómo funciona el método de Euler.

   El método de Euler establece que se debe partir del punto dado por el valor inicial y avanzar en la dirección indicada por el campo direccional. Se hace alto un rato después, se examina la pendiente en la nueva ubicación y se avanza en esa dirección. Hay que seguir deteniéndose y cambiando de dirección de acuerdo con el campo direccional hasta que la aproximación esté completa.

5. ¿Qué es una ecuación diferencial separable? ¿Cómo se resuelve?

   Es una ecuación diferencial en la que la expresión para dy/dx se puede factorizar como una función de x multiplicada por una función de y, es decir $dy/dx = g(x)f(y)$. Se puede resolver la ecuación reescribiéndola como $[1/f(y)]\,dy = g(x)\,dx$, integrando ambos miembros y despejando y.

6. ¿Qué es una ecuación diferencial lineal de primer orden? ¿Cómo se resuelve?

   Una ecuación diferencial lineal de primer orden es una ecuación diferencial que se puede poner en la forma

$$\frac{dy}{dx} + P(x)y = Q(x)$$

   donde P y Q son funciones continuas en un intervalo dado. Para resolver esa ecuación, se multiplican ambos miembros por el factor de integración $I(x) = e^{\int P(x)\,dx}$ para ponerla en la forma $(I(x)y)' = I(x)\,Q(x)$. Luego se integran ambos miembros y se despeja y.

7. (a) Escriba una ecuación diferencial que exprese la ley natural de crecimiento. ¿Qué dice en términos de la razón de crecimiento relativo?

   Si $P(t)$ es el valor de una cantidad y en el momento t y si la razón de cambio de P con respecto a t es proporcionala su tamaño $P(t)$ en cualquier momento, entonces $\dfrac{dP}{dt} = kP$.
   En este caso, la tasa de crecimiento relativo, $\dfrac{1}{P}\dfrac{dP}{dt}$, es constante.

   (b) ¿Bajo qué circunstancias es un modelo apropiado para el crecimiento poblacional?

   Es un modelo apropiado en condiciones ideales: Entorno ilimitado, nutrición adecuada, ausencia de depredadores y enfermedades.

   (c) ¿Cuáles son las soluciones de esta ecuación?

   Si $P(0) = P_0$, el valor inicial, las soluciones son $P(t) = P_0e^{kt}$.

8. (a) Escriba la ecuación diferencial logística.

   La ecuación diferencial logística es

$$\frac{dP}{dt} = kP\left(1 - \frac{P}{M}\right)$$

   donde M es la capacidad de carga.

   (b) ¿Bajo qué circunstancias es un modelo apropiado para el crecimiento poblacional?

   Es un modelo apropiado para el crecimiento demográfico si la población aumenta a una tasa proporcional con el tamaño de la población inicial, pero finalmente se modera y se acerca a su capacidad de carga a causa de recursos limitados.

9. (a) Escriba las ecuaciones de Lotka-Volterra para modelar poblaciones de peces comestibles (F) y tiburones (S).

$$\frac{dF}{dt} = kF - aFS \qquad \text{y} \qquad \frac{dS}{dt} = -rS + bFS$$

   (b) ¿Qué indican estas ecuaciones sobre cada población en ausencia de la otra?

   En ausencia de tiburones, un amplio suministro alimentario sostendría el crecimiento exponencial de la población de peces, es decir $dF/dt = kF$, donde k es una constante positiva. En ausencia de peces, se supone que la población de tiburones disminuiría a una tasa proporcional a sí misma, es decir $dS/dt = -rS$, donde r es una constante positiva.

Corte aquí y guarde para consulta

CAPÍTULO 10 RESPUESTAS A LA VERIFICACIÓN DE CONCEPTOS

1. (a) ¿Qué es una curva paramétrica?

Una curva paramétrica es un conjunto de puntos de la forma $(x, y) = (f(t), g(t))$, donde f y g son funciones de una variable t, el parámetro.

(b) ¿Cómo se traza una curva paramétrica?

Trazar una curva paramétrica, como trazar la gráfica de una función, es difícil de hacer en general. Se pueden trazar puntos en la curva determinando $f(t)$ y $g(t)$ para varios valores de t, ya sea a mano o con una calculadora o computadora. A veces, cuando f y g están dadas por fórmulas, se puede eliminar t de las ecuaciones $x = f(t)$ y $y = g(t)$ para obtener una ecuación cartesiana que relacione a x y y. Podría ser más fácil graficar una ecuación que trabajar con las fórmulas originales para x y y en términos de t.

2. (a) ¿Cómo se encuentra la pendiente de una tangente a una curva paramétrica?

Se puede determinar dy/dx como una función de t calculando

$$\frac{dy}{dx} = \frac{dy/dt}{dx/dt} \qquad \text{si } dx/dt \neq 0$$

(b) ¿Cómo se determina el área debajo de una curva paramétrica?

Si la curva se traza una vez conforme a las ecuaciones paramétricas $x = f(t)$, $y = g(t)$, $\alpha \leqslant t \leqslant \beta$, el área es

$$A = \int_a^b y\,dx = \int_\alpha^\beta g(t)f'(t)\,dt$$

[o $\int_\beta^\alpha g(t)f'(t)\,dt$ si el punto más a la izquierda es $(f(\beta), g(\beta))$ antes que $(f(\alpha), g(\alpha))$].

3. Escriba una expresión para cada uno de los elementos siguientes:

(a) La longitud de una curva paramétrica

Si la curva se traza una vez conforme a las ecuaciones paramétricas $x = f(t)$, $y = g(t)$, $\alpha \leqslant t \leqslant \beta$, la longitud es

$$L = \int_\alpha^\beta \sqrt{(dx/dt)^2 + (dy/dt)^2}\,dt$$
$$= \int_\alpha^\beta \sqrt{[f'(t)]^2 + [g'(t)]^2}\,dt$$

(b) El área de la superficie obtenida al hacer girar una curva paramétrica alrededor del eje x

$$S = \int_\alpha^\beta 2\pi y\sqrt{(dx/dt)^2 + (dy/dt)^2}\,dt$$
$$= \int_\alpha^\beta 2\pi g(t)\sqrt{[f'(t)]^2 + [g'(t)]^2}\,dt$$

4. (a) Use un diagrama para explicar el significado de las coordenadas polares (r, θ) de un punto.

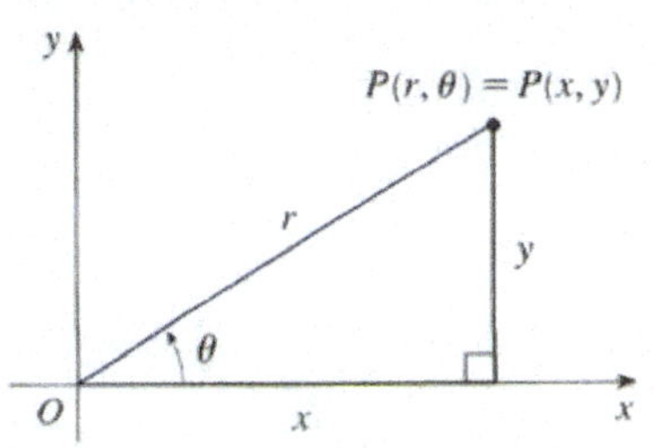

(b) Escriba ecuaciones que expresen las coordenadas cartesianas (x, y) de un punto en términos de las coordenadas polares.

$$x = r\cos\theta \qquad y = r\,\text{sen}\,\theta$$

(c) ¿Qué ecuaciones usaría para obtener las coordenadas polares de un punto si conociera las coordenadas cartesianas?

Para determinar una representación polar (r, θ) con $r \geqslant 0$ y $0 \leqslant \theta \leqslant 2\pi$, primero se calcula $r = \sqrt{x^2 + y^2}$. Luego se especifica θ por medio de $\tan\theta = y/x$. Hay que cerciorarse de elegir θ de tal forma que (r, θ) esté en el cuadrante correcto.

5. (a) ¿Cómo se determina la pendiente de una recta tangente a una curva polar?

$$\frac{dy}{dx} = \frac{\dfrac{dy}{d\theta}}{\dfrac{dx}{d\theta}} = \frac{\dfrac{d}{d\theta}(y)}{\dfrac{d}{d\theta}(x)} = \frac{\dfrac{d}{d\theta}(r\,\text{sen}\,\theta)}{\dfrac{d}{d\theta}(r\cos\theta)}$$

$$= \frac{\left(\dfrac{dr}{d\theta}\right)\text{sen}\,\theta + r\cos\theta}{\left(\dfrac{dr}{d\theta}\right)\cos\theta - r\,\text{sen}\,\theta} \qquad \text{donde } r = f(\theta)$$

(b) ¿Cómo se calcula el área de una región acotada por una curva polar?

$$A = \int_a^b \tfrac{1}{2}r^2\,d\theta = \int_a^b \tfrac{1}{2}[f(\theta)]^2\,d\theta$$

(c) ¿Cómo se determina la longitud de una curva polar?

$$L = \int_a^b \sqrt{(dx/d\theta)^2 + (dy/d\theta)^2}\,d\theta$$
$$= \int_a^b \sqrt{r^2 + (dr/d\theta)^2}\,d\theta$$
$$= \int_a^b \sqrt{[f(\theta)]^2 + [f'(\theta)]^2}\,d\theta$$

6. (a) Dé una definición geométrica de una parábola.

Una parábola es un conjunto de puntos en un plano cuyas distancias de un punto fijo F (el foco) y una recta fija l (la directriz) son iguales.

(b) Escriba una ecuación de una parábola con foco $(0, p)$ y directriz $y = -p$. ¿Qué pasa si el foco es $(p, 0)$ y la directriz es $x = -p$?

En el primer caso, una ecuación es $x^2 = 4py$, y en el segundo caso $y^2 = 4px$.

7. (a) Dé una definición de una elipse en términos de los focos.

Una elipse es un conjunto de puntos en un plano que satisface que la suma de las distancias a dos puntos fijos (los focos) es una constante.

(b) Escriba una ecuación para la elipse con focos $(\pm c, 0)$ y vértices $(\pm a, 0)$,

$$\frac{x^2}{a^2} + \frac{y^2}{b^2} = 1$$

donde $a \geqslant b > 0$ y $c^2 = a^2 - b^2$.

(continúa)

8. (a) Dé una definición de una hipérbola en términos de los focos.

Una hipérbola es un conjunto de puntos en un plano que satisfacen que la diferencia de las distancias a dos puntos fijos (los focos) es una constante. Esta diferencia debería interpretarse como la distancia mayor menos la distancia menor.

(b) Escriba una ecuación para la hipérbola con focos $(\pm c, 0)$ y vértices $(\pm a, 0)$.

$$\frac{x^2}{a^2} - \frac{y^2}{b^2} = 1$$

donde $c^2 = a^2 + b^2$.

(c) Escriba ecuaciones para las asíntotas de la hipérbola del inciso (b).

$$y = \pm \frac{b}{a} x$$

9. (a) ¿Cuál es la excentricidad de una sección cónica?

Si una sección cónica tiene foco F y directriz correspondiente l, la excentricidad e es la razón fija $|PF|/|Pl|$ para puntos P de la sección cónica.

(b) ¿Qué se puede decir acerca de la excentricidad si la sección cónica es una elipse? ¿Una hipérbola? ¿Una parábola?

$e < 1$ para una elipse; $e > 1$ para una hipérbola; $e = 1$ para una parábola.

(c) Escriba una ecuación polar para una sección cónica con excentricidad e y directriz $x = d$. ¿Qué pasa si la directriz es $x = -d$? ¿$y = d$? ¿$y = -d$?

$$\text{directriz } x = d: \quad r = \frac{ed}{1 + e\cos\theta}$$

$$x = -d: \quad r = \frac{ed}{1 - e\cos\theta}$$

$$y = d: \quad r = \frac{ed}{1 + e\,\mathrm{sen}\,\theta}$$

$$y = -d: \quad r = \frac{ed}{1 - e\,\mathrm{sen}\,\theta}$$

Corte aquí y guarde para consulta

CAPÍTULO 11 RESPUESTAS A LA VERIFICACIÓN DE CONCEPTOS

1. **(a)** ¿Qué es una sucesión convergente?

Una sucesión convergente $\{a_n\}$ es una lista ordenada de números donde $\text{lím}_{n\to\infty} a^n$ existe.

(b) ¿Qué es una serie convergente?

Una serie $\Sigma\, a_n$ es la *suma* de una sucesión de números.

Es convergente si las sumas parciales $s_n = \sum_{i=1}^{n} a_n$ se aproximan un valor finito, es decir si $\text{lím}_{n\to\infty} s_n$ existe como un número real.

(c) ¿Qué significa $\text{lím}_{n\to\infty} a_n = 3$?

Que los términos de la sucesión $\{a_n\}$ se aproximan a 3 conforme n crece.

(d) ¿Qué significa $\Sigma_{n=1}^{\infty} a_n = 3$?

Que añadiendo suficientes términos a la serie, se puede acercar a 3 las sumas parciales tanto como se quiera.

2. **(a)** ¿Qué es una sucesión acotada?

Una sucesión $\{a_n\}$ está acotada si hay números m y M tales que $m \leqslant a_n \leqslant M$ para todas las $n \geqslant 1$.

(b) ¿Qué es una sucesión monótona?

Una sucesión es monótona si es creciente o decreciente para todas las $n \geqslant 1$.

(c) ¿Qué puede decir con respecto a una sucesión monótona acotada?

Todas las sucesiones monótonas acotadas son convergentes.

3. **(a)** ¿Qué es una serie geométrica? ¿En qué circunstancias es convergente? ¿Cuál es su suma?

Una serie geométrica es de la forma

$$\sum_{n=1}^{\infty} ar^{n-1} = a + ar + ar^2 + \cdots$$

Es convergente si $|r| < 1$ y su suma es $\dfrac{a}{1-r}$.

(b) ¿Qué es una serie p? ¿En qué circunstancias es convergente?

Una serie p es de la forma $\sum_{n=1}^{\infty} \dfrac{1}{n^p}$. Es convergente si $p > 1$.

4. Suponga que $\Sigma\, a_n = 3$ y s_n es la enésima suma parcial de la serie. ¿Qué es $\text{lím}_{n\to\infty} a_n$? ¿Qué es $\text{lím}_{n\to\infty} S_n$?

Si $\Sigma\, a_n = 3$, entonces $\lim\limits_{n\to\infty} a_n = 0$ y $\lim\limits_{n\to\infty} s_n = 3$.

5. Enuncie lo siguiente.

(a) Prueba de la divergencia

Si $\lim\limits_{n\to\infty} a_n$ no existe o $\lim\limits_{n\to\infty} a_n \neq 0$, la serie $\sum_{n=1}^{\infty} a_n$ es divergente.

(b) Prueba de la integral

Suponga que f es una función continua positiva decreciente en $[1, \infty)$ y sea $a_n = f(n)$.

- Si $\int_1^{\infty} f(x)\,dx$ es convergente, $\sum_{n=1}^{\infty} a_n$ es convergente.
- Si $\int_1^{\infty} f(x)\,dx$ es divergente, $\sum_{n=1}^{\infty} a_n$ es divergente.

(c) Prueba por comparación

Suponga que $\Sigma\, a_n$ y $\Sigma\, b_n$ son series con términos positivos.

- Si $\Sigma\, b_n$ es convergente y $a_n \leqslant b_n$ para todas las n, entonces $\Sigma\, a_n$ también es convergente.
- Si $\Sigma\, b_n$ es divergente y $a_n \geqslant b_n$ para todas las n, entonces $\Sigma\, a_n$ también es divergente.

(d) Prueba por comparación del límite

Suponga que $\Sigma\, a_n$ y $\Sigma\, b_n$ son series con términos positivos. Si $\lim\limits_{n\to\infty} a_n/bn = c$, donde c es un número finito y $c > 0$, ambas series convergen o divergen.

(e) Prueba de la serie alternante

Si la serie alternante

$$\sum_{n=1}^{\infty} (-1)^{n-1} b_n = b_1 - b_2 + b_3 - b_4 + b_5 - b_6 + \cdots$$

donde $b_n > 0$ satisface (i) $b_{n+1} \leqslant b_n$ para todas las n y (ii) $\lim\limits_{n\to\infty} b_n = 0$, entonces la serie es convergente.

(f) Prueba de la razón

- Si $\lim\limits_{n\to\infty} \left|\dfrac{a_{n+1}}{a_n}\right| = L < 1$, la serie $\sum_{n=1}^{\infty} a_n$ es absolutamente convergente (y por tanto convergente).
- Si $\lim\limits_{n\to\infty} \left|\dfrac{a_{n+1}}{a_n}\right| = L > 1$ o $\lim\limits_{n\to\infty} \left|\dfrac{a_{n+1}}{a_n}\right| = \infty$, la serie $\sum_{n=1}^{\infty} a_n$ es divergente.
- Si $\lim\limits_{n\to\infty} \left|\dfrac{a_{n+1}}{a_n}\right| = 1$, la prueba de la razón no es concluyente.

(g) Prueba de la raíz

- Si $\lim\limits_{n\to\infty} \sqrt[n]{|a_n|} = L < 1$, la serie $\sum_{n=1}^{\infty} a_n$ es absolutamente convergente (y por tanto convergente).
- Si $\lim\limits_{n\to\infty} \sqrt[n]{|a_n|} = L > 1$ o $\lim\limits_{n\to\infty} \sqrt[n]{|a_n|} = \infty$, la serie $\sum_{n=1}^{\infty} a_n$ es divirgente.
- Si $\lim\limits_{n\to\infty} \sqrt[n]{|a_n|} = 1$, la prueba de la raíz no es concluyente.

6. **(a)** ¿Qué es una serie absolutamente convergente?

Una serie $\Sigma\, a_n$ se llama absolutamente convergente si la serie de valores absolutos $\Sigma\, |a_n|$ es convergente.

(b) ¿Qué puede decir acerca de dicha serie?

Si una serie $\Sigma\, a_n$ es absolutamente convergente, es convergente.

(c) ¿Qué es una serie condicionalmente convergente?

Una serie $\Sigma\, a_n$ se llama condicionalmente convergente si es convergente pero no absolutamente convergente.

(continúa)

7. (a) Si una serie es convergente de acuerdo con la prueba de la integral, ¿cómo se estima su suma?

La suma s se puede estimar mediante la desigualdad

$$s_n + \int_{n+1}^{\infty} f(x)\,dx \leq s \leq s_n + \int_{n}^{\infty} f(x)\,dx$$

donde s_n es la enésima suma parcial.

(b) Si una serie es convergente de acuerdo con la prueba por comparación, ¿cómo estima su suma?

Primero se estima el residuo de la serie de comparación. Esto da un límite superior para el residuo de la serie original (como en el ejemplo 11.4.5).

(c) Si una serie es convergente de acuerdo con la prueba de la serie alternante, ¿cómo se estima su suma?

Se puede usar una suma parcial s_n de una serie alternante como una aproximación de la suma total. Está garantizado que el tamaño del error no sea mayor que $|a_{n+1}|$, el valor absoluto del primer término omitido.

8. (a) Escriba la forma general de una serie de potencias.

Una serie de potencias centrada en a es

$$\sum_{n=0}^{\infty} c_n(x-a)^n$$

(b) ¿Qué es el radio de convergencia de una serie de potencias?

Dada la serie de potencias $\sum_{n=0}^{\infty} c_n(x-a)^n$, el radio de convergencia es:

(i) 0 si la serie converge solo cuando $x = a$,

(ii) ∞ si la serie converge para todas las x, o

(iii) un número positivo R tal que la serie converge si $|x-a| < R$ y diverge si $|x-a| > R$.

(c) ¿Qué es el intervalo de convergencia de una serie de potencias?

El intervalo de convergencia de una serie de potencias es el intervalo que consta de todos los valores de x para los que la serie converge. En correspondencia con los casos del inciso (b), el intervalo de convergencia es (i) el solo punto {a}, (ii) $(-\infty, \infty)$ o (iii) un intervalo con puntos extremos a $- R$ y $a + R$ que puedan contener a ninguno, alguno o ambos puntos extremos.

9. Suponga que $f(x)$ es la suma de una serie de potencias con radio de convergencia R.

(a) ¿Cómo deriva f? ¿Cuál es el radio de convergencia de la serie para f'?

Si $f(x) = \sum_{n=0}^{\infty} c_n(x-a)^n$, entonces

$f'(x) = \sum_{n=1}^{\infty} nc_n(x-a)^{n-1}$ con radio de convergencia R.

(b) ¿Cómo integra f? ¿Cuál es el radio de convergencia de la serie para $\int f(x)\,dx$?

$\int f(x)\,dx = C + \sum_{n=0}^{\infty} c_n \dfrac{(x-a)^{n+1}}{n+1}$ con radio de convergencia R.

10. (a) Escriba una expresión para el polinomio de Taylor de grado enésimo de f centrada en a.

$$T_n(x) = \sum_{i=0}^{n} \frac{f^{(i)}(a)}{i!}(x-a)^i$$

(b) Escriba una expresión para la serie de Taylor de f centrada en a.

$$\sum_{n=0}^{\infty} \frac{f^{(n)}(a)}{n!}(x-a)^n$$

(c) Escriba una expresión para la serie de Maclaurin de f.

$$\sum_{n=0}^{\infty} \frac{f^{(n)}(0)}{n!}x^n \qquad [a = 0 \text{ en el inciso (b)}]$$

(d) ¿Cómo demuestra que $f(x)$ es igual a la suma de su serie de Taylor?

Si $f(x) = T_n(x) + R_n(x)$, donde $T_n(x)$ es el polinomio de Taylor de enésimo grado de f y $R_n(x)$ es el residuo de la serie de Taylor, se debe demostrar que

$$\lim_{n \to \infty} R_n(x) = 0$$

(e) Enuncie la desigualdad de Taylor.

Si $|f^{(n+1)}(x)| \leq M$ para $|x-a| \leq d$, el residuo $R_n(x)$ de la serie de Taylor satisface la desigualdad

$$|R_n(x)| \leq \frac{M}{(n+1)!}|x-a|^{n+1} \qquad \text{para } |x-a| \leq d$$

11. Escriba la serie de Maclaurin y el intervalo de convergencia para cada una de las funciones siguientes.

(a) $\dfrac{1}{1-x} = \sum_{n=0}^{\infty} x^n, \quad R = 1$

(b) $e^x = \sum_{n=0}^{\infty} \dfrac{x^n}{n!}, \quad R = \infty$

(c) $\operatorname{sen} x = \sum_{n=0}^{\infty} (-1)^n \dfrac{x^{2n+1}}{(2n+1)!}, \quad R = \infty$

(d) $\cos x = \sum_{n=0}^{\infty} (-1)^n \dfrac{x^{2n}}{(2n)!}, \quad R = \infty$

(e) $\tan^{-1} x = \sum_{n=0}^{\infty} (-1)^n \dfrac{x^{2n+1}}{2n+1}, \quad R = 1$

(f) $\ln(1+x) = \sum_{n=1}^{\infty} (-1)^{n-1} \dfrac{x^n}{n}, \quad R = 1$

12. Escriba el desarrollo de la serie binomial de $(1+x)^k$. ¿Cuál es el radio de convergencia de esta serie?

Si k es cualquier número real y $|x| < 1$, entonces

$$(1+x)^k = \sum_{n=0}^{\infty} \binom{k}{n} x^n$$

$$= 1 + kx + \frac{k(k-1)}{2!}x^2 + \frac{k(k-1)(k-2)}{3!}x^3 + \cdots$$

El radio de convergencia para la serie binomial es 1.